Bioanalytik

# Springer Nature More Media App

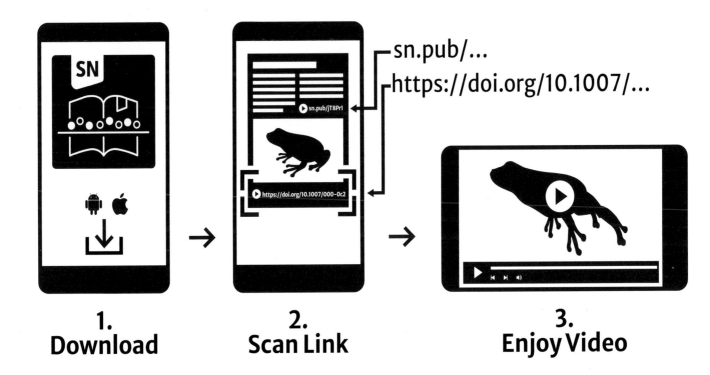

sn.pub/...

https://doi.org/10.1007/...

**1.**
**Download**

**2.**
**Scan Link**

**3.**
**Enjoy Video**

Support: customerservice@springernature.com

Jens Kurreck · Joachim W. Engels · Friedrich Lottspeich

*Hrsg.*

# Bioanalytik

4. Auflage

Springer Spektrum

*Hrsg.*

Jens Kurreck
Institut für Biotechnologie
Technische Universität Berlin
Berlin, Deutschland

Joachim W. Engels
Institut für Organische Chemie
Goethe Universität Frankfurt
Frankfurt am Main, Deutschland

Friedrich Lottspeich
Max Planck Institut für Biochemie
Planegg-Martinsried, Deutschland

Die Online-Version des Buches enthält digitales Zusatzmaterial, das durch ein Play-Symbol gekennzeichnet ist. Die Dateien können von Lesern des gedruckten Buches mittels der kostenlosen Springer Nature „More Media" App angesehen werden. Die App ist in den relevanten App-Stores erhältlich und ermöglicht es, das entsprechend gekennzeichnete Zusatzmaterial mit einem mobilen Endgerät zu öffnen.

ISBN 978-3-662-61706-9      ISBN 978-3-662-61707-6   (eBook)
https://doi.org/10.1007/978-3-662-61707-6

Die Deutsche Nationalbibliothek verzeichnet diese Publikation in der Deutschen Nationalbibliografie; detaillierte bibliografische Daten sind im Internet über http://dnb.d-nb.de abrufbar.

Planung: Sarah Koch
Redaktion: Angela Simeon
Zeichnungen: Martin Lay, Breisach

Springer Spektrum ist ein Imprint der eingetragenen Gesellschaft Springer-Verlag GmbH, DE und ist ein Teil von Springer Nature.
Die Anschrift der Gesellschaft ist: Heidelberger Platz 3, 14197 Berlin, Germany

# Vorwort

Dies ist ein Methodenbuch. Warum aber, mag sich mancher schon bei der ersten Auflage des Werkes gefragt haben, soll (noch) ein Methodenbuch erscheinen, und – was den Leser mehr interessieren dürfte – warum soll er es kaufen? Dafür können wir mindestens zwei gute Gründe anführen. Der erste Grund ist erkenntnistheoretischer Natur: Die Methode bestimmt letztendlich den Wahrheitsgehalt der wissenschaftlichen Aussage, die durch sie gewonnen wurde. Durch die Kenntnis einer Methode, ihrer Potenziale und vor allem ihrer Limitationen lässt sich also überhaupt erst einschätzen, inwieweit eine Aussage oder eine Theorie (allgemein) gültig ist. Die Weiter- oder Neuentwicklung von Methoden ist demnach ein Weg, um die „vorläufigen Wahrheiten", die eine experimentelle Wissenschaft erzeugt, zu erweitern und zu verbessern. Deshalb wurde bei der Konzeption dieses Buches und bei den Ausführungen in den einzelnen Kapiteln größter Wert darauf gelegt, das Geschriebene kritisch darzustellen und zu durchleuchten, um eine fundierte Auseinandersetzung des Benutzers mit dem Stoff zu ermöglichen. Das ist unseres Erachtens der wichtigste Grund, warum überhaupt Methoden als Lehr- und Lernstoff angeboten werden müssen.

Aber nicht nur in der Retrospektive ist die tiefe und breite Kenntnis von Methoden wichtig. Der zweite Grund ist die Absicht – und hoffentlich auch das erreichte Ziel – dieses Buches: Das Kennenlernen und das Verstehen der Methoden, die darin enthalten sind, leicht und übersichtlich zu gestalten und dieses Buch zum unerlässlichen Werkzeug des Studenten und des Lehrers zu machen. Diese Absicht resultiert aus unserer Überzeugung und Erfahrung, dass heutzutage jeder Einzelne, ob Lehrender oder Lernender, bei der Vielzahl und Vielfalt der Techniken, die in den Biowissenschaften in Gebrauch sind, hoffnungslos überfordert ist. Gleichwohl ist die Anwendung dieser Techniken nunmehr imperativ geworden. Es war unser stolzes Vorhaben und unser eigenes intellektuelles Bedürfnis, diese Techniken in einer Weise zusammenzustellen, die nach Möglichkeit lückenlos, zwingend und auf jeden Fall „modern" ist. Unseres Wissens existiert im deutschsprachigen, aber wohl auch im englischsprachigen Raum kein anderes Lehrbuch, welches in ähnlicher Weise und vor allem in ähnlichem Umfang diesem Ziel gewidmet ist.

Vielleicht wundert sich der geneigte Leser, warum wir als Grund für die Veröffentlichung dieses Buches nicht auch – sogar als Erstes – den offensichtlichsten anführen: dass man durch ein Methodenbuch eben die Methoden lernt oder zu lernen hofft, die man für seine Arbeit unmittelbar braucht. Dazu zwei Klarstellungen: Dies ist kein „Kochbuch". Das heißt, dass der Leser nach der Lektüre eines Abschnitts nicht zu seinem Labortisch gehen und unmittelbar das soeben Gelesene „nach Vorschrift" umsetzen kann – dazu wird er zuerst die Literatur durcharbeiten müssen. Er sollte aber imstande sein – so jedenfalls unser Anspruch und Wunsch –, durch den Überblick und Einblick, den er sich verschafft hat, konzeptionell seine Vorgehensweise optimal zu gestalten.

Und die zweite Klarstellung: Dieses Buch versteht sich nicht als Konkurrenzwerk zu schon vorhandenen Laborhandbüchern für verschiedenste Techniken, etwa für Proteinbestimmungen oder PCR. Vielmehr besteht sein Anspruch (auch) darin, durch abgestimmte und umfassende Darstellung des Stoffes und häufige Bezugnahme der verschiedenen Kapitel aufeinander den Zusammenhang von scheinbar unterschiedlichen Techniken und ihre gegenseitige Bedingtheit aufzuzeigen. Wir denken, dass sich der Leser nach der Lektüre dieses Buches besser zurechtfinden sollte, da ihm eine Orientierung gegeben ist und Querverbindungen besser oder überhaupt erst klar werden. Wir wollen nicht verschweigen – im Gegenteil! – dass uns, den Herausgebern, bestimmte methodische Zusammenhänge in der Tat auch erst nach Durcharbeitung einiger Manuskripte bewusst wurden. Damit will dieses Buch von übergeordneter Funktionalität sein, mehr als es jede einzelne Methodenanleitung oder eine bloße Sammlung davon sein kann.

Was ist nun der eigentliche Stoff dieses Buches? Das Buch heißt „Bioanalytik" und deutet damit an, dass es um analytische Methoden in den Biowissenschaften geht. Das muss jedoch erklärt bzw. eingeschränkt werden. Was sind denn Biowissenschaften? Ist es die Biochemie oder auch die molekulare Genetik, etwa die Zell- und Entwicklungsbiologie, oder gar die Medizin? Auf jeden Fall würde man wohl die Molekularbiologie hinzunehmen. Noch komplizierter wird es, wenn man bedenkt, dass Medizin oder Zellbiologie heutzutage ohne Molekularbiologie nicht denkbar sind. Das Buch kann aber nicht die Bedürfnisse all dieser Wissenschaften befriedigen. Auch sind nicht sämtliche analytischen Methoden darin enthalten, sondern nur diejenigen, die biologische Makromoleküle und ihre Modifikationen betreffen. Makromoleküle sind in diesem Fall insbesondere die Proteine und Nucleinsäuren – DNA bzw. RNA –, aber auch Kohlenhydrate und Lipide. Spezielle Methoden für die Analyse von niedermolekularen Metaboliten sind also nicht berücksichtigt. Manchmal haben wir die selbst gesetzte Grenze aber auch überschritten. So werden Methoden zur präparativen Aufarbeitung von DNA und RNA vorgestellt, einfach deshalb, weil sie so unmittelbar und zwingend mit den anschließenden Analysetechniken zusammenhängen. Außerdem können viele Techniken (etwa Elektrophorese oder Chromatographie) sowohl im analytischen als auch im präparativen Maßstab angewendet werden. Bei anderen Techniken wiederum ist es nicht ohne Weiteres auseinanderzuhalten, was Präparation, was Analyse ist – wenn man nicht der traditionellen Aufteilung der Begriffe folgen will, wonach es allein durch die Menge der Substanz bestimmt wird, mit der man es zu tun hat. Ist etwa beim Two-Hybrid-System die Identifizierung von wechselwirkenden Proteinpartnern eine analytische Methode, wenn dieser letzte Schritt auf der arbeitsintensiven Konstruktion der entsprechenden Klone beruht – also auf einer Methode, bei der vorerst nichts bezüglich der Wechselwirkung analysiert wird? Ähnlich verhält es sich bei der gezielten Genmodifikation, nach der die Genfunktion analysiert werden kann, bei der aber zuvor die Konstruktion (und nicht die Analyse) der mutanten Sequenzen *in vitro* vollbracht werden muss. Andererseits wurde auf die Beschreibung einiger eindeutig präparativer Techniken konsequent verzichtet. Die Synthese von Oligonucleotiden – eine eindeutig präparative Technik – oder die DNA-Klonierung etwa wurden ganz weggelassen. Letztere ist, obwohl Voraussetzung oder Ziel einer großen Zahl analytischer Methoden, selbst keine analytische Technik. In diesem Fall war die Entscheidung für uns auch deshalb sehr leicht zu fällen, weil es bereits zahlreiche gute Einführungen und Manuals zur DNA-Klonierung gibt!

Zusammenfassend würden wir sagen, dass das Buch die analytischen Methoden der Protein- und Nucleinsäure(bio)chemie, der Molekularbiologie und zum Teil auch der modernen Cytogenetik beschreibt. In diesem Zusammenhang sind mit „Molekularbiologie" diejenigen Teile der molekularen Genetik und Biochemie gemeint, die sich mit der Analyse der Struktur und Funktion der Nucleinsäuren auseinandersetzen. Vieles für die medizinische Anwendung Relevante wurde an entsprechenden Stellen betont. Methoden der (klassischen) Genetik sowie der traditionellen Zellbiologie sind hingegen kaum enthalten.

Wir möchten hervorheben, dass wir Kapitel, die unmittelbar die Funktion der Proteine und Nucleinsäuren betreffen, einem besonderen Teil im Buch zugewiesen haben, der „Systematischen Funktionsanalytik". Wir haben versucht, dem Paradigmenwechsel von der traditionellen Bioanalytik zu holistischen Analyseansätzen Rechnung zu tragen. In diesem Abschnitt werden viele Themen aufgegriffen, die – obwohl teilweise noch keineswegs ausgereift – an der vordersten Front der Wissenschaft zu finden sind. Wir sind uns der Tatsache bewusst, dass gerade dieser Bereich einem schnellen Wandel unterliegt und sich einige Aspekte vielleicht schon in naher Zukunft als zu optimistisch oder zu pessimistisch bewertet herausstellen können. Dennoch glauben wir, dass die Diskussion der zum jetzigen Zeitpunkt modernsten Techniken und Strategien spannende Aspekte aufzeigt und hoffentlich inspirierende Wirkung hat.

Die steigende Verfügbarkeit von DNA- und Proteinsequenzen von vielen Organismen ist einerseits die wesentliche Grundlage für diese systematische Funktionsanalyse und macht andererseits eine Hochdurchsatzanalytik und eine Analyse der Daten immer wichtiger. So werden die aus Genom, Proteom und Metabolom gewonnenen Informationen durch In-Silico-Analysen miteinander abgeglichen, die Lokalisation und Interaktionen der Biomoleküle berücksichtigt und alles zu komplexen Netzwerken zusammengestellt. Das Fernziel eines umfassenden Systemverständnisses kann aber sicher nur über die Einbeziehung von weiteren, bis jetzt nicht selbstverständlich in der Bioanalytik angesiedelten Expertisen erreicht werden. Bioanalytiker müssen und werden interdisziplinär, in enger Kooperation mit Informatikern, Systemtheoretikern, Biotechnologen und Zellbiologen arbeiten müssen, um bis jetzt nicht ausgeschöpfte Synergien zu erreichen. Dieser Ausblick in die (vielleicht schon nahe) Zukunft soll im abschließenden Kapitel „Systembiologie" gegeben werden.

An wen wendet sich dieses Buch? Das vorher Gesagte lässt es mehr oder weniger ahnen: Es sind in erster Linie Biochemiker, Biologen, Chemiker, Pharmazeuten, Lebensmittelchemiker, Mediziner und Biophysiker. Für die einen (etwa Biochemiker, Biologen, Chemiker) wird das Buch interessant sein, weil es Methoden zu ihrem eigenen Wissensgegenstand beschreibt. Der zweiten Gruppe (z. B. Pharmazeuten, Lebensmittelchemikern, Medizinern, Biophysikern) mag das Buch relevant erscheinen, weil sie darin die Hintergründe und Grundlagen für eine Vielzahl der Kenntnisse in ihren Disziplinen findet. Darüber hinaus wendet sich das Buch an jeden interessierten Leser, der bereit ist, sich mit dem Inhalt ein wenig auseinanderzusetzen. Der behandelte Stoff setzt voraus, dass der Nutzer zumindest eine Grundvorlesung in Biochemie oder molekularer Genetik/Gentechnik gehört hat – am besten beides – oder dass er gerade dabei ist. In unserer Vorstellung wäre es ideal, wenn das Buch als Begleitlektüre zu einer solchen Vorlesung genutzt würde. Es kann und sollte zudem während der experimentellen Tätigkeit (etwa Praktikum, Bachelor-, Master- oder Doktorarbeit oder der alltäglichen Arbeit im Labor) zurate gezogen werden. Das Buch möchte von gleichem Wert für Studierende, für Lehrende und für beruflich Tätige in diesen Wissenschaften sein.

Die Gliederung des Stoffes hat sich als eine der schwierigsten Aufgaben bei der Gestaltung dieses Buches herausgestellt. Es ist fast unmöglich, die Arbeitstechniken eines so komplexen Gebietes in den zwei Dimensionen, die uns das Papier allein bietet, völlig realitätstreu abzuhandeln, ohne gleichzeitig die didaktische Absicht des Buches zu beeinträchtigen. Uns standen zwei Herangehensweisen zur Auswahl: eine mehr theoretische und gedanklich stringentere und eine stärker praxisorientierte. Die theoretische Möglichkeit wäre gewesen, die Methoden ausschließlich nach den verschiedenen Arten aufzuteilen, zum Beispiel Chromatographie, Elektrophorese, Zentrifugation usw. Unter der jeweiligen Methodenart wäre dann ihre Anwendung je nach konkreter Absicht und bei den verschiedenen Stoffklassen beschrieben. Dieses Vorgehen ist zwar gedanklich logischer, aber unübersichtlicher und praxisfremd. Die stärker praxisbezogene Präsentation geht vom konkreten Problem und der konkreten Fragestellung aus und sucht nach der Methode, die die Frage beantwortet. Das ist intuitiv einsichtiger, führt aber zu unvermeidbaren Redundanzen, und ein richtiges, „mehrdimensionales" und tiefes Verständnis des Stoffes ergibt sich erst nach seiner gesamten Durcharbeitung. Unser Vorgehen in diesem Buch lehnt sich entschieden an die zweite, praxisbezogene Alternative an. Wo es aber möglich war, vor allem im Teil „Proteinanalytik", werden die Methoden nach prinzipiellen Gesichtspunkten eingeteilt und besprochen. Dieser Teil enthält auch die Grundlagen instrumenteller Techniken, deren Verständnis und Kenntnis Voraussetzung für andere Buchteile sind. Dem Problem der Redundanz sind wir begegnet, indem gewöhnlich an die Stelle verwiesen wird, an der die Methode zum ersten Mal beschrieben ist. Manchmal ließen wir aber aus didaktischen Zwecken Redundanzen stehen. Es bleibt unseren Lesern überlassen, zu urteilen, ob die Frage der Aufteilung durch unsere Wahl optimal gelöst wurde.

Eine Übersicht der vorgestellten Methoden und ihrer Zusammenhänge findet der Leser auch in der Abbildung am Ende dieses Vorworts. Dieses Flussdiagramm soll – vor allem dem Einsteiger – veranschaulichen, wie man sich die analytische Vorgehensweise vom Aufschluss der Zellen bis hinunter zu den molekularen Dimensionen vorzustellen hat. In dem Diagramm sind die natürlichen Turbulenzen des Flusses wohlwissentlich auf dem Altar der Übersichtlichkeit geopfert worden. Der Fachmann möge uns verzeihen!

An dieser Stelle sei noch auf eine Konvention im Buch verwiesen, die nicht allgemein gebräuchlich ist: Es geht um die Begriffe *in vitro* und *in vivo*. Um Missverständnissen vorzubeugen, möchten wir hier erklären, dass wir diese Termini so benutzen, wie sie die Molekularbiologen verstehen, also *in vitro* für „zellfrei", *in vivo* für „in der lebenden

Zelle" (*in situ* heißt wörtlich „an Ort und Stelle" und wird auch als solches benutzt und verstanden). Wo es unklar sein könnte, haben wir die eindeutigen deutschen Beschreibungen gewählt, also „zellfrei", „in der lebenden Zelle", „im Tierexperiment".

Gut 20 Jahre nach der ersten Veröffentlichung des Bioanalytik Lehrbuches und neun Jahre nach dem Erscheinen der vorherigen, 3. Auflage erschien es uns dringend notwendig, das Buch grundlegend zu überarbeiten und zu aktualisieren. Man denke an die rasanten Fortschritte der Biowissenschaften seit dem Beginn des neuen Jahrtausends. Gerade die Weiterentwicklung der DNA-Sequenziertechniken (Next Generation Sequencing, NGS) haben zu einem ungeheuren Erkenntnisgewinn über Genfunktionen, Krankheitsursachen und evolutionäre Verwandtschaftszusammenhänge geführt. Die moderne Massenspektrometrie erlaubt nicht mehr nur die qualitative, sondern auch die rapide quantitative Analyse von Proteomen. Mit der CRISPR/Cas-Technologie haben wir ein Werkzeug, eukaryontische Genome einfach und präzise zu editieren. Dies sind nur einige Beispiele, die zeigen, wie wichtig die Weiterentwicklung analytischer Methoden für den biowissenschaftlichen Erkenntnisgewinn ist.

An dieser Stelle müssen wir ein äußerst trauriges Thema ansprechen. Im Sommer 2018 verstarb unser geschätzter Kollege Joachim Engels, der Mitherausgeber der beiden vorangegangenen Ausgaben der Bioanalytik war. Er war nicht nur ein hervorragender Nucleinsäurechemiker, sondern mit seiner ruhigen und humorvollen Art vor allem auch ein allseits beliebter Kollege, dem wir freundschaftlich zugetan waren. Joachim Engels konnte noch das Erscheinen der ersten englischsprachigen Ausgabe des „Bioanalytics"-Lehrbuches miterleben. Wir, Joachim Engels und Jens Kurreck, haben zahlreiche Nucleinsäure-Konferenzen gemeinsam besucht – bis in entlegene Provinzen Chinas. Da er von meiner Begeisterung wusste, die Fortschritte der Forschung in Lehrbüchern und Vorlesungen an Studierende weiterzugeben, hat er mich dem Begründer des Bioanalytik-Lehrbuches, Friedrich Lottspeich, als neuen Mitherausgeber für den Nucleinsäureteil vorgeschlagen. Es versteht sich von selbst, dass diese ehrenvolle Anfrage umgehend angenommen wurde. Als neues Herausgeberteam haben wir, Friedrich Lottspeich und Jens Kurreck, von Anfang an hervorragend harmoniert. Stets bestand Einigkeit, an Bewährtem in aktualisierter Form festzuhalten und Neues hinzuzufügen. Dies bedeutete, „Altautoren" zur Überarbeitung ihrer Kapitel zu motivieren, für einige bestehende Kapitel neue Autoren zu gewinnen, aber auch völlig neue Themen hinzuzunehmen, beispielsweise mikrophysiologische Multi-Organ-Chips. Wir hoffen, dass uns der Balanceakt aus Bewahren und Erneuern gelungen ist.

Wir haben größte Sorgfalt verwendet, die Kapitel aufeinander abzustimmen und Fehler der vorigen Auflage zu eliminieren. Wir danken den Lesern, die uns auf Unstimmigkeiten oder Lücken in der Vorauflage hingewiesen haben, die wir trotz aller Sorgfalt übersehen haben, und hoffen auch für die Zukunft auf derart konstruktive Verbesserungsvorschläge. Wie zu erwarten, hat uns dieses Werk viel Arbeit, aber auch sehr viel Spaß gemacht! Wir möchten uns an dieser Stelle bei unseren Autoren bedanken, die durch ihre großartige, gewissenhafte Arbeit und Kooperationsbereitschaft zu dieser Freude wesentlich beigetragen haben. Vor allem aber möchten wir unseren Dank dem Spektrum-Verlag und seinem engagierten Team um Frau Koch und Frau Saglio aussprechen und hier besonders der Lektorin Frau Dr. Simeon, die mit bewundernswerter Geduld und Zähigkeit unsere Hauptstütze in der redaktionellen Realisierung des Buches war. Bedanken möchten wir uns auch bei dem Grafiker, Herrn Lay, für die Überarbeitung und Neugestaltung der Abbildungen, die bei einem Lehrbuch eine zentrale didaktische Rolle spielen. Last but not least danken wir unseren Familien für das Verständnis, dass wir neben all unseren anderen Verpflichtungen mit dem Bioanalytik-Lehrbuch ein weiteres Großprojekt bearbeitete haben, in das wir viel Zeit investiert haben.

**Friedrich Lottspeich**
Planegg-Martinsried, Deutschland

**Jens Kurreck**
Berlin, Deutschland
Juli 2021

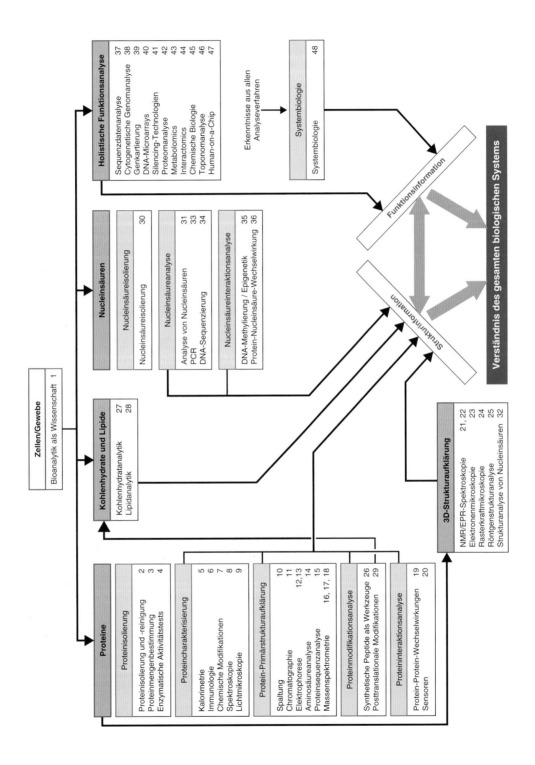

# Inhaltsverzeichnis

| | | |
|---|---|---:|
| 1 | **Bioanalytik – eine eigenständige Wissenschaft** | 1 |
| | *Jens Kurreck, Friedrich Lottspeich und Joachim W. Engels* | |
| 1.1 | **Paradigmenwechsel in der Biochemie: von der Proteinchemie zur Systembiologie** | 3 |
| 1.1.1 | Klassische Strategie | 3 |
| 1.1.2 | Holistische Strategie | 3 |
| 1.2 | **Methoden begründen Fortschritt** | 4 |
| 1.2.1 | Proteinanalytik | 6 |
| 1.2.2 | Molekularbiologie | 7 |
| 1.2.3 | Bioinformatik | 9 |
| 1.2.4 | Funktionsanalyse | 9 |

## I Proteinanalytik

| | | |
|---|---|---:|
| 2 | **Proteinreinigung** | 13 |
| | *Friedrich Lottspeich* | |
| 2.1 | **Eigenschaften von Proteinen** | 14 |
| 2.2 | **Proteinlokalisation und Reinigungsstrategie** | 17 |
| 2.3 | **Homogenisierung und Zellaufschluss** | 18 |
| 2.4 | **Die Fällung** | 20 |
| 2.5 | **Zentrifugation** | 21 |
| 2.5.1 | Grundlagen | 22 |
| 2.5.2 | Zentrifugationstechniken | 23 |
| 2.6 | **Abtrennung von Salzen oder hydrophilen Verunreinigungen** | 25 |
| 2.7 | **Konzentrierung** | 27 |
| 2.8 | **Detergenzien und ihre Entfernung** | 28 |
| 2.8.1 | Eigenschaften von Detergenzien | 28 |
| 2.8.2 | Entfernen von Detergenzien | 31 |
| 2.9 | **Probenvorbereitung für die Proteomanalyse** | 32 |
| | Literatur und Weiterführende Literatur | 32 |
| 3 | **Proteinbestimmungen** | 33 |
| | *Lutz Fischer* | |
| 3.1 | **Quantitative Bestimmung durch Färbetests** | 35 |
| 3.1.1 | Biuret-Assay | 37 |
| 3.1.2 | Lowry-Assay | 37 |
| 3.1.3 | Bicinchoninsäure-Assay (BCA-Assay) | 38 |
| 3.1.4 | Bradford-Assay | 38 |
| 3.2 | **Spektroskopische Methoden** | 39 |
| 3.2.1 | Messungen im UV-Bereich | 39 |
| 3.2.2 | Fluoreszenzmethode | 41 |
| 3.3 | **Radioaktive Markierung von Peptiden und Proteinen** | 41 |
| 3.3.1 | Iodierungen | 42 |
| | Literatur und Weiterführende Literatur | 44 |
| 4 | **Enzymatische Aktivitätstests** | 45 |
| | *Hans Bisswanger* | |
| 4.1 | **Michaelis-Menten-Gleichung** | 46 |
| 4.2 | **Kriterien für die Konzentrationen der Testsubstanzen** | 49 |
| 4.3 | **Einflüsse auf die Enzymaktivität** | 49 |
| 4.3.1 | pH-Abhängigkeit | 49 |
| 4.3.2 | Abhängigkeit von der Ionenstärke | 50 |

| 4.3.3 | Abhängigkeit von der Temperatur | 50 |
| 4.3.4 | Stabilität von Enzymen | 51 |
| **4.4** | **Aufbau eines Testsystems** | 52 |
| 4.4.1 | Generelle Vorgehensweise bei Enzymtests | 52 |
| 4.4.2 | Konzipierung eines speziellen Testverfahrens | 52 |
| **4.5** | **Messtechniken** | 54 |
| 4.5.1 | Optische Methoden | 54 |
| 4.5.2 | Elektrochemische Methoden | 55 |
| 4.5.3 | Radioaktive Markierung | 56 |
| 4.5.4 | Chromatographische Verfahren | 56 |
| 4.5.5 | Diverse Methoden | 56 |
| **5** | **Mikrokalorimetrie** | 59 |

*Alfred Blume*

| **5.1** | **Differential Scanning Calorimetry (DSC)** | 61 |
| **5.2** | **Isothermal Titration Calorimetry (ITC)** | 67 |
| 5.2.1 | Bindung von Liganden an Proteine | 67 |
| 5.2.2 | Bindung von Molekülen an Membranen: Einbau und periphere Bindung | 72 |
| **5.3** | **Pressure Perturbation Calorimetry (PPC)** | 75 |
| | Literatur und Weiterführende Literatur | 76 |
| **6** | **Immunologische Techniken** | 77 |

*Hyun-Dong Chang und Reinhold Paul Linke*

| **6.1** | **Antikörper** | 78 |
| 6.1.1 | Antikörper und Immunabwehr | 78 |
| 6.1.2 | Antikörper als Reagens | 78 |
| 6.1.3 | Eigenschaften von Antikörpern | 79 |
| 6.1.4 | Funktionelle Struktur von IgG | 81 |
| 6.1.5 | Antigenbindungsstelle (Haftstelle) | 82 |
| 6.1.6 | Handhabung von Antikörpern | 83 |
| **6.2** | **Antigene** | 84 |
| **6.3** | **Antigen-Antikörper-Reaktion** | 85 |
| 6.3.1 | Immunagglutination | 86 |
| 6.3.2 | Immunpräzipitation | 87 |
| 6.3.3 | Immunbindung | 97 |
| **6.4** | **Komplementfixation** | 106 |
| **6.5** | **Methoden der zellulären Immunologie** | 106 |
| 6.5.1 | Immunhistochemie, Immuncytochemie | 106 |
| 6.5.2 | Durchflusscytometrie | 108 |
| 6.5.3 | Serielles Zellsortierverfahren | 111 |
| 6.5.4 | Parallele Zellsortierverfahren | 111 |
| **6.6** | **Herstellung von Antikörpern** | 112 |
| 6.6.1 | Arten von Antikörpern | 112 |
| 6.6.2 | Ausblick: künftige Erweiterung der Bindungskonzepte | 114 |
| | Literatur und Weiterführende Literatur | 115 |
| **7** | **Chemische Modifikation von Proteinen und Proteinkomplexen** | 117 |

*Sylvia Els-Heindl, Anette Kaiser, Kathrin Bellmann-Sickert und*
*Annette G. Beck-Sickinger*

| **7.1** | **Chemische Modifikation funktioneller Gruppen von Proteinen** | 119 |
| 7.1.1 | Lysinreste | 119 |
| 7.1.2 | Cysteinreste | 122 |
| 7.1.3 | Glutamat- und Aspartatreste | 123 |
| 7.1.4 | Argininreste | 124 |
| 7.1.5 | Tyrosinreste | 124 |
| 7.1.6 | Tryptophanreste | 125 |

7.1.7    Methioninreste . . . . . . . . . . . . . . . . . . . . . . . . . . . . . . . . . . . . . . . . . . . . . . . . . . . . .    126

7.1.8    Histidinreste. . . . . . . . . . . . . . . . . . . . . . . . . . . . . . . . . . . . . . . . . . . . . . . . . . . . . . . .    126

7.2      **Modifizierung als Mittel zur Einführung von Reportergruppen.** . . . . . . . . . . . . . . . . . . . . .    127

7.2.1    Untersuchungen an natürlich vorkommenden Proteinen . . . . . . . . . . . . . . . . . . . . . . . . . . .    127

7.2.2    Untersuchungen an mutierten Proteinen. . . . . . . . . . . . . . . . . . . . . . . . . . . . . . . . . . . . . .    130

7.3      **Protein-Crosslinking zur Analyse von Proteinwechselwirkungen.** . . . . . . . . . . . . . . . . . . . .    132

7.3.1    Bifunktionelle Reagenzien . . . . . . . . . . . . . . . . . . . . . . . . . . . . . . . . . . . . . . . . . . . . . . .    133

7.3.2    Photoaffinitätsmarkierung . . . . . . . . . . . . . . . . . . . . . . . . . . . . . . . . . . . . . . . . . . . . . . .    133

         Literatur und Weiterführende Literatur . . . . . . . . . . . . . . . . . . . . . . . . . . . . . . . . . . . . . . .    143


8        **Spektroskopie.** . . . . . . . . . . . . . . . . . . . . . . . . . . . . . . . . . . . . . . . . . . . . . . . . . . . . . .    145

         *Werner Mäntele*

8.1      **Physikalische Prinzipien und Messtechniken.** . . . . . . . . . . . . . . . . . . . . . . . . . . . . . . . . . .    147

8.1.1    Physikalische Grundlagen optischer spektroskopischer Messmethoden . . . . . . . . . . . . . . . .    147

8.1.2    Wechselwirkung Licht-Materie . . . . . . . . . . . . . . . . . . . . . . . . . . . . . . . . . . . . . . . . . . . . .    148

8.1.3    Absorptionsmessungen . . . . . . . . . . . . . . . . . . . . . . . . . . . . . . . . . . . . . . . . . . . . . . . . . .    156

8.1.4    Photometer . . . . . . . . . . . . . . . . . . . . . . . . . . . . . . . . . . . . . . . . . . . . . . . . . . . . . . . . . .    159

8.1.5    Kinetische spektroskopische Untersuchungen. . . . . . . . . . . . . . . . . . . . . . . . . . . . . . . . . .    160

8.2      **UV/VIS/NIR-Spektroskopie** . . . . . . . . . . . . . . . . . . . . . . . . . . . . . . . . . . . . . . . . . . . . . . . .    162

8.2.1    Grundlagen . . . . . . . . . . . . . . . . . . . . . . . . . . . . . . . . . . . . . . . . . . . . . . . . . . . . . . . . . . .    162

8.2.2    Chromoproteine. . . . . . . . . . . . . . . . . . . . . . . . . . . . . . . . . . . . . . . . . . . . . . . . . . . . . . . .    162

8.3      **IR-Spektroskopie** . . . . . . . . . . . . . . . . . . . . . . . . . . . . . . . . . . . . . . . . . . . . . . . . . . . . . . .    168

8.3.1    Grundlagen . . . . . . . . . . . . . . . . . . . . . . . . . . . . . . . . . . . . . . . . . . . . . . . . . . . . . . . . . . .    168

8.3.2    Molekülschwingungen . . . . . . . . . . . . . . . . . . . . . . . . . . . . . . . . . . . . . . . . . . . . . . . . . . .    170

8.3.3    Messtechniken . . . . . . . . . . . . . . . . . . . . . . . . . . . . . . . . . . . . . . . . . . . . . . . . . . . . . . . . .    171

8.3.4    Infrarotspektroskopie von Proteinen . . . . . . . . . . . . . . . . . . . . . . . . . . . . . . . . . . . . . . . . .    174

8.4      **Raman-Spektroskopie** . . . . . . . . . . . . . . . . . . . . . . . . . . . . . . . . . . . . . . . . . . . . . . . . . . .    177

8.4.1    Grundlagen . . . . . . . . . . . . . . . . . . . . . . . . . . . . . . . . . . . . . . . . . . . . . . . . . . . . . . . . . . .    177

8.4.2    Raman-Experimente. . . . . . . . . . . . . . . . . . . . . . . . . . . . . . . . . . . . . . . . . . . . . . . . . . . . .    178

8.4.3    Resonanz-Raman-Spektroskopie . . . . . . . . . . . . . . . . . . . . . . . . . . . . . . . . . . . . . . . . . . . .    178

8.5      **Fluoreszenzspektroskopie** . . . . . . . . . . . . . . . . . . . . . . . . . . . . . . . . . . . . . . . . . . . . . . . .    180

8.5.1    Grundlagen . . . . . . . . . . . . . . . . . . . . . . . . . . . . . . . . . . . . . . . . . . . . . . . . . . . . . . . . . . .    180

8.5.2    Fluoreszenzspektren als Emissionsspektren und als Aktionsspektren . . . . . . . . . . . . . . . . . .    181

8.5.3    Fluoreszenzuntersuchungen mit intrinsischen und extrinsischen Fluorophoren . . . . . . . . . .    182

8.5.4    Spezielle Fluoreszenztechniken: FRAP, FLIM, FCS, TIRF. . . . . . . . . . . . . . . . . . . . . . . . . . . . . .    184

8.5.5    Förster-Resonanz-Energietransfer (FRET) . . . . . . . . . . . . . . . . . . . . . . . . . . . . . . . . . . . . . . .    185

8.5.6    Einzelmolekülspektroskopie . . . . . . . . . . . . . . . . . . . . . . . . . . . . . . . . . . . . . . . . . . . . . . .    185

8.6      **Methoden mit polarisiertem Licht** . . . . . . . . . . . . . . . . . . . . . . . . . . . . . . . . . . . . . . . . . .    186

8.6.1    Lineardichroismus . . . . . . . . . . . . . . . . . . . . . . . . . . . . . . . . . . . . . . . . . . . . . . . . . . . . . . .    186

8.6.2    Optische Rotationsdispersion und Circulardichroismus . . . . . . . . . . . . . . . . . . . . . . . . . . . .    189

         Literatur und Weiterführende Literatur . . . . . . . . . . . . . . . . . . . . . . . . . . . . . . . . . . . . . . .    191


9        **Lichtmikroskopische Verfahren – Imaging** . . . . . . . . . . . . . . . . . . . . . . . . . . . . . . . . . .    193

         *Thomas Quast und Waldemar Kolanus*

9.1      **Wegbereiter der Mikroskopie – von einfachen Linsen zu**

         **hochauflösenden Mikroskopen** . . . . . . . . . . . . . . . . . . . . . . . . . . . . . . . . . . . . . . . . . . . . .    195

9.2      **Moderne Anwendungsbereiche** . . . . . . . . . . . . . . . . . . . . . . . . . . . . . . . . . . . . . . . . . . . . .    197

9.3      **Physikalische Grundlagen.** . . . . . . . . . . . . . . . . . . . . . . . . . . . . . . . . . . . . . . . . . . . . . . . . .    197

9.3.1    Phänomene der Beugung und Bildentstehung . . . . . . . . . . . . . . . . . . . . . . . . . . . . . . . . . .    201

9.4      **Nachweismethoden** . . . . . . . . . . . . . . . . . . . . . . . . . . . . . . . . . . . . . . . . . . . . . . . . . . . . .    202

9.4.1    Histologische Färbungen . . . . . . . . . . . . . . . . . . . . . . . . . . . . . . . . . . . . . . . . . . . . . . . . . .    203

9.4.2    Physikalische Färbungen. . . . . . . . . . . . . . . . . . . . . . . . . . . . . . . . . . . . . . . . . . . . . . . . . . .    203

9.4.3    Physikochemische Vorgänge bei Färbungen (Elektroadsorption) . . . . . . . . . . . . . . . . . . . . .    204

9.4.4    Chemische Färbungen. . . . . . . . . . . . . . . . . . . . . . . . . . . . . . . . . . . . . . . . . . . . . . . . . . . . .    204

9.4.5    Fluoreszenzmarkierung. . . . . . . . . . . . . . . . . . . . . . . . . . . . . . . . . . . . . . . . . . . . . . . . . . . .    204

9.4.6    Direkte und indirekte Immunfluoreszenzmarkierung . . . . . . . . . . . . . . . . . . . . . . . . . . . . . .    204

9.4.7    *In vitro*-Markierung mit organischen Fluorochromen..................................... 205
9.4.8    Fluoreszenzmarkierung für Live Cell Imaging ............................................ 205
9.4.9    *In vivo*-Markierung mit organischen Fluorochromen .................................... 205
9.4.10   Markierung mit *Quantum Dots* ........................................................ 205
9.4.11   *In vivo*-Markierung mit fluoreszierenden Fusionsproteinen (GFP und Varianten).......... 206
9.4.12   Fluorochrome und Lichtquellen für die Fluoreszenzmikroskopie ......................... 207
9.5      **Präparationsmethoden** .............................................................. 209
9.5.1    Isolierte Zellen ...................................................................... 209
9.5.2    Gewebebiopsien ....................................................................... 210
9.5.3    Paraffinpräparate .................................................................... 210
9.5.4    Gefrierschnitte ...................................................................... 211
9.6      **Spezielle fluoreszenzmikroskopische Analytik** ...................................... 211
9.6.1    cLSM (Confocal Laser Scanning Microscopy)............................................. 211
9.6.2    Multi-Photon Fluorescence Microscopy ................................................ 212
9.6.3    Konfokale High-Speed-Spinning-Disk-Systeme (Nipkow-Systeme) ......................... 214
9.6.4    Live Cell Imaging .................................................................... 214
9.6.5    Lichtmikroskopische Superauflösung jenseits des Abbe-Limits.......................... 215
9.6.6    Messung von Molekülbewegungen ....................................................... 217
         Literatur und Weiterführende Literatur............................................... 223

10       **Spaltung von Proteinen** ........................................................... 225
         *Josef Kellermann*
10.1     **Proteolytische Enzyme**............................................................. 226
10.2     **Strategie** ........................................................................ 227
10.3     **Denaturierung** .................................................................... 228
10.4     **Spaltung von Disulfidbrücken und Alkylierung** ..................................... 228
10.5     **Enzymatische Fragmentierung** ...................................................... 229
10.5.1   Proteasen ............................................................................ 229
10.5.2   Proteolysebedingungen ................................................................ 234
10.6     **Chemische Fragmentierung**.......................................................... 235
10.7     **Zusammenfassung** .................................................................. 236
         Literatur............................................................................. 237

11       **Chromatographische Trennmethoden für Peptide und Proteine** ........................ 239
         *Reinhard Boysen*
11.1     **Instrumentierung** ................................................................. 241
11.2     **Chromatographische Theorie** ....................................................... 242
11.3     **Die physiko-chemischen Charakteristika der Peptide und Proteine** .................. 245
11.4     **Chromatographische Trennmethoden**................................................. 246
11.4.1   Ausschlusschromatographie............................................................ 247
11.4.2   Hochleistungs-Reversed-Phase-Chromatographie (HP-RPC)................................ 248
11.4.3   Hochleistungsnormalphase-Chromatographie (HP-NPC).................................... 249
11.4.4   Hochleistungs-Hydrophile-Interaktionschromatographie (HP-HILIC) ..................... 250
11.4.5   Hochleistungs-Aqueous-Normalphasechromatographie (HP-ANPC).......................... 250
11.4.6   Hochleistungs-Hydrophobe-Interaktionschromatographie (HP-HIC)....................... 251
11.4.7   Hochleistungsionenaustauschchromatographie (HP-IEX) ................................. 253
11.4.8   Hochleistungsaffinitätschromatographie (HP-AC)....................................... 254
11.5     **Methodenentwicklung für die analytische Chromatographie am Beispiel der HP-RPC**.. 256
11.5.1   Entwicklung und Optimierung einer Methode............................................ 256
11.5.2   Übergang zur präparativen Chromatographie ........................................... 258
11.5.3   Fraktionierung ....................................................................... 259
11.5.4   Analyse der Fraktionen ............................................................... 259
11.6     **Multidimensionale HPLC**............................................................ 260
11.6.1   Trennung von individuellen Peptiden und Proteinen in der MD-HPLC .................... 260
11.6.2   Trennung von komplexen Peptid- und Proteinmischungen mit der MD-HPLC............... 261
11.6.3   Methodenstrategien für die MD-HPLC................................................... 261

11.6.4   Entwurf eines effektiven MD-HPLC-Schemas für Peptide und Proteine. . . . . . . . . . . . . . . . .   262
11.7   **Schlussbemerkung** . . . . . . . . . . . . . . . . . . . . . . . . . . . . . . . . . . . . . . . . . . . . . . . . . . . . . . .   264
         Literatur und Weiterführende Literatur. . . . . . . . . . . . . . . . . . . . . . . . . . . . . . . . . . . . . . . .   264

12   **Elektrophoretische Verfahren** . . . . . . . . . . . . . . . . . . . . . . . . . . . . . . . . . . . . . . . . . .   265
         *Reiner Westermeier und Angelika Görg*
12.1   **Geschichtlicher Überblick**. . . . . . . . . . . . . . . . . . . . . . . . . . . . . . . . . . . . . . . . . . . . . . . . .   267
12.2   **Theoretische Grundlagen** . . . . . . . . . . . . . . . . . . . . . . . . . . . . . . . . . . . . . . . . . . . . . . . . .   268
12.3   **Instrumentierung und Durchführung von Gelelektrophoresen** . . . . . . . . . . . . . . . . . . . . .   271
12.3.1   Probenvorbereitung. . . . . . . . . . . . . . . . . . . . . . . . . . . . . . . . . . . . . . . . . . . . . . . . . . . . . .   273
12.3.2   Gelmedien für Elektrophoresen . . . . . . . . . . . . . . . . . . . . . . . . . . . . . . . . . . . . . . . . . . . . .   273
12.3.3   Nachweis und Quantifizierung der getrennten Proteine. . . . . . . . . . . . . . . . . . . . . . . . . . .   274
12.3.4   Zonenelektrophorese. . . . . . . . . . . . . . . . . . . . . . . . . . . . . . . . . . . . . . . . . . . . . . . . . . . . . .   277
12.3.5   Porengradientengele . . . . . . . . . . . . . . . . . . . . . . . . . . . . . . . . . . . . . . . . . . . . . . . . . . . . . .   278
12.3.6   Puffersysteme . . . . . . . . . . . . . . . . . . . . . . . . . . . . . . . . . . . . . . . . . . . . . . . . . . . . . . . . . . .   278
12.3.7   Disk-Elektrophorese . . . . . . . . . . . . . . . . . . . . . . . . . . . . . . . . . . . . . . . . . . . . . . . . . . . . . .   279
12.3.8   Saure Nativelektrophorese. . . . . . . . . . . . . . . . . . . . . . . . . . . . . . . . . . . . . . . . . . . . . . . . .   280
12.3.9   SDS-Polyacrylamid-Gelelektrophorese . . . . . . . . . . . . . . . . . . . . . . . . . . . . . . . . . . . . . . .   280
12.3.10   Kationische Detergenselektrophorese. . . . . . . . . . . . . . . . . . . . . . . . . . . . . . . . . . . . . . . .   282
12.3.11   Blaue Nativ-Polyacrylamidgelelektrophorese . . . . . . . . . . . . . . . . . . . . . . . . . . . . . . . . . .   282
12.3.12   Isoelektrische Fokussierung. . . . . . . . . . . . . . . . . . . . . . . . . . . . . . . . . . . . . . . . . . . . . . . .   282
12.4   **Präparative Verfahren** . . . . . . . . . . . . . . . . . . . . . . . . . . . . . . . . . . . . . . . . . . . . . . . . . . . .   287
12.4.1   Elektroelution aus Gelen. . . . . . . . . . . . . . . . . . . . . . . . . . . . . . . . . . . . . . . . . . . . . . . . . . .   287
12.4.2   Präparative Zonenelektrophorese. . . . . . . . . . . . . . . . . . . . . . . . . . . . . . . . . . . . . . . . . . . .   287
12.4.3   Präparative isoelektrische Fokussierung . . . . . . . . . . . . . . . . . . . . . . . . . . . . . . . . . . . . . .   288
12.5   **Trägerfreie Elektrophorese**. . . . . . . . . . . . . . . . . . . . . . . . . . . . . . . . . . . . . . . . . . . . . . . .   290
12.6   **Hochauflösende zweidimensionale Elektrophorese** . . . . . . . . . . . . . . . . . . . . . . . . . . . .   290
12.6.1   Probenvorbereitung. . . . . . . . . . . . . . . . . . . . . . . . . . . . . . . . . . . . . . . . . . . . . . . . . . . . . .   292
12.6.2   Vorfraktionierung . . . . . . . . . . . . . . . . . . . . . . . . . . . . . . . . . . . . . . . . . . . . . . . . . . . . . . . .   292
12.6.3   Erste Dimension: IEF in IPG-Streifen . . . . . . . . . . . . . . . . . . . . . . . . . . . . . . . . . . . . . . . .   293
12.6.4   Zweite Dimension: SDS-Polyacrylamid-Gelelektrophorese . . . . . . . . . . . . . . . . . . . . . . .   294
12.6.5   Detektion und Identifizierung der Proteine. . . . . . . . . . . . . . . . . . . . . . . . . . . . . . . . . . . .   294
12.6.6   Differenzgelelektrophorese (DIGE) . . . . . . . . . . . . . . . . . . . . . . . . . . . . . . . . . . . . . . . . . .   294
12.7   **Elektroblotting** . . . . . . . . . . . . . . . . . . . . . . . . . . . . . . . . . . . . . . . . . . . . . . . . . . . . . . . . .   296
12.7.1   Blotsysteme . . . . . . . . . . . . . . . . . . . . . . . . . . . . . . . . . . . . . . . . . . . . . . . . . . . . . . . . . . . .   296
12.7.2   Transferpuffer . . . . . . . . . . . . . . . . . . . . . . . . . . . . . . . . . . . . . . . . . . . . . . . . . . . . . . . . . .   298
12.7.3   Blotmembranen. . . . . . . . . . . . . . . . . . . . . . . . . . . . . . . . . . . . . . . . . . . . . . . . . . . . . . . . . .   298
         Literatur und Weiterführende Literatur. . . . . . . . . . . . . . . . . . . . . . . . . . . . . . . . . . . . . . . .   298

13   **Kapillarelektrophorese**. . . . . . . . . . . . . . . . . . . . . . . . . . . . . . . . . . . . . . . . . . . . . . . . . . .   299
         *Philippe Schmitt-Kopplin und Gerhard K. E. Scriba*
13.1   **Geschichtlicher Überblick**. . . . . . . . . . . . . . . . . . . . . . . . . . . . . . . . . . . . . . . . . . . . . . . . .   300
13.2   **Aufbau der Kapillarelektrophorese** . . . . . . . . . . . . . . . . . . . . . . . . . . . . . . . . . . . . . . . . .   300
13.3   **Grundprinzipien der Kapillarelektrophorese**. . . . . . . . . . . . . . . . . . . . . . . . . . . . . . . . . .   301
13.3.1   Der Elektroosmotische Fluss (EOF) . . . . . . . . . . . . . . . . . . . . . . . . . . . . . . . . . . . . . . . . . .   301
13.3.2   Joule'sche Wärmeentwicklung . . . . . . . . . . . . . . . . . . . . . . . . . . . . . . . . . . . . . . . . . . . . .   303
13.3.3   Injektion der Proben. . . . . . . . . . . . . . . . . . . . . . . . . . . . . . . . . . . . . . . . . . . . . . . . . . . . . .   303
13.3.4   Detektion . . . . . . . . . . . . . . . . . . . . . . . . . . . . . . . . . . . . . . . . . . . . . . . . . . . . . . . . . . . . . .   304
13.4   **Die Methoden der Kapillarelektrophorese** . . . . . . . . . . . . . . . . . . . . . . . . . . . . . . . . . . .   305
13.4.1   Kapillarzonenelektrophorese (CZE). . . . . . . . . . . . . . . . . . . . . . . . . . . . . . . . . . . . . . . . . .   305
13.4.2   Micellarelektrokinetische Chromatographie (MEKC) und Mikroemulsion
         elektrokinetische Chromatographie (MEEKC) . . . . . . . . . . . . . . . . . . . . . . . . . . . . . . . . . .   310
13.4.3   Kapillaraffinitätselektrophorese (ACE) . . . . . . . . . . . . . . . . . . . . . . . . . . . . . . . . . . . . . . .   313
13.4.4   Kapillarelektrochromatographie (CEC). . . . . . . . . . . . . . . . . . . . . . . . . . . . . . . . . . . . . . . .   313
13.4.5   Enantiomerentrennungen . . . . . . . . . . . . . . . . . . . . . . . . . . . . . . . . . . . . . . . . . . . . . . . . . .   314

13.4.6  Kapillargelelektrophorese (CGE)..................................................... 314
13.4.7  Isoelektrische Fokussierung (CIEF)................................................. 317
13.4.8  Isotachophorese (ITP).............................................................. 320
13.5    **Spezielle Techniken**............................................................. 321
13.5.1  Online-Probenkonzentrierung ....................................................... 321
13.5.2  Fraktionierung .................................................................... 321
13.5.3  Mikrochipelektrophorese ........................................................... 323
13.6    **Ausblick**....................................................................... 324
        Literatur und Weiterführende Literatur............................................ 325

14      **Aminosäureanalyse**.............................................................. 327
        *Josef Kellermann*
14.1    **Probenvorbereitung**............................................................. 329
14.1.1  Saure Hydrolyse ................................................................... 329
14.1.2  Alkalische Hydrolyse............................................................... 330
14.1.3  Enzymatische Hydrolyse ............................................................ 330
14.2    **Freie Aminosäuren** ............................................................. 330
14.3    **Flüssigchromatographie mit optischer Detektion** ............................... 330
14.3.1  Nachsäulenderivatisierung ......................................................... 330
14.3.2  Vorsäulenderivatisierung .......................................................... 333
14.4    **Aminosäureanalyse mit massenspektrometrischer Detektion**....................... 335
14.5    **Datenauswertung und Beurteilung der Analysen** ................................. 337
        Literatur und Weiterführende Literatur............................................ 339

15      **Proteinsequenzanalyse** ......................................................... 341
        *Friedrich Lottspeich*
15.1    **N-terminale Sequenzanalyse: der Edman-Abbau**................................... 344
15.1.1  Reaktionen des Edman-Abbaus ....................................................... 344
15.1.2  Identifizierung der Aminosäuren ................................................... 345
15.1.3  Die Qualität des Edman-Abbaus: die repetitive Ausbeute ............................ 346
15.1.4  Instrumentierung................................................................... 346
15.1.5  Probleme der Aminosäuresequenzanalyse ............................................. 350
15.1.6  Stand der Technik ................................................................. 353
15.2    **C-terminale Sequenzanalyse** .................................................... 354
15.2.1  Chemische Abbaumethoden ........................................................... 354
15.2.2  Peptidmengen und Qualität des chemischen Abbaus.................................... 356
15.2.3  Abbau der Polypeptide mit Carboxypeptidasen ....................................... 356
15.3    **Single Molecule Protein Sequencing**............................................. 357
15.4    **Ausblick**....................................................................... 357
        Literatur und Weiterführende Literatur............................................ 358

16      **Massenspektrometrie** ........................................................... 359
        *Helmut E. Meyer, Thomas Fröhlich, Eckhard Nordhoff und Katja Kuhlmann*
16.1    **Ionisationsmethoden**............................................................ 361
16.1.1  Matrixassistierte Laserdesorptions/Ionisations-Massenspektrometrie (MALDI-MS) ....... 362
16.1.2  Elektrospray-Ionisation (ESI) ..................................................... 367
16.2    **Massenanalysatoren**............................................................. 374
16.2.1  Flugzeitanalysator (TOF) .......................................................... 376
16.2.2  Quadrupolanalysator ............................................................... 378
16.2.3  Elektrische Ionenfallen............................................................ 380
16.2.4  Magnetische Ionenfalle ............................................................ 382
16.2.5  Orbital-Ionenfalle................................................................. 383
16.2.6  Hybridgeräte ...................................................................... 384
16.3    **Ionendetektoren** ............................................................... 389
16.3.1  Sekundärelektronenvervielfacher (SEV) ............................................. 389

16.3.2 Faraday-Becher.................................................... 390
16.4 **Fragmentierungstechniken** ...................................... 391
16.4.1 Kollisionsinduzierte Dissoziation (CID)............................. 391
16.4.2 Prompte und metastabile Zerfälle (ISD, PSD)....................... 392
16.4.3 Photoneninduzierte Dissoziation (PID, IRMPD).................... 394
16.4.4 Erzeugung von Radikalen (ECD, HECD, ETD) ....................... 394
16.5 **Massenbestimmung**............................................ 396
16.5.1 Berechnung der Masse ........................................... 396
16.5.2 Einfluss der Isotopie ............................................. 396
16.5.3 Kalibrierung..................................................... 400
16.5.4 Bestimmung der Ladungszahl ..................................... 400
16.5.5 Signalverarbeitung und -auswertung .............................. 400
16.5.6 Ableitung der Masse.............................................. 401
16.5.7 Probleme ....................................................... 401
16.6 **Identifizierung, Nachweis und Strukturaufklärung** ............... 402
16.6.1 Identifizierung................................................... 402
16.6.2 Nachweis........................................................ 403
16.6.3 Strukturaufklärung .............................................. 404
16.7 **LC-MS und LC-MS/MS**.......................................... 410
16.7.1 LC-MS........................................................... 410
16.7.2 LC-MS/MS....................................................... 412
16.7.3 Ionenmobilitätsspektrometrie (IMS).............................. 412
16.8 **Quantifizierung** ............................................... 413
Literatur und Weiterführende Literatur........................... 414

17 **Massenspektrometriebasierte Immunassays**................................. 415
*Oliver Pötz, Thomas O. Joos, Dieter Stoll und Markus F. Templin*
17.1 **Fängermoleküle für massenspektrometriebasierte Immunassays** .................... 416
17.2 **Auswahl der Peptide für massenspektrometriebasierte Immunassays**................ 418
17.3 **Gezielter Nachweis von Proteinen über massenspektrometriebasierte Immunassays**.......................... 419
17.4 **Anwendung in der Forschung und Klinik – Proteinbiomarker**...................... 420
17.5 **Proteomweite Immunaffinitäts-MS-basierte Ansätze mit gruppenspezifischen Antikörpern** ............................. 421
17.6 **Ausblick**..................................................... 422
Literatur und Weiterführende Literatur........................... 422

18 **Bildgebende Massenspektrometrie**............................................. 423
*Bernhard Spengler*
18.1 **Analytische Mikrosonden**...................................... 424
18.2 **Images: Massenspektrometrische Rasterbilder**................... 425
18.3 **SMALDI-MS: Die Grenzen der Auflösung**......................... 426
18.4 **Weitere Methoden der bildgebenden Massenspektrometrie**.......... 427
18.5 **Auflösung versus Nachweisgrenze** .............................. 428
18.6 **MS-Imaging als phänomenologische Methode**..................... 429
18.7 **SMALDI-Imaging als exakte Methode**............................ 429
18.8 **Identifizierung und Charakterisierung**.......................... 430
Literatur und Weiterführende Literatur........................... 431

19 **Protein-Protein-Wechselwirkungen**........................................... 433
*Peter Uetz, Eva-Kathrin Ehmoser, Dagmar Klostermeier, Klaus Richter und Ute Curth*
19.1 **Das Two-Hybrid-System**....................................... 435
19.1.1 Das Konzept des Two-Hybrid-Systems.............................. 435
19.1.2 Die Elemente des Two-Hybrid-Systems............................. 436

19.1.3   Konstruktion des Köderproteins . . . . . . . . . . . . . . . . . . . . . . . . . . . . . . . . . . . . . . 437
19.1.4   Welche Köderproteine eignen sich für das Two-Hybrid-System? . . . . . . . . . . . . . . . . . 440
19.1.5   Aktivator-Fusionsprotein und cDNA-Bibliotheken . . . . . . . . . . . . . . . . . . . . . . . . . . 440
19.1.6   Durchführung des Two-Hybrid-Screenings . . . . . . . . . . . . . . . . . . . . . . . . . . . . . . 441
19.1.7   Modifizierte Anwendungen und Weiterentwicklungen der Two-Hybrid-Technologie . . . . . . 445
19.1.8   Biochemische und funktionale Analyse der Interaktoren . . . . . . . . . . . . . . . . . . . . . . 446
19.2   **TAP-Tagging und Reinigung von Proteinkomplexen** . . . . . . . . . . . . . . . . . . . . . . . . 447
19.2.1   Retrovirale Transduktion . . . . . . . . . . . . . . . . . . . . . . . . . . . . . . . . . . . . . . . . 448
19.2.2   TAP-Reinigung . . . . . . . . . . . . . . . . . . . . . . . . . . . . . . . . . . . . . . . . . . . . . . 449
19.2.3   Massenspektrometrische Analyse . . . . . . . . . . . . . . . . . . . . . . . . . . . . . . . . . . . 450
19.2.4   Limitationen der TAP-Reinigung . . . . . . . . . . . . . . . . . . . . . . . . . . . . . . . . . . . . 450
19.3   *In vitro*-**Interaktionsanalyse: GST-Pulldown** . . . . . . . . . . . . . . . . . . . . . . . . . . . . 450
19.4   **Ko-Immunpräzipitation** . . . . . . . . . . . . . . . . . . . . . . . . . . . . . . . . . . . . . . . . . 452
19.5   **Far-Western-Blot** . . . . . . . . . . . . . . . . . . . . . . . . . . . . . . . . . . . . . . . . . . . . . 453
19.6   **Plasmonenspektroskopie (Surface Plasmon Resonance)** . . . . . . . . . . . . . . . . . . . . . . 453
19.7   **Fluoreszenz-Resonanz-Energietransfer – FRET** . . . . . . . . . . . . . . . . . . . . . . . . . . . 456
19.7.1   FRET-Effizienzen und ihre experimentelle Bestimmung . . . . . . . . . . . . . . . . . . . . . . 456
19.7.2   Methoden der FRET-Messung . . . . . . . . . . . . . . . . . . . . . . . . . . . . . . . . . . . . . 458
19.7.3   Einbringen von FRET-Sonden in Biomoleküle . . . . . . . . . . . . . . . . . . . . . . . . . . . . 460
19.7.4   Anwendungen von FRET: Interaktions- und Strukturanalyse . . . . . . . . . . . . . . . . . . . 461
19.7.5   FRET als diagnostisches Werkzeug: Biosensoren . . . . . . . . . . . . . . . . . . . . . . . . . 461
19.7.6   Ausblick . . . . . . . . . . . . . . . . . . . . . . . . . . . . . . . . . . . . . . . . . . . . . . . . . 462
19.8   **Analytische Ultrazentrifugation** . . . . . . . . . . . . . . . . . . . . . . . . . . . . . . . . . . . . 462
19.8.1   Instrumentelle Grundlagen . . . . . . . . . . . . . . . . . . . . . . . . . . . . . . . . . . . . . . 463
19.8.2   Sedimentationsgeschwindigkeitsexperimente . . . . . . . . . . . . . . . . . . . . . . . . . . . 465
19.8.3   Sedimentationsgleichgewichtsexperimente . . . . . . . . . . . . . . . . . . . . . . . . . . . . 468
         Zitierte und Weiterführende Literatur . . . . . . . . . . . . . . . . . . . . . . . . . . . . . . . . 470

20   **Bio- und biomimetische Sensoren** . . . . . . . . . . . . . . . . . . . . . . . . . . . . . . . . . . 473
         *Frieder W. Scheller, Aysu Yarman und Reinhard Renneberg*
20.1   **Das Konzept von Bio- und biomimetischen Sensoren** . . . . . . . . . . . . . . . . . . . . . . . 474
20.2   **Aufbau und Funktion von Biosensoren** . . . . . . . . . . . . . . . . . . . . . . . . . . . . . . . . 475
20.3   **Enzymelektroden** . . . . . . . . . . . . . . . . . . . . . . . . . . . . . . . . . . . . . . . . . . . . 476
20.3.1   Gekoppelte Enzymreaktionen in Sensoren . . . . . . . . . . . . . . . . . . . . . . . . . . . . . 477
20.3.2   Biosensoren für Diabetes . . . . . . . . . . . . . . . . . . . . . . . . . . . . . . . . . . . . . . . 478
20.4   **Zellsensoren** . . . . . . . . . . . . . . . . . . . . . . . . . . . . . . . . . . . . . . . . . . . . . . . 480
20.4.1   Mikrobielle Sensoren/biochemischer Sauerstoffbedarf von Abwasser . . . . . . . . . . . . . 480
20.5   **Immunsensoren** . . . . . . . . . . . . . . . . . . . . . . . . . . . . . . . . . . . . . . . . . . . . . 480
20.6   **Biomimetische Sensoren** . . . . . . . . . . . . . . . . . . . . . . . . . . . . . . . . . . . . . . . . 482
20.6.1   Molekular geprägte Polymere . . . . . . . . . . . . . . . . . . . . . . . . . . . . . . . . . . . . . 482
20.6.2   Aptamere . . . . . . . . . . . . . . . . . . . . . . . . . . . . . . . . . . . . . . . . . . . . . . . . 483
20.7   **Mikrofluidische Systeme** . . . . . . . . . . . . . . . . . . . . . . . . . . . . . . . . . . . . . . . . 484
20.8   **Ausblick: Von der Glucoseelektrode zum „Einzel-Molekül-Transistor"** . . . . . . . . . . . . . 484
         Literatur und Weiterführende Literatur . . . . . . . . . . . . . . . . . . . . . . . . . . . . . . . 485

## II   3D-Strukturaufklärung

21   **Magnetische Resonanzspektroskopie von Biomolekülen** . . . . . . . . . . . . . . . . . . . . 489
         *Markus Zweckstetter, Tad A. Holak und Martin Schwalbe*
21.1   **NMR-Spektroskopie von Biomolekülen** . . . . . . . . . . . . . . . . . . . . . . . . . . . . . . . 490
21.1.1   Theorie der NMR-Spektroskopie . . . . . . . . . . . . . . . . . . . . . . . . . . . . . . . . . . . 490
21.1.2   Eindimensionale NMR-Spektroskopie . . . . . . . . . . . . . . . . . . . . . . . . . . . . . . . . 495
21.1.3   Zweidimensionale NMR-Spektroskopie . . . . . . . . . . . . . . . . . . . . . . . . . . . . . . . 500

21.1.4 Dreidimensionale NMR-Spektroskopie ................................................ 506
21.1.5 Signalzuordnung ..................................................................... 511
21.1.6 Bestimmung der Proteinstruktur ..................................................... 516
21.1.7 Proteinstrukturen und mehr – ein Ausblick ........................................... 521
       Literatur und Weiterführende Literatur............................................... 526

22     EPR-Spektroskopie an biologischen Systemen............................... 527
       *Olav Schiemann und Gregor Hagelueken*
22.1   Grundlagen der EPR-Spektroskopie ................................................. 529
22.1.1 Elektronenspin und Resonanzbedingung ............................................. 530
22.1.2 cw-EPR-Spektroskopie............................................................... 531
22.1.3 $g$-Wert ............................................................................. 532
22.1.4 Elektronenspin-Kernspin-Kopplung (Hyperfeinkopplung)............................... 532
22.2   $g$- und Hyperfeinanisotropie ...................................................... 533
22.2.1 $g$-Anisotropie...................................................................... 534
22.2.2 Hyperfeinanisotropie ............................................................... 535
22.3   Elektronenspin-Elektronenspin-Kopplung ........................................... 536
22.4   Gepulste EPR-Experimente........................................................... 538
22.4.1 Grundlagen gepulster EPR ........................................................... 539
22.4.2 Relaxation........................................................................... 540
22.4.3 Spinechos............................................................................ 540
22.4.4 ESEEM .............................................................................. 541
22.4.5 HYSCORE............................................................................. 542
22.4.6 ENDOR.............................................................................. 543
22.4.7 Gepulste dipolare EPR-Spektroskopie ................................................ 545
22.4.8 Vergleich zwischen PELDOR und FRET................................................. 548
22.5   Weitere Anwendungsbeispiele für EPR .............................................. 548
22.5.1 Quantifizierung von Spinzentren/Bindungskonstanten ................................ 549
22.5.2 Lokale pH-Werte..................................................................... 549
22.5.3 Mobilität ........................................................................... 549
22.6   Generelle Bemerkungen zur Aussagekraft von EPR-Spektren........................... 550
22.7   Vergleich EPR/NMR.................................................................. 551
       Literatur und Weiterführende Literatur............................................... 552

23     Elektronenmikroskopie ............................................................ 553
       *Philipp Erdmann, Sven Klumpe und Juergen M. Plitzko*
23.1   Historischer Überblick .............................................................. 556
23.2   Transmissionselektronenmikroskopie ............................................... 557
23.2.1 Instrumentation...................................................................... 557
23.2.2 Elektronenerzeugung ................................................................ 557
23.2.3 Elektronenlinsen .................................................................... 558
23.2.4 Elektronenaufzeichnung.............................................................. 560
23.2.5 Objektträger und Probenhalter ...................................................... 560
23.3   Präparationsverfahren............................................................... 561
23.3.1 Negativkontrastierung................................................................ 562
23.3.2 Native Proben in Eis ................................................................ 564
23.3.3 Kryo-FIB-Lamellen................................................................... 566
23.4   Abbildung im Elektronenmikroskop................................................... 569
23.4.1 Auflösung des Transmissionselektronenmikroskops ................................... 569
23.4.2 Wechselwirkungen des Elektronenstrahls mit dem Objekt ............................. 570
23.4.3 Phasenkontrast in der Elektronenmikroskopie......................................... 572
23.4.4 Elektronenmikroskopie mit Phasenplatten ........................................... 573
23.4.5 Kryo-Elektronenmikroskopie.......................................................... 575
23.4.6 Aufnahme von Bildern – Elektronendetektoren........................................ 576

23.5 **Bildverarbeitung für die 3D-Elektronenmikroskopie** ............................... 577
23.5.1 Die Fourier-Transformation ....................................... 577
23.5.2 Eigenschaften und Nutzen der Fourier-Transformation in der Bildverarbeitung ........... 579
23.5.3 Die Kontrastübertragungsfunktion............................... 579
23.5.4 Erhöhung des Signal-Rausch-Verhältnisses ....................... 582
23.6 **Einzelpartikelanalyse** ................................... 583
23.6.1 2D-Alignierung und Klassifizierung............................ 584
23.6.2 Dreidimensionale Rekonstruktion............................ 587
23.6.3 Modellbildung ....................................... 591
23.7 **Tomographie**....................................... 593
23.7.1 Aufnahmeschemata ................................... 594
23.7.2 Rekonstruktion ..................................... 595
23.7.3 Template Matching und Subtomogramm-Averaging................. 597
23.8 **Perspektiven** ...................................... 599
Literatur und Weiterführende Literatur........................... 600

24 **Rasterkraftmikroskopie**................................... 601
*Nico Strohmeyer und Daniel J. Müller*
24.1 **Funktionsprinzip des Rasterkraftmikroskops** ..................... 602
24.2 **Wechselwirkung zwischen Spitze und Objekt**...................... 604
24.3 **Präparationsverfahren**................................... 605
24.4 **Abbilden biologischer Makromoleküle** .......................... 605
24.5 **Kraftspektroskopie einzelner Moleküle**......................... 606
24.6 **Multifunktionelles Abbilden von Oberflächen** ..................... 607
24.7 **Detektion des funktionellen Zustands und der Wechselwirkung einzelner Proteine**.... 607
24.8 **Analyse der biomechanischen Eigenschaften lebender Zellen** ..................... 608
Literatur und Weiterführende Literatur........................... 610

25 **Röntgenstrukturanalyse** ................................... 611
*Dagmar Klostermeier und Markus G. Rudolph*
25.1 **Erzeugung und Detektion von Röntgenlicht** ...................... 613
25.2 **Apparativer Aufbau**.................................... 614
25.3 **Streuung und Beugung von Röntgenstrahlen**...................... 615
25.3.1 Kleine Physik der Streuung................................. 616
25.3.2 Kleine Physik der Diffraktion .............................. 616
25.4 **Kleinwinkel-Röntgenstreuung (SAXS)** .......................... 618
25.4.1 Probenvorbereitung und Messung............................. 618
25.4.2 Analyse von SAXS-Daten.................................. 618
25.4.3 Strukturbestimmungen mit SAXS ............................ 620
25.5 **Röntgenkristallographie**.................................. 622
25.5.1 Makromoleküle und ihre Kristallisation......................... 622
25.5.2 Kristalle und ihre Eigenschaften............................. 626
25.5.3 Datensammlung und -analyse .............................. 629
25.5.4 Das Phasenproblem und seine Lösung ......................... 631
25.5.5 Modellbau und Strukturverfeinerung .......................... 635
25.5.6 Validierung von Strukturmodellen ........................... 637
25.6 **Ausblick**........................................... 638
Literatur und Weiterführende Literatur........................... 638

III **Spezielle Stoffgruppen**

26 **Analytik synthetischer Peptide**............................... 643
*Annette G. Beck-Sickinger und Jan Stichel*
26.1 **Prinzip der Peptidsynthese**................................ 644

26.2   Untersuchung der Reinheit synthetischer Peptide. . . . . . . . . . . . . . . . . . . . . . . . . . . . . . . .   649
26.3   Charakterisierung und Identität synthetischer Peptide . . . . . . . . . . . . . . . . . . . . . . . . .   650
26.4   Charakterisierung der Struktur synthetischer Peptide . . . . . . . . . . . . . . . . . . . . . . . . . .   653
26.5   Analytik von Peptidbibliotheken . . . . . . . . . . . . . . . . . . . . . . . . . . . . . . . . . . . . . . . . . . . . .   655
        Literatur und Weiterführende Literatur. . . . . . . . . . . . . . . . . . . . . . . . . . . . . . . . . . . . . . . .   657

27      Kohlenhydratanalytik . . . . . . . . . . . . . . . . . . . . . . . . . . . . . . . . . . . . . . . . . . . . . . . . . . . . . .   659
        Andreas Zappe und Kevin Pagel
27.1    Theoretische Grundlagen . . . . . . . . . . . . . . . . . . . . . . . . . . . . . . . . . . . . . . . . . . . . . . . . . . .   660
27.1.1  Aldosen und Ketosen. . . . . . . . . . . . . . . . . . . . . . . . . . . . . . . . . . . . . . . . . . . . . . . . . . . . . . .   660
27.1.2  Cyclisierung . . . . . . . . . . . . . . . . . . . . . . . . . . . . . . . . . . . . . . . . . . . . . . . . . . . . . . . . . . . . . . .   661
27.1.3  Anomerer Effekt. . . . . . . . . . . . . . . . . . . . . . . . . . . . . . . . . . . . . . . . . . . . . . . . . . . . . . . . . . . .   662
27.1.4  Die glykosidische Bindung. . . . . . . . . . . . . . . . . . . . . . . . . . . . . . . . . . . . . . . . . . . . . . . . . .   663
27.1.5  Oligosaccharide und Glykane . . . . . . . . . . . . . . . . . . . . . . . . . . . . . . . . . . . . . . . . . . . . . . .   666
27.2    Analytische Ansätze . . . . . . . . . . . . . . . . . . . . . . . . . . . . . . . . . . . . . . . . . . . . . . . . . . . . . . . .   670
27.2.1  Methoden zur Trennung und Analyse von Glykanen . . . . . . . . . . . . . . . . . . . . . . . . . . .   673
27.2.2  Massenspektrometrie. . . . . . . . . . . . . . . . . . . . . . . . . . . . . . . . . . . . . . . . . . . . . . . . . . . . . . .   679
27.3    Schlussbetrachtung . . . . . . . . . . . . . . . . . . . . . . . . . . . . . . . . . . . . . . . . . . . . . . . . . . . . . . . . .   687
        Literatur und Weiterführende Literatur. . . . . . . . . . . . . . . . . . . . . . . . . . . . . . . . . . . . . . . .   688

28      Lipidanalytik . . . . . . . . . . . . . . . . . . . . . . . . . . . . . . . . . . . . . . . . . . . . . . . . . . . . . . . . . . . . . .   689
        Hartmut Kühn
28.1    Aufbau und Einteilung von Lipiden. . . . . . . . . . . . . . . . . . . . . . . . . . . . . . . . . . . . . . . . . . .   690
28.2    Extraktion von Lipiden aus biologischem Material . . . . . . . . . . . . . . . . . . . . . . . . . . . . .   692
28.2.1  Flüssigphasenextraktion. . . . . . . . . . . . . . . . . . . . . . . . . . . . . . . . . . . . . . . . . . . . . . . . . . . .   692
28.2.2  Festphasenextraktion. . . . . . . . . . . . . . . . . . . . . . . . . . . . . . . . . . . . . . . . . . . . . . . . . . . . . . .   693
28.3    Methoden der Lipidanalytik. . . . . . . . . . . . . . . . . . . . . . . . . . . . . . . . . . . . . . . . . . . . . . . . . .   694
28.3.1  Chromatographische Methoden . . . . . . . . . . . . . . . . . . . . . . . . . . . . . . . . . . . . . . . . . . . . .   694
28.3.2  Massenspektrometrie. . . . . . . . . . . . . . . . . . . . . . . . . . . . . . . . . . . . . . . . . . . . . . . . . . . . . . .   698
28.3.3  Immunassays. . . . . . . . . . . . . . . . . . . . . . . . . . . . . . . . . . . . . . . . . . . . . . . . . . . . . . . . . . . . . . .   699
28.3.4  Weitere Methoden in der Lipidanalytik . . . . . . . . . . . . . . . . . . . . . . . . . . . . . . . . . . . . . .   700
28.3.5  Online-Kopplung verschiedener Analysesysteme. . . . . . . . . . . . . . . . . . . . . . . . . . . . . .   702
28.4    Analytik ausgewählter Lipidklassen . . . . . . . . . . . . . . . . . . . . . . . . . . . . . . . . . . . . . . . . . .   704
28.4.1  Gesamtlipidextrakte. . . . . . . . . . . . . . . . . . . . . . . . . . . . . . . . . . . . . . . . . . . . . . . . . . . . . . . .   704
28.4.2  Fettsäuren. . . . . . . . . . . . . . . . . . . . . . . . . . . . . . . . . . . . . . . . . . . . . . . . . . . . . . . . . . . . . . . . . .   704
28.4.3  Unpolare Neutrallipide . . . . . . . . . . . . . . . . . . . . . . . . . . . . . . . . . . . . . . . . . . . . . . . . . . . . . .   705
28.4.4  Polare Esterlipide. . . . . . . . . . . . . . . . . . . . . . . . . . . . . . . . . . . . . . . . . . . . . . . . . . . . . . . . . . .   707
28.4.5  Lipidhormone und intrazelluläre Signaltransduktoren . . . . . . . . . . . . . . . . . . . . . . . . .   710
28.5    Lipidvitamine . . . . . . . . . . . . . . . . . . . . . . . . . . . . . . . . . . . . . . . . . . . . . . . . . . . . . . . . . . . . . . .   716
28.6    Lipidomanalytik. . . . . . . . . . . . . . . . . . . . . . . . . . . . . . . . . . . . . . . . . . . . . . . . . . . . . . . . . . . . .   719
28.7    Ausblick. . . . . . . . . . . . . . . . . . . . . . . . . . . . . . . . . . . . . . . . . . . . . . . . . . . . . . . . . . . . . . . . . . . . .   720
        Literatur und Weiterführende Literatur. . . . . . . . . . . . . . . . . . . . . . . . . . . . . . . . . . . . . . . .   721

29      Analytik posttranslationaler Modifikationen:
        Phosphorylierung und oxidative Cysteinmodifikation von Proteinen . . . . . .   723
        Gereon Poschmann, Nina Overbeck, Katrin Brenig und Kai Stühler
29.1    Funktionelle Bedeutung der Phosphorylierung und oxidativer
        Cysteinmodifikation bei Proteinen . . . . . . . . . . . . . . . . . . . . . . . . . . . . . . . . . . . . . . . . . .   725
29.1.1  Phosphorylierung . . . . . . . . . . . . . . . . . . . . . . . . . . . . . . . . . . . . . . . . . . . . . . . . . . . . . . . . . . .   725
29.1.2  Oxidative Cysteinmodifikation . . . . . . . . . . . . . . . . . . . . . . . . . . . . . . . . . . . . . . . . . . . . . .   726
29.2    Strategien zur Analyse der posttranslationalen Phosphorylierung und oxidativer
        Cysteinmodifikation von Proteinen und Peptiden . . . . . . . . . . . . . . . . . . . . . . . . . . . . .   728
29.3    Probenvorbereitung, Trennung und Anreicherung phosphorylierter und oxidativ
        cysteinmodifizierter Proteine und Peptide. . . . . . . . . . . . . . . . . . . . . . . . . . . . . . . . . . . .   728
29.3.1  Trennung und Anreicherung phosphorylierter Proteine und Peptide. . . . . . . . . . . . . .   729

29.3.2    Probenvorbereitung, Trennung und Anreicherung oxidativer Cysteinmodifikationen von
         Proteinen und Peptiden . . . . . . . . . . . . . . . . . . . . . . . . . . . . . . . . . . . . . . . . . . . . . . . . . . . . . . . . . .    731
29.4    **Detektion der Phosphorylierung und oxidativer Cysteinmodifikationen**
        **von Proteinen und Peptiden** . . . . . . . . . . . . . . . . . . . . . . . . . . . . . . . . . . . . . . . . . . . . . . . . . . .    734
29.4.1    Detektion mittels enzymatischer, radioaktiver, immunchemischer und
         fluoreszenzbasierender Methoden . . . . . . . . . . . . . . . . . . . . . . . . . . . . . . . . . . . . . . . . . . . . . . . .    734
29.4.2    Detektion phosphorylierter und cysteinoxidierter Proteine mittels
         Massenspektrometrie. . . . . . . . . . . . . . . . . . . . . . . . . . . . . . . . . . . . . . . . . . . . . . . . . . . . . . . . . . . . .    737
29.5    **Lokalisation und Identifizierung posttranslational modifizierter Aminosäuren** . . . . . . . .    738
29.5.1    Lokalisation phosphorylierter Aminosäuren mittels Edman-Sequenzierung . . . . . . . . . . . . .    738
29.5.2    Lokalisation phosphorylierter und cysteinoxidierter Aminosäuren mittels
         massenspektrometrischer Fragmentionenanalyse . . . . . . . . . . . . . . . . . . . . . . . . . . . . . . . . . . .    739
29.6    **Quantitative Analyse posttranslationaler Modifikationen** . . . . . . . . . . . . . . . . . . . . . . . . . . .    743
29.7    **Zukunft der Analytik posttranslationaler Modifikationen**. . . . . . . . . . . . . . . . . . . . . . . . . . .    743
        Literatur und Weiterführende Literatur. . . . . . . . . . . . . . . . . . . . . . . . . . . . . . . . . . . . . . . . . . . .    744

## IV    Nucleinsäureanalytik

30    **Isolierung und Reinigung von Nucleinsäuren** . . . . . . . . . . . . . . . . . . . . . . . . . . . . . . . . . . .    749
      *Marion Jurk*
30.1    **Reinigung und Konzentrationsbestimmung von Nucleinsäuren** . . . . . . . . . . . . . . . . . . . . .    750
30.1.1    Phenolextraktion . . . . . . . . . . . . . . . . . . . . . . . . . . . . . . . . . . . . . . . . . . . . . . . . . . . . . . . . . . . . . . .    750
30.1.2    Chromatographieverfahren. . . . . . . . . . . . . . . . . . . . . . . . . . . . . . . . . . . . . . . . . . . . . . . . . . . . . . .    751
30.1.3    Ethanolpräzipitation der Nucleinsäuren . . . . . . . . . . . . . . . . . . . . . . . . . . . . . . . . . . . . . . . . . . .    753
30.1.4    Konzentrationsbestimmung von Nucleinsäuren . . . . . . . . . . . . . . . . . . . . . . . . . . . . . . . . . . . .    754
30.2    **Isolierung genomischer DNA**. . . . . . . . . . . . . . . . . . . . . . . . . . . . . . . . . . . . . . . . . . . . . . . . . . . .    755
30.3    **Isolierung niedermolekularer DNA** . . . . . . . . . . . . . . . . . . . . . . . . . . . . . . . . . . . . . . . . . . . . . .    756
30.3.1    Isolierung von Plasmid-DNA aus Bakterien . . . . . . . . . . . . . . . . . . . . . . . . . . . . . . . . . . . . . . . . .    756
30.3.2    Isolierung niedermolekularer DNA eukaryotischer Zellen . . . . . . . . . . . . . . . . . . . . . . . . . . . .    760
30.4    **Isolierung viraler DNA** . . . . . . . . . . . . . . . . . . . . . . . . . . . . . . . . . . . . . . . . . . . . . . . . . . . . . . . . .    761
30.4.1    Isolierung von Phagen-DNA . . . . . . . . . . . . . . . . . . . . . . . . . . . . . . . . . . . . . . . . . . . . . . . . . . . . . .    761
30.4.2    Isolierung von DNA aus eukaryotischen Viren. . . . . . . . . . . . . . . . . . . . . . . . . . . . . . . . . . . . . . .    762
30.5    **Isolierung einzelsträngiger DNA**. . . . . . . . . . . . . . . . . . . . . . . . . . . . . . . . . . . . . . . . . . . . . . . . .    762
30.5.1    Isolierung von M13-DNA. . . . . . . . . . . . . . . . . . . . . . . . . . . . . . . . . . . . . . . . . . . . . . . . . . . . . . . . . .    762
30.5.2    Trennung von einzel- und doppelsträngiger DNA. . . . . . . . . . . . . . . . . . . . . . . . . . . . . . . . . . . .    763
30.6    **Isolierung von RNA** . . . . . . . . . . . . . . . . . . . . . . . . . . . . . . . . . . . . . . . . . . . . . . . . . . . . . . . . . . . .    763
30.6.1    Isolierung zellulärer RNA. . . . . . . . . . . . . . . . . . . . . . . . . . . . . . . . . . . . . . . . . . . . . . . . . . . . . . . . . .    764
30.6.2    Isolierung von poly(A)$^+$-RNA . . . . . . . . . . . . . . . . . . . . . . . . . . . . . . . . . . . . . . . . . . . . . . . . . . . .    766
30.6.3    Isolierung niedermolekularer RNA . . . . . . . . . . . . . . . . . . . . . . . . . . . . . . . . . . . . . . . . . . . . . . . .    767
30.7    **Isolierung von Nucleinsäuren unter Verwendung von magnetischen Partikeln** . . . . . . . .    767
30.8    **Lab-on-a-chip** . . . . . . . . . . . . . . . . . . . . . . . . . . . . . . . . . . . . . . . . . . . . . . . . . . . . . . . . . . . . . . . . . .    767
        Literatur und Weiterführende Literatur. . . . . . . . . . . . . . . . . . . . . . . . . . . . . . . . . . . . . . . . . . . . .    768

31    **Aufarbeitung und chemische Analytik von Nucleinsäuren**. . . . . . . . . . . . . . . . . . . .    769
      *Tobias Pöhlmann und Marion Jurk*
31.1    **Verfahren zur Analytik von Nucleinsäuren aus biologischen Proben** . . . . . . . . . . . . . . . . .    771
31.1.1    Elektrophorese . . . . . . . . . . . . . . . . . . . . . . . . . . . . . . . . . . . . . . . . . . . . . . . . . . . . . . . . . . . . . . . . . .    771
31.1.2    Färbe- und Markierungsmethoden. . . . . . . . . . . . . . . . . . . . . . . . . . . . . . . . . . . . . . . . . . . . . . . . . .    785
31.1.3    Blottingverfahren . . . . . . . . . . . . . . . . . . . . . . . . . . . . . . . . . . . . . . . . . . . . . . . . . . . . . . . . . . . . . . . .    786
31.1.4    Restriktionsanalyse . . . . . . . . . . . . . . . . . . . . . . . . . . . . . . . . . . . . . . . . . . . . . . . . . . . . . . . . . . . . . . .    791
31.2    **Chemische Analytik von Nucleinsäuren**. . . . . . . . . . . . . . . . . . . . . . . . . . . . . . . . . . . . . . . . . . .    800
31.2.1    Herstellung von Oligonucleotiden . . . . . . . . . . . . . . . . . . . . . . . . . . . . . . . . . . . . . . . . . . . . . . . . .    800
31.2.2    Untersuchung der Reinheit von Oligonucleotiden . . . . . . . . . . . . . . . . . . . . . . . . . . . . . . . . . . .    804
31.2.3    Gel-Elektrophorese . . . . . . . . . . . . . . . . . . . . . . . . . . . . . . . . . . . . . . . . . . . . . . . . . . . . . . . . . . . . . .    804

31.2.4 Charakterisierung von Oligonucleotiden ............................................... 806
31.2.5 Aufreinigung von Nucleinsäuren ...................................................... 808
       Literatur und Weiterführende Literatur .............................................. 810

**32    RNA-Strukturaufklärung durch chemische Modifikation** .................... 811
       *W.-Matthias Leeder und H. Ulrich Göringer*
32.1   **Grundlagen der RNA-Faltung** ..................................................... 813
32.1.1 RNA-Primärstruktur .............................................................. 813
32.1.2 RNA-Sekundär- und Tertiärstruktur ................................................ 814
32.2   **RNA-Modifikationsreagenzien und ihre Spezifitäten** .............................. 817
32.2.1 Basenspezifische Modifikationsreagenzien ......................................... 818
32.2.2 Basenunabhängige Modifikationsreagenzien ......................................... 818
32.3   **Identifizierung der modifizierten Nucleotidpositionen** .......................... 819
32.4   **Experimentelle Durchführung** ................................................... 821
32.4.1 RNA-Synthese und notwendige Kontrollen ........................................... 821
32.4.2 Chemische Modifikation ........................................................... 821
32.4.3 Einbindung der Modifikationsdaten in 2D-Strukturvorhersagen ...................... 822
32.5   **Transkriptomweite Strukturaufklärungen** ........................................ 824
32.6   **Erweiterung der Strukturaufklärungsmöglichkeiten durch** *Mutational Profiling* ..... 825
32.7   ***In vivo*-Modifikationen** ...................................................... 826
       Literatur und Weiterführende Literatur .............................................. 829

**33    Polymerasekettenreaktion** ......................................................... 831
       *Sandra Niendorf und C.-Thomas Bock*
33.1   **Möglichkeiten der PCR** .......................................................... 833
33.2   **Grundlagen** ..................................................................... 833
33.2.1 Ablauf einer PCR-Reaktion ........................................................ 833
33.2.2 Instrumentierung ................................................................. 835
33.2.3 Komponenten der PCR-Reaktion ..................................................... 836
33.2.4 Optimierung der PCR-Reaktion ..................................................... 838
33.3   **Spezielle PCR-Techniken** ........................................................ 839
33.3.1 Quantitative PCR ................................................................. 839
33.3.2 Reverse-Transkriptase-PCR ........................................................ 842
33.3.3 Nested-PCR ....................................................................... 844
33.3.4 Asymmetrische PCR ................................................................ 845
33.3.5 Touchdown-PCR .................................................................... 845
33.3.6 Multiplex-PCR .................................................................... 845
33.3.7 Direct Cycle Sequencing .......................................................... 846
33.3.8 *In vitro*-Mutagenese ............................................................ 846
33.3.9 Digitale PCR (dPCR; Chamber Digital PCR, cdPCR und Droplet Digital PCR, ddPCR) ....... 846
33.3.10 Emulsions-PCR (ePCR) ............................................................ 848
33.3.11 Immunquantitative Echtzeit-PCR (iPCR, iqPCR, irtPCR) ............................ 848
33.3.12 *In situ*-PCR ................................................................... 849
33.3.13 Weitere Verfahren ............................................................... 849
33.4   **Kontaminationsproblematik** ...................................................... 850
33.4.1 Vermeidung von Kontaminationen ................................................... 850
33.4.2 Dekontamination .................................................................. 851
33.5   **Anwendungen** .................................................................... 852
33.5.1 Nachweis von Infektionskrankheiten ............................................... 852
33.5.2 Nachweis von genetischen Defekten ................................................ 853
33.5.3 Humangenomprojekt ................................................................ 854
33.6   **Alternative Verfahren der Amplifikation** ....................................... 855
33.6.1 Isotherme PCR .................................................................... 856
33.6.2 Ligase Chain Reaction (LCR) ...................................................... 860
33.6.3 Branched DNA Amplification (bDNA) ................................................ 861

33.7    **Ausblick**........................................................... 861
        Literatur und Weiterführende Literatur............................. 862

34      **DNA-Sequenzierung**.............................................. 863
        *Andrea Thürmer und Kilian Rutzen*
34.1    **Gelgestützte DNA-Sequenzierungsverfahren**....................... 866
34.1.1  Sanger-Sequenzierung.............................................. 866
34.2    **Gelfreie DNA-Sequenzierungsmethoden**........................... 870
34.2.1  Next-Generation-Sequenzierung..................................... 870
34.2.2  Third-Generation-Sequenzierung.................................... 877
        Literatur und Weiterführende Literatur............................ 882

35      **Analyse der epigenetischen Modifikationen**..................... 885
        *Reinhard Dammann*
35.1    **Überblick über die Detektionsmethoden der DNA-Modifikationen**... 887
35.2    **Analyse der Cytosin-Modifikationen mit der Bisulfittechnik**..... 887
35.2.1  Amplifikation und Sequenzierung von bisulfitbehandelter DNA........ 889
35.2.2  Restriktionsanalyse nach Bisulfit-PCR............................. 890
35.2.3  Methylierungsspezifische PCR...................................... 891
35.3    **Analyse der DNA mit methylierungsspezifischen Restriktionsenzymen**. 893
35.4    **Methylierungsanalyse durch Methylcytosin-bindende-Domäne-Proteine**. 895
35.5    **Antikörperspezifische Analysen der modifizierte DNA**............ 896
35.6    **Analyse von modifizierten Basen durch DNA-Hydrolyse und Nearest-Neighbor-Assays**. 897
35.7    **Analyse von epigenetischen Modifikationen von chromatinassoziierten Proteinen**.... 898
35.8    **Chromosomenkonformationsanalyse**............................... 899
35.9    **Ausblick**....................................................... 900
        Literatur und Weiterführende Literatur............................ 900

36      **Protein-Nucleinsäure-Wechselw-irkungen**........................ 901
        *Rolf Wagner und Benedikt M. Beckmann*
36.1    **Grundlagen der Protein-DNA/RNA-Wechselwirkung:**
        **Gemeinsamkeiten und Unterschiede**.............................. 902
36.1.1  Struktur von DNA und RNA.......................................... 902
36.1.2  DNA- und RNA-Bindungsmotive....................................... 904
36.1.3  Gebräuchliche Methoden zur Analyse von Nucleinsäuren und Proteinen. 906
36.2    **Generelle Methoden (DNA oder RNA)**............................. 907
36.2.1  Filterbindung..................................................... 907
36.2.2  Electrophoretic Mobility Shift Analysis (EMSA).................... 907
36.2.3  Crosslinking von Proteinen und Nucleinsäuren..................... 911
36.3    **Protein-DNA-Wechselwirkungen**.................................. 912
36.3.1  DNA-Footprint-Analysen............................................ 912
36.3.2  Primer-Extension-Analyse für DNA.................................. 913
36.3.3  Chromatin-Immunpräzipitation (ChIP).............................. 914
36.3.4  Nucleosome Mapping, Assay for Transposase-Accessible Chromatin using Sequencing
        (ATAC-Seq)........................................................ 915
36.4    **Protein-RNA-Wechselwirkungen**.................................. 916
36.4.1  Analyse einzelner RBPs............................................ 916
36.4.2  Analyse von Proteinen, die mit einzelnen RNAs interagieren........ 919
36.4.3  Systemweite Analyse von Proteinen, die mit RNA interagieren....... 920
36.4.4  Polysome/Ribosome Profiling....................................... 923
36.5    **Ausblick**....................................................... 924
        Literatur und Weiterführende Literatur............................ 924

# V    Systematische Funktionsanalytik

37    **Sequenzanalyse**................................................................... 929
      *Boris Steipe*
37.1   **Sequenzanalyse und Bioinformatik**....................................... 930
37.2   **Datenbanken**.................................................................... 931
37.2.1  Sequenzabruf aus öffentlichen Datenbanken........................... 932
37.2.2  Daten und Datenformat ...................................................... 934
37.3   **Webdienste** ..................................................................... 934
37.3.1  EMBOSS........................................................................... 934
37.4   **Sequenzzusammensetzung**.................................................. 936
37.4.1  Sequenztendenzen............................................................. 937
37.5   **Muster in Sequenzen** ........................................................ 938
37.5.1  Zeichenketten und regular expressions .................................. 939
37.5.2  Gewichtungsmatrizen ........................................................ 939
37.5.3  Sequenzprofile ................................................................. 940
37.5.4  Anwendungsbeispiel: Identifizierung codierender Bereiche in DNA ..................... 940
37.5.5  Anwendungsbeispiel: Proteinlokalisierung .............................. 941
37.6   **Homologie**...................................................................... 941
37.6.1  Identität, Ähnlichkeit und Homologie .................................... 942
37.6.2  Optimales Alignment.......................................................... 943
37.6.3  Alignment für schnelle Datenbanksuchen: BLAST....................... 944
37.6.4  Orthologe und paraloge Sequenzen ....................................... 946
37.6.5  Profilbasierte Datenbanksuchen: PSI-BLAST .............................. 946
37.7   **Multiples Alignment und Konsensussequenzen**....................... 947
37.8   **Sequenz und Struktur** ....................................................... 949
37.9   **Funktion** ........................................................................ 950
37.10  **Ausblick**......................................................................... 951
       Literatur und Weiterführende Literatur................................... 952

38    **Hybridisierung fluoreszenzmarkierter DNA zur Genomanalyse in der
      molekularen Cytogenetik**.................................................... 953
      *Gudrun Göhring, Doris Steinemann, Michelle Neßling und Karsten Richter*
38.1   **Methoden zur Hybridisierung fluoreszenzmarkierter DNA**.......... 954
38.1.1  Markierungsstrategie.......................................................... 954
38.1.2  DNA-Sonden ..................................................................... 955
38.1.3  Markierung der DNA-Sonden ................................................ 956
38.1.4  **In situ**-Hybridisierung ..................................................... 956
38.1.5  Fluoreszenzauswertung der Hybridisierungssignale ................... 957
38.2   **Anwendungen: FISH und CGH**.............................................. 957
38.2.1  Analyse genomischer DNA durch FISH .................................... 957
38.2.2  Vergleichende genomische Hybridisierung (CGH) ...................... 960
38.2.3  SNP-Array ........................................................................ 963
38.2.4  Neue Entwicklungen zur Detektion von Kopienzahlveränderungen im Genom ........... 963
       Literatur und Weiterführende Literatur................................... 963

39    **Physikalische, genetische und funktionelle Kartierung des Genoms** ....... 965
      *Christian Maercker*
39.1   **Physikalische Kartierung**.................................................... 966
39.2   **Genetische Kartierung**....................................................... 967
39.2.1  Rekombination.................................................................. 967
39.2.2  Genetische Marker ............................................................ 967
39.2.3  Kopplungsanalyse – die Erstellung genetischer Karten................ 969

39.2.4    Die genetische Karte des menschlichen Genoms . . . . . . . . . . . . . . . . . . . . . . . . . . . . . . . . .    971
39.2.5    Kartierung von genetisch bedingten Krankheiten . . . . . . . . . . . . . . . . . . . . . . . . . . . . . . . .    972
39.3    **Funktionelle Kartierung des Genoms** . . . . . . . . . . . . . . . . . . . . . . . . . . . . . . . . . . . . . . . .    973
39.3.1    Charakterisierung von Krankheitsgenen . . . . . . . . . . . . . . . . . . . . . . . . . . . . . . . . . . . . . . .    973
39.3.2    Mutationen als Ursache vererbbarer Krankheiten . . . . . . . . . . . . . . . . . . . . . . . . . . . . . . .    975
39.3.3    Transkriptkarten . . . . . . . . . . . . . . . . . . . . . . . . . . . . . . . . . . . . . . . . . . . . . . . . . . . . . . . . . .    976
39.3.4    Zelluläre Assays zur Charakterisierung von Genfunktionen . . . . . . . . . . . . . . . . . . . . . . .    977
39.4    **Integration der Genomkarten** . . . . . . . . . . . . . . . . . . . . . . . . . . . . . . . . . . . . . . . . . . . . . . .    979
39.5    **Das menschliche Genom** . . . . . . . . . . . . . . . . . . . . . . . . . . . . . . . . . . . . . . . . . . . . . . . . . . . .    979
          Literatur und Weiterführende Literatur . . . . . . . . . . . . . . . . . . . . . . . . . . . . . . . . . . . . . . . . .    980

40    **DNA-Microarray-Technologie** . . . . . . . . . . . . . . . . . . . . . . . . . . . . . . . . . . . . . . . . . . . . . .    983
          *Jörg Hoheisel*
40.1    **RNA-Analysen** . . . . . . . . . . . . . . . . . . . . . . . . . . . . . . . . . . . . . . . . . . . . . . . . . . . . . . . . . . . . .    984
40.1.1    Analyse der Transkriptmengen . . . . . . . . . . . . . . . . . . . . . . . . . . . . . . . . . . . . . . . . . . . . . . .    984
40.1.2    RNA-Reifung . . . . . . . . . . . . . . . . . . . . . . . . . . . . . . . . . . . . . . . . . . . . . . . . . . . . . . . . . . . . . .    986
40.1.3    RNA-Struktur und Funktionalität . . . . . . . . . . . . . . . . . . . . . . . . . . . . . . . . . . . . . . . . . . . . .    987
40.2    **DNA-Analysen** . . . . . . . . . . . . . . . . . . . . . . . . . . . . . . . . . . . . . . . . . . . . . . . . . . . . . . . . . . . . .    987
40.2.1    Genotypisierung . . . . . . . . . . . . . . . . . . . . . . . . . . . . . . . . . . . . . . . . . . . . . . . . . . . . . . . . . . .    987
40.2.2    Epigenetische Studien . . . . . . . . . . . . . . . . . . . . . . . . . . . . . . . . . . . . . . . . . . . . . . . . . . . . . .    987
40.2.3    DNA-Sequenzierung . . . . . . . . . . . . . . . . . . . . . . . . . . . . . . . . . . . . . . . . . . . . . . . . . . . . . . . .    989
40.2.4    Analyse der Kopienzahl genomischer DNA-Abschnitte . . . . . . . . . . . . . . . . . . . . . . . . . . .    990
40.2.5    Protein-DNA-Interaktionen . . . . . . . . . . . . . . . . . . . . . . . . . . . . . . . . . . . . . . . . . . . . . . . . . .    990
40.2.6    Genomweite Identifizierung funktionell-essenzieller Gene . . . . . . . . . . . . . . . . . . . . . . .    991
40.3    **Molekülsynthese** . . . . . . . . . . . . . . . . . . . . . . . . . . . . . . . . . . . . . . . . . . . . . . . . . . . . . . . . . . .    993
40.3.1    DNA-Synthese . . . . . . . . . . . . . . . . . . . . . . . . . . . . . . . . . . . . . . . . . . . . . . . . . . . . . . . . . . . . . .    993
40.3.2    Chipgebundene Proteinexpression . . . . . . . . . . . . . . . . . . . . . . . . . . . . . . . . . . . . . . . . . . . .    993
40.4    **Neue Ansätze** . . . . . . . . . . . . . . . . . . . . . . . . . . . . . . . . . . . . . . . . . . . . . . . . . . . . . . . . . . . . . .    993
40.4.1    Eine universelle Chip-Plattform . . . . . . . . . . . . . . . . . . . . . . . . . . . . . . . . . . . . . . . . . . . . . . .    993
40.4.2    Strukturanalysen . . . . . . . . . . . . . . . . . . . . . . . . . . . . . . . . . . . . . . . . . . . . . . . . . . . . . . . . . . . .    994
40.4.3    Jenseits von Nucleinsäuren . . . . . . . . . . . . . . . . . . . . . . . . . . . . . . . . . . . . . . . . . . . . . . . . . . .    995
          Literatur und Weiterführende Literatur . . . . . . . . . . . . . . . . . . . . . . . . . . . . . . . . . . . . . . . . .    995

41    **Silencing-Technologien zur Analyse von Genfunktionen** . . . . . . . . . . . . . . . . . . . .    997
          *Jens Kurreck*
41.1    **Antisense-Oligonucleotide** . . . . . . . . . . . . . . . . . . . . . . . . . . . . . . . . . . . . . . . . . . . . . . . . .    998
41.1.1    Wirkweisen von Antisense-Oligonucleotiden . . . . . . . . . . . . . . . . . . . . . . . . . . . . . . . . . . .    999
41.1.2    Modifikationen von Oligonucleotiden zur Steigerung der Nucleasestabilität . . . . . . . . . . .    1000
41.1.3    Einsatz von Antisense-Oligonucleotiden in Zellkultur und in Tiermodellen . . . . . . . . . . . .    1002
41.2    **RNA-Interferenz und microRNAs** . . . . . . . . . . . . . . . . . . . . . . . . . . . . . . . . . . . . . . . . . . .    1003
41.2.1    Grundlagen der RNA-Interferenz . . . . . . . . . . . . . . . . . . . . . . . . . . . . . . . . . . . . . . . . . . . . . .    1003
41.2.2    Anwendung der RNAi-Technologie . . . . . . . . . . . . . . . . . . . . . . . . . . . . . . . . . . . . . . . . . . . .    1004
41.2.3    RNA-Interferenz durch Expressionsvektoren . . . . . . . . . . . . . . . . . . . . . . . . . . . . . . . . . . . .    1005
41.2.4    Genomweite Screens mit RNAi . . . . . . . . . . . . . . . . . . . . . . . . . . . . . . . . . . . . . . . . . . . . . . . .    1005
41.2.5    microRNAs . . . . . . . . . . . . . . . . . . . . . . . . . . . . . . . . . . . . . . . . . . . . . . . . . . . . . . . . . . . . . . . . . .    1006
41.3    **CRISPR/Cas-Technologie** . . . . . . . . . . . . . . . . . . . . . . . . . . . . . . . . . . . . . . . . . . . . . . . . . . . .    1007
41.3.1    Biologische Funktion des CRISPR/Cas-Systems . . . . . . . . . . . . . . . . . . . . . . . . . . . . . . . . . .    1008
41.3.2    CRISPR/Cas-Anwendungen in eukaryotischen Zellen . . . . . . . . . . . . . . . . . . . . . . . . . . . .    1008
41.4    **Induzierte pluripotente Stammzellen** . . . . . . . . . . . . . . . . . . . . . . . . . . . . . . . . . . . . . . . .    1010
41.5    **Ausblick** . . . . . . . . . . . . . . . . . . . . . . . . . . . . . . . . . . . . . . . . . . . . . . . . . . . . . . . . . . . . . . . . . . . .    1011
          Literatur und Weiterführende Literatur . . . . . . . . . . . . . . . . . . . . . . . . . . . . . . . . . . . . . . . . .    1012

42    **Proteomanalyse** . . . . . . . . . . . . . . . . . . . . . . . . . . . . . . . . . . . . . . . . . . . . . . . . . . . . . . . . . . . .    1013
          *Friedrich Lottspeich, Kevin Jooß, Neil L. Kelleher, Michael Götze,*
          *Betty Friedrich und Ruedi Aebersold*
42.1    **Definition der Ausgangsbedingungen und der Fragestellung, Projektplanung** . . . . . . .    1017

| 42.2 | **Probenvorbereitung** | 1018 |
| 42.3 | **Quantitative Analyse der Proteine** | 1020 |
| 42.4 | **Klassische gelbasierte Proteomanalyse** | 1020 |
| 42.4.1 | Probenvorbereitung | 1020 |
| 42.4.2 | Trennung der Proteine | 1020 |
| 42.4.3 | Färbung der Proteine | 1021 |
| 42.4.4 | Bildverarbeitung und Quantifizierung der Proteine, Datenanalyse | 1021 |
| 42.4.5 | Identifizierung und Charakterisierung der Proteine | 1022 |
| 42.4.6 | Zweidimensionale differenzielle Gelelektrophorese (2D-DIGE) | 1023 |
| 42.5 | **Top-down-Proteomics: Massenspektrometrie von intakten Proteinen-** | 1024 |
| 42.5.1 | Grundlagen intakter Protein-Massenspektrometrie | 1024 |
| 42.5.2 | Dekonvolution von Proteinmassenspektren | 1027 |
| 42.5.3 | Fragmentierung von Proteinen | 1029 |
| 42.5.4 | Datenauswertung | 1029 |
| 42.5.5 | Top-down-Proteomics in der Hochdurchsatzanalyse | 1032 |
| 42.5.6 | Native Top-down-Massenspektrometrie | 1034 |
| 42.5.7 | Schlussfolgerungen und Ausblick | 1036 |
| 42.6 | **Bottom-up-Proteomanalyse** | 1037 |
| 42.6.1 | Bottom-up-Proteomics | 1037 |
| 42.6.2 | Bottom-up-Strategien | 1039 |
| 42.6.3 | Quantitative Peptidanalyse | 1041 |
| 42.6.4 | Datenabhängige Analyse (DDA) | 1041 |
| 42.6.5 | Selected Reaction Monitoring (SRM) | 1042 |
| 42.6.6 | SWATH-MS | 1048 |
| 42.6.7 | Erweiterungen | 1050 |
| 42.6.8 | Zusammenfassung | 1051 |
| 42.7 | **Isotopenlabel-basierte Proteomanalysen** | 1051 |
| 42.7.1 | Isotopenlabeling-Strategien für Top-down-Proteomics | 1053 |
| 42.7.2 | Isotopenlabelstrategien für Bottom-up-Proteomanalysen | 1058 |
| 42.7.3 | Zusammenfassung | 1061 |
| | Literatur und Weiterführende Literatur | 1062 |
| | | |
| 43 | **Metabolomics** | 1065 |
| | *Christian G. Huber* | |
| 43.1 | **Technologische Plattformen für Metabolomics** | 1068 |
| 43.1.1 | NMR-basierte Metabolomics | 1069 |
| 43.1.2 | Massenspektrometrie-basierte Metabolomics | 1071 |
| 43.2 | **Datenauswertung und biologische Interpretation** | 1074 |
| 43.3 | **Metabolisches Fingerprinting** | 1076 |
| 43.4 | **Unspezifische Metabolomics und Metabonomics** | 1076 |
| 43.5 | **Spezifische Metabolomics und Metaboliten-Profiling** | 1077 |
| 43.6 | **Anwendungsfelder** | 1079 |
| | Literatur und Weiterführende Literatur | 1079 |
| | | |
| 44 | **Interaktomics – systematische Analyse von Protein-Protein-Wechselwirkungen** | 1081 |
| | *Markus F. Templin, Thomas O. Joos, Oliver Pötz und Dieter Stoll* | |
| 44.1 | **Protein-Microarrays** | 1083 |
| 44.1.1 | Sensitivität durch Miniaturisierung – Ambient Analyte Assay | 1084 |
| 44.1.2 | Von DNA- zu Protein-Microarrays | 1084 |
| 44.1.3 | Anwendungen von Protein-Microarrays | 1086 |
| 44.2 | **Diskussion und Ausblick** | 1089 |
| | Literatur und Weiterführende Literatur | 1090 |
| | | |
| 45 | **Chemische Biologie** | 1091 |
| | *Daniel Rauh und Susanne Brakmann* | |

45.1    **Chemische Biologie – innovative chemische Ansätze zum Studium biologischer Fragestellungen** .................................................................. 1092

45.2    **Chemische Genetik – kleine organische Moleküle zur Modulation von Proteinfunktionen**.............................................. 1094

45.2.1    Das Studium von Proteinfunktionen mit kleinen organischen Molekülen ................ 1095

45.2.2    Vorwärts und rückwärts gerichtete Chemische Genetik ................................. 1097

45.2.3    Chemo-genomische Ansätze am Beispiel der Bump-and-Hole-Methode ................. 1098

45.2.4    Identifizierung von Kinase-Substraten mithilfe der ASKA-Technologie .................. 1102

45.2.5    Biologische Systeme mit kleinen organischen Molekülen schaltbar machen .............. 1102

45.2.6    Modifikation von Proteinen durch Erweiterung des genetischen Codes ................. 1104

45.3    **Ligation exprimierter Proteine – Studium der posttranslationalen Modifikation von Proteinen** ................................................................ 1104

45.3.1    Analyse lipidierter Proteine ............................................................ 1105

45.3.2    Analyse phosphorylierter Proteine .................................................... 1106

45.4    **Chemische Biologie der Nucleinsäuren** ............................................ 1107

       Literatur und Weiterführende Literatur.............................................. 1108


46      **Toponomanalyse**................................................................. 1109
        *Walter Schubert*

46.1    **Konzept des Proteintoponoms** .................................................... 1111

46.2    **Imaging cycler robots: Grundlage einer Toponomlesetechnologie** ................... 1112

46.3    **Ein Beispiel: Spezifität und Selektivität des Zelloberflächentoponoms** ............... 1113

46.4    **Methoden der Toponomanalyse**.................................................... 1114

46.4.1    Multi-Epitop-Ligand-Kartographie (MELK).......................................... 1114

46.4.2    Probenvorbereitung und Antikörperkalibrierung ..................................... 1120

46.4.3    Werkzeuge zur Visualisierung von Toponomdatensätzen............................. 1121

46.4.4    Funktionelle Charakterisierung topologischer Molekülhierarchien ..................... 1122

46.5    **Hochauflösende Toponome: Biomarker für erfolgreiche Therapien.**.................. 1123

46.6    **Zusammenfassung und Ausblick** .................................................. 1123

       Literatur und Weiterführende Literatur.............................................. 1125


47      **Organ-on-Chip** ................................................................. 1127
        *Peter Loskill und Alexander Mosig*

47.1    **Grundlagen** .................................................................... 1129

47.1.1    Mikrofluidik ...................................................................... 1129

47.1.2    (Bio-)Materialien.................................................................. 1130

47.1.3    Zellquellen ....................................................................... 1131

47.2    **Beispiele von Organ-on-Chip-Systemen** ........................................... 1134

47.2.1    Gewebe mit Barrierefunktion ....................................................... 1134

47.2.2    Gewebe mit Stoffwechselfunktion .................................................. 1135

47.2.3    Gewebe mit mechanischer Funktion ................................................ 1136

47.2.4    Neuronale Gewebe ................................................................ 1136

47.2.5    Multi-Organ-Systeme ............................................................. 1138

47.3    **Analytische Möglichkeiten**....................................................... 1138

47.3.1    In-Chip-Analyse ................................................................... 1139

47.3.2    Off-Chip-Perfusatanalyse .......................................................... 1140

47.3.3    Terminale Ex-situ-Analytik ......................................................... 1140

47.4    **Anwendungsgebiete der OoC-Technologie** ........................................ 1141

47.4.1    Wirksamkeitstestung .............................................................. 1141

47.4.2    Toxikologische Untersuchungen .................................................... 1142

47.4.3    Pharmakokinetik .................................................................. 1142

47.4.4    Personalisierte Medizin ............................................................ 1143

       Literatur und Weiterführende Literatur.............................................. 1143

48      **Systembiologie** ................................................................. 1145

*Olaf Wolkenhauer und Tom Gebhardt*

48.1    **Methodischer Ursprung systembiologischer Ansätze**................................. 1146

48.2    **Der Begriff des Systems und dessen Darstellung als Netzwerk und Graph** ............. 1147

48.2.1  Zelluläre Funktionen, realisiert durch die Regulierung von Prozessen..................... 1147

48.2.2  Die Beschreibung zellulärer Mechanismen als dynamische Systeme..................... 1148

48.3    **Die Rolle der Modellierung in der Molekular- und Zellbiologie**........................ 1148

48.3.1  Methodische Ansätze........................................................... 1149

48.4    **Der Begriff des Pathways und seine Grenzen**........................................ 1150

48.4.1  Abstraktionen und Annahmen als Grundlage zur Untersuchung komplexer Systeme ..... 1150

48.4.2  Standards als Treiber für Austausch und Kooperation ................................... 1151

48.5    **Ansätze zur Konstruktion und Analyse von Modellen**................................ 1151

48.5.1  Konstruktion ................................................................. 1151

48.5.2  Analyse ..................................................................... 1152

        Literatur und Weiterführende Literatur.............................................. 1153


        **Serviceteil**

        Standard-Aminosäuren ........................................................ 1156

        Nucleinsäuren und Kohlenhydrate.............................................. 1157

        Ausgewählte wichtige Lipide.................................................... 1158

        Stichwortverzeichnis........................................................... 1159

# Autorenverzeichnis

**Prof. Dr. Ruedi Aebersold**  Institut für Molekulare Systembiologie, ETH Zürich, Zürich, Schweiz

**Dr. Benedikt M. Beckmann**  IRI Life Sciences, Humboldt Universität zu Berlin, Berlin, Deutschland

**Prof. Dr. Annette G. Beck-Sickinger**  Institut für Biochemie, Universität Leipzig, Leipzig, Deutschland

**Dr. Kathrin Bellmann-Sickert**  Institut für Biochemie, Universität Leipzig, Leipzig, Deutschland

**Prof. Dr. Hans Bisswanger**  Interfakultäres Institut für Biochemie, Eberhard Karls Universität Tübingen, Tübingen, Deutschland

**Prof. Dr. Alfred Blume**  Institut für Chemie - Physikalische Chemie, Martin-Luther-Universität Halle-Wittenberg, Halle/Saale, Deutschland

**Prof. Dr. C.-Thomas Bock**  Fachgebiet Virale Gastroenteritis- und Hepatitiserreger und Enteroviren, Robert Koch-Institut, Berlin, Deutschland

**Dr. Reinhard Boysen**  School of Chemistry, Monash University, Melbourne, Australia

**Prof. Dr. Susanne Brakmann**  Chemische Biologie, Technische Universität Dortmund, Dortmund, Deutschland

**Dr. Katrin Brenig**  Molecular Proteomics Laboratory (MPL), Heinrich Heine Universität, Düsseldorf, Deutschland

**Prof. Dr. Hyun-Dong Chang**  Institut für Biotechnologie, Technische Universität Berlin und Deutsches Rheuma-Forschungszentrum Berlin, Berlin, Deutschland

**Prof. Dr. rer. nat. Ute Curth**  Institut für Biophysikalische Chemie OE4350, Medizinische Hochschule Hannover, Hannover, Deutschland

**Prof. Dr. Reinhard Dammann**  Institut für Genetik, Justus-Liebig Universität Gießen, Gießen, Deutschland

**Prof. Dr. Eva-Kathrin Ehmoser**  Institut für synthetische Bioarchitekturen, Universität für Bodenkultur, Wien, Deutschland

**Dr. Sylvia Els-Heindl**  Institut für Biochemie, Universität Leipzig, Leipzig, Deutschland

**Joachim W. Engels**  Institut für Organische Chemie, Goethe Universität Frankfurt, Frankfurt am Main, Deutschland

**Dr. Philipp Erdmann**  Molekulare Strukturbiologie, Max-Planck-Institut für Biochemie, Martinsried, Deutschland

**Prof. Dr. Lutz Fischer**  Biotechnologie, Universität Hohenheim, Stuttgart, Deutschland

**Dr. Betty Friedrich**  Institut für Molekulare Systembiologie, ETH Zürich, Zürich, Schweiz

**Dr. Thomas Fröhlich**   Gene Center – Laboratory for Functional Genome Analysis, Ludwig-Maximilians-Universität, München, Deutschland

**Tom Gebhardt**   Department of Systems Biology and Bioinformatics, Universität Rostock, Rostock, Deutschland

**Prof. Dr. Gudrun Göhring**   Institut für Humangenetik, Medizinische Hochschule Hannover, Hannover, Deutschland

**Prof. Dr. Angelika Görg**   Wissenschaftszentrum Freising-Weihenstefan, Technische Universität München, Freising, Deutschland

**Prof. Dr. H. Ulrich Göringer**   Fachbereich Biologie, Technische Universität Darmstadt, Darmstadt, Deutschland

**Dr. Michael Götze**   Institut für Molekulare Systembiologie, ETH Zürich, Zürich, Schweiz

**PD Dr. Gregor Hagelueken**   Institut für Physikalische und Theoretische Chemie, Universität Bonn, Bonn, Deutschland

**Prof. Dr. Jörg Hoheisel**   Deutsches Krebsforschungszentrum, Heidelberg, Deutschland

**Prof. Dr. Tad A. Holak**   Jagiellonian University, Kraków, Poland

**Prof. Dr. Christian G. Huber**   Fachbereich Molekulare Biologie, Universität Salzburg, Salzburg, Deutschland

**Dr. Thomas O. Joos**   Naturwissenschaftliches und Medizinisches Institut, Universität Tübingen, Reutlingen, Deutschland

**Dr. Kevin Jooß**   Departments of Chemistry, Molecular Biosciences, and the Feinberg School of Medicine, Northwestern University, Evanston, USA

**Dr. Marion Jurk**   Miltenyi Biotech GmbG, Bergisch Gladbach, Deutschland

**Dr. Anette Kaiser**   Institut für Biochemie, Universität Leipzig, Leipzig, Deutschland

**Prof. Dr. Neil L. Kelleher**   Departments of Chemistry, Molecular Biosciences, and the Feinberg School of Medicine, Northwestern University, Evanston, USA

**Dr. Josef Kellermann**   Abteilung Molekulare Maschinen und Signalwege, Max-Planck-Institut für Biochemie, Martinsried, Deutschland

**Prof. Dr. Dagmar Klostermeier**   Institut für Physikalische Chemie, Universität Münster, Münster, Deutschland

**Sven Klumpe**   Molekulare Strukturbiologie, Max-Planck-Institut für Biochemie, Martinsried, Deutschland

**Prof. Dr. Waldemar Kolanus**   Life and Medical Sciences Institute (LIMES), Universität Bonn, Bonn, Deutschland

**Dr. Katja Kuhlmann**   DLR Projektträger, Medizin NRW, Düsseldorf, Deutschland

**Prof. Dr. Hartmut Kühn**   Institut für Biochemie und Zellbiologie, Charité-Universitätsmedizin Berlin, Berlin, Deutschland

**Prof. Dr. Jens Kurreck**  Institut für Biotechnologie, Technische Universität Berlin, Berlin, Deutschland

**Dr. W.-Matthias Leeder**  Fachbereich Biologie, Technische Universität Darmstadt, Darmstadt, Deutschland

**Prof. Dr. Reinhold Paul Linke**  domatec GmbH, Mühldorf am Inn und amYmed, München, Deutschland

**Prof. Dr. Peter Loskill**  Fraunhofer Institute for Interfacial Engineering and Biotechnology IGB, Stuttgart, Deutschland

**Dr. Friedrich Lottspeich**  Max Planck Institut für Biochemie, Planegg-Martinsried, Deutschland

**Prof. Dr. Christian Maercker**  Deutsches Krebsforschungszentrum (DKFZ), Heidelberg, Deutschland

**Prof. Dr. Werner Mäntele**  Institut für Biophysik, Johann Wolfgang Goethe-Universität Frankfurt, Frankfurt am Main, Deutschland

**Prof. Dr. Helmut E. Meyer**  Recklinghausen, Deutschland

**PD Dr. Alexander Mosig**  Institut für Biochemie II, Universitätsklinikum Jena, Jena, Deutschland

**Prof. Dr. Daniel J. Müller**  Department Biosystems Science and Engineering, ETH Zürich, Basel, Schweiz

**Dr. Michelle Neßling**  Elektronenmikroskopie, Deutsches Krebsforschungszentrum (DKFZ), Heidelberg, Deutschland

**Dr. Sandra Niendorf**  Fachgebiet Virale Gastroenteritis- und Hepatitiserreger und Enteroviren, Robert Koch-Institut, Berlin, Deutschland

**Dr. Eckhard Nordhoff**  Medizinisches Proteom-Center, Ruhr-Universität Bochum, Bochum, Deutschland

**Dr. Nina Overbeck**  Molecular Proteomics Laboratory (MPL), Heinrich Heine Universität, Düsseldorf, Deutschland

**Prof. Dr. Kevin Pagel**  Institut für Chemie und Biochemie/Organische Chemie, Freie Universität Berlin, Berlin, Deutschland

**Dr. Juergen M. Plitzko**  Molekulare Strukturbiologie, Max-Planck-Institut für Biochemie, Martinsried, Deutschland

**Dr. Tobias Pöhlmann**  Bianoscience GmbH, Gera, Deutschland

**Dr. Gereon Poschmann**  Molecular Proteomics Laboratory (MPL), Heinrich Heine Universität, Düsseldorf, Deutschland

**Dr. Oliver Pötz**  SIGNATOPE GmbH, Reutlingen, Deutschland

**Dr. Thomas Quast**  Life and Medical Sciences Institute (LIMES), Universität Bonn, Bonn, Deutschland

**Prof. Dr. Daniel Rauh** Chemische Biologie, Technische Universität Dortmund, Dortmund, Deutschland

**Prof. Dr. Reinhard Renneberg** Emeritus der Hong Kong University of Science and Technology, Clear Water Bay, Hong Kong

**Dr. Karsten Richter** Head Core Facility Unit Electron Microscopy, Deutsches Krebsforschungszentrum (DKFZ), Heidelberg, Deutschland

**PD Dr. Klaus Richter** Group Leader AUC I, Coriolis Pharma Research GmbH, Martinsried, Deutschland

**Dr. Markus G. Rudolph** Chemical Biology, Hoffmann-La Roche Ltd, Basel, Schweiz

**Kilian Rutzen** Genomsequenzierung, Robert Koch-Institut, Berlin, Deutschland

**Prof. Dr. Frieder W. Scheller** Institut für Biochemie und Biologie, Universität Potsdam, Potsdam, Deutschland

**Prof. Dr. Olav Schiemann** Institut für Physikalische und Theoretische Chemie, Universität Bonn, Bonn, Deutschland

**Prof. Dr. Philippe Schmitt-Kopplin** Department of Environmental Sciences (DES), Helmholtz-Zentrum München, Neuherberg, Deutschland

**Doz. Dr. Walter Schubert** Otto von Guericke Universität Magdeburg, Magdeburg, Deutschland

**Dr. Martin Schwalbe** Magdeburg, Deutschland

**Prof. Dr. Gerhard K. E. Scriba** Pharmazeutische/Medizinische Chemie, Universität Jena, Jena, Deutschland

**Prof. Dr. Bernhard Spengler** Institut für Anorganische und Analytische Chemie, Justus Liebig Universität Giessen, Giessen, Deutschland

**Prof. Dr. Doris Steinemann** Institut für Humangenetik, Medizinische Hochschule Hannover, Hannover, Deutschland

**Prof. Dr. Boris Steipe** Bioinformatics and Computational Biology, Universität of Toronto, Toronto, Canada

**Dr. Jan Stichel** Institut für Biochemie, Universität Leipzig, Leipzig, Deutschland

**Dieter Stoll** Institut für Angewandte Forschung, Universität Albstadt-Sigmaringen, Albstadt, Deutschland

**Dr. Nico Strohmeyer** Department Biosystems Science and Engineering, ETH Zürich, Basel, Schweiz

**Prof. Dr. Kai Stühler** Molecular Proteomics Laboratory (MPL), Heinrich Heine Universität, Düsseldorf, Deutschland

**Markus F. Templin** Naturwissenschaftliches und Medizinisches Institut, Universität Tübingen, Reutlingen, Deutschland

**Dr. Andrea Thürmer** Genomsequenzierung, Robert Koch-Institut, Berlin, Deutschland

**Dr. Peter Uetz**   Center for Biological Data Science (CeBiDaS), Virginia Commonwealth University, Richmond, USA

**Prof. Dr. Rolf Wagner**   Institut für Physikalishe Biologie, Heinrich Heine Universität, Düsseldorf, Deutschland

**Dr. Reiner Westermeier**   Wissenschaftszentrum Freising-Weihenstefan, Technische Universität München, Freising, Deutschland

**Prof. Dr. Olaf Wolkenhauer**   Department of Systems Biology and Bioinformatics, Universität Rostock, Rostock, Deutschland

**Dr. Aysu Yarman**   Institut für Biochemie und Biologie, Universität Potsdam, Potsdam, Deutschland

**Dr. Andreas Zappe**   Institut für Chemie und Biochemie/Organische Chemie, Freie Universität Berlin, Berlin, Deutschland

**Prof. Dr. Markus Zweckstetter**   Fachgebiet Proteinstrukturbestimmung mittels NMR, Max-Planck-Institut für Biochemie für Biophysikalische Chemie, Göttingen, Deutschland

# Bioanalytik – eine eigenständige Wissenschaft

*Jens Kurreck, Friedrich Lottspeich und Joachim W. Engels*

## Inhaltsverzeichnis

1.1      Paradigmenwechsel in der Biochemie: von der Proteinchemie zur Systembiologie – 3

1.1.1    Klassische Strategie – 3

1.1.2    Holistische Strategie – 3

1.2      Methoden begründen Fortschritt – 4

1.2.1    Proteinanalytik – 6

1.2.2    Molekularbiologie – 7

1.2.3    Bioinformatik – 9

1.2.4    Funktionsanalyse – 9

© Springer-Verlag GmbH Deutschland, ein Teil von Springer Nature 2022

J. Kurreck et al. (Hrsg.), *Bioanalytik*, https://doi.org/10.1007/978-3-662-61707-6_1

Im Jahr 1975 weckten O'Farrell und Klose mit zwei Publikationen das Interesse der Biochemiker: In ihren Arbeiten zeigten sie spektakuläre Bilder von Tausenden voneinander getrennten Proteinen, die ersten 2D-Elektropherogramme. Eine Vision entstand damals bei einigen Proteinbiochemikern: Über die Analyse dieser Proteinmuster komplexe Funktionszusammenhänge aufzuzeigen und damit letztendlich Vorgänge in der Zelle aus den Proteindaten verstehen zu können. Dazu allerdings mussten die aufgetrennten Proteine charakterisiert und analysiert werden – eine Aufgabe, mit der die Analytik damals hoffnungslos überfordert war. Erst mussten völlig neue Methoden entwickelt und bestehende drastisch verbessert, die Synergieeffekte von Proteinchemie, Molekularbiologie, Genomanalyse und Datenverarbeitung erkannt und genutzt werden, ehe wir heute mit der Proteomanalyse an der Schwelle zur Realisierung dieser damals so utopisch scheinenden Vision stehen.

Im Jahre 1995 entschloss sich ein internationales Konsortium (HUGO für *Human Genome Organisation*) mit starker Unterstützung von James Watson, das menschliche Genom zu sequenzieren. Wenn auch zunächst die wissenschaftliche Gemeinde geteilter Meinung über den Nutzen dieses Unterfangens war, so haben doch die Beteiligten gezeigt, dass es möglich ist, im internationalen Miteinander ein solch riesiges Unterfangen nicht nur in der beabsichtigten Zeit, sondern sogar schneller zu erledigen. Hierbei hat sicher auch der Wettstreit der kommerziellen und akademischen Teilnehmer seinen Teil beigetragen. Craig Venter ist vielen durch sein Auftreten und seinen Anspruch der *Shotgun*-Sequenzierung in Erinnerung. Die wesentlichen Gruppen der Sequenzierung kamen aus den USA und England, wobei Institute wie das *Sanger* in Cambridge, England, das *Whitehead* in Cambridge, Massachusetts und das *Genome Sequencing Center* in St. Louis hervorzuheben sind. Im Jahr 2003 konnte der Goldstandard des Humangenoms fertiggestellt werden. Als größte Überraschung gilt es festzuhalten, dass die tatsächliche Zahl der Gene deutlich niedriger als erwartet ist. Mit nur etwa 20.000 Genen liegt der Mensch nicht an der Spitze mit der Zahl der Gene, sondern wird von der Petersilie deutlich übertroffen. Die Genauigkeit der Sequenzierung wird mit 99,999 % oder weniger als einem Fehler in 100.000 angegeben und, was noch viel bemerkenswerter ist, alle Daten sind frei in Datenbanken zugänglich. Jeder Wissenschaftler auf der Erde hat so freien Zugang zu dem menschlichen Genom. Damit sollte es möglich sein, alle erblichen Faktoren und Prädispositionen für Krankheiten wie Diabetes oder Brustkrebs mit hoher Verlässlichkeit zu untersuchen.

Für die ersten Sequenzierungen des humanen Genoms wurde noch die klassische Methode der Sanger-Sequenzierung eingesetzt. Bestrebungen, immer mehr Genome in immer kürzerer Zeit zu analysieren, haben aber bald eine der wichtigsten technologischen Revolutionen in den Biowissenschaften der vergangenen Jahrzehnte ausgelöst, die Entwicklung der *Next-Generation-Sequencing*- (NGS-)Technologien (▶ Kap. 34). Hat die erste Sequenzierung des menschlichen Genoms noch 13 Jahre gedauert und rund 3 Mrd. US-$ gekostet, so kann das Genom eines Individuums heute an einem Tag sequenziert werden. 2014 wurde das lange verfolgte Ziel erreicht, die Kosten für die Sequenzierung eines humanen Genoms auf unter 1000 US-$ zu senken. Damit besteht heute für jeden Menschen (in den reichen Ländern der Welt) die Möglichkeit, sein Genom sequenzieren zu lassen. Nachdem die Sequenzierung individueller Genome technisch möglich geworden ist, besteht nun die eigentliche Herausforderung darin, die ungeheuren Datenmengen bioinformatisch auszuwerten und Schlussfolgerungen für die Gesundheit eines Menschen zu ziehen (beispielsweise die Anpassung des Lebensstils oder der Krebsvorsorgemaßnahmen an genetisch bedingte Risikofaktoren).

Dem anfänglichen Projekt zur Entzifferung des menschlichen Genoms folgten vergleichende Genomprojekte, einerseits um die Entwicklung von *Homo sapiens* zu verfolgen, und andererseits um genetische Zusammenhänge von Krankheiten zu verstehen. Wir kennen zwar den Umfang genetischer Unterschiede von Mensch und Schimpansen (etwa 40 Millionen genetische Unterschiede), die Analyse deutet aber eher auf statistische Divergenz. Bezüglich der Entwicklung *out of Africa* deuten die derzeitigen Daten eher auf eine *Split-and-Mix*-Entwicklung, sozusagen Kombinatorik. Interessant ist auch der Befund, dass der Neandertaler mit involviert ist. So konnten mittlerweile nicht nur die Genome von Jetztmenschen aufgeklärt werden, sondern auch die des Neandertalers und eines weiteren Mitglieds der Gattung *Homo*, des Denisova-Menschen. Überraschenderweise sind im Genom der heute lebenden Menschen einige Prozent Erbmaterial der ausgestorbenen Verwandten des modernen Menschen enthalten, d. h. die verschiedenen Populationen haben sich vor Zehntausenden von Jahren miteinander vermischt.

Auch die Analyse der für Krankheiten verantwortlichen Gene ist komplexer geworden. Die genomweite Assoziierungsstudie (GWAS) untersucht möglichst unvoreingenommen die Gene und ihre Netzwerke in biologischen Stoffwechselwegen, um physiologische Zusammenhänge zu entziffern. Im Falle der sog. Krebsgene (Onkogene) solider Tumoren hat sich die Zahl der bekannten Kandidaten in den vergangenen Jahrzehnten vervielfacht, und weitere Gruppenklassifizierungen finden statt. Aktivitäten wie „The Cancer Genome Atlas" zielen darauf ab, alle relevanten Gene für somatische

Veränderungen zu klassifizieren. Es sollte möglich sein, die Beziehungen zwischen DNA und Protein zu studieren und festzustellen, welche Genabschnitte für regulatorische Einheiten, wie z. B. die große Menge an kleinen und auch großen, nicht für Proteine codierenden RNAs, zuständig sind. Dieser als funktionelle Genomanalyse bezeichnete Zusammenhang ist jetzt für systematische Studien offen. Mit dem erfolgreichen Abschluss des Humangenomprojekts war der Grundstein für eine groß angelegte Sequenzierung weiterer Genome gelegt. Ein weiteres vorrangiges Ziel ist die Untersuchung der Individualität: Was unterscheidet einzelne Menschen? Hier ist eine Liste mit mehreren Millionen Einzelbasenpolymorphismen – SNPs oder *Single Nucleotide Polymorphism*s – zu nennen. Des Weiteren spielen aber auch Deletionen und Insertionen sowie Translokationen, nicht zu vergessen Variationen der Kopienzahl der Gene (CNV, *Copy Number Variation*), eine wichtige Rolle bei der Entstehung der Individualität.

## 1.1 Paradigmenwechsel in der Biochemie: von der Proteinchemie zur Systembiologie

Das Humangenomprojekt hatte einen fundamentalen Einfluss auf die gesamten Lebenswissenschaften. Dabei waren wesentliche Erkenntnisse, dass es technisch möglich ist, in der Bioanalytik vollautomatisierte Hochdurchsatzanalytik zu betreiben und die enormen Datenmengen auch datentechnisch zu verarbeiten. Die Resultate der Genomprojekte zeigten, dass eine vorwiegend datengetriebene, systematische Forschung fundamentale Aussagen zur Biologie liefern kann. All dies leitete einen tief greifenden Wandel von der klassischen, zielgerichteten und funktionsorientierten Bearbeitung biologischer Fragestellungen zu einer systematischen, holistisch angelegten Sichtweise ein.

### 1.1.1 Klassische Strategie

In der klassischen Strategie war (und ist) der Ausgangspunkt fast jeder biochemischen Untersuchung die Beobachtung eines biologischen Phänomens (z. B. die Veränderung eines Phänotyps, das Auftreten oder Verschwinden einer enzymatischen Aktivität, die Weiterleitung eines Signals, usw.). Man versuchte nun, dieses biologische Phänomen auf eine oder wenige molekulare Strukturen – in den meisten Fällen auf Proteine – zurückzuführen. Hatte man ein Protein isoliert, das in dem betreffenden biologischen Kontext eine entscheidende Rolle spielt, wurde nach allen Regeln der proteinchemischen Kunst seine molekulare Struktur inklusive

posttranslationaler Modifikationen aufgeklärt und das Gen zu diesem Protein „gefischt". So wurde das ganze Arsenal der Bioanalytik für die genaue Analyse eines wichtigen Proteins eingesetzt. Molekularbiologische Techniken erleichterten und beschleunigten enorm die Analyse und die Validierung und gaben Hinweise auf das Expressionsverhalten der gefundenen Proteine. Physikalische Methoden wie Röntgenstrukturanalyse (▶ Kap. 25), NMR (▶ Kap. 21) und Elektronenmikroskopie (▶ Kap. 23) erlaubten tiefe Einblicke in die molekularen Strukturen, die auf ein Verständnis der biologischen Abläufe auf molekularer Ebene abzielten.

Man erkannte aber schnell, dass biologische Effekte selten durch die Wirkung eines einzelnen Proteins zu erklären sind, sondern häufig auf die Aktionsabfolge verschiedener Biomoleküle zurückzuführen sind. Daher war es ein wesentlicher Schritt bei der Aufklärung von Reaktionswegen, Interaktionspartner zu dem betrachteten Protein zu finden. Waren sie gefunden, wurde an diesen die gleiche intensive Analytik durchgeführt. Es ist leicht einzusehen, dass dieser iterative Prozess recht langwierig war und damit die Aufklärung eines biologischen Reaktionswegs in der Regel mehrere Jahre in Anspruch nahm.

Trotz dieser Langsamkeit war die klassische Vorgehensweise unglaublich erfolgreich. Praktisch all unser jetziges Wissen um biologische Vorgänge resultiert aus dieser Strategie. Sie hat aber dennoch einige prinzipielle Limitationen. So ist es äußerst schwierig, damit netzwerkartige Strukturen und transiente Interaktionen aufzuklären und einen vollständigen Einblick in komplexere Reaktionsabläufe biologischer Systeme zu erhalten. Eine weitere prinzipielle Limitation ist, dass die gewonnenen Daten in den seltensten Fällen quantitativ sind und meist eine sehr artifizielle Situation widerspiegeln. Dies liegt in der Strategie selbst begründet, bei der ja das komplexe biologische System immer weiter in Module und Untereinheiten zerlegt wird und sich damit immer weiter von der biologischen *in-vivo*-Situation entfernt. Bei den vielen Trenn- und Analyseschritten treten auch unweigerlich Materialverluste auf, die unterschiedliche Proteine in unterschiedlicher und nicht vorhersagbarer Weise betreffen. Damit sind quantitative Aussagen, die aber äußerst wichtig für eine mathematische Modellierung von Reaktionsabläufen sind, praktisch nicht mehr möglich.

### 1.1.2 Holistische Strategie

Ermutigt vom Erfolg des Humangenomprojekts, begann man konzeptionell neue Wege zur Beantwortung biologischer Fragen anzudenken. Es keimte die Idee, statt eine biologische Situation analytisch zu zerlegen und dann selektiv kleinste Einheiten genau zu analysieren, das biologische System als Ganzes (holistisch, griech. *holos,* ganz) zu betrachten und zu untersuchen. Diese Vorgehensweise wird sehr erfolgreich z. B. in der Physik angewendet, indem man ein definiertes System gezielt stört und die Reaktion des Systems beobachtet und analysiert. Diese so genannte Perturbationsanalyse (lat. *perturbare,* stören) hat den enormen Vorteil, dass die Systemantwort vorurteils- und annahmefrei beobachtet werden kann und jede beobachtete Veränderung direkt oder indirekt auf die Störung zurückzuführen sein sollte. Diese Strategie ist für sehr komplexe Systeme prädestiniert. Sie gibt auch netzwerkartige, transiente und vor allem auch unerwartete Zusammenhänge wieder und sie ist, da sie am ganzen System ansetzt, auch sehr nahe an der realen biologischen Situation. Um die Vorteile dieser Strategie allerdings voll ausschöpfen zu können, müssen die beobachteten Veränderungen quantitativ gemessen werden, bei der Vielzahl an Komponenten in einem biologischen System eine Herausforderung an die Hochdurchsatzanalytik, die Datenverarbeitung und an eine anspruchsvolle Informatik. Die methodischen Entwicklungen der Bioanalytik und Bioinformatik, getrieben und motiviert von der Genomanalyse, haben aber einen Stand erreicht, der diese Art von holistischer Analyse eines biologischen Systems zumindest mittelfristig machbar erscheinen lässt. Sie wird als wesentlicher Weg für die nächste große Vision der Lebenswissenschaften für die nächsten Jahrzehnte gesehen, die Systembiologie (▶ Kap. 48), die eine mathematische Beschreibung komplexer biologischer Vorgänge zur Zielsetzung hat. Die Komplexität des menschlichen Organismus zu verstehen ist auch das Ziel neuer Ansätze, mehrere Organäquivalente in mikrophysiologischen Systemen zu Multiorganchips oder sogar einem „Human-on-a-Chip" zu kombinieren (▶ Kap. 47).

## 1.2 Methoden begründen Fortschritt

So wie die zweidimensionale Gelelektrophorese, die DNA-Sequenzierung oder auch die Polymerasekettenreaktion (▶ Kap. 33) bis dahin nicht mögliche Qualitäten der Erkenntnis über biologische Zusammenhänge eröffneten und gleichzeitig einen ungeheuren Entwicklungsdruck auf ihr Umfeld ausübten, waren es praktisch immer methodische Entwicklungen, die die wirklich signifikanten Fortschritte in der Wissenschaft zur Folge hatten. Vor allem in den letzten Jahrzehnten haben sich die Biowissenschaften rasend schnell entwickelt und das Verständnis biologischer Zusammenhänge revolutioniert. Die Geschwindigkeit dieser Entwicklung ist eng korreliert mit der Entwicklung der Trenn- und Analysenmethoden, wie sie in ▫ Abb. 1.1 dargestellt ist.

Man versuche, sich eine moderne Biochemie vorzustellen, in der eine oder mehrerer dieser fundamentalen methodischen Entwicklungen fehlten!

Zuerst wurden die Trennmethoden entwickelt und entscheidend in ihren Ausführungen verbessert. Die umfassende Bedeutung der Trennmethoden wird dadurch deutlich, dass in ihren Anfängen die Begriffe *Scheidekunde* oder *Scheidekunst* äquivalente Ausdrücke für die Chemie waren. Beginnend mit den einfachsten Trennverfahren, den Extraktionen und Fällungen, wurden über deutlich effektivere Methoden wie Elektrophorese und Chromatographie die Voraussetzungen geschaffen, gereinigte und homogene Verbindungen zu erhalten. Mit der Darstellung reiner Stoffe war automatisch ein ungeheurer Entwicklungsdruck auf die Analysenmethoden gegeben. Bald stellte sich heraus, dass Biomakromoleküle weitaus komplexere Strukturen besitzen als die bis dahin bekannten kleinen Moleküle. Neue Methoden mussten entwickelt, alte an die neuen Erfordernisse angepasst werden.

Für ihren wirklichen Durchbruch mussten die Methoden erst instrumentell umgesetzt und die Instrumente kommerziell verfügbar werden. Seit den 1950er-Jahren sind Methoden und Geräte enorm weiterentwickelt worden; sie sind heute manchmal bis zu einem Faktor 10.000 schneller und empfindlicher als bei ihrer Einführung. Auch der Platzbedarf der Geräte ist dank modernster Mikroprozessorsteuerungen im Vergleich zu ihren Urahnen um Größenordnungen geringer, und die Bedienung ist durch softwareunterstützte Benutzerführung im gleichen Maße einfacher geworden. Jedes dieser Instrumente mag zwar für sich durchaus teuer sein, der hohe Durchsatz der meisten Methoden (*High-Throughput*-Analysen) führte de facto jedoch zu einer ungeheuren Kostenreduktion.

Die hochdynamische Phase der Entwicklungen dauert bis in die jüngste Zeit, wie das Beispiel der Massenspektrometrie zeigt, die in den späten 1990er-Jahren in die Biologie und Biochemie Einzug hielt und die erst die oben genannten, vollständig neuen Strategien zur Beantwortung biologischer Fragen ermöglichte, wie sie etwa die Proteomanalyse (▶ Kap. 42) stellt. Auf der Ebene der Nucleinsäuren haben die *Next-Generation-Sequencing*- (NGS-)Verfahren (▶ Kap. 34) die Biowissenschaften grundlegend verändert. Stellte vor 20 Jahren die Sequenzierung eines einzelnen Gens noch eine Herausforderung dar, so ist heute die Analyse ganzer Genome zur Routine geworden. Zur Untersuchung biologischer Zusammenhänge in lebenden Zellen können Technologien wie RNA-Interferenz (RNAi, ▶ Abschn. 41.2) oder CRISPR/Cas (▶ Abschn. 41.3) genutzt werden, mit denen jedes der 20.000 menschlichen Gene in einem experimentellen Ansatz selektiv ausgeschaltet werden kann, um den resultierenden Phä-

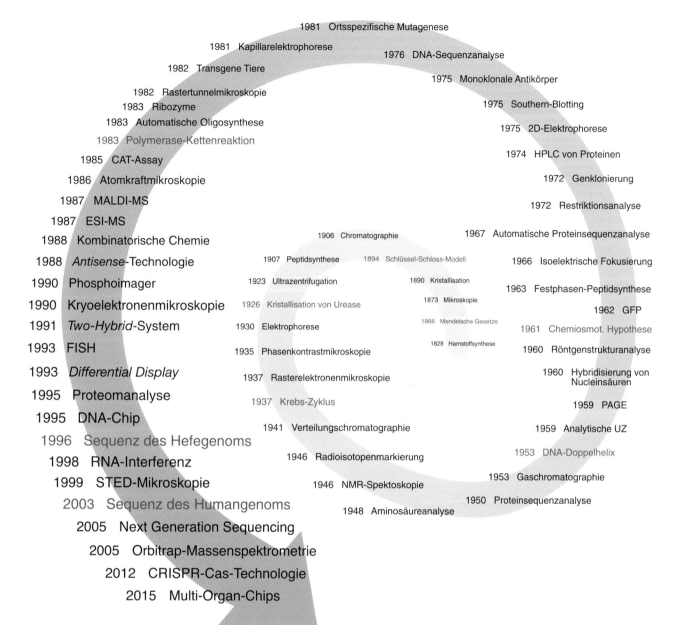

**Abb. 1.1**  Wichtigste methodische Entwicklungen

notyp zu analysieren. Die neuen Technologien generieren ungeheure Datenmengen, die verarbeitet werden müssen. Diese Herausforderungen haben die Bioinformatik (▶ Kap. 37) zu einer zentralen Disziplin in den Lebenswissenschaften werden lassen. Mit ihrer Hilfe können die erhobenen Daten unter Verwendung von Gen- und Proteindatenbanken analysiert werden. Trotz der enormen Fortschritte auf diesem Feld ist es heute fast immer einfacher, genom-, transkriptom- und proteomweite Daten zu erhalten, als ihren biologischen Sinn zu ergründen. Die Weiterentwicklung der Lichtmikroskopie (beispielsweise ▶ Kap. 9, *Near Field Scanning Optical Microscope,* NFOM, und Konfokalmikroskop,

4Pi) zu immer höherer Auflösung erlaubt es nun, Moleküle in Aktion in der Zelle zu beobachten. Der große Satz: „Weil du mich gesehen hast, glaubst du" aus der Bibel ist auch auf den Naturwissenschaftler anzuwenden. All dies zeigt deutlich, dass wir uns in einer Umbruchphase befinden, in der die Analytik nicht nur die Aufgabe hat, als eine Hilfswissenschaft die Daten anderer zu bestätigen, sondern als eigenes, relativ komplexes Fachgebiet aus sich heraus Fragen formulieren und beantworten kann. So wandelt sich die Analytik immer mehr von einer rein retrospektiven zu einer diagnostischen und prospektiven Wissenschaft. Typisch für eine moderne Analytik ist das Zusammenspiel verschiedenster Einzelverfahren, bei denen jede Methode für sich nur begrenzt fruchtbar ist, deren konzertierte Aktion aber Synergismen hervorruft, bei denen Antworten ganz erstaunlicher und neuer Qualität entstehen können. Um aber dieses Zusammenspiel erst zu ermöglichen, muss ein Wissenschaftler heute die Einsatzgebiete, Möglichkeiten und Grenzen der verschiedenen Techniken im Grundsatz kennen und erlernen.

### 1.2.1 Proteinanalytik

Proteine als Träger der biologischen Funktion müssen normalerweise aus einer relativ großen Menge Ausgangsmaterial von einer Unzahl anderer Proteine abgetrennt und isoliert werden. Dabei kommt einer Strategieplanung, die eine gute Ausbeute bei gleichzeitigem Erhalt der biologischen Aktivität anstrebt, eine enorme Bedeutung zu (▶ Kap. 2 und 3). Die Reinigung des Proteins selbst ist auch heute noch eine der größten Herausforderungen der Bioanalytik, sie ist oft zeitraubend und verlangt vom Experimentator fundierte Kenntnisse über die Trennmethoden und Eigenschaften von Proteinen (▶ Kap. 11, 12, 13 und 14). Die Proteinreinigung wird begleitet von spektroskopischen (▶ Kap. 8 und 9), immunologischen (▶ Kap. 6) und enzymologischen Untersuchungen, mit denen Proteine in einer großen Anzahl sehr ähnlicher Substanzen identifiziert und in ihrer Menge erfasst werden. Damit kann die Aufreinigung über verschiedene Schritte verfolgt und beurteilt werden. Gründliche Kenntnisse der klassischen Proteinbestimmungsmethoden und enzymatischer Aktivitätstests sind dabei unerlässlich, da diese Methoden oft von den spezifischen Eigenschaften des zu messenden Proteins abhängig sind und durch kontaminierende Substanzen erheblich beeinflusst werden können.

Ist ein Protein isoliert, versucht man im nächsten Schritt, möglichst viel Information über die Reihenfolge seiner Aminosäurebausteine, die Primärstruktur, zu erhalten (▶ Kap. 15 und 16). Dazu wird das isolierte Protein gewöhnlich direkt mit massenspektroskopischen Methoden untersucht. In der Regel kann schon auf dieser Ebene die Identität des Proteins durch Datenbankvergleiche (▶ Kap. 37) geklärt werden.

Wenn das Protein unbekannt ist oder es genauer analysiert werden muss, z. B. zur Bestimmung von posttranslationalen Modifikationen, wird es enzymatisch oder chemisch in kleine Fragmente zerlegt (▶ Kap. 14). Diese Fragmente werden meist chromatographisch getrennt und einige davon vollständig analysiert. Die Bestimmung der Gesamtsequenz eines Proteins mit proteinchemischen Methoden allein ist schwierig, langwierig und teuer und wird heute eigentlich nur bei therapeutisch eingesetzten, rekombinant hergestellten Proteinen

zur genauen Qualitätskontrolle durchgeführt. Für andere Fälle reichen meist einige wenige, relativ leicht zugängliche Teilsequenzen aus. Man nutzt diese Teilsequenzen zur Herstellung von Oligonucleotidsonden oder von synthetischen Peptiden, mit deren Hilfe monospezifische Antikörper generiert werden können. Oligonucleotidsonden werden zur Isolierung des entsprechenden Gens eingesetzt und führen letztendlich über die DNA-Analyse, die um Größenordnungen schneller und einfacher als eine Proteinsequenzanalyse ist, zur DNA-Sequenz. Diese wird in die vollständige Aminosäuresequenz des Proteins übersetzt. Allerdings werden bei diesem Umweg über die DNA-Sequenz posttranslationale Modifikationen (▶ Kap. 29) oder unterschiedliche Proteoformen nicht erfasst. Da sie aber die Eigenschaften und Funktionen von Proteinen entscheidend mitbestimmen, müssen sie im Nachhinein mit allen zur Verfügung stehenden, hochauflösenden Techniken am gereinigten Protein analysiert werden. Diese Modifikationen können – wie im Fall von Glykosylierungen (▶ Kap. 27) – sehr komplex sein, und ihre Strukturaufklärung ist sehr anspruchsvoll.

Wenn man die Primärstruktur eines Proteins kennt, seine posttranslationalen Modifikationen bestimmt hat und gewisse Aussagen über seine Faltung (Sekundärstruktur) machen kann, so wird man doch den Mechanismus seiner biologischen Funktion auf molekularer Ebene nur in den seltensten Fällen verstehen. Um dies zu erreichen, ist die hochaufgelöste Raumstruktur durch Röntgenstrukturanalyse (▶ Kap. 25), NMR (▶ Kap. 21) oder Elektronenmikroskopie (▶ Kap. 23) *eine* Voraussetzung. Auch die Analyse von verschiedenen Komplexen (z. B. zwischen Enzym und Inhibitor) kann detaillierten Einblick in molekulare Mechanismen der Proteinaktion geben. Wegen des hohen Materialbedarfs erfolgen diese Untersuchungen im Allgemeinen über den Umweg der Überexpression von rekombinanten Genen.

Wenn die gesamte Primärstruktur, die posttranslationalen Modifikationen und eventuell sogar die Raumstruktur aufgeklärt sind, bleibt oft die Funktion eines Proteins doch noch im Dunkel. Die Funktionsanalytik (▶ Kap. 42, 43, 44, 45, 46, 47 und 48) als ein neuerer Bereich der Bioanalytik steht heute im Mittelpunkt des Forschungsinteresses. So versucht man, beginnend mit einer intensiven Datenanalyse über die Messung von Molekülinteraktionen (▶ Kap. 36 und 44) bis hin zu neuen Strategien zur Beantwortung von biologischen Fragen, von den Strukturen auf die funktionellen Eigenschaften der untersuchten Substanzen zu schließen. Dabei haben technologische Weiterentwicklungen – vor allem im Bereich der Massenspektrometrie und der Bioinformatik – maßgeblich dazu beigetragen, die klassische Proteinanalytik, die im besten Fall eine Funktionsanalytik einzelner Proteinmoleküle war, in die Richtung einer Funktionsanalytik komplexer Systeme zu entwickeln. Die holistisch konzipierten Techniken, wie Proteomics, Metabolomics, Toponomics und Interactomics (► Kap. 42, 43, 44 und 46) sind – im Zusammenspiel mit der Informatik und den klassischen proteinanalytischen und molekularbiologischen Techniken – dabei, sich zu einer echten Systembiologie (► Kap. 48) zu entwickeln. Um diese Entwicklung erfolgreich abzuschließen, sind aber noch wesentliche Schritte zu gehen, z. B. in der absoluten Quantifizierung und der räumlichen *in-vivo*-Positionierung der einzelnen Proteine.

## 1.2.2 Molekularbiologie

In ihrer gesamten Entwicklung haben sich Methoden der Biochemie und der Molekularbiologie stets gegenseitig befruchtet und ergänzt. War am Anfang die Molekularbiologie vor allem mit Klonierung gleichzusetzen, so ist sie schon seit geraumer Zeit eine selbstständige Wissenschaft mit eigenen Zielen, Methoden und Ergebnissen. Bei allen molekularbiologischen Ansätzen, sei es in der Grundlagenforschung oder in diagnostisch-therapeutischen und industriellen Anwendungen, kommt der Experimentator mit Nucleinsäuren in Kontakt. Natürlich vorkommende Nucleinsäuren weisen eine Vielfalt von Formen auf, d. h., sie können doppel- oder einzelsträngig, zirkulär oder linear, hochmolekular oder kurz und kompakt, eher „nackt" oder mit Proteinen assoziiert sein. Je nach Organismus, Form der Nucleinsäure und Zielsetzung der Analyse wird eine passende Methode zu ihrer Isolierung gewählt (► Kap. 30), gefolgt von Analysemethoden zur Überprüfung ihrer Intaktheit, Reinheit, Form und Länge (► Kap. 31). Die Kenntnis dieser Eigenschaften ist eine Voraussetzung für jeden anschließenden Gebrauch und die Analyse von DNA und RNA.

Eine erste Näherung an die Analyse der DNA-Struktur erfolgt durch die Restriktionsendonuclease-spaltungen, gewöhnlich kurz als Restriktionsanalyse bezeichnet (► Abschn. 31.1.4). Erst dieses Werkzeug ermöglichte die Geburt der Molekularbiologie in den frühen 1970er-Jahren. Die Restriktionsendonuclease-spaltung ist auch die Voraussetzung für die Klonierung, also die Amplifikation und Isolierung von individuellen und einheitlichen DNA-Fragmenten. Ihr schließt sich eine Vielzahl biochemischer Analysemethoden an, allen voran die DNA-Sequenzierung und diverse Hybridisierungstechniken, mit denen aus einer großen, heterogenen Menge verschiedener Nucleinsäuremoleküle ein spezielles identifiziert, lokalisiert bzw. quantifiziert werden kann.

In den frühen 1980er-Jahren entwickelte Kary Mullis die Polymerasekettenreaktion (PCR, ► Kap. 33), wofür er mit dem Nobelpreis ausgezeichnet wurde. Die Technik, deren Grundprinzip gleichermaßen genial wie einfach ist, wird heute in fast jedem molekularbiologischen Labor der Welt eingesetzt. Kleinste Mengen von DNA und RNA können mit ihr detektiert, quantifiziert und ohne Klonierung amplifiziert werden. Der Fantasie des Forschers scheinen bei den PCR-Anwendungen fast keine Grenzen gesetzt. Wegen ihrer hohen Sensitivität birgt sie jedoch auch Fehlerquellen in sich, was vom Anwender besondere Vorsicht erfordert. Ihre Weiterentwicklung zu einer miniaturisierten schnellen und kostengünstigen standardisierten Methode ist ein gutes Beispiel für die *Lab-on-a-Chip*-Zukunft.

Die PCR fand natürlich auch Einzug in die Sequenzierung von Nucleinsäuren, eine der klassischen Domänen der Molekularbiologie. Die Nucleinsäuresequenzierung war die Grundlage für das höchst anspruchsvolle, internationale Humangenomprojekt. Viele vergleichen das Humangenomprojekt mit dem bemannten Flug zum Mond (allerdings erfordert es keine ähnlich hohen Geldsummen – das Budget betrug durchschnittlich „nur" 200–300 Mio. US-$ pro Jahr für gut zehn Jahre). Wie ähnlich hoch gesteckte Ziele hat es zu wesentlichen technischen Innovationen geführt, insbesondere den neuen Techniken des *Next Generation Sequencing* (NGS). So wurden neben dem menschlichen Genom auch die Genome von Modellorganismen durchsequenziert, und mittlerweile sind Hunderte von Eukaryotengenomen und Tausende bakterieller bzw. viraler Genome sequenziert. Die innerhalb des Humangenomprojekts entwickelten Methoden gewinnen großen Einfluss auch auf biotechnologienahe Industriezweige, z. B. Medizin, Landwirtschaft oder Umweltschutz.

Der große Fortschritt der Sequenziertechniken (► Kap. 34) ermöglicht es nun, dass nicht nur ein Referenzgenom für das menschliche Erbmaterial bekannt ist, sondern dass auch das Genom einzelner Individuen komplett entschlüsselt werden kann. Dies wiederum ist für die individualisierte Medizin von großer Bedeutung, die die Diagnose und Therapie von Krankheiten auf jeden spezifischen Patienten zuschneiden möchte. Die bekanntesten Krankheiten wie Diabetes, Krebs, Herzinfarkt, Depression und Stoffwechselkrankheiten werden von vielen Genen und Umweltfaktoren beeinflusst. Wenn auch zwei nicht verwandte Menschen über 99 % identische Gensequenzen tragen, so ist der geringe restliche Anteil von entscheidender Bedeutung für den Erfolg einer Therapie. Diese Unterschiede in den Gensequenzen zu finden, die für die Risiken verantwortlich sind, bietet eine große Chance zum Verständnis komplexer Krankheitsursachen und -abläufe. Interessant wird auch sein festzustellen, welche Basenaustausche in welchen Positionen dazu beitragen, dass ein Individuum ein Medikament verträgt und dass dieses Medikament auch die gewünschte Wirkung zeigt. Pharmakogenetische Analysen haben bereits Eingang in die personalisierte Behandlung gefunden, in der die Auswahl und Dosierung auf den spezifischen Patienten zugeschnitten wird, statt die Behandlung nach dem bisherigen *One-size-fits-all*-Prinzip vorzunehmen.

Nach dem Abschluss des Humangenomprojektes wurden aufgrund des großen Erfolges der weltweiten Kooperation im großen Stil weitere internationale Großprojekte initiiert, so z. B. das *International HapMap Project*, das das Ziel verfolgte, Haplotypen als Satz miteinander assoziierter *Single Nucleotide Polymorphisms* (SNPs) in einem Teil eines Chromosoms zu identifizieren. In diesem Rahmen wurden mehrere Millionen Einzelbasenaustausche identifiziert.

Ein weiteres Großprojekt, das ENCODE- (*Encyclopedia of DNA Elements*) Projekt, wurde initiiert, um alle funktionellen Elemente im humanen Genom zu identifizieren. Die rund 20.000 proteincodierenden Gene des Menschen machen weniger als 2 % des gesamten Erbmaterials aus. Die frühere Annahme, dass die restlichen 98 % Junk-DNA, also Müll seien, hat sich als falsch erwiesen. Das ENCODE-Projekt konnte zeigen, dass 75–80 % des Genoms in sog. nichtcodierende RNAs (ncRNAs) transkribiert werden. Der Begriff ncRNA ist verwirrend, und es wäre besser, von nicht Protein codierender RNA zu sprechen, da die ncRNAs wichtige Funktionen haben. Heute kennen wir Tausende von microRNAs (miRNAs), *long non-coding* RNAs (lncRNAs), *PIWI-interacting* RNAs (piRNAs) und zirkulären RNAs (circRNAs), um nur ein paar Beispiele zu nennen, die vor allem regulatorische Funktionen in der Zelle übernehmen. Das internationale FANTOM- (*Functional Annotation of Mammalian cDNA*) Konsortium hat 2017 annähernd 30.000 humane lncRNAs beschrieben.

Durch die Fortschritte der Sequenziertechniken konnte das „1000 Genome Projekt", das im Namen definierte Ziel übertreffen und mehrere Tausend menschliche Genome entziffern und eine Übersicht über die im menschlichen Erbmaterial auftretenden Variationen geben. In einem Nachfolgeprojekt, das von 2013 bis 2018 lief, wurden sogar 100.000 Genome entziffert. Das langfristig angelegte *Personal Genome Project* zielt nicht nur darauf ab, die Genome von 100.000 Freiwilligen zu sequenzieren. Vielmehr sollen die Genomdaten mit genauen Informationen über den Lebensstil und Gesundheitszustand der Sequenzierten verknüpft werden. Erst dadurch wird es möglich werden, die Relevanz genetischer Variationen zu verstehen. So haben neuere Studien wie die des *Exome Aggregation Consortium* (ExAC) oder die *Genome Aggregation Database* (gnomAD) gezeigt, dass Mutationen, die als Auslöser schwerer bzw.

tödlicher Erkrankungen beschrieben waren, in der Bevölkerung weit verbreitet und nicht immer ursächlich für Krankheiten sind. Hier ist also eine vorsichtige Revision älterer Befunde mit modernsten Technologien notwendig.

Die Chemische Biologie (▶ Kap. 45) als eine neuere Disziplin der Chemie im Grenzbereich der Biologie hat sich die Aufgabe gestellt, für alle Proteine kleine organische Moleküle zu finden, die ihre Funktionen oder Wechselwirkungen beeinflussen. Hierbei können zwar ähnlich wie im Falle der RNAi- oder CRISPR/Cas-Technologie Funktionen der Zelle analysiert werden, aber zusätzlich haben die kleinen organischen Moleküle den Vorteil, schnelle Antworten zu generieren, die räumlich und zeitlich reversibel sind. So kann es gelingen, für alle zellulären Targets kleine Moleküle zu finden, die die physiologischen Zusammenhänge erleuchten und so letztendlich der Medizin helfen, neue therapeutische Anwendungen zu nutzen.

Die Analyse der linearen Struktur der DNA wird durch die Bestimmung der DNA-Modifikationen abgerundet, allen voran die Basenmethylierung (▶ Kap. 35). Sie beeinflusst die Struktur der DNA und ihre Assoziation mit Proteinen und wirkt sich auf eine Vielzahl biologischer Prozesse aus. Besonders wichtig ist die Basenmethylierung für die Aktivität der Gene. So kann der Mensch bei seiner vergleichbar kleinen Zahl an Genen durch Methylierung der Base Cytosin eine transkriptionelle Regulation durchführen. Dieses als Epigenetik bekannte Phänomen ist für die differenzielle Expression der Gene in unterschiedlichen Zellen verantwortlich. Da die spezifischen Modifikationen der genomischen DNA bei Klonierungen oder PCR-Amplifikationen verlorengehen, muss für ihre Detektion zuerst direkt mit genomischer DNA gearbeitet werden, was Methoden mit hoher Sensitivität und Auflösung erfordert.

Auch wenn sich die meisten Kapitel des vorliegenden Buches mit Nucleinsäuren und Proteinen beschäftigen, so darf dies nicht darüber hinwegtäuschen, dass noch weitere Klassen von Biomolekülen für das Verständnis zellulärer Prozesse von essenzieller Bedeutung sind. Lipide (▶ Kap. 29) sind nicht nur der Hauptbestandteil von Membranen und wichtige Energieträger. Sie sind auch bedeutsame Signalmoleküle und Interaktionspartner anderer Biomoleküle. Kohlenhydrate (▶ Kap. 27) gehören ebenfalls zu den wichtigsten Energieträgern der Zelle, sie zeichnen sich aber auch durch ihre hohe strukturelle Vielfalt aus, da sie nicht nur lineare, sondern auch verzweigte Polymere bilden können. Auf der Zelloberfläche spielen sie – gekoppelt an Lipide und Protein – eine wichtige Rolle bei der Interaktion von Zellen und bei deren Kommunikation.

### 1.2.3 Bioinformatik

In den vergangenen Jahrzehnten ist eine deutliche Tendenz von *wet labs* zu *dry labs* zu verzeichnen; d. h. die Aktivität einiger Forscher verlagerte sich zunehmend mehr vom Labortisch hin zu Tätigkeiten am Computer (▶ Kap. 34 und 37). Anfangs beschränkten sich diese auf simple Homologievergleiche von Nucleinsäuren oder Proteinen, um Verwandtschaften zu ergründen oder Hinweise auf die Funktion von unbekannten Genen zu erhalten. Hinzu kommen heute mathematisch fundierte Simulationskonzepte, Mustererkennungs- und Suchstrategien nach strukturellen und funktionellen Elementen und Algorithmen zur Gewichtung und Bewertung der Daten. Datenbanken, mit denen der Molekularbiologe heute Bekanntschaft macht, enthalten nicht nur Sequenzen, sondern auch dreidimensionale Strukturen. Bemerkenswert und erfreulich ist, dass man über das Internet freien und manchmal interaktiven Zugang zu dieser Unmenge von Daten und deren Verarbeitung hat. Diese vernetzte Informationsstruktur und deren Bewältigung sind die Grundlagen der heutigen Bioinformatik.

### 1.2.4 Funktionsanalyse

Mit der Bioinformatik haben wir bereits ein Thema aufgegriffen, das die systematische Funktionsanalytik eröffnet. Hierher gehören auch die Untersuchungen der Wechselwirkungen von Proteinen untereinander oder mit Nucleinsäuren. Protein-DNA-Wechselwirkungen (▶ Kap. 36) haben die Forscher schon früh in der Geschichte der Molekularbiologie beschäftigt, nachdem klar wurde, dass die genetischen *trans*-Faktoren meist DNA-bindende Proteine sind. Die Bindungsstelle kann mit sog. *Footprint*-Methoden sehr genau charakterisiert werden. *In-vivo*-Footprints erlauben zudem, den Besetzungszustand eines genetischen *cis*-Elements mit einem definierten Vorgang – z. B. aktiver Transkription oder Replikation – zu korrelieren. Das kann Aufschlüsse über den Mechanismus der Aktivierung und auch über die Proteinfunktion in der Zelle geben.

Wechselwirkungen zwischen Biomakromolekülen können auch durch biochemische und immunologische Verfahren (▶ Kap. 6) aufgespürt werden, wie Affinitätschromatographie oder Quervernetzungsmethoden (▶ Kap. 7), Affinitätsblots (*far-Western*), Immunpräzipitation und Analyse mittels Ultrazentrifugation (▶ Kap. 19). Bei diesen Verfahren muss in der Regel ein unbekannter Partner, der mit einem gegebenen Protein wechselwirkt, anschließend proteinchemisch identifiziert werden. Bei gentechnischen Verfahren ist dies leichter, weil der wechselwirkende Partner von einer cDNA exprimiert werden kann, die selbst schon kloniert vorliegt. Ein zu diesem Zweck entwickeltes – intelligentes – genetisches Verfahren ist die *Two-Hybrid*-Technik, mit der auch Wechselwirkungen zwischen Proteinen und RNA untersucht werden können. Es darf bei allen diesen Möglichkeiten jedoch nicht vergessen werden, dass die physiologische Signifikanz der einmal gefundenen Wechselwirkungen von Molekülen miteinander, so plausibel sie auch erscheinen mögen, gesondert gezeigt werden muss.

Protein-DNA-, Protein-RNA- und Protein-Protein-Wechselwirkungen setzen in der Zelle eine Reihe von Prozessen in Gang, z. B. die Expression bestimmter – und nicht aller – Gene. Die Aktivität von Genen, die nur in ganz bestimmten Zelltypen oder unter ganz bestimmten Bedingungen exprimiert werden, kann mit einer Reihe von Methoden erfasst werden, so mit der Methode des *differential display*, die einem 1:1-Vergleich exprimierter RNA-Spezies gleichkommt. Nachdem man Gene fand, die einer differenziellen Expression unterliegen, können die *cis*- und *trans*-Elemente – mit anderen Worten die Promotor- bzw. Enhancerelemente und die notwendigen Transaktivatorproteine – bestimmt werden, die diese Regulation bewirken. Dazu werden funktionelle *in-vitro*- und *in-vivo*-Tests ausgeführt.

Liefern alle diese Analysen einen soliden Einblick in die spezifische Expression eines Gens und seine Regulation, so bleibt die eigentliche Funktion des Gens – mit anderen Worten sein Phänotyp – unbekannt. Dies ist eine konsequente Folge der Ära der reversen Genetik, in der es vergleichsweise leicht geworden ist, DNA zu sequenzieren und „offene Leserahmen" festzustellen. Einen offenen Leserahmen bzw. eine Transkriptionseinheit mit einem Phänotyp zu korrelieren ist schwieriger. Dazu bedarf es einer Expressionsstörung des interessierenden Gens. Diese Genstörung kann von außen z. B. durch Genmodifikation eingeführt werden, also durch Mutagenisierung der interessierenden Region. Noch Ende des 20. Jahrhunderts war eine ortsspezifische Mutagenese nicht oder nur mit großem Aufwand durch die Anwendung genetischer Rekombinationskunstgriffe *in vivo* möglich. Verschiedene Techniken sind heute soweit optimiert worden, dass es möglich ist, *in vitro* veränderte Gene auch in höhere Zellen oder Organismen einzuführen und das endogene Gen zu ersetzen.

Eine Modifikation des Gens bzw. der Genfunktion kann aber auch durch andere Methoden erbracht werden: Hierbei haben sich die Methoden der Translationsregulation besonders bewährt. Während zunächst die Antisense- (▶ Abschn. 41.1) bzw. Antigentechnik, bei der zu bestimmten Regionen komplementäre Oligonucleotide in die Zelle eingeführt werden und die Expression des Gens inhibieren, im Vordergrund standen, hat seit 1998 die RNAi-Technologie (▶ Abschn. 41.2) eine gewaltigen Siegeszug erfahren. Durch die geeignete Wahl der komplementären RNA kann jede beliebige mRNA ausgeschaltet werden. Hierbei ist es wichtig festzuhalten, dass es sich nicht um einen *Knock-out*, sondern um einen partiellen (in der Regel 80–90 %igen) *Knock-down* handelt.

Seit 2012 steht mit der CRISPR/Cas-Technologie (▶ Abschn. 41.3) eine komplementäre Methode zur Verfügung, mit der die Expression eines Gens nicht nur posttranskriptional auf der mRNA Ebene, sondern auch auf genomischer Ebene durch Zerstörung des interessierenden Gens unterbunden werden kann. Auch dieser Ansatz wird genutzt, um durch Analyse der *Loss-of-Function*-Phänotypen die Funktion und Bedeutung eines Gens zu untersuchen. Anders als bei der Anwendung der RNAi-Technologie werden mit CRISPR/Cas vollständige Knock-outs erzeugt. Ein großer Vorteil der CRISPR/Cas-Technologie ist es, dass Zielgene nicht nur zerstört werden können, um ihre Expression zu unterbinden; vielmehr ist es auch möglich, gezielte Mutationen (oder sogar ganze Gene) in eukaryotische Zellen einzuführen. Hiermit lassen sich gezielt Modelle genetischer Erkrankungen generieren, an denen Pathomechanismen untersucht und neue Wirkstoffe entwickelt werden können.

Statt des Herunterregulierens kann durch eine Überexpression die Menge des Genproduktes erhöht werden. Dieser Ansatz wird als Kontrolle zur Komplementation bei RNAi- oder CRISPR/Cas-Experimenten genutzt: Zunächst wird durch RNAi-/CRISPR-Inhibition eines Gens ein Phänotyp erzeugt. Erst wenn dieser wieder durch die Überexpression des blockierten Gens rückgängig gemacht wird, kann die Schlussfolgerung gezogen werden, dass das Gen tatsächlich ursächlich für den Phänotypen ist. Die Überexpression von Genen kann aber auch direkt zur Analyse von Genfunktionen eingesetzt werden, indem Phänotypen analysiert werden, die durch die Überexpression hervorgerufen werden. Weiterhin wird die Technik der (Über-)Expression eines Transgens in der Landwirtschaft für die Produktion gewünschter Genprodukte in transgenen Pflanzen oder Tieren angewandt.

Sämtliche der genannten Technologien – Genmodifikation, Antisense-, RNAi- und CRISPR/Cas-vermittelte Inhibition der Genexpression, Überexpression von Genen – haben reichlich Eingang in Medizin und Land-wirtschaft gefunden. Die Gründe sind vielfältig und liegen auf der Hand; zum einen sind sie wirtschaftlich begründet: Mit transgenen Tieren oder Pflanzen lassen sich landwirtschaftliche Erträge steigern. Expressionsklonierung im klinischen Bereich kann neue Möglichkeiten zur Bekämpfung von malignen Zellen eröffnen, die ohne die Expression von bestimmten Oberflächenantigenen nicht vom körpereigenen Immunsystem erkannt werden. Mit der Antisense- und RNAi-Technik (▶ Kap. 41) wird außerdem versucht, die Aktivierung von unerwünschten Genen, z. B. von Onkogenen, zu unterdrücken. Da jedoch ein Organismus ein unendlich komplexeres System darstellt als ein kontrollierter *in-vitro*-Ansatz oder eine einzelne Zelle, kommt es nicht immer zum erwünschten Effekt. Es sei an dieser Stelle beispielhaft daran erinnert, dass einige Erfolge in der Therapie durch diese Technik nichts mit Nucleinsäurehybridisierung *in vivo* zu tun hatten, sondern – wie man später erkannte – eher mit einer lokalen, unspezifischen Aktivierung des Immunsystems aufgrund fehlender Methylgruppen an den CpG-Dinucleotiden der verwendeten Oligonucleotide. Die Abkürzung CpG steht hierbei für eine Abfolge eines Cytosins und eines Guanins, die über eine Phosphodiesterbrücke verknüpft sind. Derartige Sequenzen sind im menschlichen Genom größtenteils methyliert, und ihre nichtmethylierte Form wird vom Immunsystem als Invasion eines Pathogens interpretiert. Dieser Mechanismus war nicht vollständig bekannt, als die Wirkung von Antisense-Oligonucleotiden mit CpG-Motiven deren Basenpaarung an komplementäre mRNAs zugeschrieben wurde (▶ Abschn. 41.1). Tatsächlich hatten die Oligonucleotide aber durch die Aktivierung des Immunsystems gewirkt. Heutzutage vermeidet man CpG-Motive in Oligonucleotiden, die über den Antisense Mechanismus wirken sollen, oder die Motive werden bewusst eingesetzt, sofern das Immunsystem aktiviert werden soll. Solche Fehlinterpretationen und andere, möglicherweise weniger harmlose Komplikationen vergrößern in unseren Augen die ohnehin gegebene Pflicht des Forschers wie auch des Anwenders, bei ihrer Arbeit sehr genau auf das zu achten, was geschieht und was geschehen kann. Eine gute Kenntnis der zur Verfügung stehenden Analysenmethoden und der Interpretation der biologischen Zusammenhänge ist *eine* der Voraussetzungen dazu. Dieses Buch will (auch) in dieser Richtung ein Beitrag sein.

# Proteinanalytik

## Inhaltsverzeichnis

**Kapitel 2**  **Proteinreinigung – 13**
*Friedrich Lottspeich*

**Kapitel 3**  **Proteinbestimmungen – 33**
*Lutz Fischer*

**Kapitel 4**  **Enzymatische Aktivitätstests – 45**
*Hans Bisswanger*

**Kapitel 5**  **Mikrokalorimetrie – 59**
*Alfred Blume*

**Kapitel 6**  **Immunologische Techniken – 77**
*Hyun-Dong Chang und Reinhold Paul Linke*

**Kapitel 7**  **Chemische Modifikation von Proteinen und Proteinkomplexen – 117**
*Sylvia Els-Heindl, Anette Kaiser, Kathrin Bellmann-Sickert und Annette G. Beck-Sickinger*

**Kapitel 8**  **Spektroskopie – 145**
*Werner Mäntele*

**Kapitel 9**  **Lichtmikroskopische Verfahren – Imaging – 193**
*Thomas Quast und Waldemar Kolanus*

**Kapitel 10**  **Spaltung von Proteinen – 225**
*Josef Kellermann*

**Kapitel 11**  **Chromatographische Trennmethoden für Peptide und Proteine – 239**
*Reinhard Boysen*

**Kapitel 12**  **Elektrophoretische Verfahren – 265**
*Reiner Westermeier und Angelika Görg*

**Kapitel 13**   **Kapillarelektrophorese – 299**
*Philippe Schmitt-Kopplin und Gerhard K. E. Scriba*

**Kapitel 14**   **Aminosäureanalyse – 327**
*Josef Kellermann*

**Kapitel 15**   **Proteinsequenzanalyse – 341**
*Friedrich Lottspeich*

**Kapitel 16**   **Massenspektrometrie – 359**
*Helmut E. Meyer, Thomas Fröhlich, Eckhard Nordhoff und*
*Katja Kuhlmann*

**Kapitel 17**   **Massenspektrometriebasierte Immunassays – 415**
*Oliver Pötz, Thomas Joos, Dieter Stoll*
*und Markus Templin*

**Kapitel 18**   **Bildgebende Massenspektrometrie – 423**
*Bernhard Spengler*

**Kapitel 19**   **Protein-Protein-Wechselwirkungen – 433**
*Peter Uetz, Eva-Kathrin Ehmoser, Dagmar Klostermeier,*
*Klaus Richter und Ute Curth*

**Kapitel 20**    **Bio- und biomimetische Sensoren – 473**
*Frieder W. Scheller, Aysu Yarman und Reinhard Renneberg*

# Proteinreinigung

*Friedrich Lottspeich*

## Inhaltsverzeichnis

2.1     Eigenschaften von Proteinen – 14

2.2     Proteinlokalisation und Reinigungsstrategie – 17

2.3     Homogenisierung und Zellaufschluss – 18

2.4     Die Fällung – 20

2.5     Zentrifugation – 21
2.5.1   Grundlagen – 22
2.5.2   Zentrifugationstechniken – 23

2.6     Abtrennung von Salzen oder hydrophilen
        Verunreinigungen – 25

2.7     Konzentrierung – 27

2.8     Detergenzien und ihre Entfernung – 28
2.8.1   Eigenschaften von Detergenzien – 28
2.8.2   Entfernen von Detergenzien – 31

2.9     Probenvorbereitung für die Proteomanalyse – 32

        Literatur und Weiterführende Literatur – 32

© Springer-Verlag GmbH Deutschland, ein Teil von Springer Nature 2022
J. Kurreck et al. (Hrsg.), *Bioanalytik*, https://doi.org/10.1007/978-3-662-61707-6_2

Proteinreinigung ist ein wesentlicher Bestandteil der Lösung biologischer Fragestellungen. Dabei bestimmt die Fragestellung ganz maßgeblich die Reinigungsstrategie.

- Aufgrund der unterschiedlichen Proteineigenschaften sind die Art und Reihenfolge der benötigten Reinigungsschritte für einen optimalen Reinigungsgang oft nicht einfach vorherzusagen.
- Der Einsatz von Detergenzien oder chaotropen Agenzien ist für schlecht lösliche Proteine fast immer erforderlich.
- Wird ein spezifisches Protein in sehr reiner Form benötigt, wie z. B. für die Untersuchung von Struktur-Funktions-Beziehungen oder für therapeutische Zwecke, müssen im Allgemeinen verschiedenste Reinigungsmethoden kombiniert werden. Das Kapitel soll helfen, ein Konzept dafür zu designen.
- Für viele Fragestellungen – vor allem in der Proteomanalyse – wird eine quantitative Aussage über die Menge eines oder mehrerer Proteine benötigt. Hier können nur wenige effiziente Reinigungsschritte unter Verwendung hochselektiver Trennverfahren eingesetzt werden.

Die Untersuchung von Struktur und Funktion von Proteinen beschäftigt die Wissenschaft schon seit über zweihundert Jahren. 1777 fasste der französische Chemiker Pierre J. Macquer unter dem Begriff *Albumine* alle Substanzen zusammen, die das eigenartige Phänomen zeigten, beim Erwärmen vom flüssigen in festen Zustand überzugehen. Zu diesen Substanzen gehörten das Hühnereiweiß, das Casein und der Blutbestandteil Globulin. Schon 1787, etwa zur Zeit der französischen Revolution, wurde über die Reinigung von gerinnbaren, eiweißartigen Substanzen aus Pflanzen berichtet. Im frühen neunzehnten Jahrhundert wurden viele Proteine wie Albumin, Fibrin oder Casein gereinigt und analysiert, und es zeigte sich bald, dass diese Verbindungen erheblich komplizierter aufgebaut waren als die damals bekannten anderen organischen Moleküle. Das Wort Protein wurde wahrscheinlich von dem schwedischen Chemiker Jöns J. von Berzelius um 1838 geprägt und dann von dem Holländer Gerardus J. Mulder zusammen mit einer chemischen Formel publiziert, die Mulder damals als allgemeingültig für eiweißartige Stoffe ansah. Homogenität und Reinheit dieser damals gereinigten Proteine entsprachen natürlich nicht den heutigen Ansprüchen, sie zeigten jedoch, dass sich einzelne Proteine durchaus voneinander unterscheiden lassen. Die Reinigung konnte damals nur gelingen, weil man einfache Schritte nutzen konnte: die Extraktion zur Anreicherung, die Ansäuerung zur Ausfällung und die Kristallisation beim einfachen Stehenlassen einer Lösung. Schon 1889 erhielt Hofmeister das Hühneralbumin in kristalliner Form. Obwohl Sumner 1926 enzymatisch aktive Urease kristallisieren konnte, blieben doch bis zur Mitte des zwanzigsten Jahrhunderts die Struktur und der Aufbau von Proteinen im Dunkeln. Erst die Entwicklung von leistungsfähigen Reinigungsmethoden, mit denen sich einzelne Proteine aus komplexen Gemischen isolieren lassen, begleitet von einer Revolution der Techniken zur Analyse der aufgetrennten Proteine, ermöglichte unser heutiges Verständnis der Proteinstrukturen.

In diesem Kapitel werden diese Reinigungsmethoden beschrieben; dabei soll erkennbar sein, wie sie systematisch und strategisch eingesetzt werden. Es ist äußerst schwierig, das Thema unter generellen Aspekten zu betrachten, da sich die physikalischen und chemischen Eigenschaften verschiedener Proteine immens unterscheiden können. Diese Vielfalt ist aber biologisch notwendig, da Proteine – die eigentlichen Werkzeuge und Baustoffe einer Zelle – die unterschiedlichsten Funktionen ausüben müssen.

## 2.1 Eigenschaften von Proteinen

**Größe von Proteinen** Die Größe von Proteinen kann sehr unterschiedlich sein, von kleinen Polypeptiden, wie dem Insulin, das aus 51 Aminosäuren besteht, bis zu sehr großen multifunktionellen Proteinen, z. B. dem Apolipoprotein B, einem cholesterintransportierenden Protein, das aus einer Kette von über 4600 Aminosäuren besteht, mit einer molekularen Masse von mehr als 500.000 Dalton (500 kDa). Viele Proteine bestehen aus Oligomeren von gleichen oder verschiedenen Proteinketten und haben Molekülmassen bis zu einigen Millionen Dalton. Ganz allgemein ist zu erwarten, dass, je größer ein Protein ist, umso schwieriger seine Isolierung und Reinigung sein wird. Dies hat seinen Grund in den analytischen Verfahren, die bei großen Molekülen sehr geringe Effizienz zeigen. In ◘ Abb. 2.1 ist die **Trennkapazität** einzelner Trennverfahren (die maximale Anzahl von Analyten, die unter optimalen Bedingungen voneinander getrennt werden können) gegen die Molekülmasse aufgetragen. Man sieht, dass für kleine Moleküle wie Aminosäuren oder Peptide einige chromatographische Verfahren durchaus in der Lage sind, mehr als 50 Analyten in einer Probe zu trennen. Im Bereich der Proteine erkennt man, dass von den chromatographischen Techniken eigentlich nur die Ionenaustauschchromatographie komplexere Gemische halbwegs effizient aufzutrennen vermag und dass in diesem Molekülmassenbereich die elektrophoretischen Techniken weitaus leistungsfähiger sind. Aus diesem Grund wird auch in der Proteomanalyse (der Analyse aller Proteine einer Zelle), bei der mehrere Tausend Proteine aufgetrennt werden müssen, heute praktisch ausschließlich mit elektrophoretischen Verfahren (ein- und zweidimensionale Gelelektrophorese) gearbeitet. Aus der Abbildung ist auch ersichtlich, dass es keine effizienten Trennverfahren für große Moleküle, z. B. für Proteinkomplexe mit Molekülmassen von mehr als 150 kDa, oder für Organellen gibt.

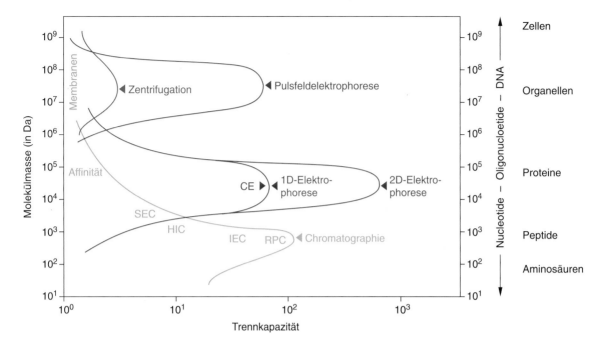

**◻ Abb. 2.1**    Die Trennkapazität einzelner Trennmethoden (die maximale Anzahl der in einer Analyse voneinander getrennten Substanzen) ist für unterschiedliche Molekülmassen der Substanzen deutlich unterschiedlich. SEC Ausschlusschromatographie; HIC Hydrophobe Interaktionschromatographie; IEC Ionenaustauschchromatographie; RPC Reversed-Phase-Chromatographie; CE Kapillarelektrophorese

---

**Molare Masse = Molmasse (M)**

fälschlich oft als Molekulargewicht bezeichnet; ist keine Masse, sondern der Quotient aus Masse einer Substanz, dividiert durch die Stoffmenge der Substanz. Einheit: g mol⁻¹.

---

**Absolute Molekülmasse (mM)**

Die molare Masse (M) eines Moleküls dividiert durch die Anzahl der Teilchen in einem Mol (Avogadro-Konstante NA): $mM = M/NA$. Einheit: g.

---

**Relative Molekülmasse (Mr)**

Die auf 1/12 der Masse des 12C-Isotops normierte Molekülmasse (dimensionslos).

---

**Dalton (Da)**

Eine nach dem englischen Naturforscher John Dalton (1766–1844) benannte, nicht SI-konforme Masseinheit. Ein Dalton ist gleich der atomaren Masseneinheit (u = 1/12 der Masse von 12C) und entspricht in etwa der Masse eines Wasserstoffatoms (1,66 · 10−24 g). Gebräuchlich in der Biochemie ist vor allem kDa (Kilodalton = 1000 Da).

---

Die Trenneffizienz einer Methode ist jedoch nicht immer der relevante Parameter, der bei der Reinigung eine Rolle spielt. Stehen selektive Reinigungsschritte zur Verfügung, tritt die Bedeutung der Trennkapazität ganz in den Hintergrund, und die **Selektivität** wird zur entscheidenden Größe. So hat eine Affinitätsreinigung, die auf der spezifischen Wechselwirkung einer bestimmen Substanz zu einer Affinitätsmatrix beruht, z. B. eine Immunpräzipitation oder eine Antikörperaffinitätschromatographie, eine ganz schlechte Trennkapazität von „1", aber eine extrem hohe Selektivität, mit der man aus einer sehr komplexen Mischung ein Protein in einem einzigen Schritt isolieren kann.

Da bei den wichtigsten Reinigungstechniken, der Elektrophorese ▶ Kap. 12 und der Chromatographie (▶ Kap. 11), die Analyten in gelöster Form vorliegen müssen, ist die **Löslichkeit**, die das Protein in wässrigen Puffermedien besitzt, ein weiterer wichtiger Parameter bei der Planung einer Proteinreinigung. Viele intrazelluläre, im Cytosol lokalisierte Proteine (z. B. Enzyme) sind gut löslich, während Proteine, die strukturbildende Funktionen haben, wie z. B. die Proteine des Cytoskeletts oder Membranproteine, meist deutlich schlechter löslich sind. Besonders schlecht in wässrigen Medien handhabbar sind die sehr hydrophoben, integralen Membranproteine, deren natürliche Umgebung Lipidmembranen sind und die ohne Lösungsvermittler wie Detergenzien (▶ Abschn. 2.8) aggregieren und ausgefällt werden.

**2**

**Verfügbare Menge**    Die im Ausgangsmaterial verfügbare Menge spielt eine entscheidende Rolle für den Aufwand, der für eine Proteinreinigung betrieben werden muss. Ein zur Reinigung bestimmtes Protein ist vielleicht nur in wenigen Kopien pro Zelle vorhanden (z. B. Transkriptionsfaktoren) oder in wenigen Tausend Kopien (z. B. viele Rezeptoren). Häufige Proteine (z. B. Enzyme) können Prozentanteile des Gesamtproteins einer Zelle ausmachen. Überexprimierte Proteine liegen oft in deutlich höherer Menge vor (>50 %), ebenso einige Proteine in Körperflüssigkeiten (z. B. Albumin in Plasma >60 %). Da normalerweise die Reinigung mit steigender Menge eines Proteins um ein Vielfaches einfacher wird, sollten gerade bei der Isolierung von seltenen Proteinen verschiedene Quellen von Ausgangsmaterial auf den Gehalt des interessierenden Proteins untersucht werden.

**Säure/Base-Eigenschaften**    Proteine haben aufgrund ihrer Aminosäurezusammensetzung bestimmte saure oder basische Eigenschaften, was bei der Trennung über Ionenaustauschchromatographie und Elektrophoresen ausgenutzt wird. Die Nettoladung eines Proteins hängt vom pH-Wert der umgebenden Lösung ab und ist bei niedrigem pH-Wert positiv, bei hohem pH-Wert negativ und null am isoelektrischen Punkt; bei diesem pH-Wert kompensieren sich die positiven und negativen Ladungen.

**Biologische Aktivität**    Erschwert wird die Reinigung eines Proteins oft dadurch, dass ein bestimmtes Protein nur aufgrund seiner biologischen Aktivität in der Vielfalt der anderen Proteine zu erkennen und zu lokalisieren ist. Daher muss man in jeder Phase einer Proteinisolierung auf den Erhalt dieser biologischen Aktivität Rücksicht nehmen. Sie beruht normalerweise auf einer bestimmten molekularen und räumlichen Struktur. Wird sie zerstört, spricht man von **Denaturierung**, diese ist oft irreversibel. Um Denaturierung zu vermeiden, muss man in der Praxis den Einsatz einiger Reinigungsverfahren von vorneherein ausschließen.

Die biologische Aktivität ist oft unter verschiedenen Umgebungsbedingungen unterschiedlich stabil. Zu hohe oder zu niedrige Pufferkonzentrationen, Temperaturextreme, Kontakte zu unphysiologischen Oberflächen wie Glas oder fehlende Cofaktoren können biologische Charakteristika von Proteinen verändern. Manche dieser Veränderungen sind reversibel: Vor allem kleine Proteine sind auch nach Denaturierung und Verlust der Aktivität häufig in der Lage, unter bestimmten Bedingungen zu **renaturieren**, d. h. ihre biologisch aktive Form wiederzugewinnen. Bei größeren Proteinen gelingt dies selten und oft nur mit schlechter Ausbeute.

Die Messung der biologischen, etwa der enzymatischen Aktivität gibt die Möglichkeit, die Reinigung eines Proteins zu verfolgen: Mit zunehmenden Reinigungsschritten wird eine höhere spezifische Aktivität gemessen. Daneben kann die biologische Aktivität selbst für die Reinigung des Proteins ausgenutzt werden.

Oft geht sie einher mit Bindungseigenschaften zu anderen Molekülen, z. B. Enzym-Substrat oder -Cofaktor, Rezeptor-Ligand, Antikörper-Antigen, etc. Diese sehr spezifischen Bindungen werden zum Design von Affinitätsreinigungen verwendet (Affinitätschromatographie) und zeichnen sich unter optimalen Bedingungen durch hohe Anreicherungsfaktoren und damit durch eine anders kaum erreichbar große Effizienz aus.

**Stabilität**    Extrahiert man Proteine aus ihrem biologischen Milieu, werden sie oft in ihrer Stabilität merklich beeinträchtigt, da sie von **Proteasen** (proteolytischen Enzymen) abgebaut werden oder zu unlöslichen Aggregaten assoziieren, was fast immer zu einem irreversiblen Verlust der biologischen Aktivität führt. Aus diesen Gründen werden in den ersten Schritten einer Proteinisolierung oft Protease-Inhibitoren zugesetzt, und die Reinigung wird generell rasch und bei niedrigen Temperaturen durchgeführt.

Bedenkt man die Vielfalt der Eigenschaften von Proteinen, wird schnell klar, dass eine Proteinreinigung nicht einer schematischen Vorschrift folgen kann. Für eine erfolgreiche Isolierungsstrategie ist – neben einem Verständnis des Verhaltens von Proteinen in den verschiedenen Trennverfahren und einem minimalen Wissen um die Löslichkeits- und Ladungseigenschaften des zu reinigenden Proteins – auch eine klare Vorstellung notwendig, zu welchem Zweck das Protein gereinigt werden soll.

**Zielsetzung einer Aufreinigung**    Vor allem die ersten Schritte eines Reinigungsganges, die anzustrebende Reinheit und auch die einzusetzende Analytik sind in hohem Maße davon abhängig, mit welcher Intention ein bestimmtes Protein gereinigt werden soll. So müssen bei der Isolierung eines Proteins für therapeutische Zwecke (z. B. Insulin, Wachstumshormone oder Blutgerinnungshemmer) ungleich höhere Anforderungen an die Reinheit gestellt werden als für ein Protein, das im Labor für strukturelle Untersuchungen gebraucht wird. In vielen Fällen will man ein Protein nur für die eindeutige Identifizierung oder für die Aufklärung einiger weniger Aminosäuresequenzabschnitte isolieren. Dazu reicht eine sehr kleine Menge Protein (üblicherweise im Mikrogrammbereich). Mit der Sequenzinformation kann man das Protein in Proteindatenbanken identifizieren, oder es lassen sich Oligonucleotidsonden herstellen und das Gen des Proteins isolieren. Das kann dann in einem Gastorganismus in viel größerer Menge (bis zu Grammmengen) exprimiert werden, als es in der ursprünglichen Quelle vorhanden war (heterologe Expression). Viele der weiteren Untersuchungen werden dann nicht mit dem Material aus der natürlichen Quelle durchgeführt, sondern mit dem rekombinanten Protein.

Strategisch neue Ansätze zur Analyse biologischer Fragestellungen, wie die Proteomanalyse und subtraktive Ansätze, erfordern vollständig neue Arten der Probenvorbereitung und Proteinisolierung, da hier die quantitativen Verhältnisse der einzelnen Proteine nicht verändert werden dürfen (▶ Kap. 42). Eine große Erleichterung bei diesen neuen Strategien ist aber, dass auf den Erhalt der biologischen Aktivität nicht mehr geachtet werden muss.

Auch wenn jede Proteinreinigung als ein Einzelfall zu betrachten ist, so kann man doch vor allem für die ersten Reinigungsschritte einige allgemeine Regeln und Verfahren finden, die bei erfolgreichen Isolierungen schon häufig angewendet worden sind und im Folgenden im Detail besprochen werden sollen.

## 2.2 Proteinlokalisation und Reinigungsstrategie

Der erste Schritt jeder Proteinreinigung hat zum Ziel, das gewünschte Protein in Lösung zu bringen und alles partikuläre und unlösliche Material abzutrennen. ◻ Abb. 2.2 zeigt ein Schema für verschiedene Proteine. Für die Reinigung eines löslichen **extrazellulären Proteins** müssen Zellen und andere unlösliche Bestandteile abgetrennt werden, um eine homogene Lösung zu erhalten, die dann den in den weiteren Abschnitten besprochenen Reinigungs- oder Analyseverfahren unterworfen werden kann (Fällung, Zentrifugation, Chromatographie, Elektrophorese, etc.). Quellen für extrazelluläre Proteine sind beispielsweise Kulturüberstände von Mikroorganismen, pflanzliche und tierische Zellkulturmedien oder auch Körperflüssigkeiten wie Milch, Blut, Harn oder Cerebrospinalflüssigkeit. Meist liegen extrazelluläre Proteine gelöst in relativ geringen Konzentrationen vor und erfordern als nächsten Schritt eine effiziente Konzentrierung.

Um ein **intrazelluläres Protein** zu isolieren, müssen die Zellen in einer Weise zerstört werden, die den löslichen Inhalt der Zelle freigibt und die das interessierende Protein intakt lässt. Die Methoden des Zellaufschlusses (Zelldisruption) unterscheiden sich vor allem je nach Zellart und Menge der aufzuschließenden Zellen.

**Membranproteine und andere unlösliche Proteine**  Membranassoziierte Proteine werden üblicherweise nach Isolierung der relevanten Membranfraktion aus dieser gereinigt. Dazu werden periphere Membranproteine, die nur lose an Membranen gebunden sind, durch relativ milde Bedingungen, z. B. hohen pH-Wert, EDTA-Zugabe oder niedere Konzentrationen eines nichtionischen Detergens, von der Membran abgetrennt und können dann oft weiter wie lösliche Proteine behandelt werden. Integrale Membranproteine, die außerhalb ihrer Membran über hydrophobe Aminosäuresequenzbereiche aggregieren und unlöslich werden, können nur mithilfe hoher Detergenskonzentrationen aus der Membran isoliert werden, sie stellen heute wohl die größte Herausforderung an die Isolierungs- und Reinigungstechniken dar.

In normalen wässrigen Puffern unlösliche Proteine sind i. A. Strukturproteine (z. B. Elastin), die manchmal auch noch über posttranslational angefügte funktionelle Gruppen (posttranslationale Modifikationen) quervernetzt sind. Hier ist der erste und sehr effiziente Reinigungsschritt die Entfernung aller löslichen Proteine. Weitere Schritte sind meist nur mehr unter Bedingungen möglich, die die native Struktur des Proteins zerstören. Die weitere Bearbeitung erfolgt oft nach Auflösung der Quervernetzung an den denaturierten Proteinen und unter Verwendung von chaotropen Reagenzien (z. B. Harnstoff) oder Detergenzien.

**Rekombinante Proteine**  Eine besondere Situation liegt bei der Herstellung von rekombinanten Proteinen vor. Eine sehr einfache Reinigung ergibt sich nach der Expres-

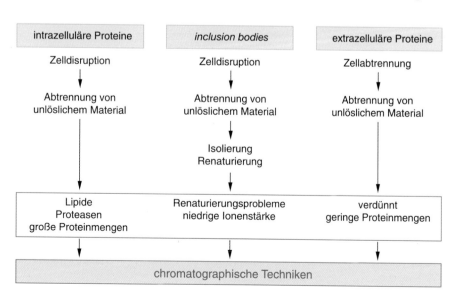

◻ **Abb. 2.2** Reinigungsschema für verschiedene Proteine. Je nach Lokalisation und Löslichkeit der zu reinigenden Proteine sind verschiedene Vorreinigungsschritte durchzuführen, bevor selektive und hocheffiziente Schritte folgen können

**2**

sion von rekombinanten Proteinen in *inclusion bodies*. Dies sind dichte Aggregate des rekombinanten Produktes, die in einem nicht nativen Zustand vorliegen und unlöslich sind, sei es, weil die Proteinkonzentration zu hoch ist, weil das exprimierte Protein in der bakteriellen Umgebung nicht korrekt gefaltet werden kann oder weil die Ausbildung der (richtigen) Disulfidbrücken in dem reduzierenden Milieu im Inneren des Bakteriums nicht möglich ist. Nach einer einfachen Reinigung durch differenzielle Zentrifugation (▶ Abschn. 2.5.2), bei der die anderen unlöslichen Zellbestandteile abgetrennt werden, erhält man das rekombinante Protein praktisch rein, muss es aber durch Renaturierung noch in den biologisch aktiven Zustand überführen.

Wenn die Expression von rekombinanten Proteinen nicht zu *inclusion bodies* führt, liegt das Protein je nach verwendetem Vektor in löslichem Zustand innerhalb oder außerhalb der Zelle vor. Hier lehnt sich die Reinigung sehr an die Reinigung von natürlichen Proteinen an, nur mit dem Vorteil, dass das zu isolierende Protein schon in relativ großer Menge vorliegt.

Rekombinante Proteine können durch Verwendung spezifischer Markerstrukturen (*Tags*) (▶ Kap. 19) sehr einfach gereinigt werden. Typische Beispiele sind die Fusionsproteine, bei denen auf DNA-Ebene die codierenden Bereiche für eine Tag-Struktur und für das gewünschte Protein ligiert und als ein Protein exprimiert werden. Über spezifische Affinitätschromatographien mit Antikörpern gegen die Tag-Struktur können solche Fusionsproteine mit einem einzigen Schritt gereinigt werden. Beispiele dafür sind GST-Fusionsproteine mit Antikörpern gegen GST oder biotinylierte Proteine über Avidinsäulen. Eine weitere häufig verwendete Tag-Struktur sind Polyhistidinreste, die an das N- oder C-terminale Ende der Proteinkette geknüpft werden und die über immobilisierte Metallaffinitätschromatographie einfach zu isolieren sind.

## 2.3 Homogenisierung und Zellaufschluss

Um biologische Bestandteile aus intakten Geweben reinigen zu können, müssen diese komplexen Zellverbände in einem ersten Schritt durch **Homogenisieren** zerstört werden. Dabei entsteht ein Gemisch aus intakten und aufgebrochenen Zellen, Zellorganellen, Membranfragmenten und auch kleinen chemischen Verbindungen, die aus dem Cytoplasma und aus beschädigten subzellulären Kompartimenten stammen. Da die zellulären Komponenten in eine unphysiologische Umgebung überführt werden, sollte das Homogenisierungsmedium verschiedene Grundvoraussetzungen erfüllen:
- Schutz der Zellen vor osmotischem Platzen
- Schutz vor Proteasen
- Schutz der biologischen Aktivität (Funktion)

- Verhinderung von Aggregation
- möglichst wenig Zerstörung von Organellen
- keine Interferenz mit biologischen Analysen und funktionellen Tests

Normalerweise geschieht dies durch isotonische Puffer bei neutralem pH-Wert, denen oft ein Cocktail von Protease-Inhibitoren zugesetzt wird (◘ Tab. 2.1).

Will man intrazelluläre Organellen wie Mitochondrien, Kerne, Mikrosomen etc. oder intrazelluläre Proteine isolieren, müssen die (noch) intakten Zellen aufgebrochen werden. Dies wird durch eine mechanische Zerstörung der Zellwand erreicht, bei der Reibungswärme entstehen kann und die daher möglichst unter Kühlung durchgeführt werden soll. Die technische Realisierung des Aufschlusses variiert je nach Ausgangsmaterial und Lokalisation der gewünschten Zielstruktur (◘ Tab. 2.2).

Bei sehr empfindlichen Zellen (z. B. Leukocyten, Ciliaten) genügt oft ein wiederholtes Pipettieren der Zellsuspension oder Pressen durch ein Sieb, um einen **Aufschluss durch schwache Scherkräfte** zu erreichen. Für die etwas stabileren tierischen Zellen werden die Scherkräfte mit einem Glaspistill in einem Glasröhrchen erzeugt (**Dounce-Homogenisator**). Für pflanzliche und Bakterienzellen sind diese Methoden nicht geeignet.

- Zellen, die keine Zellwand besitzen und die nicht in Zellverbänden assoziiert sind (z. B. isolierte Blutzellen), können **osmolytisch** aufgebrochen werden, indem sie in eine hypotonische Umgebung gebracht werden (z. B. in destilliertes Wasser). Das Wasser dringt in die Zellen ein und bringt sie zum Platzen. Bei Zellen mit Zellwänden (Bakterien, Hefen) müssen die Zellwände **enzymatisch** (z. B. mit Lysozym) abgedaut werden, bevor ein osmolytischer Aufschluss gelingt. Diese Aufschlussart ist sehr schonend und eignet sich daher besonders für die Isolierung von Zellkernen und anderen Organellen.
- Für Bakterien wird oft wiederholtes **Einfrieren und Auftauen** als Aufschlussmethode eingesetzt, wobei der Wechsel der Aggregatzustände die Zellmembranen so deformiert, dass sie aufbrechen und der intrazelluläre Inhalt frei wird.
- Mikroorganismen und Hefen können in dünner Schicht zwei bis drei Tage bei 20–30 °C **getrocknet** werden, wobei die Zellmembran zerstört wird. Die getrockneten Zellen werden in einem Mörser zerrieben und können bei 4 °C auch über längere Zeit gelagert werden. Lösliche Proteine lassen sich mit einem wässrigen Puffer aus dem trockenen Pulver in wenigen Stunden wieder in Lösung bringen.
- Mit kalten, wassermischbaren **organischen Lösungsmitteln** (Aceton, −15 °C, 10-faches Volumen) können Zellen schnell entwässert werden, wobei die Li-

◘ **Tab. 2.1** Protease-Inhibitoren

| Substanz | Konzentration | | Inhibitor von |
|---|---|---|---|
| Phenylmethylsulfonylfluorid (PMSF) | 0,1–1 mM | } | Serinproteasen |
| Aprotinin | 0,01–0,3 µM | | |
| ε-Amino-$n$-capronsäure | 2–5 mM | | |
| Antipain | 70 µM | } | Cysteinproteasen |
| Leupeptin | 1 µM | | |
| Pepstatin A | 1 µM | | Aspartatproteasen |
| Ethylendiamintetraessigsäure (EDTA) | 0,5–1,5 mM | | Metalloproteasen |

◘ **Tab. 2.2** Biologische Ausgangsmaterialien und Aufschlussmethoden. (Nach Methods in Enzymology 1990)

| Material | Aufschlussmethode | Bemerkungen |
|---|---|---|
| Bakterien | | |
| grampositiv | enzymatisch mit Lysozym EDTA/Tris French-Presse | Peptidoglykanzellwand macht Zellwand permeabel |
| gramnegativ | Zellmühle mit Glaskugeln Einfrieren-Auftauen | mechanische Zerstörung der Zellwand |
| | Ultraschall | für große Mengen wegen lokaler Überhitzung ungeeignet |
| Hefen | Autolyse French-Presse mechanisch mit Glaskugeln enzymatisch mit Zymolase | 24–28 h mit Toluol mehrfach, da ineffizient gute Effizienz Protease-Inhibitoren zufügen |
| Pflanzen | Messerhomogenisator + Dithiothreitol + Phenoloxidase-Inaktivatoren + Protease-Inhibitoren | hoher Proteasengehalt in Pflanzen Polyvinylpyrrolidon |
| faserige Gewebe | Zermahlen in flüssigem Stickstoff | kalter Homogenisierungspuffer |
| nicht faserige Gewebe | Zermahlen, eventuell nach Trocknen | |
| höhere Eukaryoten | | |
| Zellen, die in Suspensionskultur wachsen | Osmolyse mit hypotonischem Puffer Pressen durch Sieb | sehr empfindliche Zellen |
| | wiederholtes Pipettieren der Suspension | Protease-Inhibitoren zufügen |
| faserige Zellen | Zerkleinern | |
| | Dounce-Homogenisator | |
| Muskelgewebe | Kleinschneiden, Fleischwolf | schwierig aufzuschließen |

pide in die organische Phase extrahiert und so die Zellwände zerstört werden. Nach Abzentrifugieren bleiben die Proteine im Niederschlag, aus dem man sie durch Extraktion mit wässrigen Lösungsmitteln wiedergewinnen kann.

— Bei stabilen Zellen wie Pflanzenzellen, Bakterien und auch Hefen kann das **Zerreiben** mit Mörser und Pistill zum Zellaufschluss angewendet werden, wobei allerdings auch größere Organellen (Chloroplasten) geschädigt werden können. Durch Zugabe eines Abrasionsmittels (Seesand, Glasperlen) wird der Aufschluss erleichtert.

— Für größere Mengen eignet sich ein **Messerhomogenisator**, bei dem das Zellgewebe durch ein schnell rotierendes Messer zerschnitten wird. Dabei entsteht erhebliche Wärme, sodass eine Möglichkeit zur Kühlung vorhanden sein sollte. Für kleine Objekte wie Bakterien und Hefen wird die Effizienz des Aufschlusses durch Zugabe von feinen Glasperlen deutlich verbessert.

— **Vibrationszellmühlen** werden für einen relativ rauen Aufschluss von Bakterien verwendet. Dies sind verschließbare Stahlgefäße, in denen die Zellen zusammen mit Glasperlen (Durchmesser 0,1–0,5 mm) heftig geschüttelt werden. Auch hier muss die entstehende Wärme abgeführt werden. Zellorganellen können bei dieser Aufschlussmethode geschädigt werden.

— Schnelle **Druckänderungen** brechen Zellen und Organellen sehr effizient auf. So werden mit **Ultraschallwellen** im Frequenzbereich von 10–40 kHz über einen Metallstab starke Druckänderungen in der Suspension eines Zellmaterials erzeugt. Da auch bei dieser Methode viel Wärme freigesetzt wird, sollte man nur relativ kleine Volumina und kurze – maximal zehn Sekunden lange – Beschallungspulse einsetzen. DNA wird unter diesen Bedingungen fragmentiert.

— Bei einer weiteren Aufschlussmethode, die sich vor allem für Mikroorganismen eignet, werden bis zu 50 ml einer Zellsuspension unter Druck durch eine enge Öffnung (<1 mm) gepresst, wobei durch die auftretenden Scherkräfte die Zellen zerstört werden (**French-Presse**).

Je nach Zielsetzung werden die gewünschten Proteine in löslicher Form weiteren Reinigungsschritten unterworfen. Dazu wird das Homogenisat normalerweise durch differenzielle Zentrifugationsverfahren (▶ Abschn. 2.5.2) grob in verschiedene Fraktionen aufgetrennt.

## 2.4  Die Fällung

Die Fällung (Präzipitation) von Proteinen ist eine der ersten Techniken, die zur Reinigung von Proteinen eingesetzt wurde (das Aussalzen von Proteinen geschah

erstmals vor über 130 Jahren!). Die Methode beruht auf der Interaktion von präzipitierenden Agenzien mit den in Lösung befindlichen Proteinen. Diese Agenzien können relativ unspezifisch sein und praktisch alle Proteine aus einer Lösung ausfällen, was in den ersten Schritten eines Reinigungsgangs zur Gewinnung der Gesamtproteine aus einem Zelllysat eingesetzt wird. Die Fällung kann aber auch so geführt werden, dass eine Fraktionierung der Bestandteile einer Lösung möglich wird. Ein Beispiel dafür ist die **Kohn-Fraktionierung** von Plasma, die schon 1946 ausgearbeitet wurde und heute noch zur Plasmaproteingewinnung in großem Maßstab eingesetzt wird. Dabei wird Blutplasma mit steigenden Mengen von kaltem Ethanol versetzt und das jeweils ausgefällte Protein in Fraktionen abzentrifugiert. Mit Ausnahme der Präzipitation von Antigenen mit Antikörpern ist die Fällung nicht proteinspezifisch und wird daher nur für eine grobe Vorreinigung von Proteingemischen eingesetzt.

Je nach Fragestellung und Ausgangsmaterial kann die Fällung unter verschiedenen Bedingungen durchgeführt werden. Dabei sollte nicht nur die Effizienz der Fällung an sich, sondern auch immer weitere Aspekte beachtet werden:

— Wird die biologische Aktivität durch das Fällungsmittel und die Fällungsbedingungen beeinträchtigt?

— Unter welchen Bedingungen kann das Fällungsmittel wieder entfernt werden?

**Aussalzung**  Die Eigenschaft eines Salzes, Proteine zu fällen, ist in der sog. **Hofmeister-Serie** beschrieben (◘ Abb. 2.3). Dabei sind die weiter links stehenden (sog. antichaotropen oder kosmotropen) Salze besonders gute und schonende Fällungsmittel. Sie vergrößern hydrophobe Effekte in der Lösung und fördern Proteinaggregationen über hydrophobe Wechselwirkungen. Die weiter rechts stehenden (chaotropen) Salze vermindern hydrophobe Effekte und halten Proteine in Lösung.

Die älteste Methode Proteine zu fällen ist, sie durch Zugabe von Ammoniumsulfat auszusalzen. Die Proteine sollen vor der Fällung in einer Konzentration von etwa 0,01–2 % vorliegen. Ammoniumsulfat ist besonders gut geeignet, da es in Konzentrationen oberhalb von 0,5 M die biologische Aktivität auch empfindlicher Proteine schützt. Es ist leicht wieder von den Proteinen zu entfernen (Dialyse, Ionenaustausch) und überdies

◘ **Abb. 2.3**  Die Hofmeister-Serie

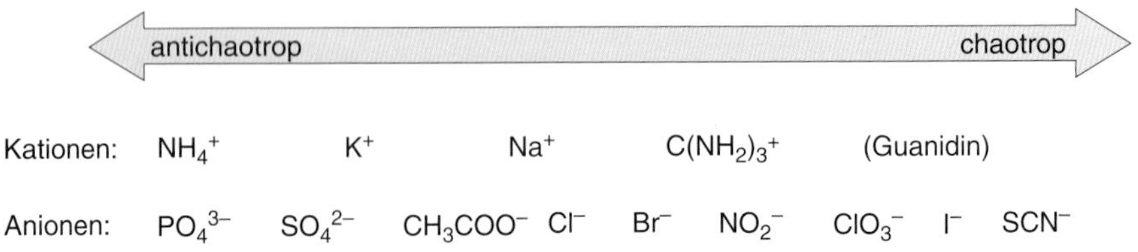

| | antichaotrop | | | | | | chaotrop |
| --- | --- | --- | --- | --- | --- | --- | --- |
| Kationen: | $NH_4^+$ | $K^+$ | $Na^+$ | $C(NH_2)_3^+$ | (Guanidin) | | |
| Anionen: | $PO_4^{3-}$ | $SO_4^{2-}$ | $CH_3COO^-$  $Cl^-$ | $Br^-$ | $NO_2^-$ | $ClO_3^-$  $I^-$ | $SCN^-$ |

preiswert, deshalb kann es auch für Fällungen aus größeren Volumina und somit schon in den ersten Reinigungsschritten eingesetzt werden. Ammoniumsulfat wird üblicherweise unter kontrollierten Bedingungen (Temperatur, pH-Wert) portionsweise zu der Proteinlösung zugegeben, wodurch eine fraktionierte Fällung und damit eine Anreicherung des interessierenden Proteins möglich werden. Man sollte beachten, dass eine vollständige Fällung einige Stunden dauern kann! Ammoniumsulfatpräzipitate sind normalerweise dicht und gut abzuzentrifugieren (100 $g$, ▶ Abschn. 2.5). Der einzige größere Nachteil von Ammoniumsulfat betrifft die Fällung von Proteinen, die für ihre Aktivität/Struktur Calcium benötigen, da Calciumsulfat praktisch unlöslich ist und so von den Proteinen entfernt wird. Diese Proteine müssen daher mit anderen Salzen (z. B. Acetaten) gefällt werden.

**Fällung mit organischen Lösungsmitteln**   Schon seit über hundert Jahren ist bekannt, dass Proteine mit kaltem Aceton oder kurzkettigen Alkoholen (hauptsächlich Ethanol) gefällt werden können. Längerkettige Alkohole (größer als $C_5$) sind in Wasser zu wenig löslich und für eine Fällung nicht brauchbar. Für die Wahl des organischen Fällungsmittels oder der optimalen Temperatur können keine allgemeingültigen Regeln angegeben werden. Ethanol hat sich besonders bei der Fällung von Plasmaproteinen bewährt. Für Proteinlösungen, die noch Lipide enthalten, wird oft Aceton eingesetzt, da neben der Präzipitation der Proteine gleichzeitig die Lipide extrahiert werden. Um zu hohe lokale Konzentrationen des organischen Lösungsmittels zu vermeiden, was die Denaturierung der Proteine zur Folge haben kann, sollte das Lösungsmittel langsam zugegeben werden. Gute Kühlung und langsame Zugabe sind auch sinnvoll, da sich durch die Zumischung des organischen Lösungsmittels (z. B. Ethanol zu Wasser) Wärme entwickeln kann, die zu unerwünschter Denaturierung führt. Das Präzipitat wird durch Zentrifugation pelletiert (▶ Abschn. 2.5) und wieder in wässrigen Puffern aufgenommen. Ein häufig angewendetes Protokoll für eine Acetonfällung setzt einen 5-fachen Volumenüberschuss von −20 °C kaltem Aceton zu der Proteinlösung zu und inkubiert über Nacht bei −20 °C. Dann wird für 30 min bei 20.000 $g$ abzentrifugiert. Diese Fällung liefert auch für sehr kleine Proteinmengen normalerweise ausgezeichnete Resultate. Die Ausbeute der Fällung muss mit analytischen Methoden überprüft werden (SDS-Gelelektrophorese, Aktivitätstests, etc.).

**Fällung mit Trichloressigsäure**   Eine häufig eingesetzte Methode, um Proteine aus Lösungen auszufällen, ist die Fällung mit 10 %iger Trichloressigsäure, wobei eine End-

konzentration von 3–4 % erreicht werden sollte. Nach Abzentrifugieren wird das Präzipitat im gewünschten Puffer resuspendiert und weiterverwendet, wobei der pH-Wert der Lösung geprüft werden sollte. Diese Methode denaturiert die Proteine und wird daher vor allem zur Konzentrierung für eine Gelektrophorese oder vor enzymatischen Spaltungen eingesetzt. Die minimale Probenkonzentration sollte 5 µg ml$^{-1}$ betragen.

**Fällung von Nucleinsäuren**   Proteinlösungen von Zellaufschlüssen, speziell von Bakterien und Hefen, enthalten einen großen Anteil an Nucleinsäuren (DNA und RNA), die mit einer Proteinreinigung interferieren können und daher gewöhnlich abgetrennt werden müssen. Da Nucleinsäuren hoch negativ geladene Polyanionen sind, können sie mit stark basischen Substanzen (z. B. Polyaminen, Polyethyleniminen oder Anionenaustauscherharzen) oder auch sehr basischen Proteinen (Protaminen) gefällt werden. Durch Optimierung der Präzipitations- und Waschbedingungen muss vermieden werden, dass auch interessierende Proteine vom Fällungsreagens oder im Komplex mit den Nucleinsäuren (z. B. Histone, Ribosomen) gefällt werden.

## 2.5  Zentrifugation

Die Zentrifugation ist nicht nur eine der ältesten Techniken zur Abtrennung von unlöslichen Bestandteilen, sondern auch zur Zellfraktionierung und Isolierung von Zellorganellen. Sie basiert auf der Bewegung von Teilchen in einem flüssigen Medium durch Zentrifugalkräfte. Der zentrale Bestandteil einer Zentrifuge ist der Rotor, der zur Aufnahme der Probenbecher dient und durch einen Motor zu hoher Umdrehungsgeschwindigkeit angetrieben wird. Es gibt verschiedene Bauausführungen der Rotoren, wie z. B. Festwinkelrotoren, Vertikal- oder Schwingbecherrotoren (◻ Abb. 2.4), die in verschiedenen Größen und Materialien erhältlich sind. Sie erlauben Trennungen von wenigen Mikrolitern bis zu einigen Litern und können je nach Aufgabenstellung mit verschiedenen, einstellbaren Umdrehungsgeschwindigkeiten betrieben werden. Für Arbeiten mit biologischen Materialien werden meist kühlbare Zentrifugen verwendet. Hochgeschwindigkeitszentrifugen, die **Ultrazentrifugen**, werden durchwegs an ein Vakuumsystem angeschlossen betrieben, um die bei hohen Geschwindigkeiten infolge des Luftwiderstandes auftretende Reibungswärme zu vermeiden. Beim Betrieb von Zentrifugen sind bestimmte Sicherheitsmaßnahmen zu beachten, vor allem müssen die einander gegenüberliegenden Probengefäße gut austariert sein, um jegliche Unwucht zu vermeiden, die die Zentrifuge zerstören könnte.

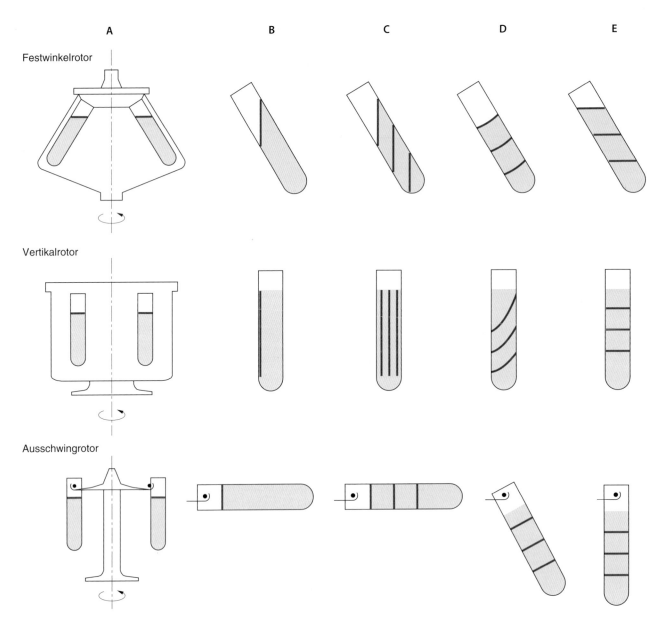

○ **Abb. 2.4**   Rotoren für die Zentrifugation. Festwinkelrotor, Vertikalrotor und Ausschwingrotor bei Beladung **A**; unter Zentrifugationsbedingungen zu Beginn der Trennung **B**; während der Trennung **C**; beim Abbremsen **D** und nach Beendigung der Zentrifugation **E**. Protein enthaltende Fraktionen sind rot eingezeichnet

### 2.5.1  Grundlagen

Das physikalische Prinzip der Zentrifugation ist eine Trennung nach Größe und Dichte. Auf ein Teilchen, das mit konstanter Winkelgeschwindigkeit $\omega$ um eine Drehachse bewegt wird, wirkt eine Zentrifugalkraft, die das Teilchen nach außen beschleunigt. Die Beschleunigung $B$ ist von der Winkelgeschwindigkeit $\omega$ und dem Abstand $r$ von der Rotationsachse abhängig:

$$B = \omega^2 r \qquad (2.1)$$

Die Beschleunigung wird auf die Erdbeschleunigung $g$ (981 cm s$^{-2}$) bezogen und als **relative Zentrifugalbe-** schleunigung **RZB** in Vielfachen der Erdbeschleunigung ($g$) angegeben:

$$RZB = \frac{\omega^2 r}{981} \qquad (2.2)$$

Die Beziehung zwischen der Winkelgeschwindigkeit und der Rotationsgeschwindigkeit in Rotationen pro min (rpm) ist gegeben durch:

$$\omega = \frac{\pi \cdot rpm}{30} \qquad (2.3)$$

woraus sich durch Substitution ergibt:

$$RZB = 1{,}118 \cdot 10^{-5} \cdot r \cdot \left(\text{rpm}\right)^2 \qquad (2.4)$$

Zu berücksichtigen ist, dass sich normalerweise während einer Zentrifugation die Entfernung der Teilchen von der Rotationsachse und damit auch die RZB ändern. Für Umrechnungen nimmt man daher oft den Mittelwert.

Die Sedimentationsgeschwindigkeit von sphärischen Partikeln in einer viskosen Flüssigkeit wird durch die **Stokes'sche Gleichung** beschrieben:

$$v = \frac{d^2 \left(\rho_{\mathrm{p}} - \rho_{\mathrm{m}}\right) g}{18\eta} \qquad (2.5)$$

Dabei sind $v$ die Sedimentationsgeschwindigkeit, $g$ die relative Zentrifugalbeschleunigung, $d$ der Durchmesser des Teilchens, $\rho_{\mathrm{p}}$ und $\rho_{\mathrm{m}}$ die Dichte des Teilchens bzw. der Flüssigkeit und $\eta$ die Viskosität des Mediums.

Die Sedimentationsgeschwindigkeit wächst mit dem Quadrat des Teilchendurchmessers und der Differenz der Dichten zwischen Teilchen und Medium und nimmt mit der Viskosität der Flüssigkeit ab. Wenn nun die Sedimentation in einem Medium wie z. B. 0,25 M Sucrose stattfindet, das weniger dicht als alle Teilchen ist und außerdem eine niedrige Viskosität hat, so ist der Durchmesser der Teilchen der für die Sedimentationsgeschwindigkeit dominierende Faktor.

Der **Sedimentationskoeffizient** $s$ ist die Sedimentationsgeschwindigkeit unter geometrisch vorgegebenen Bedingungen des Zentrifugalfeldes. Er wird in **Svedberg-Einheiten (S)** angegeben.

$$s = \frac{v}{r\omega^2} \qquad (2.6)$$

1 S entspricht $10^{-13}$ s. In dieser Größenordnung liegen verschiedene biologische Moleküle. Die Svedberg-Einheit eines Biomoleküls fließt zuweilen in seine Benennung ein (z. B. 18S-rRNA), was dann einen Schluss auf die Größe des Teilchens zulässt. In ◪ Tab. 2.3 sind die Größe und die Zentrifugationsbedingungen für die Reinigung von Zellen und einiger zellulärer Kompartimente angegeben. Eine gute Übersicht gibt auch die Darstellung der Teilchen in einem Dichte/Sedimentationskoeffizient-Diagramm (◪ Abb. 2.5) oder in einem Dichte/$g$-Werte-Diagramm.

Aus der Stokes'schen Gleichung können die verschiedenen Techniken der Zentrifugation leicht verstanden werden.

### 2.5.2 Zentrifugationstechniken

**Differenzielle Zentrifugation** Die differenzielle Zentrifugation nützt die unterschiedlichen Sedimentationsgeschwindigkeiten verschiedener Teilchen aus. Sie wird im Festwinkelrotor durchgeführt und setzt voraus, dass die Sedimentationsgeschwindigkeiten ausreichend unterschiedlich sind. So sedimentieren die großen und schweren Zellkerne relativ schnell (1000 $g$, 5–10 min) und finden sich schon bei niedriger Zentrifugationsgeschwindigkeit im Niederschlag (Pellet). Bei höheren RZB sedimentieren dann Mitochondrien (10.000 $g$, 10 min) und Mikrosomen

◪ **Tab. 2.3**  Typische Dichte, Teilchendurchmesser und $S$-Werte von biologischen Materialien

| Partikel | Durchmesser (in µm) | Dichte (in g cm$^{-3}$) | $S$-Wert | Sedimentiert im Sucrosegradienten bei |
|---|---|---|---|---|
| Zellen | 5–15 | 1,05–1,2 | $10^7$–$10^8$ | 1000 $g$/2 min |
| Kerne | 3–12 | >1,3 | $10^6$–$10^7$ | 600 $g$/15 min |
| Kernmembran | 3–12 | 1,18–1,22 | | 1500 $g$/15 min |
| Plasmamembranen | 3–20 | 1,15–1,18 | | 1500 $g$/15 min |
| Golgi-Apparat | 1 | 1,12–1,16 | | 2000 $g$/20 min |
| Mitochondrien | 0,5–4 | 1,17–1,21 | $1 \cdot 10^4$–$5 \cdot 10^4$ | 10.000 $g$/25 min |
| Lysosomen | 0,5–0,8 | 1,17–1,21 | $4 \cdot 10^3$–$2 \cdot 10^4$ | 10.000 $g$/25 min |
| Peroxisomen | 0,5–0,8 | 1,19–1,4 | $4 \cdot 10^3$ | 10.000 $g$/25 min |
| Mikrosomen | | | | 100.000 $g$/1 h |
| endoplasmatisches Reticulum | 0,05–0,3 | 1,06–1,23 | $1 \cdot 10^3$ | 150.000 $g$/40 min |
| Ribosomen | | 1,55–1,58 | 70–80 | |
| lösliche Proteine | 0,001–0,01 | 1,2–1,7 | 1–25 | |

2

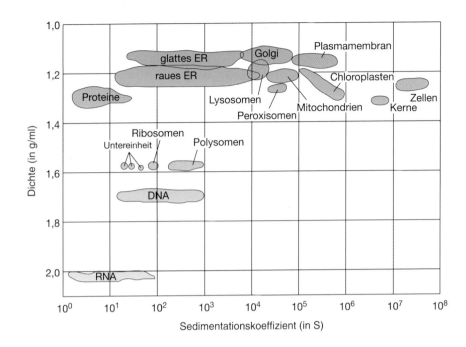

**Abb. 2.5** Dichte und Sedimentationskoeffizienten einiger Zellkompartimente. Die Abbildung zeigt die Verteilung verschiedener Zellbestandteile bezüglich ihrer Dichte und ihres Sedimentationskoeffizienten

(100.000 *g*, 1 h). Die einzelnen Fraktionen sind aber keineswegs rein, da langsame Teilchen, die sich geometrisch nahe dem Boden des Zentrifugenröhrchens befanden, die schnellen Teilchen, die nahe der Oberfläche waren und einen längeren Weg zurücklegen mussten, kontaminieren. Die differenzielle Zentrifugation wird nicht nur zur Anreicherung von Teilchen verwendet, sondern auch zur Konzentration. So können z. B. aus einem Liter bakterieller Zellkultur die Zellen durch Zentrifugation von 15 min mit 2000 *g* pelletiert und dann in einem kleinerem Volumen resuspendiert werden.

**Zonenzentrifugation** Wenn sich die Sedimentationsgeschwindigkeiten nicht ausreichend unterscheiden, kann man über die Viskosität und Dichte des Mediums einen selektierenden Einfluss einbringen. Bei der Zonenzentrifugation wird ein vorgeformter flacher Dichtegradient, meist aus Sucrose, benutzt und die Probe über den Gradienten geschichtet (vgl. unten, Abschnitt Dichtegradientenzentrifugation). Die Teilchen, die zu Beginn der Zentrifugation – im Gegensatz zur differenziellen Zentrifugation – in einer schmalen Zone vorliegen, werden jetzt über die Sedimentationsgeschwindigkeit getrennt. Der Dichtegradient hat neben der Minimierung der Konvektion auch die Wirkung, dass über die zunehmende Dichte und Viskosität die schnelleren Teilchen abgebremst werden, die aufgrund der mit zunehmender Entfernung von der Rotorachse steigenden RZB mit steigender Geschwindigkeit sedimentieren würden. Man erhält so eine annähernd konstante Sedimentationsgeschwindigkeit der Teilchen. Die Zonenzentrifugation, die bei relativ geringen Geschwindigkeiten meist mit Schwingbecher- oder Vertikalrotoren durchgeführt wird, ist eine unvollständige Sedimentation, wobei die maximale Dichte des Mediums die niedrigste Dichte der Teilchen nicht übersteigen darf. Die Zentrifugation wird beendet, bevor die Teilchen pelletieren.

**Isopyknische Zentrifugation** Die bisher besprochenen Techniken der differenziellen und der Zonenzentrifugation sind beide besonders für die Trennung von Teilchen geeignet, die sich in ihrer *Größe* unterscheiden. Teilchen, die eine ähnliche Größe, aber unterschiedliche *Dichten* haben, lassen sich mit diesen Techniken schlecht trennen. Für diese Fälle wird die isopyknische Zentrifugation (auch Sedimentationsgleichgewichtszentrifugation) eingesetzt. Hierbei zentrifugiert man über längere Zeit mit hoher Geschwindigkeit in einem Dichtegradienten bis zur Gleichgewichtseinstellung. Nach der Stokes'schen Gleichung bleiben Teilchen im Schwebezustand, wenn ihre Dichte und die Dichte des umgebenden Mediums gleich sind (*v* = 0). Partikel im oberen Bereich des Zentrifugenröhrchens sedimentieren, bis sie den Schwebezustand erreicht haben und nicht weiter sedimentieren können, da die Schicht unter ihnen eine größere Dichte aufweist. Die Teilchen im unteren Bereich steigen entsprechend bis zur Gleichgewichtsposition auf. Damit diese Art der Zentrifugation funktioniert, muss die größte Gradientendichte die Dichte aller zu zentrifugierenden Teilchen übersteigen.

**Dichtegradientenzentrifugation** Für die Erzeugung des Dichtegradienten, der kontinuierlich oder auch diskontinuierlich (in Stufen) sein kann, werden verschiedene Medien verwendet, die sich für die unterschiedlichen Anwendungsgebiete als geeignet erwiesen haben:

CsCl-Lösungen können mit Dichten bis zu 1,9 g ml$^{-1}$ hergestellt werden. Sie sind von sehr niedriger Viskosität, haben aber den Nachteil hoher Ionenstärke, was einige biologische Materialien (Chromatin, Ribosomen) dissoziieren lässt. Auch haben CsCl-Lösungen hohe Osmolalitäten, was sie für osmotisch empfindliche Teilchen wie Zellen ungeeignet macht. CsCl-Gradienten eignen sich besonders gut für die Auftrennung von Nucleinsäuren.

Sucrose wird häufig für die Trennung subzellulärer Organellen über die Zonenzentrifugation eingesetzt. Die preiswert und einfach herzustellenden Lösungen sind nichtionisch und relativ inert gegenüber biologischen Materialien. Die geringe Dichte von isotonischen Sucroselösungen (<9 % w/v) verhindert oft eine Zentrifugation von Zellen, und bei der isopyknischen Zentrifugation führt die hohe Viskosität von hoch konzentrierten Sucroselösungen zu schlechter Auflösung.

Natürliche, hochmolekulare Polysaccharide wie Glykogen, Dextran oder auch synthetische Polysaccharide wie Ficoll werden wegen der hohen Osmolalität der Sucrose zur Gradientenbildung eingesetzt. Diese Polysaccharide haben zwar eine bessere Osmolalität als Sucrose, aber ihre höhere Viskosität führt zu längeren Zentrifugationszeiten und schlechteren Trennungen. Die Polysaccharide werden für Zonenzentrifugation und isopyknische Zentrifugation eingesetzt und nach der Zentrifugation über Verdünnung und anschließende Präzipitation der biologischen Partikel abgetrennt.

Kolloidale, mit Polymer beschichtete Silicapartikel können auch als Dichtegradientenmedien eingesetzt werden; sie zeigen niedrigere Osmolalität, aber höhere Viskosität verglichen mit den Cäsiumsalzen. **Percoll** besteht aus Polyvinylpyrrolidon- (PVP-)beschichteten Silicapartikeln von ca. 15–30 nm Durchmesser, die als Suspension mit einer Dichte von 1130 g ml$^{-1}$ erhältlich sind. Bei Zentrifugation bilden sich wegen der kolloidalen Natur von Percoll schnell von selbst Dichtegradienten aus, deren Profil sich allerdings während der Zentrifugation ändert. Durch Zugabe von Sucrose oder Salzen können mit Percoll isotonische Dichtegradienten ausgebildet werden.

Eine Klasse von iodinierten Medien, die ursprünglich als Kontrastmedien für die Röntgenstrukturanalyse entwickelt worden waren, wird heute auch für die Ausbildung stabiler, inerter und nicht toxischer Dichtegradienten verwendet. Der am meisten verwendete Vertreter dieser Medien ist **Nycodenz**, das besonders für die Zentrifugation von Zellen und membrangebundenen Partikeln geeignet ist.

**Fraktionierung der getrennten Banden** Nach der Zentrifugation müssen die getrennten Banden aus dem Zentrifugengefäß isoliert werden. Wenn diskontinuierliche Gradienten verwendet wurden, sind die interessierenden Fraktionen manchmal an den Dichtegrenzen sichtbar und können mit einer Pasteurpipette vorsichtig abgesaugt werden. Bei kontinuierlichen Gradienten, bei denen die Fraktionen oft nicht deutlich zu erkennen sind, wird fraktioniert, indem man in den Boden des Zentrifugenröhrchens ein Loch sticht und den Gradienten tropfenweise in Probengefäße sammelt. Eine andere Methode ist, das Zentrifugenröhrchen mit einem speziellen Deckel zu verschließen, der einerseits ein Röhrchen bis an den Boden des Zentrifugengefäßes führt und andererseits eine Öffnung zu einem Fraktionskollektor hat. Man pumpt nun eine Lösung, die die Dichte des Gradienten übersteigt, durch das Glasröhrchen auf den Boden des Zentrifugengefäßes. Der Gradient wird angehoben und durch die Fraktionieröffnung gesammelt.

## 2.6 Abtrennung von Salzen oder hydrophilen Verunreinigungen

Im Verlauf einer Proteinreinigung erhält man häufig Lösungen, die in ihrer Ionenstärke oder Pufferzusammensetzung für den nächsten Reinigungsschritt ungeeignet sind. So ist z. B. nach einer hydrophoben Interaktionschromatographie der Salzgehalt einer Probe für eine direkt anschließende Ionenaustauschchromatographie praktisch immer zu hoch. In vielen Fällen wird es gelingen, durch eine gute Planung der Reinigungsstrategie zusätzliche Schritte zur Entsalzung zu vermeiden und vor allem im letzten Reinigungsschritt vor der weiteren analytischen Bearbeitung der Probe durch Verwendung flüchtiger Lösungsmittelsysteme salzfrei zu enden. Andererseits gibt es eine Reihe von Möglichkeiten der Um- und Entsalzung, die bei gut löslichen Proteinen meist auch mit guter Ausbeute ablaufen.

**Verdünnen** Oft ist es sehr einfach, die für den nächsten Reinigungsschritt erforderliche Ionenstärke zu erreichen, indem man die Probe mit destilliertem Wasser verdünnt. Als nächster Schritt im Reinigungsgang sollte dann eine konzentrierende Methode, wie z. B. Ionenaustauschchromatographie oder eine Affinitätsreinigung, gewählt werden. Wenn Verdünnen nicht ausreicht, um die Salzkonzentration in gewünschter Weise zu erniedrigen, müssen die eigentlichen Entsalzungstechniken angewendet werden, die im Folgenden beschrieben werden.

**Dialyse** Die am längsten bekannte Entsalzungsmethode ist die Dialyse. Der wichtigste Bestandteil der Dialyse ist die Dialysemembran, die kleine Moleküle frei diffundieren lässt, während größere Moleküle zurückgehalten werden. Es sind verschiedene Membranen im Handel, die sich vor allem in der Porengröße (Molekulargewichtsausschlussgröße, der sog. *Cut-off*-Wert) unterscheiden. Der Ausschlusswert gibt normalerweise das Molekulargewicht der Proteine an, die zu 90 % von der Membran ausgeschlossen werden. Diese Werte werden mit Dextranen oder globulären Proteinen bestimmt und sind bei der Membranbeschreibung angegeben. Daneben spielen aber auch die Form, der Hydratationszustand und die Ladung eines Proteins eine wesentliche Rolle für einen Durchtritt durch die Membran. Der Cut-off-Wert gibt also keine scharfe Molekulargewichtsgrenze an, sondern kann nur einen Anhaltspunkt geben, welche Molekülgrößen die Membran noch relativ ungehindert passieren können.

Die Proteinlösung wird in einen Schlauch gefüllt, der aus einer Dialysemembran besteht. Es empfiehlt sich, vor der Dialyse den Schlauch, der meist aus regenerierter

**2**

Cellulose hergestellt wird und erhebliche Mengen an Schwermetallen enthält, in destilliertem Wasser einige Minuten auszukochen und mit destilliertem Wasser ausgiebig zu spülen, um diese Verunreinigungen zu entfernen. Da das Volumen der Probelösung durch Wassereinwanderung während der Dialyse erheblich zunehmen kann, darf der Dialyseschlauch nur zu maximal zwei Dritteln gefüllt werden. Der so gefüllte, weitgehend luftfreie und durch Knoten an beiden Enden verschlossene Dialyseschlauch wird in ein Becherglas mit dem gewünschten Puffer gehängt. Die Diffusionsrate durch die Membran wird durch den Konzentrationsgradienten der diffundierbaren Teilchen, die Diffusionskonstanten dieser Teilchen, die Membranoberfläche und die Temperatur bestimmt. Für eine effektive Entsalzung soll der Puffer gerührt und einige Male gewechselt werden, um einen möglichst großen Konzentrationsgradienten an der Membranoberfläche aufrecht zu erhalten. Zur Stabilisierung von Proteinen wird die Dialyse normalerweise im Kühlraum durchgeführt. Der Fortschritt der Entsalzung kann durch Leitfähigkeitsmessung des Puffers überprüft werden. Normalerweise genügt ein zwei- bis dreimaliger Pufferwechsel mit jeweils 4–6 h Äquilibrierungszeit.

Bei einer weitgehenden Entsalzung (Dialyse gegen Wasser) muss beachtet werden, dass wegen der niederen Ionenstärke Proteine teilweise ausfallen können. Die Niederschläge können abzentrifugiert und oft in einem kleinen Volumen einer Lösung mit etwas höherer Ionenstärke wieder gelöst werden.

Die Dialyse ist eine sehr einfache, relativ langsame Technik, die bei sehr kleinen Probenmengen (Mikrogramm) wegen Adsorptionsverlusten an ihre Grenzen stößt. Für diese kleinen Mengen und für kleine Volumina (<500 µl) werden keine Dialyseschläuche mehr verwendet, sondern verschiedene spezielle Konstruktionen verwendet, die eine kleine Probenkammer von wenigen Mikrolitern besitzen (z. B. Eppendorfgefäße oder auch der Deckel eines Eppendorfgefäßes) und die auf einer Seite gegen den Puffer mit der Dialysemembran abgedichtet werden.

Mit einem Dialyseschlauch kann man auch **Proben konzentrieren**, indem man den Dialyseschlauch nicht in einen Puffer hängt, sondern in ein hygroskopisches Material, z. B. Sephadex G100, legt, das durch die Membranwand Flüssigkeit und kleine Moleküle saugt. Das Material wird gewechselt, wenn es feucht ist.

**Ultrafiltration und Diafiltration**  Für eine schnelle Konzentration von Proteinlösungen ist die Ultrafiltration geeignet, für die asymmetrische Membranen mit verschieden großen Poren an Unter- und Oberseite und verschiedenen Ausschlussgrenzen aus Cellulose, Celluloseester, Polyethersulfon oder Polyvinylidenfluorid

(PVDF) entwickelt wurden. Die Ultrafiltration wird nicht wie die Dialyse durch einen Konzentrationsgradienten getrieben, sondern durch die Flussrate des Lösungsmittels durch die Ultrafiltrationsmembran. Dabei werden die Salze (oder andere Moleküle mit Molekulargewichten deutlich unter der Ausschlussgrenze) gemeinsam mit dem Wasser durch die Membran gepresst. Dazu können Überdruck, Vakuum oder Zentrifugation verwendet werden. Die Ultrafiltration wird meist in Einweggefäßen unterschiedlicher Größe je nach Probenvolumen durchgeführt. Das Probenvolumen wird dabei ohne signifikante Änderung der Salzkonzentration verringert.

Auf demselben Prinzip beruht die Diafiltration, bei der die Probe ähnlich wie bei einer Dialyse entsalzt wird. Hier wird während der Ultrafiltration das Volumen der Probe konstant gehalten, indem kontinuierlich frischer Dialysepuffer der Probe zugegeben wird, der das ins Filtrat abgegebene Volumen ersetzt. Zur Abschätzung, wie lange man diafiltrieren muss, kann das Volumen des Filtrates dienen. Dabei muss für eine Reduktion der Salzkonzentration um einen Faktor 10 das Volumen des gesammelten Filtrates das 2,3-Fache des Ausgangsvolumens der Probe sein, für eine 100-fache Abreicherung das 4,6-Fache. Bei einer Variante der Diafiltration wird die Probe nach der Volumenverringerung verdünnt und erneut ultrafiltriert. Dies wird so oft wiederholt, bis die gewünschte Salzkonzentration erreicht ist.

Wie bei der Dialyse werden die Konzentrierung, Umsalzung oder Entsalzung wegen der besseren Proteinstabilität bei 4 °C ausgeführt. Auch bei der Ultrafiltration besteht die Gefahr, dass kleine Proteinmengen in sehr verdünnten Lösungen (<20 µg ml$^{-1}$) an den Membranen oder den Gefäßwänden adsorbieren. Kleine Mengen an Glycerin oder Detergenzien (z. B. Triton X-100) in Konzentrationen unter der kritischen micellaren Konzentration (CMC, ▶ Abschn. 2.8.1), die der Proteinlösung zugegeben werden, können manchmal helfen, die Adsoptionsverluste zu minimieren.

**Gelchromatographie**  Bei der Entsalzung durch Gelchromatographie werden die in der Probe vorhandenen Substanzen nach ihrer Größe getrennt. Salze eluieren dabei nach dem Durchlauf von etwa einem Säulenvolumen. Die Gelchromatographie hat einige Nachteile, die sie vor allem für große Mengen und große Volumina, wie sie oft am Anfang eines Reinigungsganges anfallen, ungeeignet machen:

− Das Probenvolumen darf etwa fünf Prozent des Säulenvolumens nicht übersteigen, da sonst die Trennung zwischen Proteinen und Salzen nicht mehr ausreichend ist.
− Die Gelchromatographiesäulen können mit großen Proteinmengen schnell überladen werden, was auch

zu einer Vermischung von Protein- und Salzbereichen führt.

- Die Trennung ist bei geringer Flussrate besser, woraus eine relativ lange Analysenzeit resultiert.
- Bei der Gelchromatographie wird das Volumen der Ausgangsprobe zumindest verdreifacht, was als nächsten Schritt in einem Reinigungsgang normalerweise eine Konzentrierung oder ein konzentrierendes Trennverfahren nötig macht.

Für kleine Probenvolumina und kleine Proteinmengen sind heute auch verschiedene kleine Einmalsäulchen (*spin columns*) auf dem Markt, die Gelchromatographiematerial beinhalten und die bei der Entsalzung ausgezeichnete Wiederfindungsraten für Proteine zeigen.

**Reversed-Phase-Chromatographie**    Vor allem für späte Reinigungsschritte bietet sich die Reversed-Phase-Chromatographie zur Entsalzung von relativ hydrophilen Proteinen an, wobei oft gleichzeitig eine weitere Auftrennung der applizierten Probe stattfindet. Unter Einsatz flüchtiger Lösungsmittel wie 0,1 % Trifluoressigsäure in Wasser können auch größere Volumina salzhaltiger Proben entsalzt werden, da die Salze vom Reversed-Phase-Material nicht gebunden werden, während Proteine über ihre hydrophoben Bereiche an die Säule binden. Mit einem Gradienten eines organischen Lösungsmittels (meist 0,1 % Trifluoressigsäure in Acetonitril) können die Proteine wieder eluiert werden. Für die Entsalzung von Proteinen sollten möglichst hydrophile, großporige Reversed-Phase-Materialien eingesetzt werden, da hydrophobe, engporige Materialien, die sich sehr gut für Peptidtrennungen eignen, oft sehr schlechte Ausbeuten bei der Elution von Proteinen zeigen. Die Protein enthaltende Fraktion wird gesammelt und in einer Vakuumzentrifuge eingedampft oder mit Stickstoff abgeblasen. Die Nachteile der Entsalzung mit Reversed-Phase-Chromatographie sind eine mögliche Denaturierung des Proteins, eine generell schlechte Wiederfindungsrate von hydrophoben Proteinen und der hohe Preis des Säulenmaterials.

Das besondere Retentionsverhalten von Proteinen an Reversed-Phase-Materialien, das sich nach einem typischen Umkehrphasenmechanismus bei höheren Anteilen von organischen Verbindungen in ein Normalphasenverhalten umkehrt, erlaubt eine Entsalzung von Proteinen mit einem inversen Gradienten. Dabei wird die Probe in praktisch reinem organischem Lösungsmittel auf die Reversed-Phase-Säule aufgetragen. Das Protein bindet nach einem Normalphasenmechanismus, während Salze und auch hydrophobe Verunreinigungen eluiert werden. Das Protein wird mit einem Gradienten zu 0,1 % Trifluoressigsäure in Wasser eluiert.

Für Peptide werden als Probenvorbereitung/Entsalzung für die Massenspektrometrie häufig Einmalpipettenspitzen eingesetzt, die wenige Mikroliter Reversed-Phase-Material enthalten. Beim Auftrag auf so ein Säulchen binden die Peptide an das Reversed-Phase-Material, werden dort konzentriert und können dort mit wässrigen Lösungen (z. B. 0,1 % Trifluoressigsäure) gewaschen und entsalzt werden. Die gebundenen Proteine werden durch kleine Mengen hochprozentiger organischer Lösungsmittel eluiert. Wichtig ist, dass beim Probenauftrag kein organisches Lösungsmittel in der Probe vorhanden ist, da dieses die Bindung der Peptide an das Reversed-Phase-Material beeinträchtigen würde. Falls in der zu entsalzenden Probe organisches Lösungsmittel aus früheren Reinigungsschritten vorhanden ist, muss dessen Konzentration durch Abdampfen oder Verdünnen unter maximal 5 % gebracht werden.

**Immobilisierung auf einer Membran**    Eine ausgezeichnete Möglichkeit, Proteine für die weitere Analytik zur Primärstrukturaufklärung (Sequenzanalyse, Aminosäureanalyse, Massenspektrometrie) zu entsalzen, ist, sie auf eine chemisch inerte Membran zu transferieren (Immobilisierung). Dabei kann die salzhaltige Proteinlösung auf eine hydrophobe Membran (z. B. PVDF) in Portionen auf eine kleine Fläche aufgetragen und getrocknet werden. Bei nicht zu großer Salzmenge ist die hydrophobe Bindung von Proteinen an diese Membranen stark genug, dass auch intensives Waschen mit Wasser die Proteine nicht mehr ablöst. Auch durch Elektroblotten können Proteine immobilisiert und entsalzt werden, wobei dies meist mit einer gelelektrophoretischen Reinigung als letztem Trennschritt verbunden wird. Die Immobilisierung auf einer Membran eignet sich nur für reine Proteine, also als letzter Reinigungsschritt einer Probenvorbereitung für die Strukturaufklärung, da die Rückgewinnung von membranimmobilisierten Proteinen äußerst schwierig ist.

## 2.7  Konzentrierung

Vor allem nach den ersten Schritten eines Reinigungsganges ist man oft mit großen Volumina verdünnter Proteinlösungen konfrontiert, die auch bezüglich der Ionenstärke oder des pH-Werts nicht den Bedingungen für den nächsten Reinigungsschritt genügen. Daher müssen Methoden eingesetzt werden, um einerseits Lösungen zu konzentrieren, sie andererseits aber auch zu entsalzen oder umzusalzen. Da jede Proteinreinigung in einer minimalen Anzahl von Teilschritten erreicht werden soll, sollte die Konzentrierung und Umsalzung/Entsalzung möglichst kombiniert in einem Schritt ausgeführt werden (▶ Abschn. 2.6).

**Fällung**    Wie oben besprochen (▶ Abschn. 2.4), ist die Fällung ein effektiver Weg, ein Protein aus seiner Lösung zu konzentrieren und es gleichzeitig weitgehend von Salzen zu befreien. Nach Zentrifugation (normalerweise in der Kälte) wird der Überstand verworfen und das Pellet in dem gewünschten Puffer wieder gelöst. Probleme ergeben sich bei Proteinlösungen, die Detergenzien enthalten, da hier die Fällung im Allgemeinen nur schlechte Ausbeuten liefert.

**Dialyse und Ultrafiltration** Dialyse und Ultrafiltration werden neben der Entsalzung auch zur Konzentrierung von Proben eingesetzt (▶ Abschn. 2.6). Besonders für die Konzentrierung kleiner Volumina und kleiner Proteinmengen, also oft in den letzten Reinigungsschritten vor einer Strukturaufklärung, werden spezielle Mikrokonzentratoren verwendet, bei denen durch ihre Bauart nur geringe Adsoptionsverluste auftreten.

**Bindung an das chromatographische Material** Eine elegante Methode, Proteine und Peptide auch aus großen Volumina anzureichern und zu konzentrieren, ist, sie an Reversed-Phase-Material zu binden. Der Probenauftragspuffer darf nur keine Substanzen beinhalten, die eluierende Bedingungen für das Reversed-Phase-Material schaffen (z. B. Acetonitril, Alkohole, Detergenzien).

Alternativ können auch Ionenaustauschmaterialien eingesetzt werden, um Proteine und Peptide anzureichern. Dies ist aber nur erfolgreich, wenn die Ionenstärke des Probenpuffers sehr gering ist (<10 mM), was über Entsalzung oder Verdünnung erreicht werden kann.

## 2.8 Detergenzien und ihre Entfernung

Viele Proteine und Enzyme sind in ihrer natürlichen Umgebung nicht von Wasser umgeben, sondern von hydrophoben Lipidschichten, den biologischen Membranen. Bei der Zelldisruption bleiben diese Proteine mit den Membranen vergesellschaftet. Periphere Membranproteine, die nur oberflächlich an die Membran assoziiert sind, können normalerweise durch relativ milde Behandlungen solubilisiert werden, ohne dass dabei die Membran gelöst werden muss. Dazu werden hohe Salzkonzentrationen, extreme pH-Bedingungen, hohe Konzentrationen von chelatisierenden Agenzien (10 mM EDTA) oder auch denaturierende Stoffe (8 M Harnstoff oder 6 M Guanidinhydrochlorid) eingesetzt. Sobald sich aber die Proteine teilweise oder praktisch vollständig in der Membran befinden (Membrananker bzw. integrale Membranproteine), versagen Lösungsversuche mit normalen wässrigen Puffern. Diese Proteine stellen heute eine große Herausforderung an die Reinigungs- und Analysetechniken dar.

Werden die Lipide entfernt, bilden Membranproteine über ihre hydrophoben Bereiche unlösliche Aggregate und fallen aus oder binden äußerst stark an alle Arten von Oberflächen, die einen gewissen Anteil an hydrophoben Charakter besitzen. Sie können i. A. nur mithilfe von Detergenzien in Lösung gebracht und in Lösung gehalten werden.

### 2.8.1 Eigenschaften von Detergenzien

Detergenzien sind amphiphile Moleküle, d. h. sie besitzen einerseits einen polaren hydrophilen, eventuell auch ionischen Molekülteil, der für eine gute Wasserlöslichkeit verantwortlich ist, und andererseits einen unpolaren, lipophilen Molekülteil, der mit hydrophoben Regionen eines Membranproteins interagieren kann und damit annähernd die natürliche Lipidumgebung dieser Proteine ersetzen kann. Eine wichtige Eigenschaft von Detergenzien ist ihre Fähigkeit zur Bildung von **Micellen**. Dies sind Aggregate von einzelnen Detergensmolekülen, bei denen alle hydrophilen Gruppen nach außen und alle hydrophoben Gruppen nach innen gerichtet sind (◻ Abb. 2.6). Die Größe von Micellen ist vom einzelnen Detergens abhängig (◻ Tab. 2.4). Membranproteine werden als hydrophobe Moleküle in diese Micellen eingebaut und können so auch außerhalb einer biologischen Membran in Lösung gebracht werden und oft auch ihre biologische Aktivität behalten. Die niedrigste Konzentration, bei der Detergenzien noch Micellen bilden können, wird die **kritische micellare Konzentration (CMC)** genannt. Sie ist für verschiedene Detergenzien unterschiedlich (◻ Tab. 2.4) und abhängig von Parametern wie Temperatur, Ionenstärke, pH-Wert, Anwesenheit di- und trivalenter Kationen oder organischer Lösungsmittel. Die CMC von *ionischen* Detergenzien nimmt mit höherer Ionenstärke deutlich ab und ist relativ wenig von der Temperatur abhängig, hingegen ist die CMC von *nichtionischen* Detergenzien relativ unabhängig von der Salzkonzentration, nimmt aber mit zunehmender Temperatur deutlich zu.

Wie aus ◻ Tab. 2.4 zu ersehen ist, gibt es eine ganze Anzahl unterschiedlichster Detergenzien, die in der Reinigung und Analyse von Membranproteinen eingesetzt werden. Welches Detergens für ein spezielles Protein optimal ist, muss für jeden Einzelfall empirisch ermittelt werden, wobei i. A. Detergenskonzentrationen von 0,01–3 % eingesetzt werden. Die Solubilisierung von Proteinen erfolgt häufig bei einer Detergenskonzentrationen nahe der CMC.

Um zu entscheiden, ob ein Detergens ein bestimmtes Protein in Lösung gebracht hat, sollte das Protein (oder seine Aktivität) auch nach einer Stunde Zentrifugation bei 100.000 g im Überstand zu finden sein. Falls mit verschiedensten Detergenzien keine biologische Aktivität gemessen werden kann, sollten die Pufferbedingungen geändert werden oder Substanzen zugegeben werden, von denen bekannt ist, dass sie die Proteinstruktur stabilisieren, z. B. 20–50 % Glycerin, reduzierende Agenzien wie Dithiothreitol, Chelatbildner wie 1 mM EDTA oder Protease-Inhibitoren (▶ Abschn. 2.4 und ◻ Tab. 2.1).

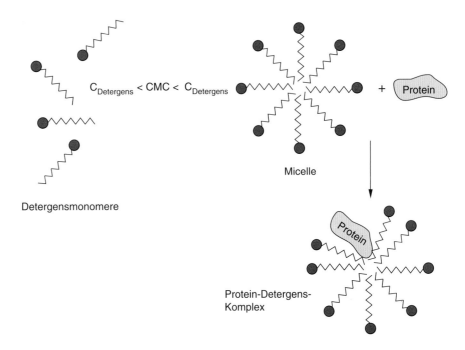

◻ **Abb. 2.6**  Bildung von Detergensmicellen oberhalb der CMC und Einbau von Proteinen in die Micellen. In der Micelle sind die hydrophilen, polaren Teile nach außen zur wässrigen Phase gerichtet und die hydrophoben Teile nach innen. Membranproteine können sich in solche Micellen einlagern und als Detergens-Protein-Komplex in Lösung gehalten werden

$C_{Detergens}$ < CMC < $C_{Detergens}$    + Protein

Micelle

Detergensmonomere

Protein-Detergens-Komplex

Je nach den geplanten weiteren Reinigungsschritten müssen bestimmte Eigenschaften einzelner Detergenzien berücksichtigt werden:

– Die hohe UV-Absorption einiger Detergenzien (z. B. bei Triton oder Nonidet durch den aromatischen Ring) kann eine Detektion von Proteinen z. B. bei chromatographischen Analysen stören.

– Ionische Detergenzien können nicht bei Ionenaustauschchromatographien eingesetzt werden, da sie mit den Proteinen um die ionischen Bindungsstellen am Säulenmaterial konkurrieren.

– Detergenzien binden oft stark über hydrophobe Wechselwirkungen an Reversed-Phase-Säulen und verändern die Trenneigenschaften.

– Wie leicht ist ein Detergens wieder von Protein zu entfernen (▸ Abschn. 2.8.2)?

– Vor allem nichtionische Detergenzien der Oxyethylenfamilie (Triton, Tween, Nonidet) können leicht oxidative Verunreinigungen, vor allem Peroxide, beinhalten. Da diese Proteine modifizieren können, sollten diese Detergenslösungen möglichst frisch sein, unter Stickstoff gelagert werden und nur mit einer Spritze aus dem Gefäß entnommen werden.

Ionische Detergenzien mit kationischen oder anionischen hydrophilen Gruppen bringen Proteine sehr effizient in ihre monomere Form und solubilisieren Membranproteine ausgezeichnet. Sie haben aber den Nachteil, die Struktur der Proteine so aufzuweiten und diese so weit zu denaturieren, dass sie fast immer ihre biologische Aktivität verlieren. Das wohl am häufigsten eingesetzte Detergens, **Natriumdodecylsulfat** (SDS), wird bei der elektrophoretischen Trennung und Molekularge-

wichtsbestimmung in Polyacrylamidgelen verwendet. Die Salzkonzentration beeinflusst die CMC von SDS erheblich (salzfrei: 8 mM, in Anwesenheit von 0,5 M NaCl: 0,5 mM). Das kationische Detergens 16-BAC ermöglicht gute Trennungen von (Membran-)Proteinen im sauren Milieu. Dabei bleiben basenlabile Proteinmodifikationen wie z. B. Proteincarboxymethylester erhalten, die bei den üblichen Reinigungsverfahren in saurem oder alkalischem Medium hydrolysiert werden. 16-BAC wird auch erfolgreich bei der ersten Dimension für eine zweidimensionale gelelektrophoretische Trennung von Membranproteinen eingesetzt. Die zweite Trenndimension ist dabei eine konventionelle SDS-Gelelektrophorese.

Nichtionische Detergenzien wirken sich weniger stark auf Protein-Protein-Wechselwirkungen aus und sind generell weniger denaturierend als ionische Detergenzien. Sie sind daher besonders gut für die Isolierung von funktionell intakten Proteinkomplexen geeignet, können jedoch bei integralen Membranproteinen Aggregationen nicht verhindern und sind aufgrund ihrer niedrigen CMC schlecht durch Dialyse zu entfernen. Eine besondere Stellung nimmt **Triton X-114** ein, das bei 4 °C wasserlöslich ist, aber bei Temperaturen über 20 °C wasserunlösliche Micellen formt und damit eine Trennung zwischen wässriger und Detergensphase zeigt. So bleiben hydrophile Proteine in der wässrigen Phase, während integrale Membranproteine in der Detergensphase gefunden werden; damit lassen sich lösliche Proteine und Membranproteine unterscheiden.

Zwitterionische Detergenzien, die in ihrem polaren Molekülteil positiv und negativ geladene Gruppen tragen, liegen in ihren dissoziierenden und denaturierenden

**2**

**Tab. 2.4** Gebräuchliche Detergenzien (n: Aggregationszahl zur Bildung von Micellen)

| | Name | M des Monomers | n | M Micelle | CMC (in mM) | dialysierbar | Anwendungskonzentration | Bemerkungen |
|---|---|---|---|---|---|---|---|---|
| ionische Detergenzien | Natriumdodecylsulfat (SDS) | 288 | 60–100 | >18 kDa | 8 | – | 10 mg mg$^{-1}$ Protein | CMC stark von Ionenstärke abhängig |
| | Desoxycholat | 416 | 10 | 4 kDa | 4 in 50 mM NaCl | – | 0,1–10 mg mg$^{-1}$ Membranlipid | präzipitiert bei niedrigem pH-Wert und in Gegenwart divalenter Kationen, Aggregationszahl nimmt mit Ionenstärke zu |
| | Benzyldimethyl-$n$-hexadecyl-ammoniumchlorid (16-BAC) | 396 | | | | | | kationisches Detergens, erfolgreich für Elektrophoresen von Membranproteinen |
| | Cetyltrimethyl-ammoniumbromid (CTAB) | 365 | 170 | 62 kDa | 1 | – | | |
| nichtionische Detergenzien | Triton X-100 (Poly-(ethylenglycol)$_n$-octylphenylether) | ≈628 | 140 | 90 kDa | 0,2 | – | 1–5 mM | absorbiert im UV durch aromatischen Ring |
| | Triton X-114 | ≈514 | | | 0,2 | – | 5 mM | Phasentrennung bei Erwärmung über 22 °C |
| | Tween 80 (Poly(oxyethylen)$_n$-sorbitanmonooleat) | ≈1310 | 58 | 76 kDa | 0,02 | – | >10 mg mg$^{-1}$ Membranlipid | |
| zwitterionische Detergenzien | Octylglucosid (N-Octyl-1-thio-β-D-glucopyranosid) | 292 | 30–100 | 8 kDa | 15 | + | 20–45 mM | |
| | CHAPS (3-[(3-Cholamidopropyl)-dimethylammonio]-1-propansulfonat) | 615 | 4–14 | 6 kDa | 4 | + | 6–13 mM | |
| | Zwittergent 3-12 (n-Dodecyl-N,N-dimethyl-3-ammonio-1-propansulfonat) | 335 | 10 | 3 kDa | 3,6 | + | 15–30 mM | |

Eigenschaften zwischen ionischen und nichtionischen Detergenzien. Diese Detergenzien können wie die nichtionischen in der Ionenaustauschchromatographie oder bei isoelektrischen Fokussierungen eingesetzt werden.

## 2.8.2  Entfernen von Detergenzien

Für eine nachfolgende Analytik (Aminosäureanalyse, Aminosäuresequenzanalyse, Massenspektrometrie etc.) stören die in relativ hohen Konzentrationen vorliegenden Detergenzien fast immer und müssen möglichst weitgehend entfernt werden. Bei allen Verfahren zur Entfernung von Detergenzien ist jedoch zu beachten, dass die solubilisierten hydrophoben Proteine fast immer die Gegenwart dieser Substanzen für ihre Löslichkeit und Aktivität brauchen, da sonst leicht Aktivitätsverluste oder Adsorptionsverluste an alle Arten von Oberflächen auftreten! Die Entfernung der Detergenzien sollte also immer als letzter Schritt vor der eigentlichen Analyse so geplant werden, dass keine weitere Probenmanipulation stattfinden muss.

**Verdünnen unterhalb der kritischen Micellenkonzentration**  Detergenzien mit hoher CMC (z. B. Octylglycosid) können durch Verdünnen unter ihre CMC in ihren monomeren Zustand gebracht und danach einfach durch Dialyse entfernt werden (Vorsicht: Adsorption der detergensfreien Proteine an die Dialysemembranen!). Detergenzien mit niedriger CMC, also die meisten nichtionischen Detergenzien, sind durch Dialyse praktisch nicht zu entfernen und werden am besten durch spezielle chromatographische Säulen entfernt (s. unten).

**Extraktion**  Verschiedene Extraktionsverfahren werden zur Entfernung von SDS angewendet. Neben der Chloroform/Methanol-Extraktion wird vor allem die **Ionenpaarextraktion** eingesetzt. Die trockene Probe wird mit einer Lösung des Ionenpaarreagens in einem organischen Lösungsmittel extrahiert. Typische Systeme sind Aceton/Triethylamin/Essigsäure/Wasser oder Heptan/Tributylamin/Essigsäure/Butanol/Wasser. Es muss immer genügend Wasser (ca. 1 %) vorhanden sein, damit sich das relativ unpolare und somit mit organischen Lösungsmitteln extrahierbare Alkylammonium-SDS-Ionenpaar ausbildet. Auch Proben, die in kleinen Volumina wässriger Lösung vorliegen, können so von SDS befreit werden, nur wird das Wasser in den Extraktionslösungen weggelassen. Mit dieser Methode kann in einem Extraktionsschritt bis zu 95 % des SDS entfernt werden. Das Protein wird als Niederschlag durch Zentrifugation gewonnen, und restliches SDS kann dann durch Waschen mit Heptan oder Aceton entfernt werden. Salze können die Entfernung des SDS stören und sollten vor der Extraktion abgetrennt

werden. Die Wiederfindungsraten für Proteine sind oft 80 % und größer.

**Ionische Retardierung**  Es gibt chromatographische Materialien aus polymerisierter Acrylsäure, die im Inneren ein starkes Ionenaustauscherharz (quarternäre Ammoniumgruppen an einer Polystyrol-Divinylbenzol-Matrix) besitzen. Protein-SDS-Komplexe, die über diese Säulen chromatographiert werden, verlieren fast das gesamte SDS, und das Protein wird mit Ausbeuten von 80–90 % eluiert. Diese Säulen sind als Einmalsäulen konzipiert, da das gebundene SDS praktisch nicht mehr entfernt werden kann.

Auch bei der ionischen Retardierung können Salze die SDS-Bindung an das Säulenmaterial stören und sollten vorher entfernt werden. Dies kann über Gelfiltration geschehen oder einfach durch Aufbringen einer kleinen Schicht eines Ausschlussgels am Kopf der Ionenretardierungssäule, was zu einer Verzögerung und damit Abtrennung der Puffersalze führt.

**Gelfiltration in Gegenwart organischer Lösungsmittel**  Vor allem relativ schwach hydrophobe Proteine können manchmal in einem Puffer, der organisches Lösungsmittel (z. B. 20 % Acetonitril) enthält, in Lösung gehalten und über eine Gelchromatographie von Salzen und Detergenzien abgetrennt werden. Hydrophobere Proteine müssen durch geeignete, möglichst flüchtige Lösungsmittelgemische mit einem hohen Anteil an organischen Säuren wie z. B. Ameisensäure/Propanol/Wasser in Lösung gehalten werden.

**Abtrennung von Detergenzien durch Reversed-Phase-HPLC**  Membranproteine können auch an Reversed-Phase-Säulen chromatographiert und von Detergenzien abgetrennt werden, wobei hier kurze, relativ hydrophile Säulen (RP-C$_4$) mit geringer Oberfläche zur Verwendung kommen müssen, um befriedigende Wiederfindungsraten zu erzielen. Die chromatographischen Bedingungen werden i. A. so gewählt, dass ein Kompromiss zwischen Wiederfindungsrate und Qualität der Trennung resultiert. Dabei gilt generell, dass kurze, steile Gradienten unter Verwendung von flüchtigen Lösungsmittelsystemen mit hohen Anteilen an organischen Säuren (s. oben) eingesetzt werden sollten. Diese Methoden werden vor allem benutzt, wenn das primäre Ziel die Strukturaufklärung von Membranproteinen ist, da die biologische Aktivität durch den hohen Anteil an organischem Lösungsmittel und an Säure fast immer zerstört wird. Für die Entsalzung und Abtrennung von Detergenzien und hydrophoben Komponenten hat sich auch die Reversed-Phase-Chromatographie mit einem inversen Gradienten bewährt (▶ Abschn. 2.6, Reversed-Phase-Chromatographie).

**2**

Spezielle chromatographische Trägermaterialien zur Abtrennung von Detergenzien Die Abtrennung von Detergenzien an speziellen, kommerziell angebotenen Materialien beruht im Prinzip auf einem hydrophilen Säulenmaterial mit so kleinem Porenvolumen, dass Proteine mit einem Molekulargewicht über 10.000 Da nicht in das Innere der stationären Phase eindringen können und im Ausschlussvolumen eluieren. Die relativ kleinen Detergensmoleküle hingegen gelangen in das Innere des Säulenmaterials, wo sie mit hydrophoben Bindungsplätzen interagieren und dort gebunden werden. Bindungskapazitäten für die verschiedenen Detergenzien liegen zwischen 50 und 100 mg Detergens pro ml Säulenmaterial. Die Proteinkonzentrationen sollten über 50 µg ml$^{-1}$ liegen, da sonst zu hohe Verluste über unspezifische Adsorptionen an das Säulenmaterial gefunden werden.

Blotten auf chemisch inerte Membranen Der einfachste Weg, ein hydrophobes Protein zu reinigen und zu analysieren, ist, es direkt aus einem detergenshaltigem Polyacrylamidgel (SDS-Gel) auf eine chemisch inerte Membran zu blotten. Das immobilisierte Protein kann dann direkt weiteren Analysen unterworfen werden, z. B. Aminosäureanalyse, Sequenzanalyse, immunologischen Methoden oder Massenspektrometrie.

## 2.9 Probenvorbereitung für die Proteomanalyse

Eine sinnvolle Proteomanalyse (▶ Kap. 42) darf die quantitativen Verhältnisse, die die einzelnen Proteine zueinander bei der Probennahme aufweisen, nicht verändern. Das hat zur Konsequenz, dass aufwendige Reinigungsverfahren über viele Schritte, wie sie in der klassischen Proteinreinigung Einsatz finden, nicht mehr verwendet werden können, da die Verluste in den einzelnen Schritten erheblich, vor allem aber für jedes Protein unterschiedlich sind. Die Probenvorbereitung für die Proteomanalyse ist sehr von der Fragestellung und dem Ausgangsmaterial abhängig und kann daher nicht allgemein behandelt werden. Sie muss aber im Prinzip alle interessierenden Proteine *quantitativ* so in Lösung bringen, dass sie direkt für eine Trennung, z. B. für eine zweidimensionale Gelelektrophorese, geeignet sind oder nach einer enzymatischen Spaltung direkt der Massenspektrometrie zugeführt werden können.

Auch wenn keine allgemeinen Vorschriften für eine Solubilisierung jedes biologischen Materials gegeben werden kann, werden im Wesentlichen drei Strategien für die Bottom-up-Proteomics (▶ Abschn. 42.5) eingesetzt:

- Nach Homogenisierung/Aufschluss von Zellen/Gewebe folgt eine Solubilisierung mit Detergenzien und Trennung der Proteine mit – je nach verwendetem Detergens – ein- oder zweidimensionaler Gelelek-

trophorese. Es folgen eine enzymatische Spaltung direkt im Gel, Elution der Peptide und LCMSMS Analyse.
- Solubilisierung mit Harnstoff/Thioharnstoff, Reduktion und Alkylierung und Fällung der Proteine. Die nachfolgende enzymatische Spaltung erfolgt in Lösung, und die Peptide werden dann (auch multidimensional) chromatographisch getrennt und massenspektrometrisch analysiert.
- Eine häufig verwendete Probenvorbereitung in der Proteomanalyse ist die FASP- (*Filter Aided Sample Preparation*) Methode. Durch eine Inkubation der Probe mit 4 % SDS, 100 mM Tris/HCl pH 7,6, 0,1 M DTT bei 95 °C für 3 min wird oft auch schwieriges Ausgangsmaterial erfolgreich in Lösung gebracht, wobei vor weiteren Schritten aber auf jeden Fall eventuell vorhandenes Pellet abzentrifugiert werden sollte. Bei dieser Vorgehensweise werden Disulfidbrücken reduziert. DNA soll durch Ultraschallbehandlung durch Scherkräfte in kleinere Bruchstücke fragmentiert werden. Vor allem das SDS in der Probe verhindert aber eine direkte weitere Fraktionierung, enzymatische Spaltung oder massenspektrometrische Analyse der in Lösung gebrachten Proteome. Daher werden die Proben mit 8 M Harnstoff versetzt und in eine Ultrafiltrationskartusche (10-K- oder 30-K-Filter) transferiert, alkyliert, mit Puffer gewaschen und auf dem Filter enzymatisch gespalten. Die entstandenen Peptide können dann vom Filter eluiert, entsalzt und massenspektrometrisch analysiert werden.

## Literatur und Weiterführende Literatur

Methods in Enzymology (1990) Guide to protein purification, Bd 182. Academic Press, New York

**Weiterführende Literatur**

Ahmed FE (2009) Sample preparation and fractionation for proteome analysis and cancer marker discovery by mass spectrometry. J Sep Sci 32:771–798
Bollag DM, Edelstein SJ (1991) Protein methods. Wiley-Liss, New York
Donnelly DP, Rawlins CM, DeHart CJ, Fornelli L, Schachner LF, Lin Z, Lippens JL, Aluri KC, Sarin R, Chen B, Lantz C, Jung W, Johnson KR, Koller A, Wolff JJ, Campuzano IDG, Auclair JR, Ivanov AR, Whitelegge JP, Paša-Tolić L, Chamot-Rooke J, Danis PO, Smith LM, Tsybin YO, Loo JA, Ge Y, Kelleher NL, Agar JN (1919) Best practices and benchmarks for intact protein analysis for top down mass spectrometry. Nat Methods 16:587–594
Methods in Enzymology (1990) Guide to protein purification, Bd 182. Academic Press, New York
Rickwood D (1991) Centrifugation, a practical approach, 2. Aufl. IRL Press, Oxford
Wisniewski JR, Zougman A, Nagaraj N, Mann M (2009) Universal sample preparation method for proteome analysis. Nat Methods 6:359–361

# Proteinbestimmungen

*Lutz Fischer*

## Inhaltsverzeichnis

3.1       **Quantitative Bestimmung durch Färbetests** – 35
3.1.1     Biuret-Assay – 37
3.1.2     Lowry-Assay – 37
3.1.3     Bicinchoninsäure-Assay (BCA-Assay) – 38
3.1.4     Bradford-Assay – 38

3.2       **Spektroskopische Methoden** – 39
3.2.1     Messungen im UV-Bereich – 39
3.2.2     Fluoreszenzmethode – 41

3.3       **Radioaktive Markierung von Peptiden und Proteinen** – 41
3.3.1     Iodierungen – 42

          **Literatur und Weiterführende Literatur** – 44

© Springer-Verlag GmbH Deutschland, ein Teil von Springer Nature 2022
J. Kurreck et al. (Hrsg.), *Bioanalytik*, https://doi.org/10.1007/978-3-662-61707-6_3

**3**

- Für die Isolierung, Reinigung, Charakterisierung und Analyse von Proteinen ist die quantitative Bestimmung des Proteingehalts (in g l⁻¹) der wässrigen Probe unerlässlich.
- Die gängigsten Methoden der Proteinquantifizierung erfolgen über die Anfärbung der Proteine mit Farbstoffen und/oder Kupferionen oder die Absorptionsmessung der Probe im UV-Bereich. Der Proteingehalt der Proben sollte ca. 10–50 μg betragen.
- Die Bestimmungsmethoden basieren auf den spezifischen Eigenschaften der Proteine, die durch die Proteinsequenz, Puffersalze und weitere Bestandteile der Probe beeinflusst werden. Dies ist bei der Wahl und Durchführung der Methode zu berücksichtigen.
- Die Bestimmung der Konzentration der Probe erfolgt anhand einer Eichgerade, die mit einem Referenzprotein, meist Rinderserumalbumin oder Ovalbumin, erstellt wird. Daraus resultiert ein zum Referenzprotein relativer Konzentrationswert für den Proteingehalt, jedoch kein absolut genauer Wert.

In biochemischen und biologischen Labors stellt sich häufig die Aufgabe, den Proteingehalt von wässrigen Lösungen zu ermitteln. Man muss daher die Prinzipien, vor allem aber auch die Vor- und Nachteile der wichtigsten Methoden kennen und sich über ihre – methodisch bedingten – Ungenauigkeit und Fehlerquellen im Klaren sein. Objektive Methoden zur Quantifizierung von Proteinen sind die quantitative Aminosäureanalyse oder die Gewichtsbestimmung des reinen Proteins als Feststoff. Letzteres ist nach Probenaufarbeitung durch Vakuumgefriertrocknung oder durch Hitzetrocknung bei 104–106 °C für 4–6 h möglich. Beide Methoden sind jedoch für die routinemäßige Ermittlung des Proteingehalts einer Lösung zu zeit- und arbeitsaufwendig. Für viele Fragestellungen ist es auch völlig ausreichend, den ungefähren Gehalt, verglichen mit einem definierten Standard wie beispielsweise Serumalbumin, zu kennen. Dies gilt z. B. für Proteinbestimmungen bei der Proteinaufreinigung oder bei der Immobilisierung von Proteinen.

Bei den häufig verwendeten kolorimetrischen Methoden werden die Proteine aufgrund der Farbreaktion im stark Sauren oder Basischen irreversibel denaturiert. Spektroskopische Methoden bewahren hingegen die biologische Funktion, und das Protein kann anschließend weiter verwendet werden. Leider haben spektroskopische Methoden im Vergleich zu kolorimetrischen Methoden geringere Sensitivitäten. Beide Verfahren können außerdem durch die Anwesenheit anderer Substanzen erheblich gestört und beeinflusst werden. Man muss daher die Gegenwart von Salzen, Zuckern, Nucleinsäuren oder Detergenzien berücksichtigen und daraufhin entscheiden, welche der im Folgenden dargestellten Methoden für die Quantifizierung in Betracht zu ziehen sind und welche von vornherein ausscheiden.

**Komplexität und Individualität der Proteine** Proteine sind aus bis zu zwanzig verschiedenen Aminosäuren in untereinander variablen, individuellen Verhältnissen aufgebaut. Die Gesamtanzahl der Aminosäuren variiert ebenfalls von Protein zu Protein. Prosthetische Gruppen und Zuckerstrukturen erhöhen die Komplexität zusätzlich. Funktionelle Gruppen in Proteinen werden zudem oft durch Nachbargruppeneffekte in ihrem chemischen oder physikalischen Verhalten beeinflusst. Es gibt keine Farbreaktion oder spektroskopische Methode, die in gleicher Weise auf *alle* Eigenschaften eines Proteins ansprechen kann. Die Reaktion mit einem Farbstoff beziehungsweise die Absorption oder Emission bei einer bestimmten Wellenlänge betrifft daher jeweils einige wenige Funktionalitäten oder Gruppen des Proteins. Kommen sie in einem Protein oder Proteingemisch zufällig häufig vor, wird irrtümlich ein höherer Proteingehalt gemessen und umgekehrt.

Einige Farbreaktionen basieren auf der komplexbildenden oder reduzierenden Eigenschaft der Peptidbindung. Da die Anzahl der Peptidbindungen in einem Protein ein vergleichsweise gutes Mittel zur Quantifizierung von Proteinen darstellt, sind diese Reaktionen weniger stark von der individuellen Aminosäurezusammensetzung abhängig. Andere Methoden basieren hingegen stärker auf den Eigenschaften der Seitenketten – ionisch, hydrophil, hydrophob oder aromatisch – und sind daher stärker subjektiv. „Objektiv" und „absolut genau" ist keine der in diesem Kapitel vorgestellten Methoden! Dennoch haben sie sich in der Praxis bewährt, wenn man ihre Einschränkungen kennt und berücksichtigt, dass jede für sich einen mehr oder weniger hinlänglichen Kompromiss darstellt.

**Quantifizierung komplexer Proteingemische oder reiner Proteinlösungen?** Die Aufgabenstellung – das Ziel der Analyse – ist ausschlaggebend für die Wahl
- der Proteinbestimmungsmethode und
- von welchen Basisdaten (Referenzen) ausgehend die Quantifizierung erfolgen soll.

Muss beispielsweise der Proteingehalt eines komplexen Proteingemisches, etwa der Gesamtproteingehalt von Zellmaterial, bestimmt werden, sollten Methoden gewählt werden, die relativ objektive Funktionalitäten in Proteinen wie Peptidbindungen erfassen. Die Auswertung sollte dann anhand analytisch gut charakterisierter „Durchschnittsproteine", Standardproteinen wie Rinderserumalbumin oder Chymotrypsin, erfolgen. Mit dem Standardprotein wird eine Eichgerade ermittelt, oder es werden Daten aus der Literatur benutzt.

Will man hingegen in einer weniger komplexen Proteinlösung, etwa einer bereits aufgereinigten und angereicherten Proteinfraktion, gezielt ein bestimmtes Protein quantifizieren, kommen prinzipiell alle Methoden in Betracht. Entscheidend ist, dass das Zielprotein als Standardprotein zur Verfügung steht (Eichgerade) oder Literaturdaten des Zielproteins bekannt sind. In allen Fällen ist zu beachten, dass bei Probelösung und Referenz identische Bedingungen (Lösungen, pH-Wert, Temperatur, Inkubationszeiten etc.) einzuhalten sind!

**Nichtproteinbestandteile in Proteinlösungen**  Die Bedeutung der Nichtproteinverbindungen in Probelösungen wurde bereits erwähnt. Sie können die Farbstoffbildung oder Absorptionsmessung erheblich manipulieren und verfälschen. Da Proteine Makromoleküle mit einem Molekulargewicht von meist über 10.000 Dalton sind, die störenden Nichtproteinmoleküle jedoch überwiegend niedermolekular mit weniger als 1000 Dalton sind, können beide durch einfache Dialyse, Säurefällung, Gelausschlusschromatographie oder Ultrafiltration voneinander getrennt werden. Für die zwei letztgenannten Methoden steht von verschiedenen Laborausstattern eine spezielle Ausrüstung für kleine Volumina (0,5–5 ml) zur Verfügung. Da manche Nichtproteinsubstanzen den einen Assay zwar stören, den anderen nicht, reicht oft der Wechsel zu einer anderen Methode. Dies muss von Fall zu Fall entschieden werden. Einen Anhaltspunkt liefert hierzu ◨ Tab. 3.1.

**Weitere, nicht detailliert abgehandelte Methoden**  Außer den in diesem Kapitel beschriebenen Methoden können nach dem sauren thermischen Abbau der Proteine die titrimetrische Stickstoffbestimmung nach Kjeldahl und der Ninhydrin-Assay zur Quantifizierung von Proteinen herangezogen werden. Beide werden aufgrund ihres hohen Aufwands nicht im Detail angesprochen, sollen jedoch an dieser Stelle der Vollständigkeit halber kurz erläutert werden.

Bei der **Kjeldahl-Methode** werden unter definierten Bedingungen beim Erhitzen mit konzentrierter Schwefelsäure und einem Katalysator (Schwermetalle, Selen) organische Stickstoffverbindungen zu $CO_2$ und $H_2O$ oxidiert, und es entsteht eine dem organisch gebundenen Stickstoff äquivalente Menge $NH_3$. Diese wird durch $H_2SO_4$ als $(NH_4)_2SO_4$ gebunden (feuchte Veraschung). Nach Zugabe von NaOH wird Ammoniak freigesetzt, in eine Destillationsapparatur überführt und titrimetrisch quantifiziert. Da der Stickstoffgehalt von Proteinen ungefähr 16 % beträgt, kann nach Multiplikation des N-Gehalts mit 6,25 die Proteinmenge rückgerechnet werden. Der Nichtproteinstickstoff muss natürlich zuvor entfernt werden!

Der Farbassay mit **Ninhydrin** wird als Nachweismethode für freie Aminogruppen eingesetzt. Daher muss das Protein zuerst in seine freien Aminosäuren hydroly-

◨ **Tab. 3.1**  Auswahl einiger Substanzen, die bei den verschiedenen Farbassays und den UV-Methoden stören

| Proteinbestimmungsmethode | Störende Substanzen |
|---|---|
| Biuret-Assay | Ammoniumsulfat<br>Glucose<br>Sulfhydrylverbindungen<br>Natriumphosphat |
| Lowry-Assay<br>(modifiziert nach Hartree) | EDTA<br>Guanidin-HCl<br>Triton X-100<br>SDS<br>Brij 35<br>>0,1 M TRIS<br>Ammoniumsulfat<br>1 M Natriumacetat<br>1 M Natriumphosphat |
| Bicinchoninsäure-Assay | EDTA<br>>10 mM Saccharose oder Glucose<br>1,0 M Glycin<br>>5 % Ammoniumsulfat<br>2 M Natriumacetat<br>1 M Natriumphosphat |
| Bradford-Assay | >0,5 % Triton X-100<br>>0,1 % SDS<br>Natriumdesoxycholat |
| UV-Methoden | Pigmente<br>phenolische Verbindungen<br>organische Cofaktoren |

siert werden. Dies geschieht beispielsweise durch Kochen in 6 %iger Schwefelsäure bei 100 °C (12–15 h) in verschmolzenen Glasgefäßen bei Abwesenheit von Sauerstoff. Das Proteinhydrolysat wird mit dem Ninhydrin-Reagenz versetzt und die resultierende, purpurblaue Lösung spektralphotometrisch bei einer Wellenlänge von 570 nm vermessen. Als Standard zur Erstellung einer Eichgeraden wird meist L-Leucin verwendet, jedoch sind die mit den verschiedenen Aminosäuren des Proteins entstehenden Farbintensitäten nicht identisch. Dies ist eine von mehreren Fehlerquellen bei der Ninhydrin-Methode.

## 3.1  Quantitative Bestimmung durch Färbetests

Proteinproben bestehen häufig aus einem komplexen Gemisch verschiedener Proteine. Der quantitative Nachweis des Proteingehalts solcher Rohproteinlösungen erfolgt meist anhand von Farbreaktionen funktioneller Gruppen der Proteine mit farbstoffbildenden Reagenzien. Die Intensität des Farbstoffs korreliert direkt mit der Konzentration der reagierenden Gruppen und kann in einem Spektralphotometer exakt gemessen werden.

Die Grundlagen der Spektroskopie (Lambert-Beer'sches Gesetz etc.) und die dafür geeigneten Geräte sind in ▶ Kap. 8 ausführlich beschrieben. Von den vier hier im Detail behandelten Färbemethoden gibt es mitunter eine Vielzahl von Varianten, die in der Literatur beschrieben sind, die jedoch auf denselben Prinzipien beruhen.

> In jedem Fall sollte man **Mehrfachbestimmungen**, gewöhnlich Dreifachbestimmungen, durchführen und einen Mittelwert bilden. Die Proben werden grundsätzlich bei gleicher Wellenlänge gegen einen sog. *Blank*-Ansatz vermessen, der aus den gleichen Bestandteilen und Volumina des jeweiligen Farbassays besteht, bei dem jedoch die Proteinlösung durch destilliertes Wasser ersetzt wurde.

**Spektrale Absorptionskoeffizienten** Jede Färbemethode kann nur in einem bestimmten Konzentrationsbereich eingesetzt werden. In diesem Bereich ergibt sich bei definierter Wellenlänge ein konstantes Abhängigkeitsverhältnis von gemessener Absorption zu Proteinkonzentration, das grafisch als Steigung (spektraler Absorptionskoeffizient) bei der Auftragung von Absorption gegen die Konzentration (Abszisse) ermittelt wird. Der Absorptionswert bezieht sich standardmäßig auf die Schichtlänge der Küvette (in cm), der Konzentrationswert auf Mikrogramm gelöstes Protein pro Milliliter. Alternativ kann bei bekanntem Molekulargewicht des Proteins die Konzentrationseinheit Mol gelöstes Protein pro Milliliter verwendet werden. Dann ergibt sich ein **molarer spektraler Absorptionskoeffizient** (früher: molarer Extinktionskoeffizient) mit der Einheit 1/(Mol gelöstes Protein pro Liter) pro cm bzw. Liter pro Mol gelöstes Protein pro cm.

Die für die hier vorgestellten Färbemethoden anzuwendenden Proteinkonzentrationsbereiche, Probevolumina und die sich gegen Rinderserumalbumin als Standard ungefähr ergebenden spektralen Absorptionskoeffizienten (in ml Endvolumen pro µg gelösten Proteins pro cm) sind in ◻ Tab. 3.2 als Übersicht dargestellt. Ungefähre Werte nennt die Tabelle deshalb, da in der Literatur aufgrund der Komplexität beeinflussender Faktoren – wie u. a. der Reinheit der Chemikalien und des verwendeten Wassers – beispielsweise allein für den Biuret-Nachweis unter scheinbar gleichen Bedingungen spektrale Absorptionskoeffizienten von 2,3 bis 3,2 ml Endvolumen pro µg gelösten Proteins pro cm nachzulesen sind!

> Sehr wichtig bei den Färbemethoden ist die Angabe, worauf sich das Volumen (ml) bezieht, da je nach Methode mehrere Lösungen in unterschiedlichen Volumina mit der Proteinprobe vereint werden müssen. Das angegebene Volumen sollte stets das nach der Durchführung des Assays vorliegende **Endvolumen** des Ansatzes sein und nicht das Volumen der eingesetzten Proteinlösung.

**Relative Abweichungen der Färbemethoden** Können nicht proteinogene Beeinträchtigungen der Assays idealerweise ausgeschlossen werden und sieht man von einigen Ausnahmen ab, ergeben sich unter den hier vorgestellten Bestimmungsmethoden für ein und dasselbe Protein Abweichungen zwischen wenigstens fünf bis zwanzig Prozent. Bei der Quantifizierung von Rohproteinlösungen ist der Unterschied noch weitaus größer. Für die Angabe spezifischer Aktivitäten von Enzymen, Antikörpern oder Lectinen, ausgedrückt in biologischer Aktivität pro mg Protein, ist es daher nicht nur äußerst wichtig, unter welchen Testbedingungen (Substrat, pH-Wert, Temperatur etc.) die Aktivität ermittelt wurde, sondern auch, mit welcher Methode die Proteinbestimmung erfolgte.

◻ **Tab. 3.2**  Übersicht der verbreitetsten Färbemethoden zur Proteinbestimmung

| Methode | Ungefähr benötigtes Probevolumen (in ml) | Nachweisgrenzen (in µg Protein ml⁻¹) | Spektraler Absorptionskoeffizient* (in ml Endvol. pro µg gelösten Proteins pro cm) |
|---|---|---|---|
| Biuret-Assay | 1 | 1–10 | $2,3 \times 10^{-4}\, A_{550}$ |
| Lowry-Assay (modifiziert nach Hartree) | 1 | 0,1–1 | $1,7 \times 10^{-2}\, A_{650}$ |
| Bicinchoninsäure-Assay | 0,1 | 0,1–1 | $1,5 \times 10^{-2}\, A_{562}$ |
| Bradford-Assay | 0,1 | 0,05–0,5 | $4,0 \times 10^{-2}\, A_{595}$ |

*mit dem Standardprotein Rinderserumalbumin

### 3.1.1 Biuret-Assay

Der Name dieser Proteinbestimmungsmethode beruht auf einer Farbreaktion mit gelöstem Biuret (Carbamoylharnstoff) und Kupfersulfat in alkalischem, wässrigem Milieu (**Biuret-Reaktion**). Es entsteht ein rotvioletter Farbkomplex zwischen den $Cu^{2+}$-Ionen und je zwei Biuretmolekülen. Die Reaktion ist typisch für Verbindungen mit mindestens zwei CO–NH-Gruppen (Peptidbindungen) und kann daher für den kolorimetrischen Nachweis von Peptiden und Proteinen verwendet werden (◘ Abb. 3.1). Sind Tyrosinreste vorhanden, tragen diese ebenfalls merklich durch die Komplexierung von Kupferionen zur Farbstoffbildung bei. Der Nachweis orientiert sich also überwiegend objektiv an den Peptidbindungen und subjektiv an den Tyrosinresten der Proteine. Der in ◘ Tab. 3.2 angegebene spektrale Absorptionskoeffizient wurde bei 550 nm ermittelt. Ansonsten kann die Messung der Farbintensität auch bei 540 nm erfolgen. Beide Wellenlängen liegen in der Nähe des von Protein zu Protein mitunter leicht variierenden Absorptionsmaximums des Farbkomplexes.

Der Biuret-Assay ist im Vergleich zu den anderen Farbassays der unempfindlichste (◘ Tab. 3.2). Die Proteinprobe oder Standardprobe wird mit vier Teilen Biuret-Reagenz versetzt und für 20 min bei Raumtemperatur stehen gelassen. Dann wird direkt die Farbintensität in einem Spektralphotometer gemessen. Störend wirken vor allem Ammonium, schwach reduzierende und stark oxidierende Substanzen (◘ Tab. 3.1). Geringe Mengen an Natriumdodecylsulfat (SDS) oder anderen Detergenzien sind hingegen tolerabel. Muss aufgrund der hohen Absorption die Lösung verdünnt werden, darf dies auf keinen Fall mit der fertigen Endlösung nach der Farbbildung geschehen, sondern mit der eingesetzten Probelösung, und die Reaktion muss wiederholt werden. Damit ist gewährleistet, dass aufgrund der konzentrationsabhängigen Gleichgewichtseinstellungen die zur vollständigen Absättigung der komplexbildenden Gruppen notwendige Menge an Kupferionen auch vorliegt.

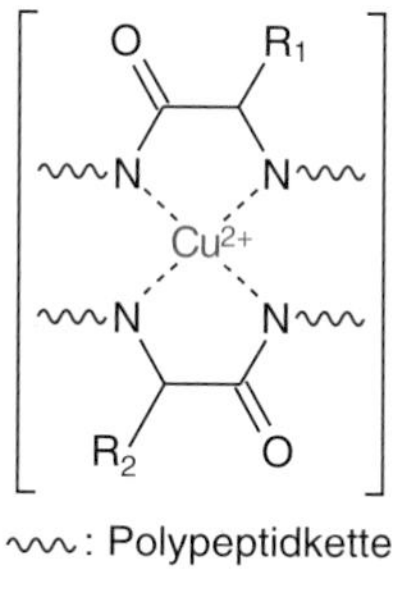

~~~: Polypeptidkette

◘ **Abb. 3.1**  Der farbige Protein-$Cu^{2+}$-Komplex, der bei der Biuret-Reaktion entsteht

### 3.1.2 Lowry-Assay

Die von Lowry und Mitarbeitern 1951 zur quantitativen Bestimmung von Proteinen veröffentlichte Kombination von Biuret-Reaktion mit dem Folin-Ciocalteu-Phenol-Reagenz wird als Lowry-Assay bezeichnet. In alkalischer Lösung bildet sich der oben erwähnte Kupfer-Protein-Komplex. Dieser unterstützt die Reduktion von Molybdat bzw. Wolframat, die in Form ihrer Heteropolyphosphorsäuren eingesetzt werden (**Folin-Ciocalteu-Phenol-Reagenz**), durch vornehmlich Tyrosin, Tryptophan und, in geringerem Maße, Cystein, Cystin und Histidin des Proteins. Dabei wird vermutlich $Cu^{2+}$ im Kupfer-Protein-Komplex zu $Cu^{+}$ reduziert, das dann mit dem Folin-Ciocalteu-Phenol-Reagenz reagiert. Aufgrund der zusätzlichen Farbreaktion ist die Sensitivität gegenüber dem reinen Biuret-Assay enorm gesteigert. Die resultierende tiefblaue Färbung wird bei einer Wellenlänge von 750 nm, 650 nm oder 540 nm vermessen.

Für den Lowry-Assay ist in der Literatur eine Fülle von Modifikationen beschrieben. Ziel war meistens, die recht hohe Störanfälligkeit der Lowry-Methode zu verbessern. Die in ◘ Tab. 3.1 und 3.2 angegebenen Daten sind mit einer von Hartree 1972 veröffentlichten Variante ermittelt worden. Sie erweitert bei gleicher Sensitivität den linearen Bereich des herkömmlichen Lowry-Assays um 30–40 % auf ca. 0,1–1,0 mg ml$^{-1}$ (◘ Tab. 3.1), sie zeigt keine Probleme mit ausfallenden Salzen und kommt anstelle der fünf Stammlösungen des ursprünglichen Lowry-Assays mit nur drei Ansätzen aus, die zudem eine bessere Lagerungsstabilität aufweisen. Bei dieser Variante werden zu einem Anteil Proteinprobe (1,0) nacheinander drei Reagenzien A (Carbonat/NaOH-Lösung), B (alkalische $CuSO_4$-Lösung) und C (verdünntes Folin-Ciocalteu-Reagenz) gegeben (Anteile A:B:C = 0,9:0,1:3,0). Nach Zugabe von A und C wird jeweils für 10 min auf 50 °C temperiert. Insgesamt dauert der Lowry-Assay nach Hartree ca. 30 min. Eventuell notwendige Verdünnungen müssen, wie bereits beim Biuret-Assay erläutert, mit der Proteinlösung erfolgen.

Die Lowry-Methode wird von einem breiten Spektrum nicht proteinogener Substanzen beeinträchtigt (◘ Tab. 3.1). Besonders die bei einer Enzymaufreinigung üblichen Zusätze wie EDTA, Ammoniumsulfat oder Triton X-100 sind nicht mit dem Lowry-Assay kompatibel. Im Vergleich zum Biuret-Assay tragen verstärkt subjektive Kriterien zur Farbstoffbildung bei – vor allem die je nach Protein individuellen Anteile an Tyrosin, Tryptophan, Cystein, Cystin und Histidin. Beachtet werden muss auch, dass die Färbung relativ instabil ist. Die Vermessung der Proben sollte daher innerhalb von 60 min nach dem letzten Reaktionsschritt erfolgen.

### 3.1.3  Bicinchoninsäure-Assay (BCA-Assay)

Smith und Mitarbeiter veröffentlichten 1985 eine seitdem vielbeachtete Alternative zum Lowry-Assay, die
den Biuret-Assay mit Bicinchoninsäure (BCA) als Detektionssystem kombiniert. BCA wurde bis dahin bereits zum Nachweis anderer Kupfer reduzierender Verbindungen, wie Glucose oder Harnsäure, verwendet. Zu
einem Anteil Probe werden zwanzig Anteile einer frisch
angesetzten Bicinchoninsäure/Kupfersulfatlösung gegeben und für 30 min bei 37 °C inkubiert.

Wie der Lowry-Assay beruht die Methode auf der
Reduktion von $Cu^{2+}$ zu $Cu^+$. BCA bildet spezifisch
mit $Cu^+$ einen Farbkomplex (◘ Abb. 3.2). Dies ermöglicht einen sensitiven, kolorimetrischen Nachweis
von Proteinen bei einer Wellenlänge von 562 nm, dem
Absorptionsmaximum des Komplexes. Vergleichsstu-
dien mit dem Lowry-Assay zeigten, dass Cystein, Cystin, Tyrosin, Tryptophan und die Peptidbindung $Cu^{2+}$
zu $Cu^+$ reduzieren können und daher die Farbbildung
mit BCA ermöglichen. Dabei hängt die Intensität der
Farbstoffbildung, also das Redoxverhalten der beteiligten Gruppen, u. a. von der Temperatur ab. Der BCA-Assay kann somit für eine gewünschte Sensitivität über die
*Temperatur* variiert werden.

Bei dem Vergleich mit dem Lowry-Assay zeigt sich
außerdem, dass die beiden Methoden bei der Bestimmung der Konzentrationen von Standardproteinen, wie
Rinderserumalbumin, Chymotrypsin oder Immunglobulin G, gut übereinstimmen. Beträchtliche Abweichungen von fast hundert Prozent gibt es jedoch mit Avidin,
einem Glykoprotein aus Hühnereiweiß. Der Mechanismus des BCA-Assays ist dem des Lowry-Assays prinzipiell ähnlich, darf diesem jedoch auf keinen Fall gleichgesetzt werden. Vorteile gegenüber dem Lowry-Assay
sind die einfachere Durchführung, die beeinflussbare
Sensitivität und die gute zeitliche Stabilität des gebildeten Farbkomplexes. Nachteilig ist der höhere Preis des
Assays, da das teure Natriumsalz der Bicinchoninsäure
dafür gebraucht wird. Die Sensitivität des BCA-Assays
liegt im Bereich des nach Hartree modifizierten Lowry-Assays (◘ Tab. 3.2). Die Störanfälligkeit des
BCA-Assays ist ebenfalls recht hoch. Neben den in
◘ Tab. 3.2 genannten Substanzen interferieren beispielsweise geringe Mengen an Ascorbinsäure, Dithiothreitol oder Glutathion, neben komplexierenden also
auch reduzierende Verbindungen.

◘ **Abb. 3.2**  Der Bicinchoninsäure-Assay:
Kombination der Biuret-Reaktion mit der
selektiven Bicinchoninsäurekomplexierung
von $Cu^+$

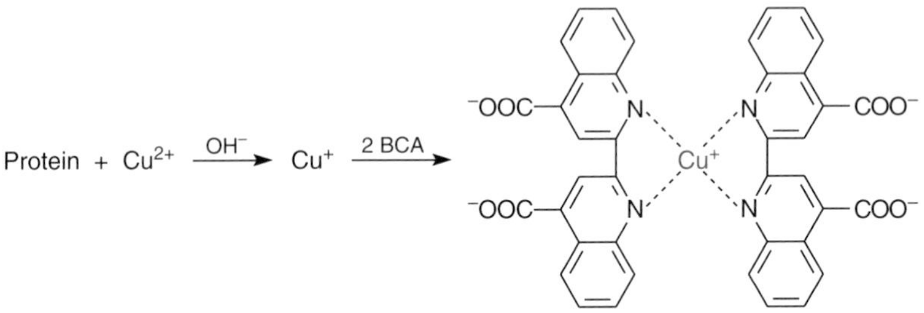

### 3.1.4  Bradford-Assay

Im Unterschied zu den bisher beschriebenen Färbemethoden sind bei diesem nach M. M. Bradford benannten
und 1976 veröffentlichten Assay keine Kupferionen involviert. Im Mittelpunkt stehen blaue Säurefarbstoffe,
die als **Coomassie-Brillantblau** bezeichnet werden. Häufig wird der in ◘ Abb. 3.3 dargestellte Vertreter, das
Coomassie-Brillantblau G 250, verwendet. In Gegenwart von Proteinen und in saurem Milieu verschiebt sich
das Absorptionsmaximum des Coomassie-Brillantblau
G 250 von 465 zu 595 nm. Grund dafür ist vermutlich
die Stabilisierung des Farbstoffs in seiner unprotonierten, anionischen Sulfonat-Form durch Komplexbildung
zwischen Farbstoff und Protein. Der Farbstoff bindet
dabei **recht unspezifisch** an kationische und nichtpolare,
hydrophobe Seitenketten der Proteine. Am wichtigsten
sind die Wechselwirkungen mit Arginin, weniger die mit
Lysin, Histidin, Tryptophan, Tyrosin und Phenylalanin.

Der Bradford-Assay wird auch für die Anfärbung von
Proteinen in Elektrophoresegelen verwendet. Er ist etwa
um den Faktor zwei sensitiver als der Lowry- oder
BCA-Assay (◘ Tab. 3.2) und somit der empfindlichste
quantitative Färbeassay. Er ist auch der einfachste, da die
Stammlösung, bestehend aus Farbstoff, Ethanol und
Phosphorsäure, in einem Verhältnis von 20:1 bis 50:1 zur
Probelösung hinzugegeben wird und nach 10 min bei
Raumtemperatur mit der Vermessung der Absorption
bei 595 nm begonnen werden kann. Von Vorteil ist auch,
dass eine Reihe von Substanzen, die den Lowry- oder
BCA-Assay stören, das Ergebnis nicht beeinträchtigt
(◘ Tab. 3.1). Insbesondere ist hier die Toleranz gegen-

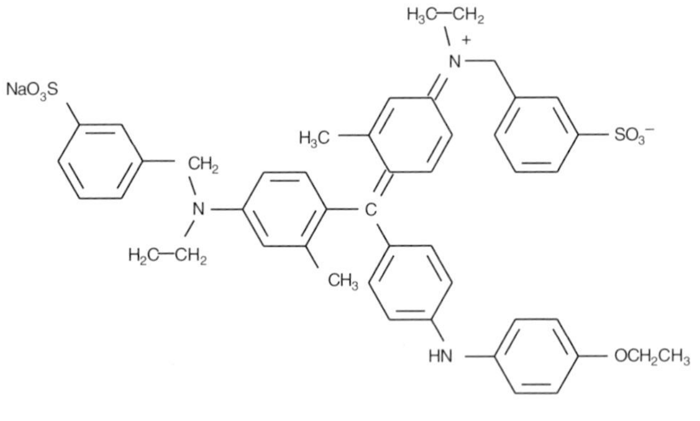

◘ **Abb. 3.3**  Coomassie-Brillantblau G250 (als Sulfonat), das Reagenz des Bradford-Assays

über Reduktionsmitteln zu nennen! Hingegen stören alle Substanzen, die das Absorptionsmaximum von Coomassie-Brillantblau beeinflussen, und das ist aufgrund der Unspezifität der Wechselwirkungen manchmal vorher kaum abzuschätzen. Der wohl größte Nachteil des Bradford-Assays besteht darin, dass gleiche Mengen an verschiedenen Standardproteinen erhebliche Differenzen in ihren resultierenden Absorptionskoeffizienten verursachen können. Die **Subjektivität** dieses Färbeassays ist somit beträchtlich und verglichen mit den drei anderen, etwas aufwendigeren Färbemethoden, am größten.

## 3.2 Spektroskopische Methoden

Spektroskopische Methoden sind im Vergleich zu kolorimetrischen Methoden unempfindlicher und benötigen höhere Konzentrationen an Protein. Sie sollten eher bei reineren oder hochreinen Proteinlösungen angewendet werden. Es werden die spektralen Absorptions- oder Emissionseigenschaften der Proteine bei definierter Wellenlänge in einem Strahlengang vermessen. Die Proteinlösung (Probelösung) wird dazu einfach in eine Quarzküvette gegeben, die in der Regel 1 cm Schichtdicke hat. Das Spektralphotometer wird zuvor mit dem reinen, proteinfreien Lösungsmittel (Referenz) in der gleichen Quarzküvette auf null gestellt.

Der mit der Probelösung gemessene Wert führt dann entweder anhand von Literaturtabellen oder anhand einer Eichgerade zur entsprechenden Proteinkonzentration in mg ml$^{-1}$. Letzteres empfiehlt sich oftmals aufgrund der interferierenden Einflüsse von Puffersubstanzen, verwendetem pH-Wert, Geräteungenauigkeiten etc. Ideal wäre es, wenn eine Eichung mit dem reinen Protein, dessen Konzentration in der Probelösung bestimmt werden soll, durchgeführt werden könnte.

> Der mit Probe- oder mit Standardlösung gemessene Absorptionswert sollte 1,0 nicht überschreiten, da bei einem Wert größer als 1,0 die **Linearität der Abhängigkeit**

von spektraler Absorption zu Konzentration nicht mehr gegeben ist. Bei Fluoreszenzmessungen sollte der Emissionswert nicht über 0,5 liegen. Gegebenenfalls muss die Probelösung verdünnt und der Verdünnungsfaktor bei der Konzentrationsermittlung berücksichtigt werden.

Eine Übersicht zu den im Folgenden detailliert behandelten spektroskopischen Methoden gibt ◘ Tab. 3.3.

### 3.2.1 Messungen im UV-Bereich

**Absorptionsmessung bei 280 nm ($A_{280}$)** Bereits Anfang der Vierzigerjahre des letzten Jahrhunderts führten Warburg und Christian die Messung der Proteinkonzentration von Zellextraktlösungen unterschiedlichen Aufreinigungsgrades bei einer Wellenlänge von 280 nm ($A_{280}$) durch. Bei dieser Wellenlänge absorbieren die **aromatischen Aminosäuren** Tryptophan und Tyrosin, in geringerem Maß auch Phenylalanin (◘ Tab. 3.4). Da in den Proteinlösungen zum Teil auch größere Mengen an Nucleinsäuren und Nucleotiden vorhanden sind – dies ist allgemein nach Aufschluss von Zellen der Fall – mussten die bei $A_{280}$ gemessenen Werte korrigiert werden, da die Nucleinsäurebasen ebenfalls bei $A_{280}$ absorbieren. Warburg und Christian ermittelten folglich einen zweiten Wert bei 260 nm ($A_{260}$), der mit dem bei $A_{280}$ nach folgender Formel in Beziehung gesetzt wurde:

$$\text{Proteinkonzentration}\left(\text{in mg ml}^{-1}\right) = \left(1{,}55 \cdot A_{280}\right) - \left(0{,}76 \cdot A_{260}\right) \qquad (3.1)$$

Diese Beziehung kann bis zu 20 % (w/v) Anteil an Nucleinsäuren in der Lösung oder einem $A_{280}/A_{260}$-Verhältnis <0,6 angewendet werden. Bei Proteinlösungen mit nur geringem Gehalt an Nucleinsäuren reicht die $A_{280}$-Messung aus.

◘ **Tab. 3.3** Übersicht der gängigsten spektroskopischen Proteinbestimmungsmethoden

| Methode | Proteinbestandteil, auf dem der Nachweis maßgeblich basiert | Nachweisgrenzen (in μg Protein ml$^{-1}$) | Abhängigkeit von Proteinzusammensetzung | Störanfälligkeit |
|---|---|---|---|---|
| photometrisch: | | | | |
| $A_{280}$ | Tryptophan, Tyrosin | 20–3000 | stark | gering |
| $A_{205}$ | Peptidbindungen | 1–100 | wenig | hoch |
| fluorimetrisch: | | | | |
| Anregung$_{280}$ Emission$_{320-350}$ | Tryptophan (Tyrosin) | 5–50 | stark | gering |

**◻ Tab. 3.4** Molare spektrale Absorptionskoeffizienten $\varepsilon$ bei 280 nm und Absorptionsmaxima von aromatischen Aminosäuren*

| Aminosäure | $\varepsilon \cdot 10^{-3}$ (in l mol$^{-1}$ cm$^{-1}$) bei 280 nm | Absorptionsmaxima (in nm) |
|---|---|---|
| Tryptophan | 5,559 | 219, 279 |
| Tyrosin | 1,197 | 193, 222, 275 |
| Phenylalanin | 0,0007 | 188, 206, 257 |

*Angabe für wässrige Lösungen bei pH 7,1

**◻ Tab. 3.5** Maximal zu verwendende Konzentration von störenden, häufig in der Proteinchemie verwendeten Zusätzen bei der $A_{205}$- und $A_{280}$-Methode. (Nach Stoscheck 1990)

| Zusatz | $A_{205}$-Methode | $A_{280}$-Methode |
|---|---|---|
| Ammoniumsulfat | 9 % (w/v) | >50 % (w/v) |
| Brij 35 | 1 % (v/v) | 1 % (v/v) |
| Dithiothreitol (DTT) | 0,1 mM | 3 mM |
| Ethylendiamintetraessig-säure (EDTA) | 0,2 mM | 30 mM |
| Glycerol | 5 % (v/v) | 40 % (v/v) |
| Harnstoff (Urea) | <0,1 M | >1 M |
| KCl | 50 mM | 100 mM |
| 2-Mercaptoethanol | <10 mM | 10 mM |
| NaCl | 0,6 M | >1 M |
| NaOH | 25 mM | >1 M |
| Natriumdodecylsulfat (SDS) | 0,1 % (w/v) | 0,1 % (w/v) |
| Phosphatpuffer | 50 mM | 1 M |
| Saccharose | 0,5 M | 2 M |
| Trichloressigsäure (TCA) | <1 % (w/v) | 10 % (w/v) |
| TRIS-Puffer | 40 mM | 0,5 M |
| Triton X-100 | <0,01 % (v/v) | 0,02 % (v/v) |

Wie anhand der molaren spektralen Absorptionskoeffizienten $\varepsilon$ in ◻ Tab. 3.4 deutlich wird, orientiert sich die $A_{280}$-Methode maßgeblich an Tryptophan, das ein Absorptionsmaximum bei 279 nm aufweist. Die beiden anderen aromatischen Aminosäuren tragen vergleichsweise weniger zum $A_{280}$-Wert bei. Da der Gehalt an aromatischen Aminosäuren von Protein zu Protein variieren kann, variieren folglich auch die entsprechenden $A_{280}$-Werte. Die meisten Proteine liegen bei einem Konzentrationsbereich von 10 mg ml$^{-1}$ ($A^{1\,\%}$) zwischen $A_{280}$ = 0,4–1,5. Es gibt aber auch extreme Ausnahmen, bei denen $A^{1\%}$ bei 0,0 (Parvalbumin) oder 2,65 (Lysozym) liegen kann. Ein ideales Standardprotein sollte den gleichen Gehalt an aromatischen Aminosäuren aufweisen wie das zu messende Protein oder mit ihm identisch sein. In der Praxis ist dies leider äußerst selten realisierbar.

Die $A_{280}$-Methode kann bei Proteinkonzentrationen von 20–3000 µg ml$^{-1}$ eingesetzt werden. Sie ist leicht und schnell anzuwenden und wird wesentlich weniger durch parallele Absorptionen von Nichtproteinsubstanzen gestört als die nachfolgend beschriebene, ebenfalls gängige UV-Proteinbestimmungsmethode, die die Absorption im unteren UV-Bereich bei 205 nm ($A_{205}$) misst und wesentlich empfindlicher ist (◻ Tab. 3.5).

**Absorptionsmessung bei 205 nm ($A_{205}$)** Die $A_{205}$-Methode wurde Anfang der Fünfzigerjahre des letzten Jahrhunderts von Goldfarb, Saidel und Mosovich publiziert und liefert in einem Konzentrationsbereich von 1–100 µg ml$^{-1}$ verlässliche Werte. Sie basiert auf den Absorptionseigenschaften der Peptidbindungen und ist daher weniger von der Zusammensetzung der Proteine abhängig. Leider interferieren neben einer Vielzahl von Puffersubstanzen (◻ Tab. 3.5) auch die Absorptionsmaxima mehrerer Aminosäuren (beispielsweise Histidin 211 nm; Phenylalanin 206 nm; Tyrosin 193 und 222 nm; Tryptophan 219 nm). Allgemein sind bei der $A_{205}$-Methode alle Nichtproteinmoleküle störend, die C=C- oder C=O-Doppelbindungen enthalten. Eine sehr saubere Quarzküvette,

eine relativ neue Deuteriumlampe im Spektralphotometer und höchstens geringe Konzentrationen an geeigneten Puffersubstanzen (◻ Tab. 3.5) sollten bei der Durchführung der $A_{205}$ verwendet werden.

Können die Einflüsse von Puffer und Nichtproteinsubstanzen ausgeschlossen werden, so fällt der $A^{1\,\%}_{205}$-Wert fast aller Proteine in den Bereich von 28,5 bis 33. Ist der $A^{1\,\%}_{205}$-Wert des zu untersuchenden Proteins nicht bekannt, kann die Proteinkonzentration nach folgender Formel berechnet werden:

$$\text{Proteinkonzentration}\left(\text{in mg ml}^{-1}\right) = \frac{\left(31 \cdot A_{205}\right)}{X} \tag{3.2}$$

Der $A_{205}$-Wert hat in diesem Fall die Einheit mg ml$^{-1}$ cm$^{-1}$, und $X$ ist die Schichtdicke der Quarzküvette in cm, also normalerweise 1. Die Genauigkeit des Verfahrens liegt bei ca. ±10 %.

Scopes korrigierte 1974 die $A_{205}$-Methode um den Gehalt an Tryptophan und Tyrosin, indem er Absorptionswerte sowohl bei $A_{280}$ als auch bei $A_{205}$ ermittelte und in folgende Formel einsetzte:

$$\text{Proteinkonzentration}\left(\text{in mg ml}^{-1}\right) = 27{,}0 + 120 \cdot \left(\frac{A_{280}}{A_{205}}\right)$$

$$(3.3)$$

Der auf diese Weise vorausgesagte Gehalt an untersuchtem Protein hatte lediglich eine maximale Abweichung von 2 %.

### 3.2.2 Fluoreszenzmethode

Bei dieser Methode wird die Eigenfluoreszenz (Primärfluoreszenz) der aromatischen Aminosäuren in Proteinen, hauptsächlich die des Tryptophans, nach entsprechender Anregung in einem Spektralfluorometer gemessen. Für eine Quantifizierung mit dieser Methode muss in jedem Fall unter identischen Bedingungen mit dem zu *vermessenden Protein als Standardprotein* eine Eichgerade erstellt werden. Ist dies nicht möglich, eignet sich die Fluoreszenzmethode nur zum qualitativen Nachweis von Proteinen in Lösung, da hierbei das Lambert-Beer'sche Gesetz, anders als bei der Photometrie, nicht direkt gilt.

Im Allgemeinen erfolgt die Anregung der fluoreszierenden Gruppen in den Proteinen bei 280 nm und die Ermittlung der Emissionswerte, je nach Protein, in einem Bereich zwischen 320–350 nm. Die genaue Emissionswellenlänge wird durch die Aufzeichnung eines Emissionsspektrums bei 280 nm Anregungswellenlänge ermittelt. Die Wellenlänge, bei der das Protein sein Emissionsmaximum besitzt, wird als fester Wert eingestellt. Die Methode ist in einem Konzentrationsbereich von 5–50 µg ml$^{-1}$ anwendbar, also ähnlich dem der $A_{205}$-Methode.

In ◻ Tab. 3.6 sind die Fluoreszenzeigenschaften der aromatischen Aminosäuren dargestellt. Phenylalanin ist in Gegenwart der beiden anderen Aminosäuren nicht merklich detektierbar. Man könnte daraus schließen, dass Tryptophan und Tyrosin einen nahezu gleichen Beitrag zur Quantifizierung liefern. Dies ist jedoch oft nicht der Fall, da die Fluoreszenz des Tyrosinrests leicht auszulöschen ist (Quenching). Dazu bedarf es lediglich seiner Ionisierung (pH-abhängig) oder der engen Nachbarschaft einer Amino- oder Carboxygruppe bzw. eines Tryptophanrests, was häufig gegeben ist. Entscheidend für die Fluoreszenzmethode ist demnach, ähnlich wie bei der $A_{280}$-Methode, der Tryptophangehalt des Proteins, obwohl auch Tryptophan durch acide Nachbargruppen gequencht werden kann. Ein zusätzlicher signifikanter Beitrag zur Quantenausbeute eines Proteins kann von fluoreszierenden prosthetischen Gruppen ausgehen.

Die Fluoreszenzemission von Proteinen ist im Vergleich zu den photometrischen Methoden in einem kleineren Bereich linear. Sie ist zudem stark vom pH-Wert und der Polarität des Lösungsmittels abhängig. Der Aspekt störender Nichtproteinmoleküle braucht bei dieser Methode nicht weiter angesprochen zu werden, da die Anwendung ohnehin nur in sehr *sauberen* Lösungen erfolgen kann.

### 3.3 Radioaktive Markierung von Peptiden und Proteinen

In einigen Bereichen der Biochemie, beispielsweise für bestimmte Bindungsstudien oder Radioimmunassays, werden Peptide oder Proteine *in vitro* radioaktiv markiert und dann über die Radioaktivität quantitativ bestimmt. Der große Vorteil dieser Methode besteht in der hohen *Selektivität* und *Sensitivität*. So können mit einem Szintillationszähler, einem Gerät zur Quantifizierung von Radioaktivität, noch Konzentrationen bis $10^{-15}$ Mol pro Liter eines vierfach mit [125]I markierten Peptids oder Proteins nachgewiesen werden. Die Nachweisgrenze liegt damit um mehrere Größenordnungen unter der von spektralen Methoden.

Für radioaktive Markierungen muss das Peptid oder Protein zuerst *rein* vorliegen, bevor die eigentlichen Untersuchungen beginnen können. Es wird mittels spezieller chemischer Reagenzien radioaktiv markiert und die durchschnittliche Radioaktivität pro Mol ermittelt (Eichung). Danach ist das markierte Biomolekül einsatzbereit und kann in verschiedensten Proben detektiert und quantifiziert werden.

◻ **Tab. 3.6**  Fluoreszenzeigenschaften von aromatischen Aminosäuren[1]

| Aminosäure | Anregungswellenlänge (in nm) | Emissionswellenlänge (in nm) | Quantenausbeute[2] |
|---|---|---|---|
| Tryptophan | 285 | 360 | 0,20 |
| Tyrosin | 275 | 310 | 0,21 |
| Phenylalanin | 260 | 283 | 0,04 |

[1]Angaben für wässrige Lösungen bei pH 7,0 und 25 °C
[2]Quantenausbeute ist das Verhältnis von emittierten zu absorbierten Photonen (▸ Abschn. 8.1 und 8.5)

Für die Radioaktivmarkierung kommen vorwiegend Peptide in Betracht. Die Methoden sind jedoch ebenso für Proteine geeignet, wobei man beachten muss, dass eventuell deren Tertiärstruktur beeinflusst wird und Nebenreaktionen an sensitiven Aminosäuren stattfinden können. Beides kann die biologische Aktivität leicht zerstören.

Da in der später zu untersuchenden Probe nur das Zielpeptid radioaktiv markiert ist, erklärt sich die Selektivität der Methode durch die der Markierung vorgeschalteten Aufreinigungsschritte. Einen Überblick der gängigsten Markierungsstrategien und Marker geben ◘ Tab. 3.7 und ◘ Abb. 3.4. Einige der Methoden werden in ► Kap. 7 beschrieben.

Die Wahl des Radioisotops hängt maßgeblich davon ab, welche Aminosäurereste modifiziert werden können, welche Halbwertszeiten für die Untersuchungen gewünscht sind und welche Methode kompatibel mit der biologischen Aktivität der Peptide und Proteine ist.

Die einfachste und häufigste Methode ist die Radioaktivmarkierung mit $^{125}$I (Halbwertszeit 60 Tage) oder, wenn eine kürzere Halbwertszeit bei höherer spezifischer Radioaktivität (Ci mmol$^{-1}$) gewünscht ist, mit $^{131}$I (8 Tage). Iod ist ein γ-Strahler, was für die Detektion günstig ist. Daher wird im Folgenden auf die Strategie zur $^{125}$Iodierung von Peptiden oder Proteinen näher eingegangen. $^{14}$C- oder $^{3}$H-Markierung haben im Vergleich dazu zwei wichtige Vorteile: Zum einen können andere Aminosäurereste modifiziert werden (Lysin oder Cystein); zum anderen können durch De-novo-Synthese mit zuvor radioaktiv markierten Aminosäuren chemisch identische Peptide hergestellt werden. Die Halbwertszei-

ten von $^{14}$C und $^{3}$H sind jedoch extrem lang (5760 bzw. 12,26 Jahre), und beide sind β-Strahler.

> Auf die besonderen Sicherheitsvorkehrungen und -regeln, die bei dem Umgang mit radioaktiv markierten Substanzen und Lösungen nötig sind und strengstens befolgt werden müssen, soll an dieser Stelle ausdrücklich hingewiesen werden.

### 3.3.1 Iodierungen

Die Iodierung von Peptiden kann direkt durch die elektrophile Addition an Tyrosin oder Imidazol oder indirekt über Einführung eines iodierten Tyrosinanalogons mittels Bolton-Hunter-Reagenz, eines aktivierten Esters, an die freien, primären Aminogruppen des Lysins und des N-Terminus erfolgen (◘ Abb. 3.4). Die letztgenannte Reaktion wird ausführlich in ► Kap. 6 beschrieben. Bei der elektrophilen Addition wird Na$^{125}$I (oder Na$^{131}$I) durch Oxidationsmittel wie N-Chlorbenzolsulfonamid (als Chloramin T oder immobilisiert als *Iodobeads*) oder, etwas schonender für das Peptid, enzymatisch mittels Lactoperoxidase und H$_2$O$_2$ in seine aktivierte Form („I$^+$") überführt. Die direkte chemische Iodierung kann dann zweifach an den ortho-Positionen von Tyrosin und an den beiden Imidazolkohlenstoffatomen erfolgen (◘ Abb. 3.4). Die enzymatische Iodierung beschränkt sich auf Tyrosin. Da Lactoperoxidase ein Molekulargewicht von ca. 77,5 kDa besitzt, kann es keine Zellwände oder Membranen passieren und wird deshalb auch zur schonenden, selektiven Radioaktivmarkierung von Membranproteinen ganzer, lebender Zellen eingesetzt.

> Der schwerstwiegende Nachteil der radioaktiven Iodierung ist, dass die biologische Aktivität häufig verloren geht. Entweder verursacht das Iod selbst die Inaktivierung – immerhin nimmt es den Raum eines Phenylringes ein und kann dadurch die Tertiärstruktur empfindlich beeinträchtigen – oder in Nebenreaktionen werden bestimmte, sensitive Aminosäurereste oxidiert. Besonders oxidationsempfindliche Aminosäuren sind Tryptophan, Methionin und Cystein.

Da die Iodierung normalerweise nicht vollständig abläuft, müssen die radioaktiv markierten Peptide von nicht markiertem Ausgangsmaterial getrennt werden. Dies geschieht effizient durch Reversed-Phase-HPLC (z. B. einer RP-C18-Säule), die als Eluentensystem einen Acetonitrilgradienten benutzt. Auf diese Weise werden markierte von nicht markierten und auch verschieden

◘ **Tab. 3.7**  Übersicht häufig angewendeter Methoden zur radioaktiven Markierung von Peptiden oder Proteinen

| Aminosäurerest | Eingeführter Marker | Methode |
|---|---|---|
| Histidin, Tyrosin | $^{125}$I, $^{131}$I | Chloramin T, Iodobeads |
| Tyrosin | $^{125}$I, $^{131}$I | Lactoperoxidase |
| Lysin, N-Terminus | $^{125}$I, $^{131}$I | Bolton-Hunter-Reagenz |
| Lysin, N-Terminus | $^{14}$C, $^{3}$H | a) Anhydrid b) Aldehyd, Borhydrid |
| Cystein | $^{14}$C, $^{3}$H | Iodessigsäure |
| Tyrosin | $^{3}$H | Reduktion von $^{127}$I |
| jeder Rest | $^{14}$C, $^{3}$H | Peptidsynthese |
| Zuckerrest | $^{3}$H | Periodat, Borhydrid |

**◻ Abb. 3.4** Häufig verwendete Methoden zur Radioaktivmarkierung von Peptiden und Proteinen. **A** Iodierungen durch elektrophile Addition: a) von Tyrosin, b) von Histidin. **B** Iodierung von Lysin und dem N-Terminus mit dem Bolton-Hunter-Reagenz. **C** Acetylierung von Lysin und dem N-Terminus mittels Anhydrid. **D** Alkylierung von Lysin und dem N-Terminus mittels Aldehyd und anschließende Reduktion mit Natriumcyanoborhydrid. **E** Alkylierung von Cystein mit Iodessigsäure (oder Iodessigsäureamid). (Nach Coligan et al. 1995)

stark markierten Peptiden getrennt und als homogene Fraktionen zugänglich.

Bei der Bewertung der Radioaktivmarkierung von Proteinen und Peptiden als einer Quantifizierungsmethode sollte man sich darüber im Klaren sein, dass es sich um eine spezielle Technik für spezielle Untersuchungen handelt. Ein direkter Vergleich mit den zuvor beschriebenen Methoden, den Farbnachweisen und spektroskopischen Verfahren, die routinemäßig, ohne besondere Sicherheitsvorkehrungen, schnell und einfach zur Quantifizierung von Proteinen eingesetzt werden, ist daher nicht sinnvoll.

## Literatur und Weiterführende Literatur

Coligan C, Dunn B, Ploegh H, Speicher D, Wingfield P (1995) Current protocols in protein science. Wiley, New York

Hartree EF (1972) Determination of protein: a modification of the Lowry method that gives a linear photometric response. Anal Biochem 48:422–427

Noble JE, Bailey MJA (2009) Quantitation of protein. Methods Enzymol 463:73–95

Sapan CV, Lundblad RL, Price NC (1999) Colorimetric protein assay techniques. Biotechnol Appl Biochem 29:99–108

Smith PK, Krohn RI, Hermanson GT, Mallia AK, Gartner FH, Provenzano MD, Fujimoto EK, Goeke NM, Olson BJ, Klenk DC (1985) Measurement of protein using bicinchoninic acid. Anal Biochem 79:76–85

Stoscheck CM (1990) Quantitation of protein. Methods Enzymol 182:50–68

Tsomides TJ, Eisen HN (1993) Stoichiometric labeling of peptides by iodination on tyrosyl or histidyl residues. Anal Biochem 210:129–135

Wiechelman KJ, Braun RD, Fitzpatrick JD (1988) Investigation of the bicinchoninic acid protein assay: identification of the groups responsible for color formation. Anal Biochem 175:231–237

### Protokolle für praktisches Vorgehen

Coligan JE, Dunn BM, Ploegh HL, Speicher DV, Wingfield PT (Hrsg) (2003) Current protocols of protein science. Kapitel 3. Wiley, New York

Goldring JPD (2012) Protein quantification methods to determine protein concentration prior to electrophoresis. Methods Mol Biol 869:29–35

Stepanchenko NS, Novikova GV, Moshkov IE (2011) Protein quantification. Russ J Plant Physiol 58:737–742

# Enzymatische Aktivitätstests

*Hans Bisswanger*

## Inhaltsverzeichnis

4.1     Michaelis-Menten-Gleichung – 46

4.2     Kriterien für die Konzentrationen der Testsubstanzen – 49

4.3     Einflüsse auf die Enzymaktivität – 49
4.3.1   pH-Abhängigkeit – 49
4.3.2   Abhängigkeit von der Ionenstärke – 50
4.3.3   Abhängigkeit von der Temperatur – 50
4.3.4   Stabilität von Enzymen – 51

4.4     Aufbau eines Testsystems – 52
4.4.1   Generelle Vorgehensweise bei Enzymtests – 52
4.4.2   Konzipierung eines speziellen Testverfahrens – 52

4.5     Messtechniken – 54
4.5.1   Optische Methoden – 54
4.5.2   Elektrochemische Methoden – 55
4.5.3   Radioaktive Markierung – 56
4.5.4   Chromatographische Verfahren – 56
4.5.5   Diverse Methoden – 56

        Literatur und Weiterführende Literatur – 57

© Springer-Verlag GmbH Deutschland, ein Teil von Springer Nature 2022
J. Kurreck et al. (Hrsg.), *Bioanalytik*, https://doi.org/10.1007/978-3-662-61707-6_4

- Enzymatische Aktivitätstests dienen der Erkennung, Quantifizierung und Charakterisierung spezieller Enzyme.
- Geeignet sind die Absorptionsphotometrie, Fluorimetrie, Polarimetrie, Luminometrie, pH-Stat, Potenziometrie sowie Sauerstoff- und $CO_2$-Elektroden.
- Bei ungenügendem Signal wird die Reaktion gestoppt und die Komponenten werden durch nachgeschaltete Farbreaktionen (Kolorimetrie) oder durch Trennung mittels chromatographischer Verfahren analysiert.

Enzyme sind äußerst wirkungsvolle Katalysatoren. Sie steigern die Geschwindigkeit chemischer Reaktionen bis zu $10^{10}$-fach, eine Grundvoraussetzung für das Funktionieren jeder lebenden Zelle, in der eine Vielzahl verschiedener Reaktionen simultan und exakt koordiniert nebeneinander abläuft. Lebensvorgänge können nicht von unkatalysierten Reaktionsprozessen, die oft Tage und Wochen dauern, abhängen. Ein zweiter essenzieller Vorteil von Enzymen ist, dass katalysierte Reaktionen, im Gegensatz zu spontanen chemischen Reaktionen, durch Veränderung der Menge und der Effizienz des Katalysators exakt zu steuern sind, eine weitere Grundvoraussetzung des Lebens.

Die dreidimensionale Proteinstruktur der Enzyme formt aktive Zentren mit hoher Selektivität und Spezifität für die jeweiligen Substrate. Viele Enzyme reagieren nur mit ihrem eigentlichen, physiologischen Substrat, andere akzeptieren eine gewisse Variationsbreite, wie die Alkohol-Dehydrogenase, die Alkohole verschiedener Kettenlänge umsetzt, jedoch mit unterschiedlicher Effizienz. Diese Eigenschaft, auch ähnliche Verbindungen als Substrate anzunehmen, machen sich verschiedene Testverfahren zunutze, wenn das eigentliche Substrat nicht verfügbar oder instabil ist. Enzymtests dienen dem Nachweis spezieller Enzyme. Oft genügt der **qualitative Test**, also das Vorhandensein des Enzyms in einer bestimmten Probe zu dokumentieren, zumeist aber soll der Test weitere Informationen über das betreffende Enzym liefern, wie dessen Menge, Aktivität, Spezifität, Temperatur- und pH-Verhalten (**quantitativer Test**). Dank der hohen Spezifität lässt sich ein bestimmtes Enzym durch sein Substrat eindeutig identifizieren, selbst in Zellhomogenaten, die eine Vielzahl verschiedener Enzyme enthalten.

Für die Entwicklung von Testverfahren wäre eine generelle Vorgehensweise mit einer Standardisierung der Testbedingungen wünschenswert. Aufgrund der komplexen Proteinnatur besitzt jedoch jedes einzelne Enzym spezielle Eigenschaften. Selbst gleichartige Enzyme aus verschiedenen Organismen unterscheiden sich oft grundlegend in ihren Eigenschaften, jedes Enzym ist als ein Individuum zu betrachten. Dieser Umstand kompliziert die Beschreibung von Enzymtests und wird einen breiten Raum in diesem Kapitel einnehmen. Zuvor werden die für Enzymtests wichtigen generellen Gesetzmäßigkeiten von Enzymreaktionen und die Regeln zur Bestimmung von Umsatzgeschwindigkeiten behandelt.

## 4.1 Michaelis-Menten-Gleichung

Grundlage der Beschreibung praktisch aller Enzymreaktionen ist die Michaelis-Menten-Gleichung in der von G.E. Briggs und J.B.S. Haldane modifizierten Form. Demnach bindet das Substrat S in einem raschen Schritt mit der Geschwindigkeitskonstanten $k_1$ an das Enzym E unter Bildung eines Enzym-Substrat-Komplexes ES, der wiederum gemäß der thermodynamischen Reversibilität mit der Geschwindigkeitskonstanten $k_{-1}$ zerfällt, sodass sich durch Bindung und Zerfall ein stabiler Gleichzustand ausbildet, der durch die Dissoziationskonstante $K_d = k_{-1}/k_1$ quantifiziert wird. In einem katalytischen, als irreversibel angenommenen Prozess wird das an das Enzym gebundene Substrat mit der Geschwindigkeitskonstanten $k_2$ in Produkt P umgewandelt:

$$E + S \underset{k_{-1}}{\overset{k_1}{\rightleftharpoons}} ES \overset{k_2}{\rightarrow} E + P \tag{4.1}$$

wobei angenommen wird, dass die chemische Umwandlung deutlich langsamer erfolgt als das vorangehende schnelle Gleichgewicht, also $k_1 \sim k_{-1} \gg k_2$. Unter diesen Bedingungen halten sich Bildung und Zerfall (nach beiden Richtungen) des Enzym-Substrat-Komplexes die Waage, seine Konzentration bleibt zeitlich unverändert: $d[ES]/dt = 0$. Unter dieser Voraussetzung ergibt sich die Michaelis-Menten-Gleichung aus den Gleichungen für die Teilreaktionen:

$$\frac{d[S]}{dt} = -k_1[S][E] + k_{-1}[ES] \tag{4.2}$$

$$\frac{d[E]}{dt} = -k_1[S][E] + (k_{-1} + k_2)[ES] \tag{4.3}$$

$$\frac{d[ES]}{dt} = k_1[S][E] - (k_{-1} + k_2)[ES] = 0 \tag{4.4}$$

$$\frac{d[P]}{dt} = k_2[ES] = v \tag{4.5}$$

$$v = \frac{k_2[E]_0[S]}{\frac{k_{-1} + k_2}{k_1} + [S]} = \frac{V_{max}[S]}{K_m + [S]} \tag{4.6}$$

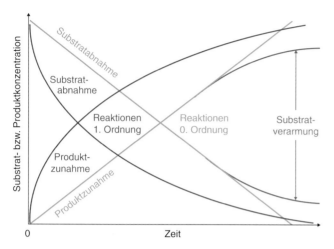

**Abb. 4.1** Zeit-Umsatz-Kurven der Produktbildung bzw. Substratabnahme für eine enzymkatalysierte Reaktion 0. Ordnung und eine unkatalysierte Reaktion 1. Ordnung. Der Reaktionsverlauf 0. Ordnung ist linear, bis Substratverarmung einsetzt

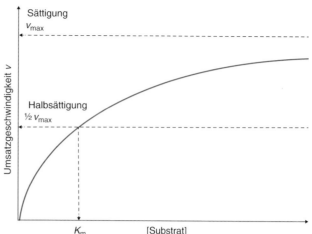

◘ **Abb. 4.2** Hyperbole Sättigungsfunktion für die Abhängigkeit der Umsatzgeschwindigkeit $v$ von der Substratkonzentration [S] gemäß der Michaelis-Menten-Gleichung

$v$ ist die Umsatzgeschwindigkeit.

$K_m$, die **Michaelis-Konstante**, ist die um die **katalytische Konstante** $k_2$ bzw. $k_{cat}$, erweiterte Dissoziationskonstante.

$v_{max} = k_2[E]_0$ ist die **Maximalgeschwindigkeit**, die erreicht wird, wenn die gesamte Menge des eingesetzten Enzyms $[E]_0$ an der Reaktion beteiligt ist.

Solange die Bedingung d[ES]/d$t$ = 0 erfüllt ist, verläuft die Produktbildung linear als eine Reaktion 0. Ordnung. Ein solcher Reaktionsverlauf ist nur mit katalysierten Reaktionen möglich, nicht katalysierte chemische Reaktionen folgen nichtlinearen exponentiellen Abhängigkeiten (◘ Abb. 4.1). Im Gegensatz zu einem echten, zeitunabhängigen Gleichgewicht wird dieser Zustand als Fließgleichgewicht oder **Steady-State** bezeichnet. Er hält so lange an, wie genügend Substrat vorhanden ist. Verarmt das Substrat im Verlaufe der Reaktion, nimmt auch die Menge des ES-Komplexes ab, d[ES]/d$t$ = 0 und damit die Michaelis-Menten-Gleichung sind dann nicht mehr gültig. Im Steady-State-Bereich ist die Reaktionsgeschwindigkeit von der Substratkonzentration unabhängig und wird nur durch die Menge des Enzyms bestimmt. Daher ist man bei Enzymtests bestrebt, die Reaktion nur in diesem Bereich zu verfolgen. Zwingende Voraussetzung dafür ist die strikte Einhaltung der Bedingung [E] ≪ [S]. Die Enzymmenge muss deutlich unter der des Substrats liegen, je mehr, desto länger dauert der Steady-State-Zustand an. Fällt die Substratkonzentration durch die Reaktion schließlich so weit ab, dass kein Substratüberschuss mehr vorliegt, nehmen auch der ES-Komplex und damit die Reaktionsgeschwindigkeit ab, man befindet sich nicht mehr im Steady-State-Bereich. Daraus folgt, dass der Substratüberschuss möglichst hoch gewählt werden sollte, was aber häufig

zu der unzutreffenden Annahme führt, das Enzym müsse mit Substrat gesättigt sein. Dies ist zwar vorteilhaft, doch, wie im folgenden Absatz beschrieben, keine zwingende Voraussetzung für das Vorliegen des Steady-State-Bereichs. Tatsächlich kann das Substrat schon aus praktischen Gründen, wie begrenzte Löslichkeit, nicht immer sättigend eingesetzt werden, auch können zu hohe Substratkonzentrationen hemmend auf die Enzymreaktion wirken.

Die Abhängigkeit der Umsatzgeschwindigkeit von der Substratkonzentration gemäß der Michaelis-Menten-Gleichung ergibt einen hyperbolen Kurvenverlauf, der einem Sättigungswert $v_{max} = k_2[E]_0$ zustrebt, diesen aber erst im Unendlichen erreicht (◘ Abb. 4.2). Selbst bei sehr hohem Substratüberschuss kann man sich diesem Wert allenfalls annähern. Die Substratkonzentration bei Halbsättigung gibt den Wert der Michaelis-Konstanten an. Auch wenn die Substratmenge so weit reduziert wird, dass das Enzym nicht mehr gesättigt ist, kann der Substratüberschuss gegenüber einer sehr geringen Enzymmenge ausreichen, um die Steady-State-Bedingung zu erfüllen. Jedoch verkürzt sich der lineare Bereich mit abnehmender Substratkonzentration stetig und ist bei sehr geringen Substratmengen, wie beispielsweise für die Erstellung der in ◘ Abb. 4.2 gezeigten Substratabhängigkeit erforderlich, nicht mehr zu erkennen. Eine weitere Reduzierung der Enzymmenge und damit der Umsatzrate würde den Steady-State-Bereich verlängern, doch ist dies nur so lange möglich, wie noch ein Reaktionsumsatz erkennbar ist. Verläuft die Zeit-Umsatz-Kurve bereits von Beginn an nichtlinear, behilft man sich mit der **Tangentenmethode**. Eine Tangente wird in den Anfangsbereich der Kurve gelegt und aus deren Steigung $v$ bestimmt unter der Annahme, dass beim Start der Reaktion noch Steady-State-Bedingungen vorliegen (◘ Abb. 4.3).

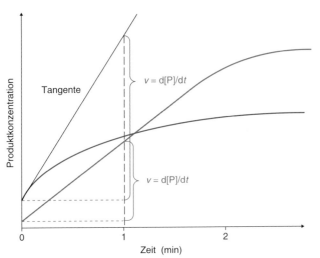

**Abb. 4.3** Bestimmung der Reaktionsgeschwindigkeit $v = d[P]/dt$ eines Enzyms direkt aus einer linearen Zeit-Umsatz-Kurve (blau) und mithilfe der Tangentenmethode aus der Anfangssteigung einer nichtlinearen Zeit-Umsatz-Kurve (rot) am Beispiel der Produktzunahme; $v$ ist bezogen auf 1 min

Die **kinetischen Konstanten** $K_m$ und $v_{max}$ können, wie in Abb. 4.2 gezeigt, aus der hyperbolen Sättigungskurve entnommen werden, da aber der dafür erforderliche Sättigungswert experimentell nicht erreicht werden kann, ist dies nur mithilfe eines nichtlinearen Regressionsverfahrens sinnvoll. Durch Umformung kann die Michaelis-Menten-Gleichung in eine Geradengleichung überführt und die Konstanten durch Extrapolation in einem entsprechenden Diagramm erhalten werden. Von drei möglichen Verfahren ist die doppelt-reziproke Form nach Lineweaver und Burk die gebräuchlichste (Abb. 4.4A). Allerdings führt sie zu Verzerrungen der Fehlergrenzen, zur Auswertung ist eine gewichtete Regression erforderlich. Bei der Linearisierungsmethode nach Hanes wird dieser Nachteil weitgehend vermieden (Abb. 4.4B). Als das zuverlässigste gilt das Verfahren nach Eadie und Hofstee (Abb. 4.4C).

Während, wie Abb. 4.2 zeigt, die Umsatzgeschwindigkeit in hyperboler Weise von der Substratkonzentration abhängt, ist die Abhängigkeit vom Enzym strikt linear, halbe Enzymmenge ergibt halben Umsatz, doppelte Menge doppelten Umsatz. Diese strikte Linearität kann bei Enzymtests zur Kontrolle der Testbedingungen dienen, eine nichtlineare Abhängigkeit von $v$ von der Enzymmenge ist ein Hinweis für unzureichende Bedingungen.

Die Michaelis-Menten-Gleichung wurde für eine irreversible Ein-Substrat-Reaktion abgeleitet. Zwar sind vom thermodynamischen Blickpunkt alle Reaktionen reversibel, bestimmte Reaktionen, vor allem Spaltungsreaktionen wie bei Proteasen, Phosphatasen, Hydrolasen, können als quasi-irreversibel betrachtet werden und entsprechen diesem Reaktionsschema. Bei den meisten Enzymreaktionen sind jedoch zwei oder drei Substrate beteiligt. Viele verlaufen auch reversibel, sodass sich die

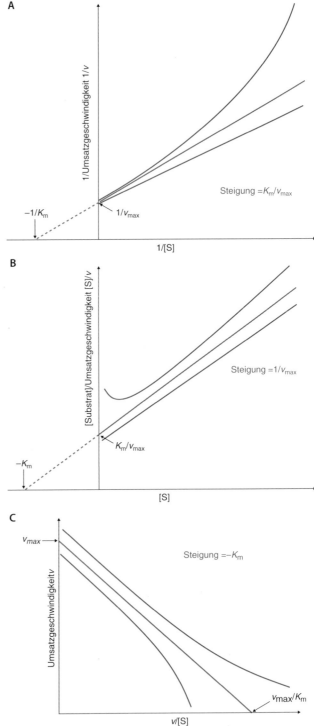

**Abb. 4.4** Linearisierungsverfahren der Michaelis-Menten-Gleichung zur Bestimmung der kinetischen Konstanten $K_m$ und $v_{max}$. Extrapolation zur Bestimmung der Konstanten ist durch gestrichelte Linien angezeigt, die roten Linien markieren den Verlauf der Fehlergrenzen. **A** Lineweaver-Burk-Diagramm; **B** Hanes-Diagramm; **C** Eadie-Hofstee-Diagramm

Frage stellt, ob die Michaelis-Menten-Gleichung auch für solche Enzymreaktionen anwendbar ist. Mehrsubstratreaktionen gehorchen unterschiedlichen Reaktionsmechanismen (*random, ordered, Ping-Pong*), für die komplexere Gleichungen gelten. Betrachtet man jedoch die Reaktion in Abhängigkeit eines variablen Substrats bei ansonsten konstanten, sättigenden Bedingungen aller anderer Substrate und Komponenten, lassen sich diese wieder auf die einfache Michaelis-Menten-Gleichung zurückführen. Das gilt auch für die Anwesenheit von Hemmstoffen oder Aktivatoren.

Etwas komplizierter gestalten sich die Verhältnisse bei reversiblen Reaktionen. Die hierfür gültige Gleichung muss Hin- und Rückreaktion berücksichtigen. Bei Wegfall eines Reaktionsteils reduziert sie sich wieder zur einfachen Michaelis-Menten-Gleichung, der somit jeder Reaktionsteil separat gehorcht. In der Praxis lassen sich Hin- und Rückreaktion zwar nicht trennen, wohl aber kann unterstellt werden, dass zu Beginn der Hinreaktion mit dem Start des Substrats noch kein Produkt vorliegt, die Rückreaktion somit nicht stattfinden kann. Auch für den Anfangsbereich, wo noch wenig Produkt entsteht und Rückreaktion und mögliche Produkthemmung kaum ins Gewicht fallen, lässt sich die Michaelis-Menten-Gleichung anwenden. Das schränkt allerdings den linearen Steady-State-Bereich weiter ein, man muss sich noch strikter auf Anfangsgeschwindigkeiten beschränken.

Somit ist die Michaelis-Menten-Gleichung auf die meisten Enzymreaktionen anwendbar, und es ist praktikabel, eine bestimmte Enzymreaktion zunächst mit dieser Gesetzmäßigkeit zu behandeln. Andere Abhängigkeiten (z. B. kooperative Effekte allosterischer Enzyme) geben sich durch charakteristische Abweichungen zu erkennen.

## 4.2 Kriterien für die Konzentrationen der Testsubstanzen

Die optimale Konzentration der erforderlichen Komponenten ist ein wichtiges Kriterium für Enzymtests. Prinzipiell sind alle nicht variablen Komponenten im Überschuss einzusetzen, damit diese nicht die Umsatzgeschwindigkeit limitieren. Spezifisch bindende Komponenten, wie Substrate und Cosubstrate, Cofaktoren, Hemmstoffe oder Aktivatoren zeigen ein hyperboles Sättigungsverhalten entsprechend dem in ◻ Abb. 4.2 für das Substrat gezeigten, wobei die Michaelis-Konstante $K_m$ durch die Dissoziationskonstante $K_d$ zu ersetzen ist. Diese Konstanten dienen als Anhaltspunkt für die erforderlichen Konzentrationen, sie entsprechen der Halbsättigung. Zumindest ein zehnfacher, besser noch ein hundertfacher Überschuss ist zu empfehlen. Bei Variation der Substratkonzentration, z. B. zur Bestimmung von $K_m$ und $v_{max}$, ist ein Bereich eine Zehnerpotenz unterhalb bis eine Zehnerpotenz oberhalb Halbsättigung praktikabel. Dagegen ist die Enzymmenge so gering wie möglich zu wählen, um die Steady-State-Bedingung [E]

≪ [S] zu erfüllen, was dem Umstand, dass Enzyme in der Regel sehr kostbar sind, entgegenkommt. Es gibt keine weitere Vorgabe für eine bestimmte Konzentration, das untere Limit ist die Erkennbarkeit der Enzymreaktion. Das gilt allerdings nicht für Indikatorenzyme bei gekoppelten Tests, die gegenüber dem zu testenden Enzym in großem Überschuss vorliegen müssen. Besondere Regeln gelten auch für Zusatzstoffe, wie Puffersubstanzen, Komplexbildner, Thiolreagenzien und Proteaseinhibitoren (▶ Abschn. 4.3).

## 4.3 Einflüsse auf die Enzymaktivität

Mehr noch als die Herleitung der nach ihnen benannten Gleichung (genau genommen nahmen Adrian Brown und Victor Henri diese bereits um 1900 vorweg) ist das Verdienst von Leonor Michaelis und Maud Menten die Erkenntnis, dass die Enzymaktivität von verschiedenen Einflüssen abhängig ist und Enzymtests nur dann reproduzierbare Werte ergeben, wenn sie unter exakt definierten Bedingungen durchgeführt werden. Unmittelbar beeinflusst wird die Enzymaktivität durch pH-Wert, Ionenstärke und Temperatur.

### 4.3.1 pH-Abhängigkeit

Die starke Abhängigkeit der Enzymaktivität vom pH-Wert hat zwei Ursachen. Zur Ausführung der katalytischen Reaktion besitzt das aktive Zentrum geladene Gruppen, wie Amino-. Carboxy-, Hydroxy- und Thiolgruppen, deren jeweiliger Ladungszustand für die Katalyse essenziell ist. Optimal ist dieser Zustand bei physiologischem pH-Wert: Verschiebungen ins saure oder basische Milieu verringern die Enzymaktivität, bis diese schließlich bei extremen pH-Werten völlig zum Erliegen kommt. Testet man die Enzymaktivität über den gesamten pH-Bereich, so ergibt sich eine Optimumskurve (◻ Abb. 4.5). Für die meisten Enzyme liegt das Optimum im neutralen Bereich um pH 7,4, doch finden sich auch Enzyme mit extremen pH-Optima, wie die saure und die alkalische Phosphatase mit pH-Optima von 3–4 bzw. 9–10 und Pepsin im Magenlumen mit einem pH-Optimum von 2. In der Regel wird für Enzymtests der pH-Wert des Optimums und damit die höchste Enzymaktivität gewählt, doch können andere Gründe ein Abweichen erfordern. Zur Vermeidung des giftigen und flüchtigen Substrats Acetaldehyd bei der Alkoholdehydrogenase beispielsweise testet man die Rückreaktion mit Ethanol bei pH 9, um die ungünstige Gleichgewichtslage durch Abfangen der freigesetzten Protonen des reduzierten $NADH + H^+$ zu beeinflussen.

Die dreidimensionale Proteinstruktur von Enzymen wird, neben hydrophoben Wechselwirkungen, entscheidend durch ionische Kräfte stabilisiert, die selbst stark

**4**

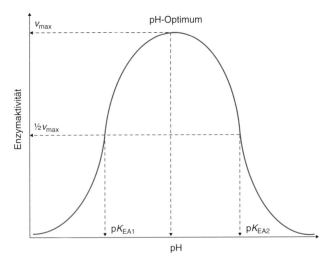

**◻ Abb. 4.5** pH-Optimumskurve. Aus den Flanken lassen sich, wie gezeigt, die p$K_a$-Werte der beteiligten geladenen Gruppen ermitteln, doch können Überlagerungen mehrerer Gruppen das Ergebnis beeinträchtigen

pH-abhängig sind. Eine pH-Verschiebung beeinflusst die Stabilität des Enzyms besonders in extremen pH-Bereichen. Im Gegensatz zu den oben beschriebenen reversiblen Ionisierungsvorgängen im aktiven Zentrum sind diese Strukturveränderungen zumeist irreversibel und bewirken Denaturierung und Inaktivierung des Enzyms.

Um den pH-Wert konstant zu halten, werden Enzymtests in gepuffertem Milieu durchgeführt. Die Wahl des **Puffers** hängt, neben dem pH-Wert, von dessen Verträglichkeit für das jeweilige Enzym ab. So wirken Phosphat- und besonders Diphosphatpuffer komplexierend auf divalente Metallionen, wie Ca$^{2+}$ und Mg$^{2+}$, sind aber einfache und für das Enzym gut verträgliche Puffer. Häufig verwendet werden die von N.E. Good eingeführten biologischen Puffersubstanzen (MOPS, HEPES, TABS, CHES, CAPS). Es soll ein Puffersystem gewählt werden, dessen p$K_a$-Wert möglichst nahe am gewünschten pH-Wert liegt, jedoch nicht mehr als eine pH-Einheit darunter oder darüber. Auch hängt die Kapazität des Puffers wesentlich von seiner Konzentration ab (▶ Abschn. 4.3.2). In ◻ Tab. 4.1 sind häufig verwendete Puffersysteme aufgeführt. Da solche Puffersysteme nicht mehr als zwei pH-Einheiten überdecken, müssen bei Messungen breiter pH-Bereiche verschiedene Puffersysteme kombiniert werden. Allerdings unterscheiden sich die Enzymaktivitäten in verschiedenen Puffersystemen selbst bei gleichem pH-Wert aufgrund der verschiedenen Ionenzusammensetzung. In diesen Fällen müssen die Enzymaktivitäten rechnerisch miteinander abgeglichen werden. Die Verwendung von Universalpuffern, die aus mehreren Komponenten bestehen und breite pH-Bereiche abdecken, wie der Britton-Robinson-Puffer und der Teorell-Stenhagen-Puffer, ist zu empfehlen.

**◻ Tab. 4.1** Wichtige biologische Puffer

| Bezeichnung | Abkürzung | p$K_a$ | pH-Bereich |
|---|---|---|---|
| 3-(N-Morpholino)propansulfonsäure | MOPS | 7,2 | 6,5–7,9 |
| Phosphatpuffer (Na$^+$ oder K$^+$ als Gegenionen) | | 7,21 (p$K_{a2}$) | 6,5–8,0 |
| N-Tris(hydroxymethyl)methyl-2-aminoethansulfonsäure | TES | 7,5 | 6,8–8,2 |
| N-(2-Hydroxyethyl)piperazin-N'-ethansulfonsäure | HEPES | 7,55 | 6,8–8,2 |
| Triethanolamin | TEA | 7,8 | 7,3–8,3 |
| Tris(hydroxymethyl)aminomethan | Tris | 8,1 | 7,0–9,0 |
| N-Tris(hydroxymethyl)methylglycin | Tricin | 8,15 | 7,4–8,8 |
| N-Tris(hydroxymethyl)methyl-4-aminobutansulfonsäure | TABS | 8,9 | 8,2–9,6 |
| 2-(N-Cyclohexylamino)ethansulfonsäure | CHES | 9,3 | 8,6–10,0 |
| 3-(Cyclohexylamino)propan-1-sulfonsäure | CAPS | 10,4 | 9,7–11,1 |

### 4.3.2 Abhängigkeit von der Ionenstärke

Starken Einfluss auf die Enzymaktivität hat weiterhin die Ionenstärke. Dazu tragen alle Komponenten des Testsystems bei, aber zumeist bestimmt der Puffer als die konzentrierteste Komponente die Ionenstärke. Für die meisten Enzyme ist ein Konzentrationsbereich zwischen 0,05 und 0,2 M optimal. Enzyme aus halophilen und thermophilen Organismen bevorzugen jedoch weit höhere Konzentrationen. Enzymtests, die die durch die Reaktion verursachte pH-Veränderung verfolgen, benötigen ein ungepuffertes Milieu.

### 4.3.3 Abhängigkeit von der Temperatur

Chemische Reaktionen gehorchen der RGT-Regel nach van't Hoff, gemäß der die Reaktionsgeschwindigkeit pro 10 °C Temperaturerhöhung um den Faktor 2–4 zunimmt. Das gilt auch für enzymkatalysierte Reaktionen. Allerdings destabilisieren hohe Temperaturen die dreidimensionale Proteinstruktur und führen schließlich zur irreversiblen Denaturierung. Diese Vorgänge lassen sich durch ein auf der Gleichung von Arrhenius

$$k = A\mathrm{e}^{\frac{-E_a}{RT}} \qquad (4.7)$$

basierendes Diagramm verdeutlichen (□ Abb. 4.6), in dem die Abhängigkeit der katalytischen Konstanten $k$ bzw. der dazu proportionalen Reaktionsgeschwindigkeit $v$, jeweils in logarithmierter Form (ln), von der reziproken Temperatur aufgetragen wird. $A$ ist ein Kollisionsfaktor.

Der Anstieg nach der Van't-Hoff-Regel zeigt in diesem Diagramm eine linearen Abhängigkeit, aus deren Steigung die Aktivierungsenergie $E_a$ errechnet werden kann. Die einsetzende thermische Denaturierung führt zu einer Abweichung und schließlich zu einem Abfall der Aktivität. Die Kurve durchläuft ein Maximum, in Anlehnung an das pH-Optimum häufig, aber unzutreffend, als Temperaturoptimum bezeichnet. Gegenüber dem pH-Optimum befindet sich hier das denaturierende Enzym keinesfalls unter optimalen Bedingungen, auch sind der Denaturierungsprozess und damit die Lage des Maximums zeitabhängig. Ist das Enzym für längere Zeit der erhöhten Temperatur der Denaturierung ausgesetzt, nimmt seine Aktivität kontinuierlich ab, das Maximum verschiebt sich zu niederen Temperaturen und geringeren Aktivitäten (□ Abb. 4.6). Das Temperaturmaximum ist daher keine konstante Stoffgröße, Temperaturen in diesem Bereich sind für Enzymtests völlig ungeeignet. Vielmehr sollte eine Temperatur im linearen Bereich gewählt werden, in dem das Enzym noch stabil ist, wobei wiederum eine möglichst hohe Temperatur höhere Aktivitäten erzielt. Empfohlen für Enzymtests sind drei Temperaturen, wobei es darauf ankommt, dass der Test erst gestartet wird, wenn die vorgegeben Temperatur erreicht ist und diese während der gesamten Testphase unverändert bleibt:

— 25 °C, nahe Raumtemperatur, einfache Thermostatisierung, aber geringe Enzymaktivität
— 30 °C, schwierigere Thermostatisierung, dafür höhere Enzymaktivität
— 37 °C, physiologische Temperatur bei Säugetieren, hohe Enzymaktivität bei schwieriger Thermostatisierung

Enzyme aus thermophilen Organismen sind wesentlich thermoresistenter und können bei deutlich höheren Temperaturen gemessen werden.

### 4.3.4  Stabilität von Enzymen

Enzyme, besonders als gereinigte Präparate in verdünnter Lösung, wie sie bei Enzymtests eingesetzt werden, sind nicht sehr stabil und verlieren vielfach innerhalb kurzer Zeit, Stunden bis Tagen, ihre Aktivität. Diese Instabilität ist nicht alleine durch die Proteinstruktur zu erklären, ihr liegen inaktivierende Prozesse zugrunde. Diese zu erkennen und zu vermeiden kann die Lebensdauer des Enzyms deutlich verlängern.

**Proteolytischer Abbau** des Enzyms durch zelleigene, im Reinigungsverfahren nicht vollständig abgetrennte Proteasen ist eine häufige Ursache der Instabilität. Durch geeignete Proteaseinhibitoren lässt sich dieser Prozess unterbinden. Phenylmethylsulfonylfluorid (PMSF) blockiert Serinproteasen durch kovalente Bindung an das aktive Zentrum. Metalloproteasen werden durch Metallentzug mit Ethylendiamintetraessigsäure (EDTA) gehemmt. Leupeptin hemmt Serin- und Cysteinproteasen, $\alpha_2$-Macroglobulin wirkt gegen alle Proteasetypen.

**Oxidative Prozesse**, oft durch divalente Metallionen begünstigt, inaktivieren Enzyme vor allem durch Modifizierung von Thiolgruppen. Thiolreagenzien, wie Mercaptoethanol, Dithioerythritol (DTE) und Dithiothreitol (DTT) sind wirkungsvolle Gegenmittel, unterstützt durch EDTA als Komplexbildner, wobei sichergestellt werden muss, dass diese Substanzen nicht das Enzym selbst schädigen, etwa durch Entzug essenzieller Metallionen.

Gelöster Sauerstoff im wässrigen Milieu der Testmischung kann nicht nur das Enzym schädigen, sondern auch Substrate und Cofaktoren stören, z. B. bei Redoxreaktionen. Durch Entgasen der Lösung im Vakuum oder durch Stickstoffbegasung lässt sich Sauerstoff weitgehend entfernen. Noch verbleibende Spuren können durch Natriumdithionit oder enzymatisch mit Glucose-Oxidase und Katalase eliminiert werden.

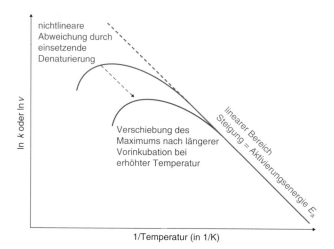

□ **Abb. 4.6**  Temperaturverhalten einer enzymatischen Reaktion in der Arrhenius-Darstellung. Aufgrund thermischer Denaturierung des Enzyms durchläuft die Aktivität nach einem linearen Anstieg ein Maximum und fällt danach wieder ab. Bei längerem Verweilen bei den hohen Temperaturen verschiebt sich das Maximum zu niederen Temperaturen und geringeren Aktivitäten

Stabilisierend auf verdünnte Enzyme wirken inerte Proteine, wie Rinderserumalbumin (BSA).

## 4.4  Aufbau eines Testsystems

### 4.4.1  Generelle Vorgehensweise bei Enzymtests

In den vorhergehenden Abschnitten wurden die für einen Enzymtest erforderlichen Komponenten und die Testbedingungen diskutiert. Grundsätzlich müssen Enzym und Substrat anwesend sein, gegebenenfalls ein Cosubstrat, ein Cofaktor, ein essenzielles Metallion und die in ▶ Abschn. 4.3.4 beschriebenen Zusätze. Der Test erfolgt in gepufferter Lösung bei eingestelltem pH-Wert und konstanter Temperatur. Konzentrationen und Volumina der Zugaben sind auf die Testprobe zu berechnen, alle Proben müssen das gleiche Endvolumen (z. B. 1 ml) besitzen. Soweit es die Verträglichkeit zulässt, ist es vorteilhaft, alle Komponenten bereits in der endgültigen Konzentration in einer Testmischung zu vereinigen, mit Ausnahme der zum Reaktionsstart dienenden Komponente, in der Regel das Enzym oder ein Substrat (◘ Abb. 4.7). Die Testmischung kann in größerer Menge angesetzt werden, sodass sie für alle vorgesehenen Tests ausreicht. Das hat auch den Vorteil, dass alle Proben völlig identisch sind und Konzentrationsschwankungen z. B. durch ungenaues Pipettieren ausgeschlossen sind. Es muss kontrolliert werden, dass im endgültigen Test die Bedingungen stabil bleiben, sich pH-Wert und Temperatur nicht verändern und auch keine Ausfällungen durch Interaktion einzelner Komponenten erfolgen.

### 4.4.2  Konzipierung eines speziellen Testverfahrens

Für ein Testverfahren wird man zunächst die physiologische Reaktion des Enzyms mit seinen natürlichen Substraten und Cofaktoren zugrunde legen, doch müssen diese bestimmte Anforderungen erfüllen. Vor allem muss die Reaktion testbar sein, der Reaktionsverlauf muss anhand der Substratabnahme oder der Produktzunahme verfolgt werden können. Das erfordert ein Messsignal für das Substrat oder das Produkt, in dem sich beide Komponenten voneinander unterscheiden. So zeigen praktisch alle Substanzen eine messbare Absorption zumindest im UV-Bereich. Damit wären alle Enzymreaktionen bequem über Absorptionsmessungen erfassbar. Allerdings sind die Unterschiede zwischen Substrat und Produkt in den meisten Fällen äußerst gering und praktisch nicht nachweisbar. Die betreffende Methode muss die eine Komponente in Gegenwart der anderen zweifelsfrei erkennen. Es ist dabei prinzipiell gleichgültig, ob es sich um das Substrat oder das Produkt handelt, da für beide dieselbe Umsatzgeschwindigkeit, nur mit anderem Vorzeichen, gilt.

Findet sich kein geeignetes Messsignal, bzw. sind die Komponenten instabil oder anderweitig nicht zugäng-

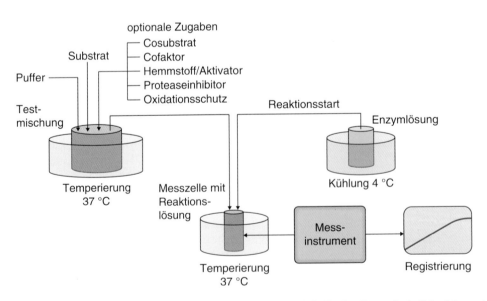

◘ **Abb. 4.7**  Generelle Vorgehensweise bei Enzymtests. Eine Testmischung mit allen erforderlichen Komponenten, außer der Startsubstanz (hier das Enzym) wird vorbereitet und auf die Testtemperatur (hier 37 °C) temperiert, um die Aufwärmzeit der Probe zu verkürzen. Die für den Test erforderliche Menge der Testmischung wird in die Messzelle pipettiert und die Reaktion mit der Zugabe der Enzymlösung gestartet. Das Messinstrument registriert den zeitlichen Verlauf der Reaktion

lich, wird man ein anderes Substrat suchen, das das Enzym noch akzeptiert. Besonders geeignet sind dafür künstliche Substrate, die bereits die erforderlichen Eigenschaften mitbringen, wie *p*-Nitrophenol- und Umbelliferonderivate, deren Absorptions- bzw. Fluoreszenzeigenschaften sich während des Umsatzes ändern. Zahlreiche derart modifizierte Enzymsubstrate sind erhältlich.

Für reversible Enzymreaktionen ist zu entscheiden, welche Richtung als Testreaktion zu nehmen ist. In der Praxis wird die der Gleichgewichtslage entsprechende Richtung bevorzugt, sodass die Reaktion spontan abläuft. Es kann aber auch Gründe geben, die ungünstige Richtung vorzuziehen, indem das Produkt abgefangen und so aus dem Gleichgewicht gezogen wird. Das Gleichgewicht der Alkohol-Dehydrogenasereaktion begünstigt die Bildung des Ethanols, wofür jedoch das giftige und flüchtige Acetaldehyd als Substrat benötigt wird. Um das zu vermeiden, testet man die ungünstige Rückreaktion mit Ethanol als Substrat und zieht den Acetaldehyd aus dem Gleichgewicht durch Abfangen mit Semicarbazid.

Ein anderer Weg, nicht messbare Reaktionen zugänglich zu machen, ist deren Kopplung an eine gut detektierbare Reaktion. Musterbeispiele sind NAD- bzw. NADP-abhängige Reaktionen von Dehydrogenasen. Im Gegensatz zu den oxidierten zeigen die reduzierten Komponenten ein zusätzliches Absorptionsmaximum bei 340 nm, das photometrisch einfach gemessen werden kann. Ein bekanntes Beispiel ist die Glucosebestimmung mit Hexokinase (HK) als nicht detektierbare Testreaktion und Glucose-6-Phosphat-Dehydrogenase (G6PDH) als messbares Indikatorenzym:

$$\text{Glucose} + \text{ATP} \xrightarrow{\text{HK}} \text{Glucose} - 6 - \text{phosphat}$$

$$\text{Glucose} - 6 - \text{phosphat} + \text{NADP}^+ \xrightarrow{\text{G6PDH}}$$
$$\text{Gluconat} - 6 - \text{phosphat} + \text{NADPH} + \text{H}^+$$

Für derartige **gekoppelte Tests**, bei denen auch drei Reaktionen verknüpft werden können, sind spezielle Regeln zu beachten. Während das Testenzym weiterhin in geringen, katalytischen Mengen vorliegt, sind für Indikatorenzyme, die nicht limitierend sein dürfen, größere Mengen erforderlich. Zu beachten ist auch, dass die generellen Bedingungen, wie pH, Ionenstärke und Temperatur, für alle beteiligten Enzyme akzeptabel sind. Je nach Versuchsbedingungen startet die Reaktion mit einer Verzögerungsphase. Es muss dann abgewartet werden, bis das System die lineare Steady-State-Phase erreicht, aus der die Umsatzgeschwindigkeit der Test-

reaktion erhalten wird. Um diese Anlaufphase so kurz wie möglich zu machen, ist es wichtig, dass das Substrat sättigend vorliegt ($[S] \gg K_m$).

Die Planung eines Enzymtests muss auch die Art des zu erwartenden Ergebnisses einbeziehen. Oft reicht der Nachweis des Vorhandenseins des Enzyms (**qualitative Analyse**). Solche Tests sind einfach und rasch durchzuführen, exakte Messungen und komplizierte Berechnungen sind nicht erforderlich. Das Ziel der meisten Enzymtests aber ist die genaue Ermittlung der Enzymaktivität und der Enzymmenge in den Proben. Noch eingehendere Untersuchungen dienen der genaueren Ermittlung der Enzymeigenschaften, der Bestimmung der kinetischen Konstanten, dem Reaktionsmechanismus und dem Verhalten gegenüber Hemmstoffen (**quantitative Analyse**).

Schließlich können Enzymtests auch der **Substratbestimmung** dienen. Aufgrund der hohen Enzymspezifität lassen sich damit auch Spuren von Substanzen in Gemischen, wie Zellhomogenaten, quantitativ bestimmen. Die Vorgehensweise unterscheidet sich von normalen Enzymtests. Ein linearer Anstieg ist hier bedeutungslos, vielmehr interessiert nur der Endpunkt der Reaktion, aus dessen Differenz zum Startpunkt die Substratmenge berechnet wird (**Endpunkt-Methode**). Erforderlich ist ein vollständiger Reaktionsumsatz, die Reaktion muss quasi irreversibel verlaufen. Um die Reaktion zu beschleunigen und die Zeit abzukürzen kann die Enzymmenge hoch gewählt werden. Bei Gleichgewichtsreaktionen, bei denen kein vollständiger Substratumsatz erfolgt, muss zur Substratbestimmung die Gleichgewichtskonstante bekannt sein. Eine andere Möglichkeit ist die Bestimmung der Substratkonzentration gemäß der Michaelis-Menten-Gleichung (**kinetische Substratbestimmung**) aus der Anfangsgeschwindigkeit. Dazu muss das Substrat in geringen Mengen (nicht sättigend) vorliegen.

Entscheidend für die endgültige Wahl einer bestimmten Testmethode ist, wie bereits erwähnt, das Vorliegen eines erfassbaren Messsignals, wobei es auch wichtig ist, ob der gesamte Reaktionsverlauf, also die Zeit-Umsatz-Kurve, bestehend aus dem linearen Steady-State-Bereich und der vor allem durch Substratverarmung verursachten nichtlinearen Abweichung, (◻ Abb. 4.1) dokumentiert werden können. Auch Störungen und artifizielle Abweichungen lassen sich so erkennen. Aus der Steigung des linearen Steady-State-Bereichs wird die Umsatzgeschwindigkeit und damit die Enzymaktivität berechnet. Solche **kontinuierlichen Tests** lassen sich mit praktisch allen photometrischen Methoden und elektrochemischen Verfahren durchführen (▶ Abschn. 4.5). Sind derartige Methoden nicht anwendbar, muss die Reaktion nach einer definierten Zeit gestoppt und die Menge des verbliebenen Substrats bzw. des gebildeten

Produkts mit einer geeigneten Methode analysiert werden (**gestoppter Test**). Pro Test erhält man jeweils einen Messpunkt. Dieses Verfahren ist zwar einfach, erlaubt aber keine Kontrolle über den Reaktionsverlauf, vor allem ob der Messpunkt innerhalb des linearen Bereichs liegt, aber auch nicht über artifizielle Beeinflussungen. Selbst wenn die Testvorschrift einen bestimmten Zeitwert vorgibt, sollten in einer separaten Testserie mehrere Messwerte über eine längere Zeitspanne bestimmt und so zumindest punktweise der Verlauf der Zeit-Umsatz-Kurve dokumentiert werden. Zu beachten ist auch, dass Abänderungen der Testbedingungen den linearen Bereich verändern können und gegebenenfalls einen neuen Zeitwert erfordern.

Die Steigung des linearen Bereichs der Zeit-Umsatz-Kurve beziehungsweise der Differenz zwischen Referenzwert beim Start der Reaktion und dem Messwert bei gestoppten Tests ergibt die Reaktionsgeschwindigkeit $v$ als Substrat verbraucht bzw. Produkt gebildet pro Zeiteinheit, $-d[S]/dt$, bzw. $d[P]/dt$, aus der die **Enzymeinheiten** berechnet werden (◻ Abb. 4.3). Zunächst wurden **Internationale Enzymeinheiten (IU)** definiert als die Menge eines Enzyms, die pro Minute ein Mikromol Substrat umsetzt bzw. Produkt bildet: 1 IU = 1 μmol pro min. Die ab 1973 gültigen Enzymeinheiten (**Katal bzw. kat**) gemäß dem SI-System verstehen sich als Mol pro Sekunde: 1 kat = 1 mol Substrat bzw. Produkt umgesetzt in 1 s. Da sich dabei etwas unhandliche Zahlenwerte ergeben, sind die früheren IU weiterhin in Gebrauch. Einzelne Testverfahren verwenden spezielle Einheiten, z. B. Anson-Einheiten für Proteasen.

Ein weiteres Kriterium für die Wahl der Testmethode ist eine einfache Handhabung besonders für Routinetests. Der apparative Aufwand soll sich in Grenzen halten und die Probenmengen, vor allem hinsichtlich des Enzyms, möglichst gering sein. Für viele Enzyme existieren daher verschiedene Testverfahren, die je nach den Möglichkeiten des jeweiligen Labors gewählt werden können.

Von nicht geringer Bedeutung sind die für die betreffende Nachweismethode erforderlichen Substanzmengen. Küvetten optischer Verfahren, wie Absorptionsphotometrie und Fluorimetrie, sind standardmäßig auf einen Lichtweg von 1 cm und ein Testvolumen von 3 ml ausgelegt. Durch seitliche Verengung der Küvetten lässt sich das Volumen bis unter 1 ml verringern, der Lichtstrahl muss aber ungehindert passieren können. Eine Verkürzung des Lichtwegs, die zwangsläufig mit Empfindlichkeitsabnahme einhergeht, ist nicht zu empfehlen. Testvolumina um 1 ml werden auch für die meisten anderen Verfahren benötigt. Radioaktive Messmethoden kommen bei entsprechend hoher Markierung mit deutlich kleineren Mengen aus. Die meist kostbaren Substanzen der Enzymtests, besonders das Enzym selbst, begründen das Bestreben nach Mikromethoden, die aber nur bei ausreichender Intensität des Messsignals anwendbar sind. Für absorptionsphotometrische und fluorimetrische Mikrotests hat sich das ursprünglich für ELISA-Tests entwickelte System der Mikrotiterplatten (*Microplates*) bewährt. Viele konventionelle Testverfahren lassen sich auf dieses Mikrosystem adaptieren. Jede lichtdurchlässige Platte besitzt acht Reihen mit je zwölf Vertiefungen (96-well), jede einem kleinen Reaktionsgefäß für Volumina von 50–200 μl entsprechend. Sie werden manuell, aber auch mit Pipettierautomaten beschickt. Auf einer einzigen Platte können somit ganze Testserien ablaufen. Nach der Reaktion werden die Platten in einem Mikroplatten-Lesegerät (*Microplate Reader*) vermessen. Dieses Verfahren ist besonders für Routinetests äußerst material- und zeitsparend.

## 4.5 Messtechniken

### 4.5.1 Optische Methoden

Die **UV/Vis- oder Absorptionsphotometrie** ist eine sehr brauchbare Testmethode. Die zumeist computergesteuerten Geräte sind auch ohne große Fachkenntnis einfach zu bedienen, sind wenig störanfällig und sind vielfach anwendbar, so für Protein-, Nucleinsäure- oder Phosphatbestimmungen, sodass ein entsprechendes Gerät praktisch in jedem biochemischen Labor vorhanden ist. Photometer sind in verschiedenen Ausführungen erhältlich. Am einfachsten sind Filterphotometer, die nur bestimmte, durch die Lichtquelle vorgegebene Wellenlängen aufweisen, was insbesondere für Routinetests kein Nachteil ist, da die Einstellung festgelegt und exakt reproduzierbar ist. Auf diesem Prinzip beruhen auch Mikroplatten-Lesegeräte. Mehr Flexibilität bieten Spektralphotometer, wovon die einfacheren nur den sichtbaren Spektralbereich abdecken, die meisten sind aber zusätzlich mit einer UV-Lampe ausgestattet und überdecken den Bereich von ca. 200–700 nm. Für Forschungszwecke sind aufwendigere Ausführungen erhältlich, wie Doppelstrahl-, Doppelwellenlängen- und Diodenarrayphotometer, die sich aber aufgrund ihrer komplizierten Bedienung, den vielfältigen Einstellungsmöglichkeiten und der Gefahr von Fehlbedienungen für einfache Tests weniger eignen. Temperierbare Küvettenhalterungen sind für Enzymtests unabdingbar, für Routinetests ist eine Küvettenwechselautomatik von Vorteil. Während ältere Geräte die Messwerte in analoger Weise anzeigen, werden heute praktisch ausschließlich computergesteuerte Bildschirmgeräte angeboten, die den Reaktionsverlauf abbilden und die Umsatzgeschwindigkeiten direkt berechnen.

Aufgrund der oft geringen Absorptionsunterschiede zwischen Substrat und Produkt sind viele Enzymreaktionen der Absorptionsphotometrie nicht direkt zugänglich, doch die gut messbaren NAD(P)-abhängigen Dehydrogenasereaktionen und die mit diesen gekoppelten Enzymreaktionen ergeben ein breites Anwendungsspektrum. Durch Modifizierung des Substrats mit farbgebenden Gruppen, wie der *p*-Nitrophenylgruppe, lassen sich weitere Enzymreaktionen der Absorptionsphotometrie zuführen. Schließlich können Reaktionen nach einer bestimmten Zeit gestoppt und das verbleibenden Substrat bzw. das gebildete Produkt durch eine nachgeschaltete Farbreaktion sichtbar gemacht werden. Dieses **kolorimetrische Verfahren** erlaubt keine kontinuierliche Verfolgung des Reaktionsverlaufs. Daher werden nur einfache Geräte (Kolorimeter) benötigt, doch lassen sich diese Tests mit allen Absorptionsphotometern messen.

**Fluoreszenzmessungen** sind gegenüber Absorptionsmessungen bis zu hundertfach sensitiver und erscheinen dadurch für Enzymtests prädestiniert, aber die komplizierteren Instrumente und der Umstand, dass nur wenige biologische Substanzen Fluoreszenzlicht emittieren, stehen einer breiteren Anwendung im Wege. Auch ist diese Methode sehr störanfällig und verlangt höchste Reinheit der verwendeten Substanzen. NAD(P)-abhängige Dehydrogenasereaktionen und auch die damit gekoppelten Reaktionen lassen sich mit deutlich höherer Sensitivität als bei der Absorptionsphotometrie messen, da nur die reduzierte Form des NAD(P) fluoresziert. Da aber für die meisten Anwendungen die Empfindlichkeit der Absorptionsmessungen ausreichend ist, wird dieser einfacheren Methode meist der Vorzug gegeben. Bestimmte Substrate lassen sich durch geeignete Modifikationen in fluoreszierende Verbindungen überführen. Ein Beispiel hierfür ist die Modifizierung des nicht fluoreszierenden ATP und verwandter Verbindungen durch einen zusätzlichen fünfgliedrigen Ring zum fluoreszierenden 1-*N*-6-Etheno-ATP. Zahlreiche Enzymtests verwenden Substrate markiert mit fluoreszierenden Gruppen, die durch die Enzymreaktion abgespalten werden und dabei ihre Fluoreszenzeigenschaften verändern. Auf diesem Prinzip beruht der Glucosidasetest mit Methylumbelliferylglucosid.

Enzymreaktionen, bei denen Partikel oder makromolekulare Strukturen abgebaut werden, wie der Zellwandverdau durch Lysozym, der Celluloseabbau durch Cellulasen oder der Abbau emulgierter Lipide durch Lipasen, lassen sich durch **Trübungsmessungen** verfolgen. Das durch die Probe fallende Licht wird durch die Partikel abgeschwächt. Ihr Abbau durch das Enzym ist daher verbunden mit einer Zunahme der Lichtintensität und kann bei einer beliebigen Wellenlänge in einem Absorptionsphotometer beobachtet werden. Andererseits wird das Licht an den Partikel gestreut. Die Intensitätsveränderung des Streulichts lässt sich fluorimetrisch messen (**Nephelometrie**).

**Luminometrie** ist eine der empfindlichsten Analysenmethoden. Sie beruht auf der Luciferasereaktion, die Ursache für das Leuchten des Glühwürmchens ist:

$$\text{Luciferin} + \text{ATP} + \text{O}_2 \xrightarrow{\text{Luciferase}} \text{Oxyluciferin} + \text{PP}_i + \text{H}_2\text{O} + h\nu$$

Die Menge des umgesetzten ATP entspricht der Intensität des emittierten Lichts. Mit dieser Methode können noch ATP-Mengen von $1 \times 10^{-15}$ mol nachgewiesen werden. Bakterielle Luciferase erlaubt einen empfindlichen NAD(P)H-Nachweis. Das emittierte Licht lässt sich mit konventionellen Fluorimetern messen, doch sind spezielle computergesteuerte Luminometer erhältlich.

Die Methode der **Polarimetrie** misst die Ablenkung der Ebene linear polarisierten Lichts durch optisch aktive Strukturen und eignet sich besonders für Enzymreaktionen, bei denen asymmetrische Zentren verändert werden, besonders bei Kohlenhydraten. Die Erforschung der Invertasereaktion, der enzymatischen Spaltung von Saccharose zu Glucose und Fructose, mit dieser Methode führte zur Entwicklung der Michaelis-Menten-Gleichung. Der Ablenkungswinkel wird durch Drehung eines Polarisationsfilters (Analysator) bestimmt, bis die optimale Lichtintensität erreicht ist. In einfachen Geräten erfolgt dies manuell, in modernen Polarimetern automatisch.

### 4.5.2 Elektrochemische Methoden

Zahlreiche Enzymreaktionen verursachen eine pH-Veränderung, wie die Freisetzung langkettiger Fettsäuren aus Lipiden durch Lipasen oder die Spaltung von Acetylcholin zu Cholin und Essigsäure durch die Acetylcholin-Esterase. Diese pH-Veränderung kann, in ungepuffertem Milieu, mit einem pH-Meter mit Glaselektrode gemessen werden. Allerdings beeinflusst die zunehmende pH-Verschiebung die Enzymaktivität, sodass die pH-Änderung immer wieder kompensiert werden muss. Dies besorgt eine spezielle Apparatur, ein **pH-Stat**, bestehend aus einem pH-Meter mit Glaselektrode, einer Kontrolleinheit und einem Autotitrator. Bei Absenken des pH-Wertes von einem voreingestellten Sollwert wird über diese automatische Bürette eine alkalische Normallösung mit bekanntem Titer zugegeben, bei pH-Anstieg entsprechend eine saure Lösung, bis der Sollwert wieder erreicht ist. Die Kontrolleinheit registriert die Zugaben zeitabhängig und errechnet daraus die Umsatzgeschwindigkeit des Enzyms.

Redoxrektionen, wie NAD(P)-, FAD- oder cytochromabhängige Enzymreaktionen, lassen sich mit der Methode der **Potenziometrie** verfolgen. Es wird die Potenzialdifferenz zwischen einer Referenzelektrode mit konstantem Potenzial und einer in die Probe tauchenden Indikatorelektrode (einer Platinelektrode) gemessen. Der Messwert bezieht sich auf ein Standardpotenzial von null einer wasserstoffumspülten Platinelektrode, die in eine 1,228 M HCl-Lösung taucht.

Gase, in der Regel $O_2$ oder $CO_2$, sind bei zahlreichen Enzymreaktionen entweder Substrate oder sie werden freigesetzt. Derartige Reaktionen können mit **gasspezifischen Elektroden** gemessen werden. Die 1953 von L.C. Clark entwickelte und auch zur Bestimmung des Partialdrucks $pO_2$ des Bluts verwendete **Sauerstoffelektrode** besteht aus einer teflonummantelten Platinkathode und einer Ag/AgCl-Anode. Sauerstoff penetriert durch die Teflonbeschichtung und wird an der Platinelektrode reduziert. Der gemessene Reduktionsstrom ist abhängig von der in der Zeiteinheit zur Elektrode diffundierenden $O_2$-Menge und damit direkt proportional zu $pO_2$.

Im Medium gelöstes $CO_2$ lässt sich mit einer **$CO_2$-Elektrode** bestimmen. Es handelt sich um eine mit einer $CO_2$-durchlässigen Membran beschichtete Glaselektrode. Die Veränderung des pH-Werts an der Elektrode, verursacht durch das durch die Membran diffundierende $CO_2$, wird gemessen.

### 4.5.3    Radioaktive Markierung

Substrate können mit radioaktiven Isotopen markiert und die markierten Produkte nach der Reaktion analysiert werden. Das Isotop $^{32}P$ wird in Nucleotide eingebaut, z. B. in die endständige Phosphatgruppe von ATP und GTP. Nach der Reaktion z. B. einer ATPase wird freigesetztes $^{32}P_i$ abgetrennt und in einer geeigneten Szintillationsflüssigkeit in einem Szintillationszähler gemessen. Der Vorteil des relativ stark strahlenden $^{32}P$-Isotops ist seine kurze Halbwertszeit von zwei Wochen, was die Dekontamination vereinfacht. Dagegen hat das $^{14}C$-Isotop eine Halbwertszeit von 5730 Jahren, dafür ist seine Strahlung nicht weitreichend. $^{14}C$ wird besonders bei Reaktionen verwendet, die $CO_2$ freisetzen, wie der Pyruvat-Decarboxylase. Das freigesetzte $CO_2$ adsorbiert an einer alkalischen Membran und wird im Szintillationszähler gemessen. Das Entweichen von $^{14}CO_2$ muss verhindert werden, da es eingeatmet und das langlebige $^{14}C$-Isotop in den Organismus eingebaut werden kann.

In protonenabhängigen Reaktionen, wie NAD(P)$^+$/ NAD(P)H + H$^+$ kann das Tritium-Isotop $^3H$ eingesetzt

werden. Es hat eine mittlere Halbwertszeit von 12,3 Jahren. Bei unsachgemäßer Handhabung besteht ebenfalls die Gefahr der Speicherung im Organismus.

### 4.5.4    Chromatographische Verfahren

Kann eine bestimmte Enzymreaktion durch keine der oben beschriebenen Methoden verfolgt werden, verbleibt die Möglichkeit, in der Testmischung nach dem Stopp der Reaktion nach einer bestimmten Zeitspanne die Menge einer an der Reaktion beteiligten Komponente zu bestimmen. Die besser zu identifizierende Komponente, Substrat oder Produkt, wird durch ein chromatographisches Trennverfahren separiert und quantifizieren. Für bestimmte Enzymtests ist eine dünnschichtchromatographische Trennung zweckmäßig, wobei nach der Entwicklung der betreffende Spot ausgekratzt, die Substanz extrahiert und quantifiziert wird. Vielfach erfolgt die Trennung aber auf einer geeigneten Chromatographiesäule. Da Substrat und Produkt zumeist eine vergleichbare Größe besitzen, kommen Gelchromatographie- und Molekularsiebsäulen weniger zum Einsatz, häufiger dagegen Ionenaustausch- und Reversed-Phase-Säulen. Eine sehr selektive und für die betreffende Substanz spezifische Technik ist die Affinitätschromatographie. Die Chromatographiesäulen können in konventioneller Weise betrieben werden, sehr zu empfehlen sind jedoch die empfindlichen, mit kleinen Proben arbeitenden und zeitsparenden HPLC- und FPLC-Systeme.

Die Nachweismethode richtet sich nach der Art der jeweiligen Substanz. Ist deren Migrationsverhalten im betreffenden System bekannt, lässt sie sich durch einen UV-Detektor lokalisieren, ansonsten muss eine nachgeschaltete chemische Reaktion erfolgen. Die zugehörige Peakfläche des Detektordiagramms ist der Substanzmenge proportional und kann zur Quantifizierung dienen. Ansonsten wird die betreffende Fraktion abgetrennt und separat analysiert.

### 4.5.5    Diverse Methoden

Die bequemeren und genaueren gasspezifischen Elektroden haben das **manometrische Verfahren** zur Bestimmung gasabhängiger Reaktionen von Otto Warburg weitgehend verdrängt. Die Enzymreaktion findet dort in einem Reaktionsgefäß statt, das so gearbeitet ist, dass Enzym- und Substratlösung und anschließend eine Stopplösung zum Beenden der Reaktion durch einfache Kippbewegung des gasdichten Systems vermischt werden können. Ein angeschlossenes Manometer zeigt die Menge des verbrauchten bzw. gebildeten Gases.

Sehr schnelle Reaktionsabläufe bis in den Millisekundenbereich lassen sich mit einer **Stopped-Flow-Apparatur** analysieren. Enzym- und Substratlösungen werden mit hohem Druck über eine Mischkammer vereinigt und die ablaufende Reaktion absorptionsphotometrisch oder fluoreszenzspektroskopisch vermessen. Die aufwendige Methode ist mehr für Forschungsstudien an Enzymen geeignet und bringt für Enzymtests, die bei entsprechend geringer Enzymmenge im normalen Zeitrahmen ablaufen, keinen zusätzlichen Vorteil.

Die freigesetzte (exotherm) oder verbrauchte (endotherm) Wärmemenge bei enzymatischen Reaktionen lässt sich mit **Kalorimetern** messen und damit die Reaktion analysieren. Verschiedene Ausführungen von Kalorimetern sind erhältlich, für die Messung von Enzymreaktionen eignen sich Mikrodurchflusskalorimeter, die geringe Probenmengen benötigen.

## Literatur und Weiterführende Literatur

Barmann TE, Schomburg D (1983) Enzyme handbook. Springer, Berlin

Bergmeyer HU (1983) Methods of enzymatic analysis, 3. Aufl. Verlag Chemie, Weinheim

Bisswanger H (2017) Enzyme kinetics, 3. Aufl. Wiley-VCH, Weinheim

Bisswanger H (2019) Practical enzymology, 3. Aufl. Weinheim, Wiley-Blackwell

Cornish-Bowden A (2004) Fundamentals of enzyme kinetics, 3. Aufl. Portland Press Ltd, London

Eisenthal R, Danson JM (2002) Enzyme assays, 2. Aufl. Oxford University Press, Oxford, UK

Enzyme Database BRENDA. www.brenda-enzymes.org

Leskovac V (2003) Comprehensive enzyme kinetics. Kluwer Academic, Dordrecht

Marangoni AG (2003) Enzyme kinetics. A modern approach. Wiley-Interscience, Hoboken

Purich DL (1999) Handbook of biochemical kinetics. Academic, New York

Schomburg D (2000) Springer handbook of enzymes. Springer, Berlin

# Mikrokalorimetrie

*Alfred Blume*

## Inhaltsverzeichnis

5.1    Differential Scanning Calorimetry (DSC) – 61

5.2    Isothermal Titration Calorimetry (ITC) – 67
5.2.1  Bindung von Liganden an Proteine – 67
5.2.2  Bindung von Molekülen an Membranen: Einbau und periphere
       Bindung – 72

5.3    Pressure Perturbation Calorimetry (PPC) – 75

       Literatur und Weiterführende Literatur – 76

© Springer-Verlag GmbH Deutschland, ein Teil von Springer Nature 2022
J. Kurreck et al. (Hrsg.), *Bioanalytik*, https://doi.org/10.1007/978-3-662-61707-6_5

5

- Die *Differential Scanning Calorimetry* (DSC) ist eine Analysemethode, um Umwandlungstemperaturen und -wärmen bei thermisch induzierten Umwandlungen von Biopolymeren (Peptide, Proteine, Nucleinsäuren) bzw. Umwandlungen in natürlichen und Modellmembranen schnell und mit wenig Materialeinsatz zu bestimmen.
- Die DSC liefert über die Bestimmung der Umwandlungstemperaturen und -wärmen wichtige Aussagen über die thermische Stabilität von Proteinen, Nucleinsäuren und Membranen.
- Die *Isothermal Titration Calorimetry* (ITC) ist eine kalorimetrische Messtechnik, bei der Reaktionswärmen gemessen werden, die bei der Bindung von Liganden an Makromoleküle oder Membranen auftreten. Die Experimente können in einem weiten Temperaturbereich durchgeführt werden.
- Der Vorteil der ITC ist, dass sowohl die Bindungskonstante als auch die Bindungsenthalpie direkt bestimmt werden. Aus diesen Größen können dann die freie Bindungsenthalpie und die Bindungsentropie berechnet werden.
- Beide kalorimetrischen Methoden sind automatisierbar für einen höheren Probendurchsatz und miniaturisierbar für verringerten Substanzbedarf. Die DSC und die ITC werden sowohl in der Grundlagenforschung eingesetzt als auch routinemäßig in der Produktion, z. B. zur Proteinanalytik von monoklonalen Antikörpern.

Die Kalorimetrie ist eine Methode zur Bestimmung von Wärmemengen, die zwischen einem geschlossenen System und seiner Umgebung ausgetauscht werden. Sie ist eine sehr alte Methode, die auf erste Beobachtungen in der zweiten Hälfte des 18. Jahrhunderts zurückgeht, dass z. B. Eis beim Schmelzen Wärme aufnimmt, ohne dabei seine Temperatur zu ändern. Damals wurde der Begriff der „latenten" Wärme geprägt (Joseph Black, Edinburgh). Während die meisten kalorimetrischen Messungen das Ziel hatten, chemische und physikalische Prozesse zu verstehen und die dabei auftretenden Wärmemengen zu bestimmen, gab es auch schon sehr früh biologische Anwendungen. Lavoisier konstruierte um 1780 ein Eiskalorimeter, mit dem er den Metabolismus eines Meerschweinchens über die Menge des geschmolzenen Eises bestimmte. Er baute dabei auf den Erkenntnissen von Joseph Black über die latente Wärme (Schmelzwärme) des Eises auf.

Während die Kalorimetrie in der Chemie und der Physik danach eine weit verbreitete Methode wurde, mit deren Hilfe eine große Anzahl von thermodynamischen Daten und Stoffeigenschaften, wie z. B. spezifische Wärmen, Reaktionswärmen, Phasenumwandlungswärmen, gemessen und tabelliert wurden, wird die Methode seit circa 40 Jahren zunehmend für biologische Fragestellungen eingesetzt. Dazu beigetragen haben apparative Ent-

wicklungen auf dem Gebiet der mechanischen Fertigung und der Elektronik, die die Empfindlichkeit der Kalorimeter so stark gesteigert haben, dass die Geräte auch zur thermodynamischen Charakterisierung biologischer Proben, bei denen häufig die Materialmenge den limitierenden Faktor darstellt, routinemäßig eingesetzt werden können. Wegen der nun möglichen Untersuchung von kleinen Probemengen wurde der Begriff Mikrokalorimetrie eingeführt.

Mithilfe der Kalorimetrie misst man, wie oben erwähnt, die bei einer Reaktion auftretende Wärme, die mit der Umgebung unter quasi-isothermen Bedingungen ausgetauscht wird. Wird bei der Reaktion Wärme entwickelt, spricht man von einer exothermen Reaktion, die Wärme wird dann an die Umgebung abgegeben. Bei einer endothermen Reaktion dagegen wird Wärme verbraucht und fließt von der Umgebung auf das System. Für die Bestimmung der geflossenen Wärme gibt es verschiedenste Messmethoden, auf die hier nicht näher eingegangen werden soll. Neben der Bestimmung von Reaktionswärmen bei annähernd konstanter Temperatur (isotherme Kalorimetrie) kann man physikalische Prozesse auch durch eine Änderung der Temperatur erreichen. Als Beispiel wurde oben schon das Schmelzen des Eises oder das Verdampfen von Wasser am Siedepunkt erwähnt. Bei diesen Prozessen wird Wärme benötigt, d. h. es muss von außen die Schmelzwärme bzw. Verdampfungswärme zugeführt werden. Bei biologischen Systemen sind solche Prozesse, die durch Temperaturerhöhung ausgelöst werden, z. B. die Denaturierung von Proteinen in wässrigen Lösungen, die Entfaltung der DNA-Doppelhelix oder der Übergang von Membranen von einem geordneten in einen ungeordneten Zustand. Diese Art der Kalorimetrie nennt man *Scanning Calorimetry*, weil hier ein bestimmter Temperaturbereich durchfahren (gescannt) wird.

Die Anwendung der kalorimetrischen Methoden auf biologische Systeme, wie Proteine, Nucleinsäuren oder Membranen in wässrigen Pufferlösungen, ist eng verknüpft mit der Entwicklung von hochempfindlichen Differential-Scanning-Kalorimetern. Dabei standen unter anderem zwei Personen im Vordergrund, die diese Entwicklungen maßgeblich vorangetrieben haben, Julian Sturtevant und Peter Privalov. Ab Ende der 1970er-Jahre standen dann empfindliche DSC-Geräte kommerziell zur Verfügung, und zwar zunächst, aufbauend auf der Entwicklung von P. Privalov, aus russischer Fertigung gebaute Geräte. Später wurden dann von J. F. Brandts DSC-Geräte entwickelt und nach Gründung der Firma MicroCal kommerziell vertrieben.

Die von der Firma MicroCal vertriebenen Geräte wurden dann nach einer revolutionären Idee von J. F. Brandts Ende der 1980er-Jahre zu *Isothermal Titration Calorimeters* (ITC) umgebaut, indem in die kalorimetrische Messzelle eine motorgetriebene Injektionsspritze mit Rührpaddel eingebaut wurde. Dieses ermöglichte eine Titrationskalorimetrie mit Leistungskompensation der Wärmeeffekte, wodurch die Messzeiten außerordentlich verkürzt wurden und wodurch aufgrund der Empfindlichkeit des benutzten Systems erstmalig Bindungsstudien von Liganden an z. B. Proteine routinemäßig durchgeführt werden konnten. Die entwickelte Methode nannte sich zwar Isothermal Titration Calorimetry, in Wahrheit werden jedoch Probe- und Referenzzelle mit konstanter, aber sehr niedriger Heizleistung aufgeheizt, wodurch eine Leistungskompensation sowohl für endo-, aber auch für exotherme Prozesse möglich wurde. Die heutigen DSC- und ITC-Geräte basieren alle auf einem ähnlichen Prinzip und sind im Wesentlichen nur in ihrer Elektronik, ihren Zellvolumina, der Automation bzw. der Ausführung der Injektionsspritzen (ITC) weiterentwickelt worden, um die Empfindlichkeit zu verbessern und den praktischen Einsatz komfortabler zu machen.

In den folgenden Abschnitten sollen die Grundlagen der Kalorimetrie sowie die zwei wesentlichen Methoden, die heute zur Untersuchung von biologischen/biochemischen Fragestellen verwendet werden, dargestellt werden. Dabei werden auch einige Bespiele zur Illustration der Möglichkeiten der kalorimetrischen Methoden aufgeführt werden.

## 5.1 Differential Scanning Calorimetry (DSC)

In einem Differential Scanning Calorimeter werden wässrige Lösungen von Makromolekülen, wie z. B. Proteinen oder Nucleinsäuren bzw. Suspensionen von Lipidvesikeln oder Membranen, in einem vorgegebenen Temperaturbereich aufgeheizt. Beim Aufheizen werden in den Lösungen thermische Umwandlungen ausgelöst, die mit der DSC registriert werden. Bei Lösungen von Proteinen induziert man die Entfaltung von der nativen Form des Proteins in das statistische Knäuel, die entweder in einem Alles-oder-Nichts-Prozess (Zweizustandsmodell) passiert oder über verschiedene, teilweise entfaltete Zwischenzustände erfolgen kann. Bei Desoxyribonucleinsäuren wird durch Temperaturerhöhung die Doppelhelix-Knäuel-Umwandlung induziert. Auch diese Umwandlung kann nach verschiedenen Mechanismen ablaufen, entweder hoch kooperativ oder sequenziell mit verschiedenen Zwischenzuständen.

Bei Lipidvesikeln bzw. Liposomen als Modellen für biologische Membranen erzeugt man durch die Temperaturerhöhung eine Umwandlung von einer geordneten Membran (Gelphase), in der die Lipidmoleküle mit *all-trans*-Ketten vorliegen und die Bewegung eingeschränkt ist, in eine flüssigkristalline Membran, in der die Beweglichkeit der Ketten stark erhöht ist, bedingt durch ein teilweises „Schmelzen" mit erhöhter Anzahl von *gauche*-Konformeren in den Ketten. Auch ist die laterale

Diffusion der Moleküle stark erhöht, sodass die Membran fluide erscheint. Der Temperaturbereich, über den sich diese Umwandlung erstreckt, hängt von der chemischen Struktur der Lipidkomponenten und der Zusammensetzung der Lipidmembran ab. Zur Untersuchung dieser thermisch induzierten Umwandlungen muss ein DSC-Gerät die folgenden Ansprüche erfüllen:

- Es muss eine hohe Empfindlichkeit besitzen, damit auch in verdünnten wässrigen Lösungen die Umwandlungen mit guter Genauigkeit verfolgt werden können. Dies ist besonders bei Proteinlösungen wichtig, da bei höheren Konzentrationen leicht eine Aggregation der Proteine erfolgen kann.
- Das Probenvolumen sollte klein sein, um den Materialbedarf gering zu halten.
- Die Reproduzierbarkeit der Basislinie muss gegeben sein, damit bei Umwandlungen, die sich über einen großen Temperaturbereich erstrecken, die Umwandlungsenthalpie durch Integration sicher ermittelt werden kann.
- Die Heiz- und Kühlgeschwindigkeiten müssen sehr gut kontrollierbar sein und die Empfindlichkeit im Kühlmodus sollte ähnlich wie beim Heizen sein. Dies ist besonders für die Untersuchung reversibler Umwandlungen wichtig.

Diese Anforderungen werden fast ausschließlich durch adiabatische bzw. quasi-adiabatische Differenz-Kalorimeter mit Leistungskompensation erfüllt. Zudem besitzen diese Kalorimeter nicht wie viele andere Kalorimeter herausnehmbare, sondern fest eingebaute Zellen, die von außen gefüllt werden. Diese Konstruktion ist essenziell, um gut reproduzierbare Basislinien zu bekommen. In ◻ Abb. 5.1 ist der prinzipielle Aufbau eines DSC-Gerätes mit Leistungskompensation dargestellt.

In einem typischen DSC-Gerät, das für die Untersuchung von Umwandlungen von Biopolymeren benutzt werden kann, sind die beiden Zellen von einem adiabatischen Mantel umgeben, der verhindern soll, dass Wärme zwischen Umgebung und Proben- und Referenzzelle ausgetauscht wird. Die beiden Zellen und der Mantel, oder in neuen DSC-Geräten auch mehrere adiabatische Mäntel, werden mit kontrollierter Leistung über Heizwiderstände, die auf dem Mantel bzw. den Zellen aufgebracht sind, beheizt. Die Heizleistung wird so ausgelegt, dass eine bestimmte Temperaturerhöhung pro Zeiteinheit erreicht wird. Dies wird über auf den Mantel aufgebrachte Temperaturfühler gemessen und kontrolliert. Damit beim Heizen kein Wärmeaustausch zwischen Zellen und Mantel erfolgt, muss dafür gesorgt werden, dass der adiabatische Mantel und die beiden Zellen auf möglichst exakt gleicher Temperatur sind. Thermoelemente oder Halbleiterthermosensoren, die eine mögliche auftretende Temperaturdifferenz zwischen dem adiabatischen Mantel und den Zellen bzw. zwischen den beiden Zellen detektieren, werden dazu benutzt, die Heizleistung der Zellen und/

**5**

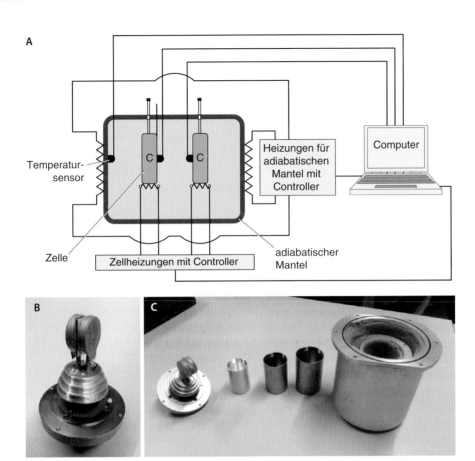

**Abb. 5.1** **A** Schematischer Aufbau eines Differential Scanning Calorimeters (DSC). Die beiden Zellen (C) werden mit konstanter Heizleistung aufgeheizt. Dabei wird über die Temperatursensoren die Temperatur der beiden Zellen gemessen und die Heizleistung über den Controller so reguliert, dass die Temperaturdifferenz annähernd null wird. Die Zellen werden von einem adiabatischen Mantel umgeben, der ebenfalls beheizt wird und dessen Temperatur über einen Controller ebenfalls so reguliert wird, dass die Temperaturdifferenz zwischen Zellen und adiabatischem Mantel auf null zurück-geht, damit keine Wärme aus der Umgebung auf die Zellen fließt. Alle Regelkreise werden über einen Computer gesteuert, der die im Falle einer thermischen Umwandlung auftretende Zusatzheizleistung der Probe gegen die Zeit bzw. die Temperatur abspeichert und auf dem Schirm darstellt. **B** Zellaufbau der zwei Zellen eines VP-DSC-Gerätes von MicroCal mit Halbleiterthermosensorblock zwischen den beiden Zellen. **C** Links Zellaufbau, rechts demontierte adiabatische zylinderförmige Mäntel verschiedener Größe. Die äußeren sind mit Polyurethanschaum isoliert

oder des Mantels so zu regeln, dass diese Temperaturdifferenz minimiert wird. Tritt nun beim Aufheizen eine endotherme Umwandlung, z. B. eine Entfaltung eines Proteins auf, so wird in der Probenzelle ein Teil der zugeführten Heizleistung für die Umwandlung des Proteins benötigt, sodass die Probenzelle weniger schnell erwärmt wird und somit eine Temperaturdifferenz zwischen den beiden Zellen entsteht. Diese Temperaturdifferenz wird über eine Thermosäule zwischen den beiden Zellen detektiert und das resultierende elektrische Signal dazu benutzt, über einen Regelkreis die Probenzelle mit einer zusätzlichen Heizleistung $P_{\text{Diff}}$ zu versorgen, wodurch die Temperaturdifferenz wieder auf annähernd null zurückgeführt wird. Diese Differenzheizleistung $P_{\text{Diff}}$ ist die eigentliche Messgröße, die als Funktion der Zeit bzw. der Temperatur in einem Computer, der auch die Apparatur steuert, gespeichert und gleichzeitig auf dem Bildschirm dargestellt wird. In einem idealen DSC-Gerät sind die beiden Zellen exakt gleich und haben nach Füllung mit der gleichen Flüssigkeit (Wasser oder Puffer) auch exakt die gleiche Wärmekapazität, sodass $P_{\text{Diff}}$ gleich null sein sollte.

Dieses ist normalerweise aus Fertigungsgründen nicht erreichbar, sodass die so genannte Basislinie, die man bei Füllung beider Zellen mit Puffer erhält, keine Gerade als Funktion der Temperatur darstellt. Aus diesem Grunde wird entweder die Basislinie vor jeder Messung mit neuen Proben neu registriert, oder, falls die Reproduzierbarkeit der Basislinie sehr gut ist, kann auf im Computer abgespeicherte Basislinien zurückgegriffen werden, die nach der Messung der Probe von der neuen Messkurve abgezogen werden.

Es gibt für die Form der Zellen bei den heute kommerziell erhältlichen DSC-Geräten zwei verschiedene Typen: zum einen der so genannte Lollipop-Typ und andererseits die Kapillarzelle. Beim Lollipop-Typ handelt es sich um Zellen, die die Form und Größe eines etwas dickeren Geldstückes haben und an die eine Einfüllkapillare angebracht ist, die durch den adiabatischen Mantel nach außen geführt ist (□ Abb. 5.1B). Die Kapillarzelle hingegen besteht aus mehreren Windungen einer Metallkapillare. Beide Enden der Kapillare sind nach außen geführt, sodass die Zelle im Durchfluss befüllt

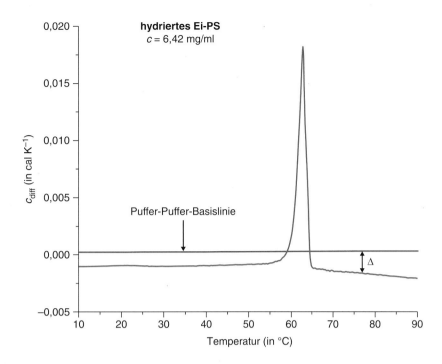

**Abb. 5.2** DSC-Kurve einer Liposomen-suspension von hydriertem Ei-Phosphatidyl-serin (PS), das eine Membranumwandlung von einer geordneten Gelphase in eine flüssigkristalline Phase zeigt. Die Basislinie für den Fall, dass beide Zellen mit Puffer gefüllt sind, ist zusätzlich dargestellt

und auch gespült werden kann. Die Volumina der Zellen der heute verfügbaren DSC-Geräte liegen zwischen 0,1 und ca. 1 ml. In neueren Entwicklungen wird bereits von Zellen mit nur 1 µl Probenvolumen berichtet. Die Materialien der Zellen sind aus Metallen wie Gold, Platin oder Tantal 61™, die chemisch sehr inert sind und gute Wärmeleitfähigkeit zeigen. DSC-Geräte, bei denen die Befüllung und Reinigung der Kapillarzellen automatisiert sind, werden ebenfalls angeboten. Die Befüllung und Reinigung erfolgt hier durch einen Roboter, sodass der Durchsatz des Systems durch Ankopplung an ein System mit Mikrotiterplatten mit bis zu 96 Näpfchen erheblich höher ist als bei einem konventionellen System.

Heutige DSC-Geräte haben sehr hohe Empfindlichkeiten und gute Basislinienstabilität. Das Signalrauschen der Basislinie im Kurzzeitbereich liegt bei 0,015–0,025 µW, dies entspricht ca. 0,21–0,35 µcal s$^{-1}$ bei einer Aufheizgeschwindigkeit von 1 °C min$^{-1}$. Die Wiederholbarkeit der Basislinie nach Wiederbefüllung spielt eine wichtige Rolle. Hier erreichen die heutigen Geräte Standardabweichungen von 0,025–0,5 µW, wobei die Geräte mit Kapillarzellen etwas niedrigere Standardabweichungen haben als die Geräte mit Zellen mit Lollipop-Design.

Wie oben erwähnt, wird in einem DSC-Gerät beim Aufheizen die Differenzheizleistung als Funktion der Zeit bzw. der Temperatur registriert. Diese Differenzheizleistung $P_{Diff}$ hängt mit der Differenz der Wärmekapazitäten $c_{Diff}$ zwischen Probe und Referenzzelle in folgender Weise zusammen:

$$c_{Diff} = c_{Probe} - c_{Referenz} = P_{Diff} \frac{dt}{dT} \qquad (5.1)$$

wobei d$t$ das Zeitintervall ist, in dem sich die Temperatur um d$T$ ändert.

In einem kalorimetrischen Experiment wird zunächst die Basislinie registriert, wobei beide Zellen mit Puffer gefüllt sind. Danach wird die Probenzelle mit der Lösung der zu untersuchenden Substanz in Puffer gefüllt und die Differenzheizleistung registriert. Man erhält schematisch folgende zwei Messkurven (Abb. 5.2):

Abb. 5.2 zeigt die Puffer-Puffer-Basislinie und eine Messkurve einer Suspension von hydriertem Sojabohnen-PS, das eine Umwandlung der Lipidvesikel von einer geordneten Gelphase in eine flüssigkristalline Phase zeigt. Angegeben ist auch die Verschiebung der Basislinie $\Delta$ zwischen Puffer-Puffer-Basislinie und eigentlicher Messkurve. Aus dieser Verschiebung kann die scheinbare Molwärme $^\phi C_P$ der gelösten oder suspendierten Substanz ermittelt werden, wenn das spezifische Volumen $V_P$ der Probesubstanz bekannt ist. Die dazu notwendige Beziehung ist in Gl. 5.2 dargestellt, wobei $V_W$ das spezifische Volumen und $c_{pW}$ die spezifische Wärme von Wasser sind sowie $m_P$ und $M_P$ die Masse der eingewogenen Probesubstanz bzw. die Molmasse der Probe.

$$^\phi C_P = \left[ c_{pW} \frac{V_P}{V_W} - \frac{\Delta}{m_P} \right] M_P \qquad (5.2)$$

Subtrahiert man einfach die Basislinie in Abb. 5.2 von der Messkurve und rechnet durch Berücksichtigung der Konzentration in der Messzelle um, so erhält man die auf das Mol Substanz normierte Messkurve $C_{Diff}$ als Funktion der Temperatur, die in Abb. 5.3 dargestellt ist.

In Abb. 5.3 sind auch die Temperaturen $T_A$ und $T_E$ eingetragen, die für die Bestimmung der molaren Umwandlungsenthalpie notwendig sind. Diese erhält man

**Abb. 5.3** Normierte DSC-Kurve, die nach Abzug der Basislinie und Umrechnung auf die molare Menge an Lipid erhalten wird. $T_A$ und $T_E$ sind die Temperaturen, zwischen denen die Fläche unter dem Peak bestimmt wird, um die molare Umwandlungsenthalpie $\Delta H_\text{Umwandlg}$ zu erhalten

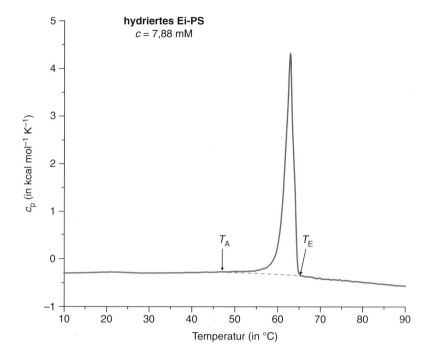

**Abb. 5.4** Nicht normierte DSC-Kurve einer Lösung von Lysozym. Die thermisch induzierte Umwandlung des Proteins erfolgt bei einer bestimmten Temperatur $T_m$. Die Umwandlung kann durch ein Zweizustandsmodell beschrieben werden

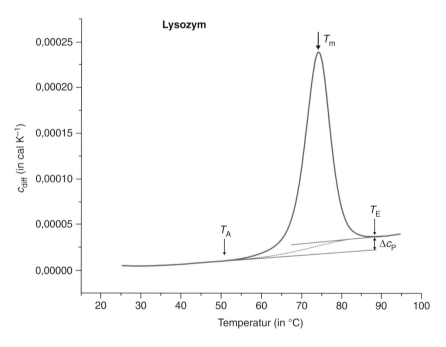

durch Integration der Messkurve im Temperaturbereich von $T_A$ bis $T_E$, wobei als Nulllinie $C_0$, die gestrichelte Linie, durch den Experimentator bestimmt wird. Die molare Umwandlungsenthalpie $\Delta H_\text{Umwandlg}$ entspricht also der Fläche zwischen Messkurve und der im Umwandlungsbereich gelegten Nulllinie $C_0$:

$$\Delta H_\text{Umwandlg} = \int_{T_A}^{T_E} \left( C_\text{Diff} - C_0 \right) dT \tag{5.3}$$

Was hier für die Umwandlung in Lipiddoppelschichten gezeigt wurde, gilt analog für die Umwandlung von Proteinen bzw. Nucleinsäuren in wässriger Lösung. Abb. 5.4 zeigt die Denaturierung von Lysozym bei einer Temperatur $T_m$. Bei einer Proteindenaturierung findet man häufig eine Änderung der Wärmekapazität $\Delta c_p$, die zu einem Versatz der Basislinien vor und nach der Umwandlung führt. Dieses erschwert die Integration des Umwandlungspeaks. Üblicherweise wird die Basislinie dann als sigmoide Kurve zwischen die Anfangs- und Endtemperatur der Umwandlung gelegt, wie es in ◼ Abb. 5.4 dargestellt ist, und dann die Integration durchgeführt.

Für eine Denaturierung eines Proteins oder für die Umwandlung in einer Lipidmembran von der geordneten Gelphase in die flüssigkristalline Phase kann man im einfachsten Fall ein Zweizustandsmodell zwischen Spezies A und B annehmen, zwischen denen ein Gleichgewicht existiert, z. B. zwischen einem nativen Protein und seinem denaturiertem Zustand:

$$A \rightleftharpoons B \qquad (5.4)$$

Die Gleichgewichtskonstante $K$ ist dann nach dem Massenwirkungsgesetz definiert als Verhältnis der Konzentrationen der Spezies:

$$K = \frac{[B]}{[A]} = \frac{\theta}{1-\theta} \qquad (5.5)$$

wobei $\theta$ der Umwandlungsgrad ist, der zwischen 0 und 1 läuft. Damit wird $\theta$ als Funktion der Gleichgewichtskonstante zu:

$$\theta = \frac{K}{1+K} \qquad (5.6)$$

Die Gleichgewichtskonstante ist wiederum temperaturabhängig. Diese Temperaturabhängigkeit wird bestimmt durch die van't Hoff'sche Umwandlungsenthalpie $\Delta H_{v.H}$, sodass man für $K(T)$ erhält:

$$K(T) = K(T_m) \exp\left[\frac{-\Delta H_{v.H.}}{R} \cdot \left(\frac{1}{T} - \frac{1}{T_m}\right)\right] \qquad (5.7)$$

Setzt man Gl. 5.7 in Gl. 5.6 ein so erhält man den Umwandlungsgrad als Funktion der Temperatur. Aus der Steigung der Umwandlungskurve am Mittelpunkt der Umwandlung bei $T_m$ kann man $\Delta H_{v.H.}$ ermitteln. Es ergibt sich:

$$\left(\frac{d\theta}{dT}\right)_{T_m} = \frac{\Delta H_{v.H.}}{4RT_m^2}; \Delta H_{v.H.} = 4RT_m^2\left(\frac{d\theta}{dT}\right) \qquad (5.8)$$

Nach Differenziation von Gl. 5.6 und Multiplikation mit der kalorimetrischen Umwandlungsenthalpie $\Delta H_{cal}$ ergibt sich als theoretische Kurve für die differenzielle Wärmekapazität $c_{Diff}$ für ein Zweizustandsmodell:

$$c_{Diff} = \Delta H_{cal}\left(\frac{d\theta}{dT}\right)$$
$$= \Delta H_{cal}\left(\left\{1 + \exp\left[\frac{-\Delta H_{v.H.}}{R}\left(\frac{1}{T} - \frac{1}{T_m}\right)\right]\right\}^{-2} \cdot \exp\left[\frac{-\Delta H_{v.H.}}{R}\left(\frac{1}{T} - \frac{1}{T_m}\right)\right]\frac{\Delta H_{v.H.}}{RT^2}\right) \qquad (5.9)$$

◼ Abb. 5.5 zeigt schematisch die resultierenden Kurven, die bei einer Variation des Verhältnisses von $\Delta H_{v.H.}/\Delta H_{cal} = n$ erhalten werden. $n$ bezeichnet man als kooperative Einheit. Ist dieses Verhältnis 1, so erhält man die schwarze Kurve. Sie entspricht einer Umwandlung eines Proteins von einem gefalteten in einen entfalteten Zustand ohne Kooperativität, wie es häufig bei Proteinumwandlungen zu beobachten ist. Wird dieses Verhältnis größer als 1, so spricht man von kooperativen Umwandlungen, wie sie z. B. in Lipidbilayern zu beobachten sind. Hier wird die Umwandlung immer schärfer und

◼ **Abb. 5.5** Nach dem Zweizustandsmodell berechnete Kurven mit unterschiedlichen Verhältnissen von $n = \Delta H_{v.H.}/\Delta H_{cal}$. Der Wert von $n$ wurde von 0,5 bis 10 variiert. $\Delta H_{cal}$ betrug 100 kcal mol$^{-1}$. Mit steigendem $n$ wird die Halbwertsbreite des Peaks immer geringer, die Fläche unter der Kurve bleibt gleich

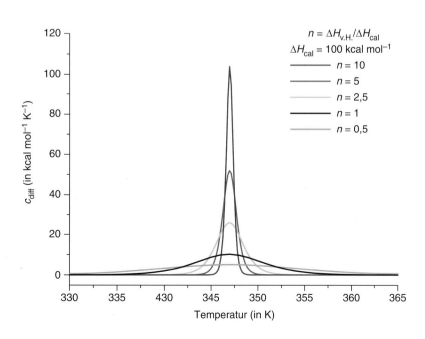

nähert sich einer Phasenumwandlung erster Ordnung, bei der $n$ gegen unendlich geht. Für Umwandlungen in kleinen Lipidvesikeln liegt n etwa bei 50–100.

Für die Simulationen, die in ◘ Abb. 5.5 gezeigt werden, wurde für $\Delta H_{cal}$ ein Wert von ca. 100 kcal mol⁻¹ angenommen, wie z. B. bei der Denaturierung von Lysozym gemessen (◘ Abb. 5.4). Variiert wurde nun $n$ von dem Wert 0,5 über 2,5, 5 bis 10. Die Umwandlung wird immer schärfer, aber die Fläche unter der Kurve bleibt gleich, da sie $\Delta H_{cal}$ entspricht.

In ◘ Abb. 5.6 ist die Messkurve für die Denaturierung von Lysozym aus ◘ Abb. 5.4 in der normierten Form dargestellt. Wie man sieht, ist die Denaturierung schon recht gut mit einem Zweizustandsmodell (rote gestrichelte Kurve) ohne Kooperativität beschreibbar. Die aus der Simulation sich ergebenden Werte für $T_m$ und die Umwandlungsenthalpie $\Delta H_{cal}$ liegen bei ca. 74 °C und 100 kcal mol⁻¹. Eine bessere Anpassung findet man mit einem Modell, bei dem auch $\Delta H_{v.H.}$ mit in die Simulation eingeht, wie mit der gestrichelten blauen Kurve ersichtlich. $\Delta H_{cal}$ liegt dann etwas niedriger mit 91,5 kcal mol⁻¹ und das Verhältnis $\Delta H_{v.H.}/\Delta H_{cal}$ bei ca. 1,3.

Nicht bei allen Proteinen folgt die Entfaltung einem simplen Zweizustandsmodell. In vielen Fällen können Proteindomänen separat bei unterschiedlichen Temperaturen entfalten. Dies führt zu DSC-Kurven mit mehreren Peaks, wie es z. B. in ◘ Abb. 5.7 für ein Immunglobulin dargestellt ist.

Die Auswertung dieser DSC-Kurven erfolgt durch Annahme von mehreren Umwandlungen, das heißt die Peaks werden separat integriert und ausgewertet, sodass dann ein prozentualer Anteil der einzelnen Umwandlungen an der Gesamtumwandlung angegeben werden kann. In der Abbildung wurde die gesamte Umwandlung mit sechs verschiedenen Peaks simuliert, deren Parameter in der Abbildung angegeben wurden. Jeder dieser Peaks wurde mit dem Zweizustandsmodell berechnet. Die Auswerteprogramme der Hersteller ermöglichen es auch, diese komplexen Umwandlungen mit anderen Modellen zu simulieren, in denen z. B. kooperative Effekte mitberücksichtigt werden.

Mithilfe der heute verfügbaren DSC-Geräte können auch Abkühlungskurven gemessen werden. Hiermit ist es möglich, Hystereseeffekte und die Reversibilität von Umwandlungen zu ermitteln. Umwandlungen von Lipidmembranen sind in der Regel reversibel, es wird meistens beim Abkühlen nur eine geringe Hysterese, d. h. eine Verschiebung der Umwandlungstemperatur zu niedrigeren Temperaturen, beobachtet. Die durch Temperaturerhöhung induzierte Denaturierung eines Proteins ist in den meisten Fällen allerdings nicht vollständig reversibel. Dies erkennt man daran, dass beim zweiten Aufheizen sich eine andere Kurve ergibt mit beispielsweise verschobenem Maximum und geringerer Umwandlungsenthalpie. Zudem kann es zu irreversibler Aggregation nach der Entfaltung des Proteins kommen. Dies gibt sich in den DSC-Kurven durch einen plötzlichen Abfall der Basislinie nach dem Umwandlungspeak bei höheren Temperaturen zu erkennen, da die Aggregation mit exothermen Effekten verbunden ist.

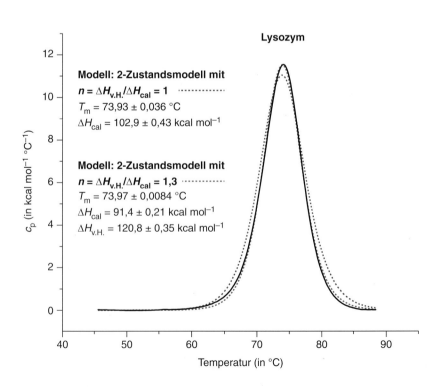

◘ **Abb. 5.6** Normierte DSC-Kurve (schwarz) für die Denaturierung von Lysozym mit zwei verschiedenen Simulationen. Die gestrichelte rote Kurve wurde unter der Annahme des Zweizustandsmodells, berechnet mit $\Delta H_{v.H.}/\Delta H_{cal} = 1$, erhalten, während die gestrichelte blaue Kurve einen etwas größeren Wert für $\Delta H_{v.H.}$ hat und damit besser passt

**Lysozym**

**Modell: 2-Zustandsmodell mit**
$n = \Delta H_{v.H.}/\Delta H_{cal} = 1$ ········
$T_m = 73{,}93 \pm 0{,}036$ °C
$\Delta H_{cal} = 102{,}9 \pm 0{,}43$ kcal mol⁻¹

**Modell: 2-Zustandsmodell mit**
$n = \Delta H_{v.H.}/\Delta H_{cal} = 1{,}3$ ········
$T_m = 73{,}97 \pm 0{,}0084$ °C
$\Delta H_{cal} = 91{,}4 \pm 0{,}21$ kcal mol⁻¹
$\Delta H_{v.H.} = 120{,}8 \pm 0{,}35$ kcal mol⁻¹

$c_p$ (in kcal mol⁻¹ °C⁻¹)

Temperatur (in °C)

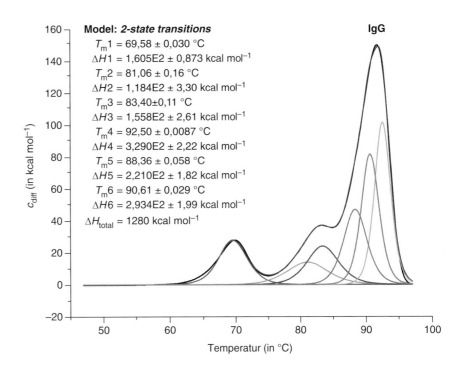

**◻ Abb. 5.7** Normierte DSC-Kurve (schwarz) der Entfaltung eines Immunglobulins mit verschiedenen Stufen der Entfaltung. Die simulierte Kurve basiert auf der Summe von sechs verschiedenen Peaks (die einzelnen Peaks sind in verschiedenen Farben dargestellt) mit unterschiedlichen Umwandlungstemperaturen. Dieses Simulationsverfahren ermöglicht es, den unabhängig sich umwandelnden Untereinheiten jeweils eine Umwandlungsenthalpie zuzuordnen

Model: *2-state transitions*    IgG

$T_m1 = 69{,}58 \pm 0{,}030\ °C$
$\Delta H1 = 1{,}605E2 \pm 0{,}873\ \text{kcal mol}^{-1}$
$T_m2 = 81{,}06 \pm 0{,}16\ °C$
$\Delta H2 = 1{,}184E2 \pm 3{,}30\ \text{kcal mol}^{-1}$
$T_m3 = 83{,}40 \pm 0{,}11\ °C$
$\Delta H3 = 1{,}558E2 \pm 2{,}61\ \text{kcal mol}^{-1}$
$T_m4 = 92{,}50 \pm 0{,}0087\ °C$
$\Delta H4 = 3{,}290E2 \pm 2{,}22\ \text{kcal mol}^{-1}$
$T_m5 = 88{,}36 \pm 0{,}058\ °C$
$\Delta H5 = 2{,}210E2 \pm 1{,}82\ \text{kcal mol}^{-1}$
$T_m6 = 90{,}61 \pm 0{,}029\ °C$
$\Delta H6 = 2{,}934E2 \pm 1{,}99\ \text{kcal mol}^{-1}$
$\Delta H_{total} = 1280\ \text{kcal mol}^{-1}$

$c_{diff}$ (in kcal mol$^{-1}$)

Temperatur (in °C)

## 5.2 Isothermal Titration Calorimetry (ITC)

Wie die DSC ist die ITC heute eine Routinemethode zur Untersuchung von Bindungen von Liganden an Biopolymere oder Lipidmembranen. Auch hier hat die apparative Entwicklung in den letzten Jahrzehnten einen wesentlichen Anteil daran, dass die Methode sich etabliert hat. Die heute kommerziell erhältlichen ITC-Geräte haben eine Empfindlichkeit erreicht, die es ermöglicht, Wärmeeffekte bis hinunter zu 0,1 µcal (ca. 0,4 µJ) zu bestimmen. Dadurch wird es möglich, Bindungskonstanten im Bereich von $10^4$–$10^9$ M$^{-1}$ ($K_D = 100\ \mu M$ bis 1 nM) zuverlässig zu ermitteln. Die ITC hat als Messmethode den Vorteil, dass sie ohne Zusatz von Sonden auskommt und dass sie, wie auch die DSC, eine differenzielle Methode ist, die dadurch grundsätzlich anderen Methoden, bei denen Gleichgewichtskonzentrationen bestimmt werden um Bindungskonstanten zu ermitteln, überlegen ist.

Prinzipiell sind die heutigen ITC-Geräte aus DSC-Geräten abgeleitet worden. Die Geräte arbeiten quasiisotherm, denn um eine Leistungskompensation zu ermöglichen, bei der sowohl endo- als auch exotherme Reaktionswärmen gemessen werden sollen, werden die Messzellen mit einer sehr geringen Heizleistung aufgeheizt. Die Temperaturerhöhung der Messzelle ist aber während der Dauer der Messung zu vernachlässigen. In die Probezelle wird nun eine Kanüle einer Mikroliterspritze eingeführt, die am Ende die Form eines kleinen Paddels hat, mit der die Reaktionslösung durch Drehen der Kanüle bzw. der ganzen Spritze gerührt werden

kann. ◻ Abb. 5.8 zeigt den prinzipiellen Aufbau eines ITC-Gerätes.

Durch schrittweise Injektion kleiner Volumina (1–25 µl) der Lösung des Reaktanden in der Spritze in die vorgelegte Lösung wird die Reaktion ausgelöst. Die durch die Wärmeeffekte auftretende Temperaturänderung gegenüber der Referenzzelle wird durch Änderung der Heizleistung in der Reaktionszelle wieder ausgeglichen und die Differenzheizleistung als Funktion der Zeit aufgetragen. Die Integration des auftretenden Peaks führt zur bei der Reaktion verbrauchten oder entstandenen Wärme. Diese Injektionen werden wiederholt, bis die Injektionsspritze erschöpft ist bzw. die Reaktionswärme auf annähernd null abgeklungen ist.

### 5.2.1 Bindung von Liganden an Proteine

◻ Abb. 5.9 zeigt als Beispiel die Reaktionswärme, die bei Bindung eines Detergens (Tween 80®) an Rinderserumalbumin auftritt. Üblicherweise wird für die erste Injektion mit 1 µl Lösung aus der Spritze injiziert, um mögliche Luftblasen aus der Injektionskanüle auszutreiben. Bei den folgenden Injektionen wurden jeweils 10 µl injiziert. Man erkennt, dass die Reaktionsenthalpie mit steigender Injektionszahl abnimmt und am Ende konstante, relativ kleine Injektionspeaks auftreten, die von Verdünnungswärmen herrühren können.

Bei der Planung eines ITC-Experiments ist es wichtig, vorher eine ungefähre Kenntnis von der Größe der Bindungskonstanten $K_a$ zu haben, damit man die Konzentrationsverhältnisse zwischen Reaktanden in der

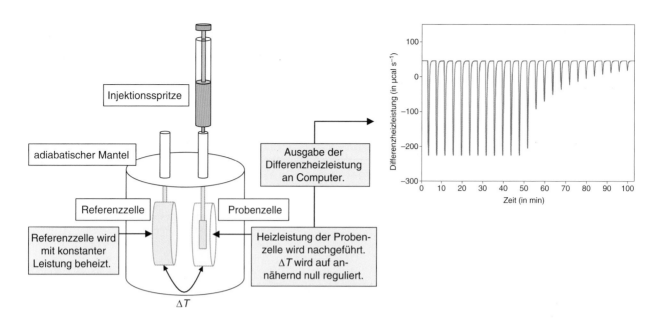

**Abb. 5.8** Schematische Darstellung des Aufbaus eines Isothermal Titration Calorimeter (ITC). Im Prinzip ist die Gerätesteuerung ähnlich wie bei einem DSC-Gerät. Als zusätzliche Einheit hat man hier eine motorgesteuerte Injektionsspritze, die in die Probenzelle eingeführt wird und deren Injektionskanüle mit einem Paddel verse-hen ist. Durch Drehen der Spritze wird die Lösung kontinuierlich bei der Injektion gerührt. Rechts oben ist schematisch die Registrierkurve gezeigt, die durch die Injektionen kleiner Volumina aus der Spritze erhalten wird

**Abb. 5.9** ITC-Kurve für die Bindung von Tween 80® an Rinderserumalbumin (BSA). Eine Tween-80®-Lösung wurde dabei in 10-μl-Injektionen in die vorgelegte BSA-Lösung titriert

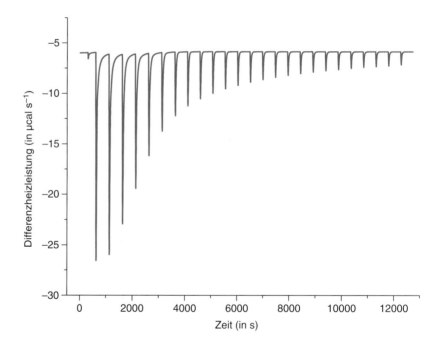

Spritze und vorgelegtem Bindungspartner optimal einstellen kann. Für das experimentelle Vorgehen ist der sogenannte $c$-Parameter wichtig ($c = K_a \cdot [M_t]$), d. h. das Produkt aus der Bindungskonstanten $K_a$ und der Gesamtkonzentration des Makromoleküls $[M_t]$ in der Zelle. Dieser $c$-Parameter sollte generell zwischen 1 und 1000 liegen, mit einem Optimum bei 40. Nimmt man einen Wert für $K_a$ von $10^6$ M$^{-1}$ an, so wäre also eine vorgelegte Konzentration von 40 μM die optimale. Natürlich hängt das Signal-Rausch-Verhältnis außerdem von der Bindungsenthalpie ab. In manchen Fällen kann es vorkommen, dass die Bindungsenthalpie bei der gewählten Temperatur sehr gering ist. Dann ist es sinnvoll, das Titrationsexperiment zusätzlich bei anderen Temperaturen erneut durchzuführen, da die Bindungsenthalpie häufig temperaturabhängig ist (s. u.). Damit man eine möglichst sigmoide Bindungskurve erhält, muss die Konzentration des Liganden in der Spritze entsprechend angepasst werden, damit man über den gesamten Bereich der Titration auch in die Sättigung gelangt. Optimal ist hier, wenn das molare Verhältnis zwischen Makromolekül und Ligand von 1 etwa bei der Hälfte der Gesamtzahl der Injektionen erreicht ist. Dies ist im vorliegenden Fall der ◻ Abb. 5.9 nicht optimal erfüllt. Außerdem ist die Bindungskonstante $K_a$ in diesem Fall niedriger als $10^6$ $M^{-1}$, was zu einer Verbreiterung der sigmoiden Kurve führt (s. nachfolgende Analyse).

Zur Analyse der Daten werden die Flächen unter den Injektionspeaks durch Integration bestimmt und die Daten normiert, d. h. auf die injizierte Menge in Mol umgerechnet, sodass man eine Darstellung der Reaktionswärme in Energie pro Mol gegen die Konzentration an Liganden erhält. Diese Normierung ist in der Software der Gerätehersteller enthalten.

Die experimentellen Werte kann man nun durch Annahme verschiedener Bindungsmodelle versuchen zu simulieren. Für den einfachen Fall der Bindung nur eines Liganden an ein Makromolekül, wie z. B. an ein Protein, ist die Analyse der Bindungskurven relativ einfach. Die Bindung kann durch eine Gleichgewichtskonstante beschrieben werden für die Bindung eines Liganden $L$ an ein Makromolekül $M$, die zur Bildung eines Komplexes $ML$ führt:

$$L + M \rightleftharpoons ML \qquad (5.10)$$

Die Gleichgewichtskonstante $K$ in den Konzentrationseinheiten mol $l^{-1}$ ist definiert als:

$$K = \frac{[ML]}{[L_f][M_f]} = \frac{\theta}{(1-\theta)[L_f]} \qquad (5.11)$$

mit $[ML]$, der Konzentration des Komplexes, $[M_f]$, der Konzentration des freien Makromoleküls und $[L_f]$, der Konzentration des freien Liganden, sowie $\theta$, dem Bindungsgrad. Der Bindungsgrad $\theta$ entspricht dem Verhältnis aus der Konzentration $[M_L]$ des Komplexes $M_L$ und der Gesamtkonzentration des Makromolekül $[M_t]$. Die Konzentrationen des freien Liganden und des freien Makromoleküls sind mit der Gesamtkonzentration von L und M verknüpft über:

$$[L_f] = [L_t] - [ML] \qquad (5.12)$$

$$[M_f] = [M_t] - [ML] \qquad (5.13)$$

Setzt man dies in Gl. 5.11 ein, erhält man:

$$K = \frac{[ML]}{([L_t] - [ML])([M_t] - [ML])} \qquad (5.14)$$

Nach $[ML]$ aufgelöst, ergibt sich eine quadratische Gleichung mit der Lösung:

$$[ML] = \frac{1}{2}\left([M_t] + [L_t] + \frac{1}{K}\right) - \sqrt{\frac{1}{4}\cdot\left([M_t] + [L_t] + \frac{1}{K}\right)^2 - [M_t][L_t]} \qquad (5.15)$$

Diese Gleichung beschreibt die Konzentration des Komplexes ML als Funktion entweder der Totalkonzentration von L oder von M. Wenn das Experiment so ausgeführt wird, dass der Ligand L aus der Spritze zu der Lösung des Makromoleküls M in der Zelle titriert wird, dann ändert sich pro Injektion die Konzentration des Liganden um die Konzentration $\Delta[L_t]$, was zu einer Konzentrationsänderung des Komplex $\Delta[ML]$ führt, während $[M_t]$ konstant ist. Dies bedeutet, dass Gl. 5.15 nach $[L_t]$ abgeleitet werden muss. Man erhält:

$$\frac{\Delta[ML]}{\Delta[L_t]} = \frac{1}{2} - \frac{2\cdot\left([M_t] + [L_t] + \frac{1}{K}\right) - [M_t]}{2\cdot\sqrt{\frac{1}{4}\cdot\left([M_t] + [L_t] + \frac{1}{K}\right)^2 - [M_t][L_t]}} \qquad (5.16)$$

Die beobachtete Reaktionswärme $Q$ ist dann dieser Ausdruck multipliziert mit der molaren Bindungsenthalpie für die Ligandenbindung $\Delta H_{Bind}$:

$$Q = \frac{\Delta[ML]}{\Delta[L_t]}\cdot\Delta H_{Bind} + \Delta H_{Dil} \qquad (5.17)$$

Der Term $\Delta H_{Dil}$ berücksichtigt etwaige Verdünnungswärmen der Ligandenlösung bei Injektion in die Probelösung. Diese Größe kann separat durch eine Injektion der Ligandenlösung in Puffer bestimmt werden oder ergibt sich aus den letzten Injektionspeaks (◻ Abb. 5.9).

Man kann nun auch das Experiment umdrehen, d. h. die Lösung des Makromoleküls in die in der Zelle enthaltene Lösung des Liganden titrieren. Dann muss Gl. 5.15 nach der Gesamtkonzentration des Makromoleküls abgeleitet werden, wobei $[L_t]$ konstant ist. Man erhält:

$$\frac{\Delta[ML]}{\Delta[M_t]} = \frac{1}{2} - \frac{2\cdot\left([M_t] + [L_t] + \frac{1}{K}\right) - [L_t]}{2\cdot\sqrt{\frac{1}{4}\cdot\left([M_t] + [L_t] + \frac{1}{K}\right)^2 - [M_t][L_t]}} \qquad (5.18)$$

Die beobachtete Reaktionswärme für die Bindung ist dann analog zu Gleichung (Gl. 5.17):

$$Q = \frac{\Delta[\text{ML}]}{\Delta[\text{M}_t]} \cdot \Delta H_{\text{Bind}} + \Delta H_{\text{Dil}} \qquad (5.19)$$

wobei hier jedoch der Term $\Delta H_{\text{Dil}}$ der Verdünnungswärme des Makromoleküls entspricht.

■ Abb. 5.10 zeigt eine normierte Darstellung und verschiedene simulierte Kurven. Die in ■ Abb. 5.10 dargestellte gestrichelte rote Kurve wurde mit dem oben vorgestellten Bindungsmodell simuliert und angepasst. Wie man sieht, bestehen erhebliche Abweichungen zwischen simulierter und experimenteller Kurve. Insbesondere ergibt sich ein Stöchiometriefaktor $N = 1{,}34$, der darauf hinweist, dass das Molekül möglicherweise mehrere Bindungsplätze hat. Aus diesem Grunde wurden noch zwei weitere Modelle verwendet, um die experimentellen Werte besser zu simulieren. Das zweite Bindungsmodell berücksichtigt eine sequenzielle Bindung mit folgenden zwei Schritten:

$$\text{L} + \text{M} \rightleftharpoons \text{ML} \qquad (5.20)$$

$$\text{ML} + \text{L} \rightleftharpoons \text{ML}_2 \qquad (5.21)$$

**■ Abb. 5.10** Normierte Kurve für die Bindung von Tween 80® an BSA (schwarze Quadrate). Die blaue gestrichelte Kurve basiert auf der Simulation mit einem einfachen Bindungsmodell. Die rote durchgezogene Kurve wurde mit einem Bindungsmodell, das zwei unabhängige Bindungsplätze mit unterschiedlichen Bindungskonstanten beinhaltet, berechnet. Eine formal noch bessere Anpassung wird mit einem sequenziellen Bindungsmodell erhalten (schwarze gestrichelte Kurve), die ermittelten Parameter sind jedoch nicht sinnvoll (s. Text)

Daraus resultieren zwei Bindungskonstanten $K_1$ und $K_2$

$$K_1 = \frac{[\text{ML}]}{[\text{L}_f][\text{M}_f]} \qquad (5.22)$$

$$K_1 = \frac{[\text{ML}]}{[\text{L}_f][\text{M}_f]} \qquad (5.23)$$

und die sich daraus ergebenden Beziehungen

$$[\text{L}_t] = [\text{L}] + [\text{ML}] + 2[\text{ML}_2] \qquad (5.24)$$

$$[\text{M}_t] = [\text{M}] + [\text{ML}] + [\text{ML}_2] \qquad (5.25)$$

Analog zur Ableitung für das einfache Bindungsmodell müssen jetzt die Gleichungen umgeformt werden, um einen Ausdruck für $\Delta[\text{ML}]/\Delta[\text{L}_t]$ bzw. $\Delta[\text{ML}_2]/\Delta[\text{L}_t]$ zu bekommen, die über analoge Gleichungen wie Gl. 5.17, die die Bindungsenthalpien $\Delta H_{\text{1bind}}$ und $\Delta H_{\text{2bind}}$ enthalten, mit der beobachteten Wärme $Q$ verknüpft sind.

Die in ■ Abb. 5.10 gezeigte durchgezogene rote Linie wurde mit diesem sequenziellen Bindungsmodell berechnet. Sie passt deutlich besser und zeigt, dass es of-

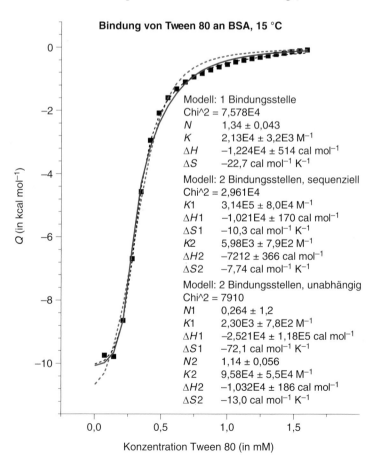

**Bindung von Tween 80 an BSA, 15 °C**

Modell: 1 Bindungsstelle
Chi^2 = 7,578E4
$N$      1,34 ± 0,043
$K$      2,13E4 ± 3,2E3 M$^{-1}$
$\Delta H$     −1,224E4 ± 514 cal mol$^{-1}$
$\Delta S$     −22,7 cal mol$^{-1}$ K$^{-1}$

Modell: 2 Bindungsstellen, sequenziell
Chi^2 = 2,961E4
$K1$     3,14E5 ± 8,0E4 M$^{-1}$
$\Delta H1$    −1,021E4 ± 170 cal mol$^{-1}$
$\Delta S1$    −10,3 cal mol$^{-1}$ K$^{-1}$
$K2$     5,98E3 ± 7,9E2 M$^{-1}$
$\Delta H2$    −7212 ± 366 cal mol$^{-1}$
$\Delta S2$    −7,74 cal mol$^{-1}$ K$^{-1}$

Modell: 2 Bindungsstellen, unabhängig
Chi^2 = 7910
$N1$     0,264 ± 1,2
$K1$     2,30E3 ± 7,8E2 M$^{-1}$
$\Delta H1$    −2,521E4 ± 1,18E5 cal mol$^{-1}$
$\Delta S1$    −72,1 cal mol$^{-1}$ K$^{-1}$
$N2$     1,14 ± 0,056
$K2$     9,58E4 ± 5,5E4 M$^{-1}$
$\Delta H2$    −1,032E4 ± 186 cal mol$^{-1}$
$\Delta S2$    −13,0 cal mol$^{-1}$ K$^{-1}$

$Q$ (in kcal mol$^{-1}$)

Konzentration Tween 80 (in mM)

fenbar einen zweiten Bindungsplatz mit geringerer Affinität gibt.

Man könnte die experimentelle Kurve in ◨ Abb. 5.10 auch mit zwei unabhängigen Bindungsplätzen beschreiben. Hier treten damit entsprechend zwei Bindungsgleichgewichte auf

$$L + M \rightleftharpoons ML_a \tag{5.26}$$

$$L + M \rightleftharpoons ML_b \tag{5.27}$$

mit den zwei Bindungskonstanten $K_a$ und $K_b$:

$$K_a = \frac{[ML_a]}{[L_f][M_f]}; K_b = \frac{[ML_b]}{[L_f][M_f]} \tag{5.28}$$

In ◨ Abb. 5.10 ist die Simulation mit diesem Modell als schwarze Kurve dargestellt. Sie passt am besten, führt aber zu unsinnigen Parametern, nämlich einem Stöchiometriefaktor für die erste Bindung von 0,264 mit einem extremen Fehler ebenso wie einem Wert für $\Delta H_{1Bind}$, dessen Fehler größer als der Absolutwert ist. Hier zeigt sich, dass Simulationen, die bessere Fehlerquadratsummen liefern, nicht unbedingt sinnvoll sind.

Wenn die Bindungskonstanten sich bei der Bindung von zwei Liganden sehr stark unterscheiden und möglicherweise auch unterschiedliche Vorzeichen der Bindungsenthalpie aufweisen, dann können Kurven mit deutlich zu sehenden zwei Stufen auftreten. Ein Beispiel dafür ist in ◨ Abb. 5.11 zu sehen, wo Kurven für eine sequenzielle Bindung von zwei Liganden berechnet wurden. Die Simulation wurde hier mit unterschiedlichen Verhältnissen der Bindungsenthalpien durchgeführt, die sich um den Faktor 100 unterscheiden.

Aus der Temperaturabhängigkeit der Bindungskonstanten und der Bindungsenthalpien kann man wichtige Rückschlüsse ziehen über die Art der Bindung, insbesondere, ob ein Anteil der Affinität durch hydrophobe Wechselwirkungen zwischen Liganden und Protein bedingt ist. Die Verringerung der Exposition hydrophober Oberflächen gegenüber dem Wasser bei der Bindung kann einen wesentlichen, wenn nicht sogar den Hauptanteil der Affinität ausmachen. Um dieses zu untersuchen, ist es wichtig, die Titrationsexperimente bei verschiedenen Temperaturen durchzuführen und die Kurven zu simulieren, um sowohl die Bindungskonstanten als auch die Bindungsenthalpien zu ermitteln. In ◨ Abb. 5.12 sind beispielhaft Titrationskurven von einem Protein (*Staphylococcus* Protein A, SpA) zu einer Lösung mit einem Antikörper (IgG1) dargestellt.

Die Auswertung dieser Titrationskurven erfolgt mithilfe der Simulation eines einfachen Bindungsmodells zur Bestimmung der Bindungskonstante $K_a$. Danach werden die Werte für die freie Standardbindungsenthalpie $\Delta G^0$, die Standardbindungsenthalpie $\Delta H^0$ und die Standardbindungsentropie $\Delta S^0$ mithilfe folgender thermodynamischer Formeln berechnet:

$$\Delta G^\circ = -RT \ln K_a \tag{5.29}$$

$$\Delta G^\circ = \Delta H^\circ - T\Delta S^\circ \tag{5.30}$$

In vielen Fällen zeigt sich eine Temperaturabhängigkeit der Bindungskonstanten $K_a$. Wenn man die thermodynamischen Größen $\Delta G^0$, $\Delta H^0$ und $\Delta S^0$ berechnet, erhält man ein Bild wie in ◨ Abb. 5.13 dargestellt.

Wie man aus ◨ Abb. 5.13 sieht, ändert sich die Bindungskonstante mit der Temperatur und hat ein Maximum bei 25 °C, bevor sie mit steigender Temperatur wieder kleiner wird. Bei der Berechnung der freien Bindungsenthalpie $\Delta G^0$ mit Gl. 5.29 ergibt sich eine fast lineare Beziehung mit der Temperatur durch die Bildung

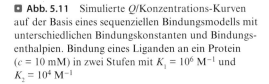

◨ **Abb. 5.11** Simulierte $Q$/Konzentrations-Kurven auf der Basis eines sequenziellen Bindungsmodells mit unterschiedlichen Bindungskonstanten und Bindungsenthalpien. Bindung eines Liganden an ein Protein ($c = 10$ mM) in zwei Stufen mit $K_1 = 10^6$ M$^{-1}$ und $K_2 = 10^4$ M$^{-1}$

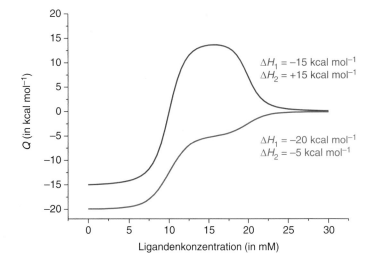

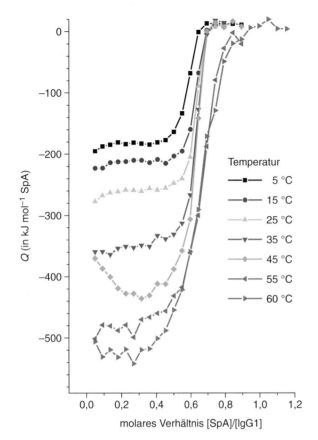

**Abb. 5.12** Kalorimetrische Titrationskurven für die Bindung von *Staphylococcus* Protein A (SpA) an IgG1 bei verschiedenen Temperaturen. (Nach Arouri et al. 2007)

des Logarithmus von $K_a$. $\Delta H^0$ und $-T\Delta S^0$ sind ebenfalls linear von der Temperatur abhängig, haben jedoch einmal eine negative ($\Delta H^0$) bzw. eine positive Steigung ($-T\Delta S^0$). Die negative Steigung von $\Delta H^0$ ermöglicht die Bestimmung der Änderung der molaren Wärmekapazität zwischen Protein und Protein-Ligand-Komplex:

$$\Delta C_p = \left(\Delta H^0_{T2} - \Delta H^0_{T1}\right)/\left(T_2 - T_1\right) \qquad (5.31)$$

Aus dem Vorzeichen und der Größe von $\Delta C_p$ lassen sich Informationen über die Art der Bindung zwischen Protein und Liganden ermitteln. Ausgeprägte negative Werte von $\Delta C_p$ deuten darauf hin, dass die Bindung des Liganden sehr stark durch hydrophobe Wechselwirkungen getrieben ist, also durch die Verringerung der Exposition hydrophober Oberflächen beim Protein-Ligand-Komplex im Vergleich zum ungebundenen Zustand.

## 5.2.2 Bindung von Molekülen an Membranen: Einbau und periphere Bindung

Die ITC wird auch weit verbreitet zum Studium des Einbaus von hydrophoben oder amphiphilen Molekülen in Membranen benutzt. Im Prinzip verlaufen die Experimente ähnlich wie bei der Untersuchung der Bindung von Liganden an Proteine. Entweder wird das hydrophobe bzw. amphiphile Molekül zu einer Suspen-

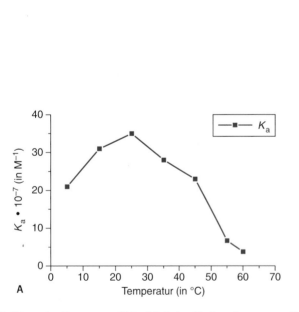

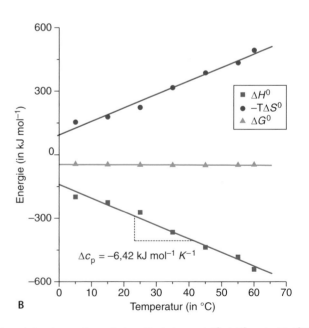

**Abb. 5.13** Temperaturabhängigkeit der Bindungskonstanten $K_a$ **A** und der thermodynamischen Funktionen $\Delta G^0$, $\Delta H^0$ und $-T\Delta S^0$ **B**. (Nach Arouri et al. 2007)

sion von Lipidvesikeln gegeben oder das umgekehrte Experiment gemacht. Dabei muss wieder darauf geachtet werden, dass man die richtigen Konzentrationsverhältnisse wählt. In diesem Fall gibt es aber keine definierten Bindungsplätze, das heißt keine einfache Stöchiometrie, sondern das Molekül baut sich in die Membran ein unter Zunahme der Membranfläche. Dieser Prozess ist allerdings nicht bis zu beliebigen Verhältnissen der Konzentration von Lipiden zu Ligand möglich, weil die Lipidmembran nicht beliebig viele Moleküle aufnehmen kann, ohne dass ein Zerfall oder eine Umwandlung der Membran in eine andere Aggregationsform, z. B. Micellen, stattfindet. Wenn diese Umwandlung nicht erwünscht ist und dezidiert der Einbau untersucht werden soll, dann muss man die Konzentrationsverhältnisse so wählen, dass immer ein Lipidüberschuss vorhanden ist, d. h., dass das effektive molare Verhältnis Lipid/Ligand in der Membran möglichst größer als ca. 10 ist. Zur Berechnung dieses effektiven Verhältnisses braucht man die Bindungskonstante bzw. den Verteilungskoeffizienten des Moleküls zwischen Wasser und Membran. Dieser wiederum kann aus den ITC-Experimenten bestimmt werden. Die mathematischen Ausdrücke zur Berechnung der ITC-Kurven sind ähnlich wie beim einfachen Bindungsmodell in Gl. 5.10 und folgende, nur dass statt einer Bindungskonstante ein Verteilungskoeffizient verwendet wird. Der Verteilungskoeffizient $P$ des Moleküls zwischen Membran und Wasser wird am besten über das Verhältnis der Molenbrüche definiert:

$$P = \frac{x_e}{x_W} \tag{5.32}$$

mit $x_e$, dem Molenbruch des hydrophoben Moleküls in der Membran, bzw. $x_W$, dem Molenbruch in Wasser:

$$x_e = \frac{D_e}{D_e + L} \tag{5.33}$$

$$x_W = \frac{D_W}{D_W + W} \tag{5.34}$$

$D_e$ ist dabei die Konzentration des hydrophoben Moleküls in der Doppelschicht und $D_W$ in Wasser, wobei beide Werte auf das Gesamtvolumen der Probe bezogen sind. $L$ ist die Lipidkonzentration und $W$ die des Wassers (55,55 mol l$^{-1}$). Somit ergibt sich für den Verteilungskoeffizienten:

$$P = \frac{D_e \cdot (D_W + W)}{(D_e + L) \cdot D_W} \tag{5.35}$$

Mit $D_W = D_t - D_e$ ($D_t$ ist die Gesamtkonzentration) und $D_W + W \approx W$ erhält man:

$$D_e = \frac{1}{2P} \left[ \begin{array}{l} P(D_t - L) - W + \\ \sqrt{P^2(D_t + L)^2 - 2 \cdot P \cdot W (D_t - L) + W^2} \end{array} \right] \tag{5.36}$$

Bei einem Experiment, bei dem die Lipidvesikelsuspension zur Lösung der hydrophoben Moleküle gegeben wird, muss man die Änderung von $D_e$ nach Zugabe von $\Delta L$ Molen Lipid berechnen:

$$\frac{\Delta D_e}{\Delta L} = -\frac{1}{2} + \frac{P \cdot (D_t + L) + W}{2 \cdot \sqrt{P^2 \cdot (D_t + L)^2 + 2 \cdot P \cdot W \cdot (L - D_t) + W^2}} \tag{5.37}$$

Die beobachtete Reaktionswärme $Q$ ergibt sich dann zu:

$$Q = \frac{\Delta D_e}{\Delta L} \cdot \Delta H_T + \Delta H_{Dil} \tag{5.38}$$

mit $\Delta H_T$ als der molaren Enthalpie für den Transfer des Moleküls von Wasser in die Lipidmembran und $\Delta H_{Dil}$, der Verdünnungswärme der Vesikel. $\Delta H_T$ wird nun mit einer nichtlinearen Anpassung der berechneten Kurve an die experimentellen Werte errechnet, mit $\Delta H_T$ und $P$ als anpassbaren Parametern. $\Delta H_{Dil}$ kann aus einem separaten Experiment der Vesikelinjektion in einen Puffer bestimmt werden.

◨ Abb. 5.14 zeigt ein Experiment dieser Art für den Einbau des Detergens Octylglucosid (OG) in Lipidvesikel aus Dimyristoylphosphatidylcholin (DMPC). Bei diesem Experiment wurden Lipidvesikel einer Konzentration von 30 mM DMPC zu einer Lösung von 3 mM Octylglucosid hinzutitriert. Die beim Einbau des Detergens in die Lipidmembran beobachteten Wärmeeffekte nehmen mit zunehmender Injektionszahl in charakteristischer Weise ab. Normiert man die beobachteten Reaktionswärmen auf die Menge an zugegebenen Lipid, dann können die Werte mit dem oben genannten Verteilungsmodell analysiert werden (Gl. 5.38). Aus diesem Modell ergibt sich für das gezeigte Beispiel ein Verteilungskoeffizient $P = 3480$ und eine Reaktionsenthalpie von $-2{,}16$ kcal mol$^{-1}$ für den Transfer des Detergens von Wasser in die Lipidmembran.

Titriert man das hydrophobe Molekül zu den Vesikeln, dann ergibt sich aus Gl. 5.36:

$$\frac{\Delta D_e}{\Delta D_t} = +\frac{1}{2} + \frac{P \cdot (D_t + L) - W}{2 \cdot \sqrt{P^2 \cdot (D_t + L)^2 + 2 \cdot P \cdot W \cdot (L - D_t) + W^2}} \tag{5.39}$$

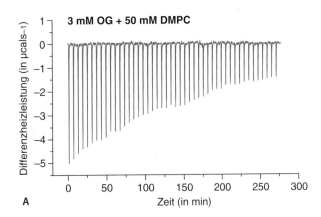

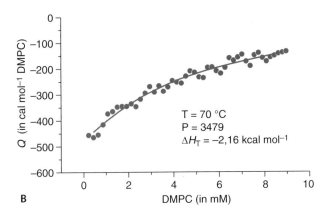

**◻ Abb. 5.14** **A** Experimentelle ITC-Kurve für die Titration von DMPC-Lipidvesikeln in eine Detergenslösung aus Octylglucosid (OG). Der auftretende Wärmeeffekt entsteht durch den Einbau von OG-Molekülen in die Lipidmembran. **B** Normierte ITC-Kurve für den Einbau von OG in DMPC-Lipidmembranen. Die durchgezo-gene rote Kurve ist eine Anpassung, basierend auf einem Vertei-lungsmodell des Detergens OG zwischen Wasser und Lipidmembran (s. Text). Der ermittelte Verteilungskoeffizient ist $P$ und die Transfer-enthalpie für den Einbau von OG aus Wasser in die Membran ist $\Delta H_T$. (Nach Keller et al. 1997)

und analog erhält man für die Reaktionswärme $Q$:

$$Q = \frac{\Delta D_e}{\Delta D_t} \cdot \Delta H_T + \Delta H_{Dil} \qquad (5.40)$$

Das oben beschriebene Model geht von einem idealen Mi-schungsverhalten des in die Membran eingebauten Mole-küls aus, d. h., dass $P$ nicht von $x_e$ abhängt. Dies ist jedoch häufig nicht der Fall, sodass man eine Abhängigkeit von $P$ von der Beladung der Membran bekommt. In diesem Fall kann man einen Nichtidealitätsparameter $\rho$ für die Vertei-lung in die Membran einführen. Für $P$ ergibt sich dann:

$$P = P(x_e = 1) \cdot \exp\left[-\rho \frac{(1-x_e)^2}{RT}\right] \qquad (5.41)$$

mit $P(x_e = 1)$, dem Verteilungskoeffizienten für die ide-ale Mischung. Die Analyse der experimentellen Kurven wird dann schwieriger, weil eine einfache analytische Darstellung von $Q$ als Funktion der zugegebenen Menge nicht mehr möglich ist. Die detaillierte Analyse ist in der Originalliteratur bzw. neueren Übersichtsartikeln nach-zulesen (Weiterführende Literatur).

Für biologische und Modellmembranen ist die Un-tersuchung der Bindung von Peptiden und Proteinen an Membranen von großem Interesse. Wenn die Bindungs-affinität im Wesentlichen durch elektrostatische Wech-selwirkungen hervorgerufen wird, dann ist die Analyse der Titrationskurven relativ einfach, insbesondere dann, wenn keine Korrekturen aufgrund von elektrostatischen Doppelschichteffekten an der Membran notwendig sind. Dieses ist meistens der Fall, wenn die Ionenstärke der Lösung einer physiologischen Kochsalzlösung ent-spricht. In diesem Fall werden die Peptide oder Proteine

nämlich nur peripher an der Oberfläche der Membran gebunden, ohne in die Membran eingelagert zu werden.

Als Beispiel sei hier die Bindung eines Modellpep-tids, nämlich Pentalysin (Lys$_5$), an negativ geladene unilamellare Lipidvesikel aus dem Phospholipid Di-myristoylphosphatidylglycerol (DMPG) genannt. Pentalysin hat fünf positiv geladene Seitenketten. Aufgrund dieser positiven Ladung bindet es durch elektrostatische Wechselwirkung an die DMPG-Mem-branen. Die eigentliche elektrostatische Wechselwir-kung ist nur mit marginalen Wärmeeffekten verknüpft, die auftretenden Bindungswärmen resultieren haupt-sächlich von anderen Prozessen, insbesondere Ände-rungen der Hydratation der Membrangrenzfläche und des Peptids.

In ◻ Abb. 5.15 ist eine ITC-Titrationskurve für die Bindung an fluide Lipidvesikel gezeigt. Wie man aus der sigmoidalen Änderung der Reaktionswärme sieht, ergibt sich eine Sättigung in der Bindung bei einem stö-chiometrischen Verhältnis von ca. 5. Dies bedeutet, dass alle DMPG-Moleküle für Lys$_5$ zugänglich sind, d. h. während der Titration der Lipidvesikel in die Pep-tidlösung werden die Vesikel durchlässig für das Penta-peptid und somit auch die Innenseite der Lipidvesikel zugänglich. Dies kann durch zeitweilige Porenbildung der Vesikel geschehen oder durch komplettes Aufbre-chen der Vesikel nach Bindung des Pentapeptids. Tem-peraturabhängige Messungen ergeben, dass dieser Ef-fekt bei tieferer Temperatur nicht auftritt, d. h., dass dann die Vesikel das Pentapeptid nur auf der Außen-seite binden.

Die Analyse der Titrationskurven kann mit einem Bindungsmodell analog Gl. 5.16 erfolgen, sodass die Gleichgewichtskonstante $K_a$ aus der Reaktionsglei-chung:

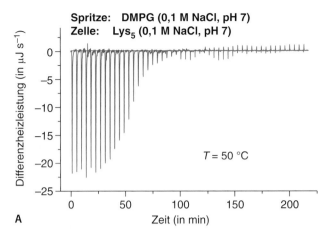

Spritze: DMPG (0,1 M NaCl, pH 7)
Zelle: Lys$_5$ (0,1 M NaCl, pH 7)

**A**

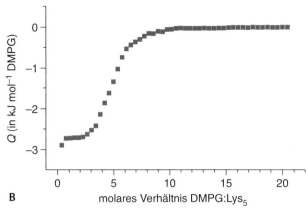

**B**

■ **Abb. 5.15** **A** Experimentelle ITC-Kurve für die Titration von uni-lamellaren Lipidvesikeln aus DMPG zu einer Lösung des kationischen Pentapeptids Lys$_5$. Der auftretende Wärmeeffekt entsteht durch die elektrostatische Bindung des kationischen Pentapeptids an die ne-gative geladene Lipidmembran verbunden mit Änderungen der Hydratation der Membranoberfläche. **B** Normierte ITC-Kurve für die Bindung von Lys$_5$ an die negativ geladene DMPG-Membran

$$Lys_5 + PG_5 \rightleftharpoons \left( Lys_5 \cdot PG_5 \right) \tag{5.42}$$

sich als folgender Ausdruck darstellt:

$$K_a = \frac{\left[ \left( Lys_5 \cdot PG_5 \right) \right]}{\left[ Lys_5 \right]\left[ PG_5 \right]} \tag{5.43}$$

Aus der Analyse der in ■ Abb. 5.15 dargestellten Kurve ergibt sich eine Bindungskonstante $K_a$ von ca. $2 \cdot 10^5 \, M^{-1}$ und eine Bindungsenthalpie $\Delta H^0$ von $-28 \, kJ \, mol^{-1}$ be-zogen auf Lys$_5$.

Wie schon oben erwähnt, besteht der große Vorteil der Titrationskalorimetrie darin, dass gleichzeitig zwei thermodynamische Größen bestimmt werden können, nämlich die Gleichgewichtskonstante und die Standard-reaktionsenthalpie. Damit ist es möglich, auch die ande-ren thermodynamischen Größen mithilfe der Gl. 5.29 und 5.30 zu berechnen.

Die Interpretation der Messgrößen bzw. berechneten thermodynamischen Größen im Sinne molekularer In-terpretationen ist nicht immer einfach und kann auch mehrdeutig sein. Um zusätzliche Informationen zu er-halten, ist es daher von Vorteil, die Messungen bei ver-schiedenen Temperaturen durchzuführen, da die Reak-tionsenthalpien häufig stark von der Temperatur abhängig sind gemäß Gl. 5.31. Diese Temperaturabhän-gigkeit ist auf Unterschiede in der Wärmekapazität $\Delta C_p^0$ zwischen Edukten und Produkten bedingt. In wässrigen Systemen kann dabei die unterschiedliche Hydratation der Edukte und Produkte eine der Hauptursachen für die beobachteten $\Delta C_p^0$-Werte sein, wie bereits erwähnt.

## 5.3 Pressure Perturbation Calorimetry (PPC)

Eine weitere kalorimetrische Methode, die in den letzten Jahren eingeführt wurde, ist die Pressure Perturbation Calorimetry (PPC). Bei dieser Methode wird ein DSC-Gerät wie z. B. das MicroCal VP-DSC verwendet, das sehr langsam aufgeheizt wird und bei dem zusätzlich die Zelle kurzzeitig unter einen Überdruck von ca. 4–5 bar gesetzt und anschließend der Überdruck wieder schnell heruntergesetzt wird. Bei diesen Drucksprüngen ent-steht jeweils ein Wärmefluss $\delta Q_{rev}$, aus dem der thermi-sche Ausdehnungskoeffizient der Lösung bestimmt wer-den kann, da bei der geringen Druckdifferenz die Vorgänge weitestgehend reversibel sind. Der Wärme-fluss ist nach den Maxwell-Beziehungen mit dem ther-mischen Ausdehnungskoeffizienten verknüpft:

$$\left( \frac{\partial Q_{rev}}{\partial p} \right)_T = -T \left( \frac{\partial V}{\partial T} \right)_p \tag{5.44}$$

Durch Vergleich mit dem thermischen Ausdehnungsko-effizienten des Puffers kann der thermische Ausdeh-nungskoeffizient des gelösten Proteins bestimmt werden, und zwar punktweise bei verschiedenen Temperaturen. Aus der Integration des thermischen Ausdehnungskoef-fizienten über den Temperaturbereich der thermisch in-duzierten Entfaltung lässt sich schließlich die apparente Volumenänderung berechnen. Die PPC ist keine Routi-nemethode, da das Experiment sehr zeitaufwendig ist. Zudem ist die Analyse der Daten schwierig, ebenso die Interpretation. Dies liegt daran, dass die thermischen

Ausdehnungskoeffizienten und die Volumenänderung nicht nur durch das Protein selbst, sondern auch stark durch die Hydratation und ihre Änderung bedingt sind. Nähere detaillierte Beschreibungen sind in Übersichtsartikeln zu finden (Weiterführende Literatur).

## Literatur und Weiterführende Literatur

Arouri A, Garidel P, Kliche W, Blume A (2007) Hydrophobic interactions are the driving force for the binding of peptide mimotopes and Staphylococcal protein A to recombinant human IgG1. Eur Biophys J 36(6):647–660

Keller M, Kerth A, Blume A (1997) Thermodynamics of interaction of octyl glucoside with phosphatidylcholine vesicles: partitioning and solubilization as studied by high sensitivity titration calorimetry. Biochim Biophys Acta 1326(2):178–192

### Weiterführende Literatur

Bastos MA (Hrsg) (2016) Biocalorimetry: foundations and contemporary approaches. CRC Press, Boca Raton

Blume A, Garidel P (1999) Lipid model membranes and biomembranes. In: Kemp RB (Hrsg) Handbook of thermal analysis and calorimetry, From macromolecules to man, Bd 4. Elsevier Press, Amsterdam, S 109–173

Danforth R, Krakauer H, Sturtevant JM (1967) Differential calorimetry of thermally induced processes in solution. Rev Sci Instrum 38:484–487

Feig AL (Hrsg) (2016) Calorimetry. Methods Enzymol, Bd 567. Elsevier Inc., Amsterdam/New York

Feng J, Svatoš V, Liu X, Chang H, Neužil P (2018) High-performance microcalorimeters: design, applications and future development. TrAC, Trends Analyt Chem 109:43–49

Freyer MW, Lewis EA (2008) Isothermal titration calorimetry: experimental design, data analysis, and probing macromolecule/ligand binding and kinetic interactions. Methods Cell Biol 84:79–113

Hemminger W, Höhne G (1984) Calorimetry. Fundamentals and practice. Verlag Chemie, Weinheim

Plotnikov VV, Brandts JM, Lin L-N, Brandts JF (1997) A new ultrasensitive scanning calorimeter. Anal Biochem 250:237–244

Privalov PL, Ptitsyn OB, Birshtei TM (1969) Determination of stability of the DNA double helix in an aqueous medium. Biopolymers 8:559–571

Schweiker KL, Makhatadze GI (2009) Use of pressure perturbation calorimetry to characterize the volumetric properties of proteins. Methods Enzymol 466:527–547

Spink CH (2008) Differential scanning calorimetry. Methods Cell Biol 84:115–141

Wiseman T, Williston S, Brandts JF, Lin LN (1989) Rapid measurement of binding constants and heats of binding using a new titration calorimeter. Anal Biochem 179:131–137

# Immunologische Techniken

*Hyun-Dong Chang und Reinhold Paul Linke*

## Inhaltsverzeichnis

6.1     Antikörper – 78
6.1.1   Antikörper und Immunabwehr – 78
6.1.2   Antikörper als Reagens – 78
6.1.3   Eigenschaften von Antikörpern – 79
6.1.4   Funktionelle Struktur von IgG – 81
6.1.5   Antigenbindungsstelle (Haftstelle) – 82
6.1.6   Handhabung von Antikörpern – 83

6.2     Antigene – 84

6.3     Antigen-Antikörper-Reaktion – 85
6.3.1   Immunagglutination – 86
6.3.2   Immunpräzipitation – 87
6.3.3   Immunbindung – 97

6.4     Komplementfixation – 106

6.5     Methoden der zellulären Immunologie – 106
6.5.1   Immunhistochemie, Immuncytochemie – 106
6.5.2   Durchflusscytometrie – 108
6.5.3   Serielles Zellsortierverfahren – 111
6.5.4   Parallele Zellsortierverfahren – 111

6.6     Herstellung von Antikörpern – 112
6.6.1   Arten von Antikörpern – 112
6.6.2   Ausblick: künftige Erweiterung der Bindungskonzepte – 114

        Literatur und Weiterführende Literatur – 115

© Springer-Verlag GmbH Deutschland, ein Teil von Springer Nature 2022
J. Kurreck et al. (Hrsg.), *Bioanalytik*, https://doi.org/10.1007/978-3-662-61707-6_6

- Die Immunanalytik basiert auf der hohen Spezifität von Antikörpern für alle nur erdenklichen Strukturen, wie Proteinen, Kohlenhydraten und Glykolipiden.
- Spezifische Antikörper können auf natürliche Weise durch Immunisierung, aber auch durch rein synthetische Methoden in großen Mengen generiert werden und stehen für den quantitativen, aber auch präparativen Nachweis für eine potenziell unbegrenzte Anzahl von Analyten zur Verfügung.
- Durch signalverstärkende Markierungen der Antikörper, wie Fluoreszenz oder Enzyme, oder deren Bindung an eine feste Phase können kleinste Mengen von Analyten nachgewiesen und angereichert werden. Somit gehört die Immunanalytik zu den sensitivsten Nachweismethoden überhaupt.
- Techniken, wie Immunpräzipitation, *Enzyme-Linked Immunosorbent Assay* (ELISA), Western-Blot, Immunhistochemie, Durchflusscytometrie und deren Weiterentwicklungen, erlauben die Analyse von komplexen Gemischen, Geweben und Zellen und finden Anwendung in allen Bereichen der Bioanalytik.

Dank ihrer hohen Spezifität in der Erkennung von allen möglichen molekularen Strukturen, vor allem auch von solchen, die sich nur geringfügig unterscheiden, haben Antikörper eine steigende Bedeutung in der Bioanalytik, aber auch als Therapeutika gewonnen. Da die Induktion und Synthese von Antikörpern *in vivo* ein sehr komplexer, in der Immunologie abgehandelter Vorgang ist, sollen hier einige für das Verständnis der Synthese, Struktur und Funktion von Antikörpern wichtige Aspekte erläutert werden. Diese Übersicht beschäftigt sich vor allem mit dem Einsatz von Antikörpern als analytisches Reagenz in einer großen Fülle von immunologischen Nachweisverfahren für unzählige Aufgaben, bis hin zu adaptierten und vollsynthetischen Immuntherapeutika.

## 6.1 Antikörper

### 6.1.1 Antikörper und Immunabwehr

Unter dem Begriff Antikörper versteht man lösliche und zellgebundene multifunktionelle Glykoproteine von Vertebraten, die im Wesentlichen der Abwehr von Mikroorganismen und Viren dienen. Dabei bindet der Antikörper Mikroorganismen oder deren Toxine nach dem Schlüssel-Schloss-Prinzip. Antikörper, auch Immunglobuline genannt, sind die Effektormoleküle des sog. humoralen Arms des adaptiven Immunsystems und gehören zur Proteinfamilie mit einer der größten chemischen Diversitäten, die in der Evolution erreicht wurden.

**Humoral-zelluläre Immunität**
Der Schutz der Vertebraten vor mikrobieller und viraler Invasion basiert auf zwei Säulen:
- **humorale Immunantwort:** In der Extrazellularflüssigkeit (Blutplasma, Sekrete und Gewebewasser) befindliche lösliche Antikörper, mithilfe derer ein Schutz auf ein anderes Individuum übertragbar ist (passive Immunisierung, eingeführt durch Emil von Behring, Nobelpreis 1902).
- **zelluläre Immunantwort:** Verschiedene Immunzellen des blutbildenden Systems, die an ihrer Oberfläche zellständige Rezeptoren und chemisch verwandte Erkennungsstrukturen für Teile von eindringenden Fremdorganismen tragen. Auch dieser Schutz ist übertragbar, allerdings nur über die Immunzellen selbst.

Antikörper stellen im Wesentlichen Rezeptoren dar, die der spezifischen Erkennung, Neutralisierung und Markierung (Opsonisierung) von körperfremden Strukturen und Organismen dienen, mit dem Ziel, Fremdes zur Aufrechterhaltung der Integrität des Organismus zu eliminieren, ohne bei dieser Aktion den Organismus selbst in Mitleidenschaft zu ziehen. Um der gewaltigen Anzahl unterschiedlicher Spezies von Mikroorganismen, die dank ihrer sehr kurzen Generationszeit und ihrer großen Wandelbarkeit durch genetische Mutationen alle nur denkbaren Lebensräume einnehmen konnten, entgegentreten zu können, haben die langlebigen Vertebraten ein adaptives Immunsystem entwickelt, dessen Spezifitäten nicht von Generation zu Generation vererbt werden, sprich in der Keimbahn angelegt sind. Stattdessen ist das adaptive Immunsystem in der Lage, in jedem Individuum wieder neu über somatische Rekombination, d. h. zufällige Rekombination von Genfragmenten des Immunglobulingens, eine schier unbegrenzte Anzahl von Rezeptoren, Antikörper, zu generieren. Dieses Immunsystem ist im Hinblick auf die möglichen Spezifitäten so breit angelegt, dass nicht nur Antikörper spezifisch für die in der Evolution entstandene große Fülle neu entstandener Mikroorganismen generiert werden, sondern auch Antikörper gegen praktisch jede im Labor synthetisch hergestellte Substanz generiert werden können.

### 6.1.2 Antikörper als Reagens

**Antigen**

Das Antigen ist nicht durch eine chemische Konfiguration definiert, sondern durch die Existenz eines Antikörpers, der an dieses Molekül bindet. Antigene können Proteine, Polysaccharide, Glykolipide, oder jegliche andere Substanz sein.

Die Bindung von Antikörpern an ihre Zielstruktur, das Antigen, auch Antigen-Antikörper-Reaktion genannt, über die fremde Organismen *in vivo* erkannt und eliminiert werden können, kann in einfachen Experimenten seit dem Ende des neunzehnten Jahrhunderts *in vitro* nachvollzogen werden. Karl Landsteiner (Nobelpreis 1930) konnte als Erster die exorbitant große Zahl von unterschiedlichen Spezifitäten von Antikörpern nachweisen und zeigen, dass Antikörper sogar unterschiedliche Konformationen von Antigenen und Stellungsisomere wie z. B. *ortho-* und *meta*-Nitrophenyl-Reste unterscheiden können.

Die Antigen-Antikörper-Reaktion wird mittlerweile genutzt, um alle nur denkbaren Antigene, aber auch Antikörper selbst zu identifizieren, zu quantifizieren und zu isolieren. Mithilfe von Antikörpern ist es gelungen, eine große Zahl von Proteinen sicher zu identifizieren und damit den Weg zu deren Funktionsaufklärung zu ebnen.

Antikörper haben sich in allen Sparten der Biowissenschaften als ideales Reagens durchgesetzt, da der Nachweis einer großen Zahl von Proteinen und anderer Substanzen nur ein einziges Nachweisprinzip, nämlich die Antigen-Antikörper-Reaktion, benötigt. Da solche *Immunassays* relativ leicht handhabbar und verlässlich sind, haben sie sich vielfach auch für die Automatisierung als tauglich erwiesen.

Das Ziel dieses Kapitels ist es, einige wichtige Prinzipien der Antigen-Antikörper-Reaktion darzustellen, die die Natur für die Immunabwehr entwickelt hat und die von Wissenschaftlern und Anwendern in der Medizin und in der Industrie in Form von mannigfaltigen Testverfahren für analytische, diagnostische, therapeutische und präparative Zwecke genutzt werden.

Nach einer kurzen Darstellung der Struktur und Charakteristika der Antikörper und Antigene sowie der Antigen-Antikörper-Reaktion werden typische immunologische Techniken abgehandelt und auf die Herstellung von Antikörpern, insbesondere auch auf das moderne Engineering von Antikörpern bis hin zur Herstellung vollsynthetischer Antikörper, eingegangen.

## 6.1.3 Eigenschaften von Antikörpern

Im Organismus von Säugern werden fünf Antikörperklassen, Immunglobulin M, D, G, E, A, abgekürzt IgM, IgD usw., unterschieden, die alle gleichzeitig im Plasma eines einzigen Individuums vorkommen und **Isotypen** genannt werden. Es muss jedoch betont werden, dass die Zusammensetzung der Immunglobuline (Ig) im Plasma, in exokrinen Sekreten und in den Geweben differiert und dass je nach Art der Immunisierung bzw. der Immunantwort unterschiedliche Immunglobulinklassen induziert werden. Die Funktionen der Antikörper sind sehr vielfältig. Eine Reihe dieser Funktionen sind in Form von Standardtests

anwendbar, die hier zum Teil im Detail beschrieben sind. Antikörper sind di- (z. B. IgG), tetra- (IgA) bis dekavalent (IgM) und kreuzvernetzen natürliche multivalente Antigene (◼ Abb. 6.5). Die wachsenden Immunkomplexe verlieren durch Aggregatbildung ihre Löslichkeit und fallen als weiße Niederschläge aus, was Präzipitation genannt wird (▶ Abschn. 6.3.2). IgM und IgG binden und aktivieren nach Antigenbindung auch Komplement und führen dadurch schließlich zur vicinalen Zellmembranlyse und zur Aktivierung auch anderer Funktionen (▶ Abschn. 6.4). Die Zellbindung durch Antikörper führt zu Nachfolgereaktionen wie z. B. Phagocytose und zellvermittelter Cytotoxizität (▶ Abschn. 6.5).

---

**Isotyp**

Homologe, näher verwandte Proteine, die in duplizierten Strukturgenen (an verschiedenen Genorten!) codiert sind und alle in einem Individuum koexprimiert werden. Beispiele: die Immunglobuline A, D, E, G und M, die IgG-Subklassen 1–4 oder die zwei Immunglobulin-Leichtketten λ und κ mit ihren Subgruppen (Allotyp).

---

**Klon, klonal, monoklonal**

Vermehrt sich eine Zelle ohne weitere Differenzierung durch fortlaufende Zellteilung mit der Generierung identischer Tochterzellen, so spricht man von klonalem Wachstum. Das Resultat ist die Bildung eines Zellklons. Jede Zelle eines Antikörper bildenden Klons synthetisiert den gleichen Antikörper, den man monoklonal nennt.

---

Obwohl **IgA** bei Säugern das am meisten produzierte Immunglobulin im Körper ist, ist sein Einsatz als analytisches Reagens nur auf spezielle Fragestellungen begrenzt. Es kommt vor allem auf Schleimhautoberflächen des Verdauungstraktes, der Lungen, in Sekreten exokriner Drüsen sowie im Blutplasma vor und ist i. A. weniger gut zugänglich. IgA stellt, im Gegensatz zu IgG (s. unten), aber nur 15 % der Plasma-Immunglobuline dar und kann als Monomer (160 kDa), Dimer (390 kDa), sekretorisches Dimer (385 kDa) und höhere Polymere exprimiert werden.

**IgM** ist ein dekavalentes, pentameres Immunglobulin von 970 kDa Größe, das etwa 7 % der Plasma-Immunglobuline ausmacht. Wegen seiner Größe ist es weniger gut löslich und lässt sich bereits durch zehnfache Verdünnung mit Aqua bidest. aus Vollserum reversibel ausfällen. Seine Adsorption an alle möglichen Oberflächen kann mannigfache unspezifische Bindungen hervorrufen. Daher ist, wie bei IgA, auch bei IgM die Anwendung auf bestimmte Fragestellungen beschränkt.

IgD (180 kDa) und IgE (190 kDa) sind Antikörper, die zum größten Teil auf der Oberfläche von Lymphocyten, Basophilen und Mastzellen gebunden sind. Sie sind nur in Spuren (0,5 % und 0,002 % der Immunglobuline) im Plasma vorhanden. Als analytischer Antikörper hat IgD keine Bedeutung. IgE hingegen vermittelt allergische Reaktionen und wird insbesondere für die Diagnose von Allergien genutzt.

---

**Fc-Rezeptoren**

Bindungsstrukturen auf Zelloberflächen von z. B. Monocyten und Lymphocyten, die an den Fc-Teil eines Antikörpers binden (◻ Abb. 6.1). Der Fc-Rezeptor bindet (durch Antigene oder Aggregation) kreuzvernetzte Antikörper. Diese Bindung hat eine Reihe von wichtigen Abwehrfunktionen, z. B. Phagocytose und antikörpervermittelte Cytotoxizität, zur Folge.

---

Das IgG übertrifft mengenmäßig im Plasma und Extrazellularraum – nicht jedoch auf den Schleimhautoberflächen – alle anderen Immunglobuline (ca. 75 % aller Immunglobuline) und repräsentiert *den* analytischen Antikörper der Immunchemie. IgG-Antikörper sind, wie die anderen Antikörper-Isotypen, durch Immunisieren in Tieren induzierbar und über eine Gefäßpunktion aus dem Serum leicht zu gewinnen und daher einfach zugänglich (▶ Abschn. 6.6). Außerdem sind sowohl die mithilfe von Adjuvans induzierten polyklonalen Antikörper von Versuchstieren als auch die entsprechenden monoklonalen Antikörper (▶ Abschn. 6.6) meist vom IgG-Typ.

Als Monomer von 150 kDa Größe ist IgG kleiner als die Vertreter der anderen Immunglobulin-Klassen. Es gibt vier Isotypen von IgG beim Menschen (IgG1, 2, 3 und 4) und fünf bei der Maus (IgG1, 2a, 2b, 2c, und 3). Die IgG-Isotypen tragen auch eine Reihe von allotypi-

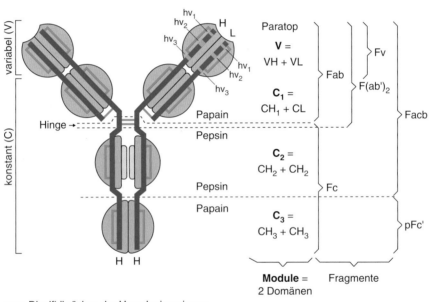

Disulfidbrücken der Homologieregionen

Disulfidbrücken, welche die H-Ketten bzw. die H- und die L-Kette miteinander verbinden

Polysaccharid

---- Spaltstellen der angegebenen Enzyme

▪ ▪ hypervariable Region der H- und L-Kette

◻ **Abb. 6.1** Schematischer Aufbau und Funktionen eines IgG-Moleküls. Ein IgG-Molekül besteht aus zwei identischen schweren (H, 50 kDa) und zwei identischen leichten (L, 24 kDa) Polypeptidketten, die über Disulfidbrücken kovalent miteinander verbunden sind. Es entstehen zwei kovalent gebundene, funktionell identische Einheiten [$2 \cdot$ (H + L) zu je 75 kDa], auf denen die für die Funktion so wichtige Bivalenz beruht. Diese monovalenten Einheiten sind in der Hinge-(Türangel-)Region über mehrere Disulfidbrücken verbunden. Diese Anordnung erlaubt es, den Winkel zwischen den Fab-Fragmenten (für eine bessere Antigenbindung) stark zu ändern. Die Module sind als globuläre Einheiten dargestellt, die aus je zwei Domänen aufgebaut sind. Das Immunglobulin-Molekül wird von einem N-terminalen variablen Modul (V) und den konstanten Modulen (C) gebildet. V (VH + VL) ist das paratoptragende Modul mit den jeweils drei hypervariablen Regionen sowohl der H-Kette als auch der L-Kette, die den Epitopkontakt mit dem Antigen herstellen; $C_1$ ($CH_1 + CL_1$) vermittelt die Bindung der Komplementkomponente C4b; $C_2$ ($CH_2 + CH_2$) vermittelt die Komplementaktivierung und bestimmt den metabolischen Abbau und die Protein-A-Bindung (zusammen mit $C_3$), $C_2$ enthält eine strukturbildende Polysaccharidkomponente. Das $C_3$-Modul ($CH_3 + CH_3$) vermittelt zusammen mit $C_2$ die Bindung auf Zelloberflächen und induziert zelluläre Immunantworten via Fc-Rezeptoren. Eine Trennung der verschiedenen Module durch limitierte Verdauung mithilfe etwa von Papain und Pepsin ist angegeben

schen, nach Gregor Mendel vererbbaren Mutationen, die als **Gm-Faktoren** bezeichnet und für genetische Studien herangezogen werden.

---
**Allotyp**

Variante mit einem oder mehreren Aminosäureaustausche, codiert in einem der Allele (an einem Genort!). Allotypen kommen nur bei einigen Individuen einer Population vor: Sie unterscheiden sich von sporadischen Aminosäureaustauschen durch die Tatsache, dass sie sich in der Gesamtpopulation über 1 % ausgebreitet haben. Beispiele: Blutgruppensubstanzen oder die Immunglobulin-Gm-Faktoren (Isotyp).

---

IgG ist gut löslich und bleibt auch bei vermindertem Salzgehalt aktiv. IgG-Antikörper reagieren in einem pH-Bereich von etwa 4–9,5. IgG kann in sterilem Serum bei 4 °C über viele Monate bis einige Jahre aufbewahrt werden. Die funktionelle Halbwertszeit von IgG im Serum nach Schockgefrieren (in $CO_2$-Trockeneis/Alkohol oder besser in flüssigem Stickstoff) kann bei einer Lagerung bei −80 °C mehrere Jahrzehnte betragen.

Antikörper können reversibel denaturiert werden, sodass eine Antigen-Antikörper-Bindung wieder gelöst werden kann, ohne dass die Antikörper größeren Schaden nehmen (◘ Tab. 6.1 ). Diese Eigenschaft erlaubt die Isolierung von Antigenen oder von Antikörpern aus komplexen Proteingemischen über die Affinitätschromatographie, wenn einer der Bindungspartner immobilisiert ist (► Abschn. 6.3.3).

Außerdem kann an IgG unter Wahrung seiner Antikörperaktivität eine Reihe amplifizierender Substanzen kovalent gekoppelt werden. Diese amplifizierenden Substanzen, wie Fluorochrome, Enzyme, Radionuklide, dienen der Steigerung der Empfindlichkeit zur Identifizierung und Quantifizierung der gebundenen Antikörper in Bindungstests (► Abschn. 6.3.3).

## 6.1.4 Funktionelle Struktur von IgG

Zunächst muss angemerkt werden, dass sich alles im Folgenden Gesagte im Wesentlichen auf die IgG-Antikörper bezieht. Im Jahre 1967 hat Gerald Edelman (Nobelpreis 1972) die erste Aminosäuresequenz und die vollständige kovalente Struktur eines $IgG_1$-Antikörpers beschrieben. In ◘ Abb. 6.1 ist ein $IgG_1$-Antikörper schematisch wiedergegeben.

Die insgesamt vier Immunglobulin-Polypeptidketten, die einen IgG-Antikörper bilden, bestehen jede aus der Vervielfachung eines Ur-Immunglobulins von 12 kDa, das eine Disulfidbrücke trägt, die eine Schlinge (Loop) von 60 Aminosäuren bildet. Die schwere Kette hat vier und die leichte Kette zwei Homologieregionen, von denen jede entsprechend der Ur-Ig-Kette durch eine eigene Disulfidbrücke stabilisiert wird. Die Homologieregionen der verschiedenen Ketten falten sich zu Domänen, von denen sich je zwei zu relativ unabhängigen Funktionseinheiten (Modulen) zusammenlagern. So lagern sich z. B. die N-terminalen Domänen der schweren und leichten Kette zu einem variablen Modul mit der von beiden Ketten gebildeten Haftstelle zusammen (► Abschn. 6.1.5). Andere Module vermitteln andere Funktionen (◘ Abb. 6.1).

Die sehr kompakten Module lassen sich an den enzymsensiblen Verbindungen enzymatisch voneinander trennen. Die so erhaltenen Fragmente lassen sich individuell auf ihre Funktionen hin untersuchen sowie für mannigfache Fragestellungen einsetzen. Auch ist die gentechnische Herstellung dieser Teilsegmente in Bakterien zu ihrer speziellen Untersuchung oder Nutzung möglich (► Abschn. 6.6). Manchmal ist die Monovalenz eines Antikörpers erwünscht, dann können die Halbmoleküle durch milde Reduktion der Disulfidbrücken zwischen den H-Ketten getrennt werden, oder man gewinnt das monovalente Fab-Fragment durch enzyma-

**◘ Tab. 6.1** Reversibles Lösen von Antigen-Antikörper-Komplexen *in vitro*

**Saure Bedingungen**

Optimal ist pH 2,6; bei hoch affinen Antikörpern können auch schärfere Bedingungen, z. B. kurzfristig bei 4 °C bis zu pH 1,8 – allerdings unter stärkerer Antikörperschädigung – für die Rückgewinnung eines gebundenen Antigens erforderlich sein.

**Alkalische Bedingungen**

Optimal ist pH 11,2; zum Einsatz harscherer Bedingungen gilt dasselbe wie unter sauren Bedingungen. Allerdings werden Antikörper durch alkalische Bedingungen im Allgemeinen stärker geschädigt als durch saure.

**Chaotrope Ionen**

$Cl^-$, $I^-$, $Br^-$, $SCN^-$; typische Eluanzien sind 3 M $MgCl_2$, 1–3 M NaSCN.

**Epitope**

Höhere Konzentrationen von kompetitierenden freien Antigenen, von synthetischen Peptiden, isolierten Epitopen oder immundominanten Epitopabschnitten, z. B. von freien Haptenen (◘ Abb. 6.2B, C).

tische Entfernung des Fc-Fragments und der Hinge-Region mithilfe von Papain. Pepsinspaltung liefert das bivalente F(ab')$_2$-Fragment mit der intakten Hinge-Region, an dem der Einfluss der Haftstellen und die Wirkung allein der Divalenz ohne zusätzliche Fc-Aggregation, aber auch die Funktion der Hinge-Region untersucht werden können. In ◘ Abb. 6.1 sind weitere typische Fragmente von IgG angegeben und die Funktion der IgG-Domänen beschrieben. Wie durch Antikörper-Engineering im letzten Jahrzehnt stark zunehmend neue Anwendungsbereiche eröffnet wurden, ist in ▶ Abschn. 6.6.2 kurz dargestellt.

### 6.1.5 Antigenbindungsstelle (Haftstelle)

Die Antigenbindungsstelle (Paratop) befindet sich auf dem variablen Modul (V), das von den variablen Domänen der leichten und schweren Immunglobulinkette (VL und VH) gebildet wird. Sowohl die H-Kette als auch die L-Kette besitzt drei hypervariable Regionen (hv$_1$, hv$_2$ und hv$_3$) und vier flankierende konstante *Framework*-Regionen (FR1, FR2, FR3 und FR4). Die hypervariablen Regionen der H- und L-Kette stellen den unmittelbaren Epitop-Kontakt her. Diese Regionen werden daher auch *Complementarity Determining Regions* (CDR1–3) genannt. Der Anteil der H-Kette an der Spezifität ist mit etwa 70 % größer als der der L-Kette mit etwa 30 %, sodass die isolierte H-Kette ihre Antikörperaktivität besser bewahrt als die entsprechende isolierte L-Kette (◘ Abb. 6.2). Die L-Kette verliert die Antikörperaktivität gewöhnlich nach Trennung von der H-Kette. Eine erneute Zusammenlagerung der schweren und leichten Kette kann jedoch die Antikörperspezifität und Affinität (s. unten) wiederherstellen. Eine Zusammenlagerung mit einer anderen leichten Kette führt jedoch zu einer veränderten Spezifität des Antikörpers.

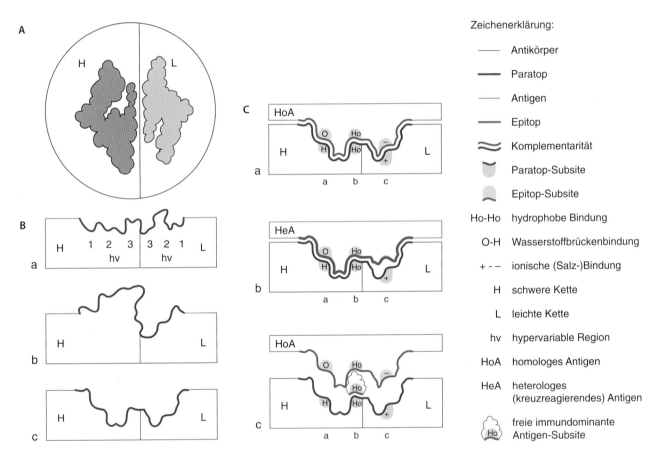

◘ **Abb. 6.2** Die Antigenbindungsstelle, das Paratop, schematisch. **A** Aufsicht. Das Paratop, die Haft- oder Antigenbindungsstelle, wird von der schweren (H-)Kette (dunkelgrau) und der leichten L-Kette (hellgrau) gebildet, wobei die H-Kette den größeren Anteil (auch funktionell) am Paratop besitzt. **B** Seitenansicht dreier Paratope mit unterschiedlicher Spezifität und schematischer Angabe der hv-Regionen. Die hv-Regionen liegen allerdings auf der Fläche des Paratops (A) dreidimensional verteilt (B). Ebenso variabel wie die Lage der verschiedenen Bindungsfunktionen innerhalb des Paratops ist auch die Komplementarität. **C** Feindarstellung der Epitop-Paratop-Bindung einer homologen Antigen-Antikörper-Bindung, d. h. das Immunogen ist das homologe Antigen (HoA, a), und eines heterologen Systems mit einem heterologen Antigens (HeA, b). Außerdem ist die Hemmung einer homologen Immunreaktion durch ein dominantes Teilepitop gezeigt (c)

---

> **Paratop**
>
> Unter Paratop (Haftstelle) versteht man den antigen-bindenden Teil des Antikörpers.

> **Epitop**
>
> Das Epitop ist der vom Paratop gebundene Antigen-abschnitt.

Die Größe der Haftstelle wurde mit kleinen Antigenen von unterschiedlichem Polymerisationsgrad und später mittels Kristallanalysen gemessen; Hexa- bis Octamere zeigten bei Aminosäuren die maximale Bindung, die vergleichbar der des intakten Immunogens war. Aus diesen Daten kann eine Kontaktfläche der Antigenhaftstelle von etwa 3 nm Durchmesser abgeleitet werden. Dieses Areal, das Paratop, kann eine Reihe unterschiedlicher physiko-chemischer Funktionen beherbergen (▶ Abschn. 6.3). Je nach Spezifität des Antikörpers ist die Oberfläche der Haftstelle unterschiedlich gestaltet. Die Passgenauigkeit wird über die Komplementarität gewährleistet. So kann die Haftstelle eine Vertiefung, aber auch eine Vorwölbung oder eine andere Konfiguration in unterschiedlichen Teilabschnitten aufweisen (◻ Abb. 6.2).

Wie man sich eine Epitop-Paratop-Bindung mit den verschiedenen Teilfunktionen vorstellen kann, wird in ◻ Abb. 6.2C dargestellt. Die Stabilität der Bindung wird von etwa sechs Teilfunktionen (Paratop-*Subsites*) des Antikörpers (hv-Regionen, ◻ Abb. 6.1 und 6.2B) und durch die entsprechenden Epitop-*Subsites* gewährleistet, von denen drei als Beispiele unterschiedlicher Bindungsmechanismen dargestellt sind, und zwar in ◻ Abb. 6.2C die Wasserstoffbrückenbindung O–H, die hydrophobe Bindung Ho–Ho und die ionische oder Salzbindung. In ◻ Abb. 6.2Ca wird ein Beispiel für eine **homologe Antigen-Antikörper-Reaktion** anhand einer Paratop-Epitop-Bindung gezeigt. Entsprechend ist die stereochemische Passgenauigkeit und damit der Fit von Epi- und Paratop mit allen drei hier dargestellten Bindungsfunktionen perfekt. Damit ist die Bindungsstärke (Affinität, s. auch Avidität,▶ Abschn. 6.3) hoch.

Im Gegensatz dazu ist in ◻ Abb. 6.2Cb ein Beispiel einer **heterologen Antigen-Antikörper-Reaktion** (Kreuzreaktion) gezeigt, in der ein heterologes Epitop eines heterologen Antigens (HeA) mit demselben Antikörper wie in ◻ Abb. 6.2 Ca reagiert. Da dieses heterologe Epitop mit dem homologen in ◻ Abb. 6.2Ca zwar chemisch verwandt, aber nicht identisch ist, ergibt sich keine perfekte physiochemische Komplementarität. In diesem Falle ist die Salzbindung in ◻ Abb. 6.2Cb nicht mehr vorhanden. Daher erlaubt die heterologe Epitopkonformation nicht mehr den perfekten Fit. Es ist auch angedeutet, dass der Wegfall einer einzigen Bindungsfunktion die Gesamtkonformation des Epitops so weit ändern kann, dass auch *vicinale Subsites* destabilisiert werden können (c in ◻ Abb. 6.2Cb).

Als weitere Funktion ist die Hemmung einer homologen Immunreaktion in ◻ Abb. 6.2Cc dargestellt. Gezeigt ist das Epitop mit dem homologen Paratop, wie in ◻ Abb. 6.2Ca. In diesem Falle jedoch ist eine hv-Region der Paratop-*Subsite* (Ho) durch eine isolierte homologe Epitop-*Subsite* besetzt, sodass das sonst bindende Paratop über eine zentrale Teilfunktion so weit gehemmt ist, dass die homologe Reaktion zwischen Antigen und Antikörper nicht mehr zustande kommen kann. Man kennt diese Art immundominanter Teilepitophemmungen von Haptenen, wie etwa Dinitrophenol, von Proteinfragmenten oder synthetisierten Peptiden, die Epitop-*Subsites* darstellen können. Eine ähnliche Unterbindung von Immunreaktionen findet man auch etwa im Agglutination-Inhibitionstest, beim Auslöschphänomen in der Immunpräzipitation in ◻ Abb. 6.9 (4. Zeile), beim kompetitiven Radioimmunassay (◻ Abb. 6.16) und dem entsprechenden ELISA (◻ Abb. 6.22).

## 6.1.6  Handhabung von Antikörpern

Das größte Problem bei der Handhabung und Lagerung von Antikörpern ist der Verlust der Antikörperaktivität durch strukturelle Änderung. Vor allem isolierte, reine Antikörper neigen nach Einfrieren zur Aggregation und werden leicht durch bakterielles Wachstum geschädigt. Daher sollen einige Hinweise gegeben werden, wie diese Probleme vermieden werden können.

Isolierte Antikörper können durch Hinzufügen von 1 % bovinem Serumalbumin (BSA) vor Aggregieren und dem Verlust durch Anhaften an Plastikoberflächen geschützt werden. Bakterielles Wachstum ist bei 4 °C stark verzögert und durch zusätzliche Addition (der stark toxischen Substanzen) Natriumazid ($NaN_3$; 0,02 % Endkonzentration) oder Thimerosal (0,01 %) weitgehend gehemmt. Lagerung in gefrorenem Zustand nach Schockgefrieren (s. oben) verringert den lagerungsbedingten Antikörperverlust, vorausgesetzt, es handelt sich um einfrierbare Antikörper. Einfrieruntaugliche Antikörperpräparationen lagert man am besten steril bei 4 °C und in $NaN_3$, eventuell auch Lagerung bei −20 °C nach Glycerinzusatz. Bei kommerziellen Antikörpern finden sich entsprechende Angaben auf dem Beipackzettel.

> Antikörper sind am stabilsten in ihrer „natürlichen Umgebung", d. h. in ihrer ursprünglichen Form als Antiserum. Hier ist Einfrieren gewöhnlich kein Problem. Es sollten aber häufige Einfrier-und-Auftau-Zyklen vermieden werden. Um Antikörper gleicher Aktivität stets zur Verfügung zu haben, lagert man die Antikörper am besten portioniert und schockgefroren bei −80 °C ein und taut jeweils ein neues Röhrchen für die anstehenden Einsätze auf.

**6**

Beim Einfrieren in kleinen Teilmengen und bei langer Lagerung kann es zum Austrocknen der Probe und dadurch zum Aktivitätsverlust des Antikörpers kommen. Austrocknen der Proben kann durch den Einsatz eines Schraubverschlusses mit Plastikring und durch einen Parafilmüberzug mit Verschluss des Gewindes von außen weitestgehend verhindert werden. Austrocknung tritt aber auch bei festem Verschluss ein, wenn der Raum über der Probe zu groß ist. Der Grund liegt in den ständigen Temperaturschwankungen bei der automatischen Temperaturregulierung und vor allem bei häufigem Öffnen und Schließen des Eisschranks: Bei jeder Temperaturerhöhung steigt der Dampfdruck des gefrorenen Wassers der Probe, und Flüssigkeit verdampft in den Raum über der Probe. Beim Abkühlen kondensiert die Feuchtigkeit an den kältesten, d. h. an den oberen probenfreien Arealen des Röhrchens. Proben mit Eiskristallen an den Gefäßen sollten nicht mehr verwendet werden, da die Antikörper vom Lösungsmittel getrennt wurden und die Aktivität dadurch vermindert sein kann. Daher sollten über lange Zeit eingelagerte Proben möglichst drei Viertel des Röhrchenvolumens einnehmen. Die Temperaturschwankungen sind zu minimieren, indem die Röhrchen in einer dichten Schachtel aufbewahrt und die Proben vornehmlich in einer von oben zugänglichen Truhe gelagert werden.

Für die Kryopräservierung in nicht gefrorenem Zustand unter 0 °C können dem Antikörper auch Schutzstoffe beigemischt werden, welche die Antikörperaktivität nicht verringern und den späteren Einsatz nicht beeinträchtigen, etwa Glycerin in 10–50 % Endkonzentration. Sie führen z. B. je nach Konzentration zu einer Gefrierpunktserniedrigung, welche die Proteine nicht nur vor der Entmischung durch Eiskristallbildung, sondern auch vor Austrocknung schützt. Glycerin wird daher vor allem bei der Kältelagerung sehr kleiner Probenmengen (bei der Aliquotierung ganz unterschiedlicher Proteine) als Kryopräservanz eingesetzt.

## 6.2 Antigene

Antigene werden **komplette Antigene** oder **Immunogene** (Allergene, Tolerogene) genannt. Eigenschaften eines Antigens, die für eine antikörpervermittelte Immunantwort im immunisierten Individuum unerlässlich sind, sind in ☐ Tab. 6.2 aufgeführt. Ist eine Substanz zu klein, um im-

**☐ Tab. 6.2** Voraussetzung für die Immunogenität von Antigenen für eine Antikörperantwort

Strukturen, welche die Immunogenität eines Antigens bestimmen und zur Epitopselektion im immunisierten Tier führen, wurden an künstlichen Antigenen (haptenisierte Immunogene) und synthetischen Antigenen (polymerisierte Aminosäuren) vor allem durch Michael Sela (vor 1970) und später durch andere Arbeitsgruppen gefunden.

Folgende Punkte scheinen wichtig zu sein:

- Große chemische Differenz des Moleküls zum immunisierten Organismus, die vor allem durch die evolutionäre Distanz bedingt ist.

- Die Größe des Proteins soll oberhalb von 5–10 kDa liegen. Aminosäuren und kleine Peptide unter etwa 30 Aminosäuren sind gewöhnlich nicht immunogen. Peptide koppelt man zur Induktion von Antikörpern kovalent an stark immunogene Träger, z. B. an Hühner-Gammaglobulin (*Chicken Gamma Globulin*, CGG) oder das Hämocyanin der Schlitzschnecke *Megathura crenulata* (*Keyhole Limpet Hemocyanin*, KLH). Ebenso verfährt man mit chemischen Substanzen von niedrigem Molekulargewicht, die als Haptene eingesetzt werden (**Hapten-Carrier-Effekt**).

- Das Immunogen muss eine gewisse Komplexität besitzen. Polymerisierte Monoaminosäuren sind i. A. nicht immunogen. Eine Kombination verschiedener Aminosäuren ist unerlässlich. Jedoch ist die Immunogenität der einzelnen Aminosäuren sehr unterschiedlich.

- Die Art der Seitenkette der Aminosäuren beeinflusst die immunogene Potenz der Epitope. Die am stärksten epitopbestimmenden Aminosäuren sind saure und basische Aminosäuren (z. B. Glutaminsäure, Asparginsäure, Lysin und Arginin) und solche mit großen Seitenketten, vor allem diejenigen mit Ringen (Tyrosin, Phenylalanin, Tryptophan).

- Die immunogenen Epitope müssen für die Erkennung frei zugänglich auf der Oberfläche des Moleküls liegen.

- Mäßige und geordnete Denaturierung und Aggregation können die immunogene Potenz erhöhen.

- Das Immunogen muss von antigenpräsentierenden Zellen (Makrophagen, dendritische Zellen und verwandten Zellen, aber auch B-Zellen selbst) limitiert abbaubar („prozessierbar") sein und T-Helferlymphocyten präsentiert werden. T-Zell-Hilfe ist unerlässlich für die Bildung von hochaffinen Antikörpern.

- Statistisch weisen die Epitope einen hohen **Antigenindex** (*antigenic index*) auf, der sich aus verschiedenen Komponenten zusammensetzt. Immunogene Epitope sind exponiert an der Oberfläche des Moleküls (hohe Oberflächenwahrscheinlichkeit) mit eher hydrophilen Aminosäuren (niedrigem Hydrophobizitätsindex). Sie sind flexibel (hoher Flexibilitätsindex), weisen keine β-Struktur (geringe β-Strukturwahrscheinlichkeit) auf und enthalten gehäuft Glycin und Prolin, die zu *Turns* (Umkehr des Verlaufs der Polypeptidkette) führen.

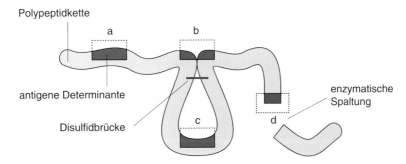

Polypeptidkette

a

b

antigene Determinante

enzymatische
Spaltung

Disulfidbrücke

c

d

**Abb. 6.3** Antigene Determinanten oder Epitope haben die Größe von etwa 5–8 Aminosäuren, die sich in unterschiedlicher Weise formieren können. a Sequenzielle oder kontinuierliche Epitope; b konformationsbedingte oder diskontinuierliche Epitope; sie können durch Änderung der Konformation infolge von Denaturie-rung oder durch Disulfidspaltung zerstört werden; c verborgene antigene Determinanten, sie können z. B. durch Denaturierung oder durch Disulfidspaltung exponiert werden; d durch Proteolyse neu entstandene antigene Determinanten (Neoantigen)

munogen zu sein (inkomplettes Antigen, **Hapten**), kann diese durch Kopplung an einen immunogenen Träger (■ Tab. 6.2) immunogen werden. Inkomplette Antigene können aus einer Fülle chemisch sehr unterschiedlicher Stoffklassen stammen und auch im Labor synthetisierte Substanzen darstellen, die in der Natur nicht vorkommen.

Ein Antikörper reagiert in der Regel nur mit einigen Teilbereichen der Oberfläche eines Antigens, den sog. **antigenen Determinanten (Epitopen)**. Epitope können *sequenziell, konformationsbedingt* und *verborgen* sein oder auch nach enzymatischer Spaltung *neu* auftreten (Neoantigene), wie in ■ Abb. 6.3 illustriert ist. Die natürlichen Antigene sind meist multivalent, d. h. sie haben je nach Größe des Antigens mehrere bis viele antigene Determinanten. Das Epitop besteht aus Teilabschnitten, den sog. *Subsites*, von denen jede eine andere physiko-chemische Funktion besitzen kann (▶ Abschn. 6.3). Diese Teilabschnitte korrespondieren mit den entsprechenden individuellen Paratop-*Subsites* der Antigenbindestelle des Antikörpers. Die Summe der Teilabschnittbindungen ergibt die Gesamtbindungs-stärke eines Epitops.

Eine Antikörperbindung kann auch zu einer Konformationsänderung eines Antigens führen. So ist es gelungen, Antikörper gegen bestimmte instabile Intermediate herzustellen, wie sie bei der enzymatischen Katalyse entstehen. Die so erzeugten Antikörper können entsprechende Antigene dann in eine Konformation zwingen, die Antigene zu Substraten mit einer nachfolgenden enzymähnlichen Reaktion macht. Damit können Antikörper katalytische Eigenschaften besitzen. *Katalytische* Antikörper können für die Präparation bestimmter Chemikalien oder auch für die Etablierung homogener Immunassays genutzt werden (▶ Abschn. 6.3.3).

Die genaue Bestimmung eines Epitops kann durch **Epitopkartierung** erfolgen. Dies erfolgt heutzutage durch die Testung der Bindung der Antikörper an *systematisch versetzte synthetische Peptide* von etwa Octa- bis Duodecapeptiden, die kommerziell hergestellt werden. Die Epitopkartierung ist an einem Beispiel in ■ Abb. 6.4 gezeigt.

## 6.3 Antigen-Antikörper-Reaktion

Die bei der Antigen-Antikörper-Reaktion wirksamen Prinzipien und Kräfte sind dieselben, welche z. B. auch bei der Ligand-Rezeptor-, der Enzym-Substrat-Bindung und bei der Sicherung der Konformation von Proteinen wirksam sind; es sind stereochemische Passgenauigkeit (Komplementarität) und intermolekulare Wechselwirkungen, wie Wasserstoffbrücken- und Ionenbindungen, Van-der-Waals-Kräfte und hydrophobe Wechselwirkungen (■ Abb. 6.2C). Die Spezität eines Antikörpers ist abhängig von der Bindungsstärke (**Avidität**) zu seinem Antigen. Die Avidität setzt sich aus mehreren Teilkomponenten zusammen:

- der Affinität, welche über die monovalente Bindungsstärke zwischen Epitop und Paratop (über alle *Subsites*) definiert wird und die über die Bestimmung der Gleichgewichtskonstante gemessen wird
- der Multivalenz von Antikörpern

Während die Gleichgewichtskonstante beim Vorliegen chemischer Einheitlichkeit sowohl des Antigens (eine einzige Konformation) als auch des Antikörpers (möglichst monoklonal, ▶ Abschn. 6.6) durch die Gleichgewichts-dialyse (und andere Methoden) exakt messbar ist, bleibt der Begriff Avidität ein mehr funktioneller, der sich nicht so exakt definieren lässt. Die Avidität wird jedoch über die Geschwindigkeit der Antigen-Antikörper-Reaktion im Vergleich von monovalenten Fab- und divalenten F(ab')$_2$-Fragmenten näher fassbar (▶ Abschn. 6.3.3).

Die Affinität beruht auf der stereochemischen Komplementarität von Epitop und Paratop (■ Abb. 6.2C) und den oben genannten Bindungsfunktionen. Für die Passgenauigkeit spielen Flexibilität und Mobilität von Epi- und Paratop eine bedeutende Rolle für den letzten Bindungsschluss (*final fit*). **Homologe Antigene** (= induzierende Immunogene) besitzen die stärkste Affinität. Eine geringere Affinität haben gewöhnlich kreuzreagierende Antigene (**heterologe Antigene**), die mit den Immunogenen nicht identisch, sondern nur chemisch verwandt sind (■ Abb. 6.2C). In seltenen Fällen, wenn das

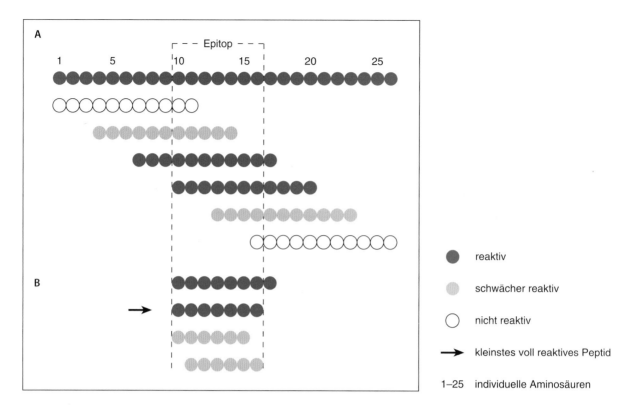

**Abb. 6.4** Epitopkartierung eines monoklonalen Antikörpers. **A** Orientierende Kartierung des Epitops. Eine Polypeptidkette von 26 Aminosäuren stellt das Immunogen eines monoklonalen Antikörpers dar, dessen genaues Epitop mithilfe von überlappenden Hendekapeptiden gesucht wird, die jeweils um drei Aminosäuren fortlaufend versetzt sind und das ganze Polypeptid abdecken. Die Peptide 7–17 und 10–20 reagieren voll, was zeigt, dass das Epitop innerhalb von Position 10–17 liegen muss. **B** Feinkartierung des Epitops. Eine Verkürzung des Peptides 10–17 vom N- und C-terminalen Ende her zeigt nur bei Peptid 10–16 noch die volle Immunreaktivität mit dem monoklonalen Antikörper, das damit das gesuchte Epitop darstellt

heterologe Antigen stärker bindet als das homologe, nennt man dieses Antigen **heteroklitisch**. Die Ursache kann eine antikörperbedingte Konformationsänderung des Antigens sein mit Offenlegung bisher verborgener antigener Determinanten (■ Abb. 6.3). Da es zwischen Antigenen und Antikörpern, bedingt durch Epi- und Paratop-Teilkomplementaritäten und die genannte Flexibilität, auch Bindungen niedriger Affinität gibt, ist bei allen Immunassays auf stringente Bedingungen zu achten, um Bindungen niedriger Affinität, d. h. die paratopvermittelten „unspezifischen" Bindungen, zu verringern oder gar auszuschließen.

Die Antigen-Antikörper-Reaktion ist historisch auf unterschiedliche Art und Weise sichtbar gemacht worden. Je nach Art des Antigens wird die sichtbare Folge der Immunreaktion als **Agglutination**, **Präzipitation**, **Immunbindung** und **Komplementfixation** bezeichnet. Während die ersten zwei unmittelbarer Inspektion zugängig sind, müssen die Immunbindung und die Komplementfixation allerdings erst nachträglich durch amplifizierende Systeme sichtbar gemacht werden.

Jede der vier immunologischen Nachweisarten folgt ihren eigenen Gesetzen und besitzt ihren eigenen Anwendungsbereich. Daher sollen im Nachfolgenden die speziellen Charakteristika der vier Arten von Immunre-

aktionen und die Folgereaktionen kurz dargestellt und ihre Einsatzbereiche erläutert werden.

### 6.3.1 Immunagglutination

Wenn antigen*tragende* mikroskopische, suspendierte Partikel, wie Bakterien oder Blutzellen, oder antigen*beladene* Latexpartikel mit einem entsprechenden Immunserum vermischt werden, kommt es zur Zusammenballung der Korpuskeln und einer darauffolgenden sichtbaren Sedimentation. Diese Form der Antigen-Antikörper-Reaktion wird Agglutination genannt.

Die **direkte Agglutination** (Agglutination über den Primärantikörper) beruht auf der Kreuzvernetzung von Antigenen auf der Oberfläche von Korpuskeln durch Antikörper, wobei ein einziges Antikörpermolekül mit seinen identischen Paratopen die gleichen antigenen Determinanten auf verschiedenen Partikeln überbrücken muss. Es ist klar, dass für diese Überbrückung von zwei und mehr Partikeln wegen seiner Größe und Dekavalenz vor allem der IgM-Antikörper geeignet ist und weniger gut der monomere, bivalente IgG-Antikörper. Sollte ein IgG-Antikörper nicht agglutinieren, kann der Einsatz eines zusätzlichen Antikörpers, der gegen dieses IgG gerichtet ist (Sekundärantikörper), zu einer Agglutination führen. Diese Form der Agglutination nennt man **indirekte Agglutination** (Agglutination durch einen Sekundärantikörper). Sie spielt in der Klinik bei der Diagnostik von pathogenen Antikörpern gegen Zelloberflächenantigene eine Rolle.

Ein starker Antikörperüberschuss führt jedoch zu einer Agglutinationshemmung, weil statistisch jedes Epitop dann einen einzigen Antikörper monovalent bindet und damit eine Kreuzvernetzung von Partikeln nicht stattfindet. Um diesen sog. **Prozoneneffekt**, der bei allen Immunassays auftreten kann, zu verhindern, muss eine Immunreaktion mit einem unbekannten Antikörper (oder mit einem unbekannten Antiserum) zunächst in einer entsprechenden Verdünnungsreihe optimiert werden.

### 6.3.1.1 Anwendung

Die direkte Agglutination wird angewendet, um Zelloberflächenantigene zu identifizieren, wie etwa bei der Blutgruppenbestimmung, die über eine **Hämagglutination** erfolgt. Es können auch beliebige Antigene kovalent auf Erythrocyten gebunden und mithilfe dieser „passiven Immunagglutination" (direkt oder indirekt) Immunreaktionen *in vitro* durchgeführt werden. Außerdem können mithilfe von auf Erythrocyten oder Latexpartikeln gebundenen Antikörpern – diese Variante bezeichnet man als „umgekehrte Immunagglutination" – gelöste Antigene innerhalb von Minuten qualitativ (und durch vergleichende Verdünnungsreihen semiquantitativ) nachgewiesen werden. Auch Agglutinationsinhibitionsassays sind einsetzbar, vor allem bei monovalenten Antigenen, Antigenfragmenten, einzelnen immundominanten Epitop-*Subsites* oder bei durch Mutation veränderten Epitopen.

Die Hämagglutination ist ein äußerst sensitiver Test für Antikörpertiterbestimmungen. Lässt man z. B. verdünnte Erythrocyten in einem kleinen Plastiktrichter (spezielle Mikrotiterplatten) über eine zirkuläre, schiefe Ebene der Plastiktrichterwand zum tiefsten Punkt des Trichters hinabrollen, wird eine Bindung des Antikörpers an Erythrocyten (und im besonderen Maße die Kreuzvernetzung) durch die Hemmung des Hinabrollens bereits durch wenige Antikörper sichtbar.

---

**Titer**

Historisch versteht man unter einem Antikörpertiter die höchste Verdünnungsstufe, bei der eine Antikörperfunktion noch messbar ist. Der Titer wird eingesetzt für einen praktischen Vergleich von Antikörperwirkungen. Der Titer ist abhängig von der Antikörperkonzentration, seiner Affinität und Avidität (▸ Abschn. 6.1.3), vor allem aber auch von der Art und der Empfindlichkeit des eingesetzten Detektionssystems. Heutzutage wird der Ausdruck Titer meist nur noch genutzt, um eine Antikörperkonzentration in Masse pro Volumen auszudrücken.

---

Auch wenn die Immunagglutination nur semiquantitative Daten liefern kann, ist sie doch wegen ihrer hohen Empfindlichkeit und ihrer besonders großen Versatilität, vor allem aber auch wegen ihrer relativ einfachen Anwendbarkeit und ihrer geringen Kosten, für umfangreiche Untersuchungsreihen von großem Wert. Mit der Entwicklung sehr empfindlicher und exakt quantitativer Bindungstests (▸ Abschn. 6.3.3) hat die Bedeutung der Immunagglutination bis auf die Anwendung in der Medizin allerdings sehr stark abgenommen.

## 6.3.2 Immunpräzipitation

Eine Vermischung von löslichem Antigen mit spezifischen Antikörpern führt zu einer Antigen-Antikörper-Reaktion, die durch Verlust der Löslichkeit der Antigen-Antikörper-Komplexe zu einer Trübung mit nachfolgender Sedimentation führt. Dieser Vorgang, welcher der Agglutination ähnlich ist, nur dass hier beide Partner löslich sind, wird traditionell **Immunpräzipitation** genannt. Eine Präzipitation kann nur dann zustande kommen, wenn wenigstens drei, in manchen Fällen zwei, antigene Determinanten auf einem Antigen verfügbar sind.

Wie bei der Agglutination kann es auch bei der Präzipitation zu einem ausgeprägten Prozoneneffekt kommen. Die quantitative Untersuchung dieses Effektes haben Larsen im Jahr 1922 und später unter anderen Michael Heidelberger und Forrest E. Kendall 1937 veröffentlicht (◘ Abb. 6.5). Füllt man in eine Serie von Röhrchen mit derselben Antikörpermenge von links nach rechts eine steigende Menge von Antigen und misst nach erfolgter Antigen-Antikörper-Reaktion die Präzipitatmenge in jedem Röhrchen, so stellt sich bei einem bestimmten Verhältnis von Antigen zu Antikörper in der Ausgangslösung ein maximales Immunpräzipitat ein. Wird nach Sedimentation des Präzipitats der Gehalt löslichen Antigens bzw. aktiven Antikörpers im Überstand untersucht, so ergibt sich, dass in den Röhrchen mit maximaler Präzipitation der Überstand weder Antigen noch Antikörper enthält, d. h. Antikörper und Antigen sind *in toto* kreuzvernetzt sedimentiert, während die Röhrchen links davon aktiven Antikörper (Zone des Antikörperüberschusses; ◘ Abb. 6.5Bb) und rechts davon lösliches Antigen (Zone des Antigenüberschusses; ◘ Abb. 6.5Bc) enthalten. Die Zone mit der maximalen Präzipitation wird die **Zone der Äquivalenz** genannt, d. h. der Äquivalenz von Epi- und Paratop

**6**

◘ **Abb. 6.5** Quantitative Immunpräzipitation (Heidelberger-Kurve). **A** Auffinden des Präzipitationsoptimums durch Messung sowohl der Menge des präzipitierten Antikörpers als auch der von Antigen- und Antikörperaktivität im Überstand nach abgelaufener Immunpräzipitation. **B** Veranschaulichung der einzelnen Partner der Antigen-Antikörper-Reaktion bei unterschiedlichem Antigen/Antikörper-Verhältnis. Präzipitation am Äquivalenzpunkt b ist bedingt durch die Bildung eines Raumgitters unbestimmter Größe, das unlöslich ist. a Löslicher Immunkomplex im Antikörper-, c im Antigenüberschuss

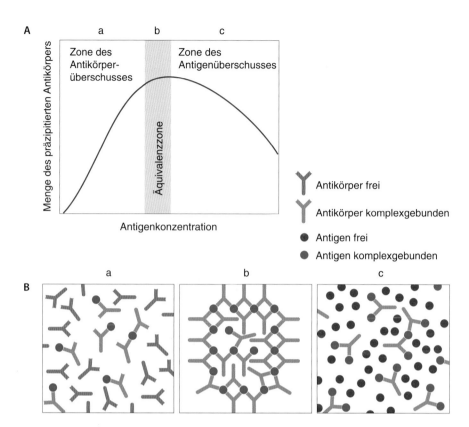

(◘ Abb. 6.5Bb). Der Befund einer Äquivalenz weist auf ein stöchiometrisches Verhältnis von Epi- und Paratop hin, eine Tatsache, welche den Einsatz quantitativer Immunassays begründet hat (s. unten). Die maximale Präzipitation bei Epi- und Paratopäquivalenz ist natürlich bei jedem Antigen-Antikörper-System („serologisches System" oder „antigenes System") verschieden und sowohl abhängig von der Valenz der Antigene als auch der Anzahl der in einem Antiserum vorhandenen spezifischen Paratope.

Es ist daher verständlich, dass der *exakte* Äquivalenzpunkt nicht über die Molarität der Reaktionspartner ermittelt werden kann.

---
**Antigenes System**

Es handelt sich um die Beschreibung eines jeweiligen Antigen-Antikörper-Systems. Ein antigenes System besteht aus einem Antigen und allen im gegebenen System mit diesem Antigen reagierenden Antikörpern. Synonym ist „serologisches System" (Jaques Oudin 1946).

---

Der Begriff „antigenes System" ist in ◘ Abb. 6.6 veranschaulicht. Dargestellt sind Minimalsysteme von Antigen-Antikörper-Reaktionen auf der Ebene der Epitop-Paratop-Bindung. ◘ Abb. 6.6A zeigt ein präzipitierendes antigenes System mit drei Epitopen (1–3) und entsprechenden drei Antikörpern (anti-1, anti-2, anti-3). Ein einzelner, gegen ein Epitop (1) gerichteter monoklonaler

Antikörper (anti-1; ▶ Abschn. 6.6) kann mit diesem in ◘ Abb. 6.6A gezeigten Antigen nicht präzipitieren (◘ Abb. 6.6B), sondern nur beim Vorhandensein von drei identischen Epitopen auf einem Antigen (◘ Abb. 6.6C). Da mit Ausnahme von Strukturproteinen natürliche lösliche Antigene in der Regel keine identischen oder repetitiven Epitope tragen, können entsprechend monoklonale oder Peptidantikörper mit diesen natürlichen Antigenen nicht präzipitieren.

Die Geschichte der analytischen Immunpräzipitation beginnt am Ende des vorletzten Jahrhunderts mit einem Glasröhrchen, in dem ein Antiserum mit einer Antigenlösung überschichtet wurde. Nach einiger Zeit der Diffusion beider Reaktionspartner gegeneinander bildete sich in der Nähe der Grenzschicht ein weißer Diskus, der einer spezifischen Immunpräzipitation entsprach. Dieser Test, der sog. **Ringtest**, war Ausgangspunkt aller Immunpräzipitationsmethoden, von denen es grundsätzlich vier verschiedene Grundanordnungen gibt, die in ◘ Abb. 6.7 dargestellt und im Folgenden mit wichtigen Beispielen näher ausgeführt sind.

Voraussetzung für das Gelingen einer Präzipitation sind in physiologischen Puffern lösliche Antigene. In physiologischen Puffern unlösliche Antigene (Lipoproteine, Membranproteine, Proteinfragmente) können die die Aktivität der Antikörper nicht wesentlich beeinflussen.

**Abb. 6.6** Minimalmodelle antigener Systeme. **A** Präzipitierendes System, das aus einem Antigen mit drei antigenen Determinanten (Epitope 1–3) und drei passenden Antikörpern (anti-1 bis anti-3) besteht. Die Antikörper können von einem Antiserum stammen oder drei monoklonale Antikörper repräsentieren. **B** Nicht präzipitierendes System, das aus demselben Antigen wie in A und einem monoklonalen Antikörper gegen eines der Epitope (1, anti-1) besteht. **C** Präzipitierendes System mit drei identischen antigenen Determinanten und monoklonalen Antikörpern identischer Spezifität

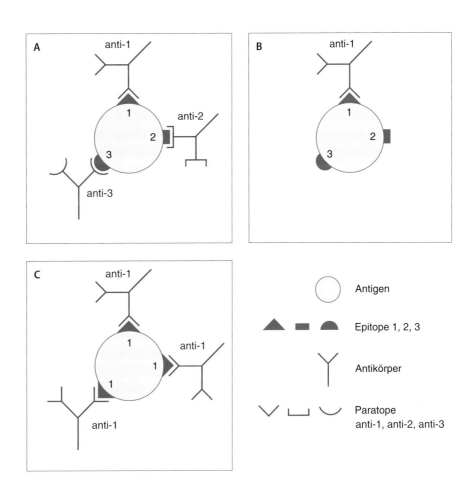

Dennoch können Salze in hohen molaren Konzentrationen (z. B. Guanidin-HCl), Harnstoff oder/und auch Detergenzien eingesetzt werden. Da bei dieser Art der Lösung von Antigenen jedoch Artefakte bei der Immunpräzipitation auftreten können, sind entsprechende Kontrollen erforderlich. Die Immundiffusion mithilfe denaturierenden Solvenzien kann aber nur gelingen, wenn die Antigene in hoher Konzentration und die Lösungsmittel in geringer Menge vorhanden sind. Da die Lösungsmittelmoleküle sehr klein sind und daher entsprechend schnell diffundieren, sind sie durch Diffusion genügend weit verdünnt, bevor Antigen und Antikörper aufeinander treffen.

### 6.3.2.1 Lineare Einfachimmundiffusion nach Oudin

Jaques Oudin hat 1956 wesentliche Erkenntnisse zum Verständnis der Immunpräzipitation beigetragen, sodass einige seiner jetzt historischen Experimente hier aus didaktischen Gründen Erwähnung finden. Die Untersuchung einer Präzipitation in Lösung (Ringtest, s. oben) ist wegen der Instabilität der Flüssigkeiten, der höheren Dichte des entstehenden Präzipitats und der temperatur-

bedingten Konvektion schwierig. Daher wurde von Oudin ein Reaktionspartner, meist das Antiserum, in weitmaschigen Gelen eingegossen und dabei stabilisiert. Diese Gele erlauben einerseits die freie Diffusion auch großer Reaktionspartner von über 1000 kDa, andererseits fixieren und stabilisieren sie die entstehenden Immunpräzipitate in den Gelmaschen. Als stabilisierendes Gel verwendet man heute für Präzipitationstests 0,5–1,5 % Agarose in physiologischen Puffern. Wie in ◘ Abb. 6.7A gezeigt, wird der im Gel eingegossene Antikörper mit flüssigem Antigen überschichtet und je nach Anordnung z. B. das in ◘ Abb. 6.8 dargestellte Ergebnis erzielt, an dem wichtige Erkenntnisse über Prinzipien der Immunpräzipitation abgeleitet werden konnten.

Wird die gleiche Menge des gelstabilisierten Antikörpers anti-A mit einer Lösung steigender Konzentrationen von Antigen A überschichtet (◘ Abb. 6.8, Röhrchen 1–3), so entsteht mit steigender Antigenkonzentration eine Präzipitationslinie in größerem Abstand von der Kontaktfläche K zwischen A und anti-A. Bei gleichbleibender gelstabilisierter Antikörperkonzentration, sinkt die Antigenkonzentration auf dem Diffusionsweg in das Gel. Wird der Äquivalenzpunkt erreicht, fallen die Immunkomplexe als deutliches Präzipitat aus. Ist mehr Antigen vorhanden, bedarf es einer stärkeren Verdünnung, die durch einen

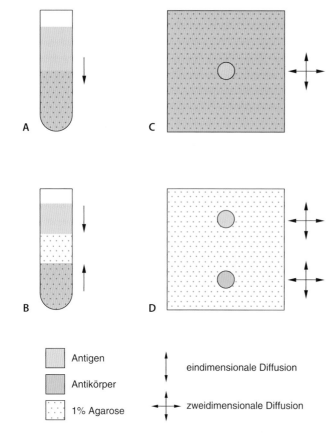

Antigen

Antikörper

1% Agarose

eindimensionale Diffusion

zweidimensionale Diffusion

**◨ Abb. 6.7** Systematik immunpräzipitierender Systeme. Die vier wesentlichen Anordnungen sind unmittelbar nach Auftragen der Reaktanden am Beginn der Diffusion gezeigt. **A** lineare Einfachdiffusion nach Oudin, **B** lineare Doppeldiffusion nach Oakley und Fulthorpe, **C** radiale Einfachdiffusion nach Mancini, **D** Doppeldiffusion nach Ouchterlony

**◨ Abb. 6.8** Lineare Einfachimmundiffusion nach Oudin

größeren Diffusionsabstand erreicht wird. Wegen der Stöchiometrie von Epi- und Paratop ist dieser Abstand von der Kontaktfläche zum Präzipitat proportional zur Antigenkonzentration. Damit gelang Oudin die erste exakte Konzentrationsbestimmung eines einzigen Antigens in einer komplexen Proteinmischung mithilfe eines monospezifischen Antiserums über die quantitative Immunpräzipitation.

Eine Austestung einer Mischung von zwei verschiedenen Antigenen A und B mit den entsprechenden Antiseren anti-A und anti-B führt zu zwei Präzipitationslinien, die unabhängig voneinander auftreten, da sie sich ebenso verhalten wie in Einzelröhrchen (◨ Abb. 6.8, Röhrchen 4, 5, 6).

Da die Präzipitationslinien in Oudins System in das Antikörperkompartiment hineinwandern und nicht stabil sind, wurde die einfache Diffusion durch eine gegeneinander gerichtete („doppelte") Diffusion ersetzt (◨ Abb. 6.7B). In diesem System von Oakely und Fulthorpe (1953) nimmt die Konzentration beider Partner während der Diffusion in ein proteinfreies Gelsegment zunehmend ab. Dadurch wird das Präzipitationsoptimum relativ stabil mit dem Ergebnis scharfer Präzipitationslinien in bester Auflösung. Dieses Prinzip wurde auch von Ouchterlony in der zweidimensionalen Immundiffusion verwirklicht.

Die Ouchterlony-Technik ist die einfachste Technik hoher Präzision, mit der vor allem Proteine (Antigene und Antikörper) in kurzer Zeit mit einem Minimum an Aufwand sicher identifiziert und verglichen werden können.

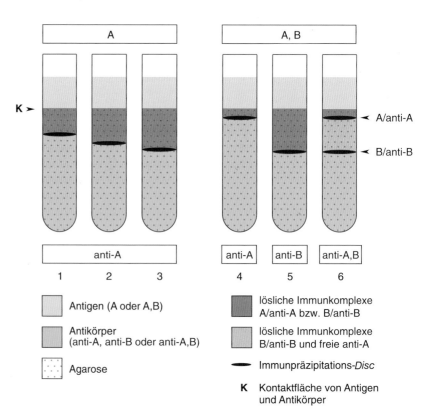

Antigen (A oder A,B)

Antikörper (anti-A, anti-B oder anti-A,B)

Agarose

lösliche Immunkomplexe A/anti-A bzw. B/anti-B

lösliche Immunkomplexe B/anti-B und freie anti-A

Immunpräzipitations-*Disc*

**K** Kontaktfläche von Antigen und Antikörper

### 6.3.2.2 Doppelimmundiffusion nach Ouchterlony

Bei der von Örjan Ouchterlony 1948 beschriebenen Technik werden Antigen und Antikörper in je ein Stanzloch einer Agaroseplatte (z. B. 1 % Agarose, physiologischer Puffer) gefüllt und diffundieren gegeneinander (◻ Abb. 6.7D). Bei der Diffusion bilden beide Partner einen Konzentrationsgradienten, es entsteht bei ihrer Begegnung am Ort der Epi- und Paratopäquivalenz eine scharfe Präzipitationslinie. Diese Doppeldiffusion folgt den Regeln Oudins. Allerdings ist das Ergebnis bei wesentlich geringerem Aufwand viel eher abzulesen.

Das Hinzufügen eines dritten bzw. weiterer Stanzlöchern erlaubt die gleichzeitige Detektion, Quantifizierung und Vergleich mehrerer antigener Systeme. Wie in ◻ Abb. 6.9 gezeigt, kann über die Doppelimmundiffusion die Nichtidentität, Identität und partielle Identität antigener Systeme festgestellt werden.

In ◻ Abb. 6.10 findet sich ein Beispiel einer Doppelimmundiffusion nach Ouchterlony.

Ein anderes, wichtiges immunspezifisches Präzipitationsmuster ist das **Auslöschphänomen** (◻ Abb. 6.9D). Es handelt sich um eine Immunreaktion kleiner Proteine, Proteinfragmente, einzelner dominanter Teilepitope oder synthetischer Peptide mit mono- oder divalenten antigenen Determinanten (in ◻ Abb. 6.9D als A' bezeichnet), die selbst zu keiner Präzipitation fähig sind, jedoch durch Blockierung einzelner, für die kooperative Präzipitation wichtiger Antikörperspezifitäten zum abrupten Abbruch der Präzipitationslinie führen oder sogar eine Antikörperreaktion verhindern können (◻ Abb. 6.2Cc).

In der Immundiffusion weist eine Krümmung der Präzipitationslinie auf die Schnelligkeit der Diffusion hin, und zwar mit konkaver Krümmung zum langsameren Partner. Ein Partner ist langsamer sowohl bei geringerer Konzentration als auch bei höherem Molekulargewicht. Bei ähnlichen Konzentrationen der Partner weist die Krümmung daher auf das Molekulargewicht relativ zu dem des Antikörpers hin, wie in ◻ Abb. 6.9E gezeigt.

Eine ähnlich hohe Genauigkeit bei dem Nachweis von antigenen Systemen bei geringem Arbeits- und Zeitaufwand erzielt keine andere Technik. Daher ist die Immundiffusion eine zentrale Technik der Immunchemie und findet noch breite Anwendung in der klinischen Diagnostik, z. B. zum Nachweis von spezifischen Antikörpern oder Antigenen im Serum. In den Biowissenschaften wird die Immundiffusion weitestgehend durch Western-Blotting (▶ Abschn. 6.3.3) ersetzt, was eine exakte Bestimmung des Molekulargewichts und der Quantität des Antigens erlaubt.

### 6.3.2.3 Immun- und Kreuzelektrophorese, Elektrodiffusion

Wird eine Mischung aus vielen Antigenen einer Immundiffusion unterzogen, kann das Präzipitationsmuster wegen der Fülle unterschiedlicher Präzipitationsli-nien nur schwer ausgewertet werden (◻ Abb. 6.11A). Daher werden die Proteine zunächst im elektrischen Feld in einer Dimension aufgetrennt (◻ Abb. 6.11B) (▶ Kap. 12) und anschließend einer Immundiffusion in einer zweiten Dimension unterzogen. Dabei wird der Antikörper bzw. das Antiserum in einer Rinne appliziert, wie in ◻ Abb. 6.11C gezeigt. Diese **Immunelektrophorese** kann je nach Antiserum und Anordnung etwa 15–30 Serumproteine auftrennen. Sie dient der Orientierung bezüglich des Vorhandenseins bestimmter Proteine und deren Mengen sowie der Orientierung bezüglich von Ladungsänderungen oder der Identifizierung monoklonaler Immunglobuline. Man kann auch mithilfe von monospezifischen Antiseren in komplexen Proteingemischen (Plasma, Cytosol, Bakterienlysat) einzelne Proteinkomponenten identifizieren und ihre Aktivierung oder Fragmentierung bis hin zum Abbau unter bestimmten experimentellen oder klinischen Bedingungen untersuchen.

Ein Beispiel einer Immunelektrophorese vom Serum eines Patienten mit entarteten Plasmazellen (Myelom), jenen Zellen, die Antikörper produzieren, ist in ◻ Abb. 6.12 dargestellt.

Zur Beschleunigung der Immundiffusion kann man Antigene und Antikörper im elektrischen Feld gegeneinander laufen lassen, vorausgesetzt, beide Partner haben eine unterschiedliche Ladung. Diese sog. **Elektrodiffusion** hat den weiteren Vorteil erhöhter Sensitivität, da das gesamte Antigen im elektrischen Feld in eine Richtung und damit auf den Antikörper zu läuft. Dasselbe gilt für die Antikörper, die ebenfalls quantitativ, aber dem Antigen entgegen laufen. Das steht im Gegensatz zur Doppelimmundiffusion von Ouchterlony (◻ Abb. 6.9), bei der Antigen und Antikörper in alle Richtungen diffundieren, wobei nur diejenigen Anteile von Antigen und Antikörper der Präzipitation dienen, die sich jeweils gegenüberliegen.

Elektrophoretisch aufgetrennte Proteinmischungen (wie in ◻ Abb. 6.11B) können mithilfe einer Elektrodiffusion in ein antikörperhaltiges Gel elektrophoresiert werden. Diese Variante wird **zweidimensionale Immunelektrophorese** oder **Kreuzelektrophorese** nach Clark und Freedman genannt. Ein Ergebnis ist in ◻ Abb. 6.11D skizziert. Entsprechend der Zahl der antigenen Systeme entstehen Präzipitationsgipfel, die je nach der Qualität der Antiseren eine Quantifizierung der einzelnen Teilkomponenten etwa in Seren, Zellextrakten und von Membranproteinen, letztere in nichtionischen Detergenzien, gestatten. Mithilfe der Linien auf Identität, Nichtidentität und partielle Identität gelingt die Zuordnung der einzelnen Proteine nach den bereits in ◻ Abb. 6.9 genannten Kriterien. Auch die letzten zwei Techniken können nur erfolgreich ausgeführt werden, wenn Antigen und Antikörper eine andere Ladung besitzen, sodass sie im elektrischen Feld gegeneinander laufen können. Sollte dies nicht der Fall sein, kann man

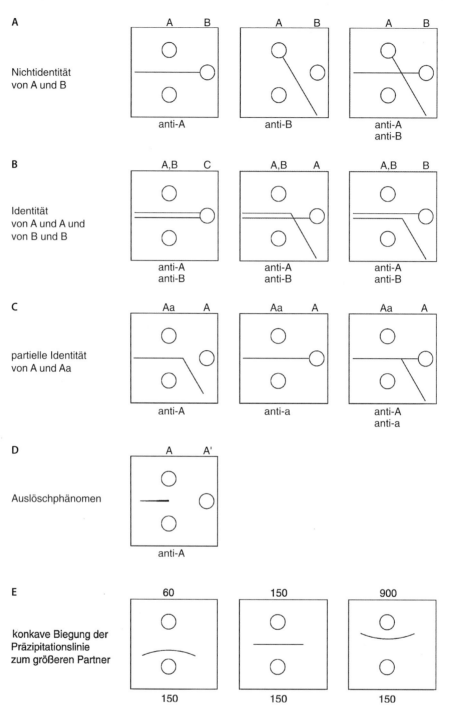

**□ Abb. 6.9** Doppelimmundiffusion nach Ouchterlony (schematisch). Gezeigt sind die Immunpräzipitationsmuster nach etwa einem Tag Diffusion bei Raumtemperatur, wie sie in der Doppelimmundiffusion für die Unterscheidung und den Vergleich von Proteinen eingesetzt werden. **A** Nichtidentität von Antigen A und B. *Links*: Die Präzipitationslinie zwischen Antigen A und dem Antiserum anti-A wird in ihrem Verlauf durch Antigen B nicht beeinflusst. *Mitte*: Das antigene System anti-B/B wird durch Antigen A nicht beeinflusst. *Rechts*: Werden beide Antiseren anti-A und anti-B ins Antikörperstanzloch eingefüllt, werden unabhängige Präzipitationslinien mit Antigen A und Antigen B gebildet. **B** Identifizierung eines Antigens. *Links*: Antigengemisch A und B bildet zwei Präzipitationslinien mit den Antiseren anti-A und anti-B unabhängig von Antigen C, d. h. die antigenen Systeme anti-A/A und anti-B/B sind unabhängig voneinander und von Antigen C. *Mitte*: Applikation von Antigen A erlaubt die Identifizierung des antigenen Systems anti-A/A aufgrund der Fusion der Präzipitationslinien. *Rechts*: Applikation von Antigen B erlaubt die Identifizierung des antigenen Systems anti-B/B aufgrund der Fusion der anderen Präzipitationslinien. **C** Partielle Identität. *Links*: Antigen A ist Fragment eines größeren Antigens Aa. Anti-A bindet sowohl A als auch Aa und bildet eine fusionierte Präzipitationslinie und deutet auf Identität von A und Aa hin. *Mitte*: Anti-a bildet eine Präzipitationslinie mit Antigen Aa, unbeeinflusst von Antigen A, was auf ein unabhängiges antigenes System Anti-a/Aa hindeutet (Nichtidentität mit A). *Rechts*: Gleichzeitige Applikation von Anti-A und Anti-a zeigt eine partielle Identität von Antigen A und Aa an. Während die Anti-A/A Präzipitationslinie mit der Anti-A/Aa Präzipitationslinie fusioniert, wird die Anti-a/Aa

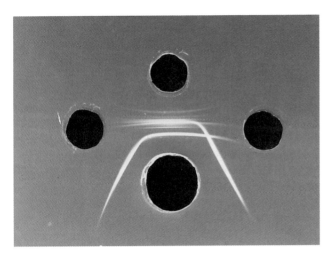

**◻ Abb. 6.10** Beispiel einer Immundiffusion nach Ouchterlony: Agaroseplatte (1,5 % Agarose in 0,1 M Trispuffer, pH 7,4) mit Stanzlöchern von 1,0 und 1,5 mm Durchmesser. Die Stanzlöcher enthalten: oben: NHS, normales Humanserum, 1:10 verdünnt; links: humanes Albumin, 5 mg ml$^{-1}$; rechts: humanes IgG (aus Serum isoliert), 3 mg ml$^{-1}$; unten: Anti-NHS-Serum, hergestellt in einer Ziege. Proteine im NHS werden mit Antikörpern in dem anti-NHS-Serum präzipitiert, deren antigene (und chemische) Spezifität mithilfe von isolierten Proteinen durch einen Antigenvergleich geklärt wird. Das links aufgetragene Kontrollantigen Albumin zeigt eine Linie auf Identität mit einer der Präzipitationslinien des NHS. Die Nähe zum Antikörperstanzloch zeigt, dass Albumin die höchste Serumkonzentration besitzt. Die Präzipitationslinie vom Albumin ist leicht konkav zum Ziegen-Antiserum, da Albumin mit 66 kDa vergleichsweise klein ist. Das isolierte humane IgG im rechten Stanzloch zeigt ebenfalls eine Linie auf Identität und identifiziert das humane Serum-IgG. Die relativ gerade Präzipitationslinie deutet auf eine ähnliche Größe zwischen humanem und Ziegen-IgG hin. Weitere Präzipitationslinien, die nicht durch die Anwesenheit von humanem Albumin und IgG beeinflusst werden, weisen auf weitere Antigene im NHS bzw. Antikörpern mit weiteren Spezifitäten im Anti-NHS-Serum hin

in die Antikörper etwa über Carbamylierung negative Ladungen einführen.

### 6.3.2.4 Immunfixation

Die Immunfixation ist ebenfalls eine Präzipitationsmethode zur Identifizierung von Proteinen, die im elektrischen Feld (Elektrophorese, isoelektrische Fokussierung), (▸ Kap. 12) aufgetrennt wurden. Bei dieser Methode diffundieren die aufgetrennten Proteine aus dem Trenngel (z. B. Agarose) in eine aufgelegte Celluloseacetatmembran hinein, die mit spezifischen Antikörpern getränkt ist. Dabei präzipitieren die Antigene in den Maschen der Membran, die im Gegensatz zu Nitrocellulose oder Immobilon kaum Proteine adsorbiert. Diese Membran wird anschließend durch

Waschen in einem physiologischen Puffer von löslichen Proteinen befreit und die im Maschenwerk gefangenen Immunkomplexe z. B. mit Amidoschwarz angefärbt. Zur Optimierung der Immunfixation müssen Antigenmenge, Antikörperverdünnung, Expositionszeit und nachfolgende Antigendiffusion so variiert werden, dass das Präzipitationsoptimum in der Antikörper enthaltenden Membran zu liegen kommt. Die Immunfixation wird eingesetzt, um z. B. allotypische Proteine in Plasma und Serum verschiedener Individuen zu identifizieren. Allotypbestimmungen sind wichtig in der Anthropologie, Humangenetik, forensischen Medizin und beim Vaterschaftsnachweis. Die Immunfixation wird auch eingesetzt, um monoklonale Antikörper im Serum und Urin bei Patienten mit multiplem Myelom aufzufinden. Ein Beispiel einer Allotypbestimmung mithilfe der Immunfixation ist anhand des Vitamin D bindenden Serumproteins in ◻ Abb. 6.13 gezeigt.

### 6.3.2.5 Radiale Immundiffusion und Raketenelektrophorese

Die einfache zweidimensionale Diffusion von löslichem Antigen in einen in Agarose stabilisierten Antikörper ist die radiale Immundiffusion nach Giulana Mancini (1965). Das Prinzip ist in ◻ Abb. 6.7C gezeigt und in ◻ Abb. 6.14 näher ausgeführt. Das Ergebnis zeigt die Entstehung von Präzipitationsringen am Ort der Epi- und Paratopäquivalenz nach etwa ein bis zwei Tagen Diffusionsdauer bei Raumtemperatur. Die von den Ringen eingenommene Fläche ist proportional zur applizierten Antigenmenge (◻ Abb. 6.14A). Nach Kalibrierung mithilfe einer Reihe von Proben mit bekannter Proteinmenge und Etablierung einer Standardkurve lassen sich einzelne Proteine in komplexen Lösungen, basierend auf der Stöchiometrie von Epi- und Paratop, auf einfache Weise mit hoher Genauigkeit quantifizieren (◻ Abb. 6.14B). Verschiedene antigene Systeme, erkenntlich durch das sichtbare Auftreten mehrerer konzentrischer Ringe, kann man unter Einsatz isolierter Proteine durch Ringe auf Identität, Nichtidentität, partielle Identität oder das Auslöschphänomen sicher identifizieren (◻ Abb. 6.14C).

Die zeitliche Dauer der Immundiffusion kann auf wenige Stunden reduziert werden, wenn Antigene im elektrischen Feld in ein Antikörper enthaltendes Gel einwandern. Dabei entstehen raketenähnliche Präzipitationsmuster (◻ Abb. 6.15). Die Möglichkeit dieser Elektrodiffusion setzt einen unterschiedlichen isoelektrischen Punkt von Antigen und Antikörper voraus, da

---

Präzipitation nicht beeinflusst und bildet einen *Sporn von Aa über A*, d. h. Aa besitzt mehr präzipitierende antigene Determinanten als A und ist somit größer als das Antigen A. **D** Auslöschphänomen. Antigen A' blockiert die Bindung von Antigen A mit anti-A und ist selbst

aber nicht zu einer Präzipitation fähig. **E** Präzipitationslinienverlauf in Abhängigkeit von der Antigengröße. 60, 150, 900: Molekulargewichte von Antigenen in Kilodalton (kDa); 150: Molekulargewicht von IgG (in kDa)

6

■ **Abb. 6.11** Immun- und Kreuzelektrophorese. **A** Immundiffusion mit vielen antigenen Systemen. X: Komplexe Antigenmischung; anti-X: polyklonales Antiserum gegen X. Es bilden sich viele Präzipitationslinien, die sich schwer auflösen lassen. **B** Immunelektrophorese. Auftrennung einer Proteinmischung im elektrischen Feld. Die Proteine sind im Gel (mit Amidoschwarz) angefärbt. Es sind 5–6 Proteinflecken zu sehen, die Proteine mit unterschiedlicher Ladung darstellen. **C** Immunelektrophorese. Anschließende Immundiffusion der aufgetrennten Proteine gegen anti-X. Nach ausreichender Diffusion sind sieben verschiedene Präzipitationslinien und deren antigene Beziehung zueinander zu erkennen: Nichtidentität (B/D, C/D, E/D, B/A'), Identität (A'/A″) und partielle Identität (A/A', wobei A über A' spornt). **D** Kreuzimmunelektrophorese nach Clark und Freedman. In der ersten Dimension aufgetrennte Proteine wurden in der zweiten Dimension in ein anti-X-enthaltendes Gel elektrophoresiert. Die antigenen Systeme erscheinen als Präzipitationsgipfel, die eine (semiquantitative) Konzentrationsbestimmung der einzelnen Komponenten in hoher Auflösung gestatten. Der Antigenvergleich (identisch, nicht identisch und partiell identisch) ist analog dem der Immunelektrophorese, allerdings klarer sichtbar

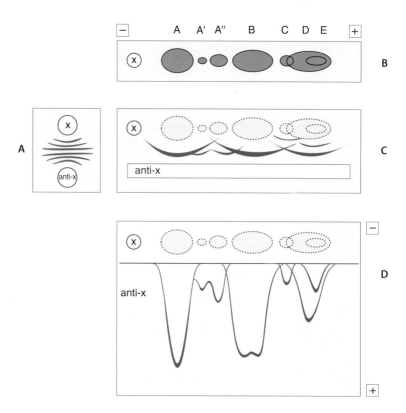

mit sie im elektrischen Feld gegeneinander laufen können. Sollte dies nicht gegeben sein, kann der Antikörper durch Carbamylierung einen niedrigeren isoelektrischen Punkt erhalten (s. oben).

Die Spitzenhöhe der Präzipitate ist proportional zur Antigenkonzentration (vgl. ■ Abb. 6.14C). Die Raketenelektrophorese eignet sich für große Reihenuntersuchungen.

### 6.3.2.6 Präparative Immunpräzipitation

Die Immunpräzipitation kann auch eingesetzt werden, um ein Protein aus einer komplexen Proteinmischung (Serum, Zellextrakt, Kulturüberstand) zu isolieren, wenn ein spezifischer Antikörper vorhanden ist. Das Proteingemisch sollte nicht zu konzentriert sein, um bei der Präzipitation nicht unnötig viele irrelevante Proteine unspezifisch mitzureißen. Eine Konzentration von 1–5 mg ml$^{-1}$ Protein kann als Richtwert gelten. Man verdünnt die Proteine mit einem physiologischen Puffer, pH 7,2 (PBS, phosphatgepufferte Kochsalzlösung) und gibt den Antikörper in kleinen Mengen schrittweise hinzu, mischt und sättigt langsam das Antigen, um einen Antikörperüberschuss und die Entstehung löslicher Immunkomplexe (■ Abb. 6.5) zu vermeiden. Nach Inkubation des Gemisches bei 4 °C für einige Stunden oder über Nacht wird das Präzipitat abzentrifugiert und nach Polyacrylamid-Gelelektrophorese das selektierte

Protein immunchemisch (■ Abb. 6.21) oder chemisch (Aminosäuresequenzanalyse) (► Kap. 15) charakterisiert. Hier können polyklonale Antikörper, die mithilfe des vollständigen Proteins induziert worden sind, von Vorteil sein, da multivalente Bindungen zu erwarten sind. Peptidspezifische oder monoklonale Antikörper, die eher lösliche Immunkomplexe bilden, wenn keine repetitiven Epitope vorhanden sind (■ Abb. 6.6), können mit schrittweiser Hinzugabe eines Zweitantikörpers, der gegen den ersten gerichtet ist, komplexiert und zur Präzipitation am Äquivalenzpunkt gebracht werden (■ Abb. 6.5). Membranproteine oder hydrophobe Proteine (Apolipoproteine) bleiben in PBS lipidgebunden und müssen daher vor einer Präzipitation mithilfe von nichtionischen (seltener ionischen) Detergenzien vom Lipid abgetrennt und monomerisiert werden, bevor sie dann in der oben genannten Weise präzipitiert werden können. Da bei lipophilen Proteinen eher unspezifische Wechselwirkungen vorkommen als bei hydrophilen Proteinen, sollte ein ähnliches Proteingemisch ohne Antigen in gleicher Weise präzipitiert und analysiert werden, um die jeweiligen falsch positiven Interaktionen identifizieren und dann subtrahieren zu können.

Um die Anwesenheit der Antikörper im Präzipitat zu vermeiden, kann der Erstantikörper an einen festen, nichtlöslichen Träger, wie z. B. Eisen- oder Agarosekügelchen, gebunden werden, der dann nach Auf-

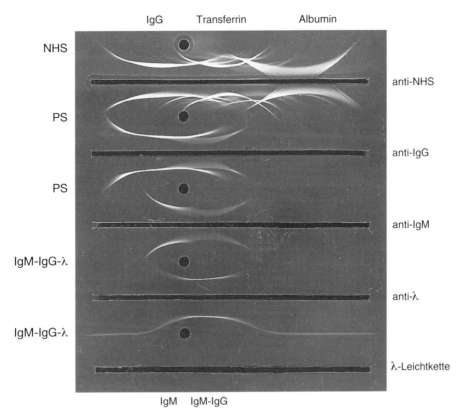

IgG     Transferrin     Albumin

NHS                                            anti-NHS

PS                                             anti-IgG

PS                                             anti-IgM

IgM-IgG-λ                                      anti-λ

IgM-IgG-λ                                      λ-Leichtkette

IgM     IgM-IgG

**◘ Abb. 6.12** Beispiel einer Immunelektrophorese. Gezeigt ist die Auftrennung eines Patientenserums (PS) mit einem monoklonalen IgMλ-IgGλ-Doppelmyelom im Vergleich zum Serum eines Gesunden (NHS) im elektrischen Feld. Die Anode liegt rechts. Der Auftragsort der jeweiligen Proben sind die Stanzlöcher. Der Patient zeichnet sich durch die Gegenwart von großen Mengen an monoklonalen IgM-leichten Ketten (IgMλ) im Serum aus, die IgG binden. Gleichzeitig hat der Patient große Mengen an monoklonalen IgGλ, wodurch hauptsächlich IgMλ-IgGλ-Immunkomplexe vorhanden sind. Die Präzipitationsbögen vom NHS und PS aufgrund der Reaktion mit in dem Rinne 1 aufgetragenen Anti-NHS zeigen die Gesamtzusammensetzung des Serums. Anti-IgG (Rinne 2) identifiziert das aufgrund normaler Ladungsheterogenität mehrere Präzipitationsbögen bildende IgG im NHS und PS. Die Präzipitation mit Anti-IgM (Rinne 3) zeigt, dass das monoklonale IgM mit dem mit IgG komplexierten IgM identisch ist. Der isolierte Immunkomplex IgM-IgG-λ zeigt dasselbe Präzipitationsverhalten gegenüber anti-IgM wie im Serum. Die in Rinne 5 aufgetragene isolierte λ-Leichtkette wird von dem in Rinne 4 aufgetragenen Anti-λ-Leichtkette als gerade Linie präzipitiert, zeigt jedoch eine Ausbuchtung in Richtung der Antiserumrinne. Die Ausbuchtung der Anti-λ/λ-Linie entspricht genau der Position des IgM-IgG-Komplexes, dessen Leichtkette somit bestimmt ist

trennung des Immunkomplexes (◘ Tab. 6.1 ) einfach abzentrifugiert werden kann. Bei Eisenkügelchen kann der ungelöste Antikörper mit einem Magneten von der übrigen Lösung getrennt werden. Ist dieser Träger größer und wird er zur Trennung in Form einer Säule verwendet, spricht man von Affinitätschromatographie (▶ Abschn. 6.3.3).

### 6.3.2.7 Radioimmunassays (RIA)

Eine höchst sensitive Methode, Antigenkonzentrationen auch in komplexen Proteinmischungen zu messen, repräsentiert der Radioimmunassay (RIA), veröffentlicht 1960 von Rosalyn Yalow und Solomon A. Berson (Nobelpreis für R. Yalow 1977). Dabei können Antigenkonzentrationen von 0,5 pg ml$^{-1}$ bestimmt werden. Der kompetitive Radioimmunassay nutzt die Antigen-Antikörper-Reaktion in Lösung nach Mischung radiomarkierten (meist $^{125}$I, $^{3}$H) löslichen („heißen") Antigens einer bekannten Konzentration mit steigenden Mengen von nicht markiertem („kaltem"), zu quantifizierenden Antigen. Dabei wird das „heiße", über seine Radioaktivität messbare Antigen mit steigender Konzentration durch „kaltes" Antigen ersetzt. Die Verdrängung kann durch die bekannten Antigenmengen kalibriert werden. Anhand der resultierenden Standardkurve kann eine unbekannte Antigenmenge gemessen werden, wie in ◘ Abb. 6.16 gezeigt ist.

Es gibt eine große Fülle unterschiedlicher Ansätze, welche die extrem hohe Sensitivität und Spezifität des RIA für die verschiedensten Anwendungen in allen Bereichen der Biowissenschaften und vor allem auch der Medizin nutzen. Routinetests für die verschie-

**6**

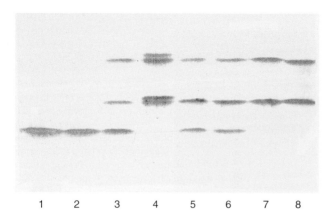

☐ **Abb. 6.13** Immunfixation am Beispiel der Allotypbestimmung des Vitamin D bindenden Serumproteins (Gc-Protein). (Vollserum von verschiedenen Individuen*) in der isoelektrischen Fokussierung, aufgetrennt und mithilfe der Immunpräzipitation in einer Antikörper enthaltenden Celluloseacetatmembran in Form eines Immunkomplexes fixiert. Die Anode ist oben. (Bekannte und sichtbare Allotypen des Gc-Proteins: 1F–1F: (nicht gezeigt); 1S–1S: 7,8; 1F–1S: 4; 1F–2: (nicht gezeigt); 1S–2: 3, 5, 6; 2–2: 1, 2. (F = fast, S = slow).*) Studenten des Sero-anthropologischen Großpraktikums an der LM-Universität in München, Sommersemester 1995

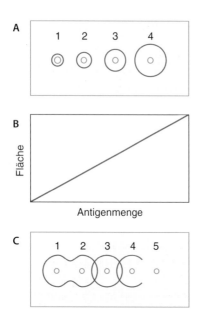

☐ **Abb. 6.14** Radiale Immundiffusion nach Mancini. Es handelt sich um eine Immunpräzipitationsmethode zur Quantifizierung von löslichen Antigenen auch in komplexen Proteinmischungen. **A** Das Gel enthält ein spezifisches Antiserum gegen ein einziges Protein. Nach Auftragen von Antigenen bekannter Konzentration in die Stanzlöcher 1–4 erhält man nach etwa zwei Tagen Diffusionsdauer stabile Präzipitationsringe, deren Fläche gegen die Konzentration aufgetragen eine lineare Funktion ergibt (**B**). **C** Präzipitationsringe unterschiedlicher Proteine, erhalten mit einem Antiserum gegen diese Antigene, zeigen die antigenen Verhältnisse der Proteine zueinander: Identität zwischen Antigen 1 und 2 (abgekürzt 1 und 2), Nichtidentität 2 und 3, partielle Identität 3 und 4, wobei 3 über 4 spornt, und das Auslöschphänomen in 4 durch Antigen 5 (vgl. ☐ Abb. 6.9)

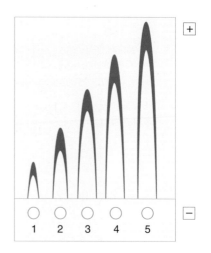

☐ **Abb. 6.15** Raketenelektrophorese nach Laurell, eine Immunpräzipitationsmethode zur quantitativen Bestimmung von löslichen Antigenen auch in komplexen Antigenmischungen. Standardkonzentrationen eines Proteins (1–5) werden in ein Antiserum enthaltendes Gel elektrophoresiert. Das Ergebnis sind raketenförmige Präzipitationslinien, deren Höhe proportional der Antigenkonzentration ist. Eine Standardkurve kann daher ähnlich wie in ☐ Abb. 6.14B erstellt werden

dichtesten Plasmabestandteile mit niedrigen Konzentrationen wie etwa Proteohormone (ACTH 2 pg ml$^{-1}$; Insulin 5 pg ml$^{-1}$; Calcitonin 10 pg ml$^{-1}$), Steroidhormone (Testosteron 50 pg ml$^{-1}$; Progesteron 20 pg ml$^{-1}$), Interleukine, Enzyme, Antikörper, Pharmaka (Digoxin 100 ng ml$^{-1}$), Drogen (Morphin 100 pg ml$^{-1}$) oder virale bzw. bakterielle Produkte sollen hier nur erwähnt sein, um die Bedeutung des RIA zu unterstreichen.

Trotz der großen Versatilität und überaus präzisen Messgenauigkeit hat der RIA gravierende Nachteile, die mit der für seine Empfindlichkeit unerlässlichen Radioaktivität zu tun haben. Die fehlende Lagerfähigkeit, bedingt durch die Halbwertszeit der Radionuclide, der schwierige Transport und alle mit der Verwendung der Radioaktivität verbundenen Auflagen bezüglich des Schutzes des Personals, die hohen Kosten für den Bau und den Unterhalt des Kontrollbereichs, in dem radioaktiv gearbeitet werden darf, die kostspieligen Zählgeräte und die finanziellen Probleme bei der Beseitigung des radioaktiven Abfalls seien z. B. hier genannt. Daher werden alternative Methoden genutzt, die diese Nachteile vermeiden (▶ Abschn. 6.3.3).

### 6.3.2.8 Nephelometrie

Bei der Nephelometrie wird die Antigenkonzentration über die Messung der Lichtstreuung einer Lösung nach Immunkomplexbildung quantifiziert. Da

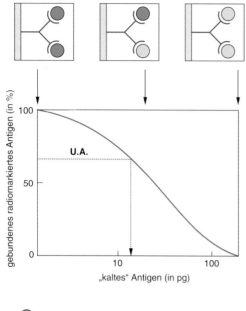

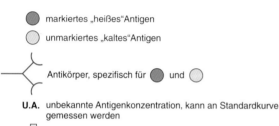

markiertes „heißes"Antigen

unmarkiertes „kaltes"Antigen

Antikörper, spezifisch für ● und ○

**U.A.**  unbekannte Antigenkonzentration, kann an Standardkurve gemessen werden

Präzipitat aus einer Lösung oder unlöslicher Träger (feste Phase)

**Abb. 6.16** Kompetitiver Radioimmunassay (RIA) in Lösung oder an der festen Phase zur Quantifizierung von löslichen Antigenen

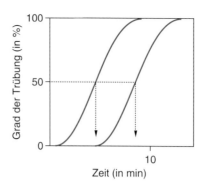

**Abb. 6.17** Nephelometrie. Die Trübungsmessung ermittelt die Antigenkonzentration aus der Geschwindigkeit und Stärke der Trübung. Gemessen wird hier am Umkehrpunkt des Trübungsanstiegs

die Kinetik der Trübung den Regeln der Heidelberger Kurve (▶ Abschn. 6.3.2; ◼ Abb. 6.5) folgt, ist der Grad der Trübung nur auf dem aufsteigenden Schenkel der Kurve, d. h. im Antikörperüberschuss, mit der Menge des Antigens korreliert. Um sicher zu sein, dass die Messung im Antikörperüberschuss erfolgt, sollten bei jeder gegebenen Antikörperkonzentration zunächst mehrere Verdünnungsstufen des Antigens eingesetzt werden. Vorhandene Trübungen und solche, die unspezifisch bei der Mischung der komplexen Proteinlösungen mit den entsprechenden Puffern oder mit einem Präimmunserum (einem Antiserum ohne spezifische Antikörper) entstehen, müssen bei der Auswertung berücksichtigt werden. Gemessen und später über Standardkurven umgerechnet werden, je nach Art des Antigens, die Schnelligkeit der Trübung oder die maximale Trübung. Es kann aber auch die Zeit bis zum Erreichen des Wendepunkts oder der halbmaximalen Trübung bestimmt werden (◼ Abb. 6.17).

Bei der Trübungsmessung gehen die Gesamtstärke der Bindung, die Avidität und die Affinität (▶ Abschn. 6.1.3) ein. Da die Antigen-Antikörper-Reaktion dem Massenwirkungsgesetz folgt, hängt die Schnelligkeit der Reaktion bei konstanter Antikörperkonzentration allein von der Konzentration des Antigens ab.

Die Messdauer von etwa 5–12 min und die Automatisierbarkeit haben die Nephelometrie in der medizinischen Routinepraxis zur wichtigsten Methode für die immunologische Quantifizierung von Proteinen in Serum, Urin und anderen Flüssigkeiten mit komplexen Proteingemischen werden lassen. Es gibt kommerzielle Automaten, die die Konzentration unterschiedlicher Serumproteine gleichzeitig in kurzer Zeit zu bestimmen vermögen. Die Sensitivität der Nephelometrie liegt etwa bei 20 µg ml$^{-1}$ und ist somit erheblich geringer als die des RIA und auch wesentlich geringer als die des Enzymimmunassays (▶ Abschn. 6.3.3). Die Erhöhung der Sensitivität um etwa das Zehnfache gelingt allerdings durch Trübungsmessungen von Immunreaktionen an kleinen Korpuskeln.

### 6.3.3 Immunbindung

Ist einer der Partner der Immunreaktion, d. h. entweder das Antigen oder der Antikörper, immobilisiert, spricht man bei Assays mit Einsatz der entsprechenden Antigen-Antikörper-Reaktion von **Bindungstests**. Immobilisiert wird meist durch einfache Adsorption an proteinbindende Plastikoberflächen (z. B. Polystyrol) oder an unlösliche Träger durch kovalente Kopplung.

Wegen der hohen Empfindlichkeit und der außerordentlichen Versatilität spielen die Bindungstests eine überragende Rolle in den Biowissenschaften und der Medizin.

Antigen-Antikörper-Reaktionen an einem unlöslichen Träger sind nicht unmittelbar sichtbar. Eine Antigen-Antikörper-Bindung kann mit hochempfindlichen Geräten unter bestimmten Bedingungen auf einem standardisierten Träger in Echtzeit gemessen werden, z. B. über die Plasmonenresonanz-Technik (Biacore, ◨ Abb. 6.23).

Weiter verbreitet sind jedoch amplifizierende Systeme, die die Antigen-Antikörper-Reaktion sichtbar machen, wobei Fluoreszenz, Lumineszenz, Radioaktivität, Reduktion von Silbersalzen, enzymatische Farbreaktionen oder elektronendichte Korpuskeln zum Einsatz kommen. Ein anderer wesentlicher Unterschied zur Immunagglutination oder Immunpräzipitation ist, dass die Immundetektion mithilfe von Bindungstests bereits bei einer einzigen Epitop-Paratop-Bindung möglich ist, ohne die Notwendigkeit einer bi- (oder multi-) valenten Kreuzvernetzung. Da monoklonale Antikörper (▶ Abschn. 6.6.1) in der Regel mit einem einzigen Epitop reagieren, sind Bindungstests für deren Einsatz ideal. Allerdings muss die Unterscheidung zwischen spezifisch gebundenen und unspezifisch adsorbierten Antikörpern beachtet werden, was das zentrale Problem aller Bindungstests darstellt.

Während bei den Immunpräzipitationsmethoden der komplexe Vorgang der Formierung des Antigen-Antikörper-Komplexes als unlösliches Raumgitter (◨ Abb. 6.5Bb) die hohe Spezifität dieser Methoden sozusagen von selbst garantiert, ist bei allen Immunbindungstests wegen der möglichen konkurrierenden mannigfachen unspezifischen Adsorptionen das *Aufsuchen des spezifischen Fensters* jedes neu eingeführten Testsystems unerlässlich, um sicher zu stellen, dass die Immunbindungstests spezifisch messen.

Da Proteine generell an allen möglichen Materialien haften, ist auch die unspezifische Bindung der Reaktionspartner (Antigen oder Antikörper) an die immobilisierenden Träger möglich. Es gilt, diese unspezifische Adsorption möglichst niedrig zu halten oder gar zu verhindern und die spezifische zu verstärken, um den Abstand zwischen beiden maximieren zu können. Für einen optimalen Bindungstest geht bei maximaler spezifischer Reaktion die „Unspezifität" gegen null, wie in ◨ Abb. 6.18 illustriert ist.

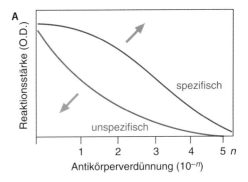

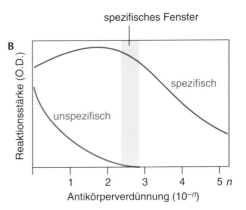

◨ **Abb. 6.18** Bindungstests: Optimierung und Auffindung des spezifischen Fensters. **A** Nicht optimal: Der Unterschied von spezifischer und unspezifischer Reaktion ist zu gering für eine exakte Messung der spezifischen Reaktion. Durch Optimierung der Reaktionsbedingungen, wie z. B. Blocken unspezifischer Adsorption, kann versucht werden, den Abstand zwischen unspezifischer und spezifischer Reaktion zu vergrößern. **B** Optimal. Durch serielle Verdünnung des Antikörpers kann ein optimaler Messbereich, das spezifische (oder diagnostische) Fenster, bestimmt werden, in dem der Abstand zwischen spezifischer und unspezifischer Bindung maximiert ist

Bei der Etablierung eines Bindungstests versucht man das Verhältnis zwischen Spezifität (Signal) und „Unspezifität" (Hintergrund) zu maximieren. Dazu werden in der Regel Bindungstests mit unterschiedlichen Verdünnungen/Konzentrationen des Antiserums oder des monoklonalen Antikörpers durchgeführt. Die spezifische Epitop-Paratop-Bindung ist durch eine höhere Affinität gekennzeichnet als die unspezifische Bindung und wird bei geringeren Konzentrationen gegenüber der unspezifischen Bindung gefördert. Auch können die Verkürzung der Inkubationszeit und die Wahl eines empfindlicheren Amplifikationssystems (◨ Abb. 6.19) für das Signal-zu-Hintergrund-Verhältnis oft günstig sein.

Weitere unspezifische Adsorption kann durch Blocken mit Gelatine, Rinderserumalbumin, Casein, Magermilchpulver, Eiklar oder anderen Proteinen sowie Proteinmischungen minimiert werden. Für die Zurückdrängung von unspezifischen Wechselwirkungen hat sich auch der Einsatz bestimmter nichtionischer Detergenzien in den Waschlösungen bewährt.

Alle Bindungstests benötigen zur Sichtbarmachung der abgelaufenen Immunreaktion ein amplifizierendes System, das die qualitative Erkennung und die quantitative Messung erlaubt. Einige Beispiele wichtiger Anordnungen für die Sichtbarmachung werden im Folgenden besprochen und sind in ◘ Abb. 6.19 dargestellt.

Die Sichtbarmachung einer Immunreaktion beruht auf einer stabilen Brücke zwischen dem gesuchten Reaktionspartner (Antigen oder Antikörper) und dem Amplifikationssystem (A in ◘ Abb. 6.19). Als Amplifikatoren (oder Indikatoren) werden eingesetzt: Fluoreszenzfarbstoffe (Albert H. Coons hat 1941 das Fluoresceinisothiocyanat eingeführt und damit die Immunfluoreszenzmikroskopie begründet) (▶ Kap. 9), Lumineszenzfarbstoffe, Radioaktivität, Enzyme (◘ Abb. 6.19, a–f und j–m,), Reduktion von Edelmetallsalzen und elektronendichte Korpuskel wie kolloidales Gold (◘ Abb. 6.19g, h). Amplifikatoren werden kovalent oder nichtkovalent (adsorptiv) an die Reaktanden gekoppelt.

Als stabile Brücken zwischen Indikator und gesuchtem Reaktionspartner dienen die Antigen-Antikörper- (◘ Abb. 6.19b–d), Biotin-Avidin- (◘ Abb. 6.19e), Protein-A- (◘ Abb. 6.19f–h), Lectin- (◘ Abb. 6.19j) und Antigen- (◘ Abb. 6.19k–m) Bindungen. In Abbildung ◘ Abb. 6.19 k wird ein bifunktioneller Antikörper (gegen zwei unterschiedliche Antigene gerichtet) gezeigt. Die hier gezeigte Technik gelingt ebenso mit einem Antikörper mit zwei gleichen Paratopen, wobei das an die feste Phase gebundene Antigen das gleiche ist wie das markierte.

Bei der **direkten Anordnung** (◘ Abb. 6.19a) ist der Primärantikörper jeweils mit dem Amplifikator kovalent gekoppelt.

Bei der **indirekten Anordnung** (◘ Abb. 6.19b) wird ein Anti-Immunglobulin gegen den Primärantikörper eingesetzt, der mit dem Amplifikator markiert ist. Dieser Sekundärantikörper, der i.d.R. aus einer anderen Tierspezies gewonnen wird, bindet an die speziesspezifische konstante Region eines Antikörpers und daher an alle Primärantikörper jeder beliebigen Spezifität aus der ersten Spezies. Ein weiterer Vorteil der indirekten Methode ist die höhere Sensitivität, da der zweite Antikörper eine Amplifikation um etwa das Zwanzig- bis Hundertfache bedeuten kann. Ein Nachteil ist, dass der Sekundärantikörper eine weitere Quelle für unspezifische Signale sein kann (◘ Abb. 6.18).

Eine noch empfindlichere Methode ist die **nichtmarkierte Anordnung** von Sternberger, bei der drei

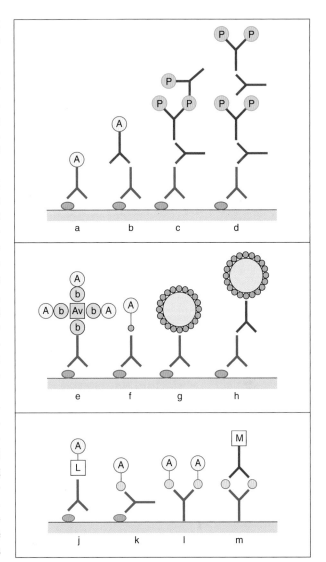

feste Phase, an die Reaktanten gebunden sind

Antigen, an die feste Phase gebunden

(A) Amplifikator    (P) Peroxidase, ein typischer Amplifikator

Y Primärantikörper, (antigenspezifisch)

Y Sekundär-, Brücken- oder Komplexantikörper

◘ **Abb. 6.19** Bindungstests: Sichtbarmachung der Antikörperbindung. **a** Direkte Methode, **b** indirekte Methode, **c** unmarkierte oder Peroxidase-Anti-Peroxidase- (PAP)-Methode von Sternberger, als Amplifikator (A) dient hier Peroxidase (P). Dargestellt ist ein polyklonaler PAP-Komplex. **d** Doppelt unmarkierte Methode. Doppel-PAP-Methode, hier dargestellt mit einem monoklonalen PAP-Komplex. **e** Avidin-Biotin-Komplex (ABC-Technik), direkt. Üblicher ist die indirekte ABC-Technik, bei der der Sekundärantikörper biotinyliert ist. Dieses System kann weiter amplifiziert werden. **f** Nachweis über amplifikatormarkiertes Protein A, **g** direkte Protein-A-Gold-Methode, **h** indirekte Protein-A-Gold-Methode, **j** Nachweis über amplifikatormarkiertes Lectin, **k** Nachweis über markiertes Antigen, **l** Nachweis der Spezifität von Antikörpern in Zellen und Geweben mithilfe von markiertem Antigen, **m** Nachweis der Spezifität von Antikörpern in Zellen und Geweben bzw. Nachweis von Antigen mithilfe der Sandwich-Methode

**6**

Antikörper nacheinander appliziert werden. Wie in ◘ Abb. 6.19c gezeigt, wird der Primärantikörper von einem entsprechenden Sekundärantikörper im Überschuss gebunden, sodass statistisch eine monovalente Bindung frei bleibt, die dann einen dritten, gegen einen Amplifikator gerichteten Antiköper binden kann, der aus derselben Tierspezies gewonnen sein muss wie der Primärantikörper. Dieser dritte Antikörper ist mit dem Indikator komplexiert. Bei der Verwendung von Meerrettichperoxidase (P) als Indikatorenzym spricht man auch vom Peroxidase-Anti-Peroxidase- (PAP-)Komplex. Peroxidase spaltet Peroxid unter Bildung hochreaktiver Sauerstoffradikale, die ihrerseits bestimmte Chromogene oxidieren können. Die dabei auftretende Farbentwicklung ist sichtbar und quantifizierbar. Das PAP-System ist über 1000-mal empfindlicher als das direkte System. Zu einer weiteren Steigerung der Empfindlichkeit können der Sekundärkörper, der auch Verbindungsantikörper genannt wird, und der PAP-Komplex noch ein zweites Mal appliziert werden (◘ Abb. 6.19d). Allerdings kann man mit der Steigerung der Empfindlichkeit eines Assays auch dessen Unspezifitäten steigern. Der gebundene Primärantikörper kann nicht nur über die Antigen-Antikörper-Reaktion, sondern auch durch andere Bindungssysteme sichtbar gemacht werden. Ein hochspezifisches System mit sehr hoher Empfindlichkeit ist die außerordentlich stabile Avidin-Biotin-Komplexbildung (ABC-System; ◘ Abb. 6.19e), wobei der Primär- (hier gezeigt) oder der Sekundärantikörper biotinyliert sein können. Die Amplifikatoren (A), Peroxidase oder die alkalische Phosphatase (AP), sind biotinyliert und werden an das tetravalente Avidin gebunden unter Absättigung dreier Bindungsstellen. Die freie Bindungsstelle kann dann an den biotinylierten Primär- (hier gezeigt) oder Sekundärantikörper (indirekte ABC-Methode) binden. Sind die Amplifikatoren mehrfach biotinyliert, ergeben sich sehr große Avidin-Enzym-Komplexe, die zu einer stark erhöhten Empfindlichkeit der ABC-Methode führen können.

Eine andere Bindung kann durch bakterielle Proteine, wie das bakterielle Protein A (◘ Abb. 6.19f–h) oder Protein G, erfolgen, die selektiv an den Fc-Teil bestimmter IgG-Isotypen von Mensch und Tier binden.

Die Antikörperbindung kann auch über die Markierung mit korpuskulären Elementen entweder am Primär- oder Sekundärantikörper erkannt werden. So verwendet man in der Lichtmikroskopie synthetische Microbeads als sichtbare Indikatoren und in der Elektronenmikroskopie Ferritin, virale Partikel oder kolloidale Goldpartikel. Kolloidale Goldpartikel können Protein A (◘ Abb. 6.19g und h), Antikörper oder andere Proteine adsorbieren und somit die Brücke zum Antigen oder Antikörper herstellen.

Als Brücke zwischen Amplifikator und Antigen können auch Lectine und sogar Antigene eingesetzt werden, wie in ◘ Abb. 6.19j–m gezeigt. So kann man mithilfe markierter Antigene sowohl Antigene (◘ Abb. 6.19k) als auch Antikörperspezifitäten nachweisen (◘ Abb. 6.19l, m). Die letzten zwei Anordnungen können auch eingesetzt werden, um immunhistochemisch Antikörper gesuchter Spezifität im Gewebe aufzufinden.

Eine besonders interessante Anordnung ist die Sandwichanordnung (◘ Abb. 6.19m), da ein fixierter Antikörper gelöstes Antigen binden kann, bevor dieses mithilfe eines Antigendetektionssystems (M) nachgewiesen werden kann. Die Antigenbindung durch einen fixierten Antikörper führt zu einer Antigenkonzentration, welche eine sehr starke Amplifikation bewirkt und damit auch den Nachweis von Antigenen in sehr geringen Konzentrationen ermöglicht (s. unten).

Andere Amplifikatoren sind Radionuclide, die allerdings wegen der Umweltproblematik (s. o. Radioimmunassay) zugunsten anderer Amplifikatoren wie etwa Enzyme (◘ Abb. 6.19) zurückgedrängt werden, deren Arbeitsweise über die katalytischen Eigenschaften präzise messbar ist.

Der hochempfindliche Nachweis eines Proteins ist mithilfe der Immundetektion relativ einfach und schnell möglich. Wenn ein Protein etwa in einer Konzentration von 0,1 mg ml$^{-1}$ vorliegt und von dieser Lösung 0,2 μl, insgesamt also 20 ng Protein, auf eine Nitrocellulosemembran getropft werden, die Membran geblockt und mit einem oben genannten Detektionssystem, z. B. der PAP-Methode, untersucht wird, ergibt sich eine starke spezifische Anfärbung des Proteinflecks, über die dieses Protein spezifisch nachgewiesen werden kann. Die Empfindlichkeit solch eines Dot-Immunassays kann so weit gesteigert werden, dass Proteinmengen auch unter 1 ng noch erkannt werden können. Appliziert man eine Serie unterschiedlicher Proteinkonzentrationen, kann über die Messung der Farbtiefe des Proteinflecks eine Eichkurve erstellt und die Menge eines unbekannten Antigens (semi-) quantitativ bestimmt werden.

Der **Dot-Immunassay** kann auch für die Spezifitätskontrollen von Antiseren und die Selektion von monoklonalen Antikörpern verwendet werden, da eine große Serie unterschiedlicher Antigene mit derselben Antikörperpräparation gleichzeitig auf einer Nitrocellulosemembran ausgetestet werden kann (◘ Abb. 6.20).

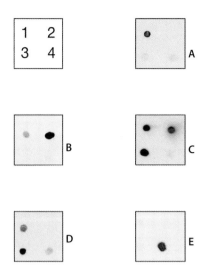

□ **Abb. 6.20** Dot-Immunassay. Das Beispiel zeigt eine Epitopkartierung von monoklonalen Antikörpern (B–E), die gegen $\beta_2$-Mikroglobulin ($\beta_2$m) und dessen Fragmente (1–4) hergestellt wurden. Die unter 1–4 aufgeführten Antigene wurden in einer Konzentration von 0,05 mg ml$^{-1}$ auf eine Nitrocellulosemembran aufgetropft und die Membran anschließend mit einer Gelatinelösung geblockt. Die Bindung des Primärantikörpers wurde mithilfe der PAP-Methode sichtbar gemacht. Antigene 1–4 sind $\beta_2$m und synthetische Peptide (die Zahlen entsprechen der Aminosäureposition von $\beta_2$m). 1 $\beta_2$m, intakt, 1–99; 2 $\beta_2$m, 1–19; 3 $\beta_2$m, 9–24; 4 $\beta_2$m, 20–36. Die monoklonalen Antikörper A, B, C, D, E reagieren sehr unterschiedlich, wie an diesem orientierenden Test sichtbar wird. Der monoklonale Antikörper A bindet ausschließlich mit einem Epitop auf dem nativen Protein. E reagiert nur mit Peptid 4, einem vermutlich verborgenen Epitop von $\beta$2m (▶ Abschn. 6.2). Antikörper B–D binden an verschiedene, durch die Peptidsequenz näher bestimmbare Epitope, die auch im nativen Protein exponiert liegen (□ Abb. 6.4)

### 6.3.3.1 Western-Blotting, Proteintransfer, Immobilisierung und Immundetektion

Proteinblotting mit nachfolgender Immundetektion wurde von Harry Towbin 1979 eingeführt. Die gebräuchliche Trivialbezeichnung Western-Blotting geht auf den Namen des Erfinders der Blotting-Technik namens Edwin Southern zurück, der 1971 eine Methode für die Auftrennung von DNA-Fragmenten und nachfolgender Hybridisierung als Southern-Blotting eingeführt hat (▶ Kap. 31). In Anlehnung an seinen Namen wurde die entsprechende Auftrennung von RNA-Fragmenten Northern-Blotting genannt und das Proteinblotting mit anschließender Immundetektion Western-Blotting (▶ Kap. 12).

Beim Western-Blotting werden die in einem Gel aufgetrennten Proteine über Kapillartransfer (□ Abb. 6.21Aa) oder Elektrotransfer (□ Abb. 6.21Ab) auf einen Träger (z. B. Nitrocellulose) übertragen und für die nachfolgende Immundetektion immobilisiert. Wichtig ist, dass bei der Übertragung die Proteine auf dem Träger in derselben geometrischen Anordnung er-

scheinen, wie sie nach Auftrennung im Gel vorliegen. Wie in □ Abb. 6.21B gezeigt, werden die gesuchten Proteine auf der Membran mithilfe eines der in □ Abb. 6.19 beschriebenen Detektionssysteme identifiziert.

In □ Abb. 6.21-Ba-1 ist die Auftrennung eines Proteingemischs im Polyacrylamidgel, angefärbt mit Coomassie-Blau, vor dem Kapillartransfer schematisch dargestellt. In □ Abb. 6.21-Ba-2 wurde ein isoliertes Protein aus diesem Proteingemisch in derselben Weise aufgetrennt und angefärbt. Nach Elektrotransfer auf eine Nitrocellulosemembran und anschließender Immundetektion ist im Proteingemisch auch nur eine Bande zu sehen (□ Abb. 6.21-Ba-3). Durch die Nutzung von Detektionsantikörpern, die an unterschiedliche Amplifikatoren gekoppelt sind, z. B. unterschiedliche Fluoreszenzfarbstoffe, können auch mehrere Antigene gleichzeitig detektiert werden. Alternativ können die Antikörper nach Detektion auch durch Salzpuffer wieder entfernt werden (□ Tab. 6.1) und weitere Antigene mit weiteren Antikörpern sequentiell detektiert werden.

Diese in den Biowissenschaften weithin angewendete Methode ist äußerst vielseitig, da auch Proteine aufgetrennt und immundetektiert werden können, die unter physiologischen Bedingungen unlöslich sind. So können z. B. Membranproteine in Harnstoff und ionischen Detergenzien aufgetrennt, nach erfolgreicher Auftrennung, nach Elektrotransfer und Immobilisation auf einer Membran in einen für die Immunreaktion kompatiblen Puffer überführt und immunchemisch untersucht werden.

In einer Reihe von biologischen Systemen kann z. B. die Fülle unterschiedlicher Proteine so groß sein, dass die einzelnen Konstituenten in einer Dimension nicht mehr ausreichend getrennt werden. In diesem Fall kann man die Auflösung über den Einsatz der zweidimensionalen Auftrennung steigern, wobei die erste Dimension eine Auftrennung nach Ladung, z. B. über eine isoelektrische Fokussierung und die zweite Dimension eine Auftrennung nach Größe einschließt (□ Abb. 6.21Bb). Mit solch einer 2-dimensionalen Gelelektrophorese kann eine Auflösung von bis zu 10.000 Proteinen pro Gelplatte erreicht werden. Die hohe Auflösung wird vor allem auch eingesetzt, um zu zeigen, ob ein Protein der Ladung *und* Größe nach *einheitlich* ist. □ Abb. 6.21Bb gibt ein Beispiel für ein homogenes Protein (1). Dagegen ist die Protein (2) der Größe, nicht aber der Ladung nach einheitlich, da es bei der Auftrennung nach Ladung in drei Flecken (Ladungsvarianten) zerfällt. Auch Proteinbanden einheitlicher Ladung (3) können Flecken unterschiedlicher Größenklassen ergeben, vor allem, wenn anschließend die Größenauftrennung in reduzierenden Puffern erfolgt, wobei die kovalente Struktur eines Proteins sichtbar wird. Nach Übertragung auf eine Nitrocellulosemembran kann die Immundetektion individueller Proteine erfolgen welche dann durch

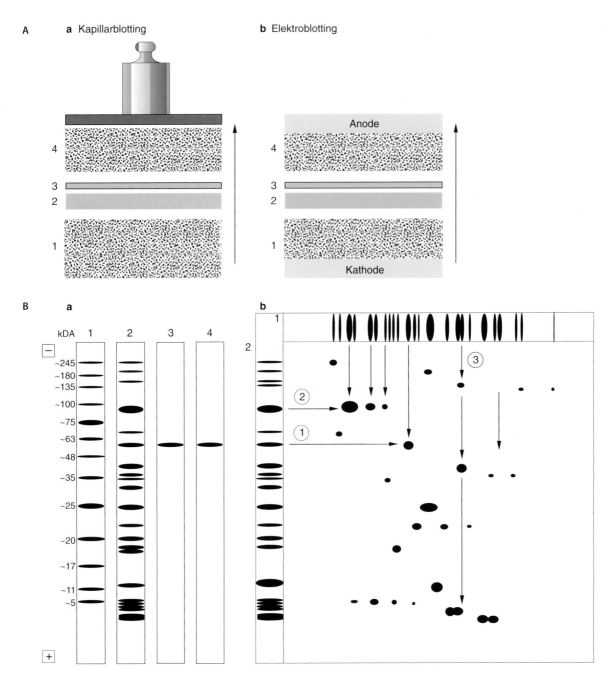

**Abb. 6.21** Western-Blotting: Proteintransfer und Immundetektion, schematisch. **A** Proteintransfer. **a** Kapillarblotting: (1) ein mit Transferpuffer getränkter Filterpapierstapel, der auch in einer Wanne mit Puffer liegen kann; (2) Gel mit aufgetrennten Proteinen; (3) Träger, meist Nitrocellulose, auf den die Proteine durch den kapillaren Sog des trockenen Filterpapierstapels in (4) übertragen werden. Das Gewicht auf einer Glasplatte sorgt für gleichmäßigen Kontakt. **b** Elektroblotting: (1) Kathode mit in Tansferpuffern getränkten Filterpapieren; (2) und (3) wie beim Kapillarblotting; (4) Anode mit Filterpapieren, getränkt wie (1). Der elektrophoretische Transferpuffer enthält gewöhnlich 20 % Methanol. Dieser Proteintransfer kann eingetaucht in Puffer in einem Pufferbehälter oder halbtrocken zwischen Filterpapieren mit graphit- oder platinbeschichteten Elektroden erfolgen. Die übertragenen und immobilisierten Proteine können mithilfe der genannten Immundetektionsmethoden (■ Abb. 6.17) nach ihrem Antigengehalt untersucht werden. **B** Ergebnisse. **a** Western-Blotting. (1) Ein Größenmarker zur Bestimmung der Proteingröße und (2) eine Proteinmischung wurde in einem Polyacrylamidgel in SDS nach der Größe aufgetrennt und die Proteinbanden mit Coomassie-Blau angefärbt; (3) ein isoliertes Protein wurde ebenso aufgetrennt und angefärbt; Protein in (4), das denen in (2) und (3) entspricht, wurden mithilfe eines Antiserums gegen das isolierte Protein in (2) und der indirekten Immunperoxidase-Methode angefärbt. In der Proteinmischung gibt nur das gesuchte Protein ein Signal (4). **b** Zweidimensionale Auftrennung der Proteinmischung von Ba-2. (1) Auftrennung nach Ladung mithilfe der isoelektrischen Fokussierung; (2) Auftrennung nach Größe. Als Referenz ist die eindimensionale Auftrennung in Ba-2 beigefügt (2). Durch die weit höhere Auflösung in der zweiten Dimension wird die Uneinheitlichkeit einiger in einer Dimension erhaltenen Einzelbanden ersichtlich

Aminosäuresequenzierung weiter charakterisiert werden können.

### 6.3.3.2 Affinitätschromatographie

Nach Immobilisierung eines Reaktionspartners kann mithilfe einer Immunreaktion der gelöste Partner gebunden und damit durch Immobilisation einer komplexen Proteinmischung selektiv isoliert bzw. vom Gemisch entfernt werden (▶ Kap. 11). So kann bei kovalenter Bindung eines Antigens der spezifische Antikörper und umgekehrt durch Kopplung eines isolierten spezifischen Antikörpers ein Antigen isoliert werden. Gekoppelt werden kann an eine Fülle kommerziell erhältlicher Träger, die je nach Art der Affinitätschromatographie unterschiedliche Eigenschaften haben (Dextran, Agarose, Silicat und andere Träger, wie z. B. magnetische Partikel). Die Träger unterscheiden sich auch hinsichtlich der chemischen Gruppe, über die ein Protein gekoppelt werden kann (z. B. $-NH_2$, $-COOH$, $-SH$). Die Isolierung erfolgt gewöhnlich über die Bindung und Elution von granulären Trägern in einer Chromatographiesäule. Der gebundene und freigewaschene Partner wird dann meistens im Sauren eluiert (◻ Tab. 6.1 ) und anschließend neutralisiert.

Die Affinitätschromatographie kann unter entsprechenden Bindungs- und Elutionsbedingungen auch über eine Substrat-Enzym-Bindung, eine Nucleinsäuren- und Komplementärstrangbindung und jede andere Art einer biospezifischen Bindung erfolgen. Die Versatilität dieser Methoden und die gewöhnlich sehr hohe Effizienz der Reinigung, die über biospezifische Bindungen erreichbar sind (100–1000-fache Anreicherungen sind in einem Schritt je nach Ausgangslage möglich), haben die Affinitätschromatographie zu einer der wichtigsten präparativen Methoden in der Biochemie werden lassen. Vor allem kann bei einer sehr geringen Konzentration von Proteinen in hochkomplexen Proteinlösungen und der Aussichtslosigkeit einer Isolierung mithilfe klassischer Verfahren die biospezifische Konzentration des Liganden den entscheidenden Vorteil bedeuten.

### 6.3.3.3 Enzymimmunassays (EIA, ELISA)

Die Entwicklung der Prinzipien des Enzymimmunassays (**EIA**), dessen erste Darstellung durch Eva Engvall und Peter Perlman 1971 erfolgte und **ELISA** (*Enzyme-linked Immunosorbent Assay*) genannt wird, ist durch die notwendige Vermeidung der im RIA verwendeten Radioaktivität entscheidend vorangetrieben worden.

Beim EIA/ELISA wird als Amplifikator eine durch ein Enzym katalysierte Substrat- mit folgender Chromogenumwandlung genutzt. Das lösliche und farblose Chromogen wird, in der Regel durch Alkalische Phosphatase oder Peroxidase, zu einem löslichen, gefärbten und quantifizierbaren Farbstoff umgesetzt. Alle Reaktionen des EIA/ELISA finden mit einem immobilisierten Partner statt, was die Trennung von gebundenen und nicht gebundenen Reagenzien erheblich erleichtert.

Der ELISA wird an Plastikoberflächen durchgeführt, die die Antigene oder Antikörper nicht kovalent, aber mit einer erstaunlichen Festigkeit binden. Die großen Vorteile sind die relative Leichtigkeit der Testdurchführung und die Möglichkeit der Automatisierung sowie die Messung der Farbtiefe des Chromogens in kürzester Zeit mithilfe eines speziellen Photometers, des Mikro-ELISA-Readers. Die Quantifizierung erfolgt mithilfe einer Standardkurve.

Man unterscheidet grundsätzlich drei ELISA-Systeme, die in einer großen Fülle von Varianten für alle möglichen Zwecke entwickelt worden sind (◻ Abb. 6.22).

Zunächst gibt es ein EIA-System, das mithilfe eines enzymmarkierten Antigens kompetitiv nicht markiertes Antigen in komplexen Proteinmischungen messen kann (◻ Abb. 6.22A). Dieses Prinzip entspricht dem kompetitiven Festphasen-RIA. Wie beim RIA kann die Verdrängung des markierten Antigens mit Standardlösungen nicht markierten Antigens kalibriert werden. Über eine Standardkurve kann der Verdrängungsgrad (◻ Abb. 6.22Aa–c) durch ein unbekanntes Antigen über die Standardkurve exakt quantifiziert werden.

Eine zweite Variante des EIA, der nichtkompetitive ELISA, arbeitet mit sukzessiv applizierten Reagenzien (◻ Abb. 6.22Ba). Das System entspricht der Anordnung typischer Bindungstests, wobei das an eine Mikrotiterplatte adsorbierte Antigen einen Antikörper bindet, der über typische Amplifikationen (A) nachgewiesen werden kann. Das Erkennungs- und Amplifikationssystem für den Nachweis dieser Bindung ist meist das indirekte, kann aber auch ein anderes in ◻ Abb. 6.19 dargestelltes System sein. Diese ELISA-Variante dient vor allem zur Untersuchung von Antikörpern, deren Titerbestimmung oder der Aufdeckung der Antigen- und Epitopspezifität sowie der Epitopkartierung monoklonaler Antikörper.

Ein weiteres System, der Sandwich-ELISA, dient vor allem der Quantifizierung von Antigenen, die in niedriger Konzentration in komplexen Mischungen vorliegen. Dieser ELISA beginnt mit der Immobilisierung eines spezifischen Antikörpers in einer Mikrotiterplatte, des **Fangantikörpers** (*catching antibody*), der das relevante gelöste Antigen bindet. Ein wesentlicher Aspekt ist die durch den Fangantikörper bedingte Konzentrationssteigerung des Antigens. Durch diese Konzentrierung aus hoch verdünnten Lösungen kann dieser ELISA daher eine Empfindlichkeit erreichen, die der des RIA nahe kommt. Das durch den Fangantikörper gebundene Antigen kann nun (◻ Abb. 6.22Bb) mit einem zweiten markierten Antikörper detektiert werden. Hierbei ist es wichtig, dass der **Detektionsantikörper** (*detection antibody*) eine andere Epitopspezifität hat als der Fangantikörper.

**6**

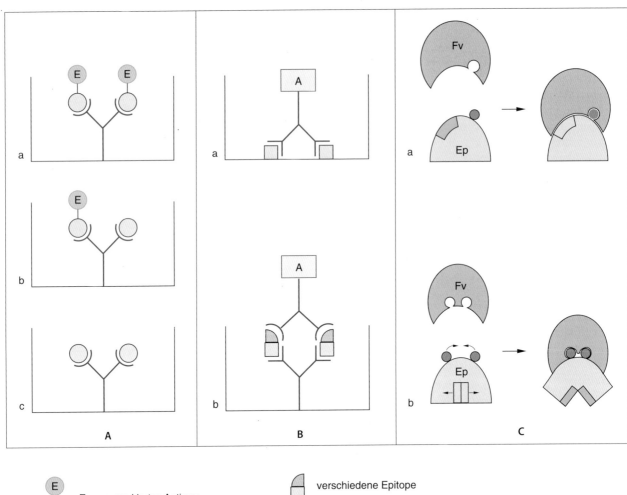

| | |
|---|---|
| E — Enzym-markiertes Antigen | verschiedene Epitope |
| ○ unmarkiertes Antigen | Teilbindungsstellen der Paratope (Paratop-Subsites) |
| ⊔ Vertiefung in Mikrotiterplatte | Hapten oder Teilepitop (Epitop-Subsites) |
| ⌣ ⋁ Paratope | katalytisches Zentrum, aktiv oder inaktiv |
| A Amplifikator, z.B. E | Fv    variables Fragment von IgG |
| | Ep   Epitop |

◧ **Abb. 6.22** Enzymimmunassay EIA, heterogen und homogen. **A** Kompetitiv (wie RIA, ▸ Abschn. 6.3.2), **a** mit 100 % markiertem Antigen, **b** 50 % Verdrängung von markiertem (E) durch unmarkiertes Antigen, **c** völlige Verdrängung des markierten Antigens durch unmarkiertes. E: enzymatische Aktivität als Amplifikator. **B** ELISA **a** einfach, **b** Sandwich-ELISA; (A) Amplifikator wie in ◧ Abb. 6.19

dargestellt; das Antigen wird von zwei Antikörpern unterschiedlicher Spezifität über zwei entsprechend verschiedene Epitope gebunden. **C** Homogener EIA, sehr schematisch. **a** Antigen-Antikörper-Reaktion bedingt partielle oder komplette Inaktivierung des katalytischen Zentrums. **b** Antigen-Antikörper-Reaktion bedingt durch eine Konformationsänderung eine Aktivierung des katalytischen Zentrums

Im Gegensatz zu den besprochenen Varianten des EIA oder ELISA, die wegen der vielfachen Überschichtungen mit diversen Reagenzien und Waschschritten als heterogen bezeichnet werden, gibt es auch den *homogenen* EIA. Diese Variante wird in einem einzigen Röhrchen ohne Waschschritte durchgeführt und kann daher in Minuten abgeschlossen werden. Da das homogene System keine antikörperbedingten Amplifikationsschritte einschließt, ist es naturgemäß weniger empfindlich als die heterogenen EIAs.

Die homogenen Immunassays arbeiten in der in ◧ Abb. 6.22C dargestellten Weise. Das Prinzip des homogenen EIAs beruht auf einer Änderung einer enzymatischen Aktivität, die durch die Antigen-Antikörper-Reaktion ausgelöst wird. Homogene Immunassays sind so konstruiert, dass entweder ein katalytisches Zentrum durch die Bindung eines nahen Haptens abgedeckt wird und seine Aktivität verliert (◧ Abb. 6.22Ca), oder dass ein Antigen über die Immunbindung eine sterische Komformationsänderung erfährt, die zur Aktivierung eines katalytischen Zentrums führt (■ Abb. 6.22Cb). Beide nachfolgenden Änderungen einer Enzymaktivität können quantifiziert werden. Über diese Änderung der Enzymaktivität kann daher eine Immunreaktion im selben Röhrchen unmittelbar nach Zugabe des Antikörpers erkannt und quantifiziert werden. Dieser *One-pot Test*, dessen Herstellung nicht trivial ist, kann leicht automatisiert werden und erlaubt einen sehr hohen Probendurchsatz in kurzer Zeit.

### 6.3.3.4 Oberflächen-Plasmon-Resonanz (*Surface Plasmon Resonance*, Biacore-Technik)

Biacore ist eine Bezeichnung für die erste Firma, die ein System angeboten hat, das den Vorgang der spezifischen Interaktion zweier Bindungspartner, wie z. B. Antigen-Antikörper-Reaktionen, präzise identifizieren, zeitlich genau verfolgen und gleichzeitig quantifizieren kann. Die Biacore-Technik nutzt das Prinzip der Oberflächen-Plasmon-Resonanz (SPR, S für *surface*) (▶ Abschn. 19.6), die auf einem Sensorchip generiert wird. Die SPR beruht auf der Änderung des Reflexionswinkels von polarisiertem Licht auf der Glasinnenseite aufgrund eines Plasmons eines Goldfilmes als Funktion der Menge von Proteinen, die sich auf der Rückseite dieses Goldfilmes befindet (■ Abb. 6.23A). Freies Antigen hat einen anderen Reflexionswinkel als antikörpergebundenes Antigen. Dieser Sensorchip, der sich in einer kontinuierlich durchströmbaren Mikrozelle befindet, kann verschiedenen Liganden und Puffern ausgesetzt werden und die Kinetik und das Bindungs- und Trennungsprofil für jedwedes Bindungspaar von Makromolekülen registrieren. Dabei wird die Änderung der SPR in quantitative Messwerte umgerechnet, wie an einem Beispiel in ■ Abb. 6.23B dargestellt.

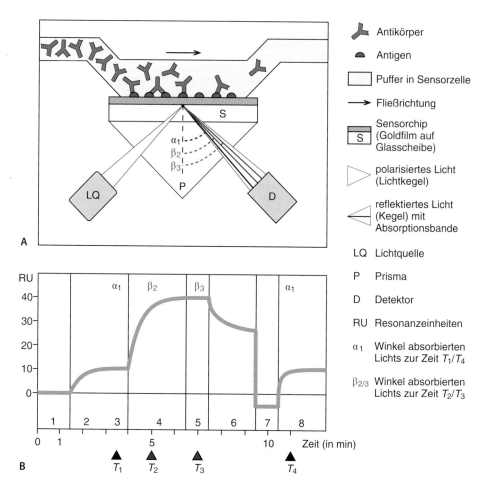

■ **Abb. 6.23**  Messung der Antikörperbindung an ein Antigen mithilfe der SPR-Biacore-Technik in Echtzeit. **A** Schematischer Aufbau der Anordnung mit Lichtquelle (LQ), Sensorchip (S), Detektor (D) und kontinuierlich durchströmbarer Minikammer mit insolubilisiertem Antigen auf der dem Puffer zugewandten Seite des Goldfilms. **B** Das Messprofil der Antigen-Antikörper-Reaktion, die in a dargestellt ist. Das Profil zeigt die in den Phasen 1–8 am Sensorchip gebundenen Proteinmengen. 1 Basislinie (Sensorchip ohne Protein); 2 Antigenadsorption an den Goldfilm bis zur Sättigung; 3 Auswaschung überschüssigen Antigens; 4 zunehmende Antikörperbindung; 5 Antikörperbindung gesättigt; 6 Puffer ohne Antikörper, Dissoziation zunächst der niedrig affinen Antikörper; 7 Dissoziation der höher affinen Antikörper mit denaturierendem Puffer (■ Tab. 6.1) und Regeneration für einen weiteren Test. $\alpha 1$ Winkel zur Zeit $T_1$, Ausgangslage (Phase 1 und 8); $\beta 2$ Winkel zur Zeit $T_2$ (Phase 4, das in a dargestellte Stadium); $\beta_3$ Winkel zur Zeit $T_3$ in Phase 5; RU Resonanzeinheiten, eine Einheit entspricht 1pg mm$^{-2}$. (Die Lichtkegel in ihrem Verlauf durch das Prisma sind sehr vereinfacht dargestellt.)

Da jeweils einer der beiden biomolekularen Bindungspartnern immobilisiert ist, gehört die Biacore-Technik zu den Bindungstests und unterliegt deren Gesetzen, nach denen das spezifische Fenster für die Messung der spezifischen Interaktion zweier Partner gefunden werden kann (◻ Abb. 6.18). Dieses System kann sowohl die Assoziation als auch die Dissoziation beider Partner in Echtzeit dokumentieren. Man gewinnt auch wichtige Hinweise zur Reaktionskinetik (Schnelligkeit der Assoziation und Charakteristika der Dissoziation) und zur Konzentration. Die Methode kommt ohne Markierung und mit sehr geringen Proteinmengen aus. Die Empfindlichkeit – man kann eine spezifische Bindung von 1 pg mm$^{-2}$ noch messen –, die Schnelligkeit und Einfachheit der Durchführung nach eingehender Optimierung (nach Auffindung des spezifischen Fensters) treffen sich mit der Möglichkeit zur Automatisierung und zu High-Throughput-Techniken.

Dieses System kann für die Auffindung von Reaktanden in großen Serien verschiedener Substanzen eingesetzt werden, aber auch für die Optimierung von Bindungseigenschaften der gefundenen Liganden, was vor allem auch wegen der hohen Durchsatzzahlen pro Zeit bei der Auffindung neuer Medikamente einschließlich von Immunpharmaka eingesetzt wird.

## 6.4 Komplementfixation

Das Komplementsystem gehört zum angeborenen Immunsystem und besteht aus einer Reihe von Proteinen, die nach Aktivierung eine enzymatische Amplifizierungskaskade durchlaufen, die letztendlich zur Bildung von Poren in der Zellmembran und zur Lyse der Zielzelle führen (Jules Bordet, Nobelpreis 1919). Bestimmte Antikörperisotypen (beim Menschen IgM, IgG1, IgG2 und IgG3) sind in der Lage Komplementkomponenten zu fixieren und zu aktivieren.
Da Komplementkomponenten stöchiometrisch an Anti-

> **Komplementkomponenten**
>
> Komplementkomponenten sind eine Reihe von Serumproteinen des Komplementsystems, die z. B. durch eine Antigen-Antikörper-Reaktion über IgM und IgG aktiviert werden mit der Folge einer kaskadenartigen Aktivierung, an deren Ende ein Proteinkomplex steht, der Zellmembranen lysieren und damit z. B. Bakterien vernichten kann.

gen-Antikörper-Komplexe binden, kann man sie zur Quantifizierung von sowohl Antigenen als auch Antikörpern verwenden. In der Klinik wurde der Komplementfixationstest zum Nachweis von spezifischen Antikörpern im Serum eingesetzt. Zum Serum werden eine standardisierte Menge an Komplement und das Antigen

hinzugegeben. Antikörper und Antigen bilden Komplexe, die das Komplement binden. Je mehr Antikörper-Antigen-Komplexe vorhanden sind, desto mehr Komplement wird gebunden. Durch Zugabe von Erythrocyten-anti-Erythrocyten-Komplexen kann die Gegenwart von antigenspezifischen Antikörpern ausgelesen werden. Je mehr Komplement durch die Antikörper-Antigen-Komplexe gebunden wurde, desto weniger Komplement ist für die Lyse der Erythrocyten (Hämolyse) übrig. Dabei ist die Konzentration des aus den lysierten Erythrocyten in das Medium ausgetretenen Blutfarbstoffs (Hämoglobin) der Messwert für die Stärke der Lyse. Die Komplementfixation hat in der Medizin beim Nachweis von Antikörpern gegen verschiedenste Erregern eine große Rolle gespielt. Mittlerweile ist sie aber weitgehend vom ELISA (◻ Abb. 6.22) verdrängt worden.

Für die Isolierung bestimmter Zellen aus gemischten Zellpopulationen ist die komplementinduzierte Lyse mit komplementbindenden monoklonalen Antikörpern zur Elimination unerwünschter Zellen ein gängiges Verfahren.

## 6.5 Methoden der zellulären Immunologie

Dieser Abschnitt befasst sich mit der Identifizierung, Quantifizierung und Isolierung bestimmter Zelltypen mithilfe immunologischer Techniken. Wie lösliche Antigene, so können auch intracytoplasmatische und Zelloberflächenantigene als Marker für die Identifizierung, die nähere Charakterisierung, die Quantifizierung und Isolierung von Zellen eingesetzt werden. Diese Marker oder Muster von Markern, die eine zunehmende Komplexität, angefangen von Bakterien bis zu höheren multizellulären Organismen, zeigen, können heute mittels einer Fülle kommerzieller monoklonaler Antikörper sicher erkannt und während der Entwicklung der Zellsysteme verfolgt werden. So kann auch die Differenzierung ganzer Zellstammbäume ausgehend von der Zygote bis zum ausdifferenzierten Organismus, das heißt von seiner Entstehung bis zum Alter, mithilfe immunologischer Techniken verfolgt werden. Die Entwicklung dieser Analysemöglichkeit expandiert unaufhörlich und ist noch nicht abgeschlossen.

### 6.5.1 Immunhistochemie, Immuncytochemie

Während in den vorherigen Abschnitten Methoden besprochen wurden, mit deren Hilfe lösliche Proteine oder insolubilisierte Proteine untersucht werden können, beschäftigt sich dieser Abschnitt mit Proteinen *in situ*. Mithilfe dieser Methoden kann die Frage nach der mikroskopischen (▶ Kap. 9) und elektronenmikroskopischen

(▶ Kap. 23) Lokalisation bestimmter Proteine und anderer Substanzen innerhalb des Gewebeverbandes oder innerhalb der Zellen beantwortet werden. Die Immundetektion im Gewebe (**Immunhistochemie**) und an Einzelzellen (**Immuncytochemie**) ist seit der Einführung der Immunfluoreszenz durch Albert H. Coons 1941 eine mit einer großen Zahl von Varianten etablierte Standardmethode zur meist qualitativen Erkennung bestimmter Antigene.

Die Vorbereitung der Gewebe und Zellen ist von entscheidender Bedeutung für den Erfolg der Immundetektion, denn die antigenen Determinanten der gesuchten Antigene müssen beim Einsatz dieser Methoden verfügbar sein. Heute gibt es licht- und elektronenoptische immunhistochemische Verfahren sowohl für die Untersuchung von nativen Gewebeschnitten als auch von Schnitten von fixiertem Gewebe, das in Paraffin oder Kunststoff eingebettet wurde.

Immunreaktionen können am nativen Gewebe erfolgen, d. h. vor dem Schneiden und Einbetten (Prozessierung). Diese Methode wurde in früheren Jahren wegen der besseren Verfügbarkeit der antigenen Determinanten vorgezogen. Wesentliche Probleme sind jedoch die schlechte Penetration der relativ großen Antikörper in das Gewebe und die erschwerte Auswaschung der nicht gebundenen Reagenzien. Heute führt man die Immundetektion meist nach dem Prozessieren am Schnitt selbst durch, der nativ oder fixiert sein kann. Viele der erforderlichen antigenen Determinanten können mit bestimmten Fixativen unverändert erhalten werden, z. B. mit 2 % Paraformaldehydlösung bei 0 °C für einige Stunden. Andererseits kann man den fixationsbedingten Verlust von antigenen Determinanten durch enzymatische Vorbehandlung von fixiertem Gewebe oder durch „Ätzen" von Plastikschnitten durch $H_2O_2$ oder Natriumethoxid und viele andere Methoden, die man auch als *antigenic retrieval* bezeichnet, teilweise wieder rückgängig machen.

Wegen der leichteren Handhabung und besseren morphologischen Präservation werden heute meist fixierte Gewebeschnitte für die Immunhistochemie eingesetzt. Vor allem aber erscheint das Auffinden des spezifischen Fensters mithilfe unterschiedlicher Konzentrationsreihen verschiedener Reagenzien wesentlich leichter, wenn die Optimierung nach der Prozessierung direkt auf dem Gewebeschnitt durchgeführt werden kann. Da es sich hier um klassische Bindungstests handelt, folgt auch die Optimierung des Detektionssystems und die Auffindung des spezifischen Fensters nach den bereits oben genannten Regeln (▶ Abschn. 6.3.3).

In der Lichtoptik verwendet man zur Erkennung der Bindung des Primärantikörpers an gesuchte Antigene im Gewebeschnitt meistens die indirekte, die PAP- oder die ABC-Methode. Im Gegensatz zu Chromogenen, die beim Mikro-ELISA (s. unten) verwendet werden und nach der chromogenen Oxidation löslich bleiben, werden die hier verwendeten löslichen, farblosen Chromogene durch die chromogene Oxidation unlöslich, sodass sie als gefärbte Farbindikatoren in unmittelbarer Nähe des Antigens in den Gewebemaschen hängen bleiben.

Auf elektronenoptischer Ebene haben sich elektronendichte Korpuskeln bewährt. Wegen der großen Versatilität verwendet man heute vielfach Goldkolloid, das elektronendicht und in verschiedenen Größen für die Identifizierung unterschiedlicher Antigene am selben Ultradünnschnitt herstellbar ist.

Es sind auch Methoden bekannt, mit deren Hilfe man am selben Schnitt unterschiedliche Antigene nachweisen kann. Hierzu können zur Unterscheidung verschiedener Antigene anders färbende Chromogene eingesetzt werden, wobei die Diskriminierung von mehr als drei Antigenen gleichzeitig schon schwierig wird. Durch den Einsatz von verschiedenen fluoreszenten Farbstoffen (Fluorochromen) in der Fluoreszenzmikroskopie (**Immunfluoreszenz**) kann die Anzahl der zu detektierenden Antigene noch weiter erhöht werden (◻ Abb. 6.24). Hier sind die Anzahl der Laser für die Anregung verschiedener Fluoreszenzfarbstoffe und die Anzahl der Fluoreszenzdetektoren limitierend. Durch zyklische Färbe- und Entfärbe-Reaktionen von Fluoreszenzfarbstoffen auf einem Gewebsschnitt kann die Anzahl der Antigene, die detektiert werden können, extrem erhöht werden. Diese Methode wurde erstmals von Walter Schubert 1997 beschrieben und von ihm *Multi-epitope Ligand Cartography* (MELC) genannt (◻ Abb. 6.25) (▶ Kap. 46). Hierbei wird die Fluoreszenz, die durch die Antikörper auf den Gewebsschnitt gebracht wurde, mittels Weißlicht ausgebleicht, bevor mit dem nächsten

◻ **Abb. 6.24** Beispiel einer immunhistochemischen Detektion auf immunfluoreszenter Ebene. Immunfluoreszente Analyse eines Peyer'schen Plaques vom Dünndarm einer Maus. Detektiert werden B-Zellen mit einem anti-B220-Antikörper in Rot, T-Zellen mit einem CD4-Antikörper in Grün und dendritische Zellen mit einem CD11c-Antikörper in Grau. Bei allen Zellen wurde eine Kernfärbung (in blau) mit dem DNA-bindenden Farbstoff DAPI (4',6-Diamidino-2-phenylindol) durchgeführt. Zu sehen ist die typische Organisation der immunologischen Struktur in getrennte Bereiche mit B- und T-Zellen umgeben von dendritischen Zellen

Immunfluoreszenzfärbung

A    Entfärbung

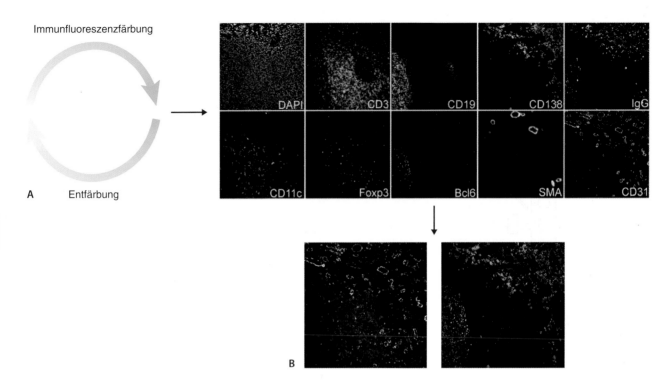

**6**

B

☐ **Abb. 6.25** Immunfluoreszente Charakterisierung mittels der MELC-Methode. Beispiel einer 10-ParameterImmunfluoreszenzfärbung einer humanen Tonsille. **A** Die angegebenen Parameter werden in wiederholten Zyklen (Immunfärbung mit jeweils unterschiedlichen Antikörpern, Aufnahme des Fluoreszenzsignal und Entfernen des Fluoreszenzsignals durch Bleichen mit Weißlicht) aufgenommen. **B** Überlagerung von jeweils 4 Fluoreszenzsignalen auf dem Gewebsschnitt. Links: CD3 rot, Foxp3 grün, CD11c blau, CD31 weiß; rechts: CD19 rot, CD138 grün, IgG blau, Bcl6 weiß (mit freundlicher Genehmigung von Dr. Anna Pascual-Reguant und Prof. Dr. Anja E. Hauser)

Antikörper mit dem gleichen Fluorochrom ein weiteres Antigen gefärbt wird. Dieser Färbe-Ausbleich-Zyklus kann mehrfach wiederholt werden.

Die Zellbiologie hat einen großen Aufschwung genommen mit der Möglichkeit, das Schicksal von Myriaden von Proteinen und Proteinkomplexen verfolgen zu können. So interessiert die Zell- und Gewebezusammensetzung etwa in der Ontogenese, die Funktionsänderung während der Entzündung, der Apoptose und der Neoplasie.

### 6.5.2 Durchflusscytometrie

Die Durchflusscytometrie ist die am weitesten verbreitete Methode, um Zelltypen zu identifizieren, quantifizieren und charakterisieren. Das Prinzip der Durchflusscytometrie wurde von Wallace Coulter Ende der 1940er-Jahre entwickelt und basierte auf dem Prinzip, dass Zellen, während sie durch eine kleine Öffnung von einer Kammer in eine andere Kammer fließen, den elektrischen Widerstand zwischen zwei Elektroden verändern. Dadurch kann sowohl die Zellzahl als auch die Größe der Zellen sehr genau bestimmt werden. Der **Coulter-Zähler** wird aufgrund seiner Einfachheit und Genauigkeit heutzutage noch zur Blutzellzählung weitverbreitet eingesetzt.

In Kombination mit Antikörpern, an die Fluorochrome gekoppelt sind, können auch Antigene auf oder in den Zellen detektiert und relativ quantifiziert werden. Hierzu werden direkt oder indirekt (☐ Abb. 6.19) mit Antikörpern markierte Zellen einzeln an einem oder mehreren Laserstrahlen unterschiedlicher Wellenlänge vorbeigeleitet, die die Fluoreszenz der Farbstoffe anregen. Um die Zellen im Laserlicht zu fokussieren, wird die Zellsuspension (*Probenstrom*) in einen Flüssigkeitsstrom (*Hüllstrom*) injiziert (☐ Abb. 6.26). Durch eine höhere Fließgeschwindigkeit des Hüllstroms relativ zum Probenstrom entsteht ein *laminarer Fluss,* in dem sich der Strom der Zellsuspension auf den Durchmesser der Zellen verjüngen lässt. Alternativ werden in manchen Geräten auch Schallwellen genutzt, um die Zellen zu fokussieren (*acoustic focussing*). In modernen Durchflusscytometern können mehrere Tausend Zellen pro Sekunde gemessen werden.

Am Messpunkt werden sowohl die Lichtstreueigenschaften als auch die Fluoreszenzsignale der einzelnen Zellen gemessen. Bei den Lichtstreueigenschaften, in der Regel die vom primären 488-nm-Laser (blau) induzierten, wird zwischen der Vorwärtsstreuung (*forward angle scatter*) als Annäherung für die Größe und die Seitwärtsstreuung (*side* oder *90° angle scatter*) als Annäherung für die Granularität der Zellen unterschieden. Über ein System aus Spiegeln und optischen Filtern

**A**

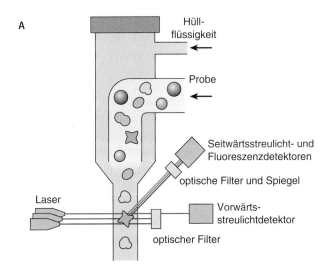

**B**

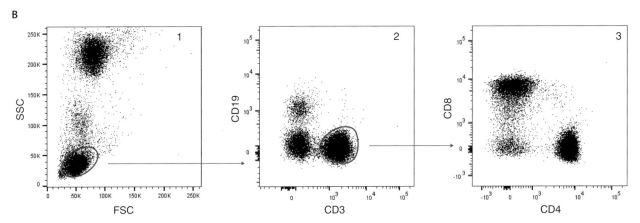

□ **Abb. 6.26**   Prinzip eines Durchflusscytometers. Das Durchfluss-cytometer dient zur Messung von einzelnen immunmarkierten und gefärbten Zellen. **A** Die Zellprobe wird in eine Hüllflüssigkeit injiziert und hydrodynamisch fokussiert am Laserlicht vorbeigeleitet. Das Streulicht und das Fluoreszenzsignal von mehreren Tausend Zellen pro Sekunde werden in mehreren Detektoren gemessen. **B** Beispiel einer Analyse von weißen Blutzellen mithilfe eines Durchflusscytometers. Gezeigt ist humanes Vollblut nach Lyse der Erythrocyten. Jede gemessene Zelle stellt einen Punkt dar, der in der jeweiligen bivariaten Darstellung aufgetragen ist.1 Auftrennung der

Zellen nach FSC (Vorwärtsstreuung, Maß für die Größe) und SSC (Seitwärtsstreuung, Maß für die Granularität). Zu erkennen sind in den „Punktewolken" (Zellpopulationen) von unten nach oben die Lymphocyten, Monocyten und Granulocyten. 2 Darstellung der in 1 rot eingegrenzten Lymphocyten anhand der Immunfärbung mit Antikörpern gegen CD19 (Marker für B-Zellen) und CD3 (Marker für T-Zellen). 3 Auftrennung der CD3+ T-Zellen anhand der Immunfärbung gegen CD4 (Marker für T-Helferlymphocyten) und CD8 (Marker für cytotoxische T-Zellen)

wird das Fluoreszenzsignal der verschiedenen Fluorochrome jeder gemessenen Zelle aufgetrennt und ein spezifischer Wellenlängenbereich (ca. 20–50 nm) auf hochsensitive Photodetektoren geleitet und quantitativ gemessen. Mittlerweile können mit den modernsten Geräten bis zu 30 „Farben" auf einzelnen Zellen gemessen werden und unterschiedliche Zellarten z. B. nach verschiedenen Oberflächenmarkern (CD-Marker, *Cluster of Differentiation*) unterschieden werden. Da diese Technologie auf spezifischer Antigen-Antikörper-Interaktion beruht, ist, wie in ▶ Abschn. 6.3.3 beschrieben, das optimale spezifische Fenster für jeden Antikörper zu bestimmen (□ Abb. 6.18). Für die Messung intrazellulärer Antigene müssen die Antikörper Zugang zum Inneren

der Zelle bekommen. Hierfür werden leichte Detergenzien, wie z. B. Saponin, NP-40, Tween oder Triton X-100, genutzt, um die Plasmamembran zu durchlöchern, damit Antikörper auch in das Innere der Zelle kommen. Um zu verhindern, dass der intrazelluläre Inhalt durch die perforierte Plasmamembran ausläuft, müssen die Zellen zuvor z. B. in 2 % Paraformaldehydlösung fixiert werden.

Ein Problem der konventionellen fluoreszenzbasierten Durchflusscytometrie, wie sie oben beschrieben ist, ist die spektrale Überschneidung von Fluorochromen, wodurch zwei oder mehrere Fluorochrome im gleichen Photodetektor gemessen werden können (□ Abb. 6.26A). Diese spektrale Überschneidung kann zu falsch-positiven Signalen führen und muss mathematisch korrigiert werden (**Kompensation**), indem der Anteil des Signales, der in den „falschen" Photodetektor hineinstrahlt, subtrahiert wird (◼ Abb. 6.26A). Trotz der Kompensationsmöglichkeit wird dennoch die Anzahl der verschiedenen Fluorochrome, die gleichzeitig eingesetzt werden können, eingeschränkt.

Weitere technologische Entwicklungen versuchen diese Einschränkung zu umgehen. Auf zwei Ansätze soll hier kurz eingegangen werden, auf die multispektrale Durchflusscytometrie und die Massencytometrie. In der **multispektralen Durchflusscytometrie** wird das Fluoreszenzsignal über das gesamte sichtbare Spektrum (400–800 nm) in mehreren Photodetektoren gemessen. Über *spektrale Entmischung* (*spectral unmixing*) wird der jeweilige Anteil eines Fluorochroms zum Gesamtspektrum errechnet (◼ Abb. 6.27B). Dies ist möglich, da das Fluoreszenzspektrum eines Fluorochroms relativ konstant ist. Somit spielen spektrale Überschneidungen von mehreren Fluorochromen keine Rolle mehr, und es können auch Fluorochrome mit sehr ähnlichem Fluoreszenzspektrum unterschieden werden.

In der **Massencytometrie**, auch CyTOF (*Cytometry by Time-of-Flight*) genannt, werden die Antikörper nicht an Fluorochrome sondern an reine, stabile Schwermetallisotope gekoppelt. Zur Detektion werden die mit Antikörpern markierten Zellen in einem Aerosol einzeln in ein induktiv gekoppeltes Plasma injiziert. Bei Temperaturen von ca. 6000 K werden die Zellen atomisiert und ionisiert. Nach Filtration der Ionen mit niedriger Masse, d. h. aller biologischstämmigen Ionen, in einem Quadrupol, werden die Schwermetallionen im *Time-of-Flight*-Massenspektrometer identifiziert und quantifiziert (◼ Abb. 6.28). Mit der Massencytometrie können theoretisch über 100 Parameter, d. h. Antigene, auf Einzelzellebene bestimmt werden. Im Moment ist dies noch durch die Erhältlichkeit von hochaufgereinigten Metallen auf ca. 50 Parameter beschränkt. Ein entscheidender Nachteil der Massencytometrie ist, dass die Zellen nach der Messung nicht mehr für weitere Analysen vorhanden sind und nicht mehr sortiert werden können. Allerdings kann die Massencytometrie auch eingesetzt werden, um Gewebsschnitte mit einer ebenfalls so hohen Parameteranzahl zu analysieren. Dazu wird ein Gewebsschnitt nach Färbung mit schwermetallisotopen-gekoppelten Antikörpern mithilfe eines Lasers in 1 μm × 1 μm Fragmente „zerschossen", die dann nacheinander in das induktiv gekoppelte Plasma injiziert und gemessen werden. Danach wird ein Bild vom Gewebe mit den gefärbten Antigenen bioinformatisch wieder rekonstruiert (◼ Abb. 6.28).

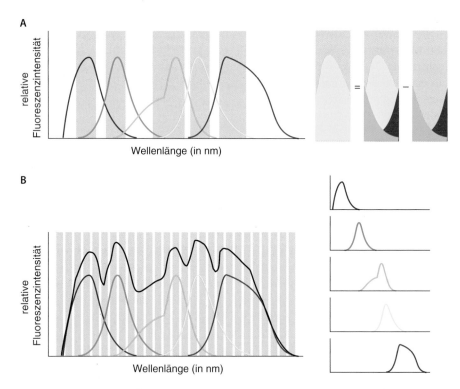

◼ **Abb. 6.27**   Schematische Darstellung der Überschneidung der Emissionsspektren unterschiedlicher Fluoreszenzfarbstoffe in den jeweiligen Detektionskanälen eines Durchflusscytometers. **A** Fluoreszenzdetektion mittels Fluoreszenzfiltern. Anhand der relativ breiten Emissionsspektren der Fluoreszenzfarbstoffe werden Signale von spektral benachbarten Fluorochromen im selben Detektor (Detektionsbandbreite der Detektoren in grau) gemessen und können zu falsch-positiven Signalen führen. Mittels mathematischer Korrektur (Kompensation) müssen die überlappenden Signale herausgerechnet werden. **B** Bei der Multispektral-Cytometrie wird das gesamte Fluoreszenzspektrum einer gefärbten Zelle gemessen. Mittels *spectral unmixing* kann der Beitrag eines jeden Fluorochroms zum Gesamtfluoreszenzspektrum einer Zelle berechnet werden

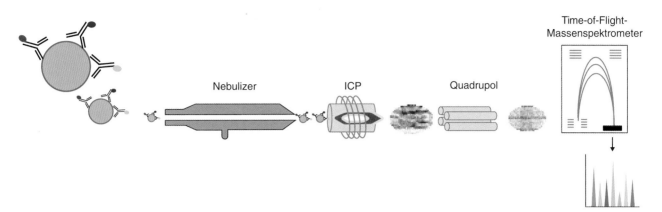

Time-of-Flight-
Massenspektrometer

Nebulizer          ICP          Quadrupol

◻ **Abb. 6.28** Funktionsweise des Massencytometers, CyTOF. Antikörper, an die Schwermetallisotope gekoppelt sind, werden für die Immunmarkierung von Zellen genutzt. Eine Suspension der markierten Zellen wird über den *Nebulizer* in feine Tröpfchen mit jeweils einer Zelle zerstäubt. Die einzelnen Zellen werden in einem induktiv gekoppelten Plasma (ICP) bei 6000 K atomisiert und ionisiert. Die leichten Ionen biologischer Herkunft werden im Quadrupol herausgefiltert und die übriggebliebenen Schwermetallionen werden im Time-of-Flight-Massenspektrometer (TOF) identifiziert und quantifiziert. Über die bestimmten Schwermetalle kann bestimmt werden, welche Antigene und wie viele auf der einzelnen Zellen vorhanden waren

### 6.5.3 Serielles Zellsortierverfahren

Eine wichtige Erweiterung der fluoreszenzbasierten Durchflusscytometrie ist die Zellsortierung. Das Prinzip der Einzelzellsortierung wurde 1965 von Mack Fulwyler entwickelt und basiert auf dem Prinzip eines Tintenstrahldruckers. Bei der Einzelzellsortierung wird der Probenstrom nach der Messung der Zellen, wie oben beschrieben, durch hochfrequente Vibration der Austrittsdüse (4–200 kHz) in einzelne Tröpfchen gebrochen, in denen sich statistisch jeweils nur eine Zelle befindet. Nach der Messung der Zellen in der Messkammer gibt es ein Zeitfenster, bevor die im Tröpfchen verpackte Zelle den Kontakt mit dem Probenstrom verliert (*drop delay*). Dieses Zeitfenster ist konstant und erlaubt das exakte Timing für einen elektrischen Puls, der an den Probenstrom angelegt wird und dem Tröpfchen am Abbruchpunkt (*break-off point*) eine positive oder negative elektrische Ladung überträgt. Das Tröpfchen passiert daraufhin zwei geladene Kondensatorplatten, die das Tröpfchen je nach Ladung in das entsprechende Sammelröhrchen ablenken. Der Ablenkungswinkel kann je nach Stärke der elektrischen Ladung verändert werden, sodass bis zu sechs verschiedene Zelltypen gleichzeitig sortiert werden können. Auf diese Weise kann man bis zu 100.000 Zellen pro Sekunde analysieren und in Subpopulationen zur weiteren Analyse oder für funktionelle Tests separieren (◻ Abb. 6.29). Die Technologie bzw. die Geräte werden oft als **FACS**$^{TM}$ (*Fluorescence-activated Cell Sorter*) bezeichnet, nach einem eingetragenen Markenzeichen der Firma Becton-Dickinson, die das erste fluoreszenzbasierte Zellsortiergerät, entwickelt von Leonard Herzenberg an der Stanford Universität, auf den Markt gebracht hat.

### 6.5.4 Parallele Zellsortierverfahren

Neben der fluoreszenzaktivierten Zellsortierung, bei der jede Zelle einzeln analysiert und sortiert wird, gibt es auch sog. parallele Zellsortierverfahren, die den Vorteil haben, dass eine große Anzahl von Zellen gleichzeitig (parallel) anhand bestimmter Eigenschaften voneinander getrennt werden kann. Die parallelen Zellsortierverfahren sind in der Regel auch schonender, da die Zellen nicht wie bei der fluoreszenzaktivierten Zellsortierung aufgrund der Beschleunigung durch eine Düse Scherkräften ausgesetzt sind. Lymphocyten und Monocyten aus dem Blut von Mensch und Tier können mithilfe der *Dichtegradientenzentrifugation* getrennt werden. Die erforderliche Dichte wird mithilfe eines Dichtemediums, z. B. *Ficoll Isopaque*, vorgegeben, sodass die weniger dichten *mononuclearen* Zellen oben auf dem Dichtmedium verbleiben, während die dichteren Erythrocyten, Plättchen und Granulocyten während der Zentrifugation durch das Dichtemedium bis auf den Grund des Röhrchens sinken und damit von den *mononuclearen* Zellen getrennt werden. Auch lassen sich T-Zellen des Menschen mithilfe von Schaf-Erythrocyten trennen, gegen die die T-Zellen Rezeptoren tragen. Die von Schaf-Erythrocyten umringten T-Zellen (**direktes** *Rosetting*) verändern die Dichte der Komplexe, die sich dann mithilfe eines Dichtegradienten von anderen Zellen abtrennen lassen. Erythrocyten lassen sich auch mit Antikörpern beladen und erlauben dann die Technik des **inversen** *Rosetting*.

Zellen kann man auch mithilfe der **Immunadhäsion** trennen. Zellen können mittels Antikörper, die entweder direkt an einer Platte gebunden sind oder indirekt über Anti-Antikörper (Sekundärantikörper) an einer Platte anhaften, von den nicht haftenden Zellen durch Abspülen getrennt werde, eine Methode, die **Panning** genannt

6

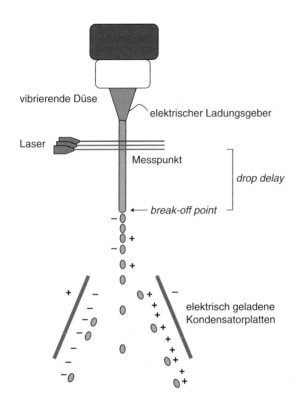

**vibrierende Düse**

**elektrischer Ladungsgeber**

**Laser**

**Messpunkt**

*drop delay*

← *break-off point*

**elektrisch geladene Kondensatorplatten**

**□ Abb. 6.29** Funktionsweise eines Zellsortiergerätes. Die antikörpermarkierten Zellen werden wie im Durchflusscytometer gemessen. Im Gegensatz zum normalen Durchflusscytometer wird beim Zellsortiergerät die Düse in Vibration versetzt, sodass der Probenstrom in kleine Tropfen gebrochen wird. Da mehr Tropfen pro Sekunde generiert werden, als Zellen pro Sekunde durchlaufen, wird statistisch nur eine Zelle in ein Tropfen verpackt. In einem definierten Zeitabstand nach Messung der Zelle bricht der Tropfen mit der Zellen vom Probenstrom ab (*drop delay*). Zum jeweiligen Zeitpunkt des Tropfenabbruchs vom Probenstrom (*break-off point*) wird der Probenstrom mit einer elektrischen Ladung versehen, je nachdem, ob man die Zelle sortiert haben möchte oder nicht. In Abhängigkeit seiner Ladung wird der Tropfen mit der jeweiligen Zelle durch geladene Kondensatorplatten in Auffangröhrchen abgelenkt

wird. Andere Methoden eliminieren die unerwünschten Zellen mithilfe von komplementfixierenden Antikörpern und der komplementvermittelten Cytotoxizität (▶ Abschn. 6.4) oder über Immuntoxine (mit Toxinen beladene Antikörper). Man kann Zellen auch in einer Affinitätssäule über an Nylonwolle adsorbierte Antikörper binden und erreichen, dass die nicht markierten Zellen ungehindert passieren können.

Das mittlerweile gängigste parallele Zellsortierverfahren ist die magnetische Zellsortierung. Hierbei ist der Antikörper an einen eisenhaltigen Trägerpartikel gebunden. In einem Magnetfeld können die markierten Zellen aus einem Zellgemisch selektiv abgetrennt werden. Durch Nutzung des ABC-Systems oder sekundärantikörpergekoppelter Magnetpartikel kann man auch eine Depletion verschiedener unerwünschter Zelltypen im Magnetfeld erreichen. Dies findet Anwendung, wenn eine Antikörpermarkierung des gewünschten Zelltyps vermieden werden soll. Die Firma Miltenyi Biotec, der

Marktführer auf dem Gebiet der magnetischen Zellsortierung, hat das Akronym MACS® für *Magnetic Cell Sorting* in Anlehnung an FACS™ erfunden.

## 6.6 Herstellung von Antikörpern

Im Folgenden wird aufgezeigt, wie Immunreagenzien gegen Antigene, z. B. gegen Proteine und Haptene, hergestellt werden können. Voraussetzung ist der Zugang zu einem Tierlabor, das behördlicher Aufsicht unterliegt und von einem Tierarzt betreut wird, und/oder zu einem Gewebekulturlabor für die Herstellung monoklonaler Antikörper, wenn die Antikörper oder die Fv-Fragmente (V-Module) nicht gentechnisch hergestellt werden.

Antikörper können aber auch gegen Polysaccharide, Glykolipide und fast alle chemischen Gruppen hergestellt werden, die aber eine Reihe von Voraussetzungen mitbringen müssen, um immunogen zu sein (□ Tab. 6.2 ).

### 6.6.1 Arten von Antikörpern

#### 6.6.1.1 Polyklonale Antiseren

Um Antiseren herstellen zu können, werden verschiedene Labortiere (Maus, Ratte, Meerschweinchen) und Haustiere (Kaninchen, Ziege, Schaf, Schwein, Pferd, Lama, Huhn; etwa in der Reihenfolge der Wichtigkeit) immunisiert. Diese Tiere werden eigens gezüchtet und zur Antiserumgewinnung kommerziell angeboten. Das Antigen wird für die Immunisierung in unterschiedlicher Weise vorbereitet und appliziert. Die Vorbereitung schließt den Einsatz von Adjuvantien zur Steigerung der Immunantwort und damit die Erhöhung der Antikörperkonzentration ein. Die erste Applikation (Immunisierung) erfolgt meistens an multiplen Stellen in Form von Mikrodepositen streng intrakutan, was die Versuchstiere kaum belastet. Die resultierenden Antiseren enthalten eine große Fülle verschiedener Antikörper mit unterschiedlicher Epitopspezifität und -affinität, deren Zusammensetzung sich nach Blutabnahmezeit und Zahl der Boosterinjektionen (Auffrischungsinjektionen), die etwa monatlich nach der Erstimmunisierung subkutan oder/und intramuskulär stattfinden und auch Adjuvans enthalten, durch antigeninduzierte Expansion immer neuer Plasmazellklone verändert.

Antiseren enthalten polyklonale Antikörper, die mit dem homologen Antigen reagieren, wie in □ Abb. 6.6A und 6.2C modellhaft dargestellt ist. Da ein natürliches Antigen gewöhnlich mehrere Determinanten hat, besteht das polyklonale Antiserum in der Regel aus mehreren verschiedenen Antikörpern, die gegen mehrere Epitope des Antigens gerichtet sind. Die Zusammensetzung der Antikörper ist individuell für jede Immunisierung und für jedes Tier und ist daher nie exakt zu reproduzieren. Andererseits erkennt dieses Antiserum das Antigen in fast allen Konformationen, selbst nach stärkerer Denaturierung (reduktiver Spaltung der Disulfidbrücken und auch bei Anwesenheit bestimmter Detergenzien) oder nach Fragmentierung, da in vielen Fällen genügend antigene Determinanten für eine Bindung übrig bleiben. Antiseren sind daher ideal zum Einsatz bei Immunpräzipitationsmethoden.

---

**Adjuvans**

Substanz, welche die Immunreaktion verstärkt und den Antikörpertiter erhöht. Bei einigen Schutzimpfungen des Menschen werden Immunogene z. B. an Aluminiumverbindungen adsorbiert. Zum Immunisieren von Versuchstieren zur Antiserumgewinnung haben sich Mineralöle bewährt, die mit der Immunogenlösung emulgiert injiziert werden (inkomplettes Freund'sches Adjuvans). Die Zugabe von abgetöteten Mycobakterien (*Mycobacterium tuberculosis*) steigert die Immunreaktion weiter (komplettes Freund'sches Adjuvans; bei dieser Anwendung das Tierschutzgesetz befragen!). Es werden aber nur Teilkomponenten von Bakterienmembranen als Adjuvans benutzt, um eine geringere Entzündungsreaktion auszulösen.

---

**Isotypwechsel, Antikörperklassenwechsel**

Beim ersten Kontakt eines Organismus mit einem Fremdantigen werden i. A. IgM-Antikörper (► Abschn. 6.1.3) gebildet. Bei weiterer Antigenexposition werden jedoch zusätzlich IgG-Antikörper und Antikörper anderer Immunglobulinklassen gebildet. Es findet also ein Wechsel der Immunglobulinklassen statt, den man als Isotypwechsel (*class switch*) bezeichnet. Dabei werden nur die konstanten Teile der Immunglobuline ausgewechselt, d. h. die variablen Abschnitte und die Leichtketten der Immunglobulinmoleküle (◻ Abb. 6.1) bleiben erhalten, wie auch die Antikörperspezifität. Durch die Wahl des Adjuvans kann der Immunglobulin-Klassenwechsel zu bestimmten Isotypen bevorzugt werden.

### 6.6.1.2 Peptidantikörper

Unter Peptidantikörpern versteht man polyklonale Antikörper gegen synthetische Peptide unterschiedlicher Länge, die maßgeschneidert gegen ganz bestimmte, meist funktionell oder strukturell wichtige Regionen eines Makromoleküls gerichtet sind, etwa zur Untersuchung katalytischer oder anderer Bindungsfunktionen. Die Reaktion von Peptidantikörpern entspricht der in ◻ Abb. 6.6B gezeigten, nur dass diese gegen ein einziges oder wenige Epitope reagieren, aber mit einer Fülle unterschiedlicher Antikörper. Man erzeugt Peptidantikörper auch paarweise zur bimodalen Bindung eines Makromoleküls in bestimmten Assays (z. B. Sandwich-ELISA, ◻ Abb. 6.22).

Wegen seiner monovalenten Bindung an Antigene (◻ Abb. 6.6B) präzipitiert daher ein Peptidantiserum nicht, ist aber hochspezifisch in Bindungstests, vorausgesetzt, das Peptidepitop ist dem Immunogen homolog oder chemisch sehr ähnlich.

---

**Monoklonale Antikörper**

Von einem Zellklon gebildete Antikörper chemisch einheitlicher Struktur und Funktion, die in vitro durch Fusion von Immunmilzzellen induzierter Spezifität (mit begrenzter Lebensdauer) und potenziell unbegrenzt wachsenden Tumor-B-Zellen hergestellt werden (► Abschn. 6.4).

---

Peptidantikörper werden nach Kopplung von Peptiden an immunogene, hochmolare Trägermoleküle, wie Thyreoglobulin oder KLH, hergestellt. In ähnlicher Weise werden auch Haptenantikörper gewonnen, die gegen kleinere chemische Substanzen (etwa Steroidhormone, Pharmaka, Drogen, Umweltgifte) hergestellt werden können und gewöhnlich nur einen Teilabschnitt des Paratops (*paratope subsite*) binden (◻ Abb. 6.2C).

---

**Polyklonale Antikörper**

Antikörper gegen ein Antigen, die von vielen Zellklonen gebildet werden und viele verschiedene Isotypen mit unterschiedlicher Affinität zu verschiedenen Epitopen repräsentieren. Durch Immunisierung induzierte Antikörper sind meist polyklonal.

---

### 6.6.1.3 Monoklonale Antikörper

Eine einzelne B-Zelle produziert nur eine einzige Antikörperspezifität im Organismus (Gustav Nossal und Joshua Lederberg 1958), die selbst beim Isotypwechsel nicht geändert wird. Entartet solch eine B-Zelle neoplastisch mit der Folge ungebremster Proliferation, kann eine exorbitante Menge dieses einen Antikörpers produziert werden (homogener Antikörper). Am Auftreten dieses einen Immunglobulins im Blutplasma kann die Krankheit (z. B. Multiples Myelom, Plasmocytom) diagnostiziert werden (◻ Abb. 6.12). Es handelt sich hier gewöhnlich um einen einzigen normalen Antikörper in exzessiver Menge, deren Spezifität man jedoch nur in Ausnahmefällen kennt.

---

**B-Zelle**

Als B-Zellen/-Lymphocyten bezeichnet man die Lymphocyten, welche sich zu antikörperbildenden Zellen, d. h. Plasmazellen, differenzieren. Diese Zellen generieren die humorale Immunität. Dagegen vermitteln die T-Zellen die zelluläre Immunität.

**6**

George Köhler und Cesar Milstein ist es 1975 (Nobelpreis 1984) in der Maus gelungen, durch somatische Hybridisierung (Fusion) von B- und entarteten Plasmazellen (Myelom), die keine eigenen Antikörper mehr herstellen, monoklonale Antikörper mit intendierter Spezifität von unbegrenzter Wachstumsdauer in der Gewebekultur zu erzeugen. Über einen chemischen Selektionsmechanismus für das Wachstum nur fusionierter Zellen (Hybridome) und die funktionelle Selektion über die Antigenbindung werden nur Klone mit der gewünschten Antikörperspezifität propagiert.

Die Hybridomtechnik hat die Immundetektion revolutioniert, da nun Antikörper chemisch einheitlicher Struktur und Funktion in potenziell unbegrenzter Menge zur Verfügung stehen. Mit der Produktion monoklonaler Antikörper gewann der Einsatz von analytischen und präparativen Antikörpern in Chemie, Biowissenschaften und Medizin einen gewaltigen Aufschwung. Durch die Möglichkeit der routinemäßigen Herstellung chemisch einheitlicher Reagenzien in unbegrenzter Menge gegen praktisch jedes beliebige Antigen konnte ein bis dahin nicht bekannter Grad von Präzision und eine erstaunliche Applikationsbreite erreicht werden, da man mit dieser Technik der Schaffung eines Antikörpers als ein chemisches Reagens mit einheitlicher Struktur und Funktion sehr nahe kam. Daher wurden sowohl hochpräzise und automatisierbare *In-vitro*-Testsysteme möglich. Besonders erwähnenswert ist die Anwendung von monoklonalren Antikörpern als hochselektives therapeutisches Agens in der Medizin. Solche Biologika erzielen heutzutage mehrere Milliarden Euro Umsatz pro Jahr.

#### 6.6.1.4  Synthetische Antikörper

> **Rekombinante Antikörper**
>
> Gentechnisch hergestellte Antikörper, die klassische Antikörperfragmente, Miniantikörper oder kontinuierliche Antikörper darstellen können.

Eine Weiterentwicklung der Produktion von monoklonalen Antikörpern durch die Hybridomtechnik ist die Herstellung von rekombinanten Antikörpern. Hierbei werden die Gene für die leichte und schwere Antikörperkette gentechnisch kloniert und transgene Zelllinien hergestellt, die die Antikörper im großen Maßstab herstellen. Mittels gentechnischer Methoden kann man die Antikörper dann relativ einfach manipulieren und an die funktionellen Bedürfnisse anpassen, wie z. B. Veränderung der konstanten Region auf einen anderen Isotyp oder sogar Spezies. Rekombinante Antikörper können in der Regel auch über längere Zeiträume stabil hergestellt werden, da sie nicht für die genetische Instabilität der Hybridome anfällig sind, die von Zeit zu Zeit subkloniert und selektioniert werden müssen.

Bei der Produktion von Antikörpern durch die oben genannten Methoden gibt eine weitere Limitation, die darin besteht, dass nur Antikörper bereitgestellt werden können gegen Substanzen, die als Immunogene vom Organismus erkannt werden können. Aufgrund bereits erwähnter Toleranz-/Kontrollmechanismen, die eine Immunantwort gegen körpereigene Strukturen unterdrücken, ist es schwierig, Antikörper gegen Antigene herzustellen, die in Wirbeltieren evolutionär konserviert sind.

Ein Ansatz, diese Einschränkung zu umgehen, ist die gentechnische Herstellung von *vollsynthetischen Antikörpern*. Das Ausgangsmaterial für die Paratope sind Genbanken, aus denen dann die erstrebten Spezifitäten durch kompetitive Mechanismen aus zufallsgenerierten Varianten selektiert werden. Hochaffinität wird dann über die Selektion entsprechender Varianten gewonnen (Affinitätsreifung *in vitro*). Des Weiteren gibt es auch vielversprechende Ansätze, Antikörper zu verkleinern bzw. deren rekombinante Herstellung zu vereinfachen. Insbesondere *Single-Chain*-Antikörper, die aus kovalent gebundenen Fv-Domänen in Form einer Polypeptidkette (scFv, *single chain* Fv) bestehen, haben hier großes Potenzial.

### 6.6.2  Ausblick: künftige Erweiterung der Bindungskonzepte

Die Entwicklung der Bioanalytik ist bei Weitem nicht abgeschlossen. Die Entwicklung bisher nicht gekannter Bindungsproteine mit bisher noch ungeahnten Möglichkeiten ist im vollen Gange. Dabei spielen nicht nur andere Wirbeltierspezies mit ungewöhnlichen Antikörpern, wie z. B Camelide mit natürlich vorkommenden scFv-Antikörpern, eine Rolle. Besonders interessant sind auch die diversen antigenbindenden Rezeptoren der nächsten Verwandten der Wirbeltiere, der kieferlosen *Agnatha,* deren Rezeptoren auf *Leucin-rich Repeats* (LRR) basieren. Man kann aber auch an Bindungssysteme denken, die über die Biomimeten hinausgehen. Diese können auf jeder Struktur beruhen, sogar über die Proteine hinaus. Insbesondere haben Nucleinsäuremoleküle, deren Sekundär- und Tertiärstruktur in Abhängigkeit der Nucleotidsequenz eine ähnlich hohe Diversität wie Antikörper erreichen (Aptamere und Spiegelmere), ein hohes Potential. Hier stehen vor allem auch für neue Generationen von Wissenschaftlern Optionen offen, die auch für die Bioanalytik ganz neue Perspektiven eröffnen werden.

# Literatur und Weiterführende Literatur

Cossarizza A, Chang HD, Radbruch A et al (2019) Guidelines for the use of flow cytometry and cell sorting in immunological studies. 2nd edition. Eur J Immunol 49(2):1445–1974

Frenecik M (1993) Handbook of immunochemistry. Chapman & Hall, London

Hay FC, Westwood OMR (2002) Practical immunology, 4. Aufl. Blackwell Publishing, Oxford

Mancini G, Carbonara AO, Heremans JF (1965) Immunochemical quantitation of antigens by single radial immunodiffusion. Immunochemistry 3:235–254

Murphy K, Weaver C (2017) Janeway's immunobiology, 9. Aufl. Garland Science/Taylor & Francis Group/LLC, New York

Nossal GJ, Lederberg J (1958) Antibody production by single cells. Nature 181:1419–1420

Oakely CL, Fulthorpe AJ (1953) Antigenic analysis by diffusion. J Pathol Bacteriol 65:49–60

Ouchterlony O (1948) *In vitro* method for testing the toxin-producing capacity of diphtheria bacteria. Acta Pathol Microbiol Scand 25:186–191

Oudin J (1946) Méthode d'analyse immunochimique par précipitation spécifique en milieu gélifié. C R Acad Sci 222:115–116

Plückthun A (2009) Alternative scaffolds: expanding the options of antibodies. In: Recombinant antibodies for immunotherapy. Melvyn Little, Cambridge University Press, New York, S 244–271

Rich RR, Fleisher TA, Shearer WT, Schroeder HW, Frew AF, Weyand CM (2018) Clinical Immunology: principles and practice, 5. Aufl. Elsevier, Amsterdam

Schubert W (1997) Automated device and method for measuring and identifying molecules or fragments thereof. European patent EP 0810428 B1

Tijssen P (1985) Practice and theory of enzyme immunoassays. In: Burden RH, Knippenberg PH (Hrsg) Laboratory techniques in biochemistry and molecular biology, Bd 15. Elsevier Science Publishers B.V., Amsterdam

Yalow RS, Berson SA (1960) Plasma insulin concentrations in non-diabetic and early diabetic subjects. Determinations by a new sensitive immuno-assay technic. Diabetes 9:254–260

# Chemische Modifikation von Proteinen und Proteinkomplexen

*Sylvia Els-Heindl, Anette Kaiser, Kathrin Bellmann-Sickert und Annette G. Beck-Sickinger*

## Inhaltsverzeichnis

7.1 Chemische Modifikation funktioneller Gruppen von Proteinen – 119
7.1.1 Lysinreste – 119
7.1.2 Cysteinreste – 122
7.1.3 Glutamat- und Aspartatreste – 123
7.1.4 Argininreste – 124
7.1.5 Tyrosinreste – 124
7.1.6 Tryptophanreste – 125
7.1.7 Methioninreste – 126
7.1.8 Histidinreste – 126

7.2 Modifizierung als Mittel zur Einführung von Reportergruppen – 127
7.2.1 Untersuchungen an natürlich vorkommenden Proteinen – 127
7.2.2 Untersuchungen an mutierten Proteinen – 130

7.3 Protein-Crosslinking zur Analyse von Proteinwechselwirkungen – 132
7.3.1 Bifunktionelle Reagenzien – 133
7.3.2 Photoaffinitätsmarkierung – 133

Literatur und Weiterführende Literatur – 143

© Springer-Verlag GmbH Deutschland, ein Teil von Springer Nature 2022
J. Kurreck et al. (Hrsg.), *Bioanalytik*, https://doi.org/10.1007/978-3-662-61707-6_7

- Die verschiedenen Funktionalitäten von Aminosäureseitenketten können durch eine Reihe von chemischen Reaktionen selektiv adressiert und modifiziert werden. An nativen Proteinen reagieren häufig mehrere Reste, eine erhöhte Selektivität kann durch Unterschiede im lokalen $pK_a$ und der Zugänglichkeit oder in Kombination mit gerichteter Mutagenese erreicht werden.
- Anwendung findet dies zur funktionellen Untersuchung einzelner Reste als Ergänzung zu gerichteter Mutagenese, zur Beladung von Proteinen mit diversem „Cargo" (Antikörperkonjugate, Fluoreszenz- oder radioaktive Markierungen usw.) sowie für strukturelle Untersuchungen.
- Fluoreszenz- oder Spinsonden an spezifischen Positionen liefern wertvolle Informationen zur lokalen Struktur und Dynamik von Proteinen.
- Crosslinker nutzen verschiedene Funktionalitäten oder photoinduzierte Radikale zur Vernetzung von Proteinkomplexen, was zur Abschätzung von Abständen sowie Identifizierung funktioneller Interaktionen genutzt werden kann.

Die chemische Modifikation von Proteinen spielte – und spielt noch immer – eine bedeutende Rolle in der Proteinforschung. Während sie im vergangenen Jahrhundert hauptsächlich zur Identifizierung essenzieller funktioneller Gruppen in Enzymen diente, wird sie heute hauptsächlich genutzt, um Reportergruppen einzuführen, die ihrerseits Informationen über die Struktur von Proteinen sowie ihre Struktur-Wirkungs-Beziehungen liefern oder ermöglichen, das Schicksal eines Proteins in der Zelle orts- und zeitaufgelöst, z. B. über Fluoreszenzmikroskopie, zu verfolgen.

Historisch war die chemische Modifikation praktisch die einzige Möglichkeit zur Untersuchung von Struktur-Wirkungs-Beziehungen, worunter man damals im Wesentlichen das Auffinden der für die enzymatische Aktivität essenziellen funktionellen Gruppen verstand. Die Zugänglichkeit – oder umgekehrt die Nichtzugänglichkeit – einer funktionellen Gruppe für das modifizierende Reagenz weist auf ihre Lokalisation an der Oberfläche bzw. im Innern des Proteins hin. Die Nähe einer funktionellen Gruppe zu anderen kann sich auf charakteristische Eigenschaften wie den p$K$-Wert auswirken, sodass chemische Modifikationsreaktionen Informationen über räumliche Zusammenhänge geben können.

Zusätzlich war die Zuordnung von Signalen aus komplexen NMR-Spektren durch chemische Modifizierung eine wichtige Anwendung, was jedoch heute leichter durch ortsgerichtete Mutagenese erfolgt. Der schnelle Fortschritt der NMR-Technik in den letzten Jahrzehnten ermöglicht mittlerweile jedoch eine vollständige Zuordnung von Signalen und die Aufklärung von 3D-Strukturen von Proteinen bis zu 150–200 Aminosäuren Länge, ohne dass man auf chemische Modi-fikationen oder gerichtete Mutagenese zurückgreifen muss. In schwierigen Situationen, wenn z. B. die gerichtete Mutagenese zu signifikanten Strukturänderungen führt, ist man allerdings mitunter immer noch auf chemische Modifikationen angewiesen. Wichtiger für die NMR-spektroskopische Strukturanalyse ist heutzutage jedoch die Markierung des Proteins mit $^{15}$N- und/oder $^{13}$C-Atomen auf dem Weg der Biosynthese.

Dennoch ist die chemische Modifikation für die Bestimmung von Raumstrukturen gerade heute wieder wichtig und nützlich: Sie wird bei großen Proteinen eingesetzt, die der NMR-Strukturanalyse nicht zugänglich sind, und bei Molekülen, von denen keine Kristalle für die Röntgenstrukturanalyse erhältlich sind. Hier erlaubt z. B. die Einführung von sog. Reportergruppen (Sonden), d. h. von Fluoreszenz- und Spinlabels, die Analyse der Mikroumgebung in Nachbarschaft der eingeführten Gruppe durch Fluoreszenz- oder Spinresonanz- (EPR-) Spektroskopie. Sie ermöglicht darüber hinaus eine Abschätzung von intramolekularen Abständen, von Form und Dimension von Proteinmolekülen.

Viele biologisch wichtige Proteine (Rezeptoren, Transporter, Ionenkanäle, diverse Enzyme) sind Membranproteine, deren Kristallisation heute noch immer problematisch ist – trotz der eindrucksvollen Fortschritte, die bei der Röntgenstrukturanalyse von Kaliumkanälen, G-Protein-gekoppelten Rezeptoren, Calcium-ATPasen und einigen anderen Membranproteinen in neuerer Zeit erzielt wurden. Für diese ist die Bestimmung räumlicher Zusammenhänge mithilfe von Reportergruppen, die durch kovalente Reaktionen mit dem nativen Membranprotein *in situ* eingeführt werden, mehr als nur ein Notbehelf.

Ein anderes Anwendungsgebiet der chemischen Modifikation ist die Analyse von Quartärstrukturen und von Komplexen mit anderen Proteinen. Hier besteht die Methodik darin, kovalente Vernetzungen (*Crosslinks*) zwischen Untereinheiten bzw. benachbarten Molekülen einzuführen, wobei diese wiederum Proteine oder aber Nucleinsäuren, Lipide und Peptide sein können. Studien dieser Art erlauben Rückschlüsse auf räumliche Beziehungen. Die Verwendung von Crosslinking-Reagenzien verschiedener Länge ermöglicht eine Abschätzung von Abständen zwischen vernetzten Komponenten.

Auch abseits von strukturellen Untersuchungen ist die spezifische Modifizierung von Proteinen ein unverzichtbares Werkzeug bei zahlreichen praktischen Anwendungen der Proteinchemie: z. B. bei der Synthese von Proteinkonjugaten für die Antikörpergewinnung, für die Herstellung von Chips für diverse Methoden der Affinitätsisolierung, für die Aufdeckung posttranslationaler Modifikationen, bei der radioaktiven Markierung von Proteinen, der Synthese fluoreszenzmarkierter Proteine in der Zellbiologie für zeit- und ortsaufgelöste Anwendungen, für FRAP (*Fluorescence Recovery after*

*Photo Bleaching*) und FRET (Förster-Resonanz-Energie-Transfer) und für die Präparation von Protein- bzw. Peptidmatrices zur Affinitätschromatographie.

Heute steht eine Vielzahl von Methoden und Reaktionen zur Verfügung, um gezielte chemische Modifikationen durchzuführen. Diese werden noch erheblich erweitert durch die Kombination chemischer Modifikation mit gerichteter Mutagenese. Diese ermöglicht die Einführung von geeigneten Modifikationsstellen (z. B. von Cysteinresten) in spezifische Positionen der Polypeptidkette. Sie lassen sich anschließend entweder für Modifikationsreaktionen oder für die Platzierung gewünschter Reportergruppen verwenden. Außerdem können chemische Modifikationen heute auch durch Einfügung unnatürlicher Aminosäuren (direkt funktionalisiert oder spezifisch modifizierbar) bei der ribosomalen Translation nach der von Peter G. Schultz ausgearbeiteten Methodik eingeführt werden.

Im Folgenden werden die Prinzipien der hier skizzierten Anwendungen chemischer Modifikationen beschrieben. Im Fokus stehen Beispiele, bei denen chemische Modifikationen zur Einführung verschiedener Gruppen für Strukturuntersuchungen oder für praktische Anwendungen eingesetzt werden.

## 7.1  Chemische Modifikation funktioneller Gruppen von Proteinen

In diesem Abschnitt werden sog. seitenkettenspezifische Reagenzien beschrieben. Die meisten der gegenwärtig erhältlichen Seitenkettenreagenzien richten sich gegen die $\varepsilon$-Aminogruppen von Lysinen. Es gibt jedoch auch eine Anzahl von Modifikationen von Cystein-, Tyrosin-, Histidin-, Methionin-, Arginin- und Tryptophanresten. In einigen Fällen reagiert ein Reagenz spezifisch nur mit einem Typ von Seitenketten. In vielen anderen Fällen können prinzipiell mehrere dieser Reste reagieren. Ein Beispiel hierfür ist die Reaktion von Cystein-, Histidin-, Methionin- und Lysinresten mit Iodacetamid. Hier ist die überwiegende Reaktion mit nur einem Typ von Seitenketten durch die sorgfältige Kontrolle der Reaktionsbedingungen, z. B. des pH-Wertes, sicherzustellen. Da funktionelle Gruppen eines bestimmten Typs unterschiedliche Mikroumgebungen haben, die den p$K$-Wert der dissoziierbaren Gruppe beeinflussen, kann ein Reagenz durchaus nur mit einer dieser Gruppen reagieren und somit eine gewisse Selektivität aufweisen. Eine weitere Möglichkeit zur spezifischen Modifikation ist die synthetische Herstellung. Das Protein kann in zwei Teile geteilt werden, von denen mindestens eines mittels Festphasenpeptidsynthese (SPPS) erzeugt wird. Durch optimal gewählte Schutzgruppenbedingungen wird eine se-lektive Adressierung von nur einer funktionellen Gruppe ermöglicht. Nach Erhalt der beiden Proteinteile können diese mittels Ligation, z. B. der nativen chemischen Ligation oder der Staudinger-Ligation, miteinander verknüpft und anschließend korrekt gefaltet werden.

### 7.1.1  Lysinreste

N-terminale $\alpha$-Aminogruppen und $\varepsilon$-Aminogruppen von Lysinresten sind bevorzugte Ziele chemischer Modifikationen. Lysinreste kommen ubiquitär in Proteinen vor, befinden sich überwiegend an der Oberfläche von Proteinen und sind somit normalerweise für Modifikationsreagenzien zugänglich. Bei Proteinen in Lösung mit freien funktionellen Aminogruppen führen Reaktionen bei pH-Werten >9 überwiegend zur Modifikation von $\varepsilon$-Aminogruppen. $\alpha$-Aminogruppen haben niedrigere p$K$-Werte und sie können durch Senken des pH-Wertes selektiv modifiziert werden. Alternativ kann über einen synthetischen Weg die selektive Modifikation der Proteine sichergestellt werden.

**Acylierung**  Acylierungsreaktionen werden mit Anhydriden (z. B. Acetanhydrid) oder mit Aktivestern wie *p*-Nitrophenyl- oder *N*-Hydroxysuccinimidestern durchgeführt (◘ Abb. 7.1).

Eine breite Anwendung findet die radioaktive Markierung mit dem Bolton-Hunter-Reagenz *N*-Succinimidyl-3-(4-hydroxyphenyl)propionat, die in ◘ Abb. 7.2 gezeigt ist. Hier wird in einem ersten Schritt das Reagenz iodiert, z. B. mit der Bolton-Hunter- oder der Chloramin-T-Methode. Das mono- oder diiodierte Reagenz wird anschließend zur Alkylierung des Proteins eingesetzt (Weg 1 in ◘ Abb. 7.2). Oder aber man modifiziert das Protein oder Peptid zunächst mit dem uniodierten Reagenz. Die erhaltenen Derivate kann man lagern und erst unmittelbar vor der Verwendung iodieren (Weg 2). Dieser Weg ist natürlich nur möglich, wenn das Protein selbst keinen Tyrosin- oder Histidinrest besitzt, da dieser sonst ebenfalls iodiert würde.

Acylierung entfernt die positive Ladung der Aminogruppe und bewirkt dadurch eine beträchtliche Veränderung der chromatographischen Eigenschaften. Durch Ionenaustauschchromatographie oder *Reversed-Phase-HPLC* können die einfach modifizierten von nicht modifizierten und polymarkierten Präparaten abgetrennt werden. Die Reaktion mit Ethylthiotrifluoracetat stellt eine schonende Methode zur Einführung einer Trifluoracetylgruppe dar. Auf diese Weise wurde eine Vielzahl ein- oder mehrfach trifluoracetylierter Derivate von kleinen Proteinen, z. B. von Cytochrom *c*, hergestellt und mit $^{19}$F-NMR-Spektroskopie untersucht.

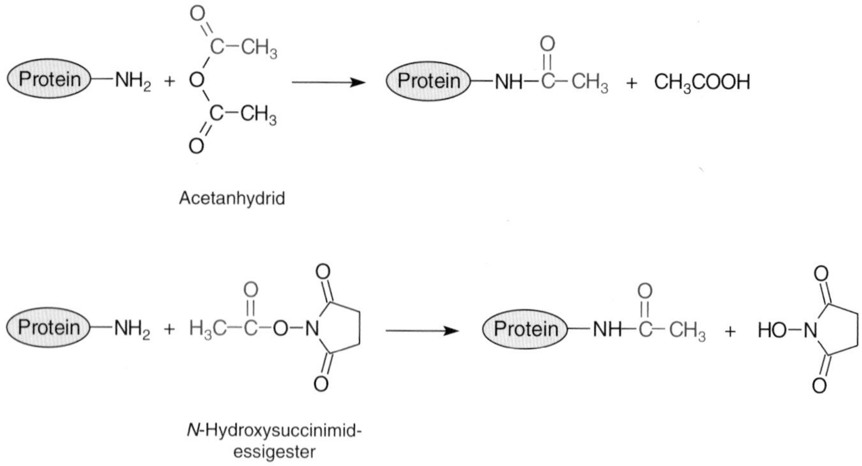

**Abb. 7.1** Acylierung von Proteinen mit Acetanhydrid oder N-Hydroxysuccinimidessigester

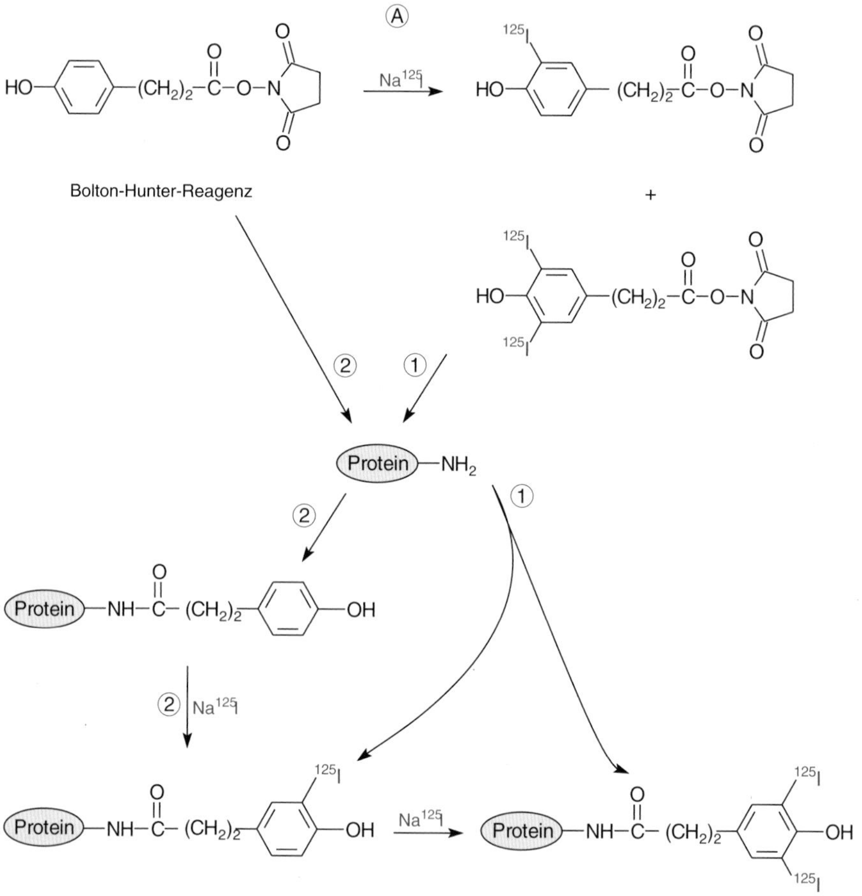

**Abb. 7.2** Radioaktive Markierung mit dem Bolton-Hunter-Reagenz N-Succinimidyl-3-(4-hydroxyphenyl)propionat. Dabei kann das Reagenz entweder zuerst mit Na$^{125}$I iodiert und dann mit dem Protein umgesetzt werden, sodass das radioaktiv markierte Proteinderivat entsteht (Weg 1), oder man alkyliert das Protein mit dem uniodierten Reagenz und markiert es erst unmittelbar vor der Verwendung (Weg 2)

**Amidinierung** Die Modifikation von Aminogruppen mit Imidoestern (■ Abb. 7.3) bewahrt die positive Ladung der Lysinreste. Ein weiterer Vorteil dieser Methode ist die Wasserlöslichkeit der Imidoester, die im Bereich von pH 7 bis pH 10 ausschließlich mit ε- und α-Aminogruppen reagieren. Die daneben ebenfalls auftretenden Modifikationen von Methionin-, Tyrosin- und Histidinresten zerfallen sehr schnell.

> Die Amidinierung ist eine bequeme Methode zur Markierung von Proteinen mit $^3$H- oder $^{14}$C-Isotopen.

Wenn erforderlich, kann die Modifikation durch Desamidinierung mit starken Nucleophilen (Hydrazin, Hydroxylamin, wässriges Methylamin) rückgängig gemacht werden.

**Reduktive Alkylierung**  Aminogruppen reagieren mit Aldehyden zu Schiff'schen Basen, die mit Borhydriden zu stabilen Alkylaminen reduziert werden können (◼ Abb. 7.4). Die meisten Aldehyde führen zu monosubstituierten Derivaten. Bei Verwendung von Formaldehyd entsteht allerdings überwiegend ein Dimethylprodukt.

Verwendet man das bei Weitem schonendere NaCNBH$_3$, so hat dies den Vorteil, dass bei neutralem pH-Wert anders als mit NaBH$_4$ nur die Schiff'sche Base, nicht aber das eingesetzte Aldehyd reduziert wird. Mit NaCNB$^3$H$_3$ oder NaB$^3$H$_4$ kann man radioaktive Proteinderivate herstellen. Ein wichtiger Vorteil der reduktiven Alkylierung ist es, dass durch diese Reaktion die positive Ladung der modifizierten Aminogruppe nicht beseitigt wird. Eine Methylierung bewirkt eine leichte Zunahme der Basizität durch Erhöhung des p$K$-Werts der substituierten Aminogruppe um ungefähr 0,5 Einheiten.

Pyridoxal-5′-phosphat (◼ Abb. 7.5), das Coenzym verschiedener Aminotransferasen und Decarboxylasen, das an sein jeweiliges Apoenzym als Aldimin an Lysinreste gebunden ist, ist ein reaktives Aldehyd und wird zur Untersuchung der Zugänglichkeit von Lysinresten in wasserlöslichen oder membrangebundenen Proteinen eingesetzt.

Ein Beispiel für natürlich vorkommende (posttranslational und nichtenzymatisch) durch Aldehyde modifizierte Proteine stellen die Retinale enthaltenden, membrangebundenen Chromoproteine dar: Distinkte isomere Retinale bilden Schiff'sche Basen mit den $\varepsilon$-Aminogruppen von Lys216 bzw. Lys296 des Bakteriorhodopsins bzw. des Rhodopsins der Rinderretina. Die Reduktion dieser Aldimine mit NaBH$_4$ oder NaCNBH$_3$ ergibt stabile fluoreszierende Produkte, die die Identifizierung der oben genannten Lysinreste als Bindungsort ermöglichten.

**Reaktion mit Isothiocyanat**  Phenylisothiocyanat wird zur Peptid- und Proteinsequenzierung eingesetzt. Verschiedene fluoreszierende Gruppen können unter Verwendung der jeweiligen Isothiocyanatderivate in Proteine eingeführt werden.

**Cage-Verbindungen**  Eine neuere Entwicklung stellt die Herstellung von Konjugaten aus Proteinen und sog. Cage-Verbindungen dar. Cage-Verbindungen sind temporär inaktive Moleküle, die zu einem gegebenen Zeitpunkt *in situ* durch Bestrahlung aktiviert werden können.

Das Reagenz [(Nitroveratryl)oxy]chlorcarbamat wurde von Patchornik und Mitarbeitern als lichtempfindliche, N-schützende Gruppe für die Festphasensynthese von Peptiden eingeführt (◼ Abb. 7.6). Heute wird die Nitroveratryloxycarbonyl-Gruppe u. a. als Schutzgruppe für $\alpha$-Aminogruppen bei der Festphasensynthese von Peptidbibliotheken auf Mikrochips eingesetzt. Nach dem Kupplungsschritt wird die Schutzgruppe durch Bestrahlung entfernt.

**6π-aza-Elektrozyklisierung**  Die 6π-aza-Elektrocyclisierung ist hochselektiv für Lysinseitenketten (◼ Abb. 7.7). Die Modifizierung von $\varepsilon$-Aminogruppen geschieht

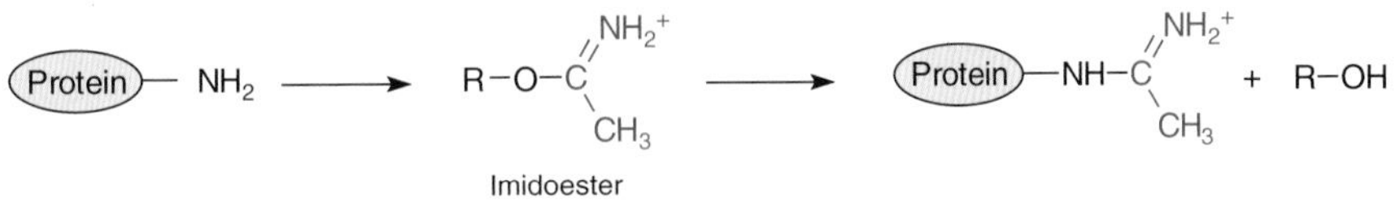

◼ **Abb. 7.3**  Amidinierung mit einem Imidoester

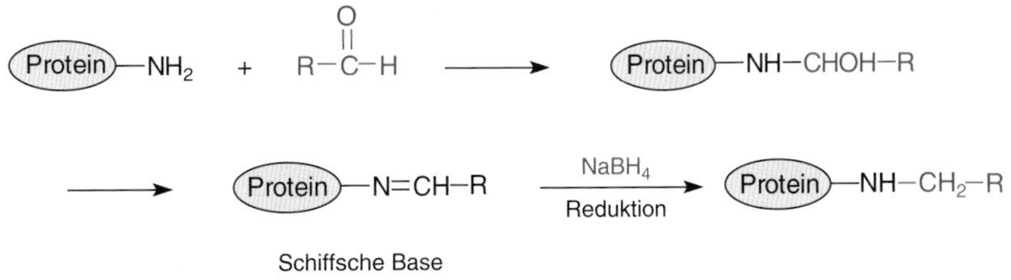

◼ **Abb. 7.4**  Schiff'sche Basenbildung mit Aldehyden und anschließende Reduktion mit Natriumborhydrid zu einem stabilen Alkylamin

**Abb. 7.5** Aldiminbildung mit Pyridoxal-5′-phosphat und anschließende Reduktion zum Alkylamin

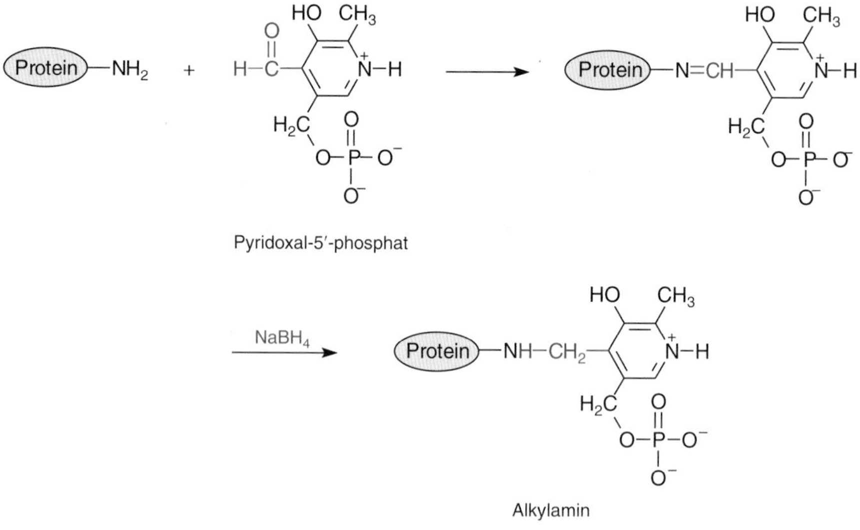

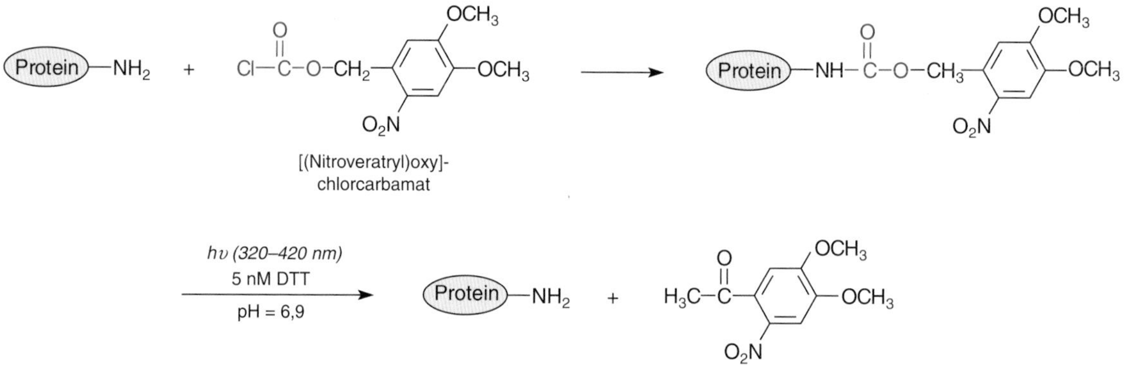

Pyridoxal-5′-phosphat

Alkylamin

[(Nitroveratryl)oxy]-chlorcarbamat

**Abb. 7.6** α-Methyl-[(Nitroveratryl)oxy]chlorcarbamat als Schutzgruppe für α-Aminogruppen. Die Schutzgruppe kann durch Bestrahlung wieder entfernt werden

**Abb. 7.7** 6π-aza-Elektrocyclisierung für die selektive Modifikation von Lysinseitenketten

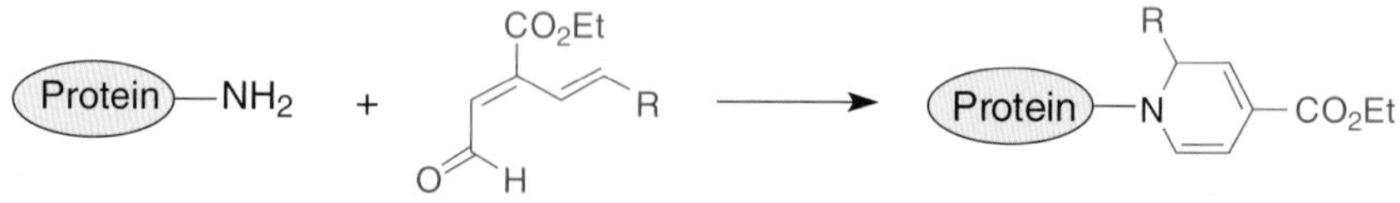

in ungefähr 10–20 min, während die Reaktion an α-Aminogruppen mehr als 5 h dauert. Diese Reaktion wurde bereits genutzt, um effizient und selektiv den Chelator 1,4,7,10-Tetraazacyclododecan-1,4,7,10-tetraessigsäure (DOTA) an Lysinseitenketten für Positronenemissionstomographie (PET) und Magnetresonanztomographie (MRT) einzuführen.

### 7.1.2 Cysteinreste

Ein großes Repertoire von Methoden steht zur Modifikation von SH-Gruppen in Proteinen zur Verfügung. Für ihre Detektion und Quantifizierung ist das Ellman-Reagenz (Abb. 7.8) noch immer das Mittel der Wahl.

Das freigesetzte Thionitrobenzoat-Anion kann wegen seines hohen Absorptionskoeffizienten ($\varepsilon_{412}$: 13.600 bei pH 8,0) leicht spektroskopisch bestimmt werden.

In der klassischen Enzymologie erfolgte der Nachweis essenzieller SH-Gruppen durch Reaktion mit p-Chlormercuribenzoat (Abb. 7.9).

SH-Gruppen reagieren mit Iodacetat bzw. Iodacetamid und mit Maleinimiden (Abb. 7.10). Zahlreiche Methoden zur Einführung von Gruppen für die Spektroskopie beruhen auf diesen beiden Reaktionen.

Die Reaktion zwischen Thiolen und Maleinimiden wird heutzutage gern für die Einführung von Reportergruppen genutzt.

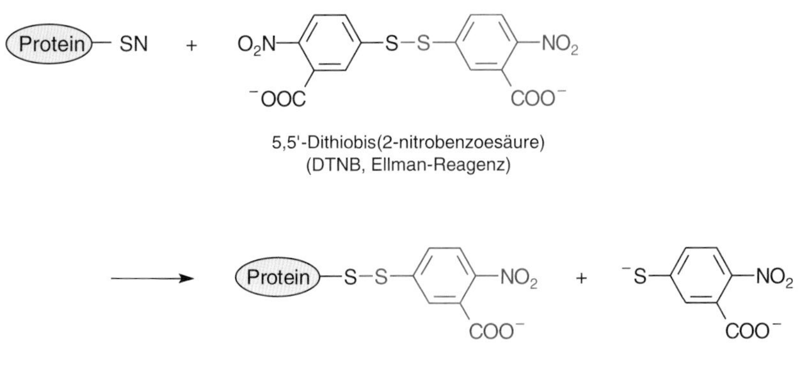

◨ **Abb. 7.8** Derivatisierung von Cysteinresten mit Ellman-Reagenz

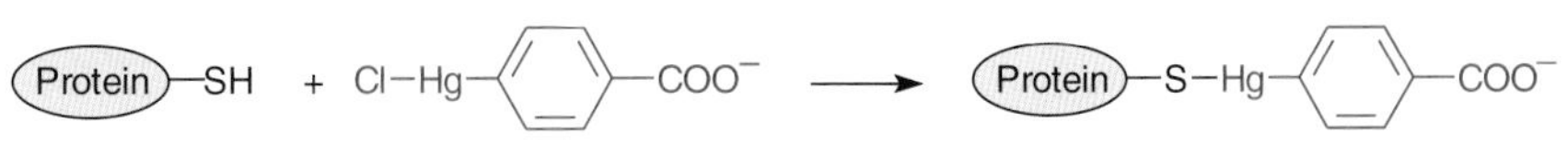

◨ **Abb. 7.9** Nachweis essenzieller SH-Gruppen mit Chlormercuribenzoat

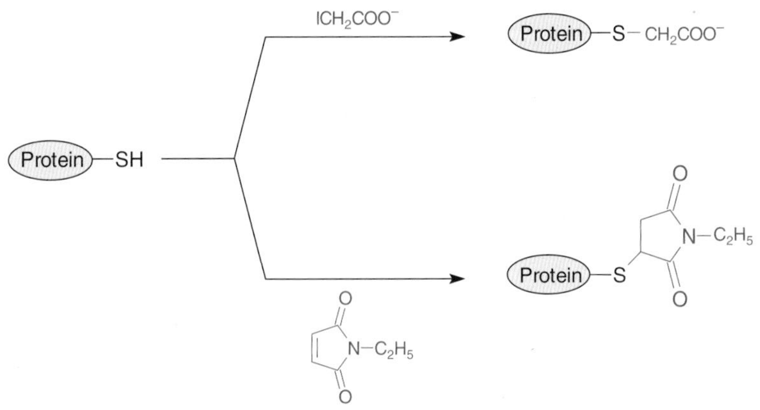

◨ **Abb. 7.10** Reaktion von Proteinen mit Iodacetat bzw. *N*-Ethylmaleinimid

Lichtempfindliche Gruppen können in Proteinen nicht nur über ihre Aminogruppen, sondern auch über die SH-Gruppen der Cysteinreste eingeführt werden. Hierfür werden 2-Nitrobenzylbromid oder das wasserlösliche 2-Brom-2-(2-nitrophenyl)acetat eingesetzt (◨ Abb. 7.11). Die Anfügung von Haptenen über Cysteine kann wertvoll für die Antikörpergewinnung sein.

Cysteine können auch für die selektive Modifikation mit einem Tag genutzt werden. Werden Proteine rekombinant mit einer Tetracysteinsequenz, welche aus vier Cysteinen unterbrochen mit einem zwei Aminosäuren langen Spacer (CCXXCC) besteht, hergestellt, kann diese Sequenz mit einem FlAsH- (*Fluorescein Arsenical Hairpin Binder*) Tag modifiziert werden (◨ Abb. 7.12). Das relativ kleine, vom Fluorescein abgeleitete Label kann zur Untersuchung von Protein-Protein-Interaktionen oder zur Untersuchung der Proteinfaltung eingesetzt werden.

Die chemische Modifikation anderer funktioneller Gruppen von Proteinen wird hier nur kurz behandelt, da sie gegenüber den Amino- und SH-Gruppenmodifikationen zurzeit wesentlich seltener eingesetzt wird.

### 7.1.3 Glutamat- und Aspartatreste

Carboxygruppen der Seitenketten dieser Reste können ebenso wie C-terminale Carboxygruppen mit Carbodiimiden modifiziert werden (◨ Abb. 7.13), insbesondere mit deren wasserlöslichen Derivaten wie 1-Ethyl-3-(3-dimethylaminopropyl)carbodiimid.

Das Additionsprodukt kann dann mit Nucleophilen (HX) weiterreagieren. HX steht hier für ein Nucleophil und ist im Fall eines Proteins die Aminogruppe. Durch die nucleophile Substitution wird eine intramolekulare Vernetzung erzeugt (oder eine intermolekulare, wenn Carboxy- und Aminogruppe zu verschiedenen Proteinen gehören), unter Abspaltung von $H_2O$. Eine praktische Anwendung derartiger Vernetzungen ist die Herstellung von Protein-Protein- oder Peptid-Proteinkonjugaten (z. B. zur Gewinnung von Antikörpern gegen ein Peptid, das nicht über die Aminogruppe des Peptids an ein Carrierprotein gebunden werden kann). Mit einem extern zugeführten Nucleophil, z. B. *N*-substituiertem Glycinamid, können radioaktive oder spektroskopisch sichtbare Gruppen in Proteine eingeführt werden.

### 7.1.4 Argininreste

Die Guanidingruppen von Argininresten können, z. B. zur Bestimmung ihrer funktionellen Rolle im aktiven Zentrum eines Enzyms oder in der Ligandenbindungstasche eines Rezeptors, recht spezifisch mit verschiedenen 1,2- oder 1,3-Dicarbonylverbindungen (Glyoxal, Phenylglyoxal, 2,3-Butandion u. a.) modifiziert werden. ◻ Abb. 7.14 illustriert die Reaktion mit Phenylglyoxal.

### 7.1.5 Tyrosinreste

Die radioaktive Markierung von Proteinen durch Iodierung von Tyrosinresten mit Chloramin T ist ein unerlässliches Werkzeug in vielen Gebieten der Biowissenschaften (◻ Abb. 7.15).

Bei dieser Reaktion entstehen sowohl mono- als auch diiodierte Tyrosinderivate. Die Iodierung zerstört im Allgemeinen die Funktion eines Proteins nicht, es sei denn, ein essenzieller Tyrosinrest ist betroffen. Iodide wie Na$^{125}$I (mit spezifischen Radioaktivitäten bis zu 2000 Ci mmol$^{-1}$) dienen als Quellen radioaktiver Isotope. Für die Reaktion mit dem Protein werden die Iodid-Ionen mit starken Oxidanzien wie Chloramin T, Iodogen oder Iodobeads in hoch reaktive Spezies (I$_2$ oder ICl) umgewandelt. Zum gleichen Zweck kann auch unter milderen Reaktionsbedingungen gearbeitet werden: Enzymatisch katalysiert durch Lactoperoxidase lässt sich in Gegenwart von H$_2$O$_2$ I$^-$ zu I$_2$ umsetzen. Enthält ein Protein zugängliche Histidinreste, können diese zusätzlich zu Tyrosinresten oder anstelle von diesen iodiert werden.

Häufig werden Tyrosinreste von Proteinen mit Tetranitromethan modifiziert (◻ Abb. 7.16). Die 3-Nitrotyrosingruppe scheint eine gute Reportergruppe zu sein: Bei niedrigem pH-Wert hat sie ein Absorptionsmaximum bei 360 nm ($\varepsilon_{360}$ etwa 2800 M$^{-1}$cm$^{-1}$), das bei höherem pH-Wert nach 428 nm verschoben wird, wobei die Absorption zunimmt ($\varepsilon_{428}$ etwa 4200 M$^{-1}$cm$^{-1}$). Da 3-Nitrotyrosinreste einen p$K$-Wert von ca. 7,0 besitzen,

◻ **Abb. 7.11** Derivatisierung von Proteinen mit 2-Nitrobenzylbromid bzw. 2-Nitrohydroxybenzylbromid

◻ **Abb. 7.12** Einführung einer FlAsH-Modifikation über eine Tetracysteinsequenz (i, i+1, i+4, i+5)

◻ **Abb. 7.13** Modifikation der C-terminalen Carboxygruppe mit einem Carbodiimid. Das Additionsprodukt kann dann mit Nucleophilen (HX) weiterreagieren

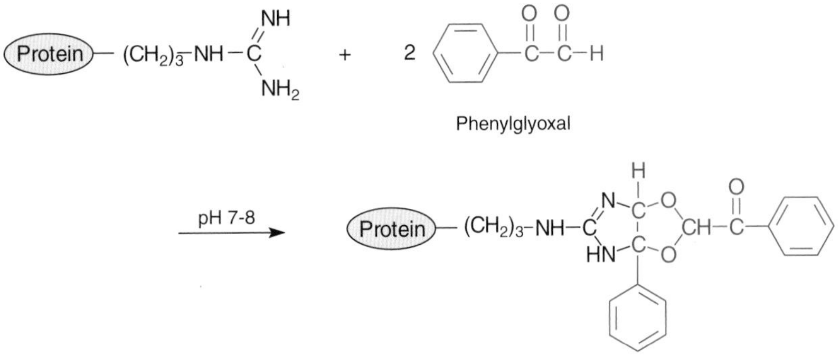

■ **Abb. 7.14** Reaktion von Argininresten mit Phenylglyoxal

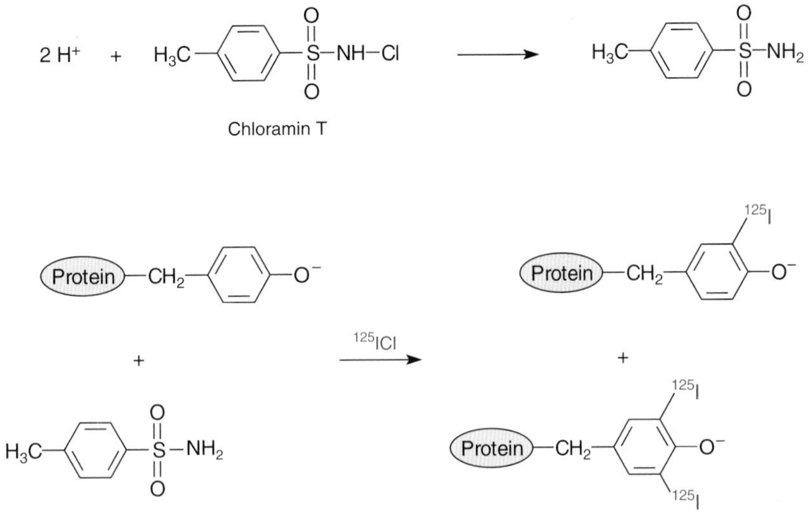

■ **Abb. 7.15** Iodierung von Tyrosinresten mit Chloramin T

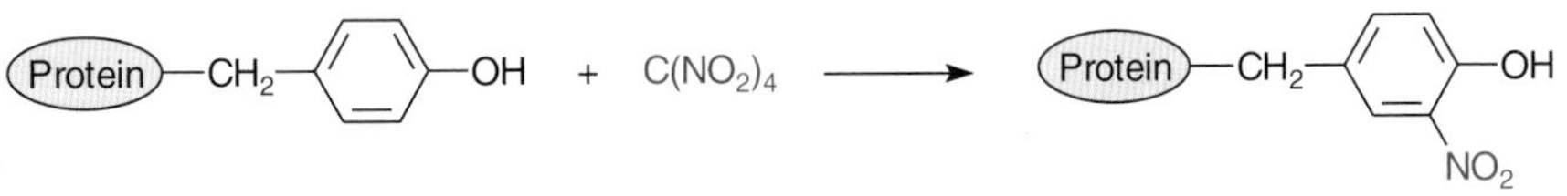

■ **Abb. 7.16** Modifikation von Tyrosinresten mit Tetranitromethan

beeinflusst diese Modifikation den Ionisierungszustand von Tyrosin, dessen Rolle im Protein auf diese Weise untersucht werden kann. Der p$K$-Wert liegt normalerweise – je nach Umgebung im Protein– bei etwa 10,5. Da der p$K$-Wert von 3-Nitrotyrosin sensitiv bezüglich der Mikroumgebung ist, kann diese Gruppe somit wertvolle Informationen über das Milieu in Nachbarschaft des modifizierten Restes liefern. Eine ernsthafte Einschränkung für die Nitromethanmodifikation von Tyrosinresten ist dadurch gegeben, dass das Reagenz auch Cystein-, Methionin- und Tryptophanreste modifizieren kann. Außerdem kann es intra- oder intermolekulare Vernetzungen erzeugen.

Interessant ist ein Befund aus neuerer Zeit, dass die Nitrierung von Tyrosinresten durch endogen erzeugtes NO erfolgen und eventuell an einigen neurodegenerati-

ven Prozessen beteiligt sein kann. NO kann auch zur $S$-Nitrosylierung von Cysteinresten führen.

## 7.1.6 Tryptophanreste

Tryptophane sind die seltensten unter den 20 natürlich vorkommenden Aminosäuren (ca. 1 %). Dadurch ist eine gewisse natürliche Spezifität gegeben. Allerdings sind bis heute bekannte Modifikationsmethoden teilweise nicht selektiv auf Tryptophan, sondern greifen auch andere Aminosäuren an. Die Modifizierung von Tryptophanresten hat meistens die spezifische Spaltung des Proteins auf der C-terminalen Seite des Tryptophans zum Ziel. Die für diesen Zweck eingesetzten Reagenzien sind $o$-Iodosobenzoesäure oder 2-(2-Nitrophenylsulfenyl)-3-bromo-3-methylindolenin (BNPS-Skatol). Brom-succinimid wird mitunter verwendet, um den Effekt der Tryptophanoxidation auf die Aktivität des Proteins zu prüfen. *N*-Bromsuccinimid kann jedoch auch Tyrosin- und Histidinreste oxidieren und die Peptidbindungen auf deren und auf der C-terminalen Seite von Trypto-phanresten spalten. Daher kann die funktionelle Rolle von Tryptophanresten durch *N*-Bromsuccinimidoxida-tion nicht immer eindeutig bestimmt werden.

Tryptophanreste können auch mit 2-Hydroxy-5-nitrobenzylbromid **(Koshland-Reagenz)** modifiziert werden (◻ Abb. 7.17). Sulfenylhalogenide können ebenfalls Tryptophanreste modifizieren. Dabei wird 2-Nitrophenylsulfenylchlorid kovalent an die 2-Position des Indolrings geknüpft.

### 7.1.7 Methioninreste

Die verbreitetste und praktikabelste chemische Modifi-kation von Methioninresten ist die CNBr-Spaltung von Peptidbindungen C-terminal an Methionin. Methionin-

reste können der vorherrschende Ort der Modifikation bei Reaktionen mit Iodacetamid oder Iodessigsäure sein, wenn die Reaktionen bei pH 4 bis pH 5 oder dar-unter durchgeführt werden (◻ Abb. 7.18). Auf diese Weise können diverse Reportergruppen eingeführt wer-den. Der Vorteil dieser Reaktion ist ihre Reversibilität.

### 7.1.8 Histidinreste

Ein Reagenz mit recht hoher Selektivität für Histidinreste ist Diethylpyrocarbonat (◻ Abb. 7.19). Es wird verwen-det, um herauszufinden, ob Histidinreste für die funktio-nelle Aktivität eines Proteins essenziell sind. Dies ist wich-tig, da zahlreiche Enzyme wie die Ribonucleasen und die Serinproteasen Histidinreste im aktiven Zentrum besitzen.

Iodacetat und Iodacetamid, die wir bereits als Rea-genzien für Sulfhydryl-, Amino- und Methioningruppen kennengelernt haben, können ebenfalls Histidinreste modifizieren. Die Reaktionen können zu 1- und 3-Car-boxymethylhistidinen und zu disubstituierten 1,3-Dicar-boxymethylhistidinen führen (◻ Abb. 7.20).

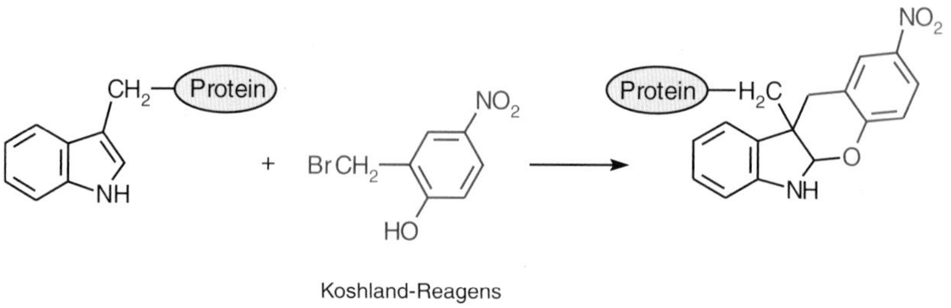

◻ **Abb. 7.17** Modifikation von Tryptophanresten mit 2-Hydroxy-5-nitrobenzylbromid (Koshland-Reagenz)

Koshland-Reagens

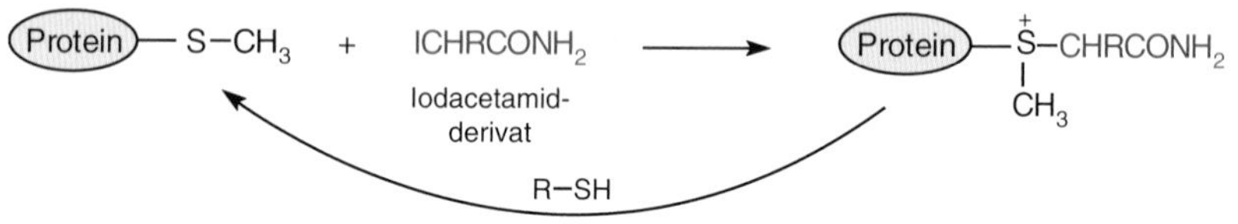

◻ **Abb. 7.18** Modifikation von Methioninresten mit Iodaceta-midderivaten

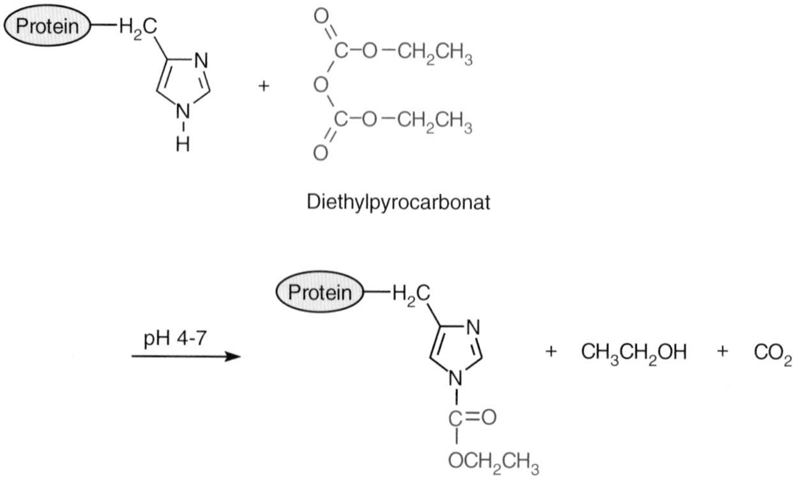

◻ **Abb. 7.19** Modifikation von Histidinresten mit Diethylpyro-carbonat

Diethylpyrocarbonat

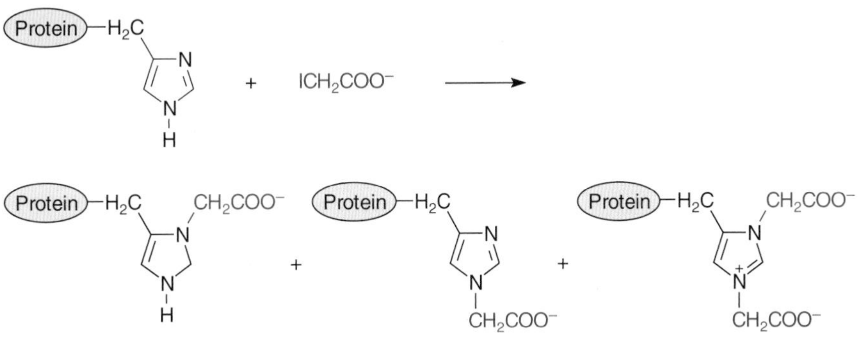

**Abb. 7.20** Modifikation von Histidinresten mit Iodacetat zu 1- und 3-Carboxymethylhistidinen bzw. 1,3-Dicarboxymethylhistidinen

1-Carboxymethylhistidin        3-Carboxymethylhistidin        1,3-Dicarboxymethylhistidin

Ein Sonderfall chemischer Modifikation ist die „Affinitätsmodifikation". Hierbei enthält das modifizierende Reagenz eine reaktive Gruppe und eine Struktur, die hohe Affinität für das aktive Zentrum eines Enzyms oder für die Ligandenbindungsstelle eines Rezeptors besitzt. Die reaktive Gruppe interagiert mit einer funktionellen Gruppe des Enzyms bzw. des Rezeptors in Nachbarschaft derjenigen Molekülstruktur, deren Aufgabe das Andocken an die Bindungsstelle ist. Die Affinität trägt gewissermaßen die reaktive Gruppe an das gewünschte Ziel. Auf diese Weise erhält sie ihre Selektivität: Das aktive Zentrum reichert das Reagenz durch seine Affinität an; die reaktive Gruppe reagiert daher an dieser Stelle des Proteins wesentlich schneller als anderswo. Ein klassisches Beispiel sind die Halogenketone, das N-Tosyl-L-phenylalanin-chlormethylketon (TPCK) oder das N-Tosyl-L-argininchlormethylketon, die selektiv die Histidinreste im aktiven Zentrum von Chymotrypsin bzw. Trypsin modifizieren.

## 7.2 Modifizierung als Mittel zur Einführung von Reportergruppen

### 7.2.1 Untersuchungen an natürlich vorkommenden Proteinen

#### 7.2.1.1 Fluoreszenzmarkierung

Der Einbau von fluoreszierenden Gruppen in Proteine durch chemische Modifikation dient unterschiedlichen Zwecken und muss entsprechend verschiedenen Anforderungen genügen. Zur Untersuchung räumlicher Strukturen von Proteinen ist es notwendig, Anzahl und Ort der eingeführten Gruppen zu kennen. Für praktische Anwendungen andererseits, wie die Herstellung fluoreszierender Antikörper, muss das Protein einfach nur fluoreszieren, je stärker, desto besser. Außerdem spielen Stabilität sowie spektrale Eigenschaften und Kombinierbarkeit mit weiteren Fluorophoren in Imaging- und FRET-Anwendungen eine große Rolle.

Die Einführung fluoreszierender Gruppen beruht auf den Reaktionen, die bereits in ▶ Abschn. 7.1 beschrieben wurden. Die beliebtesten „Aufhänger" sind Amino- und SH-Gruppen, verknüpft wird in den meisten Fällen mit N-Hydroxysuccinimidestern oder Isothiocyanaten ($NH_2$) bzw. Iodacetamid oder Maleimid (SH). Die entsprechenden funktionalen Gruppen sind im Wesentlichen mit allen Fluorophoren kombinierbar und kommerziell erhältlich. Maleimide sind dabei in der Regel selbst nicht fluoreszierend. Fluoreszenz tritt nur auf, wenn die betreffende Gruppe kovalent an eine SH-Gruppe des Proteins gebunden wird.

Es gibt mittlerweile eine sehr große Anzahl an fluoreszierenden Gerüsten, die stetig weiterentwickelt werden, ausgewählte Beispiele sind in ▢ Tab. 7.1 aufgeführt. Typische und häufig verwendete Fluoreszenzfarbstoffe sind Derivate des Fluoresceins (grün-gelb, ▢ Abb. 7.21) und des Rhodamins (grün-rot), die beide eine Carboxyphenyl-Xanthen-Grundstruktur besitzen. Diese Farbstoffe haben eine gute Helligkeit (hohe Absorption und Quantenausbeute), bleichen aber zum Teil leicht aus. Farbstoffe der sog. BODIPY®-Familie besitzen ein Boradiazaindacen-Grundgerüst und sind damit verhältnismäßig klein und häufig ungeladen. Damit einher geht eine eher geringe Wasserlöslichkeit und erhebliche Fluoreszenzverstärkung in hydrophober Umgebung (durch vermindertes Aggregationsquenching), z. B. bei Bindung an Zellmembranen. Durch verschiedene Substitutionen reicht das Farbspektrum von blau-grün bis infrarot. BODIPY®-Farbstoffe haben eine sehr hohe Absorption und Quantenausbeute und sind sehr photostabil. Man kann sich BODIPY® als rigidisiertes Monomethin-Cyanin vorstellen. Die entsprechenden flexiblen Mono- oder Multimethin-Cyanin-Grundgerüste werden ebenfalls als Fluoreszenzfarbstoffe eingesetzt. Ihre Fluoreszenzemission liegt typischerweise im roten bis infraroten Bereich, zur Erhöhung der Wasserlöslichkeit können Sulfonierungen eingefügt werden. Allerdings weisen Cyanine oft eine geringe Photostabilität auf, und durch ihre flexible Struktur und kurze Fluoreszenzlebensdauer sind sie kaum für Fluoreszenzpolarisationsmessungen

**▢ Tab. 7.1** Fluoreszenzmarkierende Reagenzien

| Nr | Grundgerüst | typisches Derivat | Name | Fluoreszenz-emissions-maximum in nm |
|---|---|---|---|---|
| 1 | 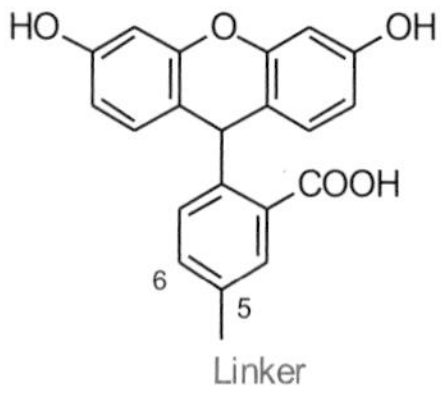 **Fluorescein** | 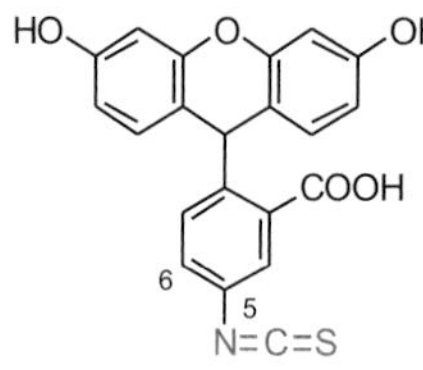 | Fluorescein-5-isothiocyanat (FITC Isomer I) | 525 |
| 2 | 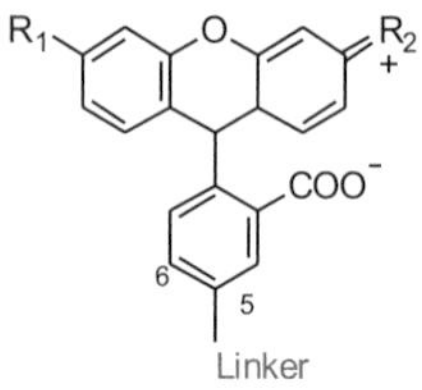 **Rhodamin** | 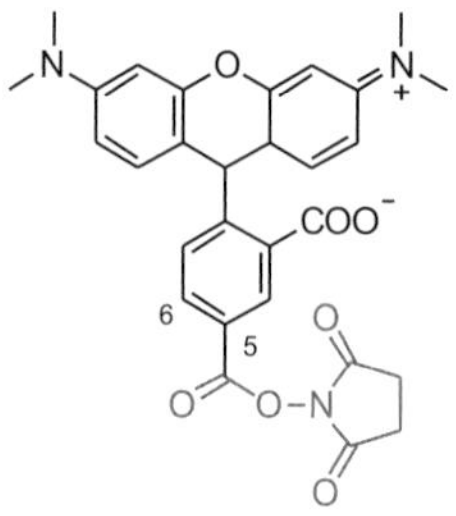 | 5-Carboxytetramethylrhodamin-succinimidylester (TMR; TAMRA) | 580 |
| 3 | 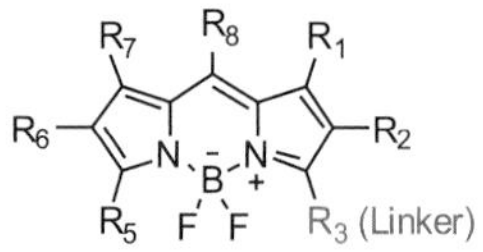 **BODIPY** | 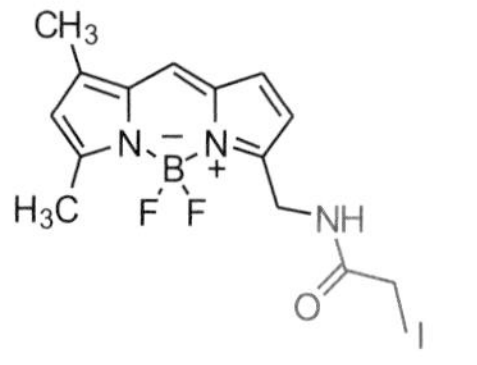 | N-(4,4-Difluor-5,7-Dimethyl-4-Bora-3a,4a-Diaza-s-Indacen-3-yl)Methyl)Iodacetamid) (BODIPY-FL) | 512 |
| 4 | 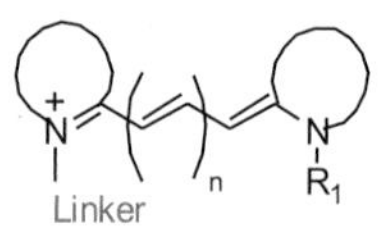 **Cyanin** | 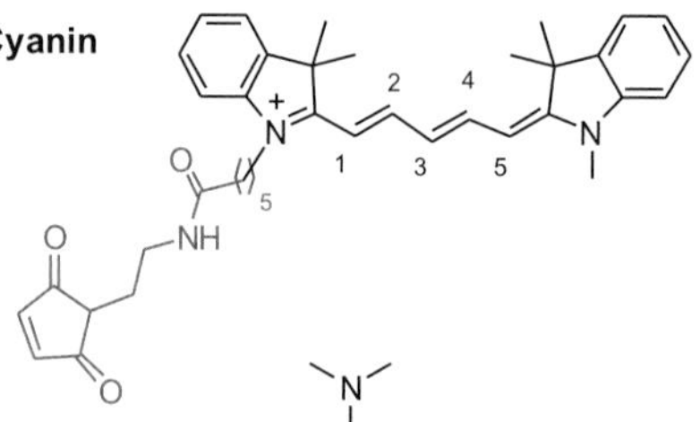 | Cyanin5-Maleimid (nicht sulfatiert) | 666 |
| 5 | | 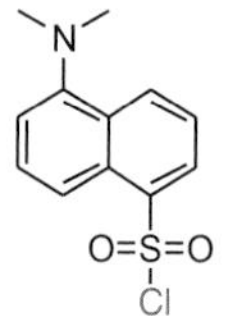 | Dansylchlorid (DnsCl) | 520 für 2-Mercapto-ethanol-Addukt |
| 6 | **weitere kleine, besonders umgebungssensitive Fluorophore:** | 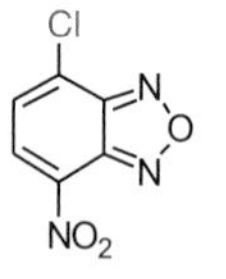 | 4-Chlor-7-nitrobenz-2-oxa-1,3-diazol (NBD-Cl) | 515 für 2-Mercapto-ethanol-Addukt |
| 7 | | 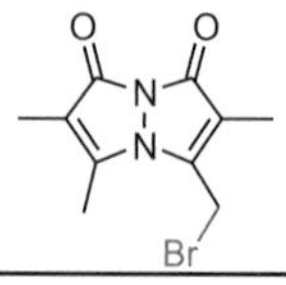 | Monobrombiman (mBBr) | 490 für 2-Mercapto-ethanol-Addukt |

geeignet. Unter den Markennamen AlexaFluor® bzw. Atto® ist eine große Palette verschiedenfarbiger proprietärer Fluorophore mit diversen Grundgerüsten und spezifischen Linkern zur chemischen Verknüpfung erhältlich. Diese weisen i. d. R. exzellente spektrale Eigenschaften mit großer Helligkeit, Stabilität und guter Fluoreszenzlebensdauer auf.

Sulfonylchloride wie Dansylchlorid (▢ Abb. 7.22) werden ebenfalls zur Fluoreszenzmarkierung eingesetzt. Außer mit Aminogruppen reagieren sie mit Tyrosin-, Histidin- und Cysteinresten. Die entsprechenden Derivate sind jedoch im Vergleich zu den Sulfonamiden sehr viel weniger stabil.

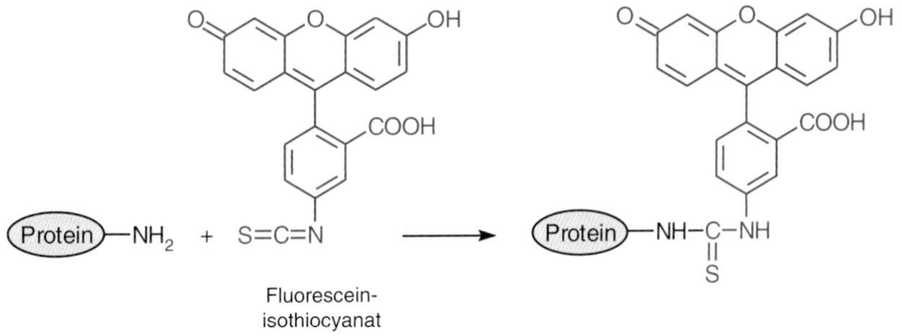

Fluorescein-
isothiocyanat

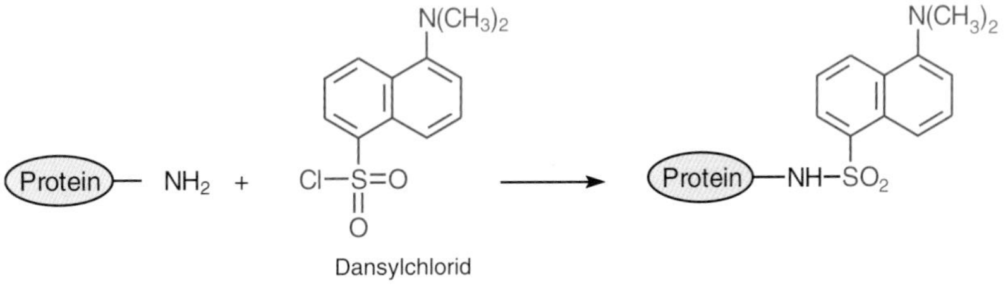

◻ **Abb. 7.22** Fluoreszenzmarkierung
mit Dansylchlorid

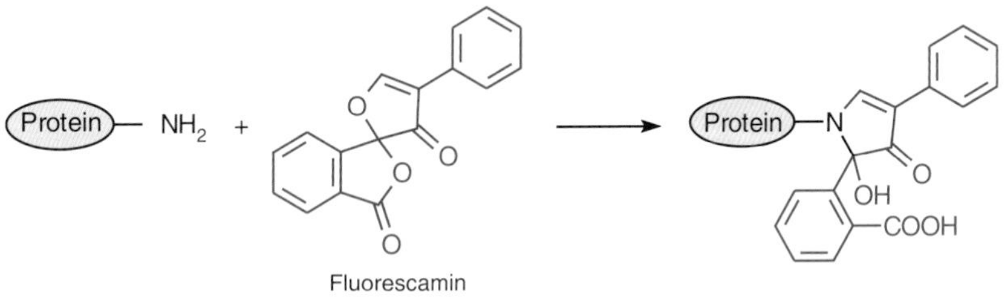

Dansylchlorid

◻ **Abb. 7.23** Fluoreszenzmarkierung
mit Fluorescamin

Fluorescamin

Dansylamide sind auch unter den Bedingungen der Aminosäureanalyse stabil. Dansylchlorid wird daher häufig zur Bestimmung N-terminaler Aminosäuren von Peptiden und Proteinen und bei der Dansylvariante des Edman-Abbaus eingesetzt.

Dansylmodifikationen sind ein gutes Beispiel dafür, dass die spektralen Eigenschaften stark von der Umgebung abhängen können: Eine Verschiebung des Emissionsmaximums zu kürzeren Wellenlängen und eine Zunahme der Fluoreszenzintensität weisen auf eine hydrophobe Umgebung hin. Ähnlich umgebungssensitiv sind beispielsweise auch Nitrobenzoxadiazol (NBD, häufig als NBD-Cl eingesetzt und reaktiv gegenüber $NH_2$- und SH-Gruppen; 6 in ◻ Tab. 7.1) sowie Monobrombiman (alkyliert SH-Gruppen wie Iodacetamid; 7 in ◻ Tab. 7.1). Während diese Veränderungen der spektralen Eigenschaften z. B. bei der Markierung von Antikörpern eher stören, kann dies ausgenutzt werden, um in ortsspezifisch markierten Proteinen Auskunft über die lokale Umgebung und deren Änderung zu erhalten (▶ Abschn. 7.2.2).

Zudem sind Dansylreste gute Partner in Akzeptor-Donor-Paaren mit endogenen Tryptophanresten als intrinsischen Fluorophoren. Sie sind somit geeignet, durch Bestimmung des Fluoreszenzenergietransfers Abstände abzuschätzen, was auch hier besonders gut funktioniert, wenn möglichst nur ein Rest modifiziert ist oder sich in Reichweite des Tryptophans befindet.

Hierzu lässt man einen Liganden mit einer Dansylgruppe an das Protein, z. B. an sein aktives Zentrum, binden. Strahlt man nun Licht geeigneter Wellenlänge ein, so wird ein Teil der absorbierten Energie auf einen in der Nachbarschaft lokalisierten Tryptophanrest übertragen. Dadurch wird dieser zur Fluoreszenz angeregt. Die Ausbeute dieser Fluoreszenz (relativ zur eingestrahlten Energie) korreliert mit dem Abstand (und der Orientierung) vom Dansyl- und Tryptophanrest.

Neben der Dansylierung ermöglichen zwei andere Reaktionen, die fluoreszierende Gruppen mit Aminogruppen des Proteins verknüpfen, eine sensitive Detektion von Proteinen und sollten in diesem Zusammenhang nicht fehlen: Die Reaktion mit Fluorescamin und mit *o*-Phthaldialdehyd (OPA). Fluorescamin selbst fluoresziert nicht, ergibt aber mit Aminogruppen fluoreszierende Reaktionsprodukte (◻ Abb. 7.23). Sie sind zu deren Quantifizierung und zur Detektion und Quantifizierung von Proteinen sehr nützlich. *o*-Phthaldialdehyd (OPA) reagiert mit Aminen in Gegenwart von Thiolen, wobei stark fluoreszierende Isoindole entstehen (◻ Abb. 7.24). Diese Reaktion erlaubt die

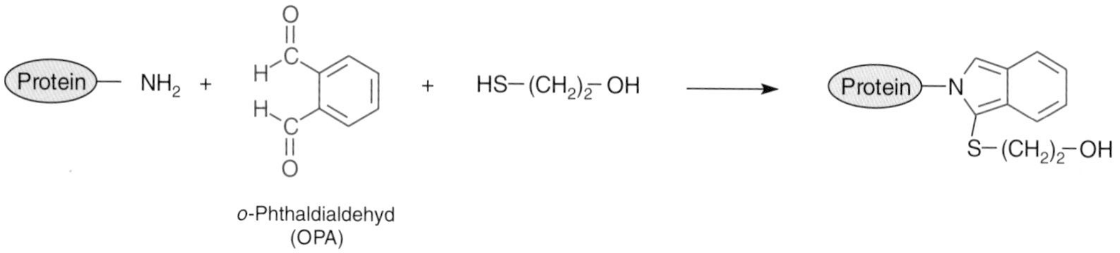

**◘ Abb. 7.24** Fluoreszenzmarkierung mit *o*-Phthaldialdehyd in Gegenwart von Thiolen

Quantifizierung von Proteinen im Pikomolmaßstab und wird deshalb in der Aminosäurenanalyse genutzt.

### 7.2.1.2 Spinlabel

Stabile Verbindungen mit einem ungepaarten Elektron, z. B. die *N*-Oxide der Tetramethylpyrrolin- oder der Tetramethylpiperidylverbindungen (◘ Tab. 7.2), ermöglichen die Aufnahme von elektronenparamagnetischen Resonanz- (EPR-)Spektren. Kovalent oder über Nebenvalenzen an ein Protein gebunden werden sie als Spinlabel bezeichnet.

Aus den EPR-Spektren lässt sich auf die Mobilität des Spinlabels an seinem Bindungsort schließen. Das Spinlabel signalisiert Informationen über die Mikroumgebung der Struktur, an die es gebunden vorliegt. Eine Anwendung besteht darin, den Ort einer Gruppe in einem Protein (ob im Inneren oder an der Oberfläche des Proteins lokalisiert) zu bestimmen: Hierzu wird die Zugänglichkeit des Spinlabels für ein von außen zugegebenes paramagnetisches Ion (z. B. $Ni^{2+}$) untersucht. Kollidieren die beiden, führt dies zu einer gewissen Verbreiterung des Signals im EPR-Spektrum. (Elektronen-)Spinlabels interagieren auch mit Kernspins, was für paramagnetische Resonanzverstärkung (*Paramagnetic Resonance Enhancement*, PRE) genutzt werden kann und die Ermittlung von Abständen zwischen 15–24 Å ermöglicht. Ferner können Spinlabel auch zusammen mit Fluoreszenzlabeln eingesetzt werden, deren Fluoreszenz sie quenchen, wenn sie sich in ihrer Nähe befinden. Ein Beispiel hierfür ist das Quenching des sehr hydrophoben Pyren-Fluorophors durch Fettsäuren einer Lipidmembran, die ein Spinlabel in verschiedenen Positionen besitzen, was eine Abschätzung der Anordnung der Pyrenfluorophore relativ zur Membran-Wasser-Grenzfläche ermöglicht.

Die Methodik für die Einführung von Spinlabeln in Proteine ist der für die Fluoreszenzmarkierung verwendeten sehr ähnlich. Meist wird an Sulfhydrylgruppen modifiziert, seltener an Aminogruppen oder Histidinen. Einige repräsentative Spinlabelderivate sind in ◘ Tab. 7.2 aufgeführt, dabei dienen stabilisierte Nitroxide basierend auf Tetramethylpyrrolidin (PROXYL) oder -pyrrolin oder Tetramethylpiperidin (TEMPO) als Grundgerüst. Sehr häufig eingesetzt wird MTSL (1 in

◘ Tab. 7.2), das etwas ungewöhnlich durch einen Methanthiosulfonat-Rest aktiviert ist. Methanthiosulfonate wie MTSL sind sehr reaktiv und reagieren selektiv an freien SH-Gruppen, hydrolysieren aber leicht. Die Markierungsreaktion ist in ◘ Abb. 7.25 dargestellt. Es bildet sich eine Disulfidbrücke aus, daher ist das Spinlabel empfindlich für Reduktionsmittel, was auch für ein internes Kontrollexperiment ausgenutzt werden kann. Wenn keine reaktiven Sulfhydrylgruppen vorhanden sind, kann man Iodacetamid zur Histidinmarkierung verwenden. Auf Basis von TEMPO hat sich zudem 4-Amino-4-carboxylsäure (TOAC) als *C*α-disubstituierte Aminosäure für die Festphasenpeptidsynthese etabliert. In Kombination mit einer bioorthogonalen Ligation können so modifizierte Peptide auch in Proteine eingebaut werden.

Ursprünglich war das Problem beim Spinlabeling von Proteinen, dass nur selten ein einzelnes Spinlabel in eine spezifizierte Position eingeführt werden konnte. Erfolgreiche Beispiele dieser Art waren eine Serie einfach markierter α-Neurotoxine aus Schlangengift und von EGF (*Epidermal Growth Factor*) mit einem Spinlabel an jeweils einem Lysinrest. Diese Derivate wurden zur Untersuchung der Ligaten-Rezeptor-Wechselwirkung eingesetzt.

Zwei Spinlabel, die sich in spezifizierten Positionen eines Proteins befinden, können durch EPR über die Messung der paramagnetischen Dipolwechselwirkung zur Bestimmung des Abstandes dieser Gruppen herangezogen werden (*Pulsed Electron Double Resonance*, PELDOR/DEER). Aufgrund technischer Probleme wurde diese Methodik jedoch mit natürlich vorkommenden Proteinen nur selten realisiert. Sie wurde weiterentwickelt und wird jetzt auf mutierte Proteine angewendet (► Abschn. 7.2.2).

## 7.2.2 Untersuchungen an mutierten Proteinen

Die beschriebene Bandbreite chemische Reaktionen sowie die möglichen Modifikationen von Proteinen wurden (und werden) über Jahrzehnte weiterentwickelt, um

■ **Tab. 7.2** Reagenzien zur Einführung von Spinlabel

| Nr | Strukturformel | Linker | Name |
|----|----------------|--------|------|
| 1 | 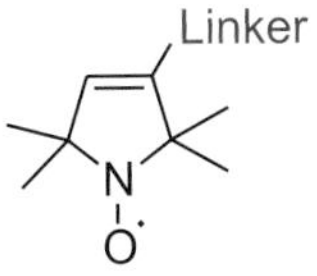 | 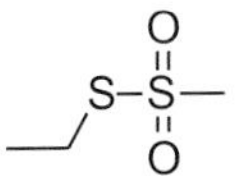 | (1-Oxy-2,2,5,5-tetramethylpyrrolin-3-methyl)methanthiosulfonat (MTSL) |
| 2 | | 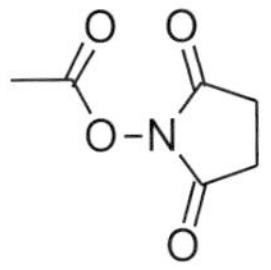 | (1-Oxy-2,2,5,5-tetramethylpyrrolin-3-carboxyl)NHS Ester |
| 3 | 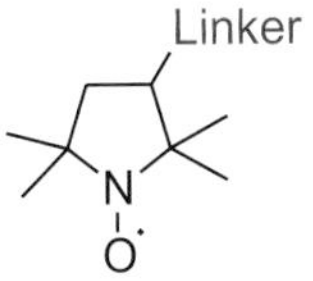 | 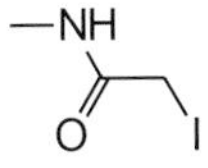 | (3-(2-Iodacetamid)-2,2,5,5-tetramethyl-1-pyrrolidinyl-1-oxyl (3-(2-Iodoacetamido)-PROXYL) |
| 4 | | 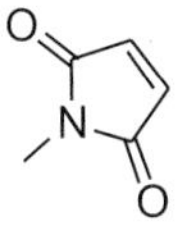 | 3-Maleimid-2,2,5,5-tetramethyl-1-pyrrolidinyl-1-oxyl (3-Maleimido-PROXYL) |
| 5 | 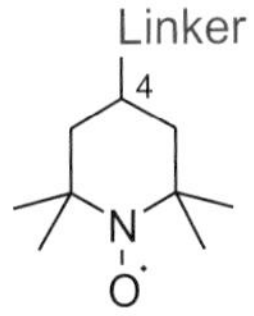 | 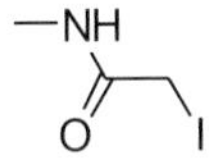 | 4-(2-Iodacetamid)-2,2,6,6-tetramethyl-piperidyl-1-oxyl (4-(2-Iodoacetamido)-TEMPO) |
| 6 | | 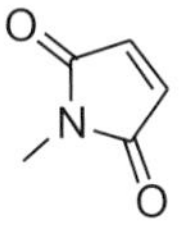 | 4-Maleimid-2,2,6,6-tetramethyl-piperidyl-1-oxyl (4-Maleimido-TEMPO) |

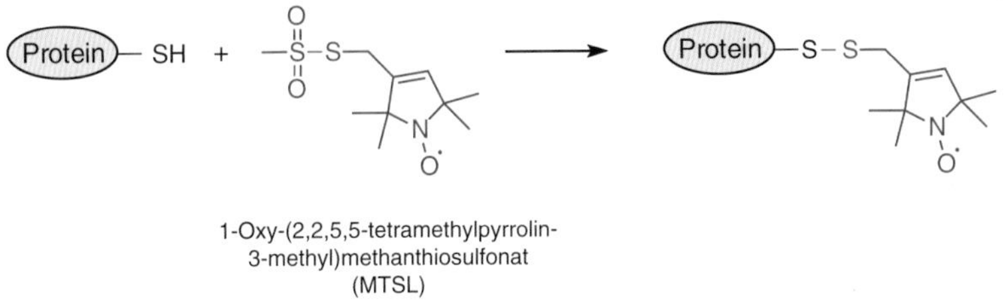

■ **Abb. 7.25** Spinmarkierung an eine freie Sulfhydrylgruppe mit (1-Oxy-2,2,5,5-tetramethylpyrrolin-3-methyl)methanthiosulfonat (MTSL)

1-Oxy-(2,2,5,5-tetramethylpyrrolin-3-methyl)methanthiosulfonat (MTSL)

möglichst chemoselektive und damit aussagekräftige Markierungen an isolierten Proteinen zur erhalten. Die Methoden der rekombinanten DNA-Technologie haben die Möglichkeiten und Anwendungsbereiche für Fluoreszenz- und Spinlabel an Proteinen jedoch noch erheblich erweitert. Insbesondere wenn diese als strukturelle Sonden genutzt werden sollen, wurde die „klassische" Herangehensweise der Markierung wildtypischer Proteine mittlerweile fast vollständig verdrängt. Heute kann gentechnisch ein Protein sehr leicht so mutiert werden, dass es nur noch *eine* potenzielle Gruppe zur Reaktion mit einem bestimmten Reagenz besitzt. Meist werden dafür die endogenen Cysteine ausgetauscht, da die re-

lative Häufigkeit in Proteinen im Gegensatz zu z. B. Lysinen eher gering ist und sich die verbliebene freie Sulfhydrylgruppe sehr effizient und selektiv modifizieren lässt. Wie in ► Abschn. 7.1 beschrieben, können auch die Erweiterung des genetischen Codes und bioorthogonale Reaktionen zur spezifischen Modifizierung genutzt werden. Solche ortsspezifisch markierten Proteine sind ideal für strukturelle Untersuchungen geeignet. Zum einen lassen sich so für Proteine, die sehr schwer kristallisierbar oder durch NMR-Spektroskopie analysierbar sind, strukturelle Parameter ermitteln (z. B. Membranproteine). Zum anderen geben biophysikalische Sonden auch komplementäre Informationen zur „statischen"

Kristallographie, indem lokale und globale Protein-dynamik, d. h. das Vorhandensein verschiedener Konformationen und deren Beeinflussung, verfolgt werden kann.

Die ersten Anwendungen ortsspezifischer Markierungen für die Strukturanalyse von Membranproteinen waren sog. Cysteinscanning-Zugänglichkeits-Ansätze (*Scanning Cysteine Accessibility Method*, SCAM). Für den nicotinischen Acetylcholinrezeptor gaben z. B. Photoaffinitätsmarkierungs- und Mutagenese-/Chimärenexperimente Anlass zu der Vermutung, dass der Ionenkanal aus den Transmembransequenzen M2 der fünf Rezeptoruntereinheiten gebildet wird. Um die Aminosäurereste dieser Segmente herauszufinden, die an der Ionenleitung unmittelbar beteiligt sind, ersetzten Karlin und Mitarbeiter Aminosäure für Aminosäure durch Cystein (Akabas et al. 1994). Diese Substitution beeinträchtigte die Kanaleigenschaften nur unwesentlich. Brachte man jedoch das jeweilige Cystein mit einem geladenen hydrophilen Reagens zur Reaktion, wurde der Kanal blockiert, allerdings im mittleren Abschnitt dieser Sequenz nur bei jeder zweiten Position. Aus dieser Periodizität des beobachteten Effektes wurde auf eine $\beta$-Strangstruktur von M2 in diesem Bereich geschlossen (im Fall einer $\alpha$-Helix hätte man bei jeder vierten Position einen blockierenden Effekt erwartet).

Analog kann eine Serie von Cysteinresten auch mit Spinlabeln markiert und anschließenden mittels EPR analysiert werden, um die Mikroumgebung und lokale Dynamik zu analysieren. So wurde beispielsweise von Khorana, Hubbel und Mitarbeitern für den Photorezeptor Rhodopsin eine Serie von Cysteinmutationen über Transmembranhelices und Loop-Bereiche erstellt und anschließend jeweils mit einer Nitroxidgruppe (◘ Tab. 7.2) substituiert (Nitroxidscanning, *Site-directed Spin Labeling*, SDSL; Hubbell et al. 2003.). Die Analyse der Zugänglichkeit der Nitroxidgruppen für polare und unpolare paramagnetische Substanzen gab Auskunft über die Transmembranbereiche und Topologie des Rezeptors, und das einige Jahre, bevor die erste Kristallstruktur des Rhodopsins bestimmt werden konnte. Die Periodizität der Schwankungen der Parameter der Elektronenresonanz bei einem derartigen Nitroxidscanning hängt von der Sekundärstruktur ab und lässt somit $\alpha$-Helices und $\beta$-Stränge unterscheiden. Darüber hinaus zeigten sich Unterschiede in der Mobilität diverser Reste nach der Rezeptoraktivierung mit Licht.

Wie im vorigen Abschnitt erwähnt, können ferner intra-oder intermolekulare Abstände durch paarweise eingefügte Spinlabel und gepulste EPR-Experimente bestimmt werden. Dies sind meist zwei Nitroxide, prinzipiell ist aber auch die Kombination eines kovalent gebundenen Nitroxids mit einem komplexierten Metallion möglich, das von spezifischen Resten gebunden wird. Auch dies kann wiederum durch gerichtete Mutagenese erfolgen, indem man die Metallbindungsstelle in vorbe-

stimmte Positionen einbaut. Der Photorezeptor Rhodopsin ist auch für diese Anwendung ein wesentliches Modellsystem. Hubbell, Altenbach und Mitarbeiter konnten durch PELDOR/DEER-Experimente mit einer Reihe von Nitroxid-Paaren erstmals die konzertierten Bewegungen der Transmembranhelices bei der Rezeptoraktivierung zeigen, deren Endpunkte später in Kristallstrukturen sichtbar wurden (Altenbach et al. 2008).

Durch die technischen Fortschritte im Bereich der Fluoreszenzfarbstoffe und -Detektion finden auch ortsspezifische Fluoreszenzsonden aktuell breite Anwendungen. Durch die neuen Generationen von Fluoreszenzfarbstoffen können maßgeschneiderte FRET-Paare generiert werden. Neue empfindliche und super-hochauflösende Mikroskopietechniken ermöglichen mittlerweile auch FRET-Analysen in einzelnen Proteinen bzw. Proteinkomplexen (*single-molecule* FRET, smFRET), sodass die zeitliche Abfolge von Konformationsänderungen und die Lebenszeit der Zustände verfolgt werden kann (während NMR, EPR oder Fluoreszenztechniken „nur" Aussagen über das Vorhandensein und die relative Häufigkeit von verschiedenen Zuständen in einem Ensemble von Proteinen liefern).

Einige sehr eindrucksvolle Beispiele in der jüngsten Vergangenheit für die Nutzung verschiedener ortsspezifischer biophysikalischer Sonden zur Untersuchung der Dynamik und Funktion von Rhodopsin-ähnlichen Membranproteinen (G-Protein-gekoppelte Rezeptoren, GPCR) kamen aus dem Labor von Brian K. Kobilka (Nobelpreisträger 2012 für seine strukturellen Arbeiten zu GPCR, gemeinsam mit Robert J. Lefkowitz). Seine Arbeiten fußen auf Kristallstrukturen von GPCR in verschiedenen Zuständen. Durch gezielte Platzierung und Nutzung von Fluoreszenz- und Spin-Sonden wurden die mechanistische Konzepte zur Funktionsweise von GPCRs erheblich erweitert (Weiterführende Literatur). Dies unterstreicht, dass auch im Zeitalter diverser verfügbarer Kristallstrukturen für pharmakologisch wichtige Zielstrukturen wie GPCR ortsspezifisch eingefügte biophysikalische Sonden exzellente und essenzielle komplementäre Techniken darstellen, um die Dynamik und Funktion von Proteinen zu verstehen.

## 7.3 Protein-Crosslinking zur Analyse von Proteinwechselwirkungen

Crosslinking-Reagenzien (es wird hier bewusst der englischen Bezeichnung vor der auch möglichen deutschen Vokabel „Vernetzungsreagenz" der Vorzug gegeben, da sie sich im Sprachgebrauch der meisten Labors durchgesetzt hat) werden zur Analyse räumlicher Verhältnisse in Proteinen, häufiger jedoch von Interaktionen eines Proteins mit anderen Proteinen, Nucleinsäuren oder Lipiden eingesetzt. Über die oben bei den chemischen Modifikationen genannten Kriterien hinaus gibt es bei der

Auswahl eines geeigneten bifunktionellen Crosslinkers mehrere Gesichtspunkte: Neben der Spezifität und Selektivität sind Eigenschaften wie die Membrangängigkeit und der Abstand zwischen den beiden reaktiven Gruppen zu beachten. Darüber hinaus wird die Analyse der Crosslinking-Produkte durch die Verwendung von spaltbaren Crosslinkern meist wesentlich erleichtert.

Zwei Anwendungsgebiete des Crosslinking sind hervorzuheben: die Messung von Abständen innerhalb eines Moleküls oder zwischen zwei Molekülen durch kovalente Verknüpfung mit einem Crosslinker definierter Länge, und die Analyse von „Nachbarschaften", d. h. derjenigen Moleküle, die sich in unmittelbarer Nähe eines Proteins befinden und daher vermutlich auch funktionelle Partner sind. Hierbei ist hervorzuheben, dass man mithilfe von Crosslinking, im Gegensatz zu z. B. Phagendisplay, transiente, wenig stabile Interaktionen einfangen und charakterisieren kann.

In diesem Abschnitt sollen das Crosslinking mit bifunktionellen Reagenzien und in einem gesonderten Unterabschnitt die Photoaffinitätsmarkierung beschrieben werden. Bei der **Photoaffinitätsmarkierung** trägt der Ligand, z. B. ein Substrat oder Coenzym, eine funktionelle Gruppe, ist also monofunktionell. Von **Photocrosslinking** wird gesprochen, wenn bifunktionelle Reagenzien verwendet werden, bei denen mindestens eine der beiden reaktiven Gruppen photoaktivierbar ist.

### 7.3.1 Bifunktionelle Reagenzien

Bifunktionelle Crosslinking-Reagenzien können in drei Gruppen eingeteilt werden: homobifunktionelle, heterobifunktionelle und Reagenzien ohne eigene Länge (*zero length*). Ein Beispiel für Letztere ist die Bildung von Amidbindungen zwischen Amino- und Carboxygruppen eines Proteins unter Verwendung von Carbodiimiden oder die Bildung von Disulfidbrücken aus zwei SH-Gruppen. Homo- und heterobifunktionelle Reagenzien sind in ◻ Tab. 7.3 aufgeführt. Diese Spacer sind in spaltbarer und nichtspaltbarer Form erhältlich. Für spaltbare Crosslinker entscheidet man sich, wenn sich die finale Analyse der Crosslinking-Produkte zu komplex gestaltet. Bei der Spaltung verbleibt ein Teil des Crosslinkers als Reportergruppe am Target, sodass mithilfe analytischer Methoden der Interaktionsort der ursprünglich miteinander vernetzten Moleküle identifiziert werden kann. Homobifunktionelle Reagenzien haben zwei identische funktionelle Gruppen, die durch einen „Spacer" mit variabler Länge voneinander getrennt sind (◻ Tab. 7.3). Zu ihnen gehören 1,5-Difluor-2,4-dinitrobenzol (1 in ◻ Tab. 7.3), Formaldehyd und Glutaraldehyd (2 und 3 in ◻ Tab. 7.3), *N*-Hydroxysuccinimidester (4–8), und die Imidate (9–12). Disuccinimidylsuberat (DSS; 5) wird oft verwendet, um radioaktiv markierte Peptide oder Proteine mit einem Protein zu vernetzen. Aktivierte Ester (4, 5) und Imido-

ester (9–11) sind selbst zwar nicht spaltbar, die entsprechenden spaltbaren Derivate sind aber ebenfalls erhältlich. Die Spaltung wird durch reduzierende Agenzien (Verbindungen 6 und 12) oder durch Oxidation vicinaler Diole (Verbindungen 7 und 8, ◻ Tab. 7.3) erreicht.

Mit homobifunktionellen Reagenzien kann man vor allem Molekulargewichte und Quartärstrukturen von Proteinen, die aus mehreren Polypeptidketten bestehen, bestimmen: Durch kovalente Verknüpfung wird verhindert, dass ein Proteinkomplex bei der Analyse auseinanderfällt, sodass man das Molekulargewicht des Gesamtkomplexes erhält. In günstigen Fällen jedoch kann man darüber hinaus den Crosslink bis auf die betroffene Aminosäure in den beteiligten Proteinen lokalisieren. Dadurch werden wertvolle Struktur- und Nachbarschaftsinformationen gewonnen.

Heterobifunktionelle Reagenzien besitzen zwei verschiedene reaktive Gruppen, z. B. eine Maleinimid- (oder Iodacetamid-)Gruppe für die Reaktion mit SH-Gruppen auf der einen und einen aktivierten Ester für die Reaktion mit Aminogruppen des Proteins auf der anderen Seite (13–15 in ◻ Tab. 7.3). Das Reagenz 16 der Tabelle ist ein weiteres Beispiel für ein spaltbares bifunktionelles Reagenz. Hier dient die reduktive Spaltung jedoch einem ganz speziellen Zweck: Sie wird nicht wie üblich zur Trennung der vernetzten Komponenten eingesetzt, sondern zur Entfernung einer Schutzgruppe und dadurch zur Freisetzung einer SH-Gruppe für die Verknüpfung mit einer anderen SH-Gruppe oder zu ihrer Modifikation mit einem spezifischen SH-Reagenz.

### 7.3.2 Photoaffinitätsmarkierung

Bei Affinitätsmarkierungen wird ein Bindungspartner, z. B. ein Enzymsubstrat, ein Rezeptoragonist oder -antagonist, mit einer schwach aktiven Funktionalität ausgestattet, die eine chemische Reaktion mit dem anderen Bindungspartner erlaubt, sobald beide in räumliche Nähe zueinander kommen. Das Besondere bei Photoaffinitätsmarkierungen ist, dass der Ligand mit einer lichtaktivierbaren Gruppe derivatisiert ist. Ähnlich wie bei der Affinitätsmarkierung trägt die Affinität des Liganden die reaktive Gruppe zum Bindungsort. Die chemische Reaktion mit dem Bindungspartner findet bei der „normalen" Affinitätschromatographie dann aber sofort statt. Im Gegensatz dazu lässt sich durch die Photoaktivierung der Zeitpunkt und damit auch der Ort der Reaktion bestimmen, sodass Photoaffinitätsreagenzien, zumindest theoretisch, selektiver als „normale" Affinitätsreagenzien sind. Die Anwendungen reichen von einfachen Markierungen bestimmter Proteine in einem Proteingemisch bis zur „Kartierung" von Bindungsstel-

**◘ Tab. 7.3** Bifunktionelle Reagenzien

| Nr. | Strukturformel | R oder n | Name |
|-----|----------------|----------|------|
| 1 | | | 1,5-Difluor-2,4-dinitrobenzol |
| 2 | | | Formaldehyd |
| 3 | | | Glutaraldehyd |
| 4 | | $n = 3$ | Disuccinimidylglutarat |
| 5 | | $n = 6$ | Disuccinimidylsuberat (DSS) |
| 6 | | | Dithiobis(succinimidylpropionat) |
| 7 | | R = H | Disuccinimidyltartrat |
| 8 | | R = SO$_3$Na | Disulfosuccinimidyltartrat |
| 9 | | $n = 4$ | Dimethyladipimidat · 2 HCl |
| 10 | | $n = 5$ | Dimethylpimelidat · 2 HCl |
| 11 | | $n = 6$ | Dimethylsuberimidat · 2 HCl |
| 12 | | | Dimethyl-3,3'- dithiobispropionimidat · 2 HCl |
| 13 | | | N-γ-Maleinimidobutyzyloxysuccinimidester |
| 14 | | | Succinimidyl-4(N-maleinimidomethyl)-cyclohexan-1-carboxylat |
| 15 | | | N-Succinimidyl-(4-iodacetyl)aminobenzoat |
| 16 | | | N-Succinimidyl-3-(2-pyridyldithio)propionat |

len durch Identifizierung von Aminosäureresten, die mit dem Photoaffinitätsreagenz reagierten.

Heute werden in der Proteinchemie ganz unterschiedliche Typen von Photoreagenzien eingesetzt. Ende der Siebziger- und Anfang der Achtzigerjahre waren die bei Photoaktivierung Nitrene bildenden Arylazide am populärsten. Ihr Vorteil liegt in ihrer relativ leichten präparativen Zugänglichkeit. Es wurde vermutet, dass Nitrene in alle möglichen Bindungen, einschließlich C–H-Bindungen, insertieren und deshalb sämtliche Aminosäurereste in ihrer Nähe „treffen". Arylazide erfüllten ihre Aufgabe, solange diese darin bestand, ein makromolekulares Target (Enzym, Bindungsprotein, Rezeptor, Transporter) zu identifizieren. Als man jedoch den genauen Ort der Photoinsertion im Zielprotein kennenlernen wollte, wurden entscheidende Nachteile ersichtlich: Vor allem ist die Ausbeute der Photoreaktion mit Arylaziden meist nicht viel höher als ein paar Prozent. Außerdem ist die Lebensdauer der entstehenden Nitrene relativ groß, sodass nichtspezifische oder multiple Insertionen zum Problem werden können. Vielversprechender erschienen daher Diazirine (11–17 in ◫ Tab. 7.4), die bei Photolyse reaktive Carbene bilden. Ihr Vorteil liegt in ihrer wesentlich kürzeren Lebensdauer und geringeren Promiskuität. Wie bei den Arylaziden ist allerdings auch hier die Ausbeute gering. Die Situation wird noch dadurch verschärft, dass die erhaltenen Vernetzungsprodukte häufig instabil sind und die Isolierung und proteinchemische Charakterisierung der Crosslinking-Produkte nicht überstehen.

Sehr viel höhere Crosslinking-Ausbeuten (70–80 %) wurden für Reagenzien vom Benzophenontyp, z. B. *p*-Benzoyl-L-phenylalanin (Bpa) berichtet (20 in ◫ Tab. 7.4). Seither wurde Bpa für die Synthese zahlreicher Peptide (Hormone, Neurotransmitter) verwendet.

### 7.3.2.1 Die Chemie einzelner Photolabel

**Arylazide**   Bei Bestrahlung geben Arylazide reaktive Nitrene. Die zunächst entstehenden Singulettnitrene (S in ◫ Abb. 7.26) insertieren bevorzugt in N–H- und O–H-Bindungen oder in andere Nucleophile.

Triplettnitrene dagegen können Protonen aus C–H-Bindungen abziehen. Arylnitrene durchlaufen eine schnelle Ringerweiterung unter Bildung von Dehydroazepinen. Diese sind weniger reaktiv als Nitrene und reagieren bevorzugt mit Nucleophilen und dem Solvens (z. B. Wasser). Zusätzlich können Dehydroazepine mit der Ausgangsverbindung, dem Arylazid, zu einer Mischung von Polymerisationsprodukten reagieren. Bei Abwesenheit von Nucleophilen in der Ligandenbindungsstelle eines Proteins kann daher die Photomarkierung misslingen.

Einige der für die Photomarkierung von Proteinen verwendeten Arylazide sind in ◫ Tab. 7.4 zusammenge-

stellt. Das Arylfluorid (1) ist ziemlich unspezifisch und reagiert mit Aminen, Thiolen, Phenolen und anderen Nucleophilen. Dagegen wurden *N*-Hydroxysuccinimidester (2) in zahlreichen Untersuchungen für den selektiven Einbau von Photolabeln in Aminogruppen verwendet. Die Ethylaminogruppe (3) ermöglicht die Photomarkierung von Proteinen über ihre Carboxygruppen durch Reaktion in Gegenwart von Carbodiimiden.

Die in neuerer Zeit eingeführten perfluorierten Arylazide (4) haben den Vorteil, Nitrene zu bilden, die in weitaus geringerem Ausmaß Ringerweiterungen eingehen und daher mit viel größerer Effizienz in C–H-Bindungen insertieren als ihre nicht fluorierten Gegenstücke.

Mit den Derivaten der Azidosalicylsäure (5 und 6) kann radioaktives Iod unmittelbar in die photoaktivierbare Verbindung eingeführt werden (◫ Abb. 7.27). Die Sulfogruppe in (6) gibt dieser Verbindung eine wesentlich bessere Wasserlöslichkeit.

Die Ester (5) und (6) ermöglichen es, iodierbare Gruppen in Aminogruppen einzuführen, während Iodacetamid (7) hauptsächlich zur Modifizierung von Sulfhydrylgruppen verwendet wird. Das Vorhandensein von Radioaktivität in dem Photolabel selbst anstatt in Tyrosin- oder Histidinresten des Proteins erleichtert die Identifizierung des Ortes des Crosslinking erheblich. In der Tat ist dies ein Muss, wenn ein spaltbares Crosslinking-Reagenz verwendet wird (s. unten). Arylazide aber, besonders jene, die das Iod-Atom im gleichen aromatischen Ring wie die Azidogruppe haben, setzen bei der Photolyse Iod frei. Daher sollten die Photolysebedingungen schonend sein. Man sollte dabei einen Kompromiss zwischen dem Erhalt des Iods im Molekül und der kompletten Photoumwandlung des Photolabels suchen.

Die Verbindungen 8–10 sind Beispiele für spaltbare Photomarkierungsreagenzien. Der Ester (9) kann vor der Proteinmodifizierung mit radioaktivem Iod markiert werden. Nachdem Aminogruppen des Proteins mit diesem Reagenz reagiert haben, wird der Komplex mit dem Zielprotein bestrahlt, und anschließend wird der Crosslinking-Arm mit β-Mercaptoethanol oder Dithiothreitol gespalten. Als Ergebnis hiervon ist nur ein Teil des Reagenzes kovalent an das Zielprotein gebunden, wodurch die Analyse sehr erleichtert wird. Ein ähnliches Ergebnis kann mit dem Denny-Jaffe-Reagenz (10) durch Spaltung der Azogruppe mit Natriumdithionit erzielt werden.

**Carben bildende Reagenzien**   Gegenwärtig sind die effizientesten Ausgangsverbindungen für Carbene die 1-Trifluormethyl-1-phenyldiazirine.

Ähnlich wie die Arylazide sollten auch die Diazirine im Dunkeln oder bei gedämpftem Licht gehandhabt werden.

**◘ Tab. 7.4** Reagenzien für die Photomarkierung

| Nr. | Strukturformel | Name |
|---|---|---|
| 1 | | 4-Fluor-3-nitrophenylazid |
| 2 | | N-Hydroxysuccinimidyl-4-azidobenzoat |
| 3 | | N-(2-Aminoethyl)-4-azido-2-nitroanilin |
| 4 | | N-Hydroxysuccinimidyl-4-azido-2,3,5,6-tetrafluorbenzoat |
| 5 | R = H | N-Hydroxysuccinimidyl-4-azidosalicylsäure |
| 6 | R = SO$_3$Na | N-Hydroxysulfosuccinimidyl-4-azidosalicylsäure |
| 7 | | 1-( p-Azidosalicylamido)-4-(iodacetamido)butan |
| 8 | | N-Hydroxysuccinimidyl-(4-azidophenyl)-1,3 ′ -dithiopropionat |
| 9 | | Sulfosuccinimidyl-2-[p -azidosalicylamido]ethyl-1,3 -′ dithiopropionat |
| 10 | | N-[4-(4 ′ -acido-3, -[$^{125}$I]iodphenylazo)-benzoyl]-3-aminopropyl-125 N-oxysuccinimidester (Denny-Jaffe-Reagens) |
| 11 | | 3-(Trifluormethyl)-3-(m-[$^{125}$I]iodphenyl)diazirin, [$^{125}$I]TID |
| 12 | | 4′-(Trifluormethyl-diazir inyl)phenylalanian |

■ **Tab. 7.4** (Fortsetzung)

| Nr. | Strukturformel | Name |
|---|---|---|
| 13 | | [2-Nitro-4-[3-(trifluormethyl)-3H-diazirin-3-yl]phenoxy]acetyl-*N*-hydroxysuccinimidat |
| 14 | | |
| 15 | | 3-[3-(3-(Trifluormethyl)diazirin-3-yl)phenyl]-2,3-dihydroxypropionyl-*N*-hydroxysuccinimidat |
| 16 | R = | 3-[[[2-($^{125}$I)Iod-4-[3-(trifluormethyl)-3H-diazirin-3-yl]benzyl]-oxy]carbonyl]propanoyl-*N*-hydroxysuccinimidat |
| 17 | R = | 2-([$^{125}$I])Iod-4-[3-(trifluormethyl)-3H-diazirin-3-yl]benzyl-3-maleimidopropionat |
| 18 | | *p*-Nitrophenyl-3-diazopyruvat |
| 19 | | *N*-Bromacetyl-*N*′-(3-diazopyruvoyl)-*m*-phenyldiamin |
| 20 | | *p*-Benzoyl-L-phenylalanin (Bpa) |
| 21 | | *p*-Benzoylbenzoyl-*N*-hydroxysuccinimidat |
| 22 | X = $^{1}$H, $^{3}$H | [$^{3}$H]*p*-Benzoyldihydroxycinnamoyl-*N*-hydroxysuccinimidat |
| 23 | | 4-Maleinimidobenzophenon |

◘ **Tab. 7.4** (Fortsetzung)

| Nr. | Strukturformel | Name |
|-----|----------------|------|
| 24 | 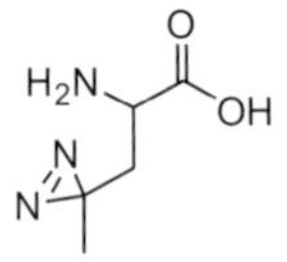 | Photo-Leucin |
| 25 | 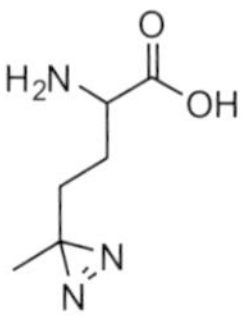 | Photo-Methionin |

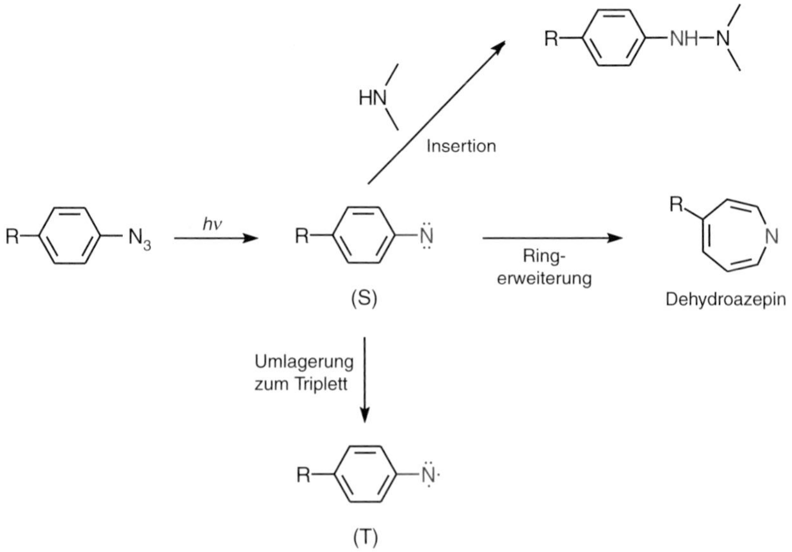

7

◘ **Abb. 7.26** Reaktionen der Arylazide nach Bestrahlung. Die entstehenden Singulettnitrene (S) können in N–H-Bindungen insertieren oder sich über eine Ringerweiterung in Dehydroazepine umlagern

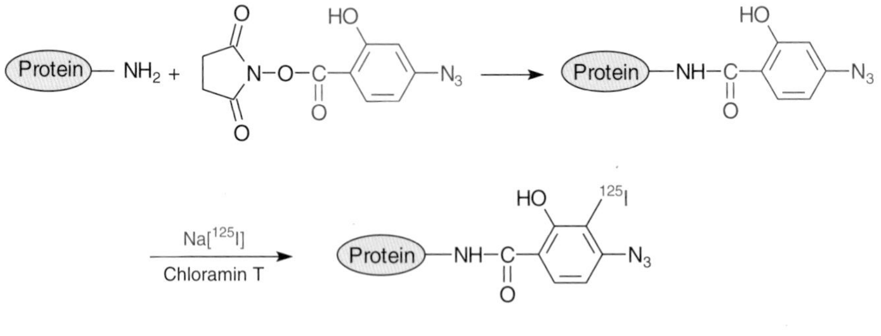

◘ **Abb. 7.27** Modifikation mit *N*-Hydroxysuccinimidyl-4-azidosalicylsäure und anschließende radioaktive Markierung mit Chloramin T

Photolyse von Aryltrifluormethyldiazirinen (A in ◘ Abb. 7.28) ergibt die Carbene (B), die effizient in C–H-Bindungen insertieren und dabei die stabilen Produkte (C) ergeben. Addukte mit O–H- oder N–H-Bindungen (E) sind instabil, eliminieren HF und hydrolysieren schnell zu Difluormethylketonen (F) und den ursprünglichen -O–H oder -N–H enthaltenden Verbindungen. Photolyse von (A) ist außerdem von einer Um-

wandlung zu dem Diazoisomer (D) begleitet. Wegen des Elektronen anziehenden Effektes der CF$_3$-Gruppe ist es ziemlich stabil und ergibt keine unerwünschten Dunkelreaktionen.

Das Reagenz 11 in ◘ Tab. 7.4 wird häufig für die unspezifische Markierung hydrophober Teile von Membranproteinen, speziell jener, die mit Lipiden in Kontakt sind, eingesetzt. Das Diazirinylanalogon des Phenylala-

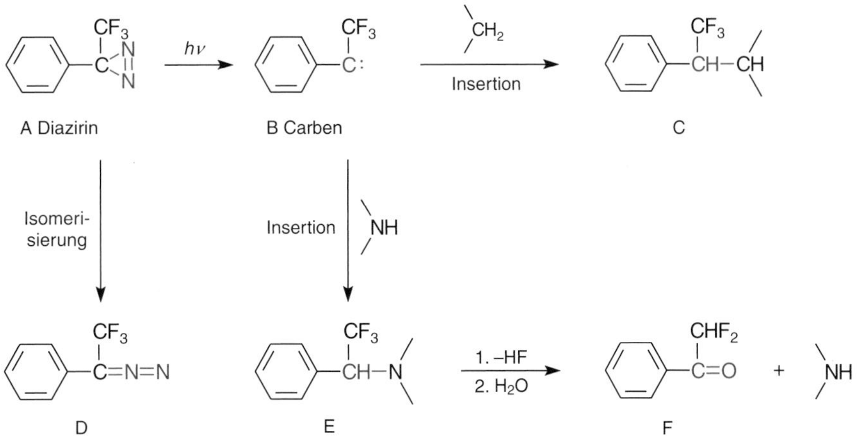

**◻ Abb. 7.28**  Carben bildende Substanzen. 1-Trifluormethyl-1-phenyldiazirin A bildet nach Bestrahlung ein Carben, das in C–H-Bindungen C und N–H-Bindungen E insertieren kann. Die entstehenden Alkylverbindungen sind stabil, während die Trifluormethylamine HF eliminieren und zu Trifluormethylketonen F hydrolysieren. Das Diazirin A kann sich außerdem zum entsprechenden Diazoisomer umlagern D

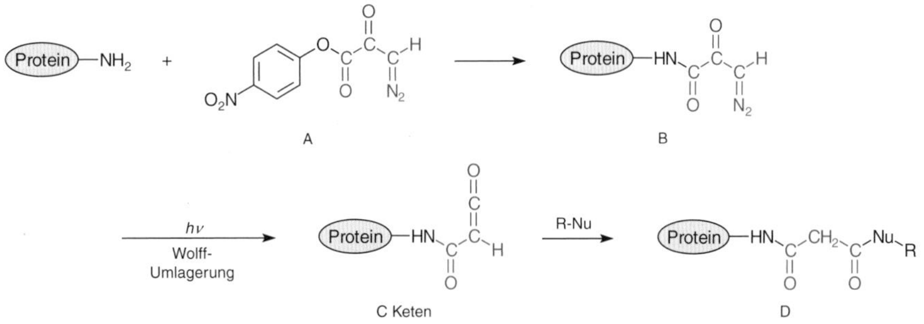

**◻ Abb. 7.29**  Vernetzung mit *p*-Nitrophenyldiazopyruvat A. Das Reaktionsprodukt durchläuft eine Wolff-Umlagerung zum entsprechenden Keten C, das dann mit Nucleophilen intra- oder intermolekulare Crosslinks D bildet

nins (12) kann in Peptide bei deren Synthese (unter Verwendung der entsprechenden N- oder C-geschützten Derivate) anstelle von Phenylalanin eingebaut werden. Das für Aminogruppen spezifische Reagenz (13) wurde zur Untersuchung von Bindungsstellen in Rezeptoren und Ionenkanälen eingesetzt. Mit dem Reagenz (14) kann ein Aryldiazirinylderivat über einen Thiol-Disulfid-Austausch an einen Cysteinrest angeheftet werden; nach der Bestrahlung des Komplexes mit dem Zielprotein kann die S–S-Brücke des Crosslinks mit reduzierenden Agenzien gespalten werden.

Der „Spacerarm" in dem Ester (15) kann durch Periodatoxidation gespalten werden. Der Vorteil dieses spaltbaren Reagenzes ist der relativ kleine Abstand zwischen den reaktiven Gruppen. Die von Brunner synthetisierten Diazirine (16) und (17) enthalten eine Esterbindung, die unter alkalischen Bedingungen gespalten werden kann. Diese Reagenzien besitzen sehr hohe spezifische Radioaktivität (ca. 2000 Ci mmol⁻¹). Ihre Photoaktivierung setzt, anders als bei den iodierten Arylaziden, kein Iod frei.

Sollen gezielt nucleophile Gruppen in Proteinen vernetzt werden, werden Diazopyruvoylverbindungen (18,

19 in ◻ Tab. 7.4) eingesetzt. So reagiert z. B. *p*-Nitrophenyldiazopyruvat (A in ◻ Abb. 7.29) mit Aminogruppen von Proteinen. Bei UV-Bestrahlung (ca. 300 nm) durchlaufen diese Verbindungen eine Wolff-Umlagerung zu Ketenen (C). Letztere können vorhandene Nucleophile acylieren, sodass intra- oder intermolekulare Crosslinks (D) entstehen. Der Vorteil der Diazopyruvoylreagenzien ist ihre Stabilität gegenüber Thiolen (die auf Arylazide erheblich desaktivierend wirken können). Reagenz (19) dient der Reaktion von Diazopyruvoylresten mit SH-Gruppen von Peptiden und Proteinen.

Für Crosslinking-Reaktionen sind auch Diazirin tragende Aminosäuren interessant, die spezifisch an eine Position im Peptid oder Protein durch chemische Synthese eingebracht werden können. In den letzten Jahren spielten besonders Photo-Leucin (24) und Photo-Methionin (25) eine zunehmend große Rolle. Damit können Protein-Protein-Wechselwirkungen untersucht werden, um z. B. die Bindungstasche eines Rezeptors zu charakterisieren.

**Benzophenon-Photolabel**  Gegenüber den Arylaziden oder Diazirinen haben Benzophenone mehrere Vorteile.

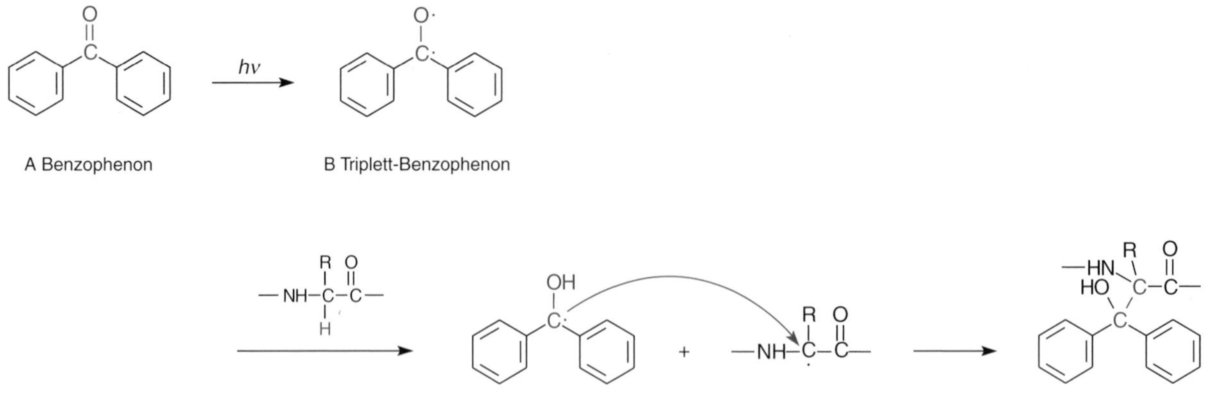

**Abb. 7.30** Photomarkierung von Peptiden mit Benzophenon. Benzophenon **A** geht nach Bestrahlung in den Triplettzustand **B** über, bildet ein Ketyl **C** und reagiert mit dem entstehenden Alkylradikal **D** zu dem Addukt **E** mit einer neuen C–C-Bindung

Sie sind chemisch stabiler, und ihre Photoumwandlung kann bei längeren Wellenlängen (ca. 350 nm) erfolgen, wodurch das Risiko der Strahlenschädigung des Proteins vermindert wird. Benzophenone reagieren bevorzugt mit C–H-Bindungen, und die Crosslinking-Ausbeute ist meist höher als bei Arylaziden oder Diazirinen. Es gibt allerdings auch Fälle, in denen die Photomarkierung mit einem Arylazid erfolgreich war, aber misslang, wenn derselbe Ligand eine Benzophenongruppe enthielt. Offenbar steigert die Hydrophobizität des Benzophenons die Ausbeute bei hydrophoben, besonders bei Membranproteinen. In einigen Fällen ist jedoch die sterische Hinderung durch diese Gruppe eindeutig von Nachteil.

Bestrahlung der Benzophenone (■ Abb. 7.30, A) führt zu dem diradikalischen Triplettzustand (B), dessen Wechselwirkung mit C–H-Bindungen zur Abspaltung von Wasserstoff führt. Die Rekombination der intermediär auftretenden Ketyl- (C) und Alkylradikale (D) ergibt das Addukt (E), wobei eine neue C–C-Bindung geknüpft wird. Eine charakteristische Eigenschaft des aus den Benzophenonen entstehenden Triplettzustands ist dessen Möglichkeit, in den Grundzustand überzugehen. Deshalb können Benzophenone wiederholte Anregungszyklen durchlaufen, die im Ergebnis zu höheren Crosslinking-Ausbeuten führen können.

Die besten Ergebnisse bei der Anwendung von Benzophenonen in der Untersuchung von Peptid-Protein-Interaktionen wurden in den Fällen erzielt, in denen Phenylalaninreste von Peptiden im Verlauf der Peptidsynthese durch Bpa (20 in ■ Tab. 7.4) ersetzt wurden oder wenn Bpa-Reste anstelle anderer ersetzbarer Reste eingeführt wurden. Alternativ können aber auch Aminogruppen im Protein mit Benzoylbenzoylgruppen unter Verwendung von *N*-Hydroxysuccinimid (21) modifiziert werden. Für eine radioaktive Markierung ist auch tritiummarkiertes *N*-Hydroxysuccinimid (22) erhältlich. 4-Maleinimidobenzophenon (23) ist ein Beispiel für die photoaktivierbaren thiolspezifischen Reagenzien vom Benzophenontyp.

Vor Abschluss dieses Abschnittes sollen zwei Methoden erwähnt werden, die im Prinzip mit Photoreagenzien verschiedener Natur angewendet werden können. Eine interessante, wenn auch nicht sehr weit verbreitete Version der Photomarkierung verwendet Energietransfer. Wenn sich eine photosensitive Gruppe in einem Komplex aus Ligand und Rezeptor bzw. Enzym in räumlicher Nähe zu einem Tryptophanrest befindet, kann die Photoaktivierung über die Anregung des Tryptophanrestes erfolgen. Hier spielt das Photolabel die Rolle eines Akzeptors, und seine Absorption sollte bei der Anregungswellenlänge des Tryptophans gering sein, jedoch beträchtlich mit dessen Emissionswellenlänge (ca. 320–340 nm) überlappen. Diese Methode sollte im Prinzip unspezifische Reaktionen erheblich vermindern.

Photoaktivierbare Gruppen können in Proteine nicht nur durch chemische Modifikation oder im Verlauf der Peptidsynthese, sondern auch biosynthetisch eingeführt werden. Die Methodik der genetischen Einführung nicht proteinogener Aminosäuren hat sich im vergangenen Jahrzehnt enorm entwickelt und ist nun eine Standardmethode in der ortsspezifischen Markierung großer Proteine. Hierbei wird eine nicht proteinogene Aminosäure mit einem seltenen tRNA-Codon-Paar über eine entsprechende Aminoacyl-tRNA-Synthetase verknüpft. Diese Synthetase stammt im Regelfall aus einem Organismus, der heterolog ist zu dem Wirtsorganismus, in dem das Zielprotein hergestellt werden soll. So erkennt sie keine tRNAs des Wirtsorganismus und kann selektiv für die nicht proteinogene Aminosäure codieren. Auch die tRNA für die neue Aminosäure darf nicht von den Aminoacyl-tRNA-Synthetasen des Wirtsorganismus erkannt werden. Genauso muss ein Codon verwendet werden, dass im Wirtsorganismus nahezu unbenutzt ist. Diese Nichtinterferenz mit den endogenen Translationswerkzeugen des Wirtsorganismus nennt man Orthogonalität. Die am häufigsten verwendeten tRNA/Synthetase-Paarungen sind folgende beiden: Die Tyrosyl-tRNA-Synthetase/tRNA$_{CUA}$ aus *Methanocaldococcus jannaschi*, welche orthogonal zur Expression in *Escherichia coli* ist, und die Pyrrolyllysyl-tRNA-Synthetase/tRNA$_{CUA}$ aus *Methanosarcina mazei*, die sowohl in *E. coli* als auch in eukaryotischen Systemen eingesetzt werden kann. Um diese Systeme für eine Vielzahl verschiedener Aminosäuren nutzbar zu machen, werden sie mithilfe gerichteter Evolution verändert und mittels positiver und negativer Selektionszyklen isoliert. Der Einsatz in eukaryotischen Systemen ermöglicht so die Photoaffinitätsmarkierung unter *in vivo*-Bedingungen. Auf diese Weise konnten Coin et al z. B. die Bindungstasche von Urocortin-I an seinem Rezeptor, dem *Corticotropin Releasing Factor Receptor Type 1* (CRF1R) aufklären. Hierfür wurden verschiedene Mutanten des Rezeptors erzeugt, bei denen mithilfe der oben beschriebenen Methode ein Photocrosslinker, Azidophenylalanin, an verschiedenen Positionen entlang der extrazellulären Domänen eingeführt wurde. Die Positionen, die in räumlicher Nähe zum Liganden im Bindungsgleichgewicht lagen, ergaben Crosslinking-Produkte, die mittels Western-Blot identifiziert werden konnten.

### 7.3.2.2 Methoden zur Identifizierung des Crosslink-Ortes

Wie im letzten Abschnitt erwähnt, ist die Aufgabe relativ einfach, wenn nur das Molekulargewicht eines vernetzten Proteins bestimmt werden soll. Gelelektrophorese und Autoradiographie oder Western-Blot lösen diese Aufgabe problemlos. Will man jedoch den genauen Ort, d. h. den Aminosäurerest des Crosslinks, wissen, treten größere Probleme auf. Hier ist vor allem darauf zu achten, dass nach enzymatischem oder chemischem Verdau des Crosslinking-Komplexes die Crosslinking-Produkte angereichert und von nicht vernetzten Peptiden getrennt werden, um ausreichende Signalstärken in der massenspektrometrischen Analyse zu gewährleisten und Signalunterdrückung durch hohe Konzentration nicht vernetzter Peptide zu vermeiden. Da die Chemie der Photoreaktion in den meisten Fällen aber nicht „sauber" bekannt ist und die Crosslinking-Ausbeuten niedrig sind, stellt dies eine besondere Hürde dar.

Chromatographische Trennungsverfahren können diese Probleme teilweise lösen. Ist der Ligand oder der Crosslinker radioaktiv markiert, kann die hohe spezifische Radioaktivität genutzt werden, um die Reaktionsprodukte zweifelsfrei zu isolieren. Allerdings generiert die Photovernetzung eine Vielzahl von Crosslinking-Produkten, die meist nicht einfach voneinander und von nicht markierten Peptiden zu trennen sind.

Hier kann die Affinitätschromatografie Abhilfe schaffen. Affinitätschromatografie kann genutzt werden, wenn in der Nähe der Crosslinking-Stelle ein Affinitätstag, z. B. Biotin, eingeführt wurde. Dies kann wieder am zu untersuchenden Liganden geschehen oder direkt am Crosslinker. Die Eigenschaft von Biotin, sehr feste Komplexe mit Avidin oder Streptavidin zu bilden ($K_D$ etwa $10^{-15}$ M), hat in der Biochemie und Molekularbiologie verbreitet Anwendung gefunden. Kombiniert mit diversen Enzymtests und Affinitätsharzen bietet die „Biotin-Technik" sensitive Möglichkeiten zur Detektion und Isolierung von Peptiden, Proteinen, Nucleinsäuren und sogar von großen Proteinkomplexen. Biotinylierungsreagenzien (◻ Tab. 7.5) mit nur einer funktionellen Gruppe für die spezifische Reaktion mit Aminosäureresten von Proteinen (z. B. die *N*-Hydroxysuccinimidester 1–3 und die Maleimide 4 und 5) oder für die unspezifische Verknüpfung (Photobiotin, 6) können als bifunktionelle, nicht vernetzende Reagenzien klassifiziert werden, denn der Biotinanteil bindet nichtkovalent, wenn auch sehr fest, an Avidin oder Streptavidin. „Wirkliche" Crosslinker auf Biotinbasis dagegen tragen tatsächlich zwei kovalent verknüpfende Gruppen und zusätzlich das Biotin (◻ Tab. 7.5, 7–9). Betrachtet man bei diesen die Biotinbindung an Avidin als eine zusätzliche Funktion, könnte man sie als trifunktionell bezeichnen. Biotinhaltige Reagenzien einschließlich der photoaktivierbaren können entweder spaltbare (3 oder 7 in ◻ Tab. 7.5) oder nicht spaltbare Spacerarme besitzen. Längere Arme erleichtern die Bindung des biotinylierten Liganden an das Avidin. Die meisten photoaktivierbaren Biotinderivate enthalten eine Arylazidgruppe. Ebenfalls erhältlich sind *N*-Hydroxysuccinimidate (8), bei denen die Biotinylgruppe über einen hydrophilen Spacerarm an einen Diazirinylrest gebunden vorliegt. Ebenso gibt es Photolabel (9), die nach Entfernung einer Boc-Schutzgruppe mit Carboxyresten eines Proteins verknüpft werden können.

Anfänglich wurden photoaktivierbare Gruppe und Biotinylrest an unterschiedlichen und voneinander entfernten Orten angebracht. Die photosensitive Gruppe und der Biotinylrest können aber durchaus auch benachbart oder an derselben Stelle lokalisiert sein. Weitere Funktionalität sollte die Radioaktivität enthalten. Am Ende sieht das Produkt aller dieser Modifikationen ganz anders als das ursprüngliche Peptid aus, was zulasten der Affinität des Liganden zum Zielprotein gehen kann. Daher muss die Einführung verschiedener Label stets in Bindungs- und Aktivitätsassays auf deren Eignung überprüft werden.

Sind Antikörper für die vermutete Bindungsstelle eines Proteins vorhanden, kann man sie zur Identifizierung des Crosslinks einsetzen.

Die zuverlässigste Lokalisierung eines Crosslinks erzielt man durch Massenspektrometrie. Je nach Stärke

**◻ Tab. 7.5** Biotinylierungsreagenzien (B: Biotin)

| Nr. | Strukturformel | Name |
|---|---|---|
| 1 | | Biotin-*N*-hydroxysuccinimidester |
| 2 | | Succinimidyl-6-(biotinamido)hexanoat |
| 3 | | Sulfosuccinimidyl-2-(biotinamido)ethyl-1,3-dithiopropionat |
| 4 | | 1-Biotinamido-4-[4′-(maleinimidomethyl)-cyclohexan-carboxamido]butan |
| 5 | | 3-(*N*-Maleimidopropionyl)biocytin |
| 6 | | Photobiotin |
| 7 | | 2-[6-(Biotinamido)-2-(*p*-azidobenzamido)hexanamido]-ethyl-1,3′-dithiopropionat |
| 8 | | 2-[2-[2-(2-Biotinylaminoethoxy)ethoxy]ethoxy]-4-[3-(trifluormethyl)-3H-diazirin-3-yl]benzoesäure-*N*-hydroxysuccinimidester |
| 9 | | 1-*N*-[*N*$^{\alpha}$-(4-Benzoylbenzoyl)-L-biocytinoyl]amino-6-(*N*′-Boc-amino)hexan |
| | B—OH, Biotin | |

der zu untersuchenden Interaktion kann man ihren Ort eingrenzen, angefangen bei Domänen innerhalb des Proteins bis hin zur Identifikation einzelner interagierender Aminosäuren. Historisch wurde diese Methode oft mit Edman-Abbau kombiniert, aber heutzutage kann mithilfe der Tandem-Massenspektrometrie die Sequenzierung einzelner Peptidfragmente in subpikomolarem Bereich durchgeführt werden, sodass auf die mühsame und ihrerseits mit Nachteilen belastete Edman-Sequenzierung verzichtet werden kann. Für Peptide und Proteine kommen hier MALDI- und ESI-MS in Frage, gekoppelt mit Flugzeitanalysatoren (TOF) bzw. Ionenfallen, vorzugsweise Orbitrap-Technologie. Oft wird der massenspektrometrischen Analyse nochmals eine Flüssigchromatografie vorangestellt (LC-MS), bei der das Peptidgemisch zunächst aufgetrennt und dann direkt analysiert wird. Um die Analyse weiterhin zu erleichtern, bietet sich der Einsatz von Isotopengemischen an. So kann der Ligand oder auch der Crosslinker selbst deuteriert oder $^{13}$C- oder $^{15}$N-markiert werden. Wird er dann in einem Gemisch von 1:1 in der Crosslinking-Reaktion eingesetzt, ergeben sich in der Massenspektrometrie für Crosslinking-Produkte 1:1-Isotopenmuster, nach denen gezielt gesucht werden kann. Gleichermaßen eignet sich der Einsatz von Crosslinkern, die unter massenspektrometrischen Bedingungen, z. B. kollisionsinduzierter Dissoziation (CID), spaltbar sind und in Produkten mit charakteristischer Reportergruppe resultieren.

Mittels Kombination aus Crosslinking und Massenspektrometrie konnte so die Interaktion zwischen dem Pheromon α-Faktor und seinem G-Protein-gekoppelten Rezeptor Ste2p auf die interagierenden Aminosäuren genau – Dihydroxyphenylalanin an Position 1 im Liganden und Lysin 269 im Rezeptor – bestimmt werden. Auch ist es möglich, durch den Einsatz von Crosslinkern bestimmter Länge Konformationsänderungen in Proteinen nach Bindung eines Liganden zu beobachten. Auf diese Weise wird das Spektrum strukturermittelnder Methoden erweitert, zumal Crosslinking *in cellulo* durchgeführt werden kann, also unter nativen Bedingungen.

## Literatur und Weiterführende Literatur

Akabas MH, Kaufmann C, Archdeacon P, Karlin A (1994) Identification of acetylcholine receptor channel-lining residues in the entire M2 segment of the alpha subunit. Neuron 13:919–927

Altenbach C, Kusnetzow AK, Ernst OP, Hofmann KP, Hubbell WL (2008) High-resolution distance mapping in rhodopsin reveals the pattern of helix movement due to activation. offiziell: Proc Natl Acad Sci USA 105:7439–7444

Baslé E, Joubert N, Pucheault M (2010) Protein chemical modification on endogenous amino acids. Chem Biol 17:213–227

Boutureira O, Bernardes GJL (2015) Advances in chemical protein modification. Chem Rev 115:2174–2195

Coin I, Katritch V, Sun T, Xiang Z, Siu FY, Beyermann M, Stevens RC, Wang L (2013) Genetically encoded chemical probes in cells reveal the binding path of urocortin-I to CRF class B GPCR. Cell 155:1258–1269

Dorman G, Prestwich GD (1994) Benzophenone photophores in biochemistry. Biochemistry 33:5661–5673

Hubbell WL, Altenbach C, Hubbell CM, Khorana HG (2003) Rhodospin structure, dynamics, and activation: a perspective from crystallography, site-directed spin-labeling, sulfhydryl reactivity, and disulfide cross-linking. Adv Protein Chem 63:243–290

Johnson I, Spence MTZ (2010) Molecular probes handbook, a guide to fluorescent probes and labeling technologies, 11. Aufl. Life Technologies, Carlsbad

Lavis LD (2017) Teaching old dyes new tricks: biological probes built from fluoresceins and rhodamines. Annu Rev Biochem 86:825–843

Manglik A, Kim TH, Masureel M, Altenbach C, Yang Z, Hilger D, Lerch MT, Kobilka TS, Thian FS, Hubbell WL, Prosser RS, Kobilka BK (2015) Structural insights into the dynamic process of β2-adrenergic receptor signaling. Cell 161:1101–1111

Nguyen TA, Cigler M, Lang K (2018) Expanding the genetic code to study protein-protein interactions. Angew Chem Int Ed Engl 57:14350–14361

Preston GW, Wilson AJ (2013) Photo-induced covalent cross-linking for the analysis of biomolecular interactions. Chem Soc Rev 42:3289–3301

Rademann J (2004) Organic protein chemistry: drug discovery through chemical modification of proteins. Angew Chem Int Ed Engl 43:4554–4557

Sakamoto S, Hamachi I (2019) Recent progress in chemical modification of proteins. Analyt Sci 35:5–27

Sinz A (2006) Chemical cross-linking and mass spectrometry to map three-dimensional protein structures and protein-protein interactions. Mass Spectrom Rev 25:663–682

Sinz A (2017) Divide and conquer: cleavable cross-linkers to study protein conformation and protein-protein interactions. Anal Bioanal Chem 409:33–44

Sinz A (2018) Cross-linking/mass spectrometry for studying protein structures and protein-protein interactions: where are we now and where should we go from here? Angew Chem Int Ed Engl 57:6390–6396

Tann CM, Qi D, Distefano MD (2001) Enzyme design by chemical modification of protein scaffolds. Curr Opin Chem Biol 5:696–704

Thermofisher. https://www.thermofisher.com/de/de/home/life-science/protein-biology/protein-labeling-crosslinking/protein-crosslinking/crosslinker-selection-tool.html. Zugegriffen am 25.01.2021

Ulrich G, Ziessel R, Harriman A (2008) The chemistry of fluorescent BODIPY dyes: versatility unsurpassed. Angew Chem Int Ed Engl 47:1184–1201

Wilchek M, Bayer EA (1990) Avidin-biotin technology. Meth Enzymol 184:5–13. Academic Press

Zhang J, Campbell RE, Ting AY, Tsien RY (2002) Creating new fluorescent probes for cell biology. Nat Rev Mol Cell Biol 3:906–918

# Spektroskopie

*Werner Mäntele*

## Inhaltsverzeichnis

**8.1 Physikalische Prinzipien und Messtechniken – 147**
8.1.1 Physikalische Grundlagen optischer spektroskopischer
Messmethoden – 147
8.1.2 Wechselwirkung Licht-Materie – 148
8.1.3 Absorptionsmessungen – 156
8.1.4 Photometer – 159
8.1.5 Kinetische spektroskopische Untersuchungen – 160

**8.2 UV/VIS/NIR-Spektroskopie – 162**
8.2.1 Grundlagen – 162
8.2.2 Chromoproteine – 162

**8.3 IR-Spektroskopie – 168**
8.3.1 Grundlagen – 168
8.3.2 Molekülschwingungen – 170
8.3.3 Messtechniken – 171
8.3.4 Infrarotspektroskopie von Proteinen – 174

**8.4 Raman-Spektroskopie – 177**
8.4.1 Grundlagen – 177
8.4.2 Raman-Experimente – 178
8.4.3 Resonanz-Raman-Spektroskopie – 178

**8.5 Fluoreszenzspektroskopie – 180**
8.5.1 Grundlagen – 180
8.5.2 Fluoreszenzspektren als Emissionsspektren und als
Aktionsspektren – 181
8.5.3 Fluoreszenzuntersuchungen mit intrinsischen und extrinsischen
Fluorophoren – 182
8.5.4 Spezielle Fluoreszenztechniken: FRAP, FLIM, FCS, TIRF – 184
8.5.5 Förster-Resonanz-Energietransfer (FRET) – 185
8.5.6 Einzelmolekülspektroskopie – 185

© Springer-Verlag GmbH Deutschland, ein Teil von Springer Nature 2022
J. Kurreck et al. (Hrsg.), *Bioanalytik*, https://doi.org/10.1007/978-3-662-61707-6_8

8.6     **Methoden mit polarisiertem Licht – 186**

8.6.1   Lineardichroismus – 186

8.6.2   Optische Rotationsdispersion und Circulardichroismus – 189

        **Literatur und Weiterführende Literatur – 191**

- Die Spektroskopie ermöglicht die strukturelle und funktionelle Charakterisierung von Molekülen, Membranen und Zellen.
- Spektroskopische Methoden wurden für den ultravioletten, den sichtbaren, infraroten und den Terahertz-Spektralbereich etabliert und erlauben die Untersuchung von elektronischen und vibronischen Zuständen.
- Dynamische spektroskopische Methoden können für die Untersuchung von chemischen und biochemischen Reaktionen bis in den Piko- und Femtosekundenbereich verwendet werden;
- Die Breite der Anwendungen reicht von der Grundlagenforschung über die industrielle Analytik und den Umweltschutz bis in die Medizin.
- Spektroskopische Methoden werden zunehmend außerhalb von Labors mit kompakten portablen oder mit *Handheld*-Geräten möglich.

Mit biophysikalischen Messmethoden möchte man Informationen über Form, Größe, Aufbau, Struktur, Ladung, Molekulargewicht, Funktion und Dynamik von biologischen Makromolekülen erlangen. Optische spektroskopische Methoden können Teilaspekte aufklären, zwar nicht in so detaillierter Form wie es beispielsweise bei der hochaufgelösten Kristallstruktur eines Enzyms möglich ist, aber dafür mit sehr viel weniger Aufwand. Nicht nur der apparative Aufwand ist relativ niedrig, sondern auch die Anforderungen an Reinheit, Menge oder spezielle Formen eines Präparats. Auch der Aufwand, den ein Experimentator treiben muss, um zu einer sinnvollen Interpretation zu kommen (Auswertung, Modellbildung, Experimente an Modellsystemen), ist in der Regel niedrig.

Im Verhältnis zum Informationsgewinn erfordern optische spektroskopische Methoden einen vergleichsweise geringen Aufwand. Dies lässt sie zu Routinemethoden werden, die in vielen Laboratorien angewandt werden. Zu diesen Routinemethoden gehören Absorptionsmethoden im ultravioletten und im sichtbaren Spektralbereich. Sie können zur Bestimmung der Konzentration oder Reinheit eines Proteins eingesetzt oder für die Untersuchung von Pigmenten (z. B. in Pigment-Protein-Komplexen) herangezogen werden. Die Absorptionsmethoden setzen sich jenseits des sichtbaren Spektralbereichs im Infraroten fort. Dieser Bereich ist von zunehmendem Interesse für die Struktur- und Funktionsanalytik von Biopolymeren. Andere Methoden wiederum beruhen auf Emissions- oder Streuprozessen. Fluoreszenzmethoden zur Untersuchung von Nachbarschaftsbeziehungen in Biopolymeren oder von Faltungsprozessen haben inzwischen weite Verbreitung erlangt.

---

**Pigment**

Farbstoff, d. h. ein Molekül, das im *sichtbaren* Spektralbereich Licht absorbiert und dadurch einen Farbeindruck hervorruft. *Beispiel*: das Sehpigment Rhodopsin in der Sehzelle oder das Pigment Chlorophyll bei der Photosynthese.

---

Im Gegensatz zu den Spektren von kleinen Molekülen, die auch im theoretischen Ansatz gut verstanden sind und die gut modelliert werden können, können die Spektren von Makromolekülen, insbesondere die von Biomolekülen, oft nur phänomenologisch beschrieben werden. Modellrechnungen für solche Spektren benötigen häufig aufwendige Normierungen, um mit den beobachteten Spektren übereinzustimmen. Dennoch lassen sich mit optischen spektroskopischen Methoden bei einer empirischen Vorgehensweise Moleküle identifizieren, quantifizieren, ihre Reaktionen untersuchen und ihre Funktion in komplexen Systemen wie in einer lebenden Zelle oder einem lebenden Organismus charakterisieren.

Dieses Kapitel soll zunächst die physikalischen Grundlagen vorstellen. Im Mittelpunkt steht dabei die Wechselwirkung von Licht mit Materie, die Grundlage aller optischen spektroskopischen Methoden. Es folgen die einzelnen Methoden. Die vorgestellten Beispiele umfassen etablierte Routineanwendungen, aber auch aktuelle Anwendungen aus der Forschung.

Die Frage nach der Funktion und Dynamik von Biopolymeren ist eng mit der Möglichkeit von zeitaufgelösten Messungen verknüpft, sodass bei den einzelnen Methoden auch Anwendungen in verschiedenen Zeitbereichen – von Sekunden bis Pikosekunden – besprochen werden.

## 8.1 Physikalische Prinzipien und Messtechniken

### 8.1.1 Physikalische Grundlagen optischer spektroskopischer Messmethoden

Alle optischen spektroskopischen Methoden beruhen auf demselben Grundprinzip: elektromagnetische Strahlung bestimmter *Wellenlänge* und *Intensität* wird in das zu untersuchende Objekt eingestrahlt und von ihm absorbiert, gestreut oder wieder emittiert (□ Abb. 8.1). In einer photometrischen Messung muss also die elektromagnetische Strahlung nach ihrem Austritt aus dem „Objekt" auf ihre *Intensität*, *Wellenlänge* und *Winkelverteilung* (relativ zur

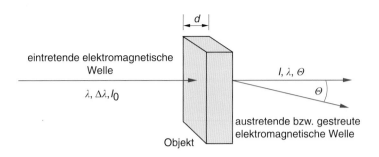

**Abb. 8.1** Prinzip einer photometrischen Messung. Die eintretende elektromagnetische Welle hat die Wellenlänge $\lambda$, die spektrale Breite $\Delta\lambda$ und die Intensität $I_0$. Die Welle durchläuft das „Objekt" der Schichtdicke $d$ und tritt – je nach Eigenschaften und Konzentration $c$ der Substanzen – mit bestimmter Wellenlänge und Intensität $I$, gegebenenfalls unter dem Winkel $\Theta$, aus

Ausbreitungsrichtung der eingestrahlten Strahlung) untersucht und mit der eintretenden Strahlung verglichen und verrechnet werden.

Elektromagnetische Wellen bestehen aus einer elektrischen und einer magnetischen Komponente, die sowohl vom Ort $x$ als auch von der Zeit $t$ abhängen. Diese Abhängigkeit wird durch die Oszillation des elektrischen ($E$) und des magnetischen Feldvektors ($H$) beschrieben:

$$E\left(x,t\right) = E_0 \cdot \cos\left[2\pi\left(\nu t - \frac{x}{\lambda}\right) + \phi\right]$$

$$H\left(x,t\right) = H_0 \cdot \cos\left[2\pi\left(\nu t - \frac{x}{\lambda}\right) + \phi\right] \qquad (8.1)$$

Dabei ist mit $\nu$ die Frequenz des Lichts und mit $\lambda$ seine Wellenlänge bezeichnet. Mit $\Phi$ ist die Phase für $x = 0$, $t = 0$ bezeichnet. Zwischen der Wellenlänge $\lambda$ und der Frequenz $\nu$ gilt die Beziehung $c = \nu \cdot \lambda$, wobei $c$ die Lichtgeschwindigkeit bedeutet. Sie hängt vom Medium ab und beträgt im Vakuum $c_0 = 2{,}9979 \cdot 10^8$ m s$^{-1}$. Der elektrische und der magnetische Feldvektor stehen stets senkrecht zur Ausbreitungsrichtung der Welle. Bei natürlichem Licht kommen alle Richtungen für den elektrischen (und den magnetischen) Feldvektor gleich verteilt vor. Man spricht dagegen von *linear polarisiertem Licht*, wenn der elektrische (und damit der magnetische Feldvektor) nur in einer Richtung auftritt, oder von *zirkular polarisiertem Licht*, wenn der Feldvektor eine Spiralbahn um die Ausbreitungsrichtung des Lichtes beschreibt.

Das in Abb. 8.1 gezeigte Prinzip einer photometrischen Messung lässt sich mit der Vorgabe einer bestimmten Polarisationsrichtung bei linear polarisiertem Licht und einer Orientierung des „Objekts" noch erwei-

richtung des elektrischen (bzw. magnetischen) Feldvektors nennt man die *Polarisation* des Lichts. Bei natürlichem Licht sind alle Ausrichtungen gleich häufig vertreten. Bei Reflexion des Lichts an Grenzflächen oder bei Absorption durch orientierte Moleküle können bestimmte Ausrichtungen (Polarisationsrichtungen) bevorzugt werden. Solches Licht bezeichnet man als polarisiertes Licht und unterscheidet zwischen linear und zirkular polarisiertem Licht. Auf der linearen Polarisation von Sonnenlicht beruht beispielsweise die Orientierungsfähigkeit der Bienen; zirkular polarisiertes Licht ist für die Wirkungsweise von Flüssigkristallanzeigen wichtig.

tern. Durch die Messung der Intensität der austretenden Welle als Funktion der Polarisationsrichtung kann ein Bezug zwischen der mikroskopischen, molekularen Orientierung der Probe und der durch die Achse der Probe und die Polarisationsrichtung vorgegebenen makroskopischen Orientierung erhalten werden ( Abb. 8.2).

Wird statt linear polarisiertem Licht zirkular polarisiertes Licht verwendet, so können optisch aktive Substanzen untersucht werden. Statt einer makroskopischen Ordnung wird hier die Eigenschaft ausgenutzt, dass links-zirkular bzw. rechts-zirkular polarisiertes Licht unterschiedlich absorbiert werden kann ( Abb. 8.3).

### 8.1.2 Wechselwirkung Licht-Materie

Elektromagnetische Strahlung kann im Teilchenbild oder im Wellenbild verstanden werden; die Synthese beider Bilder wird als **Welle-Teilchen-Dualismus** bezeichnet. In der Darstellung im Teilchenbild geht man von einem Strom von Lichtteilchen (Photonen) aus, deren Ruhemasse null ist, die sich mit Lichtgeschwindigkeit bewegen und deren Energie aus der Beziehung $E = h \cdot \nu$ bestimmt wird ($h$ ist das Planck'sche Wirkungsquantum, $6{,}62 \cdot 10^{-34}$ $J\,s$, $\nu$ ist die Schwingungsfrequenz des Lichts in s$^{-1}$). Argumente für die Teilchennatur des Lichts liefern beispielsweise die quantisierte Antwort der Photorezeptoren im Auge, aber auch das Verhalten von Photodetektoren. Im Wellenbild wird Licht als

---

**Polarisiertes Licht**

Licht ist elektromagnetische Strahlung, hat also eine elektrische und eine magnetische Komponente. Die Feldstärken dieser Komponenten werden durch einen elektrischen und einen magnetischen Feldvektor repräsentiert, die senkrecht aufeinander und auf der Ausbreitungsrichtung stehen ( Abb. 8.2). Die Aus-

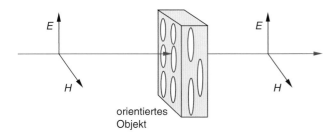

orientiertes
Objekt

**⬛ Abb. 8.2** Prinzip einer photometrischen Messung mit linear polarisiertem Licht. *E* ist der elektrische Feldvektor, *H* der magnetische Feldvektor

Objekt mit unterschiedlich starker
Absorption für links- bzw. rechtszirkular
polarisiertes Licht

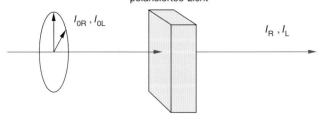

$I_{0R}, I_{0L}$

$I_R, I_L$

**⬛ Abb. 8.3** Prinzip einer photometrischen Messung mit zirkular polarisiertem Licht. $I_{0R}, I_{0L}$: Intensität der rechts- bzw. links-zirkular polarisierten Komponente der eintretenden Welle; $I_R, I_L$: Intensität der rechts- bzw. links-zirkular polarisierten Komponente der austretenden Welle

transversale elektromagnetische Welle dargestellt, deren Eigenschaften bereits oben diskutiert wurden. Argumente für die Wellennatur sind Phänomene wie die Brechung, Beugung oder Interferenz des Lichts. Verknüpft man das Teilchen- mit dem Wellenbild, so kann man von Photonenenergien sprechen und gleichzeitig den Begriff der Wellenlängen benutzen: Der Ausdruck „... ein Photon der Wellenlänge 500 nm ..." verdeutlicht diesen Dualismus. Für die in diesem Kapitel betrachteten spektroskopischen Grundlagen sind Photonen im ultravioletten, im sichtbaren, im nahen infraroten und im mittleren infraroten Spektralbereich maßgeblich. An diese schließt sich der Bereich der Mikrowellen und Radiowellen an, der für magnetische Resonanzmethoden (ESR, NMR) wichtig ist.

In ⬛ Tab. 8.1 ist für alle Spektralbereiche zusätzlich noch der Bereich in Wellenzahlen (Einheit cm$^{-1}$) angegeben. Die **Wellenzahl** gibt die Zahl der Wellenzüge pro cm an und wird bis heute von Spektroskopikern, vor allem bei der Infrarotspektroskopie und Raman-Spektroskopie, bevorzugt verwendet. Sie ist proportional zur Energie der Photonen. Für die Energie dieser Photonen ist die „makroskopische" Einheit Joule, die man aus der Beziehung $E = h \cdot \nu$ erhält, offensichtlich keine besonders griffige Größe. Aus diesem Grund ist in ⬛ Tab. 8.1 zusätzlich die Energie in Elektronenvolt (eV) angegeben. Auf diese Weise erhält man handliche Energiegrößen

wie in der fünften Spalte. Sie sind vor allem dann nützlich, wenn in Verbindung mit Lichtabsorption der Übertrag von Elektronen beobachtet wird, beispielsweise bei den Primärreaktionen in der Photosynthese.

Berücksichtigt man, dass Bindungsenergien zwischen Atomen in einem Molekül bei mehreren Elektronenvolt liegen, so wird aus ⬛ Tab. 8.1 sofort klar, dass bei Absorption der in der Bioanalytik angewandten elektromagnetischen Strahlung (mit Ausnahme von Röntgenstrahlung, UV-C und UV-B) chemische Bindungen nicht aufgebrochen werden können und in der Regel auch keine Ionisation der Moleküle erfolgt. Allerdings kann durch Absorption eines Photons ein Elektron von einem niederen in ein höheres Orbital gehoben werden, es kann ein sog. **elektronischer Übergang** erfolgen.

---

**Elektronenvolt**

Die Energieeinheit Elektronenvolt ist folgendermaßen definiert: Ein Elektron, das ein elektrisches Feld mit einer Beschleunigungsspannung von 1 Volt durchlaufen hat, hat aus diesem Feld die Energie 1 Elektronenvolt (1 eV) entnommen. Da sich die kinetische Energie $E_{kin}$ des Elektrons aus dem Produkt der Beschleunigungsspannung $U$ und der Elementarladung $e$ ($1,6 \cdot 10^{-19}$ Coulomb) ergibt, erhält man:

$$1\,\text{eV} = 1,6 \cdot 10^{-19}\,\text{C} \cdot \text{V} = 1,6 \cdot 10^{-19}\,\text{A} \cdot \text{s} \cdot \text{V}$$
$$= 1,6 \cdot 10^{-19}\,\text{W} \cdot \text{s} = 1,6 \cdot 10^{-19}\,\text{J}.$$

---

Für die Diskussion der Wechselwirkung von Licht mit Materie ist das Wellenbild geeigneter, und wir können uns zunächst auf den elektrischen Feldvektor der elektromagnetischen Welle beschränken, da seine Eigenschaften in weiten Spektralbereichen die Wechselwirkung bestimmen. Der magnetische Feldvektor spielt eine wichtige Rolle bei den Resonanzmethoden. Genau genommen müsste man bei der Diskussion der elektromagnetischen Welle die räumliche und die zeitliche Abhängigkeit des elektrischen Feldvektors betrachten. Die Dimensionen der absorbierenden Moleküle sind typischerweise sehr klein im Vergleich zur Wellenlänge, bei der sie absorbieren. Nimmt man z. B. ein Molekül mit einer maximalen Ausdehnung von 15–20 Å wie das in ⬛ Abb. 8.11 gezeigte Retinal, das in isolierter Form bei ca. 360 nm absorbiert, so ist diese Moleküldimension immer noch sehr klein gegenüber der kürzesten Wellenlänge elektromagnetischer Strahlung, bei der es Licht absorbiert (etwa 300 nm oder 3000 Å). Deshalb kann in guter Näherung die elektrische (und die magnetische) Feldstärke der elektromagnetischen Welle innerhalb eines Moleküls als räumlich konstant angesehen werden. Für die Wechselwirkung mit Materie brauchen wir nur

8

**Tab. 8.1** Einteilung der Spektralbereiche des elektromagnetischen Spektrums. UV: ultraviolette Strahlung; VIS: sichtbare („visible") Strahlung; NIR, MIR, FIR: nahes, mittleres und fernes Infrarot; THz: Terahertz

| Bereich | Wellenlänge | Wellenzahl (in cm$^{-1}$) ca. | Photonenenergie (in J) | Photonenenergie (in eV) | Anregung von | Anwendungen |
|---|---|---|---|---|---|---|
| Röntgenstrahlung | 0,01–100 nm | $10^9$–$10^5$ | $2 \cdot 10^{-14} - 2 \cdot 10^{-18}$ | $10^5$–10 | inneren Elektronen | Strukturbestimmung |
| UV-C | 100–280 nm | 100.000–35.000 | $2 \cdot 10^{-18} - 7 \cdot 10^{-19}$ | 12,4–4,4 | äußeren Elektronen | |
| UV-B | 280–320 nm | 35.000–30.000 | $7 \cdot 10^{-19} - 6,25 \cdot 10^{-19}$ | 4,4–3,9 | delokalisierten Elektronen | UV Proteine |
| UV-A | 320–400 nm | 30.000–25.000 | $6,25 \cdot 10^{-19} - 5 \cdot 10^{-19}$ | 3,9–3,1 | | |
| VIS | 400–760 nm | 25.000–13.000 | $5 \cdot 10^{-19} - 2,6 \cdot 10^{-19}$ | 3,1–1,6 | | UV Pigmente |
| NIR | 760–3 000 nm | 13.000–33300 | $2,6 \cdot 10^{-19} - 6,6 \cdot 10^{-20}$ | 1,6–0,4 | Oberschwingungen | |
| MIR | 3–30 μm | 3000–330 | $6,6 \cdot 10^{-20} - 6,6 \cdot 10^{-21}$ | 0,4–0,04 | Schwingungsniveaus | IR/Raman |
| FIR/THz | 30–1 000 μm | 330–10 | $6,6 \cdot 10^{-21} - 2 \cdot 10^{-22}$ | 0,04–0,001 | Rotationsniveaus | THz-Bildgebung |
| Mikrowellen | 1000 μm–10 cm | 10–0,1 | $2 \cdot 10^{-22} - 2 \cdot 10^{-24}$ | $10^{-3}$–$10^{-5}$ | Elektronenspins | EPR |
| Radiowellen | 10 cm–100 m | $10^{-1}$–$10^{-4}$ | $2 \cdot 10^{-24} - 2 \cdot 10^{-27}$ | $10^{-5}$–$10^{-8}$ | Kernspins | NMR |

die zeitliche Abhängigkeit zu betrachten. Die zeitliche Variation des elektrischen Feldvektors kann folgendermaßen beschrieben werden:

$$
\begin{aligned}
\boldsymbol{E} = \boldsymbol{E}(t) &= \boldsymbol{E}_0 \cdot \cos(\omega t) \\
&= \boldsymbol{E}_0 \cdot \cos(2\pi\nu t) \\
&= \boldsymbol{E}_0 \cdot \exp(i\omega t)
\end{aligned} \qquad (8.2)
$$

mit

$E_0$ - statische Größe des Feldvektors

$\omega$ - Kreisfrequenz

$i$ - imaginäre Einheit

$\nu$ - Frequenz des Lichts

### 8.1.2.1 Moleküleigenschaften

Für die Wechselwirkung des elektromagnetischen Feldvektors mit dem Molekül betrachten wir zunächst die Gesamtenergie des Moleküls aus den Beiträgen der Bewegungen der Atomkerne und der Elektronen. In der klassischen Beschreibung zeigen die Kerne Translations-, Vibrations- und Rotationsbewegungen, und die Elektronen bewegen sich in diskreten Bahnen um die Kerne. In einem etwas detaillierteren, aber immer noch klassischen Bild halten sich die Elektronen in Schalen oder Orbitalen auf, die in vorgegebener Weise besetzt werden können. Quantenmechanisch werden diese Orbitale durch Elektronendichteverteilungen beschrieben. Für die Beschreibung von Molekülen erweitert man dieses Orbitalmodell, indem aus Atomorbitalen (AO) *Molekülorbitale* (MO) konstruiert werden. Im Kasten „Eigenschaften von Elektronen und Orbitalen" sind einige der bei der Beschreibung von Orbitalen verwendeten Begriffe zusammengefasst.

Für einfachere Moleküle (z. B. für $C_2H_4$, Ethen) lassen sich die Grundtypen dieser Molekülorbitale, in diesem Fall für die C=C-Bindung, angeben. Bei einem bindenden $\sigma$-Orbital ist die Elektronendichte entlang der Verbindungslinie zwischen den Kohlenstoffkernen lokalisiert. Bei seinem Gegenstück im angeregten Zustand, dem $\sigma^*$-Orbital, geht die Elektronendichte zwischen den Kernen gegen null. Es wird **antibindend** genannt, weil es zur Kompensation der Kernabstoßung nicht beiträgt. Ein **bindendes** $\pi$-Orbital zeigt maximale Elektronendichte in einer Ebene senkrecht zur Kernverbindungslinie, hat entlang der Verbindungsachse jedoch minimale Elektronendichte (einen „Knoten"). Das zugehörige antibindende $\pi^*$-Orbital hat analog zum $\sigma^*$-Orbital seine maximale Elektronendichte nicht zwischen den Kernen. Eine Doppelbindung enthält vier Elektronen, zwei in einem $\sigma$-Molekülorbital und zwei in einem $\pi$-Molekülorbital. Liegen $\pi$-Elektronenpaare vor, die nicht an der Bindung beteiligt sind, so werden diese als nichtbindende Molekülorbitale (n) bezeichnet. Die Übergänge zwischen diesen Orbitalen sind in ◘ Abb. 8.4 gezeigt.

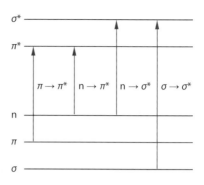

◘ **Abb. 8.4**  Schema der möglichen elektronischen Übergänge zwischen Molekülorbitalen. Die Länge der Pfeile entspricht der Energie der Photonen, mit denen ein Übergang angeregt werden kann

---

**Eigenschaften von Elektronen und Orbitalen**

**Spin S**: Betrachtet man das Elektron als negative Ladungsverteilung, so erzeugt eine Rotation (Drehimpuls) ein magnetisches Moment.

Jedes **Orbital** kann nur mit maximal zwei Elektronen besetzt werden, wobei das **Pauli-Prinzip** antiparallelen Spin erfordert. Die typische Darstellung dieser Spinkonfiguration ist $\{-1/2, +1/2\}$ oder $\{+1/2, -1/2\}$.

Unter der **Multiplizität** versteht man die nach dem Schema $M = 2 \cdot |S| + 1$ berechnete Größe.

($|S|$ (ist der Betrag der Summe der magnetischen Momente)). Zum Beispiel ist für eine Spinkonfiguration mit $\{-1/2 +1/2\}$ oder $\{+1/2, -1/2\}$ $S = 0$ und damit $M = 1$.

Diese Spinkonfiguration wird daher als **Singulettzustand** bezeichnet. Wird z. B. bei einem photochemischen Prozess ein Spin invertiert, sodass die Spinkonfiguration $\{+1/2, +1/2\}$ oder $\{-1/2, -1/2\}$ ist, so ist $|S| = 1$ und damit $M = 3$; diese Spinkonfiguration wird als **Triplettzustand** bezeichnet.

---

Elektronen haben einen Eigendrehimpuls und ein magnetisches Moment, das als Spin bezeichnet wird. Bei einem stabilen Molekül halten sich in der Regel in den Molekülorbitalen je zwei Elektronen mit antiparallelen Spins auf (Pauli-Prinzip). Durch Absorption eines Photons kann nun ein Elektron aus einem besetzten Molekülorbital in ein leeres Molekülorbital gehoben werden. In der Terminologie der Photochemie wird dies durch Angabe der Molekülorbitale bezeichnet.

---

Ein $\pi \rightarrow \pi^*$-Übergang liegt dann vor, wenn das Elektron aus einem $\pi$-Orbital in ein $\pi^*$-Molekülorbital gehoben wird. Der Übergang von einem Orbital in ein leeres Orbital erfolgt entweder unter Beibehalten des Spins, oder aber unter Spinumkehr.

Der elektrische Feldvektor einer einlaufenden elektromagnetischen Welle kann nun in der Ladungsverteilung, die von der Molekülstruktur vorgegeben ist, Dipole induzieren. Der induzierte Dipol $\mu_{ind}$ ist proportional zur elektrischen Feldstärke $E$:

$$\mu_{ind} = \alpha \cdot E \tag{8.3}$$

Hier ist die elektrische Feldstärke als Vektor dargestellt. Dies bedeutet, dass auch das im Molekül induzierte Dipolmoment vektoriellen Charakter hat, d. h. innerhalb der Molekülgeometrie orientiert ist. Die Proportionalitätskonstante $\alpha$ wird **Polarisierbarkeit** genannt. Sie hängt wiederum von der elektronischen Struktur des Moleküls ab und kann in allen drei Raumrichtungen verschieden sein, muss daher als Tensor geschrieben werden. Anschaulich ist eine hohe Polarisierbarkeit dann gegeben, wenn ein Elektronensystem durch ein von außen einwirkendes elektrisches Feld leicht „deformiert" werden kann.

Durch die zeitliche Variation der elektrischen Feldstärke $E$ variiert auch der induzierte Dipol $\mu_{ind}$ mit der Kreisfrequenz $\omega$. Die Größe des induzierten Dipols $\mu_{ind}$, bestimmt durch die Polarisierbarkeit $\alpha$, ist ein Maß für die Wahrscheinlichkeit, mit der das Molekül durch die Wechselwirkung mit der elektromagnetischen Welle in einen anderen Zustand übergehen kann. In der Molekülspektroskopie wird der Begriff des **Übergangsdipolmoments** verwendet. Darunter versteht man die Verschiebung elektrischer Ladungen in einem Molekül beim Übergang zwischen zwei elektronischen Zuständen. Bei einem *erlaubten* Übergang – bei ihm absorbiert die Substanz recht stark – entspricht die Größe dieses Übergangsdipolmoments etwa der Verschiebung einer Elementarladung ($1{,}6 \cdot 10^{-19}$ Coulomb) um die Länge einer Bindung ($10^{-10}$ m) Die Stärke eines Übergangs, die sich in der Intensität der Absorption oder Emission äußert, hängt vom Quadrat des Übergangsdipolmoments ab.

### 8.1.2.2 Energieniveaus eines Moleküls

Um die Übergänge zwischen verschiedenen Energieniveaus eines großen Moleküls verstehen zu können, muss man zunächst die möglichen Energiebeiträge zur Gesamtenergie bilanzieren. Sie lassen sich in verschiedenen Anteilen darstellen, die jeweils um ein bis zwei Größenordnungen unterschiedliche Beiträge liefern:

$$E_{ges} = E_{el} + E_{vib} + E_{rot} + E_{magn} \tag{8.4}$$

$E_{ges}$ ist die Gesamtenergie des Moleküls. Sie setzt sich zusammen aus der Energie $E_{el}$ der Elektronen (elektronischen Niveaus), der Schwingungsenergie $E_{vib}$ der Atomkerne – sie schwingen relativ zueinander –, aus den Rotationsenergien von Atomen oder Atomgruppen um eine gemeinsame Achse ($E_{rot}$) sowie aus den magnetischen Eigenschaften der Kerne und der Elektronenhüllen ($E_{magn}$). Die magnetischen Eigenschaften werden wir zunächst für die hier behandelten spektroskopischen Techniken vernachlässigen.

Schon für ein kleines mehratomiges Molekül ist die Darstellung der Energiebeiträge als Funktion von Atomkoordinaten nicht mehr übersichtlich. Ein vielatomiges Biomolekül kann auf diese Weise, zumindest als Ganzes, nicht mehr dargestellt werden. Als „Modell" wählt man daher üblicherweise ein zweiatomiges Molekül, bei dem eine Größe der Molekülgeometrie, z. B. der Kernabstand, auf der Abszisse und die potenzielle Energie des Moleküls auf der Ordinate aufgetragen werden. Für den elektronischen Grundzustand $S_0$ (Begründung für diese Nomenklatur s. u.) erhält man eine Potenzialkurve mit einem Minimum, das dem Gleichgewichtsabstand $r_0$ der Kerne entspricht. Als klassisches Bild für das zweiatomige Molekül wird immer ein System von zwei mit einer Feder verbundenen Massen herangezogen, wobei die Massen die Atome symbolisieren und die Feder den Bindungskräften entspricht. ◘ Abb. 8.5 zeigt zwei Schwingungspotenzialkurven; sie gehören zu zwei elektronischen Niveaus.

Für kleine Schwingungen um den Gleichgewichtsabstand $r_0$ kann die Potenzialkurve gut durch eine Parabel (harmonisches Potenzial, Parabelpotenzial) angenähert werden: Für dieses Parabelpotenzial lassen sich Schwingungen quantenmechanisch gut berechnen; man erhält die Eigenschaften eines harmonischen Oszillators. Verringert man die Kernabstände, so steigt die Energie stärker an als beim Parabelpotenzial erwartet, da die Annäherung der beiden positiv geladenen Kerne sehr viel Energie benötigt. Vergrößert man die Kernabstände, so geht das Parabelpotenzial asymptotisch auf einen Grenzwert, der der Energie der beiden dissoziierten

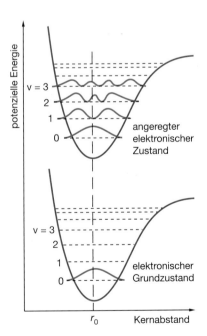

◘ **Abb. 8.5** Schematische Darstellung der Energieniveaus für ein zweiatomiges Molekül. Gezeigt sind die Potenzialkurve (rot) für zwei elektronische Niveaus und die zugehörigen Schwingungsniveaus v = 1, 2, 3 … (schematisch); $r_0$ ist der Gleichgewichtsabstand. Eingezeichnet sind auch die Aufenthaltswahrscheinlichkeiten

Atome entspricht. In beiden Fällen wird die Schwingung zunehmend anharmonisch. Eine analoge Potenzialkurve kann für den ersten angeregten Zustand $S_1$ gezeichnet werden, sie liegt energetisch höher und hat in der Regel ihr Minimum bei einem etwas anderen Kernabstand $r_0'$.

Innerhalb der beiden Potenzialkurven ($S_0$ bzw. $S_1$) liegen nun Schwingungsniveaus $v_1$, $v_2$, $v_3$ ... $v_n$ bis zur Dissoziationsgrenze, d. h. bis zu einer Energie, bei der die Atome so weit voneinander entfernt sind, dass die Bindung aufbrechen kann. Für kleine Auslenkungen, für die die Schwingungen annähernd harmonisch sind und ein Parabelpotenzial als Näherung angenommen werden kann, liegen diese Energieniveaus der Schwingungen äquidistant bei:

$$E_v = hv\left(v + 1/2\right) \tag{8.5}$$

Dabei steht $v$ für die Schwingungsfrequenz des klassischen Oszillators, $h$ ist das Planck'sche Wirkungsquantum und v die Schwingungsquantenzahl, die das Schwingungsniveau angibt. Man beachte, dass für v = 0 die Energie mit $E_0 = 1/2\, hv$ größer null ist: Diese Minimalenergie wird als **Nullpunktsenergie** bezeichnet und hat ihre Ursache in der Heisenberg'schen Unschärferelation, nach der die gleichzeitige genaue Angabe des Ortes (z. B. der Gleichgewichtslage $r_0$) und der Energie nicht möglich ist. Für größere Auslenkungen aus der Gleichgewichtslage wird die Schwingung zunehmend anharmonisch, und die Näherung des parabelförmigen Potenzials kann nicht mehr angewandt werden. Diese Anharmonizität führt zu einer Abnahme der Abstände der Energieniveaus bis zu einem Verlaufen in einem Kontinuum bei der Dissoziationsgrenze. Da in Molekülen unabhängig voneinander Schwingungs- und Rotationsbewegungen auftreten können, sind die Schwingungsniveaus $v_n$ ihrerseits wieder unterteilt in Rotationsniveaus $r_1$, $r_2$, $r_3$ ... $r_n$. Beispiele für Schwingungsformen einfacher Moleküle werden in ▶ Abschn. 8.3 angegeben.

Eine einfache Abschätzung zeigt, dass sich bei Raumtemperatur alle Moleküle im elektronischen Grundzustand $S_0$ befinden. Die Energielücke zwischen dem Grundzustand $S_0$ und dem ersten angeregten Zustand $S_1$ beträgt typischerweise mindestens 1 eV (dies entspricht der Energie eines Photons mit einer Wellenlänge von etwa 1200 nm). Die Energielücke zwischen dem niedrigsten Schwingungsniveau ($v = 0$) und dem nächsthöheren Schwingungsniveau ($v = 1$) liegt typischerweise bei mindestens 0,1–0,5 eV (dies entspricht der Energie eines Photons im mittleren Infrarot, ◘ Tab. 8.1). Die thermische Energie bei Raumtemperatur beträgt jedoch nur etwa 0,025 eV, sodass im thermischen Gleichgewicht alle Moleküle im elektronischen Grundzustand und fast immer im Schwingungsgrundzustand vorliegen und nur Rotationszustände signifi-

kant besetzt sind. Man stellt diese Konfiguration des Moleküls als ($S_0$, v = 0, $r_1$ ... $r_n$) dar.

### 8.1.2.3 Übergänge zwischen Energieniveaus

Ausgehend von diesem Zustand können jetzt durch Absorption eines Photons geeigneter Energie Übergänge zwischen verschiedenen Niveaus erfolgen. Absorptionen von Photonen im IR regen Rotations- und Schwingungsübergänge innerhalb von $S_0$ an; Absorptionen von Photonen im UV, sichtbaren und nahen infraroten Spektralbereich regen elektronische Übergänge zwischen $S_0$ und $S_1$ (oder höher angeregten Zuständen) an.

Eines der Auswahlprinzipien ist als **Franck-Condon-Prinzip** bekannt und in ◘ Abb. 8.5 dargestellt. Ihm liegt zugrunde, dass der Gleichgewichtsabstand der beiden Kerne im angeregten Zustand entweder gleich, kleiner oder größer sein kann als im Grundzustand. Nur der erstere Fall ist in ◘ Abb. 8.5 dargestellt. Außerdem liegt zugrunde, dass der elektronische Übergang von $S_0$ nach $S_1$ sehr rasch erfolgt (in ca. $10^{-15}$ s), während Schwingungen der Kerne relativ zueinander sehr viel langsamer erfolgen (eine Schwingungsperiode dauert ca. $10^{-13}$ s). Während eines elektronischen Übergangs bleibt der Kernabstand damit nahezu konstant. Dem wird in der Abbildung dadurch Rechnung getragen, dass der elektronische Übergang senkrecht eingezeichnet ist; er führt immer dann zu einem angeregten Schwingungszustand, wenn der Gleichgewichtsabstand im angeregten Zustand von dem im Grundzustand abweicht.

> Bedingung für einen Übergang ist stets, dass die Energiedifferenz zwischen dem Ausgangs- und dem Endzustand der Energie des eingestrahlten Photons entspricht. Nicht alle Übergänge in diesem Schema sind jedoch gleich wahrscheinlich. Es gibt vielmehr eine Reihe von Auswahlregeln, nach denen Übergänge erlaubt (d. h. wahrscheinlich und mit starker Absorption verbunden) bzw. verboten (d. h. unwahrscheinlich und mit schwacher Absorption verbunden) sind.

In der quantenmechanischen Darstellung dieses Phänomens betrachtet man die Überlappung der Wellenfunktion in $S_0$ und $S_1$ (bzw. $S_2$ ... $S_n$). Diese Wellenfunktionen sind ein Maß für die Aufenthaltswahrscheinlichkeit: Im niedrigsten Schwingungsniveau (v = 0) zeigt die Wellenfunktion (und damit die Aufenthaltswahrscheinlichkeit) ihr Maximum beim Gleichgewichtsabstand $r_0$, bei allen anderen Schwingungsniveaus $v_n$ bei den Umkehrpunkten (◘ Abb. 8.5). Da, wie bereits diskutiert, die elektronischen Übergänge wesentlich schneller als die Schwingungen der Kerne erfolgen, sind diejenigen Übergänge am wahrscheinlichsten, bei denen sich

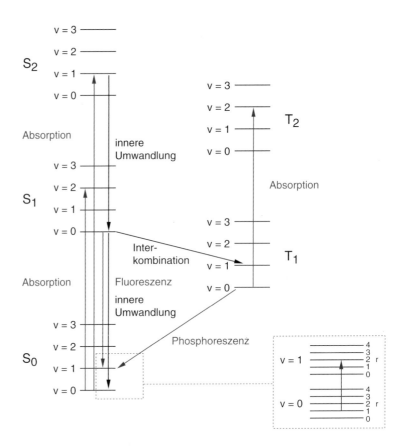

**Abb. 8.6** Termschema eines Moleküls mit möglichen Übergängen. In der Ausschnittvergrößerung für v = 0 und v = 1 ist ein Übergang der Infrarotabsorption gezeigt. Strahlungslose Übergänge sind schwarz eingezeichnet; Übergänge, die unter Absorption oder Emission eines Photons verlaufen, sind rot dargestellt

im Grundzustand und im angeregten Zustand die Schwingungszustände und damit die Aufenthaltswahrscheinlichkeiten am ähnlichsten sind.

Wie oben bereits diskutiert, erfolgt ein elektronischer Übergang in der Regel unter Beibehaltung des Spins. Da in diesem Fall der Anfangszustand durch die Spinkonfiguration S = +1/2, –1/2 und der Endzustand ebenfalls durch S = +1/2, –1/2 beschrieben wird, ist die Multiplizität in beiden Fällen $M = 1$, man spricht von Singulettzuständen bzw. von einem Singulettübergang (s. auch ▪ Tab. 8.3). Unter bestimmten Bedingungen kann jedoch eine Spinumkehr erfolgen, sodass der Übergang von einer Spinkonfiguration S = +1/2, –1/2 zur Konfiguration S = –1/2, –1/2 oder S = +1/2, +1/2 erfolgt, also von einem Singulettzustand zu einem Triplettzustand. Man spricht in diesem Fall von *Intersystem Crossing*. Die dazugehörige Auswahlregel bezeichnet man als **Interkombinationsverbot** von Singulett- und Triplettzuständen. Nach dieser Auswahlregel sind Übergänge mit Spinumkehr verboten, d. h. sehr unwahrscheinlich und in der Absorption schwach.

### 8.1.2.4 Das Jablonski-Diagramm

Energieniveaus und Übergänge können bei einem vielatomigen Molekül nicht mehr in der in ▪ Abb. 8.5 gewählten Form, d. h. als Funktion des Atomabstands, dargestellt werden. Das **Termschema** (auch Jablonski-Diagramm genannt) ermöglicht unabhängig von der Größe oder Komplexität des Moleküls eine Beschrei-

bung. ▪ Abb. 8.6 zeigt ein Termschema mit dem elektronischen Grundzustand und dem ersten sowie einem zweiten angeregten Singulettzustand ($S_1$ und $S_2$) sowie dem ersten und zweiten Triplettzustand ($T_1$ und $T_2$), wobei die einzelnen Niveaus weiter in Schwingungsniveaus ($v_1, v_2, v_3 \ldots v_n$) unterteilt sind. Die Schwingungsniveaus teilen sich weiter auf in Rotationsniveaus ($r_1, r_2, r_3 \ldots r_n$); sie sind der Übersicht halber nicht mit eingezeichnet (s. aber Ausschnittsvergrößerung).

Die mit Strahlungsabsorption oder -emission verbundenen Übergänge werden wie folgt benannt:

| **Absorption** | **Fluoreszenz** |
|---|---|
| $S_0$, v = 0 → $S_1$, v = 2 | $S_1$, v = 0 → $S_0$, v = 1 |
| $S_0$, v = 0 → $S_2$, v = 1 | Phosphoreszenz |
| $T_1$, v = 0 → $T_2$, v = 2 | $T_1$, v = 0 → $S_0$, v = 1 |

Zusätzlich sind die strahlungslose innere Umwandlung (innere Konversion, *internal conversion*) und der Übergang in das Triplett-System (Interkombination, *intersystem crossing*) eingezeichnet. In der Ausschnittsvergrößerung rechts unten ist ein Übergang der Infrarotabsorption v = 0 (r = 1) → v = 1 (r = 2) dargestellt.

Aus Gründen der Übersichtlichkeit werden elektronische und vibronische Niveaus von Molekülen im Jablonski-Diagramm fast immer in dieser Form

(■ Abb. 8.6.) angegeben. Für das Verständnis der möglichen Übergänge ist es jedoch wesentlich, dass höher angeregte Schwingungsniveaus des Grundzustands $S_0$ bis auf das Energieniveau des ersten angeregten Zustands $S_1$ reichen, ebenso die höher angeregten Schwingungsniveaus von $S_1$ bis zum zweiten elektronisch angeregten Niveau $S_2$, usw. Elektronische und vibronische Niveaus sind daher eng gekoppelt. Dadurch wird auch verständlich, wie elektronisch angeregte Zustände strahlungslos deaktivieren können (innere Konversion, innere Umwandlung).

Für die kurze Zeit, die ein Molekül nach elektronischer Anregung (z. B. von $S_0$, v = 0 nach $S_1$, v = 2) in einem höheren Schwingungsniveau verbleibt, liegt kein Gleichgewicht mit der Umgebung vor; es sind Schwingungsniveaus besetzt, die sonst nur bei höheren Temperaturen erreicht würden. Hier kann man durchaus von einem „heißen" Molekül sprechen, das jedoch durch Energieabgabe schnell (in rund $10^{-12}$ s) seinen thermisch „ausgeglichenen" Zustand erreicht.

Die Rückkehr aus einem der angeregten Zustände in einen Zustand niedrigerer Energie oder in den Grundzustand lässt sich auch durch die **Lebensdauer** eines Zustands beschreiben. Ein Zustand, der mit hoher Wahrscheinlichkeit entvölkert wird, ist kurzlebig; ein Zustand, der nur durch einen verbotenen Übergang abreagieren kann, wird eine entsprechend längere Lebensdauer haben. Für eine Rückkehr aus dem ersten angeregten Singulettzustand ($S_1$) in den Grundzustand ($S_0$) durch Fluoreszenz wird eine hohe Übergangswahrscheinlichkeit erwartet, da keine Spinumkehr erfolgt. Die Lebensdauer beträgt in einem solchen Fall ca. $10^{-9}$ s. Im Fall der Rückkehr aus dem ersten angeregten Triplettzustand ($T_1$) durch Phosphoreszenz ist dagegen Spinumkehr erforderlich. Dieser Übergang erfolgt nur mit geringer Wahrscheinlichkeit; die Lebensdauer kann hier bis in den Bereich von Millisekunden oder Sekunden reichen. Allerdings muss darauf hingewiesen werden, dass bei der Deaktivierung eines angeregten Zustands strahlungslose Prozesse mit Emissionsprozessen konkurrieren können. In diesem Fall wird eine kürzere Lebensdauer beobachtet, da der angeregte Zustand durch zwei parallele Reaktionen schneller entvölkert werden kann.

Anhand des Termschemas können die Absorptions- und Emissionsprozesse eines Moleküls, die für die Bioanalytik auswertbar sind, gut beschrieben werden. Dennoch muss beachtet werden, dass das Schema nur eine grobe Näherung für die Beschreibung der Übergänge darstellt. Beispielsweise kann aus dem angeregten Zustand ein strahlungsloser Energietransfer zu einem zweiten, eng benachbarten Chromophor erfolgen. Wenn dieser aus dem Singulett-Zustand erfolgt und diese Anregungsenergie auf einen Singulett-Zustand übertragen wird, wird dies als **Singulett-Singulett-Energietransfer** bezeichnet. Außer den „strahlenden" und „strahlungslosen" Über-

gängen sind photochemische Reaktionen möglich, beispielsweise die sehr schnelle Abgabe eines Elektrons an ein benachbartes Molekül, sodass lichtinduzierte Redoxprozesse (Oxidation gekoppelt mit Reduktion) initiiert werden können. Solche Prozesse spielen eine zentrale Rolle bei den Primärprozessen in der Photosynthese.

Für die Betrachtung eines Moleküls in einer „realen" Umgebung, d. h. für Moleküle in Lösung oder in einer Proteinmatrix, muss das Modell des Jablonski-Diagramms erweitert werden. Die ausgedehnte Elektronenverteilung im angeregten Zustand bei einem $\pi \rightarrow \pi^*$-Übergang führt zu stärkerer Wechselwirkung mit einem polaren Lösungsmittel als im Grundzustand, senkt das Energieniveau ab und führt so zu einer Rotverschiebung. Bei einem $n \rightarrow \pi^*$-Übergang dagegen ist im Grundzustand die Wechselwirkung mit einem polaren Medium stärker, sodass der Übergang blauverschoben wird. Auch die Größe des Übergangsdipolmoments hängt stark von der Wechselwirkung der chromophoren Gruppen untereinander und mit dem Medium ab. Die Diskussion der physikalischen Effekte, die – abhängig von der Orientierung der Übergangsdipolmomente zueinander – eine Erhöhung oder Verringerung der Absorption bewirken können, würde den Rahmen dieses Kapitels sprengen. In der phänomenologischen Beschreibung des Absorptionsverhaltens sind die Begriffe **Bathochromie** für die Rotverschiebung und **Hypsochromie** für die Blauverschiebung einer Absorptionsbande üblich; zur Charakterisierung einer erhöhten Absorption verwendet man den Begriff **Hyperchromie**, für eine verringerte Absorption den Begriff **Hypochromie**.

Das Termschema eines Moleküls lässt sich jetzt leicht in ein Spektrum „übersetzen", das mit einem geeigneten Spektralphotometer aufgenommen werden kann. Zunächst einmal findet Absorption nur dann statt, wenn die Energie der eingestrahlten Photonen $E = h \cdot \nu = h \cdot c / \lambda$ der „Energielücke" des Moleküls – also beispielsweise dem Abstand zwischen $S_0$ und $S_1$, zwischen $S_0$ und $S_2$ usw. – entspricht. Je nach Termschema entsteht dabei ein „Spektrum", das wegen der diskreten Niveaus von $S_0$, $S_1$, $S_2$, … aber nur aus Linien bestünde. Selbst bei Hinzunahme der Schwingungsniveaus, mit der Möglichkeit, dass elektronische Übergänge nicht nur vom niedrigsten Schwingungsniveau des elektronischen Grundzustands ($S_0$, v = 0) zum niedrigsten Schwingungsniveau des elektronisch angeregten Zustands ($S_1$, v = 0), sondern zu höher angeregten Schwingungsniveaus ($S_1$, v = 1, v = 2, v = 3, …) erfolgen, würden nur Linienspektren beobachtet, bei denen je nach Wahrscheinlichkeit dieser Übergänge eine Serie von Absorptionslinien unterschiedlicher Stärke beobachtet wird. In der Praxis ist dies nur bei den Spektren verdünnter Gase der Fall; bei Molekülen in Lösung werden diese schwingungsabhängig strukturierten Spektren durch die Wechselwirkung mit dem Lösungsmittel zu

Absorptionsbanden verbreitert. Eine solche Absorptionsbande ist charakterisiert durch ihr **Absorptionsmaximum** bei einer bestimmten Wellenlänge ($\lambda_{max}$), ihre Höhe ($A_{max}$), und ihre Breite, die üblicherweise als **Halbwertsbreite** (HWB, engl. FWHM, *Full Width at Half Maximum*), d. h. als die Breite bei halber Maximalabsorption, angegeben wird.

Die bei Biomolekülen tatsächlich gemessenen Absorptionsbanden zeigen Halbwertsbreiten, die hauptsächlich durch Schwingungsunterstrukturen sowie durch Heterogenität in der lokalen Konformation und Wechselwirkung der Chromophore bestimmt sind. Eine Verbreiterung durch die endliche Lebensdauer der angeregten Zustände oder durch Stöße spielt nur eine geringe Rolle. Die Halbwertsbreiten von Banden bei elektronischen Übergängen hängen aus diesem Grund deutlich von der Temperatur ab. Bei tiefen Temperaturen sind einerseits höhere Schwingungsniveaus weniger stark besetzt, sodass die Übergänge mit geringerer Energieunschärfe erfolgen. Andererseits werden bei Absenken der Temperatur bestimmte Proteinkonformationen „eingefroren", sodass dadurch Absorptionsbanden ebenfalls schärfer werden. Diese Effekte lassen sich gut nutzen, um mithilfe von Kryostaten bei der Temperatur des flüssigen Stickstoffs (77 K) oder Heliums (4 K) heterogene Pigmentpopulationen, z. B. von photosynthetischen Pigment-Protein-Komplexen, zu unterscheiden.

### 8.1.3 Absorptionsmessungen

Die Absorption elektromagnetischer Strahlung mit einer vorgegebenen Energie bzw. Wellenlänge, d. h. eine makroskopisch (im Labor) photometrisch messbare Größe, die Aussagen über eine mikroskopische (im Atom oder Molekül gültige) Größe erlaubt, wird durch das **Lambert-Beer'sche Gesetz** beschrieben. Dabei wird vorausgesetzt, dass die absorbierende Substanz homogen in der Lösung verteilt ist, dass keine Lichtstreuung vorliegt und keine Photoreaktionen in der Lösung stattfinden. Die Absorption $A$ eines derart gelösten Stoffs ist dann für monochromatisches Licht:

$$A = \log\left(\frac{I_0}{I}\right) = \varepsilon \cdot c \cdot d \qquad (8.6)$$

Dabei bedeuten $I_0$ und $I$ die Intensität der einfallenden bzw. aus der Messlösung austretenden Strahlung, $c$ die Konzentration des absorbierenden Stoffes (in mol l$^{-1}$) und $d$ die vom Messstrahl durchsetzte Schichtdicke der Lösung. Die Stoffkonstante $\varepsilon$ wird als **molarer Absorptionskoeffizient** (gelegentlich auch als Extinktionskoeffizient, s. u.) bezeichnet. Da der Logarithmus dimensionslos sein muss, ist die Absorption eine dimensionslose Größe, dennoch findet man oft die nicht korrekte Angabe von „Absorptionseinheiten" (AU) oder der „optischen Dichte" (OD). Da üblicherweise die Schichtdicke $d$ in Zentimetern angegeben wird, ergibt sich für $\varepsilon$ die Einheit l mol$^{-1}$ · cm$^{-1}$. Anstelle der Absorption wird oft auch die Transmission $T$ oder die prozentuale Transmission $T\%$ angegeben:

$$T = \frac{I}{I_0} \qquad T_{\%} = 100 \cdot \frac{I}{I_0} \qquad (8.7)$$

Die Beziehungen zwischen Absorption und Transmission und zwischen den Lichtintensitäten $I$ und $I_0$, die von einem Detektor verarbeitet werden müssen, zeigen klar den sinnvollen Bereich von Absorptionsmessungen. Bei einer Absorption von 1, also einer Transmission von 10 %, müssen im Photometer Intensitäten mit hoher Genauigkeit und Linearität gemessen und verrechnet werden, die um eine Größenordnung auseinanderliegen. Bei einer Absorption von 2 liegen $I_0$ und $I$ um zwei Größenordnungen auseinander, bei einer Absorption von 3 um drei Größenordnungen, usw. Die moderne Elektronik von Photometern mit digitaler Anzeige und Computertechnologie verführt gelegentlich dazu, Absorptionswerte von 3 oder mehr ernst zu nehmen (auch Gerätehersteller neigen zu dieser Sicht). Sinnvoll erscheinen nach diesen Betrachtungen Werte bis zu einer Absorption von höchstens 2; wer möglichst genau messen will, sollte seine Lösung durch Verdünnen bzw. Konzentrieren oder durch Verwendung von Küvetten mit anderen Schichtdicken auf eine Absorption von etwa 1 einstellen.

Wie oben erwähnt, gilt das Lambert-Beer'sche Gesetz streng nur für monochromatisches Licht. Die Größen $I$, $I_0$, $\varepsilon$ und damit auch $A$ (oder $T$) sind also wellenlängenabhängig. Man muss daher die jeweilige Wellenlänge (z. B. als Index $\lambda$) angeben. Trägt man die Absorption (oder Transmission) bzw. den Absorptionskoeffizienten als Funktion der Wellenlänge auf, erhält man ein sog. **Absorptions-** bzw. **Transmissionsspektrum**. Zweckmäßig ist es, anstelle der Absorptionsskala gleich den molaren Absorptionskoeffizienten $\varepsilon$ als Funktion der Wellenlänge aufzutragen, um unabhängig von experimentellen Parametern wie Schichtdicke oder Konzentration zu sein.

Enthält die zu untersuchende Probe mehrere absorbierende Komponenten, so überlagern sich die Absorptionen additiv, falls die Komponenten keine Wechselwirkung miteinander zeigen. Das Lambert-Beer'sche Gesetz kann für diesen Fall erweitert werden:

$$A = \left(\varepsilon_1 c_1 + \varepsilon_2 c_2 + \ldots + \varepsilon_j c_j\right) \cdot d \qquad (8.8)$$

Die Begriffe Absorption und Extinktion werden in Lehrbüchern oft synonym verwendet, sollten aber strenger unterschieden werden. Während die Absorption über das Lambert-Beer'sche Gesetz direkt mit dem molekularen Prozess der Wechselwirkung von Licht mit Materie verknüpft ist, bezeichnet Extinktion (von lat. *extingere*, auslöschen) den aus dem ursprünglichen Messstrahl entnommenen Anteil, unabhängig davon, ob durch Absorption oder durch „scheinbare Absorption" wie beispielsweise Lichtstreuung. So kann eine Suspension lichtstreuender Partikel wie beispielsweise Milch im sichtbaren Spektralbereich zwar Extinktion zeigen, Absorption im Sinne des Lambert-Beer'schen Gesetzes findet aber nicht statt.

Während monochromatisches Licht für eine Absorptionsmessung in guter Näherung erreicht werden kann, sind die anderen Voraussetzungen oft nicht leicht zu erfüllen. So können die untersuchten Stoffe beispielsweise fluoreszieren und damit einen Teil des absorbierten Lichts bei größeren Wellenlängen wieder emittieren. Abhängig von der Geometrie des Messstrahls kann damit der Detektor eine wesentlich höhere Intensität $I$ als bei einer nicht fluoreszierenden Probe registrieren, was zu einer Unterschätzung der Absorption führt. Abhilfe schafft das Verdünnen der Probe bis zu einer Konzentration, bei der die Intensität des emittierten (und vom Detektor aufgefangenen) Fluoreszenzlichts gegenüber der aus der Probe austretenden Messlichtintensität $I$ vernachlässigt werden kann.

Häufig sind biochemische und biologische Proben Suspensionen, z. B. von Zellen oder Zellorganellen, die (oft schon mit dem Auge sichtbar) das Messlicht streuen. Abhängig von der Größe und Form der suspendierten Partikel kann damit ein wesentlicher Teil des durchgehenden Messlichts aus der Vorwärtsrichtung herausge-

streut werden, was zu einer geringeren Intensität am Detektor ($I$) als bei einer nicht streuenden Probe führt. Die Intensität am Detektor variiert dabei je nach Geometrie des Photometers, abhängig davon, welche Winkelbereiche noch von der Fläche des Detektorelements erfasst werden. Da die Streuung wellenlängenabhängig ist, wird eine Streukurve beobachtet, die sich der wellenlängenabhängigen Absorption überlagert. ◘ Abb. 8.7 zeigt schematisch eine solche Streukurve und ihre Auswirkung auf die Absorptionsmessung. Hier ist angenommen, dass die streuenden Partikel Dimensionen in der Größenordnung der Wellenlänge haben. In der Praxis könnten dies beispielsweise Membranfragmente, Zellen oder Zellorganellen sein.

Die Streukurve kann nur in Ausnahmefällen analytisch beschrieben und präzise abgezogen werden. Sie hängt vor allem von der Partikelgröße $d$ relativ zur Wellenlänge, der Wellenlänge $\lambda$, und den Eigenschaften des Mediums (z. B. der Brechzahl $n$) ab, im Detail auch von der Partikelform. Für spektroskopische Messungen im ultravioletten oder sichtbaren Spektralbereich unterscheidet man zwischen Rayleigh-Streuung ($d \ll \lambda$), Rayleigh-Gans-Debye- ($d < \lambda$), Mie- ($d \approx \lambda$) und Fraunhofer-Streuung (d > $\lambda$), wobei diese Begriffe jeweils für die unterschiedlichen theoretischen Behandlungen stehen. Beispiele dafür sind der blau erscheinende Himmel durch Rayleigh-Streuung des Sonnenlichts an den Molekülen der Erdatmosphäre und weiß erscheinende Wolken durch Mie-Streuung an Wassertröpfchen im Größenbereich von Mikrometern.

Die Streuung von Partikeln mit Dimensionen bis etwa in die Größenordnung der Wellenlänge zeigt eine Abhängigkeit der scheinbaren Absorption von $I/\lambda^4$. Ist eine Absorptionsbande einer Streukurve überlagert, genügt es i. A., Punkte außerhalb der Absorptionsbande zur Interpolation der Streukurve und zur Korrektur des Absorptionswerts heranzuziehen (◘ Abb. 8.7). Durch geschickte Anordnung von Probe und Detektor im

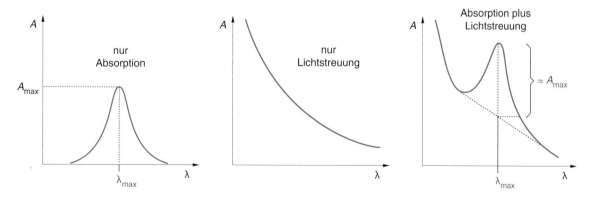

◘ **Abb. 8.7** Lichtstreuung und ihre Auswirkung auf die Absorptionsmessung. Im linken Teil ist Absorption ohne Lichtstreuung gezeigt, im mittleren Teil die Extinktion aufgrund streuender Partikel. Beide überlagern sich im einfachsten Fall additiv und müssen durch geeignete Interpolation getrennt werden

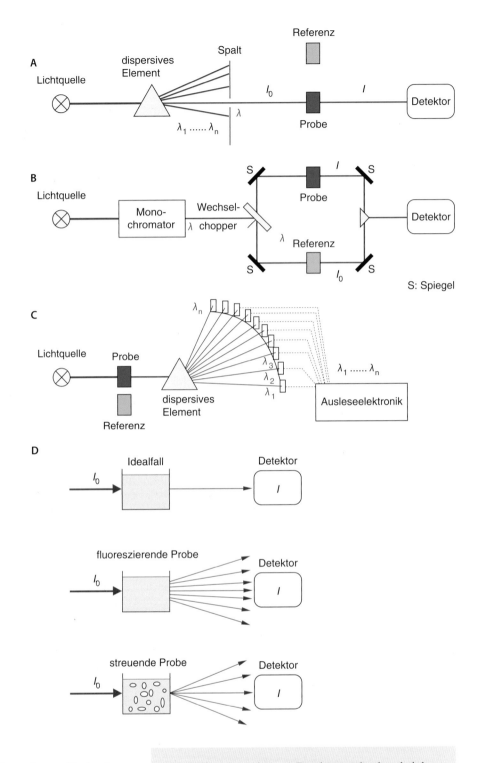

**Abb. 8.8** Funktionsweise von Photometern und wichtige Fehlerquellen. **A** Einstrahlphotometer, Probe und Referenz müssen getrennt vermessen werden; **B** Zweistrahlphotometer, Probe und Referenz werden alternierend vermessen; **C** Diodenarray-Photometer, Probe und Referenz werden getrennt vermessen; **D** häufige Fehler bei der Photometrie (vgl. Kasten: Häufige Fehler bei der Photometrie)

Spektralphotometer oder durch geeignete Probenkammern können die Effekte der Streuung reduziert werden (▪ Abb. 8.8).

**Häufige Fehler bei der Photometrie (▪ Abb. 8.8D)**

- *Fluoreszierende* Probe, nicht ausreichend gefüllte Küvette oder nicht exakt im Strahl justierte Mikroküvette

*Folgen*: Intensität am Detektor zu hoch, scheinbar zu geringe Absorption
*Abhilfe*: Verdünnung (bei fluoreszierenden Proben), Einsetzen einer Abdeckmaske (bei Mikroküvetten)
- *Streuende Proben:* Intensität wird aus dem Strahl „herausgestreut"
- *Folgen*: Intensität am Detektor zu niedrig, scheinbar zu hohe Absorption

— *Abhilfe*: Detektor dicht an der Probe montieren; großflächigen Detektor verwenden; spezielle Probenkammer: Ulbrichtkugel (*integrating sphere*), die Streulicht auch aus großen Winkelbereichen sammelt; Erhöhen der Brechzahl *n* des Lösungsmittels, um die Streuung an den Partikeln zu verringern.

## 8.1.4 Photometer

Zur Messung der Absorption im UV/VIS-Bereich bis zum nahen IR werden heute in der Bioanalytik überwiegend Routine-Spektralphotometer eingesetzt, die entweder einen Teil des Spektralbereichs von ca. 190 nm bis ca. 1000 nm oder sogar den gesamten Bereich abdecken. Es werden fast nur noch automatisch registrierende Photometer benutzt, bei denen die Transmission oder Absorption in einem bestimmten Wellenlängenbereich aufgenommen wird.

In **Zweistrahlphotometern** (◻ Abb. 8.8B) wird der Messlichtstrahl, der von einer Glühlampe oder einer Gasentladungslampe stammt und dessen Wellenlänge durch einen Monochromator (meist ein Gittermonochromator) bestimmt wird, durch einen Strahlteiler in einen Probe- und einen Referenzstrahl aufgeteilt. Diese Strahlen durchsetzen die Proben- bzw. die Referenzküvette und werden auf einem Detektor registriert. Es gibt verschiedene Varianten bei der Geräteausführung: Entweder wird der gleiche Strahl mittels eines rotierenden Spiegels im Wechsel durch die Probenküvette und die Referenzküvette geleitet, und beide Signale werden im Wechsel detektiert. Oder der Messstrahl wird durch einen festen Strahlteiler in zwei etwa gleiche Anteile aufgespalten, und zwei Detektoren werden für den Proben- und Referenzstrahl verwendet. Als Lichtquellen werden für den UV-Spektralbereich in der Regel Deuterium-Gasentladungslampen (ca. 200 nm bis ca. 400 nm) und für den VIS/NIR-Spektralbereich Halogenglühlampen verwendet, als Detektoren für den UV/VIS-Bereich bis ins NIR bei etwa 900 nm dienen Photomultiplierröhren. Mit speziell rotempfindlichen Photomultipliern kann auch der NIR-Bereich bis etwa 1100 nm erfasst werden. Häufig findet man dafür jedoch die wesentlich preiswerteren und robusteren Silicium-Photodioden, die auch bei kleineren Wellenlängen eingesetzt werden können, deren Empfindlichkeit jedoch im UV stark abfällt. Der Wechsel der Lichtquellen oder Detektoren für die ver-

schiedenen Spektralbereiche erfolgt meist automatisch durch Klappspiegel. Mit dem zunehmenden Spektrum an Halbleiter-Lichtquellen, wie beispielsweise Lasern oder Leuchtdioden (*Light-Emitting Diodes*, LED), können sehr preisgünstige und stabile Spektralphotometer aufgebaut werden. Ihr Vorteil ist die hohe Leuchtdichte, die Stabilität und die Abwesenheit der zusätzlichen Wärmestrahlung, die bei der Verwendung von Glühlampen als Messlichtquellen stets Filtermaßnahmen erforderlich macht.

Der Vorzug des Zweistrahlphotometers ist, dass durch die geeignete Wahl der Referenzküvette, die beispielsweise das Lösungsmittel enthält, direkte Differenzbildung der Absorptionen von Probe und Referenz stattfindet und das Spektrum der gelösten Substanz erhalten wird. Die spektrale Charakteristik der Lampe, des Monochromators, des Detektors und der Optik heben sich ebenfalls auf. Im Grunde spricht jedoch nichts gegen die Verwendung von Einstrahlphotometern, die in der optischen Konstruktion wesentlich einfacher sind. Bei ihnen wird zunächst das Spektrum der Referenz $I_0(\lambda)$ aufgenommen, digitalisiert und abgespeichert, danach das der Probe $I(\lambda)$. Im Anschluss daran wird die Absorption nach $A = \log (I_0/I)$ automatisch berechnet. Die einzige Voraussetzung dafür ist die hinreichende zeitliche Stabilität von Lampe und Optik.

Zweistrahl- und Einstrahlphotometern mit Monochromatoren ist gemeinsam, dass sukzessive alle Spektralelemente durchlaufen werden (*scanning*). Dies hat den Vorteil, dass immer nur ein relativ schmales Spektralelement auf einmal die Probe durchsetzt und Photoreaktionen dadurch minimiert werden. Der Nachteil ist der Zeitaufwand aufgrund der minimalen Registrierzeit oder Integrationszeit des Detektors für jedes Spektralelement, während der quasi alle anderen Spektralelemente vom Monochromator „nutzlos" ausgeblendet werden. Dieser Nachteil wird in **Vielkanalspektrometern** behoben, bei denen eine Vielzahl von Detektoren gleichzeitig verschiedene Spektralelemente registriert. Das Prinzip dieser Vielkanalspektrometer, die als **Diodenarrays**, **optische Vielkanalanalysatoren** (*Optical Multichannel Analyzer*, OMA) oder mit neuerer Halbleitertechnologie als ***Charge-Coupled Devices*** (CCD-Zeilenelemente) angeboten werden, ist in ◻ Abb. 8.8C gezeigt. Diese optischen Geräte nutzen die Simultanmessung vieler (bis über 4096) Spektralelemente zur schnellen Aufnahme von Spektren. Den Geschwindigkeitsgewinn nennt man *Multiplexvorteil*. Schon bei einfachen Geräten dieses Typs dauert die Messung nur wenige Millisekunden, sodass die Untersuchung von zeitabhängigen Reaktionen (z. B. von Enzymkinetiken) im Sekundenbereich und schneller möglich ist. Aus physikalisch-optischen Gründen muss bei diesen Vielkanalanalysatoren die Probe mit weißem Licht bestrahlt werden. Die Auftrennung der Spektralelemente erfolgt nach der Probe, dementsprechend hoch ist die Belastung der Probe mit Messlicht. Bei lichtempfindlichen Proben kann es daher zu Photoreaktionen, im Extremfall sogar zu einer Ausbleichung kommen. Außerdem führen lichtstreuende Proben dazu, dass der Lichtweg nach der Probe nicht mehr präzise definiert ist. Vom Aufbau her sind solche Vielkanalspektrometer Einstrahlphotometer, die Spektren der Referenz und der Probe werden also nacheinander vermessen. Aufgrund der schnellen Aufnahme der Spektren findet man solche Photometer häufig als Detektoren für die Chromatographie, wo sie bei der Trennung von komplexeren Gemischen die Einkanaldetektoren ersetzen.

Die kleinen Emissionsflächen von LEDs und ihre hohe Brillanz sowie die einfachen, oft integrierten Gitteroptiken mit CCD-Detektoren erlauben den Bau extrem kompakter, empfindlicher und stabiler Photometer. Die LED-Lichtquellen können dabei in Lichtleiterfasern als Sender eingekoppelt werden, die Empfängerfasern in das CCD-Spektrometer, sodass Tauchsonden oder Sonden für die Messung der diffusen Reflexion gebaut werden können. Diese Kombination ermöglicht Spektrometer für Untersuchungen *in vivo*, beispielsweise für spektroskopische Messungen an Blättern, in Gewässern, an der menschlichen Haut.

### 8.1.5 Kinetische spektroskopische Untersuchungen

Zeitaufgelöste spektroskopische Untersuchungen sind sinnvoll und notwendig, um bei biochemischen Reaktionen Aussagen über den Anfangs- und Endzustand der Reaktion sowie über die Anzahl und Identität von Reaktionsintermediaten zu erhalten. Im Prinzip ist jedes Spektralphotometer auch für kinetische Untersuchungen geeignet, indem sukzessive Spektren aufgenommen werden; allerdings begrenzt die Aufnahmezeit für ein Spektrum die Zeitauflösung: Sie sollte wesentlich kürzer als die Halbwertszeit der Reaktion sein. Eine Alternative, die fast immer bei kommerziellen Spektralphotometern vorgesehen ist, ist die Messung der Absorption bei einer festen Wellenlänge als Funktion der Zeit. Auch wenn damit keine kompletten Spektren erhalten werden, können das Entstehen und der Zerfall von Intermediaten bei verschiedenen Wellenlängen verfolgt werden. Alle in ◘ Abb. 8.8 schematisch gezeigten Photometer eignen sich für solche *Ein-Wellenlängen*-Messungen, allerdings

bringt das Funktionsprinzip eines Zweistrahlphotometers durch das periodische Umschalten zwischen Proben- und Referenzstrahl Verzögerungen mit sich. Bei kommerziellen Geräten wird die beste Zeitauflösung mit Diodenarray- oder CCD-Detektoren erhalten, die für die Aufnahme eines gesamten Spektrums nur wenige Mikrosekunden bis Millisekunden benötigen.

Für die Aufnahme schneller kinetischer Messungen liegt das eigentliche Problem meist nicht bei der Aufnahme der Spektren, sondern beim Starten der Reaktion zu einem definierten Zeitnullpunkt. Nach der Zugabe eines Substrats zu einem in einer Messküvette gelösten Enzym und einer homogenen Durchmischung dauert es auch im Idealfall Sekunden, bis die Messlösung ohne Turbulenzen photometrisch untersucht werden kann. Für dieses Starten von Reaktionen durch Mischen wurden Verfahren entwickelt, die unter dem Namen **Rapid Mixing** oder **Stopped Flow** bekannt sind. Dabei werden die Reaktanden aus thermostatisierten Kammern mit Kolben in eine spezielle Reaktionskammer mit Fenstern für den Messstrahl injiziert, wobei die Form der Reaktionskammern schnellstmögliche Durchmischung garantiert. Die kürzesten Mischzeiten, die auf diese Weise erzielt werden, liegen bei ca. 1 ms.

Noch schnellere kinetische Untersuchungen sind nur möglich, wenn **Störungsmethoden** angewandt werden, bei denen ein Reaktionsgleichgewicht durch eine sprunghafte Änderung von Druck oder Temperatur gestört wird und das Relaxieren in den neuen Gleichgewichtszustand verfolgt wird. Ebenfalls zu den Störungsmethoden zählen kinetische Messmethoden, bei denen eine Reaktion photochemisch gestartet werden kann. Das Starten der Reaktion kann hier durch ultrakurze Laserblitze erfolgen. Mit geeigneten Techniken für die photochemische Anregung und für den spektroskopischen Nachweis von Reaktionsprodukten sind heute spektroskopische Untersuchungen im Pikosekundenbereich und Femtosekunden möglich; allerdings sind diese auf photochemische Reaktionen beschränkt.

Auf indirektem Wege können photochemische Verfahren auch dazu benutzt werden, Enzymreaktionen zu starten. Dazu wird anstelle des Substrats für das Enzym ein inaktives Substratanalogon hinzugegeben, das photochemisch aktiviert und zum aktiven Substrat verändert werden kann. Solche photochemisch aktivierbaren Moleküle werden als **Cage-Verbindung** (*caged compounds*) bezeichnet (◘ Abb. 8.9). Es sind Verbindungen, aus denen das aktive Substrat- oder das aktive Effektormolekül freigesetzt wird, indem eine Schutzgruppe photochemisch abgespalten wird. In einer Cage-Verbindung ist sozusagen die Reaktivität durch die Schutzgruppe wie in einem Käfig eingesperrt. Deshalb kann die Cage-Verbindung schon vor der Reaktion homogen mit dem

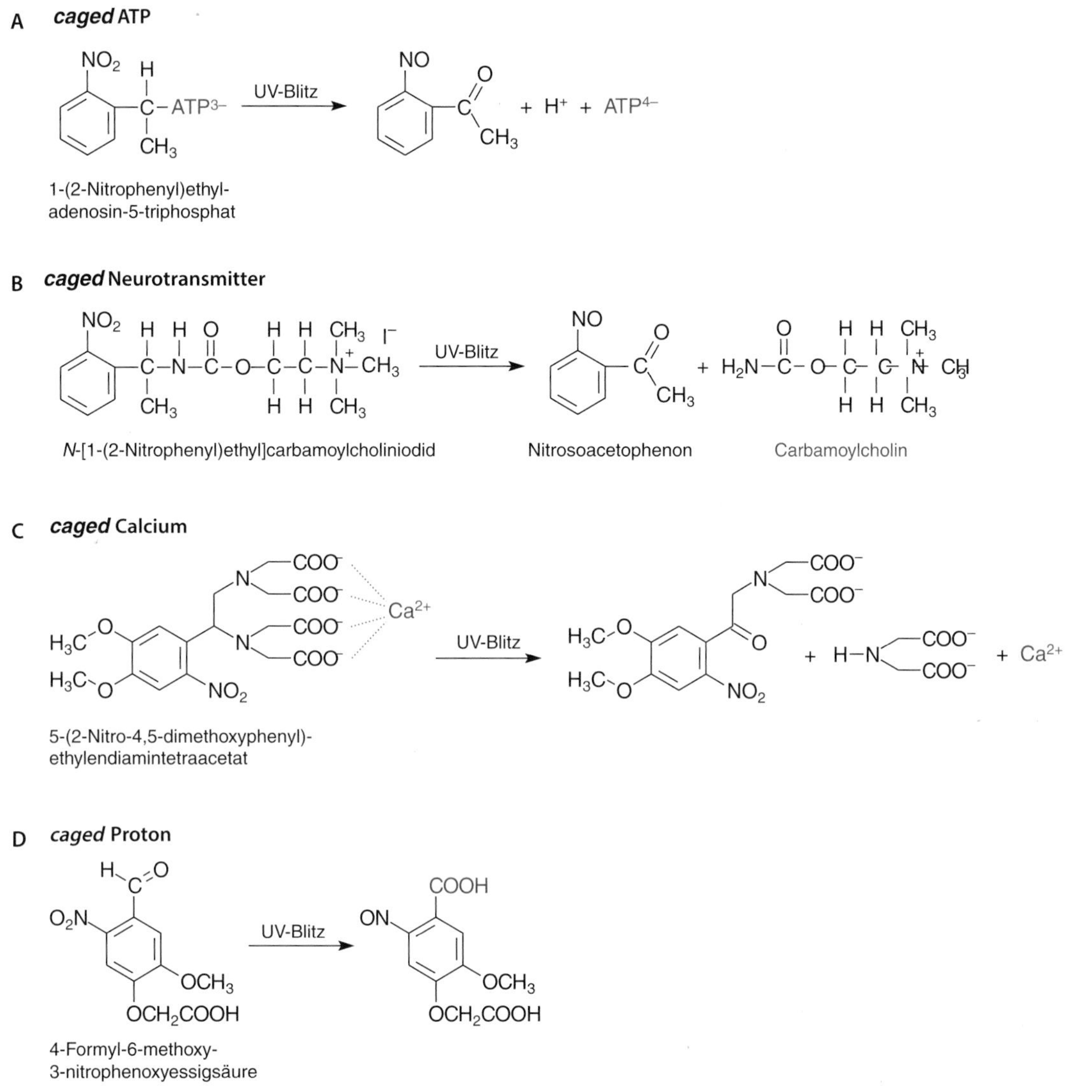

A    ***caged* ATP**

1-(2-Nitrophenyl)ethyl-
adenosin-5-triphosphat

B    ***caged* Neurotransmitter**

N-[1-(2-Nitrophenyl)ethyl]carbamoylcholiniodid    Nitrosoacetophenon    Carbamoylcholin

C    ***caged* Calcium**

5-(2-Nitro-4,5-dimethoxyphenyl)-
ethylendiamintetraacetat

D    ***caged* Proton**

4-Formyl-6-methoxy-
3-nitrophenoxyessigsäure

■ **Abb. 8.9**  Strukturen von photolabilen Effektormolekülen zum Starten biochemischer Reaktionen. **A** *caged* Adenosintriphosphat; **B** *caged* Neurotransmitter-Analogon; **C** *caged* Ca$^{2+}$; **D** *caged* Proton für einen pH-Sprung

Enzym vermischt werden. Nach der Anregung der Schutzgruppe (durch UV-Licht im Fall der häufig verwendeten Nitrobenzyl-Schutzgruppe) wird das Effektormolekül im Zeitbereich von Nanosekunden bis Millisekunden abgespalten. Für den idealen Fall, dass das inaktivierte Substrat nach dem Mischen bereits in der aktiven Stelle des Enzyms gebunden war (sodass Diffusionsschritte nach der Photolyse vermieden werden), können Enzyme quantitativ und in sehr kurzer Zeit – bis hinab zu einigen Mikrosekunden – aktiviert werden. ■ Abb. 8.9 zeigt die Strukturen von *caged* ATP und *caged* Ca$^{2+}$, die für die schnelle Freisetzung von ATP (analog auch ADP, AMP) und von Ca$^{2+}$ benutzt werden. Aus dem ebenfalls gezeigten *caged* Neurotransmitter wird photochemisch das Neurotransmitter-Analogon Carbamoylcholin freigesetzt; die als *caged* Proton bezeichnete Verbindung kann eingesetzt werden, um pho-

tochemisch einen schnellen pH-Sprung zu erzeugen. Durch photochemische Anregung von Tris(2,2 -bipyridin)-Ruthenium(II) kann eine schnelle Photoreduktion induziert werden (*caged electron*).

Zum Zünden dieser Reaktionen muss die Schutzgruppe durch einen kurzen, intensiven UV-Lichtblitz aktiviert werden. Die primäre Photochemie der Cages ist nicht einfach, und nicht alle Teilschritte und unvermeidlichen Nebenreaktionen sind hinreichend aufgeklärt. Andererseits werden zunehmend neue Cages synthetisiert und eingesetzt, und mittlerweile sind viele verschiedene Substanzen kommerziell verfügbar. Es ist daher abzusehen, dass in vielen Bereichen mit der Verwendung von Cages die herkömmlichen Mischverfahren ersetzt werden können und kinetische spektroskopische Untersuchungen an Enzymen mit hoher Zeitauflösung möglich werden.

In ähnlicher Weise können Photoschalter, beispielsweise Azobenzole, für das schnelle Schalten von Konformationen durch cis-trans-Isomerisierung eingesetzt werden. Im Gegensatz zu den oben genannten Cage-Molekülen können sie mit anderen Wellenlängen wieder „zurückgeschaltet" werden. Diese bistabilen Photoschalter finden zunehmend Verwendung bei der schnellen Spektroskopie von Peptiden und Proteinen, indem sie als künstliche Aminosäuren eingebaut werden und das schnelle Schalten von Peptidkonformationen gestatten.

## 8.2 UV/VIS/NIR-Spektroskopie

### 8.2.1 Grundlagen

Bei der Anwendung der UV/VIS/NIR-Spektroskopie zur Untersuchung von Proteinen muss zwischen der Absorption durch das Polypeptid selbst (Hauptkette und Seitenketten) und der Absorption durch chromophore prosthetische Gruppen unterschieden werden. In ◘ Abb. 8.10 ist ein Pentapeptid mit der Sequenz Ala-Gly-Asp-Trp-Ala gezeigt.

Die elektronischen Übergänge der Peptidbindung und der Seitenketten der Aminosäuren können an dem in ◘ Abb. 8.4 gezeigten Schema verdeutlicht werden. Die Grundeinheit eines Polypeptids, die Peptidbindung, trägt nur zur Absorption im mittleren UV-Bereich bei. Im Grundzustand liegt der Peptiddipol in etwa entlang einer Achse, die das Peptid-Stickstoffatom und -Sauerstoffatom verbindet (◘ Abb. 8.10). Die Resonanzstruktur der Peptidbindung führt zu einem $\pi \rightarrow \pi^*$-Übergang mit einem Absorptionsmaximum bei ca. 190 nm, der bei einem molaren Absorptionskoeffizienten von ca. 7000 l mol$^{-1}$ cm$^{-1}$ leicht detektiert werden kann. Der $n \rightarrow \pi^*$-Übergang bei ca. 220 nm ist mit $\varepsilon \approx 100$–200 l mol$^{-1}$ cm$^{-1}$ sehr schwach; er ist außerdem überlagert von der Absorption der Seitenketten einiger Aminosäuren (in ◘ Abb. 8.10 ist es die Absorption der Seitenkette des Aspartats) und kann daher nicht für die Analyse des Polypeptids herangezogen werden.

Die $\pi \rightarrow \pi^*$-Übergänge der Seitenketten der aromatischen Aminosäuren ergeben eine ausgeprägte Absorption bei 260–280 nm. Der Hauptbeitrag stammt dabei von der Aminosäure Tryptophan ($\lambda_{max} = 280$ nm, $\varepsilon \approx 6000$ l mol$^{-1}$ cm$^{-1}$), bei der das komplexe Absorptionsspektrum zwischen 250 nm und 300 nm verschiedene Übergänge anzeigt. Schwächere Beiträge in diesem Spektralbereich stammen vom $\pi \rightarrow \pi^*$-Übergang von Phenylalanin ($\lambda_{max} = 260$ nm, $\varepsilon \approx 200$ l mol$^{-1}$ cm$^{-1}$) sowie von Tyrosin ($\lambda_{max} = 275$ nm, $\varepsilon \approx 1500$ l mol$^{-1}$ cm$^{-1}$). Diese Übergänge der aromatischen Seitenketten können zur einfachen, wenn auch nicht sehr genauen Konzentrationsbestimmung von Proteinen herangezogen werden. Dazu geht man von der „durchschnittlichen" Verteilung der Aminosäuren Trp und Tyr in Proteinen aus; Phenylalanin kann vernachlässigt werden. Mit dieser Annahme erhält man für eine Proteinlösung der Konzentration 1 mg ml$^{-1}$ bei 1 cm Schichtdicke eine Absorption bei 280 nm von etwa 1. Dieses Verfahren ist zwar weniger empfindlich als die übliche Proteinbestimmung nach Lowry, aber schnell und vor allem nichtdestruktiv, d. h. das Präparat kann weiterverwendet werden. Allerdings ist es üblich, nicht die über viele verschiedene Proteine ermittelte durchschnittliche Zahl von Tyr und Trp, sondern für ein bestimmtes Protein die bekannte Zahl dieser Aminosäuren zu nehmen. Der Test wird dadurch wesentlich genauer und kann beispielsweise sehr gut in Verbindung mit der Absorption von absorbierenden Cofaktoren zur Abschätzung der Reinheit verwendet werden: Bei konstanter Chromophorabsorption weist eine erhöhte Absorption bei 280 nm auf eine Verunreinigung mit anderen Proteinen hin.

### 8.2.2 Chromoproteine

Wie bereits erwähnt, zeigt die Grundeinheit des Polypeptids nur eine Absorption im mittleren UV-Bereich, sodass Polypeptide ohne chromophore prosthetische Gruppe für das Auge farblos sind. Viele Proteine tragen jedoch einen oder mehrere Cofaktoren, die elektronische Übergänge im sichtbaren Spektralbereich aufweisen und das Protein farbig erscheinen lassen; in diesem Fall spricht man von Chromoproteinen. Diese Gruppen sind vielfach empfindliche Sonden für die Funktion des Proteins, da sie meist direkt an der katalytischen Funktion beteiligt sind und dabei ihre elektronischen Eigenschaften ändern. Sie umfassen eine Vielfalt von Atomen

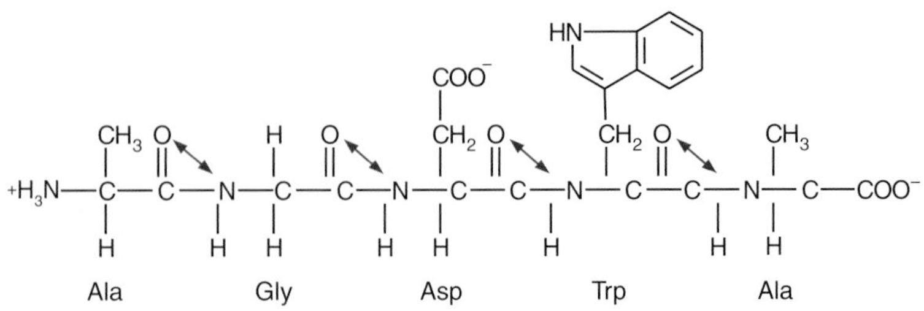

◘ **Abb. 8.10** Schema eines Pentapeptids. Die elektronischen Übergangsdipolmomente für die Peptidbindungen sind als rote Doppelpfeile eingezeichnet

oder kleineren Molekülen, von Metallzentren über Flavine, Hämmoleküle, Chlorophylle bis hin zu Retinalen. Ihre spektroskopischen Eigenschaften können im Rahmen dieses Kapitels nicht im Detail behandelt werden; wir werden uns daher auf Beispiele beschränken.

### 8.2.2.1 Rhodopsine

Bekannte Beispiele von Chromoproteinen sind die Rhodopsine mit Retinal in unterschiedlichen Isomerenformen als prosthetischer Gruppe. In diesen Proteinen ist Retinal (Vitamin-A-Aldehyd) kovalent über eine Schiff'sche Base an die $\varepsilon$-Aminogruppe eines Lysinrests gebunden und erfährt zusätzlich Wechselwirkungen mit Aminosäureseitenketten in der Bindungstasche. Die Bindung des Retinals im Rhodopsin bewirkt in allen Retinalproteinen eine Rotverschiebung des Absorptionsmaximums; freies 11-*cis*-Retinal in ethanolischer Lösung absorbiert bei ca. 360 nm, dasselbe Retinal im visuellen Pigment Rhodopsin absorbiert im Grundzustand bei 500 nm. Dabei ist die Bindung des Retinals an das Apoprotein (Opsin) über eine Schiff'sche Base sowie deren Protonierung nur zu einem Teil für diese Rotverschiebung verantwortlich; die Wechselwirkungen der Polyenkette und des $\beta$-Ionon-Rings in der Bindungstasche tragen ebenfalls zur Rotverschiebung bei.

Die elektronischen Übergänge des Retinals, die durch delokalisierte $\pi$-Elektronen zustande kommen, können so als empfindliche spektroskopische Sonde für den jeweiligen Zustand des Retinals in seiner Bindungsstelle und damit für den Zustand des Proteins herangezogen werden. ◘ Abb. 8.11 zeigt die Struktur von Retinal in der 11-*cis*-Form und seine Bindung an die $\varepsilon$-Aminogruppe eines Lysins zusammen mit den Absorptionsspektren der freien Form und der an das Opsin gebundenen Form.

Belichtet man Rhodopsin mit Licht im Wellenlängenbereich um ca. 500 nm, so führt die Absorption zu einer photochemischen Reaktion mit nachfolgenden thermisch aktivierten Dunkelreaktionen. Dabei werden verschiedene Intermediate beobachtet, die vereinfacht in ◘ Abb. 8.12 zusammengefasst sind. Der für die Ankopplung an die biochemischen Verstärkungs- und Regelungsprozesse wichtigste Schritt, der bei physiologischen Temperaturen in Millisekunden abläuft, ist die Reaktion von Metarhodopsin I zu Metarhodopsin II. Da sich die Intermediate alle spektroskopisch durch ihr Absorptionsmaximum und ihre unterschiedlich starke Absorption unterscheiden, kann diese Bleichsequenz durch kinetische spektroskopische Untersuchungen charakterisiert werden. Alternativ können bei tiefen Temperaturen die Spektren einzelner Intermediate erhalten werden. Das erste, rotverschobene Intermediat Bathorhodopsin ($\lambda_{\mathrm{max}}$ = 545 nm) zeigt eine stärkere Delokalisierung der $\pi$-Elektronen in der Polyenkette des Retinals an. Die starke Blauverschiebung der Chromophorabsorption in dem Intermediat Metarhodopsin II ($\lambda_{\mathrm{max}}$ = 380 nm) kann auf die Deprotonierung der Schiff'schen Base und eine strukturelle Öffnung des Proteins zurückgeführt werden. Schließlich erfolgt im weiteren Verlauf der Reaktionssequenz die Ablösung des Retinals vom Opsin und man beobachtet die Absorption von freiem Retinal.

Analoge Reaktionssequenzen treten bei vielen anderen Retinalproteinen auf. Bakterielle Rhodopsine durch-

◘ **Abb. 8.11**    Struktur von Retinal, das über eine Schiff'sche Base an die $\varepsilon$-Aminogruppe eines Lysinrests gebunden ist. Diese Bindung des Retinals im Sehpigment Rhodopsin führt zu einer Rotverschiebung im Absorptionsspektrum

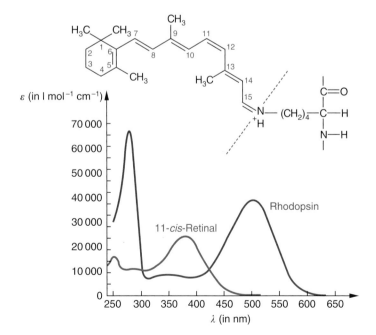

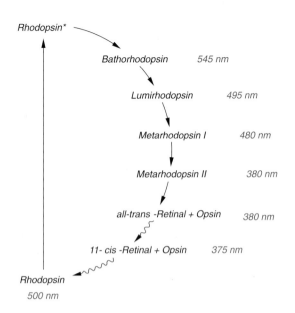

**Abb. 8.12** Bleichsequenz des Rhodopsins nach Absorption eines Photons. Die Wellenlängenangaben bei den Intermediaten geben die Absorptionsmaxima an. Die gewellten Pfeile stehen für Reaktionen, die nicht spontan, sondern enzymatisch katalysiert erfolgen

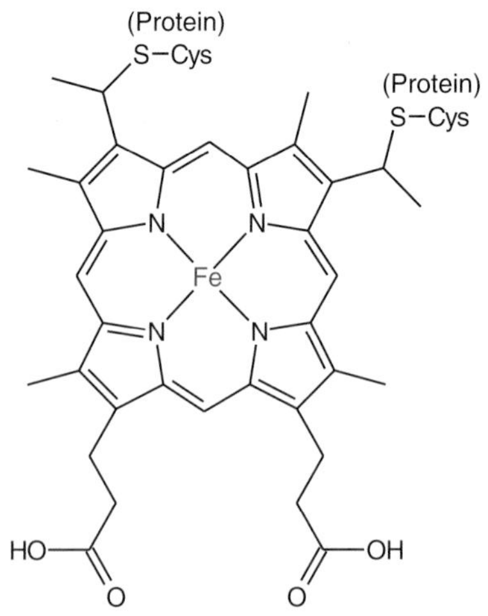

laufen eine zyklische lichtgetriebene Reaktion. Ein Beispiel ist Bakteriorhodopsin aus dem Archaebakterium *Halobacterium salinarium*. Nach Absorption eines Photons durch das Retinal (*all-trans*-Retinal, ebenfalls gebunden über eine im Grundzustand protonierte Schiff'sche Base an das Lysin der Position 216) geht dieses Bakteriorhodopsin in einen Reaktionszyklus ein, der in wenigen Millisekunden abgeschlossen ist und in dessen Verlauf ein Proton aktiv aus dem Zellinneren nach außen transportiert wird.

### 8.2.2.2 Cytochrome

Als weitere Beispiele für chromophore Gruppen, die zu charakteristischen Absorptionen im sichtbaren Spektralbereich führen, seien Porphyrine und Häme erwähnt. In der großen Klasse der Hämproteine sind die kleinsten Vertreter Cytochrom c bzw. Cytochrom $c_2$. Sie kommen ubiquitär in vielen Elektronentransferketten, etwa im Atmungsprozess oder in der Photosynthese vor. Im Fall von Cytochrom c ist die prosthetische Gruppe ein Häm, das über je eine Thioethergruppe an zwei Cysteinreste innerhalb einer Sequenz (–Cys–X–Y–Cys–His–) der Polypeptidkette kovalent gebunden ist (Abb. 8.13). Zusätzliche Wechselwirkungen erfährt das Häm über einen axialen Liganden des Eisens und über die Propionatgruppen des Häms sowie durch polare oder unpolare Teile der Umgebung in der Bindungstasche. Diese Wechselwirkungen führen zu deutlich unterschiedlichen spektralen Eigenschaften der Häme in verschiedenen c- und $c_2$-Cytochromen,

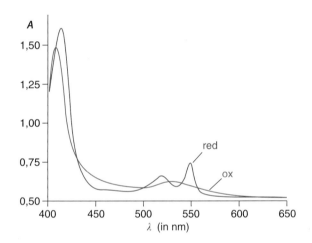

**Abb. 8.13** Struktur der Hämgruppe von Cytochrom c mit einem Ausschnitt aus der Polypeptidkette

**Abb. 8.14** Absorptionsspektrum von oxidiertem und reduziertem Pferdeherz-Cytochrom c und die daraus berechneten Differenzspektren für den vollständigen Übergang von der oxidierten in die reduzierte bzw. von der reduzierten in die oxidierte Form. Die Redoxreaktion wurde an einer transparenten Elektrode in einer spektroelektrochemischen Zelle erhalten

vor allem aber zu unterschiedlichen Redoxpotenzialen, die es möglich machen, dass unterschiedliche c-Cytochrome in verschiedenen Teilen der Elektronentransferketten auftreten.

Das Absorptionsspektrum von reduziertem Cytochrom c ist durch eine Absorptionsbande bei ca. 550 nm ($\alpha$-Bande), eine breitere und etwas schwächere Absorptionsbande bei ca. 530 nm und eine starke Absorptionsbande bei ca. 400 nm (Soret-Bande) charakterisiert (Abb. 8.14). Alle drei Banden sind vom Redoxzustand abhängig und können zu dessen Charakterisierung herangezogen werden – nicht nur am isolierten Protein, sondern auch in ganzen Membranen und sogar in ganzen Organellen oder Zellen. ◘ Abb. 8.15 illustriert die Redoxreaktion von Cytochrom c in einer spektroelektrochemischen Zelle. Dabei wird an eine transparente, vom Messstrahl durchstrahlte Elektrode ein Potenzial angelegt und mittels einer Gegenelektrode und einer Referenzelektrode das Redoxpotenzial für das Protein eingestellt. Das bei einem bestimmten Potenzial aufgenommene Absorptionsspektrum spiegelt dann den Anteil an reduziertem Cytochrom wider und kann mit einem Absorptionsspektrum des vollständig oxidierten (oder reduzierten) Proteins zu den gezeigten **Differenzspektren** verrechnet werden. Trägt man, wie in ◘ Abb. 8.15 gezeigt, die Amplitude des Differenzsignals bei einer bestimmten Wellenlänge gegen das Potenzial auf, so erhält man eine Kurve, die durch eine Nernst-Funktion beschrieben werden kann:

$$E = E_0 + \frac{RT}{nF} \ln \frac{c(\text{ox})}{c(\text{red})} \qquad (8.9)$$

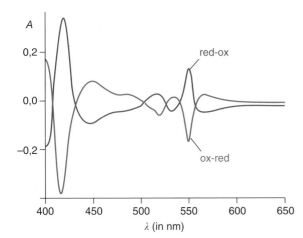

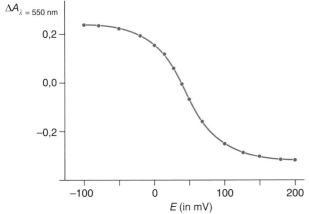

◘ **Abb. 8.15** Redoxtitration der Absorption der α-Bande von Cytochrom c bei 552 nm. Oben sind die Differenzspektren gezeigt, unten die aus dem Differenzsignal erhaltene Nernst-Kurve

mit

$E$ - gemessenes bzw. eingestelltes Potenzial

$E_0$ - Mittelpunktspotenzial (gleiche Konzentration $c$ der oxidierten (ox) und der reduzierten (red) Spezies)

$R$ - allgemeine Gaskonstante, $R = 8,314 \text{ J K}^{-1} \text{ mol}^{-1}$

$T$ - absolute Temperatur in K

$F$ - Faraday-Konstante, $F = 9,6485 \cdot 10^4 \text{ C mol}^{-1}$

$n$ - Zahl der übertragenen Elektronen

Durch Anpassung dieser Nernst-Funktion an die gemessenen Absorptionswerte können das Mittelpunktspotenzial und die Anzahl $n$ der übertragenen Elektronen (in diesem Fall ist $n = 1$) bestimmt werden. Solche **Redoxtitrationen** können natürlich auch chemisch, d. h. durch Zugabe von Reduktionsmitteln oder Oxidationsmitteln, durchgeführt werden. Der Vorteil bei der Kombination elektrochemischer Techniken mit spektroskopischer Detektion liegt jedoch in der genaueren Einstellung der Potenziale sowie darin, dass Titrationszyklen ohne Verdünnung durchgeführt werden können, sodass die erhaltenen Mittelpunktspotenziale wesentlich genauer sind. Damit kann beispielsweise der Einfluss der Polarität oder Ladung einzelner Aminosäuren auf die Redoxeigenschaft des Häms charakterisiert werden, indem Cytochrome mit ortsgerichteten Mutationen untersucht werden.

### 8.2.2.3 Metalloproteine

In vielen Fällen ist die prosthetische Gruppe ein Metallion, das in bestimmter Form im Protein komplexiert oder gebunden ist. Beispiele dafür sind Eisen in photosynthetischen Reaktionszentren, Mangan im Wasserspaltungskomplex von Pflanzen oder Blaualgen, Kupfer in bestimmten Oxidasen oder kleinen wasserlöslichen Redoxproteinen wie Azurin oder Plastocyanin. Solche Metallionen können magnetische Eigenschaften aufgrund ihrer Kernspins oder Elektronenspins aufweisen. Fast immer entstehen aber bei der Bindung eines Metalls in einem Protein auch elektronische Niveaus mit Übergängen im sichtbaren Spektralbereich oder im nahen IR.

Die tiefblaue Farbe des Kupferproteins Azurin (daher der Name) im oxidierten Zustand ist ein Beispiel für solche elektronischen Übergänge bei einem Metalloprotein. Der elektronische Übergang mit einer Maximalabsorption um 600 nm und mäßig hohem molaren Absorptionskoeffizienten (2000 bis 5000 l mol$^{-1}$cm$^{-1}$) kommt durch Ladungstransfer zwischen den Liganden und dem Kupfer zustande; die stärkste dieser sog. **Charge-Transfer**-Banden geht bei Azurin auf das Cystein-Schwefelatom zurück. ◘ Abb. 8.16 zeigt schematisch die Koordination des Kupferions durch zwei Histidin- und zwei Cysteinseitenketten. Als fünfter Li-

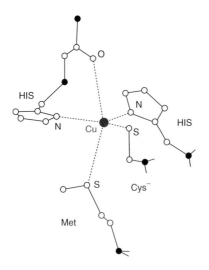

**Abb. 8.16** Koordination des Kupferions durch Aminosäureseitenketten bei Azurin

8

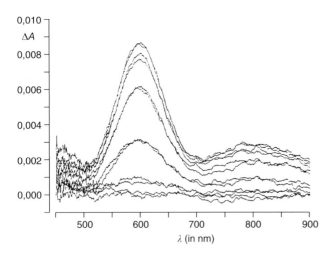

**Abb. 8.17** Absorptionsspektren von Halocyanin bei verschiedenen Potenzialen

gand kommt zusätzlich eine Peptid-Carbonylgruppe in Frage. In ☐ Abb. 8.17 sind die Spektren eines anderen Vertreters, des Halocyanins aus einem halophilen Archaebakterium, bei verschiedenen Redoxpotenzialen gezeigt.

Durch eine andere Geometrie des Metallzentrums oder durch Wasserstoffbrückenbindungen kann sich die lokale Elektronendichte am Kupferatom verändern; als Folge davon verschieben sich die Lage des elektronischen Übergangs und die Lage des Mittelpunktspotenzials. Auch in diesem Fall kann der elektronische Übergang zur Charakterisierung des Redoxzustands verwendet werden.

### 8.2.2.4 Chlorophylle

Zu den intensivsten elektronischen Übergängen in Biomolekülen zählen die von Chlorophyllen und Chlorophyll-Protein-Komplexen. Bis heute sind ca. 60 natürliche Varianten von Chlorophyllen bekannt und strukturell charakterisiert. Allen gemeinsam sind die Tetrapyrrol-Ringstruktur und das zentrale, durch die vier Stickstoffe koordinierte Magnesium. Sie unterscheiden sich jedoch durch unterschiedliche periphere Substituenten. Diese Substituenten haben einen beträchtlichen Einfluss auf das konjugierte System und damit auf die Lage und Intensität der elektronischen Übergänge.

Chlorophylle sind in biologischen Strukturen nichtkovalent gebunden und bis auf einen noch nicht endgültig geklärten Fall (die Chlorosomen aus grünen photosynthetischen Bakterien) stets mit einem Protein assoziiert. In diesen meist transmembranen Proteinkomplexen findet man Histidine als typische fünfte und sechste (axiale) Liganden des Magnesiums. Die Bindungstaschen für diese Tetrapyrrolpigmente enthalten einen unpolaren Bereich in der Region des TetrapyrrolRingsystems und einen polaren Bereich in der Region, in der die peripheren Gruppen des Pigments liegen. Die an der Peripherie gelegenen Carbonylgruppen können durch Wasserstoffbrücken mit geeigneten Partnern im Protein in Wechselwirkung treten.

☐ Abb. 8.18 verdeutlicht dies am Beispiel von Bakteriochlorophyll a aus photosynthetischen Bakterien. Außer den nicht dargestellten axialen fünften und sechsten Liganden des Magnesiums (aus der Bildebene heraus bzw. in die Bildebene hinein) sind alle Carbonyle (2a-Acetylgruppe an Ring I, 9-Ketogruppe an Ring V, 10a- und 7c-Ester an Ring V bzw. an der Verbindung zur Phytolkette) durch Wasserstoffbrückenbindungen mit Partnern im Protein gebunden. In ☐ Abb. 8.19 sind die Absorptionsspektren von freiem Bakteriochlorophyll a und b in Ethanol (☐ Abb. 8.19A) sowie Spektren von proteingebundenem Bakteriochlorophyll a in verschiedenen Lichtsammelkomplexen von photosynthetischen Bakterien

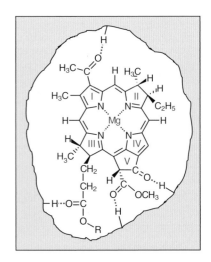

**Abb. 8.18** Struktur eines Bakteriochlorophyll-a-Moleküls in einer Bindungstasche im Protein. Die Carbonylgruppen an der Peripherie können Wasserstoffbrückenbindungen zu Aminosäureseitenketten im Protein ausbilden (rot gepunktete Bindungen)

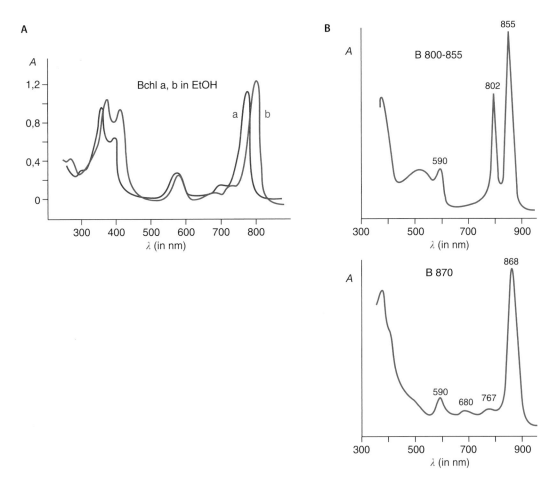

(⬛ Abb. 8.19B) zu sehen. Der Singulett-Übergang mit der niedrigsten Energie ($S_0 \rightarrow S_1$) am roten Ende des sichtbaren Spektralbereich ($\lambda_{max} \approx 770$ nm) bei freiem Bakteriochlorophyll a ist sehr stark ($Q_y$, $\varepsilon \approx 100.000\ \text{l mol}^{-1}\ \text{cm}^{-1}$). Übergänge mit höherer Energie liegen bei ca. 590 nm ($Q_x$, $S_0 \rightarrow S_2$) und bei 380 nm. Während die Grundstruktur des Spektrums mit den drei energetisch getrennten Übergängen beim Einbau des Bakteriochlorophylls in die Proteinstruktur in etwa erhalten bleibt, ändert sich vor allem die Lage des $S_0 \rightarrow S_1$-Übergangs. Seine Energie wird abgesenkt, und man beobachtet, je nach Population der Antennenpigmente, Absorptionsbanden bei ca. 800 nm, bei ca. 850 nm oder ca. 875 nm für das Pigment im Protein. Noch drastischer ist diese Absenkung der Energie des niedrigsten Singulettübergangs für das strukturell ähnliche Bakteriochlorophyll b. Beim freien Pigment in Ethanol liegt dieser Übergang bei ca. 790 nm, im Lichtsammelkomplex des Purpurbakteriums *Rhodopseudomonas viridis* ist er jedoch weit ins nahe IR bis 1020 nm verschoben.

Die detaillierten Wechselwirkungen, die die genaue Lage und Intensität im Spektrum eines Pigments in seiner nativen Umgebung (etwa bei einem Bakteriochlorophyllmolekül) bestimmen, sind noch nicht vollständig verstanden und können auch nicht direkt aus den elektronischen Spektren abgeleitet werden. Allerdings kann man mit diesen Absorptionsspektren Vorkommen und Menge sowie die Reaktionen der nativen Komplexe bestimmen. Sie bieten außerdem einen empfindlichen Test dafür an, ob die Proteine und Pigmente im Verlauf einer Isolation und Reinigung intakt geblieben sind. Denn schon geringe Degradation beim Protein und Oxidationsprozesse beim Pigment führen zu neuen, weiter zum Blauen verschobenen Banden.

### 8.2.2.5  Das grün fluoreszierende Protein (GFP)

Eine besondere Rolle bei Untersuchungen in der Molekulargenetik nimmt ein erstmals vor ca. 30 Jahren näher charakterisiertes Protein ein, das als grün fluoreszierendes Protein (*green fluorescent protein*, GFP) bezeichnet wird und dessen Anwendungen z. B. in ▶ Kap. 36 beschrieben sind. Bei diesem kleinen, aus 238 Aminosäuren bestehenden Protein bildet sich die chromophore Gruppe aus den Seitenketten dreier benachbarter Aminosäuren (Ser65–Tyr66–Gly67, ⬛ Abb. 8.20).

Dieser Rest, ein *p*-Hydroxybenzyliden-Imidazolinon, führt, sozusagen als kovalent gebundener „Auto"-Chromophor des Proteins, zu zwei intensiven Absorptionsbanden mit Maxima bei 396 nm und bei 475 nm. Die

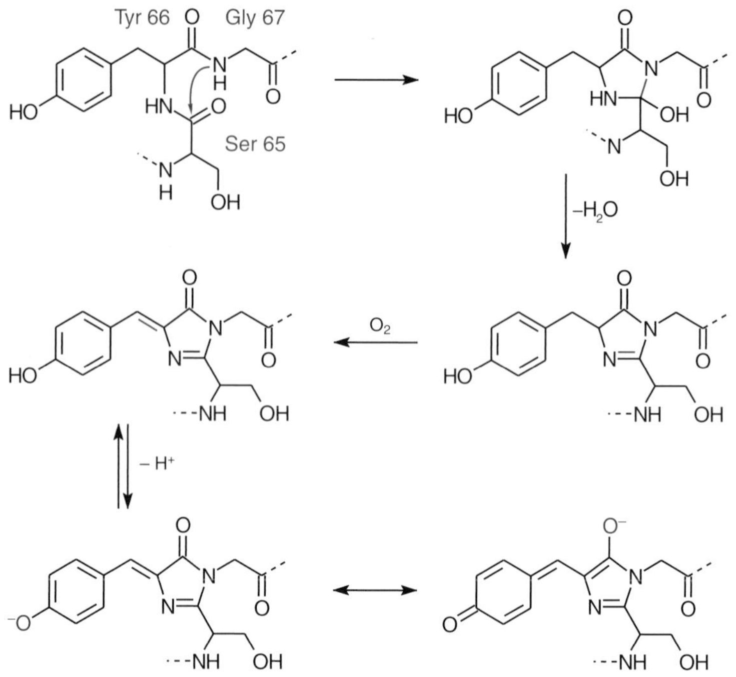

■ **Abb. 8.20** Bildung der chromophoren Gruppe des grün fluoreszierenden Proteins aus drei benachbarten Aminosäuren (Ser65-Tyr66-Gly67) durch Zyklisierung und Oxidation. Der Chromophor liegt in zwei Formen in einem Protonierungsgleichgewicht (Mitte links/unten links) vor. (Nach Steipe und Skerra 1997)

Absorption der beiden Banden wird vom Protonierungsgleichgewicht bestimmt, wobei die kürzerwellige Bande von der protonierten Form, die längerwellige von der deprotonierten Form kommt. Untersuchungen zur Photophysik dieses Proteins im ultrakurzen Zeitbereich zeigen, dass nach Anregung bei 396 nm eigentlich Emission bei 459 nm beobachtet werden sollte (▶ Abschn. 8.5). Beobachtet wird jedoch Emission bei 508 nm, unabhängig von der Anregung. Dies kann darauf zurückgeführt werden, dass die photochemische Anregung des Chromophors bei der kurzwelligen Absorptionsbande zur Deprotonierung und damit zur Verschiebung des Gleichgewichts zur im Bild unten links gezeigten Form führt, sodass ausschließlich diese Form zur Emission kommt. Die außergewöhnlich hohe Ausbeute der Fluoreszenz (▶ Abschn. 8.5) und die Möglichkeit, durch Mutationen die Wechselwirkungen der chromophoren Gruppe mit einzelnen Aminosäuren zu untersuchen, haben dieses Protein zu einem neuen „Haustier" der Photophysiker und -Chemiker gemacht. Darüber hinaus wird GFP, das leicht in Zellen und Organellen nachgewiesen werden kann, auch zunehmend zu einer Sonde für komplexe Expressions- und Assemblierungsprozesse in der Biologie. Dabei muss jedoch beachtet werden, dass es als Sonde für Konformation und Dynamik aufgrund seiner Größe einen nicht zu vernachlässigenden Einfluss haben kann. Für spektroskopische Untersuchungen stehen inzwischen verschiedene Varianten des GFP mit unterschiedlichen Absorptions- und Emissionsmaxima (BFP: *blue*, CFP: *cyan*, YFP: *yellow*, usw.) zur Verfügung.

Fast immer lässt sich für ein Biomolekül ein elektronischer Übergang mit einer Absorption im UV/VIS- oder NIR-Bereich finden, mit dessen Hilfe zumindest eine Quantifizierung möglich ist und dessen Lage und Intensität mit etwas Geschick weiter zu analytischen Zwecken ausgewertet werden kann. Zum Abschluss dieses Abschnitts sind in ■ Tab. 8.2 nochmals die Absorptionseigenschaften von einigen wichtigen Chromophoren aus biologischen Strukturen zusammengefasst.

## 8.3 IR-Spektroskopie

### 8.3.1 Grundlagen

Der infrarote Spektralbereich schließt an den Bereich des sichtbaren Lichts an. Er wird von ca. 760 nm bis 3000 nm als nahes Infrarot (NIR), zwischen ca. 3000 nm (3 μm) und 30 μm als mittleres Infrarot (MIR) sowie zwischen 30 μm und 1000 μm als fernes Infrarot (FIR) bezeichnet (■ Tab. 8.1) Der erst in jüngerer Zeit erschlossene Terahertz-Bereich (THz), der vor allem durch „Bodyscanner" bekannt geworden ist, schließt sich langwellig an das ferne Infrarot an. Für die Infrarot- und Raman-Spektroskopie ist es üblich, statt der Wellenlänge $\lambda$ die Wellenzahl (Anzahl der Wellenzüge pro cm, cm$^{-1}$) anzugeben. Im mittleren Infrarot dominieren die Schwingungsübergänge, die im Termschema in ■ Abb. 8.6 (Ausschnittsvergrößerung) eingezeichnet sind. Rotationsübergänge treten überwiegend im fernen

◻ **Tab. 8.2**  Absorptionseigenschaften von Chromophoren aus biologischen Strukturen

| | Bereich/$\lambda_{max}$ | $\varepsilon$ (in l mol$^{-1}$ cm$^{-1}$) | Absorbierende Gruppe im Molekül |
|---|---|---|---|
| UV | ca. 190 nm | ca. 7000 | $\pi \rightarrow \pi^*$-Übergang der Peptidbildung |
| | ca. 220 nm | ca. 100 | $n \rightarrow \pi^*$-Übergang der Peptidbildung |
| | 260 nm | ca. 13.000 | $n \rightarrow \pi^*$, $\pi \rightarrow \pi^*$ Adenin |
| | 275 nm | ca. 6000 | $n \rightarrow \pi^*$, $\pi \rightarrow \pi^*$ Guanin |
| | 267 nm | ca. 6000 | $n \rightarrow \pi^*$, $\pi \rightarrow \pi^*$ Cytosin |
| | 264 nm | ca. 8000 | $n \rightarrow \pi^*$, $\pi \rightarrow \pi^*$ Thymin |
| | 258 nm | ca. 6600 | $n \rightarrow \pi^*$, $\pi \rightarrow \pi^*$ DNA |
| | 257 nm | ca. 200 | $\pi \rightarrow \pi^*$ aromat. Seitenkette, Phenylalanin |
| | 274 nm | ca. 1400 | $\pi \rightarrow \pi^*$ aromat. Seitenkette, Tyrosin |
| | 280 nm | ca. 5600 | $\pi \rightarrow \pi^*$ aromat. Seitenkette, Tryptophan |
| VIS | 420 nm | ca. 125.000 | Soret-Bande des Häms |
| | 450 nm | ca. 120.000 | Carotin |
| | 500 nm | ca. 42.000 | Retinal im Sehpigment Rhodopsin |
| | 550 nm | ca. 18.000 ($\Delta$) | $\alpha$-Bande des Häms (Differenzspektrum, reduzierte Form minus oxidierte Form) |
| | 590 nm | ca. 25.000 | $Q_x$-Übergang Bakteriochlorophyll a (in EtOH) |
| | ca. 600 nm | ca. 5000 | $\pi \rightarrow \pi^*$ Flavin-Radikal |
| | 590–630 nm | ca. 2000–5000 | *Charge-transfer*-Bande Typ-I-Cu-Protein |
| | 772 nm | ca. 100.000 | $Q_y$-Übergang Bakteriochlorophyll a (in EtOH) |
| NIR | 800 nm | >100.000 | $Q_y$-Übergang Bakteriochlorophyll a in Antennenproteinen |
| | 850 nm | >100.000 | $Q_y$-Übergang Bakteriochlorophyll a in Antennenproteinen |
| | 860 nm | ca. 80.000 | Bakteriochlorophyll-Dimer in photosynthet. Reaktionszentrum |
| | 1020 nm | >100.000 | $Q_y$-Übergang Bakteriochlorophyll b, Antennen in *Rhodopseudomonas viridis* |

Infrarot auf, während im Bereich des nahen Infrarots neben sehr niederenergetischen elektronischen Übergängen vor allem die Oberwellen von Schwingungsübergängen liegen. Zur Erklärung dieser Phänomene greifen wir wieder auf das Modell des zweiatomigen Moleküls zurück, das wir in Form zweier Massen, die elastisch durch eine Feder gekoppelt sind, bereits in ▶ Abschn. 8.1 benutzt haben.

Die Massen $m_1$ und $m_2$ können sich relativ zueinander bewegen, d. h. die Feder kann aus dem Gleichgewichtsabstand $r_0$ heraus gedehnt oder komprimiert werden. In der klassischen Mechanik hat ein solches System die potenzielle Energie $E = 1/2\, k\, (r - r_0)^2$, wobei $(r - r_0)$ der Auslenkung vom Gleichgewichtsabstand entspricht. Anstatt die Bewegung beider Massen relativ zueinander zu beschreiben (was wegen der größeren Zahl von Parametern aufwendiger ist), rechnet man mit der Bewegung einer sog. reduzierten Masse, die durch $\mu = (m_1 \cdot m_2)/(m_1 + m_2)$ gegeben ist, und sich relativ zu einer festen Position (der in ◻ Abb. 8.21 angedeuteten Wand) bewegt. Dieses System von Masse und Feder lässt sich durch ein parabelförmiges Potenzial beschreiben, dessen Scheitelpunkt bei $r_0$ liegt (◻ Abb. 8.21, mittleres Bild) und das als Oszillator folgende Schwingungsfrequenz hat:

$$v = \frac{1}{2\pi}\sqrt{\frac{k}{\mu}} \tag{8.10}$$

Es wird als **harmonischer Oszillator** bezeichnet. Aus der quantenmechanischen Behandlung des harmonischen Oszillators kommt die Forderung, dass nur diskrete Energieniveaus möglich sind. Sie werden durch $E(v) = (v + 1/2)h \cdot v_{vib}$ erhalten, wobei $h$ das Planck'sche

Wirkungsquantum und v = 0, 1, 2, 3 … die Schwingungsquantenzahl darstellt. Für v = 0 hat der Oszillator aufgrund der Heisenberg'schen Unschärferelation die **Nullpunktsenergie** $E = 1/2\, h \cdot \nu_{vib}$. Nach den Auswahlregeln sind immer nur Übergänge zum nächstbenachbarten Niveau möglich, also $\Delta v = \pm 1$.

### 8.3.2 Molekülschwingungen

In der Realität lässt sich für ein Molekül das Modell des harmonischen Oszillators nicht anwenden, da bei der Verringerung des Abstands die starke elektrostatische Abstoßung der positiv geladenen Atomkerne zu einem Anstieg der Potenzialkurve führt, der steiler als die Parabel verläuft, und bei der Vergrößerung des Abstands die Dissoziation des Moleküls erfolgt. Die daraus resultierende Potenzialkurve, die in ◘ Abb. 8.21 rechts schematisch gezeigt ist, führt zum **anharmonischen Oszillator**, dessen Energieniveaus nun nicht mehr äquidistant sind und bei dem die Auswahlregeln Übergänge zu höheren Niveaus erlauben ($\Delta v = \pm 1, \pm 2, \pm 3$ usw.). Diese Übergänge, die zu Oberwellen und Kombinationsschwingungen führen können, erklären die Absorptionen von Molekülschwingungen im nahen Infrarot bis in den sichtbaren Spektralbereich, obwohl die theoretisch höchste vorkommende Schwingungsfrequenz eines zweiatomigen Moleküls, nämlich die des Wasserstoffmoleküls ($H_2$), noch im mittleren IR liegen würde (allerdings ist das homonucleare Molekül $H_2$ nicht infrarotaktiv, s. u.). Ein Beispiel sind die Oberwellen der Schwingungen des Wassers, die im nahen IR bei ca. 1,6 μm und 0,9 μm absorbieren und damit beispielsweise eine sehr dicke Wasserschicht (einige Meter) blau gefärbt erscheinen lassen.

Außer Schwingungen können Moleküle auch Rotationen ausführen, die im obigen Modell des zweiatomigen Moleküls beispielsweise um eine Achse senkrecht zur Verbindungslinie erfolgen. Diese Rotationsfrequenzen liegen weit niedriger als die Schwingungsfrequenzen, die Übergänge dementsprechend niederenergetischer im fernen Infrarot. Allerdings können Kopplungen von Rotationen mit Schwingungen auftreten, sodass ein Schwingungsspektrum eine **Rotationsstruktur** aufweist.

Überträgt man diese Betrachtungen auf vielatomige Moleküle, so müssen zunächst die möglichen Bewegungen des Moleküls und der einzelnen Atome festgelegt werden. Für die Angabe der Position im Raum sind für jedes Atom drei Koordinaten x, y und z notwendig. Diese bei N Atomen benötigten 3 N Koordinaten werden als **Freiheitsgrade** bezeichnet. Zieht man von den 3 N Freiheitsgraden drei Freiheitsgrade für die Angabe der Translation des Gesamtmoleküls und drei Freiheitsgrade für die Rotation des Gesamtmoleküls (zwei bei der Rotation eines linearen Moleküls) ab, so verbleiben für ein nichtlineares Molekül mit N Atomen 3N – 6, für ein lineares Molekül 3N – 5 mögliche Schwingungsfreiheitsgrade, die sog. **Normalschwingungen** oder **Normalmoden**. Die Bezeichnungen der Normalmoden kann man ◘ Abb. 8.22 entnehmen, Näheres über die IR-Aktivität der Normalmoden findet man in ◘ Tab. 8.4.

Die Existenz einer Normalschwingung allein ist nicht ausreichend dafür, dass ein Molekül Energie aus einer elektromagnetischen Welle mit geeigneter Frequenz aufnehmen und direkt in einen höheren Schwingungszustand übergehen kann. Die Voraussetzung dafür ist ein Dipolmoment, das sich mit der Normalschwingung ändert, sodass bei „passender" Frequenz Wechselwirkungen zwischen dem elektrischen Feldvektor und dem molekularen Dipol möglich sind. In diesem Fall spricht man von der **Infrarot-Aktivität** des Moleküls. Die Stärke des Dipols ist maßgeblich für die Absorptionswahrscheinlichkeit und damit für die Stärke der Absorption.

Grundsätzlich sind die durch Schwingungsübergänge verursachten Absorptionen schwächer als die von elektronischen Übergängen, wo „hocherlaubte" Über-

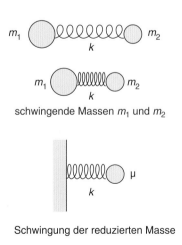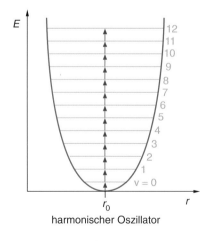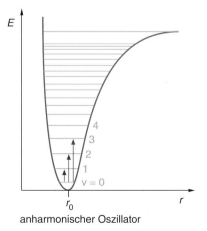

◘ **Abb. 8.21**    Schwingungseigenschaften eines zweiatomigen Moleküls

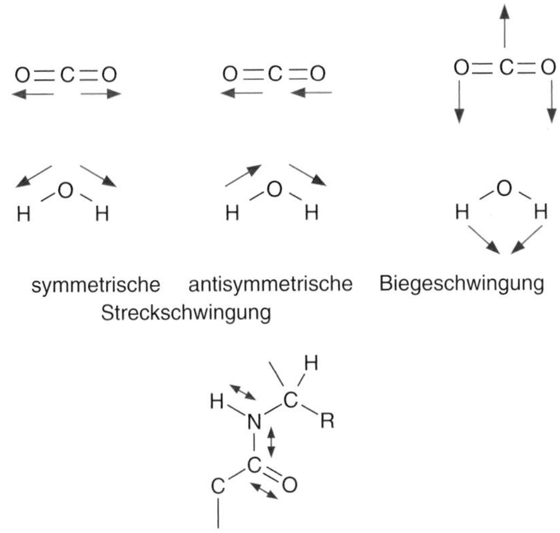

**Abb. 8.22**  Normalmoden von $CO_2$ und $H_2O$. Die Pfeile deuten die Änderungen von Bindungslängen und Bindungswinkeln an. Im Fall der Amidbindung (unten) ist nur ein Teil der möglichen Moden eingezeichnet

gänge mit molaren Absorptionskoeffizienten über $10^5$ vorkommen (Tab. 8.2). Demgegenüber liegen die Absorptionskoeffizienten von Schwingungsübergängen selten über $10^3$. Typisch ist ein Absorptionskoeffizient, wie er bei der Carbonylgruppe auftritt: Die C=O-Gruppe, beispielsweise in Ketonen oder protonierten Carbonsäuren (auch bei Asparaginsäure oder Glutaminsäure), absorbiert im IR mit Absorptionskoeffizienten zwischen 100 und 300 $l\,mol^{-1}\,cm^{-1}$. Die C=C-Schwingungen des aromatischen Rings der Tyrosin-Seitenkette zeigen ebenfalls einen Absorptionskoeffizienten in dieser Größenordnung (Tab. 8.3).

Die O–H-Biegeschwingung des Wassers hat nur einen geringen Absorptionskoeffizienten von <20 $l\,mol^{-1}\,cm^{-1}$, und einzig die Tatsache, dass Wasser als Lösungsmittel ca. 55-molar vorhanden ist, ist schuld an der hohen Hintergrundabsorption des Wassers bei der Infrarotspektroskopie.

### 8.3.3  Messtechniken

Für die Messung von Infrarotspektren können Zweistrahlphotometer verwendet werden, die analog zu den in ▶ Abschn. 8.1.4 beschriebenen Photometern konstruiert sind. Für den hier betrachteten mittleren Infrarotbereich von ca. 5000 $cm^{-1}$ bis 500 $cm^{-1}$ (entsprechend 2000 nm bis 20.000 nm) müssen allerdings geeignete optische Komponenten, Strahlungsquellen und Detektoren eingesetzt werden. Obwohl Linsen aus infrarotdurchlässigen Materialien wie NaCl, KBr, $CaF_2$, Ge, Si gefertigt werden können und damit wenigstens jeweils

**Tab. 8.3**  Normalmoden von $CO_2$ und $H_2O$

| | Schwingungsmoden | Abkürzung | IR-Aktivität | Wellenzahl (in $cm^{-1}$) |
|---|---|---|---|---|
| $CO_2$ | symmetrische Streckschwingung | $\nu_s$ | nein | |
| | antisymmetrische Streckschwingung | $\nu_{as}$ | ja | ca. 2200 |
| | Biegeschwingung (zweifach, d. h. in der Ebene und aus der Ebene heraus) | $\delta$ | ja | |
| $H_2O$ | symmetrische Streckschwingung | $\nu_s$ | ja | ca. 3350 |
| | antisymmetrische Streckschwingung | $\nu_{as}$ | ja | ca. 3300 |
| | symmetrische Biegeschwingung | $\delta_s$ | ja | ca. 1660 |

für einen Teil dieses Spektralbereichs geeignet sind, sieht man wegen der hohen Dispersion, teilweise auch wegen des hygroskopischen Materials, in der Regel von ihrer Verwendung ab und verwendet stattdessen oberflächenbeschichtete Spiegel, die als sphärische, elliptische oder parabolische Spiegel verschiedene Möglichkeiten der Strahlführung erlauben. Ähnliche Betrachtungen gelten natürlich auch für die Fenstermaterialien der IR-Küvetten, die wegen der starken Absorption von Wasser sehr viel kleinere Schichtdicken als bei der Spektroskopie im UV- oder im sichtbaren Spektralbereich aufweisen müssen. Üblich sind hier zerlegbare Küvetten mit optischen Weglängen von ca. 5–10 μm, mit denen Untersuchungen im wässrigen Milieu ausgeführt werden können (Abb. 8.23). Diese geringen Schichtdicken wiederum bedingen hohe Konzentrationen wegen der geringen IR-Absorptionskoeffizienten. Für größere Schichtdicken bis ca. 50 μm muss statt $^1H_2O$ dann $^2H_2O$ ($D_2O$) verwendet werden. In $^2H_2O$ sind sowohl die O–H-Streckschwingung als auch die O–H-Biegeschwingung zu kleineren Wellenzahlen verschoben, sodass ein Fensterbereich zwischen ca. 1800 $cm^{-1}$ und 1300 $cm^{-1}$ entsteht, in dem Proteinspektren aufgenommen werden können.

Als Fenstermaterial wird häufig $CaF_2$ verwendet, das vom UV (190 nm) bis tief in das mittlere IR (ca.

**A**

| Material | Durchlässigkeit | Eigenschaften |
|---|---|---|
| $CaF_2$ | 190 nm – 10 µm | universell für UV/VIS/IR geeignet, sehr hart |
| $BaF_2$ | 200 nm – 12 µm | universell für UV/VIS/IR geeignet, spröde |
| ZnSe | 500 nm – 20 µm | hochbrechend, gut geeignet für ATR-Kristalle |
| ZnS | 450 nm – 15 µm | hochbrechend, gut geeignet für ATR-Kristalle |
| Ge | 1,2 µm – 25 µm | hochbrechend, benötigt Anti-Reflexionsschicht |
| Si | 1,2 µm – 20 µm | hochbrechend, benötigt Anti-Reflexionsschicht |

**B    Zerlegbare IR-Dünnschichtküvette**

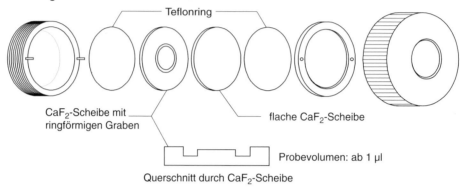

Teflonring

$CaF_2$-Scheibe mit ringförmigen Graben

flache $CaF_2$-Scheibe

Probevolumen: ab 1 µl

Querschnitt durch $CaF_2$-Scheibe

**C    Strahlverlauf bei der abgeschwächten Totalreflexion**

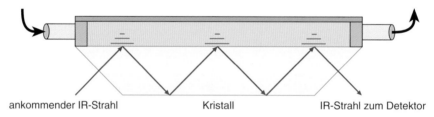

ankommender IR-Strahl          Kristall          IR-Strahl zum Detektor

☐ **Abb. 8.23**   **A** Typische IR-Fenstermaterialien und ihre Durchlässigkeit. In der Tabelle wurden nur wasserunlösliche und in breiten Bereichen durchlässige Materialien aufgenommen. Für einzelne Spektralbereiche können auch Polyethylenfenster verwendet werden. **B** Ansicht einer zerlegbaren IR-Dünnschichtküvette. Das in Seitenansicht gezeigte Fenster besitzt in der Mitte einen Einschliff, der die Schichtdicke definiert. Er ist von einem ringförmigen Graben umgeben, der die überschüssige Probenmenge aufnimmt. Dieses Fenster wird mit einem ebenen Fenster abgedeckt. Auf diese Weise können Küvetten mit reproduzierbaren Schichtdicken von <5 µm bis >50 µm verwirklicht werden. © Innovectis GmbH. **C** Bei der abgeschwächten Totalreflexion (ATR) wird ein IR-Strahl in einem hochbrechenden Material (z. B. Ge oder ZnSe, s. Teil a) wie in einem Lichtleiter geführt. An der Grenzfläche tritt der Strahl in das optisch dünnere Medium aus und kann so Informationen über die dort gelösten oder adsorbierten Moleküle liefern. Die Eindringtiefe hängt von der Brechzahl, vom Eintrittswinkel und von der Wellenlänge ab und beträgt rund die Hälfte der verwendeten Wellenlänge. Gezeigt ist eine Durchflusszelle, die beispielsweise mit chromatographischen Methoden gekoppelt werden kann

$1000$ cm$^{-1}$) brauchbar ist und auch bei wässrigen Proben verwendet werden kann. Glas wird bereits im nahen IR undurchlässig, und Quarz kann nur bis ca. $2000$ cm$^{-1}$ verwendet werden. Viele andere IR-Fenstermaterialien sind wegen der Wasserlöslichkeit (KBr, NaCl), der hohen Reflexion (Ge, Si, ZnSe, ZnS), der Giftigkeit (Thalliumverbindungen) oder wegen des Preises (Saphir, Diamant) Spezialanwendungen vorbehalten. Im Fall hoher Reflexion (z. B. bei Ge, Si, ZnS, ZnSe) können durch Oberflächenvergütungen geeignete IR-Fenster erhalten werden.

Eine Alternative zu Transmissionsmessungen, die das Problem der geringen Schichtdicken löst, besteht in Messungen nach dem Prinzip der Abgeschwächten Total-Reflexion (ATR). Hierbei wird ein Reflexionselement (IRE, *Internal Reflection Element*) aus einem IR-durchlässigen Material mit hoher Brechzahl so gestaltet, dass der Lichtstrahl bei der Einkopplung unter einem bestimmten Winkel im Inneren totalreflektiert wird. Das IRE wirkt dabei wie ein Lichtleiter; die Zahl der Totalreflexionen wird durch die Brechzahl, die Länge des Elements und den Einkoppelwinkel bestimmt. Für die Messung nutzt man die Tatsache, dass der IR-Strahl bei der Totalreflexion etwas in das optisch dünnere Medium eindringt. Dieser Anteil trägt Information über die IR-Absorption der Probe. Die Eindringtiefe ist abhängig von der Wellenlänge, dem Eintrittswinkel und der Brechzahl und beträgt beispielsweise bei einem IRE aus ZnS ca. 0,7–1 μm pro Totalreflexion. Der Vorteil dieser Methode liegt eindeutig in der Definition der effektiven Schichtdicke durch die Totalreflexion selbst; die Probenschicht darüber kann beliebig dick sein. Während diese Technik ursprünglich für die Analyse von Farbschichten, Lacken usw. in der chemischen Industrie entwickelt worden war, erfreut sie sich in der Bioanalytik zunehmender Beliebtheit. ATR-Messzellen mit Durchflusskammern können beispielsweise dazu verwendet werden, Produkte bei Fermentationsprozessen direkt zu identifizieren oder werden bei der Qualitätskontrolle von Getränken (z. B. der Bestimmung von Inhaltsstoffen bei Bieren) und in der klinischen Analytik eingesetzt.

Auch die **Strahlungsquelle** muss für den Spektralbereich angepasst werden. Man verwendet üblicherweise keramische Strahler, die elektrisch auf Temperaturen um ca. 700 °C aufgeheizt werden. Sie werden als **Nernst-Stift** oder im Englischen als *glow bar* bezeichnet und emittieren in guter Näherung wie ein schwarzer Strahler mit einem geringen Anteil an sichtbarer Strahlung. Diese sichtbare Strahlung kann dabei zum Justieren ausgenutzt werden; sie belastet aber die Probe oft unnötig und sollte daher mit einem Germaniumfenster ausgeblendet werden. Für Spezialanwendungen können abstimmbare IR-Laser eingesetzt werden. Hierzu sind Gaslaser, beispielsweise $CO_2$-Laser oder CO-Laser, verfügbar, die über einen schmalen Spektralbereich abgestimmt werden können; sie sind jedoch für breite Anwendungen zu aufwendig im Betrieb. Seit ca. 30 Jahren sind abstimmbare Halbleiterlaser verfügbar, die dotiertes PbS oder PbSe als aktives Lasermedium nutzen. Sie können mit der Betriebstemperatur (7 K bis ca. 200 K) über breite Wellenlängenbereiche (ca. 100–150 cm$^{-1}$) abgestimmt werden, sind jedoch im Betrieb wegen der tiefen Temperaturen zu aufwendig. Seit ca. 20 Jahren sind sog. Quantenkaskadenlaser (*Quantum Cascade Lasers*, QCL) für Raumtemperaturbetrieb erhältlich. Bei ihnen erfolgt die Ladungsrekombination im Halbleiter in einer Kaskade von vielen ultradünnen Schichten, was zu einer hohen Effizienz führt. QCL können als Laser mit mehreren Moden und mäßiger Emissionsbreite oder als *Distributed-Feedback*-Laser (DFB) mit nur einer einzigen festen Emissionswellenlänge verwendet werden, abhängig von den Anforderungen an das Infrarot-Messlicht. Mit einem externen Resonator (*External-Cavity*-QCL) kann mittlerweile über breite Bereiche (bis über 200 cm$^{-1}$) abgestimmt werden. Diesen sehr intensiven, teilweise abstimmbaren und einfach zu

betreibenden IR-Lichtquellen dürfte die Zukunft der IR-Bioanalytik gehören.

Als **Detektoren** kommen *thermische IR-Detektoren* wie z. B. Thermoelemente oder *pyroelektrische Detektoren* in Frage. Sie setzen die Erwärmung eines Detektorelements in eine Spannung um, die der Intensität proportional ist. Während sie als preiswerte, robuste und breitbandig empfindliche Detektoren in Routinegeräten eingesetzt werden, greift man für Forschungszwecke eher auf *Quantendetektoren* zurück. Bei ihnen wird der photoelektrische Effekt in Halbleitern wie Indiumantimonid (InSb) oder Quecksilbercadmiumtellurid (HgCdTe) ausgenutzt, und man erhält als intensitätsabhängiges Signal die Photoleitfähigkeit oder eine Photospannung bzw. einen Photostrom, der proportional zur Intensität der Strahlung ist. Diese Quantendetektoren zeigen eine stark von der Wellenlänge abhängige Empfindlichkeit und müssen gekühlt werden (in der Regel mit flüssigem Stickstoff), um geringes Rauschen, hohe Empfindlichkeit und Zeitauflösung zu erhalten.

Schon bei den in ▶ Abschn. 8.1.4 beschriebenen Photometern wurde der Nachteil der dispersiven Techniken diskutiert, bei denen durch Drehen eines Gitters (oder Prismas) im Monochromator sukzessive alle Spektralelemente durchlaufen werden. Dies gilt in besonderem Maß für die Infrarotspektroskopie mit weit geringeren Strahlungsintensitäten und mit Photonenenergien, die kaum über thermischen Energien liegen. **Multiplexmethoden**, die im sichtbaren Spektralbereich durch die parallele Anordnung vieler Detektoren, z. B. in Diodenarrays, verwirklicht werden, konnten sich wegen ihres hohen Preises und ihrer nicht einfachen Handhabung bisher für die Infrarotspektroskopie in der Routine nicht durchsetzen. Stattdessen hat sich eine andere Methode für Simultanaufnahmen vieler Wellenlängen durchgesetzt und die dispersiven Techniken fast vollständig verdrängt, bei der ein *Interferometer* als Basis verwendet wird. Sie ist schematisch in ◻ Abb. 8.24 gezeigt.

Dabei wird ein Interferogramm $I(x)$ gemessen, d. h. die Intensität $I$ am Detektor als Funktion der Position $x$ eines beweglichen Spiegels im Interferometer. Das Interferogramm ist die Fourier-Transformierte des Spektrums $I(\nu)$. Durch Rücktransformation muss daraus das Spektrum gewonnen werden. Wegen dieser erforderlichen Fourier-Transformation $I(x) \rightarrow I(\nu)$, die mit den heute verfügbaren Rechenprozessoren weniger als eine Sekunde in Anspruch nimmt, wird diese Methode der IR-Spektroskopie als **Fourier-Transform-Infrarotspektroskopie** (**FT-IR-Spektroskopie**) bezeichnet. FT-IR-Spektrometer sind heute für viele Routineanwendungen üblich, und erst ihre Einführung hat viele Anwendungen in der Spektroskopie von Biopolymeren ermöglicht.

Die FT-IR-Spektroskopie als Multiplextechnik ermöglicht die Aufnahme von Spektren mit hoher Zeitauf-

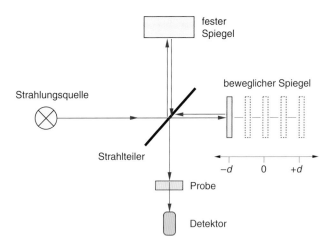

fester Spiegel

Strahlungsquelle

beweglicher Spiegel

Strahlteiler

−d   0   +d

Probe

Detektor

**Abb. 8.24** Aufbau und Funktionsweise eines FT-IR-Spektrometers. Polychromatische Infrarotstrahlung aus einer Quelle wird in einem Michelson-Interferometer zunächst durch einen Strahlteiler in einen durchgehenden Anteil (ca. 50 %) und einen reflektierten Anteil (ca. 50 %) zerlegt. Der vom festen Spiegel reflektierte Anteil tritt wieder durch den Strahlteiler und wird dort mit dem vom beweglichen Spiegel reflektierten Teil zusammengeführt. Je nach Wellenlänge und Phasenlage tritt konstruktive und destruktive Interferenz auf, die durch die Position des von −d nach +d bewegten Spiegels moduliert wird. Der zusammengeführte Strahl durchsetzt dann die Probe und trifft auf den Detektor. Aufgezeichnet wird die Intensität am Detektor als Funktion des Ortes des beweglichen Spiegels

lösung bis zu Nanosekunden, sodass damit auch Funktionsuntersuchungen von Proteinen möglich werden. Da selbst bei einfachen FT-IR-Spektrometern die Spiegelbewegung für die Aufnahme *eines* Interferogramms weniger als eine Sekunde beträgt, können in diesem Zeitraster Spektren erfasst werden. Wenn diese Zeitauflösung nicht gefragt ist, können über längere Zeit mehrere Interferogramme aufgenommen und gemittelt werden, bevor durch die Fourier-Transformation ein Spektrum mit sehr geringem Rauschen berechnet wird.

Mit speziellen *Rapid-Scan*-Interferometern, die auf schnelle Spiegelbewegung optimiert und für die schnelle Datenerfassung geeignet sind, lassen sich (unter Ausnutzung der Vorwärts- und Rückwärtsbewegung jeweils für ein Interferogramm) Messzeiten bis herab zu ca. 10 ms für ein Spektrum erreichen. Eine noch höhere Zeitauflösung erreicht man mit der Stroboskop- oder mit der *Step-Scan*-Technik. Dabei muss allerdings die zu untersuchende Reaktion eines Proteins sehr oft ($10^4$–$10^5$ mal) in identischer Form wiederholbar sein. In der Praxis ist dies bisher nur bei wenigen photobiologischen Systemen gelungen.

### 8.3.4 Infrarotspektroskopie von Proteinen

Das hier vorgestellte Konzept der Normalschwingungen oder Normalmoden eines Moleküls versagt anschaulich bereits bei mittelgroßen Molekülen und erst recht bei Proteinen. Schon ein verhältnismäßig kleines Protein, beispielsweise mit einem Molekulargewicht von

12.000 Da, besteht aus rund 100 Aminosäuren und hat damit bereits mehr als einige Hundert Normalschwingungsmoden. Für solche größeren Moleküle ist es zweckmäßig, anstelle des Konzepts der Normalschwingungen das von Chemikern für die Identifikation von Stoffen benutzte Konzept der **Gruppenschwingungen** einzuführen. Dabei macht man folgende Annahmen: Das Molekül wird formal in einzelne Gruppen und Bindungen zerlegt, die in erster Näherung unabhängig voneinander schwingen können. Jede Gruppe oder Bindung schwingt aufgrund der Atommassen und Kraftkonstanten mit einer für sie typischen Frequenz in verschiedenen Moden und kann deswegen im Infrarotspektrum in einem bestimmten Bereich gefunden werden. Innerhalb dieses Bereichs wird die Schwingungsfrequenz dieser Gruppe dann abhängig von den Liganden, d. h. von der Anbindung an den Rest des Moleküls, bestimmt. Mit diesem Konzept der Gruppenschwingungen können selbst große Moleküle wie z. B. Proteine behandelt werden.

Bei einem Protein liefern folgende Schwingungsmoden Beiträge zum Infrarotspektrum:

- Schwingungsmoden des Polypeptidrückgrats
- Schwingungen der Aminosäureseitenketten
- Schwingungen von eventuell vorhandenen Cofaktoren
- Schwingungen von Detergens, Lipiden, Wasser usw. (je nach Protein)

Das Peptidrückgrat mit der Peptidbindung als repetierender Einheit trägt größenordnungsmäßig am meisten zur IR-Absorption eines Proteins bei und dominiert im Absorptionsspektrum. Die Schwingungsmoden der Peptidbindung sind in **Tab. 8.4** zusammengestellt.

Von diesen Schwingungsmoden der Peptidbindung lässt sich vor allem die Amid-I-Mode, die hauptsächlich auf die C=O-Streckschwingung (**Tab. 8.4**) zurückgeht, für die Analyse der Sekundärstruktur verwenden. Die Frequenz und Intensität der Streckschwingung sind empfindlich für die Stärke der Wasserstoffbrücken-Bindung zur C=O-Gruppe: Eine starke H-Brücke schwächt den Doppelbindungscharakter und senkt die Schwingungsfrequenz; je schwächer die Wasserstoffbrücken-Bindung ist, desto stärker ist die Doppelbindung und desto höher ist die Schwingungsfrequenz. Da innerhalb von Sekundärstrukturen Wasserstoffbrücken ausgebildet werden, die zu einer für diese Struktur typischen Amid-I-Absorption führen, kann auf diese Weise eine einfache Quantifizierung der Sekundärstrukturanteile bei Proteinen erfolgen. Dazu wird folgendermaßen vorgegangen:

1. Aufnahme von FT-IR-Spektren des Proteins mit hoher Qualität in geeigneten Puffern
2. Abziehen der spektralen Beiträge von Puffer, Wasser etc.
3. Anwendung von Verfahren zur Auflösungsverbesserung und Bandenzerlegung

◨ **Tab. 8.4**  Schwingungsmoden der Peptidbindung

| Symmetrie | Bezeichnung | Wellenzahl (in cm$^{-1}$) | Zusammensetzung |
|---|---|---|---|
| in der Ebene der Peptidbindung | Amid A | ca. 3300 | NH$_s$ (100 %) |
| | Amid B | ca. 3100 | NH$_s$ (100 %) |
| | Amid I | ca. 1650 | CO$_s$ (ca. 80 %), CN$_s$, CN$_d$ |
| | Amid II | ca. 1550 | NH$_{ib}$ (ca. 60 %), CN$_s$ (ca. 40 %) |
| | Amid III | ca. 1300 | CN$_s$ (40 %), NH$_{ib}$ (30 %), CC$_s$ (30 %) |
| aus der Ebene der Peptidbindung heraus | Amid V | ca. 725 | NH$_{ob}$, CN$_t$ |
| | Amid IV | ca. 625 | CO$_b$ (40 %), CO$_s$ (30 %), CNC$_d$ |
| | Amid VI | ca. 600 | CO$_{ob}$, CN$_t$ |
| | Amid VII | ca. 200 | NH$_{ob}$, CN$_t$, CO$_{ob}$ |

s: Streckschwingung; d: Deformationsschwingung; t: Torsionsschwingung; ib: *In-Plane*-Biegeschwingung; ob: *Out-of-Plane*-Biegeschwingung
Neben der Symmetrie der Schwingung sind die übliche Bezeichnung, das ungefähre Absorptionsmaximum und die Aufteilung auf verschiedenen Bindungen angegeben. Der angegebene Prozentwert gibt näherungsweise an, welchen Anteil der potenziellen Energie eine bestimmte Bindung beiträgt

4. Auswertung auf der Basis von Standard-Datensätzen für bekannte Sekundärstrukturen

Diese Verfahren sind mittlerweile gut etabliert und liefern schnell und mit geringem Aufwand Informationen zur Sekundärstruktur. Da sie auf lösliche Proteine und auf Membranproteine angewandt werden können, werden auf diese Weise Informationen über Proteine erhalten, die bisher noch nicht kristallisiert werden konnten. Darüber hinaus können diese Informationen von Proteinen in ihrer nativen Umgebung erhalten werden, während die Kristallographie möglicherweise artifizielle Zustände erfasst. Nichtsdestoweniger ist bei der Interpretation der Daten Vorsicht angesagt. Die Zerlegung der Einhüllenden der Amid-I-Bande in ihre Komponenten mit mathematischen Methoden ist in der Regel zuverlässig. Weitaus problematischer ist jedoch die Zuordnung dieser so bestimmten Komponenten zu Sekundärstrukturelementen. Dies liegt vor allem daran, dass Sekundärstrukturelemente in ihrer IR-Absorption je nach Ausdehnung geringfügig unterschiedlich absorbieren.

Über die reine Angabe von Sekundärstrukturanteilen hinaus ($x$ % $\alpha$-Helix, $y$ % $\beta$-Faltblatt, $z$ % Knäuel usw.) kann diese Methode jedoch mit großem Erfolg angewandt werden, um die Gewichtung dieser Anteile bei Faltungs- und Entfaltungsprozessen sowie bei der Untersuchung von Proteinstabilität und -Denaturierung zu erfassen. ◨ Abb. 8.25 zeigt die Infrarotspektren des kleinen, löslichen Proteins Tendamistat, einem Inhibitor der $\beta$-Amylase, bei der thermisch induzierten Entfaltung. Das Bändermodell des Proteins ist im kleinen Bild rechts zu sehen. Beim nativen Protein (◨ Abb. 8.25A), das bei Raumtemperatur die typischen spektralen

Merkmale eines $\beta$-Faltblatt-Proteins zeigt, führt das „Schmelzen" zu einer ungeordneten Struktur oberhalb von ca. 90 °C. Dieser Prozess ist reversibel; beim Abkühlen bildet sich wieder das typische Muster für eine $\beta$-Faltblattstruktur aus. Die Faltung dieses Proteins kann mit einem einfachen Zwei-Zustandsmodell beschrieben werden (gefaltet/ungefaltet).

Das entsprechende Protein mit drei Punktmutationen (Prolin→Alanin), das bei Raumtemperatur keinen Strukturunterschied zum Wildtyp aufweist, aggregiert jedoch irreversibel bei der Erwärmung.

In den letzten Jahren haben sich infrarotspektroskopische Methoden für die Untersuchung von Proteinen etabliert, mit denen molekulare Details von Reaktionen analysiert werden können. Alle basieren auf Differenztechniken im Sinn von **Störungsverfahren**, bei denen *eine einzige* Probe durch eine externe Störung beeinflusst wird (▶ Abschn. 8.1.5). Diese Störung sollte die gewünschte Reaktion möglichst spezifisch, quantitativ und möglichst schnell auslösen, sodass sie mithilfe der FT-IR-Spektroskopie oder mithilfe von IR-kinetischen Techniken bei einzelnen Wellenzahlen verfolgt werden kann. Dabei können Anfangs- und Endzustand einer Reaktion, metastabile Intermediate oder der Ablauf der Reaktion in Echtzeit verfolgt werden, sodass sich ein Bild von den molekularen Änderungen im Protein im Verlauf der Reaktion gewinnen lässt.

Diesen Techniken liegt das Konzept zugrunde, dass sich nur derjenige Teil eines Proteins in den Differenzspektren abbildet, der sich im Verlauf der Reaktion verändert, und dass sich die Absorption der „inerten" Teile des Proteins durch die Differenzbildung kompensiert. Eine Differenzbildung zwischen zwei Proben in verschiedenen Zu-

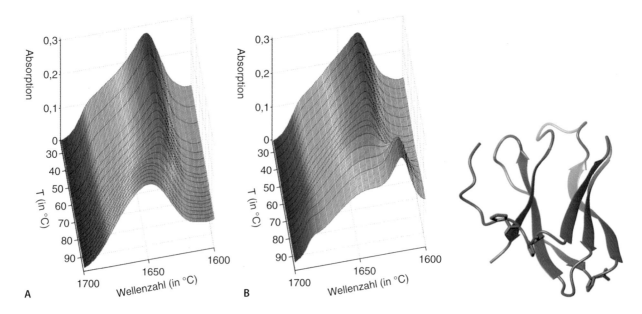

**◘ Abb. 8.25** Infrarotspektren des Proteins Tendamistat in der nativen Form **A** und mit drei Punktmutationen, bei denen die drei Proline durch Alanine ersetzt wurden **B**. Die Temperaturserie wurde durch schnelles Erwärmen aufgenommen. Der Spektralbereich zeigt die Amid-I-Region (1700–1600 cm⁻¹) mit spezifischen Absorptionen für Sekundärstrukturen. Ganz rechts: Bändermodell von Tendamistat mit den farbig markierten Prolinen

ständen versagt meist, da schon geringe Unterschiede in der Konzentration oder in der Schichtdicke Differenzsignale ergeben würden, die weit größer als alle bei einer Reaktion erwarteten molekularen Änderungen sind. Bei diesen sog. **reaktionsmodulierten Differenztechniken** kann jedoch das Entstehen von neuen Banden, das Verschwinden von Banden oder die Verschiebung von Banden eindeutig mit der Störung korreliert werden, sodass eine außergewöhnlich hohe Empfindlichkeit erreicht wird. Typischerweise können aufgrund der hohen Empfindlichkeit der FT-IR-Spektroskopie oder mit Einzelwellenlängentechniken Absorptionsänderungen von $10^{-3}$–$10^{-5}$ der Grundabsorption gemessen werden. Dies entspricht bei einem Protein mit einer Masse von 100 kDa dem Beitrag von einzelnen Bindungen zur Gesamtabsorption. Nutzt man den gesamten diagnostisch relevanten Spektralbereich von >2000 cm⁻¹ bis unterhalb von 500 cm⁻¹, so kann dadurch ein Bild der Änderungen von Bindungslängen, Bindungswinkeln, Protonierungsänderungen oder Umgebungsänderungen des katalytischen Zentrums gewonnen werden. Dieses Bild eignet sich als Basis für ein „Szenario" der Reaktion auf atomarer Ebene.

Ursprünglich wurden diese Techniken für Chromoproteine entwickelt, bei denen die Photoreaktion durch Belichtung mit Dauerlicht oder mit einem kurzen Lichtblitz induziert wird. Dadurch konnten beispielsweise Reaktionen des visuellen Pigments Rhodopsin, der lichtgetriebenen Protonenpumpe Bakteriorhodopsin oder die Primärreaktionen in der Photosynthese untersucht werden (▶ Abschn. 8.2). Heute stehen als Störungsmethoden der Infrarotspektroskopie verschiedene Möglichkeiten zur Verfügung, die die zeitaufgelöste Analyse von Proteinreaktionen ermöglichen:

- lichtinduzierte Differenzspektroskopie mit Anregung durch Dauerlicht oder mit Lichtblitzen
- redoxinduzierte Differenzspektroskopie durch Elektronenübertragung an einer transparenten Elektrode in einer für die IR-Spektroskopie geeigneten elektrochemischen Zelle (◘ Abb. 8.15),
- photochemisch induzierte Differenzspektroskopie durch lichtgetriggerte Freisetzung von Substraten aus inaktiven, photochemisch aktivierbaren Substratanalogen (Cages, ▶ Abschn. 8.1.4; ◘ Abb. 8.9)
- thermisch induzierte Differenzspektroskopie durch Probenerwärmung mit einem Laserblitz im nahen Infrarot
- Mischverfahren mit Dünnschichtzellen
- Perfusionsverfahren mit ATR-Durchflusszellen

Die methodischen Entwicklungen der letzten 30 Jahre haben dazu geführt, dass heute die Infrarotspektroskopie in weitem Umfang auch für die Charakterisierung von Biopolymeren unter nativen Bedingungen eingesetzt werden kann. Die früher geltenden Einschränkungen der IR-Spektroskopie (wie z. B. zu hohe erforderliche Probenmengen im Milligrammbereich, das oft nicht ausreichende Signal/Rausch-Verhältnis) oder die photometrische Einschränkung durch die Absorption des Wassers stellen keine ernsthaften Hindernisse mehr dar. Da breitere Spektralbereiche als im sichtbaren Spektralbereich erfasst werden können, da die Zahl der diagnostisch brauchbaren Absorptionsbanden wesentlich höher ist als bei elektronischen Übergängen und da Prozesse in einem Protein direkt (d. h. ohne eine zusätzliche Sonde) erfasst werden können, entwickeln sich diese Techniken zunehmend zu Methoden, mit denen Informationen über Struktur, Funktion und Dynamik von Biomolekülen erhalten werden können. Für diese IR-Methoden, die *als Fenster ins Protein* bezeichnet werden können, sei auf die Weiterführende Literatur verwiesen.

## 8.4 Raman-Spektroskopie

### 8.4.1 Grundlagen

Die Raman-Spektroskopie ist verwandt mit der Infrarotspektroskopie. Sie beruht auf einem Streueffekt und geht auf ein von Raman und Krishnan im Jahr 1928 beschriebenes Phänomen zurück, bei dem neben der „normalen" Lichtstreuung auch Streuung mit verschobenen Frequenzen beobachtet wurde. Dieses Phänomen wurde nach einem seiner Entdecker als **Raman-Effekt** bezeichnet, die darauf basierende molekülspektroskopische Methode als Raman-Spektroskopie. Während diese Methode bald in der Chemie Anwendung fand, hat sie in der Bioanalytik erst mit dem Aufkommen von Lasern, vor allem mit der Entwicklung abstimmbarer Laser in den 1970er-Jahren, Eingang gefunden. Sie hat einen festen Platz bei der Untersuchung von pigmentierten Proteinen, z. B. bei Chlorophyll-Protein-Komplexen oder Hämproteinen, und soll hier im Anschluss an die Infrarotspektroskopie besprochen werden, da die resultierenden Informationen über die Schwingungsspektren von Biomolekülen durchaus vergleichbar sind. Die apparativen und theoretischen Grundlagen sind jedoch völlig anders.

Für das Verständnis des Raman-Effekts betrachten wir zunächst die Prozesse, bei denen Photonen eines einfallenden Lichtstrahls mit den Molekülen einer Probe wechselwirken. Neben dem Prozess der Lichtabsorption, der bei geeigneter Photonenenergie einen Übergang in ein energetisch höheres Niveau des Moleküls bewirken kann, können auch elastische und inelastische Streuprozesse vorkommen, bei denen das Photon nicht absorbiert wird. Allerdings kann seine Richtung verändert werden. Im Termschema berücksichtigt man diese Prozesse durch virtuelle Niveaus. Die Raman-Streuung kann als *inelastische Streuung* eines Photons an einem Molekül aufgefasst werden. Bei dieser Streuung geht das Molekül in einen höheren Energiezustand über, und das gestreute Photon verliert einen Teil seiner Energie.

In der klassischen Beschreibung des Raman-Effektes geht man davon aus, dass die einfallende Lichtwelle in dem betreffenden Molekül ein oszillierendes Dipolmoment induziert, das sich einem eventuell bereits vorhandenen permanenten Dipolmoment überlagert. Da ein oszillierendes Dipolmoment neue elektromagnetische Wellen erzeugt, trägt jedes Molekül auch einen Anteil zur elastischen Streuung (Rayleigh-Streuung) und zur inelastischen Streuung (Raman-Streuung) bei.

Für das **oszillierende Dipolmoment $\mu(t)$** gilt:

$$\mu(t) = \underline{\alpha}(v) \cdot E_0 \cdot \cos 2\pi v t \quad (8.11)$$

mit:

$\alpha$ - Polarisierbarkeit

$E_0$ - elektrische Feldstärke

Da das Molekül Schwingungen ausführt, ist $\alpha$ nicht zeitlich konstant, sondern ändert sich mit der Frequenz des eingestrahlten Lichts:

$$\underline{\alpha}(v) = \alpha_0(v) + \alpha'(v) \cdot \cos 2\pi v' t \quad (8.12)$$

mit:

$\alpha_0$ - Gleichgewichtspolarisation

$\alpha'$ - Änderung der Polarisierbarkeit mit der Bewegung der Kerne ($v'$)

$v'$ - Frequenz der Kernbewegung

$$\mu(t) = E_0 \left[ \alpha_0(v) + \alpha'(v) \cdot \cos 2\pi v' t \right] \cos 2\pi v' t \quad (8.13)$$

Setzt man $\alpha$ und $\alpha'$ ein und multipliziert aus, ergibt sich:

$$\mu(t) = \underbrace{E_0 \cdot \alpha_0(v) \cos 2\pi v t}_{\text{normale induzierte Dipolstreuung}}$$
$$+ \underbrace{E_0\, \alpha'(v) \cdot \cos 2\pi v' t \cos 2\pi v t}_{\mu'(t)}$$

$$(8.14)$$

Mit der Identität $\cos A \cdot \cos B = 1/2 \left[\cos(A+B) + \cos(A-B)\right]$ erhält man:

$$\mu'(t) \sim E_0\, \alpha(v)[\cos 2\pi(v+v')t + \cos 2\pi(v-v')t: \quad (8.15)$$

Es treten um die Schwingungsfrequenz langwellig ($v - v'$) und kurzwellig ($v + v'$) verschobene Frequenzbeträge im Streulicht auf.

Zunächst erscheint bei der klassischen Herleitung paradox, dass aus einer Probe Licht mit höherer Energie emittiert werden kann, als in sie eingestrahlt wurde. Das Paradoxon wird leichter verständlich, wenn der Raman-Prozess formal als Zwei-Photonen-Prozess beschrieben wird: Das Molekül emittiert das eingestrahlte Quant plus ein Vibrationsquant.

### 8.4.2 Raman-Experimente

Für die experimentelle Umsetzung des Raman-Effekts wird mit monochromatischem, intensivem Licht in eine Probe eingestrahlt und das gestreute Licht in seiner Frequenz durch einen Monochromator analysiert. Trägt man die Intensität des Streulichts als Funktion der Differenz (eingestrahlte Wellenlänge minus emittierte Wellenlänge) auf, so erhält man das Raman-Spektrum der Substanz, das sich, wie oben erwähnt, ähnlich charakteristisch wie das Infrarotspektrum aus Schwingungsbanden und Rotationsbanden zusammensetzt.

Bei der experimentellen Umsetzung muss bedacht werden, dass der Raman-Effekt ein Streueffekt mit außerordentlich geringer Wahrscheinlichkeit ist – in der Praxis wird nur jedes $10^{10}$te Photon wieder emittiert. Um dennoch überhaupt eine *messbare* Zahl von gestreuten Photonen zu erhalten, muss das Anregungslicht sehr hohe Intensität haben. Aus diesem Grund konnte der Raman-Effekt erst mit der Entwicklung von Lasern für die Untersuchung biologischer Makromoleküle angewandt werden. Die Intensität des von der Probe wieder gestreuten Lichtes zeigt ein Maximum bei der Frequenz des eingestrahlten Lichtes: Hier handelt es sich um die Rayleigh-Linie, d. h. die elastisch gestreute Intensität aufgrund der Rayleigh-Streuung. Sie ist – je nach Zustand des Präparats und erst recht bei Partikeln im Präparat – um einige Größenordnungen intensiver als die Raman-Streuung.

In der Praxis können nur die zu kleineren Energien liegenden **Stokes-Linien** beobachtet werden. Die zu höheren Energien verschobenen **Antistokes-Linien**, die der Summe aus Schwingungsfrequenz und eingestrahlter Frequenz entsprechen, werden aufgrund der Besetzung der Schwingungsniveaus nur außerordentlich schwach beobachtet. Die Intensität der gestreuten Strahlung ist eine Funktion der Wellenlänge; sie variiert mit $1/\lambda^4$. Dies bedeutet, dass bei einer Anregung mit höher energetischen Photonen (blauem Licht statt rotem Licht) auch höhere Streuintensität für die Raman-Streuung beobachtet wird.

◘ Abb. 8.26 zeigt den schematischen Aufbau einer Apparatur für die Raman-Spektroskopie. Licht aus einer intensiven Lichtquelle mit einer bestimmten Wellenlänge $\lambda$ wird auf ein Präparat fokussiert; die emittierten Photonen werden gesammelt und spektral zerlegt. Gewöhnlich wird das gestreute Licht wie bei der Fluoreszenzmessung seitwärts detektiert. Ein Doppel- oder Dreifachmono-

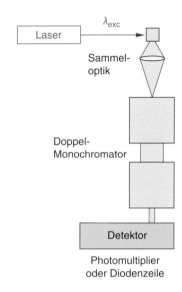

◘ **Abb. 8.26**   Schematischer Aufbau eines Raman-Spektrometers

chromator ist dabei notwendig, um die hohe Intensität der unverschobenen Rayleigh-Linie zu unterdrücken.

Bei vielen biologischen Systemen wird intensive Fluoreszenz (► Abschn. 8.5) beobachtet, sobald die Anregungswellenlänge innerhalb einer Absorptionsbande liegt, d. h. wenn die Resonanzverstärkung ausgenutzt wird (Resonanz-Raman-Spektroskopie, ► Abschn. 8.4.3). In ◘ Abb. 8.27 ist gezeigt, wie Fluoreszenz sich störend dem Raman-Effekt überlagern kann. Hier ist es notwendig, nochmals die Größenordnungen zu betrachten: Bei manchen Fluorophoren mit einer Quantenausbeute von nahezu 100 % wird fast jedes Photon reemittiert; die Intensität der Fluoreszenz bei einer bestimmten Wellenlänge kann deswegen um viele Größenordnungen über der Intensität der Raman-Streuung liegen.

Für die Untersuchung von Proteinen kann Raman-Streuung im sichtbaren Spektralbereich oder im UV angeregt werden. Absorption des Lichtes ist nicht notwendig, da es sich um ein Streuverfahren handelt. Man wird daher die Anregungswellenlänge aufgrund der physikalischen Gegebenheiten für die Detektion auswählen und nach Möglichkeit versuchen, hochenergetisches, also blaues Licht zu verwenden. Dabei muss beachtet werden, dass die hohe Intensität der Anregungsstrahlung auch unerwünschte photochemische Reaktionen im biologischen Präparat auslösen kann.

### 8.4.3 Resonanz-Raman-Spektroskopie

Während die Anwendungen der Raman-Spektroskopie für Proteine, bei denen keine chromophoren Gruppen im sichtbaren Bereich oder im nahen UV vorhanden sind, stets eingeschränkt war, kam mit dem Aufkommen abstimmbarer Laser die Möglichkeit auf, die Anregung auf die Absorptionsbanden der elektronischen Übergänge

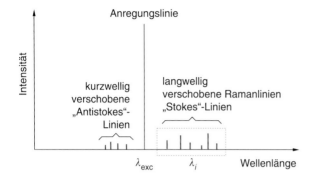

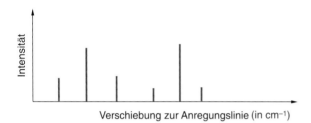

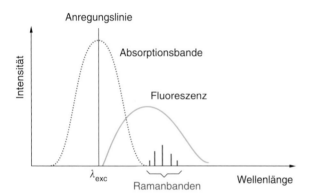

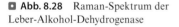

**Abb. 8.27** Gemessenes Spektrum und berechnetes Raman-Spektrum

von chromophoren Gruppen abzustimmen. Dieses Verfahren wird als Resonanz-Raman-Spektroskopie bezeichnet. Durch den Resonanzeffekt, bei dem die Polarisierbarkeit des Moleküls wesentlich erhöht wird, wird die Intensität der gestreuten Strahlung um ein Vielfaches höher. Dadurch lassen sich die Raman-Linien der betreffenden chromophoren Gruppen vor dem Hintergrund der Raman-Linien aus dem gesamten Molekül leicht isolieren. Diese Verfahren haben sich für viele pigmentierte Systeme bewährt; es gibt zahlreiche Untersuchungen über Retinal-Proteine und Chlorophyll-Proteinkomplexe.

Mit abstimmbaren Lasern für ultraviolettes Licht können Raman-Untersuchungen mit resonanter ultravioletter Anregung, vor allem bei den Absorptionsbanden der aromatischen Aminosäuren bei ca. 280 nm, durchgeführt werden.

■ Abb. 8.28 zeigt das Raman-Spektrum der Leber-Alkohol-Dehydrogenase (LADH). Der Spektralbereich zwischen 1700 und etwa 300 $cm^{-1}$ zeigt zahlreiche Raman-Banden, die im Detail zur Konformationsanalyse des NADH in freiem und gebundenem Zustand verwendet werden können.

Mit dem Aufkommen von Fourier-Transform-Infrarotspektrometern (▶ Abschn. 8.3.3) konnte sich im Bereich der Raman-Spektroskopie eine neue Methode etablieren, bei der die emittierte Raman-Streuung nicht mehr durch einen Monochromator wie in ■ Abb. 8.26 analysiert wird, sondern in einem Interferometer zerlegt und simultan für alle Wellenlängen detektiert wird. Der Vorteil einer solchen Multiplexmethode wurde bereits ausführlich in ▶ Abschn. 8.1 beschrieben. Damit ist es möglich, auch die sehr schwache Raman-Streuung, die bei einer Anregung im langwelligen Spektralbereich erhalten wird, noch gut zu analysieren. Da hier eine Kom-

**Abb. 8.28** Raman-Spektrum der Leber-Alkohol-Dehydrogenase

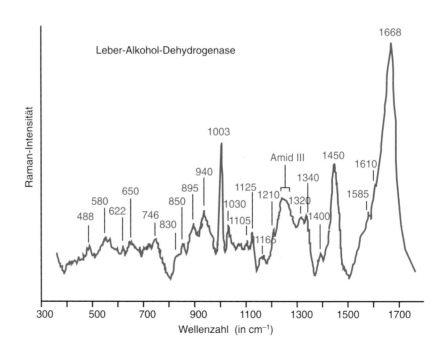

bination von Komponenten der FT-IR-Spektroskopie, nämlich das Interferometer, und einer Komponente der Lasertechnik, überwiegend der Neodym-YAG-Laser mit einer Wellenlänge von 1064 nm, verwendet wird, spricht man von einer **Nah-Infrarot-Fourier-Transform-Raman-Spektroskopie (NIR-FT-Raman)**. Diese Technik wird mittlerweile breit eingesetzt; sie bietet den Vorteil der Anregung mit niedrigen Photonenenergien, die keine Photoreaktionen verursachen, und gleichzeitig die Möglichkeit, mit interferometrischer Detektion zu sehr rauscharmen Raman-Spektren zu gelangen.

Bei der Analyse von Raman-Spektren wird im Grunde genauso vorgegangen wie bei der Analyse von Infrarotspektren. Die Lage der Raman-Banden kann in Form von Normalschwingungen oder Gruppenschwingungen (▶ Abschn. 8.3.2) interpretiert werden, die Zuordnungen erhält man wie bei der Infrarotspektroskopie durch den gezielten Einbau von Isotopen. Da bei der Infrarotspektroskopie die Voraussetzung für die Aktivität eines Moleküls ein mit der Schwingungsbewegung oszillierendes Dipolmoment ist, bei der Raman-Spektroskopie jedoch eine mit der Schwingung oszillierende Polarisierbarkeit, sind bei einfachen Molekülen beide Methoden komplementär. Dies bedeutet, dass eine Schwingungsmode entweder infrarotaktiv *oder* Raman-aktiv ist. Bei Biomakromolekülen ist diese einfache Symmetrieregel jedoch fast immer verletzt; man findet Moleküle, bei denen bestimmte Banden sowohl infrarot- als auch Raman-aktiv sind.

## 8.5 Fluoreszenzspektroskopie

### 8.5.1 Grundlagen

Ein photochemisch angeregtes Molekül kann auf unterschiedliche Weise wieder in den energetischen Grundzustand gelangen: Neben der Möglichkeit zur strahlungslosen Relaxation, bei der die Energiedifferenz in Form von Schwingungsenergie, letztlich als Wärme, abgegeben wird, kann ein Photon emittiert werden. Zur Diskussion beziehen wir uns wieder auf das in ◻ Abb. 8.6 gezeigte Termschema. Während die Messung der *Phosphoreszenz* (Relaxation von $T_1$ nach $S_0$) für die Bioanalytik nur eine untergeordnete Rolle spielt, ist die Messung der Fluoreszenz eine bei vielen Arbeiten angewandte Routinemethode.

Wie in ▶ Abschn. 8.1 diskutiert und in ◻ Abb. 8.6 als Beispiel gezeigt, erfolgt die Anregung aus dem am niedrigsten liegenden Singulettzustand $S_0$ in einen der Schwingungszustände des ersten oder zweiten angeregten Singulettzustands. Aus dem zweiten oder höher angeregten Singulettzustand $S_2$ (bzw. $S_n$) erfolgt in der Regel sehr schnell (in ca. $10^{-13}$ s) und *strahlungslos* ein Übergang in den am niedrigsten liegenden Schwingungszustand des ersten angeregten Singulettzustands;

Emission eines Photons aus $S_2$ wird nur in Ausnahmefällen beobachtet.

Die Relaxation aus dem ersten angeregten Singulettzustand $S_1$ dagegen kann über unterschiedliche Prozesse erfolgen. Zum einen kann auch von $S_1$ nach $S_0$ durch innere Konversion (innere Umwandlung) eine strahlungslose Desaktivierung vorkommen. Dies lässt sich dadurch erklären, dass höher angeregte Schwingungszustände von $S_0$ durchaus Energiewerte in der Nähe von $S_1$ erreichen können. Zum anderen – und das ist der wichtigste Prozess der Desaktivierung von $S_1$ – kann ein Lichtquant emittiert werden, was in ◻ Abb. 8.6 als Fluoreszenz dargestellt ist.

Vergleicht man hier die Länge der Pfeile, die für die Absorption bzw. für die Emission stehen, so wird zunächst klar, dass der Pfeil für die Fluoreszenz immer kürzer ist als der für die Absorption. Da die Länge der Pfeile ein Maß für die Energie des absorbierten bzw. emittierten Photons ist, entspricht dies einer *Rotverschiebung* der Fluoreszenz gegenüber der Absorption bei ein und demselben Molekül. Um dies zu verstehen, betrachten wir die Besetzungen und Relaxationen der Schwingungsniveaus beim Absorptions- und Emissionsprozess.

Absorption aus dem Grundzustand erfolgt ausgehend von einer Besetzung der Schwingungsniveaus, die durch die Temperatur gegeben ist; bei Raumtemperatur erfolgt sie fast ausschließlich von v = 0 aus. Entsprechend dem Franck-Condon-Prinzip (▶ Abschn. 8.1) führt der Absorptionsprozess zum gleichen (v = 0) oder höher angeregten (v = 1, 2, …) Schwingungsniveau in $S_1$. Im angeregten Zustand kommt es dann zunächst wieder zu einem Besetzungsgleichgewicht (bei Raumtemperatur also zum tiefstliegenden Schwingungszustand in $S_1$), bevor Relaxation nach $S_0$ möglich ist. Als Folge dieses Verhaltens, das im Termschema anschaulich dargestellt werden kann, ergeben sich für die Fluoreszenz folgende Eigenschaften:

— Das Spektrum der Fluoreszenz ist gegenüber dem Spektrum der Absorption zu kleineren Energien, also zu größeren Wellenlängen, verschoben.
— Das Spektrum der Emission ist unabhängig vom Spektrum der Absorption.
— Die Struktur der Schwingungsniveaus bestimmt die Struktur des Absorptions- bzw. Emissionsspektrums: Für die Absorption ist die Schwingungsunterstruktur von $S_1$ maßgeblich, für die Emission hingegen die Schwingungsstruktur von $S_0$.

Die Tatsache, dass die Relaxation von $S_1$ nach $S_0$ über Strahlungsemission von einem Zustand aus erfolgt, der eine vergleichsweise lange Lebensdauer hat, macht Fluoreszenzuntersuchungen für biologische Moleküle besonders attraktiv. Diese Lebensdauer, die der mittleren Verweildauer eines Moleküls in $S_1$ entspricht, lässt sich allerdings nur dann exakt aus der Rate der Fluoreszenzemission bestimmen, wenn die Fluoreszenz der einzige Deaktivierungsprozess ist und strahlungslose Deaktivierung oder *Intersystem Crossing*, also der Übergang vom Singulett- zum Triplett-System, vernachlässigt werden können. Typische Lebensdauern für die Fluoreszenz liegen in der Größenordnung von $10^{-9}$–$10^{-7}$ s. Da diese Lebensdauern in derselben Größenordnung liegen oder sogar länger sind als die Zeiten für Diffusion, Rotation oder Konformationsänderungen von biologischen Makromolekülen, bietet sich eine Messung von solchen Prozessen durch Fluoreszenzmessungen an.

Will man Fluoreszenzuntersuchungen an Biomolekülen in der Analytik einsetzen, so muss zunächst unterschieden werden, ob die Fluoreszenz von direkt am Molekül vorhandenen Gruppen („intrinsischen Fluorophoren") benutzt werden kann, oder ob zusätzliche Moleküle als fluoreszierende Gruppen erst in das Molekül eingebaut werden müssen („Fluoreszenz-Sonden").

Bei der Fluoreszenzspektroskopie von Proteinen ohne Fluoreszenzsonden kann im Wesentlichen nur die Fluoreszenz der Aminosäure Tryptophan verwendet werden. Wie bereits in ▶ Abschn. 8.2 ausgeführt, zeigen die aromatischen Aminosäuren Absorptionsbanden der Seitenketten bei ca. 280 nm (Tryptophan); die Fluoreszenz dieses elektronischen Übergangs wird bei Wellenlängen von oberhalb 300–350 nm beobachtet. Tryptophan zeigt in polarer Umgebung rotverschobene Fluoreszenz; daher kann über die Messung des Emissionsspektrums auf die molekulare Umgebung eines Tryptophanmoleküls geschlossen werden.

Bei der Messung der Fluoreszenz findet man, dass die Fluoreszenzintensität von der Konzentration des untersuchten Moleküls abhängt:

$$F = I_0 \cdot \phi \cdot \left(2{,}303 \cdot \varepsilon \cdot c \cdot d\right) \qquad (8.16)$$

mit:

$F$ - Fluoreszenzintensität

$I_0$ - Intensität des eingestrahlten Lichts

$\Phi$ - Fluoreszenzausbeute, das Verhältnis von emittierten zu absorbierten Photonen

$\varepsilon$ - molarer Absorptionskoeffizient der Substanz

$c$ - Konzentration

$d$ - Schichtdicke

Zusätzlich tritt häufig eine Rotverschiebung der Emission mit zunehmender Konzentration auf. Die Gründe für dieses Verhalten liegen zum einen darin, dass **Fluoreszenzlöschung (Quenching)** auftritt, wenn Energie von einem angeregten Molekül auf ein zweites Molekül übertragen wird, sodass die Wahrscheinlichkeit der Emission sinkt und der angeregte Zustand strahlungslos desaktivieren kann. Für dieses Quenching sind Kollisionsprozesse bzw. die Bildung von Molekülaggregaten verantwortlich. Wenn bei Fluoreszenzmessungen Quantenausbeuten bestimmt werden sollen, müssen solche Konzentrationsabhängigkeiten sehr sorgfältig betrachtet werden.

Betrachtet man die Rotverschiebung der Fluoreszenz im Detail, so muss zusätzlich zu der bereits diskutierten, durch das Termschema gegebenen Verschiebung die Wechselwirkung der fluoreszierenden Gruppe mit dem Lösungsmittel betrachtet werden. Der Grund dafür liegt darin, dass die Absorption in sehr kurzer Zeit aus einem mittleren Zustand des Lösungsmittels heraus erfolgt. Während der längeren Lebensdauer des angeregten Zustands von $10^{-9}$–$10^{-7}$ s können sich jedoch Lösungsmittelmoleküle umorientieren und zusammen mit der fluoreszierenden Gruppe einen energetisch günstigeren Zustand bilden, sodass das Energieniveau dieses Zustands abgesenkt wird. Diese sog. **Lösungsmittelrelaxation** hängt von der elektronischen Verteilung der fluoreszierenden Gruppe im Grundzustand und im angeregten Zustand sowie von der Polarität des Lösungsmittels ab.

Zusätzlich zu dieser durch die Photophysik gegebenen Rotverschiebung wird in der Praxis oft eine weitere Rotverschiebung beobachtet, die konzentrationsabhängig ist und durch Verdünnen beseitigt werden kann. Sie hat ihren Grund in der mit steigender Konzentration des Fluorophors erhöhten Wahrscheinlichkeit, dass ein emittiertes Photon wieder absorbiert wird, da sich Absorptions- und Emissionsbande des Moleküls überlagern. Als Folge dieser Überlappung – und das mit steigender Konzentration – wird der kurzwellige Teil der emittierten Strahlung vorzugsweise reabsorbiert, und der schließlich aus dem Präparat austretende Strahlungsanteil ist scheinbar weiter ins Rote verschoben.

## 8.5.2 Fluoreszenzspektren als Emissionsspektren und als Aktionsspektren

Die prinzipiell möglichen Anordnungen zur Messung der Fluoreszenz sind in ◘ Abb. 8.29 dargestellt. Für die praktische Anwendung der Fluoreszenz in der Bioanalytik ist es oft ausreichend, wenn die fluoreszierende Gruppe durch Licht geeigneter Wellenlänge angeregt und bei einer zweiten Wellenlänge die Intensität der emittierten Strahlung gemessen wird. Dabei ist es ausreichend, die Anregungswellenlänge durch Filter auf den wirksamen Bereich der Absorptionsbande einzuschränken. Für die Messwellenlänge muss ein komplementäres Filter vor dem Detektor geschaltet werden, um gestreutes Anregungslicht zu unterdrücken. Idealerweise werden die beiden Filter so gewählt, dass kein Anregungslicht den Detektor erreicht. Eine häufig benutzte Anordnung, bei der das emittierte Licht senkrecht zur Anregung detektiert wird, ist hilfreich, aber nicht zwingend (◘ Abb. 8.29).

Wenn das Spektrum der Fluoreszenz erfasst werden soll, um beispielsweise aus der Lage der Maxima oder aus der Struktur der Emissionsbande Informationen zu erhalten, so muss das Filter vor dem Detektor durch einen geeigneten Monochromator ersetzt werden. Nutzbar ist dann im Idealfall ein Spektralbereich bis in die Nähe der festen Anregungswellenlänge. Bei dieser Messung des **Emissionsspektrums** muss bedacht werden, dass die Transmission optischer Komponenten, des Monochromators, vor allem aber die Nachweisempfindlichkeit des Detektors stark von der Wellenlänge abhängen. Eine Messung des Emissionsspektrums liefert daher zunächst eine relative Fluoreszenzinten-

sität als Funktion der Wellenlänge, die aufwendig mit Fluoreszenzstandards, d. h. Proben mit bekanntem Emissionsspektrum, korrigiert werden muss. Erst dieses *quantenkorrigierte Emissionsspektrum* kann quantitativ ausgewertet werden.

In vielen Fällen ist es wichtig, die Energieleitung innerhalb einer Anordnung von Chromophoren zu verfolgen. Dazu kann die Messung eines **Aktionsspektrums** dienen. Hierbei wird die Intensität des emittierten Lichts bei einer festen Wellenlänge gemessen und die Anregungswellenlänge variiert. Diese Vorgehensweise wird auch als **Fluoreszenz-Aktionsspektroskopie** bezeichnet.

**Lichtquellen** zur Anregung der Fluoreszenz müssen hohe Intensität im kurzwelligen Spektralbereich liefern. Aus diesem Grund werden üblicherweise Xenon-Hochdrucklampen verwendet, seltener auch Wolfram-Halogenlampen. Im Pulsbetrieb können auch Laser für die Anregung der Fluoreszenz verwendet werden, vor allem, wenn die Zeitabhängigkeit der Fluoreszenzintensität gemessen werden soll. Mit der Entwicklung von LED oder Halbleiterlasern, die im blauen Spektralbereich oder im nahen UV emittieren, stehen einfache und preiswerte Anregungsquellen für die Fluoreszenz zur Verfügung. Da diese Lichtquellen auch sehr schnell moduliert oder gepulst werden können, sind zeitaufgelöste Fluoreszenzmessungen möglich, z. B. die Messung von Abklingzeiten.

Als **Detektoren** werden überwiegend Photomultiplier-Röhren eingesetzt, die im UV-Spektralbereich sowie im kurzwelligen sichtbaren Spektralbereich Photodioden überlegen sind. Dabei macht man sich zunutze, dass Photomultiplier-Röhren mit ihrer internen Verstärkung so betrieben werden können, dass einzelne Photonen als Stromimpuls am Ausgang nachgewiesen werden können (*photon counting mode*). Die Intensität der Fluoreszenz wird dann als die Zahl der Photonen, die in einem bestimmten Zeitintervall eintreffen, ausgedrückt. Bei sehr weit im Roten liegenden Emissionswellenlängen können auch Photodioden verwendet werden. Die in ◘ Abb. 8.8C dargestellten Multiplexphotometer (Diodenarray oder CCD) können ebenfalls für Fluoreszenzmessungen herangezogen werden, wenn die Emissionsintensität ausreicht.

### 8.5.3 Fluoreszenzuntersuchungen mit intrinsischen und extrinsischen Fluorophoren

Die Einsatzmöglichkeiten der Fluoreszenzspektroskopie mit intrinsischen Fluorophoren bei Proteinen, d. h. lediglich mit der Emission der aromatischen Aminosäuren, sind begrenzt. Die Tryptophan-Fluoreszenz eignet sich jedoch sehr gut zur Beobachtung von Faltungspro-

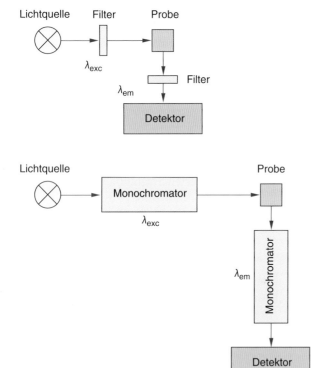

◘ **Abb. 8.29** Schematische optische Anordnungen zur Fluoreszenzmessung. Im einfachsten Fall wird die Probe bei einer festen Wellenlänge ($\lambda_{exc}$) angeregt und die Intensität der Fluoreszenz bei fester Wellenlänge ($\lambda_{em}$) gemessen. Die beiden Wellenlängen werden durch Filter gewählt, die komplementär sein müssen. Werden sie durch durchstimmbare Filter (Monochromatoren) ersetzt, so können Emissionsspektren ($\lambda_{exc}$ fest, Aufzeichnen der Fluoreszenzintensität als Funktion der Emissionswellenlänge $\lambda_{em}$) oder Aktionsspektren ($\lambda_{em}$ fest, Aufzeichnen der Fluoreszenzintensität als Funktion der Anregungswellenlänge $\lambda_{exc}$) aufgenommen werden

zessen, da sie empfindlich auf die Umgebung der Seitenkette reagiert. Die Verschiebung des Fluoreszenzmaximums kann auch zur Untersuchung des enzymatischen Abbaus von Proteinen herangezogen werden, da Tryptophanseitenketten mit der Proteolyse zunehmend vom hydrophoben Inneren des Proteins in Bereiche kommen, die polarer und Wassermolekülen zugänglicher werden. Bei Proteinen mit fluoreszierenden Cofaktoren wie Flavinen oder Chlorophyllen ergeben sich zahlreiche weitere Anwendungen, bei der der Cofaktor als Sonde verwendet wird und über seine Emission Informationen über seine molekulare Umgebung im Protein, über den Protonierungszustand oder über konformelle Änderungen vermittelt. Besonders ausgeprägt ist die Fluoreszenz bei Tetrapyrrol-Systemen. Es liegt daher nahe, Chlorophylle und Chlorophyll-Protein-Komplexe durch Fluoreszenzuntersuchungen zu charakterisieren. Die Fluoreszenzquantenausbeute bei solchen Molekülen kann nahezu den Wert 1 erreichen, d. h. für fast jedes absorbierte Photon wird wieder ein Photon emittiert.

◻ Abb. 8.30 zeigt die Absorptions- und Emissionsspektren eines Chlorophyll-Protein-Komplexes aus dem photosynthetischen Bakterium *Rhodobacter capsulatus*. Die Funktion des Komplexes besteht darin, Lichtenergie möglichst effizient zu absorbieren und an die photo-

reaktiven Zentren weiterzuleiten. Aufgrund der Anordnung der Pigmente kann Energie in strahlungslosen Prozessen effizient durch die verschiedenen Antennenpopulationen von außen nach innen geleitet werden, bis Energieübergabe an das photoreaktive Zentrum möglich ist. Die Basis für diesen Energieübertrag bildet die exzellente Überlappung der Absorptionsspektren der weiter innen gelegenen Pigmente mit den Emissionsspektren der weiter außen gelegenen Pigmente sowie die direkte Kopplung der Pigmente. Die beteiligten Pigmente (Bakteriochlorophyll a) zeigen eine Reihe von Singulettübergängen im sichtbaren Spektralbereich sowie im nahen Infrarot: $S_0 \rightarrow S_3$ bei ca. 400 nm, $S_0 \rightarrow S_2$ bei ca. 600 nm und $S_0 \rightarrow S_1$ bei Wellenlängen >750 nm. Der Übergang $S_0 \rightarrow S_1$ variiert je nach Antennenpopulation, sodass Energie förmlich „kanalisiert" und wie mit einem Trichter ins Innere dieser Strukturen geleitet wird. Wird an irgendeiner Stelle dieser Energiefluss unterbrochen, z. B. durch molekulargenetische Deletion oder durch Extraktion einer Pigmentpopulation, so kann dieser Energiefluss, der sich förmlich staut, nur noch über Emission weitergegeben bzw. abgeleitet werden. Bei photosynthetischen Pigmenten erfüllt die Fluoreszenzemission häufig die Rolle eines „molekularen Blitzableiters", der verhindert, dass die Absorption eines Photons

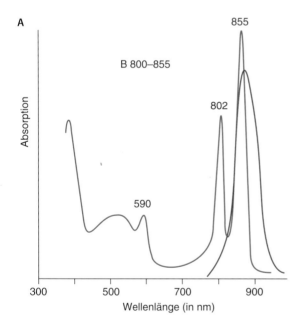
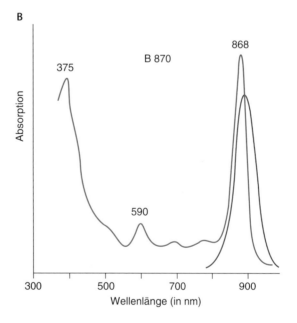

◻ **Abb. 8.30** Absorptionsspektren und Emissionsspektren von Lichtsammelpigmenten des photosynthetischen Bakteriums *Rhodobacter capsulatus*. **A** Absorptionsspektrum (blaue Linie) des peripheren Bakteriochlorophyll-Protein-Komplexes mit zwei unterschiedlichen Pigmentpopulationen, die bei ca. 800 nm und bei ca. 850 nm absorbieren (B 800–850). Wird dieser Komplex angeregt, so erfolgt ein schneller Energietransfer innerhalb der einzelnen Pigmente und zwischen B 800 und B 850, sodass die Fluoreszenz (rote Linie) nur

vom niedrigstliegenden Übergang von B 850 beobachtet wird. Das Maximum der Fluoreszenz liegt bei ca. 865 nm. **B** Absorptionsspektren (blaue Linie) des unmittelbar mit dem photochemischen Reaktionszentrum assoziierten Lichtsammelkomplexes B 870. Seine Absorption überlappt ideal mit der Fluoreszenz des peripheren B 800–850-Komplexes. Die Fluoreszenz erfolgt auch hier nur vom niedrigstliegenden Singulettübergang

das Pigmentsystem in einen Zustand bringt, in dem irreversible photochemische Prozesse durch Triplett-Reaktionen die Pigmente schädigen.

Neben dem intrinsischen Fluorophoren der Proteine und der Fluoreszenz der Cofaktoren können zahlreiche extrinsische **Fluoreszenzsonden** verwendet werden, um beispielsweise die Fluidität von Membranen, die Beweglichkeit von Proteindomänen oder um Diffusions- und Rotationsdiffusionsparameter zu bestimmen. Andere Fluoreszenzsonden wiederum sind empfindlich für Membranpotenziale und können als „molekulare Voltmeter" verwendet werden. Auch pH-Messungen, beispielsweise in Zellkompartimenten, können durch geeignete Sonden analog zu der Absorptionsmessung mit pH-Indikatoren durchgeführt werden.

Diese Fluoreszenzsonden können beispielsweise aufgrund ihres hydrophoben Charakters transmembran eingelagert werden, sodass ihre Emissionsintensität und das Emissionsmaximum durch das Membranpotenzial beeinflusst werden. Andere wiederum binden kovalent an bestimmte Aminosäureseitenketten und können so für bestimmte Stellen als **Reportergruppen** verwendet werden. Noch eindeutiger werden Aussagen über molekulare Umgebungen, wenn ein Fluorophor nach ortsspezifischer Mutagenese an einer bestimmten Aminosäure eines Proteins gebunden werden kann.

Fluoreszenzsonden lassen sich im Prinzip für die jeweiligen Anwendungen maßschneidern. Einige der gängigsten Fluoreszenzsonden, die ohne großen Aufwand eingesetzt und mit üblichen Fluorimetern vermessen werden können, sind im vorhergehenden Kapitel beschrieben.

Das bereits in ▶ Abschn. 8.2.2 erwähnte grün fluoreszierende Protein (GFP) nimmt sowohl in seinem Aufbau als auch in seiner Anwendung eine Sonderstellung ein. Seine Fluoreszenz kommt nicht von einem gebundenen Cofaktor, sondern aus einem durch Zyklisierung und Oxidation entstandenen „Auto-Fluorophor" aus drei benachbarten Aminosäureseitenketten. Das beim GFP beobachtete Verhalten – zwei mögliche Emissionsbanden aufgrund eines Protonierungsgleichgewichts, das sich jedoch nach Anregung schnell verschiebt – ist nicht unüblich. Andererseits nimmt das GFP wiederum in der Anwendung die Rolle einer Fluoreszenzsonde ein, mit der z. B. Transkriptionsprozesse nachgewiesen werden können.

## 8.5.4  Spezielle Fluoreszenztechniken: FRAP, FLIM, FCS, TIRF

Auf der Grundlage von Fluoreszenzmessungen haben sich zahlreiche Techniken etabliert, die auf der Umgebungsabhängigkeit oder der Lebensdauer der Fluoreszenz basieren und bei denen Fluoreszenz meist mit Mikroskopie verbunden wird. Hier können nur einige aufgeführt werden.

*Fluorescence Recovery after Photobleaching* (FRAP) wird mit Erfolg dort verwendet, wo die Diffusionseigenschaften (Translationsdiffusion und Rotationsdiffusion) von Molekülen in der Membran untersucht werden sollen. Dazu werden Fluoreszenzsonden an die zu untersuchenden Moleküle, beispielsweise Lipide, gekoppelt, sodass im Fokus eines Mikroskops die Fluoreszenz beobachtet werden kann. Im nächsten Schritt wird im Beobachtungsfeld des Mikroskops durch einen starken, fokussierten Laserimpuls der Fluoreszenzfarbstoff irreversibel gebleicht und zerstört. Man spricht hier von *Photobleaching*; konsequenterweise erscheint im Mikroskopbild ein schwarzer, nicht fluoreszierender Fleck. Durch Diffusion ungebleichter, „frischer" Farbstoffmoleküle „füllt" sich dieser schwarze Fleck wieder mit fluoreszierenden Farbstoffmolekülen, sodass die Fluoreszenz regeneriert wird (*Recovery*). Aus der Zeitkonstante der Erholung der Fluoreszenz kann auf die Diffusionseigenschaften geschlossen werden. Für die Messung der Rotationsdiffusion kann eine Polarisationsrichtung in der Membranebene selektiv mit dem Laserpuls gebleicht und die Erholung der Fluoreszenz durch die Rotation gemessen werden.

*Fluorescence Lifetime Imaging* (FLIM) ist eine häufig in der Zellbiologie verwendete, bildgebende Fluoreszenztechnik, bei der die Fluoreszenzlebensdauer analysiert wird. Die Lebensdauer der Fluoreszenz hängt von den Konkurrenzprozessen ab, mit denen der Singulettzustand entvölkert wird, beispielsweise die strahlungslose Deaktivierung, der Singulett-Triplett-Übergang oder auch photochemische Reaktionen. Es sind diese Löschprozesse (*Quenching*), die von der Umgebung beeinflusst werden und über ihren Einfluss auf die Lebensdauer der Fluoreszenz beobachtet werden können.

Mit der **Fluoreszenz-Korrelationsspektroskopie** (*Fluorescence Correlation Spectroscopy*, FCS) können dynamische Prozesse bei gelösten Molekülen in sehr kleinen Volumina analysiert werden, sodass auch der Zugang zu einzelnen Molekülen möglich wird (s. Einzelmolekülspektroskopie, ▶ Abschn. 8.5.6). Dazu werden die fluoreszierenden Moleküle im Fokus eines Mikroskops untersucht, sodass das Messvolumen kleiner als 1 $\mu m^3$ ist. Die Fluoreszenzphotonen aus diesem Volumen, die in Abhängigkeit von der Zeit gezählt werden, unterliegen den Fluktuationen der Moleküle und damit der Brown'schen Molekularbewegung. FCS wird benutzt, um beispielsweise Diffusionskoeffzienten oder Reaktionsraten bei photophysikalischen und chemischen Reaktionen zu bestimmen.

Bei der *Total Internal Reflection Fluorescence Microscopy* (TIRFM) wird die evaneszente Welle bei der Totalreflexion in einem Lichtleiter genutzt, um oberflächennah Fluoreszenz zu detektieren, ohne dass störende

Fluoreszenz aus dem Zellvolumen überlagert. Dazu werden Zellen auf die Oberfläche eines IRE-Elements gebracht (▶ Abschn. 8.3.3 und ◘ Abb. 8.23), sodass mit der evaneszenten Welle im Nahbereich beispielsweise Prozesse an der Zellwand detektiert werden können. Zahlreiche Untersuchungen zeigen, dass mit solchen Methoden Prozesse in lebenden Zellen charakterisiert werden können.

## 8.5.5 Förster-Resonanz-Energietransfer (FRET)

Bereits bei den Grundlagen der Fluoreszenz (▶ Abschn. 8.5.1) wurde die Fluoreszenzlöschung (Quenching) behandelt. Eine besondere Form der Fluoreszenzlöschung ist die direkte, resonante und strahlungslose Übertragung von Energie zwischen zwei eng benachbarten Molekülen. Der Begriff Resonanz-Energie-Transfer wurde von Förster (1910–1974) geprägt und wird als *Förster-Resonanz-Energietransfer* bezeichnet (FRET, fälschlicherweise oft als Fluoreszenz-Resonanz-Energietransfer gelesen). Für diesen Energietransfer muss die Entfernung zwischen Donor D und Akzeptor A gering sein, typischerweise unter 10 nm. Bei noch kleineren Abständen erfolgt aufgrund der Überlappung der Orbitale direkter Elektronenaustausch, der dann als Dexter-Energietransfer bezeichnet wird. Die Effizienz bei FRET hängt weiter von der Überlappung des Emissionsspektrums des Donors mit dem Absorptionsspektrum des Akzeptors sowie von der Orientierung der Übergangsdipolmomente (▶ Abschn. 8.1.2) von A und D relativ zueinander ab.

Die FRET-Übertragungsrate ist proportional zu $(R/R_0)^{-6}$, sodass sie sehr schnell mit dem Abstand abfällt. $R_0$ wird als „Förster-Radius" bezeichnet und liegt zwischen ca. 1 und 5 nm. Bei $R = R_0$ wird die Hälfte der Fluoreszenz des Donors durch FRET gelöscht.

Aufgrund der starken Abstandsabhängigkeit werden FRET-Verfahren auch gerne als „molekulares Lineal" bezeichnet, was jedoch angesichts der oft unbekannten Orientierung von D und A und der oft unbekannten Eigenschaften des Mediums zwischen D und A etwas übertrieben ist.

Mittlerweile stehen eine Vielzahl von Donor-Akzeptor-Farbstoffkombinationen mit einem breiten Spektrum an Absorptions- und Emissionswellenlängen zur Verfügung, die für FRET-Messungen in der Bioanalytik geeignet sind. Viele von ihnen sind kleine organische Moleküle, die kovalent gebunden werden können. Andere wiederum, wie das bereits in ▶ Abschn. 8.2.2 behandelte GFP sowie seine Derivate, können mit einem Protein koexprimiert werden. Eine dritte Gruppe, die Lanthaniden (Europium, Samarium, Terbium, Dysprosium), können als fluoreszierende Atome ebenfalls in

Biopolymere eingebaut werden. Oft werden auch FRET-Paare verwendet, bei denen der Akzeptor ein Quencher ist, sodass nach Anregung des Donors und Energieübertrag zum Akzeptor überhaupt kein Licht emittiert wird (erst dann, wenn der Donor räumlich vom Akzeptor getrennt wird).

Eine sehr große Zahl an FRET-Untersuchungen hat inzwischen den breiten Nutzen dieser Methode gezeigt: Bei der Proteinfaltung kann die räumliche Nachbarschaft zweier Aminosäuren, die auf der Polypeptidkette weit voneinander entfernt sind, gezeigt werden, indem die betreffenden Aminosäuren mit einem FRET-Donor und einem -Akzeptor modifiziert werden. FRET kann zum Nachweis von Protein-Protein-Wechselwirkung und zum Verfolgen von Konformationsänderungen eingesetzt werden. Eine besonders clevere Anwendung ist bei der DNA-Hybridisierung möglich, indem eine Nucleotidsequenz mit einem FRET-Paar aus Donor und Quencher markiert wird. Das freie Nucleotidstück in Lösung zeigt aufgrund des Quenching keine Lichtemission; sobald es aber an einer Zielsequenz bindet und dabei Donor und Quencher getrennt werden, leuchtet es auf. Diese Technik wird gerne als *Molecular Beacon*, d. h. als „Blinker" oder „Leuchtturm", bezeichnet.

Trotz dieser vielen Einsatzmöglichkeiten der FRET-Messung sollte nicht vergessen werden, dass Fluoreszenz- und FRET-Sonden stets auch Eingriffe in ein Biopolymer darstellen, die Struktur, Konformation, Reaktivität und Dynamik verändern können. Dies gilt insbesondere für koexprimiertes GFP und seine vielfarbigen Derivate, die sowohl sterisch als auch dynamisch Proteine beeinflussen können.

## 8.5.6 Einzelmolekülspektroskopie

Bei allen bisher behandelten spektroskopischen Untersuchungen wird immer ein großes statistisches Ensemble betrachtet. Geht man von Konzentrationen der Biomoleküle im Bereich von Mikromol pro Liter aus, so befinden sich auch in einem Probenvolumen von einem Mikroliter noch gut $10^{10}$ Moleküle. Daraus ergibt sich, dass die bisher betrachteten spektroskopischen Methoden stets einen statistischen Mittelwert der Eigenschaften der Moleküle wiedergeben. Für viele Fragestellungen ist es jedoch wichtig, auch die Eigenschaften einzelner Moleküle zu kennen.

Zumindest bei der Fluoreszenzspektroskopie lassen sich die spektroskopischen Eigenschaften einzelner Moleküle charakterisieren. Die Voraussetzungen dafür sind fluoreszente Gruppen mit einer hohen Quantenausbeute, d. h. mit einer hohen Wahrscheinlichkeit für eine Fluoreszenzemission nach der Absorption eines Photons. Die intrinsische Fluoreszenz von Polypeptiden reicht dafür nicht aus, sodass Fluoreszenzsonden (s. oben) ver-

8

wendet werden müssen. Mit einem konfokalen Mikroskop, bei dem die beleuchtende Optik und das Mikroskopobjektiv einen gemeinsamen Fokus aufweisen, können Messvolumina von ca. $10^{-15}$ l (1 Femtoliter, 1 μm × 1 μm × 1 μm) betrachtet werden. Bei verdünnten Lösungen erscheinen dann nur noch einzelne Moleküle im Messvolumen, die, wenn sie ggf. auch noch fixiert werden, über längere Zeit beobachtet werden können. Für die Anregung verwendet man einen Laserstrahl bei fester Wellenlänge.

Bei der Fluoreszenzmessung im Ensemble (▶ Abschn. 8.5.3) beobachtet man eine zeitlich konstante Fluoreszenz, falls der Farbstoff nicht ausbleicht und keine Reaktion oder Diffusion für eine Konzentrationsänderung des Fluorophors sorgt. Im Gegensatz dazu liefert die Einzelmolekülspektroskopie keine kontinuierlichen Signale mehr, sondern eine Abfolge von *On-* und *Off-Zuständen* einzelner Farbstoffmoleküle. Dieses „Blinken", bei dem auch längere Off-Zeiten vorkommen können, kann mehrere Ursachen haben. Zum einen kann ein Farbstoffmolekül nach der Anregung mit einer gewissen Wahrscheinlichkeit im Triplett-System (◻ Abb. 8.6) „parken", sodass dadurch bis zu 100 ms lange Dunkelintervalle vorkommen. In der Tat nimmt man das „Blinken" eines Einzelmoleküls als Hinweis darauf, dass sich nur ein einziges Fluoreszenzmolekül im Strahlengang befindet. Ein weiterer Grund für das Aussetzen der Fluoreszenz kann die Photobleichung des betreffenden Farbstoffmoleküls sein, unter Umständen auch die Verschiebung der spektralen Eigenschaften, falls größere Konformationsänderungen die Eigenschaften des Farbstoffmoleküls verändert haben.

Die Auswertung der Fluoreszenzsignale von Einzelmolekülen erfolgt mit statistischen Methoden. Wird beispielsweise die Häufigkeit der On-Zustände als Funktion ihrer Dauer gemessen, so erhält man häufig eine exponentiell mit der On-Zeit abklingende Funktion, ein Hinweis auf eine Poisson-Verteilung des On-Zustands.

Viele zellbiologische Methoden basieren heute auf der Messung der Konzentration und Diffusion fluoreszierender Moleküle mittel Einzelmolekülspektroskopie. Bei der bereits genannten Fluoreszenz-Korrelationsspektroskopie (FCS) werden Fluktuationen untersucht, die bei der Diffusion der fluoreszierenden Teilchen durch das Messvolumen entstehen. Wenn anstelle der lokalen Intensität ein ortsempfindlicher Detektor, z. B. eine Kamera, verwendet wird, können die Diffusionswege (*Trajektorien*) von fluoreszenzmarkierten Teilchen verfolgt werden. Diese als **Single Particle Tracking** bezeichnete Methode ermöglicht es, zwischen freier Diffusion, anomaler, d. h. orts- und zeitabhängiger Diffusion, und gerichtetem Transport (z. B. aufgrund eines Gradienten) zu unterscheiden, sodass dynamische Vorgänge in der lebenden Zelle verfolgt werden können.

Besonders interessant ist die Einzelmolekülspektroskopie bei der Untersuchung von oligomeren Molekülassoziaten. Beispiele sind die photosynthetischen Lichtsammelkomplexe, bei denen Chlorophyll-Protein-Komplexe mit scheinbar gleichen Eigenschaften die photosynthetischen Reaktionszentren umgeben. Bei photosynthetischen Purpurbakterien ist dies beispielsweise der Lichtsammelkomplex B870 (B875), dessen Spektrum in ◻ Abb. 8.19B gezeigt ist. Bei diesem Komplex umgibt ein Ring aus 32 Bakteriochlorophyll-a-Molekülen das Reaktionszentrum. Mittels Einzelmolekülspektroskopie konnten die Eigenschaften der einzelnen Komplexe bei verschiedenen Anordnungen und bei unterschiedlichen Umgebungen untersucht und damit die Prozesse der Energieleitung innerhalb des Rings und von den Bakteriochlorophyllen im Ring zu denen im Reaktionszentrum aufgeklärt werden.

## 8.6 Methoden mit polarisiertem Licht

Ein weiterer Ansatz, Biomoleküle zu untersuchen, sind spektroskopische Untersuchungen mit polarisiertem Licht. Damit lassen sich zusätzliche Erkenntnisse über die Konformation von Molekülen, von Molekülkomplexen und über die Wechselwirkungen von Biomakromolekülen untereinander gewinnen. Wir unterscheiden drei Verfahren: den Lineardichroismus, die optische Rotationsdispersion und den Circulardichroismus. Die beiden letztgenannten Methoden werden zur Untersuchung von optisch aktiven Molekülen eingesetzt.

### 8.6.1 Lineardichroismus

Die Lineardichroismus- (LD-)Spektroskopie nutzt die Orientierung des Übergangs(dipol)moments (▶ Abschn. 8.2) innerhalb der Geometrie des Moleküls aus. Wie bereits in ▶ Abschn. 8.1 gezeigt, besteht eine Wechselwirkung des elektrischen Feldvektors einer einfallenden elektromagnetischen Welle mit diesem Übergangsdipolmoment. Die Stärke dieser Wechselwirkung hängt von der relativen Orientierung von Feldvektor und Übergangsdipolmoment zueinander ab: Bei paralleler Orientierung ist sie maximal, bei senkrechter Orientierung null. Der Absorptionsbeitrag eines Moleküls hängt daher außer von der Energie des Photons auch von der Orientierung des Absorbers zum Feldvektor ab. Eine Konsequenz ergibt sich dabei aus der Eigenschaft des Lichts als Transversalwelle: Ein in der Ausbreitungsrichtung des Lichts liegendes Übergangsdipolmoment kann nicht angeregt werden.

Bei einem Ensemble von Molekülen in einer Probe, in der sich die Moleküle durch Diffusion frei bewegen bzw. rotieren können, mittelt sich diese Orientierungsabhängigkeit aufgrund der großen Zahl leicht heraus.

Die Probe zeigt für alle Orientierungen des elektrischen Feldvektors (bzw. bei fester Orientierung des Feldvektors für alle Orientierungen der Probe) gleiche Absorption. Betrachtet man jedoch biologische Strukturen, die orientierte Chromophore enthalten, so hängt deren Absorption unter Umständen stark von der Orientierung des Feldvektors ab. Diese Abhängigkeit wird in der LD-Spektroskopie ausgenutzt, um die *Orientierung* von chromophoren Gruppen oder Pigmenten in Makromolekülen oder Biomembranen abzufragen.

Unser Auge repräsentiert den „klassischen Fall" einer für den Lichteinfall und für alle Polarisationsrichtungen optimierten Absorption (◗ Abb. 8.31). In der Retina sind die Sehzellen so eingebaut, dass der Einfall des Lichts in ihrer Längsrichtung erfolgt. Damit fällt Licht senkrecht zu den ca. 2000 Disks ein, die im Stäb-chenaußensegment ähnlich wie ein Stapel CDs angeordnet sind. Diese Disks sind abgeplattete Vesikel, die in ihrer Membran das Sehpigment Rhodopsin mit der chromophoren Gruppe Retinal enthalten. Auch wenn dieses Rhodopsin innerhalb der Diskmembran äußerst mobil ist und lateral diffundieren und rotieren kann, bleibt seine Längsachse dabei im Wesentlichen parallel zur Einfallsrichtung des Lichtes. Der absorbierende Chromophor Retinal ist nahezu senkrecht zu dieser Längsachse angeordnet und liegt damit in der Ebene des elektrischen Feldvektors. Die Rotationsmöglichkeit des Rhodopsinmoleküls erlaubt alle Orientierungsmöglichkeiten für das Retinal in dieser Ebene und somit effiziente Absorption für alle Polarisationsrichtungen.

Ein LD-spektroskopisches Experiment kann außerordentlich einfach durchgeführt werden und benötigt

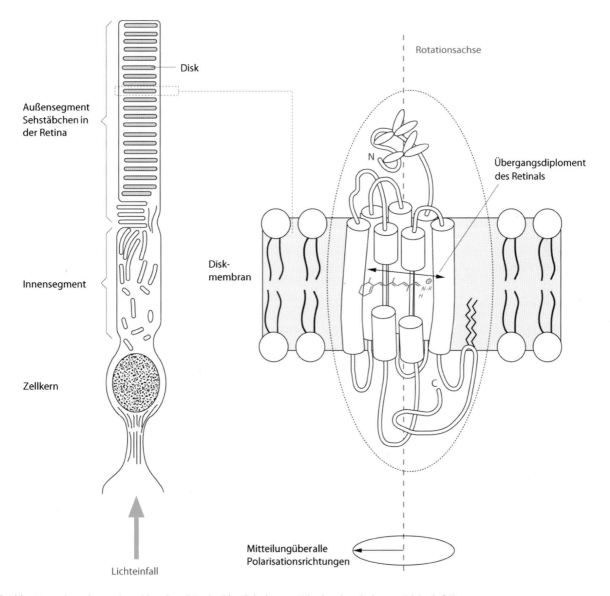

◗ **Abb. 8.31**    Anordnung des „Absorbers" Retinal im Sehpigment Rhodopsin relativ zum Lichteinfall

außer der Vorzugsorientierung einer Probe nur einen Polarisator, mit dem die Spektren für zwei Orientierungen aufgenommen werden ( Abb. 8.32). In der Regel wird dabei das Spektrum der Probe einmal mit vertikal und einmal mit horizontal polarisiertem Licht aufgenommen; die dabei erhaltenen Messgrößen sind $I_{\text{vert}}(\lambda)$ bzw. $I_{\text{hor}}(\lambda)$. Die entsprechenden Referenzspektren mit leerem Strahlengang oder einer geeigneten Referenzprobe müssen ebenfalls für beide Polarisationsrichtungen aufgenommen werden: $I_{0,\text{vert}}(\lambda)$ bzw. $I_{0,\text{hor}}(\lambda)$, da nahezu alle optischen Komponenten eines Spektralphotometers eine „Vorpolarisation" bzw. unterschiedliche Transmission für beide Polarisationsrichtungen zeigen. Anschließend kann die Absorption berechnet werden:

$$A_{\text{vert}} = \log\left(\frac{I_{0,\text{vert}}}{I_{\text{vert}}}\right) \text{ bzw. } A_{\text{hor}} = \log\left(\frac{I_{0,\text{hor}}}{I_{\text{hor}}}\right) \quad (8.17)$$

Die Differenz beider Absorptionswerte nennt man den **Lineardichroismus** einer Probe; er liefert zusammen mit der Absorption wichtige Informationen über die Lage eines Pigments in einer biologischen Struktur.

Die für ein LD-Experiment erforderliche Orientierung einer Probe kann auf vielerlei Weise erreicht werden: Biologische Membranen erhalten durch vorsichtiges Antrocknen auf einem Träger eine Orientierung parallel zu diesem Träger, sodass zumindest eine Achse, die Membrannormale, festgelegt ist (analog zum Ausleeren einer Sparbüchse auf einen Tisch, wo fast alle Münzen entweder mit Kopf oder Zahl auf der Tischplatte liegen, kaum eine jedoch auf der Schmalseite). Man bezeichnet solche Proben auch als **einachsig orientierte Proben**.

Eine solche Orientierung kann auch durch Anlegen eines Magnetfelds oder eines elektrischen Feldes erreicht werden; im letzten Fall kann das Makromolekül dann *in Bewegung*, d. h. bei der elektrophoretischen Wanderung, erfasst werden. Ideale Orientierung liegt bei Kristallen vor. So bietet z. B. die LD-Spektroskopie an kleinen Proteinkristallen die Möglichkeit, die Orientierung der Übergangsdipolmomente in allen Raumrichtungen abzufragen. Dies kann im Verlauf der Strukturanalyse eines Proteins bei Kristalldimensionen, die noch nicht für die Röntgenbeugung ausreichen, oder bei Kristallen, die für eine hohe Auflösung noch nicht hinreichend gut geordnet sind, außerordentlich hilfreich sein.

Die relative Orientierung des elektrischen Feldvektors und des Übergangsdipolmoments zueinander bestimmt nicht nur die Stärke der Absorption von elektronischen Übergängen, sondern auch die von Schwingungsübergängen. So ist beispielsweise das Übergangsdipolmoment einer C=O-Bindung entlang der Bindungsachse gerichtet; auch bei komplizierten Molekülen nimmt es eine feste Orientierung in der Molekülgeometrie ein. Für die Untersuchung der Orientierung von Proteinsekundärstrukturen bietet sich damit eine einfache Möglichkeit an ( Abb. 8.33).

In einer $\alpha$-Helix bildet sich eine Wasserstoffbrücke von der Peptid-N-H-Gruppe zur C=O-Gruppe der nächsthöheren Helixwindung aus, sodass eine lineare Struktur –C=O····H-N– entsteht. Ähnliche Wasserstoffbrücken bilden sich auch bei $\beta$-Faltblatt-Strukturen aus, sie unterscheiden sich jedoch durch die Stärke der Brücke und damit durch die Frequenz der C=O-Schwingung. In ▶ Abschn. 8.3 wurde gezeigt, wie diese vom Typ der Sekundärstruktur abhängige Absorption dazu verwendet werden kann, um eine „schnelle" Analyse der Sekundärstrukturkomponenten durchzuführen und gegebenenfalls Veränderungen bei der Faltung und Entfaltung von Proteinen zu detektieren. Die Orientierung der C=O-Schwingungsmode kann darüber hinaus benutzt werden, um die Orientierung dieser Sekundärstrukturen zu ermitteln. Bei einer $\alpha$-Helix führt die Wasserstoffbrückenbindung zu einer Orientierung in etwa entlang der Helixachse, bei einer $\beta$-Faltblattstruktur senkrecht zur Faltblattrichtung.

Nimmt man jetzt beispielsweise das Infrarotspektrum einer Membran auf, die durch Trocknen auf einem Träger orientiert wurde, so sollte für $\alpha$-Helices, die senkrecht die Membran durchspannen, maximale Absorption dann auftreten, wenn der elektrische Feldvektor entlang der Membrannormalen orientiert ist. Aus diesem Grund muss die Probe relativ zum Strahl gekippt werden, sodass die Komponenten des Übergangsdipolmoments erfasst werden können. Aus der Absorption mit horizontal und vertikal polarisiertem Licht kann dann

 **Abb. 8.32** Anordnung zur Aufnahme eines Lineardichroismusspektrums

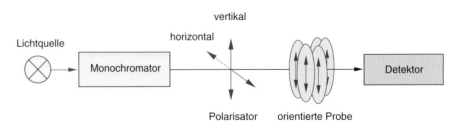

**◘ Abb. 8.33** Lineardichroismus-Infrarotspektroskopie zur Bestimmung der Orientierung von $\alpha$-Helices in Membranproteinen

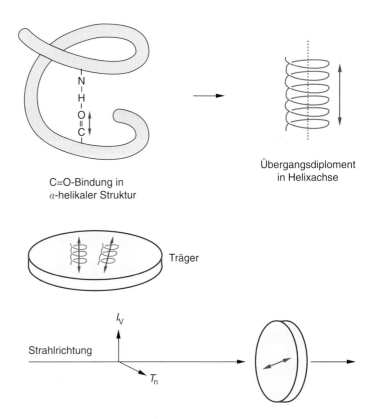

C=O-Bindung in
$\alpha$-helikaler Struktur

Übergangsdiploment
in Helixachse

Träger

$I_V$

Strahlrichtung

$T_n$

der maximale Neigungswinkel der $\alpha$-Helices zur Membran berechnet werden, eine wichtige Größe bei der Erstcharakterisierung von Membranproteinen.

## 8.6.2 Optische Rotationsdispersion und Circulardichroismus

Optische Rotationsdispersion und Circulardichroismus nutzen die Wechselwirkung optisch aktiver Substanzen mit polarisiertem Licht – beide Verfahren betrachten dasselbe Phänomen, allerdings aus unterschiedlichen Blickrichtungen. Die optische Rotationsdispersion (ORD) untersucht die unterschiedlichen Brechungsindizes einer optisch aktiven Substanz in Abhängigkeit von der Wellenlänge; der Circulardichroismus (CD) dagegen analysiert die unterschiedliche Absorption.

Optische Aktivität entsteht z. B. durch die Einführung eines chiralen Zentrums in ein Molekül, etwa wenn ein Kohlenstoffatom vier verschiedene Substituenten in tetraedrischer Anordnung trägt.

In solchen optisch aktiven Strukturen ist die Lichtgeschwindigkeit für links- bzw. rechtsgerichtet zirkular polarisiertes Licht unterschiedlich groß. Fällt daher zirkular polarisiertes Licht auf eine Probe mit einer optisch aktiven Substanz, so tritt nach dem Durchlaufen der Probe eine Polarisationskomponente gegenüber der anderen verzögert auf, d. h. die optisch aktive Substanz hat unterschiedliche Brechungsindizes für links- bzw. rechtspolarisiertes Licht. Da sich linear polarisiertes

Licht aus zwei überlagerten, rechts und links gerichtet zirkular polarisierten Komponenten zusammensetzt (◘ Abb. 8.3), führt die Verzögerung einer Komponente wiederum zu einer Drehung der Polarisationsebene bei linear polarisiertem Licht.

Diese Drehung ist der Schichtdicke und der Konzentration der optisch aktiven Substanz proportional und einfach zu messen. Eine bekannte Anwendung ist die Konzentrationsbestimmung von Zuckerlösungen in Polarimetern (Saccharimeter). Die Drehung wird meist auf molare Konzentrationen und auf Schichtdicken von 1 cm standardisiert angegeben.

Die dritte Methode, die die Polarisation des Lichts nutzt, beruht ebenfalls auf der Überlagerung einer rechts- und einer links-zirkular polarisierten Lichtwelle zu linear polarisiertem Licht. Es ist die **Circulardichroismus- (CD-)Spektroskopie**. Im Gegensatz zur ORD-Spektroskopie, bei der die Unterschiede in den Brechungsindizes für die beiden Polarisationsrichtungen, $n_L$ und $n_R$, für die unterschiedliche Ausbreitungsgeschwindigkeit eine Rolle spielen, wird bei der CD-Spektroskopie zusätzlich die unterschiedliche Absorption der links- und rechts-zirkular polarisierten Komponente ausgenutzt. Wenn wir in Anlehnung an ▶ Abschn. 8.2 für den molaren Absorptionskoeffizienten $\varepsilon$ nun die Absorptionskoeffizienten für links- und rechts-zirkular polarisiertes Licht ($\varepsilon_L$ bzw. $\varepsilon_R$) unterscheiden, so wird in der CD-Spektroskopie die Differenz $\Delta\varepsilon = \varepsilon_L - \varepsilon_R$ gemessen. Sie wird als **Elliptizität** $\Theta$ angegeben:

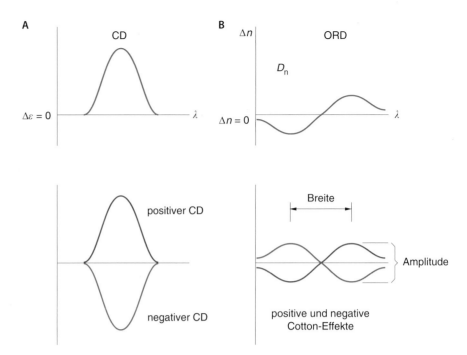

**▪ Abb. 8.34** Circulardichroismus **A** und optische Rotationsdispersion **B**. Beim Circulardichroismus ist der Unterschied der
molaren Absorptionskoeffizien-
ten ($\Delta\varepsilon = \varepsilon_L - \varepsilon_R$), bei der
optischen Rotationsdispersion
der Unterschied der Brechungsindizes ($\Delta n = n_L - n_R$) gegen die
Wellenlänge aufgetragen. Man
beachte, dass die CD-Kurve **A**
einem „normalen" Absorptionsspektrum entspräche, wenn das
untersuchte Molekül nicht chiral
wäre. (In diesem Fall wäre
$\Delta\varepsilon = 0$). Für den Fall **B** ergäbe
ein nicht chirales Molekül eine
„normale" Dispersionskurve
($\Delta n = 0$). (Nach Freifelder 1982)

$$\Theta(\lambda) = \text{const.}(\varepsilon_L - \varepsilon_R) \cdot c \cdot d \qquad (8.18)$$

Dabei bedeuten $d$ wieder die Schichtdicke der Küvette und $c$ die Konzentration der Probe. Die Abhängigkeit der Elliptizität $\Theta$ von der Wellenlänge $\lambda$ wird im CD-Spektrum aufgezeichnet.

In ▪ Abb. 8.34 sind ein CD-Spektrum (a) und ein ORD-Spektrum (b) nebeneinander dargestellt. Beim CD-Spektrum ist die Differenz der molaren Absorptions-koeffizienten gegen die Wellenlänge aufgetragen; beim ORD-Spektrum die Differenz der Brechungsindizes $n_L - n_R$. Die abgebildeten Kurven entsprechen einer Absorptionsbande in einem optisch aktiven Chromophor. Eine ORD- bzw. eine CD-Kurve dieser Form wird auch **Cotton-Effekt** genannt. Cotton-Effekte können positiv oder negativ sein, wie in ▪ Abb. 8.34 gezeigt. Dabei zeigen jeweils zwei Enantiomere eines Moleküls denselben Cotton-Effekt mit jeweils entgegengesetztem Vorzeichen.

Sowohl die bei der ORD-Spektroskopie auftreten-den Unterschiede in den Brechungsindizes als auch die Unterschiede in den Absorptionskoeffizienten bei der CD-Spektroskopie sind klein im Verhältnis zum Bre-chungsindex selbst bzw. zum Absorptionskoeffizienten. So werden beispielsweise bei der ORD-Spektroskopie für Aminosäuren nur Drehwinkel bis zu wenigen Grad bei Schichtdicken von mehreren Zentimetern und Kon-zentrationen von ca. 1 mM gemessen, und der Unter-schied in den Absorptionskoeffizienten $\Delta\varepsilon = \varepsilon_L - \varepsilon_R$ liegt oft nur bei $10^{-3}$ oder weniger des Absorptionskoeffizien-ten selbst. Die Messtechnik für CD-Spektren ist daher etwas aufwendiger: Zunächst wird durch einen Mono-chromator Licht einer Wellenlänge $\lambda$ erzeugt, das dann linear polarisiert wird. Die Polarisationsebene des Lichts wird dann mit einem Modulator, der unter dem Einfluss eines hochfrequenten elektrischen Wechselfelds alterna-tiv eine links- und eine rechts zirkular polarisierte Welle erzeugt, moduliert, sodass ein synchron dazu geschalte-ter Detektor alternativ $I_L$ und $I_R$ detektiert. Daraus kann die Elliptizität $\Theta$ bei einer Wellenlänge berechnet werden oder bei Variation der Wellenlänge ein CD-Spektrum aufgenommen werden.

Die wohl wichtigste Anwendung der CD-Spektrosko-pie ist die Analyse von Proteinsekundärstrukturen. Da für diese Zwecke der Spektralbereich von etwa 160–250 nm untersucht wird, spricht man oft von UV-CD-Spektroskopie. In diesem Spektralbereich liegen die $n\rightarrow\pi^*$- und die $\pi\rightarrow\pi^*$-Übergänge der Peptidbindung, die im Absorptionsspektrum nur schwach und vor allem überlapp liegen, sodass sie diagnostisch kaum ausgewer-tet werden können. Aufgrund der Chiralität dieser Struk-turen ist aber das CD-Spektrum eines Peptids äußerst empfindlich für seine Sekundärstruktur. Dies lässt sich anhand von Modellpeptiden zeigen, die abhängig von äu-ßeren Bedingungen verschiedene Sekundärstrukturen zeigen. So zeigt beispielsweise Poly-L-Lysin bei pH-Wer-ten unterhalb pH 10 α-helikale Struktur, oberhalb dieses pH-Werts eine ungeordnete Knäuelstruktur; dieser Über-gang lässt sich sehr genau im CD-Spektrum verfolgen. Um die Sekundärstruktur eines noch nicht charakteri-sierten Proteins zu analysieren, nimmt man zunächst ein CD-Spektrum dieses Proteins auf und passt diesem anschließend mathematisch eine Linearkombination von Beiträgen des CD-Spektrums einer reinen $\alpha$-helikalen Struktur, einer reinen $\beta$-Faltblattstrukur und einer reinen Knäuelstruktur an. Aus den Gewichtungsfaktoren für die Anpassung der einzelnen Sekundärstrukturkomponenten erhält man schließlich die Anteile für das unbekannte Protein.

Ein Beispiel für die Konformationsuntersuchungen an Peptiden ist in ▶ Kap. 26 dargestellt. Neben der Analyse der Sekundärstruktur kann die CD-Spektroskopie auch für Untersuchungen zur Faltung und Entfaltung von Proteinen eingesetzt werden. Dabei können beispielsweise Intermediate des Faltungsweges, also Zwischenstrukturen auf dem Weg zum nativ gefalteten Protein, nachgewiesen werden.

Cotton-Effekte von Nucleinsäuren liegen im Bereich von 250–275 nm. Sie beruhen auf elektronischen Übergängen der Nucleotidbasen. Im sichtbaren Spektralbereich und im nahen Infrarot kann die CD-Spektroskopie angewandt werden, um die Kopplung von Chromophoren zu untersuchen. Dabei macht man sich die Eigenschaften der engen elektronischen Kopplung von Chromophoren zunutze, die zu einer Absenkung oder Anhebung von elektronischen Niveaus führen können und die sich im CD-Spektrum als deutliche positiv/negative Bandenpaare auswirken.

## Literatur und Weiterführende Literatur

Cantor CR, Schimmel PR (1980) Biophysical chemistry Part II: techniques for the study of biological structure and function. W.H. Freeman and Company, New York

Colthup NB, Daly LH, Wiberley SE (1990) Introduction to infrared and Raman spectroscopy. Academic Press, Boston

Demtröder W (2005) Molecular physics. Wiley-VCH, Weinheim

Freifelder D (1982) Physical Biochemistry. W. H. Freeman, New York

Galla H-J (1988) Spektroskopische Methoden in der Biochemie. Thieme, Stuttgart

Gottwald H (1998) UV/Vis-Spektroskopie für Anwender. VCH-Wiley, Weinheim

Günzler H, Heise MH (1996) IR-Spektroskopie. VCH Wiley, Weinheim

Haken H, Wolf C (1991) Molekülphysik und Quantenchemie. Springer, Heidelberg

Klessinger M, Michl J (1989) Lichtabsorption und Photochemie organischer Moleküle. VCH-Wiley, Weinheim

Mäntele W (2011) Biophysik. UTB-Verlag, Stuttgart

Schmidt W (2000) Optische Spektroskopie: Eine Einführung für Naturwissenschaftler und Techniker, Bd 1994. VCH, Weinheim

Schmidt W (2005) Optical spectroscopy in chemistry and life sciences. VCH Wiley, Weinheim

Siebert F, Hildebrandt P (2008) Vibrational spectroscopy in life science. Wiley VCH, Weinheim

Smith K (Hrsg) (1989) The science of photobiology. Plenum Press, New York

Steipe B, Skerra A (1997) GFP: Das Grün Fluoreszierende Protein. Biospektrum 3:28–30

Turro N (1991) Modern molecular photochemistry. University Science Books, Mill Valley

# Lichtmikroskopische Verfahren – Imaging

*Thomas Quast und Waldemar Kolanus*

## Inhaltsverzeichnis

9.1 Wegbereiter der Mikroskopie – von einfachen Linsen zu hochauflösenden Mikroskopen – 195

9.2 Moderne Anwendungsbereiche – 197

9.3 Physikalische Grundlagen – 197
9.3.1 Phänomene der Beugung und Bildentstehung – 201

9.4 Nachweismethoden – 202
9.4.1 Histologische Färbungen – 203
9.4.2 Physikalische Färbungen – 203
9.4.3 Physikochemische Vorgänge bei Färbungen (Elektroadsorption) – 204
9.4.4 Chemische Färbungen – 204
9.4.5 Fluoreszenzmarkierung – 204
9.4.6 Direkte und indirekte Immunfluoreszenzmarkierung – 204
9.4.7 *In vitro*-Markierung mit organischen Fluorochromen – 205
9.4.8 Fluoreszenzmarkierung für Live Cell Imaging – 205
9.4.9 *In vivo*-Markierung mit organischen Fluorochromen – 205
9.4.10 Markierung mit Quantum Dots – 205
9.4.11 *In vivo*-Markierung mit fluoreszierenden Fusionsproteinen (GFP und Varianten) – 206
9.4.12 Fluorochrome und Lichtquellen für die Fluoreszenzmikroskopie – 207

9.5 Präparationsmethoden – 209
9.5.1 Isolierte Zellen – 209
9.5.2 Gewebebiopsien – 210
9.5.3 Paraffinpräparate – 210
9.5.4 Gefrierschnitte – 211

© Springer-Verlag GmbH Deutschland, ein Teil von Springer Nature 2022
J. Kurreck et al. (Hrsg.), *Bioanalytik*, https://doi.org/10.1007/978-3-662-61707-6_9

9.6            **Spezielle fluoreszenzmikroskopische Analytik – 211**

9.6.1      cLSM (Confocal Laser Scanning Microscopy) – 211

9.6.2      Multi-Photon Fluorescence Microscopy – 212

9.6.3      Konfokale High-Speed-Spinning-Disk-Systeme
(Nipkow-Systeme) – 214

9.6.4      Live Cell Imaging – 214

9.6.5      Lichtmikroskopische Superauflösung jenseits des Abbe-Limits – 215

9.6.6      Messung von Molekülbewegungen – 217

**Literatur und Weiterführende Literatur – 223**

- Die Anfänge der Lichtmikroskopie gehen bis ins 17. Jahrhundert zurück. Inspiriert durch die Entwicklung des Fernrohrs durch Galileo Galilei (1564–1642), begann man zur Vergrößerung kleiner Objekte in der Nähe mit Linsen zu experimentieren. Das erste aus zwei Linsen zusammengesetzte Mikroskop wurde von Robert Hooke (1635–1703) entwickelt.
- Ein Meilenstein der Lichtmikroskopie ist die Entdeckung und Modifikation des grün fluoreszierenden Proteins (GFP), das vielfältige Anwendung im Bereich der hochauflösenden Fluoreszenzmikroskopie und des *Live Cell Imaging* findet (Nobelpreis für Chemie 2008: Shimomura, Chalfie, Tsien).
- Ein weiterer Meilenstein ist die lichtmikroskopische Superauflösung jenseits des Abbe-Limits, mit der es möglich ist, die optisch bedingte Begrenzung der Auflösung stark zu verbessern (Nobelpreis für Chemie 2014: Moerner, Hell, Betzig).
- Vielseitige Technik- und Methodenentwicklungen erlauben sowohl die Visualisierung von Strukturen als auch die Lokalisation und Quantifizierung von Fluoreszenzintensitäten und -dynamiken. Bei den Weiterentwicklungen werden in erster Linie Sensitivität, Geschwindigkeit und Hochauflösung optimiert.
- Die Anwendungsbereiche der Lichtmikroskopie erstrecken sich von der Grundlagenforschung, Hochsatzanalytik, medizinischen Diagnostik bis hin zur Qualitätskontrolle.

## 9.1 Wegbereiter der Mikroskopie – von einfachen Linsen zu hochauflösenden Mikroskopen

Erste optische Phänomene, die Grundlage für eine spätere Entwicklung von einfachen Lichtmikroskopen waren, wurden bereits in der Antike studiert. Der griechische Philosoph Euklid (323–285 v. Chr.) beschäftigte sich mit charakteristischen Eigenschaften von Licht, wie der geradlinigen Ausbreitung und der Reflexion. Der römische Philosoph Seneca (1 v. Chr.–65 n. Chr.) nimmt in seinen Abhandlungen Bezug auf den Vergrößerungseffekt von Wasser. Im Niltal wurden bei Ausgrabungsarbeiten Spiegel aus der Zeit um 1900 v. Chr. und in Pompeji planarkonvexe Linsen gefunden.

Der arabische Naturforscher Alhazen (965–ca. 1040) beschrieb in seinem Hauptwerk „Große Optik" Phänomene von Licht und Reflexion und Eigenschaften von sphärischen und parabolischen Spiegeln. In der Neuzeit wurden in Europa durch den englischen Philosophen Roger Bacon (1214–1292) optische Instrumente und Linsen zur Sehkorrektur entwickelt.

Die Anfänge der Lichtmikroskopie gehen bis ins siebzehnte Jahrhundert zurück. Inspiriert durch den großen Erfolg des Fernrohrs, das Galileo Galilei (1564–1642) in der Astronomie verwendete, begann man mit Linsen zu experimentieren, um auch kleine Materialien in der Nähe möglichst hoch zu vergrößern.

Johannes Kepler (1571–1630) entdeckte das Gesetz der Totalreflexion und das Brechungsgesetz für kleine Einfallwinkel und konstruierte das erste zusammengesetzte Mikroskop mit zwei Sammellinsen. Der Engländer Robert Hooke (1635–1703), der Niederländer Antoni van Leeuwenhoek (1632–1723) und der Italiener Marcello Malpighi (1628–1694) gelten als die herausragenden Wegbereiter der eigentlichen Lichtmikroskopie.

Der englische Universalgelehrte Robert Hooke entwickelte ein aus zwei Linsen zusammengesetztes Mikroskop, mit dem er u. a. fein geschnittene Korkscheiben untersuchte. Die dort entdeckten winzigen Kammern beschrieb er 1665 in seinem Hauptwerk „Micrographia" (◧ Abb. 9.1) als Zellen. Zur Auflichtbeleuchtung des Präparats wurde das Licht einer Ölfunzel durch eine Schusterkugel gebündelt. Er konstruierte Schleifapparaturen für Linsen, die jedoch im Feinbereich nicht zu der gewünschten Auflösung führten. Zudem hatte das zusammengesetzte Mikroskop von Hooke den großen Nachteil, dass durch sphärische Aberration verursachte Abbildungsfehler durch die Kombination von Linsen potenziert wurden. Viel später entdeckte man, dass die zu Unschärfe führende sphärische Aberration durch den Einsatz von Blenden reduziert werden kann. Die chromatische Aberration bewirkt Farbsäume am Rand des Präparats und konnte erst viel später durch spezielle Linsenkombinationen beseitigt werden.

Aus diesem Grund waren bis zum neunzehnten Jahrhundert sog. einfache Mikroskope sehr beliebt, die lediglich aus einer Einzellinse bestanden. Kleine Linsendurch-

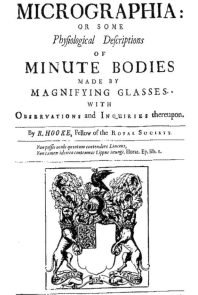

◧ **Abb. 9.1** Titelblatt des Hauptwerks *Micrographia* von dem englischen Universalgelehrten Robert Hooke (1635–1703)

messer erlauben extreme Krümmungen und dadurch kurze Brennweiten. Der niederländische Tuchmacher und Naturforscher Leeuwenhoek benutzte winzige, blasenfreie Einzellinsen ( Abb. 9.2), die er mit enormer Gründlichkeit so lange schliff, bis er fast 270-fache Vergrößerungen erzielte. Neben der Untersuchung von Blut und Kapillargefäßen der Kaulquappen entdeckte er die Protozoen. Aufzeichnungen von sich bewegenden Objekten, die er 1675 in einem Brief an die Royal Society of London schickte, deuten darauf hin, dass sein Auge als Erstes in der Geschichte das sah, was später unter den Namen *Bakterien* und *Zellmotilität* bekannt werden sollte ( Abb. 9.3).

Der italienische Arzt und Gelehrte Marcello Malpighi (1628–1694), der als Pionier der Untersuchung von Pflanzenanatomie und Physiologie angesehen wird, entdeckte mithilfe von mikroskopischen Techniken in der Lunge des Froschs ein Gewirr von Blutgefäßen.

 **Abb. 9.2** Einfaches Mikroskop, konstruiert von dem holländischen Kaufmann Antoni van Leeuwenhoek (1632–1723). Das Mikroskop besteht aus einer winzigen Linse bzw. einem Vergrößerungsglas, wie sie Tuchmacher zur damaligen Zeit benutzten, um die Stoffqualität zu beurteilen. Die von Leeuwenhoek selbst geschliffenen Linsen wurden in Metallfassungen eingeklemmt. Mithilfe dieses einfachen Mikroskops konnte Leeuwenhoek Präparate mit einer 270-fachen Vergrößerung betrachten, was die Leistung der ersten mehrlinsigen Mikroskope bei Weitem übertraf. (Quelle: Deutsches Museum, München)

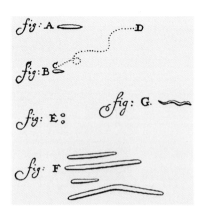

 **Abb. 9.3** Erste Zeichnung von Bakterien. Bei der Untersuchung von Zahnbelag entdeckte Antoni van Leeuwenhoek vermutlich als Erster Bakterien. Die abgebildeten Aufzeichnungen von sich bewegenden Bakterien schickt er Ende des siebzehnten Jahrhunderts in einem Brief an die Royal Society of London. (Quelle: Deutsches Museum, München)

Ende des neunzehnten Jahrhunderts gelang es Ernst Abbe (1840–1905) mithilfe von Untersuchungen zu Effekten der Beugung von Lichtwellen (Diffraktion) und der Berechnung des Auflösungsvermögens (▶ Abschn. 9.3), die Herstellung von Mikroskopen entscheidend zu verbessern. Die Firma Carl Zeiss baute seit 1886 eine Serie von Objektiven nach den Berechnungen der Optik von Abbe, die es Anatomen ermöglichte, Strukturen im Bereich der theoretischen Auflösung von sichtbarem Licht zu erkennen. Die maximale Auflösung eines Lichtmikroskops wird durch die Wellenlänge des verwendeten sichtbaren Lichts begrenzt, die annähernd den Bereich von 400 nm (violett) bis 700 nm (dunkelrot) umfasst.

Das Mikroskop wurde allmählich zum Hilfsmittel der naturwissenschaftlichen Forschung. Ein Meilenstein dieser Entwicklung war 1838/39 die durch Matthias J. Schleiden und Theodor Schwann propagierte Theorie, dass alle Pflanzen und Tiere aus Zellen bestehen. Die zellbiologische Forschung begann mit lichtmikroskopischen Techniken, die sich bis heute, neben elektronenmikroskopischen Verfahren, zu unverzichtbaren, vielseitig einsetzbaren Visualisierungsmethoden im bioanalytischen Bereich entwickelt haben.

Mithilfe von Anilinfarbstoffen gelang es dem deutschen Mediziner und Mikrobiologen Robert Koch (1843–1910), Mikroorganismen anzufärben und die Erreger von Tuberkulose und Cholera zu identifizieren. Mit der Erfindung der Phasenkontrastmikroskopie durch den Nobelpreisträger Frits Zernike (1888–1966), der Interferenzmikroskopie durch Lebedeff und dem von Georges Nomarski (1919–1997) entwickelten Differenzial-Interferenzkontrastverfahren wurde die Mikroskopie von ungefärbten, lebenden Zellen möglich (▶ Abschn. 9.3).

1941 etablierte Albert Coons die spezifische Markierung von zellulären Antigenen mittels fluoreszenzmarkierter Antikörper. Das Prinzip der konfokalen Mikroskopie wurde 1957 von Marvin Minsky patentiert. Auf dieser Grundlage fertigten David Egger und Mojmir Petran 1968 das erste konfokale *Laser Scanning Microscope* (LSM) auf der Basis eines *Spinning-Disk-* (Nipkow-)Systems (▶ Abschn. 9.6). Aufgrund der Kombination von verbesserter Computer- und Lasertechnologie mit neuartigen Algorithmen zur digitalen Bildverarbeitung wurde der kommerzielle LSM-Einsatz seit Mitte der Achtzigerjahre des 20. Jahrhunderts stark ausgeweitet. Die jüngsten Entwicklungen konzentrieren sich in erster Linie auf die Verbesserung der Auflösung sowie die Beschleunigung der Bildaufnahmerate. Mithilfe von klimatisierbaren Inkubatoren (Kontrolle von Temperatur, $CO_2$, Humidität), motorisierten Mikroskopsteuerungen und leistungsfähigen, sensitiven Detektionssystemen (Digitalkameras, Photomultiplier) ist es möglich, Gewebe, Zellen und die Dynamik ihrer molekularen Bestandteile live über längere Zeiträume zu visualisieren.

Moderne Bildbearbeitungsprogramme erlauben zudem das Anfertigen von 4D-Rekonstruktionen und die quantitative Auswertung von Zeitserien.

Die Möglichkeiten der Fluoreszenzmikroskopie wurden wesentlich durch die Entdeckung und Entwicklung des *grün fluoreszierenden Proteins* (GFP) verbessert, für die Osamu Shimomura, Martin Chalfie und Roger Tsien im Jahr 2008 den Chemie-Nobelpreis bekamen. 1994 konnte GFP erstmals außerhalb der fluoreszierenden Qualle *Aequorea victoria* (◘ Abb. 9.7A) exprimiert werden, ein wesentlicher Fortschritt um das Protein als genetischen Marker einzusetzen. Das äußerst stabile GFP (◘ Abb. 9.7B) kann mit beliebigen Proteinen fusioniert werden und ermöglicht nach der zellulären Expression als spezifischer Fluoreszenzmarker die räumliche und zeitliche Lokalisation von Proteinen in lebenden Zellen. Das Gen wurde inzwischen vielfach modifiziert, sodass Proteine entstanden sind, die in anderen Farben fluoreszieren. Auf diese Weise wird große Flexibilität bei der gleichzeitigen Lokalisation von Fusionsproteinen in Zellen ermöglicht (▶ Abschn. 9.4).

## 9.2 Moderne Anwendungsbereiche

Die Vielfalt unterschiedlicher Techniken und die Möglichkeit der hochauflösenden Visualisierung und anschließenden computergestützten Bild- und Datenverarbeitung sind Grund für den weitverbreiteten Einsatz von Lichtmikroskopen nicht nur in den Lebenswissenschaften, sondern auch in der Materialkunde. Im Bereich der biologischen und medizinischen Grundlagenforschung werden Lichtmikroskope beispielsweise in der Zellbiologie, den Neurowissenschaften, der Immunbiologie, der Entwicklungsbiologie und der Botanik eingesetzt. Weiterhin finden sie Verwendung in der medizinischen Diagnostik und Therapie, der Qualitätssicherung in der Pharma- und Lebensmittelindustrie und im Bereich von Boden- und Gewässerkunde.

Die Lichtmikroskopie in den Biowissenschaften beschränkt sich längst nicht mehr auf die rein strukturelle Lokalisierung und Charakterisierung bestimmter subzellulärer Komponenten in fixierten Zellen und Geweben mithilfe spezieller Nachweismethoden (z. B. fluoreszenzbasierte und chemische Färbungen), sondern umfasst auch die Untersuchung dynamischer Vorgänge in lebenden Zellen und Geweben. Dieses wird in erster Linie durch die Automatisierung der Bildaufnahme und die computergestützte Motorisierung der Mikroskopsteuerung (Kreuztisch, Objektive, Autofokus, Fluoreszenzfilter, Licht-*Shutter*) ermöglicht. Diese als sog. *Live Cell Imaging* bezeichnete Technik macht es möglich, sowohl langsame als auch sehr schnell ablaufende zelluläre und intrazelluläre Vorgänge an lebenden Zellen in „Echtzeit" zu detektieren (▶ Abschn. 9.6).

Elektronenmikroskopische Techniken ermöglichen zwar eine wesentlich höhere Auflösung, haben aber den großen Nachteil, dass Zellen nicht lebend untersucht werden können. Zudem sind die Präparationsmethoden für die Elektronenmikroskopie meist wesentlich zeitaufwendiger als für die Lichtmikroskopie.

Weiterhin gestatten diverse Spezialentwicklungen im Bereich des Live Cell Imaging (FRET, FLIP, FRAP, Einzelmolekülmarkierung; ▶ Abschn. 9.6) das „Manipulieren" von fluorochromierten Molekülen mithilfe von Lasern und die Analyse von Interaktionen auf molekularer Ebene in Echtzeit (▶ Abschn. 9.6).

Lichtmikroskopische Technologien sind auch in der medizinischen Diagnostik, insbesondere bei der pathologischen Analyse von Gewebebiopsien (z. B. chemische Färbungen an Paraffinschnitten) und Blut von großer Bedeutung. Auch bei neuro- und mikrochirurgischen Operationen kommen hochauflösende optische Systeme zum Einsatz. Ein interessantes Einsatzgebiet der *in vivo* konfokalen LSM ist beispielsweise die Untersuchung von Basalzellkarzinomen. Mit einer Eindringtiefe von maximal 200 µm in die menschliche Haut bietet dieses Verfahren präoperative Diagnosemöglichkeiten, indem Veränderungen des Gewebes oder der Gefäßausbildung als karzinomtypische Kriterien herangezogen werden. Im Bereich der Zahnheilkunde wird dieses Verfahren bereits für die Inspektion oraler Implantate verwendet, um die Kontaktzone zwischen Gewebe und Implantat zu analysieren.

## 9.3 Physikalische Grundlagen

Zum besseren Verständnis der physikalischen Eigenschaften eines Mikroskops und der Arbeitsvorgänge (Präparation und Analyse) werden im folgenden Glossar einige wichtige Begriffe erklärt.

---

**Mikroskopisches Glossar**

**Achromatisches Objektiv**
Die Achromaten sind die am weitesten verbreiteten Objektive in der Mikroskopie. Die Abbildungsfehler dieser Objektive sind nicht in dem Maße korrigiert wie dies beispielsweise bei den Planachromaten und den Planapochromaten der Fall ist. Durch ihren einfacheren mechanischen und optischen Aufbau sind Achromaten immer die preisgünstigsten Objektive eines Herstellers und für viele mikroskopische Routineuntersuchungen gut geeignet.

**Apochromatisches Objektiv**
Bei apochromatischen Objektiven werden die Farbsäume in der mikroskopischen Abbildung durch eine aufwendige Anordnung spezieller Linsen im Objektiv unterdrückt.

**9**

### Aperturblende

Die Aperturblende ist eine Irisblende unterhalb des Kondensors. Mit dieser Blende wird ein Kompromiss zwischen der Auflösung einerseits und dem Kontrast andererseits eingestellt (sog. Beleuchtungsapertur). Beim Öffnen der Blende nimmt die Auflösung zu, der Kontrast wird jedoch zunehmend reduziert; umgekehrt führt ein Schließen der Blende zu erhöhtem Kontrast, dann jedoch zulasten der Auflösung. Da sich gleichzeitig auch die Helligkeit des mikroskopischen Bilds verändert, wird die Aperturblende fälschlicherweise oftmals auch zur Regulierung der Helligkeit eingesetzt. Dies ist einer der typischen Fehler bei der Handhabung des Mikroskops. Die Helligkeit wird entweder über den eingebauten Regler oder durch Filter reduziert.

### Arbeitsabstand

Der Abstand zwischen der Frontlinse des Objektivs und dem „Träger" des Präparats (z. B. Deckglas, Zellkulturschale) wird als Arbeitsabstand bezeichnet. Die stärker vergrößernden Objektive mit hohem Auflösungsvermögen haben hierbei die geringsten Arbeitsabstände (teilweise <0,20 mm). Um Objektiv und Präparat zu schützen verfügen derartige Objektive meist über eine federnd gelagerte Frontlinse. Daher lassen sich diese Objektive bei größeren Arbeitsabständen, wie sie beispielsweise bei der mikroskopischen Beobachtung auf Plastikböden von Zellkulturschalen auftreten würden, nicht verwenden.

### Beleuchtungsoptimierung nach Köhler

Bei einer von August Köhler (1866–1948) veröffentlichten Methode wird die Beleuchtungseinrichtung eines Mikroskops so eingestellt, dass bei maximaler Lichtausbeute eine homogene Ausleuchtung des Präparats erreicht wird (sog. *Köhlern*).

### Binokulartubus

Ein Binokulartubus ermöglicht die gleichzeitige Beobachtung eines Präparats mit beiden Augen. Mit diesen Tuben sieht man nicht mehr als mit einem Monokulartubus und gewinnt auch keinen räumlichen Bildeindruck. Allerdings gestalten sich mikroskopische Untersuchungen mit derartigen Beobachtungstuben komfortabler und auch ermüdungsfreier als mit den einfacheren Monokulartuben.

### Deckglas

In der Regel wird ein mikroskopisches Präparat auf einen Glasobjektträger gebracht und anschließend mit einem Deckglas abgedeckt. Besonders bei stärker vergrößernden Objektiven ist die Abdeckung des Präparats auch aus optischen Gründen erforderlich (s. Einschluss, ▶ Abschn. 9.5). Das Deckglas besitzt einen anderen Lichtbrechungsindex als Luft und beeinflusst damit den Verlauf des vom Präparat kommenden Lichts. Dieses Phänomen muss bei der Konstruktion eines Objektivs berücksichtigt werden. Üblicherweise sind Objektive für Deckglasdicken von 0,17 mm korrigiert.

### Interferenz

Interferenz beschreibt die Überlagerung von zwei oder mehreren Wellen während ihrer Durchdringung, das heißt die Addition ihrer Amplituden und nicht der Intensitäten. Unter konstruktiver Interferenz versteht man die Amplitudenverstärkung, unter destruktiver Interferenz die gegenseitige Wellenlöschung.

### Kreuztisch

Für das vibrationsarme und systematische Durchmustern eines Präparats ist eine als Kreuztisch bezeichnete Präparathalterung notwendig. Hierdurch wird eine sehr exakte Führung des Objektträgers in der x-, y- und z-Ebene ermöglicht. Mittlerweile sind motorisierte Kreuztische erhältlich, die eine automatische Positionsverstellung in den drei Ebenen ermöglicht.

### Kondensor

Unter dem Präparat befindet sich ein Linsensystem, vor dem noch eine verstellbare Irisblende (Aperturblende; nur bei Hellfeldkondensoren – bei Dunkelfeldkondensoren fehlt eine Aperturblende) angebracht ist. Diese Bauteile werden im Kondensor zu einer Einheit zusammengefasst. Das Mikroskoplicht durchläuft, bevor es auf das Präparat trifft, zunächst diesen Kondensor. Die Funktion des Kondensors besteht in der optimalen „Aufbereitung" und Anpassung des Mikroskopielichts. Die Beleuchtung eines Mikroskops besteht somit aus einer Lichtquelle (z. B. Halogenlampe) und dem Kondensor. Die Lichtquelle sorgt für die nötige Helligkeit (*Lichtquantität*), der Kondensor für die notwendige Lichtführung (*Lichtqualität*).

### Kohärentes Licht

Die Bezeichnung Kohärenz entstammt dem wellenoptischen Modell des Lichts. Lichtwellen, die die nachfolgenden Kriterien erfüllen, werden als kohärent bezeichnet:

- gleiche Wellenlänge
- die Wellen schwingen in der gleichen Ebene
- die Wellen wirken zum gleichen Zeitpunkt am gleichen Ort

Nur Lichtwellen, die das Kriterium der Kohärenz erfüllen, sind in der Lage zu interferieren.

### Leuchtfeldblende

Die Leuchtfeldblende ist eine verstellbare Irisblende und befindet sich bei Mikroskopen mit *Köh-*

*lerscher Beleuchtung* im Mikroskopstativ. Bei korrekt eingestellter Beleuchtung wird durch diese Blende lediglich der gerade untersuchte Präparatausschnitt ausgeleuchtet. Dadurch wird das Präparat vor übermäßiger Lichteinstrahlung geschützt und die Entstehung von kontrastminderndem Streulicht minimiert.

**Objektivabgleich**
Bei der mikroskopischen Arbeit muss ständig zwischen den unterschiedlich stark vergrößernden Objektiven des Mikroskops gewechselt werden. Bei modernen Objektiven sollte das Präparat nach einem derartigen Wechsel ohne wesentliche Nachfokussierung weiterhin scharf zu erkennen sein. Objektive, welche diese Eigenschaft besitzen, werden als *untereinander abgeglichen* oder *höhenkorrigiert* bezeichnet.

**Phasenkontrastkondensor**
Für die Untersuchung im Phasenkontrast ist ein spezieller Kondensor, der Phasenkontrastkondensor, notwendig. Dieser Kondensor verfügt über die sog. Phasenblenden, welche die Aperturblende des Hellfeldmikroskops bei der Untersuchung im Phasenkontrast ersetzen.

**Phasenkontrastobjektiv**
Für den Phasenkontrast sind spezielle Objektive notwendig. Bei diesen Objektiven befindet sich im Bereich der hinteren Brennebene ein dunkler Ring, der als Phasenring bezeichnet wird. Die stärker vergrößernden Phasenkontrastobjektive liefern im Hellfeld mitunter keine befriedigenden Ergebnisse.

**Planachromatisches Objektiv**
Die Planachromaten sind so korrigiert, dass die normalerweise im mikroskopischen Bild auftretende Bildfeldwölbung eliminiert wird.

**Planapochromatisches Objektiv**
Die Planapochromaten besitzen von allen Objektiven die aufwendigste Konstruktion. Bei diesen Objektiven ist die Bildfeldwölbung, wie bei den Planachromaten, weitgehend beseitigt. Zusätzlich werden bei diesen Objektiven die normalerweise auftretenden roten und blauen Farbsäume durch die sehr aufwendige Konstruktion unterbunden.

**Point Spread Function (PSF)**
Die PSF (Punktspreizfunktion) beschreibt in der Optik die Wirkung von bandbegrenzenden Einflussfaktoren (Beugungserscheinungen, Abbildungsfehler und andere). Die Funktion gibt an, wie ein punktförmiges, idealisiertes Objekt durch ein System abgebildet würde.

Je näher ein Objekt zum Auge geführt wird, desto mehr Details können wahrgenommen werden. Dieser Grundsatz gilt aber nur bis zu einer bestimmten Grenze, unterhalb derer das Auge das Objekt nicht mehr deutlich erkennen kann. Bei einem erwachsenen Menschen liegt dieser Mindestabstand bei etwa 250 mm. Die Maßeinheit für die Fähigkeit, zwei Punkte zu unterscheiden, wird als Auflösungsvermögen bezeichnet. Mithilfe von vergrößernden Linsen lässt sich die Auflösungsgrenze steigern. Die Vergrößerung der Linse lässt sich nach folgender Formel berechnen:

$$V = 250(\mathrm{mm}) / f(\mathrm{mm}) \qquad (9.1)$$

mit:
$V$ - Vergrößerung
**250 mm** - Distanz zwischen Auge und Abbild
$f$ - Brennweite der Linse

Eine stärkere Vergrößerung kann durch die Verwendung von zwei hintereinander angeordneten Linsen erzielt werden. Diese Konstruktion entspricht bereits einem einfachen Mikroskop mit zwei Linsen (Objektiv und Okular, ◻ Abb. 9.4A). Das Objektiv vergrößert das Objekt (O) und bildet ein vergrößertes reales Bild (O′) vor die Brennebene der zweiten Linse, d. h. des Okulars. Das Okular erzeugt dann ein vergrößertes, virtuelles Bild (O″), das als ein Abbild in einer Distanz von 250 mm angesehen werden kann. Demnach berechnet sich die Vergrößerung eines Mikroskops wie folgt:

$$V_{\mathrm{Mikroskop}} = V_{\mathrm{Objektiv}} \cdot V_{\mathrm{Okular}} \qquad (9.2)$$

In den letzten Jahren findet die Unendlichoptik bei allen größeren Herstellern zunehmend Verbreitung. Der Strahlengang im Mikroskop ist bei diesen Geräten dahingehend verändert, dass die Lichtstrahlen, nachdem sie das Objektiv verlassen haben, im Unendlichraum parallel verlaufen (◻ Abb. 9.4B). In diesem Unendlichraum können nun Eingriffe vorgenommen werden, für die bei konventionellen Mikroskopen mit Endlichoptik prinzipiell Zwischentuben notwendig sind (Differenzial-Interferenzkontrast, Fluoreszenzmikroskopie). Der Unendlichraum endet an der im Tubus integrierten Tubuslinse. Diese Linse hat zusätzlich noch die Funktion, das Zwischenbild besonders in chromatischer Hinsicht zu optimieren. Die Bauweise ist stabiler und flexibler, da auf die herkömmlichen Zwischentuben verzichtet wird.

Die Höhe der Auflösung ist letztendlich limitiert durch die Eigenschaften des Objektivs. Diese Eigenschaften werden nicht nur durch die Höhe der Vergrößerung, sondern auch durch die sog. *Numerische Apertur* (NA) des Objektivs bedingt. Die Numerische Apertur ist definiert aus dem Produkt des halben Sinuswinkels $\alpha$ des Lichtkegels von jeder Stelle des Objekts, die von dem Objektiv erfasst werden kann, und dem Brechungsindex des Mediums, in dem sich das Objekt befindet ($n$).

◻ **Abb. 9.4** Strahlengang eines Mikroskops **A**, Prinzip der Unendlichoptik **B**. (Modifiziert nach Davidson und Abramowitz 2002)

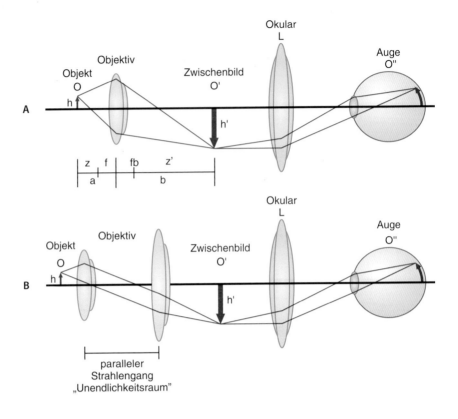

$$NA = n \cdot \sin \alpha \tag{9.3}$$

mit:

NA - Numerische Apertur

$n$ - Brechungsindex des Mediums

sin $\alpha$ - halber Winkel des emittierten Lichts

Normalerweise handelt es sich bei dem das Objekt umgebenden Medium um Luft mit einem Brechungsindex $n = 1$. Da der Winkel $\alpha$ niemals größer als 90° sein kann, kann die Numerische Apertur nie mehr als NA = 1 betragen. Der tatsächliche maximale Wert liegt aber bei NA = 0,95, da die Distanz zwischen dem Objektiv und der Oberfläche des Deckglases in keinem Fall einen Wert von Null betragen kann. Eine Numerische Apertur von 0,95 entspricht einem Winkel $\alpha$ von annähernd 72°. Eine Steigerung der Numerischen Apertur kann durch die Verwendung eines Mediums erreicht werden, dessen Brechungsindex größer ist als der von Luft. Die Verwendung eines speziellen Immersionsöls mit einem Brechungsindex $n = 1,515$ hat sich als nützlich erwiesen. Noch größere Brechungsindices sind wenig sinnvoll, da die Numerische Apertur ebenfalls durch den Brechungsindex des Objektivs $n = 1,525$ limitiert wird. Das Auflösungsvermögen $d$ wird bedingt durch die Wellenlänge des verwendeten Lichts $\lambda$ und die Numerische Apertur des Objektivs (NA$_{Objektiv}$):

$$d = \lambda \, / \, NA_{Objektiv} \tag{9.4}$$

mit:

$d$ - Auflösung

$\lambda$ - Wellenlänge des verwendeten Lichts

NA$_{Objektiv}$ - Numerische Apertur des Objektivs

Bei der Verwendung von Licht mit einer Wellenlänge $\lambda = 550$ nm ergibt sich folgende Auflösung:

$$d = 550 \; (in \; nm) \, / \, (2 \; \cdot \, 1,40) \approx 200 \; nm$$

200 nm ist die höchste theoretische Auflösung, die mit einem Lichtmikroskop erreicht werden könnte. Grob abgeschätzt ergibt sich die Auflösung eines Lichtmikroskops bei der Verwendung eines hochaperturigen Immersionsöls aus der Hälfte der Wellenlänge des verwendeten Lichts. Wenn die Auflösungsgrenze des Lichtmikroskops bekannt ist, kann die maximal nutzbare Vergrößerung ermittelt werden. Eine Vergrößerung wird dann als nutzbar oder sinnvoll betrachtet, wenn zwei gerade noch unterscheidbare Punkte so stark vergrößert werden, dass sie mit dem menschlichen Auge als separate Einheiten wahrgenommen werden können. Bei einem Objektabstand zum Auge von 250 mm liegt das Auflösungsvermögen des menschlichen Auges zwischen 150 und 200 µm. Als Faustregel für eine nutzbare Vergrößerung gilt folgende Formel:

$$500 \, bis \, 1000 \cdot NA_{Objektiv} \tag{9.5}$$

mit:

$NA_{Objektiv}$ - Numerische Apertur des Objektivs

Ein Objektiv mit einer Numerischen Apertur $NA_{Objektiv}$ = 1,4 besitzt dementsprechend eine nutzbare Vergrößerung von annähernd 1400-fach.

### 9.3.1 Phänomene der Beugung und Bildentstehung

Auf das Phänomen, dass Licht sowohl als Welle als auch als Teilchen beschrieben werden kann, wird hier nicht ausführlicher eingegangen. Der Schwerpunkt wird im Folgenden auf die grundsätzlichen Eigenschaften der Wellennatur von Licht gelegt, um die mikroskopische Bildentstehung zu verstehen. Dabei wird die Funktionsweise moderner lichtmikroskopischer Techniken, wie beispielsweise Phasenkontrast-, Polarisations- und Interferenzmikroskopie, vorgestellt.

**Wellenlänge und Interferenz von Licht**  Die Wellenlänge des sichtbaren Lichts liegt in einem Bereich zwischen 400 und 800 nm. Unter Interferenz versteht man den wechselseitigen Einfluss von zwei Lichtwellen, wobei die resultierenden Scheitelpunkte entweder zu einer Steigerung oder zu einer Abflachung der Amplitude führen können. Der Extremfall ergibt sich durch zwei Wellen, die sich gegenseitig auslöschen (s. Interferenzkontrastmikroskopie).

Als Beugung bezeichnet man die partielle Umlenkung des Lichtstrahls an den Kanten lichtundurchlässiger Objekte.

**Hellfeldmikroskopie**  Die Hellfeldmikroskopie gehört zu den klassischen mikroskopischen Verfahren, mit denen Präparate möglichst objektgetreu vergrößert abgebildet werden können. Sogenannte Amplitudenpräparate wie beispielsweise gefärbte Ausstriche oder histologische Schnitte lassen sich gut mit einem herkömmlichen Hellfeldmikroskop untersuchen. Bei transparenten Präparaten stößt das Hellfeldmikroskop jedoch an seine Grenzen. Derartige Präparate werden durch das Hellfeldverfahren nur extrem kontrastarm abgebildet. Deshalb wurden vor allem im 20. Jahrhundert zahlreiche optische Kontrastverfahren wie z. B. der Phasenkontrast entwickelt.

**Phasenkontrastmikroskopie**  Eine grundsätzliche Schwierigkeit bei der mikroskopischen Beobachtung von biologischen Objekten ist ihr geringer Kontrast. Nur wenn ein ausreichender Kontrast besteht oder dieser durch die Verwendung von kontrastverstärkenden Farbstoffen erreicht werden kann (▶ Abschn. 9.4), können biologische Strukturen lichtmikroskopisch visualisiert werden. Lichtabsorbierende Bereiche eines Präparats schwächen die Amplitude der durch sie hindurchtretenden Lichtwellen ab. Diese Abschwächungen der Amplituden werden vom menschlichen Auge als Helligkeitsunterschiede wahrge-

nommen. Die Bereiche des Präparats, die nicht vom Auge erfasst werden können, lassen das Licht passieren. Je nach Beschaffenheit des Präparats werden die Lichtwellen aber in ihrer Phasenlage verändert, da ihre Geschwindigkeit bei dem Durchtritt durch das Präparat verringert wird. Es ist schwierig, solche Phasenunterschiede zu detektieren, da sie weder vom Auge noch von einer Kamera erkannt werden können. Gelöst wurde dieses Problem, indem durch Manipulation im Strahlengang des Mikroskops die Phasenunterschiede in Amplitudenunterschiede überführt wurden (Frits Zernike, ▶ Abschn. 9.1).

Für die Phasenkontrastmikroskopie benötigt man einen Spezialkondensor mit einer Ringblende und einen sog. *Phasenring*, der sich in der hinteren Brennebene des Objektivs befindet. Der Phasenring hat die Funktion, die Helligkeiten von gebeugtem und ungebeugtem Licht anzugleichen, da die durch das Präparat direkt hindurchtretenden Lichtstrahlen in ihrer Intensität abgeschwächt werden. Im Gegensatz zu einem konventionellen Hellfeldbild erscheint der Hintergrund eines Phasenkontrastbilds daher dunkel. Außerdem bewirkt der Phasenring eine Verstärkung der Phasenverschiebung. Ergebnis ist, dass durch Interferenz zwischen gebeugtem und nicht gebeugtem Lichtstrahl Wellenberg auf Wellental folgen und es zur Auslöschung kommt. Der Nachteil dieser verstärkten Phasenverschiebung liegt darin, dass ab einer kritischen Dicke der Präparate (üblicherweise im Bereich von Zellkernen) sog. *Halo-Effekte* auftreten.

**Dunkelfeldmikroskopie**  Voraussetzung für die Durchführung der Dunkelfeldmikroskopie ist die Verwendung eines Spezialkondensors, dessen Apertur so groß ist, dass die direkt aus ihm austretenden Lichtstrahlen am Objektiv vorbeigehen. Lediglich bei dem Einbringen eines Präparats in den Strahlengang wird das vom Präparat gebeugte Licht in das Objektiv gelenkt. Die abgebildeten Strukturen erscheinen hell leuchtend vor dunklem Hintergrund.

**Fluoreszenzmikroskopie**  Die derzeit verfügbaren Fluoreszenzfarbstoffe, die Methoden der spezifischen Markierung (beides ▶ Abschn. 9.4) sowie moderne Anwendungsmöglichkeiten im Bereich der Lichtmikroskopie und des Live Cell Imaging (▶ Abschn. 9.6) werden detailliert in den angegebenen Abschnitten beschrieben.

Der Schwerpunkt hier wird auf die Funktionsweise eines Fluoreszenzmikroskops gelegt (◻ Abb. 9.5). Voraussetzung für die fluoreszenzmikroskopische Visualisierung ist die Verwendung von Fluorochromen, die einen Teil ihres absorbierten Lichts wieder als Licht einer längeren Wellenlänge emittieren.

Ein Fluoreszenzmikroskop muss über eine starke Lichtquelle (z. B. HBO-Lampe, ▶ Abschn. 9.4), über einen Anregungsfilter und einen Sperrfilter verfügen. Der Anregungsfilter wird unterhalb des Präparats in den Strahlengang eingebracht. Er hat die Aufgabe, dass nur die für das jeweilige Fluorochrom charakteristische, an-

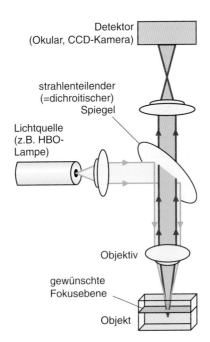

Detektor
(Okular, CCD-Kamera)

strahlenteilender
(=dichroitischer)
Spiegel

Lichtquelle
(z.B. HBO-
Lampe)

Objektiv

gewünschte
Fokusebene

Objekt

**Abb. 9.5**   Prinzip eines Fluoreszenzmikroskops

**9**

regende Wellenlänge des Lichts das Präparat erreicht. Der Sperrfilter wird zwischen Objektiv und Okular in den Strahlengang eingebracht.

Grundsätzlich unterscheidet man hinsichtlich der Konstruktion zwei unterschiedliche Typen:

- **Auflichtfluoreszenzmikroskop** (sog. *Epifluoreszenzmikroskop*). Dieser Typ wird derzeit bei Weitem häufiger zur fluoreszenzmikroskopischen Visualisierung verwendet als das Durchlichtfluoreszenzmikroskop. Bei der Epifluoreszenz fungiert das Objektiv auch gleichzeitig als Kondensor. Das Kernstück der Epifluoreszenz ist eine spezielle Konstruktion im Strahlengang, über die der anregende Lichtstrahl eingebracht wird. Hier befinden sich zwischen Objektiv und Okular ein Anregungsfilter, ein Teilerspiegel (sog. *dichroitischer Spiegel*) und ein Sperrfilter.
- **Durchlichtfluoreszenzmikroskop** Dieser Typ ist die ältere Konstruktion, die im Gegensatz zur Epifluoreszenztechnik nur noch selten und dann hauptsächlich bei schwach vergrößernden Objektiven eingesetzt wird.

Polarisationsmikroskopie   Normalerweise schwingen die Wellenzüge des Lichts in alle Richtungen. Mithilfe spezieller Polarisationsfilter kann eine bestimmte Schwingungsebene herausgefiltert werden, sodass linear polarisiertes Licht entsteht. Dieses kann durch den Einsatz eines zweiten Polarisationsfilters vollständig ausgelöscht werden, wenn man den zweiten Filter in der Art dreht, dass seine Sperrwirkung senkrecht zu der des ersten Filters steht. Derartige um ihre eigene Achse drehbare Polarisationsfilter können in den Strahlengang eines Mikroskops eingebaut werden. Der erste Polarisationsfilter (Polarisator) befindet sich dabei unterhalb des Kondensors, der zweite

Filter (Analysator) ist oberhalb des Objektivs positioniert. Der Einsatz von Polarisationsmikroskopen ist nur dann sinnvoll, wenn Präparate mit Polarisationseigenschaften untersucht werden sollen. Hauptanwendung findet dieses Verfahren daher in der Mineralogie. Im Bereich der bioanalytischen Forschung ist die Verwendung dieser Technik selten und bisher auf den botanischen Bereich beschränkt (z. B. Untersuchung des Aufbaus von Stärkekörnern oder von Cellulosefibrillen).

Interferenzkontrastmikroskopie   Basierend auf der Polarisationsmikroskopie wurde die Differenzial-Interferenzkontrastmikroskopie entwickelt. Im Unterschied zum Polarisationsmikroskop benötigt man hier neben Polarisator und Analysator zwei Wollaston-Prismen, die aus je zwei verkitteten Kalkspatkeilen bestehen. An der Kittfläche wird ein polarisierter Lichtstrahl in zwei senkrecht zueinander stehende Wellenzüge aufgespalten. Das erste Wollaston-Prisma wird in die vordere Brennebene des Kondensors eingesetzt, das zweite in die hintere Brennweite des Objektivs. Das Objekt wird somit von zwei senkrecht aufeinander stehenden Wellenzügen durchstrahlt. Diese werden je nach Dicke oder Brechungseigenschaften des Präparats in ihrer Phase verschoben. Optimaler Interferenzkontrast entwickelt sich an Kanten im Präparat, an denen die beiden Teilstrahlen in ihrer Phase unterschiedlich verschoben werden. Dabei ist es keineswegs gleichgültig, wie das Präparat orientiert ist. Sinnvollerweise verwendet man daher einen Drehtisch, um es in allen Orientierungen analysieren zu können. Durch das zweite Wollaston-Prisma werden die beiden Wellenzüge wieder zusammengeführt. Um Interferenz zu erzielen, müssen die Schwingungsebenen zusammenfallen, was wiederum durch den Analysator bewirkt wird. Ein Interferenzkontrastbild erscheint als plastisches Relief, was zu der Annahme verleiten könnte, man habe es hier mit einer dreidimensionalen Abbildung der Präparatstruktur zu tun. Das ist nicht der Fall, vielmehr ist es so, dass hier Dichteunterschiede im Präparat in Höhenunterschiede im Bild transformiert werden. Im Gegensatz zur Phasenkontrastmikroskopie können auch relativ dicke Präparate visualisiert werden.

## 9.4  Nachweismethoden

Die Färbung oder Markierung (*Labeling*) des Präparats ist von der jeweiligen Fragestellung abhängig. So können ganze Zellverbände innerhalb eines Gewebes, spezifische Zellen innerhalb eines Zellverbands, bestimmte Kompartimente oder Organellen innerhalb einer Zelle oder einzelne, spezifische Moleküle markiert werden. Für histologische Färbungen werden hauptsächlich chemische oder physikochemisch wirkende Farbstoffe verwendet.

Um eine höhere Spezifität auf molekularem Niveau zu erzielen, sind eine Reihe von selektiven Nachweisverfahren insbesondere für Proteine oder andere Makromoleküle entwickelt worden. Um die Nachweisempfindlichkeit von Makromolekülen zu erhöhen, werden beispielsweise katalytische Aktivitäten von intrazellulären Enzymen genutzt. Nach Zugabe geeigneter Substratmoleküle bildet jedes einzelne Enzymmolekül viele Moleküle eines sichtbaren Reaktionsprodukts. Eine sensitivere Nachweismethode von Makromolekülen ist der Einsatz von Fluorochromen (▶ Abschn. 9.4.5).

werden. Für eine histologische Färbung werden in erster Linie Paraffinschnitte verwendet, die auf Objektträger gezogen und anschließend mittels Xylol entparaffiniert und durch eine bezüglich der Konzentration absteigende Alkoholreihe wieder in ein wässriges Milieu überführt werden. Die chemische Grundlage für die Spezifität vieler Farbstoffe ist unbekannt. In ◘ Tab. 9.1 sind einige Beispiele für histologische Färbungen zusammengestellt.

## 9.4.1 Histologische Färbungen

Die Färbung von Zellen und Gewebeschnitten ist erforderlich, da sie zu etwa 70 % aus Wasser bestehen. Demnach sind bei ungefärbten Präparaten kaum Strukturen vorhanden, die durch Ablenkung des Lichtstrahls einen ausreichenden Kontrast bei der mikroskopischen Betrachtung im Hellfeld gewährleisten würden. Mithilfe von unterschiedlichen Farbstoffen können intrazelluläre sowie extrazelluläre Bestandteile selektiv gefärbt

## 9.4.2 Physikalische Färbungen

Man unterscheidet das sog. *Durchtränkungsverfahren*, bei dem dichte Strukturen des Gewebes am stärksten gefärbt werden, von dem Verfahren der *Farbstoffaufnahme durch Löslichkeit in Strukturbestandteilen*. Letzteres wird beispielsweise bei der Fettfärbung angewendet. Hierbei lösen sich die Farbstoffe leichter in den Gewebslipiden als in der verwendeten alkoholischen Lösung und diffundieren somit in das Fettgewebe.

◘ **Tab. 9.1** Beispiele für histologische Färbungen

| Bezeichnung | Färbeergebnis |
|---|---|
| Hämatoxylin-Eosin (HE) (◘ Abb. 9.8) | blau: Zellkern<br>rot: Cytoplasma, Kollagenfasern |
| Perjodsäure-Schiff-Reaktion in Kombination mit Hämatoxylin (PAS) | blau: Zellkern<br>purpurrot: Mucopolysaccharide, Glykogen, Pilze, Parasiten |
| Elastica-van-Gieson (EvG) | schwarz: Elastinfasern<br>rot: Kollagenfasern<br>gelb: Muskulatur, Fibrin, Cytoplasma |
| Giemsa | blau: Zellkern, basophiles Cytoplasma<br>rot: Kollagenfasern, Eosinophilencytoplasma und -granula<br>violett: Basalmembran, Mastzellgranula |
| May-Grünwald-Giemsa | blau: Zellkern, basophile Substrate<br>rot: eosinophile Substrate, Kollagenfasern |
| Papanicolaou | blau: Zellkern<br>blau-grün: Cytoplasma basophiler Zellen<br>orange-rot: Keratin<br>rosa: Cytoplasma acidophiler Zellen |
| Azan | blau: Kollagenfasern, retikuläre Fasern<br>rot: Zellkern, Nekrosefibrinoid |
| Versilberung Gomori | schwarz: Kollagenfasern, retikuläre Fasern |
| Nissel | blassblau: Cytoplasma<br>blauviolett: Zellkern, Tigroid |
| Kongorot | rot: Amyloid<br>blau: Zellkern |
| Berliner-Blau-Reaktion | blau: Eisen |
| von Kossa | schwarz: Calciumphosphate<br>rot: Zellkern |

### 9.4.3 Physikochemische Vorgänge bei Färbungen (Elektroadsorption)

Grundlage der Färbungen ist der amphotere Charakter des Eiweißes. Ist der pH-Wert höher als der isoelektrische Punkt IP, hat die Struktur saure Gruppen und neigt zur Salzbildung mit basischen Farbstoffen – und umgekehrt. Den unterschiedlichen IP von Zellkern und Plasma nutzt man bei der Endpunktfärbung aus, deren Färbeergebnis unabhängig von der Färbedauer ist. Liegt ein basischer Farbstoff in saurer Lösung bei einem pH-Wert vor, der zwischen dem IP der Kerne (etwa 3,8) und dem des Plasmas (etwa 6,5) bei 4,5 eingestellt ist, so werden selektiv nur die Zellkerne gefärbt, denn nur sie haben dann noch negative Ladung.

### 9.4.4 Chemische Färbungen

Die Reaktion zwischen Farbstoff und Substrat verläuft nach den Gesetzmäßigkeiten chemischer Bindungen. Sie erlauben also einen Stoffnachweis im chemischen Sinne. Ist der fragliche Stoff nicht vorhanden, fällt die Reaktion negativ aus (Beispiel: Eisennachweis).

### 9.4.5 Fluoreszenzmarkierung

Bei dem Nachweis von Makromolekülen mithilfe der Fluoreszenzmarkierung nutzt man den Effekt, dass fluoreszierende Farbstoffe (Synonyme: Fluorochrome, Fluorophore) Licht bei einer bestimmten Wellenlänge absorbieren und es bei einer anderen, längeren Wellenlänge emittieren (sog. *Stokes' Shift*). Bei Bestrahlung eines Fluorochroms mit Licht der Wellenlänge des Absorptionsbereichs und anschließender mikroskopischer Betrachtung durch einen Filter, der nur für Licht des emittierten Wellenlängenbereichs durchlässig ist, sieht man das Fluorochrom vor dunklem Hintergrund leuchten.

Fluorochrome finden hauptsächlich Anwendung bei dem selektiven Nachweis von Makromolekülen. Ferner werden sie eingesetzt bei der Lokalisierung von Enzymaktivitäten durch fluorometrische Varianten histochemischer Reaktionen sowie bei der Umsatzbestimmung zellulärer enzymatischer Reaktionen mittels fluoreszierender Substrate.

Bei der gleichzeitigen Kombination von zwei oder mehr Fluorochromen, die sich hinsichtlich ihrer spektralen Eigenschaften (Absorptions- und Emissionscharakteristika) unterscheiden, lässt sich die Lokalisation verschiedener subzellulärer Strukturen oder Makromoleküle mikroskopisch nachweisen (sog. *Kolokalisation*). Dieses ist durch das Umschalten von Filtersätzen möglich, die jeweils spezifisch auf das entsprechende Fluorochrom ausgerichtet sind. Darüber hinaus sind

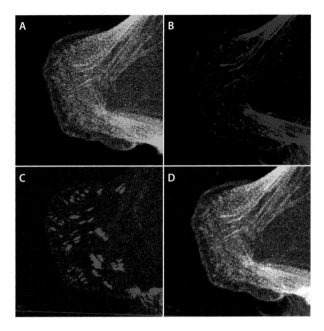

◘ **Abb. 9.6**   Dreifachfluoreszenzmarkierung an einem Keratinocyten. **A** GFP-gekoppeltes, aktinbindendes Protein (Palladin); **B** AlexaFluor® 546-Phalloidin-markiertes F-Aktin; **C** Antikörpermarkierung eines Zell-Substrat-Adhäsionsproteins (Vinculin, Cy5-gekoppelter, sekundärer Antikörper fluoresziert im Infrarotbereich, hier blau dargestellt); **D** Übereinanderlagerung der drei Fluoreszenzsignale. (Mit freundlicher Genehmigung von Dr. Bodo Borm, Jülich)

Mehrfachfluoreszenzmarkierungen derzeitig die einzige Methode, um Interaktionen zwischen Molekülen und anderen Zellbestandteilen direkt zu untersuchen (◘ Abb. 9.6).

### 9.4.6 Direkte und indirekte Immunfluoreszenzmarkierung

Eine weit verbreitete Methode, um die Position (Lokalisation) von Makromolekülen in Zellen und Geweben fluoreszenzmikroskopisch nachzuweisen, ist die sog. Immunfluoreszenzmikroskopie.

Zur Detektion von Proteinen werden direkte und indirekte Immunfluoreszenzmarkierungen unterschieden. Bei der direkten Immunfluoreszenzmarkierung werden fluorochromierte primäre Antikörper eingesetzt, die hochspezifisch an Antigene der nachzuweisenden Makromoleküle binden. Zum Nachweis von Proteinen eignen sich außerdem fluorochromierte Inhibitoren und Cofaktoren. Zur Markierung von Membranen können fluoreszierende Verbindungen mit lipophilen oder amphiphilen Eigenschaften in die entsprechenden Membranen eingelagert werden.

Bei Anwendung der indirekten Immunfluoreszenzmarkierung wird ein nicht fluorochromierter primärer Antikörper nach der Bindung an das nachzuweisende Molekül durch einen spezifischen, fluorochromierten sekundären Antikörper detektiert. Der Vorteil der indirekten Immunfloreszenzmarkierung besteht in einer Signalverstärkung, da mehrere sekundäre an einen primären Antikörper binden. Weitere Vorteile der indirekten Immunfloreszenzmikroskopie liegen in einer größeren Flexibilität und Kostenersparnis bei der Kombination von Antikörpern und Fluorochromen.

Die Immunfloreszenzmarkierung wird üblicherweise an fixiertem Material durchgeführt. Für die Penetration der Antikörper in intrazelluläre Kompartimente ist unter Umständen eine vorherige Permeabilisierung der Membranen beispielsweise mit Triton X-100 oder Saponin notwendig. Unspezifische Bindungsstellen werden je nach Fragestellung mit Rinderserumalbumin oder spezifischen Seren abgesättigt.

### 9.4.7 *In vitro*-Markierung mit organischen Fluorochromen

Abgesehen von den vielen Vorteilen, die das *in-vivo*-Labeling mit fluoreszierenden Proteinen (z. B. GFP-Fusionsproteinen) bietet, besteht der große Nachteil, dass die bekannten fluoreszierenden Proteine mit einem Molekulargewicht von bis zu 27 kDa in ihrer monomeren Form relativ große Marker für den Nachweis von intrazellulären Proteinen darstellen. Obwohl großes Interesse darin besteht, die fluoreszierenden Proteine zu „verkleinern", blieben bisherige molekularbiologische Versuche erfolglos. Zurzeit sind kleine organische Fluorochrome (z. B. Fluorescein, Rhodamin) die beste Alternative, wenn es darum geht, Proteine mit einem Molekulargewicht unter einem Kilodalton nachzuweisen. Mithilfe von speziellen, gut etablierten affinitätscytochemischen (z. B. Markierung von F-Aktin mittels fluorochromiertem Phalloidin) und immuncytochemischen Techniken ist auf diese Weise eine gezielte subzelluläre Markierung von Molekülen an fixierten und ggf. permeabilisierten Zellen (*in vitro*) möglich. Das Problem von möglichen sterischen Behinderungen und daraus folgenden Beeinflussungen der Proteinfunktion ist bei der Verwendung von kleinen organischen Fluorochromen deutlich verringert. Außerdem können durch die seitenspezifische Bindung von unterschiedlich fluorochromierten Proteinen Änderungen in der lokalen Umgebung oder Distanzen bzw. Interaktionen zwischen markierten Stellen des Proteins beispielsweise mittels FRET (*Förster Resonance Energy Transfer*) detektiert werden.

### 9.4.8 Fluoreszenzmarkierung für Live Cell Imaging

Die vermehrte Anwendung des Live Cell Imaging in der bioanalytischen Forschung ist insbesondere den jüngsten Entwicklungen der Fluoreszenzmarkierung von Proteinen mittels gentechnologischer Methoden zu verdanken. Bei der Etablierung von neuartigen Technologien in diesem Bereich ist es aber unerlässlich, die physiologischen Eigenschaften der Zelle zu beachten. Live Cell Imaging und die damit verbundene qualitative und quantitative Analyse erfordert das Beladen subzellulärer Strukturen mit fluorochromierten Proteinen. Dabei gilt es abzuwägen zwischen einem effizienten und stabilen Fluoreszenzsignal mit gutem Signal-Rausch-Verhältnis einerseits und einer möglichst großen Unversehrtheit der gesamten Zelle andererseits. Im Besonderen sollten aber die zelluläre Lokalisation und die physiologische Funktion des zu untersuchenden Proteins möglichst gering beeinträchtigt werden. Sowohl der Markierungsvorgang als auch die anschließende Visualisierung (Einfluss der Lichtquelle, z. B. Laser) können Artefakte verursachen. So sind Hitzeschäden durch energiereiche Beleuchtung oder fototoxische Reaktionen aufgrund der Wechselwirkung von Fluorochromen oder Bestandteilen des Kulturmediums bzw. des Puffers mit dem Laserlicht nicht auszuschließen.

### 9.4.9 *In vivo*-Markierung mit organischen Fluorochromen

Vor Kurzem wurden zwei innovative Technologien entwickelt, die es ermöglichen, spezifische rekombinante Proteine mit kleinen organischen Fluorochromen in lebenden Zellen (*in vivo*) zu markieren.

Bei der ersten Methode werden rekombinante Proteine, die eine Tetracystein-Domäne besitzen, durch extrazelluläre Zugabe von Fluoresceinderivaten markiert. Diese kleinen, membrangängigen Liganden fluoreszieren erst dann, wenn sie mit hoher Spezifität und Affinität an Cysteinreste binden.

Bei der zweiten Methode werden Derivate der humanen $O^6$-Alkylguanin-DNA-Alkyltransferase (hAGT), einem DNA-Reparaturprotein, verwendet, die eine kovalente Bindung mit Fusionsproteinen eingehen. Intrazelluläre Esterasen hydrolysieren die Acetatgruppen des an die hAGT-Derivate gekoppelten Fluoresceins und bewirken dessen intrazelluläre Fluoreszenz.

Andere Entwicklungen nutzen die selektiven Bindungseigenschaften von chemischen Liganden an das entsprechende Rezeptorprotein. Ein Beispiel ist die Untersuchung der Regulation des pH-Werts der unterschiedlichen subzellulären Kompartimente während des sekretorischen Wegs.

### 9.4.10 Markierung mit *Quantum Dots*

Neben kleinen organischen Fluorochromen werden Nanokristalle aus der Halbleiterindustrie, sog. *Quantum* oder *Q-Dots*, als neuartige Fluorochrome verwendet.

**9**

Die Partikel besitzen mit einem Durchmesser zwischen 2–10 nm annähernd die Größe von typischen Proteinen und überzeugen aufgrund ihrer Photostabilität und ihrem großen Wellenlängenbereich in Absorption und Emission. Ungeachtet dieser Vorteile gegenüber organischen Fluorochromen und fluoreszierenden Proteinen ist die Verwendung der *Q-dots* aufgrund der mangelnden Biokompatibilität bislang sehr eingeschränkt. Neuartige Entwicklungen im Bereich der chemischen Oberflächenbeschichtung (beispielsweise mit Streptavidin) haben kürzlich Erfolge bei der Lösung dieser Probleme verzeichnen können, sodass die Visualisierung von Mehrfachfluoreszenzmarkierungen über einen längeren Zeitraum in lebenden Zellen möglich ist.

## 9.4.11 *In vivo*-Markierung mit fluoreszierenden Fusionsproteinen (GFP und Varianten)

Häufige Verwendung, insbesondere bei der Untersuchung der intrazellulären Lokalisation und Dynamik von Proteinen in lebenden Zellen, finden Varianten des *grün fluoreszierenden Proteins* (*green fluorescent protein*, GFP). Mitte des letzten Jahrhunderts wurde GFP zufällig bei der Reinigung von Aequorin aus der lumineszierenden Qualle *Aequorea victoria* entdeckt (◙ Abb. 9.7). Bereits zu diesem Zeitpunkt fiel die Eigenschaft des Proteins auf, unter UV-Licht intensiv grün zu fluoreszieren. Durch Fusion und anschließende Expression des GFP-Gens mit dem zu untersuchenden Gen kann die intrazelluläre Lokalisation und Dynamik des entsprechenden Proteins durch fluoreszenzmikroskopische Analyse untersucht werden. Da GFP spontan fluoresziert, besteht bei den chimären Fusionsproteinen der große Vorteil, dass die Expression in Zellen *in vivo* durch Gentransfer möglich ist. Auf diese Weise umgeht man die Notwendigkeit einer hohen heterologen Produktion, Aufreinigung, *In-vitro*-Markierung und Mikroinjektion von rekombinanten Proteinen. Für die Entdeckung von GFP und die Entwicklung als genetischer Marker wurde im Jahr 2008 der Chemienobelpreis verliehen (► Abschn. 9.1 und 9.4).

Durch Mutationen von GFP aus *Aequorea* konnten spektrale Varianten mit blauen und grüngelblichen Emissionen generiert werden (BFP, CFP, YFP), allerdings gibt es bisher keine Varianten, deren Emissionsmaxima über einen Wellenlängenbereich von 529 nm hinausreichen. Erfreulicherweise hat die Entdeckung von neuartigen *GFP-ähnlichen Proteinen* in Anthozoen (Korallentieren) das Spektrum von insgesamt annähernd dreißig signifikant unterschiedlichen Fluorochromen erheblich erweitert (◙ Tab. 9.2). Trotz einer nur geringen Sequenzübereinstimmung der unterschiedlichen GFP-ähnlichen Proteine verfügen alle über eine elfsträngige *β*-Fass-Struktur (◙ Abb. 9.7B), die in ihrer

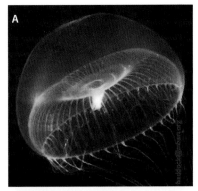

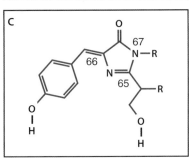

◙ **Abb. 9.7** Tiefseemeduse *Aequorea victoria* **A**, Struktur des *green fluorescent protein* (GFP) und Lokalisation des Chromophors **B**, Chromophor des Wildtyp-GFP, bestehend aus dem zyklischen Tripeptid Ser[65],Tyr[66] und Gly[67] **C**. (Quellen: Dr. Steven Haddock, Monterey Bay Aquarium Research Institute. Moss Landing, USA (A); Roger Y. Tsien, UCSD, La Jolla, USA (B))

Achse von einer *α*-Helix durchwunden ist. Das Chromophor ist Teil dieser *α*-Helix und in der Mitte des *β*-Fasses lokalisiert. Das Chromophor ist ein *p*-Hydroxybenzyliden-Imidazolinon, das im Wildtypprotein (wtGFP) aus dem zyklischen Tripeptid Ser[65], Tyr[66] und Gly[67] besteht (◙ Abb. 9.7C).

GFP ist streng genommen das bislang einzige bekannte fluoreszierende Protein, da das Chromophor als Abschnitt der Peptidkette tatsächlich Teil des Proteins ist. Die spontane Fluoreszenz basiert auf der autokatalytischen Synthese des Chromophors. Obwohl die meis-

◻ **Tab. 9.2**   GFP-Varianten

| Spezies | Fluoreszierendes Protein | Mutanten (Alloformen) | Absorption (in nm) Maximum | Emission (in nm) Maximum |
|---|---|---|---|---|
| biolumineszierende Qualle *Aequorea victoria* | *Aequorea*-GFP | wtGFP (*green fluorescent protein*) | 395 | 475 |
| | | BFB (*blue fluorescent protein*) | | |
| | | CFP (*cyan fluorescent protein*) | 383 | 445 |
| | | YFP (*yellow fluorescent protein*) | 434 | 477 |
| | | PA-GFP (*photoactivatable* GFP) | 514 | 527 |
| biolumineszierende Weichkoralle *Renilla reniformis* | *Renilla*-GFP | – | 395 | 475 |
| nicht bioluminszierende Korallenarten | DsRed (drFP583) | T1 | 558 | 583 |
| | | E57 | | |
| | | E5 | | |
| | | mRFP1 | | |
| | cgigCP | HcRed | | |
| | EqFP611 | – | | |
| | AsFP595 | KFP1 | | |
| | Kaede | – | | |

ten GFP-ähnlichen Proteine zur Gruppe der fluoreszierenden Proteine gehören, gibt es einige unter ihnen, die zwar eine starke Absorption, aber keine Emission aufweisen; diese werden als Chromoproteine bezeichnet. Andere bekannte Proteine dienen zwar ebenfalls der Fluoreszenz, jedoch sind hier ausnahmslos die eigentlichen Chromophore als Cofaktoren, wie z. B. Lumazine oder Flavine, gebunden.

## 9.4.12   Fluorochrome und Lichtquellen für die Fluoreszenzmikroskopie

Das für das menschliche Auge sichtbare Licht erstreckt sich auf einen Wellenlängenbereich von 400 nm (violett) bis 700 nm (rot). Einige Farbstoffe, die bei biologischen Nachweisen Anwendung finden, absorbieren Licht im UV-Bereich (◻ Tab. 9.3). Dementsprechend muss eine geeignete Lichtquelle auch diesen Bereich abdecken. Ein gebräuchlicher UV-Farbstoff ist beispielsweise Fura-2, der zur Visualisierung von Calciumsignalen verwendet wird.

Die Fluoreszenzintensität von markierten biologischen Präparaten ist im Vergleich zu der Intensität des Anregungslichts meistens recht gering. Sie ist nicht nur vom Beladen des Präparats mit Fluorochromen abhän-

gig, sondern wird auch wesentlich von der Effizienz bestimmt, mit der der Farbstoff Photonen absorbiert und emittiert. Weiterhin spielt die Fähigkeit, wiederholte Absorptions-/Emissionszyklen zu durchlaufen, eine wesentliche Rolle. Die Quantifizierung von Absorption und Emission erfolgen über den molaren Absorptionskoeffizienten $\varepsilon$ für die Absorption und die Quantenausbeute QE für die Fluoreszenz (d. h. das Verhältnis von emittierten und absorbierten Photonen). Beide Konstanten sind von den Umgebungsbedingungen abhängig. Die Fluoreszenzintensität eines Farbstoffmoleküls ist proportional dem Produkt von $\varepsilon$ und QE.

Außerdem wird die Intensität der Fluoreszenz noch durch die optischen Eigenschaften des Mikroskops reduziert. Demnach wird nur ein Teil des emittierten Lichts, ein bestimmter Lichtkegel, dessen Größe von der Numerischen Apertur (► Abschn. 9.3) des verwendeten Objektivs abhängig ist, von der Mikroskopoptik eingefangen und von dem Detektor (Auge, Kamera, Photomultiplier) erfasst. Aus diesen Gründen ist es verständlich, dass zur Erzeugung von starken Emissionssignalen leistungsstarke Lichtquellen benötigt werden. Außerdem ist es insbesondere für die Aufnahme von Zeitserien während des Live Cell Imaging erforderlich, dass die Lichtquellen über einen längeren Zeitraum stabil sind.

◨ **Tab. 9.3**    Fluorochrome und ihre spektralen Eigenschaften (Auswahl)

| Fluorochrom | | Absorption (in nm) Maximum | Emission (in nm) Maximum | Farbe |
|---|---|---|---|---|
| AMCA | Aminomethylcumarin-Acetat | 350 | 450 | blau |
| DAPI | | 359 | 461 | |
| Cy2 | Carbocyanin | 492 | 510 | gelb-grün |
| DTAF | Dichlorotriazinylamino-Fluorescein | 492 | 520 | |
| FITC | Fluorescein-Isothiocyanat | 492 | 520 | |
| | AlexaFluor 488™ | 495, 492 | 519, 520 | |
| | Fluo-3 | 506 | 526 | |
| CFDA | | 494 | 520 | |
| | Acridinorange + DNA | 502 | 526 | |
| Cy3 | Indocarbocyanin | 550 | 570 | orange-rot |
| TRITC | Tetramethyl-Rhodamin | 550 | 570 | |
| | AlexaFluor 546™ | 556, 557 | 572, 573 | |
| R-PE | Phycoerythrin aus *Porphyridium cruentum* | 488, 565 | 585 | |
| Rhod. Red-X | Rhodamin Red-X | 570 | 590 | |
| Texas Red | Rhodaminderivat | 596 | 620 | |
| Cy5 | Indodicarbocyanin | 650 | 670 | tief-/infrarot |
| | Acridinorange + RNA | 460 | 650 | |
| APC | Allophycocyanin | 650 | 660 | |

**9**

Das bedeutet, dass Oszillationen und Flackern in der Lichtintensität während der Datenaufnahme vernachlässigbar gering sein sollten. Sie sollten erheblich unter dem Wert der zu erwartenden Signalveränderungen während des Untersuchungszeitraumes liegen. Aus diesem Grund wird häufig Gleichstrom verwendet.

**Typen von Lichtquellen**    Leider gibt es keine Lichtquellen, die den gesamten nutzbaren Wellenlängenbereich (naher UV- bis naher sichtbarer Infrarotbereich) abdecken. Infolgedessen muss die Lichtquelle entsprechend den jeweiligen Anwendungen ausgewählt werden. Neben Lasern und Dioden unterscheidet man zwischen Glühlampen und Nichtglühlampen.

**Glühlampen**    Glühlampen erzeugen Licht durch das Heizen von Filamenten (meistens Wolfram) mittels elektrischer Energie. Die Filamente befinden sich entweder im Vakuum (Standardglühbirne), einem Edelgas (Stickstoff oder Edelgas) oder einem Edelgas-Halogen-Gemisch (Halogenlampe). Wolframlampen werden in der Fluoreszenzmikroskopie normalerweise nicht verwendet, da sie unzureichend im UV- und blauen Wellenlängenbereich sind.

**Nichtglühlampen**    Lampen ohne Filament basieren auf der elektrischen Entladung innerhalb eines Gases. Wenn die elektrische Spannung zwischen den beiden Elektroden groß genug ist, kommt es zur Ionisierung des Gases mit anschließender Weiterleitung von Elektrizität. Nach dem Aufprall ordnen sich Elektronen und Gas-Ionen neu aus und geben Energie in Form von Licht ab. Das Gas in Neonröhren glüht beispielsweise in einer orange-roten Farbe, während allgemein gebräuchliche Fluoreszenz-Quecksilberdampflampen ultraviolettes Licht produzieren. Die Innenfläche des Glaskörpers ist mit Phosphor (Leuchtstoff) beschichtet, das diese Strahlung absorbiert und sie als helles weißes Licht wieder emittiert. Bei den meisten Nichtglühlampen, die im Bereich der Mikroskopie verwendet werden, handelt es sich um Quecksilber- oder Xenondampflampen. Sie bestehen aus zwei Elektroden, die sich unter Hochdruckbedingungen abgedichtet innerhalb eines Quarzglases befinden. Beim Anlegen eines elektrischen Stroms regen die Elektronen, die die Spalte überbrücken, die Elektronen der Gasatome an, wodurch diese in einen höheren Energiezustand versetzt werden. Diese Energie wird anschließend in Form von Licht freigesetzt, wenn die Atome in ihren Grundzustand zurückkehren. Dampflampen müssen vorher aufgeheizt werden, um ihre maximale Intensität zu erreichen. Nach einer bestimmten Nutzungszeit verlieren diese Lampen an Leistung und es besteht die Gefahr der Implosion.

**Quecksilberdampflampen (HBO-Lampen)** Quecksilberdampflampen waren früher in der Mikroskopie weit verbreitete Leuchtmittel. Ein Nachteil dieser Lampen besteht darin, dass sie bei Implosion gesundheits- und umweltschädliches Quecksilber freisetzen können. Zudem liefern sie ein sehr ungleichmäßiges Emissionsspektrum mit ausgeprägten Spitzen im nahen UV- (365 nm), Violett- (406 nm), Blau- (435 nm), Grün- (546 nm) und Gelb- (578 nm) Bereich. Im übrigen Wellenlängenbereich ist die Emission weitgehend gleichmäßig, aber nicht so intensiv. Insbesondere wirkt sich nachteilig aus, dass eine Spitze im Bereich einer Wellenlänge von 480 nm fehlt, in dem viele gebräuchliche Fluorochrome, wie beispielsweise Cy2, Alexa488, FITC und GFP, ihr Absorptionsmaximum besitzen.

**Xenondampflampen** Für die Fluoreszenzmikroskopie werden häufig Xenondampflampen verwendet, die eine gleichmäßigere Emission in dem gesamten sichtbaren Bereich aufweisen als Quecksilberdampflampen. Dennoch nimmt die Intensität auch bei diesem Lampentyp im nahen UV-Bereich ab, ist aber für die meisten UV-Farbstoffe noch ausreichend. Aufgrund dieses Vorteils werden Xenonlampen beispielsweise bei CCD-Kameras gegenüber Quecksilberdampflampen bevorzugt. Die starke Spitze im Infrarotbereich deutet darauf hin, dass ein beträchtlicher Anteil der Energie in Form von Hitze freigesetzt wird. Die Regulierung der Hitzeentwicklung in einem Xenonlampengehäuse ist von entscheidender Bedeutung. Temperaturschwankungen, die beispielsweise durch ungleichmäßigen Luftstrom verursacht werden, üben einen unmittelbaren Einfluss auf die Lichtintensität aus und behindern somit die quantitative Analyse.

**Quecksilber-Xenondampflampen** Diese neuartigen Lampen beinhalten ein Gemisch der beiden Gase und vereinen so die jeweiligen optimalen Eigenschaften. Die Linien im UV-Bereich sind bei diesem Lampentyp im Vergleich zu herkömmlichen Quecksilberdampflampen stärker in der Intensität und schärfer. Von größerer Bedeutung für die mikroskopische Anwendung sind aber die deutlich reduzierten Schwankungen der Lichtintensität und die wesentlich längere Lebensdauer.

**Leuchtdioden (LED, *Light-Emitting Diode*)** Bedingt durch die hohe Lichtausbeute, die einfache Handhabung und die Kostenersparnis aufgrund langer Lebensdauer sind LED-Lichtquellen eine inzwischen weitverbreitete Alternative zu konventionellen Mikroskopbeleuchtungen, insbesondere zu gesundheits- und umweltschädlichen Quecksilberdampflampen.

**▪ Tab. 9.4** Emissionswellenlängen von Lasern im Vergleich zu HBO-Lampen

| Quelle | Emissions-Wellenlängen (in nm) |
|---|---|
| Argon | 351 364 458 466 477 488 496 502 514 |
| Krypton | 337 365 468 476 482 521 531 568 647 |
| Argon/Krypton | 488 568 647 |
| Helium/Neon | 543 594 604 612 629 633 1152 |
| Helium/Cadmium | 325 442 534 539 636 |
| HBO-Lampe | 313 334 365 405 436 546 577 |

**Laser** Laser sind aufgrund ihres linienförmigen Emissionsspektrums besser für die spezifische Filterung einer für ein bestimmtes Fluorochrom erforderlichen Anregungswellenlänge geeignet. Jeder Lasertyp emittiert Licht eines charakteristischen Wellenlängenbereichs, sodass sie detektierbaren Fluorochrome entsprechend festgelegt sind. ▪ Tab. 9.4 zeigt die verfügbaren Emissionswellenlängen der gebräuchlichsten Laser und im Vergleich dazu die stärksten Spitzen im Spektrum einer HBO-Lampe. Es ist charakteristisch, dass bei der HBO-Lampe die Spitzen im Spektrum weiter sind als die spektralen Linien der Laser und dass zusätzlich eine signifikante Emission auch zwischen den Spitzen vorhanden ist. Dadurch bedingt ist die Auswahl an nutzbaren Fluorochromen, die durch HBO-Lampen angeregt werden können, größer als für die einzelnen Laser.

## 9.5 Präparationsmethoden

Bezüglich der Präparatvorbereitung für lichtmikroskopische Untersuchungen muss man grundsätzlich zwei Anwendungsbereiche unterscheiden: Erstens die Visualisierung von fixiertem Material und zweitens das Live Cell Imaging von lebenden Präparaten. Weiterhin unterscheiden sich die Präparationsmethoden von Einzelzellen und Gewebebiopsien.

### 9.5.1 Isolierte Zellen

Für die mikroskopische Untersuchung von isolierten Zellen werden diese üblicherweise auf dünnen Glasmaterialien (Dicke: 0,17 mm) in Mehrlochplatten für die Zellkultur ausgesät. Für die Fluoreszenzmikroskopie von fixierten, adhärenten Zellen verwendet man in der Regel runde Deckgläschen, die zuvor beispielsweise mit Poly-L-Lysin beschichtet werden. Die positive Ladung der Aminosäure bedingt die bessere Haftung der an der Oberfläche negativ geladenen Zellen (Glykocalyx). Zur mikroskopischen Untersuchung der Wechselwirkung von Zellen mit Bestandteilen der extrazellulären Matrix, beispielsweise während der Adhäsion oder Migration, werden die Deckgläschen mit entsprechenden Komponenten (z. B. Fibronectin, Kollagen, Laminin und anderen) beschichtet. Für die Fluoreszenzmikroskopie von fixierten Suspensionszellen ist unter Umständen zwecks besserer Haftung die Anfertigung eines Suspensionsausstrichs auf einen Glasobjektträger ratsam.

Für das Live Cell Imaging werden Zellen in Glasbodenkammern ausgesät, die je nach Fragestellung entweder selber gebaut oder aus dem mittlerweile großen kommerziellen Angebot ausgewählt werden.

## 9.5.2 Gewebebiopsien

Abgesehen von der Intravital- und der Multiphotonenmikroskopie erfordert die mikroskopische Untersuchung von Gewebebiopsien in aller Regel das vorherige Anfertigen von Paraffin- oder Gefrierschnitten (*Kryostatschnitten*) mithilfe von speziellen Mikrotomen. Die Schnitte werden auf Objektträger aufgezogen und anschließend mit Färbe- oder Detektionslösungen zum Nachweis der gewünschten Strukturen behandelt.

**Fixierung**   Unmittelbar nach der Biopsie setzt die Autolyse von Gewebe ein. Die Gewebeprobe muss daher entweder unmittelbar nach der Entnahme bearbeitet oder aber fixiert werden. Durch die Fixierung wird die Autolyse aufgehalten. Das am häufigsten verwendete Fixierungsmittel ist das Formalin, eine verdünnte und gepufferte Formaldehydlösung, die dem Gewebe eine gummiartige Konsistenz verleiht. Formaldehyd vernetzt Proteine, indem es an freie Aminogruppen bindet.

Der Nachteil der Formaldehydfixierung besteht darin, dass die Proteine unter Umständen durch die Fixierung ihre Funktion und ihre antigenen Eigenschaften verlieren. Viele enzymhistochemische und immuncytochemische Untersuchungen können daher nicht an formaldehydfixiertem Material durchgeführt werden. Bei der wässrigen Formalinlösung werden Glykogen und viele andere Polysaccharide sowie bestimmte Kristalle wie beispielsweise Urate aus dem Gewebe herausgelöst.

Für elektronenmikroskopische Untersuchungen wird oft Glutaraldehyd verwendet, das aufgrund von zwei Aldehydgruppen eine gegenüber Formaldehyd stärkere Reaktivität aufweist. Die Fixierung mit Glutaraldehyd ist aber für fluoreszenzmikroskopische Anwendungen nicht geeignet, da die enthaltende Doppelbindung unter Umständen Eigenfluoreszenz verursacht.

Alternativ zu Aldehydfixierungen werden Fixierungen mit Lösungsmitteln, beispielsweise Methanol oder Aceton, durchgeführt, deren Funktionsweise auf dem Wasserentzug der Präparate basiert. Häufig ist bei lösungsmittelbasierten Fixierungen die Erhaltung der Antigenität besser,

allerdings meistens zu Lasten der Ultrastrukturerhaltung des Präparats. Das geeignete Fixierungsmittel muss für die jeweilige Fragestellung individuell getestet werden.

Die Dauer der Fixierung hängt von der Größe der Gewebeprobe ab. Grundsätzlich muss beachtet werden, dass das Fixans in einem deutlichen Volumenüberschuss vorliegt. Bei größeren Präparaten ist es unter Umständen notwendig, das Biopsiematerial vorsichtig anzuschneiden, um eine gleichmäßige Penetration des Fixans zu gewährleisten.

Für die pathologische Diagnostik, die gegebenenfalls an Schnellschnitten (und/oder Tupfpräparaten für die cytologische Diagnostik) noch während einer Operation durchgeführt wird, ist es nicht zuletzt aus zeitsparenden Gründen notwendig, das frisch entnommene Biopsiematerial unfixiert zu bearbeiten.

Außerdem sind viele enzymhistochemische Tests nur an unfixiertem Gewebe durchführbar. In der Immunhistologie steht für unfixierte Kryostatschnitte eine viel breitere Palette von Antikörpern als für fixiertes Gewebe zur Verfügung. Ferner kann man vom frischen Gewebe DNA und RNA für die molekularpathologische Diagnostik isolieren. Bei Bedarf kann Gewebe für eine mikrobiologische Diagnostik verwendet werden.

## 9.5.3 Paraffinpräparate

Sie sind hauptsächlich für die histologische Analyse von Gewebebiopsien geeignet (◘ Abb. 9.8). Immunfluoreszenzmarkierungen lassen sich jedoch besser an Gefrierschnitten durchführen.

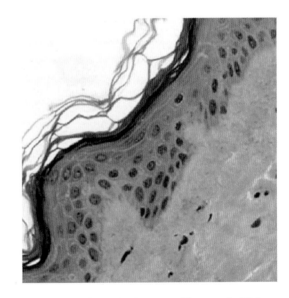

◘ **Abb. 9.8** Paraffinschnitt humaner Haut nach Färbung mit Hämatoxylin-Eosin (HE). Blau: Zellkerne, rot: Cytoplasma, Kollagenfasern. (Quelle: Dr. T. Quast)

**Einbettung** Für die Anfertigung von histologischen Dünnschnitten muss das Biopsiematerial Stabilität und eine gleichmäßige Konsistenz aufweisen. Dieses erreicht man durch die vorherige Einbettung in Paraffin. Das Biopsiematerial muss so in den Einbettkassetten ausgerichtet sein, dass die Schnittpräparate die gewünschte Orientierung aufweisen (z. B. Querschnitt der Haut). Bei der pathologischen Diagnostik ist die korrekte Ausrichtung des Biopsiematerials zur Beurteilung der Tumorausbreitung, der Abtragungsebenen und der Metastasierung erforderlich. Bei knochen- oder zahnhaltigem Material ist vor der Einbettung eine Entkalkung notwendig. Für unentkalkte Hartgewebe (Zähne, Knochen) verwendet man anstelle des Paraffins Acrylkunstharze oder Plastik, die auch ohne Entkalkung die Herstellung von Schnitt- oder Feinschliffpräparaten erlauben.

Das Biopsiematerial wird mit heißem Paraffinwachs infiltriert, das bei Abkühlung erstarrt. Da Paraffin nicht wasserlöslich ist, muss das Gewebe zuvor in einer bezüglich der Konzentration aufsteigenden Alkoholreihe entwässert werden. Anschließend wird der Alkohol durch ein Intermedium (üblicherweise Xylol) und schließlich durch heißes Paraffinwachs ersetzt. Die von Paraffin durchtränkten Gewebestücke werden dann in ein Gießschälchen gelegt, mit heißem Paraffin überschichtet und zu einem Paraffinblock verarbeitet. Nach Erkalten des Paraffins wird der Block aus der Gießform gelöst.

**Herstellung von Paraffinschnitten** Gewebsschnitte von einigen Mikrometern Dicke (4–8 µm) lassen sich nur mit Spezialapparaten herstellen. Für die Anfertigung von Paraffinschnitten werden Rotations- oder Schlittenmikrotome mit speziellen Stahlmessern oder Einmalklingen verwendet (◘ Abb. 9.8).

### 9.5.4 Gefrierschnitte

**Einbettung** Das Biopsiematerial wird in einem speziellen, zucker- und gefrierschutzhaltigen Einbettmedium infiltriert, das bei Temperaturen unterhalb von −20 °C aushärtet. Das Einbetten erfolgt üblicherweise in Einbettschiffchen über der Atmosphäre von flüssigem Stickstoff. Die Lagerung von eingebetteten Kryoproben sollte bei einer Temperatur von −80 °C erfolgen.

Unfixiertes Gewebe kann durch Einfrieren gehärtet und damit schneidbar gemacht werden. Diese Methode wird angewendet, wenn Wert auf eine schnelle (z. B. intraoperative) Diagnose gelegt wird. Allerdings führen das Einfrieren und die erhöhte mechanische Beanspruchung des unfixierten Gewebes häufiger zu Artefakten. Zudem besteht eine größere Infektionsgefahr bei der Bearbeitung von unfixierten Gewebeproben. Besonders geeignet ist die Gefriermethode zur Herstellung von Schnitten, in denen Fett dargestellt werden soll, da hier die Anwendung fettlösender Mittel wegfällt, und zur

Herstellung von enzymhistochemischen und immunhistologischen Färbungen.

**Herstellung von Gefrierschnitten (Schnellschnitte)** Für die Anfertigung von Gefrierschnitten werden kühlbare Kryomikrotome (Kryostaten) verwendet. Ansonsten ist das Verfahren vergleichbar mit der Herstellung von Paraffinschnitten (s. oben).

**Einschluss** Zur mikroskopischen Untersuchung und Aufbewahrung werden die gefärbten Präparate mit einem speziellen Einschlussmedium zwischen Deckglas und Objektträger konserviert. Dieser Vorgang kann auch mithilfe von Eindeckmaschinen automatisiert durchgeführt werden. Das Einschlussmedium soll die Präparate durchsichtig erhalten und gleichzeitig ihre Strukturen und Färbungen nicht schädigen. Bei fluoreszenzmarkierten Präparaten sollte ein fluoreszenzfreies Einschlussmedium verwendet werden, das zusätzlich noch einen Ausbleichschutz enthält, um das sog. *Bleaching* während des Mikroskopierens zu verringern.

## 9.6 Spezielle fluoreszenzmikroskopische Analytik

Insbesondere die hochentwickelte Fluoreszenzmikroskopie macht es möglich, die Lokalisation, Dynamik und Interaktion von Molekülen in lebenden Zellen zu untersuchen (Live Cell Imaging). Bei der konventionellen Fluoreszenzmikroskopie ist die Auflösung in der z-Ebene dadurch beschränkt, dass Emissionssignale oberhalb und unterhalb der Fokusebene ebenfalls detektiert werden (◘ Abb. 9.9).

### 9.6.1 cLSM (Confocal Laser Scanning Microscopy)

Mithilfe der konfokalen LSM (◘ Abb. 9.10) ist es möglich, das von einem Präparat emittierte Licht aus der Fokusebene zu sammeln. Dabei wird das helle Licht eines Lasers über ein Objektiv auf einen Punkt in der zu untersuchenden Ebene des Präparats fokussiert. Das von dort emittierte Licht wird auf eine als *Pinhole* bezeichnete variable Lochblende fokussiert und von einem hinter dem Pinhole liegenden Detektor (üblicherweise einem Photomultiplier) erfasst. Da der Fokuspunkt und das Pinhole in konjugierten Ebenen liegen, also konfokal sind, kann nur Licht aus dem Fokuspunkt das Pinhole passieren. Streulicht, das ober- und unterhalb der Fokusebene von dem Präparat emittiert wird, wird durch das konfokale Pinhole wirksam unterdrückt (◘ Abb. 9.9B). Analog zu einem konventionellen Fluoreszenzmikroskop (▶ Abschn. 9.3) verfügt auch ein LSM über einen dichroitischen, d. h. strahlteilenden

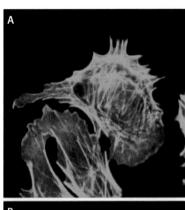
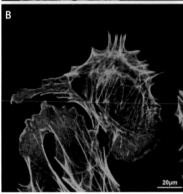

◘ **Abb. 9.9**  Vergleichende Darstellung konfokaler und nicht konfokaler Lichtmikroskopie am Beispiel einer affintätscytochemischen
Markierung des Aktinfilamentsystems (FITC-gekoppeltes Phalloidin) an Fibroblasten. **A** konventionelle nicht-konfokale Epifluoreszenz; **B** konfokale Laser-Scanning-Mikroskopie. (Mit freundlicher
Genehmigung von Dr. Bodo Borm, Jülich)

9

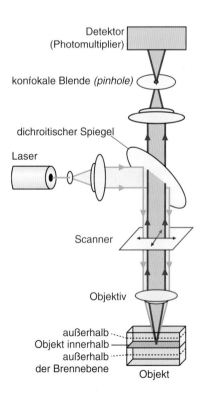

◘**Abb. 9.10**  Prinzip der konfokalen Laser-Scanning-Mikroskopie (LSM)

Spiegel, der anregendes Licht einer bestimmten Wellenlänge durch Reflexion zum Präparat leitet und ferner
das emittierte Licht des Präparats zum Detektor lenkt.
Neuartige LSM-Systeme verfügen anstelle eines dichroitischen Spiegels über einen sog. AOTF (*Acousto-Optical
Beam-Splitter*) mit dem Vorteil eines größeren Durch-
gangs von Laserlicht zum Präparat und einer größeren
Flexibilität bei der Detektion.

Im Gegensatz zu der konventionellen Fluoreszenzmikroskopie, bei der das gesamte „Sichtfeld" angeregt
und detektiert wird, erfolgt die Anregung und Detektion mithilfe der LSM rasterartig (*Punkt für Punkt* und
*Linie für Linie*).

Mithilfe von galvanometrischen Scanspiegeln wird
das Laserlicht sequenziell durch das Präparat geführt, es
entsteht ein kontrastreicher, hochaufgelöster optischer
Schnitt. Durch das schrittweise Verschieben der Fokusebene lassen sich Stapel optischer Schnitte in der z-Ebene
anfertigen, die anschließend digital verarbeitet und zu
dreidimensionalen Rekonstruktionen zusammengesetzt
werden können. Obwohl sich die Verfahren der Bilder-
zeugung wesentlich unterscheiden, sind konfokale optische Schnitte im zellulären Bereich im Ergebnis vergleichbar mit computertomographischen Bildern im
medizinischen Bereich.

Die LSM ermöglicht die räumliche und zeitliche
hohe Auflösung von morphologischen Details auf zellulärer und subzellulärer Ebene. Mit diesem bildgebenden
Verfahren können demzufolge physiologische und pathologische Zusammenhänge analysiert werden. Aufgrund der recht langsamen Bildgenerierung (geringe
Bildrate pro Sekunde) waren konventionelle LSM-Systeme bislang für das Live Cell Imaging schnell ablaufen-
der Prozesse nur bedingt geeignet. Auf der anderen Seite
bieten diese Systeme gegenüber Nipkow-Systemen den
entscheidenden Vorteil, dass die Anregung spezifisch
auf einen kleinen Präparatbereich begrenzt werden
kann; eine notwendige Voraussetzung für die Durchführung von Photobleaching-Experimenten (z. B. FRAP
► Abschn. 9.6 und ◘ Tab. 9.5).

### 9.6.2  Multi-Photon Fluorescence Microscopy

Bei der Multiphotonenmikroskopie handelt es sich um
eine Modifikation der konfokalen LSM, mit der hochauflösende Bilder von biologischen Präparaten unter
Ausnutzung nichtlinearer optischer Prozesse aufgenommen werden können.

Eine grundlegende Eigenschaft der Fluoreszenz besteht darin, dass das eingestrahlte Licht mindestens genauso energiereich sein muss wie das vom Molekül wieder abgegebene (s. *Stokes' Shift,* ► Abschn. 9.4.5). Es ist
also nicht möglich, ein blau fluoreszierendes Molekül
(hohe Energie) mit rotem Licht (geringe Energie) anzu-

◧ **Tab. 9.5**  Vergleich verschiedener bildgebender Verfahren für das Live Cell Imaging (Zusammenfassung)

|  | Konventionelle Fluoreszenzmikroskopie (Weitfeld) | Konfokales Laser-Scanning-Mikroskop | Konfokales *Spinning-Disk*-System (Nipkow) |
|---|---|---|---|
| Konfokales Prinzip | nicht konfokal: Emissionssignale ober- und unterhalb der Fokusebene werden erfasst | eine variable Lochblende (Pinhole) eliminiert Emissionssignale außerhalb der Fokusebene | eine rotierende Scheibe mit kleinen Linsen fokussiert das Anregungslicht<br><br>eine weitere Scheibe mit synchron rotierenden Pinholes erzeugt die Konfokalität |
| Lichtquelle | LEDs oder Xenondampflampen | Laser | Laser |
| Detektor | CCD-Kamera | Photomultiplier | CCD-Kamera |
| Vorteile | hohe Bildaufnahmeraten, große Flexibilität hinsichtlich Wellenlängenbereich von Anregung und Emission, falls entsprechende Filtersets vorhanden<br>schneller Filterwechsel bei Verwendung von Filterrädern oder Monochromatoren möglich | die Anregung kann spezifisch auf einen kleinen Präparatbereich begrenzt werden (Voraussetzung für Photobleaching-Experimente) | hohe Bildaufnahmeraten bei Verwendung einer Laserlinie reduzierte Phototoxizität aufgrund von verringertem Bleaching |
| Nachteile | nicht konfokal | Photomultiplier sind in der Regel weniger sensitiv als CCD<br>die Scangeschwindigkeit limitiert hohe Bildaufnahmeraten<br>limitierte Bildaufnahmeraten durch Zeitverzögerung beim Umschalten von Laserlinien | limitierte Bildaufnahmeraten durch Zeitverzögerung beim Umschalten von Laserlinien<br>Photobleaching-Experimente nicht durchführbar |

regen. Wünschenswert aus Sicht des Mikroskopikers ist es aber, Licht mit möglichst geringer Energie einzustrahlen, weil sich damit die Gefahr von Schäden am Gewebe verringert. Die Lösung dieses Problems gelingt mithilfe der Zwei-Photonen-Absorption, die bei sehr hohen Lichtintensitäten bei Verwendung von Infrarotlasern auftritt. Dann nämlich kann ein Molekül zwei Photonen fast gleichzeitig absorbieren und dabei die doppelte Energie aufnehmen. Dieser Vorgang basiert auf der quantenphysikalischen Vorstellung, wonach Licht auch ein Strom von Teilchen (Photonen) ist.

Die zur Zwei-Photonen-Absorption erforderliche Lichtintensität wird durch gepulste Laser erzeugt. Sie geben die im Puls gegebene Lichtenergie in extrem kurzen Zeiten ab, sodass sich Pulsspitzenleistungen von bis zu 100 kW ergeben. Die Pulswiederholraten liegen zwischen 10 und 100 MHz. Weit verbreitet sind Titan-Saphir-Femtosekundenlaser. Sie sind jedoch aufwendig zu justieren und reagieren empfindlich auf Langzeitdriften in der komplexen Mechanik. Vergleichbar mit der konventionellen konfokalen LSM nimmt auch bei der Zwei-Photonen-Mikroskopie die Lichtintensität außerhalb des Fokus mit einer quadratischen Funktion ab, sodass eine hohe Ortsauflösung in der z-Ebene gewährleistet ist. Zusätzlich hängt die Wahrscheinlichkeit für die Zwei-Photonen-Absorption quadratisch von der Lichtintensität ab, sodass sich bei der Zwei-Photonen-Mikroskopie eine Abhängig-

keit der Lichtintensität vom Ort des Fokus zur vierten Potenz ergibt. Die Folge ist eine erheblich verbesserte Lokalisierung in z-Richtung infolge einer Reduzierung der sog. Hintergrundfluoreszenz aus Bereichen außerhalb der Fokusebene. Die folgenden Vorteile ergeben sich aufgrund der verbesserten Lokalisierung: Das Ausbleichen und eine schädliche Beeinflussung des Präparats beschränken sich auf einen sehr kleinen Bereich, wodurch andere Bereiche für weitere Untersuchungen unbeeinflusst bleiben. Allein aufgrund der quadratischen Abhängigkeit der Zwei-Photonen-Absorption kann oft sogar das Pinhole vor dem Detektor eingespart werden.

Die Wellenlängen von Anregungslicht und Emissionssignal liegen weit auseinander, sodass die Fluoreszenz über einen breiten Spektralbereich beobachtet werden kann, ohne dass es zum Übersprechen mit dem Anregungslicht kommt. Die Folge ist ein sehr geringes Hintergrundrauschen bei hoher Fluoreszenzausbeute. Gepulstes Laserlicht aus dem nahen Infrarotbereich wird von den meisten biologischen Substanzen nur wenig gestreut und gering absorbiert, sodass es zu einer hohen Eindringtiefe kommt. Daher eignet sich die Zwei-Photonen-Mikroskopie insbesondere zur Untersuchung von Gewebebiopsien. Infrarotlicht wirkt weniger zellschädigend als sichtbare oder UV-Strahlung und gestattet Untersuchungen sogar an lichtempfindlichen Strukturen wie beispielsweise Retinazellen.

**Intravital microscopy** Unter Intravitalmikroskopie versteht man die Beobachtung der Interaktionen endogener oder exogener Zellen in einem operativ zugänglichen Gewebe (z. B. Extravasation von Leukocyten) unter Nutzung der Multiphotonenmikroskopie.

### 9.6.3 Konfokale High-Speed-Spinning-Disk-Systeme (Nipkow-Systeme)

Mit extrem hohen Bildraten von bis zu mehreren Hundert Bildern pro Sekunde sind diese bildgebenden Verfahren in erster Linie für die Visualisierung von schnell ablaufenden Prozessen in Echtzeit (Realtime) geeignet (Beispiel: $Ca^{2+}$-Imaging und FRET). Nipkow-Systeme besitzen zwei schnell rotierende Scheiben: Eine befindet sich hinter der Laser-Lichtquelle, wo sie mit einer großen Anzahl von kleinen Linsen die Beleuchtung auf die Probe fokussiert, die andere Scheibe mit mehreren Tausend gleichzeitig rotierenden Pinholes generiert die Konfokalität (◧ Abb. 9.11). Im Gegensatz zu konventionellen LSM-Systemen erfolgt die Detektion nicht über Photomultiplier, sondern über CCD-Kameras (*Charge-Coupled Device*), die das emittierte Licht sämtlicher Pinholes schnell und simultan erfassen. Auf diese Weise werden phototoxische Effekte und das Photobleaching reduziert.

### 9.6.4 Live Cell Imaging

Die Mikroskopie in den Biowissenschaften beschränkt sich nicht mehr nur auf die rein strukturelle Charakterisierung fixierter Gewebe und Zellen, sondern umfasst auch die Untersuchung dynamischer Prozesse in lebenden Zellen mittels neuartiger Fluoreszenzmethoden. Einen wichtigen Hinweis auf die Funktion eines Proteins gibt die Lokalisation und Dynamik innerhalb der Zelle. Dabei ist die Arbeit an lebenden Zellen besonders aufschlussreich, da hier beispielsweise die Wirkung von Substanzen (Inhibitoren, Pharmaka und andere) oder der zelluläre Effekt nach genetischer Manipulation unmittelbar analysiert werden kann.

Dynamische Prozesse wie beispielsweise Zellmigration, Zellwachstum, metabolischer Transport und Signaltransduktion können weniger als eine Sekunde oder mehrere Tage dauern. Dementsprechend variieren die Anforderungen an die Bildaufnahmeraten von mehreren Bildern pro Sekunde bis zu mehreren Minuten. Bei kurzen Intervallen sind Bildaufnahmerate, Lichtempfindlichkeit und Belichtungszeit die limitierenden Faktoren; bei Zeitserien, die über einen langen Zeitraum erfolgen, stehen die Aufrechterhaltung der korrekten Fokusebene und die Konstanz der Kultivierungsbedingen (Temperatur, $CO_2$, Humidität) im Vordergrund.

Zahlreiche Komponenten der mikroskopischen Systeme limitieren die Geschwindigkeit der Bildaufnahmeraten (beispielsweise der Wechsel von Laserlinien oder Fluoreszenzfiltern). Bei Systemen, die monochrome Kameras einsetzen, ist ein schnelles Umschalten zwischen den anregenden Wellenlängen möglich (üblicherweise unterhalb von 3 ms), allerdings haben sie den Nachteil einer verminderten Beleuchtungsintensität, die durch das Einkoppeln der optischen Faser in das Mikroskop bedingt ist. Filterradanordnungen bedingen in der Regel einen höheren Lichtdurchlass, sind aber beim Umschalten deutlich langsamer. Scanning-Systeme sind langsamer als CCD-Kameras, da sie nicht das Bild als Ganzes erfassen, sondern die Daten *Pixel für Pixel* detektieren.

Die Wahl eines geeigneten Systems zur Visualisierung von lebenden Zellen ist in erster Linie von drei Faktoren abhängig:

- der Sensitivität des Detektors,
- der Geschwindigkeit bzw. der Bildaufnahmerate,
- der Schonung des zu untersuchenden Präparats, d. h. der Vermeidung von Störungen normaler physiologischer Prozesse.

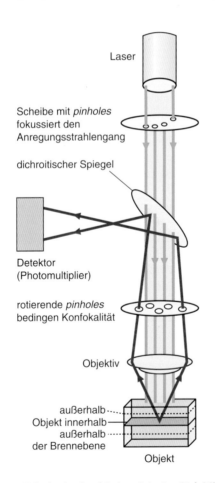

Laser

Scheibe mit *pinholes* fokussiert den Anregungsstrahlengang

dichroitischer Spiegel

Detektor (Photomultiplier)

rotierende *pinholes* bedingen Konfokalität

Objektiv

außerhalb
Objekt innerhalb
außerhalb
der Brennebene

Objekt

◧ **Abb. 9.11**  Prinzip der konfokalen *Spinning-Disk*-Mikroskopie (Nipkow)

Die lichtmikroskopische Beobachtung von lebenden Präparaten erfordert sowohl die Berücksichtigung eines guten Signal-zu-Rausch-Verhältnisses als auch einer potenziellen Zerstörung des Präparats. Für das hochentwickelte Live Cell Imaging ist unerlässlich, dass Methoden entwickelt wurden, die neben zellschonenden Nachweismethoden auch die Phototoxizität aufgrund von Wechselwirkungen und Hitzeentwicklung (z. B. mit Laserlicht) während der Visualisierung minimieren.

Mithilfe komplexer Software ist die vollautomatische und interaktive Mikroskopsteuerung möglich. Außerdem können komplexe Abläufe leicht konfiguriert werden. Auf diese Weise lassen sich Einstellparameter beliebig speichern und bei späteren Experimenten reproduzieren.

Die auf Fluoreszenzdetektion basierenden bildgebenden Verfahren sind bereits eingehend beschrieben. In der Übersicht (◘ Tab. 9.5) sind die wesentlichen Merkmale dieser Techniken und ihre Bedeutung für das Live Cell Imaging zusammengefasst.

### 9.6.5 Lichtmikroskopische Superauflösung jenseits des Abbe-Limits

Lichtmikroskopische Techniken sind wichtige Methoden der modernen Zellbiologie und in Kombination mit Immunofluoreszenzmarkierungen, fluoreszierenden Fusionsproteinen oder *in-situ*-Hybridisierungstechniken wichtiges Werkzeug zur spezifischen Lokalisation von nahezu allen zellulären Komponenten. Abgesehen von der großen Bedeutung für biologische Fragestellungen haben alle konventionellen Methoden der Fluoreszenzmikroskopie, einschließlich Weitfeld-, Laser Scanning- und Multiphotonenmikroskopie, eine Auflösungslimitierung, die durch die Lichtbeugung durch Linsen und Aperturen bedingt ist. Die Verbesserung der Auflösung jenseits der optischen Beugungsgrenze von 200 nm bei gleichzeitiger Ausnutzung der Vorteile der Lichtmikroskopie gegenüber der Elektronenmikroskopie, insbesondere im Bereich der Lebendzellbeobachtung, ist seit langer Zeit ein wichtiges Ziel.

Der Wellencharakter von gebeugtem Licht verhindert die Visualisierung von Präparaten, die kleiner als 200 nm in der lateralen (xy-) und kleiner als 500 nm in der axialen (z-) Ebene sind. Da die meisten subzellulären Strukturen, wie beispielsweise cytoskeletale Filamente und Vesikel, aber deutlich kleiner sind, wurden seit den Neunzigerjahren des 20. Jahrhunderts verschiedene Methoden entwickelt, die eine Auflösung jenseits des Abbe-Limits (▶ Abschn. 9.3) und damit eine sog. *Superauflösung* ermöglichen. Eine spezielle hochentwickelte Technik basiert darauf, mithilfe von nichtlinearen Methoden die Größe des mit Linsen erzielten fokussierten Lichtspots zu reduzieren. Beispiele für Mikroskopietechniken mit Superauflösung sind STED (*Stimulated Emission Depletion*) (◘ Abb. 9.12), GSD (*Ground State Depletion*) und SSIM (*Saturated Structured Illumination*). Diese Techniken ermöglichen durch spezifische Reduzierung der *Point Spread Function* (PSF; ▶ Abschn. 9.3, Glossar) eine Auflösung zwischen 20 und 50 nm in lateraler Ebene. Andere Techniken verzichten ganz auf die Fokussierung von Licht, indem sie die Eigenschaften von sog. *evaneszenten Wellen* ausnutzen (TIRFM ◘ Abb. 9.13 und SNOM).

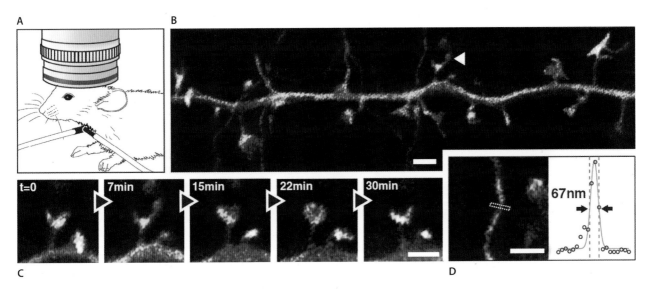

◘ **Abb. 9.12** STED-Mikroskopie von EYFP-markierten Neuronen in der molekularen Schicht des somatosensorischen Cortex der Maus *in vivo*. **A** Anästhesierte Maus mit Endotrachealtubus unter der Linse eines Glycerol-Immersionsobjektives mit 63-facher Vergrößerung. **B** Volumenprojektionen von dendritischen und axonalen Strukturen zeigen **C** temporale Dynamiken der Dornenfortsätze mit **D** einer im Vergleich zur beugungsbegrenzten Mikroskopie ungefähr vierfach verbesserten Auflösung. Maßbalken 1 μm (Nach Berning et al. 2012)

■ **Abb. 9.13** *Total Internal Reflection Microscopy* (TIRFM). Totalreflexion entsteht, wenn der Einfallswinkel des anregenden Lichtstrahls einen kritischen Winkel übersteigt. Ein sog. evaneszentes Feld entsteht, wenn Licht von einem Medium mit hohem Brechungsindex (hier: Deckglas) in ein Medium mit geringem Brechungsindex (hier: Zelle) übergeht. Die Intensität dieses evaneszenten Feldes nimmt mit zunehmender Entfernung vom Deckglas ab, sodass lediglich ein Bereich von etwa 100 nm des dem Deckglas angrenzenden basalen Zellbereichs angeregt wird. Folglich wird auch nur das Fluoreszenzsignal des Plasmamembran-proximalen Bereichs (rot gekennzeichnet) und nicht der in anderen z-Ebenen liegende Bereich visualisiert. Die TIRFM lässt sich mit der konventionellen Weitfeldmikroskopie kombinieren, um zusätzlich Ereignisse außerhalb des evaneszenten Feldes visualisieren zu können. (Verändert nach Stephens und Allan 2003)

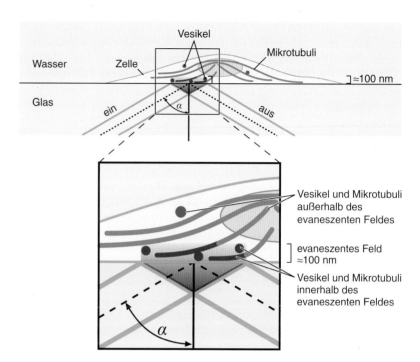

**9**

Besondere Bedeutung und Anerkennung hat die superhochauflösende Lichtmikroskopie in der Nanodimension durch die Verleihung des Chemie-Nobelpreises 2014 an die Wissenschaftler William Moerner, Stefan Hell und Eric Betzig erlangt. Durch ihre Entwicklungen im Bereich der superhochauflösenden Mikroskopie ist es möglich, die Dynamik einzelner Moleküle in lebenden Zellen zu visualisieren. Bei der Bekanntgabe der Preisträger äußerte das Nobelpreiskomitee folgende Begründung: „Lange Zeit wurde die optische Mikroskopie von einer vermuteten Begrenzung aufgehalten: Dass sie nie eine bessere Auflösung haben kann als die Wellenlänge von Licht. Mithilfe fluoreszierender Moleküle haben die Chemie-Nobelpreisträger von 2014 dies auf geniale Weise umgangen."

STED (Stimulated Emission Depletion)   Die STED-Mikroskopie steigert die beugungsbedingte Auflösungsgrenze durch gezieltes Ausschalten von Fluoreszenzfarbstoffen. Der Bereich des Präparats, von dem Fluoreszenz emittiert wird, wird dabei wesentlich kleiner gemacht als der Bereich, der von dem Laserstrahl angeregt wird. Möglich ist das durch gezieltes Ausschalten der Fluoreszenzmoleküle im Außenbereich des Fokus. Dazu wird das Präparat nicht nur wie bei der konventionellen konfokalen LSM im Fokusbereich angeregt, sondern zusätzlich mit einem zweiten Laserstrahl, der zum gezielten Ausschalten im Fokusaußenbereich führt. Dieser zweite Laserstrahl hat im Bereich der Fokusebene ein ringförmiges Profil. In dem Bereich, in dem der Anregungslaserstrahl seine maximale Intensität hat, ist der zweite Laserstrahl vollständig dunkel. Der zweite, sog. *Ausschaltelaserstrahl* hat also keinen Einfluss auf die Fluoreszenzmoleküle im Fokusbereich des Anregungslaserstrahls. Er schaltet aber die Fluoreszenzfarbstoffe im Außenbereich des Anregungsfokus durch stimulierte Emission aus; die Farbstoffmoleküle im Außenbereich bleiben dunkel, obwohl sie von dem Anregungslaser beleuchtet werden. Es leuchten deshalb nur die Farbstoffmoleküle genau aus dem Zentrum. Wenn der Ausschaltestrahl eine hohe Intensität hat, ist dieser Bereich sehr viel kleiner als der mit dem Anregungslaser beleuchtete Bereich. Bei der Detektion des Präparats wird somit ein Spot mit stärkerer Leuchtintensität erfasst, der viel kleiner ist als in einem konventionellen konfokalen LSM, das heißt die Auflösung ist größer.

Die STED-Mikroskopie findet insbesondere in Zellen *in vitro* Anwendung. Die Arbeitsgruppe um Stefan Hell vom Max-Planck-Institut in Göttingen hat die STED-Mikroskopie allerdings für die *in-vivo*-Superhochauflösung (sog. *Nanoscopy*) von Neuronen und ihren feinen Dynamiken in der Großhirnrinde von lebenden Mäusen weiterentwickelt (■ Abb. 9.12).

PALM (Photoactivated Localization Microscopy) und STORM (Stochastic Optical Reconstruction Microscopy)   PALM und STORM sind spezielle Verfahren, um die Auflösung eines Lichtmikroskops zu verbessern, indem sie die spezifischen Eigenschaften von photoaktivierbaren Proteinen (PA-Proteinen) nutzen. Es handelt sich um Varianten des GFP, die durch Licht spezifischer Wellenlänge gezielt aktiviert und deaktiviert werden können. Durch einen kurzen Lichtimpuls werden zufällig einige wenige dieser bis zu diesem Zeitpunkt inaktiven, nicht fluoreszierenden PA-Proteine zur Fluoreszenz aktiviert, d. h. „angeschaltet". Bei andauernder Anregung erfolgt ein irreversibles

Ausbleichen der Moleküle. Während des Ausbleichens werden eine kontinuierliche Visualisierung und Positionsbestimmung der Moleküle durchgeführt. Die Bedingungen werden so gewählt, dass die Wahrscheinlichkeit einer gleichzeitigen Aktivierung von zwei dicht nebeneinander lokalisierten Molekülen sehr gering ist. Dieses Verfahren wird so lange wiederholt, bis alle PA-Proteine ausgeblichen sind. Die fluoreszierenden Moleküle können aufgrund der Beugung zunächst nicht aufgelöst werden. Durch spezielle Algorithmen und unter Verwendung der *Point Spread Function* (▶ Abschn. 9.3, Mikroskopisches Glossar) erfolgt die Berechnung der exakten Position der räumlich isolierten Moleküle und schließlich die Kalkulation des endgültigen, hochaufgelösten Bildes.

**3D SIM (3D Structured Illumination Microscopy)**  3D SIM ermöglicht die Hochauflösung unterhalb von 200 nm durch den Einsatz von strukturierter Beleuchtung, d. h. von drei sich gegenseitig überlagernden Lichtstrahlen. Das fluoreszierende Präparat wird dabei mit einem sinusförmigen, engmaschigen Streifenmuster angeregt. Bei den emittierenden Signalen ergeben sich dadurch Interferenzmuster, deren Auswertung mit speziellen Algorithmen die Auflösung in der axialen und der lateralen Richtung verdoppelt.

**TIRFM (Total Internal Reflection Fluorescence Microscopy)**  Die Variante TIRFM ist in erster Linie zur Visualisierung von zellulären Prozessen geeignet, die in distinkten Regionen der Zelle, beispielsweise der Plasmamembran, stattfinden (◘ Abb. 9.13). Dabei können Ereignisse nachgewiesen werden, die sich in unmittelbarer Nähe des Deckglases ereignen. Die Laserlichtanregung in ein Glasmedium in einem bestimmten kritischen Einfallswinkel führt zur Totalreflexion. Bei der TIRFM macht man sich das Phänomen des sog. *evaneszenten Feldes* zunutze, das entsteht, wenn dem Glas ein Medium mit geringerem Brechungsindex benachbart ist. Ein Teil des einfallenden Lichts wird nicht reflektiert, sondern „sickert" in die optisch dünnere Zelle ein. Die Dicke des evaneszenten Feldes beträgt etwa 100 nm; die Lichtintensität nimmt mit zunehmender Entfernung vom Deckglas drastisch ab. Das Resultat ist, dass auch das Emissionssignal ebenfalls nur aus dieser definierten Ebene kommt und störende Hintergrundfluoreszenz aus anderen z-Ebenen des Präparats unterdrückt wird. Die Einkopplung von Laserlicht in spezielle Objektive ermöglicht den schnellen Wechsel zwischen TIRF- und Weitfeldbeleuchtung und somit die Beobachtung der Zelloberfläche im Wechsel mit intrazellulären Strukturen.

**NSOM/SNOM (Near-Field Scanning Optical Microscopy)**  NSOM/SNOM nutzt vergleichbar zu TIRF die Eigenschaften eines evaneszenten Feldes, um hohe räumliche, zeitliche und spektrale Auflösung zu erreichen. Im Unterschied zu TIRF wird hier das evaneszente Feld durch Positionierung des Detektors in unmittelbarer Nähe zum Prä-

parat erreicht (die Distanz ist wesentlich geringer als die verwendete Wellenlänge des Lichts). Bei dieser Technik ist die Auflösung nicht durch die Wellenlänge des verwendeten Lichts, sondern durch die Apertur des Detektors limitiert.

### 9.6.6  Messung von Molekülbewegungen

FRAP (*Fluorescence Recovery after Photobleaching*) ist eine optische Methode zur Messung von Diffusions- oder molekularen Bewegungsvorgängen in Zellen oder dünnen Flüssigkeitsfilmen (◘ Abb. 9.14). Dabei wird zunächst die Intensität fluorochromierter Moleküle an einem spezifischen Ort vermessen. Anschließend erfolgt an dieser Stelle ein gezieltes, irreversibles Bleichen der Fluoreszenz mittels Laserimpuls. Von den einströmenden fluorochromierten Molekülen aus den angrenzenden Bereichen in den ausgebleichten Bereich können dann die Diffusionszeit bzw. Bewegungsvorgänge berechnet werden.

FLIP (*Fluorescence Loss in Photobleaching*) wird analog zu FRAP angewendet zur Untersuchung der molekularen Dynamik in 4D (x-, y-, z- und t-Dimension) in lebenden Zellen, beispielsweise bei Diffusions-, Transport- oder anderen molekularen Bewegungsvorgängen. Im Gegensatz zu FRAP wird hier die Abschwächung der Fluoreszenzintensität eines definierten nicht manipulierten Bereichs analysiert, der an einen mehrfach gebleichten Bereich angrenzt.

**FCS (*Fluorescence Correlation Spectroscopy*)** ermöglicht die Analyse von Diffusionskonstanten und Wechselwirkungen zwischen verschiedenen Molekülen in Lösung. Diese Spektroskopietechnik registriert in einem definierten Volumen *in vitro* die Zufallsbewegung von fluorochromierten Molekülen (Braun'sche Molekularbewegung) mithilfe eines fokussierten Laserstrahls. Die Informationen werden aus Fluktuationen in der Fluoreszenzintensität gewonnen, die sich durch Bindung von Molekülen ergeben. Entwickelt wurde die Technik Anfang der Siebzigerjahre des 20. Jahrhunderts, um die Diffusion und Bindung von Ethidiumbromid an doppelsträngige DNA zu quantifizieren. Durch die Kombination von FCS mit konfokalen Systemen (FCM, *Fluorescence Correlation Microscopy*) kann das Detektionsvolumen in der Größenordnung von Femtolitern reduziert werden. Abgesehen von der Grundlagenforschung wird FCS/FCM gegenwärtig in erster Linie bei der Substanztestung (*Drug Screening*) im medizinischen und pharmazeutischen Bereich eingesetzt.

**RICS (*Raster Image Correlation Spectroscopy*)** ist eine Weiterentwicklung der ursprünglichen FCS/FCM zur Messung von Moleküldynamik und -konzentration in lebenden Zellen. Die Verbesserung von Sensitivität und Geschwindigkeit konfokaler Systeme ermöglicht

◻ **Abb. 9.14**  FRAP (*Fluorescence Recovery after Photobleaching*). Als Beispiel für ein FRAP-Experiment sind hier Zellen abgebildet, die mit einem Protein-GFP-Konstrukt transfiziert wurden. Um das Protein im Bereich des Endoplasmatischen Retikulums zurückzuhalten, wurden die Zellen während des Experiments bei 40 °C kultiviert. Die obere Bildreihe zeigt eine Kontrollzelle, die Zelle der unteren Bildreihe wurde zusätzlich mit dem Gift Tunicamycin behandelt. Die Fluoreszenz-wiederherstellung (*Recovery*) nach dem Photobleaching zeigt, dass das GFP-markierte Protein in den ER-Membranen stark mobil ist. Dies ist in Anwesenheit von Tunicamycin nicht der Fall. (Quelle: Nehls et al. 2000)

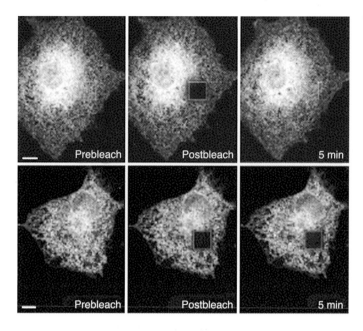

die Kombination von Spektroskopie mit Methoden des Live Cell Imaging. Auf diese Weise lassen sich durch anschließende Bildanalyse und spezielle Algorithmen Dynamik und Aggregatzustand von Molekülen berechnen. Fluktuationen in der Intensität von fluorochromierten Molekülen in Zellen entstehen beispielsweise bei der Konformationsänderung von Proteinen oder der Bindung von Proteinen an immobilisierte Makrostrukturen oder Zellkompartimente.

FSM (*Fluorescent-Speckle Microscopy*) wurde entwickelt, um dynamische Ereignisse von Polymeren wie beispielsweise Anlagerung und Trennung von Makromolekülen *in vitro* und *in vivo* mittels Live Cell Imaging zu visualisieren. Bei der von der analogen Cytometrie abgeleiteten Methode werden fluorochromierte Moleküle in Zellen eingebracht (z. B. mittels Mikroinjektion), damit sie dort in makromolekulare Strukturen inkorporieren. Dabei ist der prozentuale Anteil an fluorochromierten Molekülen mit weniger als einem Prozent an der Gesamtzahl der unmarkierten intrazellulären Moleküle so gering, dass ihre Inkorporation in entsprechende Polymere ein diskontinuierliches Markierungsmuster verursacht. Die Analyse der Zeitserien liefert in hoher örtlicher und zeitlicher Auflösung kinetische Informationen zu dynamischen Ereignissen von Polymeren (beispielsweise Kinetik von F-Aktin und Mikrotubuli, ◻ Abb. 9.15). Die vollständige Nutzung des enormen quantitativen Potenzials dieser mikroskopischen Technik ist limitiert durch die aufwendige mathematische Analyse der Lokalisation sowie der photometrischen Eigenschaften mehrerer Hunderttausend kleiner Emissionssignale (*Speckles*). Eine weitere Schwierigkeit besteht in der sinnvollen Übertragung der ermittelten Daten in biologisch relevante Informationen. Aufgrund der schwachen Fluoreszenzsignale der *Speckles* erfordern alle mit FSM ermittelten Messwerte eine auf komplizierten Algorithmen basierende sta-

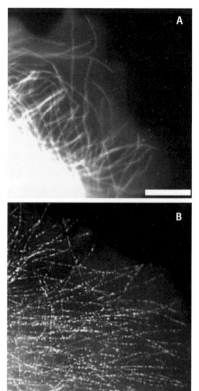

◻ **Abb. 9.15**  *Fluorescent Speckle Microscopy* (FSM). Vergleich von konventioneller Epifluoreszenz-Mikroskopie **A** und Fluoreszenz-*Speckle*-Mikroskopie **B** am Beispiel der Detektion von X-Rhodamin-markiertem Tubulin in der Lamellenregion von Epithelzellen. Die Einführung des markierten Tubulins erfolgte durch Mikroinjektion, wobei bei der Zelle in (A) 10 % des injizierten Tubulins und in (B) 0,25 % des Tubulins fluorochromiert waren. Maßbalken 10 µm. (Quelle: Waterman-Storer 1998)

tistische Aufbereitung. Diese Quantifizierung einer großen Datenmenge ist nur möglich mit robusten und automatisierten Softwarelösungen. Diese müssen in der

Lage sein, eine enorm große Anzahl von *Speckles* aus Zeitserien zu extrahieren, ihren Wegverlauf zu verfolgen und zu analysieren. Dies ist deshalb so schwierig, weil *Speckles* stark in ihrer Fluoreszenzintensität schwanken und sich entsprechend den zugrunde liegenden molekularen Prozessen gegebenenfalls sehr schnell bewegen.

**FRET** (*Förster Resonance Energy Transfer*) ist eine der neuesten Methoden zum Nachweis von Bindungen und Interaktionen zwischen Proteinen, Lipiden, Enzymen, DNA und RNA in lebenden Zellen. Zwei Moleküle von Interesse werden jeweils mit Fluorochromen markiert, wobei die Emissionswellenlänge des einen Farbstoffs (Donor) mit der Anregungswellenlänge des zweiten Farbstoffs (Akzeptor) überlappt. Bei hinreichend kleinem Molekülabstand (unter 10 nm) überträgt der Donor seine Energie strahlungslos an den Akzeptor. Dieser emittiert Licht, welches detektiert werden kann. Mittels FRET kann die relative Nähe der Moleküle über die optische Grenze der Lichtmikroskopie hinaus aufgelöst werden. Nachweisbar sind mit dieser Methode z. B.:

- molekulare Wechselwirkungen zwischen zwei Proteinpartnern
- Strukturänderungen innerhalb eines Moleküls (unter anderem Enzymaktivität oder DNA/RNA-Konformation)
- Ionenkonzentrationen

*Spectral Unmixing* ist eine neuartige Methode, die die bis dahin unübliche Kombination von Fluorochromen erlaubt, deren Emissionsspektren nahe beieinander liegen oder überlappen. Derzeit befinden sich mehrere kommerzielle Systeme auf dem Markt, die mit unterschiedlichen Verfahren die spektrale Zusammensetzung des Fluoreszenzlichts in jedem detektierten Punkt des Präparats erfassen. Insbesondere lassen sich auf diese Weise stark überlappende Fluoreszenzemissionen, wie z. B. die der fluoreszierenden Proteine CFP, GFP und YFP, mithilfe von digitalen Algorithmen exakt und effizient in separate Bildkanäle sortieren. In Kolokalisierungsstudien lassen sich Artefakte, die durch überlappende Absorptions- und Emissionsspektren auftreten können (sog. *Durchbluten* oder *Crosstalk*), minimieren. Bei FRET-Experimenten wird, beispielsweise unter Verwendung von CCP und YFP, das Vorliegen eines Energietransfers offensichtlich.

*Single Molecule Detection* ermöglicht die Visualisierung von fluorochromierten Einzelmolekülen (z. B. Proteinen, Lipiden) und eröffnet damit die Möglichkeit, beliebige zelluläre Prozesse auf der Ebene der einzelnen, für den jeweiligen Prozess wesentlichen Moleküle zu studieren (■ Abb. 9.16). Bei diesem auch als *Single-Dye Tracing* bezeichneten Verfahren wird die Dynamik von einzelnen Fluorochromen in 4D detektiert. Durch die Wahl von möglichst kleinen Fluorochromen wird das

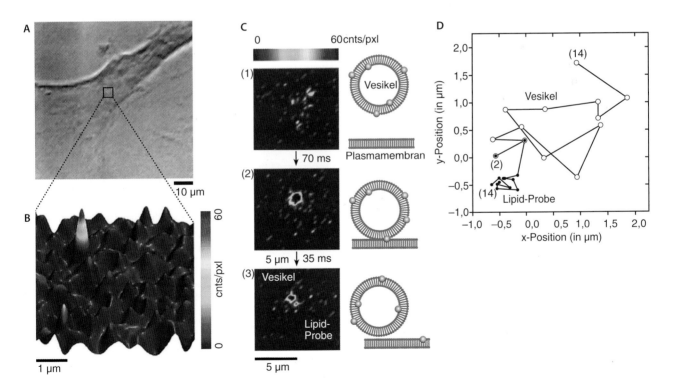

■ **Abb. 9.16** *Single Molecule Detection.* Dieses Beispiel zeigt die Insertion von exogen zugeführten, Cy5-markierten Lipiden in die Plasmamembran von HASM-Zellen (humane Glattmuskelzellen der Atemwege). **A** Das Quadrat in der Durchlichtaufnahme kennzeichnet den für die Fluoreszenzdetektion ausgewählten Zellbereich. **B** Die dreidimensionale Darstellung des fluoreszenzmikroskopisch generierten Bildes zeigt einen deutlich erkennbaren Fluoreszenzpeak eines einzelnen Cy5-Lipidmoleküls. Die Skalierung wurde mit blau = 0 *Counts/Pixel* und rot = 60 *Counts/Pixel* gewählt. Kurze Belichtungszeiten (wenige Millisekunden) ermöglichen neben statischen Aufnahmen auch die Visualisierung der Dynamik dieser Moleküle **C** und die Analyse der Trajektorien von einzelnen Lipidmolekülen und Vesikeln **D**. (Quelle: Schütz et al. 2000)

**9**

Problem einer sterischen Behinderung der markierten Moleküle deutlich reduziert. Der Vorteil gegenüber konventionellen Markierungsmethoden, die vorwiegend auf einer Signalverstärkung basieren (z. B. indirekte Immunfluoreszenz) und demnach Details häufig „maskieren", liegt in der Erzielung einer höheren Auflösung. Während die räumliche Auflösung weiterhin von der Auflösung des Lichtmikroskops begrenzt wird, ist die Auflösung der einzelnen Fluorochrome etwa um den Faktor sieben höher (im Bereich von etwa 50 nm). Die hohe zeitliche Auflösung ist durch die geringen Belichtungszeiten bedingt. Die Bildentstehung beruht auf der Detektion der emittierten Signale pro Pixel (*Counts/Pixel*) durch die CCD-Kamera. Mithilfe entsprechender Software werden die Signale dann in Farben bzw. Höhen übersetzt (◘ Abb. 9.16B, C). Zeitserien erlauben die Analyse der Trajektorien von Einzelmolekülen (◘ Abb. 9.16D).

FLIM (*Fluorescence Lifetime Imaging*) Normalerweise basiert die Detektion eines Fluoreszenzsignals auf der Quantifizierung der Photonen, die vom angeregten Fluorochrom emittiert werden. Bei der Anwendung von FLIM wird dagegen die *Dauer* dieses angeregten Zustands gemessen. Dieses Verfahren bietet die Möglichkeit, verschiedene Fluorochrome zu detektieren, beispielsweise GFP-Varianten, die sich abgesehen von überlappenden spektralen Eigenschaften in der Dauer ihrer Fluoreszenz unterscheiden. FLIM ist deshalb gut geeignet zur Messung von FRET-Experimenten, weil die Dauer des angeregten Zustands deutlich abnimmt, wenn FRET-Ereignisse auftreten. Auf diese Weise gelang beispielsweise vor einigen Jahren die Visualisierung von Kinase-Aktivitäten. Dennoch schränken diverse Schwierigkeiten die Anwendung dieser neuartigen Technik ein. Neben einer reduzierten Auflösung ist FLIM nur schwer an lebenden Zellen durchführbar. Obwohl es bereits einige kommerzielle Aufrüstungslösungen für konfokale Systeme gibt, ist FLIM nach wie vor eine technisch sehr anspruchsvolle Methode, die für die Analyse die Auswertung komplizierter Algorithmen erfordert.

Die Lichtblattfluoreszenzmikroskopie (**LSFM**, *Lightsheet Fluorescence Microscopy*)wurde in den letzten Jahren entwickelt, um die Visualisierung und Quantifizierung von biologischen Prozessen in lebenden Organismen zu verbessern. Sie bietet damit, insbesondere im Bereich neuro- und entwicklungsbiologischer Forschung (z. B. neuronale Netzwerke im Gehirn und Imaging von *Drosophila melanogaster*), eine probenschonende Alternative zu der weit verbreiteten Konfokal- und Multiphotonenmikroskopie. Grundsätzlich basiert dieses Verfahren, das auch als SPIM (*Single Plane Illumination Microscopy*) bezeichnet wird, auf einer optischen Restriktion der Beleuchtung der Probe. Diese wird erreicht durch eine Trennung und senkrechten Ausrichtung von Beleuchtungs- und Detektionsachse. Das hat gegenüber bisherigen hochauflösenden Methoden den wesentlichen Vorteil, dass die Anregung von Fluorophoren auf die jeweilige Fokusebene (*Optical Sectioning*) beschränkt ist und somit Ausbleichen und lichtinduzierter Stress reduziert werden (◘ Abb. 9.17).

Bei der Gitter-Lichtblattfluoreszenzmikroskopie (*Lattice Lightsheet Fluorescence Microscopy*) handelt es sich um eine Modifikation der LSFM, die sich durch eine erhöhte Bildaufnahmerate und eine verringerte Phototoxizität für die Probe auszeichnet. Bei dieser von Eric Betzig (Nobelpreisträger für Chemie 2014, ▶ Abschn. 9.6.5) in der zweiten Dekade des 21. Jahrhunderts entwickelten Methode wird das Lichtblatt in Form von strukturierter Beleuchtung verwendet, um stufenweise in optischen Ebenen Fluoreszenz in der Probe anzuregen und somit Zeitserien von 3D-Bildern zu generieren. Die Dünnheit der einzelnen Lichtblätter führt zu einer hohen axialen Auflösung bei äußerst geringem Photobleaching und Hintergrundrauschen außerhalb der Fokusebene. Die simultane Beleuchtung des gesamten Sichtfeldes ermöglicht die Visualisierung von mehreren hundert Ebenen pro Sekunde bei extrem niedrigen Anregungsenergien (◘ Abb. 9.18).

Unter der korrelativen Licht- und Elektronenmikroskopie (**CLEM**, *Correlative Light-Electron Microscopy*) versteht man die Kombination eines Fluoreszenzmikroskops mit einem Transmissions- oder Rasterelektronenmikroskop (◘ Abb. 9.19). Motivation für die Verwendung beider Techniken ist eine umfassende Analysemöglichkeit in stark unterschiedlichen Auflösungsmaßstäben. Während die Fluoreszenzmikroskopie sowohl die Anfertigung von Übersichtsaufnahmen als auch die spezifische Loka-

◘ **Abb. 9.17**  Prinzip der *Lightsheet Fluorescence Microscopy* (LSFM)

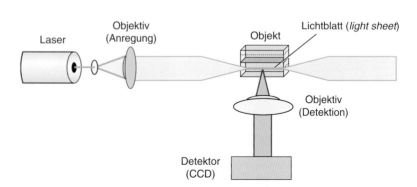

**Abb. 9.18** *Lattice Light-Sheet Microscopy* (Gitter-Lichtblattfluore szenzmikroskopie). Ein ultradünnes sog. strukturiertes Lichtblatt (blau-grüne Markierung in der Mitte der Abbildung) regt schrittweise Fluoreszenz (orange Markierung) in aufeinanderfolgen den Ebenen der Probe (grau) an und generiert letztendlich ein 3D-Bild. Die Geschwindigkeit, das nichtinvasive Verfahren und die hohe räumliche Auflösung machen diese Methode zu einem hervorra genden Ansatz zur 3D-*in-vivo*-Visu alisierung von schnell ablaufenden dynamischen Prozessen in Zellen und Embryonen, wie an den fünf Präparaten exemplarisch darge stellt. (Quelle: Chen et al. 2014)

**Abb. 9.19** *Correlative Light-Elec tron Microscopy* (CLEM). Dieses Beispiel zeigt die Lokalisation des Sec61-Proteins in antigenhaltigen Endosomen von antigenpräsentierenden dendritischen Zellen (DCs). Mithilfe von CLEM konnte gezeigt werden, dass der Proteintransportkomplex Sec61-beta sowohl im Endoplasmatischen Retikulum (a) als auch in intrazellulä ren Vesikeln lokalisiert ist **A**, **B**. Um nachzuweisen, dass es sich dabei tatsächlich um antigenhaltige Endoso men handelt, wurden DCs mit fluorochromiertem Ovalbumin inkubiert und anschließend mit CLEM analysiert. GFP-Sec61-beta (grün), Ovalbumin (rot), Nucleus (DAPI, blau), Immunogoldmarkierung gegen Sec61-GFP (schwarze runde Partikel). ER, Endoplasmatisches Retikulum; N, Nucleus; M, Mitochondrium; E, Endosom; PM, Plasmamembran. (Quelle: Zehner et al. 2015)

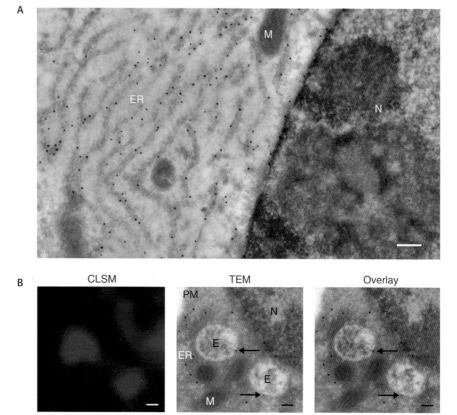

lisation von Molekülen ermöglicht, liefert die Elektro nenmikroskopie detaillierte, hochauflösende Strukturin formation im Nanometermaßstab. Die herkömmliche Anwendung macht die Verwendung von zwei separaten Mikroskopsystemen notwendig. Moderne integrierte CLEM-Systeme vereinen nun die Eigenschaften von Fluoreszenz-und hochauflösender Elektronenmikroskopie in einem Aufbau und ermöglichen auf diese Weise eine einfachere und schnellere Kombination der beiden Detektionsverfahren. Der wesentliche Vorteil bei der integrierten CLEM ist, dass das System die mit den unterschiedlichen Verfahren hergestellten Bilder der Probe mit den exakt identischen räumlichen und zeitlichen Dimensionen generiert und übereinander lagert.

Unter virtueller (oder: hochauflösender digitaler) Mikroskopie (*Virtual Slide Microscopy*) versteht man die digitale Umwandlung von komplexen lichtmikroskopischen Präparaten und die anschließende Darstellung und Übermittlung über Computernetzwerke. Diese Art der Visualisierung wird u. a. bei der Untersuchung von histologischen Gewebeschnitten angewendet („digitale Pathologie"). Die Bildaufnahme kann entweder automatisiert über sog. *Slide-Scanner* oder durch Zusammenfügen von Einzelbildern, die mit konventionellen Lichtmikroskopen erstellt wurden, erfolgen.

Die Laserdissektion (*Laser Microdissection and Optical Tweezers*) ermöglicht eine präzise und sterile Methode, um spezifisch Zellen aus Zellkulturen oder Geweben zu isolieren. Insbesondere bei sehr geringen Zellzahlen bietet dieses Verfahren eine hervorragende Möglichkeit, um reine Zellpopulationen als Ausgangspunkt für anschließende beispielsweise molekularbiologische Analysen zu sammeln. Dabei wird ein fokussierter Laserstrahl eines Mikroskops als eine Art Messer benutzt, um Zielstrukturen aus der Probe herauszuschneiden. Objektive mit hohen Numerischen Aperturen ermöglichen eine sehr präzise Bündelung der Laserenergie, sodass ein präzises Schneiden in subzellulären Dimensionen unterhalb eines Mikrometers möglich ist, ohne dabei benachbarte Strukturen zu beeinträchtigen. Eine sehr geringe Pulsdauer des Lasers (unterhalb von einer Nanosekunde) gewährleistet, dass die Probe bei diesem Eingriff nur gering belastet und die schädliche Hitzewirkung auf angrenzende Zellen oder Gewebe vernachlässigbar gering ist. Auf diese Weise ist eine schonende Zellisolation mit anschließender Rekultivierung der Zellen möglich.

Mit sog. optischen Pinzetten können lebende Zellen in Suspensionen eingefangen, bewegt und isoliert werden. Ähnlich wie bei der Laserdissektion wird auch hier ein fokussierter Laserstrahl zur Manipulation eingesetzt. Die kontaktfreie und sterile Methode ist präzise bis in den Mikro- und Submikrometerbereich, sodass neben Zellen auch Organellen oder größere Biomoleküle manipuliert werden können. Meistens werden bei diesem Verfahren Infrarotlaser mit Wellenlängen oberhalb von 1000 nm verwendet, um belastende Störeffekte auf die lebenden Proben zu minimieren.

Häufig werden Laserdissektion und optische Pinzetten auch in einem mikroskopischen System kombiniert eingesetzt.

***Highly Multiplexed Tissue Imaging* (CODEX [TM]):** Die sog. CODEX[TM]-Technologie (*Co-Detection by Indexing*), die im Labor von Garry Nolan an der Stanford Universität entwickelt wurde, ist ein neuartiges fluoreszenzmikroskopisches Verfahren zur räumlichen Analyse von Einzelzell-Interaktionen in Geweberbänden. Die CODEX-Technologie basiert auf Antikörpern, die mit spezifischen Oligonucleotidsequenzen gekoppelt sind. Diese Sequenzen fungieren bei der sensitiven Detektion als eine Art Barcode. Mit dieser innovativen Methode ist die Entwicklung eines sehr probenschonenden und äußerst flexiblen Detektionsverfahrensgelungen, welches die nichtinvasive, parallele Visualisierung von bis zu 50 Biomarkern ermöglicht. Insbesondere zur umfassenden Charakterisierung von Zellpopulationen in komplexen Geweben hat dieses Visualisierungsverfahren unter Wissenschaftlern im Bereich der Immunologie, Neurologie und Onkologie schon enormen Zuspruch gefunden.

**Optische Verfahren in der Optogenetik** Optische Methoden werden schon seit vielen Jahrzehnten im Bereich von genetischen Verfahren und Analytik eingesetzt, z. B. bei der Sequenzierung von Genen, der genetischen Manipulation sowie der Visualisierung von intrazellulären Strukturen (z. B. fluoreszierende Proteine, ▶ Abschn. 9.4.11) und funktionellen Vorgängen (z. B. genetisch codierte Spannungsindikatoren). Neben dem Einsatz bei der Visualisierung bekommt die Photonik in den letzten Jahren aber zunehmend Bedeutung bei der Manipulation und Aktivierung von zellulären Vorgängen. Die Grundsteine der Optogenetik wurden allerdings im nichtmikroskopischen Bereich gelegt, als es dem Neurobiologen Karl Deisseroth von der Stanford Universität gelang, Gehirnzellen in Mäusen derart durch Lichtstrahlen zu steuern, dass die Mäuse gezielt im Kreis liefen. Inzwischen ist es nun auch möglich, Zellen mit Lichtsignalen zu steuern. Diese gezielte optische Kontrolle und Manipulation von Proteinfunktionen an genetisch veränderten Zellen hat insbesondere in den Neurowissenschaften, aber auch in der zellbiologischen, onkologischen und immunologischen Forschung Einzug erhalten. So können beispielsweise Ionenkanäle in Zellen innerhalb von Tausendstelsekunden durch Lichtimpulse, die sog. Photostimulation, aktiviert werden. Bei der Photostimulation werden zwei unterschiedliche Verfahren angewendet. Beim sog. *Uncaging* wird Licht genutzt, um eine Zielstruktur zu „befreien", d. h. derart zu modifizieren das sie aktiviert wird. Ein Beispiel für dieses Verfahren ist das *Uncaging* von Glutamat, das die natürliche Aktivität von Synapsen nachahmt und auf diese Weise den Nachweis von Erregungsleitungen zwischen Neuronen ermöglicht. Bei dem anderen Photostimulationsverfahren wird Licht gezielt eingesetzt, um lichtsensitive Proteine, wie beispielsweise das Rhodopsin, zu aktivieren und somit die intrazelluläre Expression von Opsin zu induzieren.

*Calcium-Imaging* findet Anwendung bei der intrazellulären Lokalisation und Quantifizierung der $Ca^{2+}$-Konzentration. Dazu verwendet man sog. Calcium-Indikatoren, die ihre Fluoreszenzeigenschaften nach der Bindung von freien $Ca^{2+}$-Ionen verändern. Dabei unterscheidet man generell zwei Klassen von Indikatoren: chemische und genetisch codierte Calcium-Indikatoren.

Bei den chemischen $Ca^{2+}$-Indikatoren sind die Carboxygruppen mit Acetoxymethylgruppen verestert, sodass das dann liphophile Molekül die Plasmamembran von Zellen passieren kann. Intrazelluäre Esterasen spalten anschließend die Acetoxymethylgruppen ab, sodass calciumsensitive Indikatoren entstehen. Bei den chemischen Calcium-Indikatoren unterscheidet man fluoreszenzintensitätsbasierte (z. B. Fluo3-8) und ratiometrische Farbstoffe (z. B. Fura-2, Indo-1). Bei den letztgenannten Indikatoren kommt es nach der Bindung von freien $Ca^{2+}$-Ionen nicht zu einer Zunahme der Fluoreszenzintensität, sondern zu einer Verschiebung der Anregungs- und Emissionswellenlängen.

Eine Alternative zu den chemischen Farbstoffen sind die genetisch codierten Calcium-Indikatoren. Analog zu den chemischen Indikatoren unterscheidet man auch hier fluoreszenzintensitätsbasierte (z. B. Camgaroo) und FRET-basierte (► Abschn. 9.6.6) ratiometrische Indikatoren (z. B. Cameleons). Der Vorteil gegenüber den chemischen Indikatoren besteht darin, dass störende Manipulationen der Zellen von außen nicht mehr erforderlich sind. Der Nachteil besteht allerdings unter Umständen in einer sowohl geringeren Calcium-Sensitivität als auch einer geringeren Fluoerszenzintensität.

## Literatur und Weiterführende Literatur

Berning et al (2012) Nanoscopy in a living mouse brain. Science 335:551

Chen B-C et al (2014) Lattice light-sheet microscopy: imaging molecules to embryos at high spatiotemporal resolution. Science 346(6208). https://doi.org/10.1126/science.1257998

Davidson und Abramowitz (2002) Optical microscopy. In: Encyclopedia of imaging science and technology. Wiley, New York

Dunn GA, Jones GE (2004) Cell motility under the microscope: vorsprung durch Technik. Nat Rev Mol Cell Biol 5(8):667–672

Fernández-Suárez M, Ting AY (2008) Fluorescent probes for super-resolution imaging in living cells. Nat Rev Mol Cell Biol 9:929–943

Gerlich D, Ellenberg J (2003) 4D imaging to assay complex dynamics in live specimens. Nat Cell Biol 5(Suppl):14–19

Goldman RD, Spector RD (Hrsg) (2004) Live cell imaging: a laboratory manual. Cold Spring Harbor Laboratory Press, Cold Spring Harbor

Goltsev Y et al (2018) Deep profiling of mouse splenic architecture with CODEX multiplexed imaging. Cell 174:968–981

Jacobs RE et al (2003) MRI: volumetric imaging for vital imaging and atlas construction. Nat Rev Mol Cell Biol (Suppl):10–16

Krichevsky O, Bonnet G (2002) Fluorescence correlation spectroscopy: the technique and its applications. Rep Prog Phys 65:251–297

Lippincott-Schwartz J, Patterson GH (2003) Development and use of fluorescent protein markers in living cells. Science 300(5616):87–91

Lippincott-Schwartz J et al (2001) Studying protein dynamics in living cells. Nat Rev Mol Cell Biol 2(6):444–456

Lippincott-Schwartz J et al (2003) Photobleaching and photoactivation: following protein dynamics in living cells. Nat Cell Biol 4(Suppl):S7–S14

Miyawaki A et al (2003) Lighting up cells: labelling proteins with fluorophores. Nat Cell Biol (Suppl):S1–S7

Mohanty et al (2015) Optical techniques in optogenetics. J Mod Opt 62:949–970

Nehls et al (2000) Dynamics and retention of misfolded proteins in native ER membranes. Nat Cell Biol 2:28–295

Phair RD, Misteli T (2001) Kinetic modelling approaches to *in vivo* imaging. Nat Rev Mol Cell Biol 2(12):898–907

Riede U-N, Werner M, Schaefer H-E (Hrsg) (2004) Allgemeine und spezielle Pathologie, 5. Aufl. Thieme-Verlag, Stuttgart

Romeislk B (1989) Mikroskopische Technik, 17. Aufl. Urban und Schwarzenberg, München

Roy R, Hohng S, Ha T (2008) A practical guide to single-molecule FRET. Nature Methods 5:507–516

Rust MJ, Bates M, Zhuang X (2006) Sub-diffraction limit imaging by stochastic optical reconstruction microscopy (STORM). Nature Methods 3(10):793–795

Sako Y, Yanagida T (2003) Single-molecule visualization in cell biology. Nat Rev Mol Cell Biol (Suppl):1–5

Schütz et al (2000) Properties of lipid microdomains in a muscle cell membrane visualized by single molecule microscopy. EMBO J 19(5):892–901

Schütz GJ, Schindler H (2002) Single dye tracing for ultrasensitive microscopy on living cells, single molecule detection in solution. In: Zander C, Enderlein J, Keller RA (Hrsg) Single molecule detection in solution. Wiley-VCH, Weinheim

Stephens DJ, Allan VJ (2003) Light microscopy techniques for live cell imaging. Science 300(5616):82–86

Steyer JA, Almers W (2001) A real-time view of life within 100 nm of the plasma membrane. Nat Rev Mol Cell Biol 2(4):268–275

Tsien RY (1998) The green fluorescent protein. Annu Rev Biochem 67:509–544

Tsien RY (2003) Imagining imaging's future. Nat Rev Mol Cell Biol 4(Suppl):16–21

Waterman-Storer CM (1998) Microtubules and microscopes: how the development of light microscopic imaging technologies has contributed to discoveries about microtubule dynamics in living cells. Mol Biol Cell 9(12):3263–3271

Wiegräbe W (2000) Fluorescence correlation microscopy: probing molecular interactions inside living cells. Am Laboratory 32:44

Zehner et al (2015) The translocon protein Sec61 mediates antigen transport from endosomes in the cytosol for cross-presentation to CD8+ T cells. Immunity 42:850–863. https://www.nobelprize.org/prizes/chemistry/2014/summary

# Spaltung von Proteinen

*Josef Kellermann*

## Inhaltsverzeichnis

10.1     Proteolytische Enzyme – 226

10.2     Strategie – 227

10.3     Denaturierung – 228

10.4     Spaltung von Disulfidbrücken und Alkylierung – 228

10.5     Enzymatische Fragmentierung – 229
10.5.1   Proteasen – 229
10.5.2   Proteolysebedingungen – 234

10.6     Chemische Fragmentierung – 235

10.7     Zusammenfassung – 236

         Literatur – 237

© Springer-Verlag GmbH Deutschland, ein Teil von Springer Nature 2022
J. Kurreck et al. (Hrsg.), *Bioanalytik*, https://doi.org/10.1007/978-3-662-61707-6_10

- Die enzymatische Spaltung von Proteinen ist ein ubiquitärer Prozess und spielt eine Schlüsselrolle in vielen biologischen Prozessen (Kontrolle der Homeostase, Qualitätskontrolle von Proteinen, kontrollierter Zelltod, Immunreaktion etc.).
- Proteasen und deren Inhibitoren sind deshalb auch für Industrie und Pharma von großer Bedeutung.
- In der Forschung kommt die Proteolyse vor allem in der Zellkultur, bei der Herstellung rekombinanter Proteine, bei der Strukturaufklärung von Proteinen und deren Modifizierungen und in der Peptidsynthese zur Anwendung.
- Eine Spaltung der Peptidbindung ist sowohl enzymatisch als auch chemisch möglich.
- Die „Enzyme Commission", EC, erarbeitete ein vierstelliges Klassifizierungssystem und fasste die Enzyme in sechs Hauptgruppen zusammen (▶ https://www.enzyme-database.org/).
- Um eine vollständige Spaltung erzielen zu können, ist eine Zerstörung der Sekundär- und Tertiärstruktur durch Denaturierung und Alkylierung des Proteins notwendig.

Die Spaltung von Proteinen durch proteolytische Enzyme ist ein ubiquitärer Prozess, der in allen Zellen, Geweben und Organismen zur Anwendung kommt. Proteasen sind an einer Vielzahl physiologischer Prozesse intra- wie extrazellulär beteiligt. Sie spielen eine Schlüsselrolle bei der Kontrolle der Homeostase, der Qualitätskontrolle von Proteinen, dem kontrollierten Zelltod, der inter- und intrazellulären Signalweiterleitung, der Kontrolle viraler Replikation, Wirt-Pathogen-Wechselwirkungen, der Immunreaktion und bei vielen weiteren physiologischen Prozessen. Gerade deshalb sind Proteinasen und deren Inhibitoren auch von größter Bedeutung bei der Erforschung und Entwicklung von pharmazeutischen Wirkstoffen.

Proteinasen werden auch in weiten Bereichen der Industrie und Biotechnologie eingesetzt.

Ebenso kommen Proteasen in vielen Forschungsfeldern zur Anwendung, wie in der Zellkultur, dem Verdau unerwünschten Proteins bei der Aufreinigung von Nucleinsäuren, der Herstellung von Antikörperfragmenten, Diagnostik und Therapie, ebenso wie in der Peptidsynthese.

Die Proteinanalytik macht sich die Spezifität und Selektivität der verschiedenen Proteasen vor allem bei der Aufreinigung rekombinanter Proteine und bei der Strukturanalyse von Proteinen und deren posttranslationalen Modifikationen zunutze. Bei der Expression von Proteinen werden an die zu exprimierenden Sequenzen Affinitäts-Tags kloniert, die eine schnelle Aufreinigung der überexprimierten Proteine erlauben, aber auch die Löslichkeit der exprimierten Proteine verbessern können. Diese Tags können anschließend durch hochspezifische Proteasen abgespalten werden.

Zur Aufklärung der Primärstruktur werden die klassische Edman-Chemie und die Massenspektrometrie verwendet. Trotz der Möglichkeit, mit hoher Genauigkeit auch von großen Proteinen „Total-Mass"-Spektren zu erhalten, ist es häufig notwendig, die Proteine in kleinere Fragmente zu zerlegen, um die exakte Sequenz oder etwaige Modifikationen identifizieren zu können. Da mit einem Peptidsatz selten alle Positionen eindeutig bestimmt werden können, sind häufig die Peptidmuster verschiedener Proteasen oder chemischer Spaltungen notwendig (◨ Abb. 10.1).

## 10.1 Proteolytische Enzyme

Die Eigenschaft von proteolytischen Enzymen, sehr spezifisch Bindungen in Proteinen zu spalten, macht sie zu einem wichtigen Werkzeug sowohl bei der Primärstrukturaufklärung von Proteinen als auch bei der Aufklärung von höheren Strukturordnungen. Dabei werden, entsprechend der Vollständigkeit der Spaltung, zwei prinzipielle Mechanismen der Proteolyse unterschieden: Ein Enzym, das alle seiner Spezifität entsprechenden Bindungen *quantitativ* spaltet, erzeugt einen äquimolaren Satz von Peptiden, dessen Zusammensetzung sich auch durch Zugabe von weiterem Enzym gleicher Spezifität nicht mehr ändert. Die Hydrolyserate kann jedoch durch die Eigenschaften benachbarter Aminosäuren (z. B. die Hydrophobizität) beeinflusst werden.

Läuft die enzymatische Spaltung *nicht vollständig* ab, so entstehen unterschiedliche Peptidmuster mit dem gleichen Enzym. Diese **limitierte Proteolyse** kann gesteuert werden durch Entfernen oder Zugabe von Protease, Zugabe eines Inhibitors oder durch Ändern der Reaktions-

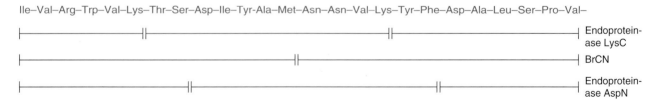

◨ **Abb. 10.1**    Fragmentierung von Proteinen: Spaltung eines Proteins mit drei unterschiedlichen Enzymen zur Herstellung überlappender Fragmente

bedingungen. Die limitierte Proteolyse wird z. B. eingesetzt, um das Spaltverhalten von Proteinen unter dem Einfluss bestimmter Enzyme zu untersuchen und damit größere Fragmente isolieren zu können. Der Zeitverlauf der Fragmentierung kann dabei elektrophoretisch beobachtet werden. Gerade sehr kompakte, native Proteine werden häufig nur limitiert gespalten. *In vivo* findet das Prinzip der limitierten Proteolyse z. B. bei der Zymogenaktivierung Anwendung, bei der Prozessierung von Prohormonen oder bei der Blutgerinnungskaskade (wobei Peptide aus längeren Polypeptiden herausgeschnitten werden). In der Strukturaufklärung wird die limitierte Proteolyse bei Topologiestudien an nativen Proteinen eingesetzt. Bei der Primärstrukturanalyse und zum Erstellen von *Peptide Maps* muss in den meisten Fällen das Protein vollständig fragmentiert werden, um ein genau definiertes und reproduzierbares Peptidmuster zu erhalten.

## 10.2 Strategie

Die den chemischen oder enzymatischen Spaltungen nachfolgenden Charakterisierungstechniken erfordern fast zur Homogenität aufgereinigte Proteine. Andererseits muss wegen der geringen Proteinmengen im unteren Pikomolbereich die Anzahl der Reinigungsschritte möglichst reduziert werden, um unnötige Probenverluste zu vermeiden. Den Maßstab für die verwendeten Proteinmengen geben dabei die Detektionsgrenzen der nachfolgenden analytischen Verfahren vor (Edman-Abbau oder Massenspektrometrie). Nimmt man 1 pmol als heute durchschnittlich zu einer Analyse notwendige Proteinmenge, so entspricht das 0,06 μg eines 60-kDa-Proteins.

Ausgehend von einem komplexen Gemisch von Proteinen, wie dies in einer ganzen Zelle z. B. der Fall ist, sind eine ganze Reihe von Chromatographie- und Elek-

trophoreseschritten notwendig, bis ein Protein homogen genug ist, um fragmentiert und weiter charakterisiert zu werden. Von der Art der Aufreinigung ist es abhängig, wie die proteolytische Spaltung durchgeführt wird: Dies kann sowohl in Lösung, gebunden an eine Membran oder in einer Polyacrylamidmatrix geschehen (◻ Abb. 10.2).

**Spaltung in Lösung**  Am einfachsten ist die Spaltung in Lösung, die nur mit geringem Proteinverlust verbunden ist. Es ist jedoch häufig schwer, das Protein zu lösen und dann auch in Lösung zu halten. Dabei werden gewöhnlich Puffer mit chaotropen Salzen und denaturierenden Detergenzien verwendet, die oft die Aktivität von Proteasen beeinflussen oder eine nachfolgende Chromatographie stören.

**Spaltung membrangebundener Proteine**  Meistens liegen die Proben nicht in Lösung vor, sondern auf Gelen nach ein- oder zweidimensionaler Elektrophorese oder immobilisiert durch Elektroblotting auf einer Polyvinylidenfluoridmembran (PVDF), auf siliconisierten Glasfasern oder auf Nitrocellulose. Damit kann das weitere Vorgehen sehr flexibel gestaltet werden. Die immobilisierten Proteine können durch Immunfärbung sichtbar gemacht oder mit Coomassie-Blau, Amidoschwarz oder Ponceau *S* gefärbt werden; anschließend werden sie ausgeschnitten und auf den chemisch inerten PVDF- oder Glasfasermembranen N-terminal oder C-terminal sequenziert. Parallel dazu können Proteine auf den genannten und auf Nitrocellulosemembranen fragmentiert und die entstehenden Peptide von der Membran isoliert werden.

**Spaltung in einer Polyacrylamidmatrix**  Proteine lassen sich aber auch direkt in der Polyacrylamidmatrix spalten. Nach elektrophoretischer Auftrennung werden die Proteine durch Coomassie-Blau oder Silber angefärbt, und

◻ **Abb. 10.2**  Strategie der Proteincharakterisierung. Fragmentierung von Proteinen in Abhängigkeit von der Art der Proteinaufreinigung: **A** Spaltung in Lösung; **B** Spaltung auf einer Membran; **C** Spaltung in der Polyacrylamidgelmatrix

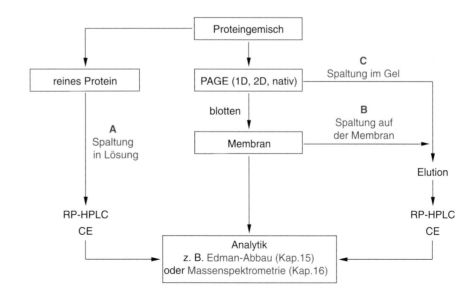

die gewünschte Bande wird mit dem Skalpell aus dem Gel ausgeschnitten. Das Gelstück wird zerkleinert, mit Puffer gewaschen, durch Trocknen oder mit organischem Lösungsmittel geschrumpft und anschließend mit Protease, gelöst in Puffer, versetzt. Das geschrumpfte Gel nimmt beim Quellen Puffer und Protease auf. Die Spaltpeptide können dann durch Diffusion aus dem Gel eluiert und anschließend durch Reversed-Phase-HPLC aufgetrennt oder im Massenspektrometer analysiert werden. In einem abgewandelten Verfahren wird das Gemisch aus Gelstücken und Protease direkt auf dem Sammelgel eines hochprozentigen Polyacrylamidgels platziert, sodass Spaltung und Trennung in einem Arbeitsgang durchgeführt werden. Die getrennten Peptide können dann wiederum geblottet oder mit organischen Lösungsmitteln aus dem Gel eluiert werden. Die am weitesten verbreitete Methode ist die direkte Spaltung in der Matrix, da sie mit einem Arbeitsgang weniger auskommt. Gerade bei geringen Probenmengen sollte jeder unnötige Probentransfer vermieden werden, um die Ausbeuten nicht unnötig zu verringern.

## 10.3 Denaturierung

Die kompakte Sekundär- und Tertiärstruktur nativer Proteine ist häufig die Ursache für schlechte Proteolyseausbeuten, da die Spaltstellen für Proteasen schlecht zugänglich sind. Durch Denaturierung mit Detergenzien, Harnstoff oder Guanidinhydrochlorid werden diese geordneten Strukturen zerstört. Detergenzien werden hauptsächlich bei der Reinigung von Membranproteinen eingesetzt. Zur Denaturierung wird meist 6 M Guanidinhydrochlorid verwendet; verdünnt auf 1 M ist dies durchaus mit der Aktivität vieler Proteasen kompatibel. Harnstoff ist oft mit Cyanationen verunreinigt; dies kann zur Blockierung der Aminogruppen durch Carbamoylierung führen. Disulfidbrücken sind häufig die Ursache für die Proteaseresistenz vieler Proteine. Aber auch gespaltene Proteinfragmente, die noch durch Disulfidbrücken miteinander verbunden sind, sind nur schwer zu charakterisieren.

## 10.4 Spaltung von Disulfidbrücken und Alkylierung

Disulfidbrücken müssen nach der Denaturierung gespalten werden (☐ Abb. 10.3, ☐ Tab. 10.1). Dies kann durch *Oxidation* (☐ Abb. 10.3A) geschehen, wobei die Disulfidbrücken durch Perameisensäure zu Cysteinsäuren oxidiert werden. Zur *Reduktion* verwendet man Dithiothreitol (DTT), 2-Mercaptoethanol oder Tributylphosphin (☐ Abb. 10.3B). DTT (**Cleland's Reagenz**) wird am häufigsten verwendet, da es ein niedriges Redoxpotenzial besitzt und Cystine in kurzer Zeit vollständig reduziert. Ein weiteres beliebtes Reduktionsmittel ist

**☐ Abb. 10.3** Spaltung von Disulfidbrücken. **A** Oxidation von Disulfidbindungen: Umsetzung von Cystin mit Perameisensäure zu Cysteinsäure; **B** Reduktion von Disulfidbindungen: Umsetzung mit Dithiothreitol, 2-Mercaptoethanol und Tributylphosphin (R: Peptidkette)

**□ Tab. 10.1** Modifikationen von Cysteinresten

| Reagens | Modifizierter Cysteinrest |
|---|---|
| Perameisensäure | Cysteinsäure |
| Sulfit | $S$-Sulfocystein |
| Iodessigsäure | $S$-Carboxymethylcystein |
| Iodacetamid | $S$-Carboxamidomethylcystein |
| Ethylenimin | $S$-(2-Aminoethyl)ethylcystein |
| 4-Vinylpyridin | 4-Pyridylethylcystein |
| Acrylamid | Cys-$S$-β-propionamid |

**□ Abb. 10.4** Alkylierung von Cysteinresten. Umsetzung von Cystein und 4-Vinylpyridin zu 4-Pyridylethylcystein **A**; mit Iodessigsäure zu $S$-(Carboxymethyl)cystein **B** und mit Iodacetamid zu $S$-(Carboxamidomethyl)cystein **C**

Tributylphosphin, da es flüchtig ist und deshalb unmittelbar vor dem Edman-Abbau eingesetzt werden kann.

Um die Reduktion irreversibel durchzuführen und ungewünschte Reorganisation von Disulfidbrücken zu vermeiden, müssen die freien SH-Gruppen durch **Alkylierung** modifiziert und damit stabilisiert werden (□ Abb. 10.4). Auch sind im Edman-Abbau erst alkylierte Cysteinreste eindeutig identifizierbar, da unmodifiziertes Cystein während des Abbaus zerstört wird. Die häufigsten Alkylierungsreagenzien sind 4-Vinylpyridin, Iodessigsäure und Iodacetamid.

> Bei der Umsetzung mit 4-Vinylpyridin muss unmittelbar nach der Reaktion überschüssiges Reagenz vom Protein abgetrennt werden, da sonst Nebenreaktionen mit His, Trp und Met auftreten. Peptide, die mit Vinylpyridin umgesetzt werden, besitzen ein zusätzliches Absorptionsmaximum bei 256 nm und können so gezielt isoliert werden.

Bei der Gelelektrophorese können freie Acrylamidmonomere mit Thiolgruppen des Proteins reagieren.

Deshalb sollten Cysteine bereits vor der Elektrophorese alkyliert werden, wenn sie anschließend massenspektrometrisch analysiert oder N-terminal sequenziert werden sollen. Dabei kann durch Zugabe des Alkylierungsmittels zum Auftragspuffer eine vollständige Modifizierung erreicht werden.

In der Literatur ist noch eine große Anzahl weiterer Modifizierungsreaktionen beschrieben, diese spielen jedoch in der Praxis keine große Rolle, da sie große Proteinmengen erfordern und durch die Ausbildung von Nebenprodukten oft unbrauchbar sind.

## 10.5 Enzymatische Fragmentierung

Die Art und Weise der Fragmentierung eines Proteins hängt einerseits von der Zielsetzung ab, die mit der Fragmentierung erreicht werden soll, andererseits von den Informationen, die von dem zu spaltenden Protein bereits bekannt sind. Ist die Aminosäurezusammensetzung durch eine Aminosäureanalyse bereits ermittelt oder die Sequenz bereits bekannt, so kann eine genaue Strategie mit einem geeigneten Enzym oder Reagens zu Fragmenten der gewünschten Länge führen.

Liegen diese Informationen nicht vor, so kann die durchschnittliche Häufigkeit einer Aminosäure in einem Protein Hinweise darauf geben, welches Enzym oder welches Reagenz geeignet ist, die gewünschten Fragmente zu erzeugen. Wenige lange Fragmente entstehen durch Spaltung an einer seltenen Aminosäure oder durch Spaltung mit sehr spezifischen Enzymen. Viele kürzere Fragmente entstehen durch Spaltung an häufigen Aminosäuren und durch Spaltung mit weniger spezifischen Enzymen. □ Tab. 10.2 zeigt die durchschnittlichen Häufigkeiten von Aminosäuren, ermittelt aus der NBRF-PIR-Datenbank, und – daraus errechnet – theoretische Fragmentlängen eines hypothetischen Proteins, bestehend aus 300 Aminosäuren, das mit den gängigsten Enzymen und Reagenzien proteolysiert wird.

Das Spaltverhalten eines Proteins unter konstanten Bedingungen ist für jedes Protein charakteristisch und sehr reproduzierbar. Die Auftrennung der erhaltenen Fragmente durch SDS-PAGE, Kapillarelektrophorese oder mit chromatographischen Methoden (HPLC) führt dabei zu charakteristischen Peptidmustern (*Fingerprints* oder *Peptide Maps*, □ Abb. 10.5), von denen die einzelnen Peptide dann durch Massenspektrometrie oder Edman-Sequenzierung weiter charakterisiert werden können.

### 10.5.1 Proteasen

Entsprechend ihrem Wirkmechanismus und ihrem aktiven Zentrum werden die Proteasen eingeteilt in **Serin-, Cystein-, Aspartat-** und **Metalloproteasen**. Je nach Angriffsort unterscheidet man weiter nach Endo- und Exo-

**☐ Tab. 10.2** Theoretische Anzahl und Länge von Peptidfragmenten eines hypothetischen Proteins mit 300 Aminosäureresten, berechnet nach einer Proteindatenbank (NBRF-PIR)[1]

| Enzym oder Reagens | Spaltet spezifisch bei | Durchschnittliche Fragmentlänge | Anzahl von Fragmenten |
|---|---|---|---|
| Chymotrypsin | Leu, Phe, Trp, Tyr | 6 | 54 |
| Trypsin | Lys, Arg | 9 | 35 |
| Endoprotease GluC | Glu | 15 | 20 |
| Endoprotease LysC | Lys | 16 | 19 |
| Endoprotease ArgC | Arg | 18 | 17 |
| Endoprotease AspN[2] | Asp | 18 | 17 |
| Bromcyan | Met | 38 | 8 |
| BNPS-Skatol | Trp | 60 | 5 |

[1]National Biomedical Research Foundation – Protein Identification Resource
[2]Proteolyse erfolgt N-terminal von Asp

**☐ Abb. 10.5** Fingerprint eines mit Endoprotease LysC gespaltenen Proteins (40 kDa). Reversed-Phase-Chromatogramm (Superspher 60RP select B (Merck), 2 × 125 mm) von 30 pmol Protein; Puffer A: 0,1 % Trifluoressigsäure (TFA) und Puffer B: 0,85 % TFA in Acetonitril, Gradient 1 % min$^{-1}$, Flussrate 0,3 ml min$^{-1}$

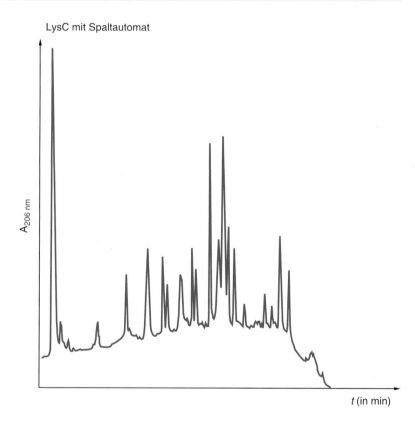

LysC mit Spaltautomat

$A_{206\,nm}$

$t$ (in min)

proteasen. **Endoproteasen** spalten das Proteingerüst an jeweils spezifischen, internen Aminosäuren und erzeugen so ein für jedes Protein und das jeweils verwendete Enzym spezifisches Peptidmuster. Endoproteasen werden deshalb in der Regel bei der Primärstrukturanalyse eingesetzt. Viele dieser Enzyme spalten dabei C- oder N-terminal von geladenen Aminosäuren (Endoprotease LysC, Trypsin, Endoprotease GluC oder Endoprotease AspN). Bei anderen Proteasen, z. B. Chymotrypsin, Thermolysin oder Pepsin, ist die Spezifität weniger ausgeprägt, wobei eine größere Anzahl, dafür in der Regel aber kürzere Fragmente entstehen (☐ Tab. 10.3).

### 10.5.1.1 Endoproteasen

**Chymotrypsin**  Chymotrypsin (25 kDa) ist eine Serinprotease und hydrolysiert in der Regel Peptidbindungen C-terminal von Tyr, Phe und Trp. Leu, Met, Ala, Asp und Glu werden ebenso, jedoch mit geringerer Hydrolyserate, gespalten. Chymotrypsin wird auch in der Peptidsynthese eingesetzt.

**Elastase**  Elastase (25 kDa) ist ebenfalls eine Serinprotease. Sie hydrolysiert Bindungen auf der C-terminalen Seite von Aminosäuren mit ungeladenen, nichtaromatischen Seitenketten (Ala, Val, Ile, Leu, Gly und Ser). Elast-

◻ **Tab. 10.3**    Enzyme in der Proteinstrukturanalytik

| Enzym | EC-Nummer | Typus | Spezifität | pH-Optimum | Inhibitoren |
|---|---|---|---|---|---|
| **Endopeptidasen** | | | | | |
| Chymotrypsin | 3.4.21.1 | Serin | Tyr, Phe, Trp | 7,5–8,5 | Aprotinin, DFP, PMSF |
| Trypsin | 3.4.21.4 | Serin | Arg, Lys | 8,0–9,0 | TLCK, DFP, PMSF |
| Endoprotease GluC | 3.4.21.19 | Serin | Glu | 8,0 | DFP, $\alpha$2-Makroglobulin, 3,4 Dichlorisocoumarin |
| Endoprotease LysC | 3.4.21.50 | Serin | Lys | 7,5–8,5 | DFP, TLCK, Aprotinin, Leupeptin |
| Endoprotease ArgC | 3.4.22.8 | Cystein | Arg | 8,0–8,5 | oxid. Reag., EDTA, $Co^{2+}$, $Cu^{2+}$, Citrat, Borat |
| Endoprotease AspN | 3.4.24.33 | Metallo | Asp*, Cys.säure | 6,0–8,0 | EDTA, $o$-Phenanthrolin |
| Elastase | 3.4.21.36 | Serin | Ala, Val, Ile, Leu, Gly | 8,9 | DFP, $\alpha$1-Antitrypsin, PMSF, Elastinal |
| Pepsin | 3.4.23.1 | Aspartat | Phe, Met, Leu, Trp | 2,0–4,0 | Pepstatin, 4-Bromphenacylbromid |
| Subtilisin | 3.4.21.14 | Serin | nahezu alle AS | 7,0–11,0 | DFP, PMSF, Indol, Phenol |
| Thermolysin | 3.4.24.4 | Zn-Metallo | hydrophobe AS | 7,0–9,0 | Chelatbildner (EDTA), Phosphoamidon |
| Elastase | 3.4.21.36 | Serin | ungeladene, nichtaromatische AS | 8,8 | DFP, $\alpha$1-Antitrypsin, PMSF |
| Papain | 3.4.22.2 | Cystein | Arg, Lys, Glu, His, Tyr | 7,0–9,0 | Iodessigsäure, Iodacetamid, TPCK, TLCK |
| Pronase | | Gemisch | alle AS | 7,5 | keine speziellen |
| Protease K | 3.4.21.64 | Serin | hydrophobe, aromatische AS | 7,0 | SH-Blocker (Iodacetamid) |
| TEV-Protease | 3.4.22.44 | Cystein | Glu-Asn-Leu-Tyr-Phe--Gln I Ser/Gly | 8,0 | Zink (5 mM) Iodacetamid |
| Thrombin | 3.4.21.5 | Serin | Leu-Val-Pro-Arg | 7,5 | DFP, TLCK, PMSF, Leupeptin, STI |
| Faktor X | 3.4.21.6 | Serin | Ile-Glu-Gly-Arg | 8,3 | DFP, PMSF, STI |
| Enterokinase | 3.4.21.9 | Serin | (Asp)$_4$-Lys | 8,0 | DFP, TLCK |
| **Exopeptidasen** | | | | | |
| *C-terminal* | | | | | |
| Carboxypeptidase P | 3.4.16.1 | Serin | PrO-Xaa-COOH | 4,0–5,5 | DFP, Iodessigsäure |
| Carboxypeptidase C | 3.4.16.1 | Serin | C-terminal Pep. unspez. | 4,0–5,0 | |
| Carboxypeptidase Y | 3.4.16.1 | Serin | C-terminal Pep. unspez. | 5,5–6,5 | DFP, PMSF, ZPCK, Aprotinin |
| Carboxypeptidase A | 3.4.17.1 | Zn-Metallo | C-terminal Pep. unspez. | 7,0–8,0 | Chelatbildner (Diphosphat, Oxalat) |
| Carboxypeptidase B | 3.4.17.2 | Zn-Metallo | basische AS, C-terminal | 7,0–9,0 | Chelatbildner, basische Aminosäuren |
| *N-terminal* | | | | | |
| Acylaminoacid-releasing Enzyme | 3.4.19.1 | Serin | *N*-Acyl-AS | 7,5–9,0 | DFP |

(Fortsetzung)

■ **Tab. 10.3**    (Fortsetzung)

| Enzym | EC-Nummer | Typus | Spezifität | pH-Optimum | Inhibitoren |
|---|---|---|---|---|---|
| Pyroglutamat-Aminopeptidase | 3.4.19.3 | Cystein | Pyroglutamat | 7,0–9,0 | SH-Blocker (Iodacetamid) |
| Cathepsin C | 3.4.14.1 | Cystein | N-terminale Dipeptide | 5,5 | Iodacetat, Formaldehyd |
| **Glykosidasen** | | | | | |
| N-Glykosidase A und F | 3.5.1.52 | | N-Acetyl-β-D-glucosamin | 4,5–7,0 | |
| O-Glykosidase | 3.2.1.97 | | D-Galactosyl-N-acetyl-D--galactosamin | 6,0 | |
| **Phosphatasen** | | | | | |
| Saure Phosphatase | 3.1.3.2 | | o-Phosphomonoester | 3,0–6,0 | Fluorid, Molybdat, Orthophosphat |
| Alkalische Phosphatase | 3.1.3.1 | | o-Phosphomonoester | 7,0 | |

**10**

ase wird hauptsächlich bei der Solubilisierung von Membranproteinen angewendet, daneben auch zum Verdau von Elastin, einem Gewebeprotein.

**Endoprotease ArgC**    Endoprotease ArgC (30 kDa) ist eine Serinprotease mit sehr hoher Spezifität. Sie spaltet Peptidbindungen C-terminal von Argininresten und ist gerade wegen ihrer hohen Selektivität und ihre Stabilität gegenüber Autoproteolyse neben den anderen Endoproteasen eine der wichtigsten Proteasen in der Primärstrukturanalyse.

**Endoprotease AspN**    Diese Metalloprotease (27 kDa) hydrolysiert die Peptidbindung N-terminal von Aspartat und Cysteinsäuren.

**Endoprotease GluC**    Endoprotease GluC, auch Protease V8 genannt (27 kDa), ist eine Serinprotease und katalysiert in Ammoniumbicarbonat (pH 7,8) oder Ammoniumacetat (pH 4) die Spaltung von Peptidbindungen C-terminal von Glutamat. In Phosphatpuffer (pH 7,8) kann die Spezifität auf Glu und Asp erweitert werden.

**Endoprotease LysC**    Diese Serinprotease hydrolysiert sehr spezifisch Amid-, Ester- und Peptidbindungen C-terminal von Lysin. Das Enzym wurde zusätzlich durch Vernetzung stabilisiert, ist dadurch gegen Autoproteolyse geschützt und deshalb gerade für die Mikroanalytik besonders wichtig.

**Papain**    Papain (23 kDa) ist eine Cysteinprotease, die Peptidbindungen nach Arg, Lys, Glu, His, Gly und Tyr

spaltet. Bei längerem Einwirken des Enzyms werden jedoch nahezu alle Peptidbindungen gespalten. Papain wird deshalb vor allem zur Totalhydrolyse verwendet. Zusätzlich besitzt Papain Esterase- und Transamidaseaktivität. Die Aktivität wird durch SH-blockierende Agenzien inhibiert. Papain spaltet durch limitierte Proteolyse auch natives Immunglobulin in biologisch aktive Fragmente. Ebenso wie Elastase wird Papain auch zum Solubilisieren integraler Membranproteine verwendet.

**Pepsin**    Pepsin ist eine Aspartatprotease mit relativ breiter Spezifität. Sie spaltet bevorzugt Bindungen von Phe, Met, Leu oder Trp zu anderen hydrophoben Resten. Interessant ist vor allem das pH-Optimum, das bei 2,0 liegt. Pepsin ist somit eines der wenigen Enzyme, das in saurem pH-Bereich Peptidbindungen hydrolysiert. Pepsin spaltet ebenso wie Papain Immunglobuline in aktive Fragmente.

**Pronase**    Pronase ist ein nichtspezifisches Enzymgemisch verschiedener Proteasetypen aus *Streptomyces griseus*. Als Substrat verwendet man das sehr breit wirksame Casein-Resorufin. Es gibt keinen Inhibitor, der die sehr breite Proteaseaktivität umfassend hemmt. Pronase wird vor allem zur Totalhydrolyse von Proteinen verwendet. Gemeinsam mit anderen Proteasen wie Trypsin oder Kollagenase dient es zur Gewebedissoziation.

**Subtilisin**    Subtilisin ist eine Serinprotease, die durch ihre geringe Spezifität ebenfalls vor allem zur Totalhydrolyse dient. Ihr Vorteil dabei ist die Aktivität bis in den alkalischen pH-Bereich (pH 7–11).

**Thermolysin**  Thermolysin (37 kDa) ist eine Zinkprotease mit geringer Spezifität. Sie hydrolysiert vor allem Aminosäuren mit hydrophoben, großen Seitenketten wie Ile, Leu, Met, Phe, Trp und Val (außer wenn Pro C-terminal davon liegt). Vorteil des Enzyms ist die hohe Thermostabilität (4–80 °C).

**Trypsin**  Trypsin (23 kDa) katalysiert die Spaltung von Peptidbindungen C-terminal von Arg und Lys ebenso wie deren Amide und Ester. Es ist die wohl am häufigsten verwendete Serinprotease in der Proteinanalytik, vor allem zur Erstellung von *Peptide Maps*, gerade in Verbindung mit der Massenspektrometrie (liefert genau definierte Ladungsverteilung (–Lys oder – Arg am C-Terminus des Peptids.)) Trypsin wird auch beim Solubilisieren von Membranproteinen oder bei Topologiestudien eingesetzt.

**Protease K**  Eine gerade in der Molekularbiologie häufig eingesetzte Endoprotease mit geringer Spezifität ist Protease K. Sie degradiert und inaktiviert Proteine während der Isolierung von RNA und DNA. Ihre Spaltspezifität liegt C-terminal von hydrophoben, aliphatischen und aromatischen Aminosäuren.

**TEV-Protease, Faktor Xa, Thrombin und Enterokinase**  Ein weiterer spezieller Einsatzbereich für Endoproteasen ist die Isolierung rekombinanter Proteine. Dabei werden hochspezifische Spaltstellen an entsprechende Positionen kloniert, die anschließend nach dem Aufreinigen des Fusionsproteins ein gezieltes Herausspalten des gewünschten Fragments erlauben.

### 10.5.1.2 Exoproteasen

Exoproteasen bauen Proteine von ihrem C- oder N-terminalen Ende her ab. Sie sind notwendig, um N-terminal blockierte, also für den Edman-Abbau nicht zugängliche Aminosäuren abzuspalten oder die blockierende Gruppe zu entfernen. Die häufigsten enzymatisch abbaubaren Reste sind Acetylgruppen (*acyl-amino acid releasing enzyme*) und Pyroglutamatreste (**Pyroglutamat-Aminopeptidase**). In den meisten Fällen arbeiten diese Exoproteasen jedoch weder an intakten noch an denaturierten Proteinen. Blockierte Proteine müssen meist zuvor enzymatisch zerlegt werden, bevor sie dann an den isolierten N-terminalen Peptidfragmenten deblockiert werden können.

### 10.5.1.3 Carboxypeptidasen

Carboxypeptidasen verwendet man für den enzymatischen Abbau von Aminosäuren vom C-terminalen Ende. Dabei wird, anders als bei den chemischen Methoden, nicht Aminosäure für Aminosäure vollständig abgebaut, isoliert und identifiziert, sondern in einem Zeitverlauf durch Aminosäureanalyse der Anstieg an freigesetzten Aminosäuren zu verschiedenen Zeitpunkten gemessen.

In der Regel kommt ein Gemisch aus Carboxypeptidase A, B und Y zur Anwendung, die alle unterschiedliche Spezifitäten zu den einzelnen Aminosäuren besitzen. Carboxypeptidase A setzt nur sehr langsam Gly, Asp, Glu, Cys und CysSO$_3$H vom C-Terminus frei und ist nicht in der Lage, Arg und Pro abzubauen. Carboxypeptidase B setzt vor allem Lys und Arg frei. Carboxypeptidase Y dagegen hat ein sehr breites Spaltspektrum. Außer Gly und Asp werden nahezu alle Aminosäuren gut abgebaut.

### 10.5.1.4 Glykosidasen

Kohlenhydratseitenketten in Proteinen beeinträchtigen oft aus sterischen Gründen das Spalten des Proteingerüsts. Sie verhindern auch die Identifizierung des Aminosäurederivats, an dem das Kohlenhydrat anknüpft, während des Edman-Abbaus.

Glykosidasen sind eine Gruppe von Enzymen, die nicht zu den Proteasen gehören, aber auch der Strukturanalyse unabdingbar sind. Speziell *N*-Glykosidasen sind in der Lage, die komplette Kohlenhydratseitenkette vom Aminosäurerest (Asn) abzuspalten. Die N-Glykosidasen A und F spalten die Kohlenhydratkette komplett ab, wobei Aspartat und Ammoniak entstehen. O-Glykosidisch an Threonin gebundene Zucker werden durch *O*-Glykosidase vollständig abgebaut.

### 10.5.1.5 Phosphatasen

Die Aktivität vieler Proteine ist durch die Phosphorylierung von Serin-, Threonin- oder Tyrosinresten reguliert. Die enzymatische Abspaltung der Phosphatgruppe durch Phosphatasen führt zu einer Ladungsänderung und zu einer Änderung des Molekulargewichts. Die Ladungsänderung kann im Wanderungsverhalten während einer isoelektrischen Fokussierung sichtbar gemacht werden. Die Verringerung des Molekulargewichts kann massenspektrometrisch nachgewiesen werden.

### 10.5.1.6 Klassifizierung von proteolytischen Enzymen

Es gibt vier verschiedene Klassen von Proteasen, die sich im Spaltmechanismus unterscheiden und wiederum aus sechs Familien bestehen. Diese Familien zeichnen sich durch die Anordnung der Aminosäuren im aktiven Zentrum aus (🔲 Tab. 10.4); sie werden nach dem Rest benannt, der am Katalysemechanismus beteiligt ist, z. B. **Serinproteasen**. Die Familie der Serinproteasen wird weiter unterteilt in Säuger- und Bakterienprotea-

**◘ Tab. 10.4**   Klassifizierung proteolytischer Enzyme

| Familie | typische Vertreter | aktives Zentrum |
|---|---|---|
| Serinprotease I | Chymotrypsin, Trypsin, Elastase, Pankreaskallikrein | $Asp^{102}$, $Ser^{195}$, $His^{57}$ |
| Serinprotease II | Subtilisin | $Asp^{32}$, $Ser^{221}$, $His^{64}$ |
| Cysteinprotease | Papain, Cathepsin | $Cys^{25}$, $His^{159}$, $Asp^{158}$ |
| Aspartatprotease | Pepsin, Renin | $Asp^{33}$, $Asp^{213}$ |
| Metalloprotease I | Carboxpeptidase A | Zn, $Glu^{270}$, $Try^{248}$ |
| Metalloprotease II | Thermolysin | Zn, $Glu^{143}$, $His^{231}$ |

**◘ Tab. 10.5**   Proteolysebedingungen

| **Puffer** | |
|---|---|
| 0,1 M Ammoniumbicarbonat N-Methylmorpholin | für viele Enzyme im Bereich pH 8 geeignet |
| **Detergenzien** | |
| SDS 0,1 % | für die meisten Enzyme (für Subtilisin und Endoprotease LysC: bis 1 %) |
| CHAPS, Octylglucosid, NP40 bis 2 % | |
| **Organische Lösungsmittel** | |
| Acetonitril 20 % | Endoprotease GluC, Pepsin, Trypsin (bis 40 %), Endoprotease LysC |
| Isopropanol 20 % | Endoprotease AspN, Subtilisin, Thermolysin, Papain, Elastase |
| **Reduzierende Agenzien** | |
| Mercaptoethanol 0,5 % | Endoprotease LysC und GluC |
| Mercaptoethanol 1 % | Endoprotease AspN |
| **Spaltzeiten** | |
| 4–16 h bei 37 °C für vollständige Proteolyse meist ausreichend | |
| **Enzym/Substrat-Verhältnis** | |
| Spaltung in Lösung: 1:20 bis 1:100 | |
| Spaltung in Gel oder Membran: 1:1 bis 1:10 | |

(Achtung: bei hohen Enzymkonzentrationen kann Autoproteolyse eintreten!)

sen, die sich trotz gleichen aktiven Zentrums in ihrer dreidimensionalen Struktur unterscheiden. Gleiches gilt für die **Metalloproteasen**.

Die Gesellschaft zur Klassifizierung von Enzymen (*Enzyme Commission*, EC) erarbeitete ein Klassifizierungsschema, das Enzymen eine vierstellige Nummer zuordnet, mit der sie charakterisiert werden können. Die erste Nummer unterteilt die Enzyme in sechs Hauptgruppen, wobei in der Strukturaufklärung von Proteinen die Gruppe der Hydrolasen (EC 3) am wichtigsten ist. Die zweite Nummer charakterisiert die Art der hydrolysierten Bindung, z. B. Peptidbindung (EC 3.4). Die dritte Nummer steht für den katalytischen Mechanismus des aktiven Zentrums des Enzyms (EC 3.4.21 für Serinproteasen oder EC 3.4.24 für Metalloproteasen). Die letzte Nummer steht für die Seriennummer eines Enzyms in seiner Unterklasse (EC 3.4.21.4 für Trypsin, vgl. ◘ Tab. 10.3).

### 10.5.2   Proteolysebedingungen

Die wichtigsten Parameter bei der Spaltung mit Enzymen sind Puffer, pH-Wert, Temperatur, Spaltdauer und das Verhältnis von Enzym zu Substrat. ◘ Tab. 10.5 enthält eine Auswahl von Proteolysebedingungen für verschiedene Enzyme. Die Pufferwahl wird in den meisten Fällen durch den benötigten pH-Bereich bestimmt, wobei natürlich leicht zu entfernende Puffer bevorzugt werden. Die meisten Enzyme sind auch in Gegenwart von Detergenzien noch aktiv. Organische Lösungsmittel wie Acetonitril und Isopropanol verbessern die Löslichkeit vieler Proteine, ohne die enzymatische Aktivität zu beeinträchtigen. Selbst die Gegenwart reduzierender Agenzien ist für viele Enzyme nicht schädlich.

Spaltzeiten zwischen vier und 16 Stunden bei 37 °C reichen in den meisten Fällen für eine vollkommene Proteolyse der entsprechenden Peptidbindung. Für eine Spaltung in Lösung sollte, um eine möglichst hohe Substratkonzentration zu erreichen, das Volumen des Puffers so gering wie möglich gehalten werden. Bei hohen Enzymkonzentrationen sollten möglichst Enzyme verwendet werden, die keine autoproteolytische Fragmentierung aufweisen (z. B. Endoprotease LysC, Endoprotease GluC). Die Enzyme sollten erst unmittelbar vor Gebrauch gelöst werden.

Einige Enzyme benötigen zu ihrer Aktivität noch spezielle Ionen: So ist Trypsin nur in Gegenwart von $Ca^{2+}$ (2 mM) aktiv. Pyroglutamat-Aminopeptidase benötigt Thiole zu ihrer Aktivierung.

Zur Proteolyse geblotteter, membrangebundener Proteine ist es notwendig, die Membranen vor Proteinzugabe mit einem *quenching reagent* (z. B. Polyvinylpyrolidon, PVP40) abzusättigen, um eine unspezifische Bindung des Enzyms an die Membran zu vermeiden. Nach dem Absättigen müssen die Membranen intensiv gewaschen werden, da PVP40 störende Peaks bei nachfolgenden Chromatographien verursacht. Alternativ dazu kann hydrogeniertes Triton X-100 (RTX-100), das im UV nicht absorbiert und so keine störenden Peaks im Chromatogramm verursacht, dem Spaltpuffer zugegeben werden, was zum einen die Membran absättigt, aber auch hilft, Peptide von der Membran zu eluieren.

Die enzymatische Spaltung im Polyacrylamidgel erfordert ausgiebiges Waschen der Gelmatrix mit Spaltpuffer, abwechselnd mit Schrumpfen des Gels durch Acetonitril. Das geschrumpfte Gel saugt sich anschließend mit Spaltpuffer und Enzym voll. Die Elution der Spaltpeptide erfolgt mit organischen Lösungsmitteln und Säuren. Bei allen Spaltungen sollte eine Leerprobe (Membran oder Gel ohne Protein) mitbehandelt werden, um Verunreinigungen und Artefakte, aber auch Autolysefragmente identifizieren zu können.

## 10.6 Chemische Fragmentierung

Als Ergänzung zur enzymatischen Hydrolyse erlaubt die chemische Spaltung die Hydrolyse von Peptidbindungen, für die keine Enzyme zur Verfügung stehen. Von Vorteil ist auch, dass die meisten Reagenzien, die zur chemischen Spaltung verwendet werden, unempfindlich gegenüber Salzen oder Detergenzien sind. Sie kommen gerade dann zum Einsatz, wenn Enzyme ungeeignet sind.

Es ist zwar eine große Anzahl chemischer Spaltmethoden beschrieben, nur wenige davon wurden jedoch so weit vorangetrieben, dass sie in der Praxis eingesetzt werden können. Niedrige Spaltausbeuten, geringe Spe-

zifität, unerwünschte Nebenreaktionen und eine hohe Variabilität in der Sensitivität der zu spaltenden Bindung machen viele dieser Reagenzien wenig reproduzierbar und so für die Strukturaufklärung uninteressant.

**Spaltung am Methionin mit Bromcyan** Das am häufigsten verwendete Reagens ist Bromcyan, da es eine ganze Reihe von Vorteilen hat: Es spaltet nahezu quantitativ und hochspezifisch die Bindung Met-Xaa, für die es sonst kein geeignetes Enzym gibt. Sehr schlechte Spaltausbeuten werden allerdings bei Met-Thr- und Met-Ser-Bindungen erzielt. Da Methionin relativ selten in Proteinen vorkommt, werden wenige große Fragmente gebildet. Die Reaktion wird üblicherweise in 70 %iger Ameisensäure durchgeführt, einem für viele Proteine guten Lösungsmittel. Als Nebenreaktion kommt es zur partiellen sauren Hydrolyse von Asp-Pro-Bindungen. Das Reagens ist flüchtig und somit ideal für die weitere Aufarbeitung des Proteins.

Die Selektivität von Bromcyan beruht auf dem elektrophilen Angriff von Bromcyan am Schwefel der Methioninseitenkette (◘ Abb. 10.6) unter Bildung eines Sulfoniumions. Die Freisetzung von Methylthiocyanat führt zur Bildung eines intermediären Iminorings unter Einbeziehung der Carbonylgruppe des Methionins. Zugabe von Wasser führt schließlich zur Hydrolyse des Iminolactonrings und zur Spaltung der Peptidbindung unter Freisetzung einer neuen Aminogruppe. Als C-terminale Aminosäure der gespaltenen Bindung entsteht Homoserin, das in Homoserinlacton überführbar ist und mit diesem im Gleichgewicht steht.

Die Spaltung mit Bromcyan erfolgt gewöhnlich mit einem 100-fach molaren Überschuss von Bromcyan über Methionin in 70 %iger Ameisensäure im Dunkeln und unter Ausschluss von Sauerstoff, über einen Zeitraum von 2–16 h. Höherer Überschuss an Bromcyan

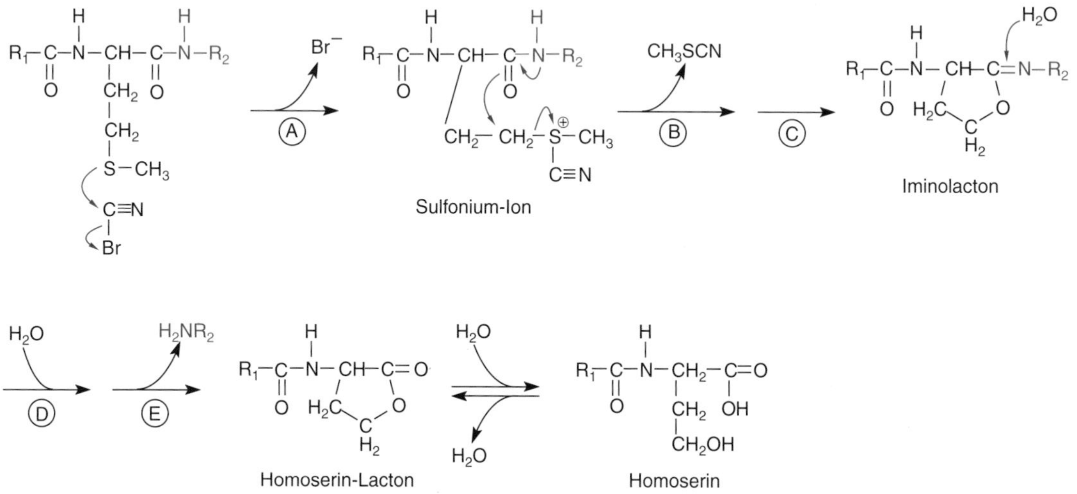

◘ Abb. 10.6    Reaktionsschema der Bromcyanspaltung. Elektrophiler Angriff **A** von Bromcyan auf das Schwefelatom der Methioninseitenkette unter Bildung eines Sulfoniumions; **B** Freisetzung von Methylthiocyanat unter Bildung eines intermediären Iminorings **C**; Hydrolyse des Iminolactonrings und Spaltung der Peptidbindung **D**; Freisetzung einer neuen Aminogruppe **E**; Homoserin entsteht als neue C-terminale Aminosäure. Homoserin steht im Gleichgewicht mit seiner Lactonform

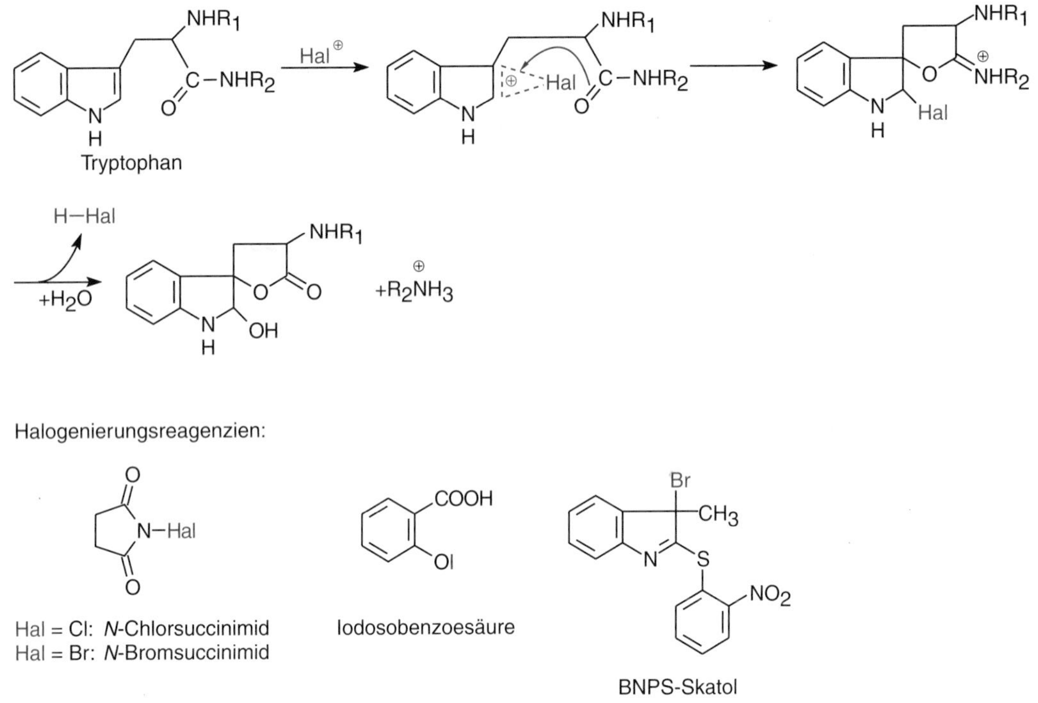

**Abb. 10.7** Spaltung an Tryptophan durch oxidative Halogenierung des Indolrings unter Bildung eines Oxyindolrings

oder längere Spaltzeiten führen zu weiteren Nebenreaktionen, die vor allem Tryptophan betreffen.

Die Spaltung mit Bromcyan kann auch mit Proteinen durchgeführt werden, die auf PVDF-Membranen geblottet sind oder die sich in einer Polyacrylamidgelmatrix befinden.

**Partielle saure Hydrolyse** Die Spaltung an Asn-Pro-Bindungen kann selektiv mit 70 %iger Ameisensäure oder Trifluoressigsäure erreicht werden. Da diese Spaltung aber nur unvollständig abläuft, entstehen bei Vorliegen mehrerer dieser Bindungen sehr heterogene Fragmentierungsmuster, sodass diese Spaltung in der Proteinchemie kaum Anwendung findet.

Weitere partielle saure Hydrolysen finden unter extremen Bedingungen an Xaa-Ser und Xaa-Thr statt (11 M HCl, 4 Tage), kommen aber gezielt kaum zur Anwendung.

**Spaltung an Tryptophan mit BNPS-Skatol, Iodosobenzoesäure, N-Bromsuccinimid und N-Chlorsuccinimid** Eine weitere seltene Aminosäure und damit geeignet zur Spaltung eines Proteins in große Fragmente ist Tryptophan. Eine Reihe unterschiedlicher Reagenzien sind für die Spaltung an Tryptophan beschrieben. Davon sind jedoch nur N-Bromsuccinimid (NBS), N-Chlorsuccinimid (NCS), 2-(2-Nitrophenylsulfenyl)-3-methyl-3-bromindolenin (BNPS-Skatol) und O-Iodosobenzoesäure ausreichend selektiv und erzielen Spaltausbeuten bis zu 80 %, die ihren Einsatz noch rechtfertigen. Die Reagenzien enthalten ein positiv polarisiertes und daher elektrophiles Halogen. Nebenreaktionen und zusätzliche Spaltungen an Histidin und Tyrosin sind häufig nicht zu vermeiden. Diese Spaltungen an Tryptophan (Abb. 10.7) beruhen auf einer oxidativen Halogenierung des Indols unter Bildung eines Oxyindolrings.

**Spaltung von Asn-Gly-Bindungen mit Hydroxylamin** In der Asn-Gly-Sequenz einer Proteinkette kann sich spontan eine Isopeptidbindung ausbilden. Ausgangspunkt dieser Modifizierung (Abb. 10.8) ist die Bildung eines Succinimidrings der Carbonylgruppe von Asparagin mit der benachbarten Aminogruppe des Glycins mit Desamidierung von Asparagin (zu einer β-Carboxygruppe). Isomerisierung und Racemisierung von Asparagin sind häufige Reaktionen der Proteinchemie. Der Succinimidring führt nach Ringöffnung zu Aspartat oder Isoaspartat.

Isopeptidbindungen führen zu einem Abbruch des Edman-Abbaus. Die Succinimidbildung kann jedoch auch zu einer Spaltung der Asn-Gly-Bindung ausgenutzt werden. Das Succinimid kann mit Hydroxylamin durch einen nucleophilen Angriff in α- und β-Aspartylhydroxamat und einen neuen N-terminalen Glycinrest gespalten werden.

## 10.7 Zusammenfassung

Das Anwendungsgebiet für die Fragmentierung von Proteinen im Rahmen der Strukturaufklärung hat sich in den letzten Jahren grundlegend verändert. So wird die

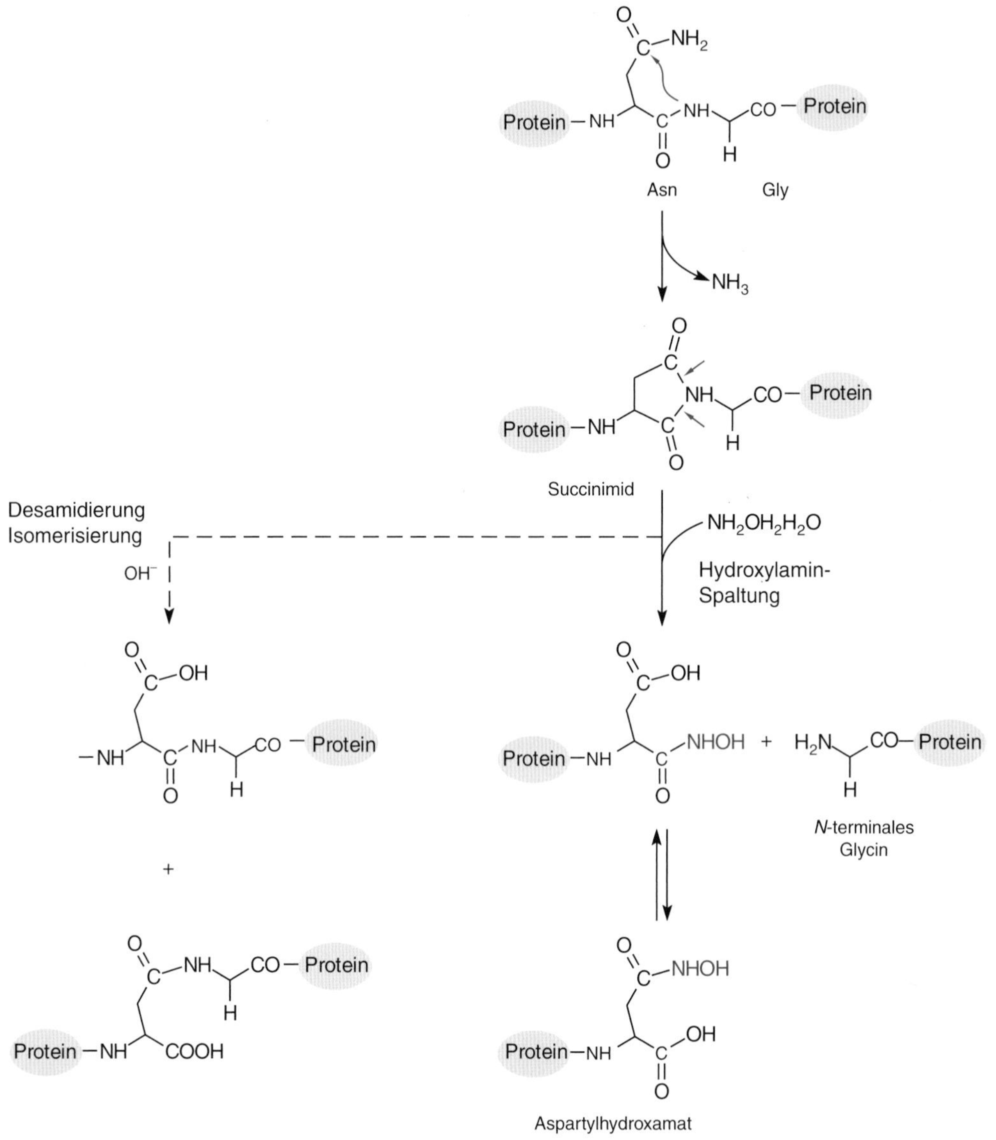

**Abb. 10.8** Hydroxylaminspaltung von Asn-Gly-Bindungen. Die Carbonylgruppe von Asparagin bildet mit der Aminogruppe der benachbarten Peptidbindung ein Succinimid-Intermediat. Durch nucleophilen Angriff von Hydroxylamin wird die Asn-Gly-Bindung in α- und β-Aspartylhydroxamat und einen neuen, N-terminalen Glycinrest gespalten

Primärstruktur heute nur noch von sehr kleinen Proteinen vollständig proteinchemisch ermittelt. Es ist also nicht mehr notwendig, Proteine mit vielen unterschiedlichen Enzymen zu spalten, um Überlappungsfragmente für alle Segmentbereiche des Proteins zu erhalten. Routinemäßig verwendet man heute wenige, gut und spezifisch spaltende Enzyme – meistens Trypsin oder Endoprotease LysC –, um Proteine zu spalten und die Spaltpeptide zu analysieren. Die Information über die Reihenfolge der Peptide innerhalb eines Proteins wird heute fast immer aus der DNA-Sequenz ermittelt. In der modernen Proteinanalytik und in der Proteomanalyse werden enzymatische Spaltungen hauptsächlich eingesetzt, um Proteine durch *Peptide Mass Fingerprints* (PMF) und Sequenzierung der Peptide durch MS-MS zu identifizieren und um posttranslationale Modifikationen zu charakterisieren. Die hohe Spezifität der Spaltstellen macht Proteasen vor

allem bei Produktion rekombinanter Proteine zum Abspalten der Affinitäts-Tags unabdingbar.

## Literatur

Kellner R (1999) Chemical and enzymatic fragmentation of proteins. In: Kellner R, Lottspeich F, Meyer H (Hrsg) Microcharacterization of proteins. Wiley-VCH, Weinheim

Motyan JA, Toth F, Tözser J (2013) Research applications of proteolytic enzymes in molecular biology. Biomolecules 3:923–942

Patterson SD (1994) From electrophoretically separated proteins to identification strategies for sequence and mass analysis. Anal Biochem 221:1–15

Rawlings ND, Salvesen G (2013) Handbook of proteolytic enzymes, 3. Aufl. Elsevier, Amsterdam

Sterchi E, Stöcker W (Hrsg) (1999) Proteolytic enzymes; tools and targets. Springer, Heidelberg. www.brenda-enzymes.org

# Chromatographische Trennmethoden für Peptide und Proteine

*Reinhard Boysen*

## Inhaltsverzeichnis

11.1      Instrumentierung – 241

11.2      Chromatographische Theorie – 242

11.3      Die physiko-chemischen Charakteristika der Peptide und Proteine – 245

11.4      Chromatographische Trennmethoden – 246
11.4.1    Ausschlusschromatographie – 247
11.4.2    Hochleistungs-Reversed-Phase-Chromatographie (HP-RPC) – 248
11.4.3    Hochleistungsnormalphase-Chromatographie (HP-NPC) – 249
11.4.4    Hochleistungs-Hydrophile-Interaktionschromatographie (HP-HILIC) – 250
11.4.5    Hochleistungs-Aqueous-Normalphasechromatographie (HP-ANPC) – 250
11.4.6    Hochleistungs-Hydrophobe-Interaktionschromatographie (HP-HIC) – 251
11.4.7    Hochleistungsionenaustauschchromatographie (HP-IEX) – 253
11.4.8    Hochleistungsaffinitätschromatographie (HP-AC) – 254

11.5      Methodenentwicklung für die analytische Chromatographie am Beispiel der HP-RPC – 256
11.5.1    Entwicklung und Optimierung einer Methode – 256
11.5.2    Übergang zur präparativen Chromatographie – 258
11.5.3    Fraktionierung – 259
11.5.4    Analyse der Fraktionen – 259

© Springer-Verlag GmbH Deutschland, ein Teil von Springer Nature 2022
J. Kurreck et al. (Hrsg.), *Bioanalytik*, https://doi.org/10.1007/978-3-662-61707-6_11

11.6      **Multidimensionale HPLC – 260**

11.6.1    Trennung von individuellen Peptiden und Proteinen
          in der MD-HPLC – 260

11.6.2    Trennung von komplexen Peptid- und Proteinmischungen mit der
          MD-HPLC – 261

11.6.3    Methodenstrategien für die MD-HPLC – 261

11.6.4    Entwurf eines effektiven MD-HPLC-Schemas für Peptide
          und Proteine – 262

11.7      **Schlussbemerkung – 264**

          **Literatur und Weiterführende Literatur – 264**

- Die Hochleistungsflüssigkeitschromatographie (HPLC) ist eine vollautomatisierte Form der Chromatographie, die es ermöglicht, Peptide und Proteine schnell, selektiv, reproduzierbar und mit hoher Auflösung zu trennen.
- Eine Reihe von HPLC-Methoden stehen zur Verfügung: die Ausschluss-, Reversed-Phase-, Normalphase-, hydrophile Interaktions-, Aqueous-Normalphase-, hydrophobe Interaktions-, Ionenaustausch- und die Affinitätschromatographie, deren genaue Kenntnis eine Auswahl für den jeweiligen Anwendungszweck ermöglicht.
- Multidimensionale HPLC, d. h. die sukzessive Kombination von verschiedenen chromatographischen Trennmethoden in Verbindung mit Massenspektrometrie und Bioinformatik, kann für die Trennung, Detektion, Identifizierung und Quantifizierung einer hohen Anzahl von Analyten in komplexen Proben eingesetzt werden.
- Systematische Methodenentwicklungen für mikroanalytische und auch für präparative Aufgabenstellungen erlauben optimale, effiziente und nachhaltige Analysen.
- Anwendungsbereiche der HPLC von Peptiden und Proteinen erstrecken sich über die Grundlagenforschung, Proteomanalyse, Systembiologie, Hochdurchsatzanalytik, medizinische Diagnostik bis hin zur Qualitätskontrolle von Biotherapeutika.

Die Hochleistungsflüssigkeitschromatographie (HPLC) wurde in den letzten 30 Jahren zur unverzichtbaren Methode für die Trennung, Aufreinigung und Charakterisierung von synthetischen und biologischen Molekülen. Trotz großer Fortschritte, vor allem in der Instrumentierung, gibt es noch beachtliche Herausforderungen an die HPLC, wenn sie zur Analyse von biologischen Molekülen wie Peptiden und Proteinen in sehr komplexen Mischungen dienen soll, wie es z. B. in den Anwendungsbereichen Peptidomics, Proteomics und Degradomics der Fall ist.

Da Proteine, bedingt durch chemische oder biologische Modifikationen nach der Translation, als Isoformen oder durch genetische Modifikationen als Proteinvarianten auftreten können, müssen bei der Identifikation, die über proteolytisch erzeugte Peptide erfolgt, die Massenspektrometrie und Bioinformatik herangezogen werden, dasselbe trifft auch für die Qualitätskontrolle von rekombinant produzierten Proteinen und für die Analyse von synthetischen Peptiden zu. Weitere Strukturaufklärung kann durch die Tandem-Massenspektrometrie erfolgen, wenn z. B. ein Ionenfallen-, Orbitrap-, Quadrupol- oder Fourier-Transform-Massenspektrometer benutzt wird.

Um eine Trennungs- und Analysenstrategie zu entwickeln, die genau an das oder die Zielmolekül(e) angepasst ist, ist die Kenntnis der verfügbaren Instrumentierung,

der theoretischen Grundlagen der Chromatographie und der physiko-chemischen Charakteristika der Peptide und Proteine hilfreich. Diese Grundlagen sind in den ▶ Abschn. 11.1, 11.2 und 11.3 beschrieben. Die hauptsächlich angewendeten chromatographischen Methoden für die Trennung und Aufreinigung von Peptiden und Proteinen sind in ▶ Abschn. 11.4 ausführlich dargelegt. Um eine spezifische HPLC-Methode voll ausnutzen zu können, wird eine umfassende, an das Zielmolekül angepasste systematische Methodenentwicklung empfohlen. Diese Vorgehensweise wird dann durch Zeit- und Kostenersparnis belohnt, da ein unwirtschaftliches Ausprobieren entfällt. Solche Methodenentwicklung wird in ▶ Abschn. 11.5 anhand der Reversed-Phase-Chromatographie, der meistbenutzten Methode in der Peptid- und Proteinanalyse, exemplarisch dargestellt. Da Peptide und Proteine meistens ausgehend von komplexen biologischen Mischungen analysiert werden, ist für ihre Trennung oft mehr als ein chromatographischer Schritt nötig. In direkt aufeinanderfolgenden Anwendungen verschiedener Chromatographiemethoden muss deren Kompatibilität miteinander und mit den erforderlichen Detektionsmethoden beachtet werden. Die Konzepte und Anwendungen zwei- und mehrdimensionaler Techniken für die Trennung von Peptiden und Proteinen sind in ▶ Abschn. 11.6 diskutiert.

## 11.1 Instrumentierung

In der Bioanalytik kommt der Anpassung des chromatographischen Systems an die jeweilige Aufgabenstellung eine wesentliche Bedeutung zu. Die moderne Instrumentierung gibt vielerlei Möglichkeiten, ein Trennsystem aus verschiedenen Komponenten zusammenzustellen oder kompakte, integrierte, kommerziell erhältliche Chromatographiestationen einzusetzen. Ein einfaches Trennsystem besteht aus mindestens einer binären Eluentenpumpe, einem Probenaufgabesystem, einer Trennsäule und einem UV-Detektor. Die Trennsäule kann von der mobilen Phase einerseits bei atmosphärischem Druck durchströmt werden (offenes System) oder aber unter erhöhtem Druck, in sog. Mittel-, Hoch- oder Ultrahochdrucksystemen. Die Entwicklung der Hochleistungsflüssigkeitschromatographie (*High-Performance Liquid Chromatography,* HPLC) brachte wesentliche Fortschritte bezüglich der Schnelligkeit, der Selektivität, der Reproduzierbarkeit, des Auflösungsvermögens und der Automatisierbarkeit. Sie ist mittlerweile die wesentliche chromatographische Methode in der analytischen Biochemie. Als weitere Komponenten für ein chromatographisches System können je nach Bedarf noch weitere Eluentenpumpen, ein automatischer Eluentenentgaser, ein automatischer (und thermostatisierter) Probengeber (Autosampler), ein thermostatisiertes Säulenkompartiment mit integrierten Schaltventilen für Säulenschaltungen oder ein (thermostatisierter) Fraktionssammler hinzugefügt werden. Die einzelnen Systemkomponenten können direkt (manuelle Steuerung) oder von einem Computer kontrolliert werden, der auch dazu dienen kann, die Chromatogramme zu speichern und auszuwerten. Insgesamt ist ein chromatographisches System in seiner Konzeption auf bestimmte Problemstellungen ausgelegt, z. B. auf großen Probendurchsatz (was einen Roboter erfordern kann, der den Autosampler bestückt), für die Methodenentwicklung, für hoch empfindliche Detektion (unter Zuhilfenahme spezieller Detektoren, z. B. einem Fluoreszenzdetektor), für zweidimensionale Trennungen (was eine zusätzliche Pumpe und ein zusätzliches Schaltventil erfordert) oder auf präparative Aufreinigungen (erfordert präparative Pumpen), wofür die jeweiligen Systemkomponenten dementsprechend zusammengestellt werden.

Drei wesentliche Entwicklungen haben die bioanalytischen Anwendungen der Chromatographie der letzten drei Jahrzehnte beeinflusst: die Kopplung der Flüssigkeitschromatographie (LC) mit der Massenspektrometrie (MS), die Miniaturisierung von chromatographischen Trennsäulen und die allgemeine Verfügbarkeit der Bioinformatik. Die **LC/MS-Kopplung** ermöglicht die hochempfindliche Detektion von Molekülmassen von Peptiden und Proteinen, die Durchführung von MS/MS-Untersuchungen zur Identifizierung von Peptiden und deren Modifikationen oder die De-novo-Sequenzierung von Peptiden sowie die relative (oder absolute) Quantifizierung von Peptiden unmittelbar nach der chromatographischen Auftrennung. Das Eluat von der Chromatographiesäule wird nach einer Trennung oft direkt (d. h. ohne UV-Detektion) in ein Elektrospray-Ionisations- (ESI-)MS geleitet, in dem die aufgetrennten Peptid- oder Proteinmoleküle nacheinander desolviert, ionisiert, mittels der Ionenoptik manipuliert und dann detektiert werden. Der optimale Einsatz der Sprühtechnik erfordert eine konstant niedrige Flussrate und wird idealerweise mit der HPLC im Mikro- oder Nano-Maßstab kombiniert. Da das Massenspektrometer ein konzentrationsabhängiger Detektor ist, führt eine Verminderung der Flussrate in der LC zu einer Erhöhung der Detektionsempfindlichkeit. Des Weiteren ermöglicht der Einsatz von speziellen Mikrospottern das Auftragen von Eluat und Matrix auf Probenteller für darauffolgende matrixunterstützte Laser-Desorptions/Ionisations-Flugzeiten- (MALDI-TOF-)MS. Die Entwicklung der analytischen **mikro-** und **nano-LC,** die unter dem Oberbegriff der Kapillar-LC zusammengefasst werden, und eine Verringerung der Flussraten und Säuleninnendurchmesser beinhalteten, spiegeln einen Trend der **Miniaturisierung** wieder, der u. a. auch zur der Entwicklung von **HPLC-Chips** mit integrierter Anreicherungs- und Trennsäule geführt hat. Die einzelnen Komponenten dieser Kapillar-LC-HPLC-Systeme sind den Aufgaben entsprechend angepasst. Die Mikro- oder Nano-LC-Pumpen sind für die niedrigen Flussraten ausgelegt, der Durchmesser der Verbindungskapillaren, die Schaltventilvolumina und Detektorzellvolumina entsprechend angeglichen. Für sehr komplexe Proben, wie sie in der Proteomanalyse anfallen, sind diese HPLC-Systeme notwendigerweise immer multidimensional, d. h., sie kombinieren zwei oder mehrere verschiedene chromatographische Trennmethoden wie z. B. die Ionenaustauschchromatographie und Reversed-Phase-Chromatographie. Die massenspektroskopischen Daten von solchen multidimensionalen HPLC-Systemen können vielfach nur noch vollautomatisiert mithilfe modernster Bioinformatik und mit Sequenzdatenbanken ausgewertet werden.

## 11.2  Chromatographische Theorie

Die Flüssigkeitschromatographie kann als Trennmethode definiert werden, bei der eine gelöste Substanzmischung zwischen zwei Phasen, einer *stationären Phase* und einer *mobilen Phase*, verteilt wird, wobei die mobile Phase und damit auch die einzelne Substanzen je nach Art der verwendeten Trennsäule in eine vorbestimmte, axiale oder radiale Richtung fließen.

Eine chromatographische Trennung beginnt mit dem Auftragen der Probe. Die Komponenten (oder Analyten) wandern dann als Banden in Abhängigkeit von der Elutionsmethode mit unterschiedlicher Geschwindigkeit durch die Säule und werden beim Austritt detektiert, z. B. mit der UV-Detektion mittels Diodendetektoren. Dieser Vorgang wird im Chromatogramm dokumentiert, indem die Konzentration der eluierten Analyten als Elutionspeak gegen die Zeit oder das Elutionsvolumen aufgezeichnet wird ($\blacksquare$ Abb. 11.1). Die Zeit, die ein Analyt benötigt, der nicht mit der stationären Phase in Wechselwirkung tritt, um vom Injektor bis zum Säulenausgang zu gelangen, wird als **Totzeit $t_0$** bezeichnet. Das entsprechende **Totvolumen $V_0$** ist die Summe des interstitiellen Volumens zwischen den Partikeln des Säulenmaterials und des verfügbaren Volumens innerhalb der Partikelporen. Bei der Wechselwirkung einer Probenkomponente mit der stationären Phase wird die Elution des Analyten verzögert; dies wird durch die **Retentionszeit $t_R$** bzw. das **Elutionsvolumen $V_R$** beschrieben.

Um die Retention eines Analyten allgemein und unabhängig von der Dimension der Säule oder der Flussrate zu beschreiben, wird der **Retentionsfaktor $k$** benutzt:

$$k = \frac{t_R - t_0}{t_0} \tag{11.1}$$

wobei $t_R$ die Retentionszeit und $t_0$ das Totvolumen ist. Der Retentionsfaktor kann aber auch über das Elutionsvolumen ausgedrückt werden, da die Beziehung der Retentionszeit $t_R$ und des Totvolumens $t_0$ zum Elutions-

■ **Abb. 11.1** Schematische Darstellung eines Chromatogramms. Abkürzungen: $t_0$ Totzeit; entspricht der benötigten Zeit von der Injektion bis zur Detektion für einen nicht retardierten Analyten; $t_R$ Retentionszeit; die Zeit für einen retardierten Analyten; $h$ Peakhöhe, Abstand von der Basislinie zum Peakmaximum; $w$ Peakbreite, gemessen an der Basislinie; $w_{1/2}$ Halbwertsbreite, gemessen auf halber Peakhöhe

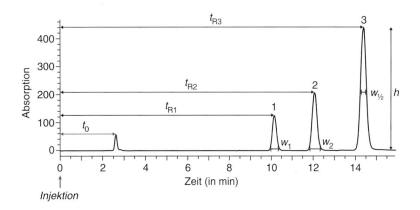

volumen und der Flussrate $F$ eines chromatographischen Systems folgendermaßen definiert ist:

$$V_R = t_R \cdot F \text{ und } V_0 = t_0 \cdot F \qquad (11.2)$$

und es ergibt sich

$$k = \frac{V_R - V_0}{V_0} \qquad (11.3)$$

Somit kann der Retentionsfaktor als die Anzahl der zusätzlichen (Säulen-)Volumina $V_0$ veranschaulicht werden, die über das Totvolumen $V_0$ hinaus benötigt werden, um einen Analyten von der Säule zu eluieren. Der Retentionsfaktor kann Werte zwischen $k = 0$ (keine Retention) und $k = \infty$ (irreversible Adsorption) annehmen, wobei Werte zwischen 1 und 20 aus praktischen und ökonomischen Gründen bevorzugt werden. Der Retentionsfaktor kann aber auch als das Verhältnis der Anzahl der Mole Probenmolekül $n_s$, die mit der stationären Phase in Wechselwirkung sind, und der Anzahl der Mole Probenmolekül $n_m$, die sich in der mobilen Phase aufhalten, ausgedrückt werden.

$$k = \frac{n_s}{n_m} \qquad (11.4)$$

Um zwei Analyten voneinander trennen zu können, müssen sie unterschiedliche Retentionsfaktoren aufweisen. Die **Selektivität** $\alpha$ beschreibt die Fähigkeit eines chromatographischen Systems, zwei Analyten (1 und 2) aufgrund ihrer unterschiedlichen Retentionsfaktoren $k_1$ und $k_2$ zu trennen. Im Fall $\alpha = 1$ ist keine Trennung möglich. Für die Selektivität gilt:

$$\alpha = \frac{k_2}{k_1} \qquad (11.5)$$

Um die Qualität einer Trennung beurteilen zu können, muss neben dem Peakabstand beider Komponenten auch die Peakbreite beachtet werden. Das Verhältnis der Peakabstände zweier benachbarter Peaks und deren Pe-

akbreiten wird dann durch die chromatographische **Auflösung** $R_S$ ausgedrückt,

$$R_S = \frac{t_{R2} - t_{R1}}{(1/2)(w_1 + w_2)} \qquad (11.6)$$

mit den Retentionszeiten $t_{R1}$ und $t_{R2}$ zweier benachbarter Peaks und deren Peakbreiten $w_1$ und $w_2$. Zwei Peaks sind entweder gar nicht ($R_S = 0$), kaum ($R_S < 1$), teilweise ($R_S = 1$) oder basisliniengetrennt ($R_S > 1,5$).

Dispersionseffekte von Analyten in chromatographischen Systemen sind eine der Ursachen von Bandenverbreiterung. Das Ausmaß der Bandenverbreiterung spiegelt die Säuleneffizienz wider, welche gewöhnlich als **Bodenzahl** $N$ oder als die Bodenhöhe $H$ (auch Höhe eines theoretischen Bodens, $HETP$) ausgedrückt wird,

$$N = \frac{L}{H} \qquad (11.7)$$

wobei $L$ die Säulenlänge ist.

Die Bodenzahl geht auf das klassische Konzept der „theoretischen Böden" als die Anzahl an Destillationsböden bei einer fraktionierten Destillation zurück. Je höher die Bodenzahl bei einer Säulenlänge $L$ ist, desto besser ist die Qualität einer Säule und dementsprechend schmaler die Peaks.

Die Größe der Bodenzahl $N$ hängt von verschiedenen chromatographischen Faktoren und Probenmoleküleigenschaften ab, u. a. von der Säulenlänge $L$, dem Durchmesser der chromatographischen Partikel $d_p$, der linearen Flussrate $u$, den entsprechenden Diffusionskonstanten der Probenmoleküle $D_m$ und $D_s$ in der mobilen Phase und der stationären Phase, und kann folgendermaßen beschrieben werden:

$$N = \left(\frac{t_R^2}{\sigma_t^2}\right) \text{ oder } N = 16\left(\frac{t_R}{w}\right)^2 \qquad (11.8)$$

wobei $t_R$ die Retentionszeit und $\sigma_t^2$ die Peakvarianz der eluierten Zone in Zeiteinheiten ist. Aus praktischen

Gründen wird $\sigma_{\mathrm{t}}^2$ oft durch die Peakbreite $w$ ersetzt. Für Peaks mit der Form einer Gauß'schen Wahrscheinlichkeitskurve entspricht die Peakbreite $w$ annäherungsweise $4\sigma$ (4-mal die Peak-Standardabweichung).

Um einen direkten Vergleich der Säuleneffizienzen von Säulen mit identischen Dimensionen des chromatographischen Bettes, aber chromatographischen Partikeln mit unterschiedlichen physikalischen und chemischen Eigenschaften (z. B. unterschiedliche durchschnittliche Partikelgröße, Liganden) zu erlauben, wurde die Bodenhöhe $H$ durch die reduzierte Bodenhöhe $h$ definiert und dementsprechend die lineare Flussrate $u = L/t_0$ durch die reduzierte Flussrate $\nu$ der mobilen Phase:

$$h = \frac{H}{d_{\mathrm{P}}} \quad \text{und} \quad v = \frac{u \cdot d_{\mathrm{P}}}{D_{\mathrm{m}}} \qquad (11.9)$$

mit der Säulenlänge $L$, dem Partikeldurchmesser $d_{\mathrm{P}}$ und der Diffusionskonstanten des Probenmoleküls in der mobilen Phase $D_{\mathrm{m}}$.

Die Bandenverbreiterung einer Peakzone ist das Resultat von verschiedenen Massentransporteffekten in der Säule und kann durch die Abhängigkeit der reduzierten Bodenhöhe $h$ von der linearen Flussrate $u$ oder der reduzierten Flussrate $\nu$ durch die **Van-Deemter-Knox-Gleichung** beschrieben werden:

$$h = A + \frac{B}{u} + C \cdot u \quad \text{oder} \quad h = A \cdot v^{1/3} + \frac{B}{v} + C \cdot v \qquad (11.10)$$

In dieser Gleichung beschreibt der A-Term die Eddy-Diffusion und die Massentransfereffekte in der mobilen Phase. Er ist ein Maß für den Einfluss der Qualität der Säulenpackung auf die Peakverbreiterung (eine Konstante für die jeweilige Säule). Der B-Term steht für die Diffusion der Probenmoleküle im Verlauf der Trennstrecke (longitudinale Diffusion), und der C-Term beschreibt die Wechselwirkungen der Probenmoleküle mit der stationären Phase (Massentransfereffekte).

Um optimale Trennleistungen zu erzielen, sollte die reduzierte Bodenhöhe $h$ möglichst klein sein. Die optimale Flussrate kann aus dem Kurvenminimum für $h$ aus der Van Deemter-Knox-Kurve entnommen werden (◘ Abb. 11.2).

Die Van-Deemter-Knox-Gleichung kann dazu benutzt werden, das chromatographische Verhalten von Molekülen kleiner Masse mit guter Näherung zu beschreiben, hat aber für Moleküle großer Masse wie beispielsweise Proteine ihre Grenzen, da diese beträchtlich in ihren Form- und Oberflächeneigenschaften variieren können. Aus diesem Grunde können die chromatogra-

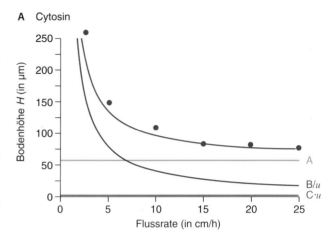

**A** Cytosin

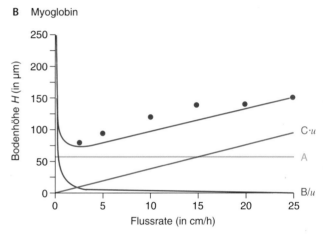

**B** Myoglobin

◘ **Abb. 11.2** Van-Deemter-Knox-Kurven für Moleküle unterschiedlicher Größe. **A** Cytosin ($M = 111$) und **B** Myoglobin ($M = 17.000$). (Nach Janson und Ryden 1989)

phischen Effekte für Makromoleküle nur mit Näherungen und Durchschnittswerten beschrieben werden.

◘ Abb. 11.2 dokumentiert den Unterschied für kleine und große Moleküle am Beispiel der beiden Van-Deemter-Knox-Kurven von Cytosin (M = 111) und Myoglobin (M = 17.000). Die Bodenhöhe wurde nach den Gelfiltrationsexperimenten für unterschiedliche Flussraten berechnet. Die Kurven lassen erkennen, dass

1. das chromatographische Verhalten von kleinen Molekülen durch deren Diffusion bestimmt wird, während der Einfluss des B-Terms (longitudinale Diffusion) für große Moleküle praktisch vernachlässigbar ist, insbesondere bei hohen Flussraten;
2. die Wechselwirkung mit der stationären Phase (C-Term) bei großen Molekülen zur Peakverbreiterung führt; und
3. eine optimale Bodenhöhe für große Moleküle bei wesentlich geringeren Flussraten erreicht wird.

**11**

Bandenverbreiterung entsteht nicht nur innerhalb der Säule, sondern auch außerhalb der Säule durch Dispersionseffekte im HPLC-System:

$$\sigma_t^2 = \sigma_{column}^2 + \sigma_{extra}^2 \tag{11.11}$$

wobei $\sigma_{column}^2$ und $\sigma_{extra}^2$ den Peakvarianzen innerhalb und außerhalb der Säule entsprechen. Besondere Aufmerksamkeit sollte daher der Verminderung der Totvolumina geschenkt werden (z. B. durch Wahl der Kapillaren, Fittings und der Detektorzelle in Bezug auf Länge und Durchmesser, Passgenauigkeit sowie Volumen), um den Einfluss von $\sigma_{extra}^2$ auf $h$ zu vermindern.

Die Bandenverbreiterung oder Peakdispersion, ausgedrückt als die reduzierte Bodenhöhe $h$, hängt von kinetischen, zeitabhängigen Vorgängen ab. Bei Abwesenheit von Sekundäreffekten (z. B. langsamer Gleichgewichtseinstellung, pH-Effekten und Konformationsänderungen der Peptide oder Proteine) kann die Auflösung $R_S$ folgendermaßen definiert werden:

$$R_S = (1/4) N^{1/2} (\alpha - 1)(k/(1+k)) \tag{11.12}$$

Diese Gleichung verbindet die drei wichtigsten Parameter, die die Qualität einer chromatographischen Trennung ausmachen, nämlich die Bodenzahl $N$, die Selektivität $\alpha$ und den Retentionsfaktor $k$, und beschreibt das Ausmaß, in dem die Bandenverbreiterung den Verlust der Trennleistung der Säule verursachen kann. Wie später noch gezeigt werden wird, bildet diese Gleichung die Grundlage der systematischen Methodenentwicklung für die Auflösungsoptimierung.

## 11.3 Die physiko-chemischen Charakteristika der Peptide und Proteine

Die Primärstruktur (Aminosäuresequenz) und Sekundärstruktur (Faltung) der zu analysierenden Peptide und Proteine bestimmen die Wahl der chromatographischen Methode. Es gibt 21 natürlich vorkommende Aminosäuren, die sich in den Eigenschaften ihrer Seitenketten unterscheiden, daneben noch zahlreiche chemische und biologische Modifikationen (z. B. durch Acetylierung, Deamidierung, Glykosylierung, Lipidierung und Phosphorylierung). Die Seitenketten werden nach ihrer Polarität eingeordnet (als unpolar oder hydrophob bzw. polar oder hydrophil). Die polaren Seitenketten teilt man ein in ungeladen, positiv geladen oder basisch und negativ geladen oder sauer. Peptide und Proteine enthalten für gewöhnlich mehrere ionisierbare

basische und saure funktionelle Gruppen. Sie zeigen deshalb charakteristische isoelektrische Punkte, wobei die Nettoladungen und Polaritäten in wässrigen Lösungen mit pH-Wert, Lösungsmittelgehalt und Temperatur variieren. Zyklische Peptide ohne ionisierbare Seitenketten sind eine Ausnahme, sie haben keine Ladung. Die Zahl und Verteilung der geladenen Gruppen beeinflusst die Polarisierbarkeit, den Ionisierungsstatus und die Hydrophobizität der Peptide und Proteine. In ◻ Tab. 11.1 sind die charakteristischen Daten für die meisten L-$\alpha$-Aminosäurereste, die in Peptiden und Proteinen zu finden sind, mit ihren $N$- und $C$-terminalen Gruppen aufgeführt. Diese Information kann bezüglich der Methodenauswahl gute Dienste leisten. Der Einfluss der Aminosäurezusammensetzung (die z. B. die Wahl des Eluenten oder Gradienten in der Reversed-Phase-Chromatographie bestimmt) auf den Retentionsfaktor kann mithilfe dieser Tabelle abgeschätzt werden. Auch kann mit dieser Tabelle der Einfluss einer Aminosäuresubstitution oder Eliminierung auf die Retention kleiner Peptide ermittelt werden. Ferner dient sie als Leitfaden, um Peptidfragmente, die durch proteolytische Spaltungen entstehen, zu identifizieren.

In Lösung weist ein Peptid (bis 15 Aminosäuren) generell keine Sekundärstruktur auf. Polypeptide (15–50 Aminosäuren) oder Proteine (> 50 Aminosäuren) zeigen $\alpha$-helikale, $\beta$-Faltblatt- oder $\beta$-Schleifenmotive in ihrer Sekundärstruktur. Mit zunehmender Kettenlänge, je nach Sequenz der Aminosäuren, nehmen spezifische Bereiche der Polypeptide oder Proteine sekundäre, tertiäre oder quaternäre Strukturen ein oder weisen keine definierte Tertiärstruktur auf, wie die intrinsisch ungeordneten Proteine. Die Faltungen der Aminosäuren in Sekundär- und Tertiärstrukturen, die in wässrigen Lösungen die hydrophoben Aminosäureseitenketten eines Proteins nach innen bringen und so die Struktur stabilisieren, spielen in der chromatographischen Trennung eine große Rolle. Abhängig von der jeweilig gewählten Trennmethode werden die experimentellen Bedingungen unweigerlich auch die Konformation der Peptide oder Proteine beeinflussen. Durch eine geeignete Methodenwahl kann diese Destabilisierung vielfach so gering wie möglich gehalten werden, jedoch muss in den meisten Fällen eine integrierte biophysikalische Analyse erfolgen (z. B. mit ${}^1$H-2-dimensionaler NMR-, FTIR-, CD-ORD-Spektroskopie oder ESI-MS), um die Sekundär- oder Tertiär- (Quartär-)Struktur zu bestimmen oder die Gegenwart eines spezifischen gebundenen Liganden oder das Vorkommen von Selbst-Aggregaten sicher ausschließen zu können.

Die Detektion der Peptide und Proteine erfolgt hauptsächlich im UV-Bereich ($\lambda = 205$–$215$ nm), da dort die Peptidbindungen stark absorbieren, jedoch absorbieren aromatische Aminosäuren enthaltende Peptide

◻ **Tab. 11.1** Eigenschaften der häufigsten L-$\alpha$-Aminosäuren und der terminalen Gruppen

| Drei-Buchstaben-Abkürzung | Ein-Buchstaben-Symbol | Monoisotopische Masse (amu) | Partialspezifisches Volumen[1] (in Å$^3$) | Verfügbare Oberfläche[2] (in Å$^2$) | pK$_a$ der Seitenketten[3] bzw. Termini[4] | Relative Hydrophobizität[5] |
|---|---|---|---|---|---|---|
| Ala | A | 71,03711 | 88,6 | 115 | | 0,06 |
| Arg | R | 156,10111 | 173,4 | 225 | 12,48 | −0,85 |
| Asn | N | 114,04293 | 117,7 | 160 | | 0,25 |
| Asp | D | 115,02694 | 111,1 | 150 | 3,9 | −0,20 |
| Cys | C | 103,00919 | 108,5 | 135 | 8,37 | 0,49 |
| Gln | Q | 128,05858 | 143,9 | 180 | | 0,31 |
| Glu | E | 129,04259 | 138,4 | 190 | 4,07 | −0,10 |
| Gly | G | 57,02146 | 60,1 | 75 | | 0,21 |
| His | H | 137,05891 | 153,2 | 195 | 6,04 | −2,24 |
| Ile | I | 113,08406 | 166,7 | 175 | | 3,48 |
| Leu | L | 113,08406 | 166,7 | 170 | | 3,50 |
| Lys | K | 128,09496 | 168,6 | 200 | 10,54 | −1,62 |
| Met | M | 131,04048 | 162,9 | 185 | | 0,21 |
| Phe | F | 147,06841 | 189,9 | 210 | | 4,80 |
| Pro | P | 97,05276 | 122,7 | 145 | | 0,71 |
| Ser | S | 87,03203 | 89,0 | 115 | | −0,62 |
| Thr | T | 101,04768 | 116,1 | 140 | | 0,65 |
| Trp | W | 186,07931 | 227,8 | 255 | | 2,29 |
| Tyr | Y | 163,06333 | 193,6 | 230 | 10,46 | 1,89 |
| Val | V | 99,06841 | 140,0 | 155 | | 1,59 |
| $\alpha$-Amino | | | | | 7,7–9,2 | |
| $\alpha$-Carboxy | | | | | 2,75–3 | |

Monoisotopische Masse (amu) der *N*- und *C*-terminalen Gruppen: Wasserstoff (H) 1,00782, *N*-Formyl (HCO) 29,00274, *N*-Acetyl (CH$_3$CO) 43,01839, freie Säure (OH) 17,00274, Amide (NH$_2$) 16,01872. [1] Zamyatnin (1972), S. 107–123. [2] Chothia (1975), S. 304–308. [3] Dawson et al. 1986. [4] Rickard et al. (1991), S. 197–207. [5] Wilce et al. (1995), S. 1210–1219

auch über 250 nm durch die konjugierten π-Systeme der aromatischen Aminosäureseitenketten. Die Kenntnis der UV/VIS-Absorptionsspektra und insbesondere die der Extinktionskoeffizienten der nicht überlappenden Absorptionsmaxima der Aminosäuren ist für die Bestimmung der Peakreinheit und des Aminosäuregehalts der Peptide und Proteine unabdingbar. Die Wahl der Wellenlänge für ihre Detektion hängt auch von der UV-Eigenabsorption der Eluenten ab. Die oft benutzte Wellenlänge von 215 nm ist ein guter Kompromiss zwischen größtmöglicher Analysensensitivität und möglichst niedriger Absorption durch die Eluenten. In präparativen Anwendungen werden oft Wellenlängen von 230 und 280 nm gewählt, um zu gewährleisten, dass die Detektorsignale noch im Messbereich des Detektors lie-

gen (d. h. unterhalb von Absorptionswerten von 2–2,5 AU). Die drei Aminosäuren Phenylalanin, Tryptophan und Tyrosin zeigen zusätzlich Fluoreszenz. Die Fluoreszenz kann dazu benutzt werden, um weitere Informationen über den Faltungszustand oder die Zusammensetzung eines Proteins zu erhalten. Dabei ist zu beachten, dass die Fluoreszenz in dem Maß abnimmt, wie die Polarität des Eluenten zunimmt.

## 11.4 Chromatographische Trennmethoden

Eine Reihe von unterschiedlichen HPLC-Methoden wird gegenwärtig für die Peptid- und Proteinanalyse eingesetzt: die Ausschlusschromatographie, die Reversed-Phase-Chromatographie, die Normalphasechromatographie, die hydrophile Interaktionschromatographie, die Aqueous-Normalphasechromatographie, die hydrophobe Interaktionschromatographie, die Ionenaustauschchromatographie und die Affinitätschromatographie, welche die Metallchelatchromatographie und die Immunaffinitätschromatographie mit beinhaltet. Die Prinzipien dieser Trennmethoden sind im Folgenden im Detail erläutert. Weniger häufig verwendete chromatographische Methoden sind die Hydroxyapatitchromatographie, die Ladungsübertragungschromatographie oder die Ligandenaustauschchromatographie. Alle Methoden können mit **isokratischer Elution** (d. h. konstanter Eluentenzusammensetzung), **Stufengradienten** oder **Gradientenelution** angewendet werden, wobei die Eluentenzusammensetzung in Stufen oder aber kontinuierlich verändert wird. Die Ausschlusschromatographie nimmt eine Sonderstellung ein und wird gewöhnlich nur isokratisch betrieben. Alle Methoden können für analytische, aber auch semipräparative oder präparative Zwecke eingesetzt werden. Die Chromatographie, wie auch die Elektrophorese, nimmt daher eine Sonderstellung in der Bioanalytik ein, da sie nicht nur als analytische Methode *per se* eingesetzt werden kann, sondern auch für die Bereitstellung von hinreichend reinen Proben für andere, oft komplementäre, analytische Methoden, wie z. B. die NMR-Spektroskopie oder die Röntgenstrukturanalyse, verwendet werden kann. Um optimale Selektivität und daher Auflösung für Peptide und Proteine mittels der Hochdruckflüssigkeitschromatographie zu erlangen – unabhängig davon, ob analytische oder präparative Trennungen durchgeführt werden sollen – sollte die Wahl der Trennmethode durch die molekularen Eigenschaften der Analyten, z. B. ihre Größe/hydrody-

namisches Volumen, Hydrophobizität/Hydrophilizität, Ladung, isoelektrischer Punkt, Löslichkeit, Funktion, Antigenizität, Anzahl der Kohlenhydratmodifizierungen, Anzahl freier Thiolgruppen, exponierte Histidinseitenketten, oder exponierte Metallionen, geleitet werden. In ◘ Tab. 11.2 sind die wichtigsten chromatographischen Trennmethoden aufgelistet und den relevanten molekularen Eigenschaften der Analyten gegenübergestellt.

Zusätzlich zu den oben erwähnten funktionalen Charakteristika der chromatographischen Systeme werden die Trennung, Auflösung, quantitative Ausbeute und Bioaktivitätserhaltung der Zielmoleküle auch noch durch die chemischen und physikalischen Eigenschaften der benutzten mobilen und stationären Phasen beeinflusst. Diese Parameter sind in ◘ Tab. 11.3 angeführt.

### 11.4.1 Ausschlusschromatographie

Hochleistungsgrößenausschlusschromatographie (HP-SEC), die auch Hochleistungsgelpermeationschromatographie (HP-GPC) genannt wird, benutzt poröse stationäre Phasen und trennt Analyten nach ihrer Molekularmasse oder präziser deren hydrodynamischem Volumen. Die Trennung basiert auf dem Konzept, dass Moleküle verschiedenen hydrodynamischen Volumens (Stokes-Radius) verschieden intensiv in die porösen HP-SEC-Trennmedien penetrieren und somit verschiedene Permeationskoeffizienten aufweisen, je nach den verschiedenen Molekülmassen/hydrodynamischen Volumina. Analyten mit einem Molekulargewicht, das größer ist als der Ausschlussgrenzwert (normalerweise in den technischen Informationen der Säulenher-

◘ **Tab. 11.2** Chromatographische Trennmethoden für Peptide und Proteine

| Trennmethode | Abkürzung | Ausgenutzte Moleküleigenschaft |
|---|---|---|
| Ausschlusschromatographie | SEC oder GPC | Größe, hydrodynamisches Volumen |
| Reversed-Phase-Chromatographie | RPC | Hydrophobizität |
| Normalphase-Chromatographie | NPC | Polarität |
| hydrophile Interaktionschromatographie | HILIC | Hydrophilizität |
| Aqueous-Normalphase-Chromatographie | ANPC | Hydrophilizität |
| hydrophobe Interaktionschromatographie | HIC | Hydrophobizität |
| Anionenaustauschchromatographie | AEX | negative Ladung |
| Kationenaustauschchromatographie | CEX | positive Ladung |
| Affinitätschromatographie | AC | Biospezifität |
| Metallchelatchromatographie | IMAC | Komplexierung |
| Immuno-Affinitätschromatographie | IAC | Antikörper-Antigen-Wechselwirkungen |

◻ **Tab. 11.3** Chemische und physikalische Faktoren der mobilen und stationären Phasen, die die Trennung, Auflösung, Ausbeute und Bioaktivitätserhaltung in Analyse von Peptiden, Proteinen oder anderen Biomakromolekülen in der HPLC beeinflussen

| Mobile Phase | Stationäre Phase |
|---|---|
| Pufferzusammensetzung | Partikelgröße |
| Ionenstärke | Partikelgrößenverteilung |
| pH-Wert | Partikelkomprimierbarkeit |
| organische Lösungsmittel | Oberflächengröße |
| Metallionen | Porendurchmesser |
| chaotrope Reagenzien | Porendurchmesserverteilung |
| oxidierende oder reduzierende Reagenzien | Ligandenstruktur |
| Beladungskonzentration und -volumen | Ligandendichte |
| Temperatur | Oberflächenheterogenität |

**11**

steller angegeben), werden von den Poren ausgeschlossen und eluieren im Totvolumen der Säule. Als eine nicht retentive Trennmethode wird HP-SEC normalerweise isokratisch, mit wässrigen mobilen Phasen niedrigen Salzgehalts betrieben.

HP-SEC kann für Gruppentrennungen oder Hochleistungsfraktionierungen verwendet werden. Bei der **Gruppentrennung** trennt HP-SEC kleine Moleküle von großen und kann auch zum Pufferaustausch und zur Entsalzung eingesetzt werden. Die SEC kann auch für das Entsalzen von Proteinen in kleinen Probenvolumina und Probenmengen mithilfe von Einmal-Säulen verwendet werden. Bei der **Hochleistungsfraktionierung** separiert HP-SEC verschiedene Komponenten in einer Probe anhand der hydrodynamischen Volumina und kann dadurch auch zu einer **Molekulargewichtsverteilungsanalyse** eingesetzt werden.

Da HP-SEC-Säulen (idealerweise) keine Adsorptionskapazität besitzen und die Probe bei der Elution verdünnen, werden sie normalerweise nicht während der ersten Reinigungsschritte der Extraktion von biologischen Ausgangsmaterialien, der Fraktionierung von Rohextrakten oder bei der Zwischenreinigung in Vielstufenprozessen eingesetzt. Sie finden jedoch Anwendung bei der Entfernung von unerwünschten Aggregaten, von multimeren Formen von Proteinen oder von Verunreinigungen mit signifikant verschiedenem Molekulargewicht. HP-SEC kann direkt nach HP-AC, HP-HIC oder HP-IEX ohne Pufferaustausch eingesetzt werden.

### 11.4.2 Hochleistungs-Reversed-Phase-Chromatographie (HP-RPC)

Hochleistungs-Reversed-Phase-Chromatographie (HP-RPC) ist die meistbenutzte Analysenform für die Peptid- und Proteinanalyse. In der Reversed-Phase-Chromatographie ist die Polarität der stationären und mobilen Phase umgekehrt zu der in der Normalphasechromatographie. Peptide und Proteine werden unter wässrigen Bedingungen auf die Säule geladen und mit einer mobilen Phase eluiert, die ein organisches Lösungsmittel enthält. Die Säule enthält eine poröse oder nicht poröse stationäre Phase mit darauf immobilisierten nichtpolaren Liganden.

HP-RPC trennt die Analyten nach ihrer relativen Hydrophobizität. Die am meisten akzeptierte Theorie bezüglich der Retention in der HP-RPC ist die **solvophobe Theorie**, die die hydrophobe Wechselwirkungen zwischen den unpolaren Oberflächenregionen der zu analysierenden Molekülen und den unpolaren, immobilisierten Liganden der stationären Phase beschreibt. Die solvophobe Theorie besagt, dass die Bindung von Peptiden und Proteinen an ein RPC-Säulenmaterial durch den solvophoben Ausschluss des Probenmoleküls aus der wässrigen mobilen Phase und durch Anlagerung an die unpolare Oberfläche der stationären Phase stattfindet (solvophober Effekt). Die Retention hängt dann sowohl von der Kontaktfläche $\Delta A$ zwischen der hydrophoben Oberfläche des Probenmoleküls und der hydrophoben Oberfläche der gebundenen Liganden als auch von der Oberflächenspannung $\gamma$ des Eluenten ab. Die Oberflächenspannung $\gamma$ wird während der Gradientenelution kontinuierlich verringert, indem der Anteil der organischen Komponente des Eluenten (z. B. Acetonitril, Ethanol oder Propanol, ausgedrückt als % B) kontinuierlich erhöht wird:

$$\ln k = A + N_A / R \cdot T \cdot \Delta A \cdot \gamma \qquad (11.13)$$

dabei ist $k$ der Retentionsfaktor, $A$ ist eine Konstante, $N_A$ die Avogadro-Konstante, $R$ die allgemeine Gaskonstante und $T$ die absolute Temperatur.

Normalerweise werden unpolare Liganden auf der Oberfläche von sphärischem, porösem oder nicht porösem Kieselgel gebunden, obwohl auch unpolare polymere Phasen (z. B. von vernetztem Polystyrendivinylbenzen) vorkommen. Packmaterialien auf Kieselgelbasis mit durchschnittlich 3–10 µm Partikeldurchmesser und 7–100 nm (70–1000 Å) Porengröße, versehen mit *n*-Butyl- (C4-), *n*-Octyl- (C8-), oder *n*-Octadecyl- (C18-)Liganden werden für die Trennung von Peptiden und Proteinen viel benutzt. Kieselgelpartikel von 1 µm bis zu mehr als 65 µm Durchmesser wurden durch verschiedene Verfahren und mit einer Vielfalt von Kieselgeltypen in unterschiedlichen Größen und Konfigurationen entwickelt (z. B. sphärisch, irregulär, mit verschiedenen Porengeometrien und Porenstrukturen, pelliculären, porösen oder monolithischen Strukturen) und werden nach Unger in Typ I, II oder III nach Reinheit und Metallanteil eingeteilt. Für niedermolekulare (< 4000 Da) Polypeptide werden sehr oft Kieselgele von 7–8 nm Porengröße und durchschnittlich 3–5 µm Porendurchmesser benutzt, welche eine optimale Beladbarkeit und Trennung erlauben. Für Proteine im Massenbereich 4000–500.000 Da erbringt eine Porengröße von 30 nm eine hohe Effizienz. Die Beladbarkeit kann mit einem größeren Säulendurchmesser weiter erhöht werden. Makroporöse HP-RPC-Säulen mit 100 nm Porengröße werden zunehmend für die Fraktionierung von sehr komplexen Proteinmischungen benutzt.

In der HP-RPC wird ein organisches Lösungsmittel (z. B. Methanol, Ethanol, Acetonitril, *n*-Propanol, Tetrahydrofuran), das eine bestimmte Viskosität und UV-Absorption aufweist, als Oberflächenspannungsveränderer angewendet. Die Elutionskraft der am häufigsten benutzten Lösungsmittel nimmt mit abnehmender Polarität in folgender Weise zu: Wasser < Methanol < Acetonitril < *n*-Propanol < Tetrahydrofuran. Additive, z. B. Essigsäure, Ameisensäure, Trifluoressigsäure und Heptafluorbutansäure, werden zugefügt, um einen bestimmten pH-Wert (normalerweise ≈ pH 2 für Kieselgele) herzustellen. Eine Ausnahme bilden polymere stationäre Phasen, diese haben einen erweiterten pH-Bereich von pH 1–12. Einige Additive können auch als Ionenpaarreagenzien wirken, die mit den ionisierten Analyten in Wechselwirkung treten, um sie zu neutralisieren oder um silanophile Wechselwirkungen zwischen freien Silanolgruppen der stationären Phase und alkalischen funktionellen Gruppen der Analyten zu unterdrücken. Die Eigenschaften der Additive bestimmen ihre Brauchbarkeit in Bezug auf die Massenspektrometrie. Starke Wechselwirkungen zwischen dem Ionenpaarreagenz und den Analyten können die Ionisation im Verlaufe der Elektrospray-Ionisationsmassenspektrometrie unterdrücken.

HP-RPC kann isokratisch, mit einem Stufengradienten oder mit einem kontinuierlichen Gradienten betrieben werden und wird oft als eine intermediäre Stufe oder als letzter Reinigungsschritt in einer Mehrstufentrennung benutzt, idealerweise nach HP-IEX, denn es ist dann eine Entsalzung und Trennung in einem Schritt möglich. Darüber hinaus kann die RPC auch für die Probenvorbereitung bzw. die Entsalzung von Peptiden und Proteinen für die Massenspektrometrie mittels Einmal-Pipettenspitzen, die von zwei Fritten gehaltenes RPC-Material enthalten, eingesetzt werden. Da die meisten Peptide und Proteine ein gewisses Maß an Hydrophobizität besitzen, ist HP-RPC eine hervorragende Methode sowohl im analytischen als auch im semipräparativen Bereich.

### 11.4.3  Hochleistungsnormalphase-Chromatographie (HP-NPC)

Chromatographische Systeme, in welchen die stationäre Phase polarer als die mobile Phase ist, waren die ursprünglichen („normalen") Trennsysteme in der Flüssigkeitschromatographie. Die Hochleistungsnormalphase-Chromatographie (HP-NPC) trennt die Analyten nach Polarität und kann mit stationären Phasen aus unmodifiziertem Kieselgel betrieben werden. Die mobile Phase, die die Retention bewirkt, enthält weniger polare, und die mobile Phase, die die Elution bewirkt, enthält stärker polare organische Lösungsmittel. Wasser adsorbiert durch seine extreme Polarität sehr stark an die meisten der in der NP benutzten stationären Phasen, was zu nicht optimalen Trennungen führt. Im Gegensatz zur HP-RPC, in welcher immobilisierte *n*-Alkyl-Liganden die solvophobe Wechselwirkung zwischen Probenmolekül und stationärer Phase bewirken, basiert die Wechselwirkung in der HP-NPC auf Adsorption. Das Trennverhalten der Peptide und Proteine in der HP-NPC wird oft durch die klassischen Konzepte der Platzverdrängungs- und Platzbeanspruchungstheorie beschrieben.

HP-NPC findet hauptsächlich Anwendung für die Trennung von polyaromatischen Kohlenwasserstoffen, heteroaromatischen Stoffen, Nucleotiden und Nucleosiden, weitaus weniger für mit Schutzgruppen versehene synthetische Peptide, ungeschützte kleine Peptide mit der Einmal-Chromatographie (*Flash Chromatography*), und geschützte Aminosäurederivate, die in der Peptidsynthese vorkommen. Ursprünglich war die HP-NPC auf unmodifizierte Kieselgelsäulen beschränkt, jedoch haben neuere Anwendungen stationäre Phasen mit polaren gebunden Liganden benutzt, z. B. mit Amino- ($-NH_2$), Cyano- ($-CN$) oder Diol- ($-COHCOH-$) Gruppen. Diese waren besonders geeignet für *Polar-Bonded-*

*Phase*-Chromatographie (PBPC) in der Trennung von Peptiden und Proteinen. Heute liegt das Schwergewicht der Nutzung von modifizierten HP-NPC-Materialien in ihrer Bedeutung bei der HPLC-integrierten Festphasenextraktion (*Solid-Phase Extraction*, SPE). Diese stationären Phasen erlauben die Isolierung bioaktiver Peptide, besonders wenn sie als Packmaterialien in Vorsäulen bei LC-LC-Säulenschaltungen mit *Restricted-Access*-Materialien (RAM) benutzt werden. Dies gilt für multiple Beladungen der Säulen mit unbehandelten, komplexen biologischen Mischungen wie z. B. hämolysiertem Blut, Plasmaserum, Fermenten und Zellgewebshomogenaten. RAM-Materialien können immobilisierte hydrophile, elektroneutrale Diolgruppen an der äußeren Oberfläche von sphärischen Partikeln aufweisen. Diese Oberflächenmodifizierung verhindert nichtspezifische Wechselwirkungen zwischen der Trägermatrix und Proteinen oder anderen hochmolekularen Biomolekülen. Die innere Matrix der porösen RAM-Partikel ist jedoch chemisch modifiziert, z. B. mit *n*-Alkyl-Liganden, die nur für niedermolekulare Stoffe wie Peptide zugänglich sind. Dies resultiert in einer signifikanten Anreicherung und Vortrennung der Biomoleküle. HP-NPC kann isokratisch, mit einem Stufengradienten oder mit einem kontinuierlichen Gradienten betrieben werden.

### 11.4.4 Hochleistungs-Hydrophile-Interaktionschromatographie (HP-HILIC)

Hochleistungs-Hydrophile-Interaktionschromatographie (HP-HILIC) benutzt poröse stationäre Phasen mit immobilisierten hydrophilen Liganden und trennt die Analyten nach ihrer Hydrophilizität. Diese Variante der HP-NPC wurde 1990 von Andrew Alpert eingeführt, demonstriert mit an Kieselgel gebundenen Polyasparaginsäuren für die Trennung von Aminosäuren, kleinen Peptiden und einfachen Maltoglykosiden unter der Verwendung von mobilen Phasen mit hohem organischem Anteil. Seitdem wurde die HP-HILIC zur Trennung von verschiedenen Stoffgruppen, z. B. einfachen Kohlenhydraten und Aminosäuren und auch von Peptiden, angewendet.

Als polare stationäre Phasen werden in der HP-HILIC Materialien mit Amid-, Aminopropyl-, Cyanopropyl-, Diol-, Cyclodextrin-, Poly(succinimid)- und Sulfoalkylbetain-Gruppen benutzt. Die mobile Phase besteht anfänglich aus einem hohen Anteil an organischen und einem niedrigen Anteil an wässrigen Lösungsmitteln. Die Elution erfolgt durch eine Erhöhung des Wasseranteils in der mobilen Phase. Die Reihenfolge der Elution wurde ursprünglich als umgekehrt zu der in der HP-RPC-Trennung angesehen, jedoch haben Studien über die Orthogonalität der Trennungen in der zweidimensionalen Flüssigkeitschromatographie gezeigt, dass HP-HILIC (mit einer unmodifizierten Kieselgelsäule) und HP-RPC eine gute Kombination für Proteomanalysen in 2D-Systemen sein können. Im Vergleich zu der nichtwässrigen (organischen) mobilen Phase in der HP-NPC erlaubt die teilweise wässrige mobile Phase in der HP-HILIC eine größere Löslichkeit vieler polarer und hydrophiler Analyten und deren schnelle Trennung aufgrund der niedrigen Viskosität der hoch organischen mobilen Phase, die überdies die Ionisierung polarer Analyten in der darauffolgenden ESI-MS fördert und somit ihre Detektierbarkeit in der MS-Analyse erhöht.

Die physikalischen Grundlagen des Trennmechanismus in der HP-HILIC sind immer noch ein Gegenstand intensiver Forschung, da thermodynamische und kinetische Anteile an der Trennung noch nicht vollkommen aufgeklärt sind. Man geht davon aus, dass die Retention der polaren Analyten durch Partitionierung zwischen der organischen mobilen Phase und einer stagnierenden, wasserangereicherten Schicht, die teilweise immobilisiert an der Oberfläche der stationären Phase liegt, erwirkt wird. Es wurden seither aber auch Prozesse der Adsorption oder eine Kombination von beiden Mechanismen diskutiert.

HP-HILIC kann isokratisch, mit einem Stufengradienten oder mit einem kontinuierlichen Gradienten betrieben werden. Da HP-HILIC mehr für die Trennung polarer Analyten geeignet ist, hat diese Methode in Verbindung mit ESI-MS hauptsächlich Anwendung für die Analyse von Phosphopeptiden und Glykopeptiden gefunden.

### 11.4.5 Hochleistungs-Aqueous-Normalphasechromatographie (HP-ANPC)

Hochleistungs-Aqueous-Normalphasechromatographie (HP-ANPC) ist ein neue chromatographische Methode, die erst in den letzten zwei Jahrzehnten für die HPLC mit stationären Phasen aus Kieselgelhydriden entwickelt wurde. Stationäre Phasen mit Kieselgelhydrid werden durch Silanisierung von hochreinem Typ-B-Kieselgel mit geringem Metallgehalt erzeugt, wobei die Oberflächen dieser Materialien mit unpolaren Kieselgelhydridgruppen (Si–H) anstatt mit polaren Silanolgruppen (Si–OH) bedeckt sind, die sonst bei allen anderen herkömmlichen Varianten modifizierten Kieselgels auftreten. Die chemisch gebunden unpolaren Kieselgelhydridgruppen, welche durch Hydrosilierung z. B. mit Alkylgruppen weiter modifiziert werden können, verleihen diesen Materialien einige nützliche chromatographische Eigenschaften. Diejenige Eigenschaft, die stationäre Phasen auf Kieselgelhydrid-Basis von den meisten auf konventionellen Kieselgelen beruhenden stationären Phasen der Normalphasechromatographie, hydrophilen Interaktionschromatographie oder der Reversed-Phase-Chromatographie unterscheidet, ist die Möglichkeit, dass sie sowohl in der Normalphasechromatographie als auch in der Reversed-Phase-Chromatographie eingesetzt werden können. Diese neuen Säulenmaterialien sind über einen sehr weiten Zusammensetzungsbereich von mobilen Phasen, von 100 % wässrig bis total organisch, verwendbar. Wenn der Anteil des Wassers an der mobilen Phase hoch ist, dominiert die Reversed-Phase-Selektivität (die hydrophoben Analyten werden retardiert, während die hydrophilen Analyten mit dem Totvolumen eluieren), wenn aber der Anteil des organischen Lösungsmittels an der mobilen Phase hoch ist, dominiert die Normalphase-Selektivität (die polaren Analyten werden retardiert, während die unpolaren Analyten mit dem Totvolumen eluieren). Da im Gegensatz zur Normalphasechromatographie mit konventionellem Kieselgel Wasser als Komponente der mobilen Phase verwendet wird, wird von Aqueous-Normalphasechromatographie gesprochen, wenn bei der Chromatographie mit Kieselgelhydriden Normalphase-Selektivität beobachtet wird. Ein großer Vorteil der HP-ANPC ist, dass mit dieser Methode Analyten mit unterschiedlicher Polarität in derselben Probe gleichzeitig getrennt werden können. Man benutzt dazu vorrangig wasserreiche Eluenten.

Das Retentionsprinzip ist ähnlich dem in der HP-NPC, aber die mobile Phase enthält immer Wasser als Teil des binären Eluenten. Der Unterschied zwischen HP-ANPC und HP-HILIC liegt darin, dass in der HP-HILIC die Retention von einer adsorbierten Wasserschicht an der Oberfläche bestimmt wird, diese ist jedoch in der HP-ANPC stark reduziert. Die Erforschung der Mechanismen von HP-ANPC-Trennungen macht gute Fortschritte. Aufgrund ihrer Versatilität wird die HP-ANPC neben Anwendungen in Metabolomics auch für Peptidtrennungen eingesetzt.

### 11.4.6 Hochleistungs-Hydrophobe-Interaktionschromatographie (HP-HIC)

Die Hochleistungs-Hydrophobe-Interaktionschromatographie (HP-HIC) trennt Polypeptide und Proteine mit hydrophoben stationären Phasen. Die Bindung der Proteine erfolgt mit Eluenten mit hohem Salzgehalt, und die Elution der Proteine wird durch eine Verringerung der Salzkonzentration während des Elutionsvorgangs erreicht. HP-HIC trennt Proteine mit stationären Phasen,

die typischerweise Octyl- oder Octadecyl-Liganden auf nicht porösen oder porösen Kieselgelen besitzen, geringere Hydrophobizität wird durch Propyl-, Butyl- oder Phenyl-Gruppen hervorgerufen. Die beiden am meisten benutzten Trägermaterialien sind hydrophile Kohlenhydrate (z. B. vernetzte Agarose) oder synthetische Kopolymere. Die Liganden (Alkyl- oder Aryl-Gruppen) beeinflussen die Selektivität der Säulen, meist werden unpolare Liganden mit geringer Hydrophobizität und geringer Ligandendichte (ungefähr zehnfach geringer als die in der HP-RPC) benutzt. Diese grundlegenden Unterschiede zwischen HP-RPC und HP-HIC haben einen erheblichen Einfluss auf die Konformation und damit auf die Erhaltung der biologischen Aktivität der Proteine. Die Beladbarkeit steigt mit steigender *n*-Alkyl-Kettenlänge und mit zunehmender Ligandendichte, erreicht aber ein Plateau für sehr hohe Ligandendichten. Die Wahl der HP-HIC-stationären Phasen sollte auf der Basis des kritischen Hydrophobizitätskonzepts erfolgen. Dementsprechend wird ein Protein am Punkt kritischer Hydrophobizität bei geringer Salzkonzentration der mobilen Phase nicht mit der stationären Phase in Wechselwirkung treten, kann aber bei einem bestimmten Salzgehalt der mobilen Phase gebunden werden, mit der Möglichkeit, dann durch einen abnehmenden Salzgradienten eluiert zu werden. Wenn die stationäre Phase eine Hydrophobizität wesentlich unterhalb der kritischen Hydrophobizität aufweist, ist eine Bindung des Proteins möglicherweise nicht induzierbar. Wenn jedoch die stationäre Phase eine Hydrophobizität wesentlich oberhalb der kritischen Hydrophobizität aufweist, ist eine vollständige Elution des Proteins nicht möglich. Um ein bestimmtes Protein unter physiologischen Bedingungen mit HP-HIC zu trennen ist es daher von Vorteil, eine stationäre Phase zu wählen, die aufgrund der Länge der Alkyl-Liganden und deren Dichte (Oberflächenkonzentration) eine Hydrophobizität nahe der kritischen Hydrophobizität besitzt.

Der Mechanismus der Retention basiert auf einer reversiblen hydrophoben Wechselwirkung zwischen dem Probenmolekül und der stationären Phase in Abhängigkeit von mikroskopischen Oberflächenspannungsänderungen, verursacht durch die Änderung der Zusammensetzung der mobilen Phase. Ähnlich wie in der HP-RPC, wo die Erniedrigung der Oberflächenspannung durch eine Erhöhung des organischen Anteils in der mobilen Phase erreicht wird, wird in der HP-HIC dies durch Erniedrigung der Salzkonzentration, z. B. durch Erhöhung des Wassergehaltes im Eluenten, bewirkt.

Die Selektivität der Proteintrennungen kann in der HP-HIC durch Parameter der stationären Phase (z. B. Art und Dichte der Liganden), der mobilen Phase (z. B. Art und Konzentration der Salze, Zusatz organischer Lösungsmittel, oberflächenaktive Zusätze und pH-Wert) und auch durch die Säulentemperatur verändert werden.

Die Wahl der Salze in der mobilen Phase hat einen großen Einfluss auf die hydrophoben Wechselwirkungen zwischen Polypeptiden oder Proteinen und einer stationären Phase, da jedes Salz einen anderen molalen Oberflächen-Spannungserhöhungswert besitzt (■ Tab. 11.4). Die Oberflächenspannung der mobilen Phase $\gamma$ ist abhängig von der Zunahme der molalen Oberflächenspannungserhöhung $\sigma$ und der molalen Konzentration $m$ des Salzes nach der Formel:

$$\gamma = \gamma^\circ + \sigma m \qquad (11.14)$$

mit $\gamma^\circ = 72$ dyn cm$^{-1}$ für Wasser.

■ Tab. 11.5 zeigt für viel benutzte wässrige Salzpuffer die Parameter der Oberflächenspannungserhöhung $\sigma$, die anfängliche Konzentration des Salzes in der mobilen Phase $m$ und die resultierende Oberflächenspannung $\gamma$.

Die minimale Oberflächenspannung, die in der HP-HIC für Polypeptide und Proteine mit binären Wasser-Salz-Systemen erreicht werden kann, ist die Oberflächenspannung von reinem Wasser, 72 dyn cm$^{-1}$.

Die Wirkung der Salze auf die hydrophoben Wechselwirkungen von Probenmolekül und stationärer Phase folgt der lyotropen **Hofmeister-Reihe,** die für die Ausfällung von Proteinen aus wässrigen Lösungen beschrieben wurde, wie in ■ Tab. 11.6 dargestellt. Sie gruppiert den Effekt der Anionen und Kationen bezüglich ihrer Fähigkeit, Proteine auszufällen. Ionen mit höherem Aussalzeffekt unterstützen die auf hydrophoben Wechselwirkungen basierende Bindung von Probenmolekül zu hydrophoben stationären Phasen, während Ionen mit niedrigerem Aussalzeffekt deren Elution von stationären Phasen in der HP-HIC stimulieren.

Die Salze am Beginn der Serie unterstützen hydrophobe Wechselwirkungen und auch Proteinfällungen (Aussalzeffekt), sie werden antichaotrop (oder kosmotrop) genannt und als wasserstrukturierend erachtet. Der Zusatz solcher Salze zum Equilibrium- und Probenpuffer fördert die Wechselwirkung von Protein und immobilisierten Liganden in der HP-HIC. Die Salze am rechten Ende dieser Serien (chaotrop) randomisieren die Struktur von Wasser und haben die Eigenschaft, die Stärke der hydrophoben Wechselwirkung zu erniedrigen. Das Chloridanion ist ungefähr neutral in Bezug auf die Wasserstruktur.

**11**

■ **Tab. 11.4**  Häufig benutzte Salze in den Eluenten der HP-HIC

| Salz | Molale Oberflächenspannungserhöhung $\sigma$ ($10^3$ dyn g cm$^{-1}$ mol$^{-1}$) |
|---|---|
| Calciumchlorid | 3,66 |
| Magnesiumchlorid | 3,16 |
| Kaliumcitrat | 3,12 |
| Natriumsulfat | 2,73 |
| Kaliumsulfat | 2,58 |
| Ammoniumsulfat | 2,16 |
| Magnesiumsulfat | 2,10 |
| Natriumdihydrogenphosphat | 2,02 |
| Kaliumtartrat | 1,96 |
| Natriumchlorid | 1,64 |
| Kaliumperchlorat | 1,40 |
| Ammoniumchlorid | 1,39 |
| Natriumbromid | 1,32 |
| Natriumnitrat | 1,06 |
| Natriumperchlorat | 0,55 |
| Kaliumthiocyanat | 0,45 |

■ **Tab. 11.5**  Wichtige Parameter von häufig benutzten wässrigen Salzpuffern

| Salzpuffer | $\sigma$ ($10^3$ dyn g cm$^{-1}$ mol$^{-1}$) | $m$ ($10^3$ mol g$^{-1}$) | $\gamma$ (dyn cm$^{-1}$) |
|---|---|---|---|
| Ammoniumsulfat | 2,16 | 2 | 77,31 |
| Natriumchlorid | 1,64 | 2 | 76,29 |
| Magnesiumsulfat | 2,1 | 1,4 | 75,95 |
| Natriumsulfat | 2,73 | 1 | 75,74 |
| Natriumperchlorat | 0,55 | 2 | 74,11 |
| Natriumphosphat | 2,02 | 0,05 | 73,01 |

◻ **Tab. 11.6**  Die Hofmeister-Reihe

|  | ← **Aussalzeffekt (Präzipitation)** |
|---|---|
| **Anionen** | $PO_4^{3-}$ , $SO_4^{2-}$ , $CH_3COO^-$ , $Cl^-$ , $Br^-$ , $NO^{3-}$ , $ClO_4^-$ , $I^-$ , $SCN^-$ |
| **Kationen** | $NH_4^+$ , $K^+$ , $Na^+$ , $Cs^+$ , $Li^+$ , $Mg^{2+}$ , $Ca^{2+}$ , $Ba^{2+}$ |
|  | **chaotroper Effekt** → |

Generell ist der Effekt der Salzkationen auf die Wechselwirkungen in der HP-HIC nicht so ausgeprägt wie der der Salzanionen, insbesondere, wenn das Kation monovalent ist, jedoch neigen divalente Kationen zur Proteinbindung. In der HP-HIC der Polypeptide und Proteine werden normalerweise kosmotrope Salze (z. B. Ammoniumsulfat, Natriumsulfat, Magnesiumchlorid) mit hoher molarer Oberflächenspannungserhöhung bevorzugt.

Da die Wechselwirkung von Proteinen mit hydrophoben Oberflächen durch Puffer mit hohen Ionenstärken erhöht wird, ist die HP-HIC gut geeignet nach einer Ammoniumsulfat-Fällung oder HP-IEX Elution mit einem Puffer hohen Salzgehaltes. In Verbindung mit nicht denaturierenden mobilen Phasen können mithilfe der HP-HIC Proteine in ihrer natürlichen (nativen) Konformation getrennt werden.

## 11.4.7  Hochleistungsionenaustauschchromatographie (HP-IEX)

Hochleistungsionenaustauschchromatographie (HP-IEX) erfolgt an stationären Phasen mit immobilisierten geladenen Liganden, und die Trennung beruht auf elektrostatischen Wechselwirkungen zwischen der geladenen Oberfläche des Probenmoleküls in der Probe und der komplementär geladenen Oberfläche des Säulenmaterials. In der Hochleistungsanionenaustauschchromatographie (HP-AEX) werden Peptide und Proteine nach ihrer negativen Nettoladung getrennt, wobei die retentive mobile Phase wässrig und von hohem pH-Wert und niedriger Salzkonzentration ist und die eluierende mobile Phase wässrig ist, entweder mit hohem pH-Wert und hoher Salzkonzentration oder mit niedrigem pH-Wert und niedriger Salzkonzentration. Hingegen trennt die Hochleistungskationenaustauschchromatographie (HP-CEX) Peptide und Proteine nach ihrer positiven Nettoladung, wobei die retentive mobile Phase wässrig und von niedrigem pH-Wert und niedriger Salzkonzentration und die eluierende mobile Phase wässrig ist, entweder mit niederem pH-Wert und hoher Salzkonzen-

tration oder mit hohem pH-Wert und niedriger Salzkonzentration.

Im Handel gibt es starke bis schwache Kationenaustauschsäulen (mit Sulfonopropyl- oder Carboxymethyl-Liganden) und auch starke bis schwache Anionenaustauschsäulen (z. B. mit quartären Ammonium- oder Dimethylamino-Liganden). Für die Trennung von Peptiden und Proteinen hat die Verwendung einer starken Kationenaustauschsäule große Vorteile gegenüber anderen HP-IEX-Methoden, denn sie kann ihre negative Ladung über einen großen pH-Bereich erhalten (sauer bis neutral). Bei neutralem pH-Wert werden die Seitenketten-Carboxygruppen von sauren Aminosäureresten (Glutamat und Aspartat) komplett ionisiert, jedoch unterhalb pH 3 sind diese fast alle protoniert. So bewirkt eine Änderung des pH-Werts eine Änderung der Retention der Peptide und Proteine durch ihre veränderte Ladung.

Zur Voraussage des Verhaltens von Peptiden und Proteinen auf den stationären Phasen der HP-AEX und der HP-CEX wurde in der Vergangenheit das Nettoladungskonzept benutzt. Danach wird ein Protein in einer Kationenaustauschsäule zurückgehalten, wenn der pH-Wert des Eluenten niedriger ist als der pI-Wert des Proteins, denn in diesem Fall trägt das Protein positive Ladungen. Im Gegensatz dazu wird ein Protein in einer Anionenaustauschsäule retardiert, wenn der pH-Wert des Eluenten über dem pI-Wert des Proteins liegt. Wenn der Eluenten-pH dem pI-Wert des Proteins gleicht, kann die Oberfläche des Proteins als elektrostatisch neutral gelten, und es wird erwartet, dass das Protein auf beiden Säulentypen ungebremst eluiert. Mittlerweile wird diese Sichtweise als zu stark vereinfacht angesehen. Neue Untersuchungen zeigen, dass das Ausmaß der elektrostatischen Wechselwirkungen zwischen Proteinen und stationären Phasen in HP-IEX neben der Ladungsdichte der stationären Phase und der Zusammensetzung der mobilen Phase auch von der Zahl und Verteilung der geladenen Gruppen auf dem Protein abhängt, da diese seine Oberflächenstruktur und Kontaktfläche zur stationären Phase bestimmen. Somit kann eine Änderung der chromatographischen Parameter die Affinität des Proteins für die stationäre Phase in vielfacher Weise ändern, z. B. durch die elektrostatische Ladung der Proteine oder bestimmte elektrostatische Wechselwirkungen der Verdrängungsionen und Gegenionen mit an der Oberfläche angeordneten geladenen Gruppen des Proteins oder den immobilisierten Liganden. Zusätzlich können Änderungen der dreidimensionalen Struktur der Proteine starke Effekte auf das Retentionsverhalten ausüben. Studien zum Einfluss chromatographischer Parameter auf die geladenen interaktiven Bereiche von Proteinen, die an der Wechselwirkung mit stationären Phasen beteiligt sind, führten zur Postulierung eines speziellen elektrostatisch aktiven Bereiches (oder Ionotops), mit welchem das Protein an die Säule gebunden wird. Peptide und Proteine können in HP-IEX entweder isokratisch, mit einem Stufengradienten oder mit Gradientenelution mit hoher Auflösung und Kapazität getrennt werden.

## 11.4.8 Hochleistungsaffinitätschromatographie (HP-AC)

Die Hochleistungsaffinitätschromatographie (HP-AC) erfolgt mit stationären Phasen, welche immobilisierte biomimetische oder biospezifische Liganden besitzen, die niedermolekular oder makromolekular (z. B. Antikörper) sein können. Mit diesen Liganden kann ein Zielprotein aufgrund einer „molekularen Erkennung" reversibel gebunden und so von anderen Proteinen getrennt werden. Generell kann die HP-AC zur Anreicherung, als Zwischenschritt in einer Vielstufentrennung oder zur Entfernung ungewünschter Proteine dienen unter der Voraussetzung, dass ein brauchbarer Affinitätsligand für das Zielprotein vorhanden ist. Die HP-AC ist hochgradig selektiv und hat normalerweise eine hohe Kapazität für das Zielprotein. In der HP-AC werden Analyten mit Gradienten oder Stufengradienten eluiert, wobei die retentive mobile Phase wässrig und von niedriger Ionenstärke ist und die eluierende mobile Phase auch wässrig ist, aber eine höhere Ionenstärke oder einen anderen pH-Wert hat, oder es wird ein Additiv zugefügt, das mit dem Zielmolekül um die Bindung an den spezifischen Liganden konkurriert. Wenn maximale Selektivität und höchste Affinität zwischen dem Zielmolekül und der stationären Phase gewünscht werden, ist HP-AC allen anderen Chromatographiemethoden überlegen, jedoch müssen die Liganden spezifisch für das Zielmolekül hergestellt werden. HP-AC kann mit chemischen oder biologischen Liganden durchgeführt werden oder sogar mit molekular geprägten Polymeren, welche gezielt Peptide oder Proteine binden.

Eine Variante der Affinitätschromatographie, die **immobilisierte Metallchelatchromatographie** (IMAC), nutzt die Affinität der Seitenketten spezifischer, an der Oberfläche angeordneter Aminosäuren (wie z. B. Histidin) in Peptiden und Proteinen zu Übergangsmetallionen (wie $Ni^{2+}$, $Cu^{2+}$, $Zn^{2+}$ oder $Co^{2+}$ Ionen), die an den Koordinationsstellen der stationären Phase immobilisiert sind, aus. Da Histidinseitenketten eine relative geringe Häufigkeit in natürlich vorkommenden Proteinen aufweisen, ist die Inkorporierung von mehreren Histidinseitenketten als $N$- oder $C$-terminaler Sequenzabschnitt in rekombinante Proteine in Kombination mit darauffolgender IMAC eine weitverbreitete Strategie in der Proteintrennung geworden. Im Allgemeinen werden in IMAC di-, tri- oder tetradentate Liganden, z. B. Iminodiacetat (IDA), Nitrilotriacetat (NTA), Tris-(carboxymethyl)ethylendiamin (TED), $O$-Phosphoserin (OPS) oder Carboxymethylaspartat (CMA) benutzt. Die retentiven mobilen Phasen sind wässrig mit neutralem pH-Wert und hoher Ionenstärke, die eluierenden mobilen Phasen sind niedrig im pH-Wert und enthalten konkurrierende Liganden oder EDTA. Wenn immobilisierte Chelate wie z. B. 1,4,7-Triazocyclononan (TACN) als Liganden benutzt werden, entstehen ganz andere chromatographische Eigenschaften im Vergleich zu den normalen IMAC-Bedingungen. Solche Chelatsysteme werden in Verbindung mit weichen Gelen in verschiedenen analytischen und präparativen Proteinaufreinigungen angewendet.

Neue Arbeiten, die einen IMAC-Liganden an der Oberfläche von Kieselgel immobilisieren, weisen auf Möglichkeiten zur Produktion von sehr stabilen HP-IMAC-Systemen mit exzellenter Anwendbarkeit für Peptide und Proteine hin.

Eine weitere Variante der Affinitätschromatographie ist die **Immunaffinitätschromatographie** (IAC), bei der an Stelle eines niedermolekularen Moleküls der Ligand ein Antikörper ist. IAC beruht auf der Spezifität und der Affinität zwischen einem Antikörper und einem Antigen, ein Zielprotein zu binden, welches das Antigen enthält. Über die Proteinreinigung hinaus können auch Proteinkomplexe, inklusive Multiproteinkomplexe, die das Zielprotein und seine Wechselwirkungspartner enthalten, gereinigt werden. Obwohl für die IAC sowohl monospezifische als auch polyspezifische Antikörper verwendet werden können, werden meist monospezifischen Antikörper bevorzugt.

Die Immunaffinitätschromatographie findet vielfach Anwendung im Bereich der Proteomanalyse, z. B. um die Isolierung und Identifizierung von Proteinen im menschlichen Serum zu erleichtern. So sind gegenwärtig Säulen mit bis zu 14 verschiedenen gebundenen Antikörpern kommerziell erhältlich (z. B. als MARS- (*Multiple Affinity Removal System*)) LC-Säulen, mit denen sich gezielt die häufigsten Proteine im menschlichen Plasma entfernen lassen. Die Abwesenheit dieser interferierenden Proteine verbessert die darauffolgende LC-MS und elektrophoretische Analyse von Serumproben, da der jeweilige effektive dynamische Bereich der Analyse erweitert wird.

Darüber hinaus kann die Affinitätschromatographie von Peptiden und Proteinen auch mit **molekular geprägten Polymeren** (*Molecularly Imprinted Polymers*, MIPs), in der Form von Monolithen oder chromatographischen Partikeln erfolgen.

Molekular geprägten Polymere erlangen ein molekulares „Gedächtnis" für bestimmte biologische Moleküle, wie Peptide oder Proteine, indem etablierte Prozesse molekularer Selbstordnung ausgenutzt werden. Durch Wechselwirkung zwischen dem biologischen Templatmolekül (das als „molekulare Vorlage" dem Zielmolekül entspricht oder zumindest sehr ähnelt, z. B. ein homologes Peptid oder Protein) und chemischen Monomeren mit darauffolgender Polymerisation dieser Monomere mit Vernetztermonomeren in der Gegenwart eines Initiators in einem geeigneten Lösungsmittel (dem Porenformer) entstehen funktionalisierte Kavitäten, die chemisch und räumlich auf das Templatmolekül abgestimmt sind. Nach Entfernung der eingebetteten Templatmoleküle aus der stark vernetzten polymeren Matrix durch einen Extraktionsprozess, der auf einer Unterbindung der Wechselwirkungen zwischen Polymer und Templatmolekül beruht, entstehen poröse, polymere Materialen mit Nano-Kavitäten von vorherbestimmter Form und komplementären funktionalen Gruppen als Bindungsstellen, die das molekulare „Gedächtnis" für das biologische Zielmolekül besitzen.

Diese chemisch und physikalisch stabilen Materialien können nun Moleküle spezifisch und reversibel binden, die als Templat verwendet wurden, und zwar durch eine Kombination von Formkomplementarität und multiplen, stereochemisch definierten, nichtkovalenten Wechselwirkungen mittels Wasserstoffbrückenbindungen, hydrophoben und elektrostatischen Wechselwirkungen. Moleküle, die nicht in die Kavität passen oder keine komplementäre Wechselwirkung mit den funktionellen Gruppen in der Kavität eingehen können, werden nicht gebunden.

Die Selektivität eines molekular geprägten Polymers für ein bestimmtes Protein kann erzeugt werden, indem entweder das Protein als Ganzes oder aber ein Proteinfragment, z. B. ein Peptid (wie in der Epitop-Methode), als Templatmolekül verwendet wird.

Jüngste Anwendungsbeispiele zeigen, dass – bedingt durch die Vielfalt der Synthesemethoden – molekular geprägte Monolithe oder Partikel für die Extrahierung von Proteinen (z. B. Proteinreinigung), die chromatographische Trennung von Proteinen (z. B. in der Protein Biomarker Detektion und Quantifizierung in biomedizinischer Diagnostik) und vor einer gezielten Proteomanalyse (z. B. zwecks Entfernung von interferierender Proteinen) eingesetzt werden können.

In ◘ Tab. 11.7 ist ein Überblick über die Charakteristika der meistbenutzten stationären und mobilen Phasen für die besprochenen chromatographischen Methoden gegeben. Hinweise, nach welchem Gesichtspunkt eine Methode oder eine Kombination von Methoden für eine Peptid- oder Proteinanalyse ausgewählt werden kann, werden in ▶ Abschn. 11.5 besprochen.

◘ **Tab. 11.7** Chromatographische Methoden für die Peptid- und Proteinanalyse und die Charakteristika ihrer stationären und mobilen Phasen

| Chromatographische Methode | Stationäre Phase | Retentive mobile Phase | Eluierende mobile Phase |
|---|---|---|---|
| SEC oder GPC | porös | (nicht retentiv) | wässrig, niedriger Salzgehalt |
| RPC | hydrophob | wässrig | organisches Lösungsmittel |
| NPC | polar | unpolar organisch | polares organisches Lösungsmittel |
| HILIC | hydrophil | unpolar organisch | polares organisches Lösungsmittel wässrig |
| ANPC | polar | organisch | wässrig |
| HIC | schwach hydrophob | wässrig, hohe Ionenstärke | wässrig, niedrige Ionenstärke |
| AEX | geladen | wässrig, hoher pH-Wert, niedrige Ionenstärke | wässrig, hoher pH-Wert, hohe Ionenstärke (oder niedriger pH-Wert), hoch selektives Gegenion |
| CEX | geladen | wässrig, niedriger pH-Wert, niedrige Ionenstärke | wässrig, niedriger pH-Wert, hohe Ionenstärke (oder hoher pH-Wert) |
| AC | biomimetisch, biospezifisch | niedrige Ionenstärke | hohe Ionenstärke, konkurrierender Ligand |
| IMAC | Metallchelate | wässrig, neutraler pH-Wert, hohe Ionenstärke | niedriger pH-Wert, konkurrierender Ligand EDTA |

## 11.5 Methodenentwicklung für die analytische Chromatographie am Beispiel der HP-RPC

Die Hochleistungs-Reversed-Phase-Chromatographie ist neben der Ionenaustausch-Chromatographie und der Ausschlusschromatographie eine der am häufigsten angewandten Methoden in der chromatographischen Analyse und präparativen Aufreinigung von Peptiden und Proteinen, insbesondere für Anwendungen, die Elektrospray-Ionisations- (ESI-)Massenspektrometrie beinhalten. Die Entwicklung einer Methode für die präparative HP-RPC zur Trennung einer oder mehrerer Komponenten einer peptid- oder proteinhaltigen natürlichen oder synthetisierten Probe, die vielfach dem Zweck dient, genügend reines Material für weitere Analysen mit anderen Methoden wie z. B. die NMR-Spektroskopie oder die Röntgenstrukturanalyse bereitzustellen, findet normalerweise in vier Stufen statt:

1. Entwicklung, Optimierung und Validierung einer Analysemethode,
2. Erweiterung zu einem präparativen chromatographischen System,
3. Anwendung der Methode auf die Trennung und letztlich
4. Analyse der individuellen Fraktionen.

### 11.5.1 Entwicklung und Optimierung einer Methode

Die Entwicklung einer Methode zur Trennung von Peptiden oder Proteinen beinhaltet die Wahl der stationären und mobilen Phase unter der Berücksichtigung der Eigenschaften der Zielmoleküle (z. B. Hydrophobizität/Hydrophilizität, Säure/Baseneigenschaften, Ladung, Temperaturstabilität und Molekülgröße) und wird von einer systematischen Optimierung der (isokratischen oder Gradienten-) Trennung unter der Hinzunahme von Aliquoten des Rohextrakts oder, wenn möglich, von analytischen Standards gefolgt.

In der Auswahl der stationären und der mobilen Phase sollten eine Reihe von chemischen und physikalischen Parametern des chromatographischen Systems berücksichtigt werden, die zur Variabilität von Auflösung und Ausbeute von Peptiden und Proteinen beitragen können. Die Beiträge der stationären Phase werden hervorgerufen durch Partikelgröße, Partikelgrößenverteilung, Partikelkomprimierbarkeit, Oberflächengröße, Porendurchmesser, Porendurchmesserverteilung, Ligandenzusammensetzung, Ligandendichte und Oberflächenheterogenität. Normalerweise wird eine HP-RPC-Säule unter Aspekten des Trennziels, veröffentlichter Methoden für die Trennung ähnlicher Stoffgruppen, Verfügbarkeit, Anwendbarkeit in präparativen Systemen und, wenn bekannt, anhand der Eigenschaften der zu analysierenden Peptide oder Proteine ausgewählt. Die Beiträge der mobilen Phase sind verursacht durch Pufferzusammensetzung, Ionenstärke, pH-Wert, organische Lösungsmittel, Metallionen, chaotrope Reagenzien, oxidierende oder reduzierende Reagenzien, Beladungskonzentration und -Volumen und Temperatur.

Da die Qualität einer Trennung durch die Auflösung individueller Peaks bestimmt wird, hat eine Methodenentwicklung immer die Verbesserung der Auflösung zum Ziel. Die Methodenentwicklung für analytische Trennungen konzentriert sich daher gewöhnlich auf das am geringsten aufgelöste Peakpaar (das sog. kritische Peakpaar). Wie bereits erwähnt, ist die Auflösung von der Bodenzahl $N$, der Selektivität $\alpha$ und dem Retentionsfaktor $k$ abhängig. All diese Variablen können durch systematische Änderungen der chromatographischen Bedingungen experimentell beeinflusst werden. Für Trennungen mit isokratischer Elution ist die Auflösung $R_S$ folgendermaßen definiert:

$$R_S = (1/4)\,N^{1/2}\,(\alpha - 1)\big(k/(1+k)\big) \qquad (11.15)$$

Die Bodenzahl $N$ ist ein Maß für die Säulenleistung und gibt die durch die Säule hervorgerufene Bandenverbreiterung an, der Trennfaktor $\alpha$ beschreibt die Selektivität eines chromatographischen Systems für ein bestimmtes Peakpaar, und der Retentionsfaktor $k$ beschreibt die Retention unabhängig von der Säulendimension und der Flussrate. Auf diese Weise kann die Vereinheitlichung der relativen Retention für Säulen mit unterschiedlichen Dimensionen erreicht werden. Während die Variablen $N$ und $\alpha$ nur einen geringen Einfluss auf die Migration des Analyten durch die Säule haben, kann $k$ in der isokratischen Elution durch die Änderung der Elutropie der mobilen Phase um einen Faktor von 10 oder mehr geändert werden. Die besten chromatographischen Trennungen von Analyten mittleren Molekulargewichtes werden gewöhnlich mit Kombinationen von mobiler und stationärer Phase erreicht, die einen $k$-Wert von 1–20 erzielen.

In der Gradientenelution, im Gegensatz zur isokratischen Elution, werden jedoch $\bar{N}$, $\bar{\alpha}$ und $\bar{k}$ in Form der mittleren Werte für $N$, $\alpha$ und $k$ verwendet, denn diese Werte ändern sich im Laufe einer Trennung, da die Zusammensetzung der mobile Phase während des Gradienten geändert wird.

Die mittlere Bodenzahl $\bar{N}$ hat keinen Einfluss auf die Selektivität oder die Retention (außer bei Temperaturänderungen). Die Selektivität $\bar{\alpha}$ und der Retentionsfaktor $\bar{k}$ haben gewöhnlich nur einen geringen Einfluss auf $\bar{N}$. Während $\bar{N}$ und $\bar{\alpha}$ sich während der Probenmigration durch die Säule nur geringfügig ändern, ändert sich der $\bar{k}$-Wert um den Faktor 10 oder mehr, in Abhängigkeit von der Gradientensteigung. Ähnlich wie bei der isokratischen Elution werden auch bei der Gradientenelution die besten chromatographischen Trennungen gewöhnlich für $\bar{k}$-Werte zwischen 1–20 erzielt. Obwohl die Auflösung in der isokratischen Elution und Gradientenelution hauptsächlich durch die Variablen $\alpha$ (oder $\bar{\alpha}$) und $k$ (oder $\bar{k}$) und damit durch die mobile Phase beeinflusst wird und damit für eine gegebene Säule näherungsweise unabhängig von $N$ (oder $\bar{N}$) ist, sollte eine Trennung dennoch mit der Auswahl der stationären Phase beginnen. Die Wahl der stationären Phase (z. B. Säulendimension, Auswahl des Trägermaterials und des immobilisierten Liganden) wird durch das Ziel der Trennung bestimmt, z. B. ob eine Quantifizierung mehrerer Analyten oder ein *Scaling-up* zur präparativen Trennung geplant ist und welcher Grad von Produktreinheit angestrebt wird. Verschiedene computergestützte Expertensysteme sind erhältlich, um hier die richtige Entscheidung zu treffen. Ist die Säule ausgewählt, wird die Trennung in drei Stufen optimiert unter Berücksichtigung der oben aufgeführten Formel für die Auflösung: Die Optimierung der Bodenzahl $N$, dann die Optimierung der Selektivität $\alpha$ und schließlich die Optimierung des Retentionsfaktors $\bar{k}$.

**Optimierung der Säuleneffizienz** Die Optimierung der Effizienz der Trennung erfolgt über die Optimierung der Bodenzahl $N$. Hierzu muss jeder Faktor, der $N$ beeinflussen kann, unabhängig bearbeitet werden. Faktoren, die eine Bandverbreiterung der Peaks hervorrufen, können sowohl innerhalb der Säule als auch außerhalb der Säule durch Dispersionseffekte entstehen. Für eine bestimmte stationäre Phase mit vorgegebenen Liganden, Partikeldurchmesser und Porengröße kann die lineare Flussrate optimiert werden. Die Flussrate oder lineare Flussgeschwindigkeit, die nötig ist, die optimale (geringstmögliche) Bodenhöhe $H$ für eine bestimmte Säule zu erhalten, kann aus der Literatur entnommen werden oder, wenn nötig, anhand publizierter Methoden bestimmt werden. Daneben sind auch die Detektorzeitkonstante, Totvolumenverminderung und Temperatur von Bedeutung. Wichtig ist, die Säule thermostatisch zu kontrollieren, um die Reproduzierbarkeit von Trennungen zu gewährleisten.

**Optimierung der Selektivität** Die effektivste Art, die Trennleistung zu beeinflussen, ist über die Selektivität $\alpha$. Dies wird in der Hauptsache durch eine Beeinflussung der chemischen Zusammensetzung des Eluenten d. h. der Konzentration des modifizierenden Lösungsmittels (z. B. Acetonitril, Ethanol, Isopropanol, Methanol) in Verbindung mit der Wahl von geeigneten Additiven der mobilen Phase erreicht. Die elutrope Stärke eines jeden Lösungsmittels ist zu beachten, damit die Analyten innerhalb

des jeweils angestrebten Retentionsfaktorbereichs eluiert werden können. Die Umwandlung von isokratischen Daten in Gradientendaten oder umgekehrt kann mit bekannten Algorithmen im Rahmen der linearen oder nichtlinearen Lösungsmittelstärkentheorie (*Linear Solvent Strength Theory*) erfolgen.

**Optimierung der Retentionsfaktoren** Die weitere Optimierung konzentriert sich darauf, für die verschiedenen Analyten in einer Mischung den jeweils angemessenen Retentionsfaktor zu erreichen. In einer isokratischen Elution kann in der HP-RPC die Beziehung zwischen der Retentionszeit eines Analyten (ausgedrückt als Retentionsfaktor $k$) und dem Volumenanteil des organischen Lösungsmittelmodifizierers $\varphi$ ausgenutzt werden. Obwohl diese Beziehung einer Kurve folgt, wird sie vereinfacht oft als linear behandelt. Dann erfolgt eine Änderung des Retentionsfaktors in erster Näherung als Funktion von $\varphi$ nach der Formel:

$$\ln k = \ln k_0 - S\varphi \tag{11.16}$$

wobei $k_0$ der Retentionsfaktor des Analyten in Abwesenheit des organischen Modifizierungsadditivs ist und $S$ die Steigung der Geraden in der Grafik, wenn $\ln k$ über $\varphi$ aufgetragen wird. Die Werte für $\ln k_0$ und $S$ können mit einer linearen Regressionsanalyse berechnet werden. Eine höhere Präzision für die Bewertung der experimentellen Daten und somit auch eine bessere Voraussage des Retentionsverhaltens der Analyten in HP-RPC-Systemen für mobile Phasen mit verschiedener Zusammensetzung kann durch die expandierte Formel erreicht werden:

$$\ln k = \ln k_0 - S\varphi + S'\varphi^2 - S''\varphi^3 \tag{11.17}$$

Auch in der Gradientenelution kann die Beziehung zwischen der Gradientenretentionszeit (ausgedrückt als der mittlere Retentionsfaktor $\bar{k}$) und dem mittleren Volumenanteil des organischen Lösungsmittelmodifizierers $\bar{\varphi}$ auf der Basis der linearen Lösungsmittelstärken-Theorie ausgenutzt werden nach der Formel:

$$\ln \bar{k} = \ln k_0 - S\bar{\varphi} \tag{11.18}$$

Wenn in isokratischer Elution die Retention eines Analyten (ausgedrückt als natürlicher Logarithmus des Retentionsfaktors $k$) über der Zusammensetzung der mobilen Phase (als die Volumenfraktion des Lösungsmittels in der mobilen Phase $\varphi$) aufgetragen wird (oder als $\bar{k}$ versus $\bar{\varphi}$ in der Gradientenelution), kann mit minimalem Aufwand in zwei anfänglichen Experimenten, die sich lediglich in der Zusammensetzung der mobilen Phase

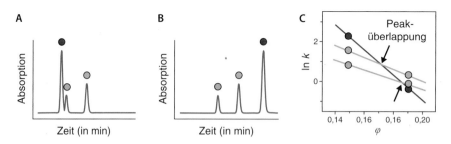

**◘ Abb. 11.3** Optimierung der isokratischen Elution. Es werden zwei Chromatogramme erstellt, eines mit 19 % **A** und eines mit 15 % (v/v) **B** organischem Lösungsmittelanteil in der mobilen Phase (entsprechend ist $\varphi = 0{,}19$ und $0{,}15$). Die Retentionsfaktoren werden als ln $k$-Werte über den Volumenanteil der organischen Lösungsmittelmodifizierer auftragen und durch die Verbindung der jeweiligen ln $k$-Werte durch eine Gerade wird die Zusammensetzung der mobilen Phase bestimmt, die zur optimalen Peakauflösung führt **C**

unterscheiden, ein angemessener Bereich bezüglich der Bedingungen der mobilen Phase, in denen die Peaktrennung optimal ist, ermittelt werden (◘ Abb. 11.3).

Durch zwei Experimente, die sich entweder in der Zusammensetzung der mobilen Phase oder durch die Laufzeit des Gradienten unterscheiden, kann nach Nummerierung und Zuordnung der jeweiligen Peaks eine relative Auflösungskarte erstellt werden, die die Auflösung $R_S$ über der Laufzeit $t_G$ aufträgt. Im Falle der Gradientenelution erlaubt diese die Bestimmung der optimalen Gradientenlaufzeit und des Gradientenbereichs mit einfachen Excel-Methoden und vorgegebenen Formeln oder mit der entsprechenden Software (z. B. DryLab oder LabExpert). Diese Optimierungen sparen Zeit, Lösungsmittel, Reagenzien sowie Probe und erlauben, wenn völlig ausgenutzt, eine fast vollautomatische Instrumentenbedienung.

Die Optimierung kann auch in Form von Computersimulationen mit entsprechender Software (z. B. Simplex-Methoden, multivariante Faktoranalysenprogramme, DryLab) vorgenommen werden. Dabei wird in der Simulation die Auflösung der Peaks durch systematische Anpassung der Zusammensetzung der mobilen Phase (Veränderung des $\varphi$-Wertes) oder durch die Konzentration der Ionenpaar-Reagenzien verbessert. Bei einer Gradientenelution wird die Optimierung in acht Schritten ausgeführt:

1. zwei Anfangsexperimente, die sich in der Gradientenlaufzeit unterscheiden,
2. Peaknummerierung und Peakzuordnung,
3. Berechnung von ln $k_0$ und $S$,
4. Optimierung der Gradientenlaufzeit $t_G$,
5. Bestimmung des neuen Gradientenbereichs,
6. Berechnung der neuen Gradientenretentionszeiten $t_g$,
7. eventuelle Veränderung des Gradienten sowie
8. Kontrolle des Erfolgs durch Durchführung eines dritten Experiments.

Ausführliche Beispiele, in denen solche systematischen Optimierungen durchgeführt wurden, finden sich in der Literatur.

### 11.5.2  Übergang zur präparativen Chromatographie

Während die analytische HPLC die Identifizierung und/oder Quantifizierung der Analyten zum Ziel hat, wobei die Proben danach verworfen werden, strebt die präparative Chromatographie die Trennung der Proben in einer Weise an, nach welcher die Analyten in einem Fraktionssammler aufgefangen werden. In der präparativen Chromatographie fokussiert sich die Methodenentwicklung auf den Peak von Interesse und auch auf die zwei benachbarten Peaks, jeder Schritt zielt darauf hin, einen Peak von den beiden danebenliegenden gut zu trennen. Die Optimierung der Auflösung muss auch die Probenmenge und die Zahl der relevanten Peaks berücksichtigen.

Wenn eine analytische Methode für verschiedene Peptide oder Proteine wie besprochen erarbeitet worden ist, kann diese zu einer präparativen Trennung erweitert werden. Dazu sind die Funktionsbereiche der Säulen hinsichtlich der Beladbarkeit und geeigneter Flussrate (◘ Tab. 11.8) zu beachten. Es besteht auch die Möglichkeit der gezielten Säulenüberladung, die weiter unten besprochen wird.

Das Konzept des *Scaling-up* oder *Scaling-down* geht davon aus, dass die Trenneigenschaften (wie z. B. die Selektivität) der stationären Phasen, die in der präparativen HPLC benutzt werden, denen der analytischen HPLC bis auf die Partikelgröße gleichen. Sorgfältige experimentelle Studien haben die Grundregeln für *Scaling-up*-Strategien und experimentelle Methoden für deren Bewertung erarbeitet. Um ein gleichwertiges Elutionsprofil beim *Scaling-up* oder *Scaling-down* für Säulen mit anderem Durchmesser zu erhalten, muss die Flussrate verändert werden, dies geschieht nach der Formel:

$$F_{\text{präparativ}} = \left( \frac{r_{\text{präparativ}}}{r_{\text{analytisch}}} \right)^2 \cdot F_{\text{analytisch}} \qquad (11.19)$$

◨ **Tab. 11.8** Funktionsbereiche der HPLC-Säulen

| Bezeichnung | Probenmenge | Säulendurchmesser (in mm) | Säulenlänge (in mm) | Flussrate (in ml min⁻¹) |
|---|---|---|---|---|
| präparative LC | mg–g | > 4 | 15–250 | 5–20 |
| analytische LC | µg–mg | 2–4 | 15–250 | 0,2–1 |
| Mikro-LC | mg | 1 | 35–250 | 0,05–0,1 |
| Nano-LC | ng–µg | < 1 | 50–150 | < 0,05 |
| Nano-Chip | ng | < 0,1 | 50 | < 0,01 |

wobei $F$ die Flussrate ist und $r$ der Säulenradius.

Hinweise für die Beladbarkeit der Säulenmaterialien können generell vom Hersteller erhalten werden. Man berechnet die Beladbarkeit für eine Erweiterung zum präparativen Maßstab mit der Formel:

$$M_{\text{präparativ}} = \left( \frac{r_{\text{präparativ}}}{r_{\text{analytisch}}} \right)^2 \cdot M_{\text{analytisch}} \cdot C_{\text{L}} \qquad (11.20)$$

wobei $M$ die Masse, $r$ der Säulenradius und $C_{\text{L}}$ das Verhältnis der Säulenlängen ist.

In manchen Fällen ist die gezielte Säulenüberladung eine ökonomische Methode, obwohl sie mit einem Verlust an Auflösung verbunden ist. In der analytischen HPLC ist die ideale Peakform eine Gauß-Kurve. Wenn unter analytischen Bedingungen eine größere Probenmenge aufgetragen wird, verändern sich Peakhöhe und Fläche, aber nicht die Peakform oder die Retentionszeit. Wird jedoch mehr als die empfohlene Menge an Probe aufgetragen, verändert sich die Adsorptionsisotherme in eine nichtlineare Funktion, wodurch die Auflösung, die Form und die Retentionszeit der Peaks verändert werden.

Es gibt das Überladen in der Form der Volumenüberladung und der Konzentrationsüberladung. Bei der **Volumenüberladung** wird die Konzentration der Probe beibehalten, aber ihr Volumen erhöht. Hierbei erhöht sich der Retentionsfaktor für alle Analyten. Ab einem bestimmten Injektionsvolumen erhöht sich die Peakhöhe nicht mehr, und die Peakformen werden breiter und rechteckig. Im Fall der **Konzentrationsüberladung** wird das Volumen der Probe beibehalten, aber ihre Konzentration erhöht. Die Anwendung ist durch die Löslichkeit der zu analysierenden Substanzen in der mobilen Phase beschränkt. Mit dieser Methode kann es zur Erniedrigung der Retentionsfaktoren kommen, was bei der Probensammlung unbedingt berücksichtigt werden muss. Die Peaks können ein *Fronting* oder ein *Tailing* aufweisen, wobei die Peakform dreieckig werden kann. In der Regel wird in der präparativen HPLC die Volumenüberladung vorgezogen, da mit ihr größere Probenmengen als mit der Konzentrationsüberladung getrennt werden können. In der Praxis wird jedoch oft eine Kombination beider Methoden angewendet.

### 11.5.3 Fraktionierung

Die Fraktionierung kann manuell (Knopfdruck am Anfang und Ende des Sammelvorgangs), vorprogrammiert zu gewissen Zeiten oder basierend auf dem Vorkommen von Peaks erfolgen, wobei ein Schwellenwert im auf- und absteigenden Signal des Detektors eingegeben wird. Auch kann eine Fraktionssammlung aufgrund der Massenspektrometrie erfolgen, in welcher die Sammlung ausgelöst wird, wenn hinreichend viele Ionen einer bestimmten Masse detektiert werden. In jedem Fall muss die Verzugszeit hierbei bedacht und gemessen werden. Für einen Peak mit einer Startzeit $t_0$ und Endzeit $t_E$ muss die Fraktionssammlung starten, wenn der Beginn des Peaks am Verteilerventil ankommt ($t_0 + t_{\text{D1}}$), und enden, wenn das Ende des Peaks an der Nadelspitze ankommt ($t_E + t_{\text{D1}} + t_{\text{D2}}$), wobei $t_{\text{D1}}$ die Verzugszeit zwischen Detektor und Ventil und $t_{\text{D2}}$ die zwischen Ventil und Nadelspitze ist. Es kann zur Absicherung zusätzlich eine Sammlung der nicht benötigten Fraktionen in einen separaten Behälter stattfinden.

### 11.5.4 Analyse der Fraktionen

Nach der Fraktionssammlung muss das Lösungsmittel entweder in einem Gefriertrockner, einem Rotationsverdampfer oder einem Hochdurchsatz-Parallelverdampfer entfernt werden. Nicht flüchtige, ungewünschte Komponenten können vorher mit HP-RPC-SPE entfernt werden, wenn der wässrige Anteil des Puffers hoch genug ist. Wenn keine angeschlossene Massenspektrometrie erfolgt, wird die Fraktionierung meist separat kontrolliert mit einer vorpräparativen Analyse des Rohmaterials und einer nachpräparativen Analyse der individuellen Fraktionen, normalerweise mit analytischer HPLC oder Massenspektrometrie, bei biologisch aktiven Proben auch gegebenenfalls durch Aktivitätstests verschiedenster Art.

## 11.6 Multidimensionale HPLC

Oft ist in der HPLC eine Kombination von mehreren Trennmethoden notwendig, um den erwünschten Grad der Reinheit für die Zielsubstanzen zu erreichen. Da bei jedem der Schritte in solchen Kombinationsauftrennungen Material verloren geht, muss die Quantität der Ausbeute optimiert werden. Das wird zeit- und kostensparend erreicht, indem man eine sinnvolle Methodenkombination wählt und die Zahl der Reinigungsschritte möglichst niedrig hält. In der multidimensionalen (Vielschritt- und Mehrsäulen-)HPLC (MD-HPLC) werden die Elutionsprofile in aufeinanderfolgende Fraktionen aufgeteilt, die dann unabhängig voneinander weiterverarbeitet werden können. Dadurch wird die **Peakkapazität** erhöht, die durch die Anzahl der Peaks definiert wird, die zwischen dem ersten und letzten Peak bei vorgegebener Auflösung im Chromatogramm untergebracht werden könnten. In jeder Fraktion können die Trennbedingungen separat optimiert werden, auch können einzelne Komponenten gezielt angereichert oder eliminiert werden. Für kleine Moleküle gibt es mittlerweile eine große Anzahl von MD-HPLC-Methoden, jedoch kann MD-HPLC insbesondere auch für komplexe Peptidmischungen und Proteine angewendet werden.

## 11.6.1 Trennung von individuellen Peptiden und Proteinen in der MD-HPLC

Die Peptid- oder Proteinisolation wird generell durch eine Extraktion aus dem biologischen Ausgangsmaterial und eine Fraktionierung des Rohextrakts eingeleitet. Hierbei bestimmen die chemischen Eigenschaften des Zielmoleküls und der Matrix die Wahl der Methode. In manchen Fällen geht dem eine Proteinausfällung mit Salz oder organischen Lösungsmitteln voraus. Danach wird der Rohextrakt durch Filtrierung oder Zentrifugation geklärt. Im nächsten Schritt wird ein Puffer gewählt, der mit der oder den mobilen Phase(n) der ausgewählten chromatographischen Methode(n) kompatibel ist. Danach folgt eine Anreicherung, vorzugsweise durch Festphasenextraktion (SPE) oder Restricted-Access-Materialien (RAM) in einer Stufenelutionsmethode, um die Mehrheit der niedermolekularen Verunreinigungen (z. B. Detergenzien) zu beseitigen und das Probenvolumen drastisch zu reduzieren. Nach einer Zwischenreinigung erfolgt die chromatographische Trennung, zu der eine Vielfalt von HPLC-Methoden mit verschiedener Selektivität benutzt werden kann. Die Trennungen erfolgen z. B. nach der Molekülgröße, Hydrophobizität/Hydrophilizität, Ladung oder Biospezifität nach den Chromatographieprinzipien, wie in ◘ Tab. 11.9 zusammengefasst.

Ein Peptid oder Protein kann mit wenigen – vorzugsweise drei oder weniger – Stufen aufgereinigt werden, wenn man passende, komplementäre Methoden auswählt, in denen nur ein Teil der Analyten als eine Fraktion von der ersten zu der nächsten Säule für weitere Auftrennungen übertragen wird. Diese Methoden sind schnell, aber nicht quantitativ, da die Hauptmenge der Analyten nicht in die zweite Stufe oder Dimension übernommen wird. Gewöhnlich werden diese Methoden mit einem Bindestrich verbunden abgekürzt (z. B. IEX-RPC). Es müssen die Retentionszeiten der Analyten in der ersten Säule bekannt sein, um die Segmente der Fraktionierung auszuwählen. Der Vorteil ist, dass Analyten, die in der ersten Dimension koeluieren, dann besser in der zweiten Dimension trennbar sind. Dazu muss aber die erste und zweite Dimension vorzugsweise orthogonal sein, d. h. deren zugrunde liegende Trennprinzipien (d. h. Selektivität) müssen unterschiedlich sein. In jeder der einzelnen chromatographischen Dimensionen besteht der Konflikt zwischen Geschwindigkeit, Auflösung, Kapazität und Ausbeute, wie in ◘ Abb. 11.4 dargestellt. Diese Ziele können normalerweise nicht alle gleichzeitig optimiert werden, z. B. geht eine hohe Auflösung meist auf Kosten der Geschwindigkeit und umgekehrt.

◘ **Tab. 11.9** Die Priorisierungen der Optimierung in jeder der drei Stufen einer multidimensionalen HPLC von Peptiden und Proteinen und entsprechende chromatographische Methoden

| Aufreinigungsschritt | Priorität | Untergeordnete Rolle | Chromatographische Trennmethode |
|---|---|---|---|
| Anreicherung | hohe Geschwindigkeit, hohe Beladbarkeit | Auflösung | AC, IMAC, IAC, IEX, HIC |
| Zwischenreinigung | hohe Beladbarkeit, hohe Auflösung | Geschwindigkeit, Ausbeute | IEX, HIC, SEC |
| Endreinigung | hohe Auflösung, hohe Ausbeute | Geschwindigkeit, Beladbarkeit | RPC, SEC |

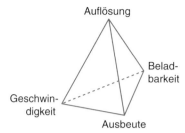

Auflösung

Belad-
barkeit

Geschwin-
digkeit

Ausbeute

**☐ Abb. 11.4** Optimierungsziele (Geschwindigkeit, Auflösung, Beladbarkeit und Ausbeute) und ihre Beziehung zueinander für chromatographische Trennungen

Eine dreistufige HPLC-Proteintrennung kann so angelegt werden, dass das Schwergewicht jeder Stufe auf ein verschiedenes Paar der Optimierungsziele gelegt wird. Die Methoden werden so nach ihrer Brauchbarkeit für den jeweiligen Reinigungsschritt ausgewählt und auf eine Weise aneinandergereiht, die zeitaufwendige Pufferwechsel vermeidet (☐ Tab. 11.9).

Bei dem ersten Reinigungsschritt liegt das Schwergewicht auf Geschwindigkeit und Beladbarkeit. Da in diesem Schritt die anfängliche Trennung der gewünschten Peptide oder Proteine aus dem Rohextrakt erfolgt sowie deren Konzentrierung und die Eliminierung von Verunreinigungen, sind HP-AC, HP-IMAC, HP-IEX oder HP-HIC als nicht hochauflösende Methoden geeignet.

In der nachfolgenden Zwischenreinigung geht es um Beladbarkeit und Auflösung, wobei chromatographische Methoden mit mittlerem Auflösungsvermögen, z. B. HP-IEX, HP-HIC oder HP-SEC, gewählt werden können. In diesem Stadium sollen die meisten Verunreinigungen beseitigt werden, z. B. bei der Aufreinigung von rekombinanten Proteinen andere Proteine, Nucleinsäuren, Viren, Endotoxine, etc.

In der letzten Stufe sind die Auflösung und Ausbeute von überragender Bedeutung, somit finden hochauflösende Methoden wie HP-RPC Anwendung. In diesem Stadium wird angestrebt, Spuren von Verunreinigungen oder ähnlicher Substanzen zu beseitigen, um ein reines Endprodukt zu erhalten. Zu diesem Zweck kann auch HP-SEC benutzt werden, um z. B. unerwünschte multimere Formen des Zielproteins zu entfernen.

Manchmal können entweder die ersten beiden oder die letzten beiden Stufen in einem Schritt vereint werden. Es gibt aber auch Fälle, z. B. in der Aufreinigung von therapeutischen Proteinen, in denen vier oder mehr Stufen nötig sind, um den erwünschten Grad der Reinheit zu erlangen.

### 11.6.2  Trennung von komplexen Peptid- und Proteinmischungen mit der MD-HPLC

Wenn eine komplexe Mischung verschiedener Peptide oder Proteine umfassend getrennt werden soll, wie es z. B. in der Proteomanalyse erforderlich ist, ist es von Vorteil, orthogonale HPLC-Methoden zu verwenden. Dies erfordert jedoch durch die hohe Anzahl der Fraktionierungen zusätzliche Infrastruktur, wie eine weitere HPLC-Pumpe, thermostatisierte Autosampler, automatische Autosamplerlader, Schaltventile, ein thermostatisiertes Säulenkompartiment, thermostatisierte Fraktionssammler und gegebenenfalls einen Hochdurchsatz-Parallelverdampfer. In der umfassenden MD-HPLC, d. h. wenn der gesamte Analytenpool der ersten Säule auf die zweite Säule weitergeleitet wird, in Teilmengen nacheinander auf eine Säule oder auch abwechselnd auf zwei Säulen, wird die Methodenkombination mit einem Kreuz (×) in der Abkürzung ausgedrückt (z. B. IEC×RPC). Die Daten der Trennungen können als dreidimensionale Grafiken dargestellt werden, wobei die Retentionszeiten der zweiten Dimension gegen die der ersten Dimension aufgetragen werden. Der Informationsgehalt solcher Darstellungen ist auf jeden Fall höher, als wenn die Daten für jede Stufe einzeln gezeigt würden.

### 11.6.3  Methodenstrategien für die MD-HPLC

Unabhängig davon, ob die multidimensionalen Schritte einzeln absolviert oder vollautomatisch nacheinander geschaltet werden, ist die Kompatibilität der mobilen Phasen in den aufeinanderfolgenden Schritten zu beachten. Es kann der Fall auftreten, dass die Fraktionen zwischen den Schritten speziell behandelt werden müssen, z. B. mit Pufferaustausch, Konzentrierung oder Verdünnung, um die Kompatibilität der Eluentenzusammensetzung von Fraktionen aus der ersten Dimension mit der retentiven mobilen Phase der zweiten Dimension zu erhöhen. Falls eine nicht retentive Methode wie SEC zusammen mit einer retentiven, z. B. RPC oder IEX, kombiniert werden soll, ist die nicht retentive Methode vorzuschalten. Dies ermöglicht die Reduzierung von relativ großen Mengen an Eluat (die durch die isokratische nicht retentive Trennung entstehen) durch die darauffolgende retentive Methode, was eine Bandverbreiterung außerhalb der Säule und die daraus erfolgende Erniedrigung der Auflösung vermindert.

In der Einzelschrittmethode (*offline*) der MD-HPLC wird das Eluat der ersten Säule als Fraktionen gesammelt und manuell auf die zweite Säule aufgetragen. Typische zwischengeschaltete Maßnahmen sind eine Volumenreduktion durch Gefriertrocknung oder automatische Evaporationssysteme, wobei die verschiedenen Siedepunkte und Dichten individueller organischer Lösungsmittel in den Fraktionen zu beachten sind. Ein relativ schneller Pufferaustausch kann erfolgen, wenn nur flüchtige Additive in der mobilen Phase vorhanden sind.

Die vollautomatische (*online*) MD-HPLC benutzt Hochdruckventile, die in verschiedenen Positionen multiple Umschaltungen erlauben. Einzelne Fraktionen werden von der ersten Säule auf vorbestimmten Wegen auf andere Säulen der zweiten Dimension geleitet, entweder über Auffangsäulen, um automatisch die Puffer zu wechseln oder Konzentrationen vorzunehmen, oder auch direkt. Dies erfordert komplexe Apparaturen und beinhaltet eine gewisse Unflexibilität, aber bringt einen großen Gewinn an Zeit, Ausbeute und Reproduzierbarkeit.

### 11.6.4 Entwurf eines effektiven MD-HPLC-Schemas für Peptide und Proteine

Die MD-HPLC von Peptiden und Proteinen erfordert eine bewusste Wahl von komplementären Trennmethoden und deren Abfolge sowie deren Optimierung im Hinblick auf die chromatographischen Trennziele Geschwindigkeit, Auflösung, Kapazität und Ausbeute. Zusätzlich müssen die Zusammensetzung (und Temperatur) der mobilen Phasen der angewandten chromatographischen Trennmethoden, die Elutionsmethode (isokratisch, Stufen- oder Gradientenelution) und Flussraten bedacht werden.

Damit ein zweidimensionales MD-HPLC bezüglich der Peakkapazität voll ausgenutzt werden kann, ist es von Vorteil, wenn die Mechanismen der chromatographischen Systeme orthogonal sind, das heißt unabhängig voneinander sind. Es ist allgemein akzeptiert, dass die Dimensionen einer zweidimensionalen Trennung orthogonal sind, wenn die Trennmechanismen der beiden Dimensionen unabhängig voneinander sind, was dazu führt, dass die Verteilung der Analyten in der ersten Dimension nicht mit der in der zweiten Dimension korreliert ist. Beispiele solcher Orthogonalität in den HPLC-Trennmethoden sind die Reversed-Phase-Chromatographie (RPC) und die Ionenaustauschchromatographie (CEX oder AEX), da diese Methoden auf der Basis der Hydrophobizität beziehungsweise auf der Basis elektrischer Ladungen trennen. Eine grobe Klassifizierung der in der Trennung von Peptiden und Proteinen üblichen chromatographischen Methoden nach ihrer Ähnlichkeit ist in ◘ Abb. 11.5 gegeben.

Für eine ideale orthogonale zweidimensionale Trennung ist die Gesamtpeakkapazität PC als das Produkt der Peakkapazitäten in jeder der Dimensionen definiert nach der Formel:

$$PC_{2D-System} = PC_{1.Dimension} \cdot PC_{2.Dimension} \qquad (11.21)$$

Wenn jedoch zwei nicht identische, aber etwas ähnliche Chromatographiemethoden in einem MD-HPLC-System benutzt werden, verringert sich die Peakkapazität und damit die Anzahl der Analyten, die getrennt werden können. Die Peakkapazität hängt auch von der Elutionsmethode ab. Da Gradientenelution eine höhere Peakkapazität ermöglicht als die isokratische Elution, kann damit das Gesamtergebnis zusätzlich positiv beeinflusst werden. Da die Selektivität in der Chromatographie nicht nur von der stationären Phase, sondern auch von der mobilen Phase abhängt, können orthogonale

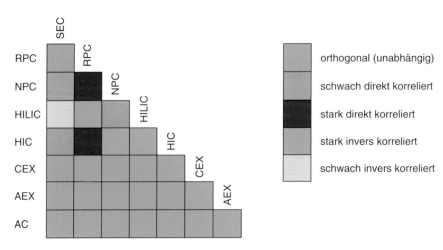

◘ **Abb. 11.5**   Grad der Ähnlichkeit der Trennungsprinzipien bei den chromatographischen Methoden von Peptiden und Proteinen

Trennungen in speziellen Umständen auch durch eine Feinabstimmung der Trennbedingungen erreicht werden, selbst wenn der Trennmechanismus in beiden Dimensionen ähnlich ist (z. B. RPC-RPC mit Eluenten unterschiedlichen pH-Werts in der ersten und zweiten Dimension). Zusätzlich beeinflusst die Struktur und chemische Zusammensetzung der Analyten die Peakkapazität. In vielen Chromatographiesystemen haben die strukturellen Einheiten der Analyten, insbesondere die mit multiplem Vorkommen, eine additive Auswirkung auf die Assoziation von Analyten und den immobilisierten Liganden der stationären Phasen. Diese repetitiven strukturellen Einheiten können hydrophob oder polar sein. Wenn eine der beiden chromatographischen Methoden des zweidimensionalen Systems keine Selektivität für ein strukturelles Element hat, sind die erste und zweite Dimension orthogonal in Bezug auf die strukturellen Elemente (◘ Abb. 11.6A). In Systemen mit vollständig korrelierten Retentionsfaktoren zwischen beiden Dimensionen ist die Trennkapazität durch unzureichende Selektivitätsunterschiede beider Dimensionen nicht voll ausgenutzt und daher nicht ideal (◘ Abb. 11.6B). In invers korrelierten 2D-LC×LC-Systemen nimmt die Retentionszeit für jeden Analyten in der ersten Dimension zu, aber in der zweiten ab mit nachteiliger Auswirkung auf die Gesamtpeakkapazität (◘ Abb. 11.6C). Die Peakkapazität sinkt mit steigender Selektivität zwischen der ersten und der zweiten chromatographischen Dimension. In der Realität sind jedoch 2D-LC×LC-Systeme selten total orthogonal in Bezug auf Hydrophobizität oder Polarität. Viele partiell orthogonale Systeme nutzen nur einen Teil der theoretisch möglichen zweidimensionalen Trennungskapazität, können aber durch Analyten, die sich in der Zahl der hydrophoben oder polaren Struktureinheiten unterscheiden, auf ihre Eignung hin beurteilt werden oder durch quantitative Struktur-Retentions-Verhältnisse beschrieben werden. Orthogonale Systeme mit nicht korrelierten Selektivitäten führen zur höchsten Peakkapazität und daher zur höchsten Anzahl gut getrennter Peaks.

Obwohl in der zweidimensionalen Flüssigkeitschromatographie die Selektivität der jeweiligen HPLC-Methode deren Eignung für eine Trennung bestimmt, spielt auch hier die Auswahl der mobilen Phasen eine große Rolle, um die maximale Peakkapazität zu erreichen. In vollständig automatisierten 2D-LC×LC-Systemen (im Gegensatz zu den manuell nacheinander geschalteten 2D-LC-Prozeduren, wo die gesammelten Fraktionen bearbeitet werden können, bevor sie in die zweite Säule injiziert werden) hat die Kompatibilität der mobilen Phasen in Bezug auf Mischbarkeit, Löslichkeit, Viskosität und eluotrope Stärke eine besondere Bedeutung. Die Kompatibilität der typischen mobilen Phasen in den verschiedenen chromatographischen Methoden, die zur Analyse von Peptiden und Proteinen benutzt werden, ist in ◘ Abb. 11.7 dargestellt.

◘ **Abb. 11.6** Separationsgrafiken zweidimensionaler Trennungen für eine Gruppe von Peptiden oder Proteinen (Punkte) in Systemen, die **A** unkorreliert (orthogonal), **B** korreliert und **C** invers korreliert sind, wobei die Retentionsfaktoren der zweiten Dimension gegen die der ersten Dimension aufgetragen wurden

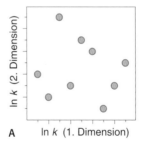
A    ln $k$ (1. Dimension)

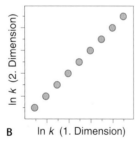
B    ln $k$ (1. Dimension)

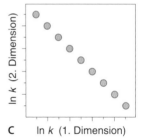
C    ln $k$ (1. Dimension)

◘ **Abb. 11.7** Kompatibilität der mobilen Phasen in verschiedenen chromatographischen Methoden zur Analyse von Peptiden und Proteinen, basierend auf ihrer Mischbarkeit, Löslichkeit und eluotropen Stärke

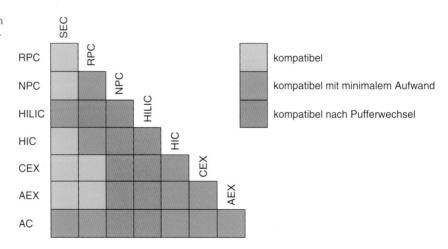

## 11.7  Schlussbemerkung

Die Hochleistungsflüssigkeitschromatographie (HPLC) als eine vollautomatisierbare Form der Chromatographie ermöglicht es, Peptide und Proteine schnell, selektiv, reproduzierbar und mit hoher Auflösung zu trennen. Die HPLC findet daher, in Verbindung mit Massenspektrometrie und Bioinformatik, ihre Anwendung in der Grundlagenforschung, Proteomanalyse, Systembiologie, Hochdurchsatzanalytik, medizinischen Diagnostik, und der Qualitätskontrolle von Biotherapeutika.

Die hier beschrieben Methoden der Ausschluss-, Reversed-Phase-, Normalphase-, hydrophilen Interaktions-, Aqueous-Normalphase-, die hydrophobe Interaktions-, Ionenaustausch- und Affinitätschromatographie, systematischen Methodenentwicklung und multidimensionalen HPLC können selbstverständlich auch für die Analyse von anderen Analyten wie z. B. Metaboliten, Lipiden, Kohlenhydraten und Nukleinsäuren eingesetzt werden, jeweils unter anderen experimentellen Bedingungen.

Obwohl gegenwärtig viele leistungsfähige HPLC-Methoden zur Verfügung stehen, sind deren Möglichkeiten für die Bioanalytik bei Weitem nicht ausgeschöpft. Insbesondere im Bereich der prozessanalytischen Technologien (PAT), der personalisierten Medizin und der medizinischen Diagnostik bestehen noch zahlreiche Anwendungsmöglichkeiten. Diese Herausforderungen stimulieren die interdisziplinäre Forschung im Bereich der Entwicklung von neuen stationären Phasen (z. B. mit schaltbaren Polymeren als Liganden), bei der mathematischen Modellierung chromatographischer Prozesse, im Proteinengineering, in der Bioinformatik und für miniaturisierte und portable HPLC Systeme.

Auch wird es ein Anliegen der analytischen Chemiker und Biochemiker sein, sicherzustellen, dass eine Entwicklung neuer Aufbereitungs-, Trenn- und Analysemethoden angestrebt wird (oder existierende Methoden modifiziert werden), die den Prinzipien der Grünen Analytischen Chemie folgen, welche anstrebt, Reagenzien zu benutzen, die eine niedrigstmögliche Gefahr für die Umwelt darstellen, und danach strebt, Material und Energie zu sparen. Die ersten Schritte dieses Ansatzes sind schon gemacht, jedoch bei Weitem noch nicht in dem Maße angewendet, wie wir es den nächsten Generationen schulden.

## Literatur und Weiterführende Literatur

Anderson J, Berthod A, Pino V, Stalcup AM (2016) Analytical separation science, Bd 1–5. Wiley-VCH, Weinheim

Boysen RI (2019) Advances in the development of molecularly imprinted polymers for the separation and analysis of proteins with liquid chromatography. J Sep Sci 42(1):51–71

Chothia C (1975) Structural invariants in protein folding. Nature 254:304–308

Dawson RMC, Elliot DC, Elliot WH, Jones KM (1986) Data for biomedical research, 3. Aufl. Clarendon Press, Oxford

Fanali S, Haddad PR, Poole C, Riekkola, ML (Hrsg) (2017) Liquid chromatography: fundamentals and instrumentation. 2. Aufl. Elsevier, Amsterdam

Fanali S, Haddad PR, Poole C, Riekkola, ML (2017) Liquid chromatography: Applications. 2. Aufl. Elsevier, Amsterdam

Gooding KM, Regnier FE (Hrsg) (2002) HPLC of biological macromolecules, 2. Aufl. CRC Press, Boca Raton

Hearn MTW (1991) HPLC of proteins, peptides and polynucleotides. VCH Verlagsgesellschaft, New York, Weinheim, Cambridge

Henschen A, Hupe KP, Lottspeich F, Voelter W (Hrsg) (1987) High performance liquid chromatography in biochemistry. VCH Verlagsgesellschaft, Weinheim

Janson JC, Ryden L (1989) Protein purification. VCH Weinheim

Kellner R, Lottspeich F, Meyer HE (Hrsg) (1998) Microcharacterization of proteins, 2. Aufl. Wiley-VCH, Weinheim

Lundanes E, Reubsaet L, Greibrokk T (2013) Chromatography: basic principles, sample preparations and related methods. Wiley-VCH, Weinheim

Mant CT, Hodges RS (1991) High-performance liquid chromatography of peptides and proteins: separation, analysis, and conformation. 1. Aufl. CRC Press, Boca Raton

Meyer V (2010) Practical high-performance liquid chromatography. 5. Aufl. Wiley, Chichester

Pesek JJ, Matyska MT, Boysen RI, Yang Y, Hearn MTW (2013) Aqueous normal phase chromatography using silica hydride-based stationary phases. Trends Anal Chem 42:64–73

Rickard EC, Strohl MM, Nielsen RG (1991) Correlation of electrophoretic mobilities from capillary electrophoresis with physicochemical properties of proteins and peptides. Anal Biochem 197:197–207

Simpson RJ (2003a) Proteins and proteomics: a laboratory manual. Cold Spring Harbor Laboratory Press, New York

Simpson RJ (2003b) Purifying proteins for proteomics: a laboratory manual. Cold Spring Harbor Laboratory Press, New York

Simpson RJ, Adams PD, Golemis EA (2008) Basic methods in protein purification and analysis: A laboratory manual. Cold Spring Harbor Laboratory Press, New York

Snyder LR, Kirkland JJ, Glajch JL (1997) Practical HPLC method development. 2. Aufl. Wiley, Weinheim

Snyder LR, Kirkland J.J. Dolan JW (2011) Introduction to modern liquid chromatography. 3. Aufl. Wiley, Hoboken

Unger KK, Weber E (1995) Handbuch der HPLC. GIT, Darmstadt

Vijayalakshmi MA (Hrsg) (2002) Biochromatography: theory and practice, 1. Aufl. Taylor & Francis, New York

Wilce MCJ, Aguilar M-I, Hearn MTW (1995) Physicochemical basis of amino acid hydrophobicity scales: evaluation of four new scales of amino acid hydrophobicity coefficients derived from RP-HPLC of peptides. Anal Chem 67:1210–1219

Wintermeyer U (1989) Die Wurzeln der Chromatographie: Historischer Abriss von den Anfängen bis zur Dünnschicht-Chromatographie. GIT

Wixom RL, Gehrke CW (Hrsg) (2010) Chromatography – a science of discovery. Wiley, Hoboken, New Jersey

Zamyatnin AA (1972) Protein volume in solution. Prog Biophys Mol Biol 24:107–123

# Elektrophoretische Verfahren

*Reiner Westermeier und Angelika Görg*

## Inhaltsverzeichnis

12.1    Geschichtlicher Überblick – 267

12.2    Theoretische Grundlagen – 268

12.3    Instrumentierung und Durchführung
        von Gelelektrophoresen – 271
12.3.1  Probenvorbereitung – 273
12.3.2  Gelmedien für Elektrophoresen – 273
12.3.3  Nachweis und Quantifizierung der getrennten Proteine – 274
12.3.4  Zonenelektrophorese – 277
12.3.5  Porengradientengele – 278
12.3.6  Puffersysteme – 278
12.3.7  Disk-Elektrophorese – 279
12.3.8  Saure Nativelektrophorese – 280
12.3.9  SDS-Polyacrylamid-Gelelektrophorese – 280
12.3.10 Kationische Detergenselektrophorese – 282
12.3.11 Blaue Nativ-Polyacrylamidgelelektrophorese – 282
12.3.12 Isoelektrische Fokussierung – 282

12.4    Präparative Verfahren – 287
12.4.1  Elektroelution aus Gelen – 287
12.4.2  Präparative Zonenelektrophorese – 287
12.4.3  Präparative isoelektrische Fokussierung – 288

12.5    Trägerfreie Elektrophorese – 290

12.6    Hochauflösende zweidimensionale Elektrophorese – 290
12.6.1  Probenvorbereitung – 292
12.6.2  Vorfraktionierung – 292
12.6.3  Erste Dimension: IEF in IPG-Streifen – 293
12.6.4  Zweite Dimension: SDS-Polyacrylamid-Gelelektrophorese – 294
12.6.5  Detektion und Identifizierung der Proteine – 294
12.6.6  Differenzgelelektrophorese (DIGE) – 294

© Springer-Verlag GmbH Deutschland, ein Teil von Springer Nature 2022
J. Kurreck et al. (Hrsg.), *Bioanalytik*, https://doi.org/10.1007/978-3-662-61707-6_12

12.7      **Elektroblotting** – 296
12.7.1   Blotsysteme – 296
12.7.2   Transferpuffer – 298
12.7.3   Blotmembranen – 298

**Literatur und Weiterführende Literatur** – 298

- Elektrische Verfahren dienen der Trennung von geladenen Substanzen in wässriger Lösung im elektrischen Feld.
- In der Proteinanalytik werden hauptsächlich drei Varianten zur Trennung verwendet: die native Zonenelektrophorese, die SDS-Elektrophorese und die isoelektrische Fokussierung sowie eine Variante zum Transfer der Proteinzonen aus einem Gel auf eine Membran: Elektroblotting.
- Man unterscheidet Techniken mit Trägermatrices, wie z. B. in Gelen, und trägerfreie Methoden wie z. B Free-flow- und Kapillarelektrophoresen. Gelelektrophoretische Methoden können auch kombiniert werden zur Zweidimensionalelektrophorese.
- Es existiert ein breites Spektrum von Detektionsverfahren, wie unspezifische und spezifische Anfärbungen, Fluoreszenzmarkierungen und immunologische Nachweise auf Blottingmembranen. Außerdem werden elektrophoretische Verfahren zur Vorfraktionierung für die Massenspektrometrie eingesetzt.
- Elektrophoretische Verfahren verwendet man im analytischen und mikropräparativen Bereich, vor allem in der Biochemie und Molekularbiologie, in klinischer und forensischer Medizin sowie in der Taxonomie von Mikroorganismen, Pflanzen und Tieren.

Elektrophorese ist die Wanderung geladener Teilchen in einem elektrischen Feld. Unterschiedliche Ladungen und Größen der Teilchen bewirken unterschiedliche elektrophoretische Beweglichkeit. Ein Substanzgemisch wird dabei in einzelne Zonen aufgetrennt (◘ Abb. 12.1). Bei der Elektrophorese gibt es im Wesentlichen drei verschiedene Verfahren: die Zonenelektrophorese (mit Trä-

ger oder trägerfrei) in einem homogenen Puffersystem, die Isotachophorese im diskontinuierlichen Puffersystem und die isoelektrische Fokussierung in einem pH-Gradienten. In diesem Kapitel werden die unterschiedlichen Trennsysteme, Instrumentierungen und Nachweisverfahren beschrieben.

Alle elektrophoretischen Verfahren bieten ein sehr hohes Auflösungsvermögen. Elektrophoretische Trennungen führt man in unterschiedlichen Medien durch:

- in freier Lösung: In offenen Kapillaren oder dünnen Pufferschichten (trägerfreie Elektrophorese) werden die Probenkomponenten hauptsächlich aufgrund der Ladungsunterschiede getrennt. Da bei der Elektrophorese Joule'sche Wärme entsteht, können thermische Strömungen (Konvektion) die Trennung stören.
- in stabilisierenden Matrices: Membranen oder Gele (antikonvektive Medien) wirken Verbreiterungen von Zonen (Dispersion) entgegen, die durch Konvektion verursacht werden. Die Wanderungsgeschwindigkeiten der Teilchen werden in diesen porösen Matrices je nach Größe unterschiedlich verzögert (retardiert), sodass sie von der Größe *und* der Ladung abhängig sind.

## 12.1 Geschichtlicher Überblick

Die erste Elektrophorese wurde in den Dreißigerjahren des letzten Jahrhunderts von dem schwedischen Wissenschaftler Arne Tiselius entwickelt, der dafür – neben seinen Arbeiten zur chromatographischen Adsorptionsanalyse – 1948 den Nobelpreis erhielt. Tiselius konnte in einem mit Puffer gefüllten, U-förmigen Rohr, dessen Schenkel mit einer Gleichstromquelle verbunden waren, menschliches Serum in vier Hauptkomponenten auftrennen: in Albumin und die $\alpha$-, $\beta$- und $\gamma$-Globuline. In ◘ Abb. 12.2 ist ein typisches Trennergebnis der Tiselius-Methode, wie es sich über die Messung mit einer Schlierenoptik darstellte, auf einer schwedischen Briefmarke gezeigt. Zusammen mit Arbeiten zur Ultrazentrifugation von The Svedberg war damit bewiesen, dass Pro-

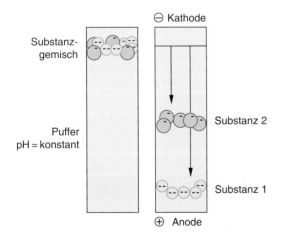

**◘ Abb. 12.1** Trennprinzip der Elektrophorese: Geladene Teilchen unterschiedlicher Ladung und Größe wandern im elektrischen Feld mit unterschiedlichen Wanderungsgeschwindigkeiten, die einzelnen Substanzen bilden diskrete Zonen

**◘ Abb. 12.2** Schwedische Briefmarke, die die erste elektrophoretische Trennung von Serum zeigt, die von Arne Tiselius durchgeführt wurde

teine nicht – wie bis zu diesem Zeitpunkt angenommen – unterschiedlich zusammengesetzte Kolloidaggregate sind, sondern Makromoleküle mit definierter Größe, Form und Ladung.

Dieses erste Elektrophoreseverfahren der wandernden Grenzschichten wurde bald zur Zonenelektrophorese weiterentwickelt: Man verwendete antikonvektive Medien wie Papier, Agargele und Kieselgele, auf welche die Proben in schmalen Zonen aufgetragen wurden. Weil diese Trägermaterialien wegen ihrer starken Eigenladungen und geringer Retardation sehr diffuse Banden ergeben, wurden neue, inertere Matrices eingeführt: Stärkegele 1955 durch Smithies, Celluloseacetatfolien 1957 durch Kohn, Polyacrylamidgele 1959 durch Raymond und Weintraub sowie Agarosegele 1961 durch Hjertén. Stärkegele werden auch heute noch für genetische Untersuchungen verwendet, Celluloseacetatfolien bei klinischen Routineuntersuchungen. Agarosegele werden hauptsächlich zur Trennung von DNA-Fragmenten und für Immunelektrophoresen zur spezifischen und quantitativen Detektion von Proteinen eingesetzt. Polyacrylamidgele sind inert, vollständig transparent und besitzen das höchste Auflösevermögen für DNA-Fragmente und Proteine. Die diskontinuierliche Polyacryl-amidgelektrophorese (Disk-Elektrophorese), 1964 durch Ornstein und Davis eingeführt, ist die Grundlage moderner hochauflösender Elektrophoresemethoden in Gelen und Kapillaren.

Vesterbergs Synthese von Trägerampholyten ermöglichte ab 1966 die Verwirklichung des theoretischen Konzepts der natürlichen pH-Gradienten von Svensson-Rilbe. Dadurch wurde ein neues, sehr hochauflösendes Trenn- und Messprinzip für Proteine realisiert: die **isoelektrische Fokussierung**. Hierbei wandern die Proteinmoleküle in einem pH-Gradienten bis zu dem pH-Wert, der ihrem isoelektrischen Punkt entspricht, an dem sie eine Nettoladung von null haben. Das heißt, ihre Wanderungsgeschwindigkeit ist an diesem Punkt ebenfalls gleich null. So kann man – zusätzlich zur Auftrennung – auf einfache Weise die isoelektrischen Punkte von amphoteren Substanzen bestimmen.

Die Elektrophorese mit Natriumdodecylsulfat (SDS), die von Shapiro, Vinuela und Maizel zur Molekulargewichtsbestimmung von Proteinen eingeführt wurde, und die Gradientengeltechnik von Margolis und Kenrick kamen 1967 hinzu. Durch die Kombination der isoelektrischen Fokussierung und der SDS-Polyacrylamid-Gelelektrophorese zur **zweidimensionalen (2D-)Elektrophorese** konnte 1975 O'Farrell erstmals ganze Zelllysate oder einen Gewebeaufschluss in seine sämtlichen Proteine auftrennen. Mit hochempfindlichen Nachweismethoden wie Autoradiographie und Fluorographie findet man in solchen Gelen mehrere Tausend Proteinspots. Im gleichen Zeitraum wurde die DNA-Sequenzanalyse von Sanger entwickelt, die ebenfalls die Elektrophorese zur Trennung einsetzt.

Ebenfalls in 1975 führte Southern die erste Blotting-Methode ein: die Übertragung von in Agarose getrennten DNA-Fragmenten auf eine immobilisierende Membran und anschließende Hybridisierung. Mit den ab 1979 folgenden Modifikationen der Methode können Proteine immunologisch identifiziert oder ihre Aminosäurenzusammensetzung und -sequenz bestimmt werden.

Durch die Einführung von immobilisierten pH-Gradienten konnte 1982 ein neues Konzept der isoelektrischen Fokussierung realisiert werden. 1988 etablierte Görg die zweidimensionale Elektrophorese mit immobilisierten pH-Gradienten, die sich durch hohe Reproduzierbarkeit und Beladungskapazität auszeichnet. Neue technische Möglichkeiten haben sich durch die Entwicklung der **Kapillarelektrophorese** im Jahre 1983 ergeben. Sie wird in ▶ Kap. 13 besprochen.

Parallel zu den analytischen Verfahren wurde auch eine Reihe von präparativen Methoden entwickelt, wie die trägerfreie Elektrophorese, isoelektrische Fokussierung im Dextrangelbett, in mit Saccharosegradienten gefüllten Säulen oder zwischen isoelektrischen Membranen.

## 12.2 Theoretische Grundlagen

Auf ein geladenes Teilchen wirken in einem elektrischen Feld verschiedene Kräfte, eine beschleunigende Kraft $F_e$, die auf die Ladung $q$ des Teilchens wirkt:

$$F_e = q \cdot E \quad \text{mit} \quad q = z \cdot e \qquad (12.1)$$

und eine Reibungskraft $F_{fr}$, die bremsend wirkt:

$$F_{fr} = f_c \cdot v \qquad (12.2)$$

wobei $E$ die elektrische Feldstärke, $V$ die Wanderungsgeschwindigkeit des Teilchens und $f_c$ der Reibungskoeffizient ist. Der Reibungskoeffizient ist abhängig von der Viskosität des Mediums und gegebenenfalls der Porengröße der Matrix.

> Die elektrophoretische Beweglichkeit, die Mobilität, ist eine substanzspezifische Größe, die die Wanderungsgeschwindigkeit im elektrischen Feld bestimmt und damit für die Trennung entscheidend ist.

Das Gleichgewicht dieser beiden Kräfte bewirkt, dass sich das Teilchen mit einer konstanten Geschwindigkeit im elektrischen Feld bewegt:

$$F_e = F_{fr}; \quad q \cdot E = f_c \cdot v \quad \Rightarrow \quad v = \frac{q \cdot E}{f_c} = u \cdot E \qquad (12.3)$$

Der Proportionalitätsfaktor zwischen Wanderungsgeschwindigkeit und Feldstärke ist die substanzspezifische Größe $u$, die **Mobilität**.

Für kleine kugelförmige Teilchen lässt sich das Stokes'sche Gesetz anwenden, um die Reibungskraft zu berechnen, und es ergibt sich für die Mobilität folgender Ausdruck:

$$u = \frac{q}{f_c} = \frac{z \cdot e}{6\pi \cdot \eta \cdot r} \qquad (12.4)$$

wobei $z$ die Ladungszahl ist, $e$ die Elementarladung in Coulomb, $\eta$ die Viskosität der Lösung und $r$ der Stokes-Radius des Teilchens (das heißt der Radius des hydratisierten Ions).

Für nicht kugelförmige Teilchen wie Peptide und Proteine lässt sich ein empirischer Zusammenhang zwischen der Molekülmasse $M$ und Mobilität angeben:

$$u = \frac{q}{M^{2/3}} \qquad (12.5)$$

wobei in der Literatur auch noch andere Werte für den Exponenten der Molekülmasse zwischen 1/3 und 2/3 beschrieben werden.

In unendlich verdünnten Protein- und Peptidlösungen gewinnen zwei weitere Kräfte, die auf ein geladenes Teilchen einwirken, an Bedeutung: die Relaxationskraft und die Retardationskraft, die durch die Ionenatmosphäre des Teilchens hervorgerufen werden. Nach der Debye-Hückel-Theorie ist jedes Teilchen von einer Ionenatmosphäre entgegengesetzter Ladung umgeben, deren Radius $\beta$ von der Ionenstärke abhängt. Die Kraft, die das elektrische Feld auf die Ionen der Ionenatmosphäre ausübt, wird auf die Lösungsmittelmoleküle übertragen, weshalb das Zentralion nicht durch eine stationäre Flüssigkeit wandert, sondern durch eine Lösung, die in die Gegenrichtung fließt. Dieser Retardationseffekt bewirkt eine Verringerung der Geschwindigkeit des Zentralteilchens.

Bei Anlegen eines elektrischen Feldes „hinkt" die Ionenwolke dem Zentralion hinterher und übt so eine elektrische Kraft aus, die das Zentralion abbremst. Dieser Effekt wird als **Relaxationseffekt** bezeichnet.

Aufgrund dieser beiden Effekte nimmt die Mobilität mit zunehmender Ionenstärke ab. Die verschiedenen Kräfte, die auf ein geladenes Teilchen im elektrischen Feld einwirken, und ihre Angriffspunkte sind in ◘ Abb. 12.3 dargestellt.

Für schwache Säuren und Basen ist nicht die Mobilität des vollständig dissoziierten Teilchens für die Wan-

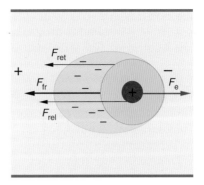

◘ **Abb. 12.3** Beschleunigende und bremsende Kräfte, die in einem elektrischen Feld auf ein geladenes, hydratisiertes Teilchen mit Ionenwolke wirken ($F_e$ = Beschleunigungskraft, $F_{fr}$ = Reibungskraft, $F_{ret}$ = Retardationskraft, $F_{rel}$ = Relaxationskraft)

derungsgeschwindigkeit entscheidend, sondern die **effektive Mobilität $u_{eff}$**, die über den Dissoziationsgrad $\alpha$ (das Verhältnis zwischen Kation oder Anion zur Gesamtkonzentration des Elektrolyten) mit der Ionenmobilität verknüpft ist.

$$u_{eff} = \sum_i \alpha_i \cdot u_i \qquad (12.6)$$

Das bedeutet, dass bei schwachen Säuren und Basen (z. B. Peptiden und Proteinen) die Wanderungsgeschwindigkeit und damit die Auflösung über den pH-Wert des Elektrolyten optimierbar sind.

Die **spezifische Leitfähigkeit $K$** einer Lösung ergibt sich aus den effektiven Mobilitäten aller in Lösung befindlichen Teilchen wie folgt:

$$K = F \cdot \sum_{i=1} c_i \cdot u_i \cdot |z_i| \qquad (12.7)$$

wobei $F$ die Faraday-Konstante ist und $c$ die Konzentration der einzelnen ionischen Spezies.

Bei der Elektrophorese werden Puffersysteme aus einer Säure und einer Lauge verwendet, z. B. Tris-Chlorid, Tris-Borat. Im elektrischen Feld wandern nicht nur die Probenionen, sondern auch – und dies im hohen Maße – die Ionen der dissoziierten Pufferkomponenten. Deshalb werden bei der Elektrophorese an beiden Elektroden Pufferreservoirs benötigt. Die Pufferkonzentrationen und -mengen in diesen Reservoirs müssen hoch genug dosiert sein, damit der Puffer nicht erschöpft.

Während einer elektrophoretischen Trennung wird durch den elektrischen Stromfluss Joule'sche Wärme entwickelt. Für die pro Volumeneinheit erzeugte **Wärme $W$** gilt:

$$W = E^2 \cdot \lambda \cdot c \qquad (12.8)$$

Dabei ist $c$ die molare Konzentration des Elektrolyten, $\lambda$ die Äquivalenzleitfähigkeit und $E$ die elektrische Feldstärke. Für die Äquivalenzleitfähigkeit gilt:

$$\lambda = u_i \cdot z_i \cdot F \tag{12.9}$$

Die Wärmeabfuhr erfolgt über die Wände oder eine Seite des Systems. Es entsteht dadurch ein Temperaturgradient, der bei trägerfreien Elektrophoresen zu einer konvektiven Durchmischung führt. Um die Temperaturdifferenzen gering zu halten, sollten geringe Kapillarinnendurchmesser bzw. sehr dünne Schichten oder Gele eingesetzt werden sowie Materialien mit guter Wärmeleitfähigkeit und geringer Wandstärke. Eine effiziente Wärmeabfuhr durch Flüssigkühlung ist eine weitere Voraussetzung, um maximale Trennschärfe zu erzielen.

Eine Vielzahl von Materialien wie Glas, *fused silica* (amorpher Quarz), Teflon, Papier, Agarose und Celluloseacetatfolien bilden aufgrund von Oberflächenladungen bei Kontakt mit einer Elektrolytlösung eine elektrochemische Doppelschicht. Am Beispiel von Kapillaren aus *fused silica*, einem Material, welches sehr gründlich untersucht wurde, soll der Aufbau dieser Doppelschicht beschrieben werden: Durch Dissoziation der Silanolgruppen (–SiOH) werden negative Ladungen an der Kapillarwand ausgebildet. Diese negativen Ladungen werden auf der Lösungsseite durch positive Gegenladungen kompensiert. Dabei ergibt sich ein Potenzialabfall, wie in ◘ Abb. 12.4 dargestellt. Die Doppelschicht setzt sich aus einer starren und einer diffusen Schicht zusammen, wobei der Potenzialabfall linear in der starren und exponentiell in der diffusen Schicht ist. Je geringer die Ionenstärke der Lösung, desto weiter reicht die diffuse Doppelschicht in das Lösungsinnere hinein.

Bei Anlegen einer elektrischen Spannung bewirken die positiven Gegenladungen durch Impulsübertragung auf das Lösungsmittel einen Fluss des Lösungsmittels in Richtung Kathode – den **elektroosmotischen Fluss EOF**. Die Geschwindigkeit des EOF ($v_{EOF}$) ist abhängig vom sog. $\zeta$-Potenzial (Zeta-Potenzial), dem Potenzial in der Scherebene (oft gleichgesetzt mit der Grenzfläche zwischen starrer und diffuser Doppelschicht), der elektrischen Feldstärke sowie von der Viskosität $\eta$ und der Dielektrizitätskonstante $\varepsilon$ in der Doppelschicht:

$$v_{EOF} = \frac{\varepsilon \cdot \zeta \cdot E}{4 \cdot \pi \cdot \eta} \tag{12.10}$$

Während der Elektrophorese tritt somit eine Strömung der flüssigen Phase auf. Bei der Gelelektrophorese spricht man hierbei von **Elektroendosmose**. So wie bei der Elektrophorese das elektrische Feld die Wanderung geladener Teilchen im flüssigen Medium bewirkt, verursacht es bei der Elektroendosmose eine Bewegung einer ionischen Lösung in der Nähe einer fixierten Ladung einer Ober-

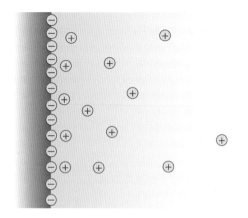

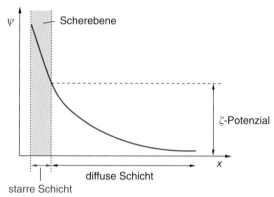

◘ **Abb. 12.4** Aufbau und Potenzialverlauf $\psi$ der elektrochemischen Doppelschicht. $x$ ist der Abstand von der Kapillarwand

fläche und/oder Gelmatrix (◘ Abb. 12.5). Da die Richtung des elektroosmotischen Flusses der Wanderungsrichtung der Probenionen entgegengerichtet ist, führt die Elektroendosmose zu unerwünschten Verzerrungen und Verdünnungen der Zonen. Man verwendet deshalb möglichst ladungsfreie Materialien und Trennmedien.

Bei Agarose gibt es unterschiedliche Qualitäten, die durch die unterschiedlichen Elektroendosmosewerte $m_r$ definiert sind: von 0,25 (viele Ladungen) zu „0,00" (fast elektroendosmosefrei). Die Elektroendosmose kann mithilfe eines nichtionischen Farbstoffs, z. B. Dextranblau, gemessen werden, den man bei der Elektrophorese mitlaufen lässt.

◘ Abb. 12.6 zeigt eine Trennung von Proteingemischen in einem Agarosegel mit mittlerem Elektroendosmosewert. Die Banden sind unscharf, die Nachweisempfindlichkeit ist aus diesem Grund ebenfalls gering.

Der Effekt des elektroosmotischen Flusses, die Elektroosmose, stört auch bei der isoelektrischen Fokussierung mit freien Trägerampholyten (▶ Abschn. 12.3.12): Da der EOF pH-abhängig ist, führen unterschiedliche pH-Werte im System zu einer zusätzlichen Durchmischung, sodass es in diesem Fall zu einem Auslaufen des pH-Gradienten kommt. Bei der Kapillarelektrophorese werden dagegen viele Trennungen auch bei hohem EOF durchgeführt, weil das elektroosmotische Flussprofil stempelförmig ist und in einem offenen Rohr auch keinen Beitrag zur Peakverbreiterung leistet.

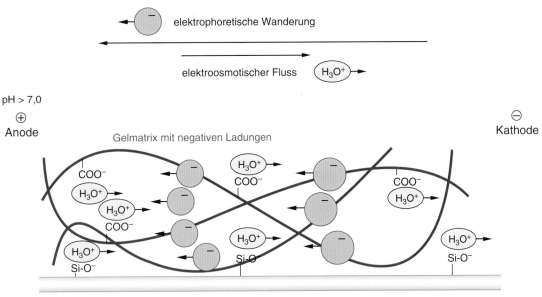

elektrophoretische Wanderung

elektroosmotischer Fluss  $H_3O^+$

pH > 7,0

⊕
Anode

Gelmatrix mit negativen Ladungen

Glas mit negativer Oberflächenladung

⊖
Kathode

◘ **Abb. 12.5** Elektroendosmose: Bei pH-Werten über pH 7 werden Siliciumoxid auf Glasoberflächen und Carboxylgruppen in Gelen negativ geladen. Wenn die Matrix oder eine Apparateoberfläche fixierte Ladungen trägt, entsteht im elektrischen Feld ein osmotischer Fluss, welcher der Elektrophoreserichtung entgegengesetzt ist

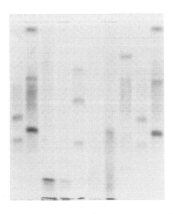

◘ **Abb. 12.6** Trennergebnis in einem Agarosegel mit mittlerer Elektroendosmose. Die Proteinbanden sind unscharf

Die gesamte Peakverbreiterung wird durch die Standardabweichung der Konzentrationsverteilung ($\sigma_{ges}$) beschrieben und setzt sich aus den Einzelbeiträgen (Diffusion, Injektion, Temperaturgradient, Elektroosmose, Adsorption) entsprechend der Addition der Varianzen zusammen:

$$\sigma_{ges}^2 = \sigma_{Dif}^2 + \sigma_{Inj}^2 + \sigma_T^2 + \sigma_{EOF}^2 + \sigma_{Ads}^2 + \ldots \qquad (12.11)$$

Der Beitrag durch das Injektionsprofil lässt sich durch Einsatz eines diskontinuierlichen Puffersystems deutlich verringern, das eine isotachophoretische Probenkonzentrierung bewirkt (▶ Abschn. 12.3.7). Der Temperatureinfluss kann durch eine effektive Kühlung und Probenadsorption durch Pufferzusätze verringert werden.

Für die elektrophoretische Trennung ist noch eine weitere Größe von Bedeutung: die **Dispersion**. Um eine maximale Auflösung zwischen den einzelnen Probenkomponenten zu erzielen, ist es wichtig, das Eingangsprofil, d. h. die Breite der aufgebrachten Probenzone, möglichst schmal zu halten und eine übermäßige Dispersion (Verbreiterung) dieser Eingangszone während des Trennprozesses zu verhindern. Im Idealfall trägt nur Diffusion in Längsrichtung zur Peakdispersion bei, in der Praxis sind jedoch Beiträge durch Konvektion aufgrund von Temperaturgradienten, durch Elektroosmose, Probenadsorption oder zu breite Probenaufgabeprofile nicht völlig auszuschließen.

## 12.3 Instrumentierung und Durchführung von Gelelektrophoresen

Im Folgenden wird die gängige Instrumentierung für die in den meisten Labors durchgeführten elektrophoretischen Verfahren in Gelmedien zusammengestellt. Spezialvorrichtungen und -apparaturen für präparative Verfahren, Elektroelution, zweidimensionale Elektrophoresen, trägerfreie und Kapillarelektrophoresen werden in den entsprechenden Abschnitten beschrieben. Es werden drei Apparaturen benötigt: Stromversorger, Kühlthermostat und Elektrophoresekammer.

Bei Elektrophoresen in Gelen reicht das Spektrum der verwendeten Stromversorger von maximal 200 V und 400 mA bis maximal 5000 V und 150 mA, je nach der angewendeten Methode. Sehr praktisch sind programmierbare Stromversorger, da manche Methoden nur dann optimal funktionieren, wenn nacheinander verschiedene Spannungs- und Stromwerte angelegt werden. Moderne Stromversorger müssen eine Reihe von Sicherheitsauflagen erfüllen.

Bei der Elektrophorese entsteht Joule'sche Wärme, die abgeführt werden muss. Zudem sind viele Proteine wärmeempfindlich, sodass die Trennung bei niedrigen Temperaturen erfolgen muss. Mit gekühlten Kammern und definierten Temperaturen erhält man bessere und reproduzierbarere Ergebnisse als mit nicht kühlbaren. Die Durchführung einer Elektrophorese im Kühlraum ist keine gute Alternative, da Luft ein schlechter Wärmeleiter ist. Die Verwendung von Leitungswasser zur Kühlung ist erstens zu ungenau und zweitens eine Verschwendung von Trinkwasser. Die Gele werden besser mit einem Umlaufkryostaten direkt über eine Kühlplatte oder indirekt über den Anoden- oder Kathodenpuffer gekühlt.

Elektrophoretische Verfahren werden in vertikalen und horizontalen Elektrophoresekammern durchgeführt. Bei **vertikalen Systemen** sind die Gele vollständig von Glasröhrchen oder Glasplatten und den Puffern eingeschlossen (◻ Abb. 12.7A und B). Die Proben werden oben auf das Gel entweder in die Röhrchen oder in Geltaschen aufgetragen, indem man sie mit Saccharose oder Glycerin beschwert und mit einer Spritze oder Mikropipette unter den Kathodenpuffer unterschichtet.

Die Probentaschen in Flachgelen erzeugt man mithilfe eines Kamms, der beim Gelgießen zwischen die beiden Glasplatten eingesetzt wird. ◻ Abb. 12.7C zeigt ein typisches Trennergebnis einer Vertikalelektrophorese.

Bei **horizontalen Systemen** verwendet man meist Gele, die auf inerte Folien aufpolymerisiert sind, dabei ist die Oberfläche offen (◻ Abb. 12.8A). Die Proben werden direkt in Probenwannen, die bei der Gelherstellung durch eine Schablone erzeugt werden, einpipettiert oder mit Lochbändern oder Papierstückchen aufgegeben. Da die Gele bei der Trennung nicht hermetisch eingeschlossen werden, kann man auf einer Apparatur ohne weiteres unterschiedlich große Gele laufen lassen. Hierbei braucht man keine großen Puffervolumina und Tanks, die Elektrophoresen funktionieren mit Filtergewebestreifen, welche in konzentrierten Puffern getränkt worden sind. Bei der Horizontalkonstruktion hat man keine Probleme mit der Abdichtung der Pufferkammern, man benötigt keine Glasplatten und Abstandshalter. Als besonderer Vorteil erweist sich, dass dünnere Gelschichten verwendet werden können als bei Vertikalapparaten. Dünnere Gele auf Folien können effektiver gekühlt werden als Vertikalgele; dadurch erzielt man schnellere Trennläufe und schärfere Zonen als in dicken Gelen in Glaskassetten. Dies wirkt sich besonders vorteilhaft für die hochauflösende Zweidimensional-Elektrophorese aus. In ◻ Abb. 12.8B ist ein Elektrophoreseturm mit Schubladen-Kühlplatten für multiple Horizontaltrennungen dargestellt.

Bei den meisten Gelelektrophoresetechniken werden hohe Spannungen über 200 V angelegt, um die für die

◻ **Abb. 12.7** Vertikale Elektrophoreseapparaturen. **A** Rundgelapparatur für Polyacrylamid-Gelelektrophoresen und isoelektrische Fokussierungen. **B** Flachgelapparatur für Polyacrylamid-Gelelektrophoresen. Die Probentaschen werden bei der Gelherstellung mithilfe eines Kamms erzeugt. **C** Trennergebnis einer Vertikalelektrophorese, Anfärbung mit Coomassie-Brillantblau

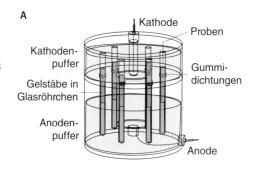

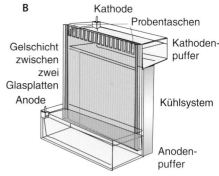

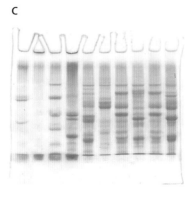

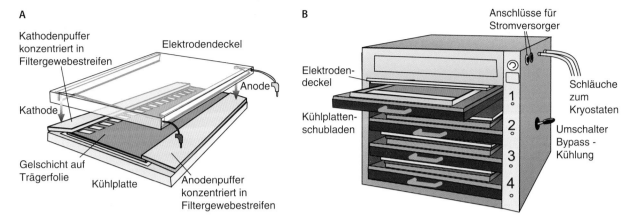

**A**

Kathodenpuffer
konzentriert in
Filtergewebestreifen

Elektrodendeckel

Anode

Kathode

Gelschicht auf
Trägerfolie

Kühlplatte

Anodenpuffer
konzentriert in
Filtergewebestreifen

**B**

Anschlüsse für
Stromversorger

Elektroden-
deckel

Kühlplatten-
schubladen

Schläuche
zum
Kryostaten

Umschalter
Bypass -
Kühlung

◻ **Abb. 12.8**  Horizontales Elektrophoresesystem. Hiermit erreicht man eine sehr effektive Kühlung. **A** Meist verwendet man Gele auf Trägerfolie. Die Elektroden werden von oben auf die Elektrodenstreifen aufgelegt, die mit konzentriertem Elektrodenpuffer getränkt sind. **B** Turm mit Schubladen-Kühlplatten für multiple Horizontale-lektrophoresen. Während der Beladung der Kühlplatten mit Gelen und Proben wird die interne Kühlung vom Umlaufkryostaten abgekoppelt („Bypass"), um zu verhindern, dass sich Kondenswassertröpfchen auf der Geloberfläche bilden können. Wenn die Elektrodendeckel aufgelegt sind, wird der Kühlkreislauf zusammengeschaltet

Trennung notwendigen Feldstärken zu erreichen. Um die Sicherheit im Labor nicht zu gefährden, sollten folgende Sicherheitshinweise berücksichtigt werden:

**Elektrophoresen**

dürfen nur in geschlossenen Trennkammern durchgeführt werden. Kabel und Stecker müssen für Gleichstrom mit hohen Spannungen richtig dimensioniert und isoliert sein. Außerdem sollen sich die Stromversorger bei Kurzschlüssen sofort selbstständig ausschalten. Die Elektrophoreseapparaturen müssen an einem trockenen Platz stehen und müssen so aufgestellt werden, dass eventuell auslaufender Puffer nicht in den Stromversorger gelangen kann. Die Stromanschlüsse der Trennkammern sind sicherheitshalber so platziert, dass bei versehentlichem Öffnen der Kammern automatisch der Stromkreis unterbrochen wird.

Zur Auswertung der Elektropherogramme in Gelen und auf Membranen werden Densitometer, Videokameras oder Desktopscanner verwendet, welche die Ergebnisse in digitale Signale umsetzen. Die Trennungen werden dann mit Personalcomputern und der geeigneten Software quantitativ und qualitativ evaluiert. Die Daten können mit Datenbanken im eigenen Computer oder in einem Netzwerk verglichen und dort abgespeichert werden.

### 12.3.1 Probenvorbereitung

Die Proteinlösungen dürfen keine festen Partikeln oder Fetttröpfchen enthalten, weil sie die Poren der Matrix verstopfen und die Trennung stören. Deshalb sollte man die Proteinlösungen vor der Elektrophorese entfetten, filtrieren und/oder zentrifugieren. Manche Proteine und Enzyme sind gegenüber bestimmten pH-Werten oder Puffersubstanzen empfindlich, dabei kann es zu Konfigurationsänderungen, Denaturierungen, Komplexbildungen und zwischenmolekularen Wechselwirkungen kommen.

Elektrophoresen sind empfindlich gegenüber Salzen und hohen Pufferkonzentrationen in der Probe, weil dadurch zusätzlich Ionen in das System gelangen. Die Salzkonzentrationen sollen unter 50 mmol $l^{-1}$ sein. Falls nötig werden zur Verbesserung der Löslichkeit nichtionische Chaotrope wie Harnstoff in hohen Konzentrationen in der Probe und im Gel zugesetzt. Die Löslichkeit hydrophober Proteine wird zusätzlich durch nichtionische Detergenzien (z. B. Triton X-100) oder zwitterionische Detergenzien (z. B. CHAPS) gesteigert.

### 12.3.2 Gelmedien für Elektrophoresen

Gelmedien können selbst hergestellt werden. Es gibt jedoch auch eine ganze Reihe von Firmen, die fertige Gele und Puffer in verschiedenen Größen und für unterschiedliche Methoden anbieten. Die Herstellung von Gradientengelen wird in ▶ Abschn. 12.3.5 beschrieben.

**Agarosegele** sind relativ großporig: 150 nm Porengröße bei 1 % (g $ml^{-1}$) bis 500 nm bei 0,16 %. Agarose ist ein Polysaccharid und wird aus roten Meeresalgen durch Entfernen des Agaropectins hergestellt. Die Charakterisierung des Agarosetyps erfolgt durch die Schmelztemperatur (35–95 °C) und den Grad der Elektroendosmose ($m_r$-Wert), der von der Anzahl der polaren Restgruppen abhängig ist. Agarosepulver wird durch Aufkochen in Wasser gelöst und geliert beim Abkühlen. Dabei bilden sich aus dem Polysaccharidsol Doppelhelices, die sich in Gruppen zu relativ dicken Fäden zusammenlagern

(■ Abb. 12.9). Diese Struktur verleiht den Agarosegelen hohe Stabilität bei großen Porendurchmessern.

### Vorteile der Agarosegele
Sie sind ungiftig, einfach herzustellen und ideal zur
Trennung hochmolekularer Proteine über 500 kDa. Da
die Poren so groß sind, dass Immunglobuline eindif-
fundieren können, sind spezifische Nachweise von Proteinen im Gel durch Immunfixation möglich.

### Nachteile der Agarosegele
Sie sind niemals ganz elektroendosmosefrei, haben
niedrige Siebwirkung für Proteine unter 100 kDa und
sind nicht ganz klar. Bei hochempfindlichen Nachweis-
techniken wie der Silberfärbung kommt es zu einer
starken Hintergrundfärbung.

Die Gele werden in der Regel durch Ausgießen der Aga-
roselösung auf eine horizontale Glasplatte oder Trägerfolie hergestellt. Die Geldicke ergibt sich dabei aus dem
Volumen der Lösung und der Fläche, auf die sie verteilt
wird.

**Polyacrylamidgele** sind chemisch inert und besonders stabil. Durch chemische Kopolymerisation von
Acrylamidmonomeren mit einem Vernetzer, meist $N,N'$-
Methylenbisacrylamid (Bis, ■ Abb. 12.10) erhält man
ein klares, durchsichtiges Gel mit sehr geringer Elektroendosmose. Die Porengröße wird durch die Totalacryla-
midkonzentration $T$ und den Vernetzungsgrad $C$ (von
engl. *crosslinking*) definiert (g = Gramm Einwaage):

$$T\,(\text{in}\%) = \frac{(\text{g Acrylamid} + \text{g Bis}) \cdot 100}{100\,\text{ml}} \qquad (12.12)$$

■ **Abb. 12.9**  Struktur eines Agarosegels

$$C\,(\text{in}\%) = \frac{(\text{g Bis} \cdot 100)}{\text{g Acrylamid} + \text{g Bis}} \qquad (12.13)$$

Ein Gel mit 5 % $T$ und 3 % $C$ hat einen Porendurchmesser von 5,3 nm, eines mit 20 % $T$ von 3,3 nm. Bei konstantem $C$ und steigendem $T$ werden die Poren kleiner.
Bei hohen *und* niedrigen $C$-Werten erhält man große
Poren, das Minimum liegt bei $C$ = 5 %. Allerdings sind
Gele mit $C > 5$ % spröde und hydrophob. Sie werden nur
in Sonderfällen verwendet.

### Vorteile der Polyacrylamidgele
Sie sind sehr stabil und klar, haben fast keine Elektroendosmose, bieten gute Siebwirkung über einen weiten
Trennbereich und sind nach der Trennung einfach auf-
zubewahren. Sie eignen sich für viele Färbemethoden.

### Nachteile der Polyacrylamidgele
Die Monomere sind toxisch (Haut und Nervengift),
die Porengröße ist limitiert: Proteine über 800 kDa
können nicht in das Gel einwandern. Basische Gele
können nur kurze Zeit gelagert werden, da sie mit der
Zeit hydrolysiert werden.

Die Polymerisation erfolgt unter Luftabschluss, da Sauerstoff zum Kettenabbruch führt. Die Gele werden zur
Minimierung der Sauerstoffaufnahme meist in vertikalen Gießständen polymerisiert: Rundgele in Glasröhrchen; Flachgele in Küvetten, die durch zwei Glasplatten
und Dichtungen gebildet werden. Gele für Horizontal-
systeme werden auf eine Trägerfolie aufpolymerisiert
und zur Trennung aus der Gießküvette entnommen.

Die Polymerisationseffektivität ist abhängig von
Temperatur, pH-Wert in der Lösung, $T$-Wert, Katalysa-
torkonzentration und Konzentration und Art von Zu-
satzstoffen. Die Gele sollten erst einen Tag nach ihrer
Herstellung verwendet werden, da es eine langsame
Nachpolymerisation gibt.

### 12.3.3 Nachweis und Quantifizierung der getrennten Proteine

Die Proteine können direkt im Gel mit **organischen
Farbstoffen** detektiert werden. Ein seit den
Sechzigerjahren des letzten Jahrhunderts viel verwendeter Farbstoff ist **Coomassie-Blau** (■ Abb. 12.1), ein Tri-
phenylmethanfarbstoff, der ursprünglich für die Färbung von Seide und Wolle verwendet wurde. Es gibt
verschiedene Varianten von Färbeprotokollen. Im einfachsten Fall wird das Gel in eine Lösung von 0,02 %

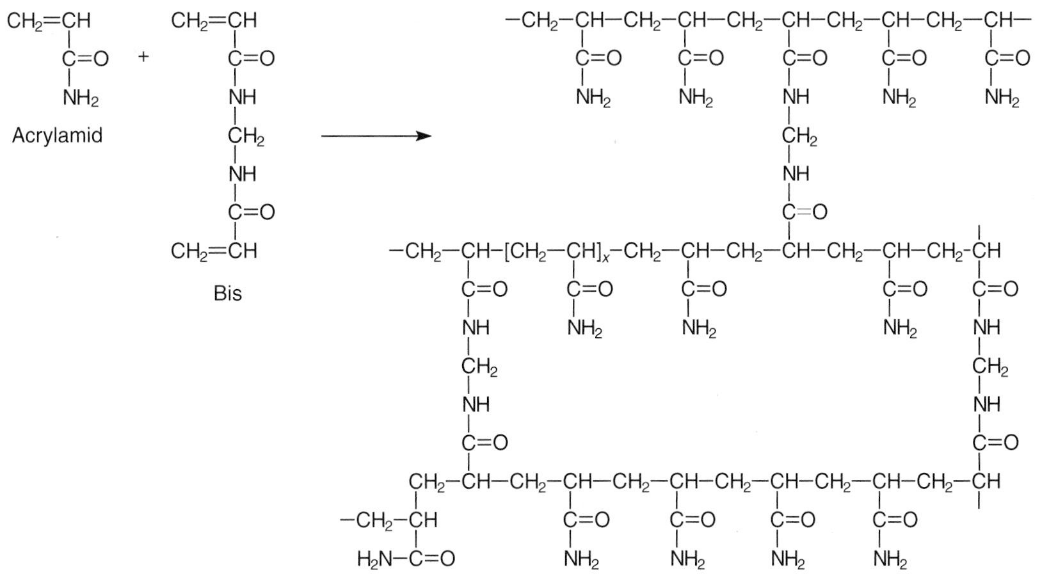

CH₂=CH + CH₂=CH

$CH_2{=}CH$  +  $CH_2{=}CH$

(Acrylamid)  (Bis)

**Abb. 12.10**  Struktur eines Polyacrylamidgels

Coomassie-Blau in 10 % Essigsäure bei 50 °C eingelegt. Die Proteine werden dabei zugleich durch die Essigsäure fixiert. Der überschüssige Farbstoff wird dann bei Raumtemperatur mit 10 % Essigsäure entfärbt. Man erreicht bei dieser Methode, je nach Farbstoffbindevermögen der verschiedenen Proteine, Nachweisempfindlichkeiten von 100 ng bis 1 µg. Andere Protokolle sind auf höhere Empfindlichkeit (bis 30 ng Protein) oder größere Schnelligkeit optimiert. Die höchste Nachweisempfindlichkeit erreicht man mit kolloidaler Coomassie-Blau-Anfärbung, die allerdings mehrere Tage in Anspruch nehmen kann.

Ein ebenfalls häufig eingesetzter Nachweis von Proteinen ist die Silberfärbung. Sie ist deutlich empfindlicher als die Coomassiefärbung und erreicht Nachweisgrenzen von Subnanogrammmengen von Protein.

Bei der **Silberfärbung** werden die Proteine mit Essigsäure und Ethanol im Gel fixiert, mehrfach mit Wasser gewaschen und dann in eine Silbernitratlösung eingelegt. Einige Silberionen werden von den Proteinen gebunden und durch Reduktion in Silberkeime umgewandelt, initiiert von den funktionellen Gruppen und den Peptidbindungen. In einem Mechanismus ähnlich der Fotografie werden nun durch starke Reduktionsmittel alle Silberionen im Gel zu metallischem Silber reduziert. Dies findet in der Nähe der Silberkeime viel schneller statt als im übrigen Gel, und daher färben sich die Proteinbanden schnell dunkelbraun bis schwarz. Damit nicht alle Silberionen im gesamten Gel zu metallischem Silber reduziert werden, muss die Reaktion rechtzeitig gestoppt werden, was man gewöhnlich durch eine starke pH-Änderung mit verdünnter Essigsäure oder Glycin-

lösung erreicht. Auch bei der Silberfärbung gibt es eine Anzahl von verschiedenen Protokollen, die sich in der Handhabbarkeit, Schnelligkeit und Empfindlichkeit unterscheiden und immer weiter optimiert werden. Bei allen Silberfärbungen muss auf peinlichste Sauberkeit geachtet werden, d. h. es muss mit Handschuhen und reinsten Chemikalien und Lösungsmitteln gearbeitet werden, da wegen der Empfindlichkeit der Methode alle Verunreinigungen zu hohem Hintergrund oder Artefakten führen. Sollen Proteinflecken oder -banden später mit Massenspektrometrie untersucht werden, muss man auf die meist übliche Vernetzung der Proteine mit dem Gel durch Glutaraldehyd verzichten.

Für eine spätere Analyse der separierten Proteine mit Western-Blotting oder Massenspektrometrie sind Detektionsmethoden interessant, welche statt der Proteine nur den Hintergrund anfärben. Solch eine **Negativfärbung** erhält man durch die Erzeugung eines Salzkomplexes aus SDS, Imidazol und Zinksulfat, welcher einen weißen opaken Hintergrund erzeugt, der aber in Gegenwart einer Proteinzone löslich bleibt. Die Nachweisempfindlichkeit liegt zwischen der Coomassiefärbung und der Silberfärbung. Allerdings ist die Quantifizierung der Proteinzonen problematisch, weil ja nicht das Protein, sondern der Hintergrund angefärbt wird. Das Salzpräzipitat kann mit konzentrierter EDTA-Lösung wieder aufgelöst werden, sodass zum gewünschten Zeitpunkt ein Western-Blot durchgeführt werden kann.

**Fluoreszenzfärbungen** mit Metallchelaten (z. B. *SYPRO Ruby*) oder einem Fluorophor des Fungus *Epicoccum nigrum* (z. B. *Lava Purple*) ergeben quantitative

Ergebnisse über einen sehr weiten linearen Konzentrationsbereich. Gleichzeitig ist die Nachweisempfindlichkeit sehr hoch, sie erreicht die Empfindlichkeit der Silberfärbung. Es ist auch möglich, Proteine vor der Trennung mit **Fluoreszenzfarbstoffen** zu **markieren**, die entweder an Lysin oder Cystein binden. Wenn Fluoreszenzfarbstoffe verwendet werden, die sich deutlich in ihren Anregungs- und Emissionswellenlängen unterscheiden, können verschieden markierte Proben gemischt und zusammen in einem Gel aufgetrennt werden. Zur Detektion der Fluoreszenzfarbstoffe und -marker benötigt man Fluoreszenzscanner oder -kamerasysteme. Die meisten Fluoreszenzfärbungen und -markierungen sind kompatibel mit darauf folgenden massenspektrometrischen Analysen.

Sehr empfindlich können auch Nachweismethoden sein, die spezifische Eigenschaften von Proteinen ausnutzen. So können Enzyme direkt im Gel nachgewiesen werden, indem man das Gel in eine Lösung mit einem spezifischen Substrat legt, an das ein Diazofarbstoff gekoppelt ist. Auch Glykoproteine oder Lipoproteine können über spezifische Färbungen im Gel erkannt werden.

Falls Antikörper gegen interessierende Proteine vorhanden sind, können diese auch zum spezifischen Nachweis und eventuell sogar zur Quantifizierung über immunologische Verfahren verwendet werden. Dabei ist der große Vorteil, dass nur das Antigen erkannt wird und so auch ohne vollständige Aufreinigung Aussagen über ein einzelnes Protein in einem komplexen Gemisch möglich sind.

Die empfindlichste Nachweismethode für elektrophoretisch getrennte Proteine, die radioaktiv markiert sind, sind die Autoradiographie und die Fluorographie. Nach der Elektrophorese wird die radioaktive Emission der Proteinbanden über die Schwärzung von Röntgenfilmen sichtbar gemacht. Die Empfindlichkeit dieser Methode übertrifft alle anderen bisher besprochenen Nachweismethoden um mehrere Größenordnungen.

Densitometrie    Fast immer müssen die gelelektrophoretisch aufgetrennten und gefärbten Proteine quantitativ bestimmt werden. Die quantitative Auswertung von Färbungsintensitäten ist aber mit dem bloßen Auge praktisch unmöglich. Dazu müssen sog. Densitometer eingesetzt werden, mit denen die Lichtabsorption einer elektrophoretischen Bande oder eines Proteinspots in einem Gel gemessen werden kann.

Im Prinzip wird eine bewegliche Lichtquelle über das Gel geführt und die Absorption an jeder Stelle des Gels gemessen und computerunterstützt verarbeitet (Scanner). Bei eindimensionalen Gelen erhält man eine Kurve der Extinktion $\ln I_0/I$ über die Gellänge, wobei $I_0$ die eingestrahlte Intensität und $I$ die am Detektor gemessene Intensität darstellen. Bei der Auswertung zweidimensionaler Gele wird die Extinktion als Funktion der Gelfläche dargestellt, etwa wie bei einer Landkarte mit Höhenlinien. Dabei entspricht jeder Position auf der Gelfläche eine Extinktion als dritte Dimension (die Höhenlinie). Als Lichtquellen werden Laser verwendet oder Weißlichtlampen, die durch entsprechende Filter auf den optimalen Wellenlängenbereich eingestellt werden.

Nach dem Lambert-Beer'schen Gesetz nimmt die Extinktion einer verdünnten Lösung linear zur Konzentration zu. Bei der Densitometrie von elektrophoretischen Banden oder Spots stimmt dieser Zusammenhang aber nicht mehr, da dort die Proteinkonzentration sehr hoch ist und die Färbung in eine Sättigung übergeht, sodass über bestimmten Absorptionswerten (Extinktion > 2,5 bei Weißlichtscannern und > 4 bei Laserscannern) hyperbolische oder sigmoidale Abhängigkeiten beobachtet werden. Dazu trägt bei, dass während der Färbung starker Spots in der Gelumgebung relativ weniger Farbstoff zur Verfügung steht als bei schwachen Spots, die daher eine für sie maximale Menge an Farbstoff binden können – deswegen werden schwache Spots in ihrer Menge oft überschätzt und große Proteinmengen unterschätzt.

Die Auswertung erfolgt nach Eichung der Geräte über fotografische Graukeile über die Proportionalität der Proteinkonzentration und der Bandenintensität im Falle von eindimensionalen Gelen oder des Spotvolumens im Falle von zweidimensionalen Gelen.

Die **Auflösung** eines Densitometers hängt von der Breite des Lichtstrahls, von der Fokussierung des Lichtstrahls und von der Schrittweite der einzelnen Messungen ab. Je breiter ein Lichtstrahl ist, desto eher wird er mehr als eine Bande erfassen und Maxima, Minima und schmale getrennte Banden nicht mehr richtig darstellen. Die Breite des Lichtstrahls kann aber nicht beliebig klein gemacht werden, da sonst die Intensität abnimmt und dies die Messergebnisse verschlechtert. Das Optimum für Weißlicht liegt etwa bei 100 µm Strahlbreite, bei Laserlicht bei 50 µm.

Weißlichtstrahlen werden mit optischen Linsen auf die Geloberfläche fokussiert und geben daher bei dickeren Gelen eine schlechtere Auflösung. Hier hat das hochparallele Laserlicht Vorteile. Wichtig für optimale Ergebnisse ist auch die Schrittweite des Densitometers, d. h. der Abstand zwischen zwei Messungen, der kleiner als die Breite des Lichtstrahles sein sollte. Für die Detektion von Fluoreszenzsignalen werden Densitometer mit konfokaler Optik eingesetzt, weil der Farbstoff hierbei optimal angeregt und das bei Fluoreszenz auftretende Streulicht ausgeschaltet wird.

Die Auswertung vor allem von zweidimensionalen Gelen erfolgt heute ausschließlich computerunterstützt, wobei spezialisierte Softwarepakete die Subtraktion der Hintergrundfärbung, die Spoterkennung, Quantifizierung und die Dokumentation übernehmen. Mit neuen, in den letzten Jahren entwickelten Algorithmen für die Bildanalyse wurde die stark personenbezogene manuelle Nachbearbeitung der Spoterkennung und der Hintergrundsubtraktion auf ein absolutes Minimum reduziert. Auch für den Vergleich von Proteinmustern verschiedener Gele, zwischen denen – technisch bedingt – immer kleine Unterschiede und Verzerrungen existieren, kann diese Software genutzt werden. Die Qualität der Resultate hängt aber weitgehend von der Qualität der Gele ab.

### 12.3.4  Zonenelektrophorese

Das Trennprinzip der Zonenelektrophorese beruht auf den unterschiedlichen Wanderungsgeschwindigkeiten der geladenen Teilchen im elektrischen Feld. Die elektrophoretische Mobilität ist abhängig von der Ladung, Größe und Form der Proteine. In einem restriktiven Medium ist die Mobilität stärker vom Moleküldurchmesser abhängig als in einem großporigen Medium. Die Ladung wird beeinflusst vom pH-Wert des Puffers und der Temperatur. In den meisten Fällen werden basische Puffer verwendet, die Proteine sind dann negativ geladen und wandern in Richtung Anode. Die *relative* elektrophoretische Mobilität bestimmt man, indem man einen ionischen Farbstoff, z. B. Bromphenolblau, als Standard mitlaufen lässt.

In der Praxis werden Feldstärken von 10–100 V cm$^{-1}$ verwendet. Die Trennzeiten erstrecken sich je nach Trennproblem und Apparatekonstruktion von dreißig Minuten bis über Nacht. Die elektrophoretischen Mobilitäten werden meist als interne Zwischenwerte verwendet. Typische Werte findet man selten in der Literatur, weil dazu viele Parameter definiert werden müssen.

Bei Proteinen versucht man daher immer die Molekülgröße, das Molekulargewicht oder den isoelektrischen Punkt zu bestimmen.

> Bei Proteinen kann wegen ihrer unterschiedlichen dreidimensionalen Strukturen nicht von der Molekülgröße auf das Molekulargewicht geschlossen werden.

**Der Ferguson-Plot**  Bei der Elektrophorese im restriktiven Gel sind die elektrophoretischen Mobilitäten der Proteine sowohl von der Anzahl ihrer Nettoladungen als auch vom Molekülradius abhängig. Dennoch kann man mit dieser Methode auch physikochemische Parameter von Proteinen bestimmen: Man trennt die Proben unter identischen Puffer-, Zeit- und Temperaturbedingungen, jedoch in Gelen unterschiedlicher Konzentrationen auf. In den verschiedenen Gelen erhält man unterschiedliche Laufstrecken. Man bestimmt jeweils die relative Mobilität $m_r$. Trägt man die $m_r$-Werte des Proteins logarithmisch über den Gelkonzentrationen auf, so ergibt sich eine Gerade.

Die Steigung der Geraden (◨ Abb. 12.11) ist ein Maß für die Molekülgröße und ist definiert als der Retardationskoeffizient, der $K_R$-Wert. Bei globulären Proteinen besteht eine lineare Beziehung zwischen $K_R$ und dem Molekülradius $r$ (Stokes-Radius), damit kann man die Molekülgröße aus der Steigung der Geraden berechnen. Wenn die freie Mobilität und der Molekülradius bekannt sind, kann man auch die Nettoladung berechnen. Bei Proteingemischen lassen sich aufgrund der Lage der Proteingeraden folgende Aussagen machen:

- Parallele Geraden treten bei Proteinen mit identischer Größe, aber unterschiedlicher Nettoladung auf, z. B. bei Isoenzymen (◨ Abb. 12.11A).
- Schneiden sich mehrere Geraden in einem Punkt, der sich im Bereich $T < 2\%$ befindet, liegen verschiedene Polymere eines Proteins mit gleicher Nettoladung, aber unterschiedlichen Molekülgrößen vor (◨ Abb. 12.11B).
- Schneiden sich Geraden mit unterschiedlicher Steigung nicht, ist das Protein der oberen Gerade kleiner und stärker geladen als das andere (◨ Abb. 12.11C).
- Kreuzen sich die Geraden im Bereich über $T = 2\%$, ist das Protein, welches die y-Achse weiter oben schneidet, größer und stärker geladen als das andere (◨ Abb. 12.11D).

**◘ Abb. 12.11** Beim Ferguson-Plot trennt man die gleichen Proben in Nativgelen mit unterschiedlichen Porengrößen auf. Trägt man die Logarithmen der relativen Laufstrecken über den Gelkonzentrationen auf, ergeben sich Geraden. Zur Interpretation von **A**, **B**, **C** und **D** siehe Text

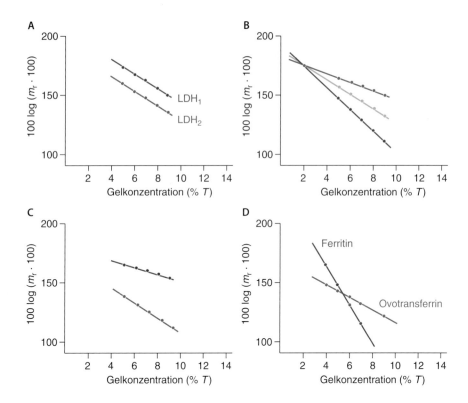

### 12.3.5 Porengradientengele

Molekülgrößen von Proteinen kann man auch in Porengradientengelen ermitteln. Diese Gradienten erhält man durch kontinuierliche Veränderung der Monomerkonzentration in der Polymerisationslösung. Wählt man die Monomerkonzentration und den Vernetzungsgrad hoch genug, bleiben die Proteine im stets engmaschiger werdenden Gelnetzwerk je nach Größe an bestimmten Stellen stecken. Die Wanderungsgeschwindigkeiten der einzelnen Proteinmoleküle sind auch von ihren Ladungen abhängig, deshalb muss die Elektrophorese so lange dauern, bis auch das Protein mit der niedrigsten Ladung seinen Endpunkt erreicht hat. Strukturproteine nehmen im Verhältnis zu ihrer Masse ein größeres Volumen ein als dicht gepackte globuläre Proteine und bleiben in der enger werdenden Matrix früher stecken. Deshalb kann man ihre Laufstrecken nicht mit den Molekulargewichten korrelieren.

Für die Herstellung von Gelen mit linearen oder exponentiellen Porengradienten sind mehrere Methoden entwickelt worden. Hier wird die einfachste beschrieben: Man benötigt zwei Polymerisationslösungen mit unterschiedlichen Monomerkonzentrationen. Während des Gelgießens setzt man mithilfe eines Gradientenmischers der hochkonzentrierten Lösung kontinuierlich niederkonzentrierte Lösung zu, dann nimmt die Konzentration in der Polymerisationskassette von unten nach oben ab (◘ Abb. 12.12).

Damit sich die Schichten in der Kassette nicht vermischen, wird die hochkonzentrierte Lösung mit Glycerin oder Saccharose beschwert. Verwendet man eine offene Mischkammer, erhält man einen linearen Gradienten. Dann gilt das Prinzip der kommunizierenden Röhren: Es fließt halb so viel leichte Lösung nach, wie aus der Mischkammer ausfließt, damit sind beide Flüssigkeitsniveaus immer gleich hoch. Mit einem Stab im Reservoir kompensiert man das Volumen des Magnetkernes und den Dichteunterschied zwischen den Lösungen.

Für exponentielle Gradienten wird die Mischkammer mit einem Stempel verschlossen. Weil das Volumen in der Mischkammer konstant bleibt, fließt so viel leichte Lösung nach wie aus der Mischkammer ausfließt.

### 12.3.6 Puffersysteme

Für Proteine mit isoelektrischen Punkten im sauren und neutralen pH-Bereich kann man homogene Puffer wie Tris-HCl oder Tris-Glycin pH 9,1, Tris-Barbiturat und Tris-Tricin pH 7,6 verwenden. Für basische Proteine benötigt man saure Puffer wie Glycinacetat pH 3,1 oder Aluminiumlactat pH 3,1 und lässt die Trennung in Richtung Kathode laufen. Wenn engporige Polyacrylamidgele verwendet werden, kann es beim Probeneintritt zum Aggregieren und Präzipitieren eines Teils der Proteine kommen.

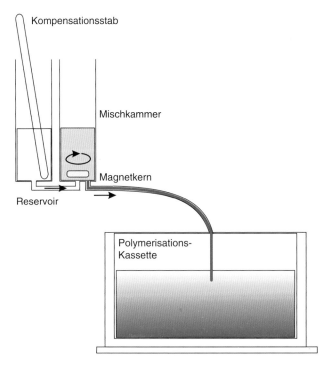

**■ Abb. 12.12**  Gießen eines linearen Gradientengels. Zur Stabilisierung des Gradienten wird die Lösung in der Mischkammer mit Saccharose oder Glycerin beschwert. Damit das Flüssigkeitsniveau in den beiden kommunizierenden Gefäßen gleich bleibt, fließt ständig halb so viel Flüssigkeit aus dem Reservoir in die Mischkammer, wie von dort in die Polymerisationskassette fließt. Dort erfolgt eine kontinuierliche Überschichtung der Lösung mit abnehmender Dichte

### 12.3.7  Disk-Elektrophorese

Mit der diskontinuierlichen Elektrophorese verhindert man das Aggregieren von Proteinen beim Eintritt in das Gel und erhält schärfere Banden. Die Gelmatrix wird hierfür in zwei Bereiche eingeteilt: das engporige Trenngel und das weitporige Sammelgel. Außerdem kombiniert man verschiedene Puffer miteinander.

Das Tris-Chlorid/Tris-Glycin-System, ursprünglich entwickelt von Ornstein und Davis, wird sehr häufig eingesetzt und soll deshalb exemplarisch beschrieben werden (■ Abb. 12.13): Das Trenngel enthält 0,375 mol $l^{-1}$ Tris-HCl pH 8,8, das Sammelgel 0,125 mol $l^{-1}$ Tris-HCl pH 6,8. Dieser pH-Wert liegt sehr nahe beim isoelektrischen Punkt des Glycins im Elektrodenpuffer. Dadurch hat Glycin zu Beginn der Trennung eine sehr niedrige elektrophoretische Mobilität (Folgeion). Die Chloridionen in den Gelpuffern haben hingegen eine sehr hohe Mobilität (Leition). Wenn man das Proteingemisch zwischen diesen Ionen auf das weitporige Sammelgel aufträgt, liegen die Mobilitäten der Proteinionen zwischen denen der Leit- und Folgeionen.

Beim Anlegen des elektrischen Feldes beginnen in diesem diskontinuierlichen System alle Ionen mit der gleichen Geschwindigkeit zu wandern. Diesen Vorgang nennt man **Isotachophorese**. Keines der Ionen kann aufgrund seiner Mobilität schneller oder langsamer wandern als die anderen, weil sich sonst eine Lücke zwischen den Ionen ergeben würde. Im Bereich der Ionen mit hoher Mobilität (Leition) stellt sich eine niedrige Feldstärke ein. Im Bereich der Ionen mit niedriger Mobilität (Folgeion) ist die Feldstärke automatisch sehr hoch. Somit befinden sich die Proteinionen in einem Feldstärkegradienten und bilden während der Wanderung einen Stapel in der Reihenfolge ihrer Mobilitäten (Stapelef-

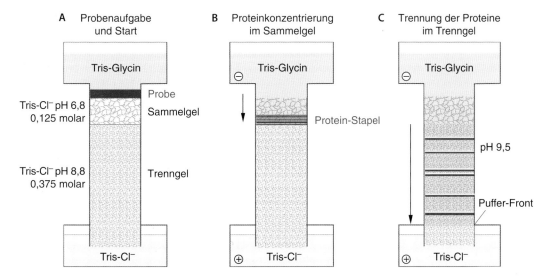

**■ Abb. 12.13**  Das Prinzip der diskontinuierlichen Elektrophorese: **A** Die Probe wird auf ein weitporiges Sammelgel zwischen Chloridionen mit hoher Mobilität und Glycinionen mit niedriger Mobilität aufgetragen. **B** Im elektrischen Feld wird während der Ionenwande-

rung ein Proteinionen-Stapel erzeugt, der sich bei Erreichen der Kante des engporigen Trenngels schlagartig auflöst (**C**). Ab diesem Moment erhält man automatisch eine Zonenelektrophorese mit scharfen Proteinzonen

fekt oder Stacking-Effekt): Die Proteinionen mit der höchsten Mobilität folgen unmittelbar dem Leition, die mit der niedrigsten Mobilität werden vor den Folgeionen her geschoben. Im elektrischen Feld gibt es eine Regulationsfunktion: Wandert eine Komponente in die Zone höherer Mobilität, befindet sie sich im Bereich niedrigerer Feldstärke und fällt zurück, wandert eine Komponente zu langsam, wird sie durch die höhere Feldstärke in diesem Bereich nach vorne beschleunigt. Der Stapeleffekt hat mehrere Vorteile: Die Proteine wandern langsam in die Gelmatrix und aggregieren damit nicht mehr, es erfolgt eine Vortrennung und Aufkonzentrierung der Zonen beim Start.

Der Proteinstapel bewegt sich relativ langsam mit konstanter Geschwindigkeit in Richtung Anode, bis er an die Grenzschicht des engporigen Trenngels gelangt. Die Proteine erfahren plötzlich einen hohen Reibungswiderstand, es gibt einen Stau, der zur weiteren Zonenschärfung führt. Das niedermolekulare Glycin wird davon nicht beeinflusst und überholt die Proteine. Jetzt befinden sich die Proteine plötzlich in einem homogenen Puffer, dadurch löst sich der Stapel auf, und die einzelnen Komponenten beginnen sich nach dem zonenelektrophoretischen Prinzip aufzutrennen. Die Folge der Proteinionen arrangiert sich neu, weil im engporigen Trenngel die Molekülgröße einen erheblichen Einfluss auf die Mobilität hat. Die Proteine erhalten höhere Nettoladungen, weil der pH-Wert auf pH 9,5 steigt. Dieser Anstieg erfolgt, weil das Glycin in das Gel einwandert und die Chloridionen verdrängt. Der p$K$-Wert der Aminogruppe des Glycins beträgt 9,5.

Das Sammelgel wird erst unmittelbar vor der Elektrophorese auf das Trenngel aufpolymerisiert, weil ansonsten die Ionen ineinander diffundieren würden.

> In der Praxis wird häufig der Fehler gemacht, dass der Tris-Glycin-Puffer mit Salzsäure titriert wird, weil weit verbreitete – irreführende – Vorschriften für diesen Puffer einen pH-Wert 8,4 angeben. Dann kann der Stapeleffekt nicht funktionieren, und es wandern beinahe ausschließlich die Chloridionen, bis keine mehr im Kathodenpuffer vorhanden sind. Die Folgen sind sehr lange Laufzeiten (bis zu über Nacht) und ungenügend aufgelöste Banden. Bei der Herstellung des Tris-Glycin-Puffers sollte man sich das Messen des pH-Wertes sparen.

Zur Trennung basischer Proteine mit pI > 6,8 verwendet man ein anderes Puffersystem, weil diese im oben beschriebenen System in Richtung Kathode wandern und verloren gehen würden. Es gibt Proteine, die ausschließlich in sauren Puffersystemen mit kathodischer Wanderungsrichtung getrennt werden können.

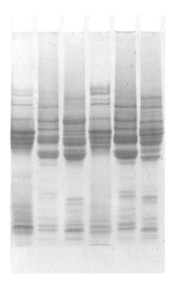

◻ **Abb. 12.14** Saure Nativ-Polyacrylamidgelelektrophorese von alkoholischen Weizenextrakten

## 12.3.8 Saure Nativelektrophorese

Es gibt eine Reihe von Fragestellungen, bei denen basische Proteine getrennt werden müssen, z. B. bei der Sortendifferenzierung oder -identifizierung von Getreide. Hierzu benötigt man ein saures Puffersystem, in dem diese Proteine positiv geladen sind und zur Kathode wandern. In ◻ Abb. 12.14 ist eine saure Nativelektrophorese von positiv geladenen, alkohollöslichen Proteinen (Weizengliadinen) im horizontalen Polyacrylamidgel gezeigt. Es wurde ein HEPES-Puffer pH 5,5 verwendet und das Gel mit Coomassie-Blau angefärbt.

## 12.3.9 SDS-Polyacrylamid-Gelelektrophorese

SDS (Abkürzung für *sodium dodecyl sulfate*, Natriumdodecylsulfat) ist ein anionisches Detergens und überdeckt die Eigenladungen von Proteinen so effektiv, dass Micellen mit konstanter negativer Ladung pro Masseneinheit entstehen mit ca. 1,4 g SDS pro g Protein. Bei der Probenvorbereitung werden die Proben mit einem Überschuss von SDS auf 95 °C erhitzt und so die Tertiär- und Sekundärstrukturen durch Aufspalten der Wasserstoffbrücken und durch Streckung der Moleküle aufgelöst. Schwefelbrücken zwischen Cysteinen werden durch die Zugabe einer reduzierenden Thiolverbindung, z. B. β-Mercaptoethanol oder Dithiothreitol, aufgespalten. Die mit SDS beladenen, gestreckten Aminosäureketten bilden Ellipsoide.

Wegen der hohen Auflösung, die mit der diskontinuierlichen Elektrophorese erreicht werden kann (▶ Abschn. 12.3.7), wird standardmäßig für Proteintrennungen ein von U. K. Laemmli eingeführtes SDShaltiges, diskontinuierliches Tris-HCl/Tris-Glycin-Puffersystem eingesetzt.

### Vorteile der SDS-Elektrophorese

Mit SDS gehen auch sehr hydrophobe und denaturierte Proteine in Lösung. Proteinaggregationen werden verhindert, weil die Oberflächen negativ geladen sind. Man erreicht schnelle Trennungen, weil die SDS-Protein-Micellen hohe Ladungen tragen. Alle Proteine wandern in eine Richtung. Die Trennung erfolgt nach *einem* Parameter, der molaren Masse. Man erhält eine Bande für ein Enzym, da Ladungsheterogenitäten nicht angezeigt werden.

### Nachteile der SDS-Elektrophorese

SDS denaturiert die Proteine, teilweise sogar irreversibel. Für taxonomische Bestimmungen ist die SDS-Gelelektrophorese meist ungeeignet, da Aminosäurenaustausche, die Ladungsunterschiede ergeben, nicht erkannt werden können. SDS ist nicht mit nichtionischen Detergenzien kompatibel, die z. B. zur Solubilisierung hydrophober Membranproteine eingesetzt werden.

Bei der Elektrophorese im Polyacrylamidgel mit 0,1 % SDS erhält man über bestimmte Bereiche eine lineare Beziehung zwischen dem Logarithmus der Molmasse und den Wanderungsstrecken der SDS-Polypeptid-Micellen (◪ Abb. 12.15). Mithilfe von Proteinstandards lassen sich die Molmassen der Proteine abschätzen.

Bei Gelen mit konstanten *T*-Werten erstreckt sich die Linearität über einen limitierten Bereich, der vom Größenverhältnis Molekulargewicht zu Porendurchmesser bestimmt ist. Der gesamte und auch der lineare Trennbereich sind bei Porengradientengelen erheblich weiter als bei Gelen mit konstanten Porendurchmessern. Die Banden sind schärfer, weil das Gradientgel der Diffusion entgegenwirkt.

Bei manchen Trennungen, z. B. bei Serum- oder Urinproteinen, wird die Probe nicht reduziert, damit die Immunglobuline nicht in ihre Untereinheiten zerfallen. Allerdings sind dann einige Polypeptide unvollständig aufgefaltet und wandern schneller durch das Gel, als sie aufgrund ihrer molaren Masse dürften: Die Albuminbande mit 68 kDa erscheint dann bei 54 kDa. Man kann also nur die Molmassen von Untereinheiten exakt bestimmen. In manchen Fällen lässt man die gleiche Probe in einer Spur in der reduzierten, in einer zweiten in der nicht reduzierten Form laufen, um Proteine mit Quartärstruktur zu erkennen. In ◪ Abb. 12.16 erkennt man die Unterschiede der Bandenmuster eines Serums, das nicht reduziert wurde (Spur 1), und eines reduzierten Serums (Spur 2).

### ▪ SDS-Elektrophorese für niedermolekulare Peptide

Die Auflösung von Peptiden unter 15 kDa ist bei den meist verwendeten Puffern, z. B. dem Tris-Glycin-HCl-System, sehr schlecht, weil diese in der Front mitwandern und nicht genügend entstapelt werden. Mit der Methode nach Schägger und von Jagow, bei welcher die Molarität der Puffer erhöht und anstelle von Glycin Tricin als Folgeion verwendet wird, ergibt sich eine lineare Auflösung von 0,1 kDa bis 1 kDa.

### ▪ Glykoproteine

Glykoproteine werden nicht so stark mit SDS beladen wie nicht glykolisierte Proteine und wandern deshalb bei der SDS-Elektrophorese langsamer als ein nicht glykolisiertes Protein gleicher Größe. Wenn man zur Probenvorbereitung einen Tris-Borat-EDTA-Puffer verwendet, werden auch die Zuckeranteile negativ geladen und damit die Wanderungsgeschwindigkeit erhöht.

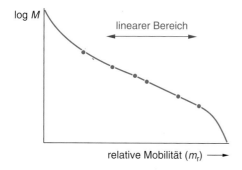

◪ **Abb. 12.15** Molekulargewichtskurve in der SDS-Elektrophorese. Die Lage des linearen Bereichs ist abhängig von der Gelkonzentration

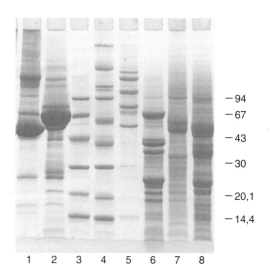

◪ **Abb. 12.16** SDS-Polyacrylamid-Gelelektrophorese von Seren und Markerproteinen

### 12.3.10 Kationische Detergenselektrophorese

Die Umkehrung der SDS-Elektrophorese, die saure Elektrophorese in Gegenwart eines kationischen Detergens, denaturiert die Proteine weniger stark als die SDS-Elektrophorese. Hierfür werden die Proteine mit Cetyltrimethylammoniumbromid (CTAB) oder mit Benzyldimethyl-*n*-hexadecylammoniumchlorid (16-BAC) solubilisiert und auf ein saures Polyacrylamidgel aufgetragen, welches das entsprechende Detergens enthält. Meist wird ein Natrium- oder Kalium-Phosphatpuffer verwendet. Das Trennmuster unterscheidet sich von dem einer SDS-Elektrophorese, weil hier die Konformationen der Polypeptide anders sind. Deshalb wird die Methode auch häufig als erste Dimension einer Zweidimensional-Elektrophorese eingesetzt. Diese Technik eignet sich auch besonders gut zur Auftrennung von Membran-Glykoproteinen.

### 12.3.11 Blaue Nativ-Polyacrylamidgelelektrophorese

Da der anionische Farbstoff Coomassie-Blau an hydrophobe Bereiche von Proteinen bindet, eignet er sich als Detergensersatz während der Elektrophorese von intakten Proteinkomplexen und Membranproteinen. Die mit nichtionischen Detergenzien solubilisierten Komplexe werden mit dem anionischen Farbstoff Coomassie Brilliant Blau G-250 versetzt und auf ein natives Gradientengel mit pH 7,4 aufgegeben. Auch der Kathodenpuffer enthält Coomassie-Blau. Die Trennung erfolgt bei 5 °C. Während des Laufes wird kontinuierlich das Detergens gegen den Farbstoff ausgetauscht. Analog zur SDS-Elektrophorese sind alle Farbstoff-Protein-Komplexe negativ geladen, wandern zur Anode und trennen sich nach der Größe auf, bis hinauf zu ca. zehn Megadalton. Aber im Gegensatz zu SDS werden die Komplexe nicht modifiziert oder denaturiert; selbst Superkomplexe bleiben während der Trennung intakt. Meist werden die Trennspuren ausgeschnitten, diese Gelstreifen in SDS-Puffer umäquilibriert und auf ein SDS-Elektrophoresegel aufgelegt. Dabei lösen sich die Komplexe in die Einzelproteine auf; das Ergebnis des SDS-Laufs gibt Auskunft über die Zusammensetzung der jeweiligen Komplexe und Superkomplexe (◻ Abb. 12.17).

### 12.3.12 Isoelektrische Fokussierung

Die isoelektrische Fokussierung (IEF) ist ein elektrophoretisches Verfahren, bei dem ein Protein oder Peptid im elektrischen Feld durch einen **pH-Gradienten** wandert, bis es an den pH-Wert gelangt, an dem

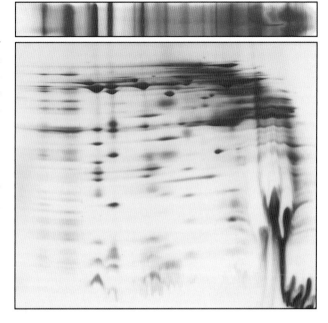

◻ **Abb. 12.17** Zweidimensionale Blau-Nativ/SDS-Polyacrylamidgelelektrophorese. Trennung von Proteinkomplexen unter Blau-Nativ Bedingungen von links nach rechts, Auftrennung der Komplex-Untereinheiten in Gegenwart von SDS von oben nach unten (Mit freundlicher Genehmigung von Prof. Hans-PeterBraun, Leibnitz-Universität Hannover)

seine Nettoladung null ist und damit auch seine Wanderungsgeschwindigkeit. Dies ist sein isoelektrischer Punkt. Die Nettoladung eines Proteins ist die Summe aller negativen und positiven Ladungen an den Aminosäurenseitengruppen, wobei auch die dreidimensionale Konfiguration des Proteins eine Rolle spielt. Auch Phosphorylierung, Glykosylierung und Oxidationszustand beeinflussen den Ladungszustand. Manche Mikroheterogenitäten in IEF-Mustern lassen sich auf diese Molekülmodifikationen zurückführen.

Trägt man die Nettoladungen eines Proteins über den pH-Werten auf, so ergibt sich eine charakteristische Kurve, welche die *x*-Achse am isoelektrischen Punkt pI schneidet. Wenn man ein Proteingemisch an einer Stelle eines pH-Gradienten aufträgt, haben die verschiedenen Proteine unterschiedliche Nettoladungen. Im elektrischen Feld wandern die Proteine bis zu ihrem jeweiligen isoelektrischen Punkt. Ab diesem Punkt können sie nicht mehr weiterwandern, da sie ja keine Ladung mehr tragen. Die IEF ist deshalb im Unterschied zu anderen Elektrophoresen, bei denen die Wanderungsstrecke auch durch die Zeit beeinflusst wird, eine Endpunktmethode. Zudem beinhaltet sie einen Konzentrierungseffekt, welcher der Diffusion entgegenwirkt. Wenn ein Protein von seinem isoelektrischen Punkt wegdiffundiert, erhält es sofort eine Ladung und wird vom elektrischen Feld zu seinem isoelektrischen Punkt zurücktransportiert (◻ Abb. 12.18).

Das Auflösungsvermögen der isoelektrischen Fokussierung wird folgendermaßen definiert:

12

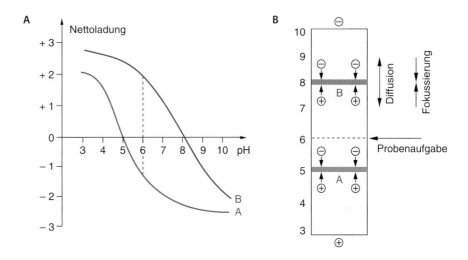

**Abb. 12.18** Das Prinzip der isoelektrischen Fokussierung. **A** Nettoladungskurven von zwei verschiedenen Proteinen A und B. **B** Trägt man diese zwei Proteine an einer bestimmten Stelle in einem pH-Gradienten auf, sind sie dort entweder positiv oder negativ geladen. Im elektrischen Feld wandern die Proteine bis an ihren isoelektrischen Punkt und bleiben dort stehen. Durch das elektrische Feld werden sie an ihrem isoelektrischen Punkt fokussiert, da sie in der Umgebung des isoelektrischen Punkts wieder geladen werden und damit an ihn zurückwandern

$$\Delta pI = \sqrt{\frac{D\left[\mathrm{d}(pH)/\mathrm{d}x\right]}{E\left[-\mathrm{d}u/\mathrm{d}(pH)\right]}} \qquad (12.14)$$

Dabei ist $\Delta pI$ das Auflösungsvermögen, $D$ der Diffusionskoeffizient des Proteins, $E$ die Feldstärke (V cm$^{-1}$), $\mathrm{d}(pH)/\mathrm{d}x$ der pH-Gradient und $\mathrm{d}u/\mathrm{d}(pH)$ die Mobilitätssteigung des Proteins am isoelektrischen Punkt.

$\Delta pI$ ist das Minimum der pH-Differenz, die nötig ist, um zwei benachbarte Banden aufzulösen. Aus der Formel kann man erkennen, wie sich die Auflösung steigern lässt: Enge pH-Gradienten werden für die erhöhte Auflösung für Proteine mit ähnlichen isoelektrischen Punkten verwendet. Dies zeigt auch die Limitierung der isoelektrischen Fokussierung: Die Feldstärke kann man durch hohe Spannungen erhöhen, aber nicht uneingeschränkt. Die Steigung der Mobilität eines Proteins an seinem isoelektrischen Punkt lässt sich nicht beeinflussen.

Die IEF kann sowohl analytisch als auch präparativ durchgeführt werden. Präparative Anwendungen sind in ▶ Abschn. 12.4.3 beschrieben.

■ **Trennmedien**

Analytische IEF wird in Polyacrylamid- oder in Agarosegelen durchgeführt. Die besten Ergebnisse erzielt man mit großporigen und sehr dünnen, auf Folie gegossenen Gelen. Die isoelektrische Fokussierung in Agarosegelen ist erst möglich, seit man die Eigenladungen der Agarose durch Abtrennung der Agaropectinreste aus dem Agarrohmaterial überdecken oder entfernen konnte. 0,8–1,0 % Agarose wird verwendet.

Weitere Eigenschaften der beiden Geltypen sind in ▶ Abschn. 12.3.2 aufgeführt.

**Vorteile der Agarosegele**

Die Trennungen sind schneller, auch Proteine über 800 kDa können aufgetrennt werden. Agarose ist ungiftig und enthält keine störenden Katalysatoren.

**Vorteile der Polyacrylamidgele**

Weniger Hintergrundfärbung und geringere Elektroendosmose, vor allem im basischen Bereich. Es können auch Gele mit hohen Harnstoffkonzentrationen hergestellt werden.

■ **Messung der pH-Gradienten**

Problematisch ist die Messung der pH-Gradienten mit Elektroden, da diese bei niedrigen Temperaturen sehr langsam reagieren. Außerdem diffundiert Kohlendioxid aus der Luft in das Gel und bildet mit Wasser Carbonationen: Dadurch verringern sich die pH-Werte im basischen pH Bereich. Weniger Fehler macht man, wenn man Standardproteine mit bekannten isoelektrischen Punkten mitlaufen lässt. Die pIs der Probenproteine können mithilfe einer pH-Eichkurve ermittelt werden. Für die Bestimmung der pIs in Harnstoffgelen gelten vollständig andere Bedingungen (Verschiebung des Gradienten, Dissoziation der Proteine in Untereinheiten und Konformationsänderungen).

■ **Arten von pH-Gradienten**

Der pH-Gradient soll möglichst stabil sein bei gleichmäßiger und konstanter Leitfähigkeit und Pufferkapazität. Diese Anforderungen werden durch zwei verschiedene Konzepte erfüllt: pH-Gradienten aus freien Trägerampholyten und immobilisierte pH-Gradienten, bei welchen die puffernden Gruppen Bestandteil des Gels sind.

### ■ Trägerampholyten-Gradienten

Trägerampholyte sind heterogene Synthesegemische aus mehreren Hundert unterschiedlichen, niedermolekularen aliphatischen Oligoamino-Oligocarbonsäuren, die sich in ihren isoelektrischen Punkten unterscheiden. Ideale Trägerampholyte weisen folgende Eigenschaften auf:

- hohe Pufferkapazität und Löslichkeit am pI,
- gute und gleichmäßige Leitfähigkeit am pI,
- Freiheit von biologischen Effekten, sowie
- niedrige Molmasse.

Die unterschiedlichen amphoteren Homologe müssen gleich konzentriert sein. Es darf keine Lücken im pH-Spektrum geben. Nicht geeignet sind in der Natur vorkommende Ampholyte, wie Aminosäuren und Peptide, da diese an ihren isoelektrischen Punkten eine sehr niedrige Pufferkapazität haben.

In der Regel werden Gele mit 2 % (g/v) Trägerampholyten verwendet. Die Gele haben zu Beginn einen einheitlichen Durchschnitts-pH-Wert. Dadurch sind fast alle Trägerampholyte geladen: die basischen positiv, die sauren negativ. Wird ein elektrisches Feld angelegt, bildet sich ein pH-Gradient: Die negativ geladenen Trägerampholyte wandern zur Anode, die positiv geladenen zur Kathode, dabei wird die anodische Seite des Gels saurer, die kathodische basischer. Die Trägerampholytmoleküle mit dem niedrigsten isoelektrischen Punkt wandern bis an das anodische, die mit dem höchsten an das kathodische Ende des Gels. Die anderen Trägerampholyte arrangieren sich dazwischen in der Reihenfolge ihrer isoelektrischen Punkte und geben diesen pH-Wert an ihre Umgebung ab. Auf diese Weise entsteht ein relativ stabiler, kontinuierlicher pH-Gradient. Dabei entladen sich die Trägerampholyte: Die Leitfähigkeit im Gel nimmt ab. Die pH-Gradienten sind temperaturabhängig, deshalb müssen diese Trennungen bei definierten Temperaturen durchgeführt werden.

### Vorteile von Trägerampholyten-IEF
Es kann zwischen Agarose- und Polyacrylamidgelen gewählt werden. Die Gele sind einfach herzustellen. Trägerampholyte wirken als zwitterionische Puffer, sie halten Proteine in Lösung.

### Nachteile von Trägerampholyten-IEF
Die Zusammensetzung verschiedener Chargen und damit der Verlauf der pH-Gradienten ist wegen der komplexen Herstellung nicht vollständig reproduzierbar. Adduktbildung mit manchen Substanzen, auch mit einigen Proteinen.

### ■ Elektrodenlösungen

Um die Gradienten möglichst stabil zu halten, legt man meist zwischen Gel und Elektroden Filterkartonstreifen, die in Elektrodenlösungen getränkt sind: eine Säure an der Anode und eine Base an der Kathode. Gelangt ein saures Trägerampholytmolekül an die Anode, wird seine basische Gruppe positiv geladen und von der Anode abgestoßen.

### ■ Separator-IEF

Sollte das Auflösungsvermögen nicht ausreichen, kann man Separatoren zumischen: Aminosäuren oder amphotere Puffersubstanzen, die den pH-Gradienten in der Nähe ihres isoelektrischen Punkts abflachen. Dadurch erreicht man eine vollständige Trennung sonst sehr eng benachbarter Proteinbanden: Zum Beispiel kann glykosyliertes Hämoglobin von der eng benachbarten Hämoglobinhauptbande durch einen Zusatz von 0,33 mol l$^{-1}$ β-Alanin bei 15 °C getrennt werden.

### ■ Kathodendrift

Bei langen Fokussierungszeiten beginnt der Gradient nach einer gewissen Zeit in beide Richtungen, vor allem jedoch zur Kathode, zu driften. Dies führt zum Verlust basischer Proteine.

### 12.3.12.1 Immobilisierte pH-Gradienten

Immobilisierte pH-Gradienten (IPG) unterscheiden sich grundsätzlich von mit Trägerampholyten erzeugten pH-Gradienten dadurch, dass sie in die Gelmatrix einpolymerisiert sind. Dazu werden so genannte **Immobiline** eingesetzt, die nicht amphoter, sondern bifunktionell sind und folgende Strukturformel aufweisen:

$$H_2C=CH-\overset{\displaystyle O}{\overset{\displaystyle \|}{C}}-NHR$$

Dabei enthält R eine puffernde Gruppe, entweder eine Carboxy- oder eine tertiäre Aminogruppe, wie in ◻ Tab. 12.1 aufgeführt ist. Diese Immobiline sind Acrylamidderivate und zugleich schwache Säuren oder schwache Basen, die durch ihre p$K$-Werte definiert sind. Um einen bestimmten pH-Wert puffern zu können, benötigt man mindestens zwei verschiedene Immobiline, eine Säure und eine Base. In ◻ Abb. 12.19 ist schematisch ein Polyacrylamidgel mit einpolymerisierten Immobilinen gezeigt, der pH-Wert ergibt sich durch das Mischungsverhältnis der Immobiline.

pH-Gradientengele erhält man durch kontinuierliches Verändern des Immobilin-Mischungsverhältnisses während des Gelgießens, analog zu Porengradientengelen (▶ Abschn. 12.3.5). Das Prinzip ist eine Säure-Base-Titration, der jeweilige pH-Wert auf der Kurve ist durch die **Henderson-Hasselbalch-Gleichung** definiert,

$$\text{pH} = \text{p}K_B + \log \frac{c_B - c_A}{c_A} \qquad (12.15)$$

wenn das puffernde Immobilin eine Base ist.

### Vorteile von IPG-IEF

Immobilisierte pH-Gradienten sind absolut zeitstabil; es gibt keine Kathodendrift und kein Plateauphänomen. Exakt definierte pH-Gradienten können hergestellt werden: von sehr weiten bis zu sehr engen Intervallen. Extrem hohe Auflösungen und Fokussierung von Proteinen bis pH 12 können erzielt werden. Immobilisierte pH-Gradienten sind besonders vorteilhaft,

wenn sie für die erste Dimension der hochauflösenden zweidimensionalen Elektrophorese eingesetzt werden.

### Nachteile von IPG-IEF

Die Herstellung von IPG-Gelen ist aufwendiger als bei Trägerampholytgelen. Sie sind weniger geeignet für native IEF.

$c_A$ und $c_B$ sind die molaren Konzentrationen der sauren bzw. basischen Immobiline. Ist das puffernde Immobilin eine Säure, so lautet die Gleichung:

$$\text{pH} = \text{p}K_A + \log \frac{c_B}{c_A - c_B} \qquad (12.16)$$

### ■ Herstellung immobilisierter pH-Gradienten

In der Praxis werden immobilisierte pH-Gradienten durch lineares Mischen von zwei unterschiedlichen Polymerisationslösungen mit einem Gradientenmischer hergestellt (■ Abb. 12.12). Beide Lösungen enthalten Acrylamidmonomere und Katalysatoren zur Polymerisation einer Gelmatrix. Die mit Glycerin beschwerte Lösung ist mit Immobilinen auf das saure Ende des gewünschten pH-Gradienten, die andere Lösung auf das basische Ende eingestellt. Bei der Polymerisation binden die Immobiline kovalent an das Polyacrylamidnetzwerk. Da die Leitfähigkeiten der einpolymerisierten Gradienten sehr niedrig sind, müssen nach der Polymerisation die bei der Trennung störenden Katalysatoren mit Wasser aus den Gelen ausgewaschen werden. Anschließend wird das Gel getrocknet. Vor Gebrauch werden die trockenen Gele mit den für die IEF benötigten

**□ Tab. 12.1** Strukturformeln der sauren und basischen Acrylamidderivate zur Herstellung von immobilisierten pH-Gradienten

| pK | Strukturformel |
|---|---|
| 3,6 | CH₂=CH–CO–NH–CH₂–COOH |
| 4,6 | CH₂=CH–CO–NH–(CH₂)₃–COOH |
| 6,2 | CH₂=CH–CO–NH–(CH₂)₂–N⟨⟩O |
| 7,0 | CH₂=CH–CO–NH–(CH₂)₃–N⟨⟩O |
| 8,5 | CH₂=CH–CO–NH–(CH₂)₂–N(CH₃)₂ |
| 9,3 | CH₂=CH–CO–NH–(CH₂)₃–N(CH₃)₂ |
| 10,3 | CH₂=CH–CO–CH–(CH₂)₃–N(C₂H₅)₂ |
| > 12 | CH₂=CH–CO–NH–(CH₂)₂–N(C₂H₅)₂ |

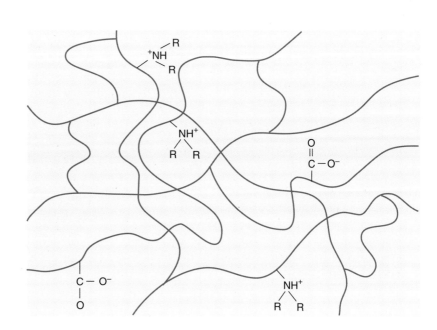

**□ Abb. 12.19** Immobilisierte puffernde Gruppen in einem Polyacrylamidnetzwerk. Mit bestimmten Konzentrationen der jeweiligen, durch ihre pK-Werte definierten schwachen Säuren und Basen kann man sehr exakte pH-Werte einstellen

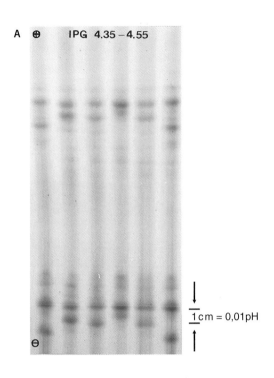
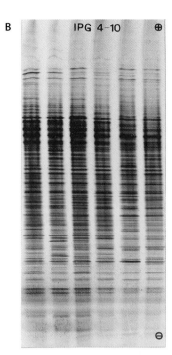

**◘ Abb. 12.20** Isoelektrische Fokussierung in immobilisierten pH-Gradienten. **A** Auftrennung von α-Antitrypsin-PiM-Subtypen aus Humanseren. Ultraenger IPG 4,35–4,55, 20 cm, 20 % Glycerin; ΔpI = 0,001. **B** Trennung von Samenproteinen unterschiedlicher Bohnensorten (*Vicia faba*). Weiter IPG 4–10, 20 cm, 6 mol l⁻¹ Harnstoff, 15 % Glycerin. (Nach Görg et al. 1986)

Additiva (wie Harnstoff, Dithiothreitol, Detergenzien) wieder gequollen. Aus diesem Grund werden Immobilingele immer auf Trägerfolien aufpolymerisiert. ◘ Abb. 12.20 zeigt die isoelektrische Fokussierung im engen pH-Gradienten (IPG 4,35–4,55) zur Typisierung von α1-Antitrypsin (◘ Abb. 12.20A) und im weiten pH-Gradienten (IPG 4–10) zur Sortendifferenzierung von Bohnen (◘ Abb. 12.20B).

**Vorteile der IEF**

Die Methode besitzt – im Gegensatz zur Elektrophorese – ein sehr hohes Auflösungsvermögen und ist im Prinzip, wenn der pH-Gradient zeitlich stabil ist (IPG), eine Endpunktmethode. Genetische Unterschiede werden sehr sensibel detektiert: Proteine, die sich nur durch eine geladene Aminosäure unterscheiden, werden voneinander getrennt. Eine wichtige physikalische Größe eines Proteins, der isoelektrische Punkt, kann direkt abgelesen werden. Die IEF lässt sich hervorragend mit anderen Techniken, vor allem der SDS-Gelelektrophorese, kombinieren.

**Nachteile der IEF**

Manche Proteine, z. B. Membranproteine, neigen zum Aggregieren und wandern nicht in das Gel ein, vor allem unter Nativbedingungen. Sehr basische Proteine sind mit der Trägerampholyt-IEF nicht einfach zu fokussieren. Die Trennungen dauern länger als bei einer Zonenelektrophorese.

Mit IPGs können beliebige, dem Trennproblem angepasste pH-Gradienten berechnet und hergestellt werden. Man kann mit sehr engen Gradienten, bis zu 0,01 pH-Einheiten pro Zentimeter (ΔpI = 0,001), eine extrem hohe Auflösung erreichen. Es können aber auch sehr weite lineare oder nichtlineare Gradienten im Bereich von pH 2,5 bis pH 12 hergestellt werden. Weil der Gradient fest an die Gelmatrix gebunden ist, bleibt er über die gesamte Trennzeit unverändert. Daraus resultiert eine hohe Reproduzierbarkeit der Proteinmuster.

Immobiline sind definierte Einzelsubstanzen, keine Synthesegemische. Außerdem wird das Profil des Gradienten nicht durch Proteine und Salze in den Proben beeinflusst, die Iso-pH-Linien sind absolut gerade.

IPGs haben den Nachteil, dass die Herstellung der Gele relativ aufwendig ist, hohe Feldstärken und lange Trennzeiten benötigt werden und unter Nativbedingungen einige Proteine nicht in das Gel einwandern. Immobilisierte pH-Gradienten werden hauptsächlich für die denaturierende erste Dimension der hochauflösenden 2D-Gelelektrophorese verwendet; hierfür werden Fertiggele von verschiedenen Firmen angeboten.

### 12.3.12.2 Titrationskurvenanalyse

Mit dieser einfachen Methode können die Nettoladungskurven von Proteinen dargestellt werden. Man benötigt hierzu ein quadratisches Trägerampholytgel.

Zunächst wird eine IEF ohne Proben durchgeführt, bis sich der pH-Gradient aufgebaut hat. Dann wird das Gel auf der Kühlplatte um 90 ° gedreht. Die Probe wird in eine schmale, in die Gelmitte einpolymerisierte Gel-

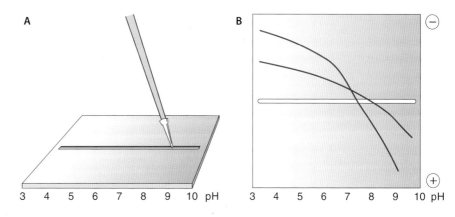

■ **Abb. 12.21** **A** Zur Titrationskurvenanalyse wird die Probe auf ein vorfokussiertes Trägerampholytengel – das somit einen pH-Gradienten enthält – aufgegeben. **B** Im elektrischen Feld senkrecht zum pH-Gradienten wandern die Proteine aufgrund ihrer Ladungen in der Weise, dass sie ihre Nettoladungskurven ausbilden

rinne pipettiert. Wenn nun senkrecht zum pH-Gradienten ein elektrisches Feld angelegt wird, bleiben die Trägerampholyte an Ort und Stelle, da sie sich an ihrem isoelektrischen Punkt befinden und deshalb nicht geladen sind. Die Proteine wandern, abhängig vom jeweiligen pH-Wert, mit unterschiedlichen Mobilitäten und bilden Titrationskurven (■ Abb. 12.21). Im Prinzip werden sie durch viele parallele Nativelektrophoresen unter verschiedenen pH-Bedingungen in einem einzigen Gel erzeugt. Der isoelektrische Punkt eines Proteins befindet sich an der Stelle, an der seine Titrationskurve durch die Gelrinne verläuft. Das Gel ist so angeordnet, dass die Kathode oben ist und die pH-Werte von links nach rechts ansteigen.

Mit dieser Analyse erhält man viele Informationen über die Eigenschaften eines Proteins, z. B. die Mobilitätssteigung in der Nähe des isoelektrischen Punkts, über Konformationsänderungen oder Ligandenbindungen in Abhängigkeit vom pH-Wert; man kann das pH-Optimum für native Elektrophoresen und das pH-Optimum zur Proteineluierung bei der Ionenaustauschchromatographie ermitteln (▶ Abschn. 11.4.7).

### 12.4  Präparative Verfahren

#### 12.4.1  Elektroelution aus Gelen

In vielen Fällen reicht die in einer Bande vorhandene Proteinmenge für weitere Analysen aus. Um das Protein quantitativ aus einem hochauflösenden Polyacrylamidgel zu eluieren, muss man zu elektrophoretischen Verfahren greifen.

Ein einfaches Prinzip ist in ■ Abb. 12.22A dargestellt: Das ausgeschnittene Gelstückchen mit der Proteinbande wird in ein Glasröhrchen auf eine Fritte platziert. Das Ende des Röhrchens wird mit einer Dialysemembran verschlossen. Das Röhrchen wird in eine Vertikalelektrophoresekammer eingesetzt, mit der man eine Reihe von Elektroelutionen gleichzeitig durchführen kann. Das Protein wird elektrophoretisch bis zur

Dialysemembran transportiert, die es nicht mehr passieren kann. Meist verwendet man einen Ammoniumcarbonatpuffer, da dieser beim Lyophylisieren in die Gasphase entweicht. Der Vorteil der Methode ist die Verwendung einer Standardapparatur. Allerdings muss man eine Dialysemembran verwenden, an die manche Proteine häufig irreversibel adsorbiert werden.

Ohne Membran funktioniert die in ■ Abb. 12.22B dargestellte Methode: Hier wird in ein Standardreaktionsgefäß mit 1,5 ml Volumen ein Elutionsgefäß eingesetzt, dessen schmale Spitze abgeschnitten ist. Nachdem das Gelstückchen in diese Spitze gesteckt wurde, wird das Elutionsgefäß mit einem porösen Polyethylenstopfen verschlossen. Nach dem Einfüllen des Puffers wird die Elektrodenkappe aufgesetzt, die eine Kathode für das Elutionsgefäß und eine Anode für das Reaktionsgefäß enthält. Diese Minivorrichtung wird in eine speziell dafür konstruierte Elektroapparatur eingesetzt, in welcher mehrere Elektroelutionen parallel erfolgen können. Das reine Protein wird aus dem Reaktionsgefäß entnommen. Vorteilhaft ist die membranfreie Konstruktion. Allerdings wird zusätzlich zur Elektrophoreseausrüstung eine weitere Apparatur benötigt.

#### 12.4.2  Präparative Zonenelektrophorese

Elektrophoretische Trennverfahren zeichnen sich durch ihre hohe Auflösung aus. Bei präparativen Trennungen ist die zu trennende Proteinmenge in der Regel auf wenige Milligramm limitiert, hauptsächlich wegen des Problems der uneffektiven Entfernung der Joule'schen Wärme. Es ist dennoch möglich, auch größere Proteinmengen mit elektrophoretischen Verfahren zu reinigen.

Im Prinzip bestehen die Vorrichtungen zur präparativen Zonenelektrophorese in Polyacrylamidgelen aus einem Glasrohr, welches das Trenngel enthält. Die am unteren Ende ankommenden Zonen werden von einem kontinuierlichen Pufferstrom zu einem Fraktionensammler transportiert (■ Abb. 12.23). Die Apparaturen

◻ **Abb. 12.22**   Elektroelution. **A** Die zu eluierenden Gelstückchen werden auf Fritten in Glasröhrchen gelegt, die am unteren Ende mit einer Dialysemembran verschlossen sind. Zur Elution werden die Röhrchen in eine Vertikalelektrophoresekammer eingesetzt. **B** Hier werden die Gelstückchen in das innere Elutionsgefäß eingesetzt, das nach unten spitz zuläuft. Dieses wird in ein Reaktionsgefäß eingesetzt, das mit einer Elektrodenkappe verschlossen wird. Dieses System funktioniert ohne Dialysemembran

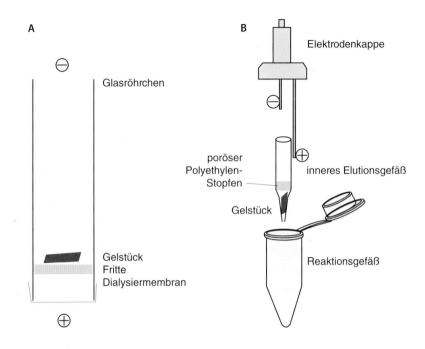

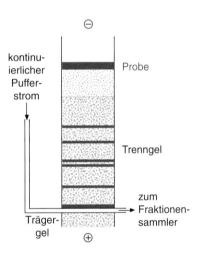

◻ **Abb. 12.23**   Prinzip der präparativen Elektrophorese: Die am Ende des vertikalen Geles ankommenden Proteinzonen werden kontinuierlich mit dem Pufferstrom zu einem Fraktionensammler geleitet

unterscheiden sich durch die Art der Kühlung, z. B. Mantelkühlung, und die Art der Fraktionenentnahme.

### 12.4.3    Präparative isoelektrische Fokussierung

Bei der isoelektrischen Fokussierung handelt es sich um eine Methode, bei der man bei niedriger Leitfähigkeit hohe Feldstärken erzeugen kann. Deshalb sind hier die Kühlungsprobleme erheblich geringer als bei Zonenelektrophoresen. Im Folgenden werden zwei Techniken vorgestellt: IEF in granulierten Gelen mit Trägerampho-

lyten und IEF in freier Lösung ohne Trägerampholyte zwischen isoelektrischen Membranen. Eine dritte Technik, die trägerfreie IEF mit Trägerampholyten, wird in ▶ Abschn. 12.5 behandelt.

■ **Präparative Trägerampholyten-IEF**

Ein hochgereinigtes Dextrangel wird mit Trägerampholyten vermischt und in einen horizontalen Trog gegossen. Nach einer Vorfokussierung zur Ausbildung des pH-Gradienten wird an einer bestimmten Stelle des Gradienten ein Teil des Gels mit einem Spatel herausgenommen, mit der Probe vermischt und an gleicher Stelle wieder eingegossen. Nach der IEF werden die Protein- oder Enzymzonen durch einen Papierabklatsch detektiert, der mit Coomassie-Blau oder einer Substratreaktion angefärbt wird (wie ein Gel). Dann entnimmt man die Zone mit dem interessierenden Protein oder fraktioniert das Gel mit einem Gitter; die Einzelfraktionen werden mit Puffer mit kleinen Röhrchen mit Nylonsieben aus dem Gel eluiert. Die Trägerampholyte entfernt man mit Gelfiltration, Ultrafiltration, Dialyse, Ammoniumsulfatpräzipitation oder Elektrophorese. Proteinmengen in der Größenordnung von 100 mg können so isoliert werden.

■ **Präparative IEF zwischen isoelektrischen Membranen**

Diese Technik ist eine Weiterführung des Prinzips der immobilisierten pH-Gradienten. Anstelle eines Gels mit einem immobilisierten pH-Gradienten verwendet man hier eine Mehrkammerfokussierungsapparatur, die durch gepufferte isoelektrische Polyacrylamidmembranen segmentiert ist (◻ Abb. 12.24). Isoelektrische Mem-

**Abb. 12.24** Prinzip der präparativen IEF zwischen isoelektrischen Membranen: Im elektrischen Feld wandern die Proteine mit höheren oder niedrigeren isoelektrischen Punkten durch die Membranen in die benachbarten Kammern, bis sich das jeweilige Protein zwischen der nächstbasischeren und der nächstsaureren Membran befindet. Sie bleiben in den Kammern, in welchen sie isoelektrisch sind, und werden am Ende der Trennung von dort entnommen

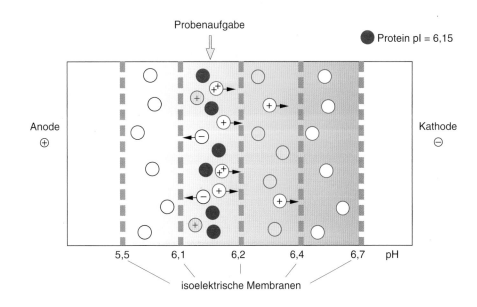

**Abb. 12.25** Prinzip der Off-Gel-isoelektrischen Fokussierung: Die Probenkomponenten werden in flüssiger Phase an der Oberfläche eines IPG-Streifens nach ihren isoelektrischen Punkten aufgetrennt und angereichert. Hierzu wird die verdünnte Probe in kleine Einzelkammern eines Fraktionierrahmens pipettiert. Im elektrischen Feld wandern die geladenen Proteine oder Peptide durch die Gelschicht des IPG-Streifens in die jeweils nächste Kammer, bis sie diejenige mit dem pH-Wert erreichen, der ihrem isoelektrischen Punkt entspricht

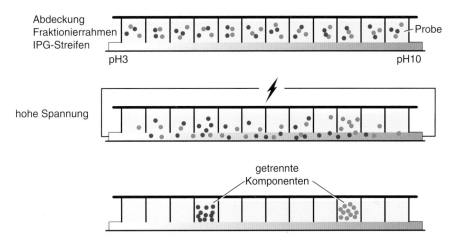

branen kann man selbst herstellen, indem man jeweils eine Glasfasermembran in eine Acrylamid-Immobilin-Polymerisationslösung mit definiertem pH-Wert einlegt und die Lösung unter Luftabschluss auspolymerisieren lässt. Die benötigten pH-Werte werden durch einen analytischen Vorversuch mit einer IEF im immobilisierten pH-Gradienten ermittelt. Nach der Polymerisation ist der pH-Wert in der Membran fixiert. Die pH-Werte der Membranen werden so gewählt, dass der isoelektrische Punkt des jeweiligen zu reinigenden Proteins möglichst eng davon eingeschlossen wird, z. B.:

$$pI_{Protein} = 6,15 \Rightarrow pH_{Membran\,I} = 6,10; pH_{Membran\,II} = 6,20$$

Gibt man ein Proteingemisch in diese Kammer und legt ein elektrisches Feld an, so wandern die Komponenten mit höheren oder niedrigeren isoelektrischen Punkten durch die Membranen in die benachbarten Kammern. Das zu reinigende Protein bleibt in der

Kammer zwischen diesen zwei Membranen und kann am Ende der Trennung von dort entnommen werden. Hier werden bis zu Grammmengen Protein gereinigt.

Bei der **Off-Gel-isoelektrischen Fokussierung** wird ein schmaler Gelstreifen mit einem immobilisierten pH-Gradienten (IPG-Streifen; ▶ Abschn. 12.6.3) in eine Horizontalkammer eingelegt und ein Fraktionierrahmen mit 24 Einzelkammern auf die Geloberfläche aufgesetzt. In jede Einzelkammer werden 150 μl verdünntes Probengemisch einpipettiert. Die Geloberfläche des IPG-Streifens dichtet die einzelnen Kammern nach unten ab. Nach oben werden die Kammern mit einem Deckel abgedichtet (■ Abb. 12.25). Wenn nun an die Enden des IPG-Streifens eine hohe Spannung angelegt wird, wandern die geladenen Proteine und Peptide durch die Gelschicht, bis sie die Kammer erreichen, deren pH-Wert dem isoelektrischen Punkt des Moleküls entspricht. Die Protein- und Peptid-Fraktionen in wässriger Lösung können auf einfache Weise aus den Kammern entnommen werden. Die wesentlichen Vorteile der Off-Gel-IEF sind, dass relativ große Proteinmengen (bis Milligramm) getrennt werden können und dass die Probenkomponenten nach der Trennung in flüssiger Phase vorliegen.

## 12.5  Trägerfreie Elektrophorese

Bei der **trägerfreien Elektrophorese** (*Free-Flow*-Elektrophorese) erfolgt die Trennung in einem kontinuierlichen Pufferstrom in einer Glasküvette. Dabei wird der Puffer über die ganze Breite der Küvette hinweg zugeführt. Die Probe wird an einer definierten Stelle aufgetragen, an der gegenüberliegenden Seite werden die Einzelfraktionen durch eine Reihe von nebeneinander angeordneten Schläuchen aufgefangen. Das elektrische Feld verläuft im rechten Winkel zur Fließrichtung, sodass die einzelnen Probenkomponenten mit unterschiedlichen Mobilitäten verschieden stark abgelenkt werden. Jede Fraktion trifft dabei an einer definierten Stelle an einem oder an wenigen bestimmten Auffangschläuchen auf (◻ Abb. 12.26).

Die trägerfreie Elektrophorese unterscheidet sich von den bereits beschriebenen Elektrophoreseverfahren in zwei wesentlichen Punkten:

- Da weder ein Gel noch irgendeine andere stabilisierende Matrix verwendet wird, kann man außer löslichen Substanzen auch größere Partikel wie Zellorganellen oder ganze Zellen, Viren und Bakterien auftrennen.
- Dies ist ein kontinuierliches Verfahren: Puffer und Probe durchfließen die Apparatur senkrecht zum elektrischen Feld und damit zur Trennrichtung.

Die Trennzelle kann vertikal oder horizontal ausgerichtet sein, sie wird durch einen 0,3–1 mm schmalen Spalt zwischen einer gekühlten, mit Glas beschichteten Metallplatte und einer Glasplatte gebildet.

Mit modernen Apparaturen kann man – je nach Art des verwendeten Puffersystems – Zonenelektrophorese, Isotachophorese und isoelektrische Fokussierung durchführen. Besondere Trenneffekte erzielt man mit der Feldsprungelelektrophorese und den unterschiedlichen Arten der isoelektrischen Fokussierung.

Bei der **Feldsprungelektrophorese** stellt man die unterschiedlichen Feldstärken durch Puffer mit starken Leitfähigkeitsunterschieden ein. Die Probenlösung wird durch die mittleren Einlässe in einer breiten Zone zugeleitet, die Pufferlösungen links und rechts davon besitzen eine etwa 20-fach höhere Leitfähigkeit als die Probenlösung. Die Probenionen werden je nach Ladung relativ stark zur Anode bzw. zur Kathode abgelenkt. Bei Erreichen der Grenzflächen zwischen Proben- und Pufferstrom verringert sich aufgrund des Feldstärkesprungs ihre elektrophoretische Mobilität ganz erheblich, sodass es zu einer Aufkonzentrierung der Probenionen an den Grenzflächen kommt.

Bei der trägerfreien **isoelektrischen Fokussierung** werden entweder Trägerampholyte eingesetzt oder Vielkomponentenpuffer, die sich aus amphoteren und nicht amphoteren Puffern zusammensetzen. Verwendet man Vielkomponentenpuffer, kann man keine linearen pH-Gradienten erzeugen, sie bedeuten aber eine erhebliche Kostenersparnis. Als **natürliche pH-Gradienten** bezeichnet man die im elektrischen Feld aus einem Gemisch von Trägerampholyten oder Puffern erzeugten Gradienten. Bei **künstlichen pH-Gradienten** werden einzelne pH-Stufen durch verschiedene Pufferlösungen unterschiedlicher pH-Werte zugeführt, welche die Trennkammer in parallelen Zonen durchfließen.

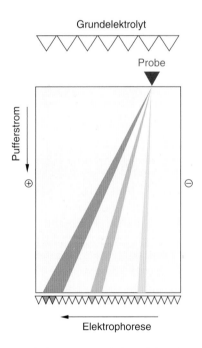

◻ **Abb. 12.26** Prinzip der trägerfreien Elektrophorese: In einer Trennkammer fließt ein kontinuierlicher Pufferstrom. Das elektrische Feld senkrecht zur Fließrichtung lenkt die Probenkomponenten unterschiedlich stark ab, sodass sie an unterschiedlichen, aber konstanten Stellen am Ende der Trennkammer auftreffen

## 12.6  Hochauflösende zweidimensionale Elektrophorese

Die Methode mit dem höchsten Auflösungsvermögen für die Analyse komplexer Proteingemische (z. B. Zelllysate und Proteome ▶ Kap. 42) ist die zweidimensionale (2D-)Elektrophorese. Die ersten 2D-Elektrophoresen, welche die Proteine nach zwei unterschiedlichen Parametern, den isoelektrischen Punkten (pI, in der ersten

Dimension) und der elektrophoretischen Beweglichkeit (in der zweiten Dimension), auftrennten, wurden unter nativen Bedingungen durchgeführt. Erst durch die Einführung von komplett denaturierenden Bedingungen durch O'Farrell gelang es, ganze Zellinhalte in Tausende Proteinspots aufzutrennen. Diese Bedingungen erzielt man durch die Anwesenheit von nicht geladenen Chaotropen wie Harnstoff und Thioharnstoff, Reduktionsmittel und nichtionischem oder zwitterionischem Detergens bei der Probenvorbereitung und im Fokussierungsgel. In der ursprünglichen Technik wurde der IEF-Schritt in individuellen Rundgelen in Röhrchen mit aus Trägerampholyten gebildeten pH-Gradienten durchgeführt. Diese nur von wenigen Experten beherrschbare Technik wurde inzwischen von der IEF in foliengestützten IPG-Streifen (immobilisierten pH-Gradienten) abgelöst. Damit ist die Methode vereinfacht und robuster geworden; sie kann in jedem Proteinlabor ohne große Probleme durchgeführt werden. Die Auftrennung in der zweiten Dimension erfolgt in SDS-Polyacrylamidgelen, entweder in einer horizontalen Flachbettkammer oder in einer Vertikalgelapparatur.

Zur vollständigen Auftrennung von Zelllysaten, Gewebeextrakten und Körperflüssigkeiten werden Gele in der Größenordnung 20 × 20 cm oder größer eingesetzt. Die Arbeitsschritte der hochauflösenden zweidimensionalen Elektrophorese nach Görg sind in ◻ Abb. 12.27 schematisch dargestellt. Prinzipiell versucht man, alle Proteine in einem Gel darzustellen, indem man einen weiten pH-Gradienten, z. B. pH 3–11, verwendet. Manche Proteingemische sind aber so komplex, dass es zu Spotüberlagerungen kommen kann.

Sowohl für die Quantifizierung als auch für eine effiziente Proteinidentifizierung mit dem Peptidmassenvergleich (*peptide mass fingerprinting* (▶ Abschn. 16.6)) ist es wichtig, dass ein Spot nicht mehr als ein einziges Protein enthält. Die vollständige Auflösung von Proteinen erreicht man dann entweder durch die Verwendung größerer Gele oder die Aufteilung der Trennstrecke in kürzere pH-Intervalle. Gele mit engen pH-Intervallen haben zugleich eine höhere Beladungskapazität; damit kann man auch Proteine mit niedrigen Kopiezahlen detektieren und weiter analysieren. ◻ Abb. 12.28 zeigt eine Auftrennung von Mäuseleberproteinen in einem

◻ **Abb. 12.27** Hochauflösende 2D-Elektrophorese mit immobilisierten pH-Gradienten: Horizontale IEF im auf Folie polymerisierten IPG-Streifen. Äquilibrieren des IPG-Streifens. Transfer des IPG-Streifens auf ein horizontales oder vertikales SDS-Gel. (Nach Görg et al. 1988)

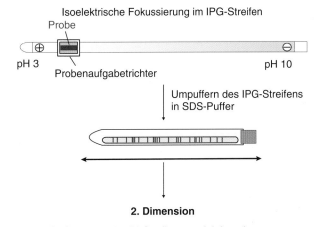

**1. Dimension**

Isoelektrische Fokussierung im IPG-Streifen

Probe

⊕                                                        ⊖

pH 3                                                   pH 10

Probenaufgabetrichter

Umpuffern des IPG-Streifens in SDS-Puffer

**2. Dimension**

SDS-Polyacrylamid-Gradientengelelektrophorese

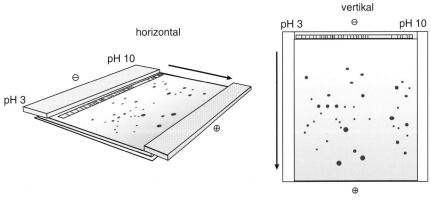

vertikal

pH 3      ⊖      pH 10

horizontal

pH 10

⊖

pH 3

⊕

⊕

**Abb. 12.28** Hochauflösende 2D-Elektrophorese (IPG-Dalt) von Mäuseleberproteinen. 1. Dimension IPG 3–11, 2. Dimension SDS-Elektrophorese, Silberfärbung. (Nach Görg 2000)

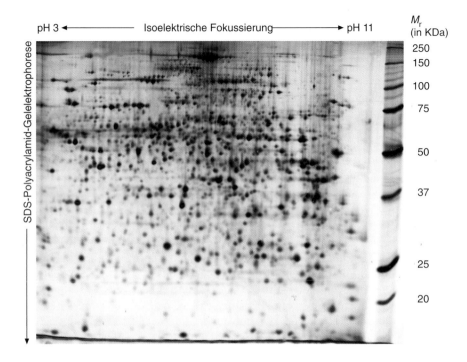

weiten pH-Gradienten 3–11, in ☐ Abb. 12.30 ist eine Auftrennung im engen pH-Intervall 6–7 gezeigt.

### 12.6.1 Probenvorbereitung

Weil mit der 2D-Elektrophorese hochkomplexe Proteingemische aufgetrennt werden, ist die wichtigste Vorbedingung für verwendbare Ergebnisse die korrekte Probennahme und -vorbereitung. Beim Zellaufschluss und der Gewebeextraktion muss der Modifikation des Proteingemisches durch Aktivitäten diverser Enzyme sofort vorgebeugt werden, die Bildung von Komplexen muss verhindert werden. Wichtig ist schnelles Arbeiten, da bei manchen Proben auch durch Zugabe von Proteaseinhibitoren der spontane Proteinverdau nicht gänzlich verhindert werden kann. Häufig enthält die Probe noch eine Reihe störender Substanzen, wie Lipide, Polysaccharide, Nucleinsäuren, Salzionen und feste Partikeln. Meistens präzipitiert man die Proteine mit einer Kombination aus Trichloressigsäure, Aceton und Detergens, wäscht das zentrifugierte Pellet mit organischen Lösungsmitteln und bringt es mit einer wässrigen Lösung von hochmolarem Harnstoff und Thioharnstoff, welche ein zwitterionisches Detergens, ein Reduktionsmittel und Trägerampholyte enthält, wieder in Lösung. Die Präzipitierung sorgt zudem für eine irreversible Inhibierung der Proteasen. Wichtig ist eine Ultrazentrifugation, um keine Partikel auf das IPG-Gel aufzutragen.

### 12.6.2 Vorfraktionierung

Es gibt unterschiedliche Gründe zur Vorfraktionierung; hier sind ein paar Beispiele:

■ **Subzelluläre Komponenten**
Ein und dasselbe Protein kann unterschiedliche Funktionen haben, je nachdem, in welcher Zellorganelle es lokalisiert ist. Man verringert die Komplexität des Proteingemisches und gewinnt eine Reihe zusätzlicher Informationen, wenn die Zellorganellen vor der 2D-Elektrophorese durch Zentrifugation, Detergensfraktionierung oder trägerfreie Elektrophorese separiert werden.

■ **Immunpräzipitation**
Es werden entweder in hoher Konzentration vorhandene Proteine abgereichert (Beispiel: Albumin aus Humanserum) oder gezielt die zu trennenden Proteine aus einem hochkomplexen Proteingemisch herausgefischt, um eine verbesserte Darstellung der interessierenden Proteine zu erhalten.

■ **Fraktionierung nach Ladung**
Wenn ein Gesamtproteingemisch auf einen IPG-Streifen mit kurzem pH-Gradientenintervall aufgetragen wird, akkumulieren die Proteine mit isoelektrischen Punkten, die außerhalb des Intervalls liegen, an den Elektroden. Diese Proteine sind für die weitere Analyse verloren, zudem stören sie die isoelektrische Fokussierung und schränken die Beladungsmenge ein.

Eine Vorfraktionierung nach isoelektrischen Punkten ermöglicht die weitere Analyse aller Proteine und die Erhöhung der Proteinbeladung. Es gibt drei verschiedene Methoden: die **trägerfreie isoelektrische Fokussierung** (▶ Abschn. 12.5, trägerfreie Elektrophorese), die elektrophoretische Trennung zwischen **isoelektrischen Membranen** und die **isoelektrische Fokussierung im horizontalen Sephadexgel**. Letztere Methode kann mit dem geringsten Geräteaufwand in kurzer Zeit durchgeführt werden. ◘ Abb. 12.29 zeigt das Prinzip dieser Technik. Sephadex wird vorgequollen in Gegenwart aller für die IEF benötigten Additive (Harnstoff, CHAPS, HED, Trägerampholyte, farbige niedermolekulare amphotere pI-Marker). Unmittelbar vor der IEF wird die zu fraktionierende Proteinlösung zugegeben und in den horizontalen Trog der IEF-Apparatur gegossen. Nach beendeter IEF (2–3 h) werden die entsprechenden Proteinfraktionen direkt auf die IPG-Gelstreifen aufgetragen. Der Proteintransfer aus dem Sephadex in das IPG-Gel erfolgt elektrophoretisch mit hoher Effizienz.

In ◘ Abb. 12.30 sind Trennergebnisse im engen pH-Intervall ohne und mit Vorfraktionierung zu sehen.

### 12.6.3  Erste Dimension: IEF in IPG-Streifen

Foliengestützte Gele mit immobilisierten pH-Gradienten können im trockenen Zustand in schmale Streifen geschnitten werden, welche vor der isoelektrischen Fokussierung in Harnstofflösung mit den zusätzlich benötigten Additiven angequollen werden. Weil die pH-Gradienten im Gel fixiert sind, ergeben sich bei der Trennung keine Randeffekte. Es gibt verschiedene Möglichkeiten, die Proben aufzugeben: Bei der **Rehydratisierungsbeladung** lässt man den trockenen IPG-Streifen mit dem Proteingemisch in der Harnstoff-Additiv-Lösung anquellen. Dann sind die Proteine über den gesamten pH-Gradienten verteilt und wandern im elektrischen Feld aus verschiedenen Richtungen an ihren isoelektrischen Punkt. Diese Methode hat die Vorteile, dass sich keine Proteinpräzi-

◘ **Abb. 12.29** Schematische Darstellung der Vorfraktionierung eines Proteingemisches durch isoelektrische Fokussierung im Trägerampholyten-Sephadex-(Dextran-)Gel. **A** Vorbereitung der Gellösung mit Proteingemisch. **B** Niedermolekulare amphotere Farbmarker ermöglichen eine einfache pH-Bestimmung zur korrekten Entnahme der Proteinfraktionen. Die Gelfraktionen mit den fokussierten Proteinen werden direkt auf den IPG Streifen appliziert. (Nach Görg et al. 2002)

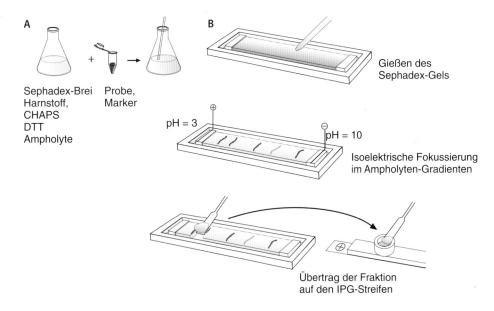

◘ **Abb. 12.30** 2D-Elektrophoresen im engen pH-Intervall 6–7. Aufgetragen wurden: **A** 250 µg Gesamtproteingemisch. **B** 250 µg von im Sephadex-IEF-Gel vorfraktionierten Proteinen. **C** 1 mg von im Sephadex-IEF-Gel vorfraktionierten Proteinen. A und B: silbergefärbt, C: Coomassie-Blau-Färbung. (Nach Görg et al. 2002)

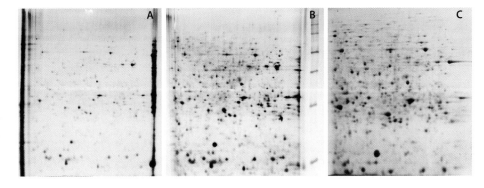

pitate am Aufgabepunkt bilden, große Probenvolumina möglich sind und dass Rehydratisierung und IEF-Lauf zu einem methodischen Schritt kombiniert werden können: Dies erleichtert den Arbeitsablauf und verringert die Fehlermöglichkeiten. Bei der Beladung mit einem **Probenaufgabetrichter** (◻ Abb. 12.27) appliziert man die Probe an einem definierten pH-Wert, meist nahe der Anode. Diese Variante muss unbedingt bei Trennungen in basischen pH-Gradienten angewandt werden, zudem gibt es einige Proteingemische, welche bei Applikation mit dieser Methode bessere Spotmuster ergeben als mit der Rehydatisierungsbeladung. Allerdings ist man dabei auf maximal 150 µl Probenvolumen beschränkt, häufig wird Präzipitation von Proteinen an der Probenaufgabestelle beobachtet. Mit der **Papierbrückenbeladung** lassen sich größere Volumina an einem Ende des IPG-Streifens aufgeben: Dabei wird ein mit Probenlösung getränkter Filterkartonstreifen zwischen Ende des IPG-Streifens und der Elektrode eingelegt. Die Stromstärken bei diesen 3 mm breiten und 0,5 mm dünnen IPG-Streifen befinden sich im Mikroampere-Bereich. Zu Beginn werden sehr niedrige Feldstärken angelegt, um zu verhindern, dass die Proteine aggregieren und präzipitieren. Am Ende der IEF wird mit mehreren Tausend Volt fokussiert; die Zeit ist abhängig von der Länge der Streifen und der Steigung des pH-Gradienten. Die längsten Trennzeiten – über Nacht – werden für kurze pH-Intervalle in 24 cm langen IPG-Streifen benötigt. Bei **basischen pH-Gradienten** ist die Zeit kritisch: Sie soll so kurz wie möglich sein, weil manche Proteine am isoelektrischen Punkt in alkalischem Milieu instabil sind.

### 12.6.4  Zweite Dimension: SDS-Polyacrylamid-Gelelektrophorese

Es ist sehr wichtig, die IPG-Streifen vor der SDS-Elektrophorese genügend lange mit SDS-Probenpuffer – erst mit Reduktionsmittel, dann mit Alkylierungsreagens – zu äquilibrieren. Die Alkylierung mit Iodacetamid verhindert Trennungsartefakte und bringt die Cysteine bereits in die alkylierte Form, sodass für die Proteinidentifizierung mit der Massenspektrometrie ein Schritt gespart werden kann. Hier wird bei der SDS-Elektrophorese kein Sammelgel benötigt, da die Proteine bereits vorgetrennt sind. Wenn Vertikalgele verwendet werden, bettet man den IPG-Streifen mit Agarose ein, um eine Gelkontinuität zwischen erster und zweiter Dimension zu erzeugen. Bei Horizontalsystemen wird keine Agarose benötigt; der IPG-Streifen wird ganz einfach in eine vorgeformte Rinne in der Geloberfläche eingelegt. In den meisten Fällen ist das Auf-

lösungsvermögen von homogenen SDS-Gelen mit einer Acrylamidkonzentration von etwa 13 % T ausreichend. Bei sehr weit gestreuten Molekulargewichten und bei hohem Anteil von Glykoproteinen lässt sich das Trennergebnis mit Porengradientengelen deutlich verbessern.

### 12.6.5  Detektion und Identifizierung der Proteine

Die wichtigsten Proteindetektionsmethoden, die Densitometrie und Bildanalyse, sind in ▶ Abschn. 12.3.3 beschrieben. Eine wichtige Funktion der Bildanalysesoftware ist der qualitative und quantitative Vergleich der hochkomplexen Proteinmuster zur Auffindung von neu exprimierten, verschwundenen sowie hoch- und herunterregulierten Proteinen. Die Identifizierung und Charakterisierung dieser Proteine erfolgt dann mit Massenspektrometrie. Die Proteinspots werden hierzu manuell oder mit automatischen Spotpickern aus den Gelen herausgestanzt ▶ Kap 16. Die Proteine werden – meist mit Trypsin – zu Peptiden verdaut, die sich einfach aus den Gelpfropfen herauseluieren lassen und mit Massenspektrometrie analysiert werden. Die schnellste und am wenigsten aufwendige Methode ist der Peptidmassenvergleich mit einem MALDI-TOF. Wenn diese Methode nicht zum Erfolg führt, z. B. weil mehr als ein Protein in einem Spot enthalten ist, werden Aminosäurensequenzen mit MALDI-TOF-PSD und Elektrospray-Tandem-Massenspektrometrie bestimmt.

### 12.6.6  Differenzgelelektrophorese (DIGE)

Die Methode der Differenzgelelektrophorese erhöht die Zuverlässigkeit der qualitativen und quantitativen Aussagen von 2D-Gelergebnissen beträchtlich. Hierzu werden die Proteine der zu vergleichenden Proben vor der Trennung mit unterschiedlichen Fluoreszenzfarbstoffen markiert. Die Proben werden zusammengemischt, das Gemisch auf ein Gel aufgetragen und zusammen in der ersten und zweiten Dimension aufgetrennt. Die Farbstoffe werden für diese Methode in der Weise modifiziert, dass die gleichen Proteine aus unterschiedlicher Probenherkunft exakt an die gleiche Stelle im Gel wandern. Wenn man das Gel dann bei unterschiedlichen Anregungswellenlängen scannt (densitometriert), erhält man die – mehr oder weniger – unterschiedlichen Muster der verschiedenen Proben (◻ Abb. 12.31). Wichtig ist, dass die Emissionswellenlängen so weit voneinander entfernt sind, dass es keine Überlagerungen der Signale geben kann. ◻ Abb. 12.32 zeigt eine Falschfarbendarstellung eines typischen Ergebnisses einer Differenzgele-

■ **Abb. 12.31** Prinzip der DIGE. Cy2, Cy3, und Cy5 sind Fluoreszenzmarker, die an Proteine binden. Beispiel für zwei verschiedene Proben. Wenn mehr Proben analysiert werden, benötigt man mehr Gele. In jedem Gel lässt man den internen Standard mitlaufen, der sich aus Aliquots aus allen zu analysierenden Proben zusammensetzt

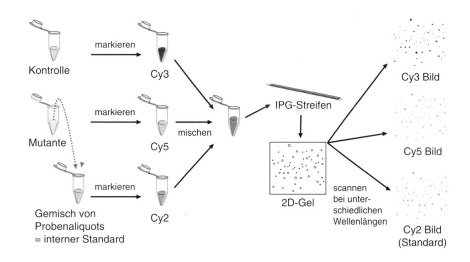

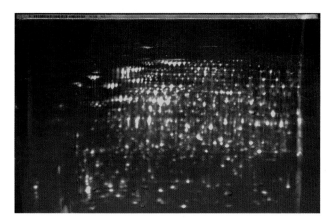

■ **Abb. 12.32** Typisches DIGE-Ergebnis: Falschfarbendarstellung von überlagerten Cy3- und Cy5-Bildkanälen zweier verschiedener Proben. Gelbe Spots zeigen unveränderte Proteine an, rote Spots Proteinexpressionserhöhungen, grüne Spots niedrigere Proteinexpressionen bei der zweiten Probe. Der IPG-Streifen wurde zur Kontrolle, ob alle Proteine in die zweite Dimension übertragen wurden, mitgescannt (im Bild oben)

lektrophorese von zwei unterschiedlich markierten Proben.

■ **Minimummarkierung**

Für die Markierung der Proteine an der ε-Aminogruppe des Lysins verwendet man Fluoreszenzmarker mit einer basischen Gruppe, welche den Verlust der positiven Ladung kompensiert. Dadurch verhindert man eine Verschiebung des isoelektrischen Punktes. Die Markierung erfolgt über eine NHS-Ester-Gruppe. Die Massenzuwächse sind für alle Farbstoffe gleich, damit es keine Verschiebung in der Molmassenachse gibt. Bei der Lysinmarkierung vermeidet man eine Mehrfachmarkierung dadurch, dass man den Farbstoff im Unterschuss anbietet (Minimummarkierung). Wenn nur ca. 3–5 %

der Menge jedes Proteins eine Markierung trägt, werden etwaige Mehrfachmarkierungen nicht mehr detektiert, und die Proteine werden nicht hydrophob. Die Proteinmuster gleichen exakt denen, welche mit nicht markierten Proteinen und Gelfärbung erzielt werden. Zudem stehen für die Untersuchung mit der Massenspektrometrie die 95 % nicht markierten Proteine zur Verfügung, was die Analyse erheblich erleichtert. Bei niedermolekularen Proteinen, unter ca. 20.000 Dalton, macht sich in der SDS-Elektrophorese die Molekulargewichtserhöhung um ca. 460 Dalton im Laufverhalten bemerkbar. Man sollte deshalb durch eine Nachfärbung sicherstellen, dass beim Ausschneiden von Spots die nicht markierten Proteine erfasst werden, die etwas weiter gelaufen sind als die markierten

■ **Sättigungsmarkierung**

Für die Markierung der Cysteine über eine Maleimidgruppe werden ladungsneutrale Fluoreszenzmarker verwendet, sodass es auch hier keine Verschiebung der isoelektrischen Punkte gibt. Allerdings ändern sich die Molekulargewichte je nach Anzahl der Cysteine im jeweiligen Protein. Vorher müssen die Disulfidbrücken der Proteine mit einem Reduktionsmittel, Dithiothreitol oder Trishydroxycarboxylphosphin, geöffnet werden. Die unterschiedlich markierten Proteine aus verschiedenen Proben wandern auch hier zu den gleichen Positionen im 2D-Gel. Die Muster sind aber mit denen von nicht markierten oder minimal markierten Proteinen nicht vergleichbar, da es viele Mehrfachmarkierungen gibt. Diese Technik ermöglicht die Detektion von Proteinen weit jenseits der Empfindlichkeitsgrenze der Silberfärbung, wenn ein Protein mehrere Cysteine enthält. Proteine, die kein Cystein enthalten, werden nicht detektiert.

In einigen Fällen ist beobachtet worden, dass manche Proteine von einem der Farbstoffe leicht bevorzugt markiert werden. Um quantitative Fehlinterpretationen durch diesen Effekt zu vermeiden, wird empfohlen, bei der Markierung die Farbstoffe zwischen Wildtyp und Mutanten gleichmäßig zu vertauschen, und geradzahlige statt ungeradzahlige biologische Probenreplikate zu verwenden.

■ **Interner Standard**

Die DIGE bietet die einzigartige Möglichkeit, einen internen Standard für jedes einzelne Protein mitzuführen. Dadurch erhöht sich die statistische Sicherheit des Ergebnisses beträchtlich – bei gleichzeitiger Reduzierung der Notwendigkeit von Wiederholungsgelen. Hierzu wird jeder Probe ein Aliquot entnommen, die Probenaliquots zusammengemischt und dieses Gemisch mit einem der zur Verfügung stehenden Fluoreszenzmarker markiert. Diesen Standard lässt man in jedem Gel zusammen mit den Proben mitlaufen (◘ Abb. 12.32). Bei der Auswertung der Proteinmuster werden nun alle gemessenen Spotpositionen und -volumina auf den entsprechenden Standardspot bezogen und angeglichen (normalisiert). Es ergeben sich relative quantitative Werte für das Ansteigen bzw. die Verringerung der Proteinkonzentration in den verschiedenen Proben bis zu einem Minimalwert von 5 % bei einer statistischen Sicherheit von über 95 %. Solche Werte sind mit den herkömmlichen Färbetechniken auch bei fünffachen Wiederholungsläufen bei Weitem nicht erreichbar.

## 12.7 Elektroblotting

Schon sehr bald nach der Etablierung der Elektrophorese versuchte man, die Proteine aus dem Gel für anschließende analytische Schritte in Lösung zu gewinnen, durch Diffusion, Elektroelution oder durch Extraktion mit Säuren oder organischen Lösungsmitteln. Die so erhaltenen Eluate können in dieser Form jedoch beispielsweise nicht direkt für die Sequenzierung, Aminosäurenanalyse oder Massenspektrometrie verwendet werden. In der Regel müssen die Proben aufkonzentriert und Salze, Detergenzien und lösliche Gelbestandteile entfernt werden. Bei der Aufarbeitung der Eluate ergeben sich je nach Verfahren (Dialyse, Proteinfällung, Chromatographie etc.) zum Teil erhebliche Verluste in der Ausbeute. Ein weiterer Nachteil dieser eluierenden Verfahren ist die mit zunehmender Hydrophobizität oder zunehmendem Molekulargewicht der Proteine schlechter werdende Elutionseffizienz aus dem Gel.

Anstatt die Proteine in eine Lösung zu isolieren, beschrieben bereits 1979 zwei Arbeitsgruppen gleichzeitig – J. Renart et al. und H. Towbin et al. – ein anderes Verfahren, mit dem elektrophoretisch aufgetrennte Pro-

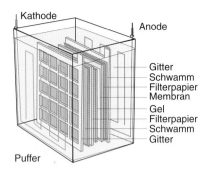

◘ **Abb. 12.33**  Blotting-Tank für elektrophoretische Transfers der getrennten Proteine auf immobilisierende Membranen. Die mäanderförmig verlaufenden Elektrodendrähte sind an der vorderen und der hinteren Wand angebracht. Das Gel und die Membran werden zwischen Filterpapiere, Schwämme und Gitter eingeklemmt

teine aus der Polyacrylamidmatrix auf eine Membran aus Nitrocellulose unter dem Einfluss eines elektrischen Feldes transferiert und immobilisiert werden konnten. Diese Technik hat sich als **Western-Blotting** durchgesetzt; mit ihr lassen sich elektrophoretisch aufgetrennte Proteine (z. B. Antigene, Glykoproteine oder Enzyme) mit spezifischen Bindungseigenschaften über Antikörper, Lectine oder Enzymsubstrate *direkt* auf der Membran nachweisen.

Die nicht besetzten Bindungsstellen der Membranoberfläche müssen mit inerten makromolekularen Substanzen blockiert werden. Dies geschieht entweder mit einer Lösung aus Rinderserumalbumin, Fischgelatine, Magermilchpulver, oder über Gemische mit Detergenzien wie Tween 20. Es muss darauf geachtet werden, dass es beim späteren Antigennachweis nicht zu Kreuzreaktionen mit dem Blockiermedium kommt.

### 12.7.1 Blotsysteme

Für den elektrophoretischen Transfer sind zwei unterschiedliche Verfahren im Laboreinsatz: das Tankblotting und das Semidry-Blotting.

■ **Tankblotting**

Die Standardapparaturen für das Tankblotting sind nach einer von Bittner et al. im Jahre 1980 vorgestellten Konstruktion vertikale Puffertanks, an deren Seitenwänden mäanderförmig Platindrähte als Elektroden angebracht sind (◘ Abb. 12.33). Gel und Membran werden zwischen Filterpapiere gelegt und in eine Gitterkassette eingeklemmt. Die gepackten Kassetten werden senkrecht in den Puffertank geschoben. Die benötigte Puffermenge liegt je nach Design der Apparatur zwischen zwei und vier Litern. In der Regel werden diese Experimente mit konstanter Spannung von 50 mV gefahren, um in einem konstanten elektrischen Feld eine gleichmäßige Kraft auf die Ladungsträger auszuüben. Die Anfangswerte des Stromes liegen bei 500 mA und höher, je nach Größe des Tanks und Molarität des verwendeten Blotpuffers, und sinken während des Transfers durch eine kontinuierliche Zunahme des Ohm'schen Widerstands. Unter diesen Bedingungen ist eine effiziente Kühlung notwendig, was durch einen vertikalen Kühleinsatz und ausreichende Pufferumwälzung erreicht wird.

■ **Semidry-Blotting**

Die Semidry-Apparatur, die erstmals 1984 von Kyse-Andersen beschrieben wurde, besteht aus Plattenelektroden, zwischen denen der Blotsandwich aus Filterpapieren, Gel und Membran horizontal eingebaut wird (◘ Abb. 12.34). Verglichen mit dem Tankblotting ist der Aufbau einfacher, da keine Kassetten verwendet werden. Die in Puffer getränkten Filterpapiere, das Gel sowie die Blotmembran werden in bestimmter Reihenfolge auf der Anode nacheinander aufgeschichtet. Falls notwendig, lassen sich Luftblasen durch vorsichtiges Rollen eines Glasstabes über die einzelnen Schichten problemlos entfernen. Die benötigte Puffermenge ist von den Dimensionen des Blotsandwich abhängig und beträgt meist weniger als 100 ml.

Diese geringe Puffermenge hat den Vorteil, dass Proteine während des Transfers weniger mit reaktiven Verunreinigungen der Puffersysteme konfrontiert werden als beim Tankblotting.

Verschiedene Firmen bieten unterschiedliche Materialien als Plattenelektroden an, die sich in der elektrischen Leitfähigkeit und in der Stabilität gegenüber anodischen Oxidationsprozessen und extremen pH-Werten unterscheiden (z. B. Reinstgraphit, Glaskohlenstoff, Graphit in Kunststoffmatrices, platinierte Bleche, leitende Kunststoffe). In den meisten Fällen werden Semi-

dry-Blotexperimente bei konstantem Strom (z. B. 1 mA pro $cm^2$ Blotfläche) durchgeführt, wobei sich zu Beginn nur sehr niedrige Spannungswerte ergeben (< 5 V). Während des Experiments nimmt mit der kontinuierlichen Zunahme des Ohm'schen Widerstands auch die Spannung zu, in Abhängigkeit vom verwendeten Blotpuffer, der Absolutmenge an Blotpuffer (damit auch von der Anzahl der verwendeten Filterpapiere sowie dem Sättigungsgrad der Filterpapiere mit Puffer), der Gelstärke und dem verwendeten Elektrodenmaterial. Nach drei Stunden Transferzeit werden Spannungswerte zwischen 20 V und 50 V erreicht. Aufgrund der hohen elektrischen Leitfähigkeit der Plattenelektroden und der nur geringen elektrischen Leistung ist eine Kühlung der Semidry-Apparatur nicht notwendig.

Die elektrochemische Reaktion des Wassers erzeugt einen pH-Gradienten von etwa pH 12 an der Kathode (4 $H_2O$ + 4 $e^-$ → 2 $H_2$ + 4 $OH^-$) bis etwa pH 2 an der Anode (6 $H_2O$ → $O_2$ + 4 $H_3O^+$ + 4 $e^-$) sowie stetiges Gasen der Reaktionsprodukte. Die Gase drücken den Blotsandwich auseinander und erzeugen bei konstanter Stromführung eine ungleichmäßige Zunahme der Spannung. Durch Beschweren der Blotapparatur mit einem Gewicht von etwa zwei Kilogramm kann unter gleichen Blotbedingungen ein gleichmäßiger, reproduzierbarer Spannungsverlauf erreicht werden (◘ Abb. 12.34). Die Stabilität der Elektrodenmaterialien ist recht unterschiedlich: Alle Graphitelektroden und graphitierte Kunststoffe werden – je nach Qualität unterschiedlich schnell – an der Anode durch naszierenden Sauerstoff unter Bildung von $CO_2$ angegriffen. Einige Kunststoffe lösen sich an der Kathode, bedingt durch den alkalischen pH-Wert, langsam auf. Praktisch inert sind Platin- oder mit Platin überzogene Elektroden.

In den letzten Jahren hat sich das Semidry-Blotting immer mehr gegenüber dem Tankblot-Verfahren durch-

◘ **Abb. 12.34**  Semidry-Blotting. Gel und Membran werden zwischen Filterpapiere gelegt, die mit Puffer getränkt sind

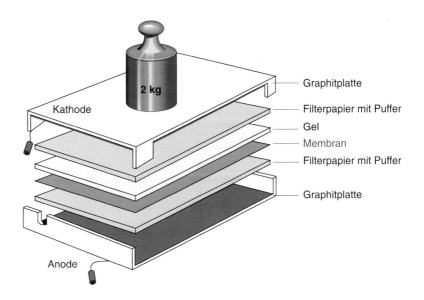

- Graphitplatte
- Filterpapier mit Puffer
- Gel
- Membran
- Filterpapier mit Puffer
- Graphitplatte

2 kg

Kathode

Anode

gesetzt, zum einen wegen der einfacheren Handhabung der Semidry-Apparatur. Zum anderen zeigten systematische Vergleiche in der Literatur, dass bei einem homogeneren elektrischen Feld und höheren Feldstärken ein effizienterer Proteintransfer bei kürzeren Transferzeiten erzielt wird. Proteinfärbung und Immunnachweise sind auf Semidry-Blots empfindlicher. Die Proteine wandern beim Semidry-Verfahren offensichtlich weniger tief in die Membran als beim Tankblotting und bleiben eher an der Oberfläche haften.

Für den Transfer von Proteinen aus isoelektrischen Fokussierungsgelen ist Kapillarblotting (▶ Abb. 6.21) besser geeignet als Elektroblotting, weil Proteine am isoelektrischen Punkt nicht geladen sind und sich schwer umpuffern lassen.

### 12.7.2  Transferpuffer

Der meist verwendete Transferpuffer enthält Tris-Glycin mit pH 8,3 und 20 % Methanol. Das Methanol hat zwei Funktionen: Es erhöht die Bindungseigenschaften der Membranoberfläche und es verhindert ein Anquellen der Gelplatte. Ein Quellen des Geles würde zu Zonenverschmierungen auf der Membran führen.

Beim Tankblotting wird häufig auch CAPS-Puffer mit pH 10 verwendet. Beim Semidry-Blotting ist der von Kyhse-Andersen eingeführte diskontinuierliche Puffer dem Tris-Glycin-Puffer in der Transfereffektivität überlegen.

Für den Transfer von Proteinen aus isoelektrischen Fokussierungsgelen wurde meist 1 % Essigsäure verwendet, wobei die dann positiv geladenen Proteine in Richtung Kathode transferiert wurden. Allerdings ist bei IEF-Gelen Kapillarblotting besser geeignet als Elektroblotting, weil die Proteine am isoelektrischen Punkt nicht geladen sind und sich schwer umpuffern lassen.

### 12.7.3  Blotmembranen

Die meist verwendeten Membranen sind aus Nitrocellulose oder Polyvinylidenfluorid (PVDF). PVDF-Membranen sind chemisch inert, besitzen bessere mechanische Eigenschaften und höhere Bindungskapazität als Nitrocellulose; sie sind aber sehr hydrophob und müssen deshalb vor der Verwendung mit 100%igem Methanol oder Isopropylalkohol benetzt werden. Niedermolekulare Proteine und Peptide werden von der Nitrocellulose besser gebunden als von PVDF. Für Western-Blotting wird hauptsächlich Nitrocellulose eingesetzt. Wenn bei der Detektion von Sekundärantikörpern Fluoreszenzmarkierungen angewendet werden, muss man darauf achten, dass die Blotmembran keine Eigenfluoreszenz besitzt. Für Proben, die einer nachfolgenden proteinchemischen Analytik (z. B. Aminosäuresequenzanalyse) unterworfen werden, werden wegen ihrer chemischen Stabilität praktisch ausschließlich PVDF-Membranen verwendet.

### Literatur und Weiterführende Literatur

Görg et al (1986) in Dunn MJ, Hrsg Electrophoresis'86, VCH, Weinheim: 435−444

Görg et al (1988) Review. The current state of two-dimensional electrophoresis with immobilized pH gradients. Electrophoresis 9:531–546

Görg et al (2000) The current state of two-dimensional electrophoresis with immobilized pH gradients. Electrophoresis 21:1037–1053

Görg et al (2002) Sample prefractionation with Sephadex isoelectric focusing prior to narrow pH range two-dimensional gels. Proteomics 2:165–1657

#### Weiterführende Literatur

Andrews AT (1986) Electrophoresis, theory, techniques and biochemical and clinical applications. Clarendon Press, Oxford

Celis JE (Hrsg) (1998) Cell biology. In: A laboratory handbook. Academic Press, San Diego

Righetti PG (1990) In: Burdon RH, van Knippenberg PH (Hrsg) Immobilized pH gradients: theory and methodology. Elsevier, Amsterdam

Rothe GM (1994) Electrophoresis of enzymes. In: Laboratory Methods. Springer, Heidelberg

Simpson RJ (Hrsg) (2004) Purifying proteins for proteomics. Cold Spring Harbor Laboratory Press, New York

Westermeier R (2016) Elektrophorese leicht gemacht, 2. Aufl. Wiley-VCH, Weinheim

# Kapillarelektrophorese

*Philippe Schmitt-Kopplin und Gerhard K. E. Scriba*

## Inhaltsverzeichnis

13.1 Geschichtlicher Überblick – 300

13.2 Aufbau der Kapillarelektrophorese – 300

13.3 Grundprinzipien der Kapillarelektrophorese – 301
13.3.1 Der Elektroosmotische Fluss (EOF) – 301
13.3.2 Joule'sche Wärmeentwicklung – 303
13.3.3 Injektion der Proben – 303
13.3.4 Detektion – 304

13.4 Die Methoden der Kapillarelektrophorese – 305
13.4.1 Kapillarzonenelektrophorese (CZE) – 305
13.4.2 Micellarelektrokinetische Chromatographie (MEKC) und Mikroemulsion elektrokinetische Chromatographie (MEEKC) – 310
13.4.3 Kapillaraffinitätselektrophorese (ACE) – 313
13.4.4 Kapillarelektrochromatographie (CEC) – 313
13.4.5 Enantiomerentrennungen – 314
13.4.6 Kapillargelelektrophorese (CGE) – 314
13.4.7 Isoelektrische Fokussierung (CIEF) – 317
13.4.8 Isotachophorese (ITP) – 320

13.5 Spezielle Techniken – 321
13.5.1 Online-Probenkonzentrierung – 321
13.5.2 Fraktionierung – 321
13.5.3 Mikrochipelektrophorese – 323

13.6 Ausblick – 324

Literatur und Weiterführende Literatur – 325

© Springer-Verlag GmbH Deutschland, ein Teil von Springer Nature 2022
J. Kurreck et al. (Hrsg.), *Bioanalytik*, https://doi.org/10.1007/978-3-662-61707-6_13

- Die Kapillarelektrophorese (CE) hat sich seit den Neunzigerjahren des vorigen Jahrhunderts zu einer validen Analysentechnik entwickelt. Vorteile sind vor allem die hohe Trennselektivität, der geringe Materialverbrauch und die Flexibilität bei der Methodenentwicklung sowie eine Vielzahl von Trennmodi. Trennungen in CE und HPLC beruhen auf unterschiedlichen Mechanismen (Ladungsdichte *versus* Lipophilie), sodass beide Techniken orthogonal zueinander sind. Bedingt durch vergleichbare Detektions- und Auswertungsverfahren resultiert das gleiche Ergebnisformat.

- Sehr früh eingesetzt wurde die CE als *die* Analysentechnik in der Molekularbiologie zur Genom-Sequenzierung. Heute findet sie Anwendung in vielen Bereichen der Biochemie, der Molekularbiologie, der Zellbiologie, der Forensik, der Umweltanalytik, der Lebensmittelanalytik, der chemischen Industrie, der Pharmaindustrie sowie der Untersuchung des Proteoms und des Metaboloms.

- Im Vergleich zur Gelelektrophorese ist die Kapillarelektrophorese automatisierbar und eignet sich zur Analytik von ganzen Zellen, Bakterien und Viren, von Makromolekülen wie RNA, DNA, Proteinen oder Polymeren, von niedermolekularen Substanzen wie Arzneistoffen, Vitaminen, Pestiziden, Tensiden oder Farbstoffen bis hin zu anorganischen Ionen. Besonders effektiv ist die CE zur Trennung von chiralen Verbindungen.

## 13.1 Geschichtlicher Überblick

Das grundsätzliche Prinzip der Elektrophorese, als Wanderung geladener Teilchen im elektrischen Feld definiert, wurde zuerst von Kohlrausch (1897) beschrieben. Tiselius entwickelte 1930 die Elektrophorese als Analysenmethode für Proteine und erhielt 1948 für seine Arbeiten den Nobelpreis.

Mit der Einführung antikonvektiver Medien (Papier, Polyacrylamid- und Agarosegele) sind elektrophoretische Methoden heute unverzichtbar in der Biochemie. Die Techniken beinhalten Gelpolymerisation, Färbung, Entfärbung und densitometrische Auswertung, sodass sie sehr arbeitsintensiv sind. Außerdem können Wechselwirkungen zwischen Analyten und Gelmatrix auftreten. Man war daher bestrebt, die Proben direkt – nur in Puffer gelöst – zu trennen und online zu detektieren. In dünnen Kapillaren ist die Konvektion nur minimal, da bei dem großen Oberfläche/Innendurchmesser-Verhältnis eine gute Wärmeabführung gegeben ist, sodass größere Feldstärken angelegt und kürzere Trennzeiten erzielt werden können. Hjertén (1958) zeigte die erste Trennung in offenen Glasröhren mit 3 mm Innendurchmesser. Die Konvektion wurde durch Rotation um die Längsachse

der Röhre minimiert. Die weitere Verringerung des Innendurchmessers auf 0,2 mm bei 1 m Kapillarlänge durch Virtanen (1969) ermöglichte die Trennung von Alkalimetallionen. Everaerts (1970) verwendete 0,5 mm dünne Teflonschläuche zur isotachophoretischen Trennung organischer Säuren. Mit der Einführung sensitiver Leitfähigkeits- und UV-Detektoren für die Kapillarisotachophorese (1979) durch Mikkers wurden Trennungen mit hoher Auflösung realisiert.

Als Geburtsstunde der CE gilt die Trennung von derivatisierten Aminosäuren und Peptiden durch Jorgenson (1981) in einer Quarzkapillare mit 75 μm Innendurchmesser (ID). Die Trenneffizienz erreichte die theoretischen Vorhersagen und beflügelte das Interesse an der CE. Einerseits stieg die Anzahl der Publikationen exponentiell, andererseits kam es zu einer raschen Verbesserung der Instrumentierung. Die technologischen Materialentwicklungen (reproduzierbare Qualität der Kapillaren, kleinere Durchmesser, Miniaturisierung) bestimmten über die Jahre die weitere Entwicklung. Heute sind kommerzielle Geräte bezüglich Automatisierung und Routinetauglichkeit HPLC-Anlagen ebenbürtig. Weitere Miniaturisierung führte zur Entwicklung von Mikrochip-CE-Technologien (MCE).

## 13.2 Aufbau der Kapillarelektrophorese

### ▪ Prinzipieller Aufbau

Die Kapillarelektrophorese ist, in Bezug auf die zwingend erforderlichen Bauelemente, eine sehr einfache Technik, wenn man sie mit der HPLC oder GC vergleicht. Prinzipiell sind eine *Fused-Silica*-Kapillare, eine Hochspannungsquelle, zwei Elektroden, zwei Pufferreservoirs und ein *On-Column*-Detektor ausreichend (◻ Abb. 13.1). Moderne CE-Geräte sind zusätzlich mit Probengeber, hydrodynamischem Injektionssystem und effektiven Thermostatisierungseinheiten ausgestattet.

### ▪ Hochspannungsquelle

Um die für die Kapillarelektrophorese erforderliche hohe Feldstärke zu liefern, ist eine bis zu +/− 30 kV regelbare Gleichspannungsquelle erforderlich. Sie sollte sowohl bei konstanter Spannung als auch bei konstanter Stromstärke betrieben werden können. Grundsätzlich sind höhere Spannungen einsetzbar, führen in der Praxis aber bei kleineren Kapillarlängen zu Problemen durch Entladungen aufgrund der Luftfeuchtigkeit oder über das Gehäuse. Je nach Anwendung findet die Detektion kathodenseitig bzw. anodenseitig statt, sodass die Polarität wählbar sein muss. Über abgeschirmte Kabel wird die Hochspannung an die Platinelektroden geleitet, die zusammen mit den Kapillarenden in die Puffergefäße tauchen.

**13**

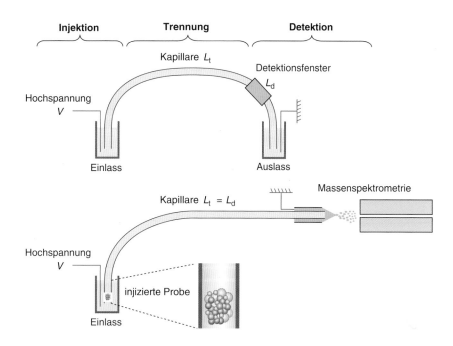

**Abb. 13.1** Schematischer Aufbau einer Kapillarelektrophoreseapparatur

■ **Kapillare**

Das bei Weitem am häufigsten eingesetzte Kapillarmaterial ist *fused silica* (amorpher Quarz). Daneben werden auch Kapillaren aus Borsilicatglas, PTFE (Teflon, Polytetrafluorethylen) oder PEEK (Polyetheretherketon) eingesetzt, einem in der Isotachophorese häufig verwendeten Material. Neben den mechanischen Anforderungen ist in erster Linie die UV-Transparenz für die klassische optische Detektion bei der Materialauswahl limitierend. Die Notwendigkeit geringer Kapillardurchmesser für eine effiziente Wärmeableitung, die eine Voraussetzung für die herausragende Trennleistung der Kapillarelektrophorese ist, wurde schon von Tiselius erkannt, doch erst die technische Realisierung Anfang der Achtzigerjahre des zwanzigsten Jahrhunderts ermöglichte den Durchbruch der Kapillarelektrophorese. Die üblicherweise verwendeten Kapillaren besitzen einen Innendurchmesser im Bereich von 50–100 μm. Geringere Kapillarendurchmesser haben das praktische Problem der Verstopfung durch Kleinstpartikel. Um die mechanische Stabilität zu erhöhen, ist die *Fused-Silica*-Kapillare auf der Außenoberfläche mit einer ca. 10 μm starken Polyimidschicht geschützt. Für die Detektion ist das nicht UV-transparente Polyimidcoating zu entfernen (durch Flamme, starke Schwefelsäure oder Skalpell). Vorsicht: Diese Stelle ist dann besonders zerbrechlich.

Die weitere Miniaturisierung des Systems führte zur Mikrochip-Elektrophorese (MCE) auf Glas, thermoplastischen Polymeren wie Polydimethylsiloxan (PDMS) oder auf Polymethylmethacrylat (PMMA).

## 13.3 Grundprinzipien der Kapillarelektrophorese

In der Kapillarelektrophorese erfolgt die Wanderung der Analyten auf den in ▶ Kap. 12 erläuterten elektrophoretischen Prinzipien. Um zwei Substanzen voneinander zu trennen, müssen sich diese in Ladungsdichte (Verhältnis Ladung zu hydrodynamischem Radius, vgl. Gl. 12.4 in ▶ Abschn. 12.2) unterscheiden. Für schwache Protolyte wie Aminosäuren, Peptide oder Proteine hängt diese vom Ionisationsgrad und somit vom pH-Wert der verwendeten Elektrolytlösung ab.

### 13.3.1 Der Elektroosmotische Fluss (EOF)

Zusätzlich zur elektrophoretischen Wanderungsgeschwindigkeit wirkt auf alle Teilchen in einer Lösung ein allgemeiner Massenfluss durch den elektroosmotischen Fluss (EOF) als Bewegung relativ zu einer geladenen Kapillarenoberfläche aufgrund des elektrischen Felds. Die effektive Geschwindigkeit der Analyten setzt sich daher aus der vektoriellen Summe der elektrophoretischen und elektroosmotischen Geschwindigkeit zusammen, wie in ☐ Abb. 13.2 dargestellt.

Das $\zeta$-Potenzial und damit der EOF sind abhängig von der pH-abhängigen Dissoziation der Silanolgruppen an der Oberfläche der *Fused-Silica*-Kapillaren und dadurch vom pH-Wert der Elektrolytlösung (☐ Abb. 13.3).

Bei basischem pH-Wert ist der EOF üblicherweise höher als die Wanderungsgeschwindigkeit der Ionen, bei saurem pH-Wert geringer, weshalb bei basischem pH-Wert auch Anionen durch den EOF zur Kathode transportiert werden. Dies bedeutet, dass sowohl Kationen als auch Neutralmoleküle und Anionen kathodenseitig detektiert werden.

Der Potenzialabfall in starrer und diffuser Doppelschicht ist abhängig von der Ionenstärke der Lösung. Je höher die Ionenstärke, desto steiler ist der Potenzialabfall und desto geringer ist die Dicke der Doppelschicht. Die Geschwindigkeit des EOF nimmt daher mit der Ionenstärke der Elektrolytlösung ab.

Bei der Bestimmung von stark positiv geladenen Teilchen können häufig **elektrostatische Wechselwirkungen** mit den negativ geladenen Silanolgruppen an der Kapillaroberfläche zu einer drastischen Verschlechterung der Trennung (Signalverbreiterung) führen. In diesen Fällen kann die Trennung entweder durch chemische Modifikation der Silanolgruppen oder durch Adsorption von Polymeren oder positiv geladenen Detergenzien an die Oberfläche verbessert werden (dynamisches Coating).

Im Gegensatz zum hydrodynamischen Flussprofil, welches parabolförmig ist, gleicht das Profil des EOF einem Stempel (◘ Abb. 13.4). Die Geschwindigkeit ist praktisch über den gesamten Querschnitt der Kapillare konstant mit Ausnahme des geringen Bereichs der diffusen Doppelschicht, in der die Geschwindigkeit des EOF von null auf den Maximalwert zunimmt. Aufgrund der konstanten Flussgeschwindigkeit trägt der EOF nicht zur Peakverbreiterung bei wie der hydrodynamische Fluss in der HPLC. In der Kapillarzonenelektrophorese (CZE) werden deshalb in vielen Fällen Trennungen auch bei hohem EOF durchgeführt.

Während die dynamische Belegung mit Polymeren (z. B. Polyethylenglykol, Cellulosederivate, Polyvinylalkohol) nach Gl. 12.10 (▶ Abschn. 12.2) zu einer Reduktion des EOF führt, da die Viskosität in der Doppelschicht stark zunimmt, bewirkt die Adsorption positiv geladener Detergenzien (wie Cetyltrimethylammoniumbromid) eine Richtungsumkehr des EOF. Um die Silanolgruppen chemisch zu modifizieren, wurden zahlreiche Derivatisierungsreaktionen beschrieben, die sehr hydrophile bis hydrophobe Coatings ergeben, wobei ein

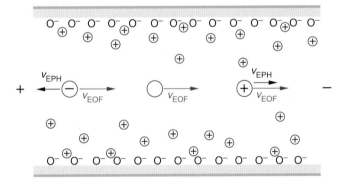

◘ **Abb. 13.2** Prinzip der Zonenelektrophorese: Wanderung der Ionen und Neutralteilchen in einer Kapillare mit dem elektroosmotischen Fluss ($v_{EPH}$ elektrophoretische Geschwindigkeit, $v_{EOF}$ elektroosmotische Geschwindigkeit)

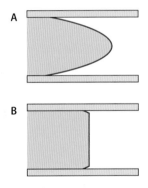

◘ **Abb. 13.4** Vergleich verschiedener Flussprofile. **A** hydrodynamisches parabolförmiges Flussprofil, **B** EOF-Profil

◘ **Abb. 13.3** pH-Abhängigkeit des elektroosmotischen Flusses bei konstanter Ionenstärke. Praktisch gesehen ändert sich der Pufferfluss in der Kapillare mit dem pH-Wert und somit die Zeit $t_{EOF}$, in der

| $t_{EOF}$ min | ID 100 µm nl min$^{-1}$ | ID 75 µm nl min$^{-1}$ | ID 50 µm nl min$^{-1}$ | ID 20 µm nl min$^{-1}$ |
|---|---|---|---|---|
| 2,0 | 1964 | 1105 | 491 | 79 |
| 2,5 | 1571 | 884 | 393 | 63 |
| 3,0 | 1309 | 736 | 327 | 52 |
| 3,5 | 1122 | 631 | 280 | 45 |
| 4,0 | 982 | 552 | 245 | 39 |
| 4,5 | 873 | 491 | 218 | 35 |
| 5,0 | 785 | 442 | 196 | 31 |
| 5,5 | 714 | 402 | 178 | 29 |
| 6,0 | 655 | 368 | 164 | 26 |
| 6,5 | 604 | 340 | 151 | 24 |

neutrale Teilchen zum Detektor gelangen. (Nach Schmitt-Kopplin und Frommberger 2003)

wesentlicher Faktor die Hydrolysebeständigkeit darstellt, die für die Langzeitstabilität dieser Kapillaren entscheidend ist.

### 13.3.2    Joule'sche Wärmeentwicklung

Während einer elektrophoretischen Trennung wird durch den elektrischen Stromfluss durch die Kapillare Joule'sche Wärme entwickelt. Die Wärmeabfuhr erfolgt nur über die Kapillarwand, woraus ein radialer Temperaturgradient resultiert, wie in ◘ Abb. 13.5 dargestellt.

Für eine maximale Trenneffizienz ist es äußerst wichtig, die Temperaturgradienten sehr klein zu halten. Dies gelingt, auch bei hohen Stromstärken, durch Verringerung des Kapillarinnendurchmessers auf $\leq 100$ μm und durch eine effektive Wärmeabfuhr, z. B. durch Flüssigkühlung.

Die Temperaturdifferenz im Inneren der Kapillare beträgt unter üblichen Bedingungen weniger als 1 °C, während der Unterschied zur Außentemperatur bei mehr als 10 °C liegen kann.

### 13.3.3    Injektion der Proben

Um die hohe Trenneffizienz der Kapillarelektrophorese zu gewährleisten, muss das Injektionsvolumen sehr gering gehalten werden, damit es keinen signifikanten Beitrag zur Bandenverbreiterung leistet. Die Varianz der zusätzlichen Peakverbreiterung $\sigma^2_{\text{Inj}}$ ist abhängig von der Länge $l$ des rechteckförmigen Injektionsprofils:

$$\sigma^2_{\text{Inj}} = \frac{l^2}{12} \qquad (13.1)$$

Die reproduzierbare Injektion dieser kleinsten Volumina (einige Nanoliter Injektionsvolumen bei einem Säulenvolumen von zwischen einigen Hundert Nanolitern bis wenigen Mikrolitern) ist für den Einsatz der Ka-

pillarelektrophorese in der Routineanalytik notwendig. Zwei Injektionsmodi werden in Routine eingesetzt:
- hydrodynamische Injektion,
- elektrokinetische Injektion.

■ Hydrodynamische Injektion

Die hydrodynamische Injektion ist die am häufigsten angewandte Probenaufgabetechnik in der Kapillarelektrophorese. Das aufgebrachte Probenvolumen kann durch eine Variante der **Hagen-Poiseuille-Gleichung** (mit dem Druckabfall $\Delta P$ in Pa, dem Kapillarinnendurchmesser $d$, der Zeit $t$, der Viskosität $\eta$ und der Kapillarlänge $L$) beschrieben werden:

$$V_{\text{inj}} = \frac{\Delta P \cdot d^4 \cdot \pi \cdot t}{128 \cdot \eta \cdot L} 10^3 \qquad (13.2)$$

Nach einlassseitigem Eintauchen der Kapillare in die Probe kann der hydrostatische Druck aufgebaut werden durch:
- Druck auf der Einlassseite,
- Vakuum an der Detektionsseite,
- Gravitationskraft durch Anheben der Einlassseite.

Übermäßig lange Injektionszeiten (mit Probenzonen von über 10 % der Kapillarlänge) resultieren in einer Verzerrung der Signale, da die Probenzonen vor der Detektion nicht vollständig getrennt werden. Eine Beachtung von Injektionszeiten und Probenvolumina ist insbesondere bei der Übernahme von Literaturmethoden (mit unterschiedlichen Injektionsdrucken und Kapillarendurchmessern) wichtig. Die **Druckinjektion** ist heute unter den hydrodynamischen Injektionsarten die Methode der Wahl. Änderungen im Injektionsdruck können geräteseitig durch automatische Korrektur der Injektionsdauer kompensiert werden, wodurch eine relative Standardabweichung von ca. 1 % erreicht werden kann.

■ Sample Stacking

Hydrodynamische Injektion wird häufig in Kombination mit den sog. Sample-Stacking-Verfahren eingesetzt. Dabei nutzt man aus, dass das elektrische Feld entlang einer elektrolytgefüllten Kapillare umgekehrt proportional zu der Leitfähigkeit des Elektrolyten ist. Somit herrscht in der Zone geringerer Leitfähigkeit ein höheres elektrisches Feld als im benachbarten Elektrolyten, sodass die Ionen in dieser Zone eine höhere Geschwindigkeit erreichen. Sobald die Zone mit höherer Leitfähigkeit erreicht wird, werden die Ionen abgebremst und konzentrieren sich in einer schmalen Bande. Durch diese Zonenschärfung werden eine bessere Trennqualität und damit auch bessere Nachweisgrenzen erreicht. Wichtig ist, dass die Ionenstärke und somit die Leitfähigkeit der

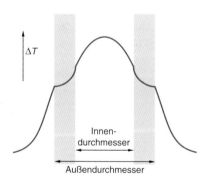

◘ **Abb. 13.5**    Temperaturgradient über den Kapillarquerschnitt

Probe mindestens um einen Faktor zehn geringer sind als die des Hintergrundelektrolyten. Der Idealfall ist eine Lösung der Analyten in reinem Wasser. Durch diese Probenkonzentrierung durch Leitfähigkeitsunterschiede lassen sich die Injektionsvolumina und damit auch die Nachweisgrenze um einen Faktor von fünf bis zehn steigern. Aber auch hier gilt die Faustregel, die Länge der Probenzone immer unter 10 % der Gesamtlänge der Trennkapillare zu halten.

■ Elektrokinetische Injektion

Die Probenaufgabe erfolgt durch Anlegen einer Hochspannung an das Probengefäß, wodurch die Probenkomponenten elektrophoretisch und elektroosmotisch in die Kapillare transportiert werden. Im Gegensatz zur hydrodynamischen Injektion erfolgt dadurch eine Diskriminierung der Analyten entsprechend ihrer Mobilität aus dem Probengefäß in die Kapillare, die aufgebrachte Probenmenge nimmt mit der Mobilität der Probeionen zu. Zusätzlich hängt die injizierte Analytmenge von der Probenmatrix ab. Je höher der Anteil und die Mobilität der Matrixionen, desto geringer ist die applizierte Analytkonzentration, da vermehrt Matrixionen injiziert werden. Ist die Probe in Wasser gelöst, findet dagegen eine starke Probenanreicherung in der Kapillare statt. Der Grad der Diskriminierung wird jedoch mit zunehmendem elektroosmotischen Fluss verringert.

Gerätetechnisch ist die elektrokinetische Injektion einfach zu realisieren und führt bei gleicher Probenzusammensetzung zu hoher Reproduzierbarkeit. Bei unterschiedlicher Matrix ist die wahre Analytkonzentration jedoch nicht bestimmbar, da jede Komponente mit ihrer eigenen Geschwindigkeit in die Kapillare einwandert. Ohne Verwendung eines internen Standards ähnlicher Mobilität ist diese Injektionsart daher nicht sinnvoll, weil die durch die Matrix verursachten Unterschiede durchaus den Faktor 100 ausmachen können. Andererseits kann dieses Prinzip benutzt werden, um eine selektive Injektion zu erzielen.

Trotz dieser Nachteile wird diese Injektionsart bei gefüllten Kapillaren (z. B. quervernetztes Gel, Puffer mit hoher Viskosität, Elektrochromatographie CEC) eingesetzt, da die Injektion hier nicht hydrodynamisch erfolgen kann.

### 13.3.4 Detektion

Zur Detektion der Analyten können in der Kapillarelektrophorese folgende Detektoren eingesetzt werden:
- Absorptionsdetektor:
  – UV-Detektor
  – Diodenarraydetektor
- Fluoreszenzdetektor:
  – Lampenanregung
  – laserinduzierte Anregung
- Massenspektrometer
- elektrochemischer Detektor
- Radioisotopendetektor
- Leitfähigkeitsdetektor
- Brechungsindexdetektor
- Kernmagnetresonanzspektrometer

Kommerziell erhältliche Geräte verfügen in der Grundausstattung über einen Absorptionsdetektor und können optional mit weiteren Detektoren wie z. B. einem Fluoreszenzdetektor oder einem Leitfähigkeitsdetektor ausgestattet werden. Zusätzlich besteht die Möglichkeit der Online-Kopplung an ein Elektrospraymassenspektrometer.

Die Messung der Probenabsorption oder -fluoreszenz erfolgt üblicherweise durch die Kapillare, wofür bei *Fused-Silica*-Kapillaren die nicht UV-transparente Polyimidschicht im Detektionsbereich entfernt werden muss. Die kleinen Abmessungen der Trennkapillare bedingen eine sehr kurze optische Weglänge, wodurch die Konzentrationsempfindlichkeit der Absorptionsdetektion relativ gering ist. Beispielsweise sind für Peptidtrennungen daher Konzentrationen von ca. 100 ng μl$^{-1}$ üblich.

Falls ein geeigneter Fluorophor existiert, kann durch Verwendung eines Fluoreszenzdetektors die Empfindlichkeit bis um den Faktor 1000 erhöht werden. Allerdings weisen nur wenige Analyten eine native Fluoreszenz auf, und die Derivatisierung bringt, wie auch in der HPLC, eine Reihe von Problemen mit sich (die Derivate sind z. B. instabil oder uneinheitlich).

Durch die Kopplung der Kapillarelektrophorese an ein Massenspektrometer besteht die Möglichkeit der direkten Massenbestimmung. Am häufigsten findet die Online-Kopplung an ein Elektrospray- (ESI-)Massenspektrometer statt. Weitere Ionisierungsmethoden wie Photoionisierung (APPI), Laserionisierung (APLI) oder chemische Ionisierung (APCI) wurden beschrieben. Aufgrund der Pufferunempfindlichkeit und der schonenden Ionisierung ist auch die matrixunterstützte Laserdesorptionsmassenspektrometrie (MALDI-TOF-MS) für eine exakte Molmassenbestimmung von Peptiden oder Proteinen geeignet. Üblicherweise erfolgt diese Messung offline im Anschluss an eine Fraktionierung.

Als deutlich seltener eingesetzte Detektionsarten seien Leitfähigkeitsdetektion, elektrochemische oder radiometrische Detektion, Messung des Brechungsindex oder Kopplung mit der Kernmagnetresonanzspektroskopie (NMR) genannt.

■ UV-Detektion

Der variable UV- und der Diodenarraydetektor sind die am häufigsten verwendeten Detektoren und werden standardgemäß mit den Geräten geliefert.

Das Detektorfenster sollte deutlich schmaler als die Breite der Analytzone sein, damit durch die Detektion kein Verlust an Auflösung auftritt. Die typischen Peakbreiten liegen bei 1–5 mm; die Spaltbreite sollte deshalb weniger als 1 mm betragen. Vor allem bei sehr schnellen Trennungen mit hunderttausenden theoretischer Trennstufen ist der Einfluss des Detektionsfensters nicht zu vernachlässigen.

Bei einem Absorptionsdetektor ist die Empfindlichkeit durch das Lambert-Beer'sche Gesetz limitiert. Die Absorption ist dabei abhängig von der optischen Wegstrecke, welche die kritische Größe darstellt, da sie durch den Kapillarinnendurchmesser vorgegeben ist. Lösungsansätze zur Vergrößerung der optischen Wegstrecke (blasenförmige Aufweitung des Kapillarinneren, z-förmige Kapillaren oder rechteckförmige Kapillaren) sind wegen Auflösungsverlusten oder technischen Schwierigkeiten nur bedingt einsetzbar (nur für gut aufgetrennte Analyten). So bleibt häufig nur die Erhöhung der Konzentration der Probe oder die Beeinflussung des molaren Extinktionskoeffizienten durch Optimierung der Detektionswellenlänge (meist Verschiebung zu kürzerer Wellenlänge $\lambda$).

■ **Diodenarraydetektion**

Im Gegensatz zum variablen UV-Detektor, bei dem nur Strahlung einer bestimmten Wellenlänge verwendet wird, wird hier Licht der gesamten spektralen Breite im UV-Vis-Bereich zur Detektion eingesetzt. Nach Durchtritt und eventueller Abschwächung durch die Probe wird mit einem Gittermonochromator das Licht in die spektralen Linien zerlegt und anschließend auf dem Diodenarray durch die der jeweiligen Wellenlänge zugeordneten Dioden analysiert. Die spektrale Information lässt sich für eine automatisierte Online-Substanzerkennung heranziehen.

■ **Fluoreszenzdetektion**

Grundsätzlich ist eine Fluoreszenzanregung durch eine Deuterium-, eine gepulste Xenonlampe oder mittels Laserlichtquelle möglich. Um die erforderliche Energie auf das geringe Kapillarvolumen zu bündeln, ist der laserinduzierte Fluoreszenz- (LIF-)Detektor die geeignetste Lösung. Im Gegensatz zur Absorptionsdetektion, bei der das Verhältnis der Intensitäten von eingestrahltem und abgeschwächtem Lichtstrahl für die Signalgröße entscheidend ist, ist bei der Fluoreszenzdetektion die Signalintensität direkt proportional der Intensität der eingestrahlten Anregungsenergie. Die Fluoreszenzdetektion zeichnet sich durch eine enorme Empfindlichkeit – eine $10^{-12}$-molare Fluoresceinlösung kann noch nachgewiesen werden – sowie durch eine hohe Selektivität aus.

Peptide und Proteine, die aromatische Aminosäuren, insbesondere Tryptophan, enthalten, weisen eine native Fluoreszenz auf und können mit UV-Lasern direkt angeregt werden. Liegt keine native Fluoreszenz vor, existiert eine Reihe von Reaktionen zur Derivatisierung und Interkalation, wobei jedoch oft uneinheitliche Produkte auftreten.

Die gebräuchlichsten Laser, ihre Emissionswellenlänge $\lambda_{EM}$ und Beispiele für Applikationen nach Umsetzung mit den entsprechenden Farbstoffen sind in ◘ Tab. 13.1 zusammengestellt.

■ **Massenspektrometrische Detektion**

Die Kombination von Kapillarelektrophorese mit der Massenspektrometrie ist ein sehr leistungsstarkes Verfahren. Eine Online-Kopplung der CE an ein Elektrospraymassenspektrometer (ESI-MS) ist auf verschiedene Weise möglich. Bei der Anordnung ohne *sheath flow* wird der elektrische Kontakt entweder über eine Flüssig-flüssig- (*liquid junction*) Verbindung oder ein leitendes Kapillarende (z. B. durch Bedampfen mit Metall oder Einbringen eines Metalldrahts) hergestellt (◘ Abb. 13.6). Einfacher realisierbar und auch kommerziell erhältlich ist die Kopplungstechnik, bei der ein koaxialer *sheath flow* von ca. 2–10 μl min$^{-1}$ zugespeist wird, der folgende Aufgaben erfüllt:

— Er liefert die Gegenionen für die CE-Trennung (und sollte deshalb die gleichen Gegenionen enthalten),
— er hilft den elektrischen Kontakt herzustellen, und
— er erhöht die Stabilität des Elektrosprays.

Die kritischen Punkte einer Verwendung der Massenspektrometrie als Detektor für die Kapillarelektrophorese sind einerseits die für die Kapillarelektrophorese benötigten Puffer (MS-kompatibel sind vor allem flüchtige Puffer, z. B. Ammoniumsalze der Essigsäure oder Ameisensäure), andererseits die geringe Massenempfindlichkeit der ESI-MS. Trotzdem ist die Massenspektrometrie eine unverzichtbare Methode zur Identifizierung oder Charakterisierung der mit der CE getrennten Komponenten.

## 13.4 Die Methoden der Kapillarelektrophorese

Die verschiedenen Modi der Kapillarelektrophorese unterscheiden sich hinsichtlich der Zusammensetzung des Hintergrundelektrolyten und der substanzspezifischen Eigenschaften, die für die Trennung genutzt werden (◘ Tab. 13.2).

### 13.4.1 Kapillarzonenelektrophorese (CZE)

In der Kapillarzonenelektrophorese (CZE) beruht die Trennung der Analyten auf deren unterschiedlicher Mobilität, sowohl die Größe als auch die Ladung der Teil-

**◻ Tab. 13.1    Laser für die Fluoreszenzanregung**

| Energiequelle | $\lambda_{EM}$ (mm) | Beispiel für Farbstoffe | Applikation |
|---|---|---|---|
| Argon-Ionen-Laser | 488 | FITC[1] | Peptide, DNA |
| | | NBD-F[2] | Aminosäuren, Peptide |
| | | APTS[3] | Oligosaccharide |
| | | FQ[4] | Proteine |
| Helium-Neon-Laser | 544 | SYPRO Red | Proteine |
| | | Merocyanin 540 | Proteine |
| Helium-Cadmium-Laser | 325 | Dns-Cl[5] | Aminosäuren |
| | | ANTS[6] | Oligosaccharide |
| Diodenlaser | 635 | Cy 5[7] | DNA, Antikörper |
| | 670 | Dicarbocyaninfarbstoffe | Aminosäuren, Peptide |
| Feststofflaser | 355 | Fluorescamin | Aminosäuren, Peptide |

[1]Fluoresceinisothiocyanat
[2]4-Fluor-7-nitrobenzofurazan
[3]1-Aminopyren-3,6,8-trisulfonsäure
[4]5-Furoylquinolin-3-carboxaldehyd
[5]Dansylchlorid
[6]8-Aminonaphthalin-1,3,6-trisulfonsäure
[7]Cyaninfarbstoff

**flüssigkeitsgestützte Systeme**

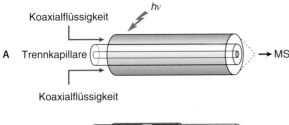

**direkte Spannungsapplikation**

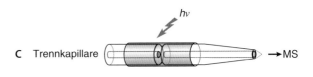

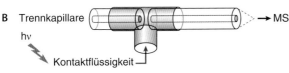

**◻ Abb. 13.6**    Typen von ESI-Interfaces. **A** System mit Koaxialflüssigkeit (*sheath liquid*): Spannungsapplikation über äußeres Metallrohr und Kontaktflüssigkeit auf das Ende der Trennkapillare (typischer Durchmesser ca. 1 mm). **B** Flüssigkeitsbrücke (*liquid junction*): Spannungsapplikation distal zum Kapillarende. **C** *Sheathless*-System (Spannungsapplikation distal zum Kapillarende oder über konduktive Beschichtung der Ionisierungsnadel). **D** Spannungsapplikation über Platinelektrode in der Trennkapillare (*In-Column*-Elektrode). (Nach Schmitt-Kopplin und Frommberger 2003)

chen sind für die Trennung entscheidend. Die Kapillare ist mit einem einheitlichen Elektrolytsystem gefüllt, um den Stromtransport zu gewährleisten und um eine einheitliche Feldstärke und einen konstanten pH-Wert aufrecht zu erhalten. Die Analytionen wandern unabhängig voneinander mit der ihrer Mobilität entsprechenden Geschwindigkeit (sowie der Geschwindigkeit des EOF) und werden bei ausreichenden Mobilitätsunterschieden voneinander getrennt. Das Trennprinzip ist in ◻ Abb. 13.7 skizziert.

Als Beispiel für eine zonenelektrophoretische Trennung als Kation und als Anion ist in ◻ Abb. 13.8 das Elektropherogramm von Pestizidmetaboliten bei verschiedene pH-Werten gezeigt.

13

**⬛ Tab. 13.2** Trennmethoden der Kapillarelektrophorese

| Trenntechnik | | Trennung nach Unterschieden in | Applikation |
|---|---|---|---|
| Kapillarzonenelektrophorese | CZE | Größe/Ladung (Mobilität) | kleine Ionen, Peptide, Proteine |
| Isotachophorese | ITP | Größe/Ladung (Mobilität) | kleine Ionen, Proteine |
| Kapillaraffinitätselektrophorese | ACE | Größe/Ladung (Mobilität) | Ligand-Wechselwirkung |
| nicht wässrige Kapillarelektrophorese | NACE | Größe/Ladung (Mobilität) | kleine Ionen geringer Wasserlöslichkeit |
| micellarelektrokinetische Chromatographie | MEKC/ MECC | Hydrophobizität/Ladung | ungeladene und geladene Substanzen |
| mikroemulsionselektrokinetische Chromatographie | MEEKC | Hydrophobizität/Ladung | ungeladene und geladene Substanzen |
| Kapillargelelektrophorese | CGE | Größe | Proteine, DNA |
| Kapillarelektrochromatographie | CEC | chromatographischer Retardierung | kleine Ionen und Neutralteilchen |
| isoelektrische Fokussierung | CIEF | Ladung (isoelektrischer Punkt) | Proteine |

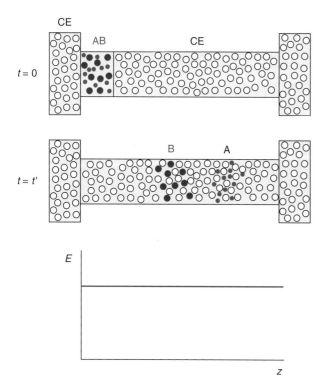

**⬛ Abb. 13.7** Prinzip der Zonenelektrophorese. Die gesamte Kapillare ist mit Trägerelektrolyt (CE) gefüllt. Die Feldstärke ist über den gesamten Feldbereich konstant und wird im Idealfall nicht durch die Probenionen gestört. Die Probenionen A, B wandern aufgrund unterschiedlicher Mobilität verschieden schnell. Diffusion führt zur Zonenverbreiterung

Die einfachste Optimierungsstrategie beginnt bei der Auswahl des pH-Werts des Puffersystems. Da sich die effektive Mobilität eines Analyten mit dem Dissoziationsgrad ändert, ist die größte Mobilitätsänderung bei dem pH-Wert zu beobachten, der dem $pK_a$-Wert des Analyten entspricht.

### 13.4.1.1 Signalverbreiterung

Der Trennung der Analyten wirkt die Signalverbreiterung entgegen, die in der CZE im Idealfall nur durch longitudinale Diffusion verursacht wird und daher sehr gering ist. In der CZE ist die Anzahl der theoretischen Trennstufen nur von der angelegten Spannung (und nicht von der Länge der Kapillare) und der Ladungszahl des Analyten als einziger substanzspezifischer Größe abhängig. In der Praxis wird jedoch in vielen Fällen nicht die maximale Bodenanzahl erreicht, da zusätzliche Phänomene zur Peakdispersion beitragen, z. B. durch Temperaturgradienten, Adsorption der Analyten an die Kapillarwand, Injektion und Detektion oder durch Elektrodispersion aufgrund von größeren Mobilitätsunterschieden zwischen Analyt und Pufferionen.

### 13.4.1.2 Elektrodispersion

Die Peakverbreiterung in der CZE wird nur dann ausschließlich durch longitudinale Diffusion bestimmt, wenn die elektrische Feldstärke in der gesamten Trennkapillare konstant ist, d. h. nicht durch lokale Leitfähigkeitsunterschiede gestört wird. Dies ist nur dann der Fall, wenn die Mobilitäten von Analytion und Pufferion sehr ähnlich sind bzw. die Konzentration des Analyten sehr viel geringer (Faktor 100) als die des Puffers ist. In allen anderen Fällen findet eine zusätzliche Peakverbreiterung statt, da sich die elektrische Feldstärke in der Probenzone von der in der

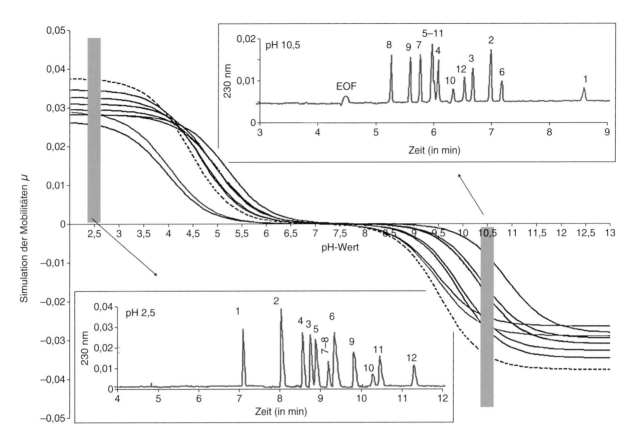

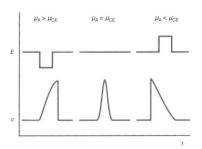

**◻ Abb. 13.8** Zonenelektrophoretische Trennung von *s*-Triazin-Derivaten als Kationen bei pH 2,5 und als Anionen bei pH 10,5 in der CZE; die Simulation der Mobilitäten bei verschiedenen pH-Werten des Puffersystems ermöglicht eine gute Einschätzung der Trennung abhängig von den $pK_a$-Werten der Analyten. (Nach Schmitt-Kopplin et al. 1997)

Umgebung, wenn auch nur geringfügig, unterscheidet. Das resultierende Konzentrationsprofil ist nicht mehr Gauß-förmig, sondern weist sog. *Fronting* oder *Tailing* auf.

In einem Elektropherogramm sind häufig alle drei Peakformen zu beobachten: Fronting, symmetrisch und Tailing. Die Ursachen dafür liegen nicht in der Adsorption von Analyten an die Kapillarwand, sondern nur in den unterschiedlichen Mobilitäten. Dieses Problem lässt sich durch Anpassung der Mobilität des Pufferions an die des Analyten oder Verwendung geringerer Probenkonzentration oder höherer Pufferkonzentration lösen.

Ist die Mobilität $\mu_A$ des Probenions geringer als die des gleich geladenen Pufferions ($\mu_{CE}$), so herrscht in der Probenzone eine geringere Leitfähigkeit und damit eine höhere Feldstärke als im Trägerelektrolyten. Die Vorderfront des Peaks ist deshalb scharf, während das Ende des Peaks diffus ist, da Ionen, die durch Diffusion im Trägerelektrolyten zurückbleiben, durch die geringere Feldstärke noch weiter abgebremst werden (Tailing). Im Falle einer höheren Probenmobilität kehren sich die Verhältnisse um, und das Konzentrationsprofil zeigt ein Fronting (◻ Abb. 13.9).

**◻ Abb. 13.9** Konzentrationsverteilung und Feldstärkeverlauf für unterschiedliche Werte von Proben- und Puffermobilität ($\mu_A$ Mobilität des Probenions, $\mu_{CE}$ Mobilität des Pufferions)

Eine Verbreiterung des Injektionsprofils erfolgt außerdem, wenn die Ionenstärke der Probenlösung sehr hoch ist, d. h. die anfängliche Leitfähigkeit in der Probenzone höher ist als die im Trägerelektrolyten. In der CZE sollten die Probenlösungen daher möglichst wenige Fremddionen enthalten (▶ Abschn. 13.3.3), vor allem, wenn die Analytkonzentration sehr gering ist und entsprechend höhere Injektionsvolumina appliziert werden.

### 13.4.1.3 Optimierung der Trennbedingungen

Um die Auflösung der Probenkomponenten zu optimieren, können eine Vielzahl von Parametern variiert werden, die mehr oder weniger stark die Trennung beeinflussen:

- pH-Wert
- Ionenstärke
- Temperatur
- Kapillarbelegungen
- Pufferzusätze

#### ▪ pH-Wert des Puffers

Wie schon erwähnt, bewirkt bei schwachen Säuren und Basen die Variation des pH-Werts des Hintergrundelektrolyten die größten Mobilitätsänderungen, da der Dissoziationsgrad die effektive Mobilität bestimmt. Durch pH-Änderungen wird aber neben der elektrophoretischen Mobilität auch der EOF verändert, da das $\zeta$-Potenzial pH-abhängig ist. Wie gezeigt, nimmt der EOF mit dem pH-Wert zu. Ein höherer EOF führt zu kürzeren Analysenzeiten (im kathodischen Modus), aber auch zu einer geringeren Auflösung für Kationen und für Anionen mit $\mu_i < \mu_{EOF}/2$. Diese Effekte können sehr gut modelliert und Trennungen vorhergesagt werden (◻ Abb. 13.8).

#### ▪ Ionenstärke

Die Ionenstärke des Puffers beeinflusst sowohl die Mobilität der Analyten als auch den EOF. Höhere Ionenstärken haben den Vorteil, dass auch höhere Probenkonzentrationen bei geringer Elektrodispersion eingesetzt werden können (Signalschärfe). Ebenso können elektrostatische Wechselwirkungen der Probenionen (z. B. Proteine) mit der Kapillarwand reduziert werden. Hohe Ionenstärken bei gleichzeitig hoher Mobilität (Leitfähigkeit) des Puffers führen aber zu hohen Stromstärken und damit zu hoher Joule'scher Wärmeentwicklung in der Kapillare, wodurch die Trenneffizienz abnimmt. Abhilfe schaffen geringe Kapillarinnendurchmesser oder aber zwitterionische Puffersubstanzen, die in sehr hoher Konzentration eingesetzt werden können und in ihrer Mobilität oft auch besser den Analytionen entsprechen.

#### ▪ Temperatur

Temperaturgradienten in der Kapillare führen zu einem Verlust an Trenneffizienz und sollten möglichst gering gehalten werden. Eine effektive Kühlung ist deshalb eine Voraussetzung, um die maximale Trennleistung zu erzielen und den Temperaturunterschied zwischen Kapillarinnerem und Umgebung gering zu halten. Zu hohe Innentemperaturen können z. B. bei labilen Verbindungen zur Zersetzung führen. Eine wirksame Thermostatisierung hat zudem den Vorteil, die Temperatur vorgeben und dadurch die Trennung beeinflussen zu können. Die Temperatur hat unter anderem Einfluss auf Mobilität,

$pK_a$-Werte, Löslichkeit und Gleichgewichtsreaktionen. Die Reproduzierbarkeit von Trennungen ist direkt mit der Temperaturkonstanz verbunden.

Höhere Temperaturen führen aufgrund der niedrigeren Viskosität der Lösung zu höheren Mobilitäten und daher kürzeren Analysenzeiten. Gleichgewichtseinstellungen werden beschleunigt, was zu höherer Effizienz führen kann und die Löslichkeit oft verbessert. Eine Absenkung der Temperatur ermöglicht das „Einfrieren" von Gleichgewichten: Dadurch lassen sich Trennungen von Enantiomeren, Isomeren oder Komplexen erzielen, die bei Raumtemperatur nicht möglich sind. Wichtig ist in allen Fällen, eine konstante Temperatur über die gesamte Kapillare und über die Analysenzeit zu halten.

#### ▪ Kapillarbelegungen

Die Silanolgruppen der *Fused-Silica*-Kapillaren können in Kontakt mit einer Elektrolytlösung in Abhängigkeit vom pH-Wert dissoziieren. Dadurch entsteht eine negativ geladene Kapillaroberfläche, wodurch einerseits der EOF resultiert, andererseits aber elektrostatische Wechselwirkungen mit kationischen Analytionen auftreten können. Adsorption von Probenkomponenten an die Kapillarwand führt zusätzlich zu Bandenverbreiterung, Substanzverlust und Änderungen im EOF, wodurch sich die Reproduzierbarkeit drastisch verschlechtert.

Es gibt verschiedene Möglichkeiten, eine Probenadsorption zu verhindern:

- chemische Modifikation der Silanolgruppen
- dynamisches Belegen der Kapillarwand mit Polymeren
- Zusatz kationischer Detergenzien
- hohe Ionenstärke der Elektrolytlösung

Die verschiedenen Methoden sind bei der Unterdrückung von Analyt-Wand-Wechselwirkungen unterschiedlich erfolgreich, vor allem bei Proteinen.

Kapillarbelegungen weisen teilweise eine nur begrenzte pH-Langzeitstabilität auf. Einige wichtige Kapillarbelegungen werden bei den entsprechenden Applikationsbeispielen beschrieben.

#### ▪ Dynamisches Belegen

Dynamisches Belegen wird durch Spülschritte mit einer Polymerlösung vor jeder Trennung oder einfacher durch Zusatz zum Pufferelektrolyten erreicht. Durch die Polymerschicht auf der Kapillarwand werden die negativen Oberflächenladungen abgeschirmt. Der EOF wird dadurch verringert, dass die Viskosität in der Doppelschicht durch das Polymer stark zunimmt. Dynamisches Belegen kann sowohl auf unbehandelten *Fused-Silica*-Kapillaren angewendet werden als auch auf chemisch modifizierte Kapillaren, wodurch der EOF sehr wirksam unterdrückt wird. In ◻ Abb. 13.10 ist die Trennung

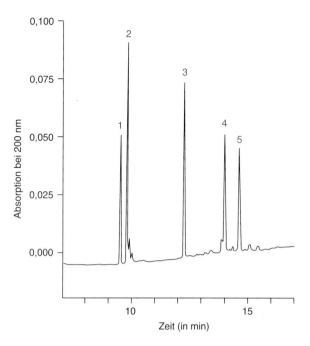

◻ **Abb. 13.10**  Trennung von fünf basischen Proteinen in einer mit Polyethylenglykol (PEG) dynamisch belegten Kapillare. Puffer: 0,05 M β-Alanin/Essigsäure mit 0,02% PEG, pH 4,0 (1 Cytochrom c, 2 Lysozym, 3 Ribonuclease A, 4 Trypsinogen, 5 Chymotrypsinogen A)

**13**

von fünf basischen Proteinen in einer mit Polyethylenglykol dynamisch belegten Kapillare wiedergegeben. Durch Unterdrückung von Proteinwechselwirkungen mit der Kapillarwand wurde eine hohe Effizienz erzielt mit einer theoretischen Trennstufenzahl im Bereich von einer Million.

Der Zusatz *kationischer Detergenzien*, die an die Kapillarwand adsorbieren, bewirkt eine Umkehr der Oberflächenladung und damit des EOF. Positiv geladene Analytionen können nicht mehr durch ionische Wechselwirkungen mit der nun positiv geladenen Oberfläche interagieren.

Die Erhöhung der *Ionenstärke* bewirkt eine bessere Verdrängung der Analytionen von der negativ geladenen Kapillaroberfläche.

▪ **Pufferzusätze**

Die Selektivität einer Trennung kann auch durch Ausnützung sekundärer Gleichgewichte, die die Mobilität verändern, erzielt werden.

Vicinale Diolgruppen, etwa von Zuckermolekülen, können mit Borationen Komplexe bilden, wodurch die Analyten eine negative Ladung erhalten und elektrophoretisch wandern können. Zusätzlich können die gebildeten Boratester mittels UV-Detektion detektiert werden. Das Komplexgleichgewicht wird durch pH-Wert und Boratkonzentration bestimmt.

Die Trennung von Metallionen kann durch Zusatz von Chelatbildnern, z. B. Citronensäure, Milchsäure und α-Hydroxyisobuttersäure oder Kronenethern, optimiert werden.

Zusätze von Cyclodextrinen oder Kronenethern ermöglichen eine sehr selektive Komplexierung und werden häufig zur Trennung von Stereoisomeren eingesetzt. Cyclodextrine sind zyklische Oligosaccharide mit sechs bis acht Glucoseeinheiten, die im Inneren einen hydrophoben Hohlraum bilden, der mit Aromaten oder Alkylgruppen wechselwirken kann. Die Selektivität lässt sich durch die Ringgröße und durch Derivatisieren der äußeren Hydroxygruppen beeinflussen (▶ Abschn. 13.4.5, Enantiomerentrennung)

Weitere Möglichkeiten, die Trennung zu optimieren, liegen im Zusatz von Ionenpaarbildnern und vor allem Micellbildnern. Dies wird als eigene Technik, die MEKC, in ▶ Abschn. 13.4.2 abgehandelt.

Andere Pufferzusätze können Polymere sein, die entweder die Kapillarwand dynamisch belegen oder als Siebmedium wirken, organische Lösungsmittel, die einerseits die Löslichkeit verbessern, andererseits den EOF, die p$K_a$-Werte und Mobilitäten der Analyten beeinflussen, und Harnstoff, um die Solubilisierung von Proteinen zu verbessern.

## 13.4.2  Micellarelektrokinetische Chromatographie (MEKC) und Mikroemulsion elektrokinetische Chromatographie (MEEKC)

Die micellarelektrokinetische Chromatographie (MEKC) ist eine Hybridtechnik aus Elektrophorese und Chromatographie, die in den frühen Achtzigerjahren des letzten Jahrhunderts von S. Terabe eingeführt wurde. Der Zusatz von Micellbildnern (Detergenzien) zum Puffersystem führt zur Bildung einer pseudostationären Phase aus geladenen Micellen. Der Begriff der pseudostationären Phase hat seine Ursache darin, dass die Trennung wie in der Chromatographie durch Interaktion mit einer zweiten Phase erfolgt, diese aber im Unterschied zur Chromatographie beweglich ist. Die Trennung der Analyten basiert auf ihrer unterschiedlichen Verteilung zwischen der wässrigen Elektrolytlösung und den Micellen, wie in ◻ Abb. 13.11 schematisch dargestellt ist. Neutralmoleküle, die in der CZE nicht getrennt werden können, da sie nicht elektrophoretisch wandern und nur durch den EOF transportiert werden, erhalten in der MEKC durch Wechselwirkung mit der geladenen Micelle eine elektrophoretische Mobilität $\mu_i$, die von der Mobilität der Micelle $\mu_{MC}$ und dem Kapazitätsfaktor $k'_i$ abhängt:

**Abb. 13.11** Prinzip der
MEKC. Verteilung eines
neutralen Analyten zwischen
Lösung und Micellen. In Lösung
entspricht die Mobilität des
Neutralteilchens der des EOF
($\mu_{EOF}$) und in der Micelle der
Mobilität $\mu_{MC}$. Daraus resultiert
eine effektive Mobilität $\mu_i$, die
vom Verteilungskoeffizienten $k$
abhängt

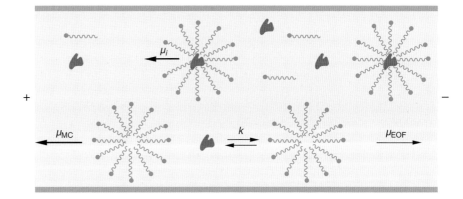

**Abb. 13.12** Zeitfenster der
MEKC. Die Migrationszeit eines
neutralen Analyten ($t_i$) ist
abhängig vom Kapazitätsfaktor
$k'$ und ist auf einen Bereich
beschränkt, dessen Grenzen
durch den EOF-$t_0$ und die
Migrationszeit der Micelle $t_{MC}$
gegeben sind

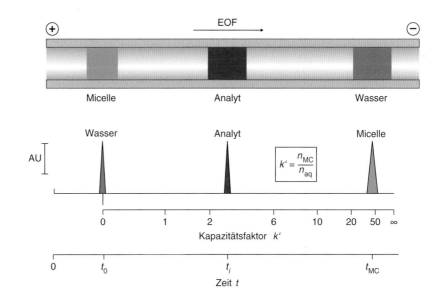

$$\mu_i = \mu_{MC}\left(\frac{k'_i}{1+k'_i}\right) \qquad (13.3)$$

Der Kapazitätsfaktor $k'_i$ ergibt sich analog der HPLC
aus dem Verhältnis der Analytaufenthaltszeiten in der
mobilen zur pseudostationären Phase und lässt sich einfach aus den Migrationszeiten von Analyt, Micelle und
EOF ($t_i$, $t_{MC}$ und $t_0$) bestimmen:

$$k'_i = \frac{t_i - t_0}{t_0\left(1 - \dfrac{t_i}{t_{MC}}\right)} \qquad (13.4)$$

$t_0$ entspricht der Migrationszeit einer nicht retardierten
Komponente und lässt sich durch den „EOF-Peak",
d. h. die Brechungsindexänderung des Puffers, leicht ermitteln. $t_{MC}$ lässt sich aus der Migrationszeit stark hydrophober Farbstoffe (Sudan III) bestimmen, die einen

extrem hohen $k'$-Wert aufweisen und sich praktisch ausschließlich in der Micelle aufhalten.

Je nach Polarität/Ladung besitzen Analyten eine unterschiedliche Affinität zur pseudostationären Phase der
Micelle und daher eine unterschiedliche mittlere Aufent-
haltszeit in der Micelle und eine unterschiedliche Wanderungsgeschwindigkeit. Die Migrationszeiten aller
Analyten liegen in einem bestimmten Zeitfenster, welches durch den EOF und die Migrationszeit der Micelle
begrenzt ist (**Abb. 13.12**).

Den größten Einfluss auf die Auflösung zwischen
Analyten besitzen Änderungen in der Selektivität durch
Wahl unterschiedlicher Micellbildner und Änderungen
in der Zusammensetzung der wässrigen Phase. Der Zusatz organischer Lösungsmittel bewirkt generell eine
Verringerung des Kapazitätsfaktors sowie auch eine Abnahme des EOF.

Als Micellbildner, die alle sowohl eine polare (hydrophile) als auch eine unpolare (hydrophobe) Gruppe enthalten, werden in der MEKC vor allem anionische, aber auch kationische und zwitterionische Detergenzien eingesetzt. Ab einer bestimmten Konzentration (kritische Micellkonzentration, CMC) aggregieren die Micellbildner, wobei die hydrophoben Enden zum Zentrum, die hydrophilen „Köpfchen" zur wässrigen Pufferumgebung orientiert sind.

Jeder Micellbildner besitzt eine bestimmte kritische Micellkonzentration und eine typische Aggregationszahl $n$, die durchschnittliche Anzahl der Moleküle pro

Micelle. Die Größe einer Micelle liegt im Bereich von 3–6 nm, es handelt sich also um homogene Lösungen.

Für die als Micellbildner eingesetzten Detergenzien muss gelten:
- gute Löslichkeit im Puffer ($\gg$ CMC)
- geringe UV-Absorption
- geringe Viskosität

◻ Tab. 13.3 zeigt eine Auswahl von Tensiden und ihre kritische Micellkonzentration sowie Aggregationszahl. SDS ist der am häufigsten eingesetzte Micellbildner. Ein Beispiel der Trennung von dansylderivatisierten Aminosäuren in Gegenwart von SDS als Micellbildner ist in ◻ Abb. 13.13 gezeigt.

◻ **Tab. 13.3** Tenside, kritische Micellkonzentration (CMC) und Aggregationszahl $n$ in Wasser bei 25 °C

| Micellbildner | CMC (in $10^{-3}$ M) | $n$ |
|---|---|---|
| **anionisch:** | | |
| Natriumdodecylsulfat (SDS) | 8,1 | 62 |
| Natriumtetradecylsulfat (STS) | 2,2 | 138 |
| Natriumcholat (Salz der Gallensäure) | 13–15 | 2–4 |
| Natriumtaurocholat | 10–15 | 5 |
| **kationisch:** | | |
| Cetyltrimethylammoniumbromid (CTAB) | 0,92 | 61 |
| Dodecyltrimethylammoniumbromid (DTAB) | 15 | 56 |
| **zwitterionisch:** | | |
| 3-(3-Cholamidopropyl)dimethylammonio-3-propansulfonat (CHAPS) | 4,2–6,3 | 9–10 |

Bei Verwendung von quaternären Ammoniumsalzen mit $C_{10}$- bis $C_{18}$-langen Alkylketten als kationischen Micellbildnern ist zu beachten, dass diese bereits unterhalb der CMC so stark an die *Fused-Silica*-Kapillarwand adsorbieren, dass es zu einer Flussumkehr kommt. Die negative Oberfläche bewirkt einen EOF in Richtung zur Anode, sodass Anionen aufgrund des EOF zusätzlich zur elektrophoretischen Wanderung vor Neutralmolekülen und anschließend Kationen den Detektor erreichen (Umpolung!).

Die mikroemulsionselektrokinetische Chromatographie (MEEKC) verwendet eine O/W-Mikroemulsion als pseudostationäre Phase. Mikroemulsionen besitzen meist eine höhere Stabilität als micellare Systeme. Die Ölphase besteht aus einem mit Wasser nicht mischbaren organischen Lösungsmittel, wie z. B. $n$-Heptan oder Ethylacetat, die durch Tenside wie SDS und Kotenside (kurzkettige Alkohole wie Butanol) stabilisiert werden.

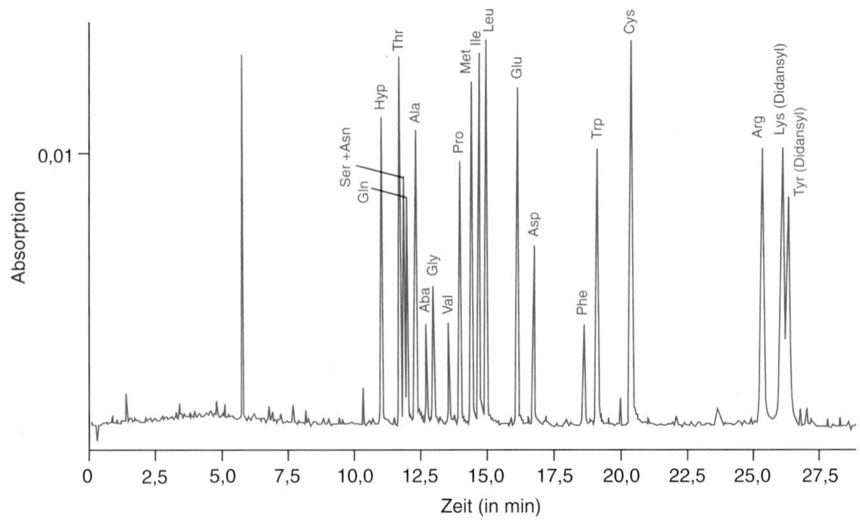

◻ **Abb. 13.13** Trennung dansylderivatisierter Aminosäuren in Gegenwart von SDS als Micellbildner. (Nach Miyashita und Terabe 1990)

Die Emulsionströpfchen sind durch SDS negativ geladen und besitzen somit wie SDS-Micellen eine Eigenmobilität zur Anode. Der Trennmechanismus für ungeladene Analyten beruht analog zur MEKC auf der Verteilung zwischen dem wässrigen Hintergrundelektrolyten und den Emulsionströpfchen.

### 13.4.3 Kapillaraffinitätselektrophorese (ACE)

Die Affinitätselektrophorese (ACE) wird eingesetzt, um Wechselwirkungen zwischen Molekülen zu untersuchen und Bindungskonstanten sowie -stöchiometrie zu bestimmen.

Die Wechselwirkungen zwischen z. B. einem Protein und einem geladenen Liganden führen zu Unterschieden in der Mobilität zwischen Protein und dem gebildeten Komplex, wenn der Ligand eine Ladung trägt oder sich die Molekülmasse des Komplexes wesentlich von der des Proteins unterscheidet ($\blacksquare$ Abb. 13.14). Für viele kleine Liganden sind in erster Linie Ladungsunterschiede für die beobachteten Mobilitätsunterschiede ausschlaggebend.

Üblicherweise werden der Pufferlösung verschiedene Konzentrationen des Liganden zugesetzt und bei konstanter Proteinkonzentration die Änderung in der Migrationszeit in Abhängigkeit von der Ligandenkonzentration bestimmt (Titration).

Für die Komplexbildung monovalenter Protein-Ligand-Komplexe gelten folgende Zusammenhänge:

$$K_b = \frac{[\text{P} \cdot \text{L}]}{[\text{P}] \cdot [\text{L}]} \tag{13.5}$$

wobei $K_b$ die Bindungskonstante, $[\text{P} \cdot \text{L}]$ die Konzentration des Komplexes und $[\text{P}]$ und $[\text{L}]$ die Konzentrationen von Protein und Ligand sind.

Die Änderung in der Migrationszeit $\delta t$ bei einer bestimmten Ligandenkonzentration ist gegeben durch:

$$\delta t = t_{[\text{L}]} - t_{[\text{L}]=0} \tag{13.6}$$

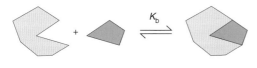

| Masse | $M$ | $m$ | $M + m$ |
| Nettoladung | $Z$ | $z$ | $Z + z$ |
| Mobilität | $\propto Z/M^{2/3}$ | $\propto z/m^{2/3}$ | $\propto (Z+z)/(M+m)^{2/3}$ |

$\blacksquare$ **Abb. 13.14** Mobilitätsänderung eines Proteins durch Komplexierung (zum Zusammenhang zwischen Mobilität und Molekülmasse vgl. ▶ Abschn. 12.2)

wobei $t_{[\text{L}]}$ die Migrationszeit bei der Ligandenkonzentration ist und $t_{[\text{L}]=0}$ die Zeit ohne Ligandenzusatz.

Der Anteil $\alpha$ des Proteins, der als Komplex vorliegt, ist

$$\alpha = \frac{\delta t_{[\text{L}]}}{\delta t_{\max}} \tag{13.7}$$

wobei $\delta t_{\max}$ die maximale Migrationsänderung darstellt, das heißt Sättigung erreicht wird. Durch Einführen der Bindungskonstante $K_b$ ergibt sich daraus:

$$\alpha = \frac{K_b \cdot [\text{L}]}{1 + K_b \cdot [\text{L}]} \tag{13.8}$$

Die Bestimmung der Bindungskonstante erfolgt z. B. mittels Scatchard-Analyse nach folgender Gleichung, die sich durch Umformen des obigen Ausdrucks ergibt:

$$\frac{\alpha}{[\text{L}]} = K_b - K_b \cdot \alpha \text{ oder } \frac{\delta t}{\delta t_{\max}} \cdot \frac{1}{[\text{L}]} = K_b \left(1 - \frac{\delta t}{\delta t_{\max}}\right)$$

$$\tag{13.9}$$

Als Beispiel ist die Bestimmung der Affinitätskonstante der Bindung eines 4-Alkylbenzolsulfonamids an Carboanhydrase B gezeigt. In $\blacksquare$ Abb. 13.15 ist eine Serie von Elektropherogrammen von Carboanhydrase B bei unterschiedlichen Konzentrationen von Sulfonamid im Puffer abgebildet. Die Verschiebung der Migrationszeit bei verschiedenen Ligandenkonzentrationen im Vergleich zur Trennung ohne Sulfonamidzusatz ergibt $\delta t$ (in der Abbildung $\delta \Delta t$, da die Zeiten auf das Referenzprotein Myoglobin bezogen werden, um die Präzision der Messung zu erhöhen). Aus dem Scatchard-Plot, das heißt durch Auftragen von $(\delta t/\delta t_{\max})\,[\text{L}]^{-1}$ gegen $\delta t/\delta t_{\max}$, lässt sich direkt aus der Geradensteigung oder dem Abszissenabschnitt die Bindungskonstante ablesen.

Voraussetzung ist, dass eine Gleichgewichtseinstellung während des CE-Laufs erfolgt und die Proteinkonzentration niedrig genug ist, um bei höheren Ligandenkonzentrationen Sättigung erzielen zu können. Die so erhaltenen Bindungskonstanten stimmen sehr gut mit jenen überein, die mit anderen Methoden bestimmt wurden.

### 13.4.4 Kapillarelektrochromatographie (CEC)

Die CEC verbindet die Vorteile der HPLC und der CE in einem Trennverfahren: die Trennphasen der Chromatographie und die elektrokinetischen Prinzipien der Elektrophorese. Die HPLC ist die meisteingesetzte Trennmethode in der Bioanalytik und verfügt über eine

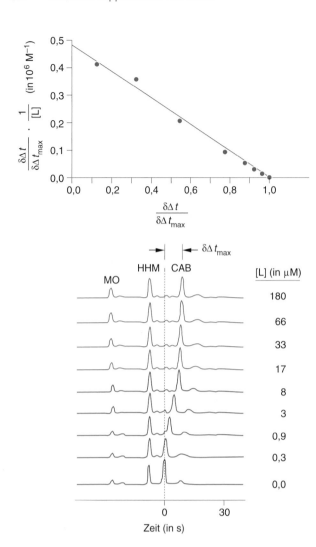

**◻ Abb. 13.15** Affinitätselektrophorese: Mobilitätsänderung $\delta\Delta t$ von Carboanhydrase B (CAB) bei unterschiedlichen Konzentrationen des Liganden L (Sulfonamid) und dazugehöriger Scatchard-Plot. Als interne Standards wurden Mesityloxid (MO) und Myoglobin (HHM) verwendet. Die Bindungskonstante ergibt sich direkt aus der Geradensteigung oder dem Abszissenabschnitt. (Nach Chu et al. 1992)

großen Vielfalt von Trennphasen sowohl für polare als auch für stark apolare Moleküle (◻ Abb. 13.16). Diese wurden schon sehr früh in Kapillaren gefüllt und als Trennphasen in der Elektrochromatographie genutzt, oft ergaben sich aber Probleme aufgrund ungleichmäßiger Packung oder aufgrund der Bildung von Glasbläschen wegen des Druckabfalls zwischen der Säulenpackung und der packungsfreie Zone. Daher haben sich die monolithischen Polymersäulen durch die Steuerungsmöglichkeit der Oberflächenchemie der Phase und der Porosität gegenüber den partikelgepackten und Sol-Gel-Kapillaren durchgesetzt. Die CEC ist eher ein „Nischen-Verfahren", Anwendungen in der Routineanalytik gibt es derzeit nicht.

### 13.4.5  Enantiomerentrennungen

Zur Trennung von Enantiomeren wird dem Hintergrundelektrolyten ein chiraler Selektor zugegeben. Dabei handelt es sich um stereoisomerenreine Verbindungen, die mit den Enantiomeren der Analyten diastereomere Komplexe bilden. Diese Komplexe unterscheiden sich in ihrer Stabilität (Bindungskonstante) oder den hydrodynamischen Radien, sodass unterschiedliche elektrophoretische Mobilitäten resultieren. Wichtige chirale Selektoren in der CE sind Cyclodextrine (CDs), durch mikrobiologischen Abbau von Stärke gewonnene zyklische Oligosaccharide, die aus 6 ($\alpha$-CD), 7 ($\beta$-CD) oder 8 ($\gamma$-CD) $\alpha$-(1,4)-glykosidisch verknüpften D-Glucopyranose-Einheiten aufgebaut sind (◻ Abb. 13.17). Dadurch bilden sich konische Hohlkörper mit lipophilem Innenraum und einem hydrophilen Äußeren, die CDs unterscheiden sich in den Dimensionen der Hohlräume. Durch Derivatisierung der Hydroxygruppen sind zahlreiche Derivate kommerziell verfügbar. Die Komplexierung der Analyten erfolgt durch hydrophobe Wechselwirkungen für Substanzen, die in den Hohlraum eingelagert werden, oder hydrophile bzw. ionische Wechselwirkungen mit OH-Gruppen oder ionischen Substituenten bei Derivaten. Im Falle der Trennung eines positiv geladenen Analyten mit einem neutralen CD wandert das stärker komplexierte Enantiomer langsamer als das weniger stark komplexierte Enantiomer, da der Komplex eine geringere Ladungsdichte und damit geringere Mobilität besitzt als der freie Analyt (◻ Abb. 13.18).

Beispiele weiterer chiraler Selektoren sind makrozyklische Antibiotika wie Vancomyin oder Teicoplanin, chirale Kronenether, Metallkomplexe, Proteine oder chirale Micellbildner.

Enantiomerentrennungen werden in der Bioanalytik nur relativ selten durchgeführt, z. B. zur Bestimmung des Verhältnisses von D- zu L-Aminosäuren in Proteinen. Häufig angewendet wird die CE zur Enantiomerentrennung pharmazeutischer Wirkstoffe.

### 13.4.6  Kapillargelelektrophorese (CGE)

Die am häufigsten eingesetzte Elektrophoresetechnik ist die Slab-Gelelektrophorese von Proteinen und DNA in biochemischen und molekularbiologischen Labors. In der klassischen Elektrophorese werden Gele als antikonvektive Medien eingesetzt, um eine Peakverbreiterung durch Temperatureffekte zu verringern. Durch Verwendung von Kapillaren mit sehr geringem Innendurchmesser in der Kapillarelektrophorese ist die Wärmeabfuhr viel effizienter, sodass die Notwendigkeit, antikonvektive Medien zu verwenden, nicht mehr gegeben ist. Gele spielen in der Elektrophorese aber als Siebmedien durch-

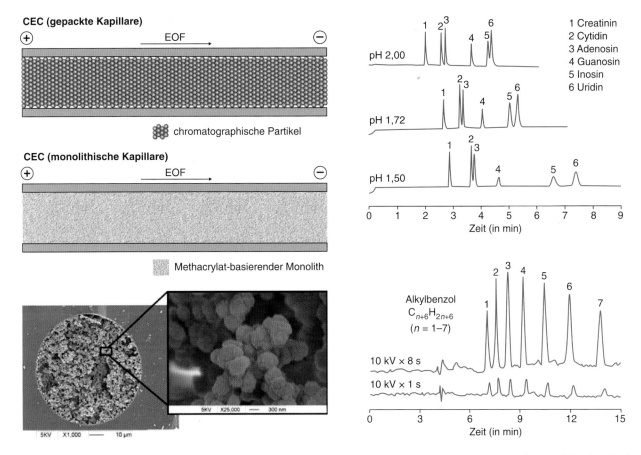

**CEC (gepackte Kapillare)**

EOF

chromatographische Partikel

**CEC (monolithische Kapillare)**

EOF

Methacrylat-basierender Monolith

pH 2,00

pH 1,72

pH 1,50

1 Creatinin
2 Cytidin
3 Adenosin
4 Guanosin
5 Inosin
6 Uridin

Zeit (in min)

Alkylbenzol
$C_{n+6}H_{2n+6}$
($n$ = 1–7)

10 kV × 8 s

10 kV × 1 s

Zeit (in min)

**Abb. 13.16** Beispiele für Kapillarelektrochromatographie-Trennungen (CEC) polarer und apolarer Substanzen in monolithischen Kapillaren (auf Methacrylatbasis). (Nach Ping et al. 2003 und 2004)

**Abb. 13.17** Struktur und Größe von $\alpha$-, $\beta$- und $\gamma$-Cyclodextrin. Die Dimensionen der Hohlräume sind in den Strukturen angegeben

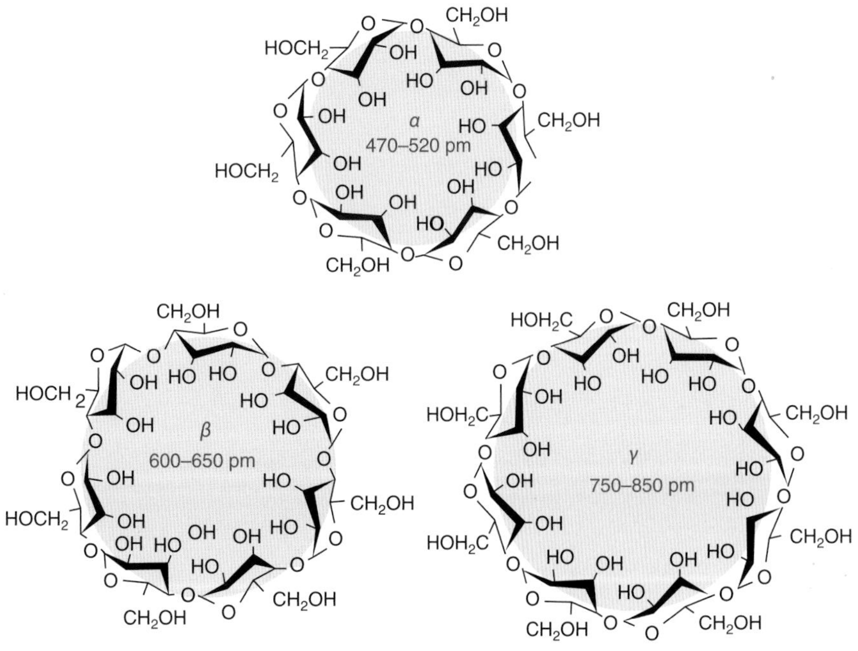

$\alpha$
470–520 pm

$\beta$
600–650 pm

$\gamma$
750–850 pm

aus eine Rolle. Um diesen Effekt in der Kapillarelektrophorese ausnützen zu können, werden quervernetzte oder lineare Gele eingesetzt.

Die Kapillargelelektrophorese (CGE) ist eine Sonderform der CZE: In der CZE erfolgt die Trennung nach der Ladungsdichte (Masse/Ladung), also nach der Mobilität der Analyten. Sowohl Nucleinsäuren als auch (denaturierte) Proteine besitzen aber auch bei unterschiedlichen Massen sehr ähnliche Ladungsdichten, sodass sie in freier Lösung nicht zu trennen sind. Erst durch einen zusätzlichen Siebeffekt ist eine Trennung aufgrund der Größe möglich, da das Gelmedium die elektrophoretische Wanderung der größeren Moleküle stärker behindert als die der kleineren. Die Gelelektrophorese in der Kapillare zeigt gegenüber der klassischen Slab-Gelelektrophorese gravierende Vorteile.

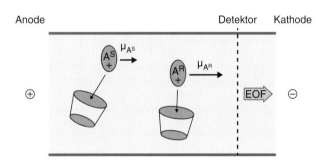

◻ **Abb. 13.18**   Prinzip der CE-Enantiomerentrennung. Das stärker mit Cyclodextrin interagierende Enantiomer eines geladenen, chiralen Analyten (hier $A^S$) hat eine höhere Aufenthaltswahrscheinlichkeit mit dem Cyclodextrin als das schwächer komplexierte Enantiomer ($A^R$). Da der Komplex langsamer wandert als der freie Analyt, migriert das schwächer komplexierte Enantiomer $A^R$ schneller als das stärker komplexierte $A^S$

**Vorteile der Kapillargelelektrophorese**
— schnellere Trennzeiten als bei der klassischen Slab-Gelelektrophorese durch bis zu 100-fach höhere Feldstärken bei nur geringer Joule'scher Wärmeentwicklung
— Automatisierbarkeit
— Online-Detektion der Analyten
— geringer Arbeits- und Geräteaufwand, z. B. kein Gelgießen
— kein Färben und Entfärben, kein Densitometer und kein Scanner erforderlich
— kein Hantieren mit toxischem Acrylamid

**Nachteile der Kapillargelelektrophorese**
— keine einfache präparative Probensammlung
— nicht zweidimensional durchführbar

In der CGE werden meist nicht quervernetzte Polyacrylamidgele, sondern lineare Polymere als Siebmedium eingesetzt (◻ Tab. 13.4).

Grundsätzlich lassen sich zwei Geltypen unterscheiden:

**Quervernetzte Gele** sind aus zwei Monomerbausteinen (Acrylamid, Bisacrylamid) aufgebaut, zeigen definierte Porengröße und sind in ihren physikalischen Eigenschaften sehr starr. Sie werden in der Kapillare polymerisiert und kovalent an die Kapillarwand gebunden (*chemische Gele*). Dabei kommt es häufig zur Gasblasenbildung und Schrumpfung des Gels. Sie sind nicht austauschbar und zeigen nur eine begrenzte Lebensdauer (ca. 100 Trennungen), ihre Trennleistung ist allerdings herausragend.

◻ **Tab. 13.4**   Siebmedien in der CGE

| Polymer | Konzentration | Anwendung |
| --- | --- | --- |
| quervernetztes Polyacrylamid | 2–6 % $T^1$ | Oligonucleotide, DNA-Sequenzierung |
| | 3–6 % $C^2$ | |
| **lineare Polymere** | | |
| Polyacrylamid | 6–10 % | Oligonucleotide |
| | < 6 % | Restriktionsfragmente, PCR-Fragmente |
| Cellulosederivate | < 1 % | PCR-Fragmente |
| Polyethylenglykol | < 3 % | Proteine |
| Dextrane | 10–15 % | Proteine |
| Agarose | < 1 % | Proteine, Restriktionsfragmente |

[1]Gesamtacrylamidkonzentration
[2]Vernetzungsgrad (vgl. ▶ Abschn. 12.3)

**Lineare Gele** bestehen aus einem losen Geflecht linearer Polymerketten, die nur durch physikalische Wechselwirkungen zusammengehalten werden (*physikalische Gele*). Die hoch viskosen Gelpufferlösungen sind durch Druck austauschbar, sodass nach jeder Trennung ein neues Gel in die Kapillare eingebracht werden kann. Mit kommerziellen Geräten sind allerdings nur Lösungen von linearem Polyacrylamid bis etwa 4 % austauschbar; die Unterscheidung zwischen „festem" und „gelöstem" Gel stellt also nur eine praktische Sprachregelung dar.

Für die Trennung von Proteinen ist die Verwendung von Polyacrylamid als Siebmatrix aufgrund der Eigenabsorption des Polyacrylamids unterhalb von 230 nm problematisch. Bei einer Wellenlänge von 280 nm ist die Empfindlichkeit gegenüber 214 oder 200 nm extrem abgesenkt ($\approx$ 1 %). Für Routineanwendungen sind daher Dextrane, Hydroxypropylcellulose oder Polyethylenglykole mit Molekülmassen im Bereich von 100.000 UV-transparente Siebmedien der Wahl (◘ Abb. 13.19). Viele Hersteller bieten Kits an, die reproduzierbare Verfahren erlauben.

Die Beziehung zwischen Migrationszeit und Molekülmasse der SDS-Proteinkomplexe zeigt eine sehr gute Linearität. Die routinetaugliche Methode kann auf dem analytischen Sektor durchaus die SDS-PAGE ersetzen. Der Molmassenbereich erstreckt sich von etwa 15 kDa bis über 200 kDa. In der Pharmaindustrie wird die SDS-GCE aufgrund der im Vergleich zur SDS-PAGE größeren Reproduzierbarkeit in der Routineanalytik von biotechnologischen Proteinarzneistoffen eingesetzt.

### 13.4.7 Isoelektrische Fokussierung (CIEF)

Die klassische isoelektrische Fokussierung (CIEF) ist eine Methode, die aus der Proteinanalytik nicht mehr wegzudenken ist. Die Fokussierung im Gelformat hat den Nachteil, dass sie nicht automatisierbar, zeitaufwendig und aufgrund der Färbereaktion zur Detektion schlecht quantifizierbar ist. Variationen bei der Gelherstellung führen häufig zu Problemen in der Reproduzierbarkeit. Die Übertragung der isoelektrischen Fokussierung auf die Kapillare kann diese Probleme lösen, erfordert aber eine Adaptierung an die instrumentellen Gegebenheiten. Bei der Verwendung von CE-Geräten, die nur die Detektion an einem fixen Punkt erlauben, müssen Proteine nach ihrer Fokussierung mobilisiert, d. h. durch den Detektor transportiert werden. Man unterscheidet drei Methoden der Mobilisierung:

- Ein-Schritt-Fokussierung mit Mobilisierung durch den EOF
- Fokussierung mit Druck-/Spannungsmobilisierung (◘ Abb. 13.20)
- Fokussierung mit chemischer Mobilisierung

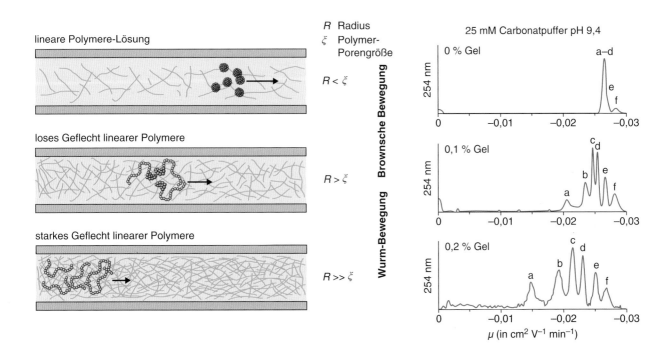

◘ **Abb. 13.19**  Einfluss der Konzentration einer linearen Polymerlösung auf den Siebeffekt und die CGE-Auftrennung von Polystyrensulfonat-Polymeren verschiedener Größen. (CGE-Trennungen nach Schmitt-Kopplin und Junkers in Wilkinson und Lead 2007)

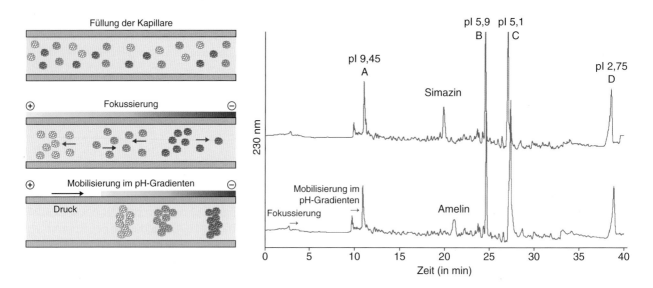

**◼ Abb. 13.20** Prinzip der isoelektrischen Fokussierung mit Druck-mobilisierung. Die gesamte Kapillare wird mit einer Mischung aus Ampholyt und Proteinen gefüllt. Die Kapillarenden tauchen in NaOH bzw. H₃PO₄. Bei Anlegen einer Spannung an die Kapillare beginnt sich der pH-Gradient auszubilden. Gleichzeitig mit der Bil-dung des pH-Gradienten erfolgt auch die Fokussierung der Analyt-proteine, die anschließend, um detektiert werden zu können, mobili-siert werden müssen. A–D sind CIEF-aufgetrennte Proteine mit unterschiedlichem pI-Wert. (CIEF nach Schmitt-Kopplin et al. 1997)

Der pH-Gradient wird durch eine große Anzahl von Ampholyten mit unterschiedlichen pI-Werten gebildet. Je geringer die Abstände zwischen den einzelnen pI-Werten, desto homogener wird der pH-Gradient. Üblicherweise wird die gesamte Kapillare mit einer Mischung aus Ampholyt und Probe gefüllt. Beim An-legen einer Spannung beginnen die Ampholytionen entsprechend ihrem pI-Wert zu wandern und damit ei-nen pH-Gradienten aufzubauen. Bei Erreichen eines pH-Werts, der ihrem pI-Wert entspricht, endet ihre elektrophoretische Wanderung, es kommt daher zu ei-ner Abnahme der elektrischen Stromstärke während der Fokussierung. In diesem entstehenden pH-Gradi-enten wandern die Proteine so lange, bis ihre Ge-schwindigkeit null wird, d. h. sie einen pH-Wert er-reicht haben, der gleich ihrem pI-Wert ist.

Da der *On-Column*-Detektor immer eine gewisse Dis-tanz vom Kapillarende entfernt ist und die Mobilisierung nur in eine Richtung erfolgt, sollte der pH-Gradient nur vor dem Detektor gebildet werden, um nicht stark saure oder stark basische Proteine bei der Detektion zu verlie-ren. Dies kann erreicht werden, indem man den anderen Teil der Kapillare „blockiert", entweder durch den Ka-tholyten (NaOH) oder durch Zusatz von *N,N,N′,N′*-Tetramethylethylendiamin (TEMED) zur Ampholytmi-schung. TEMED als sehr basische Verbindung wandert zum basischen Ende des pH-Gradienten und blockiert somit einen Teil der Kapillare für den pH-Gradienten.

Durch Wahl der TEMED-Konzentration kann genau der Kapillarabschnitt vom Detektor bis zum Kapillarende von TEMED „besetzt" werden. Diese Lösung ist experi-mentell sehr einfach und reproduzierbar durchzuführen. Andere Methoden nützen den Vorteil der geringeren Dif-fusion in viskosen Medien und verwenden Gele, wie in ▶ Abschn. 13.4.6 beschrieben.

Üblicherweise werden bei allen Fokussiertechniken belegte Kapillaren verwendet, um den EOF zu reduzie-ren bzw. komplett zu unterdrücken.

### 13.4.7.1 Ein-Schritt-Fokussierung

Hier wird gleichzeitig mit der Fokussierung auch eine Mobilisierung durchgeführt, da der EOF nur reduziert, aber nicht vollständig eliminiert wird. Aufgrund der pH-Abhängigkeit des EOF nimmt er während der Mobili-sierung ab, sodass kein linearer Zusammenhang zum pI der Kalibratoren besteht. Verringern lässt sich diese EOF-Abnahme während der Mobilisierung dadurch, dass der pH-Gradient nur in einem kurzen Stück der Kapillare (Kapillarende bis Detektor) aufgebaut wird und der größere Teil der Kapillare mit TEMED blo-ckiert wird. Dadurch erhält man auch während der Mo-bilisierung im Großteil der Kapillare einen basischen pH-Wert.

Der Vorteil dieser Methode ist die einfache Durch-führbarkeit und kurze Analysenzeit. Für stark basische Proteine ist diese Methode jedoch weniger geeignet, da diese oft noch nicht vollständig fokussiert sind, wenn sie den Detektor passieren. Im pH-Bereich von ca. 8,5–4,5 ist die Methode aufgrund ihrer Robustheit und Schnel-

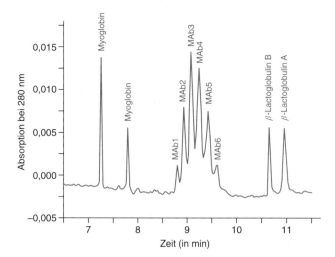

**Abb. 13.21** Ein-Schritt-Fokussierung eines monoklonalen Antikörpers mit internen pI-Markern. (Nach Schwer 1995)

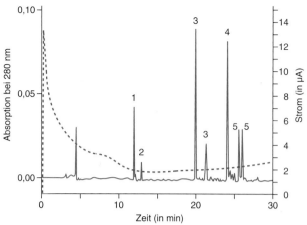

**Abb. 13.22** CIEF mit Druck-/Spannungsmobilisierung von Standardproteinen. 1 Cytochrom c, 2 Ribonuclease A, 3 Myoglobin, 4 Carboanhydrase, 5 β-Lactoglobulin A, B. (Nach Schwer 1995)

ligkeit jedoch gut geeignet z. B. zur Trennung monoklonaler Antikörper, wie ■ Abb. 13.21 zeigt.

### 13.4.7.2 Fokussierung mit Druck-/ Spannungsmobilisierung

Durch Ausschalten des EOF sind Fokussierung und Mobilisierung voneinander getrennt. Proteine können in einem ersten Schritt vollständig fokussiert werden und werden erst anschließend durch Druck durch das Detektionsfenster geschoben. Da dies mit konstanter Geschwindigkeit erfolgt, bleibt die Linearität der Kalibriergeraden erhalten. In ■ Abb. 13.22 ist die Fokussierung von Standardproteinen, die einen weiten pI-Bereich abdecken, gezeigt.

Um die hohe Trennschärfe der Fokussierung zu erhalten, ist es unbedingt notwendig, auch während der Mobilisierung eine hohe Feldstärke an die Kapillare anzulegen, damit keine Vermischung durch das hydrodynamische Flussprofil erfolgt. Nur bei hohen Feldstärken ist die Auflösung bei Druckmobilisierung vergleichbar mit der Ein-Schritt-Fokussierung.

### 13.4.7.3 Fokussierung mit chemischer Mobilisierung

Auch hier erfolgen Fokussierung und Mobilisierung voneinander getrennt, weshalb der EOF vollständig unterdrückt werden muss. Die Mobilisierung erfolgt chemisch durch Änderung der Zusammensetzung des Anolyten oder Katholyten. Bei kathodischer Mobilisierung wird ein Teil der $OH^-$-Ionen z. B. durch $Cl^-$-Ionen ersetzt, wodurch der pH-Wert in der Kapillare von der Kathodenseite her erniedrigt wird. Das „Auflösen" des pH-Gradienten bewirkt, dass der pH-Wert nicht mehr dem jeweiligen pI-Wert der Proteine entspricht. Sie erhalten wieder eine positive Ladung, wandern elektrophoretisch zur Kathode und können dort detektiert wer-

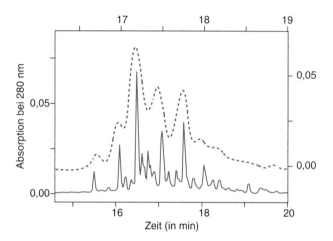

**Abb. 13.23** Vergleich der Auflösung von Druck-/Spannungsmobilisierung (rot, gestrichelt) und chemischer Mobilisierung (—) am Beispiel eines sehr basischen monoklonalen Antikörpers (Ausschnitt). (Nach: Schwer 1995)

den. Die Linearität dieser Methode ist sehr gut, nur der zuletzt mobilisierte saure Bereich ist gestaucht. Für saure Proteine ist daher eine anodische Mobilisierung z. B. durch $Na^+$-Ionen vorteilhafter.

Die Analysezeiten können durch Erhöhung der Konzentration des mobilisierenden Ions verkürzt werden, allerdings etwas auf Kosten der Auflösung, da bei höheren Konzentrationen die Joule'sche Wärmeentwicklung zunimmt.

Da bei dieser Methode weder ein hydrodynamischer Fluss noch ein uneinheitlicher EOF zu einem Effizienzverlust führen, liefert die Fokussierung mit chemischer Mobilisierung die höchste Auflösung der drei Methoden. Ein Vergleich der Druck-/Spannungsmobilisierung und der chemischen Mobilisierung am Beispiel eines sehr basischen monoklonalen Antikörpers macht die Überlegenheit der chemischen Mobilisierung deutlich (■ Abb. 13.23).

### 13.4.7.4 Imaged isoelektrische Fokussierung (iCIEF)

Um Mobilisierungsschritte gänzlich zu vermeiden, wurden von verschiedenen Herstellern spezielle CE-Geräte entwickelt, die eine Darstellung der gesamten Trennstrecke in der Kapillare erlauben (*whole column imaging detection*). In Kombination mit der CIEF spricht man von der *imaged* CIEF (iCIEF). Dabei werden in speziellen Kassetten relative kurze Kapillaren verwendet, die Detektion erfolgt über geeignete Optiken mithilfe von CCD- (*Charge-Coupled Device*) oder CMOS- (*Complementary Metal-Oxide Semiconductor*) Sensoren. Auf diese Weise kann die Fokussierung in Echtzeit verfolgt werden. Die iCIEF wird häufig in der Pharmaindustrie zur Qualitätskontrolle biotechnologischer Proteinwirkstoffe eingesetzt. Dies ist schematisch in ◻ Abb. 13.24 gezeigt. Der pI-Bereich wird durch Standardsubstanzen mit bekannten pI-Werten begrenzt.

### 13.4.8 Isotachophorese (ITP)

Die Trennung in der Isotachophorese (ITP) erfolgt nach der Mobilität, das heißt nach der Ladungsdichte der Ionen, analog wie in der CZE. Der Unterschied liegt in der Elektrolytlösung. Während in der CZE die gesamte Kapillare mit einem Trägerelektrolyten gefüllt ist, der eine konstante Feldstärke bewirkt, verwendet man in der ITP eine Anordnung mit zwei Elektrolytlösungen: einen Leitelektrolyten und einen Endelektrolyten, die so gewählt sind, dass die Mobilität des Leitelektrolyten höher als die Mobilitäten aller Analytionen ist und die des Endelektrolyten geringer. Nach Anlegen der Spannung bildet sich aufgrund der unterschiedlichen Mobilitäten, d. h. der Leitfähigkeiten in den beiden Elektrolyten, nach dem Ohm'schen Gesetz ein Feldstärkegradient. In der Zone des Leitelektrolyten herrscht eine geringere Feldstärke

als in der Zone des Endelektrolyten. Die Probe wird an der Grenzfläche der beiden Elektrolyte aufgebracht. Entsprechend der mittleren Leitfähigkeit der Zone herrscht eine mittlere Feldstärke $E_{mix}$. In dieser gemischten Zone wandern die Analytionen zunächst ihrer Mobilität entsprechend verschieden schnell:

$$v_i = \mu_i \cdot E_{mix} \qquad (13.10)$$

Dabei ordnen sich die Ionen mit hoher Mobilität an der Vorderfront und die mit geringer Mobilität am Ende der Zone an, bis ein stationärer Zustand erreicht ist. Jedes Analytion bildet dabei eine eigene Zone, die eine ihrer Mobilität entsprechende Feldstärke aufweist (◻ Abb. 13.25). Alle Zonen wandern so unmittelbar hintereinander mit einer konstanten Geschwindigkeit, der Geschwindigkeit des Leitelektrolyten.

Die Analytzonen werden nicht wie in der CZE durch Diffusion verbreitert, sondern bleiben aufgrund des „selbstschärfenden Effekts" durch den Feldstärkegradienten scharf. In andere Zonen diffundierende Ionen werden durch die dort herrschende unterschiedliche Feldstärke wieder in ihre eigene Zone abgebremst oder

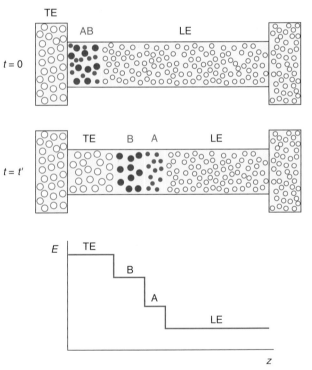

◻ **Abb. 13.25** Elektrolytanordnung und Feldstärkeverlauf in der Isotachophorese. Das Trennsystem besteht aus einem Leitelektrolyten (LE) und einem Endelektrolyten (TE). Die Probenionen (A, B) werden an der Grenzfläche zwischen beiden Elektrolyten aufgebracht. Nach einer Zeit $t'$ sind die Probenionen A, B voneinander getrennt und bilden ihre eigene Zone, in der eine ihrer Mobilität entsprechende Feldstärke herrscht. Dieser Stufengradient in der Feldstärke verhindert eine Diffusion der scharfen Zonengrenzen

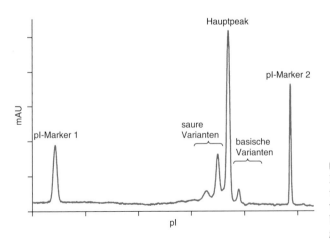

◻ **Abb. 13.24** Schematische Darstellung der iCIEF-Trennung eines monoklonalen Antikörpers

beschleunigt. Das Konzentrationsprofil ist deshalb rechteckförmig, wobei die Konzentration an die des Leitelektrolyten entsprechend Kohlrauschs „beharrlicher Funktion" adaptiert wird:

$$c_{\mathrm{A}} = c_{\mathrm{L}} \frac{\mu_{\mathrm{A}}\left(\mu_{\mathrm{L}} + \mu_{\mathrm{Q}}\right)}{\mu_{\mathrm{L}}\left(\mu_{\mathrm{A}} + \mu_{\mathrm{Q}}\right)} \qquad (13.11)$$

Dabei sind $c_{\mathrm{A}}$ und $c_{\mathrm{L}}$ die Konzentrationen des Analyten bzw. des Leitelektrolyten und $\mu_{\mathrm{A}}$, $\mu_{\mathrm{L}}$ und $\mu_{\mathrm{Q}}$ die Mobilitäten von Analyt, Leitelektrolyt bzw. Gegenion.

Die Analytzonen enthalten außer dem Gegenion keine Fremddionen. Im Gegensatz zur CZE, in der Verdünnung der Probenzone durch Diffusion auftritt, werden in der ITP verdünnte Proben durch die Konzentrationsadaptierung angereichert.

Als Analysenmethode hat sich die ITP nicht durchgesetzt, obwohl sie schon in den Sechzigerjahren des letzten Jahrhunderts entwickelt wurde, möglicherweise aufgrund nicht automatisierter Geräte und der für Analytiker unüblichen Konzentrationsverteilung und -darstellung. Sie ist aber eine ideale Methode zur Online-Probenkonzentrierung für die CZE und ermöglicht eine bis zu 100-fache Erhöhung des Injektionsvolumens (▶ Abschn. 13.3.3). Isotachophoretische Effekte können auch in der CZE bei entsprechender Probenmatrixzusammensetzung auftreten, weshalb das Verständnis der ITP auch wichtig für die CZE ist.

## 13.5 Spezielle Techniken

### 13.5.1 Online-Probenkonzentrierung

Obwohl die Kapillarelektrophorese nur sehr geringe Probenvolumina erfordert, ist die für die UV-Detektion erforderlich Konzentration relativ hoch (ca. 0,01 bis 0,1 mg ml$^{-1}$), da nur winzige Probenvolumina injiziert werden, um die hohe Trenneffizienz der Kapillarelektrophorese zu erhalten. Zur Erhöhung der Konzentrationsempfindlichkeit ist es jedoch möglich, das Injektionsvolumen um das 50- bis 100-Fache zu vergrößern, wenn ein Stacking der Analyten, wie auch in der klassischen SDS-PAGE angewendet, durchgeführt wird. Dazu wurden verschiedene diskontinuierliche Puffersysteme entwickelt.

#### 13.5.1.1 Ein-Puffer-Stackingsystem

Dieses Konzentrierungssystem ist vor allem zur Konzentrierung amphoterer Verbindungen geeignet. Die Probenzone wird dabei zwischen zwei Zonen mit extremen pH-Werten (verdünnte NaOH und H$_3$PO$_4$) aufgebracht und dadurch „fokussiert" (◻ Abb. 13.26). Die anschließende Trennung erfolgt z. B. in Phosphatpuffer.

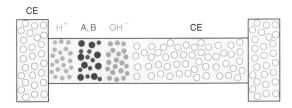

| | |
|---|---|
| CE: | 0,02 M Na-Phosphat, pH 2,8 |
| H$^+$: | 0,1 M H$_3$PO$_4$ |
| OH$^-$: | 0,1 M NaOH |
| A,B: | Probenionen |

◻ **Abb. 13.26** Elektrolytanordnung des Ein-Puffer-Stackingsystems. Die Probenionen werden zwischen H$^+$ und OH$^-$ „fokussiert"

#### 13.5.1.2 Zwei-Puffer-Stackingsystem

Das Elektrolytsystem besteht aus zwei Puffern, die so gewählt sind, dass der Trennpuffer eine sehr geringe Mobilität aufweist (Endelektrolyt) und der Leitelektrolyt eine sehr hohe Mobilität. Die Kapillare wird mit Endelektrolyt gefüllt, und vor der Probe wird eine etwa gleich lange Zone an Leitelektrolyt in die Kapillare eingebracht. Die Kapillarenden tauchen in den Endelektrolyten. Zu Beginn der Trennung herrschen deshalb isotachophoretische Bedingungen für die Probe, die zwischen Leit- und Endelektrolyt konzentriert wird. Die Ionen des Leitelektrolyten wandern aber auch zonenelektrophoretisch im Endelektrolyten, sodass sie sich von den Probenionen entfernen, die schließlich auch zonenelektrophoretisch im Endelektrolyten getrennt werden (◻ Abb. 13.27). Eine ähnliche Wirkung wie eine Leitelektrolytzone vor der Probenzone bewirken auch Ionen hoher Mobilität, die sich in der Probenlösung befinden.

### 13.5.2 Fraktionierung

Aufgrund der geringen Konzentration wird nur selten eine Fraktionierung zur weiteren Charakterisierung der Analyten durchgeführt. Dabei müssen einige Punkte berücksichtigt werden. Da der Detektor nicht am Ende der Kapillare angeordnet ist und sich unterschiedliche Analyten nach der Peakerkennung nicht mit konstanter Geschwindigkeit zum Kapillarende bewegen, wie es in der HPLC der Fall ist, muss für jeden einzelnen Peak nach der Detektion das Zeitfenster für die Fraktionierung berechnet werden. Feldstärkegradienten im System (z. B. durch Konzentrierungsschritte zur Erhöhung der Probenbeladung) bedingen eine nicht konstante Wanderungsgeschwindigkeit bis zum Detektor und erschweren somit die genaue Zeitvorhersage für die Fraktionierung, wenn ausschließlich die Detektionszeit bekannt ist. Gerade für sehr komplexe Trennungen (z. B. nach tryptischer Spaltungen eines Proteins) ist aus diesem Grund

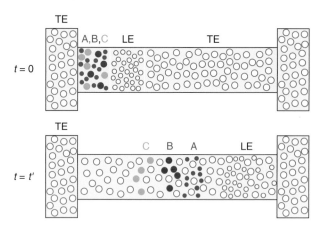

LE:     0,05 M Ammoniumacetat
TE:     0,05 M Betain/ 0,05 M Essigsäure, pH 3,3
A,B,C:  Probenionen

◼ **Abb. 13.27**   Elektrolytanordnung des Zwei-Puffer-Stackingsystems. Die Leitelektrolytzone (LE) vor der Probenzone bewirkt anfänglich isotachophoretische Bedingungen, die zu einer Probenkonzentrierung führen. Nach einer bestimmten Zeit *t* wandern die Leitelektrolytionen jedoch in den Endelektrolyten (TE), sodass der weitere Trennverlauf der Probenionen zonenelektrophoretisch erfolgt

eine Anordnung wünschenswert, die eine automatische Fraktionierung ohne eine vorherige Ermittlung der jeweiligen Wanderungsgeschwindigkeiten „HPLC-analog" ermöglicht.

Durch Zuspeisen eines *Make-up*-Flusses von 5–10 µl min$^{-1}$ über ein T-Stück vor dem Detektor wird der Transport der Analytionen nach der Detektion durch den zugespeisten Fluss bestimmt und ist daher konstant. Proben können am Kapillarende kontinuierlich gesammelt werden, ohne die Spannung unterbrechen zu müssen.

Durch isotachophoretische Probenkonzentrierung kann das Probenvolumen so weit erhöht werden, dass die Probenmengen aus einer Trennung ausreichend für eine nachfolgende Sequenzanalyse sind. In ◼ Abb. 13.28 ist das Elektropherogramm einer mikropräparativen Trennung tryptischer Peptide mit der oben beschriebenen Anordnung zu sehen, wobei elf Peaks gesammelt wurden, deren Reinheit durch Reinjektion eines kleinen Anteils der Probe überprüft wurde (kleines Bild in ◼ Abb. 13.28). Alle basisliniengetrennten Peaks konnten mit einer Reinheit von 95 % gesammelt werden. Die Peptidmengen aus einer Trennung waren ausreichend sowohl für eine Charakterisierung durch Aminosäure-

◼ **Abb. 13.28**   Mikropräparative Trennung tryptischer Peptide von Fetuin in Betain/ Essigsäure-Puffer, pH 3,3. Fraktionen der nummerierten Peaks wurden gesammelt und durch Reinjektion auf ihre Reinheit geprüft. Kleines Bild: Reinheitskontrolle von Fraktion 7. Zur Erhöhung der Empfindlichkeit wurde eine isotachophoretische Online-Probenkonzentrierung durchgeführt. Die ersten fünf Aminosäuren (QYGFC) dieser Peptidfraktion wurden durch Aminosäuresequenzanalyse bestimmt

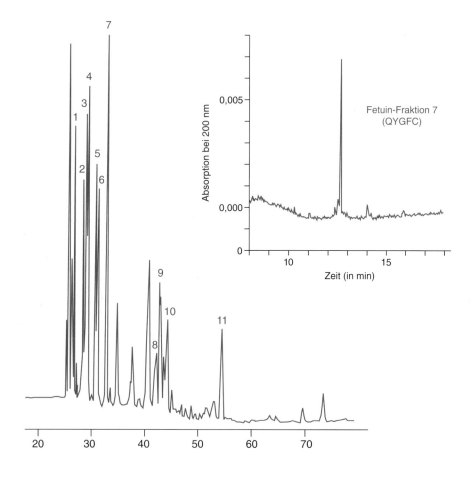

**13**

sequenzanalyse und auch für eine genaue Molekülmassenbestimmung über Laserdesorptionsmassenspektrometrie (MALDI-MS). Im Gegensatz zur ESI-MS hat die MALDI-MS den Vorteil, dass sie weniger kritisch gegenüber dem Laufpuffer der Kapillarelektrophorese ist und eine bessere Massenempfindlichkeit bietet. Sie hat aber den Nachteil, dass sie nicht online gekoppelt werden kann, sondern eine Fraktionierung erfordert.

Diese kann so durchgeführt werden, dass bereits während des Aufbringens der Fraktionen direkt auf die MALDI-Platte die benötigte Matrixlösung über ein T-Stück zugespeist wird. Zudem steht der so erzeugte Spot für eine wiederholte Analyse zur Verfügung, was bei MS/MS-Instrumenten (MALDI-TOF/TOF) die Möglichkeit beinhaltet, zu einem späteren Zeitpunkt weitere *Precursor*-Ionen zu fragmentieren und zu identifizieren. Bei Online-ESI-Systemen muss diese Entscheidung zeitgleich mit der Trennung getroffen werden.

### 13.5.3  Mikrochipelektrophorese

Parallel zu den industriellen Halbleitertechnologien hat die Miniaturisierung der Kapillarelektrophorese zur Entwicklung der Mikrochipelektrophorese (MCE) geführt. Eine Motivation waren u. a. die Verringerung der Gerätedimensionen und die verbesserte Leistungsfähigkeit miniaturisierter Systeme in Bezug auf hohe Trenneffizienz, kurze Analysenzeiten sowie der geringe Verbrauch von Lösungsmitteln und Probenmenge. Die sehr geringen Analysezeiten der MCE ermöglichen Hochdurchsatzscreening oder Prozessanalytik mit höchster Trennleistung. Ein Rekord unter vielen ist die Trennung einer binären Mischung in 0,8 Millisekunden unter 53 kV cm$^{-1}$ in einer Kapillare mit einer Länge von 200 μm. Die Möglichkeiten und das analytische Potenzial der MCE zeigen auch die Mikrototalanalysensysteme (μ-TAS) als On-Chip-Analyselabors der Zukunft. Sie beinhalten sämtliche Arbeitsschritte wie Probenvorbereitung, Derivatisierung, Auftrennung und Detektion in einem Mikrochip. Chips mit vielen Kanälen zur parallelen Messung vieler Proben sind ebenso beschrieben wie die Kopplung mit ESI-MS.

Durch photolithographische Techniken werden Mikrokanäle erzeugt. Der Trennkanal wird mit dem Puffer gefüllt (ausschließlich elektrokinetisch). Die Probe kann in einem zweiten Schritt über den in Kreuz angelegten Kanal elektrokinetisch eingefüllt werden (◨ Abb. 13.29) – die Probemenge ist hier durch die Kanalgrößen limitiert (*pinched injection*). Mit der *Gated-Injection*-Methode

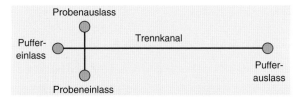

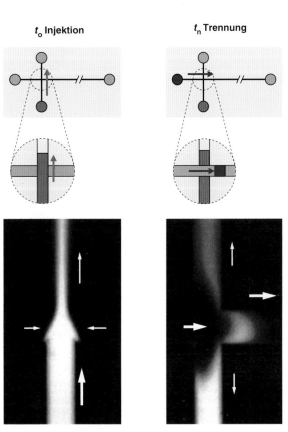

◨ **Abb. 13.29**  Miniaturisierung als Mikrochipelektrophorese (MCE); Injektion und Trennungsprinzip. (Trennungen nach Ping et al. 2004)

können im Gegensatz zur *pinched injection* durch Veränderung der Injektionszeiten auch variable Volumina injiziert werden.

Die Trennprinzipien sind wie in der Kapillarelektrophorese mittels CZE, CGE, MEKC oder CEC mittels verschiedener Beschichtungen der Trennkanaloberflächen realisiert. Als Beispiele sind die Trennung von Aminosäuren durch Chip-MEKC sowie von Proteinen durch Chip-CGE in ◨ Abb. 13.30 gezeigt. Die schnellen Trennungen eignen sich besonders in zweidimensionalen Trennverfahren, wie im MEKC × CZE-Trennungsbeispiel eines verdauten Proteins gezeigt. Aufgrund der geringen Probenkonzentration erfolgt die Detektion bevorzugt mit laserinduzierter Fluoreszenz (LIF) oder der Massenspektrometrie.

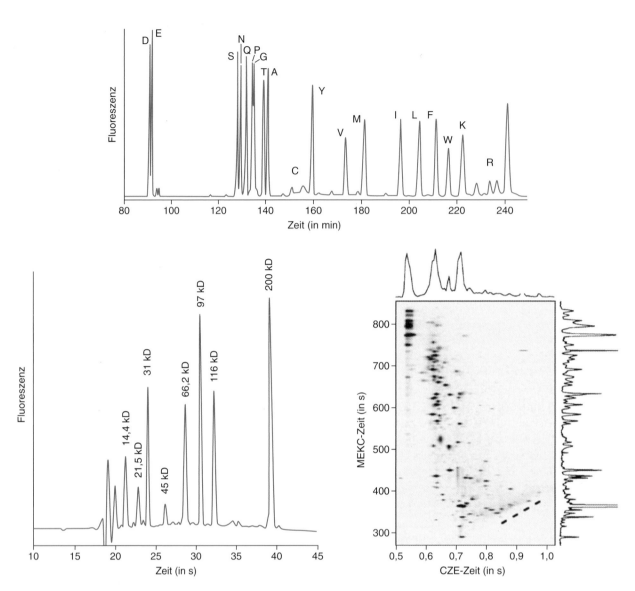

◻ **Abb. 13.30** MCE-Trennung von derivatisierten Aminosäuren mittels Chip-MEKC (oben) und von Proteinen mittels Chip-CGE (unten links); multidimensionaler Ansatz in der Trennung eines verdauten Proteins (bovines Serumalbumin) mittels MEKC × CZE (unten rechts)

## 13.6  Ausblick

Die Bioanalytik ist ein begrenzter, aber wichtiger Anwendungsbereich der Kapillarelektrophorese, da sowohl die Untersuchung ganzer Zellen und Mikropartikel als auch die Analytik von Makromolekülen, niedermolekularen Verbindungen oder anorganischen Ionen möglich sind. Auch wenn die Chromatographie und die Gelelektrophorese die „Arbeitspferde" der Proteinanalytik sind, haben sich besonders die iCIEF und die SDS-CE als Routineverfahren in der Analytik von Proteinwirkstoffen in der Pharmaindustrie etabliert. Große Anstrengungen werden derzeit in der Forschung zur Entwicklung zweidimensionaler Verfahren mit massenspektrometrischer Detektion unternommen, d. h. der Kopplung von zwei CE-Systemen (CE-CE-MS) oder der Kopplung der Kapillarelektrophorese mit der HPLC als erste bzw. zweite Dimension (CE-HPLC-MS oder HPLC-CE-MS). Dabei ist sowohl der präzise und reproduzierbare Transfer von Proben aus der ersten in die zweite Dimension wichtig als auch eine effektive elektrische Isolierung der Transfereinheit (z. B. ein mechanisches 4-Wege-Nanoventil) von der Hochspannung, die zur Trennung in der CE notwendig ist. Die Verwendung von Mikrochips in zweidimensionalen Systemen wird ebenfalls weiter untersucht.

In der Bioanalytik von einzelnen Proteinen bzw. des Proteoms ist es auch wichtig, die extrem unterschiedlichen Proteinkonzentrationen zu bewältigen, um auch sehr gering exprimierte Proteine erfassen zu können. Hierfür sind selektive Anreicherungsverfahren für Proteinklassen unverzichtbar. Andere technische Weiterentwicklungen liegen besonders auf dem Gebiet der Mikrochips, wobei neben der weiteren Miniaturisierung vor allen als Mikrototalanalysensysteme als auch Chips mit vielen Kanälen zur simultanen Analyse vieler Proben erforscht werden.

Einen wichtigen Beitrag leistet die Kapillarelektrophorese außerdem zur Untersuchung von Protein-Ligand-Wechselwirkungen oder dem Strukturverhalten von Proteinen, ebenso zur Bestimmung physikalisch-chemischer Konstanten wie dem $pK_a$-Wert, also auf Gebieten, die nicht der klassischen Analytik entsprechen.

## Literatur und Weiterführende Literatur

Chu YH, Avila LZ, Biebuyck HA, Whitesides GM (1992) Use of affinity capillary electrophoresis to measure binding constants of ligands to proteins. J Med Chem 35:2915–2917

Miyashita Y, Terabe S (1990) Application data DS-767. Beckman, Palo Alto

Ping G, Zhang W, Zhang L, Zhang L, Schmitt-Kopplin P, Kettrup A, Zhang Y (2003) Electrochromatography-abnormal phenomenon of the dependence of the retention factors for uncharged species on applied voltage in capillary electrochromatography. Chromatographia 57:777–781

Ping G, Zhang Y, Zhang W, Zhang L, Zhang L, Ph S-K, Kettrup A (2004) On-line concentration of neutral and charged species in capillary electrochromatography with a methacrylate-based monolithic stationary phase. Electrophoresis 25:421–427

Schmitt-Kopplin P, Frommberger M (2003) Capillary electrophoresis-mass spectrometry: 15 years of developments and applications. Electrophoresis 24:3837–3867

Schmitt-Kopplin P, Poiger T, Simon R, Freitag D, Kettrup A, Garrison AW (1997) Simultaneous determination of ionization constants and isoelectric points of 12 hydroxy-s-triazines by capillary zone electrophoresis and capillary isoelectric focusing. Anal Chem 69:2559–2566

Schwer C (1995) Capillary isoelectric focusing: a routine method for protein analysis. Electrophoresis 16:2121–2126

Schmitt-Kopplin P, Junkers J (2007) Modern electrophoretic techniques for the characterization of natural organic matter, in Wilkinson KJ, Lead JR (Hrsg) Environmental colloids: behaviour, structure and characterisation. Wiley, Chichester, S 277–314

### Weiterführende Literatur

Ahuja S, Jimidar MI (Hrsg) (2008) Capillary electrophoresis methods for pharmaceutical analysis. Academic Press, Elsevier, London

Bartle KD, Myers P (Hrsg) (2001) Capillary electrochromatography. The Royal Society of Chemistry, Cambridge

De Jong G (Hrsg) (2016) Capillary electrophoresis – mass spectrometry: principles and applications. Wiley-VCH, Weinheim

Deyl Z, Svec F (Hrsg) (2001) Capillary electrochromatography. J. Chromatogr. Library – vol 62. Elsevier Science Publishers B.V., Amsterdam

Fung YS (Hrsg) (2015) Microfluidic chip-capillary electrophoresis devices. CRC Press, Boca Raton

Gacrica CD, Chumgimuni-Torres KY, Carrilho E (Hrsg) (2013) Capillary electrophoresis and microchip electrophoresis: principles, applications and limitations. Wiley, New York

Gahoual R, Leize-Wagner E, Houzé P, Francois Y-N (2018) Revealing the potential of capillary electrophoresis/mass spectrometry: the tipping point. Rapid Commun Mass Spectrom. https://doi.org/10.1002/rcm.8238

Guttman A (2008) Capillary gel electrophoresis and related microseparation techniques. Elsevier, Amsterdam

Henry CS (Hrsg) (2006) Microchip capillary electrophoresis methods and protocols. Humana Press, Totowa

Landers JP (Hrsg) (2008) Handbook of capillary and microchip electrophoresis and associated microtechniques. CRC Press, Boca Raton

Lapizco-Encinas BH, Wätzig H (Hrsg) Electrophoresis. Verschiedene regelmäßige Sonderbände über CEC, CE/MS, MCE, Applikationen in der Bioanalytik und Pharmaanalytik. Wiley-VCH, Weinheim

Lunn G (Hrsg) (2000) Capillary electrophoresis methods for pharmaceutical analysis. Wiley, New York

Neubert R, Ruttinger H-H (Hrsg) (2003) Affinity capillary electrophoresis in pharmaceutics and biopharmaceutics. M. Dekker, New York

Poole CF (Hrsg) (2018) Capillary electromigration separation methods. Elsevier, Amsterdam

Schlecht J, Jooß K, Neusüß C (2018) Two-dimensional capillary zone electrophoresis-mass spectrometry: coupling MS-interfering capillary electromigration methods with mass spectrometry. Anal Bioanal Chem 410(25):6353–6359

Ph S-K (Hrsg) (2016) Capillary electrophoresis, methods and protocols, 2. Aufl. Springer/Humana Press, Totowa

Stolz A, Jooß K, Höcker O, Römer J, Schlecht J, Neusüß C (2018) Recent advances in capillary electrophoresis-mass spectrometry: instrumentation, methodology and applications. Electrophoresis. https://doi.org/10.1002/elps.201800331

Strege MA, Lagu AL (Hrsg) (2004) Capillary electrophoresis of proteins and peptides. Humana Press, Totowa

Van Schepdael A (Hrsg) (2016) Microchip capillary electrophoresis protocols. Springer/Humana Press, Totowa

Volpi N, Maccari F (Hrsg) (2013) Capillary electrophoresis of biomolecules, methods and protocols. Springer/Humana Press, Totowa

# Aminosäureanalyse

*Josef Kellermann*

## Inhaltsverzeichnis

14.1      Probenvorbereitung – 329
14.1.1    Saure Hydrolyse – 329
14.1.2    Alkalische Hydrolyse – 330
14.1.3    Enzymatische Hydrolyse – 330

14.2      Freie Aminosäuren – 330

14.3      Flüssigchromatographie mit optischer Detektion – 330
14.3.1    Nachsäulenderivatisierung – 330
14.3.2    Vorsäulenderivatisierung – 333

14.4      Aminosäureanalyse mit massenspektrometrischer
          Detektion – 335

14.5      Datenauswertung und Beurteilung der Analysen – 337

          Literatur und Weiterführende Literatur – 339

© Springer-Verlag GmbH Deutschland, ein Teil von Springer Nature 2022
J. Kurreck et al. (Hrsg.), *Bioanalytik*, https://doi.org/10.1007/978-3-662-61707-6_14

- Die Aminosäureanalytik (ASA) ist eine Methode, um die Zusammensetzung und Konzentration von Aminosäuren in einer Probe zu bestimmen. Die Probe kann aus freien Aminosäuren bestehen bzw. aus Proteinen/Peptiden, zu deren Analyse eine vorangehende Hydrolyse notwendig ist.
- Zur Analyse stehen eine Reihe von chemischen Modifikations-, Trenn- (HPLC und CE) und Detektionstechniken (UV, Fluoreszenz, MS, MS-MS) zur Verfügung, wobei eine Vielzahl von Kombinationsmöglichkeiten vor allem im wissenschaftlichen Umfeld zur Anwendung kommt.
- Anwendungsbereiche der Aminosäureanalytik sind die Bestimmung der Konzentration und Zusammensetzung einer Probe in der Proteinanalytik. Die bei Weitem größten Anwendungsbereiche sind jedoch die Pharmakologie, klinische Chemie und die Umwelt- und Nahrungsmittelanalytik, für die robuste Hochdurchsatzmethoden entwickelt wurden.
- Diese Routinemethoden basieren häufig auf der Kombination Chromatographie (HPLC/UPLC), Nachsäulen-Derivatisierung mit Ninhydrin/OPA und Detektion durch UV.

Viele Techniken in der Proteinchemie setzen eine genaue Kenntnis der eingesetzten Proteinmenge voraus. Die Aminosäureanalyse liefert dabei weitaus mehr und genauere Informationen als kolorimetrische Methoden. Sie dient neben der genauen Mengenbestimmung auch zur Ermittlung der relativen Aminosäurezusammensetzung von Peptiden und Proteinen und zur Bestimmung von freien Aminosäuren. Die prozentuale Zusammensetzung der Aminosäuren ergibt für jedes Protein ein charakteristisches Profil, das in vielen Fällen für eine Identifizierung des Proteins in einer Datenbank bereits ausreicht. Der gleichzeitige Nachweis von Aminozuckern gibt auch Hinweise auf das Vorliegen eines Glykoproteins. Die Aminosäurezusammensetzung dient häufig als Entscheidungshilfe bei der Auswahl der richtigen Protease zur gezielten Fragmentierung eines Proteins. Außerdem wird die Aminosäureanalyse bei der C-terminalen Sequenzanalyse eingesetzt.

Die Aminosäureanalyse wird in einem zweistufigen Verfahren durchgeführt: Im ersten Schritt, der Hydrolyse, werden die einzelnen Aminosäuren aus dem Peptid bzw. Protein freigesetzt. Im zweiten Schritt erfolgt die Auftrennung, Detektion und Quantifizierung der Aminosäuren.

Neben der Proteinanalytik übernimmt die Aminosäureanalytik in zunehmendem Maße eine bedeutendere Rolle in anderen Bereichen wie der klinischen Diagnostik, der biomedizinischen Forschung, im Bioengineering und in der Lebensmittelchemie. Dazu wurden unterschiedlichste Techniken entwickelt und kommerziali-

siert. Immer noch besteht Bedarf, diese Techniken in Bezug auf Geschwindigkeit der Analyse, Robustheit, Reproduzierbarkeit und Sensitivität zu verbessern. Dabei verschiebt sich der Schwerpunkt von der Analyse von Proteinhydrolysaten weg und hin zur Analyse freier Aminosäuren unterschiedlichster biologischer Matrizes.

Begründet wurde die Technik der Aminosäureanalyse durch Stein und Moore 1948. Sie führten die Auftrennung der Aminosäuren zunächst an Stärkesäulen durch. Die Detektion der getrennten Aminosäuren erfolgte durch die Farbreaktion mit Ninhydrin (▶ Abschn. 14.3.1). Da Stärkesäulen nur eine geringe Kapazität haben und empfindlich gegen salzkontaminierte Proben sind, verwendeten sie jedoch bald das sulfonierte Polystyrolharz *Dowex 50*. Die analytische Trennung eines Proteinhydrolysats dauerte damit nur noch fünf Tage – die Hälfte der Zeit, die für die Chromatographie mit Stärke als stationärer Phase erforderlich war. Als Puffersysteme verwendeten sie Lithium- und Natriumcitratpuffer. Prinzipiell unterschied sich die Methode von der noch heute verwendeten Technik nur durch die analysierte Menge. Bereits 1958 konnte die Trennung eines Hydrolysats in 24 h durchgeführt werden. Spackman veröffentlichte im gleichen Jahr ein „Instrument zur automatischen Aufzeichnung der Farbausbeuten von Ninhydrin" und erreichte damit die quantitative Bestimmung von 100 nmol Aminosäuren mit einer Genauigkeit von drei Prozent. Dies wurde das klassische System der Aminosäureanalyse. Stein und Moore erhielten 1972 für diese Arbeiten über Aminosäureanalytik den Nobelpreis für Chemie.

Aminosäuren sind sehr kleine, polare Moleküle, die durch nahezu alle Trennmethoden außer der Ionenaustauschchromatographie schlecht zu trennen sind. Die Trennung erfolgt an einem Kationenaustauscherharz und beruht auf dem unterschiedlichen Säure-Basen-Verhalten der einzelnen Aminosäuren. Die im sauren Bereich positiv geladenen Aminosäuren binden an das Harz und werden mit steigender Ionenstärke und steigendem pH-Wert von der Säule eluiert. Die Detektion der aufgetrennten Aminosäuren ist äußerst problematisch, da sie keinen Chromophor besitzen und so weder im UV-Licht noch durch Fluoreszenz nachweisbar sind. In den Siebzigerjahren des letzten Jahrhunderts konnten durch neue Derivatisierungsmethoden sowohl die chromatographischen Eigenschaften als auch der Nachweis der Aminosäuren entscheidend verbessert werden, was zu neuen Techniken in der Aminosäureanalytik führte. Der entscheidende Anstoß kam dabei durch die Einführung der Reversed-Phase-Chromatographie. Sie erlaubte höhere lineare Flussraten und verkürzte die Trennzeiten drastisch. Die veränderten Absorptionscharakteristika der neuen Aminosäurederivate führten zu einer weit höheren Nachweisempfindlichkeit.

14

Neben optischer Detektion, gekoppelt mit chromatographischen Methoden, wurden in jüngerer Zeit auch verschiedenste massenspektrometrische Detektionsmethoden beschrieben, gekoppelt mit unterschiedlichsten Trenntechniken wie Chromatographie, Kapillarelektrophorese oder Gaschromatographie.

## 14.1 Probenvorbereitung

Der erste Schritt bei der Bestimmung der Aminosäurezusammensetzung ist die Freisetzung der einzelnen Aminosäuren. Die Spaltung der Peptidbindung (◨ Abb. 14.1) erfolgt dabei durch chemische oder enzymatische Hydrolyse.

### 14.1.1 Saure Hydrolyse

Die Standardmethode in der Proteinchemie ist die 1963 von Moore eingeführte saure Hydrolyse mit 6 N HCl (24 h bei 110 °C) unter Ausschluss von Sauerstoff. Abwandlungen dieser Methode – Verwendung anderer Säuren, erhöhte Temperaturen und kürzere Hydrolysezeiten und der Zusatz verschiedener *Scavenger* – sind notwendig, um den Problemen entgegenzuwirken, die durch das unterschiedliche Hydrolyseverhalten einzelner Aminosäuren entstehen. Die Standardbedingungen sind ein Kompromiss von Hydrolysezeit und Temperatur, wobei man in Kauf nimmt, dass einige Aminosäuren partiell zerstört werden. Dies führt zu Verlusten von ca. 10–40 % bei Serin, Threonin und Methionin sowie 50–100 % bei Cystein, Tryptophan oder bei Aminozuckern und phosphorylierten Aminosäuren. Asparagin und Glutamin werden bei der sauren Hydrolyse vollständig zu den entsprechenden Säuren desamidiert.

Verkürzte Hydrolysezeiten verbessern zwar die Ausbeuten der empfindlichen Aminosäuren, verschlechtern aber die Freisetzung von Aminosäuren aus hydrophoben Umgebungen (z. B. Ile–Val, Val–Val). Eine Erhöhung auf bis zu 96 h kehrt dieses Verhältnis um. Um dem Hydrolyseverhalten aller Aminosäuren gerecht zu

werden, muss die Hydrolyse unter verschiedenen Bedingungen durchgeführt werden. Durch die Extrapolation der erhaltenen Werte erzielt man ein Ergebnis, das der wahren Zusammensetzung am nächsten liegt. So gesehen ist die Aminosäureanalyse, gerade wenn es sich um eine Einzelanalyse handelt, keine wirklich quantitative Methode.

> Die Hydrolyse ist der Arbeitsgang der Aminosäureanalyse, in dem am leichtesten Kontaminationen in die Probe eingebracht werden und in dem auch Substanz verloren gehen kann. Die Quellen für Verunreinigungen sind kontaminierte Oberflächen und Lösungsmittel. Dies wirkt sich umso mehr aus, je geringer die zu analysierende Probenmenge ist.

Um das Verhältnis von Probenmenge zu Verunreinigung bei sensitiveren Analysetechniken zu verbessern, verwendet man die **Gasphasenhydrolyse**. Dabei wird das Hydrolysemedium nicht mehr direkt zur Probe gegeben wie bei der Flüssigphasenhydrolyse, sondern in ein Hydrolysegefäß, das evakuiert wird und in welches das Probengefäß selbst unverschlossen eingebracht wird.

Mit der Gasphasenhydrolyse und erhöhten Temperaturen verkürzte sich die Hydrolysezeit enorm (z. B. 4 h bei 145 °C oder 1,5 h bei 165 °C). Außerdem werden Mischungen verschiedener Säuren verwendet, z. B. Propionsäure/HCl 1:1 bei 160 °C über 15 min oder TFA/HCl 1:2 bei 166 °C und einer Hydrolysezeit von 25 min. Die Hydrolyse mit organischen Säuren wie Methansulfonsäure oder Toluolsulfonsäure führte zu einer wesentlichen Verbesserung der Tryptophanausbeuten, sodass Werte bis zu 90 % erreicht werden können, ohne die Ausbeuten der anderen Aminosäuren wesentlich zu beeinträchtigen.

Gerade Tryptophan und Methionin sind äußerst oxidationsanfällig. Sauerstoff wird deshalb durch abwechselndes Evakuieren und Begasen mit Inertgas aus dem Hydrolysegefäß entfernt. Die Zugabe von Antioxidanzien zu 6 N HCl unterstützt dies zusätzlich. Als Scavenger werden dabei Phenol (1 %), Thioglykolsäure (0,1–1 %), 2-Mercaptoethanol (0,1 %), Tryptamin (3-(2-Aminoethyl)-indol) oder Natriumsulfit verwendet.

---
**Scavenger**

(engl. Aasfresser) Substanz, die einem Gemisch zugeführt wird, um Verunreinigungen oder unerwünschte Nebenprodukte zu entfernen oder zu inaktivieren.

---

◨ **Abb. 14.1**   Hydrolyse einer Peptidbindung

Die quantitative Bestimmung von Cystein erfordert eine Vorbehandlung des zu untersuchenden Proteins. Die

Oxidation mit Perameisensäure überführt Cystin in Cysteinsäure. Die Reduktion des Proteins mit Thiol und anschließende Alkylierung mit Iodessigsäure oder 4-Vinylpyridin führt zu gut analysierbaren, stabilen Derivaten wie Carboxymethylcystein bzw. Pyridylethylcystein.

Eine Möglichkeit zur Bestimmung von Asparagin und Glutamin, die bei der Hydrolyse desamidiert werden, erfordert eine Umlagerung mit 1,1-Trifluoracetoxyiodbenzol zu den korrespondierenden Diaminopropionsäure- und Buttersäurederivaten. Die Bestimmung erfolgt dann durch Subtraktion der Glutaminsäure- bzw. der Asparaginsäurewerte mit und ohne Vorbehandlung.

Eine Verkürzung der Hydrolysezeit auf wenige Minuten konnte durch den Einsatz der Mikrowellenhydrolyse erreicht werden, einer Gasphasenhydrolyse mithilfe eines Mikrowellenofens.

### 14.1.2 Alkalische Hydrolyse

Die alkalische Hydrolyse wird nur sehr selten angewandt, da sie fast ausschließlich zur Verbesserung der Tryptophanausbeuten dient. Als Hydrolysemedium wird 4 M Barium-, Natrium- oder auch Lithiumhydroxid verwendet (18–70 h bei 110 °C). Der Einsatz starker Laugen erfordert spezielle Reaktionsgefäße, da Glas geätzt wird und die freigesetzten Silikate Nebenreaktionen begünstigen. Der Reaktionsansatz muss nach der Hydrolyse neutralisiert werden. Bariumionen müssen durch Carbonat oder Sulfat ausgefällt und entfernt werden, was wiederum zu Verlusten an Aminosäuren durch Adsorption an das präzipitierte Bariumsalz führt.

### 14.1.3 Enzymatische Hydrolyse

Die enzymatische Hydrolyse wird ebenfalls nur sehr selten und in ganz speziellen Fällen angewandt. Glutamin und Asparagin werden nicht desamidiert und sind nach enzymatischer Hydrolyse nachweisbar. Ebenso ist es ein schonendes Hydrolyseverfahren zum Nachweis sulfatierter (Tyrosin-O-Sulfat) oder phosphorylierter Aminosäuren, die bei saurer oder alkalischer Hydrolyse (vor allem Phosphoserin) zerstört werden.

Um einen vollständigen enzymatischen Verdau zu erreichen, ist der aufeinanderfolgende Einsatz mehrerer Endo- und Exopeptidasen mit breiter Spezifität notwendig (► Kap. 10). Zur Anwendung kommen Leucin-Aminopeptidasen, Prolidasen, Subtilisin, Papain und Carboxypeptidasen. Auch Pronase, ein Gemisch unspezifischer Proteasen, baut Proteine gut zu einzelnen Aminosäuren ab.

### 14.2 Freie Aminosäuren

Die Bestimmung freier Aminosäuren ist vor allem bei physiologischen Proben wie Plasma oder Urin von großer Bedeutung, hat aber auch ihren Platz in der Lebensmittelindustrie oder in der biologischen Forschung. Die Proben sind meist sehr komplexe Gemische aus äußerst unterschiedlichen Substanzen wie Proteinen, Fetten, Salzen und natürlich freien Aminosäuren. Gerade die hochmolekularen Substanzen erschweren die Analyse, da sie an die stationären Phasen der Säulen binden und so die Kapazität vermindern oder gar die Säule zerstören. Häufig ist eine Analyse erst nach Präzipitation, Filtration und Zentrifugation möglich. Eine gängige Methode ist die Präzipitation der Proteine mit 5-Sulfosalicylsäure und anschließende Zentrifugation.

Im Gegensatz zur Analyse von Proteinhydrolysaten mit normalerweise 18 Aminosäuren (Asparagin und Glutamin werden bei der Hydrolyse desamidiert) erfordert die Analyse physiologischer Proben die Auftrennung und Quantifizierung von bis zu fünfzig verschiedenen Komponenten, was höhere Anforderungen an das verwendete Analysensystem stellt.

### 14.3 Flüssigchromatographie mit optischer Detektion

Wie bereits erwähnt, ist zum Nachweis und teilweise auch für die chromatographische Trennung eine Derivatisierung der Aminosäuren nötig. Die Derivatisierung kann dabei entweder vor (Vorsäulenderivatisierung) oder nach der Chromatographie (Nachsäulenderivatisierung) erfolgen. Ein ideales Derivatisierungsreagens sollte folgende Kriterien erfüllen:

- Es sollte mit primären und sekundären Aminen reagieren.
- Es sollte zu einer quantitativen, reproduzierbaren Reaktion führen.
- Jede Aminosäure sollte nur ein einziges, stabiles Derivat bilden.
- Derivate sollten hohe UV-Absorption oder hohe Fluoreszenzausbeuten aufweisen.
- Das Reagenz oder Reaktionsnebenprodukte sollten selbst nicht absorbieren oder die Chromatographie stören.
- Die Reaktion sollte unter milden Bedingungen ablaufen.

### 14.3.1 Nachsäulenderivatisierung

Bei der Nachsäulenderivatisierung werden die freien Aminosäuren über Ionenaustauschchromatographie mit einem Stufengradienten aufgetrennt und das Derivatisierungsreagenz nach der Säule mit einer weiteren Pumpe zugemischt. Eine Reaktionsschleife, deren Länge so gewählt ist, dass die Verweildauer der Reaktionsmischung in der Schleife der erforderlichen Reaktionszeit entspricht, ermöglicht die Umsetzung der Aminosäuren mit dem Reagenz im kontinuierlichen Durchfluss. Ein Detektor wird zum Nachweis und zur Quantifizierung verwendet. Bei der klassischen Methode wird zur Umsetzung mit den Aminosäuren Ninhydrin verwendet. Daneben kommen wegen besserer Sensitivität aber auch Fluorescamin und *ortho*-Phthaldialdehyd (OPA) zum Einsatz.

**Ninhydrin** Seit den Fünfzigerjahren des letzten Jahrhunderts, als Stein und Moore die Technik entwickelten, gab es enorme Fortschritte in Geschwindigkeit, Sensitivität und Instrumentierung. Die Methode selbst aber blieb praktisch unverändert. Während des Durchlaufs durch eine Reaktionsschleife reagiert Ninhydrin quantitativ mit primären und sekundären Aminen (◧ Abb. 14.2) bei einer Temperatur von 100–130 °C. Ninhydrin bewirkt über die Bildung einer Schiff'schen Base eine oxidative Decarboxylierung der Aminosäure. Die Hydrolyse der Schiff'schen Base des decarboxylierten Produkts führt zu einem Aldehyd und einem Ninhydrinderivat, das den Aminstickstoff der Aminosäure trägt. Dieses Ninhydrinderivat bildet mit dem mittleren Carbonyl-*C*-Atom eines zweiten Ninhydrinmoleküls eine Schiff'sche Base, die durch Deprotonierung einen blauvioletten Farbstoff ergibt. Der Rest R geht dabei nicht in das detektierbare Produkt ein. Die Identifizierung der Aminosäuren erfolgt nicht über ihre Derivate, sondern allein anhand der Retentionszeit während der Chromatographie. Der gebildete Farbstoff dient nur zur Quantifizierung. Die Ringstruktur von Prolin und Hydroxyprolin führt zu einer abweichenden Reaktionsfolge unter Bildung eines gelblichen Farbstoffs aus je einem Molekül Ninhydrin und Prolin mit einem sehr breiten Absorptionsspektrum. Bei 570 nm absorbiert dieser Farbstoff nur noch schwach und sein Absorptionsmaximum liegt bei 440 nm.

Es entstehen keine störenden Nebenprodukte oder Mehrfachderivate. Die Reaktionsprodukte absorbieren im UV-Bereich bei 570 nm (primäre Amine) und 440 nm (sekundäre Amine). Die Trennung erfolgt auf einem sphärischen Ionenaustauscherharz (10 % DVB-

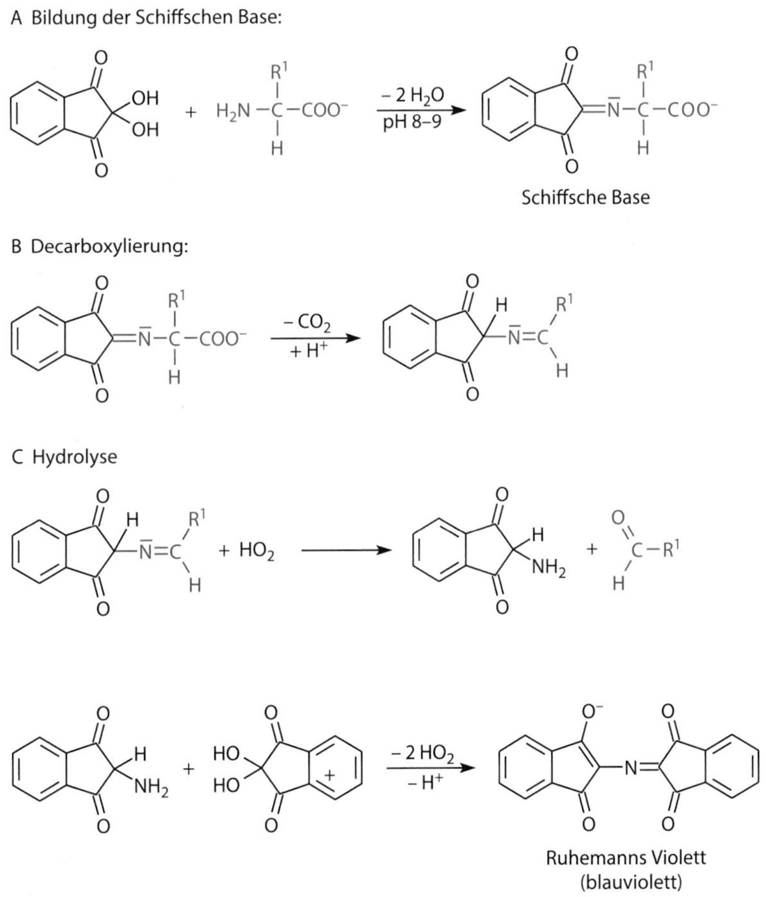

◧ **Abb. 14.2** Ninhydrinreaktion mit primären und sekundären Aminen. Ninhydrin bewirkt eine oxidative Decarboxylierung der Aminosäure, wobei der gebildete Ammoniak und Hydrindantin mit einem weiteren Ninhydrinmolekül einen purpurnen Farbstoff (Ruhemanns Violett) bilden

quervernetztes Polystyrol 4 × 150 mm) in Citratpuffer, beginnend bei pH 2. Die Elution erfolgt mit einem Stufengradienten mit steigender Ionenstärke und ansteigendem pH-Wert (■ Abb. 14.3). Die Nachweisgrenze liegt heute bei etwa 50 pmol.

**Fluorescamin**  Fluorescamin wurde als erstes Reagenz zur Steigerung der Sensitivität gegenüber der von Ninhydrin getestet. Es bildet im Alkalischen mit primären Aminen ein bei 475 nm fluoreszierendes Derivat (■ Abb. 14.4). Die Anregung erfolgt bei 390 nm. Das Fluoreszenzoptimum liegt jedoch bei pH 9, also weit über den pH-Werten des Laufmittels der Ionenaustauschchromatographie. Außerdem ist Fluorescamin in wässriger Lösung nicht stabil. Diese enormen Nachteile waren dafür verantwortlich, dass Fluorescamin nie eine wirkliche Rolle in der Aminosäureanalytik spielte.

*ortho*-**Phthaldialdehyd (OPA)**  Bei der Einführung von OPA in die Aminosäureanalytik wurde es zunächst ausschließlich als Reagenz für die Nachsäulenderivatisierung eingesetzt. OPA reagiert wie Fluorescamin nur mit primären Aminen. Zusammen mit einem Thiol reagiert es mit der Aminosäure zu einem fluoreszierenden 1-Alkyl-thio-2-alkyl-substituierten Isoindol (■ Abb. 14.5). Im Gegensatz zu Ninhydrin bilden Fluorescamin und OPA mit der umgesetzten Aminosäure Derivate, die auch eine Identifizierung der Aminosäure erlauben. Sekundäre Amine können mit OPA nicht nachgewiesen werden. Die Reaktion erfolgt im Alkalischen (pH 9,5) bei Raumtemperatur innerhalb weniger Minuten. Die Derivate können sowohl durch UV-Absorption (230 nm) als auch durch Fluoreszenzemission (Anregung bei 330 nm, Emission bei 460 nm) detektiert werden. Das Reagenz selbst fluoresziert nicht und stört somit im Chromatogramm nicht. Die Detektion bei 230 nm kann jedoch durch UV-absorbierende Kontaminationen gestört sein.

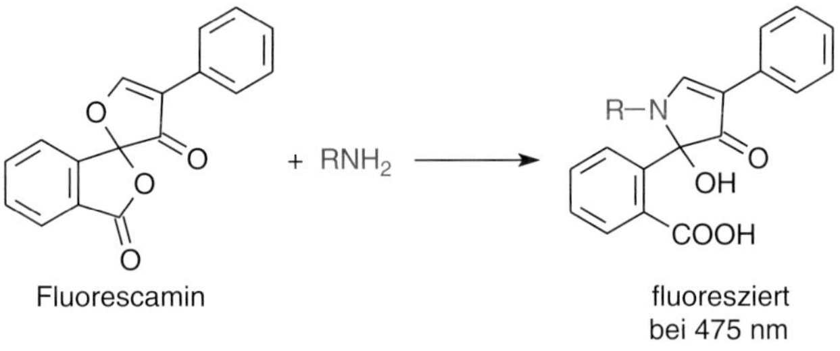

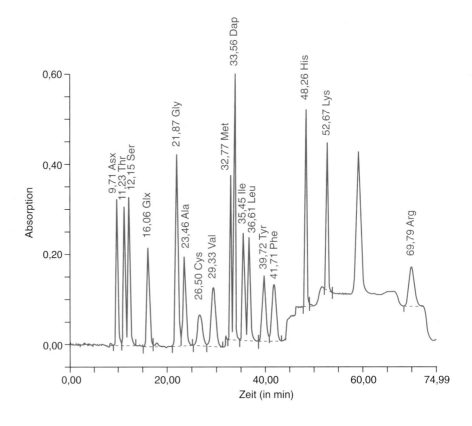

Fluorescamin

+ RNH$_2$ →

fluoresziert
bei 475 nm

■ **Abb. 14.4**  Reaktion von Fluorescamin mit primären Aminen

■ **Abb. 14.3**  Chromatographische Auftrennung eines Proteinhydrolysat-Standards (1 nmol) durch Ionenaustauschchromatographie in einem Natriumcitrat-Puffersystem. Die Trennung erfolgt mit einem Dreistufengradienten mit steigender Salzkonzentration, steigendem pH-Wert und ansteigender Temperatur. Detektiert wird bei 550 nm

**14**

Sekundäre Amine reagieren nicht mit OPA und müssen vor der Derivatisierung erst durch Oxidation zu primären Aminen umgesetzt werden (NaOCl oder Chloramin T). Diese Reagenzien können kontinuierlich dem Pufferstrom zugeführt werden. Das Detektionslimit liegt bei ca. 10 pmol (Fluoreszenzdetektion). Heute wird OPA vor allem bei der Vorsäulenderivatisierung verwendet.

### 14.3.2  Vorsäulenderivatisierung

Die Entwicklung der Hochleistungsflüssigkeitschromatographie (HPLC) – und hier vor allem der Reversed-Phase-Chromatographie (RP) – machte den Einsatz neuer Derivatisierungsreagenzien möglich, die das chromatographische Verhalten der Aminosäuren deutlich verändern. Die polaren Aminosäuren werden durch die Kopplung mit einem aromatischen Rest wesentlich hydrophober und lassen sich so ideal durch Chromatographien an Reversed-Phase-Materialien trennen. Moderne Chromatographiegeräte und Säulenmaterialien ermöglichen heute Trennungen in weniger als 15 min. Die Einführung eines Chromophors oder eines Fluorophors erhöhen außerdem die Nachweisempfindlichkeit drastisch. Einige der Derivate haben eine Nachweisgrenze von 50 fmol. Praktisch ist dieser Empfindlichkeitsbereich jedoch kaum zu erreichen, da schon geringste Verunreinigungen die Analysen verfälschen und unbrauchbar machen. So ist hier nicht mehr die Sensitivität der Methode, sondern die Probenvorbereitung der limitierende Faktor der Analyse. Zum großen Teil erfordert die Vorsäulenderivatisierung auch eine vollständige Automatisierung der Analyse, inklusive der Derivatisierung. Die unterschiedliche Stabilität der einzelnen Aminosäurederivate setzt eine genau definierte und möglichst kurze Zeitspanne von der Derivatisierung bis zur Detektion voraus, um auch sehr labile Aminosäurederivate möglichst quantitativ zu erfassen.

*ortho*-Phthaldialdehyd (OPA)  *ortho*-Phthaldialdehyd wird sowohl in der Nachsäulenderivatisierung als auch bei der Vorsäulenderivatisierung verwendet (◘ Abb. 14.5). Für die Derivatisierung werden unterschiedliche Thiole eingesetzt (2-Mercaptoethanol, Ethanthiol, 3-Mercaptopropionsäure). Sie sind für die Hydrophobizität und

Stabilität der einzelnen Derivate verantwortlich. Die chromatographischen Parameter, wie stationäre Phase oder Elutionspuffer, unterscheiden sich deshalb je nach Reagenz. Im Allgemeinen verwendet man einen Acetonitrilgradienten und einen Natriumphosphatpuffer mit pH 7,2 (◘ Abb. 14.6). Je nach Detektion erreicht man durch die Umsetzung mit OPA eine Nachweisgrenze von 10 pmol im Ultravioletten oder von 200 fmol bei der Fluoreszenzdetektion.

Phenylisothiocyanat (PITC)  Dieses Reagenz ist seit der Einführung des Edman-Abbaus in die Proteinchemie bestens untersucht. Es reagiert mit primären und sekundären Aminen unter alkalischen Bedingungen innerhalb von etwa zwanzig Minuten. Die entstehenden Phenylthiocarbamoyl- (PTC-)Derivate der Aminosäuren (◘ Abb. 14.7) sind relativ stabil. Es entstehen keine in der Reversed-Phase-Chromatographie störenden Nebenprodukte. Das Absorptionsmaximum liegt bei 245 nm. Die Nachweisgrenze beträgt ungefähr 1 pmol.

Fluorenylmethoxycarbonyl-(FMOC-)chlorid  Fluorenylmethoxycarbonylchlorid fand zunächst Anwendung als Schutzgruppe in der Peptidsynthese. 1983 wurde die 9-Fluorenylmethyloxycarbonylgruppe (FMOC) dann zum ersten Mal als Derivatisierungsreagenz in der Aminosäureanalytik beschrieben (◘ Abb. 14.8). Die Reaktion erfolgt sowohl mit primären als auch mit sekundären Aminen sehr schnell und führt bei pH 4,2 zu stabilen Derivaten. Das Reagenz FMOC-Chlorid hydrolysiert jedoch unter diesen Bedingungen schnell und muss aus dem Reaktionsansatz extrahiert werden, da es mitten im Chromatogramm mit den Aminosäuren eluiert. Dieser zusätzlich notwendige Schritt ist jedoch immer mit Verlusten von Aminosäuren verbunden. Die Aminosäurederivate absorbieren bei 260 nm und fluoreszieren bei 305 nm (Anregungswellenlänge 266 nm). Die Detektionsgrenze liegt bei 50 fmol.

Dabsylchlorid (DABS-Cl)  Der Einsatz von 4-Dimethylaminoazobenzol-4′-sulfonylchlorid (DABS-Cl) in der Aminosäureanalytik wurde 1975 zum ersten Mal beschrieben. Die Derivatisierung (◘ Abb. 14.9) gelingt mit primären und sekundären Aminen bei 70 °C und pH 9,0 innerhalb von 15 min. Die Derivate absorbieren im Sichtbaren bei 436 nm. Die Vorteile der Dabsylde-

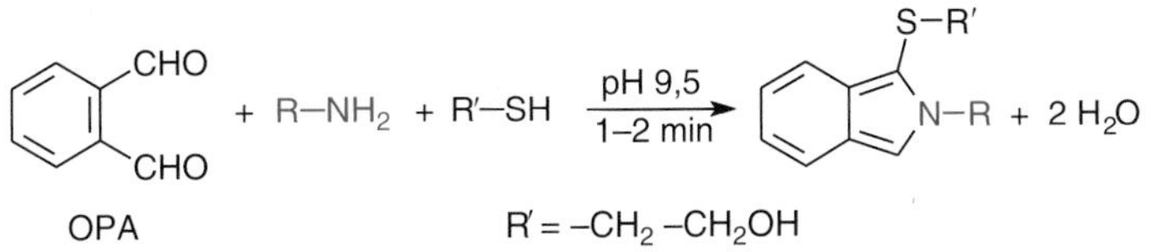

◘ **Abb. 14.5**  Reaktion von *ortho*-Phthaldialdehyd (OPA) mit primären Aminen. Bildung eines Isoindolderivats bei der Reaktion von OPA mit primären Aminen in Gegenwart eines Reduktionsmittels (2-Mercaptoethanol)

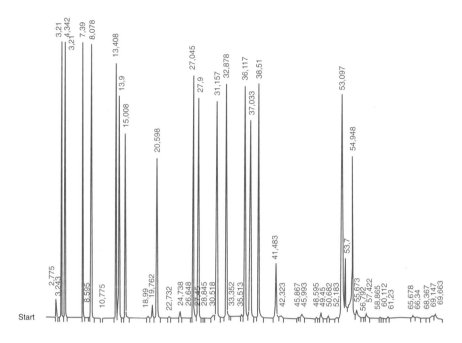

**Abb. 14.6** Chromatographische Auftrennung eines Proteinhydrolysates nach Derivatisierung mit OPA durch Reversed-Phase-Chromatographie an einer C$_{18}$-Säule (Shandon 250 mm × 4 mm) Puffer A: 10 mM Natriumphosphat, pH 7,2; Puffer B: Acetonitril. Durchfluss: 1 ml min$^{-1}$

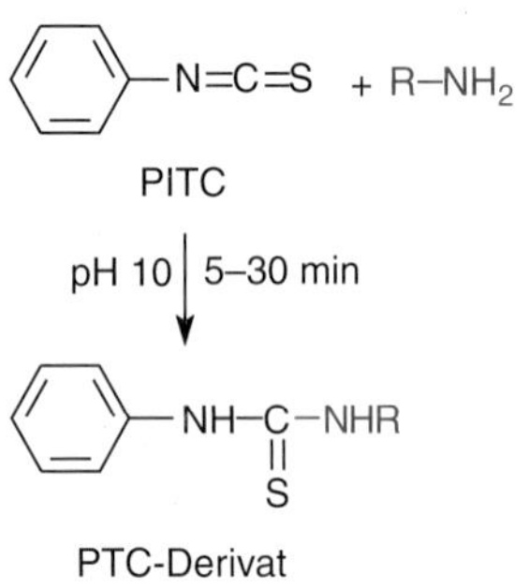

**Abb. 14.7** Reaktion von Phenylisothiocyanat (PITC) mit primären und sekundären Aminen unter Bildung eines Phenylthiocarbamoyl-Derivats (PTC)

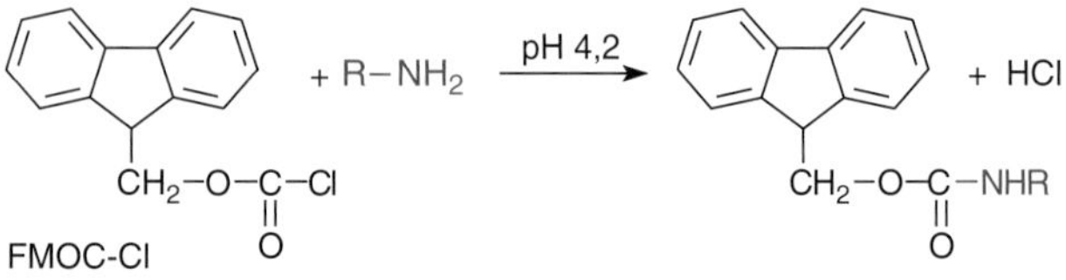

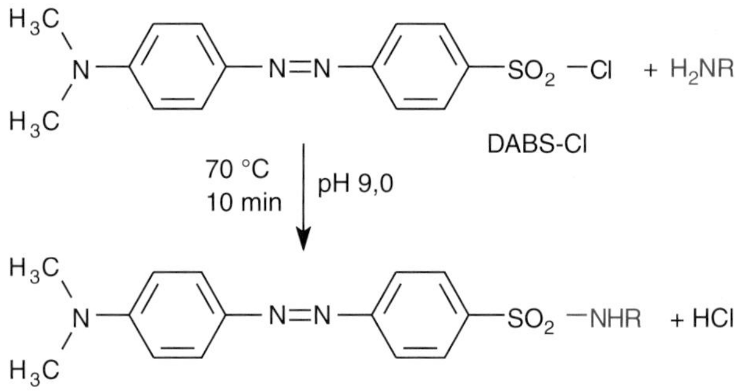

**Abb. 14.9** Reaktion von Dabsylchlorid (DABS-Cl) mit primären und sekundären Aminen

**Abb. 14.8** Reaktion von Fluorenylmethoxycarbonylchlorid (FMOC-Cl) mit primären und sekundären Aminen

rivate sind ihre über Wochen anhaltende Stabilität und ihr Absorptionsverhalten im sichtbaren Bereich, das bei unterschiedlichen chromatographischen Bedingungen zu einer stabilen Basislinie führt, da Lösungsmittel in diesem Bereich nicht absorbieren. Der Nachteil der Reaktion ist, dass bisher noch keine Automatisierung ausgearbeitet werden konnte. Das Hauptproblem ist allerdings, dass man die ungefähre Menge der vorliegenden Aminosäuren abschätzen muss, da ein relativ genauer vierfacher Überschuss an Reagenz über die Aminosäuren zur Derivatisierung notwendig ist. Das Detektionslimit liegt im Bereich von 1 pmol.

**Dansylchlorid** 1-Dimethylaminonaphthalin-5-sulfonylchlorid (Dansylchlorid) wurde ursprünglich zur Endgruppenbestimmung von Peptiden und Proteinen verwendet. Das Reagenz wurde 1981 zum ersten Mal in der Aminosäureanalytik beschrieben. Dansylchlorid reagiert mit primären und sekundären Aminen (**Abb. 14.10**) und ergibt stark fluoreszierende Derivate. Die Reaktionsgeschwindigkeit ist allerdings sehr niedrig (Reaktionsdauer ca. 60 min) und die Reaktion unvollständig. Außerdem entsteht eine ganze Reihe von Nebenprodukten. Das Reagenz fand deshalb kaum Anwendung in der Aminosäureanalytik.

**6-Aminoquinoyl-N-hydroxysuccinimidyl-carbamat (ACQ)** Ein weiteres kommerziell erhältliches Komplettanalysensystem beruht auf der Derivatisierung primärer und sekundärer Aminogruppen durch 6-Aminoquinoyl-N-hydroxysuccinimidylcarbamat (ACQ, **Abb. 14.11**). Die entstehenden Derivate sind bis zu einer Woche bei Raumtemperatur stabil. Der bei anderen Reaktionen oft zeitkritische Derivatisierungsschritt, der bei den meisten

14

anderen Vorsäulenderivatisierungen nur durch Automatisierung reproduzierbar umzusetzen ist, ist bei der ACQ-Methode auch manuell gut durchzuführen.

In einer langsamer ablaufenden Reaktion (ca. 1 min) hydrolysiert überschüssiges Reagenz zu Aminoquinolin (AMQ), N-Hydroxysuccinimid (NHS) und Kohlenstoffdioxid. Das Haupthydrolyseprodukt AMQ fluoresziert schwach bei 395 nm, stört aber das Elutionsprofil der über Reversed-Phase-Chromatographie getrennten Aminosäuren nicht. Die Detektionsgrenze liegt bei ca. 100 fmol. Die Detektion erfolgt bei 395 nm (Anregung bei 250 nm), ist aber auch im UV-Bereich bei 248 nm bei geringerer Sensitivität möglich.

**Chirale Reagenzien zum Nachweis enantiomerer Aminosäuren**  Der Nachweis enantiomerer Aminosäuren ist vor allem in der Qualitätskontrolle von Aminosäuren für die

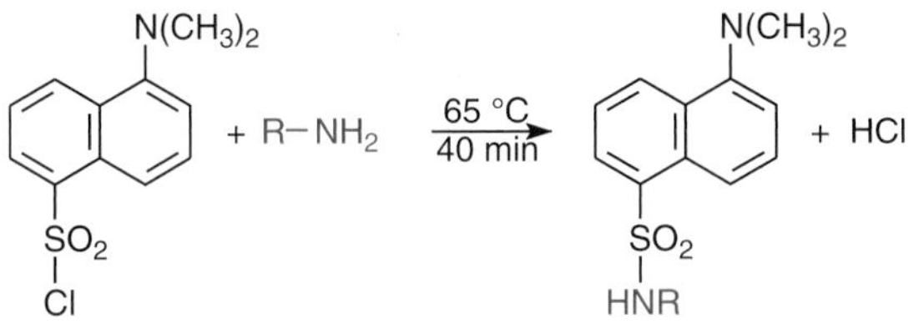

Dansylchlorid

**◘ Abb. 14.10**  Reaktion von Dansylchlorid mit primären und sekundären Aminen

prim./sek. Aminosäure     ACQ

derivatisierte Aminosäure     NHS

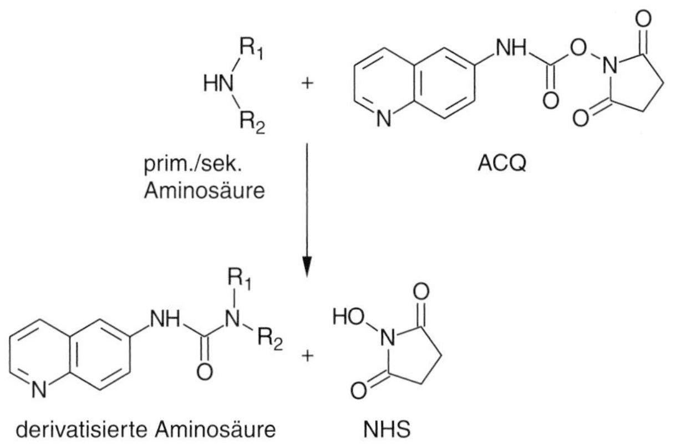

**◘ Abb. 14.11**  Reaktion von 6-Aminoquinoyl-N-hydroxysuccinimidylcarbamat (ACQ) mit primären und sekundären Aminen

Peptidsynthese, für die Kontrolle von Peptidpharmaka und auch in der Lebensmittelindustrie von Interesse.

Die Enantiomerenanalyse wird durch die Bildung diastereomerer Komplexe erreicht. Die Vorsäulenderivatisierung mit einem chiralen Reagenz erfüllt dabei alle geforderten Voraussetzungen. Zur Bildung von Diastereomeren mit D- und L-Aminosäuren ist ein optisch reines Reagenz wie (+)-1-(9-Fluorenyl)-ethylchlorformiat (FLEC) erforderlich (◘ Abb. 14.12). Die Reaktion ist analog zu der von FMOC und kann z. B. in Boratpuffer bei pH 6,8 und bei Raumtemperatur in wenigen Minuten erfolgen. Überschüssiges Reagenz muss dabei ebenfalls (mit Pentan) extrahiert werden. Die Chromatographie wird an $C_8$- oder $C_{18}$-Phasen durchgeführt. Die Detektion erfolgt im UV bei 254 nm oder im Fluoreszenzbereich bei 315 nm unter Anregung bei 260 nm. Die Reaktion mit OPA und chiralen Thiolen unter Bildung von Isoindolylderivaten kann ebenfalls zur Enantiomerenanalyse verwendet werden. Die Trennung von D- und L-Aminosäuren an $C_{18}$-Reversed-Phase-Phasen wurde auch nach Derivatisierung mit $H_2N$-(5-Fluor-2,4-dinitrophenyl)-L-alaninamid (FDNP-Ala-NH$_2$, **Marfey's Reagenz**) beschrieben. Als Puffersystem wird Triethylammoniumphosphat pH 3,0 mit einem Acetonitrilgradienten verwendet.

Eine weitere Möglichkeit der Enantiomerenanalyse bietet die Trennung von Enantiomeren an chiralen stationären Phasen mit Hochleistungsflüssigkeitschromatographie. Dabei werden reversible diastereomere Komplexe zwischen der chiralen stationären Phase (◘ Abb. 14.13) und dem adsorbierten Derivat gebildet.

## 14.4  Aminosäureanalyse mit massenspektrometrischer Detektion

Anders als bei der optischen Detektion mittels Photometer bietet das Massenspektrometer selbst eine eigene Trenndimension durch die Auftrennung der Analyten nach deren Masse (▶ Kap. 16). Dadurch kann auf eine hochauflösende Vortrennung durch Chromatographie, Elektrophorese oder Gaschromatographie verzichtet werden. Dies ermöglicht deutlich kürzere Trennzeiten und damit erhöhten Probendurchsatz. Der apparative Aufwand ist allerdings durch den Einsatz von Massen-

**◘ Abb. 14.12**  Reaktion des chiralen (+)-1-(9-Fluorenyl)-ethylchlorformiats (FLEC) mit D- und L-Aminosäuren führt zu diastereomeren Produkten. *Asymmetriezentrum

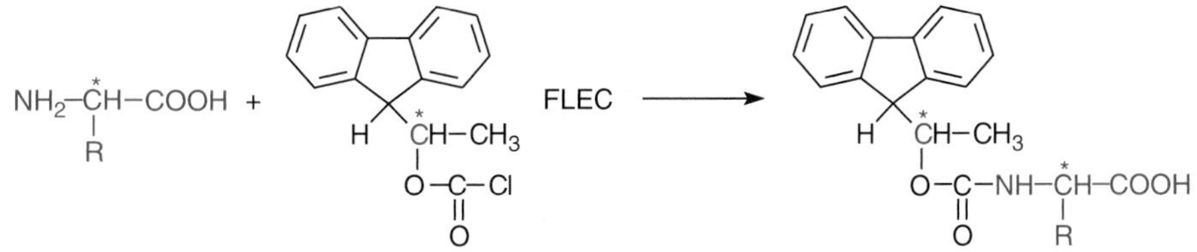

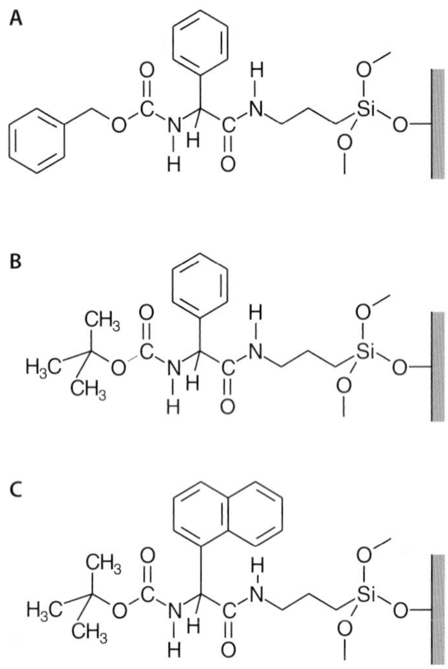

■ **Abb. 14.13** Strukturen chiraler, über Silanolgruppen gekoppelter stationärer Phasen. **A** (D-Phenylglycin)₂-NH(CH₂)₃-Si(OC₂H₅)₂; **B** Boc-D-Phenylglycin-NH(CH₂)₃-Si(OC₂H₅)₂; **C** Boc-L-(1-Naphthyl)glycin-NH(CH₂)₃-Si(OC₂H₅)₂

spektrometern deutlich höher und lässt sich im Routineeinsatz nur durch hohen Probendurchsatz rechtfertigen. Deshalb sind nur wenige der nachfolgend beschriebenen Kombinationen in der Routine im Einsatz.

**Ionenpaar-LC-MS-MS** Underivatisierte Aminosäuren können durch Ionenpaarchromatographie über C₁₈-Reversed-Phase-Säulen getrennt werden. Die Verwendung flüchtiger Puffer, wie z. B. Fluorcarboxylsäure, erlaubt zur Detektion eine direkte Kopplung der Chromatographie an ein Elektrospray-Massenspektrometer, das im MRM-Modus betrieben wird. Eine Quantifizierung wird durch Zugabe von stabilen Isotopenanaloga der Aminosäuren erreicht. Da neben der Chromatographie als zweiter Trennparameter das Molekulargewicht der Aminosäuren eingeführt wird, sind sehr kurze Analysenzeiten von weniger als 20 min für über 70 physiologische Aminosäuren zu erzielen.

**HILIC-MS** *Hydrophilic-Interaction*-Chromatographie setzt polare stationäre Phasen wie Silicagel-, Amid-, Hydroxyl-, Cyano- oder Amino-Säulenmaterialien voraus (▶ Abschn. 11.4). Die polaren Analyten werden im organischen Lösungsmittel, bevorzugt Acetonitril, an das Säulenmaterial gebunden und mit zunehmend wässriger Phase eluiert. Mit ESI-MS-MS als Detektionssystem las-

sen sich Trennzeiten von 20 min bei einem Detektionslimit im unteren Pikomolbereich erzielen.

**CE-MS** Da Aminosäuren geladene Analyten darstellen, ist eine Trennung mittels Kapillarelektrophorese ohne vorhergehende Derivatisierung möglich (▶ Kap. 13). Die Kopplung an ein ESI-Massenspektrometer erlaubt auch hier Trennungen in kurzer Zeit. Die Nachweisgrenze für Aminosäuren liegt jedoch relativ hoch, bedingt durch die geringen Auftragsvolumina bei der Kapillarelektrophorese.

**GC-MS** Die Gaschromatographie bietet ideale Voraussetzungen zur Kopplung an die Massenspektrometrie. Allerdings setzt der Trennschritt eine Derivatisierung der Aminosäuren voraus. Häufig wird dabei eine Silylierung verwendet, wobei ein aktiver Wassersoff durch eine Alkylsilylgruppe ersetzt wird, meist Trimetylsilyl durch Umsetzung mit *N,O*-Bis-(trimethylsilyl)trifluoroacetamid (BSTFA) oder *N*-Methyl(trimethylsilyl)trifluoroacetamid (MSTFA). Leider sind nicht alle Derivate stabil.

Alternativ können die Aminosäuren auch acyliert oder verestert werden, wobei Anhydrid/Alkohol-Kombinationen wie z. B. Pentafluoropropylanhydrid und Isopropanol verwendet werden.

**aTRAQ-LC-MS-MS** Basierend auf der iTRAQ-Chemie (▶ Abschn. 42.7.2), die zur relativen Quantifizierung von Peptiden in Proteomics-Experimenten entwickelt wurde, wurde eine Methode eingeführt, bei der die Analyten mit einem reaktiven Ester umgesetzt werden. Dieser besteht aus der reaktiven Gruppe, einem Linker und einem Reportermolekül unterschiedlicher Isotopenzusammensetzung. Bei der Analyse durch LC-MS-MS wird durch die Kollisionsenergie im MS-MS-Modus das Molekül fragmentiert und das Reporter-Ion freigesetzt und quantifiziert. Jede Aminosäure wird durch die Zugabe eines stabilen Isotops der gleichen Aminosäure als interner Standard mit einem Reporterion anderer Molekülmasse quantifiziert.

**Direktinfusions-MS-MS** Direktinfusions-MS-MS wird routinemäßig in der klinischen Diagnostik verwendet. Vor allem das Screening von Blut oder Urin Neugeborener zum Nachweis von Stoffwechselstörungen wird mit dieser Methode in hohem Durchsatz durchgeführt. Dabei wird Blut oder Urin auf Filterpapier gesammelt, das bereits als interne Referenz isotopengelabelte Standardaminosäuren zur absoluten Quantifizierung enthält. Anschließend werden Scheibchen definierter Größe ausgestanzt und die Aminosäuren mittels Methanol extrahiert. Durch Zugabe von Salzsäure in *n*-Butanol werden die Aminosäuren in ihre entsprechenden Butylester überführt, die dann mittels MS-MS ohne weitere Vortrennung analysiert werden können. Der fehlende Trenn-

14

schritt ermöglicht enorm schnelle Durchsatzzeiten, jedoch mit der Einschränkung, dass isobare Aminosäuren wie Isoleucin und Leucin oder Alanin und Sarcosin nicht unterschieden werden können.

Verwendet man zur Massenanalyse hochauflösende Geräte wie Fourier-Transformations-Massenspektrometer (FT-ICR) oder Orbitrap-Massenspektrometer, so ermöglicht dies sogar die Unterscheidung von Aminosäuren mit annähernd identischer Nominalmasse wie bei Glutamin und Lysin.

## 14.5 Datenauswertung und Beurteilung der Analysen

Die über eine Chromatographiesäule aufgetrennten Aminosäuren werden in einem UV- oder Fluoreszenzdetektor bei der Wellenlänge detektiert, die die höchsten Absorptionsausbeuten, entsprechend dem verwendeten Chromophor oder Fluorophor, erwarten lässt. Die Absorptionswerte werden analog oder digital entlang einer Zeitachse als Chromatogramm dargestellt. Die Flächenwerte der einzelnen Peaks sind proportional zur Menge des absorbierenden Derivats. Diese Flächenwerte werden mit den Flächenwerten eines Standardchromatogramms, in dem definierte Mengen aller Aminosäuren aufgetrennt sind und nach dem das System kalibriert ist, verglichen und zur Quantifizierung verwendet. Da die Absorption nicht bei allen Derivatisierungsmethoden linear mit der Menge an Aminosäuren zunimmt, muss das System mit unterschiedlichen Aminosäurekonzentrationen kalibriert werden. Die Konzentrationen der für die Eichung verwendeten Lösungen und der zu analysierenden Probe sollten im gleichen Mengenbereich liegen. Zusätzlich können bei der Eichung Korrekturfaktoren mit eingebracht werden, die problematische Aminosäuren bzw. deren Derivatisierungsverhalten berücksichtigen (z. B. unvollständige Derivatisierung, mehrere Peaks). Gerade bei der Analyse geringer Mengen ist die Subtraktion einer „Nullwertanalyse", das heißt einer Hydrolyse, bei der nur Hydrolysemedium (aber keine Probe) vorliegt, zur Korrektur von Verunreinigungen angebracht. Interne Standards – Substanzen, die im normalen Proteinhydrolysat nicht vorkommen, wie Norleucin –, die bereits vor der Hydrolyse in definierter Menge zugegeben werden, korrigieren Verluste, die während der einzelnen Analyseschritte auftreten.

Trotz einer genauen Kalibrierung und der Einführung interner Standards muss das Ergebnis einer Aminosäureanalyse genau beurteilt werden. So gibt es nur sehr wenige Aminosäuren, wie Alanin, Phenylalanin oder Leucin, bei denen die Analyse auch noch bei geringen Mengen verlässliche Ergebnisse liefert. Die Werte für Serin und Threonin sind wegen partieller Zerstörung zu niedrig (ebenso die für Aminozucker), Cystein und Tryptophan werden vollständig zerstört, und die Werte für Valin und Isoleucin sind wegen unvollständiger Hydrolyse häufig zu niedrig. Methionin und Tyrosin sind ebenfalls äußerst oxidationsempfindlich und die Werte liegen häufig zu niedrig (▶ Abschn. 14.1.1). Um trotz des unterschiedlichen Hydrolyseverhaltens der einzelnen Aminosäuren eine möglichst genaue Quantifizierung zu ermöglichen, ist es notwendig, die Hydrolyse bei verschiedenen Temperaturen zu wiederholen und dann die Werte der einzelnen Analysen zu extrapolieren, um so für jede Aminosäure den Maximalwert zu erhalten. Die Glycinwerte fallen durch Kontamination meistens zu hoch aus. Die Prolinwerte sind gerade bei Ninhydrinanalysen, wenn nur bei einer Wellenlänge gemessen wird, häufig ungenau, da die Prolinderivate wesentlich schlechtere Absorptionseigenschaften besitzen. Bei anderen Derivatisierungen (OPA oder Fluorescamin) werden die sekundären Amine überhaupt nicht erfasst.

Aminosäureanalysen sind heute mit einem Fehler kleiner ±10 % in einem Bereich über 10 pmol pro Aminosäure quantitativ durchführbar, auch wenn die Nachweisgrenze der einzelnen Methoden weit darunter (im Femtomolbereich) liegt (◻ Tab. 14.1). Der Hauptanteil der Fehlerquote liegt dabei auf Seiten der Hydrolyse, während die Analytik mit Fehlern kleiner 2 % durchführbar ist.

Die flüssigchromatographischen Methoden mit optischer Detektion und Quantifizierung sind hoch reproduzierbar und seit vielen Jahren etabliert. Alle Vor- oder Nachsäulen-Derivatisierungsmethoden leiden aber unter dem Nachteil langer Analysenzeiten. Ein weiterer Nachteil der optischen Detektion ist das Fehlen einer Analytenspezifität. Diese ist in der massenspektrometrischen Detektion gegeben, die dadurch eine zweite Trenndimension einbringt und damit kürzere Trennungen mit schlechterer Auflösung in der ersten Dimension erlaubt, ohne an Qualität zu verlieren. In der Massenspektrometrie wiederum führen Matrixeffekte und Ionensuppression zu verminderter Genauigkeit und machen das Einführen von isotopengelabelten Aminosäuren als interne Standards unabdingbar. Massenspektrometrische Methoden (◻ Tab. 14.2) werden aber in Zukunft nach und nach in allen Bereichen der Aminosäureanalytik die Vorherrschaft übernehmen.

HILIC-MS und CE-MS haben den Vorteil, ohne vorhergehende Derivatisierung quantifizieren zu können, leiden aber an mangelnder Reproduzierbarkeit und geringem Durchsatz. aTRAQ-LC-MS-MS leidet unter mangelnder Automatisierbarkeit der Probenvorbereitung, hohen Reagenzienkosten und mangelnder Genau-

◘ **Tab. 14.1**    Reagenzien für Aminosäureanalysen – Übersicht

|  | Detektion | Nachweisgrenze | Analysezeit | anwendbar für |
|---|---|---|---|---|
| Ninhydrin | UV 570 nm/440 nm | 50 pmol | 80 min | prim./sek. A.S. |
| PITC | UV 245 nm | 10 pmol | 30 min | prim./sek. A.S. |
| Fluorescamin | Fluoreszenz 390 nm/475 nm |  | 90 min | prim. A.S. |
| OPA | UV 230 nm Fluoreszenz 330 nm/460 nm | 10 pmol/200 fmol | 30 min | prim. A.S. |
| FMOC | Fluoreszenz 266 nm/305 nm | 50 fmol | 30 min | prim./sek. A.S. |
| Dabsyl-Cl | UV 436 nm | 1 pmol | 30 min | prim./sek. A.S. |
| ACQ | UV 248 nm/Fluoreszenz 250 nm/395 nm | 100 fmol | 35 min | prim./sek. A.S. |

◘ **Tab. 14.2**    Vergleich unterschiedlicher Technologien der Aminosäureanalytik

| Methode | Vorteil | Nachteil |
|---|---|---|
| LC-Methoden mit optischer Detektion | seit Langem etablierte Methoden, hoch reproduzierbar, preiswerte Geräte, gute Linearität | Proteinabtrennung notwendig bei freien Aminosäuren, Derivatisierung erforderlich, keine Analytenspezifität, koeluierende Analyten sind nicht unterscheidbar |
| LC-MS | schnelle Trennung, hohe Auflösung | Proteinabtrennung notwendig bei freien Aminosäuren, deckt nur eine begrenzte Anzahl von Aminosäuren ab |
| IP-LC-MS-MS | keine Derivatisierung, große Anzahl Analyten, hohe Auflösung für polare Aminosäuren | Proteinabtrennung notwendig bei freien Aminosäuren, Ionensuppression, Systemkontamination mit IP-Reagenz |
| HILIC-MS | keine Derivatisierung, gut geeignet für polare Analyten | Proteinabtrennung notwendig bei freien Aminosäuren, schlechte Reproduzierbarkeit, Ionensuppression |
| CE-MS | keine Derivatisierung, geringer Materialverbrauch | Proteinabtrennung notwendig bei freien Aminosäuren, nur geringes Injektionsvolumen |
| GC-MS | robust, hohe Reproduzierbarkeit, hohe Auflösung, schnelle Trennung | Derivatisierung notwendig, nicht geeignet für thermolabile Analyten |
| aTRAQ-LC-MS-MS | schnelle Trennung, interner Standard für alle Analyten | Proteinabtrennung notwendig bei freien Aminosäuren, schlechte Ausbeute für schwefelhaltige Aminosäuren, schlechte Automatisierbarkeit |
| Direktinfusions-MS-MS | keine Trennung notwendig, extrem hoher Durchsatz | Extraktion und Derivatisierung der Aminosäuren notwendig, isobare Aminosäuren nicht unterscheidbar |

igkeit, die nur durch die Messung einer Vielzahl von Übergängen im MRM-Modus zu verbessern ist. GC-MS ist eine sehr robuste Methode mit hoher Reproduzierbarkeit der quantitativen Daten. Durch die Automatisierung ist auch ein hoher Probendurchsatz gegeben. Allerdings sind thermolabile Derivate nicht messbar, wie z. B. Arginin, das zu Ornithin zerfällt, oder Glutaminsäure, die zu Pyroglutamat zyklisiert.

Direktinjektions-ESI-MS-MS ist gut automatisierbar, deshalb ideal für hohen Durchsatz und nur mit der Einschränkung behaftet, isobare Aminosäuren nicht unterscheiden zu können.

Durch die hohe Selektivität und Spezifität der massenspektrometrisch basierten Methoden werden diese in Zukunft die anderen Techniken mehr und mehr verdrängen. Voraussetzung dafür ist, dass mit stabilen Isotopen gelabelte Standardaminosäuren preiswert zur Verfügung stehen, mit denen eine robuste und reproduzierbare Quantifizierung möglich ist. Des Weiteren müssen einfache Probenvorbereitung und Automatisierbarkeit gewährleistet sein, um preiswert großen Probendurchsatz zu ermöglichen.

## Literatur und Weiterführende Literatur

Alterman MA (Hrsg) (2019) Amino acid analysis. Methods and protocols. Methods in molecular biology, Bd 2030. Humana Press, Totawa

Barrett GC (1985) Chemistry and biochemistry of the amino acids. Chapman & Hall, London

Blackburn S (1978) Amino acid determination, methods and techniques. M. Dekker, New York/Basel

Poinsot V, Ong-Meang V, Gavard P, Perquis L, Couderc F (2018) Recent advances in amino acid analysis by capillary electromigration methods: June 2015–May 2017. Electrophoresis 39:190–208

# Proteinsequenzanalyse

*Friedrich Lottspeich*

## Inhaltsverzeichnis

**15.1** **N-terminale Sequenzanalyse: der Edman-Abbau – 344**
15.1.1 Reaktionen des Edman-Abbaus – 344
15.1.2 Identifizierung der Aminosäuren – 345
15.1.3 Die Qualität des Edman-Abbaus: die repetitive Ausbeute – 346
15.1.4 Instrumentierung – 346
15.1.5 Probleme der Aminosäuresequenzanalyse – 350
15.1.6 Stand der Technik – 353

**15.2** **C-terminale Sequenzanalyse – 354**
15.2.1 Chemische Abbaumethoden – 354
15.2.2 Peptidmengen und Qualität des chemischen Abbaus – 356
15.2.3 Abbau der Polypeptide mit Carboxypeptidasen – 356

**15.3** **Single Molecule Protein Sequencing – 357**

**15.4** **Ausblick – 357**

Literatur und Weiterführende Literatur – 358

© Springer-Verlag GmbH Deutschland, ein Teil von Springer Nature 2022
J. Kurreck et al. (Hrsg.), *Bioanalytik*, https://doi.org/10.1007/978-3-662-61707-6_15

Der Edman-Abbau wird seit Mitte des vorigen Jahrhunderts immer noch praktisch unverändert – aber natürlich mit verbesserter Instrumentierung – zur Sequenzanalyse von Proteinen eingesetzt.

- Da die Massenspektrometrie immer größere Anteile der Proteincharakterisierung vor allem in den Proteomics-Techniken übernommen hat, hat der Einsatz der klassischen Aminosäuresequenzanalyse deutlich abgenommen.
- Dennoch hat der Edman-Abbau immer noch Bereiche, in denen er einfacher, schneller und sicherer Resultate liefert als die massenspektrometrischen Techniken. Dazu gehören Bestimmung des N-Terminus und von Prozessierungsstellen von Proteinen, die Kontrolle der Aminosäuresequenz von therapeutischen Proteinen und die Aminosäuresequenzanalyse von Proteinen aus Organismen mit unbekannter DNA-Sequenz.

Bereits 1940 war man sich einig, dass Proteine aus Aminosäuren bestehen und dass die Aminosäuren über die sog. Peptidbindung verknüpft sind (◘ Abb. 15.1). Man wusste, dass die so vorhandenen kettenartigen Moleküle an einem Ende, das als N-terminales Ende bezeichnet wird, eine freie Aminogruppe tragen, und an dem anderen, dem C-terminalen Ende, eine freie Carboxygruppe. Keineswegs einig war man sich zu dieser Zeit hingegen, ob ein bestimmtes Protein aus einem Gemisch verschiedener Polymere besteht, die zwar eine definierte Anzahl und Art von Aminosäuren beinhalten, deren Reihenfolge aber ganz unterschiedlich sein kann, oder aus einer einzigen Spezies von Molekülen, die eine ganz definierte Aminosäuresequenz aufweisen.

Diese Frage wurde erst 1953 zumindest für kleine Proteine beantwortet, als Sanger und Mitarbeiter die vollständige Aminosäuresequenz des Peptidhormons Insulin aufklären konnten. Sanger setzte dabei Reagenzien ein, die terminale Aminosäuren *markieren* können (z. B. 1-Fluor-2,4-dinitrobenzol, das spezifisch mit der freien Aminogruppe des N-terminalen Endes der Peptidkette reagieren kann, das sog. **Sanger-Reagenz**). Nach vollständiger hydrolytischer Zerlegung des Proteins in die einzelnen Aminosäuren wurde die markierte (terminale) Aminosäure über chromatographische

Techniken identifiziert. Leider bekam man bei dieser Art von Analyse immer nur Informationen über die *Enden* der Peptidkette, da man die Peptidkette zerstören musste, um die markierte Aminosäure zu isolieren und zu identifizieren. Um Sequenzinformationen von größeren Peptiden oder Proteinen zu erhalten, musste man diese über partielle Hydrolyse oder enzymatischen Verdau in kleine Fragmente zerlegen und dann jeweils die N-terminale und C-terminale Aminosäure der Fragmente mit den von Sanger vorgeschlagenen Methoden bestimmen und zusätzlich die Aminosäurezusammensetzung mittels Aminosäureanalyse ermitteln. So wurde über viele kleine Bruchstücke des Insulins die gesamte Sequenz der 51 Aminosäurereste bestimmt und somit zum ersten Mal gezeigt, dass ein Protein nur eine einzige Aminosäuresequenz besitzt. Diese äußerst mühsame Arbeit, die 1958 mit dem Chemie-Nobelpreis ausgezeichnet wurde, erstreckte sich über zehn Jahre, dabei wurden etwa hundert Gramm Insulin eingesetzt.

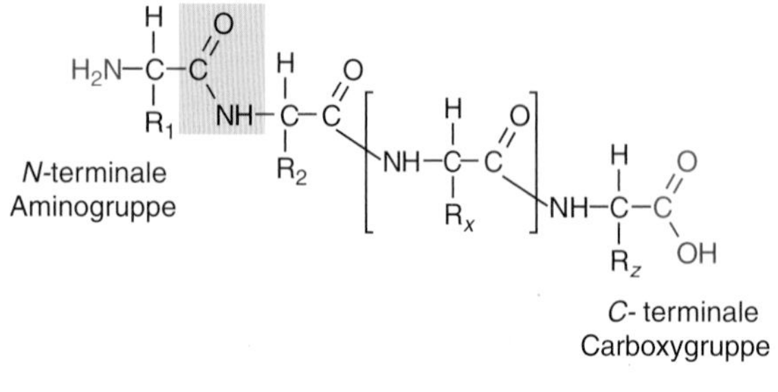

Ein weitaus effizienteres Verfahren zur Bestimmung von Peptidsequenzen wurde bereits 1950 von dem schwedischen Wissenschaftler Pehr Edman veröffentlicht und verdrängte ab Mitte der Fünfzigerjahre den Sanger-Abbau völlig. In seiner Arbeit über den sequenziellen Abbau von Proteinen und Peptiden beschreibt Edman eine Reaktionskaskade, die unter dem Namen **Edman-Abbau** bekannt geworden ist. Edman zeigte nicht nur ein neues Reagenz und den chemischen Mechanismus einer zyklischen Reaktion, die vom N-terminalen Ende der Peptidkette eine Aminosäure nach der anderen abspalten kann, sondern gab auch eine detaillierte experimentelle Anleitung zur Identifizierung und Quantifizierung der Reaktionsprodukte. Er stellte so ein komplett ausgearbeitetes System zur Aminosäuresequenzanalyse zur Verfügung. Dies hat wesentlich zu der schnellen Akzeptanz und zum Erfolg der Methode beigetragen, sodass 1961 G. Braunitzer auch die Aminosäuresequenz des ersten größeren Proteins, des menschlichen Hämoglobins, aufklären konnte. Damit wurde klar, dass nicht nur Peptidhormone, sondern auch Proteine eine einheitliche Sequenz aufweisen.

Die Aufklärung der Aminosäuresequenz von Proteinen und Peptiden wird auch heute noch mit dem Edman-Abbau durchgeführt, wobei die Empfindlichkeit seit der Einführung der Methode aber um den Faktor $10^3$ gesteigert werden konnte, sodass heute Aminosäuresequenzen von wenigen Pikomol eines Proteins erhalten werden können. Der Edman-Abbau hat aber auch inhärente Limitationen (s. weiter unten), die dazu führen, dass man in einer Analyse nur die N-terminale Sequenz von etwa 30–60 Aminosäureresten erhalten kann. Daher muss man von größeren Peptiden oder Proteinen Bruchstücke herstellen, diese chromatographisch oder elektrophoretisch voneinander trennen und dann einzeln wieder der Sequenzanalyse zuführen.

◘ **Abb. 15.1**   Grundstruktur eines Peptids

Die Ergebnisse von Sanger und Edman waren von enormer Bedeutung für die gesamte Biochemie, da damit klar gezeigt wurde, dass Proteine definierte Aminosäuresequenzen besitzen. Da die Aminosäuresequenz (die Primärstruktur) im Prinzip die Grundlage für die Faltung und damit für die Raumstruktur (Tertiärstruktur) des Proteins liefert, ist sie so auch letztendlich für die Funktion des Proteins verantwortlich. Eine Kenntnis der Aminosäuresequenz ist daher für das Verständnis der Funktion auf molekularer Ebene äußerst wichtig. Dies gilt umso mehr, als die anderen Methoden der Proteinstrukturaufklärung, wie die Röntgenstrukturanalyse oder die NMR-Spektroskopie, eine bekannte Aminosäuresequenz als Grundlage für die Interpretation ihrer Daten benötigen.

Ein weiteres Beispiel für die Bedeutung der Sequenzanalyse für das Verständnis von Strukturfunktionsbeziehungen sind Homologievergleiche von Isoenzymen oder von funktionell äquivalenten Proteinen aus verschiedenen Spezies, wobei für die Funktion des Proteins wichtige und daher in der Evolution konservierte Aminosäurereste erkannt werden können. Noch vor 20 Jahren war die Sequenzanalyse praktisch der einzige Weg zur vollständigen Primärstrukturaufklärung von Proteinen. Die Situation hat sich grundlegend durch die enorme Entwicklung der molekularbiologischen Techniken geändert. Die Einfachheit und Geschwindigkeit, mit der heute die Primärstrukturinformation von Proteinen über molekularbiologische Techniken erhalten werden kann, hat zur Folge, dass der weitaus größte Anwendungsbereich der Aminosäuresequenzanalyse derzeit die Aufklärung von Teilsequenzen aus unbekannten Proteinen ist, die dann zum Design von Oligonucleotidsonden zur Isolierung der cDNA verwendet werden. Es sei allerdings hier auch auf eine große Gefahr hingewiesen, die sich aus der heute praktizierten, nahezu ausschließlichen Nutzung molekularbiologischer Techniken zur Erstellung vollständiger Proteinsequenzen ergibt: Viele posttranslationale Modifikationen, die die Eigenschaften und Funktionen von Proteinen maßgeblich mitbestimmen, sind nicht über die Aminosäuresequenz codiert und können daher nicht auf der DNA-Ebene erkannt oder auch nur vermutet werden. Für die vollständige Charakterisierung und Strukturaufklärung eines Proteins sind daher neben der übersetzten DNA-Sequenz noch weitere komplementäre Analysen zur Erkennung von posttranslationalen Modifikationen unbedingt notwendig. Hierbei sind dann wieder alle aufwendigen proteinchemischen Techniken von Proteinreinigung über Spaltungen bis zu den Analysenverfahren gefordert. Gerade bei der Analyse der posttranslationalen Modifikationen hat sich neben der Aminosäuresequenzanalyse die Massenspektrometrie als effizientes Werkzeug etabliert. Die Massenspektrometrie lässt in vielen Fällen allein durch eine genaue Massenbestimmung des Proteins bei bekannter DNA-Sequenz eine posttranslationale Modifikation ausschließen oder vermuten.

Die Massenspektrometrie, die ja auch in der Lage ist, Aminosäuresequenzinformationen zu liefern, ist heute eine Komplementierung und schnelle Alternative zur klassischen Sequenzanalyse, allerdings nur für kleine Peptide bis maximal 15–20 Aminosäurereste. Die Fortschritte der letzten Jahre in den Datenverarbeitungsprogrammen ermöglichen heute relativ einfach eine automatische Auswertung der massenspektrometrischen Daten und – zumindest bei bekannten Aminosäuresequenzen – eine schnelle und sichere Lokalisierung von posttranslationalen Modifikationen. Auch die Komplettsequenzierung größerer Proteine wie z. B. Antikörperketten ist heute durch die Entwicklung der massenspektrometrischen Auswertesoftware in Reichweite (▶ Kap. 16 und 42). Dabei wird die massenspektrometrische Analyse auf hochauflösenden Massenspektrometern durchgeführt, und die gewonnenen Fragmentionenspektren werden mithilfe von Software (weit verbreitet: „Peaks" von Bioinformatics Solutions Inc.) zur De-novo-Sequenzierung der entstandenen Peptide herangezogen. Die ermittelten De-novo-Peptidsequenzen können schließlich unter Verwendung spezieller Software (z. B. PASS – *Proteome Assembler with Short Sequence Peptide, free licence*) in eine Konsensussequenz angeordnet werden. Die so durchgeführte datenbankunabhängige, massenspektrometrische De-novo-Sequenzierung kann nicht zwischen den isobaren Aminosäuren Leucin und Isoleucin unterscheiden. Voraussetzung für die erfolgreiche Durchführung der beschriebenen Analytik ist eine hohe Reinheit der zu analysierenden Proteine und das Fehlen von Nebensequenzen. Die Methodik hat aber immer noch eine gewisse Unsicherheit aufgrund der auf Statistik beruhenden Auswertung der Massenspektren.

Für die Sequenzierung von z. B. therapeutisch eingesetzten Proteinen, bei denen jede Aminosäureposition eindeutig abgesichert werden muss, bei Proteinen von Organismen mit nicht bekanntem Genom und für die Bestimmung des N-Terminus eines Proteins oder von Proteinfragmenten bleibt die klassische Aminosäuresequenzanalyse auf Basis des Edman-Abbaus (meist im Zusammenspiel mit der Massenspektrometrie) die Methode der Wahl.

## 15.1 N-terminale Sequenzanalyse: der Edman-Abbau

### 15.1.1 Reaktionen des Edman-Abbaus

Der Edman-Abbau ist ein zyklischer Prozess, bei dem in jedem Reaktionszyklus von einem Ende der Peptidkette die endständige (N-terminale) Aminosäure abgespalten und identifiziert wird. Die Reaktion besteht aus drei voneinander gut abgrenzbaren Schritten: Kupplung, Spaltung und Konvertierung.

Im ersten Schritt, der **Kupplung**, wird an die freie N-terminale Aminogruppe der Peptidkette das **Edman-Reagenz** Phenylisothiocyanat (PITC) gekoppelt (◻ Abb. 15.2). Diese Reaktion läuft bei Temperaturen von 40–55 °C und Reaktionszeiten von 15–30 min annähernd vollständig ab, und es entsteht ein disubstituierter Thioharnstoff, das **Phenylthiocarbamoylpeptid** (PTC-Peptid). Die Addition von PITC kann nur an unprotonierte Aminogruppen erfolgen, daher muss der pH-Wert bei dieser Reaktion durch einen alkalischen Puffer bei etwa 9 gehalten werden. Ein noch höherer pH-Wert würde die Reaktionsgeschwindigkeit weiter verbessern, beschleunigt aber auch eine wichtige Nebenreaktion: die alkalisch katalysierte Hydrolyse von PITC zu Anilin. Das entstandene Anilin reagiert mit seiner freien Aminogruppe mit PITC zu Diphenylthioharn-

stoff (DPTU), dem einzig nennenswerten Nebenprodukt des Edman-Abbaus (◻ Abb. 15.3).

Mit einem unpolaren Lösungsmittel (z. B. Essigsäureethylester), in dem das Protein als hydrophiles Molekül nicht löslich ist, werden der Reagenzüberschuss und ein Großteil des DPTU als relativ hydrophobe Komponenten vom Phenylthiocarbamoylpeptid abgetrennt.

Bei dem als **Spaltung** bezeichneten Reaktionsabschnitt des Edman-Abbaus wird das getrocknete PTC-Peptid mit wasserfreier Säure (z. B. Trifluoressigsäure) behandelt. Dabei wird durch einen nucleophilen Angriff des Schwefelatoms an der Carbonylgruppe der ersten Peptidbindung die erste Aminosäure als heterozyklisches Derivat, eine **Anilinothiazolinon- (ATZ-)Aminosäure**, abgespalten (◻ Abb. 15.4). Hier wird die Bedeutung des für die Kupplung eingesetzten PITC klar, da nur der Schwefel nucleophil genug ist, um zur Ringbildung zu führen. Befindet sich ein Sauerstoffatom an der Stelle des Schwefels (wird also ein Isocyanat als Kupplungsreagenz eingesetzt), kann das Reagenz zwar auch an die Aminogruppe des Peptids kuppeln, ist aber nicht zur Ringbildung und damit auch nicht zur Abspaltung der Aminosäure fähig. Daher muss jeder Schwefel-Sauerstoff-Austausch im PITC und im PTC-Peptid verhindert werden. Dies geschieht durch eine Inertgasatmosphäre, in der der gesamte Edman-Abbau durchgeführt wird.

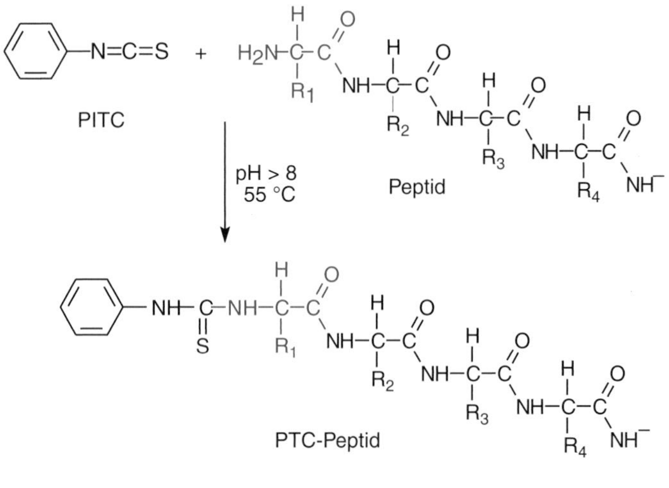

◻ **Abb. 15.2** Kupplungsreaktion des Edman-Abbaus. Phenylisothiocyanat (PITC) kuppelt an die freie Aminogruppe eines Peptids zum Phenylthiocarbamoylpeptid (PTC-Peptid)

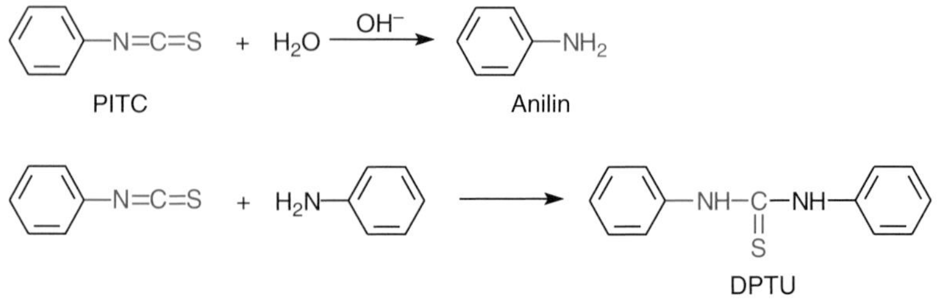

◻ **Abb. 15.3** Die Entstehung von Diphenylthioharnstoff (DPTU) während des Edman-Abbaus. Phenylisothiocyanat (PITC) hydrolysiert zu Anilin, das dann mit einem weiteren Molekül PITC zu DPTU reagiert.

Nach Abdampfen eines Großteils der flüchtigen Säure wird die kleine, relativ hydrophobe ATZ-Aminosäure, die sich in ihrem Löslichkeitsverhalten vom hydrophilen Restpeptid deutlich unterscheidet, mit einem hydrophoben Lösungsmittel (Chlorbutan oder Essigsäureethylester) extrahiert. Die chemisch instabile ATZ-Aminosäure wird in einem getrennten Schritt, der **Konvertierung**, zu einem stabileren Derivat, der **Phenylthiohydantoin- (PTH-)Aminosäure** umgesetzt (◘ Abb. 15.5). Das um eine Aminosäure verkürzte Peptid wird getrocknet und kann weiteren Reaktionszyklen unterworfen werden, bei denen dann wieder die jeweils endständige Aminosäure abgespalten wird.

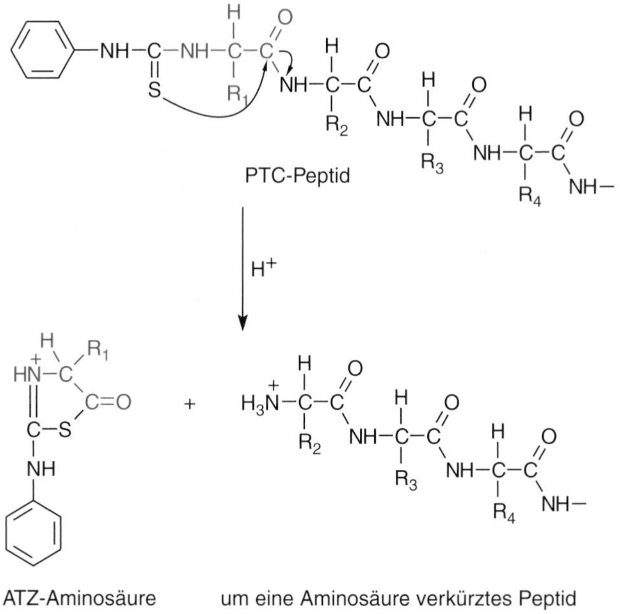

Bei der Konvertierung wird die instabile Ringstruktur der ATZ-Aminosäure mit wässriger Säure geöffnet und unter erhöhter Temperatur zur thermodynamisch stabileren PTH-Aminosäure umgelagert. Die PTH-Aminosäuren werden meist chromatographisch im Vergleich zu den Retentionszeiten einer Referenzprobe, die die PTH-Derivate aller bekannten Aminosäuren enthält, identifiziert und quantifiziert (◘ Abb. 15.6).

### 15.1.2  Identifizierung der Aminosäuren

Die PTH-Aminosäuren zeigen charakteristische UV-Spektren mit einem Absorptionsmaximum bei 269 nm und einem spezifischen molaren Absorptionskoeffizienten bei 269 nm von $\varepsilon \approx 33.000 \, mol^{-1}$. Sie können heute unter Verwendung von *Microbore*-Reversed-Phase-HPLC-Systemen mit einer Nachweisgrenze im Femtomolbereich nachgewiesen werden. Die Bestimmungsgrenze, d. h. die noch sicher quantifizierbare Nachweisgrenze, liegt für die meisten PTH-Aminosäuren mit chromatographischen Methoden bei etwa einem Pikomol. Seit der Veröffentlichung im Jahr 1950 wurde immer wieder versucht, die von Edman beschriebenen chemischen Reaktionen zu verändern, um die Nachweisempfindlichkeit für die abgespaltenen Aminosäurederivate zu verbessern. Vor allem verschiedene fluoreszierende Isothiocyanate, deren Nachweisgrenzen im unteren Femtomolbereich liegen, wurden als Kupplungsreagenzien vorgeschlagen. Keines dieser Reagenzien konnte sich aber durchsetzen, da mit ihnen entweder bei der Kupplung oder bei der Spaltung keine quantitativen Reaktionsausbeuten erreicht werden konnten. Die Trennung der normalerweise recht großen und sich durch den Fluorophor auch chromatographisch ähnlich verhaltenden fluoreszierenden Aminosäurederivate bereitet ebenfalls große Probleme.

◘ **Abb. 15.4**  Spaltungsreaktion des Edman-Abbaus. Unter sauren, wasserfreien Bedingungen erfolgt ein nucleophiler Angriff des Schwefelatoms an der Carbonylgruppe der ersten Peptidbindung. Es entstehen die relativ instabile Anilinothiazolinon-(ATZ-)Aminosäure und das um eine Aminosäure verkürzte Peptid, das wieder wie das Ausgangspeptid eine freie Aminogruppe zeigt.

◘ **Abb. 15.5**  Konvertierung. Die ATZ-Aminosäure wird zunächst zur Phenylthiocarbamoyl- (PTC-)Aminosäure hydrolysiert, die dann durch eine sauer katalysierte Umlagerung zur stabilen Phenylthiohydantoin-(PTH-)Aminosäure umgesetzt wird

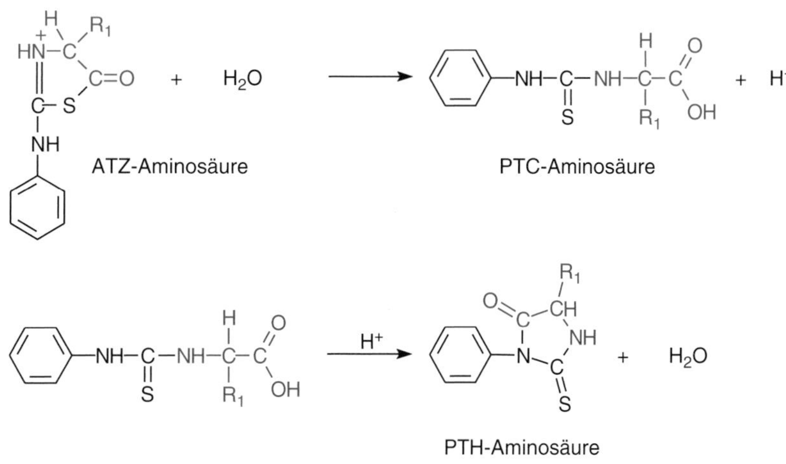

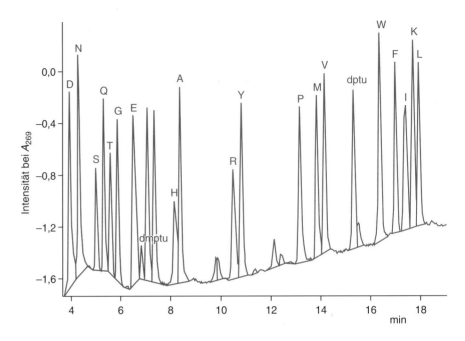

**Abb. 15.6** Analyse der PTH-Aminosäuren. Die PTH-Derivate der zwanzig natürlich vorkommenden Aminosäuren werden mit einem RP-HPLC-System getrennt. Die Identifizierung der PTH-Aminosäure wird durch einen Retentionszeitvergleich mit bekannten Referenzsubstanzen erzielt

### 15.1.3 Die Qualität des Edman-Abbaus: die repetitive Ausbeute

Die Qualität des Sequenzabbaues wird objektiv durch die **repetitive Ausbeute** (*repetitive yield*) angegeben. Sie bezeichnet die Gesamtausbeute eines Abbauschritts im Edman-Abbau. Wie aus ▪ Abb. 15.7 ersichtlich ist, nimmt die Anzahl der in jedem Schritt vollständig abgebauten Peptidketten bei schlechten repetitiven Ausbeuten schnell ab und wird nach einigen Abbauschritten sogar von der Anzahl längerer Moleküle übertroffen, die durch unvollständige Reaktionen entstanden sind. Diese komplexen Gemische ergeben beim nächsten Abbauzyklus natürlich auch ein komplexes Gemisch an PTH-Aminosäuren. Dies schlägt sich in einer immer schwieriger zu interpretierenden PTH-Analyse nieder. Meist wird eine Sequenz nicht mehr lesbar, wenn die neu abgebaute Aminosäure unter 15 % der eingesetzten Peptidmenge fällt. Je höher die repetitive Ausbeute ist, desto später wird dieser Wert erreicht, und umso längere Sequenzen können erhalten werden (▪ Abb. 15.8). Erst nach der Automatisierung des Edman-Abbaus wurden repetitive Ausbeuten über 90 % erreicht. Heute liegen „normale" Ausbeuten bei ca. 95 %, was zu durchschnittlich erreichbaren Sequenzlängen von 30–40 Aminosäuren führt.

### 15.1.4 Instrumentierung

Wie bereits erwähnt, wird die von Edman vorgeschlagene Chemie des sequenziellen Abbaus von Peptiden und Proteinen seit 1950 praktisch unverändert zur Aminosäuresequenzanalyse eingesetzt. Pehr Edman veröffentlichte 1967 eine automatisierte Version, die die unweigerlich auftretenden Verluste beim manuellen Hantieren verminderte und damit die Qualität der Sequenzanalyse deutlich verbesserte. Die inzwischen erreichte mehr als hunderttausendfache Empfindlichkeitssteigerung von etwa 100 nmol Ausgangsmaterial in der Publikation von Edman 1950 auf heute bis zu etwa 500 fmol wurde im Wesentlichen durch wenige Verbesserungen erreicht, die aus ▪ Tab. 15.1 zu ersehen sind: einerseits durch die Umstellung des Nachweises der PTH-Aminosäuren von der Dünnschichtchromatographie auf die Hochdruckflüssigkeitschromatographie, durch technische Verbesserungen der Automaten und andererseits durch die Entwicklung der Gasphasensequenzierung.

Der Edman-Sequenator bestand aus einer Lösungsmittelfördereinheit, die die Lösungsmittel und Reagenzien durch Stickstoffdruck über einen elektronisch ansteuerbaren Ventilblock zu einem Reaktionskompartiment transportierte. Nach den Reaktionsschritten der Kupplung und Spaltung wurde die abgespaltene ATZ-Aminosäure in einem gekühlten Fraktionskollektor gesammelt und dann offline der Konvertierung und Identifizierung zugeführt. Diese einfache, von Edman realisierte Anordnung gilt prinzipiell auch noch für die modernen Sequencer (▪ Abb. 15.9). Zusätzlich wird heute die von Wittmann-Liebold 1976 eingeführte automatische Konvertierung verwendet, bei der die abgespaltene ATZ-Aminosäure in ein eigenes Gefäß transportiert und dort der Konvertierungsreaktion unterzogen wird. Anschließend wird die PTH-Aminosäureidentifizierung online durchgeführt.

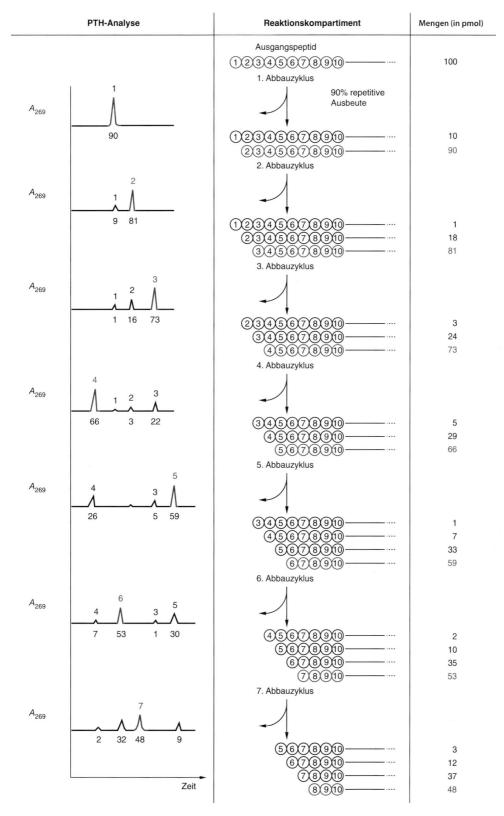

■ **Abb. 15.7**  Einfluss der repetitiven Ausbeute beim Edman-Abbau. Ein Peptid (100 pmol) wird mit einer repetitiven Ausbeute von 90 % sequenziert. Man sieht, dass die Menge der erwarteten und vollständig abgebauten Peptidkettenmoleküle schnell abnimmt und schon nach sieben Abbauzyklen von den längeren, unvollständig abgebauten Peptidmolekülen übertroffen wird. Dieses komplexe Gemisch spiegelt sich auch in den PTH-Analysenchromatogrammen wider

**◘ Abb. 15.8** Erreichbare Sequenzlängen bei verschiedenen repetitiven Ausbeuten. Die Anzahl der in jedem Edman-Zyklus vollständig abgebauten Peptidketten fällt rasch ab. Wenn der Wert der neu abgebauten Aminosäure unter 15 % der Ausgangsmenge fällt, ist die Sequenz normalerweise nicht mehr interpretierbar

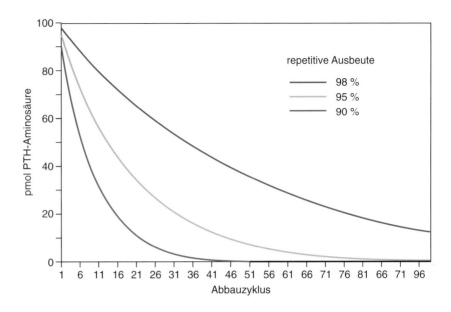

**◘ Tab. 15.1** Meilensteine in der Aminosäuresequenzanalyse und benötigte Materialmengen für die Aminosäuresequenzanalyse

| 1950 | Methode der Sequenzanalyse | 100 nmol |
|---|---|---|
| 1967 | automatischer Sequenator | 5 nmol |
| 1971 | Festphasensequenator | |
| 1976 | HPLC-Detektion der PTH-Aminosäuren | 500 pmol |
| 1978 | Polybren als Trägersubstanz | |
| 1978 | totvolumenfreie Ventilblöcke | |
| 1980 | Gasphasen-Sequencer | 100 pmol |
| 1984 | *Microbore*-HPLC | <10 pmol |

Der wichtigste Teil eines Sequenators, an dem auch im Laufe der Jahre die größten Veränderungen vorgenommen wurden, ist das Reaktionskompartiment. Es hat im Wesentlichen die Aufgabe, das Protein an einer definierten Position zu immobilisieren, damit dort die verschiedenen Reaktionen des Edman-Abbaus reproduzierbar und kontrollierbar ablaufen können. Das größte Problem dabei ist, dass Proteine in einigen Lösungsmitteln oder Reagenzien des Edman-Abbaus, hier vor allem in der Base und der Säure, gut löslich sind. Daher müssen Bedingungen gewählt werden, die das Auswaschen des Proteins während der Sequenzanalyse verhindern. Die verschiedenen in ◘ Abb. 15.10 gezeigten Reaktionskompartimente bestimmen also die verschiedenen Sequencer-Typen.

**Flüssigphasensequenator** Edman verwendete in seinem 1967 vorgestellten Sequenator einen rotierenden Becher (*spinning cup*), in dem das Protein durch die Zentrifugalkraft an der Wand gehalten wurde. Base und Säure wurden dabei in einer solchen Menge in den drehenden Becher zugegeben, dass nur der Protein enthaltende Teil benetzt wurde. Nach beendeter Reaktion wurde die Hauptmenge an Base oder Säure über ein Vakuumsystem abgezogen. Die Extraktion von Reagenzüberschuss oder Reaktionsnebenprodukten erfolgte sehr effizient durch kontinuierliche Zugabe der Lösungsmittel durch den zentralen Schlauch und Abtransport durch einen in einer Rinne am oberen Becherrand befindlichen Schlauch. Dieses Prinzip wurde in den folgenden Jahren für eine kommerzielle Version dieses Flüssigphasensequencers übernommen und praktisch ausschließlich bis Anfang der Achtzigerjahre des letzten Jahrhunderts eingesetzt.

**Festphasensequenator** R. Laursen veröffentlichte 1971 das Prinzip der Festphasensequenzierung, bei dem das Problem der Proteinauswaschung umgangen wird, indem das zu sequenzierende Protein kovalent – entweder über reaktive Seitenketten einzelner Aminosäuren oder über die freie Carboxygruppe der C-terminalen Aminosäure – an feste Matrixpartikel (Polystyrol, Glas) gebunden und in eine kleine Säule gepackt wird. Hierbei kommen vor allem bifunktionelle Reagenzien wie Diisothiocyanat oder verschiedene Carbodiimide zum Einsatz, deren eine Funktionalität mit der Matrix (z. B. Glas) und die andere mit dem Peptid verknüpft werden.

**◻ Abb. 15.9** Schema eines Proteinseque-
nators. Eine Flaschenbatterie, bei der die
Lösungsmittel und Reagenzien unter einem
Argongasdruck stehen, liefert durch
Öffnung von totvolumenfreien Ventilen
genaue Volumina in das Reaktionskompartiment, in dem alle Reaktionen des
Edman-Abbaus stattfinden. Nach
Abspaltung der ATZ-Aminosäure wird
diese zur Konvertierungseinheit transportiert, zur PTH-Aminosäure konvertiert
und dann online im PTH-Analysator
identifiziert

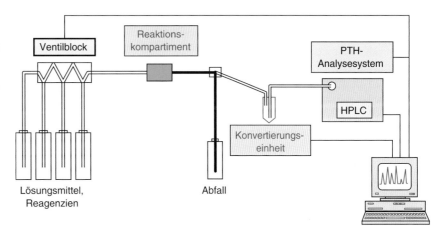

**◻ Abb. 15.10** Reaktionskompartimente zur Aminosäuresequenzanalyse von Proteinen

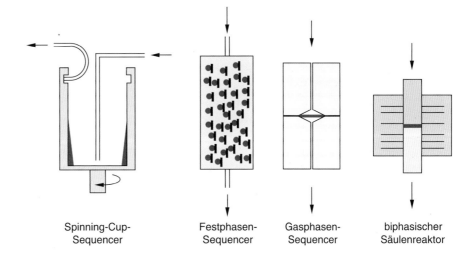

Spinning-Cup-
Sequencer

Festphasen-
Sequencer

Gasphasen-
Sequencer

biphasischer
Säulenreaktor

## Vorteile

- Durch die chemische Fixierung des Proteins an der Matrix können auch drastische chemische Bedingungen für den Sequenzabbau angewendet werden, ohne dass die Proteine ausgewaschen werden.
- Die Waschschritte können praktisch beliebig verlängert werden und so optimale und reproduzierbare Bedingungen eingesetzt werden.
- Hohe Qualität, repetitive Ausbeute über 96 %.
- Am C-Terminus fixierte Proteine können vollständig sequenziert werden.
- Erzielt sehr lange Sequenzen (oft bis ca. 80 Aminosäurereste).

## Nachteile

- Aminosäuren, mit deren Seitenketten die Aminosäure an die Matrix gebunden ist, können nicht extrahiert und damit auch nicht als PTH-Aminosäuren nachgewiesen werden ⇒ Lücke in der Sequenzinformation.
- Das Protein muss vor dem Sequenzabbau durch chemische Reaktionen an die Matrix gebunden werden, die Ausbeuten fallen dabei sehr unterschiedlich und oft nicht vorhersehbar aus.
- Der Festphasensequenator hat sich aufgrund seiner gravierenden Nachteile nicht allgemein durchsetzen können.

**Gasphasensequenatoren** Den bisher größten Fortschritt in der Sequenzanalyse brachte zweifellos die Einführung der Gasphasensequenzierung 1981 von Hewick und Mitarbeitern, ein Prinzip, das seitdem wegen seiner Einfachheit und Effizienz die vorher genannten Formen der Sequenzanalyse verdrängt hat. Bei der Gasphasensequenzierung wird das Protein – eventuell unter Verwendung einer Trägersubstanz (Polybren) – auf eine chemisch inerte Glasfritte appliziert. Die beiden Reagenzien, in denen das aufgetragene Protein löslich ist, die Base und die Säure, werden gasförmig gefördert, indem ein Argon- oder Stickstoffstrom durch eine wässrige Trimethylaminlösung bzw. durch Trifluoressigsäure und dann zur Reaktionskammer geleitet wird. So werden im Reaktionskompartiment die gewünschten basischen oder sauren Bedingungen erzeugt, ohne dass das Protein ausgewaschen werden kann. Die Reaktionsnebenprodukte und die ATZ-Aminosäure werden weiter in flüssiger Phase mit den organischen Lösungsmitteln extrahiert, in denen das Protein aber nicht löslich ist. Auf dem Gasphasenprinzip beruhend entstand – in Verbindung mit einer neuen Entwicklung totvolumenfreier Ventilblöcke – eine neue Generation von Instrumenten, die optimal an die Erfordernisse immer geringerer Proteinmengen angepasst war. Mit den ersten Instrumenten dieser Art konnten bereits Mengen unter hundert Pikomol eines Proteins sequenziert werden. Nach apparativen Verbesserungen wie der Online-HPLC-Trennung und der dann immer weiter verbesserten HPLC-Identifizierung der PTH-Aminosäuren lassen sich mit einem Gasphasensequencer heute sogar mit Mengen im Bereich von zehn Pikomol eines Proteins (in optimalen Fällen sogar bis ein Pikomol) Sequenzinformation erhalten.

**Pulsed-Liquid-Sequencer** Der *Pulse-Liquid*-Sequencer ist im Prinzip ein Gasphasensequenator, bei dem durch die Förderung der Säure in flüssiger Form eine schnellere Spaltungsreaktion erreicht wird. Dies erfordert eine sehr genaue Dosierung, um das Protein mit der Säure zu benetzen, aber nicht aus dem Reaktionskompartiment zu spülen. Optimierte Waschzeiten in Verbindung mit einer Temperaturprogrammierung für die unterschiedlichen Reaktionsphasen des Edman-Abbaus erlauben es, die Zeiten für einen Zyklus des Edman-Abbaus auf ca. 30 min zu verkürzen.

**Sequenatoren mit biphasischem Säulenreaktor** Seit 1990 wurde ein Sequenator entwickelt und auf den Markt gebracht, bei dem das Reaktionskompartiment aus zwei chromatographischen Säulen besteht. Eine Reversed-Phase-Säule bindet das Protein sehr effizient, wenn wässrige Lösungsmittel und Reagenzien vorhanden sind. Die zweite Säule besteht aus Silicagel, das Proteine unter or-

ganischen Lösungsmittelbedingungen gut bindet. Dies wird notwendig, wenn organische Lösungsmittel zur Extraktion der hydrophoben kleinen Reaktionsnebenprodukte oder der ATZ-Aminosäure verwendet werden müssen. Das Protein wird an die Grenzfläche zwischen den beiden Säulen eingebracht, meist wird es direkt auf die Reversed-Phase-Säule aufgetragen, wobei gleichzeitig Salze und polare Verunreinigungen durch Waschen mit Wasser oder 0,1 % Trifluoressigsäure entfernt werden können. Die Lösungsmittel und Reagenzien können bei diesem Sequencertypus wahlweise von beiden Seiten der kombinierten biphasischen Säule zugeführt werden. Wässrige Lösungen (Base, Säure) werden immer durch die Silicagelsäule in Richtung Reversed-Phase-Säule gefördert und organische Lösungen über die Reversed-Phase-Säule in Richtung der Silicagelsäule, wodurch das Protein immer gut konzentriert in der Mitte der biphasischen Säule lokalisiert bleibt. Durch optimierte Bedingungen erhält man Reaktionsausbeuten von über 95 %. Trotz dieser guten Qualität konnte sich auch dieses Konzept nicht in einem Markt durchsetzen, der vor allem durch die Konkurrenz der Peptidstrukturaufklärung mit Massenspektrometrie kontinuierlich rückläufig war.

### 15.1.5 Probleme der Aminosäuresequenzanalyse

Auch wenn die Reaktionen des Edman-Abbaus mit hoher Ausbeute ablaufen, die Reaktionsbedingungen gut untersucht sind und die Instrumente der führenden Hersteller heute durchwegs ausgereift sind, gibt es in der Sequenzanalytik immer noch eine große Anzahl von Problemen, die eine Sequenzierung – vor allem im untersten Pikomolbereich – durchaus schwierig und oft unmöglich machen. Diese Probleme lassen sich in zwei Kategorien aufteilen, die zum einen mit dem Zustand der Probe verknüpft sind, zum anderen die chemischen oder instrumentellen Probleme bei der Sequenzanalyse selbst betreffen.

#### 15.1.5.1 Probleme der Probe
Die zu sequenzierende Probe muss N-terminal einheitlich (rein) sein. In einzelnen Zyklen des Edman-Abbaus werden die jeweils N-terminalen Aminosäurederivate von jeder in der Probe vorhandenen Proteinspezies abgespalten. Nach Extraktion und Konvertierung werden alle diese PTH-Aminosäuren über Reversed-Phase-HPLC getrennt, identifiziert und quantifiziert. Während die Interpretation der HPLC-Chromatogramme bei reinen, einheitlichen Proben i. A. keine Schwierigkeiten bereitet, treten bei nicht bis zur Homogenität gereinigten Proben in jedem Abbauschritt mehrere PTH-Amino-

säuren im HPLC-Chromatogramm auf. Wenn z. B. zwei Proteine im Gemisch vorliegen, gelingt die Zuordnung der PTH-Aminosäuren zu der entsprechenden Haupt- und Nebensequenz nur dann, wenn sich die Mengen der Proteine – und damit die Mengen der zugehörigen PTH-Aminosäuren – deutlich unterscheiden. Die Zuordnung wird bereits sehr unsicher, wenn die Proteine in einem Verhältnis von 2:1 vorliegen, und praktisch unmöglich, wenn die Proteinmengen noch ähnlicher sind. Die Hauptschwierigkeit, die Daten auch von Sequenzgemischen zu interpretieren, liegt in der von Aminosäure zu Aminosäure unterschiedlichen Ausbeute der einzelnen PTH-Aminosäuren. Diese Ausbeute ist von der einzelnen Aminosäure, von Reaktionsbedingungen, Instrument und besonders auch von Auswaschverlusten des Peptids abhängig. Diese Auswaschverluste sind wiederum von der Hydrophobizität und Peptidlänge abhängig. Beide sind normalerweise nicht bekannt und können für verschiedene Peptide sehr unterschiedlich sein.

> Kontaminationen von Salzen, Detergenzien und freien Aminosäuren interferieren auch schon in kleinen Mengen mit den chemischen Reaktionen des Edman-Abbaus oder verhindern die notwendigen effizienten Extraktionsschritte.

Durch ihren meist polaren Charakter werden Kontaminationen von den organischen Lösungsmitteln nur schlecht aus dem Reaktionskompartiment entfernt und beeinträchtigen somit die Effizienz des Abbaus über viele Sequenzzyklen. Relativ unpolare Kontaminationen (z. B. freie Aminosäuren aus Puffern, Gefäßen etc.) werden zusammen mit den PTH-Aminosäuren aus dem Reaktionskompartiment extrahiert und erscheinen im HPLC-Chromatogramm. Dort erschweren oder verhindern sie die Identifizierung und Quantifizierung einzelner PTH-Aminosäuren. Unpolare Kontaminationen sind aber nach wenigen Sequenzschritten ausgewaschen und erlauben dann eventuell noch eine erfolgreiche Sequenzierung. Dies ist der Grund, warum in Veröffentlichungen, auch bei sonst langen und guten Sequenzen, häufig die erste Aminosäure nicht eindeutig identifiziert ist.

Bei dem gesamten Problemkreis der Kontaminationen hat die Festphasensequenzanalyse eindeutige Vorteile, da das an einen Träger gekoppelte Protein mit verschiedensten, auch polaren Lösungsmitteln gewaschen werden kann, sodass letztendlich die Sequenzanalyse mit einer reinen Probe durchgeführt werden kann. Für die Gasphasensequenzierung müssen besonderer Wert auf eine entsprechende Probenvorbereitung gelegt wer-

den und der letzte Schritt einer Protein- oder Peptidreinigung so geplant werden, dass die Probe möglichst salzfrei und ohne Verunreinigung vorliegt. Für Peptide bietet sich als letzter Schritt der Reinigung eine Reversed-Phase-HPLC unter Verwendung flüchtiger Lösungsmittelsysteme wie 0,1 % Trifluoressigsäure/Acetonitril an. Für Proteine, die unter Umständen nicht einfach entsalzt und chromatographisch von Kontaminationen befreit werden können, ist eine einfache und gute Probenvorbereitung die nichtkovalente adsorptive Immobilisierung an hydrophobe Membranen. Diese Immobilisierung kann auch aus Polyacrylamidgelen durch Elektroblotten der Proteine auf eine chemisch inerte Membran (z. B. PVDF) oder auf hydrophob modifizierte Glasfasern erfolgen. Die Proteine werden dabei so fest gebunden, dass Salze leicht und ohne Proteinverlust weggewaschen werden können.

Die **Probenaufgabe** auf die Sequenziermatrix ist ein trivialer, aber ganz entscheidender Schritt für eine erfolgreiche Sequenzanalyse. Hier wird oft unterschätzt, dass kleine Proteinmengen (Mikrogramm-, Nanogrammmengen) äußerst gut und schnell aus wässrigen Lösungen an verschiedenste Oberflächen (z. B. von Glasröhrchen, Eppendorfgefäßen, etc.) binden können und nur unter besonderen Vorkehrungen (z. B. Lösen in über 95 %iger Ameisensäure, Beschichtung von Gefäßen, etc.) vollständig für die Sequenzanalyse wiedergewonnen werden können.

Das größte Problem für die Aminosäuresequenzanalyse stellt eine **N-terminale Blockierung** dar. Da für die Kupplungsreaktion des Edman-Abbaus eine freie Aminogruppe am N-terminalen Ende des Proteins vorhanden sein muss, sind alle Proteine, bei denen diese Gruppe modifiziert ist, einem direkten Sequenzabbau nicht zugänglich. Etwa fünfzig Prozent aller natürlich vorkommenden Proteine weisen eine solche N-terminale Modifikation auf (Acetylierung, Formylierung, Pyroglutaminsäure, etc.). Nur in den seltensten Fällen kann die Blockierung chemisch oder enzymatisch vor der Sequenzanalyse entfernt werden, sodass Sequenzinformationen von blockierten Proteinen normalerweise nur von *internen* Sequenzen möglich sind (also durch chemische oder enzymatische Fragmentierung des Proteins und nachfolgende Auftrennung und Sequenzanalyse der entstandenen Fragmente). Eine N-terminale Blockierung kann auch unbeabsichtigt bei der Proteinreinigung oder Probenvorbereitung eingeführt werden. Häufigste Ursachen für solche artifizielle Blockierungen sind bestimmte Chemikalien (z. B. Harnstoff bei alkalischem pH-Wert) und Verunreinigungen in Detergenzien (z. B. in längere Zeit gelagertem Triton X-100), die mit der N-terminalen Aminogruppe reagieren können (z. B. Carbamoylierung, Oxidation).

Ein besonders wichtiger und schwierig zu behandelnder Aspekt ist die **Quantifizierung** der zu sequenzierenden Probenmenge. Eine gute Abschätzung der vorhandenen Proteinmenge ist besonders wichtig, da es, wie oben erwähnt, eine große Anzahl N-terminal blockierter Proteine gibt. Eine „schöne" Proteinbande im Gel, ein Spot in der 2D-Gelelektrophorese oder ein symmetrischer chromatographischer Peak ist *per se* keine Garantie für eine einheitliche Substanz. So muss bei jeder Sequenzierung geprüft werden, ob die Menge an eingesetztem Material der Menge der erhaltenen PTH-Aminosäure entspricht. Dabei ist auch zu berücksichtigen, dass normalerweise nur etwa fünfzig Prozent des vorhandenen Proteins sequenzierbar ist (Anfangsausbeute, s. unten). Wenn bei der Sequenzanalyse eine unerwartet geringe Menge an PTH-Aminosäure erhalten wird, kann das verschiedene Ursachen haben:

— Es kann ein Proteingemisch mit einem N-terminal blockierten Protein vorliegen. Da man die Menge eines blockierten Proteins aus der Sequenzanalyse prinzipiell nicht erkennen kann, kann die erhaltene Sequenz von einer Nebenkomponente des Proteingemischs stammen. Da aber normalerweise die Hauptkomponente analysiert werden soll, stammt die Sequenz hier eventuell nur von einer nicht abgetrennten Verunreinigung. Nur eine genaue quantitative Abschätzung bei der Sequenzanalyse kann hierbei helfen, solche blockierten Proteine zu erkennen oder auch nur einen Verdacht auf das Vorliegen eines blockierten Proteins zu erhalten.

— Es ist weniger Protein vorhanden als angenommen.

Der erste Punkt hat sicher großen Einfluss auf die Aussagekraft der erhaltenen Sequenz und stellt sich leider oft sehr spät in der Bearbeitung eines Projektes als entscheidend dar. Der zweite Punkt trifft in der Praxis sehr häufig zu, da die gängigen Proteinbestimmungsmethoden bei kleinen Mengen entweder überhaupt nicht anwendbar sind oder oft mit sehr großen Fehlern (Faktor 10) behaftet sind. Die einzige quantitative Proteinbestimmungsmethode für kleine Mengen, die Aminosäureanalyse, ist technisch schwierig durchzuführen, äußerst anfällig gegenüber Kontaminationen, verbraucht oft einen erheblichen Teil des vorhandenen Materials (0,1–0,5 µg) und wird aus diesen Gründen nur selten durchgeführt. In der Praxis wird oft die Proteinmenge aus einer Färbung in einem Polyacrylamidgel abgeschätzt, die aber von vielen Faktoren, wie der Geldicke, der Färbemethode, von individuellen Proteineigenschaften, und auch von der Proteinmenge selbst abhängt, und daher großer Erfahrung und Vorsicht bedarf.

## 15.1.5.2 Probleme der Sequenzierung

**Problemaminosäuren**   Leider erscheinen gleiche Mengen verschiedener Aminosäuren keineswegs immer in gleicher Intensität im PTH-Chromatogramm. Einige Aminosäuren werden durch die aggressiven Reaktionsbedingungen des Edman-Abbaus teilweise zerstört und geben mehrere (kleine) Nebenpeaks. Zum Beispiel werden durch Dehydratisierung (β-Elimination) bis zu 80 % des Serins und bis zu 50 % des Threonins zerstört, und Cystein ist underivatisiert fast nicht detektierbar. Bei Tryptophan werden je nach Sequenzposition etwa 30 % bis zu 100 % zerstört. Andere Aminosäuren werden aufgrund ihrer Polarität schlecht aus dem Reaktionskompartiment extrahiert (Arginin und Histidin). Lysin ist besonders oxidationsempfindlich und kann bei nicht optimaler Qualität der Lösungsmittel sehr schlechte Ausbeuten zeigen. Mit einiger Erfahrung können aber die meisten der genannten Aminosäuren zumindest qualitativ richtig erkannt werden. Bei kleinen Mengen oder bei nicht ganz einheitlichen Proben resultieren aus diesen Problemaminosäuren erhebliche Probleme in der Erstellung einer sicheren und eindeutigen Sequenz.

Einige modifizierte Aminosäuren wie z. B. glykosylierte und phosphorylierte Aminosäuren liefern so polare PTH-Derivate, dass sie mit organischen Lösungsmitteln nicht aus dem Reaktionskompartiment extrahiert werden und daher im PTH-Chromatogramm eine Leerstelle ergeben.

**Modifizierte Aminosäuren**   Diese können unter den drastisch alkalischen oder sauren Bedingungen des Edman-Abbaus instabil sein und eine „normale", unmodifizierte Aminosäure vortäuschen. Stabil modifizierte Aminosäuren können in der Nähe oder in Positionen von „normalen Aminosäuren" chromatographieren und so zu Fehlinterpretationen führen. Da von modifizierten Aminosäuren häufig keine PTH-Standardsubstanzen zur Verfügung stehen, sind nur sehr wenige Positionen von modifizierten Aminosäuren im PTH-Chromatogramm bekannt.

Die Interpretation der PTH-Chromatogramme wird durch einen im Laufe der Sequenzanalyse zunehmenden Untergrund erschwert. Dieser entsteht, da es in Proteinen einige labilere Peptidbindungen (vor allem Aspartylbindungen) gibt, die in jedem Abbauzyklus, vor allem bei der Spaltungsreaktion, zu wenigen Prozent hydrolysiert werden. An den dadurch entstandenen freien N-Termini dieser Fragmente findet natürlich auch ein Sequenzabbau statt, bei dem PTH-Aminosäuren abgespalten werden, die letztendlich im HPLC-Chromatogramm auch detektiert werden. Typischerweise nimmt der Untergrund deutlich zu (bis etwa zum zwanzigsten Abbauzyklus), durchläuft ein Maximum, das oft recht gut die Aminosäurezusammensetzung des Proteins reflektiert, und nimmt gegen Ende der Sequenzanalyse wieder ab, da dann einige dieser (Untergrund-)Fragmente zu Ende sequenziert sind.

Aus bisher nicht verstandenen Gründen kann nicht die gesamte Proteinmenge, die in einen Sequencer eingebracht wird, sequenziert werden. Die **Anfangsausbeute** (*initial yield*) ist die Menge der im ersten Schritt erhaltenen PTH-Aminosäure im Verhältnis zur eingesetzten Proteinmenge. Sie beträgt normalerweise nur etwa 50 %. Sie ist aber sowohl vom eingesetzten Protein als auch etwas vom einzelnen Sequencer und den aktuellen Reaktionsparametern abhängig.

Die in einem Sequenator normalerweise frei wählbaren Parameter wie Reaktionszeit, Menge und Durchflussgeschwindigkeiten für die einzelnen Reagenzien und Lösungsmittel, Trocknungszeiten und Temperatur haben einen gravierenden Einfluss auf die Qualität eines Sequenzabbaus, wobei sowohl die Anfangsausbeute als auch die repetitive Ausbeute betroffen sind. Die Parameter sind auch noch von der Art und Menge der Probe und dem für die Sequenzanalyse eingesetzten Trägermaterial abhängig. Die mit den Instrumenten gelieferten Standardprogramme berücksichtigen dies, indem verschiedene optimierte Programme für die Sequenzanalyse angeboten werden. So gibt es unterschiedliche Programme für normal (d. h. auf Glasfasern) aufgetragene, für auf PVDF-Membranen aufgetragene Proteine oder für geblottete Proben. Auch gibt es spezielle Programme zum Beispiel für serin- oder prolinreiche Proteine oder für synthetische Peptide, die noch an das Syntheseharz gekoppelt sind. In der Routine werden aber fast alle Sequenzabbauten mit „dem" Standardprogramm durchgeführt, das auf hohe repetitive Ausbeuten bei möglichst geringem Zeitbedarf optimiert ist.

**Reinheit der Chemikalien**  Die für die Sequenzanalyse eingesetzten Chemikalien müssen äußerst hohen Qualitätsanforderungen genügen, da Verunreinigungen die repetitive Ausbeute beeinträchtigen können oder zu Störpeaks im PTH-Chromatogramm führen können. Wegen der mannigfaltigen anderen möglichen Ursachen für eine reduzierte Sequenzausbeute (s. oben) ist in der Praxis eine Fehlerdiagnose äußerst schwierig und zeitaufwendig. Um eine konstant hohe Qualität der Reagenzien und Lösungsmittel garantieren zu können, werden sie daher standardmäßig speziell gereinigt und unterliegen strengen Qualitätskontrollen.

**Empfindlichkeit des HPLC-Systems**  Das gesamte HPLC-System für die Trennung der PTH-Aminosäuren muss routinemäßig in einem hohen Empfindlichkeitsbereich betrieben werden, was technische Schwierigkeiten bereitet. Die auf dem Markt vorhandenen Sequencer können Proteinmengen im untersten Pikomolbereich sequenzieren. Die quantitative Bestimmungsgrenze der PTH-Aminosäuren liegt mit den heute eingesetzten Detektoren und *Microbore*-Trennsäulen bei etwa einem Pikomol. Normalerweise müssen die zwanzig PTH-Aminosäuren (zuzüglich einiger Reaktionsnebenprodukte) in ca. 15–25 min getrennt werden. Die dazu eingesetzten optimierten Lösungsmittelgradienten und Temperaturen sind äußerst genau einzuhalten, da kleinste Änderungen in der Lösungsmittelzusammensetzung und/oder Temperatur das Retentionsverhalten der PTH-Aminosäuren drastisch beeinflussen. Daher werden eine hohe Konstanz der Lösungsmittelförderung und eine außerordentlich hohe Reproduzierbarkeit der Gradientenbildung benötigt.

### 15.1.6  Stand der Technik

Mit den heute am Markt erhältlichen Sequenatoren ist es durchaus möglich, Sequenzinformation von Protein- oder Peptidmengen im untersten Pikomolbereich zu erhalten. Eine Voraussetzung dafür ist eine Probe, die salz- und detergensfrei ist, deren N-terminale Aminogruppe frei vorliegt und nicht durch (natürliche oder artifizielle) Blockierung für den Edman-Abbau unzugänglich ist. Außerdem müssen die für die Sequenzanalyse eingesetzten Instrumente und Chemikalien in einem optimalen Zustand sein und auch normalerweise im unteren Pikomolbereich eingesetzt werden. z. B. in einem Sequenator routinemäßig Nanomolmengen synthetischer Peptide sequenziert, so verhindern unweigerlich vorhandene Kontaminationen (sowohl im Sequenator als auch im PTH-Analysesystem) die Interpretation einer Sequenzanalyse im untersten Pikomolbereich.

In Ringversuchen werden bei der Sequenzanalyse von geringen, aber ausreichenden Peptidmengen immer noch eine erstaunlich hohe Anzahl Sequenzfehler festgestellt. Diese falschen Sequenzen verursachen im Ernstfall erheblichen zeitlichen und finanziellen Schaden und sind oft nur unter großem Aufwand zu erkennen und zu korrigieren. Als Konsequenz müssen einerseits die Hersteller von Sequenzierinstrumenten Wege finden, die Einfachheit und Robustheit der Geräte zu verbessern und Softwarelösungen implementieren, die Fehlinterpretationen vermeiden helfen. Andererseits sollten für die Betreiber von Sequenziereinrichtungen unabhängige Methoden wie Massenspektrometrie und Kapillarelektrophorese zur Verfügung stehen, die in vielen Fällen helfen können, Problemfälle zu erkennen oder zu lösen. Letztendlich ist aber eine optimale und vom ersten Reinigungsschritt an auf die Sequenzanalyse ausgerichtete Probenvorbereitung der wichtigste Schritt zu einer erfolgreichen Sequenzierung.

## 15.2 C-terminale Sequenzanalyse

Die Charakterisierung eines Proteins oder Peptids an seinem C-terminalen Ende durch Bestimmung der letzten Aminosäuren ist für viele Problemstellungen wünschenswert. Es wäre optimal, wenn die Polypeptidkette gleich effektiv wie vom N-Terminus her auch vom C-terminalen Ende sequenziert werden könnte.

Keine der momentan vorhandenen Methoden zur C-terminalen Sequenzanalyse liefert ähnlich gute Ergebnisse wie der automatische, schrittweise N-terminale Edman-Abbau im Aminosäuresequencer (▶ Abschn. 15.1.3). Durch die Fortschritte der Massenspektrometrie bei Strukturermittlung von Peptiden und wegen der immer vollständiger zur Verfügung stehenden Sequenzdatenbanken kann die C-terminale Sequenz heute oft einfach allein massenspektrometrisch oder mit einer Kombination von Massenspektrometrie und N-terminaler Sequenzanalyse ermittelt werden. Die C-terminale Sequenzanalyse hat zurzeit nur historische Bedeutung und soll hier nur in ihren Grundzügen wiedergegeben werden.

### 15.2.1 Chemische Abbaumethoden

#### 15.2.1.1 Schlack-Kumpf-Abbau

Der chemische C-terminale Abbau erfolgt mit einem Thiocyanatreagenz analog dem Edman-Abbau, der mit Phenylisothiocyanat durchgeführt wird (◻ Abb. 15.11). Er basiert im Wesentlichen auf einem von Schlack und Kumpf 1926 angegebenen Verfahren. Optimierte

Bedingungen, die diesem Abbau zugrunde liegen, wurden 1991 von Inglis ausgearbeitet. Inzwischen wurden unterschiedliche chemische Methoden automatisiert. Bisher konnte jedoch mit keinem der vorgestellten Automaten die C-terminale Polypeptidkette ähnlich erfolgreich schrittweise abgebaut werden, wie dies routinemäßig für die N-terminale Sequenzierung möglich ist.

Warum nun sind die Resultate der chemischen C-terminalen Abbaumethoden denen der analogen N-terminalen Verfahren nicht adäquat? Warum gelingt es nicht, vom Carboxyende der Polypeptidkette schrittweise dreißig oder mehr Aminosäuren auf analoge Weise zu bestimmen? Hauptgrund ist die geringe Reaktionsfreudigkeit der C-terminalen Carboxygruppe im Gegensatz zu der sehr reaktiven N-terminalen Aminogruppe in Polypeptiden. Die Carboxygruppe muss zunächst aktiviert werden, um eine Kupplung mit einem Reagenz, das für den schrittweisen Abbau vom C-terminalen Ende geeignet ist, zu ermöglichen. Hierfür sind relativ drastische Versuchsbedingungen notwendig, die für die zum Teil empfindlichen Aminosäuren in Proteinen und Peptiden nicht zuträglich sind. Außerdem werden durch die drastischen chemischen Bedingungen Seitenketten modifiziert oder einzelne labile Peptidbindungen gespalten.

Der chemische C-terminale Abbau besteht aus den folgenden Stufen (◻ Abb. 15.11):
1. Aktivierung des C-Terminus,
2. Kupplung mit einem Thiocyanatreagenz unter Bildung eines Peptidylthiohydantoins,
3. Abspaltung der C-terminalen Aminosäure als Aminosäurethiohydantoin,

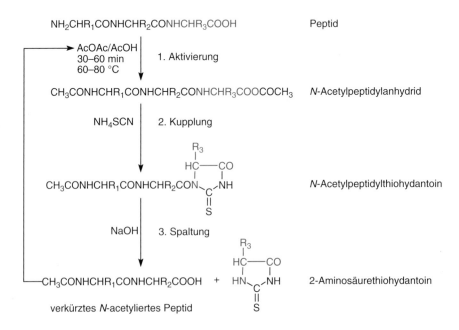

◻ **Abb. 15.11**   Schlack-Kumpf-Abbau

4. das abgespaltene Aminosäurethiohydantoin (ATH) wird anschließend durch Vergleich mit dem Elutionsverhalten von Referenzthiohydantoinen aller Aminosäuren mittels HPLC identifiziert.

**1. Aktivierung** Durch Acylierung mit Essigsäureanhydrid/Essigsäure (AcOAc/AcOH) wird ein gemischtes Peptidanhydrid erzeugt, wobei die aminoterminale Gruppe des Peptids durch Acetylierung blockiert wird. Dabei können auch interne Seitenkettencarboxygruppen je nach Reaktionsbedingungen teilweise mitreagieren. Auch N-terminal an Festphasen oder Glas gebundene Peptide können über ihre Seitenketten derivatisiert werden, z. B. Lysin, Serin, Threonin, Asparaginsäure und Glutaminsäure. Die Bedingungen für die Aktivierung sind sehr drastisch: hoher Überschuss an Aktivierungsreagenz und Reaktionszeiten von etwa 30–60 min bei 60–80 °C. Unter diesen Bedingungen können bereits hydrolytische Spaltungen säurelabiler Peptidbindungen wie die Spaltung der Asp–Pro- oder Tyr–Ser-Bindung erfolgen, sodass verkürzte Peptidfragmente entstehen, was in den nachfolgenden Abbauzyklen zu falschen C-terminalen Aminosäuren führt.

**2. Kupplung mit einem Thiocyanat- oder Isothiocyanatanion zum Peptidylthiohydantoin** Für die Kupplung wurden verschiedene Reagenzien ausprobiert: Am reaktivsten ist die Thiocyanatsäure (HSCN). Sie entsteht aus Ammoniumisothiocyanat durch Einwirkung von rauchender Salzsäure und wird am besten durch Säulenchromatographie über einem Kationenaustauscher (Dowex 50) in acetonischer Lösung hergestellt und durch Titration bestimmt. Sehr störend wirkt hierbei die leichte Verunreinigung mit Eisen aus dem Austauscher bzw. Glas, die zu rosa bis roten Lösungen in Aceton führt. Dieses Reagenz ist sehr aggressiv (wirkt stark ätzend auf Augen und Haut), greift alle Kunststoffe an, ist instabil und eignet sich daher nicht zur Verwendung in Automaten. Deshalb werden für den automatischen Abbau Ammoniumthiocyanat oder Guanidinthiocyanat in acetonischer Lösung vorgelegt; durch dosierte Zugabe von Säure entsteht HSCN *in situ* im Reaktor. Reste an Aktivierungsreagenz (Essigsäureanhydrid, Essigsäure) und das Thiocyanat müssen durch Ausblasen mit inertem Gas (Stickstoff, Argon) und entsprechende Waschvorgänge entfernt werden.

Alle Stufen des Abbaus müssen unter absolutem Sauerstoffausschluss durchgeführt werden, damit Oxidationen, etwa von Methionin zu Methioninsulfon oder Sulfoxid, die Oxidation von Tyrosin oder die Bildung von S–S-Brücken aus Cysteinen, unterdrückt werden und das Thiocyanatreagenz nicht in das Cyanat umgewandelt wird.

**3. Abspaltung des Aminosäurethiohydantoins** Die Abspaltung der Thiohydantoine erfolgt durch Einwirkung von Basen oder Säuren. Die beste Methode ist die Abspaltung mit verdünnter KOH in methanolisch-wässriger Lösung nach Inglis oder in ammoniakalischer Lösung, wobei aber ebenfalls drastische Bedingungen notwendig sind (0,1–2 M Lösungen). Allerdings reichen wenige Minuten bei Raumtemperatur für die Abspaltung aus. Beim automatischen Abbau tritt die Schwierigkeit auf, dass der schnelle Temperaturwechsel von 60–80 °C auf Raumtemperatur technisch nicht leicht zu bewerkstelligen ist und die nicht flüchtige KOH nach der Reaktion durch Auswaschen entfernt werden muss, wobei das Polypeptid, falls nicht kovalent an Träger gebunden, ebenfalls mit ausgewaschen wird.

**4. Identifizierung des Aminosäurethiohydantoins** Die Trennung und Identifizierung der abgespaltenen Aminosäurethiohydantoine erfolgt mit Reversed-Phase-HPLC über C$_{18}$-Säulenmaterial (5 μm, 100 A) in Gradienten von 0,1 % TFA in Wasser/Methanol oder Acetonitril bei 254 nm (◘ Abb. 15.12) in ähnlicher Weise wie für die Phenylthiohydantoin- (PTH-)Aminosäuren beim N-terminalen Abbau. Im Gegensatz zu den Phenylthiohydantoinen sind die ATH-Aminosäuren des C-terminalen Abbaus, die keine Phenylgruppen tragen, wesentlich hydrophiler, eluieren daher schneller und lassen sich infolgedessen schlechter trennen.

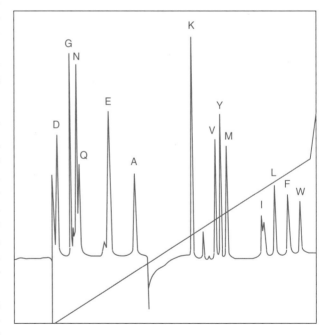

◘ **Abb. 15.12** HPLC-Trennung der Aminosäurethiohydantoine (ATH). Die Trennung wurde mit zwei hintereinander geschalteten HPLC-Säulen (*LiChrosorber, Hibar Merck* und *Eurosil RP C18,* 5 μm, 100 A, Knauer) in einem Gradienten aus 3 mM Natriumacetat und Acetonitril bei 35 °C online im C-terminalen Sequencer durchgeführt

## 15.2.2 Peptidmengen und Qualität des chemischen Abbaus

Die Peptidmengen, die für den C-terminalen Sequenator notwendig sind, liegen immer noch im Bereich von ein bis zwei Nanomol, wobei in der Regel drei bis fünf Zyklen interpretierbar sind. In Einzelfällen gelang es auch, bis zu zehn Aminosäuren zu sequenzieren. Die Schwierigkeiten resultieren aus der relativ schlechten repetitiven Ausbeute von nur 75–85 % beim Abbau, da Verluste an Peptid durch Hydrolyse der labilen Peptidbindungen, Auswaschen der Peptide und Zerstörung der labilen Aminosäurederivate auftreten. Dies bedingt den hohen *overlap* während des Abbaus, der unvollständig verläuft, sodass die Aminosäuren erst in den nachfolgenden Stufen abgebaut werden. Deshalb ist der Abbau kurzer Peptide erfolgreicher als der großer Proteine. Auch der unkontrollierte Abbau, das heißt die frühzeitige partielle Abspaltung im Sauren, gefolgt von neuer Kupplung, wird beobachtet und ist Ursache für den beim C-terminalen Abbau auftretenden *prelap* (zu frühes Erscheinen der Aminosäure der nachfolgenden Abbaustufe im vorhergehenden Schritt).

## 15.2.3 Abbau der Polypeptide mit Carboxypeptidasen

### 15.2.3.1 Spezifität der Carboxypeptidasen

Beim enzymatischen Abbau werden Carboxypeptidasen eingesetzt, die als Exopeptidasen die Polypeptidketten vom C-terminalen Ende verdauen. Es gibt verschiedene Carboxypeptidasen, die unterschiedliche Spezifitäten für die einzelnen Aminosäuren aufweisen:

**Carboxypeptidase A** spaltet bei pH 8 neutrale Aminosäuren, besonders Leucin, Phenylalanin, Isoleucin, Methionin, Valin und Alanin ab; **Carboxypeptidase B** nur die basischen Aminosäuren Lysin und Arginin, ebenfalls bei pH 8. **Carboxypeptidase Y** hat den weitesten Anwendungsbereich, spaltet sowohl im sauren als auch im alkalischen Bereich (pH 4–8) fast alle Bindungen mit Ausnahme von Prolin. **Carboxypeptidase P** spaltet auch Prolin ab, mit einem pH-Optimum bei pH 4–5.

Alle Carboxypeptidasen gehören zu den Serin-Proteasen, d. h. ein Serin ist am katalytischen Mechanismus beteiligt. Je nach Reinheitsgrad der Enzyme können unterschiedliche Aktivitäten beobachtet werden. Auch die Zeit, in der die Abspaltung der Aminosäuren vom C-Terminus erfolgt, variiert stark und ist konzentrations- und temperaturabhängig. Deshalb werden oft scheinbar zwei bis mehrere Aminosäuren gleichzeitig abgespalten, wenn eine schnell abspaltbare Aminosäure auf eine folgt, die nur langsam abgespalten wird, wie z. B. bei dieser Sequenz am C-terminalen Ende: – Gln–Leu. In einem solchen Falle lässt sich mit Carboxypeptidasebehandlung zwar nicht die Sequenz aller Aminosäuren im Verdau ermitteln, dafür aber, welche Aminosäuren abgespalten wurden. Üblicherweise wird in einem Zeitexperiment ermittelt, welche Aminosäuren nacheinander abgespalten werden. Dazu wird das Polypeptid unterschiedlich lange mit Carboxypeptidase behandelt, also werden z. B. zum Zeitpunkt 0 min (Kontrolle), 5 min, 10 min, 20 min, 30 min, 40 min, 80 min und 2 h Proben vom Ansatz abgenommen und analysiert. Ein Beispiel ist in ◘ Abb. 15.13 gezeigt. Um die Polypeptidkette nicht zu unkontrolliert abzudauen, werden gewöhnlich Temperaturen von 25–10 °C (oder 0 °C) angewandt, obwohl das Optimum der Carboxypeptidasen bei 37 °C liegt.

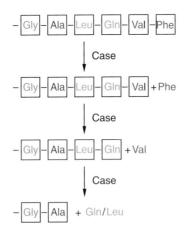
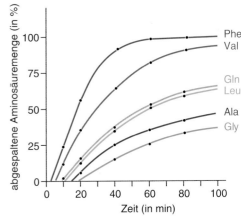

**◘ Abb. 15.13** Enzymatischer Abbau einer Polypeptidkette mit der C-terminalen Sequenz Gly–Ala–Leu–Gln–Val–Phe durch Carboxypeptidase Y (Case)

### 15.2.3.2 Detektion der abgespaltenen Aminosäuren

In der Vergangenheit wurden die freigesetzten Aminosäuren in den Spaltansätzen gewöhnlich im Aminosäureanalysator bestimmt. Hierzu wurde zu verschiedenen Zeitpunkten jeweils ein Teil des Spaltansatzes auf pH 2,0 eingestellt, um die Aktivität des Enzyms zu stoppen, und dann ohne Abtrennung der Restpeptide oder des Enzyms auf die Trennsäule des Aminosäureanalysators aufgebracht. Die Anwesenheit der Proteine stört nicht, da diese auf der verwendeten Austauschersäule (Kationenaustauscher Dowex 50) oder bei *Reversed-Phase*-HPLC (C$_{18}$, 80–100 Å) erst bei der Regeneration der Säule eluiert werden. Die Analyse der freigesetzten Aminosäuren hat jedoch zwei gravierende Nachteile: Zum einen werden im Spaltansatz enthaltene Di- bis Tripeptide ebenfalls bei der Chromatographie mit eluiert und können zu Verwechslungen mit den an derselben Stelle eluierenden Aminosäuren führen. Zum anderen können während der enzymatischen Spaltung auch Brüche in der Polypeptidkette auftreten, wenn Peptidbindungen innerhalb der Kette gespalten werden. Die auftretenden Fragmente werden durch die Carboxypeptidasen ebenfalls abgedaut, sodass falsche Aminosäuren dem C-terminalen Ende der eingesetzten Polypeptidkette zugeordnet werden. Diese internen Spaltungen sind bei vielen Proteinen beobachtet worden, sei es durch Verunreinigungen der Exopeptidasen mit Spuren von Endopeptidasen, breite Spezifität der Enzyme oder bedingt durch Verunreinigungen mit Spuren von Endoproteinasen. Oft ist das C-terminale Ende des Proteins für den Verdau mit Carboxypeptidasen ohne Denaturierung aus sterischen Gründen nicht zugänglich, wohl aber andere Sequenzbereiche, wenn diese sich an der Oberfläche des Proteins befinden und leicht spaltbar sind. Deshalb ist die geschilderte Methode über die Analyse der abgespaltenen Aminosäuren sehr riskant und prinzipiell heute nicht mehr zu empfehlen. Stattdessen ist es sinnvoller, die massenspektrometrische Analyse der entstehenden abgedauten Ketten vorzunehmen. Auf einfache Weise lässt sich heute anhand der Ausgangsmasse des zu sequenzierenden Peptides oder Proteins feststellen, ob das C-terminale Ende der Peptidkette abgedaut worden ist oder interne Fragmente entstanden sind.

## 15.3 Single Molecule Protein Sequencing

Die technischen Fortschritte in der Instrumentierung und Informatik und die spektakulären Fortschritte in den DNA-Sequenzierungstechnologien, in denen DNA-Einzelmoleküle einer Analytik zugänglich geworden sind, haben Überlegungen induziert, dass ähnliche Techniken auch mit Proteinen möglich sein könnten.

Dabei ist klar, dass die Herausforderung einer Proteinsequenzierung durch den komplexeren Aufbau von Proteinen aus ca. 20 Aminosäuren im Vergleich zu nur vier Nucleotiden die ausgeprägte Faltung von Proteinen und die ungleichmäßige Ladungsverteilung bei Proteinen ungleich größer sein wird. Zusätzlich ist auch keine den Nucleinsäuren äquivalente Amplifikationstechnik für Proteine in Sicht.

Allein unterscheidbare Read-outs für alle natürlich vorkommenden Aminosäuren zu entwickeln erscheint enorm anspruchsvoll. Eine gerichtete Translokation von Proteinen z. B. durch Poren ist aufgrund ihrer unterschiedlichen Ladung und Ladungsverteilung wesentlich komplizierter als bei Nucleinsäuren.

Trotz dieser desperaten Ausgangslage gibt es in den letzten Jahren Versuche, *Single-Molecule-Protein*-Sequenzierungstechniken zu entwickeln. Dabei ist ein naheliegender Weg, die so erfolgreichen DNA-Sequenzierungsmethoden auf ihre Eignung für die Proteinwelt zu untersuchen. Für die gerichtete Translokation werden chemisches oder enzymatisches Entfalten und/oder chemische Modifikationen der Proteine an den Termini in Betracht gezogen. Für die Detektion werden Fluoreszenztechniken, Tunnelstrom oder synthetische/biologische Nanoporen eingesetzt. Alle diese Wege werden bearbeitet, sind aber noch weit von einer Einsetzbarkeit in der analytischen Praxis entfernt. Eine neuere Übersicht ist in Restrepo-Pérez et al. (2018; Weiterführende Literatur) gegeben.

## 15.4 Ausblick

Der Edman-Abbau wird immer noch – chemisch praktisch unverändert – zur Sequenzanalyse von Proteinen eingesetzt. Da die Massenspektrometrie immer größere Anteile der Proteincharakterisierung vor allem in den Proteomics-Techniken übernommen hat, hat die Bedeutung der klassischen Aminosäuresequenzanalyse deutlich abgenommen. Dadurch ist vor allem eine instrumentelle Weiterentwicklung seit der Jahrhundertwende praktisch nicht mehr vorhanden. Zurzeit bietet auch nur noch eine Firma (Shimadzu) ein Proteinsequenzanalysegerät kommerziell an. Die klassische Edman-Sequenzierung erscheint in ihren chemischen Abläufen nahezu optimal, für eine wesentliche instrumentelle Verbesserung ist der Markt zu klein.

Dennoch hat der Edman-Abbau immer noch Bereiche, in denen er einfacher, schneller und sicherer Resultate liefert als die massenspektrometrischen Techniken – dazu gehören Bestimmung des N-Terminus und Prozessierungsstellen von Proteinen, Kontrolle der Aminosäuresequenz von therapeutischen Proteinen, Sequenzanalyse von Proteinen aus Organismen mit unbekannter DNA-Sequenz.

Die C-terminalen Sequenzabbautechniken haben aufgrund ihrer fundamentalen Probleme praktisch keine Bedeutung in der Bioanalytik. Am ehesten werden hier erfolgreich enzymatische mit massenspektrometrischen Verfahren kombiniert.

Nur eine im Vergleich zum Edman-Abbau technisch vollständig andere Aminosäuresequenzanalytik, wie z. B. *Single-Molecule-Protein-Sequencing*-Techniken analog dem spektakulären Vorbild in der DNA-Sequenzierung (*nanopore sequencing*, etc.), hätten das Potenzial, mit den massenspektrometrischen Methoden in echte Konkurrenz zu treten und ermöglichten zudem zum ersten Mal einen quantitativen Blick in die Welt der Proteoformen. Erste Versuche finden zwar schon statt, aber bis zu einer praxistauglichen Anwendung scheint noch ein langer Weg.

## Literatur und Weiterführende Literatur

Braunitzer G, Gehring-Müller R, Hilschmann N, Hilse K, Hobom G, Rudloff V, Wittmann-Liebold B (1961) Die Konstitution des normalen adulten Humanhämoglobins. Hoppe Seylers Z Physiol Chem 325:283–286

Edman P, Begg G (1967) A protein sequenator. Eur J Biochem 1:80–91

Hewick RM, Hunkapiller MW, Hood LE, Dreyer WJ (1981) A gasliquid solid phase peptide and protein sequenator. J Biol Chem 256:7990–7997

Inglis AS (1991) Chemical procedures for C-terminal sequencing of peptides and proteins. Anal Biochem 195:183–196

Laursen RA (1971) Solid-phase Edman degradation. An automatic peptide sequencer. Eur J Biochem 20:89–102

Restrepo-Pérez L, Joo C, Dekker C (2018) Paving the way to single-molecule protein sequencing. Nat Nanotechnol 13(9):786–796. https://doi.org/10.1038/s41565-018-0236-6

Sanger F, Thompson EO (1953a) The amino-acid sequence in the glycyl chain of insulin. I. The identification of lower peptides from partial hydrolysates. Biochem J 53:353–366

Sanger F, Thompson EO (1953b) The amino-acid sequence in the glycyl chain of insulin. II. The investigation of peptides from enzymic hydrolysates. Biochem J 53:366–374

Schlack P, Kumpf W (1926) Über eine neue Methode zur Ermittlung der Konstitution von Peptiden. Z Physiol Chemie Hoppe-Seyler 154:125–170

Thiede B, Salnikow J, Wittmann-Liebold B (1977) *C*-terminal ladder sequencing by an approach combining chemical degradation with analysis by matrix assisted laser desorption ionization mass spectrometry. Eur J Biochem 244:750–754

Warren RL, Sutton GG, Jones SJM, Holt RA (2007) Assembling millions of short DNA sequences using SSAKE. Bioinformatics 23(4):500–501

# Massenspektrometrie

*Helmut E. Meyer, Thomas Fröhlich, Eckhard Nordhoff und Katja Kuhlmann*

## Inhaltsverzeichnis

**16.1 Ionisationsmethoden – 361**
16.1.1 Matrixassistierte Laserdesorptions/Ionisations-Massenspektrometrie (MALDI-MS) – 362
16.1.2 Elektrospray-Ionisation (ESI) – 367

**16.2 Massenanalysatoren – 374**
16.2.1 Flugzeitanalysator (TOF) – 376
16.2.2 Quadrupolanalysator – 378
16.2.3 Elektrische Ionenfallen – 380
16.2.4 Magnetische Ionenfalle – 382
16.2.5 Orbital-Ionenfalle – 383
16.2.6 Hybridgeräte – 384

**16.3 Ionendetektoren – 389**
16.3.1 Sekundärelektronenvervielfacher (SEV) – 389
16.3.2 Faraday-Becher – 390

**16.4 Fragmentierungstechniken – 391**
16.4.1 Kollisionsinduzierte Dissoziation (CID) – 391
16.4.2 Prompte und metastabile Zerfälle (ISD, PSD) – 392
16.4.3 Photoneninduzierte Dissoziation (PID, IRMPD) – 394
16.4.4 Erzeugung von Radikalen (ECD, HECD, ETD) – 394

**16.5 Massenbestimmung – 396**
16.5.1 Berechnung der Masse – 396
16.5.2 Einfluss der Isotopie – 396
16.5.3 Kalibrierung – 400
16.5.4 Bestimmung der Ladungszahl – 400
16.5.5 Signalverarbeitung und -auswertung – 400
16.5.6 Ableitung der Masse – 401
16.5.7 Probleme – 401

© Springer-Verlag GmbH Deutschland, ein Teil von Springer Nature 2022
J. Kurreck et al. (Hrsg.), *Bioanalytik*, https://doi.org/10.1007/978-3-662-61707-6_16

16.6     Identifizierung, Nachweis und Strukturaufklärung – 402

16.6.1   Identifizierung – 402

16.6.2   Nachweis – 403

16.6.3   Strukturaufklärung – 404

16.7     LC-MS und LC-MS/MS – 410

16.7.1   LC-MS – 410

16.7.2   LC-MS/MS – 412

16.7.3   Ionenmobilitätsspektrometrie (IMS) – 412

16.8     Quantifizierung – 413

         Literatur und Weiterführende Literatur – 414

- Die Massenspektrometrie (MS) ist ein Verfahren zur Bestimmung des Masse-zu-Ladungsverhältnisses (*m/z*) von ionisierten Atomen bzw. Molekülen in der Gasphase.
- Die Massenspektrometrie wird in der chemischen Analytik routinemäßig zur Detektion und Charakterisierung eines breiten Spektrums von Stoffgruppen verwendet.
- Seit der Entwicklung sanfter, für biologische Makromoleküle geeigneter Ionisationsverfahren findet die Massenspektrometrie auch zur Untersuchung von Biomolekülen (z. B. von Proteinen) breite Anwendung.
- Die Kopplung von Hochleistungsflüssigkeitschromatographie und Massenspektrometrie (LC-MS) ermöglicht die sensitive Analyse sehr komplexer Probengemische (z. B. von Zelllysaten).
- In der Proteomforschung sowie in der Qualitätskontrolle von Biotherapeutika stellt die LC-MS-Analyse eines der wichtigsten analytischen Verfahren dar.

Die Massenspektrometrie (MS) stellt eine Analysetechnik zur Bestimmung des *Masse-zu-Ladungsverhältnisses (m/z)* von Ionen im Hochvakuum dar. Ende der Achtzigerjahre des letzten Jahrhunderts führten die Arbeiten von John B. Fenn (USA) zur Entwicklung der Elektrospray-Ionisation (ESI) und von Franz Hillenkamp und Michael Karas (Deutschland) sowie Koichi Tanaka (Japan) zur Entdeckung und Anwendung der matrixassistierten Laserdesorption/Ionisation (MALDI). Erst diese neuen, sanften Ionisationsmethoden machten die intakte Überführung von größeren biologischen Makromolekülen wie Proteinen, komplexen Kohlenhydraten und mehrzähligen Nucleinsäuren in die Gasphase und damit ihre massenspektrometrische Analyse möglich. Im Jahre 2002 wurden Fenn und Tanaka für ihre methodischen Entwicklungen zur Identifizierung von biologischen Makromolekülen mit dem Nobelpreis für Chemie ausgezeichnet. Beide Verfahren sind bezüglich ihrer spezifischen Anforderungen und Stärken komplementär und dominieren zusammen die biologische Massenspektrometrie.

Mithilfe der MALDI- und ESI-MS kann man die Masse von biologischen Molekülen sehr genau bestimmen und damit deren chemische Zusammensetzung verifizieren oder falsifizieren. Bei bekannter Aminosäuresequenz kann z. B. aus der Differenz der berechneten und der gemessenen Masse eines gereiften Proteins direkt auf posttranslationale Modifikationen wie Phosphorylierung oder Glykosylierung geschlossen werden. Zudem können unbekannte Proteinproben, nach proteolytischer Spaltung, basierend auf den exakten Massen der freigesetzten Peptide mittels Abgleich mit einer Sequenzdatenbank schnell und einfach identifiziert werden. Weitergehende Möglichkeiten ergeben sich z. B. aus der Kombination

von zwei Massenanalysatoren. In diesem Fall können nach einer ersten Massenanalyse in einem zweiten Schritt ausgewählte Molekülionen im Massenspektrometer fragmentiert und deren Zerfallsprodukte analysiert werden (**Tandem-MS**). Hiermit ist es möglich, die Struktur neuer, bisher unbekannter Moleküle aufzuklären oder diese durch Abgleich mit Datenbanken schnell und sicher zu identifizieren.

Für die Peptidanalytik reicht die Empfindlichkeit der heutigen massenspektrometrischen Verfahren in den Subfemtomolbereich. Für kleine Proteine (<20 kDa) liegt diese Grenze bei 10–100 fmol, für mittelgroße werden mindestens 50–500 fmol benötigt und für große (>50 kDa) 0,5–5 pmol. Generell nimmt, unabhängig von der Substanzklasse, die Nachweisempfindlichkeit mit ansteigender Molekülmasse ab. Zwischen verschiedenen Substanzklassen gibt es jedoch große Unterschiede. So werden z. B. für die Analyse von Nucleinsäuren und Kohlenhydraten bei gleicher Molekülmasse bis zu tausendmal größere Mengen benötigt als für die Massenbestimmung von Peptiden.

Ein Massenspektrometer besteht im einfachsten Fall aus einer *Ionenquelle*, in der aus einer Substanzprobe Ionen erzeugt bzw. freigesetzt werden, einem *Massenanalysator*, der die Ionen hinsichtlich des Masse-zu-Ladungs-Verhältnisses (*m/z*) auftrennt, und schließlich einem *Detektor*, der den Ionenstrom misst (◻ Abb. 16.1). Als Ergebnis wird ein **Massenspektrum** generiert, in dem die relativen Häufigkeiten der Ionen gegen *m/z* aufgetragen sind. Im Folgenden werden die einzelnen Schritte Ionisation, Massenanalyse und Ionendetektion vorgestellt und die dabei eingesetzten Techniken und deren Funktionsprinzip erörtert.

## 16.1 Ionisationsmethoden

Die Ionisierung der Analytmoleküle in einem Massenspektrometer kann ganz allgemein durch Aufnahme oder den Verlust eines Elektrons, Protons oder Kations erfolgen. Dies wird beispielsweise durch den Beschuss der Probenmoleküle mit Elektronen (**Elektronenstoß-Ionisation, EI**), durch so generierte reaktive Ionen die dann ihre Ladung auf die Probenmoleküle übertragen (**chemische Ionisation, CI**) oder durch den Beschuss der Probe mit schnellen Atomen (*Fast Atom Bombardment*, **FAB**), Ionen (**Sekundärionen-Ionisation, SI**) oder mit Photonen (**Laserdesorption/Ionisation, LDI**) erreicht. Für polare, nicht flüchtige und generell für größere biologische Moleküle sind die Ionisierung der gelösten Probe mittels ESI oder aus der festen Phase mittels MALDI die Methoden der Wahl.

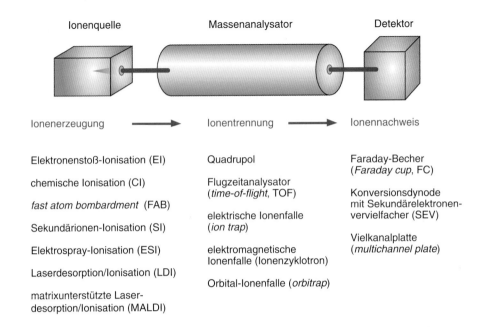

**Abb. 16.1** Komponenten eines Massenspektrometers

Ionenquelle    Massenanalysator    Detektor

Ionenerzeugung → Ionentrennung → Ionennachweis

Elektronenstoß-Ionisation (EI)

chemische Ionisation (CI)

*fast atom bombardment* (FAB)

Sekundärionen-Ionisation (SI)

Elektrospray-Ionisation (ESI)

Laserdesorption/Ionisation (LDI)

matrixunterstützte Laserdesorption/Ionisation (MALDI)

Quadrupol

Flugzeitanalysator (*time-of-flight*, TOF)

elektrische Ionenfalle (*ion trap*)

elektromagnetische Ionenfalle (Ionenzyklotron)

Orbital-Ionenfalle (*orbitrap*)

Faraday-Becher (*Faraday cup*, FC)

Konversionsdynode mit Sekundärelektronenvervielfacher (SEV)

Vielkanalplatte (*multichannel plate*)

## 16.1.1 Matrixassistierte Laserdesorptions/Ionisations-Massenspektrometrie (MALDI-MS)

Seit den Siebzigerjahren des letzten Jahrhunderts wurden Laser in der organischen Massenspektrometrie mit dem Ziel eingesetzt, durch eine geeignete Primäranregung eine direkte Desorption intakter Molekülionen aus kondensierten Phasen zu erreichen. Bei diesen anfänglichen Versuchen wurden Proben in dünner Schicht auf eine Metalloberfläche aufgebracht und dann mit einem gepulsten Laser bestrahlt. In der Regel zeigten die so erzeugten Massenspektren jedoch nur geringe Signalintensitäten und eine ausgeprägte Fragmentierung der Probenmoleküle. Da man gewöhnlich nur Ionen mit Molekulargewichten unter tausend Dalton nachweisen konnte, hatte die **Laserdesorptions/Ionisations-MS (LDI-MS)** für die Analytik von Biomolekülen nur wenig praktische Bedeutung. Dies änderte sich, als Michael Karas und Franz Hillenkamp von der Universität Münster 1987 den Wechselwirkungsprozess zwischen ultravioletter Laserstrahlung und organischen Molekülen untersuchten. Sie betteten die Probe in eine geeignete **Matrix**, bestehend aus kleinen organischen Molekülen, die eine hohe Absorption bei der eingestrahlten Laserwellenlänge zeigen, und beobachteten deutlich höhere Intensitäten der Analytionen und fast keine Fragmentionen in den Massenspektren. Mit dieser als MALDI-MS bezeichneten Methode konnten erstmalig Proteine als intakte Moleküle analysiert werden.

Mischt man auf einem metallischen Probenträger eine Probe mit einem 1000-fachen oder noch größeren molaren Überschuss einer geeigneten, bei der verwendeten Laserwellenlänge absorbierenden Matrix (in der Regel kleine organische Moleküle, **Tab. 16.1**), so erfolgt nach Verdunstung des Lösungsmittels auf dem Probenträger eine Kokristallisation von Matrix und Analyt. Der Einbau der Probenmoleküle in das Kristallgitter der Matrix wird als Voraussetzung für die nachfolgende MALDI angesehen (**Abb. 16.2**). Im Hochvakuum der Ionenquelle des Massenspektrometers wird die kristalline Oberfläche der präparierten Probe einem intensiven Impuls kurzwelliger Laserstrahlung von wenigen Nanosekunden Dauer ausgesetzt. Die Einkopplung der für die Ionen notwendigen Energie erfolgt bei UV-Bestrahlung über resonante elektronische Anregung der Matrixmoleküle, etwa in das π-Elektronensystem aromatischer Verbindungen.

Theoretische Berechnungen lassen vermuten, dass die zunächst in den Matrixmolekülen gespeicherte elektronische Anregungsenergie in extrem kurzen Zeiten in das Festkörpergitter relaxiert und dort eine starke Störung und Ausdehnung bewirkt. Es erfolgt dann weit vor Erreichen eines thermischen Gleichgewichts ein Phasenübergang, der explosiv einen Teil der Festkörperoberfläche auflöst. Dabei werden neben Matrixmolekülen auch Probenmoleküle in die Gasphase freigesetzt (**Abb. 16.2**). Offensichtlich ist dabei die Anregung innerer Freiheitsgrade der beteiligten Moleküle so gering, dass sogar thermisch labile Makromoleküle wie Proteine diesen Prozess intakt überstehen. Dies gilt allerdings nur in einem be-

**◻ Tab. 16.1** Typische Matrixsubstanzen für die MALDI-MS in der biochemischen Analytik

| Matrix | | Wellenlänge | geeignet für |
|---|---|---|---|
| α-Cyano-4-hydroxyzimtsäure | | 337 nm, 355 nm | Peptide |
| 2,5-Dihydroxybenzoesäure (DHB) | | 266 nm, 337 nm, 355 nm | Peptide, Proteine, komplexe Kohlenhydrate |
| 3,5-Dimethoxy-4-hydroxyzimtsäure (Sinapinsäure) | | 266 nm, 337 nm, 355 nm | Proteine |
| 3-Hydroxypicolinsäure | | 337 nm, 355 nm | DNA und RNA |

grenzten Bereich der Bestrahlungsstärke (Laserintensität auf der Probe), der meist zwischen $10^5$ und $10^7$ W cm$^{-2}$ liegt. Bei zu hoher Bestrahlung wird die Probe weitgehend zerstört. Zahlreiche Experimente weisen darauf hin, dass die Matrix auch eine wichtige Rolle bei der Ionisation der Probenmoleküle spielt. Photoionisierte, radikalische Matrixmoleküle bewirken danach durch Protonentransfer eine hohe Ausbeute an elektrisch geladenen Probenmolekülen.

Für die MALDI werden Impulsfestkörperlaser im UV-Bereich wie Nd-YAG-Laser (Yttrium-Aluminium-Granat-Kristalle, dotiert mit Neodym) mit Impulsdauern von etwa 5–15 ns und Wellenlängen von 355 nm (Frequenzverdreifachung) oder 266 nm (Frequenzvervierfachung) oder Stickstofflaser mit einer Wellenlänge von 337 nm und Impulsdauern von 3–5 ns verwendet. Für den Infrarotbereich stehen Er-YAG-Laser (Yttrium-Aluminium-Granat-Kristalle dotiert mit Erbium) mit Impulsdauern von 90 ns und einer Wellenlänge von 2,94 µm zur Verfügung. Der Laserstrahl wird mit einer geeigneten Optik, je nach Bedarf, auf einen Durchmesser von 10–500 µm auf der Probenoberfläche fokussiert. Durch einen Strahlabschwächer (z. B. ein dielektrischer oder metallisch beschichteter Spiegel) ist die Bestrah-

lungsstärke auf der Probe variabel einstellbar. Die Probe kann über eine Videokamera kontrolliert und der zu analysierende Bereich ausgewählt werden. Ist der Probenteller auf einem in x- und y-Richtung beweglichen Tisch montiert (xy-Manipulator), können die Proben systematisch angefahren und verschiedene Stellen selektiv untersucht werden.

### 16.1.1.1 Eigenschaften von MALDI-Massenspektren

In den ◻ Abb. 16.3 und 16.4 sind beispielhaft die im positiven Ionenmodus aufgenommenen MALDI-Spektren eines Peptids und eines Proteins gezeigt. Für Peptide beobachtet man überwiegend die intakten, einfach geladenen Molekülionen in den MALDI-Spektren. Bei der MALDI-Analyse größerer Moleküle, wie Proteine, werden neben den einfach geladenen, d. h. einfach protonierten Molekülionen [M+H]$^+$ und Dimerionen [2M+H]$^+$, auch mehrfach geladene Molekülionen vom Typ [M+2H]$^{2+}$, [M+3H]$^{3+}$ usw., detektiert. Das Verhältnis der entsprechenden Signalintensitäten zueinander ist von mehreren Faktoren abhängig, wie etwa den chemischen Eigenschaften des Analyten und dessen Konzentration und Größe. Generell nimmt die Nachweisemp-

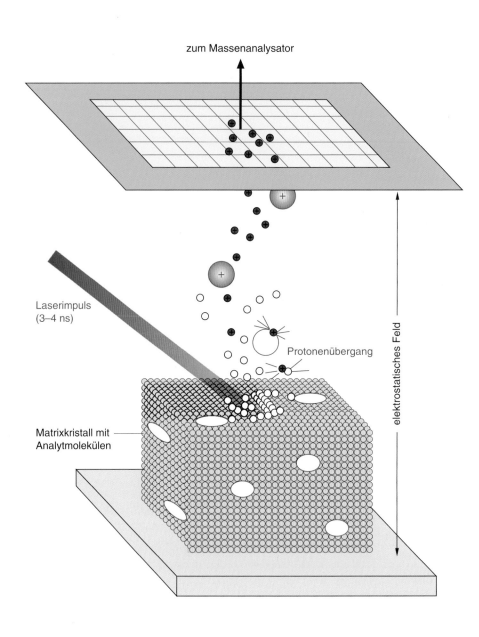

□ **Abb. 16.2**   Prinzip des MALDI-Prozesses

zum Massenanalysator

Laserimpuls (3–4 ns)

Protonenübergang

Matrixkristall mit Analytmolekülen

elektrostatisches Feld

**16**

□ **Abb. 16.3**   MALDI-TOF-Spektrum des Peptids Angiotensin II

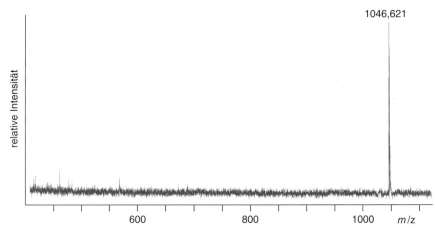

1046,621

relative Intensität

600          800          1000     *m*/z

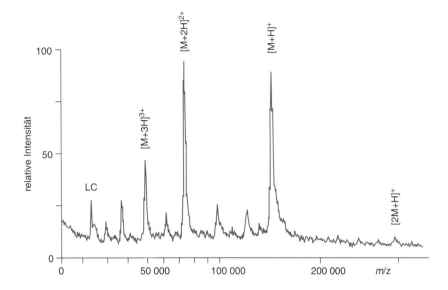

■ **Abb. 16.4** MALDI-TOF-Spektrum eines monoklonalen Antikörpers. (Mit freundlicher Genehmigung von K. Strupat und F. Hillenkamp, Universität Münster)

findlichkeit mit *m/z* ab, was den Nachweis von mehrfach geladenen Ionen bei großen Molekülen begünstigt. In der Regel beobachtet man bis zu einer Masse von 50 kDa das einfach geladene Molekülion [M+H]⁺ mit der höchsten Signalintensität im MALDI-Spektrum. Darüber hinaus kann auch das zweifach geladene Molekülion das Spektrum dominieren.

### 16.1.1.2 Probenpräparation

Das Prinzip der MALDI-MS setzt die Isolation der Analytmoleküle in einer festen, kristallinen Matrix voraus, welche die eingestrahlten Laserphotonen absorbiert. Die MALDI-Standardprobenpräparation ist einfach und erfordert wenig Aufwand. Man mischt die Lösungen von Probe und Matrix vor dem Auftragen oder direkt auf dem Probenträger (■ Abb. 16.5A). Anschließend lässt man die Probe trocknen, weshalb die Standardpräparation oft auch als ***dried droplet method*** bezeichnet wird. Dabei wird die Matrix als Lösung in reinem Wasser oder als Mischung von Wasser und organischem Lösungsmittel (Methanol, Acetonitril u. a.) in einer Konzentration von typischerweise 10–100 mM eingesetzt. Für die Analytlösung gibt es keine entsprechende allgemeinverbindliche Vorgabe, weil hier die Spezifikationen für verschiedene Stoffklassen sehr stark variieren. So sind für reine Peptidlösungen Konzentrationen von 0,1–1 nM ausreichend. In der Praxis werden aber meist höhere Konzentrationen eingesetzt bzw. gefordert (z. B. 10 nM). Für Proteine werden generell deutlich höhere Minimalkonzentrationen benötigt, je nach Struktur und Größe 0,1–10 μM. Für DNA- oder RNA-Proben sowie komplexe Kohlenhydrate ist der Probenbedarf ähnlich hoch. Es folgt, dass je nach Analyt das molare Verhältnis von Matrix zu Analyt von 1:10⁴ bis 1:10⁹ variieren kann.

Bei Probenlösungen mit zu geringer Konzentration unterschreiten die Ionenströme die Nachweisgrenze des Detektors. Bei zu hohen Konzentrationen können hohe Ionenströme eine Sättigung des Detektors bewirken, wodurch sehr breite, nicht mehr auswertbare Signale erzeugt werden. Oft wird mit zunehmender Probenkonzentration auch eine abnehmende Intensität des Ionensignals (Suppression) beobachtet. In der Laborpraxis empfiehlt es sich daher, von einer Probe unbekannter Konzentration unterschiedliche Verdünnungen zu analysieren.

In vielen Fällen, vor allem in der MALDI-MS-basierten Proteinanalytik, gilt, dass physikalisch-chemische Effekte bei der Probenvorbereitung und -präparation die entscheidenden, empfindlichkeitsbegrenzenden Faktoren darstellen. Dies betrifft u. a. die Löslichkeit von Peptiden und Proteinen, irreversible Adsorptionseffekte, Verschleppungseffekte sowie den Einfluss von Kontaminationen aus Probengefäßen und Lösungsmitteln. Zur Entsalzung der Proben wird häufig die RP-Chromatographie eingesetzt. Sowohl die dabei bevorzugt als Ionenpaarreagenz verwendete Trifluoressigsäure (TFA) als auch das Lösungsmittel Acetonitril werden beide ebenfalls bei der MALDI-Probenpräparation verwendet, d. h. die entsprechenden Eluate müssen nicht weiter aufgearbeitet werden.

Bei der MALDI-Probenpräparation entstehen durch das Verdunsten des Lösungsmittels polykristalline Schichten aus Matrix mit eingelagertem Analyt. Der Kristallisationsprozess wird durch die physikalisch-chemischen Eigenschaften der Analyten selbst (Größe und Löslichkeit),

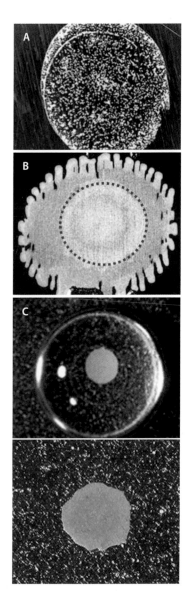

◘ **Abb. 16.5** MALDI-Probenvorbereitung: Standardpräparation **A**, Dünnschichtpräparation **B** und Dünnschichtpräparation auf einem Ankerchip **C**. (Mit freundlicher Genehmigung von J. Gobom und K. D. Klöppel, Arbeitsgruppe Massenspektrometrie, Abteilung Lehrach, Max-Planck-Institut für Molekulare Genetik, Berlin)

die Wahl der Matrix und der Lösungsmittel sowie die Reinheit des Analyten beeinflusst.

In ◘ Tab. 16.1 sind geeignete Matrizes für verschiedene Substanzklassen (Proteine, Peptide, Nucleinsäuren und Kohlenhydrate) aufgelistet. Viele der eingesetzten Matrizes zeigen Kristalle von einer Größe zwischen 10–100 μm. Das Kristallgitter bleibt bei typischen Matrix-Analyt-Verhältnissen erhalten, was durch Röntgenstrukturanalyse für einige Matrices gezeigt werden konnte. Die lokalen Mischungsverhält-

nisse beider Komponenten können aber trotzdem unterschiedlich sein, sodass eine mehr oder weniger ausgeprägte Ortsabhängigkeit des Einbaus der Analytmoleküle auftritt.

Mithilfe anderer Präparationstechniken, wie z. B. der Dünnschichtpräparation (*thin layer preparation*), versucht man eine homogenere Verteilung der Matrixkristalle auf dem Target zu erreichen. Sehr dünne Matrixschichten entstehen, wenn man eine wasserunlösliche Matrixsubstanz, z. B. α-Cyano-4-hydroxyzimtsäure oder Sinapinsäure, in einem leichtflüchtigen organischen Lösungsmittel, beispielsweise Aceton oder Tetrahydrofuran, löst und ein Aliquot davon auf den Probenträger aufträgt. Aufgrund der geringen Oberflächenspannung des Lösungsmittels breitet sich die Lösung schnell auf der Oberfläche aus, d. h. anstatt eines aufsitzenden Tropfens bildet sich ein dünner Flüssigkeitsfilm. Das restliche Lösungsmittel verdampft sehr schnell, meist innerhalb weniger Sekunden, mit der Folge, dass die Lösung schnell übersättigt und auskristallisiert. Das Ergebnis ist eine homogene mikrokristalline Matrixschicht anstelle der Ablagerung vereinzelter, verglichen hierzu viel größerer Matrixkristalle, wie sie bei der Standardpräparation entstehen. Erst im Anschluss trägt man die Analytlösung auf und lässt sie eindampfen (◘ Abb. 16.5B). Die Folge ist, dass Analytmoleküle in die obersten Schichten der Matrixkristalle eingebaut werden bzw. an diese binden. Salze und andere stark polare Substanzen, beispielsweise Pufferbestandteile, tun dies hingegen nicht und verbleiben als Rückstand, z. B. in Form einer Salzkruste. Diese Rückstände lassen sich durch Waschen mit saurem Wasser, beispielsweise 0,1 %iger TFA-Lösung, effektiv entfernen. Hierzu wird die Probe für kurze Zeit, z. B. 1–3 s, mit 3–5 μl Waschlösung überdeckt und der Überstand danach wieder entfernt, meist mithilfe einer Pipette. Die Waschlösung darf keinen merklichen Anteil eines organischen Lösungsmittels beinhalten und sollte einen pH-Wert kleiner 2,5 aufweisen, weil ansonsten die Matrixkristalle bzw. ein zu großer Teil davon wieder aufgelöst werden. Auch wenn nur ein sehr geringer Teil der Matrix gelöst und somit entfernt wird, kann dies schon einen Totalverlust der Analytmoleküle zur Folge haben. Die Abhängigkeit vom pH-Wert resultiert daher, dass es sich bei den verwendeten Matrices um schwache Säuren handelt, die bei höheren pH-Werten dissoziieren. Die Säure ist nicht oder nur schwer in Wasser löslich, das Anion hingegen mäßig bis gut.

Dünnschichtpräparationen liefern in der Regel einen gleichmäßig hohen Ionenstrom über die gesamte Probe und erleichtern damit vollautomatische Analysen. Für bestimmte Analyten konnte mit dieser Technik, im Vergleich zur Standardpräparation, sowohl die Nachweisempfindlichkeit als auch die Massenauflösung deutlich verbessert werden. Dies gilt insbesondere für Peptide. Die höhere Nachweisempfindlichkeit begründet sich darin, dass die Analytmoleküle, anstatt über das gesamte Kristallvolumen verteilt zu sein, nur an die Oberfläche binden oder in deren Nähe eingebaut werden. Die höhere Massenauflösung resultiert aus dem flachen Höhenprofil der Probe, d. h. die Flugstreckenunterschiede sind geringer.

Interessanterweise gelten die genannten Vorteile von Dünnschichtpräparationen nicht für die Analyse intakter Proteine. Diese lassen sich damit überhaupt nur erfolgreich präparieren, wenn die entsprechenden Lösungen sehr rein sind, d. h. keine Salze, Detergenzien oder andere Zusätze enthalten. Die Standardpräparation ist diesbezüglich deutlich unempfindlicher. Aber auch wenn die Reinheitskriterien erfüllt sind, nimmt mit der Größe der Proteine die Nachweisempfindlichkeit sehr schnell ab und ist schon oberhalb von 20 kDa generell deutlich geringer als mit Standardpräparationen. Ein verbleibender Vorteil von Dünnschichtpräparationen von Proteinen ist deren Homogenität und die damit verbundene geringere Abhängigkeit des Ionenstroms von der eingesetzten Laserbestrahlungsstärke.

Die Beschaffenheit der Oberfläche des Probenträgers nimmt einen direkten Einfluss auf die Probenpräparation. Sie beeinflusst die Fleckengröße der präparierten Probe, die Kristallisation der Matrix und ist zugleich eine mögliche Quelle für Verunreinigungen und Verschleppungen, sofern Probenträger wiederverwendet werden, was in der Regel der Fall ist. Hierbei handelt es sich meist um rechtwinklige, planare Platten, gefertigt aus hochwertigem Edelstahl oder Aluminium mit einer vernickelten Oberfläche. Die Oberfläche muss chemisch hinreichend innert sein, sich gut reinigen lassen und ist typischerweise unterteilt in ein Raster mit markierten Positionen für die An- und Zuordnung der Proben. Typische Raster sind $10 \times 10$ (100 Proben), $8 \times 12$ (96 Proben, Abstand: 9 mm), $16 \times 24$ (384 Proben, 4,5 mm) und $32 \times 48$ (1536 Proben, 2,25 mm). Die letzten drei entsprechen den Spezifikationen für Mikrotiterplatten (MTP-Format) und erleichtern damit den Einsatz von Pipettierrobotern und generell die Organisation der Probenpräparation im Hochdurchsatz. Prinzipiell können aktuelle MALDI-TOF-Massenspektrometer mehr als tausend Proben an einem Tag vollautomatisch verarbeiten. Dies ist in der Praxis noch die Ausnahme, die Analyse von mehreren hundert Proben ist dagegen keine Seltenheit.

Um den Probendurchsatz zu vereinfachen und die Nachweisempfindlichkeit weiter zu steigern, wurden Probenträger entwickelt, deren Oberfläche die Probenpräparation in mehrfacher Hinsicht vorteilhaft beeinflusst. Diese haben eine stark wasserabweisende (hydro-

phobe), mehrere Mikrometer dicke, teflonähnliche Beschichtung, die an den durch das 96er-, 384er- oder 1536er-Mikrotiterplattenformat definierten Positionen jeweils kreisrunde, im Durchmesser 200, 400, 600 oder 800 µm messende Aussparungen aufweist, d. h. an diesen Stellen ist die Oberfläche hydrophil und fungiert als Probenanker. Solche vorstrukturierten Probenträger werden häufig als **Ankertarget** oder **Ankerchip** (*Anchor-Chip*™) bezeichnet und können mit beiden beschriebenen Präparationstechniken kombiniert werden. Dies ermöglicht, dass die genaue Position und Fleckengröße für jede Probe vorbestimmt ist. Das Ergebnis sind exakte Probenraster und -abmessungen, was vollautomatische Messungen vereinfacht und die dafür nötigen Messzeiten verkürzt. Weiterhin ermöglicht der wasserabweisende Teil der Trägeroberfläche den Einsatz größerer Probenvolumina bei gleichbleibender Fleckengröße und Matrixmenge und damit eine Steigerung der Nachweisempfindlichkeit. ◘ Abb. 16.5C veranschaulicht das zugrunde liegende Prinzip.

Um die Nachweisempfindlichkeit bei der Standardpräparation von Peptiden, Proteinen oder Nucleinsäuren mit gut wasserlöslichen Matrizes, wie DHB oder 3-Hydroxypicolinsäure, zu erhöhen, muss deren Konzentration entsprechend reduziert werden, d. h. sowohl die Probe als auch die Matrix wird auf dem Probenträger aufkonzentriert, bevor diese kristallisiert. Voraussetzung für dieses Vorgehen sind kontaminationsarme Proben, weil die Konzentration aller evtl. störenden Bestandteile während der Probenpräparation ebenfalls ansteigt. Für wasserunlösliche Matrizes, wie α-Cyano-4-hydroxyzimtsäure oder Sinapinsäure, liefern vorstrukturierte Probenträger kombiniert mit Dünnschichtpräparationen die höchste Nachweisempfindlichkeit. Diese Kombination wird vor allem in der Peptidanalytik eingesetzt.

## 16.1.2 Elektrospray-Ionisation (ESI)

Der Begriff Elektrospray beschreibt die Dispersion einer Flüssigkeit in sehr viele kleine geladene Tröpfchen in einem elektrostatischen Feld. Dieses Phänomen wurde bereits im vorletzten Jahrhundert beobachtet und entwickelte sich zur Grundlage vieler technischer Anwendungen, beispielsweise der Lackierung von Oberflächen. Anfang der 1970er-Jahre nutzten erstmalig Malcolm Dole und seine Mitarbeiter das Elektrosprayverfahren zur Messung von Molekülmassen. In diesen Experimenten wurden Oligomere von 50–500.000 Da aus Polystyrol in flüchtigen Lösungsmitteln über eine Nadel in eine mit Stickstoff gefüllte Kammer gesprüht. Zur Erzeugung der Sprays war ein Potenzial von mehreren Tausend Volt zwischen Nadelspitze und Kammerwand erforderlich. Dole erkannte, dass sich die Ladungsdichte auf der Oberfläche mit zunehmender Verdampfung des Lösungsmittels erhöhte und Ursache für den explosionsartigen Zerfall eines Tropfens sein musste. Er argumentierte weiter, dass – bei ausreichender Verdünnung der Probe – ein extrem kleines Tröpfchen mit nur einem Makromolekülion aus einer Reihe aufeinander folgender Zerfälle entstehen müsste. Die noch verbliebenen Lösungsmittelmoleküle würden weiter verdampfen, wobei ein Teil der Ladungen auf dem Makromolekül verbliebe. Ein direkter Nachweis dieser großen, ionisierten Makromoleküle war Dole jedoch nicht möglich, da es zu dieser Zeit noch keine geeigneten Massenanalysatoren gab. Erst ein Jahrzehnt später wurden die Untersuchungen zum Elektrosprayverfahren von der Arbeitsgruppe J. Fenn an der Universität Yale sowie von der Arbeitsgruppe M. Alexandrov an der Universität von Leningrad mit der Studie kleiner Moleküle wieder aufgenommen. Zur Analyse der Ionen wurden sog. Quadrupolmassenspektrometer eingesetzt, mit denen es nun gelang, das Elektrosprayverfahren besser zu verstehen und zu optimieren.

Mitte der 1980er-Jahre konnten beide Gruppen zeigen, dass der Elektrosprayprozess eine definierte Ionisation und komplette Desolvatisierung von in Lösung versprühten Analytmolekülen bewirkte. Diese Arbeiten führten zur Etablierung der Elektrosprayionisation-Massenspektrometrie (ESI-MS).

---

**endergonisch**

Nur unter Zufuhr von Energie ablaufend.

---

### 16.1.2.1  Ionisierungsprinzip

Die Desolvatisierung, d. h. der Transfer von Ionen aus der Lösung in die Gasphase, ist ein endergonischer Prozess. Die Freie Energie, die z. B. benötigt wird, um ein Mol Natriumionen aus wässriger Lösung in die Gasphase zu überführen, ist sehr hoch:

$$Na^+ (aq) \rightarrow Na^+ (g)\, \Delta G_{sol}^o \left(Na^+\right) = 410,9\,mol^{-1} \quad (16.1)$$

Ionisierungsmethoden wie LD (Laserdesorption), FAB (*Fast Atom Bombardment*) und PD (Plasmadesorption) führen die notwendige Energie für den Transfer der Moleküle in die Gasphase und deren Ionisation über komplexe Kaskaden von hochenergetischen Stößen und die lokale Deposition von Energie zu. Im Gegensatz dazu führt die ESI zu einer Desolvatisierung gelöster Ionen. Dabei wird nur wenig zusätzliche innere Energie auf die Ionen übertragen. Im elektrischen Feld werden die Ionen bei Atmosphärendruck in die Gasphase transferiert, wobei sich

dieser Prozess, wie bereits von Dole teilweise beschrieben, formal in vier Schritte unterteilen lässt (◘ Abb. 16.6):
- die Bildung von kleinen geladenen Tröpfchen aus Elektrolyten,
- kontinuierlicher Lösungsmittelverlust dieser Tröpfchen durch Verdampfen, wobei die Ladungsdichte an der Tröpfchenoberfläche zunimmt,
- wiederholter spontaner Zerfall der Tröpfchen in Mikrotröpfchen (Coulomb-Explosionen), und schließlich
- Desolvatisierung der Analytmoleküle beim Transfer in das Massenspektrometer.

Wie in ◘ Abb. 16.6 schematisch für den Nachweis positiv geladener Ionen dargestellt, beginnt der ESI-Prozess mit der kontinuierlichen Zuführung des gelösten Analyten an die Spitze einer leitfähigen Kapillare. Das angelegte elektrische Feld zwischen Kapillarspitze und Massenspektrometer durchdringt auch die Analytlösung und trennt die Ionen, ähnlich wie bei der Elektrophorese. Dabei werden die positiven Ionen an die Flüssigkeitsoberfläche gezogen. Entsprechend werden die negativen Ionen in die entgegengesetzte Richtung geschoben, bis das elektrische Feld innerhalb der Flüssigkeit durch die Umverteilung negativer und positiver Ionen aufgehoben ist. Dadurch werden andere mögliche Formen der Ionisation unterdrückt, etwa die Ionisation durch Entfernung eines Elektrons aus dem Analytmolekül (Feldionisation) bei sehr hohen elektrischen Feldern.

Die an der Flüssigkeitsoberfläche akkumulierten positiven Ionen werden weiter in Richtung Kathode gezogen. Dadurch entsteht ein charakteristischer Flüssigkeitskonus (**Taylor-Konus**), weil die Oberflächenspannung der Flüssigkeit dem elektrischen Feld entgegenwirkt. Bei ausreichend hohem elektrischem Feld ist der Konus stabil und emittiert von seiner Spitze einen kontinuierlichen, filamentartigen Flüssigkeitsstrom von wenigen Mikrometern Durchmesser. Dieser wird in einiger Entfernung von der Anode instabil und zerfällt in winzige, aneinandergereihte Tröpfchen. Die Oberfläche der Tröpfchen ist mit positiven Ladungen angereichert. Da keine negativen Gegenionen mehr vorliegen, liegt eine positive Nettoladung vor.

Die elektrophoretische Trennung der Ionen ist für die Ladungen in den Tröpfchen verantwortlich. Die im Massenspektrum beobachteten positiven Ionen (wie auch nach Umpolung des Feldes die negativen Ionen) sind stets die Ionen, die bereits in der (Elektrolyt-)Lösung vorhanden sind. Zusätzliche Ionen werden erst bei sehr hohen Spannungen als Folge elektrischer Entladungen an der Kapillare (*corona discharges*) beobachtet. Die Ladungsbilanz innerhalb der Ionenquelle resultiert aus der chemischen Oxidation an der positiven Elektrode und der Reduktion an der negativen Elektrode.

16

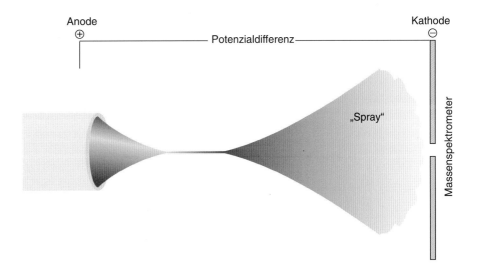

**■ Abb. 16.6**   Schematische Darstellung des makroskopischen (oben) und mikroskopischen ESI-Prozesses (unten)

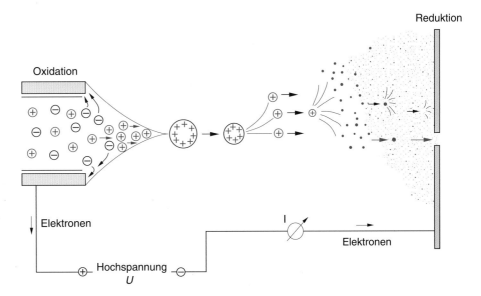

Experimentelle Untersuchungen haben gezeigt, dass die zuerst gebildeten Tröpfchen einen Durchmesser von wenigen Mikrometern und eine hohe Ladungsdichte ($\approx 10^5$ Ladungen pro Tröpfchen) besitzen. Diese Tröpfchen befinden sich bezüglich ihrer Zusammensetzung, Größe und Ladung nahe an der Stabilitätsgrenze (**Rayleigh-Limit**). Diese Stabilitätsgrenze wird durch die abstoßende Coulomb-Kraft gleicher Ladungen und die zusammenhaltende Oberflächenspannung des Lösungsmittels bestimmt. Die Rayleigh-Gleichung gibt an, wann die Ladung $Q$ die Oberflächenspannung $\gamma$ ausgleicht:

$$Q^2 = 64 \cdot \pi^2 \cdot \varepsilon_0 \cdot \gamma \cdot r^3$$

mit : $\varepsilon_0$ Dielektrizitätskonstante im Vakuum    (16.2)

$r$ Radius des Tröpfchens

Die Tröpfchen schrumpfen durch Verdampfung des Lösungsmittels bei konstanter Ladung $Q$, bis der Radius $r$ das Rayleigh-Limit überschreitet. Danach zerfallen sie durch die Abstoßung gleichnamiger Ladungen in viele kleine Tröpfchen von nur wenigen Nanometern Durchmesser (Coulomb-Explosionen).

Zurzeit existieren zwei Modellvorstellungen, die den abschließenden Bildungsprozess der freien Gasphasenionen beschreiben. Die ältere stammt von Dole und wird als **Modell des geladenen Rückstands** (*Charged-Residue Model*, **CRM**) bezeichnet. Dieses wurde später von Friedrich Röllgen zur **SIDT-Theorie** (*Single Ion in Droplet Theory*) ausgebaut. Kernthese dieses Modells ist, dass aus den primär gebildeten Tröpfchen durch eine Serie von aufeinanderfolgenden Coulomb-Explosionen sehr kleine Tröpfchen von ungefähr einem Nanometer Radius gebildet werden, die nur noch ein einziges Analytmolekül enthalten. Freie gasförmige Ionen entstehen dann durch Desolvatisierung infolge von Kollisionen mit den Stickstoffmolekülen des Gasstroms (*curtain gas*) an der Schnittstelle zum Massenspektrometer (s. unten).

Der andere Mechanismus wurde von J. Iribane und B. Thomson vorgeschlagen und wird als **Ionenemissionsmodell** (*Ion Evaporation Model*, **IEM**) bezeichnet. Im Mittelpunkt dieser Theorie steht die direkte Ionenemission aus hoch geladenen Tröpfchen, die noch viele Analytmoleküle enthalten. Solche Tröpfchen haben noch einen Radius von etwa 8 nm und tragen etwa 70 Ladungen. Unter diesen Bedingungen oberhalb des Rayleigh-Limits werden freie Ionen in die Gasphase emittiert. Trotz der Abnahme der Ladungen bleibt die Ionenemission durch die kontinuierliche Abnahme des Tröpfchenradius' infolge der Verdampfung des Lösungsmittels aufrechterhalten. Damit kommt das IEM ohne die restriktive Annahme von nur einem Analytmolekül in einem sehr kleinen Tröpfchen aus.

Es gibt eine Reihe von experimentellen Beobachtungen, die sich leichter mit dem einen oder anderen Modell erklären lassen. So spricht z. B. das Auftreten von niedrig geladenen Proteinspezies und von Addukten intakter Proteinmoleküle für das CRM-Modell. Auch die Beobachtung nichtkovalenter Wechselwirkungen zwischen Makromolekülen bei der ESI-MS weist eher auf den schonenden Verlust von Lösungsmittelmolekülen aus Nanotröpfchen als auf Ionenemission. Wiederum lassen sich andere typische Phänomene der ESI besser mit der IEM-Theorie erklären. Wie ◼ Abb. 16.7 zeigt, haben die Überschussladungen auf den Oberflächen der Tröpfchen aufgrund der starken Coulomb-Abstoßung eine fixierte, äquidistante Lage. Kommt ein Analyt an die Oberfläche eines Tröpfchens, so kann er in Abhängigkeit von seiner räumlichen Ausdehnung positive Ladungen bei seiner Emission mitnehmen. Eine größere räumliche Ausdehnung sollte demnach eine größere Zahl von übertragenen Ladungen zur Folge haben. Dies lässt sich experimentell an Proteinen beobachten, die

nach Spaltung von Disulfidbrücken oder nach Denaturierungen eine Verschiebung der Ladungsmuster zu höheren Beladungen zeigen. Die Ladungsverteilung sowie die Tatsache, dass kleine Moleküle vorzugsweise wenige Ladungen, große Moleküle aber mehr Ladungen tragen, lässt sich mit der IEM-Theorie wie folgt erklären: Während der Verkleinerung der Tröpfchenradien durch Verlust von Lösungsmittelmolekülen nimmt die Oberflächendichte der Ladungen zu (◼ Abb. 16.7). Bei der Ionenemission eines Moleküls von einem Tröpfchen mit relativ großem Radius ist die Zahl der übertragenen Ladungen kleiner als bei der Emission von einem Tröpfchen mit relativ kleinem Radius. Da eine kontinuierliche Verteilung der Tröpfchenradien vorliegt und diese innerhalb einer gewissen Verteilung zur Ionenemission beitragen, führt dieses Phänomen zu der beobachteten Verteilung von Ladungszuständen.

Abschätzungen der Elektrosprayionisationswahrscheinlichkeit haben Werte zwischen 0,01 und 0,1 ergeben. Damit erfolgt eine relativ effiziente Ionenbildung aus den gelösten Analytmolekülen. Bei den gebildeten Ionen handelt es sich energetisch um relativ „kalte" Ionen, da beim Desolvatisierungsprozess den verdampfenden Lösungsmittelmolekülen thermische Energie entzogen wird. Im Vergleich mit MALDI ist ESI deshalb eindeutig die schonendere Ionisierungsmethode.

### 16.1.2.2 ESI-Quelle und Interface

Die ESI findet bei Atmosphärendruck statt, die anschließende Analyse der freien Ionen jedoch im Hochvakuum ($\leq 10^{-5}$ torr). Dies erfordert eine spezielle Schnittstelle (Interface), um den Übergang der Ionen in den Massenanalysator zu gewährleisten. In ◼ Abb. 16.8 ist der Aufbau einer ESI-Quelle mit einer Schnittstelle

**16**

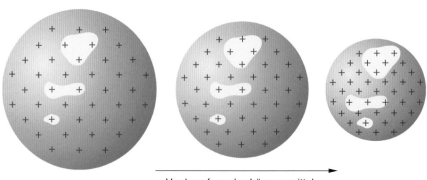

Verdampfung des Lösungsmittels
Zunahme der Ladungsdichte

◼ **Abb. 16.7** Modell zur Erklärung der ESI nach dem Ionenemissionsmodell (IEM). Die mittels Elektrospray erzeugten Tröpfchen besitzen Überschussladungen, die auf der Oberfläche durch Coulomb-Abstoßung eine äquidistante Lage einnehmen. Durch Verdampfung des Lösungsmittels nimmt die Ladungsdichte auf der Tröpfchenoberfläche zu. Die Analytmoleküle übernehmen vor der Ionenemission die Anzahl an Ladungen, die sie aufgrund ihrer räumlichen Ausdehnung übernehmen können. (Nach Fenn et al. 1993)

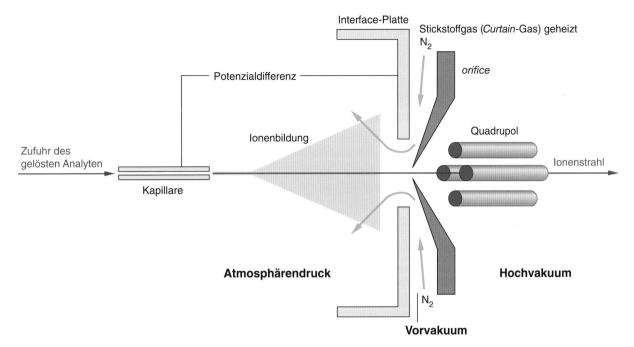

Interface-Platte
Stickstoffgas (*Curtain*-Gas) geheizt
$N_2$
*orifice*

Potenzialdifferenz

Ionenbildung

Quadrupol

Zufuhr des
gelösten Analyten

Kapillare

Ionenstrahl

**Atmosphärendruck**　　　　　　　　　**Hochvakuum**

$N_2$

**Vorvakuum**

◘ **Abb. 16.8**　Aufbau einer ESI-Quelle mit Interface zu einem Quadrupolmassenspektrometer

zu einem Quadrupolmassenanalysator schematisch gezeigt. Der Ionisierungsraum steht dabei über eine Mikroöffnung mit dem Massenspektrometer in Verbindung. Trockener, geheizter Stickstoff (z. B. 60 °C) strömt zwischen der Mündung und der viel größeren Öffnung der Interface-Platte in den Ionisierungsraum.

Der Stickstoff, der auch als *Curtain*-Gas bezeichnet wird, kollidiert mit den Molekülkomplexen des Elektrosprays. Dadurch wird verhindert, dass eine große Zahl von Neutralteilchen in das Hochvakuum gesaugt wird. Zum anderen unterstützen die Kollisionen auch die Desolvatisierung der Ionen. In anderen Gerätekonstruktionen wird anstelle einer einfachen Öffnung in der Interfaceplatte in Verbindung mit einem *Curtain*-Gas eine geheizte (≈ 200 °C), Transferkapillare verwendet. Die Mikrotröpfchen des Elektrosprays werden hier beim Durchqueren der Transferkapillare effektiv desolvatisiert.

Die Elektrosprayquelle besteht im Prinzip aus einer Kapillare, über die kontinuierlich die Analytlösung in das elektrische Feld injiziert wird. Gleichzeitig bildet diese Kapillare auch die Gegenelektrode zur Interfaceplatte, mit der die Potenzialdifferenz für den Ionisierungsprozess erzeugt wird. In ◘ Abb. 16.9 sind derzeit gebräuchliche Varianten von Elektrosprayquellen gezeigt. Für höhere Flussraten, wie sie z. B. bei direkter Kopplung mit der Flüssigkeitschromatographie (LC) auftreten können, wurde ursprünglich eine pneumatisch unterstützte Elektrosprayquelle entwickelt. Dabei wird durch eine zusätzliche, koaxiale Stahlkapillare kontinuierlich ein Gasstrom aus Stickstoff oder synthetischer

Luft an die Spitze der Quelle befördert, um die Analytlösung am Austritt durch Scherkräfte effizient zu zerstäuben. Mit solchen Quellen, die in vielen Geräten als Standardversion eingesetzt werden, können Flussraten von 5 μl bis zu 1 ml min$^{-1}$ versprüht werden.

Empfindlichkeitsstudien ergaben, dass der beobachtete Ionenstrom eher mit der Analytkonzentration als mit der pro Zeiteinheit versprühten Lösungsmenge korreliert. Bei einer hohen Flussrate von 1 ml min$^{-1}$ wird etwa die gleiche Ionenintensität erhalten wie mit einer Flussrate von 5 μl min$^{-1}$. Das heißt, dass mit zunehmenden Flussraten ein zunehmend größerer Teil des Sprays im Ionisierungsraum und an der Interfaceplatte verloren geht. Die Charakteristik des Elektrosprayprozesses legt nahe, dass die Reduktion der Flussrate eine Steigerung der Empfindlichkeit bei der massenspektrometrischen Analyse ergibt.

Diese Erkenntnis führte in den letzten Jahren zur Entwicklung von Mikro- bzw. **Nanoelektrosprayquellen** mit deutlich kleineren Flussraten (◘ Abb. 16.9). Diese haben vor allem große Bedeutung bei der Online-Kopplung von ESI-MS- und Nano-HPLC-Systemen mit Flussraten von ca. 200 nl min$^{-1}$ erlangt. Bei Nano-ESI-Quellen misst die Austrittsöffnung der verjüngten Kapillare nur wenige Mikrometer im Durchmesser. In diesem Fall können für die Analyse einzelner Proben auch 0,5–3 μl der Analytlösung direkt in die ESI-Kapillare injiziert werden. Bei dieser

■ **Abb. 16.9** Schematischer Aufbau und Varianten von Elektrosprayquellen

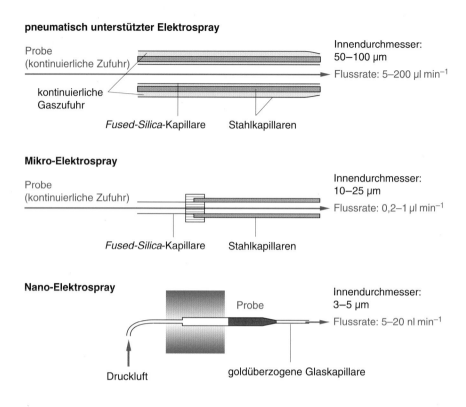

auch als Offline-Nano-ESI bezeichneten Technik fördert ein geringer Gasdruck die Probe kontinuierlich mit wenigen Nanolitern pro Minute in das elektrische Feld, wobei sehr kleine Primärtröpfchen mit einem Durchmesser von ≈ 200 nm entstehen. Da sich nur sehr geringe Flussraten einstellen, können entsprechend lange Messzeiten für kleine Probenmengen erzielt werden. So steht bei einer Lösung von 1 µl (typische Konzentration von 1–100 fmol µl$^{-1}$) und einer Flussrate von 50 nl min$^{-1}$ eine maximale Messzeit von 20 min zur Verfügung. Dies kann zur Optimierung der Messbedingungen und zur Akkumulation von Spektren schwacher Intensität (z. B. MS/MS-Spektren) sehr vorteilhaft sein. Ein Nachteil der feinen Kapillarspitzen ist die Gefahr der Verstopfung durch Mikropartikel oder Auskristallisieren des Analyten.

### 16.1.2.3 Eigenschaften von ESI-Massenspektren

Die Bildung von mehrfach geladenen Ionen ist für den ESI-Prozess charakteristisch. Im Massenspektrum beobachtet man für Peptide und Proteine ihrem Molekulargewicht entsprechend eine Serie von Ionensignalen mit einer Ladungsdifferenz von jeweils eins (in der Regel durch Addition eines Protons im positiven Modus oder Subtraktion eines Protons im negativen Modus). ■ Abb. 16.10 zeigt das ESI-MS-Spektrum von Neurotensin als Beispiel für ein Peptid, ■ Abb. 16.11 das Spektrum eines Proteins (Protease LA).

Die Ladungsverteilung der Molekülionen hängt von mehreren Faktoren ab: Mit zunehmender Masse und Zahl an basischen bzw. sauren funktionellen Gruppen nimmt die mittlere Zahl von Ladungen zu. Dieser Effekt ist auch abhängig von der Wahl und der Zusammensetzung des Lösungsmittels. So beobachtet man beispielsweise in sauren Puffersystemen, wie sie bevorzugt in der RP-HPLC verwendet werden, dass bei Peptiden mit einem Molekulargewicht unter 1000 Da die einfach geladenen und bis etwa 2000 Da die doppelt geladenen Ionen dominieren. In dem gezeigten Beispiel (■ Abb. 16.10) ist das zweifach protonierte Ion bei $m/z$ 836,9 als häufigstes Ion zu sehen und zusätzlich noch zwei Signale für das einfach und dreifach geladene Ion bei $m/z$ 1672,9 und 558,3.

Die Spektren von Proteinen zeigen eine charakteristische, etwa glockenförmige Ladungsverteilung der Molekülionen. Das Maximum der Verteilung ist abhängig von Parametern des ESI-Massenspektrometers (Mündungsspannung, Dichte des *Curtain*-Gases etc.), dem pH-Wert des Lösungsmittels sowie vom Denaturierungszustand des Proteins. Nach Spaltung von Disulfidbrücken und durch Denaturierung nehmen Proteine eine räumlich mehr ausgedehnte Struktur an, sodass Ladungen an freien funktionellen Gruppen zusätzlich aufgenommen (oder abgeben) werden können. Das Maximum der Ladungsverteilung wird zu höheren Ladungen hin verschoben.

■ **Abb. 16.10**   ESI-Spektrum
des Peptids Neurotensin

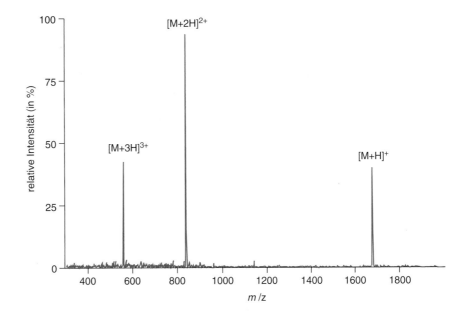

■ **Abb. 16.11**   ESI-Spektrum
des Proteins Protease LA aus
*Escherichia coli*

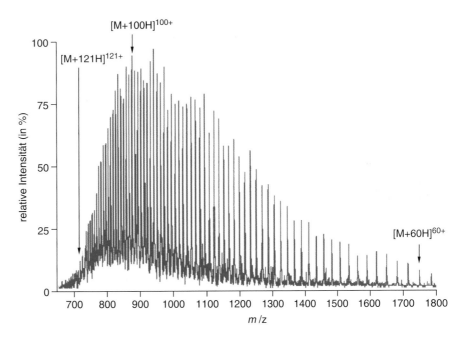

Neben dem negativen Einfluss auf den Elektrosprayprozess erzeugen Puffer, Salze und Detergenzien selbst
starke Ionensignale, oftmals auch in Form von Ionenserien, die auf der Bildung von Clustern oder Aggregaten
(Dimere, Trimere usw.) beruhen. Eine hohe Empfindlichkeit der Messung sowie aussagekräftige Spektren
werden in der Regel nur dann erreicht, wenn die Analyt-
lösungen weitgehend frei von Puffern, Salzen und Detergenzien sind. Biochemische Proben sind deshalb in
den meisten Fällen nicht direkt verwendbar.

### 16.1.2.4   **Probenpräparation**

Entsprechend dem Prinzip der ESI müssen die Analytmoleküle in gelöster Form zur Spitze der Sprühkapillare
geführt werden. Typische Lösungen sind meistens Gemische aus dipolaren organischen Lösungsmitteln (Methanol, Ethanol, Acetonitril usw.) und – beim Nachweis positiv geladener Analytionen (*positive mode*) – verdünnten
wässrigen Säuren (z. B. 0,01–0,1 % Ameisensäure, Essigsäure, usw.). Dabei beschleunigen die hohen Dampfdrü-
cke der organischen Lösungsmittel deren Verdampfung,
und das saure Milieu unterstützt die Protonierung der
Analytmoleküle beim ESI-Prozess.

Zusätze wie Puffer, Salze und Detergenzien stören den Elektrosprayprozess. Die Ionisierungseffizienz wird bereits durch geringe Konzentrationen an Puffern und Salzen (>0,1 mM) oder Detergenzien (>10 µM) beeinträchtigt. Mit den in der Biochemie üblichen Konzentrationen an Puffersystemen (z. B. 100 mM Phosphatpuffer, 150 mM Kochsalz, 100 mM TRIS-Puffer usw.) und Zusätzen an Detergenzien ist normalerweise keine Bildung freier Analytionen mehr möglich. Aus der oben beschriebenen Modellvorstellung zum Ionisierungsmechanismus kann man sich den negativen Einfluss dieser Komponenten auf den Elektrosprayprozess wie folgt vorstellen: Zum einen können die Pufferionen und Salzionen eine starke Ionenemission aus den Mikrotröpfchen hervorrufen und dadurch in Konkurrenz zur Ionenemission der Analytionen treten. Zum anderen werden sie als nichtflüchtige Bestandteile in den Mikrotröpfchen auskristallisieren und so die Analytmoleküle irreversibel einschließen. Detergenzien zur Solubilisierung von Proteinen können aufgrund ihrer starken intermolekularen Wechselwirkung die Bildung von freien gasförmigen Analytionen behindern. Außerdem reichern sich Detergenzien aufgrund ihrer Oberflächenaktivität an der Oberfläche der Mikrotröpfchen an und beeinträchtigen auf diese Weise die Ionenemission.

Die beste und wichtigste Methode zur Vorbereitung biologischer Proben für ESI-MS ist die RP-Nano-HPLC. Die dabei verwendeten Puffersysteme und Elutionsmittel sind mit dem Elektrosprayprozess kompatibel bis auf das Ionenpaarreagenz TFA. Dieses hat einen negativen Einfluss auf die ESI und wird daher meist durch Ameisensäure ersetzt, manchmal auch durch Essigsäure, oder in nur sehr geringen Konzentrationen eingesetzt (z. B. 0,05 %).

## 16.2  Massenanalysatoren

Für die Analyse der Analytionen steht eine ganze Reihe von Massenanalysatoren zur Verfügung, die sich in ihren physikalischen Wirkungsprinzipien zum Teil deutlich unterscheiden. Die Trennung der Ionen nach $m/z$ kann beispielsweise erfolgen:

- nach ihrer Flugzeit in einem Messrohr in Verbindung mit einer gepulsten Ionenerzeugung (**Flugzeitanalysator**)
- im Hochfrequenzfeld eines Quadrupolstabsystems (**Quadrupolanalysator**)
- nach Einfangen der Ionen in einer **Ionenfalle**. Dabei unterscheidet man zwischen **elektrischen** und **magnetischen Ionenfallen** sowie der **Orbital-Ionenfalle (Orbitrap)**. Detektiert werden die Ionen hier entweder nach ihrer Ejektion aus der Falle oder durch charakteristische Resonanzfrequenzen.

Gerade in der biologischen Massenspektrometrie werden zudem häufig auch Hybridgeräte eingesetzt, bei denen mehrere Massenanalysatoren gekoppelt sind. Alle Massenanalysatoren können mit MALDI und ESI als Ionenquelle kombiniert werden. Für die Kopplung gilt es zu beachten, dass mit MALDI Ionenpulse und mit ESI ein kontinuierlicher Ionenstrom erzeugt wird und dass sich diesbezüglich die Anforderungen der Analysatoren unterscheiden. Flugzeitanalysatoren benötigen zeitlich definierte Ionenpulse und wurden daher ursprünglich nur mit MALDI kombiniert. Quadrupolinstrumente hingegen durchmustern einen kontinuierlichen Ionenstrahl und wurden daher nur mit ESI als Ionenquelle betrieben. Diese Einschränkungen wurden jedoch inzwischen überwunden. Wird MALDI mit hoher Frequenz (z. B. 1 kHz) betrieben, können die freigesetzten Ionenwolken quasi aneinandergereiht werden und so einen kontinuierlichen Strom ausbilden (◻ Abb. 16.12A). Auf der anderen Seite kann ein kontinuierlicher Ionenstrom durch kurzzeitiges Ein- und Ausschalten von orthogonal ausgerichteten elektrischen Feldern in Pakete unterteilt werden, die dann jeweils einzeln in schneller Folge (z. B. mit 10 kHz) von einem Flugzeitmassenspektrometer analysiert werden (◻ Abb. 16.12B).

Eine wichtige Eigenschaft eines Massenanalysators ist das **Auflösungsvermögen**, d. h. die Fähigkeit, Ionen mit geringen Massendifferenzen noch voneinander trennen zu können. Das Auflösungsvermögen $R$ ist demnach definiert als der Quotient der Masse $m$ und der Differenz $\Delta m$, mit der ein weiteres Ion der Masse $m + \Delta m$ von $m$ unterschieden wird (◻ Abb. 16.13):

$$R = \frac{m}{\Delta m} = \frac{m_1}{\left(m_2 - m_1\right)} \tag{16.3}$$

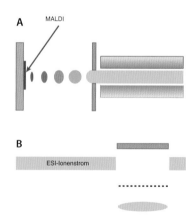

◻ **Abb. 16.12**  Wird MALDI mit hoher Frequenz durchgeführt, können die einzelnen Ionenwolken zu einem kontinuierlichen Ionenstrahl vereint werden **A**. Umgekehrt können aus einem kontinuierlichen ESI-Ionenstrom orthogonal, mithilfe von gepulsten elektrischen Feldern, Ionenwolken extrahiert und einzeln analysiert werden **B**

Zu dieser Definition gehört auch die Angabe, wann zwei Peaks als getrennt betrachtet werden. Dies ist für verschiedene Analysatoren unterschiedlich definiert: Für solche mit einem sehr hohen Auflösungsvermögen gelten zwei Peaks manchmal erst als getrennt, wenn das Tal zwischen beiden Peaks zehn Prozent des Peaks mit der geringeren Signalintensität ausmacht. Für Quadrupolinstrumente dagegen gilt eine 50 % Tal-Definition (■ Abb. 16.13A). Eine Auflösung von $R = 1000$ bedeutet dann beispielsweise, dass das Ion der Masse 1001 von dem Ion der Masse 1000 durch ein 50 % Tal getrennt detektiert werden kann.

Heutzutage hat sich die Definition des Auflösungsvermögens aus einem einzigen Peak durchgesetzt. In diesem Falle ist $\Delta m$ als die Halbwertsbreite **FWHM** (*Full Width at Half Maximum*) des Peaks, d. h. bei fünfzig

Prozent der Gesamtpeakhöhe, definiert (■ Abb. 16.13B). Im Zusammenhang mit dem Begriff der Einzelmassenauflösung ist diese Definition allerdings problematisch. Anders als üblich bedeutet eine „instrumentelle" Auflösung von beispielsweise 1000 keineswegs, dass zwei Moleküle der Massen 1000 und 1001 im Spektrum tatsächlich getrennt werden. Da sich vielmehr beide Peaks gerade bei ihrer Halbwertsbreite kreuzen, entsteht ein überlagertes Signal. Aufgrund der Definition von $\Delta m$ als Halbwertsbreite des Peaks ist die Trennung dieser Signale bis auf die Grundlinie erst ab einer Auflösung von 2000 möglich.

Mit modernen, kommerziellen Flugzeitmassenanalysatoren können Auflösungen (FWHM) bis 60.000 erreicht werden. Orbital-Ionenfallen haben zurzeit ein maximales Auflösungsvermögen von 1.000.000. Es ist aber absehbar, dass diese Grenze in naher Zukunft zu deutlich höheren Zahlen hin verschoben wird. Absoluter Rekordhalter bezüglich Auflösungsvermögen sind die magnetischen Ionenfallen, mit denen schon mehrfach Auflösungen jenseits von 1.000.000 demonstriert wurden.

Ein weiterer wichtiger Parameter zur Beschreibung der Qualität eines Massenspektrums bzw. eines Massenanalysators ist die **Massengenauigkeit** (*mass accuracy*). Die Massengenauigkeit gibt an, wie genau die Masse eines Moleküls bzw. Teilchens bestimmt wurde, d. h. wie stark die experimentell bestimmte Masse von der korrekten („richtigen") Masse abweicht. Sie darf nicht verwechselt werden mit der Genauigkeit, mit der eine solche Bestimmung reproduziert werden kann (**Wiederholgenauigkeit, mass precision**). Diese Werte können deutlich voneinander abweichen. Verantwortlich hierfür sind meist nicht erkannte systematische Fehler. Typische Beispiele sind die falsche Zuordnung von Signalen, Signalüberlagerungen oder einfach die Verwendung von falschen Kalibriermassen. In Anlehnung an die englische Bezeichnung *mass accuracy* und zur besseren Unterscheidung von der Wiederholgenauigkeit wird in der deutschen Fachliteratur auch manchmal der Begriff Massenrichtigkeit anstelle von Massengenauigkeit verwendet. Beide Werte werden entweder als absolute Werte oder als relative Werte, meist in ppm (*parts per million*) angegeben. Für ein Peptid mit der Molekülmasse 400 Da würde beispielsweise eine relative Abweichung von 100, 10 oder 1 ppm einer absoluten Abweichung von ± 0,04, 0,004 oder 0,0004 Da entsprechen.

Für die Einschätzung der Leistungsfähigkeit eines Massenspektrometers ist die Angabe der Massengenauigkeit einzelner, ausgewählter Messungen wenig aussagekräftig, weil diese Werte stark schwanken können. Sinnvoller sind hier die aus einer großen Zahl unabhängiger Messungen abgeleiteten statistischen Größen mitt-

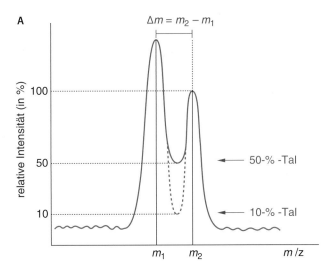

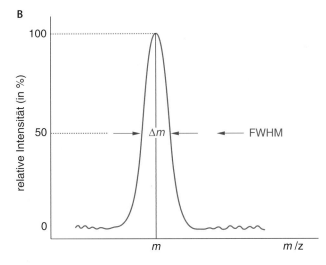

■ **Abb. 16.13**  Definitionen des Auflösungsvermögens eines Massenspektrometers. **A** Tal 10 % bzw. Tal 50 %. **B** Halbwertsbreite FWHM

leres Fehlerquadrat und Standardabweichung. Mit hochauflösenden Massenanalysatoren lassen sich z. B. im Routinebetrieb Massenbestimmungen mit einer Standardabweichung von ±2 ppm realisieren, mit spezieller Software zur Nachkalibration der Spektren anhand bekannter Massen sind sogar Werte von 0,5 ppm möglich. Dies bedeutet beispielsweise, dass bei jeweils 1000 Messungen im Mittel in 997 Fällen der relative Fehler kleiner ±6 ppm bzw. ±1,5 ppm sein sollte und in drei Fällen größer (99,7-%-Vertrauensintervall).

### 16.2.1  Flugzeitanalysator (TOF)

Eine Möglichkeit zur Massenbestimmung der Ionen im Hochvakuum ist die sehr genaue elektronische Messung der Zeit, die zwischen dem Start der Ionen in der Quelle bis zum Eintreffen am Detektor vergeht, mit dem **Flugzeitanalysator** (*Time of Flight*, **TOF**). Flugzeitanalysatoren können direkt mit einer MALDI-Quelle kombiniert werden. Die Ionen werden in der Quelle durch das elektrostatische Feld auf eine kinetische Energie von einigen Kiloelektronenvolt beschleunigt. Nach dem Verlassen der Quelle durchlaufen die Ionen dann eine *feldfreie Driftstrecke*, in der sie nach ihrem Masse/Ladungs- (*m*/*z*-) Verhältnis aufgetrennt werden (◘ Abb. 16.14A). Dies gelingt, da Ionen mit unterschiedlichen *m*/*z*-Werten – bei gleicher kinetischer Energie – in der Beschleunigungsstrecke der Quelle auf unterschiedliche Geschwindigkeiten gebracht wurden. Bei bekannter Beschleunigungsspannung und Flugstrecke der Ionen in der feldfreien Driftstrecke lässt sich durch die Messung der Flugzeit das *m*/*z*-Verhältnis bestimmen.

Nach dem Durchlaufen der Beschleunigungsspannung $U$ beträgt die kinetische Energie $E_{\text{kin}}$ der Ionen:

$$E_{\text{kin}} = \frac{1}{2} \cdot m \cdot v^2 = z \cdot e \cdot U \qquad (16.4)$$

mit: $m$ = Masse des Ions
     $v$ = Geschwindigkeit des Ions nach der Beschleunigungsstrecke
     $z$ = Ladungszahl
     $e$ = Elementarladung

Die Geschwindigkeit $v$ ergibt sich aus der Gesamtflugzeit $t$, in der ein Ion die Strecke $L$ entsprechend der Länge der feldfreien Driftstecke des Flugrohrs passiert hat:

$$v = \frac{L}{t} \qquad (16.5)$$

Durch Einsetzen von (Gl. 16.5) in (Gl. 16.4) ergibt sich:

$$\frac{1}{2} \cdot m \cdot \left(\frac{L}{t}\right)^2 = z \cdot e \cdot U \qquad (16.6)$$

und durch Umrechnen nach *m*/*z*:

$$\frac{m}{z} = \frac{2 \cdot e \cdot U}{L^2} \qquad (16.7)$$

Das bedeutet, dass in einem Flugzeitmassenspektrometer das Verhältnis von Molekülmasse und Ladung dem Quadrat der Flugzeit proportional ist. Damit lässt sich die jeweilige Masse aus der gemessenen Flugzeit ermitteln. Die Kalibrierung erfolgt über Referenzsubstanzen mit bekannten Massen. Typische Flugzeiten bei der MALDI liegen zwischen wenigen Mikrosekunden und einigen hundert Mikrosekunden. Die Driftstrecken sind typischerweise ein bis vier Meter lang.

Eine Einschränkung der MALDI-MS ergibt sich aus der Energieverteilung der gebildeten Ionen, die diese durch den Ionisierungsprozess erhalten. Nicht alle Ionen werden vom gleichen Ort zur gleichen Zeit desorbiert und ionisiert, sodass es zu Energie-, Orts- und Zeitunschärfen kommt. Auch abstoßende elektrische Kräfte lösen beim MALDI-Prozess eine Anfangsenergieverteilung der Ionen aus. Abschirmeffekte sorgen dafür, dass ein Ion nicht schon in dem Moment, in dem es entstanden ist, das beschleunigende elektrische Feld „sieht". Eine verzögerte Ionenbildung an verschiedenen Orten in der Gasphase führt dazu, dass Moleküle nicht die gesamte Beschleunigungsstrecke als Ionen durchlaufen. Zeit- und Energiefehler ergeben sich auch durch Stöße der Moleküle untereinander in der Beschleunigungsphase.

Aus solchen Startfehlern folgt, dass Ionen mit demselben *m*/*z* nach dem Durchlaufen des Beschleunigungsfeldes nicht alle exakt die gleiche kinetische Energie besitzen, sondern mit einer gewissen Energieverteilung die Quelle verlassen und damit zu geringfügig unterschiedlichen Zeiten den Detektor erreichen (◘ Abb. 16.14A). Dies resultiert in einer Verbreiterung der Ionensignale und einer Herabsetzung der erreichbaren Massenauflösung. Bei Flugzeitanalysatoren mit einer einfachen linearen Driftstrecke lassen sich die relative Energiebreite und deren Einfluss auf die Massenauflösung durch höhere Beschleunigungsspannungen reduzieren. Dies hat allerdings geringere Flugzeiten zur Folge und erfordert damit eine höhere Präzision der elektrischen Zeitmessung.

**16**

**A    Lineares Flugrohr**

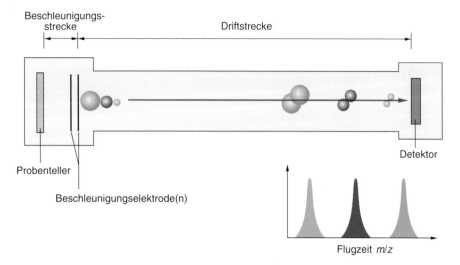

Beschleunigungs-
strecke

Driftstrecke

Detektor

Probenteller

Beschleunigungselektrode(n)

Flugzeit $m/z$

**B    Reflektor-Flugrohr**

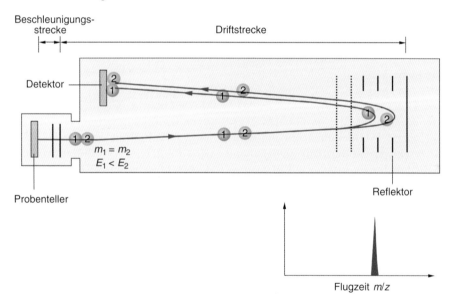

Beschleunigungs-
strecke

Driftstrecke

Detektor

$m_1 = m_2$
$E_1 < E_2$

Probenteller

Reflektor

Flugzeit $m/z$

◘ **Abb. 16.14**  Prinzip eines linearen Flugzeitmassenspektrometers **A** und eines Reflektorflugzeitmassenspektrometers **B**. Die durch einen Laserimpuls erzeugten Ionen mit gleicher Ladung, aber unterschiedlichen $m/z$-Werten, haben nach Durchlaufen der gleichen Potenzialdifferenz unterschiedliche Geschwindigkeiten. Schwere Ionen mit hohem $m/z$-Wert erreichen den Detektor später als leichte Ionen. Ionen gleicher Masse starten mit einer gewissen Verteilungsbreite der Energie. Dies trägt zur Peakbreite der Ionensignale bei. Durch sog. Reflektoren lässt sich der Einfluss der Startenergien auf die Flugzeit am Ort des Detektors kompensieren

Eine elegante Lösung bieten Flugzeitmassenspektrometer mit sog. Ionenspiegeln oder *Reflektoren* (◘ Abb. 16.14B). Die Funktionsweise eines solchen Reflektors basiert auf der Richtungsumkehr der Ionen in einem elektrischen Gegenfeld, das sich an die Driftstrecke anschließt. Ionen gleicher Masse, aber höherer Startenergie dringen dabei tiefer in das Gegenfeld ein, legen somit einen weiteren Weg im Reflektor zurück und holen die langsameren Ionen nach der Richtungsumkehr an einem bestimmten Punkt in der Driftstrecke wieder ein. Positioniert man den Detektor in diesem Fokussierungspunkt, so werden Ionen unterschiedlicher Startenergie gleichzeitig registriert: Man erhält ein scharfes Signal.

Eine weitere Möglichkeit, die Limitierung der Massenauflösung zu überwinden, die bei MALDI auf der Startgeschwindigkeitsverteilung für Ionen gleicher Massen und Ladung beruht, liegt in der *verzögerten Ionenextraktion (delayed extraction)*. Hierbei wird das elektrische Feld über der Probenoberfläche nicht permanent, sondern zeitversetzt zum Desorptionslaserimpuls eingeschaltet. Ionen mit einer höheren Startgeschwindigkeit entfernen sich während der Verzögerungszeit weiter von der Probenoberfläche und erfahren nach dem Einschalten des elektrischen Feldes eine geringere kinetische Energie als Ionen mit niedrigerer Startgeschwindigkeit. Bei geeigneter Wahl von Verzögerungszeit und Extraktionsfeldstärke lässt sich der Einfluss der Startgeschwindigkeitsverteilung auf die Flugzeitverteilung der Ionen am Ort des Detektors gerade kompensieren. In der Praxis ergänzen sich die Verbesserungen des Auflösungsvermögens, die durch den Einsatz der verzögerten Ionenextraktion und eines Reflektors möglich sind, d. h. die Kombination beider Maßnahmen liefert die besten Resultate und ermöglicht inzwischen Auflösungen bis zu 60.000 (FWHM).

Der wesentliche Vorteil des Flugzeitmassenspektrometers liegt in einer sehr hohen Ionentransmission, sodass die geringen Ionenströme, die durch einen einzigen Laserimpuls induziert werden, nachgewiesen werden können. Der zugängliche Massenbereich von Flugzeitmassenspektrometern ist theoretisch unbegrenzt, in der Praxis gibt es jedoch Grenzen bei der Auflösung und der Empfindlichkeit der Detektoren, die im höheren Massenbereich mit zunehmenden Molekülmassen abnimmt.

Anfänglich war es schwierig, Flugzeitmassenanalysatoren mit kontinuierlichen Ionenquellen wie ESI zu koppeln, und man beobachtete starke Intensitätsverluste und nur schlecht aufgelöste Peaks in den Spektren. Diese Probleme wurden durch die Einführung der **orthogonalen Ionenextraktion** (◻ Abb. 16.12B) gelöst (**ESI-o-TOF-MS**), mit welcher die von der ESI-Quelle kontinuierlich emittierten Ionen als Ionenpakete mithilfe eines orthogonal ausgerichteten gepulsten elektrischen Feldes in den Flugzeitanalysator überführt werden. ◻ Abb. 16.24 zeigt den schematischen Aufbau eines orthogonalen Flugzeitmassenspektrometers als Teil eines Hybridgeräts. Die besonderen Vorteile von Flugzeitanalysatoren stehen damit auch der ESI-MS zur Verfügung, und für die MALDI-MS gibt es seitdem eine weitere Option, d. h. die gebildeten Ionen können alternativ auch orthogonal zugeführt werden (**MALDI-o-TOF-MS**).

In der Praxis werden heute beide Optionen genutzt, aber der oben beschriebene Flugzeitanalysator mit direkter Ionenextraktion dominiert bei Weitem die Zahl der installierten MALDI-Massenspektrometer. Dies begründet sich darin, dass die direkte Ionenextraktion in der Regel eine höhere Nachweisempfindlichkeit (geringere Transmissionsverluste) ermöglicht und deutlich kürzere Analysezeiten erlaubt. Manchmal wird die direkte Ionenextraktion zur Unterscheidung von der orthogonalen Extraktion auch als lineare Extraktion bezeichnet. Hierbei gilt es jedoch zu beachten, dass schon beim TOF-Analysator zwischen linearer und Reflektor-Geometrie unterschieden wird.

Ein wesentlicher Vorteil der orthogonalen Ionenextraktion besteht darin, dass die MALDI nicht im Hochvakuum durchgeführt werden muss. Stattdessen können höhere Drücke bis zu Atmosphärendruck verwendet werden. Dies ermöglicht eine effiziente Abfuhr überschüssiger interner Energie („Kühlung") durch Stöße mit Gasmolekülen, womit besonders labile Ionen (z. B. RNA- und DNA-Molekülionen) effektiv stabilisiert werden können. Ist deren interne Energie zu hoch, was bei der MALDI passieren kann, zerfallen (fragmentieren) sie so schnell, dass die verbleibende Lebenszeit für eine Flugzeitanalyse nicht ausreicht.

## 16.2.2 Quadrupolanalysator

Das Quadrupolmassenspektrometer ist im Prinzip ein Massenfilter, d. h. unter einer vorgegebenen physikalischen Bedingung werden nur Ionen mit einem bestimmten $m/z$-Verhältnis zum Detektor durchgelassen. Dies wird durch eine Anordnung von vier parallelen stabförmigen Metallelektroden (**Quadrupol**) erreicht. Unter den Einfluss eines kombinierten Wechsel- und Gleichspannungsfeldes können Ionen eines definierten $m/z$-Verhältnisses auf einer stabilen oszillierenden Bahn den Quadrupol durchlaufen (◻ Abb. 16.15). Alle anderen Ionen mit einem unterschiedlichen $m/z$-Verhältnis fliegen auf instabilen Bahnen und werden durch Kollisionen mit den Metallstäben gestoppt.

Wie ◻ Abb. 16.15 zeigt, besteht ein Quadrupol aus vier hyperbolisch geformten, stabförmigen Elektroden (in der Praxis werden aus Kostengründen meist kreiszylindrische Stäbe verwendet), die auf einem Kreis mit dem Radius $r$ um die z-Achse angeordnet sind. An den Stäben liegen eine Gleichspannung $U$ und eine Wechselspannung $[V \cdot \cos(2\pi \cdot f \cdot t)]$ mit der Frequenz $f$ an. Gegenüberliegende Stäbe besitzen die gleiche Polarität der Gleichspannung und die gleiche Phase der Wechselspannung. Nebeneinander liegende Stäbe haben demnach eine entgegengesetzte Polarität und eine um 180° versetzte Phase. In der Nähe der z-Achse entsteht ein elektrisches Potenzial $\phi$:

16

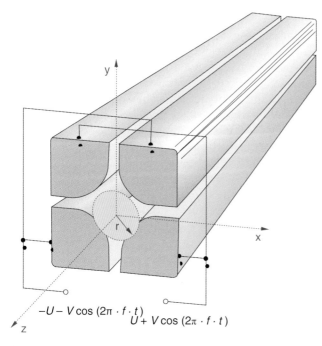

**Abb. 16.15** Elektrodenform und Elektrodenanordnung in einem Quadrupolmassenfilter

$$\phi\left(x,y,t\right)=\left[U+V\cdot\cos\left(2\pi\cdot f\cdot t\right)\right]\cdot\frac{x^{2}-y^{2}}{r^{2}} \qquad (16.8)$$

Die Ionen erhalten durch eine geringe Beschleunigungsspannung von 10–20 V eine ausreichende Translationsenergie, um in Richtung der z-Achse in das elektrische Feld des Quadrupols zu gelangen. Ihre Bewegung in der xy-Ebene wird durch die **Mathieu'schen Gleichungen** beschrieben:

$$\frac{d^{2}\cdot x}{d\left(\pi\cdot f\cdot t\right)^{2}}+\left[a+2q\cdot\cos\left(2\pi\cdot f\cdot t\right)\right]\cdot x \qquad (16.9)$$

$$\frac{d^{2}\cdot y}{d\left(\pi\cdot f\cdot t\right)^{2}}+\left[a+2q\cdot\cos\left(2\pi\cdot f\cdot t\right)\right]\cdot y \qquad (16.10)$$

Mit den Parametern $a$ und $q$

$$a=\frac{2z\cdot e\cdot U}{m\cdot\left(\pi\cdot f\cdot r\right)^{2}}\text{ und }q=\frac{z\cdot e\cdot V}{m\cdot\left(\pi\cdot f\cdot r\right)^{2}} \qquad (16.11)$$

wird dabei die Beziehung zwischen einem zu transferierenden Ion der Masse $m$ mit $z$ Elementarladungen $e$ und den Eigenschaften des Quadrupols festgelegt. Letztere sind der Radius $r$ entsprechend dem zwischen den Stäben zur Verfügung stehenden Raum und das elektrische

Feld, bestehend aus der Gleichspannung $U$ und der Wechselspannung $V$ mit der Frequenz $f$.

Die Mathieu'schen Gleichungen haben zwei Arten von Lösungen: Eine Lösung führt zu endlichen Amplituden der Oszillationen entsprechend einer stabilen Bewegung durch den Quadrupol, die andere führt zu Amplituden, die in x- und/oder y-Richtung exponentiell anwachsen.

Für Ionen mit einem gegebenen $m/z$-Verhältnis gibt es nun bestimmte Werte für die Parameter $a$ und $q$, bei denen stabile Oszillationen in x- und y-Richtung möglich sind. Die numerische Auswertung der Mathieu'schen Gleichungen ergibt ein Stabilitätsdiagramm für $a$ und $q$ (□ Abb. 16.16). Jeder Punkt in diesem Diagramm repräsentiert – bei gegebenen Werten für $r$, $U$, $V$ und $f$ – Ionen mit einem bestimmten $m/z$-Wert. Aus den Gleichungen für die Parameter $a$ und $q$ ergibt sich, dass das Verhältnis $a/q$ immer gleich $2U/V$ ist:

$$\frac{a}{q}=\frac{2z\cdot e\cdot U}{m\cdot\left(\pi\cdot f\cdot r\right)^{2}}\frac{m\cdot\left(\pi\cdot f\cdot r\right)^{2}}{z\cdot e\cdot V}=\frac{2U}{V} \qquad (16.12)$$

Damit liegen bei gleichem $z$ alle Massen auf der Geraden $a/q$ = konstant, der sog. Arbeitsgeraden.

Beim Scannen des Massenbereiches werden Gleichspannung $U$ und Amplitude $V$ des Wechselfeldes gleichzeitig erhöht, wobei das Verhältnis $U/V$ – und damit auch das Verhältnis $a/q$ – sowie die Frequenz $f$ (im Radiofrequenzbereich) konstant gehalten werden. Dadurch werden Ionen verschiedener Massen nacheinander in den stabilen Bereich des Quadrupolfeldes gebracht. Im Prinzip wäre auch eine Erhöhung der Fre-

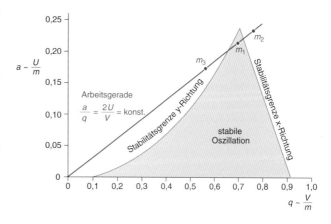

**Abb. 16.16** Stabilitätsdiagramm der Mathieu'schen Gleichungen für das zweidimensionale Quadrupolfeld in x- und y-Richtung

quenz unter Konstanthaltung von $U$ und $V$ möglich, das ist aber aus technischen Gründen aufwendiger zu realisieren. Die Masse $m$ ist direkt proportional zu $U$ und $V$, sodass mit der Erhöhung der Spannungen ein lineares Massenspektrum erhalten wird.

Die Massentrennung und damit die Massenauflösung $m/\Delta m$ werden durch das Verhältnis von $U$ zu $V$ erreicht. Dieses Verhältnis wird so gewählt, dass Ionen mit einem bestimmten $m/z$-Verhältnis in den Bereich der stabilen Oszillationen gelangen (s. Schnittpunkte der Arbeitsgeraden im Stabilitätsdiagramm, ◼ Abb. 16.16) Die Ionen mit $m_1/z$ werden in diesem Beispiel aufgrund stabiler Oszillationen in x- und y-Richtung auf einer Trajektorie durch den Quadrupol den Detektor erreichen. Für alle anderen Ionen (z. B. $m_2/z$, $m_3/z$) ergeben sich unter diesen Bedingungen in die x- oder y-Richtung instabile Oszillationen, sodass sie durch Stöße an die Stäbe gestoppt werden oder zwischen den Stäben hindurch verloren gehen.

Die Massenauflösung $m/\Delta m$ hängt im Idealfall eines technisch perfekten Quadrupols nur vom Verhältnis $U/V$ ab. Theoretisch wäre die maximale Massenauflösung erreicht, wenn die Arbeitsgerade in dem Stabilitätsdiagramm die Spitze des Bereiches stabiler Oszillationen berühren würde, entsprechend einem Wert von 0,1678 für das Verhältnis $U/V$. In der Praxis ist jedoch die erreichbare Massenauflösung abhängig von der Anfangsgeschwindigkeit der Ionen in x- und y-Richtung sowie von der Abweichung der Ionen von der idealen z-Richtung beim Eintritt in den Quadrupol. Deshalb wird mit zunehmender Auflösung die Empfindlichkeit abnehmen, da mehr Ionen mit einem bestimmten $m/z$-Verhältnis den Detektor nicht mehr erreichen.

Kommerzielle Quadrupolanalysatoren haben einen maximalen Massenbereich bis etwa $m/z = 4000$ und erzielen Auflösungswerte zwischen 500 und etwa 5000. Die Massenauflösung kann variiert werden, wobei eine erhöhte Auflösung aus den beschriebenen Gründen mit einem Empfindlichkeitsverlust verbunden ist. In der Regel werden die Geräte so eingestellt, dass in etwa eine Nominalmassenauflösung über den gesamten zugänglichen Massenbereich erreicht wird. Die Detektion der Ionen erfolgt in der Regel über einen Sekundärelektronenvervielfacher (▶ Abschn. 16.3.1). Quadrupolmassenspektrometer verfügen über eine hohe Ionentransmission von der Quelle bis zum Detektor, sind leicht zu fokussieren und zu kalibrieren und verfügen über eine große Stabilität der Kalibrierung im Dauerbetrieb. Diese praktischen Vorteile haben zu einer weiten Verbreitung der Quadrupolsysteme in der organischen und biochemischen Analytik geführt.

Zur Aufnahme eines Spektrums, d. h. für das Scannen der Quadrupole über den Massenbereich, sind zwei Parameter wichtig: die **Stufengröße** *(Step Size)*, in die der gewählte Scanbereich gleichmäßig unterteilt wird (in der Praxis zwischen 0,05 und 0,5 amu) und die Zeit *(**Dwell Time**)*, mit der eine Stufe vermessen wird (unterer Millisekundenbereich). Mit der *Step Size* wird die Genauigkeit, mit der *Dwell Time* die Empfindlichkeit der Massenbestimmung beeinflusst. Man wird also mit möglichst kleiner *Step Size* und möglichst langer *Dwell Time* arbeiten. Aus dem Produkt von *Step Size* und *Dwell Time* ergibt sich die benötigte Scanzeit, um ein Spektrum aufzunehmen (in der Regel mehrere Sekunden). Da während der Messzeit für ein Spektrum kontinuierlich der Analyt zugeführt wird, bestimmt die Scanzeit auch den absoluten Verbrauch an Analyten. In der Praxis wird man entsprechend der vorgegebenen Menge und Konzentration der Analytlösung einen Kompromiss aus *Step Size* und *Dwell Time* wählen. Beispielsweise könnte man das Spektrum eines Peptids in einem Messbereich von 300–2000 amu mit einer *Step Size* von 0,2 amu und einer *Dwell Time* von 0,7 ms in 7 s erhalten.

Besonders empfindlich lassen sich Messungen durchführen, wenn die Masse eines Analyten bekannt ist. Hier wird nur über den begrenzten Bereich des zu erwartenden Molekülions (etwa 5 amu) gescannt, wobei man die *Dwell Time* in den oberen Millisekunden- bis Sekundenbereich setzt. Für das oben gewählte Peptid würde man bei gleicher *Step Size* (0,2 amu) und gleicher Scanzeit (7 s) eine *Dwell Time* von 0,5 s für einen Messbereich von 5 amu erreichen. Dieser als ***Single Ion Monitoring*** (**SIM**) bezeichnete Scanmodus ist nicht auf Quadrupole beschränkt und wird oft zum hoch empfindlichen Nachweis bekannter Substanzen in Gemischen eingesetzt.

### 16.2.3 Elektrische Ionenfallen

Alternativ zu den Quadrupolanalysatoren kann zur Massenanalyse von MALDI- und ESI-Ionen auch eine dreidimensionale elektrische Ionenfalle (*ion trap*) verwendet werden. Deren Prinzip beruht auf dem Einfangen von Ionen in einem geeigneten elektrischen Feld. Die Ionen können für variable Zeiten (Mikrosekunden bis Sekunden) auf stabilen Bahnen gehalten und dann nach ihrer Masse analysiert werden. Eine dreidimensionale elektrische Ionenfalle besteht aus einer Ringelektrode und zwei Endkappen, an die Wechselspannungen angelegt werden (◼ Abb. 16.17). In der Mitte der Endkappen befinden sich kleine, zentrische Öffnungen zum Einlass sowie Auswurf der Ionen. Der gesamte Analysator ist

**16**

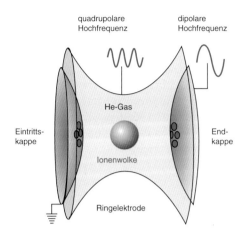

**Abb. 16.17** Schematischer Aufbau und Funktionsprinzip einer dreidimensionalen elektrischen Ionenfalle

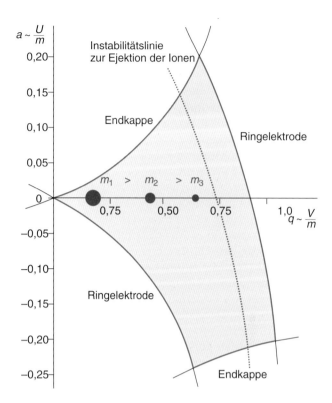

**Abb. 16.18** Stabilitätsdiagramm der Mathieu'schen Gleichungen für die dreidimensionale elektrische Ionenfalle

nicht größer als ein Würfel von ca. 10 cm Kantenlänge. Die Funktionen der Ionenfalle und des Quadrupols basieren weitgehend auf demselben Prinzip. Bei beiden Massenanalysatoren bestimmt die Lösung der Mathieu'schen Differenzialgleichungen die Wertebereiche von angelegter Gleich- und Wechselspannung, in denen Ionen stabile Bahnen beschreiben. Bildlich gesehen kann die Ringelektrode der Ionenfalle mit einem in sich gebogenen Quadrupolstab gleichgesetzt werden, dessen Enden miteinander verbunden sind. Die Endkappen begrenzen das System von beiden Seiten ähnlich wie zwei gegenüberliegende Stäbe im Quadrupol. Die Ionen werden damit nun nicht mehr wie im Quadrupol über eine bestimmte Strecke transportiert, sondern beschreiben geschlossene Bahnen in dem System, sie sind „gefangen".

Das Stabilitätsdiagramm wird durch die Überlappung der stabilen Bereiche der beiden Endkappen und der Ringelektrode gebildet ( Abb. 16.18). Anders als beim Quadrupolanalysator kommt es hier zunächst nicht darauf an, nur Ionen eines eng begrenzten Massenbereichs stabile Bahnen beschreiben zu lassen. Ziel soll sein, Ionen über einen möglichst weiten Massenbereich einzufangen und zu speichern. Betrachtet man das Stabilitätsdiagramm, so ist der weiteste Massenbereich stabiler Ionen gerade erreicht, wenn $a = 0$ ist, d. h. keine Gleichspannung anliegt. Ionenfallen werden daher in der Regel nur mit Wechselspannung betrieben. Durch Anlegen der Wechselspannung an der Ringelektrode entsteht im Innern der Falle ein quadrupolares Feld. Dieses Feld erzeugt eine räumlich ausgedehnte Potenzialmulde, in deren Mitte die Ionen fixiert werden. Allein durch das elektrische Feld könnten die in die Falle eintretenden Ionen jedoch nur zu einem sehr geringen Teil eingefangen werden. Da sie in einer externen Quelle außerhalb der Falle erzeugt und in die Ionenfalle transpor-

tiert werden müssen, treten sie dort mit einer bestimmten Geschwindigkeit ein. Ähnlich einer Murmel, die aus einiger Entfernung in eine kleine Mulde gerollt wird und wegen zu hoher Geschwindigkeit auf der anderen Seite wieder herausrollt, würden die meisten Ionen wegen ihrer Eintrittsgeschwindigkeit die Potenzialmulde wieder „hinauflaufen" und die Falle verlassen bzw. gegen die begrenzenden Wände stoßen. Um die Ionen daher nach Eintreten in die Falle abzubremsen, ist sie mit Helium bei einem Druck von $3 \cdot 10^{-6}$ bar gefüllt. Durch Kollisionen mit den Heliumatomen verringern die Ionen ihre Geschwindigkeit und können damit effizienter durch das quadrupolare Feld eingefangen werden.

Während eines Messzyklus werden nun Ionen für eine begrenzte Zeit, gewöhnlich zwischen 0,1 und einigen 10 ms, in der Falle akkumuliert. Danach wird die Transferstrecke zwischen Ionenquelle und Falle durch Änderung der anliegenden elektrischen Potenziale blockiert, d. h. in die Falle können keine weiteren Ionen eintreten. Zum einen geschieht das, um eine zu hohe Raumladungsdichte von Ionen in der Falle zu vermeiden, die zu gegenseitiger Abstoßung der gespeicherten Moleküle und damit einer inkorrekten Bestimmung ihrer Masse führen würde. Zum anderen soll eine Beeinflussung der Massenanalyse durch nachfolgende Ionen verhindert werden. Zur Detektion werden die Ionen schließlich mit ansteigendem Molekulargewicht aus der Falle ejiziert. Der Ionenaustritt kann dabei auf zweierlei Weise erfolgen. Die einfachste Möglichkeit ist, ähnlich wie beim Quadrupol, die Wechselspannungsamplitude $V$ (bzw. $q$) zu erhöhen, um die Ionen nacheinander aus dem Stabilitätsbereich ( Abb. 16.18) herauszudrängen. Damit wären aber nur ähnlich langsame Scangeschwindigkeiten wie beim Quadrupol zu erreichen und die erzielbare Massenauflösung wäre recht begrenzt. Eine weitaus bessere Alternative ist es, die Ionen mithilfe von Multipolfeldern aus der Falle heraus zu werfen. Dazu wird die Kopplung des quadrupolaren Feldes an der Ringelektrode mit einem dipolaren Feld, das gleichzeitig an den Endkappen erzeugt wird, ausgenutzt. Die Kopplung beider Felder entsteht durch eine spezielle Geometrie der Ringoberfläche oder der Endkappen der Ionenfalle. Durch die additive Überlagerung beider Felder wird eine Vielzahl von Feldern höherer Ordnung, so genannte Hexa-, Octo-, Decapolfelder usw. in der Falle erzeugt. Mit dem Anstieg von $q$ können die Ionen aus diesem Angebot an vielen, verschiedenen Multipolfeldern resonant Energie aufnehmen. Eine resonante Anregung befähigt sie extrem schnell zu größeren Schwingungen, sodass sie innerhalb kürzester Zeit aus der Falle herauskatapultiert werden. Im Kontext von  Abb. 16.18 ist das mit scharfen Instabilitätslinien gleichzusetzen, die innerhalb des eigentlichen Stabilitätsbereiches liegen. Die Ionen werden nun aus der Falle ejiziert, sobald sie mit ansteigendem $q$ diese scharfe Instabilitätslinie erreichen.

In kommerziellen Ionenfallenanalysatoren der neuesten Generation können durch Anwendung des Multipoleffektes Scangeschwindigkeiten bis zu 26.000 u s$^{-1}$, mehr als 20-fach schneller als in Quadrupolsystemen, bei einer Peakbreite von ca. 0,6 u erreicht werden. Damit ist eine höhere Wiederholungsrate für die Aufnahme von Spektren verbunden, die wichtig für einen hohen so genannten *duty-cycle* ist (die Rate der tatsächlich detektierten Ionen aus der kontinuierlich emittierenden Ionenquelle während eines Messzyklus). Gleichzeitig wurde das Auflösungsvermögen auf Werte deutlich oberhalb von 10.000 verbessert. Der maximale $m/z$-Bereich kann bis zu 6000 betragen. Neben den **dreidimensionalen** gibt es auch **zweidimensionale elektrische**, sog. **lineare Ionenfallen**. In diesen werden die Ionen in einem zweidimensionalen elektrischen Quadrupolfeld gespeichert. Durch die lineare Geometrie der Falle werden Raumladungseffekte reduziert. Infolgedessen kann eine größere Anzahl geladener Teilchen in die Falle injiziert und gespeichert und damit die Nachweisempfindlichkeit erhöht werden.

### 16.2.4 Magnetische Ionenfalle

In magnetischen Ionenfallen herrscht ein starkes homogenes Magnetfeld, das die Ionen auf kreisförmige Umlaufbahnen senkrecht zum Magnetfeld zwingt. Diese Bewegung wird **Zyklotronbewegung** oder **Zyklotronoszillation** genannt. Ihre Frequenz (**Zyklotronfrequenz**) ist umgekehrt proportional zu $m/z$ und direkt proportional zur Stärke des Magnetfelds.

$$\omega_{\text{ion}} = \frac{z \cdot e \cdot B}{2 \cdot \pi \cdot m}$$

mit $z$ = Anzahl der Ladungen

$e$ = Ladung eines Elektrons

$B$ = Magnetfeldstärke

$m$ = Masse

(16.13)

Diese Bewegung kann über einen Bildstrom, auch Spiegelstrom genannt, detektiert werden, der von den zirkulierenden Teilchen auf einer Elektrode bzw. Detektorplatte induziert wird. Zirkulieren mehrere Ionen mit verschiedenem $m/z$, so können deren Zyklotronfrequenzen durch eine Fourier-Transformation des induzierten Bildstromsignals bestimmt werden. Es resultiert ein Zyklotronfrequenzspektrum, das gemäß Gl. 16.13 unmittelbar in ein Massenspektrum umgerechnet werden kann. Das ist das zugrunde liegende Prinzip von magnetischen Ionenfallen, besser bekannt als **Fourier-Transformationsionenzyklotron-Resonanzmassenspektrometer** (*Fourier Transformation-ion Cyclotron Resonance Mass Spectrometer*, **FT-ICR-MS**;  Abb. 16.19).

Die Bewegung der Ionen in der Falle ist durch das magnetische Feld senkrecht zu seiner Ausrichtung begrenzt und in seiner Richtung durch ein elektrostatisches Einfangpotenzial (*trapping potential*). Zu Beginn der Messung zirkulieren die eingefangenen Ionen nahe um das Zentrum der Falle. Von dort werden sie mithilfe von äußeren, parallel zum magnetischen Feld ausgerichteten Anregungselektroden durch ein gepulstes elektrisches Wechselfeld angeregt. Stimmen Zyklotronfrequenz und die Frequenz des eingestrahlten elektrischen Wechselfeldes überein, tritt der Resonanzfall ein (**Zyklotronresonanz**), und der Zyklotronradius der betreffenden Ionen vergrößert sich durch Aufnahme von Energie aus dem Wechselfeld. Dieser Vorgang wird zeitlich präzise gesteuert, d. h. das entsprechende Wechselfeld liegt so lange an, bis der Zyklotronradius der Ionen sich dem halben Abstand der Detektorplatten nähert, sodass die Ionen nahe an diesen vorbeifliegen und dabei einen detektierbaren Bildstrom induzieren. Durch

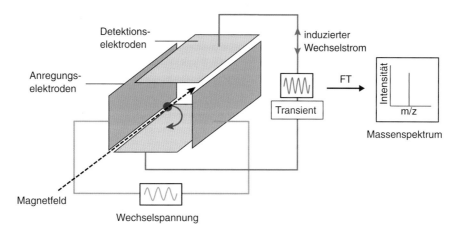

**Abb. 16.19** Schematischer Aufbau und Funktionsprinzip einer magnetischen Ionenfalle

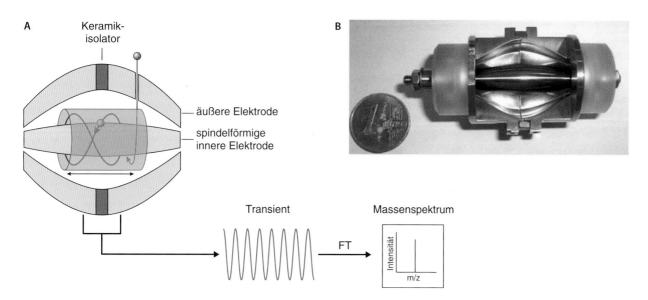

**Abb. 16.20**  **A** Scematischer Aufbau und Funktionsprinzip einer Orbital-Ionenfalle. **B** Die Orbitrap. (Mit freundlicher Genehmigung von Thermo Fisher Scientific)

Überlagerung verschiedener Frequenzen und deren schnelle zeitliche Variation ist es möglich, alle Ionen oder nur eine gezielte Auswahl davon anzuregen und zu analysieren.

Das Auflösungsvermögen eines FT-ICR-MS steigt mit der Kraft des eingesetzten Magnetfeldes. Dieses wird von supraleitenden Magneten erzeugt und erreicht bei aktuellen Geräten Feldstärken von bis zu 15 Tesla, das entspricht dem 300.000-Fachen der Stärke des Erdmagnetfeldes. Das Auflösungsvermögen ist sehr hoch und kann Werte von mehreren 100.000 bis zu 2.000.000 erreichen. Dies ermöglicht Massengenauigkeiten im ppb-Bereich (*parts per billion*), erfordert dazu aber Analysezeiten von mehreren Sekunden bis Minuten.

### 16.2.5  Orbital-Ionenfalle

Die dritte Möglichkeit einer Ionenfalle ist es, die Ionen auf stabile Kreisbahnen (Orbitale) um eine zentral angeordnete, spindelförmige Elektrode zu lenken. Dieses Prinzip ist in der Orbital-Ionenfalle, meist als **Orbitrap** bezeichnet, realisiert (■ Abb. 16.20).

Das angelegte elektrostatische Feld und die daraus resultierende Anziehungskraft hin zur zentralen Elektrode gleichen genau die Zentrifugalkraft aus, sodass sich die Ionen ähnlich wie Satelliten im Orbit bewegen. Elektroden an den Endkappen erzeugen eine Potenzialbarriere, die verhindert, dass die Ionen die Orbitrap seitlich verlassen können. Zusätzlich zu den Kreisbewegungen um die zentrale Elektrode herum kommt es zu seitlichen (radialen) Oszillationen. Diese sind unabhängig von Eintrittswinkel und Geschwindigkeit der Ionen und hängen nur von ihrem $m/z$-Verhältnis ab.

Eine äußere Elektrode, die in der Mitte durch einen Keramikring unterteilt ist, kann diese Oszillationen als induzierten Strom messen. Im einfachsten Fall, wenn nur eine Art von Ionen mit einem festen $m/z$-Verhältnis in der Falle vorhanden ist, ergibt sich eine Sinusschwingung. Aus deren Frequenz kann das $m/z$-Verhältnis berechnet werden:

$$\omega = \sqrt{\frac{k}{m/z}}$$

mit $\omega$ = Frequenz der Schwingung          (16.14)
$k$ = Gerätekonstante

Wenn verschiedene Ionen mit unterschiedlichem $m/z$-Verhältnis vorhanden sind, erhält man eine Überlagerung verschiedener Sinusschwingungen, den sog. **Transient**. Um daraus ein Massenspektrum zu berechnen, wird, wie bei der magnetischen Ionenfalle, die Fourier-Transformation eingesetzt.

Obwohl das grundsätzliche Prinzip einer Falle mit Ionen auf Orbitalbahnen schon seit 1923 bekannt war, wurde das erste kommerzielle erhältliche Gerät erst 2005 verwirklicht. Problematisch war dabei vor allem die Injektion der Ionen in die Falle. Für einen kontinuierlichen Ionenstrom wäre es nicht möglich, die Ionen auf stabilen Kreisbahnen einzufangen, sondern sie würden aufgrund ihrer zu großen Geschwindigkeit an der Zentralelektrode vorbeifliegen. Dieses Problem wurde dadurch gelöst, dass Ionen in einer vorgeschalteten, C-förmigen Ionenfalle, der sog. **C-Trap**, gesammelt und als gebündelte Pakete in die Orbitrap injiziert werden. Dort wird während des Eintretens der Ionen die Spannung an der Zentralelektrode kurzzeitig erniedrigt, um die Ionen abzubremsen. Die Orbitrap ermöglicht Messungen mit einer Massengenauigkeit von 0,5–2 ppm und einer Massenauflösung von bis zu

100.000 FWHM. Orbitrap-Geräte der neuesten Generation erlauben sogar Auflösungen bis 1.000.000. Damit erreicht die Orbitrap zwar nicht das Auflösungsvermögen von magnetischen Fallen, kommt aber dafür ohne einen teuren und wartungsintensiven supraleitenden Magneten aus. Darüber hinaus sind bei gleichem Auflösungsvermögen die Analysezeiten kürzer, d. h. die Orbitrap analysiert die eingefangenen Ionen schneller als eine magnetische Ionenfalle und kann somit mehr Proben pro Zeiteinheit analysieren.

### 16.2.6   Hybridgeräte

Insbesondere in der biologischen Massenspektrometrie hat sich der Einsatz von Hybridgeräten, auch als **Tandem-Massenspektrometer** bezeichnet, bewährt, die mehrere Massenanalysatoren kombinieren. Dadurch können die Ionen beispielsweise in einem Analysator fragmentiert und in einem anderen analysiert werden, und die verschiedenen Eigenschaften der Analysatoren können optimal aufeinander abgestimmt werden. Im Folgenden werden die wichtigsten Hybridgeräte vorgestellt.

#### 16.2.6.1   Triple-Quadrupol (Triple-Quad)

Das Triple-Quadrupol-Massenspektrometer war das erste Instrument, mit dem Ionen nicht nur nach ihrem Masse-zu-Ladungsverhältnis aufgetrennt, sondern die einzelnen Ionen zusätzlich *isoliert* und *fragmentiert* werden konnten, um so Informationen zu ihrer Struktur zu gewinnen. Das Triple-Quadrupolmassenspektrometer besteht genau genommen aus vier Quadrupolen Q0 bis Q3 mit zwei Messquadrupolen (◘ Abb. 16.21). Q0 ist dabei ein mit Wechselstrom (ohne Gleichstromkomponente) betriebener „Hilfsquadrupol", mit dem die generierten Ionen zunächst fokussiert und nachfolgend in den zentralen Ionenweg überführt werden. Da keine

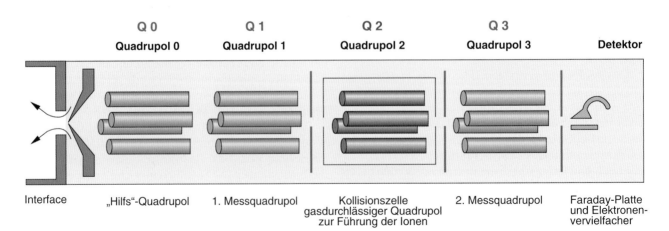

| Q 0 | Q 1 | Q 2 | Q 3 | |
| Quadrupol 0 | Quadrupol 1 | Quadrupol 2 | Quadrupol 3 | Detektor |

| Interface | „Hilfs"-Quadrupol | 1. Messquadrupol | Kollisionszelle gasdurchlässiger Quadrupol zur Führung der Ionen | 2. Messquadrupol | Faraday-Platte und Elektronenvervielfacher |

◘ **Abb. 16.21**   Schematischer Aufbau und Funktionsprinzip eines Triple-Quadrupolmassenspektrometers

von der Gleichstromkomponente generierten Streufelder in Q0 vorliegen, werden die Ionen effizient ins Zentrum des Quadrupolfeldes überführt und beginnen dort zu oszillieren. Q1 ist der erste Messquadrupol zum Scannen der Ionen. Q2 führt die Ionen durch eine Kollisionskammer, die mit Gas (Stickstoff, Helium oder Argon) gefüllt werden kann. Durch Kollision mit den inerten Gasmolekülen bzw. -atomen fragmentieren die Ionen in Q2. Die Molekulargewichte der entstandenen Fragmentionen werden anschließend im Messquadrupol Q3 bestimmt. Die so erzeugten Fragmentionenspektren werden als **Tandem-Massenspektren** oder als **MS/MS-** oder **MS$^2$-Spektren** bezeichnet.

Mit einem Triple-Quadrupolmassenspektrometer lassen sich verschiedene Arten von MS/MS-Analysen durchführen (◘ Abb. 16.22):

Produktionenanalyse Bei der Produktionenanalyse wird Q1 so eingestellt, dass nur Ionen eines bestimmten $m/z$-Verhältnisses transferiert werden. Diese Vorläuferionen werden in Q2 fragmentiert und die generierten Produktionen, die oft auch als Tochterionen bezeichnet werden, anschließend in Q3 analysiert. Die Produktionenanalyse ist die häufigste MS/MS-Methode, da eine Identifizierung oder auch Quantifizierung von Einzelkomponenten in Gemischen ohne vorherige Auftrennung durchgeführt werden kann.

Vorläuferionenanalyse Die Zuordnung zwischen Vorläufer- und Produktionen lässt sich auch in umgekehrter Richtung durchführen. Dazu werden die Ionen des gesamten Massenbereiches wie bei der Aufnahme eines normalen Massenspektrums durch Q1 transferiert. Die Ionen erreichen dann sequenziell Q2, wo sie nacheinander fragmentiert werden. Q3 ist auf einen bestimmten, ausgewählten $m/z$-Wert eingestellt, sodass über Q3 nur Ionen detektiert werden können, wenn Q1 die entsprechenden Vorläuferionen dieser Fragmentionen in die Kollisionskammer transferiert. Die $m/z$-Skala eines Vorläuferionenspektrums entspricht der $m/z$-Skala von Q1. Mit der Vorläuferionenanalyse kann in Molekülionen gezielt die Anwesenheit bestimmter Modifikationen, beispielsweise glykosylierter Peptidionen, über dafür spezifische Produktionen (Zuckerbruchstücke) nachgewiesen werden.

Neutralverlustanalyse Auch der Verlust eines Neutralteilchens aus einer Fragmentierung kann nachgewiesen werden. Wie in der Vorläuferionenanalyse werden die Ionen des gesamten Massenbereiches durch Q1 in Q2 transferiert und nacheinander fragmentiert. Q3 ist nun nicht mehr auf eine bestimmte Masse gesetzt, sondern arbeitet synchron mit Q1 im Scanbetrieb, allerdings um die Masse des nachzuweisenden Neutralverlusts zurückversetzt. Dadurch werden Ionen nur dann am Detektor registriert, wenn ein entsprechendes Vorläuferion in Q2 ein Fragmention mit der selektierten Massendifferenz erzeugt. Die Massenskala entspricht auch hier der Massenskala von Q1. Durch Neutralverlustanalyse können ebenfalls gezielt bestimmte Modifikationen nachgewiesen werden. Typische Beispiele hierfür sind phosphorylierte Peptide (Verlust von $H_3PO_4$, $-98$ Da).

SRM- und MRM-Analyse In der biologischen Massenspektrometrie werden inzwischen Triple-Quadrupole auch oft für das so genannte *Single Reaction Monitoring* (SRM, auch *Selected Reaction Monitoring*) oder *Multiple Reaction Monitoring* (MRM) eingesetzt, eine Technik, die in der chemischen Spurenanalytik schon lange verwendet wird. Diese Technik ermöglicht den hoch sensitiven Nachweis eines bekannten Moleküls in einer komplexen Probe, auch vor dem Hintergrund vieler anderer ähnlicher Moleküle.

Das gesuchte Molekülion wird dazu in Q1 selektiert und in Q2 fragmentiert. In Q3 wird nicht der gesamte $m/z$-Bereich gescannt, sondern selektiv nur die $m/z$-Werte von einem oder mehreren bekannten Fragmentionen ($m/z$ konstant). Die maximale Nachweisempfindlichkeit liefert SRM mit nur einem Fragmention. Die Fehlerquote wird aber geringer, wenn mehrere detektiert werden. Beim MRM werden in Q1 zeitlich alternierend mehrere verschiedene sehr schmale $m/z$-Bereiche durchlässig geschaltet und in Q3 werden jeweils für den Nachweis des mit diesem $m/z$-Wert gesuchten Moleküls ausgewählte bekannte Fragmentionen zum Detektor durchgelassen. Beim MRM wird also ein Kompromiss geschlossen zwischen Nachweisempfindlichkeit und der Anzahl der nachzuweisenden Substanzen.

### 16.2.6.2 Tandem-TOF (TOF-TOF)

Mit dieser Gerätekonfiguration kann eine kontrollierte Fragmentierung von MALDI-Ionen erfolgen. Wie ◘ Abb. 16.23 zeigt, befindet sich in einem TOF-TOF-Instrument die Kollisionszelle zwischen zwei unabhängigen TOF-Segmenten. Nach Bildung der Ionen in der MALDI-Quelle werden diese zunächst in das erste lineare TOF-Segment (TOF1) beschleunigt. Im TOF1 erfolgt dann die Selektion der Ionen von Interesse entsprechend ihres $m/z$-Verhältnisses. Diese werden stark abgebremst und dann in der nachgeschalteten Kollisionszelle durch Stöße mit Argon fragmentiert. Die erzeugten Fragmentionen werden nach der Kollisionszelle erneut beschleunigt und im zweiten TOF-Segment massenanalysiert. Die enorme Schnelligkeit bei gleichzeitiger Möglichkeit zur MS/MS-Analyse zeichnet das TOF-TOF-Instrument aus. Das gesamte Experiment ist im Bruchteil einer Millisekunde abgeschlossen und mehr als tausend MS/MS-Spektren können pro Sekunde aufgenommen werden. Hiervon werden jedoch oft mehrere Hundert aufsummiert, um die Nachweisempfindlichkeit zu steigern. Neben dem beschriebenen TOF-TOF-Analysator wird noch eine zweite Variante eingesetzt, die auf eine Kolli-

**▣ Abb. 16.22** Prinzipien verschiedener Analysen mit einem Triple-Quadru
polmassenspektrometer

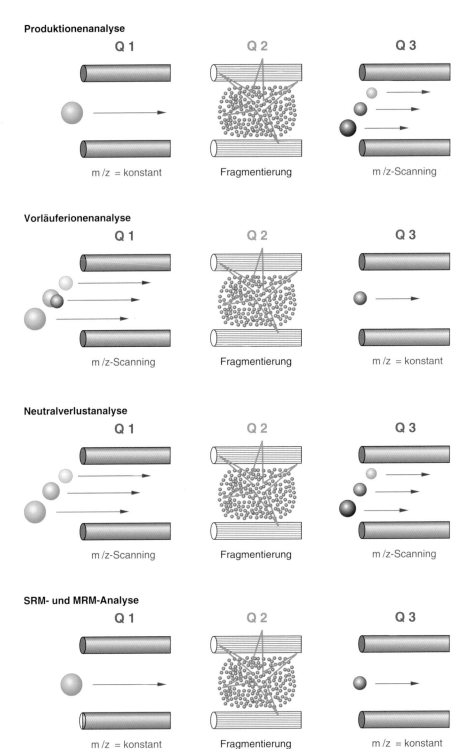

**Produktionenanalyse**

Q 1          Q 2          Q 3

m/z = konstant    Fragmentierung    m/z-Scanning

**Vorläuferionenanalyse**

Q 1          Q 2          Q 3

m/z-Scanning    Fragmentierung    m/z = konstant

**Neutralverlustanalyse**

Q 1          Q 2          Q 3

m/z-Scanning    Fragmentierung    m/z-Scanning

**SRM- und MRM-Analyse**

Q 1          Q 2          Q 3

m/z = konstant    Fragmentierung    m/z = konstant

16

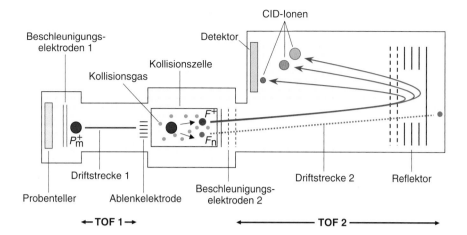

**Abb. 16.23** Schematischer Aufbau und Funktionsprinzip eines MALDI-TOF-TOF-Analysators. Molekü/ionen ($P_m^+$) von Interesse werden im TOF1 entsprechend ihres $m/z$-Verhältnisses selektiert und in der Kollisionszelle durch Stöße mit Argon fragmentiert. Die dabei erzeugten Fragmentionen werden im Reflektor TOF2 analysiert

sionszelle zwischen den beiden TOF-Segmenten verzichtet. Dieser Analysator wurde entwickelt und optimiert für die Analyse von Fragmentionen, die während der Passage des ersten TOF-Segments gebildet werden aufgrund überschüssiger interner Energie, die sie in der Quelle aufgenommen haben. Nach dem Zerfall (Bindungsbruch) bewegen sich die Fragmente mit der gleicher Geschwindigkeit wie vor diesem Ereignis fort und werden daher in einem linearen TOF-Analysator nicht räumlich getrennt. Solche Zerfälle sind typisch für MALDI ( prompte und metastabile Zerfälle – ISD, PSD ▶ Abschn. 16.4.2).

Nach der Auftrennung in TOF1 werden ausgewählte Molekü/ionen zusammen mit den aus ihnen hervorgegangenen Fragmentionen isoliert und vor Eintritt in TOF2 durch das schnelle Anlegen elektrischer Felder an spezielle Elektroden schlagartig wieder auf ein hohes elektrisches Potenzial angehoben. Von dort werden sowohl die verbliebenen intakten Molekü/ionen als auch die gebildeten Fragmentionen weiter beschleunigt und anschließend, aufgrund der durch ihre unterschiedlichen Massen danach resultierenden unterschiedlichen Geschwindigkeiten, in TOF2 aufgetrennt. Das Funktionsprinzip ähnelt im übertragenen Sinn dem eines Fahrstuhls und wird als LIFT bezeichnet.

### 16.2.6.3 Quadrupol-TOF (Q-TOF)

Das Q-TOF-Instrument ist ein Hybridmassenspektrometer, in dem die Stärken des Quadrupolanalysators (einfache Selektion von Vorläuferionen und kontrollierte effektive Fragmentierung) und des Reflektorflugzeitanalysators (sehr großer Massenbereich, hohes Auflösungsvermögen, hohe Nachweiseffizienz und sehr kurze Analysezeiten) kombiniert werden. In einem Q-TOF-MS fungiert wie in Triple-Quadrupolinstrumenten Q1 als Massenfilter für die Selektion der Vorläuferionen, und Q2 dient als Kollisionszelle zur Generierung der Fragmentionen. Die Massenanalyse erfolgt hingegen anstatt in Q3, in einem *orthogonal angeordneten Reflektor-TOF-MS* (**Abb. 16.24).

Neben der Produktionenanalyse können mittlerweile auch Vorläuferionen-Scans mit einem Q-TOF-MS durchgeführt werden. Bei der **Vorläuferionenanalyse** werden die Ionen im Q1 sequenziell selektiert und in die Kollisionszelle Q2 überführt, beginnend mit niedrigen $m/z$-Verhältnissen schrittweise zu hohen $m/z$-Verhältnissen. Entsprechend werden für alle selektierten Vorläuferionen die jeweils im Q2 generierten Produktionen im TOF analysiert und die entsprechenden MS/MS-Spektren aufgezeichnet. Die Zuordnung von interessierenden Produkt- und Vorläuferionen erfolgt mithilfe spezieller Computerprogramme, die Vorläuferionen-Scans werden von den aufgenommenen Produktionen-Spektren rekonstruiert. Generell ist die Vorläuferionenanalyse mit Q-TOF-Analysatoren aber weniger sensitiv und langsamer als mit Triple-Quadrupolen.

Q-TOF-Instrumente werden am häufigsten mit Nano-ESI kombiniert. Eine Kopplung mit MALDI ist ebenfalls möglich. Da MALDI überwiegend einfach geladene Peptidionen erzeugt, wird üblicherweise Argon als Kollisionsgas eingesetzt. Durch den relativ großen Stoßquerschnitt von Argon kann die innere Energie der MALDI-Ionen effektiv erhöht und damit in der Regel eine weitreichende Fragmentierung induziert werden.

### 16.2.6.4 Lineare Ionenfalle mit magnetischer Falle bzw. Orbitrap

Sowohl magnetische als auch Orbital-Ionenfallen werden in der Massenspektrometrie mit linearen elektrischen Ionenfallen gekoppelt (**Abb. 16.25). Der besondere Vor-

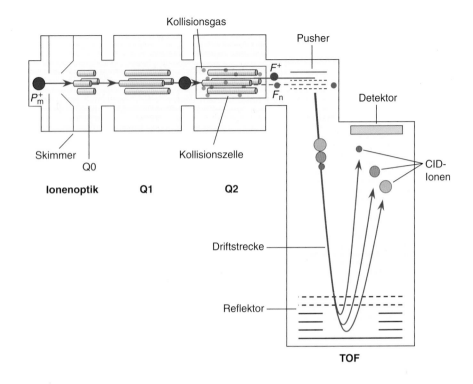

■ **Abb. 16.24** Schematischer Aufbau und Funktionsprinzip eines Quadrupolflugzeitmassenspektrometers (Q-TOF-MS). Für die Aufnahme von MS/MS-Spektren mit einem Q-TOF-Massenspektrometer werden Molekülionen ($P_m^+$) eines bestimmten $m/z$-Verhältnisses im Q1 selektiert und mithilfe eines Stoßgases im Q2 fragmentiert. Die Massenanalyse der erzeugten Fragmentionen findet im Reflektor-TOF-Analysator statt

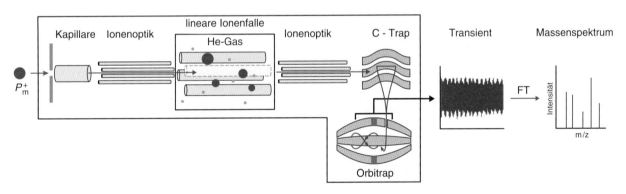

■ **Abb. 16.25** Schematischer Aufbau und Funktionsprinzip des Hybridmassenspektrometers LTQ-Orbitrap, bestehend aus einer linearen elektrischen (LTQ-) und einer Orbital-Ionenfalle

teil dieser Geräte besteht darin, dass sich die individuellen Stärken der beiden unterschiedlichen Massenanalysatoren optimal ergänzen. Die besonderen Stärken der linearen Ionenfalle sind ihre hohe Kapazität, d. h. für die folgenden Analysen bzw. Experimente können sehr viele Ionen eingefangen werden. Weiterhin sind Ionenfallen unübertroffen in ihrer Präzision, Geschwindigkeit und Effizienz, mit der Molekülionen isoliert und fragmentiert werden können. Magnetische Fallen haben eine geringere Kapazität und verarbeiten die Ionen langsamer. Die besonderen Vorteile dieser beiden Analysatoren sind ihr hohes Auflösungsvermögen und die damit möglichen sehr

kleinen Fehlertoleranzen bei der Massenbestimmung. Ein weiterer Vorteil der Kombination von zwei Ionenfallen besteht darin, dass *beide Analysatoren gleichzeitig eingesetzt werden können.* Ein typisches Beispiel hierfür ist die Aufnahme von MS/MS-Spektren in der linearen Ionenfalle, während in der magnetischen Falle oder der Orbitalfalle das nächste MS-Spektrum aufgenommen wird. Bezüglich der Auswahl des hochauflösenden Analysators gilt es zu beachten, dass dem höheren Auflösungsvermögen von magnetischen Fallen höhere Scangeschwindigkeiten der Orbitalfallen gegenüberstehen und natürlich geringere Anschaffungs- und Folgekosten.

**16**

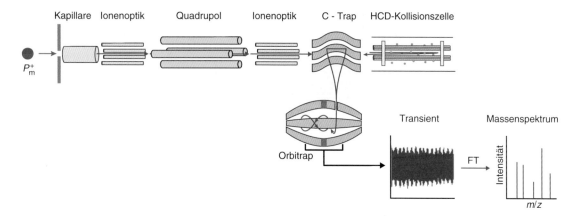

**Abb. 16.26** Schematischer Aufbau und Funktionsprinzip eines Quadrupol-Orbital-Ionenfallen-Hybridmassenspektrometers, bestehend aus einem Quadrupol, einer HCD-Kollisionszelle und einer Orbital-Ionenfalle

### 16.2.6.5  Quadrupol mit Orbitrap

Eine leistungsfähige Kombination stellt auch die Kopplung eines Quadrupols an eine Orbitrap-Ionenfalle dar (Abb. 16.26). Ähnlich wie bei Q-TOF-Instrumenten werden die Stärken des Quadrupolanalysators (einfache Selektion von Vorläuferionen, hohe Stabilität) und der Orbital-Ionenfalle (hohes Auflösungsvermögen, hohe Sensitivität und sehr kurze Analysezeiten) kombiniert. In einem Quadrupol-Orbitrap-Ionenfallen Gerät fungiert der Quadrupol als Massenfilter für die Selektion der Vorläuferionen. Zur Fragmentierung werden diese in eine dedizierte Multipol-Kollisionszelle geleitet, wo die Fragmentierung durch Stöße mit Stickstoffmolekülen erfolgt. Da die Kollisionsenergie bei der Fragmentierung typischerweise leicht höher liegt als in einer Ionenfalle, wird der Vorgang auch als *Higher-Energy C-Trap Dissociation* (HCD) und die Kollisionszelle als HCD-Zelle bezeichnet. Die Fragmentionen werden anschließend über die C-Trap in den Orbitrap-Analysator geleitet, wo die unterschiedlichen $m/z$-Werte der Ionen bestimmt werden. Aufgrund ihrer Leistungsfähigkeit (hohe Scanraten bei hoher Massengenauigkeit) finden Quadrupol-Orbitrap-Ionenfallengeräte breite Anwendung im Bereich Metabolomik und Proteomik.

### 16.3  Ionendetektoren

Für den Nachweis von Ionen in Massenspektrometern wurden spezielle Detektoren entwickelt, die sich, je nach Anforderung, in ihrem Funktionsprinzip und in ihren Leistungsdaten unterscheiden. Im Folgenden werden die wichtigsten kurz vorgestellt.

### 16.3.1  Sekundärelektronenvervielfacher (SEV)

Ein Sekundärelektronenvervielfacher (SEV) ist eine Konstruktion, die es ermöglicht, durch Sekundärelektronenemission kleinste Elektronenströme oder sogar Einzelelektronen mit hoher Zeitauflösung um viele Größenordnungen zu verstärken. Ein Elektron setzt beim Auftreffen auf eine Metall- oder Halbleiteroberfläche bei genügender Energie bis zu zehn Sekundärelektronen frei, die dann mithilfe elektrischer Felder beschleunigt werden und anschließend diesen Vorgang wiederholen. Wird dieser Prozess fortgesetzt, entsteht mittels exponentieller Verstärkung ein messbarer Strom. Um mit einem SEV Ionen nachzuweisen, müssen diese beim Aufprall auf den Detektor mindestens ein Elektron freisetzen, das dann die oben beschriebene Kaskade durchläuft. Hierzu müssen die Ionen vor dem Aufprall hinreichend schnell sein, d. h. bei gleicher kinetischer Energie nimmt die Nachweiseffizienz mit der Masse ab. Für die Detektion von großen, einfach oder zweifach geladenen Molekülionen kann der SEV mit einer *Konversionsdynode* kombiniert werden. An dieser liegt eine hohe Spannung an (bis zu 25 kV), mit der die Ionen vor dem Aufprall nachbeschleunigt werden. Ziel ist es, ihre Geschwindigkeit so weit zu erhöhen, dass Sekundärelektronen freigesetzt werden. Hierbei werden mit ansteigendem $m/z$-Verhältnis der Ionen neben Sekundärelektronen auch zunehmend kleine Sekundärionen ($m/z$ < 100 Da) von der Dynodenoberfläche abgelöst (Ionen/Sekundärionen-Konversion). Die unterschiedlichen Massen der an der Konversionsdynode erzeugten Sekundärionen führen zu einer *Laufzeitdispersion* zwischen Konversionsdynode und dem SEV. Dieser Effekt verursacht neben einem schmalen Sekundärelektronensignal ein zusätzliches, deutlich breiteres Sekundärionensignal. Aus diesem Grunde werden Konversionsdynoden nur in Kombination mit MALDI für den Nachweis sehr großer Moleküle verwendet, z. B. von Antikörpern. In diesen Fällen dominiert die Ionen/Sekundärionen-Konversion den Nachweis. Die damit verbundene Signalverbreiterung ist unerheblich, weil das Isotopenmuster nicht aufgelöst wird.

### 16.3.1.1 Aufbau mit diskreten Dynoden

Hierzu werden mehrere Dynoden, d. h. speziell geformte Elektroden, in Reihe geschaltet. Über die gesamte Serie der Dynoden ist eine Beschleunigerspannung angelegt, sodass zwischen einem Paar die entsprechend der Anzahl geteilte Spannung abfällt und Elektronen von Dynode zu Dynode beschleunigt werden. Eine Dynode erfüllt sowohl die Eigenschaften einer Kathode als auch einer Anode, da sie Elektronen emittiert und absorbiert (◻ Abb. 16.27).

### 16.3.1.2 Kanalelektronenvervielfacher

Ein Kanalelektronenvervielfacher (KEV) erzeugt aus einem Ion jeweils ca. $10^8$ Elektronen. Er besteht oft aus einem Glasröhrchen, dessen innere Oberfläche mit einer Schicht überzogen ist, die einen hohen elektrischen Widerstand aufweist. Der Widerstand zwischen der Kathode am offenen Ende des Röhrchens und dem durch die Anode abgeschlossenen Ende beträgt ungefähr $10^9$ Ohm, das Verhältnis Länge zu Durchmesser liegt typischerweise bei 70. Im Betrieb wird eine Spannung von ca. 2 kV angelegt. Der Detektor wird so ausgerichtet, dass die Ionen nicht weit in das Röhrchen eindringen. Die beim Aufprall auf die Innenwand freigesetzten Sekundärelektronen werden durch das anliegende Feld schräg versetzt in Richtung der gegenüberliegenden Wand beschleunigt und setzen dort beim Aufprall ihrerseits Elektronen frei. Dieser Vorgang wiederholt sich, bis die Elektronenlawine die Anode erreicht.

### 16.3.1.3 Mikrokanalplatten

Eine Mikrokanalplatte (*Micro-Channel Plate*, MCP) ist ein flächenhafter, bildauflösender Sekundärelektronenvervielfacher. Sie dient zur rauscharmen Verstärkung geringer Ionenströme, die auf die Eingangsseite der Platte aufschlagen und dort Sekundärelektronen auslösen. Anstelle eines Kanals beinhaltet eine Mikrokanalplatte mehrere Tausend sehr kleine, parallel zueinander angeordnete Kanäle (◻ Abb. 16.28).

### 16.3.2 Faraday-Becher

Ein Faraday-Becher (*Faraday Cup*), auch Faraday-Detektor genannt, besteht aus einem Metallbecher. Die Ladung von auftreffenden Ionen wird darin quasi eingesammelt und anschließend, je nach Vorzeichen, durch Elektronen, welche über einen angeschlossenen hochohmigen Widerstand zufließen bzw. abfließen können, ausgeglichen. Am Widerstand fällt deswegen eine Spannung ab, welche als ein Maß für den Ionenstrom gemessen wird (◻ Abb. 16.29). Mit einem Faraday-Becher kann die Anzahl der aufgefangenen Ladungsträger pro Zeiteinheit bestimmt werden. Die Form des Detektors (Becher) und optional vorhandene Zusatzelektroden verhindern dabei, dass evtl. freigesetzte Sekundärionen und -elektronen den Detektor verlassen und damit die Messung verfälschen.

Faraday-Becher werden als Alternative oder zusätzlich zum SEV eingesetzt. Vorteile des Faraday-Bechers sind seine Zuverlässigkeit und Robustheit und die Möglichkeit, den Ionenstrom absolut zu messen. Zudem ist die Empfindlichkeit zeitlich konstant und im Gegensatz zum SEV nicht abhängig von den *m/z*-Werten der Ionen. Nachteile sind die gegenüber einem SEV deutlich geringere Nachweisempfindlichkeit und längere Reaktionszeit. Hierfür verantwortlich ist die Eigenkapazität in Verbindung mit dem hohen Widerstand.

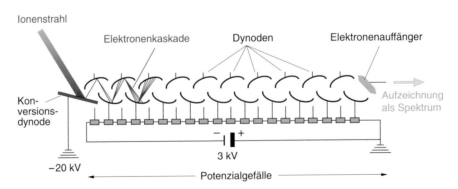

◻ **Abb. 16.27** Schematischer Aufbau und Funktionsprinzip eines Sekundärelektronenvervielfachers (SEV) mit in Reihe geschalteten Dynoden und vorgeschalteter Konversionsdynode

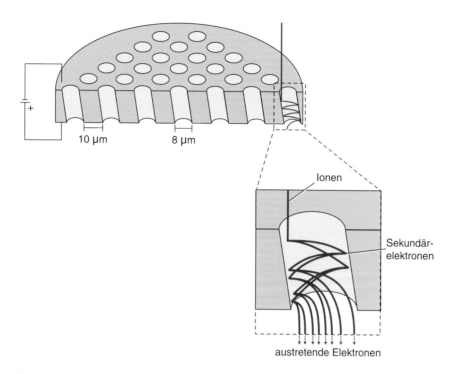

**Abb. 16.28** Schematischer Aufbau und Funktionsprinzip einer Mikrokanalplatte

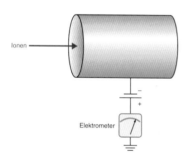

**Abb. 16.29** Schematischer Aufbau und Funktionsprinzip eines Faraday-Bechers

## 16.4 Fragmentierungstechniken

Die Fragmentierung von Ionen im Massenspektrometer und die nachfolgende Detektion der entstandenen Fragmentionen können über die reine Massenbestimmung hinaus viele Informationen liefern. Für kleinere Moleküle kann anhand von Fragmentionenspektren, die auch als MS/MS- oder Tandem-MS-Spektren bezeichnet werden, durch Abgleich mit Datenbanken ermittelt werden, um was für Strukturen es sich handelt. In der biologischen Massenspektrometrie ist die Fragmentierung insbesondere für die Identifizierung bzw. Sequenzierung von Peptiden von Bedeutung, wird aber beispielsweise auch eingesetzt, um die Struktur komplexer Kohlenhydrate oder modifizierter Oligonucleotide aufzuklären.

### 16.4.1 Kollisionsinduzierte Dissoziation (CID)

Um Informationen über die Struktur von Molekülionen zu gewinnen, werden diese im Massenspektrometer fragmentiert und die Massen der dabei entstehenden Fragmentionen bestimmt. Eine häufig genutzte Möglichkeit, Molekülionen zu fragmentieren, besteht darin, diese mit neutralen kleinen Teilchen, meist Edelgasatomen, kollidieren zu lassen. Hierzu werden spezielle Kollisionszellen, in die das Stoßgas eingeleitet wird, oder das Restgas im Analysator verwendet. Letzteres ist der Fall bei CID-Experimenten in elektrischen oder magnetischen Ionenfallen. Kollisionszellen werden in Triple-Quadrupol-, QTOF- und TOF-TOF-Analysatoren eingesetzt. In beiden Fällen kann bei Bedarf der Gasdruck durch Öffnen eines Ventils kurzfristig erhöht werden. In Kollisionszellen ist der Druck oft nur lokal innerhalb der Zelle merklich erhöht, indem hier nur für eine begrenzte Zeit eine kleine Menge Gas eingelassen wird, um elektrische Entladungen zu vermeiden. Ein Beispiel hierfür sind TOF-TOF-Analysatoren.

Die Fragmentierung durch energetische Stöße wird als **CID** bzw. **CAD** (*Collision-Induced Dissociation, Collison-Activated Dissociation*), die Fragmentionen als **CID-Ionen** und die Spektren entsprechend als **CID-Spektren** bezeichnet. CID-Experimente in TOF-TOF-Analysatoren werden mit hohen kinetischen Energien, z. B. 1000 eV, durchgeführt (*High-Energy*-**CID**). Unter diesen Bedingungen wird so viel Energie übertragen, dass es sofort zum Bindungsbruch kommt (□ Abb. 16.23). Die Ionen in einem Quadrupolanalysator besitzen nur eine niedrige kinetische Energie (in der Größenordnung von einigen Elektronenvolt). Für eine effektivere Fragmentierung werden die Ionen daher vor der Stoßaktivierung zusätzlich mit etwa 20–150 V beschleunigt. Unter diesen Bedingungen sind einzelne Stöße meist nicht ausreichend, um die Analytionen zu fragmentieren (*Low-Energy*-CID; □ Abb. 16.21 und 16.24). Neben der kinetischen Energie ist daher auch der Gasdruck in der Kollisionskammer ein wichtiger Regelparameter. Mit zunehmendem Druck nehmen der Anteil an Mehrfachstößen und damit auch die Anregungsenergie zu. Abschätzungen haben in diesen Fällen ergeben, dass bei der Abnahme der Signalintensität eines Vorläuferions auf etwa dreißig Prozent jedes Vorläuferion im Mittel einen Stoß erfährt. In elektrischen und magnetischen Ionenfallen werden ebenfalls *Low*-Energy-CID-Fragmentierungen durchgeführt. In diesen Fällen wird das Restgas, meist Helium, zur Fragmentierung verwendet und die Geschwindigkeit der Ionen ebenfalls gezielt erhöht.

Vorab werden die interessierenden Ionen zunächst isoliert. In einer elektrischen Ionenfalle werden hierzu alle Ionen mit kleineren $m/z$-Werten durch Anheben von $q$ aus der Falle ejiziert und solche mit größeren $m/z$-Werten werden durch ein Frequenzgemisch an den Endkappen resonant so stark angeregt, dass sie gegen die begrenzenden Wände stoßen. Dieser Prozess kann sehr genau ausgeführt werden: Zum Beispiel können monoisotopische Peptidionen selektiert werden. Danach werden die isolierten Ionen durch resonante Anregung auf einen höheren Orbit (mit einem größeren Abstand zur Mitte der Zelle) gebracht, erhöhen dabei ihre Geschwindigkeit und kollidieren nun mit den Heliumatomen unter *Low-Energy*-CID-Bedingungen. Hierbei erhöht sich ihre innere Energie durch Mehrfachstöße so lange, bis der kritische Punkt erreicht ist, ab dem die Fragmentierung einsetzt. Da sie während dieses Prozesses aber weiterhin in der Falle eingefangen sind, kann die Dissoziation sehr gut durch Variation der Amplitude und Anregungsdauer kontrolliert werden. In sehr vielen Fällen können die Muttermolekülionen zu hundert Prozent fragmentiert werden. In einem Tandem-MS-Experiment werden die Tochterionen anschließend analysiert, d. h. der Reihe nach aus der Falle ejiziert und detektiert.

Oft sind aber, wenn z. B. die Struktur einer Substanz aufgeklärt werden soll, die Informationen, die sich hierfür aus einem MS/MS-Spektrum ableiten lassen, nicht ausreichend, beispielsweise weil nur wenige verschiedene Fragmentionen entstanden sind oder weil es sich um eine große komplexe Struktur handelt. In solchen Fällen ist es möglich, in der Ionenfalle eine Abfolge von Fragmentierungsexperimenten durchzuführen. Anstatt die Fragmentionen direkt zu analysieren, werden in diesem Fall ausgewählte Fragmentionen isoliert, weiter fragmentiert und die dabei entstehenden Fragmentionen analysiert (MS³). Im Rahmen dieser als **MS$^n$** bezeichneten Experimente können bis zu zehn MS-Zyklen durchlaufen werden. In der Praxis werden jedoch mehr als vier Zyklen nur selten durchlaufen, entweder weil für weitere Schritte keine ausreichende Zahl an Ionen zur Verfügung steht oder weil kein weiterer Informationsgewinn zu erwarten ist.

Wie viel Energie nötig ist, um die Fragmentierung der Analytionen zu induzieren, hängt von deren Stabilität und damit von deren Struktur und Größe ab. Optimale Ergebnisse erfordern in der Regel eine individuelle Anpassung der CID-Parameter. Ein wichtiger Unterschied zwischen *High*- und *Low-Energy*-CID besteht im zeitlichen Ablauf der induzierten Fragmentierung. Im ersten Fall geschieht dies quasi sofort, d. h. ohne merkliche Verzögerung. Die Folge ist, dass diese Reaktion relativ unspezifisch ist und bei großen Molekülionen daher auch eine große Zahl verschiedener Fragmentionen entstehen kann, inklusive interner Fragmente als Folge von mehrfachen Bindungsbrüchen. Im zweiten Fall wird viel weniger Energie übertragen, und der Zerfall der Ionen erfolgt zeitlich verzögert. Dies hat zur Folge, dass die hinzugefügte Energie über das gesamte Ion (alle Bindungen) verteilt wird. Zur Fragmentierung kommt es, sobald die auf eine Bindung entfallende Energie deren Dissoziationsenergie überschreitet. Die Folge ist, dass *Low-Energy*-CID-Fragmentierungen deutlich spezifischer sind, d. h. die Anzahl der verschiedenen Fragmentionen ist geringer als in entsprechenden *High-Energy*-CID-Experimenten. Gibt es in den Molekülionen „Sollbruchstellen", also Bindungen, für deren Spaltung besonders wenig Energie erforderlich ist, so werden diese bevorzugt.

## 16.4.2 Prompte und metastabile Zerfälle (ISD, PSD)

MALDI wird häufig als „sanfte" Ionisationsmethode bezeichnet, da mit ihr große, thermisch labile Moleküle wie Proteine intakt in die Gasphase überführt und ionisiert werden können. Ursprünglich nahm man an, dass fast ausschließlich intakte Molekülionen und nur wenige Fragmentionen durch den MALDI-Prozess erzeugt werden. Man bemerkte in den MALDI-Spektren zunächst nur jene Fragmentionen als zusätzliche Signale, die sich direkt in der Quelle bilden. Solche prompten Zerfälle werden mit der Bezeichnung **ISD** (*In-Source Decay*) klassifiziert. Erst weitere Untersuchungen ergaben, dass ein Teil der erzeugten Molekülionen auch noch später während der Beschleunigung im elektrischen Feld oder in der feldfreien Driftstrecke zerfallen.

16

Für die metastabilen Zerfälle in der feldfreien Driftstrecke wurde die Bezeichnung **PSD** (*Post-Source Decay*) geprägt.

Fragmentierungen der Analytionen werden durch die Aufnahme relativ hoher Energien während der MALDI induziert, unter anderem durch Stoßaktivierungsprozesse innerhalb der Matrixwolke, die sich unmittelbar nach Auftreffen des Laserimpulses über der Probe bildet. Erfolgt der Zerfall nur aufgrund von Stoßaktivierung, sind ISD- und PSD-Ionen zugleich CID-Ionen. Dies ist bei der MALDI aber nicht klar, weil unklar ist, inwieweit andere Prozesse ebenfalls zur „Aufheizung" der Ionen beitragen. Bekannt ist, dass bei bestimmten Matrices, z. B. 2,5-Dihydroxybenzoesäure, neben der Stoßaktivierung auch die Bildung von Ionen mit einem ungepaarten Elektron prompte Zerfälle induziert.

Die Effizienz der Stoßaktivierung ist abhängig von der Dichte der Matrixwolke nach dem Laserbeschuss sowie von der Geschwindigkeit der Analytionen und Matrixmoleküle. Die Dichte der Matrixwolke wird durch die Laserintensität bestimmt, die Kollisionsenergie durch die angelegte Beschleunigungsspannung. Beim Zerfall eines einfach geladenen Molekülions entstehen ein Fragmention und ein neutrales Fragmentmolekül.

Die Zeitskala, nach der der Zerfall der Molekülionen stattfindet, entscheidet über die Detektierbarkeit der generierten Fragmentionen im Flugzeitmassenspektrometer. Prompte Fragmente beobachtet man im Massenspektrum als Ionensignale mit der dem Fragment entsprechenden Masse. Fragmentionen, die sich in der Beschleunigungsstrecke bilden, nehmen abhängig von ihrem Zerfallsort unterschiedliche kinetische Energien auf und tragen so zum Rauschen im Spektrum bei.

PSD-Ionen, die in der feldfreien Driftstecke entstehen, fliegen mit der Geschwindigkeit des ursprünglichen Molekülions weiter und lassen sich daher in einem linearen Flugzeitanalysator nicht von diesen trennen. Mit einem Reflektorflugzeitanalysator hingegen lassen sich diese Ionen trennen und analysieren, weil sie bedingt durch den Massenverlust eine geringere kinetische Energie besitzen als die intakten Molekülionen. Im Standardbetrieb des Reflektors wird jedoch nur ein Teil der PSD-Ionen auf den Detektor gelenkt. Die meisten PSD-Ionen kehren aufgrund ihrer zu geringen Energie zu früh um und treffen nicht auf den Ionendetektor. Der Durchbruch zur vollständigen Analyse der PSD-Ionen wurde durch die Entwicklung spezieller Reflektoren mit variabler Spannung erzielt, die der geringen Energie der PSD-Ionen angepasst werden kann ( Abb. 16.30). Um ein vollständiges Fragmentionenspektrum (PSD-Spektrum) zu erhalten, werden abschnittsweise Serien von Teilspektren mit sich stufenweise ändernder Reflektorspannung aufgenommen. Diese Lösung, obwohl technisch überholt, wird immer noch vereinzelt angewandt, weil hierzu keine teuren zusätzlichen apparativen Komponenten benötigt werden. Wesentlich einfacher und schneller lassen sich PSD-Ionen mit TOF-TOF-Massenspektrometern analysieren. In diesem Fall wird z. B. die Kollisionszelle gar nicht benötigt, weil die Fragmentierung ja schon stattgefunden hat. Dies bedeutet aber auch, dass es sich bei den mit aktiver (d. h. mit Kollisionsgas gefüllter) Kollisionszelle analysierten Fragmentionen in der Praxis immer um eine Mischung von PSD-, CID- (*High-Energy*-CID) und PSD-CID-Ionen handelt, d. h. neben noch intakten Molekülionen werden auch PSD-Ionen kollisionsinduziert fragmentiert.

ISD-Ionen sind keine Besonderheit von MALDI, sondern lassen sich auch mit ESI gezielt erzeugen. Hierzu wird die an der Quelle anliegende Spannung so weit erhöht, dass sich die Analytionen aufgrund ihrer höheren Geschwindigkeit bei den Stößen mit Stickstoffmole-

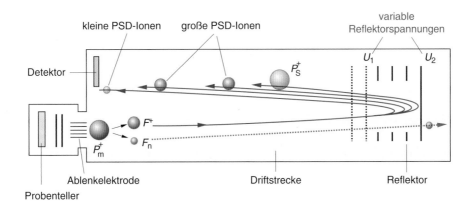

 **Abb. 16.30** Prinzip der PSD-Massenanalyse im zweistufigen Gitterreflektor. Molekülionen ($P_m^+$), die in der feldfreien Driftstrecke zerfallen, können durch stufenweises Absenken des Reflektorpotenzials detektiert werden. Mit der Ablenkelektrode ist es möglich, nur Molekülionen mit einem bestimmten $m/z$-Verhältnis aus einem Gemisch zu untersuchen

külen zu stark „aufheizen" und infolgedessen zerfallen. Liegen schwache elektrische Felder an, beispielsweise 10 V, bewegen sich die Ionen vergleichsweise langsam, und bei den resultierenden Stößen wird Energie von den Ionen auf die Gasmoleküle übertragen. Bewegen sich die Ionen hingegen schnell, wird bei den Stößen kinetische Energie umgewandelt, und die interne Energie der Ionen nimmt zu. Zeitlich ausgedrückt, bestimmt die interne Energie die mittlere Lebenszeit der Ionen, sofern diese nicht anderweitig begrenzt ist. Je größer sie ist, desto schneller zerfallen die Ionen.

Im Gegensatz zur MALDI-TOF-MS spielen bei der Kombination von MALDI mit anderen Massenanalysatoren und der ESI-MS generell PSD-Ionen keine analytische Rolle, weil in diesen Fällen das Zeitfenster zwischen Ionenerzeugung und deren Analyse viel größer ist. In diesen Fällen ist die Verweildauer der Ionen in der Quelle so lang, dass auch um mehrere Mikrosekunden verzögerte Zerfälle zu ISD-Ionen führen. ISD-Ionen werden mit beiden Ionisationsmethoden genutzt, insbesondere wenn Massenanalysatoren zum Einsatz kommen, die über keine Tandem-MS-Funktionalität verfügen. In anderen Fällen werden ausgewählte ISD-Fragmentionen mittels MS/MS weiter analysiert. Solche Experimente werden häufig als **pseudo-MS/MS/MS** oder **pseudo-MS$^3$** bezeichnet.

### 16.4.3   Photoneninduzierte Dissoziation (PID, IRMPD)

Durch die Absorption von Photonen kann die interne Energie von Molekülionen erhöht und damit deren Dissoziation induziert werden (*Photon Induced Dissociation*, PID). In der biologischen Massenspektrometrie wird dieser Ansatz bisher routinemäßig nur bei Verwendung der magnetischen Ionenfalle umgesetzt. Hierzu werden die im Analysator eingefangenen Ionen durch ein Fenster mit einem Infrarotlaser bestrahlt. Die Energie der Photonen ist, verglichen mit den bei der MALDI am häufigsten eingesetzten UV-Lasern, ungefähr eine Größenordnung geringer. Dies bedeutet, dass die Molekülionen, bevor es zur Dissoziation kommt, viele Photonen absorbieren müssen. Ihre interne Energie wird dabei in diskreten Schritten erhöht und die Fragmentierungstechnik als *Infrared Multi Photon Dissociation* (**IRMPD**) bezeichnet. Die Zeitskala, innerhalb derer im Mittel eine bestimmte Anzahl Photonen aufgenommen wird, hängt von der Photonendichte, also der Bestrahlungsstärke, und dem Absorptionsquerschnitt der Molekülionen ab. Dieser nimmt mit deren Größe zu. Allerdings wird bei größeren Molekülionen die mit jedem Photon aufgenommene zusätzliche Energie über mehr Bindungen in Form von Schwingungen und Rotationen verteilt. Dies bedingt, dass für größere Molekülionen eine größere Anzahl an Photonen nötig ist, um deren Dissoziation

zeitnah zu induzieren. Der Absorptionsquerschnitt und diese Zahl verhalten sich in ihrer Wirkung also gegenläufig.

Die IRMPD ist eine besonders „sanfte" und gut kontrollierbare Fragmentierungstechnik, weil die zur Dissoziation nötige Energie in vielen kleinen, definierten Schritten zugeführt wird. Die Aufnahmerate lässt sich durch Variation der Laserbestrahlungsstärke gut kontrollieren. Bei der *Low-Energy*-CID werden die Molekülionen in der Regel ebenfalls in mehreren Schritten (durch mehrere Stöße) aufgeheizt. Im Unterschied zur IRMPD ist dabei aber die in jedem Schritt zugeführte Energie nicht gleich, sondern kann, je nach Art des Stoßes, erheblich variieren. IRMPD- und CID-Spektren derselben Molekülionen unterscheiden sich daher oft in der Anzahl und Art der detektierten Fragmentionen und deren Häufigkeit. In MS$^n$-Experimenten werden daher IRMPD und CID auch kombiniert, d. h. ausgewählte IRMPD-Ionen werden mittels CID weiter untersucht und umgekehrt.

Weil MALDI ein photoneninduzierter Prozess ist, liegt es nahe, die dabei ebenfalls entstehenden Fragmentierungsprozesse als photoneninduziert zu bezeichnen. Dies ist aber nicht üblich, weil bei der MALDI bewusst nicht die Analytmoleküle, sondern die Matrixmoleküle das Ziel der eingestrahlten Photonen sind. Vereinzelt werden anstelle von UV- auch IR-Laser eingesetzt. In diesen Fällen absorbieren in der Regel auch die Analytmoleküle Photonen und erhöhen damit ihre interne Energie. Berechnungen zeigen aber, dass die bei der IR-MALDI verwendeten Bestrahlungsstärken viel zu gering sind, um die Analytmoleküle mittels PID zu fragmentieren. Das heißt, auch in diesen Fällen sind andere Prozesse, unter anderem CID, für die Fragmentierung der Ionen verantwortlich.

### 16.4.4   Erzeugung von Radikalen (ECD, HECD, ETD)

Moleküle mit einem ungepaarten Elektron werden in der Chemie als Radikale bezeichnet und sind oft sehr reaktiv. Diesen Umstand macht man sich in der Massenspektrometrie zunutze, beispielsweise indem man mehrfach positiv geladene Molekülionen jeweils mit einem freien Elektron vereint. Die interne Energie großer Molekülionen wird hierbei nur minimal verändert, trotzdem fragmentieren diese in der Regel spontan. Verantwortlich hierfür sind neue, durch das ungepaarte Elektron ermöglichte Fragmentierungsreaktionen. Hierzu werden an Bindungen beteiligte Elektronenpaarungen aufgelöst, um neue, unter den gegebenen Bedingungen günstigere (stabilere) Paarungen zu ermöglichen. Der Einsatz von ungepaarten Elektronen zur Fragmentierung großer biologischer Molekülionen wurde zuerst mit magnetischen

16

Ionenfallen etabliert. Hierzu wurden die eingefangenen Ionen mithilfe einer Elektronenkanone (*electron gun*) mit Elektronen beschossen. Diese Fragmentierungstechnik wird als **Electron Capture Dissociation** (**ECD**) bezeichnet. Durch die Aufnahme eines Elektrons entsteht aus einem mehrfach positiv geladenen Molekülion ein Radikalmolekülion mit einer um eins reduzierten Ladungszahl:

$$\left[\mathrm{M}+n\mathrm{H}\right]^{n+} + \mathrm{e}^- \rightarrow \left[\mathrm{M}+n\mathrm{H}\right]^{(n-1)+\cdot}$$

Ein wichtiger Parameter für die Durchführung von ECD-Experimenten ist die kinetische Energie der Elektronen. Ist diese sehr gering (<0,2 eV), ist die Einfangswahrscheinlichkeit groß genug, um akzeptable Reaktionsausbeuten zu erzielen. Ist sie etwas größer, reduziert sich diese Wahrscheinlichkeit deutlich. Beträgt sie z. B. 1 eV, ist die Wahrscheinlichkeit zwei bis drei Größenordnungen kleiner. Unter diesen Bedingungen ist ECD nicht mehr effizient und der Elektroneneinfang eine fast schon vernachlässigbare Nebenreaktion. Stattdessen dominieren unelastische Elektron-Ion-Stöße, die die interne Energie der Ionen erhöhen, ähnlich wie die Neutralteilchen-Ion-Stöße bei der *Low-Energy*-CID.

Systematische Untersuchungen haben später gezeigt, dass die Einfangswahrscheinlichkeit der Elektronen in Abhängigkeit von deren kinetischer Energie zwei Maxima besitzt, ein relativ schmales bei 0 eV und ein deutlich breiteres bei 10 eV. Dem Einfangen der höher energetischen Elektronen ist dabei eine elektronische Anregung vorgeschaltet, d. h. in diesen Fällen wird die interne Energie der Ionen merklich erhöht. Die Konsequenz ist, dass in vielen Fällen der spontanen Fragmentierung mittels ECD eine weitere, sekundäre folgt. Diese umfasst auch solche Bindungsbrüche, wie sie bevorzugt bei *Low*- und *High-Energy*-CID-Experimenten beobachtet werden. Diese Variante der ECD wird **hot ECD** oder auch **HECD** genannt. HECD-Spektren von größeren Molekülen sind aus den genannten Gründen meist deutlich komplexer als die entsprechenden ECD-Spektren, können also deren Informationsgehalt erweitern. Ergänzt um ECD und HECD, ermöglichen moderne, hochauflösende und voll ausgestattete FT-ICR-Massenspektrometer sehr detaillierte Strukturanalysen auch von relativ großen Molekülen, insbesondere mittelgroßen Proteinen (<50 kDa), vorausgesetzt diese liegen rein und in hinreichender Menge vor (z. B. 1 nmol). In diesen Fällen können in Serien von MS$^n$-Experimenten ISD, CID, IRMPD, ECD und HECD gezielt kombiniert werden, um verbleibende strukturelle Fragen zu beantworten.

Eine zweite Möglichkeit, um einzelne Elektronen auf positiv geladene Molekülionen zu übertragen, leitet sich aus der *chemischen Ionisation* von Molekülen ab. Hierzu wird ein Ionisationsreagenz, in der Regel ein kleines organisches Molekül, mithilfe einer Elektronenkanone in Anwesenheit eines inerten Gases zum „Abbremsen" der Elektronen ionisiert und dann in der Gasphase mit den neutralen Analytmolekülen vereint. Bei Stößen wird durch Elektronen- oder Protonentransfer die Ladung auf die meist größeren Analytmoleküle übertragen und stabilisiert. Solche Reaktionen sind natürlich auch mit entgegengesetzt geladenen Molekülionen, anstatt neutralen Teilchen möglich. Diese Reaktionen sind dadurch begünstigt, dass sich die beteiligten Ionen elektrostatisch anziehen und im Ergebnis jeweils zwei Ladungen neutralisiert werden. Ob ein Proton (**Proton Transfer Reaction**, **PTR**) oder Elektron (**Electron Transfer Reaction**, **ETR**) übertragen wird, ist vor allem abhängig von der chemischen Struktur des verwendeten Anions und dessen Elektronenzahl. Stabile Anionen mit geradzahliger Elektronenzahl sind für PTR geeignet, während für ETR stabile *Radikalanionen* zur Übertragung eines *ungepaarten Elektrons* benötigt werden. Als besonders gut geeignet erwiesen hat sich dafür das organische Molekül Fluoranthen (◧ Abb. 16.31). Mittels PTR können Protonen von mehrfach positiv geladenen Molekülionen abstrahiert werden, um deren Ladungszustand zu verringern.

$$\mathrm{PTR}: \left[\mathrm{M}+n\mathrm{H}\right]^{n+} + \\ \mathrm{A}^- \rightarrow \left[\mathrm{M}+(n-1)\mathrm{H}\right]^{(n-1)+} + \mathrm{AH}\left(\mathrm{A}^- \text{ Anion}\right)$$

Mittels ETR können einzelne Elektronen effizient auf große, mehrfach positiv geladene Molekülionen übertragen werden, um deren Dissoziation zu induzieren. Diese Fragmentierungstechnik wird **Electron Transfer Dissociation** (**ETD**) genannt.

$$\mathrm{ETD}: \left[\mathrm{M}+n\mathrm{H}\right]^{n+} + \mathrm{F}^{-\cdot} \rightarrow \left[\mathrm{F}_1 + n\mathrm{H}\right]^{(n-1)+\cdot} + \\ \mathrm{F} \rightarrow \mathrm{Dissoziation}\left(\mathrm{F}^{-\cdot} \text{ Fluoranthen-Radikalanion}\right)$$

Ein wichtiger Vorteil von ETD versus ECD ist, dass sich diese Technik leicht in den am Markt verfügbaren elektrischen Ionenfallen integrieren lässt. Hierzu wird eine zusätzliche Ionenquelle angeschlossen, in der die Radikalanionen bei Bedarf gebildet werden. Von dort wer-

◧ **Abb. 16.31**   Fluoranthen-Radikalanion

den sie in die Ionenfalle überführt und treffen auf die isolierten Analytionen. Ein besonderer Vorteil von elektrischen Ionenfallen besteht darin, dass sich in diesen Ionen entgegengesetzter Ladung leicht gleichzeitig in einem kleinen Volumensegment einfangen lassen. ETD-Reaktionen sind unter diesen Umständen sehr effizient und der ECD überlegen, weil der Stoßquerschnitt der Ladungsüberträgerteilchen im Vergleich zum Elektron bei der ETD viel größer ist. Die Integration von ETD in kommerzielle QTOF-Analysatoren steht unmittelbar bevor. Sie erfolgt im zweiten Quadrupol, wozu dieser apparativ ergänzt und modifiziert wird.

Die PTR-Technik war schon lange vor der Entdeckung der ETD bekannt und wurde genutzt, um die hohen Ladungszahlen und die damit einhergehende große Anzahl unterschiedlicher Ladungszustände von mittels ESI erzeugten Proteinpolykationen in MS/MS-Experimenten zu reduzieren und damit die Komplexität der aufgenommenen Massenspektren zu reduzieren. Damit einhergehend sinken die Anforderungen an das Auflösungsvermögen, und es können auch kostengünstige, elektrische Ionenfallen für diese Experimente eingesetzt werden. In diesen Analysatoren nutzt man PTR in Kombination mit ETD insbesondere für die Strukturanalyse von kleinen und mittelgroßen Proteinen (<30 kDa).

Weil ECD, HECD und ETD mehrfach positiv geladene Molekülionen voraussetzen, werden sie nahezu ausschließlich mit ESI kombiniert. Eine wichtige Beobachtung war, dass mittels ECD oder ETD andere Fragmentionen erzeugt werden als mit CID, PSD oder IRMPD, und dass diese in ihrem Informationsgehalt oft sehr wertvoll sind, indem sie Lücken schließen, die mit den anderen Fragmentierungstechniken verbleiben. Dies gilt insbesondere für Peptide und Proteine und verbesserte die Möglichkeiten für deren Strukturaufklärung, bzw. Identifizierung erheblich.

Eine weitere wichtige Beobachtung war, dass ein Teil der ECD- oder ETD-Ionen oft, vor allem bei größeren Molekülionen, erst detektiert wird, wenn deren interne Energie, z. B. mittels Stoßaktivierung, etwas erhöht wird (*collisional warming*). In diesen Fällen hat die ECD- bzw. ETD-Fragmentierung stattgefunden, ohne dass die Fragmente sich voneinander getrennt haben. Generell gilt, dass der Informationsgehalt von *Low-Energy*-CID-Spektren mit der Größe der Molekülionen abnimmt. So werden bei mittelgroßen Proteinen oft nur noch wenige verschiedene Fragmentionen detektiert. Diese Beschränkung gilt nicht für ECD- bzw. ETD-Spektren. In diesen Fällen wird ECD oder ETD daher typischerweise zuerst eingesetzt und CID in Folgeexperimenten, um ausgewählte Fragmentionen weiter zu fragmentieren. Die genannten Vorteile haben bewirkt, dass die durch

ungepaarte Elektronen induzierte Fragmentierung, insbesondere die ETD, ein wichtiges Routinewerkzeug in der biologischen Massenspektrometrie geworden ist.

## 16.5 Massenbestimmung

### 16.5.1 Berechnung der Masse

Die Masse eines Moleküls mit einer gegebenen Elementarzusammensetzung wird in drei Varianten berechnet, die wie folgt definiert sind:

— **Durchschnittsmasse, mittlere Masse** (in der Literatur oft mit av. indiziert, von engl. *average mass*): Masse eines Ions, berechnet aus den durchschnittlichen Atomgewichten der einzelnen Elemente unter Berücksichtigung aller Isotope (für Angiotensin II mit der Formel $C_{50}H_{72}N_{13}O_{12}$: 1047,21 Da)
— **Monoisotopische Masse**: Masse eines Ions, berechnet aus den exakten Massen des jeweils häufigsten Isotops der enthaltenen Elemente (für Angiotensin II mit der Formel $C_{50}H_{72}N_{13}O_{12}$: 1046,54 Da)
— **Nominelle Masse**: Masse eines Ions, wobei (aus Gründen der Vereinfachung für kleine Moleküle <1000 Da) nur die ganzzahligen Massen des jeweils häufigsten Isotops der enthaltenen Elemente zur Berechnung verwendet werden (für Angiotensin II mit der Formel $C_{50}H_{72}N_{13}O_{12}$: 1046 Da)

### 16.5.2 Einfluss der Isotopie

Viele in der Natur vorkommende chemische Elemente sind Gemische von Isotopen, d. h. ihre Atomkerne enthalten gleich viele Protonen (gleiche Ordnungszahl), aber verschieden viele Neutronen. Die Isotope eines und desselben Elements haben also verschiedene Massenzahlen, verhalten sich aber chemisch weitgehend identisch. Daraus folgt, dass man für fast alle Moleküle auch Ionensignale mit unterschiedlichen Massen detektiert, welche der natürlichen Isotopenverteilung entsprechen. Typischerweise erhält man mehrere Signale, die sich in erster Näherung jeweils um die Masse eines Neutrons (näherungsweise 1 Da, s. unten) unterscheiden. Als Nebeneffekt können die Abstände dieser Isotopensignale dazu genutzt werden, den Ladungszustand eines Moleküls zu ermitteln: Für $z = 1, 2, 3$ usw. beträgt der Abstand 1; 0,5; 0,33 usw.

⬛ Abb. 16.32A zeigt den Ausschnitt *m/z* 400–1000 eines ESI-Massenspektrums eines tryptischen Verdaus des Proteins Myoglobin (isoliert aus Pferdeherzen), aufgenommen mit einer Orbitalfalle als Massenanalysator und einem voreingestelltem Auflösungsvermögen von 60.000. ◘ Abb. 16.32B zeigt stark vergrößert im Ausschnitt $m/z$ 689,5–692,5 die aufgelösten Isotopensignale der Molekülionen des tryptischen Peptids HGTVVLTALGGILK. Deutlich sichtbar ist die aus der Erhöhung der Gesamtneutronenzahl resultierende Verteilung. Diese Verteilung bestimmt den massenspektrometrischen Nachweis, d. h. die ionisierte Substanz wird, abhängig von ihrer Größe, durch ein charakteristisches Muster von Signalen nachgewiesen, aus denen dann ihre Masse abgeleitet wird. Im Beispiel identifiziert ein Signalabstand von $m/z$ 0,5 die Ladungszahl $z = 2$. Das höchste Signal weist mit 689,93 den geringsten $m/z$-Wert auf. Diese Molekülionen beinhalten nur die Isotope $^1$H, $^{12}$C, $^{14}$N und $^{16}$O, d. h. sie enthalten kein zusätzliches Neutron. Das gerade noch nachweisbare Signal bei $m/z$ 692,44 korreliert mit dem Einbau von fünf zusätzlichen Neutronen.

◘ Tab. 16.2 listet die stabilen Isotope der Elemente H, C, N, O, P, S, Cl, Se und Br auf und ordnet diesen ihre exakte Masse (relative Atommasse) und natürliche Häufigkeit zu. Außerdem sind für jedes Element die mit der Erhöhung der Anzahl der Neutronen jeweils einhergehenden Massendifferenzen angegeben. Ein Vergleich dieser Zahlen mit der Masse des ungebundenen Neutrons (◘ Tab. 16.2, letzte Zeile) zeigt, dass bei der Aufnahme zusätzlicher Neutronen offenbar jeweils ein Teil von deren Masse verlorengeht und dass das Ausmaß des Verlustes davon abhängt, welches Isotop ein weiteres Neutron aufnimmt. So beträgt der scheinbare Massenverlust beim Übergang von Wasserstoff zu Deuterium 0,002388 Da, für $^{14}$N/$^{15}$N hingegen 0,0116 Da. Generell gilt, dass die tatsächliche Masse eines Atoms stets kleiner ist als die Summe der Massen aller im Atom enthaltenen Protonen, Neutronen und Elektronen. Verantwortlich für diese Differenz, die auch als **atomarer Massendefekt** bezeichnet wird, sind die beteiligten Wechselwirkungen, d. h. das Masseäquivalent der Bindungsenergie (gemäß $E = mc^2$), die beim Zusammenfügen der einzelnen Komponenten freigesetzt wird. Eine wichtige Konsequenz des atomaren Massendefekts ist, dass es schon von kleinen Molekülen viele verschiedene isotopische Varianten geben kann und dass deren Zahl bei großen Molekülen, z. B. Proteinen, unermesslich groß werden kann. So gibt es unter Berücksichtigung aller drei natürlichen Isotope des Wasserstoffs, Kohlenstoffs und Sauerstoffs 18 isotopisch unterschiedliche Wassermoleküle, 17.482 verschiedene Ethanolmoleküle, und für den Blutfarbstoff Häm ($C_{34}H_{32}FeN_4O_4$), unter Berücksichtigung der vier natürlichen Isotope des Eisens, sind es mehr als $10^{33}$.

Für die Massenspektrometrie ist die Anzahl der relevanten isotopischen Moleküle aber sehr viel kleiner. Hierfür gibt es mehrere Gründe. Zum einen werden iso-

bare Varianten, d. h. solche mit exakt gleicher Masse, nicht unterschieden. Stellungsisomere der gleichen Isotopenzusammensetzung (**Isotopomere**) können allerdings nach Fragmentierung der zugehörigen Molekülionen sehr wohl unterscheidbar werden. Ein zweiter Grund leitet sich unmittelbar aus der natürlichen Häufigkeit der beteiligten Isotope ab. Diese ist in vielen Fällen gering oder sogar verschwindend gering. Bei Deuterium beträgt sie z. B. nur 0,0115 % und bei Tritium nur ein Trillionstel Prozent, verglichen mit 99,9885 % für den atomaren Wasserstoff. Dies bedeutet, dass natürliche, tritiumhaltige Moleküle nicht nachgewiesen werden und dass deuteriumhaltige Varianten erst einen merklichen Anteil ausmachen, wenn die Moleküle viele Wasserstoffatome enthalten (>100). Anders sieht es bei Kohlenstoff aus. Die natürliche Häufigkeit von $^{12}$C beträgt 98,93 %, die von $^{13}$C 1,07 % und die des radioaktiven $^{14}$C ca. 0,0000000001 %. Dies bedeutet, dass auch bei kleinen Molekülen mit nur wenigen Kohlenstoffatomen Varianten, die ein $^{13}$C enthalten, leicht nachweisbar sind. $^{14}$C-haltige Moleküle werden hingegen nicht nachgewiesen. Die Elemente N und O nehmen in diesem Zusammenhang eine Zwischenstellung ein ($^{15}$N: 0,37 %; $^{18}$O: 0,2 %).

Verglichen mit dem Massenzuwachs, der mit dem Einbau eines zusätzlichen Neutrons einhergeht, ist der damit verbundene Massendefekt gering (◘ Tab. 16.2). Für die Massenspektrometrie bedeutet dies, dass die Anzahl der nachweisbaren isotopischen Varianten einer Substanz nicht nur von deren Häufigkeit, sondern auch vom Auflösungsvermögen des verwendeten Massenanalysators abhängt.

Die Isotopenverteilung (Häufigkeit versus Masse) von Molekülen lässt sich aus den entsprechenden Binominalverteilungen berechnen:

$$\text{Isotopenverteilung} =$$
$$\left( I_{X_C} + I_{Y_C} + I_{Z_C} + \ldots \right)^{n_C} \cdot \left( I_{X_H} + I_{Y_H} + I_{Z_H} + \ldots \right)^{n_H} \cdot$$
$$\left( I_{X_O} + I_{Y_O} + I_{Z_O} + \ldots \right)^{n_O}$$

$$(16.15)$$

H, C, O, … Elemente
$X, Y, Z, \ldots$ Isotopenmassen
$I_{X_C}$, $I_{Y_C}$, $I_{Z_C}$, Isotopenhäufigkeit des Elements C
$n_C, n_H, n_O, \ldots$ Zahl der Atome eines Elementes in einem Molekül

Nach der Berechnung der Verteilungssumme wird auf die höchste Intensität normiert.

◘ Abb. 16.32C zeigt zum Vergleich zur gemessenen (◘ Abb. 16.32C) die berechnete Isotopenverteilung für das Spaltpeptid HGTVVLTALGGILK als Strichspektrum. Die Massendefekte bedingen, dass alle Signale, au-

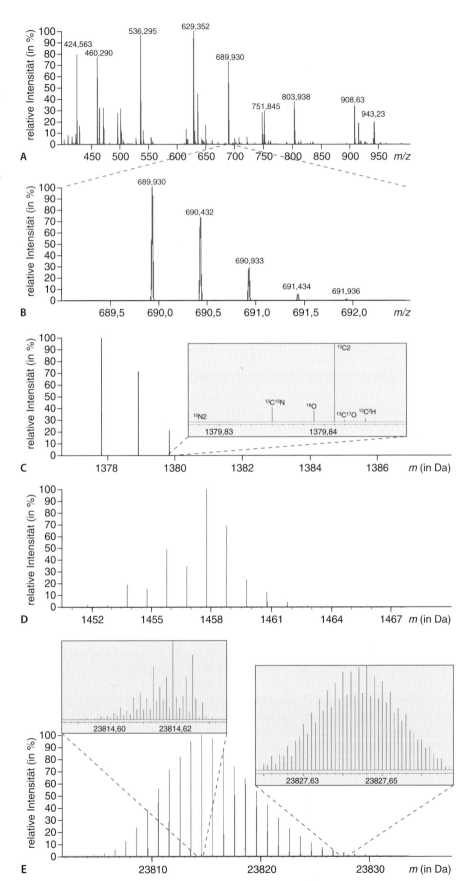

■ **Abb. 16.32** ESI-Massenspektrum eines tryptischen Verdaus des Proteins Myoglobin, isoliert aus Pferdeherzen **A**. Ausschnitt *m/z* 689,5–692,5 mit der Isotopenverteilung der doppelt protonierten Molekülionen des tryptischen Peptids HGTVVLTALGGILK **B**. Berechnete Isotopenverteilung, dargestellt als Strichspektrum für HGTVVLTALGGILK **C** für dieses Peptid, wenn die Aminosäure Alanin gegen Selenocystein ausgetauscht wird **D**, und **E** für das humane Protein Komplementfaktor D

**◘ Tab. 16.2** Masse und relative Häufigkeit der stabilen Isotope der Elemente H, C, N, O, P, S, Cl, Se und Br. Die letzte Zeile beinhaltet zum Vergleich die Masse des ungebundenen Neutrons. Die Differenz zwischen diesem Wert und der in der vierten Spalte für die verschiedenen Elemente angegebenen Massendifferenzen für die Aufnahme eines zusätzlichen Neutrons entspricht dem Masseäquivalent der Bindungsenergie (aus: Audi et al. 2003, ► http://www.oecd-nea.org/dbdata/data/mass-evals2003/mass.mas03round)

| Isotop | Masse (in Da) | Unsicherheit (in Da) | Differenz (in Da) | Häufigkeit (in %) |
|---|---|---|---|---|
| $^1$H (H) | 1,00782503207 | 0,00000000010 | | 99,99 |
| $^2$H (D) | 2,0141017778 | 0,0000000004 | 1,006277 | 0,01 |
| $^{12}$C | 12,000000000 | 0,0 | | 98,93 |
| $^{13}$C | 13,0033548378 | 0,0000000010 | 1,003355 | 1,07 |
| $^{14}$N | 14,0030740048 | 0,0000000006 | | 99,63 |
| $^{15}$N | 15,0001088982 | 0,0000000007 | 0,997035 | 0,37 |
| $^{16}$O | 15,99491461956 | 0,00000000016 | | 99,76 |
| $^{17}$O | 16,99913170 | 0,00000012 | 1,004217 | 0,04 |
| $^{18}$O | 17,99916100 | 0,00000070 | 1,000029 | 0,20 |
| $^{31}$P | 30,97376163 | 0,00000020 | | 100 |
| $^{32}$S | 31,97207100 | 0,00000015 | | 94,93 |
| $^{33}$S | 32,97145876 | 0,00000015 | 0,999388 | 0,76 |
| $^{34}$S | 33,96786690 | 0,00000012 | 0,996408 | 4,29 |
| $^{36}$S | 35,96708076 | 0,00000020 | 1,999214 | 0,02 |
| $^{35}$Cl | 34,96885268 | 0,00000004 | | 75,78 |
| $^{37}$Cl | 36,96590259 | 0,00000005 | 1,997050 | 24,22 |
| $^{74}$Se | 73,9224764 | 0,0000018 | | 0,89 |
| $^{76}$Se | 75,9192136 | 0,0000018 | 1,996737 | 9,37 |
| $^{77}$Se | 76,9199140 | 0,0000018 | 1,000700 | 7,63 |
| $^{78}$Se | 77,9173091 | 0,0000018 | 0,997395 | 23,77 |
| $^{80}$Se | 79,9165213 | 0,0000021 | 1,999212 | 49,61 |
| $^{82}$Se | 81,9166994 | 0,0000022 | 2,000178 | 8,73 |
| $^{79}$Br | 78,9183371 | 0,0000022 | | 50,69 |
| $^{81}$Br | 80,9162906 | 0,0000021 | 1,997954 | 49,31 |
| Neutron | 1,0086649157 | 0,0000000006 | | |

ßer dem ersten, eine Feinstruktur aufweisen. Diese ist in der Vergrößerung für die Aufnahme von zwei zusätzlichen Neutronen gezeigt. Sie resultiert aus den verschiedenen Massendefekten, die sich ergeben, wenn ein H, C, N, oder O ein zusätzliches Neutron aufnimmt. Um die sichtbare Feinstruktur vollständig aufzulösen, wäre ein Auflösungsvermögen von mehreren Millionen nötig. Mit einer modernen magnetischen Ionenfalle könnte sie zum Teil aufgelöst werden. Bei noch größeren Molekülen, z. B. einem Protein, wäre aber auch dies nicht mehr möglich. Für die hoch genaue Massenbestimmung hat dies wichtige Konsequenzen (s. unten). Wird die Feinstruktur nicht aufgelöst, präsentieren die aufgelösten Signale, au-

ßer dem ersten, die mittlere Masse einer Untergruppe von isotopischen Molekülen. Für deren exakte Berechnung muss somit, neben der Summenformel, auch die Häufigkeit der beteiligten Isotope berücksichtigt werden. Für das erste Signal hingegen ist die Masse der Moleküle gleich der Summe der Massen aller beteiligten Atome, weil diese Moleküle kein zusätzliches Neutron enthalten.

◘ Abb. 16.32E zeigt die berechnete Isotopenverteilung für das humane Protein Komplementfaktor D mit der Summenformel $H_{1648}C_{1047}N_{309}O_{306}S_{10}$. In diesem Fall beträgt die Häufigkeit der Variante, die nur aus $^1$H, $^{12}$C, $^{14}$N, $^{16}$O und $^{32}$S aufgebaut ist, lediglich 0,08 %. Das bedeutet, dass die entsprechenden Ionen in einem Massenspektrometer aufgrund ihrer geringen Zahl in der Regel nicht mehr detektiert werden. Stattdessen wird, je nach Auflösungsvermögen, eine ca. 20 Da breite Isotopenverteilung aufgelöst oder ein Signal, das diese beinhaltet. In jedem Fall wird der verfügbare Ionenstrom auf viele Spezies verteilt und die Nachweisempfindlichkeit damit reduziert. Dies ist in der Massenspektrometrie ein generelles Problem bei der Analyse großer Moleküle. Die beiden Vergrößerungen in ◘ Abb. 16.32E verdeutlichen, wie die Komplexität der Signalfeinstruktur mit wachsender Zahl zusätzlich vorhandener Neutronen zunimmt.

Die Elemente P und S sind ebenfalls häufige Bestandteile biologischer Moleküle. Das erste ist für die Massenspektrometrie großer Moleküle unkritisch, weil $^{31}$P das einzige natürliche Isotop ist. Schwefel nimmt hingegen eine Sonderstellung ein, weil von den vier natürlichen Isotopen neben dem ersten, $^{32}$S, auch das dritte, $^{34}$S, mit einer Häufigkeit von 4,29 % einen relevanten Anteil ausmacht. In der Praxis bedeutet dies, dass Schwefelatome das Isotopenmuster von biologischen Molekülen charakteristisch beeinflussen. Diesbezüglich noch auffälliger sind die weniger häufigen Bestandteile Se, Cl und Br. So ist bei Brom der natürliche Anteil der beiden Isotope $^{79}$Br und $^{81}$Br vergleichbar und bei Selen ist das erste Isotop, $^{74}$Se, sogar das am wenigsten häufige (0,89 %) und das fünfte, $^{80}$Se, mit 49,61 % das häufigste. ◘ Abb. 16.32D zeigt, wie sich die berechnete Isotopenverteilung für das Spaltpeptid HGTVVLTALGGILK ändert, wenn Alanin durch die 21. proteinogene Aminosäure Selenocystein ersetzt wird. Anstatt vom Kohlenstoff wird die Isotopenverteilung nun vor allem vom Selen geprägt. Dies ist in der MS-basierten Proteinforschung insofern ein Problem, als dass die automatisierte Erkennung von Peptidsignalmustern und die sich daran anschließende Massenbestimmung oft auf vom Kohlenstoff geprägten Verteilungsmustern basieren (◘ Abb. 16.32C). Das in ◘ Abb. 16.32D gezeigte Muster könnte dann fälschlicherweise als Überlagerung der Signalmuster von drei verschiedenen Peptiden interpretiert werden.

### 16.5.3    Kalibrierung

Eine wichtige Voraussetzung für die Massenbestimmung ist die Kalibrierung (Eichung) des verwendeten Massenspektrometers. Hierzu werden entsprechende Eichsubstanzen verwendet, deren exakte Masse bekannt ist. Abhängig von der Güte des Geräts und dessen Empfindlichkeit gegenüber Temperaturschwankungen wird das Instrument einmal jährlich, wöchentlich, täglich oder vor und während jeder Messung kalibriert. Die besten Ergebnisse werden erzielt, wenn zusätzlich jedes aufgenommene Massenspektrum für sich intern kalibriert wird. Hierzu ist es erforderlich, dass die Probe min-

destens eine bekannte Substanz enthält und dass diese störungsfrei detektiert wird, das entsprechende Signal also z. B. nicht von einem anderen Signal überlagert wird. Die interne Kalibrierung kann am Ende der Auswertung oder zwischendurch, bevor alle anderen Signale analysiert werden, erfolgen. Das Resultat ist eine Korrektur jedes Spektrums basierend auf Referenzsignalen.

### 16.5.4    Bestimmung der Ladungszahl

Werden Isotopenverteilungen aufgelöst, kann die Ladungszahl, wie oben beschrieben, unmittelbar aus dem Abstand der Signale abgeleitet werden (1; 0,5; 0,33 etc. für $z = 1, 2, 3$ etc.). Bei großen Molekülen wird deren Isotopenverteilungen oft nicht aufgelöst, und auch die Breite der Peaks lässt keine eindeutige Aussage über die zugehörigen Ladungszustände zu. In solchen Fällen ist es aber oft möglich, zusammengehörige, aufeinanderfolgende Ionensignale zu identifizieren (z. B. 5+, 6+, 7+). Gelingt dies, kann die Anzahl der Ladungen $n$ und damit die mittlere Molekülmasse aus den gemessenen $m/z$-Verhältnissen $m$ zweier beliebig aufeinander folgender Molekülionen ($m_2 > m_1$) wie folgt berechnet werden:

$$m_1 = \frac{M + nX}{n} \; (1) \text{ und } m_2 = \frac{M + (n-1)X}{(n-1)} \; (2) \quad (16.16)$$

$X$ ist dabei die Masse des Ladungsträgers. Für positiv geladene, protonierte Molekülionen [M+$n$H]$^{n+}$ ist dies die Masse des Protons (1,007 Da). Für negativ geladene, deprotonierte Molekülionen [M−$n$H]$^{n−}$ ändert sich lediglich das Vorzeichen.

Aus den Gleichungen (1) und (2) in Gl. 16.16 lässt sich $n$ berechnen:

$$n = \frac{m_2 - X}{m_2 - m_1} \quad (16.17)$$

und

$$M = n(m_1 - X) \quad (16.18)$$

### 16.5.5    Signalverarbeitung und -auswertung

Für die Auswertung der aufgenommen Massenspektren werden spezielle, auf das verwendete Ionisationsverfahren (MALDI oder ESI) sowie den eingesetzten Massenanalysator angepasste Programme eingesetzt. Je nach Beschaffenheit und Qualität der Rohdaten werden diese vor der Massenbestimmung noch vorverarbeitet. Gängige Verfahren sind Abzug bzw. Korrektur des Signalhintergrunds (Basislinie) und das Entfernen bzw. Reduzieren von Signalrauschen, das elektronischer und chemischer

Natur sein kann, mithilfe entsprechender Filter. Im nächsten Schritt werden Signale ausgewählt und diesen ein $m/z$-Wert zugeordnet. Typische Kriterien sind die Forderung eines minimalen Signal-zu-Rausch-Verhältnisses (z. B. 6 oder 10) und einer maximalen Peakbreite bei einer bestimmten Peakhöhe (z. B. $m/z$ 0,2 bei halber Höhe). Für die Bestimmung der $m/z$-Werte werden verschiedene Methoden verwendet. Diese nehmen z. B. als Grundlage den höchsten Punkt des jeweiligen Peaks oder, am häufigsten, die *Zentroide* (Schwerpunktmasse) für den gesamten Peak oder eines definierten oberen Teils (z. B. der Schwerpunkt der Fläche des oberen Drittels des Peaks). Eine solche Einschränkung ist gängige Praxis und berücksichtigt bekannte Probleme, z. B., dass die Peaks im unteren Teil asymmetrisch verzerrt sind oder andere Artefakte aufweisen.

Andere, aufwendigere Verfahren berechnen für eine bestimmte Substanzklasse (z. B. Peptide oder Oligonucleotide) und für einen bestimmten $m/z$-Bereich ein erwartetes Isotopenmuster und gleichen dies mit dem beobachteten Muster ab. Dieser Abgleich beinhaltet oft, neben der Bestimmung von $m/z$, auch Akzeptanzkriterien. Zeigt eine Signalserie z. B. ein für ein Peptid atypisches Muster, können diese Peaks von der Massenbestimmung ausgeschlossen oder entsprechend bewertet werden.

## 16.5.6 Ableitung der Masse

Im letzten Schritt werden aus den bestimmten $m/z$-Werten Molekülmassen abgeleitet. Für einfach positiv geladene Molekülionen, wie sie bevorzugt durch MALDI gebildet werden, muss hierzu lediglich von den $m/z$-Werten die Masse des Ladungsträgers, z. B. des Protons, subtrahiert werden. Für negativ geladene Molekülionen wird dieser Betrag entsprechend addiert. Für mehrfach geladene Molekülionen werden die $m/z$-Werte mit der jeweiligen Anzahl an Ladungen multipliziert und anschließend die Masse der Ladungsträger (z. B. zwei oder drei Protonen) subtrahiert bzw. addiert.

Für Moleküle mit einem Molekulargewicht bis 5 kDa ist es mit modernen Geräten kein Problem, die Isotopenverteilung bis zur Basislinie aufzulösen. In diesen Fällen wird routinemäßig die monoisotopische Masse bestimmt. Wird die Isotopenverteilung hingegen nicht aufgelöst, wird die Durchschnittsmasse bestimmt. Diese ist in der Regel ungenauer als die monoisotopische Masse. Wird die Isotopenverteilung auch von Molekülen >5 kDa gut aufgelöst, ist eine genauere Massenbestimmung prinzipiell möglich, aber komplizierter, weil aus den schon genannten Gründen das monoisotopische Signal nicht mehr detektiert wird. Unter den verbleibenden Signalen verbirgt sich eine komplexe Feinstruktur und nicht eine einzelne Ionenspezies. Weiterhin ist nicht unmittelbar ersichtlich, zu welcher Signalgruppe ein be-

stimmtes Signal gehört, d. h. wie viele zusätzliche Neutronen vorhanden sind.

## 16.5.7 Probleme

Eine ganze Reihe von verschiedenen Ursachen kann systematisch falsche Massenbestimmungen hervorrufen. So können prompte Zerfälle von instabilen Molekülen in der Ionenquelle Signale verursachen (z. B. von Fragmentionen), die als solche nicht erkannt werden und dann fälschlicherweise mit ausgewertet werden. Eine weitere, bei Peptiden, Proteinen und insbesondere Nucleinsäuren häufige beobachtete Veränderung der Masse der Molekülionen geht auf den Austausch von sauren Protonen durch Metallkationen, insbesondere die allgegenwärtigen Alkalikationen $Na^+$ und $K^+$, zurück. Dies betrifft z. B. die Aminosäuren Aspartat und Glutamat und bei den Nucleinsäuren deren Phosphodiesterverknüpfungen. Bei diesen Gruppen liegt dann anstelle der sauren Funktion deren Mononatrium- oder -kaliumsalz vor. Bei kleinen und mittelgroßen Molekülen verursacht dieser Austausch, sofern er nicht quantitativ ist, charakteristische Satellitensignale (H/Na: +22 Da, H/K: +38 Da). Gelingt es nicht, den Austausch des Protons gegen ein Metallkation zu erkennen, wird ein protoniertes Molekülion angenommen und damit eine zu hohe Masse bestimmt.

Sind die Moleküle so groß, dass ihre Isotopenverteilung nicht mehr aufgelöst wird, ist das Signal oft so breit, dass die genannten Satellitensignale ebenfalls nicht aufgelöst werden. Je nach Verhältnis und Auflösung resultiert eine Peakverlagerung, Peakverbreiterung oder Ausbildung einer Schulter. Solche Effekte können auch auf andere Ursachen, z. B. die Anlagerung von Probenpufferbestandteilen oder Matrixmoleküle (MALDI), zurückgehen (Adduktbildung). Mögliche Abspaltungsreaktionen, insbesondere der Verlust von einem Wasser- oder Ammoniakmolekül, wirken in ihrer Richtung gegenläufig.

Weitere Ursachen für Signalverlust, Satellitensignale oder Signalverformungen sind unerwünschte Derivatisierungsreaktionen während der Probenvorbereitung. Ein Beispiel hierfür ist die schon durch Spuren von Ozon vermittelte Oxidation der Aminosäuren Methionin (+O: +16 Da) und Tryptophan (+$O_2$: +32 Da), die besonders an sonnenreichen Tagen, wenn die Ozonbelastungen ansteigen, massenspektrometrische Untersuchungen, auch wenn diese im Keller des Gebäudes durchgeführt werden, über das Belüftungssystem stark negativ beeinflussen kann. Dies betrifft insbesondere die Analyse von verdünnten Peptidlösungen mit MALDI-MS. Andere Beispiele betreffen unerwünschte Nebenreaktionen mit den Bestandteilen von Pufferlösungen oder Trennmedien (◘ Abb. 16.33). Typisch sind Additionsreaktionen der Sulfhydrylgruppe von Cystein-

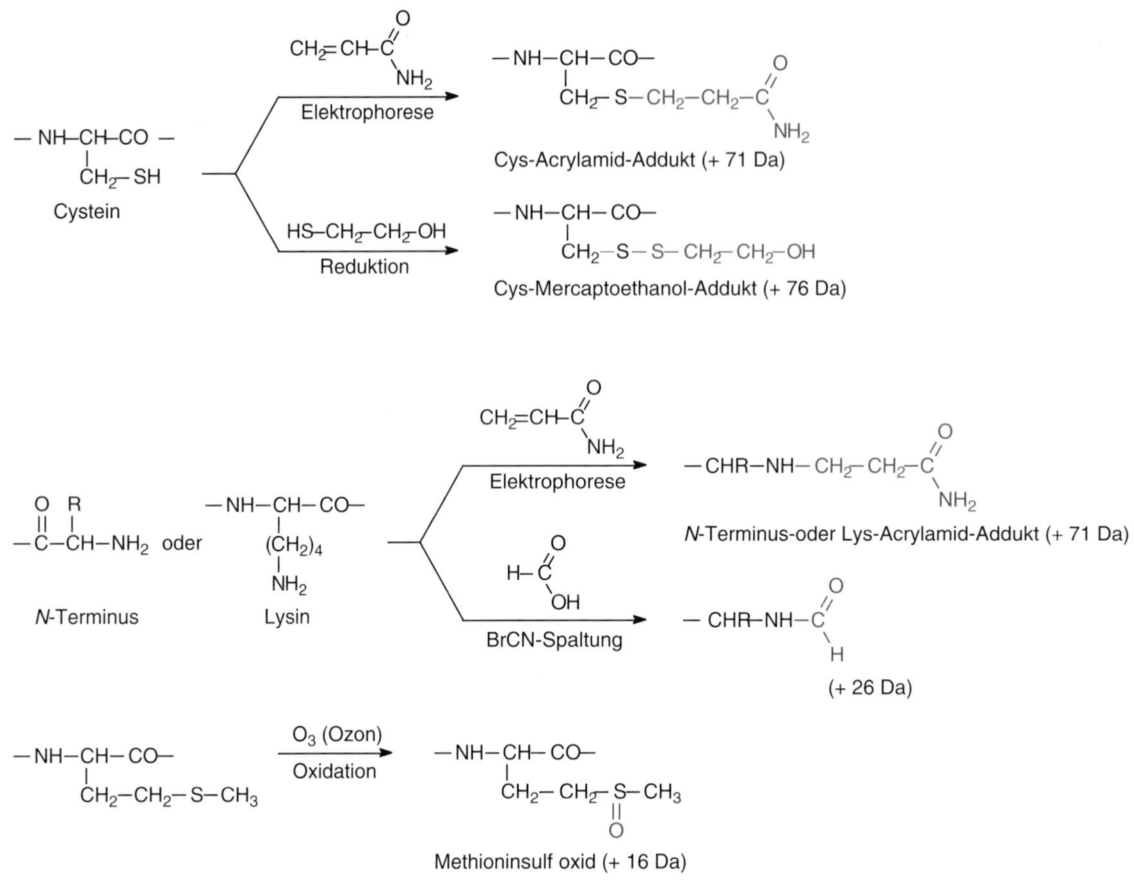

**Abb. 16.33** Beispiele für Modifikationen von Proteinen durch Pufferlösungen oder Trennmedien

Seitenketten mit dem Reduktionsmittel Mercaptoethanol oder mit nicht polymerisiertem, monomerem Acrylamid während der Gelelektrophorese. Auch die freien Aminogruppen des N-Terminus und von Lysin-Seitenketten sind reaktiv und können beispielsweise während einer BrCN-Spaltung durch Ameisensäure zum Formylderivat modifiziert werden.

## 16.6 Identifizierung, Nachweis und Strukturaufklärung

In der Praxis werden unterschiedliche Fragestellungen an die Massenspektrometrie herangetragen. Diese lassen sich im Wesentlichen unter den Begriffen Identifizierung, Nachweis und Strukturaufklärung zusammenfassen. Dabei versteht man unter einer Identifizierung die Beantwortung der Frage: „Welches Molekül (aus einer Reihe bekannter Moleküle) ist in dieser Probe?". Ein Nachweis dagegen wäre die Antwort auf die Frage: „Ist Molekül X in dieser Probe vorhanden (die evtl. auch viele andere Moleküle enthält)?". Mittels der Strukturauf-

klärung kann man zuletzt auch für bislang unbekannte Moleküle der Frage „Was für ein Molekül ist das?" näherkommen. Im Folgenden werden die wichtigsten Techniken und Methoden vorgestellt, mit denen biologische Moleküle massenspektrometrisch identifiziert oder besonders effizient nachgewiesen werden können. Im dritten Teil wird dann beschrieben, wie mithilfe der Massenspektrometrie unbekannte Strukturen aufgeklärt werden können.

### 16.6.1 Identifizierung

Die Masse von Molekülen ist durch die Summenformel der enthaltenen Elemente festgelegt. In einigen Fällen kann daher eine Bestimmung der intakten Massen für die Identifizierung schon ausreichend sein. Haben verschiedene Strukturen allerdings die gleiche Summenformel (isobare Moleküle), ist eine Unterscheidung aufgrund ihrer Masse alleine nicht möglich. In diesen Fällen werden für die Zuordnung zusätzliche Informationen benötigt. Diese können mithilfe von MS/MS-Experimenten gewonnen werden. Bei großen biologischen Molekülen gibt es noch ganz andere Gründe, warum diese nicht durch eine exakte Bestimmung ihrer Molekülmassen identifiziert werden können. Ein gutes Beispiel hierfür sind Proteine, weil deren Molekülmasse oft, bedingt durch eine Vielzahl möglicher posttranslationaler Modifikationen, Polymorphismen oder chemischer Modifikationen, deutlich von der aus der bekannten Aminosäuresequenz berechneten Masse abweicht. Wird das Protein auf anderem Wege identifiziert, ist umgekehrt die Nichtübereinstimmung der gemessenen Masse ein klares Indiz dafür, dass dessen Primärstruktur eine oder mehrere Veränderungen aufweist.

Um Substanzen massenspektrometrisch zu identifizieren, gibt es mehrere bewährte Verfahren. Das gängigste benutzt die bestimmte Masse als Filter, um die Anzahl der möglichen Kandidaten zu reduzieren, und vergleicht dann die Massen der in einer MS/MS-Analyse detektierten Fragmentionen mit den für die verbliebenen Kandidaten anhand ihrer Struktur berechneten möglichen Werten. Der Abgleich der Daten erfolgt in der Regel vollautomatisch mithilfe von dafür optimierten Algorithmen und einer Datenbank, in der alle oder eine große Auswahl der bekannten Strukturen hinterlegt sind. Alternativ kann auch eine Spektrenbibliothek zum Einsatz kommen, d. h. anstelle von potenziell möglichen („vorhergesagten") Fragmentionen werden zuvor nachgewiesene für die Identifizierung herangezogen. Dieser Ansatz ist bei kleinen Molekülen, z. B. Metaboliten, weit verbreitet, bei Peptiden und Proteinen hingegen werden fast ausschließlich Sequenzdatenbanken verwendet. Ein wichtiges Kriterium für die Beurteilung des Ergebnisses einer Identifizierung ist dessen Zuverlässigkeit bzw. Glaubwürdigkeit. Hierzu werden mit statistischen Methoden Wahrscheinlichkeiten und daraus abgeleitete Bewertungsparameter berechnet.

Bei sehr großen Molekülen ist die oben skizzierte Methode oft nicht zielführend, weil die Anzahl der möglichen Fragmentionen zu groß, deren Spezifität zu gering oder, was oft der Fall ist, deren Fragmentierungseffizienz zu schlecht ist. In diesen Fällen wird häufig die Fragmentierung im Massenspektrometer ersetzt oder ergänzt durch spezifische chemische oder enzymatisch katalysierte Reaktionen. Diese spalten selektiv bestimmte, wenig häufige Bindungen und bewirken, dass das Molekül in eine überschaubare Zahl an kleineren Molekülen zerlegt wird.

Deren Massen werden dann bestimmt und verglichen mit berechneten Massen möglicher Kandidaten. Alternativ oder ergänzend können alle oder eine Auswahl der analysierten kleineren Moleküle noch im Massenspektrometer fragmentiert und auf diese Weise unabhängig einzeln identifiziert werden. Die Leistungsstärke einer Methode, mit der bestimmte Substanzen identifiziert werden können, zeichnet sich aus durch ihre Spezifität und Sensitivität, d. h. die erzeugten Daten sollen mit möglichst hoher Wahrscheinlichkeit nur die richtige Struktur identifizieren und die dafür benötigte Substanzmenge soll möglichst gering sein. Die Spezifität massenspektrometrischer Verfahren ist in der Regel sehr hoch, insbesondere wenn MS- und MS/MS-Analysen kombiniert werden. Generell nimmt sie mit der Genauigkeit, mit der die Massen bestimmt werden, zu. Je kleiner die Fehlertoleranzen, desto geringer die Zahl der möglichen Strukturen. Kommen MS/MS-Analysen zum Einsatz, so beeinflussen die Effizienz der Fragmentierungstechnik sowie deren Selektivität ebenfalls die Spezifität der Methode.

Die Sensitivität massenspektrometrischer Verfahren variiert erheblich, abhängig von der Substanzklasse sowie der Reinheit und Komplexität der zu untersuchenden Probe. Für Peptide und Protein ist sie, verglichen zu anderen Alternativen wie Edman-Sequenzierung, außerordentlich hoch. So genügen oft schon wenige Femtomol, um ein Peptid oder Protein zu identifizieren, und mit tausend humanen Zellen als Ausgangsmaterial ist es möglich, mehr als tausend verschiedene, darin enthaltene Proteine zu identifizieren. Bei DNA- und RNA-Proben verhält es sich genau umgekehrt. Hier genügen anderen Verfahren oft schon wenige Attomol, wohingegen für den massenspektrometrischen Nachweis ein Pikomol verfügbar sein sollte. Obwohl sich diese Vorgaben mithilfe der PCR in manchen Fällen erfüllen lassen, ist der hohe Probenbedarf einer der Hauptgründe, warum sich die Massenspektrometrie nicht, wie bei den Proteinen, als Methode der Wahl für die Identifizierung von DNA- und RNA-Molekülen hat etablieren können. Gute Beispiele hierfür sind die kleinen Vertreter der immer noch wachsenden Familie der RNA-Moleküle, z. B. siRNA und shRNA. Diese könnten massenspektrometrisch relativ leicht identifiziert werden, wenn nur der Probenbedarf fünf Größenordnungen (Faktor 100.000!) geringer wäre. In der biologischen Massenspektrometrie ist die Identifizierung von Proteinen eine der häufigsten Anwendungen.

### 16.6.2 Nachweis

Im Gegensatz zur Identifizierung ist beim Nachweis die Summenformel und Struktur der infrage stehenden Substanzen in der Regel bekannt. Hieraus lassen sich die für die massenspektrometrische Analyse benötigte exakte Molekülmasse und mögliche, bzw. zu erwartende Fragmentionen ableiten. Liegt die Substanz vor, können Art und relative Häufigkeit der Fragmentionen für das zum Nachweis verwendete Massenspektrometer experimentell bestimmt werden.

Beim Nachweis werden diese Informationen oder ein Teil davon gezielt gesucht oder als Filter verwendet. Die oben beschriebenen Strategien für die Identifizierung von Substanzen können auch für deren Nachweis angewandt werden, mit der Vereinfachung, dass keine Datenbank oder Spektrenbibliothek benötigt wird. Die höchste Sensitivität für den Nachweis einer oder mehrer Substanzen in einer Probe wird mit Triple-Quadrupolmassenspektrometern mithilfe von SRM bzw. MRM erreicht (▶ Abschn. 16.2.6). In diesen Fällen passieren nur Ionen mit bestimmten $m/z$-Werten Q1, werden in Q2 fragmentiert, und in Q3 werden ebenfalls nur Ionen mit bestimmten $m/z$-Werten, in diesem Fall Fragmentionen, zum Detektor durchgelassen. Der Nachweis mittels Molekülmasse und einem Satz von Fragmentionen erfolgt quasi schon auf der Hardwareebene, und der Ionenstrom wird hierzu optimal genutzt.

Manchmal sollen auch bei bekannten, in der Probe vorhandenen Substanzen bestimmte chemische Modifikationen, z. B. Methylierungen, Acetylierungen oder Phosphorylierungen, nachgewiesen werden. Dies gelingt durch den Nachweis von für die Modifikation spezifischen Fragmentionen oder Neutralteilchenverluste. Auch hierfür sind Triple-Quadrupole die Analysatoren der Wahl. Mit Vorläuferionenanalysen können die entsprechenden Fragmentionen und mit Neutralverlustanalysen bekannte Abspaltungen (z. B. $-H_3PO_4$: −98 Da) sehr effizient nachgewiesen werden.

### 16.6.3 Strukturaufklärung

Ist eine Substanz nicht bekannt, kann mithilfe der Massenspektrometrie ihre chemische Struktur aufgeklärt werden. Proteine und Nucleinsäuren gelten als bekannt, wenn ihre Sequenz vorliegt. Für die Aufklärung höher geordneter räumlicher Strukturen werden teilweise auch massenspektrometrische Methoden verwendet. Deren Beschreibung würde aber den Rahmen dieses Kapitels sprengen. Die folgenden Ausführungen widmen sich daher der Aufklärung von Primärstrukturen und deren Modifikationen.

Die Struktur vieler kleiner biologischer Moleküle, wie Aminosäuren, Nucleotide, Metaboliten usw., wurde mit Massenspektrometrie aufgeklärt. Für Peptide, Proteine und insbesondere genomische DNA sowie die Welt der RNA-Moleküle trifft das, bis auf wenige Ausnahmen, nicht zu. Für die Nucleinsäuren gibt es sehr leistungsfähige Sequenzierverfahren, und die mit Abstand meisten bekannten Proteinsequenzen wurden aus DNA-Sequenzen abgeleitet. Die Massenspektrometrie ist für die Aufklärung der Primärstruktur von Peptiden und Proteinen trotzdem eine sehr wichtige Technologie, weil diese bei vielen biologisch aktiven Peptiden, insbesondere toxischen, und der Mehrheit der Proteine nach der Translation noch umfangreich modifiziert wird. Weder die chemische Struktur der Veränderung noch, welche

Aminosäurereste davon betroffen sind, lässt sich aus DNA- oder Proteinsequenzen sicher ableiten. Die *De-novo-Sequenzierung* von Proteinen mithilfe der Massenspektrometrie ist vor allem dann gefragt, wenn das Genom des entsprechenden Organismus noch nicht sequenziert wurde. Peptide und Proteine sind, bis auf wenige Ausnahmen (z. B. zirkuläre Peptide), lineare Moleküle. Dieser Aufbau ist für die Massenspektrometrie in zweifacher Hinsicht vorteilhaft. Zum einen genügen einzelne Bindungsbrüche, um strukturspezifische Fragmentionen zu erzeugen. Zum anderen erleichtert der reguläre Aufbau die Dateninterpretation.

Wird ein Peptidion mit *Low-Energy*-CID, ECD oder ETD fragmentiert, so wird bevorzugt eine Peptidbindung dissoziiert, wobei es mehr oder weniger zufällig ist, welche der verschiedenen Peptidbindungen es ist. Werden viele Ionen des gleichen Peptids fragmentiert, beobachtet man daher in den Spektren mehr oder weniger vollständige Fragmentionenserien. Zwei aufeinanderfolgende Fragmentionen einer Serie unterscheiden sich dabei um einen Aminosäurerest (◻ Abb. 16.34A). Dieser wird anhand der Massendifferenz identifiziert (Masse der freien Aminosäure minus eines Wassermoleküls).

Bei Peptiden gibt es prinzipiell sechs mögliche Serien, die aus Einfachdissoziationen hervorgehen, die N-terminalen a-, b- und c-Ionen sowie die C-terminalen x-, y,- und z-Ionen (◻ Abb. 16.34B). Hiervon werden mit ECD und ETD bevorzugt c- und z-Ionen gebildet, mit *Low-Energy*-CID b- und y-Ionen und mit PSD und *High-Energy*-CID Vertreter aller Serien, wobei a-, b-, und y-Ionen häufiger gebildet werden als die anderen Serien. a-Ionen können durch Abspaltung von Kohlenmonoxid (CO: −28 Da) aus b-Ionen hervorgehen, was erklärt, warum a-Ionen häufig als Begleiter der b-Ionen, die entsprechenden x-Ionen aber nicht detektiert werden. Mit PSD und *High-Energy*-CID werden zudem noch Fragmentionen erzeugt, die auf Mehrfachdissoziationen zurückgehen. Das sind interne Fragmentionen, die aus der Spaltung von zwei Peptidbindungen hervorgehen, oder Fragmentionen, die auf die Spaltung einer Peptidbindung und der Fragmentierung von einer oder mehreren Aminosäureseitenketten zurückgehen. Die Herausforderung besteht insbesondere in diesen Fällen darin, die detektierten Fragmentionen richtig zuzuordnen.

Einschränkungen ergeben sich aus der Tatsache, dass Leucin und Isoleucin isobare Aminosäuren sind und dass die Molekülmassen der Aminosäuren Lysin und Glutamin sich nur um 0,0434 Da unterscheiden. Um diesen Unterschied für die Massendifferenz von einem 20 und einem 21 Aminosäuren langen Fragment sicher zu erkennen, sollte die relative Genauigkeit der beiden Massenbestimmungen 10 ppm nicht überschreiten. Dies ist mit hochauflösenden Analysatoren in dem $m/z$-Bereich kein Problem, aber beispielsweise nicht zu bewerkstelligen mit den derzeit verfügbaren elektrischen

Massenspektrometrie

■ **Abb. 16.34** **A** Prinzip der massenspektrometrischen Sequenzierung von Peptiden: Zwei aufeinanderfolgende Fragmentionen einer Serie unterscheiden sich jeweils um einen Aminosäurerest. Dieser wird anhand der Massendifferenz identifiziert. **B** Nomenklatur der Fragmentionen von Peptiden und Proteinen. Fragmentionen, die den ursprünglichen N-Terminus beinhalten, werden als a-, b- und c-Ionen bezeichnet, C-terminale Fragmentionen entsprechend als x-, y-, und z-Ionen. Ein zusätzlicher Index gibt die Zahl der in dem Fragmention enthaltenen Aminosäurereste an. Das $y_1$-Fragmention resultiert dabei aus der Spaltung der ersten Peptidbindung auf der C-terminalen Seite. Entsprechend ist das $b_1$-Fragmention das Spaltprodukt der ersten Peptidbindung auf der N-terminalen Seite. Der Index für die a-, b- und c-Serie läuft daher in umgekehrter Reihenfolge wie für die x-, y- und z-Serie. Chemisch handelt es sich bei der Fragmentierung um Eliminierungs- und Umlagerungsreaktionen. Die dabei übertragenen Wasserstoffatome sind eingezeichnet

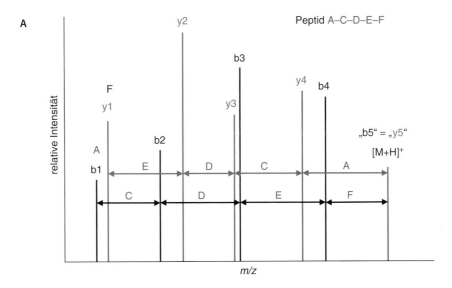

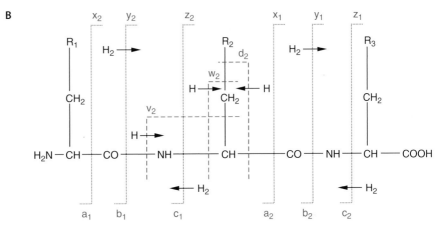

Ionenfallen. Moderne Q-TOF- und Flugzeitanalysatoren nähern sich hier ihren Grenzen und versagen, wenn die Fragmente deutlich größer sind. In beiden Fällen (Leu/Ile und Lys/Gln) besteht aber auch die Möglichkeit, die Identität der Aminosäure über den Nachweis von weiteren Fragmentionen, die aus einem zusätzlichen Bindungsbruch in der Seitenkette hervorgehen, zu bestimmen.

> Die Interpretation von Fragmentionenspektren von Peptiden und Proteinen basiert auf der richtigen Zuordnung der Fragmentionen zu den entsprechenden a-, b-, c- oder x-, y-, z-Serien. Einige empirische Regeln können diese Zuordnung erleichtern. So ist für Fragmentionen der a- und b-Serie eine Massendifferenz von jeweils 28 Da charakteristisch. Andere Massendifferenzen weisen auf spezifische Aminosäuren hin, z. B. 18 Da auf die Abspaltung von Wasser bei Serin, Threonin, Aspartat und Glutamat und 17 Da auf die Abspaltung von Ammoniak bei Glutamin, Asparagin und Arginin. Spaltungen der C-terminalen Peptidbindung von Prolin bleiben oft aus. Die Spaltung der N-terminalen Peptidbindung ist im Gegensatz hierzu stark begünstigt, wenn Aspartat der Bindungspartner ist. Neben den Ionenserien treten in MS/MS-Spektren im niedrigen $m/z$-Bereich noch sog. Immoniumionen auf, die für die Spektreninterpretation hilfreich sein können. Hierbei handelt es sich um interne Fragmentionen, die nur einen Aminosäurerest beinhalten und C-terminal einem a-Ion und N-terminal einem y-Ion entsprechen ($RCHNH_2^+$, R = Seitenkette).

MALDI- und ESI-MS-Spektren von Peptiden unterscheiden sich in der Regel deutlich voneinander. Mit MALDI werden von 10–25 Aminosäuren langen Peptiden fast ausschließlich einfach geladene Molekülionen gebildet. Mit ESI werden hingegen jeweils Mischungen von einfach, zweifach, dreifach und auch vierfach geladenen Molekülionen detektiert. Je nach Größe und Sequenz des Peptids ist dabei das zweifach oder das dreifach geladene Molekülion das häufigste. Entsprechend werden mit MALDI bevorzugt einfach geladene und mit ESI doppelt und dreifach geladene Molekülionen fragmentiert.

Bei einfach geladenen Peptidionen, egal ob mit MALDI oder ESI erzeugt, führt jede Spaltung einer Peptidbindung zu einem Fragmention und einem Neutralteilchen. Es ist somit möglich und nicht ungewöhnlich, dass in MS/MS-Spektren bevorzugt C- oder N-terminale Fragmentionen beobachtet werden. In protonierten Peptidionen sind basische Gruppen, also die N-terminale Aminogruppe sowie die Seitenketten der Aminosäuren Lysin und insbesondere Arginin, be-

vorzugte Aufenthaltsorte für das ladungsgebende Proton und beeinflussen durch ihre Position, welche Ionenserien bevorzugt gebildet werden. Hierbei gilt es jedoch zu beachten, dass man generell von einem mobilen Proton (mobiler Ladung) ausgeht, das seinen Aufenthaltsort häufig verändert und an der Fragmentierungsreaktion aktiv beteiligt sein kann. Für die Bildung von b- und y-Ionen wird dies angenommen.

☐ Abb. 16.35 zeigt als Beispiel ein MALDI-PSD-Spektrum einfach protonierter Molekülionen des Peptids Angiotensinogen. Dessen Interpretation ist anschließend tabellarisch aufgeführt. Durch die bevorzugte Lokalisierung des Protons an der basischen Aminosäure Arginin in Position 2 dominieren bei diesem Peptid Fragmentionen der N-terminalen a- und b-Serie. Der charakteristische Verlust von $NH_3$ ist auf eine zusätzliche Fragmentierung der Seitenkette von Arginin zurückzuführen. Neben den a- und b-Ionen werden mit geringerer Häufigkeit auch zahlreiche C-terminale Fragmentionen detektiert (☐ Abb. 16.35B).

Fragmentionenspektren von mehrfach und einfach geladenen Peptidionen unterscheiden sich deutlich. Ein auffälliger Unterschied ist, dass die Fragmentionen von mehrfach geladenen Molekülionen höhere $m/z$-Werte haben können als diese, d. h. auf der $m/z$-Skala werden Fragmentionen oberhalb und unterhalb der Mutterionen detektiert. Zudem können die gleichen Fragmente unterschiedliche Ladungszahlen tragen, z. B. einfach und zweifach geladene b- und y-Ionen, d. h. es entstehen mehr Fragmentionen als bei einfach geladenen Molekülionen. Diese werden aber meist vollautomatisch und sicher anhand der Signalabstände der jeweiligen Isotopenverteilung erkannt und zugeordnet (☐ Abb. 16.36).

Weitere Unterschiede resultieren aus der elektrostatischen Abstoßung der Ladungen in mehrfach geladenen Molekülionen. Eine Konsequenz ist, dass bei der Spaltung von Peptidbindungen bevorzugt zwei Fragmentionen und weniger häufig ein Fragmention und ein Neutralteilchen gebildet werden. Dies bedeutet, dass anstelle von N- oder C-terminalen Fragmentionen oft beide Fragmentionen detektiert werden und bei der Auswertung gegenseitig als Kontrollen herangezogen werden können. Eine zweite Konsequenz ist, dass mehrfach geladene Molekülionen instabiler sind als ihre einfach geladenen Verwandten, d. h. es ist weniger Anregungsenergie notwendig, um sie zu fragmentieren. Damit einhergehend reduziert sich auch die Häufigkeit von internen Fragmentionen und solchen, die aus der zusätzlichen Fragmentierung einer Seitenkette hervorgehen, mit der Konsequenz, dass die Spektren weniger komplex und damit leichter zu interpretieren sind. Hierbei gilt es jedoch zu beachten, dass mit dem Ausbleiben von Mehrfachdissoziationen wertvolle Informationen verloren gehen, die z. B. benötigt werden, um die isobaren Aminosäuren Leu und Ile zu unterscheiden.

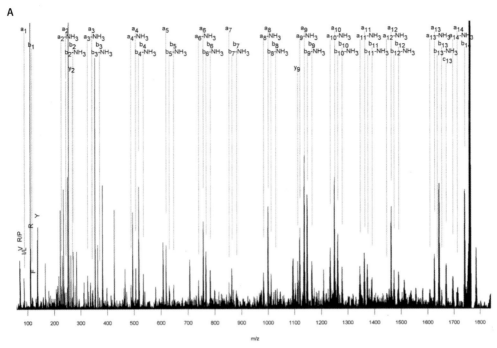

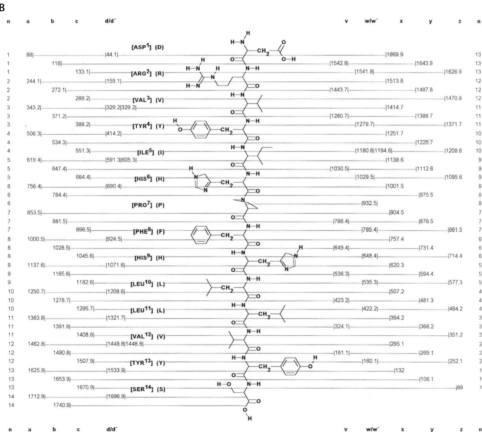

■ **Abb. 16.35** **A** PSD-Spektrum von Angiotensinogen mit der Sequenz DRVYIHPFHLLVYS und der Masse $MH^+ = 1758{,}9$ Da. Detektiert werden fast ausschließlich Fragmentionen der N-terminalen Serien, da nach dem Zerfall der Molekülionen die Ladung bevorzugt am Arginin verbleibt. Der charakteristische Verlust von $NH_3$ (b-$NH_3$-Serie) ist auf eine zusätzliche Fragmentierung der Seitenkette von Arginin zurückzuführen. Die Interpretation der Daten ist tabellarisch zusammengefasst **B** (Mit freundlicher Genehmigung von B. Spengler und R. Kaufmann, Düsseldorf; Fortsetzung der ■ Abb. 16.35 auf der nächsten Seite.)

**◘ Abb. 16.36** MS$^n$-Spektren eines Peptids aufgenommen mit ESI gekoppelt mit einer elektrischen Ionenfalle. **A** Massenspektrum des Peptids. Für die Sequenzierung wurden die doppelt geladenen Molekülionen ($m/z$ = 1370) isoliert und fragmentiert. **B** MS/MS-Spektrum von $m/z$ 1370 (gezeigt ist nur der obere $m/z$-Bereich). Ist die Zuordnung der Signale zu den verschiedenen Fragmentionenserien nicht eindeutig oder verbleiben Lücken in der Sequenz aufgrund fehlender Fragmentionen, können MS$^3$-Analysen wertvolle zusätzliche Informationen liefern. **C** MS$^3$-Spektrum der b$_{11}$-Ionen ($m/z$ = 1208). Weil aus der Fragmentierung von b-Ionen keine y-Ionen hervorgehen können und umgekehrt, ergibt sich für die neu entstandenen Fragmentionen die Zuordnung b$_5$–b$_{10}$ und damit die interne Teilsequenz LKKVAK. (Mit freundlicher Genehmigung von Arnd Ingendoh, Bruker Daltonik GmbH, Bremen)

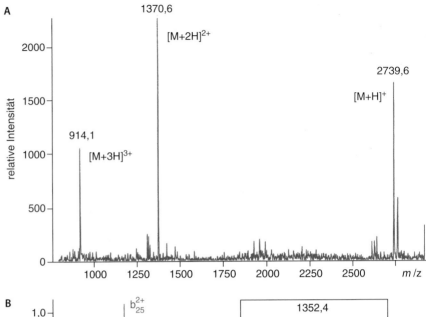

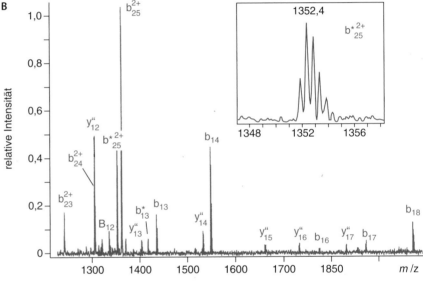

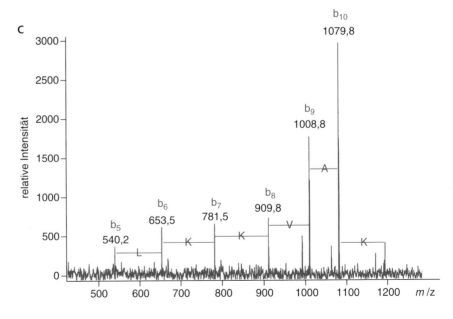

16

Generell gilt, dass die Lokalisation der Ladung und die bevorzugten Fragmentierungsstellen von Peptiden von deren Aminosäuresequenz abhängen. Deshalb beobachtet man in ihren MS/MS-Spektren häufig unvollständige Ionenserien und stark variierende Signalintensitäten, mit der Konsequenz, dass nur ein mehr oder weniger großer Teil der Aminosäuresequenz sicher abgeleitet werden kann. Um die verbleibenden Lücken zu schließen, gibt es mehrere Möglichkeiten. Hierzu können *Low-* und *High-Energy*-CID-Spektren kombiniert werden. Eine zweite Möglichkeit besteht darin, CID-Daten mit ECD- oder ETD-Spektren zu ergänzen. Elektrische und magnetische Ionenfallen verfügen mit $MS^n$-Analysen über eine dritte Möglichkeit, um Sequenzlücken zu schließen bzw. die Zuordnung von Signalen abzusichern. Hierfür werden Fragmentionen, die die betreffenden Regionen enthalten, isoliert und weiter dissoziiert. ◘ Abb. 16.36 zeigt hierfür ein Beispiel. Von einem Peptid wurde mit einer elektrischen Ionenfalle ein ESI-MS-Spektrum aufgenommen (◘ Abb. 16.36A). Der gezeigte Ausschnitt umfasst die Signale der einfach, doppelt und dreifach geladenen Molekülionen. Die zweifach geladenen wurden isoliert, mittels *Low-Energy*-CID fragmentiert und die resultierenden Fragmentionen analysiert (◘ Abb. 16.36B). Deren Ladungszahlen wurden jeweils aus der gemessenen Isotopenverteilung bestimmt (Ausschnitt in ◘ Abb. 16.36B). Mithilfe des MS/MS-Spektrums konnten 20 von 25 Aminosäuren bestimmt werden. Um eine Sequenzlücke zu schließen, wurden in einem $MS^3$-Experiment $b_{11}$-Ionen isoliert, weiter fragmentiert und die Produkte hiervon analysiert (◘ Abb. 16.36C). Weil aus der Dissoziation von N-terminalen Fragmentionen keine C-terminalen Fragmentionen hervorgehen können und umgekehrt, erleichtern $MS^3$-Spektren die Interpretation von MS/MS-Spektren. In diesem Fall wurden $b_5$–$b_{10}$ zugeordnet, daraus die interne Teilsequenz LKKVAK abgeleitet und hiermit eine Sequenzlücke geschlossen und ein Teil der schon bestimmten Sequenz bestätigt.

Im Vergleich zu Peptiden ist die vollständige Strukturaufklärung von Proteinen nur mit massenspektrometrischen Methoden eine ungleich anspruchsvollere Aufgabe. Für kleinere Proteine gibt es hierfür in der Literatur zahlreiche Beispiele, für mittelgroße (<50 kDa) nur wenige und für große (> 50kDa) praktisch keine. In den meisten Fällen wurde auch nicht die Struktur eines vollkommen unbekannten Proteins aufgeklärt, sondern eine Sequenzvorlage verifiziert oder eine homologe Sequenz adaptiert. Ein Grund hierfür ist, dass mit zunehmender Länge der Aminosäuresequenz mit allen Fragmentierungstechniken der Anteil davon, der sicher entschlüsselt werden kann, immer kleiner wird. Die Anforderungen an das Auflösungsvermögen und die Massengenauigkeit wachsen enorm, ebenso wie die Anzahl möglicher Fragmentionen und Ladungszustände. Dies bedingt, dass, auch wenn verschiedene Fragmentierungstechniken und

Dissoziationsstufen ($MS^n$) kombiniert werden, Sequenzlücken verbleiben und Leu und Ile oft nicht eindeutig zugeordnet werden können.

Eine alternative Methode zur Aufklärung der Struktur von Proteinen nutzt, wie schon beschrieben, spezifische chemische oder enzymatisch katalysierte Reaktionen um diese in Peptide zu zerlegen.

Am häufigsten wird hierfür die Endoprotease Trypsin verwendet. Sie katalysiert die spezifische C-terminale Spaltung bei den basischen Aminosäuren Lysin und Arginin, sofern Prolin nicht die folgende Aminosäure ist. Für die Massenspektrometrie ist diese Spezifität besonders vorteilhaft, weil die freigesetzten Peptide neben der N-terminalen Aminogruppe immer auch eine zweite basische Gruppe am C-Terminus aufweisen und bei vollständiger Spaltung sonst keine weitere basische Gruppe enthalten, abgesehen von Histidinresten, die aber deutlich weniger basisch sind. Dies sind optimale Voraussetzungen, um in CID-Spektren von zweifach geladenen Peptidionen möglichst lange Serien von b- und y-Ionen zu detektieren und damit deren Sequenz vollständig zu bestimmen. Dies wird anschließend für alle Spaltpeptide versucht, gelingt aber in der Regel nicht in allen Fällen. Im Protein benachbarte Peptidsequenzen lassen sich oft daran erkennen, dass sie bei einer unvollständigen Reaktionsführung (Spaltung) gemeinsam in Form eines größeren Peptids detektiert werden [Masse (Peptid 1) + Masse (Peptid 2) – Masse ($H_2O$)]. Um die verbliebenen Sequenzlücken zu schließen und alle Teilsequenzen richtig anzuordnen, wird das Protein alternativ noch mithilfe von mindestens einer zweiten spezifischen Endoprotease, meistens einer, die an sauren Aminosäuren spaltet, in Peptide zerlegt. Diese werden dann ebenfalls, wie beschrieben, analysiert. Anstelle des Proteins werden also viele verschiedene, überlappende Peptide sequenziert, und aus diesen Informationen wird die Gesamtsequenz rekonstruiert. Am effizientesten sind Kombinationen von beiden Ansätzen, d. h. sowohl das intakte Protein als auch spezifische Spaltprodukte von diesem werden massenspektrometrisch auf ihre Struktur hin analysiert und die dabei gewonnene Information zusammengeführt.

Neben der Entschlüsselung der Sequenz von Proteinen ist die Aufklärung von chemischen Modifikationen, d. h. von deren jeweiliger Struktur und Position in der Sequenz, ein wichtiger Bestandteil der MS-basierten Proteinanalytik. Hierzu werden ebenfalls die beiden beschriebenen Ansätze kombiniert. Ein MS-Spektrum des zu untersuchenden Proteins liefert oft wertvolle Hinweise bezüglich Art und Umfang der vorhandenen Modifikationen. Dies betrifft die gemessene Abweichung der Molekülmasse von der für das unmodifizierte Protein berechneten Masse sowie mögliche Satellitensignale, die auf unvollständige (nicht quantitative) Modifikationen zurückgehen. Liegen mehrere Modifikationen in quantitativer Form vor, so werden diese durch die Spaltung des

Proteins in der Regel auf verschiedene Peptide verteilt. Eine MS-Analyse dieser Produkte mit nachfolgendem Abgleich der gemessenen und berechneten Massen erlaubt dann, die Position der Modifikationen einzugrenzen und die damit einhergehenden Massenveränderungen exakt zu bestimmen. Diese Werte sind ein hilfreicher Filter für die Auswahl möglicher Kandidaten. So vergrößert beispielsweise jede Phosphorylierung die nominelle Molekülmasse um 80 Da ($+HPO_3$), jede Methylierung um 14 Da ($+CH_2$) und jede Acetylierung um 42 Da ($+CH^2CO$). Ziel der folgenden MS/MS- und, optional, $MS^n$-Analysen ist dann die Bestimmung der exakten Position (welche Aminosäure) und die Bestätigung der vermuteten Modifikation anhand von charakteristischen Fragmentionen. Ist die Struktur unbekannt, sind $MS^n$-Experimente insofern besonders hilfreich, als dass sie es erlauben, gezielt solche Fragmentionen weiter zu dissoziieren, welche die Modifikation enthalten.

## 16.7  LC-MS und LC-MS/MS

### 16.7.1  LC-MS

Der Vorteil der Kopplung von Flüssigkeitschromatographie (LC) und Massenspektrometrie besteht in der sehr effizienten Trennung und Aufkonzentrierung der einzelnen Substanzen sowie der Abtrennung störender Komponenten wie Salze, Harnstoff, Reduktionsmitteln und Puffersubstanzen. Reine Proben in einem möglichst geringen Volumen sind die Voraussetzung für eine hohe Nachweisempfindlichkeit. Dies ermöglicht die Nano-HPLC. Hierbei werden Flussraten kleiner als 1 µl min$^{-1}$ (z. B. 200 nl min$^{-1}$) verwendet, und die Trennsäule wird *online mit ESI* oder *offline mit MALDI* gekoppelt. Offline bedeutet, dass das Eluat während des LC-Laufs auf einem MALDI-Probenträger fraktioniert und präpariert wird, d. h. das Eluat wird fortwährend jeweils für eine bestimmte Zeit (z. B. 20 s) auf eine Serie von Dünnschichtpräparationen der Matrix übertragen oder beim Austritt aus der Kapillare mit Matrixlösung vermischt und dieser Fluss wird in definierten Fraktionen (z. B. 100 nl) auf den Träger abgesetzt. Aus den genannten Gründen sind, je nach Substanzklasse, Normalphasen- (hydrophile stationäre Phase) oder RP-LC (hydrophobe stationäre Phase) gut geeignet für die Kopplung mit Massenspektrometrie. Für Proteine, Peptide und Oligonucleotide wird bevorzugt letztere eingesetzt. Kationen- und Anionenaustausch-LC sind dagegen für die direkte Kopplung mit Massenspektrometrie nicht geeignet, weil die Probenmoleküle mit hohen Salzkonzentrationen eluiert werden und diese die Massenspektrometrie empfindlich stören.

Viele ESI-Massenspektrometer werden ausschließlich in Kombination mit einer RP-HPLC, insbesondere Nano-RP-HPLC, eingesetzt, d. h. Aufreinigung, Trennung und Konzentration sind fester Bestandteil des analytischen Instrumentariums. Ein entscheidender Grund hierfür ist, dass die in einem noch gut handhabbaren Volumen von beispielsweise 10 µl enthaltenen Probenmoleküle mit Nano-RP-LC mehr als tausendfach aufkonzentriert werden können, d. h. sie werden in weniger als 10 nl eluiert und online mit ESI-MS analysiert. Die Nachweisempfindlichkeit kann so im Idealfall (d. h. die Probenverluste während der RP-LC sind vernachlässigbar) um drei Größenordnungen gesteigert werden. Für die Proteinanalytik ist darüber hinaus die hohe Trennleistung der Nano-RP-LC für die Analyse von proteolytischen Peptiden ein ausschlaggebender Grund dafür, dass diese ein fester Bestandteil der ESI-MS-Ausstattung ist. Die Integration geht dabei so weit, dass in den meisten Fällen die Flüssigkeitschromatographie ebenfalls von der Software des Massenspektrometers gesteuert wird und in einigen Fällen sogar zentrale Elemente der Flüssigkeitschromatographie (Trennsäule, Vorsäule, Schaltventil) und der ESI (ausgezogene Kapillare, elektrische Anschlüsse) in einem Bauelement (Chip) integriert sind (**LC/ESI-Chip**).

Im Gegensatz zu LC-ESI werden LC-MALDI-Kopplungen nur in wenigen Laboren routinemäßig eingesetzt. Ein entscheidender Grund hierfür ist die Offline-Kopplung. Moderne LC-ESI-MS-Anlagen laufen vollständig automatisch und sind hoch effizient, d. h. sie können kontinuierlich, abgesehen von nötigen Wartungs- und Pflegeintervallen, 24 h pro Tag, 7 Tage die Woche eingesetzt werden. Diese Effizienz bietet zurzeit keine der am Markt verfügbaren LC-MALDI-Kopplungen. Ein weiterer wichtiger Vorteil von ESI ist die deutlich bessere Reproduzierbarkeit der Ionenerzeugung und die damit möglichen quantitativen Anwendungen von LC-MS ohne Einsatz von stabilen Isotopen.

Besondere Vorteile von LC-MALDI-MS ergeben sich aus der Tatsache, dass in der Regel nur ein vernachlässigbar kleiner Teil der präparierten Fraktionen bei deren Messung verbraucht wird, d. h. die präparierten Fraktionen können nach Auswertung der Daten nochmals gemessen, gelagert und bei Bedarf individuell auch zurückgewonnen werden. Zwischen Flüssigkeitschromatographie und Massenspektrometrie können noch eine Vielzahl zusätzlicher Messtechniken integriert werden, um zusätzliche Informationen zu bekommen (z. B. Lichtabsorption, Leitfähigkeit, Fluoreszenz). Am häufigsten sind UV-Detektoren, um die Elution der Analytmoleküle zu quantifizieren. ◨ Abb. 16.37 zeigt exemplarisch das UV-Chromatogramm und den nachfolgend am Detektor des ESI-MS gemessenen **Gesamtionenstrom** (*Total Ion Current*, **TIC**) eines proteolytischen Verdaus eines Proteins.

**16**

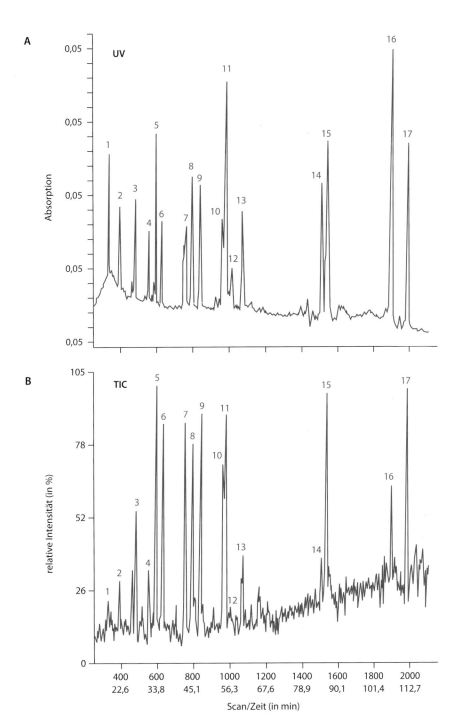

**Abb. 16.37** Analyse eines proteolytischen Verdaus eines Proteins mit RP-LC-ESI-MS. Während der Flüssigkeitschromatographie werden zyklisch Massenspektren aufgenommen. Die Aufnahmezeit pro Spektrum (Scangeschwindigkeit) wird auf die Elutionszeiten der Chromatographiefraktionen abgestimmt (in dem gezeigten Beispiel 3,4 Sekunden pro Massenspektrum). Das Ergebnis der Massenanalyse besteht aus sequenziell aufgenommenen Massenspektren (in dem gezeigten Beispiel 2200). Jedes Massenspektrum kann durch Addition aller Ionensignale auf einen Wert, den Totalionenstrom (TIC), reduziert werden. Die zeitliche Darstellung dieser TIC ergibt das Totalionen-Chromatogramm. Somit entsprechen die einzelnen Peaks der UV-Absorption **A** den Peaks aus dem TIC **B**. (Nach Eckerskorn et al. 1997)

### 16.7.2  LC-MS/MS

Durch die Kopplung von Nano-HPLC mit hochauflösenden ESI-MS/MS-Geräten ist es möglich, mehr als tausend Proteine in einer Probe in 2 h zu identifizieren. Dazu werden diese zusammen proteolytisch gespalten und die freigesetzten Peptide mittels Reversed-Phase-Chromatographie (RP-LC) aufgetrennt und online mit ESI ionisiert. Dabei wird zunächst ein Übersichts-MS-Spektrum aufgezeichnet. Dann werden mittels Software in Echtzeit die intensivsten Peptidsignale bestimmt (typischerweise 3–50 für jedes MS-Spektrum) und nacheinander isoliert und fragmentiert. Der Wechsel zwischen MS-Scan und MS/MS-Scans geschieht kontinuierlich während des gesamten LC-Laufs. Dabei sind die Scangeschwindigkeiten so groß, dass während eines chromatographischen Elutionspeaks mehrere Zyklen durchlaufen werden können. Aus den Massen der Peptide und den dazu aufgezeichneten MS/MS-Spektren können dann, wie beschrieben, die Peptide und darauf aufbauend die zugehörigen Proteine identifiziert werden.

Auch bei LC-MS/MS wird hauptsächlich ESI für die Erzeugung der Ionen eingesetzt. Zu den schon genannten Gründen gesellen sich bei den MS/MS-Analysen noch ECD, HECD und ETD als zusätzliche Fragmentierungstechniken hinzu, die mit MALDI in der Regel nicht gekoppelt werden können, weil dafür mindestens zweifach geladene Molekülionen erforderlich sind. Die Kopplung mit MALDI bietet aber auch besondere Vorteile, die sich aus der Entkopplung von LC, MS und MS/MS ergeben. Es ist damit möglich, nach dem LC-Lauf zuerst von allen Fraktionen ein MS-Spektrum aufzunehmen und auszuwerten. Basierend auf diesen Informationen wird dann entschieden, welche Probenmoleküle in welcher Fraktion einer MS/MS-Analyse unterzogen werden. Hierbei gibt es, im Gegensatz zur Online-Kopplung mit ESI, keine zeitlichen Beschränkungen, und Konflikte, z. B. aufgrund überlappender Elutionszeiten von Substanzen mit sehr geringen Massenunterschieden, können gezielt vermieden werden.

Ein neuer Ansatz für LC-ESI-MS/MS-Analysen ist die sog. **Multiplex-Analyse** oder datenunabhängige Analyse. Hier wird ebenfalls zwischen Übersichtsspektren und Fragmentspektren gewechselt. Allerdings werden nicht einzelne Analytionen zur Fragmentierung ausgewählt, sondern alle ankommenden Ionen werden gemeinsam mit CID fragmentiert und analysiert. Um die entstandenen Fragmente dem richtigen Vorläuferion zuordnen zu können, werden die chromatographischen Elutionspeaks aller Fragmente und Vorläuferionen verglichen und die Fragmente darauf basierend softwaregestützt zugeordnet. Die simultane Fragmentierung aller Molekülionen im laufenden Wechsel lässt sich einfach und effizient mit Quadrupol-TOF und Quadrupol-Orbitrap-Analysatoren durch-

führen. Vorteilhaft gegenüber elektrischen Ionenfallen ist das größere Auflösungsvermögen dieser Analysatoren und die Möglichkeit, die $m/z$-Werte sowohl aller Molekülionen als auch aller Fragmentionen auf wenige ppm genau zu bestimmen. Mit zunehmender Komplexität der Peptidmischung stößt die Methode aber an ihre Grenzen, weil die richtige Zuordnung von vielen Peptidionen zu noch mehr Fragmentionen basierend auf deren chromatographischen Elutionsprofilen nicht immer möglich ist. Bei sehr komplexen Peptidgemischen werden aus diesem Grunde nicht die Ionen des gesamten Massenbereichs gemeinsam fragmentiert, sondern in alternierenden Zyklen, sequenziell kleinere $m/z$-Bereiche (Massenfenster meist zwischen 10 Da und 25 Da) nacheinander fragmentiert (◘ Abb. 16.38), was die Komplexität der erhaltenen Spektren deutlich erniedrigt. Zusätzlich werden solche Daten häufig mithilfe von Spektrendatenbanken, in denen experimentell ermittelte MS/MS Spektren von Peptiden und deren chromatographischen Retentionszeiten gespeichert sind, ausgewertet. Dieses Verfahren wird in der Fachliteratur häufig als SWATH-MS- (*Sequential Windowed Acquisition of All Theoretical Fragment Ion Mass Spectra*) oder DIA- (*Data-Independent Acquisition*) Analyse bezeichnet.

### 16.7.3  Ionenmobilitätsspektrometrie (IMS)

Eine Methode, die in Kombination mit LC-MS bzw. LC-MS/MS eingesetzt werden kann, ist die Ionenmobilitätsspektrometrie (*Ion Mobility Spectrometry*, IMS).

Hier werden Ionen mithilfe eines elektrischen Feldes durch einen ihrer Bewegungsrichtung entgegengesetzten Gasstrom geleitet. Anhand ihrer Driftzeit durch das Flugrohr kann die Mobilität der Ionen ermittelt werden. Diese hängt dabei nicht nur von ihrer Masse und Ladung, sondern auch von ihrer Form und Größe ab. IMS alleine wird schon lange für die Analyse kleiner Moleküle, wie z. B. Sprengstoff oder Drogen, eingesetzt.

In Kombination mit der Massenspektrometrie ermöglicht IMS eine Trennung von isobaren Molekülen aufgrund ihrer Form. Das können beispielsweise Peptide sein, die die gleichen Aminosäuren in unterschiedlicher Reihenfolge enthalten. Aber auch eine Analyse von Proteinen oder sogar Proteinkomplexen ist möglich.

IMS kann direkt mit der Massenspektrometrie gekoppelt werden und hat bereits in kommerziellen Massenspektrometern Anwendung gefunden. Hier erfolgt die IMS zwischen der chromatografischen Trennung und der MS-Analyse. Anwendungen sind zum einen die bessere Zuordnung von Fragmenten zu Vorläuferionen in einer Multiplex-Analyse (▶ Abschn. 16.7.2), zum anderen die Untersuchung von Proteinstrukturen und Proteinkomplexen, da sich hier Aussagen über Struktur bzw. Strukturänderungen machen lassen.

16

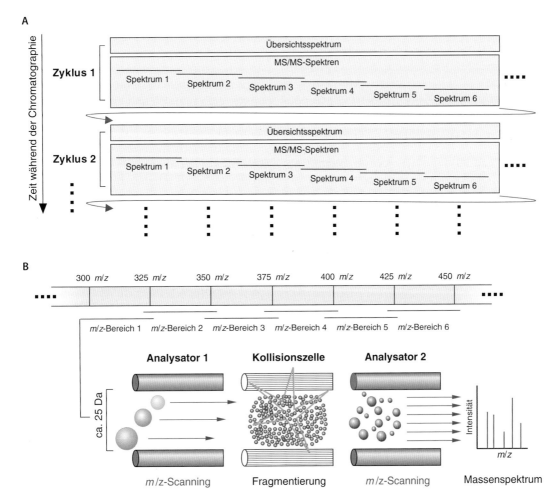

**A**

Zeit während der Chromatographie

Zyklus 1

Übersichtsspektrum

MS/MS-Spektren

Spektrum 1  Spektrum 2  Spektrum 3  Spektrum 4  Spektrum 5  Spektrum 6  ....

Zyklus 2

Übersichtsspektrum

MS/MS-Spektren

Spektrum 1  Spektrum 2  Spektrum 3  Spektrum 4  Spektrum 5  Spektrum 6  ....

**B**

300 *m/z*    325 *m/z*    350 *m/z*    375 *m/z*    400 *m/z*    425 *m/z*    450 *m/z*

....

*m/z*-Bereich 1   *m/z*-Bereich 2   *m/z*-Bereich 3   *m/z*-Bereich 4   *m/z*-Bereich 5   *m/z*-Bereich 6

**Analysator 1**        **Kollisionszelle**        **Analysator 2**

ca. 25 Da

Intensität

*m/z*

*m/z*-Scanning    Fragmentierung    *m/z*-Scanning    Massenspektrum

■ **Abb. 16.38**  Prinzip der datenunabhängigen Akquisition: **A** Während der Flüssigchromatographie werden zyklisch ein Übersichtsspektrum und eine Reihe vom MS/MS Spektren aufgenommen. **B** Hierbei werden alle Vorläuferionen aus einem gegebenen *m/z*-Bereich parallel fragmentiert. Dieser *m/z*-Bereich wird sukzessive verschoben und der gesamte Bereich des Gerätes abgedeckt.

## 16.8 Quantifizierung

Massenspektrometrie ist generell keine quantitative Methode. Die Effizienz der Ionisation der Analytmoleküle hängt von deren spezifischen physikochemischen Eigenschaften und der jeweiligen Probenzusammensetzung ab. Der Vergleich der gemessenen relativen Häufigkeiten (Signalintensitäten) verschiedener Molekülionen lässt daher keine Aussage über ihre jeweilige Konzentration in der Probe zu. Ebenso ist ein Vergleich desselben Molekülions in zwei sehr unterschiedlichen Proben nicht zulässig, da es zu einer Suppression des Signals durch die anderen in der Probe vorhandenen Moleküle kommen kann. Zulässig sind der Vergleich eines identischen Moleküls in zwei von ihrer Zusammensetzung her sehr ähnlichen Proben oder der Vergleich chemisch quasi identischer Moleküle in einer einzigen Probe (s. unten).

Ein weiterer Grund für verfälschte Ergebnisse ist die Instabilität der erzeugten Molekülionen und damit verbundene Verluste aufgrund von Zerfällen auf dem Weg von der Quelle durch den Analysator hin zum Detektor (Transmission). Der Ionendetektor spielt insofern auch eine Rolle, als dass Ionen mit großem *m/z*-Verhältnis in der Regel weniger effizient nachgewiesen werden als solche mit kleinerem *m/z*. Bei der Quantifizierung wird unterschieden zwischen absoluten Mengen oder Konzentrationen (**absolute Quantifizierung**) und relativen Unterschieden bzw. Veränderungen in Prozent (**relative Quantifizierung**).

Absolute Quantifizierungen mittels Massenspektrometrie sind möglich, wenn bekannte Mengen der zu bestimmenden Verbindung zur Probe zugegeben werden. Relative Bestimmungen der gleichen Substanzen in verschiedenen Proben können hierauf verzichten, erfordern aber sehr gut reproduzierbare Probenvorbereitungen und MS-Analysen.

Mittels der Technik der **Isotopenverdünnung**, die für die Quantifizierung von kleinen Molekülen schon lange eingesetzt wird, sind absolute und relative Quantifizierungen möglich, mit einem relativen Fehler von nur wenigen Prozent. Die Technik basiert auf der Erkenntnis, dass stabile isotopische Moleküle chemisch in der Regel nicht unterscheidbar sind, das bedeutet, sie werden bei der Probenvorbereitung nicht unterschieden und gleich gut ionisiert und detektiert. Eine Ausnahme ist der Austausch von Deuterium gegen Wasserstoff, der zu leicht verändertem Laufverhalten der Moleküle bei einer RP-LC-Trennung führen kann. Trotzdem wird auch $^2$H häufig als schweres Isotop für die Quantifizierung verwendet. Aufgrund ihrer unterschiedlichen Massen können isotopische Moleküle aber im Massenanalysator getrennt werden. Dies macht man sich zunutze, indem man in dem zu bestimmenden Molekül gezielt beispielsweise einige $^{12}$C-, $^{14}$N- oder $^{16}$O-Atome gegen $^{13}$C, $^{15}$N oder $^{18}$O austauscht. Entscheidend ist, dass der daraus resultierende Massenzuwachs so groß ist, dass die Isotopenverteilungen der beiden Moleküle (die unmarkierte, „leichte" Form und die isotopenmarkierte, „schwere" Form) nur geringfügig überlappen, d. h. ihr Mengenverhältnis kann durch Vergleich von Signalhöhen oder Peakflächen bestimmt werden. Für proteolytische Peptide sollte der Massenunterschied mindestens 4 Da betragen. Absolute Quantifizierungen sind durch den Einsatz schwerer Isotope einfacher und genauer, weil die Referenz mit bekannter Konzentration und die zu bestimmende Substanz in derselben Messung bestimmt werden können, sofern die Mengen der Probe und der Referenzsubstanz sich nicht zu stark unterscheiden.

Obwohl die Technik der Isotopenverdünnung viel älter ist als MALDI und ESI, hat es nach deren Einführung noch gut zehn Jahre gedauert, bevor sie auch für die Quantifizierung von größeren biologischen Molekülen, insbesondere Proteinen, zum Einsatz kam. Ein Grund hierfür war die mangelnde Verfügbarkeit von geeigneten reinen, isotopenmarkierten Referenzsubstanzen. Inzwischen ist dieses Problem aber weitestgehend gelöst, und es steht ein ganzes Arsenal an Methoden zur Verfügung, um bei diesen Molekülen gezielt stabile Isotope einzuführen. Prinzipiell lassen sich diese unterscheiden in chemische, enzymatische und biologische Verfahren.

Bei den chemischen Verfahren gibt es „leichte" und „schwere" Formen eines Reagenz, mit dem biologische Moleküle gezielt modifiziert werden können. Ein Beispiel für ein enzymatisches Verfahren ist die alternative Proteolyse von Proteinen in $H_2^{18}O$ oder $H_2^{16}O$. In diesem Fall beinhaltet die C-terminale Carboxygruppe der resultierenden Peptide ein „schweres" oder „leichtes" Sauerstoffatom. Wird hierfür Trypsin verwendet, wird im Anschluss an die Spaltung auch der Austausch des zweiten Carboxysauerstoffatoms katalysiert, sodass die nominale Massendifferenz 4 Da beträgt. Bei biologischen Verfahren werden die gewünschten Isotope während der natürlichen Synthese der Moleküle eingebaut. Hierzu werden Bestandteile des Medium, z. B. Aminosäuren in Hefezellkulturen oder Ammoniumsalze als Stickstoffquelle in Bakterienkulturen, gezielt ausgetauscht gegen entsprechende „schwere" Varianten.

## Literatur und Weiterführende Literatur

Aebersold R, Mann M (2016) Mass-spectrometric exploration of proteome structure and function. Nature 537:347–355

Audi G, Wapstra AH, Thibault C (2003) The Ame2003 atomic mass evaluation: (II). Tables, graphs and references. Nucl Phys A729:337–676. http://www.oecd-nea.org/dbdata/data/mass-evals2003/mass.mas03round. Zugegriffen im 2003.

Eckerskorn et al (1997) High-sensitivity peptide mapping by micro-LC with on-line membrane blotting and subsequent detection by scanning-IR-MALDI mass spectrometry. J Protein Chem 16:349–362

Fenn et al (1993) Ion formation from charged droplets: roles of geometry, energy, and time. J Am Soc Mass Spectrom 4:524–535

Lössl P, van de Waterbeemd M, Heck AJ (2016) The diverse and expanding role of mass spectrometry in structural and molecular biology. EMBO J 35(24):2634–2657

Steen H, Mann M (2004) The ABC's (and XYZ's) of peptide sequencing. Nat Rev Mol Cell Biol 5:699–711

Watson JT, Sparkman OD (2007) Introduction to mass spectrometry, 4. Aufl. Wiley, Hoboken, New Jersey, Vereinigte Staaten

Zhang Y, Fonslow BR, Shan B, Baek MC, Yates JR 3rd (2013) Protein analysis by shotgun/bottom-up proteomics. Chem Rev 113(4):2343–2394

**16**

# Massenspektrometriebasierte Immunassays

*Oliver Pötz, Thomas O. Joos, Dieter Stoll und Markus F. Templin*

## Inhaltsverzeichnis

17.1 Fängermoleküle für massenspektrometriebasierte Immunassays – 416

17.2 Auswahl der Peptide für massenspektrometriebasierte Immunassays – 418

17.3 Gezielter Nachweis von Proteinen über massenspektrometriebasierte Immunassays – 419

17.4 Anwendung in der Forschung und Klinik – Proteinbiomarker – 420

17.5 Proteomweite Immunaffinitäts-MS-basierte Ansätze mit gruppenspezifischen Antikörpern – 421

17.6 Ausblick – 422

Literatur und Weiterführende Literatur – 422

© Springer-Verlag GmbH Deutschland, ein Teil von Springer Nature 2022
J. Kurreck et al. (Hrsg.), *Bioanalytik*, https://doi.org/10.1007/978-3-662-61707-6_17

- Massenspektrometriebasierte Immunassays kombinieren die Anreicherungsmethode Immunpräzipitation von Proteinen oder Peptiden mit der Nachweismethode der Massenspektrometrie.
- Mithilfe moderner Massenspektrometer können diese Assays Plasmaproteinbiomarker im unteren Nanogramm-pro-Milliliter- bis oberen Pikogramm-pro-Milliliter-Konzentrationsbereich nachweisen.
- Membrangebundene Proteine wie Rezeptoren oder Transporter können direkt ohne weitere Zellfraktionierungsmethoden analysiert werden.

Massenspektrometriebasierte Immunassays (MSIA) kombinieren die schnelle Anreicherung von Proteinen oder Peptiden durch Antikörper mit der Spezifität der Massenspektrometrie und erlauben so den spezifischen und sensitiven Nachweis und die absolute Quantifizierung von Proteinen in Blut, Urin und Geweben. Die hochspezifische Detektion von Proteinen und Peptiden mit modernen Massenspektrometern macht aufgrund der sehr hohen Massengenauigkeit und der Möglichkeit, spezifische Fragmentmassen für die Quantifizierung zu nutzen, falsch-positive Ergebnisse äußerst unwahrscheinlich. Durch die Verwendung von Antikörpern oder anderen Fängermolekülen in affinitätsbasierten chromatographischen Systemen werden auch in sehr geringer Konzentration vorliegende Proteine oder Peptide aufkonzentriert, während hochabundante Matrixproteine oder Peptide abgereichert werden. Dadurch können Analysenzeiten verkürzt, der Probendurchsatz gesteigert und Nachweisgrenzen für die nachzuweisenden Proteine verbessert werden.

Die Kombination von Immunaffinitätsanreicherung mit einem massenspektrometrischen Nachweis von Proteinen kann auf zwei Arten erfolgen:
- Die Immunpräzipitation des Proteins wird unmittelbar ohne weitere Probenvorbereitung auf der Proteinebene durchgeführt. Anschließend wird das präzipitierte Protein entweder direkt im Massenspektrometer analysiert oder enzymatisch fragmentiert und anschließend über seine proteotypischen Fragmentpeptide detektiert.
- Die biologische Probe wird zunächst mit einer Protease, meist Trypsin, enzymatisch fragmentiert. Anschließend werden ein oder mehrere proteotypische Fragmentpeptide immunpräzipitiert und massenspektrometrisch identifiziert und quantifiziert.

Der Unterschied besteht also in erster Linie in dem Zeitpunkt, wann der Immunpräzipitationsschritt im bioanalytischen Arbeitsablauf durchgeführt wird. Eine absolute Quantifizierung erfolgt in beiden analytischen Strategien mithilfe isotopenmarkierter rekombinanter isotopenmarkierter Protein- oder synthetischer Peptidstandards, die den Proben definiert zugesetzt werden (◘ Abb. 17.1; s. auch ▶ Kap. 6, 16, und 42).

---

**Proteotypische Peptide**

Peptide, die durch Probenvorbereitung oder natürliche Prozessierung nur aus einem einzigen Protein entstehen können und deshalb für dieses Protein spezifisch sind und nach derselben Probenvorbereitung in einem (Tandem-)Massenspektrometer immer detektiert werden.

---

Ein großer Vorteil von MSIAs liegt in der hohen Qualität der Ergebnisse. Der massenspektrometrische Nachweis erlaubt es, die Identität der Proteine bzw. Peptide eindeutig zu bestimmen. Mittels Tandem-Massenspektrometrie kann ein Peptid über weitere Fragmentierung im Massenspektrometer in Sekundärfragmente gespalten und dadurch sequenziert werden. Für die Quantifizierung wird üblicherweise nur ein spezifischer, mit maximaler Intensität detektierbarer Massenübergang gewählt. Abhängig von der Art des Massendetektors – Triple-Quadrupol- oder Quadrupol-Orbitrap-Detektor – nennt man diese Methode *Multiple Reaction Monitoring* (MRM) oder *Parallel Reaction Monitoring* (PRM; (▶ Kap. 16 und 42)).

Die Detektion der angereicherten proteotypischen Peptide mittels Massenspektrometrie ermöglicht es, mit anderen Methoden analytisch schwierig nachweisbare Proteine, wie z. B. schlecht lösliche membranständige Proteine, Isoformen oder posttranslationale Modifikationen, gezielt zu quantifizieren. Mit modernen Massenspektrometern können mit diesen Methoden Plasmaproteine im unteren Nanogramm-pro-Milliliter- bis oberen Pikogramm-pro-Milliliter-Konzentrationsbereich nachgewiesen werden. Im Vergleich zu gebräuchlichen MRM bzw. PRM-LC-MSMS-Analysenverfahren wird durch die Immunaffinitätsanreicherung eine verbesserte Sensitivität und stark verkürzte Analysendauer erreicht. Nachweisgrenzen im Femtogramm-pro-Milliliter-Bereich, die mit hochentwickelten Sandwichimmunassays möglich sind, werden mit MSIAs jedoch noch nicht erreicht (s. auch ▶ Kap. 6).

## 17.1 Fängermoleküle für massenspektrometriebasierte Immunassays

Der erste Schritt bei der Etablierung eines MSIA ist die Verfügbarkeit eines geeigneten Antikörpers für die Immunaffinitätsanreicherung des Proteins oder Peptids. Nicht jeder Antikörper ist für eine effiziente Immunpräzipitation geeignet. Im Allgemeinen werden Antikörper für eine bestimmte Anwendung, wie die Immunhistochemie, Sandwichimmunassay, Western-Blot oder Immunpräzipitation, entwickelt. Daher hängt die Qualität der Antikörperfunktion sehr stark vom technischen Einsatzgebiet ab. In der Datenbank *antibodypedia* (▶ www.antibodypedia.com) sind beispielsweise Informationen von mehr als vier Millionen Antikörpern zugänglich, die für den Nachweis von über 19.000 Proteinen hergestellt wurden. Für das Protein HER2 sind über 5000 Antikörper gelistet. Eine experimentelle Dokumentation der Hersteller, die belegt, dass diese Antikörper für eine Immunpräzipitation des HER2-Proteins geeignet sind, findet sich lediglich für etwa 20 Antikörper.

Die Generierung und Bereitstellung von guten Antikörpern für biochemische Assays ist trotz optimierter Verfahren und trotz verschiedenster rekombinanter Technologien nach wie vor kosten- und zeitaufwendig. Deshalb sind kommerziell verfügbare Antikörper, die als Fängermoleküle in Sandwichimmunassays oder für Immunpräzipitationen eingesetzt werden können, in der Regel gut geeignet, um einen massenspektrometriebasierten Immunassay aufzubauen, bei dem das intakte Protein in einem ersten Schritt angereichert wird. Für den Fall, dass die Anreicherung auf der Peptidebene durchgeführt werden soll, wird ein peptidspezifischer

Antikörper benötigt, der meistens nicht kommerziell verfügbar ist und deshalb erst neu generiert werden muss.

Im ersten Fall sollte der Antikörper das intakte Protein in seiner nativen Form binden. Im zweiten Fall muss der Antikörper das proteotypische Peptid erkennen, da im ersten Schritt des Assays die Probe denaturiert und alle Proteine in Peptide fragmentiert werden. Somit bestimmt bei der Generierung des Antikörpers der Analyt – Protein oder Peptid – die Auswahl des Antigens. Für die Entwicklung eines proteinzentrischen Tests sollte das vollständige Protein oder ein größeres Proteinfragment zur Immunisierung verwendet werden. Dies setzt voraus, dass das Protein in rekombinanter Form oder in einer gereinigten Form in ausreichender Menge und Reinheit vorhanden ist. Die rekombinante Herstellung eines Proteins in voller Länge oder eines Proteinfragments ist jedoch viel aufwendiger als die chemische Synthese von Peptiden. Mittels Festphasen-Peptidsynthese können Peptide mit einer Länge von bis zu 30 Aminosäuren in hoher Qualität

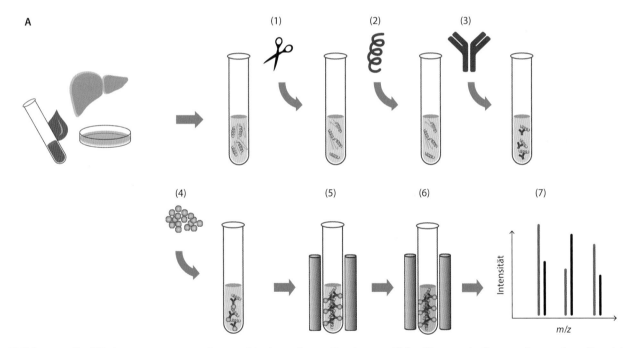

■ **Abb. 17.1** Zwei Varianten von massenspektrometriebasierten Immunassays. **A** Proteine aus lysierten Zellen oder Geweben, aus Urin-, Plasma- oder Serumproben werden mithilfe von Enzymen (Trypsin) fragmentiert (1). Anschließend wird eine definierte Menge synthetischer stabil isotopenmarkierter Peptidstandards Abkürzung wird sonst nirgends verwendet der Probe zugesetzt (2). Peptidspezifische Antikörper bilden mit den Peptiden in der Probe Antikörper-Peptid-Komplexe (3). Protein-A/Protein-G-beschichtete magnetische Partikel werden zugegeben. Die Partikel binden die Antikörper-Peptid-Komplexe (4). Starke Magneten sammeln die Partikel an der Wand des Reaktionsgefäßes (5). Ungebundene Matrixpeptide werden vom Partikel gewaschen (6). Peptide werden eluiert und mit einem Massenspektrometer analysiert und quantifiziert (7). **B** Proteine aus lysierten Zellen oder

Geweben, aus Urin-, Plasma- oder Serumproben werden mit proteinspezifischen Antikörpern inkubiert. Antikörper bilden mit den Proteinen in der Probe Antikörper-Antigen-Komplexe (1). Protein-A/Protein-G-beschichtete magnetische Partikel werden zugegeben. Die Partikel binden die Antikörper-Protein-Komplexe (2). Magnete sammeln Partikel an der Wand des Reaktionsgefäßes (3). Ungebundene Matrixproteine werden von den Partikeln gewaschen (4). Immunpräzipitierte Proteine werden mithilfe von Enzymen (Trypsin) fragmentiert (5). Anschließend wird eine definierte Menge synthetischer stabil isotopenmarkierter Peptidstandards der Probe zugeführt (6). Peptide werden eluiert und mittels Massenspektrometrie analysiert und quantifiziert (7). Alternativ können in beiden Varianten zur Quantifizierung auch isotopenmarkierte Proteine vor Schritt 1 zugegeben werden

B

(1)          (2)          (3)

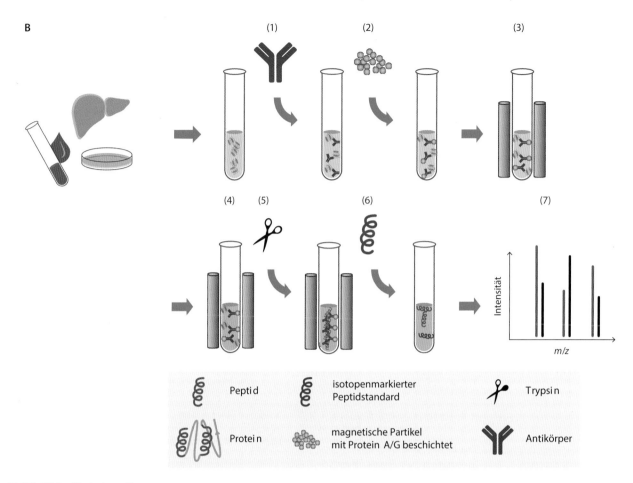

(4)  (5)          (6)                    (7)

| | | |
|---|---|---|
| Peptid | isotopenmarkierter Peptidstandard | Trypsin |
| Protein | magnetische Partikel mit Protein A/G beschichtet | Antikörper |

**◘ Abb. 17.1** (Fortsetzung))

und Reinheit innerhalb weniger Tage produziert werden. Die Antigenproduktion zur peptidspezifischen Antikörpergenerierung ist daher im Vergleich zur rekombinanten Proteinproduktion relativ einfach und kostengünstig (s. auch ► Kap. 6).

### 17.2 Auswahl der Peptide für massenspektrometriebasierte Immunassays

Zum Aufbau eines MSIA sollten die gleichen Regeln angewendet werden, die auch bei der Auswahl eines proteotypischen Peptids befolgt werden sollten (► Kap. 42). Im Allgemeinen erfolgt die Fragmentierung der Proteine mittels Trypsin. Daher sollte ein tryptisches Peptid für die Analyse unter Berücksichtigung der folgenden Überlegungen verwendet werden:

— Die Länge des Peptids sollte größer als acht Aminosäuren (800 Da) sein, um den Nachweis in einem ESI-basierten Massenspektrometer zu erleichtern. Für MALDI-MS-basierte Assays wäre ein C-termi-

nales Arginin vorteilhaft, da die Ionisationswahrscheinlichkeit und somit die Testsensitivität im Vergleich zu einem C-terminalen Lysin höher ist. Prinzipiell ist es von Vorteil, die Ionisationseigenschaften und die Nachweisgrenze des Peptids im Massenspektrometer vor dem Immunisierungsprozess zu ermitteln.

— Die Hydrophilizität des Peptids sollte so gewählt werden, dass eine gute Löslichkeit des Peptids gegeben ist. Bei LC-ESI-MS-Analysen sollte es auch noch ausreichend an die hydrophobe LC-Trennsäule binden.

— Cystein-, Methionin- oder Tryptophanreste sollten, wenn möglich, nicht in der Sequenz vorliegen, da diese Aminosäurereste während der Probenprozessierung in oxidierte Formen übergehen können. Dadurch ändert sich die Peptidmasse.

— Mögliche Polymorphismen und posttranslationale Modifikationen sollten in den zugänglichen Datenbanken überprüft werden. Wenn die Analyse dieser Modifikationen nicht erwünscht ist, sollten solche Peptide vermieden werden.

## 17.3  Gezielter Nachweis von Proteinen über massenspektrometriebasierte Immunassays

In den letzten Jahren haben sich das *Multiple Reaction Monitoring* (MRM) und *Parallel Reaction Monitoring* (PRM) in der LC-Massenspektrometrie als breit einsetzbare Multiplexmethoden zur parallelen absoluten Quantifizierung mehrerer Proteine in einer Probe etabliert (▶ Kap. 42). Proteotypische Peptide werden hier als Surrogate für die Proteine verwendet. Das Protein wird nach einer Proteolyse über seine spezifischen Peptidfragmente nachgewiesen und über definiert der Probe zugesetzte isotopenmarkierte Peptidstandards absolut quantifiziert. Die Sensitivität und Zuverlässigkeit der Nano-Flüssigkeitschromatographie- (nLC-) und Massenspektrometer ermöglichen es, gering konzentrierte Proteine in einem Konzentrationsbereich von 10–100 ng ml$^{-1}$ im Plasma nachzuweisen. Moderne nLC-MRM-Assays bieten neben der hohen Spezifität eine gute Sensitivität und zeigen einen dynamischen Bereich von 3–4 Größenordnungen. Zweidimensionale LC-Trennungen kombiniert mit MRM-Detektion (2D-LC-MRM) ermöglichen sehr geringe Nachweisgrenzen, die es sogar erlauben, Cytokine im Pikogramm-pro-Milliliter-Bereich in Blutplasma nachzuweisen. Allerdings erfordern solche 2D-LC-MRM-Assays sehr viel Zeit (Stunden), um Tausende von Peptiden aufzutrennen und aufzukonzentrieren. Technische Grenzen ergeben sich v.a. durch die Säulenkapazität. Durch die große Menge an Matrixpeptiden in der Probe wird die Menge an Analytpeptiden, die auf der LC-Säule angereichert werden kann, begrenzt. Der Probenübertrag zwischen Injektionen und die Ionisationsunterdrückung in der ESI-Quelle, wenn unterschiedliche Peptide gleichzeitig ionisiert werden, verhindern bisher den Einsatz der LC-MRM bzw. LC-PRM für eine routinemäßige Quantifizierung von niedrig konzentrierten Proteinen in der medizinischen Routinediagnostik.

Durch die Kombination eines Immunpräzipitationsschrittes mit einer chromatographischen Trennung gelingt es dagegen, die Matrixpeptide weitgehend abzutrennen, die Peptide aus der Probe anzureichern und dadurch sowohl die Sensitivität des folgenden LC-MRM- (PRM-)Assays zu steigern als auch die Analysenzeiten pro Probe auf wenige Minuten stark zu verkürzen. Dabei wird das Protein selbst oder ein tryptisches Peptid aus diesem Protein vor dem massenspektrometrischen Auslesen mit einem Antikörper angereichert. Leigh Anderson und Kollegen haben als eine der ersten Arbeitsgruppen Tests auf Basis ihrer SISCAPA-Methode (*Stable Isotope Standards and Capture by Anti-Peptide Antibodies*) etabliert und dabei die nLC-MRM-Massenspektrometrie mit einer Immunpräzipitation kombiniert. Der Immunaffinitätsschritt führte zu einer mehr als 8000-fachen Anreicherung der Peptide. Die Nachweisgrenzen für Plasmaproteine liegen bei solchen Assay im Allgemeinen im unteren Nanogramm-pro-Milliliter-Konzentrationsbereich. Der Immunpräzipitationsschritt kann direkt mit der Chromatographie (online) erfolgen, mittels integrierter Immunaffinitätssäule gekoppelt werden oder abgekoppelt (offline) in einem separaten Schritt mit magnetischen Mikropartikeln oder mit Chromatographiematerial gefüllten Filterspitzen durchgeführt werden.

Beide analytischen Aufbauten haben ihre Vor- und Nachteile. Die direkte Kopplung der Immunaffinitätssäule ggf. über eine RP-Trennsäule zur Probenentsalzung mit dem ESI-MS, ermöglicht die vollautomatische Prozessierung einzelner Proben. Sie hat allerdings den Nachteil, dass Probenverschleppungen und der Verlust der Bindekapazität der Immunaffinitätssäule die Reproduzierbarkeit der Analysen beeinträchtigen. Eine von der Chromatographie abgekoppelte Durchführung des Immunpräzipitationsschrittes kann dagegen parallelisiert durchgeführt werden. Auf diese Weise kann der Probendurchsatz stark gesteigert werden. Zudem können beim Einsatz von magnetischen Partikeln größere Probenvolumina verwendet werden. Da die Immunaffinitätsmatrix für jeden Assay neu bereitgestellt wird, ist die Bindekapazität reproduzierbar und eine Probenverschleppung wird im IP-Schritt ausgeschlossen.

Es wurden bereits experimentelle Ansätze mit einem Durchsatz von hundert Proben pro Stunde demonstriert. Durch Kombination einer automatisierten Festphasenextraktionseinheit, in der die Immunpräzipitationsschritte durchgeführt werden, und direkter Injektion der angereicherten Peptide ohne weitere chromatographische Trennung in ein Massenspektrometer sind Probenzykluszeiten von 7 s möglich. Dies ermöglicht die Analyse von 96 Immunpräzipitaten in nur 15 min. Diese Anordnung kann z. B. Mesothelin, ein Plasmaprotein im mittleren Nanogramm-pro-Milliliter-Bereich quantifizieren.

Vergleichbare Analysegeschwindigkeiten sind auch durch die Verwendung der MALDI-Massenspektrometrie für die Detektion der Peptide möglich. Das immuno-MALDI-Verfahren verwendet dazu magnetische Partikel mit Antikörpern, um proteotypische Peptide aus verdauten Proben oder direkt aus Plasma anzureichern. Dazu werden den tryptisch verdauten Proben stabil isotopenmarkierte Peptidstandards in definierter Menge zugesetzt. Dann werden Antikörper zugegeben, die die Peptide und die stabil isotopenmarkierten Standards binden. Die Antikörper werden danach an Protein-A/Protein-G-beschichtete Magnetpartikel gebunden. Nach Auswaschen der Probenmatrix werden die Magnetpartikel mit den Antikörpern und den gebundenen Peptiden direkt auf einen MALDI-Probenträger pipettiert. Bei Zugabe der Matrixlösung werden die Peptide vom Antikörper eluiert und können dann mittels MALDI-MS analysiert werden. Das immunoMALDI-Verfahren unterscheidet sich von anderen Verfahren dadurch, dass die Peptide durch die Anwendung von organischer Säure, die gleichzeitig als MALDI-Matrix dient, direkt vom Fängerantikörper auf den MALDI-Objektträger eluiert werden. Ein Nachweis erfolgt direkt ohne weitere chromatographische Trennung. Hier ist zu erwähnen, dass an den Antikörper besonders hohe Anforderungen in Bezug auf Affinität und Spezifität gestellt werden müssen. Da keine weitere Analytanreicherung und Matrixabtrennung erfolgt, sollten möglichst nur das proteotypische Peptid und der zugehörige stabil isotopenmarkierte Peptidstandard aus der Probe angereichert werden.

## 17.4 Anwendung in der Forschung und Klinik – Proteinbiomarker

Durch die Kombination von mehreren Antikörpern in einer einzigen Immunpräzipitation, kombiniert mit der hochspezifischen massenspektrometrischen Detektion der angereicherten Peptide, können quantitative Analysen von bis zu 500 Proteinen im Rahmen einer Analyse in sehr kurzer Zeit (wenige Minuten) durchgeführt werden. Der Durchsatz, die Sensitivität und die Robustheit der MSIA ermöglichen es, in der Validierungsphase einer Biomarkerentwicklung eine Vielzahl von Analyten in hunderten biologischer Proben zu untersuchen. Im Vergleich zu den klassischen Methoden der Proteinanalytik (ELISA, Western-Blot, etc.) kann somit eine größere Zahl an Proteinbiomarkerkandidaten in derselben Probe gleichzeitig analysiert und validiert werden. Dadurch kann die Auswahl geeigneter Biomarker für klinische Tests verbessert und beschleunigt werden (◘ Tab. 17.1).

◘ **Tab. 17.1** Vor- und Nachteile einer Immunpräzipitation auf Protein- oder Peptidebene in einem massenspektrometriebasierten Immunassay

| | Protein | Peptid |
|---|---|---|
| Probenvolumen, -menge | µl–ml, µg–mg | µl, µg |
| Nachweis Proteoformen | + | – |
| Nachweis posttranslationaler Modifikationen | + | + |
| Nachweis Membranproteine | – | + |
| speziesunabhängig | + | + |
| Sequenzvarianten | + | + |
| Multiplex (typische Größe) | 1–10 | 1–10 |
| dynamischer Bereich | $10^4$ | $10^4$ |
| interner Standard | rekombinantes Protein, teuer | synthetisches Peptid, günstig |
| Sensitivität | pg $ml^{-1}$ | pg $mL^{-1}$ |

17

Ein erstes Beispiel für den Einsatz eines MSIA in der klinischen Diagnostik ist die Messung von Thyroglobulin. Thyroglobulin ist ein Serumbiomarker für Schilddrüsenkrebs. Für Thyroglobulin existiert eine Vielzahl an Sandwichimmunassays, die in der Klinik schon lange eingesetzt werden. Allerdings kommt es in den Patienten häufig zur Bildung von Autoantikörpern, die gegen Thyroglobulin gerichtet sind. Diese Autoantikörper können das Protein für die Fänger- und Detektorantikörper eines Sandwichimmunassays maskieren und so die diagnostischen Ergebnisse verfälschen. Durch die enzymatische Probenverarbeitung mit Trypsin werden Thyroglobulin und auch die Autoantikörper in Peptide fragmentiert. Somit wird auch durch Autoantikörper maskiertes Thyroglobulin über seine proteotypischen Peptidfragmente robust und eindeutig quantifizierbar. Der Vorteil eines MSIA gegenüber dem Sandwichimmunassay besteht hier also darin, dass maskierende Probenbestandteile wie Autoantikörper gegen Thyroglobulin den Test nicht mehr stören können. Weitere klinisch relevante Beispiele aus der Literatur für den Nachweis von Proteinbiomarkern mit MSIAs sind Troponin 1, Epidermal Growth Factor Receptor 2 (HER-2), Östrogenrezeptor und verschiedene Proteinkinasen.

## 17.5 Proteomweite Immunaffinitäts-MS-basierte Ansätze mit gruppenspezifischen Antikörpern

Immunaffinitäts-MS-basierte Strategien werden zunehmend auch in Projekten zur Entwicklung von Biomarkern eingesetzt. Da die Entwicklung von Dutzenden von Antikörpern für die Validierung von Biomarkerkandidaten teuer und zeitaufwendig ist, werden in solchen Projekten oft muster- oder peptidgruppenspezifische Antikörper eingesetzt. Die musterbasierte oder peptidgruppenspezifische Immunaffinitätsanreicherung ermöglicht die Analyse von Peptidgruppen und kann zur Identifizierung differenziell und posttranslational modifizierter Proteine eingesetzt werden. Die Antikörper, die hier zur Anreicherung verwendet werden, binden entweder Peptide, die eine gemeinsame Teilsequenz beinhalten, oder die dieselbe posttranslationale Modifikation (z. B. Phosphorylierung, Acetylierung, Methylierung, Ubiquitinylierung, Nitrosylierung, Nitrierung) tragen. Die in diesen Strategien verwendeten Antikörper sind somit gruppenspezifische Affinitätsmoleküle, die an gemeinsame Epitope in den Peptidsequenzen oder Proteinen binden. Die Analysenstrategie folgt den in ◘ Abb. 17.1 beschriebenen Abläufen, mit dem IP-Fraktionsschritt vor oder nach der proteolytischen Spaltung der Proteine und der folgenden LC-MS-Analyse. Die Strategie ermöglicht eine proteomweite Untersuchung von Protein/Peptid-Klassen. Im Vergleich zu den etablierten Proteomanalysestrategien ermöglichen gruppenspezifische Immunaffinitätsanreicherungen der Proteine die Fokussierung auf beispielsweise Phosphorylierungen. Im Unterschied zu den in ◘ Abb. 17.1 gezeigten massenspektrometriebasierten Immunassaystrategien für die Biomarkervalidierung oder für klinische Assays werden bei gruppenspezifischen Anreicherungen keine definierten Standardpeptide für die absolute Quantifizierung der Proteine zugesetzt. Es werden meistens relative Quantifizierungen über Vergleiche der Peptidsignale in unterschiedlichen Proben durchgeführt. Häufig werden dazu die Proteine in den Proben auf metabolischem oder chemischem Weg mit unterschiedlichen stabilen Isotopen markiert (▶ Kap. 42).

Mittels phosphorylierungsspezifischen Antikörper können z. B. phosphorylierte Proteinen bzw. Peptide angereichert werden. Hierbei werden drei Arten von phosphorylierungsspezifischen Antikörpern verwendet. Diese Antikörper sind in der Lage, an

- spezifische Phosphopeptidsequenzen,
- Phosphoserin- oder Phosphothreonin- oder Phosphotyrosinmotive

zu binden. Antikörper gegen Phosphotyrosin werden besonders häufig bei der Immunaffinitätsanreicherung und Fraktionierung von Phosphotyrosinproteinen und Peptiden eingesetzt. Kombiniert mit unterschiedlicher metabolischer oder chemischer Markierung der Proteine der Vergleichsproben können so beispielsweise schnelle quantitative Studien über die Auswirkungen von Inhibitoren auf die Zellfunktion gemessen werden, indem die Phosphorylierung von Proteinen in Rezeptorsignalkaskaden analysiert wird (z. B. *Epidermal-Growth-Factor*- (EGF-) Signalkaskade). Im Gegensatz zu Anti-Phosphotyrosin-Antikörpern wird die Bindung von bisher verfügbaren Anti-Phosphoserin- und Anti-Threonin-Antikörpern sehr stark von den umgebenden Aminosäuren der Phosphorylierungsstelle beeinflusst. Daher hängen die Ergebnisse der generischen Anreicherung von Phosphoserin- und Phosphothreonin enthaltenden Peptiden oder Proteinen stark von der Menge des Probenmaterials ab, die im Milligrammbereich liegen muss.

Eine weitere gruppenspezifische Anreicherungsstrategie setzt Antikörper ein, die terminale Epitope mit nur vier Aminosäuren binden. Derartige Antikörper sind in der Lage, über diese kurzen Peptidmotive bis zu hundert verschiedene Peptide in einer mit Trypsin enzymatisch fragmentierten Probe zu binden. Über schnelle LC-MSMS Analysen können die wenigen Peptide und somit auch die zugehörigen Proteine in dieser Mischung eindeutig identifiziert werden. Diese gruppenspezifischen Antikörper lassen sich durch Immunisierung mit entsprechenden Peptiden mit vier terminalen Aminosäuren einfach herstellen. Durch bioinformatische Optimierung der gebundenen Epitope kann eine gute Abdeckung der Proteine eines Proteoms mit weniger als hundert Antikörpern erreicht werden. Da diese gruppenspezifischen Antikörper für Analysen der Proteome unterschiedlicher Spezies einsetzbar sind, können sie sowohl in Entwicklungsprojekten eine schnelle Übersichtsanalyse von Proteomen ermöglichen als auch für den gezielten Nachweis einzelner Proteine mit gezielten massenspektrometriebasierten Immunassays eingesetzt werden. Während bei den oben beschriebenen MSIA Strategien mit spezifischen Antikörpern (z. B. SISCA-PA) mehrere Monate für die Herstellung der neuen Antikörper eingeplant werden müssen, können gruppenspezifische Antikörper vorab hergestellt und deshalb sofort für neue Studien eingesetzt werden.

## 17.6  Ausblick

In den letzten Jahren wurde eine Vielzahl von massenspektrometriebasierten Immunassays etabliert, mit denen mehrere dutzend Proteine schnell und robust quantifiziert werden können. Darunter sind auch Proteine, die aufgrund geringer Löslichkeit oder hoher Sequenzhomologien ansonsten schwer zu analysieren sind, (z. B. Transmembranproteine). Die breite Anwendung von massenspektrometriebasierten Immunassays (MSIAs) in der Grundlagen- und angewandten Forschung wird noch durch die Verfügbarkeit geeigneter Antikörper limitiert. Weltweit gibt es aber zahlreiche Bestrebungen, Antikörper besser zu charakterisieren und vor allem die möglichen Anwendungen der Antikörper in Datenbanken öffentlich zugänglich zu machen. Bessere Informationen über geeignete Reagenzien werden die Entwicklung von Immunassays, aber auch von MSIAs enorm erleichtern. Schnell verfügbare kommerzielle An-

tikörper für massenspektrometriebasierte Immunassayanwendungen oder gruppenspezifische Antikörper, die vorproduziert und damit universell eingesetzt werden können, ermöglichen in Zukunft die sehr schnelle Etablierung von quantitativen massenspektrometriebasierten Immunassays. Stabil isotopenmarkierte interne Standards, v. a. Peptide, können heute schon über die Festphasensynthese sehr schnell in hoher Qualität hergestellt werden. Deshalb werden in Zukunft Immunaffinitäts-MS-basierte Strategien zum Nachweis und zur Quantifizierung von Proteinen vor allem im Bereich der Validierung von Proteinbiomarkern, aber auch in der klinischen Diagnostik häufiger zur Anwendung kommen und teilweise klassische Immunassays ersetzen.

## Literatur und Weiterführende Literatur

Anderson NL et al (2004) Mass spectrometric quantitation of peptides and proteins using Stable Isotope Standards and Capture by Anti-Peptide Antibodies (SISCAPA). J Proteome Res 3(2):235–244

Jiang J et al (2007) Development of an immuno tandem mass spectrometry (iMALDI) assay for EGFR diagnosis. Proteomics Clin Appl 1(12):1651–1659

Nelson RW et al (1995) Mass spectrometric immunoassay. Anal Chem 67(7):1153–1158

Palandra J et al (2013) Highly specific and sensitive measurements of human and monkey interleukin 21 using sequential protein and tryptic peptide immunoaffinity LC-MS/MS. Anal Chem 85(11):5522–5529

Poetz O et al (2009) Proteome wide screening using peptide affinity capture. Proteomics 9(6):1518–1523

Ross AH et al (1981) Phosphotyrosine-containing proteins isolated by affinity chromatography with antibodies to a synthetic hapten. Nature 294(5842):654–656

Zhang H et al (2002) Phosphoprotein analysis using antibodies broadly reactive against phosphorylated motifs. J Biol Chem 277(42):39379–39387

17

# Bildgebende Massenspektrometrie

*Bernhard Spengler*

## Inhaltsverzeichnis

18.1    Analytische Mikrosonden – 424

18.2    Images: Massenspektrometrische Rasterbilder – 425

18.3    SMALDI-MS: Die Grenzen der Auflösung – 426

18.4    Weitere Methoden der bildgebenden Massenspektrometrie – 427

18.5    Auflösung versus Nachweisgrenze – 428

18.6    MS-Imaging als phänomenologische Methode – 429

18.7    SMALDI-Imaging als exakte Methode – 429

18.8    Identifizierung und Charakterisierung – 430

Literatur und Weiterführende Literatur – 431

© Springer-Verlag GmbH Deutschland, ein Teil von Springer Nature 2022
J. Kurreck et al. (Hrsg.), *Bioanalytik*, https://doi.org/10.1007/978-3-662-61707-6_18

- Bildgebende MALDI-Massenspektrometrie (MALDI-MS-Imaging) ist eine vielseitige und hoch genaue analytische Methode für die Untersuchung von biologischem Gewebe. Weitere häufig eingesetzte MSI-Methoden sind DESI, LA-ICP-MS und SIMS.
- Die erreichbare räumliche Auflösung der erzeugten molekularen Verteilungsbilder hängt von verschiedenen Parametern ab, wie z. B. der Probenpräparation und der Geometrie der Primäranregung. Die instrumentelle Nachweisgrenze limitiert ebenfalls die nutzbare räumliche Auflösung.
- Mit MALDI und mit SIMS lassen sich für Biomoleküle aus Gewebe räumliche Auflösungen von etwa 1–2 μm erreichen.
- Neue Methoden erlauben eine detaillierte und direkte Charakterisierung der molekularen Struktur von Gewebekomponenten, insbesondere durch MS/MS-Imaging und durch strukturspezifische Derivatisierung.
- Mithilfe automatisierter pixelgenauer Fokussierung lassen sich auch nichtebene Objekte, wie z. B. Wurm-Parasiten, dreidimensionale Zellkulturen oder nichtflache Gewebeschnitte, untersuchen.

Zelluläre Vorgänge werden durch molekulare Stoffklassen repräsentiert, die mit Begriffen wie Genom, Transkriptom, Proteom, Lipidom, Metabolom beschrieben werden. Neben der kompositionellen Ebene der Zellfunktionalitäten spielt auch der räumliche molekulare Kontext innerhalb einer Zelle oder innerhalb eines Gewebes eine entscheidende Rolle. Es besteht heute kein Zweifel, dass eine biologische Funktion nicht allein von den Mengen der daran beteiligten Moleküle abhängig ist, sondern es spielt auch – oder vielleicht sogar vor allem – der lokale Kontext, die Nachbarschaft, in der sich die einzelnen funktionellen Moleküle befinden, eine wesentliche Rolle. Daher müssen immer häufiger Techniken eingesetzt werden, die konsequent den räumlichen Kontext von Biomolekülen, das sog. Toponom, analysieren.

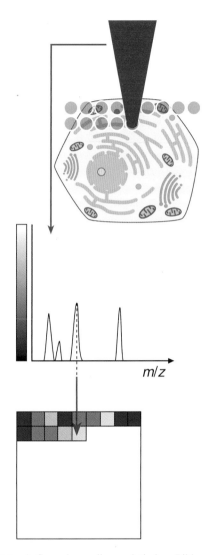

**Abb. 18.1** Aufbau eines mikroanalytischen Bildes (Image) aus ortsbezogenen, massenspektrometrischen Daten. (Mit freundlicher Genehmigung von © Bernhard Spengler 1994)

## 18.1 Analytische Mikrosonden

Es ist offensichtlich, dass die globale molekulare Zusammensetzung einer homogenisierten Gewebeprobe allein keine umfassende Aussage über biochemische und biologische Mechanismen machen kann. Neben der qualitativen und quantitativen Analyse ist vor allem die Lokalisierung einzelner Substanzen in Organen, Geweben oder Zellen von entscheidender Bedeutung für das Verständnis natürlicher Zustände und Abläufe. Solche Substanzen (Marker) können anorganische Ionen (z. B. $Ca^{2+}$, $Fe^{2+}$), Spurenelemente (z. B. Selen, Cobalt), pharmakologische Wirkstoffe, Lipide, Oligosaccharide,

Oligonucleotide, Peptide, Proteine oder auch Metabolite biochemischer Reaktionsketten sein. Die örtliche Lokalisierung solcher Stoffe in biologischen Proben lässt sich mit dem Begriff „Toponomics" zusammenfassen. Als Toponom wird dabei die Gesamtheit räumlicher Konzentrationsverteilungen von Mitgliedern einer Substanzklasse (z. B. aller Proteine in einer biologischen Zelle) verstanden. In einer engeren Definition dieses an die bekannten Begriffe „Genom" oder „Proteom" angelehnten Ausdruckes ist die Abbildung des Zusammenspiels bzw. der Kolokalisation jeweils mehrerer Komponenten einer Substanzklasse gemeint, um so z. B. die Orte und Gesetzmäßigkeiten des Auftretens heterogener Proteinkomplexe darzustellen (Abb. 18.1).

Die Zielsetzung, biochemische Prozesse nicht nur zu qualifizieren und zu quantifizieren, sondern darüber hi-

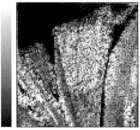

⌐10 µm

Peptid:                Salzverunreinigung:        Matrix:
Substanz P             Kalium                     2,5-Dihydroxybenzoesäure

◻ **Abb. 18.2**  Hochaufgelöste Darstellung der präparationsbeding-
ten räumlichen Verteilung eines Peptides in einer MALDI-Probe sowie Verteilung der Matrix 2,5-Dihydroxybenzoesäure und von Salz-
verunreinigungen. Die Abbildung zeigt das Ausschlussprinzip der
Ionenbildung, da Peptidionenbildung offenbar nur aus Mikroberei-
chen erfolgt, die frei von Alkaliionen sind. (Mit freundlicher Genehmigung von © Bernhard Spengler 1994)

naus auch zu lokalisieren, ist weitverbreitet. Die Fluoreszenzmikroskopie im Zusammenspiel mit immunche-
mischen Markierungstechniken beispielsweise erlaubt
schon seit Langem die mikroskopische Abbildung physiologischer Vorgänge. Nachteil aller Markierungstechniken ist jedoch, dass die abzubildenden Zielmoleküle
bereits vor der Untersuchung bekannt sein müssen, um
geeignete Markierungsstoffe (z. B. Antikörper) festlegen
und anwenden zu können. Der aufwendige und ein-
schränkende Markierungsschritt lässt sich vermeiden,
wenn die chemische Zusammensetzung einer biologischen Probe an einem interessierenden Probenort ohne
Vorkenntnisse und ohne substanzspezifische Vorberei-
tungen bestimmt werden kann. Hierzu ist die Massenspektrometrie im Grundsatz in der Lage. Schon in den
Siebzigerjahren des zwanzigsten Jahrhunderts wurden
mit Beginn der Verfügbarkeit von Hochleistungslasern
mit ultravioletten Emissionswellenlängen Methoden
entwickelt, um biologisches Material punktuell massenspektrometrisch mithilfe der Laserdesorption zu analysieren. Diese als *Laser Microprobe Mass Analysis*
(LAMMA) bezeichnete Technik wird noch heute in einigen Labors eingesetzt, um z. B. Spurenelemente in
biologischem Gewebe nachzuweisen.

In ähnlicher Weise war auch die sog. **Sekundärionen-
Massenspektrometrie** (SIMS) schon sehr früh in der
Lage, Elemente und kleine Moleküle auf technischen
oder biologischen Oberflächen nachzuweisen. Beide
Methoden arbeiteten mit räumlichen Auflösungen im
Bereich von etwa einem Mikrometer, besaßen jedoch zunächst nicht die Möglichkeit, eine Probe abzurastern
und räumliche Konzentrationsverteilungen bildlich darzustellen, sondern konnten lediglich einzelne Proben-
orte punktuell analysieren. Erst mit der als *Ion Imaging*
bezeichneten SIMS-Methode wurde dies für Elemente
und kleine Moleküle erstmals möglich.

Mit der Einführung der matrixassistierten Laserde-
sorption/Ionisation (MALDI) durch Michael Karas
und Franz Hillenkamp sowie der Elektrospray-
Ionisation durch John Fenn war das Interesse in den
1980er-Jahren zunächst auf die Querschnitts- (*Bulk-*)
Analyse großer Biomoleküle aus gelösten, aufgereinigten Proben gelenkt, kehrte jedoch bald zurück zur Zielsetzung der direkten analytischen Abbildung nativer
Proben. Das Prinzip der bildgebenden MALDI-
Massenspektrometrie von Biomolekülen wurde erstmals 1994 demonstriert und dafür der Begriff *MALDI
Imaging* geprägt (◻ Abb. 18.2). Die Methode erlangte
in den folgenden Jahren breite Anwendung in der Untersuchung biologischer Proben.

## 18.2  Images: Massenspektrometrische Rasterbilder

Um aus massenspektrometrischen Daten mikroanalytische Bilder zu erzeugen, sind umfangreiche Datenverar-
beitungsschritte notwendig. Im einfachsten Fall wird ein
Verteilungsbild auf die folgende Weise erzeugt: Ein stark
fokussierter, zeitlich sehr kurzer Laser- oder Primärionenstrahl wird zunächst auf eine exakt positionierte
Probe gelenkt. Die dabei erzeugten Ionen werden massenspektrometrisch analysiert und das so erhaltene Massenspektrum dieses einen Probenortes gespeichert. Der
Fokusdurchmesser des Laser- bzw. Ionenstrahls entspricht dabei in erster Näherung der erzielbaren räumlichen Auflösung des Verteilungsbildes und üblicherweise
auch der Schrittweite des Rasters. Im darauf folgenden
Schritt wird entweder die Probe oder der Primärstrahl
um eine Schrittweite weiterbewegt und ein weiteres Massenspektrum registriert. Ist der gesamte zu untersuchende
Probenbereich zweidimensional abgerastert, können die

◘ **Abb. 18.3** Verschiedene Arten der visuellen Codierung massenspektrometrischer Ortsinformationen. Die räumliche Verteilungen von drei Komponenten A, B, C können zunächst als Graustufenbilder dargestellt werden (**A**, Mitte). Weiß entspricht dabei hohen Signalintensitäten, Schwarz niedrigen. Bis zu drei Komponenten können darüber hinaus in einem RGB-Bild (Rot, Grün, Blau) gemeinsam verlustfrei dargestellt werden, wenn jeder der drei Farbkanäle mit den Signalen einer Komponente codiert wird (**A**, rechts). Das lokale Zusammentreffen mehrerer Komponenten kann aber auch durch z. B. logische Verknüpfungen oder durch multivariate statistische Datenanalyse der Signale beliebig vieler Komponenten mit frei wählbaren, zugeordneten Farben dargestellt werden. Hierbei werden nicht fließende Graustufen- (Intensitäts-)Werte verwendet, sondern Intensitäten oberhalb und unterhalb eines Schwellwertes als 1 bzw. 0 gewertet (**B**, rechts)

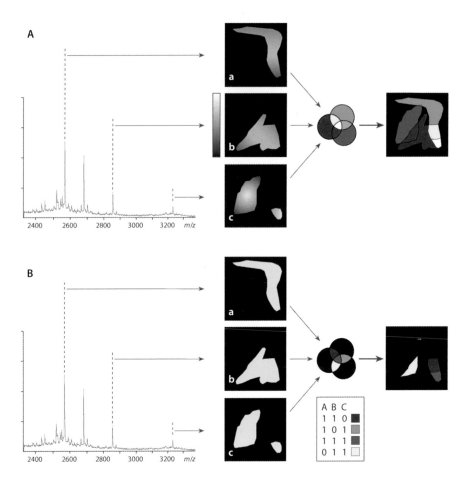

gespeicherten Massenspektren im Hinblick auf interessante Massensignale (= Probenkomponenten) durchsucht werden. Für beliebig viele solcher Massensignale können nun Graustufenbilder erzeugt werden, indem die jeweiligen Signalintensitäten einer Komponente in den ortsbezogenen Massenspektren in Helligkeitswerte der Pixel des Verteilungsbildes übersetzt werden. Mithilfe farblicher Codierung können außerdem ausgehend von den Graustufenbildern aussagekräftigere Visualisierungen einzelner Verteilungen, aber auch Kolokalisierungen mehrerer Komponenten, differenzielle Konzentrationsverteilungen unterschiedlicher Zustände oder komplexe Korrelationen dargestellt werden. Ein wichtiges Merkmal einer leistungsfähigen Bilderzeugungssoftware ist der Erhalt bzw. die Zugreifbarkeit und Validität der komplexen analytischen Daten, die den farblich codierten Pixeln zugrunde liegen (◘ Abb. 18.3).

## 18.3 SMALDI-MS: Die Grenzen der Auflösung

Die erreichbare räumliche Auflösung ist natürlicherweise ein entscheidendes Kriterium der Anwendbarkeit und Nützlichkeit von toponomischen Methoden. Während

es mit relativ geringem instrumentellem Aufwand möglich ist, Verteilungsbilder mit einer räumlichen Auflösung von 25–50 μm mithilfe der MALDI-Methode zu erzeugen, bereitet die an zelluläre Strukturen heranreichende Auflösung im Bereich von 1 μm große prinzipielle Schwierigkeiten. Zur Unterscheidung von der niedrig auflösenden MALDI-Imagingmethode wurde für die hochauflösende Technik der Begriff *Scanning Microprobe MALDI* (SMALDI) eingeführt. Unterschiede liegen nicht nur in der Zielsetzung, sondern vor allem in den zugrunde liegenden Mechanismen der Materialverdampfung und Ionisation. Dass sich die MALDI-Methode überhaupt für die biomolekulare Ionenerzeugung aus Laserfoci im Mikrometerbereich eignet, wurde erstmals 1994 gezeigt (◘ Abb. 18.2). Ebenso wie bei der normalen MALDI-Massenspektrometrie ist es auch bei der SMALDI-MS von z. B. Peptiden notwendig, dass sich Matrix und Analyt im gelösten Zustand vermischen und Analytmoleküle während der Trocknungsphase in die sich bildenden Matrixkristalle eingebaut werden. Die Optimierung dieses Vorgangs ist bei gewöhnlichen MALDI-Analysen lediglich im Hinblick auf die erreichbare Nachweisempfindlichkeit von Bedeutung. Mikroskopisch betrachtet hat dieser Prozess jedoch erhebliche Auswirkungen auf die Topographie der zu untersuchenden Probensubstanzen.

**18**

Die hochaufgelösten Abbildungen von MALDI-Proben zeigen die auftretenden Phänomene sehr deutlich. In der Verteilung des Peptides Substanz P innerhalb einer MALDI-Probe zeigt sich die vorwiegende Lokalisierung in den Kristallen der Matrix 2,5-Dihydroxybenzoesäure (◘ Abb. 18.2). Demgegenüber werden Alkaliionen, die sich, wie auch andere ionische Verbindungen, bei der MALDI-Massenspektrometrie i. A. negativ auf die analytische Nachweisgrenze auswirken, aus den sich bildenden Matrixkristallen herausgedrängt und nicht eingebaut. Mikroskopisch betrachtet ist somit der Matrixpräparationsschritt offensichtlich ein Aufreinigungsvorgang, bei dem im Anschluss die Desorption und Ionisation von Biomolekülen lokal aus salzfreien Bereichen erfolgen kann. Bei der gewöhnlichen MALDI-Massenspektrometrie, deren großer Laserfokus kristalline und nichtkristalline Bereiche gleichzeitig überdeckt, kann dieses gegenseitige Ausschlussprinzip nicht mit derselben Klarheit beobachtet werden. Bei der SMALDI-MS mit Mikrometer-Fokusdurchmessern hingegen gilt es offenbar sehr streng.

Der Einbau von Analytmolekülen in die Matrixkristalle ist eine notwendige Voraussetzung für den empfindlichen Nachweis von Proteinen und Peptiden. Sollen demzufolge biologische Gewebe oder Zellen mit MALDI oder SMALDI untersucht werden, muss die Matrix so hinzugefügt werden, dass zumindest kurzfristig eine Durchmischung der Analyten mit der Matrix im gelösten Zustand erfolgen kann, aus dem heraus dann analytdotierte Matrixkristalle wachsen können. Dieser Vorgang führt aber, wie an ◘ Abb. 18.4 zu erkennen ist, einerseits zu einer „Verschmierung" ursprünglich lokalisierter Analytkonzentrationen, andererseits aber auch zu Segregationen und damit zur Bildung neuer artefaktischer Konzentrationsspitzen verschiedener Probenkomponenten. Für die Zielsetzung einer örtlich hochaufgelösten und gleichzeitig hoch empfindlichen Analytik bedeutet dies ein Dilemma, das nur mit einem in beide Richtungen vertretbaren Kompromiss gelöst werden kann. Mit optimierten und standardisierten Sprühmethoden können mittlerweile auch von der vergleichsweise grob kristallisierenden Matrix 2,5-Dihydroxybenzoesäure Matrixkristalle kleiner als 2 μm erzeugt werden, die gleichzeitig niedrige Nachweisgrenzen liefern (Kompauer et al. 2017a). Für Verbindungen, die nicht zwingend einen Matrixeinbau erfordern, wie z. B. Phospholipide, werden alternativ auch Sublimationsmethoden eingesetzt, die die Matrix im trockenen Zustand auf die Probe auftragen. Die Nachweisgrenzen sind jedoch selbst für Phospholipide erheblich höher als im Falle der Sprühpräparation (Kompauer et al. 2017a; Bouschen et al. 2010). Für den Nachweis von Peptiden und Proteinen ist die Sublimationsmethode ungeeignet.

## 18.4 Weitere Methoden der bildgebenden Massenspektrometrie

Nicht zuletzt die oben genannte Matrixproblematik lässt die Frage nach alternativen bildgebenden massenspektrometrischen Methoden aufkommen. Den beiden ältesten bildgebenden Methoden SIMS und MALDI folgte

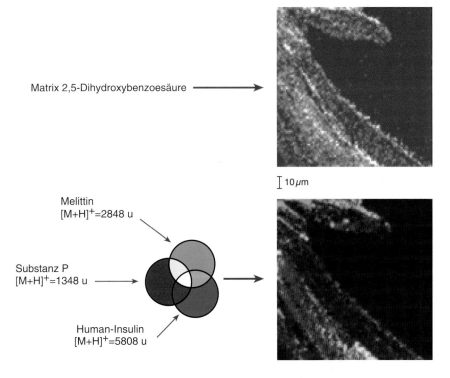

◘ **Abb. 18.4** SMALDI-Untersuchung einer *Dried-Droplet*-Präparation einer Peptidmischung aus Substanz P, Melittin und Insulin. Die Abbildung zeigt, dass durch die Matrixpräparation die Bestandteile einer Probe räumlich bewegt werden. Aus einer ursprünglich homogenen Lösung mehrerer Peptide wird nach Matrixzugabe und Kristallisation eine stark inhomogene Probe mit individuellen Analytverteilungen, die als Artefakte der MALDI-Präparation zu betrachten sind. (Adaptiert nach Bouschen et al. 2007; mit freundlicher Genehmigung von © Elsevier AG 2007)

in den letzten Jahren eine Reihe weiterer alternativer Methoden mit spezifischen Eigenschaften (■ Abb. 18.5).

Die Laserablations-Massenspektrometrie mit induktiv gekoppeltem Plasma (LA-ICP-MS) hat sich als leistungsfähige bildgebende Methode für die Elementanalyse biologischer Proben etabliert, die aufgrund einer nahezu vollständigen Fragmentierung und Ionisierung biologischer Materie eine gute Quantifizierbarkeit von metallassoziierten oder -markierten Proteinen ermöglicht. In einer Auftragung der drei wichtigen Parameter „räumliche Auflösung", „Massenbereich" und „molekulare Auflösung" nimmt LA-ICP-MS eine Mittelstellung ein. Mit molekularer Auflösung ist in diesem Schema gemeint, wie viele Signale mit unterschiedlichem Masse-zu-Ladungszahl-Verhältnis sich unter den gegebenen Messbedingungen pro Masseneinheit sauber voneinander trennen und bestimmen lassen. Dieser Wert wird beeinflusst von der Leistungsfähigkeit des Massenanalysators, der mit der jeweiligen Ionisierungsmethode gekoppelt worden ist bzw. werden kann. Bildgebende Ionisierungsmethoden, die mit Orbitrap- oder Ionenzyklotronresonanz-Massenspektrometern gekoppelt werden, ergeben hierbei die besten Werte. So kann z. B. die DESI-Methode (*Desorption Electrospray Ionisation*) an Orbitrap-Massenspektrometern eine sehr hohe molekulare Auflösung erreichen. Die räumliche Auflösung hingegen ist bei der DESI-Methode, die einen Elektrospray-Tröpfchenstrahl zur Desorption verwendet, deutlich geringer als im Falle der laserbasierten MALDI- oder LDI-Methode oder der primärionenbasierten SIMS-Methode. SIMS weist die beste erzielbare räumliche Auflösung auf, ist jedoch bislang nur mit Einschränkungen an hochauflösenden Massenspektrometern und nur im Hochvakuum betreibbar. Zudem ist der Nachweis bei SIMS noch immer auf vergleichsweise kleine Biomoleküle beschränkt, und die räumliche Auflösung für solche Biomoleküle liegt bei etwa 2 µm.

Die Matrixproblematik lässt sich auch durch Verwendung von Infrarot-Wellenlängen von etwa 3000 nm umgehen, da hier das Gewebewasser bereits als absorbierende Matrix agiert. Eine räumliche Auflösung bis zu etwa 30 µm ist mit IR-LDI-Imaging gezeigt worden.

Im Vergleich der Methoden stellt MALDI-Imaging derzeit den besten Kompromiss hinsichtlich räumlicher Auflösung, molekularer Auflösung und Massenbereich dar.

## 18.5 Auflösung versus Nachweisgrenze

Die Matrixkristallisation ist nicht die einzige mechanistische Limitierung der erreichbaren Auflösung und Nachweisgrenze. Unabhängig vom Prozess, d. h. ebenso für MALDI wie für die anderen bildgebenden massenspektrometrischen Methoden, ergibt sich eine andere, grundsätzliche Limitierung der analytischen Möglichkeiten, die auf der Verringerung der Zahl nachweisbarer Analytmoleküle mit abnehmendem Fokusdurchmesser beruht. Befinden sich unter einem schwach fokussierten Laserfokus bzw. Primärionenstrahl bei einem Fokusdurchmesser von z. B. 200 µm noch etwa sechs Milliarden Moleküle einer gedachten Monolage eines Peptides, so sind dies bei einem Fokusdurchmesser von 1 µm nur noch 200.000 Moleküle. Ein Massenspektrometer benötigt je nach Bauprinzip unter idealen Bedingungen zwischen 1000 und 100.000 Probenmoleküle für die Erzeugung eines auswertbaren Massenspektrums. Die Problematik wird ein wenig erleichtert dadurch, dass in der Massenspektrometrie nicht so sehr die absolute Signalintensität, sondern eher das Signal-zu-Rausch-Verhältnis über die Qualität eines Massenspektrums entscheidet. Mit der Abnahme der Nachweisfläche eines Probenmesspunktes sinkt mit der Signalintensität auch die Intensität der Störsignale (des sog. chemischen Rauschens), und somit werden auch sehr geringe absolute Signalintensitäten besser messbar. Dennoch ist der Nachweisempfindlichkeit mit abnehmender Probenfläche schon aus Gründen der Signalstatistik bei zu niedri-

■ **Abb. 18.5** Vergleich gängiger bildgebender Methoden hinsichtlich der Parameter molekulare Auflösung, räumliche Auflösung und Massenbereich

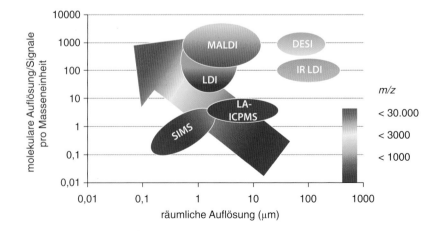

gen Molekülzahlen eine natürliche Grenze gesetzt. In der Regel sind es ja nicht vollständig besetzte Monolagen einer einzigen Analytsubstanz, die untersucht werden sollen, sondern eher hoch komplexe Gemische einer großen Zahl von Spezies. Wenig abundante Biomoleküle in biologischem Gewebe oder auf Zelloberflächen sind somit einer hochauflösenden bildgebenden massenspektrometrischen Analyse unter Umständen aus prinzipiellen Gründen nicht zugänglich. Eine räumliche Auflösung deutlich unter einem Mikrometer wird für bildgebende massenspektrometrische Methoden grundsätzlich nur für höher konzentrierte Biomoleküle erreichbar sein.

## 18.6 MS-Imaging als phänomenologische Methode

Die bildgebende Massenspektrometrie erlebt derzeit eine rasante Entwicklung der Nutzbarmachung und technologischen Verbesserung. In den Anfängen publizierte Anwendungen waren zwar bereits sehr vielversprechend, ließen jedoch noch keine tragfähige Aussage über die Validität, Reproduzierbarkeit und tatsächliche biologische oder medizinische Aussagekraft der erzeugten analytischen Images zu. Die auf der Basis von massenspektrometrischen Daten erzeugten Abbildungen von Geweben zeigten zwar molekulare Verteilungen an, die Identität und Einheitlichkeit der zugrunde liegenden Substanzen jedoch blieben zunächst unzugänglich. Bildgebende Massenspektrometrie blieb, insbesondere aufgrund der oben beschriebenen methodologischen und technischen Schwierigkeiten, zunächst eine rein qualitative, beschreibende Methoden, die den Ansprüchen der analytischen Chemie nicht immer genügte. Publikationen dieser in der Aussagekraft begrenzten Methoden gab es in recht großer Zahl vor allem im niedrig aufgelösten Bereich für das MALDI-Imaging sowie im niedrigen Massenbereich für das SIMS-Imaging.

Die in den letzten Jahren erfolgten technischen Verbesserungen der verfügbaren Massenanalysatoren und die hinsichtlich möglicher Wechselwirkungen weitgehende Entkopplung von Ionenquellen und Massenanalysatoren hatten große Auswirkungen auf die Weiterentwicklung der bildgebenden Massenspektrometrie. So erst konnten sich zum einen die vielen neueren Ionisierungsmethoden entwickeln, die unter Atmosphärendruck betrieben werden, zum anderen verschob sich das Anwendungsinteresse durch die verfügbare höhere Genauigkeit, Empfindlichkeit und Auflösung von den anfänglich favorisierten gewebegebundenen Proteinen zu den kleineren und toponomisch spezifischeren Metaboliten, Lipiden und pharmakologischen Wirkstoffen, die zuvor aufgrund mangelnder massenspektrometrischer Auflösung nicht von Hintergrundsignalen getrennt werden konnten.

## 18.7 SMALDI-Imaging als exakte Methode

Einen grundlegenden Qualitätssprung erfuhr die bildgebende Massenspektrometrie durch die Kombination von hoher räumlicher Auflösung mit hoher Massenauflösung und -genauigkeit, niedrigen Nachweisgrenzen, hoher Massenselektivität der Bildzuordnung, Strukturaufklärung durch MS/MS-Methoden und weitgehenden Erhalt des nativen Gewebezustandes durch Atmosphärendruck-Analyse. Weitere wichtige Aspekte sind die verbesserte Quantifizierbarkeit der Signale durch Autofokussierung und die intrinsische Derivatisierung zur Strukturaufklärung (*Reactive MALDI*).

Auch mit SMALDI-Imaging sind zelluläre und subzelluläre Auflösungen erreichbar. Im Gegensatz zur SIMS-Methode stellt dabei der Massenbereich der abgebildeten Biomoleküle keine vorrangige Limitierung dar. Am Beispiel des einzelligen Lebewesens *Paramecium caudatum* konnten subzelluläre Strukturen bei 2 bzw. 3 μm Pixelgröße mit einem auf 1,4 μm fokussierten Laserstrahl kontrastreich abgebildet werden (◘ Abb. 18.6).

Um bei solch geringen Laserfokusdurchmessern zu einheitlichen Ergebnissen zu kommen, war die Entwicklung einer pixelweisen hochgenauen Autofokussierung notwendig. Da aufgrund optischer Gesetzmäßigkeiten mit abnehmendem Fokusdurchmesser auch die Schärfentiefe abnimmt, ergibt sich mit erhöhter lateraler Auflösung auch eine steigende Anforderung an die Planität der Probe. Ein Herauslaufen der lokalen Probenoberfläche aus der Fokusebene hat zwangsläufig eine Vergrößerung des Strahldurchmessers und damit eine Verringerung der Bestrahlungsstärke bzw. Energiedichte auf der Probe zur Folge, die eine korrekte Quantifizierung des erzeugten Ionensignals nahezu unmöglich macht. Eine für jeden Pro-

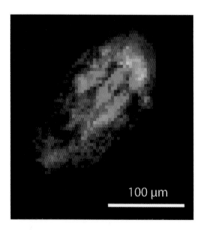

◘ **Abb. 18.6** AP-SMALDI-Image eines einzelligen aquatischen Lebewesens *Paramecium caudatum* (Pantoffeltierchen) mit einem auf 1,4 μm fokussierten Laserstrahl und einer Schrittweite (Pixelgröße) von 3 μm. Dargestellt in Rot, Grün und Blau sind drei ausgewählte Lipidspecies. (Adaptiert nach Kompauer et al. 2017a; mit freundlicher Genehmigung von © Springer Nature Publishing AG 2017)

benort durchgeführte Fokussierung des Strahls führt hingegen zu deutlich verbesserter Quantifizierbarkeit auch nichtebener Proben (Kompauer et al. 2017b).

## 18.8 Identifizierung und Charakterisierung

Bislang ist der überwiegende Teil publizierter massenspektrometrischer Images hinsichtlich des Informationsgehalts auf die Darstellung einer (grob quantitativen) Intensitätsverteilung eines ausgewählten Massensignals beschränkt. Die Identifizierung oder gar Charakterisierung der zugrunde liegenden Substanz direkt aus den bildgebenden Daten war bislang nicht möglich. Ebenso war die substanzspezifische Eindeutigkeit (analytische Homogenität) des verwendeten Massenfensters bei niedrig massenauflösenden Massenspektrometern nicht gesichert. Eine analytische Validierung (die vor jeder biomedizinischen Validierung stehen muss) war daher in aller Regel bislang nicht möglich. Stattdes-

sen mussten parallel zur bildgebenden Analyse klassische Identifizierungsmethoden aus homogenisiertem Material eingesetzt werden, und es musste anschließend indirekt auf die Zugehörigkeit zu den bildgebenden Signalen geschlossen werden. Diese Einschränkung ist in aktuellen Methoden beseitigt worden, die unmittelbar vom Gewebe mit hoher Massenauflösung und Massengenauigkeit eine direkte Validierung der Bilddaten ermöglichen (◻ Abb. 18.7). Die Abbildung von strukturspezifischen Fragmentionen zusätzlich zu den Vorläuferionen ermöglicht dabei zum einen eine Strukturaufklärung im klassischen Sinne, zum anderen können bei unzureichender Selektivität der Vorläuferionenauswahl die einzelnen Fragmentionen den jeweiligen Vorläuferionen zugeordnet werden, indem die Übereinstimmung der zusammengehörigen Verteilungsbilder als Kriterium herangezogen wird (Li et al. 2014).

Nicht immer ist eine hinreichende strukturspezifische Fragmentierung in einer direkten Tandem-MS-Analyse möglich. Insbesondere im Bereich der Lipidanalytik ergibt

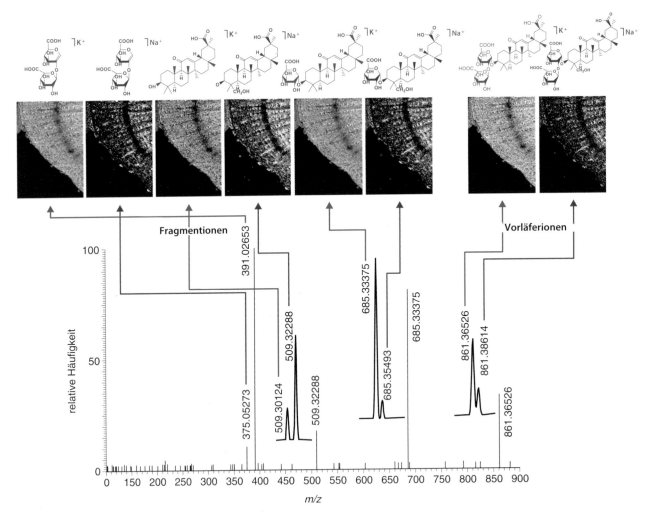

◻ **Abb. 18.7**   MALDI-MS/MS-Image von zwei Saponinen in einen Rhizom-Gewebeschnitt von *Glycyrrhiza glabra* (Echtes Süßholz). Die beiden Vorläuferionen wurden aufgrund der sehr ähnlichen Masse im Massenspektrometer gemeinsam selektiert und fragmen-

tiert. Die einzelnen Fragmentionen-Images lassen sich aufgrund der übereinstimmenden Verteilungsmuster eindeutig jeweils einem der beiden Vorläuferionen zuordnen. (Adaptiert nach Li et al. 2014; mit freundlicher Genehmigung von © Bernhard Spengler 2014)

Isomer II

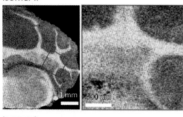

Isomer I

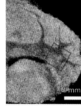

Mikroskopbild

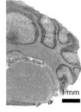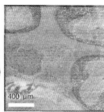

**▣ Abb. 18.8** MALDI-MS/MS-Images von charakteristischen Fragmentionen, die aufgrund von durch den Desorptionslaser verursachten Doppelbindungsfunktionalisierungen erzeugt wurden. Die beiden gezeigten Phospholipide stimmen in ihrer Fettsäurezusammensetzung und Masse überein und unterscheiden sich lediglich in der Position 7 bzw. 9 einer Fettsäure-Doppelbindung. (Adaptiert nach Wäldchen et al. 2019; mit freundlicher Genehmigung von © American Chemical Society 2019)

sich diese Problematik, die die Aussagekraft der MALDI-Imaging-Methode in dieser Frage bislang limitierte. Die äußerst hohe räumliche und funktionelle Spezifität von Phospholipiden hat das Interesse an hochgenauer bildgebender Lipidanalytik erheblich gestärkt. Neben den verschiedenen Kopfgruppen können die einzelnen Fettsäuren in ihrer elementaren Zusammensetzung auf direkte Weise durch MALDI-Imaging und MALDI-MS/MS-Imaging bestimmt werden. Ungeklärt blieb bislang jedoch die Position von Doppelbindungen innerhalb der einzelnen Fettsäuren, da die direkte Fragmentierung hierüber nur unzureichend Informationen liefert. Die Derivatisierung der Doppelbindungen in vorgeschalteten Reaktionen konnte hier weiterhelfen. Ein neues Verfahren hat diese Vorgehensweise nun erheblich vereinfacht (Wäldchen et al. 2019). Die Verwendung von Benzophenon als Matrix konnte so optimiert werden, dass gleichzeitig mit der MALDI-Messung eine lichtinduzierte Derivatisierung der Doppelbindungen stattfindet und die Produkte mit MALDI-MS/MS-Imaging abgebildet und ausgewertet werden können. Dieses als *Reactive MALDI* bezeichnete Verfahren erlaubt nun eine sehr schnelle und einfache Charakterisierung der Doppelbindungspositionen isomerer Lipide (▣ Abb. 18.8).

## Literatur und Weiterführende Literatur

Bouschen, Spengler B et al (2007) Artifacts of MALDI sample preparation investigated by high-resolution scanning microprobe matrix-assisted laser desorption/ionization (SMALDI) imaging mass spectrometry. Int J Mass Spectrom 266(2007):129–137

Bouschen W, Schulz O, Eikel O, Spengler B (2010) Matrix vapour deposition/recrystallization and dedicated spray preparation for high-resolution Scanning Microprobe MALDI Imaging mass spectrometry (SMALDI-MS) of tissue and single cells. Rapid Commun Mass Spectrom 24:355–364

Guenther S, Römpp A, Kummer W, Spengler B (2011) AP-MALDI Imaging of neuropeptides in mouse pituitary gland with 5 µm spatial resolution and high mass accuracy. Int J Mass Spectrom. 305:228–37

Hillenkamp F, Unsöld E E, Kaufmann R, Nitsche R (1975) Laser microprobe mass analysis of organic materials. Nature 256:119–120

Hummon AB, Sweedler JV, Corbin RW (2003) Discovering new neuropeptides using single-cell mass spectrometry. Trends Anal Chem 22:515–521

Jespersen S, Chaurand E, van Strien FJC, Spengler B, van der Greef J (1999) Direct sequencing of neuropeptides in biological tissue by MALDI-PSD. Mass Spectrom 71:660–666

Kompauer M, Heiles S, Spengler B (2017a) Atmospheric pressure MALDI mass spectrometry imaging of tissue and cells at 1.4 µm lateral resolution. Nat Methods 14:90–96

Kompauer M, Heiles S, Spengler B (2017b) Autofocusing MALDI mass spectrometry imaging of tissue sections and 3D chemical topography of nonflat surfaces. Nat Methods 14:1156–1158

Li B, Bhandari DR, Janfelt C, Römpp A, Spengler B (2014) Natural products in *Glycyrrhiza glabra* (licorice) rhizome imaged at the cellular level by atmospheric pressure matrix-assisted laser desorption/ionization tandem mass spectrometry imaging. Plant J 80:161–171

Luxembourg SL, McDonnell LA, Duursma MC, Guo X, Heeren RMA (2003) Effect of local matrix crystal variations in matrix-assisted ionization techniques for mass spectrometry. Anal Chem 75:2333–2341

Römpp A, Guenther S, Schober Y, Schulz O, Takats Z, Kummer W, Spengler B (2010) Histology by mass spectrometry: label-free tissue characterization obtained from high-accuracy bioanalytical imaging. Angew Chem Int Ed 49:3834–3838

Schröder WH, Fain GL (1984) Light-dependent calcium release from photoreceptors measured by laser micro-mass analysis. Nature 309:268–270

Spengler B, Hubert M (2002) Scanning microprobe matrix-assisted laser desorption ionization (SMALDI) mass spectrometry: instrumentation for sub-micrometer resolved LDI and MALDI surface analysis. J Am Soc Mass Spectrom 13:735–748

Spengler B, Hubert M, Kaufmann R MALDI ion imaging and biological ion imaging with a new scanning UV-laser microprobe. Proceedings of the 42nd ASMS Conference on Mass Spectrometry and Allied Topics, Chicago, 29. Mai 29–3. Juni 1994, S 1041

Stoeckli M, Chaurand E, Hallahan DE, Caprioli RM (2001) Imaging mass spectrometry: a new technology for the analysis of protein expression in mammalian tissue. Nat Med 7:493–496

Wäldchen F, Spengler B, Heiles S (2019) Reactive matrix-assisted laser desorption/ionization mass spectrometry imaging using an intrinsically photoreactive Paternò-Büchi matrix for double-bond localization in isomeric phospholipids. J Am Chem Soc 141:11816–11820

# Protein-Protein-Wechselwirkungen

*Peter Uetz, Eva-Kathrin Ehmoser, Dagmar Klostermeier, Klaus Richter und Ute Curth*

## Inhaltsverzeichnis

19.1    Das Two-Hybrid-System – 435
19.1.1  Das Konzept des Two-Hybrid-Systems – 435
19.1.2  Die Elemente des Two-Hybrid-Systems – 436
19.1.3  Konstruktion des Köderproteins – 437
19.1.4  Welche Köderproteine eignen sich für das Two-Hybrid-System? – 440
19.1.5  Aktivator-Fusionsprotein und cDNA-Bibliotheken – 440
19.1.6  Durchführung des Two-Hybrid-Screenings – 441
19.1.7  Modifizierte Anwendungen und Weiterentwicklungen der Two-Hybrid-Technologie – 445
19.1.8  Biochemische und funktionale Analyse der Interaktoren – 446

19.2    TAP-Tagging und Reinigung von Proteinkomplexen – 447
19.2.1  Retrovirale Transduktion – 448
19.2.2  TAP-Reinigung – 449
19.2.3  Massenspektrometrische Analyse – 450
19.2.4  Limitationen der TAP-Reinigung – 450

19.3    *In vitro*-Interaktionsanalyse: GST-Pulldown – 450

19.4    Ko-Immunpräzipitation – 452

19.5    Far-Western-Blot – 453

19.6    Plasmonenspektroskopie (Surface Plasmon Resonance) – 453

19.7    Fluoreszenz-Resonanz-Energietransfer – FRET – 456
19.7.1  FRET-Effizienzen und ihre experimentelle Bestimmung – 456
19.7.2  Methoden der FRET-Messung – 458
19.7.3  Einbringen von FRET-Sonden in Biomoleküle – 460
19.7.4  Anwendungen von FRET: Interaktions- und Strukturanalyse – 461
19.7.5  FRET als diagnostisches Werkzeug: Biosensoren – 461
19.7.6  Ausblick – 462

© Springer-Verlag GmbH Deutschland, ein Teil von Springer Nature 2022
J. Kurreck et al. (Hrsg.), *Bioanalytik*, https://doi.org/10.1007/978-3-662-61707-6_19

**19.8    Analytische Ultrazentrifugation – 462**
19.8.1    Instrumentelle Grundlagen – 463
19.8.2    Sedimentationsgeschwindigkeitsexperimente – 465
19.8.3    Sedimentationsgleichgewichtsexperimente – 468

**Zitierte und Weiterführende Literatur – 470**

- Das Yeast-Two-Hybrid-System (Y2H) ist eine genetische Methode, um Protein-Protein-Interaktionen (PPIs) zu identifizieren, indem potenziell interagierende Proteine in Hefezellen exprimiert werden. Die ursprüngliche Idee des Y2H wurde dramatisch erweitert und auf zahlreiche Probleme, Moleküle und Zelltypen ausgeweitet. Es wird heute als Teilmenge der „Protein-Fragment-Komplementationsmethoden" angesehen.
- Affinitätsreinigung von Proteinen, gekoppelt mit Massenspektrometrie, ist heute die dominante Methode zur Detektion von PPIs, vor allem von Proteinkomplexen.
- Biochemische Methoden wie Ko-Immunpräzipitation und GST-Pulldowns sind klassische PPI-Methoden, obwohl bisher kaum zur Hochdurchsatzanwendung genutzt.
- *Surface Plasmon Resonance* (SPR) ist eine physikalische Methode, die Bindung von Proteinen an Oberflächen quantitativ mit Lasern zu bestimmen.
- Förster-Resonanz-Energietransfer (FRET) ist eine abstandsabhängige Wechselwirkung zweier Farbstoffe, aus der PPIs und die Abstände zwischen Proteinen bestimmt werden können. Intramolekularer FRET kann zur Berechnung von Strukturmodellen verwendet werden.
- Die Ultrazentrifugation (UZ) kann zur Charakterisierung von PPIs und Proteinkomplexen genutzt werden indem man sich die verschiedenen Sedimentationseigenschaften von Proteinen und ihren Komplexen zunutze macht.

Bei jedem biologischen Prozess spielen Protein-Protein-Wechselwirkungen eine wesentliche Rolle: DNA-Replikation, Transkription, Translation, Spleißen, Sekretion, Kontrolle des Zellzyklus oder Signaltransduktion können weitgehend anhand ihrer Proteininteraktionen beschrieben werden. Daher ist die Aufklärung dieser Abläufe vor allem eine Aufklärung der zugrunde liegenden Protein-Protein-Wechselwirkungen.

Heutzutage werden interagierende Proteine mit relativ wenigen Methoden identifiziert, vor allem per Proteinfragment-Komplementierung (zu der auch das Two-Hybrid-System gehört) oder per Aufreinigung und darauffolgender Massenspektrometrie (AP/MS, *Affinity Purification and Mass Spectrometry*).

Hat man eine Interaktionen zwischen Proteinen identifiziert, kann diese mithilfe von weiteren Methoden verifiziert oder weiter charakterisiert und quantifiziert werden, z. B. biochemisch (Affinitätschromatographie, Affinitätsblotting, *Far*-Western, Immunpräzipitation etc.), chemisch (Crosslinking), oder physikalisch (*Surface Plasmon Resonance*, ▶ Abschn. 19.6, FRET ▶ Abschn. 19.7, analytische Ultrazentrifugation, ▶ Abschn. 19.8). Dabei werden entweder gereinigte Proteine oder auch komplexe Gemische, etwa Lysate, verwendet. Die Ultrazentrifugation nimmt insofern eine Sonderstellung ein, da sie sehr kurzlebige Wechselwirkungen nachweisen kann.

Bei der biochemischen Detektion dürfen die Dissoziationsraten der Interaktionspartner nicht zu groß sein (d. h. die Interaktion sollte recht stabil sein), weil die wechselwirkenden Proteine in aller Regel stringente oder zeitaufwendige Waschprotokolle überstehen müssen, die Hintergrundsignale auf ein erträgliches Maß senken sollen.

Das von Fields und Song entwickelte, sog. Two-Hybrid-System (auch *interaction trap* genannt) weist Protein-Protein-Wechselwirkungen in intakten Zellen (normalerweise in Hefezellen) auf genetischer Basis nach. Die oben genannten Nachteile der biochemischen Detektion werden dabei umgangen. Darüber hinaus bietet es die Möglichkeit, eine Vielzahl bislang unbekannter Protein-Protein-Wechselwirkungen mit geringem technischem Aufwand zu identifizieren. Nach ihrer Erstbeschreibung im Jahr 1989 hat diese Methodik (und ihre zahlreichen Varianten) die moderne Zell- und Molekularbiologie bereits revolutioniert. Die große Mehrzahl der heute bekannten *direkten* Proteininteraktionen wurden entweder mit dem Two-Hybrid-System oder per AP/MS entdeckt. In den folgenden Abschnitten sollen diese Verfahren detailliert vorgestellt und erläutert werden. Außerdem wird auch auf die Varianten eingegangen, die sich vom Two-Hybrid-System ableiten oder dieses ergänzen.

## 19.1 Das Two-Hybrid-System

### 19.1.1 Das Konzept des Two-Hybrid-Systems

Das klassische Two-Hybrid-System nach Fields und Song basiert auf dem modularen Aufbau eukaryotischer Transkriptionsfaktoren. Das Gal4-Protein aus der Bäckerhefe (*Saccharomyces cerevisiae*) ist ein beispielhafter Vertreter dieser Proteinfamilie. Gal4 besteht neben anderen Sequenzen vor allem aus zwei Domänen, nämlich einer DNA bindenden Domäne und einer Transkriptionsaktivierungsdomäne. Die DNA bindende Domäne bindet an eine spezifische *Upstream*-Aktivatorsequenz (UAS) der DNA und positioniert den Transkriptionsfaktor in die Nähe einer Transkriptionseinheit. Der auf der DNA fixierte Transkriptionsfaktor nimmt nun mithilfe der zweiten Domäne, der Aktivierungsdomäne, Kontakt mit dem basalen Transkriptionsapparat auf und löst die Transkription aus. Die Beobachtung, dass man DNA-Bindungsdomänen und Aktivierungsdomänen von Transkriptionsfaktoren trennen und in

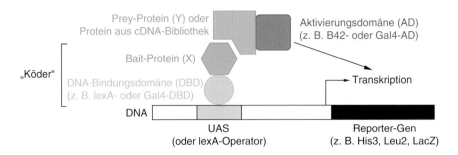

**◻ Abb. 19.1**   Das Prinzip des Two-Hybrid-Systems. Die funktionalen Domänen eines Transkriptionsfaktors wurden getrennt und sind auf zwei Fusionsproteine verteilt (daher *two-hybrid*). Die Aktivierung der Transkription wird wiederhergestellt, wenn die Fusionsproteine über die zusätzlichen Proteinanteile interagieren. Protein X wird zumeist als Köder (Bait), Protein Y als Beute (Prey) bezeichnet. UAS = *upstream activating sequence*, eine Sequenz, an welche die DBD binden kann

allen möglichen Kombinationen wieder zusammensetzen kann, erlaubte erst die Entwicklung der Two-Hybrid-Technik, einem genetischen System zur Detektion von Protein-Protein-Wechselwirkungen (◻ Abb. 19.1).

Das DNA-Bindungsmodul und das Aktivierungsmodul müssen nicht kovalent verbunden sein, sondern können auf zwei separat exprimierten Proteinen liegen, die nur durch eine nichtkovalente Protein-Protein-Interaktion verbunden sind (◻ Abb. 19.1). Als notwendige Komponente des Systems wird weiterhin ein sog. **Reportergen** benötigt, das durch die zwei hybriden Proteine angeschaltet wird. Das Reportergen verfügt über folgende Eigenschaften: Die Promotorregion muss die DNA-Sequenz enthalten, an die das DNA-Bindungsmodul bindet, und die aktivierbare Transkription muss leicht messbar sein, z. B. durch einen enzymatischen Assay, der durch die Menge des translatierten Proteins bestimmt wird (weiter unten wird detailliert auf die tatsächlich verwendeten Reportersysteme eingegangen). Die separate Expression der beiden Domänen in einer Zelle wird außerdem keine Transkription auslösen, da die DNA-Bindungsdomäne kein Aktivierungspotenzial besitzt und die Aktivierungsdomäne nicht in der Nähe des Reportergens binden kann. Die Situation ändert sich, wenn diese Module mit zwei Proteinen oder Proteindomänen X und Y fusioniert werden (daher Two-Hybrid-System: zwei Hybridproteine), die miteinander interagieren können. Die Interaktion dieser Fusionsproteine rekonstituiert einen aktiven Transkriptionsfaktor, dessen Aktivität durch die Aktivierung eines Reportergens indirekt messbar wird (◻ Abb. 19.1).

Mit einem solchen System lassen sich Wechselwirkungen von bekannten Proteinen bestimmen oder strukturell kartieren. Eine immense Anwendungserweiterung erfährt es aber erst dadurch, dass mit seiner Hilfe bislang unbekannte Interaktoren für ein bestimmtes „Köderprotein" identifiziert werden können. Zu diesem Zweck wird die Aktivatordomäne nicht mit einem gezielt gewählten Protein fusioniert, sondern meist mit einer Zufallsauswahl von Sequenzen, die im Idealfall allen Proteinen entsprechen, die in einem bestimmten Gewebe exprimiert werden. Die überwältigende Mehrzahl der von dieser Bibliothek exprimierten Proteine wird mit dem Köderprotein nicht interagieren. Aber aus denjenigen Hefe-Zellen, in denen das Reportergen aktiviert wird, können cDNAs für die interagierenden Proteine sehr einfach gewonnen werden. Diese Anwendungen machen das Two-Hybrid-System zu einem nahezu universellen Werkzeug zur Erforschung von Protein-Protein-Wechselwirkungen in allen Feldern der Biologie.

## 19.1.2   Die Elemente des Two-Hybrid-Systems

Die von Fields und Song 1989 erstmals beschriebene Technik verwendet Funktionsmodule aus dem Gal4-Protein und wurde daher zunächst in Hefezellen realisiert. Brent und Kollegen haben unabhängig davon ein weiteres Hefesystem mit folgenden Modifikationen veröffentlicht (vgl. ◻ Abb. 19.1): Die DNA-Bindungsdomäne von Gal4 wurde durch ein funktional analoges DNA bindendes Segment aus dem bakteriellen LexA-Protein ersetzt. Entsprechende Plasmide sind in ◻ Abb. 19.2 gezeigt. Konsequenterweise muss das korrespondierende Reportergen natürlich die entsprechenden LexA-Erkennungssequenzen in seiner Promotorregion aufweisen (lexA-Operator). Da die basalen Elemente (TATA-Box etc.) alleine aber nicht ausreichen, um die Transkription nennenswert zu aktivieren, wird der Reporter nur dann eingeschaltet, wenn aktivierende Proteine an den lexA-Operator rekrutiert werden. Als Reportergen wurde zunächst das lacZ-Gen aus *Escherichia coli* verwendet, das für das Enzym β-Galactosidase

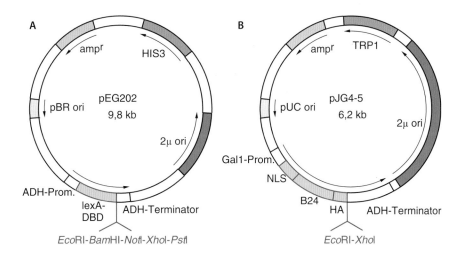

**Abb. 19.2** Hefe-Two-Hybrid-Vektoren (Expressionsplasmide). **A** Schematische Darstellung des pEG202-Vektors, der das Köderfusionsprotein codiert. LexA-DBD entspricht der DNA-Bindungsdomäne. Gesteuert wird deren Expression durch den Promotor (Prom) und Terminator des Alkohol-Dehydrogenase-Gens der Hefe (ADH1). **B** Schematische Darstellung des Vektors pJG4-5.

Dieses Plasmid codiert ein Fusionsprotein, bestehend aus Aktivierungsdomäne und einer zu untersuchenden Sequenz, die aus einer cDNA-Bibliothek stammen kann. 2μ, pUC ori: Replikationsursprünge der Hefe bzw. von *Escherichia coli*. ampʳ: Ampicillin-Resistenz. *Eco*RI, *Bam*HI, etc.: Restriktionsschnittstellen zur Klonierung von Bait- und Prey-Sequenzen. Weitere Details im Text

codiert. β-Galactosidase setzt den Indikator X-Gal (5-Brom-4-chlor-3-indolyl-β-D-galactopyranosid) zu einem blauen Produkt um, sodass Hefezellen, in denen das Reportergen aktiviert wurde, leicht an ihrer blauen Färbung zu identifizieren sind, wenn sie auf diesem Substrat ausplattiert werden (Abb. 19.3). Zusätzlich wurde ein zweites Reporterkonstrukt in das Genom des Hefestamms integriert, das LEU2-Gen (ebenfalls mit lexA-Operator), das von essenzieller Bedeutung für die Biosynthese der Aminosäure Leucin ist. Diese Strategie bietet den Vorteil, dass Hefezellen nur dann wachsen können, wenn durch die Interaktion der beiden Fusionsproteine die Leucinbiosynthese ermöglicht wird. Somit wurde zusätzlich zum **Screeningkriterium** „Blaufärbung" noch ein **Selektionskriterium** „Zellteilung" eingeführt, was den Umgang mit der Methode sehr erleichtert. Voraussetzung für die Selektion dieser Zellen auf Medien, die kein Leucin enthalten, ist natürlich die Deletion des endogenen Leu2-Gens des Akzeptorhefestamms.

Die zweite wesentliche Änderung betrifft das Aktivierungsmodul: Hier verwendete Brent nicht die entsprechende Funktion aus dem Gal4-Protein, sondern eine synthetische saure Peptidsequenz (B42), die die Transkription weniger stark aktiviert als Gal4 und demzufolge weniger empfindlich auf extrem schwache Wechselwirkungen reagieren sollte (Vermeidung von Hintergrundsignalen). Im Folgenden wird hauptsächlich auf dieses zweite System Bezug genommen. Diese beiden

Beispiele zeigen schon die Flexibilität des Systems. Daneben wurden zahlreiche andere Varianten des Y2H-Systems entwickelt, von denen unten ein paar weitere vorgestellt werden.

### 19.1.3 Konstruktion des Köderproteins

Zunächst muss die cDNA für ein Protein, für das mit dem Two-Hybrid-System Interaktoren gefunden werden sollen, in den entsprechenden Ködervektor integriert werden. Das Plasmid pEG202 besitzt die hierfür nötigen Merkmale (Abb. 19.2):

- eine DNA bindende Domäne, hier des LexA-Proteins, unter Kontrolle eines zumeist konstitutiv aktiven Promotors (hier des Alkohol-Dehydrogenase-Gens). An den Carboxyterminus dieser Domäne wird das Köderprotein fusioniert
- einen sog. Polylinker, der die Klonierung von cDNAs unter Einhaltung des richtigen Leserahmens ermöglicht
- eine hefespezifische Terminatorsequenz zum Abbruch der Transkription (in diesem Fall ebenfalls vom Alkohol-Dehydrogenase-Gen, deshalb auch $T_{ADH1}$ genannt)
- Elemente, die seine Propagation in Hefe- bzw. *Escherichia-coli*-Zellen ermöglichen: einen hefespezifischen Replikationsursprung (2μ-ori) sowie einen Replikati-

**◻ Abb. 19.3** Das Enzym β-Galactosidase (codiert vom lacZ-Gen) katalysiert die Umsetzung von X-Gal (farblos) zu 5,5′-Dibrom-4,4′-dichlorindigo (blau)

5-Brom-4-chlor-3-indoxyl-*β*-D-galactopyranosid (X-Gal)
(farblos)

*β*-Galactosidase

5,5'-Dibrom-4,4'-dichlorindigo
(blau)

onsursprung für die Amplifikation des Plasmids in *Escherichia coli* (z. B. pBR- oder pUC-origin)

– einen Marker für die metabolische Selektion der mit diesem Vektor transformierten Zellen, in diesem Falle das HIS3-Gen, welches für die Histidinbiosynthese in der Hefe benötigt wird. Das β-Lactamasegen (Ampicillin-Resistenz, amp$^r$) dient zur Selektion in *Escherichia coli*.

Das von diesem Vektor codierte Köderprotein muss einige weitere Kriterien erfüllen, um für ein Two-Hybrid-Experiment tauglich zu sein. Diese sind:

– Expression des Fusionsproteins. Gelegentlich kann es vorkommen, dass das Protein instabil ist und von der Hefe abgebaut wird. Gegebenenfalls kann dies durch Western-Blotting verifiziert werden, wofür zusätzliche Protein-Tags eingebaut werden können (z. B. ein HA-Tag, ◻ Tab. 19.1)

– Transport des Fusionsproteins in den Zellkern des Akzeptorstamms und Bindung an die LexA bindenden DNA-Elemente in der Promotorregion der Reportergene; das LexA-Fragment enthält dafür ein Kernlokalisationssignal (*Nuclear Localization Signal*, NLS).

– Das Fusionsprotein selbst darf die Transkription des Reportergens nicht auslösen.

Den Beweis für die Expression eines funktionalen Köderproteins kann man entweder durch einen Western-Blot oder durch einen einfachen phänotypischen Assay erbringen: Das Köderprotein wird einfach in einer Hefe-

zelle exprimiert, die eine Bindungsstelle für das LexA-(oder Gal4-)Protein *zwischen* einer Aktivatorsequenz (*Upstream*-Aktivatorsequenz, UAS) und einem Reportergen enthält. Die Bindung des Köders wird dadurch das Reportergen inaktivieren oder dessen Expression zumindest schwächen. Hierfür kann z. B. das Plasmid pJK101 verwendet werden, das hier allerdings nicht besprochen wird.

Es muss weiterhin überprüft werden, ob das Köderprotein selbst die Transkription des Reportergens auslösen kann (*Kriterium „Autoaktivierung"*), was die Durchführung des Two-Hybrid-Screenings schwierig machen würde. Dies ist besonders dann ein zu erwartendes, ernstes Problem, wenn das Köderprotein ein bekannter Transkriptionsfaktor ist. Aber auch völlig heterologe Proteine enthalten manchmal saure Aminosäuren, die die Transkription des Reportergens unspezifisch aktivieren können. Tatsächlich sind rund 10 % aller Proteine mehr oder weniger starke Aktivatoren! Es gibt zwei prinzipielle Möglichkeiten, mit diesem Problem fertig zu werden. Die erste Lösung macht sich zunutze, dass unspezifische Aktivierung durch Proteinsequenzen häufig nicht sehr stark ist und deshalb durch die Assaybedingungen in den Griff bekommen werden kann. Beim LexA-Two-Hybrid-System kann man die Zahl der LexA-Bindungsstellen variieren: Je mehr LexA-Bindungssequenzen in Tandemanordnung vor ein Reportergen geschaltet werden, desto empfindlicher wird der Assay. Benutzt man das His3-Gen als Reporter, kann man dessen Aktivität einfach durch Zugabe des Inhibitors 3-Aminotriazol blockieren (◻ Abb. 19.4). Der Vor-

**◘ Tab. 19.1** Häufig benutzte Epitop-Tags für die Affinitätsreinigung von Proteinen

| Einfache Tags | Affinitätsreagenz |
|---|---|
| Protein A/Protein G | Immunglobulin (IgG) |
| Glutathion-S-Transferase (GST) | Glutathion-Sepharose |
| Maltose-bindendes Protein (MBP) | Amylose |
| Grün fluoreszierendes Protein (GFP) | anti-GFP |
| Streptavidin-bindendes Peptid (SBP) | Streptavidin |
| Calmodulin-bindendes Peptid (CBP) | Calmodulin |
| HexaHis- (His$_6$-)Tag (HHHHHH) | Nickel-NTA |
| HA-Tag (YPYDVPDYA) | anti-HA |
| V5-Tag (GKPIPNPLLGLDST) | anti-V5 |
| Myc-Tag (EQKLISEEDL) | anti-Myc |
| FLAG-Tag (DYKDDDDKG) | anti-FLAG |
| Strep-Tag (WSHPQFEK) | StrepTactin |
| **TAP-Tags (Tandem-Tag)** | **Referenz** |
| Protein A-TEV-CBP | Rigaut et al. Nat. Biotechnol. 17 (1999) 1030 |
| Protein G-TEV-SBP | Burckstummer et al. Nat. Meth. 3 (2006) 1013 |
| LAP-tag | Cheeseman et al. Sci. STKE 266 (2005) 1 |
| Strep-HA | Glatter et al. Mol .Syst. Biol. 5 (2009) 237 |

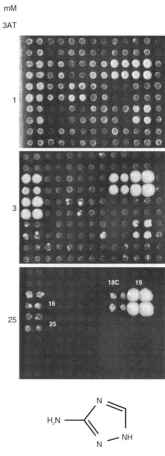

3-Aminotriazol (3AT)

**◘ Abb. 19.4** Inhibition des His3-Reporterproteins durch 3-Aminotriazol (3AT). Jedes Foto zeigt Hefekolonien in Vierergruppen, die jeweils eine Y2H-Interaktion anzeigen. Bei 1 mM 3AT ist ein deutliches Hintergrundsignal zu sehen, das mit zunehmender Konzentration von 3AT reduziert oder komplett unterdrückt werden kann. Allerdings können ab einer gewissen 3AT-Menge auch echte, aber schwache Interaktionen verloren gehen (z. B. rechts unten). Gezeigt sind Interaktionen einer Ribonucleotid-Reduktase- (RNR-) Untereinheit des Windpockenvirus. Die Zahlen bei 25 mM geben die ORF-Zahlen des Virus an, die mit der RNR-Untereinheit interagieren. (Nach Stellberger et al. 2010)

teil ist, dass verschieden starke Autoaktivatoren durch verschiedene 3AT-Konzentrationen individuell supprimiert werden können.

Im Falle einer sehr kräftigen Aktivierung der Reportertranskription durch den Köder (wenn das Protein z. B. selbst ein Transkriptionsfaktor ist) gibt es kein geeignetes quantitatives Mittel, um es im Two-Hybrid-Screen einzusetzen. In diesem zweiten Fall müssen die Sequenzen, die für die Eigenaktivierung verantwortlich sind, aus dem Protein entfernt werden. Überhaupt kann

es sinnvoll sein, eher mit kleineren, funktionalen Einheiten (Domänen) nach Interaktionen zu suchen als mit intakten Proteinen. Voraussetzung ist natürlich, dass entsprechende Informationen zur Verfügung stehen. Oft kann man sich aber durch Sequenzvergleiche behelfen, da Domänen in der Regel als konservierte Abschnitte innerhalb eines Proteins abgegrenzt werden können. Zugleich kann man mit der Verwendung von Domänen gleichzeitig kartieren, welche Abschnitte innerhalb eines Proteins für die Interaktion verantwortlich sind.

### 19.1.4 Welche Köderproteine eignen sich für das Two-Hybrid-System?

Prinzipiell lassen sich sehr viele verschiedene Proteine mithilfe des Two-Hybrid-Systems untersuchen. In der Praxis gibt es jedoch Einschränkungen. So könnten Protein-Protein-Wechselwirkungen von *Modifikationen* dieser Proteine abhängen (z. B. Glykosylierung, Phosphorylierung, Sulfatierung, Myristylierung oder Isoprenylierung). Derartige Modifikationen treten bei Two-Hybrid-Fusionsproteinen, die im Hefezellkern überexprimiert werden, unter Umständen gar nicht oder nicht spezifisch genug auf, sodass notwendige Elemente der Interaktion fehlen.

Die Lösung dieser Probleme ist, wenn sie überhaupt als solche erkannt werden, in manchen Fällen möglich. Wenn ein bestimmtes Köderprotein unter physiologischen Bedingungen von einer bekannten Proteinkinase phosphoryliert wird, könnte man diese Kinase auch in das Two-Hybrid-Experiment integrieren. Die Kinase muss natürlich bei Überexpression in Hefezellkernen eine ähnliche Aktivität und Spezifität besitzen wie in ihrer eigentlichen Umgebung, und ihre biologische Funktion darf für die Hefe nicht toxisch sein. Dies ist gegebenenfalls in Vorversuchen zu klären. In einigen Fällen hat man die notwendigen Enzyme sogar direkt an das Köderprotein fusioniert und damit erfolgreich modifikationsabhängige Interaktionen nachgewiesen. Bei *Membranproteinen* oder *Zelloberflächenproteinen* wurden erfolgreich die cytoplasmatischen Domänen gescreent. Tatsächlich können auch Transmembranproteine als Köder benutzt werden. Allerdings scheint dies nur bei bestimmten Proteinen gut zu funktionieren, z. B. Proteine des sekretorischen Wegs. Man vermutet, dass diese Proteine zuerst in die Membran des Endoplasmatische Retikulums (ER) integriert werden und von dort in die Kernmembran wandern, die mit dem ER verbunden ist (eine Two-Hybrid-Interaktion muss im Kern stattfinden!).

### 19.1.5 Aktivator-Fusionsprotein und cDNA-Bibliotheken

Die zweite Säule des Two-Hybrid-Systems ist eine cDNA-Bibliothek oder eine bekannte Proteinsequenz, die mit der Aktivatordomäne fusioniert werden muss. Dieses zweite Fusionsprotein wird von einem zusätzlichen Plasmid exprimiert. Der zu diesem Zweck hergestellte Vektor pJG4-5 (◘ Abb. 19.2) ist in Bezug auf die allgemeinen Steuerelemente, die der Propagierung in *Escherichia coli* bzw. Hefe dienen, ganz ähnlich aufgebaut wie das zuvor beschriebene pEG202-Köderplasmid. Selbstverständlich unterscheidet sich der metabolische Marker, da beide Plasmide unabhängig voneinander in den Hefestamm transformiert werden. Im Fall des pJG4-5 Vektors wird das TRP1-Gen verwendet, das essenziell für die Tryptophanbiosynthese ist. Die für das Two-Hybrid-System benötigte Transkriptionseinheit setzt sich aus mehreren Elementen zusammen. Zunächst wurde hier mit dem GAL1-Promotor ein durch Galactose aktivierbares Promotorelement verwendet, d. h. der Promotor ist nicht konstitutiv aktiv, sondern induzierbar. Dies hat bestimmte Vorteile, auf die weiter unten eingegangen wird. Der verwendete Transkriptionsterminator ist wiederum die Sequenz aus dem Alkohol-Dehydrogenase-Gen. Das von dieser Transkriptionseinheit codierte Fusionsprotein setzt sich aus folgenden Elementen zusammen: Aminoterminal enthält es eine nucleäre Translokationssequenz, die für den Transport in den Hefezellkern notwendig ist (beim pEG202-Vektor wurde diese Funktion vom LexA-Protein übernommen). Daran schließt sich die eigentliche saure Aktivierungsdomäne (B42) an, die, wie schon erwähnt, synthetischer Natur ist. Carboxyterminal wird entweder eine bekannte Protein- beziehungsweise Proteindomänensequenz oder eine cDNA-Bibliothek inseriert. Zusätzlich enthält der Vektor noch eine sog. **Epitop-Tag-Sequenz** (HA, ◘ Abb. 19.2), welche *die Detektion der Expression* mithilfe entsprechender Anti-HA-Antikörper ermöglicht, die auch kommerziell erhältlich sind.

Falls eine bekannte Sequenz insertiert wird, muss darauf geachtet werden, dass der korrekte Leserahmen erhalten bleibt. Wenn jedoch eine cDNA-Bibliothek in diesen Vektor eingefügt wird, ist die Wahrung des Leserahmens nur statistisch möglich. Zwei Drittel bzw. fünf Sechstel aller zufällig eingefügten Sequenzen werden automatisch im falschen Rahmen abgelesen, je nachdem, ob die cDNA in direktionaler Weise in den Vektor integriert wurde oder nicht. In der Praxis löst man das Problem aber einfach durch die Herstellung einer möglichst umfangreichen Zufallsbibliothek, in der alle Sequenzen in allen Leserahmen vorhanden sind.

Mittlerweile sind nicht nur cDNA-Bibliotheken der wichtigsten Modellorganismen (einschließlich des Menschen) und Gewebe kommerziell erhältlich, sondern auch definierte Klonbibliotheken, die alle ORFs komplett enthalten. Dadurch vermeidet man die meist drastische Ungleichverteilung einzelner Transkripte in einer cDNA-Bibliothek und erhält stattdessen eine *normalisierte* Bibliothek. Ein häufig genutztes Klonierungssystem für solche ORF-Bibliotheken ist das Gateway-System, ein Vielzweckvektorsystem, das die rasche Umklonierung in andere Expressionsvektoren für weitere Analysen ermöglicht (z. B. als GFP-Fusionsproteine für Lokalisationsstudien).

### 19.1.6 Durchführung des Two-Hybrid-Screenings

#### 19.1.6.1 Voraussetzungen

Um das Screening durchzuführen müssen alle beschriebenen Elemente, also Köderplasmid (1. Hybridprotein), das cDNA-Bibliothek-Aktivierungsdomänenplasmid (2. Hybridprotein) und das Reporterplasmid, in einen Hefestamm transformiert werden, in dessen Genom zusätzlich ein Reporterkonstrukt für eine Wachstumsselektion auf Protein-Protein-Wechselwirkungen integriert wurde (◘ Abb. 19.5). Prinzipiell können die Reportergene im Genom integriert sein oder auf Plasmiden liegen. Dieser Hefestamm muss demnach mindestens dreifach selektierbar sein, obwohl man oft zwei

Reportergene zur Detektion der eigentlichen Interaktion einsetzt. Die üblicherweise verwendeten Reportergene sind

- Ura3 = Orotidin-5′-phosphat-Decarboxylase (Uridinsynthese)
- His3 = Imidazolglycerolphosphat- (IGP-)Dehydratase (Histidinsynthese)
- Trp1 = Phosphoribosylanthranilat-Isomerase (Tryptophansynthese)
- Leu2 = 3-Isopropylmalat-Dehydrogenase (Leucinsynthese).

Der Hefe-Stamm EGY48 erfüllt die notwendigen Voraussetzungen, da er auxotroph für Uracil, Histidin, Tryptophan und Leucin ist. (das URA3-Gen wird als selektierbarer Marker für das lacZ-Reporterplasmid verwendet). Die ersten drei Marker werden ausschließlich für die unabhängige Propagation der drei Plasmidelemente benötigt, während das modifizierte LEU2-Gen – der genomische Reporter – für das eigentliche Screening verwendet wird. Allerdings ist die Verwendung dieser Mar-

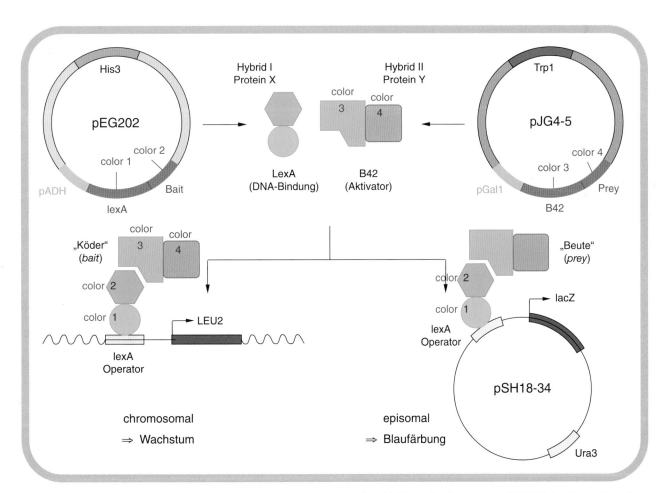

◘ **Abb. 19.5** Protein-Protein- und Protein-DNA-Wechselwirkungen im Hefezellkern beim Two-Hybrid-System. Rot: Bait- bzw. Prey-Proteine und proteincodierende Sequenzen. pSH18-34 ist ein Reporterplasmid. Ein zweites Reportergen (LEU2) ist im Genom integriert. Weitere Details im Text

ker willkürlich – andere Two-Hybrid-Systeme verwenden andere Kombinationen (z. B. mit His3 als genomischem Reporter) oder ganz andere Markergene.

### 19.1.6.2 Das Interaktionsscreening

Im ersten Schritt des Screens müssen die benötigten Plasmide sequenziell in den Akzeptorstamm befördert werden. Dies ist bis auf die Transformation mit einer cDNA-Bibliothek trivial, da jeweils nur einige wenige Klone benötigt werden, um zum nächsten Schritt zu gelangen. Die Transformation mit der cDNA-Bibliothek muss jedoch sehr effizient sein, um später eine repräsentative Anzahl von Sequenzen screenen zu können. Die Faustregel lautet hier: Mindestens eine Million unabhängige Klone müssen analysiert werden, um seltene cDNAs mit zu erfassen. Für das Two-Hybrid-Experiment bedeutet dies jedoch, dass ungefähr drei Millionen Sequenzen untersucht werden müssen, da zwei Drittel (bzw. fünf Sechstel, vgl. oben) der transformierten Bibliothek den falschen Leserahmen aufweisen (s. oben). Dies erfordert eine effektive Transformationsmethode. Wünschenswert ist etwa eine Effizienz von $10^5$–$10^6$ Transformanten pro Mikrogramm transformierter DNA. Eine solche Effizienz war lange Zeit nur schwer zu erreichen, da Hefe sich nicht annähernd so gut transformieren ließ wie das Bakterium *Escherichia coli*, bei dem eine Ausbeute von $10^8$–$10^9$ Transformanten pro Mikrogramm DNA kein Problem darstellt. Eine stetige Verbesserung der bekannten LiOAc-Polyethylenglykol-Transformation (diese Komponenten machen die Zellwand von Hefezellen für DNA durchlässig) löste dieses Problem, sodass eine Effizienz von $10^5$ Transformanten pro Mikrogramm DNA für Hefezellen heute in vielen Labors Standard ist. Nach erfolgreicher Transformation erhält man demnach eine Hefebibliothek, die sich aus mehreren Millionen unabhängiger Klone zusammensetzt und die zusätzlich alle weiteren Plasmidkomponenten für das Screening enthält. In dieser Form lässt sich die Bibliothek bei −70 °C unbegrenzt lagern.

Im zweiten Schritt erfolgt das eigentliche Screening. Wir erinnern uns, dass das Köderprotein konstitutiv exprimiert wird, während das cDNA-Aktivator-Fusionsprotein durch die Anwesenheit von Galactose im Medium induzierbar ist (GAL1-Promotor). Für das Screening muss also die Hefebibliothek auf galactosehaltiges Medium umgesetzt werden (normalerweise wird für *Saccharomyces cerevisiae* Glucose als Kohlenstoffquelle verwendet). Dieser zusätzliche Schritt – der das Verfahren vordergründig komplizierter zu machen scheint – wird hauptsächlich deshalb durchgeführt, weil mit einer gesamten cDNA-Bibliothek, die üblicherweise auch noch aus einem heterologen Gewebe stammt, eine Vielzahl bis dahin unbekannter Sequenzen in der Hefe exprimiert wird, deren Proteinprodukte teilweise toxisch sein könnten. Würde also das Screening in einem Schritt, bei konstitutiver Expression beider Hybridproteine, stattfinden, könnte ein Teil der frisch transformierten Zellen durch die toxische Wirkung der exprimierten cDNAs verlorengehen. Dies wird beim zweistufigen Protokoll vermieden. Da die cDNA in glucosehaltigem Medium zunächst gar nicht exprimiert wird, erhalten alle transformierten Zellen die gleiche Chance zur Proliferation. Danach wird die auf Glucose amplifizierte Hefebibliothek auf galactosehaltiges und leucinfreies Medium umgesetzt. Dies hat folgende Konsequenz: Das zweite Hybridprotein wird exprimiert, und es können nur noch solche Zellen weiterwachsen, in denen die Fusionsproteine interagieren, denn der leucinauxotrophe Stamm benötigt jetzt das vom genomischen Reporterlocus exprimierte Enzym für die Leucinbiosynthese. Auch bei diesem zweiten Schritt könnte theoretisch eine Toxizität des cDNA-Aktivator-Fusionsproteins ein Problem darstellen. In der Regel ist dies jedoch nicht mehr problematisch, da die proliferierten Zellen viel robuster sind.

Zellen, in denen die Hybridproteine interagieren, können sich auf leucinfreien Medien weiter teilen. Wenn das Köderprotein keine aktivierenden Eigenschaften hat, die zum Hintergrund beitragen, überlebt nur ein kleiner Teil der transformierten Hefezellen. Wie viele primäre Hefeklone an dieser Stelle tatsächlich zu erwarten sind, ist quantitativ nicht leicht zu bestimmen, in der Praxis erhält man hier zwischen einigen Dutzend und mehreren hundert Isolaten. Aus diesen Kolonien können Lager (*stocks*) angelegt werden, die unbegrenzt haltbar sind, sodass ihre anschließende Analyse gegebenenfalls schrittweise erfolgen kann. Der gesamte Sachverhalt ist im Zusammenhang in ◘ Abb. 19.6 dargestellt.

### 19.1.6.3 Falsch-positive Klone

Mit einfachen genetischen Schritten kann der Hintergrund von falsch-positiven Klonen eliminiert werden, sodass sich die zu analysierende Zahl von Klonen weiter reduziert. Der falsch-positive Hintergrund entsteht u. a. durch in der transformierten Population vorhandene, mutierte Hefezellen, die auf leucinfreien Medien wachsen können, obwohl die Hybridproteine nicht miteinander wechselwirken. Ein Teil dieses Hintergrunds kann durch Replattieren der positiven Population auf X-Gal-haltiges Medium subtrahiert werden, weil die Zellen zusätzlich zum chromosomalen Reporterlokus noch den Plasmidreporter enthalten, der für β-Galactosidase codiert. Im Falle einer echten Wechselwirkung sollten beide Reporter, die sich nicht auf dem gleichen Genom und damit in trans-Stellung befinden, trotzdem in gleichem Maße aktiviert werden (◘ Abb. 19.5).

**Abb. 19.6** Flussdiagramm eines Two-Hybrid-Screens Vgl. mit Abb. 19.5

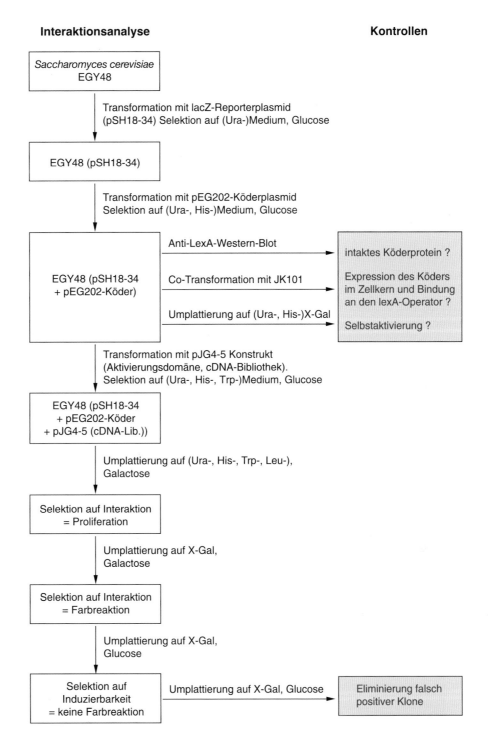

Auch die Induzierbarkeit des cDNA-Hybridproteins kann und sollte zur Eliminierung von Hintergrundsignalen herangezogen werden. Dieses Fusionsprotein wird durch die Anwesenheit von Galactose im Medium induziert, womit die Präsenz oder das Fehlen dieser Kohlenstoffquelle auch zu einem Testkriterium auf die Echtheit der Interaktion wird. Beim Replattieren der positiven Kandidaten auf Glucose sollte nämlich die Aktivierung der Reportergene ausbleiben (normalerweise wird man an dieser Stelle nur noch die β-Galactosidaseaktivität überprüfen).

Aus den Kandidaten, die diese Prozeduren überstanden haben, kann auf einfache Weise der cDNA-Vektor isoliert werden, der dann für weiterführende Analysen (z. B. DNA-Sequenzierung) zur Verfügung steht. Beim Screening einer ganzen Klonbibliothek wird man erwarten, dass gleiche oder ähnliche überlappende Klone mehrfach gefunden werden. Findet man nur Einzelklone, deutet das auf falsch-positive hin (weil diese durch Einzelmutationen entstehen können).

Durch Rücktransformation der DNAs in Hefezellen, die mit Kontrollköderkonstrukten beladen sind, kann schließlich auch eine Aussage über die Spezifität der erhaltenen Interaktionen gemacht werden.

### 19.1.6.4 Einzeltests und Two-Hybrid-Arrays

Anstatt cDNA-Bibliotheken zu screenen werden Two-Hybrid-Assays oft dazu benutzt, einzelne Interaktionen zu testen. Beispielsweise kann man überprüfen, ob eine bekannte Interaktion konserviert ist und auch zwischen homologen Proteinen einer anderen Art stattfindet. Oft kommt es auch vor, dass ein Interaktionspartner zu einer Genfamilie gehört und nun überprüft werden soll, ob die anderen Familienmitglieder ebenfalls dieselbe Interaktion eingehen (was alles andere als selbstverständlich ist – man denke nur an die zahlreichen Proteinkinasen und ihre völlig verschiedenen Substrate!). Solche Hypothesen können leicht mit einem einzelnen Two-Hybrid-Test überprüft werden. Die Idee wurde aber noch weiter entwickelt bis hin zur vollständigen Klonierung aller Gene (genauer: aller offenen Leserahmen) eines Organismus in Two-Hybrid-Vektoren. Wenn man solche geordneten Bibliotheken systematisch in einem Arrayformat ausplattiert, kann man damit ein ganzes Proteom mit einem einzigen Screening-Experiment auf Interaktionen absuchen (◘ Abb. 19.7). In der Praxis wird der Screen durchgeführt, indem man die Paarungsfähigkeit der Hefe ausnutzt, die sowohl als diploide als auch als haploide Zelle wachsen kann (mit den zwei „Geschlechtern" a und α, hier Paarungstypen genannt). Die „Beute"-Klone im Array werden hierbei als

haploide a-Zellen ausplattiert. Der Köderklon muss dann als haploider α-Stamm vorliegen. Durch simples Auftupfen der Köderzellen (haploid, α-Zellen!) auf die a-Zellen werden die Zellen gemischt. Innerhalb weniger Stunden paaren sie sich und bilden diploide Zellen; wenn man diese auf einem Medium ausplattiert, das z. B. weder Leucin noch Tryptophan enthält, werden nur diejenigen Zellen wachsen, die durch die Paarung zwei Plasmide enthalten, die mit den Markergenen Leu2 und Trp1 auch ohne diese Aminosäuren wachsen können (◘ Abb. 19.5). Die Vorteile des Arrayscreenings liegen auf der Hand: Die positiven Klone müssen nicht einzeln per DNA-Präparation und Sequenzierung überprüft werden, weil die Identität der Interaktoren unmittelbar aus der Position im Array hervorgeht. Falsch-positive Klone können weitgehend vermieden werden, weil Hintergrundsignale sofort sichtbar werden und die Reproduzierbarkeit eines Signals mit einer einfachen Wiederholung des Screens sichergestellt werden kann.

### 19.1.6.5 Erfolgsquote des Two-Hybrid-Systems

Das Two-Hybrid-System benutzt Fusionsproteine, die oft die Interaktion der benutzten Bait- und Prey-Proteine einschränken. Tatsächlich findet ein Two-Hybrid-Screen mit einem einzigen Bait-Vektor und einer Klonbibliothek in einem Prey-Vektor nur ca. 20–30 % aller Interaktionen. Das bedeutet, dass in einem typischen Screen 70–80 % aller Interaktionen unentdeckt bleiben. Man kann dieses Problem z. Z. nur dadurch umgehen, dass man mehrere Vektoren verwendet, die z. B. sowohl N- als auch C-terminale Fusionsproteine erzeugen. Mit einer ganzen Reihe von Vektoren und damit Fusionsproteinen können bis zu 80 % aller Interaktionen detektiert wer-

384-Pin-Stempelroboter

96 x 4 Beute-Array ——————————→ nach Two-Hybrid-Selektion

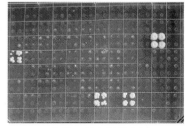

◘ **Abb. 19.7**  Array-Screen. **A** Anstatt einer Zufalls-cDNA-Bibliothek wurden hier alle etwa siebzig Proteine des Windpockenvirus (Varicella-Zoster-Virus) in Two-Hybrid-Beute-Vektoren kloniert. Die entstehenden Hefestämme wurden dann in Vierergruppen ausplattiert, sodass in jeder Position des Arrays vier identische Prey-Klone liegen. Anschließend wurde (mit einem 96er-Stempel) auf alle Beuteklone derselbe Köderklon getupft, um die Hefen zur Paarung zu veranlassen. Einen Tag nach Paarungsbeginn wurden die Zellen (wieder mit dem 96er-Stempel) auf Two-Hybrid-selektives Medium übertragen. **B** Der Beute-Array nach Paarung mit Köderkolonien (diploide Zellen nach der Selektion auf Bait- und Prey-Plasmide; links). Nach

Transfer auf selektives Medium für Interaktionen wachsen nach ca. einer Woche nur noch die Zellen, welche interagierende Proteine exprimieren (rechts). Aufgrund des Arrayaufbaus sieht man sofort, ob und wie viel Hintergrundsignal entsteht, welche Positiven reproduzierbar sind und wie stark eine Interaktion ist. Zu beachten ist, dass in einem Experiment das gesamte Virusproteom auf Interaktionen gescreent werden kann. Da auf dem ganzen Array 96 Gene Platz finden, das Virusgenom aber nur etwa siebzig Gene enthält, wurden in den übrigen Positionen Proteinfragmente exprimiert, sodass gleichzeitig interagierende Domänen identifiziert werden können. (Mit freundlicher Genehmigung von Seesandra V. Rajagopala)

19

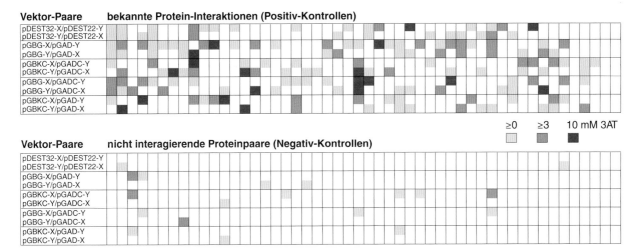

◘ **Abb. 19.8**  Die Grenzen des Hefe-Two-Hybrid-Systems. Ein einzelnes Bait/Prey-Vektorpaar kann in der Regel nur 20–30 % aller Interaktionen nachweisen. Diese Einschränkung kommt u. a. von den Fusionsproteinen, die bestimmte Interaktionen durch sterische Effekte blockieren. Hier wurden 50 wohlbekannte Interaktionen mit fünf verschiedenen Vektorpaaren getestet, wobei jedes Proteinpaar einmal als Bait (X) und einmal als Prey (Y) kloniert wurde. Jede Spalte entspricht einer Interaktion. Unterschiede ergaben sich hier nicht nur bei der absoluten Nachweisbarkeit einer Interaktion, sondern auch bei der Sensitivität gegenüber 3AT, die schwache Interaktionen unterdrückt (je dunkler, desto stärker die Interaktion, d. h. desto mehr 3AT braucht man, um sie zu unterdrücken). Man beachte auch, dass keine Interaktion mit allen Vektoren gefunden wurde, sowie einige bekannte (!) Interaktionen mit keinem der gezeigten Vektoren. Im unteren Teil sind nicht interagierende Proteinpaare (soweit bekannt) mit den gleichen Vektoren gezeigt. Diese Negativkontrollen zeigen, welche Falschpositivraten man mit diesen Vektoren erwarten kann (Nach Chen et al. 2010)

den, obwohl der Aufwand damit auch beträchtlich größer wird (◘ Abb. 19.8). Das Gleiche trifft sicher auch für die Vektorpaare zu, die man in andern Varianten des Two-Hybrid-Systems verwendet (◘ Abb. 19.9).

### 19.1.7  Modifizierte Anwendungen und Weiterentwicklungen der Two-Hybrid-Technologie

Das Prinzip des Two-Hybrid-Systems kann man verallgemeinern. Anstatt einen *Transkriptionsfaktor* mittels einer Interaktion zu rekonstituieren, kann man theoretisch *jedes andere Protein* in zwei Fragmente teilen und mittels Interaktion angehängter Proteine wieder zusammenbringen. Dieses Prinzip wurde z. B. auf Ubiquitin (*split*-Ub) und einige andere Proteine angewandt (◘ Abb. 19.9A). Diese Varianten des Two-Hybrid-Systems haben gelegentlich sogar eindeutige Vorteile gegenüber dem klassischen, transkriptionsbasieren System. *Split*-Ub-Proteine können z. B. auch im Cytoplasma rekonstituieren und müssen nicht in den Zellkern gelangen. Damit können folglich auch Transkriptionsfaktoren analysiert werden, die im klassischen Two-Hybrid-System als „Aktivatoren" falsch-positive Antworten erzeugen würden.

Das Anwendungsspektrum des Two-Hybrid-Systems lässt sich durch systematische Modifikationen beträchtlich erweitern. So kann, wie bereits oben geschildert, die zusätzliche Expression einer Proteinkinase dazu genutzt werden, Protein-Protein-Wechselwirkungen nachzuweisen, die nur von phosphorylierten Bindungspartnern eingegangen werden.

Sucht man nach Proteinen, die an bestimmte DNA-Sequenzen binden, kann man die Methode sogar vereinfachen (**One-Hybrid-Technik**, ◘ Abb. 19.9B). Hierzu wird zunächst eine cDNA-Bibliothek an eine Aktivierungsdomäne fusioniert. Zusätzlich wird dann nur noch ein Reporterkonstrukt benötigt, das in der Promotorregion diejenige DNA-Sequenz enthält, für die bindende Proteine gesucht werden. Wenn ein Protein mit solchen Eigenschaften in der Bibliothek vorhanden ist, wird es an den Köderpromotor binden und die Reporterfunktion auslösen.

Eine andere Erweiterung erlaubt die Identifikation von RNA bindenden Proteinen. Hierfür sind drei Elemente nötig (**Three-Hybrid-System**, ◘ Abb. 19.9C). Das erste Fusionsprotein enthält wiederum die DNA bindende Domäne, die an ein RNA bindendes Protein bekannter Spezifität gekoppelt ist (z. B. HIV-Rev). Das zweite Hybrid besteht aus RNA, und zwar wird in diesem Fall das Rev-Bindungselement mit der Köder-RNA-Sequenz fusioniert. Dieses Köder-RNA-Hybrid bindet bereits über das erste Fusionsprotein an die DNA, löst aber nicht die Transkription des Reporters aus. Das dritte Element ist wieder das bekannte Fusionskonstrukt aus cDNA-Bibliothek und Aktivierungsdomäne. Wenn die cDNA für ein RNA bindendes Protein codiert, das die Zielsequenz bindet, wird der Reporter aktiviert.

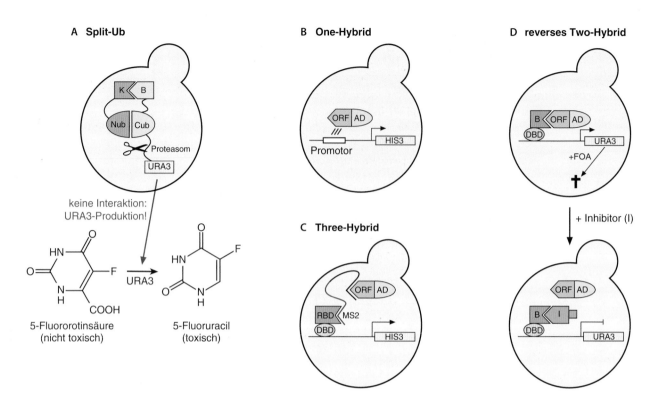

**A  Split-Ub**

keine Interaktion:
URA3-Produktion!

5-Fluororotinsäure
(nicht toxisch)

URA3

5-Fluoruracil
(toxisch)

**B  One-Hybrid**

Promotor

**C  Three-Hybrid**

**D  reverses Two-Hybrid**

+FOA

+ Inhibitor (I)

◘ **Abb. 19.9**  Variationen des Two-Hybrid-Systems. **A** Das *Split*-Ubiquitin-System verwendet anstatt eines rekonstituierten Transkriptionsfaktors reassoziierendes Ubiquitin. Wenn Köder und Beute (K–B) interagieren, dann werden auch die angehängten N- und C-terminalen Hälften von Ubiquitin (Nub und Cub) zusammengeführt. Das rekonstituierte Ubiquitin wird vom Proteasom erkannt, was wiederum zum Abbau des angehängten Ura3-Proteins führt. Interagieren Köder und Beute nicht und damit auch nicht Cub und Nub, wird Ura3 nicht abgebaut. Behandlung der Hefe mit 5-FOA (5′-Fluororotinsäure) führt dazu, dass nur Zellen mit einer Cub-Nub-Interaktion und damit *ohne* Ura3 überleben, da FOA von Ura3 zu dem lethalen Endprodukt 5-Fluoruracil abgebaut wird, das die Zelle tötet. **B** Das One-Hybrid-System erlaubt das Screening von AD-Fusionsproteinen auf DNA bindende Proteine, die an ganz be-stimmte DNA-Elemente binden, die vor das Reportergen (hier: His3) kloniert werden. **C** Das Three-Hybrid-System lässt sich dazu nutzen, RNA bindende Proteine zu klonieren. Dazu wird eine DNA bindende Domäne (z. B. von LexA oder Gal4) an eine RNA bindende Domäne bekannter Spezifität fusioniert, die wiederum eine definierte RNA erkennt (hier die MS2-RNA des gleichnamigen Phagen). Die RNA ist jedoch auch ein Hybrid aus der MS2-RNA und einer weiteren RNA, für die eine RNA bindende Domäne („ORF") gesucht wird (deshalb *three-hybrid*). **D** Das reverse Two-Hybrid-System macht sich wie das *Split*-Ubiquitin-System die Selektionswirkung von FOA zunutze: Nur von einem Inhibitor („I") blockierte Interaktionen verhindern die Bildung von Ura3 und damit des tödlichen Stoffwechselprodukts 5-Fluoruracil. Mit diesem System lassen sich Substanzen finden, die eine Interaktion inhibieren

Two-Hybrid-Systeme wurden außerdem für Bakterien (*Bacterial Two-Hybrid System*, B2H) und für Säugerzellen entwickelt (MAPPiT). In letzteren lassen sich Two-Hybrid-Ideen darüber hinaus mit Ideen des Förster-Resonanz-Energietransfer (FRET) kombinieren, sodass man als Interaktionssignal Lichtsignale bekommt und damit eine Interaktion auch lokalisieren kann. Die Möglichkeiten scheinen fast unbegrenzt. Eine Übersicht von neueren Varianten des ursprünglichen Y2H wurde von Stynen et al. (2012) zusammengefasst (Weiterführende Literatur).

Abschließend soll noch erwähnt werden, dass das Two-Hybrid-System auch dazu benutzt werden kann, Komponenten für die Herstellung von Medikamenten zu screenen, wenn die relevanten biologischen Prozesse auf Protein-Protein-Wechselwirkungen beruhen. Zum Beispiel kann ein Screen so aufgebaut werden, dass eine Hefekolonie nur dann wächst, wenn eine Protein-Protein-Interaktion *blockiert* wird. Man erreicht das, indem man ein Reportergen verwendet, dessen Expression tödlich für die Zelle ist, d. h. sie überlebt nur, wenn das Reportergen nicht aktiviert wird (◘ Abb. 19.9D).

## 19.1.8  Biochemische und funktionale Analyse der Interaktoren

Mit dem erfolgreichen Abschluss des Two-Hybrid-Experiments beginnt die eigentliche Charakterisierung der Interaktoren in heterologen biochemischen oder biologischen Systemen. Dabei muss festgestellt werden, ob die gefundenen Interaktionen auch unter physiologischen Bedingungen auftreten. Das Two-Hybrid-System erlaubt keine Aussagen darüber, ob gefundene Interaktionen tatsächlich von biologischer Bedeutung sind. So kann es z. B. passieren, dass mithilfe der Two-Hybrid-

19

Technik die Bindung zweier Proteine entdeckt wird, die normalerweise gar nicht im gleichen Zellkompartiment vorkommen (z. B. in Mitochondrien und Zellkern). Allerdings könnte es auch sein, dass sich hinter solchen unerwarteten Interaktionen *besonders interessante* physiologische Wechselwirkungen verbergen. Ein spektakuläres Beispiel hierfür ist die Interaktion des ER-Proteins SREBP (*Sterol Response Element-Binding Protein*), das normalerweise als Transmembranprotein im Endoplasmatischen Retikulum vorliegt und dort an ein Protein namens SCAP bindet. Bei niedriger Cholesterinkonzentration wandern beide Proteine gemeinsam zum Golgi-Apparat, und eine cytoplasmatische Domäne von SREBP wird dort proteolytisch abgespalten. Diese kann dann in den Zellkern wandern, wo sie als Transkriptionsfaktor wirkt und mit anderen Komponenten des Transkriptionsapparats interagiert. Hier interagiert also ein ER-Protein mit einem Kernprotein auf physiologische Weise! Bei hoher Cholesterinkonzentration bleiben beide Proteine im ER, und Spaltung wie auch Kerntransport unterbleiben. Viele weitere Mechanismen sind bekannt, unter denen Proteine verschiedener Kompartimente interagieren können.

Üblicherweise wird man zunächst versuchen, die Wechselwirkung mit biochemischen Methoden nachzuweisen. Dies kann mithilfe der weiter unten erwähnten Verfahren erfolgen, z. B. mit einem so genannten GST-Pulldown (▶ Abschn. 19.3). Dazu müssen die untersuchten Proteine jedoch erst in anderen Systemen (z. B. in *Escherichia coli*) exprimiert und gegebenenfalls aufgereinigt werden.

Außerdem ist die biologische Funktion der neuen Proteine von Interesse. Manchmal lassen sich aus Sequenzhomologien zu bereits beschriebenen Proteinen mit bekannter Funktion Rückschlüsse ziehen. Darüber hinaus kann man mit einer ganzen Batterie von bioinformatischen Analysen versuchen, weitere Eigenschaften der Interaktoren zu identifizieren. Hierzu gehören z. B. chemisch-physikalische Merkmale (hydrophobe Sequenzen deuten auf sezernierte oder Membranproteine hin usw.). In entsprechenden Datenbanken kann man auch herausfinden, ob das Protein schon einmal in einer Hochdurchsatzanalyse gefunden wurde, z. B. in einem Proteinkomplex oder in einer Lokalisationsanalyse mit GFP.

Gelegentlich sind die gefundenen Interaktoren aber völlig unbekannt, sodass die Sequenz keinen Aufschluss über die Funktion gibt. In einigen Fällen kann man der physiologischen Bedeutung dieser Proteine mit verhältnismäßig einfachen Mitteln auf die Spur kommen. Da mittlerweile zahlreiche Hochdurchsatzdaten vorliegen, lassen sich daraus fast immer Anhaltspunkte gewinnen, vor allem aus der Lokalisation oder Genexpression. Oft sind Daten zur Genexpression oder zur Proteinmenge

verfügbar (aus RNAseq oder massenspektrometrischen Analysen). Wird beispielsweise ein Protein in verschiedenen Wachtumsmedien verschieden hoch exprimiert, lässt sich daraus oft auf eine Rolle im Stoffwechsel (oder dessen Regulation) schließen.

Meistens bestehen Proteine aus mehreren funktionalen Elementen. So enthalten viele Proteinkinasen neben der eigentlichen katalytischen Funktion noch weitere Domänen, die ihre Kopplung an spezifische Proteinkomplexe vermitteln. Bei Multidomänenproteinen ist oft die Funktion einer Domäne bekannt, aber die einer weiteren (oder eines weiteren Proteinteils) nicht. Aus solchen Teilfunktionen lassen sich dann weitere Vorhersagen über den unbekannten Teils eines Proteins treffen. Man kann auch experimentell untersuchen, ob ein Teil eines Proteins eine Bindungsdomäne darstellt. Die dafür notwendige Kartierung kann auf einfache und elegante Weise wiederum mit der Two-Hybrid-Technik erfolgen, indem man einfach Fragmente der interagierenden Proteine testet.

Kommen zwei Proteine, deren Interaktion mit dem Two-Hybrid-System identifiziert wurde, auch unter physiologischen Bedingungen zusammen vor? Diese Frage kann mithilfe zellbiologischer (Immunfluoreszenz) oder biochemischer Methoden (Ko-Immunpräzipitation) beantwortet werden. Für die Durchführung solcher Arbeiten sind aber zusätzliche Reagenzien wie z. B. Antikörper (oder die o. g. Protein-Tags) nötig. Ob sich der technische Aufwand lohnt, der mit diesen Experimenten verbunden ist, muss aber in jedem Fall abgewogen werden.

Aber eine detaillierte Analyse der biologischen Funktion kann in manchen Fällen auch mit dem Two-Hybrid-System erfolgen. Wenn z. B. vom Köderprotein Deletions- oder Punktmutationen vorhanden sind, die die normale Funktion beeinträchtigt, kann mit dem Two-Hybrid-System analysiert werden, welche für das Wildtypprotein gefundenen Interaktoren nicht mehr mit der Mutante wechselwirken. So kann man definierte Teilfunktionen eines Proteins einzelnen Domänen oder gar Aminosäuren zuordnen. Oft sind auch die Phänotypen von Deletionsmutanten aus Hochdurchsatz- (oder Transposon-)Screens bekannt, welche weitere wichtige Informationen zur Funktion liefern.

## 19.2 TAP-Tagging und Reinigung von Proteinkomplexen

Die Tandem-Affinitätsreinigung (*Tandem Affinity Purification,* TAP) ermöglicht es, Proteinkomplexe aus Zellen zu reinigen und die Zusammensetzung der Proteinkomplexe mittels Massenspektrometrie zu bestimmen (◨ Abb. 19.10). Zu diesem Zweck fusioniert man ein

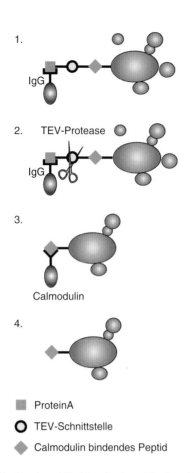

1.

2.  TEV-Protease
    IgG

3.  Calmodulin

4.

■ ProteinA

○ TEV-Schnittstelle

◆ Calmodulin bindendes Peptid

**❏ Abb. 19.10**   Tandem-Affinitätsreingung (*Tandem Affinity Purification*, TAP). Weitere Details im Text

Köderprotein (die Terminologie „Köder- und Beuteprotein" ist vom *Yeast-* Two-Hybrid-Verfahren abgeleitet), z. B. mit dem TAP-Tag (einem „Etikett") und exprimiert das TAP-getaggte Köderprotein in einer geeigneten Zelllinie. Dann reinigt man den Proteinkomplex mittels zweier verschiedener Affinitäts-Tags (daher *Tandem*) auf und analysiert die Zusammensetzung des Proteinkomplexes per Massenspektrometrie. Obwohl diese Methode vom Verlauf oder vom Ergebnis her Ähnlichkeiten zu den nachfolgend beschriebenen Methoden (Ko-Immunpräzipitation, GST-Pulldown) aufweist, hat sie doch entscheidende Vorteile:

1. Im Gegensatz zu einer Ko-Immunpräzipitation ist TAP aufgrund der massenspektrometrischen Analyse des Proteinkomplexes unvoreingenommen: Es bedarf keinerlei vorheriger Annahme, welche Proteine an ein gegebenes Köderprotein binden können. Begrenzend ist lediglich das Genexpressionsprofil der Ziel-Zelllinie, d. h. es können nur solche Beuteproteine gefunden werden, die in der Zielzelle auch exprimiert werden.

2. Im Unterschied zu vielen gängigen affinitätschromatographischen Verfahren (HexaHis, FLAG, GST) funktioniert TAP auch dann, wenn das Köderprotein nur sehr gering exprimiert ist (nahe an der physiologischen Situation) und in einem komplexen Proteingemisch wie einem Säugerzelllysat vorliegt. Das wird durch die hohe Affinität der verwendeten Tags für die entsprechenden Matrizes erreicht (s. unten).

3. Im Unterschied zum *Yeast-* Two-Hybrid-Ansatz ist die TAP-Methode geeignet, Proteinkomplexe in ihrer Gänze zu isolieren und zu analysieren, während beim *Yeast-* Two-Hybrid-Ansatz nur binäre Interaktionen gefunden werden können. Das ist vor allem dann von Vorteil, wenn verschiedene Komplexkomponenten kooperativ aneinander binden, also nur dann aneinander binden, wenn mehr als zwei Komponenten im Komplex vorliegen.

4. Im Unterschied zum *Yeast-* Two-Hybrid-Ansatz ist die TAP-Methode auch geeignet, Protein-Protein-Interaktionen zu finden, die auf posttranslationalen Modifikationen wie Phosphorylierung oder Ubiquitinierung beruhen. Diese sind in Hefezellen oft nicht oder nicht in gleichem Umfang vorhanden (obwohl es mittlerweile einige zelltypspezifische Y2H-Systeme gibt).

Um eine TAP für ein Köderprotein durchzuführen, bedarf es in aller Regel einer stabilen Zelllinie, die das TAP-getaggte Protein exprimiert. Um eine solche Zelllinie herzustellen, bieten sich verschiedene Systeme an. Der Einfachheit halber soll hier nur die retrovirale Transduktion diskutiert werden, weil sie einen guten Mittelweg aus Effizienz und Sicherheit darstellt. Bei Zellen, die gut transfizierbar sind, bietet sich gegebenenfalls eine transiente Plasmidtransfektion mit anschließender Selektion mittels Antibiotika an. Bei primären Zellen, die sich nur selten teilen und die folglich nur sehr ineffizient durch Retroviren zu infizieren sind, bietet sich die lentivirale Transduktion an.

## 19.2.1   Retrovirale Transduktion

Rekombinante Retroviren sind geeignet, die meisten Zelllinien zu infizieren. Dazu benötigt man ein retrovirales Transferplasmid, das für das TAP-getaggte Köderprotein codiert. Flankierend benötigt das Plasmid retrovirale *Long-terminal Repeats* (LTRs), die geeignet sind, die retrovirale mRNA in das Viruskapsid zu verpacken. Grundsätzlich unterscheidet man zwischen **ecotropen** und **amphotropen Retroviren**: Während erstere nur Nagerzellen infizieren können, sind letztere auch für hu-

**19**

mane Zellen geeignet. Der Tropismus eines Retrovirus wird durch das Glykoprotein bestimmt, das auf der Virusoberfläche präsentiert wird und das das Andocken an die Zielzelle vermittelt: Während bei ecotropen Viren das *Moloney-Murine-Leukemia-Virus-Envelope-* (MMLV Env-)Protein zum Einsatz kommt, das den murinen Rezeptor mCAT1 erkennt, wird bei amphotropen Viren das G-Protein des Vesikulären-Stomatitis-Virus (VSV-G) verwendet, das an Phosphatidylserin (und somit an alle Säugerzellen) bindet. Aus Sicherheitsgründen ist man häufig bemüht, amphotrope Viren zu vermeiden, da sie menschliche Zellen infizieren könnten. Um dieses Risiko weiter zu minimieren, verwendet man gewöhnlich Viren, die replikationsdefizient sind und die daher nur einen einzigen Infektionszyklus durchmachen können.

Wenn man humane Zellen mit rekombinanten Retroviren infizieren will, verwendet man dazu eine retrovirale **Verpackungszelllinie** (z. B. 293gp), die die rekombinanten Viren produziert. Diese Verpackungszelllinie exprimiert die viralen Polyproteine Gag und Pol, die für den Aufbau des Virus benötigt werden. Die Verpackungszelllinie wird mit zwei Plasmiden transfiziert, die zum einen das TAP-getaggte Transgen und zum anderen das virale Glykoprotein (VSV-G) enthalten. Binnen 48 h sammeln sich rekombinante Viren im Überstand, die zur Infektion der Zielzellen verwendet werden können. Da die Infektion je nach Zielzelllinie selten alle Zellen erreicht, bietet es sich an, die transduzierten Zellen zu selektionieren. Dies wird entweder durch eine Antibiotikaresistenz oder durch GFP erreicht, die jeweils auf dem retroviralen Transfervektor codiert werden. Im Ergebnis erhält man einen Pool aus stabilen Zellen, die das TAP-getaggte Köderprotein exprimieren. Gegebenenfalls kann es notwendig sein, eine monoklonale Zellpopulation durch Einzelzellklonierung zu isolieren, bevor man die Zellen für eine TAP verwendet.

Je nachdem, welche Methode für die TAP gewählt wird, benötigt man zwischen $2 \cdot 10^7$ und $10^8$ stabile Zellen für ein Experiment. Die TAP-Methode ist also eine Methode, die einen relativ hohen Zellkulturaufwand benötigt und folglich zeit- und kostenintensiv ist.

### 19.2.2 TAP-Reinigung

Das ursprüngliche TAP-Protokoll wurde Ende der 1990er-Jahre von Bertrand Séraphins Labor am European Molecular Biology Laboratory (EMBL) in Heidelberg entwickelt. Dazu wurde der so genannte TAP-Tag konstruiert, der aus zwei Immunglobulin bindenden Untereinheiten von Protein A (kurz: Protein A) und dem Calmodulin bindenden Peptid (CBP) bestand, die voneinander durch eine Proteaseschnittstelle für eine virale Protease aus dem *Tobacco Etch Virus* (TEV) getrennt sind (◻ Abb. 19.10). **Protein A** ist ein Immunglobulin bindendes Protein von *Staphylococcus aureus*, das das Bakterium nutzt, um Antikörper des Wirts am Fc-Teil zu binden und so die Opsonierung durch Makrophagen zu verhindern. Das **Calmodulin bindende Peptid** ist ein kurzes Motiv, das in Gegenwart von zweiwertigen Calciumionen an Calmodulin binden kann.

Im ersten Schritt der TAP-Reinigung wird das Köderprotein zunächst mittels Protein A über eine Immunglobulinmatrix gereinigt. Dabei nutzt man die hohe Affinität von Protein A für das Immunglobulin (im nanomolaren Bereich), um auch solche Proteinkomplexe aus Zellen isolieren zu können, die nur sehr gering exprimiert sind. Das ist von besonderer Bedeutung, da eine Methode, die auf einer geringeren Affinität des Tags für die Matrix basiert (z. B. GST-Tag/Glutathion-Matrix oder HexaHis-Tag/NiNTA-Matrix) zwar prinzipiell möglich wäre, aber lediglich unter der Voraussetzung, dass das Köderprotein in der Zielzelle in sehr großer Menge vorhanden ist. Solche Bedingungen sind wiederum nicht kompatibel mit der Reinigung von intakten und physiologisch relevanten Proteinkomplexen, da die Bindungspartner in diesem Fall viel geringer exprimiert sind als der Köder und freie Bindungsstellen am Köderprotein durch Hitzeschockproteine und andere häufige zelluläre Proteine „abgesättigt" werden. Nach der Anreicherung der Proteinkomplexe an der Immunglobulin-Matrix wird der Komplex mittels der TEV-Protease von der Matrix eluiert. Die TEV-Protease ist besonders geeignet, da die erste Elution sehr mild vonstattengehen muss, um die Komplexarchitektur nicht durch harsche Elutionsbedingungen zu stören. Außerdem weist die TEV-Protease eine hohe Spezifität auf, und bioinformatische Analysen legen den Schluss nahe, dass das humane Proteom nur sehr wenige TEV-Proteaseschnittstellen beinhaltet und es daher sehr unwahrscheinlich ist, dass die TEV-Protease humane Proteinkomplexe durch Spaltung zerstört.

Im zweiten Schritt reichert man das Köderprotein mittels CBP über eine Calmodulin-Matrix in Gegenwart von $Ca^{2+}$ an und eluiert durch Calciumentzug (mittels EGTA) oder durch Kochen in SDS-Probenpuffer. In der Zwischenzeit haben sich verschiedene Varianten des TAP-Tags etabliert, die durch höheren Effizienz überzeugen (◻ Tab. 19.1, S. 435). Da diese Methoden dem ursprünglichen TAP-Tag konzeptionell sehr ähnlich sind, soll hier nur der ursprüngliche TAP-Tag näher vorgestellt werden. Für kurze Tags ist in ◻ Tab. 19.1 die jeweilige Aminosäuresequenz angegeben, für die Tandem-Tags ein Literaturzitat für weitere Informationen (vgl. auch ▶ Abschn. 19.3, GST-Pulldown).

Die TAP-Reinigung wurde ursprünglich für Hefezellen entwickelt und in Hefezellen verwendet, wo man einzelne Hefegene mittels Rekombination am C-Terminus mit dem TAP-Tag versehen konnte. In der Zwischenzeit haben verschiedene Konsortien in systematischen Ansätzen das gesamte Hefeproteom mittels TAP charakterisiert und daraus grundlegende Prinzipien der Proteomik abgeleitet. Während die Methode sehr erfolgreich in Hefe angewandt wurde, war sie schwieriger anwendbar in Säugerzellen. Das könnte zum einen an der höheren Komplexität des humanen Proteoms gegenüber dem Hefeproteom liegen. Zum anderen ist die Methode der homologen Rekombination in humanen Zellen nur im embryonalen Zellstadium anwendbar und mit einem hohen Aufwand verbunden. Infolgedessen musste man in Säugerzellen auf retrovirale Transduktion zurückgreifen. Diese bringt das Problem mit sich, dass neben der TAP-getaggten Variante des Köderproteins immer noch das endogene Gegenstück vorhanden ist, das um die zu reinigenden Bindungspartner kompetiert. Infolgedessen ist eine milde Überexpression durchaus von Vorteil für den Erfolg einer TAP-Reinigung.

In der Zwischenzeit wurden jedoch auch weitere Methoden entwickelt, um die Proteinkomplexe auch im höheren Durchsatz aus Säugerzellen zu isolieren. Zum Beispiel hat man mittels bakterieller artifizieller Chromosomen (BACs) Proteine mit GFP fusioniert und die zugehörigen Komplexe aufgereinigt. Aber auch die Expression der meisten menschlichen ORFs mittels Lentiviren und FLAG-HA-Tags wurde mittlerweile in Zellkultur erreicht und hat dadurch Tausende Proteinkomplexe zutage gefördert.

### 19.2.3    Massenspektrometrische Analyse

Das Produkt einer TAP-Reinigung, das idealerweise ein Gemisch von (interagierenden) Proteinen von geringer Komplexität darstellt, wird mit einer geeigneten Protease – typischerweise Trypsin – verdaut. Die daraus resultierenden Peptide können säulenchromatographisch voneinander getrennt und dann im Massenspektrometer identifiziert werden.

Die Empfindlichkeit der massenspektrometrischen Analyse von Peptiden hat sich in den letzten Jahren stark verbessert. Allerdings besteht nach wie vor das Problem der dynamischen Reichweite (*dynamic range*): Das Massenspektrometer wählt pro gegebener Zeiteinheit nur die abundantesten Peptide aus, und lediglich diese Peptide werden massenspektrometrisch gemessen und anschließend durch Fragmentierung sequenziert. Daher ist es wichtig, dass das Produkt der TAP-Reinigung möglichst wenige Kontaminantenproteine (Cytoskelettproteine,

Hitzeschockproteine, ribosomale Proteine und andere) enthält, weil andernfalls lediglich diese Kontaminanten sequenziert werden. Vor diesem Hintergrund erscheint die Zweischrittreinigung (Tandem) besonders gerechtfertigt, da es bei einer einstufigen Reinigung in aller Regel sehr schwierig ist, einen hinreichend sauberen Komplex zu isolieren. Alternativ kann man versuchen, das Produkt der TAP-Reinigung weiter aufzutrennen – z. B. durch die vorherige Auftrennung mittels SDS-Gelelektrophorese oder durch weitergehende chromatographische Separation der erhaltenen Peptide –, um auch unterrepräsentierte Proteine durch Massenspektrometrie identifizieren zu können.

### 19.2.4    Limitationen der TAP-Reinigung

1. Die TAP-Reinigung ist eine insgesamt zeitaufwendige und kostenintensive Methode, die den Zugang zu ausgefeilten Zellkulturtechniken (retrovirale Transduktion) und zur Proteinmassenspektrometrie voraussetzt.
2. Die TAP-Reinigung ist in aller Regel in der Lage, robuste Interaktionen in einer zuverlässigen und reproduzierbaren Weise zu detektieren. Schwieriger ist die Analyse von transienten Interaktionen oder solchen Interaktionen, die nur nach Stimulation von Zellen zustande kommen. Solche Interaktionen sind meist zu kurzlebig oder durch eine zu geringe Affinität gekennzeichnet, um die eher langwierige Reinigung (3–5 h) zu „überleben".
3. Die TAP-Reinigung ist geeignet, Proteinkomplexe aus Zellen zu isolieren unter Bedingungen, die nahe an der physiologischen Situation sind. Aus den erhaltenen Interaktionsdaten – normalerweise einer Liste von Proteinen, die das Produkt einer massenspektrometrischen Analyse des TAP-Eluats darstellt – lässt sich aber nicht ableiten, welche Proteine miteinander interagieren und ob die gefundenen Interaktionen direkt oder durch ein anderes Protein vermittelt sind. Solche Fragen nach der Architektur des Proteinkomplexes können erst in Folgeexperimenten (z. B. durch Ko-Immunpräzipitation mit gereinigten Proteinen) geklärt werden.

### 19.3    *In vitro*-Interaktionsanalyse: GST-Pulldown

Während die Affinitätsreinigung mithilfe von TAP-Tags native Komplexe aus Zellen aufreinigen kann, ist es oft wünschenswert, einzelne Interaktionen oder Komplexe *in vitro* zu untersuchen. Allerdings sollten die beteiligten Proteine heterolog exprimiert werden, d. h. nicht in dem Organismus, aus dem sie ursprünglich stammen. Wenn z. B. Hefeproteine untersucht werden, sollten sie für einen *in-vitro*-Assay in Bakterien exprimiert und daraus gereinigt werden, sodass man nicht unerwünschte interagierende Hefeproteine mit isoliert.

Eine Standardmethode für *in-vitro*-Interaktionsassays verwendet ein Fusionsprotein mit Glutathion-S-Transferase (GST) als „Etikett" (Tag; ◘ Abb. 19.11). GST-Fusionsproteine können leicht aus *Escherichia coli* gereinigt werden, indem man einen Zellextrakt über eine Matrix leitet, die mit Glutathion beschichtet ist. In der Regel werden hierfür winzig kleine Kügelchen (Beads) verwendet, die mit Glutathion beschichtet sind, sog. Glutathion-Sepharose. Nur die GST-Fusionsproteine (und ein paar wenige zelluläre Glutathion bindende Proteine) bleiben normalerweise an dieser Matrix haften; andere, unspezifisch bindende Proteine kann man mit einer salzhaltigen Pufferlösung wie PBS leicht abwaschen. Theoretisch lässt sich das Fusionsprotein jetzt mit einer Glutathionlösung von der Matrix eluieren, sodass man es in gereinigter Form zur Verfügung hat (wobei das Glutathion wiederum per Dialyse entfernt werden kann).

In der Regel wird man das Fusionsprotein aber auf der Matrix belassen und sie mit einem zweiten Protein inkubieren, dessen Bindung an das GST-Fusionsprotein man nachweisen will. Oft wird hierfür ein radioaktiv markiertes Protein verwendet, das man herstellen kann, indem man ein kloniertes Gen *in vitro* transkribiert und zugleich translatiert. Für diesen Zweck gibt es kommerzielle Kits, die in einem Ansatz sowohl eine RNA-Polymerase als auch ein zelluläres Extrakt mit Ribosomen und anderen Faktoren enthalten. Nach Zugabe von $^{35}$S-markiertem Methionin und einem Plasmid mit entsprechendem Promotor wird die DNA transkribiert und sogleich translatiert. Freilich muss man zuvor sicherstellen, dass das gewünschte Protein auch mindestens ein Methionin enthält, sodass die radioaktive Markierung gewährleistet ist. Alternativ zur radioaktiven Markierung kann aber auch ein epitopmarkiertes Protein verwendet werden.

**A** GST-Pulldown

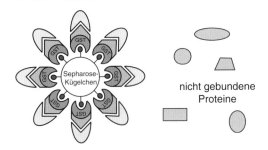

nicht gebundene Proteine

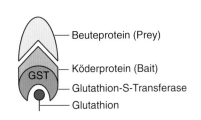

— Beuteprotein (Prey)

— Köderprotein (Bait)

— Glutathion-S-Transferase

— Glutathion

**B  Struktur von Glutathion-Sepharose**

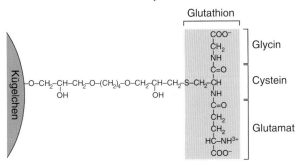

**C  GST-Pulldown  (Proteingel und Autoradiogramm)**

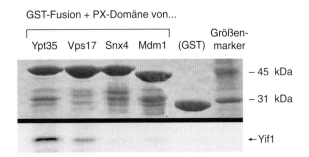

◘ **Abb. 19.11**  GST-Pulldown **A** Prinzip (Details im Text). **B** Struktur der Glutathion-Sepharose. Glutathion ist ein natürliches Tripeptid ist, das auch als oxidiertes Dimer vorliegen kann, wenn zwei Moleküle über ihre SH-Gruppen verbunden werden. **C** Beispiel: Bindung des Hefeproteins Yif1 an verschiedene PX-Domänen der Hefe. Oben sind vier PX-Domänen, fusioniert an GST, sowie GST alleine zu sehen (Coomassie-gefärbtes Proteingel). Der untere Bild-

teil zeigt ein Autoradiogramm mit dem gebundenen Yif1-Protein, das allerdings nur an die PX-Domäne von Ypt35 (stärker) und Vps17 (schwächer) bindet. Yif1 wurde hierbei *in vitro* translatiert und mit radioaktivem $^{35}$S-Methionin markiert sowie mit den beadgekoppelten GST-Fusionsproteinen inkubiert, gewaschen und auf einem Gel aufgetrennt, welches anschließend getrocknet und auf einen Film zur Exposition aufgelegt wurde. (Aus Vollert und Uetz 2004)

In jedem Fall wird das markierte Protein mit den matrixgebundenen GST-Fusionsproteinen gemischt und inkubiert. Anschließend werden die Beads wieder gewaschen, sodass im Idealfall nur das GST-Fusionsprotein und das gebundene Protein zurückbleiben. In der Praxis wird die Glutathion-Sepharose jetzt mit einem denaturierenden Probenpuffer aufgekocht und dadurch die Proteine von der Matrix gelöst. Die resultierende Probe kann man jetzt auf einem Polyacrylamidgel auftrennen. Wenn genügend Protein isoliert wurde, lässt es sich direkt im Gel (z. B. mit Coomassie-Farbstoff) anfärben und damit seine molekulare Masse bestimmen (im Vergleich mit einem Gemisch von Proteinen bekannter Masse). Oft reicht die Proteinmenge für eine solche direkte Bestimmung aber nicht aus. In diesem Fall muss das Gel auf eine Membran geblottet werden, wo es mit Antikörpern gegen das angehängte Epitop (oder einem radioaktiv markierten Protein) nachgewiesen werden kann.

Das Epitop wird wiederum mit Antikörpern nachgewiesen, die am einfachsten mit einem Enzym wie der Meerrettich-Peroxidase (HRP, ⬛ Abb. 19.13) gekoppelt sind.

## 19.4 Ko-Immunpräzipitation

Ko-Immunpräzipitationen (Ko-IPs) sind den GST-Pulldowns prinzipiell sehr ähnlich (⬛ Abb. 19.12). Anstelle von Glutathion-Sepharose wird hier jedoch eine Sepharosematrix verwendet, die mit Protein A beschichtet ist. Protein A aus *Staphylococcus aureus* bindet an die konstanten Ketten von IgG-Antikörpern mit hoher Affinität, sodass Sepharose-Protein-A-Kügelchen einfach mit Antikörpern beschichtet werden können. Diese Beads kann man nun wiederum mit Proteinen inkubieren, z. B. aus einem Zell- oder Organextrakt. Abhängig von den Antikörpern werden nur ganz bestimmte Proteine an die Kügelchen binden; alle anderen Proteine und Zellbestandteile lassen sich mit mehrfachem Waschen in Pufferlösung abtrennen. Die gebundenen Proteine werden durch Kochen in Probenpuffer von der Matrix abgelöst und können mithilfe eines Proteingels getrennt und anschließend analysiert werden. Hierzu eignet sich wiederum ein Western-Blot oder gegebenenfalls Ausschneiden und Analyse per Massenspektrometrie.

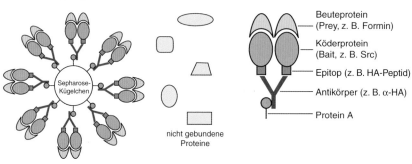

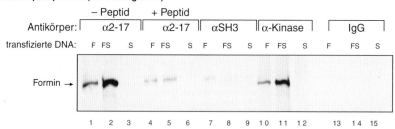

⬛ **Abb. 19.12** Ko-Immunpräzipitation (Ko-IP). **A** Prinzip (Details im Text). **B** Beispiel: Ein Forminprotein bindet an das Onkoprotein Src, Nachweis durch Ko-IP. In diesem Experiment wurden vier verschiedene Anti-Src-Antikörper verwendet: einer gegen ein Peptid mit den Aminosäuren 2–17 (α2-17), einer gegen die SH3-Domäne (αSH3), einer gegen die Kinasedomäne (α-Kinase) und ein Kontrollantikörpergemisch ohne besondere Spezifität (IgG). Die interagierenden Proteine „Formin" und „Src" wurden jeweils einzeln (F, S) oder zusammen (FS) in Kulturzellen exprimiert. Die Zellen wurden dann lysiert und mit den genannten, an Protein-A-Kügelchen gekop- pelten Antikörpern gemischt. Nach Waschen der Kügelchen und Elution mit Probenpuffer wurden die gebundenen Proteine aufgetrennt, geblottet („Western-Blot") und mit einem Anti-Formin-Antikörper nachgewiesen. Formin kann nicht mit dem α-SH3-Antikörper ko-immunpräzipitiert werden, weil der Antikörper offensichtlich mit dem Formin um eine Bindungsstelle an der SH3-Domäne konkurriert. Das Peptid, gegen das der Antikörper α2-17 erzeugt wurde, konkurriert ebenfalls um die Bindung mit dem Formin, sodass dieses aus der Bindung verdrängt wird („+ Peptid"). (Modifiziert nach Uetz et al. 1996)

Für die Analyse von Proteininteraktionen sind Ko-IPs ein wichtiges Hilfsmittel, nicht zuletzt zum Bestätigen von Two-Hybrid-Daten. Die wichtigste Einschränkung hierbei ist nur die begrenzte Verfügbarkeit von spezifischen Antikörpern. Man behilft sich in der Regel damit, dass man an Proteine einfach Epitop-Tags anhängt, sodass ein generischer Antikörper für viele verschiedene Proteine verwendet werden kann. Auf diese Weise hat man auch die meisten Hefeproteine systematisch „etikettiert" und mit einer Affinitätsreinigung isoliert. Die anschließende Identifikation assoziierter Proteine mittels Massenspektrometrie war ein Meilenstein in der Geschichte der Proteininteraktionsforschung.

### 19.5  Far-Western-Blot

Die Methode des Western-Blots kann auch zur Analyse von Proteininteraktionen verwendet werden. Anstatt ein Protein auf einer Membran direkt mit Antikörpern nachzuweisen, kann der Blot zunächst mit einem anderen Protein behandelt werden. Üblicherweise nimmt man hier ein epitopgetaggtes Protein, welches an ein oder mehrere Proteine auf der Blottingmembran bindet. Erst im nächsten Schritt wird ein Antikörper gegen das zweite Protein angewandt, sodass ein Sandwich entsteht (◘ Abb. 19.13).

Die Methode ist weitgehend identisch mit einem regulären Western-Blot, außer einer zusätzlichen Inkubation, weshalb die Technik auch „*Far*-Western" genannt wird. Auch das *Far*-Western-Blotting wird in der Regel zur Bestätigung von anderweitig identifizierten Proteininteraktionen verwendet.

Eine interessante Applikation stellt außerdem das Kartieren von Interaktionsdomänen oder -epitopen dar. Dabei wird ein Protein partiell mit Proteasen verdaut, auf einem Gel aufgetrennt und geblottet. Die Sekundärinkubation der Membran mit einem interagierenden Protein führt zur Bindung an eine Teilmenge aller Banden. Aus der Größe dieser Banden kann in der Regel geschlossen werden, welches Fragment die interagierenden Sequenzen enthält.

Eine Variante zur Kartierung von Interaktionsepitopen macht sich die Synthese von Peptiden direkt auf einer Membran zunutze, z. B. mit überlappenden Peptiden von jeweils 10–20 Aminosäuren. Für diese Zwecke gibt es bereits automatisierte Systeme, die man einfach mit den gewünschten Sequenzen programmiert. Dabei kann man auch gleich Mutationen einbauen, um deren Auswirkung zu studieren. Die Peptide werden dann wie oben mit epitopmarkierten Proteinen inkubiert und dann per Enzymreaktion (oder seltener per Radioaktivität) nachgewiesen.

### 19.6  Plasmonenspektroskopie (Surface Plasmon Resonance)

Die Oberflächen-Plasmonenresonanzspektroskopie oder *Surface Plasmon Resonance* (SPR) ist eine Methode zur Messung von Bindungsvorgängen an Oberflächen. Das Spektrum der Anwendungsmöglichkeiten reicht von der Bestimmung von Bindungskonstanten (z. B. bei Antikörper-Antigen- oder Rezeptor-Liganden-Paaren), Enzym-Substrat-Wechselwirkungen über DNA-Hybridisierung und DNA/RNA-Protein-Wechselwirkungen,

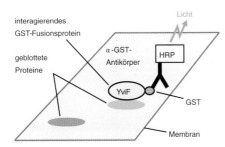
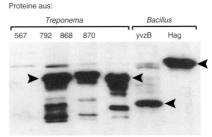

**A**  Far-Western-Blot: Prinzip

**B**  Beispiel

◘ **Abb. 19.13** *Far*-Western-Blot. **A** Prinzip (s. Text für Details). **B** Beispiel mit dem Nachweis, dass das Protein YviF (aus *Bacillus subtilis*) an Flagellenproteine aus verschiedenen Bakterien bindet. Die Proteine TP0567 (Negativkontrolle), TP00792 (FlaB2), TP0868 (FlaB1), TP0870 (FlaB3) des Syphiliserregers *Treponema pallidum* wurden zusammen mit den Flagellenproteinen yvzB und Hag aus *Bacillus subtilis* in *Escherichia coli* exprimiert und ein Extrakt daraus auf eine Membran geblottet. Diese Membran wurde mit dem GST-Fusionsprotein GST-YviF (dem Orthologen von TP0658 in *Bacillus subtilis*) inkubiert und das Fusionsprotein anschließend mit einem

Anti-GST-Antikörper und ECL nachgewiesen (HRP, *horseradish peroxidase*, engl. Meerrettich-Peroxidase ist das antikörpergekoppelte Enzym für die Lichtreaktion). Dieser *Far*-Western zeigt nicht nur, dass YviF an die Flagellenproteine FlaB1–3 bindet, sondern dass diese Interaktion auch in mehreren nicht besonders nahe verwandten Bakterien konserviert ist (nämlich in *Treponema* und *Bacillus*). Die Pfeile zeigen die gesuchten Proteine an. Alle anderen Banden sind Abbauprodukte oder unspezifische Interaktionen. (modifiziert nach Titz et al. 2006)

Membranproteincharakterisierungen bis hin zur zellulären Analytik an plasmonenkompatiblen Oberflächen. SPR hat sich in den vergangenen Jahrzehnten von der Erforschung eines physikalischen Phänomens zu einer sehr interessanten Messmethode für biologische Fragestellungen entwickelt. Die Vorteile, die am häufigsten im Zusammenhang mit der SPR-Methode genannt werden, sind Sensitivität, Geschwindigkeit, Parallelisierbarkeit, Spezifität, labelfreie Detektion und die Tatsache, dass physiologische Bedingungen (Pufferlösungen) während der Messung verwendet werden können.

Zur Messung der Bindungskonstanten von Rezeptor-Liganden-Wechselwirkungen wird einer der Bindungspartner an die Oberfläche gebunden und mit dem anderen Bindungspartner in Lösung in Kontakt gebracht.

Um SPR-Experimente planen und interpretieren zu können, ist es sinnvoll, sich mit dem zugrunde liegenden Prinzip zu beschäftigen:

An Metallen befindet sich an der Grenzfläche zu einem Dielektrikum (z. B. Luft, Wasser, organische Lösungsmittel etc.) ein Elektronengas, das unter bestimmten Bedingungen durch Licht in Schwingung versetzt werden kann. Basierend auf dem Gesetz der Energieerhaltung wird Licht in die Elektronengaswolke an der Metalloberfläche eingekoppelt. Durch dieses Kopplungs- oder auch Resonanzphänomen wird ein Oberflächenplasmon angeregt. Die Resonanzbedingungen werden durch den Einfallswinkel des Lichtes und den Brechungsindex des Mediums bestimmt, durch das das Licht auf die Metalloberfläche trifft. Vorstellen kann man sich ein Plasmon als eine Lichtwelle, die sich an der Metalloberfläche entlang ausbreitet. Dabei fällt die Feldintensität dieser Welle exponentiell mit dem Abstand von der Oberfläche ab. Das hat zur Konsequenz, dass die SPR-Methode eine oberflächensensitive Messung ist: Bis ca. zweihundert Nanometer weit kann ein Plasmon – gemessen von der Oberfläche aus – „sehen". Das ist auch aus ◻ Abb. 19.14 ersichtlich, in der die Feldintensität als Funktion des Oberflächenabstandes dargestellt ist.

Licht, das auf die Metalloberfläche trifft, kann nur dann ein Plasmon erzeugen, wenn es durch optisch dichteres Medium als Luft geleitet wurde. Deshalb verwendet man zur Einkopplung des Lichtes in die Metalloberfläche z. B. ein Glasprisma, das an das Metall angrenzt. Das in der Praxis am häufigsten verwendete Metall ist Gold, und als Lichtquelle wird zumeist ein Helium-Neon-Laser verwendet. Diese Grundbestandteile eines exemplarischen SPR-Aufbaus sind in ◻ Abb. 19.15 gezeigt.

Bei dieser Art des Messaufbaus ist die Goldoberfläche mit dem angrenzenden Prisma auf eine drehbare Plattform aufgesetzt, sodass der Einfallswinkel des Laserlichtes verändert werden kann. Gemessen wird das von der Goldoberfläche reflektierte Licht mit einer Photozelle. In ◻ Abb. 19.16A ist gezeigt, wie sich das reflektierte Licht in Abhängigkeit vom Einfallswinkel verhält: Oberhalb der Totalreflektionskante, bis zu der sich das Gold wie ein Spiegel verhält, nimmt die Lichtintensität bei höheren Winkeln kontinuierlich ab. Es kommt zu einem Minimum, das die maximale Anregung des Plasmons beschreibt (das Licht wird maximal in die Oberfläche eingekoppelt) und anschließend steigt die Lichtintensität wieder auf ihren ursprünglichen Wert. In den linearen Bereichen dieser Kurve können zeitabhängige Messungen, wie z. B. Bindungskinetiken, durchgeführt werden.

Wie können jetzt Bindungsvorgänge an der Goldoberfläche messbar gemacht werden? Ändert sich durch Bindung von Molekülen der Brechungsindex an der Oberfläche, ändern sich dadurch die Ausbreitungseigenschaften des Plasmons. Diese Änderung der Ausbreitungseigenschaften des oberflächengebundenen Lichtes ist das Messsignal, das die Bindung von Molekülen an die Metalloberfläche beschreibt. ◻ Abb. 19.16B be-

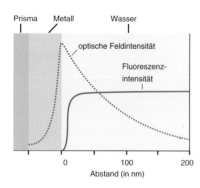

◻ **Abb. 19.14**  *Surface Plasmon Resonance* (SPR). Feldintensität als Funktion des Oberflächenabstandes

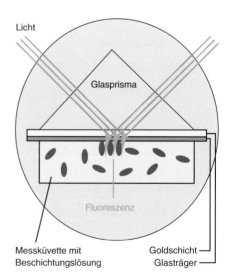

◻ **Abb. 19.15**  Grundbestandteile eines SPR-Aufbaus

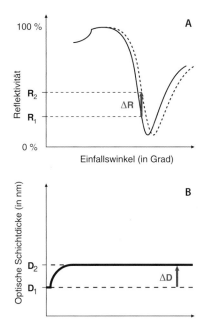

○ **Abb. 19.16   A** Verhalten des Lichts in Abhängigkeit vom Einfallswinkel. **B** Bindungskinetik als zeitabhängige Lichtintensitätsmessung

schreibt eine Bindungskinetik, die als zeitabhängige Lichtintensitätsmessung dargestellt ist.

Gemessen wird damit die *optische Schichtdicke* der angelagerten Moleküle, also die Änderung des Brechungsindexes an der Oberfläche. Damit ist eine Grundvoraussetzung dieser Messmethode klar: Die Messungen müssen unter optisch konstanten Bedingungen, also im gleichen Puffersystem, gemessen werden, nur dann lässt sich eine Anbindung von Molekülen an die Oberfläche nachweisen. Durch Anwendung der sog. Fresnel-Algorithmen kann aus einer optischen Schichtdicke die physikalische Schichtdicke dargestellt werden, vorausgesetzt, man kennt den Brechungsindex der sich bildenden Schicht.

Mittlerweile hat sich eine weitere Strategie zur Erzeugung von Plasmonen an Oberflächen etabliert: die sog. Gitterkopplungsstrategien. Dabei kann der Goldfilm durch Goldgitter ersetzt werden, wobei lokalisierte Plasmonen sehr empfindlich auf Bindungsvorgänge reagieren können. Oder es werden nanoskopische Strukturen in geeignete Halbleitermaterialien erzeugt, die dann edelmetallfrei plasmonenbasierte Phänomene zur Messung von Bindungsvorgängen in der molekularen Dimension erlauben.

Die SPR-Methode kann grundsätzlich bis zu einer Grenze von wenigen Nanometern die Anlagerung einer Schicht beschreiben, allerdings mit einer lateralen Auflösung, die im Mikrometerbereich liegt. Das bedeutet für das Messergebnis, dass nicht zwischen der Anbindung vieler kleiner oder weniger großer Moleküle unterschieden werden kann – für die biologischen Anwendungen heißt das: Die zu messenden Proben müssen insofern charakterisiert und gereinigt vorliegen, dass sie eine einheitliche Größe haben, nur dann kann das Ergebnis auch quantitativ interpretiert werden. Bei vielen Proben, wie z. B. Zellaufschlüssen oder Nahrungsmittelproben, in denen ein bestimmtes Protein nachgewiesen werden soll, ist eine Reinigung nicht möglich. Dann bietet es sich an, mit einer Antikörperbindung eine nachfolgende, spezifische Reaktion anzuschließen und die elektromagnetische Welle des oberflächengebundenen Plasmons für eine Verstärkung der Emission z. B. eines fluoreszenzmarkierten, monoklonalen Antikörpers zu verwenden.

Jetzt ist auch offensichtlich, warum Oberflächeneigenschaften eine so große Rolle in dieser Methode spielen: Eine Goldoberfläche ist für zahlreiche unspezifische Anbindungen von Molekülen zugänglich, aber nur in Kombination mit einer geeigneten Passivierung der Oberfläche können solche unerwünschten Beschichtungen wirkungsvoll verhindert werden. Viel Entwicklungsarbeit ist notwendig, um eine geeignete Passivierungsschicht mit Fänger-Molekülen zu dekorieren, die ausschließlich mit dem Zielmolekül interagieren. In besonderen Fällen kommt dieser Passivierungsschicht auch noch eine weitere Funktion zu: Hydrophobe Moleküle können hier in eine Matrix eingebettet werden und so einer hydrophilen Phase gegenübergestellt werden. Damit ist die Methode der SPR in der Lage, auch diese Interaktionen messbar zu machen, die aufgrund von Löslichkeitsproblemen in Lösung nicht möglich sind. Eine interessante Möglichkeit ist die Beschichtung der Oberfläche mit einer künstlichen Membran, um Bindungsvorgänge zu untersuchen, die mit membranständigen Molekülen wie den Membranproteinen zu tun haben.

Es lässt sich also eine Vielzahl von individualisierten Experimenten finden, die in der Lage sind, biologische Fragestellungen an funktionalisierten Grenzschichten zu beantworten. Insofern stellt die SPR-Methode eine flexible experimentelle Plattform in dem Methodenspektrum der modernen Bioanalytik dar.

In aktuellen SPR-Weiterentwicklungen werden Fluorophore oder Quantendots als Marker eingesetzt, um in molekularer Auflösung Bindungsvorgänge zu detektieren und durch spektrale Analyse verschiedene Liganden voneinander zu differenzieren. In Kombination mit der Methode der Plasmonenmikroskopie können strukturierte Oberflächen auch lateral aufgelöst vermessen werden. Mit dieser Erweiterung können Arrays aus Probenmaterialien vermessen werden, deren Interaktionen mit Liganden zwar nicht mehr labelfrei, dafür aber in molekularer Auflösung und räumlich differenzierbar charakterisiert werden können.

## 19.7 Fluoreszenz-Resonanz-Energietransfer – FRET

Fluoreszenz-Resonanz-Energietransfer (auch: Förster-Resonanz-Energietransfer, FRET) basiert auf einer abstandsabhängigen Wechselwirkung zweier geeigneter Fluoreszenzfarbstoffe. Da die Effizienz dieses Prozesses vom Abstand abhängt, können über die FRET-Effizienz Abstände bzw. Abstandsänderungen zwischen diesen Farbstoffen bestimmt werden (◘ Abb. 19.17). Geeignete Farbstoffe können kovalent an Biomoleküle gekoppelt werden (▶ Abschn. 19.7.3). Man unterscheidet zwischen intra- und intermolekularem FRET. Bei intermolekularem FRET befinden sich die Farbstoffe auf zwei unterschiedlichen Molekülen. Die FRET-Effizienz dient hier als Sonde für Wechselwirkungen: Wenn die beiden Biomoleküle keine Wechselwirkung eingehen, so ist die FRET-Effizienz null; bei Komplexbildung ist die FRET-Effizienz hoch. Bei intramolekularem FRET befinden die Farbstoffe sich an zwei Positionen im selben Molekül. Aus der FRET-Effizienz lassen sich dann Abstände zwischen zwei Punkten innerhalb eines Moleküls bestimmen, die Strukturinformation liefern. Änderungen der FRET-Effizienz dienen als Sonde für Konformationsänderungen des Biomoleküls (◘ Abb. 19.17; ▶ Abschn. 19.7.4).

FRET-Effizienzen können über Spektroskopie oder mittels Mikroskopie bestimmt werden (◘ Abb. 19.17; ▶ Abschn. 19.7.2). Mit einem kommerziellen Fluoreszenzspektrometer kann man die Fluoreszenzinten-sität der beiden beteiligten Farbstoffe in einer Lösung der Biomoleküle messen (Ensemble-Methoden); daraus lässt sich dann die FRET-Effizienz errechnen (▶ Abschn. 19.7.1). Mithilfe von Weitfeld-, konfokaler oder totaler interner Reflexionsmikroskopie (TIRF; ▶ Abschn. 19.7.2) lässt sich FRET räumlich auflösen. So können FRET-Effizienzen in einzelnen Molekülen *in vitro* in Lösung und an Oberflächen oder auch *in vivo* in Zellen bestimmt werden.

### 19.7.1 FRET-Effizienzen und ihre experimentelle Bestimmung

Die Absorption und Emission von Licht ist mit einer Änderung der Ladungsverteilung der Farbstoffe verbunden. Das Übergangsdipolmoment eines Farbstoffes ist ein Maß für diese Ladungsverschiebung. Bei FRET findet eine dipolare Kopplung zwischen den Übergangsdipolen der beiden beteiligten Farbstoffe statt, die zum Energieübertrag vom ersten Farbstoff, dem Donor, zum zweiten Farbstoff, dem Akzeptor, führt. Diese dipolare Kopplung ist eine strahlungslose Wechselwirkung durch den Raum, deren Effizienz $E_{FRET}$ mit der inversen sechsten Potenz des Abstandes $r_{DA}$ abnimmt (◘ Abb. 19.17).

$$E_{FRET} = \frac{R_0{}^6}{R_0{}^6 + r_{DA}{}^6} \qquad (19.1)$$

◘ **Abb. 19.17** FRET und mögliche Anwendungen. **A** Abstandsabhängigkeit der FRET-Effizienz. Bei Abständen deutlich unter dem Förster-Abstand $R_0$ erreicht die FRET-Effizienz $E_{FRET}$ den Wert 1 (100 %), bei Abständen deutlich über $R_0$ geht sie gegen 0 (0 %). Bei $r = R_0$ beträgt die FRET-Effizienz 0,5 (50 %). **B** Intermolekularer FRET zwischen Donor (D) und Akzeptor (A) auf verschiedenen Molekülen zum Nachweis von Interaktionen. **C** Intramolekularer FRET zum Messen von Abständen und zum Nachweis von Konformationsänderungen

**19**

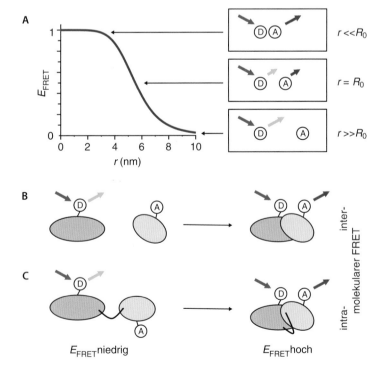

Der Förster-Abstand oder charakteristische Transferabstand $R_0$ gibt dabei den für jedes Donor-Akzeptor-Paar typischen Abstand an, der mit einer FRET-Effizienz von 50 % verknüpft ist. Förster-Abstände für gängige Donor-Akzeptor-Paare liegen im Bereich von 45–60 Å (4,5–6,0 nm). Um diesen Förster-Abstand herum ändert sich also das Signal besonders stark mit der Änderung des Abstandes, sodass Abstandsmessungen über FRET auf den Bereich von ca. 1–10 nm beschränkt sind (◘ Abb. 19.17). Für kleinere und größere Abstände liegt die FRET-Effizienz bei 1 bzw. 0 und zeigt keine Variation mehr mit dem Abstand, ist also als Signal nicht hilfreich.

Der Förster-Abstand $R_0$ hängt seinerseits von den spektralen Eigenschaften der verwendeten Farbstoffe ab:

$$R_0 = \sqrt[6]{8,785 \cdot 10^{-11} \frac{J\kappa^2 \Phi_D}{n^4}} \qquad (19.2)$$

In Gl. 19.2 ist $J$ die Stärke der Überlappung des Donor-Emissions-spektrums mit dem Akzeptor-Absorptionsspektrum (in $nm^4\ M^{-1}\ cm^{-1}$), $\kappa^2$ ein Maß für die relative Orientierung der Übergangs-dipol-momente von Donor und Akzeptor, $n$ der Brechungsindex der Umgebung und $\Phi_D$ die Quantenausbeute des Donors. Damit FRET stattfindet, muss also die Emission des Donors mit der Absorption des Akzeptors überlappen. Der Orientierungsfaktor $\kappa^2$ ist

$$\kappa^2 = \left(\cos\theta_{DA} - 3\cos\theta_D \cos\theta_A\right)^2 \qquad (19.3)$$

Dabei ist $\theta_{DA}$ der Winkel zwischen dem Übergangsdipol von Donor und Akzeptor, sowie $\theta_D$ und $\theta_A$ die Winkel der Übergangsdipole mit dem verbindenden Vektor. Die Richtung der Übergangsdipole von Donor und Akzeptor ist in der Regel nicht bekannt und experimentell nicht einfach zu bestimmen. Damit kennt man auch $\kappa^2$ nicht. Prinzipiell kann $\kappa^2$ Werte zwischen 0 (Übergangsdipole senkrecht zueinander) und 4 (Übergangsdipole parallel und hintereinander angeordnet) annehmen. Um einen verlässlichen Wert für den Orientierungsfaktor einsetzen zu können, werden Farbstoffe für FRET-Experimente über flexible Linker an das Zielmolekül angeknüpft. So können sich die Farbstoffe auf der Zeitskala der Messung frei bewegen und alle möglichen relativen Orientierungen zueinander einnehmen. Für diesen Fall nimmt $\kappa^2$ den Wert 2/3 an.

Durch die Energieübertragung vom Donor auf den Akzeptor wird die Donor-Fluoreszenz teilweise gelöscht, während der Akzeptor stattdessen fluoresziert. Die Transfereffizienz $E_{FRET}$ lässt sich deshalb im einfachsten Fall aus den gemessenen Fluoreszenzintensitäten für Donor und Akzeptor, $F_D$ und $F_A$, bestimmen:

$$E_{FRET} = \frac{F_A}{F_A + F_D} \qquad (19.4)$$

Um eine FRET-Effizienz zur Ermittlung von Abständen zu bestimmen, müssen die gemessenen Intensitäten um Hintergrund sowie um nichtideale Effekte des Gerätes (unterschiedliche Detektionseffizienzen für Donor- und Akzeptor-Fluoreszenz sowie unvollständige spektrale Trennung der beiden Emissionen) korrigiert werden. Wird die FRET-Effizienz „nur" als relative Sonde für Interaktionen oder zum Verfolgen von Abstands*ände-rungen* verwendet, so kann eine sogenannte apparente FRET-Effizienz oder *proximity ratio* ausreichend sein, die ohne weitere Korrekturen direkt aus den gemessenen Werten berechnet wird.

Die Löschung der Donor-Fluoreszenz in Anwesenheit des Akzeptors ist auch mit einer Abnahme der Fluoreszenzlebenszeit (▶ Abschn. 8.5) des Donors verbunden. Daher kann die FRET-Effizienz statt aus Intensitäten aus der Fluoreszenzlebenszeit des Donors in Ab- und Anwesenheit des Akzeptors, $\tau_D$ und $\tau_{DA}$, berechnet werden:

$$E_{FRET} = 1 - \frac{\tau_{DA}}{\tau_D} \qquad (19.5)$$

Analog zu Gl. 19.5 kann die FRET-Effizienz auch aus der Abnahme der Donor-Fluoreszenz $F_D$ in Anwesenheit des Akzeptors, $F_{DA}$, berechnet werden:

$$E_{FRET} = 1 - \frac{F_{DA}}{F_D} \qquad (19.6)$$

Die Bestimmung der FRET-Effizienz nach Gl. 19.4 nennt man ratiometrisch, da hier sowohl Donor- als auch Akzeptor-Fluoreszenz gemessen werden und das Verhältnis aus beiden in die Berechnung eingeht. Das hat zum einen den Vorteil, dass man anhand antikorrelierter Änderungen der beiden Fluoreszenzintensitäten direkt auf FRET als Ursache schließen kann. Andere Effekte wie Fluoreszenzlöschung (▶ Abschn. 8.5) ändern nur einen Wert oder beeinflussen beide Werte in die gleiche Richtung. Zum anderen ist die bestimmte FRET-Effizienz nicht konzentrationsabhängig, sofern die Farbstoffe an dasselbe Molekül angeknüpft sind. Die Bestimmung der FRET-Effizienz anhand der Donor-Lebenszeit (Gl. 19.5) oder Donor-Fluoreszenzintensität (Gl. 19.6) in Ab- und Anwesenheit des Akzeptors ist fehleranfälliger, da hier nicht überprüft wird, ob gleichzeitig mit einer Abnahme der Donor-Fluoreszenz auch die Akzeptor-Fluoreszenz steigt und umgekehrt. So kann nicht klar unterschieden werden, ob die Änderungen durch FRET oder andere Prozesse wie Löschung der Donor-Fluoreszenz verursacht werden.

Die Beschränkung von FRET auf ein Farbstoffpaar erlaubt das Verfolgen eines einzigen Abstands innerhalb eines Moleküls oder Komplexes. Unter Verwendung von drei oder mehr geeigneten Farbstoffen können prinzipiell mehrere Abstände gleichzeitig verfolgt werden. Diese Messungen sind allerdings aufgrund der schwierigen spektralen Trennung mehrerer Farbstoffe und der vielfältigen paarweisen Wechselwirkungen nicht einfach zu interpretieren. Mehrere gekoppelte Farbstoffe können aber helfen, die Abstandsbeschränkung auf Abstände unter 10 nm zu überwinden. Hier kann die Energie vom Donor über mehrere Akzeptoren schrittweise auf den letzten Akzeptor in der Kette übertragen werden. Über derartige *Relay*-Mechanismen können daher größerer Abstände messbar gemacht werden. Allerdings ist die ortsspezifische Einführung mehrerer Farbstoffe nicht einfach zu erreichen (▶ Abschn. 19.7.3).

Eine Abwandlung der FRET-Methode stellt der sog. *Bioluminescence Resonance Energy Transfer* (BRET) dar. Hierbei wird als Donor eine Einheit eingesetzt, die Biolumineszenz zeigt, z. B. Luciferase.

## 19.7.2    Methoden der FRET-Messung

In Ensemble-FRET-Messungen kommen konventionelle, kommerziell erhältliche Fluoreszenzspektrometer zum Einsatz. Hier misst man Emissionsspektren der donor-und akzeptormarkierten Moleküle nach Anregung des Donors und berechnet aus den gemessenen Fluoreszenzintensitäten des Donors und Akzeptors die FRET-Effizienz. Dieser Wert stellt einen Durchschnitt über die einzelnen FRET-Effizienzen in allen vorhandenen Molekülen in der untersuchten Lösung dar. Er hat nur dann eine molekulare Bedeutung, wenn alle Moleküle den gleichen Abstand zwischen den Farbstoffen zeigen, also in der gleichen Konformation vorliegen. Liegen zwei Konformationen im Gleichgewicht vor, so liefert die Änderung des Mittelwerts der FRET-Effizienz Informationen über eine Änderung der relativen Populationen der beiden Formen, was als spektroskopische Sonde z. B. in Titrationen ausgenutzt werden kann. Über die zeitliche Änderung der FRET-Effizienz kann so auch die Kinetik von Bindungs- und Dissoziationsreaktionen oder von Konformationsänderungen verfolgt werden.

Zur Messung vo FRET an einzelnen Molekülen werden Mikroskope verwendet. Einzelmolekülmikroskopie kann *in vitro* mit isolierten, donor- und akzeptormarkierten Molekülen oder an lebenden Zellen *in vivo* durchgeführt werden. Für *in-vitro*-Experimente an Molekülen in Lösung kommt die konfokale Mikroskopie zu Einsatz. An Oberflächen immobilisierte Moleküle werden hingegen im Allgemeinen mittels Weitfeld-, konfokaler *Scanning*- oder totaler interner Reflexionsmikroskopie (TIRF) abgebildet. Für *in-vivo*-Experimente kommt meist die TIRF-Mikroskopie zum Einsatz (◘ Abb. 19.18).

Bei konfokaler Mikroskopie zur Untersuchung von Molekülen in Lösung erfolgt die Fluoreszenzanregung des Donors mit Laserlicht, das durch ein Objektiv in ein kleines Volumen innerhalb der Probe, das sogenannte konfokale Volumen, fokussiert wird. Moleküle, die sich im konfokalen Volumen befinden und einen Donor tragen, werden angeregt und emittieren Fluoreszenzlicht. Das emittierte Licht wird durch das Objektiv gesammelt, und die Spektralbereiche der Donor- und Akzeptor-Emission werden durch geeignete Strahlteiler auf separate Punktdetektoren geleitet und detektiert. Daraus erhält man die Donor- und Akzeptor-Fluoreszenz als Funktion der Zeit; einzelne Fluoreszenz-*Bursts* entsprechen dabei einzelnen Molekülen, die durch den Fokus diffundieren Die Residenzzeit der Moleküle im Fokus liegt typischerweise bei wenigen Millisekunden. Aus der Donor- und Akzeptor-Fluoreszenz für jedes einzelne Molekül während dieser Zeit kann dann dessen Transfer-Effizienz $E_{FRET}$ berechnet werden (Gl. 19.4). Die Verteilung der FRET-Effizienzen aller nacheinander detektierten Moleküle wird dann in FRET-Histogrammen dargestellt. Prinzipiell kann auch die zeitliche Änderung der FRET-Effizienz innerhalb eines Millisekunden-*Bursts* erhalten werden. Meist sind die Konformationen auf dieser Zeit- und Abstandsskala aber statisch.

Bei der Abbildung von Molekülen auf Oberflächen wird das Bild entweder Punkt für Punkt abgerastert und an jedem Punkt der Donor angeregt und die Donor- und Akzeptoremission detektiert (konfokale *Scanning*-Mikroskopie), oder die Anregung erfolgt für alle Moleküle gleichzeitig (Weitfeld- oder TIRF-Mikroskopie). Über das Objektiv wird dann die Fluoreszenz der Moleküle zur Abbildung auf einen Flächendetektor, typischerweise eine CCD-Kamera, fokussiert. Auch hier werden Donor- und Akzeptoremission durch geeignete Strahlteiler getrennt und auf benachbarte Detektorflächen abgebildet. So entsteht ein Paar von Bildern, eins für die Donorfluoreszenz, eins für die Akzeptorfluoreszenz. Aus diesen kann für alle Moleküle im *Field of View* die Donor- und Akzeptorintensität und damit die FRET-Effizienz bestimmt und ein Histogramm der Verteilung der FRET-Effizienzen erstellt werden. Nimmt man eine Serie von Bildern als Funktion der Zeit auf, so liefert jedes Bildpaar für jedes einzelne Molekül eine FRET-Effizienz zum jeweiligen Zeitpunkt; alle Bildpaare liefern die FRET-Effizienz als Funktion der Zeit für alle Moleküle. Da die Moleküle immobilisiert sind,

**19**

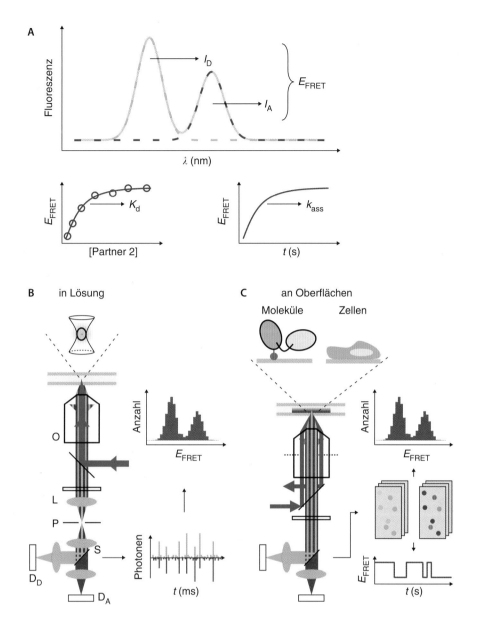

□ **Abb. 19.18** Messung von FRET-Effizienzen. **A** Bestimmung von FRET-Effizienzen für Moleküle in Lösung (*in vitro*, Ensemble) aus Spektren. Aus dem Fluoreszenzemissionsspektrum des Moleküls/Komplexes mit Donor und Akzeptor nach Anregung des Akzeptors (grau) werden die Donor-Fluoreszenz $I_D$ (grün) und die Akzeptor-Fluoreszenz $I_A$ (rot) bestimmt. Daraus kann $E_{FRET}$ berechnet werden. $E_{FRET}$ kann als spektroskopische Sonde für Wechselwirkungen in Titrationen (unten links) oder in kinetischen Messungen (unten rechts) verwendet werden, um Gleichgewichtskonstanten ($K_d$) und Ratenkonstanten ($k_{ass}$) zu bestimmen. **B** Konfokale Mikroskopie zur Messung von $E_{FRET}$ an einzelnen Molekülen in Lösung. Blau: Anregungslicht, grün, rot: Emission von Donor, Akzeptor. Als Rohdaten wird die Donor- und Akzeptor-Fluoreszenz als Funktion der Zeit aus dem Beobachtungsvolumen erhalten; einzelne Fluoreszenz-*Bursts* werden durch einzelne Moleküle verursacht, die durch dieses Volumen dif-

fundieren. Aus den Intensitäten $I_D$ und $I_A$ kann dann für jedes der Moleküle $E_{FRET}$ berechnet und ein Histogramm der Verteilung erstellt werden. **C** Totale interne Reflexionsmikroskopie zur Bestimmung von $E_{FRET}$ an einzelnen oberflächenimmobilisierten Molekülen und Bestimmung von $E_{FRET}$ *in vivo* durch fluoreszenzmikroskopisches Abbilden von Zellen. Blau: Anregungslicht, grün, rot: Emission von Donor, Akzeptor. TIRF regt selektiv Moleküle in der Nähe der Oberfläche an (blauer Gradient); diese werden über ihre Donor- und Akzeptor-Fluoreszenz abgebildet. Aus der Donor- und Akzeptor-Fluoreszenz kann dann $E_{FRET}$ für alle Moleküle in einem Bildpaar errechnet und ein FRET-Histogramm erstellt werden. Aus einer Serie von Bildern zu unterschiedlichen Zeitpunkten kann für jedes Molekül $E_{FRET}$ als Funktion der Zeit ermittelt werden. O Objektiv; L: Linse, P: *pinhole* (Lochblende zur Ebenenselektion), S: Strahlteiler, $D_D$: Detektor der Donor-Fluoreszenz, $D_A$: Detektor der Akzeptor-Fluoreszenz kann die FRET-Effizienz hier über lange Zeitbereiche (Minuten) aufgezeichnet werden, sodass auch langsame Änderungen des Abstandes der Farbstoffe verfolgt werden können. Das Abbilden von fluoreszenzmarkierten Molekülen in Zellen funktioniert nach dem gleichen Prinzip (◨ Abb. 19.19).

### 19.7.3  Einbringen von FRET-Sonden in Biomoleküle

Um FRET-Experimente mit Biomolekülen durchführen zu können, müssen zunächst die Donor- und Akzeptorfarbstoffe an geeigneten Stellen eingeführt werden. Für *in-vitro*-Experimente können hierzu funktionalisierte organische Farbstoffe verwendet werden, die sich durch hohe Quantenausbeuten und Helligkeit sowie hohe Photostabilität auszeichnen. Bei rekombinant hergestellten Proteinen verwendet man oft Cysteine, die über ortsspezifische Mutagenese an geeigneten Positionen eingeführt werden, und modifiziert diese spezifisch und kovalent mit Maleimid-Derivaten der Farbstoffe. Alternativ können über den Einbau nicht-natürlicher Aminosäuren andere reaktive Gruppen in das untersuchte Protein eingeführt und selektiv kovalent mit Farbstoffen verknüpft werden. Eine weitere Möglichkeit stellt die Produktion des Proteins mit spezifischen Sequenzen, Tags, dar, die dann zur Einführung eines Fluorophors enzymatisch modifiziert werden. Beispiele hierfür sind der Halo-Tag, der CLIP-Tag oder der SNAP-Tag, sowie eine Sequenz, die vom Enzym Sortase erkannt und modifiziert wird. Prinzipiell kann das untersuchte Protein auch als Fusionsprotein mit einem fluoreszierenden Protein (z. B. grün fluoreszierendes Protein, GFP, oder Varianten davon) produziert werden, das dann als Partner für FRET fungiert. Die Fusion mit Tags oder fluoreszierenden Proteinen hat den Vorteil, dass die Farbstoffe bzw. die fluorogenen Gruppen genetisch codiert sind, was einen Einsatz für *in-vivo*-Untersuchungen erlaubt. *In vitro* markierte Proteine können aber auch, z. B. durch Elektroporation oder Mikroinjektion, nachträglich in Zellen eingebracht und dann mittels FRET untersucht werden.

Während die Modifizierung von Proteinen mit einem einzigen Farbstoff einfach umzusetzen ist, erfordert das Einführen eines Donor-Akzeptor-Paars für intramolekulare FRET-Untersuchungen oft aufwändigere Prozeduren. Prinzipiell kann eine Proteinvariante mit zwei Cysteinen mit einer Mischung aus Donor- und Akzeptor-Maleimiden markiert werden. Hierbei erhält man eine statistische Mischung aus Molekülen,

die wie gewünscht mit beiden Farbstoffen modifiziert sind, sowie Moleküle, die nur den Donor oder nur den Akzeptor tragen (◨ Abb. 19.19). Für Einzelmolekül-Experimente ist diese Verteilung i. A. unproblematisch, da die verschiedenen Spezies unterschieden werden können. In Ensemble-Experimenten, bei denen das mittlere Fluoreszenzsignal aller vorliegenden Formen gleichzeitig gemessen wird, ist hingegen eine definierte Anknüpfung von Donor und Akzeptor erforderlich. Diese kann erzielt werden, indem die Cysteine nacheinander modifiziert werden. Hierzu muss zunächst eines der Cysteine selektiv geschützt werden, z. B. durch Bindung eines Liganden. Dann kann das andere mit dem ersten der beiden Farbstoffe umgesetzt werden. Nach dem Entschützen wird dann das vorher geschützte Cystein mit dem zweiten Farbstoff umgesetzt. Alternativ können zwei verschiedene funktionelle Gruppen zur Markierung verwendet werden, beispielsweise ein Cystein und eine nicht natürliche Aminosäure, die in einer bio-orthogonalen Reaktion selektiv umgesetzt werden kann (◨ Abb. 19.19). Es ist auch möglich, das Protein in zwei Segmenten getrennt zu produzieren, ein Segment mit dem Donor und das zweite mit dem Akzeptor zu markieren, und diese Fragmente dann über eine Intein-vermittelte Ligation mittels einer Peptidbindung kovalent zu verknüpfen. Die Verwendung zweier verschiedener Tags, die dann mit Donor und Akzeptor umgesetzt werden, oder die Fusion mit zwei verschiedenen fluoreszierenden Proteinen ist ebenfalls möglich (◨ Abb. 19.19). Im Prinzip sind der Kreativität bei der Kombination verschiedener Markierungsmethoden nur wenige Grenzen gesetzt.

Zur Markierung von Nucleinsäuren können geeignete Farbstoffe oft während der chemischen Synthese eingeführt werden. Alternativ führt man während der Synthese funktionelle Gruppen ein, die dann im Anschluss mit Farbstoffen modifiziert werden. Längere Nucleinsäuren können unter Verwendung synthetisierter, farbstoffmarkierter Oligonucleotide als *primer* mittels PCR (▶ Kap. 33) oder über Ligationsverfahren hergestellt werden; dies erlaubt auch die Einführung von FRET-Paaren. Auch durch Hybridisierung zweier markierter Einzelstränge kann eine DNA oder RNA mit einem FRET-Paar hergestellt werden. Fluoreszierende RNA-Aptamere (▶ Kap. 36) können analog zu fluoreszierenden Proteinen als genetisch codierbare Farbstoffe eingesetzt werden, um doppelt markierte RNAs herzustellen.

Von Lipiden sowie vielen Proteinliganden und Enzyminhibitoren sind diverse Farbstoffderivate kommerziell erhältlich.

19

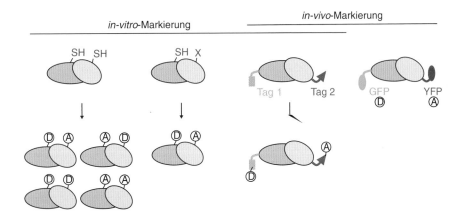

**◘ Abb. 19.19** Einführung von FRET-Paaren in Proteine. Zwei Cysteine (SH) können mit einer Mischung aus Donor- und Akzeptor-Maleimid modifiziert werden; hier wird eine Mischung aller möglichen Spezies (DA, AD, DD und AA sowie nur teilweise markierte Proteine – nicht gezeigt – erhalten). Alternativ können ein Cystein (SH) und eine nicht natürliche Aminosäure (X) eingeführt werden, die dann mit verschiedenen Farbstoffderivaten ortsspezifisch modifiziert werden. Das Zielprotein kann auch mit zwei verschiedenen Tags fusioniert werden, die dann chemisch oder enzymatisch mit Farbstoffen modifiziert werden. Eine Modifizierung durch Fusion mit zwei fluoreszierenden Proteinen (GFP, YFP) ist ebenfalls geeignet, um ein FRET-Paar einzuführen. *In-vivo*-Markierung erlaubt FRET-Messungen direkt in Zellen; Moleküle, die durch Markierung *in vitro* erhalten wurden, müssen durch Elektroporation oder Mikroinjektion in Zellen eingebracht werden

## 19.7.4 Anwendungen von FRET: Interaktions- und Strukturanalyse

FRET kann als qualitative Sonde oder quantitative Sonde verwendet werden. Das Vorliegen eines FRET-Signals kann als Reporter für die Wechselwirkung zweier Moleküle dienen. Hier geht es oft nur um binäre Aussagen (FRET = Interaktion, kein FRET = keine Interaktion); die genaue Bestimmung von FRET-Effizienzen ist dann nicht erforderlich. Über die Bestimmung von FRET-Effizienzen und die Berechnung von Abständen kann jedoch darüber hinaus strukturelle Information über die beteiligten Moleküle und Komplexe gewonnen werden.

### 19.7.4.1 FRET zur Untersuchung von Interaktionen

Zur Untersuchung von Interaktionen *in vitro* wird ein Bindungspartner mit einem Donor, der andere mit einem Akzeptor markiert. Die Anknüpfungspunkte sollten so gewählt sein, damit sie nicht mit der Komplexbildung interferieren. Gleichzeitig muss ihr Abstand klein genug sein, dass messbare FRET-Effizienzen vorliegen. Bilden die beiden Moleküle einen Komplex, so findet FRET statt, interagieren sie nicht miteinander, so wird kein FRET-Signal detektiert. Für die Untersuchung von Interaktionen *in vivo* müssen die beiden potenziellen Interaktionspartner *in vitro* markiert und in die Zelle eingebracht oder durch genetisch codierte Tags markiert werden. Durch fluoreszenzmikroskopisches Abbilden der Zelle in zwei oder drei Dimensionen kann dann festgestellt werden, an welchen Orten in der Zelle der donor- und akzeptormarkierte Partner vorkommt, und ob zwischen den Farbstoffen FRET stattfindet.

### 19.7.4.2 FRET zur Strukturanalyse

Aus FRET-Effizienzen bestimmte Abstände können zur Strukturanalyse von Biomolekülen oder biomolekularen Komplexen eingesetzt werden, die aufgrund ihrer Flexibilität oder Größe nicht zugänglich für Strukturbestimmung mittels Röntgenkristallographie (▶ Kap. 25) oder NMR-Methoden (▶ Kap. 21) sind. Hier kann im einfachsten Fall durch Messung eines Abstandes zwischen zwei alternativen Strukturmodellen unterschieden werden. Durch das Messen mehrerer Abstände zwischen Donor- und Akzeptor-Paaren, die an verschiedenen Positionen im Biomolekülen oder biomolekularen Komplexen eingebracht wurden, kann über Triangulationsverfahren die globale Konformation des Moleküls oder Komplexes bestimmt werden. Sind die atomar aufgelösten Strukturen von Teilen des Moleküls oder Komplexes bekannt, können sie relativ zueinander positioniert werden, sodass die Abstandsbeschränkungen erfüllt sind (◘ Abb. 19.20).

## 19.7.5 FRET als diagnostisches Werkzeug: Biosensoren

In den letzten Jahren wurde eine Vielzahl von FRET-Sensoren entwickelt, die bei Bindung an Liganden eine Konformationsänderung, verbunden mit einer Ände-

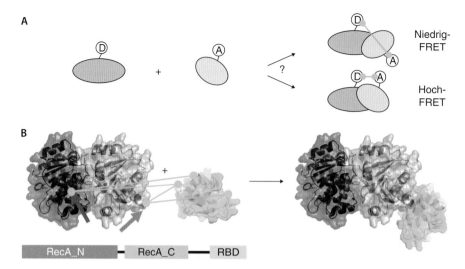

**◘ Abb. 19.20** FRET zur Strukturanalyse. **A** Nutzung von Abständen aus FRET-Messungen zur Platzierung zweier Teilstrukturen. Eine mögliche Art der Komplexbildung führt zu einer niedrigen FRET-Effizienz, die alternative Art führt zu einer hohen FRET-Effizienz. Die Unterscheidung zwischen beiden Modellen ist mit der Messung eines einzigen Abstands möglich. **B** Bestimmung einer Vielzahl von Abständen zur Strukturbestimmung. Die RNA-Helicase YxiN besteht aus einer Helicase-Domäne (dunkelgrau, hellgrau), und einer C-terminalen RNA-Bindungsdomäne (RBD, cyan). Ein Strukturmodell der Helicase-Domäne sowie eine Kristallstruktur der RBD waren vorhanden, ihre relative Anordnung jedoch unbekannt. Durch Messung von FRET-Effizienzen und damit paarwei-sen Abständen von Donor-Akzeptor-markiertem Protein mit einem Farbstoff in der N-terminalen (roter Pfeil) oder C-terminalen Domäne (orangener Pfeil) der Helicase und einem zweiten in der RBD (fünf verschiedenen Positionen, gelb) konnte ein Modell für die Struktur der Helicase in Lösung erstellt werden, das mit den gemessenen Abstandsbeschränkungen im Einklang steht. (Referenz: Samatanga et al. (2017) Allosteric regulation of helicase core activities of the DEAD-box helicase YxiN by RNA binding to its RNA recognition motif. Nucleic Acids Res. 45(4):1994–2006). Die orangefarbenen Linien zeigen vier Abstände an, die in vier einzelnen Experimenten mit Donor und Akzeptor an den entsprechenden Stellen bestimmt wurden

rung der FRET-Effizienz, zeigen. Die so detektierbaren Liganden reichen von Ionen (z. B. H$^+$, Ca$^{2+}$ oder Mg$^{2+}$) bis hin zu größeren Metaboliten (z. B. Glucose, Glutamat, ATP). Auch Modifikationen wie Phosphorylierung von Proteinen oder Peptiden durch Kinasen (▶ Kap. 29) lassen sich durch geeignete FRET-Sensoren sichtbar machen. FRET-Sensoren erlauben auch die In-vivo-Messung von Kräften.

### 19.7.6  Ausblick

Mit der Weiterentwicklung mikroskopischer Methoden bis hin zur *Super-Resolution*-Mikroskopie werden auch die Anwendungsmöglichkeiten für FRET immer vielfältiger und erreichen immer höhere zeitliche und räumliche Auflösung. Die Kombinationen mit orthogonalen Methoden wie der gleichzeitigen Messung von inter- oder intramolekularen Kräften oder die Verwendung von Abständen aus FRET-Messungen mit struktureller Information aus Röntgenkristallographie (▶ Kap. 25) oder NMR-Methoden (▶ Kap. 21) zur Erstellung von Strukturmodellen für große Komplexe macht FRET zu einem zunehmend wichtigen Werkzeug für die Aufklärung der Struktur und Dynamik von Biomolekülen.

### 19.8  Analytische Ultrazentrifugation

Durch analytische Ultrazentrifugation untersucht man die Bewegung oder Konzentrationsverteilung von biologischen oder synthetischen Makromolekülen in Lösung. Die Methode hat wichtige historische Beiträge zu unseren Kenntnissen über Biomoleküle geliefert: Die Demonstration, dass es sich bei Proteinen um einheitliche Partikel definierter Größe handelt, und die Bestimmung der molaren Massen vieler Proteine, Nucleinsäuren und supramolekularer Aggregate sind Meilensteine in der Entwicklung der Biochemie. Im Laufe der Siebziger- und Achtzigerjahre des letzten Jahrhunderts verlor die analytische Ultrazentrifugation allerdings umfangreiche Aufgabengebiete, wie z. B. die Bestimmung molarer Massen monomerer Proteine, an andere, vornehmlich elektrophoretische Techniken. Andererseits machte es die Entwicklung der Computertechnik möglich, mittels analytischer Ultrazentrifugation Probleme zu lösen, die vorher unlösbar schienen. Das gilt vor allem für die Untersuchung komplexer Assoziationen zwischen Makromolekülen und die Analyse von Partikelgrößenverteilungen. Eine Besonderheit der analytischen Ultrazentrifugation ist, dass sie – im Gegensatz zur Massenspektrometrie oder zur SDS-PAGE – die Bestimmung molarer Massen unter nativen Bedingungen in Lösung erlaubt, was eine Korrelation zwischen Proteinfunktion und Molekülgrößenverteilung ermöglicht. Ein weiterer Vorteil der Methode ist, dass die Analyse ohne eine trennende Matrix erfolgt, sodass sie weniger anfällig für Artefakte ist als andere native Methoden, wie z. B. Ausschlusschromatographie (SEC) oder Oberflächenplasmonresonanz (SPR). Des Weiteren können die Spezies im Gleichgewichtszustand analysiert werden, was die Methode auch befähigt, Reaktionsgleichgewichte direkt zu quantifizieren. Als Untersuchungsobjekte für diese „fortgeschrittene" analytische Ultrazentrifugation bieten sich vor allem Protein-Protein- und Protein-Nucleinsäure-Wechselwirkungen an. Typische Fragestellungen betreffen die Art der Selbstassoziation eines Proteins zu dimeren, trimeren und höher oligomeren Quartärstrukturen, die Zusammensetzung eines Proteinkomplexes aus verschiedenen Typen von Untereinheiten oder die eines Protein-Nucleinsäure-Komplexes. Da die analytische Ultrazentrifuge für die einzelnen Komponenten exakte Konzentrationsbestimmungen erlaubt, lassen sich quantitative Aussagen über Stöchiometrie und Bindungskonstanten solcher Assoziationen gewinnen.

## 19.8.1   Instrumentelle Grundlagen

Die Beobachtung der Probe während der analytischen Ultrazentrifugation erfolgt bei laufender Zentrifuge in einem mit optischen Elementen ausgerüsteten Rotorraum (◘ Abb. 19.21); die Zentrifuge muss also UV/VIS-transparente Probenzellen mit Fenstern aus Quarz oder Saphir sowie ein optisches System besitzen, das darin Messungen erlaubt. Die einzigen zurzeit kommerziell erhältlichen analytischen Ultrazentrifugen basieren auf präparativen Ultrazentrifugen der Firma *Beckman Coulter*. Sie sind mit einem „analytischen" Zusatz aufgerüstet, der es erlaubt, bei einer vorgewählten Wellenlänge die lokale Absorption der Probenlösung zu messen. Dessen Funktionsweise entspricht weitgehend der eines Zweistrahlphotometers: Probe und reines Lösungsmittel (Referenz) befinden sich in jeweils einem Sektor der Zentrifugationszelle. Die Sektoren werden durch das optische System knapp oberhalb der Empfängerebene eines Photomultipliers abgebildet; die Bilder werden radial mit einem Spalt abgetastet (◘ Abb. 19.21). Die vom Photomultiplier gemessenen lokalen Intensitätswerte werden verarbeitet, und man erhält die Probenabsorption als Funktion des Abstands vom Rotormittelpunkt $A(r)$. Der überstrichene Radiusbereich umfasst in der Probenzelle nur einige Millimeter, das Probenvolumen beträgt 50–450 μl. Die Detektionsmöglichkeiten sind dabei nicht auf Absorptionsmessungen

beschränkt. Je nach Ausstattung der Zentrifuge kann auch der Brechungsindex der Lösung mithilfe eines Rayleigh-Interferometers vermessen werden. Da Makromoleküle den Brechungsindex einer Lösung erhöhen, lässt sich deren Sedimentation anhand der radialen Analyse der Brechungsindices verfolgen. Mit der *Beckman Coulter ProteomeLab* sind mithilfe eines Fluoreszenzdetektionssystems der Firma *Aviv Biomedical* auch Fluoreszenzmessungen möglich. Dieses regt die Chromophore der Lösung bei 488 nm an und detektiert die Fluoreszenz oberhalb der rotierenden Probe bei Wellenlängen zwischen 505 und 565 nm. Auch hier wird die Probe radial vermessen, um ein fluoreszenzbasiertes Konzentrationsprofil zu erstellen. Bei der im Jahr 2016 vorgestellten, neu entwickelten *Optima AUC* von *Beckman Coulter* wurden die optischen Systeme so verbessert, dass nun trotz höherer Scangeschwindigkeit ein besseres Signal/Rausch-Verhältnis erreicht werden kann, was die Zuverlässigkeit der computergestützten Datenanalyse bei komplexen Proben erhöht. Zusätzlich können mehrere Wellenlängen mit höherer Wellenlängengenauigkeit verwendet werden. Dies ermöglicht eine differenzierte Betrachtung einzelner, spektroskopisch unterscheidbarer Spezies innerhalb eines analytischen Ultrazentrifugationsexperiments.

Da nach dem Gesetz von Lambert-Beer die lokale Lichtabsorption der Probe ihrer lokalen Konzentration proportional ist, liefert die Messung von $A(r)$ auch die für viele Fragestellungen wichtige Konzentrationsverteilung $c(r)$ der Makromoleküle in der Probenzelle. Ähnliches gilt für die ermittelten Brechungsindexunterschiede beim Interferometrie-Detektor, die mithilfe einer CCD-Kamera und anschließender Prozessierung als sog. *Fringes* aufgezeichnet werden. Diese lassen sich wie die Absorption linear in Bezug zur Proteinkonzentration setzen, wobei bei einer optischen Weglänge von 1,2 cm für alle Proteine näherungsweise ein Wert von ca. 3,3 *Fringes* pro mg ml$^{-1}$ Proteinlösung angenommen werden kann. Diese Linearität zwischen Messsignal und Proteinkonzentration ist grundsätzlich auch bei Detektion der Fluoreszenz gegeben, jedoch ist zu beachten, dass Assoziationsprozesse die Fluoreszenzeigenschaften des Chromophors beeinflussen können und somit eine (externe) Überprüfung der Quantenausbeute der jeweiligen Spezies erforderlich ist.

Das Konzentrationsprofil (◘ Abb. 19.22) ist sowohl von apparativen Parametern (Laufzeit der Zentrifuge, Winkelgeschwindigkeit des Rotors, Temperatur, Abstand von der Drehachse) als auch von den physikalischen Eigenschaften der Makromoleküle (molare Masse, Form, Dichte) und des Lösungsmittels (Dichte, Viskosität) abhängig und erlaubt somit die Bestimmung der Moleküleigenschaften. Bei allen Arten von Ultrazentrifugationsexperimenten ist die

■ **Abb. 19.21** Schematischer Aufbau einer analytischen Ultrazentrifuge am Beispiel der Rotorkammer der *Optima AUC* (**A**) und der Absorptionsoptik der *ProteomeLab* (**B**), beide von *Beckman Coulter*. Bei der *Optima AUC* befindet sich das Beugungsgitter außerhalb des Vakuumbereiches

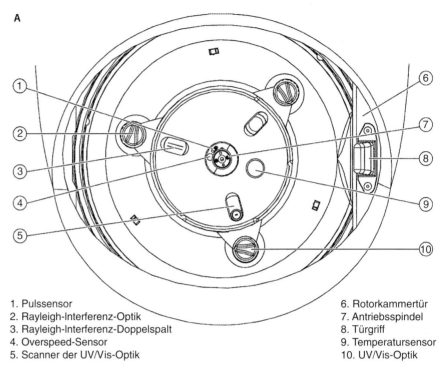

**A**

1. Pulssensor
2. Rayleigh-Interferenz-Optik
3. Rayleigh-Interferenz-Doppelspalt
4. Overspeed-Sensor
5. Scanner der UV/Vis-Optik

6. Rotorkammertür
7. Antriebsspindel
8. Türgriff
9. Temperatursensor
10. UV/Vis-Optik

**B**

— Beugungsgitter

— Detektor für einfallende Intensität

— Rotor

— Doppelsektorzelle

— abbildendes System zur radialen Bildabtastung

— Detektor

Xenon-Blitzlampe

**19**

molare Masse – beziehungsweise die aufgrund des Auftriebs um den Faktor $(1-\bar{v}\cdot\rho)$ korrigierte „effektive molare Masse" – die bestimmende Größe für die Konzentrationsprofile. In den *Sedimentationsgeschwindig-keits experimenten* wird die Winkelgeschwindigkeit des Rotors so groß gewählt, dass alle Makromoleküle letztendlich so weit wie möglich zum Boden der Probenzelle sedimentieren. Hierbei sind kinetische Kenngrößen der

**◼ Abb. 19.22** Sedimentationsprofil von 2,5 μM SSB-Tetramer alleine (**A**) und in Gegenwart von 22,5 μM χ (**B**). (Nach Naue und Curth 2012)

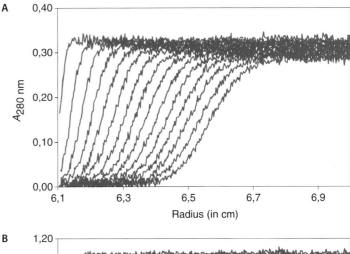

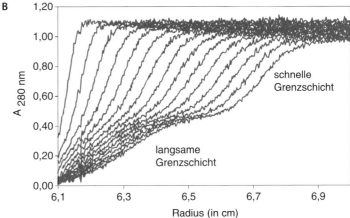

Makromoleküle (Sedimentationskoeffizient, Diffusions- oder Reibungskoeffizient) wichtige Parameter. In den *Sedimentationsgleichgewichtsexperimenten*, die bei geringeren Winkelgeschwindigkeiten durchgeführt werden, halten Sedimentation und Diffusion einander die Waage, sodass sich die Makromoleküle auf definierte Weise zwischen Boden und Meniskus des Probenvolumens verteilen. Dabei geht in das Konzentrationsprofil nur noch ein einziger Strukturparameter ein, nämlich die effektive molare Masse. Auf beide Grundtypen von Experimenten soll im Folgenden genauer eingegangen werden.

### 19.8.2 Sedimentationsgeschwindigkeits-experimente

#### 19.8.2.1 Physikalische Grundlagen

Bei Sedimentationsgeschwindigkeitsexperimenten geht man in der Regel von einer homogen mit der zu untersuchenden Lösung gefüllten Zentrifugationszelle aus. Während der Zentrifugation kommt es unter dem gleichzeitigen Einfluss von Zentrifugal-, Auftriebs-, und Reibungskraft zu einer gleichmäßigen Wanderung aller

Moleküle, wobei schwerere Moleküle schneller und leichtere langsamer wandern. Die Grenzschicht zwischen makromolekülhaltiger und -freier Phase, die sich vor Beginn der Zentrifugation am Meniskus befunden hat, wandert in der Lösung Richtung Boden der Probenzelle, da vom Meniskus keine Moleküle nachgeliefert werden können (◼ Abb. 19.22). Aus der Geschwindigkeit, mit der sich diese Grenzschicht bewegt, erhält man als charakteristische Moleküleigenschaft den Sedimentationskoeffizienten. Gleichzeitig kommt es insbesondere an dieser Grenzschicht zu Diffusionsprozessen und damit zu einer fortschreitenden Verbreiterung der Grenzschicht. Eine quantitative Beschreibung des gesamten Sedimentationsvorgangs erfolgt durch die Lamm'sche Differenzialgleichung. Sie ergibt sich als Kombination des Diffusionsprozesses und des Sedimentationsprozesses:

$$\frac{dc}{dt} = \frac{1}{r}\frac{d}{dr}\left[r\left(D\frac{dc}{dr} - sw^2rc\right)\right] \quad (19.7)$$

Dabei sind $D$ und $s$ der Diffusions- bzw. Sedimentationskoeffizient, $r$ der Abstand vom Rotormittelpunkt, $\omega$

die Winkelgeschwindigkeit des Rotors und $c$ die Konzentration des Makromoleküls. Besonders der Sedimentationskoeffizient des Partikels ist über den Wanderungsfortschritt der Grenzschicht auch manuell einfach zu ermitteln. Physikalisch lässt sich der Sedimentationskoeffizient $s$ auf die molare Masse des Moleküls und den Reibungskoeffizienten zurückführen, der über die Einstein-Gleichung seinerseits mit dem Diffusionskoeffizienten des Makromoleküls korreliert werden kann. In der Summe ergibt sich die Svedberg-Gleichung

$$s = \frac{M\left(1-\bar{v}\rho\right)}{N_A f} = \frac{M\left(1-\bar{v}\rho\right)\cdot D}{RT} \tag{19.8}$$

wobei $M$ die molare Masse des Moleküls, $f$ der Reibungskoeffizient und $D$ der Diffusionskoeffizient des Moleküls ist. $R$ ist die allgemeine Gaskonstante, $N_A$ die Avogadro-Konstante und $T$ die absolute Temperatur. $\bar{v}$ ist das partielle spezifische Volumen (in erster Näherung die reziproke Dichte) des Moleküls und $\rho$ ist die Dichte der Lösung. $\bar{v}$ und $\rho$ müssen vor Beginn des Experimentes bekannt sein. $\bar{v}$ lässt sich relativ genau aus der Aminosäuresequenz eines Proteins errechnen. Auch die Lösungsmitteldichte kann aus den Bestandteilen des Puffers berechnet werden. Für diese Berechnungen sind die Programme SEDNTRP (▶ http://www.jphilo.mailway.com/) und UltraScan (▶ https://ultrascan.aucsolutions.com/) geeignet.

Der Sedimentationskoeffizient $s$ wird allgemein in der Einheit Svedberg (S, mit 1 S = $10^{-13}$ sec) angegeben. Um Sedimentationskoeffizienten vergleichen zu können, müssen die Einflüsse des Lösungsmittels und der Temperatur standardisiert werden. Als Standard ist reines Wasser als Lösungsmittel bei 20 °C definiert. Dabei stehen die Indices 20 °C, w bzw. T, LM für reines Wasser bei 20 °C bzw. die bei der Temperatur $T$ verwendete Lösung, $\eta$ für die jeweilige Viskosität und $\rho$ die jeweilige Dichte der Lösung.

$$s_{20°C,w} = s_{T,LM} \cdot \frac{\eta_{T,LM}}{\eta_{20°C,w}} \cdot \frac{1-\bar{v}\cdot\rho_{20°C,w}}{1-\bar{v}\cdot\rho_{T,LM}} \tag{19.10}$$

Die komplexe Beziehung zwischen den zeitabhängigen Konzentrationsprofilen und den zugrunde liegenden Molekülparametern $s$ und $D$ lässt sich mit modernen Computerprogrammen sehr gut auflösen. Hierzu liefern Programme wie UltraScan und SEDFIT die Möglichkeit, sowohl die Eigenschaften von Makromolekülen als auch deren Assoziationsverhalten zu quantifizieren. Es werden dazu durch numerische Algorithmen Lösungen der Lamm'schen Differenzialgleichung gesucht. Die da-

bei verwendeten Größen für $s$ und $D$ können anschließend zur weiteren Charakterisierung der detektierten Spezies eingesetzt werden, u. a. auch zur Berechnung der molaren Masse nach Gl. 19.8.

Dieses Verfahren kann dazu verwendet werden, die Quartärstruktur sowohl von homo- als auch von heterooligomeren Proteinen zu ermitteln. Zur Analyse von heterooligomeren Komplexen gilt: Misst man in einem Gemisch zweier Moleküle einen größeren Sedimentationskoeffizienten als für jedes der isolierten Moleküle allein, so kann dies bereits als physikalischer Beweis für die Wechselwirkung der Moleküle miteinander angesehen werden. In einem System von interagierenden Makromolekülen muss man nun im Prinzip für jede vorhandene Spezies eine separate Lamm'sche Differenzialgleichung aufstellen und diese dann durch die Massenwirkungsgleichungen miteinander verknüpfen. Dabei sind $D_k$ und $s_k$ der Diffusions- bzw. Sedimentationskoeffizient und $c_k$ der Signalbeitrag der Spezies $k$. Die Signalbeiträge können über die Extinktionskoeffizienten in Konzentrationen umgewandelt werden.

$$\frac{dc}{dt} = \sum_{k=1}^{n}\frac{dc_k}{dt} = \sum_{k=1}^{n}\frac{1}{r}\frac{d}{dr}\left[r\left(D_k\frac{dc_k}{dr} - s_k\omega^2 r c_k\right)\right] \tag{19.11}$$

### 19.8.2.2 Experimentelle Durchführung

Sedimentationsgeschwindigkeitsexperimente sind geeignet, um *monomere Proteine* ab ca. 2 kDa zu charakterisieren und die $s$- und $D$-Koeffizienten sowie die effektive molare Masse zu ermitteln. Bei kleineren Proteinen reicht die maximale Rotationsgeschwindigkeit von 60.000 UpM i. A. nicht mehr aus, um ausreichend Sedimentation zu erhalten. Weiterhin ergeben sich über den ermittelten Reibungskoeffizienten (s. Gl. 19.8) auch Aussagen über die Molekülform. Die Möglichkeit, verschieden große Proteine nebeneinander nachzuweisen, erlaubt dabei auch die Analyse von Proteinmischungen und die Charakterisierung der einzelnen Komponenten der Mischung.

Zur Analyse der *Selbstassoziation von Proteinen* ist theoretisch ein einziges Sedimentationsgeschwindigkeitsexperiment ausreichend, um die Dissoziationskonstante eines Monomer-Dimer-Gleichgewichtes zu ermitteln, da bei bekannten molaren Massen der Monomere und der Dimere die anderen Parameter durch computergestützte Datenanalyse erhalten werden können. Jedoch werden zumeist verschiedene Konzentrationen derselben Proteinlösung verwendet, um die Sedimentationskoeffizienten der monomeren und der dimeren Form zu bestimmen und eine Titrationskurve des Monomer-Dimer-Gleichgewichts zu erzeugen. Dadurch kann eine höhere Genauigkeit erreicht werden, und es werden zusätzlich Informationen über den Monomer- und den Dimerzustand erhalten. Bei langsamen Assoziationsgleichgewichten kann auch die Kinetik der Gleichgewichtseinstellung die Konzentrationsprofile bei der Sedimentation beeinflussen. Computerprogramme wie SEDFIT und SEDANAL erlauben die Analyse solcher Systeme und ermitteln die entsprechenden Konstanten durch computergestützte Datenanalyse.

Experimente zur *Wechselwirkung zweier Makromoleküle* sind in der Planung komplexer. Für eine einfache Assoziation von *n* Molekülen *A* an ein schneller sedimentierendes Molekül *B* ergibt sich dabei Folgendes: Ist ein genügender Überschuss an freiem Molekül *A* vorhanden und stellt sich das Gleichgewicht zwischen *A* und *B* schnell genug (schneller als in etwa 20 min) ein, so erhält man nur zwei Grenzschichten. Die langsamer wandernde Grenzschicht stellt dabei die freien Moleküle *A* und die schneller wandernde Grenzschicht freies *B* und sämtliche Komplexe mit *B* dar (Reaktionsgrenzschicht). Da die Probenzelle zu Beginn des Experiments homogen gefüllt war, entspricht das Sedimentationsexperiment einer Gleichgewichtsdialyse, bei der *A* die frei diffusible Komponente ist. Für die Analyse der Wechselwirkungsparameter (Bindungskonstante und Stöchiometrie) ist es jetzt noch notwendig, die Konzentrationen von freiem und an *B* gebundenem *A* zu bestimmen. Hervorragend geeignet für diese Auswertung ist das Programm SEDFIT. Dieses Programm liefert eine Konzentrationsverteilung der Sedimentationskoeffizienten $c(s)$, wobei es die Verbreiterung der Grenzschicht durch die Diffusion der Teilchen berücksichtigt.

Soll die *Affinität einer Wechselwirkung* bestimmt werden, so müssen die eingesetzten Konzentrationen im Größenordnungsbereich der Dissoziationsgleichgewichtskonstanten liegen. Dies schränkt den Anwendungsbereich der Absorptions- und der Interferenzoptik zwar für starke Interaktionen ein, ergibt aber gleichzeitig die Möglichkeit, sehr schwache makromolekulare Interaktionen noch zu detektieren. Durch die Verwendung eines Fluoreszenzdetektors ergibt sich dann ein erweitertes Konzentrationsspektrum. Das Detektionslimit ist dabei in den niedrigen nanomolaren Bereich verschoben, was eine bessere Charakterisierung starker Wechselwirkungen ermöglicht. Gleichzeitig wird auch die Proteinmenge, die zur Durchführung der Zentrifugationsexperimente erforderlich ist, deutlich reduziert. Ein Nachteil dieser Detektionsform ist jedoch, dass die Makromoleküle mit einem Chromophor versehen werden müssen, der bei 488 nm anregbar ist. Dazu existieren verschiedene Fluoresceinderivate und die fluoreszierenden Proteine GFP und YFP. Für die Durchführung eines Sedimentationsgeschwindigkeitsexperiments zur Bestimmung von Interaktionsparametern sollten ei-

nige Vorbedingungen berücksichtigt werden. So sollte der Unterschied der Sedimentationskoeffizienten von Einzelmolekülen und Komplex möglichst groß sein. Werden beide Molekülsorten vom Detektionssystem gleichermaßen detektiert, so sollten die Einzelmoleküle daher ähnliche Größe aufweisen. Sedimentiert aber der Ligand wesentlich langsamer als das Protein, an das er bindet, so muss gewährleistet sein, dass der Ligand selektiv detektiert werden kann, da die Massenzunahme des Proteins zu gering ausfällt, um eine Veränderung seiner Sedimentationseigenschaften beobachten zu können. Hier bieten sich Farbstoffmarkierungen an. Auch hier kann der Einsatz eines Fluoreszenzdetektors große Vorteile bringen. So ist es möglich, auch kleine Liganden mit Fluoresceinderivaten zu koppeln und damit die Bindung an Proteine spezifisch zu detektieren. Ähnliches gilt für Wechselwirkungen zwischen Makromolekülen, die durch die selektive Markierung der kleineren Komponente in ihrem Assoziationsverhalten analysiert werden können. Dabei können auch höher oligomere Komplexe aus vielen Untereinheiten durch sukzessive Assemblierung der Komplexe anhand einer kleinen, spezifisch markierten Komponente studiert werden.

### 19.8.2.3 Beispiel: Wechselwirkung zwischen dem Einzelstrang-DNA bindenden Protein aus *E. coli* und der χ-Untereinheit der DNA-Polymerase III

Bakterielle Einzelstrang-DNA bindende Proteine (SSBs) verhindern bei der DNA-Replikation nicht nur den Abbau von DNA und die Ausbildung von Sekundärstrukturen durch Bindung an die einzelsträngige DNA am Folgestrang, sondern sind auch an Protein-Protein-Wechselwirkungen beteiligt. Einer der Wechselwirkungspartner ist die χ-Untereinheit des bakteriellen Hauptreplikationsenzyms DNA-Polymerase III. Bei dem SSB-Protein aus *E. coli* handelt es sich um ein Tetramer (M = 75,4 kg mol$^{-1}$, $s_{exp}$ = 3,9 S), die χ-Untereinheit liegt hingegen als Monomer vor (M = 16,6 kg mol$^{-1}$, $s_{exp}$ = 1,7 S). Während man in dem Sedimentationsprofil von SSB alleine eine Grenzschicht erkennen kann (◨ Abb. 19.22A), zeigen sich in einer Mischung beider Proteine zwei getrennte Grenzschichten (◨ Abb. 19.22B). Dies deutet daraufhin, dass die Kinetik der Reaktion im Vergleich zur Sedimentation schnell ist (s. o.). $c(s)$-Analysen von Sedimentationsprofilen, bei denen eine konstante SSB-Konzentration mit χ titriert wurde, zeigen, dass sich der *s*-Wert und die Peakfläche der schneller sedimentierenden Reaktionsgrenzschicht mit steigender χ-Konzentration signifikant erhöhen (◨ Abb. 19.23A). Dies ist ein eindeutiger Nachweis

**Abb. 19.23**    Titration von SSB mit χ. **A** $c(s)$-Vertei-
lungen, wie sie aus den Sedimentationsprofilen von
2,5 μM SSB alleine (rote Kurve) und in Gegenwart
verschiedener χ-Konzentrationen mithilfe des Programms SEDFIT erhalten wurden. Das jeweilige
Verhältnis von SSB zu χ ist angegeben. **B** Aus den
$c(s)$-Verteilungen wurde die jeweilige Konzentration von
gebundenem χ berechnet und die Ligandenbindungs-
dichte als Funktion der eingesetzten Konzentrationen
aufgetragen (Dreiecke). Die durchgezogene Linie stellt
eine Bindungsisotherme für $n$ unabhängige, identische
Bindungsplätze von χ auf einem SSB-Tetramer dar, die
mit den folgenden Parametern erhalten wurde: $n = 4{,}2$
und $K_D = 3{,}5$ μM. (Nach Naue und Curth 2012)

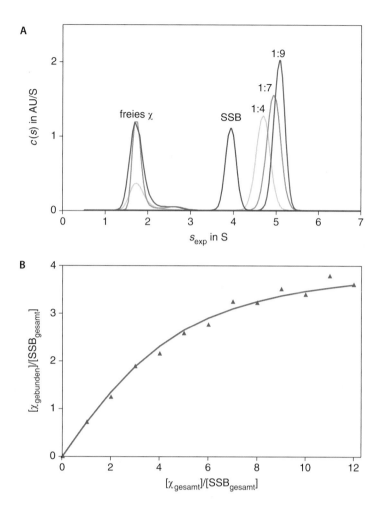

der Interaktion. Die Fläche der Peaks in den $c(s)$-Ver-
teilungen ist der jeweiligen Absorption, und damit auch
der Konzentration, proportional. Die Absorption der
schneller wandernden Grenzschicht ist gegeben durch
$A_{schnell} = A_{total}^{SSB} + A_{gebunden}^{\chi}$ und die der langsamer wandernden Grenzschicht durch $A_{langsam} = A_{frei}^{\chi}$. Bei Kenntnis
der eingesetzten Absorption und der Extinktionskoeffizienten lassen sich daraus die Konzentrationen an freiem
und gebundenem χ leicht errechnen. ■ Abb. 19.23B
zeigt in einer Titrationskurve die bei verschiedenen Mi-
schungsverhältnissen ermittelten gebundenen Konzentrationen von χ als Funktion der eingesetzten Konzentrationen. Diese Daten können durch eine theoretische
Bindungsisotherme beschrieben werden, bei der vier
χ-Moleküle mit einer Affinität von jeweils 3,5 μM an
ein SSB-Tetramer binden (■ Abb. 19.23B). Da bekannt
ist, dass die Wechselwirkung über ein hochkonserviertes
Bindungsmotiv am C-Terminus von SSB stattfindet, erhält man die zu erwartende Stöchiometrie.

In    Sedimentationsgeschwindigkeitsexperimenten
mit Absorptions- oder Interferenzdetektion können Affinitäten im mikro- bis millimolaren Bereich bestimmt
werden. Stärker affine Interaktionen, z. B. auch
Antikörper-Antigen-Wechselwirkungen, können mithilfe der Fluoreszenzdetektion analysiert werden. Zu-

mindest die Bestimmung der Stöchiometrie hochaffiner
Wechselwirkungen kann auch mithilfe der traditionellen
UV/VIS- und Interferenzdetektion erfolgen.

### 19.8.3    Sedimentationsgleichgewichtsexpe-
rimente

#### 19.8.3.1    Physikalische Grundlagen

Der Einfluss der Molekülform bei Sedimentationsgeschwindigkeitsexperimenten birgt sowohl Vor- als auch
Nachteile, da die Anzahl der zu ermittelnden Parameter
größer wird. Sedimentationsgleichgewichtsexperimente
umgehen die formbezogenen Parameter $s$, $D$ und $f$ auf
elegante Art und Weise und ermitteln direkt die effektive
molare Masse einer Spezies. Sie stellen einen einfachen
und genauen Ansatz zur Ermittlung der nativen molaren Masse dar. Die einfachste Anwendung dieses Verfahrens ist die Bestimmung der molaren Masse einheitlicher Partikel – von monomeren Proteinen bis zu
supramolekularen, durch nichtkovalente Wechselwirkungen zusammengehaltenen Aggregaten (etwa Viren).
Daneben können sie auch zur Analyse von komplexen
Aggregationen, etwa Assoziationsgleichgewichten, ver-

**19**

wendet werden. Die Untersuchung geschieht dabei ohne Störung der Gleichgewichte, denn mit dem Sedimentationsgleichgewicht muss auch das Assoziationsgleichgewicht eingestellt sein. Dabei liegt bei jedem Radius eine andere Molekülkonzentration vor ( Abb. 19.24), und die detektierte Konzentrationskurve liefert auf einfache Weise einen lokalen Mittelwert der molaren Masse.

Sedimentationsgleichgewichtsexperimente unterscheiden sich nur durch eine geringere Drehzahl von den Sedimentationsgeschwindigkeitsexperimenten (▶ Abschn. 19.8.2). Während man bei hohen Drehzahlen die Rückdiffusion vom Boden der Zentrifugationszelle minimiert, um die Grenzfläche der Sedimentation nicht zu beeinflussen, benutzt man diese hier bewusst zur Einstellung eines Sedimentationsgleichgewichtes. Dabei erfolgt die Auswertung der Experimente erst, wenn die Nettowanderung der Teilchen beendet ist, sich somit ein unveränderliches Gleichgewicht aus deren Sedimentation und Diffusion eingestellt hat. Dies geschieht je nach Probe und Drehzahl nach 24 Stunden bis mehreren Tagen. Unter diesen Bedingungen ($dc/dt = 0$) entfällt der sonst zur Beschreibung notwendige Reibungskoeffizient, der sowohl in den Sedimentations- als auch den Diffusionskoeffizienten eingeht, und durch die damit verbundene Vereinfachung erhält man die Möglichkeit, die molare Masse unmittelbar zu bestimmen.

Aus gleichgewichtsthermodynamischen Betrachtungen ergibt sich eine analytische Funktion für den Konzentrationsgradienten im Gleichgewichtszustand:

$$c(r) = c(r_0) \cdot e^{\frac{M(1-\bar{v}\rho) \cdot w^2 (r^2 - r_0^2)}{2RT}} \qquad (19.12)$$

Dabei sind $r$ und $r_0$ eine beliebige bzw. eine feste Entfernung vom Rotormittelpunkt, $M$ die molare Masse des Makromoleküls bzw. Komplexes und $\omega$ die Winkelgeschwindigkeit des Rotors. $\bar{v}$ ist das partielle spezifische Volumen des Makromoleküls und $\rho$ die Lösungsmitteldichte. Wie schon in ▶ Abschn. 19.8.2 beschrieben, müssen diese beiden Parameter vor Beginn des Experiments ermittelt bzw. berechnet werden.

Im Falle von heterogenen Mischungen und Assoziationsgleichgewichten lässt sich die Konzentrationsverteilung für eine Mischung von $n$ Molekülspezies als Summe der Einzelbeiträge der Signalbeiträge $c_i$ darstellen, deren Spezies im Fall eines Assoziationsgleichgewichts über das Massenwirkungsgesetz verknüpft werden können:

$$c(r) = \sum_{i=1}^{n} c_i(r_0) \cdot e^{\frac{M_i(1-\bar{v}_i\rho) \cdot w^2 (r^2 - r_0^2)}{2RT}} \qquad (19.13)$$

Bei komplexeren Systemen (bestehend aus mehreren Proteinen oder komplexeren Assemblierungsmustern) wird die exakte quantitative Beschreibung jedoch schnell schwierig. Zwar lassen sich die analytischen Lösungen zum Konzentrationsprofil analog zu Gl jederzeit ermitteln, die Konzentrationsprofile enthalten jedoch ab einer gewissen Komplexität nicht mehr ausreichend Informationen, um die verschiedenen Spezies mit ihren Konzentrationsprofilen voneinander trennen zu können. Dadurch nimmt die Unsicherheit der Interpretation bei komplexen Systemen stark zu, und es werden häufig mehrere Messungen bei unterschiedlichen Gesamtkonzentrationen und Rotorgeschwindigkeiten durchgeführt, um die verschiedenen Spezies besser analysieren zu können.

### 19.8.3.2 Experimentelle Durchführung

In vielen Fällen ist die Fragestellung darauf konzentriert, den *Oligomerisierungsgrad eines Proteins* zu bestimmen. Dies lässt sich durch Sedimentationsgleichgewichtsexperimente vorzüglich bewerkstelligen. Im Grunde enthält ein Konzentrationsprofil im richtigen Konzentrationsbereich ausreichend Informationen,

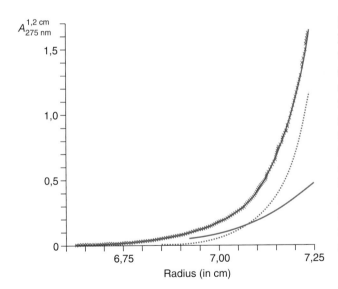

 **Abb. 19.24** Untersuchung des Assoziationsverhaltens eines Peptids (Leucin-*Zipper*) durch Analyse des Sedimentationsgleichgewichtsprofils $A(r)$. Rot: Experimentelle $A(r)$-Daten bei $\lambda = 275$ nm (Kreuze) und mit einem Monomer/Dimer-Modell der Selbstassoziation angepasste Kurve (durchgezogene Linie); blau errechnete Beiträge von Monomer (___) und Dimer (. . . .); Rotordrehzahl 40.000 UpM. (Nach Muhle-Goll et al. 1994)

um eine Assoziationskonstante für ein Monomer-Dimer-Gleichgewicht zu ermitteln. Dazu müssen die molaren Massen von Monomer und Dimer als gegeben angenommen werden. Im Normalfall wird man jedoch eine Konzentrationsreihe analysieren und dabei – so weit wie möglich – Konzentrationen verwenden, die sowohl den monomeren Zustand als auch den dimeren Zustand abbilden. Zur Analyse kann Gl. 19.13 verwendet werden. Auch höher oligomere Systeme (Trimere, Tetramere, usw.) sind durch diese Methodik beschreibbar.

Auch *Wechselwirkungen zwischen verschiedenen Proteinen* können durch Sedimentationsgleichgewichtsexperimente analysiert werden. Die experimentellen Daten erlauben meist nur dann eindeutige Lösungen, wenn höchstens drei bis vier Konzentrationsprofile $c_i(r)$ bestimmt werden müssen. Das assoziierende System muss also relativ einfach sein. Wenn sich die beiden Interaktionspartner spektroskopisch ausreichend unterscheiden, kann eine gleichzeitige Analyse bei mehreren Wellenlängen oder eine Kombination von Absorptionsmessung und Interferometrie dazu beitragen, speziesspezifische Konzentrationsprofile zu erhalten (*multi-wavelength detection*). Eine Analyse komplexerer Systeme wird oft auch ermöglicht, wenn eines der Makromoleküle mit einem Farbstoff markiert wird (der Farbstoff darf natürlich das Assoziationsverhalten der Moleküle nicht stören). Wird nämlich die Absorptionsmessung im Absorptionsbereich des Farbstoffs durchgeführt, so bleiben alle diejenigen Komplexe unsichtbar, die keine Moleküle der markierten Spezies enthalten. Man verzichtet also auf einen Teil des Informationsgehalts der Daten, um den anderen sicher nutzen zu können. Ähnliches gilt auch für die Verwendung eines Fluoreszenzdetektionssystems, wobei vorzugsweise die kleinere Spezies durch ein Fluoresceinderivat markiert wird. Die Zugabe von Bindungspartnern führt nun zur Assoziation zu schwereren Komplexen, und eine Titration zur vollständigen Sättigung des Proteinkomplexes kann verwendet werden, um die Stöchiometrie und die Assoziationskonstante zu ermitteln.

## Zitierte und Weiterführende Literatur

Andreou AZ, Klostermeier D (2012) Conformational changes of DEAD-box helicases monitored by single molecule fluorescence resonance energy transfer. Methods Enzymol 511:75–109

Appel MJ, Bertozzi CR (2015) Formylglycine, a post-translationally generated residue with unique catalytic capabilities and biotechnology applications. Chem Biol 10:72–84

Bartel P, Fields S (Hrsg) (1997) The yeast two-hybrid system. Oxford University Press, New York/Oxford

Chen et al (2010) Exhaustive Benchmarking of yeast two-hybrid systems. Nature Methods 7(9):667–668

Fields S, Song O (1989) A novel genetic system to detect protein-protein interactions. Nature 340:245–246

Förster T (1948) Zwischenmolekulare Energiewanderung und Fluoreszenz. Ann Phys 437:55–75

Golemis EA (Hrsg) (2006) Protein-protein interactions: a molecular cloning manual. Cold Spring Harbor Laboratory Press, Cold Spring Harbor

Gordon JG, Swalen JD (1977) The effect of thin organic films on the surface plasma resonance on gold. Opt Commun 22:374–376

Griffin BA, Adams SR, Jones J, Tsien RY (2000) Fluorescent labeling of recombinant proteins in living cells with FlAsH. Methods Enzymol 327:565–578

Hartmann S, Weidlich D, Klostermeier D (2016) Single-molecule confocal FRET microscopy to dissect conformational changes in the catalytic cycle of DNA topoisomerases. Methods Enzymol 581:317–351

Johnson CN, Gorbet GE, Ramsower H, Urquidi J, Brancaleon L, Demeler B (2018) Multi-wavelength analytical ultracentrifugation of human serum albumin complexed with porphyrin. Eur Biophys J 47:789–797

Klostermeier D, Rudolph MG (2017) Biophysical Chemistry. CRC Press, Taylor & Francis Group, Boca Raton

Kretschmann E (1971) Die Bestimmung optischer Konstanten von Metallen durch Anregung von Oberflächenplasmaschwingungen. Z Phys:313–324

Kroe RR, Laue TM (2009) NUTS and BOLTS: applications of fluorescence-detected sedimentation. Anal Biochem 390:1–13

Krupka SS, Wiltschi B, Reuning U, Hölscher K, Hara M, Sinner EK (2006) *In vivo* detection of membrane protein expression using surface plasmon enhanced fluorescence spectroscopy (SPFS). Biosens Bioelectron 22(2):260–267

Lakowicz JR (1999) Principles of fluorescence spectroscopy. Plenum Publishing Corporation, New York

Liu CC, Schultz PG (2010) Adding new chemistries to the genetic code. Annu Rev Biochem 79:413–444

Lua RC et al (2014) Prediction and redesign of protein-protein interactions. Prog Biophys Mol Biol 116:194e202

Luck K, Sheynkman GM, Zhang I, Vidal M (2017) Proteome-scale human interactomics. Trends Biochem Sci 42(5):342–354

MacDonald PN (Hrsg) (2001) Two-hybrid systems: methods and protocols. Humana Press, Totowa

Maier SA (2007) Plasmonics: fundamentals and applications. Springer Verlag, New York

Mehta V, Trinkle-Mulcahy L (2016) Recent advances in large-scale protein interactome mapping. F1000Research 5:782

Muhle-Goll et al (1994) The dimerization stability of the HLH-LZ transcription protein family is modulated by the leucine zippers: a CD and NMR study of TFEB and c-Myc. Biochemistry 33:11296–11306

Naue, Curth (2012) Investigation of Protein-Protein Interactions of Single-Stranded DNA-Binding Proteins by Analytical Ultracentrifugation. Methods Mol Biol 922:133–149

Nelson TG, Ramsay GD, Perugini MA (2016) In: Uchiyama S, Arisaka F, Stafford WF, Laue TM (Hrsg) Analytical ultracentrifugation: instrumentation, software, and applications. Springer, S 39–61. Ch. 4

Noren CJ, Anthony-Cahill SJ, Griffith MC, Schultz PG (1989) A general method for site-specific incorporation of unnatural amino acids into proteins. Science 244:182–188

Periasamy A (Hrsg) (2001) Methods in cellular imaging. Oxford University Press, Oxford

Piehler J (2005) New methodologies for measuring protein interactions *in vivo and in vitro*. Curr Opin Struct Biol 15(1):4–14

Rabuka D, Rush JS, deHart GW, Wu P, Bertozzi CR (2012) Site-specific chemical protein conjugation using genetically encoded aldehyde tags. Nat Protoc 7:1052–1067

Samatanga B, Andreou AZ, Klostermeier D (2017) Allosteric regulation of helicase core activities of the DEAD-box helicase YxiN by RNA binding to its RNA recognition motif. Nucleic Acids Res 45(4):1994–2006

Schuck P (2000) Size-distribution analysis of macromolecules by sedimentation velocity ultracentrifugation and lamm equation modeling. Biophys J 78:1606–1619

Stellberger et al (2010) Improving the yeast two-hybrid system with permutated fusions proteins: The Varicella Zoster Virus interactome. Proteome Science, 8: 8

Stryer L, Haugland RP (1967) Energy transfer: a spectroscopic ruler. Proc Natl Acad Sci U S A 58:719–726

Stynen B, Tournu H, Tavbernier J, Van Dijck P (2012) Diversity in genetic *in vivo* methods for protein-protein interaction studies: from the yeast two-hybrid system to the mammalian split-luciferase system. Microbiol Mol Biol Rev 76(2):331

Sustarsic M, Kapanidis AN (2015) Taking the ruler to the jungle: single-molecule FRET for understanding biomolecular structure and dynamics in live cells. Curr Opin Struct Biol 34:52–59

Titz B, Schlesner M, Uetz P (2004) What do we learn from high-throughput protein interaction data and networks? Expert Rev Proteomics 1(1):89–99

Uetz P (2002) Two-hybrid arrays. Curr Opin Chem Biol 6:57–62

Uetz et al (1996) Molecular interactions between limb deformity proteins (formins) and Src family kinases, J. Biol. Chem. 271 (52):33525–33529

Urbanke C, Witte G, Curth U (2005) Sedimentation velocity method in the analytical ultracentrifuge for the study of protein-protein interactions. In: Nienhaus GU (Hrsg) Protein-ligand interactions: methods and applications, methods Mol. Biol, Bd 305, S 101–114

Van der Meer BW, Cooker G, Chen SY (1994) Resonance energy transfer: theory and data. VCH Publishers, New York

Vollert, Uetz (2004) The PX protein domain interaction network of yeast. Mol. Cell. Proteomics 3:1053–1064

Xianjun T, Jenny M, Shiqun W, Lingzhi W, Jinlong Z (2016) Noble-metal-free materials for surface-enhanced Raman spectroscopy detection. ChemPhysChem 17:2630–2639

Zhao H, Brautigam CA, Ghirlando R, Schuck P (2013) Overview of current methods in sedimentation velocity and sedimentation equilibrium analytical ultracentrifugation. Curr Protoc Protein Sci. Chapter 20 Unit20 12

# Bio- und biomimetische Sensoren

*Frieder W. Scheller, Aysu Yarman und Reinhard Renneberg*

## Inhaltsverzeichnis

20.1   Das Konzept von Bio- und biomimetischen Sensoren – 474

20.2   Aufbau und Funktion von Biosensoren – 475

20.3   Enzymelektroden – 476
20.3.1   Gekoppelte Enzymreaktionen in Sensoren – 477
20.3.2   Biosensoren für Diabetes – 478

20.4   Zellsensoren – 480
20.4.1   Mikrobielle Sensoren/biochemischer Sauerstoffbedarf
         von Abwasser – 480

20.5   Immunsensoren – 480

20.6   Biomimetische Sensoren – 482
20.6.1   Molekular geprägte Polymere – 482
20.6.2   Aptamere – 483

20.7   Mikrofluidische Systeme – 484

20.8   Ausblick: Von der Glucoseelektrode zum
       „Einzel-Molekül-Transistor" – 484

       Literatur und Weiterführende Literatur – 485

© Springer-Verlag GmbH Deutschland, ein Teil von Springer Nature 2022
J. Kurreck et al. (Hrsg.), *Bioanalytik*, https://doi.org/10.1007/978-3-662-61707-6_20

- Bio(mimetische) Sensoren basieren auf der räumlichen Integration von Erkennungselement und Transduktor. Damit wird die Miniaturisierung des Messfühlers und eine reagenzfreie Messung ermöglicht.
- Enzymsensoren zur Bestimmung der Blutglucose sind das erfolgreichste Beispiel der Biosensorik. Sie erlauben dem Diabetiker die Messung des Blutzuckerwertes aus einem Blutstropfen in weniger als einer Minute.
- Zellsensoren werden zur Abwasserkontrolle eingesetzt. Die Kopplung von tierischen Zellen mit Elektrodenarrays ermöglicht die Testung von Pharmaka ohne Tierversuche.
- Aptamere und molekular geprägte Polymere (MIPs) ersetzen Antikörper als Erkennungselement. Sie werden in der Retorte synthetisiert und ermöglichen die Messung bei hohen Temperaturen, extremen pH-Werten und in organischen Medien.
- Die Sequenzierung einzelner DNA-Stränge („1000-Dollar-Genom") beruht auf dem Biosensorprinzip.

## 20.1 Das Konzept von Bio- und biomimetischen Sensoren

Biomoleküle (Enzyme, Antikörper sowie Nucleinsäuren) werden schon seit mehreren Jahrzehnten als Reagenzien in der Analytik eingesetzt. Bei der Analyse findet eine Reaktion zwischen dem biochemischen Reagens (dem Erkennungselement) und der zu bestimmen Substanz (dem Analyten) statt. Der Reaktionsverlauf wird mit verschiedenen Techniken angezeigt ( Tab. 20.1).

Neben den *biochemischen* Erkennungselementen auf molekularer Ebene werden auch Membranrezeptoren, Organellen sowie ganze Zellen verwendet. *Biomimeti-*

*sche* Erkennungselemente ahmen die Funktionen von biochemischen „Bindern" oder auch von Biokatalysatoren nach. Diese künstlichen Systeme werden in Synthesemaschinen aus monomeren Bausteinen erzeugt. Dabei werden Aminosäuren oder Nucleotide zur Erzeugung von Aptameren (lat. *aptus,* passfähig) oder polymerisierbare Monomere zur Bildung von molekularen *Imprints* (molekular geprägte Polymere, MIPs) verwendet.

Einem Trend in der Biotechnologie folgend, werden zunehmend immobilisierte, d. h. trägerfixierte Biomakromoleküle auch in der Analytik eingesetzt. Die Entwicklung führte von den traditionellen Analysatoren zu *integrierten Konfigurationen:*

- Teststreifen
- Biosensoren und biomimetische Sensoren
- Biochips
- Mikro-Analysesysteme (μTAS)

Die Biosensorik basiert auf der direkten räumlichen Kombination von immobilisierten biochemischen Erkennungselementen mit physikochemischen Signalwandlern zur Quantifizierung von Analyten in komplexen Medien.

Anfang der 1960er-Jahre brachten Leland Clark, Gary Rechnitz und George Guilbault die zur Substratumsetzung erforderlichen Enzyme direkt auf Messfühler auf. Clark und Lyons verwendeten 1962 als Messfühler eine Sauerstoffelektrode. Zum Schutz vor Störsubstanzen war die Elektrode mit einer sauerstoffpermeablen Membran bedeckt und die Enzymlösung mit einer halbdurchlässigen Folie eingeschlossen. Diese direkte Integration von Enzym und Messfühler erlaubt die Wiederverwendung der Enzyme. Clark bezeichnete diese Anordnung als **Enzymelektrode** und meldete 1962

**◻ Tab. 20.1**    Biochemische Analytik mit Analysatoren, Teststreifen, Bio(mimetischen)-Sensoren und Biochips

| Erkennungselement („Rezeptor") | Analyten | Signalwandler („Transducer") |
|---|---|---|
| **Biologische Erkennungselemente** Enzyme Apoenzyme Organellen, Zellen Lectine Rezeptoren Nucleinsäuren **Biomimetische Erkennungselemente** Aptamere und molekular geprägte Polymere (MIPs) Ionophore | Substrate, Inhibitoren prosthetische Gruppen Nährstoffe, Toxine Kohlenhydrate Hormone, Effektoren Komplementäre NS hoch- und niedermolekulare Substanzen: Ionen, Pharmaka, Umweltgifte, Eiweiße, Viren, Zellen Ionen | amperometrische und potenziometrische Elektroden ionensensitive Feldeffekttransistoren (FETs) molekulare Transistoren Kapazitoren Photometer Interferometer Fluorimeter Oberflächen-Plasmon-Resonanz (SPR) Thermistor Wärme-Transfer-Chip Viskosimeter piezoelektrische Kristalle (QCM) Kantilever Nanolever magnetische Toroide |

**20**

das erste Patent zu diesem Prinzip an. Karl Cammann verwendete dafür 1977 als Erster den Begriff **Biosensor**. Enzymelektroden sind folglich eine Untergruppe der Biosensoren.

In der Folgezeit wurden neben Enzymen auch intakte Zellen (**Zellsensoren**, mikrobielle Sensoren), Antikörper (**Immunsensoren**) und Nucleinsäuren in Sensoren integriert und mit neuen Transduktoren erfolgreich eingesetzt (◘ Tab. 20.1). Die Biosensorik entwickelte sich ab Mitte der 1970er-Jahre als ein eigenständiger Zweig der Biotechnologie an der Nahtstelle zur Analytischen Chemie.

## 20.2 Aufbau und Funktion von Biosensoren

Nach der Definition der International Union of Pure and Applied Chemistry (IUPAC) sind Biosensoren durch die direkte räumliche Kopplung einer immobilisierten biologischen Erkennungssubstanz („Rezeptor"), z. B. Enzyme, Antikörper, Nucleinsäuren, mit einem Signalwandler (Transduktor oder Transducer) charakterisiert (◘ Abb. 20.1).

Die Integration von biochemischem Erkennungselement und Transduktor vereinfacht das analytische Werkzeug. Damit wird außerdem die kontinuierliche Messung eines Analyten prinzipiell möglich. Dazu müssen alle Reagenzien in den Sensor integriert werden.

In den Biosensoren laufen nacheinander folgende Prozesse ab (◘ Abb. 20.2):

1. „Erkennung" der zu messenden Substanz durch die biologische Erkennungssubstanz
2. Umwandlung der physikochemischen Veränderung, die bei der Wechselwirkung mit dem Analyten entsteht, in ein elektrisches Signal
3. elektronische Signalverstärkung

Das Biosensorschema (◘ Abb. 20.1) zeigt deutlich den essentiell Aspekt der Biosensordefinition: die räumliche Integration von biologischer Erkennung und Signalwandlung.

Diese Integration erlaubt die Regenerierung des Biosensors für die folgende Messung. Mit ein und derselben Enzymmembran kann man schnell, mit hoher Präzision und preiswert 10.000 bis 20.000 Messungen ausführen

In Analogie zur Affinitätschromatographie (► Abschn. 6.3.3.2), die auf der spezifischen Bindungsfähigkeit biologischer Moleküle beruht, wurden sog. **Affinitätssensoren** entwickelt. Dabei werden Antikörper (► Abschn. 6.1), Nucleinsäuren, zuckerbindende Proteine (Lectine) oder Hormonrezeptoren in immobilisierter Form für die molekulare Erkennung von Antigenen, komplementären Nucleinsäuren, Glykoproteinen, oder Hormonen benutzt (◘ Tab. 20.1).

Die bei der Komplexbildung eintretende **physikochemische Veränderung**, z. B. der Schichtdicke, des Brechungsindexes, der Lichtabsorption, der Masse oder der Ladungsverteilung, kann mit optoelektronischen Sensoren, amperometrischen und potenziometrischen Elektroden, Piezosensoren oder Feldeffekttransistoren direkt angezeigt werden (◘ Tab. 20.1). In Analogie zu den Bindungsassays mit Antikörpern oder Nucleinsäuren werden häufig Markerenzyme oder Fluoreszenzfarbstoffe zur Signalerzeugung eingesetzt.

Biosensoren, die auf der molekularen Erkennung von Substraten durch Biokatalysatoren und der chemischen Umsetzung basieren, erhielten die Bezeichnung **katalytischer Sensor**. Hier erfolgt die Regenerierung des Ausgangszustandes durch die Umsetzung des Analyten. Die kontinuierliche Messung ist dabei prinzipiell möglich, da die Geschwindigkeit der Enzymreaktion (mit einer kurzen Zeitverzögerung) der Analytkonzentration folgt. Neben Substraten können auch Cosubstrate wie NAD(P)H oder Aktivatoren, aber vor allem Inhibitoren

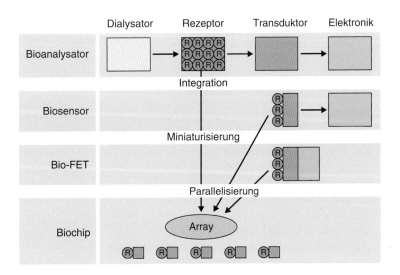

◘ **Abb. 20.1** Entwicklungsstufen auf dem Weg vom Analysator über den Biosensor zum Biochip

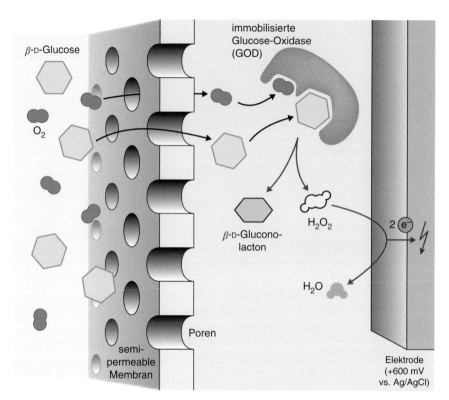

**☐ Abb. 20.2** Schema eines wiederverwendbaren Enzymsensors für Glucose. Klinische Sensoren, die Tausende Messungen mit demselben Enzym machen können, bestehen aus einer Elektrode, die mit einer dünnen Enzymmembran aus immobilisierter Glucose-Oxidase (GOD) bespannt ist. GOD wird in ein Gel aus Polyurethanen eingeschlossen (in der Abbildung rechts). Aus einem Gemisch in der Probe (links) diffundieren nur niedermolekulare Substanzen und Sauerstoff durch die Poren der Dialysemembran (Bildmitte) in das Gel. Hochmolekulare Analyten, Proteasen oder Mikroben können in die Membran nicht eindringen. Die GOD setzt nur die β-D-Glucose unter Sauerstoffverbrauch und Bildung von Gluconolacton und $H_2O_2$ um. Die immobilisierte GOD kann aus der Membran nicht herausgewaschen werden. Das entstehende Produkt $H_2O_2$ (Wasserstoffperoxid) ist ein elektrodenaktiver Stoff, d. h., seine Konzentration kann mithilfe der Elektrode ermittelt werden. Die Konzentration der Glucose ist der $H_2O_2$-Konzentration und diese der Stromstärke proportional. Für eine Glucosebestimmung wird der Biosensor in die zu prüfende Lösung getaucht. Anhand des gebildeten Wasserstoffperoxids lässt sich die enthaltende Glucosemenge schnell bestimmen. Nach der Messung wird die Enzymmembran mit Lösungen gespült, die keine durch GOD umsetzbaren Substanzen enthalten. Dadurch wäscht man die vorher eindiffundierten Substanzen und die Produkte der GOD-Reaktion aus

(z. B. von Acetylcholin-Esterasen durch Phosphoorganika) mit Enzymsensoren bestimmt werden.

Bereits ein Jahrzehnt nach der Erfindung der Enzymelektrode wurden auch intakte lebende Zellen zur Erkennung und Umsetzung des Analyten in einem der Enzymelektrode analogen Sensor verwendet. **Mikrobielle Sensoren,** die lebende Bakterien- oder Hefezellen verwenden, setzt man heute vor allem im Abwassermonitoring ein.

## 20.3 Enzymelektroden

In Enzymsensoren der 1. Generation vermitteln niedermolekulare, diffusible Reaktionspartner das chemische Signal von der Enzymschicht zur Elektrode. Für Oxidasen werden der Verbrauch von Sauerstoff und die Bildung von Wasserstoffperoxid, bei Dehydrogenasen der Umsatz des Cosubstrates NAD(P)H und bei Peroxidasen der Verbrauch von Wasserstoffperoxid mit amperometrischen Elektroden angezeigt (☐ Abb. 20.2). Die Änderung des pH-Wertes bei der Substratumsetzung durch Hydrolasen wird mit potenziometrischen Elektroden erfasst.

Bei verschiedenen Oxidasen kann der Sauerstoff durch niedermolekulare künstliche Redoxüberträger – die **Mediatoren** – ersetzt werden (☐ Abb. 20.3). Damit erfolgt die Messung unabhängig von der Gegenwart von Sauerstoff, und es werden Störeinflüsse (durch an der Elektrode oxidierbare Probenbestandteile) vermindert (2. Generation). Die Integration des Mediators in den Sensor, z. B. in einer Kohlepaste oder als Redoxpolymer auf der Elektrodenoberfläche, führt zur reagenzfreien Messung und stellt den Übergang zur 3. Generation dar.

Bei der 3. Generation erzeugt der mediatorfreie Elektronentransfer zwischen dem Enzym, das den Analyten umsetzt, und der Redoxelektrode ein direktes Signal. Bei der Mehrzahl der Substrat umsetzenden

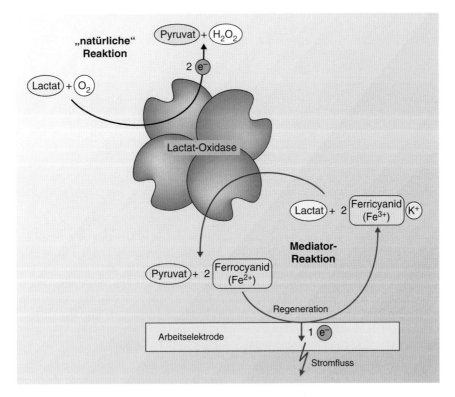

**Abb. 20.3** Enzymelektrode der 2. Generation zur Lactatmessung. Zur Bestimmung der Lactatwerte von Sportlern eingesetzte Lactatsensoren verwenden anstelle von Glucose-Oxidase Lactat-Oxidase. Die Lactat-Oxidase setzt mithilfe ihrer redoxaktiven Zentren ($FMN^+$/$FMNH_2$) unter Sauerstoffverbrauch das Lactat zu Pyruvat um. Sauerstoff ist der natürliche Elektronenakzeptor der Lactat-Oxidase, der die Elektronen aus der Oxidation des Lactats übernimmt und dadurch zu Wasserstoffperoxid reduziert wird. Da Sauerstoff jedoch nur in geringer Konzentration löslich ist, würde er die Reaktion begrenzen, weil Lactat in viel höherer Konzentration im Vollblut vorliegen kann. Deshalb wird für Einmal-Lactatsensoren ein künstlicher Elektronenakzeptor verwendet, der in einer Überschusskonzentration vorgelegt wird. Die Lactat-Oxidase oxidiert das Lactat zu Pyruvat und überträgt die frei werdenden Elektronen aus der Oxidationsreaktion auf das Ferricyanid ($Fe^{3+}$), das dabei zu Ferrocyanid ($Fe^{2+}$) reduziert wird. Durch Abgabe eines Elektrons an die Arbeitselektrode des Sensorchips erfolgt die Regeneration des Ferrocyanids zu Ferricyanid, das nun für eine weitere Reaktion zur Verfügung steht. Infolge der Elektronenübertragung wird ein Stromfluss verursacht, der proportional zur Lactatkonzentration ist

Oxidoreduktasen befinden sich die redoxaktiven Gruppen im Innern des Moleküls (z. B. FAD bei den Oxidasen für Glucose). Deshalb ist die direkte Kommunikation mit der Redoxelektrode nicht möglich. Dagegen besitzen „extrinsische" Redoxenzyme, z. B. die Dehydrogenasen für Cellobiose, Glycolat, Fructose und Methylamin, für den heterogenen Elektronentransfer zugängliche Gruppen. Bei Zugabe des Substrates treten hier katalytische Ströme auf. Auch für Cytochrom c, Laccase und Peroxidase wurde der direkte Elektronentransfer realisiert. Um die Redoxäquivalente auch bei elektrodeninaktiven Oxidoreduktasen auf die Elektroden zu übertragen, wurden Redoxüberträger (Mediatoren, z. B. Ferrocen) verwendet. Sie werden entweder an das Enzymprotein oder über bewegliche Abstandshalter (Spacer) an redoxaktive Polymere („molekulare Drähte") kovalent gebunden. Auch metallische Nanopartikel und Kohlenstoffnanoröhren vermitteln einen effektiven Elektronentransfer zwischen Redoxenzymen und Elektroden.

## 20.3.1 Gekoppelte Enzymreaktionen in Sensoren

Die Verknüpfung unterschiedlicher Enzymreaktionen erweitert das Analytspektrum und führt zur internen chemischen Signalverarbeitung im Sensor (■ Abb. 20.4).

### 20.3.1.1 Sequenz und Konkurrenz

Die Cosubstrate und Produkte vieler enzymatischer Reaktionen sind mit den vorhandenen Transduktoren nicht nachweisbar, da sie oft nicht elektrochemisch aktiv sind. Dadurch ist die Zahl der mit Monoenzymsensoren bestimmbaren Substanzen eingeschränkt. Zur Bildung elektrochemisch aktiver Verbindungen müssen zusätzliche Enzyme nacheinander (sequenziell) an die Umsetzung des Analyten gekoppelt werden. Enzymsequenzelektroden sind für Cholesterolester, Fettsäuren, Amide sowie Mehrfachzucker bekannt.

Mit **Mehrenzymsensoren** (*multienzyme sensors*) kann bei vollständigem Umsatz in der Enzymmembran und

**□ Abb. 20.4** Gekoppelte Enzymreaktionen in Biosensoren

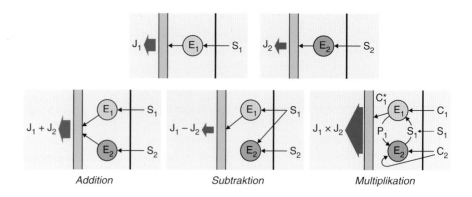

*Addition*          *Subtraktion*          *Multiplikation*

übereinstimmenden Diffusionsgeschwindigkeiten die Summe von mehreren Substraten bestimmt werden. Auf diese Weise wurde das für die Diagnostik bedeutsame Verhältnis der Metaboliten Lactat und Pyruvat mit einer Bienzymelektrode quantifizierbar. Dabei ergibt sich das Signal aus der *Addition* der zwei Substrat-Konzentrationen (□ Abb. 20.4).

Die *Konkurrenz* zweier Enzyme um ein und dasselbe Substrat in Gegenwart des Cofaktors wird in Enzymsensoren für Adenosintriphosphat (ATP) und Nicotinamidadenindinucleotid (NAD) genutzt. Dabei wird Glucose-Oxidase mit Hexokinase oder Glucose-Dehydrogenase koimmobilisiert. Liegt nur Glucose in der Messlösung vor, so wird sie allein durch Glucose-Oxidase umgesetzt. Bei Zusatz von ATP bzw. NAD wird nunmehr ein Teil der Glucose durch die konkurrierenden Enzyme verbraucht. Das Signal einer solchen Konkurrenzelektrode entspricht der *Differenz* der Signale einer Enzymelektrode für Glucose und eines Sensors für den Cofaktor.

### 20.3.1.2 Antiinterferenzprinzip

Mit steigender Anzahl von Enzymen in einem Enzymsensor erniedrigt sich die Selektivität, weil die Substrate jedes Enzyms Signale hervorrufen können. Weiterhin stören auch Probenbestandteile, die am Transduktor selbst umgesetzt werden. Um solche interferierenden Substanzen auszuschalten, wurden enzymatische Antiinterferenzschichten in den Sensor integriert. So kann bei der Glucosemessung im Urin die Verfälschung des Messsignals durch Ascorbinsäure ausgeschaltet werden, indem Ascorbat-Oxidase (oder Laccase) in die Enzymschicht eingebracht wird. Beide Enzyme verhindern durch die Umsetzung zur elektrodeninaktiven Dehydroascorbinsäure die Signalerzeugung durch eine anodische Oxidation der Ascorbinsäure.

Das Aufbringen einer Schicht, die Glucose-Oxidase und Katalase oder Laccase enthält, kann das Eindringen von Sauerstoff an die Elektrode verhindern. Dadurch wird die kathodische Reduktion von Sauerstoff eliminiert und das „Messfenster" in kathodische Richtung erweitert.

### 20.3.1.3 Enzymatische Analytzyklen

Die untere Nachweisgrenze konventioneller Enzymelektroden liegt bei etwa 1 μmol l⁻¹. Da die Probe oft verdünnt wird, reicht für Hormone, Pharmaka und einige Metabolite die Empfindlichkeit nicht aus. Die Empfindlichkeit kann jedoch um ein Vielfaches gesteigert werden, wenn der Analyt zwischen zwei Enzymen zyklisch, das heißt viele Male, umgesetzt wird (□ Abb. 20.4). Auf diese Weise kann die durch die Diffusion gesetzte Empfindlichkeitsschranke überwunden werden. An einer der beiden Reaktionen des Zyklus muss eine elektrodenaktive Substanz, z. B. Sauerstoff, beteiligt sein. Durch die enzymatische Verstärkung erfolgt eine viel größere Konzentrationsänderung als im Fall der einfachen Umsetzung des Analyten. So wurde eine Verstärkung des Signals um den Faktor 10.000 erreicht. Das erschloss bei der Messung von Catecholaminen den subnanomolaren Konzentrationsbereich.

### 20.3.2 Biosensoren für Diabetes

Eine der wichtigsten medizinischen Indikationen ist die Überwachung der Zuckerkrankheit, Diabetes. *Diabetes mellitus* („honigsüßer Durchfluss") ist eine Stoffwechselerkrankung und durch einen permanent erhöhten Blutzuckerspiegel gekennzeichnet. Enthält das Blut zu viel Glucose, so können die Nieren sie nicht mehr herausfiltern, und die Glucose wird vermehrt über den Urin abgegeben. Ursache des Diabetes ist ein Mangel oder eine gestörte Wirkung des Hormons Insulin, das in der Bauchspeicheldrüse (Pankreas) gebildet wird. Insulin senkt den Blutzuckerspiegel, indem es die Glucose in die Zellen schleust. Der normale Blutzuckerspiegel liegt zwischen 60 und 110 mg dl⁻¹ (3,33-6,11 mM) und steigt auch nach dem Essen nicht über 140 mg dl⁻¹ an. Bei Zuckerkranken beträgt der Wert jedoch schon im nüchternen Zustand mehr als 126 mg dl⁻¹ und erreicht nach dem Essen Werte von 200 mg dl⁻¹ und darüber.

Bei Typ-1-Diabetes fehlt Insulin aufgrund einer Zerstörung der Insulin produzierenden Zellen (β-Zellen) in der Bauchspeicheldrüse. Über 95 % der Fälle sind allerdings an Typ-2-Diabetes erkrankt, auch Altersdiabetes genannt. Bei dieser Diabetesform kommt es zu einem Verlust der Insulinwirkung. Der Körper ist nicht mehr in der Lage, diesen Verlust durch Mehrproduktion von Insulin auszugleichen.

In den vergangenen Jahren ist es zu einem dramatischen Anstieg der Neuerkrankungen von *Diabetes mellitus* gekommen. 2014 waren etwa 350 Mio. Menschen an Diabetes erkrankt, und die weltweiten Kosten beliefen sich auf etwa 550 Mrd. Dollar. Nach Aussagen der International Diabetes Federation werden für 2035 annähernd 600 Mio. Diabetes-Patienten erwartet.

Bereits in den 1960er-Jahren wurden Teststreifen für Glucose im Urin zur Selbstkontrolle von Diabetikern entwickelt. Der Erfolg des einfachen Nachweises von Glucose im Urin führte zu ähnlichen Teststreifen für weitere Analyten. Da bei der visuellen Auswertung individuelle Schwankungen auftraten, wurden zusätzlich Auswertegeräte (*Reader*) entwickelt und die Teststreifen für die Untersuchung von Blut, Plasma und Serum angepasst. Dadurch konnte der Diabetiker „seinen“ Blutglucosewert selbst ermitteln. Zur Herstellung der Mehrschicht-Teststreifen wurden Technologien aus der Farbfotografie angewandt. Die Verwendung der Mikroprozessortechnologie trug bedeutend zur Vereinfachung der Bedienung und Überwachung der Auswertegeräte bei.

Der Weltmarkt für Enzymsensoren zur Bestimmung von Glucose im Blut im Jahre 2018 übersteigt mit etwa 17 Mrd. US-Dollar pro Jahr um ein Mehrfaches die Umsätze der gesamten molekularen Diagnostik. Der Markt ist weitgehend unter den Firmen Beijing Yicheng, Roche, Lifescan, Bayer und Abbot aufgeteilt. Eine Vielzahl von Geräten zur Selbstkontrolle befindet sich auf dem Markt, die zwischen 50 µl und 0,3 µl Blut zur Messung erfordern. Meist wird die Blutprobe durch Kapillarkräfte vom Finger in die Messkammer transportiert, und das Ergebnis liegt nach 5–30 s vor. Zur selektiven Umsetzung der Glucose werden neben dem Enzym Glucose-Oxidase verschiedene Glucose-Dehydrogenasen eingesetzt. Da die Glucose-Dehydrogenasen künstliche Redoxüberträger, aber nicht Sauerstoff als Cosubstrat akzeptieren, entfällt die Begrenzung durch die niedrige Sauerstoffkonzentration, und der Elektronentransfer zur Elektrode ist schneller. Die zu Beginn verwendete Pyrroloquinolin-GDH setzt allerdings außer Glucose auch Maltose und Mannose um, was zur Verfälschung des Messwertes in Einzelfällen mit Todesfolge führte. Dieses Problem wurde durch Verwendung von FAD-Glucose-Dehydrogenase eliminiert, die eine hohe Spezifität für Glucose besitzt. Bei der elektrochemischen Aus-

lesung werden sowohl lösliche Mediatoren, aber vor allem Redoxpolymere verwendet, die Elektronen zur Elektrode übertragen.

Besonders vorteilhaft ist die coulometrische Messung, die keine Kalibration erfordert, weil sie die Ladung „zählt“. Das kleinste Gerät wiegt nur 4,2 g. Dieses und verschiedene andere Geräte werden zur Anzeige und Übertragung der Messergebnisse an iPhones oder iPads angedockt.

Die kontinuierliche Blutzuckermessung bei akuten Krankheitszuständen wurde durch den Einsatz von Glucoseelektroden realisiert, die für die Blutzuckerbestimmung in verdünnten Blutproben entwickelt wurden. Dazu wurde das Blut vor dem Kontakt mit dem Sensor in einem Fließsystem mit Rollenpumpen verdünnt. Parallel wurden auch Messsysteme auf der Basis der Mikrodialyse entwickelt, bei denen eine Dialysekapillare in die Gewebsflüssigkeit injiziert wurde.

Heute sind bereits subkutan implantierte Sensoren für die kontinuierliche Glucose-Messung kommerziell verfügbar. Sie haben eine Einsatzdauer von einigen Wochen und erfordern eine regelmäßige Kalibration. Beide – elektrochemische und optische Enzymsensoren – erlauben die minimalinvasive Glucosemessung auf der Augenoberfläche. Das wurde auch mit einer Kontaktlinse demonstriert, die mit einem Boronsäurederivat beschichtet ist. Hier basiert die Messung auf der Reaktion von Glucose mit Boronsäure, die ein biomimetisches Erkennungselement darstellt. Weiterhin wird seit Jahrzehnten an der Entwicklung nichtinvasiver, rein physikalischer Sensoren zur Blutzuckermessung geforscht. Sie haben den großen Vorteil für den Nutzer, dass keine Lanzette und Sensorstreifen benötigt werden. Sie basieren auf Techniken wie Infrarot-Spektroskopie, Ultraschall oder Raman-Spektroskopie. Bisher können diese Systeme noch nicht mit den invasiven Sensoren konkurrieren, wenngleich sie die attraktivste Lösung für die Bestimmung der Blutglucose darstellen würden.

Als „Langzeit-Parameter“, der den durchschnittlichen Wert der Glucosekonzentration im Blut für einen Zeitraum von 6–8 Wochen widerspiegelt, wurde der Anteil von glykiertem Hämoglobin ($Hb_{A1c}$) eingeführt: Das $N$-terminale Valin der β-Ketten von Hb reagiert irreversibel mit Glucose zu Fructosylvalin, das über die Lebensdauer der Erythrozythen gespeichert wird. Während beim Gesunden der Anteil von $Hb_{A1c}$ unter 6 % liegt, steigt er bei Diabetikern proportional mit der Glucose-Konzentration bis über 10 % an. Die Konzentration von Fructosylvalin kann nach proteolytischer Spaltung des $Hb_{A1c}$ enzymatisch bestimmt werden. In der Routine wird der Anteil von glykiertem Hb mit Immunassays bestimmt.

## 20.4 Zellsensoren

Zehn Jahre nach der ersten Enzymelektrode konstruierten Isao Karube und Shuichi Suzuki die erste Zellelektrode (1977). Neben Bakterien wurden auch Hefen und später Säugerzellen (z. B. Krebszellen und Neuronen) erprobt. Anstelle einzelner Enzyme, wie beim Glucose- und Lactatsensor, verwendet man den komplexen Stoffwechsel intakter Zellen. Der Messwert erfasst den Einfluss der Bestandteile der Messprobe auf die Zellatmung und erlaubt damit Rückschlüsse auf sog. *Gruppenparameter*:

- den Nährstoffgehalt von Fermentationsmedien,
- die Belastung von Abwasser mit abbaubaren Substanzen,
- die mutagene Wirkung von Chemikalien,
- die kanzerostatische Wirkung von Pharmaka bei Verwendung von Krebszellen.

Zellsensoren erlauben damit die *Quantifizierung von biologischen Wirkungen,* was mit chemischen Methoden nicht möglich ist. Weiterhin erfolgt die Charakterisierung des physiologischen Zustandes von Zellen auf *Zellchips,* die neben der Zellatmung auch die *Ansäuerung* mittels pH-FETs , den Verbrauch von Nährstoffen, z. B. Glucose und Aminosäuren, die Bildung von Lactat und die Vitalität mit der Impedanz von Interdigitalelektroden anzeigen.

### 20.4.1 Mikrobielle Sensoren/ biochemischer Sauerstoffbedarf von Abwasser

Wenn in Seen, Flüsse und das Meer Abwässer eingeleitet werden, verringert sich die Konzentration des gelösten Sauerstoffs im Wasser dramatisch. Aerobe Bakterien und Pilze brauchen Sauerstoff für den Abbau der eingeleiteten organischen Substanzen. Kläranlagen, Biofabriken zur Erzeugung sauberen Wassers, benötigen deshalb zusätzlichen Eintrag von Sauerstoff. Also pumpt man (wie im Aquarium) Luftsauerstoff in das Wasser.

Mit dem 1896 in England erstmals verwendeten Verfahren Biochemischer Sauerstoffbedarf (BSB, engl. *biochemical oxygen demand,* BOD) lässt sich die organische Belastung von Wasser bestimmen. Der BSB5-Wert dient der Abschätzung des biologisch leicht abbaubaren Anteils der gesamten organischen Wasserinhaltsstoffe. Er ergibt sich aus dem Sauerstoffbedarf heterotropher Mikroorganismen. Die beim Abbau durch die Mikroben bei 20 °C dem Wasser entzogene Sauerstoffmenge wird auf eine bestimmte Anzahl von Tagen bezogen, im Fall des BSB5 auf fünf Tage. Man verdünnt dazu Wasserproben, sättigt sie mit Luftsauerstoff und fügt sog. *Seeds* hinzu (eine Impf-Mischkultur von Abwassermikroben).

Der BSB5-Wert ist für die Vergleichbarkeit von Abwässern wichtig; danach richten sich auch die Abwassergebühren. Der Wert sagt aber nichts aus über die Belastung mit nicht abbaubaren Verbindungen. Der Nachteil der BSB-Bestimmung liegt in der lang dauernden Testzeit. Fünf Tage Messdauer gestatten keine sinnvolle Nutzung des Tests zum Monitoring und zur Steuerung der Abwasseranlagen. Mikrobielle Biosensoren messen dagegen den BSB von Abwässern in nur fünf Minuten.

Sensoren mit immobilisierten Mikroben – meist Hefen wie *Trichosporon cutaneum* und *Arxula adeninivorans* – können direkt die organische Belastung im Abwasser messen. Die halophile Hefe *Arxula* eignete sich besonders für Abwassersensoren: In küstennahen tropischen Ländern und auch im subtropischen Hongkong mit Süßwassermangel werden nämlich Toiletten aus Mangel an Süsswasser mit Meerwasser gespült. Abwasser hat hier also einen hohen Salzgehalt, der viele Mikroben inaktiviert – nicht jedoch die halophile *Arxula*.

Die lebenden Hefezellen werden dazu in einem polymeren Gel immobilisiert (wie beim Glucosesensor) und auf eine Sauerstoffelektrode montiert. Der Sensor misst nun die Respirationsrate (Sauerstoffverbrauch) von den „ausgehungerten" Zellen. Gibt man eine saubere Abwasserprobe dazu (die keine verwertbaren Substanzen enthält), nehmen die Hefen auch keinen zusätzlichen Sauerstoff auf. Sie sind sozusagen im Stand-by-Modus. Sobald jedoch eine Probe mit Kohlenhydraten, Aminosäuren oder Fettsäuren zugegeben wird, werden die Zellen aktiv, nehmen diese auf und „veratmen" sie. Die Sauerstoff-Verbrauchsrate steigt proportional zur „Futtermenge". Kalibriert werden die mikrobiellen Sensoren mit einem Standard aus Glucose und der Aminosäure L-Glutamat.

Mikrobielle Sensoren erlauben das Monitoring von Abwasseranlagen. Sie zeigen an, wie hoch belastet das einkommende Wasser ist, und regeln die Luftpumpen für das Belebtschlammbecken. So kann erheblich Energie gespart werden. Ein Biosensor am Ausfluss der Kläranlage zeigt an, ob und wie gut das Wasser tatsächlich gereinigt wurde.

## 20.5 Immunsensoren

Unterschiedliche Typen von Immunassays, vor allem mit Enzymlabel oder kolloidalem Gold, sind für **Lateral-Flow**-Immunteststreifen adaptiert worden. Die Tests können nach kompetitiver, sequenzieller bzw. nach der Sandwichtechnik durchgeführt werden und gestatten sowohl die Bestimmung von Makromolekülen als auch von Haptenen. Bekanntestes Beispiel ist der Schwangerschaftstest.

Neben Immunteststreifen und ELISAs wurden auch Biosensoren auf Antikörperbasis entwickelt. Immun-

**20**

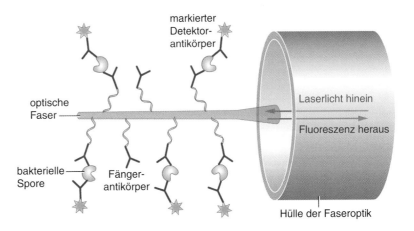

**□ Abb. 20.5** Immunsensor, der den Effekt evaneszenter Wellen nutzt, um Marker anzuregen, die an Detektorantikörper gebunden sind (Details siehe Text)

sensoren detektieren die Erkennung und Bindung von Antigenen an Antikörpern. Wie bei allen Biosensoren sind die Erkennungselemente (Antikörper oder Antigene/Haptene) auf der Oberfläche von Transduktoren immobilisiert (□ Abb. 20.5)

Man unterscheidet dabei *indirekte Immunsensoren*, die Marker (Enzyme, Fluorophore) zur Anzeige der Wechselwirkung benutzen, von *direkten Immunsensoren*, die die Wechselwirkung von Antikörper und Antigen direkt messbar machen. Sie erfassen die Masseänderungen mit Oberflächenplasmon-Resonanz (SPR, ▶ Abschn. 19.6), Kantilevern, Nanolevern und Piezokristallen (QCM) oder den Wärmetransfer bei der Antigen-Antikörper-Reaktion. Mit der Einführung des Biacore auf Basis der SPR durch die Firma Pharmacia haben markierungsfreie (*label-free*) Assays an Bedeutung gewonnen. Das gilt für optische Methoden wie die reflektometrische Interferenz-Spektroskopie, aber auch für piezoelektrische Schwingquarze. Mit dem im Jahre 2012 entwickelten Wärme-Transfer-Chip kann das volle Spektrum der biochemischen Interaktionen auch mit nicht-markierten Reaktionspartnern quantifiziert werden. Neben Antigen-Antikörper-Systemen können auch Punktmutationen bei DNA nachgewiesen werden und Bindungsreaktionen an MIPs verfolgt werden. Bei den Nanolevers werden kurze DNA-Oligonucleotide auf der Goldoberfläche durch hochfrequente elektrische Felder zu Schwingungen angeregt. Am Terminus des Nucleotids befindet sich ein Bindungspartner für den Analyten. Bei Bindung der komplementären Substanz wird die Schwingung beeinflusst, worüber Größe und Konzentration des Analyten ermittelt werden können (switchSENSE).

Mittlerweile sind die Geräte zur Erkennung von Antigen-Antikörper-Bindungen hochentwickelt und im Laufe ihrer Weiterentwicklung zudem noch sehr viel leichter bedienbar und zuverlässiger geworden. So wog beispielsweise der erste faseroptische Biosensor (*fiber optic biosensor*) über 70 kg, die Flüssigkeiten wurden von Hand aufgebracht und die Proben pro Durchgang nur auf jeweils eine Substanz untersucht. Heute sind vollautomatische faseroptische Biosensoren verfügbar, die simultan acht verschiedene Substanzen untersuchen und zusammen mit einem Luftkeimsammler auf dem Rücken getragen werden können. Eine andere Version dieses Systems wird als 5 kg schwere Zuladung an einem sehr kleinen, unbemannten Flugzeug befestigt und kann im Flug Bakterien identifizieren.

Häufig benutzen indirekte Immunsensoren folgendes Format: Die Fänger-Antikörper werden mittels Avidin und Biotin an eine Glasoberfläche gebunden. Dies kann entweder eine Faseroptik sein oder ein einfacher Objektträger aus Glas. Man leitet einen Laserstrahl durch das Glas auf die Oberfläche mit den Antikörpern. Ist das Glas mit einer Flüssigkeit bedeckt, gelten zwei verschiedene Brechungsindices. Trifft der Lichtstrahl die Oberfläche in einem kleineren als dem kritischen Winkel, kommt es zu einer Totalreflexion (TIR, *total internal reflection*) des Lichtstrahls (□ Abb. 20.6). Die Totalreflexion erzeugt eine *evaneszente Welle* auf der Glasoberfläche. Diese dringt etwa 100 nm in die flüssige Lösung ein – das ist exakt der aktive Wirkbereich von Antikörpern.

Zwei verschiedene Antikörper werden zur Detektion eingesetzt. Nachdem der Fängerantikörper (auch *Coating*-Antikörper genannt, weil er die Oberfläche bedeckt) das Antigen gebunden hat, bindet ein zweiter Antikörper (mit einem Fluoreszenzmarker) an das bereits gebundene Antigen und bildet so ein Sandwich. Es ist die gleiche Situation wie beim ELISA, wo aber Enzyme als Marker verwendet werden. Solch ein Sandwichkonstrukt hat etwa eine Höhe von etwa 30–50 nm.

Der Fluoreszenzmarker befindet sich somit genau im Bereich der Energie der evaneszenten Welle. Die Welle regt den Fluoreszenzmarker an, der daraufhin Licht emittiert. Dies zeigt an, dass das Antigen gebunden ist und „erkannt" wurde. Nicht gebundene Detektorantikörper werden nicht angeregt, weil sie außerhalb der Reichweite der Welle liegen. Anschließend wird das Fluoreszenzsignal gefiltert und verstärkt.

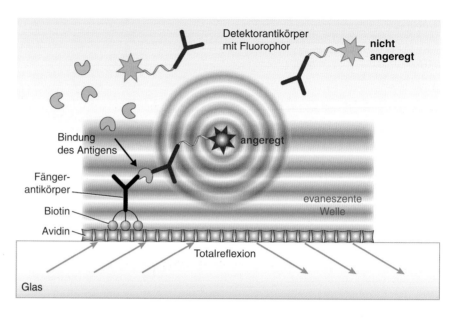

■ **Abb. 20.6**  Prinzip eines faseroptischen Biosensors zur Detektion von bakteriellen Sporen. Auch für diesen Sensortyp erfolgt die Anregung der markierten Detektorantikörper über die evaneszente Welle. Gleichzeitig wird das emittierte Fluoreszenzlicht über die gleiche Faseroptik wieder herausgeleitet

Diese Immunsensoren sind ausreichend sensitiv im ppb-Bereich (engl. *parts per billion*, Milliardstel Teile). Das entspricht etwa der Menge eines Esslöffels Kochsalz in einem Schwimmbecken olympischer Normgröße.

Mittlerweile wurden **Array-Immunsensoren** entwickelt, um viele unterschiedliche Stoffe gleichzeitig überwachen zu können. Diese Systeme bestehen aus einer Vielzahl unterschiedlicher Antikörper in klar abgegrenzten Feldern auf einem flachen Trägermaterial. Die Identität des Probenmoleküls kann (ähnlich den DNA-Chips) anhand der Lage des fluoreszierenden Feldes ermittelt werden. Die Intensität des Signals gibt Aufschluss über die Menge des Zielmoleküls in der Gesamtprobe.

Neuartige, auf Antikörpern basierende Biosensoren sind höchst sensitiv und haben sich zur Erkennung und Überwachung von Pestiziden in der Landwirtschaft, Toxinen und Pathogenen in Nahrungsmitteln, Krankheitsmarkern in klinischen Flüssigkeiten und biologischen Kampfstoffen in Luft und Wasser bewährt.

## 20.6  Biomimetische Sensoren

Obwohl Antikörper und Enzyme sich durch exzellente Sensitivität und Spezifität auszeichnen, ist ihr Einsatz durch die begrenzte Stabilität und die Kosten für die Herstellung eingeschränkt. Deshalb gibt es seit mehr als 50 Jahren verschiedene Ansätze, synthetische Materialien mit einem „molekularen Gedächtnis" zu entwickeln. Dafür wurden zwei verschiedene Konzepte verfolgt:

– Zum Ersatz von Antikörpern wurden voll synthetische „molekular geprägte (*imprinted*) Polymere (*MIPs*)", die paratop-ähnliche Bindungstaschen für den Analyten besitzen, erzeugt.

– In Analogie zur Wechselwirkung von Nucleinsäuren mit Proteinen und niedermolekularen Substanzen wurden Bindermoleküle auf der Basis von Oligonucleotiden mithilfe der „Evolution im Reagenzglas" entwickelt. Für diese Moleküle wurde der Begriff *Aptamer* eingeführt, was „passfähiges" Teilchen bedeutet.

### 20.6.1  Molekular geprägte Polymere

Molekular geprägte Polymere werden durch die Polymerisation von polymerisierbaren Monomeren in Gegenwart des Analyten (Templat) hergestellt. Vor der Polymerisation treten die funktionellen Gruppen der Monomere und des Vernetzers mit den komplementären Funktionalitäten des Templats in Wechselwirkung, und diese Anordnung wird durch das Polymerisieren fixiert. Danach erfolgt die Entfernung des Templats aus dem Polymergerüst, wobei Kavitäten im Polymer zurückbleiben, die in der Form und der Anordnung der funktionellen Gruppen komplementär zum Templat sind. Deshalb wird der Analyt bevorzugt gebunden. MIPs sind durch Entfernung des Templats regenerierbar und erlauben die mehrfache Verwendung. Während Antikörper aus 20 Aminosäuren aufgebaut sind, werden MIPs durch die Polymerisation von 1–5 Monomeren erzeugt. Das ist eine erhebliche Vereinfachung gegenüber natürlichen Biopolymeren.

Durch thermische oder Photopolymerisation von Methacrylsäure-, Vinylimidazol- und Vinylpyridinderivaten werden sog. molekular geprägte „Bulk-Polymere" hergestellt. Für die Verwendung in der Chromatographie oder biomimetischen Sensoren werden die Polymerkörper in kleine Partikel zerkleinert, um die Bindungsstellen für Entfernung des Templats und für seine

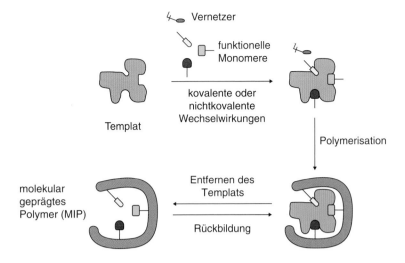

■ **Abb. 20.7** Schematische Darstellung der Herstellung von molekular geprägten Polymeren (MIPs)

Rückbindung zugänglich zu machen. Dagegen wird für die direkte Integration mit dem Transducer das **Oberflächenimprinting** eingesetzt. Dabei werden die Monomere Pyrrol, Phenylendiamin, Thiophen, Phenol und Aminophenylboronsäure sowie deren Derivate direkt auf der Elektrodenoberfläche durch anodische Oxidation polymerisiert. Dafür ist kein Vernetzer erforderlich, und die Elektrosynthese kann auf allen leitfähigen Sensoren wie Elektroden und Chips für QCM oder SPR durchgeführt werden. Das Oberflächenimprinting ist sowohl für die Präparation von MIPs für niedermolekulare Substanzen als auch für Proteine, Nukleinsäuren und intakte Zellen geeignet (■ Abb. 20.7).

MIPs werden bereits kommerziell in der Chromatographie und in der Messtechnik für niedermolekulare Substanzen wie Antibiotika, Umweltgifte, Pharmaka eingesetzt und haben das Potenzial für die Bestimmung von Proteinbiomarkern, Mikroorganismen und Viren sowie zur Zelltypisierung.

## 20.6.2 Aptamere

Aptamere sind einsträngige DNA- oder RNA-Moleküle, die einen variablen Teil von 30–60 Nucleotiden für die Bindung des Analyten und Primersequenzen auf beiden Seiten für die Amplifikation mit der Polymerasekettenreaktion besitzen. Sie werden aus „Bibliotheken", die $10^{13}$–$10^{15}$ unterschiedliche Oligonucleotide enthalten, nach dem SELEX-Verfahren (*systematic evolution of ligands by exponential enrichment*) gewonnen. Diese Bibliotheken enthalten erheblich mehr Species als unser Immunsystem. Zur Auslese (Selektion) der analytbindenden Spezies aus der Vielzahl von Oligonucleotiden wird die gesamte Bibliothek mit dem trägerfixierten Analyten (Target) in Wechselwirkung gesetzt. Nichtbindende Spezies werden dabei abgetrennt und danach unter stringenten Bedingungen die am Target gebundenen Oligonuc-

leotide freigesetzt. Diese affinen Spezies werden dann mit PCR (▶ Kap. 33) vervielfältigt und für neue Selektionszyklen eingesetzt. Aptamere mit zu Antikörpern vergleichbaren Affinitäten können innerhalb von 6–10 Selektionsrunden mit steigender Stringenz für die Analytbindung generiert werden. Der gesamte SELEX-Prozess kann in Synthesemaschinen durchgeführt werden, wodurch Aptamere reproduzierbar und mit großer Reinheit hergestellt werden können. Bei der Herstellung können relativ einfach verschiedene Tags oder Fluoreszenzmarker eingeführt werden. Aptamere können im Vergleich zu Antikörpern effektiv regeneriert werden, wobei Affinität und Spezifität erhalten bleiben. Auf der anderen Seite können die Immobilisierung oder Veränderungen des Milieus bei der Analytbindung gegenüber der Selektion zu Strukturänderungen des Aptamers führen, wodurch die Wechselwirkung mit dem Analyten beeinflusst werden kann. In der Literatur sind Aptamere für ungefähr 300 verschiedene Substanzen, z. B. Metallionen, Pharmaka, Aminosäuren, Cofaktoren, Vitamine, Antibiotika und Nucleinsäuren beschrieben worden. Aptamere können sogar die Sekundärstruktur von Proteinen und die Chiralität von Molekülen unterscheiden.

Biomimetische Sensoren mit Aptameren oder MIPs benutzen die gleichen Assayformate wie Immunsensoren oder DNA-Chips und die gleichen Transducer zur Signalauslese.

Im Vergleich zu Biosensoren besitzen biomimetische Sensoren folgende Vorteile:

- MIPs können sowohl bei erhöhten Temperaturen als auch in organischen Lösungsmitteln eingesetzt werden.
- Weil die Bindung des Analyten an Aptamere häufig reversibel verläuft, können Konzentrationsänderungen online erfasst werden.
- MIP- und Aptamersensoren sind wiederverwendbar, da der gebundene Analyt zur Regenerierung des Sensors entfernt werden kann.

## 20.7 Mikrofluidische Systeme

Mikrofluidische analytische Systeme stellen eine neue Generation von automatisierten Geräten dar, die den Hochdurchsatz von Proben und den Einsatz außerhalb des Analytiklabors erlauben (▶ Abschn. 47.2.1).

Der Erfolg der Siliciumtechnologie bei der Produktion von Chips und integrierten Schaltkreisen für Computer hat zu der Zielsetzung geführt, Probenaufbereitung, (bio)chemische Analytumsetzung, Trennung, Detektion und Flüssigkeitstransport auf einem Chip auszuführen. Durch Einbeziehen von Reinigungsschritten und chemischen Modifizierungsreaktionen kann die Differenzierung sehr ähnlicher Spezies erreicht werden, wie es für die Proteomanalyse erforderlich ist.

Systeme, die alle fluidischen Komponenten der Analyse auf dem Chip integrieren, werden als *Micro Total Analysis Systems* (μTAS) bezeichnet. Die Kanäle besitzen typischerweise einen Querschnitt von 20 × 100 μm. Transport und Durchmischung erfolgen meist durch elektroosmotischen Fluss. Als Trennungsmodul dienen die Kapillarelektrophorese oder die Elektrochromatographie. Die Integration von Probeninjektion, Trennung und Anzeige erlaubt eine hohe Probenfrequenz und parallele Probenabarbeitung So besitzen Microfluidic-Systeme zur Kapillarelektrophorese Trennzeiten von 1–30 s und erlauben die simultane Untersuchung von 96-Well-Mikrotiterplatten. Da das Volumen nur 1–50 nl cm$^{-1}$ Kanallänge beträgt, verringert sich der Verbrauch der Targetsubstanzen bei einer Fließgeschwindigkeit von 1 mm min$^{-1}$ auf 1,5 ml d$^{-1}$, womit völlig neue Anwendungen erschlossen werden.

In den Mikrokanälen werden auch Enzyme und Antikörper als Reagenzien zur Analytumsetzung eingesetzt, wobei die Reaktionsprodukte anschließend in der gleichen Kapillare getrennt und detektiert werden. Mit enzymatischen Reaktionen wurden dabei Nachweisgrenzen bis zu $10^{-18}$–$10^{-22}$ mol erzielt. Immunassays erreichen eine vergleichbare Empfindlichkeit und erfordern nur 1 ng eines 100-kD-Proteins.

Weiterhin werden integrierte analytische Systeme für die Kombination von Restriktionsabbau und Mapping von DNA, die Amplifizierung durch Polymerasekettenreaktion (PCR) und DNA-Sequenzierung (▶ Kap. 34) auf einem Chip eingesetzt.

## 20.8 Ausblick: Von der Glucoseelektrode zum „Einzel-Molekül-Transistor"

Die Entwicklung der Biosensorik ist durch folgende Tendenzen charakterisiert:

- Diversifizierung der biologischen Erkennungselemente und Signalwandler
- Erhöhung der Integration
- Miniaturisierung
- Entwicklung von Arrays

Die biochemische Erkennung des Analyten war und ist der Kern des Messvorgangs, und die räumliche Integration mit der Signalerzeugung führte zu den Biosensoren und Biochips. Auch die Entwicklung der *Auslesemethoden* (Transduktoren) hat die Biosensorik nachhaltig beeinflusst.

Die aus der Sauerstoffelektrode von L. Clark entwickelte Glucoseelektrode und pH-anzeigende Sensoren haben die Biosensorik initiiert. Nach dem elektrochemischen Start mit Enzymelektroden wurde in Analogie zur traditionellen Photometrie versucht, die biochemische Erkennungsreaktion optisch auszulesen. Durchbrüche wurden aber erst mit der Verfügbarkeit stabiler Fluoreszenzfarbstoffe erzielt, und zwar bei Immunsensoren und DNA-Chips. So dominiert bei den DNA-Sensoren und vor allem bei den Nucleinsäurearrays der Einsatz von fluorophormarkierten Bindungspartnern.

Die Entwicklung von Nucleinsäurearrays auf festen (Chip-)Trägern erfolgte ab 1990 unter entscheidender Beteiligung von Mark Schena und Stephen Fodor. Durch die US-Firma Affymetrix wurde diese DNA-Chip-Technologie entscheidend vorangebracht, und es werden Chips mit bis zu 1,2 Mio. unterschiedlichen Spots angeboten. Diese DNA-Arrays (▶ Kap. 40) verwenden Fluoreszenzreader für die Signalauslesung. Parallel zu den Fortschritten bei diesen optischen Biochips ging die Realisierung hoch paralleler Biosensoren mit optischen Faserbündeln oder Arrays von amperometrischen Mikroelektroden oder FETs erfolgreich weiter.

Biosensoren haben sich auf Feldern durchsetzen können, in denen die Integration von molekularer Erkennung und Signalwandlern zu Vorteilen gegenüber anderen Analysekonfigurationen geführt hat. Das gilt bisher für die *dezentrale Blutglucosemessung*. Hier führt das reagenzlose Messregime zu einer einfachen und exakten Analysedurchführung. Weiterhin erlaubt die Miniaturisierung des Sensors eine Verringerung des erforderlichen Probevolumens, was bei der Blutglucosemessung eine weitgehend schmerzfreie Probenentnahme ermöglicht.

Das einzigartige Potenzial von Biosensoren liegt bei der *Online-Konzentrationsmessung*, z. B. *in vivo* mit implantierten Sensoren. Damit wird die Zeitauflösung der Konzentration von Stoffwechselprodukten, etwa von Glucose, möglich. Allerdings sind mehrere Probleme für einen Langzeiteinsatz noch nicht gelöst. Darüber hinaus können die Bildung und das „Abklingen" von kurzlebigen Botenstoffen, wie Superoxid oder NO, direkt verfolgt werden.

Die Verkleinerung der Querschnitte von optischen Fasern, ionensensitiven Feldeffekttransistoren oder Elektroden unter 10 μm wurde durch die Fortschritte der Mikrosystemtechnik möglich. Damit können Online-Messungen an einzelnen Zellen oder sogar in einzelnen Zellen mit Mikro-Biosensoren durchgeführt werden. Mit Antikörpern modifizierte molekulare Transistoren erlauben die Messung von Zeptomolen bis hin zu einzelnen Antigenmolekülen.

Die aktuellen Entwicklungen zur Sequenzierung einzelner DNA-Moleküle (Next Generation Sequencing, ▶ Kap. 34) im Rahmen von 1000-Dollar-Genom-Projekten benutzen Prinzipien der Biosensorik: Das Erkennungselement – eine Nanopore bzw. einzelne DNA-Polymerasemoleküle – ist auf der Oberfläche des Transduktors direkt fixiert. Die Auslese jedes einzelnen Nucleotides erfolgt über den elektrischen Widerstand bzw. mittels *Zero-mode Waveguide*.

Die *Biosensordefinition* ist durch die rasante Entwicklung nicht mehr eindeutig: Durch das Proteinengineering und die Entwicklung biomimetischer Erkennungssubstanzen erfolgte eine Erweiterung gegenüber dem Einsatz traditioneller Erkennungssysteme. Die Erzeugung von optimalen *Bindern* auf Aminosäure- und Nucleinsäurebasis (Aptamere) wird durch Kombination von Synthese großer kombinatorischer Peptid- oder RNA-Bibliotheken und Selektion nach Bindungsstärke zum Analyten realisiert. Weiterhin werden auch vollsynthetische Polymerstrukturen mit Bindungsarealen für den Analyten (Imprints) durch Polymerisation funktioneller Monomere in Gegenwart des Zielmoleküls (Printmoleküls) erzeugt. Damit wird die Abgrenzung zu den Chemosensoren durch Verwendung vollsynthetischer Rezeptoren wenig sinnvoll.

Durch die rasanten Fortschritte der Siliciumtechnologie sind die Grenzen zwischen Sensorkonfiguration und kompletten Mikroanalysatoren weitgehend aufgehoben. Bei diesen Mikroanordnungen liegen die Dimensionen der Komponenten unter denen für die entsprechenden Funktionselemente konventioneller Biosensoren. Das in der Biosensordefinition gegebene Kriterium der direkten räumlichen Kopplung von Erkennungselement und Signalwandler trifft damit für beide Konfigurationen zu.

## Literatur und Weiterführende Literatur

Aggidis AG, Newman JD, Aggidis GA (2015) Investigating pipeline and state of the art blood glucose biosensors to formulate next steps. Biosens Bioelectron 74:243–262

Gauglitz G (2010) Direct optical detection in bioanalysis: an update. Anal Bioanal Chem 398:2363–2372

Heller A, Feldman B (2008) Electrochemical glucose sensors and their application in diabetes management. Chem Rev 108:2482–2505

Kudłak B, Wieczerzak M (2020) Aptamer based tools for environmental and therapeutic monitoring: a review of developments, applications, future perspectives. Crit Rev Env Sci Tec 50:816-867

Macchia E, Manoli M, Holzer B, Di Franco C, Ghittorelli M, Torricelli F, Alberga D, Mangiatordi GF, Palazzo G, Scamarcio G, Torsi L (2018) Single-molecule detection with a millimetre-sized transistor. Nat Commun 9:3223

Renneberg R (2020) Bioanalytik für Einsteiger, 2. Aufl. Spektrum Akademischer Verlag, Heidelberg

Renneberg R, Lisdat F (Hrsg) (2008) Biosensing for the 21st century, advances in biochemical engineering/biotechnology 109. Springer-Verlag, Berlin/Heidelberg

Scheller FW, Yarman A, Bachmann T, Hirsch T, Kubick S, Renneberg R, Schumacher S, Wollenberger U, Teller C, Bier FF (2014) Future of biosensors: a personal view in adv. Biochem. Eng. Biotechnol 140:1–28. Springer

Willner I, Katz E (2005) Bioelectronics. WILEY-VCH, Weinheim

Wollenberger U, Renneberg R, Bier FF, Scheller FW (2003) Analytische Biochemie – Eine praktische Einführung in das Messen mit Biomolekülen. WILEY-VCH, Weinheim

# 3D-Strukturaufklärung

## Inhaltsverzeichnis

**Kapitel 21**  **Magnetische Resonanzspektroskopie
von Biomolekülen – 489**
*Markus Zweckstetter, Tad A. Holak und Martin Schwalbe*

**Kapitel 22**  **EPR-Spektroskopie an biologischen Systemen – 527**
*Olav Schiemann und Gregor Hagelueken*

**Kapitel 23**  **Elektronenmikroskopie – 553**
*Philipp Erdmann, Sven Klumpe und Juergen M. Plitzko*

**Kapitel 24**  **Rasterkraftmikroskopie – 601**
*Nico Strohmeyer und Daniel J. Müller*

**Kapitel 25**  **Röntgenstrukturanalyse – 611**
*Dagmar Klostermeier und Markus G. Rudolph*

# Magnetische Resonanzspektroskopie von Biomolekülen

*Markus Zweckstetter, Tad A. Holak und Martin Schwalbe*

## Inhaltsverzeichnis

**21.1    NMR-Spektroskopie von Biomolekülen – 490**

21.1.1    Theorie der NMR-Spektroskopie – 490

21.1.2    Eindimensionale NMR-Spektroskopie – 495

21.1.3    Zweidimensionale NMR-Spektroskopie – 500

21.1.4    Dreidimensionale NMR-Spektroskopie – 506

21.1.5    Signalzuordnung – 511

21.1.6    Bestimmung der Proteinstruktur – 516

21.1.7    Proteinstrukturen und mehr – ein Ausblick – 521

**Literatur und Weiterführende Literatur – 526**

© Springer-Verlag GmbH Deutschland, ein Teil von Springer Nature 2022
J. Kurreck et al. (Hrsg.), *Bioanalytik*, https://doi.org/10.1007/978-3-662-61707-6_21

- Die kernmagnetische Resonanzspektroskopie (*Nuclear Magnetic Resonance,* NMR) basiert auf dem Phänomen des Kernmagnetismus und misst die Wechselwirkung von Kernspins mit starken Magnetfeldern.
- Verschiedene Kernspins absorbieren abhängig von ihrer chemischen Umgebung Radiowellen unterschiedlicher Frequenzen.
- Die NMR-Spektroskopie findet Anwendung in vielen Bereichen der Bioanalytik, von der organischen Chemie, der Metabolomanalyse, der Materialforschung bis zur strukturellen Biochemie.
- Neue methodische und instrumentelle Entwicklungen ermöglichen die NMR-basierte Untersuchung aktueller Fragen in Forschung und Industrie.

## 21.1  NMR-Spektroskopie von Biomolekülen

Das Phänomen der kernmagnetischen Resonanz (NMR, *Nuclear Magnetic Resonance*) wurde 1945 entdeckt: In einem homogenen Magnetfeld spalten die Energieniveaus des Kernspins in mehrere Zustände auf. Zwischen ihnen kann ein Übergang induziert werden, wenn man Radiowellen mit einer Frequenz einstrahlt, die dem Energieunterschied der Zustände entspricht. Dabei unterscheidet sich die NMR-Spektroskopie jedoch in zwei wesentlichen Punkten von anderen spektroskopischen Methoden: Zum einen wird die Aufspaltung der Energieniveaus erst durch das Magnetfeld induziert, zum anderen findet die Wechselwirkung der Kernspins mit der magnetischen und nicht mit der elektrischen Komponente der elektromagnetischen Strahlung statt.

Die Bedeutung der kernmagnetischen Resonanz ist seit dem Ende der Sechzigerjahre des letzten Jahrhunderts enorm gestiegen, nachdem die gepulste Fourier-Transform-NMR- und die mehrdimensionale NMR-Spektroskopie eingeführt wurden.

Die Hauptanwendung der NMR-Spektroskopie ist die strukturelle Analytik in der organischen Chemie und der Biochemie: Die NMR-Spektroskopie ist die einzige Methode, mit der die Strukturen von Biomakromolekülen (wie Proteine oder Nucleinsäuren) im löslichen und nichtgefrorenen Zustand auf atomarem Niveau aufgeklärt werden können. Besonders für die strukturelle Charakterisierung von dynamischen makromolekularen Komplexen, von phasen-separierten Zuständen sowie von intrinsisch ungeordneten Proteinen (IDPs, engl. *intrinsically disordered proteins*) ist die NMR-Spektroskopie unerlässlich (▶ Abschn. 21.1.7). Zusätzlich zur Strukturaufklärung können mit der NMR-Spektroskopie auch zahlreiche zeitabhängige Phänomene untersucht werden: von molekularen Erkennungsprozessen, Reaktionskinetiken über die intramolekulare Dynamik von Proteinen und Nucleinsäuren

bis hin zur Faltung bzw. Fehlfaltung von Proteinen. Ferner wird die NMR-Spektroskopie auch bei festen, nicht gelösten Stoffen wie membranständigen Proteinen und Proteinaggregaten angewendet. Dieser Zweig der NMR-Spektroskopie wird als Festkörper-NMR (engl. *solid-state NMR*) bezeichnet. Die NMR-Spektroskopie stellt daher eine äußerst vielseitige Technik in der Biochemie und Biophysik dar.

Die Limitierungen der NMR-Spektroskopie ergeben sich aus der relativ niedrigen Empfindlichkeit der Technik sowie dem hohen Grad an Komplexität und Informationsgehalt der NMR-Spektren. Weiterentwicklungen in der Elektronik und immer stärkere Magnetfelder verbessern jedoch die Empfindlichkeit und Auflösung stetig. Neue NMR-Experimente erweitern den Anwendungsbereich (z. B. zu größeren Proteinen) oder erlauben die Bestimmung zusätzlicher struktureller oder dynamischer Parameter, z. B. die Messung residualer dipolarer Kopplungen, die direkte Beobachtung von Wasserstoffbrücken oder den Nachweis von internen Bewegungen (von Pikosekunden über Millisekunden bis hin zu Stunden). Zudem ermöglicht die rekombinante Proteinexpression eine relativ einfache Herstellung der erforderlichen Probenmengen und die Markierung mit den nur selten vorkommenden Isotopen $^{13}$C und $^{15}$N. Dies ermöglicht die Vereinfachung der Spektren sowie die Bestimmung weiterer Parameter, welche Aussagen über die Struktur und Dynamik von Proteinen zulassen. Durch diese Entwicklungen können heute Proteine mit einer Masse von bis ~50 kDa oder mehr NMR-spektroskopisch untersucht werden. Geeignete Methoden erlauben weiterhin die Analyse von MDa-Proteinkomplexen (▶ Abschn. 21.1.7).

Der wichtigste Atomkern für die NMR-Spektroskopie ist das Proton, da es der sensitivste Kern ist und in Biomakromolekülen in großer Zahl vorhanden ist. Daneben gibt es aber noch andere magnetisch aktive Kerne (◻ Tab. 21.1), von denen $^{13}$C, $^{15}$N, $^{19}$F und $^{31}$P für die NMR-Spektroskopie von Biomolekülen wichtig sind.

### 21.1.1  Theorie der NMR-Spektroskopie

Der Kernspin eines Atoms ist eine quantenmechanische Eigenschaft und kann daher im Rahmen einer klassischen Theorie nicht erklärt oder adäquat beschrieben werden. Der für eine quantenmechanische Betrachtung nötige Formalismus würde den Rahmen dieses Kapitels sprengen. Dennoch können wir viele Aspekte durch eine klassische Betrachtungsweise veranschaulichen, insbesondere wenn wir quantenmechanische Eigenschaften wie z. B. die Kopplung zwischen Kernspins durch einfache Regeln ad hoc in die klassische Beschreibung ein-

21

◻ **Tab. 21.1**   Kernspin, natürliche Häufigkeit, gyromagnetisches Verhältnis γ sowie relative und absolute Sensitivität einiger, für die NMR-Spektrosokopie an biologischen Makromolekülen wichtiger Atomkerne. (Nach Friebolin 1988)

| Kernisotop | Spin $I$ | natürliche Häufigkeit (in %) | gyromagnetisches Verhältnis $\gamma^a$ (in $10^7$ rad $T^{-1} s^{-1}$) | Sensitivität rel.[b] | Sensitivität abs.[c] |
|---|---|---|---|---|---|
| $^1$H | ½ | 99,98 | 26,7519 | 1,00 | 1,00 |
| $^2$H | 1 | 0,015 | 4,1066 | $9,65 \cdot 10^{-3}$ | $1,45 \cdot 10^{-6}$ |
| $^{12}$C | 0 | 98,9 | – | – | – |
| $^{13}$C | ½ | 1,108 | 6,7283 | $1,59 \cdot 10^{-2}$ | $1,76 \cdot 10^{-4}$ |
| $^{14}$N | 1 | 99,63 | 1,9338 | $1,01 \cdot 10^{-3}$ | $1,01 \cdot 10^{-3}$ |
| $^{15}$N | ½ | 0,365 | −2,712 | $1,04 \cdot 10^{-3}$ | $3,85 \cdot 10^{-6}$ |
| $^{16}$O | 0 | 99,96 | – | – | – |
| $^{17}$O | $^5/_2$ | 0,037 | −3,6279 | $2,91 \cdot 10^{-2}$ | $1,08 \cdot 10^{-5}$ |
| $^{19}$F | ½ | 100 | 25,181 | 0,83 | 0,83 |
| $^{31}$P | ½ | 100 | 10,841 | $6,63 \cdot 10^{-2}$ | $6,63 \cdot 10^{-2}$ |

[a]γ-Werte aus Harris 1983
[b]Detektionseffizienz bei konstantem Magnetfeld und gleicher Anzahl an Atomkernen
[c]Produkt aus relativer Sensitivität und natürlicher Häufigkeit

führen. Nach einer kurzen Einführung in die fundamentalen Eigenschaften des Kernspins wird daher im Folgenden die Betrachtung einer makroskopischen Magnetisierung, vergleichbar einem kleinen Stabmagneten, im Vordergrund stehen.

### 21.1.1.1 Kernspin und Energiequantelung

Das Phänomen der kernmagnetischen Resonanz beruht auf der Wechselwirkung des magnetischen Moments $\mu$ eines Atomkerns mit einem äußeren magnetischen Feld. Die Ursache für dieses magnetische Moment ist der quantenmechanische Spin des Atomkerns, der sich als Summe der Spins der Protonen und Neutronen (jeweils Spin ½), aus denen die Atomkerne aufgebaut sind, ergibt. Paare von Protonen bzw. Neutronen tendieren im Atomkern dazu, ihre Spins entgegengerichtet zu orientieren, sodass sich die Beiträge der meisten Protonen und Neutronen aufheben. Im Kohlenstoffisotop $^{12}$C addieren sich z. B. zwölf Spin-½-Beiträge wegen der geraden Anzahl an Protonen bzw. Neutronen zu einem Gesamtkernspin von null. Der Wasserstoffkern besteht nur aus einem Proton und hat daher Spin ½. Der Name „Spin" (engl. *spin*, sich drehen) suggeriert, dass es sich beim Spin um einen Eigendrehimpuls handeln könnte. Dies wird verstärkt durch den Zusammenhang von Spin und magnetischem Moment, da die Rotation eines geladenen Teilchens ebenfalls zu einem magnetischen Moment führt. Jedoch hat der quantenmechanische Spin nichts mit der räumlichen Eigenrotation zu tun und ist eine intrinsische Eigenschaft des Teilchens. Folgende Gemeinsamkeit zwischen Spin

und klassischer Eigenrotation rechtfertigt dennoch die Bezeichnung Spin: In der quantenmechanischen Formulierung zeigen Spins (von Protonen, Elektronen etc.) und klassische Drehimpulse ein ähnliches mathematisches Verhalten. Alle gehorchen den Drehimpulskommutator-Relationen, aus denen sich viele wichtige Eigenschaften ableiten lassen. Entsprechend seines quantenmechanischen Ursprungs ist der Spin gequantelt:

$$\left|\vec{J}\right| = \sqrt{I(I+1)}\hbar \tag{21.1}$$

Dabei ist $\vec{J}$ der Kernspin, $I$ die Kernspinquantenzahl (die Werte von $I = 0$, ½, 1, 1½, … annehmen kann) und $\hbar = h/2\pi$ das Planck'sche Wirkungsquantum. Der Spin und das magnetische Moment $\vec{\alpha}$ sind zueinander direkt proportional:

$$\vec{\mu} = \gamma \vec{J} \Rightarrow \left|\vec{\mu}\right| = \gamma\hbar\sqrt{I(I+1)} \tag{21.2}$$

Die Proportionalitätskonstante $\gamma$, die für jede Kernsorte eine charakteristische Konstante ist, wird als **gyromagnetisches Verhältnis** bezeichnet. Von $\gamma$ hängt die Empfindlichkeit in der NMR ab: Ein großes gyromagnetisches Verhältnis bedeutet eine hohe Empfindlichkeit des entsprechenden Isotops (◻ Tab. 21.1).

Per Konvention ist in einem äußeren Magnetfeld die Komponente in Feldrichtung $J_z$ (das Magnetfeld verlaufe in z-Richtung) ein ganz- oder halbzahliges Vielfaches des Planck'schen Wirkungsquantums:

$$J_z = m\hbar \Rightarrow \mu_z = m\gamma\hbar \qquad (21.3)$$

wobei die magnetische Quantenzahl $m$ ganzzahlige Werte von $-I$ bis $+I$ annehmen kann. Das äußere Feld führt zu einer Aufspaltung der Energieniveaus des betrachteten Kerns. Betrachtet man Wasserstoffkerne mit einem Spin ½, dann resultieren zwei mögliche Zustände gemäß einer Einstellung des Kernspins parallel (↑, $m = +½$) bzw. antiparallel (↓, $m = -½$) zum äußeren Hauptfeld (◻ Abb. 21.1). Die Energie $E$ dieser Niveaus ergibt sich aus der klassischen Formel für einen magnetischen Dipol in einem homogenen Magnetfeld der Stärke $B_0$:

$$E = -\mu_z B_0 = -m\gamma\hbar B_0 \qquad (21.4)$$

Das magnetische Moment jedes Atomkerns rotiert in einer Präzessionsbewegung um die Richtung des Feldes $B_0$, deren Frequenz als **Larmor-Frequenz** $\omega_0$ bzw. $\nu_0$ bezeichnet wird. Sie entspricht der Resonanzfrequenz des Kerns und damit der Übergangsfrequenz zwischen den Energieniveaus:

$$\gamma\hbar B_0 = \Delta E = h\nu = \hbar\omega_0 \Rightarrow \omega_0 = \gamma B_0 \text{ mit } \omega_0 = 2\pi\nu_0 \quad (21.5)$$

Die Larmor-Frequenz ist abhängig vom gyromagnetischen Verhältnis $\gamma$ sowie von der Stärke des Feldes (◻ Abb. 21.2). Bei einer Magnetfeldstärke von 18,8 T (etwa 400.000–500.000-mal stärker als das Erdmagnetfeld) beträgt z. B. die Larmor-Frequenz für Protonen

800 MHz (5027 Mrad s$^{-1}$). Sie liegt also im Bereich von Radiowellen.

### 21.1.1.2 Besetzungszahlen und Gleichgewichtsmagnetisierung

Eine Probe, die in der NMR-Spektroskopie untersucht wird, enthält Moleküle in einem Konzentrationsbereich von Mikromol bis Mol pro Liter (für Proteine ca. 0,01–10 mM). Die Kernspins dieser Moleküle orientieren sich unabhängig voneinander parallel oder antiparallel zum externen Magnetfeld. Für Kerne mit dem Spin ½ ist das Besetzungsverhältnis der Momente (das heißt der Anzahl der Kerne $N_\downarrow$, die sich antiparallel zum Hauptfeld ausrichten, zu der Anzahl derer mit paralleler Orientierung $N_\uparrow$) durch die **Boltzmann-Verteilung** gegeben:

$$\frac{N_\downarrow}{N_\uparrow} = \exp\left(-\frac{\Delta E}{kT}\right) = \exp\left(\frac{\gamma\hbar B_0}{kT}\right) \qquad (21.6)$$

Dabei ist $k$ die Boltzmann-Konstante und $T$ die absolute Temperatur. Da der Energieunterschied der beiden Niveaus unterhalb der Größenordnung der thermischen Bewegung ($kT$) liegt, sind beide Niveaus nahezu gleich besetzt. Für Protonen ergibt sich z. B. bei einer Temperatur von 300 K und einem Magnetfeld von 18,8 T (800 MHz), dass der Überschuss im energieärmeren Niveau nur 1,3 von 10.000 Teilchen beträgt (das heißt $N_\downarrow = 0{,}99987 \cdot N_\uparrow$). Dies ist der Hauptgrund, warum die NMR-Spektroskopie verglichen mit anderen spektroskopischen Methoden (z. B. optischen Methoden) eine geringere Empfindlichkeit hat.

Selbst dieser winzige Unterschied genügt zur Bildung einer makroskopischen Gesamtmagnetisierung $M_0$, die sich aus der Aufsummierung der magnetischen Momente der einzelnen Kernspins ergibt. Die makroskopische Gesamtmagnetisierung $M_0$ für Spin-½-Teilchen ist näherungsweise gegeben durch:

$$M_0 = N\frac{\gamma^2\hbar^2 B_0 I(I+1)}{3kT} = N\frac{\gamma^2\hbar^2 B_0}{4kT} \text{ mit } I = \frac{1}{2} \quad (21.7)$$

Daraus ergibt sich, dass die Größe der Gleichgewichtsmagnetisierung abhängig von der Feldstärke $B_0$, der Anzahl der Spins $N$ sowie der Temperatur $T$ der Probe ist. Durch entsprechende Änderung dieser Größen kann man demnach eine Verstärkung des beobachtbaren Signals erreicht werden (dies ist einer der Gründe, weshalb Magnete mit immer größeren Feldstärken entwickelt werden). Die zeitliche Entwicklung dieser makroskopischen Magnetisierung wird im Spektrometer gemessen. Auch in der klassischen Theorie der NMR-Spektroskopie betrachtet man normalerweise die makroskopische Magnetisierung, da ihr Verhalten anschaulicher ist als das von einzelnen Spins.

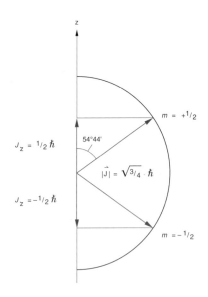

◻ **Abb. 21.1** Richtungsquantelung des Kerndrehimpulses $J$ im homogenen Magnetfeld für Kerne mit $I = ½$. Das Magnetfeld ist entlang der z-Achse ausgerichtet. Da $J_z = ½ \ \hbar$ und $|\vec{J}| = \frac{\sqrt{3}}{2}\hbar$, nimmt $\vec{J}$ einen Winkel von 54° 44′ (= arccos ($J_z/|J|$) mit der z-Achse ein

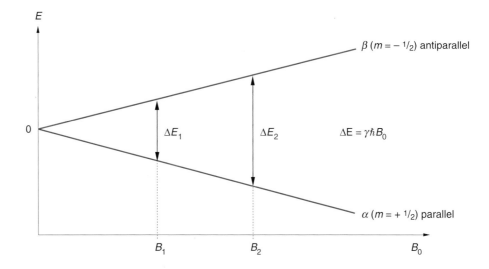

□ **Abb. 21.2** Der Energieunterschied $\Delta E$ der beiden Energieniveaus eines Kernspins $I = \frac{1}{2}$ ist direkt proportional zum Magnetfeld $B_0$

Im Gleichgewicht existiert nur eine Magnetisierung $M_0$ entlang der Achse des Hauptfeldes (definitionsgemäß die z-Richtung, das heißt $M_z = M_0$). Die als transversal bezeichneten x- und y-Komponenten der magnetischen Momente weisen keine Vorzugsrichtung auf und addieren sich somit zu null ($M_x = M_y = 0$) (□ Abb. 21.3).

### 21.1.1.3 Die Bloch-Gleichungen

In der mathematischen Formulierung wird die zeitliche Änderung der makroskopischen Magnetisierung durch die **Bloch-Gleichung** beschrieben:

$$\frac{d\vec{M}}{dt} = \gamma \left( \vec{M} \times \vec{B}_{\mathrm{eff}} \right), \vec{B}_{\mathrm{eff}} = \underbrace{\left( \vec{B}_0 + \frac{\omega_0}{\gamma} \right)}_{0} + \vec{B}_1 = \vec{B}_1 \quad (21.8)$$

Die zeitliche Änderung des Magnetisierungsvektors ergibt sich aus der Wechselwirkung der Magnetisierung $M$ mit dem effektiv anliegenden Magnetfeld $B_{\mathrm{eff}}$. Um die mathematische Behandlung der NMR-Spektroskopie zu vereinfachen, wird ein rotierendes Koordinatensystem eingeführt, das mit der Larmor-Frequenz der Kerne ($\omega_0 = \gamma B_0$) um die z-Achse rotiert. In diesem Koordinatensystem erscheinen alle mit der Larmor-Frequenz rotierenden Kernspins unbewegt. Dieses Konzept sollte uns sehr vertraut sein, da wir alle in einem rotierenden Koordinatensystem leben – der Erde. Ein Mensch, der auf dem Erdäquator „steht", bewegt sich für einen Beobachter im Weltall mit einer Geschwindigkeit von rund 1700 km h$^{-1}$. Nehmen wir an, dass dieser Mensch auf der Erde einen Ball „senkrecht" nach oben wirft und dann nach unten fallen sieht. Für ihn oder sie bewegt sich der Ball auf einer einfachen geraden, senkrechten Bahn, jedoch für unseren Beobachter im Weltall würde

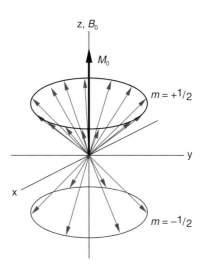

□ **Abb. 21.3** Darstellung der makroskopischen z-Magnetisierung im thermodynamischen Gleichgewicht. Die z-Komponenten der magnetischen Momente der einzelnen Spins summieren sich zum makroskopischen Magnetisierungsvektor $M_0$ (fettgedruckter Pfeil) auf. Da $N_\downarrow < N_\uparrow$ ist, zeigt der Vektor zur +z-Achse. Die x- und y-Komponenten sind gleichmäßig auf der Oberfläche des Doppelpräzessionskegels verteilt und ergeben keine makroskopische Magnetisierung

sich dieser Ball dagegen auf einer kompliziert zu beschreibenden Kurve bewegen.

Im rotierenden Koordinatensystem fällt für Kerne mit der Larmor-Frequenz $\omega_0$ der Beitrag des statischen Magnetfeldes $B_0$ zu $B_{\mathrm{eff}}$ weg. Das bedeutet, solange nur das Hauptfeld $B_0$ anliegt, wird $B_{\mathrm{eff}}$ gleich null und der Magnetisierungsvektor wird zeitunabhängig. Wenn man nun ein weiteres Feld $B_1$ senkrecht zum Hauptfeld $B_0$ anlegt, dann ist $B_{\mathrm{eff}} = B_1$. Der Magnetisierungsvektor präzediert nun um die Achse des $B_1$-Feldes, sofern die Frequenz des angelegten Feldes der Larmor-Frequenz

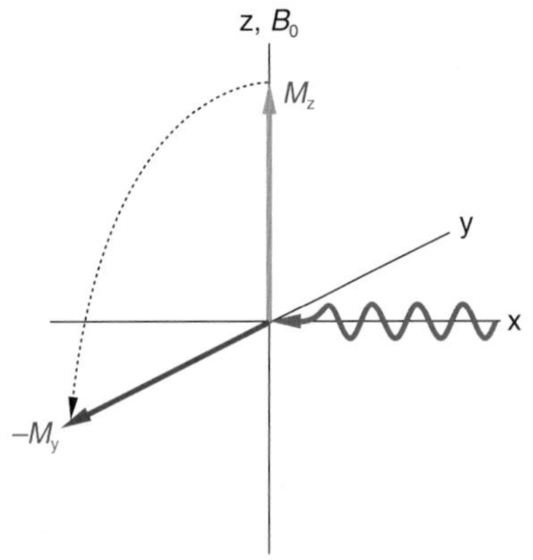

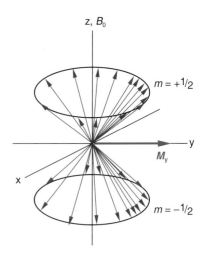

**Abb. 21.4** Wirkung eines 90°-Pulses auf z-Magnetisierung: Der aus der x-Richtung kommende Puls (fettgedruckter, wellenförmiger Pfeil) dreht die Gleichgewichts-(z-)Magnetisierung (rot) entgegen dem Uhrzeigersinn um 90° um die x-Achse und erzeugt (–y)-Magnetisierung (-My)

der Kerne entspricht ($\omega_{rf} = \omega_0$, sog. resonanter Fall). Das $B_1$-Feld bewirkt eine Rotation des Magnetisierungsvektor $M_z$ aus der Gleichgewichtsposition in die transversale Ebene (Kreuzprodukt). Das $B_1$-Feld ist physikalisch nichts anderes als ein kurzer Radiowellenpuls, der auf die Probe eingestrahlt wird. Dieser Anregungspuls oder 90°-Puls wandelt z-Magnetisierung vollständig in y-Magnetisierung um, wenn das $B_1$-Feld entlang der x-Achse von geeigneter Stärke und Dauer ist ( Abb. 21.4).

Die Entstehung der y-Magnetisierung nach einem 90°-Puls kann man im Bild der einzelnen Kernspins folgendermaßen verstehen: Die beiden Energieniveaus sind gleich besetzt (da $M_z = 0$ ist). Außerdem sind die Magnetisierungsdipole der einzelnen Kernspins nicht mehr statistisch gleichmäßig um die z-Achse verteilt, sondern ein kleiner Teil von ihnen präzediert gebündelt in Phase um die z-Achse. Dieser Zustand der Phasenkohärenz führt zur makroskopischen y-Magnetisierung ( Abb. 21.5).

### 21.1.1.4 Relaxation

Die obige Form der Bloch-Gleichung ist nicht vollständig, da sie eine unendlich lange andauernde Präzession des Magnetisierungsvektors einer einmalig angeregten Probe vorhersagt. Tatsächlich entspricht die transversale Magnetisierung nach dem 90°-Puls jedoch einem Nichtgleichgewichtszustand, aus dem das System nach kurzer Zeit wieder ins thermodynamische Gleichgewicht zurückgelangt. Bloch führte daher in die Gleichung phänomenologisch zwei verschiedene Relaxationszeitkonstanten ($T_1$, $T_2$) ein. Unter der Annahme, dass die betreffenden Relaxationsprozesse nach einem Geschwindigkeitsgesetz 1. Ordnung ablaufen, lauten die Bloch-Gleichungen dann:

**Abb. 21.5** Veranschaulichung von transversaler Magnetisierung: Die identische Anzahl von Kernspins (rote Pfeile) in beiden Energieniveaus zeigt an, dass sie gleichbesetzt sind. Einige Kernspins präzedieren gebündelt in Phase um die Feldrichtung $B_0$. Ihre magnetischen Momente summieren sich zur makroskopischen $M_y$-Magnetisierung (fettgedruckt) auf

$$\frac{dM_{x,y}}{dt} = \gamma \left( M \times B \right)_{x,y} - \frac{M_{x,y}}{T_2} \tag{21.9}$$

$$\frac{dM_z}{dt} = \gamma \left( M \times B \right)_z + \frac{M_0 - M_z}{T_1} \tag{21.10}$$

Die Gleichungen zeigen, dass durch Relaxation die transversalen Komponenten ($M_x$, $M_y$) ihrem Gleichgewichtswert von null entgegen gehen, wohingegen die longitudinale Magnetisierung $M_z$ dem Gleichgewichtswert $M_0$ entgegen strebt. Die $T_1$-Relaxationszeitkonstanten für Protonen liegen für die hochauflösende NMR-Spektroskopie etwa im Bereich von einer bis mehreren Sekunden. Für kleine Moleküle ist $T_2$ ähnlich $T_1$, jedoch für große Moleküle wie Proteine ist $T_2$ viel kleiner als $T_1$. Daraus ergibt sich die bekannte Größenbeschränkung der NMR-Spektroskopie, da die verstärkte $T_2$-Relaxation in Proteinen mit hohem Molekulargewicht die Auflösung sowie die Empfindlichkeit der Spektren beeinträchtigt (▶ Abschn. 21.1.2). Während des 90°-Pulses, und möglicherweise weiterer Radiofrequenzpulse, vernachlässigt man oftmals Relaxationseffekte, da die Relaxationszeiten lang im Vergleich zu den üblicherweise angewandten Pulsdauern (10–50 μs) sind.

Die Ursachen der Relaxation sind verschiedene zeitabhängige Wechselwirkungen (wie z. B. die dipolare Kopplung) zwischen den Spins und ihrer Umgebung

$(T_1)$ bzw. den Spins untereinander $(T_2)$. Daher wird $T_1$ historisch auch als **Spin-Gitter-** und $T_2$ als **Spin-Spin-Relaxationszeitkonstante** bezeichnet. Die Relaxationszeitkonstanten hängen von verschiedenen Faktoren wie der Larmor-Frequenz, d. h. der Magnetfeldstärke, und der molekularen Beweglichkeit des Moleküls in Lösung ab. Letztere wird durch die sog. Rotationskorrelationszeit $\tau_c$ des Moleküls charakterisiert. Auf die Messung der Relaxationszeiten wird später bei der Betrachtung der Dynamik von Proteinen (▶ Abschn. 21.1.7) genauer eingegangen.

### 21.1.1.5 Gepulste Fourier-Transformationsspektroskopie

Moderne NMR-Spektrometer verwenden die Methode der gepulsten Fourier-Transformation-NMR-(FT-NMR-)Spektroskopie. Diese Methode ersetzte ältere Verfahren (z. B. die *Continuous-wave*-NMR-Spektroskopie), da die FT-NMR-Spektroskopie die Sensitivität und spektrale Auflösung deutlich verbessert und zudem die Entwicklung mehrdimensionaler NMR-Methoden ermöglichte (▶ Abschn. 21.1.3 und 21.1.4). Bei der gepulsten FT-NMR-Spektroskopie werden alle Kerne gleichzeitig durch einen Radiofrequenzpuls angeregt. Der Radiowellensender arbeitet auf einer festen Frequenz $\nu_0$ und würde daher nur Kerne mit dieser Larmor-Frequenz (resonanter Fall!) anregen. Jedoch ist die Frequenzbandbreite (und damit die Energie der Strahlung) umgekehrt proportional zur Pulsdauer. Wird die Radiostrahlung also nur sehr kurz in Form eines Pulses (mit einer Dauer von einigen Mikrosekunden) eingestrahlt, wird die Frequenz dieses Pulses „unscharf ", d. h. er enthält in einem breiten Anregungsband um $\nu_0$ viele Frequenzen und regt somit die Resonanzen aller Kernspins in einer Probe auf einmal an.

Streng genommen hängt der Drehwinkel, durch den der Puls die Gesamtmagnetisierung rotiert, vom Abstand (engl. *offset*) der Larmor-Frequenzen von der Senderfrequenz ab. Für nichtresonante Kerne (mit großem Abstand zur Senderfrequenz) ist das effektiv anliegende Magnetfeld $B_{eff}$ nicht kolinear mit dem $B_1$-Feld wie im resonanten Fall. Folglich nimmt der Drehwinkel für nichtresonante Kerne mit zunehmenden Abstand zur Senderfrequenz ab. Die Projektion der transversalen Magnetisierung auf die y-Achse hängt aber vom Sinus des Drehwinkels ab. So ist z. B. selbst für einen Drehwinkel von 80° für nichtresonante Kerne die Projektion 98,5 % des für den on-resonanten Fall erwarteten Wertes, ein weiterhin guter Wert für die NMR-Spektroskopie.

Nach dem Anregungspuls präzedieren die verschiedenen Kerne mit ihren unterschiedlichen Larmor-Frequenzen um die z-Achse. Entsprechend den Maxwell-Gleichungen erzeugt das rotierende magnetische Moment ein wechselndes magnetisches Feld, das einen Strom in einer Spule induziert. Eine empfindliche Empfängerspule im NMR-Spektrometer misst diesen kleinen, oszillierenden Strom. Durch $T_2$-Relaxation nimmt der induzierte Strom über die Zeit ab, weshalb die gesammelten Daten als FID (*Free Induction Decay*, freier Induktionszerfall) bezeichnet werden. Weil der Strom zeitabhängig detektiert wird (und nicht frequenzabhängig), ist das emittierte Signal eine Überlagerung aller Frequenzen, die während des Pulses angeregt wurden. Die mathematische Operation der Fourier-Transformation übersetzt die Zeitdaten in die Frequenzdomäne oder das Spektrum.

In Analogie zu anderen spektroskopischen Methoden könnte man sich das Resonanzphänomen auch anders vorstellen. Im resonanten Fall absorbieren Kerne Radiowellen, wenn die Frequenz der Radiopulse mit den Larmor-Frequenzen der Atomkerne übereinstimmt. Nach dem Puls emittieren alle angeregten Kerne gleichzeitig die absorbierte Radiostrahlung, die anschließend detektiert wird. Daher vergleicht man die gepulste Fourier-Transformationsmethode oft mit dem Stimmen einer Glocke. Im Prinzip könnte man die individuellen Töne, die den Klang einer Glocke ausmachen, nach Art des Continuous-Wave-Experimentes bestimmen. Die Glocke wird schrittweise über einen Lautsprecher mit allen Schallfrequenzen von den tiefsten Tönen bis hin zum Ultraschall angeregt, und das Verhalten der Glocke wird mit einem Mikrophon gemessen. Diese Prozedur ist äußerst umständlich, und jeder Glockengießer kennt einen schnelleren Weg: Man nimmt einfach einen Hammer und schlägt zu! Der Klang der Glocke enthält alle Töne auf einmal, und jeder Mensch kann den Klang mit ihrem oder seinem Ohr (ein genial aufgebautes biologisches Werkzeug zur Fourier-Transformation) analysieren. Es sei noch einmal darauf hingewiesen, dass auf modernen NMR-Spektrometern jedoch keine frequenzabhängige Messung erfolgt.

### 21.1.2 Eindimensionale NMR-Spektroskopie

#### 21.1.2.1 Das 1D-Experiment

Mit diesen theoretischen Grundlagen sind wir nun in der Lage, die einfachste Form der NMR-Spektroskopie zu verstehen: das eindimensionale (1D-)NMR-Experiment (◻ Abb. 21.6). Jedes 1D-NMR-Experiment besteht aus den zwei Abschnitten **Präparation** und **Detektion**. Während der Präparation wird das Spinsystem in einen defi-

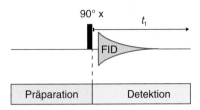

**◘ Abb. 21.6** Schematische Darstellung der Pulssequenz eines eindimensionalen (1D-)NMR-Experiments. Ein 1D-Experiment besteht aus den beiden Abschnitten Präparation und Detektion. Im
einfachsten Fall ist die Präparation ein einzelner 90°-Puls, hier dargestellt durch einen schwarzen Balken. Direkt anschließend wird
während der Detektion die Antwort des Spinsystems (FID) auf diesen Puls registriert

nierten Zustand gebracht. Die „Antwort" hierauf wird
während der Detektionszeit registriert.

Die Präparation des Spinsystems besteht im einfachsten Fall aus einem kurzen ($\approx 10$ µs) Anregungspuls,
der aufgrund seiner hohen Radiofrequenzleistung die
longitudinale Magnetisierung um 90° dreht und somit
transversale Magnetisierung erzeugt (vgl. ◘ Abb. 21.4).
Der anschließende FID wird während der Detektionszeit registriert und abgespeichert. Das Experiment kann
nach einer Wartezeit (dem *Recovery Delay*), in der die
Magnetisierung durch $T_1$-Relaxation wieder zu ihrem
Gleichgewichtswert zurückkehrt, beliebig oft wiederholt
werden. Die einzelnen Daten werden anschließend aufaddiert, um das Signal-Rausch-Verhältnis der Messung
zu erhöhen. Durch Multiplikation der FID-Daten mit
einer Fensterfunktion kann entweder die Empfindlichkeit oder die Auflösung des Spektrums betont werden.
Außerdem werden dadurch Artefakte bei der nachfolgenden Fourier-Transformation, die aus dem FID (Zeitdomäne) das Spektrum (Frequenzdomäne) erzeugt, vermieden.

### 21.1.2.2 Spektrale Parameter

Wir werden nachfolgend die verschiedenen spektralen
Parameter (chemische Verschiebung, skalare Kopplung
und Linienbreite) anhand des einfachen 1D-NMR-
Spektrums von Ethanol erläutern (◘ Abb. 21.7). Es besteht aus drei Signalen (oder Peaks), die von den Me-
thylprotonen ($CH_3$), den Methylenprotonen ($CH_2$) und
dem Hydroxylproton (OH) stammen. Da die Protonen
der $CH_3$-Gruppe sowie die der $CH_2$-Gruppe untereinander jeweils äquivalent sind, zeigen sie nur je ein Signal.
Diese beiden Peaks erscheinen als sog. Multipletts, da
ihre Signale durch skalare Kopplung in mehrere Linien
aufgespalten sind. Das Integral über das jeweilige Multiplett ergibt die Anzahl der Protonen, die dieses Signal
verursachen. Man erhält für Ethanol ein Verhältnis der
Integrale von 3:2:1, entsprechend der Anzahl der zum
jeweiligen Signal beitragenden Protonen.

■ **Chemische Verschiebung**

In einem Molekül erzeugen die den Kern umgebenden
Elektronen ihrerseits ein schwaches Magnetfeld und
schirmen den Kern geringfügig vom Hauptfeld ab. Diese
Abschirmung hängt von der spezifischen chemischen
Umgebung (d. h. der Struktur des Moleküls) ab und beeinflusst die Larmor-Frequenzen der Atomkerne. Dieser
Effekt wird als chemische Verschiebung bezeichnet und
ist einer der grundlegenden Parameter der NMR-Spektroskopie, da durch ihn die verschiedenen Positionen der
einzelnen Signale in einem NMR-Spektrum bestimmt
werden. Der Wert der chemischen Verschiebung δ eines
Signals in ppm (*parts per million*) ist wie folgt definiert:

$$\delta = \frac{\omega_{\text{Signal}} - \omega_{\text{Referenz}}}{\omega_{\text{Referenz}}} \cdot 10^6 \text{ ppm} \qquad (21.11)$$

Die Frequenzen werden in ppm statt in Hertz angegeben, da erstere Einheit unabhängig von der Magnetfeld-
stärke ist. Die übliche Standardfrequenz $\omega_{\text{Referenz}}$, auf die
die chemische Verschiebung bezogen wird, ist das Signal
der Methylgruppen von Tetramethylsilan (TMS), dessen
chemische Verschiebung als 0 ppm definiert wird. Für
wässrige Lösungen von Proteinen und Nucleinsäuren ist
das Methylsignal von 2,2-Dimethyl-2-silapentan-5-
sulfonsäure (DSS) oder Trimethylsilyl-propansulfonsäure
(TSP) der bevorzugte Standard.

Nach allgemeiner Konvention wird die chemische
Verschiebung auf der Abszisse eines NMR-Spektrums
von rechts nach links aufgetragen. Man trifft häufig
noch auf Ausdrücke wie z. B. „ein Signal erscheint bei
hohem Feld" (bei niedrigen ppm-Werten) oder „Tief-
feldverschiebung" (Verschiebung eines Signals zu höheren ppm-Werten). Diese „historischen" Ausdrücke
stammen noch aus Zeiten, als NMR-Spektren bei konstanter Senderfrequenz durch Variation des Magnetfeldes aufgenommen wurden (*Continuous-Wave*-Me-
thode).

Die Position eines Signals im Spektrum liefert wesentliche Informationen über Herkunft des jeweiligen
Signals. Viele chemische und funktionelle Gruppen weisen unterschiedliche chemische Verschiebungen auf
(◘ Abb. 21.8), z. B. unterscheidet sich die chemische
Verschiebung der Hydroxylgruppe in Ethanol von der
der Methylgruppe (◘ Abb. 21.7). In Proteinen kann
man so die Signale von $H^N$-, $H^\alpha$-, Aromaten- und Ali-
phatenprotonen alleine an ihrer chemischen Verschiebung unterscheiden. Zusätzlich enthält die chemische
Verschiebung einiger Resonanzen in Proteinen Informationen über die Sekundärstruktur des Proteins, die in
den frühen Stadien der Strukturaufklärung wertvoll
sind (▶ Abschn. 21.1.6).

**21**

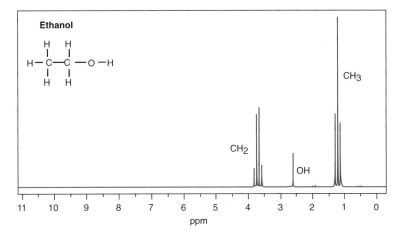

**Abb. 21.7** Eindimensionales ¹H-NMR-Spektrum von Ethanol. Das Signal der CH₂-Gruppe ist in vier Linien mit einem Intensitätsverhältnis 1:3:3:1 aufgespalten (Quartett), das der CH₃-Gruppe in drei Linien mit Intensitäten 3:6:3 (Triplett). Man erhält ein Verhältnis der Intensitäten (= Integrale der Signale) von CH₂- und CH₃-Signalen von 2:3 entsprechend der Anzahl an Wasserstoffatomen. Das Hydroxylproton tauscht schnell mit den Hydroxylprotonen anderer Ethanolmoleküle aus. Sein Signal bei 2,6 ppm ist daher deutlich breiter als das der anderen Protonen. Außerdem wird es aus demselben Grund nicht durch Kopplung mit der CH₂-Gruppe aufgespalten und trägt auch nicht zur weiteren Aufspaltung des Signals der CH₂-Protonen bei

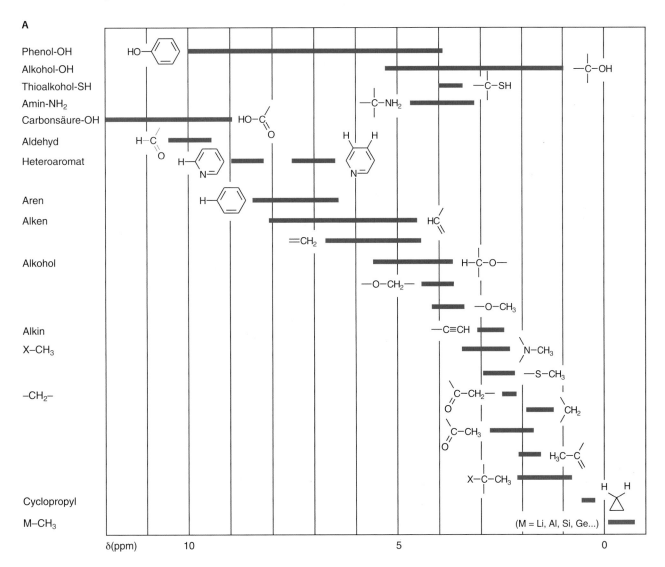

**Abb. 21.8** **A** Typische Werte der ¹H-chemischen Verschiebung für verschiedene chemische Gruppen. (Nach Bruker 1993). **B** Typische Werte der chemischen Verschiebung für die Protonensignale der einzelnen Aminosäuren in Proteinen. (Nach Wishart et al. 1991)

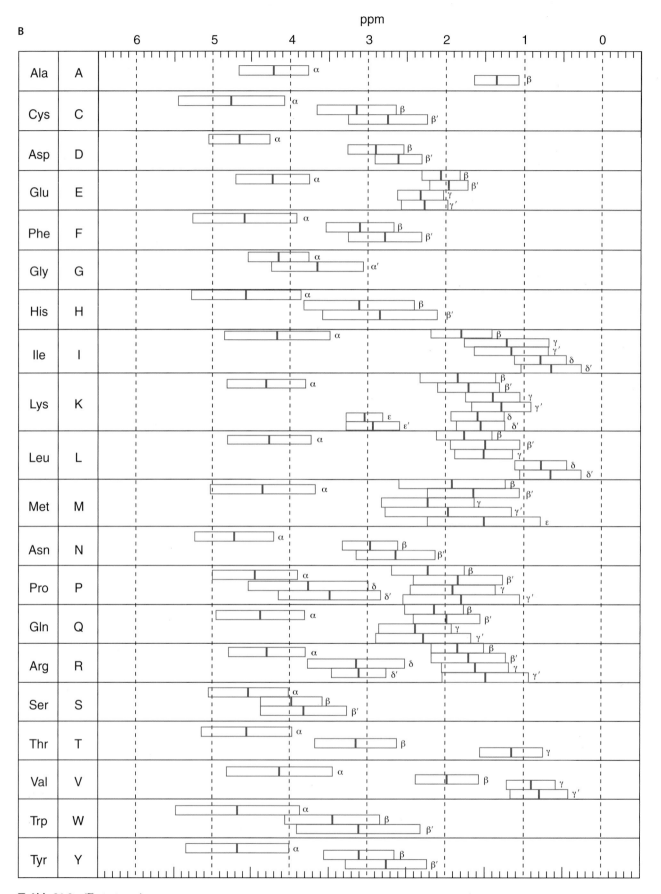

**◘ Abb. 21.8** (Fortsetzung)

■ Skalare Kopplung

Die Signale der $CH_2$- und der $CH_3$-Gruppe im 1D-Spektrum von Ethanol (◘ Abb. 21.7) sind zu Multipletts aufgespalten. Diese Signalaufspaltung kommt durch die skalare Kopplung (oder auch indirekte Kopplung) zwischen den Protonen zustande, die durch die Elektronen der Atombindungen zwischen den Kernen vermittelt wird. Neben dem Kern-Overhauser-Effekt (NOE) ist die skalare Kopplung der wichtigste Mechanismus in der mehrdimensionalen NMR-Spektroskopie (► Abschn. 21.1.3), mit dem Magnetisierung zwischen den Kernen übertragen wird.

Die Aufspaltung der Linien erfolgt aufgrund der unterschiedlichen Ausrichtung eines Spins ½ zum externen magnetischen Feld. Jedes der beiden Protonen der $CH_2$-Gruppe kann sich parallel oder antiparallel zum äußeren Magnetfeld einstellen, was zwei verschiedenen magnetischen Quantenzahlen m entspricht. Die Protonen der $CH_3$-Gruppe, die mit den Protonen der $CH_2$-Gruppe skalar gekoppelt sind, „spüren" vier verschiedene Einstellmöglichkeiten der beiden Spins (↑↑, ↑↓, ↓↑ und ↓↓). Die Einstellungen ↑↑ und ↓↓ führen zu leichten Verstärkungen bzw. Abschwächungen des äußeren Magnetfeldes, wodurch sich die Resonanzfrequenz der $CH_3$-Gruppe verschiebt. Es ergeben sich zwei Linien, die symmetrisch links und rechts von der eigentlichen Resonanzfrequenz der $CH_3$-Protonen liegen. Die Einstellungen ↑↓ und ↓↑ sind äquivalent, außerdem kompensieren sich Verstärkung und Abschwächung des Hauptfeldes hierin, sodass eine nichtverschobene Linie mit doppelter Höhe resultiert. Das Aufspaltungsmuster dieser Gruppe wird als **Triplett** bezeichnet.

Wenn zwei Kerne mit den Spinquantenzahlen $I$ und $S$ miteinander koppeln, dann ist die Resonanz von $I$ in $2S+1$ Linien aufgespalten und das Signal von $S$ in $2I+1$ Linien. Wenn der Kopplungspartner von $S$ mehrere identische $I$-Kerne sind, dann spaltet die $S$-Resonanz in $2nI+1$ Linien auf, wobei n die Anzahl der identischen Kopplungspartner ist (und entsprechend umgekehrt).

Die Intensität dieser Linien bestimmt sich aus der Anzahl an individuellen Spinkombinationen, die einem bestimmten Wert des Gesamtspins entsprechen, und folgt daher einer Binomialverteilung, die im Pascal'schen Dreieck veranschaulicht werden kann. In Ethanol koppeln zwei $CH_2$-Protonen (zwei $I$-Kerne) mit drei $CH_3$-Protonen (drei $S$-Kerne). Daher ist das Signal der Methylgruppe in $2 \cdot 2 \cdot \frac{1}{2} + 1 = 3$ Linien (**Triplett**) und das der Methylengruppe in $2 \cdot 3 \cdot \frac{1}{2} + 1 = 4$ Linien (**Quartett**) aufgespalten. Die Linien des Tripletts haben eine Intensität von 1:2:1, die des Quartetts von 1:3:3:1 (◘ Abb. 21.9).

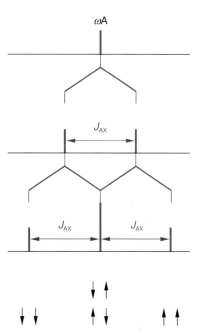

**◘ Abb. 21.9** Entstehung eines Tripletts durch Aufspaltung des Resonanzsignals des A-Kernes in einem AX₂-Spinsystem (ein Kern A koppelt mit zwei identischen Kernen X). Jeder der beiden X-Kerne kann sich parallel oder antiparallel zum äußeren Magnetfeld einstellen. Damit sind insgesamt vier Einstellungen möglich. Eine parallele Einstellung führt zu einer Verstärkung, eine antiparallele Einstellung zu einer Abschwächung des äußeren Magnetfelds. Daher ist die Linie der ↑↑-Einstellung hochfeldverschoben und die der ↓↓-Einstellung tieffeldverschoben. Die Einstellungen ↑↓ und ↓↑ sind nicht unterscheidbar und erscheinen bei der ursprünglichen Resonanzfrequenz. Die einzelnen Linien des Tripletts haben die Intensitäten 1:2:1

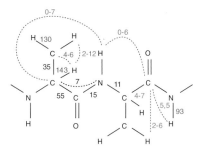

**◘ Abb. 21.10** Typische Werte verschiedener Kopplungskonstanten (in Hz) im Proteinrückgrat. Es sind nur Kopplungskonstanten berücksichtigt, die größer als etwa 4 Hz sind. Die C–C- C–H, N–H oder C–N- Kopplungskonstanten sind schwarz markiert. Gestrichelte Linien verbinden die zugehörigen Atome für indirekte C–N- (schwarz), C–H- oder H–H-Kopplungen (rot). (Nach Bystrov 1976)

Die Distanz der Linien (in Hz) in einem Multiplett entspricht der **Kopplungskonstante** $J$. Sie ist von der verwendeten Magnetfeldstärke unabhängig. In der Regel sind nur Kopplungen über eine Bindung ($^1J$), zwei Bindungen ($^2J$, geminale Kopplung) und drei Bindungen ($^3J$, vicinale Kopplung) zu beobachten (◘ Abb. 21.10). Ein wichtiger Aspekt von vicinalen Kopplungskonstanten ist, dass ihre Stärke vom Torsionswinkel zwischen den beiden Protonen abhängt. Diese Abhängigkeit wird durch die semiempirische **Karplus-Beziehung** beschrieben (◘ Abb. 21.11):

$$J(\phi) = A\cos^2(\phi-60) - B\cos(\phi-60) + C \qquad (21.12)$$

wobei $A$, $B$ und $C$ empirisch bestimmte Konstanten darstellen, die für jeden Typ von Torsionswinkel (z. B. $\phi$-, $\Psi$- und $\chi$-Winkel in Proteinen) verschieden sind. In der Proteinstrukturbestimmung nutzt man die in der $^3J(H^N\text{-}H^\alpha)$-Kopplungskonstante enthaltende Information über die Molekülgeometrie, um den Torsionswinkel $\phi$ des Proteinrückgrats ($H^N$-N-$C^\alpha$-$H^\alpha$) einzugrenzen.

■ Linienbreite

Die Linienbreiten von NMR-Signalen liefern direkte Informationen über die Lebensdauer der zugehörigen Resonanzen. Je länger die Lebensdauer einer Resonanz ist, desto schmäler ist die Linienbreite des Signals (und umgekehrt für kurze Lebensdauern). Die Lebensdauer einer Resonanz wird maßgeblich durch $T_2$-Relaxation und chemische Austauschprozesse bestimmt. Wie schon weiter oben erwähnt, führen die kurzen $T_2$-Relaxationzeitkonstanten von großen Molekülen (Proteine >50 kDa) zu Linienverbreiterungen und damit zu Signalen/Peaks von geringer Intensität. Zudem verringert chemischer Austausch bei De- und Reprotonierungen die Lebensdauer einer Protonenresonanz. So tauscht das Hydroxylproton von Ethanol (◘ Abb. 21.7) z. B. mit anderen Protonen des Lösungsmittels (in diesem Fall andere Ethanolmoleküle) aus und besitzt daher eine breitere Linie.

### 21.1.3 Zweidimensionale NMR-Spektroskopie

#### 21.1.3.1 Aufbau eines 2D-Spektrums

Die Interpretation eines 1D-Spektrums wird für komplexere Moleküle aufgrund der Überlagerung verschiedener Signale zunehmend schwierig (◘ Abb. 21.12). Die Überlagerungen können jedoch durch die Einführung weiterer spektraler Dimensionen aufgelöst werden. Dies soll am Beispiel eines 2D-Experiments verdeutlicht werden (◘ Abb. 21.13). Zu den von der 1D-Aufnahme bekannten Bausteinen Präparation und Datenakquisition kommen zwei neue Bausteine hinzu: eine indirekte Evolutionszeit $t_1$ sowie eine Mischsequenz (die aus Pulsen und Wartezeiten bestehen kann).

Nach der Präparation präzedieren die Spins frei während einer festen Zeit $t_1$. In dieser Zeit wird die Magnetisierung mit der chemischen Verschiebung des ersten Kernes „markiert". Durch die Mischsequenz wird anschließend der Zustand der Magnetisierung am Ende von $t_1$ abgefragt und zudem Magnetisierung vom ersten Kern auf einen anderen übertragen. Die Mischsequenzen nutzen im Wesentlichen zwei verschiedene Mechanismen zum Transfer der Magnetisierung: die skalare Kopplung oder die dipolare Wechselwirkung (► Abschn. 21.1.3). Die Mischsequenz kann entweder nur aus einem einzigen Puls bestehen, wie im Fall des COSY-Experiments, oder aus mehreren Pulsen und Wartezeiten für komplexere Experimente. Die Datenakquisition ($t_2$-Zeit, auch direkte Evolutionszeit genannt), in der die Magnetisierung mit der chemischen Verschiebung des zweiten Kerns „markiert" wird, schließt das Experiment ab.

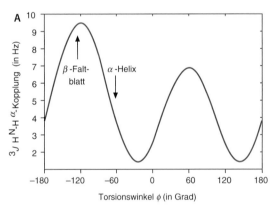

Karplus-Beziehung: $J(\phi) = 8{,}0\cos^2(\phi-60) - 1{,}3\cos(\phi-60) + 0{,}6$

◘ **Abb. 21.11** Zusammenhang zwischen der $^3J(H^N\text{-}H^\alpha)$ Kopplungskonstante und dem $\phi$-Winkel (Karplus-Beziehung). **A** In dieser Darstellung ist der Torsionswinkel zwischen $CO_i$ und $CO_{i-1}$ gegen die Kopplungskonstante $^3J(H^N\text{-}H^\alpha)$ aufgetragen. An der Kurve kann man erkennen, dass für eine gegebene Kopplungskonstante mindestens zwei Winkel existieren. Pfeile markieren typische Werte für $^3J(H^N\text{-}H^\alpha)$-Kopplungskonstanten, wie man sie in den regulären Sekundärstrukturen $\alpha$-Helix und $\beta$-Faltblatt misst. **B** Der Index $i$ in der rechts abgebildeten Newman-Projektion der Peptidbindung entlang der $C^\alpha$-N-Achse bezeichnet jeweils die Stellung der Aminosäuren zueinander in der Sequenz. (Koeffizienten der Karplus-Beziehung aus Vögeli et al. 2007)

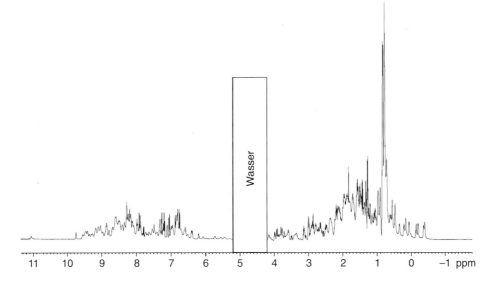

**Abb. 21.12**  1D-1H-NMR-Spektrum eines 14 kDa β-Faltblatt-Proteins mit Immunglobulin-Faltung bei 30°C. Die charakteristische chemische Verschiebung für jeden Protonentyp erleichtert ihre Erkennung in den verschieden spektralen Bereichen. Ganz links bei etwa 11 ppm erscheinen die Resonanzen der Tryptophanindolprotonen. Die Signale von 10–6 ppm stammen von den Amidprotonen des Proteinrückgrats und den Seitenketten von Asn und Gln. Zwischen 7,5 und 6,5 ppm liegen die Aromatenprotonen, gefolgt von den Signalen der Hα-Protonen zwischen 5,5 und 3,5 ppm. Rechts davon (< 3,5 ppm) liegen die Signale der aliphatischen Seitenketten sowie die sehr intensiven Signale der Methylgruppen (zwischen 2 und −0,5 ppm). Das Protein wurde in 9:1 $H_2O/D_2O$, pH 7,0 gelöst. Das Wassersignal wurde im Experiment unterdrückt und zusätzlich bei der Prozessierung minimiert

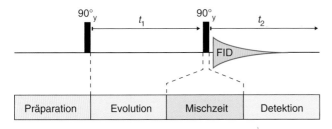

**Abb. 21.13**  Schematische Darstellung eines zweidimensionalen NMR-Experiments am Beispiel der COSY-Pulssequenz. Zur Präparation und Detektion kommen die beiden Phasen Evolution und Mischzeit hinzu. Während der Mischzeit werden die Korrelationen zwischen miteinander wechselwirkenden Spins hergestellt, im Falle des COSY-Experiments durch einen einzigen 90°-Puls. Während der Evolution und der Detektion entwickelt sich das System entlang der Zeiten $t_1$ bzw. $t_2$

Nach Fourier-Transformation in der $t_2$-Richtung erhält man somit ein gewöhnliches eindimensionales Spektrum, das eine Momentaufnahme bei gegebener Zeit $t_1$ darstellt. Nimmt man nun verschiedene Einzelexperimente auf, wobei jeweils nur die indirekte Zeit $t_1$ um einen festen Betrag $\Delta t_1$ erhöht wird ( Abb. 21.14a), so kann die zeitliche Entwicklung des Spinsystems während dieser indirekten Zeit durch die Abfolge der Momentaufnahmen analog zu einem Film dargestellt werden ( Abb. 21.14b,

c). Durch eine weitere Fourier-Transformation entlang der $t_1$-Richtung entsteht das endgültige 2D-Spektrum ( Abb. 21.14d, links). Es wird üblicherweise als Höhenliniendiagramm dargestellt ( Abb. 21.14d, rechts). Die Projektionen dieses 2D-Spektrums auf die beiden Frequenzachsen ergeben das übliche 1D-Spektrum.

Das Aussehen eines solchen 2D-Spektrums hängt davon ab, welche Frequenzen während $t_1$ und $t_2$ aufgenommen wurden. In einem heteronuclearen 2D-Spektrum werden zwei verschiedene Kernsorten in den beiden Frequenzrichtungen detektiert, wohingegen im homonuclearen Fall dieselbe Kernsorte in den beiden Frequenzrichtungen gemessen wird. Daher ist das homonucleare 2D-Spektrum symmetrisch mit einer Diagonale quer durch das Spektrum( Abb. 21.15). Alle weiteren Signale symmetrisch zu dieser Diagonalen werden Kreuzsignale genannt.

Die Diagonale entsteht durch Anteile der Magnetisierung, die sich nach der Mischzeit auf demselben Spin wie zuvor befinden (gleiche Frequenz $\omega_1$, $\omega_2$ in beiden Dimensionen), d. h. durch Anteile, die während beider Evolutionszeiten auf demselben Kern waren. Daher entspricht die Diagonale ebenfalls einem gewöhnlichen 1D-Spektrum. Im Gegensatz dazu verknüpfen Kreuzsignale die Signale von zwei Kernen, die

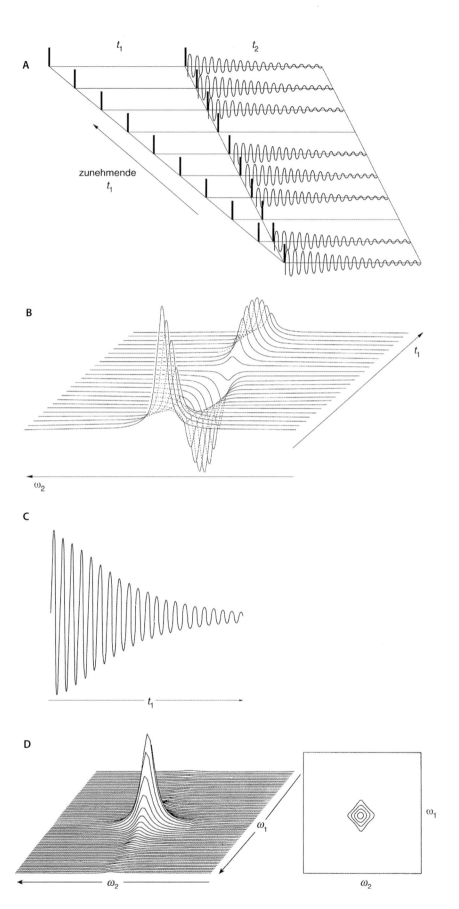

**◻ Abb. 21.14** Entstehung eines 2D-NMR-Spektrums durch zweidimensionale Fourier-Transformation aus den Messdaten. **A** Zwischen den aufeinander folgenden 1D-Experimenten eines 2D-Experiments wird jeweils die $t_1$-Zeit inkrementiert. Dadurch wird die indirekte Zeitdomäne schrittweise abgetastet. (Nach Cavanagh et al. 1996) **B** Nach Fourier-Transformation in $t_2$ entsteht eine Serie eindimensionaler Spektren, die in $t_1$ moduliert sind. **C** Schnitt durch die Daten aus B parallel zu $t_1$ durch die jeweiligen Maxima der Signale. Dies ist einfach ein FID in der indirekten Zeitdimension. **D** Nach Fourier-Transformation auch der indirekten Dimension ($t_1$) entsteht eine zweidimensionale Absorptionslinie, links in dreidimensionaler Darstellung, rechts in Aufsicht in der gebräuchlicheren Darstellung als Konturplot mit Höhenliniendiagramm. (B–D nach Derome 1989)

21

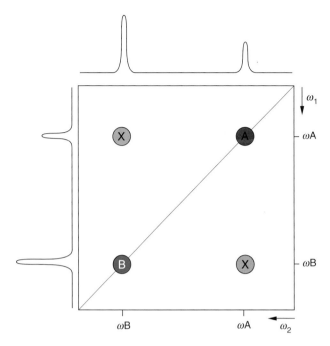

**○ Abb. 21.15** Schematische Darstellung eines homonuclearen 2D-NMR-Spektrums für zwei miteinander wechselwirkende Spins A und B. A bzw. B kennzeichnen die Diagonalsignale beider Spins, die in beiden Dimensionen jeweils bei derselben Frequenz erscheinen, X kennzeichnet die Kreuzsignale zwischen den Spins, die bei verschiedenen Frequenzen in jeder Dimension erscheinen. Die Kreuzsignale stammen vom Magnetisierungstransfer zwischen den beiden Spins A und B während der Mischzeit des Experimentes. Die Diagonalsignale stammen von Anteilen der Magnetisierung, die sich nach der Mischzeit auf demselben Spin wie zuvor befindet. Die Projektionen des Spektrums auf die beiden Achsen sowie die Diagonale entsprechen dem gewöhnlichen 1D-$^1$H-Spektrum

Magnetisierung während der Mischsequenz ausgetauscht haben (Kern A mit der Frequenz $\omega_A$ und Kern B mit der Frequenz $\omega_B$), d. h. sie zeigen eine Wechselwirkung dieser beiden Kerne miteinander an. Damit enthalten die Kreuzsignale die eigentlich wichtige Information eines 2D-Spektrums.

Für die NMR-Spektroskopie an Proteinen bis zu einem Molekulargewicht von etwa 10 kDa haben sich im Prinzip drei 2D-Experimente als wesentlich herauskristallisiert: 2D-COSY, 2D-TOCSY und 2D-NOESY (sowie das dem NOESY vergleichbare 2D-ROESY-Experiment). Das COSY- und das TOCSY-Experiment erlauben die Zuordnung der individuellen Protonenresonanzen zu den jeweiligen Aminosäuren im Protein, wohingegen das NOESY-Experiment die notwendigen Informationen (d. h. die Abstände zwischen den Protonen) zur Berechnung der dreidimensionalen Struktur liefert.

### 21.1.3.2 Das COSY-Spektrum

Im COSY-Experiment (*Correlation Spectroscopy*, Korrelationsspektroskopie) erfolgt der Magnetisierungstransfer durch skalare Kopplung. Nur für Protonen, die im Protein durch zwei ($^2J$) oder drei Bindungen ($^3J$) miteinander verknüpft sind, entstehen Kreuzsignale (○ Abb. 21.16). Protonen, die über $^4J$ und höhere Kopplungen verknüpft sind, führen zu keinem Kreuzsignal, da die Kopplungskonstanten für aliphatische Verbindungen nahezu null sind. Von besonderer Bedeutung für die Strukturaufklärung sind die $^3J(\mathrm{H^N}\text{-}\mathrm{H^\alpha})$-Kopplungskonstanten, aufgrund der über die Karplus-Beziehung beschriebenen Abhängigkeit der Kopplungskonstante vom Torsionswinkel $\phi$ des Proteinrückgrats (s. ○ Abb. 21.11).

### 21.1.3.3 Das TOCSY-Spektrum

Im TOCSY-Experiment (*Total Correlation Spectroscopy*, vollständige Korrelationsspektroskopie) wird die Magnetisierung durch einen mehrstufigen Transfer über skalare *J*-Kopplung auf das gesamte Spinsystem einer Aminosäure verteilt, d. h. das TOCSY-Experiment korreliert alle Protonen eines Spinsystems, also einer Aminosäure, miteinander. Daher erhält man im Spektrum für jede Aminosäure ein charakteristisches Signalmuster, das dem Spinsystem dieser Aminosäure entspricht. Anhand dieser Signalmuster lassen sich die Aminosäuren identifizieren. Sie bestehen aus mehreren parallel verlaufenden vertikalen Signalreihen, die die intraresidualen Wechselwirkungen der Protonenpaare $\mathrm{H^\alpha}_{(i)}$-$\mathrm{H^N}_{(i)}$, $\mathrm{H^\beta}_{(i)}$-$\mathrm{H^N}_{(i)}$, $\mathrm{H^\gamma}_{(i)}$-$\mathrm{H^N}_{(i)}$, $\mathrm{H^\delta}_{(i)}$-$\mathrm{H^N}_{(i)}$ usw. wiedergeben (○ Abb. 21.16). Es können jedoch nicht alle Aminosäuren durch ihr Signalmuster eindeutig identifiziert werden, da z. B. alle Aminosäuren mit einer $CH_2$-Gruppe als Seitenkettenspinsystem, wie Ser, Cys, Asp, Asn, His, Trp, Phe und Tyr, ähnliche Muster aufweisen.

### 21.1.3.4 Das NOESY-Spektrum

Für die Strukturbestimmung entscheidend ist das NOESY-Experiment (*Nuclear Overhauser and Exchange Spectroscopy*, Spektroskopie mit Nuclear-Overhauser-Effekt und Austausch), da es Abstandsinformationen zwischen einzelnen Kernspins liefert. Die Korrelationen werden durch dipolare Wechselwirkungen zwischen den Kernspins, den Nuclear-Overhauser-Effekt, hervorgerufen. Der NOE wirkt durch den Raum, und seine Stärke ist in erster Näherung proportional zu $1/r^6$, wobei $r$ der Abstand zwischen den beteiligten Kernen ist. Da die Korrelation zweier Protonen von ihrem räumlichen Abstand abhängig ist, beobachtet man einen Magnetisie-

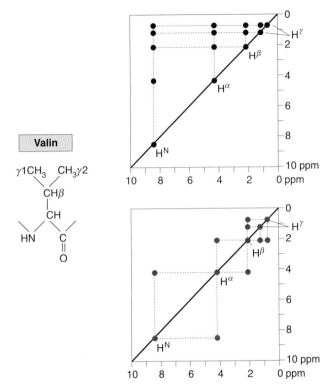

**■ Abb. 21.16** Typisches Signalmuster der Aminosäure Valin in einem 2D-TOCSY-Spektrum (schwarze Kreise, oberes Schema) und einem 2D-COSY-Spektrum (rote Kreise, unteres Schema). Die unterhalb der Diagonalen liegenden intraresidualen Signale des TOCSY-Spektrums sind aus Gründen der Übersichtlichkeit nicht eingezeichnet. Bei Überlagerung der beiden Spektren ist deutlich zu erkennen, dass die Signale des 2D-COSY-Spektrums auch im 2D-TOCSY-Spektrum vorhanden sind. Die Peaks im COSY-Spektrum stammen ausschließlich von Protonen, die drei Bindungen voneinander entfernt sind. Links ist die Strukturformel eines Valinrestes mit der in der NMR-Spektroskopie üblichen Benennung der Protonen gezeigt

rungsübertrag zwischen zwei Kernen in der Regel nur dann, wenn diese weniger als etwa 5 Å voneinander entfernt sind. Daher sieht man im NOESY-Spektrum (■ Abb. 21.17) zwischen allen Protonen ein Signal, deren Abstand klein genug ist. Das heißt, es sind auch Protonen miteinander korreliert, die in der Proteinsequenz weit voneinander entfernt sind, deren Abstand aber aufgrund der Tertiärstruktur kleiner als 5 Å ist.

### 21.1.3.5 Homonucleare 2D-NMR-Experimente von Proteinen: Grenzen der Anwendung

Bei NMR-spektroskopischen Untersuchungen größerer Proteine (>10 kDa) treten vielfach Probleme auf, die eine detaillierte Analyse der Struktur erheblich erschweren. Die Anzahl der Signale in den 2D-$^1$H-Spektren nimmt mit der Größe des Proteins überproportional zu und führt zu Signalüberlagerungen (vor allem in den Bereichen der Spektren für aliphatische Protonen), die eine eindeutige Zuordnung außerordentlich erschweren. Weiterhin verkürzen sich die transversalen Relaxationszeitkonstanten ($T_2$) durch die langsame Bewegung des Moleküls, sodass es zu einer Verbreiterung der Signale kommt. Dies verstärkt die Signalüberlagerungen zusätzlich. Zudem beeinflussen die *verkürzten $T_2$-Relaxationszeiten den auf skalarer Spinkopplung basierenden* Transfer von transversaler Magnetisierung, welcher z. B. im COSY- und TOCSY-Experiment verwendet wird. Die transversale Magnetisierung dephasiert durch $T_2$-Relaxation während des Magnetisierungstransfers – d. h. das zu messende Signal klingt bereits im Verlauf der Pulssequenz ab und mindert dadurch die Empfindlichkeit des Experiments.

Bei größeren Proteinen (>15 kDa) eignen sich aufgrund der oben genannten Gründe die 2D-TOCSY- und COSY-Spektren nicht mehr zur Identifikation der Spinsysteme. Auch die auf NOE-Kontakten basierende sequenzspezifische Zuordnung (▶ Abschn. 21.1.5) ist in größeren Proteinen wegen der Überlappung der Signale schwierig. Der Schlüssel zur Lösung dieser Probleme liegt in der die Anwendung heteronuclearer NMR-Experimente sowie der mehrdimensionalen (3D- bis 7D-) NMR-Spektroskopie.

### 21.1.3.6 Heteronucleare NMR-Experimente

Neben Wasserstoff enthält ein Protein noch andere magnetisch aktive Kerne (die sog. Heterokerne), von denen insbesondere die magnetisch aktiven Isotope des Kohlenstoffs ($^{13}$C) und Stickstoffs ($^{15}$N) für die Strukturaufklärung mittels NMR-Spektroskopie wichtig sind. Da $^{13}$C und $^{15}$N jedoch nur in geringen natürlichen Häufigkeiten auftreten und zudem ein kleineres gyromagnetisches Verhältnis haben (■ Tab. 21.1), ist ihre relative Empfindlichkeit bezogen auf Wasserstoff niedrig. Deshalb werden im Wesentlichen zwei Strategien angewendet, um die Empfindlichkeit heteronuclearer Experimente zu steigern:

— Die rekombinante Expression von Proteinen in Bakterien ermöglicht die Anreicherung mit magnetisch aktiven Isotopen. Dazu werden bei der Proteinexpression die Bakterien in einem Minimalmedium kultiviert, welches als einzige verfügbare Stickstoffquelle $^{15}$NH$_4$Cl enthält. Bei der Markierung mit Kohlenstoff wird $^{13}$C-Glucose als ausschließliche Kohlenstoffquelle verwendet. Auf diese Weise können einfach markierte Proben ($^{15}$N oder $^{13}$C) bzw. auch doppelt $^{15}$N/$^{13}$C-markierte Proben hergestellt

21

■ **Abb. 21.17**   **A** Typisches 2D-NOESY-Spektrum eines 115 Aminosäuren langen Proteins. Das sehr starke Wassersignal in der Mitte des Spektrums wurde während der Fourier-Transformation entfernt. Die verschiedenen spektralen Regionen dieses Spektrums sind in **B** schematisch als rote Rechtecke dargestellt. Die in den betreffenden Regionen beobachtbaren NOE-Signale sind jeweils innerhalb der Rechtecke angegeben. Die Wasserlinie ist als hellblaues Rechteck dargestellt

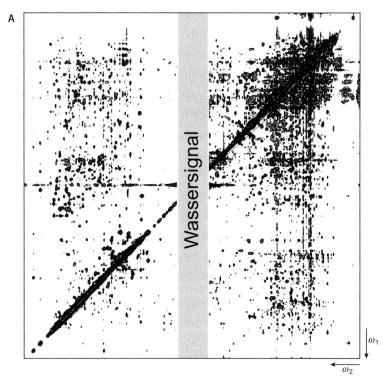

werden. Verwendet man als Lösungsmittel für die Kulturmedien $D_2O$ statt $H_2O$, können zudem deuterierte Proteine produziert werden, in welchen ein Großteil der Seitenkettenprotonen durch Deuterium ersetzt worden sind.

— Das Signal-Rausch-Verhältnis eines NMR-Experiments hängt von den gyromagnetischen Verhältnissen des angeregten und des detektierten Kernes ab. Das heißt, die direkte Anregung und

Detektion der Heterokerne ist verglichen mit Protonen ungünstig. Deshalb verwendet man vorzugsweise Experimente, die die große Magnetisierung eines Protons praktisch verlustfrei auf einen daran gebundenen Heterokern übertragen (und umgekehrt), wodurch ein optimales Signal-Rausch-Verhältnis erreicht werden kann. Derartige Experimente werden als inverse heteronucleare Experimente bezeichnet.

### 21.1.3.7 HSQC – heteronucleare Einquantenkohärenz

Das HSQC-Experiment (*Heteronuclear Single Quantum Coherence*, heteronucleare Einquantenkohärenz) ist das wichtigste Experiment, das den Übertrag von Magnetisierung auf einen Heterokern und wieder zurück ermöglicht (◘ Abb. 21.18). Das HSQC verknüpft die Frequenz ($\omega_1$) eines Heterokerns ($^{13}C$ oder $^{15}N$) mit der des direkt gebundenen Protons ($\omega_2$). Zum Beispiel stellt jeder Peak in einem zweidimensionalem $^{1}H/^{15}N$-HSQC ein Proton mit einem gebundenen Stickstoffkern dar, d. h. das Spektrum beinhaltet die Resonanzen der $H^N$-N-Paare des Proteinrückgrats. Zusätzlich finden sich Kreuzsignale von den aromatischen, stickstoffgebundenen Protonen der Seitenketten von Trp und His bzw. von den Amidgruppen der Seitenketten von Asn und Gln (◘ Abb. 21.19). Im letzteren Falle entstehen zwei Peaks mit der gleichen Stickstofffrequenz, da zwei Amidprotonen an denselben Stickstoffkern der Seitenkette gebunden sind. Unter günstigen Bedingungen sind zusätzlich die stickstoffgebundenen Protonen von Arg und Lys sichtbar. Der Vorteil der zusätzlichen Stickstoffdimension im HSQC-Experiment ist die Auflösung der Amidprotonenresonanzen, welche in den 1D- und homonuclearen 2D-Spektren von großen Proteinen häufig überlappen. Verglichen mit einem homonuclearen Spektrum hat das HSQC natürlich keine Diagonale, da während der $t_1$- und der $t_2$-Zeit verschiedene Kerne gemessen werden. Analoge Experimente lassen sich für $^{13}C$ und $^1H$ durchführen ($^1H/^{13}C$-HSQC).

### 21.1.4 Dreidimensionale NMR-Spektroskopie

Die Modularität von NMR-Pulssequenzen ermöglicht durch die Einführung weiterer Evolutionsperioden und Mischsequenzen die Erweiterung hin zu mehrdimen-

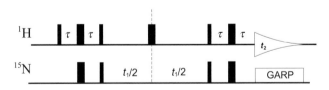

◘ **Abb. 21.18** Pulssequenz des HSQC-Experimentes. Schmale, schwarze Balken kennzeichnen 90°-Pulse, breite schwarze Rechtecke 180°-Pulse. Die obere Linie gibt die Radiofrequenzpulse auf der $^1H$-Frequenz, die untere die Pulse auf der $^{15}N$-Frequenz an

sionalen NMR-Experimenten. So kann ein dreidimensionales NMR-Spektrum aus einem zweidimensionalen Experiment (◘ Abb. 21.13) konstruiert werden, indem nach der ersten Mischperiode statt der Akquisition eine weitere indirekte Evolutionszeit, gefolgt von einer zweiten Mischperiode, eingefügt wird (◘ Abb. 21.20). Im vierdimensionalen Experiment folgen eine dritte indirekte Zeit und eine weitere Mischsequenz. Die verschiedenen indirekten Zeiten werden einzeln inkrementiert. Am Ende eines mehrdimensionalen NMR-Experiments steht die direkte Datenakquisition. Es gibt 3D-Experimente, die aus einer Verknüpfung von zwei 2D-Experimenten bestehen, und die Tripelresonanzexperimente, bei denen die chemischen Verschiebungen dreier verschiedener Kerne ($^1H$, $^{13}C$, $^{15}N$) gemessen werden. Wir beginnen unsere Diskussion mit den aus zwei 2D-Experimenten bestehenden Pulssequenzen, da sie konzeptionell etwas einfacher sind.

### 21.1.4.1 NOESY-HSQC- und TOCSY-HSQC-Experiment

Wie bereits erwähnt, begrenzt die Überlappung von Signalen die Anwendung von zweidimensionalen Spektren, z. B. NOESY oder TOCSY, für große Proteine. Die Einführung einer dritten Dimension führt zu einer Auflösung der Überlagerung, weil sich die Signale in einem Quader anstatt auf einer Fläche verteilen. In der Regel fungiert eine heteronucleare Koordinate wie $^{15}N$ oder $^{13}C$ als dritte (senkrechte) Dimension dieses Quaders, da der durch diese Kerne ermöglichte, größere Frequenzbereich zu einer besseren Signalauflösung als die Verwendung einer weiteren Protondimension führt.

Wir können ein derartiges 3D-Spektrum konstruieren, indem wir die Pulssequenzen für ein 2D-NOESY und ein 2D-HSQC kombinieren: An das NOESY-Experiment wird ein HSQC-Experiment angehängt und erst danach erfolgt die Akquisition. Das entstandene Experiment wird als ($^{15}N$- oder $^{13}C$-)NOESY-HSQC bezeichnet. In analoger Weise kann man aus dem 2D-TOCSY-Experiment ein 3D-TOCSY-HSQC entwickeln, indem man das 2D-TOCSY- mit dem 2D-HSQC-Experiment verbindet.

Das $^{15}N$-NOESY-HSQC und das $^{15}N$-TOCSY-HSQC sind für Proteine mittlerer Größe (etwa 10–15 kDa) die Basis für die sequenzspezifische Zuordnung der NMR-Signale. Die entsprechenden $^{13}C$-Varianten der Spektren sind äußerst nützlich für die Zuordnung der Seitenketten und für die Identifikation von NOE-Signalen zwischen den Seitenkettenprotonen.

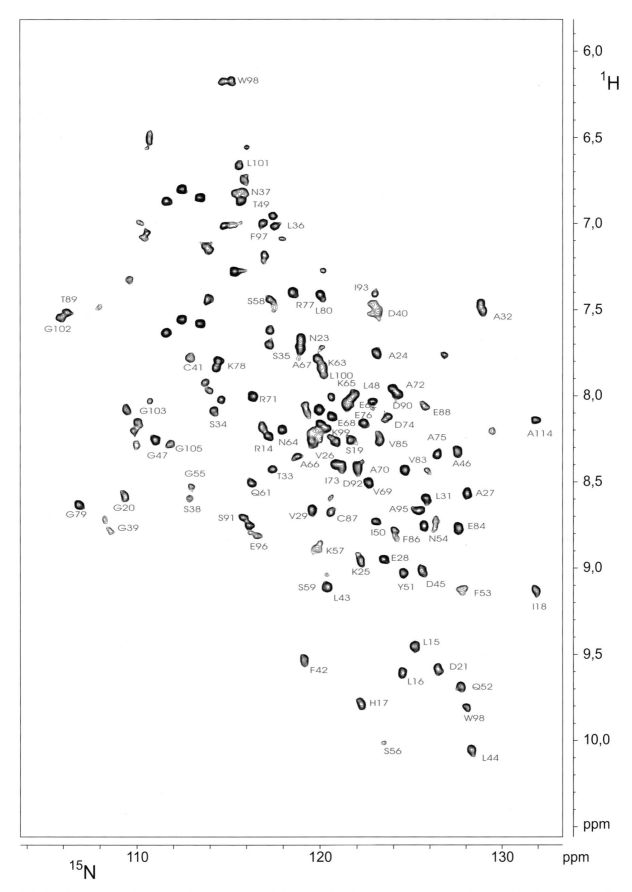

**◘ Abb. 21.19** HSQC-Spektrum von Severin DS111M bei 32°C und pH 7,0 mit vollständiger Zuordnung (der Aminosäuretyp ist als Einbuchstabencode wiedergegeben; die Nummer gibt die Position in der Aminosäuresequenz an). Die Stickstofffrequenz ist auf der x-Achse, die Protonenfrequenz auf der y-Achse eingezeichnet

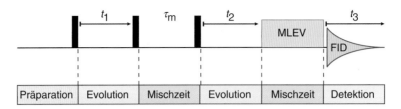

◻ **Abb. 21.20** Schematische Darstellung eines 3D-NMR-Experiments am Beispiel des 3D-NOESY-TOCSY-Experiments. Im Vergleich mit dem 2D-Experiment kommen eine weitere Evolutions- und Mischzeit hinzu. Die Mischperiode des NOESY-Transferschritts besteht aus zwei Pulsen mit einer Wartezeit ($\tau_m$) dazwischen, die Mischperiode des TOCSY-Transferschritts aus einer komplexen Abfolge von kurzen Pulsen, die als MLEV-Mischsequenz bezeichnet wird (nach Malcolm Levitt, der sie entwickelt hat)

### 21.1.4.2 HCCH-TOCSY- und HCCH-COSY-Experiment

Das HCCH-TOCSY- und HCCH-COSY-Experiment sind Alternativen zum $^{15}$N-TOCSY-HSQC-Experiment, dessen Empfindlichkeit bei größeren Proteinen stark abnimmt. Im HCCH-TOCSY- und HCCH-COSY-Experiment wird die Magnetisierung ausschließlich durch skalare $J$-Kopplung zwischen den Atomen übertragen. Zuerst findet ein Transfer der Magnetisierung, z. B. des H$^\alpha$-Protons auf den C$^\alpha$-Kern, statt. Von dort wird die Magnetisierung auf den nächsten Kohlenstoffkern der Seitenkette übertragen (im Falle des HCCH-TOCSY noch auf weiter entfernte Kohlenstoffatome der Seitenkette). Da der Wert der $^1J_{CC}$-Kopplung etwa 35 Hz beträgt, kann der Mischprozess in wesentlich kürzerer Zeit als im homonuclearen Fall ablaufen. Die Zeitdauer für den Magnetisierungstransfer berechnet sich als $1/(2J)$. Nach Transfer der Magnetisierung von jedem Kohlenstoffatom auf das direkt gebundene Proton erfolgt schließlich die Datenaufnahme. Damit gleicht das Aussehen eines HCCH-TOCSY-Spektrums generell einem $^{13}$C-TOCSY-HSQC-Spektrum (analoges gilt für das HCCH-COSY) (◻ Abb. 21.21). Ähnlich wie im 2D-TOCSY bzw. 2D-COSY Spektrum ermöglichen charakteristische Signalmuster im HCCH-TOCSY und HCCH-COSY-Spektrum die Identifikation des Aminosäuretyps.

### 21.1.4.3 Tripelresonanzexperimente

Die Zuordnung des Proteinrückgrates über 3D-NOESY-HSQC- und 3D-TOCSY-HSQC-Spektren ist bei größeren Proteinen (>15 kDa) durch die Überlappung von Signalen im NOESY-HSQC und das Fehlen von Signalen im 3D-TOCSY-HSQC erschwert (▶ Abschn. 21.1.5). Für die sequenzielle Zuordnung der Resonanzen dieser Proteine hat sich daher aufgrund ihrer einfachen Erscheinung die Verwendung von Tripelresonanzexperimenten etabliert. Für jede Aminosäure gibt es nur wenige Signale – oft sogar nur ein Signal. Das Problem der Überlappung von Signalen tritt daher in den Tripelresonanzspektren wesentlich seltener auf. Allerdings kann für bestimmte Kerne die chemische Verschiebung eines Aminosäurerestes zufällig mit dem eines anderen Restes übereinstimmen. Diese sog. „Entartung" tritt besonders für C$^\alpha$-Kerne auf. Das Finden der richtigen Verknüpfungen zwischen den Aminosäuren bei derartigen Frequenzentartungen ist eines der Hauptprobleme bei der sequenziellen Zuordnung mit Tripelresonanzspektren (▶ Abschn. 21.1.5). Da Tripelresonanzexperimente drei verschiedene Kerne miteinander korrelieren, benötigt man für diese Experimente doppelt markierte $^{13}$C/$^{15}$N- oder dreifach markierte $^2$H/$^{13}$C/$^{15}$N-Proteine.

Ein weiterer Vorteil der Tripelresonanzexperimente ist ihre hohe Empfindlichkeit, welche auf einem effizienten Magnetisierungstransfer basiert: Die Magnetisierung wird durch starke $^1J$- bzw. $^2J$-Kopplungen (d. h. direkt über die kovalenten Atombindungen) zwischen den Kernen übertragen (◻ Abb. 21.10) – die für den Transfer notwendigen Zeiten sind daher relativ kurz, sodass Relaxationsverluste geringer ausfallen als z. B. im TOCSY-Experiment. Mit zunehmenden Molekulargewicht der Proteine sinkt jedoch auch die Empfindlichkeit von Tripelresonanzexperimenten, da vor allem die H$^\alpha$-Protonen die Relaxation der C$^\alpha$ und H$^N$ Kerne durch dipolare Wechselwirkungen verstärken. Ein Ersetzen der aliphatischen Protonen mittels Proteindeuterierung vermindert diese Form der Relaxation und ermöglicht es, Proteine von 50 kDa und darüber hinaus mittels NMR-Spektroskopie zu analysieren (▶ Abschn. 21.1.7).

**Nomenklatur der Tripelresonanzspektren**   Es gibt eine Vielzahl von Tripelresonanzexperimenten, wovon die wichtigsten Vertreter in ◻ Abb. 21.22 gezeigt werden. Die Nomenklatur zur Benennung der Tripelresonanzexperimente klingt zwar kryptisch, ist aber äußerst anschaulich. Der Name des Experimentes gibt an, welche Kerne detektiert werden, den Magnetisierungstransferpfad und das Aussehen des Spektrums. Man listet daher der Reihe nach alle Kerne auf, über die Magnetisierung im Verlauf des Experiments übertragen wird. Im HNCO-Experiment z. B. werden drei Kerne ($^1$H, $^{13}$C, $^{15}$N) mit folgendem Magnetisierungsfluss detektiert: H$^N_{(i)} \rightarrow$ N$_{(i)} \rightarrow$ C$'_{(i-1)}$ (◻ Abb. 21.22). Klammern im Namen des Experiments geben Kerne an, die nur als „Zwischenstationen" dienen

$\delta(^{13}\text{C})$ /ppm

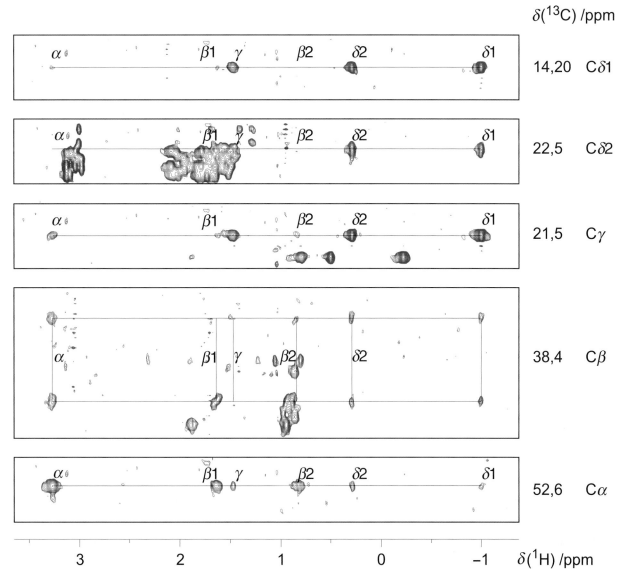

| | |
|---|---|
| 14,20 | C$\delta$1 |
| 22,5 | C$\delta$2 |
| 21,5 | C$\gamma$ |
| 38,4 | C$\beta$ |
| 52,6 | C$\alpha$ |

3    2    1    0    −1    $\delta(^1\text{H})$ /ppm

**◘ Abb. 21.21** Ausschnitte aus verschiedenen Ebenen eines HCCH-TOCSY-Experimentes mit allen Korrelationssignalen der Aminosäure L185 von reduziertem DsbA aus *Escherichia coli*. Die $^{13}$C-chemische Verschiebung der Signale ist neben den jeweiligen Ebenen angegeben, die $^1$H-Verschiebung entlang der untersten Ebene. Die Zuordnung der Signale zu den einzelnen Protonen ist neben dem jeweiligen Signal angegeben, die Zuordnung zu den entsprechenden Kohlenstoffatomen neben dem Ausschnitt der jeweiligen Ebene. In ihrer Gesamtheit ergeben die Signale das aus dem 2D-TOCSY-Spektrum bekannte Signalmuster eines Leucins

und deren Frequenzen nicht detektiert werden. Das HN(CA)CO detektiert dieselben Kerne wie das HNCO, jedoch unterscheidet sich der Magnetisierungstransfer: $\text{H}^\text{N}_{(i)} \rightarrow \text{N}_{(i)} \rightarrow \text{C}^\alpha_{(i)} \rightarrow \text{C}'_{(i)}$ (◘ Abb. 21.22). Das C$^\alpha$-Atom überträgt nur Magnetisierung vom Stickstoff auf den Carbonylkohlenstoff, aber seine chemische Verschiebung wird nicht registriert. In beiden Experimenten kehrt die Magnetisierung wieder auf dem gleichen Weg zum Amidproton zur Datenakquisition zurück (*Out-and-back*-Transfer). Das Aussehen beider Spektren ist ähnlich: Für jede Aminosäure zeigt ein Peak die Korrelation eines Amidprotons und Stickstoffkernes mit einem stickstoffgebundenen Carbonylkohlenstoff an. Im HNCO-Spek-

trum ist die Korrelation mit der Carbonylgruppe der vorhergehenden Aminosäure (Rest $i-1$) sichtbar, wohingegen das HN(CA)CO vorwiegend die Korrelation zur intraresidualen Carbonylgruppe (Rest $i$) anzeigt.

**Das HNCA-Experiment**    Das HNCA-Experiment stellt eines der einfachsten und nützlichsten Beispiele für ein Tripelresonanzexperiment dar. Der Magnetisierungstransferpfad ist gegeben durch: $\text{H}^\text{N}_{(i)} \rightarrow \text{N}_{(i)}(t_1) \rightarrow \text{C}^\alpha_{(i)/(i-1)}$ $(t_2)$; wobei $t_1$ und $t_2$ die indirekten Dimensionen angeben, in denen die chemische Verschiebung der Heterokerne detektiert wird ◘ Abb. 21.22). Das HNCA nützt einen *Out-and-back*-Transfer, um die chemische Verschiebung des

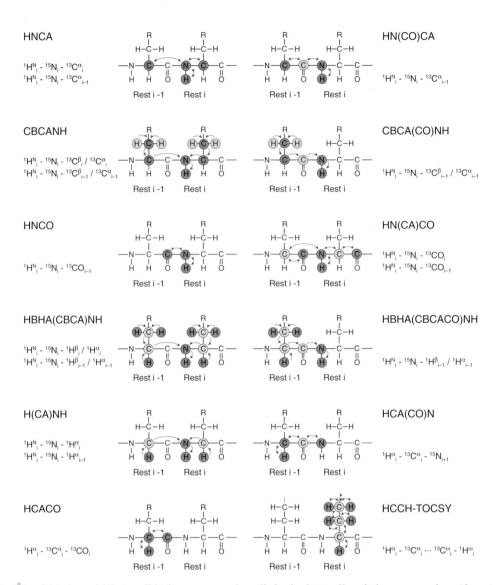

**◘ Abb. 21.22** Übersicht der wichtigsten Tripelresonanzexperimente. Die Kerne, deren Frequenzen während des Experiments detektiert werden, sind rot unterlegt. Die Kerne, die nur als Überträger der Magnetisierung dienen, sind hellrot unterlegt. Die roten Pfeile kennzeichnen den Weg und die Richtung des Magnetisierungstransfers. Unter dem Namen jedes Experiments sind zusammenfassend die beobachteten Korrelationen angegeben. *i* bzw. *i* − 1 bezeichnen dabei die Position eines Aminosäurerestes innerhalb der Proteinsequenz. Obwohl es kein Tripelresonanzexperiment ist, wird auch das HCCH-TOCSY-Experiment in dieser Abbildung gezeigt, da es in der Regel in Verbindung mit den anderen gezeigten Spektren zur Zuordnung verwendet wird

Amidprotons in $t_3$ zu messen. In allen Fällen findet der Magnetisierungstransfer durch die starke *J*-Kopplung zwischen den Kernen statt ($^1J_{HN}$ = −92−95 Hz, $^1J_{NC}$ = −11 Hz). Da die $^2J_{NC}$-Kopplung, die den Stickstoff mit dem $C^\alpha$-Kern der vorhergehenden Aminosäure verknüpft, nur geringfügig kleiner (−7 Hz) ist als die $^1J_{NC}$-Kopplung (−11 Hz, ◘ Abb. 21.10), erfolgt der Magnetisierungstransfer vom Stickstoff aus sowohl zum $C^\alpha$-Atom der eigenen als auch zu dem der vorhergehenden Aminosäure. Daher entstehen für jede Aminosäure zwei Signale im HNCA-Spektrum: eine intra- und eine interresiduale Korrelation. Es sei darauf hingewiesen, dass auch für das oben erwähnte HN(CA)CO-Experiment eine Korrelation mit der vorhergehenden Aminosäure auftritt. Prinzipiell ermöglichen die intra- und interresidualen Korrelationen im HNCA eine sequenzspezifische Zuordnung des Proteinrückgrats. In der Praxis benötigt man jedoch weitere Tripleresonanzexperimente, wie z. B. das HNCO und das HN(CO)CA, um das Kreuzsignal zur vorhergehenden Aminosäure eindeutig identifizieren zu können und mögliche Entartungen der Resonanzfrequenzen aufzulösen (▶ Abschn. 21.1.5, Sequenzielle Zuordnung mit Tripelresonanzspektren).

## 21.1.5 Signalzuordnung

### 21.1.5.1 Sequenzielle Zuordnung homonuclearer 2D-Spektren

Ein wichtiges Ziel bei der Auswertung von NMR-Spektren ist es, alle in einem Spektrum vorhandenen Informationen über Protonenabstände und Bindungswinkel der Strukturrechnung zugänglich zu machen. Voraussetzung hierfür ist, dass jedes der in einem Spektrum beobachteten Signale den jeweils entsprechenden Protonen im Protein zugeordnet werden kann. Dies erfordert wegen der großen Anzahl der Signale eine einfache und allgemein anwendbare Methode, die auf der Basis der verfügbaren Spektren TOCSY, NOESY und COSY die Auswertung der Spektren ermöglicht. Diese Methode, die maßgeblich von Kurt Wüthrich (Nobelpreis für Chemie 2002) entwickelt wurde, wird als sequenzspezifische Zuordnung (*sequence specific assignment*) bezeichnet.

Diese Methode verwendet die im NOESY-Spektrum enthaltene Abstandsinformation und ermöglicht die Zuordnung der NMR-Signale zu den entsprechenden Aminosäuren aufgrund ihrer Wechselwirkungen mit den benachbarten Aminosäuren. Die Aminosäure $i$ +1 in der Sequenz kann dabei über die direkte Nachbarschaft zur Aminosäure $i$ mittels spezifischer Signalmuster identifiziert werden ($i$ bezeichnet jeweils die Stellung einer Aminosäure in der Sequenz). So ist z. B. wegen der Molekülgeometrie der Abstand des $H^N$-Protons des Aminosäurerestes $i$ + 1 zu den $H^{\alpha}$-, $H^{\beta}$- und $H^{\gamma}$-Protonen der Aminosäure $i$ nahezu immer kleiner als 5 Å (▢ Abb. 21.23). Entsprechend sind bei der chemischen Verschiebung des Amidprotons der Aminosäure $i$ +1 (horizontale Frequenzachse) Kreuzsignale bei den chemischen Verschiebungen (vertikale Frequenzachse) der entsprechenden Protonen der Aminosäure $i$ zu erkennen. Diese interresidualen Signale zwischen benachbarten Aminosäuren werden auch als sequenzielle Signale bezeichnet.

Die Methode der sequenzspezifischen Zuordnung von Signalen setzt voraus, dass zwischen interresidualen und intraresidualen Signalen auf der Amidprotonenfrequenz einer Aminosäure unterschieden werden kann. Ein einfacher Vergleich des 2D-NOESY-Spektrums mit dem überlagerten 2D-TOCSY-Spektrum der gleichen Probe ermöglicht genau diese Unterscheidung (▢ Abb. 21.23). Die intraresidualen, im 2D-TOCSY sichtbaren Kreuzsignale bestimmen durch ihr charakteristisches Signalmuster, um welchen Aminosäuretyp es sich handelt, während die sequenziellen, nur im 2D-NOESY auftretenden Kreuzsignale über die Verknüpfung zu der vorausgehenden Aminosäure Auskunft geben.

Diese Kette der sequenziellen Verknüpfungen wird allerdings durch Prolinreste unterbrochen, da diese kein Amidproton besitzen und somit in der Amidprotonenregion des Spektrums kein Signal erzeugen. Jedoch erzeugen Prolinreste, die gewöhnlich die häufigere trans-Konformation annehmen (▢ Abb. 21.24), sequenzielle $H^{\alpha}_{(i-1)}$-$H^{\delta}_{(i)}$- bzw. $H^N_{(i-1)}$-$H^{\delta}_{(i)}$-Kreuzsignale bei den chemischen Verschiebungen der $H^{\alpha}$- bzw. Amidprotonen des vorhergehenden Restes und können somit für die sequenzielle Zuordnung verwendet werden. Ein weiteres Problem ist, dass bei größeren Proteinen die große Anzahl an Signalen häufig zu Signalüberlagerungen führt, sodass an manchen Stellen eine eindeutige Fortsetzung der sequenziellen Verknüpfungen nicht möglich ist.

Der erste Schritt der sequenzspezifischen Zuordnung besteht in der Identifikation einzelner Aminosäuren, die als Ausgangspunkt für die sequenzielle Verknüpfung dienen. Hierbei konzentriert sich die Suche anfangs auf die Aminosäuren Glycin, Alanin, Valin und Isoleucin, da sich deren Signalmuster deutlich von anderen Aminosäuren unterscheidet. Glycin z. B. besitzt nur zwei $H^{\alpha}$-Protonen, sodass die Erkennung dieser zwei $H^{\alpha}$-Signale bei der chemischen Verschiebung des Amidprotons sowie das Auftreten der entsprechenden $H^{\alpha 1}$-$H^{\alpha 2}$-Kreuzsignale einen eindeutigen Hinweis auf Glycin geben (▢ Abb. 21.25). Die charakteristische Doppelsignalreihe der Methylgruppen bei 0–1,5 ppm identifiziert Valin, Leucin und Isoleucin (▢ Abb. 21.25). Grundsätzlich werden zur Identifikation der Spinsysteme nicht nur die Signale in der Amidprotonenregion des Spektrums untersucht, sondern auch Kreuzsignale im aliphatischen Bereich des Spektrums, die verschiedene diagnostische Kreuzsignale enthalten (besonders für Prolinreste) und daher zur Identifikation der Spinsystemidentifikation beitragen.

Der nächste Schritt besteht in der Bestimmung der spezifischen sequenziellen Kontakte im 2D-NOESY-Spektrum, um die Reste zu bestimmen, die sich in der Sequenz direkt vor den bereits identifizierten Aminosäuren befinden. Anschließend wird iterativ für jeden neu identifizierten Rest wiederum die vorhergehende Aminosäure bestimmt. Die anfangs identifizierten Dipeptide werden somit zu Oligopeptidketten erweitert. Die Information über die verschiedenen Aminosäuretypen innerhalb der Fragmente erlaubt es, diese Bruchstücke in die Proteinsequenz einzupassen, d. h. jedes Spinsystem der zugehörigen Aminosäure zuzuordnen.

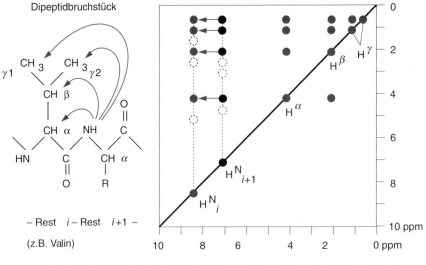

**Dipeptidbruchstück**

— Rest  *i* — Rest  *i* +1 —

(z.B. Valin)

■ **Abb. 21.23**  Signalmuster zweier benachbarter Aminosäuren in einer Überlagerung eines TOCSY-Spektrums (rote Kreise) und eines NOESY-Spektrums (schwarze Kreise). Deutlich zu erkennen sind die interresidualen, sequenziellen NOESY-Signale (gefüllte schwarze Kreise) auf der nachfolgenden Aminosäure (*i* +1), die die Basis der sequenzspezifischen Zuordnung sind. Die hierfür verantwortlichen koppelnden Protonen sind durch entsprechende Pfeile am links ab- gebildeten Dipeptid gekennzeichnet. Der Vollständigkeit wegen sind die intraresidualen Signale der Aminosäure *i* +1 und die sequenziellen Signale der Aminosäure *i* −1 auf der $H^N$-Frequenz der Aminosäure *i* gestrichelt eingezeichnet. Die unterhalb der Diagonalen symmetrisch auftretenden Signalreihen sind aus Gründen der Übersichtlichkeit nicht eingezeichnet

■ **Abb. 21.24**  Konformation der cis/trans-Isomere der Peptidbindung zwischen einer Aminosäure X und einem Prolinrest. Die $C^\alpha$-Atome beider Reste sowie die dazwischen liegende Atombindung, die den Torsionswinkel $\omega$ definieren, sind hervorgehoben

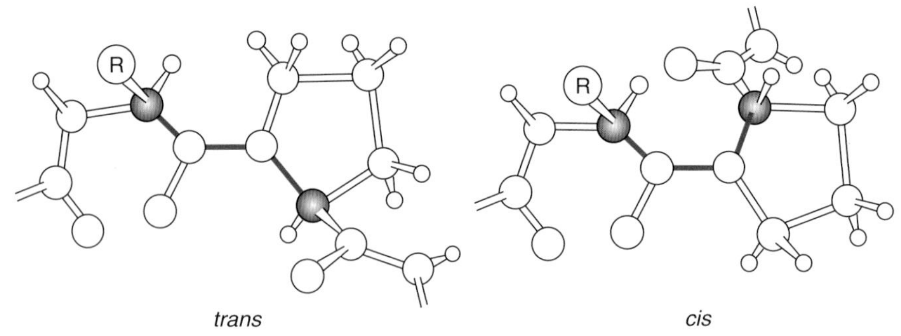

*trans*                                    *cis*

### 21.1.5.2  **Auswertung heteronuclearer 3D-NOESY/TOCSY-Spektren**

Die Methode der sequenzspezifischen Zuordnung, wie sie für die homonuclearen 2D-NOESY- und TOCSY-Spektren dargestellt wurde, ist auf die entsprechenden heteronuclearen 3D-Spektren $^{15}$N-NOESY-HSQC und $^{15}$N-TOCSY-HSQC übertragbar. Jede $^{15}$N-Ebene dieser Spektren enthält die NOESY- bzw. TOCSY-Signale eines Amidprotons, gebunden an sein Stickstoffatom. Die Überlagerung der entsprechenden 3D-TOCSY- und 3D-NOESY-HSQC-Spektren ermöglicht somit die Unterscheidung zwischen intraresidualen und interresidualen Korrelationen. Die $^{15}$N-Ebene (eines 3D-$^{15}$N-NOESY-HSQC) stellt daher eine Art Teilspektrum des entsprechenden 2D-Spektrums (2D-NOESY) dar. Ein Unterschied zu den 2D-Spektren besteht jedoch im Frequenzbereich eines $^{15}$N-editierten 3D-NOESY oder ei- nes $^{15}$N-editierten 3D-TOCSY-Spektrums. Die Experimente selektieren nur Korrelationen zu Protonen, die an einen $^{15}$N-Kern gebunden sind. Daher enthält jedes 3D-$^{15}$N-NOESY-HSQC und 3D-$^{15}$N-TOCSY-HSQC nur Frequenzen zwischen 12–5 ppm in der Akquisitionsrichtung; die gesamte Seitenkettenregion jenseits des Wassersignals auf der Hochfeldseite dieser Spektren fehlt.

### 21.1.5.3  **Selektive Aminosäuremarkierung**

Die $^{15}$N-Markierung ausgewählter Aminosäuren ist eine Alternative bei der Bestimmung des Aminosäuretyps. Dazu werden rekombinante *Escherichia coli*-Bakterien in einem Minimalmedium angezogen, das alle zwanzig natürlich vorkommenden Aminosäuren enthält. In einem derartigen Medium ist die zelluläre *De-novo*-Synthese von Aminosäuren weitgehend unterdrückt.

**21**

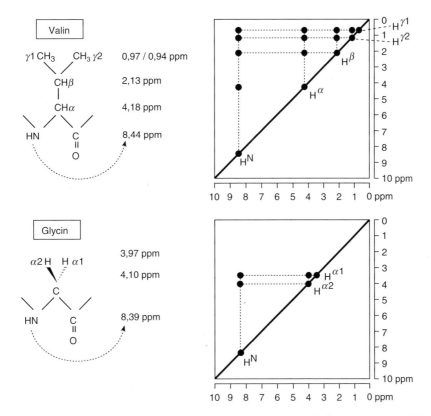

**Abb. 21.25** Schematische Darstellung der charakteristischen Signalmuster von Glycin und Valin. Beide Aminosäuren dienen als Startpunkte für die sequenzspezifische Zuordnung, da sie aufgrund ihrer unverwechselbaren Signalmuster im TOCSY-Spektrum leicht zu erkennen sind. Auf der linken Seite sind die entsprechenden Aminosäureprotonen mit der Benennung und der typischen chemischen Verschiebung eingezeichnet. Die unterhalb der Diagonalen symmetrisch, angeordneten Signalreihen sind aus Gründen der Übersichtlichkeit nicht gezeigt

Die Bakterien nehmen vielmehr die Aminosäuren direkt aus dem Medium auf. Die Zugabe einer kommerziell erhältlichen 1-$^{15}$N-L-Aminosäure in hohen Konzentrationen zum Medium ermöglicht die selektive Markierung dieses Aminosäuretyps. Alle anderen Aminosäuren werden dem Medium als „normale" $^{14}$N-Aminosäuren zugesetzt. Insbesondere werden Aminosäuren, die metabolisch aus dem zu markierenden Aminosäuretyp entstehen können (sog. Kreuzmarkierung oder engl. *scrambling*), dem Medium in nicht markierter Form im Überschuss zugesetzt. In einem HSQC-Spektrum, das von einem selektiv markierten Protein aufgenommen wird, sind ausschließlich die Signale des markierten Aminosäuretyps sichtbar. Durch Markierung verschiedener Aminosäuretypen kann man somit nahezu alle NMR-Signale zuordnen und weiterhin die Zuordnungen aus den TOCSY- und NOESY-Spektren bestätigen.

Der Vorteil der selektiven Aminosäuremarkierung liegt darin, dass die Herstellungskosten der Proteine je nach markierter Aminosäure deutlich geringer sind als die einer doppelt markierten Probe (in der Regel benötigt man eine geringere Proteinmenge, und $^{15}$N-mar-

kierte Aminosäuren sind verhältnismäßig günstig). Der Nachteil ist, dass man zur Bestimmung aller Reste eines Proteins eine Reihe von Proteinproben herstellen muss, was den Arbeitsaufwand gegenüber einer einzigen uniform markierten Probe erhöht und auch die Kostenfrage wieder relativieren kann.

### 21.1.5.4 Sequenzielle Zuordnung mit Tripelresonanzspektren

Aus der großen Zahl verfügbarer Tripelresonanzexperimente sollen in diesem Abschnitt einige behandelt werden, die besonders häufig bei der sequenziellen Zuordnung eingesetzt werden. Das Erscheinungsbild von Tripelresonanzspektren und die Strategie zur Zuordnung der Signale werden dabei am Beispiel des 3D-HNCA-Spektrums erläutert.

Ein 3D-HNCA-Spektrum hat die drei Frequenzachsen $^{1}$H$^{N}$, $^{15}$N und $^{13}$C$^{\alpha}$ und verbindet das Amidproton einer Aminosäure über das N-Atom mit dem C$^{\alpha}$-Atom der „eigenen" und meist auch mit dem C$^{\alpha}$-Atom der in der Sequenz vorangehenden Aminosäure ▶ Abschn. 21.1.4). Auf der Frequenz jedes Amidprotons finden sich somit in der $^{13}C^{\alpha}$-Dimension in der Regel zwei Kreuzsignale, eines des intraresidualen $C^{\alpha}$-Atoms und eines des $C^{\alpha}$-Atoms der vorhergehenden Aminosäure (◘ Abb. 21.26). Mithilfe dieser Kreuzsignale kann man unter optimalen Bedingungen durch die komplette Aminosäuresequenz wandern, d. h. die sequenziellen Verknüpfungen aller Aminosäuren eines Proteins etablieren (◘ Abb. 21.27). Die $^1H^N/^{15}N$-Projektion des HNCA-Spektrums sieht aus wie ein $^1H^N/^{15}N$-HSQC-Spektrum: Jedes Signal steht für eine Aminosäure.

Für diese Form der sequenziellen Zuordnung ist eine Unterscheidung zwischen dem intraresidualen und dem sequenziellen Kreuzsignal nötig. Meist ist der intraresiduale Peak intensiver als der interresiduale Peak aufgrund des etwas effektiveren Magnetisierungstransfer über die $^1J_{NC}$-Kopplung. Diese Tendenz ist aber fehlbar, da verschiedene Prozesse wie Relaxation die Peakintensität beeinflussen. Im Gegensatz dazu ermöglichen gezielte Experimente wie das HN(CO)CA den Magnetisierungstransfer über die Carbonylgruppe und schließen

den intraresidualen Pfad aus. Das HN(CO)CA-Spektrum gleicht dem des HNCA, enthält aber ausschließlich sequenzielle Kreuzsignale und löst daher die Zweideutigkeit der Signalzuordnung im HNCA auf. Entartungen der chemischen Verschiebung erschweren die sequenzielle Verknüpfung der Spinsysteme, da dann mehrere Möglichkeiten zur Zuordnung der vorangehenden Reste bestehen. Wie weiter unten beschrieben, können zusätzliche Tripelresonanzspektren, die die Amidgruppe mit anderen Kohlenstoffkernen korrelieren, diese Entartungen auflösen.

Die Kombination aus HNCO- und HN(CA)CO-Experiment stellt eine unabhängige Alternative zur Überprüfung der im HNCA gefundenen Konnektivitäten dar. In beiden Experimenten erfolgt die Korrelation des Amidprotons mit dem intraresidualen Carbonylkohlenstoffatom (HN(CA)CO) bzw. dem des vorangehenden Restes (HNCO). Das heißt, die sequenzielle Zuordnung erfolgt über die C'- (Carbonyl) anstelle der $C^{\alpha}$-Konnektivitäten. Die Überlagerung beider Spektren ergibt ein analoges Muster wie im HNCA-Spektrum. Das HNCO-Experiment, das das sensitivste Tripelresonanzexperiment darstellt, ist zudem sehr nützlich, um zufällige Signalentartungen in der HSQC-Projektion aufzulösen: In Proteinen ist jedes Amidproton nur an eine Carbonylgruppe kovalent gebunden. Daher beobachtet man im HNCO-Spektrum normalerweise nur ein Kreuzsignal pro Amidprotonenfrequenz. Findet man jedoch auf der Frequenz eines Amidprotons zwei Kreuzsignale, dann bedeutet das, dass die Signale von zwei Aminosäuren in der $^1H^N/^{15}N$-HSQC-Projektion zufällig entartet sind.

Zwei weitere Paare von Experimenten ermöglichen eine unabhängige Zuordnungsstrategie. Die CBCANH- und CBCA(CO)NH-Experimente erzeugen intra- und interresiduale Korrelationen zwischen der Amidgruppe und den $C^{\alpha}$- und $C^{\beta}$-Kernen und die nahe verwandten Experimente HBHA(CBCA)NH und HBHA(CBCACO)NH zu den $H^{\alpha}$- und $H^{\beta}$-Resonanzen. Die $C^{\alpha}$- und $C^{\beta}$-chemischen Verschiebungen, die man aus den ersten beiden Experimenten erhält, helfen bei der Eingrenzung des Aminosäuretyps. So ermöglichen die eindeutigen Werte der $C^{\alpha}$- und $C^{\beta}$-chemischen Verschiebungen von Ala, Gly, Ile, Pro, Ser, Thr und Val deren vorläufige Identifizierung (◘ Abb. 21.28).

Proline besitzen kein Amidproton und erzeugen daher keine Kreuzsignale in Amidproton-detektierten Experimenten. Um dieses Problem zu lösen, wurden Tripleresonanzexperimente, wie z. B. das HCACO, das die $H^{\alpha}$-, $C^{\alpha}$- und C'-Frequenzen einer Aminosäure miteinander korreliert, entwickelt: Das HCACO detektiert nicht die Magnetisierung des Amidprotons, sondern der $H^{\alpha}$-Protonen, und ermöglicht somit eine Verknüpfung über Prolinreste hinweg.

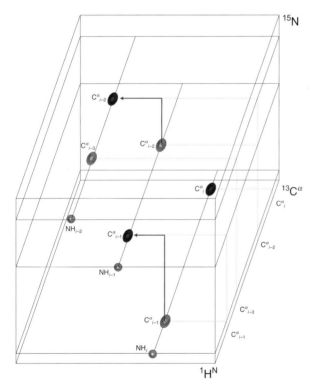

◘ **Abb. 21.26** Schematische Darstellung der sequenzspezifischen Zuordnung mithilfe eines 3D-HNCA-Spektrums: Die $^1H$–$^{15}N$-Projektion des 3D-Spektrums weist für jede Aminosäure ein Signal auf (hellblaue Peaks), während im 3D-Spektrum zwei Peaks bei der chemischen Verschiebung eines Amidprotons existieren: Eines vom $C^{\alpha}$-Atom derselben Aminosäure (rot) und eines vom $C^{\alpha}$-Atom der vorhergehenden Aminosäure (orange). Wenn man von den hellroten Signalen ausgeht, kann man sich über die roten Signale schrittweise durch die Aminosäuresequenz hangeln

**Abb. 21.27** Streifenförmige Ausschnitte eines HNCA- (schwarz) und CBCA(CO)NH-Spektrums (rot) von huMIF. Jeder Streifen entspricht einer Aminosäure von F18 bis K32 bei der jeweiligen chemischen Verschiebung von $^1H$ (x-Achse) und $^{15}N$ (z-Achse, nicht gezeigt). Die Konnektivitäten, die sich durch das Übereinanderlegen beider Spektren ergeben, sind klar zu erkennen und durch horizontale, schwarze Linien verdeutlicht. Die chemischen Verschiebungen der $C^\alpha$- und $C^\beta$-Signale (y-Achse) geben zusätzlich Hinweise auf die Art der jeweiligen Aminosäure

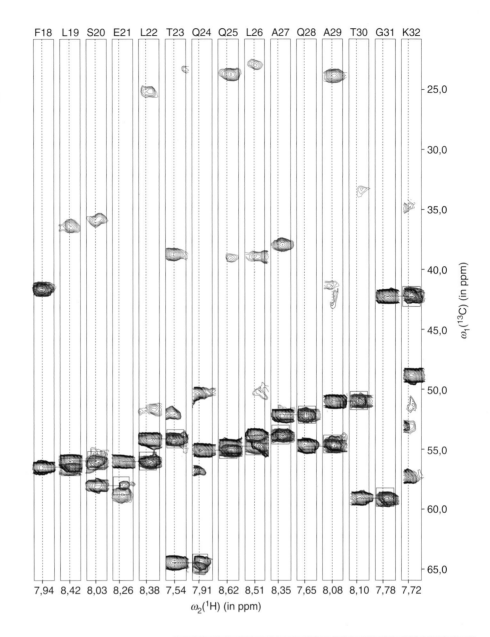

Die Zuordnung der Seitenketten erfordert die Messung weiterer Tripleresonanzspektren. Besonders geeignet sind hierfür das 3D-HCCH-TOCSY- und das 3D-HCCH-COSY-Experiment (■ Abb. 21.22). Ausgehend von den bekannten $C^\alpha$-Frequenzen (aus dem HNCA) oder $H^\alpha$ (z. B. aus dem $^{15}N$-TOCSY-HSQC oder dem HCACO) können über die in diesen Spektren beobachteten Signalsysteme die Seitenkettenprotonen und -kohlenstofffrequenzen zugeordnet werden.

Zusammenfassung: Die allgemeine Strategie zur sequenziellen Zuordnung eines Proteins mittels Tripelresonanzspektren beinhaltet die Aufnahme verschiedener, unabhängiger NMR-Experimente.

Zuerst etabliert man sequenzielle Konnektivitäten zwischen den Spinsystemen durch mindestens zwei verschiedene Kerne ($C^\alpha$, $C^\beta$ oder C'). Diese Strategie minimiert Komplikationen bei der Zuordnung aufgrund der Entartung der chemischen Verschiebungen. Anschließend grenzt man den Aminosäuretyp anhand der chemischen Verschiebungen, die man aus den CBCA(CO)NH- oder CBCANH-Spektren erhält, ein. Letztlich bestimmt man die Zuordnung für die Seitenketten mithilfe der HCCH-TOCSY- und $^{13}C$-NOESY-HSQC-Experimente (► Abschn. 21.1.4). Alle Informationen zusammengenommen ermöglichen es, die identifizierten Spinsysteme innerhalb der Proteinsequenz zu platzieren.

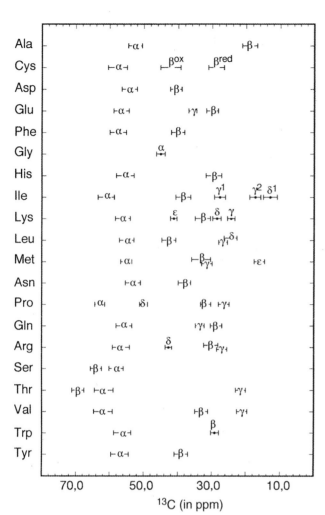

**Abb. 21.28** Typische Bereiche der chemischen Kohlenstoff- ($C^\alpha$, $C^\beta$, usw.) Verschiebungen der 20 proteinogenen Aminosäuren. (Nach Cavanagh et al. 1996)

| Struktur-element | $\beta$-Faltblatt | $\alpha$-Helix | $3_{10}$-Helix |
|---|---|---|---|
| Rest-nummer | 1234567 | 1234567 | 1234567 |
| $^3J_{\text{H}\alpha\text{-NH}}$ | 9999999 | 4444444 | 4444444 |
| $d_{\text{NN}}(i,i+1)$ | | | |
| $d_{\alpha\text{N}}(i,i+1)$ | | | |
| $d_{\text{NN}}(i,i+2)$ | | | |
| $d_{\alpha\text{N}}(i,i+2)$ | | | |
| $d_{\alpha\text{N}}(i,i+3)$ | | | |
| $d_{\alpha\beta}(i,i+3)$ | | | |
| $d_{\alpha\text{N}}(i,i+4)$ | | | |

**Abb. 21.29** Charakteristische NOE-Signale und typische $^3J$(H$^\text{N}$-H$^\alpha$)-Kopplungskonstanten für drei reguläre Sekundärstrukturelemente. Die Abbildung zeigt schematisch die typischen Intensitäten für die H$^\text{N}_{(i)}$-H$^\text{N}_{(i+1)}$, H$^\alpha_{(i)}$-H$^\text{N}_{(i+1)}$, H$^\text{N}_{(i)}$-H$^\text{N}_{(i+2)}$, H$^\alpha_{(i)}$-H$^\text{N}_{(i+2)}$, H$^\alpha_{(i)}$-H$^\text{N}_{(i+3)}$, H$^\alpha_{(i)}$-H$^\beta_{(i+3)}$ und H$^\alpha_{(i)}$-H$^\text{N}_{(i+4)}$ Kreuzsignale. Die Höhen der Rechtecke geben die Intensitäten der beobachteten Kreuzsignale wieder

## 21.1.6 Bestimmung der Proteinstruktur

### 21.1.6.1 Bestimmung der Sekundärstruktur

Reguläre Sekundärstrukturelemente wie $\alpha$-Helices und $\beta$-Faltblätter sind Bereiche des Proteinrückgrats mit definierten Konformationen, die sich durch bestimmte interatomare Abstände und Torsionswinkel auszeichnen. Anhand diagnostischer NOE-Signalmuster und $^3J$(H$^\text{N}$-H$^\alpha$)-Kopplungskonstanten lassen sich daher die wichtigsten Sekundärstrukturelemente unterscheiden (**Abb. 21.29**). Charakteristisch für eine $\alpha$-Helix sind starke NOE-Signale zwischen den Amidprotonen H$^\text{N}_{(i)}$-H$^\text{N}_{(i+1)}$ und H$^\text{N}_{(i)}$-H$^\text{N}_{(i+2)}$ sowie die sehr charakteristischen H$^\alpha_{(i)}$-H$^\text{N}_{(i+3)}$-Kontakte (**Abb. 21.29**). $^3J$(H$^\text{N}$-H$^\alpha$)-Kopplungskonstanten kleiner als ~5 Hz bestätigen zusätzlich die Existenz einer $\alpha$-Helix. Im Gegensatz dazu zeichnet sich ein $\beta$-Faltblatt durch ein spezifisches Muster von H$^\alpha_{(i)}$-H$^\alpha_{(j)}$- und H$^\text{N}_{(i)}$-H$^\text{N}_{(j)}$-NOE-Signalen zwischen den beiden parallelen bzw. antiparallelen Strängen des Faltblatts ($i$ und $j$ bezeichnen dabei Aminosäuren in unterschiedlichen Strängen eines Faltblatts) aus. Die ausgestreckte Struktur des Proteinrückgrats zeigt sich zudem an starken H$^\alpha_{(i)}$-H$^\text{N}_{(i+1)}$-NOEs und $^3J$(H$^\text{N}$-H$^\alpha$)-Kopplungskonstanten von mehr als 8 Hz für mehrere aufeinanderfolgende Reste.

Wir werden die Domäne DS111M von Severin nutzen, um die Identifikation von Sekundärstrukturen zu erläutern. Diese zweite Domäne von Severin spielt eine zentrale Rolle beim Auf- und Abbau von Aktin, einem Bestandteil des Cytoskeletts. Severin DS111M besteht aus 114 Aminosäuren und umfasst drei $\alpha$-Helices, die an den H$^\alpha_{(i)}$-H$^\text{N}_{(i+3)}$-Verknüpfungen erkennbar sind (**Abb.** 21.30). Starke sequenzielle H$^\alpha_{(i)}$-H$^\text{N}_{(i+1)}$-Kontakte und das Fehlen sequenzieller H$^\text{N}_{(i)}$-H$^\text{N}_{(i+1)}$-Kontakte weisen auf das Vorliegen von fünf $\beta$-Faltblättern hin. $^3J$(H$^\text{N}$-H$^\alpha$)-Kopplungskonstanten >8 Hz bestätigen zusätzlich das Vorliegen von $\beta$-Faltblattstrukturen in diesen Bereichen. Insbesondere starke H$^\alpha_{(i)}$-H$^\alpha_{(j)}$-Kontakte zwischen zwei Strängen ermöglichen die Iden-

**Abb. 21.30** Übersicht der sequenziellen ¹H-¹H-NOE-Signale sowie NOE-Signale kurzer Reichweite von DS111M. Die Höhen der Balken geben die Stärke der NOE-Signale wieder. Die ³J(Hᴺ-Hᵅ)-Kopplungskonstanten sind unterhalb der Aminosäuresequenz angegeben. Gefüllte und leere Kreise zeigen langsam und mittelschnell austauschende Amidprotonen an. Oberhalb der Aminosäuresequenz ist die Sekundärstruktur des entsprechenden Sequenzbereichs schematisch dargestellt (Pfeile = β-Faltblatt, Schraubenlinien = α-Helix)

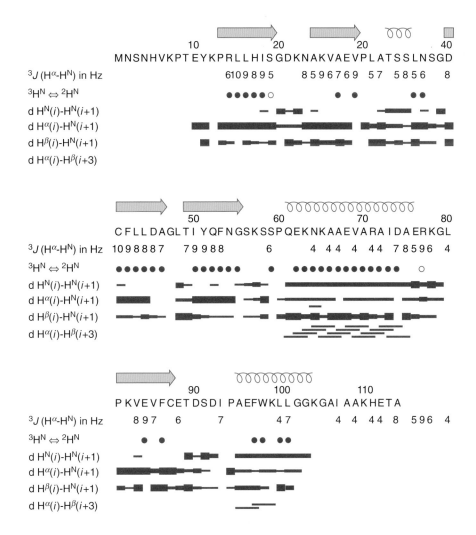

tifikation zusammengehöriger Stränge im β-Faltblatt (□ Abb. 21.31). Diese kurzen Abstände (2,2 Å) sind relativ einfach in einem 2D-NOESY- oder einem ¹³C-NOESY-HSQC-Spektrum zu erkennen. Da die chemische Verschiebung der Hᵅ-Resonanzen nahe bei der des Wassers liegt, ist es ratsam, diese NOESY-Spektren an einer in D₂O gelösten Proben aufzunehmen, um Störungen durch das Wassersignal zu verringern.

Neben diesen direkten Informationen über Orientierungsparameter, Abstände und Winkel im Proteinrückgrat liefert der Wasserstoff/Deuterium- (H/D-) Austausch der Amidprotonen indirekte Strukturinformationen. So verlangsamen Wasserstoffbrücken, die Sekundärstrukturen stabilisieren, den H/D-Austausch, und folglich weisen langsam austauschende Amidprotonen auf das Vorhandensein von Sekundärstrukturen hin (□ Abb. 21.30). Zudem erhält man hierdurch Hinweise über die mögliche Position der Aminosäuren in der Proteinstruktur. Amidprotonen im Zentrum des Proteins besitzen aufgrund der geringeren Zugänglichkeit des Lösungsmittels eine langsamere Austauschgeschwindigkeit, wohingegen Amidprotonen an der Oberfläche des Proteins eine höhere Austauschgeschwindigkeit aufweisen.

Experimentell bestimmt man die Austauschgeschwindigkeit, indem man eine Proteinprobe gefriergetrocknet und anschließend in 100 % D₂O löst. Im Laufe der Zeit verschwinden dann diejenigen Signale, die von einem schnell austauschenden Amidproton herrühren. Dagegen bleiben die Signale langsam austauschender Amidprotonen längere Zeit im Spektrum sichtbar (zum Teil bis zu einigen Monaten). Diese Amidprotonen befinden sich nahezu ausschließlich in Regionen des Proteins mit regulärer Sekundärstruktur (□ Abb. 21.30).

Die chemische Verschiebung der Proteinreste liefert weitere Hinweise für das Vorliegen von Sekundärstrukturen. So ändert sich die chemische Verschiebung einer Aminosäure gegenüber dem unstrukturierten Zustand (der sog. *Random Coil Shift*), wenn sich diese Aminosäure in einem Sekundärstrukturelement befindet. Dieser Unterschied wird als sekundäre chemische Verschiebung bezeichnet und spiegelt die Gleichförmigkeit der

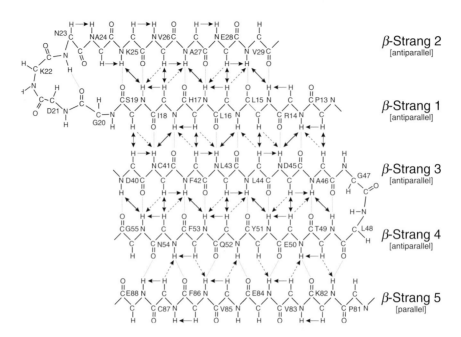

**◨ Abb. 21.31** Das komplette Netzwerk aus NOE-Kreuzsignalen innerhalb des fünfsträngigen β-Faltblatts von Severin DS111M. Die vier β-Stränge β1, β2, β3 und β4 verlaufen antiparallel zueinander, während die β-Stränge β4 und β5 parallel zueinander verlaufen. In Form von Pfeilen sind die beobachteten NOE-Kreuzsignale des Proteinrückgrats eingezeichnet, die innerhalb der fünf β-Stränge und

zwischen diesen auftreten. Einfache Pfeile zeigen sequenzielle $H^{\alpha}_{(i)}$-$H^N_{(i+1)}$-Kreuzsignale an, wohingegen starke und schwache Doppelpfeile sowie gestrichelte Pfeile $H^N_{(i)}$-$H^N_{(j)}$, $H^{\alpha}_{(i)}$-$H^{\alpha}_{(j)}$ und $H^{\alpha}_{(i)}$-$H^N_{(j)}$-Kreuzsignale zwischen den Strängen markieren. Weiterhin sind die vorhandenen Wasserstoffbrücken in Form schwacher gepunkteter Linien dargestellt

chemischen Umgebung in einem regulären Sekundärstrukturelement wieder. Beispiele hierfür sind die Verschiebung von $C^{\alpha}$- und C'-Kohlenstoffkernen zu tiefem Feld (d. h. höheren ppm-Werten) in α-Helices bzw. nach hohem Feld (d. h. kleineren ppm-Werten) in β-Faltblättern (und umgekehrt für $H^{\alpha}$-Protonen und $C^{\beta}$-Kohlenstoffkernen). Die Methode zur Identifikation von Sekundärstrukturen anhand der sekundären chemischen Verschiebung wird als chemischer Verschiebungsindex (*Chemical Shift Index*, CSI) bezeichnet.

Daher ist es mithilfe der bisher beschriebenen Methoden bereits in einem sehr frühen Stadium der Strukturbestimmung möglich, die Sekundärstrukturelemente des Proteins ausfindig zu machen. Die relative räumliche Lage dieser Elemente zueinander sowie die globale Faltung des Proteins sind jedoch noch nicht bekannt.

### 21.1.6.2 Randbedingungen für die Strukturrechnung

Abstände zwischen Protonen können aus 2D-NOESY-, 3D-$^{15}$N-NOESY-HSQC- und 3D-$^{13}$C-NOESY-HSQC-Spektren (► Abschn. 21.1.4) ermittelt werden. Für stabil gefaltete Proteine mittlerer Größe (ca. 120 Aminosäuren) erhält man oft mehr als 1000 NOE-Kontakte, die anhand der oben beschriebenen sequenzspezifischen

Resonanzzuordnung bestimmten Protonen zugeordnet werden können. Besonders wichtig sind hierbei die nichtsequenziellen NOE-Kontakte, welche die dreidimensionale Struktur definieren. *Medium-Range*-NOEs (weniger als vier Reste trennen die NOE-verursachenden Aminosäuren) geben vorwiegend Auskunft über die lokale Konformation des Proteinrückgrats und dienen der Bestimmung von Sekundärstrukturelementen. *Long-Range*-NOEs (fünf oder mehr Reste trennen die NOE-verursachenden Aminosäuren) definieren die relative Orientierung der Sekundärstrukturelemente zueinander und sind daher essenzielle Parameter zur Bestimmung der Tertiärstruktur.

Da die NOE-Signalintensität $I$ vom Abstand $r$ zwischen zwei Kernen $i$ und $j$ entsprechend:

$$I\left(\text{NOE}_{ij}\right) \propto \frac{1}{r_{ij}^6} \qquad (21.13)$$

abhängt, kann man den internuclearen Abstand durch Integration des NOE-Signals erhalten. Alternativ ist es möglich, die Intensität qualitativ abzuschätzen. In beiden Fällen müssen jedoch die Signalintensitäten zuvor anhand eines NOE-Signals für einen bekannten Abstand (z. B. bekannte Abstände in Sekundärstrukturele-

21

menten) kalibriert werden. Abhängig von den Signalintensitäten werden die NOEs nun in Abstandsgruppen eingeteilt, denen feste Abstandsgrenzen zugeteilt werden (◻ Tab. 21.2).

Zusätzlich zu den Abstandswerten verwendet die Strukturrechnung $^3J(\text{H}^\text{N}\text{-H}^\alpha)$-Kopplungskonstanten, die man aus COSY- oder HNCA-J-Spektren (eine Variante des HNCA-Spektrums) erhält. Wie in ► Abschn. 21.1.2 beschrieben, grenzen die $^3J(\text{H}^\text{N}\text{-H}^\alpha)$-Kopplungskonstanten die $\phi$-Winkel des Proteinrückgrats über die Karplus-Beziehung ein (◻ Abb. 21.11).

**Residuale dipolare Kopplungen** (RDC, *Residual Dipolar Couplings*) gehören zu einer Klasse von NMR-Parametern, die die chemische Verschiebungsanisotropie sowie kreuzkorrelierte Relaxation beinhalten. In isotroper Lösung mittelt die Rotationsdiffusion anisotrope Interaktionen wie die Dipol-Dipol-Wechselwirkung zwischen zwei Kernspins zu null aus. Die anisotropen Interaktionen führen dann nicht mehr zur Aufspaltung von NMR-Linien, sondern wirken (nur) als Relaxationsmechanismus. Ist jedoch die Molekülrotation anisotrop, und bestimmte Orientierungen werden bevorzugt oder vermieden (d. h. es liegt eine molekulare Ausrichtung vor), so ist auch die Mittelung der Dipol-Dipol-Wechselwirkungen nicht vollständig. Man erhält im Vergleich zum statischen Wert reduzierte Werte für die dipolare Interaktion, und die entsprechenden Kopplungen werden als residuale dipolare Kopplungen bezeichnet. Im Gegensatz zu NOEs und skalaren Kopplungen, die Abstandsinformationen über die lokale Geometrie liefern, stellen Orientierungsparameter wie RDCs Randbedingungen über weite Abstände für das gesamte Molekül zur Verfügung. Mithilfe von RDCs lässt sich z. B. die relative Orientierung von Sekundärstrukturelementen oder individuellen Proteindomänen zueinander bestimmen. Zusätzlich liefern RDCs dynamische Informationen über langsame interne Bewegungen eines Bindungsvektors.

Alle RDCs beziehen sich auf den gleichen Bezugsrahmen (der sog. anisotrope Orientierungstensor $\sigma$), der fest mit dem Molekül „verbunden" ist. Somit hängen RDCs von der Orientierung des internuclearen Vektors relativ zum molekularen Bezugsrahmen ab. Diese Orientierung wird durch die beiden Winkel $(\theta, \phi)$ definiert (◻ Abb. 21.32), wobei $\theta$ der Winkel zwischen der z-Achse des Hauptachsenrahmens und dem internuclearen Vektor ist und $\phi$ der entsprechende Azimutwinkel. Der Hauptachsenrahmen wird als der molekulare Rahmen definiert, in dem der Orientierungstensor $\sigma$ diagonal ist (d. h. mit den Eigenwerten $|\sigma_z| > |\sigma_y| > |\sigma_x|$). Die dipolare Kopplung $D^{A,B}$ zwischen zwei Kernen A und B ist damit gegeben durch:

$$D^{A,B} = 0,75\, D_{\max}^{A,B} \left[ \begin{array}{l} \left(3\cos^2\theta - 1\right)\sigma_z \\ +\sin^2\theta \cos 2\phi \left(\sigma_x - \sigma_y\right) \end{array} \right] \quad (21.14)$$

◻ **Tab. 21.2** Zusammenhang zwischen der Intensität eines NOE-Signals und dem Abstand der beitragenden Protonen. In der Strukturrechnung wirken NOE-Entfernungen wie elastische Federn zwischen den Atomen. Überschreitet ein Atomabstand in der Strukturrechnung die Obergrenze, so wird diese „NOE-Verletzung" mit einem Energiebeitrag, abhängig vom Maß der Überschreitung, bestraft. Dieser Energiebeitrag forciert eine Annäherung der entsprechenden Protonen im nächsten Schritt der Strukturrechnung. Da die NOE-Intensität im NMR-Spektrum durch verschiedene Effekte unabhängig vom Atomabstand verringert sein kann, werden häufig keine Untergrenzen verwendet, sondern es wirkt nur die „normale" Abstoßung zwischen den Atomen gemäß ihrer Van-der-Waals-Radien.

| NOE-Intensität | Abstand (Å) | Obergrenze (Å) |
|---|---|---|
| stark | 2,4 | 2,7 |
| mittel | 3,0 | 3,3 |
| schwach | 4,4 | 5,0 |
| sehr schwach | 5,2 | 6,0 |

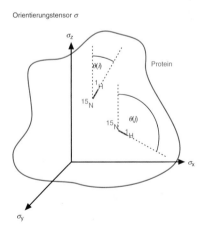

◻ **Abb. 21.32** Die Orientierung einer N–H-Bindung *i* relativ zum Orientierungstensor $\sigma$ bestimmt Größe und Vorzeichen der residualen dipolaren Kopplung zwischen $^1\text{H}_i$ und $^{15}\text{N}_i$. Der Orientierungstensor kann als fest mit dem Protein/Molekül verbunden gedacht werden, hängt in Größe und Orientierung jedoch von dem orientierenden Medium (wie z. B. Bicellen oder Pf1-Bakteriophagen) ab

Die Größe der RDCs skaliert mit dem Grad der Orientierung. Experimentell wird eine schwache Ausrichtung der Proteine erzeugt, um RDCs in der Größe von einigen Hertz zu bestimmen. Ist die Ausrichtung nur schwach (was einer Ausrichtung von 1 aus 1000 Molekülen entspricht), so sind die Spektren vergleichbar mit denen in isotroper Lösung, d. h. die Anzahl an Linien nimmt nicht unverhältnismäßig zu, und die NMR-Signale bleiben scharf. Verschieden Methoden existieren, um eine schwache Orientierung von Proteinen zu erreichen. Ursprünglich wurden Teilchen untersucht, die sich im Magnetfeld spontan ausrichteten (durch anisotrope Tensoren der magnetischen Suszeptibilität). Inzwischen verwendet man Systeme, die auch stark verdünnt im Magnetfeld solch flüssigkristallines Verhalten zeigen:

- Bicellen (flache Micellen, bestehend aus zwei verschiedenen Lipiden mit unterschiedlicher Acylkettenlänge)
- stäbchenförmige Viruspartikel (z. B. Tabakmosaikvirus oder Bakteriophage Pf1)
- Polyethylenglykol/Alkohol-Mischungen
- Purpurmembranen von halophilen Bakterien

Des Weiteren erreicht man eine partielle Ausrichtung von Proteinen oder Nucleinsäuren durch mechanisch gestreckte oder komprimierte Polyacrylamidgele. Zur Bestimmung der RDCs nutzt man hauptsächlich heteronucleare Experimente, wie sie auch zur Messung von skalaren Kopplungen verwendet werden.

### 21.1.6.3 Berechnung der Tertiärstruktur

Die computergestützte Strukturrechnung dient der Umsetzung der aus den NMR-Spektren gewonnenen geometrischen Daten (Abstände und Winkel) in eine dreidimensionale Struktur. Die NMR-Daten liefern jedoch nur eine begrenzte Anzahl an Abstands- und Winkelinformationen zwischen bestimmten Atompaaren (vorzugsweise den Wasserstoffatomen), die allein nicht ausreichen, alle Atompositionen festzulegen. Dies ist auch nicht notwendig, da die Bindungsgeometrie vieler chemischer Gruppen aus Röntgenstreuexperimenten sehr gut bekannt ist. Diese Moleküldaten sind im sog. **Kraftfeld** beinhaltet, das auch weitere allgemeine atomare Parameter, wie den Van-der-Waals-Radius und die elektrostatische (Partial-)Ladung mit einschließt.

Während die NMR-Daten direkt am zu untersuchenden Molekül gemessen werden und daher innerhalb der Fehlergrenzen als „wahr" angenommen werden können, sind die Kraftfeldparameter aus Messungen an Referenzmolekülen abgeleitet. Man nimmt an, dass die Kraftfeldparameter nur von der chemischen Struktur, nicht aber von der räumlichen Struktur abhängen. Daher stellt das Kraftfeld ein angemessenes Modell für das reale Molekül dar. Da verschiedene Möglichkeiten existieren, Kraftfeldparameter aus experimentellen Referenzdaten zu extrahieren, existieren verschiedene Kraftfelder, von denen jedes für einen bestimmten Anwendungsbereich optimiert ist. Obwohl die Strukturrechnung ein Kraftfeld benötigt, sollten die experimentellen NMR-Daten unabhängig von der Wahl des Kraftfeldes das Ergebnis bestimmen.

Im Vergleich zu molekulardynamischen Simulationen (die nur auf dem Kraftfeld und der Simulationsmethode beruhen) verwendet die NMR-Strukturrechnung vereinfachte Kraftfelder. So wird das Lösungsmittel in der Regel nur in Form einer konstanten Dielektrizitätskonstante berücksichtigt. Die wichtigsten Freiheitsgrade, die die 3D-Struktur eines Proteins bestimmen, sind Rotationen um die N–C$^\alpha$-Bindung (Torsionswinkel $\phi$) und die C$^\alpha$–C'-Bindung (Torsionswinkel $\Psi$). Um verlässliche Strukturen zu erhalten, sollten die NMR-Daten diese Winkel genau definieren und nicht das Kraftfeld. Besonders für Schleifen an der Proteinoberfläche, die N- und C-Termini sowie die Aminosäureseitenketten ist dies aufgrund ihrer erhöhten Beweglichkeit oft nicht möglich. Flexible Regionen von Biomolekülen werden daher am besten durch ein Ensemble von Konformationen beschrieben, da eine einzelne, definierte Konformation eine unzureichende Abbildung der mikroskopischen Realität dieser Bereiche ist. Die praktische Erfahrung zeigt, dass die Anzahl der Abstandsrandbedingungen (NOEs) wichtiger ist als die Genauigkeit, mit der die Abstände bestimmt werden. Daher ist die in ◻ Tab. 21.2 eingeführte Abstandseinteilung ausreichend präzise für die Strukturrechnung.

Zur Berechnung der Struktur eines Proteins in Lösung haben sich zwei Verfahren etabliert:

- Die **Distanzgeometrie**-Methode (*Distance Geometry, DG*) erstellt Matrizen aus den NMR-Daten und dem Kraftfeld, die Abstandsrandbedingungen für alle Atompaare enthalten. Mit einem mathematischen Optimierungsverfahren werden kartesische Koordinaten für alle Atome berechnet, sodass alle Abstandsbedingungen möglichst gut erfüllt werden. Da die Lösung dieses Problems nicht eindeutig ist, kann eine Mehrzahl von unabhängigen Ergebnisstrukturen berechnet werden, die den NMR-Daten gerecht werden. Der kovalenten Geometrie wird in der *DG* jedoch nicht ausreichend Rechnung getragen. Daher müssen die *DG*-Strukturen noch verfeinert werden.
- **Simulated Annealing** (*SA*, simuliertes Tempern) ist eine Methode der Molekulardynamik (MD). Die Bewegungsgleichung von Newton besagt, dass eine Kraft, die auf ein Atom einwirkt, dieses beschleunigt

Magnetische Resonanzspektroskopie von Biomolekülen

521    21

oder abbremst. Durch numerische Lösung dieser Gleichung simuliert die MD die physikalische Bewegung des Atoms. Die NMR-Daten gehen als Randbedingungen ein und sorgen dafür, dass das simulierte Protein nur Konformationen einnimmt, die mit den experimentell gemessenen Daten übereinstimmen. Ausgehend von einer Startstruktur erlaubt eine Simulationsperiode bei hoher Temperatur, dass das Protein eine Struktur findet, die mit den NMR-Daten und dem Kraftfeld kompatibel ist. Da in dieser Phase sowohl Kraftfeld als auch experimentelle Randbedingungen eher schwach im Vergleich zur thermischen Energie sind, kann das simulierte Molekül große Konformationsänderungen durchlaufen. Das anschließende Simulated Annealing (SA)-Protokoll erniedrigt graduell die Simulationstemperatur und verstärkt die Wirkung des Kraftfeldes und der experimentellen NMR-Randbedingungen. Die Fluktuationen der Struktur werden dadurch sukzessive eingeschränkt, bis am Ende eine 3D-Struktur mit minimaler Energie erreicht ist. Da das Ergebnis der SA-Rechnung von der Startstruktur abhängen kann, ist es notwendig, viele Rechnungen ausgehend von verschiedenen Startstrukturen durchzuführen.

NMR-Strukturrechnungen erzeugen keine einzelne Struktur, sondern vielmehr eine Strukturfamilie, die einen mehr oder weniger eng begrenzten Konformationsraum absteckt. Die mittlere Abweichung (*Root Mean-Square Deviation*, RMSD) gibt die Variabilität innerhalb dieser Strukturfamilie wieder, wobei kleine Abweichungen einen engen Konformationsraum anzeigen. Im Allgemeinen bestimmt man den RMSD-Wert für jede Struktur aus dieser Familie bezogen auf eine Mittelstruktur, die davor berechnet werden muss. Es ist auch üblich, paarweise einen Vergleich zweier Strukturen einer Familie durchzuführen und anschließend den Mittelwert aus all diesen Abweichungen zu bilden. Der RSMD variiert für einzelne Regionen der Proteinstruktur, da Bereiche ohne definierte Sekundärstruktur häufig große Abweichungen aufweisen, die auf eine geringe Anzahl an NMR-Randbedingungen zurückzuführen sind. Gleichermaßen haben flexible Regionen aufgrund erhöhter interner Beweglichkeit höhere RSMD-Werte. Relaxationsmessungen (▶ Abschn. 21.1.7) können Aufschluss darüber geben, ob die Variabilität innerhalb der Strukturfamilie durch unzureichende NMR-Randbedingungen verursacht wird oder aufgrund von erhöhter lokaler Beweglichkeit.

Das Ergebnis einer Strukturbestimmung ist für das Protein Severin DS111M in ◻ Abb. 21.33 gezeigt. Die individuellen Konformere des NMR-Ensembles sind hier bis auf wenige nicht genau definierte Bereiche ($\alpha$-Helix 2 am C-Terminus und N-Terminus) nahezu deckungsgleich. Zur deutlicheren Präsentation der $\beta$-Stränge und der $\alpha$-Helices ist in ◻ Abb. 21.33b das Bändermodell von DS111M dargestellt, das die gleiche Orientierung hat wie die zwanzig überlagerten Strukturen in ◻ Abb. 21.33a. Die Berechnung dieser Strukturen erfolgte auf der Grundlage von 1011 Abstandsrandbedingungen und 55 $\phi$-Torsionswinkeln. Dieses Beispiel zeigt deutlich die Notwendigkeit einer großen Anzahl an Randbedingungen, um zu gut definierten NMR-basierten Strukturen zu gelangen.

### 21.1.7 Proteinstrukturen und mehr – ein Ausblick

Oftmals ist die Bestimmung einer Proteinstruktur nur der Beginn der strukturbiologischen und biochemischen Charakterisierung eines Proteins. Erst mit dem Wissen über die dreidimensionale Struktur können funktionale Fragestellungen wie die Dynamik des Proteins, Wechselwirkungen mit anderen Molekülen (z. B. Proteine, DNA oder Liganden), Katalysemechanismen, Hydration oder der Faltungsweg des Proteins sinnvoll angegangen werden. Eine ausführliche Behandlung dieser Techniken würde den Rahmen dieses Kapitels sprengen. Daher geben die folgenden Abschnitte nur einen kurzen Ausblick auf die möglichen Experimente und Anwendungen. Im Literaturverzeichnis am Ende des Kapitels gibt eine Auswahl der wichtigsten Lehrbücher und Übersichtsartikel, in denen die einzelnen Themen genauer und umfassender behandelt werden.

### 21.1.7.1 Beschleunigung der NMR-Spektroskopie

Aufgrund der geringen Sensitivität ist die NMR-Spektroskopie eine vergleichsweise langsame und zeitintensive Methode. Obwohl ein einzelnes 1D-Experiment nur wenige Sekunden bis Minuten dauert, steigt die Messzeit für komplexere Spektren erheblich mit zunehmender Dimensionalität des Experiments an. Zweidimensionale Experimente dauern typischerweise mehrere Minuten bis Stunden, und 3D-Experimente können einige Tagen bis zur Fertigstellung benötigen. Daher ist die Aufnahme höherdimensionaler Spektren (4D oder 5D), in denen jede indirekte Zeitdimension unabhängig inkrementiert wird (▶ Abschn. 21.1.3), unpraktisch.

Im Wesentlichen bestimmen zwei Faktoren die Länge eines Experiments: der Recovery Delay (▶ Abschn. 21.1.2) und die Anzahl an Inkrementen in der indirekten Dimension(en) (▶ Abschn. 21.1.3).

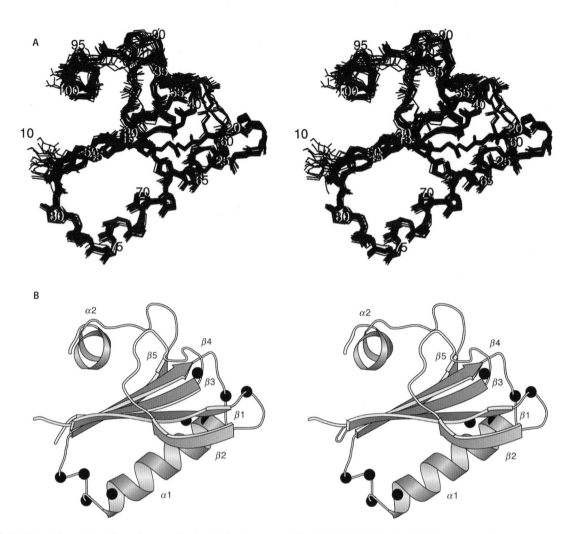

**Abb. 21.33** **A** Stereodarstellung der zwanzig finalen Strukturen von Severin DS111M mit der niedrigsten Energie. Nur die Schweratome des Proteinrückgrats (N, Cα, C' und O) sind gezeigt. **B** Darstellung der Struktur von DS111M im Bändermodell

Während des Recovery Delay (ca. 1–5 s) kehrt die Magnetisierung auf ihren Gleichgewichtswert durch $T_1$-Relaxation zurück. Daher bestimmt diese Wartezeit, wie schnell einzelne Experimente (z. B. mit verschiedenen $t_1$-Inkrementen) wiederholt werden können. Die SOFAST- und BEST-artigen NMR-Experimente sind spezifisch so entwickelt worden, dass sie selektiv nur einen Teil der Spins (normalerweise die Amidprotonen) anregen. Die nicht angeregten Protonen verstärken die $T_1$-Relaxation der angeregten Spins durch Dipol-Dipol-Wechselwirkungen. Folglich kann die Relaxationswartezeit auf wenige hundert Mikrosekunden reduziert und somit die Wiederholungsrate fünf- bis zehnmal gesteigert werden.

Die Anzahl der Inkremente in der indirekten Dimension bestimmt die erreichbare Auflösung in dieser Dimension. Deshalb benötigen hochaufgelöste Spektren mehr Messzeit. Zwei verschiedene Ansätze existieren, um die Anzahl der Inkremente bei gleichbleibender Auf-

lösung zu reduzieren (oder um die Auflösung bei gleichbleibender Messzeit zu erhöhen). In konventionellen Experimenten wird die indirekte Zeitdomäne in Intervalle mit konstantem Abstand $\Delta t_n$ inkrementiert. Im Gegensatz dazu werden bei der sog. *Non-Uniform-Sampling*-Methode weniger Inkremente mit zufälligem Abstand verwendet (ca. 30 % verglichen mit konventionellen *Sampling*-Methoden). Mathematische Verfahren (Maximumentropie oder *Compressed Sensing*), die sich von der Fourier-Transformation unterscheiden, konvertieren diese geringer und zufällig inkrementierten, indirekten Zeitdomänendaten in ein konventionelles Spektrum.

Der zweite Ansatz beruht auf der gleichzeitigen Inkrementierung von wenigstens zwei indirekten Zeitdomänen, um eine zweidimensionale Projektion des $n$-dimensionalen Spektrums zu erzeugen. Stellen Sie sich einen dreidimensionalen Würfel des HNCA-Spektrums vor mit $^1$H, $^{15}$N und $^{13}$C auf den $x$-, $y$- und $z$-Achsen.

**21**

Aufgrund der Ko-Inkrementierung der $^{13}$C- und $^{15}$N-Dimension schneidet die resultierende Projektion die $^{13}$C-$^{15}$N-Ebene bei einem bestimmten Winkel relativ zur z-Achse. Daher sind in der Projektion die Signale auf der y-Achse die Kombination der $^{13}$C- und $^{15}$N-Frequenzen, wohingegen die Frequenzen auf der unbeeinflussten x-Achse den Amidprotonen entsprechen. Obwohl es uns unmöglich ist, sich ein vierdimensionales Objekt vorzustellen, so ist es doch mathematisch sehr einfach, die beschriebene Methode auf ein 4D-Experiment (und höher) zu übertragen. Geeignete Projektionsrekonstruktionsmethoden ermöglichen es, ein n-dimensionales Spektrum anhand einer begrenzten Anzahl von Projektionen zu erzeugen. Bei der *Automated Projection Spectroscopy* (APSY) wird alternativ die chemische Verschiebung für jeden Peak direkt aus den Projektionen berechnet, ohne das Spektrum zu rekonstruieren. Somit ist es mit Projektionsspektroskopie möglich, ein 6D-Spektrum in drei bis vier Tagen aufzunehmen.

### 21.1.7.2 Proteindynamik

Proteine sind keine starren, statischen Objekte, sondern existieren vielmehr als Ensembles von Konformationen. Interne Bewegungen, die zu Übergängen zwischen verschieden Strukturzuständen führen, werden kollektiv als Proteindynamik bezeichnet und finden innerhalb eines weiten Bereichs auf der Zeitskala statt (Nanosekunden bis Sekunden). Die Proteindynamik spielt eine entscheidende Rolle in der Proteinfunktion, insbesondere bei der Wechselwirkung mit Bindungspartnern, in der Enzymkatalyse und in der allosterischen Regulation. Viele NMR-spektroskopische Parameter hängen sowohl von der Bewegung des Moleküls als Ganzes (Translations- oder Rotationsbewegungen) als auch von internen Bewegungen (Übergänge zwischen verschiedenen Konformationen und Rotationen von Bindungen) ab. Sie erlauben somit Einblick in eine Vielzahl dynamischer Prozesse, die von schnellen Fluktuationen (die Pikosekunden andauern) bis zu langsameren Konformationsänderungen (die Mikrosekunden und mehr andauern) reichen.

Die Messung von Relaxationsparametern ist für verschieden Kerne möglich. Während $^{15}$N-Relaxationsdaten von Amidgruppen Informationen über die Flexibilität des Rückgrats für jede Aminosäure liefern, bestimmen Relaxationsmessungen von Seitenkettengruppen (besonders die Methylgruppen von Valin, Isoleucin und Leucin) deren Mobilität. $^{15}$N-Relaxationsmessungen haben den Vorteil, dass sie an preisgünstigen $^{15}$N-markierten Proteinen aufgenommen werden können. Zudem analysiert man $^{15}$N-Relaxationsdaten anhand eines einfachen Modells, da vorwiegend das direkt gebundene Proton die Relaxation des $^{15}$N-Spins verursacht. In diesem Modell charakterisieren drei Parameter das dynamische Verhalten: die Rotationskorrelationszeit sowie die Amplitude und die Zeitskala für lokale Bewegungen. Die Korrelationszeit $\tau_c$ beschreibt die statistische Bewegung des Gesamtmoleküls in Form einer Rotationsdiffusion, die für Proteine in der Größenordnung von Nanosekunden liegt. $^{15}$N-Relaxationsmessungen sind besonders geeignet für die Identifikation und Charakterisierung von angeregten Proteinzuständen, die nur eine Besetzung von wenigen Prozent haben, aber wichtig für die Proteinfunktion und Proteinfehlfaltung sind.

### 21.1.7.3 Thermodynamik und Kinetik von Protein-Ligand-Komplexen

Die NMR-Spektroskopie ermöglicht es, viele verschiedene Aspekte der Wechselwirkung von Proteinen mit kleinen Liganden, Nucleinsäuren, Polypeptiden oder anderen Proteinen zu studieren. Zudem können im Gegensatz zur Röntgenstrukturanalyse und der Kryoelektronenmikroskopie mit der NMR-Spektroskopie neben den strukturellen Informationen auch die dynamischen, kinetischen und thermodynamischen Eigenschaften von Protein-Ligand-Komplexen untersucht werden.

Außerdem können die an der Bindung eines Liganden beteiligten Aminosäuren eines Proteins bestimmt werden, ohne dass genaue strukturelle Informationen vom Liganden vorhanden sein müssen. Hierzu wird eine $^{15}$N- oder $^{13}$C-markierte Proteinprobe mit dem nicht markierten Liganden titriert und dabei mehrere HSQC-Spektren aufgenommen. In diesen Spektren können diejenigen Signale verfolgt werden, deren chemische Verschiebung und Linienbreite sich aufgrund der Bindung des Liganden verändert haben. Vom nicht markierten Liganden sind dabei keine Signale im HSQC-Spektrum zu sehen. Auch ohne Isotopenmarkierung sind diverse Experimente möglich. Unter geeigneten Bedingungen (schwache Bindung zwischen kleinem Ligand und großem Rezeptor) kann z. B. indirekt die gebundene Konformation des Liganden bestimmt werden (mittels Transfer-NOE), obwohl der Rezeptor für NMR-Spektroskopie zu groß ist. Bei der Methode des *Saturation Transfer* (Übertrag von Magnetisierungssättigung) kann die Bindung zwischen einem Liganden und einem Rezeptor an Änderungen der NMR-Signale des relativ hoch konzentrierten Liganden erkannt werden, während der Rezeptor um Größenordnungen verdünnter vorliegt und im NMR-Spektrum praktisch nicht sichtbar ist. Diese Technik wird insbesondere in der Pharmaindustrie zur Suche von Liganden (*Screening*) für bestimmte Zielrezeptoren (*Targets*) verwendet.

### 21.1.7.4 Proteinfaltung und -fehlfaltung

NMR-spektroskopische Techniken gewähren Einsicht auf atomaren Niveau in den Faltungszustand von Proteinen. In Kombination mit Temperaturen unter 0°C (bis zu –15°C) oder Hochdruck (bis zu 2 kbar) ist es möglich, die 3D-Struktur von partiell gefalteten Gleichgewichtsintermediaten zu bestimmen und den kinetischen Faltungsweg von Proteinen zu studieren. Durch Kombination von H/D-Austauschmethoden mit anderen NMR-Methoden kann man die Bildung von Wasserstoffbrücken innerhalb einer stabilen Sekundärstruktur während des Faltungsprozesses verfolgen. Da der H/D-Austausch und die Proteinfaltung kompetitive Reaktionen sind, kann man die Geschwindigkeit der Ausbildung von Sekundärstrukturen anhand der Austauschrate von individuellen Protonen bestimmen. Zudem ist es möglich, mit einer sog. *Quenched-Flow*-Apparatur den H/D-Austausch nur in bestimmten Zeiträumen des Faltungsprozesses zuzulassen. Aus diesen Experimenten erhält man ein zeitaufgelöstes Bild der Ausbildung von Sekundär- und Tertiärstrukturen. Weiterhin geben $^{15}$N-Relaxationsdispersions- und Echtzeit-NMR-Methoden einzigartige Einblicke in die Faltungs- und Fehlfaltungsprozesse von Proteinen.

### 21.1.7.5 Intrinsisch ungeordnete Proteine

Intrinsisch ungeordnete (oder auch natürlich unstrukturierte) Proteine (IDPs) bzw. intrinsisch ungeordnete Regionen (IDRs) besitzen keine stabil gefaltete Sekundär- und Tertiärstruktur, aber erfüllen wichtige biologische Funktionen als Teil von Signaltransduktionskaskaden, in Ribosomen oder in tumorassoziierten Prozessen. Der Grad an Unordnung reicht von vollständig entfalteten Proteinen bis zu größtenteils gefalteten Proteinen, welche IDRs von ca. 30 oder mehr Resten besitzen. IDPs/IDRs besitzen eine markante Aminosäurezusammensetzung, in der Proline sowie polare und geladene Aminosäuren (Ser, Gly, Glu, Arg) gehäuft vorkommen. Gleichzeitig sind sie arm an hydrophoben und aromatischen Aminosäuren, die normalerweise den hydrophoben Kern globulärer Proteine ausmachen. Aufgrund ihrer dynamischen Natur ist nur die NMR-Spektroskopie in der Lage, sequenzspezifische, strukturelle/dynamische Informationen über IDPs/IDRs mit atomarer Auflösung zu liefern.

Die geringe Sequenzkomplexität und das Fehlen stabiler Strukturen führen zu ähnlichen chemischen Umgebungen für jeden Rest. Daher weisen IDPs eine schmale Verteilung der chemischen Verschiebung (besonders der Amidprotonen) auf, die zu starken Signalüberlagerungen führt. Degenerierte chemische Verschiebungen für $C^\alpha$ und $C^\beta$ (für jeden Aminosäuretyp liegen die chemischen Verschiebungen nahe den *Random-Coil*-Werten) schränken die Anwendung der oben besprochenen Tripelresonanzexperimenten ein (▶ Abschn. 21.1.4). Da die $^{15}$N- (und $^{13}$C'-)Dimension die höchste Auflösung für IDPs bieten, erfolgt die sequenzspezifische Zuordnung oftmals anhand von 3D-Experimenten, die zwei Stickstoffkerne miteinander korrelieren (z. B. HNN oder (H)CANNH). Alternative Experimente beruhen auf der Kohlenstoffdetektion, in denen die C'-Kerne mit den direkt gebundenen Stickstoffkernen korreliert werden. Für IDPs/IDRs ist mit diesen NCO-Experimenten eine höhere Auflösung erreichbar als mit $^1$H-$^{15}$N-HSQCs, und es ist außerdem möglich, Prolinreste zu detektieren. Aufgrund des kleineren gyromagnetischen Verhältnisses ist die Signalintensität von kohlenstoffdetektierten Experimenten jedoch deutlich geringer als die in Experimenten mit Protondetektion. Der ungeordnete Zustand verleiht IDPs/IDRs günstige Relaxationseigenschaften. Daher sind IDPs auch für hochdimensionale 5D-7D-Experimente zugänglich, die eine optimale Auflösung bereitstellen. Weiterhin ermöglichen die langen, transversalen Relaxationszeiten von IDPs/IDRs auch die Charakterisierung von Proteinen weit über 30 kDa. Selbst ohne Deuterierung war es möglich, die zwei mikrotubuliassoziierten Proteine tau und MAP 2c, die beide größer als 45 kDa sind, sequenziell zuzuordnen.

IDPs/IDRs existieren als Ensembles von rasch miteinander konvertierenden Strukturen und liefern daher nur wenige NOE-Abstandseinschränkungen (meist nur für kurze Abstände). Die sekundärchemischen Verschiebungen (▶ Abschn. 21.1.6), die man aus der sequenziellen Zuordnung erhält, ermöglichen es, kurzlebige Sekundärstrukturelemente zu identifizieren. Häufig werden diese Elemente durch die Bindung von Proteininteraktionspartnern stabilisiert. Abstandseinschränkungen von größerer Reichweite zur Charakterisierung des Strukturensembles sind über RDCs und PREs (*Paramagnetic Relaxation Enhancements*) zugänglich. Um PREs zu messen, wird eine paramagnetische Spinmarkierung (z. B. ein Nitroxid) in das IDP/IDR eingeführt. Die Spinmarkierung verstärkt die Relaxation benachbarter Reste (ca. 25 Å) und führt zu Linienverbreiterungen und damit zu einer Intensitätsabnahme. Eine Normalisierung der reduzierten Intensität durch die Intensität des jeweiligen Restes in Abwesenheit der Spinmarkierung ermöglicht die Berechnung des Abstands (der eine Mittelung über das Ensemble darstellt) zwischen dem Kern und der Spinmarkierung. Fortgeschrittene Computerprogramme können diese strukturellen Informationen zusammen mit Daten aus der Kleinwinkelröntgenstreuung nutzen, um die Ensemblestrukturen zu berechnen.

### 21.1.7.6 Struktur und Dynamik von hochmolekularen Systemen und Membranproteinen

Ende des letzten Jahrhunderts entwickelten Kurt Wüthrich und Kollegen eine als TROSY (*Transverse Relaxation Optimized Spectroscopy*) bezeichnete Technik, um die Anwendung heteronuclearer Experimente auf Proteine oder Proteinkomplexe von mehreren hundert Kilodalton auszuweiten. Die TROSY-Technik kompensiert zwei Relaxationsmechanismen: die dipolare Wechselwirkung und die chemische Verschiebungsanisotropie. Insbesondere große Proteine profitieren von den resultierenden scharfen Linienbreiten, indem die Signalüberlagerung reduziert und die Sensitivität der Experimente gesteigert wird. Aufgrund der Modularität kann die TROSY-Technik mit 3D- und Tripelresonanzexperimenten (z. B. NOESY-HSQC oder HNCA) kombiniert werden, um eine konventionelle sequenzielle Zuordnung zu ermöglichen. Mit dieser Vorgehensweise wurde die Struktur des 81 kDa großen Proteins Malatsynthase G bestimmt. Darüber hinaus lassen sich mit TROSY-Techniken die Strukturen $\alpha$-helikaler Membranproteine bestimmen, die mithilfe von Detergensmicellen, Bicellen oder Nanodisks in Lösung gebracht wurden. Somit ist es möglich, detaillierte Einblicke in die Interaktion von Pharmaka mit Membranrezeptoren zu gewinnen.

Große Proteinkomplexe erzeugen eine Vielzahl an Signalen und besitzen daher eine hohe Wahrscheinlichkeit für degenerierte chemische Verschiebungen. Um die spektrale Überlagerung zu minimieren, beschränkt man daher TROSY-Experimente auf die Analyse von isotopenmarkierten Untereinheiten in ansonsten unmarkierten Komplexen oder auf Komplexe aus symmetrischen Untereinheiten. Lewis Kay und Kollegen versuchten diese Probleme, die durch die Vielzahl an Signalen in großen Systemen hervorgerufen werden, zu umgehen, indem sie die Methyl-TROSY-Methode entwickelten. Diese Herangehensweise kombiniert die Vorteile der scharfen Linien aus dem TROSY mit der begrenzten Anzahl an Signalen, die durch eine selektive Aminosäuremarkierung entsteht (▶ Abschn. 21.1.5). Infolgedessen ermöglichten TROSY-basierte Relaxationsexperimente an protonierten Methylgruppen (Ile, Leu, Val, Ala, Met oder Thr) in einem ansonsten perdeuteriertem Protein die funktionelle Analyse des Öffnungsmechanismus des Proteasoms. Für sehr große Proteine (>200 kDa) wird der Magnetisierungstransfer durch skalare Kopplung (wie er auch im TROSY-HSQC verwendet wird) ineffektiv. Für diese Proteine erzielen die CRIPT- und CRINEPT-Techniken einen effizienten Magnetisierungstransfer durch Kreuzrelaxation.

Festkörper-NMR stellt eine Alternative zu Lösungs-NMR-Methoden dar, um hochmolekulare Systeme zu studieren. Wie der Name schon andeutet, werden Proteine nicht in Lösung analysiert, sondern als feste Pulver oder Mikrokristalle. Rotation der Proteine in speziellen Rotoren im „magischen Winkel" bei mehreren tausend Hertz führt zu einer Linienverschärfung der Resonanzen. Theoretisch gibt es keine Grenze für die Proteingröße, aber die Komplexität der Spektren für große Proteine schränkt deren Auswertung ein. Festkörper-NMR beruht vorwiegend auf der Detektion von $^{13}$C- und $^{15}$N-Spins, aber Anstrengungen werden unternommen, um bei sehr hohen Drehgeschwindigkeiten (110 kHz und mehr) auch Protonen direkt zu messen. Aufgrund der geringen Sensitivität der bezüglichen Kerne sind Festkörperexperimente oftmals auf zwei Dimensionen begrenzt. Die Entwicklung von dynamischen Kernpolarisationstechniken (*Dynamic Nuclear Polarization*, DNP) zur Erhöhung der Sensitivität verspricht die Einführung von höherdimensionalen Festkörperexperimenten zu ermöglichen.

### 21.1.7.7 In-Cell-NMR-Spektroskopie

Zur strukturellen Charakterisierung werden Proteine in der Regel stark aufgereinigt. In der Zelle hingegen befinden sich diese Proteine in der Umgebung zellulärer Bestandteile, Membranen und tausend anderer Proteine in hohen Konzentrationen (200–300 g l$^{-1}$). Es besteht daher ein großes Interesse, die Struktur und Dynamik von Proteinen und RNA im zellulären Kontext zu analysieren. Um diesem Bedarf nachzukommen, wurden intakte Zellen NMR-spektroskopisch untersucht, die sog. In-Cell-NMR. Zunächst entwickelte man In-Cell-NMR-Methoden an Bakterienzellen und bestimmte die Struktur von kleinen Proteinen. In letzter Zeit verschob sich der Fokus mehr zu Säugerzellen hin. Die einfachste Vorgehensweise für In-Cell-NMR ist die Kultivierung von Zellen in Medien, die mit isotopenmarkierten Aminosäuren versetzt sind, und die anschließende Überexpression des Zielproteins. Jedoch erzeugen Metabolite häufig starke Hintergrundsignale und reduzieren dementsprechend den Kontrast in den aufgenommenen Spektren. Um reine Spektren zu erhalten, adaptierte man Proteintransfektionssysteme, die isotopenmarkierte Proteine (die man über die heterologe bakterielle Expression erhält) in unmarkierte Zellen einschleusen. Akzeptale Transfektionseffizienzen erreicht man durch Elektroporation oder Lipofektion.

Gegenwärtig beschränken sich In-Cell-NMR-Messungen auf wenige Stunden, da das Zellmedium übersäuert und zu Zellstress führt. Diese Zeitspanne reicht zur Aufnahme von 2D-HSQC-Spektren aus, die Informationen über intrazelluläre Protein-Protein-Interaktionen, posttranslationale Modifikationen oder die Proteindynamik liefern können. Um einige der mit

Säugerzellen assoziierten Probleme zu umgehen, kann es manchmal vorteilhafter sein, mit Zelllysaten oder cytoplasmatischen Extrakten zu arbeiten. Derartige Extrakte lassen sich leicht herstellen und die Reaktionsbedingungen lassen sich besser kontrollieren, z. B. wenn posttranslationale Modifikationen analysiert werden. Die Mikroinjektion von Proteinen oder Nucleinsäuren in *Xenopus-laevis*-Oocyten stellt eine weitere Alternative für die In-Cell-NMR dar.

## Literatur und Weiterführende Literatur

Bruker Almanach (1993)

Bystrov VF (1976) Spin-spin coupling and the conformational states of peptide systems. Prog NMR Spectroscopy 10:41–81

Bax A (2003) Weak alignment offers new NMR opportunities to study protein structure and dynamics. Protein Sci 12:1–16

Cavanagh J, Fairbrother WJ, Palmer AG III, Skelton N (1996) Protein NMR spectroscopy: principles and practice [2. Aufl., 2006]. Academic Press

Derome AE (1989) Modern NMR techniques for chemistry research. Pergamon Press (Oxford), 1989

Dingley AJ, Cordier F, Grzesiek S (2001) An introduction to hydrogen bond scalar couplings. Concept Magn Reson 13:103–127

Ernst RR (1992) Kernresonanz-Fourier-Transformationsspektroskopie (Nobel-Vortrag). Angew Chem 104:817–952

Fernandez C, Wider G (2003) TROSY in NMR studies of the structure and function of large biological macromolecules. Curr Opin Struct Biol 13:570–580

Friebolin H (1988) Ein- und Zweidimensionale NMR-Spektroskopie. VCH-Verlagsgesellschaft, Weinheim

Goldman M (1988) Quantum description of high-resolution NMR in liquids. Oxford University Press. ISBN 978-0-19-855652-7

Harris RK (1983) Nuclear magnetic resonance spectroscopy. A physico-chemical view. Pitman, London

Jahnke W, Widmer H (2004) Protein NMR in biomedical research. Cell Mol Life Sci 61:580–599

Karplus M, Petsko GA (1990) Molecular dynamics simulations in biology. Nature 347:631–639

Keeler J (2005) Understanding NMR spectroscopy. Willey-VCH, West Sussex

Lee GM, Craik CS (2009) Trapping moving targets with small molecules. Science 324:213–215

Luca S, Heise H, Baldus M (2003) High-resolution solid-state NMR applied to polypeptides and membrane proteins. Acc Chem Res 36:858–865

Pervushin K (2000) Impact of transverse relaxation optimized spectroscopy (TROSY) on NMR as a technique in structural biology. Q Rev Biophys 33:161–197

Pochapsky T, Pochapsky SS (2005) NMR for physical and biological scientists. Garland Science, Boca Raton, https://doi.org/10.4324/9780203833490

Sattler M, Schleucher J, Griesinger C (1999) Heteronuclear multidimensional NMR experiments for the structure determination of proteins in solution employing pulsed field gradients. Prog Nucl Magn Reson Spectrosc 34:93–158

Sprangers R, Kay LE (2007) Quantitative dynamics and binding studies of the 20S proteasome by NMR. Nature 445:618–622

van de Ven FJM (1995) Multidimensional NMR in liquids. VCH-Verlagsgesellschaft, Weinheim

Vögeli B et al (2007) Limits on variations in protein backbone dynamics from precise measurements of scalar couplings. J Am Chem Soc 129:9377–9385

Wishart DS, Sykes BD, Richards FM (1991) Relationship between nuclear magnetic resonance chemical shift and protein secondary structure. J Mol Biol 222:311–333

Wüthrich K (1986) NMR of proteins and nucleic acids. Wiley, New York

# EPR-Spektroskopie an biologischen Systemen

*Olav Schiemann und Gregor Hagelueken*

## Inhaltsverzeichnis

22.1    Grundlagen der EPR-Spektroskopie – 529
22.1.1   Elektronenspin und Resonanzbedingung – 530
22.1.2   cw-EPR-Spektroskopie – 531
22.1.3   g-Wert – 532
22.1.4   Elektronenspin-Kernspin-Kopplung (Hyperfeinkopplung) – 532

22.2    g- und Hyperfeinanisotropie – 533
22.2.1   g-Anisotropie – 534
22.2.2   Hyperfeinanisotropie – 535

22.3    Elektronenspin-Elektronenspin-Kopplung – 536

22.4    Gepulste EPR-Experimente – 538
22.4.1   Grundlagen gepulster EPR – 539
22.4.2   Relaxation – 540
22.4.3   Spinechos – 540
22.4.4   ESEEM – 541
22.4.5   HYSCORE – 542
22.4.6   ENDOR – 543
22.4.7   Gepulste dipolare EPR-Spektroskopie – 545
22.4.8   Vergleich zwischen PELDOR und FRET – 548

22.5    Weitere Anwendungsbeispiele für EPR – 548
22.5.1   Quantifizierung von Spinzentren/Bindungskonstanten – 549
22.5.2   Lokale pH-Werte – 549
22.5.3   Mobilität – 549

22.6    Generelle Bemerkungen zur Aussagekraft
        von EPR-Spektren – 550

22.7    Vergleich EPR/NMR – 551

        Literatur und Weiterführende Literatur – 552

© Springer-Verlag GmbH Deutschland, ein Teil von Springer Nature 2022
J. Kurreck et al. (Hrsg.), *Bioanalytik*, https://doi.org/10.1007/978-3-662-61707-6_22

- Die Elektronen-Paramagnetische-Resonanz-Spektroskopie (EPR oder ESR) liefert Informationen über die Struktur, Dynamik und lokale Umgebung von Biomakromolekülen.
- Die Methode braucht ungepaarte Elektronen im Biomakromolekül, also entweder paramagnetische Metallionen, Cluster oder organische Radikale. Ist dies nicht der Fall, können ungepaarte Elektronen ortsspezifisch durch Spinmarkierung mit z. B. Nitroxiden eingeführt werden.
- EPR-Spektroskopie kann in Pufferlösung, in Membranen oder ganzen Zellen und bei Raumtemperatur in flüssiger Lösung oder in gefrorener Lösung angewendet werden und unterliegt keiner Größenrestriktion.
- Hyperfeinspektroskopische Methoden wie ESEEM und ENDOR erlauben detaillierte Strukturaussagen in der lokalen Umgebung des Spinzentrums.
- Gepulste dipolare EPR-Methoden wie PELDOR ermöglichen Strukturaussagen auf der Nanometerskala und können verwendet werden, um globale Strukturänderungen oder die Anordnung von Domänen in großen makromolekularen Komplexen zu untersuchen.

Die Elektronen-Paramagnetische-Resonanz-(EPR-) Spektroskopie, die auch Elektronenspinresonanz (ESR) genannt wird, ist eine spektroskopische Methode (▶ Kap. 8), mit der Informationen über die Art, Struktur, Dynamik und lokale Umgebung paramagnetischer Zentren erhalten werden können. Solche Zentren zeichnen sich dadurch aus, dass sie ein oder mehrere ungepaarte Elektronen besitzen. In biologischen Makromolekülen sind dies (◼ Abb. 22.1): Metallionen (z. B. Cu(II), Fe(III), Mn(II), Mo(V)), Metallcluster (z. B. Eisen-Schwefel-Cluster oder Mangancluster) oder organische Radikale. Organische Radikale werden u. a. als Zwischenprodukte in Elektrontransferreaktionen in Proteinen (z. B. Semichinonradikale, Thiylradikale oder Tyrosinradikale) oder strahlungsinduziert in DNA (z. B. Zucker oder Basenradikale) gebildet. Häufig sind diese Zentren katalytisch aktiv, oder sie sind in biologisch relevante Reaktionen involviert, sodass strukturelle und dynamische Informationen über diese Stellen wichtig für das Verständnis der Funktion dieser Biomoleküle sind. Diamagnetische Systeme, also Moleküle, in denen alle Elektronen gepaart sind, können für die EPR-Spektroskopie zugänglich gemacht werden, indem gezielt sog. Spinlabel kovalent an das Biomolekül gebunden werden. Üblicherweise werden hierfür entsprechend funktionalisierte Nitroxide verwendet. Für EPR-Messungen an spinmarkierten Biomolekülen in Zellen müssen die Label gegen die reduktiven Bedingungen in der Zelle genügend stabil sein, deswegen werden hierfür auch Gd(III)-Komplexe oder Tritylradikale eingesetzt, wobei die letzteren auch Verwendung für Nanometer-Abstandsmessungen bei Raumtemperatur

finden (▶ Abschn. 22.4.7). EPR-spektroskopische Methoden erlauben dann z. B., die Anordnung von Untereinheiten oder die Bindung zwischen Biomolekülen zu untersuchen.

Wie das NMR-Experiment ist auch das EPR-Experiment ein magnetisches Resonanzexperiment, d. h. die zuvor entarteten Energieniveaus der Elektronenspins werden in einem von außen angelegten Magnetfeld aufgespalten und Übergänge zwischen diesen Niveaus mithilfe elektromagnetischer Strahlung induziert. In der EPR werden hierfür Mikrowellen benutzt. Das erste *Continuous-Wave-* (cw) EPR-Experiment wurde 1944 von dem russischen Physiker J. K. Zavoisky durchgeführt, das erste gepulste EPR-Experiment 1961 von W. B. Mims. Die hohen technischen Anforderungen für gepulste EPR-Experimente führten dazu, dass Puls-EPR-Spektrometer erst seit Ende der 1980er-Jahre kommerziell erhältlich sind. Seitdem und in Verbindung mit der gleichzeitig erfolgten Entwicklung von Hochfrequenz/Hochfeld-EPR-Spektrometern, computergestützten EPR-Simulationsprogrammen und von quantenchemischen Methoden zur Übersetzung der EPR-Parameter in Strukturdaten findet die EPR-Spektroskopie eine immer stärkere Anwendung.

**Labeling**

Ortsspezifisches Spinlabeling von Biomakromolekülen erfolgt üblicherweise dadurch, dass im Biomakromoleküle an der Stelle, an der das Label eingeführt werden soll, eine spezielle funktionelle Gruppe eingebaut wird, die dann selektiv mit dem Label reagiert (siehe auch ▶ Abschn. 7.2.1). Für Proteine erreicht man dies häufig dadurch, dass durch ortsgerichtete Mutagenese Cysteine an die Stellen in der Peptidsequenz eingebaut werden, an der die Label eingeführt werden sollen, und eventuell vorhandene Cysteine an den nicht erwünschten Stellen herausmutiert werden. Die SH-Gruppe des Cysteins kann dann mit einer komplementären funktionellen Gruppe am Spinlabel zur Reaktion gebracht werden. Beispiele hierfür sind die Methanthiosulfonat- (◼ Abb. 22.2A) und die Maleimid-Gruppe (◼ Abb. 22.2B). Sollten die Herausnahme oder die Einführung von Cysteinen zu Strukturänderungen bzw. Funktionsverlust führen, können auch unnatürliche Aminosäuren mit speziellen funktionellen Gruppen verwendet werden, die dann eine selektive Biokonjugation mit entsprechend funktionalisierten Labeln erlauben (◼ Abb. 22.2C). Im Falle von Oligonucleotiden werden derivatisierte Phosphoramidite während der automatisierten Oligonucleotidsynthese an fester Phase an den gewünschten Stellen eingeführt und diese dann zur Reaktion mit entsprechend funktionalisierten Spinlabeln gebracht (◼ Abb. 22.2D). Dies funktio-

22

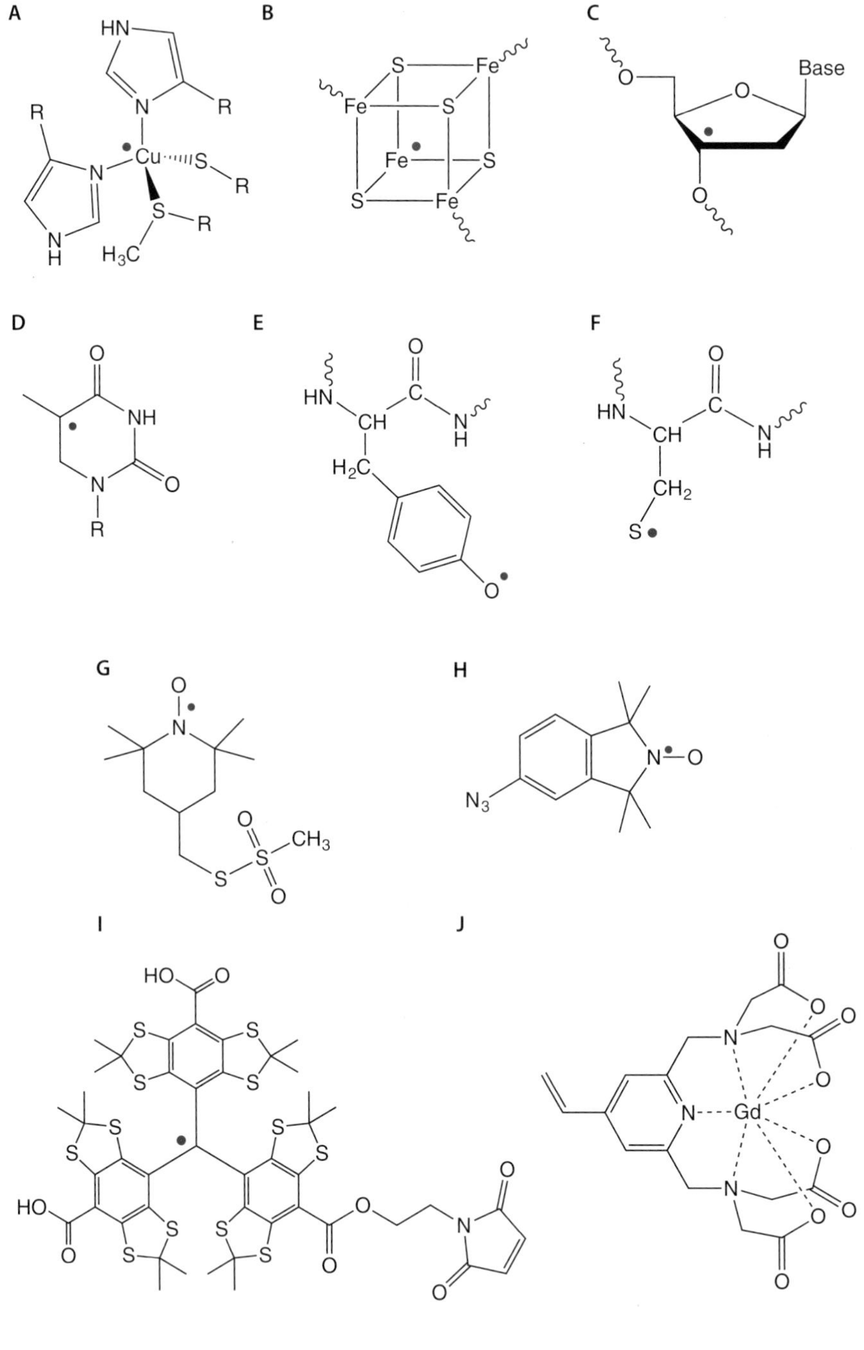

**Abb. 22.1** Beispiele für paramagnetische Zentren in biologischen Systemen. **A** Cu(II) in Plastocyaninen, **B** $Fe_4S_4$-Cluster in Ferredoxinen, **C** 3'-Zuckerradikal in γ-bestrahlter DNA, **D** Thymylradikal in γ-bestrahlter DNA, **E** Tyrosylradikal im Photosystem II, **F** Thiylradikal in Ribonucleotidreduktasen, **G** (1-Oxyl-2,2,5,5-tetramethylpyrrolin-3-methyl) methanthiosulfonat (MTSSL; Nitroxid-Spinlabel für Proteine), **H** ein Azido-funktionalisiertes Nitroxid zum Spinlabeling von Oligonucleotiden, **I** ein Maleimid-funktionalisiertes Tritylradikal für In-Zell- und Raumtemperaturmessungen, **J** ein Gd(III)-Komplex mit PYM-TA-Liganden für In-Zell-Messungen. Die geschwungenen Linien und Rs stehen für die Fortführung der Aminosäureketten, Oligonucleotide oder Cofaktoren

niert für RNAs bis zu einer Länge von ungefähr 50 Nucleotiden. Längere RNAs sind durch Ligation von kürzeren gelabelten Fragmenten zugänglich. In jedem Fall ist nach der Modifikation des Biomakromoleküls zu prüfen, ob die Struktur und/oder Funktion erhalten geblieben ist.

## 22.1 Grundlagen der EPR-Spektroskopie

An dieser Stelle soll kurz auf die physikalischen Grundlagen der EPR-Parameter eingegangen werden. Für eine tiefergehende Betrachtung ist eine quantenmechanische Beschreibung unvermeidlich, für diese wird jedoch auf die weiterführende Literatur am Ende des Kapitels verwiesen.

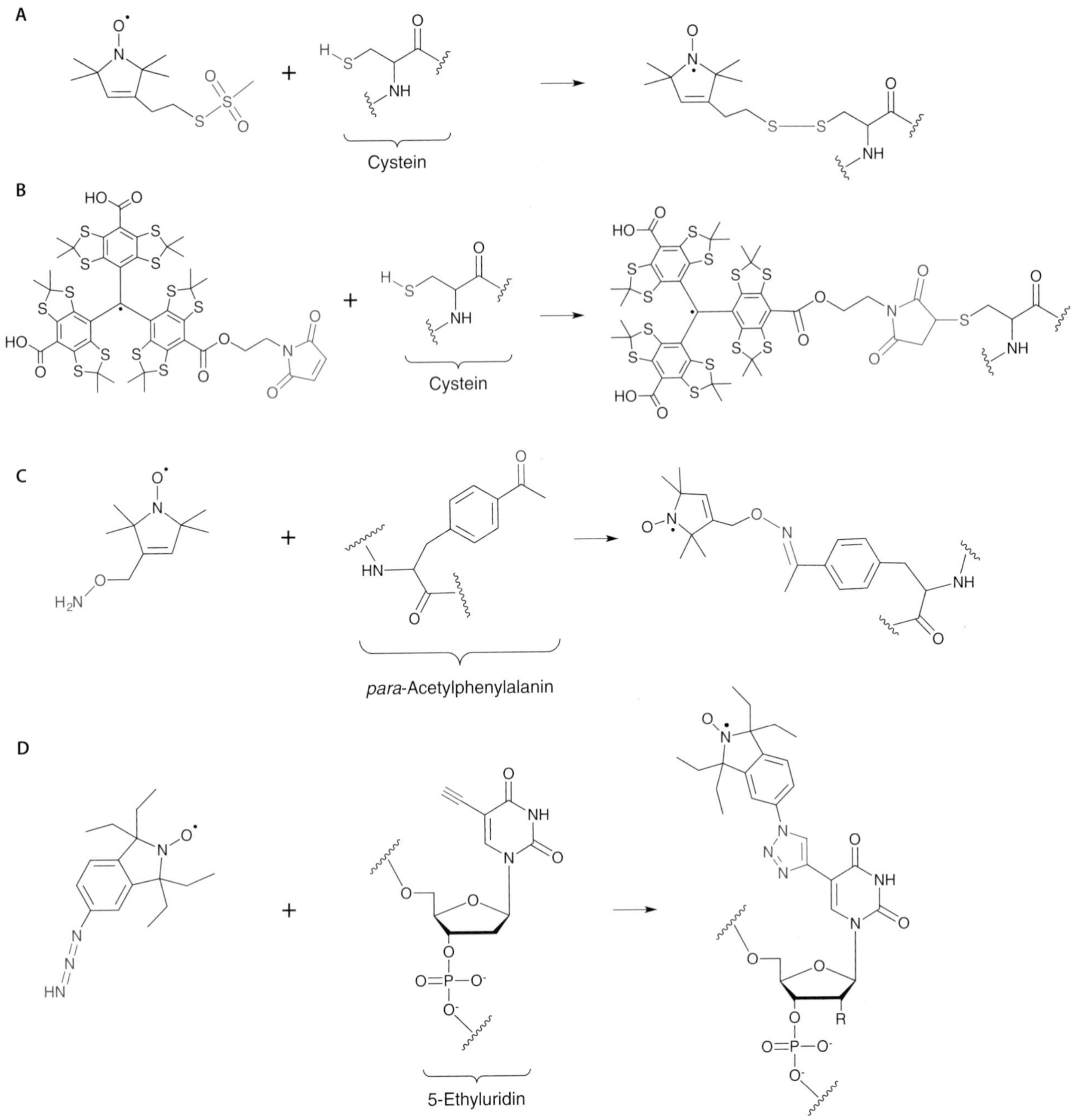

**A**

Cystein

**B**

Cystein

**C**

*para*-Acetylphenylalanin

**D**

5-Ethyluridin

◻ **Abb. 22.2** Beispiele für Labelingreaktionen. **A** Spinlabeling von Cysteinen mit MTSSL. Die Methanthiosulfonatgruppe wird abgespalten und das Nitroxid wird über eine Disulfidbrücke an das Cystein gebunden. **B** Im Falle der Maleimidgruppe findet eine Michael-Addition der Thiolgruppe an die Doppelbindung statt. Die Radikalgruppe, hier ein Trityl, ist dann über eine Thioethergruppe an das Biomakromolekül gebunden, welche im Gegensatz zur Disulfidgruppe auch unter In-Zell-Bedingungen nicht gespalten wird.

**C** Über die Verwendung des Amber-Stop-Codons können unnatürliche Aminosäuren in Proteine eingebaut werden, hier das *para*-Acetylphenylalanin. In dem dargestellten Fall kann daran der Spinlabel über eine Kondensationsreaktion angeknüpft werden. **D** Auch für DNA und RNA gibt es eine große Vielfalt von Labelingreaktionen, hier dargestellt ist die Biokonjugation über eine Cu-katalysierte „Click"-Reaktion, bei der das Nitroxid über eine Triazolgruppe an das Oligonucleotid geknüpft wird

### 22.1.1 Elektronenspin und Resonanzbedingung

Seit dem Stern-Gerlach-Versuch ist bekannt, dass ein ungepaartes Elektron einen quantenmechanischen Ei-

gendrehimpuls, den sog. Elektronenspin $S$ besitzt, wobei die Länge des Vektors $S$ durch

$$|S| = \hbar\sqrt{s(s+1)} \tag{22.1}$$

**22**

gegeben ist. Dabei sind $s = \frac{1}{2}$ die Spinquantenzahl und $\hbar$ das Planck'sche Wirkungsquantum $h$ dividiert durch $2\pi$. Wie bei jedem geladenem Teilchen mit einem Eigendrehimpuls, so ist auch mit dem Elektronenspin ein magnetisches Moment $\boldsymbol{\mu}_e$ verknüpft.

$$\mu_e = -g_e \frac{e}{2m_e} \boldsymbol{S} \tag{22.2}$$

Hier stehen $e$ für die Elementarladung, $m_e$ für die Ruhemasse des Elektrons und $g_e = 2{,}0023$ für den $g$-Faktor des freien Elektrons. Für die Größe des magnetischen Moments gilt:

$$|\mu_e| = g_e \frac{e\hbar}{2m_e} \sqrt{s(s+1)} = g_e \mu_B \sqrt{s(s+1)} \tag{22.3}$$

mit

$$\frac{e\hbar}{2m_e} = \mu_B \ \left(\text{Bohr'sches Magneton}\right). \tag{22.4}$$

In einem äußeren Magnetfeld $\boldsymbol{B}_0$ gibt es nur zwei mögliche Einstellungen des Spins: parallel oder antiparallel zum äußeren Feld. Die Komponenten des Elektronenspins in Richtung des Magnetfeldes $\boldsymbol{B}_0$ (üblicherweise als z-Richtung definiert) lauten:

$$s_z = m_s \hbar \tag{22.5}$$

Die magnetische Quantenzahl $m_s$ nimmt für $s = \frac{1}{2}$ Werte von $+\frac{1}{2}$ und $-\frac{1}{2}$ an. Aufgrund der Heisenberg'schen Unschärferelation sind die $s_x$ und $s_y$-Komponenten nicht bestimmt (unscharf). Aus der Orientierung des Elektronenspins entlang der z-Achse folgt auch eine Orientierung der korrespondierenden magnetischen Momente. Für die z-Komponente des magnetischen Momentes $\mu_{e,z}$ gilt:

$$\mu_{e,z} = -g_e \mu_B m_s \tag{22.6}$$

Das negative Vorzeichen für $\mu_{e,z}$ ergibt sich aus dem negativen magnetischen Moment. Für die Energie $E$ eines Elektronenspins, der entlang der z-Achse des äußeren Magnetfeldes orientiert ist, folgt damit:

$$E = -\mu_{e,z} B_0 = g_e \mu_B m_s B_0 \tag{22.7}$$

Während die beiden Spinorientierungen $m_s = -\frac{1}{2}$ und $m_s = +\frac{1}{2}$ ohne Magnetfeld energetisch entartet sind, werden sie nach Anlegen eines äußeren Magnetfelds energetisch aufgespalten (Zeeman-Aufspaltung). Für die Energie $E$ der beiden Einstellungen gilt:

$$E\left(m_s = +\frac{1}{2}\right) = +\frac{1}{2} g_e \mu_B B_0 \tag{22.8}$$

$$E\left(m_s = -\frac{1}{2}\right) = -\frac{1}{2} g_e \mu_B B_0 \tag{22.9}$$

Die Energiedifferenz $\Delta E$ zwischen den beiden Energieniveaus ist also proportional zur Größe von $B_0$ (◨ Abb. 22.3).

$$\Delta E = g_e \mu_B B_0 \tag{22.10}$$

Betrachtet man eine makroskopische Probe mit $N$ Spins, so befinden sich im energetisch tiefer liegenden Spinzustand $m_s = -\frac{1}{2}$ mehr Spins als im Zustand $m_s = +\frac{1}{2}$. Das Verhältnis der Besetzungszahlen $N(m_s = +\frac{1}{2})/N(m_s = -\frac{1}{2})$ wird durch die Boltzmann-Verteilung beschrieben:

$$\frac{N_{\left(m_s = +\frac{1}{2}\right)}}{N_{\left(m_s = -\frac{1}{2}\right)}} = e^{-\frac{\Delta E}{kT}} = e^{-\frac{g_e \mu_B B_0}{kT}} \tag{22.11}$$

Daraus errechnet sich für $T = 300$ K, $B_0 = 340$ mT und $k = 1{,}3806 \cdot 10^{-23}$ JK$^{-1}$ (Boltzmann-Konstante) ein Verhältnis der Besetzungszahlen von 0,999. Bei Raumtemperatur ist der energetisch tiefer gelegene Zustand $m_s = -\frac{1}{2}$ also etwas stärker populiert. Durch elektromagnetische Strahlung können Spins aus dem Niveau $m_s = -\frac{1}{2}$ in das Niveau $m_s = +\frac{1}{2}$ angeregt werden, wenn die Energie der Strahlung gleich $\Delta E$ ist. Dies ist die Resonanzbedingung.

$$h\nu = \Delta E = g_e \mu_B B_0 \tag{22.12}$$

Wie in der NMR-Spektroskopie (▶ Kap. 21) tritt hierbei die magnetische Feldkomponente der elektromagnetischen Strahlung mit dem magnetischen Moment des Elektronenspins in Wechselwirkung.

### 22.1.2 cw-EPR-Spektroskopie

In cw-EPR-Spektrometern werden kontinuierlich Mikrowellen einer konstanten Frequenz in die Probe eingestrahlt und das äußere Magnetfeld verändert, bis die Resonanzbedingung durchfahren ist. Am gebräuchlichsten sind cw-EPR-Spektrometer, die bei einer Mikrowellenfrequenz von ungefähr 9,5 GHz (X-Band) arbeiten, sodass für ein Radikal mit $g \approx 2$ Resonanzabsorption bei einem Magnetfeld von ungefähr 340 mT auftritt. Da das Verhältnis der Besetzungszahlen nahe eins ist, ist das Absorptionssignal jedoch relativ intensitätsschwach. In cw-EPR-Spektrometern wird die Empfindlichkeit durch Lock-In-Detektion erhöht, wofür das angelegte Magnetfeld $B_0$ durch ein kleines zusätzliches Magnetfeld moduliert wird. Diese Modulation führt dazu, dass man die Absorptionslinie in Form ihrer ersten Ableitung erhält (◘ Abb. 22.3). Zusätzlich ist die Empfindlichkeit dadurch zu verbessern, dass bei tiefen Temperaturen und stärkeren Magnetfeldern gemessen wird (Verbesserung des Besetzungszahlverhältnisses). Um die Position der Linie unabhängig vom Magnetfeld und der Mikrowellenfrequenz anzugeben, wird die Lage der Absorptionslinie als $g$-Wert angegeben (vergleichbar mit der chemischen Verschiebung der NMR-Spektroskopie).

$$ g = \frac{h\nu}{\mu_B B_0} = 7{,}144775 \cdot 10^{-4} \times \frac{\nu\,[GHz]}{B_0\,[G]} \qquad (22.13) $$

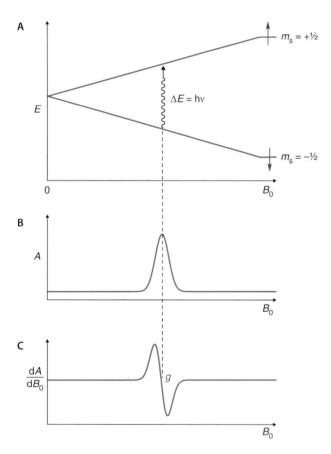

◘ **Abb. 22.3** **A** Zeeman-Aufspaltung für ein Elektronenspin im Magnetfeld $B_0$. **B** Die Absorptionslinie, die erhalten wird, wenn die Resonanzbedingung erfüllt ist, und **C** die durch die Feldmodulation erhaltene erste Ableitung der Absorptionslinie

### 22.1.3  *g*-Wert

Für ein freies Elektron würde man immer nur eine Linie bei $g = g_e = 2{,}0023$ beobachten. Befindet sich das ungepaarte Elektron aber in einem Molekül, so treten aufgrund elektrostatischer und magnetischer Wechselwirkungen (Spinbahnkopplung) Abweichungen von $g_e$ auf, die charakteristisch für den elektronischen Zustand, die Bindungssituation und die Geometrie des jeweiligen Moleküls sind. Für organische Radikale sind diese Abweichungen normalerweise klein, da deren magnetisches Bahnmoment gegen null strebt. Nitroxide besitzen z. B. einen $g$-Wert von ungefähr 2,006. Für Übergangsmetallionen können allerdings deutlich größere Abweichungen beobachtet werden. $Fe^+$ in MgO weist beispielsweise einen $g$-Wert von 4,1304 auf. Die $g$-Werte sind also zur Charakterisierung unterschiedlicher Radikalarten zu benutzen. Eine quantitative Berechnung bzw. eine Übersetzung der $g$-Werte in Strukturparameter (z. B. mit Dichte-Funktional-Theorie- (DFT-)Methoden) ist jedoch immer noch kompliziert und Gegenstand aktueller Forschung.

### 22.1.4  Elektronenspin-Kernspin-Kopplung (Hyperfeinkopplung)

Zusätzlich zu der Spinbahnkopplung kann das magnetische Moment des Elektronenspins an die magnetischen Momente von Kernspins koppeln (◘ Abb. 22.4), deren Kernspin $I$ größer als null ist (z. B. $^1H$, $^2H$, $^{14}N$, $^{15}N$, $^{31}P$, $^{13}C$, $^{17}O$). Die Kopplung von Elektron und Kern führt zu einer Aufspaltung der Absorptionslinie in $M = 2 \cdot n \cdot I + 1$ Linien (Multipizitätsregel). Hierbei ist $n$ die Anzahl magnetisch äquivalenter Kerne und $I$ deren Kernspinquantenzahl.

Die Größe der Aufspaltung, die als Hyperfeinkopplungskonstante $A_{iso}$ bezeichnet wird, hängt linear vom magnetischen Moment $\mu_I$ des koppelnden Kerns sowie von der Spindichte bzw. der Aufenthaltswahrscheinlichkeit $|\Psi_{r=0}|^2$ des ungepaarten Elektrons am Kernort ab (Fermi-Kontakt-Wechselwirkung).

$$ A_{iso} \propto \mu_I \left| \psi_{r=0} \right|^2 \qquad (22.14) $$

Da nur s-Orbitale eine Aufenthaltswahrscheinlichkeit am Kernort haben, in den meisten Radikalen sich das ungepaarte Elektron aber in einem p-, π- oder d-Orbital aufhält, stellt sich die Frage, warum solche Radikale trotzdem Hyperfeinkopplungen aufweisen. Die Ursache

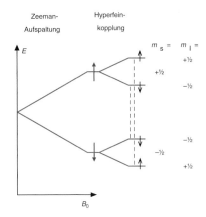

Zeeman-          Hyperfein-
Aufspaltung      kopplung

$m_s =$    $m_I =$
+½
+½
−½

−½
−½
+½

$B_0$

◻ **Abb. 22.4** Aufspaltungsschema für ein ungepaartes Elektron ($s$ = ½, rot) gekoppelt an ein Proton ($I$ = ½, schwarz). Die Hyperfeinkopplung soll größer sein als die Kern-Zeeman-Wechselwirkung. Die Kern-Zeeman-Wechselwirkung ist die Wechselwirkung zwischen dem magnetischen Moment des Kerns und $B_0$ (▶ Kap. 21). Die gestrichelten Linien zeigen die nach den EPR-Auswahlregeln ($\Delta m_s$ = ±1 und $\Delta m_I$ = 0) erlaubten EPR-Übergänge

◻ **Abb. 22.5** Spinpolarisationsmechanismus: Das ungepaarte Elektron im p-Orbital hat seine größte Aufenthaltswahrscheinlichkeit in relativ großer Entfernung vom Kern. Ein Elektron im s-Orbital hat gemäß der Hund'schen Regel einen zu diesem Elektron parallelen Spin, wenn es ebenfalls weiter vom Kern entfernt ist. Das zweite Elektron, nahe am Kernort des s-Orbitals, muss sich dann wegen des Pauli-Verbots antiparallel zum ersten einstellen. Auf diese Weise wird Spindichte am Kernort induziert

hierfür ist, dass durch Spinpolarisation Spindichte in energetisch tiefer gelegenen und doppelt besetzten s-Orbitalen induziert wird (◻ Abb. 22.5).

Wird von einem Radikal ein EPR-Spektrum mit aufgelöster Hyperfeinstruktur erhalten, können aus den Hyperfeinkopplungskonstanten die Spindichteverteilung ermittelt und damit Aussage zu Art und Struktur des Radikals getroffen werden. Als Beispiel sei an dieser Stelle das cw-EPR-Spektrum eines Nitroxides besprochen (◻ Abb. 22.6A). Wie in allen Alkylnitroxiden hält sich hier das ungepaarte Elektron zu über 95 % in einem

am Stickstoff- und Sauerstoffatom lokalisierten π-Orbital auf. Durch Spinpolarisation wird auch an beiden Kernorten Spindichte erzeugt, da jedoch das natürlich am häufigsten vorkommende $^{16}$O-Isotop einen Kernspin von $I = 0$ aufweist, tritt durch diesen Kern keine Linienaufspaltung auf. Das natürlich am häufigsten vorkommende Isotop $^{14}$N hat hingegen einen Kernspin von $I = 1$, wodurch die Absorptionslinie in ein Triplett mit einer Hyperfeinkopplungskonstanten von $A_{iso}$, hier 1,4 mT = 39,2 MHz, aufgespalten ist. Die zusätzlich zu beobachtenden kleinen Linien auf der Tief- und Hochfeldseite jeder $^{14}$N-Linie werden durch eine $^{13}$C-Hyperfeinkopplung von einem der beiden direkt gebundenen Kohlenstoffatome ($I$ = ½) hervorgerufen. Diese Hyperfeinkopplung von 0,5 mT spaltet jede der drei Linien in ein Dublett auf. Die Intensität dieses Tripletts von Dubletts ist jedoch aufgrund der geringen natürlichen Häufigkeit von $^{13}$C (1,1 %) intensitätsschwach, sodass das EPR-Spektrum vom $^{14}$N-Triplett dominiert ist. Eigentlich müsste jede der drei $^{14}$N-Linien in ein Triplett aufgespalten sein, da zwei Kohlenstoffatome direkt an das Stickstoffatom gebunden sind. Die Wahrscheinlichkeit für ein Molekül mit zwei direkt gebundenen $^{13}$C-Kernen ist jedoch so klein, dass dieses Triplett von Tripletts nicht zu beobachten ist. Wenn auch die Frage nach der Spindichteverteilung für ein Nitroxid akademisch erscheinen mag, bekommt sie für Cofaktoren in Elektronentransferproteinen eine ganz entscheidende Bedeutung. Für das Verständnis der Funktion solcher Proteine ist es z. B. wichtig, ob das transportierte Elektron auf einem Metallion oder dem Liganden dieses Ions lokalisiert ist bzw. welcher Teil eines Cofaktors als Elektronakzeptor/-donor fungiert (◻ Abb. 22.6B).

## 22.2 *g*- und Hyperfeinanisotropie

In den vorangegangenen Abschnitten haben sich die Betrachtungen auf Radikale in flüssiger Lösung bezogen, d. h. die Radikale rotieren gegenüber der Frequenz der Mikrowellenstrahlung so schnell, dass sie isotrop erscheinen. Man spricht auch von isotropen Spektren. Wird die Probe eingefroren bzw. ein Pulver oder Einkristall vermessen, so hat jedes Molekül eine festgelegte Orientierung zu $B_0$, und die EPR-Spektren zeichnen sich durch winkelabhängige (anisotrope) Beiträge aus. Solche Beiträge gibt es für $g$, die Hyperfeinkopplung und die Kopplung zwischen ungepaarten Elektronen. Das Auftreten dieser anisotropen Beiträge in einem EPR-Spektrum erschwert zwar dessen Auswertung, bie-

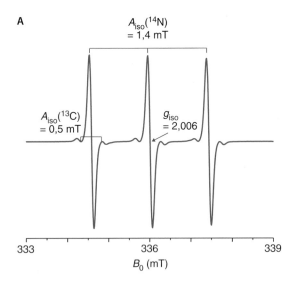

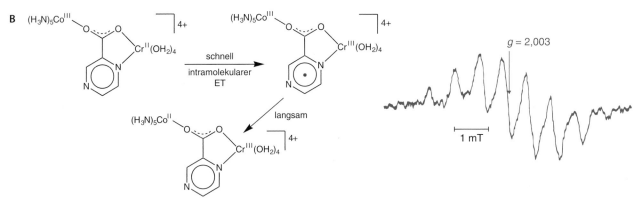

**◻ Abb. 22.6** **A** cw-X-Band EPR-Spektrum von TPA (2,2,5,5-Tetra methylpyrrolin-1-oxyl-3-acetylen) in flüssiger Lösung. **B** Modell für eine Elektronentransferkette in einem Protein. Die Reduktion von Co(III) zu Co(II) erfolgt durch einen intramolekularen Elektronentransfer, wobei das Elektron vom Cr(II) zuerst auf das Pyrazin und dann erst auf das Co(III) übergeht. Das Pyrazinradikal konnte EPR-spektroskopisch anhand der Hyperfeinsignatur und des $g$-Wertes nachgewiesen werden. Häufig werden die cw-EPR-Spektren ohne x-Achse abgebildet und nur ein Maßstab angegeben. (Nach Spiecker et al. 1977)

tet aber gleichzeitig die Möglichkeit, detaillierte Informationen über Art und Struktur (Winkel und Abstände) des paramagnetischen Zentrums zu erhalten. Aus diesem Grund sowie zur Erhöhung der Empfindlichkeit und um die Lebensdauer von kurzlebigen Radikalen zu verlängern, werden die meisten EPR-Experimente an biologischen Systemen in gefrorener Lösung bei tiefen Temperaturen (bis zu 3 K) durchgeführt.

## 22.2.1   *g*-Anisotropie

Hält sich das ungepaarte Elektron in einem s-Orbital auf, für das die drei Raumrichtungen x, y und z auf-grund seiner Kugelsymmetrie äquivalent sind, dann ist $g_x = g_y = g_z$ und $g$ somit auch im Festkörper isotrop. Für EPR-Spektren bedeutet dies, dass man ohne Hyperfeinwechselwirkungen im kugelsymmetrischen Fall eine Linie mit einem $g$-Wert bei $g_{iso}$ beobachtet. Eine Anisotropie in $g$ tritt dann auf, wenn sich das ungepaarte Elektron in einem Molekülorbital befindet, das nicht kugelförmig ist. Im axialsymmetrischen Fall (zwei gleiche Raumrichtungen) wird ein Spektrum wie in ◻ Abb. 22.7A mit zwei prinzipiellen $g$-Werten ($g_\perp$ und $g_\parallel$) erhalten. Im orthorhombischen Fall (x ≠ y ≠ z) sind alle drei prinzipiellen $g$-Werte unterschiedlich, und man erhält ein Spektrum wie in ◻ Abb. 22.7B. In flüssiger Lösung werden die anisotropen Anteile von $g$ ausgemittelt, sodass gilt:

**22**

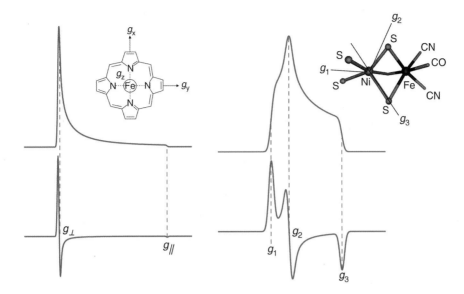

**Abb. 22.7** Beispiele für cw-EPR-Spektren mit $g$-Anisotropie. **A** Beispiel für ein axiales EPR-Spektrum in Absorption und darunter in erster Ableitung. High-Spin-Eisen(III)porphyrine (Häm) geben solch ein Spektrum. Die Absorption bei $g_\parallel$ resultiert von solchen Molekülen, die mit $g_\parallel$ parallel zu $B_0$ orientiert sind, während bei $g_\perp$ solche Moleküle absorbieren, die mit $g_\perp$ parallel zu $B_0$ orientiert sind. Zu der Absorption zwischen diesen beiden Punkten tragen die Mole-küle bei, die weder mit $g_\parallel$ noch mit $g_\perp$ parallel zu $B_0$ orientiert sind. **B** Beispiel für ein orthorhombisches EPR-Spektrum. Der NiFe-Cluster in der Nickel-Eisen-Hydrogenase aus *Desulfovibrio vulgaris* Miyasaki F. gibt z. B. solch ein Spektrum. Die Zuordnung von x, y und z zu den entsprechenden $g$-Werten $g_{11}$, $g_{22}$, $g_{33}$ ist nur über die Einkristallmessungen möglich. (Nach Foerster et al. 2005)

$$g_{iso} = \frac{1}{3}\left(2g_\perp + g_\parallel\right)\left(\text{axialer Fall}\right) \qquad (22.15)$$

$$g_{iso} = \frac{1}{3}\left(g_x + g_y + g_z\right)\left(\text{orthorhombischer Fall}\right) \qquad (22.16)$$

In vielen Fällen, insbesondere bei organischen Radikalen, sind die $g$-Werte bei einer Mikrowellenfrequenz von 9,5 GHz (X-Band) aufgrund der relativ kleinen $g$-Anisotropie auch im Festkörper nicht separiert. Es ist aber möglich, die $g$-Anisotropie aufzulösen, indem man zu höheren Frequenzen/Feldern geht ( Abb. 22.8). Hierbei wird ausgenutzt, dass die $g$-Anisotropie (gemessen in mT) mit dem Magnetfeld zunimmt (die $g$-Werte bleiben aber gleich). Im Unterschied dazu ist die Hyperfeinkopplung magnetfeldunabhängig. Gebräuchlich und auch kommerziell erhältlich sind cw-Hochfrequenz-EPR-Spektrometer, die bei 36 GHz (Q-Band)/1,3 T, 95 GHz (W-Band)/3,4 T oder 263 GHz/9,5T arbeiten. Spektrometer mit noch höheren Frequenzen (360 GHz, 640 GHz und im THz-Bereich) werden auch verwendet, sind aber technisch sehr anspruchsvoll und noch nicht kommerziell erhältlich. Der technische Aufwand lohnt sich jedoch nicht nur aufgrund der Auflösung der $g$-Anisotropie, sondern auch aus folgenden Gründen:

— Überlagerte Spektren von verschiedenen Radikalen lassen sich anhand der unterschiedlichen $g$-Werte der Radikale separieren.
— Die Sensitivität der Spektrometer nimmt mit zunehmendem Magnetfeld/zunehmender Frequenz zu (größere Besetzungszahldifferenz), d. h. es werden immer kleinere Probenmengen benötigt.
— Misst man dieselbe Probe bei unterschiedlichen Mikrowellenfrequenzen, können die magnetfeldunabhängigen Hyperfeinkopplungen von der magnetfeldabhängigen $g$-Anisotropie getrennt werden (Multifrequenzansatz).

### 22.2.2 Hyperfeinanisotropie

Die in einem anisotropen Spektrum beobachtete Hyperfeinkopplung $A_i$ eines Kerns setzt sich additiv aus der isotropen Hyperfeinkopplungskonstanten $A_{iso}$ und einem anisotropen Anteil $A_{i,dip}$ zusammen. Der tiefgestellte Index $i$ steht hierbei für eine der drei Raumrichtungen x, y oder z und bedeutet, dass die Hyperfeinkopplung je nach Raumrichtung unterschiedlich sein kann.

$$A_i = A_{iso} + A_{i,dip} \qquad (22.17)$$

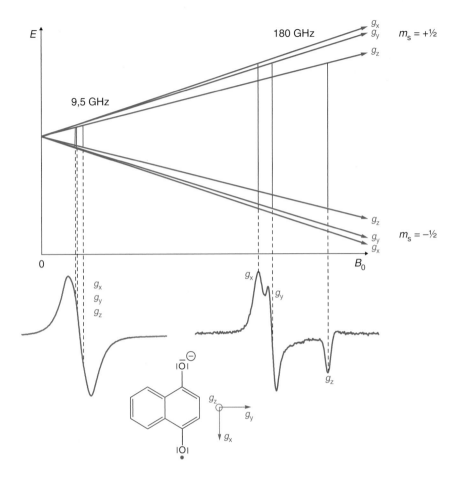

**◻ Abb. 22.8** Magnetfeldabhängige Aufspaltung von $g_x$, $g_y$ und $g_z$ in einem Molekül mit orthorhombischer Symmetrie. Darunter als Beispiel die cw-EPR-Spektren eines Semichinonradikals im X- (9,5 GHz/0,34T) und G-Band (180 GHz/6,4 T). Die $^1$H-Hyperfeinkopplungen sind nicht aufgelöst

Der anisotrope Anteil der Hyperfeinkopplung ergibt sich aus der dipolaren Kopplung zwischen den magnetischen Momenten des Elektrons und des Kerns. Sie ist raumvermittelt und sowohl vom Abstand $r$ zwischen Elektron und Kern als auch vom Winkel zwischen dem Abstandsvektor $r$ und dem äußeren Magnetfeld $B_0$ abhängig (◻ Abb. 22.9).

Je nach der Symmetrie des paramagnetischen Zentrums unterscheidet man auch für die Hyperfeinkopplung drei Fälle: kugelsymmetrisch mit $A_x = A_y = A_z$, axial mit $A_\perp$ und $A_\parallel$ und orthorhombisch mit $A_x \neq A_y \neq A_z$ (◻ Abb. 22.10). In flüssiger Lösung mitteln sich die dipolaren Hyperfeinkopplungsanteile heraus, sodass gilt:

$$A_{\text{iso}} = \frac{1}{3}\left(A_x + A_y + A_z\right) \tag{22.18}$$

$$A_{\text{iso}} = \frac{1}{3}\left(2A_\perp + A_\parallel\right) \tag{22.19}$$

## 22.3 Elektronenspin-Elektronenspin-Kopplung

Befinden sich in einem Biomolekül zwei ungepaarte Elektronen A und B in einem festen Abstand $r$ zu- einander, dann kann eine Kopplung $\nu_{AB}$ zwischen diesen beiden Elektronen auftreten. Die in einem anisotropen Spektrum beobachtbare Elektron-Elektron-Kopplung setzt sich, wie die Hyperfeinkopplung, additiv aus einem isotropen und einem anisotropen Anteil zusammen.

$$\nu_{AB} = J + D \tag{22.20}$$

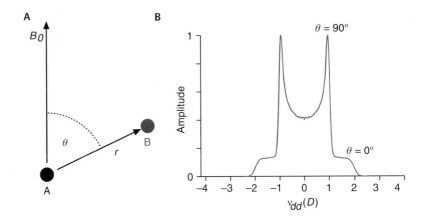

**Abb. 22.9** Winkelabhängigkeit der dipolaren Kopplung. **A** Bild zur Veranschaulichung des Abstandsvektors $r$ und des Winkels $\theta$. A und B können ein Elektron und ein Kern oder zwei Elektronen sein. **B** Pake-Spektrum für die dipolare Kopplung zwischen zwei Elektronen. In einem cw-EPR-Spektrum ist der Abstand zwischen den bei-

den Maxima bei $\theta = 90°$ gleich $\nu_{dip}$ und der Abstand zwischen den beiden Wendepunkten bei $\theta = 0°$ gleich $2\nu_{dip}$, im Falle eines PDS Experimentes ist der Abstand $2\nu_{dip}$ bzw. $4\nu_{dip}$. Dargestellt ist der gepulste Fall

**Abb. 22.10** Hyperfeinanisotropie am Beispiel des cw-EPR-Spektrums ($T = 60$ K) von TPA (2,2,5,5-Tetramethylpyrrolin-1-oxyl-3-acetylen) bei 180 GHz/6,4 T (G-Band). Die $A_x$- und $A_y$-Hyperfeinkopplungen sind nicht aufgelöst

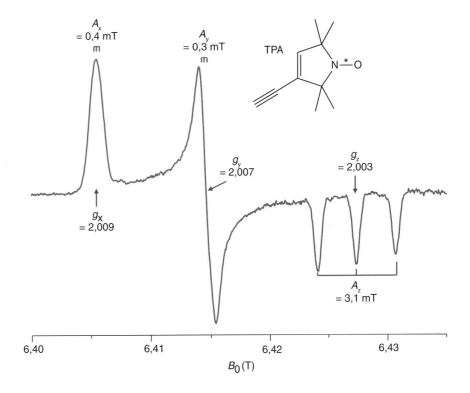

Der isotrope Anteil $J$ ist die Austauschwechselwirkung, die nur größer als null ist, wenn die Wellenfunktionen der beiden Elektronen überlappen ($r < 10$ Å) oder wenn die beiden Elektronen über eine konjugierte Brücke miteinander verknüpft sind. Sie ist in flüssiger Lösung beobachtbar und lässt Aussagen darüber zu, ob sich die

beiden Elektronenspins parallel (ferromagnetisch) oder antiparallel (antiferromagnetisch) zueinander einstellen. Der anisotrope Anteil $D$ der Kopplung beruht auf der durch den Raum vermittelten magnetischen Wechselwirkung zwischen den magnetischen Dipolen der beiden Elektronen und ist orientierungsabhängig, also nur beobachtbar, wenn die Biomoleküle eine feste Orientierung zu $B_0$ haben (gefrorene Lösung/Pulver, Einkristall oder wenn $D \gg \tau_{rot}$ (▶ Abschn. 22.5.3). In flüssiger Lösung ist dieser anisotrope Anteil ausgemittelt $(D = 0)$.

$$D = \nu_{\mathrm{dip}} \cdot \left(1 - 3\cos^2\theta\right) \qquad (22.21)$$

mit

$$\nu_{\mathrm{dip}} = \frac{\mu_{\mathrm{B}}^2 g_{\mathrm{A}} g_{\mathrm{B}} \mu_0}{4\pi h} \cdot \frac{1}{r_{\mathrm{AB}}^3} \qquad (22.22)$$

Hier ist $\theta$ der Winkel zwischen dem Abstandsvektor $r_{\mathrm{AB}}$ und dem äußeren Magnetfeld $B_0$ (▣ Abb. 22.9A). $g_{\mathrm{A}}$ und $g_{\mathrm{B}}$ sind die g-Werte der beiden Elektronen, $\mu_0$ ist die Permeabilität im Vakuum und $\mu_{\mathrm{B}}$ ist das Bohr'sche Magneton. Der erste Term in der Gleichung von $\nu_{\mathrm{Dip}}$ ist also eine Konstante.

In EPR-Spektren tritt die dipolare Kopplung in Form eines sog. Pake-Spektrums auf, wenn die Kopplung größer als die Linienbreite ist. Ein solches Spektrum ist in ▣ Abb. 22.9B gezeigt. In cw-EPR-Spektren ist die parallele Komponente des Pake-Spektrums aufgrund ihrer geringen Intensität häufig unterdrückt, und es werden nur die beiden Maxima für $\theta = 90°$ beobachtet. Kann die dipolare Kopplungskonstante $\nu_{\mathrm{Dip}}$ aus einem Spektrum ermittelt werden, dann ist nach

Gl. 22.22 daraus der Abstand zwischen den beiden ungepaarten Elektronen zu berechnen. Aus cw-EPR-Spektren sind so i. A. Abstände von bis zu 15 Å zu bestimmen. Bei größeren Abständen ist die dipolare Kopplung durch die inhomogene Linienbreite verdeckt. In solchen Fällen kann die dipolare Elektronenspin-Elektronenspin-Kopplung durch gepulste EPR-Methoden ermittelt werden.

Die Bestimmung solcher langreichweitiger Abstände ist beispielsweise von Interesse, um die Anordnung von paramagnetischen Metallzentren in biologischen Makromolekülen zu bestimmen (▣ Abb. 22.11). Es können aber auch gezielt zwei Untereinheiten eines Proteins mit jeweils einem Nitroxid markiert und über die dipolare Kopplung der Abstand zwischen den beiden Spinlabeln gemessen werden (▶ Abschn. 22.4.6).

## 22.4 Gepulste EPR-Experimente

Mit cw-EPR-Methoden ist es üblicherweise möglich, große Kopplungen zu bestimmen. Gepulste EPR-Methoden erlauben es hingegen, kleine Kopplungen zu entfernteren Kernen oder ungepaarten Elektronen aufzulösen. Weitere Vorteile gepulster Experimente liegen darin, dass bestimmte Kopplungen je nach Pulssequenz selektiert werden können, dass mehrdimensionale Experimente durchführbar sind und dass die Empfindlichkeit höher ist. Insbesondere mit Experimenten wie ESEEM

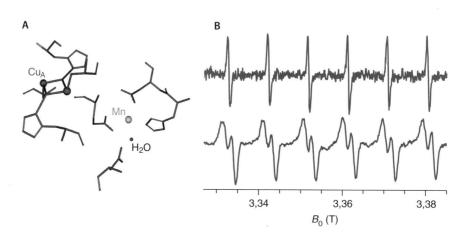

▣ **Abb. 22.11** Beispiel für ein Protein mit dipolarer Elektronenspin-Elektronenspin-Kopplung. **A** Anordnung des binuclearen $\mathrm{Cu_A}$-Zentrums und des Mn(II)-Ions in der Cytochrom-$c$-Oxidase aus *Paracoccus denitrificans*. **B** cw-EPR-Spektren des Mn(II)-Zentrums im W-Band (94 GHz/3,3 T). Das Mn(II)-Ion ($s = 5/2$ und $I = 5/2$) führt im W-Band zu einem cw-EPR-Spektrum mit sechs Linien ($2 * 1 * 5/2 + 1 = 6$). Das $\mathrm{Cu_A}$-Zentrum ist durch Wahl geeigneter Bedingungen im diamagnetischen $s = 0$-Zustand, sodass es kein EPR-Signal gibt. Stellt man die Probenbedingungen nun so ein, dass das $\mathrm{Cu_A}$-Zentrum in den $s = \frac{1}{2}$-Zustand übergeht, so beobachtet man ein cw-EPR-Spektrum in dem jede Manganlinie in ein Dublett aufgespalten ist. Aus der Größe der Aufspaltung (2,2 mT) konnte die dipolare Kopplungskonstante zu 3,36 mT bestimmt und damit der $\mathrm{Cu_A}$-Mn Abstand zu 9,4 Å berechnet werden. Das paramagnetische $\mathrm{Cu_A}$-Zentrum war wie das diamagnetische nicht zu detektieren (Nach Käß et al. 2000)

(*Electron Spin Echo Envelope Modulation*) und Puls-EN-DOR (*Electron Nuclear Double Resonance*) sind in einem Radius von bis zu 10 Å um das ungepaarte Elektron Aussagen über die Struktur der Umgebung zu treffen. Mit PELDOR (*Pulsed Electron-Electron Double Resonance*) sind sogar Abstände von bis zu 160 Å zwischen zwei Elektronenspins messbar.

### 22.4.1 Grundlagen gepulster EPR

Die Grundlagen der gepulsten EPR-Spektroskopie sind vergleichbar mit denen der gepulsten NMR-Spektroskopie. Für die EPR müssen diese Betrachtungen jedoch auf Elektronenspins übertragen werden.

In ▶ Abschn. 22.1 wurde gezeigt, dass für einen Elektronenspin dessen Länge $|S|$ sowie die $S_z$-Komponente festgelegt, die x- und y-Komponenten jedoch unbestimmt sind. Da $|S|$ größer ist als $S_z$, ist der Winkel zwischen $B_{0,z}$ und dem Spin ungleich null. Der Spin liegt also nicht genau parallel zu $B_{0,z}$ (auch wenn man es so sagt) und damit auch nicht dessen magnetisches Moment. Die Kraft des Magnetfeldes versucht jedoch, die magnetischen Momente parallel zu $B_{0,z}$ einzustellen, was dazu führt, dass die Elektronenspins und die dazu antiparallelen magnetischen Momente auf Kegeln um die Magnetfeldachse $B_{0,z}$ präzedieren (◘ Abb. 22.12). Die magnetfeldabhängige Frequenz dieser Präzessionsbewegung nennt man Larmor-Frequenz. Da nach der Boltzmann-Verteilung mehr magnetische Momente parallel zu $B_{0,z}$ orientiert sind, erfährt die Probe eine makroskopische Magnetisierung $M$ parallel zu $B_0$.

**Pulse**

Um Mikrowellenpulse zu erzeugen, wird die Mikrowellenstrahlung schnell eingeschaltet und nach einem bestimmten Zeitraum wieder ausgeschaltet. Eine so geschaltete Mikrowelle ist ein Mikrowellen-Rechteckpuls. Solche Pulse haben in der EPR-Spektroskopie typischerweise Pulslängen im Bereich von Nanosekunden (NMR: Mikrosekunden). Diese sehr kurzen Pulslängen führen dazu, dass die Pulse nicht eine bestimmte Mikrowellenfrequenz (wie die Mikrowellen im cw-Experiment), sondern eine gewisse Frequenzbreite besitzen (Heisenberg'sche Unschärferelation). Daraus folgt, dass bei konstantem Magnetfeld das komplette EPR-Spektrum angeregt werden kann, wenn es schmaler ist als die Anregungsbandbreite des Pulses. Hierbei ist die Anregungsbandbreite des Pulses proportional zum Inversen seiner Länge. Umgekehrt wird, wenn das Spektrum breiter ist, nur ein Teil des Spektrums angeregt, man spricht dann von Orientierungsselektion.

Die im Folgenden häufiger auftretenden 90°- bzw. 180°-Pulse bezeichnen Pulse, die den Elektronenspin um 90° bzw. 180° drehen. Die Drehwinkel werden über die Pulslänge und Pulsamplitude eingestellt. Ein 180°-Puls hat demnach entweder die doppelte Länge oder Amplitude verglichen mit einem 90°-Puls. Strahlt man einen 90°-Puls entlang der +x-Richtung in eine Probe ein, dann tritt dieser Puls mit der Larmor-Frequenz der Spins in Wechselwirkung und dreht $M$ von der +z-Achse auf die –y-Achse (◘ Abb. 22.13).

Wie in der NMR-Spektroskopie werden auch in der EPR-Spektroskopie zunehmend andere Pulsformen als Rechteckpulse eingesetzt. Solche Pulse ermöglichen es z. B. Spektren komplett anzuregen, die breiter sind als die Anregungsbandbreite eines Rechteckpulses.

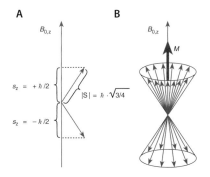

A

$B_{0,z}$

$s_z = +\hbar/2$

$s_z = -\hbar/2$

$|S| = \hbar \cdot \sqrt{3/4}$

B

$B_{0,z}$

$M$

◘ **Abb. 22.12** **A** Bild zur Veranschaulichung der Spinorientierung zu $B_0$. **B** Veranschaulichung der Magnetisierung $M$ (roter Pfeil). Die schwarzen Pfeile symbolisieren in diesem Bild die magnetischen Momente $\mu_{e,z}$ der Elektronenspins. Die Elektronenspins selber sind antiparallel zu $\mu_{e,z}$ orientiert

In ▶ Abschn. 22.1 wurde ausgeführt, dass Spins nur die beiden Einstellungen parallel oder antiparallel zum Feld einnehmen können. Es stellt sich also die Frage, wie die einzelnen Spins eingestellt sein müssen, um eine Magnetisierung in y-Richtung hervorzurufen. Veranschaulichen kann man sich dies folgendermaßen: Der 90°-Puls induziert eine Gleichverteilung der Spins auf beide Energieniveaus, wodurch sich die einzelnen magnetischen Momente entlang der z-Achse zu null addieren. Gleichzeitig sind die Spins auf den Präzessionskegeln nicht mehr gleichverteilt, sondern bilden Spinpakete in Richtung der -y-Achse. Da die Spins in diesen Paketen die gleiche Orientierung

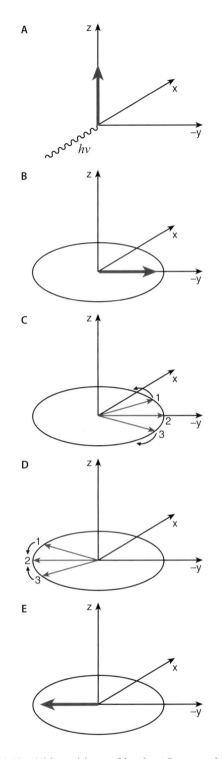

und Geschwindigkeit haben, bezeichnet man dieses Phänomen als Phasenkohärenz. Quantenmechanisch ist die Kohärenz in der x,y-Ebene eine Superposition zwischen den beiden Spinzuständen $m_s = \pm \frac{1}{2}$. Die Spinpakete bleiben aber nicht statisch auf der y-Achse, sondern präzedieren mit um die z-Achse, wodurch ein Strom bzw. ein Signal in einem Detektor erzeugt wird. Es wird also nicht wie im cw-Experiment die Absorption der eingestrahlten Mikrowellenfrequenz detektiert.

### 22.4.2  Relaxation

Da die einzelnen Spins leicht unterschiedliche magnetische Umgebungen haben, besitzen sie auch leicht unterschiedliche Larmor-Frequenzen bzw. Winkelgeschwindigkeiten. Daraus folgt, dass die Phasenkohärenz mit der Zeit verloren geht, d. h. die Spinpakete lösen sich nach einer gewissen Zeit auf (Dephasierung). Behalten sie aber ihre Geschwindigkeit und Richtung bei, können sie durch einen 180°-Puls wieder zu einem Echo refokussiert werden. Wenn sie jedoch ihre Geschwindigkeit oder Richtung ändern, dann lassen sie sich nicht mehr refokussieren, dieser Vorgang ist die Spin-Spin- oder $T_2$-Relaxation (für Elektronenspins im Bereich von Nanosekunden) und führt zu einer Gleichverteilung innerhalb der Kegel. Gleichzeitig kehren die Spins auch aus der Gleichverteilung zwischen den beiden Energieniveaus wieder in die Verteilung nach Boltzmann zurück. Diese Relaxation wird als Spin-Gitter- oder $T_1$-Relaxation bezeichnet und erfolgt für Elektronenspins im Bereich von Mikro- bis Millisekunden.

### 22.4.3  Spinechos

Da in der EPR-Spektroskopie die Dephasierung sehr schnell ist, kann aus technischen Gründen für die meisten Proben nach dem 90°-Puls kein freier Induktionszerfall (FID) beobachtet werden. In der EPR behilft man sich dadurch, dass stattdessen ein Spinecho detektiert wird. Im Folgenden ist eine einfache 2-Puls-Sequenz beschrieben, die ein solches Spinecho erzeugt (◻ Abb. 22.14).

Wird nach dem 90°-Puls eine gewisse Zeit $\tau$ gewartet, dann haben sich die Spinpakete aufgrund ihrer ungleichen Rotationsgeschwindigkeiten unterschiedlich weit von der y-Achse entfernt (◻ Abb. 22.13B, C). Strahlt man nun einen 180°-Puls ein, dann werden die Spins unter Beibehaltung der Rotationsgeschwindigkeit und Drehrichtung um 180°, also von der −y-Richtung in die +y-Richtung,

◻ **Abb. 22.13**   **A** Magnetisierung $M$ entlang $B_0$. x, y und z sind die drei Raumrichtungen und $B_0$ ist entlang z orientiert. Die Mikrowellenpulse werden entlang der x-Achse eingestrahlt. **B** $M$ nach dem 90°-Puls. **C** Dephasierung während der Zeit $\tau$. **D** Refokusierung der Spins durch den 180°-Puls, der ebenfalls entlang der x-Achse eingestrahlt wird. **E** Echo nach der Zeit $\tau$ nach dem 180°-Puls

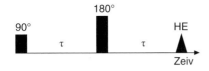

**◘ Abb. 22.14**  2-Puls-Sequenz zur Erzeugung eines Hahn-Echos (HE)

**◘ Abb. 22.15**  3-Puls-Sequenz zur Erzeugung eines stimulierten Echos (SE)

gedreht. Da sie ihre Rotationsgeschwindigkeit und Drehrichtung beibehalten, laufen die Spins nach dem 180°-Puls wieder zusammen und bilden nach der Zeit $\tau$ eine Magnetisierung bzw. ein Spinecho auf der +y-Achse (◘ Abb. 22.13D, E). Dieses Echo wird zu Ehren seines Entdeckers Erwin Hahn als Hahn-Echo bezeichnet.

Ein anderes Spinecho kann mit einer 3-Puls-Sequenz erzeugt werden (◘ Abb. 22.15). Mit einem 90°-Puls wird die Magnetisierung in die x,y-Ebene gedreht, dann eine kurze Zeit $\tau$ gewartet und wieder einen 90°-Puls eingestrahlt. Durch den zweiten 90°-Puls wird die x,y-Magnetisierung entlang der z-Richtung gespeichert. Mit einem dritten 90°-Puls nach einem Zeitintervall $T$ wird die Magnetisierung als sog. stimuliertes Echo detektiert.

### 22.4.4  ESEEM

Vergrößert man schrittweise das Zeitintervall $\tau$ in der 2-Puls-Sequenz in ◘ Abb. 22.14, kann man eine Oszillation der Echoamplitude beobachten, die als *Electron-Spin-Echo-Envelope*-Modulation (ESEEM) bezeichnet wird. Die Ursache für diese Modulation sind Übergänge zwischen den Kernspinniveaus. Fourier-transformiert man diese Oszillationen, erhält man die entsprechenden Frequenzen der Oszillation. Aus diesen Frequenzen können die Kopplungen von Kernen in der Umgebung bestimmt werden. Nachteilig bei dieser Pulssequenz ist, dass die Linienbreite aufgrund der schnellen $T_2$-Relaxation sehr groß ist, sodass sich Linien überlagern. Zusätzlich treten höhere harmonische Frequenzen sowie Summen- und Differenzfrequenzen auf, die eine Interpretation der Spektren erschweren.

Keine höheren harmonischen Frequenzen oder Summen- und Differenzfrequenzen erhält man, wenn man statt des 2-Puls-ESEEMs das auf dem stimulierten Echo basierende 3-Puls-ESEEM benutzt. In diesem Experiment wird das Zeitintervall $T$ in der 3-Puls-Sequenz in

◘ Abb. 22.15 schrittweise vergrößert und die Echoamplitude des stimulierten Echos in Abhängigkeit von $T$ aufgezeichnet. Da die Amplitude des stimulierten Echos mit der längeren $T_1$-Relaxation abnimmt, ist ein längeres Zeitfenster zum Beobachten der Oszillation gegeben, und die Linien sind schmaler.

Als Beispiel für ein 3-Puls-ESEEM soll ein Experiment am Elektrontransferprotein *bo₃* Ubichinol-Oxidase aus *Escherichia coli* besprochen werden. Weil das Ubichinon im Verlauf des Elektrontransfers als Ubisemichinonradikal vorliegt, wurde die Bindung des Chinons EPR-spektroskopisch untersucht. In ◘ Abb. 22.16 ist das entsprechende 3-Puls-ESEEM sowohl im Zeitraum als auch nach der Fourier-Transformation abgebildet. Im Fourier-transformierten Spektrum sieht man vier Linien bei 0,95 MHz, 2,32 MHz, 3,27 MHz und 5,2 MHz, die aufgrund des Frequenzbereichs, in dem sie auftreten, einem $^{14}N$-Kern in der Nähe des Ubisemichinonradikals zugeordnet wurden. Die Linien der $^1H$-Kerne treten um 14 MHz herum auf.

Das Auftreten von vier $^{14}N$-Linien lässt sich wie folgt erklären: Da $^{14}N$ einen Kernspin von $I = 1$ besitzt, werden die beiden Elektronenspinzustände $m_s = \pm\,\frac{1}{2}$ durch die $^{14}N$-Hyperfeinkopplung in jeweils drei Niveaus aufgespalten (◘ Abb. 22.17). Ist die Kern-Zeeman-Wechselwirkung genauso groß wie die Hyperfeinkopplung, dann heben sich die beiden Wechselwirkungen in einem der zwei $m_s$-Niveaus auf. Die Energieseparation in diesem $m_S$-Niveau ist dann durch die für Kerne mit $I > \frac{1}{2}$ auftretende Quadrupolwechselwirkung bestimmt, die durch die Quadrupolkopplungskonstante $Q$ und den Asymmetrie-Parameter $\eta$ beschrieben wird. Beide Parameter sind sehr sensitiv bezüglich der Ladungsverteilung in einem Molekül bzw. der Molekülstruktur. Die drei Kernspinübergänge $\nu_0$, $\nu_+$ und $\nu_-$ in dem durch die Quadrupolwechselwirkung bestimmten $m_S$-Niveau sind im 3-Puls-ESEEM besonders intensiv. Der Doppelquantenübergang $\nu_{dq}$ aus dem anderen $m_S$-Niveau ist hingegen intensitätsschwach und breit. Die beiden Einquantenübergänge $\nu_{sq1}$ und $\nu_{sq2}$ werden nicht detektiert. Anders als im cw-EPR-Spektrum werden im 3-Puls-ESEEM also die verbotenen Kernspinübergänge detektiert.

Aus den Frequenzen, die zu den vier Linien gehören, konnten die isotrope $^{14}N$-Hyperfeinkopplung, die $^{14}N$-Quadrupolkopplungskonstante und der Asymmetrieparameter der Quadrupolkopplung berechnet werden. Aus diesen Daten sowie aus dem zweidimensionalen Spektrum in ◘ Abb. 22.19 und Isotopenmarkierungen wurde gefolgert, dass das Ubichinon nur mit der C1-Carbonylgruppe über eine starke Wasserstoffbrückenbindung an ein Stickstoffatom im Aminosäurerückgrat gebunden ist. Dieser Befund einer asymmetrischen Bindung des Ubichinons könnte helfen, den gerichteten Elektrontransfer in diesem Protein zu verstehen.

◻ **Abb. 22.16**  3-Puls-ESEEM-Spektrum und Strukturformel des Ubisemichinonradikals in der $Q_H$-Bindungstasche der Ubichinol-Oxidase. **A** Spektrum im Zeitraum und **B** Spektrum im Frequenzraum (Nach Grimaldi et al. 2001)

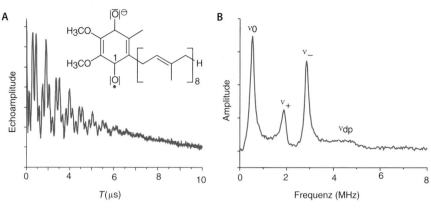

◻ **Abb. 22.17**  Aufspaltungsschema für ein gekoppeltes Spinsystem mit $s = \frac{1}{2}$ und $I = 1$ für den Fall, dass sich die Hyperfeinwechselwirkung und die Kern-Zeeman-Wechselwirkung gegenseitig aufheben

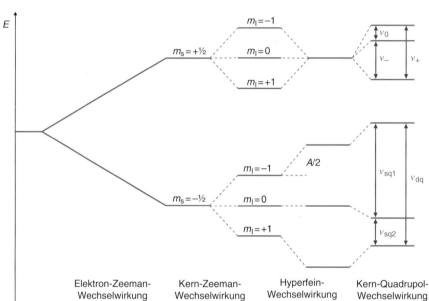

## 22.4.5  HYSCORE

Das *Hyperfine-Sublevel-Correlation*-Experiment (HYSCORE, ◻ Abb. 22.18 und 22.19) ist ein zweidimensionales Kreuzkorrellationsexperiment, bei dem Kernspinübergänge in einem $m_s$-Niveau mit den Kernspinübergängen im zweiten $m_s$-Niveau korreliert werden.

Das Experiment wird so durchgeführt, dass zwischen den beiden letzten 90°-Pulsen einer stimulierten Echosequenz ein 180° Mischpuls eingeführt wird. Dann werden sowohl das Zeitintervall $t_1$ als auch das Zeitintervall $t_2$ variiert (◻ Abb. 22.18). Nach einer Fourier-Transformation erhält man ein zweidimensionales Spektrum im Frequenzraum, in dem Kreuzkorrelationen zwischen solchen Linien auftreten, die zu Kernspinübergängen in dem einen $m_s$-Niveau gehören, und Linien, die zu Kernspinübergängen in dem anderen $m_s$-Niveau ge-

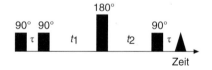

◻ **Abb. 22.18**  HYSCORE-Puls-Sequenz

hören. Dabei muss die Voraussetzung erfüllt sein, dass die Übergänge zum selben Kern gehören. Dieses Experiment wurde im Fall der Ubichinol-Oxidase benutzt, um zu entscheiden, ob die vier Linien im 3-Puls-ESEEM tatsächlich nur von einem Stickstoffkern herrühren. In ◻ Abb. 22.19 ist das entsprechende HYSCORE-Spektrum gezeigt. Man sieht deutlich die Kreuzkorrelationen zwischen den vier Linien, sodass diese eindeutig einem einzigen Stickstoffkern zuzuordnen sind.

22

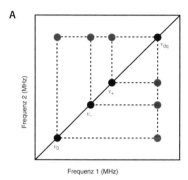

A

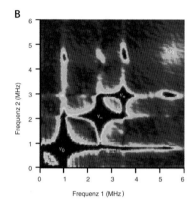

B

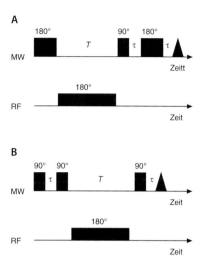

**Abb. 22.19** **A** Theoretisches HYSCORE-Spektrum. **B** HYSCORE-Spektrum des Ubisemichinonradikals in der $Q_H$-Bindungstasche der $bo_3$ Ubichinol Oxidase aus *E. coli*. Zur besseren Übersicht ist nur einer der vier Quadranten gezeigt. Erwähnenswert ist, dass das HYSCORE in gefrorener Lösung ohne *Magic Angle Spinning* (MAS) aufgenommen wurde (Nach Grimaldi et al. 2001)

## 22.4.6 ENDOR

Das *Electron-Nuclear-Double-Resonance-* (ENDOR-) Experiment kann sowohl als cw- oder Puls-Experiment durchgeführt werden. Hier sollen nur zwei gepulste Varianten besprochen werden (■ Abb. 22.20).

Im Davies-ENDOR-Experiment (■ Abb. 22.20A) wird die Magnetisierung mit einem 180°-Puls invertiert und nach einer Mischzeit *T* mit einer 90°-τ-180°-τ-Echo-Sequenz wieder detektiert. Während der Zeit *T* wird ein 180°-Radiofrequenzpuls eingestrahlt (180°-Puls für die Kernspins) und die Echoamplitude in Abhängigkeit von der Radiofrequenz gemessen. Werden durch die Radiowellen Kernübergänge induziert, dann treten im ENDOR-Spektrum Linien bei den entsprechenden Radiowellenfrequenzen auf.

Ein anderes gepulstes ENDOR-Experiment (Mims-ENDOR, ■ Abb. 22.20B) basiert auf der stimulierten Echosequenz, wobei der Radiofrequenzpuls nach

**Abb. 22.20** ENDOR-Pulssequenzen: **A** Davies- und **B** Mims-ENDOR. RF steht für Radiofrequenz und MW für Mikrowellenfrequenz

dem zweiten 90°-Puls eingestrahlt wird. Diese Pulssequenz besitzt eine höhere Sensitivität für kleine Hyperfeinkopplungen, allerdings treten sog. Blindspots auf, die vom gewählt τ abhängen. Beide Pulssequenzen sind in Bezug auf die Zeitachse statisch, d. h. kein Zeitintervall wird während des Experimentes verändert, und für beide Experimente werden die Kernspinübergänge beobachtet. Mit beiden ENDOR-Sequenzen erhält man im Prinzip EPR-detektierte NMR-Spektren (man beobachtet aber keine Kern-Kern-Kopplungen). In ■ Abb. 22.21 ist ein ¹⁹F-Mims-ENDOR-Spektrum an einem RNA-Duplex gezeigt.

In diesem Beispiel werden die Mikrowellenpulse auf den Elektrospin, also das Nitroxid, eingestrahlt und der Radiowellenpuls auf den ¹⁹F-Kern. Man erhält dann ein Pake-Spektrum für die dipolare Kopplung zwischen dem Elektrospin des Nitroxids und dem Kernspin des ¹⁹F-Kerns. Führt man den ¹⁹F-Kern in eine katalytisch aktive Stelle eines Ribozymes oder Proteins ein, können mit dieser Methode detaillierte Informationen über Strukturänderungen im Verlauf der Katalyse erhalten werden.

ENDOR-Experimente sind u. a. aus drei Gründen interessant:
- Die Auflösung ist sehr gut, weshalb auch kleine Hyperfeinkopplungen und Hyperfeinanisotropien aufzulösen sind.
- Die Linienanzahl ist gegenüber cw-EPR-Spektren reduziert. Koppeln in einem cw-EPR-Experiment *N* Sätze magnetisch äquivalenter ¹H-Kerne miteinan-

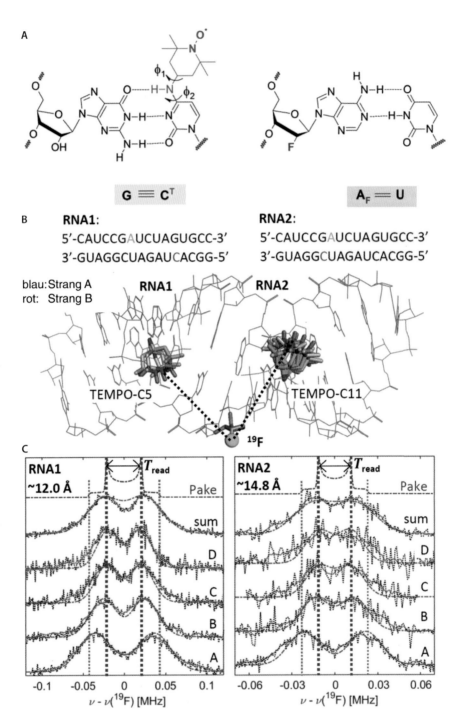

**◻ Abb. 22.21** ¹⁹F-W-Band-Mims-ENDOR an RNA. **A** Links: Struktur des verwendeten Spinlabels. Rechts: Position des ¹⁹Fluoratoms am Zucker. **B** Position des Fluors und des Spinlabels in der RNA und darunter ein geometrisches Modell für die spinmarkierten und ¹⁹F-markierte RNAs. **C** Die ¹⁹F-Mims-ENDOR-Spektren für beide RNAs. Da die Anregungsbandbreiten der Mikrowellenpulse die spektrale Breite der Spinlabel unterschreiten, werden orientierungsabhänge ¹⁹F-Mims-ENDOR-Spektren erhalten, je nachdem, wo auf dem Spinlabelspektrum die Mikrowellenpulse eingebracht werden. Summiert man alle Teilspektren auf (sum), erhält man ein ¹⁹F-Mims-ENDOR-Spektrum, das weniger orientierungsunabhängig ist. Das blaue Spektrum ist eine Simulation mit entsprechendem Abstand für ein Spinlabelkonformer, die roten Spektren sind Simulationen, die die Konformerverteilung des Spinlabels miteinbeziehen. (Mayer et al. 2020)

22

der, dann nimmt die Anzahl der Linien mit $N^2$ zu, im ENDOR-Experimenten hingegen nur mit $2N$.

- Im Unterschied zu den ESEEM-Experimenten, für die die Echomodulation bei hohen Mikrowellenfrequenzen/Magnetfeldern gegen null strebt, erhält man bei hohen Mikrowellenfrequenzen/Magnetfeldern ENDOR-Spektren, in denen die Kerne entsprechend ihren Kern-Larmor-Frequenzen immer stärker voneinander separiert sind.

## 22.4.7 Gepulste dipolare EPR-Spektroskopie

Durch Verwendung geeigneter Pulssequenzen kann auch eine schwache dipolare Kopplung zwischen Spinzentren gezielt herausgefiltert und bestimmt werden. Solche Experimente werden als PDS (*Pulsed Dipolar Spectroscopy*) bezeichnet. Mit den verschiedenen Pulssequenzen im PDS-Werkzeugkasten (◘ Tab. 22.1) ist es heutzutage möglich, Abstandsverteilungen bis zu 160 Å zwischen Spinzentren verschiedenster Art zu messen. Solche Abstandsverteilungen sind von großem Interesse für die Untersuchung von biomakromolekularen Strukturen und ihrer komplexen Dynamik. Allerdings enthalten nur wenige Makromoleküle ein oder mehrere Spinzentren. Deshalb haben die Entwicklung der ortsgerichteten Spinmarkierung (s. oben) sowie die Entwick-

lung von dafür geeigneten Spinlabeln (z. B. MTSSL) wichtige Beiträge zu einer breiten Anwendbarkeit von PDS geleistet. Für PDS-Messungen werden weder Kristalle benötigt, noch gibt es Größeneinschränkungen. Außerdem können die Untersuchungen in Lösung, in Membranen oder sogar in Zellen durchgeführt werden. Besonders die PELDOR oder auch DEER genannte Pulssequenz (◘ Abb. 22.22C, D) ist zu einem Standardwerkzeug in der Strukturbiologie geworden.

◘ Abb. 22.22A–E zeigt den prinzipiellen Ablauf eines PELDOR-Experiments. Das Biomakromolekül enthält entweder intrinsisch zwei Spinzentren, oder sie werden durch ortsspezifisches Labeling mit Spinlabeln eingeführt (◘ Abb. 22.22A). Im Fall von zwei Nitroxiden erhält man im Q-Band das EPR-Spektrum in ◘ Abb. 22.22B. Die PELDOR-Pulssequenz wird mit zwei Mikrowellenquellen durchgeführt, eine für die Detektionssequenz (rote Farbe) und eine für den Pump-Puls (blaue Farbe). Ein Teil der Spinzentren in der Probe (rote Fläche in ◘ Abb. 22.22B) wird mit der Detektionssequenz angeregt und ihr Status in Form eines Spinechos ausgelesen (◘ Abb. 22.22C, rechts). Ein weiterer Teil der Spins (blaue Fläche in ◘ Abb. 22.22B) wird derweil mit der Pumpfrequenz angeregt, wobei der Zeitpunkt $\tau$, zu dem der Pump-Puls in der Pulssequenz auftritt, variiert wird. Sind die Pump- und Detektionsspins dipolar gekoppelt, so ändert sich die Intensität des Echos mit der zeitlichen Position $\tau$ des Pumppulses, sodass beim Auftragen der Echointensität gegen die Zeit $\tau$ ein oszillierendes Signal erhalten wird. Fourier-transformiert man diese Oszillation, erhält man das sog. Pake-Spektrum (◘ Abb. 22.9B). Die Maxima im Pake-Spektrum entsprechen $\theta = 90°$ und die Flanken $\theta = 0°$.

Mithilfe von mathematischen Methoden wie der Tikhonov-Regularisierung können diese PELDOR-Zeitspuren auch direkt in Abstandsverteilungen überführt werden. Normalerweise wird hierfür das Programm DeerAnalysis verwendet. In diesem Programm wird angenommen, dass alle Winkel $\theta$ zwischen dem Abstandsvektor und dem angelegten Magnetfeld $B_{0,z}$ angeregt, also das Pake-Spektrum erhalten wurden, was häufig erfüllt ist.

Nun müssen diese Abstandsverteilungen noch in Strukturen übersetzt werden. Im Falle von Spinlabeln ist hierbei zu berücksichtigen, dass das Spinzentrum in Nitroxiden auf der NO-Gruppe liegt und mit PELDOR daher der NO–NO-Abstand gemessen wird. Daraus folgt, dass für die Generierung der Struktur des Biomoleküls die konformationelle Flexibilität des Linkers zwischen der NO-Gruppe und dem Anknüpfungspunkt am Biomolekül berücksichtigt werden muss

◘ **Tab. 22.1** PDS-Puls-Sequenzen

| Puls-Sequenz | Gut geeignet für Abstände zwischen |
|---|---|
| PELDOR/DEER (*pulsed electron double resonance/double electron-electron resonance*) | Nitroxid–Nitroxid Nitroxid–Metall (z. B. $Cu^{2+}$ oder $Gd^{3+}$) Nitroxid–Trityl |
| RIDME (*relaxation induced dipolar modulation enhancement*) | Spinzentren mit signifikant unterschiedlichen $T_1$-Relaxationszeiten, z. B. Nitroxid–Metall Trityl–Metall (z. B. $Fe^{3+}$) |
| DQC (*double quantum coherence*) | Spinzentren mit schmalem EPR Spektrum, z. B. Trityl–Trityl |
| SIFTER (*single-frequency technique for refocusing dipolar couplings*) | Spinzentren mit schmalem EPR Spektrum, z. B. Trityl–Trityl |

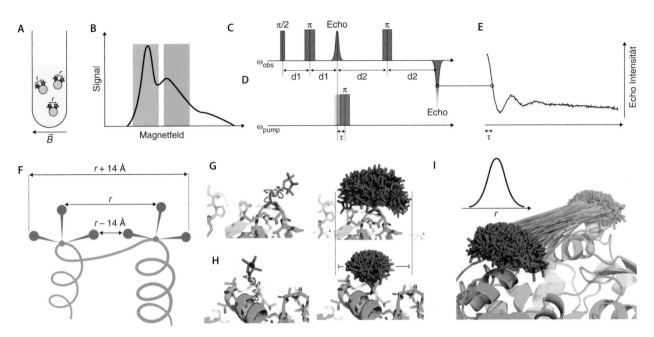

**◘ Abb. 22.22** Das PELDOR-Experiment und die Umsetzung von Abständen in Strukturen. **A** Eine PELDOR-Probe, die ein zweifach spinmarkiertes (Sternchen) Makromolekül (graue Kugeln) enthält. Die Spinmarker sind durch einen Distanzvektor *r* getrennt. **B** Ein EPR-Spektrum (schwarze Linie) der Probe in A. Die blauen und roten Bereiche des Spektrums entsprechen Spinmarkern mit unterschiedlicher Ausrichtung ihrer Nitroxidgruppe zum Vektor des statischen Magnetfelds *B* (vgl. a). **C** Die PELDOR-Pulssequenz. Die rot markierten Pulse sind in Resonanz mit Spins, die zum roten Teil des Spektrums in B gehören. Der Zustand dieser Spins wird ständig anhand der integrierten Intensität des Echos am Ende der Pulssequenz ausgelesen. **D** Während des Ablaufs der Beobachter-Pulssequenz wird zu bestimmten Zeiten *τ* ein Puls eingestrahlt, der mit den Pump-Spins der Probe in Resonanz ist (blauer Bereich in B). Dieser Puls dreht den Magnetisierungsvektor der entsprechenden Spins um 180°. Befinden sich die Pump-Spins nahe genug an den Proben-Spins,

spüren diese die Änderung des Magnetfelds, was zu einer Änderung der Intensität des Spinechos am Ende der Pulssequenz führt. **E** Die Intensität des Signals ändert sich abhängig von der Position *τ* des Pump-Pulses. Die Frequenz des oszillierenden Signals hängt direkt vom Abstand der Spinzentren ab. **F** Skizze zur Verdeutlichung der Flexibilität des Spinmarkers (rot) auf einem Makromolekül (grün). Bei einer Länge des Spinmarkers von 7 Å (z. B. MTSSL) ergibt sich theoretisch eine sehr große Unsicherheit bei der Vorhersage des Inter-Spin-Abstandes. **G, H** Die in F gezeigte Unsicherheit kann durch Simulation des Spinmarkers auf der makromolekularen Oberfläche deutlich gesenkt werden. Je nach Position des Spinmarkers ergibt sich ein unterschiedlich großes, für den Spinmarker erreichbares Volumen. **I** Durch Bestimmung aller möglichen Abstände zwischen den in G und H gezeigten Konformationen des Spinmarkers lässt sich eine Abstandsverteilung berechnen, welche mit dem experimentellen Ergebnis verglichen werden kann

(◘ Abb. 22.22F). Hierfür werden sog. In-Silico-Spin-Labeling-Algorithmen verwendet, die das Konformerenensemble des Spinlabels an den markierten Positionen vorhersagen (◘ Abb. 22.22G, H).

Eine häufige Anwendung von PDS ist die Validierung von Strukturmodellen, welche mit Methoden wie Kryo-EM, NMR oder Kristallographie erstellt wurden, oder die Verfolgung von Strukturänderungen, ausgelöst z. B. durch Ligandbindung. ◘ Abb. 22.23A zeigt die Kristallstrukturen des Häm-Eisen-Proteins Cytochrom P450cam in seiner geöffneten und geschlossenen Konformation. Letztere wird durch Bindung des Substrats, Campher, induziert. In diesem Fall wurde PELDOR verwendet, um die ligandeninduzierte Konformationsänderung in Lösung zu verifizieren und dadurch auszuschließen, dass es sich um ein Kristallpackungsartefakt handelt (◘ Abb. 22.23B, C). Am gleichen Protein sollte auch der Abstand zwischen einem Spinlabel und dem

Häm-gebundenen $Fe^{3+}$-Ion gemessen werden. Hierfür ist PELDOR nicht das geeignete Experiment, da das $Fe^{3+}$-Spektrum so breit ist, dass nur ein kleiner Teil der Eisenspins detektiert werden kann (◘ Abb. 22.23D). Dies führt dazu, dass die Signalintensität sehr gering und nur ein kleiner Teil der $\theta$-Winkel angeregt wird. In solchen Fällen bietet sich das RIDME-Experiment (*Relaxation Induced Dipolar Modulation Enhancement*) an (◘ Abb. 22.23E). Hier wird auf dem schmalen Nitroxidspektrum detektiert, und die natürliche Relaxation des Metallions als eine Art intrinsischer Pump-Puls mit unendlicher Bandweite genutzt, um die $Fe^{3+}$-Spins im Zeitintervall *T* zu invertieren. Auf diese Weise konnte das Ergebnis in ◘ Abb. 22.23F, G erhalten werden.

In letzter Zeit wird PDS auch im Sinne einer „integrativen Strukturbiologie" verwendet. Man versteht darunter die Lösung eines strukturbiologischen Problems durch die Kombination von verschiedenen biophysika-

**22**

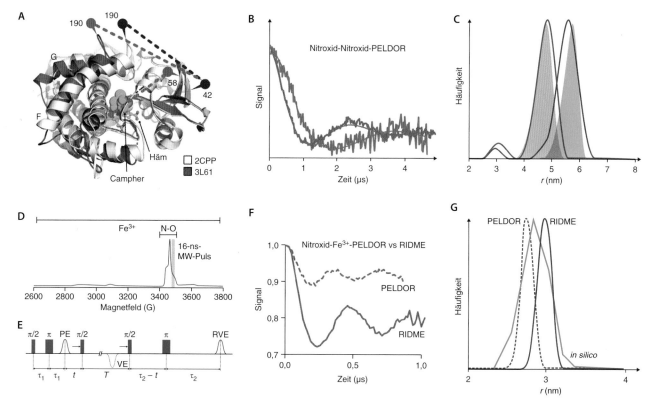

**◘ Abb. 22.23** Verschiedene Anwendungen von PDS am Beispiel von Cytochrom P450cam. **A** Die Kristallstrukturen der geöffneten (rot) und geschlossenen (weiß) Form von Cytochrom P450cam. Häm ist als grünes Stäbchenmodell und Campher als grünes Kugelmodell dargestellt. Spinmarkierte Stellen und die entsprechenden Abstände sind als Punkte bzw. als gestrichelte Linien eingezeichnet. **B** PELDOR-Zeitkurven für die geschlossene (grau) und geöffnete Form (rot) mit Spinmarkern an Positionen 48 und 190 des Makromoleküls (vergleiche a). **C** Experimentelle Abstandsverteilungen (durchgezogene Linien) und In-Silico-Vorhersagen (farbige Flächen). Der Farbcode entspricht A und B. **D** X-band-EPR-Spektrum des in a gezeigten Proteins mit einem MTSSL-Spinmarker an Position 58 (rot in A). Deutlich ist das viel breitere $Fe^{3+}$-Spektrum im Vergleich zum Nitroxid-Spektrum zu sehen. Zur Verdeutlichung ist die ungefähre Bandbreite eines 16-ns-Pump-Pulses eingezeichnet. **E** Die RIDME-Pulssequenz. **F** Vergleich einer PELDOR- und RIDME-Messung an einer Probe von Cytochrom P450cam mit einem Spinmarker an Position 58. **G** Die aus F berechneten Abstandsverteilungen (DeerAnalysis). Das Standard-PELDOR-Experiment liefert in diesem speziellen Fall eine leicht verfälschte Abstandsverteilung (s. Text). Die grüne Kurve ist die vorhergesagte Abstandverteilung. Trotz des Unterschieds zwischen PELDOR und RIDME liegen beide Ergebnisse innerhalb dieser Vorhersage

lischen Methoden. Idealerweise werden dabei die Nachteile der einen Methode durch die Vorteile einer anderen ausgeglichen. Zum Beispiel: Die Kristallstruktur eines Membrantransporters liefert eine hochaufgelöste Struktur, aber kaum Information über dessen Strukturänderungen während des Transportvorgangs (► Kap. 25). PDS-Abstandsdaten mit und ohne das Substrat des Transporters können tiefe Einblicke in die Dynamik des Transporters geben, sind aber selbst ohne die hochaufgelöste Struktur schwer zu interpretieren. Ein weiteres wichtiges Beispiel ist die Rekonstruktion von makromolekularen Komplexen: Gibt es keine Struktur eines großen Komplexes, dafür aber Teilstrukturen, welche z. B. mittels Kristallographie oder NMR gelöst wurden, kann man die Geometrie des Komplexes rekonstruieren, wenn man eine ausreichende Menge an PDS-Abstandsdaten hat. Ein weiteres Beispiel ist die Lokalisierung von Metallionen in Makromolekülen. Gibt es z. B. die Struktur eines Proteins, welche das Metallion aber nicht enthält, können mit PDS gemessene Abstände zwischen Spinlabeln und dem Metallzentrum verwendet werden, um das Metallzentrum in der Struktur zu lokalisieren. Dazu wird das Prinzip des *Global Positioning Systems* (GPS) verwendet (◘ Abb. 22.24).

Wichtige Entwicklungen, welche die Zukunft von PDS beeinflussen werden, sind die Entwicklung von Spinlabeln, die eine Routineanwendung bei Raumtemperatur erlauben, und Techniken zur Messung von Abständen in lebenden Zellen. Beide Aspekte sind Gegenstand der aktuellen Forschung in vielen EPR-Forschungsgruppen.

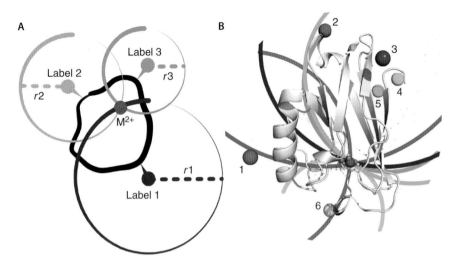

**◻ Abb. 22.24** Trilateration von Spinzentren durch PDS. **A** Das Prinzip der Trilateration in 2D. Der Ort eines Metallions (rot) ist zu bestimmen. Die Spinlabel 1–3 sind an das Makromolekül gebunden (schwarze Form). Die Entfernungen r1–3 werden mittels PDS gemessen. Jeder Abstand entspricht einem Kreis um die entsprechende Spinmarkierung. Der Schnittpunkt aller Kreise ist der Ort des Metallions. **B** Als Beispiel dient die Lokalisation des $Cu^{2+}$-Ions in Azurin (weißes Schlaufenmodell). Sechs verschiedene Spinlabelpositionen, die zur Trilateration des $Cu^{2+}$-Ions in Azurin mittels PSD verwendet wurden, sind als farbige Kugeln mit Zahlen von 1–6 eingezeichnet. Die entsprechenden Nitroxid-$Cu^{2+}$-Distanzen, die expe- rimentell bestimmt wurden, sind durch Kreissegmente in der entsprechenden Farbe dargestellt. Zu beachten ist, dass im 3D-Raum jeder Abstand einer Kugel entspricht. Der Schnittpunkt all dieser Kugeln ist das Ergebnis der Trilateration. Mittels dieses molekularen GPS wurde die $Cu^{2+}$-Bindungsstelle eindeutig gefunden. Der Unterschied von 3 Å zur kristallographisch bestimmten Position des $Cu^{2+}$-Ions ist auf die Unsicherheit bei der Vorhersage der Spinlabelkonformationen und auf eine Delokalisierung der Spindichte vom Metallion in Richtung der koordinierenden Aminosäuren zurückzuführen. (Nach Abdullin et al. 2015)

## 22.4.8 Vergleich zwischen PELDOR und FRET

Eine andere spektroskopische Methode, mit der Abstände im Nanometerbereich gemessen werden können, ist FRET (Förster-Resonanz-Energietransfer; ▶ Abschn. 8.5.5 und 19.7). Ein Vergleich zwischen FRET und PELDOR zeigt, dass beide Methoden komplementär sind.

- FRET liefert Abstände von Biomolekülen in flüssiger Lösung und kann auf Einzelmolekülebene durchgeführt werden. PELDOR wird hingegen in gefrorener Lösung und bei Konzentrationen im mikromolaren Bereich durchgeführt. PELDOR-Messungen bei Raumtemperatur sind durchgeführt worden, aber dann wird das Biomakromolekül anderweitig immobilisiert, z. B. durch Bindung an Oberflächen.
- FRET kann Abstandsänderungen zeitaufgelöst beobachten. PELDOR beobachtet eingefrorene Abstandsverteilungen.
- Im PELDOR-Experiment ist der Mechanismus der Kopplung eindeutig. Selbst wenn $J$ nicht vernachlässigt werden kann, ist die Größe von $J$ aus dem Spektrum zu bestimmen. Im FRET-Experiment ist der Mechanismus der Fluoreszenzlöschung nicht immer eindeutig, häufig werden Referenzen benötigt.

- Die Berechnung des Abstandes aus dem Pake-Spektrum ist parameterfrei. Für die Auswertung der FRET-Messungen müssen Annahmen über den Orientierungsparameter $\kappa$ gemacht werden.
- Die verwendeten Label sind für FRET und PELDOR unterschiedlich. Häufig werden für FRET große Chromophore verwendet, die über flexible Gruppen an die Biomoleküle gebunden sind. In der EPR sind die verwendeten Label kleiner und können im Falle von DNA/RNA über starre und sehr kurze Gruppen dicht am Biomolekül angebaut werden, sodass die gemessenen Abstände leichter mit der Struktur des Biomoleküls zu korrelieren sind. Andererseits kann die Einführung einer starren Gruppe eher zu einer Veränderung der Struktur des Biomoleküls führen. Man sollte jedoch in beiden Fällen prüfen, ob die Label Strukturänderungen hervorrufen.

## 22.5 Weitere Anwendungsbeispiele für EPR

In den vorangegangenen Abschnitten wurden verschiedene Beispiele für die Bestimmung von Strukturelementen mittels EPR-Methoden vorgestellt. In diesem Abschnitt sollen drei Beispiele für die Bestimmung von Mobilitäten, pH-Werten und Bindungskonstanten geschildert werden.

22

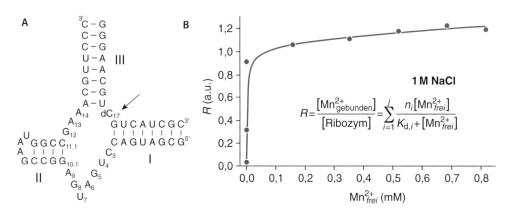

◨ **Abb. 22.25** Mn(II)-Bindung im minimalen Hammerhead-Ribozym. **A** Sekundärstruktur des Ribozyms. Der Pfeil weist auf die Spaltungsstelle im Phosphodiesterrückgrat hin. **B** Aus der EPR-Titration erhaltene Bindungsisotherme. Die offenen Kreise sind die experimentellen Daten und die durchgezogene Linie der Fit unter Benutzung der Formel in dem Graph. (Kisseleva et al. 2005)

## 22.5.1 Quantifizierung von Spinzentren/ Bindungskonstanten

Die Signalintensität hängt u. a. von der Anzahl der Elektronenspins in einer Probe ab. Da aber auch viele andere Faktoren die Signalintensität beeinflussen, wird die Spinanzahl nicht direkt aus der Signalintensität bestimmt. Vielmehr wird so vorgegangen, dass man die Signalintensität der Probe mit unbekannter Spinanzahl misst und diese mit der Signalintensität einer Probe bekannter Spinanzahl vergleicht. Hierfür müssen Probe und Referenzprobe unter möglichst identischen Bedingungen gemessen werden. Das Problem ist, für beide Proben dieselben Mess- und Probenbedingungen einzustellen. Daher liegt der Fehler normalerweise bei ungefähr 15 %. Solche Quantifizierungen kann man benutzen, um bei bekannter Biomolekülkonzentration die Anzahl der paramagnetischen Zentren in dem Biomolekül zu bestimmen. Wenn sich die EPR-Spektren von gebundenem und freiem paramagnetischem Zentrum unterscheiden, können zusätzlich die Anzahl der Bindungsstellen und deren Dissoziationskonstanten ermittelt werden. Als Beispiel hierfür wird im Folgenden die Bindung von Mn(II) an eine katalytisch aktive RNA, das minimale Hammerhead-Ribozym, besprochen (◨ Abb. 22.25).

Titriert man kleine Mengen von Mn(II) in eine Pufferlösung, in der sich das Hammerhead-Ribozym befindet, so erhält man für diese Probe ein deutlich kleineres cw-EPR-Signal, als wenn man die gleiche Menge an Mn(II) in eine Pufferlösung ohne Ribozym titriert. Der Grund hierfür ist, dass an das Ribozym gebundenes Mn(II) so breite EPR-Linien erzeugt, dass bei Raumtemperatur kein EPR-Spektrum zu beobachten ist. So kann bei bekannter Ribozym- und Mn(II)-Konzentration die Konzentration an gebundenem Mn(II) aus der Signalintensität berechnet werden. Trägt man das Verhältnis von gebundenem Mn(II) zu Ribozym gegen die Menge an freiem Mn(II) auf, erhält man die Bindungsisotherme. Aus dem Fit der Bindungsisotherme mit ei-

nem Modell $n$ äquivalenter und unabhängiger Bindungsstellen ergab sich schließlich, dass das minimale Hammerhead-Ribozym eine hochaffine Mn(II)-Bindungsstelle mit einer Dissoziationskonstanten von 4 µM besitzt. Dies gilt für den Fall, dass in der Pufferlösung 1 M NaCl gelöst ist.

## 22.5.2 Lokale pH-Werte

Nitroxide, die in oder an ihrem Ringsystem eine Aminogruppe enthalten (◨ Abb. 22.26A), werden häufig als pH-Sonden verwendet. Das Prinzip dieser Sonden basiert auf der Protonierung der Aminogruppe in saurer Lösung, wodurch eine positive Ladung im Nitroxid entsteht. Diese positive Ladung bewirkt eine Verschiebung der Spindichte vom Stickstoff- auf das Sauerstoffatom und damit eine Verkleinerung der $^{14}$N-Hyperfeinkopplung. In Abhängigkeit vom pH-Wert ist das cw-EPR-Spektrum also eine Überlagerung der Spektren des protonierten und unprotonierten Nitroxids. Aus dem Intensitätsverhältnis der beiden Spektren erhält man das Konzentrationsverhältnis beider Formen und damit den pH-Wert. Bindet man also solch ein Nitroxid an ein Biomolekül, kann der pH-Wert in dessen lokaler Umgebung gemessen werden.

## 22.5.3 Mobilität

Insbesondere Nitroxid-Spinlabel werden häufig benutzt, um Informationen über die Mobilität von Biomolekülen zu erhalten. Dabei wird ausgenutzt, dass sich das Nitroxidspektrum in Abhängigkeit von der Rotationsfreiheit des Nitroxids ändert. Ist es völlig frei in seiner Rotationsbewegung, erhält man im X-Band ein isotropes Drei-Linien-Spektrum wie in ◨ Abb. 22.27 (oben) gezeigt. Ist die Rotation völlig eingefroren, beobachtet man ein anisotropes Spektrum wie in ◨ Abb. 22.27 (unten). Je nach Grad der Einschränkung der Rotati-

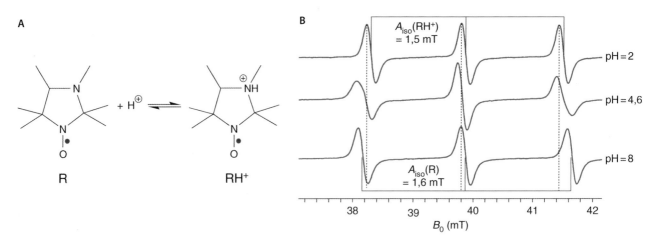

**A** Struktur des protonierten/unprotonierten Nitroxids. **B** cw-L-Band (1,3 GHz/40 mT) EPR-Spektrum des Nitroxids bei drei verschiedenen pH-Werten. Man sieht deutlich den Unter-

**◻ Abb. 22.26**

schied in den $^{14}$N-Hyperfeinkopplungen. Der p$K_s$-Wert des Nitroxids ist 4,6, sodass bei diesem pH-Wert beide Formen im Verhältnis 1:1 vorliegen. (Nach Sotgiu et al. 1998)

onsfreiheit ändert sich das Nitroxidspektrum graduell von isotrop nach anisotrop.

Ein Maß für die Rotationsfreiheit ist die Rotationskorrelationszeit $\tau_{\mathrm{rot}}$, die leicht aus der EPR-Linienform zu berechnen ist.

$$\tau_{\mathrm{rot}}\left(\mathrm{in\ ns}\right)=6,5\cdot10^{-10}\cdot\Delta B\cdot\left(\sqrt{\frac{h_0}{h_1}}-1\right) \qquad (22.23)$$

Hier ist $h_0$ ist die Intensität der zentralen Linie, $h_1$ die Intensität der Tieffeldlinie und $\Delta B$ die Breite der zentralen Linie in Tesla.

Ist ein Nitroxid kovalent an ein Biomolekül gebunden, dann ist die Rotationsfreiheit des Nitroxids durch die Rotationsfreiheit des Biomoleküls limitiert. Die gemessene Rotationskorrelationszeit des Nitroxids ist also ein Maß für die Beweglichkeit des Biomoleküls. Es ist jedoch schwierig, von dem gemessenen $\tau_{\mathrm{rot}}$–Wert den Wert für $\tau_{\mathrm{rot}}$ des Biomoleküls zu separieren. Einfacher ist es hingegen, relative Unterschiede zu bestimmen. So kann man z. B. die Bindung von Liganden an RNA EPR-spektroskopisch verfolgen (◻ Abb. 22.28).

## 22.6 Generelle Bemerkungen zur Aussagekraft von EPR-Spektren

Meistens gestaltet es sich schwierig, aus einem einzigen EPR-Spektrum eine eindeutige Aussage oder Struktur abzuleiten. Um eindeutigere Lösungen zu erhalten, kann man wie folgt vorgehen:

- Variieren der Probenbedingungen (z. B. Temperatur, Lösungsmittel)
- biochemische Veränderung des Biomoleküls (z. B. Proteinmutanten, Labelpositionen, Isotopenmarkierungen)

**◻ Abb. 22.27** Gezeigt ist der Einfluss der Rotationskorrelationszeit auf das cw-X-Band EPR-Spektrum des Nitroxids Tempol. Bei freier Rotation sind die drei Hyperfeinlinien des Nitroxids durch $A_{\mathrm{iso}}=1,7$ mT aufgespalten. Ist die Rotation völlig eingefroren, dann ist das Nitroxidspektrum durch die anisotrope $A_z$-Hyperfeinkopplungskonstante von 3,7 mT dominiert. Da die Rotation mit abnehmender Temperatur immer mehr gehindert wird, nimmt die Hyperfeinkopplung immer mehr zu, d. h., die Breite des Spektrums nimmt graduell von $2\cdot A_{\mathrm{iso}}$ auf $2\cdot A_z$ zu. Gleichzeitig ändern sich die Linienintensitäten.

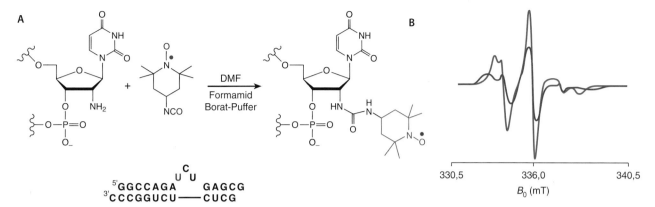

**A**        **B**

□ **Abb. 22.28** Bindung des TAT-Proteins an eine mit einem Nitroxid markierte HIV-TAR-RNA. **A** Reaktion zur Markierung von RNA mit einem Nitroxid und die Sekundärstruktur der TAR-RNA mit dem Nitroxid an dem rot markierten Uridin. **B** Die cw-X-Band EPR-Spektren der an U23 spinmarkierten TAR-RNA alleine (blau) und mit gebundenem TAT-Protein (rot). Man sieht deutlich die Ver-

breiterung des Spektrums und die Abnahme der Intensität der Tieffeldlinie im Fall des TAR-TAT-Komplexes. Durch die Analyse von mehreren Spektren, in denen das Nitroxid an unterschiedliche Positionen an die RNA gebunden wurde, konnten Aussagen über den Einfluss der RNA-Dynamik auf die Bindung des Proteins getroffen werden. (Nach Edwards et al. 2002)

— Aufnahme von cw-EPR-Spektren bei verschiedenen Mikrowellenfrequenzen und -leistungen, um $g$-Werte und Radikale zu separieren. Dies erlaubt auch, Hyperfeinkopplungen von anisotropen $g$-Beiträgen zu trennen

— Kombinieren von mehreren Puls-EPR/ENDOR-Methoden, um einzelne spektrale Beiträge zu selektieren und zuzuordnen

— Simulation der EPR-Spektren, um die EPR-Parameter zu erhalten bzw. um die experimentell erhaltenen Parameter zu überprüfen

— Übersetzung der EPR-Parameter in Strukturdaten mithilfe quantenchemischer Methoden (z. B. DFT)

— Kombination mit anderen spektroskopischen Methoden

## 22.7 Vergleich EPR/NMR

Abschließend sollen die beiden komplementären, magnetischen Resonanzmethoden EPR und NMR miteinander verglichen werden.

— Die NMR-Spektroskopie untersucht den Spin von magnetischen Kernen in überwiegend diamagnetischen Proben und kann, da Protonen, Stickstoff- oder Kohlenstoffkerne überall im Biomolekül auftreten, die Gesamtstruktur des Biomoleküls aufklären. Die EPR-Spektroskopie detektiert hingegen den Spin von ungepaarten Elektronen (paramagnetische Proben) und beobachtet nur die lokale Umgebung dieses Zentrums.

— Dieser lokale Blick der EPR führt aber auch dazu, dass es keine Größenrestriktion für das Biomolekül gibt, während NMR zurzeit auf Biomoleküle mit einer Masse von bis zu ungefähr 60 kDa beschränkt ist.

— Die Empfindlichkeit der EPR-Spektroskopie ist größer (nanomolar) als die der NMR-Spektrosko-

pie (millimolar), da aufgrund des größeren magnetische Moment des Elektrons ($\mu_e/\mu_H = -1838$) die Besetzungszahldifferenz größer ist ($1 - 1 \cdot 10^{-3}$ versus $1 - 1 \cdot 10^{-6}$ für 3,4 T und $T = 300$ K).

— Aus dem größeren magnetischen Moment folgt auch, dass die Relaxationsprozesse schneller sind, sodass die Zeitskala für gepulste EPR-Experimente im Nanosekunden- statt im Millisekunden- bis Sekundenbereich liegt. Dieses und die Verwendung von Mikrowellen haben wiederum zur Folge, dass die technischen Anforderungen höher sind.

— Die schnellere Relaxation führt zu breiteren EPR- als NMR-Linien (MHz versus Hz).

— Die Elektron-Kernspin-Kopplungen sind in der EPR wegen des größeren magnetischen Moments des Elektrons größer als die Kernspin-Kernspin-Kopplungen in der NMR (MHz versus Hz). Aus diesem Grund sind EPR-spektroskopisch größere Abstände zwischen Elektron und Kern (bis zu 10 Å) oder Elektron und Elektron (bis zu 160 Å) zu bestimmen als in der NMR.

— Der theoretische Aufwand zur Simulation von EPR-Spektren ist deutlich größer als für hochaufgelöste Flüssigkeits-NMR-Spektren. Auch die Übersetzung von EPR-Parametern in Strukturdaten mithilfe quantenchemischer Rechenmethoden (DFT) ist immer noch kompliziert, und häufig werden nur Trends erhalten. Der Grund hierfür liegt darin, dass organische Moleküle mit ungepaarten Elektronen oder paramagnetische Übergangsmetalle berechnet werden müssen, was immer noch eine Herausforderung für quantenchemische Methoden ist.

— Sowohl NMR als auch EPR können in flüssiger Pufferlösung oder in gefrorener Lösung/Pulvern durchgeführt werden, es sind also keine Einkristalle nötig, und beide Spektroskopien liefern Daten zur Dynamik des Biomoleküls.

# Literatur und Weiterführende Literatur

Abdullin D et al (2015) EPR-Based Approach for the Localization of Paramagnetic Metal Ions in Biomolecules. Angew Chem Int Ed 54:1827–1831

Berliner LJ (Hrsg) (1998) Biological magnetic resonance, vol. 14. Spin labeling: the next millenium. Kluwer Publishing, Amsterdam

Dikanov SA, Tsvetkov YD (1992) Electron spin echo envelope modulation (ESEEM) spectroscopy. CRC Press, Boca Raton

Eaton GR, Eaton SS, Berliner LJ (Hrsg) (2000) Biological magnetic resonance, vol. 19. Distance measurements. Kluwer Publishing, Amsterdam

Edwards TE et al (2002) Investigation of RNA-protein and RNA-metal ion interactions by electron paramagnetic resonance spectroscopy. The HIV TAR-Tat motif. Chem Biol 9:699–706

Foerster S et al (2005) An orientation-selected ENDOR and HY-SCORE study of the Ni-C active state of Desulfovibrio vulgaris Miyazaki F hydrogenase. J Biol Inorg Chem 10:51–62

Goldfarb D, Stoll SEPR (Hrsg) (2019) Spectroscopy: fundamentals and methods. Wiley-Blackwell, Hoboken

Grimaldi S et al (2001) QH•- Ubisemiquinone Radical in the *bo3*-Type Ubiquinol Oxidase Studied by Pulsed Electron Paramagnetic Resonance and Hyperfine Sublevel Correlation Spectroscopy. Biochemistry 40:1037–1043

Käß et al (2000) Investigation of the Mn Binding Site in Cytochrome c Oxidase from *Paracoccus Ẏenitrificans* by High-Frequency EPR. J Phys Chem B 104:5362–5371

Kaupp M, Bühl M, Malkin VG (Hrsg) (2004) Calculation of NMR and EPR Parameters. Wiley-VCH, New York

Kisseleva N et al (2005) Binding of Manganese(II) to an Extended Hammerhead Ribozyme as studied by Electron Paramagnetic Resonance Spectroscopy. *RNA* 11:1–7

Mayer A et al (2020) Measurement of Angstrom to Nanometer Molecular Distances with 19F Nuclear Spins by EPR/ENDOR Spectroscopy. Angew Chem Int Ed 59:373–379

Poole CP (1983) Electron spin resonance-a comprehensive treatise on experimental techniques. Wiley-Interscience, New York

Schweiger A, Jeschke G (2001) Principles of pulse electron paramagnetic resonance. Oxford University Press, Oxford

Sotgiu A et al (1998) pH-sensitive imaging by low-frequency EPR: a model study for biological applications. Phys Med Biol 43:1921–1930

Spiecker H, Wieghardt K (1977) Kinetic and Electron Spin Resonance Spectroscopic Evidence for a Chemical Mechanism in the Chromium(II) Reduction of two (Pyrazinecarboxylato)amminecobalt(III) Complexes. Inorg Chem 16:1290–1294

Weil JA, Bolton JR, Wertz JE (1994) Electron paramagnetic resonance. Elementary theory and practical applications. Wiley Interscience, New York

# Elektronenmikroskopie

*Philipp Erdmann, Sven Klumpe und Juergen M. Plitzko*

## Inhaltsverzeichnis

23.1    Historischer Überblick – 556

23.2    Transmissionselektronenmikroskopie – 557
23.2.1    Instrumentation – 557
23.2.2    Elektronenerzeugung – 557
23.2.3    Elektronenlinsen – 558
23.2.4    Elektronenaufzeichnung – 560
23.2.5    Objektträger und Probenhalter – 560

23.3    Präparationsverfahren – 561
23.3.1    Negativkontrastierung – 562
23.3.2    Native Proben in Eis – 564
23.3.3    Kryo-FIB-Lamellen – 566

23.4    Abbildung im Elektronenmikroskop – 569
23.4.1    Auflösung des Transmissionselektronenmikroskops – 569
23.4.2    Wechselwirkungen des Elektronenstrahls mit dem Objekt – 570
23.4.3    Phasenkontrast in der Elektronenmikroskopie – 572
23.4.4    Elektronenmikroskopie mit Phasenplatten – 573
23.4.5    Kryo-Elektronenmikroskopie – 575
23.4.6    Aufnahme von Bildern – Elektronendetektoren – 576

23.5    Bildverarbeitung für die 3D-Elektronenmikroskopie – 577
23.5.1    Die Fourier-Transformation – 577
23.5.2    Eigenschaften und Nutzen der Fourier-Transformation
         in der Bildverarbeitung – 579
23.5.3    Die Kontrastübertragungsfunktion – 579
23.5.4    Erhöhung des Signal-Rausch-Verhältnisses – 582

**Ergänzende Information** Die elektronische Version dieses Kapitels enthält Zusatzmaterial, auf das über folgenden Link zugegriffen werden kann (https://doi.org/10.1007/978-3-662-61707-6_23). Die Videos lassen sich durch Anklicken des DOI Links in der Legende einer entsprechenden Abbildung abspielen, oder indem Sie diesen Link mit der SN More Media App scannen.

© Springer-Verlag GmbH Deutschland, ein Teil von Springer Nature 2022
J. Kurreck et al. (Hrsg.), *Bioanalytik*, https://doi.org/10.1007/978-3-662-61707-6_23

**23.6     Einzelpartikelanalyse – 583**

23.6.1   2D-Alignierung und Klassifizierung – 584

23.6.2   Dreidimensionale Rekonstruktion – 587

23.6.3   Modellbildung – 591

**23.7     Tomographie – 593**

23.7.1   Aufnahmeschemata – 594

23.7.2   Rekonstruktion – 595

23.7.3   Template Matching und Subtomogramm-Averaging – 597

**23.8     Perspektiven – 599**

Literatur und Weiterführende Literatur – 600

- Die Transmissonselektronenmikroskopie (TEM) basiert auf der Durchstrahlung und Wechselwirkung von hochenergetischen Elektronen mit sehr dünnen Präparaten, die sich im Hochvakuum befinden.
- Strahlempfindliche biologische Präparate müssen für die TEM strukturschonend präpariert werden.
- Die Kryo-Elektronenmikroskopie (Kryo-EM) verwendet vitrifizierte Proben, die man bei kryogenen Temperaturen (< -160 °C) abbildet.
- Die Kryo-EM-Einzelpartikelanalyse ermöglicht die dreidimensionale Strukturaufklärung isolierter nichtperiodischer Objekte mit nahezu atomarer Auflösung.
- Die Kryo-Elektronentomographie erlaubt die dreidimensionale Analyse biologischer Strukturen im ungestörten zellulären Kontext.

Mit mikroskopischen Techniken können heute Bilder von kleinen Organismen, Zellverbänden, einzelnen Zellen, Zellorganellen, Membranen, makromolekularen Komplexen, von isolierten Makromolekülen und Atomen gewonnen werden. Aber die Möglichkeit, buchstäblich in die entferntesten Winkel der lebenden Materie zu blicken, vom ganzen Organismus bis hin zu den atomaren Bausteinen, ist mit einem einzigen Instrument nicht zu realisieren. Aus diesem Grund verwendet man verschiedene Mikroskope mit unterschiedlichem Auflösungsvermögen, um so die verschiedenen Zeit- und Längenskalen abzudecken und zelluläre Strukturen in ihrer Gesamtheit zu visualisieren und zu analysieren. Das Spektrum der bildgebenden Verfahren und Methoden des 21. Jahrhunderts ist dabei äußerst vielfältig. Trotz ihrer im Vergleich zur Lichtmikroskopie relativ kurzen Geschichte ist die Elektronenmikroskopie in der Biologie ein etabliertes Verfahren, und seit der „Auflösungsrevolution" (*resolution revolution*) im letzten Jahrzehnt ist die Methode der Kryo-Elektronenmikroskopie (Kryo-EM) besonders in der Strukturforschung sehr populär.

In den 1930er-Jahren wurde das Transmissionselektronenmikroskop (TEM) erfunden und war bereits kurz darauf kommerziell erhältlich. Obwohl die Aussicht bestand, wesentlich höhere Auflösungen als mit Lichtmikroskopen zu erreichen, blieben zunächst viele Biologen skeptisch, was die Nützlichkeit von Elektronenmikroskopen betrifft. Das Hauptproblem war und ist die Strahlungsempfindlichkeit von biologischem Material, das bei längerer Bestrahlung mit Elektronen buchstäblich zu Asche verbrennt. Es dauerte Jahrzehnte, um Maßnahmen zum Schutz biologischer Proben vor den schädlichen Auswirkungen der „feindlichen" Umgebung (Vakuum und Elektronenbeschuss) im Inneren des TEM zu entwickeln. Die schonende Dehydrierung und Substitution von Wasser durch Polymere sowie die Metallbeschichtung und Einbettung in kontrastreiche Metallsalze wurden zu wichtigen Schutzmaßnahmen. Die

Einführung von Ultramikrotomen zur Herstellung dünner Zell- und Gewebeschnitte war ein großer Schritt nach vorn und ermöglichte im Laufe der Zeit die Etablierung der Prinzipien der Zellarchitektur (Ultrastruktur), insbesondere der zellulären Kompartimentierung, und gab der Zellbiologie, wie wir sie heute kennen, ihre Gestalt.

Diese konventionellen Präparationstechniken sind bis heute in unterschiedlicher Weise in Gebrauch, jedoch führen sie alle zu einer Veränderung des Präparates, was die erreichbare Auflösung begrenzt und die Bildinterpretation erschwert. Deshalb experimentierte man bereits in den 1960er-Jahren mit der Möglichkeit, den hydratisierten Zustand der Proben im Elektronenmikroskop vollständig zu erhalten. Anstatt das Wasser zu ersetzen oder das gesamte System zu dehydrieren, sollte die Einbettung der biologischen Substanz in ihrer natürlichen wässrigen Umgebung durch schnelles Einfrieren erfolgen. Ein großes Problem war jedoch die Bildung von kristallinem Eis während des Gefrierprozesses, dessen Volumenvergrößerung zur Zerstörung biologischer Strukturen führen kann. In den 1980er-Jahren gelang die Vitrifizierung, d. h. das schockartige Einfrieren (*plunge freezing*) bei tiefen Temperaturen und die Überführung von Wasser in einen glasartigen (amorphen oder vitrifizierten) Zustand. Damit war es erstmals möglich, biologische Proben in ihrem nativen Zustand und ohne Artefakte abzubilden. Die Untersuchung dieser Proben im Elektronenmikroskop muss ebenfalls bei tiefen Temperaturen durchgeführt werden, was diesem Verfahren seinen Namen gab: Kryo-EM.

Die Vermeidung von Artefakten war eindeutig eine der Voraussetzungen, um höher aufgelöste Bilder von biologischen Strukturen zu erhalten. Aber einzelne zweidimensionale (2D-) Bilder sind unzureichend für eine vollständige strukturelle Charakterisierung in allen drei Dimensionen (3D). Elektronenmikroskopische Aufnahmen sind aufgrund ihrer großen Tiefenschärfe im Wesentlichen zweidimensionale Projektionen des gesamten dreidimensionalen Objekts im Elektronenstrahl. Der traditionelle Ansatz, um aus einer elektronenmikroskopischen Aufnahme aussagekräftige Informationen zu erhalten, bestand darin, die dritte Dimension des Objekts zu verkleinern (z. B. mit einem Ultramikrotom) und so fast zweidimensionale Objekte abzubilden. Eine weitere Möglichkeit war es, Ansichten eines unterschiedlich orientierten Objektes zu kombinieren oder ein einzelnes Objekt aus verschiedenen Blickrichtungen zu betrachten. Die 3D-Untersuchung von identischen Kopien eines aufgereinigten Moleküls, die sich in unterschiedlichen Orientierungen befinden, bezeichnet man als Einzelpartikelanalyse (*single particle analysis*); die Rotation der Probe im Elektronenstrahl und die Beobachtung aus verschiedenen Winkeln hingegen als Tomographie. Neben der Röntgenstrukturanalyse und der NMR-Spektroskopie ist die Einzelpartikelanalyse mit dem Elektronenmikroskop heutzutage die dritte Methode zur Bestimmung der räumlichen Strukturen von Makromolekülen mit atomarer Auflösung. Dies gilt insbesondere für makromolekulare Komplexe, die für die NMR-Spektroskopie zu groß und für die Röntgenstrukturanalyse zu flexibel sind oder keine brauchbaren Kristalle bilden.

Die Gemeinsamkeit aller drei Verfahren der Strukturbiologie ist die Notwendigkeit, die relevanten Moleküle zu isolieren und zu reinigen. Dieser reduktionistische Ansatz hat seine Grenzen: Informationen über die Wechselwirkungen zwischen den vielen molekularen Spezies in ihrer funktionalen Umgebung – den intakten Zellen – gehen verloren. Doch genau dieses Netzwerk von Interaktionen ist die Grundlage aller zellulären Funktionen. Für die Visualisierung von Zelllandschaften bei molekularer Auflösung verwendet man deshalb die Kryo-Elektronentomographie (Kryo-ET), die sich in den letzten Jahren zu einer leistungsfähigen Methode entwickelt hat. Sie ermöglicht bisher unerreichte Einblicke in die molekulare Organisation von Mikroorganismen, eukaryotischen Zellen und neuerdings auch Geweben und hat der biologischen Strukturforschung *in situ* ganz neue Perspektiven eröffnet. Die Kryo-Elektronentomographie verbindet die molekulare mit der cytologischen Strukturforschung, die bislang als getrennte Domänen der biologischen Elektronenmikroskopie galten.

## 23.1 Historischer Überblick

1897 entdeckte J. J. Thomson (1856–1940) das „Korpuskel" Elektron und erhielt dafür 1906 den Nobelpreis. Louis de Broglie (1892–1987) postulierte 1924 in seiner berühmten Arbeit „Recherches sur la théorie des Quanta", dass einem Teilchen der Masse $m$, das sich mit einer Geschwindigkeit $v$ bewegt, eine Wellenlänge $\lambda$ zugeordnet ist. Seine These löste zunächst viele Kontroversen aus, doch letztendlich setzte sie sich durch und 1929 erhielt er den Nobelpreis. Die US-Amerikaner C. Davisson (1881–1958) und L. Germer (1896–1971) entdeckten 1927 die Elektronenbeugung an einer Metalloberfläche und G. P. Thomson (1892–1975), dem Sohn von J. J. Thomson, gelang es, die Elektronenbeugung bei Durchstrahlung einer dünnen Metallfolie zu zeigen. Davisson und Thomson wurden 1937 mit dem Nobelpreis ausgezeichnet. Paul Dirac (1902–1984) postulierte (zusätzlich zu seiner relativistischen Wellengleichung) die Interferenz von Einzelteilchen; zusammen mit Erwin Schrödinger (1887–1961) erhielt er 1933 den Nobelpreis. Hans Busch (1884–1973) zeigte 1926, dass sich ein Elektronenstrahl durch elektrostatische oder magnetische Felder scharf fokussieren lässt, und zusammen mit der Entdeckung von Louis de Broglie schuf dies die Grundlage für ein Mikroskop mit Elektronenstrahlen.

In der Arbeitsgruppe von Max Knoll (1897–1969) an der Technischen Universität Berlin konstruierten Ernst Ruska (1906–1988) und Bodo von Borries (1905–1956) 1931 das erste Transmissionselektronenmikroskop (TEM) und erzielten schon kurze Zeit später Bilder, die deutlich über der Auflösung von Lichtmikroskopen lagen. Obwohl dieser erste Prototyp alles andere als perfekt oder vielseitig war, wurde er als „Übermikroskop" (ÜM) (d. h. über der Auflösung des Lichtmikroskops) bezeichnet. Die ersten Bilder stammten von einer Aluminiumfolie und einer Baumwollfaser, die sehr schnell im Elektronenmikroskop „verbrannte". Damit erfüllte sich die Prophezeiung des Physikers und Nobelpreisträgers Dennis Gabor (1900–1979), dass „alles unter dem Strahl zu Asche verbrennen wird (*everything under the beam would burn to a cinder*)". Ernst Ruskas jüngerer Bruder, der Mediziner Helmut Ruska (1908–1973) glaubte trotzdem an das Potenzial der Elektronenmikroskopie, „submikroskopische" biologische Stoffe sichtbar zu machen. Ladislaus Marton (1901–1980), ein ungarischer Physiker in Brüssel, war der Erste, dem es dann schließlich gelang, biologische Objekte strukturschonend abzubilden. Um die Probe vor Strahlungsschäden zu schützen, erforschte er mehrere Methoden; die Verwendung extrem dünner Objekte, die „Kühlung" des Schnittes durch das Aufbringen auf eine Metallfolie, um die Strahlungswärme effektiv abzuführen, und die Imprägnierung des Objektes mit einer Substanz, die es weniger zerstörbar macht. Doch es dauerte mehrere Jahrzehnte, bis geeignete Präparationsverfahren entwickelt wurden.

Die ersten Elektronenmikroskope waren Selbstbauten und Prototypen, und erst Ende der 1930er-Jahre begann die kommerzielle Produktion von praktikablen Instrumenten. 1937 gründeten Siemens & Halske für die Entwicklung und die Produktion das Laboratorium für Elektronenmikroskopie (LfE) unter der Leitung von Bodo von Borries und Ernst Ruska. Nur kurze Zeit später (1940) wurde das Laboratorium für Übermikroskopie (LfÜ) eingerichtet, für angewandte Elektronenmikroskopie unter der Leitung von Helmut Ruska. Insbesondere für die Anwendung in der Virologie und Zellbiologie gilt Helmut Ruska nach wie vor als Wegbereiter.

Zu den weiteren technischen Fortschritten in der Elektronenmikroskopie gehören die Entwicklung von Energiefiltern in den 1960er-Jahren, die Realisierung der ersten Feldemissionsquellen in den 1970er-Jahren, die Einführung der ersten Digitalkameras Ende der 1980er-Jahre und die praktische Umsetzung zur Korrektur der sphärischen und chromatischen Aberration in den frühen 1990er-Jahren. Ernst Ruska erhielt erst 1986 den Nobelpreis für Physik, ein halbes Jahrhundert nach der geleisteten Pionierarbeit und nachdem viele seiner Weggefährten bereits verstorben waren.

23

Bereits in den 1960er-Jahren propagierte Humberto Fernández-Morán (1924–1999) die Verwendung von gefrorenen, hydratisierten Proben und führte das Konzept der Kryo-Elektronenmikroskopie ein. Er entwickelte u. a. das erste Kryo-Ultramikrotom und ist der Erfinder des Diamantmessers. Ende der 1960er-Jahre experimentierten drei Gruppen unabhängig voneinander auch an der Möglichkeit, biologische Objekte dreidimensional im Elektronenmikroskop abzubilden: Aaron Klug (1926–2018) und David DeRosier (*1939) am MRC-LMB in Cambridge, Roger Hart (1928–1974) am Lawrence Livermore National Laboratorium in den USA und Walter Hoppe (1917–1986) am Max-Plack-Institut für Leder- und Eiweißforschung in München. DeRosier und Klug untersuchten die helikalen Schwänze von T4-Bakteriophagen und konnten aus einer einzigen elektronenmikroskopischen Aufnahme eine vollständige 3D-Rekonstruktion präsentieren. Hart und Hoppe wählten ein komplizierteres und umständlicheres Erfassungsverfahren: Die manuelle Drehung des Objekts senkrecht zum einfallenden Elektronenstrahl und die Aufnahme einzelner Projektionen aus verschiedenen Blickwinkeln, die Geburtsstunde der Elektronentomographie. 1982 erhielt Aaron Klug den Nobelpreis für seine Entwicklungen bezüglich der kristallographischen Elektronenmikroskopie und ihre Anwendung auf komplexe DNA und Proteinstrukturen. Die ersten Pionierarbeiten zur dreidimensionalen Elektronenmikroskopie wurden jedoch an getrockneten und kontrastierten Proben durchgeführt. Erst 1981 führten Jacques Dubochet (*1942) und Alasdair McDowall die Vitrifizierung durch schockartiges Einfrieren (*plunge freezing*) in flüssigem Ethan als generische Methode für die Herstellung von biologischen Proben ein. Es dauerte aber bis 2017, bis die Methode der Kryo-Elektronenmikroskopie ebenfalls mit dem Nobelpreis für Chemie ausgezeichnet wurde.

## 23.2 Transmissionselektronenmikroskopie

### 23.2.1 Instrumentation

Das Transmissionselektronenmikroskop, kurz TEM, verwendet Elektronen zur Durchstrahlung und Abbildung sehr dünner Präparate. Elektronen sind, im Gegensatz zu den Photonen des Lichts, geladene und massebehaftete Teilchen. Dies bedeutet zum einen, dass Glaslinsen wie in der Lichtmikroskopie nicht verwendet werden können, und des Weiteren, dass ihre Wechselwirkung mit Materie anderen chemische und physikalische Gesetzmäßigkeiten folgt und folglich andere Auswirkungen hat. Elektronen können sich nicht sehr weit in Materie bewegen. Selbst in Luft würden sie nach wenigen Millimetern quasi steckenbleiben. Durch Zusam-

menstöße mit den Luftmolekülen verlieren sie nach und nach ihre Bewegungsenergie, und folglich ist ihre Reichweite, in Abhängigkeit von ihrer Beschleunigungsenergie, begrenzt. Im Vakuum dagegen können sie sich ungehindert bewegen. Um ein ausreichend hohes Vakuum zu gewährleisten sind demzufolge alle Mikroskope, die Elektronen verwenden, mit einem Vakuumsystem ausgestattet. Allerdings erfordert das Arbeiten im Vakuum geeignete präparative Maßnahmen für das biologische Objekt (Fixierung, Entwässerung, Einbettung in Kunstharze oder schockartiges Einfrieren), damit es im Vakuum erhalten bleibt (▶ Abschn. 23.2).

### 23.2.2 Elektronenerzeugung

Die Erzeugung von Elektronen kann auf verschiedene Arten erfolgen, über thermische Emission oder Feldemission. Die einfachste Elektronenquelle ist eine Glühkathode: eine beheizte Kathode, die auch als Filament bezeichnet wird. Indem wir irgendein Material auf eine ausreichend hohe Temperatur erhitzen, geben wir den Elektronen genügend Energie, um aus der Materialoberfläche auszutreten. Die natürliche Barriere, die die Elektronen davon abhält, aus dem Material vorzeitig zu entweichen, ist die Austrittsarbeit. Um einen möglichst niedrigen Heizstrom zu gewährleisten, kommen Materialen mit einer niedrigen Austrittsarbeit wie Wolframdrähte oder einkristallines Lanthanhexaborid ($LaB_6$) zum Einsatz. Da Material bei sehr hohen Temperaturen durch Verdampfung oder Oxidation verloren geht, ist die Haltbarkeit thermischer Elektronenquellen begrenzt. Deshalb verwendet man heutzutage hauptsächlich $LaB_6$-Kathoden, da diese ca. 10-mal länger halten als Wolframdrähte und auch sonst bessere Eigenschaften haben (▶ Abschn. 23.3.2). Um die Elektronen zu beschleunigen und um sie zu fokussieren wird eine Anodenspannung angelegt und in unmittelbarer Nähe des Filaments eine zylinderförmige Steuerelektrode verwendet, der Wehnelt-Zylinder oder die Wehnelt-Blende. Dieser hat eine negative Vorspannung und fokussiert die aus der Kathode austretenden Elektronen (*cross-over*). Der Wehnelt-Zylinder ist damit eine sehr einfache elektrostatische Linse und ist die erste Linse in einem Transmissionselektronenmikroskop. Neben der thermischen Emission ist die Feldemission in der modernen Elektronenmikroskopie mittlerweile weit verbreitet. Feldemissionsquellen bezeichnet man auch als Elektronenkanone oder *Field Emission Gun*, kurz FEG. Sie gibt es in zwei Varianten: Die Schottky-FEG oder die kalte FEG (*cold-FEG*). In einer FEG ermöglicht ein großes elektrisches Feld zwischen der Quelle und einer ersten Anode das Herausziehen von Elektronen, das Tunneln. Die anschließende Beschleunigung der Elektronen gelingt durch eine weitere Anode. Die Kombination der Felder beider Anoden ermöglicht, wie auch bei der thermischen Emissionsquelle, eine Bündelung des Elektronenstrahls in einem Punkt, dem *cross-over*. Diese Anordnung arbeitet auch hier wie eine leicht verfeinerte elektrostatische Linse.

Feldemissionsquellen sind ultrascharfe Spitzen, da die Intensität der elektrischen Felder an solchen Spitzen (*tips*) erheblich verstärkt wird. Als Spitzenmaterial verwendet man einkristallines Wolfram, das zu einem Spitzenradius von etwa 100 nm geformt ist. Die „kalte" Feldemission geht bei Raumtemperatur vonstatten. Im Gegensatz dazu wird die Schottky-FEG zusätzlich geheizt, um die Emission der Elektronen zu erleichtern. Strenggenommen tunneln die Elektronen dann nicht mehr ausschließlich aus der Spitze. Das Beheizen der Spitze hat jedoch einen Vorteil gegenüber der kalten Emission: Sie verhindert eine etwaige „Verschmutzung" (Kontamination) der Spitzenoberfläche. Ein Umstand, der ein regelmäßiges „Staubwischen" oder „Flashen" bei kalten Spitzen erfordert, selbst im Ultrahochvakuum, da sonst der Emissionsstrom nachlassen würde. Dieses Flashen kann entweder durch kurzzeitiges Aufheizen oder durch Umkehrung des Potenzials zur Spitze erfolgen. FEGs sind den rein thermischen Emittern überlegen. Sie zeichnen sich durch eine sehr kleine Sondengröße aus, sie besitzen eine größere Helligkeit (*brightness*) und erzeugen kohärentere Elektronenstrahlen. In Analogie zu Alltagsgegenständen wäre die thermische Elektronenquelle eine herkömmliche Glühbirne (mit einem Glühfaden) und die FEG ein Laser. Während die Glühbirne weißes Licht, d. h. ein ganzes Spektrum von „Farben" erzeugt, erzeugt der Laser eine Farbe oder Wellenlänge. In der Elektronenmikroskopie beschreibt die zeitliche Kohärenz, wie präzise die Quelle Elektronen mit der gleichen Wellenlänge produziert. Die Schlüsselgröße dafür ist die Energieverteilung (*energy spread*). Die Energieverteilung ist selbst bei der thermischen Emission sehr klein (3 eV), für eine Schottky-FEG im Bereich von 1 eV und am kleinsten bei der kalten-Feldemission (0,3 eV). Generell bedeutet eine „breitere" Energieverteilung eine vergrößerte chromatische Aberration und damit einen Verlust der Bildauflösung. Die räumliche Kohärenz bezieht sich auf die Größe und Form der Quelle und ob alle Elektronen denselben Ausgangspunkt haben. Aus einem breiten Emitter, wie beispielsweise einem ein Mikrometer breiten und ca. zwei Millimeter langen LaB$_6$-Kristall, lässt sich nur schwer ein „dünner" Elektronenstrahl erzeugen. Mit einer punktförmigen Quelle wie einer FEG hingegen ist es möglich, einen sehr feinen, gebündelten Elektronenstrahl zu produzieren. Solche „dünnen" gebündelten Elektronenstrahlen sind räumlich kohärenter als

„breite" Strahlen, und man erzielt damit nicht nur eine bessere räumliche Auflösung, sondern verbessert auch die Qualität der Aufnahmen.

### 23.2.3  Elektronenlinsen

Um die Flugbahn der Elektronen zu beeinflussen, d. h. um sie abzulenken oder auszurichten, zu bündeln und zu fokussieren, kommen elektromagnetische Linsen zum Einsatz. Wie bereits bei der Elektronenerzeugung erwähnt, gibt es auch elektrostatische Linsen, jedoch sind diese „statisch", ihre Bestandteile – meist mehrere Elektroden – sind direkt an die Hochspannung gekoppelt und sind damit weniger flexibel und weniger praktikabel als elektromagnetische Linsen. Da sie nur im begrenzten Umfang zum Einsatz kommen, werden wir diese hier nicht näher beschreiben. Elektromagnetische Linsen sind ringförmige Linsen, welche aus vielen Wicklungen eines Kupferdrahts bestehen, der Spule, die mit einer Kapsel aus Weicheisen umschlossen ist (Weicheisen, um eine permanente Magnetisierung zu vermeiden). Im Inneren dieses Aufbaus verläuft eine zylindrische Bohrung (der Kern oder *bore*). In dieser Bohrung befindet sich zusätzlich ein ringförmiger Spalt, der das Magnetfeld auf die Spulenachse konzentriert. Schickt man nun einen Strom durch die Spule, so entsteht ein rotationssymmetrisches Magnetfeld in diesem Spalt. Je nach Stromstärke lässt sich dieses Magnetfeld verändern und so auch in einem gewissen Bereich die Brennweite, im Gegensatz zur Glaslinse, die durch Form und Schliff eine konstante Brennweite besitzt. Durch Änderung des Linsenstroms (man spricht auch von der Stärke der Linsen) kann man so die Beleuchtungsintensität, die Vergrößerung oder die Fokussierung im Elektronenmikroskop verändern.

Generell gilt: Wenn die Linsenstärke so erhöht wird, dass sich das Bild oberhalb der Bildebene formt (d. h. bevor die Strahlen die Bildebene erreichen), dann sprechen wir von einer Überfokussierung der Linse (*overfocus*). Dahingegen erzeugt eine schwach angeregte Linse das Bild unterhalb (d. h. nach) der Bildebene und wir sprechen von einer Unterfokussierung (*underfocus*). Unterfokussierte Abbildungsbedingungen werden vor allem in der biologischen Elektronenmikroskopie häufig eingesetzt und i. A. als Defokus mit einem negativen Vorzeichen gekennzeichnet.

Wie ein herkömmliches Lichtmikroskop ist das Elektronenmikroskop aus drei großen Linsensystemen aufgebaut: den Kondensorlinsen, dem Objektiv und den Projektionslinsen (◻ Abb. 23.1). Die Kondensorlinsen (meist zwei oder auch drei Linsen in Folge) zusammen mit der Elektronenquelle beschreiben das Beleuchtungs-

■ **Abb. 23.1** ■ **Abb. 23.1** Aufbau und Anordnung der Linsen im Transmissionselektronenmikroskop (TEM). Vor dem Objekt befindet sich eine wechselbare Kondensorblende, die den beleuchtenden Strahl begrenzt, und nach dem Objekt eine Objektivblende, die stark gebeugte Strahlen ausblendet und dadurch den Streukontrast hervorruft. In der Bildebene kann das Bild auf einem beweglichen Fluoreszenzschirm betrachtet werden. Darunter ist entweder direkt eine empfindliche Kamera zur unmittelbaren Digitalisierung des Bildes angebracht oder ein Energiefilter zur Trennung der elastisch bzw. inelastisch gestreuten Elektronen zwischengeschaltet

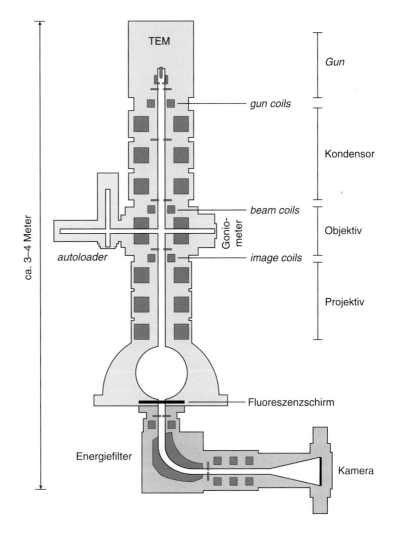

system. Es hat die Aufgabe, die Elektronen von der Quelle zur Probe zu transportieren, wobei entweder ein breiter oder ein fokussierter Elektronenstrahl entsteht. Die Objektivlinse und das Probenhalter/Goniometer-System bilden das Herzstück des TEMs, in dem alle Strahl-Proben-Wechselwirkungen stattfinden. Anschließend daran kommen die Projektivlinsen (das Abbildungssystem), welche das von der Objektivlinse erzeugte Bild vergrößert und dieses entweder herkömmlich auf einen Fluoreszenzschirm oder auf einen geeigneten Elektronendetektor fokussiert und abbildet. Die Eigenschaften dieser elektromagnetischen Linsen bestimmen fast ausschließlich die Qualität des aufgenommenen Bildes. Ausschlaggebend für die Bildqualität sind insbesondere die aus der Lichtmikroskopie bekannten Linsenfehler des Objektivsystems, z. B. Öffnungsfehler (sphärische Aberration), Wellenbereichsfehler (chromatische Aberration), Astigmatismus sowie kissen- bzw. tonnenförmige Verzerrungen (Verzeichnungsfehler). Das Objektivsystem ist damit eine wesentliche Komponente im Elektronen-

mikroskop, die den Elektronentransfer, die Kontrastentstehung und die erreichbare Auflösung beeinflusst und bestimmt (▶ Abschn. 23.4.1).

Neben den Linsen gibt es auch noch Ablenkspulen (*deflection coils*), die es ermöglichen, den Strahl seitlich aus der Achse abzulenken oder ihn in einem bestimmten Winkel in Bezug auf die optische Achse zu kippen (■ Abb. 23.1). Sowohl das Verschieben (*shift*) als auch das Kippen (*tilt*) erfolgen durch Anlegen eines elektromagnetischen Feldes und sind vor allem für die Justierung des Elektronenstrahls entlang der Säule ein wichtiges Element. Es gibt im Wesentlichen drei Ablenksysteme in einem Elektronenmikroskop; die *gun deflection coils*, *beam deflection coils* und die *image deflection coils*. Um den Strahl komplett auszublenden (*blank*), d. h. ihn aus der Achse abzulenken, beispielsweise um zu verhindern, dass er auf die Probe trifft (▶ Abschn. 23.4.5), genügt das Anlegen eines elektrostatischen Feldes, was innerhalb von Mikrosekunden passiert.

### 23.2.4 Elektronenaufzeichnung

Ursprünglich erfolgte die Aufzeichnung von elektronenmikroskopischen Bildern auf konventionellem fotografischem Film. In den 1990er-Jahren kamen die ersten digitalen Kameras zum Einsatz. Diese CCD-Kameras (*Charged Coupled Device*) sind aus einem Szintillator (entweder ein Einkristall oder eine polykristalline Beschichtung) aufgebaut, der die Elektronen „abbremst" und durch Kathodolumineszenz Photonen erzeugt. Da CCDs bei direkter Einwirkung von hochenergetischen Elektronen (>120 keV) leicht zerstört werden, ist eine direkte Aufnahme des Signals nicht möglich. Der Szintillator ist an Glasfaser- oder Linsenoptiken gekoppelt, der das optische Lichtsignal an den eigentlichen CCD-Chip überträgt. CCDs besitzen eine ausgezeichnete Linearität, d. h. die Intensitätsverteilung des aufgenommenen Bildes ist direkt proportional zur Anzahl der auf die Kamera auftreffenden Elektronen. Allerdings sind die laterale Auflösung und Empfindlichkeit deutlich schlechter als bei fotografischen Platten. Die Hauptursache dafür liegt an der mehrfachen Lichtstreuung der erzeugten Photonen in der verwendeten Optik und an der Rückstreuung der Elektronen in der Szintillatorschicht. So erzeugt ein punktförmiges Eingangssignal ein Ausgangssignal, das auf mehrere Pixel des CCD-Pixels verteilt beziehungsweise verbreitert ist. Zusätzlich dämpft jedes Element in diesem Aufbau das Eingangssignal (▶ Abschn. 23.4.6). Die endgültige Signalausbeute ist damit schlecht, und die verwendete Chiparchitektur erlaubte nur ein sequenzielles Auslesen. Eine Belichtungszeit ergab also nur ein „integriertes" Bild, und für hochauflösende Zwecke war (zumindest damals) konventioneller Film der „Detektor" der Wahl.

Während des letzten Jahrzehnts erfolgte die Ablösung dieser indirekten Detektoren (wie beispielsweise Film und CCDs) durch hochempfindliche und schnell auslesende direkt detektierende Detektoren für die hochauflösende Elektronenmikroskopie. Direktdetektoren bestehen aus einem einzigen Chip aus schnellen CMOS-Transistoren, in dem die Detektionsschicht direkt integriert ist (eine schwach dotierte Siliciumschicht, die auf einem hochdotierten Siliciumsubstrat aufgebracht ist). Übrigens handelt es sich um die gleiche Technologie wie bei den heutigen Smartphonekameras, die anstelle von Elektronen Licht detektieren. Die Dicke der Detektionsschicht bestimmt die Empfindlichkeit, und da jeder aktive Pixel gleichzeitig für sich allein ausliest, wird die Auslesegeschwindigkeit allein durch das verwendete Chipdesign bestimmt. Heutige Sensoren bieten Auslesegeschwindigkeiten im Bereich von einigen Hundert bis über Tausend Bilder pro Sekunde, und alle verfügbaren Kameras erlauben die Zählung jedes einfallenden Elektrons (*electron counting*). Die Fähigkeit des *electron countings* steigert die Signalausbeute der aufgenommenen Bilder erheblich. Der „nette" Nebeneffekt der hohen Auslesegeschwindigkeit ist ihre Resistenz bezüglich direkter Strahlungsschäden. Alle direkt detektierenden Kameras besitzen bessere Leistungsmerkmale als CCDs oder Film, und der Zugewinn an Empfindlichkeit und Geschwindigkeit ermöglichte es uns heute, buchstäblich mehr Details zu sehen und zudem nachteilige Proben- oder Bildbewegungen zu korrigieren.

### 23.2.5 Objektträger und Probenhalter

Als Objektträger dienen runde Netzchen (Grids) aus Kupfer und Gold (seltener aus Wolfram oder Nickel), die einen Durchmesser von ≈ 3 mm haben und in verschiedenen Maschenweiten und Geometrien erhältlich sind (◻ Abb. 23.2). Die Maschengröße (*mesh-size*) oder die Anzahl der Quadrate über das Netzchen ist definiert als die Anzahl der Quadrate in einem Zoll (z. B. ein 200-*Mesh*-Grid hat 20 Quadrate in jeder Richtung). Für die molekulare EM sind Maschengrößen zwischen 30 µm und 100 µm geeignet. Die Netzchen sind mit einem dünnen Film bedeckt, auf den die Makromoleküle oder Zellen aufgebracht werden können. Üblicherweise sind sie mit einem Kohlefilm von 5–10 nm Dicke belegt, aber je nach Anwendung und Probe kommen auch andere Filme, wie beispielsweise Monolagen aus Graphen/Graphenoxid, Gold oder auch Siliciumdioxid-Filme zum Einsatz. Extrem dünne Filme (z. B. Graphen) oder Filme mit Löchern sind besonders für die Kryo-Elektronenmikroskopie geeignet, um so selbsttragende

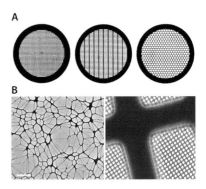

◻ **Abb. 23.2** Die Spitzen der Objekthalter enthalten Vorrichtungen, die die meist drei Millimeter großen Objektträgernetzchen aufnehmen können. **A** Trägernetzchen, wie sie üblicherweise für das TEM benutzt werden (Durchmesser 3 mm). Sie sind mit einem ca. 10 nm dicken Kohlefilm beschichtet, auf dem die molekularen Objekte adsorbiert werden. **B** Kohlefilmgerüste mit Löchern, die für die Kryo-Elektronenmikroskopie verwendet werden. Der die Objekte enthaltende Eisfilm überspannt die Löcher. Dadurch wird weniger Material durchstrahlt und der Kontrast abgebildeter Objekte in geringerem Maße geschwächt. Der Maßstabsbalken entspricht 20 µm

Eisschichten zu erhalten (▶ Abschn. 23.3.2) und zu verhindern, dass der Trägerfilm einen zusätzlichen Hintergrundkontrast erzeugt. Man unterscheidet zwischen unregelmäßig löchrigen Filmen (*Lacey*) und Filmen mit regelmäßig angeordneten kreisförmigen Löchern (*Quantifoil oder C-Flat*), die besonders für die automatische Datenaufzeichnung in der Kryo-EM eingesetzt werden.

Die Filmoberflächen sind oft hydrophob, was eine effiziente Ausbreitung von wässrigen Lösungen verhindert. Um die Filme benetzbar (hydrophil) zu machen, wird üblicherweise eine Behandlung mit Niedrigenergie-Plasmen durchgeführt. Dies geschieht in einer partiell evakuierten Kammer mit zwei Elektroden durch Anlegen einer Spannung. Das ionisierte Restgas bringt Ladungen auf den Film, der dann vorübergehend einen hydrophilen Charakter annimmt. Außerdem reagieren die Ionen mit organischen Verunreinigungen, zerstören sie und reinigen so die Objektträgeroberfläche (*plasma cleaning*). Sowohl aus Luft (Glimmentladung) als auch aus Argon-Sauerstoff-Gemischen (seltener Wasserstoff) können Plasmen erzeugt werden. Darüber kann man andere Moleküle (z. B. Amylamin) während des Vorgangs einbringen, um beispielsweise bei der Präparation von Einzelpartikeln die Oberfläche und die Orientierungsverteilung der adsorbierenden Partikel zu verändern.

Heutige Elektronenmikroskope sind weitestgehend automatisiert, und der Benutzer sitzt nicht mehr vor dem eigentlichen Instrument, sondern vor einem Computerbildschirm. Die gesamte Instrumentierung ist außerdem in Bezug auf mechanische, thermische und optische Stabilität sowie die Bedienung optimiert, sodass der Anwender nur ein Minimum an Einstellungen und Anpassungen vornehmen muss. Die meisten Funktionen und Kalibrierverfahren, wie beispielsweise die Einstellung des Fokuswertes oder des Astigmatismus sowie die Kalibrierung der Vergrößerung, werden durch Softwareroutinen unterstützt oder sind gänzlich automatisiert. Aktuelle Mikroskope unterscheiden sich auch in der Art und Weise, wie die Proben eingebracht werden, d. h. im Transfer der Probe vom normalen Luftdruck in das Hochvakuum über entsprechende Luftschleusen. Der manuelle Transfer einer einzelnen Probe mithilfe eines einfachen Probenhalters wurde insbesondere in der Kryo-Elektronenmikroskopie durch robotisierte Systeme ersetzt, die bis zu einem Dutzend Proben gleichzeitig aufnehmen können. Der Probentransport in das Mikroskop erfolgt dann nicht mehr direkt über die Luft, sondern in flüssigem Stickstoff oder unter Vakuum. Für die sichere, automatisierte und mechanische Handhabung der sehr dünnen und empfindlichen Objektträger dienen dann spezielle Kartuschen (*cartridges*) und Kas-

setten, die mehrere dieser *cartridges* aufnehmen können. Vor allem bei Instrumenten mit 200 kV und 300 kV Beschleunigungsspannung sind diese Automaten für den Probentransfer (*autoloader*) vorhanden. Mikroskope, die mit niedriger Spannung oder nur bei Raumtemperatur arbeiten, verfügen immer noch über die klassische manuelle Version: Eine seitlich angebrachte Luftschleuse, in der ein ca. 20–30 cm langer Probenhalter in das Mikroskop eingeführt wird. Da man sie seitlich einführt, bezeichnet man sie auch als *side-entry holders*. Die Spitzen dieser Probenhalter enthalten Vorrichtungen, die die drei Millimeter großen Objektträgernetzchen aufnehmen können. Präparate im gefrorenen Zustand (Kryo-Elektronenmikroskopie, ▶ Abschn. 23.4.5) sind kontinuierlich mit flüssigem Stickstoff zu kühlen, um die Rekristallisation des bei niedrigen Temperaturen amorphen Eises zu verhindern. Während die automatisierten Ausführungen die Kühlung während des Transfers und auch im Mikroskop ebenfalls automatisch gewährleisten, hat der manuelle Halter einen kleinen Dewar am Halterende, der mit flüssigem Stickstoff gefüllt ist und denn man auch manuell nachfüllen muss.

Der Luftschleusenbereich liegt im „Herzen" des Elektronenmikroskops, der Objektivlinse, und führt den Halter meist direkt durch das Goniometer, welches sowohl für die laterale Verschiebung der Probe als auch für das Drehen beziehungsweise Kippen der Probe im Elektronenstrahl verantwortlich ist (▶ Abschn. 23.7). Es handelt sich dabei um eine hochsensible Mechanik, da die Positionierung der gewünschten Probenposition im Nanometerbereich erfolgen sollte. Man kann sich leicht vorstellen, dass das manuelle Einsetzen eines Probenhalters eine heikle Angelegenheit ist und, je nach den Fähigkeiten des Benutzers, nicht gerade dazu beiträgt, das Vakuum oder die Genauigkeit des Goniometers aufrechtzuerhalten. Die vollständige Automatisierung dieser Prozedur (für Mensch und Maschine) war daher ein logischer Schritt.

## 23.3 Präparationsverfahren

Eine wesentliche Voraussetzung für die erfolgreiche Gewinnung von Strukturinformationen durch die Elektronenmikroskopie ist die Fähigkeit, die Struktur der Probe optimal zu erhalten. Strukturveränderungen während der Probenpräparation sowie Strukturänderungen durch die Wechselwirkung des Elektronenstrahls mit der Probe sind zu vermeiden oder zumindest auf ein Minimum zu reduzieren. Daher muss die biologische Probenpräparation speziell an die lebensfeindliche Umgebung im Elektronenmikroskop und an die physikalischen Gegebenheiten der elektronenmikroskopischen Bildentstehung abgestimmt werden. Die Präparate müssen vakuumtauglich sein, müssen ausreichend dünn sein und sollten einen ausreichenden Kontrast aufweisen. Konventionelle physikalische Probenpräparationstechniken lassen sich nicht ohne Weiteres auf biologische Proben anwenden, da diese Wasser enthalten und in einer wässrigen Umgebung vorliegen und dessen Entzug zu massiven Strukturveränderungen führt.

Die am häufigsten verwendete Konservierungsmethode in der biologischen Elektronenmikroskopie ist die Negativkontrastierung. Bei dieser Methode reichert sich das Schwermetall an und ersetzt das Wasser um die Moleküle der Probe. Da Schwermetallsalze von Natur aus stark mit dem Elektronenstrahl wechselwirken, verbessert sich der Bildkontrast (die Probe erscheint hell auf dunklem Untergrund). Dieses Verfahren ermöglicht gerade in der Einzelpartikelanalyse eine schnelle Beurteilung der Qualität und Homogenität des vorliegenden Proteinpräparats. Allerdings bildet man das Kontrastmittel ab, nicht das Molekül selbst. Dadurch ist die erreichbare Auflösung auf $\approx 2$ nm begrenzt, und es kommt zu Artefakten, insbesondere einer Abflachung der Probe.

Neben der Kontrastierung mit Schwermetallsalzen gehört die Einbettung von ganzen Zellen oder Gewebeteilen in Harze (*Epon*) oder in bei Kälte polymerisierende Materialien (*Lowicryl*) zu den bekanntesten Verfahren. Bei der Einbettung in Harze wird die Probe (z. B. ganze Zellen oder Gewebeteile) typischerweise zunächst chemisch fixiert und mit Schweratomen angefärbt, dann in organischen Lösungsmitteln dehydriert und schließlich in ein geeignetes Harz oder einen Kunststoff eingebettet. Anschließend können aus den so eingebetteten Proben mit einem Ultramikrotom Dünnschnitte ($\leq 100$ nm) hergestellt werden. Allerdings führt diese Art der Behandlung zu strukturellen Umlagerungen und Aggregationsartefakten. Außerdem kommt es zu signifikanten Massenverlusten und einer Schrumpfung des Präparats während der Bestrahlung im Elektronenmikroskop. Ungeachtet dessen verdanken wir dieser Präparationstechnik die umfangreichsten Erkenntnisse über die Zellarchitektur.

Sowohl die Negativkontrastierung als auch die Einbettung in Kunstharze finden auch heute noch ihre Anwendung. Sie wurden jedoch in der molekularen Elektronenmikroskopie durch die Fixierung bei tiefen Temperaturen (Kryopräparation), also das Schockgefrieren und das Einbetten in amorphes (vitrifiziertes) Eis, weitestgehend abgelöst (▶ Abschn. 23.3.2). Jedoch ist die Untersuchung solcher Präparate auf sehr dünne vitrifizierte Proben wie aufgereinigte Proteinkomplexe, Viren, isolierte Organellen oder kleine prokaryotische Zellen beschränkt. Dickere Proben wie eukaryotische Zellen, Gewebe und Organismen sind nicht ohne weitere Präparationsschritte zugänglich. Auch können „dickere" Proben nicht ohne Weiteres eingefroren werden. Die Herstellung von Kryo-Mikrotomschnitten an hochdruckgefrorenen Proben war zunächst die einzige Methode, um ausreichend dünne Proben von größeren Zellen, Geweben oder Organismen zu erhalten. Dabei handelt es sich um eine handwerklich sehr anspruchsvolle Methode, und auch hier gibt es gravierende Artefakte, wie z. B. eine Verformung (Kompression) des Schnittes. Außerdem können einzelne Zellen nicht gezielt präpariert werden, sondern nur solche, die zufällig in der Schnittschicht liegen.

Eine alternative Schnitt- beziehungsweise Dünnungstechnik entstand zu Beginn des 21. Jahrhunderts: das Schneiden mithilfe eines fokussierten Ionenstrahlinstruments (*focused ion beam*, FIB). Solche Instrumente sind in den Materialwissenschaften allgegenwärtig und aufgrund ihrer unübertroffenen ortsspezifischen Präparationsmöglichkeiten ein Standard für die physikalische TEM-Probenpräparation. Die Verwendung eines fokussierten Ionenstrahls, typischerweise schwere Galliumionen, zur Präparation von elektronentransparenten Bereichen aus gefrorenen Proben ohne Beeinträchtigung ihrer Integrität schien zunächst schwierig, wenn nicht unmöglich. Glücklicherweise hat sich herausgestellt, dass das Dünnen (*milling*) mit dem FIB keine unüberwindbaren Artefakte verursacht, und seither haben weitere technische Entwicklungen stattgefunden, um das Verfahren und den Durchsatz zu verbessern (▶ Abschn. 23.3.3). Das gebräuchlichste Verfahren ist heutzutage die Lamellen-Präparationstechnik für direkt auf einem Objektträger eingefrorene Zellen (*on-the-grid preparation*). Inzwischen gibt es aber auch Ansätze, um Lamellen aus hochdruckgefrorenen Proben buchstäblich herauszuheben (*lift-out preparation*).

Die Kryo-Präparationstechniken (◘ Abb. 23.3) erhalten die native Struktur von isolierten Makromolekülen als auch deren Organisation im zellulären Kontext und haben uns in jüngster Zeit neue Perspektiven sowohl in der molekularen Strukturbiologie als auch in der cytologischen Forschung eröffnet. Deshalb stehen sie im Fokus dieses Abschnitts über Präparationsverfahren. Unter den Standardverfahren ist die Negativkontrastierung mit einbezogen (▶ Abschn. 23.3.1), da sie (auch heute noch) die aufschlussreichste und einfachste Methode ist, um die Qualität einer aufgereinigten Proteinprobe zu beurteilen. Andere, eher konventionelle Kontrastierungs-, Markierungs- und Präparationsverfahren sind hier nicht weiter ausgeführt.

## 23.3.1 Negativkontrastierung

Die Negativkontrastierung ermöglicht eine relativ einfache und schnelle Beobachtung von Makromolekülen und makromolekularen Komplexen durch die Verwen-

23

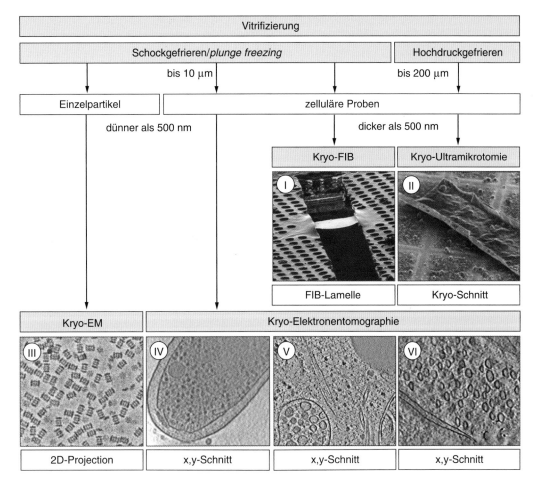

**Abb. 23.3** Präparation von vitrifizierten Proben für die Kryo-Elektronenmikroskopie und Elektronentomographie. (I) Kryo-Rasterelektronenmikroskopie: Mikrograph einer FIB-Lamelle und eines (II) ultramikrotomischen Dünnschnittes. (III) zeigt die 2D-Projektion des isolierten 20S-Proteasoms, (IV) einen xy-Schnitt eines tomographisch rekonstruierten *Escherichia-coli*-Bakteriums. Die Probenaufbereitung mit dem Ionenstrahl (V) ist frei von den Kompressionsartefakten der Ultramikrotomie (VI)

dung eines kontrastverstärkenden Schwermetallsalzes. Obwohl sie in der Auflösung auf ein Maximum von ≈20 Å begrenzt ist, eignet sie sich für eine Vielzahl von biologischen Fragestellungen und ist das schnellste Mittel zur Beurteilung von Proben für die Kryo-Elektronenmikroskopie (Kryo-EM). Gerade in der Einzelpartikelanalyse (▶ Abschn. 23.6) liefert sie eine Fülle von Informationen über die Probe, wie z. B. das Vorhandensein von Verunreinigungen oder Aggregaten, die Größe, Form und den oligomeren Zustand des Zielproteins oder -komplexes, die Neigung eines Komplexes zur Dissoziation sowie eine mögliche Variabilität bezüglich seiner Konformation.

Der Prozess der Negativkontrastierung beginnt mit der Vorbereitung eines Trägersubstrats, auf dem die Probenpartikel aufgebracht werden. Das am häufigsten verwendete Trägermaterial ist eine durchgehende Schicht einer amorphem Kohlefolie, die manchmal von einer dünnen Schicht aus Polyvinyl- (z. B. Formvar) oder Nitrocellulose- (z. B. Collodion) Polymer getragen

wird. Diese Substrate können sowohl kommerziell erworben als auch selbst hergestellt werden.

Die Kohlefolie ist zunächst hydrophob und muss vor dem Auftragen von in Wasser gelöstem oder suspendiertem Material hydrophil gemacht werden. Ionisierte Gasmoleküle – erzeugt in evakuierten Kammern durch eine Glimmentladung (*plasma cleaner* oder *glow discharger*) – machen den Kohlenstofffilm vorübergehend benetzbar. Als Nebeneffekt zerstört das Plasma Verunreinigungen und reinigt so die Oberfläche des Trägernetzchens. Anschließend bringt man einen kleinen Tropfen der Probe in wässriger Lösung (ca. 2–5 µl) auf die Kohlefolie auf und lässt diesen 15–60 Sekunden adsorbieren. Überschüssige Flüssigkeit entfernt man mit einem Filterpapier (Blotting). Unter Umständen ist ein Waschen der Probe vor der Kontrastierung erforderlich, insbesondere wenn die Pufferlösung einen hohen Salz- oder Phosphatanteil aufweist. Das noch feuchte Präparat wird dann mit ultrareinem Wasser oder mit einem flüchtigen Puffer geringer Ionenstärke (≤10 mM) gewaschen und erst dann mit einem Schwermetallsalz kontrastiert. Übliche Kontrastierungsmittel sind wässrige Lösungen von Uranylacetat, Phosphorwolframat, Ammoniummolybdat und Aurothioglucose. Die Verbindungen unterscheiden sich in Hinblick auf ihren Kontrast, die Strahlempfindlichkeit, den einstellbaren pH-Bereich und ihre Ioneneigenschaften. Dadurch gelingt es mitunter, die Vorzugsorientierung der Moleküle auf dem Objektträgernetzchen zu beeinflussen und unterschiedliche Projektionen zu erhalten. Das Salz hüllt die Proteinmoleküle ein und füllt Vertiefungen und Löcher auf. Das Präparat wird luftgetrocknet und ist so für längere Zeit (Wochen bis Monate) stabil. Die Schwermetallhülle ist strahlenresistenter als das Protein und konserviert die räumliche Struktur des Moleküls auch bei Trocknung und bei moderater Bestrahlung im Vakuum des EM.

Die erforderliche Kontrastmittelmenge und dessen Eindringtiefe, um optimale Ergebnisse zu erzielen, ist auch hier abhängig von der Probe. Ist diese zu klein, können die Moleküle durch den Elektronenstrahl beschädigt werden, ist sie jedoch zu dick, können Strukturmerkmale verloren gehen. Neben der Kontrastmittelmenge beeinflussen die Benetzbarkeit des Trägermaterials, die Regelmäßigkeit des Films, die Adsorptions- und Blottingzeit und die Zeit für die Trocknung das Ergebnis. So ist eine gleichmäßige Kontrastierung über den gesamten Trägerfilm fast nie zu erreichen. Für ganze Zellen und größere Objekte eignet sich diese Art der Kontrastierung in der Regel nicht.

### 23.3.2 Native Proben in Eis

Gilt es, die innere Struktur eines Moleküls, eines makromolekularen Verbandes oder von intakten Zellen darzustellen, muss das Objekt selbst und nicht im Wesentlichen die Verteilung eines Kontrastmittels abgebildet werden. Man verzichtet deshalb auf jegliche chemische Fixierung und Kontrastierung und mikroskopiert das native Objekt in wässriger Lösung, die durch Schockgefrieren physikalisch „fixiert" wird. Das entstehende Eis ist vitrifiziert oder amorph, ähnlich einer erkalteten Glasschmelze. Das Schockgefrieren muss sehr schnell durchgeführt werden, daher ist eine spezielle „Einschuss"-Apparatur notwendig. Diese guillotineähnlichen Geräte (*plunger*) erlauben das Einfrieren der Probe in Millisekunden auf eine Temperatur von flüssigem Stickstoff ($\approx -180$ °C). Um eine direkte Phasenumwandlung von flüssig in einen amorphen (verglasten) Feststoff zu gewährleisten, werden Kryogene mit sehr hohen Abkühlraten ($\approx 10^5$ °C $s^{-1}$) eingesetzt. Typischerweise werden als Kryogen flüssiges Ethan, Propan oder eine Mischung aus beiden verwendet. Diese haben eine viel höhere Wärmeleitfähigkeit als flüssiger Stickstoff, wodurch eine wesentlich schnellere Wärmeübertragung gewährleistet ist. Darüber hinaus wird der Leidenfrost-Effekt erheblich reduziert, der ansonsten zur Bildung einer „warmen" und isolierenden Gasschicht um die Probe herum führen würde, was sich wiederum nachteilig auf die Gefrierraten auswirkt. Dieser Effekt ist auch zu beobachten, wenn flüssiger Stickstoff direkt in Kontakt mit Gegenständen bei Raumtemperatur trifft: er beginnt so lange zu kochen (aufsteigender gasförmiger Stickstoff) bis auch der Gegenstand selbst die Temperatur von flüssigem Stickstoff erreicht hat. Reines Ethan oder Propan verfestigt sich, wenn man es über einen längeren Zeitraum bei der Temperatur von flüssigem Stickstoff belässt, während eine Mischung aus beiden flüssig bleibt, was die Anwendung praktikabler macht.

#### ▪ Plunge freezing

Zum „Einschießen" (*plunge freezing*) wird das Objektträgernetzchen mit einer Pinzette gehalten und vertikal in den Plunger montiert. Ein Tropfen von einigen Mikrolitern (2–3 µl) der Probenlösung, entweder isolierte Proteinkomplexe oder ganze Zellen in ihrer Pufferlösung, wird auf die Oberfläche des Netzchens aufgetragen. Da nur dünne Objekte im Bereich von wenigen Hundert Nanometern für die Untersuchung mit dem Elektronenmikroskop geeignet sind, ist es erforderlich, das Probenvolumen zu reduzieren. Dies wird durch ein Filterpapier erreicht, das vorsichtig auf einer oder beiden Seiten des Trägernetzes platziert wird, um überschüssige Flüssigkeit zu entfernen. Auch hier wird dieser Vorgang als Blotting bezeichnet. Um eine mechanisch bedingte Störung z. B. von Zellstrukturen zu verhindern, kann man das Filterpapier auch von der Rückseite des Trägernetzchens aufbringen (◘ Abb. 23.4). Die Dicke des Eises hängt von der Blottingdauer und der Zeitspanne ab, die der verbleibende wässrige Film vor dem Einfrieren noch weiter verdunsten kann. Halbautomatische Plunger mit Inkubationskammern haben inzwischen die reproduzierbare Herstellung von qualitativ hochwertigen vitrifizierten Proben erheblich erleichtert. Für ein optimales Ergebnis müssen jedoch Parameter wie Temperatur und Feuchtigkeit, die das Ausmaß der Verdunstung beeinflussen, immer noch empirisch bestimmt werden. Deshalb ist insbesondere für die Einzelpartikelanalyse die Präparation von vitrifizierten Proben mit geeigneter Eisdicke und optimaler Partikelverteilung (sowohl lateral als auch in ihren Orientierungen) auch heute noch eine Herausforderung.

Für die Präparation aufgereinigter Proteinkomplexe verwendet man zumeist Objektträgernetzchen aus Kupfer mit einer löchrigen Kohlenstofffolie (▶ Abschn. 23.2).

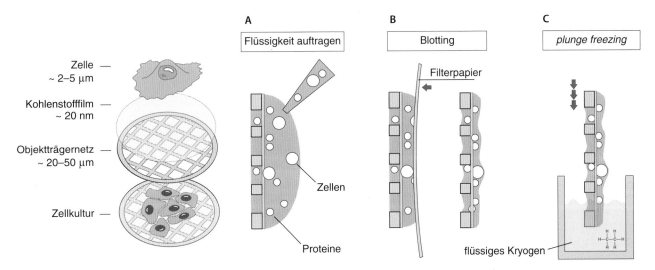

**◻ Abb. 23.4** Das sog. *plunge freezing* unterteilt sich in drei Schritte. **A** Zunächst wird die Zellsuspension oder das zu untersuchende biologische Makromolekül in wässriger Lösung auf das Grid aufgetragen. Anschließend wird die überschüssige Flüssigkeit entfernt, um eine dünne Eisschicht zurückzulassen **B**. **C** Das Grid wird schließlich in einem flüssigen Kryogen gefroren und kann für die weitere Probenaufbereitung verwendet werden

In diesen Löchern erhält man dünne freitragende Eisschichten, die idealerweise nicht viel dicker sind als die Probenpartikel selbst. Löchrige Filme werden eingesetzt, um den geringen Kontrast zwischen den Proteinmolekülen (spezifische Dichte $\approx 1{,}4$ g cm$^{-3}$) und dem umgebenden Eis ($\approx 1$ g cm$^{-3}$) während der Abbildung nicht noch weiter zu schwächen. Sowohl das vitrifizierte Eis als auch die Kohlenstoffschicht besitzen aber bei tiefen Temperaturen eine schlechte elektrische Leitfähigkeit. Es wird allgemein angenommen, dass diese schlechte Leitfähigkeit die Ursache für strahlinduzierte Probenbewegungen (*beam induced motion*) ist, die die Bildqualität beeinträchtigen. Deshalb benutzt man für die hochaufgelöste Einzelpartikelanalyse neuerdings Trägernetze aus Gold mit perforierten Goldfilmen oder auch kontinuierliche Folien aus Graphenfilmen, um die Leitfähigkeit zu erhöhen und sie damit mechanisch stabiler zu machen.

Es ist anzumerken, dass die Vitrifizierung von reinem Wasser nur bis zu einer Dicke von $\approx 1$ µm gelingt. Das liegt vor allem an der geringen Wärmeleitfähigkeit des Wassers. Jedoch wirken einige intrazelluläre Proteine und andere Makromoleküle als Kryoprotektoren (*cryoprotectants*) und können so die Einfriertiefe auf bis zu $\approx 10$ µm erhöhen. Aufgereinigte Proteinkomplexe lassen sich ebenfalls durch die Zugabe von Lösungen stabilisieren, die wie ein Frost- zw. Gefrierschutzmittel wirken (z. B. Glucose oder ähnliche Verbindungen wie Trehalose und Tannin). Ein Beispiel aus der Natur: Einige Organismen können eine vollständige Dehydrierung oder längere Gefrierperioden ohne Schaden überstehen, weil sie Substanzen wie Trehalose oder Glycerin synthetisieren (ein Phänomen, das als Kryptobiose bekannt ist).

> **Vitrifizieren**
>
> Glas (*vitrum*) bildet beim Erstarren der flüssigen Schmelze keine Kristalle, sondern bleibt in einem amorphen Zustand. Wassermoleküle hingegen ordnen sich während des Gefrierprozesses in einem Kristallgitter an, das abhängig von Temperatur und Druck unterschiedliche Strukturen und Dichten annehmen kann. Derzeit sind 15 verschiedene Eiskristallformen bekannt. Durch sehr schnelles Einfrieren auf mindestens $-150$ °C bei Normaldruck geht Wasser in einen festen, aber ungeordneten, vitrifizierten Zustand über, der bis etwa $-135$ °C stabil ist. Amorphes Eis hat eine Dichte von $0{,}94$ g cm$^{-3}$ (*low density amorphous ice*) und ist flüssigem Wasser physikalisch ähnlicher als alle anderen bekannten Eisformen. Strenggenommen ist amorphes Eis kein Festkörper, sondern eine extrem stabile Flüssigkeit (*superstrong liquid*).

■ **Hochdruckgefrieren**

Einzelne eukaryotische Zellen, Bakterien, Archaeen und Viren können ebenso wie Molekülkomplexe vitrifiziert und in vielen Fällen auch unmittelbar abgebildet werden. Vielzellige Objekte und Zellsuspensionen lassen sich durch einfaches Einschießen (*plungen*) nicht ausreichend schnell einfrieren. Der Wärmetransfer im Inneren größerer Probenvolumina mit mehr als 10 µm Ausdehnung ist zu langsam, um Wasser an der Kristallbildung zu hindern. Hier kann man sich aber die Tatsache zunutze machen, dass Wasser unter Druck deutlich verzögert kristallisiert und eine geringere Abkühlrate ausreicht, die Probe bis zu einer Tiefe von ca. 200–300 µm zu vitrifizieren. Dafür gibt es spezielle Hochdruckgefrieranlagen, die mit flüssigem Stickstoff und einem Druck von 200 MPa (≈2000 atm) arbeiten. Entweder setzt man die Probe in einer Kammer unter diesen hohen Druck und kühlt ab, sobald der Druck aufgebaut ist, oder man setzt den flüssigen Stickstoff selbst unter Druck und „schießt" ihn dann auf die Probe. In beiden Fällen sind der Druckaufbau und die Kühlung synchronisiert. Wenn möglich, versetzt man die Zellsuspension mit einem polymeren „Frostschutzmittel" (z. B. Dextran), das osmotisch weitgehend inert ist und die Kristallisationsneigung des die Zellen umgebenden Wassers zusätzlich mindert. Es hat allerdings den Nachteil, Polysaccharide auf Zelloberflächen zu maskieren.

Als Probenhalter für das Hochdruckgefrieren dienen entweder dünne Metallröhrchen (*tubes*) oder zweiteilige kleine Metallgefäße (*planchettes*), die die Probe umschließen. Die Metallröhrchen haben den Vorteil einer sehr guten Gefrierqualität, da sie wesentlich kleiner und dünner sind als Planchetten. Sie haben jedoch den Nachteil, dass die Metallwände erst weggetrimmt werden müssen und dass die Größe der Kryoschnitte durch den Innendurchmesser des Röhrchens begrenzt ist. Das Trimmen wird typischerweise mit einem speziellen Diamantmesser durchgeführt, um eine rechteckige Fläche (*blockface*) zu erzeugen. Das anschließende Schneiden der Schnitte erfolgt ebenfalls mit einem Diamantmesser, wobei hier der Winkel der Klinge relativ zur Probe meist kleiner ist (25°– 45°). Im Gegensatz zum Schneiden bei Raumtemperatur, bei dem die Schnitte auf Wasser schwimmen, müssen Kryoschnitte manuell auf ein Objektträgernetzchen transferiert werden. Traditionell erfolgt dies mit einer Wimper oder einem Haar von kurzhaarigen Hunderassen (z. B. Dalmatiner); mittlerweile kommen aber auch Nylonfasern zum Einsatz. Da elektrostatische Aufladungen, Luftbewegungen oder eine falsche Handhabung den Schnitt leicht beschädigen oder zu seinem vollständigen Verlust führen können, handelt es sich um ein äußerst aufwendiges Verfahren, das viel Geduld und großes Geschick erfordert. Außerdem sind Kryoschnitte in der Regel nicht flach und weisen Schneidartefakte auf, z. B. Oberflächenspalten (*crevasses*) und Verformungen. Die Verformung des Schnitts ist dabei die gravierendste Einschränkung: Entlang der Schnittrichtung kommt es zu einer Stauchung (Kompression) des Eises und damit auch des Objektes, die insbesondere bei dickeren Schnitten (>100 nm) bis zu 30 % betragen kann. Trotzdem liefern Kryoschnitte Einsichten in die Zellstruktur, die sonst durch Entwässerung und chemische Einbettung verloren gehen.

### 23.3.3 Kryo-FIB-Lamellen

Eine fundamental andere Art der Dünnung gefrorener biologischer Proben stellt die Ionenätzung (*Focused Ion Beam Micromachining*, FIB) dar. Seit den 1990er-Jahren verwendet man die FIB-Technologie, insbesondere in der Halbleiterindustrie zur Fehleranalyse und zur Modifikation von elektrischen Schaltkreisen. Im Bereich der Materialwissenschaften ist sie längst zum Standard für die TEM-Probenpräparation geworden, und seit einiger Zeit ist sie ein fester Bestandteil der Probenvorbereitung für die Kryo-Elektronentomographie.

Ein FIB-Instrument ist vom Aufbau her einem Rasterelektronenmikroskop (*Scanning Electron Microscop*, SEM) sehr ähnlich, mit dem Unterschied, dass anstelle von Elektronen Ionen verwendet werden. Beide Technologien werden in der Regel in einem Gerät kombiniert (FIB-SEM), um sowohl die Bildgebung als auch die Probenbearbeitung gleichzeitig zu ermöglichen. In diesen Zweistrahl-Geräten ist die Ionensäule gegenüber einer vertikalen Elektronensäule gekippt (typischerweise um 52°), um die Probenbearbeitung und die Elektronenabbildung desselben Bereichs zu ermöglichen (◘ Abb. 23.5). Der Materialabtrag mit einem FIB-System erfolgt durch Beschleunigung und Fokussierung eines Strahls ionisierter Galliumatome ($Ga^+$-Ionen) auf die Probenoberfläche. Dabei lässt sich der Ionenstrahl von wenigen Mikrometern bis zu einigen wenigen Nanometern im Durchmesser gezielt fokussieren. Die auftreffenden Ionen können die Atome der Oberflächenschicht durch Stöße von ihrer Position entfernen, was man als *Sputtern* bezeichnet. Das Rastern des Ionenstrahls über die Probenoberfläche (analog zum Elektronenstrahl im SEM) ermöglicht es, Material schichtweise nacheinander abzutragen; man spricht vom Ionenfräsen (*ion milling*). Zusätzlich kann man in einem FIB-System verschiedene Materialien auf der Probenoberfläche abscheiden (Platin, Kohlenstoff und Wolfram). Über ein Gasinjektionssystem (GIS) wird ein gasförmiger Ausgangsstoff (*precursor*) in die Mikroskopkammer eingeleitet und mit dem Ionen- oder Elektronenstrahl auf der Probenoberfläche abgeschieden. Durch Wechselwirkung mit dem Ionen- oder Elektronenstrahl wird das Gas zersetzt und die nichtflüchtigen Zersetzungsprodukte verbleiben auf der Probenoberfläche, während die flüchtigen Produkte durch das Vakuumsystem abgesaugt werden.

Während des Ionenfräsens befindet sich die vitrifizierte Probe immer im Hochvakuum und stets bei Temperaturen unterhalb der Rekristallisationstemperatur von Wasser (> –150 °C). Zur Identifizierung geeigneter Zellen oder Zellbereiche nutzt man die Abbildung von

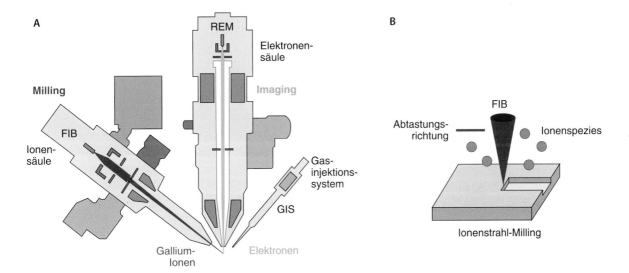

**Abb. 23.5** Aufbau eines FIB/SEM. **A** Die Ionensäule ist in einem Winkel (52°) zur Elektronensäule angebracht. Der Ionenstrahl wird zur Abtragung von Probenmaterial verwendet (*milling*), während der Prozess mit dem Elektronenstrahl beobachtet wird (*imaging*). Das Gasinjektionssystem (GIS) dient der gezielten Einspeisung von orga-

nischem Platin, um eine schützende Schicht auf die biologische Probe aufzubringen. **B** Der eintreffende Ionenstrahl führt zum Abtragen des Materials. Dabei entstehen verschiedenste Ionen. Zum einen werden Galliumionen reflektiert. Außerdem entstehen sekundäre Ionen, da Atome ionisiert und aus dem Material abgetragen werden

Sekundärelektronen direkt mit dem integrierten SEM oder indirekt mit Aufnahmen aus korrelativen Methoden wie der Fluoreszenzlichtmikroskopie. Für das Bearbeiten von Zellen auf einen Objektträgernetzchen gibt es unterschiedliche Vorgehensweisen. So kann man parallel Probenmaterial abtragen, Keile erzeugen oder auch freistehende Lamellen herstellen. Obwohl es möglich ist, größere Bereiche parallel zur Probenoberfläche abzutragen, ist die Abtragrate mit Gallium sehr klein, was zu unverhältnismäßig langen Präparationszeiten führt. Trifft der Ionenstrahl in einem Winkel, d. h. schräg, auf die gefrorene Probe, erzeugt man Keile, die nur an ihren Spitzen dünn genug sind, um sie später im TEM zu untersuchen. Die Präparation von Keilen ist ein Verfahren, das sich besonders für kleinere Bakterien eignet. Die dritte und universellste Methode ist die Herstellung von Lamellen. Lamellen werden durch Abtragen von Material oberhalb und unterhalb des gewünschten Probenbereichs hergestellt, wodurch eine selbsttragende, dünne und elektronentransparente Lamelle entsteht (■ Abb. 23.6). Da sich diese Lamellen direkt in einer vitrifizierten Probe und auf dem Objektträgernetzchen befinden, spricht man auch von *on-the-grid-lamella preparation*. Diese Namensgebung dient auch zur Unterscheidung von der Präparation einer freistehenden Lamelle, die nach erfolgter Präparation aus dem Probenmaterial mit einem Mikromanipulator herausgehoben und auf einen separaten Objektträger aufgebracht wird (*lift-out-lamella preparation*). Diesen *lift-out* kann

man für hochdruckgefrorene Proben verwenden, d. h. für größere Zellen, kleine, mehrzellige Organismen oder Gewebe, er ist jedoch technisch sehr anspruchsvoll und extrem zeitaufwendig und gehört noch nicht zu den Standardverfahren der Kryopräparation.

Die FIB-Präparation von vitrifizierten Proben vermeidet die mit der Kryo-Ultramikrotomie verbundenen mechanischen Schnittartefakte, und so gedünnte Lamellen sind weitgehend artefaktfrei und vor allem nicht deformiert (■ Abb. 23.7). Jedoch ist auch diese Präparationsmethode nicht ganz frei von Artefakten. Dabei handelt es sich um geringfügige Strukturveränderungen an der Proben- beziehungsweise Lamellenoberfläche, die direkte Folge der Ioneneinschläge ist (Strahlenschaden). Außerdem ist die Oberfläche der präparierten Lamella nicht perfekt planar, und entlang der Ionenstrahlrichtung kann es zu streifenförmigen Unebenheiten kommen. Dies liegt in der Natur der Probe selbst begründet: Unterschiedliche Bereiche der biologischen Probe sind unterschiedlich zusammengesetzt (unterschiedliche Dichten) und haben dadurch leicht unterschiedliche Abtragraten. Diesen Effekt bezeichnet man als *curtaining*. Sowohl die Strukturveränderung an der Oberfläche als auch das *curtaining* lassen sich durch Anpassung der Präparationsparametern auf ein Minimum reduzieren, sodass sie weiterführende Untersuchungen nicht beinträchtigen.

Die Präparation einer Lamelle direkt auf einem Objektträgernetzchen ist momentan die bevorzugte Präpa-

A    B    C

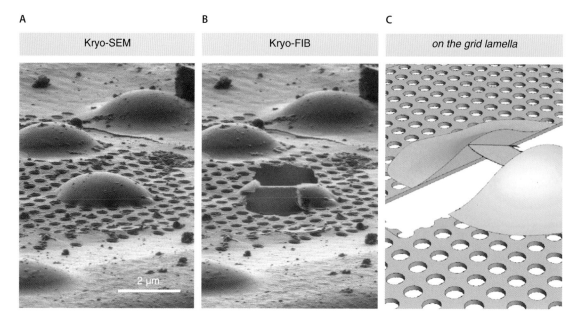

**Kryo-SEM**    **Kryo-FIB**    *on the grid lamella*

2 µm

□ **Abb. 23.6** Geometrie einer FIB-Lamelle, präpariert direkt auf dem Grid. **A** Kryo-REM-Mikrograph einer *plunge* gefrorenen Zelle, eingebettet in eine dünne Eisschicht auf einem Kohlenstofffilm. **B** Dieselbe Region nach FIB-*milling* einer Lamelle, die auf beiden Seiten durch das Eis gehalten wird. **C** Cartoon-Darstellung der resultierenden Lamelle

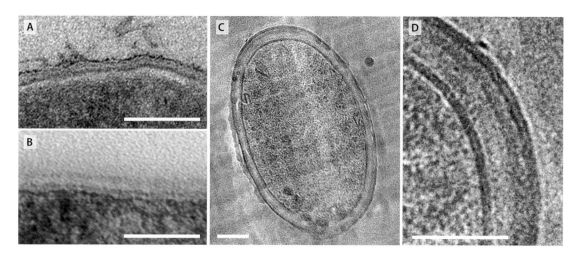

A

B

C

D

□ **Abb. 23.7** Ultradünnschnitte verschiedener Präparationen von *Mycobacterium smegmatis*. **A** Konventionelle Fixierung, Entwässerung und Einbettung in Epoxidharz (Epon); **B** Hochdruckgefrieren, Gefriersubstitution und Einbettung in Lowicryl; **C** Hochdruckgefrieren und Ultradünnschnitt im Kryomikrotom ohne chemische Behandlung; **D** wie C, bei höherer Vergrößerung. Nur in den Kryoschnit-ten ist die Lipiddoppelschicht der äußeren Membran klar sichtbar. Der ursprünglich runde Querschnitt der Zelle wird beim Kryoschneiden in Schnittrichtung komprimiert. Die Größe der Maßstabsbalken entspricht 100 nm (A–C) und 50 nm (D). (Teilabb. A und B mit freundlicher Genehmigung von Christopher Bleck, Basel)

rationsmethode für die Elektronentomographie. Während des Fräsvorgangs verringert man die Stärke des Ionenstrahls stufenweise, um eine Beschädigung der Zielregion zu verhindern. Um Erosion durch den Ionenstrahl und *curtaining* zu verhindern, wird davor eine schützende Schicht organometallisches Platin durch ein Gasinjektionssystem (GIS) auf der Probe abgeschieden. Die Abscheidung von Platin basiert ausschließlich auf dem thermischen Gradienten zwischen dem Gas und der kalten Oberfläche der Probe und nicht auf der Wechselwirkung mit dem Ionen- oder Elektronenstrahl. Die Dimension der Lamelle ist dabei durch die Größe der Zelle und den Winkel zwischen der Probe und dem eintreffenden Ionenstrahl gegeben. Werden sehr kleine Organismen (<5 µm), wie z. B. die Bäckerhefe *Saccharomyces cerevisae* oder gewisse Algenarten, z. B. *Chlamydomonas rheinhardtii*, untersucht, versucht man meist, einen durch gefrorenen Puffer zusammengehaltenen Zellhaufen zu ätzen, um die Größe der Lamelle zu erhöhen und damit die Wahrscheinlichkeit zu erhöhen, die

**23**

biologischen Prozesse von Interesse in der Zielregion vorzufinden. Untersucht man sehr rare Prozesse, wie z. B. Autophagie oder Aggregate innerhalb einer Zelle, so kann man die kryogene Fluoreszenzmikroskopie einsetzen. Dabei werden Fluoreszenzmarker in das Modellsystem eingebracht und dreidimensionale Fluoreszenzdaten von der gefrorenen Probe aufgenommen. Die Fluoreszenzdaten ermöglichen dann eine gezielte Auswahl der Regionen für die anschließende Lamellenpräparation. Ist die Auflösung der Fluoreszenzdaten und die Genauigkeit der Korrelation mit den Bildern aus dem FIB-SEM für den Zielprozess ausreichend, so hat man gute Chancen, dass die zu untersuchende Struktur sich innerhalb der präpartierten Lamelle befindet.

## 23.4 Abbildung im Elektronenmikroskop

Um die Entstehung eines elektronenmikroskopischen Bildes zu verstehen ist ein grundlegendes Verständnis der physikalischen Eigenschaften des Elektrons erforderlich. Es ist nicht notwendig, in die Tiefen der Physik oder der Elektronenoptik einzutauchen, es genügt, sich daran zu erinnern, dass das Elektron sowohl einen Teilchen- als auch einen Wellencharakter hat, genauso wie das Licht – mit dem Unterschied, dass das Elektron ein geladenes Teilchen mit einer Masse ist, während die Photonen des Lichts keine Ladung und auch keine Masse haben. Betrachtet man das Elektron als Teilchen, so lassen sich Phänomene wie die Wechselwirkung mit den Probenatomen und die damit verbundene Streuung beschreiben. Das Wellenmodell ist besser geeignet, Beugung und Interferenz und die damit verbundene Bildentstehung und den Phasenkontrast zu erläutern.

Sowohl die Art der Präparation als auch die für die Mikroskopie verwendete Instrumentierung beeinflussen das Bild des zu untersuchenden biologischen Objekts. Zur Instrumentation zählen im Wesentlichen die Elektronenquelle, die optischen Bauteile des Elektronenmikroskops und das Aufzeichnungsmedium. Die Eigenschaften dieser drei Komponenten im Zusammenspiel mit der Probe bestimmen die Übertragung und die Modulation des Signals und damit letztlich die Qualität der Aufnahme und deren Informationsgehalt (und damit die Auflösung). Um diese Übertragung physikalisch zu beschreiben verwendet man in der Signalverarbeitung die Übertragungs- beziehungsweise Transferfunktionen. Die Eigenschaften der Elektronenquelle und der Objektivlinse sind in der Kontrasttransferfunktion (*Contrast Transfer Function*, CTF, ▶ Abschn. 23.5.3) zusammengefasst, die des Detektors in der Modulationstransferfunktion (*Modulation Transfer Function*, MTF, ▶ Abschn. 23.4.6), meist in Kombination mit der entsprechenden Quantenausbeute (*Detection Quantum Efficiency*, DQE, ▶ Abschn. 23.4.6).

### 23.4.1 Auflösung des Transmissionselektronenmikroskops

Um das Auflösungsvermögen zu verstehen, betrachten wir zunächst das beschleunigte Elektron. In Abhängigkeit der Beschleunigungsspannung $U$ nimmt seine kinetische Energie $E$ linear zu ($E = U \cdot e$). Bereits bei einem Wert von 100 kV hätte es dann eine Geschwindigkeit erreicht, die mehr als 60 % der Lichtgeschwindigkeit $c$ ($1{,}6 \cdot 10^8$ m s$^{-1}$) entsprechen würde. Dies bedeutet, dass sich die Elektronen (im Teilchenmodell) im Vakuum des Elektronenmikroskops in einem Abstand von 1,6 mm voneinander bewegen und somit nie mehr als ein Elektron gleichzeitig in der Probe sein dürfte. Es ist daher fast unvermeidlich, das Elektron als Welle zu betrachten und für höhere Beschleunigungsenergien (>100 kV) die Elektronengeschwindigkeit unter Einbezug der relativistischen Korrektur zu errechnen:

$$\lambda = \frac{h}{p} = \frac{h}{m \cdot v} = \frac{h}{\sqrt{2 m_0 e U \left( 1 + \dfrac{e U}{2 m_0 c^2} \right)}} \qquad (23.1)$$

darin sind $h$ das Planck'sche Wirkungsquantum, $p$ der (relativistische) Impuls, $m_0$ die Ruhemasse des Elektrons. Die Tatsache, dass man einem Teilchen der Masse $m$, das sich mit einer Geschwindigkeit $v$ bewegt, eine Wellenlänge $\lambda$ zuordnen kann, postulierte Louis de Broglie bereits 1924 in seiner Doktorarbeit, und einige Jahre später gelang der experimentelle Nachweis durch Elektronenbeugungsexperimente. Für Elektronen mit einer Beschleunigungsspannung von 300 kV ergibt sich damit aus Gl. 23.1 eine Wellenlänge von 1,97 pm (0,019 Å ≈ 0,002 nm).

Die Auflösung einer beliebigen Linse (Glas, elektromagnetisch, elektrostatisch, etc.) wird üblicherweise anhand des Rayleigh-Kriteriums definiert. Dabei handelt es sich nicht um eine physikalische Grundregel, sondern eher um eine praktische Definition. Mit diesem Kriterium erhalten wir eine Vorstellung, die Bilder von zwei „selbstleuchtenden" Punkten voneinander zu unterscheiden („selbstleuchtend", da dieser Fall auch auftritt, wenn man zwei Sterne mit einem Teleskop beobachtet). Hier betrachtet man die Beugung der von den Objektelementen ausgehenden Wellen an den Blenden der Abbildungsvorrichtung (Linse). Ein heller Punkt wird nicht durch eine Linse als Punkt abgebildet, sondern durch die Beugung des Lichtes am Linsenrand als Airy'sches

Scheibchen (*Airy disc*), d. h. eine helle Scheibe, die von abwechselnd dunklen und hellen Ringen schnell abnehmender Intensität umgeben ist. Zwei Punkte sind dann gerade noch getrennt wahrnehmbar, wenn das Zentrum der Beugungsfigur des einen auf dem ersten dunklen Ring des anderen liegt. Die theoretische Auflösung der Linse ist dann durch den Radius $r_{th}$ des Beugungsscheibchens gegeben.

$$r_{th} = 1{,}22 \frac{\lambda}{\beta} \qquad (23.2)$$

Aus Gl. 23.2 sehen wir, dass wir eine höhere Auflösung erhalten können, wenn wir die Wellenlänge $\lambda$ verkleinern oder den halben Öffnungswinkel $\beta$ vergrößern. Der Öffnungswinkel gibt den Bereich der vom Objekt gebeugten Strahlen an, die die Linse noch erfassen kann. Während eine kleinere Wellenlänge möglich wäre (höhere Beschleunigungsspannungen), führt die Vergrößerung des Öffnungswinkels nur zu einer Vergrößerung der Linsenfehler. Die Gleichung gilt aber nur für perfekte Linsen, ohne Abbildungsfehler. Der alles dominierende Abbildungsfehler der Linse ist dabei der Öffnungsfehler (sphärische Aberration $C_s$): Je weiter das Elektron von der optischen Achse entfernt ist, desto stärker wird es zur Achse gebeugt, sodass aus einem punktförmigen Objekt eine Scheibe endlicher Größe entsteht (mit dem Radius $r_{sph}$). Infolgedessen ergibt sich als praktische Auflösung eines Elektronenmikroskops $r_{min}$ aus der Summe beider Scheibchen.

$$r_{min} \approx r_{th} + r_{sph} = 1{,}22 \frac{\lambda}{\beta} + C_s \beta^3 \qquad (23.3)$$

Die hier vorgestellte *praktische Auflösung* enthält viele Annahmen, berücksichtig keine weiteren Linsenfehler und ist folglich nur eine Näherung. Gleichwohl wird die *Auflösung* oft als eine sehr genaue Zahl angegeben.

Heutige Transmissionselektronenmikroskope mit 200 kV und 300 kV Beschleunigungsspannung und einer Feldemissionselektronenquelle (FEG) liefern typischerweise Bilder mit einer Auflösung von 1–2 Å. Betrachtet man nur die Wellenlänge des Elektrons bei diesen Beschleunigungsenergien, wäre eine Auflösung sogar im Pikometerbereich möglich. Allerdings ist der Einfluss der Objektiveigenschaften von entscheidender Bedeutung für die Auflösungsleistung. Der Öffnungswinkel in der Elektronenmikroskopie ist sehr klein. Für konventionelle TEMs beträgt $\beta$ ca. 0,01 rad, für korrigierte Mikroskope liegt er bei ca. 0,05 rad (im Vergleich zu ca. 1,2 rad in der Lichtmikroskopie). Vor allem in den Materialwissenschaften kommen korrigierte Mikroskope

zum Einsatz. Sie besitzen meist einen Monochromator, einen Korrektor für die sphärische Aberration ($C_s$-Korrektor) oder eine Kombination aus einem Korrektor sowohl für den sphärischen als auch für den chromatischen Fehler der Objektivlinse ($C_c$-$C_s$-Korrektor). An entsprechend „dünnen" anorganischen Proben lassen sich damit Auflösungen im Pikometerbereich erzielen (50 pm). Eine „dünne" Probe in der Materialwissenschaft ist typischerweise nur wenige Atomlagen „dick". Für biologische Proben (die per se etwas „dicker" sind) ist es eher unwahrscheinlich, dass diese Auflösungsgrenze je erreicht wird. Denn hier ist die erreichbare Auflösung nicht durch das Mikroskop selbst begrenzt, sondern vielmehr durch die Bedingungen für die Abbildung vitrifizierter biologischer Proben und ihre besonderen Eigenschaften (▶ Abschn. 23.4.5). Man muss sowohl passende Abbildungsbedingungen wählen als sich auch mit der Optimierung des Bildkontrastes auseinandersetzen, wie z. B. geeignete Defokuseinstellungen, Größe der Objektivapertur und der verwendeten Elektronendosis. Die erreichbare Bildauflösung ist dann letztlich eine Kombination aus vielen Parametern und unterscheidet sich in der Regel von der tatsächlichen Auflösung der dreidimensional rekonstruierten Strukturen (▶ Abschn. 23.6.2).

### 23.4.2  Wechselwirkungen des Elektronenstrahls mit dem Objekt

Trift ein Elektron auf die Probe, gibt es grundsätzlich zwei Arten der Wechselwirkung: die Interaktion mit der positiven Ladung der Atomkerne (elastische Streuung) und die mit den Elektronen der Atomhülle (inelastische Streuung). Während elastisch gestreute Elektronen keine Energie verlieren und nur ihre Flugbahn ändern, gibt es bei der inelastischen Streuung einen messbaren Energieverlust. Die elastisch gestreuten Elektronen sind maßgeblich verantwortlich für den Streukontrast, während die inelastisch gestreuten Elektronen der Bildentstehung eher abträglich sind. Jedoch erzeugen inelastisch gestreute Elektronen eine ganze Reihe von weiteren Signalen, die man in der analytischen Elektronenmikroskopie zur chemischen Analyse verwenden kann. Zu diesen Signalen gehören die Energieverlustelektronen, die charakteristischen Röntgenstrahlen, die Sekundärelektronen (SE) und gelegentlich auch das sichtbare Licht (Kathodolumineszenz). Elektronen, die durch elastische Streuung sehr große Ablenkwinkel erlitten haben, können auch als rückgestreute Elektronen (RE) die Probenoberfläche verlassen. Der größte Anteil der elastischen Streuung ist jedoch nach vorne gerichtet (*forward scattering*).

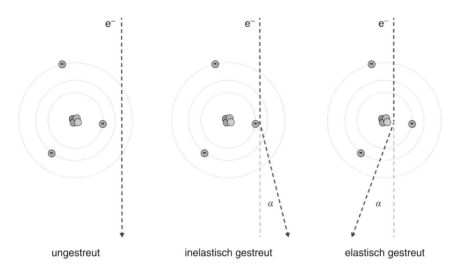

e⁻                          e⁻                          e⁻

ungestreut          inelastisch gestreut          elastisch gestreut

◪ **Abb. 23.8**   Strahlwechselwirkung: Wechselwirkung des Elektronenstrahls mit einem Atom

■ **Elastische Streuung**

Die elektrostatische Interaktion eines Strahlelektrons mit dem Kern eines Objektatoms führt zu einer Ablenkung der Elektronenbahn. Die Ablenkung ist umso größer, je stärker die Coulomb-Kraft wirkt, d. h. je näher das Strahlelektron dem positiv geladenen Kern kommt, je höher die Ladung des Kerns ist (Ordnungszahl Z) und je langsamer das Strahlelektron ist. Im Teilchenbild bedeutet die elastische Kollision, dass die Summe der kinetischen Energien des stoßenden und des angestoßenen Teilchens als solche erhalten bleibt (wie bei einer Billardkugel). Das Teilchen Elektron erfährt dabei keinen nennenswerten Energieverlust, nur eine Flugbahnänderung, d. h. es wird elastisch gestreut. Bei schweren Elementen dominiert die elastische Streuung (Z > 20), während bei leichten Elementen die inelastische Streuung überwiegt. Dieser Sachverhalt wird insbesondere bei Präparaten ausgenutzt, die mit Schwermetallen kontrastiert wurden (▶ Abschn. 23.3.1). Der Streuwinkelbereich der elastischen Streuung liegt dabei typischerweise zwischen 1–10° (0,01–0,1 rad). In erster Näherung betrachten wir nur die einfache elastische Streuung, da die Präparate meist sehr dünn sind. Aber es kann auch zu mehrfachen Streuereignissen kommen, die verständlicherweise mit der Dicke der Probe zunehmen. Generell gilt: Je größer die Anzahl der Streuereignisse ist, desto schwieriger ist es, vorherzusagen, was mit dem Elektron in der Probe passiert, und desto schwieriger ist es dann, die Bilder zu interpretieren. Ein Maß dafür ist die mittlere freie Weglänge, die die durchschnittliche Entfernung angibt, die ein Elektron zwischen verschiedenen Streuereignissen zurücklegt. Um mehrfache Streuereignisse zu vermeiden, müssen elektronenmikroskopische Präparate deshalb sehr dünn sein, um sie abbilden zu können. Außerdem ist die Massedichte zu berücksichtigen, da Bereiche mit höherer Dichte stärker streuen als Bereiche mit geringerer Dichte. Durch die Verwendung einer Ob-

jektivblende, auch Kontrastblende genannt, lassen sich die in größere Winkel elastisch gestreuten Elektronen ausblenden. Diese ausgeblendeten Elektronen erzeugen dann die dunklen Bereiche des Bildes und führen so zum entsprechenden Streukontrast (◪ Abb. 23.8). Je kleiner die Öffnung der Blende (Öffnungswinkel), umso höher ist zwar der Kontrast, jedoch verringert sich auch die Auflösung des Bildes (▶ Abschn. 23.4.1).

Unter Streuung im Teilchenbild versteht man die Ablenkung durch den Zusammenstoß, während man sich im Wellenbild unter Streuung die Entstehung einer Sekundärwelle oder Streuwelle aus dem Streuzentrum vorstellt, die durch die einfallende Welle angeregt wird. Wenn zwischen der Primär- und der Sekundärwelle eine zeitlich konstante Phasenbeziehung besteht, spricht man von kohärenter Streuung (▶ Abschn. 23.4.3). Ist dies nicht der Fall, spricht man von inkohärenter Streuung. Elastisch gestreute Elektronen sind in der Regel kohärent, während inelastisch gestreute Elektronen inkohärent sind, d. h. nach der Wechselwirkung mit der Probe besitzen sie keine Phasenbeziehung mehr.

■ **Inelastische Streuung**

Wenn ein hochenergetisches Elektron eine dünne Probe durchquert, kann es entweder „unbeschädigt" herauskommen, oder aber es verliert durch eine Reihe von unterschiedlichen Prozessen ein Teil seiner Energie. Alle Streuereignisse, welche Energie in der Probe deponieren, werden als inelastisch bezeichnet. Dies hat gerade in der Kryo-Elektronenmikroskopie mit sehr strahlungsempfindlichen Proben weitreichende Konsequenzen (▶ Abschn. 23.4.5). Wechselwirken beschleunigte Elektronen direkt mit der Elektronenhülle eines Atoms, können Elektronen angeregt oder, in Anlehnung an das Bohr'sche Schalenmodell, ganz aus ihren Schalen herausgeschlagen werden. Die übertragene Energie ist dabei größer als die Bindungsenergie des jeweiligen

Schalenelektrons. Dabei können charakteristische Röntgenstrahlung entstehen, Auger-Elektronen, Sekundärelektronen und auch sichtbares Licht. Die kinetische Energie des Strahlelektrons verringert sich während der Interaktion um einen Betrag $\Delta E$, d. h. inelastische gestreute Elektronen sind langsamer, und demensprechend haben sie eine größere Wellenlänge als das ungestreute Strahlelektron.

Lichtwellen unterschiedlicher Wellenlänge besitzen verschiedene Farben, und Elektronen unterschiedlicher Wellenlängen werden auch als nicht „gleichfarbig", also als nicht isochromatisch bezeichnet. Sie sind damit, wenn auch nur leicht, defokussiert und führen zu einer Unschärfe im Bild, analog zu der chromatischen Aberration der Objektivlinse. Der Farbfehler der elektromagnetischen Objektivlinse hat jedoch einen wichtigen Unterschied zur Lichtmikroskopie; Für Licht werden schnellere Strahlen (z. B. Blau) stärker gebrochen als langsamere (z. B. Rot), und für Elektronen ist dies genau umgekehrt, so auch für inelastisch gestreute Elektronen.

Die Ablenkung der inelastisch gestreuten Elektronen ist sehr viel geringer als bei der elastischen Wechselwirkung. Die Streuwinkel liegen typischerweise bei $<1°$ ($\approx 10^{-4}$ rad), d. h., diese Streuung ist nach vorne gerichtet und lässt sich nicht durch eine einfache Blende auffangen. Die Wahrscheinlichkeit, dass ein Elektron inelastisch gestreut wird, ist bei niedrigen Beschleunigungsspannungen (100 kV) sehr viel größer als bei höheren (300 kV) und hängt entscheidend von der Ordnungszahl und der Dicke der Probe ab (Massendichte). Die inelastische Streuung ist dreimal so häufig wie die gewünschte elastische Streuung, insbesondere bei Proben, die hauptsächlich aus leichten Elementen bestehen ($\approx 20/Z$) und mehr als 100 Nanometer dick sind. Dazu kommen mit zunehmender Probendicke auch hier mehrfach Streuereignisse. Inelastisch gestreute Elektronen reduzieren den Kontrast im aufgenommenen Bild, erhöhen das Bildrauschen und sind inkohärent, d. h., sie liefern keinen Beitrag zum Phasenkontrast (▶ Abschn. 23.4.3). Es ist aber möglich, durch Energiefilter die inelastisch gestreuten Elektronen von den elastisch gebeugten zu trennen und damit die Kontrastverhältnisse zu verbessern. Energiefilter sind im Prinzip Spektrometer mit der zusätzlichen Fähigkeit, die Probe bei einem bestimmten Energieverlust abzubilden. Anfang der 1990er-Jahre wurden sie eingeführt, um entweder mithilfe der Elektronenenergieverlustspektroskopie (*Electron Energy Loss Spectroscopy*, EELS) oder der elektronspektroskopischen Abbildung (*Electron Spectroscopic Imaging*, ESI) die chemische Zusammensetzung einer Probe im TEM zu analysieren. Diese Formen der analytischen Elektronenmikroskopie sind eine feste Domäne der Materialwissenschaft und kommen in der Biologie nur selten zum Einsatz. Diese Energiefilter bieten jedoch die Möglichkeit, die meisten der unelastisch gestreuten Elektronen „herauszufiltern",

nur die elastisch gestreuten Elektronen zur Abbildung zu verwenden und so den Kontrast zu erhöhen. Energiefilter sind ein zusätzliches optisches Element, was entweder direkt innerhalb der Mikroskopsäule integriert ist (*in-column energy filter*) oder an ihrem Ende (*post-column energy filter*). Das Funktionsprinzip ist aber in beiden Fällen sehr ähnlich: Mithilfe eines magnetischen Prismas werden Elektronen unterschiedlicher Energie separiert. Das Prisma ist um 90° gebogen und erzeugt ein Magnetfeld, welches senkrecht zum einfallenden Strahl wirkt. Elektronen unterschiedlicher Energie werden so auf unterschiedliche Flugbahnen abgelenkt (Lorentz-Kraft): schnellere Elektronen in größeren Winkeln, langsamere Elektronen in kleineren Winkeln. Durch die Geometrie des Prismas entspricht diese Ablenkung einem kreisbogenförmigen Verlauf. Hinter dem Prisma entsteht so ein Spektrum der Verteilung der Elektronenintensität ($I$) auf den entsprechenden Energieverlust ($\Delta E$). Dieser Vorgang der Dispersion ist dem von weißem Licht durch ein Glasprisma sehr ähnlich. Die Ebene hinter dem magnetischen Prisma bezeichnet man als energiedispersive Ebene, die auch gleichzeitig eine Bildebene darstellt, da sich das Prisma wie eine magnetische Linse verhält. Mithilfe einer einstellbaren Schlitzblende (*energy selective slit*) lassen sich Elektronen mit einer bestimmten Energie gezielt auswählen oder auch herausfiltern, um ein Bild zu erzeugen. Die Bildgebung mithilfe eines Energiefilters bezeichnet man i. A. als *energy filtered TEM* (EFTEM). Da sich dieser Schlitz in der energiedispersiven Ebene befindet, ist die Schlitzgröße nicht in Mikrometer, sondern in Elektronenvolt angegeben. So kann man Energieverluste auswählen, die spezifisch für bestimmte Elemente sind, um sog. Elementkarten (*elemental maps*) zu erhalten, die die Elementverteilung in einem einzigen 2D-Bild visualisieren. Allerdings liegt die für eine Elementkarte verwendete Dosis um Größenordnungen höher als das, was für die Untersuchung biologischer Strukturen erlaubt wäre. In der Kryo-Elektronenmikroskopie wird typischerweise diese Schlitzblende um die Elektronen zentriert, die keine Energie verloren haben, man bezeichnet dieses Verfahren als *zero-loss mode*.

### 23.4.3 Phasenkontrast in der Elektronenmikroskopie

Dünne biologische Präparate, die überwiegend aus Atomen mit niedriger Ordnungszahl bestehen (H, C, N, O), verhalten sich als schwache Phasenobjekte (*weak phase approximation*). Dies gilt in erster Näherung auch für Molekülkomplexe, die mit Schwermetallsalzen negativ kontrastiert wurden, obwohl hier auch ein nennenswerter realer Streukontrast auftritt. Der gebeugte Elektronenstrahl wird durch das innere Potenzial des Objekts (das dem Brechungsvermögen lichtoptischer Präparate entspricht) verzögert. Er weist dann bei seinem Austritt aus dem Objekt eine kleine Phasenverschiebung $\Delta\phi$, aber keine merkbare Amplitudenänderung gegenüber dem nicht gebeugten Nullstrahl auf. Phasenunterschiede können Auge, Kamera und Filmmaterial nicht wahrnehmen, das Objekt wäre somit eigentlich unsichtbar. Betrachtet man die Differenz zwischen dem Nullstrahl und dem schwach phasenverschobenen Strahl, so resultiert eine Welle mit gleicher Wellenlänge, kleinerer Amplitude und einem Gangunterschied von $\approx \pi/2$ oder $\lambda/4$ gegenüber der einfallenden Welle. Gelingt es, den Nullstrahl so um $\pi/2$ zu verschieben, dass die Amplituden phasengleich aufeinander fallen, dann interferieren die Wellen mit einer wahrnehmbaren Amplitudenmodulation, die Phasenkontrast genannt wird. Im lichtoptischen Phasenkontrastmikroskop löst man das Problem, indem man den Strahl nach Objektdurchgang durch eine Glasscheibe (Phasenplatte) führt, die für den Nullstrahl dicker gearbeitet ist als für den Gang des gebeugten Strahls und dadurch die relative Phasenschiebung bewirkt. Außerdem wird die Intensität des Nullstrahls gedämpft, damit die Interferenz zu einer deutlichen Amplitudenmodulation führt. Im EM sind die Verhältnisse komplizierter. Es soll hier genügen festzuhalten, dass die sphärische Aberration der Objektivlinse und die Fokuslage (▶ Abschn. 23.2) eine Phasenverschiebung der gebeugten Welle verursachen, die nach Interferenz mit dem Nullstrahl den Phasenkontrast entstehen lässt. Durch Fokussierung kann also der Phasenkontrast beeinflusst werden, und zwar im günstigen Fall derart, dass die Phasenschiebung der gebeugten Wellen über einen weiten Beugungswinkelbereich etwa $\pi/2$ beträgt. Diese optimale Einstellung liegt im schwachen Unterfokusbereich und wird nach dem Elektronenmikroskopiker Otto Scherzer (1909–1982) als Scherzer-Fokus bezeichnet (▶ Abschn. 23.5.3). Jedoch ist dieser optimale Fokus sehr klein, sodass er in der Kryo-EM keine Anwendung findet.

Die Phasenschiebung ist allerdings nicht über den gesamten Beugungswinkel-(Auflösungs-)Bereich konstant bei $\pi/2$. Die Folge ist eine Kontrastübertragungsfunktion, die je nach Fokusbedingung für bestimmte Beugungswinkel, d. h. für die Abbildung von Objektstrukturen mit bestimmter Größe, unterschiedliche Kontrastverhältnisse bewirkt (vgl. ▶ Abschn. 23.5.3). Der Phasenkontrast kann stark oder schwach sein, gänzlich zu null werden und sogar sein Vorzeichen wechseln. Dann liegt ein Übergang von negativem zu positivem Phasenkontrast vor. Elektronenmikroskopische Aufnahmen aus dem TEM enthalten also abhängig von der Fokussierung mehr oder weniger gut übertragene Objektinformationen. Die korrekte Interpretation der Bilder setzt deshalb immer eine Analyse der Kontrastübertragungsfunktion anhand des Fourier-Spektrums der Aufnahmen voraus (▶ Abschn. 23.5.3).

## 23.4.4 Elektronenmikroskopie mit Phasenplatten

Um bei einer gegebenen Dosis ein Maximum an Information zu extrahieren, ist es notwendig, diese Phasenkomponente zu verstärken. Traditionell wird dies durch Defokussierung der Objektivlinse erreicht und allgemein als vom Defokus abhängiger Phasenkontrast (*Defocus Phase Contrast*, DPC) bezeichnet (▶ Abschn. 23.4.3). Zwar bietet die Defokussierung eine gute Informationsübertragung bei mittleren bis hohen Raumfrequenzen, jedoch ist sie bei niedrigen Raumfrequenzen deutlich geringer. Die so erzeugten Aufnahmen zeigen ein hochpassfilterähnliches Aussehen (▶ Abschn. 23.5.1) und einen insgesamt niedrigen Kontrast. Eine direkte Interpretation der Aufnahmen ist dadurch erschwert, und es ist daher notwendig, verschiedene Bildbearbeitungstechniken (▶ Abschn. 23.5) anzuwenden.

Eine weitere Möglichkeit, den Phasenkontrast zu verbessern, ist die Verwendung von Phasenplatten wie in der Lichtmikroskopie. Phasenplatten sind optische Elemente, die Phasenkontrast ohne Defokussierung und über einen weiten Bereich von Ortsfrequenzen erzeugen. Bereits in den Anfängen der Transmissionselektronenmikroskopie gab es theoretische wie praktische Überlegungen zur Anwendbarkeit von Phasenplatten. Das Grundprinzip besteht darin, ein elektrisches Potenzial an den Referenzstrahl (oder an den gestreuten) anzulegen, um die erforderliche Phasenverschiebung von $\pi/2$ zu erzeugen. Diese wird durch ein elektrostatisches Potenzial in der Mitte der hinteren Brennebene für die ungestreuten Elektronen (Boersch'sche Phasenplatte) oder durch einen dünnen Kohlenstofffilm mit einem kleinen zentralen Loch erreicht, wobei der Referenzstrahl unverändert bleibt (Zernike-Phasenplatte, ZPP). Sowohl die elektrostatische als auch die Phasenplatte nach Zernike hatten aber eine Reihe praktischer Probleme, die einen routinemäßigen Einsatz fast unmöglich machten. Beispielsweise hatte der dünne Film der Zernike-Phasenplatte eine nur sehr kurze Lebensdauer im Elektronenmikroskop, und die exakte Zentrierung der kleinen Öffnung im Strahlengang war eine aufwendige Angelegenheit. Darüber hinaus gab es auch Bildartefakte, die durch Aufladungserscheinungen und durch Beugungseffekte an der scharfen Lochkante (*fringing*) hervorgerufen wurden.

Im Jahr 2014 wurde ein neuer Typ von Phasenplatte eingeführt – die Volta-Phasenplatte (VPP), die im Design der ZPP sehr ähnlich ist, aber ohne zentrales Loch. Bei der VPP wird die Phasenverschiebung durch die Wechselwirkung des Elektronenstrahls mit dem durchgehenden Kohlenstofffilm erzeugt (*beam induced phase shift*). Die mittlerweile akzeptierte Arbeitshypothese ist, dass der Strahl physikalisch-chemische Veränderungen an der Oberfläche des Films verursacht, die zu einer lokalen Änderung der Arbeitsfunktion und damit zu einer lokalen Oberflächenpotenzialdifferenz führen. Diese Oberflächenveränderungen sind nur vorübergehend, und nach einigen Tagen verschwindet dieses Potenzial und der Kohlenstofffilm ist wieder in seinem ursprünglichen Zustand, sodass diese Position immer wieder verwendet werden kann. Die Volta-Phasenplatte besteht aus einem dünnen (ca. 12 nm) kontinuierlichen Kohlenstofffilm, der in der hinteren Brennebene des Mikroskops (d. h. der Position der Objektivapertur) positioniert ist (■ Abb. 23.9). Ein fein gebündelter Elektronenstrahl

### Version 1: Tomographie

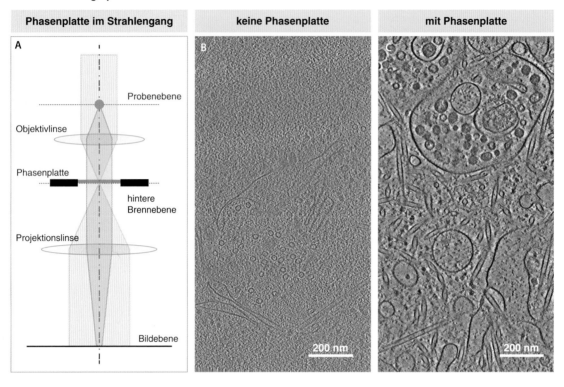

### Version 2: Einzelpartikel

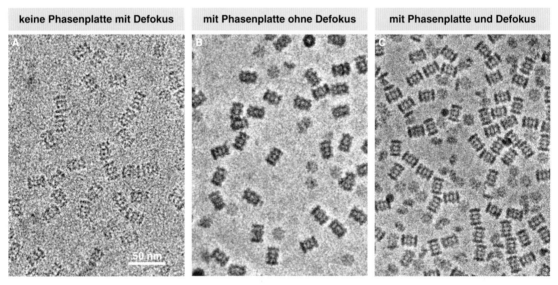

■ **Abb. 23.9** Phasenplatten sind optische Elemente, die einen zusätzlichen Phasenshift zwischen ungestreuter und gestreuter Welle produzieren. Sie ermöglichen die Bildgebung im Fokus mit kontinuierlicher Kontrasttransferfunktion über das gesamte Raumfrequenzspektrum. **A** Schema des Strahlengangs mit Phasenplatte. Die Phasenplatte befindet sich in der hinteren Brennebene. **B** Die Bildentstehung einer nicht kontrastierten biologischen Probe verlässt sich auf den Phasenkontrast. Wenn ein Bild im Fokus aufgenommen wird, verschwinden strukturelle Merkmale bis ins Unkenntliche. Daher werden die Bilder meist mit einem leichten Defokus aufgenommen, um Phasenkontrast zu generieren. **C** Anwendung der Volta-Phasenplatte. Deutlich verbesserter Kontrast besonders der niedrigen Raumfrequenzen. Das Resultat ist ein direkt und intuitiv interpretierbares Tomogramm. Untere Bildreihe zeigt ein Beispiel für die Einzelpartikelaufnahme. A keine Phasenplatte mit Defokus, B Phasenplatte ohne Defokus und C Phasenplatte mit Defokus wird auf den Film der Phasenplatte fokussiert, der zur Entwicklung eines Volta-Potenzials führt. Um Verunreinigungen auf der Folienoberfläche und damit verbundene Aufladungserscheinungen zu vermeiden wird der Film kontinuierlich geheizt (250 °C). Jedoch hat diese Phasenplatte auch praktische Einschränkungen. Der Kohlenstofffilm im Strahlengang führt zur Streuung von Elektronen, was zu einem Signalverlust führt (ca. 18 % bei 200 kV und 15 % bei 300 kV). Zudem ist die Phasenverschiebung über lange Zeiträume nicht konstant, d. h. sie entwickelt sich nach und nach und erschwert dann die anschließende Bildanalyse.

Die lochfreie Volta-Phasenplatte (VPP) erhöht den Kontrast in der Kryo-EM erheblich und ermöglicht eine exakte Strukturbestimmung, insbesondere bei sehr kleinen Molekülen (<100 kDa). Die Kontrastverstärkung ist besonders wichtig für die Kryo-Elektronentomographie (▶ Abschn. 23.7), da hier die Möglichkeiten der Mittelung von Molekülstrukturen/Komplexen in Tomogrammen (d. h. Subtomogramm-Averaging, ▶ Abschn. 23.6.3) aufgrund der geringeren Dosis, der geringeren Anzahl von Partikelkopien und des begrenzten Kippbereichs stärker eingeschränkt sind als bei der Einzelpartikelanalyse.

## 23.4.5  Kryo-Elektronenmikroskopie

Kryomethoden sind eine der wichtigsten technischen Entwicklungen in der elektronenmikroskopischen Strukturforschung. Sie ermöglichen es, Moleküle und Zellbestandteile in ihrer nativen Form zu untersuchen. Chemisch nicht fixierte und nicht kontrastierte biologische Präparate sind jedoch sehr strahlungsempfindlich und werden durch den Elektronenbeschuss schnell zerstört. Inelastische Streuereignisse übertragen Energie in die Probe (Ionisierung), und die daraus folgenden chemischen Reaktionen schädigen die Probe. Dabei kann es sich um die radiochemische Zersetzung von Wasser (Radiolyse), aber auch um die Bildung von Radikalen handeln, die sofort weiter reagieren, chemische Bindungen aufbrechen und so zum Masse- und letztlich Strukturverlust des biologischen Materials führen. Die auftretenden Schäden hängen von der Anzahl der mit der Probe wechselwirkenden Elektronen ab. Aus diesem Grund ist die Stromdichte pro Flächeneinheit $j$ (A cm$^{-2}$) ein geeignetes Maß für die Elektronendosis (oder e$^-$/Å$^2$, e$^-$ = Elektronen). Dies entspricht jedoch nicht der Definition in der Radiochemie, in der die Dosis in Gray definiert ist, also der adsorbierten Energie pro Gewichtseinheit (Gy = J kg$^{-1}$). Nach der letztgenannten Definition würden 50 e$^-$/Å$^2$ einer Dosis von ca. $10^8$ Gy entsprechen, also einer immensen Dosis, die sich beispielsweise in der Nähe einer Kernreaktion entfaltet! In der Kryo-EM verwendet man Elektronendosen im Bereich von 10–100 e$^-$/Å$^2$. In der Einzelpartikelanalyse wird die Elektronendo-

sis für eine einzelne Aufnahme typischerweise unter 20 e$^-$/Å$^2$ gesenkt um eine möglichst hohe Auflösung zu erzielen. Für die Tomographie liegt sie meist höher (100 e$^-$/Å$^2$), da die tolerierbare Strahlendosis auf alle Projektionen und Justiervorgänge verteilt werden muss. Generell gilt: Bis zu einer Dosis von 50 e$^-$/Å$^2$ kommt es zu den ersten Strahlenschäden. Der Verfall der strukturellen Ordnung tritt bei Werten bis 500 e$^-$/Å$^2$ ein, und darüber kommt es zum Massenverlust.

Die Dosisrate (e$^-$/Å$^2$/sec oder e$^-$/pixel/sec), also die Dosis pro Zeit, muss ebenfalls berücksichtigt werden und hängt von der Art des Detektors ab, der für die Aufnahme verwendet wird. Bei der Abbildung auf Film oder bei Verwendung einer CCD-Kamera wird typischerweise eine hohe Dosisrate (hohe Strahlintensität) verwendet, um die Belichtungszeiten kurz zu halten (1 s oder weniger), um das Ausmaß der Probendrift während der Belichtung zu minimierten. Anders verhält es sich bei den elektronenzählenden, direkt detektierenden Kameras. Um sicherzustellen, dass die Elektronen korrekt gezählt werden, darf die Dosisleistung an der Kamera nicht höher sein als 1–10 e$^-$/pixel/sec (basierend auf der aktuellen Kameratechnologie), da höhere Dosisraten die Qualität der Elektronenzählung negativ beeinflussen und so den Bildkontrast verringern.

Da die Höhe der Schädigung proportional zur verwendeten Dosis ist und die Belastung der Probe mit dem Quadrat der Vergrößerung zunimmt, ist es offensichtlich, dass dies die fundamentale Beschränkung für die hochauflösende Elektronenmikroskopie von biologischen Materialien ist. Die Problematik dabei ist, dass für eine hohe Auflösung ein hoher Kontrast erforderlich ist. Ein hoher Kontrast kann aber nur mit einer hohen Dosis erzielt werden, was dann die Zerstörung des Objekts zur Folge hat. Allerdings gibt es Möglichkeiten, dieses Dilemma zumindest teilweise zu umgehen.

Die Ionisationsprozesse selbst sind zwar nicht temperaturabhängig, wohl aber die daraus resultierenden Strahlenschäden, z. B. Blasenbildung, Massenverlust, Diffusion freier Radikale (◘ Abb. 23.10). Die niedrige Temperatur, bei der die Proben während der Mikroskopie mit flüssigem Stickstoff gehalten werden (–180 °C), wirkt sich reaktionshemmend aus und verleiht dem Objekt eine „Strahlungsresistenz", die etwa neunmal höher ist als bei Raumtemperatur. Eine weitere Maßnahme ist die geeignete Wahl der Beschleunigungsspannung. Die Ionisierungswahrscheinlichkeit nimmt in erster Näherung mit zunehmender Beschleunigungsspannung ab, d. h. der Einfluss von inelastisch und mehrfach gestreuten Elektronen wird kleiner, aber leider nimmt auch der Bildkontrast ab. Den besten Kompromiss bieten daher Mikroskope bei einer Beschleunigungsspannung von 300 kV.

Die letzten Maßnahmen zur Vorbeugung vorzeitiger Strahlenschäden sind die Anwendung von Niedrig-Dosis-Verfahren (*low-dose methods*) und die vollstän-

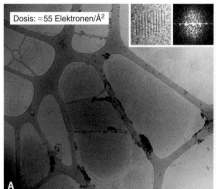
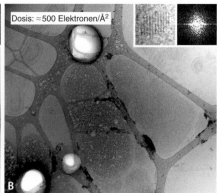

**◘ Abb. 23.10** Kryo-Elektronenmikroskopie vitrifizierter Zellen des Archaeons *Pyrodictium abyssi* bei niedriger **A** und kumulierter hoher Strahlendosis **B**. Die Zellen liegen zwischen den kontrastreicheren Stegen dickerer Kohlefolie. Eine der Zellen enthält einen Proteinkristall, der zusammen mit seinem Powerspektrum vergrößert dargestellt ist. In der stark bestrahlten Aufnahme B erscheinen der Kontrast der Kristallebenen und die Reflexe im Powerspektrum deutlich ge-

schwächt. Außerdem sind Blasen (hell) sowohl in der Zelle als auch außerhalb im Bereich des Eises sichtbar, die wahrscheinlich durch Abspaltung von Wasserstoff aus Wasser und organischen Materialien entstanden sind. Die kumulierte Dosis darf bei vitrifizierten Proben deshalb einen Grenzwert nicht überschreiten, um sichtbaren Strahlenschaden des Objekts zu vermeiden. (Aufnahme mit freundlicher Genehmigung von Stephan Nickell, Martinsried)

dige Automatisierung der Datenerfassung. Dieses Verfahren stellt sicher, dass die erlaubte Gesamtdosis nur für die Bildaufzeichnung verwendet wird und dass alle Mikroskopeinstellungen an anderen Objektpositionen vorgenommen werden. Die automatisierte Bildaufzeichnung für die Kryo-Elektronenmikroskopie basiert auf einer Reihe von repetitiven Arbeitsschritten, bei denen man bestimmte Bereiche des Trägernetzchens in verschiedenen Vergrößerungsstufen abbildet, um schlussendlich ein Bild hoher Qualität, d. h. mit hohem Kontrast und mit ausreichender Auflösung, zu erhalten. Zur automatischen Anpassung der Mikroskopparameter (z. B. Vergrößerung, Defokus, Strahl und Probenposition, Kippwinkel, Astigmatismus, etc.) kommen hochentwickelte Programme und Algorithmen zum Einsatz, die auf die Handhabung und Analyse von „verrauschten" Datensätzen spezialisiert sind (▶ Abschn. 23.5.4).

### 23.4.6    Aufnahme von Bildern – Elektronendetektoren

Auch die Kamera prägt dem aufgenommenen Bild ihre Eigenschaften auf, die i. A. durch die Detektorquanteneffizienz (DQE) und die Modulationsübertragungsfunktion (MTF) beschrieben sind. Die DQE zeigt, wie sehr das Rauschen oder die Mechanismen der Signalumwandlung im Detektor das ursprüngliche Signal im Bild reduziert. Dabei wird das Signal-Rausch-Verhältnis (*Signal-to-Noise Ratio*, SNR) am Ausgang im Vergleich zu dem am Eingang gemessen. Ein Detektor mit einer DQE = 1 wäre also ein perfekter Detektor, der dem aufgenommenen Bild kein Rauschen hinzufügt. Die MTF gibt an, wie sich das Signal von Strukturen ent-

sprechend seiner Ortsfrequenz abschwächt (moduliert). Mit anderen Worten, sie beschreibt, wie viel Kontrast bei jeder Auflösung vom Objekt auf das Bild übertragen wird. Auch hier wäre ein Detektor mit einer MTF = 1 über den gesamten Frequenzbereich ein perfekter Detektor. Der Wert der MTF nimmt aber durch Streuung innerhalb des Detektors mit zunehmender Ortsfrequenz ab. Da Detektoren unterschiedliche physikalische Pixelgrößen haben, gibt man meist die Ortsfrequenz in Einheiten ihrer Nyquist-Frequenz an, welche durch den Kehrwert des doppelten Pixelabstands gegeben ist – 1/ (2 • Pixelabstand). Der Pixelabstand legt die maximale Ortsfrequenz in einem Bild fest, die vom Detektor aufgenommen werden kann, da die kürzeste Wellenlänge mindestens zweimal abgetastet werden muss.

Direkte Elektronendetektoren haben zwei wichtige Vorteile gegenüber Film und herkömmlichen CCDs. Zum einen wird das ankommende Elektron in dem jeweiligen Pixel des Detektors aufgenommen und ist nicht über mehrere benachbarte Pixel verteilt, d. h. die Ortsauflösung ist hoch und kleine Strukturdetails können wesentlich besser abgebildet werden. Zum anderen ist der Detektor sehr schnell und erlaubt das Auslesen von Bildern in Millisekunden. Bei der Aufnahme von Filmen (mehrere Bilder) anstelle eines einzigen (endgültigen) Bildes zeigte sich, dass sich die Objekte bewegen. Diese Bewegungen (strahleninduziert und Probendrift) „verwackeln" die mit herkömmlichen Kameras aufgenommenen Bilder und zerstören damit hochauflösende Informationen. Diese Verschiebungen können nun aber korrigiert werden, indem man die Einzelbilder (*frames*) eines Films ausrichtet (aligniert) und zu einem gut aufgelösten und „unverwackelten" Bild zusammenfügt. Damit hat man die Möglichkeit, nicht nur die Dosis, sondern auch das gesamte Signal-Rausch-Verhältnis der endgültigen Aufnahme zu optimieren.

## 23.5 Bildverarbeitung für die 3D-Elektronenmikroskopie

Das Ziel von sowohl Einzelpartikel-Kryo-Elektronenmikroskopie als auch Kryo-Elektronentomographie ist es, ein dreidimensionales Abbild der untersuchten Probe zu erhalten. Hierfür sind unterschiedliche, aber nah verwandte Bildverarbeitungsschritte notwendig. In beiden Fällen aber muss aus den zweidimensionalen Projektionen die dreidimensionale Information wiedergewonnen werden. Dies hat zur Folge, dass möglichst viele unterschiedliche Ansichten der zu untersuchenden Probe benötigt werden. Dies kann entweder durch wiederholte Mittelung der möglichst zufällig verteilten Projektionen repetitiver Strukturen, etwa einzelner Partikel im Eis (Einzelpartikel), oder durch Belichten der Probe unter verschiedenen Winkeln (Tomographie) erreicht werden. Die einzelnen Schritte von individuellen Projektionen zu homogen-klassifizierten dreidimensionalen Strukturen seien im Folgenden erläutert.

### 23.5.1 Die Fourier-Transformation

Eine zentrale Rolle in der Bildverarbeitung von sowohl Einzelpartikel-, als auch Tomographiedaten spielt die Fourier-Transformation. Hierbei besteht auch ein direkter Zusammenhang mit der Funktionsweise der Objektivlinse und der hinteren Fokusebene (▸ Abschn. 23.2). Es ist deshalb sinnvoll, ihre Aufgabe im Detail zu betrachten. Untersuchen wir daher noch einmal die Interaktion eines Elektrons mit einem schwachen Phasenobjekt. Zum einen erzeugt das Objektpotenzial eine Verzögerung der ebenen Wellenfront und daher eine Phasenverschiebung, zum anderen erfolgt Brechung an den Objekten in der Probenebene sowie konstruktive und destruktive Interferenz. Der Beugungswinkel ist dabei proportional zu Wellenlänge und dem Reziproken des Abstandes der Objekte, an denen die Elektronenwelle sich bricht (Gl. 23.4). Man spricht auch von der räumlichen Frequenz $1/d$.

$$\Theta = \frac{\lambda}{d} \qquad (23.4)$$

Die Aufgabe der Objektivlinse ist es nun, die gebeugten Strahlen wieder in ein und denselben Punkt in der Bildebene zu vereinen (◻ Abb. 23.11). Aus einfachen geometrischen Überlegungen ergibt sich dabei nach Durchgang der Strahlen durch die Objektivlinse eine spezielle Ebene, in der alle Strahlen, die unter dem gleichen Brechungswinkel (und daher gleicher **Ortsfre-**

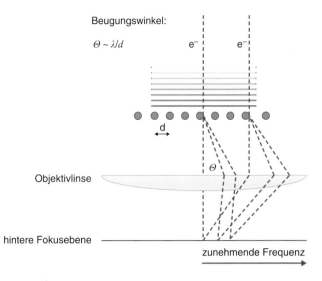

Beugungswinkel:

$\Theta \sim \lambda/d$

Objektivlinse

hintere Fokusebene

zunehmende Frequenz

◻ **Abb. 23.11**  Funktionsweise der Objektivlinse. Durch die Objektivlinse werden die gebeugten Strahlen in der Art abgelenkt, dass gleiche Frequenzen in der hinteren Fokusebene im gleichen Abstand vom Nullstrahl abgebildet werden

**quenz** $1/d$) gestreut wurden, in dem selben Punkt abgebildet werden. Diese Ebene bezeichnet man als **hintere Fokusebene**. Das in ihr abgebildete Beugungsbild enthält Informationen zu den relativen Abständen der Objekte (z. B. Atome) in der Probe. Dies geschieht in der Art, dass große Abstände im Originalbild im Brechungsbild nah und kleine Abstände im Originalbild weiter entfernt vom Nullstrahl abgebildet werden. Das bedeutet, dass die Ortsfrequenz vom Mittelpunkt des Beugungsbildes nach außen zunimmt. Bei hochgeordneten Objekten, wie etwa Kristallen, ergeben sich dabei ganz analog zur Röntgenkristallanalyse sehr regelmäßige Muster. Diese können durch anheben der Bildebene in die hintere Fokusebene auf einem Detektor abgebildet und ebenfalls zur Strukturbestimmung verwendet werden.

Bei der Transmissionselektronenmikroskopie liegt die **Bildebene** (der Detektor) jedoch unterhalb der hinteren Fokusebene. Die Strahlen passieren diese also, und die dort noch getrennten räumlichen Frequenzen werden durch Interferenz so wieder kombiniert, dass in der Bildebene ein vergrößertes Abbild der Probe entsteht. Diese Zerlegung eines Signals in einzelne Frequenzen und die Kombination verschiedener Teilkomponenten zu einem neuen Signal sind ein ganz zentraler Bestandteil moderner Signalverarbeitung. Ganz analog zu einer Objektivblende, die – in der hinteren Fokusebene platziert – hochfrequente Signalkomponenten (Rauschen) ausfiltern kann, lässt sich das Signal-Rausch-Verhältnis in einem TEM-Bild etwa durch Filtern der räumlichen Frequenzkomponenten rechnerisch verbessern. Die mathematische Beschreibung und der zugrunde liegende Formalismus der Zerlegung eines Realraumbildes in seine räumlichen Frequenzen gehen dabei auf Joseph Fourier (1768–1830) zurück und werden daher als **Fourier-Transformation** (FT) bezeichnet. Die Umkehrung dieser Operation, d. h. Erzeugen eines Bildes aus den Frequenzkomponenten, heißt inverse Fourier-Transformation (FT$^{-1}$). Während es nicht nötig ist, hier auf alle mathematischen Details dieser Prozesse einzugehen, sei dennoch auf ein paar wichtige Eigenschaften und Anwendungen hingewiesen.

Die Fourier-Transformation zerlegt ein Signal in seine Frequenzkomponenten. Während das z. B. bei einem Tonsignal, also Druckschwankungen über Zeit, leicht vorstellbar ist, benötigt die Zerlegung eines zweidimensionalen EM-Bildes etwas mehr Vorstellungsvermögen. Das Grundkonzept ist jedoch dasselbe und kann z. B. durch die Signalvariation entlang einer Bildzeile veranschaulicht werden (◌ Abb. 23.12).

Aufgrund der Überlegungen Fouriers kann jedes Signal $g$ als Summe (unendlich vieler) reiner Sinusfunktionen mit unterschiedlichen Frequenzen angesehen werden. Komponenten mit niedriger **Ortsfrequenz** ($\nu_i$) charakterisieren grobe und solche mit hoher Ortsfrequenz feine Strukturdetails. Zusätzlich muss bestimmt werden, wo der Ursprung der einzelnen Sinusfunktionen liegt, d. h. wie weit die einzelnen Sinusfunktionen relativ zueinander verschoben werden müssen. Diese Abweichung wird durch die **Phasenverschiebung** ($-\pi \leq \Delta\varphi_i \leq \pi$) ausgedrückt, die manchmal kurz auch als **Phase** bezeichnet wird. Nicht alle beteiligten Frequenzkomponenten sind natürlich mit gleicher Intensität vertreten und werden daher gewichtet ($k_i$), um die charakteristische Dichteschwankung zu erhalten. Da diese Faktoren die Dichteverteilung (die Grauwerte) der Struktur eines Objektes beschreiben, werden sie **Strukturfaktoren** genannt. Das Bildsignal kann also als Summe von Sinusfunktionen mit (kontinuierlich) grö-

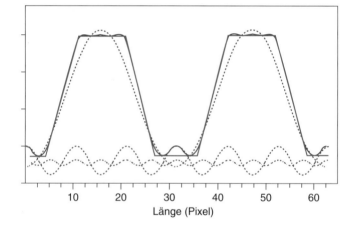

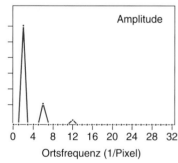 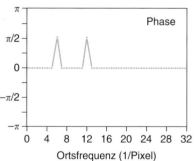

◌ **Abb. 23.12** Beispiel für die Fourier-Zerlegung (Fourier-Transformation) eines eindimensionalen Objekts (blau). Die Überlagerung der drei Sinusfunktionen (rot gestrichelt) gibt annähernd die ursprüngliche Struktur wieder (rote Linie). Das Objekt könnte beliebig genau mit (unendlich) vielen Sinusfunktionen beschrieben werden. Die Grundfunktionen unterscheiden sich hinsichtlich ihrer Ortsfrequenz, der Amplitude (violett) und der Phasenlage (grün) im Koordinatenursprung. Die Auftragung der Amplituden und Phasenverschiebungen aller Sinusfunktionen als Funktion der Ortsfrequenz ist eine Möglichkeit, die Fourier-Transformierte des Bildes darzustellen (unten). Die Transformierte hat grundsätzlich die gleiche Größe wie das Originalbild, enthält aber symmetrisch zum Zentrum (dem Ursprung der Transformierten) einander äquivalente Fourier-Daten, die nach dem sog. Friedel'schen Gesetz miteinander in Beziehung stehen (nach Georges Friedel, 1865–1933). Dieser Zusammenhang ist funktionell eindeutig, und so genügt es, nur eine Hälfte der Fourier-Transformierten anzugeben

23

ßer werdender Frequenz $\nu_i$ und den dazugehörigen individuellen Amplituden $k_i$ und Phasenverschiebungen $\Delta\varphi_i$ beschrieben werden:

$$g(x) = \sum k_i \cdot \sin\left(2\pi\nu_i \cdot x + \Delta\phi_i\right) \qquad (23.5)$$

Die kleinste Frequenz $\nu_{min}$ mit der Wellenlänge $\lambda_{max} = N$ Pixel hat eine Periode genau in Bildgröße (bei einer Zahl von $N$ Pixeln). Zur größten Frequenz gehört die kleinste mögliche Wellenlänge mit $\lambda_{min} = 2$ Pixel, die sog. **Nyquist-Frequenz**. Diese stellt auch das theoretische Auflösungslimit für eine gegebenen Pixelgröße dar. Die Objektfunktion $g$ ist dann als Summe über alle gegebenen Sinusfunktionen darstellbar (Gl. 23.5). Natürlich ist die obige Betrachtung nicht nur gültig für eine eindimensionale Funktion (die Bildzeile), sondern auch für ein gesamtes elektronenmikroskopisches Bild. Dann jedoch wird eine zweidimensionale Fourier-Transformation benötigt. Diese besteht dann aus einem Real- und einem Imaginärteil, die separat behandelt werden können. Da digitale Bilder (anders als kontinuierliche mathematische Funktionen) immer aus diskreten Werten (den Pixeln) bestehen, kann hier ein sehr effizienter mathematischer Algorithmus zur Berechnung der Fourier-Transformation verwendet werden. Diesen bezeichnet man mit FFT (*Fast Fourier Transform*), seine Umkehrung dann als FFT$^{-1}$.

## 23.5.2 Eigenschaften und Nutzen der Fourier-Transformation in der Bildverarbeitung

Es liegt auf der Hand, dass die Grobstruktur eines Objekts mit relativ großen Strukturfaktoren verknüpft ist und dass die Feinstruktur daher meist kleinere Amplituden der entsprechenden Sinusfunktionen benötigt. Soll ein Bild mit hoher Strukturauflösung analysiert werden, müssen somit teilweise sehr kleinen Amplituden bestimmt und vom überlagerten hochfrequenten Rauschen getrennt werden. Die Fourier-Transformierte eröffnet einen sehr effizienten Weg, um solche Operationen durchzuführen. Sollen zum Beispiel bestimmte Signalteile unterdrückt werden, kann dies nach FFT-Berechnung durch Maskierung im Fourier-Raum und anschließende Rücktransformation erreicht werden. Dies sei im Folgenden anhand des Bildes einer Katze veranschaulicht (◻ Abb. 23.13).

Wird der Zentralbereich des FFT maskiert, so entspricht dies einem Tiefpass-, wird der äußere Bereich maskiert, dann entspricht die Operation einem Hochpassfilter. Durch Kombination beider Masken können leicht Bandpassfilter realisiert werden. Durch beide Fil

ter können so jeweils bestimmte Teile der Katze hervorgehoben werden. Der Tiefpassfilter erlaubt, die groben Umrisse gut zu erkennen. Der Hochpassfilter hingegen akzentuiert feine Strukturen, etwa die Schnurrbarthaare. In Kombination von Hoch- und Tiefpassfilter, dem Bandpassfilter also, lassen sich sowohl Umrisse als auch einige feine Details besonders gut erkennen. Neben der Frequenzfilterung werden FFT und ihrer Umkehrung häufig zum Ändern von Bild- bzw. Pixelgrößen (*binning*) verwendet. Soll z. B. die Pixelgröße um einen Faktor 2 vergrößert werden – um etwa das Signal-Rausch-Verhältnis zu verbessern –, kann, anstatt jeweils den Durchschnitt zweier Pixel im realen Raum zu berechnen, ein Zuschnitt der Fourier-Transformierten durchgeführt werden (*Fourier cropping*). Nach Rücktransformation erhält man so ein Bild mit der Hälfte an Pixeln, also doppelter Pixelgröße. Dieses Verfahren vermeidet eine Verfremdung des Bildes (*aliasing*) aufgrund von Interpolationsfehlern und ist daher generell gegenüber der Realraumberechnung zu bevorzugen.

## 23.5.3 Die Kontrastübertragungsfunktion

Mit der Fourier-Transformation können also die Frequenzen (und Phasenverschiebungen) einer elektronenmikroskopischen Aufnahme berechnet und visualisiert werden. Die FFT eines Bildes liefert aber immer sowohl einen realen als auch einen komplexen Teil. Eine gleichzeitige Darstellung beider Komponenten ist wenig zweckdienlich. Um die Verteilung der Strukturfaktoren als Funktion der Raumfrequenz darzustellen wird daher ein *Powerspektrum* berechnet, welches das Produkt der FFT mit ihrer komplex konjugierten Form FFT* darstellt. Beide Begriffe werden häufig (fälschlicherweise) als Synonyme voneinander verwendet. Phaseninformationen gehen bei der Berechnung des Powerspektrums verloren, jedoch erlaubt es eine direkte Interpretation der Qualität der elektronenmikroskopischen Aufnahmen, etwa inwieweit hohe Frequenzen (und damit Auflösung) vorhanden sind.

Betrachtet man das Powerspektrum einer Elektronenmikroskopaufnahme, so fällt jedoch sofort ein großer Unterschied zu unserem vorherigen Beispiel auf: Anders als im Falle des Katzenbildes zeigen TEM-Aufnahmen i. A. periodische Signalvariationen in Form von sog. **Thon'schen Ringen** (◻ Abb. 23.14). Die dunklen Bereiche bedeuten Übertragungslücken, in denen die Amplituden der entsprechenden Ortsfrequenzen bis auf null abfallen und somit ausgeblendet werden.

Das als zweidimensionales Projektionsbild aufgenommene Signal wird durch die sog. **Kontrastübertragungsfunktion** (CTF) des Mikroskops moduliert bzw. gefaltet. Mathematisch entspricht dies einer Multiplika

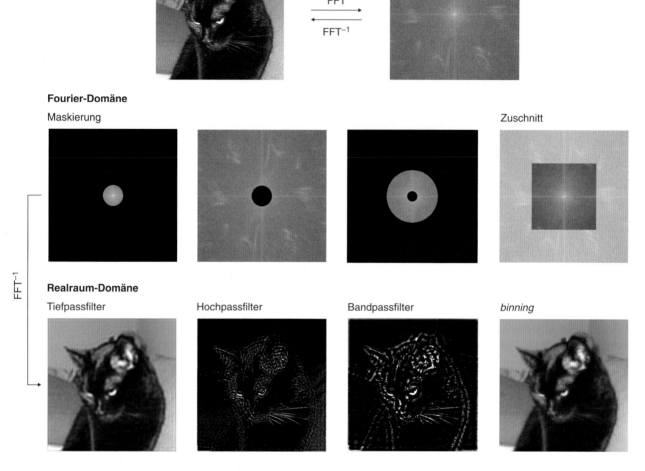

**□ Abb. 23.13** Anwendung der Fourier-Transformation in der Bildverarbeitung anhand eines Bildes einer Katze. Durch Maskieren des FFT können Tief-, Hoch- und Bandpassfilter realisiert werden. Beschneiden der Fourier-Transformierten und anschließende Rück- transformation resultiert in *binning*, d. h. einer geänderten Pixelgröße. Dies vermeidet Bildartefakte, die durch die Mittelung von Pixeln im Realraum entstehen könnten

tion der Fourier-Transformierten der unverfälschten Probe (FFT(*P*)) mit der CTF.

$$FFT(I) = FFT(P) \cdot CTF \tag{23.6}$$

Die CTF kann in ihrer einfachsten Form als eine Sinusfunktion der Ortsfrequenz (*f*) beschrieben werden. Ihr genauer Verlauf hängt von den Mikroskopeinstellungen, unter denen ein Bild aufgenommen wurde, ab. Hierzu gehören sowohl statische Parameter wie etwa die Beschleunigungsspannung (und daher Elektronenwellenlänge *λ*), die sphärische Aberration des Mikroskops ($C_s$) und der Amplitudenkontrast. Besonders aber beeinflusst der gewählte Defokus (*d*) das Erscheinungsbild der Kontrastübertragungsfunktion (Gl. 23.7). In-

kohärenzen führen zudem zu einem Verfall (Dämpfung) der Signalintensität mit höher werdender Ortsfrequenz. Diesem Effekt kann durch Multiplikation mit einer einhüllenden Funktion *E(f)* Rechnung getragen werden. Die Parameter der Gesamtfunktion (der Unterfokus) können dann durch Vergleich des gemessenen mit einem theoretisch errechneten Powerspektrum iterativ bestimmt werden.

$$CTF(f) = E(f) \cdot \sin\left(\pi \cdot C_s \cdot \lambda^3 \cdot \frac{1}{2} f^4 - \pi \cdot \lambda \cdot d \cdot f^2\right) \tag{23.7}$$

Die CTF ist eine Sinusfunktion und bewirkt somit eine periodische Signalinversion bei bestimmten Ortsfrequenzbereichen und den vollständigen Verlust der Infor-

**23**

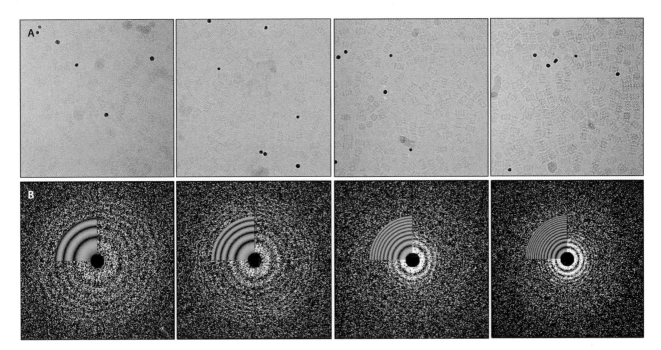

**Abb. 23.14** Elektronenmikroskopische Aufnahmen **A** von niedrigem (links) bis hohem Unterfokus (rechts). Diese zeigen typische Powerspektren **B**, wobei die Zahl der sichtbaren Thon'schen Ringe sowie der Kontrast mit zunehmendem Unterfokus zunehmen. Die Oszillationen der CTF müssen damit immer genauer bestimmt werden, was bei immer schneller werdender Fluktuation stetig schwieriger wird

mation bei Nulldurchgängen (■ Abb. 23.15). Mit höherem Unterfokus und daher stärkerem Phasenkontrast führ dies zur Verschiebung der ersten Nullstelle zu immer niedrigeren Frequenzen und zu einer schnelleren Oszillation des Signals. Dies bedeutet, dass mit stärkerem Unterfokus Bilder zwar zunächst schärfer (bzw. kontrastreicher) erscheinen, das Signal jedoch immer mehr durch Konvolution verfälscht wird. Um einen starken Signalübertrag ohne Nullstellen über einen größtmöglichen Bereich zu erreichen sollte also ein möglichst geringer Unterfokus gewählt werden. Eine mögliche optimale Einstellung liegt im schwachen Unterfokusbereich und wird nach dem Elektronenmikroskopiker Otto Scherzer (1909– 1982) als Scherzer-Fokus $d_{\text{Scherzer}}$ bezeichnet.

$$d_{\text{Scherzer}} = -1,2 \cdot \left(C_s \cdot \lambda\right)^{1/2} \qquad (23.8)$$

Ein maximaler Signalübertrag kann jedoch nie über den gesamten Frequenzbereich (bis zur Nyquist-Frequenz) aufrechterhalten werden. Strukturdetails bzw. Ortsfrequenzen einer Probe werden in der Elektronenmikroskopie also immer unvollständig, oder mit dem falschen Kontrast abgebildet. Um Informationen jenseits des ersten Nulldurchgangs wiederherzustellen muss daher eine CTF-Korrektur durchgeführt werden. Zu diesem Zweck

ist es nötig, zunächst den genauen Defokus, mit dem ein Bild aufgenommen wurde, zu bestimmen. Die bloße Kenntnis der Mikroskopeinstellungen reicht hierfür nicht aus, da schon ein Fehler von ca. 100 nm zu einem Verlust von 50 % des Signalübertrags bei ≈8 Å führen kann. Das bedeutet, dass Fehler dieser Größenordnung für eine Auflösung kleiner als 10 Å zwar tolerabel sind, wirklich hochaufgelöste (atomare) Elektronenmikroskopie (d. h. 2–3 Å) aber weit genauere CTF-Bestimmung erfordert. Abbildungsfehler in den Mikrographen können dies jedoch stark erschweren.

Moderne Direktelektronendetektoren (DEDs) ermöglichen durch ihre hohe Bildfrequenz, die Gesamtaufnahme eines EM-Bildes in viele Einzelbilder aufzuteilen (sog. **Dosisfraktionierung**). Somit kann die Bewegung der Einzelaufnahmen relativ zueinander nachträglich rechnerisch entfernt und so das „Verschmieren" der Informationen verhindert werden (**Driftkorrektur**). Ungenügende Sorgfalt bei der Einstellung des Mikroskops kann zudem zu einer Variation der Defokuswerte in Abhängigkeit von der Richtung innerhalb des Bildes (Azimuthwinkel) führen. Ohne diesen **Astigmatismus** sind die Defoci in allen Richtungen gleich und Powerspektren zeigten kreisrunde Thon'sche Ringe. Bei vorhandenem Astigmatismus nehmen diese jedoch die Form von Ellipsen an. Die Kontrastübertragungsfunktion wird dann durch zwei Defokuswerte ($d_v$, $d_U$) und den Azimuthwin-

**A** CTF in Abhängigkeit vom Defokus

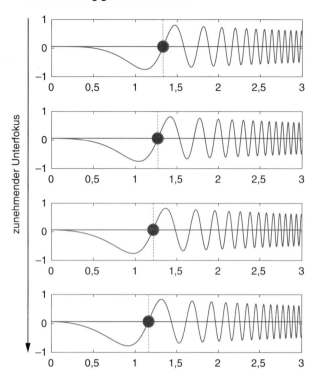

zunehmender Unterfokus

**B** CTF-Korrektur durch Phasenumkehr

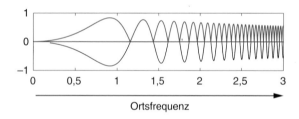

Ortsfrequenz

☐ **Abb. 23.15** **A** Abhängigkeit der CTF von angelegtem Unterfokus. Die erste Nullstelle (roter Punkt) wandert zu immer niedrigeren Frequenzen mit zunehmendem Unterfokus. **B** Korrektur der CTF durch Phasenumkehr. Die negativen Anteile der CTF werden durch *Phaseflipping* korrigiert. An Nullstellen erfolgt jedoch auch nach Korrektur keinerlei Signalübertrag

kel vollständig beschrieben. Dies ist auch scheinbar der Fall für Proben, die nicht perfekt senkrecht durchstrahlt werden, wie etwa bei der Tomographie, was von der Überlagerung verschiedener CTF-Werte senkrecht zur Kippachse herrührt. Bei gekippten Aufnahmen wird daher stets der Durchschnittsdefokus verwendet.

Ist die CTF erst einmal hinreichend genau bestimmt, kann sie einfach durch „Umklappen" der negativen Phasen (**Phasenumkehr**) korrigiert werden. Da aber für eine gegebene Defokussierung bestimmte Frequenzen immer vollständig unterdrückt werden (Nullstellen), ist es in der Elektronenmikroskopie üblich, diese durch Verwenden unterschiedlicher Defokuswerte über viele

verschiedene Aufnahmen aufzufüllen. Des Weiteren ist es wichtig, nicht zu stark in Unterfokus zu arbeiten, weil dies unter anderem zu einer zu starken Oszillation des Signals bei hohen Frequenzen führt. Zwar steigt der Kontrast durch stärkeres Defokussieren (Unterfokus) an, eine genaue CTF-Korrektur wird dann aber durch kleine Ungenauigkeiten in der Bestimmung der Kontrastübertragungsfunktion besonders bei hohen Frequenzen erschwert und daher die insgesamt zu erreichende Auflösung eingeschränkt.

### 23.5.4 Erhöhung des Signal-Rausch-Verhältnisses

Jede elektronenmikroskopische Aufnahme weist neben der erwünschten Struktur, dem Signal, auch ein mehr oder weniger hohes Rauschen (*noise*) auf. Unter Noise werden hier alle Beiträge verstanden, die nicht vom eigentlich untersuchten Objekt stammen. Dazu gehören statistisches Rauschen der Elektronenquelle, überlagerte Strukturen durch z. B. das umgebende Eis oder Kontamination, die Kamera usw. Aber auch die Aufnahme selbst führt durch zunehmende Beschädigung der Probe zu einem Informationsverlust.

■ **Dosisgewichtung**

Während der Belichtung einer elektronenmikroskopischen Probe interagieren die Elektronen mit den Atomen und Bindungen der Moleküle. Dies führt zu einer zunehmenden Beschädigung mit ansteigender Gesamtelektronendosis. Durch Dosisfraktionierung mit modernen Kameras lassen sich Belichtungen jedoch in viele Einzelaufnahmen (*frames*) unterteilen. Die ersten Frames einer Aufnahme werden also noch relativ intakt, spätere stärker beschädigt sein. Dies bedeutet, dass der Beitrag früher Einzelbilder zu hoher Auflösung (hohen Frequenzen) groß, der Beitrag späterer Bilder eher gering ist. Umgekehrt nimmt das informationslose Signal, d. h. das Rauschen, mit fortschreitender Belichtung zu. Bevor man mit der Bearbeitung eines Datensatzes beginnt, ist es daher sinnvoll, dass die einzelnen Aufnahmen expositionsgefiltert werden, um die Auswirkungen des strahleninduzierten Informationsverlustes Rechnung zu tragen. Dabei verhält sich der Filter im Wesentlichen wie ein dosisabhängige Tiefpassfilter, bei dem jedes Einzelbild entsprechend der akkumulierten Elektronendosis gefiltert wird, bevor sie zu einem Gesamtbild aufsummiert werden. Die Dosisgewichtung führt zu einem reduzierten Rauschen und einem höheren Kontrast. Allerdings dämpft sie die Thon'schen Ringe, sodass die Bestimmung der Defokuswerte (▶ Abschn. 23.4.3) stets mittels der ungefilterten Aufnahmen durchgeführt werden sollte.

**■ Rauschunterdrückung**

Wie zuvor erwähnt, können Mikrographen sehr leicht im Fourier-Raum gefiltert und so Rauschanteile aus dem Bild eliminiert bzw. der Fokus nur auf bestimmte Frequenzbereiche gelegt werden. Hinreichend gewählte Hochpass- und Tiefpassfilter können gegebenenfalls den Kontrast einer Aufnahme erhöhen (**Rauschunterdrückung**, *denoising*) und so eine Interpretation erleichtern. Der modernste Ansatz zur Rauschunterdrückung von Kryo-Elektronendaten ist jedoch der Einsatz von trainierten neuronalen Netzen (*deep neuronal networks*). Hierbei zeigen die Fortschritte im Netzwerktraining für Kryo-TEM-Daten ein sehr großes Potenzial. Es existieren verschiedene Methoden, wie diesen Funktionsapproximatoren die Unterscheidung zwischen Signal und Rauschen „beigebracht" werden kann. Mit ihrer Hilfe können sowohl einzelne Kryo-TEM-Projektionen als auch ganze Tomogramme von Rauschen befreit werden. Analog einem alten Gemälde, das von seiner Patina befreit wird, um die darunterliegenden Farben wieder voll zur Geltung kommen zu lassen, spricht man auch häufig von **Bildrestauration**. Dies erhöht den Kontrast sowohl in TEM-Aufnahmen und Volumendaten stark, was ihre Interpretierbarkeit und Weiterverarbeitung signifikant verbessert. Aufgrund der Unbestimmtheit der Parameter der neuronalen Netze werden die entrauschten Daten aber nicht zur Strukturbildung herangezogen.

**■ Mittelung von Einzelmolekülen**

Im Allgemeinen sollten sich Signale, die nicht mit der zu untersuchenden Molekülstruktur korrelieren, von einem Bildbereich zum nächsten zufällig unterscheiden. Werden also viele gleichartige Daten eines Proteinmoleküls in jeweils gleicher Orientierung addiert, so wird das Struktursignal verstärkt und das Rauschen zu einem konstanten und damit struktur- und informationslosen Betrag ausgemittelt. Hierfür ist es erst einmal unerheblich, ob mit Projektionen (Einzelpartikel) oder Volumendaten (Tomographie) gearbeitet wird. Auf diese Weise können selbst solche Struktursignale sichtbar gemacht werden, die sich in der einzelnen Aufnahme vom Rauschen nicht unterscheiden lassen. Das Signal-Rausch-Verhältnis steigt mit der Wurzel aus der Anzahl der gemittelten Einzelaufnahmen. Ist das anfängliche Signal, etwa in kontrastierten Präparaten, schon relativ hoch, so genügen meist einige Tausend Moleküle, um die erwartete Grenzauflösung in der Mittelung zu erreichen. Bei kontrastschwachen, insbesondere bei nativ belassenen Molekülen der Kryo-Elektronenmikroskopie werden aber häufig in der Größenordnung von $10^4$–$10^5$ oder mehr Einzelbilder verarbeitet, um die Strukturinformation mit maximaler Auflösung von Rauschen zu befreien. Neben dem Einfluss der Präparation und der geeigneten Anzahl gemittelter Projektionen ist ein anderer wichtiger, auflösungslimitierender Faktor die Genauigkeit, mit der die einzelnen Moleküle für die Mittelung aufeinander ausgerichtet werden können. Die Präzision der Alignierung ist, abgesehen von der Strukturtreue des Objekts, eine Funktion des Kontrastes. Dieser ist jedoch gerade bei Aufnahmen von Kryopräparaten, die eine hohe Detailerkennbarkeit zulassen, sehr gering. Darin liegt einer der Gründe, warum Rekonstruktionen aus Einzelmolekülen nicht immer einfach bis zur atomaren Auflösung gemittelt werden können. Eine zweite Einschränkung ergibt sich aus den Strukturvariabilitäten der untersuchten Objekte, die erkannt und in separaten Mittelungen berücksichtigt werden müssen. Hierbei finden sowohl bei Einzelpartikelanalyse als auch Tomographie häufig dieselben Konzepte Anwendung. Es ist dennoch hilfreich, diese beiden derzeit am häufigsten zur Strukturermittlung verwendeten elektronenmikroskopischen Verfahren zunächst getrennt voneinander zu betrachten.

## 23.6 Einzelpartikelanalyse

Liegen Einzelmolekülprojektionen statt einer Kippserie vor, so können Molekülpositionen leicht mittels eines Korrelationsverfahrens bestimmt werden. Eine Voraussetzung für Einzelpartikelanalyse ist jedoch, dass die Moleküle ohne bevorzugte Orientierung vorliegen und die unterschiedlichen Ansichten gut voneinander unterscheidbar sind. Das ist bei symmetrischen Molekülkomplexen häufig der Fall. Um innerhalb eines Mikrographen eben die Positionen zu finden, die einer Einzelmolekülprojektion entsprechen (**Template Matching**), wird ein Bildausschnitt mit jeweils einem der Referenzbilder kreuzkorreliert. Diese können entweder durch Projektion einer zuvor bestimmten Struktur oder händisch durch manuelles Annotieren der Projektionsbilder und anschließende Mittelung erhalten werden. Ist keinerlei Struktur vorhanden, kann auch mit einer generischen, zweidimensionalen Gaußfunktion (*Gaussian blob*) als Referenz gesucht werden. Formal wird beim Korrelationsverfahren jeweils ein Ausschnitt um jeden Bildpunkt des Originalbildes zentriert, das Quadrat der Differenz der Grauwerte zur Referenz berechnet und die Summe aller Abweichungsquadrate gebildet. Diese liefert nach Normierung den Korrelationskoeffizienten an einer gegebenen Position. Nun wird die Position um einen Bildpunkt verschoben, die Rechnung wiederholt und auf gleiche Weise fortgefahren, bis alle Korrelationswerte ermittelt sind (die Computerprogramme nutzen einen schnelleren Algorithmus mit den Fourier-Transformierten der Bilder). In Positionen, die eine maximale Übereinstimmung der Referenzstruktur mit der Referenz zeigen, treten die höchsten **Korrelationsko-**

**effizienten** der näheren Umgebung auf. So erhält man eine Korrelationsfunktion in der Größe des Originalbildes mit Maxima (Peaks) dort, wo sich mit hoher Wahrscheinlichkeit Projektionen der zu untersuchenden Proteinstruktur befinden. Ein wichtiger Aspekt ist jedoch, dass man sich der Problematik der Kreuzkorrelation mit zu hochaufgelösten Referenzen bewusst ist. Dies kann im besten Fall zu einer hohen Anzahl falsch positiver Treffer, im schlimmsten Fall aber zu einer gänzlich auf Rauschen beruhenden Struktur führen. So konnte z. B. das bekannte Foto von Einstein aus tausend Bildern mit reinem weißem Rauschen erhalten werden, nachdem es mithilfe einer Kreuzkorrelationsfunktion auf das Modell ausgerichtet wurde (*Einstein from Noise*, ◘ Abb. 23.16).

Aus diesem Grund werden sowohl Referenz als auch EM-Bild häufig durch einen Tiefpassfilter angepasst und die Kreuzkorrelation bei relativ niedriger Auflösung

weißes Rauschen

Alignierung

„Struktur"

◘ **Abb. 23.16** Beispiel für Model-Bias. Aus tausend Bildern konnte das ikonische Bild Einsteins aus purem weißem Rauschen erzeugt werden. Um dies zu vermeiden werden Mikrographen meist nur bei niedriger Auflösung (30–40 Å) durchsucht

(30–40 Å) berechnet. Somit ist es sehr unwahrscheinlich, eine hochaufgelöste Struktur aus reinem Rauschen zu erhalten. Auch bei der Bestimmung von Molekülpositionen finden modernere Verfahren wie maschinelles Lernen (Objekterkennung) und neuronale Netzwerke immer mehr Einzug und sind dem traditionellen Korrelationsverfahren gerade bei schlechtem Signal-Rausch-Verhältnis häufig überlegen. Auch umgehen sie weitgehend die zuvor genannte *Einstein-from-Noise*-Problematik. Sind die Molekülpositionen einmal bekannt, können diese aus den Aufnahmen rechnerisch ausgeschnitten und exakt zentriert und aufsummiert werden.

### 23.6.1    2D-Alignierung und Klassifizierung

Zusätzlich zur lateralen Position muss die Drehung des Moleküls um die Achse senkrecht zur Unterlage ermittelt und für die Mittelung korrigiert werden (Alignierung). Hierbei lässt sich die Suche nach der relativen Drehung ebenfalls in die Bestimmung einer lateralen Verschiebung überführen, indem der betreffende zentrierte Bildausschnitt und die Referenz in Polarkoordinaten überführt und miteinander korreliert werden. Die Verschiebung des Polarkoordinatenbildes gegenüber der ebenso transformierten Referenz entspricht einer Drehung des Originalbildausschnitts um einen bestimmten Winkel. Da Verschiebung und Orientierung nacheinander korrigiert werden, wiederholt man die Prozedur iterativ mit den ausgerichteten Molekülen so lange, bis sich keine Verbesserung der Korrelationskoeffizienten mehr ergibt. Zur Verbesserung der Ausrichtung setzt man auch hier wieder die erste Mittelung ein und verfeinert dann iterativ.

Jedoch ist dieses Verfahren so nicht anwendbar, wenn die Molekülkomplexe beliebige Orientierungen einnehmen und eine Vielzahl verschiedener und nicht einfach voneinander zu trennenden Projektionen zu verarbeiten sind. Hier stellt sich das Problem der Differenzierung und **Klassifizierung** nicht äquivalenter Projektionen eines Objekts und der anschließenden Kombination verschiedener Projektionen zu einer nunmehr räumlichen Dichteverteilung.

■    **Korrespondenz – und Hauptkomponentenanalyse**
Die einfachste Art, verschiedene Moleküle oder unterschiedliche Projektionen eines Objektes zu unterscheiden, ist, sie mithilfe des Korrelationsverfahrens zu differenzieren. Die Methode liefert aber keinen Aufschluss darüber, aufgrund welchen Unterschieds die Korrelationskoeffizienten differieren. Verschiedene Projektionen, die mit dem Referenzbild gleich schlecht korrelieren, können anhand ihres Korrelationskoeffizienten nicht auseinandergehalten werden.

Mit der Korrespondenzanalyse (*correspondence analysis*) existiert ein statistisches Verfahren, das genau diese Differenzierung leistet. Die Korrespondenzanalyse beruht auf der grundlegenden Methode der **Hauptkomponentenanalyse** (*Principal Component Analysis*, **PCA**, oder *single value decomposition*) und der Berechnung von Eigenvektoren und Eigenwerten einer Datenmatrix. Die Korrespondenzanalyse erwartet eine bestimmte Datennormierung, die für EM-Bilder nicht angebracht ist. Deshalb wird die PCA als Routinemethode in der Verarbeitung von Einzelmolekülen verwendet.

Das Prinzip der Hauptkomponentenanalyse lässt sich sehr einfach und anschaulich an Zwei-Pixel-Bildern erklären. Trägt man den Grauwert des ersten Bildpunktes auf der x-Achse eines Koordinatensystems und den Wert des zweiten Pixels auf der y-Achse auf, so wird jedes Bild als ein Punkt in der Koordinatenebene repräsentiert. Unterscheiden sich die Bilder derart, dass ein Teil ein dunkleres erstes Pixel aufweist, der andere Teil aber ein helleres, und wenn außerdem der mittlere Grauwert der Bilder variiert, so werden sie im Koordinatensystem in zwei unterschiedlichen Punktewolken liegen, die sich mehr oder weniger gut voneinander abgrenzen lassen (◻ Abb. 23.17).

Das mathematische Verfahren der PCA findet nun die Richtung der größten Varianz der Punktewolke und dreht die vormalige x-Achse genau in diese Orientierung. Die y-Achse liegt in Richtung der zweitgrößten Varianz. Die neue Orientierung des Koordinatensystems wird durch Vektoren angegeben (**Eigenvektoren**). Um die Darstellung zu vereinfachen und auf die Unterschiede zwischen den Bildern zu reduzieren, verschiebt man den Nullpunkt des neuen Koordinatensystems in den Schwerpunkt der Punktewolke, indem man vorher von allen Einzelbildern das gemeinsame Mittelungsbild subtrahiert. Analysiert werden dann nur noch die Strukturmerkmale der Bilder, die sie voneinander unterscheiden. Die neue Achse, man bezeichnet sie nun als Faktorenachse des ersten bzw. signifikantesten Eigenvektors nach PCA, enthält nun nicht mehr die Information über den Grauwert des ersten Pixels, sondern eine Mischinformation über die Grauwerte des ersten und des zweiten Bildpunkts. Entsprechendes gilt für die Achse des zweiten Faktors. Da die Faktorenachsen nach wie vor senkrecht aufeinander stehen, repräsentieren sie voneinander unabhängige Strukturen, die gemeinsam in den Grauwerten der Bildpunkte stecken – und zwar genau die Strukturen, die zur Varianz der Punktwolke in den beiden betrachteten Richtungen führen. Da die Eigenvektoren ebenso viele Koordinaten aufweisen wie die Bilder Pixel, sind sie und damit die durch sie dargestellten Bildstrukturen ihrerseits selbst als Bilder darstellbar (**Eigenbilder**).

Welchen relativen Anteil die verschiedenen Eigenvektoren an der Gesamtvarianz zwischen den Bildern einnehmen, geben die dazugehörigen Eigenwerte an. Sie sind ein Maß für die Signifikanz der durch die Eigenvektoren repräsentierten Strukturunteranteile in den Bildern.

In realen EM-Bildern übersteigt die Anzahl der Bildpunkte, damit die Zahl der Eigenvektoren sowie der unterscheidbaren unabhängigen Strukturen, die Dimension 3 bei Weitem. Vieldimensionale Koordinatensysteme sind nicht mehr vorstellbar, aber sie lassen sich mathematisch behandeln. Meistens werden die signifikanten Strukturunterschiede in den Bildern durch wenige (3–20) Eigenvektoren beschrieben. Dazu zählen vor allem Lage- und Orientierungsvariabilitäten, Konformations- und Strukturunterschiede, Größenabweichungen und natürlich der Erhaltungszustand der Moleküle. Die restlichen Eigenvektoren betreffen überwiegend zufällige Variationen und Rauschen.

Die Gruppierung ähnlicher Bilder erfolgt mithilfe von Klassifizierungsverfahren, die die Punktewolke im vieldimensionalen Raum in einzelne, voneinander abgrenzbare Bereiche unterteilen. Gewöhnlich folgt man einem statistischen Verfahren, das die Summe der Abstandsquadrate zu den Klassenmitteln minimiert. Die entsprechenden Klassenmittelungen in ◻ Abb. 23.17 zeigen die erwarteten Strukturunterschiede: dunkle und helle Bilder, die entweder einen helleren oder dunkleren erster Pixel aufweisen. Damit sind die Struktureigenschaften der Bilder wesentlich besser erfasst worden als durch die nicht selektive Mittelung über alle Daten, die keinerlei Substruktur erkennen ließ. In speziellen Fällen kann man das Ergebnis der PCA zum Anlass nehmen, die Orientierung der Bilder zu analysieren, gegebenenfalls zu korrigieren und damit eine Ursache für die Differenzierung der Bilder zu beseitigen.

So anschaulich das zuvor verwendete Beispiel zweier Pixel auch ist, es vermittelt noch keinen realistischen Eindruck von der PCA elektronenmikroskopischer Aufnahmen, die Hunderte bis einige Tausend Bilder und komplizierte Strukturvariabilitäten enthalten. ◻ Abb. 23.17A zeigt das Ergebnis einer PCA von zahlreichen Einzelpartikelbildern des 20S-Proteasoms.

Proteinkomplexe sind idealerweise im Eis zufällig angeordnet und liefern daher beliebig verschiedene Projektionen. Zweck der PCA ist hier vornehmlich, einander jeweils ähnliche Projektionen in denselben Klassen zu vereinen, gegebenenfalls Orientierungskorrekturen vorzunehmen und Bilder defekter Moleküle auszusortieren. Die Klassenmittelungen zeigen entsprechend unterschiedliche Ansichten des Proteinkomplexes und verdeutlichen, wie empfindlich die PCA Orientierungs- und Positionierungsvariabilitäten erkennt, die nach der

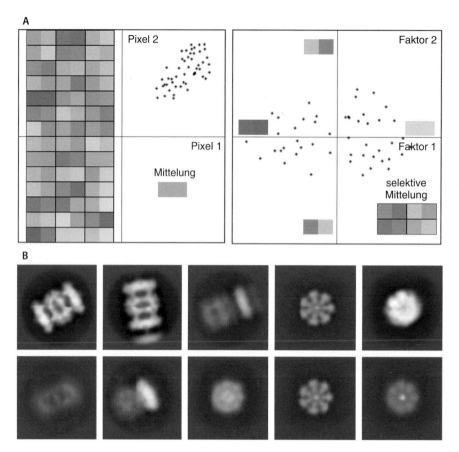

**Abb. 23.17** Beispiel für die Funktionsweise der Hauptkomponentenanalyse und das Ergebnis der Klassifizierung eines 20S-Proteasom-Datensatzes. **A** Repräsentation der Bilddaten von Zwei-Pixel-Bildern vor und nach der Hauptkomponentenanalyse (PCA) in Koordinatensystemen. Links: Eine Galerie von Bildern, die im Koordinatensystem nach ihren Bildpunktwerten eingetragen wurden. Die Mittelung über alle Bilder ist strukturlos. Rechts: Darstellung der Bilderverteilung nach der PCA, die die Koordinatenachsen nach den Richtungen der größten Varianzen der Punktwolke ausrichtet. Durch Subtraktion des Mittelungsbildes von allen Einzelbildern fällt der Koordinatenursprung in die Mitte der Punkte. Die Faktorenachsen geben nun Strukturen an, die sich aus bestimmten Grauwerteanteilen der Pixel zusammensetzen, hier dem Grauwerteniveau in beiden Bildpunkten (hell-dunkel) als signifikanteres Merkmal und dem Grauwerteunterschied zwischen den Bildpunkten (helleres erstes oder zweites Pixel). Die selektiven Mittelungen nach Klassifizierung der Bilder weisen nun diese Bildeigenschaften auf. Die Klassifizierung kann auf die Pixelunterschiede reduziert werden, wenn die individuellen Mittelwerte von den Einzelbildern vor der PCA subtrahiert werden. Helligkeitsunterschiede zwischen den Bildern sind in der Regel kein strukturgebundenes Merkmal und deshalb vernachlässigbar. **B** Darstellungen charakteristischer Klassenmittelungen nach Gruppierung und Klassifizierung eines Datensatzes des 20S-Proteasoms aus *T. acidophilum*. Neben Fremdklassen sind besonders verschiedenen Seiten- (1, 2) und Draufsichten (4, 9) des gesuchten Komplexes zu erkennen. Insbesondere sind in Klassen 1 und 2 sekundäre Proteinstrukturen sichtbar

Ausrichtung der heterogenen Bilder mittels eines Korrelationsverfahrens noch verblieben sind. Je genauer die Projektionen hinsichtlich der Drehung der Moleküle in der Projektionsebene aufeinander ausgerichtet werden, umso effizienter kann anschließend eine 3D-Rekonstruktion verlaufen (▶ Abschn. 23.6.2).

■ **Maximum Likelihood**

Als Alternative zur Korrespondenzanalyse können komplexe Datensätze mithilfe sog. Maximum-Likelihood- (ML-)Ansätze analysiert werden. Bei ML wird eine Zielfunktion optimiert, die die Wahrscheinlichkeit der Beobachtung der experimentellen Daten aufgrund der Referenzstruktur beschreibt. Zuerst wird hierzu die Wahrscheinlichkeit der Beobachtung jeder möglichen Orientierung der Einzelprojektionen, die durch die Referenz gegeben ist, bestimmt. Hierbei wird stets das vorherige Wissen über die Wahrscheinlichkeitsverteilungen ausgenutzt. Anschließend erhält man eine neue Referenz, indem man den wahrscheinlichkeitsgewichteten Mittelwert für jede einzelne ausgeschnittene Projektion in jeder Orientierung bestimmt. Dieser Prozess wird mit immer feiner werdenden Abtastungen von Rotation und Translation durchgeführt, bis das Modell konvergiert – die Wahrscheinlichkeit also maximal wird (▶ Abb. 23.18).

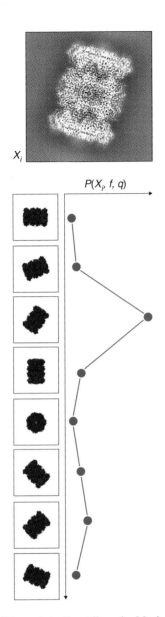

**Abb. 23.18**  Schematische Darstellung des Maximum-Likelihood-(ML-)Ansatzes. Anders als bei CPCA und MaxCC trägt ein mit Rauschen behaftetes Partikel X bei Maximum Likelihood mit einer gewissen Wahrscheinlichkeit $P$ gewichtet zu allen Referenzen $R$ und somit allen Orientierungen bei. Die Wahrscheinlichkeit ist dann eine Funktion des Partikels und seiner Orientierung, die etwa mit den Euler-Winkeln phi und psi beschrieben werden kann. Anders als MaxCC handelt es sich hierbei um einen zutiefst nicht deterministischen Ansatz

Hierbei unterscheidet sich der ML-Ansatz grundsätzlich von dem zuvor beschriebenen Verfahren der „maximalen Kreuzkorrelation", mit dem Strukturen durch das Auffinden der Rotations- und Translationsparameter bestimmt werden. Bei Kreuzkorrelationsverfahren wird stets versucht, die beste Orientierung für jede Einzelprojektion zu finden. Diese trägt dann

aber auch nur in einer Orientierung zur Mittelung der nächsten Referenz bei. Im Gegensatz dazu bestimmt man mit Maximum Likelihood die Wahrscheinlichkeit $P$, mit der jede einzelne Molekülprojektion in all ihren möglichen Orientierungen zur nächsten Referenz beiträgt ( Abb. 23.18). Ein wichtiger Punkt des ML-Ansatzes ist dabei, eine gleichmäßig verteilte und vollständige Abtastung des Parameterraums zu gewährleisten, um eine Verzerrung der Molekülorientierung zu vermeiden. Hierfür müssen alle möglichen Winkel und Verschiebungen mit gleichmäßig verteilten Schritten abgetastet werden, die zusätzlich mit fortlaufender Konvergenz des Modells immer feiner und feiner ausfallen. Aufgrund dieser erschöpfenden Suche sollte dieser auf Wahrscheinlichkeit basierende Ansatz die optimale Lösung für die gegebene Ausgangsreferenz mit minimalen Benutzereingaben liefern, dies jedoch auf Kosten eines wesentlich höheren Rechenaufwandes. Dabei ist es nicht notwendigerweise der Fall, dass ML stets bessere Ergebnisse liefert als ein Kreuzkorrelationsansatz. So kann z. B. keine Entscheidung darüber getroffen werden, ob die derzeitige Lösung nur einem lokalen oder einem globalen Maximum entspricht.

Auch eine Klassifizierung kann mittels Maximum Likelihood realisiert werden. Hierzu wird lediglich die Anzahl der Referenzstrukturen erhöht. Dies ist eine relativ einfache Ergänzung des statistischen Modells, da sie nur einen zusätzlicher Parameter, für den die Wahrscheinlichkeiten berechnet werden, benötigt. Für ML muss somit keine explizite Entscheidung darüber getroffen werden, zu welcher Klasse die einzelnen Teilbilder gehören. Auch können Orientierung und Klassenzugehörigkeit in einer Berechnung ermittelt werden. Dies erhöht stark die Benutzerfreundlichkeit, da somit keine Interpretation der Eigenbilder nötig ist, bevor wieder klassifiziert und gemittelt werden kann. Auf der anderen Seiter neigen ML-Ansätze dazu, bei stark überrepräsentierten Klassen andere, kleinere Klassen zu vereinnahmen, sodass diese verloren gehen.

Sind entweder mittels Kreuzkorrelationsverfahren oder Maximum Likelihood möglichst homogene zweidimensionale Klassen gefunden, kann aus ihnen ein erstes dreidimensionales Modell erzeugt werden.

## 23.6.2  Dreidimensionale Rekonstruktion

### Rückprojektion

Für die Kryo-Elektronenmikroskopie sollten Proteine im Eis zufällig orientiert sein, sodass pro Aufnahme verschiedene Projektionen des Moleküls erfasst werden können. Mit einer genügend großen Anzahl von Aufnahmen lassen sich so annähernd alle Orientierungen erhalten. Häufig jedoch ist dies nicht der Fall und ein signifikanter Teil der Projektzeit muss darauf verwendet werden, die zu untersuchende Probe dahingehend zu optimieren, dass die Partikel eine pseudo-zufällige Orientierung im Eis einnehmen. Detergenzien, Einzelpartikelaufnahme mit gekippter Probe (realistisch <30°) und die Verwendung von unterschiedlichen Supportmaterialien sind probate Mittel um dies zu erreichen. Garantieren können sie es jedoch nicht, und häufig muss die Probenpräparation speziell an jeden einzelnen Proteinkomplex angepasst werden. Neuerdings finden auch neue Präparationsverfahren Einzug, die durch Automatisierung und Geschwindigkeit versuchen, die Adsorption von Proteinen an die Luft-Wasser-Grenzfläche zu verhindern und somit eine gleichmäßigere Verteilung der Moleküle und deren Integrität zu gewährleisten.

Um aus den 2D-Projektionen der TEM-Aufnahme eine dreidimensionale Rekonstruktion zu erhalten, müssen diese zunächst auf ein gemeinsames Bezugssystem ausgerichtet werden. Einfach gesagt muss bestimmt werden, zu welcher Projektion eine bestimmte dreidimensionale Ausrichtung des Molekülkomplexes gehört. Diese kann dann mathematisch durch Drehung relativ zu einer Referenz beschrieben werden. Klassischerweise verwendet man hier Euler-Winkel, die jeweils eine Rotation um eine der (sich ändernden) Koordinatenachsen beschreiben. Aufgrund der Nichtlinearität geht hier jedoch schnell der instinktive Zusammenhang zwischen den einzelnen Drehungen verloren. Auch sind Euler-Winkel nicht eindeutig, d. h. ein und dieselbe Ausrichtung kann durch verschiedene Winkelkombinationen erreicht werden. Mathematisch besser geeignet ist hier eine Beschreibung der einzelnen Drehungen mit Quaternionen, aber auch sie sind wenig anschaulich.

Ist einmal die den Projektionen zugrunde liegende dreidimensionale Orientierung bekannt, so lassen sich die zweidimensionalen Partikel in ein gemeinsames Volumen zurückprojizieren und auf diese Weise dreidimensional mitteln bzw. rekonstruieren. Häufig wird hierfür das Verfahren der **gefilterten Rückprojektion** (*filtered back projection*) verwendet. Hierbei macht man sich ein zentrales Dogma der Tomographie zunutze: das Zentralschnitttheorem. Dieses besagt, dass die Fouriertransformierte Projektion eines 3D-Körpers auf eine zweidimensionale Ebene (des EM-Bildes also) einem zentralen Schnitt durch die 3D-Fourier-Transformierte dieses Körpers in der Richtung, die durch die Projektionswinkel festgelegt ist, entspricht. Die Fourier-Koeffizienten der Projektion werden dabei entsprechend im Fourier-Raum angeordnet. Liegt zum Beispiel die Kippachse bei tomographischen Aufnahmen auf der y-Achse des Koordinatensystems, dann finden sich die Daten einer Projektion mit dem Winkel $\Psi i$ in einer Ebene mit dem Winkel $\Psi i$ ebenfalls um die y*-Achse im

Fourier-Raum gekippt. Betrachtet man ein rundes Partikel mit Durchmesser $D$, dann haben die Projektionen eine Ausdehnung (eine „Dicke") proportional zu $1/D$ im Fourier-Raum (Abb. 23.19). Die Fourier-Koeffizienten der Projektionen überlappen sich deshalb im Bereich niedriger Ortsfrequenzen (ausgehend vom Zentrum) und füllen den Fourier-Raum bis zu einer Raumfrequenz proportional zu $1/d$ lückenlos mit Daten. Bei höheren Raumfrequenzen treten leere Bereiche auf, die nur belegt werden könnten, wenn weitere Projektionen mit kleineren Kippwinkelschritten $\Delta\Psi$ einbezogen werden. Die Fourier-Koeffizienten der Projektionen werden beim Auffüllen des Fourier-Raums einfach addiert. Weil die Daten unterhalb der **Grenzfrequenz** $1/d$ sich aber aufgrund ihrer Ausdehnung überschneiden und damit verstärken, resultiert eine Überbetonung der Amplituden niedrigerer Ortsfrequenzen. Da dies die Rekonstruktion der Molekülstruktur negativ beeinflussen würde, begegnet man diesem Problem durch eine raumfrequenzabhängige Gewichtung der Fourier-Daten. Man spricht daher von gefilterter Rückprojektion (*filtered backprojection*). Eine dreidimensionale Rekonstruktion kann dann durch Rücktransformation der Fourier-Daten in den Realraum erhalten werden.

Wie zuvor beschrieben, gibt es verschiedene Ansätze, wie die Orientierung eines Partikels in drei Dimensionen beschrieben werden kann. Egal für welche mathematische Beschreibung man sich auch entscheidet, sind jedoch zunächst die Winkel, unter denen ein Partikel in der Abbildung projiziert wurde, unbekannt. Um sie zu bestimmen gibt es verschiedene iterative Verfahren. Ein einfacher Ansatz ist es, von einer niedrig aufgelösten Moleküldichte auszugehen, welche z. B. durch Mittelung aller 2D-Partikel unter zufälligen Winkel erzeugt werden kann. Die realen Projektionen werden dann mit den aus dem Molekülmodell errechneten verglichen und nach größter Übereinstimmung zugeordnet. Mit den so erhaltenen Winkeln kann dann durch Rückprojektion eine bessere und detailreichere dreidimensionale Mittelung erhalten werden. Das Verfahren wird so lange wiederholt, bis die Rekonstruktion konsistent bleibt. Es existieren verschiedene Varianten des skizzierten Verfahrens, die alle auf iterativer Optimierung der Rekonstruktion beruhen.

Je mehr verschiedene Projektionen vorliegen, desto dichter füllt sich der Fourier-Raum mit Daten und desto besser wird die 3D-Struktur definiert. Bei zufällig angeordneten Objekten, wie es bei Einzelpartikeln im Eis idealerweise der Fall ist, können die Raumfrequenzen annähernd bis zur Nyquist-Frequenz belegt werden. Liegen nicht genügen verschiedene Ansichten vor, so kann sich das negativ auf die Rekonstruktion auswirken. Dies ist häufig der Fall für Partikel, die eine bevorzugte Orientierung im Eis einnehmen. Um dies abzuschätzen lassen sich die Orientierungswinkel der Partikel

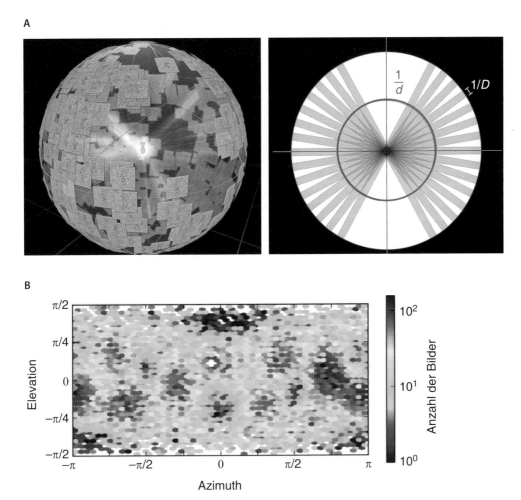

**◘ Abb. 23.19** Gefilterte Rückprojektion und das Zentralschnitt-theorem sowie eine typische Winkelverteilung dargestellt durch eine Elevation/Azimuth-Dichtekarte. **A** Anordnung von Projektionen beliebig orientierter Partikel gemäß ihrer Projektionswinkel auf einer frei gewählten Kugeloberfläche. Werden diese Bilder in das Zentrum der Kugel zurückprojiziert, so überlagern und mitteln sie sich zu einer dreidimensionalen Dichte, die die Rekonstruktion der Molekül-struktur ergibt. Die Rekonstruktion ist umso vollständiger und genauer, je weniger unbesetzte Positionen auf der Kugeloberfläche verbleiben. Die Summation der Daten im Fourier-Raum lässt sich an einer vereinfachten Darstellung des Zentralschnitttheorems erklären. Die Fourier-Transformierten von Projektionen einer Serie von Aufnahmen, die entlang der y-Achse gegeneinander verdreht sind, finden sich im Fourier-Raum in Ebenen, die um die y*-Achse unter den gleichen Winkeln $\Psi i$ verkippt sind, wieder. Den Projektionen eines Objekts mit Durchmesser $D$ entsprechen Schnittebenen im Fou-rier-Raum mit einer Ausdehnung $1/D$. Unterhalb einer Grenzfre-quenz $1/d$ (blau) überlappt und verstärkt sich die Information und muss für eine realitätsgetreue Darstellung heruntergewichtet und daher gefiltert werden. **B** Typischerweise sollten die Winkel der Einzelpartikelprojektionen alle möglichen Orientierungen (mehrfach) abdecken. Dies kann z. B. mit einer Elevation/Azimuth-Karte erfolgen, die ähnlich einer Globuskarte zwei Winkel (Längen- und Breitengrad) in einer Dichtedarstellung (sog. *heat map*) vereint. Je dichter die Punkte liegen, desto roter, je weniger Winkel in einem Bereich vorhanden sind, desto blauer fällt die Darstellung aus. Wenn der verfügbare Orientierungsraum schlecht abgetastet ist, kann die Rekonstruktion darunter leiden und gegebenenfalls verzerrt widergegeben werden. Bei symmetrischen Partikeln kann dies bisweilen durch Anwenden der vorhandenen Symmetrieoperationen (z. B. D7 für das 20S-Proteasom) kompensiert werden

auf einer Dichtekarte ähnlich einer Landkarte mit Längen und Breitengraden darstellen (◘ Abb. 23.19). Isolierte „Inseln" weisen dann auf bevorzugte Orientierungen der Molekülkomplexe hin.

### ■ Verfeinerung und Unterklassifizierung

Obwohl mittels der Verfahren von PCA oder ML viel Heterogenität aus Datensätzen entfernt werden kann, sind sie jedoch nach der zuvor besprochenen Klassifizierung im seltensten Fall einheitlich genug, um eine hochaufgelöste dreidimensionale Rekonstruktion zu gewährleisten. In vielen Fällen folgt daher nach einer initialen Rekonstruktion häufig eine dreidimensionale Klassifizierung, um die Variabilität innerhalb eines Datensatzes weiter zu verringern. Gründe hierfür können vielfältig sein: Konformationsunterschiede aufgrund des Aktivitätszustandes, das Vorhandensein bestimmter regulatorischer Untereinheiten oder der Erhaltungszustand der Proteinkomplexe im Eis können die Qualität der Rekonstruktion beeinflussen. Im Grunde können, ähnlich der zweidimensionalen Klassifizierung, Hauptkomponentenanalyse und Maximum-Likelihood-Verfahren auch für die Klassifizierung von dreidimensionalen Daten herangezogen werden. Der Rechenaufwand ist nur ungleich höher. Dennoch ist es oft sinnvoll, einige Iterationen von 3D-Klassifizierung und anschließender verfeinerter Alignierung zu durchlaufen, um schlussendlich zu einer hochaufgelösten Moleküldichte zu kommen. Ein typischer Arbeitsverlauf ist in ◘ Abb. 23.20 für das 20S-Proteasom aus *T. acidophilum* zu sehen.

■ **Auflösung**

Ein signifikanter Faktor in der Rekonstruktion einer dreidimensionalen Moleküldichte ist die erreichte Auflösung. Nun unterscheidet sich der Begriff der Auflösung hier stark von dem der zuvor verwendeten Beschreibung etwa in der Lichtmikroskopie. In der Vergangenheit war die Röntgenstrukturanalyse das Mittel der Wahl zur Bestimmung der von Molekülstrukturen. Es macht daher Sinn, sich zunächst die hier verwendete Definition von Auflösung zu vergegenwärtigen: In der Röntgenkristallographie kann die Auflösung durch die Größenskala definiert werden, bei der noch Beugungsmaxima oder sog. Reflexe beobachtet werden können. In der Praxis wird die Auflösungsgrenze danach gewählt, wie gut diese äußeren Reflexe integriert und vom Rauschen unterschieden werden können. In der Kryo-Elektronenmikroskopie ist die Definition der Auflösung eine weit schwierigere Angelegenheit. So ist sie eher ein Maß für die Selbstkonsistenz der Daten und des Rekonstruktionsprozesses, der zur Erzeugung der dreidimensionalen Moleküldichte verwendet wurde. Typischerweise wird dieser Wert durch die Berechnung der Fourier-Schalen-Korrelationen (*Fourier Shell Correlation*, FSC) zweier unabhängig voneinander berechneter Elektronendichten bestimmt. Zu diesem Zweck werden die Aufnahmen zunächst in zwei gleichgroße, voneinander unabhängige (d. h. nicht überlappende) Datensätze unterteilt (sog. Gold-Standard-Ansatz), bevor eine Verarbeitung vorgenommen wird. Die Auflösungsgrenze entspricht dann der Frequenz, bei der die FSC-Kurve zwischen beiden Modellen unter einen zuvor festgelegten Schwellenwert fällt (FSC-Cutoff). Die am häufigsten verwendeten Grenzwerte sind 0,143 und 0,5. Hochauflösende Strukturmerkmale in EM-Bildern sind anfällig für Kontrastverluste aufgrund von experimentellen Fehlern und Berechnungsartefakten. Dieser Defekt kann mit einem sogenannten B-Faktor modelliert werden, der konzeptionell dem der Kristallographie ähnlich ist.

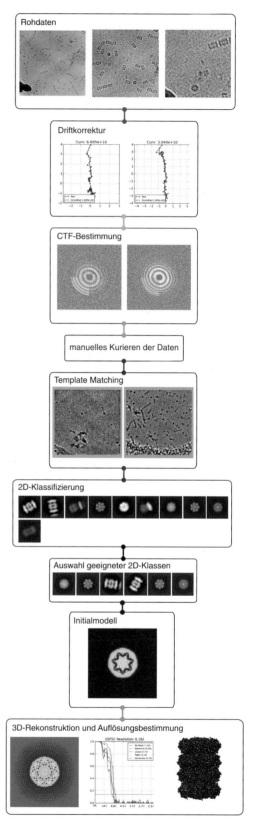

◘ **Abb. 23.20**  Ein repräsentativer Arbeitsverlauf zur Bestimmung einer Einzelpartikelstruktur

Nach Filterung erhält man so „geschärfte" EM-Karten, die weit feinere Details preisgeben können als die ursprünglichen Rekonstruktionen.

Man sollte nicht vergessen, dass die Auflösung stets hinter der untersuchten biologischen Fragestellung zurückstecken sollte. So lassen sich viele Probleme schon mit relativ geringer Auflösung angehen. Mechanistische Details und auch eine molekulare Modellbildung (▶ Abschn. 23.5.3) benötigen jedoch einen weit höheren Grad an Genauigkeit. Die erhaltenen Strukturen sollten daher neben der formalen FSC-Auflösung auch stets auf das Sichtbarwerden bestimmter Strukturmerkmale hin untersucht werden. Sekundäre Proteinstrukturen wie Helices und beta-Sheets werden so schon ab ca. 8 Å sichtbar, feinere Details und insbesondere Seitenketten jedoch erst ab ungefähr 3–4 Å. Erreicht die Auflösung schließlich 2 Å, zeigen sich aromatentypische „Löcher" in den Elektronendichten von Phenylalanin und Tyrosin (◘ Abb. 23.21 und Video 23.21).

Stimmt die errechnete FSC-basierte Auflösung nicht mit den zu erwartenden Strukturdetails überein, ist Skepsis angebracht. Zusätzlich variiert die Auflösung innerhalb derselben dreidimensionalen Rekonstruktion häufig. So können statischere Teile größerer Komplexe häufig besser aufgelöst werden als flexiblere Seitenketten (◘ Abb. 23.21). Mit Sicherheit ist eine entsprechende Unterteilung der erreichten Auflösung in Abhängigkeit von der Position innerhalb des zu untersuchenden Komplexes – man spricht dann auch von lokaler Auflösung – realistischer und auch ehrlicher als ein einzelner Zahlenwert, so eingängig dieser auch sein mag.

### 23.6.3 Modellbildung

Ziel der Einzelpartikelanalyse ist es häufig, aus dem erstellten 3D-Modell eine strukturbiologische Interpretation zu erlangen, um so Informationen zu biochemischen Prozessen oder Funktionsweisen von Komplexen zu erhalten. Hierfür muss zunächst die rekonstruierte Elektronendichte mit strukturbiologischen Informationen in Verbindung gebracht werden. Die Analysemethoden sind vielfältig und sind maßgeblich von der erreichbaren Auflösung des 3D-Modells sowie von den bereits verfügbaren Daten des untersuchten Proteinkomplexes abhängig. Für Strukturen mit einer Auflösung schlechter als 10 Å können keine Sekundärstrukturelemente aufgelöst werden. Handelt es sich um einen größeren Proteinkomplex, kann man trotzdem versuchen, die Positionen der einzelnen Komponenten herauszuarbeiten. Die einfachste Methode besteht hier darin, eine zuvor bestimmte, hochaufgelöste Struktur – etwa aus der Kristallstrukturanalyse oder vorherigen Einzelpar-

tikel-Elektronenmikroskopie – als starren Körper in die Dichtekarten zu modellieren (*rigid body fit*). Anhand einer sechsdimensionalen Suche (drei Translations- und drei Rotationsfreiheitsgrade) wird die Überlappung der Struktur mit der Dichtekarte über ihre Kreuzkorrelation maximiert und so eine optimale Ausrichtung bestimmt.

Häufig ist aber über den untersuchten Proteinkomplex mehr bekannt als nur die selbst erzeugte Rekonstruktion. Möchte man die Daten aus anderen Experimenten mit in die Analyse des Proteinkomplexes einfließen lassen, gibt es die Methode des **datengetriebenen Protein-Dockings**. Hierbei kommt es insbesondere darauf an, bis zu welchem Detail die einzelnen Untereinheiten repräsentiert werden sollen. Ist der Proteinkomplex sehr groß und entsprechend aufwendig zu berechnen, kann man die Atome zu einer Kugel mit einem bestimmten Durchmesser und bestimmten Eigenschaften zusammenfassen. Dabei unterscheiden sich die Methoden anhand des verwendeten Detailgrades. Mit diesen Sphären ist es möglich, einzelne Atome, Aminosäuren oder sogar ein ganzes Protein zusammenzufassen. Diese Repräsentation nennt man *coarse graining* (◘ Abb. 23.22). Die Entscheidung, wie grob es sich darstellen lässt, basiert auf früheren Daten und oft auch auf chemischer Intuition.

Nun gilt es, diese Repräsentationen in der Elektronendichtekarte anzuordnen. Anhand von verfügbaren experimentellen Daten werden Einschränkungen (Restraints) erstellt, welche in die Bewertung der erstellten Struktur eingehen und so die Orientierungen der Proteinkomplexe zueinander definieren. Zu den verwendeten Daten für diesen Prozess gehören u. a. Methoden wie die Kernresonanzspektroskopie (NMR), die Cross-Link-Massenspektrometrie, der Förster-Resonanzenergie-Transfer (FRET) und jegliche experimentelle Methode, die Informationen über Distanzen oder Interaktionen in makromolekularen Biomolekülen gibt. Sind die Restraints erst einmal festgelegt, werden viele Strukturen anhand dieser Daten und der Repräsentation der Makromoleküle erstellt, anhand ihrer Ähnlichkeit klassifiziert und mit einer Scoring-Funktion in eine Rangliste eingeordnet. Erhält man aus unabhängigen Läufen dasselbe Ergebnis, dann ist die Methode konvergiert und man erhält ein reproduzierbares Modell der Proteinpositionen innerhalb des Komplexes für die gewählte Repräsentation und die verfügbaren experimentellen Daten.

Ergibt die elektronenmikroskopische Rekonstruktion eine Auflösung besser als 10 Å, werden bereits Sekundärproteinstrukturen sichtbar. Anhand von hochaufgelösten Strukturen können diese elektronenmikroskopischen Rekonstruktionen mithilfe des *Molecular Dynamics Flexible Fitting* interpretiert werden.

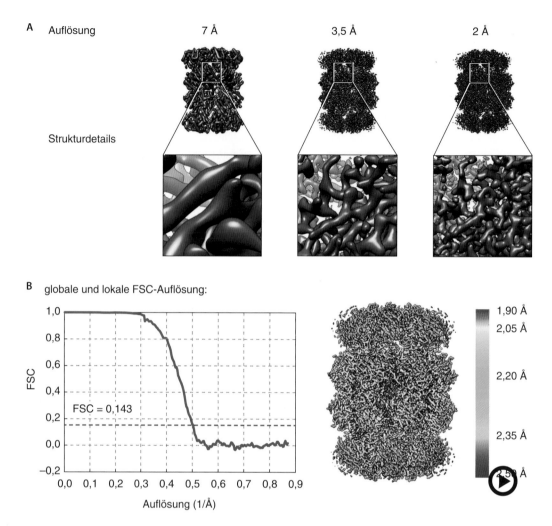

**A**  Auflösung    7 Å    3,5 Å    2 Å

Strukturdetails

**B**  globale und lokale FSC-Auflösung:

FSC

FSC = 0,143

Auflösung (1/Å)

1,90 Å
2,05 Å
2,20 Å
2,35 Å

◻ **Abb. 23.21**  Kryo-EM-Rekonstruktionen zeigen mehr Struktur-details mit steigender Auflösung. **A** Mit besserer Auflösung geben EM-Karten zunehmend feinere Strukturen preis. Sind bei 7 Å schon Helices erkennbar, so zeigen sich zwischen 3–4 Å Dichten, die den Seitenketten der einzelnen Aminosäuren zugeordnet werden können. Für sehr hochaufgelöste Strukturen um 2 Å werden dann auch „Lö-cher" in den aromatischen Ringen des Phenylalanins und Tyrosins sichtbar. Aber auch der Pyrrolidinring des Prolins kann ab einer sol-chen Auflösung direkt ausgemacht werden. **B** Die Auflösung von Ein-zelpartikelrekonstruktionen wird i. A. durch die sog. *Fourier Shell Correlation* (FSC) zweier unabhängiger Datensätze bestimmt. Neben dem typischen FSC-Verlauf (links), aus dem die globale Auflösung entweder bei FSC = 0,5 oder 0,143 abgelesen werden kann, ist es oft auch sinnvoll die lokale Auflösung zu bestimmen. Obwohl sie im ge-zeigten Beispiel der Rekonstruktion des *T. acidophilum* 20S-Proteasoms gleichmäßig hoch bleibt (0,6 Å Variation über die ge-samte Struktur), kann es vorkommen, dass besonders flexible Molekülregionen schlechter aufgelöst werden, als starre. Auch für das 20S-Proteasom sieht man eine auffällig bessere Auflösung im Kern des Moleküls (siehe auch Video) (► https://doi.org/10.1007/000-1fp)

Die Simulation der Molekulardynamik wird an die Dichtekarte gekoppelt, um die Struktur innerhalb einer Simulation an die experimentellen Daten anzupassen. Die Ausgangsstruktur für die Simulation kann aus einer hochaufgelösten Kristallstruktur oder davon abgeleite-ten Homologiemodellen erstellt werden. Eventuelle Lü-cken innerhalb der Struktur, z. B. flexible Linker, können durch De-novo-Strukturvorhersagen aufgefüllt werden.

Seit der *resolution revolution* in der Elektronenmikro-skopie (Kapitelanfang) kann man mittels EM bis in Be-reiche vordringen, in denen Seitenketten sichtbar wer-den (◻ Abb. 23.23). Dabei handelt es sich meist um Auflösungen unter 4 Å. Ein sehr gängiger Begriff hier-für ist die „pseudo-atomare" Auflösung, jedoch birgt dieser das Potenzial für Missverständnisse, da in der Kristallstrukturanalyse und der Einzelpartikelanalyse unterschiedliche Definitionen von Auflösung verwendet werden. Nichtsdestotrotz ist das Wissen aus der Kris-tallstrukturanalyse bezüglich der Interpretation von atomaren Modellen aus Elektronendichtekarten unent-behrlich für die moderne Elektronenmikroskopie. So er-lauben häufig Methoden aus der Kristallstrukturana-lyse eine automatisierte **De-novo-Strukturaufklärung** aus Daten der Kryo-Elektronenmikroskopie – voraus-gesetzt, die Auflösung reicht hierfür aus. Nach Erstellen eines Ausgangsmodells werden diese Strukturen manu-

**23**

A
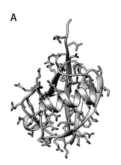
B

C

◘ **Abb. 23.22** Unterschiedliche Repräsentationen des Ubiquitins von detailreich bis abstrakt. **A** Atomare Darstellung des Ubiquitins. **B** MARTINI-*Coarse-Graining*-Darstellung. Funktionelle Gruppen werden nach chemischer Logik zusammengefasst in ein Rückgrat (rosa) und ein bis vier Seitenketten (gelb). **C** Simples *coarse graining* ohne Berücksichtigung der physikochemischen Eigenschaften des Proteins. Jeder Residue wird als ein einzelnes Bead repräsentiert

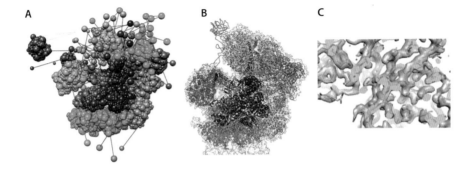

◘ **Abb. 23.23** **A** Integratives *Coarse-Graining*-Modell des Proteasoms. Jeweils 10 Residuen große rigide Subdomänen werden als große Beads dargestellt. Flexiblere Residuen werden als einzelne Beads repräsentiert. **B** Atomares Modell des Proteasoms, erstellt mittels MDFF in eine Elektronendichtekarte bei 4 Å Auflösung. **C** Kombinierte Darstellung der Elektronendichte und des atomaren Modells des *T. acidophilum* 20S-Proteasoms bei 2 Å Auflösung. Neben dem generellen Verlauf des Proteins sind auch die Seitenketten der Aminosäuren gut zu erkennen. Neben den aromatischen Ringen von Phenylalanin und Tyrosin sind auch aliphatische Gruppen, etwas des Valins (i-Pr), deutlich in der Elektronendichte sichtbar. Negativ geladene Reste, z. B. der Asparaginsäure ($CH_2COO^-$), können kaum oder gar nicht aufgelöst erscheinen. Dies erklärt sich zum Teil durch die Ladungsabstoßung, aber auch durch einen eventuell erlittenen Strahlenschaden während der elektronenmikroskopischen Aufnahme

ell kuriert und mittels der Dichtekarte verfeinert. Hierfür können Informationen wie der Ramachandran-Plot von Proteinen, die lokale Kreuzkorrelation zur Dichtekarte sowie Interaktionen innerhalb von biologischen Makromolekülen berücksichtigt werden, um Proteinketten und Aminosäurereste stimmig anzuordnen. Die so erstellten Modelle ermöglichen schließlich die Analyse von biologischen Mechanismen auf atomarer Ebene. Die Genauigkeit, mit der Strukturen durch die moderne Kryo-Elektronenmikroskopie bestimmt werden können, ist dabei höchst beeindruckend und in der Qualität vergleichbar mit Kristallstrukturen.

## 23.7 Tomographie

3D-Rekonstruktionen von Einzelmolekülen enthalten immer einen Mittelungsschritt über viele Projektionen gleichartiger Partikel, um die Qualität und die Vollstän-digkeit des berechneten 3D-Modells zu optimieren. Für die Einzelpartikelelektronenmikroskopie ergibt sich jedoch das Problem, dass für sich überlappende Strukturen oder solche, die bevorzugt im Eis angeordnet sind, nie genug unterschiedliche Ansichten gefunden werden können, um eine gute dreidimensionale Rekonstruktion zu gewährleisten. Anstatt viele Kopien des gleichen Objektes aus nur einer Richtung (einem Winkel) zu betrachten und darauf zu setzen, dass die Partikel sich zufällig orientieren, bietet sich ein tomographischer Ansatz als Alternative an. Kippt man die Probe innerhalb des Elektronenmikroskops und nimmt Projektionen desselben Objektes aus unterschiedlichen Kippwinkeln $\alpha$ auf, so kann aus diesen auch eine dreidimensionale Rekonstruktion erhalten werden. Allerdings ergibt sich daraus ein Problem: Da biologische Proben strahlungsempfindlich sind, muss die Dosis, die in der Einzelpartikelanalyse für eine einzelne Projektion verwendet wird, auf den verwendeten Winkelbereich – üblicherweise –60° bis +60° – aufgeteilt werden. Dadurch ergibt sich zwangsläufig ein schlechteres Signal-Rausch-Verhältnis für die einzelnen Bilder. Man verlässt sich daher auf robuste computergestützte Methoden zur Alignierung und Rückprojektion der zweidimensionalen Daten um eine sinnvolle dreidimensionale Rekonstruktion des zu untersuchenden Objektes zu erhalten. Ähnlich der Einzelpartikelanalyse können die – nun aber dreidimensionalen – Daten entrauscht und gefiltert werden. Objekte, die in mehreren Kopien innerhalb des Tomogramms vorhanden sind, können zudem als Teilvolumina extrahiert und ebenfalls gemittelt werden (▶ Abschn. 23.6.3). Die beiden Grenzbedingungen – maximale Elektronendosis und minimaler Bildkontrast – limitieren jedoch die verwendbare Anzahl der Projektionen einer Kippserie und damit die erreichbare Auflösung eines Objekts mit einer bestimmten Dicke. Letztere sollte deshalb für die Kryo-Elektronentomographie 500 nm nicht überschreiten. Aus diesem Grund war man bei der Untersuchung intakter biologischer Strukturen zunächst auf Viren, eine Reihe kleiner Prokaryoten und flache Bereiche eukaryotischer Zellen beschränkt. Mit der Entwicklung der Kryomikrotomie und besonders der Ionenätzung (▶ Abschn. 23.2.3) bieten sich aber auch Wege, Teile größerer Objekte wie eukaryotische Zellen in nativer Form zu untersuchen.

### 23.7.1   Aufnahmeschemata

Ein kryotomographischer Datensatz besteht aus einer Reihe von Bildern, die unter verschiedenen Kippwinkeln gesammelt werden. Man erreicht dies durch Rotation der Probe im Mikroskop. Die Kombination aus Winkeln, unter denen die Bilder gesammelt, sowie die Reihenfolge, in der sie aufgenommen werden, bezeichnet man als Kippschema. Die Differenz der einzelnen

Kippwinkel reicht hierbei typischerweise von 0,5° bis 5°. Die am häufigsten verwendeten Varianten lassen sich in zwei Gruppen einteilen: kontinuierliche Kippschemata, bei denen $\alpha$ in eine Richtung gedreht wird, z. B. von +60° bis –60°, und bidirektionale Kippschemata, bei denen die Erfassung der Kippreihen in zwei getrennte Kippzweige unterteilt wird. Hierbei nimmt man bei 3° Winkelinkrement z. B. zuerst eine kontinuierliche Reihe von –21° bis +60°, dann einen zweiten Zweig von –24° bis –60° auf (◻ Abb. 23.24). Für das kontinuierliche Kippschema ergibt sich das Problem, dass die hohen Winkel zuerst belichtet werden und die Elektronen einen wesentlich längeren Weg durch die Probe zurücklegen müssen. Der Signalübertrag und Beitrag zu hohen Frequenzen (einer hohen Auflösung) ist daher gering. Bei niedrigeren Winkeln, wenn die Probe also dünner erscheint, ist sie jedoch schon durch die bis dahin verwendete Dosis beschädigt, und auch hier kann kaum hochauflösende Information erhalten werden. Dies kann bis zu einem gewissen Grad durch ein bidirektionelles Kippschema umgangen werden. Hierbei nimmt man zuerst die niedrigen Winkel (im obigen Beispiel –21° bis +60°) auf, um so den Übertrag hochauflösender Informationen zu maximieren. Dies hat jedoch den Nachteil, dass die Bilder auf beiden Seiten des Startwinkels (im obigen Beispiel –21°) einer unterschiedlichen Gesamtdosis ausgesetzt waren. Daraus kann sich eine Diskrepanz der Bilddeformationen (z. B. durch Verformung der Probe) am Umkehrpunkt des Kippschemas (–21°) ergeben, welche die Ausrichtung der beiden Kippzweige erschwert. Dieser Fehler pflanzt sich dann im Tomogramm fort und kann die insgesamt erreichbare Auflösung bei der Mittelung von Subvolumina (▶ Abschn. 23.6.3) einschränken.

Um beide Probleme – Diskontinuitäten und akkumulierte Dosis – in Einklang zu bringen, muss daher eine

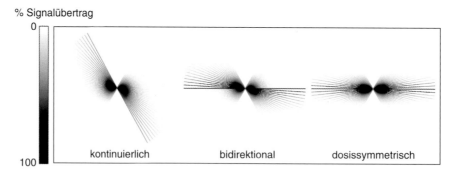

% Signalübertrag

0

100

kontinuierlich          bidirektional          dosissymmetrisch

◻ **Abb. 23.24**   Vergleich unterschiedlicher Kippschemata. Der Informationsübertrag verschiedener Kippschemata ist hier im Fourier-Raum dargestellt. Die einzelnen Fourier-transformierten Kippwinkelaufnahmen entsprechen hier – gemäß dem Zentralschnittheorem (▶ Abschn. 23.5.2) – einer Ebene unter dem verwendeten Kippwinkel, In allen drei Beispielen ist der *missing wedge* gut zu erkennen. Ausgehend vom Zentrum der einzelnen Darstellungen (niedrige

Ortsfrequenz) ist der Signalübertrag durch die verwendete Grauschattierung dargestellt. Je dunkler, desto mehr Signal wird übertragen. Ist dies bei der kontinuierlichen Methode nur für die hohen Kippwinkel der Fall, so werden Informationen sowohl beim bidirektionalen als auch dem dosissymmetrischen Kippschema optimal bei niedrigen Winkeln aufgenommen

23

Methode gefunden werden, um die niedrigen Kippwinkel zuerst aufzunehmen, bevor sich ein nennenswerter Strahlenschaden bemerkbar macht. Hierfür wird ausgehend vom Startwinkel (0°) abwechselnd in beide Richtungen (±60°) gekippt und jeweils ein Bild aufgenommen. Das Kippschema lautet (bei 3° Winkelinkrementen) also: $\alpha = 0°, +3°, -3°, +6°, -6°$, usw. Aus praktischen Gründen werden allerdings häufig kleine Gruppen von Kippwinkeln in jeweils einer Richtung direkt hintereinander aufgenommen ($\alpha = 0°, +3°, +6°, -3°, -6°$, etc.). Dies verringert zum einen die Aufnahmezeit und reduziert die insgesamt nötigen Bewegungen des Probenhalters. Dieses „dosissymmetrische" Kippschema (auch Hagen-Schema) konzentriert hochauflösende Informationen in den unteren Neigungswinkeln, wo die Probe am dünnsten erscheint, und bietet so eine maximale Informationsübertragung. Es ist daher das derzeit meistgenutzte Kippschema in der Kryo-Elektronentomographie.

### 23.7.2 Rekonstruktion

Aufgrund der mechanischen Ungenauigkeit des Objekthalters im Mikroskop sind die einzelnen Projektionen einer Kippserie leicht zueinander versetzt. Diese Ungenauigkeiten im Nanometerbereich müssen durch Alignierung der Einzelbilder miteinander in Einklang gebracht werden. Zu diesem Zweck werden für Proben, die etwa aus Zelllysaten oder anderweitig aufgereinigten Komplexen bestehen (*in-vitro*-Proben), nanometergroße Goldpartikel, sog. Marker, mit in das Eis der Probe eingebettet. Aufgrund ihrer hohen Elektronendichte ergeben diese einen guten Kontrast und lassen sich leicht innerhalb der Kippserie erkennen. Indem man nun diese Ankerpunkte in jeder Projektion verfolgt, können die Verschiebung zwischen den einzelnen Projektionen bestimmt und die Kippserie besser aligniert werden, als es aufgrund einer reinen Kreuzkorrelation zwischen den einzelnen Aufnahmen möglich wäre. Für zelluläre Proben (Dünnschnitte und Ionenätzung) ist das Hinzuführen von Goldpartikeln jedoch schwierig bis unmöglich, da die Probe zu jeder Zeit unterhalb der Umkristallisationstemperatur von Wasser gehalten werden muss (−145 °C). Außerdem läuft man Gefahr, die ursprüngliche Struktur der Zelle oder des Organismus durch die Marker zu verändern. Nichtsdestotrotz können auch Kippserien ohne Goldnanopartikel aligniert werden. Das sog. „Patch-Tracking" macht sich hierbei Muster innerhalb der Probe zunutze. Dazu wird das Bild in mehrere überlappende Fenster unterteilt und jedes für sich innerhalb der Kippserie mittels Kreuzkorrelation verfolgt. Macht man dies über die Spanne der gesamten Aufnahme, erhält man ähnliche Daten wie für die Goldnanopartikel und kann die Verschiebung korrigieren. Allerdings wird

das Verfolgen der Fenster mit zunehmendem Kippwinkel schwieriger, da der Elektronenstrahl im Objekt einen immer längeren Weg (dieser skaliert mit dem inversen Kosinus des Kippwinkels – $1/\cos \alpha$) zurücklegen muss, bevor er auf den Detektor trifft. Bei $\alpha = 60°$ müssen die Elektronen also eine doppelte Strecke durchlaufen. Da durch den längeren Weg jedoch mehr sekundäre Streuprozesse stattfinden, verringert sich der Kontrast und somit auch die Genauigkeit in der Verfolgung der Fenster. Neuerdings gibt es die Idee, makromolekulare Komplexe wie etwa Ribosomen, welche sich in vielen zellulären Proben befinden, analog zu den Goldnanopartikeln zu nutzen, um die Alignierung der Kippserie zu verfeinern. Hierbei werden virtuelle Projektionen der Partikel mit den realen Projektion aus der Kippserie verglichen und so die Winkel sowie die Verschiebung aufgrund der mechanische Ungenauigkeit verfeinert (◫ Abb. 23.25; siehe auch Video 23.25).

Sind die Einzelaufnahmen einer tomographischen Aufnahme einmal aligniert, gilt es wie bei der Einzelpartikelaufnahme auch eine dreidimensionale Repräsentation der zweidimensionalen Kippserie zu rekonstruieren. Die Algorithmen, die dazu verwendet werden, sind Abwandlungen von weit verbreiteten Methoden in der Computertomographie. Hierfür gibt es verschiedene Ansätze, die sich grundsätzlich darin unterscheiden, ob die Rekonstruktion im Real- oder im Fourier-Raum durchgeführt wird. Für die Rekonstruktion im Fourier-Raum macht man sich wieder das Zentralschnitttheorem zunutze. Eine der beliebtesten Methoden der Rekonstruktion von Tomogrammen ist – wie bei der Einzelpartikelanalyse auch – die gewichtete Rückprojektion. Anders als dort besteht hier jedoch ein wichtiger Unterschied: Durch die mechanische Limitierung der Probenhalter in der Kryo-Elektronenmikroskopie können Kippserien lediglich von +70° bis –70° aufgenommen werden (***single tilt***). Ein erheblicher Teil der Projektionen fehlt also. Als Konsequenz daraus fehlt der dreidimensionalen Fourier-Transformierten der Rekonstruktion ein keilförmiger (engl. *wedge*) Teil der Daten (◫ Abb. 23.26). Dieses Problem nennt man daher den ***missing wedge*** und es rührt daher, dass gewisse Teile des Frequenzraums in einer Richtung nicht erfasst werden können. Analog eines Einzelpartikeldatensatzes mit bevorzugter Orientierung führt dies zu einer Elongation der Rekonstruktion im Vergleich zum realen Objekt in der Richtung, die nicht vollständig abgetastet werden konnte. So werden z. B. Membranen zellulärer Tomogramme häufig „verschmiert" und Vesikel – so sie denn klein genug sind, um in das rekonstruierte Volumen zu passen – erscheinen in eine Richtung offen, auch wenn sie dies in einer lebenden Zelle natürlich nicht sind. Aus diesem Grund wurde versucht, den Bereich, der durch die Projektionen im Mikroskop abgesucht werden kann, zu erhöhen,

A

B

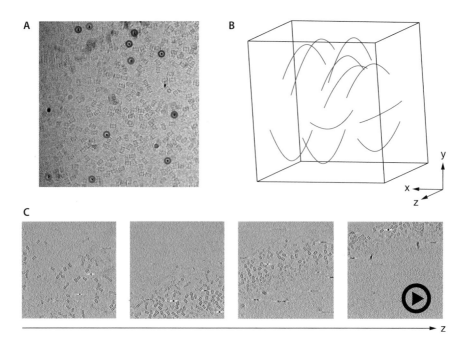

C

z

**Abb. 23.25** Marker-Tracking und Rekonstruktion eines Tomogramms. **A** Einzelne Goldpartikel (rot und blau) werden in jeder einzelnen Projektion verfolgt und die Koordinaten gespeichert. **B** Über die gesamte Kippserie ergibt sich ein bogenförmiger Verlauf für jeden einzelnen Marker. Diese Informationen dienen dann als Grundlage für die Alignierung der Einzelbilder sowie zur dreidimensionalen Rekonstruktion. **C** Schnitte durch ein rekonstruiertes Tomogramm mit dem 20S-Proteasom aus *T. acidophilum* bei verschiedenen Z-Höhen (Video sn.pub/LecOqy) (► https://doi.org/10.1007/000-1fn)

A

B

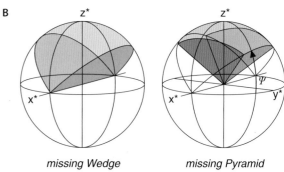

*missing Wedge*            *missing Pyramid*

**Abb. 23.26** Das Prinzip der Rückprojektion und Datenverteilung im Fourier-Raum. **A** Projektionswinkeltreue Anordnung der Bilder einer Kippserie eines individuellen Objekts mit Rückprojektion in ein gemeinsames 3D-Volumen. Da eine Kippung des Objekts um ±90° nicht möglich ist, bleibt die Rekonstruktion unvollständig. **B** Bei unvollständiger Kippung (kleiner als ±90° also) verbleibt ein keilförmiger Raum ohne Fourier-Daten, der als *missing wedge* bezeichnet wird. Der datenfreie Raum (rosa) reduziert sich auf eine *missing pyramid*, wenn das Objekt in der Ebene um 90° gedreht, eine zweite Kippserie aufgenommen und mit der ersten kombiniert wird

indem zusätzlich zur ersten Aufnahmereihe eine zweite, um 90° gedrehte Kippserie aufgenommen und mit der ersten kombiniert wird (*dual tilt*). Der informationsfreie Fourier-Raum reduziert sich dabei auf ein pyramidenförmiges Volumen (*missing pyramid*). Aufgrund von zusätzlichen mechanischen Instabilitäten geeigneter Probenhalter, einem verschärften Dosisproblem – es müssten nun zwei Kippserien anstelle nur einer aufgenommen werden –, und Problemen bei der Alignierbarkeit und Kombination von zwei Tomogrammen wird dieser Ansatz heute in der Kryo-Elektronentomographie jedoch meist nicht mehr verfolgt.

Während die gefilterte Rückprojektion aufgrund ihrer naturgetreuen Abbildung häufig für hochauflösende Studien verwendet wird, gibt es einige weitere Methoden der Rekonstruktion, die über die Jahre für die Elektronentomographie entwickelt wurden. Diese basieren darauf, dass das Rekonstruktionsproblem als großes lineares Gleichungssystem approximiert und dann iterativ gelöst werden kann. Dazu gehören die simultane algeb-

23

raische Rekonstruktionstechnik (**SART**) und die simultane iterative Rekonstruktion (**SIRT**). In der algebraischen Rekonstruktion wird ein Volumen mit definierter Größe vorgegeben und anhand eines ermittelten Wertes über alle Projektionen initialisiert. Anschließend wird das konstruierte Volumen aus den Winkeln der Kippserie projiziert. Anhand eines gedachten Strahles wird die Projektion als Schnittmenge der jeweiligen Voxel mit dem Strahl mit definierter Dicke berechnet und die Bruchteile der Voxel, die dieser Schnittmenge entsprechen, aufaddiert und dem Wert des Pixels auf den der Strahl auftrifft zugeordnet. Diese Projektionen werden dann mit den experimentellen Daten der Projektion verglichen und die Voxelwerte so weit angepasst, dass der integrierte Wert mit dem experimentellen Wert übereinstimmt. Dies führt man für alle Projektionswinkel durch um letztlich das Modell des abgebildeten Objektes zu erstellen.

### 23.7.3 Template Matching und Subtomogramm-Averaging

Tomogramme enthalten mitunter viele verschiedene makromolekulare Spezies, die man idealerweise getrennt voneinander betrachten und untersuchen möchte. Dies können bei *in-vitro*-Proben schon so einfache Unterschiede wie unterschiedlich gut erhaltene Proteinkomplexe sein. In zellulären Tomogrammen jedoch sieht man sich mit dem ganzen Proteom einer Zelle nebst Membranen und anderer Strukturen konfrontiert. Aufgrund der hohen Dichte in lebenden Zellen (etwa 100–400 mg ml$^{-1}$ Protein), ist eine optische bzw. manuelle Zuordnung von Bilddaten zu zusammengehörigen Strukturen nahezu unmöglich. Deswegen grenzt man interessante Details, z. B. Membranen, die Filamente des Cytoskeletts, makromolekulare Komplexe wie Ribosomen und andere Strukturen, gegeneinander ab. Diese **Segmentierung** erlaubt es dann, die annotierten Strukturen einer 3D-Oberflächendarstellungen farblich hervorzuheben.

Die einfachste Art der Segmentierung ist, einen Grauwert als Grenze für eine Oberflächendarstellung zu definieren und alle unterschwelligen Datenanteile auszublenden. Diese Methode um miteinander verbundene Bildpunkte (**Voxel**) als zusammenhängend zu erkennen stößt mit zunehmender Komplexität des Datensatzes jedoch schnell an seine Grenzen. Für Filamente und Membranstrukturen existieren automatisierte Verfahren, die diese auch in verrauschten Kryotomogrammen erkennen und annotieren können. Häufig muss diese automatische Segmentierung danach jedoch manuell verbessert werden. Sollen makromolekulare Komplexe wie etwa Ribosomen im dichten Cytoplasma einer Selle gegeneinander abgegrenzt oder sogar anhand ihrer

Struktur identifiziert werden, scheitert das Verfahren der Segmentierung jedoch sehr schnell. Zudem sucht man natürlich nach einer Methode, die unabhängig von der Person, die die Segmentierung durchführt, immer die gleichen Ergebnisse liefert.

Wie zuvor für die Einzelpartikelanalyse gesehen, können auch komplexe dreidimensionale Daten mittels Kreuzkorrelation durchsucht und die gefundenen 3D-Partikel aufeinander aligniert werden. Das mathematische Konzept bleibt gleich, lediglich eine weitere Raumdimension wird hinzugefügt. Als Referenz wird hierfür ein 3D-Modell aus simulierten Dichtekarten ausgehend von existierenden atomaren Modellen des zu suchenden Makromoleküls erstellt. Dieses Modell (engl. *template*) wird dann in der Kreuzkorrelation verwendet. Da stets für jede mögliche Rotation der Referenz eine Kreuzkorrelation mit jeder Position innerhalb des Tomogramms berechnet werden muss, ist die erforderliche Rechenleistung erheblich. Die 3D-Korrelation, das sog. **Template Matching**, kann dann als Funktion der beiden Datensätze unter Berücksichtigung von sechs Freiheitsgraden (den Positionskoordinaten x, y, z und z. B. drei Euler-Winkeln phi, psi, theta) aufgefasst werden (◻ Abb. 23.27; Video 23.27). Anders als im zweidimensionalen Falls ist es hier aber sehr wichtig, störende Faktoren wie etwa den *missing wedge* oder die CTF zu berücksichtigen, um ein optimales Ergebnis zu erzielen. Analog des zweidimensionalen Falls erhält man als Resultat des Template Matchings eine dreidimensionale Kreuzkorrelationsmatrix (sog. **Score Map**) welche die vermuteten Positionen der gesuchten Komplexe als Maxima abbildet. Zusätzlich wird häufig eine zweite Matrix, welche die jeweils beste gefundene Orientierung für jedes einzelne Voxel abspeichert, erstellt (sog. **Orientation Map**).

Ausgehen von den gefundenen Maxima – diese entsprechen ja einer hohen Korrelation zwischen Referenz und Tomogramm an einer bestimmten Position – werden sog. **Subtomogramme**, d. h. ein definiertes digitales Volumen um das identifizierte Partikel, aus den rekonstruierten 3D-Daten extrahiert und dann im Folgenden mit den gefundenen Orientierungen als Startreferenz gemittelt und klassifiziert. Zusätzlich zu den auf Kreuzkorrelation beruhenden Verfahren zum Template Matching werden derzeit weitere Ansätze basierend auf maschinellem Lernen und Computer Vision für die Identifizierung von Proteinkomplexen in Kryotomogrammen untersucht.

Sind erst mal hinreichend saubere Positionen gefunden und Subtomogramme extrahiert, werden diese wie im zweidimensionalen Fall auch auf ein gemeinsames Koordinatensystem, eine gleichartige Orientierung also, ausgerichtet. Für die Ausrichtung der Subtomogramme werden verschiedene Rotationen und Verschiebungen in Bezug auf eine Referenz iterativ abgetastet und die Kreuzkorrelation mit der Referenz maximiert. Da der

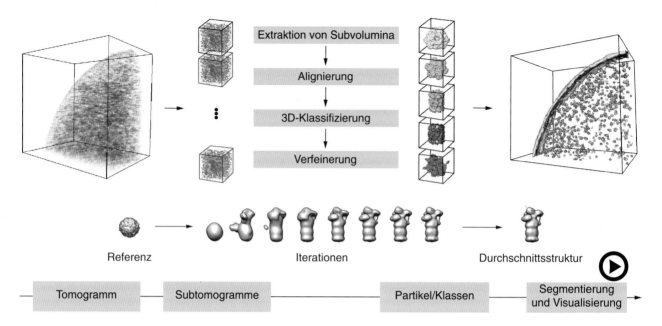

**Abb. 23.27** Template Matching und Subtomogramm-Averaging. Basierend auf einer Kreuzkorrelationsmatrix werden Subvolumina, sog. Subtomogramme, aus der Gesamtrekonstruktion extrahiert. Nach Alignierung, Klassifizierung und Verfeinern ergibt sich einer Durchschnittsstruktur mit besserem Signal-Rausch-Verhältnis. Hierbei kann ein Tomogramm nach beliebig vielen Strukturen durchsucht werden. Sind erst einmal Positionen sowie Strukturen bekannt, können diese dreidimensional an ihrer jeweiligen Stelle im ursprünglichen Tomogramm dargestellt werden. Ein Video, welches die iterative Alignierung, sowie die finale dreidimensionale Rekonstruktion zeigt, ist hier hinterlegt: ▶ Video 23.27 (▶ https://doi.org/10.1007/000-1fq)

*missing wedge* in jedem Subtomogramm vorhanden ist, wird die Kreuzkorrelation im Fourier-Raum aber nur für die Komponenten berechnet, die experimentell auch abgetastet wurden (beschränkte Kreuzkorrelation). Die Subtomogramme werden schließlich anhand der ermittelten Rotationen und Translationen ausgerichtet und gemittelt. Die resultierende Struktur geht dann als Referenz in die nächste Berechnungsrunde ein, wobei der Prozess iterativ wiederholt wird, bis Rotationen und Translationen konvergieren und sich keine Veränderung der Struktur mehr ergibt. Um das Risiko einer Überanpassung (**Overfitting**) während der Ausrichtung zu verringern, kann ein adaptiver Bandpassfilter auf die Referenz angewendet werden, der auf der vorangegangenen Iteration ermittelten Auflösung basiert.

Während die Translationssuche i. A. im Fourier-Raum durchgeführt wird, kann die Rotationssuche entweder im Realraum oder im Fourier-Raum unter Verwendung von Kugelflächenfunktionen (*spherical harmonics*) durchgeführt werden. Letzteres wird als *Fast Rotation Matching* (FRM) bezeichnet, da diese Suche wesentlich schneller ist als ihr Realraumpendant und die Möglichkeit bietet, Rotationen global abzutasten. Sie ermöglicht ferner eine referenzfreie Ausrichtung, bei der die Subtomogramme zunächst z. B. auf eine strukturlose Kugel und nicht auf eine Referenzstruktur ausgerichtet werden. Referenzfrei bedeutet nicht, dass keine Referenz per se verwendet wird, sondern dass keine externe Referenz benötigt wird. Dies kann dazu beitragen, den Reference Bias zu verringern bzw. zu vermeiden.

Um die Heterogenität des untersuchten Datensatzes zu verringern können die Subtomogramme zudem dreidimensional klassifiziert werden. Wie bei der Einzelpartikelanalyse kommen hierbei sowohl Methoden, die auf Kreuzkorrelation als auch auf Maximum-Likelihood beruhen, zum Einsatz.

Auch wenn das oben beschriebene Verfahren zur Identifizierung von möglichen Proteinpositionen sehr zuverlässig ist, ergeben sich in bestimmten Fällen hohe Kreuzkorrelationswerte für andere Strukturen, die nicht unbedingt mit dem gesuchten Makromolekülkomplex übereinstimmen (Falsch-Positive). Dies wird insbesondere durch das inhärent niedrige Signal-Rausch-Verhältnis im Tomogramm beeinflusst. Zur Unterscheidung zwischen echten und falschen Maxima der Kreuzkorrelationsfunktion stehen verschiedene Methoden zur Verfügung. Der einfachste Ansatz ist jedoch nach wie vor die manuelle Überprüfung der maschinell gefundenen Positionen. Eleganter und auch schneller als die visuelle Kontrolle ist die kreuzkorrelationsbasierte Mustererkennung mit einer gespiegelten oder sogar randomisierten Referenzstruktur (Rauschen). Wichtig ist, dass die Kreuzkorrelationskoeffizienten für die falsch-positiven Maxima recht ähnlich sind, egal welche der enantiomeren Referenzen zur Suche verwendet wurde. Für die echte Template-Struktur hingegen ist ein deutlich höherer Korrelationskoeffizient zu erwarten. Verwendet man randomisierte Referenzen, die essenziell nur aus Rauschen bestehen, dann können die echten Kreuzkorrelationswerte mit dem des Rauschens verglichen und so die falsch-positiven Positionen ausgeschlossen werden. Um einen externen Template Bias (▶ Abschn. 23.5) zu vermeiden kann das tomographische Gesamtvolumen auch mittels De-novo-Template-Matching durchsucht werden. Dabei werden identische Strukturen innerhalb eines Tomogramms manuell ausgewählt, ausgerichtet und gemittelt, um eine erste Durchschnittsstruktur zu erhalten, die dann als Schablone für das eigentliche Template Matching dient.

## 23.8 Perspektiven

Wie aus den vorangegangenen Abschnitten ersichtlich, teilen sich die Kryo-Einzelpartikelanalyse und Tomographie viele instrumentelle sowie rechnerische Ansätze.

Obwohl die Untersuchung von Einzelmolekülen sicherlich ein wenig weiter fortgeschritten ist als die Tomographie, können beide Methoden ausgehend von aufgereinigtem Material mit ähnlichem Aufwand gleichartig hochaufgelöste Strukturen liefern. Das wahre Potenzial der Kryo-Elektronentomographie liegt jedoch woanders: Während die Reduzierung der Komplexität in der Vergangenheit vielleicht ein notwendiger Schritt war, um hochauflösende Daten von makromolekularen Komplexen zu erhalten, ermöglichen jüngste Verbesserungen in der Datenverarbeitung, der Probenpräparation und der Hardware nun Kryo-Elektronentomographiestudien, die Einzelheiten intrazellulärer Prozesse in einem höheren Detailgrad aufzeigen als jemals zuvor. Fortschrittliche Probenpräparationstechniken wie das Fräsen mit dem fokussiertem Ionenstrahl (FIB) machen eine Aufreinigung und Fraktionierung zellulärer Komponenten überflüssig. Auf diese Weise können nun ganze Netzwerke verschiedener molekularer Akteure in ihrer nativen Umgebung in hoher Auflösung detektiert und quantitativ modelliert werden (◘ Abb. 23.28). Einer Volkszählung nicht unähnlich, ist man nun in der Lage,

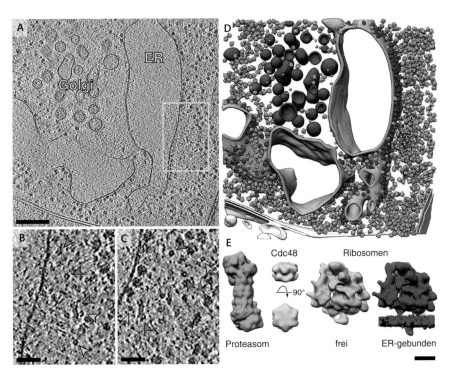

◘ **Abb. 23.28** Visual Proteomics. **A** Ein Tomogramm aus *Chlamydomonas reinhardtii* zeigt verschiedene zelluläre Strukturen, unter diesen etwa den Golgi-Apparat (Golgi) und das endoplasmatische Retikulum (ER). Untersucht man einen kleineren Teilausschnitt (gelber Kasten), so werden weitere Details sichtbar. **B, C** Bei genauerer Betrachtung zeigen sich stäbchen- (pinke Pfeilköpfe) und scheibenförmige Strukturen (gelbe Pfeilköpfe). Diese können schon visuell dem 26S-Proteasom und CDC48, einer AAA-ATPase, zugeordnet werden. Das manuelle Durchsuchen eines gesamten Tomogramms nach diesen Strukturen ist aber viel zu arbeitsintensiv und zu ungenau. **D** Das Volumen aus A kann daher mittels Template Matching nach verschiedensten Schablonen durchsucht und diese dann an ihrer jeweiligen Position dreidimensional dargestellt werden. In diesem Fall wurde das Tomogramm nach dem 26S-Proteasom (pink), CDC48 (gelb) und Ribosomen (hell- und dunkelblau) abgesucht. Zudem wurden die in der Zelle vorhandenen Membranen semi-automatisch segmentiert (Grauschattierungen). **E** Zusätzlich zu den Positionen lassen sich die einzelnen Molekülkomplexe mitteln und ihre Durchschnittsstrukturen darstellen. Auf diese Weise konnte neben den Strukturen des 26S-Proteasoms (pink) und CDC48 (gelb) sowohl frei schwimmende als auch an das ER gebundene Ribosomen (hell bzw. dunkelblau) dreidimensional gemittelt werden. Ausgehen von nur diesen vier Spezies ergibt sich damit ein Bild der Zelle, die – anders als oft dargestellt –, dicht gepackt mit Protein und nicht nur eine membranumhüllte Wasserblase ist. (Abbildung mit freundlicher Genehmigung von Dr. Benjamin Engel, Martinsried)

sowohl die Zahl als auch die Position verschiedenster zellulärer Komponenten zu bestimmen und darzustellen. Dieser „molekulare Zensus" sozusagen ist vergleichbar in seiner Aussagekraft mit der eines aus der Massenspektrometrie gewonnenen Proteoms. Aus diesem Grund wird die Kombination aus Template Matching und Subtomogramm-Averaging zellulärer Komponenten gerne als **Visual Proteomics** bezeichnet.

Diese „Biopsie auf der Nanoskala" birgt immenses Potenzial sowohl für die Grundlagenforschung als auch die medizinische Diagnostik. So können heute bereits hochdruckgefrorene Proben multizellulärer Organismen mit denselben Methoden untersucht werden, wo bis vor Kurzem nur Proben aus Zellkultur und eukaryotische Zellen kleiner als 10 µm verwendet werden konnten, um eine vollständige Vitrifizierung zu gewährleisten. Kleine Proben, die etwa Patienten entnommen wurden, könnten bald der Forschung zugänglich gemacht werden und

so stark vereinfachte Krankheitsmodelle ersetzen. Somit sollte es möglich werden, auch seltene Krankheiten visuell auf molekularer Ebene zu untersuchen und so einen signifikanten Beitrag zu ihrer Behandlung zu leisten.

## Literatur und Weiterführende Literatur

Frank J (2006a) Electron tomography. Methods for three-dimensional visualization of structures in the cell, 2. Aufl. Springer, Berlin

Frank J (2006b) Three-dimensional electron microscopy of macromolecular assemblies: Visualization of biological molecules in their native state. Oxford University Press, Oxford

Hawkes PW, Spence JCH (2019) Handbook of microscopy. Springer Nature, Switzerland

Williams DB, Carter CB (2009) Transmission electron microscopy. A textbook for materials science. Parts 1 to 4, 2. Aufl. Springer, New York

# Rasterkraftmikroskopie

*Nico Strohmeyer und Daniel J. Müller*

## Inhaltsverzeichnis

24.1     Funktionsprinzip des Rasterkraftmikroskops – 602

24.2     Wechselwirkung zwischen Spitze und Objekt – 604

24.3     Präparationsverfahren – 605

24.4     Abbilden biologischer Makromoleküle – 605

24.5     Kraftspektroskopie einzelner Moleküle – 606

24.6     Multifunktionelles Abbilden von Oberflächen – 607

24.7     Detektion des funktionellen Zustands und der Wechselwirkung einzelner Proteine – 607

24.8     Analyse der biomechanischen Eigenschaften lebender Zellen – 608

        Literatur und Weiterführende Literatur – 610

© Springer-Verlag GmbH Deutschland, ein Teil von Springer Nature 2022
J. Kurreck et al. (Hrsg.), *Bioanalytik*, https://doi.org/10.1007/978-3-662-61707-6_24

- Rasterkraftmikroskopie wird für die Aufnahme von hochaufgelösten (Subnanometer-Bereich) Topographien von Molekülen und Makromolekülen angewandt.
- Rasterkraftmikroskopie ist nicht- (minimal-)invasiv und erlaubt die Analyse von biologischen Makromolekülen in deren natürlichen, wässrigen Umgebungen.
- Mittels Kraftspektroskopie auf Basis der Rasterkraftmikroskopie ist es, möglich intra- und intermolekulare Wechselwirkungen zu detektieren, welche auf biologische Makromoleküle wirken.
- Kraftspektroskopie ermöglicht es, Bindungsstärken zwischen Makromolekülen zu quantifizieren, auch in lebenden Zellen.

1986 wurde das Rasterkraftmikroskop (engl. *atomic force microscope*, AFM), ein einfaches, aber revolutionäres Gerät zur Abbildung von Oberflächen, vorgestellt. Revolutionär, weil es möglich wurde, einzelne Objekte mit einer Auflösung bis hin zu wenigen Ångström abzubilden, die Objekte mit der gleichen Präzision zu manipulieren und gleichzeitig deren physikalische, chemische und biologische Eigenschaften zu quantifizieren. Das Rasterkraftmikroskop gehört zur Familie der Rastersondenmikroskope (*scanning probe microscopes*, SPM), welche Oberflächen mit spitzen Sonden abtasten. Dabei ist jedes Mitglied der Familie auf bestimmte Wechselwirkungen der Sonde mit dem Objekt spezialisiert. Dazu zählen optische Signale beim Rasternahfeldmikroskop (*scanning near-field microscope*, SNOM), Tunnel-Ströme beim Rastertunnelmikroskop (*scanning tunneling microscope*, STM), Ionenströme (*scanning ion conductance microscope*, SICM) oder magnetische Wechselwirkungen beim Magnetkraftmikroskop (*magnetic force microscope*, MFM). Mittlerweile sind über vierzig verschiedene Messanwendungen für die Rastersondenmikroskopie anorganischer und organischer Proben entwickelt worden.

Wie in ▶ Abschn. 24.1 näher erläutert, detektiert das AFM Wechselwirkungskräfte zwischen einer atomar bzw. molekular scharfen Messspitze und einem beliebigen Objekt. Eine Stärke des AFM für die Untersuchung biologischer Proben stellt die Möglichkeit dar, diese in wässrigen Lösungen mit physiologischem pH-Wert, Ionenkompositionen, Ionenkonzentrationen und Temperaturen abzubilden. Das Signal-zu-Rausch-Verhältnis des AFM übertrifft dabei das der bekannten Licht- und Elektronenmikroskope. Durch das Verständnis der molekularen Wechselwirkungen zwischen Spitze und Probe (▶ Abschn. 24.2) und eine geeignete Probenpräparation (▶ Abschn. 24.3) lassen sich einzelne biologische Makromoleküle mit Subnanometer-Auflösung abbilden, ohne dass sie dabei beschädigt oder in ihrer Funktion beeinträchtigt werden. Dies ist möglich, da die Energie, welche beim Abtasten der Oberfläche von der Spitze des Kraftmikroskops übertragen wird (▶ Abschn. 24.2), von der Größenordnung der thermischen Energie ($\approx 3,5\,k_{\mathrm{B}}T$) ist. Im Gegensatz hierzu können Photonen einer Wellenlänge von $\approx 300$ nm bereits Energien von $\approx 3150\,k_{\mathrm{B}}T$ übertragen, die ausreichen würden, um kovalente Bindungen biologischer Moleküle zu brechen.

In ▶ Abschn. 24.4 wird anhand einiger Beispiele erläutert, dass das AFM nicht nur die Substrukturen biologischer Zellen, sondern auch die einzelner Proteine, Nucleinsäuren oder Zucker unter nativen Bedingungen abbilden kann. Die Aufnahme schneller Bildsequenzen gestattet es, die molekulare Maschinerie der Zelle bei der Ausübung ihrer Arbeit direkt zu beobachten. Darüber hinaus ermöglicht die Funktionalisierung der Sonde die Detektion und Charakterisierung verschiedenster biologischer Wechselwirkungen. Hierzu zählen z. B. Adhäsionskräfte zwischen Zellen, Wechselwirkungskräfte zwischen einzelnen Rezeptor-Ligand-Komplexen oder chemischen Gruppen, oder auch das Beobachten der Faltungs- und Entfaltungsprozesse einzelner Proteine (▶ Abschn. 24.7). Zusätzlich gewinnt das AFM wachsende Bedeutung als analytisches Werkzeug, um mechanische (z. B. mechanische Elastizität oder Stabilität) und chemische (z. B. unspezifische und spezifische Wechselwirkungen) Eigenschaften einzelner Polymere, biologischer Makromoleküle oder Zellen zu bestimmen. Aus diesen Beispielen wird deutlich, dass das AFM, dank seiner Fähigkeit, eine Vielzahl unterschiedlicher biophysikalischer und -chemischer Eigenschaften mit hoher Ortsauflösung zu erfassen, nicht mehr aus der heutigen bioanalytischen Forschung wegzudenken ist. Und das, obwohl die Potenziale der Rastersondenmikroskopie in der bioanalytischen Anwendung bei Weitem noch nicht ausgeschöpft sind.

## 24.1 Funktionsprinzip des Rasterkraftmikroskops

Das Herzstück des Rasterkraftmikroskops ist eine scharfe Messspitze aus Silicium oder Siliciumnitrid ($Si_3N_4$), die während einer Rasterbewegung (engl. *scanning*) Wechselwirkungskräfte für jeden Punkt einer biologischen Oberfläche detektiert (◘ Abb. 24.1). Diese Wechselwirkungskräfte liegen typischerweise in der Größenordnung von 0,01–1 nN und setzen sich aus repulsiven und attraktiven Beiträgen unterschiedlicher Reichweiten zusammen (◘ Tab. 24.1). Um Kräfte dieser Größenordnung zu messen, ist die AFM-Messspitze am Ende einer mikroskopischen Blattfeder (engl. *cantilever*) mit niedriger Federkonstante ($k \approx 0,1$ Nm$^{-1}$) befestigt (◘ Abb. 24.1). Wirkt eine Kraft zwischen Spitze und Oberfläche, so lenkt diese die Blattfeder aus. Die Ver-

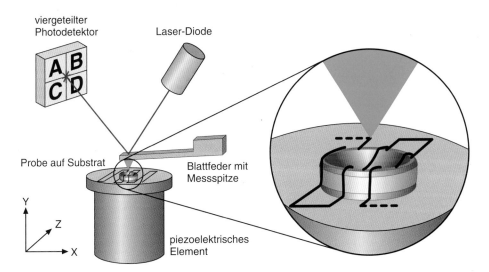

viergeteilter
Photodetektor          Laser-Diode

A  B
C  D

Probe auf Substrat          Blattfeder mit
                            Messspitze

Y
    Z
        X

piezoelektrisches
Element

**Abb. 24.1** Schematische Darstellung des Rasterkraftmikroskops. Die relative Position der Messspitze zur immobilisierten Probe wird mit einem dreiachsigen piezoelektrischen Element reguliert. Während einer Rasterbewegung wird die Verbiegung der Blattfeder mithilfe eines Laserstrahles und eines Photodetektors gemessen. Die Spannungsdifferenz zwischen den oberen und unteren Segmenten des Photodetektors ($V = (A+B) - (C+D)$) ist dabei ein direktes Maß für die Verbiegung der Feder

**Tab. 24.1**   Kräfte zwischen AFM-Spitze und Objekt

| Kraft | Kraftrichtung | Reichweite |
|---|---|---|
| Kraft bei Kontakt der Elektronenhüllen | abstoßend | extrem kurz ($\leq$0,1 nm) |
| Van-der-Waals-Wechselwirkungen | anziehend | sehr kurz (wenige nm) |
| elektrostatische Wechselwirkungen | anziehend/ abstoßend | kurz (nm bis μm) |
| Kapillarkräfte (Sonde im Wasser) | anziehend | weit (μm bis mm) |

biegung der Blattfeder wird durch einen von der Blattfeder auf einen ortsempfindlichen Photodetektor reflektierten Laserstrahl (◘ Abb. 24.1) detektiert. Die Verschiebung des Lasers auf dem Photodetektor verhält sich in erster Näherung linear zur Verbiegung der Blattfeder. Mittels des Hooke'schen Gesetzes ($F = -k \times dx$) kann die Verbiegung der Blattfeder in die wirkende Kraft umgerechnet werden. Die Spitze wird durch piezoelektrische Elemente in einer rasterförmigen Bewegung über das Objekt geführt und für jeden Punkt der Objektoberfläche die Wechselwirkungskraft bestimmt. Während der Rasterbewegung kann außerdem die Distanz zwischen Spitze und Objekt durch piezoelektrische Elemente auf Subnanometer genau reguliert werden.

Bisher wurden eine Anzahl unterschiedlicher Abbildungsverfahren für die Rasterkraftmikroskopie entwickelt. Im Kontaktmodus (engl. *constant force contact mode*) ist die Spitze in ständigem Kontakt mit der Objektoberfläche. Dabei wird die Verbiegung der Blattfeder während des Abtastens durch Verändern der Höhenposition konstant gehalten. Kräfte kleiner als 0,1 nN stellen sicher, dass die Oberflächenstruktur des biologischen Objekts nicht deformiert wird (► Abschn. 24.2). Aus der für eine konstante Kontaktkraft notwendigen Regelung der Höhenposition wird die Oberflächenstruktur des Objekts Punkt für Punkt wiedergegeben, und es entsteht die Topographie (◘ Abb. 24.2A).

Während des Rasterns im Kontaktmodus treten Lateralkräfte auf, welche ein weiches biologisches Objekt trotz niedriger Kontaktkraft verformen bzw. verschieben können (◘ Abb. 24.2C). Solche lateralen Wechselwirkungen sind in der Regel nicht erwünscht, da dadurch die Topographie der Probe verfälscht wird. Um die Beeinträchtigung des Objekts durch das Abtasten der Spitze zu reduzieren, wurden alternative Verfahren entwickelt, wie z. B. der *Oszillation Mode*. Im *Oszillation Mode* wird die Blattfeder zu sinusförmigen Schwingungen nahe ihrer natürlichen Resonanzfrequenz angeregt, wobei die Spitze das biologische Objekt nur am unteren Ende jeder Schwingung berührt (◘ Abb. 24.2B). Dadurch können Kontaktzeit und laterale Wechselwirkungen minimiert werden. Die Topographie wird aus der Regelung der Höhenposition erhalten, welche erforderlich ist, um die Amplitude der Schwingung konstant zu halten. Aus diesem Grund sind dynamische Abbildungsverfahren besonders für korrugierte, schwach immobilisierte biologische Objekte (z. B. Zellen oder fibrillare Strukturen) geeignet.

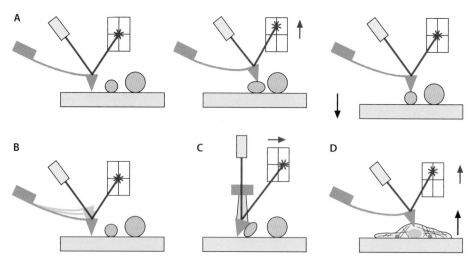

☐ **Abb. 24.2**  Abbildungsverfahren der Rasterkraftmikroskopie. **A** Im Kontaktmodus ist die Spitze in ständigem Kontakt mit der biologischen Probe und folgt daher bei Hindernissen der Oberflächenstruktur der Probe, was zu Verbiegungen der Blattfeder führt. Deshalb wird mithilfe einer Feedbackschlaufe die Kontaktkraft (Verbiegung der Feder) durch Verändern der vertikalen Position der Probe konstant gehalten. Aus dem Korrektursignal kann dann auf die Topographie der Probenoberfläche geschlossen werden. **B** In dynamischen Abbildungsverfahren oszilliert die Blattfeder nahe ihrer natürlichen Resonanzfrequenz mit einer Amplitude von wenigen Nanometern. Somit wird das Objekt nur kurzzeitig berührt, und seitliche Wechselwirkungen können vermieden werden. Die Feedbackschlaufe wird in dynamischen Abbildungsverfahren dazu verwendet, die Amplitude der Oszillation konstant zu halten. **C** Die seitliche Abtastrichtung der AFM-Spitze kann das biologische Objekt verformen. Dies kann durch die präzise Einstellung der Kontaktkraft, der Rastergeschwindigkeit und der Rückkopplungsparameter verhindert werden. **D** Zur Elastizitätsbestimmung wird die Spitze gegen ein weiches Objekt (z. B. Zelle) bewegt. Durch das Verhältnis von gefahrener Distanz und der tatsächlichen Federverbiegung lässt sich die Elastizität der des Objektes berechnen

## 24.2 Wechselwirkung zwischen Spitze und Objekt

Das AFM kann, wie auch andere Varianten der Rastersondenmikroskopie, Strukturen bis zur atomaren Auflösung abbilden. Dabei hängt die erreichbare Auflösung entscheidend von der Schärfe der Spitze und den Oberflächeneigenschaften des Objektes ab. Durch ihren endlichen Radius kann die Spitze nicht beliebig scharfen Kanten der Oberfläche folgen. Wie in ☐ Abb. 24.3A dargestellt, kann die Spitze die seitlichen Dimensionen eines Objektes verbreitern. Im Gegensatz dazu können strukturelle Periodizitäten selbst mit weniger scharfen Spitzen korrekt wiedergegeben werden (☐ Abb. 24.3B). In all diesen Fällen stellt die abgebildete Topographie eine nichtlineare Überlagerung des untersuchten Objektes mit der Spitze dar. Wie stark diese Überlagerung ausgeprägt ist, hängt von der Korrugation (Welligkeit der Oberfläche) des Objektes und der Dimension der Spitze ab.

Häufig sind biologische Objekte wesentlich weicher als die AFM-Spitze und ähneln in ihrer strukturellen Stabilität eher einem mit Wasser gefüllten Schwamm. Befinden sich beispielsweise die Kontaktkräfte der Spitze oberhalb eines Nanonewtons, so können Proteine bis hin zur Denaturierung deformiert werden. Um biologische Objekte mit hoher Auflösung abbilden zu können, ist es deshalb von zentraler Bedeutung, die unterschiedlichen Wechselwirkungsmechanismen zwischen Spitze

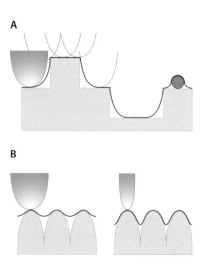

☐ **Abb. 24.3**  Überlagerungseffekte zwischen Spitze und Probe können die AFM-Topographie verfälschen. **A** Die Spitze kann aufgrund ihres endlichen Durchmessers sehr scharfen Kanten nicht folgen. Daher stellt die erhaltene Topographie (rote Linie) eine Überlagerung zwischen Spitze und Probenoberfläche dar. **B** In vielen Fällen kann die Periodizität von Strukturen unabhängig vom Spitzendurchmesser korrekt aufgelöst werden

und Oberfläche zu verstehen. Nur auf diese Weise können vertikale wie auch laterale Abbildungskräfte minimiert werden. So gehören die Auswahl passender Abbildungsverfahren und Blattfedern sowie die Optimierung geeigneter Abbildungsparameter (z. B. Rastergeschwindigkeit, Rückkopplungsschleifen, Bildgröße) zu den experimentellen Voraussetzungen. Die Ionenkonzentra-

24

tion des Puffers spielt eine entscheidende Rolle, denn sie ist so zu wählen, dass eine repulsive (ca. 0,05 nN) und langreichweitige (mehrere Nanometer) Wechselwirkung zwischen Spitze und Objekt entsteht. Liegt die Kontaktkraft nun ein wenig höher, so wirkt nur ein Bruchteil lokal auf die Proteinstrukturen und eine mögliche Deformation ist in den meisten Fällen verhindert. Außerdem führt die höhere Bruttokraft dazu, dass Spitze und Objekt ein gekoppeltes System bilden, wodurch das thermische Rauschen der Blattfeder unterdrückt wird (▶ Abschn. 24.4). Durch diese Maßnahme erhöht sich das Signal-zu-Rausch-Verhältnis der AFM-Topographie.

## 24.3 Präparationsverfahren

Da das Rasterkraftmikroskop molekulare Wechselwirkungskräfte detektiert, ist es nicht notwendig, biologische Makromoleküle oder Zellen zu beschichten oder zu markieren, um diese abbilden zu können. Der wesentliche und oft einzige Schritt der Probenvorbereitung besteht daher lediglich darin, sie auf einem Probenträger zu immobilisieren. Dies ist eine zwingende Voraussetzung für das Abbilden mit hoher Auflösung, da nur in diesem Fall die genaue Position der Spitze relativ zum Objekt bekannt ist. Die im Folgenden vorgestellten Präparationsverfahren stellen also eine Gratwanderung dar: Einerseits muss der Notwendigkeit, das Objekt fest zu verankern, Rechnung getragen werden, andererseits muss die Wechselwirkung zwischen biologischem Objekt und Objektträger minimiert werden, um beispielsweise das Abbilden einer ungestörten, nativen Konformation von Proteinen zu gewährleisten.

Verschiedene Probenträger aus der Licht- oder Elektronenmikroskopie finden auch in der Rasterkraftmikroskopie Verwendung, wie z. B. Glas, Glimmer (Muskovit, Mica), Graphit oder metallisierte (z. B. goldbeschichtete) Oberflächen. Jeder dieser Objektträger besitzt einzigartige chemische und physikalische Oberflächeneigenschaften (z. B. Oberflächenladung oder -rauigkeit), die den optimalen Verwendungszweck vorbestimmen. So eignet sich Glimmer, der durch eine aus Schichten bestehende Kristallstruktur charakterisiert ist, besonders für die Immobilisierung von Proteinen oder Nucleinsäuren. Ein weiterer Vorteil von Glimmer ist, dass er atomar flach, chemisch relativ inert und negativ geladen ist.

Die am häufigsten angewandten Immobilisierungsstrategien basieren entweder auf physikalischen Wechselwirkungen zwischen dem biologischen Objekt und einer chemisch inerten Oberfläche, oder auf der kovalenten Bindung des Objekts an einen reaktiven Probenträger. Physikalische Adhäsion wird in den meisten Fällen durch das Abschirmen abstoßender elektrostatischer Wechselwirkungen zwischen Objekt und Objektträger erreicht. Dabei führt die Erhöhung der Ionenkonzentration zu einer attraktiven Wechselwirkung zwischen beiden Oberflächen, welche in den meisten Fällen bereits ausreicht, Biomoleküle zu immobilisieren. Hierzu wird die Pufferlösung, welche die biologischen Makromoleküle enthält, auf die frisch präparierte Glimmeroberfläche aufgebracht. In der chemischen Kopplung wird die Oberfläche des Objektträgers zuerst mit chemischen Gruppen funktionalisiert, z. B. Glas mit Silanen oder Gold mit Thioalkanen, bevor in einem weiteren Schritt die Biomoleküle mit den reaktiven Gruppen der Oberfläche in Kontakt gebracht werden.

Zur Erhaltung ihrer Struktur- und Funktionsbeziehung benötigen die meisten biologischen Makromoleküle eine wässrige Umgebung. Unabhängig von der Tatsache, dass Trocknungsartefakte durch bestimmte Vakuumsublimationen vermieden werden können, sollten biologische Proben, wann immer möglich, in wässrigen Lösungen präpariert und abgebildet werden, um ihre native funktionelle Struktur und Dynamik beizubehalten.

## 24.4 Abbilden biologischer Makromoleküle

Mithilfe des Rasterkraftmikroskopes können Oberflächenstrukturen und dynamische Prozesse einer Bandbreite verschiedener biologischer Proben unter nativen Bedingungen beobachtet werden. Dazu gehören einzelne Makromoleküle (z. B. Proteine, DNA, RNA oder Zucker), supramolekulare Komplexe (z. B. Metaphase-Chromosomen oder Vesikel) genauso wie Bakterien oder Zellverbände und Gewebe höherer Organismen. Gegenwärtig wird die höchste Auflösung an isolierten Makromolekülen erreicht. So zeigen hochauflösende Topographien von einzelnen Membranproteinen in der nativen Umgebung deren natürliche Konformationen und Substrukturen, wie beispielsweise Kanalöffnungen oder einzelne Polypeptidschlaufen und -enden. ▫ Abb. 24.4A–C zeigt die cytoplasmatische Oberfläche der Purpurmembran des Archaebakteriums *Halobacterium salinarium*. Die AFM-Topographie der nativen Purpurmembran zeigt die natürliche kristalline Anordnung der Bakteriorhodopsin-Transmembranproteine. Einzelne Bakteriorhodopsine ordnen sich zu Trimeren an, welche ein zweidimensionales, hexagonales Gitter formen. In der AFM-Topographie wird ersichtlich, dass die Oberflächenstrukturen (Polypeptidenden und -schlaufen) der einzelnen Bakteriorhodopsine variieren können. Um eine strukturelle Aussage treffen zu können, die repräsentativ für alle abgebildeten Bakteriorhodopsine ist, wird die gemittelte Bakteriorhodopsin-Struktur sowie deren Standardabweichung berechnet. Außerdem ist es sinnvoll, die gemittelte AFM-Topographie mit Strukturinformationen komplementärer strukturbiologischer Methoden zu vergleichen. Dadurch ist es

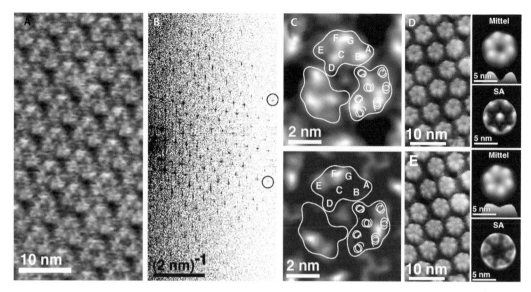

○ **Abb. 24.4** AFM zur Bestimmung der Proteinanordnung und -funktion. **A** In der AFM-Topographie ist ersichtlich, wie sich einzelne Bakteriorhodopsin-Moleküle in der nativen Purpurmembran des *Halobacterium salinarum* zu Trimeren anordnen. Die Trimere wiederum ordnen sich zu einem hexagonalen Gitter an. Die Membran wurde in physiologischer Pufferlösung bei Raumtemperatur abgebildet. **B** Das Diffraktionsbild der gezeigten Topographie beugt bis zur 11. Ordnung (eingezeichnete Kreise), welches eine laterale Auflösung von 0,49 nm andeutet. **C** Die gemittelte Topographie des Bakteriorhodopsin-Trimers (oben) und die dazugehörige Standardabweichung (unten) ermöglichen die strukturelle Korrelation zu Daten, welche mittels Elektronenkristallographie bestimmt wurden. Überlagert wurden der Umriss der Bakteriorhododopsin-Moleküle

sowie die Positionen der sieben transmembranen α-Helices (A–F). **D** Gezeigt ist die extrazelluläre Oberfläche der Kommunikationskanäle (*Gap Junctions*) aus Epithelzellen der Rattenleber. Die hexameren Proteine zeigen einen offenen zentralen Kanal. Das Mittel und die Standardabweichung (SA) lassen Einblicke in die Struktur und Flexibilität zu. Während das Profil des Mittels den Kanaleingang erkennen lässt, ordnet die SA-Karte dem zentralen Kanal eine erhöhte strukturelle Flexibilität zu. **E** In Anwesenheit von 0,5 mM Ca²⁺ (bei neutralem pH-Wert) schließen die Hexamere ihren zentralen Kanal. Dieser Vorgang wird im gemittelten Hexamer deutlich, und die dazugehörige SA-Karte zeigt, dass der Kanaleingang im geschlossenen Zustand seine Flexibilität verloren hat. Alle Topographien wurden in physiologischer Pufferlösung bei Raumtemperatur aufgenommen

möglich, die Oberflächendetails den Sekundärstrukturen zuzuordnen. Dies kann beispielsweise durch eine Überlagerung der gemittelten Oberfläche mit der dreidimensionalen Struktur eines Proteins durchgeführt werden (○ Abb. 24.4C). In den letzten Jahren wurden ultraschnelle AFM entwickelt, welche mehrere hundert Topographien pro Sekunde aufnehmen können und die Echtzeitbeobachtung dynamischer Prozesse unter nativen Bedingungen ermöglichen. Kommunikationskanäle, sog. *Gap Junctions*, von Ratten-Leberzellen sind in ○ Abb. 24.4D, E gezeigt. Die einzelnen Connexine der *Gap Junctions* zeigen eine nahezu perfekte hexagonale Packung. Bereits in der unprozessierten Topographie kann der zentrale transmembrane Kanal einzelner Hexamere deutlich identifiziert werden. Durch die Zugabe von Calcium als Signalmolekül in die Pufferlösung des AFM kann nun auf direkte Weise das reversible Schließen der Kanäle beobachtet werden (○ Abb. 24.4D). Die gemittelten Oberflächenstrukturen der Kanäle und deren Standardabweichungen geben Einsichten in deren strukturelle Variabilität bzw. Flexibilität.

Im Gegensatz zur rasterkraftmikroskopischen Abbildung einzelner Moleküle bewegt sich die Auflösung der AFM-Topographien auf Zellen oder Zellverbänden bei

maximal 50 nm. Dies liegt zum einen an der Flexibilität und Dynamik lebender Zellen, zum anderen aber auch an der erheblichen Rauigkeit der Zelloberfläche. Zusätzlich tritt bei AFM-Messungen an Zellen die Notwendigkeit auf, die beobachteten Strukturen identifizieren zu können. Aus diesem Grunde wird AFM oftmals mit modernen lichtmikroskopischen Techniken kombiniert. Diese Kombination ermöglicht es, topographische Informationen der Zelloberfläche den zellulären Strukturen (z. B. Cytoskelett, Vesikel, oder Viren) zuzuordnen.

## 24.5 Kraftspektroskopie einzelner Moleküle

Die Fähigkeit des AFM, Kräfte mit einer Sensitivität von wenigen Pikonewton zu detektieren, lässt sich auch dazu nutzen, die Stärke biologischer und chemischer Bindungen und das Verhalten einzelner Moleküle unter mechanischer Belastung zu charakterisieren. Besonders reizvolle Messmöglichkeiten eröffnen sich dadurch, dass Proteine oder niedermolekulare Liganden an der AFM-Spitze fixiert und somit als spezifische Sonden eingesetzt

**◻ Tab. 24.2**  Ungefähre Abrisskräfte chemischer und biologischer Bindungen

| Bindungstyp | Abrisskraft[1] |
| --- | --- |
| kovalente Bindung | 1–2 nN |
| Wechselwirkung zwischen zwei Zellen | 500 pN |
| Biotin-Avidin-Bindung | 200 pN |
| Antikörper-Antigen-Bindung | < 200 pN |
| Protein-(Selektin-)Zucker-Bindung | 100 pN |
| allgemeine Protein-Protein- oder Protein-DNA-Wechselwirkung | 10–50 pN |
| Wasserstoffbrücke | wenige pN |

[1]Bei einer ungefähren Ziehgeschwindigkeit (Kraftladungsrate) von 500 nm s$^{-1}$ (5 nN s$^{-1}$)

werden können. So ist es gelungen, spezifische Bindungen zwischen Proteinen und Liganden, zwischen Proteinen und Nucleinsäuren, zwischen Antikörpern und Antigenen oder zwischen Zellen ortsaufgelöst zu detektieren und deren molekulare Bindungskräfte direkt zu bestimmen (◻ Tab. 24.2). In diesen kraftspektroskopischen Experimenten misst man die Federauslenkung, während die (z. B. mit Biotin) funktionalisierte Spitze von der komplementär (z. B. mit Avidin) funktionalisierten Oberfläche entfernt wird. Als Folge dieser Vergrößerung der Distanz zwischen Spitze und Oberfläche entsteht eine kontinuierliche Verbiegung der Blattfeder, wodurch eine Kraft auf die untersuchte Bindung ausgeübt wird. Wenn die Rezeptor-Liganden-Bindung der ausgeübten Kraft nicht mehr widerstehen kann, löst sich die Bindung, worauf eine sprunghafte Änderung der Federauslenkung detektiert wird, welche der Abrisskraft der Bindung entspricht. Die Abrisskraft hängt oft von der Ziehgeschwindigkeit ab und beträgt in den meisten Fällen nur wenige zehn bis hundert Pikonewton (◻ Tab. 24.2). Aus der Geschwindigkeitsabhängigkeit der Abrisskraft lassen sich Rückschlüsse auf die Energielandschaft der Bindung schließen, wie an einem Beispiel in ◻ Abb. 24.5 erläutert wird.

## 24.6 Multifunktionelles Abbilden von Oberflächen

In den letzten Jahren wurden Rasterkraftmikroskope entwickelt, welche das Abbilden eines Objektes mit kraftspektroskopischen Untersuchungen verbindet (◻ Abb. 24.5B, C). Dabei wird die Messspitze in jedem Punkt der Topographie gegen das Objekt gedrückt und wieder entfernt. Die währenddessen aufgenommene Kraft-Abstands-Kurve der Messspitze ermöglicht es, die Topographie des Objektes zu bestimmen und zusätzlich verschiedene physikalischen Eigenschaften ortsgenau zu analysieren. Zu diesen Eigenschaften gehören u. a. die Deformierung, Elastizität und Steifigkeit des Objekts. Wenn die Messspitze, wie in ▶ Abschn. 24.5 erklärt, mit einem spezifischen Liganden funktionalisiert wurde, können Rezeptor-Ligand-Wechselwirkungen ortsaufgelöst auf der Probenoberfläche charakterisiert werden. Allerdings sollten hierzu die Liganden (oder der Rezeptor) über einen dehnbaren Linker an die Spitze gekoppelt werden, damit in Kraft-Abstands-Kurven nichtspezifische von spezifischen Wechselwirkungen unterschieden werden können. Mittels dieses Verfahrens können topographische, mechanische und biochemische (z. B. die Wechselwirkungen von chemischen Gruppen, Liganden, Rezeptoren oder Viren) Eigenschaften von tierischen oder bakteriellen Zellen hochaufgelöst auf die Zelloberfläche projiziert werden.

## 24.7 Detektion des funktionellen Zustands und der Wechselwirkung einzelner Proteine

Die Kraftspektroskopie wird auch eingesetzt, um die mechanischen Eigenschaften einzelner Proteine zu analysieren. Werden immobilisierte, lösliche Proteine oder Membranproteine mit einer genügend hohen Kraft an einem ihrer terminalen Enden gezogen, so entfalten sie (◻ Abb. 24.6A, B). Während lösliche Proteine meistens in einem einzelnen Schritt entfalten, so entfalten sich Membranproteine schrittweise. Dabei entfaltet ein Sekundärstrukturelement nach dem anderen, bis das ganze Protein aus der Membran entfaltet wurde. In diesem Fall wird für jedes Sekundärstrukturelement eine Entfaltungskraft gemessen. Diese Kraft quantifiziert die Stabilität einzelner Sekundärstrukturelemente, welche sich aus verschiedenen inter- und intramolekularen Wechselwirkungen bestimmt. Mittels Kraftspektroskopie kann sogar aufgelöst werden, ob und wo ein Ligand oder ein Inhibitor an ein einzelnes Membranprotein gebunden hat, insofern er die Stabilität des Membranproteins verändert (◻ Abb. 24.6C). Damit ist es möglich, zu untersuchen, wie Mutationen, Temperatur, Pufferlösung oder Sekundärmoleküle die Stabilität sowie die Faltungskinetik und -wege eines Proteins verändern. Solche Einsichten sind von besonderer Wichtigkeit, um die Fehlfaltung von Proteinen, welche die Basis zahlreicher Krankheiten bilden (z. B. Alzheimer), zu charakte-

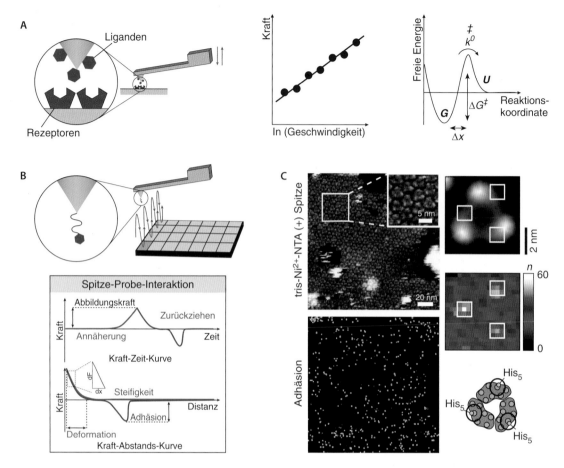

◨ **Abb. 24.5**    Kraftmessungen an einzelnen Molekülen. **A** Das AFM kann eingesetzt werden, um Wechselwirkungskräfte zwischen Molekülen zu bestimmen. Dabei wird die Spitze z. B. mit Liganden funktionalisiert und mit Rezeptoren, welche an einen Probenträger gebunden sind, in Kontakt gebracht. Während beide Oberflächen voneinander getrennt werden, misst die Blattfeder die molekularen Bindungskräfte. Die Abrisskraft zwischen den Molekülen ist geschwindigkeitsabhängig und nimmt mit steigender Trennungsgeschwindigkeit zu. Die Trennung einzelner Moleküle lässt sich mit einer Zwei-Zustands-Energielandschaft beschreiben. Durch das Trennen beider Moleküle wird die Energiebarriere überschritten, welche den gebundenen ($G$) vom ungebundenen ($U$) Zustand trennt. Hierbei entspricht $\Delta G^{\ddagger}$ der Aktivierungsenergie, um beide Moleküle voneinander zu trennen, $k^{0}$ der natürlichen Übergangsrate und $\Delta x$ der Breite des Potenzials. Aus der Geschwindigkeitsabhängigkeit der Abrisskraft können $k^{0}$ und $\Delta x$ ermittelt werden. **B** Um Wechselwirkungskräfte ortsaufgelöst charakte-

risieren zu können, wird in jedem Pixel einer Oberfläche die Messspitze an die Probe herangefahren (Annäherung), bis die Messspitze mit der Probe wechselwirkt und eine voreingestellte Kraft (Abbildungskraft) erreicht wird. Anschließend wird die Messspitze von der Probenoberfläche entfernt (Zurückziehen). Dabei wird die Kraft, die auf die Messspitze wirkt, in Abhängigkeit der Zeit oder des Abstands zwischen Spitze und Probe aufgenommen. Die gezeigte Adhäsionskraft misst eine typische Rezeptor-Ligand-Wechselwirkung, welche durch flexible Linker an Messspitze und Ligand gebunden sind. **C** Gezeigt ist die hochaufgelöste Topographie einer nativen Purpurmembran mit einer biotechnologisch veränderten Protonenpumpe, Bakteriorhodopsin. Ein an das Protein fusionierter His$_5$-Tag wurde mit einer Ni$^{2+}$-NTA-funktionalisierten Messspitze detektiert (links unten), und die Wechselwirkungen auf die hochaufgelöste Trimerstruktur (rechts oben) projiziert (rechts Mitte) und zur Bakteriorhodopsinstruktur korreliert (rechts unten)

risieren. Anhand solcher Beispiele hat sich die Kraftspektroskopie in der Analyse der Funktion und der mechanischen Stabilität einzelner Proteine etabliert.

## 24.8    Analyse der biomechanischen Eigenschaften lebender Zellen

Rasterkraftmikroskopische Untersuchungen sind nicht auf artifizielle Systeme (z. B. isolierte Proteine) limitiert, sondern erlauben auch die Charakterisierung

biomechanischer Eigenschaften und Rezeptor-Ligand-Interaktionen von lebenden pro- oder eukaryotischen Zellen (◨ Abb. 24.7). In der Einzelzell-Kraftspektroskopie (engl. *single-cell force spectroscopy;* SCFS) wird die Funktionalität von Adhäsionsproteinen in deren natürlicher Umgebung der lebenden Zelle analysiert. Dazu werden Blattfedern ohne Spitze mit unspezifischen adhäsiven Materialien beschichtet und mit einer einzelnen Zelle in Kontakt gebracht, um diese daran anhaften zu lassen. Wird dann die blattfedergebundene Zelle auf ein Substrat gedrückt, können mechanische

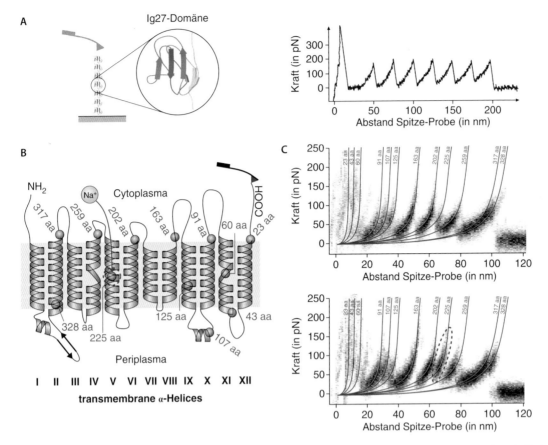

**■ Abb. 24.6**  Detektion funktioneller Strukturelemente und Ligandenbindung eines einzelnen Proteins mittels Kraftspektroskopie. **A** Ein Proteinkonstrukt, welches aus mehreren (hier Immunoglobulin-27-) Domänen besteht, kann mit dem Rasterkraftmikroskop gestreckt werden. Dabei entfaltet jede Domäne in einem einzelnen Schritt, und die Entfaltungskraft kann gemessen werden. Das charakteristische Sägezahnmuster in der Kraft-Abstands-Kurve kommt dabei durch die sequenzielle Entfaltung der Domänen zustande. **B** Gezeigt ist die Sekundärstruktur des Natrium/Proton-Antiporters (NhaA) von *Escherichia coli*. Mit der AFM-Spitze wird das C-terminale Ende eines einzelnen Antiporters gegriffen und eine mechanische Zugkraft aufgebaut. Bei genügend hoher Zugkraft ($\approx$ 200 pN) entfalten die Sekundärstrukturelemente des Membranproteins schrittweise. **C** Die einzelnen Peaks der Kraft-Abstands-Kurven quantifizieren die Wechselwirkungen, welche Sekundärstrukturelemente stabilisieren

(rote Kreise in B). Um diese Wechselwirkungen innerhalb des Membranproteins zu lokalisieren, werden die Kraftpeaks mittels eines Modells angenähert (rote Kurven in C). Dadurch kann der Spitzen-Proben-Abstand in die Anzahl der entfalteten Aminosäuren (abgekürzt mit aa) gewandelt werden. Von der AFM-Spitze aus gemessen lokalisiert die Länge der entfalteten Aminosäurekette die Wechselwirkung, welche durch den Kraftpeak quantifiziert wurde. Während die obere Kraft-Abstands-Kurve ohne Ligand gemessen wurde, wurde die untere Kurve in Anwesenheit des Liganden (hier ein $Na^+$-Ion) bestimmt. Anhand des neu auftretenden Kraftpeaks (hervorgehoben durch die rote, gestrichelte Ellipse) ist deutlich zu erkennen, dass die Ligandenbindung eine zusätzliche Wechselwirkung aufbaut. Die Kraft quantifiziert die Stärke dieser Wechselwirkung, während der Abstand des Kraftpeaks die Wechselwirkung auf der Proteinstruktur lokalisiert (bei 225 aa, gezählt vom C-terminalen Ende)

Eigenschaften der Zelle abgeleitet werden. Dabei kann das Substrat entweder ein anorganisches Material (z. B. Metalllegierung von Implantaten), eine mit biologischen Makromolekülen (z. B. adhäsiven Proteinen oder Liganden) funktionalisierte Oberfläche oder eine andere Zelle sein. Wird die Zelle, welche an der Blattfeder haftet, anschließend vom Substrat zurückgezogen, so verbiegen adhäsive Kräfte zwischen Zelle und

Substrat die Blattfeder. Durch die stetig steigende Kraft kann die Gesamtadhäsionskraft bestimmt werden kann, welche benötigt wird, um die Zelle vom Substrat zu lösen. Für den Fall, dass mehrere Adhäsionsproteine der Zelle mit dem Substrat interagieren, so können auch Kräfte ausgelesen werden, welche zwischen einzelnen Adhäsionsproteinen und Substrat wechselwirken.

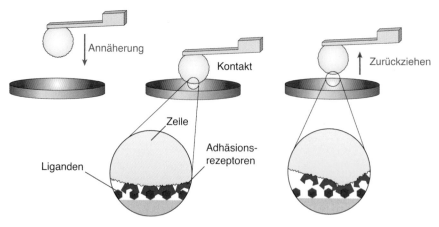

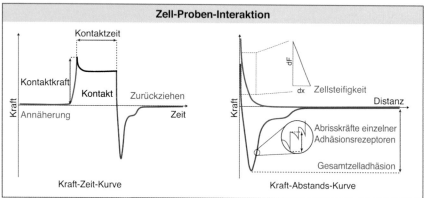

**◘ Abb. 24.7** Analyse biomechanischer Eigenschaften biologischer Zellen mittels Kraftspektroskopie. Eine einzelne pro- oder eukaryotische Zelle wird an eine Blattfeder ohne Spitze geheftet. Danach wird die Zelle mit einem Substrat in Kontakt gebracht und anschließend wieder vom Substrat getrennt. Die während der Trennung gemessenen adhäsiven Kräfte verbiegen die Blattfeder. Dabei beschreibt die maximale Verbiegung die Gesamtadhäsionskraft zwischen Zelle und Substrat. Nachdem die Gesamtadhäsionskraft überwunden wurde, wird die Zelle schrittweise von dem Substrat abgelöst, und die Abrisskräfte einzelner Adhäsionsrezeptoren von ihren Liganden können quantifiziert werden

## Literatur und Weiterführende Literatur

Alsteens D, Gaub HE, Newton R, Pfreundschuh M, Gerber C, Müller DJ (2017) Atomic force microscopy-based characterization and design of biointerfaces. Nat Rev Mater 2:17008

Dufrêne YF, Ando T, Garcia R, Alsteens D, Martinez-Martin D, Engel A, Gerber C, Müller DJ (2017) Atomic force microscopy imaging modalities in molecular and cell biology. Nat Nanotechnol 12:295–307

Gerber C, Lang HP (2006) How the doors of the nanoworld were opened. Nat Nanotechnol 1:3–5

Müller DJ, Dufrene Y (2008) Atomic force microscopy as a multifunctional molecular toolbox in nanobiotechnology. Nat Nanotechnol 3:261–269

# Röntgenstrukturanalyse

*Dagmar Klostermeier und Markus G. Rudolph*

## Inhaltsverzeichnis

25.1    Erzeugung und Detektion von Röntgenlicht – 613

25.2    Apparativer Aufbau – 614

25.3    Streuung und Beugung von Röntgenstrahlen – 615
25.3.1    Kleine Physik der Streuung – 616
25.3.2    Kleine Physik der Diffraktion – 616

25.4    Kleinwinkel-Röntgenstreuung (SAXS) – 618
25.4.1    Probenvorbereitung und Messung – 618
25.4.2    Analyse von SAXS-Daten – 618
25.4.3    Strukturbestimmungen mit SAXS – 620

25.5    Röntgenkristallographie – 622
25.5.1    Makromoleküle und ihre Kristallisation – 622
25.5.2    Kristalle und ihre Eigenschaften – 626
25.5.3    Datensammlung und -analyse – 629
25.5.4    Das Phasenproblem und seine Lösung – 631
25.5.5    Modellbau und Strukturverfeinerung – 635
25.5.6    Validierung von Strukturmodellen – 637

25.6    Ausblick – 638

Literatur und Weiterführende Literatur – 638

© Springer-Verlag GmbH Deutschland, ein Teil von Springer Nature 2022
J. Kurreck et al. (Hrsg.), *Bioanalytik*, https://doi.org/10.1007/978-3-662-61707-6_25

**25**

- Die Röntgenstrukturanalyse verwendet Röntgenlicht zum Studium von Form und Struktur biologischer Moleküle bei hoher Auflösung.
- Hauptvarianten sind die Röntgenkleinwinkelstreuung in Lösung und die Röntgenkristallographie an makromolekularen Kristallen.
- Die Kristallzüchtung ist ein empirischer Prozess, der sauberste Proben verlangt und trotz signifikanter Automatisierung sehr langwierig sein kann. Das Verständnis von Eigenschaften und Aufbau von Kristallen ist wichtig zur Bestimmung von Strukturen.
- Anwendungsbereiche von SAXS und Röntgenkristallographie in den Lebenswissenschaften umfassen die Analyse der Konstitution von Komplexen, das Verständnis molekularer Wechselwirkungen, die Aufklärung enzymatischer Mechanismen, bis hin zur Entwicklung von Medikamenten.
- Aktuelle Entwicklungen an Synchrotronen sowie der freie Elektronenlaser ermöglichen neue Anwendungen in der Röntgenstrukturanalyse, etwa schnelle zeitaufgelöste Messungen und die Verknüpfung von Kristallographie mit anderen biophysikalischen Techniken.

Röntgenkristallographie ist die meistverwendete Methode in der molekularen Strukturbiologie. Bis Anfang 2021 wurden über 170.000 dreidimensionale Modelle von biologischen Makromolekülen in der *Protein Data Bank* (PDB; ▶ www.rcsb.org) deponiert. Etwa 88 % dieser Strukturen sind Kristallstrukturen. Magnetische Kernresonanzspektroskopie (NMR, ▶ Kap. 21) und Kryoelektronenmikroskopie (Kryo-EM, ▶ Kap. 23) tragen 7 % bzw. 4 % der Strukturen bei. Mit Röntgenkristallographie können Moleküle beliebiger Größe analysiert werden. Im Gegensatz dazu ist NMR-Spektroskopie auf Moleküle <40 kDa beschränkt, und Kryo-EM erfordert heutzutage noch molekulare Massen >50 kDa. Röntgenstrukturanalyse im weiteren Sinn umfasst alle Methoden, die Röntgenlicht verwenden. Dazu gehören neben der klassischen Kristallographie die Röntgenkleinwinkelstreuung SAXS (*Small Angle X-ray Scattering*), WAXS (*Wide-Angle X-ray Scattering*), die Röntgenptychographie (eine Variante der Röntgenmikroskopie), EXAFS- (*Extended X-ray Absorption Fine Structure*) Spektroskopie und XANES- (*X-ray Absorption Near Edge Structure*) Spektroskopie. Hier werden lediglich Röntgenkristallographie und SAXS besprochen. Kristallographie liefert Auflösungen im einstelligen Ångstrøm-Bereich (1 Å = 0,1 nm = 100 pm = $10^{-10}$ m) und ist damit mit NMR und Kryo-EM vergleichbar. Die Auflösungen bei SAXS liegen im Bereich von mehreren Nanometern und entsprechen damit denen der konventionellen Elektronenmikroskopie und der Rasterkraftmikroskopie (▶ Kap. 24; ◻ Abb. 25.1). Dabei ist Auflösung definiert als der minimale Abstand zweier Objekte, bei dem sie noch als getrennt identifiziert werden können.

Die hohe Auflösung in der Röntgenkristallographie wird erkauft durch die Notwendigkeit von Kristallen (▶ Abschn. 25.5.1), die u. U. sehr schwer zu erhalten sind. Im Kristall kann die Beweglichkeit eines Moleküls eingeschränkt oder seine Struktur im Vergleich zu der in Lösung leicht verändert sein. Deshalb sollten kristallographische Ergebnisse immer mit biochemischen Daten verglichen werden. Methoden, die Proben in Lösung (SAXS, NMR) oder auf Oberflächen (Kryo-EM, Kraftmikroskopie) untersuchen, haben zwar oft eine geringere Auflösung als Kristallographie, liefern dafür aber Informationen über die Flexibilität von Molekülen.

Wir beginnen dieses Kapitel mit den Gemeinsamkeiten der Röntgenmethoden, d. h. der Erzeugung und Detektion von Röntgenlicht (▶ Abschn. 25.1 und 25.2) sowie seiner Wechselwirkung mit Materie (▶ Abschn. 25.3). Im Anschluss werden die Besonderheiten von SAXS (▶ Abschn. 25.4) und Röntgenkristallographie (▶ Abschn. 25.5) separat besprochen.

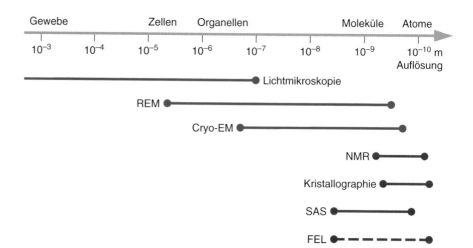

◻ **Abb. 25.1** Auflösungsbereiche strukturbiologischer Methoden. Die höchstauflösenden sind rot gekennzeichnet

## 25.1 Erzeugung und Detektion von Röntgenlicht

Es gibt zwei generelle Prinzipien, Röntgenlicht herzustellen: durch Herausschlagen von Elektronen aus Atomhüllen und durch das Ausnutzen relativistischer Effekte. Beide werden kurz skizziert.

Im Labor werden Röntgenstrahlen (engl. *X-rays*) nach demselben physikalischen Prinzip hergestellt, wie es von Wilhelm Konrad Röntgen 1895 in Würzburg entdeckt wurde: Aus einem glühenden Metalldraht in einer evakuierten Röhre dampfen Elektronen aus, historisch Kathodenstrahlen genannt, die von Magnetfeldern auf eine Anode hin beschleunigt werden (◘ Abb. 25.2). Die Anode ist ein dünner Metallfilm, meist Kupfer, aber auch Silber, Wolfram und Molybdän finden Verwendung. Die beschleunigten Elektronen schlagen andere Elektronen aus der innersten Schale, der K-Schale, des Anodenmaterials heraus. Sie hinterlassen ein positiv geladenes „Loch", das durch weiter außen in der L-Schale liegende Elektronen „aufgefüllt" wird. Die Energie dieses Überganges wird in Form von Röntgenlicht freigesetzt, dessen Wellenlänge abhängig vom verwendeten Element ist. Die Strahlung einer Kupferanode hat eine Wellenlänge von 0,154 nm und heißt Cu-K$_\alpha$-Strahlung. Damit die einstrahlenden Elektronen die Anode nicht zerstören, wird diese kontinuierlich gedreht und/oder gekühlt. Im Handel sind solche Geräte als Drehanoden und Kathodenstrahlröhren. Bis in die 1990er-Jahre waren Drehanoden Standard, und die meisten Röntgenstrukturen wurden vor Ort in dedizierten Laboratorien bestimmt. (SAXS war damals eine junge Disziplin und unter Biolog(inn)en noch wenig bekannt.)

Mit dem Aufkommen von Synchrotronen, z. B. DESY in Hamburg, BESSY in Berlin, SLS in der Schweiz oder ESRF in Grenoble, kann man heutzutage recht unkompliziert Messzeit mit Röntgenstrahlung beantragen. Synchrotrone sind große Teilchenbeschleuniger, die eigens dazu gebaut werden, um mit relativistischen Effekten Licht zu erzeugen (◘ Abb. 25.3). Ein evakuiertes, dünnes, zu einem Polygon gebogenes Rohr von vielen Metern Länge, der Speicherring, wird mit Bündeln geladener Teilchen (meist Elektronen, selten Positronen) aus einem Linearbeschleuniger beschickt. Durch starke supraleitende Magnete, die *bending magnets*, werden die Teilchen im Speicherring auf eine „Kreisbahn" gezwungen, was einer ständigen zentripetalen Beschleunigung nahe der Lichtgeschwindigkeit entspricht. Die Elektrodynamik sagt voraus, dass diese Beschleunigung zu Abgabe von Energie in Form von Licht führt, die Teilchen also immer langsamer werden. Der Energieverlust wird mittels Radiofrequenz emittierenden Spulen im Speicherring ausgeglichen, die den Teilchen bei jedem Umlauf kinetische Energie zuführen. Das Licht wird als breites Spektrum

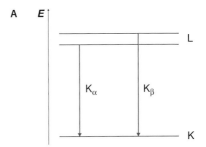

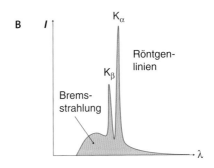

◘ **Abb. 25.2** Erzeugung von Röntgenlicht durch Kathodenstrahlen. **A** Energieübergänge zwischen K- und L-Schale. Werden Elektronen durch Kathodenstrahlen aus der K-Schale herausgeschlagen, so werden sie durch Elektronen aus der L-Schale ersetzt; dies geschieht unter Aussendung der Energiedifferenz als Röntgenlicht. Die K-Schale umfasst nur ein s-Orbital, die L-Schale dagegen s- und p-Orbitale, sodass es zwei Übergänge unterschiedlicher Energie gibt. **B** Skizziertes Röntgenspektrum einer Kathodenstrahlröhre. Die beiden Übergänge bilden Linien, der breite Hintergrund ist die Bremsstrahlung durch inelastische Stöße der Elektronen. Nur die K$_\alpha$-Strahlung wird für die Messung herausgefiltert

emittiert, das neben Röntgenstrahlung auch UV- und sichtbares Licht enthält. Die Lichtintensität kann nochmals um den Faktor $10^3$–$10^4$ erhöht werden, indem die Teilchen senkrecht zur Vorwärtsrichtung sinusförmig abgelenkt werden. Dazu dienen Wiggler und Undulatoren, spezielle Multipolmagnete, die in linearen Sektionen des Polygons eingebaut sind und die Elektronen abwechselnd nach oben und unten ablenken. Synchrotrone können Durchmesser von mehreren Hundert Metern haben und einige Milliarden Euro kosten. Sie erzeugen Licht für viele wissenschaftliche Disziplinen gleichzeitig, darunter auch Materialforschung und Festkörperphysik.

Unabhängig von der Art ihrer Erzeugung wird die Röntgenstrahlung vor der Messung durch Gitter und totalreflektierende Spiegel monochromatisiert. Schlitze und Kollimatoren blenden divergente Strahlung aus und bündeln das Licht in einen idealerweise kreisförmigen Strahl mit einem Durchmesser von 1–100 μm. Synchrotronstrahlung ist um den Faktor $10^9$ intensiver als die von Laborgeräten erzeugte Röntgenstrahlung und kann daher mit sehr kleinen Proben wie mikrometergroßen Kristallen und verdünnten Lösungen (SAXS) arbeiten. Die Wellenlänge ist im Bereich von ca. 50–400 pm (0,5–4,0 Å)

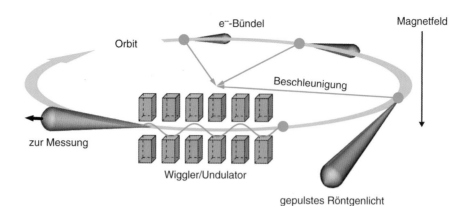

**◘ Abb. 25.3** Aufbau von Synchrotronen zur relativistischen Erzeugung von Röntgenlicht. Das evakuierte Rohr, in dem sich die Elektronenbündel (blaue Punkte) bewegen, und die Radiofrequenzspulen sind nicht gezeigt. Das externe Magnetfeld zwingt die Elektronen auf eine Kreisbahn. Die Abstrahlung von Licht (durch Kegel skizziert) ist tangential zum Orbit und gepulst mit der Umlauffrequenz der Bündel. Wiggler und Undulatoren werden in linearen Abschnitten des Polygons platziert. Hier werden die Elektronen senkrecht zur Bewegungsrichtung auf einer Sinuskurve beschleunigt, was die Intensität des Lichtes abermals erhöht (roter Kegel). Auf diese Weise finden Dutzende Messstationen an einem Speicherring Platz

frei wählbar, was die Messung der anomalen Dispersion (MAD, ▸ Abschn. 25.5.4.3) ermöglicht.

Die ersten „Detektoren" für Röntgenlicht waren fluoreszierende Mineralien im Labor von Röntgen, die beim Auftreffen von Röntgenlicht hell aufleuchteten. Der erste quantitative Detektor war fotografischer Film, wie er auch lange in der Kryo-EM verwendet wurde. Sein Vorteil ist ein recht großer dynamischer Bereich, d. h. man kann sehr schwache und sehr starke Signale gleichzeitig aufnehmen. Zudem können Filme sehr feinkörnig hergestellt werden, was in der Diffraktion zur Trennung nahe beieinanderliegender Reflexe wichtig ist. Der Hauptnachteil ist die lange Entwicklungszeit (ca. 1 h pro Bild), weshalb ab Mitte der 1990er-Jahre Flächenzähler auf Phosphoreszenzbasis populär wurden (*image plates*). Diese haben zwar größere Pixel als Film, brauchen aber nur etwa eine Minute zum Auslesen des Bildes. Verglichen mit der Belichtungszeit von wenigen Sekunden mit Synchrotronstrahlung ist das auch noch recht lange, weshalb sie bald durch CCDs (*Charge-Coupled Devices*) ersetzt wurden, deren Bilder innerhalb einer Sekunde auslesbar sind. Oft sind mehrere solcher Kameras zu großen Mosaiken zusammengefasst. Der dynamische Bereich von CCDs ist nicht sehr groß, sodass man oft mehrere Messungen mit unterschiedlich langer Belichtungszeit machen muss. Diese Probleme umgehen die mittlerweile an Synchrotronen routinemäßig verwendeten Pixeldetektoren. In diesen Detektoren ist jeder Pixel ein eigener Detektor, der so empfindlich ist, dass er einzelne Röntgenphotonen zählt. Während ein CCD-Pixel meist weniger als 70.000 Photonen zählen kann, sind es bei Pixeldetektoren mehr als 700.000. Zudem sind die Pixel nur etwa ein Viertel so groß wie bei CCDs. Die Bilder von Pixeldetektoren werden *kontinuierlich* ausgelesen, was extrem schnelle Datensammlung erlaubt.

## 25.2 Apparativer Aufbau

Die Messanordnung besteht aus der Strahlungsquelle, einem Probenhalter, einem Primärstrahlfänger oder Beam Stop sowie einem Detektor zur Messung des abgelenkten Lichtes (◘ Abb. 25.4). Trifft monochromatisches Röntgenlicht auf eine Probe, wird diese zu >99 % einfach durchstrahlt, ohne dass das Licht mit ihr eine Wechselwirkung eingine. Der *beam stop* gleich hinter der Probe dient dem Schutz des Detektors vor diesem Primärstrahl. Die Probe selbst besteht bei SAXS aus einer Lösung des Makromoleküls mit einer Konzentration von einigen mg ml$^{-1}$ bei Raumtemperatur und bei Kristallographie aus einem auf 100 K gekühlten Kristall. Der Winkel, den die abgelenkte Strahlung mit dem Primärstrahl bildet, wird mit $2\theta$ bezeichnet. Sollen Signale für kleine $2\theta$-Werte gemessen werden, muss der Abstand zwischen Probe und Detektor groß sein, sonst verdeckt das Licht des Primärstrahls das Signal. Insbesondere bei SAXS kommt es sehr darauf an, akkurate Daten bei sehr kleinen Streuwinkeln zu messen. Der Detektorabstand beträgt daher oft mehrere Meter, was wiederum ein neues Problem verursacht: Röntgenlicht wird durch Luft gestreut und z. T. absorbiert. Zur Minimierung von Streuung und Absorption wird deshalb für SAXS zwischen Probe und Detektor eine evakuierte Röhre oder wenigstens eine weniger streuende Heliumatmosphäre eingebaut. Der Detektor selbst dient der winkelabhängigen Registrierung der Intensität des an der Probe gestreuten bzw. gebeugten Röntgenstrahls.

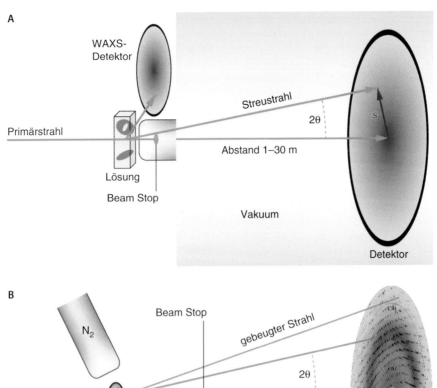

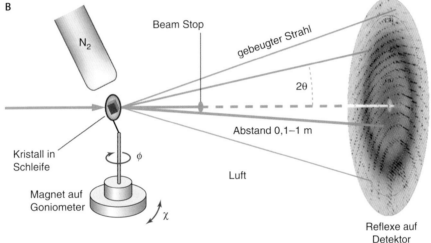

**Abb. 25.4** Schematischer Aufbau von Streu- und Diffraktionsexperimenten. Fokussierte Röntgenstrahlen werden über Kollimatoren oder Spiegelsysteme von divergenter Strahlung getrennt und treffen dann auf die Probe. Ein Großteil der Strahlung durchtritt die Probe ohne Wechselwirkung und wird durch den Beam Stop abgefangen. Die wenige von der Probe abgelenkte Strahlung wird detektiert. Der Beugungswinkel $2\theta$ ist ein Maß für die Auflösung. **A** Bei SAXS ist der Detektor mehrere Meter von der Probe entfernt und sitzt in einer evakuierten Röhre (grauer Zylinder). Das Streubild ist für einen bestimmten Winkel $2\theta$ isotrop, d. h. gleich in alle Richtungen, weil die Moleküle in der Lösung alle möglichen Orientierungen einnehmen (durch die roten Formen angedeutet). Die Strecke zwischen Primärstrahl und Streustrahl auf dem Detektor ist der Streuvektor $s$ (rot). Für größere Winkel $2\theta$ (WAXS, *wide-angle X-ray scattering*) wird ein zusätzlicher Detektor nahe an der Probe eingebaut. **B** Bei der Diffraktion wird ein Kristall in einer Schleife verglast und auf etwa 100 K gekühlt. Im Unterschied zu SAXS zeigt das Diffraktionsbild der kristallinen Probe einzelne Reflexe. Um einen vollständigen Datensatz zu erhalten, muss der Kristall daher während der Messung auf einem Goniometer gedreht werden. Der dunkle Ring im Diffraktionsbild entspricht dem mittleren Abstand von 360 pm der ungeordneten (isotrop verteilten) O-Atome in Wasser

## 25.3 Streuung und Beugung von Röntgenstrahlen

Jedes Objekt streut Licht. Eine Probe mit ungeordneten Molekülen streut Licht in alle Richtungen gleichermaßen (isotrop). Bei geordneten Objekten wird das Licht nur in bestimmte Richtungen gestreut, und dieser Effekt wird Beugung oder Diffraktion genannt. Man spricht daher bei Lösungen von Streuung, bei Kristallen von Beugung oder Diffraktion.

Röntgenstrahlen wechselwirken mit Elektronen, weshalb Streuung bzw. Beugung von Röntgenlicht Informationen über die Verteilung von Elektronen in einer durchstrahlten Probe liefert. Trifft ein Röntgenstrahl auf ein Molekül, so wechselwirkt ein kleiner Teil mit der Elektronenhülle der Atome, wodurch diese angeregt werden. Bei der Rückkehr der angeregten Elektronen in den Grundzustand wird Röntgenstrahlung in alle Richtungen abgegeben und kann mit dem Röntgenlicht, das von anderen Atomen emittiert wird, interferieren. Das Licht

**25**

kann entweder elastisch oder inelastisch gestreut/gebeugt werden. Mit Ausnahme der anomalen Dispersion (▶ Abschn. 25.5.4.3) betrachten wir hier nur elastische Prozesse, bei denen keine Energie vom eingestrahlten Licht auf die Probe übertragen wird. Die Wellenlänge des gestreuten/gebeugten Lichtes ändert sich daher nicht, nur seine Richtung. Die Richtungsänderung ist ein Maß für die Auflösung der Daten. Je größer der Winkel $2\theta$ zwischen Primärstrahl und abgelenktem Licht, desto höher ist die Auflösung.

### 25.3.1    Kleine Physik der Streuung

SAXS basiert auf der elastischen Streuung monochromatischer Röntgenstrahlen im Wellenlängenbereich $\lambda = 0{,}1\text{--}0{,}2$ nm durch Moleküle in Lösung. Da die Moleküle dort frei beweglich sind, nehmen sie alle möglichen Orientierungen in Bezug zum Röntgenstrahl ein und streuen Röntgenlicht in alle Richtungen. Die Streuung durch ungeordnete Moleküle in eine bestimmte Richtung ist sehr klein. Das Streuprofil auf dem Detektor ist isotrop, d. h. es hat radiale Symmetrie um den Primärstrahl (⬛ Abb. 25.4A). SAXS wird bei sehr kleinen Winkeln von 0,1–10° detektiert. Das Streumuster erlaubt Rückschlüsse auf mittlere Partikelgröße und -masse, Form der Moleküle und deren Verhältnis von Oberfläche zu Volumen. Für SAXS-Daten wird typischerweise nicht der Streuwinkel $2\theta$, sondern der Betrag des Streuvektors $s$ angegeben. Dabei gilt:

$$s = \frac{4\pi}{\lambda} \cdot \sin\theta \qquad (25.1)$$

Der Betrag $s$ des Streuvektors $s$ gibt unabhängig von der verwendeten Wellenlänge Informationen über die Eigenschaften des untersuchten Makromoleküls.

Unter thermodynamisch idealen Bedingungen, d. h. in stark verdünnter Lösung ohne intermolekulare Wechselwirkungen, ist die Intensität des gestreuten Lichtes als Funktion des Streuvektors, $I(s)$, die Summe der Streusignale aller individuellen Moleküle. Diese Intensitätsverteilung ist nur von der Molekülform, dem molekularen Formfaktor $P(s)$, abhängig. Der Grund hierfür ist, dass Röntgenstrahlen, die an verschiedenen Stellen desselben Moleküls gestreut werden, miteinander interferieren und das letztendlich ausgesandte und gemessene Licht nur Informationen über die Dimensionen des Moleküls (seine Form) enthält. In diesem Fall ist die gemessene Gesamtintensität proportional zu der Intensität eines einzelnen Moleküls, dessen Form über alle in der Lösung möglichen Orientierungen gemittelt wurde.

Sobald aber Wechselwirkungen zwischen Molekülen auftreten, und das passiert bei typischen Konzentrationen immer, kommt ein weiterer Faktor ins Spiel, der Strukturfaktor $S(s)$. In konzentrierteren Lösungen interferieren Röntgenstrahlen, die von verschiedenen Molekülen gestreut wurden. Der Strukturfaktor beschreibt diese intermolekularen Anteile des resultierenden Streulichtes. In nicht-idealen Lösungen setzt sich daher die gemessene Intensitätsverteilung aus dem Formfaktor und dem Strukturfaktor zusammen:

$$I(s) = P(s) \cdot S(s) \qquad (25.2)$$

Mathematisch gesehen ist der molekulare Formfaktor $P(s)$ die Fourier-Transformation der Elektronendichte des Moleküls. In der Kristallographie spielen atomare Formfaktoren eine wichtige Rolle. Außerdem wird der Strukturfaktor noch wichtiger als bei SAXS, weil im Kristall alle Atome regelmäßig angeordnet sind und gebeugte Röntgenstrahlen daher auf besondere Weise interferieren (⬛ Abb. 25.5).

### 25.3.2    Kleine Physik der Diffraktion

Kristalle sind regelmäßige, sich periodisch wiederholende Anordnungen von Atomen oder Molekülen in drei Dimensionen (▶ Abschn. 25.5.2). Die von den Elektronen der Moleküle in Kristallen gestreute Röntgenstrahlung interferiert viel stärker, als dies bei ungeordneten Molekülen in verdünnter Lösung der Fall ist, d. h. der Strukturfaktor ist groß. In den meisten Richtungen führt negative Interferenz zur Reduktion oder gar Auslöschung der Lichtintensität (⬛ Abb. 25.5). Nur in bestimmten Richtungen ist die Interferenz (sehr stark) konstruktiv: ein gebeugter Lichtstrahl entsteht, der mit dem Primärstrahl einen Winkel $2\theta$ bildet und leicht als sog. Reflex detektiert werden kann (⬛ Abb. 25.4 und 25.20). Die Richtung des Reflexes wird durch das Bragg'sche Gesetz von 1912 beschrieben:

$$\mathrm{n} \cdot \lambda = 2 \cdot d \cdot \sin\theta \qquad (25.3)$$

⬛ Abb. 25.6 zeigt eine geometrische Darstellung des Bragg'schen Gesetzes.

Das Bragg'sche Gesetz beschreibt die Beugung von Röntgenstrahlen der Wellenlänge $\lambda$ als Reflexion an einer gedachten Schar paralleler Ebenen mit dem Abstand $d$ (⬛ Abb. 25.7). Nur wenn Wellenlänge $\lambda$, Winkel $\theta$ und Abstand $d$ dem Bragg'schen Gesetz folgen, sind alle reflektierten Lichtwellen in Phase, und es kommt zu positiver Interferenz. In allen anderen Fällen erfolgt negative Interferenz unter kompletter Auslöschung des Lichtes. Das wird verständlich, wenn man die sehr große Zahl von Ebenen in einem Kristall betrachtet: bei Nichterfüllung des Bragg'schen Gesetzes wird eine davon immer das Licht genau um 180° phasenverschoben zu einer anderen Welle reflektieren, und diese löschen sich dann (paarweise) aus. Umgekehrt wird deutlich, weshalb Kristalle so nützlich zur Röntgenstrukturanalyse sind. Die Energie des gebeugten/reflektierten Lich-

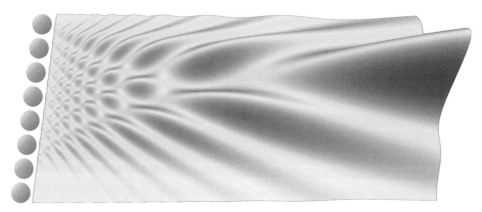

◘ **Abb. 25.5** Streuung einer Lichtwelle an einer Reihe äquidistanter Atome. Die Intensitätsverteilung des Lichtes ist symmetrisch zur Horizontalen (dem Primärstrahl), hat aber je nach Beugungswinkel sehr verschiedene Intensitäten. Bei dreidimensional regelmäßigen Anordnungen (Kristallen) bleiben nur noch wenige Richtungen übrig, in die überhaupt Licht durchgelassen wird. Abbildung erstellt mit WaveWorkshop (▶ https://www.jsingler.de/waveworkshop; Johannes Singler)

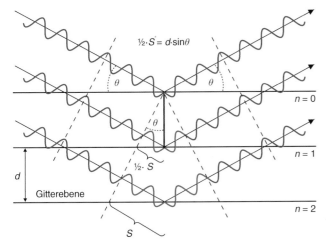

◘ **Abb. 25.6** Das Bragg'sche Gesetz beschreibt den Zusammenhang zwischen dem Abstand $d$ gedachter paralleler Ebenen im Kristallgitter und dem Reflexionswinkel $\theta$, unter dem es zur konstruktiven Interferenz kommt. Der Primärstrahl kommt von links und wird unter dem Winkel $2\theta$ an den horizontal gezeichneten Gitterebenen „reflektiert". Der Wegunterschied $S$ des mittleren Strahls muss gerade so groß sein, dass die reflektierte Welle in Phase mit der oberen ist. Dafür gilt die trigonometrische Beziehung $\frac{1}{2} \cdot S = d \cdot \sin \theta$. Für Phasengleichheit vor und nach der Reflexion gilt $\frac{1}{2} \cdot S = \lambda$, was einem Wegunterschied vor und nach Beugung von $2\,\lambda$ ergibt. Für die nächste Gitterebene ($n = 2$) ist der Wegunterschied für konstruktive Interferenz doppelt so groß: $2 \cdot S = 4 \cdot \lambda$

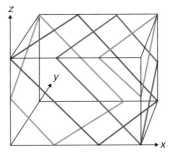

◘ **Abb. 25.7** Gedachte Ebenen in Kristallen zur Veranschaulichung des Bragg'schen Gesetzes. Ein quaderförmiger Kristall mit den Kanten $x$, $y$ und $z$ wird von einem Satz paralleler Ebenen geschnitten, wobei die Kanten auf die Länge eins normiert sind. Die Zahl der Schnittpunkte der Ebenen mit den Achsen sind die sog. Miller-Indizes $h$, $k$ und $l$, die auch reziproke Schnittpunktskoordinaten heißen. Werden die Achsen jeweils bei der Hälfte ihrer Länge geschnitten, ist die Ebenenschar durch $(h,k,l) = (2,2,2)$ definiert. Im abgebildeten Beispiel ist $(h,k,l) = (3,-1,2)$. Die beiden Ebenen, die durch die grauen Geraden gespannt werden, sind um genau eine Einheit in $x$-Richtung verschoben und damit identisch. Der negative Wert für $k$ kommt daher, dass die Ebenen die $y$-Achse in negativer Richtung schneiden (sichtbar aus der gedachten Verlängerung der linken grauen Ebene)

tes verschwindet ja nicht (Energieerhaltung), sondern wird in denjenigen Richtungen konzentriert, die das Bragg'sche Gesetz vorgibt. Der Kristall wirkt als enormer Signalverstärker. Jede Ebenenschar erzeugt ihren eigenen Reflex.

Durch Messung von $\theta$ ist es möglich, den Abstand $d$ zwischen den parallelen Ebenen zu bestimmen. Reale Kristalle haben fehlerhafte Ordnung und beugen Röntgenstrahlen nur bis zu einem bestimmten maximalen Winkel $\theta_{max}$. Nach dem Bragg'schen Gesetz entspricht der größte Beugungswinkel $\theta_{max}$ dem kleinsten beobachtbaren Ebenenabstand $d_{min}$, der auch als Auflösung der gesamten Kristallstruktur bezeichnet wird:

$$d_{min} = \frac{\lambda}{2 \cdot \sin \theta_{max}} \qquad (25.4)$$

$\theta_{max}$ kann nicht $>90°$ sein ($\sin 90° = 1$), sodass $d_{min} = \lambda/2$. Dies entspricht dem Abbe'schen Gesetz der Mikroskopie, wonach die höchstmögliche Auflösung der halben Wellenlänge entspricht (▶ Kap. 23).

Nach diesem kurzen Abriss der Physik von Streuung und Diffraktion wollen wir uns nun den eher praktischen Aspekten der Röntgenstrukturanalyse zuwenden.

## 25.4 Kleinwinkel-Röntgenstreuung (SAXS)

Makromoleküle in Lösung sind meist sehr flexibel und nehmen eine Vielzahl von verschiedenen Konformationen ein, die alle miteinander im Gleichgewicht vorliegen. Wechselwirkungen mit Bindungspartnern oder Änderungen der Lösungsmittelbedingungen verschieben diese Gleichgewichte. SAXS untersucht die Gesamtheit aller Konformationen und erlaubt die Bestimmung zeitlich und räumlich gemittelter Information über alle in Lösung befindlichen Konformationen. Dazu gehören die Form des Moleküls, der Gyrationsradius $R_g$, das Hydratationsvolumen $V_h$, der maximale Durchmesser $D_{max}$ und die molekulare Masse $M_M$.

Obwohl die Auflösung von SAXS aufgrund der isotropen Streuung und der damit nur kleinen messbaren $\theta$-Werte limitiert ist, erlaubt diese Lösungsmethode das Testen von Hypothesen, die anhand von Kristallstrukturen formuliert wurden. So wurde in einer Kristallstruktur die Wechselwirkung des DNA-Reparaturenzyms Mre11 in Gegenwart von DNA mit einem weiteren Mre11-Molekül als Kristallkontakt interpretiert. SAXS-Experimente zeigten jedoch, dass dieser Kontakt auch in Lösung stabil und die Dimer-Wechselwirkungsfläche essenziell für die DNA-Bindung ist. SAXS ist ein Bindeglied zwischen hochauflösenden Methoden wie Röntgenkristallographie und NMR-Spektroskopie einerseits und den größenlimitierten Methoden Kryo-EM und Tomographie andererseits.

### 25.4.1 Probenvorbereitung und Messung

Wie bei allen Techniken ist die Qualität der Probe ausschlaggebend für die Güte der SAXS-Ergebnisse. Vorexperimente legen die optimale Probenkonzentration (meist $0{,}1$–$5$ mg ml$^{-1}$) und die besten Pufferbedingungen fest, bei denen keine Aggregate oder entfaltete Proteine vorliegen. Diese würden durch SAXS als eigene Spezies erkannt und erschwerten die Auswertung. Präzipitate werden vor der Messung durch Zentrifugation entfernt. Ferner sollten zwischen den Makromolekülen keine konzentrationsabhängigen Wechselwirkungen existieren, d. h. die Lösung soll ideal im thermodynamischen Sinne sein. Experimente bei mehreren Proteinkonzentrationen helfen, Konzentrationseffekte zu vermeiden oder, falls biologisch interessant, bei der Auswertung zu berücksichtigen.

Um den Streueffekt des Lösungsmittels von dem des Makromoleküls zu trennen, wird eine separate Messung nur mit Puffer durchgeführt, und diese Daten werden subtrahiert. Dabei sollte der Puffer von vorneherein so gewählt werden, dass er im Vergleich zum Makromolekül nur wenig Licht streut. Eine geringe Ionenstärke und wenig organische Additive sind von Vorteil. Nach der Korrektur bleiben Streudaten, die nur

Information über das untersuchte Molekül enthalten. Für die Berechnung der molekularen Masse $M_M$ ist es sinnvoll, eine Referenzmessung mit einem Massenstandard durchzuführen. Die prinzipielle Messanordnung ist in ▢ Abb. 25.4A skizziert. Die etwa 15 µl Probe werden in einer Quarzkapillare etwa 1 s dem Röntgenlicht ausgesetzt.

### 25.4.2 Analyse von SAXS-Daten

Da die Intensität des gestreuten Lichtes in Abhängigkeit des Streuvektors $s$ (radial) exponentiell über etwa drei Zehnerpotenzen abfällt, werden SAXS-Daten meist logarithmisch aufgetragen (▢ Abb. 25.8). Die so erhaltene Streukurve weist einige Charakteristika auf. Bei kleinen $s$-Werten von 0–4 nm$^{-1}$, entsprechend sehr kleiner Winkel und einem Auflösungsbereich von ∞–1,5 nm, fällt die Kurve steil ab. Der Verlauf der Kurve in diesem Bereich ist charakteristisch für ein bestimmtes Molekül, da er überwiegend von dessen dreidimensionaler Form abhängt. Aus den Daten in diesem Bereich werden Größe, Form und Volumen des Moleküls ermittelt. Im anschließenden Bereich mittlerer Auflösung (1,5–0,5 nm) sind die Unterschiede im Kurvenverlauf nicht so deutlich ausgeprägt, und im hohen Auflösungsbereich <0,5 nm verlaufen alle Kurven nahezu gleich. So können mittels SAXS zwar noch bedingt Aussagen zur Sekundärstruk-

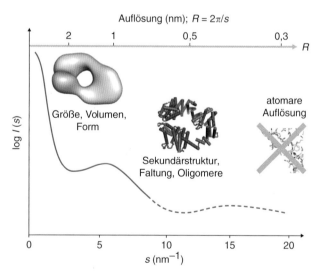

▢ Abb. 25.8 Schematische Darstellung von SAXS-Daten. Die Intensität ist logarithmisch als Funktion des Streuvektorbetrags $s$ aufgetragen. Die unterbrochene rote Linie gibt den Bereich von $s$ wieder, in dem Messungen ungenau oder gar nicht möglich sind. Parallel zu $s$ ist oberhalb des Graphen die Auflösung $R$ mit $R = 2\pi/s$ aufgetragen. Die Abbildungen geben einen Anhalt über die Details der möglichen strukturellen Aussagen im jeweiligen Auflösungsbereich an und wurden unter Zuhilfenahme zweier Strukturen des Exportrezeptors CRM1 erstellt (Kryo-EM-Struktur EMDB EMD–1099 bei 2,2 nm Auflösung und Kristallstruktur PDB-ID 3gjx bei 0,25 nm Auflösung)

tur, nicht aber zu atomaren Details gemacht werden. Eine akkurate Messung des Signals im niedrigen Auflösungsbereich ist für das Modellieren von Strukturen wichtig (▶ Abschn. 25.4.3).

Für kleine *s*-Werte findet das Guinier'sche Gesetz Anwendung, das näherungsweise die Intensität in Bezug zum Gyrations- oder Trägheitsradius $R_g$ des Moleküls setzt:

$$I(s) \approx I_0 \cdot \exp\left(-\frac{R_g^{\,2} \cdot s^2}{3}\right) \tag{25.5}$$

Gl. 25.5 beschreibt gut den linken Teil der Streukurve in ◘ Abb. 25.8 für Werte von $s \cdot R_g < 1{,}3$ und ideales Verhalten der untersuchten Probe. Nach Logarithmieren von Gl. 25.5 liegt ein linearer Zusammenhang zwischen ln $I(s)$ und $s^2$ vor:

$$\ln I(s) \approx \ln I_0 - \frac{R_g^{\,2}}{3} \cdot s^2 \tag{25.6}$$

Die Auftragung der logarithmierten Intensität ln $I(s)$ gegen das Quadrat des zugehörigen Streuvektors $s^2$ heißt Guinier-Plot (◘ Abb. 25.9A). Der Ordinatenabschnitt ist der Logarithmus der Streuintensität $I_0$ bei $s = 0$, also entlang des Primärstrahls (die aber wegen des *beam stop* nicht gemessen, sondern nur extrapoliert werden kann). $I_0$ ist proportional zur Gesamtzahl der Elektronen im Molekül. Über Kalibrierung mit Molekülen bekannter Masse und bei genauer Kenntnis der Probenkonzentration kann damit die molekulare Masse $M_M$ bestimmt werden. Aus der Steigung der Geraden wird der Gyrationsradius $R_g$ berechnet. $R_g$ ist ein Maß für die Masseverteilung eines Makromoleküls in Relation zu seinem Schwerpunkt. $R_g$ entspricht mathematisch der Quadratwurzel der mittleren quadratischen Entfernung der einzelnen Atome zum Schwerpunkt des Moleküls. Vergrößert oder verkleinert sich $R_g$ eines Makromoleküls unter verschiedenen Bedingungen, kann man von Konformationsänderungen ausgehen, z. B. ein Öffnen bzw. Schließen des Moleküls oder eine Änderung des oligomeren Zustands.

Die Paar-Distanz-Verteilungsfunktion ($P(r)$; ◘ Abb. 25.9B) ist eine weitere Art der grafischen Darstellung von SAXS-Daten. Im Gegensatz zur Guinier-Näherung, die nur die kleinsten *s*-Werte nutzt, verwendet $P(r)$ alle Daten aus einem SAXS-Experiment. $P(r)$ wird durch numerische Fourier-Inversion aus den Intensitätsdaten berechnet und beschreibt die relative Häufigkeit $P$ von Abständen $r$ aller möglicher Paare von Elektronen (und damit von Atomen) innerhalb eines Objektes. Damit ist die $P(r)$-Funktion das SAXS-Äquivalent der Patterson-Funktion, auf die wir im ▶ Abschn. 25.5.4 beim Phasenproblem der Kristallographie eingehen.

Für globuläre Proteine beispielsweise ähnelt der Graph der $P(r)$-Funktion einer Gauß-Verteilung: Es gibt wenige sehr kleine und wenige sehr große Abstände, dafür viele mittlere. Die $P(r)$-Funktionen von Proteinen mit mehreren Domänen tendieren zu einer leichten Verschiebung des Maximums der $P(r)$-Funktion zu kleineren $r$-Werten. Sie weisen oft mehrere Maxima oder Plateaus auf: Die Häufung kleinerer Abstände gehört zu Atomen innerhalb einer Domäne, größere Abstände zu Atomen zwischen verschiedenen Domänen (◘ Abb. 25.9B). Schon die räumliche Änderung einer geringen Zahl an Resten (Aminosäuren, Nucleotide) reicht für eine signifikante Änderung der $P(r)$-Funktion aus, weil sich durch solche Konformationsänderungen viele Abstände gleichzeitig ändern. Das nutzt man in Experimenten der Proteinfaltung oder zur Detektion entfalteter Proteine aus. Der Graph für entfaltetes Protein zeigt relativ zum gefalteten Zustand eine Verschiebung des Maximums zu kleinerem $r$, fällt zu größerem $r$ hin flacher ab und ist insgesamt brei-

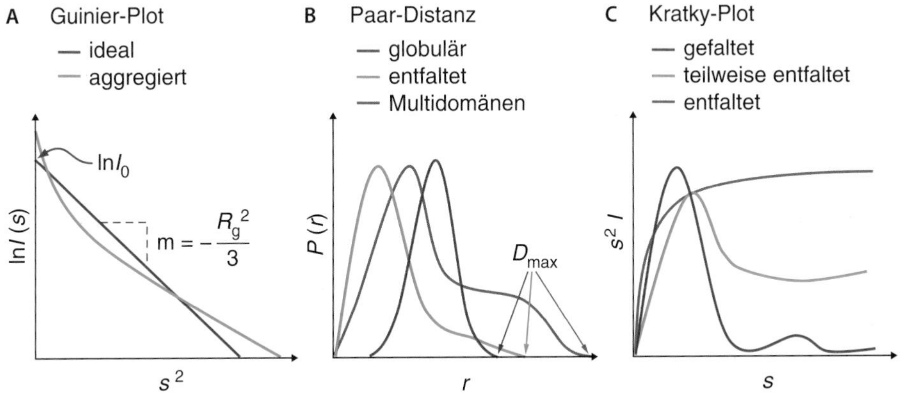


◘ **Abb. 25.9** Darstellungsformen der SAXS-Daten und deren Interpretation. **A** Guinier-Plot. Sofern der Bereich $s \cdot R_g < 1{,}3$ linear ist, ergeben sich $R_g$ aus der Steigung und $I_0$ aus dem Ordinatenabschnitt. Die grüne Linie zeigt den Verlauf bei Aggregaten in der Probe. **B** Paar-Distanz-Verteilungsfunktion. Elongierte Moleküle wie Multidomänen- oder entfaltete Proteine haben breitere Verteilungen als globuläre. **C** Der Kratky-Plot unterscheidet zwischen nativem und entfaltetem Protein. (Nach Putnam et al. 2007)

**25**

ter. Die größere Zahl kleinerer Abstände entsteht durch intermolekulare Kontakte zwischen entfalteten Molekülen. Entfaltete Proteine nehmen viele Konformationen ein, was die breitere Abstandsverteilung erklärt. Da entfaltete Proteine ein größeres Volumen einnehmen als gefaltete, kommen auch größere Abstände als im gefalteten Zustand vor. Die $P(r)$-Funktion erlaubt neben Aussagen zur Häufigkeit bestimmter Abstände innerhalb eines Moleküls auch die Bestimmung der maximalen Ausdehnung. Der größte für $r$ ermittelte Wert ist $D_{max}$. Er entspricht dem maximalen Abstand zweier Elektronen im Molekül. Sowohl die Maxima der Abstandshäufigkeiten als auch $D_{max}$ sind sensitiv für jede Änderung der Molekülform, etwa aufgrund von Ligandenbindung oder auch nur wegen geänderter Pufferbedingungen.

Eine dritte Variante zur Analyse von SAXS-Daten ist der Kratky-Plot (◘ Abb. 25.9C), der das Produkt aus dem Quadrat des Streuvektorbetrags und der Intensität, $s^2 \cdot I(s)$, gegen den Streuvektorbetrag $s$ aufträgt. Der Kratky-Plot visualisiert die Kompaktheit eines Moleküls, was bei der Interpretation des Faltungszustandes von Proteinen hilfreich ist. Kratky-Plots für globuläre, gefaltete Proteine folgen einer Glockenkurve, die sich bei hohen $s$-Werten der Nulllinie nähert. Entfaltete Moleküle zeigen dagegen einen offenen Kurvenverlauf, der für hohe $s$-Werte nicht gegen null geht. Eine Mischung von nativen und denaturierten Proteinen zeigt intermediäre Kurvenverläufe. Durch den Kratky-Plot liefert SAXS ähnliche Informationen über die Faltung von Proteinen wie fern-UV-CD-Spektroskopie (▶ Abschn. 26.4).

Zum Schluss soll noch das Porod'sche Gesetz erwähnt werden. Es erlaubt für globuläre Proteine in hoch monodispersen Lösungen die Bestimmung des Hydratations-, Ausschluss- oder Porod-Volumens $V_h$ eines Makromoleküls:

$$V_h = 2\pi^2 \cdot \frac{I_0}{\int_0^\infty s^2 \cdot I(s) \cdot ds} \qquad (25.7)$$

Das Integral im Nenner in Gl. 25.7 ist die Fläche des Kratky-Plots und heißt Porod-Invariante. Da die Integration über alle Daten erfolgt, ist die Porod-Invariante proportional zur Gesamtstreuintensität $I_0$. Die Berechnung von $V_h$ ist damit unabhängig von der Konzentration des Makromoleküls. Für globuläre Moleküle ergibt sich aus der Formel für das Kugelvolumen $V_h = (4\pi \cdot R_h)/3$ der Hydratationsradius $R_h$, der zum Gyrationsradius $R_g$ mit $R_h \approx 1{,}3 \cdot R_g$ in Beziehung steht.

Das Ausschlussvolumen $V_h$ in nm³ kann grob in eine molekulare Masse $M_M$ in kDa durch die Daumenregel $M_M \approx 0{,}6 \cdot V_h$ umgerechnet werden. Diese Masse enthält den Beitrag des gebundenen Wassers. Allerdings ist die Bestimmung von $V_h$ für nicht-globuläre Makromoleküle ungenau; in diesen Fällen wird die molekulare Masse aus der Gesamtstreuintensität $I_0$ nach

$$\frac{I_0}{c} = \frac{N_A \cdot M_M}{\mu^2} \cdot \left(1 - \frac{\rho_0}{\rho_{Probe}}\right)^2 \qquad (25.8)$$

berechnet. Hier wird allerdings die genaue Probenkonzentration $c$ benötigt. Für Proteine ist der Parameter $\mu$ typischerweise 1,87. $\rho_0$ und $\rho_{Probe}$ sind die (tabellierten) Elektronendichten des Lösungsmittels bzw. der Probe.

### 25.4.3    Strukturbestimmungen mit SAXS

Bisher haben wir uns nur mit der Extraktion molekularer Parameter aus SAXS-Daten beschäftigt. Die Streukurven enthalten aber auch Strukturinformation, die durch Kurvenangleich im Bereich niedriger Auflösung (∞–1,5 nm, entspricht $s < 4$ nm$^{-1}$) rekonstruiert werden kann. Dazu werden Molekülmodelle unterschiedlicher Form erzeugt, deren Streukurven berechnet und diese mit den SAXS-Daten verglichen. Das Verfahren wird so lange durch Modifizieren des Molekülmodells iteriert, bis berechnete und gemessene Streukurve bestmöglich übereinstimmen. Im günstigsten Fall kennt man aus anderen Methoden die Strukturen von allen Teilen des mit SAXS untersuchten Moleküls, etwa alle einzelnen Domänen eines Proteins oder die Komponenten eines Komplexes. Diese stellt man in verschiedenen Orientierungen als starre Körper (*rigid bodies*) zusammen und vergleicht berechnete und gemessene Streukurven. Für De-novo- oder Ab-initio-Strukturbestimmungen erzeugt man die Startmodelle durch geometrische Objekte. Während ursprünglich die Startmodelle aus groben Kugeln unterschiedlicher Radii bestanden, werden heute für die Strukturbestimmung Modelle aus Platzhaltern verschiedener Größe, sog. *dummy residues*, verwendet. Die *dummy residues* umfassen in der Regel mehrere Aminosäurereste oder Nucleotide, können bei recht hoch aufgelösten SAXS-Daten (≈0,5 nm) aber auch aus einzelnen Resten bestehen. Verschieben der Dummy Residues erlaubt kleine Veränderungen des Modells während des iterativen Kurvenangleichs. Ziel ist, ein Ensemble aus Dummy Residues zu finden, dessen Form mit der gemessenen Streukurve kompatibel ist. Das Verschieben selbst wird rechnerisch durch die Methode der simulierten Abkühlung (*simulated annealing*) erreicht, ein heuristisches Verfahren, das auch bei der Verfeinerung von Kristallstrukturen Anwendung findet. Ein Startmodell wird in silico auf Temperatur von vielen Hundert bis einige Tausend Kelvin erhitzt, was den Dummy Residues genügend kinetische Energie zur Verschiebung verleiht. Langsames Abkühlen (= Reduktion der kinetischen Energie) und Vergleich mit den gemessenen Streudaten liefert ein besseres Modell. Das Heizen und Annealing wird mehrere Male wiederholt, um zu verhindern, dass sich das Modell in einem lokalen Energieminimum verfängt.

Eine Weiterentwicklung des Dummy-Modells ist das Perlschnurmodell, bei dem die Dummy Residues, wie es sich für ein Makromolekül gehört, auf einer Kette liegen und nicht beliebig ihre Plätze tauschen können (◻ Abb. 25.10). Das entspricht einer starken Einschränkung der Freiheitsgrade im Simulated Annealing, was zu schnellerer Konvergenz der Rechnung und realistischeren Modellen führt. Da das Perlschnurmodell Makromoleküle auf Aminosäure- bzw. Nucleotidebene simuliert, sind für seine Anwendung hochaufgelöste SAXS-Daten nötig.

Gleich, welches Modell angewandt wird, das Resultat einer Ab-initio-Rechnung ist eine Moleküloberfläche, die ein definiertes Volumen einschließt. Ein Problem dabei ist, dass sowohl das Bild wie das Spiegelbild der Moleküloberfläche die SAXS-Daten gleichermaßen erklären, aber wegen der Chiralität biologischer Makromoleküle nur eines davon richtig ist. Dieses Problem kann mithilfe bereits bekannter Strukturen gelöst werden. Existieren Strukturen von Domänen oder (bei Komplexen) von Untereinheiten aus anderen Methoden wie Kristallographie, NMR oder Kryo-EM, können diese mittels *rigid body modelling* nur in das korrekte Volumen sinnvoll eingepasst werden (◻ Abb. 25.11). Dazu werden die verwendeten Strukturen erst einmal als starre Körper definierter Form und Größe durch Rotation und Translation bestmöglich in das SAXS-Volumen gepackt. Sind zusätzliche biochemische Daten bekannt, werden diese während der Rechnung berücksichtigt. Kenntnisse über Protein-Protein- oder Protein-DNA-Wechselwirkungen oder Abstandseinschränkungen aus EPR (▸ Kap. 22) oder FRET (▸ Abschn. 8.5.5 und 19.7) sind hier sehr nützlich. Dieser Hybrid-Ansatz, der Informationen aus ganz verschiedenen biophysikalischen Methoden in einer Rechnung vereint, wird aus gutem Grund immer populärer. Die am besten passende Orientierung aller Strukturen wird dann noch durch moleküldynamische (*Molecular Dynamics*, MD) Rechnungen energieminimiert, sodass das endgültige Modell frei von sterischen

Überlappungen oder anderen geometrischen Fehlern ist. Hierbei kann man den ehemals *rigid bodies* zusätzliche Freiheitsgrade geben, etwa indem man kleinere Konformationsänderungen an Scharnierbereichen zwischen Domänen zulässt.

Die Hauptanwendung von SAXS besteht heute vor allem darin, aus Streukurven generierte Volumina von multimeren Komplexen oder von Proteinen mit mehreren zueinander flexiblen Domänen mit den Strukturen einzelner Domänen zu füllen. Dieser elegante Ansatz kombiniert die hochaufgelösten, aber für sich oft nicht sehr aussagekräftigen einzelnen Strukturen von Proteinfragmenten oder Domänen aus anderen Methoden mit dem niedrig aufgelösten, aber biologisch relevanten, Gesamtbild von Komplexen oder Multidomänenproteinen aus SAXS. Noch fehlende Fragmente, Domänen und flexible Bereiche wie Oberflächenschleifen von Proteinen können modelliert und der Komplex bzw. das Multidomänenprotein damit vervollständigt werden.

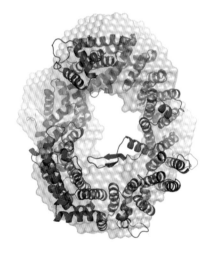

◻ **Abb. 25.11** De-novo-Strukturbestimmung mit SAXS und Einpassen bekannter Strukturmodelle

◻ **Abb. 25.10** Ab-initio-Strukturbestimmung; schematische Darstellung der Ergebnisse verschiedener Methoden. Von links nach rechts: Sphärenmodell, Platzhalter- oder Dummy-Modell und Perlschnurmodell. Die Abbildungen wurden aus denselben Strukturen wie in ◻ Abb. 25.8 oder aus Messungen von CRM1 mit einem schnellen Modus des Programms DAMMIF errechnet

Sphärenmodell                    Dummy-Modell                    Perlschnurmodell

25

SAXS mittelt über alle Konformationen in der durchstrahlten Probe (etliche Billionen Moleküle). Neuere MD-Methoden versuchen, aus den SAXS-Daten Gruppen von Molekülen gleicher Konformation, die Ensembles, zu isolieren. In der *Ensemble Optimization Method* (EOM) wird ein Modell aus bekannten Strukturen oder aus bekannten Teilen eines Moleküls erstellt, dessen Lücken dann modelliert werden. Viele mögliche Konformationen können generiert, gewichtet und ihre berechneten Streukurven mit den SAXS-Daten verglichen werden. So kann z. B. für intrinsisch ungefaltete Proteine eine Anzahl möglicher, besonders häufig vorliegender Konformationen ermittelt werden. Die *Minimal-Ensemble-Search-* (MES-)Methode startet mit einer großen Anzahl verschiedener berechneter Konformationen eines Makromoleküls und bestimmt in einem ersten Schritt dasjenige, das die Streudaten am besten beschreibt. Durch gewichtete Linearkombination dieses Modells mit einem zweiten Modell wird die Beschreibung der Streudaten wiederholt und verbessert. Durch sukzessive Erweiterung des Ensembles wird die kleinstmögliche Zahl an Konformationen bestimmt, die die Streudaten am besten beschreiben.

Eine Erweiterung von SAXS in Richtung höherer Auflösung ist die Weitwinkel-Röntgenstreuung (WAXS), welche den Auflösungsbereich von 0,4–0,2 nm erschließt (❏ Abb. 25.4A). Damit können Änderungen des Oligomerisierungsgrades oder der Konformation eines Makromoleküls z. B. aufgrund von Ligandenbindung ermittelt werden. Informationen zu Sekundärstrukturen sind ebenfalls zugänglich, aber noch nicht so detailliert, wie das bei der Kristallographie der Fall ist, der wir uns als Nächstes zuwenden.

## 25.5 Röntgenkristallographie

Kristallographische Methoden liefern die dreidimensionalen Strukturen von (Makro)molekülen bis zu atomarer Auflösung (<120 pm). Unter den kristallographischen Methoden firmieren neben der Röntgenkristallographie auch die Elektronen- und Neutronenkristallographie.

> Die Elektronenkristallographie nutzt Elektronenstrahlen zur Detektion molekularer Details. Da Elektronen von Materie stark absorbiert werden, benötigt diese Technik sehr kleine, mikrometergroße Kristalle, wie sie oft von Membranproteinen erhalten werden. Die Neutronenkristallographie dagegen erfordert sehr große Kristalle, weil aktuelle Neutronenquellen nur einen vergleichsweise geringen Fluss erzeugen. Mit Neutronen werden die Kernpositionen der kristallinen Probe abgetastet. In den resultierenden „Kerndichte-Karten" sind sogar Wasserstoffatome gut sichtbar.

Röntgenstrahlen wechselwirken mit Elektronen im Kristall und liefern Elektronendichtekarten, die dann mit einem atomaren Modell interpretiert werden. Das Resultat ist ein Strukturmodell mit den Positionen der einzelnen Atome. Der Informationsgehalt solcher Strukturmodelle ist enorm und reicht von der Quartär- und Tertiärstruktur bis zur detaillierten Wechselwirkung von Makromolekülen auf molekularer oder gar atomarer Ebene. Wenn mehrere Strukturen von Substraten, Intermediaten und Produkten im Komplex mit Enzymen vorliegen, kann der katalytische Mechanismus interpretiert werden. Ebenso können durch Vergleich mehrerer Strukturen Konformationsänderungen erkannt und damit Rückschlüsse auf Mechanismen gezogen werden.

Prinzipiell sind Moleküle jeder Art und Größe für die Röntgenkristallographie geeignet – vorausgesetzt, ihre Kristallisation gelingt. Die grundlegenden Arbeiten zur Beugung von Röntgenstrahlen an Salzkristallen durch Max von Laue und Vater und Sohn Bragg 1912 lieferten die ersten Kristallstrukturen, d. h. ein Bild von der regelmäßigen Anordnung von Ionen in Kristallen. Biologisch interessantere Strukturen sind solche von Makromolekülen. Die ersten Proteinkristalle wurden schon ein Jahr vor der Entdeckung der Röntgenstrahlen beschrieben, nämlich 1894 die des Lichtsammelproteins Phycoerythrin aus Rotalgen. Die schiere Größe von Makromolekülen erschwert im Allgemeinen ihre Kristallisation und erforderte neue Methoden sowohl zur Kristallisation wie auch zur Strukturbestimmung. Max Perutz und John Kendrew haben diese Methoden anhand von Hämoglobin bzw. Myoglobin Ende der 1950er-Jahre entwickelt. Seitdem wurden die Röntgenstrukturen von ca. 65.000 verschiedenen Makromolekülen aufgeklärt, u. a. von Membranproteinen, großen Protein-Nucleinsäure-Komplexen wie dem Ribosom und hochsymmetrischen Oligomeren, etwa intakten Viren mit Hunderten von Untereinheiten.

Röntgenstrukturanalyse erfordert mehrere Arbeitsschritte (❏ Abb. 25.12): Kristallisation, Charakterisierung der Kristalle, Aufnahme von Röntgenbeugungsdaten, Bestimmung der Phasen, Interpretation der Elektronendichte, sowie Verfeinerung und Analyse des Strukturmodells. Für Anwender von Strukturmodellen ist die Qualität einer Kristallstruktur entscheidend. Kriterien dazu finden sich am Ende des ▶ Abschn. 25.5.5.

### 25.5.1 Makromoleküle und ihre Kristallisation

Wie in ▶ Abschn. 25.3.2 angedeutet, funktioniert ein Kristall als Signalverstärker für die an den einzelnen Molekülen gestreute Strahlung. Erst durch eine regelmäßige Abfolge der Moleküle im Kristall wird die gestreute Strahlung in einzelne Richtungen so gebündelt, dass sie akkurat messbar wird. Große, möglichst gut geordnete Kristalle

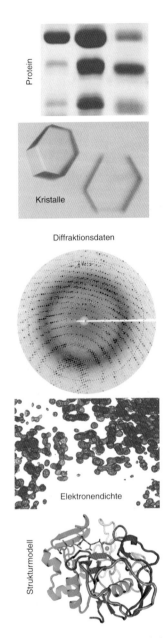

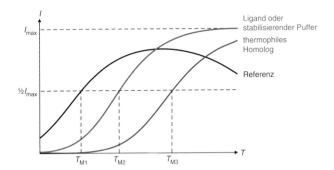

**Abb. 25.13** Der *thermal shift assay* misst die lösungsmittelabhängige Stabilität eines Proteins durch thermische Entfaltung in Gegenwart eines Fluorophors, der nur an das entfaltete Protein bindet und dabei seine Quantenausbeute erhöht. Zwar lassen sich mit dieser Methode keine thermodynamischen Aussagen machen, die halbmaximale Fluoreszenzänderung dient jedoch als gutes Maß für die Stabilität des Proteins unter verschiedenen Bedingungen. Bei höheren Temperaturen sinkt die Fluoreszenzintensität durch Proteinaggregation und Kollisionslöschung des Fluorophors wieder (angedeutet in der schwarzen Kurve)

**Abb. 25.12** Vorgehensweise in der Röntgenkristallographie. Bis auf die nach wie vor zeitraubende Reinigung der Proben wurden alle Schritte in den letzten 20 Jahren durch Automatisierung beschleunigt. Das SDS-Gel oben zeigt links ein z. T. abgebautes Protein, in der Mitte dasselbe Protein nach 1 h Behandlung mit Elastase und ganz rechts einen aufgelösten Kristall (Bild darunter). Limitierte Proteolyse war nötig, um diese Kristalle zu erhalten

(sog. Einkristalle) erfordern sauberste Präparationen. Die Reinheit und Homogenität der Probe wird in der Regel durch HPLC ▶ Kap. 11, SDS- und IEF-Polyacrylamid-Gelelektrophorese (▶ Abschn. 12.3.9) sowie durch Größenausschlusschromatographie (▶ Abschn. 11.4), dynamische Lichtstreuung und Massenspektroskopie (▶ Kap. 16) überprüft. Hohe Stabilität des Makromoleküls ist ebenfalls von Vorteil für die Kristallisation. Eine nützliche Methode, die Stabilität von Proteinen in Abhängigkeit von verschiedenen Puffern (pH, Salzkonzentratio-

nen, Additive) zu testen, ist die Bestimmung thermischer Übergänge, z. B. mittels *thermal shift assays* (▶ Abb. 25.13). Je höher der „Schmelzpunkt" eines Proteins, desto höher die Wahrscheinlichkeit, dass es kristallisiert. Aus diesem Grund werden auch gerne Homologe aus thermophilen Mikroorganismen kristallisiert, wenn Kristallisationsexperimente mit Proteinen aus mesophilen Organismen fehlschlagen. Zugabe von Liganden (Substrate, Produkte, Inhibitoren, Cofaktoren) stabilisiert Enzyme und erhöht die Wahrscheinlichkeit der Kristallbildung.

Die Kristallisation biologischer Makromoleküle ist mehr Kunst als Wissenschaft. Alle Techniken beruhen auf dem Prinzip von Versuch und Irrtum. Die Bedingungen, unter denen ein Molekül kristallisiert, sind nicht vorhersagbar, da sie nicht von Eigenschaften wie molekularer Masse, Sequenz oder isoelektrischem Punkt abhängen. Stattdessen wird viel in molekularbiologische und biochemische Techniken investiert, um verschiedenste Proben für die Kristallisation zu erhalten. Darunter fallen Oberflächenvariationen in Proteinen durch Mutagenese und chemische Modifizierungen, Konstrukte unterschiedlicher Länge bei Proteinen und Nucleinsäuren, limitierte Proteolyse von Proteinen (N- und C-Termini sind oft flexibel) und Homologe aus anderen Organismen.

Kristallisation erfordert den Übergang von Molekülen aus einer übersättigten Lösung in eine feste Phase. Das ist im Idealfall ein Kristall, meist aber ein amorpher Niederschlag. Übersättigung einer Lösung erreicht man in der Regel durch Hinzufügen eines sog. *Fällungsmittels*, das ab einer bestimmten Konzentration die Moleküle aus der Lösung verdrängt (▶ Abb. 25.14).

Als Fällungsmittel kommen vor allem gut lösliche Salze wie die Sulfate, Citrate, Halogenide und Phosphate von Ammonium, Natrium, Magnesium und Kalium zum Einsatz, wobei Ammoniumsulfat das mit Abstand

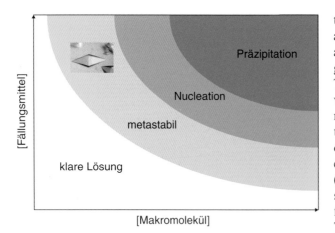

**◘ Abb. 25.14** Phasendiagramm zur Kristallisation durch Übersättigung. Der erste Schritt zum Kristall ist die Nucleation oder Keimbildung. Die Keime wachsen dann im metastabilen Bereich zu makroskopisch sichtbaren Kristallen heran. Im Bereich der Präzipitation liegt Übersättigung, in der klaren Lösung Untersättigung vor

erfolgreichste anorganische Fällungsmittel ist. Viel verwendete organische Fällungsmittel sind Polyethylenglykole im Massenbereich 400–20.000 Da und niedermolekulare Alkohole wie Methylpentandiol, Ethanol und Isopropanol. Kombinationen dieser Fällungsmittel mit verschiedenen Puffern werden ebenso getestet wie der Einfluss kleiner Konzentrationen anderer Salze und organischer Moleküle (Additive wie $CaCl_2$, Glucose, niedermolekulare Amine, etc.) oder Detergenzien (bei Membranproteinen).

Die Fällungsmittelkonzentration kann schlagartig (Batch-Methode) oder langsam und kontinuierlich durch Diffusion erhöht werden (◘ Abb. 25.15). Bei der Batch-Methode werden Fällungsmittel und Probenlösung so gemischt, dass es sofort zur Übersättigung des Makromoleküls kommt. Solche Tropfen werden unter Öl platziert, damit sie nicht austrocknen und darin Kristalle wachsen (können). Die populärste Kristallisationsmethode ist allerdings die Dampfdiffusion, die in den beiden Formaten *hanging drop* und *sitting drop* verwendet wird. Dabei ist mit „Dampf" sowohl Diffusion von Wasser aus der Lösung des Makromoleküls als auch Diffusion von volatilen Stoffen in die Lösung des Makromoleküls gemeint. Für die Dampfdiffusion braucht man Konzentrationsgradienten. Ein kleines Volumen (0,02–1 µl) einer konzentrierten Proteinlösung (5–40 mg · ml$^{-1}$) wird mit dem Fällungsmittel gemischt. Bei einem 1:1-Verhältnis beider Lösungen halbieren sich dadurch sämtliche Konzentrationen, aber auch Verhältnisse von 0,3:1 bis 3:1 werden oft verwendet. Ein so präparierter Tropfen wird im *Hanging-Drop*-Ansatz unter einem Deckglas platziert und das Glas über 0,05–1 ml Reservoir, d. h. reinem Fällungsmittel, aufgehängt. Vaseline oder Silikonöl dichten den Ansatz nach außen ab, sodass das Konzen-

trationsgefälle zwischen Tropfen und Reservoir in diesem annähernd geschlossenen System nun durch Diffusion ausgeglichen wird (◘ Abb. 25.15B). Im Verlauf des Ausgleichs kann die Löslichkeitsgrenze der Moleküle im Tropfen überschritten werden, hoffentlich unter Bildung von Kristallen. Mehrere solcher Tropfen, je nach Format meist 24 oder 96, liegen zusammen auf einer Kristallisationsplatte mit unterschiedlichen Fällungsmitteln. Bei der *Sitting-Drop*-Methode befindet sich der Tropfen auf einem kleinen Podest, das aus dem Reservoir herausragt (◘ Abb. 25.15C). Das hat den Vorteil, dass die Kristallisationsplatte leicht als Ganzes mit transparenter Klebefolie abgedichtet werden kann. Sowohl das Ansetzen der Tropfen als auch deren automatische Photographie ist leichter im *Sitting-Drop*- als im *Hanging-Drop*-Format. Weitere, weniger oft verwendete Methoden zur Kristallisation von Proteinen sind die Mikrodialyse, die Kristallisation in Gelen und die *free interface diffusion*. Diese sind in den am Ende dieses Kapitels genannten Lehrbüchern beschrieben (Weiterführende Literatur).

Mittlerweile sind so viele Kristallisationsexperimente durchgeführt worden, dass die statistisch erfolgreichsten Bedingungen zu sog. *sparse matrix screens* zusammengestellt wurden. Einige dieser Screens sind speziell für Membranproteine oder Protein/Nucleinsäure-Komplexe konzipiert. Bei neu zu kristallisierenden Proben dienen sie zum Auffinden vielversprechender Startbedingungen, die vielleicht sehr kleine verwachsene Kristalle, hauchdünne Nadeln oder Plättchen oder mikrokristalline Präzipitate liefern. Die meisten Kristallisationsexperimente schlagen aber fehl, d. h. die Tropfen bleiben klar, zeigen ölige Phasentrennung oder enthalten nichtkristalline Präzipitate („Schlamm"). Selten wachsen innerhalb weniger Tage Einkristalle, die sich sofort zur Strukturanalyse eignen. Meist dauert es Wochen oder Monate, bis dieses Ziel ausgehend von den Startbedingungen erreicht wird. Dazu gehören das systematische Variieren von pH-Wert, Fällungsmittelkonzentrationen und Temperatur sowie die Zugabe von Additiven, Liganden und/oder Detergenzien in sog. *grid screens* (◘ Abb. 25.16). Der pH-Wert wird in der Regel zwischen pH 4 und pH 10 in Schritten von 0,1–0,5 Einheiten durchgestimmt. Die meisten Proteine kristallisieren bei pH 6,5. Die Temperatur beeinflusst die Kinetik der Kristallisation, sodass Kristallisationsansätze oft sowohl bei 20°C als auch bei 4°C gemacht werden. Sollten diese Taktiken nicht zum Erfolg führen, besteht eine weitere Möglichkeit in der Verwendung von Impfkristallen (*seeding*). Hierbei werden Mikrokristalle in einen neuen Tropfen aus Probenlösung und Fällungsmittel überführt. Die neue Bedingung kann dieselbe oder eine andere Zusammensetzung haben als die, aus der die Impfkristalle kommen (*cross-seeding*). Die Impfkristalle müssen nicht unbedingt aus dem zu kristallisierenden Molekül bestehen:

## A    *Batch*-Methode

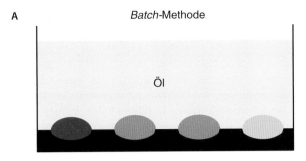

## B    *Hanging-Drop*-Methode

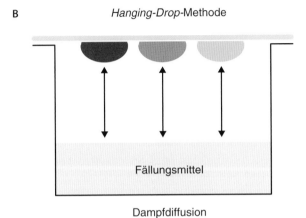

Fällungsmittel

Dampfdiffusion

## C    *Sitting-Drop*-Methode

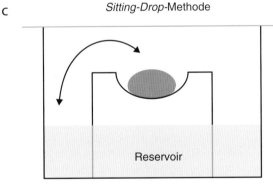

Reservoir

Dampfdiffusion

□ **Abb. 25.15**  **A** Batch-Methode unter Öl. Die verschiedenen Farbtöne sollen unterschiedliche Mischungsverhältnisse von Probe und Fällungsmittel andeuten. **B**, **C** Dampfdiffusion. Im *Hanging-Drop*-Format **B** hängen an der Unterseite eines Deckglases ein oder mehrere Tropfen (0,5–6 µl) aus Mischungen von Protein und Fällungsmittel. Am Boden der zylinderförmigen Vertiefung befindet sich entweder nur Fällungsmittel oder eine andere Flüssigkeit hoher Osmolarität, auch Reservoir genannt. Durch Dampfdiffusion findet ein Konzentrationsausgleich zwischen Tropfen und Reservoir statt. Der Tropfen verkleinert sich, wenn Wasser aus dem Tropfen diffundiert, und er vergrößert sich, wenn im Fällungsmittel/Reservoir eine flüchtige Verbindung ist, die in den Tropfen hinein diffundiert. In beiden Fällen kann die Löslichkeitsgrenze für das Makromolekül überschritten werden, was zur Kristallbildung führen kann. **C** *Sitting-Drop*-Format. Der Tropfen wird in einer Vertiefung auf einem Podest gemischt, das aus dem Fällungsmittel/Reservoir herausragt, und der Ansatz wird mittels Klebefolie verschlossen. Auch hier erfolgen Konzentrationsausgleich und Übersättigung durch Dampfdiffusion

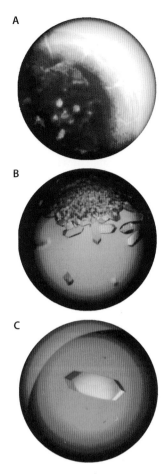

□ **Abb. 25.16**  Ausschnitt aus einem *grid screen* zur Verbesserung der Kristallgröße und -morphologie. **A** Die winzigen Kristalle sind vor braunem Präzipitat kaum zu erkennen. Sie wachsen aus 25 % PEG 4000 und 0,2 M $(NH_4)_2SO_4$. **B** Reduktion auf 10 % PEG 4000 und Erhöhung auf 0,3 M $(NH_4)_2SO_4$ liefert größere Kristalle (ca. 0,1 mm Länge). **C** Kristalle hoher Diffraktionsqualität von bis 1 cm Länge werden durch weitere Verringerung auf 7 % PEG 4000 und Änderung des Salzes auf 0,2 M $Li_2SO_4$ erhalten. Der Puffer ist in allen Fällen 0,1 M NaOAc pH 4,7

Manchmal bieten auch Mineralien (Zeolithe) oder gar ein verlorenes Härchen geordnete Oberflächen, auf denen Kristalle wachsen können.

Zusammen genommen kommt man so auf viele Hundert bis einige Tausend zu testende Bedingungen, die praktischerweise mit einem Pipettierroboter in wenigen Tagen durchgespielt werden. Moderne Kristallisationssysteme bestehen aus mehreren Robotern: Einer stellt aus Stammlösungen die unterschiedlichen Reservoirlösungen her, ein weiterer kann *sitting drops* von etwa 100–400 nl aus bis zu vier verschiedenen Bestandteilen in 96er- oder 384er-Platten mischen. Noch kleinere Tropfen von 2,5 nl werden von akustisch arbeitenden Systemen in 1728er-Platten gefertigt. Die Platten selbst werden in „Hotels" abgelegt und dort in regelmäßigen Abständen von einem Roboterarm einer Kamera vorgelegt. So werden Wachstumskinetiken von Kristallen

**25**

über viele Stunden und Tage aufgenommen, was den besten Zeitpunkt für die Kristallernte festzulegen hilft. Kristalle werden auch heute meistens händisch geerntet, indem man sie unter dem Mikroskop manipuliert. Soll die Messung bei Raumtemperatur erfolgen (sehr selten heutzutage), müssen die Kristalle in Glas- oder Plastikkapillaren transferiert und darin vor Austrocknen geschützt werden. Die meisten Messungen finden aber unter Kryotemperaturen bei ca. 100 K statt, weil dann die Kristalle weniger Schaden durch die Röntgenstrahlung nehmen. In diesem Fall bringt man die Kristalle in eine Nylonschleife von 0,05–1 mm Durchmesser. Falls erforderlich, fügt man dem Kristall ein Kryoschutzmittel wie Glycerin oder Ethylenglykol zu (je nach Bedingung 5–25 %) oder überzieht ihn mit Paraffinöl. Danach wird die Schleife in flüssigen Stickstoff getaucht, was zur stabilen Einbettung des Kristalls in ein Glas führt. Neuere Systeme zur Kristallernte nutzen akustische Wellen, um Kristalle aus ihren Tropfen in die Schleifen zu befördern. Ein anderer Ansatz bringt den gesamten Tropfen mit all seinen Kristallen auf Kryotemperaturen und schneidet dann für die Messung einzelne Kristalle mit Lasern heraus. Dieses Feld entwickelt sich zurzeit sehr schnell.

Gelegentlich erhält man optisch ansprechende Kristalle mit scharfen Kanten und glatten Flächen, die aber Röntgenstrahlen nur schwach beugen. Diese fehlende Ordnung der Moleküle kann manchmal durch Techniken erhöht werden, die am Kristall selbst ansetzen: Zusatz von weiteren Salzen oder organischen Stoffen zum Tropfen kann kleine Konformationsänderungen der Moleküle im Kristall bewirken, was manchmal zu regelmäßigerer Ordnung führt. Auch die kontrollierte Verringerung des Wasseranteils von Kristallen kann hilfreich sein. Kristalle mit kleinem Solvensanteil streuen statistisch gesehen besser, weil sie dichter gepackt sind. Eine einfache Technik ist das Platzieren des Kristalls über einem Reservoir hoher Osmolarität (wiederum eine Variante der Dampfdiffusion). Das *Free-Mounting*-System entzieht einem Kristall kontrolliert Wasser, indem er von Luft definierter niedriger Feuchte umspült wird. Durch Röntgenbeugung bei Raumtemperatur wird immer wieder ein Diffraktionsbild aufgenommen und damit diejenige Luftfeuchte festgestellt, die zur besten Ordnung des Kristalls führt. Ein recht harscher Versuch zur Verbesserung der Kristallordnung ist das Temperieren (*annealing*). Zeigt ein Kristall bei Kryotemperaturen keine Diffraktion, kann man ihn, bevor man ihn wegwirft, kurz auf Raumtemperatur bringen und sofort wieder verglasen. Das führt manchmal zu einer spektakulären Verbesserung der Ordnung, meist aber zum Tod des Kristalls.

Ein erster Test mit etwa 500–1000 verschiedenen Kristallisationsbedingungen zu je 1 µl Lösung mit einer Konzentration von 10 mg ml$^{-1}$ verbraucht insgesamt 5–10 mg Material. Nanoliter-Kristallisationsroboter erfordern 10–100-fach weniger. Handelt es sich bei einem Protein um eine Variante mit bekannter Wildtypstruktur oder ist die Struktur eines Sequenzhomologen schon bekannt, dann reichen die Daten eines einzigen Kristalls zur Strukturbestimmung. In diesen Fällen kann das Phasenproblem (► Abschn. 25.5.4) mithilfe der bekannten Strukturen gelöst werden. Sollte über das Protein aber nichts bekannt sein, bedarf es mehrerer Proteinpräparationen und vieler Kristalle, weil die Phasierung aufwendiger ist. Für eine solche De-novo-Strukturaufklärung werden etwa 1–50 mg Protein benötigt.

Da Kristalle zwingend nötig für die Röntgenstrukturanalyse sind und in Kristallen das Molekül in bestimmten Konformationen „eingefroren" wird, besteht immer die Gefahr, dass eine Kristallstruktur nicht die Struktur des Moleküls in Lösung widerspiegelt. Die Vielzahl möglicher Konformationen in Lösung wird durch Kristallkontakte drastisch verkleinert und durch Kühlung der Kristalle zur Datensammlung noch weiter erniedrigt. Ausnahmen sind Seitenketten von Aminosäuren und Schleifen an der Oberfläche, die auch im Kristall oft noch flexibel sind. In Fällen, wo von Proteinen sowohl NMR- als auch Kristallstrukturen bekannt sind, halten sich die strukturellen Unterschiede allerdings in engen Grenzen. Manche Enzyme behalten ihre katalytische Aktivität im Kristall bei, und Substrate, Substratanaloga oder auch Inhibitoren können oft in das aktive Zentrum kristalliner Enzyme diffundieren (Soaking). Trotz dieser Hinweise, dass die biochemischen und strukturellen Eigenschaften von Proteinen durch Kristallisation nicht grundlegend verändert werden, sollten Kristallstrukturen immer mit Ergebnissen anderer biophysikalischer Methoden abgeglichen und auf Strukturen basierende Hypothesen zu Wechselwirkungen und Mechanismen biochemisch getestet werden. Im Folgenden besprechen wir die Eigenschaften und die Analyse von makromolekularen Kristallen.

### 25.5.2    Kristalle und ihre Eigenschaften

Makroskopisch kann man einen Kristall nicht von einem amorphen Objekt unterscheiden, denn obwohl viele Kristalle klare Kanten und Winkel haben, können sie jede beliebige Form annehmen. Umgekehrt kann ein Stück Glas so zurecht gesägt werden, dass es wie ein Kristall aussieht, aber an seiner inneren Unordnung ändert das nichts. Aussagen zur inneren Ordnung kann man nur durch ein Diffraktionsexperiment machen. Hierzu sind makromolekulare Kristalle mit Dimensionen von 0,1–0,3 mm gut geeignet, weil sie leicht manipulierbar sind. Bevor wir uns der Diffraktion von Röntgenstrahlung zuwenden, soll kurz die innere Symmetrie von Kristallen skizziert werden. Ihr Verständnis erleichtert die Datensammlung und ist unabdingbar für die Strukturbestimmung.

Teilt man einen Kristall, so erhält man zwei kleinere Kristalle mit ansonsten gleichen Eigenschaften. Man kann dieses Gedankenexperiment so lange weiterführen, bis man zum kleinsten denkbaren Kristall kommt, der sog. Einheitszelle. Sie ist das kleinste Parallelepiped, das durch wiederholte Translation entlang seiner Kanten den makroskopisch sichtbaren Kristall aufbaut (◘ Abb. 25.17). Ein Parallelepiped ist ein Körper, der von sechs Parallelogrammen begrenzt wird. Je zwei gegenüberliegende Parallelogramme sind identisch (kongruent).

Die Größen der drei Kanten und drei Winkel des Parallelepipeds werden auch als Zellkonstanten bezeichnet. Diese wichtigen Parameter erlauben bereits im Vorfeld der Strukturbestimmung eine Abschätzung über den molekularen Inhalt des Kristalls. Die drei Kanten der Einheitszelle heißen auch Kristallachsen oder $a$-, $b$-, und $c$-Achse. Ihre Länge liegt bei anorganischen Salzen im Bereich <2 nm und bei Makromolekülen meist zwischen 3 nm und 50 nm (der aktuelle Rekord liegt bei ca. 500 nm). Die $a$- und $b$-Achsen schließen den Winkel $\gamma$ ein. Entsprechend wird $\beta$ von der $a$- und $c$-Achse, und $\alpha$ von der $b$- und $c$-Achse eingeschlossen. Die Ecken der Einheitszelle sind sog. Gitterpunkte und entsprechen Orten identischer Umgebungen im Kristall, da sie genau eine Einheitszelllänge voneinander entfernt sind. Die Gesamtheit aller Gitterpunkte bildet das Kristallgitter.

Besteht das Kristallgitter nur aus den Ecken der Einheitszellen, so wie in ◘ Abb. 25.17 gezeigt, wird es primitiv (P) genannt. Primitive Gitter haben einen Gitterpunkt pro Einheitszelle. Daneben gibt es noch Gittertypen mit z. T. zusätzlichen Gitterpunkten, die flächenzentriert (C und F), innenzentriert (I) und rhom-

boedrisch (R) genannt werden. Zum Beispiel haben innenzentrierte Gitter im Vergleich zu primitiven Gittern einen extra Gitterpunkt, der im Zentrum der Einheitszelle liegt (◘ Abb. 25.18). Jeder zusätzliche Gitterpunkt erhöht die Kristallsymmetrie im Vergleich zum primitiven Gitter.

Die sechs Zellkonstanten können alle verschieden sein oder Regelmäßigkeiten aufweisen, die in sieben verschiedenen Kristallformen zusammengefasst werden. Ohne jede Beziehung zwischen den Zellkonstanten liegt ein triklines Gitter vor, also die am wenigsten symmetrische Form. Sind dagegen alle Achsen gleich lang, und betragen alle Winkel 90°, liegt ein kubisches Kristallsystem höchster Symmetrie vor. Die Regelmäßigkeiten der anderen Kristallsysteme liegen zwischen diesen Extremen. Die Kombinationen der sieben Kristallsysteme mit den Gittertypen führt auf insgesamt 14 sog. Bravais-Gitter (◘ Abb. 25.18).

Damit ist unsere Symmetriebetrachtung aber noch nicht abgeschlossen. Mit Ausnahme der triklinen Kristallform weisen alle Einheitszellen eine zusätzliche innere Symmetrie auf: Teile der Einheitszelle (Atome oder Moleküle) werden durch sog. Symmetrieoperationen in identische Teile überführt. Zu den Symmetrieoperationen gehören Rotationen, Translationen und, bei achiralen Molekülen, Spiegelungen und Inversionen. Die letzten beiden Operationen kommen für biologische Makromoleküle nicht infrage, da diese aus chiralen Bausteinen (Aminosäuren, Nucleotide, Kohlenhydrate) zusammengesetzt und damit selber chiral sind. Eine Spiegelung oder Inversion würde das Molekül ja in sein Enantiomeres überführen, das gar nicht kristallisiert wurde. Die Kombination von Bravais-Gittern und Symmetrieoperatoren ergibt die Raumgruppen. Es gibt genau 230 Raumgruppen, d. h. Möglichkeiten, Objekte so im Raum anzuordnen, dass sich die Anordnung nahtlos und unendlich wiederholt. Für chirale Moleküle ohne Spiegelungen und Inversionen sind immerhin noch 65 Raumgruppen möglich. Keine Kristallstruktur kann ohne Kenntnis der richtigen Raumgruppe korrekt bestimmt werden.

Symmetrieoperatoren sind mathematische Vorschriften, die identische Teile innerhalb einer Einheitszelle ineinander überführen. Eine Rotation um die $b$-Achse mit anschließender Verschiebung entlang der $b$-Achse um eine halbe Zellachsenlänge sieht z. B. in Matrixschreibweise so aus:

$$\begin{pmatrix} -1 & 0 & 0 \\ 0 & 1 & 0 \\ 0 & 0 & -1 \end{pmatrix}\begin{pmatrix} x \\ y \\ z \end{pmatrix} + \begin{pmatrix} 0 \\ 1/2 \\ 0 \end{pmatrix} = \begin{pmatrix} -x \\ y+1/2 \\ -z \end{pmatrix} \tag{25.9}$$

Damit ist ein Atom am Punkt $(x,y,z)$ äquivalent zu einem anderen Atom am Punkt $(-x,y+\frac{1}{2},-z)$, was der Kurzschreibweise des Symmetrieoperators in Gl. 25.9 entspricht. Dieser Symmetrieoperator unterteilt die Ein-

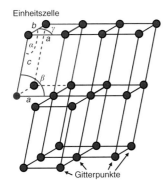

◘ **Abb. 25.17** Kristallgitter. Links oben ist eine Einheitszelle hervorgehoben. Die Achsen und Winkel sind eingezeichnet, ebenso die Gitterpunkte in den Ecken. Translation der Einheitszelle entlang aller drei Achsen erzeugt das Kristallgitter. In diesem Gitter gehört jeder Gitterpunkt zu acht Einheitszellen

■ **Abb. 25.18** Die sieben Kristallsysteme und 14 Bravais-Gitter. Die Systeme heißen in steigender Symmetrie triklin, monoklin, orthorhombisch, trigonal, tetragonal, hexagonal und kubisch. Die 14 Bravais-Gittertypen entstehen durch erlaubte Kombinationen der Kristallsysteme mit primitiven (P), flächenzentrierten (C und F), innenzentrierten (I) und rhomboedrischen Gittern (R). So entstehen z. B. vier verschiedene Bravais-Gitter im orthorhombischen Kristallsystem (P, C, F und I). Die Ungleichheitszeichen für die Zellkonstanten links können, müssen aber nicht befolgt werden. Ein trikliner Kristall kann durchaus kubische Zellkonstanten haben (ein Beispiel ist PDB-ID 1am4)

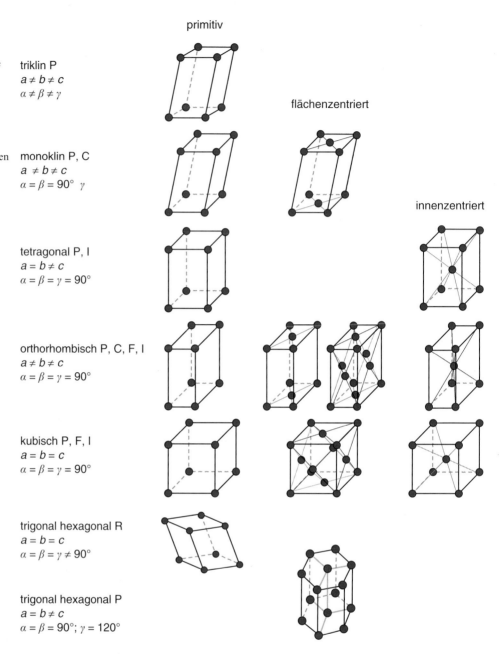

primitiv

triklin P
$a \neq b \neq c$
$\alpha \neq \beta \neq \gamma$

flächenzentriert

monoklin P, C
$a \neq b \neq c$
$\alpha = \beta = 90°$   $\gamma$

tetragonal P, I
$a = b \neq c$
$\alpha = \beta = \gamma = 90°$

innenzentriert

orthorhombisch P, C, F, I
$a \neq b \neq c$
$\alpha = \beta = \gamma = 90°$

kubisch P, F, I
$a = b = c$
$\alpha = \beta = \gamma = 90°$

trigonal hexagonal R
$a = b = c$
$\alpha = \beta = \gamma \neq 90°$

trigonal hexagonal P
$a = b \neq c$
$\alpha = \beta = 90°$; $\gamma = 120°$

heitszelle daher in zwei identische Anteile, die asymmetrische Einheiten heißen. Raumgruppen unterscheiden sich durch die Zahl der Symmetrieoperatoren: Trikline Zellen haben nur den trivialen Symmetrieoperator $(x,y,z)$, d. h. die Einheitszelle ist identisch mit der asymmetrischen Einheit. Bei primitiv monoklinen Raumgruppen sind es zwei Operatoren (s. o.), und bei kubischen Raumgruppen sind es bis zu 96. Dies bedeutet, dass man in der Kristallographie nur den Inhalt einer einzigen asymmetrischen Einheit bestimmen muss, der Rest der Einheitszelle und damit der ganze Kristall erklärt sich dann durch die Raumgruppe (■ Abb. 25.19).

Die in ■ Abb. 25.19 gezeigte Einheitszelle liefert einige weitere Einblicke in die Eigenschaften makromolekularer Kristalle. Zum einen ist viel Platz zwischen den

Makromolekülen. Das ungeordnete Kristallwasser in diesen Lösungsmittelkanälen kann 30–90 % des gesamten Kristallvolumens ausmachen und besteht aus den diffusiblen Bestandteilen des Reservoirs (Wasser, Ionen, kleine Moleküle). Die lockere Packung der Makromoleküle ist ein Grund, weshalb diese Kristalle so empfindlich gegen Stoß und Austrocknung sind. Zum anderen ist die biologisch aktive Einheit des gezeigten Proteins AmyC ein Tetramer, aber nur ein Monomer ist in der asymmetrischen Einheit dieses Kristalls. Dass ein Dimer, Trimer, Tetramer oder Hexamer durch Symmetrieoperatoren aufgebaut wird, kommt durchaus häufig vor. Umgekehrt kann die asymmetrische Einheit auch mehrere Kopien eines Makromoleküls enthalten, die untereinander in symmetrischer Beziehung stehen. In diesem

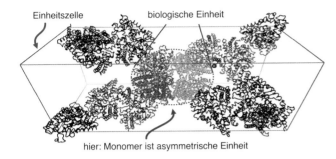

Einheitszelle        biologische Einheit

hier: Monomer ist asymmetrische Einheit

**◻ Abb. 25.19** Kristallographische Einheitszelle am Beispiel der Kristallpackung des Proteins AmyC aus *Thermotoga maritima* (PDB-ID 2b5d). Die Raumgruppe ist I4₁22 und hat damit 16 Symmetrieoperatoren. Das Proteinmolekül in der asymmetrischen Einheit ist rot dargestellt. Alle weiteren 15 Moleküle der Einheitszelle entstehen durch die von den Symmetrieoperatoren definierten Rotationen und Translationen. Die vier gefärbten Moleküle sind die biologische Einheit: AmyC ist ein Tetramer, das in diesem Kristall von zwei zweizähligen Achsen, die senkrecht zueinander stehen, aufgebaut wird

Fall spricht man von lokaler oder nichtkristallographischer Symmetrie (*Non-Crystallographic Symmetry*, NCS). Grundsätzlich besteht kein Zusammenhang zwischen der Raumgruppe, der Zahl der Moleküle in der asymmetrischen Einheit, der lokalen Symmetrie (falls vorhanden) innerhalb der asymmetrischen Einheit und der biologischen Einheit.

### 25.5.3 Datensammlung und -analyse

Zur Datensammlung wird ein Kristall in einen fokussierten Röntgenstrahl gebracht (◻ Abb. 25.4B) und ein Diffraktionsbild aufgenommen (◻ Abb. 25.20).

Schon aus dem ersten Diffraktionsbild sind mehrere Eigenschaften des Kristalls ersichtlich, darunter der maximale Streuwinkel $\theta$ (▶ Abschn. 25.3.2). Außerdem sieht man, ob es sich um einen Einkristall handelt oder ob ein Bündel vorliegt, wie gut der Kristall geordnet ist und ob es störende Streuung, z. B. durch andere Partikel wie Eiskristalle, gibt. Hochgeordnete Einkristalle liefern scharfe und einzelnstehende Reflexe, deren Intensität zu größeren $\theta$-Winkeln (nach außen) hoch bleibt. Ungeordnete Kristalle liefern verwaschene, über viele Detektorpixel verteilte Reflexe, deren Intensität zu größeren $\theta$-Winkeln schnell abnimmt. Kristallbündel erkennt man an gespaltenen Reflexen mit zwei oder mehreren Maxima. Hat der Kryoschutz versagt, entstehen viele beliebig orientierte Eiskristalle, und man erhält zusätzlich das Pulverdiffraktogramm von Wasser. Solche Eisringe erschweren die Datenauswertung.

Durch Indizierung werden allen Reflexen auf dem Bild die $(h,k,l)$-Werte der Ebene zugeordnet, die diesen Reflex erzeugen. Daraus ergeben sich die Zellkonstanten und eine wahrscheinliche Raumgruppe.

Bis zur fertig verfeinerten Kristallstruktur ist die Raumgruppe nur eine Hypothese. Manchmal lässt sich ein und dieselbe Struktur in mehreren Raumgruppen verfeinern, und man kann erst am Ende die korrekte Entscheidung treffen (z. B. PDB-ID 5ldz).

Mit dem Volumen der Einheitszelle und der wahrscheinlichen Raumgruppe kann man eine Packungsanalyse erstellen. Sie dient dazu herauszufinden, wie viele Moleküle möglicherweise in der asymmetrischen Einheit sind. Das Volumen eines Parallelepipeds ist

$$V_{\text{Zelle}} = abc \cdot \sqrt{1 + 2\cos\alpha \cdot \cos\beta \cdot \cos\gamma - \cos^2\alpha - \cos^2\beta - \cos^2\gamma} \tag{25.10}$$

Wenn alle Winkel 90° sind, reduziert sich Gl. 25.10 zu $V_{\text{Zelle}} = a \cdot b \cdot c$. Die Raumgruppe legt die Zahl der Symmetrieoperatoren ($\#_{\text{symops}}$) fest, womit der sog. Matthews-Koeffizient $V_{\text{M}}$ berechnet werden kann:

$$V_M = \frac{V_{\text{Zelle}}}{\#_{\text{symops}} \cdot M_{\text{M}}} \tag{25.11}$$

$V_{\text{M}}$ beschreibt eine reziproke Dichte, es ist der Kehrwert der Masse (in Dalton) pro Volumenelement (in Å³). Dieser Wert liegt meistens zwischen 2,2–4 Å³ Da⁻¹. Wenn ein Molekül mit seiner molekularen Masse $M_{\text{M}}$ nicht in die asymmetrische Einheit passt, wurde entweder eine Raumgruppe mit zu hoher Symmetrie gewählt, oder bei einem Homo-Oligomer liegt nur ein Teil davon in der asymmetrischen Einheit. Erhält man hohe $V_{\text{M}}$-Werte, dividiert man sie durch 2,2 Å³ Da⁻¹ (im dichtest gepackten Fall) oder 4 Å³ Da⁻¹ (bei angenommen lockerer Packung) und erhält die größt- und kleinstmögliche Zahl der Moleküle in der asymmetrischen Einheit. Da dies eine ganze Zahl sein muss, erhält man schlussendlich den wahrscheinlichsten Wert für $V_{\text{M}}$. Weiterhin kann der Anteil an Lösungsmittel aus $V_{\text{M}}$ über folgende Faustformel berechnet werden:

$$\text{Lösungsmittelanteil} = 1 - \frac{1,23}{V_{\text{M}}} \tag{25.12}$$

Für einen vollständigen Datensatz müssen möglichst viele Kristallebenen im Beugungswinkel zum Primärstrahl orientiert werden. Dazu wird der Kristall im Röntgenstrahl gedreht, und es werden Beugungsbilder unter verschiedenen Winkeln aufgenommen. Je nach Intensität des Primärstrahls und Detektorart wird der Kristall unterschiedlich schnell gedreht und verschieden lang belichtet. Bei Kathodenstrahlen und Phosphoreszenzdetektor wird oft mit 0,02–0,5° min⁻¹ um 0,2–0,5°

**25**

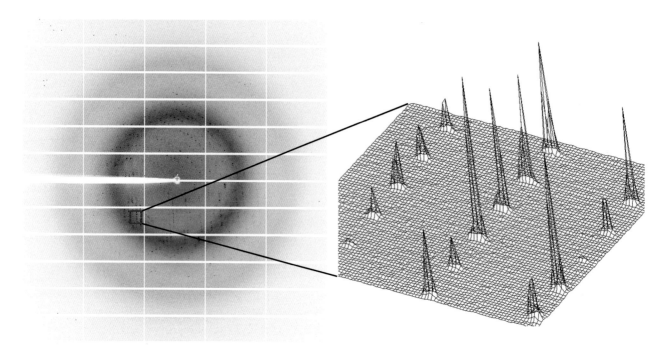

**Abb. 25.20** Röntgenbeugungsaufnahme eines PILATUS-II-Pixeldetektors. Der Detektor ist ein Mosaik aus 30 Modulen. Jeder Pixel eines jeden Moduls zählt einzelne Röntgenphotonen. Der Kristall wurde während der Aufnahme um 0,25° gedreht und 0,2 s mit ca. $10^{10}$ Photonen $s^{-1}$ belichtet. Der äußere Rand der Aufnahme entspricht einer Auflösung von 150 pm. Die beiden unterschiedlich dunklen Ringe durch Streuung ungeordneten Wassers sind bei 360 pm und 220 pm. Bei Eiskristallen in der Probe wären diese Ringe scharf und schmal.

Jeder beobachtete Reflex entspricht dem an einer bestimmten Ebenenschar (■ Abb. 25.7) reflektierten Röntgenstrahl (▶ Abschn. 25.3.2). Die vergrößerte Ansicht rechts zeigt drei Reihen von Reflexen, die äquidistant sind und sich damit um einen Miller-Index unterscheiden. Die ebenfalls äquidistanten Reflexe innerhalb einer Reihe unterscheiden sich um einen (anderen) Index. Die Reflexe haben unterschiedliche Intensitäten (integrierte Volumina) und enthalten die strukturelle Information über das Molekül im Kristall

pro Aufnahme gedreht, was Belichtungszeiten von 1–25 min pro Bild entspricht. Synchrotronstrahlung und Pixeldetektoren verkürzen die Belichtungszeit auf Bruchteile von Sekunden. Der Umfang der Gesamtdrehung eines Kristalls richtet sich nach der Raumgruppe sowie der relativen Orientierung der Kristallachsen zum Primärstrahl und der Drehachse, um die der Kristall bewegt wird. Je symmetrischer die Raumgruppe, desto weniger muss der Kristall für einen vollständigen Datensatz insgesamt gedreht werden. Für Raumgruppen niedriger Symmetrie sind das 180°, bei kubischen Raumgruppen können 45° ausreichen. Im Labor dauert die Datensammlung 5–30 h, am Synchrotron manchmal unter einer Minute. Meist werden die Daten über 60–360° gesammelt. Dabei werden Reflexe gleicher vorhergesagter Intensität, sog. symmetrieverwandte Reflexe, mehrfach gemessen, was der statistischen Absicherung des Datensatzes dient. Die mittlere Häufigkeit, mit der symmetrieverwandte Reflexe gemessen wurden, heißt Multiplizität $n$ (früher: Redundanz). Sie dient der Qualitätsbeschreibung der Streudaten (Gl. 25.13).

Nach abgeschlossener Datensammlung werden die Intensitäten aller aufgenommen Reflexe durch Integration bestimmt (sog. Datenprozessierung). Die Qualität der integrierten Röntgenbeugungsdaten wird durch $R$-Faktoren (von engl. *residual*) beschrieben. Eine Variante der $R$-Faktoren ist $R_{\text{meas}}$:

$$R_{\text{meas}} = \frac{\sqrt{\dfrac{n}{n-1}} \cdot \sum_{hkl}\sum_{j=1}^{n}\left|I_{hkl,j} - \langle I_{hkl}\rangle\right|}{\sum_{hkl}\sum_{j=1}^{n}I_{hkl,j}} \qquad (25.13)$$

Ein Reflex (*hkl*) der Intensität $I_{\text{hkl}}$ wird $j$ Mal gemessen, maximal aber $n$ Mal (Gl. 25.13). Alle $j$ Reflexe sollten gleiche Intensität haben, da sie symmetrieverwandt sind. Aus ihnen errechnet sich der Mittelwert $\langle I_{\text{hkl}}\rangle$, der von jeder einzelnen Intensität $I_{\text{hkl,j}}$ abgezogen wird. Summation und Normierung ergeben $R_{\text{meas}}$, wenn die Multiplizität $n$ als Vorfaktor (der Wurzelterm) berücksichtigt wird.

Bei niedrigen und mittleren Auflösungen sollte $R_{\text{meas}}$ 3–5 % betragen. Mit zunehmend höherer Auflösung nimmt $R_{\text{meas}}$ zu, da die Intensität der Reflexe rasch kleiner wird und sich damit das Signal-zu-Rausch-Verhältnis $I_{\text{hkl}}/\sigma(I_{\text{hkl}})$ verschlechtert. Besonders für Reflexe bei niedriger Auflösung, die ja die stärksten und deshalb am akkuratesten gemessenen Intensitäten sind, sollte $R_{\text{meas}}$ 10 % nicht übersteigen. Höhere Werte sind ein Hinweis darauf, dass die Raumgruppe falsch sein könnte. Für hohe Auflösungen ist $R_{\text{meas}}$ recht unbedeutend. In Publikationen wird oft noch der verwandte $R_{\text{sym}}$ angegeben. Dieser beinhaltet nicht den Vorfaktor in Gl. 25.13 und ist deswegen stark abhängig von der Multiplizität *n*. Wegen der fehlenden Vergleichbarkeit zwischen verschiedenen Datensätzen sollte er daher nicht mehr verwendet werden.

Ein zweiter wichtiger Parameter zur Beurteilung der Datenqualität ist der Korrelationskoeffizient der Halb-Datensätze $CC_{1/2}$. Zu seiner Berechnung werden die nicht gemittelten Intensitätsdaten per Zufall in Hälften geteilt und der Korrelationskoeffizient nach Pearson berechnet, also die Kovarianz der beiden Wertemengen, dividiert durch das Produkt der beiden Standardabweichungen σ. $CC_{1/2}$ liegt zwischen null und eins, wobei der Wert eines akkuraten Datensatzes oft >0,9 ist. Informativer ist aber eine Berechnung von $CC_{1/2}$ in Auflösungsschalen (also Intervallen von θ), die jeweils etwa die gleiche Zahl an gemessenen Intensitäten enthalten. Das erlaubt es, die Auflösung des Datensatzes anhand von $CC_{1/2}$ > 0,3 festzulegen. Diese Methode ist aktuell favorisiert und statistisch besser begründet als die Daten bei z. B. $I_{hkl}/\sigma(I_{hkl})$ > 3 einfach abzuschneiden. Ein $CC_{1/2}$ von 0,3 entspricht je nach Datensatz und Raumgruppe einem $I_{hkl}/\sigma(I_{hkl})$ zwischen 0,5 und 2.

### 25.5.4 Das Phasenproblem und seine Lösung

Die an einem Kristall gebeugten Röntgenstrahlen enthalten die komplette Information über die dreidimensionale Anordnung der Elektronen und damit auch der Atome im Kristall. Diese Information ist in den drei beschreibenden Größen der gebeugten elektromagnetischen Wellen enthalten: Wellenlänge λ, Amplitude $|F_{hkl}|$ und Phase $\phi_{hkl}$ (◘ Abb. 25.21). Jedes bildgebende Verfahren benötigt diese drei Parameter zur Erzeugung des Bildes aus den Messdaten.

Bei der Diffraktion von Röntgenlicht ist das Bild die Elektronendichte $\rho(x,y,z)$. Es ist die dreidimensionale Verteilung der Elektronen aller Atome in der Einheitszelle. Sie wird durch Fourier-Transformation (► Abschn. 25.4.2) aus den Amplituden $|F_{hkl}|$ und Phasen $\phi_{hkl}$ berechnet:

$$\rho(x,y,z) = \frac{1}{V_{Zelle}} \sum |F_{hkl}| \cdot e^{i\varphi_{hkl}} \cdot e^{-2\pi i(hx+ky+lz)} \qquad (25.14)$$

Die bekannte Wellenlänge des Primärstrahls wird durch die elastische Beugung am Kristallgitter nicht verändert, beeinflusst aber das Volumen der Einheitszelle $V_{Zelle}$. Das Resultat der Datensammlung ist eine Liste von Intensitäten $I_{hkl}$ und ihren Standardabweichungen $\sigma_{hkl}$. Die Intensität $I_{hkl}$ ist proportional zu $F^2_{hkl}$, dem Quadrat der Strukturfaktoramplitude $|F_{hkl}|$, oder kurz: der Amplitude. $|F_{hkl}|$ ist also direkt aus dem Datensatz zugänglich, nicht aber die Phase $\phi_{hkl}$. In bildgebenden Verfahren wie der Mikroskopie werden die Phasen der gestreuten Lichtwellen durch eine Linse „mitgemessen" und zusammen mit den Lichtintensitäten über eine Fourier-Transformation automatisch in das Bild übersetzt. Dies ist bei der Röntgenkristallographie nicht möglich, weil es keine phasensensitiven Detektoren für Röntgenstrahlen gibt. Das ist das Phasenproblem.

Es gibt im Wesentlichen drei Verfahren, das Phasenproblem zu lösen und die Phasen zu bestimmen: (1) Raten, (2) Berechnung ungefährer Phasen aus den Atompositionen einer kleinen Substruktur aus schweren Atomen, und (3) Berechnung von Phasen anhand der Struktur eines schon bekannten Moleküls. Das Raten von Phasen, oder die *direkte Methode*, ist bei Molekülen mit maximal etwa 1000 Atomen möglich und daher die Standardmethode in der Kleinmolekülkristallographie. Bei größeren Molekülen wird das Problem zu komplex für die Anwendung direkter Methoden. Hier kommen die zweite und dritte Methode zum Einsatz. Bevor wir diese kurz vorstellen, müssen wir die Patterson-Funktion einführen. Sie liegt allen Varianten zur Lösung des Phasenproblems zugrunde.

#### 25.5.4.1 Die Patterson-Funktion

Wenn wir alle Phasen in Gl. 25.14 auf null setzen und anstelle der Amplituden $|F_{hkl}|$ deren Quadrate verwenden, also im Wesentlichen die Intensitäten $I_{hkl}$, erhalten wir die Patterson-Funktion:

$$P(x,y,z) = \frac{1}{V_{Zelle}} \sum |F_{hkl}|^2 \cdot e^{-2\pi i(hx+ky+lz)} \qquad (25.15)$$

Mathematisch betrachtet ist die Patterson-Funktion die Faltung der Elektronendichte mit sich selbst. Diese

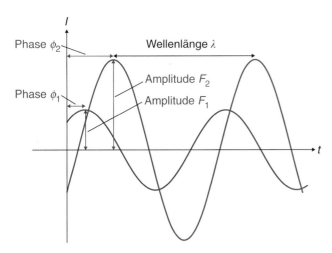

◘ **Abb. 25.21** Schematische Darstellung zweier gebeugter Röntgenwellen gleicher Wellenlänge, aber unterschiedlicher Phasen und Amplituden

**25**

Funktion ist nützlich, denn sie enthält Information über die Abstände zwischen Atomen des untersuchten Moleküls. Die Patterson-Funktion ist überall null, außer an Stellen, die interatomaren Abständen entsprechen (◻ Abb. 25.22).

Die Patterson-Funktion eines Moleküls mit $n$ Atomen hat $n^2$ Abstandsvektoren, von denen $n$ sog. Selbstvektoren von Atom $n$ auf Atom $n$ zeigen und daher die Länge null haben. Diese Vektoren liegen am Ursprung des Koordinatensystems. Der Wert der Patterson-Funktion am Ursprung ist deshalb enorm: Es ist die Summe der Quadrate der Elektronenzahl aller Atompaare im Molekül. Für $H_2O$ mit seinen nur zehn Elektronen beträgt der Wert $1^2 + 1^2 + 8^2 = 66$. Könnte man den exakten Wert am Ursprung der Patterson-Funktion messen, hätte man einen Anhalt über die Gesamtzahl der Elektronen in der Einheitszelle (vgl. $I_0$ bei SAXS ► Abschn. 25.4.2).

Während die $n$ Ursprungsvektoren keinerlei strukturelle Information enthalten, sind die $n^2–n$ Vektoren abseits des Ursprungs interessanter. Es sind die Abstandsvektoren von Atompaaren, deren Größe dem Produkt der Zahl der Elektronen der beiden Atome entspricht. Je grösser die Ordnungszahlen der Atome im Paar, desto stärker ihr Signal in der Patterson-Funktion. Die Richtungen der Vektoren geben die relativen Positionen der Atome im Molekül an. Da jedem Vektor zwischen Atomen A→B ein anderer, gleich großer Vektor B→A in entgegengesetzter Richtung entspricht, ist die Patterson-Funktion zentrosymmetrisch. Für Moleküle mit wenigen Atomen kann man aus ihr aber die Struktur des Moleküls erkennen, und in der Kleinmolekülkristallographie findet sie häufig Anwendung (◻ Abb. 25.22). Patterson-Funktionen von größeren Molekülen werden aber schnell unübersichtlich.

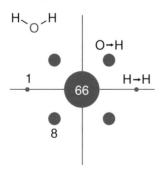

◻ **Abb. 25.22** Patterson-Funktion von Wasser. Das $H_2O$-Molekül liegt in der Papierebene. Jedes der drei Atome im Wasser wird nacheinander an den Ursprung verschoben und zwei Vektoren zu den verbleibenden Atomen gezeichnet. Anstelle von Pfeilen, die vom Ursprung ausgehen, sind hier die Endpunkte der Vektoren als Kreise gezeichnet, deren Durchmesser dem Produkt der Zahl der Elektronen der Atompaare entspricht. Diese Variante heißt native Patterson-Funktion

Auch beim isomorphen Ersatz, der sehr schwere Elemente verwendet, ist die Patterson-Funktion von zentraler Bedeutung.

### 25.5.4.2 Phasierung durch isomorphen Ersatz

Die Entwicklung des isomorphen Ersatzes war der historische Durchbruch bei der Lösung des Phasenproblems in der makromolekularen Kristallographie. Hier nutzt man aus, dass sich Strukturen aus wenigen Atomen direkt aus der Patterson-Funktion ablesen lassen. Wenn es gelingt, ein paar wenige Atome mit hoher Elektronenzahl in einem makromolekularen Kristall regelmäßig zu platzieren, dann wird die Patterson-Funktion sehr starke Signale enthalten, die den Abständen und relativen Orientierungen dieser Schweratome entsprechen. Daraus können die Koordinaten (Positionen) der Schweratome bestimmt werden. Aus dieser sog. Substruktur (◻ Abb. 25.24) werden dann Phasen berechnet, die als ungefähre Phasen für die Diffraktionsdaten dienen, womit das Phasenproblem gelöst wird.

Zur Modifizierung mit Schweratomen werden die makromolekularen Kristalle in Lösungen von Schweratomverbindungen transferiert, die ein Atom oder Ion mit hoher Masse enthalten (Soaking). Die Schweratomverbindungen diffundieren durch die Lösungsmittelkanäle (◻ Abb. 25.19) in den Kristall. Je nach den chemischen Eigenschaften der Schweratomverbindungen binden sie kovalent oder nichtkovalent an hydrophile oder hydrophobe Bereiche des Makromoleküls. Zum Beispiel reagieren $Hg^{2+}$-Ionen mit der Sulfhydrylgruppe des Cysteins, und $[PtCl_4]^{2-}$ koordiniert mit der Imidazol-Seitenkette des Histidins. Ionen werden von ihren elektrostatischen Partnern angezogen (Kationen von Glutamat und Aspartat, Anionen von Histidin, Lysin und Arginin). Hydrophobe Verbindungen wie $I^-$ und $OsO_4$ binden an hydrophobe Stellen. Ziel ist, einige wenige Schweratome regelmäßig im Kristall zu platzieren, ohne dass sich dessen Zelldimensionen ändern. Die Struktur des Makromoleküls selbst darf sich auch nicht zu stark ändern. Kurz, der derivatisierte Kristall muss isomorph zum nichtmodifizierten (nativen) Kristall sein.

> Beliebte Schweratome in der Kristallographie sind U, Hg, Ir, Au, Pt, Os, und I. Sie kommen als simple ($I^-$, $Hg^{2+}$) oder komplexe ($UO_2^{2+}$, $[PtCl_4]^{2-}$, $[AuCl_4]^-$) Ionen oder auch neutral ($OsO_4$) zum Einsatz. Während $I^-$ harmlos ist, werden die anderen Stoffe wegen ihrer Giftigkeit immer seltener verwendet.

Aufgrund ihrer größeren Elektronenzahl streuen die Schweratomverbindungen Röntgenstrahlen viel stärker als die leichteren Atome von Proteinen und Nucleinsäuren. Bereits ein einziges gebundenes Quecksilberatom pro Proteinmolekül verändert signifikant messbar die relativen Intensitäten auf dem Beugungsbild des derivatisierten Kristalls im Vergleich zum nativen Kristall. Die Reflexe eines isomorphen Derivatkristalls liegen also auf identischen Positionen, verglichen zu denen des nativen Kristalls, die Intensitäten $I_{hkl,nativ}$ und $I_{hkl,Derivat}$ unterscheiden sich aber.

Nichtisomorphie ist ein relativ häufig auftretender, aber unerwünschter Effekt. Sie zeigt sich meist in einer Veränderung der Zellkonstanten oder einer ganz anderen Kristallsymmetrie. Das Soaking führt außerdem frustrierend oft zum Verlust der Kristallordnung. Grund dafür ist meist, dass sich die Struktur des Moleküls bei Bindung des Schweratoms so stark ändert, dass der Kristall sich ausdehnt, manchmal sogar „platzt". Statt viele verschiedene Schweratomverbindungen mittels Soaking und Diffraktion zu testen, ist ein zeitsparender Ansatz die native Gelelektrophorese (▶ Abschn. 12.3.11). Hierzu werden Proteine mit verschiedenen Schweratomverbindungen versetzt, und ihr Laufverhalten relativ zum nichtmodifizierten Protein wird analysiert. Derivatisierung äußert sich in veränderter Wanderungsgeschwindigkeit. Nur solche Schweratomverbindungen werden dann für das Soaking von Kristallen eingesetzt. Die Strategie kann, muss aber nicht zum Ziel führen, da Bindungsstellen in Lösung im Kristall blockiert sein können.

Durch die Intensitätsunterschiede der Reflexe zwischen dem nativen und einem isomorphen Derivatkristall können die Positionen der Schweratome in der Einheitszelle berechnet werden. Hierzu wird eine Patterson-Funktion mit anderen Koeffizienten verwendet. Statt $|F_{hkl}|^2$ wird die Patterson-Funktion mit den Quadraten der Differenzen zwischen den Amplituden der nativen und derivatisierten Kristalle berechnet, also $(|F_{deriv}|-|F_{nat}|)^2$. Aus dieser Differenz-Patterson-Funktion erhält man Vektoren, die den Abständen und relativen Positionen zwischen Schweratomen entsprechen. Die vielen Vektoren zwischen den leichteren Atomen des Makromoleküls bleiben unsichtbar, und die Patterson-Funktion enthält nur wenige Signale. Durch die Symmetrieoperatoren der Raumgruppe stehen diese Vektoren in Beziehung zueinander. Aus diesen Beziehungen lassen sich die tatsächlichen Anfangs- und Endpunkte der Vektoren in der Einheitszelle ableiten: Die Substruktur aus Schweratomen im Kristall wurde bestimmt.

Die aus der Substruktur erhaltene Phaseninformation erlaubt eine grobe Abschätzung der Phasen zur Berechnung der Elektronendichte; dieses Verfahren wird als SIR (*Single Isomorphous Replacement*) bezeichnet. Man kann mit diesen SIR-Phasen und den gemessenen Strukturfaktoramplituden eine dreidimensionale Elektronendichtekarte für das gesamte Makromolekül berechnen. Allerdings besteht dasselbe Chiralitätsproblem wie bei SAXS-Strukturbestimmungen

(▶ Abschn. 25.4.3): Beide Spiegelbilder der Substruktur erklären die Differenz-Patterson-Funktion, aber nur eine davon ergibt Elektronendichtekarten korrekter Chiralität. Bei Verwendung von nur einem Schweratomderivat ist außerdem der Fehler in den berechneten Phasen noch recht groß, was zu verzerrten Elektronendichtekarten führt. SIR-Karten ergeben daher ein falsches oder zumindest ein unvollständiges Bild von der Verteilung aller Atome in der Einheitszelle. Im schlimmsten Fall sind SIR-Elektronendichten gar nicht interpretierbar, d. h., es sind keine kontinuierlichen parallelen Dichtestränge für $\beta$-Faltblätter oder der charakteristische rechtsgängige Verlauf von $\alpha$-Helices oder B-DNA sichtbar. In solchen Fällen kann das Chiralitätsproblem auf diesem Wege nicht gelöst werden.

Dann sind weitere Daten von anderen Derivatkristallen erforderlich, die eine zweite (andere) Substruktur liefern. Die Kombination der Phaseninformation der verschiedenen Derivatkristalle wird entsprechend MIR (*Multiple Isomorphous Replacement*) genannt. Mit jedem zusätzlichen, unabhängigen Derivat wird nicht nur der Fehler in der Phasenabschätzung geringer, sondern auch das Chiralitätsproblem gelöst. Das Resultat ist eine eindeutig interpretierbare Elektronendichtekarte (◨ Abb. 25.23).

### 25.5.4.3 Phasierung durch anomale Dispersion

Anomale Dispersion ist seit Mitte der 1990er-Jahre die wichtigste Methode zur De-novo-Strukturbestimmung. Sie beruht auf der anomalen Streuung von Röntgenstrahlen, einer nichtelastischen Streuung. Die beiden Reflexe $(h,k,l)$ und $(-h,-k,-l)$ beschreiben dieselbe Ebenenschar (◨ Abb. 25.7), allerdings wird sie in einem Fall unter dem Winkel $\theta$ vom Primärstrahl getroffen, im anderen Fall unter $-\theta$. Die Reflexe $(h,k,l)$ und $(-h,-k,-l)$ werden als Friedel-Paar bezeichnet; ihre assoziierten Intensitäten $I(h,k,l)$ und $I(-h,-k,-l)$ sollten identisch sein (Friedel'sches Gesetz). Das stimmt zwar für die meisten leichten Atome und die meisten Wellenlängen der Röntgenstrahlung, doch kann die Anwesenheit schwerer Atome im Kristall dazu führen, dass sich die Intensitäten von Friedel-Paaren unterscheiden. Dieses Phänomen wird als anomale Dispersion bezeichnet. Es entsteht durch vorübergehende Absorption eines Röntgenphotons durch ein schweres Element mit anschließender Emission unter Verschiebung der Phase. Dazu muss das Röntgenabsorptionsmaximum des Elementes (z. B. seine K- oder L-Kante; ◨ Abb. 25.2) in der Nähe der Wellenlänge des Primärstrahls liegen. Wie groß die resultierenden Intensitätsunterschiede des Friedel-Paars sind, hängt vom Element und der verwendeten Wellen-

A

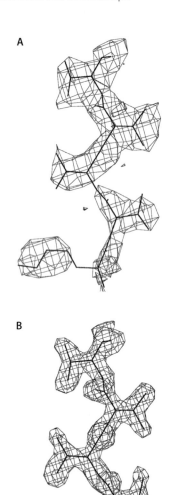

B

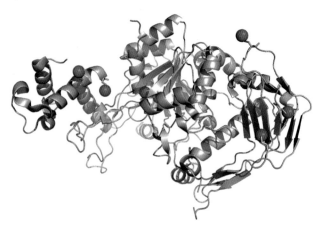

**◨ Abb. 25.24** Positionen der Selenatome in der Struktur des Enzyms UDP-Zucker-Diphosphorylase. Die Methionine des rekombinanten Proteins enthalten Selen anstelle des Schwefels. Die Selen-Substruktur (rote Kugeln) wurde zur Phasenberechnung mittels SAD verwendet

**◨ Abb. 25.23** Ausschnitt aus den Elektronendichten des Enzyms tRNA-Guanin-Transglykosylase. **A** Dichte berechnet mit experimentellen Schweratom-Phasen aus MIR bei einer Auflösung von 0,3 nm. **B** Derselbe Ausschnitt mit den Modellphasen des verfeinerten, endgültigen Strukturmodells bei einer Auflösung von 185 pm. Die Interpretation der Dichten durch ein atomares Modell ist eingezeichnet

länge ab. Die Schwefelatome in Proteinen (Cystein und Methionin) und die Phosphoratome in Nucleinsäuren verursachen bereits einen sehr kleinen anomalen Effekt. Wesentlich stärkere anomale Signale werden durch Metallionen verursacht, die entweder natürlich als Cofaktoren vorhanden sind ($Fe^{3+}$, $Ni^{2+}$, $Zn^{2+}$, $Cu^{2+}$, etc.) oder zur SIR/MIR-Phasenbestimmung künstlich gebunden wurden. Der Effekt ist aber nicht auf Metalle beschränkt: $Br^-$, $I^-$ und sogar Xenon zeigen anomale Effekte. Das mit Abstand am häufigsten verwendete anomal streuende Element in Proteinkristallen ist Selen. Das Element wird in Form von Selenomethionin dem Kulturmedium von methioninauxotrophen *Escheri-*

*chia-coli*-Kulturen zugesetzt, wodurch bei der Proteinbiosynthese das Selenomethionin anstelle von Methionin in das rekombinant überproduzierte Protein eingebaut wird (◨ Abb. 25.24). So erübrigt sich die oft langwierige Suche nach Schweratomderivaten. Zur Maximierung des anomalen Signals sollte die Wellenlänge des Röntgenlichtes auf das Röntgenabsorptionsmaximum des verwendeten Schweratoms abgestimmt werden. Hier kommt ein wesentlicher Vorteil von Synchrotronstrahlung zum Tragen: die Möglichkeit, die Wellenlänge zu variieren (▸ Abschn. 25.1).

Aus den gemessenen Intensitätsunterschieden (1–3 %) der Friedel-Paare lässt sich Phaseninformation mittels der Patterson-Funktion auf ähnliche Weise ableiten wie bei SIR/MIR. Anstelle der Differenzen zwischen den Strukturfaktoramplituden von nativen und derivatisierten Kristallen werden nun die Differenzen der Amplituden der Friedel-Paare, die sog. anomalen Differenzen, eingesetzt. Die Substruktur wird aus der erhaltenen anomalen Differenz-Patterson-Funktion berechnet (◨ Abb. 25.24). Hat man nur einen Datensatz, heißt die Methode SAD (*Single-Wavelength Anomalous Diffraction*). Bei einem MAD-Experiment (*Multiple Wavelength Anomalous Dispersion*) werden Datensätze bei verschiedenen Wellenlängen gesammelt, typischerweise drei. Die Wellenlänge direkt am Absorptionsmaximum liefert einen Datensatz mit dem stärksten anomalen Signal. Bei einer Wellenlänge ca. 0,1 pm neben dem Absorptionsmaximum wird ein zweiter Datensatz mit signifikant verschiedenen Intensitäten erhalten. Diese beiden Datensätze entsprechen zwei Derivaten bei MIR. Ein dritter Datensatz, der ca. 10 pm neben dem Absorptionsmaximum aufgezeichnet wird, dient als „nativer" Datensatz. Aus Gründen der Isomorphie sollten alle Datensätze von einem einzigen Kristall stammen, weshalb Strahlenschäden unbedingt minimiert werden müssen.

Die Stärke des anomalen Signals entscheidet über Erfolg und Misserfolg bei der Phasierung. Bei der selenbasierten Phasierung ist das Verhältnis von Anzahl der Methionine zu molekularer Masse des Proteins in der asymmetrischen Einheit wichtig. Sollte ein Protein kein oder nur wenige Methionine enthalten, kann deren Zahl durch Mutagenese erhöht werden. Schwache anomale Signale aus SAD oder MAD können mit (schlechten) Phasen aus anderen Quellen wie SIR/MIR kombiniert werden, solche Hybridansätze werden SIRAS bzw. MIRAS genannt und führen oft zum Erfolg. Der aktuelle Trend bei der De-novo-Phasierung ist Schwefel-SAD, bei dem das geringe anomale Signal des Schwefels in Proteinen an Synchrotronen bei hoher Wellenlänge (200–250 pm) mit Multiplizitäten von $n > 20$ akkurat gemessen wird. Der Vorteil ist, dass man kein Derivat benötigt und daher keine Probleme mit Nichtisomorphie hat.

#### 25.5.4.4 Phasierung durch molekularen Ersatz

Oft steht bereits eine ähnliche Struktur für wenigstens einen Teil des Inhaltes der asymmetrischen Einheit zur Verfügung. Das kann die Struktur einer Variante, eines Homologen aus einem anderen Organismus oder einer einzelnen Komponente aus einem Multikomponenten-Komplex sein. In diesen sehr häufigen Fällen der Strukturbestimmung nimmt man die Phasen des bekannten Moleküls und berechnet zusammen mit den gemessenen Amplituden des unbekannten Moleküls eine erste Elektronendichtekarte. Dieser sog. molekulare Ersatz (MR, *Molecular Replacement*) ist die am meisten verwendete Methode zur Bestimmung neuer Strukturen. Er findet Verwendung, wenn die beiden Sequenzen wenigstens 25 % identisch sind (◻ Abb. 25.25). Wie bei den Substrukturen werden die Phasen aus den Koordinaten der bekannten Struktur, quasi rückwärts, durch inverse Fourier-Transformation berechnet. Damit das klappt, muss das bekannte Modell aber zuerst so gedreht und verschoben werden, dass es mit der unbekannten Struktur überlagert. Normalerweise unterscheiden sich sowohl die Raumgruppen als auch die Orientierung des Moleküls in der bekannten und der neuen, unbekannten Kristallstruktur. Die bekannte Struktur, auch Suchmodell genannt, wird in der Einheitszelle der unbekannten Struktur in zwei Schritten platziert. Einer Rotation folgt eine Translation (◻ Abb. 25.25), wobei in beiden Fällen die native Patterson-Funktion (◻ Abb. 25.22) zum Einsatz kommt.

Für die Rotation werden zwei Patterson-Funktionen berechnet, eine mit den Amplituden $F_{obs}$ aus den gemessenen Beugungsintensitäten, die zweite mit den Amplituden $F_{calc}$ aus den Atomkoordinaten des Suchmodells. Die zwei Sätze von Patterson-Vektoren werden durch eine Produktfunktion miteinander korreliert. Hierbei

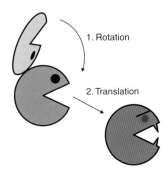

◻ **Abb. 25.25** Prinzip des molekularen Ersatzes. Die unbekannte Struktur ist hellrot, das zu ihr ähnliche Suchmodell hellblau. Im ersten Schritt wird das Suchmodell so gedreht, dass es dieselbe Orientierung wie die unbekannte Struktur hat (blau). Das so orientierte Modell wird im zweiten Schritt an die Position der unbekannten Struktur verschoben. Dann werden die Phasen des positionierten Suchmodells mit den gemessenen $F_{obs}$ zu einer Elektronendichte vereint, die nun zusätzliche Information enthält (Zähnchen, andere Augen)

wird der eine Vektorensatz gegen den anderen in kleinen Winkelschritten um alle drei Achsen gedreht wird (sog. Rotationsfunktion). Bei Übereinstimmung beider Patterson-Funktionen hat die Rotationsfunktion ein Maximum, und der zugehörige Drehwinkel ist eine mögliche Lösung für das Rotationsproblem.

Das so rotierte Suchmodell wird im zweiten Schritt in kleinen Schritten durch die Einheitszelle translatiert. Nach jedem Schritt wird eine Patterson-Funktion mit großem Radius (für intermolekulare Abstände) berechnet und mit der Patterson-Funktion aus den experimentellen Amplituden korreliert (sog. Translationsfunktion). Mögliche Lösungen zeigen sich wieder in Maxima der Translationsfunktion.

Aus dem positionierten Suchmodell werden Phasen $\phi_{calc}$ berechnet. Zusammen mit den $F_{obs}$ wird daraus eine Elektronendichtekarte nach Gl. 25.14 erstellt. Diese Karte zeigt zusätzliche Informationen an, die spezifisch für die neue Struktur sind, aber nicht im Suchmodell vorhanden waren (◻ Abb. 25.26). Der nächste Schritt ist die Korrektur und Verfeinerung des Suchmodells zur gesuchten Struktur.

### 25.5.5 Modellbau und Strukturverfeinerung

Die Interpretation der Elektronendichtekarte kann zwar automatisch erfolgen, wird aber in der Regel noch manuell vorgenommen. Die Elektronendichtekarte wird auf einem Grafikbildschirm dargestellt und interaktiv mit Fragmenten von Polypeptiden und/oder Nucleinsäuren gefüllt. Je kleiner der Phasenfehler und je besser die Auflösung, desto eindeutiger ist die Elektronendichtekarte. Bei niedriger Auflösung von etwa 0,5 nm lassen sich gerade noch die Form des Proteinmoleküls sowie

**25**

A

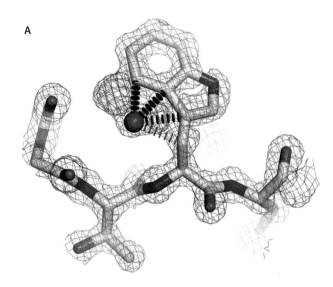

B

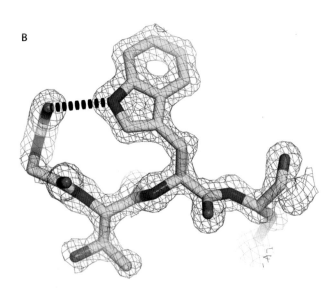

◼ **Abb. 25.26** Modellbau in Elektronendichte. $2F_o–F_c$-Dichte ist blau und auf einer Höhe von 1 rmsd (*root mean square deviation*) konturiert. $F_o–F_c$-Dichte ist rot für positiv (+3 rmsd) und grün für negativ (–3 rmsd). **A** Die Seitenkette dieses Tryptophans wurde falsch herum gebaut (PDB-ID 1qw9). Ein Wassermolekül (rote Kugel) wurde auch falsch eingesetzt, es sitzt viel zu dicht am Protein (rote Strichlinien). **B** Korrigierte und verfeinerte Struktur. Die $F_o–F_c$-Dichte ist verschwunden. Das korrekte Tryptophan unterhält nun eine Wasserstoffbrücke mit dem Protein, und es gibt keine sterischen Konflikte mehr

der Verlauf von α-Helices als wurstförmige Dichtestränge erkennen. Bei mittlerer Auflösung (0,3 nm) kann meist der Verlauf der Polypeptid- bzw. Nucleinsäurekette klar verfolgt werden. Ebenso erlaubt diese Auflösung eine Zuordnung der Seitenketten an Hand bekannter Sequenzdaten. Bei höherer Auflösung (0,2 nm) werden immer mehr Details sichtbar, darunter cis-Peptidbin-

dungen, geordnetes Wasser, Ionen, Puffermoleküle und Konformationen von langen Seitenketten (z. B. Lysin, Arginin). Erst bei atomarer Auflösung (<120 pm) werden Atome als einzelne Kugeln in der Elektronendichte sichtbar. Die meisten Kristallstrukturen beruhen auf Daten mit einer Auflösung zwischen 0,2–0,3 nm, wobei die Zahl der hoch aufgelösten Strukturen mit Daten von 150–200 pm ständig zunimmt.

Das erste Modell aus der Interpretation der Elektronendichte enthält meist noch viele Fehler, die durch die anschließende sog. kristallographische Verfeinerung verringert werden. Die Verfeinerung versucht, die Differenz zwischen den experimentell beobachteten Amplituden $F_{obs}$ und den vom augenblicklichen Modell berechneten $F_{calc}$ zu minimieren. Dies geschieht iterativ durch leichtes Variieren der Atomkoordinaten und Temperaturfaktoren (s. u.), Berechnung neuer $F_{calc}$ vom veränderten Modell und Vergleich mit den gemessenen $F_{obs}$. Die Strategien sind dieselben wie bei SAXS (► Abschn. 25.4.3): *Rigid-Body*-Anpassung, Simulated Annealing, Moleküldynamik und Energieminimierung. Während der Verfeinerung werden verschiedene Energieterme berechnet, die die Abweichungen von der idealen Geometrie bzgl. Bindungslängen und -winkel, die abstoßenden Kräfte zwischen chemisch nicht gebundenen Atomen sowie die Differenz zwischen $F_{obs}$ und $F_{calc}$ beschreiben. Ziel ist die Minimierung der Energieterme unter Erhalt einer physikalisch plausiblen Geometrie des Modells. Je höher die Auflösung, desto mehr Daten $F_{obs}$ stehen der Verfeinerung zur Verfügung, und desto akkurater wird das verfeinerte Modell.

Am Ende der ersten Verfeinerungsrunde werden zwei neue Elektronendichtekarten berechnet (◼ Abb. 25.26). Für die sog. $2F_o–F_c$-Karte nimmt man $2 \cdot F_{obs}–F_{calc}$ als Koeffizienten für die Fourier-Transformation (Gl. 25.14). Diese Karte repräsentiert das gesamte Strukturmodell inklusive seiner noch fehlenden Teile. Im Gegensatz dazu betont eine Karte, die mit $F_{obs}–F_{calc}$-Differenzen berechnet wurde, die fehlenden Teile des Strukturmodells, da sie an diesen Stellen stark positive Werte hat. Auch negative Dichte ist in dieser sog. $F_o–F_c$-Karte möglich: Es sind Stellen, an denen Atome im Modell sind, die dort nicht hingehören. Das Modell wird mithilfe der beiden Karten manuell korrigiert und einer weiteren Verfeinerungsrunde unterzogen. Der Zyklus kann viele Male durchlaufen werden, bis ein zufriedenstellendes Modell erhalten wird.

Die Übereinstimmung zwischen $F_{obs}$ und $F_{calc}$ ist ein Maß für die globale Korrektheit eines Modells und wird durch den kristallographischen $R$-Faktor $R_{cryst}$ ausgedrückt:

$$R_{cryst} = \frac{\sum \left| F_{obs}(h,k,l) - F_{calc}(h,k,l) \right|}{\sum F_{obs}(h,k,l)} \tag{25.16}$$

Bei einer exakten Übereinstimmung von berechneten und gemessenen Streudaten wäre $R_{cryst} = 0$. Für ein erstes, noch nicht verfeinertes Modell liegt der Wert oft zwischen 0,45 und 0,5, aber selbst für gut bestimmte und verfeinerte Strukturen liegt $R_{cryst}$ noch immer zwischen 0,15 und 0,20. Diese Abweichung beruht nicht nur auf experimentellen Fehlern in den Beugungsdaten, sondern vor allem auf nicht perfekter kristalliner Ordnung und kleinen strukturellen Unterschieden zwischen den einzelnen Molekülen im Kristall, über die der Röntgenstrahl mittelt. Das bedeutet, dass das verfeinerte Modell einen physikalisch plausiblen Mittelwert zwischen den minimal verschiedenen Konformationen und Orientierungen der Moleküle im Kristall darstellt.

Die Flexibilität von Teilen der Moleküle im Kristall kann sogar so weit gehen, dass durch die inhärente Mittelung bei der Röntgenbeugung die Elektronendichte so niedrig ist, dass diese Teile nicht modelliert werden können. Das kann für einzelne Seitenketten genauso auftreten wie für Schleifenregionen, die Sekundärstrukturelemente ($\alpha$-Helices bzw. $\beta$-Stränge) miteinander verbinden. Manchmal sind ganze Domänen im Kristall ungeordnet. Ein Versuch, die relative „Beweglichkeit" von Atomen im Kristall zu beschreiben, sind die Temperaturfaktoren oder $B$-Werte. Sie werden parallel zu den Koordinaten der Atome während der Verfeinerung variiert und optimiert. $B$-Werte beschreiben die Ortsunsicherheit eines Atoms in Einheiten von $\text{Å}^2$. Je höher die $B$-Werte, desto schlechter sind die Orte der Atome durch die Elektronendichte definiert. Die verfeinerten $B$-Werte sind daher ein grobes Maß für die Flexibilität der Strukturelemente im Kristall. Wenn die Beweglichkeit nicht durch Kristallkontakte eingeschränkt wird, reflektieren sie auch die Beweglichkeit in Lösung. $B$-Werte von 20–40 $\text{Å}^2$ stehen für eine relativ rigide Struktur.

---

Da die Elektronendichte das zeitliche und räumliche Mittel vieler Moleküle repräsentiert, drücken $B$-Werte sowohl die statische als auch die dynamische Ortsunsicherheit der Atome aus. Für isotrope Bewegungen werden beide Aspekte durch die Beziehung

$$B_{iso} = 8\pi^2 u_x^{\ 2}$$

beschrieben. Dabei ist $u_x$ die Ortsunsicherheit $u$ des Gravitationszentrums eines Atoms in jede Richtung $x$. Die Formel erklärt auch die Einheit $\text{Å}^2$ für die B-Werte.

---

Nach Abschluss der Verfeinerung werden die Atomkoordinaten und die experimentellen Daten in Form von Strukturfaktoren (gemessene Amplituden und letzte Phasen) in der *Protein Data Bank* (PDB) deponiert, von wo sie spätestens mit der Veröffentlichung der Struktur für alle zugänglich werden ($\blacktriangleright$ www.pdb.org).

## 25.5.6 Validierung von Strukturmodellen

Am Ende einer Verfeinerung steht ein Strukturmodell, also ein physikalisch plausibles Ensemble von Atomen, das bestmöglich die gemessenen Beugungsdaten beschreibt. Für Nutzer solcher Modelle sind Parameter zur Qualitätseinschätzung wichtig. Grob kann zwischen globalen und lokalen Parametern unterschieden werden, wobei die globalen oft weniger wichtig zur Beantwortung biologischer Fragen sind als die lokalen. Zum Beispiel ist hohe Auflösung nicht wichtig, wenn es lediglich auf den Verlauf einer Polypeptidkette ankommt, die Details von Seitenketten aber uninteressant sind. Weitere globale Parameter sind $R_{cryst}$, der mittlere $B$-Wert, sowie die Abweichung der Bindungslängen und -winkel von den Erwartungswerten. Je kleiner diese Werte, desto besser sollte das Strukturmodell sein. Das stimmt aber nicht immer. Für Bindungslängen und -winkel sollten die Abweichungen <1,8 pm bzw. <2,0° sein. Da Bindungslängen und -winkel aber Teil der Energiefunktionen in Verfeinerungsprogrammen sind, haben die Abweichungen nur beschränkt Aussagekraft für die Qualität einer Struktur. Auch $R_{cryst}$ kann durch bestimmte Verfeinerungstaktiken artifiziell klein werden und damit eine bessere Struktur als tatsächlich vortäuschen. Daher kommt seit 1997 eine Kreuzvalidierungsmethode zum Einsatz: Ein kleiner Teil der Beugungsdaten, normalerweise 5–10 %, wird von der Strukturverfeinerung ausgeschlossen, und diese unabhängigen Reflexe dienen nur der Berechnung des freien $R$-Faktors $R_{free}$, der ansonsten aber genau wie $R_{cryst}$ definiert ist. Bei einem sehr guten Strukturmodell kann $R_{free}$ der Auflösung in Nanometern entsprechen (bei 0,2 nm also ca. 20 %). Seine Abweichung von $R_{cryst}$ sollte nicht mehr als 10–20 % relativen Anteil betragen.

Selbst Strukturmodelle, die diesen globalen Parametern genügen, können im Detail grundfalsch sein ($\square$ Abb. 25.26). Manchmal ist der wichtigste Aspekt einer Struktur z. B. der Bindungsmodus eines Liganden, Substrates, Cofaktors oder Metallions. Globale Parameter liefern keine Anhaltspunkte, ob diese im Modell enthaltenen kleinen Moleküle tatsächlich auch im Kristall vorliegen. Da globale Parameter den Mittelwert aller Atome im Modell repräsentieren, sind sie nahezu inert gegenüber ein paar falschen Atomen. Hier hilft nur der Blick in die Elektronendichte, den wichtigsten und am besten zugänglichen lokalen Parameter. Seit 2008 müssen Daten zur Berechnung von Elektronendichten in der PDB deponiert werden. Sie können mithilfe frei verfügbarer Programme wie Coot, Pymol oder Chimera

**25**

geladen und analysiert werden. Verschwindet beim Erhöhen des Konturlevels die Elektronendichte eines wichtigen Teils der Struktur sehr schnell, muss man von dessen Unordnung oder gar Abwesenheit ausgehen und diesen Teil der Struktur anzweifeln.

> Das Konturlevel einer Elektronendichtekarte entscheidet, in welcher „Höhe" sie abgeschnitten und dargestellt wird. Es kann frei gewählt werden, üblicherweise 0,5–2 rmsd für $2F_o$–$F_c$-Karten und $\pm 3$ rmsd für $F_o$–$F_c$-Karten. Dabei ist die mittlere Abweichung rmsd ein Maß für die Abweichung eines Wertes der Elektronendichte von ihrem Mittelwert. Bei hohem Konturlevel werden nur die Atome mit höchster Elektronendichte visualisiert. Ist das Konturlevel zu niedrig, wird das Rauschen in der Karte deutlich.

Manchmal werden Teile (Schleifen, Seitenketten) mit falscher Geometrie gebaut. Solche sterisch anspruchsvollen Konformationen hoher Energie erkennt man bei Proteinen im Ramachandran-Diagramm, das energetisch erlaubte und verbotene Kombinationen der Hauptketten Torsionswinkel darstellt. Sind die Atome geordnet, kann man ihre korrekten Positionen aus den Differenzdichtekarten erkennen (◻ Abb. 25.26). Werden Konformationen hoher Energie durch Elektronendichte unterstützt, können sie biologisch sehr relevant sein. Bei ungeordneten Bereichen dagegen ist die Elektronendichte fast null. Atome in solchen Bereichen werden oft nicht ins Modell aufgenommen und können zu Verwirrung bei der Modellanalyse führen.

Ein weiterer wichtiger Aspekt der Strukturqualität ist die Zuordnung von Ionen. Ionen werden oft nicht mit der aus der allgemeinen Chemie erwarteten Koordinationssphäre modelliert. Das Problem hier ist, dass Elektronendichte z. B. zwischen $H_2O$, $Na^+$ und $Mg^{2+}$ nicht unterscheidet, da sie alle je zehn Elektronen und vergleichbare Volumina haben. Dasselbe gilt für $Ca^{2+}$ und $K^+$ (je 18 Elektronen). Hier hilft Kenntnis der Bindungsgeometrien und -längen von Metallkomplexen. So sollten z. B. $Mg^{2+}$-Ionen immer oktaedrisch koordiniert sein.

Wenn keine Elektronendichtekarten vorliegen, können die B-Werte einen Eindruck von der lokalen Qualität der Struktur geben. B-Werte enthalten relative Informationen: Atome in räumlicher Nähe sollten ähnliche B-Werte haben, weil die Ortsunsicherheit der Atome gekoppelt ist. Die Kopplung ist stark bei kovalent verknüpften Atomen, weniger stark bei nichtkovalenten Wechselwirkungen. Ein Ligand, Substrat, etc. sollte daher ähnliche B-Werte haben wie die Atome des Makromoleküls, die daran binden. Innerhalb eines Liganden dürfen die B-Werte von Atom zu Atom nicht wild

„springen", das wäre physikalisch nicht plausibel. Eine graduelle Änderung der B-Werte über ein Molekül hinweg ist dann plausibel, wenn der Teil mit höheren B-Werten weniger Wechselwirkungen eingeht und damit flexibler ist. Strukturen, die nicht plausible Elektronendichten oder B-Wert-Verteilungen aufweisen, sollten mit Vorsicht genossen werden.

## 25.6   Ausblick

Die hauptsächlichen Entwicklungsrichtungen in der Röntgenstrukturanalyse sind technische Verbesserungen und die Verknüpfung bisher alleinstehender biophysikalischer Methoden. Dies erlaubt zeitaufgelöste Messungen mit inhärent statischen Methoden wie SAXS und Röntgenkristallographie. Die Einzelphotonendetektoren sind mittlerweile so schnell, dass kontinuierlich zeitaufgelöste Messungen im Millisekunden-Bereich durchgeführt werden können. Zudem werden in den nächsten zehn Jahren viele Synchrotrone so verbessert, dass ihre maximale Lichtintensität 1000–10.000-fach erhöht wird. Dies lässt neue Experimente mit kleineren Kristallen und stark verdünnten Lösungen zu. Eine weitere technische Entwicklung ist der freie Elektronenlaser (XFEL), dessen Lichtintensität nochmals $10^5$–$10^8$-fach über denen der stärksten Synchrotrone liegt. XFELs und die neuen Synchrotrone erzeugen Pulse von Röntgenlicht in Abständen von Pikosekunden, was die diskontinuierliche Messung extrem schneller Kinetiken erlaubt. Dazu werden Methoden wie Lichtstreuung oder Laserspektroskopie mit der Röntgenquelle verknüpft. Optische Laser können schnelle Reaktionen initiieren. Z. B. kann die Bindung ... gebrochen, und Strukturänderungen bei der Reassoziation können verfolgt werden. Auch laserinduzierte cis/trans-Isomerisierungen in z. B. Retinal werden detailliert verfolgbar. Viele langsamere enzymkatalysierte Reaktionen können mittels Soaking der Enzymkristalle mit Substraten gestartet werden. Die Strukturen von Reaktionsintermediaten können nun bei Raumtemperatur sehr schnell bestimmt werden. All dies war bis vor wenigen Jahren noch nicht denkbar.

## Literatur und Weiterführende Literatur

Bernado P et al (2007) Structural characterization of flexible proteins using small-angle X-ray scattering. JACS 129:5656–5664

Blow DM (2002) Outline of crystallography for biologists. Oxford University Press, New York. (Sehr verständlich geschrieben. Für alle, die sich noch nicht an Rupp (s. u.) trauen)

Ducruix A, Giege R (1992) Crystallization of nucleic acids and proteins. A practical approach, 2. Aufl. IRL Press, Oxford. (Der Klassiker zur Kristallisation von Makromolekülen)

Klostermeier D, Rudolph MG (2017) Biophysical Chemistry. CRC Press, Taylor & Francis Group. (Aktuelles Werk zu biophysikalischen Methoden mit weiterführenden Kapiteln zu SAXS und Kristallographie)

Massa W (2015) Kristallstrukturbestimmung, 8. Aufl. Springer Spektrum, Wiesbaden. (Deutschsprachiges Buch zur Kristallographie)

Pelikan M et al (2009) Structure and flexibility within proteins as identified through small angle X-ray scattering. Gen Physiol Biophys 28:174–189

Petoukhov MV et al (2002) Addition of missing loops and domains to protein models by X-ray solution scattering. Biophys J 83:3113–3125

Putnam CD et al (2007) X-ray solution scattering (SAXS) combined with crystallography and computation: defining accurate macromolecular structures, conformations and assemblies in solution. Q Rev Biophys 40:191–285

Ramboand RP, Tainer JA (2010) Bridging the solution divide: comprehensive structural analyses of dynamic RNA, DNA, and protein assemblies by small-angle X-ray scattering. Curr Opin Struct Biol 20:128–137

Rhodes G (2000) Crystallography made crystal clear: a guide for users of macromolecular models, 2. Aufl. Academic Press, New York. (Schöne Einführung in den reziproken Raum)

Rupp B (2010) Biomolecular crystallography. Principles, practice and applications to structural biology. Garland Science, New York. (Das Standardwerk der aktuellen biologischen Kristallographie)

Svergun DI et al (2013) Small angle X-ray and neutron scattering from solutions of biological macromolecules. 1. Aufl. IUCr texts on crystallography. Oxford University Press, Oxford. (Gut verständliches Buch zum Stand der biologischen Kleinwinkelstreuung)

Williams RS et al (2008) Mre11 dimers coordinate DNA end bridging and nuclease processing in double-strand-break repair. Cell 135:97–109

# Spezielle Stoffgruppen

Inhaltsverzeichnis

Kapitel 26     Analytik synthetischer Peptide – 643
               *Annette Beck-Sickinger und Jan Stichel*

Kapitel 27     Kohlenhydratanalytik – 659
               *Andreas Zappe und Kevin Pagel*

Kapitel 28     Lipidanalytik – 689
               *Hartmut Kühn*

Kapitel 29     Analytik posttranslationaler Modifikationen:
               Phosphorylierung und oxidative Cysteinmodifikation
               von Proteinen – 723
               *Gereon Poschmann, Nina Overbeck, Katrin Brenig
               und Kai Stühler*

# Analytik synthetischer Peptide

*Annette G. Beck-Sickinger und Jan Stichel*

## Inhaltsverzeichnis

26.1    Prinzip der Peptidsynthese – 644

26.2    Untersuchung der Reinheit synthetischer Peptide – 649

26.3    Charakterisierung und Identität synthetischer Peptide – 650

26.4    Charakterisierung der Struktur synthetischer Peptide – 653

26.5    Analytik von Peptidbibliotheken – 655

Literatur und Weiterführende Literatur – 657

© Springer-Verlag GmbH Deutschland, ein Teil von Springer Nature 2022
J. Kurreck et al. (Hrsg.), *Bioanalytik*, https://doi.org/10.1007/978-3-662-61707-6_26

- Synthetisch hergestellte Peptide spielen in der biochemischen Forschung eine entscheidende Rolle und werden dabei vor allem in der Proteinforschung und in der pharmazeutischen Wirkstoffentwicklung eingesetzt. Nach abgeschlossener Synthese müssen in jedem Fall die Identität und die Reinheit der synthetisierten Peptide bestimmt werden.
- Die Reinheit wird in den meisten Fällen über Umkehrphasen-HPLC charakterisiert.
- Die Identität wird über massenspektrometrische Verfahren bestimmt. Hier wird auch deutlich, an welchen Stellen während der Synthese Probleme auftraten.
- Die Sekundärstruktur kann mittels CD-Spektroskopie evaluiert werden.

Synthetische Peptide haben nicht nur in der Erforschung von bioaktiven Peptiden, wie z. B. von Hormonen und Neurotransmittern, und in der Wirkstoffentwicklung eine immense Bedeutung, sondern auch in der Proteinforschung. Synthetisch dargestellte Segmente von Proteinen dienen als Referenzen bei der Identifizierung einer Primärsequenz, werden zur Epitopcharakterisierung von viralen und bakteriellen Oberflächenproteinen eingesetzt („synthetische Impfstoffe"), dienen zur Anti-Protein-Antikörpergewinnung, die dann gegen ganz bestimmte Proteinbereiche gerichtet sind, und werden zur Konformationsanalyse von Segmenten eingesetzt. Durch die rapide Entwicklung der Fluoreszenzmethoden werden Peptide, die selektiv einen Fluoreszenzfarbstoff tragen, häufig für Interaktionsstudien eingesetzt. Für diese vielfältigen Anwendungen ist die Festphasenstrategie die wirkungsvollste Synthesemethode, insbesondere wenn nur geringe Mengen (weniger als 10 mg) und durchschnittliche Reinheit (95–98 %) benötigt werden.

## 26.1 Prinzip der Peptidsynthese

Bei der chemischen Synthese von Peptiden und Proteinen werden Aminosäuren durch die Bildung von Säureamiden durch Kondensationsreaktion schrittweise miteinander verknüpft (◪ Abb. 26.1). Da jede Aminosäure sowohl eine $NH_2^-$ als auch eine COOH-Gruppe besitzt, müssen – für einen eindeutigen Ablauf dieser Konden-

sationsreaktionen – sowohl die N-terminale Aminogruppe des ersten Reaktionspartners, dessen Carboxygruppe in Reaktion treten soll, als auch die C-terminale Carboxygruppe des anderen Reaktionspartners, dessen Aminokomponente reagieren soll, durch reversibel spaltbare Schutzgruppen blockiert werden (◪ Abb. 6.2). Um unerwünschte Nebenreaktionen völlig zu vermeiden, müssen darüber hinaus die reaktiven Seitenketten der sog. trifunktionellen Aminosäuren (Lys, Arg, His, Glu, Asp, Ser, Thr, Tyr, Cys) in reversibler Form geschützt werden (◪ Abb. 26.3). Andererseits muss für eine effiziente Amidbildung die reaktionsträge freie Carboxygruppe der Carboxykomponente in ein reaktionsfähiges aktiviertes Derivat umgewandelt werden.

Bei der von R. Bruce Merrifield 1963 eingeführten Methode der Festphasenpeptidsynthese wird das Peptid an einem polymeren Träger sequenziell vom C- zum N-Terminus aufgebaut. Im ersten Schritt wird die C-terminale Aminosäure des zu synthetisierenden Peptides mit ihrer Carboxygruppe über eine Ankergruppierung mit dem polymeren Träger (Harz) verbunden (◪ Abb. 26.2 und 26.3). Unter einem Anker versteht man ein Segment, das nach beendeter Synthese die Abspaltung des Peptides von der festen Phase unter spezifischen Bedingungen ermöglicht. Die in der Sequenz folgende, N-terminal geschützte Aminosäure wird am Carboxyterminus mittels Kupplungsreagenzien aktiviert (z. B. als Ester) und dann an das freie Aminoende der Peptidkette gekuppelt. Nach der Abspaltung der Aminoschutzgruppe folgt die Kupplung der nächsten N-terminal geschützten Aminosäure. Dieser Zyklus von Kupplung und Abspaltung wird so lange wiederholt, bis das Peptid die gewünschte Länge erreicht hat. Nachdem sämtliche Kupplungen durchgeführt wurden, wird das Peptid vom Harz abgespalten, d. h. die kovalente Bindung zwischen C-terminaler Aminosäure und der Ankergruppierung des polymeren Trägers wird getrennt, wobei je nach Anker das Peptid als Säure oder als Amid entsteht. Die Seitenkettenschutzgruppen werden hierbei meistens mit abgespalten.

Bei der Wahl der Schutzgruppen ist es entscheidend, dass im Laufe der Synthese die N-terminale Schutzgruppe ständig wieder entfernt werden muss, ohne dass es zur vorzeitigen Abspaltung der Seiten-

◪ **Abb. 26.1**  Prinzip der Peptidsynthese. Die Peptidbindung, die die Aminosäuren verknüpft, wird durch eine Kondensationsreaktion erzielt

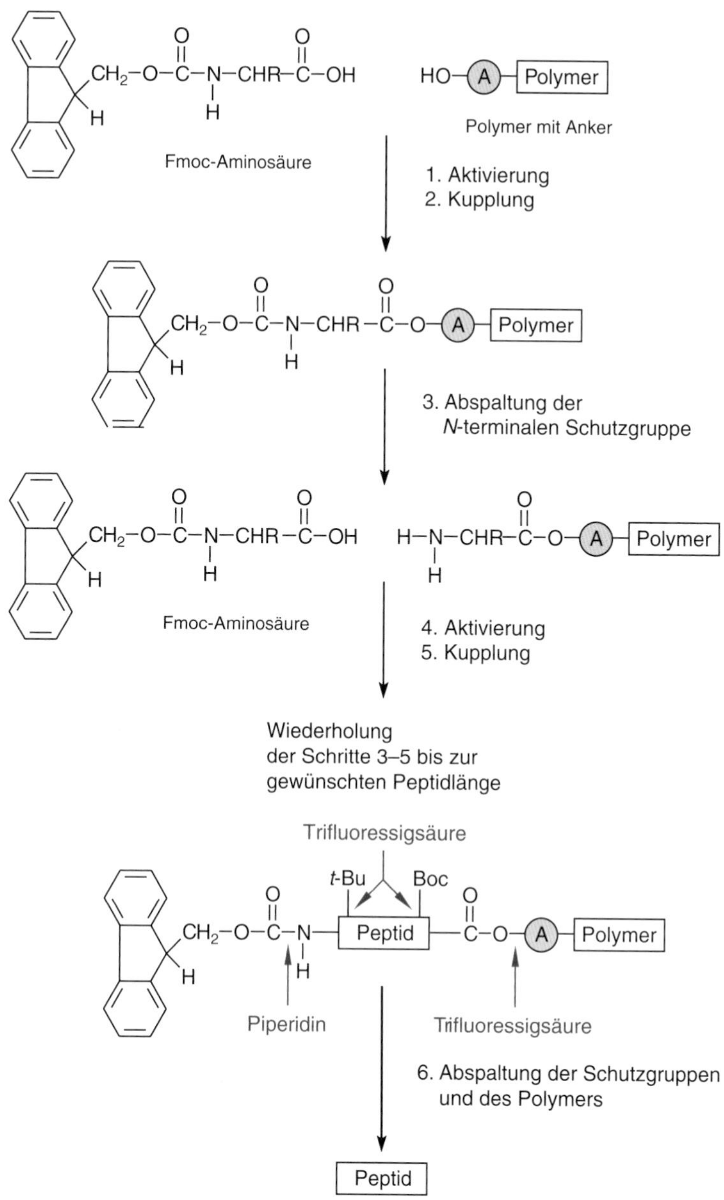

**◻ Abb. 26.2** Schematische Darstellung von Peptiden nach der Festphasensynthese. Die Peptide sind C-terminal am Anker kovalent gebunden. Die N-terminal geschützten Peptide (z. B. mit Fmoc-Schutzgruppe) werden unter Aktivierung gekuppelt. Die N-terminale Schutzgruppe wird durch ein geeignetes Reagens abgespalten. Dieser Zyklus wird wiederholt, bis das gewünschte Peptid dargestellt wird. Im letzten Schritt werden die Schutzgruppen der Seitenketten abgespalten und das Peptid vom Polymer gelöst

kettenschutzgruppen kommt. Es ist also eine abgestufte Stabilität von Seitenketten- und terminalen Schutzgruppen erforderlich. Dabei müssen aber alle am Ende der Synthese noch vorhandenen Schutzgruppen immer noch so labil sein, dass sie wieder abgespalten werden können, ohne dass das Peptid dadurch geschädigt wird. Dieses Problem wird heute meistens mit der Fmoc- oder mit der Boc-Strategie gelöst. ◻ Abb. 26.2 zeigt das Grundprinzip der Peptidsynthese nach der Fmoc-Strategie.

Die Fmoc-Strategie schützt die α-Aminogruppe mit dem basisch leicht abspaltbaren Fluorenylmethoxycarbonylrest (Fmoc). Die Fmoc-Schutzgruppe ist über eine Urethanbindung mit der α-Aminogruppe verknüpft, die durch Piperidin unter β-Eliminierung gespalten wird (◻ Abb. 26.4A). Die Basenlabilität der Fmoc-Gruppe beruht auf der Acidität des H-Atoms am $C_9$-Atom des Fluorensystems, also auf der relativen Stabilität des dabei entstehenden Anions. Zum Seitenkettenschutz werden hingegen säurelabile Gruppen eingesetzt. Analoges gilt für den Anker.

Nach der Abspaltung der Fmoc-Schutzgruppe am N-Terminus der Peptidkette muss das Carboxykohlenstoffatom der zu kuppelnden Aminosäure durch elektronenziehende Gruppen aktiviert werden, um den nucleophilen Angriff der elektronenreichen Aminogruppe zu ermöglichen (◻ Abb. 26.4B). Dazu wurden in der Vergangenheit hauptsächlich $N,N'$-Diisopropylcarbodiimid (DIC) und 1-Hydroxybenzotriazol (HOBt) verwendet. Da HOBt in die Klasse explosiver Stoffe eingeordnet wurde und daher Transportbeschränkungen unterliegt, wurde HOBt zunehmend durch andere Aktivierungs-

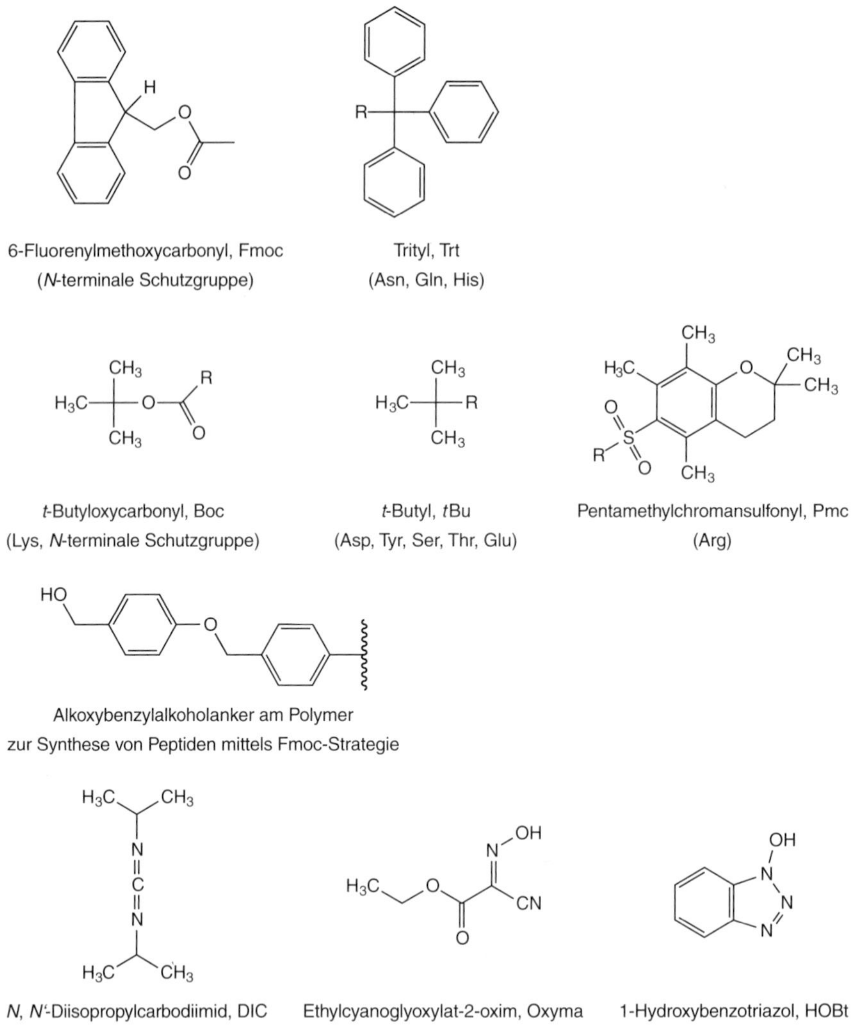

**Abb. 26.3** Strukturformeln und Abkürzungen der wichtigsten Reagenzien in der Peptidsynthese: N-terminale Schutzgruppen, Seitenkettenschutzgruppen für trifunktionelle Aminosäuren, Anker und Kupplungsreagenzien

6-Fluorenylmethoxycarbonyl, Fmoc
(*N*-terminale Schutzgruppe)

Trityl, Trt
(Asn, Gln, His)

*t*-Butyloxycarbonyl, Boc
(Lys, *N*-terminale Schutzgruppe)

*t*-Butyl, *t*Bu
(Asp, Tyr, Ser, Thr, Glu)

Pentamethylchromansulfonyl, Pmc
(Arg)

Alkoxybenzylalkoholanker am Polymer
zur Synthese von Peptiden mittels Fmoc-Strategie

*N*, *N'*-Diisopropylcarbodiimid, DIC    Ethylcyanoglyoxylat-2-oxim, Oxyma    1-Hydroxybenzotriazol, HOBt

reagenzien, wie beispielsweise Ethylcyanoglyoxylat-2-oxim (Oxyma) und dessen Derivate, ersetzt.

Zur Bildung einer Peptidbindung wird z. B. die zu kuppelnde Aminosäure im 5-fachen Überschuss zugegeben und mit den Aktivierungsreagenzien DIC/Oxyma aktiviert. Danach wird mit DMF gewaschen und dieselbe Aminosäure im fünffachen Überschuss erneut zugegeben und mit den Aktivierungsreagenzien DIC/Oxyma aktiviert (■ Abb. 26.3). Der Mechanismus der Aktivierung mit DIC verläuft über ein *O*-Acylisoharnstoff-Zwischenprodukt, das auf unterschiedliche Weise unter Knüpfung der Peptidbindung mit der Aminogruppe einer Aminosäure weiter reagieren kann. Die Kupplung erfolgt unter Zugabe von Oxyma (■ Abb. 26.4B). Aus dem anfänglich gebildeten *O*-Acylisoharnstoff entsteht hierdurch ein *O*-Acyloxim, welches eine geringere Tendenz zur Enolisierung am chiralen C$_\alpha$-Atom hat. Die Wahrscheinlichkeit für eine Racemisierung wird somit deutlich verringert.

Um den Anteil an Fehlsequenzen zu senken und die Ausbeute zu erhöhen, kann, wie oben beschrieben, eine Position zweimal gekuppelt werden, ohne dazwischen die N-terminale Schutzgruppe abzuspalten.

Die Entfernung der Seitenkettenschutzgruppen sowie die Abspaltung vom Harz nach der Synthese erfolgt in einem Schritt durch konzentrierte Trifluoressigsäure unter Zusatz von 5–20 % Scavenger. Hierbei handelt es sich um Kationen- und Radikalfänger, die unerwünschte Nebenreaktionen unterdrücken: elektronenreiche Aromaten (Thioanisol, Kresol) und Thiole zum Abfangen der Abspaltprodukte (Ethandithiol). Da Thiole jedoch sehr geruchsintensiv und toxisch sind, werden zunehmend Silane wie Triisopropylsilan (TIS) für diese Zwecke eingesetzt.

Die Einführung von Fluoreszenzfarbstoffen erfolgt am einfachsten, solange das Peptid noch am polymeren Träger gebunden ist. Durch Schutzgruppen, die unter anderen Bedingungen abgespalten werden, kann z. B. selektiv die Aminoseitengruppe eines Lysinrestes deblockiert werden, sofern dies bei der Synthese entsprechend eingesetzt wurde. N-terminale Modifizierung erfolgt nach der Abspaltung der letzten Fmoc-Schutzgruppe. Die Farbstoffe können entweder bereits als Aktivester eingesetzt und gekuppelt werden oder aber *in situ* aktiviert werden.

Die konsequente Weiterentwicklung der Festphasensynthese war ab 1985 die **multiple Peptidsynthese**: die gleichzeitige Synthese vieler Peptidsequenzen unter-

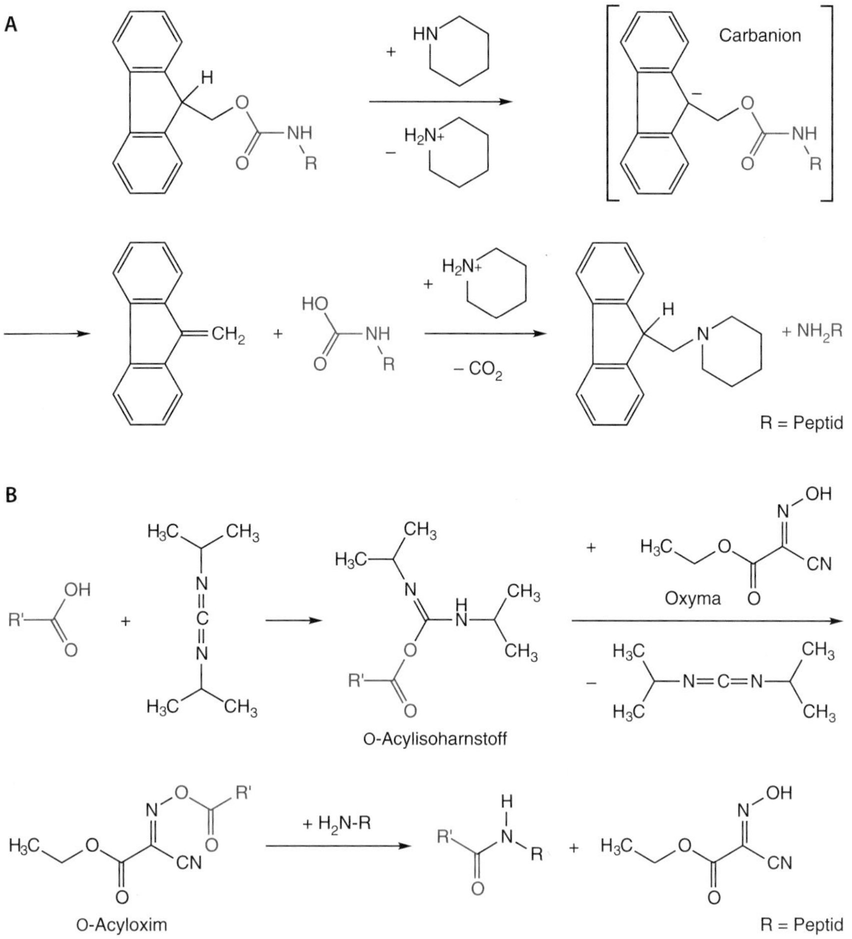

**□ Abb. 26.4** Wichtige Reaktionsmechanismen in der Peptidsynthese. **A** Abspaltung der N-terminalen Schutzgruppe Fmoc mittels Piperidin. **B** Aktivierung der Carboxylgruppe mittels DIC und Oxyma und Kupplung mit der Aminogruppe (Kondensationsreaktion zur Knüpfung der Peptidbindung)

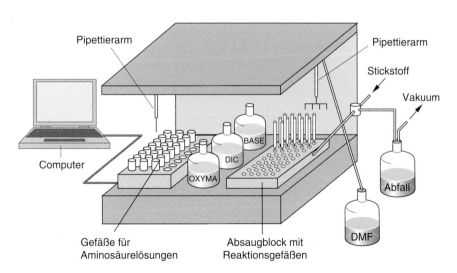

**□ Abb. 26.5** Multipler Peptidsyntheseapparat zur parallelen Darstellung einer Vielzahl von Peptiden

schiedlicher Länge und beliebiger Aminosäurezusammensetzung. Die immer gleichen Abspaltungs-, Kupplungs- und Waschschritte lassen sich automatisieren (□ Abb. 26.5).

Die Synthese kann z. B. in nach unten offenen Polypropylengefäßen (Einwegspritzen) durchgeführt werden, die mit Frittenböden versehen sind. Diese werden auf eine spezielle Halterung, den sog. Absaugblock, gesteckt. Durch Anlegen eines leichten Stickstoffüberdrucks an den Block wird ein Abfließen der Reaktionslösungen während der Reaktion verhindert. Durch Anlegen eines leichten Vakuums können die Reaktionsgefäße nach der Reaktion bzw. während des Waschens entleert werden. Die Zugabe der Reagenzien und des

**26**

Lösungsmittels erfolgt über einen computergesteuerten, einnadeligen Pipettierarm. Die Sequenzen und Synthesebedingungen werden im Steuerungscomputer erfasst. Dieser berechnet dann die Menge und Konzentration der benötigten Substanzen, welche in die dafür vorgesehenen Gefäße abgefüllt werden. Jeder Durchlauf des folgenden Zyklus verlängert die Peptidkette um eine Aminosäure. Der Synthesizer führt den Zyklus bis zur gewünschten Kettenlänge immer wieder durch:

1. Abspaltung der Fmoc-Schutzgruppe am Aminoende der Peptidkette
2. Waschen der Harze mit DMF
3. Kupplung der nächsten Aminosäure nach Aktivierung
4. Waschen der Harze mit DMF
5. eventuell Doppelkupplung der Aminosäure
6. Waschen der Harze mit DMF

Die Abspaltung der Peptide vom Harz und das Entfernen der Seitenkettenschutzgruppen erfolgt mit Trifluoressigsäure unter Zusatz von Scavenger. So entstehen z. B. aus den Boc- und $t$-Butyl-Schutzgruppen durch einen $S_N1$-Mechanismus $t$-Butyl-Kationen (bzw. $t$-Butyltrifluoracetat), die ohne den Zusatz von Scavenger das Tyrosin in 3'-Position des Phenylrings alkylieren können. Auch andere Aminosäuren, wie etwa Trp und Met, können hierdurch alkyliert werden. Ein häufig auftretendes weiteres Problem bei der Synthese ist die Oxidation des Methionins, die durch die Verwendung eines multiplen Saugblockes verschärft wird, da mit dieser Methode immer wieder Luftsauerstoff durch die in DMF gequollenen Harze gesaugt wird. Der Anteil der oxidierten Peptide kann abhängig von der Position des Methionins im Peptid bis zu 50 % betragen. Je näher sich das Methionin am C-Terminus befindet, desto häufiger ist es dem Luftsauerstoff ausgesetzt und wird deshalb zu einem höheren Prozentsatz oxidiert. Zur Reduzierung von oxidierten Methioninseitenketten hat sich die Behandlung mit Reduktionsmitteln wie EDT (Ethandithiol) und Bromtrimethylsilan als sehr wirkungsvoll herausgestellt.

Bei der Synthese von Peptiden ergibt sich somit eine ganze Reihe von kritischen Schritten, die bei der Analytik besonders beachtet werden müssen (◘ Tab. 26.1). Als nichtpeptidische Verunreinigungen können insbesondere Reste der Scavenger bzw. der Scavenger-Schutzgruppenaddukte auftreten. Die häufigsten peptidischen Verunreinigungen sind i. A. Fehlsequenzen, die von unvollständigen Kupplungen an einzelnen Positionen oder unvollständiger Abspaltung der N-terminalen Schutzgruppen stammen. Des Weiteren kann eine Racemisierung während der Kupplung zu Diastereomeren führen. Häufig beobachtete Nebenreaktionen sind die Modifizierung (Alkylierung) von Aminosäuren, die unvollständige Abspaltung der Seitenkettenschutzgruppen und die Oxidation von Methionin.

Kein Problem stellt i. A. die Produktmenge dar, die für die Analytik eingesetzt werden kann, da Synthesen im Milligramm- bis Grammmaßstab durchgeführt werden, was für eine umfassende Analytik (HPLC, UV, Aminosäureanalyse und ESI-MS) völlig ausreichend ist.

◘ **Tab. 26.1** Zusammenstellung der häufigsten Nebenprodukte oder Nebenreaktionen bei der Synthese von Peptiden und ihre Identifizierung

| Nebenprodukt/Nebenreaktion | Identifizierung | Charakterisierung |
|---|---|---|
| Scavenger (Thioanisol, Thiokresol) | HPLC | UV (Photodiodenarray) |
| Salz | Aminosäurenanalyse | NMR |
| Fehlsequenzen | HPLC, CZE | MS: $[M-M_{Aminosäure}]$ |
| Racemisierung und Diastereomerenbildung | HPLC, CZE | GC-Aminosäurenanalyse HPLC an chiraler Phase |
| unvollständige Abspaltung von Seitenschutzgruppen, z. B. Arg (Pmc) | HPLC | UV (Photodiodenarray) MS: $[M+266]$ |
| Alkylierung mit $t$-Butanol oder unvollständige Abspaltung der $t$-Butyl-Seitenkettenschutzgruppe | HPLC, MS | MS: $[M+57]$ |
| Oxidation von Met | HPLC | MS: $[M+16]$ |
| Desamidierung von Gln, Asn | HPLC | MS: $[M-17]$ |
| Polymere | HPLC | MS: $[2M]$ |
| Addition von Piperidin in Asp-Xaa-Sequenzen, häufig zusammen mit Wassereliminierung | HPLC | MS: $[M+67]$, $[M-18]$ |
| Sulfonierung durch Arg(Pmc) oder Arg(Mtr) | HPLC, CZE | MS: $[M+81]$ |

## 26.2 Untersuchung der Reinheit synthetischer Peptide

Die erste Frage nach der Abspaltung des Peptides vom polymeren Träger gilt der Reinheit. Als Standardmethode wird hierfür HPLC an reversen Phasen, häufig RP-8 oder RP-21, angewendet. Als mobile Phasen werden häufig Acetonitril/Wasser/Trifluoressigsäure- und seltener Acetonitril/Wasser/Ameisensäure-Systeme verwendet. Solche Systeme mit apolaren stationären Phasen und polaren mobilen Phasen nennt man auch Umkehrphasensysteme. Um schärfere Peaks und kürzere Retentionszeiten zu erhalten, wird mit Gradientenelution gearbeitet. Dabei wird die Zusammensetzung der mobilen Phase während der Messung geändert. Die Zusammensetzung des Elutionsmittels hängt stark vom erwarteten Produkt ab: Viele synthetische Peptide lassen sich mit einem Gradienten 10 % Acetonitril/90 % Wasser auf 60 % Acetonitril/40 % Wasser innerhalb von 30 min auftrennen. Beiden Elutionsmitteln wird Trifluoressigsäure (0,08–0,11 %, pH 2) zugesetzt, um die Peptide vollständig zu protonieren. Trifluoressigsäure eignet sich besonders gut, da sie eine geringe Absorption bei 214 nm aufweist und Peptidbindungen nicht hydrolysiert. Als Nachteil müssen die schlechte Handhabbarkeit – Trifluoressigsäure ist sehr flüchtig – und die Toxizität angesehen werden. Bei Peptiden mit mehr als dreißig Aminosäuren oder sehr hydrophoben Sequenzen wird mit 25 % Acetonitril/75 % Wasser begonnen. Bei der Dauer des Gradienten gilt die Faustregel: *Maximale Änderung der Zusammensetzung der Elutionsmittel von zwei Prozent pro Minute.* Sehr hydrophobe Peptide, z. B. Transmembransegmente, haben die Eigenschaft, zu aggregieren und sich unspezifisch an alle Oberflächen anzulagern. Eine Trennung mit den oben beschriebenen Systemen gelingt häufig nicht. Bessere Erfolge können durch die Verwendung eines hohen Anteils von Ameisensäure erzielt werden. Ein Gradient von 40 % Ameisensäure/Acetonitril (3:2)/60 % Ameisensäure/Wasser (3:2) auf 90 % Amei-

sensäure/Acetonitril (3:2)/10 % Ameisensäure/Wasser (3:2) kann hierfür empfohlen werden. Eine weitere Möglichkeit ist die Verwendung von Säulen, die CN-gebundene oder $C_4$-Phasen enthalten.

Als Detektor wird üblicherweise ein UV-Detektor mit fester Wellenlänge oder ein Photodiodenarray-Detektor verwendet. Elutionsmittel, die ausschließlich Wasser, Acetonitril und Trifluoressigsäure enthalten, erlauben die Detektion bei 214–220 nm, in der Nähe des Absorptionsmaximums der Peptidbindung. Ein Photodiodenarray-Detektor gibt außer der Reinheit auch erste Hinweise auf die Identität der Produkte (▶ Abschn. 26.3). Wenn man im Elutionsmittel Ameisensäure verwendet, kann die Detektion der Peptide nur bei 280 nm erfolgen. Bei dieser Wellenlänge werden die aromatischen Aminosäuren der Peptide detektiert. Peptide, die keine aromatischen Aminosäuren enthalten, können nicht detektiert werden.

Eine weitere Methode für die Analytik synthetischer Peptide ist die Kapillarzonenelektrophorese (▶ Abschn. 13.4.1). Die Trennung erfolgt hierbei aufgrund der unterschiedlichen Ladung im elektrischen Feld. Variiert werden zur Optimierung der Elektrophoresebedingungen überwiegend der pH-Wert der Puffer und die Ionenstärke. Da Peptide jedoch häufig hohe isoelektrische Punkte aufweisen, gelingt die Optimierung mit hohen pH-Werten nur schlecht. Bessere Ergebnisse werden durch den Zusatz von sog. Kationen-*Surfactants* (engl. *surfactant*, oberflächenaktivierter Stoff) wie Hexadecyltrimethylammoniumchlorid erhalten. Die Trennung basiert auf der unterschiedlichen Verteilung der Verbindungen zwischen der wässrigen und der ionischen micellaren Pseudophase und wird **micellare elektrokinetische Kapillarzonenelektrophorese (MECC)** genannt (▶ Abschn. 13.4.2). Substanzen, die sich nur wenig in Größe, Form, Hydrophobizität oder Ladung unterscheiden, können so getrennt werden. Dies ist in ◻ Abb. 26.6 am Beispiel von vier sehr ähnlichen Peptiden gezeigt, die sich lediglich dadurch unterscheiden, dass eine Position eines 17-mers entweder Leu, Ala, Gly oder Ile ist.

◻ **Abb. 26.6** Vergleich der Trennung eines Gemisches aus vier ähnlichen Peptiden mittels **A** HPLC, **B** Kapillarzonenelektrophorese und **C** micellarer elektrokinetischer Kapillarzonenelektrophorese: YPSKLRHYINLITRQRY (1), YPSKLRHYINAITRQRY (2), YPSKLRHYINGITRQRY (3) und YPSKLRHYINIITRQRY (4)

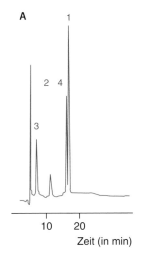
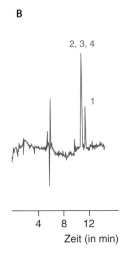
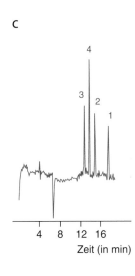

**26**

Eine Methode, die allerdings nur in speziellen Fällen zur Reinheitskontrolle eingesetzt werden kann, ist die Dünnschichtchromatographie.

Während in den meisten Fällen keine Routinetrennung angewendet werden kann, sind bestimmte Reaktionen besonders gut mit Dünnschichtchromatographie zu kontrollieren. Hierzu gehören unter anderem die Modifizierung von Aminogruppen (freie Aminogruppen werden mit Ninhydrin-Sprühreagens detektiert), die Bildung von Disulfidbrücken (freie SH-Gruppen werden mit Ellman-Reagens nachgewiesen) oder die Phosphorylierung von Thr, Ser oder Tyr.

Durch die Aminosäureanalyse (▶ Kap. 14) erhält man Hinweise auf den Salzgehalt der Peptide. Hierfür werden sie nach der Synthese wieder hydrolysiert. Da bei der Hydrolyse Asn zu Asp und Gln zu Glu werden, können diese Aminosäuren nur summarisch betrachtet werden. Der Gehalt einer Probe wird durch das Verhältnis von gefundener Menge aus der Analyse und theoretischer Menge nach der Einwaage berechnet. Ein Salzgehalt von 20–40 Gew.-% bei Rohprodukten ist nicht ungewöhnlich und hängt stark von der Anzahl der geladenen Aminosäuren und vom Gegenion ab. Trifluoracetate haben einen höheren Salzgehalt als Hydrochloride oder Acetate, da das Trifluoracetatanion selbst schwerer ist. Eine Umwandlung der nach der Abspaltung oder präparativen Reinigung vorliegenden Trifluoracetate in die Hydrochloride kann durch Lyophilisation (Gefriertrocknung) aus 0,1 N HCl erfolgen. Nachteil dieser Salzform ist allerdings die hohe Hygroskopie der Hydrochloride. Sollen die Peptide in Tierversuchen eingesetzt werden, so ist die Verwendung der Acetate besonders günstig. Diese erhält man durch mehrfaches Lyophilisieren aus Essigsäure. Ein einfacher Nachweis, dass kein Trifluoracetat mehr vorliegt, erfolgt durch $^{19}$F- oder $^{13}$C-NMR-Spektroskopie, da die CF$_3$-Gruppe typische Signale aufweist.

Des Weiteren kann mit der Aminosäureanalyse das Verhältnis der einzelnen Aminosäuren zueinander beurteilt werden, sowie welche Aminosäuren eines Peptides einwandfrei und welche schlecht gekuppelt haben. Als Standard-Bezugsaminosäure wird häufig Alanin verwendet, da dieses weder bei der Hydrolyse noch bei der Derivatisierung modifiziert wird und in vielen Peptiden vorkommt.

### 26.3 Charakterisierung und Identität synthetischer Peptide

Erhält man im Chromatogramm oder Elektropherogramm mehrere Produkte, so stellt sich stets die Frage: Welches ist die gewünschte Sequenz und welches sind die Nebenprodukte? Wird als Detektor bei der Chro-

matographie ein Photodiodenarraydetektor verwendet, der kontinuierlich zu jedem Peak das zugehörige UV-Spektrum aufzeichnet, so können nichtpeptidische Verunreinigungen (Scavenger, Schutzgruppen) sofort aufgrund ihres Spektrums identifiziert werden. Es fehlt die typische hohe Absorption bei 210–220 nm, dafür sind Absorptionsmaxima im Aromatenbereich dominierend (◩ Abb. 26.7A). Modifizierungen wie Seitenkettenalkylierungen von Tyr und Trp können ebenfalls im UV-Bereich durch die Verschiebung der Aromatenmaxima erkannt werden. Des Weiteren können noch verbliebene Schutzgruppen, z. B. 4-Methoxy-2,3,6-trimethylbenzolsulfonyl (Mtr, ◩ Abb. 26.7B), im UV-Spektrum, das direkt während der Chromatographie aufgezeichnet wurde, vom freien Peptid unterschieden werden. Die N-terminale Fmoc-Schutzgruppe hat drei typische Maxima bei 266 nm, 289 nm und 300 nm mit den entsprechenden Absorptionskoeffizien-

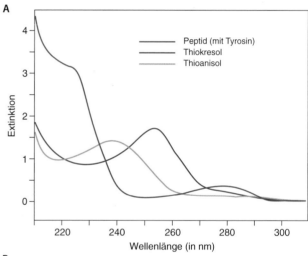

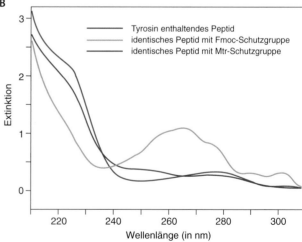

◩ **Abb. 26.7** UV-Spektren, die direkt von der HPLC durch Photodiodenarraydetektion erhalten wurden. **A** Spektren von tyrosinhaltigem Peptid, Thioanisol und Thiokresol. **B** Spektren von tyrosinhaltigem, ungeschütztem Peptid sowie mit Fmoc- und Mtr-Schutzgruppe

ten $\varepsilon_{266}$ = 17.500, $\varepsilon_{289}$ = 5800 und $\varepsilon_{300}$ = 7800 und kann daran leicht erkannt werden. Außerdem ermöglicht die Detektion bei zwei oder mehr Wellenlängen die Zuordnung von modifizierten Peptiden mit unterschiedlicher Absorption. So gelingt z. B. die Identifizierung des Produkts, das bei unvollständiger Derivatisierung den Fluoreszenzfarbstoff bereits trägt (◘ Abb. 26.8), mittels HPLC und Paralleldetektion bei 220 und 552 nm. Eine anschließende Optimierung der Chromatographiebedingungen zur präparativen Reinigung wird so stark vereinfacht.

Die heutzutage wichtigste Methode zur Charakterisierung von synthetischen Peptiden ist jedoch die Massenspektrometrie (▶ Kap. 16). Geeignete Spektrometer zeichnen sich insbesondere durch sanfte Ionisierungsmethoden aus, wie die Elektrosprayionisierung (ESI) oder die MALDI-Technik, und sind in der Lage, Peptide unfragmentiert zu messen. Bei der Elektrosprayionisierung werden Serien von geladenen Ionen vom Typ $[M+nH]^{n+}$ generiert, die anschließend mit dem Massenspektrometer nachgewiesen werden. Größere Peptide sind im positiven Messmodus durch Protonierung von N-Terminus, Lys- und Arg-Seitenketten zweifach, dreifach oder vierfach positiv geladen. ◘ Abb. 26.9 zeigt das Massenspektrum eines reinen 16-mer-Peptids mit den Peaks $[M+H]^+$ (1774,5 amu), $[M+2H]^{2+}$ (887,5 amu) und $[M+3H]^{3+}$ (592,5 amu, ◘ Abb. 26.9A) sowie ein Spektrum desselben Peptids mit zwei typischen peptidischen Verunreinigungen (◘ Abb. 26.9B). Durch Berechnung der Differenzen der $[M+H]^+$-Peaks oder der doppelten Differenzen der $[M+2H]^{2+}$-Peaks erkennt man, dass es sich bei den Nebenprodukten um Moleküle mit den Massen M – 156 und M + 266 handelt, die mit einer Arg-Fehlsequenz (unvollständige Kupplung) und einem Arg mit Seitenschutzgruppe (unvollständige Abspaltung) korreliert werden können.

Etwas schwieriger ist die Analyse von hydrophoben Peptiden im ESI-Spektrometer, die keine oder nur wenige polare, protonierbare Aminosäuren enthalten. Durch Glu- und Asp-Reste können die Peptide eine negative Nettoladung erhalten. Dadurch werden die Peptide in diesem Fall fragmentiert, das heißt die Peptidbindung wird an mehreren Stellen gebrochen. Dies führt dazu, dass $M^{2+}$ und $M^{3+}$ im Spektrum häufig nicht dominierend vorhanden sind und somit nicht unbedingt auf die Qualität der Peptide geschlossen werden kann. Um die stark fragmentierten Massenspektren hydrophober, ungeladener Peptide zu interpretieren, kann wie folgt vorgegangen werden:

1. $M^{2+}$ und $M^{3+}$ suchen
2. Fehlsequenzen durch Subtraktion einzelner Aminosäuren von $M^{2+}$ und $M^{3+}$ suchen
3. Identifikation von N- und C-terminalen Fragmenten
4. Fehlsequenzen der Fragmente durch Subtraktion einzelner Aminosäuren suchen
5. Interpretation der Auswertung

Das in ◘ Abb. 26.10 gezeigte Massenspektrum ist daher durchaus mit einem einheitlichen Produkt vereinbar, wenngleich auch der $[M+2H]^{2+}$-Peak bei 1297 amu nicht der dominante Peak ist. Die Identifizierung der Fragmente und die Sequenz des Peptides sind ebenfalls in ◘ Abb. 26.10 dargestellt. Weitere Möglichkeiten zur Untersuchung von sauren Peptiden liefert die Messung im Negativmodus (Detektion der Anionen). Allerdings ist diese Technik wesentlich unempfindlicher und schwieriger zu optimieren, insbesondere für Peptide.

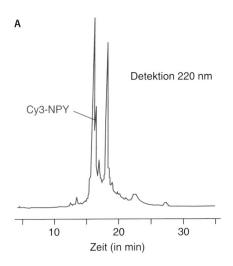

A

Detektion 220 nm

Cy3-NPY

10      20      30
Zeit (in min)

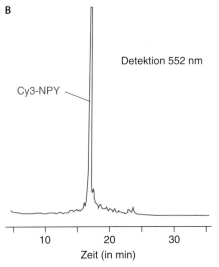

B

Detektion 552 nm

Cy3-NPY

10      20      30
Zeit (in min)

◘ **Abb. 26.8** HPLC-Chromatogramm eines Gemisches. Das Neuropeptidhormon NPY (36-Mer) wurde in Lösung mit dem Fluoreszenzfarbstoff Cy3 umgesetzt. **A** Die Detektion bei 220 nm zeigt alle peptidischen Komponenten. **B** Mittels der Detektion bei 552 nm (Absorptionsmaximum des Cyaninfarbstoffs) kann der zweite Peak mit einer Retentionszeit von 16,2 min als Produkt identifiziert werden

**26**

■ **Abb. 26.9**  Elektrospray-
Massenspektren eines gereinigten
16-Mer-Peptidamids (Masse 1773,5
amu) **A** und des Rohprodukts **B**, das
als Verunreinigungen ein Produkt
mit einer Masse von 1617,5 amu
(M – 156 amu) und ein Peptid mit
einer Masse von 2040,5 amu
(M + 266 amu) aufweist. Dies kann
als eine Arg-Fehlsequenz und ein
modifiziertes Arg (mit Pmc-Schutz-
gruppe) interpretiert werden

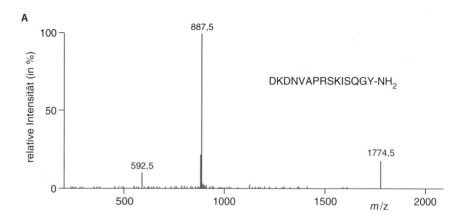

DKDNVAPRSKISQGY-NH$_2$

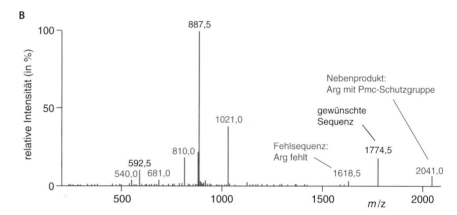

Somit liefert die Massenspektrometrie durch die auftretenden Peaks wertvolle Informationen über den Erfolg der Synthese.

> Ist nur ein Produkt der korrekten Masse einer chromatographisch einheitlichen Probe vorhanden, so war die Synthese erfolgreich. Sind weitere Peaks erkennbar, die sich vom gewünschten Produkt um die Masse einzelner Aminosäuren oder Schutzgruppen unterscheiden, kann davon ausgegangen werden, dass Fehlsequenzen vorliegen oder Schutzgruppen nicht vollständig abgespalten wurden.

Somit kann beurteilt werden, welche Regionen der Peptidkette richtig vorliegen. Hinweise auf Fehlsequenzen zeigen die synthetisch problematischen Stellen in der Peptidkette, die in einer weiteren Synthese kontrolliert werden können. Auch Nebenprodukte, wie Peptide mit oxidiertem Methionin, können leicht identifiziert werden. Die Kombination von HPLC und Massenspektroskopie liefert somit i. A. eine recht verlässliche Aussage über die Qualität eines Peptids. In ■ Abb. 26.11A ist das Chromatogramm des Rohprodukts eines synthetischen 28-Mers, das neben dem Hauptprodukt eine Verunreinigung von 18 % enthält, abgebildet. Das dazuge

hörige Massenspektrum (■ Abb. 26.11B) zeigt, dass das Hauptprodukt die korrekte Sequenz repräsentiert, wogegen die Verunreinigung eine Fehlsequenz der Masse M – 199 amu darstellt und damit dem 27-Mer-Peptid entspricht, das die ungewöhnliche Aminosäure 12-Aminododecansäure nicht enthält.

Ein Problem, das mittels Massenspektrometrie nicht gelöst werden kann, ist dagegen die *Diastereomerenbildung* der Peptide, die durch Racemisierung einzelner Aminosäuren während der Kupplung auftreten kann. Des Weiteren können Ile- und Leu- sowie Gln- und Lys-Fehlsequenzen nicht einfach unterschieden werden, da sie dieselbe Massendifferenz von −113 bzw. −128 amu aufweisen. Beide Probleme können durch Aminosäureanalyse gelöst werden, mit der die Zusammensetzung des Peptids bestimmt werden kann. Aus der Mischung ist dies jedoch recht schwierig, und Fehlsequenzen unter 10 % sind aufgrund der Fehlergrenze der Aminosäureanalyse nicht genau zu bestimmen. Werden die unterschiedlichen Peptide jedoch getrennt und dann analysiert, so kann mit Sicherheit entschieden werden, ob eine Ile- oder Leu-Fehlsequenz vorliegt. Eine weitere Möglichkeit stellt die FT-ICR-Massenspektrometrie dar. Durch ihre hohe Auflösung und große Genauigkeit können damit Massengenauigkeiten bei Peptiden erreicht werden, die die Unterscheidung von Lys und

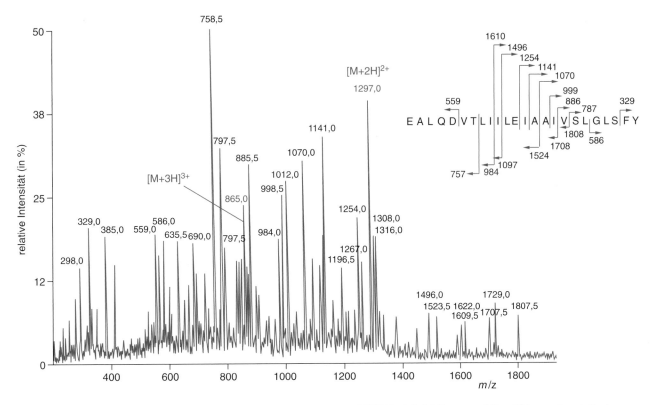

**◻ Abb. 26.10** Elektrospray-Massenspektrum eines hydrophoben Transmembransegments (24-Mer) ohne basische Aminosäuren. Das Spektrum weist einen [M+2H]$^{2+}$-Peak bei 1297 amu und einen [M+3H]$^{3+}$-Peak bei 865 amu auf. Des Weiteren deutet die Auswertung der Fragmentierung darauf hin, dass das Hauptprodukt der gewünschten Sequenz entspricht

Gln zulassen. Eine Möglichkeit zur Charakterisierung der Enantiomerenreinheit der Peptide ist die gaschromatographische Aminosäureanalyse bzw. die HPLC-Aminosäureanalyse an chiraler Phase. Bei der gaschromatographischen Methode werden nach der Hydrolyse die Aminosäuren N- und C-terminal modifiziert (z. B. als Trifluoracetylaminosäure-*n*-propylester), an *Chirasil-Val*-Kapillaren getrennt und im Stickstoffdetektor analysiert. Die Quantifizierung erfolgt durch einen internen D-Aminosäurestandard sowie einen zweiten Lauf ohne Standard. Der Vergleich beider Chromatogramme erlaubt sowohl eine Quantifizierung als auch eine Aussage über die Racemisierung der einzelnen Aminosäuren. Diese Methode spielt eine wichtige Rolle bei der Kontrolle der Enantiomerenreinheit synthetischer Peptide sowie bei der Identifizierung von peptidischen Naturstoffen (z. B. Antibiotika aus Pilzen), die neben L-konfigurierten Aminosäuren auch D-Aminosäuren enthalten können.

Stellt sich nun die Frage, an welcher Position eine Modifizierung, Nebenreaktion oder Fehlkupplung aufgetreten ist, so kann dies entweder durch N-terminale Sequenzierung (Edman-Abbau) oder durch MS/MS-Spektrometrie beantwortet werden. Eine Fehlkupplung zeigt sich im Edman-Abbau dadurch, dass anstelle der erwarteten Aminosäure die nächste auftritt. Positionen von Modifizierungen und Nebenreaktionen weisen im Edman-Abbau meist einen Leerzyklus auf, da die veränderte Aminosäure nicht im Standardchromatogramm innerhalb der üblichen Laufzeiten eluiert wird. Bei Modifizierungen des Peptidrückgrats oder bei β-Aminosäuren bricht der Edman-Abbau an dieser Position ab. Bei der MS/MS-Spektrometrie wird die gezielte Fragmentierung durch Stöße provoziert. Wie oben beschrieben, lassen sich anschließend aus der Analyse der Fragmente Rückschlüsse auf die Position der Modifizierung ziehen.

## 26.4 Charakterisierung der Struktur synthetischer Peptide

Eine der schnellsten Methoden zur Konformationsanalyse von Peptiden ist die Circulardichroismusspektroskopie (CD-Spektroskopie).

Rechtshändige α-helikale Peptide liefern CD-Spektren mit einem negativen Cotton-Effekt (CD-Banden werden als Cotton-Effekt bezeichnet) bei λ = 222 nm (n→π*-Übergang), einer positiven CD-Bande bei 192 nm und einer negativen bei 207 nm. Die beiden kurzwelligen CD-Banden gehören zum Carbonyl-π→π*-Übergang, der in zwei Komponenten aufgespalten ist. Peptide, die bei 215–220 nm ein Minimum

**26**

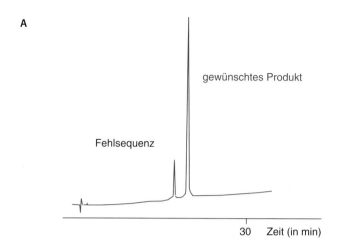

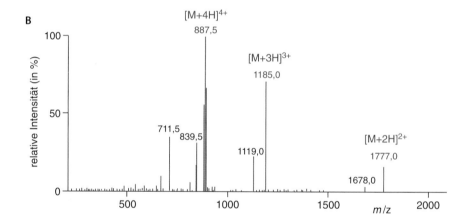

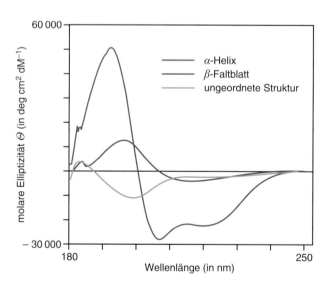

Konformation eines Peptids liefert charakteristische CD-Spektren (■ Abb. 26.12). Die Auswertung des CD-Spektrums eines Proteins erfolgt durch Vergleich mit Standards bekannter Konformationen. So gelingt z. B. bei Cyclopeptiden der Nachweis, welche Cyclisierungsposition besser geeignet ist, um eine bestimmte Sekundärstruktur zu stabilisieren. In ■ Abb. 26.13 sind die Spektren zweier Dodecapeptide gezeigt, die über die Seitenkette cyclisiert wurden. Die durchgezogene Linie zeigt das CD-Spektrum eines Peptids mit D-konfigurierter Aminosäure an einer Brückenseite, die gepunktete Linie zeigt das gleiche Peptid mit L-konfigurierter Brücke. Deutlich wird, dass das zweite Peptid nach Cyclisierung besser die in diesem Fall gewünschte $\alpha$-helikale Konformation stabilisieren kann.

■ **Abb. 26.12** Cirulardichroismusspektren von Peptiden (15-Mere) mit typischer $\alpha$-helikaler Konformation, $\beta$-Faltblattstruktur und ungeordneter Konformation, gemessen in einer Mischung aus Phosphatpuffer (10 mM, pH 7) und Trifluorethanol (2:1). dM: Dezimol

Die CD-Spektroskopie eignet sich besonders zum Vergleich homologer Peptide, zur Optimierung von NMR-Messbedingungen (Identifizierung des geeigneten Lösungsmittels), zur Bestimmung der Stabilität von Konformationen (pH-Titration, Messungen bei verschiedenen Temperaturen, Lösungsmitteltitrationen) und zur Beurteilung von starren Strukturen.

($n\rightarrow\pi^*$-Übergang) und bei 195 nm ein Maximum ($\pi\rightarrow\pi^*$-Übergang) besitzen, haben dagegen eine antiparallele $\beta$-Faltblattkonformation. Auch die ungeordnete

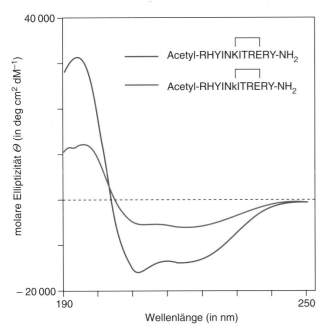

**◘ Abb. 26.13** Circulardichroismusspektren von zwei cyclischen Peptiden. Das Peptid mit L-konfigurierter Aminosäure (K) weist einen deutlich höheren Gehalt an α-helikaler Struktur auf als dasjenige mit der D-konfigurierten Aminosäure (k). dM: Dezimol

Exaktere, aber auch sehr viel aufwendigere Strukturanalysen erfolgen mit NMR-Spektroskopie (2D-, 3D-Methoden) oder durch Röntgenstrukturanalyse. Hierbei kann nicht nur die Summe aller Strukturelemente beurteilt werden, sondern im günstigsten Fall auch die exakte Raumanordnung des Peptids analysiert bzw. flexible von starren Molekülsegmenten unterschieden werden.

## 26.5  Analytik von Peptidbibliotheken

Bei der Suche nach neuen Wirkstoffen zur Entwicklung von Arzneimitteln und Pflanzenschutzmitteln wird oft die Synthese von Peptidmischungen, sog. Bibliotheken, eingesetzt. Bei Peptidbibliotheken handelt es sich um Mischungen von $n^m$ Peptiden, wobei $n$ die Anzahl der an einer Position variierten Aminosäuren und $m$ die Anzahl der variierten Positionen darstellt. Eine Hexapeptidbibliothek, die an jeder Position alle 20 natürlich vorkommenden Aminosäuren enthalten kann, besteht somit aus $20^6 = 64.000.000$ verschiedenen Einzelpeptiden, eine Hexapeptidbibliothek mit drei variablen Positionen, die als „X" in der Sequenz angegeben werden, und welche zehn verschiedene Aminosäuren enthalten können, somit aus $10^3 = 1000$ Einzelpeptiden. Solche Bibliotheken werden entweder durch die Kupplung von Peptidmischungen erhalten oder durch die sog- *Divide-couple-recombine*-Methode, bei welcher der polymere Träger in $m$ verschiedene Reaktionsgefäße aufgeteilt wird, mit den Aminosäuren getrennt gekuppelt, verei-

nigt, gemischt und erneut verteilt wird (◘ Abb. 26.14). Letztere Methode führt dazu, dass auf jedem Harzkorn (Bead) bei 100%iger Kupplungsausbeute lediglich eine Sorte von Peptiden erhalten wird. Die Identifizierung der aktiven Sequenzen erfolgt im Bioassay. Werden Bibliotheken eingesetzt, die durch die Kupplung von Peptidmischungen erhalten wurden, oder abgespaltete Peptide aus der zweiten Darstellungsmethode, so erfolgt die Identifizierung durch einen Prozess von synthetischen Teilbibliotheken (◘ Abb. 26.14), die jeweils weniger variable Positionen enthalten. Untersucht man dagegen polymergebundene Bibliotheken im Assay, so kann gegebenenfalls direkt das Harzkorn, das eine aktive Sequenz trägt, identifiziert und analysiert werden. Die Charakterisierung ist sehr aufwendig und dabei ist eine Reihe von Besonderheiten zu beachten.

Zur Charakterisierung der Peptidbibliotheken eignet sich besonders der Edman-Abbau (▸ Kap. 15). Die hohe Empfindlichkeit der Methode ermöglicht die Sequenzierung des Peptids auf einem einzigen Harzkorn und führt somit zur Identifizierung einer aktiven Sequenz, sofern auf dem polymeren Träger getestet wurde. Des Weiteren hat sich die sog. **Poolsequenzierung** etabliert (◘ Abb. 26.15). Hierbei wird die gesamte Mischung dem Edman-Abbau unterworfen. Definierte Positionen können von variablen Positionen durch die in der Sequenzierung auftretenden Aminosäuren unterschieden werden: 50 pmol einer Tetrapeptidbibliothek mit der Sequenz LXTX (X = A, G, L, I) bestehen somit aus 16 Peptiden und zeigen im ersten Zyklus des Edman-Abbaus ausschließlich L, im zweiten die Aminosäuren A, G, L und I im Verhältnis 1:1:1:1, im dritten Zyklus ausschließlich T und im vierten – sofern erfassbar – wieder die Aminosäuren A, G, L und I im Verhältnis 1:1:1:1. Somit kann zumindest bei relativ kleinen Bibliotheken die Qualität einer Bibliothek abgeschätzt werden. Die zweite Möglichkeit besteht in der Analyse der Bibliothek durch massenspektrometrische Methoden. Kennt man den Aufbau einer Bibliothek, so lässt sich die Zusammensetzung der Peptide und somit die Verteilung der zu erwartenden Massen berechnen (◘ Abb. 26.15A). Ein Vergleich von berechneter Massenverteilung im Massenspektrum und tatsächlich gefundener liefert wiederum Aufschluss über die Qualität der Bibliothek. Partielle Modifizierungen, die alle Peptide der Bibliothek betreffen, lassen neben der Verteilung mit den erwarteten Massen ein zweites Muster identischer Verteilung, aber um die Masse der Nebenprodukte verschoben, auftreten. Somit lassen sich auch Nebenreaktionen bei der Erstellung von Peptidbibliotheken identifizieren und charakterisieren. Die Nachweise, dass jede Aminosäure auch tatsächlich in der Bibliothek vorhanden ist, dass alle Peptide gleich verteilt sind, sowie die Identifizierung von fehlenden Sequenzen sind allerdings im Moment mit keiner Methode möglich.

26

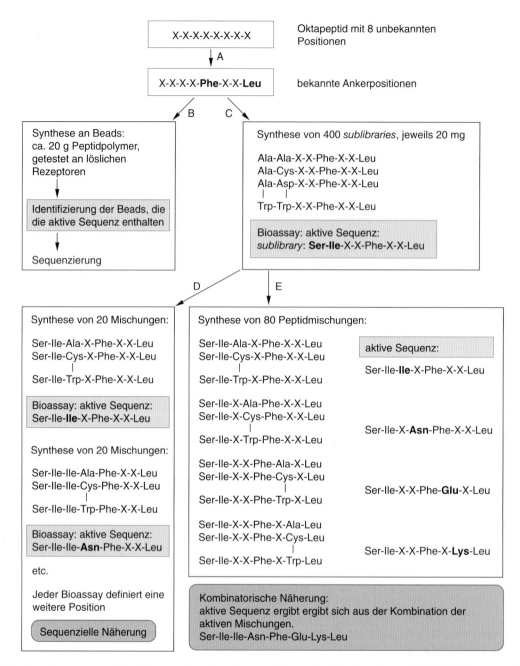

■ **Abb. 26.14** Vorgehensweise zur Identifizierung einer biologisch aktiven Substanz aus einer eingesetzten Mischung durch verschiedene Ansätze am Beispiel des CTL-Epitops von Ovalbumin 258–276 (CTL, *Cytotoxic T-cell Lymphocyte*). Die Ankerpositionen sind bereits bekannt **A**. Eine Peptidbibliothek (Mischung von Peptiden mit X = alle 20 Aminosäuren) kann entweder nach der Proportionierungs-Mischungsmethode **B** oder mit freien Peptidteilbibliotheken **C** erstellt werden. Hierfür müssen 400 Teilbibliotheken (*sublibraries*) mit jeweils zwei definierten Sequenzen und vier variablen Positionen (X) synthetisiert werden. Die variablen Positionen können entweder sequenziell **D** oder durch Kombination **E** identifiziert werden. In beiden Fällen benötigt man 80 weitere Peptidmischungen. (Nach Jung und Beck-Sickinger 1992)

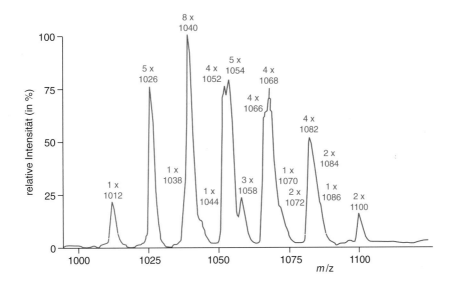

| Pos. | A Ala | R Arg | N Asn | D Asp | E Glu | Q Gln | G Gly | H His | I Ile | L Leu | K Lys | M Met | F Phe | P Pro | S Ser | T Thr | Y Tyr | V Val |
|---|---|---|---|---|---|---|---|---|---|---|---|---|---|---|---|---|---|---|
| 1 | 0,3 | 3,8 | 6,5 | 24,2 | 3,1 | 0,5 | 0,0 | 3,9 | 20,0 | **2860,2** | 4,5 | 2,3 | 6,8 | 1,8 | 10,4 | 280,5 | 4,8 | 5,4 |
| 2 | 0,0 | 0,0 | **4007,9** | 411,1 | 4,3 | 6,6 | 0,0 | 0,1 | 0,0 | 231,3 | 0,0 | 2,4 | 3,3 | 0,7 | 3,2 | 210,1 | 20,7 | 4,5 |
| 3 | 0,1 | 3,3 | 382,5 | 47,3 | 3,3 | 6,4 | 0,0 | 32,5 | 4,8 | 14,6 | 5,8 | 3,5 | 9,1 | 3,1 | 1,6 | 120,0 | **6709,4** | 5,2 |
| 4 | 0,3 | **1327,0** | 141,7 | 19,4 | 7,0 | 8,6 | 0,0 | 5,0 | 5,4 | 0,1 | 8,3 | 6,2 | 47,1 | 0,0 | 2,2 | 117,6 | 308,7 | 5,7 |
| 5 | 0,0 | 564,5 | 63,6 | 7,8 | 17,9 | 8,9 | 0,0 | 5,4 | 13,3 | 0,4 | 0,0 | 4,4 | **6749,1** | 0,1 | 5,5 | 81,0 | 30,9 | 6,2 |
| 6 | 0,7 | 152,9 | 37,0 | 18,5 | **1474,5** | 15,3 | 5,1 | 8,5 | **1019,1** | 2,6 | 12,8 | 4,9 | 132,3 | 0,0 | 532,3 | 1074,4 | 13,1 | 7,7 |
| 7 | 0,0 | 48,7 | 1571,3 | 151,5 | 463,6 | **1695,5** | 2,0 | 3,1 | 22,5 | 5,1 | **1546,5** | 20,2 | 20,8 | 0,3 | 13,8 | 10,1 | 6,8 | 12,7 |
| 8 | 0,0 | 47,1 | 92,5 | 11,2 | 31,8 | 64,1 | 0,6 | 5,4 | **456,2** | 416,8 | 45,2 | 695,3 | 9,1 | 1,7 | 2,7 | 55,6 | 4,1 | **973,0** |
| 9 | 0,0 | 13,1 | 12,3 | 2,8 | 6,3 | 6,6 | 0,0 | 0,8 | 0,0 | 0,2 | 0,0 | 17,8 | 36,2 | 0,7 | 0,9 | 46,4 | 2,3 | 19,6 |
| 10 | 0,1 | 22,9 | 10,1 | 0,0 | 5,5 | 6,0 | 0,0 | 0,8 | 3,4 | 3,2 | 1,5 | 0,0 | 0,0 | 0,1 | 1,0 | 39,2 | 0,2 | 4,9 |

**▫ Abb. 26.15** Charakterisierung einer Peptidbibliothek durch ESI-Massenspektrometrie und Poolsequenzierung. Die synthetisch dargestellte Octapeptidbibliothek $LNYRFX_1X_2X_3$ ($X_1$ = T, I, E, S; $X_2$ = N, Q, K; $X_3$ = L, M, I, V) enthält 48 Peptide, deren Massenverteilung durch ESI-Massenspektrometrie überprüft werden kann. (Nach Stevanovic et al. 1993)

## Literatur und Weiterführende Literatur

Beck-Sickinger AG, Weber P (1999) Kombinatorische Methoden in Chemie und Biologie. Spektrum Akademischer Verlag Heidelberg, Berlin

Bettio A, Beck-Sickinger AG (2002) Biophysical methods to study peptide protein interaction. Biopolymers 60:420–437

Desiderio DM (1991) Mass spectrometry of peptides, CRC press, Boca Raton, Florida

Dunn BM, Pennington MW (1994) Peptide Analysis Protocols Methods in molecular biology, Bd 36. Humana Press, Totowa, NJ

Jakubke H-D (1996) Peptide: Chemie und Biologie. Spektrum Akademischer. Verlag Heidelberg, Berlin, Oxford

Jones C, Mulloy B, Thomas AH (1994) Microscopy, optical spectroscopy and macroscopic techniques, Methods in molecular biology 22. Humana Press, Totowa, NJ

Jung G, Beck-Sickinger AG (1992) Multiple peptide synthesis methods and their applications. New synthetic methods. Angew Chem 104:375–391

Koglin N, Lang M, Rennert R, Beck-Sickinger AG (2003) Facile and selective nanoscale labeling of peptides in solution using photolabile protecting groups. J Med Chem 46:4369–4372

Schmidt W (2000) Optische Spektroskopie – eine Einführung. Wiley-VCH, Weinheim

Stevanovic S et al (1993) Natural and synthetic peptide pools: characterization by sequencing and electrospray mass spectrometry. Bioorg Med Chem Lett 3:431–436

Volpi N, Maccari F (2013) Capillary Methods in molecular biology 984: Electrophoresis of Biomolecules: Methods and protocols, Humana Press, Totowa, NJ

White PD, Chan WC (2004) Fmoc Solid Phase Peptide Synthesis: A practical approach. Oxford University Press, Oxford

# Kohlenhydratanalytik

*Andreas Zappe und Kevin Pagel*

## Inhaltsverzeichnis

27.1     Theoretische Grundlagen – 660
27.1.1   Aldosen und Ketosen – 660
27.1.2   Cyclisierung – 661
27.1.3   Anomerer Effekt – 662
27.1.4   Die glykosidische Bindung – 663
27.1.5   Oligosaccharide und Glykane – 666

27.2     Analytische Ansätze – 670
27.2.1   Methoden zur Trennung und Analyse von Glykanen – 673
27.2.2   Massenspektrometrie – 679

27.3     Schlussbetrachtung – 687

         Literatur und Weiterführende Literatur – 688

© Springer-Verlag GmbH Deutschland, ein Teil von Springer Nature 2022
J. Kurreck et al. (Hrsg.), *Bioanalytik*, https://doi.org/10.1007/978-3-662-61707-6_27

- Kohlenhydrate – oder einfach Zucker – sind wichtige Makromoleküle, die eine Reihe von biologischen Funktionen erfüllen. Sie werden nach ihrer Kettenlänge in Monosaccharide, Disaccharide, Oligosaccharide und Polysaccharide unterteilt.
- Zuckermoleküle werden entsprechend ihrer Struktur, Anordnung und spezifischen Eigenschaften zusätzlich als *N*-Glykane, *O*-Glykane, Glykosaminoglykane, oder Glykosphingolipide klassifiziert. Jeder Zucker ist eindeutig durch seine Komposition (z. B. Glucose oder Galactose) sowie die Konnektivität (z. B. 1→3 oder 1→4) und Konfiguration (α oder β) der glykosidischen Bindungen charakterisiert.
- Die hohe Komplexität und Diversität von Kohlenhydraten erschweren deren Charakterisierung und erfordern eine Vielzahl verschiedener analytischer Techniken, wie beispielsweise chromatographische Trennverfahren, Labelingreaktionen und Massenspektrometrie.
- Die Flüssigchromatographie-gekoppelte Massenspektrometrie (LC-MS) wird inzwischen routinemäßig für die Analyse von Kohlenhydraten eingesetzt. Verschiedene Ionisationsmethoden und Aktivierungstechniken erlauben die Fragmentierung von Zuckermolekülen im Massenspektrometer, wodurch ihre Struktur, Sequenz und die Lage von Glykosylierungsstellen durch Ionenmobilitätsmassenspektrometrie ermittelt werden kann.
- Die Anwendungsbereiche der Glykananalytik erstrecken sich über eine Vielzahl von Forschungsgebieten wie Glykobiologie, Glykomanalytik, Immunologie und die Qualitätskontrolle rekombinanter Glykoproteine.

Kohlenhydrate – oder einfacher Zucker – sind allgegenwärtig. Etwa 80 % der Biomasse auf der Erde sind Kohlenhydrate, sei es in Form von kurzen Mono- oder Disacchariden wie Haushaltszucker und Lactose oder als lange, regelmäßige Polysaccharide wie Cellulose und Stärke. Neben ihrer enormen Bedeutung als Energielieferanten und als strukturelle Polymere spielen Zucker auch eine entscheidende Rolle bei einer Reihe von physiologischen Prozessen. Hier sind es meist komplexe, verzweigte Strukturen – sog. Oligosaccharide oder Glykane –, die wesentliche Funktionen übernehmen. Häufig sind sie dabei an andere Biomoleküle wie Proteine oder Lipide gebunden, deren Funktion sie maßgeblich beeinflussen. *N*- und *O*-Glykane sind verschieden lange, unterschiedlich verzweigte Oligosaccharide, die auf der Oberfläche von Proteinen zu finden sind. Zwischen verschiedenen Spezies (Menschen, Tiere, Hefen, Insekten, Viren, Bakterien) treten oft nur geringe Unterschiede in der Aminosäuresequenz der Glykoproteine auf, wohingegen die Glykosylierung sehr heterogen und divers sein kann. Auch in der Extrazellulärmatrix finden sich Zucker, meist in Form von langkettigen Polysacchariden, die als Glykosaminoglykane bezeichnet werden. Sie sorgen in proteingebundener Form als Proteoglykane für die Stabilität und Integrität der extrazellulären Matrix und ha-

ben in ungebundener Form großen Einfluss auf die Blutgerinnung als Antikoagulanzien. Zucker tragen ebenfalls maßgeblich zur Gesunderhaltung der Darmflora bei. Die bei dem Abbau von Milchzucker entstehende Milchsäure führt zu einer Absenkung des pH-Wertes im Darm, und das so entstehende saure Darmmilieu erschwert die Vermehrung von Krankheitskeimen und Pilzen. Unverdaute Milchzucker wiederum dienen den Bakterien des Dickdarms zusätzlich als Nahrungsquelle und tragen damit zur Entstehung und Erhaltung des Mikrobioms bei. Diese Darmflora übernimmt mannigfaltige Funktionen, und krankheitsbedingte Änderungen ihrer Struktur können mitunter drastische Konsequenzen haben. Selbst depressive Gemütszustände lassen sich auf Störungen der Mikrobiota zurückführen.

Aufgrund der Vielzahl unterschiedlicher Funktionen von Kohlenhydraten ist es essenziell, nicht nur ihre Zusammensetzung, sondern auch ihre genaue Struktur und ihre darin bedingten Eigenschaften zu verstehen. Ein dabei häufig auftretendes Problem ist das Vorhandensein von strukturell komplexen Isomeren, die sich nur schwer voneinander unterscheiden lassen. In diesem Buchkapitel werden wir deshalb zuerst die chemischen Grundlagen von Kohlenhydraten beschreiben. Darauf aufbauend erörtern wir Methoden zur Probenvorbereitung, analytischen und präparativen Trennung sowie Charakterisierung mit massenspektrometriebasierten Methoden. Es ist unser Anliegen, dem Leser ein detailliertes Grundwissen zur Verfügung zu stellen und die aktuell in Wissenschaft und Industrie genutzten Arbeitsabläufe näher zu beleuchten.

## 27.1 Theoretische Grundlagen

### 27.1.1 Aldosen und Ketosen

Monosaccharide sind die kleinsten Bausteine von Zuckern, aus denen größere Kohlenhydrate (Oligosaccharide und Polysaccharide) aufgebaut werden. Aufgrund ihrer unterschiedlichen chemischen Funktionalitäten unterteilt man Monosaccharide in Aldosen (Polyhydroxyaldehyde) und Ketosen (Polyhydroxyketone). Beide bestehen aus einer linearen Kette von Kohlenstoffatomen und besitzen die Summenformel $C_nH_{2n}O_n$ ($n\geq3$). Aldosen tragen am endständigen C-Atom der Kette eine Aldehydgruppe, wohingegen Ketosen eine Ketogruppe am zweiten Kohlenstoffatom der Kohlenstoffkette aufweisen (◘ Abb. 27.1). Je nach Anzahl der vorhandenen C-Atome werden Aldosen in Triosen (3), Tetrosen (4), Pentosen (5), Hexosen (6) und Heptosen (7) unterteilt. Eine ähnliche Nomenklatur gilt für Ketosen: Tetrulosen (4), Pentulosen (5), Hexulosen (6) und Heptulosen (7).

Das einfachste Monosaccharid ist die aus drei Kohlenstoffatomen aufgebaute Triose Glycerinaldehyd. Gly-

**◻ Abb. 27.1**   Strukturen der Aldosen und Ketosen. Der Name des Monosaccharids wird durch die Anzahl vorhandener C-Atome bestimmt; eine Unterscheidung zwischen Aldosen und Ketosen erfolgt anhand der Endung (Aldosen: -ose, Ketosen: -ulose)

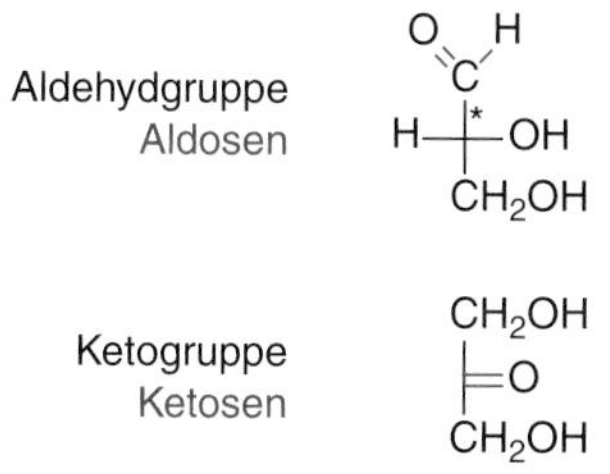

| Carbonyl-Typ | Anzahl Kohlenstoffatome | | | | |
|---|---|---|---|---|---|
|  | 3 | 4 | 5 | 6 | 7 |
| Aldehyd | Triose | Tetrose | Pentose | Hexose | Heptose |
| Keton |  | Tetrulose | Pentulose | Hexulose | Heptulose |

**◻ Abb. 27.2**   Glycerinaldehyd und Galactose in der Fischer-Projektion. Die D- und L-Formen sind Enantiomere und verhalten sich wie Bild und Spiegelbild

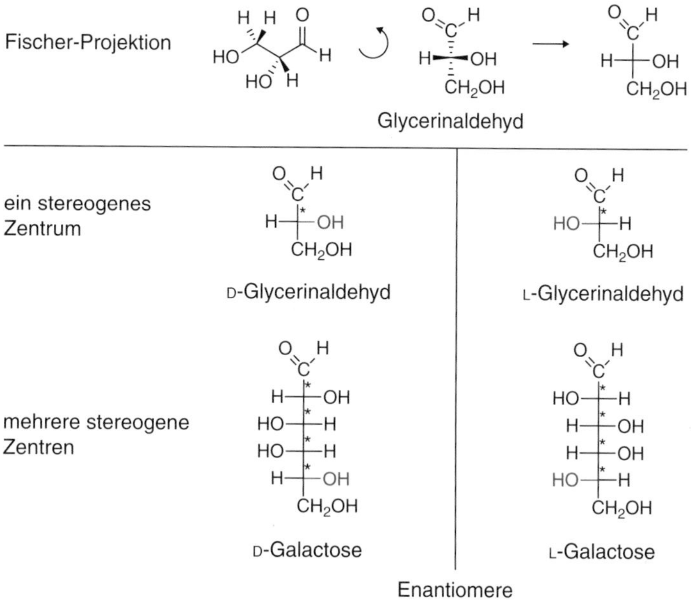

cerinaldehyd enthält ein chirales C-Atom und kann in Form von zwei unterschiedlichen Enantiomeren vorliegen. Enantiomere sind Stereoisomere, die sich wie Bild und Spiegelbild verhalten und deshalb räumlich nicht zur Deckung gebracht werden können. Im Falle von Zuckern unterscheiden sie sich meist nur in der relativen Anordnung einer OH-Gruppe. Zur vereinfachten Darstellung der Stereochemie von Zuckern hat sich die schon in den 1890er-Jahren von Emil Fischer (Nobelpreis 1902) eingeführte Fischer-Projektion etabliert. Die Fischer-Projektion basiert auf einer senkrechten Anordnung der längsten Kohlenstoffkette, wobei das höchstoxidierte C-Atom (d. h. die Aldehydfunktion in Aldosen und die Ketogruppe in Ketosen) oben steht. Die an chiralen C-Atomen befindlichen Atome der Kette weisen hinter die Zeichenebene; die links und rechts angeordneten Seitenketten zeigen imaginär nach vorne. Die Unterscheidung von Enantiomeren erfolgt anhand der Ausrichtung der OH-Funktion an dem am weitesten von der Aldehyd- bzw. Ketofunktionalität ent-

fernten chiralen C-Atom. Steht diese OH-Gruppe links, spricht man von der L-Form, steht sie rechts, von der D-Form.

Was im Falle des D- und L-Glycerinaldehyds einfach ist, kann bei größeren Monosacchariden wie Galactose durchaus komplizierter werden. Wichtig ist dabei zu beachten, dass die Unterscheidung zwischen D- und L-Form ausschließlich durch das am weitesten von der Aldehyd- bzw. der Ketogruppe entfernten chiralen C-Atom bestimmt wird (◻ Abb. 27.2). Die Stereochemie aller anderen asymmetrischen C-Atome ist durch den Namen des Monosaccharids definiert.

## 27.1.2  Cyclisierung

Die Aldehyd- oder Ketogruppen von Monosacchariden sind dazu in der Lage, intramolekular mit einer OH-Gruppe zu reagieren. Bei dieser Kondensationsreaktion werden cyclische Halbacetale (bei Aldosen) und cycli-

**27**

sche Halbketale (bei Ketosen) gebildet (◘ Abb. 27.3). Auf diese Weise entstehen Fünfring- oder Sechsring-Heterocyclen mit jeweils einem Sauerstoffatom im Ring. Abgeleitet von den organischen Verbindungen Furan und Pyran werden sie als Furanosen und Pyranosen bezeichnet.

Das C-Atom der Aldehyd- bzw. Ketogruppe wird infolge der Ringbildung chiral, wodurch zwei Stereoisomere entstehen. Die OH-Gruppe kann dabei entweder axial oder äquatorial zur Ringebene orientiert sein. Je nach Ausrichtung wird zwischen der α-Form und der β-Form unterschieden. Häufig werden diese Isomere auch als Anomere und das betreffende C-Atom als anomeres Zentrum bezeichnet. Die nach der Cyclisierung entstehende Halbacetalstruktur von Monosacchariden ist jedoch nicht statisch. In wässriger Lösung steht sie mit der offenkettigen Form im Gleichgewicht, die jedoch meist nur zu einem geringen Anteil vorhanden ist (<1 %). Da die Aldehyd- und Keto-Form am anomeren C-Atom nicht chiral sind, geht bei der Ringöffnung die Konfiguration am anomeren Zentrum verloren.

Die cyclisierte Fischer-Projektion kann, wie für Sechsringe üblich, auch in der Sesselkonformation abgebildet werden. Der Ringsauerstoff befindet sich dabei in der Regel oben rechts. Eine weitere Darstellungsmög-

lichkeit ist die Haworth-Projektion, bei der der Zucker als ebener Ring mit hinten liegendem Ringsauerstoff abgebildet wird (◘ Abb. 27.4). Substituenten, die in der Fischer-Projektion links stehen, zeigen in der Haworth-Projektion nach oben, rechts stehende Substituenten nach unten. Glykosidische OH-Gruppen zeigen in den meisten Zuckern wie Glucose oder Galactose in der α-Form nach unten und in der β-Form nach oben. Tatsächlich orientiert sich die α/β-Nomenklatur allerdings an der relativen Orientierung der glykosidischen OH-Gruppe zu der OH Funktion an dem am weitesten von der Aldehyd- bzw. Ketofunktionalität entfernten chiralen C-Atom: stehen die OH-Gruppen in der Fischer Projektion auf der gleichen Seite, liegt eine α-Konfiguration vor; stehen die OH-Gruppen auf gegenüberliegenden Seiten, liegt dementsprechend die β-Form vor.

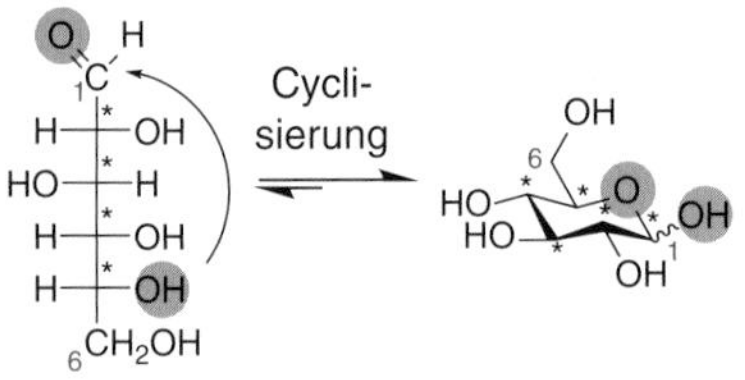

### 27.1.3 Anomerer Effekt

Die cyclische Halbacetalform von Monosacchariden steht mit der offenkettigen Form im Gleichgewicht. Reine α-D-Glucose äquilibriert deshalb in wässriger Lösung relativ schnell zu einer Mischung beider Anomere (◘ Abb. 27.5). Dieser Effekt wurde erstmals anhand der Änderung des für Enantiomere charakteristischen Drehwinkels von linear polarisiertem Licht verfolgt und wird deshalb oft als Mutarotation bezeichnet.

Intuitiv würde man nach erfolgter Mutarotation einen deutlichen Überschuss des β-Anomers erwarten, da die axiale Anordnung der OH-Gruppe in der α-Form thermodynamisch ungünstig ist. Überraschenderweise erhält man jedoch für D-Glucose im Gleichgewicht 38 % α- und 62 % β-Enantiomer. Dieser ungewöhnlich hohe Anteil der α-Form lässt sich durch den anomeren Effekt

◘ **Abb. 27.3** Cyclisierung von D-Glucose. Cyclisierte Halbacetale werden häufig in der Sesselkonformation dargestellt

◘ **Abb. 27.4** Darstellung von D-Glucose und D-Fructose in der Haworth-Projektion, Cyclisierung zur Pyranose bzw. Furanose

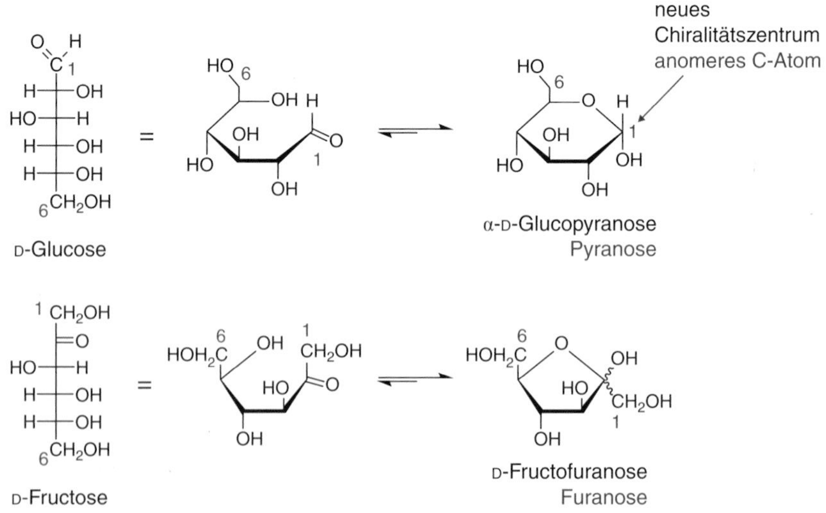

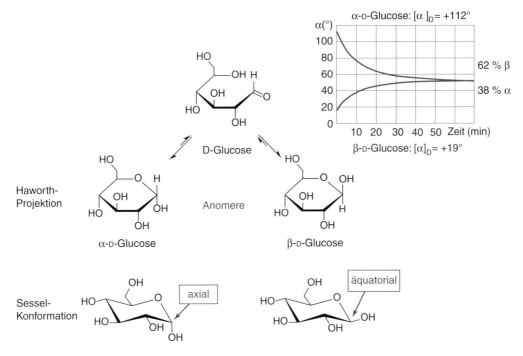

■ **Abb. 27.5** Nach Abschluss der Mutarotation hat sich ein Gleichgewicht von 38 % α-D-Glucose und 62 % β-D-Glucose eingestellt. Das Gemisch aus α- und β-D-Glucose hat nach ca. 50 min bei einem Drehwinkel von 52° sein Gleichgewicht erreicht

■ **Abb. 27.6** Vereinfachte Darstellung der Orbitale am anomeren Zentrum in äquatorialer und axialer Ebene. In axialer Stellung überlappen das n- und σ*-Orbital, was zu einer elektrostatisch günstigen Ausrichtung der Dipole führt

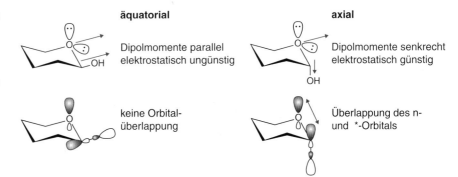

erklären. Bis heute ist der anomere Effekt nicht vollständig verstanden, zwei mögliche Erklärungen werden jedoch häufig genutzt. Die Erste basiert auf der relativen Ausrichtung der Dipolmomente des Ringsauerstoffs und der OH-Funktion am anomeren Zentrum. In axialer Position (α-Anomer) sind die Dipolmomente senkrecht zueinander orientiert, was elektrostatisch günstig ist. Bei einer äquatorialen Anordnung der OH-Funktion (β-Anomer) sind die Dipolmomente jedoch parallel in dieselbe Richtung ausgerichtet, was elektrostatisch ungünstig ist. Die zweite Erklärung für den anomeren Effekt basiert auf der Quantenmechanik und ist heute weitgehend akzeptiert. Dabei geht man davon aus, dass es in der α-Form zu negativer Hyperkonjugation zwischen dem freien Elektronenpaar des Ringsauerstoffatoms (n-Orbital) und dem antibindenden σ*-Orbital der anomeren C–O-Bindung kommt (■ Abb. 27.6). Diese stabilisierende Wechselwirkung ist in der β-Form

geometrisch nicht möglich, was das α-Anomer entsprechend energetisch begünstigt.

### 27.1.4 Die glykosidische Bindung

Aldosen und Ketosen bilden bei der Reaktion mit Alkoholen Acetale; bei der Kondensation mit einem Alkohol entsteht zunächst ein Halbacetal, bei der Reaktion mit zwei Alkoholen ein Vollacetal. Monosaccharide liegen in Lösung zum überwiegenden Teil als energetisch günstiges, cyclisches Halbacetal vor. Eine Kondensation dieser Fünf- oder Sechsringform mit einem weiteren Alkohol führt zur Bildung eines Vollacetals. Die dabei entstehende Bindung ist die Grundlage für die Bildung von größeren Oligo- und Polysacchariden und wird als glykosidische Bindung bezeichnet. Im Gegensatz zu den cyclischen Halbacetalen, die in Lösung mit der offenket-

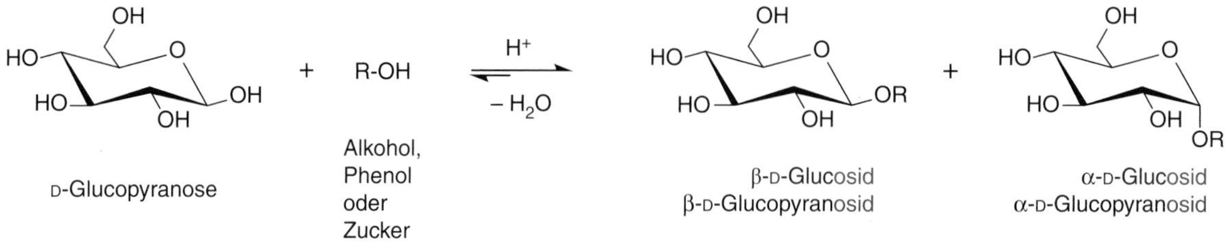

**27**

■ **Abb. 27.7** Umsetzung von Glucopyranose mit einem Alkohol zum Glykosid (α- und β-Form). Die mit geringem Energieaufwand unter Wasserabspaltung entstehende glykosidische Bindung wird durch eine Kondensationsreaktion gebildet. Sie ist hydrolytisch spaltbar, das Reaktionsgleichgewicht liegt auf der Seite der Spaltprodukte. Die Bindung ist kinetisch jedoch recht stabil

■ **Abb. 27.8** Exemplarische Darstellung der Glykoside: Cellobiose, Maltose, Lactose und Saccharose

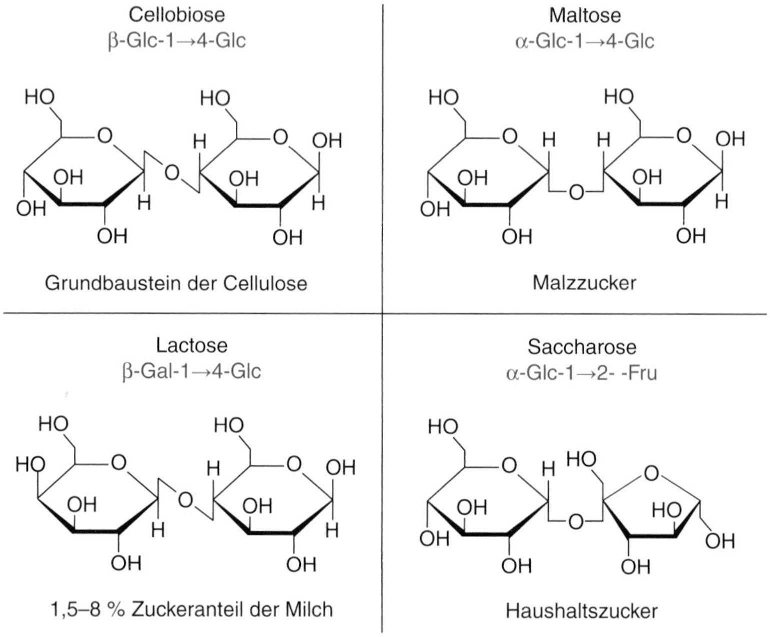

tigen Form im Gleichgewicht stehen, kommt es in Vollacetalen nicht zur Ringöffnung. Die Stereochemie der glykosidischen Bindung ist somit konserviert und spielt eine entscheidende Rolle für die Eigenschaften und Funktionen größerer Kohlenhydrate.

Natürliche oder auch künstliche Verbindungen, die durch Kondensationsreaktionen zwischen der Halbacetalgruppe eines cyclischen Zuckers und einer Hydroxy-, Amino- oder Sulfhydrylgruppe eines anderen Moleküls entstehen, werden als Glykoside bezeichnet (■ Abb. 27.7). Im einfachsten Fall erfolgt eine Verknüpfung mit einem Alkohol wie z. B. Methanol. Das dabei entstehende Produkt ist ein Methylglykosid. Werden keine weiteren Vorkehrungen getroffen (wie z. B. bestimmte Schutzgruppen), entstehen als Produkte beide möglichen Anomere, deren relativer Gehalt durch den anomeren Effekt bestimmt wird.

Erfolgt die Verknüpfung zwischen der Halbacetalgruppe eines cyclischen Zuckers und einer Hydroxygruppe eines weiteren Monosaccharids, so ist das entstehende Produkt ein Disaccharid. Gängige Disaccharide wie Maltose, Lactose, Saccharose oder Cellobiose gehö-

ren zu den bekanntesten Glykosiden und bestimmen unseren Alltag (■ Abb. 27.8). Wie auch im Falle des Methylglykosids ist hier die Stereochemie der glykosidischen Bindung von großer Bedeutung und bestimmt maßgeblich die Eigenschaften des Disaccharids (vgl. Cellobiose und Maltose). Da Monosaccharide in der Regel mehrere, chemisch nahezu identische OH-Gruppen aufweisen, ist außerdem auch die Regiochemie der glykosidischen Verknüpfung von entscheidender Bedeutung.

Häufig unterscheidet man außerdem zwischen reduzierenden und nichtreduzierenden Glykosiden. Diese Unterscheidung ist historisch gewachsen und basiert auf einem Nachweis von Zuckern durch die Fehling-Probe. Grundlage hierfür ist eine Redoxreaktion, in der die Aldehydfunktion eines Zuckers zur Carbonsäure oxidiert wird, während $Cu^{2+}$-Ionen zu $Cu_2O$ reduziert werden, wodurch ein charakteristischer ziegelroter Niederschlag entsteht. Ein positives Ergebnis ergibt sich in der Fehling-Probe also nur, wenn mindestens eine der Aldehydgruppen im Glykosid als Halbacetal vorliegt und mit der offenkettigen Aldehydform im Gleichgewicht steht. Methylglykoside eines Monosaccharids sind Vollacetale und deshalb nicht reduzierend. Die meisten Disaccharide hingegen sind an einem der Bausteine Halbacetale und deshalb reduzierend. In Saccharose wiederum liegt die Aldehydgruppe der Glucose als Acetal und die Ketogruppe der Fructose als Ketal vor (◘ Abb. 27.9). Keine der beiden Gruppen steht mit der offenkettigen Form im Gleichgewicht, weshalb Saccharose nichtreduzierend ist.

Aufgrund der unterschiedlichen Arten der möglichen Verknüpfungen weisen größere Glykoside und Oligosaccharide i. A. eine extrem hohe Diversität auf. Zur einfachen Charakterisierung einzelner glykosidischer Bindungen werden häufig drei Parameter genutzt:

— Komposition,
— Konnektivität und
— Konfiguration.

Die Komposition definiert die Art der verwendeten Monosaccharidbausteine, wie z. B. Glucose (Glc), Galactose (Gal) oder *N*-Acetylglucosamin (GlcNAc). Die Konnektivität beschreibt die Regiochemie der glykosidischen Bindung, d. h. die Positionen der miteinander verknüpfen Gruppen. Zwei Glucosemoleküle können z. B. durch eine 1→4- oder eine 1→6-glykosidische Bindung verknüpft sein. Im Falle einer 1→4-Knüpfung liegt eine Bindung zwischen dem anomeren Zentrum und der OH-Gruppe an Position 4 vor. In einer 1→6-glykosodischen Bindung sind es das anomere Zentrum und die OH-Gruppe an Position sechs. Zusätzlich wird bei der Bindungsknüpfung das anomere Kohlenstoffatom vom Halbacetal in ein Vollacetal überführt. Auf diese Weise entsteht ein neues, permanentes Stereozentrum, an dem eine α- oder β-Konfiguration vorliegen kann. Weil es sich dabei um einen Unterschied an einem einzigen von vielen möglichen Stereozentren handelt, sind Anomere keine Enantiomere, sondern Diastereomere.

Zusammengefasst lassen sich glykosidische Bindungen anhand der drei Parameter eindeutig beschreiben. Dies spiegelt sich auch in den gebräuchlichen Schreibweisen wider. Cellobiose besteht z. B. aus zwei Disaccharidbausteinen, die über eine 1→4-glykosidische Bindung mit einer β-Konfiguration verknüpft sind. Vereinfacht lässt sich das Disaccharid somit als β-Glc-1→4-Glc beschreiben. Komposition, Konnektivität und Konfiguration sind so eindeutig wiedergegeben. Die Verwendung solcher Kurzformen ist in der Literatur jedoch leider nicht stringent. Für Cellobiose findet sich z. B. auch häufig Glc-β1,4-Glc oder auch Glc(b1,4)Glc.

Aus dem Zusammenspiel der Komposition, Konnektivität und Konfiguration ergibt sich eine enorme Anzahl von möglichen Isomeren (◘ Abb. 27.10). Dies wird

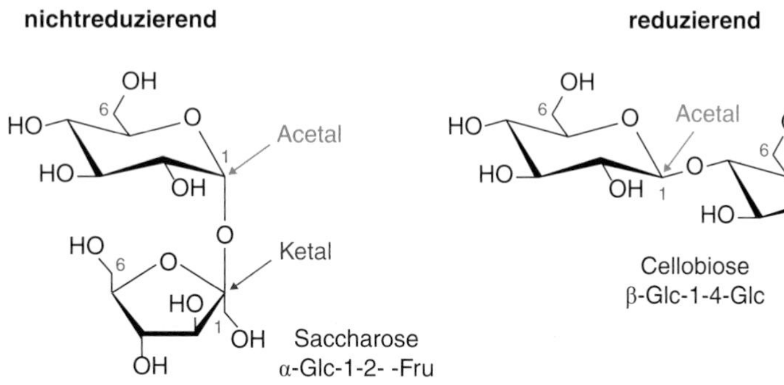

**◘ Abb. 27.9** Ringbildung von Saccharose nach Bildung des Vollacetals und des Ketals, Ringbildung von Cellobiose unter Halbacetalbindung an exocyclischer OH-Gruppe

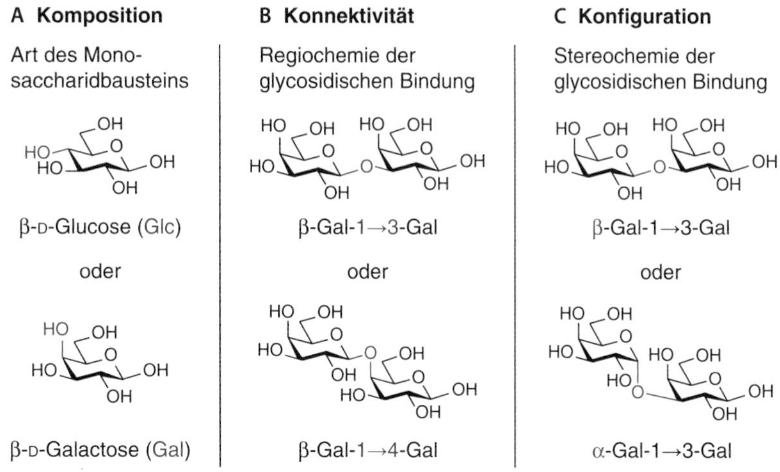

**◘ Abb. 27.10** Parameter zur Charakterisierung von Kohlenhydraten. **A** Die Komposition bestimmt die Art des Kohlenhydrats durch die Art der miteinander verbundenen Monosaccharide (z. B. Glucose oder Galactose). **B** Die Konnektivität legt die Regiochemie der glykosidischen Bindung fest (beispielsweise 1→4 oder 1→6). **C** Die Konfiguration beschreibt die Stereochemie der glykosidischen Bindung (entweder α oder β)

besonders deutlich, wenn man die Anzahl der theoretisch denkbaren Kombinationen von Bausteinen in Zuckern und Peptiden miteinander vergleicht. Im Falle von Di- und Trimeren ist der strukturelle Raum noch recht eingeschränkt, für höhere Oligomere zeigt sich jedoch die extreme chemische Diversität von Oligosacchariden. Schon für ein einfaches Tetrasaccharid aus vier unterschiedlichen Bausteinen ergeben sich hier fast 35.000 mögliche Strukturen (◘ Tab. 27.1). Im Vergleich dazu ist der chemische Raum eines Tetrapeptids mit 24 Möglichkeiten vergleichsweise klein.

Aufgrund ihrer enormen strukturellen Komplexität lassen sich Oligosaccharide nicht ohne Weiteres als lineare Sequenz von Bausteinen, z. B. durch Buchstaben wie in Peptiden oder DNA, beschreiben. Zur vereinfachten Darstellung hat sich stattdessen eine Symbolnomenklatur (*Symbol Nomenclature for Glycans*, SNFG) etabliert

(Varki et al. 2015). Hier werden die einzelnen Monosaccharidbausteine als Symbole dargestellt, während die Regiochemie der glykosidischen Bindung (Konnektivität) durch den gezeichneten Winkel und die Stereochemie (Konfiguration) durch die Art der Verbindungslinie verdeutlicht werden (◘ Abb. 27.11).

### 27.1.5 Oligosaccharide und Glykane

Oligosaccharide und Glykane kommen in unterschiedlichsten Formen vor und erfüllen eine Vielzahl von lebenswichtigen Funktionen. Beispielsweise unterstützen sie den Faltungsvorgang von Proteinen im endoplasmatischen Retikulum (ER) und sind bei Kommunikationsprozessen zwischen Zellen von entscheidender Bedeutung. Oligosaccharide und Glykane unterscheiden sich

◘ **Tab. 27.1** Anzahl der theoretisch möglichen Peptid- und Oligosaccharidstrukturen gleicher Kettenlänge. Homooligomere bestehen aus identischen, Heterooligomere aus unterschiedlichen Bausteinen

| *n*-Mer | Zusammensetzung (homo/hetero) | | Peptide (homo/hetero) | | Oligosaccharide (homo/hetero) | |
|---|---|---|---|---|---|---|
| Dimer | AA | AB | 1 | 2 | 11 | 20 |
| Trimer | AAA | ABC | 1 | 6 | 120 | 720 |
| Tetramer | AAAA | ABCD | 1 | 24 | 1424 | 34.560 |
| Pentamer | AAAAA | ABCDE | 1 | 120 | 17.872 | 2.144.640 |

◘ **Abb. 27.11** Symbolnomenklatur für Glykane. (Nach Varki et al. 2015)

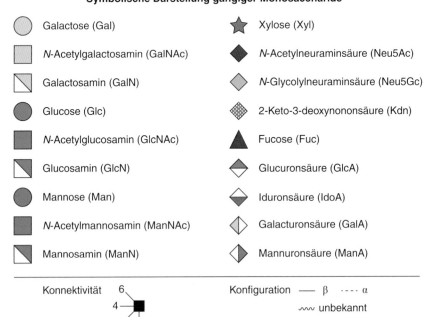

**Symbolische Darstellung gängiger Monosaccharide**

Galactose (Gal)

*N*-Acetylgalactosamin (GalNAc)

Galactosamin (GalN)

Glucose (Glc)

*N*-Acetylglucosamin (GlcNAc)

Glucosamin (GlcN)

Mannose (Man)

*N*-Acetylmannosamin (ManNAc)

Mannosamin (ManN)

Xylose (Xyl)

*N*-Acetylneuraminsäure (Neu5Ac)

*N*-Glycolylneuraminsäure (Neu5Gc)

2-Keto-3-deoxynononsäure (Kdn)

Fucose (Fuc)

Glucuronsäure (GlcA)

Iduronsäure (IdoA)

Galacturonsäure (GalA)

Mannuronsäure (ManA)

Konnektivität

Konfiguration — β ---- α

⌇⌇⌇ unbekannt

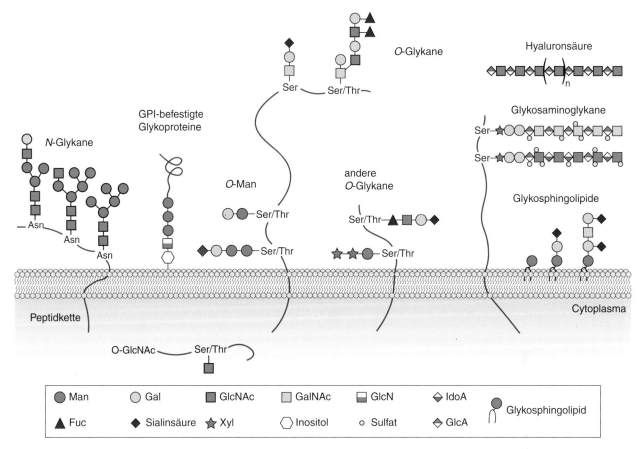

■ **Abb. 27.12** Schematische Darstellung von Kohlenhydraten an der Cytoplasmamembran. *N*- und *O*-Glykane sowie Glykosaminoglykane (außer Hyaluronsäure) sind an transmembrane Proteine gebunden. Glykosphingolipide sind Bestandteile der Membran und sind über ein Ceramid in ihr verankert. Ihr glykosidisch gebundener Kohlenhydratanteil wird auf der Außenseite der Membran präsentiert. Zusätzlich existieren Glykoproteine, die über einen Glykosylphosphatidylinositol-Anker in der Membran verankert sind

hinsichtlich ihres Aufbaus, ihrer Struktur und ihrem Vorkommen und werden demnach in verschiedene Arten eingeteilt (■ Abb. 27.12). Die in der Abbildung gezeigten Zuckerstrukturen werden in diesem Abschnitt näher erläutert.

### 27.1.5.1 *N*-Glykane

Die bisher wahrscheinlich am besten erforschte Art von Zuckern sind *N*-Glykane. Alle *N*-Glykane besitzen eine gemeinsame Kernstruktur, die aus zwei N-Acetylglucosamin- (GlcNAc) und drei Mannose-Bausteinen (Man) besteht. Darauf aufbauend unterscheidet man drei Typen von *N*-Glykanen (■ Abb. 27.13). Der Oligomannose-Typ ist ausschließlich aus Mannoseresten aufgebaut; der komplexe Typ besteht aus über GlcNAc-initiierte Antennen, die mit Galactoseeinheiten (Gal) verlängert und mit *N*-Acetylneuraminsäuren terminiert werden; der hybride Typ ist eine Kombination aus den beiden anderen Glykantypen. Bei der *N*-Acetylneuraminsäure handelt es sich um das *N*-Derivat der Sialinsäure. Die *N*-Glykosylierung erfolgt an Asn mit der Konsensussequenz Asn-X-Ser/Thr/Cys-

tein (Cys), wobei X jede Aminosäure außer Prolin sein kann. Prolin kann aufgrund der stark eingeschränkten Drehbarkeit um die Peptidbindung nicht nahe an *N*-Glykosylierungsstellen auftreten. Es ergeben sich hohe Diversitäten bezüglich der Strukturzusammensetzung, der Verknüpfung zwischen einzelnen Monosacchariden und deren Konfiguration. Einige dieser möglichen Strukturvarianten sind:

- bi-, tri- oder tetraantennäre Strukturen (in Ausnahmen auch mono- und pentaantennär)
- Auftreten 2,4-verzweigter oder 2,6-verzweigter triantennärer Grundstrukturen
- *N*-Acetylneuraminsäuren sind entweder 2,3- oder 2,6-verknüpft
- vollständige oder unvollständige Sialylierung
- Auftreten von 1–3-*N*-Acetyllactosamin- (LacNAc-) Repeats (repetitiv oder auf verschiedenen Antennen)

All diese Varianten können sowohl mit als auch ohne „proximale Fucose" und „*bisecting* GlcNAc" auftreten. Die proximale Fucose ist stets an Position 6 des Asn-verknüpften GlcNAc gebunden; das *bisecting* GlcNAc

**◘ Abb. 27.13** Die drei Typen von *N*-Glykanen. Alle Typen bestehen aus dem Pentasaccharid GlcNAc$_2$Man$_3$. Der Oligomannose-Typ besteht nur aus Mannosen, der komplexe Typ besteht aus symmetrisch zueinander aufgebauten Antennen, die mit GlcNAc begonnen, mit Gal fortgesetzt und mit *N*-Acetylneuraminsäuren terminiert werden. Eine Fucosylierung des unteren GlcNac der Kernstruktur ist üblich. Der hybride Typ ist eine Kombination aus dem Oligomannose- und komplexem Typ

27

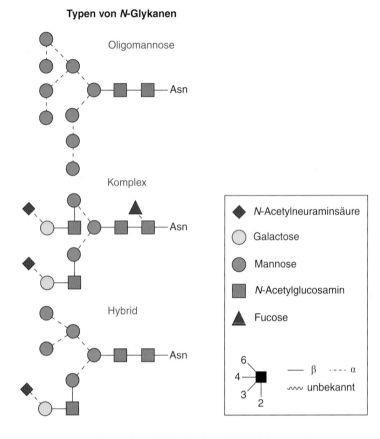

**Typen von *N*-Glykanen**

Oligomannose

Komplex

Hybrid

Asn

N-Acetylneuraminsäure
Galactose
Mannose
N-Acetylglucosamin
Fucose

6
4
3
2
β
----- α
᠁ unbekannt

ist stets an Position 4 der β-verknüpften Kernmannose geknüpft.

Die Biosynthese eukaryotischer *N*-Glykane beginnt auf der cytoplasmatischen Seite der ER-Membran. Sie wird mit dem Transfer von Nucleotidphosphat-aktivierten Monosacchariden an das Vorläufermolekül Dilicholphosphat initiiert, welches als Empfänger für weitere Monosaccharide fungiert. Weitere aktivierte Monosaccharide knüpfen an das entstehende Glykangerüst an, und sobald die sich gebildete Struktur aus zwei GlcNAc- und fünf Man-Molekülen besteht, wird das gesamte Konstrukt in das ER-Lumen transferiert. Dort werden sukzessive weitere sechs Man- und drei Glc-Moleküle an das *N*-Glykan addiert. Die dafür notwendigen Additionsreaktionen werden von Glykosyl-Transferasen katalysiert. Der Transfer des Glykan-Vorläufermoleküls an das Motiv Asn-X-Ser/Thr/Cys eines an einem Ribosom translatierten Proteins wird von der Oligosaccharyl-Transferase katalysiert. Die finalen Modifizierungen der *N*-Glykane (Glykan-Trimming, Fucosylierung, Sialylierung) finden in den Golgi-Zisternen durch die dort membranständigen Glykosidasen und Glykosyl-Transferasen statt. Nach vollständigem Durchlaufen aller Golgi-Zisternen gelangen die fertig prozessierten Glykoproteine mittels vesikulären Transports zu ihrem Bestimmungsort oder werden im Rahmen der Qualitätskontrolle durch den Mannose-6-phosphat-Rezeptor

recycelt und zurück in das Golgi-Netzwerk transportiert.

### 27.1.5.2 *O*-Glykane

Im Gegensatz zu dem vergleichsweise überschaubaren Aufbau von *N*-Glykanen handelt es sich bei *O*-Glykanen um eine bei Weitem nicht so gut verstandene Art der Glykosylierung. Ein *O*-Glykan entsteht durch eine *O*-glykosidische Bindung an den Seitenketten von Ser oder Thr, wobei hier keine Konsensussequenz zur Vorhersage bzw. Abschätzung der Wahrscheinlichkeit einer *O*-Glykosylierung bekannt ist. Empirisch ermittelte Häufigkeiten der Aminosäuren nahe der *O*-Glykosylierungsstelle können jedoch Aufschluss über die Wahrscheinlichkeit des Auftretens einer *O*-Glykosylierung geben. Ähnlich wie bei der Glykobiosynthese von *N*-Glykanen wird die *O*-Glykosylierung durch die direkte Addition eines Nucleotidphosphat-aktivierten Monosaccharids an das Protein realisiert. Im Gegensatz zur *N*-Glykosylierung wird dafür jedoch kein Vorläufermolekül benötigt. Diese Additionsreaktionen werden von Polypeptid-*N*-Glykosyl-Transferasen katalysiert, beginnen im ER und erstrecken sich bis in die Golgi-Kompartimente. Jedes Monosaccharid verfügt über eine eigene spezifische Familie von Glykosyltransferasen.

Bei *O*-Glykanen existieren keine klaren Gesetzmäßigkeiten hinsichtlich ihres Aufbaus und ihrer Struk-

**◻ Abb. 27.14** Vier wichtige Kernstrukturen von *O*-Glykanen, Alle
Typen sind über GalNAc an Ser/
Thr-Gruppen des Proteins gebunden.
Bei Typ 1 existiert nur eine mit Gal
initiierte Antenne, Typ 2 verfügt über
zwei mit Gal und GlcNAc begonnene
Antennen, Typ 3 weist eine mit
GlcNAc begonnene Antenne auf, Typ 4
besitzt zwei Antennen, die jeweils mit
GlcNAc beginnen. Die Antennen
werden mit LacNAc-Strukturen
verlängert und durch N-
Acetylneuraminsäure terminiert.
Fucosylierungen an GlcNAc und Gal
sowie Bindungen von GalNAc an Gal
können auftreten

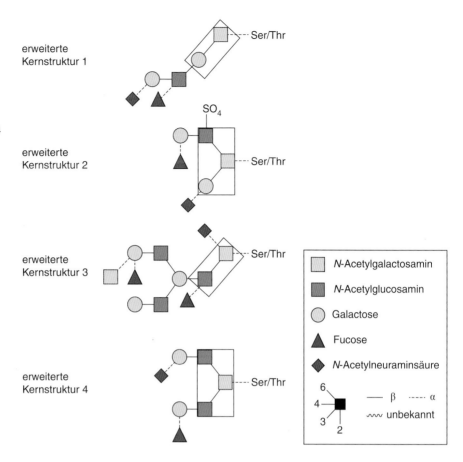

tur. Bisher konnten vier Kernstrukturen charakterisiert werden, die in ◻ Abb. 27.14 dargestellt sind. Die Typen unterscheiden sich hinsichtlich ihrer aus zwei bzw. drei Monosacchariden bestehenden Kernstruktur, die *O*-glykosidisch an Ser/Thr des Polypeptids gebunden ist. Je nach Typ des *O*-Glykans ermöglichen sich dadurch unterschiedliche Wege, die Antennen fortzuführen. Wie bei *N*-Glykanen werden antennäre Ausläufer auch bei *O*-Glykanen durch das Anfügen von *N*-Acetylneuraminsäure terminiert.

### 27.1.5.3 Glykosaminoglykane

Obgleich die strukturelle Diversität von *N*- und *O*-Glykanen bereits sehr hoch ist, übersteigt die Heterogenität von Glykosaminoglykanen diese noch bei Weitem. Diese auch als Mucopolysaccharide bezeichneten Moleküle zeichnen sich durch einen stark sauren pH-Wert aus und bestehen aus einer großen Anzahl sich wiederholender Disacchariden-Einheiten. Die einzelnen Disaccharide bestehen zumeist aus einer 1→3-glykosidisch an GlcNAc gebundenen Glucuronsäure oder Iduronsäure und sind 1→4-glykosidisch miteinander verknüpft. Es können posttranslationale Modifikationen wie Sulfatierungen oder Veresterungen auftreten, wodurch die Komplexität der Moleküle zunimmt. Abhängig von der Zusammensetzung der Disaccharide wird zwischen

fünf verschiedenen Typen von Glykosaminoglykanen unterschieden: Hyaluronsäure, Chondroitinsulfat, Dermatansulfat, Heparin und Keratansulfat. Die jeweils spezifische Zusammensetzung der unterschiedlichen Glykosaminoglykane ist in ◻ Abb. 27.15 dargestellt. Die Biosynthese von Glykosaminoglykanen wird von spezifischen Enzymen im ER bzw. im Golgi-Apparat katalysiert, wodurch eine gewisse Kontrolle der Glykosaminoglykan-Synthese möglich wird.

Glykosaminoglykane können kovalent an ein Protein gebunden sein, welche demzufolge als Proteoglykane bezeichnet werden (z. B. Perlecan, Aggrecan, Decorin, Biglycan, Glypican, Syndecan, ◻ Abb. 27.16). Die Knüpfung der Glykosaminoglykane an die Proteine erfolgt über eine Tetrasaccharid-Bindungsregion, welche am Anfang der Glykosaminoglykan-Kette synthetisiert ist (Ser–*O*–Xyl–Gal–Gal–GlcA-). Hierbei bindet die Xylose des Tetrasaccharids im ER an die Hydroxygruppe von Serin des Proteins. Weitere Monosaccharidbausteine werden im Golgi-Apparat übertragen. Die Proteoglykane bilden ein Gerüst vieler faserbildender Ausläufe aus Polypeptiden und stellen kovalente Bindungsmöglichkeiten für Glykosaminoglykane bereit. Aufgrund der stark verzweigten, faserähnlichen Struktur besitzen Proteoglykane eine hohe Elastizität und können aufgrund ihrer hydrophilen Eigenschaften viel

27

**Hyaluronsäure (HA)**
β4 β3 β4 β3 β4 β3 β4 β3 β4 β3

**Keratansulfat (KS)**
6S β3 6S β4 6S β3 β4 6S β3 6S β4 6S β4

**Dermatansulfat (DS)**
6S β4 4S α3 4S β4 α3 4S β4 α3 6S β4 α3 4S/6S β4 α3
2S   2S

**Chondroitinsulfat (CS)**
4S β4 6S β3 6S β4 4S β3 4S β4 4S/6S β3 6S β4 β3 6S β4 β3
2S

**Heparin/Heparansulfat (HS)**
6S α4 β4 6S α4 α4 α4 β4 α4 β4 α4 α4
3S   3S   2S

**◻ Abb. 27.15** Glykosaminoglykane bestehen aus sich linear wiederholenden Disacchariden. Hyaluronsäure setzt sich aus β-1→4-glykosidisch miteinander verknüpften Glucuronyl-β-1→3-*N*-acetylglucosamin-Disaccharideinheiten zusammen. Heparin besteht aus D-Glucuronsäure, die β-1→4-glykosidisch, oder L-Iduronsäure, die α-1→4-glykosidisch mit einem Glucosamin verknüpft ist. Die weiteren Bindungen zwischen den Disacchariden sind α-1→4-glykosidisch. Chondroitinsulfat besteht aus β-1→4-glykosidisch verknüpften Glucuronyl-β-1→3-*N*-acetylgalactosaminen, wobei die D-Glucuronsäure teilweise als L-Iduronsäure vorliegt. Sobald 10 % als Iduronat vorliegen, wird die Bezeichnung Dermatansulfat gewählt. Keratansulfat besteht aus β-1→3 verknüpften Galactosyl-β-1→4-*N*-acetylglucosamin-Resten

Wasser aufnehmen. Sie sind für ihren Einsatz als Antikoagulanzien bekannt und Modifizierungen ihres stark heterogenen Sulfatierungsmusters können diagnostische Marker für Krankheiten darstellen.

### 27.1.5.4 Glykosphingolipde und GPI-verlinkte Proteine

Bisher handelte es sich bei allen vorgestellten Glykanen um Moleküle, die meist gebunden an Proteinen vorliegen. Im Gegensatz dazu sind Glykosphingolipide freie Moleküle, die aus einem hydrophoben Ceramidanteil und einem hydrophilen Kohlenhydratanteil bestehen. Die Grundstruktur eines Glykosphingolipids ist ein an Ceramid gebundenes Monosaccharid (Glc oder Gal). Die Verbindung beider Strukturen wird demzufolge als Glucosylceramid (GlcCer), bzw. Galactosylceramid (GalCer) bezeichnet. Modifizierungen dieser Grundstruktur sind durch Anhängen weiterer Monosaccharide oder durch heterogene Kohlenstoffwasserketten (variable Länge, Doppelbindungen, Hydroxylierungen) im Ceramidanteil möglich. Glykosphingolipide sind ein wichtiger Bestandteil der Zellmembran und der Glykokalyx. Zu ihren Funktionen zählen vornehmlich die

Zell-Zell-Kommunikation und die Ausprägung der Blutgruppenepitope.

Eine besondere, deutlich komplexere Art von Glykolipiden tritt in sog. Phosphatidylinositol-verlinkten Proteinen auf. Diese Proteine sind auf ihrer Oberfläche meist stark glykosyliert und über einen Glykosylphosphatidylinositol- (GPI-)Anker fest in der Zellmembran verankert. Die Verknüpfung zwischen dem Phospholipid und dem Glykoprotein wird hierbei durch Phosphoethanolamin und eine Oligosaccharidkette bewerkstelligt. Wie Glykosphingolipide sind GPI-verlinkte Proteine ebenfalls an Zell-Zell-Interaktionen sowie Erkennungs- und Bindungsprozessen beteiligt. Die verlinkten Proteine erlangen eine höhere Beweglichkeit, wodurch sie Einfluss auf Transportprozesse und die Identifizierung von Antigenen auf der Plasmamembran haben.

## 27.2 Analytische Ansätze

Die Analytik von *N*-Glykanen ist im Vergleich zur Untersuchung von *O*-Glykanen oder Glykosaminoglykanen deutlich weiter fortgeschritten. Daher werden wir in den folgenden Abschnitten detaillierter auf die Trenn- und analytischen Methoden von *N*-Glykanen eingehen. Die an dieser Stelle von uns vorgestellten Methoden sollen eine Idee über generelle analytische Techniken geben und lassen sich zum Teil auch auf andere Arten von Glykanen anwenden. Grundsätzlich existieren vier verschiedene Ebenen, auf denen eine Glykananalytik erfolgen kann:

- ausgehend vom intakten Glykoprotein (Ebene 1)
- ausgehend von Glykopeptiden (Ebene 2)
- Analyse von freigesetzten *N*-Glykanen (Ebene 3)
- Analyse von Monosacchariden (Ebene 4)

Ein intaktes Glykoprotein (Ebene 1) kann über eine Trypsinolyse in eine Mischung aus Glykopeptiden (Ebene 2) überführt werden. Zu Beginn einer Glykananalytik ist dieser Schritt meistens zu empfehlen, weil die Proteinstruktur durch proteolytische Spaltung aufgebrochen wird und die Zugänglichkeit der Glykosylierungsstellen für Enzyme verbessert wird. Sofern *N*-Glykane einzeln analysiert werden sollen (Ebene 3), ist ihre Abspaltung von den Glykopeptiden erforderlich. Dies kann enzymatisch mittels PNGase-F erfolgen. Eine weitere Abspaltung einzelner Monosaccharide (Ebene 4) von den freigesetzten *N*-Glykanen kann durch chemische Freisetzungsmethoden (z. B. saure oder basische Hydrolyse) erfolgen.

Je nachdem, auf welcher Ebene gearbeitet wird, bieten sich unterschiedliche Methoden zur Analyse der Glykosylierung an. Entsprechend lassen sich aus den

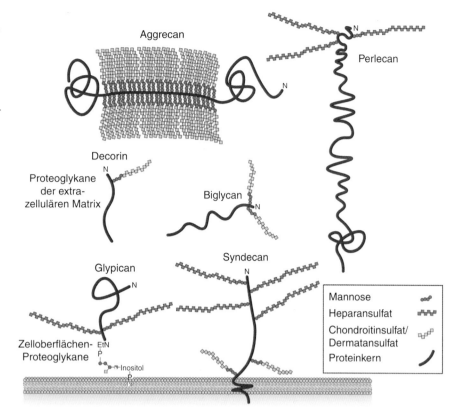

Ergebnissen je nach angewendeter Methodik unterschiedliche, oft komplementäre Strukturinformationen ermitteln. Dabei konzentriert man sich oft auf zwei wesentliche Strukturinformationen:

- die Position der Glykane auf dem Protein und
- die Struktur der einzelnen Glykanketten, auch Glykoform genannt.

Generell ist zu beachten, dass nicht jede potenziell glykosylierbare Aminosäure auch tatsächlich glykosyliert ist. Das Auslassen von Glykosylierungsstellen wird allgemein als Makroheterogenität bezeichnet (□ Abb. 27.17) und kann durch für Glykosyl-Transferasen unzugängliche Glykosylierungsstellen aufgrund der Proteinstruktur erklärt werden. Unterschiede in der Anzahl, Lokalisation oder Sequenz der Glykoformen werden als Mikroheterogenität bezeichnet. Erst durch die Mikroheterogenität erlangt ein Glykoprotein seine hohe Variabilität und Diversität. Ergänzend kommt die speziesspezifische Glykosylierung hinzu: Unterschiedliche Spezies verfügen über jeweils andere Glykosylierungsmaschinerien und unterschiedliche Enzyme, was sich in variablen Glykosylierungsprofilen widerspiegelt (z. B. CHO-Zellen, BHK-Zellen, Hefen, Insekten).

Um Informationen über die Makro- und Mikroheterogenität eines Glykoproteins zu erlangen, ist es ent-

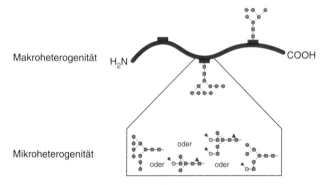

□ **Abb. 27.17** Schematische Darstellung der Mikroheterogenität und der Makroheterogenität. Das Konzept der Mikroheterogenität besagt, dass unterschiedliche Glykoformen von Glykanen existieren, deren Vorkommen und relative Häufigkeit stark variieren können. Makroheterogenität bedeutet, dass nicht jede potenziell glykosylierbare Position eines Proteins tatsächlich glykosyliert sein muss

scheidend und strategisch wichtig zu überlegen, auf welcher Arbeitsebene eine Glykananalytik erfolgen soll (□ Abb. 27.18). Eine Analyse des intakten Glykoproteins (Ebene 1) bietet zwar umfangreiche Informationen sowohl über die Proteinstruktur als auch über die Zuckerstruktur, jedoch stellt sie bis heute die größte analytische Herausforderung dar. Etablierte Techniken aus dem Bereich der Proteinanalytik sind hier nur bedingt

27

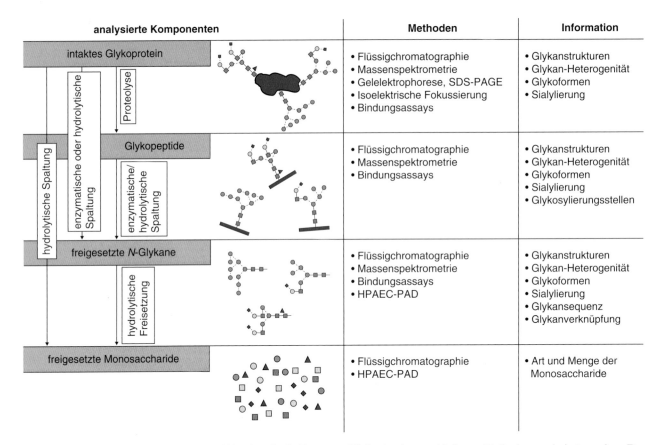

| analysierte Komponenten | Methoden | Information |
|---|---|---|
| intaktes Glykoprotein | • Flüssigchromatographie<br>• Massenspektrometrie<br>• Gelelektrophorese, SDS-PAGE<br>• Isoelektrische Fokussierung<br>• Bindungsassays | • Glykanstrukturen<br>• Glykan-Heterogenität<br>• Glykoformen<br>• Sialylierung |
| Glykopeptide | • Flüssigchromatographie<br>• Massenspektrometrie<br>• Bindungsassays | • Glykanstrukturen<br>• Glykan-Heterogenität<br>• Glykoformen<br>• Sialylierung<br>• Glykosylierungsstellen |
| freigesetzte N-Glykane | • Flüssigchromatographie<br>• Massenspektrometrie<br>• Bindungsassays<br>• HPAEC-PAD | • Glykanstrukturen<br>• Glykan-Heterogenität<br>• Glykoformen<br>• Sialylierung<br>• Glykansequenz<br>• Glykanverknüpfung |
| freigesetzte Monosaccharide | • Flüssigchromatographie<br>• HPAEC-PAD | • Art und Menge der Monosaccharide |

**◻ Abb. 27.18** Glykoproteine können sowohl intakt oder in Form von Glykopeptiden zur Glykananalytik eingesetzt werden. Ihre N-Glykane können enzymatisch oder chemisch freigesetzt und separat analysiert werden. Alternativ können freigesetzte N-Glykane durch saure Hydrolyse in einzelne Monosaccharide zerlegt und an-schließend mit verschiedenen Methoden analysiert werden. Das Hauptaugenmerk der angewendeten Methoden liegt hierbei zumeist auf der Entschlüsselung der Glykanstruktur, der Detektion vorkommender Glykoformen sowie auf der Sequenzierung

erfolgreich und jeweils abhängig vom Glykosylierungs-grad des untersuchten Proteins.

Zur Reduzierung der Komplexität kann das Glyko-protein, wie oben beschrieben, vorher durch Proteasen in einzelne Glykopeptide gespalten werden (Ebene 2). Dies erleichtert einerseits die Glykananalytik, jedoch kann die Spaltung die Positionsbestimmung der N-Gly-kosylierungsstelle erschweren, weil zusätzlich die Se-quenzierung des Peptidanteils erforderlich ist. Zusätz-lich kommt hinzu, dass Glykopeptide einen amphiphilen Charakter besitzen, da der Peptidanteil meistens unpo-lar und die Glykane sehr polar sind. Dies erschwert die Trennung mit herkömmlichen Trenntechniken.

Um dies zu umgehen, können die N-Glykane kom-plett vom Protein oder Peptid abgespalten werden (Ebene 3). Diese Freisetzung bietet die umfangreichsten Möglichkeiten zur Glykananalytik, jedoch verliert man durch diesen Schritt sämtliche Informationen über den Ort der Glykosylierung innerhalb der Peptid- bzw. Pro-teinkette. Eine weitergehende Spaltung der N-Glykane in ihre Monosaccharide mittels chemischer Methoden

ist möglich (Ebene 4). Aus einer Monosaccharidanalyse lassen sich jedoch ausschließlich Informationen über Häufigkeiten auftretender Monosaccharide in der Aus-gangsprobe ermitteln.

Zu den gängigsten Methoden der Glykananalytik gehören die Hochleistungs-Flüssigchromatographie (HPLC, ▶ Kap. 11), die Massenspektrometrie (MS, ▶ Kap. 16; auch gekoppelt mit HPLC), Gelelektrophorese (▶ Abschn. 12.3), Kapillarelektrophorese, isoelektrische Fokussierung und die Hochleistungs-Anionenaustausch-chromatographie mit gepulster amperometrischer De-tektion (HPEAC-PAD). Eine erfolgreich durchgeführte Glykananalytik gibt Aufschluss über die Komposition der Glykanstrukturen, ihre Glykanheterogenität (Konnekti-vität, Konfiguration), auftretende Glykoformen sowie die Lokalisierung von glykosylierten Stellen am Protein. Zur vollständigen Analyse der Glykosylierung werden häufig mehrdimensionale Ansätze aus verschiedenen Trenntech-niken mit nachfolgenden massenspektrometrischen Mes-sungen angewendet. Ein Teil der hier erwähnten Techni-ken wird im nächsten Abschnitt detaillierter beschrieben.

## 27.2.1  Methoden zur Trennung und Analyse von Glykanen

### 27.2.1.1  Probenvorbereitung

Eine gängige Methode, die zu Beginn der Glykananalytik durchgeführt wird, beinhaltet die Abspaltung von *N*-Glykanen von dem zu untersuchenden Protein. Die Freisetzung von *N*-Glykanen kann sowohl enzymatisch mittels PNGase F oder chemisch durch saure, bzw. basische Hydrolyse erfolgen. Es ist dabei anzumerken, dass nach der Abspaltung von *N*-Glykanen in den meisten Fällen keine sequenzspezifischen Informationen über die Lokalisation der *N*-Glykane auf dem Protein mehr zugänglich sind. Wahlweise kann vor der Abspaltung der *N*-Glykane mittels PNGase F eine Trypsinolyse des Proteins durchgeführt werden, um die Zugänglichkeit der PNGase zu den Glykanen an den Peptiden zu erhöhen (◘ Abb. 27.19). Wie im vorherigen Abschnitt bereits erläutert, muss die Strategie bzw. die Wahl der Arbeitsebene je nach Fragestellung gut überlegt sein, um die bestmöglichen Voraussetzungen für darauffolgenden Trennmethoden zu erreichen.

Chromatographische Techniken ohne Kopplung zu einem Massenspektrometer basieren zum größten Teil auf optischen Detektionsarten, wie z. B. UV- oder Fluoreszenzdetektion (► Kap. 9). Da die abgespaltenen Glykane jedoch nur schwach im UV-Bereich zwischen 190–210 nm absorbieren, werden die Moleküle oft mit UV- oder fluoreszenzaktiven Stoffen derivatisiert (◘ Abb. 27.20). Die Derivatisierung erfolgt selektiv und ausschließlich am reduzierenden Ende, wodurch neben einer sensitiveren Detektion auch eine Quantifizierung der Glykane in der Flüssigchromatographie ermöglicht wird.

Zu diesem Zweck existieren eine Vielzahl von verschiedenen Markierungsreagenzien, die sich in ihrer chemischen Struktur unterscheiden und unterschiedlichen Einfluss auf die Trennung der Glykane in der Flüssigchromatographie haben. 2-Aminobenzamid (2-AB) gehört zu den am meisten genutzten Markierungsreagenzien aufgrund der effizienten Markierungsreaktion und wird für nahezu alle Arten der Chromatographie verwendet. 2-Aminobenzoesäure (Anthranilsäure, 2-AA) verhält sich analog zu 2-AB, trägt jedoch eine negative Ladung und wird deswegen vermehrt in der Kapillarelektrophorese eingesetzt. Zusätzlich findet es Anwendung in der Matrix-assistierten Laser-Desorption-Ionisations-Massenspektrometrie (MALDI-MS, ► Abschn. 16.1.1), da mit diesem Label sowohl neutrale als auch sialylierte Glykanspezies detektiert werden können.

Nach der Markierung der zu untersuchenden Zucker werden diese in der HPLC zur Analyse ihrer Zusam-

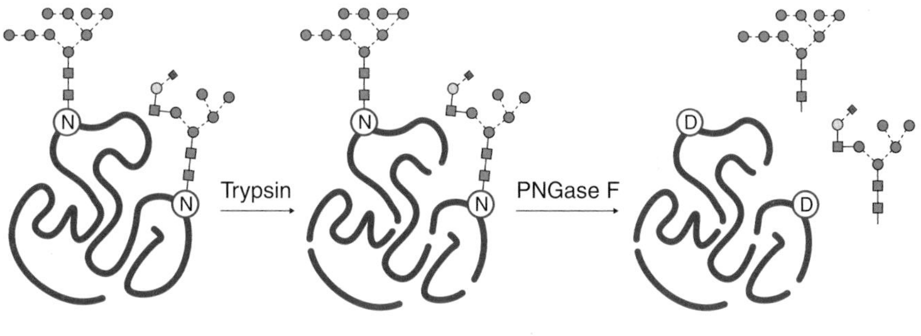

◘ **Abb. 27.19**  Enzymatische Freisetzung von *N*-Glykanen mittels PNGase F nach erfolgreicher Trypsinolyse des Glykoproteins. Durch die Trypsinolyse wird die Zugänglichkeit des Enzyms zu den Glykosylierungsstellen erhöht

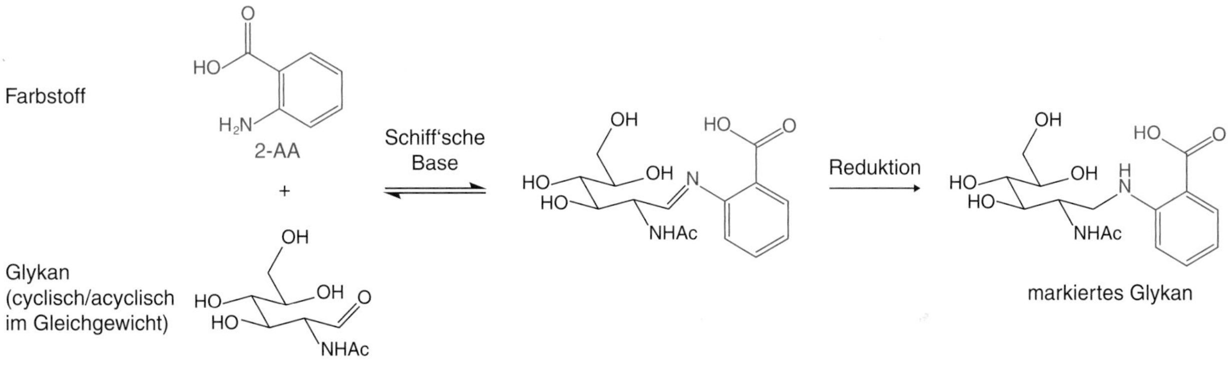

◘ **Abb. 27.20**  Das reduzierende Ende des Glykans und der Farbstoff bilden eine Schiff'sche Base, die Reduktion führt zu einem stabil markierten Glykan. Der Vorgang ist mit dem Farbstoff 2-AA (Anthranilsäure) dargestellt

**27**

mensetzung eingesetzt. Die Trennung der eingesetzten Zucker basiert hierbei auf Interaktionen mit stationären Phasen, die sich je nach Art der verwendeten Chromatographie unterscheiden. An dieser Stelle möchten wir die grundlegenden Eigenschaften einiger stationärer Phasen zusammenfassen und auf ihre Anwendung in der Glykananalytik eingehen.

### 27.2.1.2 Stationäre Phasen

Der Fokus dieses Kapitels liegt auf den für Kohlenhydrate üblicherweise eingesetzten chromatographischen Trenntechniken. Für eine generelle Einführung in chromatographische Trennmethoden ist auf ► Kap. 11 verwiesen.

**Ionenaustauschchromatographie** In der Ionenaustauschchromatographie werden Analyten abhängig von ihrer Ladung getrennt. An der Matrix der stationären Phase befinden sich funktionelle Gruppen, die dem Analyten entgegengesetzte Ladungen tragen. Diese Chromatographie wird daher in die Anionenaustauschchromatographie und die Kationenaustauschchromatographie eingeteilt. Neutrale Moleküle und Ionen mit identischer Ladung der stationären Phase werden unmittelbar als Waschfraktion in der mobilen Phase eluiert. Entgegengesetzt geladene Moleküle konkurrieren untereinander um die Bindungsplätze der stationären Phase und erfahren eine Retention, deren Stärke abhängig von der Eigenladung des Analytions ist.

Anionenaustauscher sind Ionenaustauscher, bei denen die stationäre Phase kovalent mit einer kationischen Gruppe modifiziert wurde. Gängige Anionenaustauscher sind Aminoethyl-, Diethylaminoethyl- (DEAE-), quarternäre Aminoethyl- (QAE-) und quarternäre Ammoniumgruppen. Diese funktionellen Gruppen sind zumeist gekoppelt an Cellulose, Agarose, Dextran oder Polystyrol.

Im Gegensatz zu den Anionenaustauschern wurde die stationäre Phase eines Kationenaustauschers mit einer anionischen Gruppe modifiziert. Dadurch sind Kationenaustauscher dazu in der Lage, Kationen auszutauschen, wohingegen anionisch geladene Moleküle nicht an die stationäre Phase binden und eluieren. Typische Beispiele für Kationenaustauscher sind Carboxymethylgruppen oder Methylsulfonsäuren, gekoppelt an Cellulose, Agarose oder Polystyrol.

Die Ionenaustauschchromatographie ist ein wichtiges Hilfsmittel zur Analyse von ionischen Molekülen, beispielsweise von Aminosäuren, Peptiden, Proteinen und auch Kohlenhydraten (⬛ Abb. 27.21). Vor allem in der *N*-Glykananalytik können Anionenaustauscher zur Ermittlung des Sialylierungsgrades eingesetzt werden.

**Normalphasenchromatographie (NP)** Unter der Normalphasenchromatographie versteht man die historische, ursprüngliche Art der Flüssigchromatographie. Diese Art der Chromatographie ist gekennzeichnet durch die Verwendung von polaren, stationären Phasen und unpolaren mobilen Phasen (⬛ Abb. 27.22). Als stationäre Phasen finden zumeist unmodifizierte Silicagele oder auch Aluminiumoxidpartikel Anwendung. Bei dieser Zusammensetzung ist der Trennmechanismus hauptsächlich durch Adsorptionseffekte des Analyten an die stationäre Phase charakterisiert. Neben unmodifizierten, stationären Phasen können auch Silicagele mit Cyano-, Amino-, Diol- oder Nitrogruppen verwendet werden. Gängige organische Lösungsmittel können als mobile Phase verwendet werden. Aliphatische Kohlenwasserstoffe (z. B. Hexan, Heptan) zeigen die schwächste Elutionskraft, wohingegen polare Lösungsmittel (z. B. Aceton) eine höhere Elutionskraft aufweisen. Die stationären Phasen können Wasserstoffbrückenbindungen und weitere intermolekulare Wechselwirkungen mit dem Analyten eingehen. Die Retention des Analyten beruht deshalb hauptsächlich auf Adsorptions-

**⬛ Abb. 27.21** Schematische Darstellung von Anionen- und Kationenaustauschern. Negativ geladene Analyten binden an die Anionenaustauschmatrix und positiv geladene Analyten binden an den Kationenaustauscher. Die Analyten können entweder durch Erhöhung der Ionenstärke im Eluenten oder über entsprechende Änderung des pH-Werts (abhängig vom isoelektrischen Punkt des Analyten) wieder von der stationären Phase gelöst werden

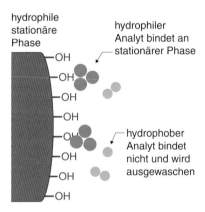

**⬛ Abb. 27.22** Schematische Darstellung einer hydrophilen stationären Phase. Die Retention basiert zum überwiegenden Teil auf Adsorption an der stationären Phase. Hydrophile Analyten erfahren eine Retention, während hydrophobe Analyten ausgespült werden

effekten an der stationären Phase. Polare Analyten erfahren somit eine stärkere Retention als unpolare.

**Umkehrphasenchromatographie (Reversed Phase)** Bei der Umkehrphasenchromatographie werden stationäre Phasen mit unpolaren Oberflächen verwendet (◘ Abb. 27.23). Gängige Materialien der Umkehrchromatographie sind beispielsweise hydrophobe Polymere oder Silicagele, die mit Alkylketten modifiziert wurden. Die zur Trennung beitragenden Kräfte in der Umkehrphasenchromatographie sind hydrophobe Wechselwirkungen, die ein Verteilungsgleichgewicht des Analyten zwischen mobiler und stationärer Phase erzeugen. Als mobile Phasen werden organische Lösungsmittel (z. B. Acetonitril) in wässriger Lösung eingesetzt. Hydrophobe Analyten befinden sich im Verteilungsgleichgewicht eher an der stationären Phase und werden zurückgehalten. Umgekehrt gilt: Hydrophile Komponenten befinden sich eher in der mobilen Phase und erfahren weniger Retention.

Die verwendeten Eluenten in der Umkehrphasenchromatographie sind organische Phasen (z. B. Methanol, Acetonitril) mit einem geringen Anteil Wasser (<20 %). Da Zucker einen sehr hydrophilen Charakter besitzen, erfahren sie auf Umkehrphasen nur eine geringe Retention. Durch die Modifizierung mit UV- oder fluoreszenzaktiven Labeln, die in der Regel einen hydrophoben Charakter besitzen, kann die Retention von Zuckern erhöht werden. Dadurch wird die Analyse von Zuckern mittels Umkehrphasenchromatographie ermöglicht. Den größten Anwendungsbereich haben Umkehrphasen jedoch bei der Trennung von Glykopeptiden, da diese auch ohne zusätzliche Modifizierung eine ausreichende Retention erfahren.

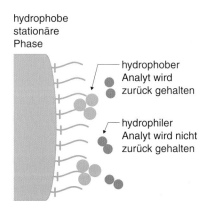

hydrophobe
stationäre
Phase

hydrophober
Analyt wird
zurück gehalten

hydrophiler
Analyt wird nicht
zurück gehalten

◘ **Abb. 27.23** Schematische Darstellung einer hydrophoben stationären Phase. Hydrophobe Proteine halten sich im Verteilungsgleichgewicht eher an der stationären Phase auf und werden durch Erhöhung des organischen Anteils eluiert. Hydrophile Proteine erfahren kaum Retention und befinden sich eher in der mobilen Phase

**Poröse Kohlenstoff-Chromatographie (PGC)** Eine besondere stationäre Phase, die bei der Trennung von Glykanen eine wichtige Rolle spielt, ist poröser graphitierter Kohlenstoff. Der poröse Kohlenstoff bildet eine graphitierte Oberfläche aus, die eine hohe chemische Stabilität sowohl im basischen und sauren Milieu als auch gegenüber hohen Ionenstärken und Temperatur aufweist. Die Retention basiert auch hier auf unpolaren Wechselwirkungen, zeigt aber dennoch auch Interaktionen mit polaren Analyten. Es existieren mehrere Effekte, mit denen versucht wird, das Retentionsverhalten an dieser stationären Phase zu erklären.

- Polare Retention: Lösungen mit steigender Polarität zeigen im Vergleich zu allen anderen Chromatographiearten die höchste Affinität zur Graphitoberfläche. Diese Eigenschaft prädestiniert die PGC-Chromatographie für die Separation polarer Analyten wie Kohlenhydrate und Moleküle mit geladenen Gruppen.
- Retention von unpolaren Molekülen: Die PGC-Oberfläche zeigt eine starke Retention gegenüber unpolaren Molekülen. Eine Erhöhung der Hydrophobizität eines Moleküls erhöht dessen Retention stark.
- Einzigartiger und komplexer Retentionsmechanismus: Die Stärke einer Interaktion hängt sowohl von der Kontaktfläche zwischen der stationären Phase und dem Analyten als auch von den funktionellen Gruppen des Analyten am Interaktionspunkt zur graphitierten Oberfläche ab.

Aufgrund dieser unterschiedlichen Eigenschaften kann es problematisch sein, eine PGC-Chromatographie in kurzer Zeit zu etablieren. Außerdem müssen die Nebenbedingungen, bzw. auch die Wahl der mobilen Phase, hier in besonderer Weise von der Natur des zu untersuchenden Analyten abhängig gemacht werden.

**Hydrophile Interaktionschromatographie (HILIC)** Ähnlich wie bei der Umkehrphasenchromatographie beruht der Trennmechanismus der HILIC ebenfalls auf Verteilungseffekten des Analyten zwischen mobiler und stationärer Phase. Die Polaritäten der eingesetzten mobilen Phasen und der Eluenten sind im Vergleich zur Umkehrphasenchromatographie jedoch vertauscht. Das in der mobilen Phase enthaltene Wasser bildet eine hydrophile Schicht an der stationären Phase aus, in der sich bevorzugt polare Analyten aufhalten und an das Säulenmaterial binden, wohingegen unpolare Analyten weniger Retention erfahren und zuerst eluiert werden.

Die mobilen Phasen bestehen aus einem zunächst hohen Anteil organischer Lösungsmittel, wobei sich die Zusammensetzung des Eluenten über die Verwendung eines Gradienten zumeist gegen Ende der Chromatographie zugunsten einer wässrigen, polaren Lösung verschiebt. Die HILIC zählt zu den am weitesten verbreiteten Methoden zur Trennung von Kohlenhydraten und hat sich als Standardmethode in der Glykananalytik etabliert. Aus diesem Grund existieren in der HILIC-Chromatographie ganze Datenbanken mit 2-AB-gelabelten Glykanen, die eine Identifizierung und Zuweisung von unbekannten Proben basierend auf ihren detektierten Retentionszeiten erlauben

### 27.2.1.3 Dextranleiter und GU-Werte

Freigesetzte *N*-Glykane erfahren aufgrund ihrer heterogenen Strukturen und variablen Sialylierungsgraden unterschiedliche Retentionen in chromatographischen Trennmethoden. Diese Retention ist jedoch nicht ausschließlich von den Eigenschaften der *N*-Glykane abhängig, sondern kann sich auch abhängig vom eingesetzten Trennsystem, unterschiedlichen Lösungsmitteln sowie unterschiedlich angewendeten Methoden unterscheiden.

Zur Vergleichbarkeit von Ergebnissen von auf unterschiedlichen Systemen oder mit anderen Methoden durchgeführten Glykananalysen ist es erforderlich, eine systemunabhängige Art der Kalibration durchzuführen. Als Kalibrator für Glykane wird Dextran verwendet. Es handelt sich dabei um teilweise hydrolisiertes Glucosepolymer, das Oligomere von einer Glucoseinheit (1 GU) bis zu 30 Glucoseeinheiten (30 GU) enthält. Die maximale Länge der Glucosekette kann je nach Hersteller variieren.

Der Dextranstandard wird in der HPLC getrennt und die verschieden langen Oligomere werden detektiert (■ Abb. 27.24). Auf diese Weise können die Retentionszeiten entsprechenden Glucoseeinheiten zugeordnet werden und auch auf andere Systeme übertragen werden. Zu beachten ist die Art der Detektion. Es ist üblich,

Dextranstandards mit 2-AB zu markieren und einen Fluoreszenzdetektor für die Detektion zu verwenden. Mit hochauflösenden massenspektrometrischen Messungen und Exo-Glykosidase-Behandlungen konnten die Glucoseeinheiten für jede bisher bekannte Glykanstruktur ermittelt, tabellarisch erfasst und in Datenbanken eingetragen werden.

Auf diese Weise kann die Zuordnung von Glykanen im Chromatogramm ohne die Zuhilfenahme eines Massenspektrometers oder anderer Methoden erfolgen. Es ist allerdings anzumerken, dass diese auf Glucoseeinheiten basierende Zuordnung in der Regel nur ein erster Hinweis auf die mögliche Glykanstruktur ist. Diese zunächst angestellte Vermutung wird üblicherweise nachträglich oder unmittelbar, wenn HPLC und Massenspektrometer miteinander gekoppelt sind, über die Detektion des Masse-zu-Ladungs-Verhältnisses (*m/z*) bestätigt. Mithilfe von automatisierten Abläufen und Datenbanken mit GU-Werten bekannter Strukturen können viele Glykane zweifelsfrei identifiziert werden (■ Abb. 27.25).

### 27.2.1.4 Andere Trenntechniken

**Exo-Glykosidasen** Eine weitere Methode zur Strukturaufklärung von Glykanen ist die Behandlung mit Exo-Glykosidasen. Es handelt sich dabei um Enzyme, die jeweils endständige (d. h. terminale) Monosaccharide vom Glykangerüst abspalten. Für jedes Monosaccharid existieren hierbei mehrere spezifische Exo-Glykosidasen. Im Gegensatz zu Exo-Glykosidasen, die ausschließlich an terminalen Enden der Antennen spalten, können Endo-Glykosidasen auch glykosidische Bindungen spalten, die innerhalb der Glykanstruktur liegen. Sie sind deshalb dazu in der Lage, kleinere Oligosaccharide vom bestehenden Glykangerüst abzuspalten.

■ **Abb. 27.24** Detektion einer mit einem Fluorophor markierten Dextranleiter zur Kalibrierung der HPLC-Chromatographie mit Glucoseeinheiten (GU). Die leiterartig detektierten Signale stehen jeweils für eine ganzzahlige Glucoseeinheit. Zur Kalibrierung werden die Glucoseeinheiten als Funktion der Retentionszeit berechnet

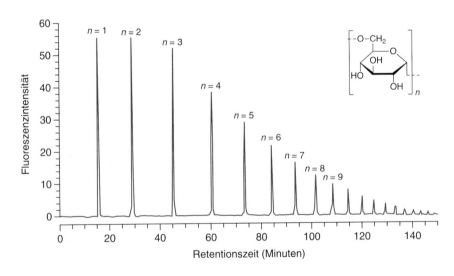

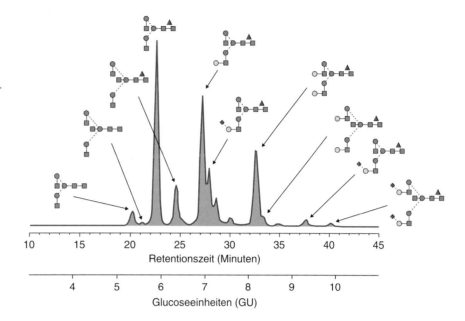

**Abb. 27.25** Nach erfolgreicher Kalibration mit der Dextranleiter kann jedem detektierten Signal ein bestimmter GU-Wert zugewiesen werden. Die Zuordnung erfolgt anhand der Übereinstimmungen mit Datenbankwerten. Jede in Datenbanken erfasste Glykanstruktur verfügt über einen dort hinterlegten, spezifischen GU-Wert

Das zu untersuchende Glykan wird zunächst mittels HPLC oder Massenspektrometrie detektiert und eine Vermutung über die zugrunde liegende Struktur wird angestellt. Im nächsten Schritt wird dieses Glykan mit verschiedenen Exo-Glykosidasen behandelt, wodurch endständige Monosaccharide abgespalten werden. Die für die Abspaltung genutzten Exo-Glykosidasen sind so spezifisch, dass nicht nur die Art des Monosaccharids (z. B. Man oder Gal), sondern auch die Konfiguration ($\alpha$ oder $\beta$) und die Konnektivität (1,3 oder 1,4) berücksichtigt wird. Die Abspaltung von Monosacchariden bewirkt eine spezifische Änderung der Retentionszeit, dadurch ergeben sich ein anderer GU-Wert und eine geringere Masse. Anhand des charakteristischen Unterschieds des GU-Wertes und der Masse kann eine Aussage getroffen werden, welches Monosaccharid von der Exo-Glykosidase abgespalten wurde. Beispielsweise kann zwischen Gal und Glc, bzw. GlcNAc und GalNAc unterschieden werden. Bei passenden pH-Optima und ähnlichen Pufferzusammensetzungen können mehrere Exo-Glykosidasen miteinander kombiniert werden. Die Effektivität und Eignung solcher Ansätze müssen jedoch individuell vom Experimentator bewertet werden. Neben den hohen Kosten der Enzyme muss hier vor allem die sinkende Empfindlichkeit berücksichtigt werden. Der mit der notwendigen Entsalzung einhergehende Verlust des Glykans nach enzymatischer Abspaltung erschwert oftmals die Detektion schwach konzentrierter Glykanlösungen.

Die sequenzielle Behandlung einer Glykanstruktur mit Exo-Glykosidasen beinhaltet zunächst die Messung der unverdauten Struktur. Nach erfolgreicher Detektion der Ausgangsstruktur werden enzymatische Reaktionen mit ausgewählten Exo-Glykosidasen durchgeführt. Nach Messung der verdauten Glykanstruktur im Massenspektrometer kann der Vorgang der sukzessiven Abspaltung von Monosacchariden durch eine weitere Exo-Glykosidase wiederholt werden bis zur vollständigen Ermittlung der gesuchten Glykankomposition.

In ◘ Abb. 27.26 sind exemplarisch Spaltstellen typischer Exo-Glykosidasen an einem *N*-Glykan dargestellt. Häufig verwendete Exo-Glykosidasen sind:

- $\alpha$1-2-Fucosidase
- $\alpha$1-2,3-Mannosidase
- $\alpha$1-2,3,4,6-Fucosidase
- $\alpha$1-2,3,6-Mannosidase
- $\alpha$1-2,4,6-Fucosidase O
- $\alpha$1-3,4-Fucosidase
- $\alpha$1-3,4,6-Galactosidase
- $\alpha$1-3,6-Galactosidase
- $\alpha$1-6-Mannosidase
- $\alpha$2-3-Neuraminidase S
- $\alpha$2-3,6,8-Neuraminidase
- $\alpha$2-3,6,8,9-Neuraminidase A
- $\alpha$-*N*-Acetylgalactosaminidase
- $\beta$1-3-Galactosidase
- $\beta$1-3,4-Galactosidase
- $\beta$1-4-Galactosidase S
- $\beta$-*N*-Acetylglucosaminidase S
- $\beta$-*N*-Acetylhexosaminidase

Neben der eben gezeigten enzymatischen Methode, die aus entsprechender Probenvorbereitung und Massendetektion bestand, werden wir im nächsten Abschnitt kurz auf zwei weitere Trenntechniken eingehen, die nicht auf chromatographischer oder massenspektrometrischer Detektion zuvor getrennter Analyten basieren.

**Zweidimensionale (2D-)Gelelektrophorese** In der 2D-Gelelektrophorese werden Glykoproteine entsprechend ihrer Ladung und ihrer Masse getrennt. Die erste Phase dieser

**◘ Abb. 27.26** Die Spaltstellen einiger typischer Exo-Glykosidasen sind exemplarisch an einem *N*-Glykan dargestellt. Die sukzessive Abspaltung von Monosacchariden wird häufig durch die Aufnahme von Massenspektren jeweils vor und nach der enzymatischen Abspaltung kontrolliert. Über den Unterschied der detektierten Masse lässt sich nachvollziehen, ob die Abspaltung erfolgreich war. Auf diese Weise erfolgt die Sequenzierung der Struktur

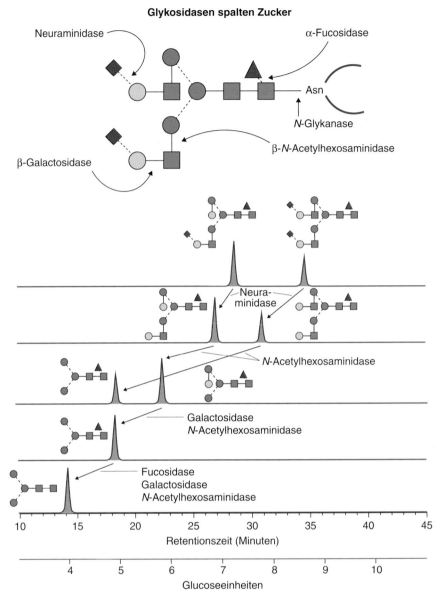

Methode beinhaltet die isoelektrische Fokussierung des Analyten in einem immobilisierten pH-Gradienten auf einem schmalen Gelstreifen. Nach Anlegen eines elektrischen Feldes setzen sich die auf dem Gelstreifen aufgetragenen Glykoproteine entsprechend der Anzahl ihrer positiven oder negativen Ladungsträger in Bewegung. Anionische Analyten wandern demzufolge in Richtung der positiv geladenen Anode, wohingegen sich kationische Analyten in die entgegengesetzte Richtung zur negativ geladenen Kathode bewegen. Die Nettoladung der Analyten ändert sich hierbei durch ihre Bewegung im immobilisierten pH-Gradienten, bis sie den Nullpunkt erreicht. Der an diesem Punkt vorliegende pH-Wert ist der isoelektrische Punkt (IEP) des Analyten. Der Gelstreifen mit den ladungssepa-rierten Analyten wird auf ein Gel transferiert, in dem die 2D-Gelelektrophorese stattfindet. Die Proteine diffundie-ren aus dem Gelstreifen in das Trenngel hinein und werden

entsprechend ihrer Masse getrennt. Nach Anfärbung des Gels mit Coomassie-Blau oder Silber werden Spots sichtbar und erlauben eine weitergehende Analyse. Je nach Sia-lylierungsgrad verändert sich der IEP des Glykoproteins, sodass horizontal nebeneinander verlaufende Spots auf gleicher Höhe sichtbar werden (Perlenkettenstruktur). Die Anzahl vorhandener *N*-Acetylneuraminsäuren, aber auch andere posttranslationale Modifikationen wie Phosphory-lierungen, Sulfatierungen oder Acetylierungen, können so mittels 2D-Gelelektrophorese nachgewiesen werden. Nähere Informationen sind in ► Kap. 12 nachzulesen.

**Kapillarelektrophorese** Im Gegensatz zur Gelelektro-phorese basiert die Kapillarelektrophorese nicht aus-schließlich auf der Ladung und Masse der eingesetzten Analyten, sondern ist auch abhängig von ihrer effektiven Größe und der Lösungsumgebung. Die Trennung der

Analyten erfolgt hierbei in einer Kapillare. Durch das Anlegen eines elektrischen Feldes bildet sich ein elektroosmotischer Fluss zwischen der Kapillarinnenwand und der Elektrolytlösung. Durch das flache Strömungsprofil des elektroosmotischen Flusses kommt es im Vergleich zu chromatographischen Methoden zu einer geringeren Verbreiterung der Banden, wodurch eine höhere Peakauflösung erreicht wird.

Für die Analyse von Kohlenhydraten müssen einige Optimierungsschritte hinsichtlich ihrer Ladung und Detektion durchgeführt werden, da Zucker von Natur aus keine oder nur wenige Ladungen tragen. Eine Möglichkeit der Optimierung besteht darin, den pH-Wert zu erhöhen, sodass die Kohlenhydrate als schwach dissoziierte Anionen vorliegen und indirekt detektiert werden können. Zur Erhöhung der Signalstärke können die Kohlenhydrate, analog wie bei dem Nachweis in der HPLC, mit Derivatisierungsmitteln wie beispielsweise Aminobenzoesäureethylester (ABEE) markiert werden. Eine detailliertere Übersicht dieser Methode gibt ▶ Kap. 13.

## 27.2.2  Massenspektrometrie

Die heutzutage wichtigste Methode zur Untersuchung von Kohlenhydraten ist die Massenspektrometrie (MS), ▶ Kap. 16. Im Vergleich zu vorher genannten Trenntechniken ist die MS schneller – Minuten versus Sekunden – und um mehrere Größenordnungen empfindlicher. Informationen über die in der Probe enthaltenen Zuckerstrukturen können bis in den Pikomol-Bereich gewonnen werden. Mittels neuer massenspektrometrischer Methoden, wie der Ionenmobilitätsspektrometrie (IMS), können zudem Konnektivitäts- und Konfigurationsisomere identifiziert werden. Im nachfolgenden Abschnitt möchten wir einen Überblick über etablierte wie auch neue massenspektrometrische Methoden geben. Zu den etablierten Methoden zählen u. a. die Detektion freigesetzter, markierter N-Glykane, ihre Fragmentanalyse sowie die Analyse von Kohlenhydratstrukturen mittels Permethylierung. Anschließend werden wir einen kurzen Einblick in die Analyse von Glykopeptiden geben.

### 27.2.2.1  Analyse von freigesetzten N-Glykanen

Die Ionisationstechniken waren in den Anfängen der Massenspektrometrie auf die Ionisierung von flüchtigen und thermisch stabilen Substanzen begrenzt. In den letzten 30 Jahren wurden sanftere Ionisationstechniken entwickelt, die es heute erlauben, auch große Biomoleküle wie Proteine oder Glykane zu ionisieren und in die Gasphase zu überführen. ESI (Elektrospray-Ionisation) und MALDI (Matrix-unterstützte Laser-Desorption/

Ionisation, ◻ Abb. 27.27) sind die Mittel der Wahl bei der Analyse von Glykanen und Glykokonjugaten. Beide Ionisierungsarten generieren weitgehend intakte, d. h. nicht fragmentierte Analytionen. Nach erfolgter Freisetzung der Glykane vom Protein und eventueller Derivatisierung des reduzierenden Endes mit einem Label sind prinzipiell drei Vorgehensweisen möglich:

1. Fraktionierung mittels Chromatographie mit gekoppelter Analyse mittels Massenspektrometrie (online)
2. Fraktionierung mittels Chromatographie, dann separate Analyse mittels Massenspektrometrie (offline)
3. direkte Analyse mittels Massenspektrometrie ohne vorherige Fraktionierung (direkte Infusion)

Variante 1 bietet einen großen Informationsgehalt mit einem überschaubaren Arbeitsaufwand. Der Fokus dieser Kopplung liegt hier auf der chromatographischen Trennung, während die Massenspektrometrie ergänzend wirkt. Dies ist dadurch bedingt, dass die massenspektrometrische Detektion auf die Peakbreite der vorherigen chromatographischen Trennung (wenige Sekunden) reduziert ist. Durch die Trennung beider Methoden in Variante 2 steigt der Arbeitsaufwand, jedoch erhält man auch mehr Möglichkeiten zur massenspektrometrischen Charakterisierung der Glykane. In Vorgehensweise 3 wird auf eine chromatographische Trennung der Glykane verzichtet. Dieses Vorgehen ist empfehlenswert für verhältnismäßig reine Proben, die einen geringen Probeneinsatz fordern. Für die Analyse von komplexen Gemischen ist Vorgehensweise 3 jedoch ungeeignet. Die vorhergehende Chromatographie ermöglicht es, nicht nur Isomere voneinander zu trennen, sondern führt auch zu einer geringeren Unterdrückung von schwachen Signalen. Nach einer Fraktionierung liegt im idealen Fall nur ein Molekül vor, welches dann sensitiv mittels Massenspektrometrie detektiert werden kann.

Zur Interpretation der Massenspektren ist es erforderlich, die Massen wichtiger Bausteine zu kennen und Massenunterschiede zwischen verschiedenen Signalen den entsprechenden Monosacchariden zuordnen zu können. ◻ Abb. 27.28 gibt einen Überblick über die Massen wichtiger Monosaccharidbausteine und deren Symbole.

Die am häufigsten natürlich vorkommenden Monosaccharide sind Diastereomere und besitzen demzufolge dieselbe Molekülmasse. Ein einfaches Massenspektrum von intakten Zuckern verrät somit nur die Menge an Hexosen oder Pentosen, liefert jedoch keine Informationen über die Art der Hexosen, z. B. darüber, ob dieser Zucker aus Glucosen oder Galactosen aufgebaut ist. Zur Klärung kann man, neben den bereits in ▶ Abschn. 27.2 genannten Trennmethoden und GU-Werten, Fragmentierungsexperimente durchführen (◻ Abb. 27.29).

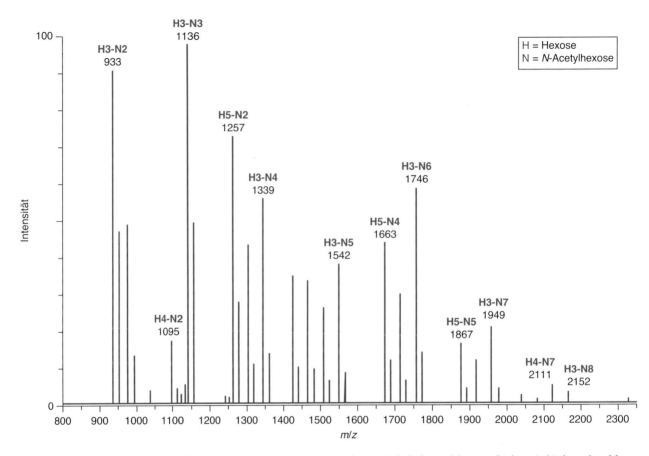

**◘ Abb. 27.27** Exemplarisches MALDI-Massenspektrum einer Mischung von *N*-Glykanen. Die markierten Peaks können Glykanstrukturen zugeordnet werden. Die Zuordnung basiert auf dem de-tektierten Verhältnis von Masse zu Ladung (*m/z*), bzw. dem Masseunterschied zwischen detektierten Signalen, sowie auf theoretischem Wissen über den Aufbau von *N*-Glykanen

### 27.2.2.2 Fragmentierung von Glykanen

Die Fragmentierung von Glykanen in Tandem-MS-(oder auch MS/MS-)Experimenten wird durchgeführt, um Informationen über ihre chemische Struktur zu erlangen. Es entsteht ein spezifisches Fragmentmuster, das abhängig von der Energie der Fragmentierung, der Ladung des Ions sowie auch vom Typ der Adduktionen ist. Die Nomenklatur der Glykanfragmente ist angelehnt an die gängige Peptidnomenklatur und geht auf die Definition von Domon und Costello (1988) zurück (◘ Abb. 27.30). Verbleibt die Ladung auf dem Teil des Zuckers mit dem reduzierenden Ende, werden diese Fragmente mit X, Y und Z bezeichnet. Fragmente mit der Ladung am nichtreduzierenden Ende werden mit A, B oder C gekennzeichnet. Ein Index gibt die gebrochene glykosidische Bindung, ausgehend vom Terminus oder nichtreduzierenden Ende des Fragments, an. Die Buchstaben A sowie X bezeichnen Spaltungen innerhalb des Rings. Bei verzweigten Zuckern werden die abgespaltenen Ketten mit griechischen Buchstaben markiert, wobei die längste Kette mit α bezeichnet wird.

Glykane können im Massenspektrometer auf verschiedene Weise fragmentiert bzw. gespalten werden.

Eine der gängigsten Methoden ist die kollisionsinduzierte Dissoziation (*Collision Induced Dissociation*, CID). Hierbei werden Molekülionen in einer Kollisionszelle in einem elektrischen Feld beschleunigt. Die Kollisionszelle ist mit neutralen Gasatomen oder -molekülen, beispielsweise Argon, Stickstoff oder Helium, gefüllt. Eine Vielzahl von Stößen der geladenen Molekülionen mit den neutralen Gasteilchen führt zum langsamen Aufheizen und zur anschließenden Fragmentierung des Ions. Die erzeugten kleineren Fragmentionen lassen auf bestimmte Struktureigenschaften des Vorläufermoleküls schließen und erlauben oft eine eindeutige Identifizierung.

Der Informationsgehalt von Fragmentspektren hängt dabei stark von der elektrischen Polarität der gemessenen Ionen ab. Während MS/MS-Experimente im positiven Ionenmodus vorzugsweise zur Spaltung der glykosidischen Bindung zwischen zwei Monosacchariden führen (◘ Abb. 27.31), ergibt die Aktivierung von Zuckern im negativen Ionenmodus zusätzlich noch charakteristische Ringspaltungen (◘ Abb. 27.32). MS/MS-Spektren im positiven Modus beinhalten somit oft eine geringere Anzahl an Fragmenten und lassen auf die

| | Masse | | Monosaccharide | Symbol |
|---|---|---|---|---|
| | Monoisotopisch | Durchschnitt | | |
| Hexosen | 162,0528 | 162,1424 | Glucose | ◉ |
| | | | Galactose | ◯ |
| | | | Mannose | ⬤ |
| N-Acetylhexosamine | 203,0794 | 203,1950 | N-Acetylglucosamin | ▨ |
| | | | N-Acetylgalactosamin | ▢ |
| Hexuronsäuren | 194,0426 | 194,1390 | Glucoronsäure | ◈ |
| | | | Idoronsäure | ◈ |
| Deoxyhexosen | 146,0579 | 146,1430 | Fucose | ▲ |
| Pentosen | 132,0423 | 132,1161 | Xylose | ☆ |
| Sialinsäuren | 291,0954 | 291,2579 | N-Acetylneuraminsäure | ◆ |
| | 307,0903 | 307,2573 | N-Glycolylneuraminsäure | ◇ |
| Sulfat | 79,9568 | 80,0642 | | S |

◘ **Abb. 27.28** Zusammenfassung der charakteristischen Massen von Monosacchariden unter Angabe ihrer charakteristischen Symbole

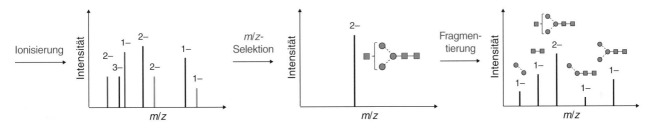

◘ **Abb. 27.29** Darstellung eines Glykan-Workflows, in dem eine Mischung verschiedener Glykane zunächst ionisiert und schließlich massenspektrometrisch bestimmt wird. Im zweiten Schritt wird ein Signal selektiert, zu dem eine klare Komposition bekannt ist, aber keine Informationen über die Lokalisation des Hexosamins vorliegt. Im dritten Schritt wird ein Fragmentierungsexperiment zur Bestimmung der Position des Hexosamins durchgeführt

Komposition und eingeschränkt auch auf die Konnektivität schließen. Im Gegensatz dazu sind MS/MS-Spektren im negativen Modus oft deutlich komplexer und aufwendiger auszuwerten. Der erhöhte Informationsgehalt der Ringbrüche erlaubt aber eindeutigere Aussagen zu Konnektivität und Konfiguration der Glykane.

Bei der Bildung von Fragmenten kann es zu Umlagerungen (*rearrangements*) kommen. Die meisten Umlagerungen folgen einem spezifischen Mechanismus. Diese Umlagerungen können zur Strukturaufklärung des fragmentierten Zuckers beitragen. Sofern die Reaktion und der zugrunde liegende Mechanismus jedoch noch nicht vollständig aufgeklärt sind, kann es – wie im Fall der Umlagerung von Fucose – auch zu einer fehlerhaften Strukturzuordnung kommen.

### 27.2.2.3 Permethylierung

Zucker mit basischen Eigenschaften können im positiven Modus leicht über die Adduktbildung mit Protonen ionisiert werden, wohingegen Zucker mit sauren Gruppen leichter im negativen Modus ionisiert werden können. Insgesamt ist die Ionisierbarkeit von Zuckern jedoch recht gering, sodass die Signalintensitäten im Massenspektrum oft sehr niedrig sind. Ein etablierter Ansatz zur Stabilisierung und Verbesserung der Ionisierbarkeit von Zuckern ist die Permethylierung. Das Prinzip dieser Methode ist die Einführung einer Me-

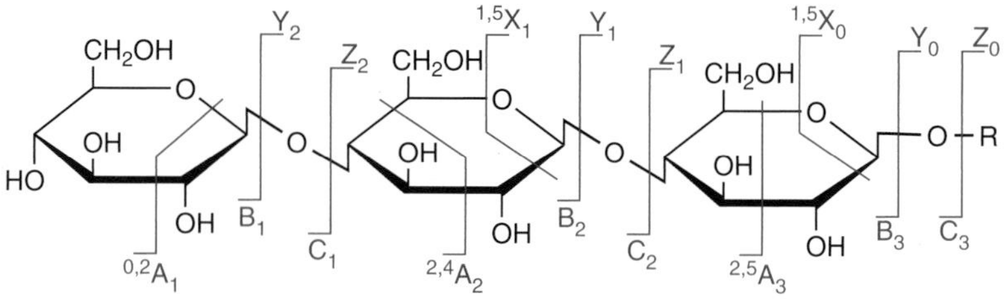

□ **Abb. 27.30**  Nomenklatur zur Beschreibung der Fragmente von Kohlenhydraten (nach Domon und Costello 1988)

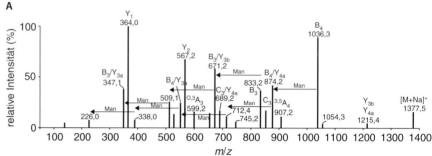

□ **Abb. 27.31**  Beispiel einer kollisionsinduzierten Dissoziation im positiven Modus. Gezeigt sind das Massenspektrum **A** sowie die Positionen der Spaltstellen der glykosidischen Bindungen **B**. Im positiven Modus werden fast ausschließlich Spaltstellen der glykosidischen Bindungen detektiert. Es lassen sich nur wenige Informationen über die Regiochemie des Kohlenhydrats ableiten. Dennoch bietet der positive Messmodus eine gute Übersicht über die Struktur

thylgruppe an jede freie Hydroxygruppe des Glykans. Praktisch wird dies durch die Zugabe von Methyliodid und Natriumhydroxid erreicht. Die Permethylierung von Zuckern führt zu einer homogenen Verteilung von Ladungen auf der Zuckerstruktur und stabilisiert labile funktionelle Gruppen wie z. B. Säuregruppen.

Zusätzlich lassen sich aus der sequenziellen Fragmentierung (MS$^n$) von permethylierten Zuckern Rückschlüsse auf die Verknüpfung und Position einzelner Bausteine im Glykangerüst ziehen (□ Abb. 27.33). Bei der Fragmentierung entstehen methylierte Glykanfragmente, die freie Hydroxygruppen an den Positionen aufweisen, die zuvor an glykosidischen Bindungen beteiligt waren. Aus dem spezifischen *m/z*-Verhältnis der Fragmente erster, zweiter und dritter Generation lassen sich so detaillierte Informationen über die Verzweigung einzelner Bausteine erlangen. Dies kann wiederum Aufschluss über die Anzahl

der Antennen, die Ringgrößen sowie Komposition und Konnektivität der Struktur geben.

### 27.2.2.4  Glykopeptide

Die Analyse von Glykopeptiden ist ein sehr diverses und umfangreiches Feld der Glykananalytik. Vor allem die komparative Glykopeptidanalyse (z. B. zwischen Glykopeptiden verschiedener Spezies oder zwischen Patientenproben) hat sich in der Proteomik als Methode etabliert, um Unterschiede der Glykosylierung verschiedenen Krankheitsmustern zuzuordnen. Diese Analysen können sehr nützlich im Hinblick auf die Diagnose und Behandlung, aber auch hinsichtlich eines besseren Verständnisses der Krankheitsentwicklung und Pathologie sein. Aus analytischer Sicht ist die Detektion von Glykopeptiden interessant, da zusätzlich zur Glykanstruktur nun auch die Position im Protein durch die Sequenzie-

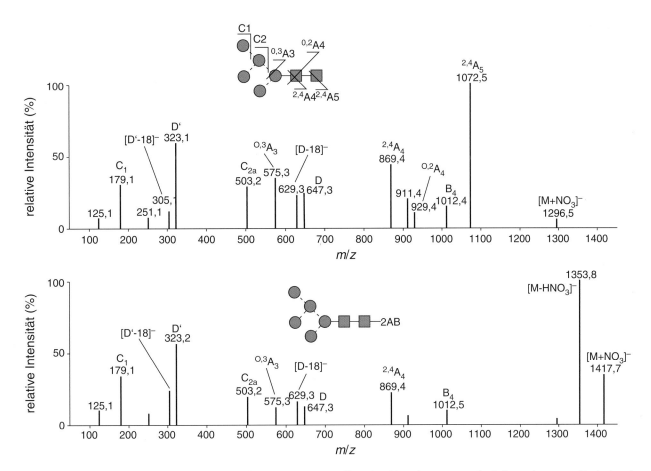

**Abb. 27.32** Beispiel einer kollisionsinduzierten Dissoziation im negativen Modus. In diesem Modus werden zusätzlich Spaltungen innerhalb der Ringstruktur des Kohlenhydrats detektiert. Dies er- öffnet dem Experimentator mehr Informationen zur Regiochemie, wobei die Auswertung und Interpretation des Massenspektrums er- schwert werden

rung des Peptidanteils möglich wird. Zu Beginn der Analyse muss das zu untersuchende Glykoprotein zu- nächst in Glykopeptide gespalten werden. Dafür übli- cherweise verwendete Enzyme sind Trypsin und Chymo- trypsin sowie auch beide in Kombination mit Glu-C oder Proteinase K. Auf diese Weise werden die Glyko- proteine durch Trypsinolyse erzeugt, mit dem Ziel, mög- lichst kleine Glykopeptide zu erhalten, die dennoch eine Sequenzierung des Proteins erlauben.

Nach der enzymatischen Spaltung des Proteins ist es erforderlich, die glykosylierten Peptide von den nicht glykosylierten Peptiden zu trennen. Dies kann je nach Intensität und Art der Glykosylierung mittels Affinitäts- chromatographie erfolgen. Eine andere Möglichkeit ist die Kopplung der Chromatographie (vorzugsweise HI- LIC, Reversed Phase oder PGC) mit einem Massen- spektrometer, sodass sowohl die Glykopeptide als auch nicht glykosylierte Peptide erfasst werden. Durch die Analyse des Massenspektrums und der Fragmentspekt- ren können Glykopeptide und nicht glykosylierte Pep-

tide voneinander unterschieden werden (■ Abb. 27.34). Für die Interpretation der Massenspektren ist hierbei zu beachten, dass sich die theoretische Masse des aktuell untersuchten Glykopeptids aus der Masse des unglyko- sylierten Peptids zuzüglich der Masse des angeknüpften Glykans zusammensetzt.

Sowohl zur Sequenzierung des Proteins als auch zur Strukturanalyse des Zuckers ist die Fragmentie- rung des Glykopeptids notwendig. Die Fragmentie- rung mittels CID bietet die einfachste Möglichkeit zur Analyse des Glykananteils, die gleichzeitig jedoch geringe Fragmentierung des Peptidanteils stellt einen großen Nachteil dar. Alternativ wird deshalb oft eine Fragmentierung mittels Elektronentransferdissozia- tion (ETD) durchgeführt. Diese Methode führt zu einer statistischen Verteilung der Fragmente, wodurch die Fragmente des Peptidanteils zunehmen. Dies er- laubt eine bessere Sequenzierung des Peptids bei aus- reichender Fragmentierungseffizienz des Glykanteils (Hu et al. 2015).

27

**◙ Abb. 27.33** Fragmentierung von permethylierten Glykanen über die Spaltung ihrer glykosidischen Bindungen. Die nach der Spaltung frei vorliegenden Hydroxygruppen zeigen die ehemalige Bindung an und ergeben Informationen über die Verzweigung des Kohlenhydrats

### 27.2.2.5 Ionenmobilitätsmassenspektrometrie

In den letzten Jahren hat sich mit der Ionenmobilitätsspektrometrie (IMS) eine weitere vielversprechende Methode zur schnellen und umfangreichen Strukturaufklärung von komplexen Zuckern herauskristallisiert (◙ Abb. 27.35). Sie basiert auf der Trennung von Ionen in einer mit Gas gefüllten Zelle, durch die die ionisierten Probenmoleküle mithilfe eines elektrischen Feldes geleitet werden. Auf ihrem Weg durch die Driftzelle kollidieren die Ionen mit dem Puffergas und werden dabei unterschiedlich stark zurückgehalten. Die resultierende mittlere Geschwindigkeit, die sog. Driftzeit, ist u. a. von der Größe und Form der Ionen abhängig, sodass in vielen Fällen Isomere unterschieden werden können. Da die Trennung sehr schnell ist und meist nur einige Millisekunden dauert, lässt sich die IMS sehr gut mit Flugzeit-MS kombinieren (IM-MS), wodurch multidimensionale Daten erhalten werden.

Analog zu Retentionszeiten aus der Chromatographie ist die Driftzeit eines Ions abhängig von einer Vielzahl von instrumentellen Parametern, was einen direkten Vergleich zwischen verschiedenen Experimenten erschwert. Die Driftzeit eines Ions in einem definierten

Puffergas kann jedoch in einen universell vergleichbaren Wert, den sog. rotationsgemittelten Stoßquerschnitt (*Collision Cross-Section*, CCS) umgewandelt werden. Die CCS stellt eine spezifische molekulare Eigenschaft des entsprechenden Ions dar, kann in Datenbanken gespeichert und als zusätzlicher Identifikationsparameter genutzt werden. Auch eine Nutzung von CCS-Werten zur Analyse von Fragmenten größerer Moleküle ist möglich.

Die IMS ist in der Lage, kleine bis mittelgroße Oligosaccharide anhand ihrer CCS voneinander zu unterscheiden und so die Anwesenheit von Isomeren in komplexen Mischungen aufzudecken (◙ Abb. 27.36). Die Qualität der Trennung von Isomeren wird dabei erheblich von der elektrischen Polarität des Ions (positiv oder negativ) sowie von der Bildung von Adduktionen beeinflusst. Kompositionsisomere zeigen meist unabhängig von ihrer Polarität die kleinsten Mobilitätsunterschiede, wohingegen Konnektivitäts- und Konfigurationsisomere häufig leichter als deprotonierte Ionen unterschieden werden können. Da die tatsächliche Struktur der Ionen und damit die Trennbarkeit von einer Vielzahl Parameter abhängt, sind solche Trends jedoch nicht immer gültig. Deshalb hat es sich als sinnvoll erwiesen,

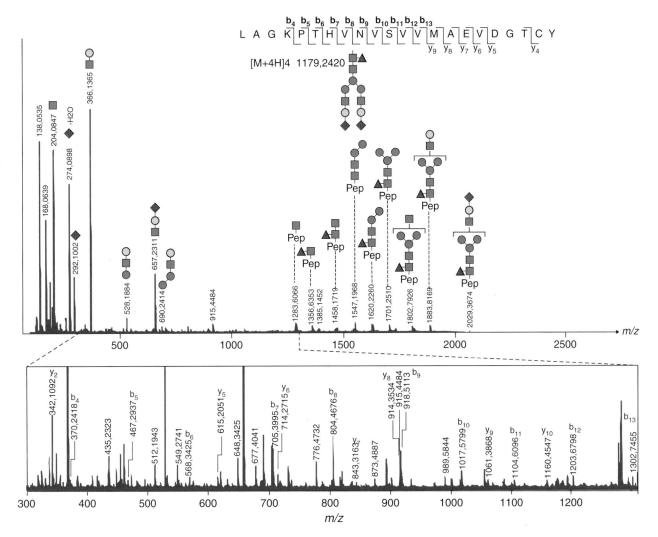

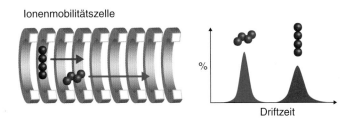

**Abb. 27.34** Exemplarisches MALDI-Fragmentspektrum zur Veranschaulichung des ionisierbaren Kohlenhydratanteils im Vergleich zu dem nur sehr geringen Anteil an ionisierbaren Peptidfragmenten. Das Peptid mit der Sequenz LAGKPTHVNVSVVMAEVDGTCY trägt ein biantennäres, komplexes *N*-Glykan mit einer Fucose und zwei terminalen *N*-Acetylneuraminsäuren. Das Fragmentspektrum zeigt alle Bruchstücke des Peptids inklusive der an das Peptid gebundenen Fragmente des *N*-Glykans. Die im oberen Ausschnitt detektierten Signale stammen fast ausschließlich von glykosylierten Peptidfragmenten. Unglykosylierte Peptidfragmente sind lediglich im unten gezeigten, vergrößerten Ausschnitt des Massenspektrums sichtbar. (Nach Bondt et al. 2016)

**Abb. 27.35** Prinzip der Ionenmobilitätsmassenspektrometrie (*Ion-Mobility*-MS). Analytionen durchlaufen mithilfe eines elektrischen Felds eine gasgefüllte Zelle und kollidieren mit dem neutralen Puffergas. Große Analytionen kollidieren dabei häufiger mit dem Puffergas als kleine und benötigen deshalb eine längere Driftzeit, um die Zelle zu durchlaufen

27

**◘ Abb. 27.36** Die Ionenmobilitätsmassenspektrometrie erlaubt die Trennung von isomeren Trisacchariden hinsichtlich ihrer Konfiguration (α oder β) und Konnektivität (z. B. 1→3 oder 1→4). Die hohe Empfindlichkeit der Methode erlaubt es außerdem, geringe Anteile von isomeren Verunreinigungen verlässlich nachzuweisen

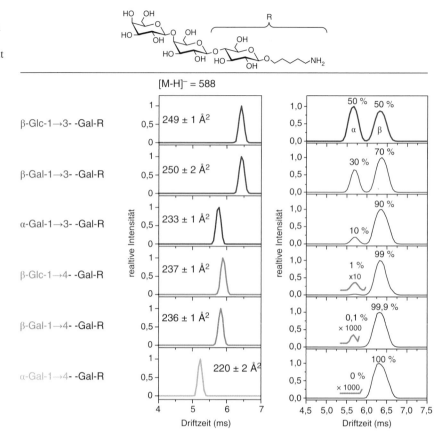

unterschiedliche Polaritäten und Addukte zu testen, um die Trennung zu optimieren.

Neben der direkten Strukturaufklärung hat die IMS auch einen praktischen Nutzen für die semiquantitative Analyse von komplexen Zuckern. Während klassische Trenntechniken isomere Verunreinigungen oft nur bis zu einer Untergrenze von 5 % verlässlich nachweisen können, kann diese Nachweisgrenze mit IMS auf 0,1 % verringert werden. Dies ist besonders bei der Analyse von synthetischen Oligosacchariden von Bedeutung, da hier oft kleinere Mengen isomerer Nebenprodukte entstehen.

Die Trennbarkeit von Isomeren mittels IMS nimmt generell mit zunehmender Molekülgröße ab, und kleinere Tri- Tetra-, und Pentasaccharide sind oft am besten unterscheidbar (◘ Abb. 27.37). Viele *N*-Glykane sind jedoch deutlich größer und komplexer und müssen deshalb vorher mittels Tandem-Massenspektrometrie, beispielsweise durch CID, in kleinere Fragmente zerlegt werden. Durch eine Fragmentanalyse ist es möglich, größere Zuckerstrukturen mithilfe passender Standards zu sequenzieren.

Noch leistungsfähiger ist die IMS, wenn nicht die gesamte Struktur des Glykans, sondern nur be-

stimmte Strukturelemente charakterisiert werden sollen. Diese „Features" sind meist an den Extremitäten größerer Glykokonjugate zu finden, dienen dort als Sensoren bzw. Epitope und bestimmen so z. B. die Blutgruppenzugehörigkeit. Die beiden wichtigsten Vertreter sind die Fucosylierung und die Sialylierung. Typische Fucosylierungsmuster bestehen aus isomeren Tri- und Tetrasacchariden, welche denselben Disaccharidkern teilen und sich nur in der Art der Verknüpfung der Fucoseeinheiten unterscheiden. Diese Strukturen lassen sich von größeren Glykanen direkt im Massenspektrometer als Fragmente abspalten und können anschließend mittels IMS getrennt und zugeordnet werden. Auf diese Weise ist es z. B. möglich, die typischen fucosylierten Epitope LeY, LeX und Blutgruppe H, Typ 2, schnell und einfach nachzuweisen (◘ Abb. 27.38). Ein ähnliches Prinzip kann auch zur Analyse des Sialylierungsmusters verwendet werden. Dabei muss das Glykan nicht zwingend vom Glykopeptid abgespalten werden, da die diagnostischen Fragmente auch direkt von größeren Glykokonjugaten durch Fragmentierung generiert werden können.

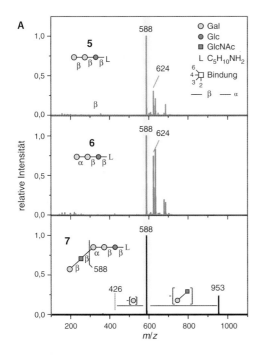

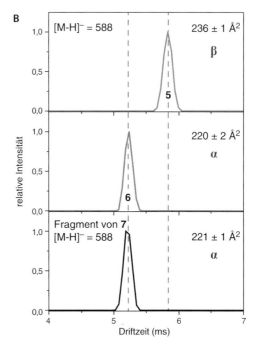

■ **Abb. 27.37**  Detektion von isomeren Trisacchariden mit unterschiedlicher Konfiguration (5 = β, 6 = α) am nichtreduzierenden Ende. Gezeigt sind Massenspektren **A** und Ionenmobilitätsspektren **B** der isomeren Trisaccharide. Diese beiden Trisaccharide können als Standard verwendet werden, um die Konfiguration des Moleküls 7 durch eine Fragmentanalyse an der angedeuteten glykosidischen Bindung zu identifizieren. Dieser Arbeitsablauf kann sowohl für die Analyse von Konfigurationsisomeren als auch zur Charakterisierung von Konnektivitätsisomeren angewendet werden und erlaubt eine Sequenzierung des Glykans

## 27.3 Schlussbetrachtung

Die Glykananalytik hat sich in den letzten Jahren sprunghaft weiterentwickelt. Das Untersuchen von Glykanen steht nicht zuletzt auch im Fokus von Pharmafirmen, die permanent an neuen Methoden zur Analyse der zumeist rekombinant hergestellten Glykoproteine interessiert sind. Die vollständige strukturelle Charakterisierung von komplexen Kohlenhydraten stellt jedoch nach wie vor eine große Herausforderung dar, und eine „Gold-Standard"-Methode existiert bislang noch nicht. Ein ganzes Arsenal an verschiedenen analytischen Techniken, die teils am intakten Glykoprotein, teils an den proteolytischen Glykopeptidfragmenten oder freigesetzten Glykanen zum Einsatz kommen, wird heutzutage genutzt. Ein multidimensionales Analyseverfahren muss angestrebt werden, das nicht nur benutzerfreundlich, sondern auch vergleichsweise schnell und kostengünstig ist. Zukunftsweisend ist die Verbindung der chromatographischen Trenntechniken mit der Massenspektrometrie und der gleichzeitige Aufbau von Glyko-

datenbanken, die eine routinemäßige Onlineanalytik der Glykane von komplexen Glykoproteinen ermöglichen. Oftmals ist es erst die Kombination mehrerer komplementärer Techniken und Methoden, die eine komplette Analyse des untersuchten Kohlenhydrats möglich macht.

Im Laufe der Zeit werden stets neue Methoden entwickelt, die teilweise überholte oder vormals zu aufwendige Techniken ersetzen oder verbessern. So hat sich die IMS als vielversprechende Ergänzung zur Strukturaufklärung von Zuckern und Glykokonjugaten erwiesen, besonders wenn sie in Kombination mit klassischer Massenspektrometrie (IM-MS) genutzt wird. Schon jetzt können neben allgemeinen Aussagen zur Zusammensetzung eines Moleküls auch Informationen zu charakteristischen Motiven wie der Sialylierung und Fucosylierung erlangt werden. Darüber hinaus kann IM-MS relativ einfach mit orthogonalen Methoden wie der HPLC gekoppelt werden. Bereits vorhandene LC-MS Methoden können so ohne wesentliche Einschränkungen um die IMS-Dimension ergänzt werden.

27

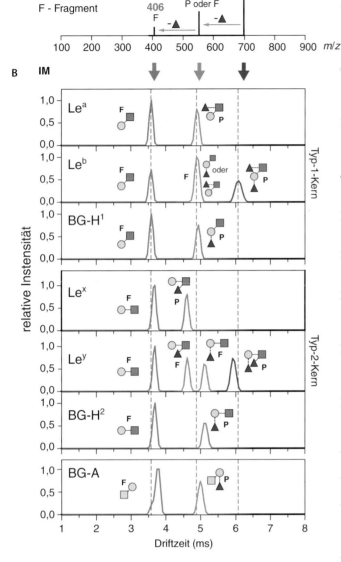

**Abb. 27.38 A** Tandem-MS-Spektrum der Blutgruppenepitope LeB und LeY und **B** Vergleich der Fragmentdriftzeiten mit den Driftzeiten der intakten Trisaccharide LeA, Blutgruppe H1 und LeX, Blutgruppe H2. Die Fragmentanalyse verschiedener fucosylierter Glykanepitope erlaubt die Erstellung von charakteristischen Fingerabdrücken für jedes Strukturmotiv und so die Erkennung des Fucosylierungsmusters eines Glykans

## Literatur und Weiterführende Literatur

Bondt A, Nicolardi S, Jansen BC, Stavenhagen K, Blank D, Kammeijer GSM et al (2016) Longitudinal monitoring of immunoglobulin A glycosylation during pregnancy by simultaneous MALDI-FTICR-MS analysis of N- and O-glycopeptides. Sci Rep 6:27955. https://doi.org/10.1038/srep27955

Costello CE, Contado-Miller JM, Cipollo JF (2007) A glycomics platform for the analysis of permethylated oligosaccharide alditols. J Am Soc Mass Spectrom 18(10):1799–1812. https://doi.org/10.1016/j.jasms.2007.07.016

Domon B, Costello CE (1988) A systematic nomenclature for carbohydrate fragmentations in FAB-MS/MS spectra of glycoconjugates. Glycoconjugate J 5(4):397–409. https://doi.org/10.1007/BF01049915

de Haan N, Falck D, Wuhrer M (2019) Monitoring of immunoglobulin N- and O-glycosylation in health and disease. Glycobiology. https://doi.org/10.1093/glycob/cwz048

Hofmann J, Pagel K (2017) Glycan Analysis by Ion Mobility-Mass Spectrometry. Angewandte Chemie (International ed. in English) 56(29):8342–8349. https://doi.org/10.1002/anie.201701309

Hofmann J, Hahm HS, Seeberger PH, Pagel K (2015) Identification of carbohydrate anomers using ion mobility–mass spectrometry. Nature 526:241. https://doi.org/10.1038/nature15388

Hu H, Khatri K, Klein J, Leymarie N, Zaia J (2015) A review of methods for interpretation of glycopeptide tandem mass spectral data. Glycoconjugate J 33(3):285–296. https://doi.org/10.1007/s10719-015-9633-3

Mariño K, Bones J, Kattla JJ, Rudd PM (2010) A systematic approach to protein glycosylation analysis: a path through the maze. Nat Chem Biol 6(10):713–723. https://doi.org/10.1038/nchembio.437

Rojas-Macias MA, Mariethoz J, Andersson P, Jin C, Venkatakrishnan V, Aoki NP et al (2019) Towards a standardized bioinformatics infrastructure for N- and O-glycomics. Nat Commun 10(1):3275. https://doi.org/10.1038/s41467-019-11131-x

Varki A (2009) Essentials of glycobiology, 2. Aufl. Cold Spring Harbor Laboratory Press, Cold Spring Harbor

Varki A (2017) Biological roles of glycans. Glycobiology 27(1):3–49. https://doi.org/10.1093/glycob/cww086

Varki A, Cummings RD, Aebi M, Packer NH, Seeberger PH, Esko JD et al (2015) Symbol nomenclature for graphical representations of glycans. Glycobiology 25(12):1323–1324. https://doi.org/10.1093/glycob/cwv091

York WS, Agravat S, Aoki-Kinoshita KF, McBride R, Campbell MP, Costello CE et al (2014) MIRAGE: the minimum information required for a glycomics experiment. Glycobiology 24(5):402–406. https://doi.org/10.1093/glycob/cwu018

# Lipidanalytik

*Hartmut Kühn*

## Inhaltsverzeichnis

**28.1 Aufbau und Einteilung von Lipiden – 690**

**28.2 Extraktion von Lipiden aus biologischem Material – 692**
28.2.1 Flüssigphasenextraktion – 692
28.2.2 Festphasenextraktion – 693

**28.3 Methoden der Lipidanalytik – 694**
28.3.1 Chromatographische Methoden – 694
28.3.2 Massenspektrometrie – 698
28.3.3 Immunassays – 699
28.3.4 Weitere Methoden in der Lipidanalytik – 700
28.3.5 Online-Kopplung verschiedener Analysesysteme – 702

**28.4 Analytik ausgewählter Lipidklassen – 704**
28.4.1 Gesamtlipidextrakte – 704
28.4.2 Fettsäuren – 704
28.4.3 Unpolare Neutrallipide – 705
28.4.4 Polare Esterlipide – 707
28.4.5 Lipidhormone und intrazelluläre Signaltransduktoren – 710

**28.5 Lipidvitamine – 716**

**28.6 Lipidomanalytik – 719**

**28.7 Ausblick – 720**

**Literatur und Weiterführende Literatur – 721**

**Ergänzende Information** Die elektronische Version dieses Kapitels enthält Zusatzmaterial, auf das über folgenden Link zugegriffen werden kann (https://doi.org/10.1007/978-3-662-61707-6_28). Die Videos lassen sich durch Anklicken des DOI Links in der Legende einer entsprechenden Abbildung abspielen, oder indem Sie diesen Link mit der SN More Media App scannen.

- Neben Kohlenhydraten, Proteinen und Nucleinsäuren bilden Lipide die vierte große Naturstoffklasse, die strukturell extrem heterogen ist. Lipide lassen sich in drei große Klassen einteilen:
  - Fettsäurederivate
  - Isoprenoide
  - Polyketide
- In lebenden Systemen fungieren Lipide vor allem als Energiespeicher (Triglyceride), Strukturbildner (Phospholipide, Cholesterol) und intra- (Diacylglyceride) bzw. extrazelluläre Signalmoleküle (Steroidhormone, Eicosanoide).
- Lipide lassen sich aus organischen Proben (Gewebe, Körperflüssigkeiten) mit nicht mit Wasser mischbaren Lösungsmitteln (z. B. Methanol-Chloroform-Mischungen) extrahieren
- Bei den klassischen Verfahren der Lipidanalytik werden komplexe Lipide durch alkalische bzw. saure Hydrolyse in ihre Grundbausteine (Fettsäuren, Sterole, Sphingosinbasen, Zucker) zerlegt, welche anschließend mit verschieden chromatographischen Verfahren analysiert werden können.
- Durch Kopplung von HPLC mit UV-Spektroskopie, IR-Spektroskopie, Massenspektrometrie bzw. NMR können auch nicht verseifte Lipide analysiert werden, wobei zur zellulären Lipidomanalytik vor allem die Tandemmassenspektroskopie (LC-MS/MS-Kopplung) eingesetzt wird.

Lipide sind neben den Proteinen, den Nucleinsäuren und den Kohlenhydraten die vierte große Naturstoffklasse. Als gemeinsames, definierendes Merkmal aller Lipide können ihre Unlöslichkeit in Wasser (Hydrophobizität) und ihre gute Löslichkeit in organischen Lösungsmitteln angesehen werden. Die biologischen Funktionen der Lipide sind ebenso vielfältig wie ihre chemische Struktur, können aber im Wesentlichen in fünf große Gruppen zusammengefasst werden:

1. Energiespeicher und Wärmeisolatoren: Bei vielen Organismen sind Fette und Öle die wichtigsten Langzeitenergiespeicher. Als ideale Speicherlipide und gute Wärmeisolatoren erweisen sich in tierischen Organismen die Triacylglyceride, die im weißen bzw. im braunen Fettgewebe abgelagert werden und bei Bedarf, z. B. während des Winterschlafs oder bei Hungerzuständen, mobilisiert werden können.
2. Strukturbildner und Schutzfunktion: Aufgrund ihrer Wasserunlöslichkeit und ihres amphipathischen Charakters sind bestimmte Lipidklassen in der Lage, im wässrigen Milieu komplexe Strukturen (Micellen) zu bilden. Die Fähigkeit der Phospholipide zur Bildung von Lipiddoppelschichten ist die Grundlage für die Struktur von Biomembranen.
3. Lipide als Signaltransduktoren: Lipide wirken in tierischen und pflanzlichen Organismen als Hormone (z. B. Steroidhormone, Eicosanoide, Jasmonsäure), als intrazelluläre Botenstoffe (z. B. Diacylglyceride, Ceramide) oder als Bestandteil von Elektronentransportsystemen (z. B. das Ubichinol/Ubichinon-System).
4. Lipidvitamine: Lipidvitamine spielen beim Sehvorgang (Vitamin A), bei der Synthese von menschlichen Gerinnungsfaktoren (Vitamin K) und bei der Regulation der extrazellulären Calciumhomöostase (Vitamin D) eine besondere Rolle. Vitamin E und andere lipophile Antioxidanzien (z. B. Carotinoide) wirken als Radikalfänger und schützen Biomembranen und Lipoproteine vor oxidativer Zerstörung.
5. Abwehrfunktion: Eine Reihe von niederen Organismen bilden komplexe Lipidderivate, die antibakteriell wirken. Sie werden häufig über den Polyketidweg synthetisiert und hemmen in Prokaryoten eine Reihe grundlegender Prozesse wie Replikation, Transkription bzw. Translation. Klassische Vertreter dieser Lipide sind z. B. die Antibiotika Tetracyclin und Erythromycin.

## 28.1 Aufbau und Einteilung von Lipiden

Lipide können wahlweise nach strukturellen oder funktionellen Kriterien klassifiziert werden. Alle strukturbasierten Klassifizierungssysteme nutzen die Tatsache, dass viele Lipide aus kleineren Bausteinen (Strukturblöcken) zusammengesetzt sind, die der entsprechenden Lipidklasse ihren Namen geben. Auf Empfehlung des Internationalen Komitees für Klassifizierungs- und Nomenklaturfragen von Lipiden wurde ein umfassendes Klassifizierungssystem eingeführt, das die biologisch relevanten Lipide in acht Klassen unterteilt:

1. Fettsäuren (FA)
2. Glycerolipide (GL)
3. Glycerophospholipide (GP)
4. Sphingolipide (SP)
5. Sterole (ST)
6. Prenole (PR)
7. Saccharolipide (SL)
8. Polyketide (PK)

Diese Klassifizierung ist zwar umfassend, hat aber den Nachteil, dass viele spezifische Lipidmoleküle mehreren Lipidklassen zugeordnet werden können. So sind z. B. Glycerophospholipide eine Teilmenge der Glycerolipide. In ◘ Abb. 28.1 wird eine abweichende Lipidklassifizierung vorgeschlagen, wobei von drei Hauptlipidklassen (Fettsäurederivate, Isoprenderivate, Polyketide) ausgegangen wird. Diese Hauptklassen können in verschiedene Subklassen unterteilt werden.

**◘ Abb. 28.1** Klassifizierung biologisch bedeutsamer Lipide. Nach dem hier dargestellten Klassifizierungskonzept können Lipide in drei Hauptklassen (Fettsäurederivate, Isoprenderivate, Polyketidderivate) eingeteilt werden. Jede dieser Hauptklassen umfasst mehrere Subklassen, die ihrerseits weiter untergliedert werden können. Wichtige Vertreter der einzelnen Lipidklassen sind in kursiver Schrift angegeben

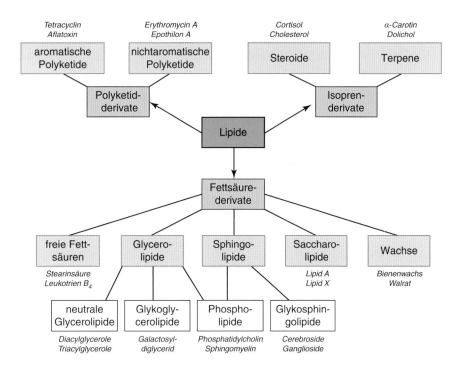

**Fettsäurederivate** sind die mengenmäßig am häufigsten vorkommende Lipidklasse im menschlichen Organismus. Sie enthalten Fettsäuren, die als kurz-, mittel- bzw. langkettige Monocarbonsäuren mit Alkoholen oder Aminen reagieren, wodurch Esterlipide bzw. Aminolipide entstehen. Reagieren langkettige Fettalkohole mit anderen Alkoholen, werden Etherlipide gebildet. Die Eigenschaften der Fettsäurederivate werden wesentlich durch die Struktur der Fettsäurereste bestimmt. In ◘ Tab. 28.3 sind einige biologisch relevante Fettsäuren zusammengefasst. Zu den Fettsäurederivaten werden auch unveresterte und modifizierte Fettsäuren(z. B. Eicosanoide) gezählt.

**Isoprenoide** werden ähnlich wie Fettsäuren in biologischen Systemen aus Acetyl-CoA-Einheiten synthetisiert. Bei der Fettsäuresynthese fungiert Malonyl-CoA als Zwischenprodukt, während bei der Isoprenoidbiosynthese zunächst aktiviertes Isopren in Form von Isopentenyldiphosphat bzw. Dimethylallyldiphosphat hergestellt wird. Durch Zusammenlagerung mehrerer aktivierter Isopreneinheiten und anschließende Cyclisierung entstehen lineare (z. B. Terpene) bzw. cyclische (z. B. Sterole) Isoprenoide.

**Polyketide** bilden eine große Gruppe von Lipiden, die bezüglich ihrer chemischen Strukturen und pharmakologischen Eigenschaften sehr heterogen ist. Gemeinsam ist allen Polyketiden, dass ihre Biosynthese über den Polyketidweg verläuft. Dabei werden durch die Zusammenlagerung kurzkettiger, Coenzym-A-aktivierter Acylgruppen (Acetyl-CoA, Propionyl-CoA, Malonyl-CoA) langkettige Kohlenwasserstoffketten synthetisiert, die viele Ketogruppen tragen. Die schrittweise Kettenverlängerung

ähnelt dem Mechanismus der Fettsäurebiosynthese, wobei bei der Kopplungsreaktion keine vollständige Reduktion der Carbonylgruppen stattfindet. Im weiteren Verlauf der Polyketidsynthese kann jeder Acylbaustein chemisch modifiziert werden, sodass die namensgebende Polyketidstruktur nicht mehr erkennbar ist. Zu den Modifizierungsreaktionen zählen Reduktionen, Cyclisierungen, Methylierungen, Oxygenierungen u. a. Ein einfaches Polyketid ist die 6-Methylsalicylsäure, die anhand ihrer chemischen Struktur nicht mehr als Polyketid erkannt werden kann. Zu den komplexeren Polyketiden gehören einige Pflanzenfarbstoffe (z. B. Quercetin), das Mycotoxin Zearalenon, das Makrolidantibiotikum Erythromycin, das Antimycotikum Amphotericin B und das Immunsuppressivum Rapamycin.

Biologische Membranen und Lipoproteine sind Lipid-Protein-Komplexe, deren Funktion und Eigenschaften von der Art der Lipide, die sie enthalten, stark beeinflusst werden. So beeinträchtigt z. B. ein erhöhter Cholesterolgehalt oder ein verringerter Anteil an mehrfach ungesättigten Fettsäuren die Fluidität von Biomembranen. Betrifft dies die Plasmamembran von Zellen des strömenden Blutes, werden diese Zellen anfälliger gegenüber osmotischen Veränderungen und gegen Scherkräfte (*shear stress*). Daraus resultiert eine verringerte Lebensdauer. Eine veränderte Lipidzusammensetzung von Membranen kann sowohl Signaltransduktionsprozesse als auch die Aktivität membranständiger Enzymsysteme beeinträchtigen. Deshalb kommt der quantitativen Analytik des Lipidkompartiments von Biomembranen große Bedeutung zu. Lipidhormone (z. B. Steroide) und intrazelluläre zweite Botenstoffe (z. B. Diacylglycerine) spielen eine große Rolle bei der

Signalübertragung. Bei einer Reihe endokrinologischer Erkrankungen (z. B. Adrenogenitales Syndrom) ist eine vermehrte bzw. verminderte Synthese von Lipidhormonen die Ursache für die komplexe Symptomatik. Für die Diagnostik solcher Erkrankungen benötigt man exakt quantifizierbare Analysemethoden, die in der Routinediagnostik im klinisch-chemischen Labor eingesetzt werden können.

Prinzipiell erfolgt die Analytik von Lipiden aus biologischen Materialien in drei Schritten:

- Präparation und Reinigung der Lipide aus biologischem Material. Dieser Schritt umfasst neben der Lipidextraktion meist noch verschiedene chromatographische Verfahren.
- Lipidfragmentierung und Analyse der Fragmentierungsprodukte. Die Lipidfragmentierung kann durch enzymatische oder nichtenzymatische Reaktionen erfolgen. Durch alkalische Hydrolyse werden unselektiv alle Esterbindungen gespalten, durch saure Hydrolyse vor allem die Säureamidbindungen der Sphingolipide und die Enoletherbindungen der Plasmalogene. Bestimmte Enzyme (z. B. Triacylglycerid-Lipasen, Cholesterol-Esterasen) spalten nur bestimmte Lipidklassen. Phospholipasen unterschiedlicher Spezifität spalten Phospholipide an spezifischen Stellen des Moleküls (◻ Abb. 28.2). Ein weit verbreitetes Fragmentierungsverfahren ist die Umesterung (z. B. Transmethylierung), bei der aus den schwerflüchtigen Esterlipiden die für die Gaschromatographie geeigneten Fettsäuremethylester entstehen.
- Analytik des präparierten, nicht fragmentierten Lipids mittels Elementaranalyse, UV- und IR-Spektroskopie, Massenspektrometrie bzw. NMR-Spektroskopie. Hier hat sich in den letzten Jahren vor allem die Elektrosprayionisations-Massenspektrometrie (ESI-MS) durchgesetzt, die als einfache ESI-MS oder als Tandem-ESI-MS durchgeführt werden kann. Diese Analysemethode bildet die Grundlage für die Lipidomanalytik, die in ▶ Abschn. 28.6 genauer beschrieben wird.

## 28.2 Extraktion von Lipiden aus biologischem Material

Neben der traditionellen Flüssigphasenextraktion von Lipiden mit organischen Lösungsmitteln hat in letzter Zeit die Festphasenextraktion an hydrophoben Trägermaterialien mehr und mehr an Bedeutung gewonnen. Um eine Lipidextraktion exakt quantifizieren zu können, muss dem biologischen Material ein externer Standard zugesetzt werden. Dieser Standard sollte strukturell große Ähnlichkeit mit den zu quantifizierenden Lipiden aufweisen, muss aber andererseits analytisch von den endogenen Lipiden eindeutig unterschieden werden können. Für die Fettsäureanalytik können z. B. unphysiologische Fettsäuren eingesetzt werden. Bei der Eicosanoidanalytik (▶ Abschn. 28.4.5) hat sich die Verwendung von Prostaglandin $B_2$ als Standard durchgesetzt, das natürlicherweise nicht gebildet wird. Sollen die Lipide nach der Extraktion mittels Massenspektrometrie analysiert werden, können deuterierte Derivate und/oder $^{18}O$-markierte Verbindungen als externe Standards verwendet werden.

### 28.2.1 Flüssigphasenextraktion

Will man die Gesamtlipide aus Zellen und Geweben extrahieren, empfiehlt es sich, das Gewebe vorher mechanisch aufzuschließen. Läuft der Gewebeaufschluss in wässrigem Milieu ab, können lipidspaltende Enzyme aktiviert werden. Dieses Problem kann durch Zusatz polarer Lösungsmittel bzw. durch Arbeiten im Eisbad minimiert werden. Als Extraktionsmittel werden Gemische organischer Lösungsmittel, die sich nicht mit Wasser mischen (Hexan, Diethylether, Chloroform, Dichlormethan, Ethylacetat), verwendet. Durch geeignete Kombination polarer und unpolarer organischer Lösungsmittel können bestimmte Lipidklassen mehr oder weniger selektiv extrahiert werden.

Neben der Aktivierung lipidspaltender Enzyme ist die Lipidperoxidation das zweite große Problem bei der

◻ **Abb. 28.2** Phospholipasen unterschiedlicher Spezifität spalten bestimmte Bindungen im Phospholipidmolekül. Durch Verwendung dieser Enzyme kann die Position einzelner Fettsäuren innerhalb eines Phospholipidmoleküls bestimmt werden

Lipidextraktion. Viele Lipide enthalten ungesättigte Fettsäuren und sind daher empfindlich gegenüber radikalischen Oxidationsreaktionen. Deshalb sollten Lipidextraktionen möglichst bei tiefen Temperaturen (Eisbad oder Kühlraum) und unter Inertgasatmosphäre (Argon) durchgeführt werden. Im Idealfall sollten alle Lösungsmittel vorher mit Argon gespült werden.

Die am häufigsten angewandte Methode zur Lipidextraktion ist die **Folch-Extraktion**. Dabei wird biologisches Gewebe mit einer Mischung aus Chloroform/Methanol (2:1 Volumenanteile) homogenisiert, wobei für 1 g Gewebe ca. 20 ml Folch-Gemisch verwendet werden. Präzipitierte Proteine und Nucleinsäuren werden abfiltriert und gegebenenfalls reextrahiert. Falls das zu extrahierende Gewebe keinen überdurchschnittlich hohen Wassergehalt aufweist, ist der Extrakt zunächst homogen und enthält auch noch andere Naturstoffe (z. B. kurzkettige Nucleinsäuren). Anschließend wird der Extrakt mit Wasser oder einer Salzlösung (z. B. 1 M NaCl) in einem Scheidetrichter gewaschen, bis eine Phasentrennung eintritt. Die organische Phase, die bei der Folch-Extraktion die Unterphase bildet und die extrahierten Lipide enthält, wird gesammelt und kann zur weiteren Analytik verwendet werden. Mit dieser Methode werden Neutrallipide, Phospholipide, die meisten Sphingolipide und auch Lysophosphatide nahezu quantitativ extrahiert. Komplexe Glykolipide mit einem hohen Kohlenhydratanteil gehen nur teilweise in die organische Phase über. Sie können jedoch mittels Festphasenextraktion (s. ▶ Abschn. 28.2.2) aus der wässrigen Phase der Folch-Extraktion quantitativ rückgewonnen werden.

Alternativ zur Folch-Extraktion können Lipide mit der **Bligh-Dyer-Methode** präpariert werden. Diese Methode wendet man besonders dann an, wenn grö-ßere Mengen an biologischem Material extrahiert werden müssen und eine quantitative Extraktion nicht unbedingt erforderlich ist. Bei einer typischen Bligh-Dyer-Extraktion wird 1 ml Gewebehomogenat mit 2,5 ml Methanol und 1,25 ml Chloroform für zwei Minuten auf einem Vibrationsschüttler (Vortex) geschüttelt. Der einphasige Extrakt wird für fünfzehn Minuten im Eisbad inkubiert, und danach werden 1,25 ml Chloroform und 1,25 ml Wasser zugegeben. Nach nochmaligem Schütteln kommt es zur Phasentrennung, wobei sich die präzipitierten Proteine zwischen der oberen (wässrigen) und der unteren (organischen) Phase ansammeln. In den meisten Fällen ist die Phasentrennung jedoch nicht komplett. Deshalb müssen die Extraktionsansätze für zehn Minuten bei etwa 5000 g zentrifugiert werden. Danach kann die untere Phase mit einer Spritze abgezogen werden und steht als Ausgangsmaterial für die Lipidanalytik zur Verfügung.

### 28.2.2 Festphasenextraktion

Für die Extraktion von Lipiden aus größeren Volumina biologischer Flüssigkeiten (Serum, Harn, *Liquor cerebrospinalis* usw.) kann die Festphasenextraktion angewandt werden (◻ Abb. 28.3). Sie ist ein Konzentrierungs- und. Vorreinigungsverfahren, das darauf beruht, dass Lipide und andere Naturstoffe unter bestimmten Bedingungen an Sorbenzien (meist modifiziertes bzw. nicht modifiziertes Kieselgel) binden. Üblicherweise werden die Sorbenzien in kleine Säulen, sog. Kartuschen, gefüllt und die biologische Flüssigkeit durch die

◻ **Abb. 28.3** Prinzip der Festphasenextraktion von Lipiden aus biologischem Material. Aufgrund ihrer hohen Affinität zu einer Umkehrphasenmatrix (z. B. C18-modifiziertes Kieselgel) können Lipide aus biologischen Flüssigkeiten extrahiert werden. Während die hydrophilen Bestandteile biologischer Flüssigkeiten keine Wechselwirkung mit der Matrix eingehen und damit nicht adsorbiert werden, kommt es zu einer Retention der hydrophoben Lipide. Dadurch können Lipide aus großen Volumina konzentriert werden. Zusätzlich können verschiedene Lipidkomponenten entsprechend ihrer Polarität voneinander getrennt werden

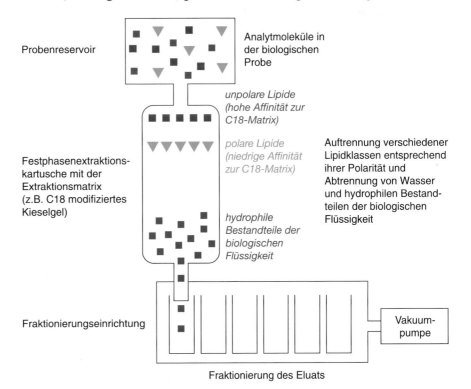

Probenreservoir

Analytmoleküle in der biologischen Probe

unpolare Lipide (hohe Affinität zur C18-Matrix)

polare Lipide (niedrige Affinität zur C18-Matrix)

Festphasenextraktionskartusche mit der Extraktionsmatrix (z.B. C18 modifiziertes Kieselgel)

Auftrennung verschiedener Lipidklassen entsprechend ihrer Polarität und Abtrennung von Wasser und hydrophilen Bestandteilen der biologischen Flüssigkeit

hydrophile Bestandteile der biologischen Flüssigkeit

Fraktionierungseinrichtung

Vakuumpumpe

Fraktionierung des Eluats

694    H. Kühn

**Tab. 28.1** Lösungsmittelgemische zur sequenziellen Elution der Lipide

| Lipidklasse | Lösungsmittelgemisch | Volumenanteile |
|---|---|---|
| saure Phospholipide | Hexan/Propanol/Ethanol/0,1 M Ammoniumacetat/Wasser/Ameisensäure | 420:350:100:50:0,5 |
| neutrale Phospholipide | Methanol | 1 |
| freie Fettsäuren | Diethylether/Eisessig | 100:2 |
| Neutrallipide | Chloroform/Isopropanol | 2:1 |

Kartusche gesaugt. Dabei werden die Lipide an die Kartuschenmatrix gebunden und können anschließend mit kleinen Volumina organischer Lösungsmittel eluiert werden. Für die Festphasenextraktion steht eine große Anzahl chemisch modifizierter Kieselgele zur Verfügung, wobei für die Extraktion von Lipiden vor allem C8-, C18-, Phenyl-, NH$_2$- bzw. Aminopropylkartuschen verwendet werden.

Neben der Extraktion von Lipiden werden Festphasenextraktionssysteme auch zur Grobfraktionierung von Lipiden eingesetzt. Aus einem Lipidextrakt des menschlichen Blutplasmas können z. B. mit einer Aminopropyl-*Bond-Elute*-Kartusche die in **Tab. 28.1** genannten Lipidklassen durch sequenzielle Elution mit 4 ml des jeweiligen Lösungsmittelgemischs eluiert werden. Es muss hier jedoch ausdrücklich darauf hingewiesen werden, dass sich Extraktionskartuschen verschiedener Hersteller teilweise deutlich hinsichtlich ihrer Extraktionseigenschaften unterscheiden. Deshalb sollte man sich vor einem Experiment zunächst davon überzeugen, ob ein der Literatur entnommenes Extraktionsprotokoll unter den gegebenen experimentellen Bedingungen reproduziert werden kann.

Bei der Flüssigphasenextraktion von Lipiden fallen große Volumina verdünnter Extrakte an. Zur Konzentrierung kann das Lösungsmittel mithilfe eines Rotationsverdampfers abdestilliert werden. Schaumbildung während des Verdampfungsvorgangs kann durch Zugabe geringer Mengen Ethanol eingeschränkt werden. Falls größere Mengen an Eisessig oder Wasser im Lipidextrakt vorhanden sind, können diese Nichtlipide aus dem Extrakt durch azeotrope Destillation mit Toluol oder 2-Propanol beseitigt werden.

Lipide sollten nicht in trockener Form, sondern als konzentrierte Lösungen in Glasgefäßen mit Teflonverschluss gelagert werden. Die Verwendung von lösungsmittelresistenten Polypropylengefäßen ist ebenfalls möglich. Dabei sollte jedoch berücksichtigt werden, dass während der Lagerung bestimmte Substanzen (Weichmacher) aus den Gefäßen in den Lipidextrakt übergehen können und damit die Präparation verunreinigen. Eine Langzeitlagerung von Lipidextrakten sollte bei tiefen Temperaturen (−80 °C) unter Ausschluss von Licht und Sauerstoff (Argonatmosphäre) erfolgen. Zusatz von Antioxidanzien (0,01 % 3,5-Di-*t*-butyl-4-hydroxytoluol, BHT, bezogen auf die Lipidmenge) erhöht die Oxidationsstabilität von Lipidpräparationen. Als Lösungsmittel zur Lipidlagerung sind Methanol/Chloroform-Gemische (z. B. 1:9 für Phospholipide), Hexan (für Neutrallipide) bzw. reines Methanol, nicht aber Diethylether geeignet.

## 28.3 Methoden der Lipidanalytik

### 28.3.1 Chromatographische Methoden

Die dominierende Methode in der Lipidanalytik ist die Chromatographie, hier vor allem die Flüssigkeitschromatographie und die Gaschromatographie. Die Einführung der hochauflösenden Dünnschichtchromatographie (HPTLC), die Entwicklung der hochauflösenden Flüssigkeitschromatographie (HPLC) und die Kapillargaschromatographie haben zu einer deutlichen Effektivierung der Lipidanalytik beigetragen. Durch chemische Modifizierung der klassischen flüssigkeitschromatographischen Matrix (Kieselgel) und durch die Synthese neuer stationärer Phasen wurde eine Vielzahl verschiedenartiger Sorbenzien entwickelt, deren unterschiedliche chromatographische Eigenschaften zur Lösung immer komplizierterer Trennprobleme ausgenutzt wurden. Mit speziell entwickelten, optisch aktiven stationären Phasen ist man heute in der Lage, sogar enantiomere Lipide voneinander zu trennen, ohne diese vorher in Diastereomere umzuwandeln.

#### 28.3.1.1 Flüssigkeitschromatographie

Zur Trennung von neutralen Lipiden wird vor allem die Adsorptionschromatographie an einer Kieselgelmatrix angewandt. Geladene Lipide werden in der Regel mittels Ionenpaarchromatographie analysiert. Dabei bilden die Lipidionen Komplexe mit gegensätzlich geladenen Ionen, die in der mobilen Phase enthalten sein müssen. Diese Ionenkomplexe treten dann in Wechselwirkung mit der stationären Phase des chromatographischen Systems. Da der Ladungszustand der Lipide und damit die Ionenpaarbildung vom pH-Wert der mobilen Phase abhängen, kann das chromatographische Verhalten der geladenen Lipide durch gezielte Veränderung des pH-Werts der mobilen Phase modifiziert werden. Will man die flüssigkeitschromatographische Trennung eines Lipidgemischs optimieren, kann man das prinzipiell auf zwei verschiedenen Wegen erreichen:

- durch Modifizierung der stationären Phase
- durch Modifizierung der mobilen Phase

> In der Regel sollte eine chromatographische Analysestrategie biologisch relevanter Lipide mit der RP-HPLC beginnen. Dieses Verfahren ist weniger störanfällig und normalerweise einfacher zu handhaben. Bei der NP-HPLC ungereinigter Lipidextrakte hat der Analytiker häufig mit technischen Problemen (z. B. Säulenverstopfung, schwankende Basislinie, Löslichkeitsprobleme) zu kämpfen. Deshalb sollte die NP-HPLC sollte vor allem zur Analytik vorgereinigter Lipidpräparationen angewandt werden.

**Veränderung der stationären Phase** In frühen Stadien der Entwicklung der Flüssigkeitschromatographie wurden als stationäre Phasen vor allem Kieselgel oder Aluminiumoxid verwendet. Später ging man zunehmend dazu über, Kieselgel gezielt chemisch zu modifizieren bzw. synthetische Polymere als Sorbenzien einzusetzen. Damit wurde eine umfangreiche Palette stationärer Phasen entwickelt, die sich in ihren Trenneigenschaften erheblich voneinander unterscheiden. Derzeit stellen modifizierte Kieselgele den Hauptanteil der stationären Phasen in der Lipidanalytik.

Nicht modifiziertes Kieselgel ist eine polare chromatographische Matrix mit einem variablen Wassergehalt. Um die Trenneigenschaften des Kieselgels zu verbessern, sollte das Wasser durch Erhitzen des Gels auf 150 °C entfernt werden. Diese Dehydratisierung hat besondere Bedeutung bei der dünnschichtchromatographischen Trennung von Lipiden mit wasserfreien Laufmittelsystemen. Die Chromatographie an nicht modifiziertem Kieselgel wird als **Normalphasenchromatographie (NP-LC)** bezeichnet und kann damit von der Umkehrphasenchromatographie (Reversed-Phase-, RP-LC) abgegrenzt werden.

Bei der **Umkehrphasenchromatographie** sind an die freien OH-Gruppen des Kieselgels funktionelle Gruppen, z. B. aromatische Ringe oder lange Kohlenwasserstoffketten gekoppelt. Dadurch kehrt sich die Polarität der stationären Phase um (unpolare chromatographische Matrix). Sowohl die Normalphasen- als auch die Um-

kehrphasenchromatographie werden in der Lipidanalytik vor allem als HPLC-Verfahren (Reversed-Phase- oder RP-HPLC bzw. Normalphasen- oder NP-HPLC) eingesetzt und können für spezielle Trennprobleme auch miteinander kombiniert werden.

**Veränderung der mobilen Phase** Für die Analytik der meisten Lipidklassen eignen sich kommerziell erhältliche Normalphasen- bzw. Umkehrphasensäulen. Eine Optimierung flüssigkeitschromatographischer Methoden erfolgt deshalb im Labor vorwiegend über die Modifizierung der mobilen Phase. Entsprechend der Zusammensetzung des Laufmittelsystems kann man zwischen isokratischen Trennungen (Entwickeln des Chromatogramms mit einem Laufmittel definierter Zusammensetzung) und Gradiententrennungen (zeitliche Veränderung der Zusammensetzung des Laufmittelsystems) unterscheiden. Bei komplizierten säulenchromatographischen Trennungen (z. B. Trennung verschiedener Lipidklassen, die einen großen Polaritätsbereich abdecken) werden binäre, ternäre bzw. quaternäre Gradientensysteme eingesetzt.

### 28.3.1.2 Dünnschichtchromatographie

Zur Dünnschichtchromatographie (TLC, *Thin Layer Chromatography*) von Lipiden werden heute überwiegend vorgefertigte Kieselgelplatten eingesetzt. Dabei befindet sich das Kieselgel als stationäre Phase in Form einer dünnen Schicht (0,2 mm) auf einer Aluminiumfolie, einer Glas- oder Kunststoffplatte. Die zu analysierenden Lipide werden möglichst in einem leicht flüchtigen Lösungsmittel (Hexan, Chloroform) gelöst. Wasser sollte aus den Lipidlösungen durch azeotrope Destillation entfernt werden, da es die Analytik erschwert. Die Lipidpräparationen können dann mit einer Mikroliterspritze oder besser mit einer Auftragskapillare als dünne Bande auf einen vorher markierten Bereich der Kieselgelplatte aufgetragen werden. Um die Probenapplikation zu erleichtern, können auch kommerziell erhältliche Auftragegeräte eingesetzt werden. Zwischen den einzelnen Auftragsbanden sollte ein Abstand von 0,5–1 cm eingehalten werden, damit die Proben nicht ineinander laufen. Nachdem das Lösungsmittel der Auftragslösung vollständig verdampft ist, kann die Platte in eine mit Laufmittel gefüllte Kammer gestellt werden. Dabei ist darauf zu achten, dass genug Laufmittel in der Kammer vorhanden ist, sodass der untere Rand der Kieselgelplatte vollständig in das Lösungsmittel eintaucht. Auf der anderen Seite darf das Laufmittel anfangs nicht mit der Auftragszone in Kontakt kommen, da sonst aufgetragene Substanzen aus dem Kieselgel ins Laufmittel eluiert werden könnten. Meist werden Dünnschichtchromatogramme unter sättigenden Bedingungen entwickelt. Dabei ist die Atmosphäre in der Entwicklungskammer mit dem Dampf des Laufmittels gesättigt. Eine homogene Sättigung der Kammeratmosphäre kann dadurch erleichtert werden, dass man mit Lösungsmittel getränktes Filterpapier in die Kammer stellt. Für bestimmte Trennprobleme kommen aber auch nicht sättigende Bedingungen infrage.

Nachdem die Dünnschichtplatte in die Kammer gestellt wurde, beginnt das Laufmittel infolge der Kapillarkräfte in der Kieselgelschicht nach oben zu wandern. Dabei werden die einzelnen Komponenten des zu trennenden Lipidgemisches entsprechend ihrer Affinität zur stationären Phase unterschiedlich stark vom Fließmittel mitgenommen. So werden bei der Trennung von Neutrallipidgemischen auf polaren Kieselgelplatten die stärker polaren Monoacylglycerine stärker retiniert als die unpolaren Triacylglycerine.

> In der Regel sollte die Chromatographie abgebrochen werden, wenn die Lösungsmittelfront bis auf 1–2 cm an den oberen Rand der TLC-Platte heran gelaufen ist. Bei langsam laufenden Lösungsmittelgemischen, die häufig Wasser enthalten, sollte die Chromatographie früher abgebrochen werden, da sich bei zu langen Laufzeiten eine starke Bandenverbreiterung negativ bemerkbar macht.

Zur Visualisierung und Quantifizierung von Dünnschichtchromatogrammen gibt es mehrere Methoden, wobei sich für die Lipidanalytik die **Fluoreszenzdensitometrie** am besten eignet. Das entwickelte Chromatogramm wird mit einer Lösung eines Fluoreszenzindikators, z. B. 1 mM 6-*p*-Toluidino-2-naphthalinsulfonsäure (gelöst in 50 mM TrisHCl), imprägniert. Nach Bestrahlung mit UV-Licht emittiert der Indikator sichtbares Licht, wenn er in einer hydrophoben Umgebung, z. B. einer Lipidbande, lokalisiert ist. Da die Fluoreszenz jedoch relativ schnell verblasst, sollte man das Fluorogramm möglichst schnell fotografieren. Durch Auflichtdensitometrie kann dann das Foto quantitativ ausgewertet werden. Alternativ können Lipidbanden auch mit 4-(*N*,*N*-Dihexadecyl)amino-7-nitrobenz-2-oxa-1,3-diazol (NBD-Dihexadecylamin) sichtbar gemacht werden. Dieser lipidlösliche Fluoreszenzfarbstoff wird dem Laufmittel in einer Konzentration von 0,02–0,05 % zugesetzt und verteilt sich während der Chromatographie gleichmäßig über das gesamte Chromatogramm. Die resultierenden Fluorochromatogramme können dann direkt durch Auflichtdensitometrie quantifiziert werden. Bei vielen kommerziell erhältlichen TLC-Platten werden Fluoreszenzindikatoren vom Hersteller bereits in die stationäre Phase eingearbeitet. Weitere Färbemethoden sind die reversible Iodfärbung, die vor allem ungesättigte Lipide anfärbt, oder die Verkohlung mit Schwefelsäure.

Mit der Dünnschichtchromatographie kann der **Rf-Wert** der Analytkomponenten ermittelt werden. Dieser wurde als Quotient der Wanderungsstrecke der einzelnen Analytkomponenten und der Wanderungsstrecke des Laufmittels definiert und ist damit immer kleiner/gleich eins. Er entspricht dem Retentionsvolumen bzw. der Retentionszeit in der Säulenchromatographie. Es sei an dieser Stelle darauf hingewiesen, dass der Rf-Wert keine absolute Stoffkonstante ist. Rf-Werte hängen von den chromatographischen Bedingungen ab und können für eine Substanz sehr unterschiedlich sein. Deshalb ist der Rf-Wert einer Substanz mit dem eines Standards nur dann vergleichbar, wenn beide Werte unter absolut identischen chromatographischen Bedingungen, d. h. auf derselben TLC-Platte, bestimmt worden sind.

Neben der klassischen Einfachentwicklung von Dünnschichtchromatogrammen haben sich im Lauf der Zeit spezielle Entwicklungstechniken etabliert, mit denen die Trennergebnisse optimiert werden können.

**Mehrfachentwicklung**  Bei der konventionellen Mehrfachentwicklung wird ein Chromatogramm zuerst mit einem Fließmittelsystem hoher Elutionskraft entwickelt. Danach wird das Lösungsmittel verdampft und eine erneute Chromatographie mit einem Fließmittelsystem geringerer Elutionskraft in der gleichen Richtung durchgeführt. Diese Prozedur kann mehrmals wiederholt werden. Der Vorteil der Mehrfachentwicklung besteht darin, dass die Substanzzonen bei jedem Chromatographieschritt konzentriert werden und durch die Gradientenelution eine bessere Auflösung bestimmter Substanzen erreicht wird.

Bei der automatisierten Form der Mehrfachentwicklung (AMD, *Automated Multiple Development*) wird das Chromatogramm in 20–30 Segmente aufgeteilt, wobei jedes Segment 2–4 mm länger sein sollte als das vorhergehende. Nach dem Auftragen wird das Chromatogramm mit einem Fließmittelsystem hoher Elutionsstärke entwickelt, bis die Lösungsmittelfront die obere Grenze des ersten Segments erreicht hat. Danach wird die Platte getrocknet und im zweiten Chromatographieschritt mit einem Fließmittelsystem entwickelt, dessen Elutionskraft etwas unter der des ersten Fließmittelsystems liegt. Hat die Fließmittelfront die obere Grenze des zweiten Segments erreicht, wird der zweite Schritt abgebrochen, die Platte erneut getrocknet und die Chromatographie mit einem dritten Fließmittelsystem fortgesetzt, dessen Elutionsstärke unter der des zweiten Fließmittelsystems liegt. Die Vorteile der AMD liegen vor allem in der äußerst geringen Bandenbreite der einzelnen Fraktionen (0,2–2 mm) und der damit verbundenen hohen Substanzkonzentrierung pro Bande. Außerdem ist das Auflösungsvermögen gegenüber der einstufigen Entwicklung deutlich erhöht. Durch komplette Automatisierung konnte der hohe Arbeitsaufwand bei der Mehrfachentwicklung deutlich reduziert werden.

**Zweidimensionale Dünnschichtchromatographie** Bei der zweidimensionalen Dünnschichtchromatographie kann im ersten Chromatographieschritt eine Grobtrennung einzelner Lipidklassen (z. B. Trennung von Phospholipiden und Neutrallipiden) erfolgen. Nach Verdampfung des Lösungsmittels wird die Platte um 90° gedreht und in der zweiten Dimension mit einem anderen Fließmittel entwickelt, das für die Aufspaltung einer bestimmten Lipidklasse (z. B. Subklassifizierung der Phospholipide) geeignet ist. Der Nachteil der zweidimensionalen Entwicklung besteht darin, dass für einen Lipidextrakt eine ganze Chromatographieplatte benötigt wird. Somit können verschiedene Proben nicht mehr direkt auf einer Platte miteinander verglichen werden.

### 28.3.1.3  Säulenchromatographie

Im Gegensatz zur Dünnschichtchromatographie ist in der Säulenchromatographie die stationäre Phase in eine Säule gepackt und wird von der mobilen Phase kontinuierlich durchströmt. Offene, selbst gepackte Säulen werden kaum noch verwendet, seit es vorgefertigte HPLC-Säulen für die Lipidanalytik zu kaufen gibt. Für die HPLC-Analytik von Lipiden benötigt man neben einer geeigneten Säule, die die stationäre Phase enthält, eine bzw. mehrere Pumpen, die den Lösungsmittelfluss gewährleisten, einen Gradientenmischer und einen geeigneten Detektor.

Als stationäre Phasen werden in der Lipidanalytik vor allem nicht modifizierte und modifizierte Kieselgele verwendet, die folgende funktionelle Gruppen tragen: Cyanopropyl, Aminopropyl, Diol, Silberionen (Normalphasentrennungen); C18, C8, Phenyl (für Umkehrphasentrennungen); DEAE, TEAE (für Ionenaustauschtrennung); Cyclodextrin bzw. Pirkle-Phasen (für Enantiomerentrennungen). Eine methodische Neuentwicklung stellt die HPLC mit *Narrow-Bore*-Säulen dar. Aufgrund des feinkörnigen Füllmaterials (<3 μm) und des geringen Säulendurchmessers (1 mm) können miniaturisierte Säulen verwendet werden, ohne dass die Trennleistung darunter leidet. Dadurch verringert sich die benötigte Lösungsmittelmenge beträchtlich (Flussraten von 20–200 μl min$^{-1}$).

In der Normalphasenchromatographie (polares Kieselgel als stationäre Phase) werden vor allem unpolare Laufmittelsysteme (z. B. Hexan/Isopropanol- oder Chloroform/Methanol-Mischungen) als mobile Phasen verwendet. Dabei werden die Substanzen in der Reihenfolge steigender Polarität eluiert (unpolare Lipide zu-

erst). Bei Umkehrphasentrennungen an unpolaren C8- oder C18-Phasen werden häufig Lösungsmittelgemische aus Methanol, Acetonitril und Wasser verwendet. Hier werden die Substanzen entsprechend ihrer zunehmenden Hydrophobizität eluiert (hydrophile Lipide zuerst). Bei der Ionenpaarchromatographie, die in der Lipidanalytik besonders zur Trennung geladener Phospholipide eingesetzt wird, müssen den Laufmittelsystemen Gegenionen (z. B. Triethylamin, Cholinchlorid oder Pufferionen) zugesetzt werden.

Ein besonderes Problem in der Lipidanalytik ist die Detektion der getrennten Lipidfraktionen. Üblicherweise sind HPLC-Anlagen mit UV-Detektoren ausgerüstet, die aber in der Lipidanalytik nur bedingt einsetzbar sind. Lediglich Lipide, die aromatische Systeme oder konjugierte Doppelbindungen enthalten, sind aufgrund ihrer charakteristischen Chromophoren mit UV-Detektoren gut nachweisbar. Lipide mit ungesättigten Fettsäuren können aufgrund der Restabsorption der Doppelbindungen bei 205 nm mit normalen UV-Detektoren identifiziert werden. Bei manchen Lipidklassen, die keine charakteristischen Chromophore enthalten, ist es möglich, durch Vor- oder Nachsäulenderivatisierung chromophore oder fluorophore Gruppen in die zu analysierenden Moleküle einzuführen.

Als Alternative zur UV-Detektion können in der Lipidanalytik Refraktionsindexdetektoren verwendet werden. Der Einsatz von *Evaporate Light Scattering Detectors* (ELSD) hat sich für die Lipidanalytik jedoch nicht durchgesetzt. Bei diesen Detektoren wird das Laufmittel in der Messzelle schnell verdampft. Die nicht flüchtigen Lipide schlagen sich als kleine Tröpfchen in der Messkammer nieder, die das einfallende Laserlicht streuen. Da die Menge des niedergeschlagenen Lipids proportional der Lichtstreuung ist, können die Chromatogramme quantifiziert werden.

Auch Flammenionisationsdetektoren (FID) wurden für die HPLC entwickelt. Wie bei den ELSD-Detektoren muss auch hier das Lösungsmittel vor der Ionisierung von den eluierten Lipiden abgetrennt werden. Für Arbeiten mit radioaktiven Lipiden stehen Online-Radioaktivitätsdetektoren zur Verfügung, die wahlweise mit Feststoffszintillatoren oder mit Zumischzellen für Flüssigszintillatoren ausgerüstet sind. Feststoffszintillationszellen sind bequemer in ihrer Anwendung, in der Regel aber weniger empfindlich.

Ungesättigte Lipide bilden leicht Peroxide. Für bestimmte Fragestellungen ist es von großem Interesse, solche Peroxylipide zu quantifizieren. Zu diesem Zweck kann der Eluent einer HPLC-Säule mit einer Lösung von Isoluminol und Mikroperoxidase gemischt und die dabei auftretende Chemilumineszenz in einem Luminometer online gemessen werden (◘ Abb. 28.4).

$$+ e^-$$

$$LOOH + Mikroperoxidase \xrightarrow{\phantom{+ e^-}} LO^\bullet + OH^- \tag{1}$$

$$LO^\bullet + Isoluminol\ (QH) \longrightarrow LOH + Semichinonradikal\ (Q^{-\bullet}) \tag{2}$$

$$Q^{-\bullet} + O_2 \longrightarrow Q + O_2^{-\bullet} \tag{3}$$

$$Q^{-\bullet} + O_2^{-\bullet} \longrightarrow Isoluminolendoperoxid \longrightarrow Licht \tag{4}$$

**◘ Abb. 28.4** Prinzip der Chemilumineszenzdetektion von Hydroperoxylipiden. Nach dem Zumischen von Isoluminol und Mikroperoxidase zum Säuleneluat laufen in der Messzelle die hier aufgeführten Reaktionen ab. Das dabei entstehende Licht kann als Maß für die Peroxidkonzentration quantifiziert werden. LOOH Hydroperoxylipid, LO˙ Alkoxyradikal, O₂˙ Superoxidradikal

### 28.3.1.4 Gaschromatographie

Im Unterschied zur Flüssigkeitschromatographie ist die mobile Phase bei der Gaschromatographie ein Trägergas. Mit der Gaschromatographie können nur Lipide analysiert werden, die sich bei Temperaturen bis zu 350 °C ohne Zersetzung verdampfen lassen. Das trifft auf derivatisierte Fettsäuren zu, auf Sterolderivate, derivatisierte Mono- und Diacylglycerine sowie auf kurzkettige Triacylglycerine. Die Carboxygruppe von freien Fettsäuren muss vor der Analyse jedoch methyliert werden. Freie OH-Gruppen werden häufig silyliert, z. B. durch Umsetzung mit Bis(trimethylsilyl)-trifluoracetamid (BSTFA) oder einem anderen Silylierungsmittel. Ketone und Aldehyde werden durch Reaktion mit Methoxyaminhydrochlorid (2-Amino-1-(2,5-dimethoxyphenyl)propan-1-ol-Hydrochlorid) in Pyridin zu den entsprechenden Methoximen umgewandelt. Da die Wechselwirkung der zu analysierenden Substanzen mit der stationären Phase temperaturabhängig ist, kann durch Veränderung der Säulentemperatur das Retentionsverhalten der Analytkomponenten variiert werden. Deshalb wird in der Gaschromatographie die Säulentemperatur meist in Form eines ansteigenden linearen bzw. nichtlinearen Gradienten verändert. Dieser Temperaturgradient spielt in der Gaschromatographie eine ähnliche Rolle wie die Fließmittelzusammensetzung in der Flüssigkeitschromatographie.

Für die gaschromatographische Lipidanalytik können sowohl gepackte Säulen als auch Kapillarsäulen verwendet werden. Gepackte Säulen sind im Durchschnitt 1–2 m lang, haben einen inneren Durchmesser von 2–4 mm und sind mit einer inerten Matrix gefüllt, die mit einer Trennphase gleichmäßig beschichtet ist. Für die Trennung von Lipiden werden als Trennphasen hauptsächlich unpolare, thermostabile Siliconelastomere wie OV-1, OV-101, SP2100 oder SE-30 in einer Konzentration von 1–3 % eingesetzt. Das gleichmäßige Packen funktionstüchtiger Säulen erfordert große Erfahrung und gelingt selten beim ersten Versuch.

Kapillarsäulen sind wegen ihres besseren Trennvermögens den gepackten Säulen meist überlegen. Sie haben eine Länge von 15–30 m, einen inneren Durchmesser von 0,15–0,5 mm und sind auf der Innenseite mit einem dünnen Trennphasenfilm (0,1–5 μm) beschichtet.

Säulen mit geringen Filmdicken eignen sich besonders für die Analytik von hoch siedenden Verbindungen, wie Fettsäuren und Triacylglycerinen. Für die Lipidanalyik werden als Trennphasen vor allem Polysiloxanderivate geringer Polarität eingesetzt, die eine hohe Thermostabilität aufweisen. Da es sich bei den meisten Lipiden um hoch siedende Verbindungen handelt, ist die Thermostabilität der Trennphasen von entscheidender Bedeutung. Liegen zur Polarität der zu analysierenden Lipide kaum Informationen vor oder decken die Analyten einen großen Polaritätsbereich ab, sollte bei der Entwicklung eines Analyseprotokolls initial eine schwach polare „Universalsäule" (z. B. 5 % Phenylsiloxan) verwendet werden. Die meisten Firmen, die Kapillarsäulen anbieten, liefern auf Nachfrage umfangreiche Applikationshinweise, aus denen hervorgeht, welche Säulen für bestimmte Trennprobleme am besten geeignet sind.

Die Lipidtrennung auf unpolaren Gaschromatographiesäulen erfolgt vorwiegend nach der Anzahl der in den Lipiden enthaltenen Kohlenstoffatome, während sich bei polaren und mäßig polaren Säulen andere Strukturparameter (z. B. Anzahl, Position und Geometrie von Doppelbindungen) stärker bemerkbar machen. Da die Retentionszeiten in der Gaschromatographie nicht immer konstant sind, wurde zur Charakterisierung unbekannter Lipidkomponenten der sog. **C-Wert** eingeführt. Dazu sollte das chromatographische System vor jeder Analysenserie mit einer Referenzmischung aus gesättigten Kohlenwasserstoffen „geeicht" werden (◘ Abb. 28.5). Hexan wird mit einem C-Wert von 6, Dodecan mit einem C-Wert von 12 eluiert. Für den Methylester der Linolsäure (9-*cis*,12-*cis*-Octadecadiensäure) wurde von uns ein C-Wert von 21,1 bestimmt.

### 28.3.2 Massenspektrometrie

Ähnlich wie bei der Gaschromatographie müssen im ersten Schritt der massenspektrometrischen Analyse die zu untersuchenden Lipide in die Gasphase überführt werden. Das geschieht in den meisten Fällen durch Erhöhung der Temperatur und durch Absenkung des Drucks (Hochvakuum). Schwer verdampfbare Lipide (geladene Phospholipide) können durch Beschuss mit

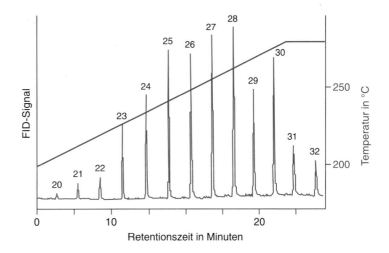

◻ **Abb. 28.5** „Eichung" eines gaschromatographischen Systems mit einem Gemisch langkettiger Kohlenwasserstoffe. Zur Bestimmung der C-Werte verschiedener Analyten wurde ein Gemisch langkettiger Kohlenwasserstoffe ($C_{20}$–$C_{34}$) auf einer HP-1-Kapillarsäule (12 m × 0,2 mm, Filmdicke 0,33 µm) aufgetrennt. Temperaturprogramm: 2 min bei 180 °C, dann mit 5 °C min$^{-1}$ auf 280 °C und 15 min isothermer Nachlauf. Die Zahlen über den Peaks geben die Anzahl der Kohlenstoffatome der gesättigten Kohlenwasserstoffe an

energiereichen Teilchen (*Fast Atom Bombardement*, FAB) oder mit einem Laserstrahl *(laser desorption)* von einer Matrix abgelöst werden (MALDI).

Sollen ungeladene Lipide massenspektrometrisch untersucht werden, müssen sie nach dem Verdampfen ionisiert werden. Die bevorzugten Ionisierungsarten in der Lipidanalytik sind derzeit die Elektronenstoßionisierung (*Electron Impact Ionization*, EI), die chemische Ionisierung (*Chemical Ionization,* CI), die Elektrospray- (ESI-) oder die Thermosprayionisierung (TSI). Bei der ESI werden die zu analysierenden Lipidmoleküle im Hochvakuum der Ionenquelle des Massenspektrometers mit Elektronen hoher Energie (ca. 70 eV) beschossen, wobei die Lipide in charakteristischer Weise fragmentiert werden. Bei der chemischen Ionisierung (CI), einer weichen Ionisierungsart, kommt es kaum zur Molekülfragmentierung. Es werden hauptsächlich geladene Molekülionen gebildet. Eine Sonderform der chemischen Ionisierung, die in der Lipidanalytik u. a. bei den Eicosanoiden angewandt wird, ist die *electron capture mass spectromet*ry. Bei der Wechselwirkung hochenergetischer Elektronen mit einem Reaktionsgas in der Ionisationskammer werden die Elektronen so weit abgebremst (thermische Elektronen), dass sie von stark elektrophilen Gruppen des Analyten eingefangen werden können, ohne dass dabei das Molekül fragmentiert wird. Dabei entstehen aus ungeladenen Analytmolekülen negativ geladene Analytionen. In Naturstoffen kommen solche stark elektrophilen Gruppen kaum vor, sie können aber durch Derivatisierung in die Analytmoleküle eingeführt werden. Zum Beispiel entstehen durch die Reaktion freier Carboxygruppen mit Pentafluorbenzoylchlorid entsprechende Pentafluorbenzoylester, die thermische Elektronen leicht einfangen können. Da eine Analytfragmentierung bei dieser Ionisierungsart keine Rolle spielt, eignet sie sich bestens zur Bestimmung des Molekulargewichts der Analytmoleküle.

Im Gegensatz zur Elektronenstoßionisierung und zur chemischen Ionisierung, die beide nur im Vakuum ablaufen, erfolgt die Elektrosprayionisierung bei Normaldruck (▶ Abschn. 16.2) und eignet sich damit für die Online-Kopplung von Massenspektroskopie mit flüssigkeitschromatographischen Analysemethoden (▶ Abschn. 28.3.5). Die Elektrosprayionisierungs-Massenspektrometrie (ESI-MS) stellt heute die wichtigste methodische Grundlage für die Charakterisierung zellulärer Lipidome dar (▶ Abschn. 28.6).

### 28.3.3   Immunassays

Für die Quantifizierung von Lipidhormonen (z. B. Steroiden, Eicosanoiden) in biologischen Flüssigkeiten stehen Immunassays zur Verfügung, die in der Regel eine hohe Empfindlichkeit und eine hohe Spezifität besitzen. Die hohe Spezifität ist auf die Verwendung monoklonaler Antikörper zurückzuführen, die große Empfindlichkeit beruht auf der hohen Sensitivität des Detektionssystems. Hinsichtlich ihrer Detektionssysteme können Immunassays in Radioimmunassays, Enzymimmunassays, Fluoreszenzimmunassays und Chemilumineszenzimmunassays eingeteilt werden. Mehrere Firmen bieten komplette Testkits für verschiedene Lipidhormone an, die alle zur Bestimmung nötigen Reagenzien (einschließlich der Quantifizierungsstandards) enthalten. Kritisch muss hier allerdings angemerkt werden, dass die Spezifität der verwendeten Antikörper oftmals nicht hinreichend charakterisiert ist und Kreuzreaktivitäten mit unverwandten Substanzen nie völlig ausgeschlossen werden können. So liegen z. B. die Messergebnisse bei der Quantifizierung bestimmter Eicosanoide mittels kommerzieller Immunassays deutlich höher als bei der Quantifizierung mithilfe physiko-chemischer Analysemethoden (HPLC, LC-MS).

## 28.3.4  Weitere Methoden in der Lipidanalytik

Lipide bestehen im Wesentlichen aus Kohlenstoff, Wasserstoff, Sauerstoff, Stickstoff und Phosphor. Andere Elemente spielen kaum eine Rolle. Deshalb kann sich die **quantitative Elementaranalyse** in der Regel auf diese Elemente beschränken. Aus den Daten der Elementaranalyse lassen sich wichtige Schlussfolgerungen hinsichtlich der Struktur gereinigter Lipidfraktionen ziehen. Wesentliche Voraussetzung für die Elementaranalyse ist eine hohe Reinheit der zu analysierenden Lipidfraktion, was durch wiederholte HPLC-Präparation an verschiedenen stationären Phasen erreicht werden kann. Besondere Bedeutung für die Quantifizierung von Phospholipiden hat die Phosphatbestimmung in Lipidextrakten (▶ Abschn. 28.4).

Gelegentlich wird zur Strukturidentifizierung gereinigter Lipidfraktionen die **Infrarotspektroskopie** (IR) eingesetzt. Obwohl der Informationsgehalt der Spektren begrenzt ist, liefern sie Hinweise auf das Vorhandensein bestimmter funktioneller Gruppen (z. B. freie OH- bzw. Ketogruppen). Konventionelle IR-Spektrometer besitzen eine für die Bioanalytik zu geringe Empfindlichkeit. Mit dem Einsatz der Fourier-Transform-IR-Spektroskopie (FT-IR) können jedoch auswertbare Spektren bereits im Mikrogrammbereich erhalten werden. Eine klassische Methode zur Bestimmung des Anteils an trans-Fettsäuren in Lipidextrakten ist die Quantifizierung der IR-Bande zwischen 900–1000 cm$^{-1}$.

Die **UV/Vis-Spektroskopie** spielt in der allgemeinen Lipidanalytik eine eher untergeordnete Rolle, hat aber große Bedeutung für die Analyse von Lipidperoxidationsprodukten. Die biologisch wichtigen, mehrfach ungesättigten Fettsäuren enthalten ein oder mehrere 1,4-cis,cis-Doppelbindungssysteme, die bei der Lipidperoxidation in cis,trans- oder trans,trans-konjugierte Systeme umgewandelt werden. Diese konjugierten Diensysteme haben ein charakteristisches UV-Spektrum mit einem Absorptionsmaximum zwischen 230–235 nm und einen relativ hohen molaren Absorptionskoeffizienten (25.000 M$^{-1}$cm$^{-1}$). Neben konjugierten Dienen entstehen bei der Oxidation höher ungesättigter Fettsäuren (z. B. Octadecatriensäure, Eicosatetraensäure, Eicosapentaensäure, Docosahexaensäure) auch konjugierte Triene, konjugierte Tetraene und konjugierte Ketodiene, die ebenfalls durch charakteristische UV-Chromophore ausgezeichnet sind (◘ Tab. 28.2).

Die **$^1$H-, $^{13}$C- und $^{31}$P-NMR-Spektroskopie** spielen bei der Strukturaufklärung von Lipiden eine zunehmende Rolle. Mit ihnen können detaillierte Informationen zur Position und Geometrie von C=C-Doppelbindungen in den Fettsäuren sowie zur Art und zur Position funktioneller Gruppen erhalten werden (◘ Abb. 28.6). Die wachsende Rolle der NMR-Spektroskopie bei der Lipidanalytik ist zum einen auf die Entwicklung immer leistungsfähigerer Kernresonanzspektrometer, zum anderen auf die Perfektionierung der chromatographischen Methoden zur Lipidreinigung zurückzuführen. Mit 600-MHz-Geräten sind informative Lipidspektren mit Substanzmengen zwischen 10–50 μg möglich. Um gute NMR-Spektren zu erhalten, sollten die zu untersuchenden Lipide eine Reinheit von über neunzig Prozent aufweisen. Diese Reinheit sollte in mehreren chromatographischen Systemen (z. B. RP-HPLC, NP-HPLC und GC) dokumentiert sein. Besonders problematisch für die NMR-Analytik ist die Tatsache, dass es bei den Lipiden viele isomere Verbindungen (Positionsisomere, geometrische Isomere usw.) gibt, die chromatographisch teilweise nur schwer voneinander zu trennen sind, in der NMR jedoch unterschiedliche Signale liefern. Eine hohe Isomerenreinheit ist deshalb eine wesentliche Voraussetzung für gut interpretierbare NMR-Spektren. Erreicht wird diese durch die Kombi-

---

◘ **Tab. 28.2**  UV-Chromophore oxidierter Fettsäuren

| Chromophor | $\lambda_{max}$ (in nm) | $\varepsilon$ (in M$^{-1}$ cm$^{-1}$) | Spektrum |
|---|---|---|---|
| konjugiertes Dien (–C=–C=C–) z. B. 15-HETE | 231 nm (F,E) (Kurve 1) 235 nm (Z,E) (Kurve 2) | 24.000 | |

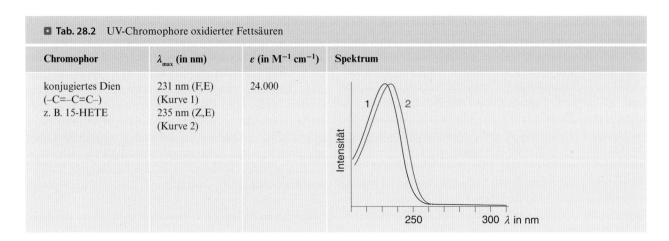

◻ **Tab. 28.2** (Fortsetzung)

| Chromophor | $\lambda_{max}$ (in nm) | $\varepsilon$ (in M$^{-1}$ cm$^{-1}$) | Spektrum |
|---|---|---|---|
| konjugiertes Trien (–C=C–C=C–C=C–) z. B. LT B$_4$ | 268 nm | 32.000 | |
| konjugiertes Tetraen (–C=C–C=C–C=C–C=C–) z. B. LX B$_4$ | 301 nm | 50.000 | |
| konjugiertes Ketodien (–C–C=C–C=C–) ‖ O z. B. 13-KODE | 270 nm | 24.000 | |

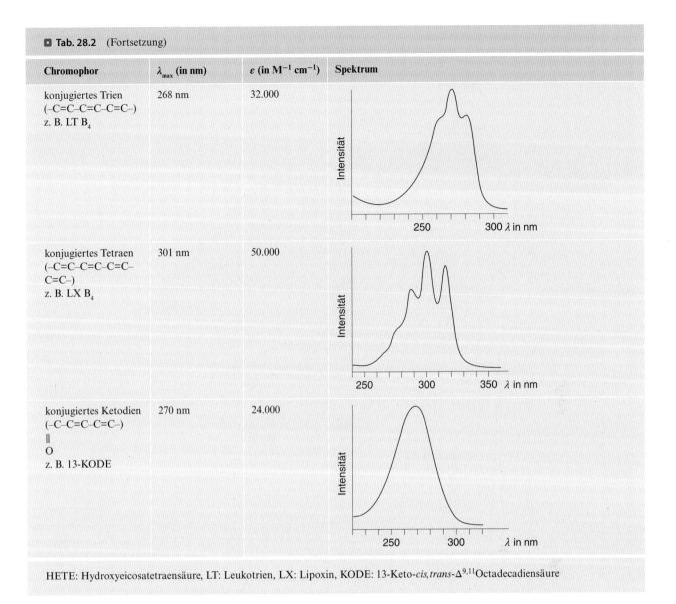

HETE: Hydroxyeicosatetraensäure, LT: Leukotrien, LX: Lipoxin, KODE: 13-Keto-*cis,trans*-$\Delta^{9,11}$Octadecadiensäure

◻ **Abb. 28.6** Ausschnitt aus dem $^1$H-NMR Spektrum der 5S,14R,15S-Trihydroxy-6E, 8Z, I0E, I2E-eicosatetraensäure (Lipoxin B$_4$). Die Geometrie der Doppelbindungen (cis, trans) wurde aus den Kopplungskonstanten der olefinischen Protonen bestimmt

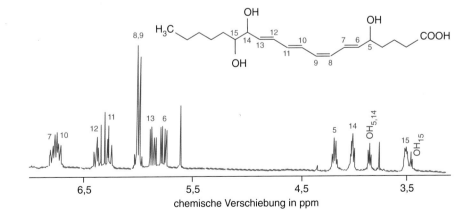

28

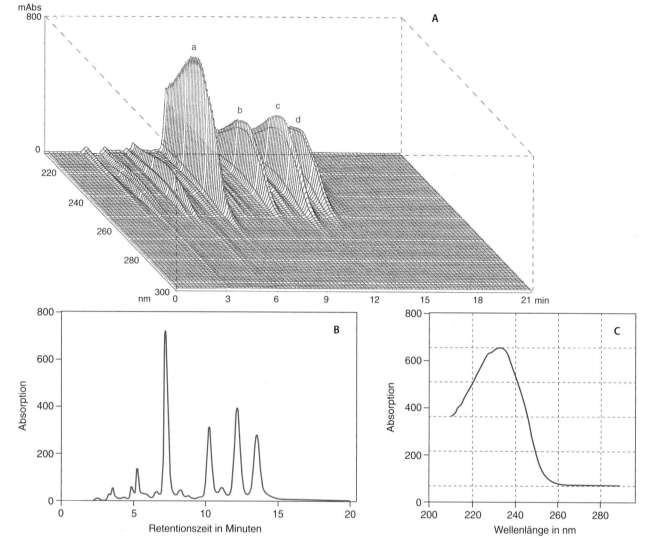

● **Abb. 28.7**  Dreidimensionales Chromatogramm einer Mischung von Hydroxylinolsäureisomeren, aufgenommen mit einem Diodenarraydetektor. Eine Mischung von Hydroxylinolsäureisomeren wurde mittels NP-HPLC mit dem Laufmittel Hexan/Isopropanol/Eisessig (100:2:0,1 Volumenanteile) an einer Nucleosil-50-Säule (250 mm × 5 mm, 7 μm Partikelgröße) isokratisch getrennt. **A** Dreidimensionales Chromatogramm; **B** zweidimensionales Chromatogramm (Schnitt des dreidimensionalen Chromatogramms parallel zur X-Achse bei der Wellenlänge von 235 nm); **C** UV-Spektrum der Hauptkomponente (Schnitt des dreidimensionalen Chromatogramms parallel zur y-Achse bei 7,3 min). (a) 13-Hydroxy-*cis,trans*-$\Delta^{9,11}$-octadecadiensäure, (b) 13-Hydroxy-*trans,trans*-$\Delta^{9,11}$-octadecadiensäure, (c) 9-Hydroxy-*trans,cis*-$\Delta^{10,12}$-octadecadiensäure, (d) 9-Hydroxy-*trans,trans*-$\Delta^{10,12}$-octadecadiensäure

nation verschiedener chromatographischer Reinigungsverfahren einschließlich einer Enantiomerentrennung.

### 28.3.5  Online-Kopplung verschiedener Analysesysteme

Große Fortschritte in der Analysetechnik wurden durch die Online-Kopplung verschiedener analytischer Verfahren erreicht. Eine wesentliche Voraussetzung für diese Entwicklung war der starke Aufschwung der Datenverarbeitung und Computertechnik, ohne die die Datenvielfalt, die bei solchen Online-Kopplungen anfällt, nicht handhabbar wäre.

**Kopplung von HPLC und UV/Vis-Spektroskopie**  Durch die Entwicklung des Diodenarray-Durchflussdetektors wurde es möglich, zu jedem Zeitpunkt eines Chromatogramms das komplette UV/Vis-Spektrum der Substanzen aufzuzeichnen, die sich zu einem bestimmten Zeitpunkt in der Messzelle des Detektors befinden, ohne dabei die Chromatographie zu unterbrechen. Die mit dem Diodenarraydetektor erhaltenen Daten können als dreidimensionales Chromatogramm ausgedruckt werden (● Abb. 28.7), bei dem die Retentionszeit auf der x-Achse, die Lichtabsorption auf der y-Achse und die Wellenlänge auf der z-Achse aufgetragen werden. In der Lipidanalytik wird der Diodenarraydetektor besonders beim Nachweis oxidierter Lipidspezies genutzt, da diese

Substanzen meist konjugierte Doppelbindungssysteme (Diene, Triene, Tetraene) enthalten und daher charakteristische UV-Spektren liefern.

**Kopplung von HPLC und Massenspektrometrie (LC-MS)** Mit der Einführung der Elektrosprayionisierung hielt die LC/MS-Kopplung auch in die Lipidanalytik Einzug. Prinzipiell können mit dieser Methode alle geladenen und ungeladenen Lipide analysiert werden, vorausgesetzt, sie lassen sich mit dem Elektrosprayverfahren ionisieren. Um die Ionenquelle des Massenspektrometers zu schonen, sollte bei den üblichen HPLC-Flussraten von 1 ml min$^{-1}$ der Lösungsmittelstrom nach der Säule aufgespalten werden, wobei nur ein Zehntel (ca. 100 µl min$^{-1}$) in die Ionisierungskammer geleitet wird. Alternativ zum Eluentsplitting können *Narrow-Bore*-Säulen zur HPLC verwendet werden, die mit wesentlich geringeren Flussraten betrieben werden können und sich für die meisten Trennungen der Lipidanalytik eignen.

**Kopplung von Gaschromatographie und Massenspektrometrie (GC-MS)** Da bei der Kapillargaschromatographie sehr geringe Flussraten des Trägergases verwendet werden, ist es möglich, den Eluenten einer Kapillarsäule über eine Schnittstelle direkt in die Ionenquelle eines Massenspektrometers einzuleiten, ohne dabei das dort herrschende Hochvakuum zu zerstören. Damit können alle Lipide, die mittels Gaschromatographie analysierbar sind, auch massenspektrometrisch untersucht werden. Da

die meisten Lipide niedermolekulare Verbindungen mit geringen Molekulargewichten sind, kann man sie mit massensensitiven Gaschromatographiedetektoren untersuchen. Diese massensensitiven Detektoren sind einfache Quadrupolmassenspektrometer, die mit Elektronenstoßionisierung arbeiten und nur einen begrenzten Massenbereich (bis ca. 1000 Da) abdecken. Trotz dieses eingeschränkten Massenbereichs eignen sich massensensitive Detektoren zur Strukturaufklärung vieler einfacher Lipide (◻ Abb. 28.8).

**Tandemmassenspektrometrie (MS/MS)** Bei der Tandemmassenspektrometrie werden zwei Massenspektrometer miteinander gekoppelt, wobei das erste Gerät zur Selektion bestimmter Molekülionen dient, die dann im zweiten Massenspektrometer fragmentiert werden. Aus dem Fragmentierungsmuster können Informationen zur Struktur der Analytmoleküle gewonnen werden. Die MS/MS-Kopplung kann problemlos für die Analytik geladener bzw. leicht ionisierbarer Lipide (z. B. Phospholipide) eingesetzt werden. Für die Analytik von Neutrallipiden (z. B. Triacylglycerine, Cholesterolester) müssen hingegen erst geeignete Ionisierungsbedingungen gefunden werden. So bilden beispielsweise Triacylglycerine mit Lithiumionen anionische Komplexe, die problemlos mittels ESI-MS analysiert werden können. Eine besondere Bedeutung hat die MS/MS-Technik für die Analytik komplexer Lipidgemische (zelluläre Lipidome), wie sie bei einer Folch-Extraktion aus tierischen oder pflanzlichen Geweben anfallen.

◻ **Abb. 28.8** Massenspektrum des Trilinoleins. Vorschläge zur Struktur der detektierten Ionen gehen aus dem Fragmentierungsmuster hervor. Das Molekülion besitzt ein *m/z*-Verhältnis von 879, liegt aber auch in protonierter Form (*m/z* 880) vor. Der Basispeak im informativen Bereich des Spektrums ist auf das RO$^+$-Ion zurückzuführen. Erfahrungsgemäß gehen bei der EI-Ionisierung ungesättigter Triacylglycerine drei Wasserstoffatome des RO$^+$-Ions verloren (theoretisches *m/z* 263, beobachtetes *m/z* 260)

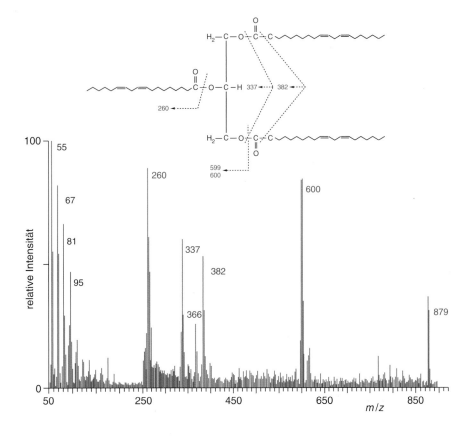

## 28.4  Analytik ausgewählter Lipidklassen

### 28.4.1  Gesamtlipidextrakte

Ein Lipidextrakt aus biologischem Material enthält viele Lipidklassen, die sich hinsichtlich ihrer Polarität deutlich voneinander unterscheiden. So sind Retinol- bzw. Cholesterolester sehr unpolare Verbindungen, die in der Umkehrphasenchromatographie intensive Wechselwirkungen mit der stationären Phase eingehen. Lysophosphatide und komplexe Glykolipide (Ganglioside) hingegen sind relativ hydrophil und zeigen nur schwache Wechselwirkungen mit stationären Umkehrphasen. Deshalb ist es eine eher komplizierte Aufgabe, chromatographische Systeme zu entwickeln, mit denen Rohlipidextrakte in einem Lauf in möglichst viele Komponenten aufgetrennt werden können. Dafür sind komplizierte Gradientensysteme nötig, die insgesamt einen großen Polaritätsbereich abdecken, in kritischen Bereichen des Gradienten jedoch nur einen flachen Polaritätsanstieg aufweisen. Beispielsweise werden zu Normalphasentrennungen ternäre bzw. quaternäre Gradienten von Hexan, Isopropanol und Wasser bzw. Isooctan, Isopropanol, Tetrahydrofuran und Wasser eingesetzt. Da nicht alle Lipide durch UV-Detektoren nachweisbar sind, sollten vor allem Massendetektoren für solche Analysen eingesetzt werden (▶ Abschn. 28.3.2). Durch die Elektrosprayionisierung-Tandemmassenspektrometrie wurde es möglich, auch komplexere Lipidmischungen direkt massenspektrometrisch zu untersuchen (Lipidomanalytik, ▶ Abschn. 28.6).

### 28.4.2  Fettsäuren

Fettsäuren sind wesentliche Strukturbestandteile vieler Lipide (◻ Tab. 28.3), und deshalb nimmt die Fettsäureanalytik eine Schlüsselstellung im Analyseschema

◻ **Tab. 28.3**  Biologisch relevante Fettsäuren

| Zahl der C-Atome | Trivialname | systematische Bezeichnung | Smp.[1] (in °C) |
|---|---|---|---|
| **gesättigte Fettsäuren** | | | |
| 4 | Buttersäure | $n$-Butansäure | −8 |
| 6 | Capronsäure | $n$-Hexansäure | −2 |
| 8 | Caprylsäure | $n$-Octansäure | 16 |
| 10 | Caprinsäure | $n$-Decansäure | 31 |
| 12 | Laurinsäure | $n$-Dodecansäure | 44 |
| 14 | Myristinsäure | $n$-Tetradecansäure | 54 |
| 16 | Palmitinsäure | $n$-Hexadecansäure | 63 |
| 18 | Stearinsäure | $n$-Octadecansäure | 70 |
| 20 | Arachinsäure | $n$-Eicosansäure | 76 |
| 22 | Behensäure | $n$-Docosansäure | 80 |
| 24 | Lignocerinsäure | $n$-Tetracosansäure | 84 |
| **einfach ungesättigte Fettsäuren[2]** | | | |
| 16 | Palmitoleinsäure | $\Delta^9$-Hexadecensäure | 1 |
| 18 | Ölsäure | $\Delta^9$-Octadecensäure (cis) | 13 |
| 18 | Vaccensäure | $\Delta^{11}$-Octadecensäure (trans) | 40 |
| 24 | Nervonsäure | $\Delta^{15}$-Tetracosensäure (cis) | 42 |
| **mehrfach ungesättigte Fettsäuren[2]** | | | |
| 18 | Linolsäure | $\Delta^{9,12}$ Octadecadiensäure | −6 |
| 18 | Linolensäure | $\Delta^{9,12,15}$Octadecatriensäure | −14 |
| 20 | Arachidonsäure | $\Delta^{5,8,11,14}$Eicosatetraensäure | −50 |

[1]Smp = Schmelzpunkt
[2]Die Positionen der Doppelbindungen werden an einem $\Delta$ durch hochgestellte Indices angegeben

komplexer Lipide ein. Die in höheren Organismen vorkommenden Fettsäuren sind zum größten Teil unverzweigt und geradzahlig. Ungesättigte Fettsäuren (Monoen- bzw. Polyenfettsäuren) enthalten eine bis sechs cis-Doppelbindungen. Die Kapillargaschromatographie an mittelpolaren Trennphasen hat sich als Methode der Wahl für die Fettsäureanalytik herauskristallisiert. Aufgrund ihrer Carboxygruppe können freie Fettsäuren nur schwer gaschromatographiert werden. Erst nach Derivatisierung zu den entsprechenden Methylestern ist eine Analyse möglich. Da Fettsäuren in biologischem Material vor allem als Fettsäureester vorkommen, müssen diese erst alkalisch hydrolysiert und die dabei entstehenden freien Fettsäuren anschließend methyliert werden. Alternativ können Fettsäuremethylester auch durch Umesterung der Esterlipide (z. B. Transmethylierung) gebildet werden. Aus den Sphingolipiden entstehen durch saure Methanolyse ebenfalls Fettsäuremethylester.

Neben der Gaschromatographie können Fettsäuren auch als Methylester oder als freie Säuren mittels HPLC untersucht werden. Da die natürlich vorkommenden freien Fettsäuren keine charakteristischen Chromophore enthalten, müssen entweder Massendetektoren (▶ Abschn. 28.3.1) verwendet werden, oder man derivatisiert die Fettsäuren an ihrer Carboxygruppe mit Chromophoren bzw. Fluorophoren. Ungesättigte Fettsäuren absorbieren im nahen UV-Bereich und sind deshalb bei 205 nm detektierbar. Aufgrund des geringen molaren Absorptionskoeffizienten ist die Empfindlichkeit dieser Nachweismethode jedoch nicht sehr hoch und die Quantifizierung relativ ungenau.

### 28.4.3 Unpolare Neutrallipide

**Mono-, Di-, Triacylglycerine und Wachse** In Lipidextrakten aus tierischen Geweben stellen die Triacylglycerine und deren Hydrolyseprodukte, die Mono- und Diacylglycerine, einen wesentlichen Anteil der unpolaren Esterlipide dar (◻ Abb. 28.9). Sie können mithilfe der Dünnschichtchromatographie auf Kieselgelplatten leicht voneinander getrennt werden (▶ Abschn. 28.3.1). Als Fließmittelsysteme werden Gemische aus Hexan/Diethylether/Eisessig (70:30:1 Volumenanteile) oder Benzol/Eisessig-Mischungen (88:12 Volumenanteile) eingesetzt. Zur Trennung von 1- und 2-Monoacylglycerinen können borsäureimprägnierte Kieselgelplatten verwendet werden. Da Borsäure mit vicinalen OH-Gruppen wechselwirkt, werden 1-Monoacylglycerine stärker reteniert als die entsprechenden 2-Monoacylisomere.

Zur gaschromatographischen Trennung von Triacylglycerinen können Kapillarsäulen mit unpolaren oder mittelpolaren Trennphasen verwendet werden (▶ Abschn. 28.3.1). An unpolaren Trennphasen werden die Triacylglycerine vor allem hinsichtlich der Kettenlänge ihrer Fettsäuren getrennt. Auf mittelpolaren Säulen beeinflussen zusätzliche Strukturmerkmale (z. B. Anzahl und Geometrie der vorhandenen Doppelbindungen) das Retentionsverhalten wesentlich stärker. Wegen des hohen Siedepunkts und der intensiven Wechselwirkung von Triacylglycerinen mit den Trennphasen müssen bei der Analytik Temperaturen von 300–350 °C verwendet werden. Der Verschleiß der Säulen ist daher sehr hoch. Um eine Elution der Trennphasen bei hohen Temperaturen zu verhindern, kommen Säulen mit ko-

◻ **Abb. 28.9** Chemische Strukturen von Mono-, Di- und Triacylglycerinen. Mono-, Di- und Triacylglycerin bestehen aus Glycerin als dreiwertigem Alkohol und Fettsäuren

28

valent gebundenen Trennphasen zum Einsatz. Triglyceride, die mehrfach ungesättigte Fettsäuren (Linolsäure, Linolensäure) enthalten, sind bei solch hohen Analysetemperaturen häufig nicht stabil und können deshalb nicht exakt quantifiziert werden. Diacylglycerine analysiert man unter ähnlichen Bedingungen wie die Triacylglycerine. Eine Silylierung der freien OH-Gruppe (z. B. mit BSTFA) ist jedoch zu empfehlen. Monoacylglycerine sollten in jedem Fall silyliert werden.

Für die HPLC-Analytik von Mono-, Di- und Triacylglycerinen eignen sich Normalphasensäulen. Die Detektion der eluierten Lipide ist besonders bei Acylglycerinen mit ausschließlich gesättigten Fettsäuren ein Problem, da diese kein UV-Licht absorbieren. Deshalb müssen Massendetektoren (▸ Abschn. 28.3.2) eingesetzt werden. Sind ungesättigte Fettsäuren vorhanden, kann bei 205 nm detektiert werden. Bei Mono- und Diacylglycerinen können durch Derivatisierung der freien OH-Gruppen chromophore oder fluorophore Reste eingeführt werden.

Wachse werden meist durch Kombination mehrerer Chromatographiearten analysiert. Als häufig angewandte Methode zur Analytik von Wachsen hat sich die Ethanolyse mit anschließender Acetylierung der entstehenden Alkohole durchgesetzt. Die dabei entstehenden Derivate (Fettsäureethylester, acetylierte Alkohole) können gaschromatographisch analysiert werden (▸ Abschn. 28.3.1).

**Cholesterol und Cholesterylester**    Cholesterol und Cholesterylester (◻ Abb. 28.10) sind von großer Bedeutung bei der Pathogenese der Atherosklerose. Freies Cholesterol kommt als Strukturelement in allen Biomembranen, aber auch in den Lipoproteinen vor. Cholesterylester lassen sich in größeren Mengen nur in Lipoproteinen nachweisen. Aufgrund ihrer pathophysiologischen Bedeutung ist eine Vielzahl von Analysemethoden zum Nachweis und zur Quantifizierung von Cholesterol und Cholesterylestern entwickelt worden. Zur Quantifizierung des Serumcholesterols stehen Testkits zur Verfügung, mit denen sowohl das freie als auch das veresterte Cholesterol bestimmt werden können. Dabei wird freies Cholesterol durch die Cholesterol-Oxidase oxidiert, wobei $H_2O_2$ entsteht. Das $H_2O_2$ wird

anschließend in einer Peroxidasereaktion mit einem Redoxindikator umgesetzt, der dabei seine Farbe ändert. Die Farbänderung kann photometrisch quantifiziert werden. Da die Cholesterol-Oxidase nur mit freiem, nicht aber mit verestertem Cholesterol reagiert, müssen zur Bestimmung des Gesamtcholesterols die Cholesterylester hydrolysiert werden. Dazu wird ein Hilfsenzym, die Cholesterol-Esterase, zugesetzt. Aus der Differenz zwischen Gesamtcholesterol und freiem Cholesterol kann die Konzentration der Cholesterylester ermittelt werden.

Neben der Cholesterol-Oxidase-Methode gibt es eine Reihe chromatographischer Nachweismethoden für Cholesterol und Cholesterylester. So können in einem HPLC-Lauf freies Cholesterol und die Hauptcholesterylesterfraktionen aus menschlichem LDL voneinander getrennt werden (◻ Abb. 28.11).

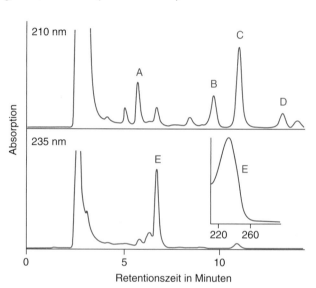

◻ **Abb. 28.11**   HPLC-Analyse von Cholesterol und Cholesterylestern. Ein Lipidextrakt aus menschlichem LDL wurde auf einer Nucleosil-50-Säule (250 mm × 5 mm, 7 µm Partikelgröße) mit einem Laufmittel von Acetonitril/Isopropanol (75:25 Volumenanteile) bei einer Säulentemperatur von 45 °C analysiert. Lösungsmittelfluss 1 ml min⁻¹. (A) freies Cholesterol, (B) Cholesterylarachidonat, (C) Cholesteryllinoleat, (D) Cholesteryloleat, (E) Cholesterylester, die eine oxidierte Linolsäure tragen. Eingefügt ist das UV-Spektrum des Peaks (E)

◻ **Abb. 28.10**   Chemische Struktur von Cholesterol und Cholesterylestern. Bei den Cholesterylestern, die vor allem in den Lipoproteinen, besonders in den Lipoproteinen geringer Dichte (LDL) und denen hoher Dichte (HDL), vorkommen, ist die freie OH-Gruppe des A-Rings durch eine meist ungesättigte Fettsäure (Ölsäure, Linolsäure) verestert

**Cholesterol**

**Cholesteryllinoleat**

### 28.4.4 Polare Esterlipide

#### 28.4.4.1 Phospholipide

Phospholipide werden wegen ihres unterschiedlichen Aufbaus in verschiedene Klassen eingeteilt (◘ Abb. 28.12). Für die analytische Trennung der verschiedenen Phospholipidklassen gibt es mehrere dünnschichtchromatographische Systeme (▶ Abschn. 28.3.1). So können die Hauptphospholipidklassen tierischer Zellen mit Fließmittelsystemen aus Chloroform/Methanol/Wasser/Eisessig auf Kieselgelplatten gut voneinander getrennt werden (◘ Tab. 28.4). Da Phosphatidylserine und Phosphatidylinositole sehr ähnliche Polaritäten besitzen, werden diese Lipidklassen in der eindimensionalen Dünnschichtchromatographie nicht voneinander getrennt. Eine Trennung dieses kritischen Paars ist jedoch mit der zweidimensionalen Dünnschichtchromatographie möglich. Durch Anwendung der hochauflösenden Dünnschichtchromatographie (HPTLC) konnte die Phospholipidtrennung deutlich verbessert werden.

| | polare Kopfgruppe | Phospholipidklasse |
|---|---|---|
| Wasserstoff | $-H$ | Phosphatidsäure |
| Ethanolamin | $-CH_2-CH_2-\overset{+}{N}H_3$ | Phosphatidylethanolamine |
| Cholin | $-CH_2-CH_2-\overset{+}{N}(CH_3)_3$ | Phosphatidylcholine |
| Serin | $-CH_2-\underset{COO^-}{CH}-\overset{+}{N}H_3$ | Phosphatidylserine |
| Inositol |  | Phosphatidylinositole |
| Phosphatidylglycerin |  | Cardiolipine |

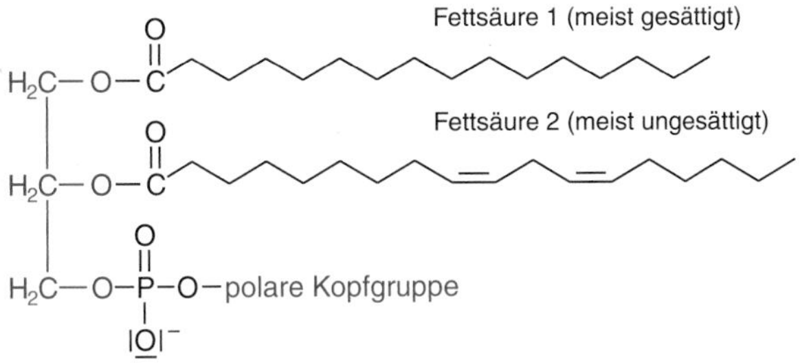

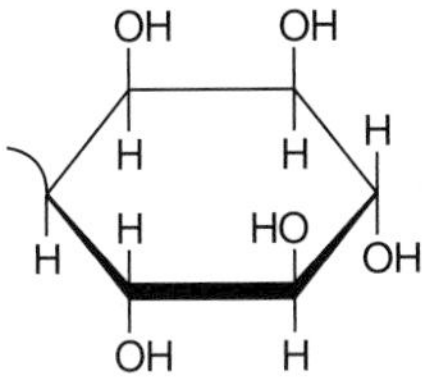

◘ **Abb. 28.12** Chemische Struktur verschiedener Glycerophospholipidklassen. Glycerophospholipide bestehen aus Glycerin als dreiwertigem Alkohol, der mit einer meist gesättigten Fettsäure am C1-Atom verestert ist. Am C2 des Glycerins befindet sich häufig eine ungesättigte Fettsäure, während am C3 eine polare Kopfgruppe über eine Phosphodiesterbindung gebunden ist. Nach der chemischen Natur der polaren Kopfgruppe werden die Glycerophospholipide klassifiziert. Eine Sonderstellung unter den Glycerophospholipiden nehmen die Cardiolipine ein, da ihre Kopfgruppe (Glycerophosphatidsäure) zusätzliche Fettsäuren enthält. Diese Phospholipide kommen vor allem in der Mitochondrieninnenmembran vor und spielen aufgrund ihrer Struktur eine wichtige Rolle bei der Entstehung des Protonengradienten im Rahmen der Zellatmung (Protonenfalle). Eine weitere Phospholipidklasse, die für die Struktur von Biomembranen bedeutsam ist, sind die Sphingomyeline. Sie enthalten statt eines Glycerinrestes eine Sphingoidbase und werden bei den Sphingolipiden näher besprochen

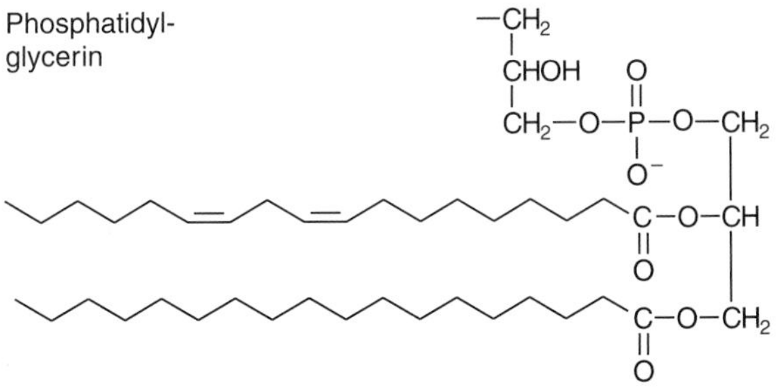

Für die Trennung verschiedener Phospholipidklassen wurde eine Reihe von HPLC-Systemen entwickelt. Die Kopplung (LC-MS/MS) von HPLC mit der Tandemmassenspektrometrie (▶ Abschn. 28.3.1.2) gewinnt aufgrund ihrer hohen Empfindlichkeit und wegen der Datenvielfalt, die bei einer einzelnen Analyse anfällt, zunehmend an Bedeutung für die Analyse der Phospholipidzusammensetzung biologischer Materialien. In

Abb. 28.13 ist ein Beispielchromatogramm einer Phospholipidanalyse mittels LC-MS/MS dargestellt.

Die Summe aller Phospholipide in einer biologischen Probe kann durch Phosphatbestimmung im Lipidextrakt (▶ Abschn. 28.2) quantifiziert werden. Dazu wird der Lipidextrakt im Vakuum getrocknet. Den Rückstand verascht man mit einer Mischung aus 10 N Schwefelsäure und 60 %iger Perchlorsäure für 30 min bei 200 °C. Die Veraschungsprodukte werden in 150 μl Wasser aufgenommen und mit 800 μl einer Malachitgrün-Ammoniummolybdatlösung für 10 min bei Raumtemperatur inkubiert. Der dabei entstehende grüne Farbkomplex kann bei 660 nm im Photometer quantifiziert werden. Bei dieser Bestimmungsmethode muss unbedingt darauf geachtet werden, dass alle Reagenzien und Reaktionsgefäße phosphatfrei sind. Daher sollte phosphatfreies Wasser verwendet und alle Glasgeräte mit konzentrierter Schwefelsäure vorbehandelt werden.

**Glykosphingolipide** Neben den Glycerophosphatiden bilden die Glykosphingolipide (▣ Abb. 28.14) eine zweite große Klasse polarer Lipide. Neutrale und einfach geladene Glykolipide können durch normale Folch-Extraktion (▶ Abschn. 28.2.1) präpariert werden. Ganglioside mit hohem Kohlenhydratanteil bleiben jedoch teilweise in der wässrigen Phase und können daraus mittels Festphasenextraktion an C18-Kartuschen (▶ Abschn. 28.2.2)

▣ **Tab. 28.4** Dünnschichtchromatographische Trennung von Phospholipidklassen. Ein Lipidextrakt aus Rattenlebermitochondrien wurde auf eine Kieselgelplatte aufgetragen und mit dem Laufmittelsystem Chloroform/Methanol/Wasser/Eisessig (65:25:4:1 Volumenanteile) chromatographiert

| Phospholipidklassen | Rf-Wert |
|---|---|
| Lysophosphatide | 0,09 |
| Phosphatidylserine, Phosphatidylinositole | 0,20 |
| Sphingomyeline | 0,30 |
| Phosphatidylcholine | 0,45 |
| Phosphatidylethanolamine | 0,70 |
| Cardiolipine | 0,81 |
| Neutrallipide | 0,92 |

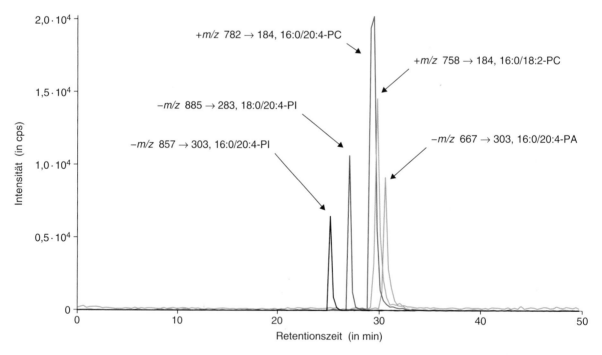

▣ **Abb. 28.13** LC-MS/MS-Analyse einer Mischung von Phospholipidstandards. Die Lipidmischung wurde auf einer Luna RP-HPLC-Säule (150 × 2 mm, 3 μm Partikelgröße, Phenomenex, CA) in die einzelnen Phospholipidklassen aufgetrennt. Dabei wurde ein linearer Gradient der Lösungsmittelsysteme A und B verwendet (von 50 % B auf 100 % B in 10 min, gefolgt von einem 30-minütigen iso-kratischen Nachlauf bei 100 % B). Lösungsmittel A: Methanol: Acetonitril:Wasser = 60:20:20, vol./vol., 1 mM Ammoniumacetat; Lösungsmittel B: 100 % Methanol, 1 mM Ammoniumacetat; Flussrate 0,2 ml min$^{-1}$. Als Detektionssystem wurde ein AB Sciex 4000 Q-Trap-System verwendet. Die Daten wurden freundlicherweise von Dr. V.D. O'Donnell, Universität Cardiff, zur Verfügung gestellt

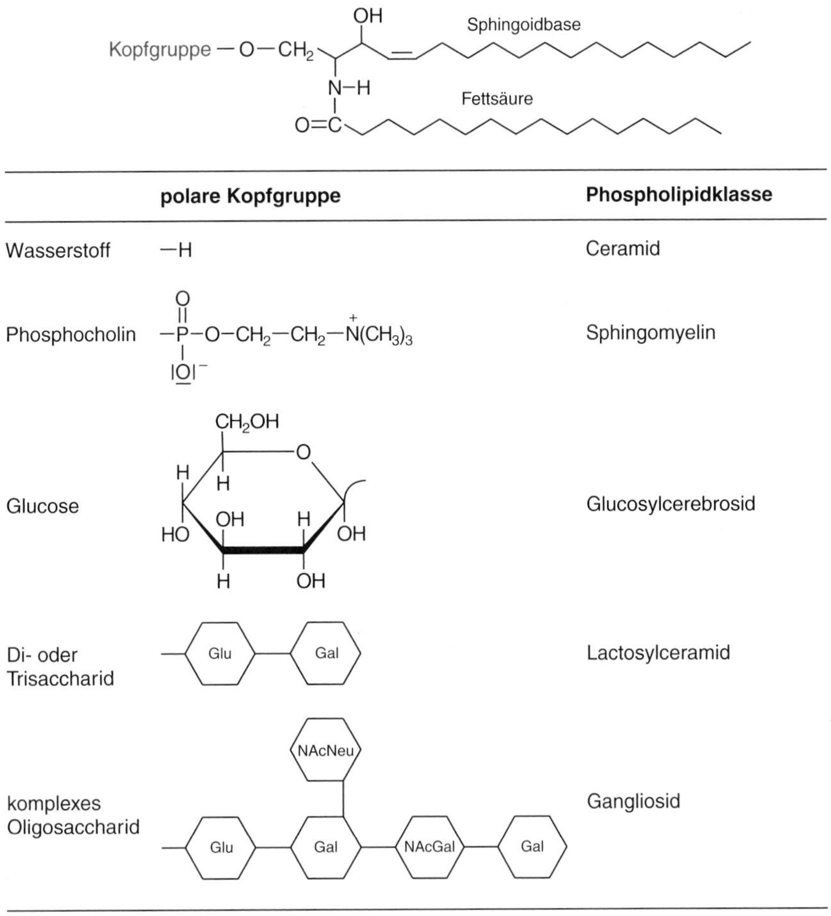

**Abb. 28.14** Chemische Struktur verschiedener Sphingolipide. Die Sphingoidbase (Sphingosin, Sphinganin, Hydroxysphinganin) bildet das Rückgrat dieser Lipidklasse. Daran ist über eine Säureamidbindung eine meist gesättigte Fettsäure gebunden. Auch Sphingolipide werden entsprechend ihrer polaren Kopfgruppe in verschiedene Untergruppen eingeteilt

| | polare Kopfgruppe | Phospholipidklasse |
|---|---|---|
| Wasserstoff | —H | Ceramid |
| Phosphocholin | | Sphingomyelin |
| Glucose | | Glucosylcerebrosid |
| Di- oder Trisaccharid | | Lactosylceramid |
| komplexes Oligosaccharid | | Gangliosid |

und/oder durch Anionenaustauschchromatographie isoliert werden. Zur kompletten Strukturanalyse von Glykosphingolipiden müssen mehrere Methoden kombiniert werden, um die Zusammensetzung, die Sequenz und die Anomerkonfiguration der Oligosaccharidkomponente zu bestimmen. Zusätzlich müssen die Struktur der Fettsäure und der Sphingoidbase analysiert werden. Zur Fragmentierung können gereinigte Glykolipide mit methanolischer HCl behandelt werden. Die dabei entstehenden Methanolyseprodukte der Kohlenhydrate, der Fettsäuremethylester und die langkettige Sphingoidbase, werden dann durch chromatographische Methoden weiter analysiert. Die Massenspektrometrie (▶ Abschn. 28.3.2) nicht fragmentierter Glykolipide kann zur Sequenzbestimmung des Kohlenhydratanteils und zur Identifizierung der Ceramidkomponente eingesetzt werden. Zur Abspaltung des Kohlenhydratanteils von der Lipidkomponente können Glykolipide mit Ceramid-Glucanasen behandelt werden. Verschiedene Exoglykosidasen können zur schrittweisen enzymatischen Abspaltung von Monosacchariden aus den Oligosaccharidketten eingesetzt werden (Sequenzierung des Kohlenhydratanteils).

Intakte Glykosphingolipide werden mittels Dünnschichtchromatographie (▶ Abschn. 28.3.1) auf Kieselgelplatten analysiert. Imprägnierung des Kieselgels mit Borsäure vor der dünnschichtchromatographischen Analyse kann die Trennung verschiedener Glykolipidklassen verbessern.

Neben der Dünnschichtchromatographie sind auch verschiedene HPLC-Verfahren zur Trennung von Glykosphingolipiden beschrieben worden. Dabei werden vor allem Normalphasensäulen verwendet. Weiterhin wird die Anionenaustauschchromatographie zur Trennung von Gangliosiden angewandt.

**Ether- und Enoletherlipide** Einige tierische Gewebe (z. B. Herzmuskel) sind reich an Etherlipiden, deren biologische Bedeutung jedoch noch nicht völlig geklärt ist. Bei diesen Lipiden sind einzelne Acylketten nicht über Ester-, sondern über Etherbindungen an Glycerin gekoppelt (▶ Abb. 28.15). Bei den Plasmalogenen ist eine Kohlenwasserstoffkette über eine Enoletherbindung am C1-Atom des Glycerins gebunden, während am C2 eine normale Esterbindung vorliegt. Die Enoletherbindung

**Etherlipide**

**Enoletherlipide (Plasmalogene)**

◻ **Abb. 28.15** Chemische Struktur von Etherlipiden und Plasmalogenen. Bei den Etherlipiden ist das Glycerin meist am C1 über eine Etherbindung mit einem Fettalkohol verbunden. Die anderen Strukturelemente entsprechen denen der Glycerophospholipide. Bei den Enoletherlipiden enthält der am C1 des Glycerins gebundene Fett-

alkohol zwischen seinem ersten und zweiten Kohlenstoffatom eine Doppelbindung. Die Enoletherbindung verleiht der Lipidklasse bestimmte Eigenschaften (z. B. Labilität gegenüber Säurehydrolyse), die analytisch ausgenutzt werden

der Plasmalogene kann im Unterschied zur Esterbindung durch saure Hydrolyse leicht gespalten werden. Dabei entsteht ein langkettiger Aldehyd, der nach Derivatisierung mittels Gaschromatographie analysiert werden kann (▶ Abschn. 28.3.1). Zur Quantifizierung der Plasmalogene kann auch der Phosphatgehalt der 1-Lysophosphatide nach saurer Hydrolyse der Enoletherbindung bestimmt werden. Voraussetzung für eine qualitativ hochwertige Plasmalogenanalytik ist eine saubere Trennung der verschiedenen Phospholipidklassen mittels ein- bzw. zweidimensionaler Dünnschichtchromatographie oder HPLC (▶ Abschn. 28.3.1). Da sich Plasmalogene hinsichtlich ihres Molekulargewichts und ihres Fragmentierungsmusters von den Esterphospholipiden unterscheiden, können sie auch ohne vorherige Trenn- und Derivatisierungsprozedur direkt mit der Elektrosprayionisierungs-Massenspektrometrie (▶ Abschn. 28.3.2) analysiert werden.

### 28.4.5 Lipidhormone und intrazelluläre Signaltransduktoren

**Steroidhormone** Für die Quantifizierung von Steroidhormonen (◻ Abb. 28.16) im Blut werden heute von verschiedenen Firmen Immunassays angeboten, die als Kits verfügbar sind und detaillierte Anweisungen zur Handhabung enthalten. Die Verwendung monoklonaler Antikörper sichert dabei eine hohe Spezifität der Testsysteme. Um radioaktive Abfälle zu vermeiden, werden zunehmend Enzymimmunassays, Fluoreszenzimmunassays bzw. Chemilumineszenzimmunassays entwickelt. Zum überwiegenden Teil können diese Testkits zur Analytik verschiedener Körperflüssigkeiten, vor allem aber von Blutplasma, eingesetzt werden. Eine Vorbehandlung der biologischen Proben ist in der Regel nicht notwendig.

**Eicosanoide** Eicosanoide sind Lipidhormone (◻ Abb. 28.17), die sich von der Arachidonsäure (Δ-5,8,11,14-Eicosatetraensäure) ableiten und verschiedene physiologische Funktionen haben (z. B. Regulation der Nierenfunktion, Blutplättchenaggregation, Uteruskontraktion). Weiterhin sind sie an pathophysiologischen Prozessen (z. B. Allergie, Entzündung, Thrombose) beteiligt. Sie werden durch die Enzyme der Arachidonsäurekaskade (◻ Abb. 28.18) gebildet und können in vier große Gruppen eingeteilt werden:

- Prostanoide (Prostaglandin $D_2$, $E_2$, $F_{2\alpha}$, Prostacyclin) und Thromboxane (TX $A_2$; TX $B_2$). Diese Produkte werden über den Cyclooxygenaseweg (COX) synthetisiert.
- Peptidoleukotriene (Leukotriene $C_4$, $D_4$ und $E_4$). Diese Produkte werden über den Lipoxygenaseweg (LOX) synthetisiert.
- Hydroxy- und Hydroperoxyfettsäuren (z. B. Leukotrien $B_4$, 12- und 15-Hydro(pero)xyeicosatetraensäure). Auch diese Produkte werden über den Lipoxygenaseweg (LOX) synthetisiert.
- Epoxyfettsäuren und deren Hydrolyseprodukte (Diole). Diese Produkte werden über den Cytochrom-P-450-Weg der Arachidonsäurekaskade synthetisiert.

Prostaglandine werden über den Cyclooxygenaseweg der Arachidonsäurekaskade synthetisiert (◻ Abb. 28.18), dessen Schüsselenzyme die COX1 bzw. COX2 sind. Die COX1 wird in vielen somatischen Zellen exprimiert und ist für die Biosynthese der „physiologischen Prostaglandine" zuständig. Die COX2 ist vor allem in aktivierten Entzündungszellen (Granulozyten, Lymphozyten, Makrophagen) nachweisbar und katalysiert die Biosynthese proinflammatorischer Prostaglandine. Beide Enzyme haben eine ähnliche Raumstruktur (◻ Abb. 28.19 und 28.20, die beiden zugehörigen Videos), unterscheiden sich aber hinsichtlich

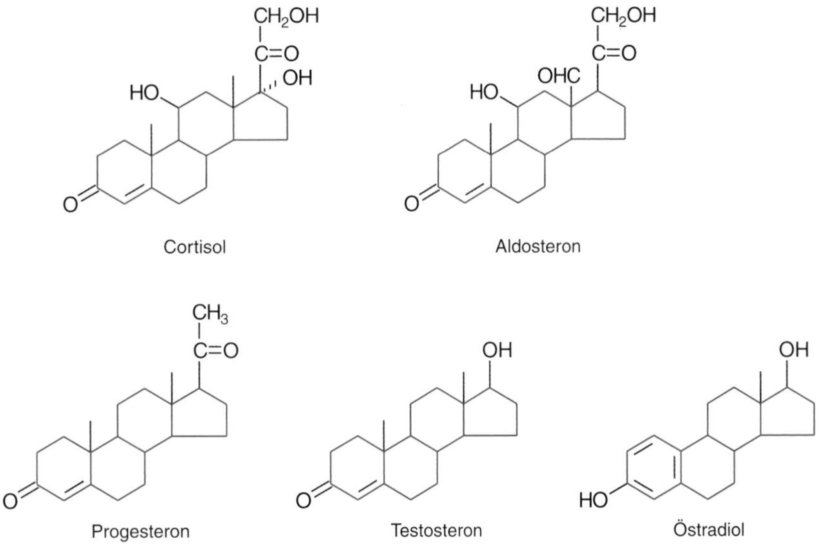

**Abb. 28.16** Chemische Struktur ausgewählter Steroidhormone. Im menschlichen Organismus werden die Steroidhormone in verschiedenen Organen (z. B. Nebennierenrinde, Gonaden, Plazenta) aus Cholesterol synthetisiert und dann ins Blut abgegeben. Ihre Biosynthese erfolgt über eine Reihe von stabilen Zwischenstufen, die auch hormonell aktiv sind

ihrer Sensitivität gegenüber verschiedenen Hemmstoffen. Selektive Hemmstoffe der COX2 (Coxibe) gehören als verschreibungspflichtige Medikamente zu den am meisten verkauften Arzneimitteln weltweit. Aufgrund ihrer geometrischen Eigenschaften können Coxibe zwar an das aktive Zentrum der COX2, nicht aber an die COX1 binden.

Für die Quantifizierung der verschiedenen Prostaglandine wurden noch vor einigen Jahren GC-basierte Analysesysteme verwendet, wobei die Analyten derivatisiert werden mussten. Heute stehen unterschiedliche LC-MS/MS-Systeme zur Verfügung, die keine Derivatisierung mehr erfordern. In Gegensatz zu den Prostaglandinen besitzen die meisten Hydroxyfettsäuren und Leukotriene konjugierte Doppelbindungssysteme, die leicht bei 235 nm (konjugierte Diene), bei 270 nm (konjugierte Triene) bzw. bei 300 nm (konjugierte Tetraene) detektiert werden können. Mit den heute verfügbaren Diodenarraydetektoren können die Chromatogramme simultan bei diesen Wellenlängen verfolgt werden, wodurch ein Maximum an analytischen Informationen gewährleistet wird. Peptidoleukotriene werden vor allem auf RP-HPLC-Säulen analysiert, bei anderen Eicosanoiden sind kombinierte RP-HPLC- und NP-HPLC-Techniken üblich.

Zur Analytik des Eicosanoms als Teilmenge des zellulären Lipidoms wurden verschiedene LC-MS/MS-basierte Analysemethoden entwickelt, mit denen in einem chromatographischen Lauf mehr als hundert unterschiedliche Eicosanoide quantifiziert werden können ( Abb. 28.21). Dabei muss allerdings kritisch angemerkt werden, dass die strukturelle Vielfalt

der biologisch wirksamen Eicosanoide solch komplexe Analysemethoden vor gravierende Probleme stellt. Je mehr Substanzen simultan quantifiziert werden sollen, desto höher ist die Wahrscheinlichkeit, dass bestimmte kritische Metabolitpaare nicht oder nur unzureichend voneinander getrennt werden können. Weiterhin sind z. B. Enantiomere, die aufgrund ihrer unterschiedlichen biologischen Aktivität in der Eicosanoidanalytik eine große Rolle spielen, weder durch konventionelle HPLC-Techniken noch durch massenspektrometrische Analytik voneinander zu unterscheiden.

Neben der HPLC ist die Kapillargaschromatographie eine wichtige Analysemethode in der Eicosanoidforschung, die meist in Kombination mit der Massenspektrometrie angewandt wird. Prostaglandine und Hydroxyfettsäuren können nach entsprechender Derivatisierung (Veresterung, Silylierung) gaschromatographiert werden, während die Peptidoleukotriene sich dafür nicht eignen. Durch Kopplung der GC mit der MS können neben dem Retentionsverhalten zusätzliche massenspektroskopische Strukturparameter der Eicosanoide bestimmt werden.

Für ausgewählte Eicosanoide (z. B. $PGE_2$, $TxB_2$, $LTC_4$) sind Immunassays kommerziell erhältlich, die von verschiedenen Firmen als Kits angeboten werden. Aufgrund der geringen Konzentration vieler Eicosanoide in biologischen Materialien (z. B. Urin, Blutplasma, Gelenkflüssigkeit usw.) und um störende Effekte anderer Bestandteile der Körperflüssigkeiten auszuschalten, sollte vor dem eigentlichen Immunassay eine Vorreinigung der Eicosanoide durchgeführt werden. Bei der direkten Verwendung (ohne Vorreini-

**Prostaglandine**

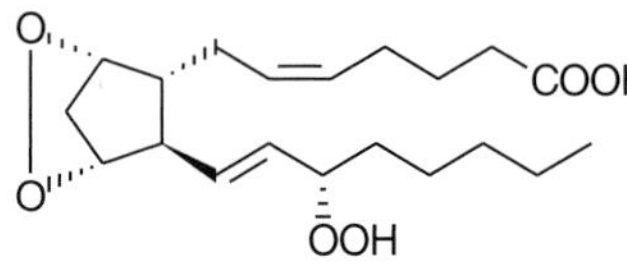

Prostaglandin G₂

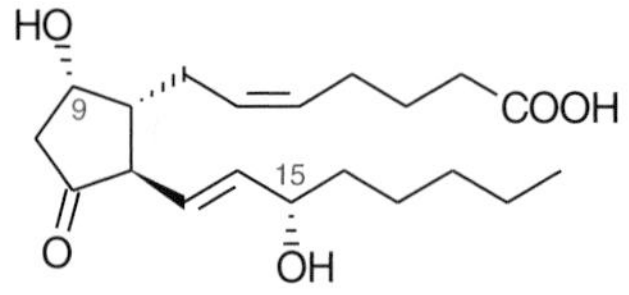

Prostaglandin D₂

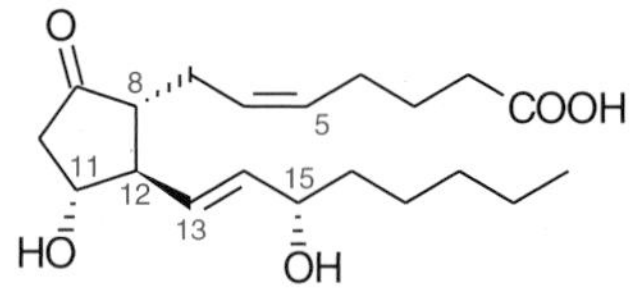

Prostaglandin E₂

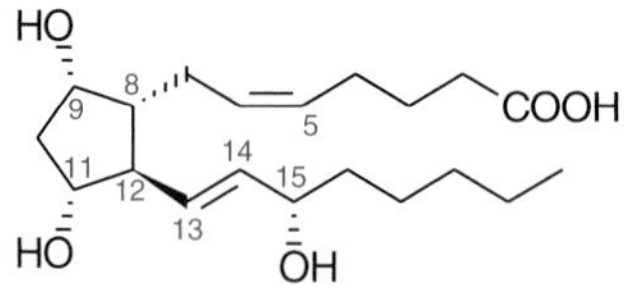

Prostaglandin F₂α

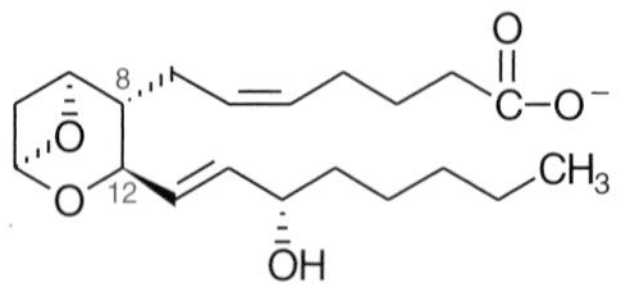

Thromboxan A₂

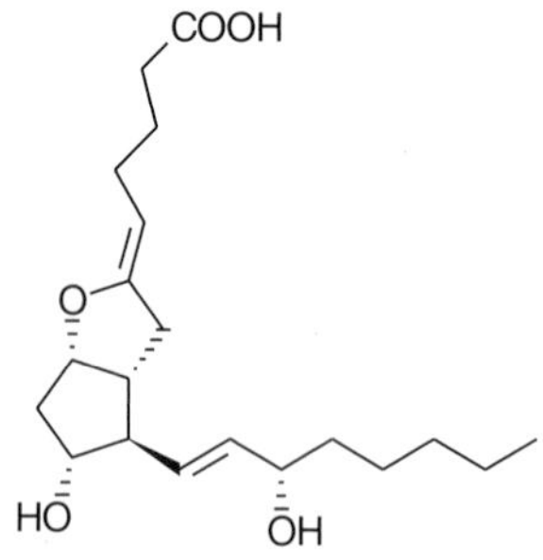

Prostacyclin I₂

**Leukotriene**

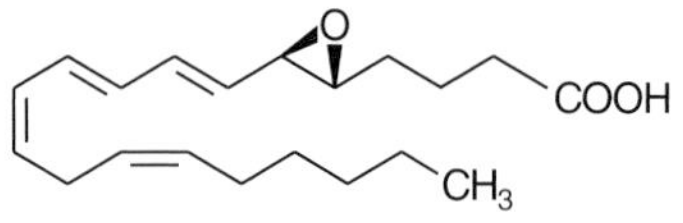

Leukotrien A₄

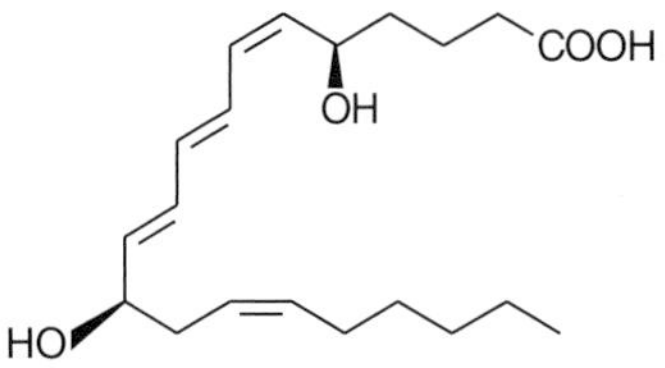

Leukotrien B₄

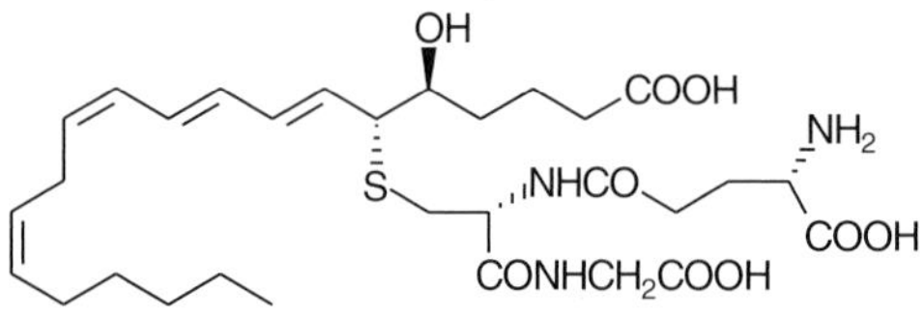

Leukotrien C₄

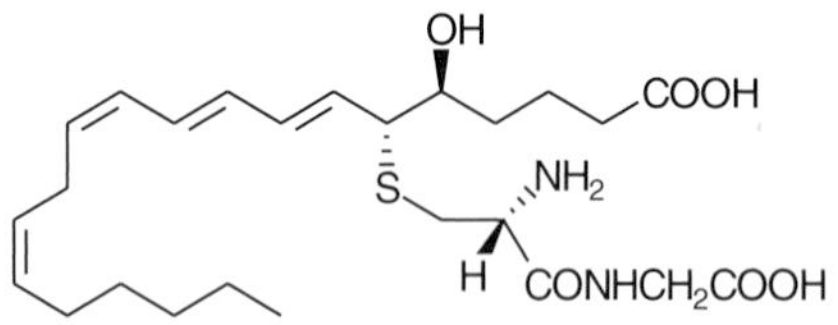

Leukotrien D₄

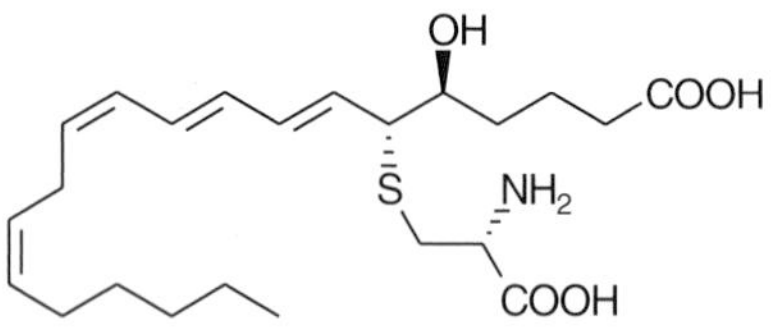

Leukotrien E₄

**Hydroxyfettsäuren**

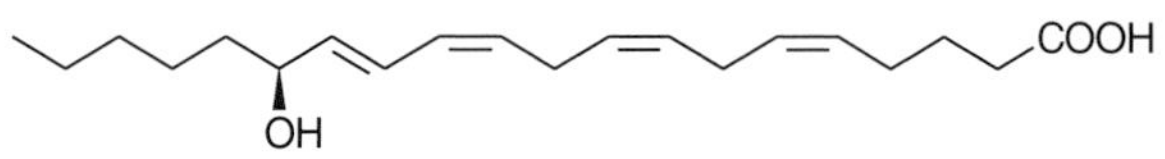

15-Hydroxyeikosatetraensäure (15-HETE)

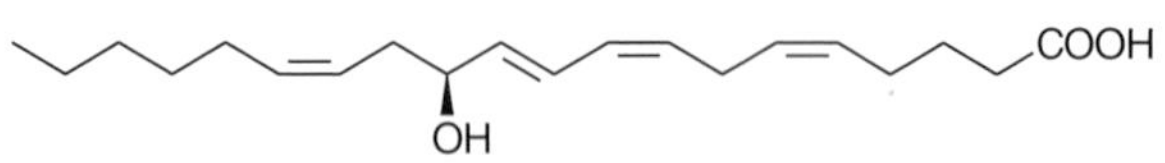

12-Hydroxyeikosatetraensäure (12-HETE)

◼ **Abb. 28.17** Chemische Struktur ausgewählter Eicosanoide. Eicosanoide sind Oxygenierungsprodukte der Arachidonsäure (◼ Abb. 28.18) oder anderer mehrfach ungesättigter Fettsäuren. In der Prostaglandinsynthese ist das cyclische Endoperoxid (PG G₂) das initial gebildete Oxygenierungsprodukt, das nachfolgend zu anderen Prostaglandinen, Thromboxan bzw. Prostacyclin, umgewandelt wird. Bei den Leukotrienen wird das primäre Oxygenierungsprodukt (LT A₄) entweder enzymatisch hydrolysiert (LT-B₄-Bildung) oder an Glutathion gekoppelt (LT-C₄-Bildung). Durch sequenzielle Abspaltung von Aminosäuren des Glutathions entstehen LT D₄ und LT E₄, die ebenfalls biologisch aktiv sind

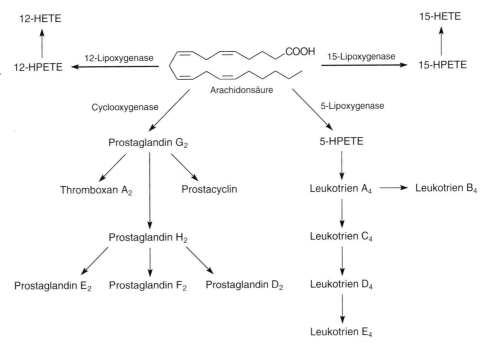

■ **Abb. 28.18** Synthese von Eicosanoiden über die Arachidonsäurekaskade. Die Strukturen der aufgeführten Verbindungen sind in ■ Abb. 28.17 gezeigt. Aus Gründen der Übersichtlichkeit wurde auf die Darstellung des Cytochrom-P450-Weges verzichtet. HPETE: Hydroperoxyeicosatetraensäure

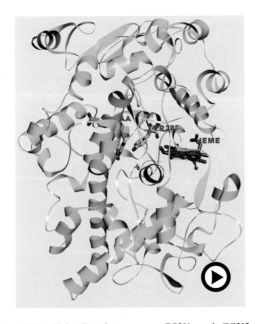

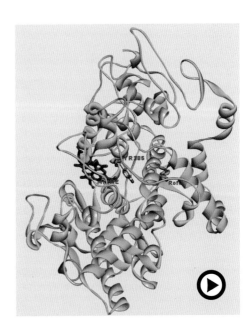

■ **Abb. 28.19** Kristallstrukturen von COX1 und COX2. Beide COX-Isoformen sind Hämoproteine und tragen einen hoch konservierten Tyrosinrest, der für den Katalysemechanismus essenziell ist. Kristallstruktur des COX1-Arachidonsäure-Komplexes (PDB-Id: 1DIY; ► www.rcsb.org). Das Substrat der COX-Reaktion wird am aktiven Zentrum des Enzyms gebunden, sodass das Kohlenstoffatom C13 der Substratfettsäure in räumlicher Nähe zu Tyr385 lokalisiert ist. (siehe Video 28.19) (► https://doi.org/10.1007/000-1fs)

■ **Abb. 28.20** Kristallstrukturen von COX1 und COX2. Beide COX-Isoformen sind Hämoproteine und tragen einen hoch konservierten Tyrosinrest, der für den Katalysemechanismus essenziell ist. Kristallstruktur des COX2-Rofecoxib-Komplexes (PDB-Id: 5KIR). Die Substratbindungstasche der COX2 ist durch den spezifischen COX2 Hemmstoff Rofecoxib blockiert, sodass keine Substratfettsäure mehr binden kann. Die beiden Abbildungen und die dazu gehörenden Videos wurden von Dr. Kumar R. Kakularam, Institut für Biochemie, Universitätsmedizin Berlin – Charité – auf der Basis der PDB-Einträge erstellt (siehe Video 28.20) (► https://doi.org/10.1007/000-1fr)

gung) von biologischen Extrakten zur Eicosanoid-quantifizierung mittels Immunassays sollte beachtet werden, dass eine Kreuzreaktivität der verwendeten Antikörper mit anderen Komponenten der Extrakte nicht sicher ausgeschlossen werden kann. Deshalb sollten solche Analysendaten zumindest stichprobenartig mit einer geeigneten physiko-chemischen Methode (z. B. LC-MS/MS) bestätigt werden.

28

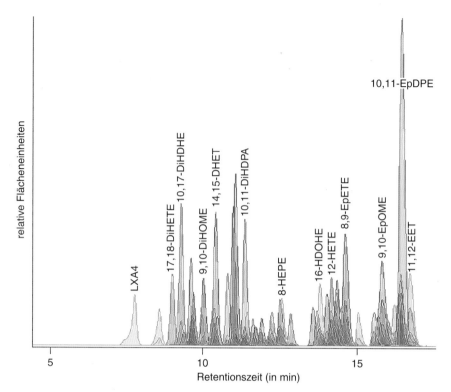

**Abb. 28.21** LC-MS-Analyse von Eicosanoiden. Eine Mischung von Standardverbindungen verschiedener Eicosanoide wurde mittels LC-MS/MS bei 40 °C auf einer Zorbax-C-18-Eclipse-plus-Säule (2,1 × 150 mm, 3,5 μm Partikelgröße) mit einem binären Lösungsmittelgradienten (Lösungsmittel A: Acetonitril; Lösungsmittel B: 10 mM Ammoniumacetat) analysiert. Gradient: 0–1 min: 95 % B; 1–2 min: von 95 % B auf 70 % B; 2–18,7 min: von 70 % B auf 33 % B; 18,7–25 min: von 33 % B auf 10 % B; Flussrate 0,4 min min⁻¹. Gerätekonfiguration: Agilent 1200SL HPLC-System gekoppelt mit einem Agilent 6460 Triplequad-Massenspektrometer (Elektrosprayionisierung). Folgende Eicosanoide wurden zur Analyse aufgetragen (in der Reihenfolge ihrer Elution): LXA4, Resolvin D1, LTB5, 17,18-DiHETE, 10,17-DiHDHE, 14, 15-DiHETE, LTB4-D4, LTB4, 12,13-DiHOME-D4, 11,12-DiHETE, 12,13-DiHOME, 8,9-DiHETE, 9,10-DiHOME, 14,15-DHET-D11, 19,20-DiHDPA, 14,15-DHET, 5,6-DiHETE, 16,17-DiHDPA, 11,12-DHET, 13,14-DiHDPA, 13,14-DiHDPA, 19-HEPE, 20-HEPE, 10,11-DiHDPA, 8,9-DHET, 18-HEPE, 7,8-DiHDPA, 5,6-DHET, 19-HETE, 20-HETE-d6, 20-HETE, 15-HEPE, 9-HEPE, 8-HEPE, 12-HEPE, 21-HDOHE, 5-HEPE, 22-HDOHE, 15-HETE-d8, 15-HETE, 16-HDOHE, 17-HDOHE, 13-HDOHE, 17,18-EpETE, 14-HDOHE, 10-HDOHE, 11-HETE, 8-HDOHE, 11-HDOHE, 7-HDOHE, 8-HETE, 9-HETE, 12-HETE, 5,6-EpETE, 5-HETE, 11,12-EpETE, 14,15-EpETE, 8,9-EpETE, 4-HDOHE, 12,13-EpOME-D4, 12,13-EpOME, 9,10-EpOME, 19,20-EpDPE, 14,15-EET-d8, 14,15-EET, 5,6-EET, 16,17-EpDPE, 10,11-EpDPE, 13,14-EpDPE, 7,8-EpDPE, 11,12-EET, 8,9-EET. Die Daten wurden freundlicherweise von Dr. M. Rothe (LIPIDOMIX GmbH, Berliner Allee 261–262, 13088 Berlin) zur Verfügung gestellt

**Endocannabinoide**    Endocannabinoide sind endogen synthetisierte Liganden der Cannabinoidrezeptoren CB1 und CB2, an die auch Tetrahydrocannabinol (THC) als externer Ligand bindet. THC kommt in großen Mengen in Pflanzen der Gattung Hanf (*Cannabis*) vor und wird durch hitzeinduzierte Decaboxylierung aus Vorläufermolekülen freigesetzt. Es induziert Glücksgefühle, Analgesie und wird für die berauschende Wirkung des Marihuanakonsums verantwortlich gemacht. Endogene Liganden der Cannabinoidrezeptoren werden in Anlehnung an die Endorphine als Endocannabinoide bezeichnet. Ähnlich wie Endorphine unterdrücken sie aufgrund ihrer analgetischen Wirkung das exzessive Schmerzgefühl und stellen damit u. a. sicher, dass auch bei schweren Verletzungen der Fluchtreflex möglich bleibt. Neben der analgetischen Wirkung, die vor allem auf die Hemmung der Schmerztransmission zum Gehirn zurückzuführen ist, fungieren Endocannabinoide auch als pleiotrope periphere Hormone und beeinflussen u. a. den Stoffwechsel von Zielzellen, die Nahrungsaufnahme und das Vergessen negativer Erlebnisse. Die beiden bekanntesten Endocannabinoide sind Anandamid (Arachidonylethanolamid AEA) und 2-Arachidonylglycerin (2-AG). Daneben gibt es strukturverwandte endogene Lipide (z. B. Oleoylethanolamid OEA, Palmitoylethanolamid PEA, Vaccinoylethanolamid VEA u. a.), die ebenfalls biologische Effekte hervorrufen. Diese Lipide werden als endocannabinoidähnliche Substanzen bezeichnet. Aufgrund der interessanten biologischen Wirkungen wurden LC-MS/MS-basierte Analysesysteme entwickelt, mit denen die Konzentrationen dieser Substanzen im Blutplasma, in anderen Körperflüssigkeiten und im Gewebe quantifiziert werden können (■ Abb. 28.22).

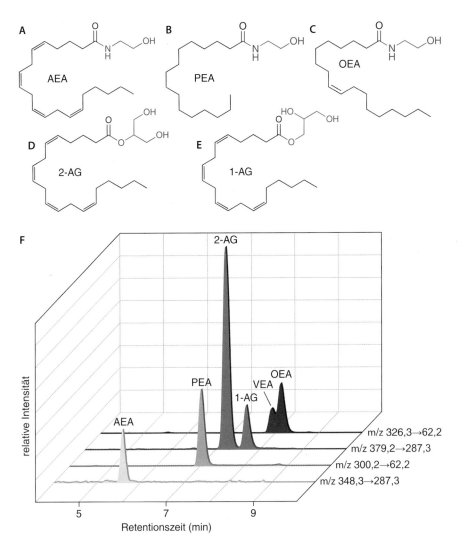

**Abb. 28.22**  Chemische Struktur und LC-MS/MS-Analyse von Endocannabinoiden im Blutplasma von Mäusen. **A** Arachidonylethanolamid (AEA), **B** Palmitoylethanolamid (PEA), **C** Oleoylethanolamid (OEA), **D** 2-Arachidonylglycerin (2-AG), **E** 1-Arachidonylglycerin (1-AG). **F** LC-MS/MS-basierte Endocannabinoidanalytik: Das Blut von Mäusen wurde unter Verwendung von EDTA als Gerinnungshemmer durch Herzpunktion gewonnen. Die Blutzellen wurden abzentrifugiert und die Plasmalipide wurden mit Ethylacetat extrahiert. Die organische (obere) Phase wurde abgetrennt, das Lösungsmittel verdampft und die Lipide wurden in Acetonitril gelöst. Die chromatographische Trennung der Endocannabinoide erfolgte mit einer Acquity UPLC-BEH-C18-Säule (100 × 2,1 mm, Partikelgröße 1,7 µm; Waters, Eschborn, Germany) mit folgendem Gradientensystem: 0–0,5 min isokratische Elution mit 80 % Fließmittel A; dann innerhalb von 0,1 min (von 0,5–0,6 min) in einem linearen Gradienten auf 40 % Fließmittel A; anschließend in 7,4 min (von 0,6–8,0 min) in einem linearen Gradienten auf 36,5 % Fließmittel A. Ab-

schließend erfolgte ein isokratischer Nachlauf bis 10 min bei 5 % Fließmittel A. Danach wurde die Säule für den nächsten analytischen Lauf auf 80 % Fließmittel A rückequilibriert. Als Fließmittel A (niedrige Elutionskraft) wurde Wasser mit 0,0025 % Ameisensäure verwendet. Als Laufmittel B (hohe Elutionskraft) fungierte Acetonitril mit 0,0025 % Ameisensäure. Der zeitliche Verlauf der im Diagramm angegebenen Massenübergänge ($m/z$ Q1→$m/z$ Q2) wurde verfolgt. Die Unterscheidung von 1-AG und 2-AG einerseits und von VEA und OEA andererseits ist durch einfache massenspektrometrische Detektion nicht möglich, da die Molekulargewichte der beiden Substanzpaare und die Hauptfragmentionen identisch sind. Eine exakte Quantifizierung konnte nur durch die Kopplung der Tandemmassenspektroskopie (MS/MS) mit der hier beschriebenen LC-Methode erreicht werden. Das Massenchromatogramm (F) wurde freundlicherweise von Dr. R. Gurke (Institut für Klinische Pharmakologie, Universitätsklinikum der Goethe-Universität Frankfurt am Main) zur Verfügung gestellt

**Diacylglycerine**  Diacylglycerine (DAG) sind wichtige intrazelluläre Lipidmediatoren, die die Proteinkinase C aktivieren und damit an der Regulation verschiedener Enzyme des Zwischenstoffwechsels beteiligt sind. Die intrazelluläre Synthese der Diacylglycerine ist eng mit

dem Phosphatidylinositol-Stoffwechsel verknüpft. Nach Bindung eines Hormons an den entsprechenden Zellmembranrezeptor kommt es zur Aktivierung einer membrangebundenen Phospholipase C (Abb. 28.2), die die Phosphatidylinositole der Zellmembran hydrolytisch spaltet und damit Diacylglycerine und Inositolphosphate freisetzt. Während 1,4,5-Inositoltrisphosphat (1,4,5-IP$_3$) als Calciumionophor eine Depletion intrazellulärer Calciumdepots einleitet und damit die cytosolische Calciumkonzentration erhöht, aktiviert 1,2-Diacylglycerin die Proteinkinase C. Analytisch lassen sich Diacylglycerine mit der Kieselgel-Dünnschichtchromatographie (▶ Abschn. 28.3.1) bzw. mit der Normalphasen-HPLC unter Verwendung von Laufmittelgemischen aus Hexan/Isopropanol (100:2 Volumenanteile) analysieren. Da sie intrazellulär aber nur in sehr geringen Konzentrationen gebildet werden und in der Regel kein Licht absorbieren, ist ihre Detektion problematisch. Als Ausweg bieten sich die **Radiodünnschichtchromatographie** bzw. die Radio-HPLC an. Dabei werden die zu untersuchenden Zellen mit radioaktiv markierten Fettsäuren vormarkiert. Stimuliert man die Zellen mit Rezeptoragonisten, welche die Phospholipase C aktivieren, kommt es zu einer erhöhten Diacylglycerinfreisetzung, die mit der Radiodünnschichtchromatographie bzw. der Radio-HPLC quantifiziert werden kann. Zur Bestätigung der Analyseergebnisse sollten die Diacylglycerinfraktionen nach entsprechender Derivatisierung noch mittels Gaschromatographie/Massenspektrometrie untersucht werden.

**Sphingosinderivate** Sphingosine sind langkettige Aminoalkohole (◨ Abb. 28.23), die lange Zeit lediglich als Bestandteile der Spingolipide (▶ Abschn. 28.1) und damit als Strukturelemente von Biomembranen betrachtet wurden. So ist seit Längerem bekannt, dass Ceramide wichtige Bestandteile der Epidermis sind und damit zur chemischen Penetrationsbarriere der Haut beitragen. Seit einigen Jahren weiß man jedoch, dass Sphingosinderivate auch als Signalmoleküle wirken können. Sie spielen eine wichtige Rolle bei der Regulation von Zellwachstum, Zelldifferenzierung und Apoptose. Ceramide waren die ersten Sphingolipide, deren Funktion bei der Apoptose identifiziert wurde. Im Gegensatz zu den Ceramiden wirkt Sphingosin-1-phosphat (S1P) antiapoptotisch und stellt damit einen physiologischen Gegenspieler der Ceramide dar. Weitere Untersuchungen zeigten, dass S1P auch an der Regulation anderer zellphysiologischer Prozesse beteiligt ist. Es fungiert als intrazelluläres Signalmolekül (zweiter Botenstoff), kann aber auch nach extrazellulär abgegeben werden und als Hormon über die Bindung an S1P-Rezeptoren (S1P1-S1P5) auf Zielzellen wirken. Dabei kommt es zur Freisetzung intrazellulärer Botenstoffe (cAMP, IP$_3$, Ca$^{2+}$), zur Modifizierung der Genexpression und zu Veränderungen des Cytoskeletts, was u. a. den intrazellulären Vesikeltransport beeinflusst. Im Blutplasma kommt S1P in Konzentrationen von bis zu 1 μM vor, ist intrazellulär jedoch nur im nanomolaren Konzentrationsbereich nachweisbar. Besonders bedeutsam ist S1P für die Neubildung von Blutgefäßen in soliden Tumoren, sodass S1P-Antagonisten bzw. Synthesehemmer potenzielle Antitumormedikamente darstellen. Als analytische Methode zur Quantifizierung des zellulären Spiegels an Sphingosinderivaten hat sich die RP-HPLC bewährt. Da die Sphingoidbasen keine charakteristische Lichtabsorption aufweisen, müssen sie vor der Analytik mit *o*-Phthalaldehyden derivatisiert werden. Dadurch wird eine stark fluorophore Gruppe in das Molekül eingeführt, sodass die Derivate in der HPLC detektierbar sind. Heute werden diese Quantifizierungsmethoden jedoch zunehmend durch LC-MS/MS-Verfahren abgelöst, die keine chemische Derivatisierung mehr erfordern.

## 28.5 Lipidvitamine

Die wichtigsten im menschlichen Organismus vorkommenden Lipidvitamine (Vitamine A, D, E und K) sind Isoprenoidderivate. Bis auf wenige Ausnahmen (z. B. Vitamin D$_3$) ist der menschliche Organismus nicht in der Lage, die Substanzen durch De-novo-Synthese zu synthetisieren und ist damit auf die Zufuhr mit der Nahrung angewiesen. In einigen Fällen (z. B. Vitamin A) werden jedoch Vitaminvorstufen (Provitamine) mit der Nahrung aufgenommen, aus denen dann im Organismus die bioaktiven Vitamine synthetisiert werden. Andere Vitamine (z. B. Vitamin K) werden in ausreichenden Mengen durch die natürliche Bakterienflora des Darmes synthetisiert. Für die Diagnostik von Hypovitaminosen, die besonders in Entwicklungsländern und bei einseitiger Ernährung auftreten können, sind empfindliche Analysesysteme zur Bestimmung der Konzentration von Lipidvitaminen im Blutplasma nötig.

Wegen der hohen Verdampfungstemperaturen der meisten Lipidvitamine und wegen ihrer chemischen Instabilität eignet sich die Gaschromatographie nicht für die Quantifizierung der Lipidvitamine. Es wurden für

◨ **Abb. 28.23** Chemische Struktur biologisch relevanter Sphingoidbasen. Sphingoidbasen sind langkettige Aminoalkohole. In tierischen Geweben kommen hauptsächlich die drei aufgeführten Sphingoidbasen mit einer Kettenlänge von 18 Kohlenstoffatomen vor

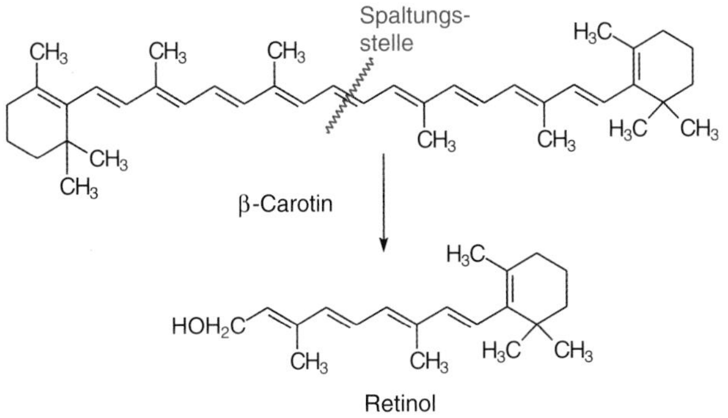

**◘ Abb. 28.24** Chemische Struktur von β-Carotin und Retinol (Vitamin A). Durch Spaltung der gekennzeichneten Doppelbindung wird aus β-Carotin (Provitamin A) das Retinol (Vitamin A) synthetisiert

**◘ Tab. 28.5** UV-Absorptionseigenschaften von Carotinderivaten und von α-Tocopherol

| Carotinoid | $\lambda_{max}$ (in nm) | Molarer Absorptionskoeffizient (in Mol l$^{-1}$ cm$^{-1}$) |
|---|---|---|
| Retinol | 325 | 53.000 |
| Retinylstearat | 325 | 53.000 |
| Lutein | 454 | 144.000 |
| Cryptoxantin | 454 | 131.000 |
| Lycopin | 474 | 185.000 |
| α-Carotin | 447 | 146.000 |
| β-Carotin | 450 | 149 000 |
| γ-Carotin | 454 | 137.000 |
| α-Tocopherol | 293 | 4070 |

alle Lipidvitamine und deren Synthesevorstufen HPLC-Methoden entwickelt, die relativ simpel handhabbar sind und mit einfachen Gerätekonfigurationen (isokratische oder binäre Gradientenelution, UV- bzw. Fluoreszenzdetektion) durchgeführt werden können.

**Vitamin A und Carotine** Vitamin A (Retinol) wird entweder als bioaktives Vitamin oder als Provitamin (z. B. β-Carotin) mit der Nahrung aufgenommen (◘ Abb. 28.24). Als Methode der Wahl für den Nachweis und die Quantifizierung von Retinol hat sich die NP-HPLC durchgesetzt. Die Eigenfluoreszenz (Anregung bei 330 nm, Emission bei 479 nm) des Retinols kann dabei zur Detektion genutzt werden. Da Fluoreszenzmessungen sehr empfindlich sind, können selbst Retinolkonzentrationen nachgewiesen werden, die deutlich unter den Normalwerten des menschlichen Blutplasmas liegen. Steht kein Fluoreszenzdetektor zur Verfügung, kann auch die UV-Absorption bei 325 nm aufgezeichnet werden.

Carotinoide, die Provitamine des Retinols, sind wesentlich hydrophobere Moleküle als das Retinol selbst (◘ Abb. 28.24). Besser als die Normalphasen-HPLC eignen sich deshalb RP-HPLC-Systeme. Da die spektralen Eigenschaften und die molaren Absorptionskoeffizienten bei den verschiedenen Carotinoiden sehr unterschiedlich sind (◘ Tab. 28.5), empfiehlt sich eine simultane Mehrwellenlängendetektion bei der Analyse.

**Vitamin D** Die D-Vitamine (Calciferole) sind eigentlich keine Vitamine, da sie im menschlichen Organismus vollständig synthetisiert werden können. Beim Menschen fungieren sie u. a. als Hormone bei der Regulation der extrazellulären Calciumhomöostase. Die Biosynthese des aktiven Vitamin D$_3$ (1,25-Dihydroxycholecalciferol) beginnt in der Leber durch eine Dehydrierung von Cholesterol zu 7-Dehydrocholesterol (◘ Abb. 28.25). Dieses wird nachfolgend in die Haut transportiert, wo es unter Beteiligung von UV-Licht zu einer oxidativen Spaltung des Sterangerüstes kommt (Spaltung des B-Rings). Anschlie-

ßend wird das dadurch entstandene Cholecalciferol durch 25-Hydroxylierung in der Leber und 1-Hydroxylierung in der Niere in das bioaktive 1,25-Dihydroxycholecalciferol umgewandelt. Wenn die abschließende Hydroxylierung in der Niere am C24 erfolgt, entsteht hingegen das bioinaktive 24,25-Dihydroxycholecalciferol. Die Hauptwirkung des Vitamin D$_3$ besteht darin, einem Abfall des Calciumspiegels im Blutplasma entgegenzuwirken.

Die verschiedenen Vitamin-D-Derivate können mithilfe der RP-HPLC oder der NP-HPLC quantifiziert werden. Aufgrund des Doppelbindungssystems des 1,25-Dihydroxycholecalciferols können die Chromatogramme durch UV-Detektion bei 254 nm verfolgt werden.

**Vitamin E** Tocopherole (◘ Abb. 28.26) bestehen aus einem Chromanring und einer isoprenoiden Seitenkette. Die verschiedenen Tocopherole (z. B. α-Tocopherol, γ-Tocopherol) unterscheiden sich hinsichtlich der Anzahl und der Stellung der Methylgruppen am Chromanring. Als endogene Antioxidanzien schützen Tocopherole Biomoleküle vor Oxidation, da sie z. B. mit Peroxidradikalen reagieren, wobei sie in Tocochinone umgewandelt werden. Dadurch werden radikalische Kettenreaktionen, wie z. B. die nichtenzymatische Lipidperoxidation, unterbrochen. In tierischen Organismen kommen Tocopherole vor allem in Biomembranen und Lipoproteinen vor und sorgen dort dafür, dass es nicht zu einer übermäßigen Oxidation der mehrfach ungesättigten Fettsäuren kommt. Wie alle Antioxidanzien können auch Tocopherole unter bestimmten Bedingungen prooxidativ wirken.

Mittels RP-HPLC können Tocopherole ohne jegliche Derivatisierung quantifiziert werden. Da Tocopherole einen aromatischen Ring enthalten, kann das Chromato-

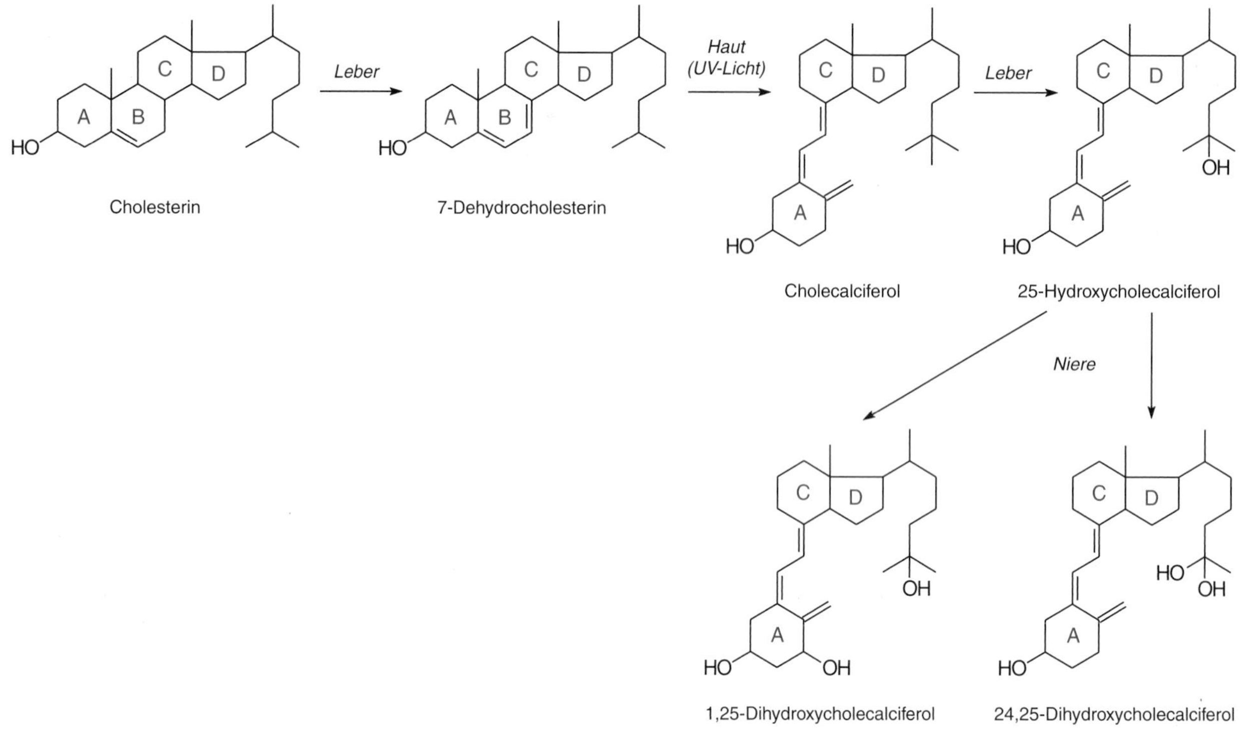

**◘ Abb. 28.25**  Biosynthese von 1,25-Dihydroxycholecalciferol (Vitamin D$_3$). An der Biosynthese des aktiven Vitamin D$_3$ aus Cholesterol sind drei Organe (Leber, Haut, Niere) beteiligt

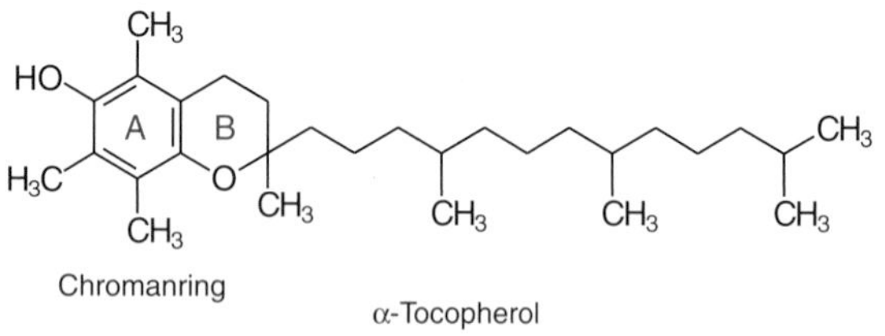

**◘ Abb. 28.26**  Struktur des α-Tocopherols. Der B-Ring des α-Tocopherols kann hydrolytisch gespalten werden, wobei das α-Tocopherolhydrochinon entsteht. Dieses kann durch Elektronenabgabe zum Tocochinon reduziert werden, wobei intermediär ein Hydrosemichinon-Radikal entsteht. Die abgegebenen Elektronen können von freien Radikalen in der Umgebung aufgenommen werden, wodurch Radikalkettenreaktionen unterbrochen werden

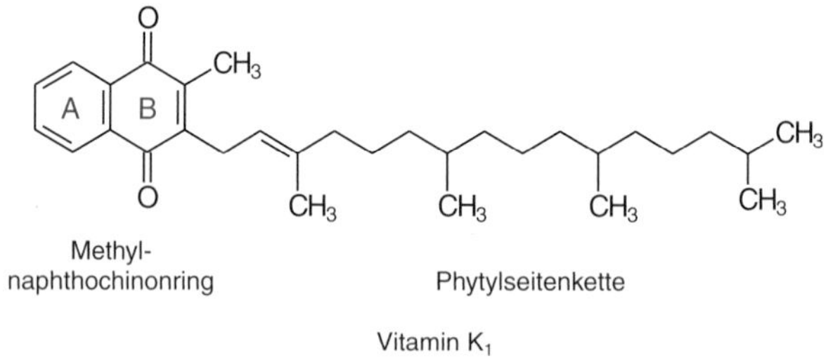

**◘ Abb. 28.27**  Chemische Struktur des Vitamin K$_1$. Das Vitamin K$_2$ trägt statt einer Phytylseitenkette einen Difarnesylrest aus sechs Isopreneinheiten

gramm prinzipiell bei 290 nm verfolgt werden. Da jedoch der molare Absorptionskoeffizient bei 290 nm eher gering ist (s. ◘ Tab. 28.5), besitzt die UV-Detektion keine ausreichende Empfindlichkeit. Deutlich empfindlicher und weniger störanfällig ist dagegen die Fluoreszenzdetektion (Anregung bei 292 nm, Emission bei 325 nm).

**Vitamin K**  Die K-Vitamine (Phyllochinone) leiten sich vom natürlicherweise nicht vorkommenden Menadion ab und besitzen damit Chinonstruktur (◘ Abb. 28.27). Sie sind Cofaktoren bei der posttranslationalen Proteincarboxylierung. Da diese posttranslationale Modifizierung

für die Funktionalität von Gerinnungsfaktoren und Calcifizierungsproteinen bedeutsam ist, kommt es bei chronischen K-Hypovitaminosen gehäuft zu schwer stillbaren Blutungen und/oder zu Mineralisierungsstörungen der Knochen.

Da die verschiedenen K-Vitamine unterschiedlich lange Seitenketten tragen und damit einen relativ großen Polaritätsbereich abdecken, gelingt keine vollständige Trennung in isokratischen HPLC-Trennsystemen, sodass Gradientenelutionen durchgeführt werden müssen. Zur Detektion kann die Messung der Eigenfluoreszenz (Anregung bei 320 nm, Emission bei 430 nm) der Analyten aufgezeichnet werden.

## 28.6 Lipidomanalytik

Das Lipidom einer Zelle umfasst die Gesamtheit aller in dieser Zelle vorkommenden Lipide. Obwohl sich alle biologisch relevanten Lipide aus wenigen, relativ einfach gebauten Grundbausteinen (z. B. Fettsäuren, Glycerol, Isopren etc.) zusammensetzen, enthalten menschliche Zellen Tausende verschiedene Lipidderivate. Diese strukturelle Vielfalt ist das Resultat diverser Biosynthesemechanismen und basiert hauptsächlich auf einer kombinatorischen Veränderung der polaren Kopfgruppen und der unpolaren Seitenketten (Fettsäurederivate), des Cyclisierungsgrades (Polyketide, Isoprenoide) sowie auf einer Modifizierung funktioneller Gruppen. Als Konsequenz aus der schnellen Entwicklung der Genom-, Transkriptom- bzw. Proteomforschung hat man in den letzten Jahren zunehmend versucht, die Lipidome verschiedener Zellen und Gewebe mithilfe von *High-Throughput*-Methoden mehr oder weniger umfassend zu charakterisieren. Um dieses analytische Problem zu lösen, musste eine Basismethode gefunden werden, mit der die unterschiedlichen Lipidspezies voneinander getrennt und separat quantifiziert werden können. In frühen Phasen der Lipidomforschung hat man versucht, diese Aufgabe durch Kombination verschiedener chromatographischer Techniken (HPLC) zu lösen. Bald schon stellte sich jedoch heraus, dass dieses methodische Vorgehen sehr arbeitsintensiv war und nicht die nötige Sensitivität besaß, um vor allem jene Lipide analysieren zu können, die nur in geringen Mengen in biologischen Extrakten vorkommen. Die Entwicklung der Elektrosprayionisations-Massenspektrometrie und deren Anwendung in der Lipidanalytik stellten einen Wendepunkt der zellulärer Lipidomanalytik dar. Mithilfe dieser Technik ist es heute möglich, komplexe Lipidextrakte auch ohne chromatographische Vorreinigung

einzelner Lipidklassen umfassend und mit hinreichender Genauigkeit zu analysieren. Die Kopplung mit einer chromatographischen Analysetechnik erhöht die Qualität der Lipidomanalytik deutlich.

In ◻ Abb. 28.28 ist die experimentelle Strategie für die Lipidomanalyse eines zellulären Gesamtlipidextraktes zusammengefasst. Aufgrund der hohen Sensitivität der ESI-MS reichen $10^6$ Zellen bzw. 10 mg Gewebe (Feuchtgewicht) aus, um das Lipidom zu charakterisieren. Initial wird aus dem biologischen Material durch Flüssigphasenextraktion (▶ Abschn. 28.2.1) ein Gesamtlipidextrakt hergestellt. Dazu homogenisiert man das Gewebe in organischen Lösungsmitteln und gibt geeignete externe Standards zu, was für die vergleichende Quantifizierung der Lipidome verschiedener Zelltypen von besonderer Bedeutung ist. Danach können die Gesamtextrakte direkt zur massenspektrometrischen Analyse eingesetzt werden. Anionische Lipide (z. B. Cardiolipine, Phosphatidylglycerine, Phosphatidylinositole, Phosphatidylserine, Phosphatidsäuren, Sulfatide) können als geladene Moleküle direkt analysiert werden. Ähnliches gilt auch für die Acylcarnitine.

Die massenspektrometrische Analytik von Lipidklassen, die weniger ausgeprägte Ladungseigenschaften besitzen (z. B. Phosphatidylcholine, Phosphatidylethanolamine, Sphingomyeline, Ceramide, Galactocerebroside etc.), ist komplizierter, da der Ionisierungsprozess des Elektrosprayverfahrens weniger effektiv ist. Deshalb empfiehlt es sich, dem Lipidextrakt für die Analyse dieser Lipidklassen LiOH zuzusetzen (ca. 50 nmol mg$^{-1}$ zellulären Proteins). Dadurch werden Gegenionen für Phosphatidylcholine und Sphingomyeline zur Verfügung gestellt, sodass die Ionenpaare im positiven Ionisierungsmodus besser analysiert werden können. Gleichzeitig werden die primär ungeladenen Phosphatidylethanolamine in geladene Lipidspezies umgewandelt,

◻ **Abb. 28.28** Experimentelle Strategie für die massenspektrometrische Analyse der Lipidome aus ungereinigten Totallipidextrakten biologischer Proben. Die Gesamtlipide biologischer Systeme (Zellen, Gewebe, Körperflüssigkeiten etc.) werden durch Flüssigphasenextraktion präpariert und anschließend mittels ESI-MS analysiert. In einem zweiten Schritt wird den Extrakten LiOH zugesetzt. Die dadurch schwach alkalisierten Extrakte werden danach erneut einer massenspektrometrischen Analyse unterzogen

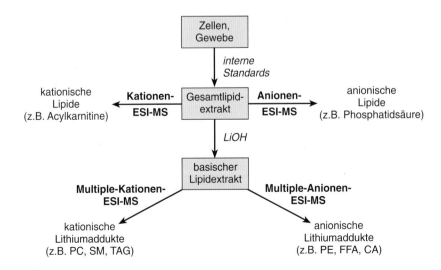

**⊡ Abb. 28.29** Elektrosprayionisierungsmassenspektren eines Gesamtlipidextraktes von murinen Cardiomyocyten. Die Lipide wurden aus dem Homogenat von Mäuseherzen nach der Methode von Bligh/Dyer extrahiert. Die Identität der verschiedenen Lipidspezies wurde durch ESI-Tandemmassenspektrometrie bestätigt. **A** Anionen-ESI-MS des Lipidextraktes in Abwesenheit von LiOH; **B** Anionen-ESI-MS des Lipidextraktes in Anwesenheit von LiOH; **C** Kationen-ESI-MS des Lipidextraktes in Anwesenheit von LiOH

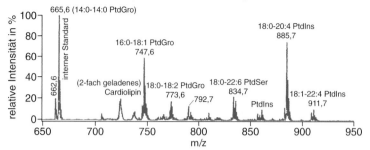

A Anionen-ESI-MS vom Lipidextrakt eines Maus-Myokards

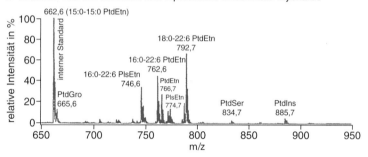

B Anionen-ESI-MS mit LiOH vom Lipidextrakt eines Maus-Myokards

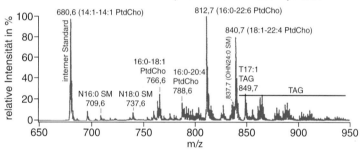

C Kationen-ESI-MS mit LiOH vom Lipidextrakt eines Maus-Myokards

die im negativen Ionisierungsmodus analysiert werden können. Schwierig gestaltet sich die massenspektrometrische Analytik stark apolarer Neutrallipide (Triacylglycerine, bzw. Cholesterylester). Glücklicherweise bilden auch die ungeladenen Triacylglycerine positiv geladene Lithiumkomplexe, die mittels ESI-MS analysiert werden können (⊡ Abb. 28.29). Die Vorteile der ESI-MS-basierten Lipidomanalytik können wie folgt zusammengefasst werden:

1. simultane quantitative Analyse von Lipidklassen, Subklassen und individueller Lipidspezies ohne vorherige chromatographische Trennung bzw. Derivatisierung
2. geringer Zeitaufwand
3. große Sensitivität und gutes Signal-zu-Hintergrund-Verhältnis
4. lineare Abhängigkeit der Signalintensität von der Menge individueller Lipide über mehr als vier Größenordnungen
5. gute Reproduzierbarkeit

Als Nachteile gelten die schlechte und teilweise nur schwer kontrollierbare Ionisierbarkeit einiger neutraler Lipidklassen und der hohe gerätetechnische Aufwand.

Die Lipidomanalytik sollte ausschließlich mit verdünnten Lipidlösungen durchgeführt werden. Bei der Verwendung konzentrierter Lösungen kommt es zu starken Lipid-Lipid-Wechselwirkungen (nichtkovalente Polymerbildung), die den Ionisierungsprozess erheblich beeinflussen. Dadurch werden die aktuellen Konzentrationen der Hauptlipide zum Teil deutlich unterbestimmt.

## 28.7 Ausblick

Mit der Weiterentwicklung der allgemeinen Analysetechnik ist in den nächsten Jahren zu erwarten, dass auch in der Lipidanalytik verbesserte Methoden eingesetzt werden können. Dabei ist jedoch kaum mit grundlegenden methodischen Neuentwicklungen zu rechnen.

Der Hauptanteil am methodischen Fortschritt wird in nächster Zeit einerseits darin bestehen, dass bereits verfügbare Analysemethoden perfektioniert und vereinfacht werden. So sind derzeit die relativ hohen Kosten von Tandemmassenspektrometern das Haupthindernis für einen häufigeren Einsatz dieser für die Lipidanalytik äußerst nützlichen Methode der Strukturidentifizierung. Ähnliches gilt für die NMR-Spektroskopie. Neben dem hohen Preis der verfügbaren NMR-Geräte limitiert derzeit noch der relativ hohe Substanzbedarf die verbreitete Anwendung dieser Analysemethode. In Zukunft kann jedoch damit gerechnet werden, dass der Substanzbedarf für eine NMR-Analyse auf Mengen im unteren Mikrogrammbereich reduziert werden kann.

In den kommenden Jahren ist eine weitere Miniaturisierung der Analysemethoden zu erwarten. Mit dem Fortschreiten der biochemischen Forschung werden zunehmend neue biologische Wirkungen von Lipidmediatoren (sekundäre Botenstoffe, Lipidhormone) gefunden. Da diese Mediatoren in sehr geringen Konzentrationen in biologischem Material vorkommen, muss die Empfindlichkeit der vorhandenen Analysemethoden weiter erhöht werden. Die *Narrow-Bore*-HPLC-Technik, die mit miniaturisierten Säulen arbeitet und nur geringe Lösungsmittelmengen erfordert, wird heute schon weit verbreitet angewendet. Leider können konventionelle HPLC-Systeme nicht ohne Weiteres auf die *Narrow-Bore*-Technik umgestellt werden, sodass die Verwendung dieser Analysetechnologie die Anschaffung neuer Gerätekonfigurationen erfordert. Mit der Miniaturisierung der analytischen Geräte geht eine weitere Erhöhung ihrer Empfindlichkeit einher. Solche Empfindlichkeitssteigerungen sind nötig, um z. B. Einzelzelllipidome (*single cell lipidoms*) verlässlich quantifizieren zu können.

Die Online-Kopplungen verschiedener analytischer Verfahren werden in den nächsten Jahren deutlich verbessert werden. Kopplungen von Massenspektrometrie und UV-Spektroskopie mit verschiedenen chromatographischen Verfahren werden in der Lipidanalytik schon heute weit verbreitet eingesetzt. Auch Dreifachkopplungen von Chromatographie, UV-Spektroskopie und Massenspektrometrie werden bereits angewandt. Methodische Ansätze zur Online-Kopplung verschiedener chromatographischer Verfahren mit der Infrarot- bzw. der NMR-Spektroskopie sind ebenfalls bereits vorhanden, bedürfen aber noch der Optimierung, bevor sie weit verbreitet eingesetzt werden können.

Die Verbesserung der strukturellen Lipidomcharakterisierung stellt eine wesentliche Voraussetzung für die funktionelle Lipidomanalytik dar, mit der es möglich werden sollte, Strukturveränderungen im Lipidmuster von Zellen und Geweben unterschiedlichen Funktionszuständen zuzuordnen. Ähnlich wie die Forschungen zur funktionellen Genomic stehen die entsprechenden Untersuchungen zur funktionellen Charakterisierung zellulärer Lipidome noch am Anfang. Ein wesentliches Hilfsmittel bei der Charakterisierung zellspezifischer Lipidome ist die *in situ*-Massenspektrometrie. Mit dieser Methode, deren Entwicklung heute noch in den Kinderschuhen steckt, ist es möglich, umfangreiche Metabolomprofile aus verschiedenen Zellen mikroskopischer Schnitte zu bestimmen. Bei diesem Verfahren werden Metabolitmoleküle mithilfe eines Laserstrahls aus verschiedenen Zellen eines Gewebsschnittes herausgelöst (Laserdesorption) und danach massenspektrometrisch quantifiziert. Das Hauptproblem dieser Miniaturmethode ist nach wie vor die schwer kontrollierbare Effizienz der Laserdesorption und die schwierige Standardisierung.

Das zelluläre Lipidom ist eine Teilmenge des zellulären Metaboloms. Kinetische Veränderungen des Lipidoms und deren zeitliche Korrelation mit zellphysiologischen Prozessen tragen dazu bei, die biologische Bedeutung verschiedener Lipide besser zu charakterisieren. Aus solchen zeitanhängigen Veränderungen können *in-vivo*-Flussraten ausgewählter Lipidmetabolite bestimmt werden (*lipid fluxomics*), was zu einem besseren Verständnis des gesamten Lipidstoffwechsels beiträgt.

## Literatur und Weiterführende Literatur

Akoh CC, Min DB (2008) Food lipids. CRC Press, Boca Raton

Bielawski J et al (2010) Sphingolipid analysis by high performance liquid chromatography-tandem mass spectrometry (HPLC-MS/MS). Adv Exp Med Biol 688:46–59

Bligh EG, Dyer WJ (1959) A rapid method of total lipid extraction and purification. Can J Biochem Physiol 37:911–917

Bollinger JG et al (2010) Improved sensitivity mass spectrometric detection of eicosanoids by charge reversal derivatization. Anal Chem 82:6790–6796

Chen Y et al (2010) Imaging MALDI mass spectrometry of sphingolipids using an oscillating capillary nebulizer matrix application system. Methods Mol Biol 656:131–416

Christie WW, Han X (2010) Lipid analysis – isolation, separation, identification and lipidomic analysis. Oily Press, Bridgwater

Deems R et al (2007) Detection and quantitation of eicosanoids via high performance liquid chromatography-electrospray ionization-mass spectrometry. Meth Enzymol 432:59–82

Fahy E et al (2005) Comprehensive classification system for lipids. J Lip Res 46:839–861

Fahy E et al (2009) Update of the LIPID MAPS comprehensive classification system for lipids. J Lip Res 50:S9–S14

Garrett TA et al (2007) Analysis of ubiquinones, dolichols, and dolichol diphosphate-oligosaccharides by liquid chromatography-electrospray ionization-mass spectrometry. Meth Enzymol 432:117–143

Gunstone FD, Harwood JL, Dijkstra AJ (2007) The lipid handbook. CRC Press, Boca Raton

Gurke RTD, Schreiber Y, Schäfer SMG, Fleck SC, Geisslinger G, Ferreirós N (2019) Determination of endocannabinoids and endocannabinoid-like substances in human K3EDTA plasma – LC-MS/MS method validation and pre-analytical characteristics. Talanta 204:386–394

Han X, Yang K, Cheng H, Fikes KN, Gross RW (2005) Shut gun lipidomics of phosphatidylethanolamine containing lipids in biological samples after one-step *in situ* derivatization. J Lip Res 46:1548–1560

Kasumov T et al (2010) Quantification of ceramide species in biological samples by liquid chromatography electrospray ionization tandem mass spectrometry. Anal Biochem 401:154–161

Lacomba R et al (2009) Determination of sialic acid and gangliosides in biological samples and dairy products: a review. J Pharm Biomed Anal 51:346–357

Massodi M et al (2010) Comprehensive lipidomics analysis of bioactive lipids in complex regulatory networks. Anal Chem 82:8176–8185

McDonald JG et al (2007) Extraction and analysis of sterols in biological matrices by high performance liquid chromatography electrospray ionization mass spectrometry. Meth Enzymol 432:145–170

Mukheree KD, Weber N (Hrsg) (1993) Handbook of chromatography, analysis of lipids. CRC Press, Boca Raton

Murphy RC et al (2008) Imaging of lipid species by MALDI mass spectrometry. J Lipid Res 50:S317–S322

Sullards MC et al (2007) Structure-specific, quantitative methods for analysis of sphingolipids by liquid chromatography-tandem mass spectrometry: „inside-out" sphingolipidomics. Meth Enzymol 432:83–115

Wenk MR (2005) The emerging field of lipidomics. Nat Rev Drug Discov 4:594–610

**28**

# Analytik posttranslationaler Modifikationen: Phosphorylierung und oxidative Cysteinmodifikation von Proteinen

*Gereon Poschmann, Nina Overbeck, Katrin Brenig und Kai Stühler*

## Inhaltsverzeichnis

29.1    Funktionelle Bedeutung der Phosphorylierung und oxidativer Cysteinmodifikation bei Proteinen – 725

29.1.1    Phosphorylierung – 725

29.1.2    Oxidative Cysteinmodifikation – 726

29.2    Strategien zur Analyse der posttranslationalen Phosphorylierung und oxidativer Cysteinmodifikation von Proteinen und Peptiden – 728

29.3    Probenvorbereitung, Trennung und Anreicherung phosphorylierter und oxidativ cysteinmodifizierter Proteine und Peptide – 728

29.3.1    Trennung und Anreicherung phosphorylierter Proteine und Peptide – 729

29.3.2    Probenvorbereitung, Trennung und Anreicherung oxidativer Cysteinmodifikationen von Proteinen und Peptiden – 731

29.4    Detektion der Phosphorylierung und oxidativer Cysteinmodifikationen von Proteinen und Peptiden – 734

29.4.1    Detektion mittels enzymatischer, radioaktiver, immunchemischer und fluoreszenzbasierender Methoden – 734

29.4.2    Detektion phosphorylierter und cysteinoxidierter Proteine mittels Massenspektrometrie – 737

29.5    Lokalisation und Identifizierung posttranslational modifizierter Aminosäuren – 738

29.5.1    Lokalisation phosphorylierter Aminosäuren mittels Edman-Sequenzierung – 738

© Springer-Verlag GmbH Deutschland, ein Teil von Springer Nature 2022
J. Kurreck et al. (Hrsg.), *Bioanalytik*, https://doi.org/10.1007/978-3-662-61707-6_29

29.5.2   Lokalisation phosphorylierter und cysteinoxidierter Aminosäuren
         mittels massenspektrometrischer Fragmentionenanalyse – 739

29.6     Quantitative Analyse posttranslationaler
         Modifikationen – 743

29.7     Zukunft der Analytik posttranslationaler
         Modifikationen – 743

         Literatur und Weiterführende Literatur – 744

- Posttranslationale Modifikationen von Proteinen bestimmen maßgeblich die Funktion von Proteinen. Daher ist eine genaue analytische Charakterisierung von Proteinmodifikationen insbesondere im Zusammenhang mit Signalprozessen, Enzymaktivitäten sowie in der Diagnostik und Analytik von Biotherapeutika hoch relevant.

- Die Phosphorylierung zählt zu den am häufigsten beschriebenen Modifikationen und spielt beispielsweise bei der Regulation von Enzymaktivitäten und in der Signaltransduktion eine wichtige Rolle. Aufgrund der negativen Ladung der Phosphorylgruppe können phosphorylierte Peptide z. B. durch eine Affinitätschromatographie mit Titandioxid vor der Analyse angereichert werden.

- Die Analyse von oxidativen Cysteinmodifikationen ist einerseits durch die hohe Zahl möglicher unterschiedlicher Modifikationen und andererseits durch ihre teilweise instabile Natur komplex. Neben dem direkten Nachweis der Modifikation werden daher oft indirekte Methoden in Kombination mit chemischen Sonden benutzt.

- Eine der wichtigsten und flexibelsten Methoden zur Charakterisierung von posttranslationalen Proteinmodifikationen ist die Massenspektrometrie. Der Nachweis von Modifikationen erfolgt dabei in der Regel nach Anreicherung über affinitätsbasierte und/oder chemische Methoden.

- Modifikationen von Proteinen können einander bedingen und komplexe Muster bilden. Die detaillierte Analyse des funktionellen Zusammenspiels von Mustern posttranslationaler Modifikationen und Proteoformen – unterschiedlich modifizierter Varianten eines Proteins – ist analytisch komplex und eine Herausforderung für zukünftige Arbeiten.

Biologische Prozesse wie Wachstum, Entwicklung, Differenzierung, Vermehrung und Apoptose von Zellen werden hauptsächlich durch Proteine und ihre Interaktionen miteinander oder mit Metaboliten, Lipiden, Zuckern und Nucleinsäuren vermittelt. Unter anderem ermöglichen Proteine durch die inter- und intrazelluläre Signalweiterleitung die Kommunikation zwischen Zellen, die für das koordinierte Verhalten der verschiedenen Zellen eines Organismus erforderlich ist. Ankommende Signale werden von spezifischen Rezeptorproteinen z. B. auf der Oberfläche einer Zelle registriert und an unterschiedliche Proteine weitergegeben, die ihrerseits das Signal an nachstehende Proteine weiterleiten. Auf diese Weise werden spezifische Signalproteine in Abhängigkeit von der Art des ankommenden Signals sukzessive in die Signalweiterleitung einbezogen, und es bilden sich Signalkaskaden, die das Verhalten der Zelle steuern. Die Funktionen und Aktivitäten der einzelnen Proteine werden dabei nicht allein durch die zur Verfügung stehen-

den Proteinmengen kontrolliert, die von den Raten der Expression, Biosynthese und Degradation abhängen, sondern sie werden zusätzlich durch spezifische posttranslationale Modifikationen (PTMs) moduliert. PTMs erhöhen die Zahl der durch die 22 proteinogenen Aminosäuren möglichen molekularen Strukturen. Somit stellen sie eine zusätzliche Steuerungsebene für die Interaktion, Lokalisierung und Stabilität von Proteinen dar. Phosphorylierungen, Ubiquitinylierungen, Acetylierungen, Methylierungen, Glykosylierungen sowie oxidative Cysteinmodifikationen zählen zu den am häufigsten untersuchten PTMs.

Viele Proteine werden im Laufe ihrer Lebensdauer ko- oder posttranslational modifiziert. Zum einen können sie in spezialisierten Organellen wie dem Endoplasmatischen Retikulum oder im Golgi-Apparat durch z. B. Anhängen von Zuckerresten oder Lipiden langfristig verändert werden. Zum anderen werden Proteine kurzfristig zur Signalvermittlung oder in metabolischen Prozessen chemisch modifiziert (Phosphorylierung, Acetylierung, Cysteinoxidation etc.). Das Einfügen solcher posttranslationaler Modifikationen erhöht die Komplexität des Proteoms deutlich, und so kann es durchaus vorkommen, dass von einer einzigen proteincodierenden Gensequenz – neben dem prätranslationalen Spleißen der mRNA – durch nachträgliche Modifikationen des Primärproteins bis zu mehrere Hundert Proteinspezies (Proteoformen) entstehen. Der Begriff des Proteins lässt sich hier auf den der Proteoformen erweitern, der unterschiedlich modifizierte Varianten desselben Proteins bezeichnet.

## 29.1 Funktionelle Bedeutung der Phosphorylierung und oxidativer Cysteinmodifikation bei Proteinen

### 29.1.1 Phosphorylierung

Die reversible Phosphorylierung von Aminosäureresten (Interkonvertierung) der Proteine spielt eine wichtige Rolle bei der Regulation von intrazellulären Signalkaskaden. Proteine werden durch spezifische Kinasen phosphoryliert und durch spezifische Phosphatasen dephosphoryliert. In Abhängigkeit von der Art des Proteins und des modifizierten Aminosäurerests kann eine Phosphorylierung oder eine Dephosphorylierung zur Aktivierung oder zur Inaktivierung eines Proteins führen. Die Phosphorylierung von Proteinen ist aus mehreren Gründen besonders geeignet für die Koordination von zellulären Antworten auf ein spezifisches Signal. Zum einen erfolgt sie innerhalb weniger Sekunden und ist reversibel, sodass eine koordinierte Umsetzung des Signals in eine biochemische Antwort möglich ist. Zum anderen kann ein Protein das ankommende Signal an mehrere nachstehende Proteine weitergeben, sodass die Aktivierung einer einzelnen Kinase in der Phosphorylierung von vielen Proteinen resultieren kann. Dadurch werden eine effektive Amplifikation des Signals und eine schnelle Antwort gewährleistet.

In den letzten Jahren wurde der Mechanismus der Phosphorylierung aufgeklärt, und eine große Anzahl an Proteinkinasen und ihre zellulären Substratproteine wurden identifiziert. Proteinkinasen bilden einen festen Komplex mit ihren Substratproteinen und katalysieren den Transfer einer Phosphatgruppe von einem Phosphatgruppendonor auf einen spezifischen Aminosäurerest des Substratproteins. Als Phosphatgruppendonor dient meist ATP oder ein anderes Nucleosidtriphosphat, dessen $\gamma$-Phosphat gerichtet übertragen werden kann.

Die Substratspezifität von Kinasen wird durch Regionen in der Aminosäuresequenz des Substratproteins bestimmt, die als „Andockstellen" bezeichnet werden. Diese „Andockstellen" sind spezifisch sowie modular aufgebaut und beeinflussen stark die Effizienz der Phosphorylierung. Die Auswirkung der Phosphorylierung dagegen hängt hauptsächlich von der Umgebung der Phosphorylierungsstelle ab, da die Übertragung einer Phosphatgruppe zwei zusätzliche negative Ladungen in das Substratprotein einführt und damit die Ausbildung von neuen Wasserstoff- und Salzbrücken erlaubt. Folglich führt die Phosphorylierung eines Proteins zur Änderung der elektrostatischen Interaktionen, der Bindungseigenschaften, der Konformation und der katalytischen Aktivität und beeinflusst somit die biologische Funktion der Proteine. Bisher wurden vier verschiedene Arten von Phosphoaminosäuren beschrieben, die sich in ihrer Stabilität und Funktion unterscheiden:

- *O*-**Phosphate** (Phosphorylierung an Hydroxylresten von Serin, Threonin, Tyrosin)
- *N*-**Phosphate** (Phosphorylierung an Aminogruppen von Arginin, Lysin und Histidin)
- *S*-**Phosphate** (Phosphorylierung an Thiolgruppen von Cystein)
- **Acylphosphate** (Bildung von Phosphoanhydriden mit Asparaginsäure und Glutaminsäure)

Serin ist in biologischen Systemen die am häufigsten phosphorylierte Aminosäure, und die reversible *O*-**Phosphorylierung** von Serin-, Threonin- und Tyrosinresten stellt in Eukaryoten einen der wichtigsten Mechanismen zur Regulation von zellulären Funktionen dar. Die Serin- und Threoninphosphorylierung dient vor allem der Regulation von Enzymaktivitäten, wogegen die Tyrosinphosphorylierung für die zelluläre Antwort auf die Stimulation mit Hormonen und Wachstumsfaktoren es-

senziell ist. *N*- und *S*-**Phosphate** stellen reaktive Zwischenstufen bei verschiedenen Reaktionen dar. So spielt Argininphosphat eine wichtige Rolle bei der Energiegewinnung von Crustaceen. Ein energiereiches Histidinphosphat ist an der Reaktion der HPr-Kinase/Phosphatase im bakteriellen Phosphotransferasesystem beteiligt, und ein Cysteinphosphat wurde als Zwischenstufe bei der Tyrosin-Phosphatase-Reaktion detektiert. Acylphosphathaltige Proteine dagegen sind in die sensorische Transduktion bei der bakteriellen Chemotaxis involviert.

### 29.1.2 Oxidative Cysteinmodifikation

Die reversible, aber auch irreversible Oxidation von Cysteinen spielt eine wichtige Rolle innerhalb einer Zelle. Die reversible Oxidation von Cysteinen ist vergleichbar mit der Phosphorylierung und wichtig für die Weiterleitung von Signalen. Cysteine können durch reaktive Sauerstoff-, Stickstoff- und Schwefelspezies (ROS, RNS und RSS) oxidiert werden. Hierbei können im Gegensatz zur Phosphorylierung viele unterschiedliche Modifikationen wie z. B. Sulfen-, Sulfin-, Sulfonsäuren oder eine Modifikation mit Glutathion entstehen. Die Reduktion kann bei reversiblen Oxidationen z. B. über Thioredoxine oder Glutaredoxine erfolgen.

Oxidative Cysteinmodifikationen haben eine zentrale Stellung bei der Kontrolle des Zellwachstums, Proliferations- und Differenzierungsprozessen sowie der Zellmigration und der Apoptose, darüber hinaus spielen sie bei der Ätiologie und Progression von Krankheiten eine Rolle. Die hochvariablen posttranslationalen Redoxmodifikationen ermöglichen der Zelle, diverse Signale, die durch reaktive ROS, RNS und RSS vermittelt werden, aufzunehmen und in eine biologische Antwort zu übersetzen.

Auch die Aminosäuren Histidin, Methionin, Tryptophan, Tyrosin und Selenocystein können oxidativ modifiziert werden, aufgrund ihrer chemischen Eigenschaften sind Cysteine jedoch das prominenteste Ziel. Das in der Thiolform (Sulfhydryl/–SH) vorliegende Schwefelatom der Cysteine ist eines der stärksten Nucleophile bei Proteinen und – anders als bei der relativ unreaktiven Thioetherform des Methionin-Schwefelatoms – ionisierbar (Thiolatanion/–S⁻). Dieser Wechsel zwischen protonierter und deprotonierter Form ist entscheidend für die Reaktivität des Cysteins und hängt von Faktoren wie der Säurekonstante (p$K_a$-Wert) der Thiolgruppe, dem vorliegenden pH-Wert sowie der Zugänglichkeit des Cysteins innerhalb des Proteins ab. Maßgeblich von ihrer Mikroumgebung beeinflusst, variiert der p$K_a$-Wert einer proteinogenen Thiolgruppe zwischen 2,5 und 12. Der Zusammenhang zwischen dem p$K_a$-Wert und dem pH-Wert innerhalb der Mikroumgebung in der Zelle verdeutlicht, warum nicht alle Cysteine die gleiche inhärente Reaktivität besitzen: Während ein Thiol mit einem $pK_a$-Wert von 8,4 bei einem physiologischen pH-Wert (7,4) nur zu 10 % als Thiolatanion vorliegt, sind es bei einem Thiol mit einem $pK_a$-Wert von 6,4 bereits 90 %. Damit ist ein Thiol mit geringerem $pK_a$-Wert reaktiver und wahrscheinlich auch zugänglicher für reaktive Spezies.

Da das Schwefelatom des Cysteins die Möglichkeit besitzt, in verschiedenen Oxidationszuständen vorzuliegen (–II bis +VI), können eine Vielzahl reversibler sowie irreversibler PTMs an den Cysteinen entstehen (◐ Abb. 29.1). Reagiert das Thiol beispielsweise mit Wasserstoffperoxid ($H_2O_2$), entsteht eine Sulfensäure, die schnell zu einer Sulfinsäure und schließlich Sulfon-

säure weiter reagiert. Die Reaktion mit Schwefelwasserstoff ($H_2S$) führt zu einem Persulfid und mit Nitrosoniumion ($NO^+$) zu einem Nitrosothiol. Auch Reaktionen mit dem Amid des Peptidrückgrades sind möglich und führen zu der Entstehung eines cyclischen Sulfenamids. Reaktionen mit benachbarten, freien und disulfidgebundenen Thiolen führen zu der Ausbildung von Disulfiden, hierzu zählt beispielsweise die Bildung der intermolekularen Disulfidbrücke mit dem niedermolekularen Glutathion.

Die Vielzahl der größtenteils reversiblen oxidativen Cysteinmodifikationen zeigt, wie hochspezifisch und variabel eine Modifikation an einer einzelnen Aminosäure sein kann. Durch den besonderen Ionisierungszustand der Cysteine, die damit einhergehende Nucleophilie und Zugänglichkeit für redoxgetriebene Prozesse werden die

**A** Phosphorylierungen

**B** oxidative Cysteinmodifikationen

◐ **Abb. 29.1** Die posttranslationale Modifikation von Proteinen durch Enzyme. **A** Serin-, Threonin- oder Tyrosinreste in Proteinen können von Kinasen phosphoryliert und entsprechende phosphorylierte Varianten von Phosphatasen dephosphoryliert werden. **B** Oxidative Cysteinmodifikationen können durch die Reaktion mit reaktiven Sauerstoff-, Stickstoff- und Schwefelspezies (ROS, RNS, RSS) entstehen. Durch ROS wird das Thiol/Thiolat zu einer Sulfensäure oxidiert. Die hochreaktive Sulfensäure kann unter erhöhten ROS-Mengen zu einer Sulfin- oder Sulfonsäure oxidiert werden. Re-

aktionen zwischen Thiol/Thiolat und RSS führen zu der Bildung von Persulfiden und solche mit RNS zu Nitrosothiolen. Reagiert die Sulfensäure mit dem Amid des Peptidrückgrades, entsteht ein cyclisches Sulfenamid. Die Reaktion mit einem benachbarten, freien oder disulfidgebundenen Cystein hingegen führt zu der Bildung eines Disulfids. Die S-Glutathionylierung als eine spezielle Form des Disulfids kann aus der Reaktion mit dem niedermolekularen Glutathion (GSH) entstehen. Die verschiedenen Oxidationsformen des Cysteins können teilweise ineinander umgewandelt werden

29

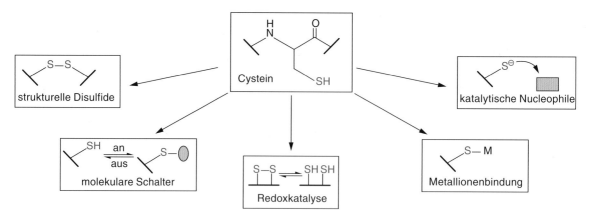

**◻ Abb. 29.2** Funktionelle Rolle von redoxsensitiven Cysteinen. Redoxsensitive Cysteine können vielfältige Funktionen in der Zelle erfüllen, sie dienen als strukturgebende Elemente und molekulare

Schalter, ermöglichen Redoxkatalyse und Metallionenbindung oder fungieren als katalytische Nucleophile

diversen Funktionen an Proteinen verschiedener Klassen ermöglicht. Cysteine sind Strukturgeber, sie fungieren als sog. molekulare Schalter, ermöglichen Redoxkatalysen, die Bindung von Metallionen oder dienen als katalytische Nucleophile (◻ Abb. 29.2).

## 29.2 Strategien zur Analyse der posttranslationalen Phosphorylierung und oxidativer Cysteinmodifikation von Proteinen und Peptiden

Die Analyse posttranslational modifizierter Proteine stellt nach wie vor große Herausforderungen an Probenhandhabung und Messtechnik. Vorrangiges Ziel ist der Nachweis der PTM direkt aus der biologischen Probe. Aus diesem Grund finden auch die in der Proteomanalytik angewandten Methoden zur Identifizierung eines Proteins Anwendung in der Analytik von PTMs. Allerdings gestaltet sich die umfassende Charakterisierung eines modifizierten Proteins aus mehreren Gründen ungleich komplizierter. Proteine werden oft nur sehr gering (substöchiometrisch) modifiziert, sodass eine hohe Sensitivität der Detektionsmethode oder eine vorrangehende Anreicherung des modifizierten Proteins notwendig sind. Die Bestimmung der Modifikationsstelle in einem Protein kann zusätzlich durch die Komplexität und die unterschiedlichen physiko-chemischen Eigenschaften der Proteine (wie Löslichkeit, Hydrophobizität, Molekulargewicht etc.) erschwert werden. Des Weiteren muss sowohl die chemische Stabilität der modifizierten Aminosäuren bei der Analytik beachtet werden als auch die mögliche Erzeugung von koanalytischen Proteinmodifikationen.

Neben der biologischen Relevanz von *O*-Phosphaten stellen sie die stabilste Phosphatspezies dar, für die in den vergangenen Jahrzehnten robuste Methoden für die

Analytik von Phosphoserinen, -threoninen und -tyrosinen entwickelt wurden. Im Gegensatz dazu stellt der Nachweis von oxidativen Cysteinmodifikationen aufgrund ihrer geringeren Stabilität eine besondere Herausforderung für die Proteinanalytik dar. Im Folgenden soll die Analyse dieser Modifikationen beschrieben werden.

Methodisch richtet sich die Analyse von PTMs nach der Art und Beschaffenheit der Proben und der Modifikationen und gliedert sich konzeptionell in folgende Schritte:

- Modifizierte Proteine und Peptide werden aufgetrennt und/oder angereichert (▶ Abschn. 29.3).
- Detektion posttranslationaler Modifikationen in Proteinen oder Peptiden (▶ Abschn. 29.4).
- Die modifizierten Aminosäuren werden lokalisiert (▶ Abschn. 29.5).
- Die Stöchiometrie der PTMs wird bestimmt (▶ Abschn. 29.6).

Im vorliegenden Kapitel werden verschiedenen Strategien zur Detektion, Analyse und Lokalisation der Proteinphosphorylierung und oxidativ cysteinmodifizierter Proteine im Rahmen der Proteomanalytik im Detail vorgestellt.

## 29.3 Probenvorbereitung, Trennung und Anreicherung phosphorylierter und oxidativ cysteinmodifizierter Proteine und Peptide

Die Analyse modifizierter Proteine erfolgt heutzutage in erster Linie durch den direkten oder indirekten Nachweis an biologischem Probenmaterial und weniger durch die *in vitro* generierte Modifikation an rekombinanten Proteinen, wie z. B. in einem Kinase-Assay.

Grundsätzlich lassen sich hier zwei Arten von Analysestrategien unterscheiden. Bei sog. Top-down-Ansätzen (▶ Abschn. 42.5) erfolgt die Analyse (und ggf. Trennung) auf Ebene der Proteine. Vorteile dieses Ansatzes sind, dass komplexe Muster von Modifikationen erhalten bleiben und eine Quantifizierung von Proteoformen eindeutiger ist. Dem gegenüber ist eine Trennung von Proteoformen u. a. aufgrund der vielen möglichen Varianten bisher oft nicht universell durchführbar und die nachfolgende Identifizierung vor allem von komplexen Mustern von PTMs nicht trivial.

Alternativ werden häufig Bottom-up-Ansätze (▶ Kap. 42), insbesondere in Verbindung mit der Massenspektrometrie, eingesetzt. Hierbei werden Proteingemische zunächst mit einer Endoprotease (▶ Abschn. 10.5.1.1) wie z. B. Trypsin verdaut. Eine Analyse erfolgt dann auf Ebene entstandener Peptide. Während die entstandenen Peptide in der Regel gut für eine weitere Trennung, Anreicherung und Analyse geeignet sind, kann durch diesen Ansatz die Information, in welchen Proteoformen welche Modifikationen vorhanden sind, verloren gehen.

Generell hängt die Detektion einer PTM stark von ihrer Stöchiometrie ab. Eine reversible *in-vivo*-PTM findet in der Zelle meist nur substöchiometrisch statt, sodass häufig nur ein geringer Prozentsatz eines Proteins in modifizierter Form vorliegt. Liegt dieser substöchiometrisch modifizierte Anteil unterhalb der Sensitivitätsgrenze der Nachweismethode, ist eine Anreicherung durch Fraktionierung oder Aufreinigung erforderlich. Dies ermöglicht dann eine detaillierte Charakterisierung unabhängig von unmodifizierten Proteinen und störenden Chemikalien.

Für die spezifische Isolierung und Aufreinigung von modifizierten Proteinen bzw. Peptiden existiert eine Vielzahl von verschiedenen Methoden, die entweder die unterschiedlichen Mobilitäts-, Affinitäts- oder Bindungseigenschaften, aber auch die Reaktivität der beteiligen Aminosäuren des modifizierten Proteins bzw. Peptids ausnutzen oder dem modifizierten Analyten eine markierende Gruppe zur erleichterten Reinigung oder Detektion anfügen. Da sich die Aufreinigungsstrategien für phosphorylierte und oxidativ cysteinmodifizierte Proteine z. T. konzeptionell unterscheiden, sollen diese im Nachfolgenden separat voneinander besprochen werden.

> **In vivo**
>
> Lat. im Lebenden; bezeichnet Prozesse, die im lebenden Organismus ablaufen.

> **In vitro**
>
> Im Gegensatz dazu werden Abläufe, die im Reagenzglas oder ganz allgemein außerhalb lebender Organismen stattfinden, mit dem Begriff *in vitro* belegt.

### 29.3.1 Trennung und Anreicherung phosphorylierter Proteine und Peptide

Für die Aufreinigung von phosphorylierten Proteinen und Peptiden kommen sowohl die Immunpräzipitation (IP) als auch affinitätschromatographische Methoden mit Metallchelaten und Metalloxiden sowie die Kationenaustausch- (*Strong Cation Exchange*, SCX-)Chromatographie zum Einsatz. Darüber hinaus wurden im Rahmen der modifikationsspezifischen Analytik hochspezifische Anreicherungsmethoden für modifizierte Peptide wie die zweidimensionale Abbildung von Phosphopeptiden (2DPP-Mapping) und die β-Eliminierung mit anschließender Michael-Addition entwickelt. Des Weiteren bedient man sich klassischer chromatographischer Separationstechniken wie der nano-RP- (Reversed Phase-)HPLC und der Kapillarelektrophorese (CE), um eine effiziente Auftrennung komplexer Peptidmischungen zu erreichen.

Die **Immunpräzipitation** reichert phosphorylierte Proteine oder Peptide mithilfe von modifikationsspezifischen Antikörpern an. Dazu wird der spezifische Antikörper meist an eine feste Matrix gekoppelt. Nach der Bildung des Komplexes aus modifiziertem Protein/Peptid und Antikörper und dessen Präzipitation wird das gründliche Auswaschen von unmodifizierten Proteinen/Peptiden ermöglicht. Immunpräzipitierte modifizierte Proteine/Peptide werden anschließend durch eine geeignete LC oder durch eine 1D- oder 2D-PAGE vom Antikörper und von möglicherweise kopräzipitierten, aber nicht modifizierten Interaktionspartnern getrennt, um die Komplexität der Probe bei der folgenden Detektion und Analyse der PTMs gering zu halten. Der Erfolg einer Aufreinigung von posttranslational modifizierten Proteinen durch IP hängt stark von der Qualität der verwendeten Antikörper und der Stärke der Protein-Antikörper-Affinität ab. Die IP ist unter Verwendung modifikationsspezifischer Antikörper für die Anreicherung der verschiedenen Spezies der *O-*, *N-*, *S-*und Acylphosphate anwendbar.

Dagegen eignet sich die **immobilisierte Metallchelat-Affinitätschromatographie (IMAC)** zur Anreicherung phosphorylierter Proteine/Peptide, unabhängig von der

Art der phosphorylierten Aminosäure. Hierbei wird die Wechselwirkung zwischen negativ geladenen Phosphatgruppen und positiv geladenen, immobilisierten Metallionen in Form von chelatisierten Fe(III)- oder Ga(III)-Ionen ausgenutzt. Bei dieser Methode stört vor allem die unspezifische Bindung von sauren Proteinen an die immobilisierten Metallionen, die durch eine Methylveresterung der Carboxylgruppen der Proteine bzw. Peptide verringert werden kann. Neben der IMAC findet für die gezielte Analyse von Phosphopeptiden die **Chromatographie mit Metalloxiden**, wie Titan- oder Zirconiumoxid, Verwendung. Diese beruht ebenfalls auf einer affinitätschromatographischen Anreicherung, wobei $TiO_2$ einen bidentalen Oberflächenkomplex mit den Phosphatgruppen eingeht. In der Phosphopeptidanalytik werden sowohl mit $TiO_2$ überzogene Magnetpartikel als auch chromatographische Nanopartikel mit enorm großer Oberfläche verwendet.

Eine weitere Strategie ist die **Kationenaustauschchromatographie** (*Strong Cation Exchange*, SCX) (▶ Abschn. 11.4.7) für die selektive Anreicherung von Phosphopeptiden. Die SCX-Chromatographie basiert auf der kompetitiven Wechselwirkung der positiv geladenen Analyten (Peptide) mit der negativ geladenen stationären Phase im sauren pH-Bereich. Die Verdrängung und Elution des Peptids erfolgt durch eine steigende Salzkonzentration des Eluenten. Je höher die positive Ladung des Peptids ist, desto stärker bindet es. Daher eluieren Phosphopeptide aufgrund der zusätzlichen negativen Ladung der stark sauren Phosphatgruppe bereits bei niedrigen Salzkonzentrationen vom Ionenaustauscher und können somit selektiv angereichert werden. Eine SCX-Chromatographie kann ebenfalls für die Aufreinigung phosphorylierter Proteine eingesetzt werden.

Die hydrophile Interaktionschromatographie (*Hydrophilic Interaction Liquid Chromatography*, HILIC) (▶ Abschn. 11.4.6) ist eine weitere chromatographiebasierte Methode, die Anwendung in der Anreicherung von Phosphopeptiden findet. Hier wird ein polares Trägermaterial verwendet, an welches die Peptide binden und mit steigender Polarität eluiert werden.

Alle vorangehend beschriebenen Methoden zur spezifischen Anreicherung oder Aufreinigung von modifizierten Proteinen bzw. Peptiden erfordern mehrere Prozessierungs- und Entsalzungsschritte. Eine Kombination dieser Methoden mit der vorübergehenden Immobilisierung der Analyten auf einem geeigneten Trägermaterial ist deshalb sinnvoll, da so mehrfache Reaktions- und Waschschritte mit maximaler Effizienz, aber mit minimalem Probenverlust ausgeführt werden können. Als Trägermaterialien bieten sich vor allem Feststoffphasen und Partikel mit porösen Oberflächen an, die mit drei, acht oder 18 Kohlenstoffeinheiten (C3, C8, C18) langen hydrophoben Alkylresten (Reversed Phase, RP) funktionalisiert wurden.

Das **2DPP-Mapping** (▶ Abschn. 42.4.6) ist eine zweidimensionale Methode zur Isolierung von Phosphopeptiden. Hierbei werden Phosphopeptide unabhängig von der Art der phosphorylierten Aminosäure auf einer Dünnschichtchromatographieplatte in der ersten Dimension nach ihrer elektrophoretischen Mobilität und in der zweiten Dimension nach ihrer Hydrophobizität getrennt. Nach der Visualisierung der aufgetrennten Peptide mittels radioaktiver oder fluoreszenzbasierender Methoden stellt jeder Spot ein phosphoryliertes Peptid dar, ähnlich den Perlenkettenmustern, die bei der 2D-PAGE entstehen.

In einzelnen Bereichen wird auch die **β-Eliminierung** mit anschließender **Michael-Addition** als Methode zur Phosphopeptidanreicherung verwendet. Durch die Kombination von β-Eliminierung und Michael-Addition wird die Position der Modifikation durch kovalente Bindung einer Linker-Gruppe für die Positionsbestimmung fixiert. Durch die Einführung einer Affinitätsmarkergruppe wie z. B. dem Biotin-Tag wird zusätzlich die Möglichkeit einer Anreicherung des Peptids durch Affinitätschromatographie realisiert (◗ Abb. 29.3). Im ersten Schritt, der β-Eliminierung, erfolgt die basenkatalysierte Entfernung der Phosphatgruppe vom phosphorylierten Aminosäurerest, was zu einer Abspaltung von Phosphorsäure ($H_3PO_4$) führt. Im zweiten Schritt, der Michael-Addition, wird der Aminosäurerest mit thiolhaltigen Substanzen derivatisiert (HS–X). Diese Substanzen können neben Biotin auch eine Kombination aus Affinitäts- und Isotopenmarkergruppen, wie beispielsweise ICAT *(Isotope Coded Affinity Tag)* (▶ Abschn. 42.7.1.3), für eine anschließende relative quantitative Analyse enthalten. Die Michael-Addition kann mit Monothiolen, die nur eine freie Thiolgruppe besitzen, oder mit bifunktionellen Thiolen erfolgen. Die durch die Addition hervorgerufene Signalverschiebung eines Peptids kann nach der Derivatisierung mittels MS einfach detektiert und als Hinweis für die Existenz einer Phosphorylierungsstelle interpretiert werden. Unabhängig von der markierenden Gruppe ist diese Methode jedoch ausschließlich für an Serin oder Threonin phosphorylierte Peptide geeignet, da nur diese eine β-Eliminierung erlauben. Vorsicht ist allerdings bei Glykoproteinen geboten, da an Serin oder Threonin *O*-glykosidisch gebundene Zucker bei der β-Elimination ebenfalls abgespalten werden und das Reaktionsprodukt nicht von einem ursprünglich phosphorylierten unterscheidbar ist. Darüber hinaus kommt es aufgrund der sehr basischen Bedingungen bei der β-Eliminierung zur teilweisen Racemisierung der Peptide, was eine nachfolgende chromatographische Auftrennung eines komplexen Peptidgemisches, wie in der Proteomananalyse üblich, fast unmöglich macht.

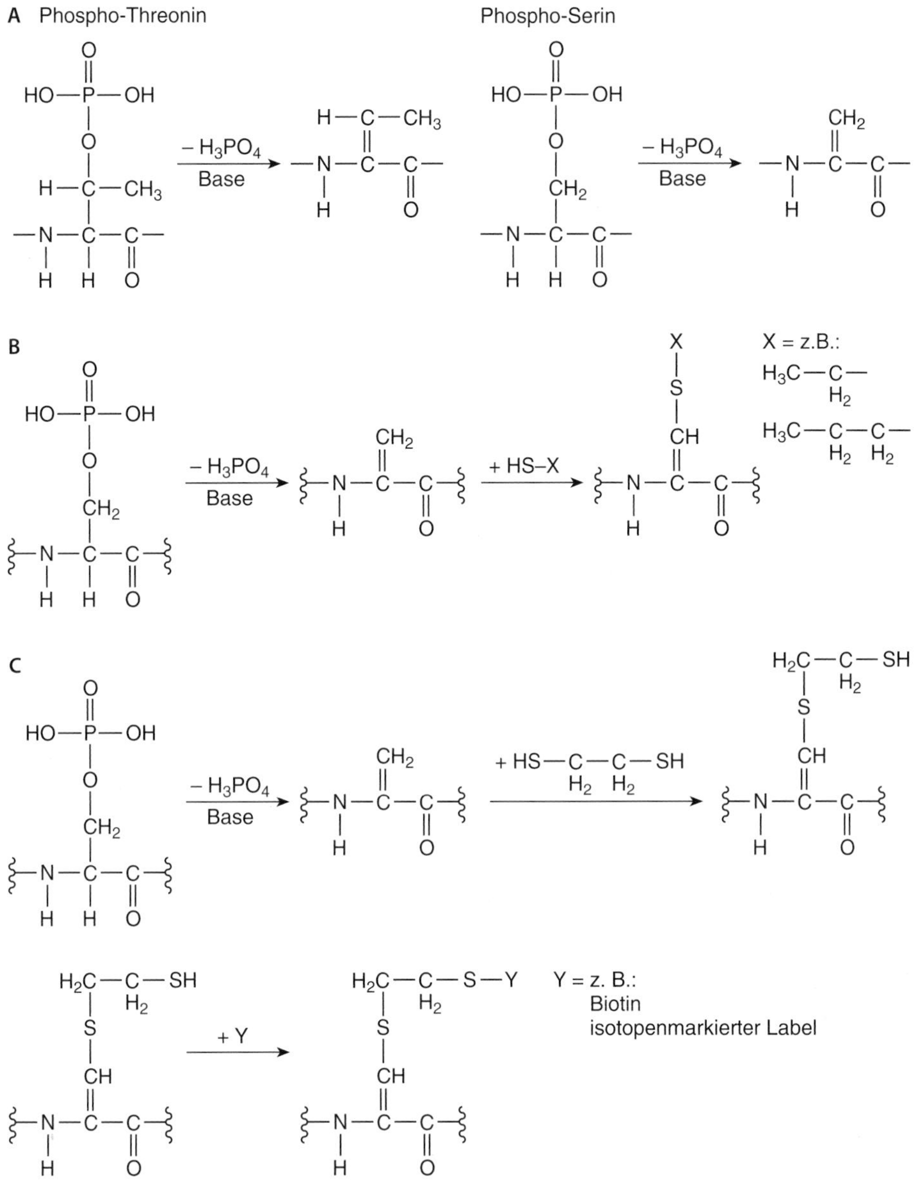


**Abb. 29.3** Basenkatalysierte β-Eliminierung und Michael-Addition bei Phosphoserin und -threonin. **A** Durch die Behandlung mit einer starken Base kann die Phosphatgruppe von Phosphoserin- und Phosphothreoninresten abgespalten werden. **B** Der entstehende Dehydroalanin bzw. Dehydro-L-amino-2-butansäurerest reagiert mit einfachen Thiolverbindungen wie Ethanthiol oder Propanthiol nach dem Mechanismus der Michael-Addition. **C** Zusätzlich können diese thiolhaltigen Substanzen Affinitätsmarkergruppen wie Biotin, stabile Isotopenmarkergruppen oder eine Kombination aus beiden enthalten (z. B. ICAT)

### 29.3.2 Probenvorbereitung, Trennung und Anreicherung oxidativer Cysteinmodifikationen von Proteinen und Peptiden

Aufgrund der chemischen Eigenschaften oxidativer Cysteinmodifikationen ergeben sich für deren Trennung und Anreicherung andere Herangehensweisen, die insbesondere auf der Redoxsensitivität der Cysteine und der Vielzahl ihrer oxidativ modifizierten Varianten beruhen (Abb. 29.4; vgl. ► Abschn. 29.1.2). Insbesondere für die Analyse von *in-vivo*-Material müssen daher einige Punkte beachtet werden. Durch die hohe Zahl von möglichen unterschiedlichen oxidativ modifizierten Cysteinvarianten gibt es für die Anreicherung und nachfolgende Analyse kein Standardverfahren. Es wurde allerdings eine Reihe von Methoden entwickelt, die eine Anreicherung z. B. von reversibel oxidierten Cysteinen oder spezifische Modifikationen wie z. B. von Sulfensäuren ermöglichen. Im Folgenden werden daher in diesem

**A** Indirekte Markierung

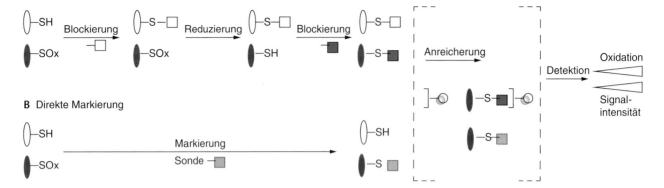

**B** Direkte Markierung

**C** Thiol-Blockierungsreagenzien

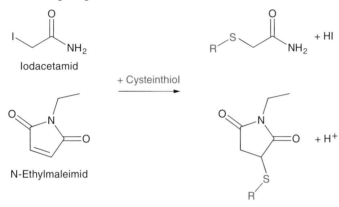

Iodacetamid

+ Cysteinthiol

N-Ethylmaleimid

◻ **Abb. 29.4** Nachweisstrategien für oxidative Cysteinmodifikationen. **A** Bei der indirekten Markierung werden freie Thiolgruppen zunächst durch ein Thiol-Blockierungsreagenz geschützt. Folgend werden oxidierte Cysteine reduziert und durch ein zweites Thiol-Blockierungsreagenz markiert. **B** Bei der direkten Markierung wird eine modifikationsspezifische Sonde zur Markierung verwen

det. Bei beiden Strategien kann optional eine Anreicherung der modifizierten Proteine oder Peptide erfolgen. Im Anschluss erfolgt eine Detektion, wobei die Signalintensität proportional zum Grad der Oxidation der Probe ist. **C** Beispielreaktionen häufig verwendeter Thiol-Blockierungsreagenzien

Abschnitt die Grundprinzipien sowie einige Beispiele der Analyse von oxidativen Cysteinmodifikationen erläutert.

Wie auch bei der Analyse von Phosphorylierungen kommen oxidative Cysteinmodifikationen oft substöchiometrisch vor. Daher ist eine Anreicherung vor der Analyse entweder auf Proteinebene oder nach Endoproteaseverdau auf Peptidebene oft sinnvoll. Die Strategien für den Nachweis und die Anreicherung lassen sich in indirekte und direkte Markierungsmethoden unterscheiden.

### 29.3.2.1 Indirekte Markierungsmethoden

Sie basieren in der Regel auf drei aufeinanderfolgenden experimentellen Schritten (◻ Abb. 29.4):

1. der Blockierung freier Thiole, beispielsweise mit Reagenzien wie *N*-Ethylmaleimid (NEM) oder Iodacetamid,
2. der selektiven Reduktion von Nitrosylierungen, Sulfenylierungen oder Glutathionylierungen oder der globalen Reduktion reversibel oxidierter Thiole, und

3. der Markierung der vormals oxidierten Thiole mit verschiedenen thiolreaktiven Reagenzien. In der Regel werden diese mit Reportergruppen versehen, die einen Fluoreszenznachweis, eine Anreicherung und/oder Quantifizierung über gelbasierte-Methoden und/oder eine LC-MS/MS-Analyse erlauben.

**Blockierung freier Thiole** Disulfidbindungen können eine Reihe von Thiol-Disulfid-Austauschreaktionen eingehen, vor allem, wenn angreifende und abgehende Thiolgruppe günstig zueinander orientiert sind. Es ist daher wichtig, diese Austauschreaktionen weitestgehend zu vermeiden und außerdem Cysteine vor artifizieller Oxidation, z. B. durch Luftsauerstoff, zu schützen. Gerade bei der Lyse von Zellen, bei der Kompartimente aufgebrochen werden und Proteine nicht mehr in ihrer natürlichen pH- und Redoxmikroumgebung vorliegen, ist dies wichtig. Da die Reaktivität von Cysteinthiolen mit verringertem pH-Wert in der Umgebung abnimmt, ist es ratsam, dass eine Aufarbeitung möglichst bei niedrigem pH-Wert durchgeführt wird. In vielen Protokollen erfolgt als ein initialer Schritt die Fällung der Proteine mittels Trichloressigsäure. Weiterhin werden oft Thiol-Blockierungsschritte eingebracht, insbesondere vor der Zugabe von denaturierenden Reagenzien. Hierfür werden thiolreaktive Reagenzien wie z. B. Iodacetamid (IAM), Maleimide (z. B. NEM), Benzyl-Halide und Brommethyl-Ketone (BK) eingesetzt, die stabile Thioether mit den Thiolen bilden.

**Selektive Reduktion**   Nach Blockierung freier Thiole erfolgt im zweiten Schritt die Reduktion der oxidierten Cysteine. Dies kann unselektiv z. B. durch den Einsatz von thiolhaltigen Reduktionsmitteln wie z. B. Dithiothreitol (DTT) oder nicht thiolhaltigen Reduktionsmitteln wie Tris(2-carboxyethyl)phosphin (TCEP) erfolgen. DTT dient als Reduktionsmittel bei pH-Bereichen >7 und schützt die Thiolgruppen vor einer weiteren Oxidation, wohingegen TCEP in einem weiten pH-Bereich (pH 1,5–8,5) reaktiv ist. Neben einer globalen Reduktion von reversibel oxidierten Cysteinen kann durch die Wahl des Reduktionsmittels gezielt der Fokus auf einen bestimmten Modifikationstyp gelegt werden. So wird Ascorbat für die Reduktion von Nitrosothiolen verwendet sowie eine enzymatische Deglutathionylierung durch Glutaredoxine für die Reduktion glutathionylierter Proteine. Des Weiteren wurde der Einsatz von Natriumarsenit zur Reduktion von Sulfensäuren an Cysteinen beschrieben. Da hier die Aufarbeitung unter denaturierenden Bedingungen erfolgt, welche eine stabilisierende Mikroumgebung beeinträchtigen kann, und Sulfensäuren recht reaktiv und kurzlebig sein können, werden für die Detektion von Sulfensäuren meist direkte Markierungsmethoden verwendet.

**Markierung**   Nach erfolgter Reduktion können Peptide oder Proteine direkt über die neu entstandenen Cysteinthiole, z. B. nach oxidativer Kopplung an Thiopropyl-Sepharose, angereichert werden. Häufig erfolgt eine Anreicherung auch über biotinhaltige Sonden. Hierfür werden z. B. thiolreaktive Reagenzien wie Biotin-Maleimid oder biotinyliertes Iodacetamid eingesetzt. Je nach gewünschter Nachweismethode besteht die Möglichkeit, die Sonden zu modifizieren. Diese können beispielsweise mit stabilen schweren Isotopen markiert werden (z. B. ICAT – isotopencodierte Affinitätsmarkierung), um einen spezifischen massenspektrometrischen Nachweis zu erleichtern. Des Weiteren können sie Polyethylenglycol (PEG) beinhalten, welches zu einer in einem Proteingel detektierbaren Massenvergrößerung führen kann (◨ Abb. 29.5). Eine weitere Möglichkeit ist die Einbringung einer Fluoreszenzmarkierung (s. auch ▶ Abschn. 29.4.1).

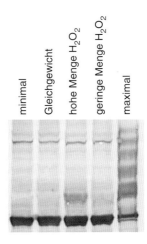

◨ **Abb. 29.5**   Nachweis von reversiblen Cysteinoxidationen mittels PEG-Switch-Assay. Bei diesem Versuchsansatz werden freie Thiolgruppen von Proteincysteinen blockiert. Nach Reduktion oxidierter Cysteine erfolgt eine Markierung z. B. mit PEGyliertem Maleimid, was zu einer signifikanten Massenerhöhung des Proteins führt. Anschließend werden die Proteine mittels PAGE aufgetrennt und in der nachfolgenden Western-Blot-Analyse zeigen Proteinvarianten mit reversibel oxidierten Cysteinen eine Massenerhöhung z. B. um 5 kDa pro mit PEG-Maleimid modifiziertem Cystein. Das untersuchte Protein enthält insgesamt fünf Cysteine. Für jedes dieser Cysteine zeigt sich in der „Maximal“-Kontrolle eine Massenerhöhung um 5 kDa". (Mit freundlicher Genehmigung von Nina Prescher)

Mit der Zeit wurde eine Vielzahl von Strategien erarbeitet, um eine Quantifizierung möglicher Redoxmodifikationen zu ermöglichen (vgl. ▶ Abschn. 29.6). Neben der zuvor beschriebenen Strategie, Reporter, Isotopen- oder Fluoreszenzmakierungen nach der Reduktion reversibler oxidativer Cysteinmodifikationen einzuführen (Schritt 3), können bereits bei der Blockierung freier Thiole (Schritt 1) analoge Reagenzien eingesetzt werden, die eine alternative Isotopen- oder Fluoreszenzmarkierung aufweisen. Durch einen direkten Vergleich der Signale aus beiden Markierungsvarianten kann dann direkt auf den prozentuellen Anteil einer Modifikation im Vergleich zur nichtmodifizierten Variante geschlossen werden. Bei der Analyse oxidativer Modifikationen muss allerdings berücksichtigt werden, dass nicht alle Modifikationsvarianten, wie z. B. Sulfin- und Sulfonsäuren, durch die im Regelfall eingesetzten Reduktionsmittel reduzierbar sind und sich so der Markierung für einen direkten prozentualen Vergleich entziehen.

### 29.3.2.2 Direkte Markierungsmethoden

Direkte Markierungsmethoden setzen voraus, dass es die Möglichkeit gibt, Cysteinmodifikationen spezifisch anzureichern und nachzuweisen. In der Regel wird dies durch chemische Sonden ermöglicht, die beispielsweise spezifisch mit Sulfensäuren reagieren. Auch hier gibt es mehrere Aspekte zu beachten. Zum einen sollte die Sonde möglichst spezifisch mit der entsprechenden Modifikation reagieren. Zum anderen ist insbesondere bei labilen Modifikationen wie der Sulfensäure eine schnelle Reaktionskinetik und kontrollierte Kopplung wünschenswert.

Sulfensäuren sind hier von besonderem Interesse, da die Modifikation als Zwischenstadium für eine weitere Reaktion/Oxidation gilt, und sie wurde auch selber als reversibler Schalter beschrieben, der die Funktion von Proteinen direkt beeinflussen kann. Für die spezifische Markierung und Anreicherung von Sulfensäuren werden in der Regel 5,5-Dimethylcyclohexan-1,3-dion (Dimedon) und Dimedonderivate eingesetzt (◘ Abb. 29.6). Eine Markierung kann direkt in der lebenden Zelle oder bei der Zelllyse erfolgen. Für den direkten Nachweis dimedonderivatisierter Sulfensäuren stehen spezifische Antikörper oder direkt fluorophorgekoppelte Dimedonderivate wie DCP-FL2 zur Verfügung. Alternativ werden Dimedonderivate eingesetzt, die direkt eine Funktion zur Anreicherung beinhalten. Hier wurde beispielsweise DCP-Bio1 entwickelt, welches eine Anreicherung über eine Biotinylierung ermöglicht. Des Weiteren wurden mit DYn-2 (Alkinderivat) und DAz-2 (Azidderivat) Sonden entwickelt, die kleiner sind und daher ggf. eher mit Sulfensäuren reagieren, die aus sterischen Gründen für größere Derivate wie DCP-Bio1 nicht zugänglich sind. Über Click-Chemie können nach Kopplung mit Zielproteinen/Peptiden weitere Funktionen wie eine Fluoreszenzmarkierung oder eine Kopplung mit Biotin hinzugefügt werden. Über Biotin kann entweder ein Nachweis bzw. eine Quantifizierung oder eine Anreicherung erfolgen. Des Weiteren können hier auch mehrfunktionale Sonden wie Az-UV-Biotin angefügt werden. Diese Sonde enthält neben Biotin zur Anreicherung auch eine photolabile Einheit, über die das aufgereinigte Protein/Peptid durch UV-Bestrahlung von der zur Aufreinigung benutzten Matrix abgetrennt werden kann. Außerdem kann die Sonde eine Isotopenmarkierung für die MS-basierte Quantifizierung beinhalten. Wenn zwei Zustände miteinander verglichen werden sollen, besteht so die Möglichkeit, einen Zustand mit einer leichten Variante und einen weiteren mit einer schweren Variante von Az-UV-Biotin zu markieren. Die Aufreinigung der Proben kann dann gemeinsam und durch den Massenunterschied der Sonden ein direkter quantitativer Vergleich erfolgen. Um wesentlich höhere Reaktionsgeschwindigkeiten mit Sulfensäuren zu ermöglichen, wurde 1-(Pent-4-yn-1-yl)1H-benzo[c][1,2]thiazin-4(3H)-on-2,2-dioxid (BTD) entwickelt. Diese Sonde zeigt nicht nur eine überlegene Reaktionskinetik, sondern besitzt auch eine Alkingruppe, die eine flexible weitere Funktionalisierung mithilfe von Click-Chemie ermöglicht.

## 29.4 Detektion der Phosphorylierung und oxidativer Cysteinmodifikationen von Proteinen und Peptiden

Obwohl mit der Massenspektrometrie eine Methode zur Verfügung steht, die es erlaubt, PTMs in einem Arbeitsgang zu detektieren und deren Position zu lokalisieren, gibt es Fragestellungen, die zunächst darauf abzielen, lediglich das Vorhandensein einer PTM abzuklären. Diese informativen Ansätze sollen hier vorgestellt werden.

### 29.4.1 Detektion mittels enzymatischer, radioaktiver, immunchemischer und fluoreszenzbasierender Methoden

Die spezifische Detektion von modifizierten Proteinen kann mithilfe von Enzymbehandlung sowie unter Einsatz radioaktiver, immunchemischer oder fluoreszenzbasierender Methoden erfolgen.

Bei der Detektion im 2D-Gel können mehrfach phosphorylierte Proteine als charakteristische Perlenkettenmuster von Spots auftreten, da jede Phosphorylierung eines Proteins eine Erniedrigung seines isoelektrischen Punkts und eine Erhöhung seines Molekulargewichts bewirkt und damit zu einem veränderten Wanderungsverhalten der Proteine bei der PAGE führt. Vergleichbares gilt auch für Cysteinoxidationen, z. B. bei der Oxidation zu Sulfin- und Sulfonsäuren. Durch ihre oft instabile Natur ist die Analyse von Sulfensäuren mit gelbasierten Verfahren ohne vorhergehende Derivatisierung schwierig.

Perlenkettenmuster gelten als mögliche Indikatoren für posttranslational modifizierte Proteine, können jedoch auch durch Einführung von Ladungsunterschieden bei der Probenpräparation, etwa durch Deamidierung von Asparagin oder Glutamin, entstehen. Um den Grund für die Auftrennung eines Proteins in mehrere Spots zu überprüfen, kann die Probe vor der 2D-PAGE z. B. mit Phosphatasen behandelt werden, da die vollständige Dephosphorylierung eines Proteins die Änderung seines isoelektrischen Punkts und seines Molekulargewichts durch die PTM rückgängig macht und somit keine Auftrennung in mehrere Spots mit Perlenkettenmuster erfolgt. Eine parallele 2D-PAGE von unbehandelter und mit Phosphatase behandelter Probe ermöglicht so eine differenzielle Auswertung der entstehenden

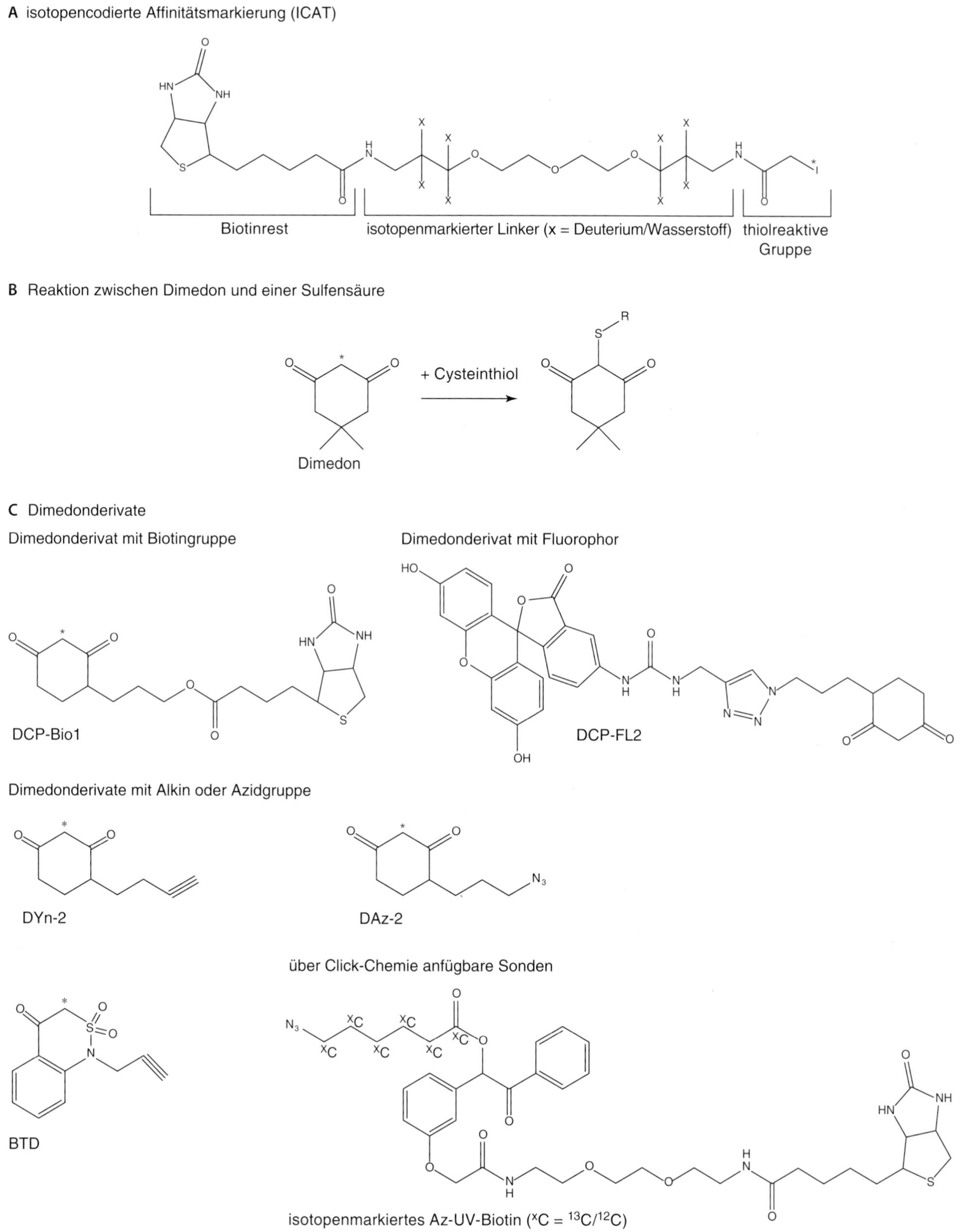

**A** isotopencodierte Affinitätsmarkierung (ICAT)

Biotinrest    isotopenmarkierter Linker (x = Deuterium/Wasserstoff)    thiolreaktive Gruppe

**B** Reaktion zwischen Dimedon und einer Sulfensäure

Dimedon    + Cysteinthiol

**C** Dimedonderivate

Dimedonderivat mit Biotingruppe    Dimedonderivat mit Fluorophor

DCP-Bio1    DCP-FL2

Dimedonderivate mit Alkin oder Azidgruppe

DYn-2    DAz-2

über Click-Chemie anfügbare Sonden

BTD

isotopenmarkiertes Az-UV-Biotin ($^{x}C = {}^{13}C/{}^{12}C$)

◻ **Abb. 29.6** Sonden zur Markierung von oxidativen Cysteinmodifikationen. **A** Isotopencodierte Affinitätsmarkierung (ICAT) kann bei der indirekten Markierungsstrategie verwendet werden. **B** Dimedon (5,5-Dimethylcyclohexan-1,3-dion) reagiert mit Sulfensäuren und wird daher häufig als Sonde bei der direkten Markierung verwendet. **C** Mittels einer Vielzahl von Dimedonderivaten können zudem verschiedene funktionelle Gruppen für eine anschließende Anreicherung oder Detektion angebracht werden

Gelbilder bezüglich der Anwesenheit von phosphorylierten Proteinen.

Die Detektion von Disulfidbrücken kann auch durch die Kombination zweier SDS-PAGE-Trennungen erreicht werden, wenn in der ersten Dimension und zweiten Dimension eine Auftrennung der unreduzierten bzw. der reduzierten Probe durchgeführt wird. Proteine, die Disulfidbrücken aufweisen, befinden sich im Gel dann von der Winkelhalbierenden entfernt, auf der sich Proteine befinden, die durch die Reduktion nicht in ihrem Laufverhalten beeinflusst sind.

**Radioaktive Detektionsmethoden** setzen voraus, dass die PTM des Proteins unter Verwendung von radioaktiven Markergruppen erfolgte (▶ Abschn. 3.3). Sie beschränken sich deshalb auf Proben aus *in-vivo*-Markierungsstudien oder aus *in-vitro*-Modifikationen von rekombinanten oder synthetischen Proteinen, wobei in Phosphorylierungsstudien als Markergruppendonoren vor allem $^{32}$P-ATP oder $^{33}$P-ATP eingesetzt werden. Nach Trennung der radioaktiv markierten Proteine durch LC oder PAGE werden die modifizierten Proteine mittels Szintillations-, Cerenkov-Zählung oder Autoradiographie detektiert (◻ Abb. 29.7). Die Autoradiographie dient der Detektion aller phosphorylierten Proteine, sie liefert aber keine Informationen über die Art der modifizierten Aminosäure, sodass nicht zwischen *O-, N-, S-* und Acylphosphaten unterschieden werden kann.

Durch die sehr kurzen Halbwertszeiten im Minutenbereich von radioaktiven Sauerstoffisotopen bieten sich radioaktive Markierungen von Cysteinoxidationen nicht als analytische Verfahren an.

Alternativ kann die modifikationsbedingte Auftrennung eines Proteins in mehrere Spots durch **Western-Blot-Analyse** (▶ Abschn. 6.3.3.1) mittels modifikationsspezifischer Antikörper nachgewiesen werden. Bei der Western-Blot-Analyse werden die Proteine nach ihrer Auftrennung im Polyacrylamidgel auf eine Membran aus Polyvinylidenfluorid (PVDF) oder Nitrocellulose transferiert und die Membran nach Blockierung unspezifischer Bindungsstellen mit dem modifikationsspezifischen Erstantikörper inkubiert. Die anschließende Visualisierung mit einem gegen den Erstantikörper gerichteten Zweitantikörper erfolgt entweder durch eine Farbreaktion, Chemilumineszenz oder Fluoreszenz. Die immunchemische Detektion von PTMs setzt keine gesonderte Behandlung der Proben voraus, hängt jedoch wie die IP stark von der Spezifität und Bindungsaffinität der verwendeten Antikörper ab. Eine zunehmende Zahl von modifikations- und sequenzspezifischen Antikörpern zur Analyse von phosphorylierten Proteinen ist kommerziell erhältlich und kann zur Detektion der modifizierten Proteine eingesetzt werden. Insbesondere Phosphotyrosin-Antikörper sind ausreichend spezifisch, um eine einzelne phosphorylierte Tyrosinseitenkette unabhängig von den benachbarten Aminosäuren zu erkennen, und ermöglichen somit die globale Detektion von Phosphotyrosin enthaltenden Proteinen. Für oxidative Cysteinmodifikationen sind bisher nur wenig sequenz- und modifikationsspezifische Antikörper, wie beispiels-

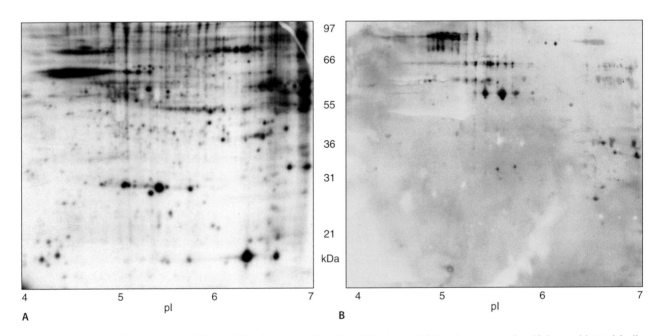

A

B

◻ **Abb. 29.7** Autoradiogramm und Western-Blot-Analyse nach 2D-PAGE. **A** Autoradiogramm eines 2D-Gels humaner Plättchenproteine im pH-Bereich 4–7 nach metabolischer Markierung mit $^{32}$P. Anhand des Autoradiogramms kann keine Aussage über die Art der Phosphorylierung (*N-, O,-, S-* oder Acylphosphat) gemacht werden. Für eine nachfolgende genauere Spezifizierung bietet sich die Detektion mittels spezifischer Antikörper an. **B** Zu dem in A dargestellten Autoradiogramm korrespondierende Western-Blot-Analyse unter Verwendung eines Anti-Phosphotyrosin-Antikörpers

A

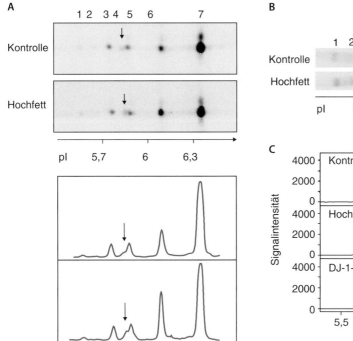

B

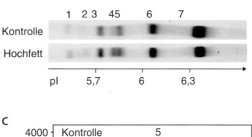

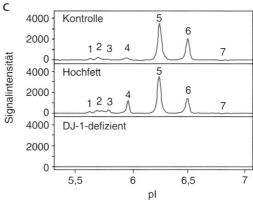

**Abb. 29.8** Modifikationen wie etwa Sulfin-/Sulfonsäuren oder Phosphorylierungen, die mit einer Ladungsänderung assoziiert sind, können den isoelektrischen Punkt eines Proteins verschieben. Im dargestellten Beispiel wird bei Mäusen durch eine fettreiche Diät („Hochfett", *high fat diet*) eine Cysteinoxidation des Proteins DJ-1 induziert (Proteoform 4). **A** 2D-Western-Blot-Analyse eines komple-

xen Proteinlysates. **B** Western-Blot-Analyse der Proteoformen nach isoelektrischen Fokussierung in einer Gelmatrix. **C** Eine Alternative hierzu ist die isoelektrische Fokussierung mittels Kapillarelektrophorese nach antikörperbasierter Detektion. (Modifiziert nach Poschmann et al. 2014)

weise gegen glutathionylierte Proteine, verfügbar. Für den immunologischen Nachweis besteht darüber hinaus jedoch die Möglichkeit, Antikörper gegen modifikationsspezifische Sonden einzusetzen, wie etwa für den Nachweis von dimedonderivatisierten Sulfensäuren.

Eine weitere Methode zur Detektion cysteinmodifizierter Proteine stellt die isoelektrische Fokussierung mittels Kapillarelektrophorese unter Verwendung eines zielproteinspezifischen Antikörpers dar. Aufgrund der Antigen-Antikörper-Bindung kommt es bei der isoelektrischen Fokussierung zu modifikationsabhängiger Auftrennung des Proteoformen. Die Verwendung des Antikörpers ermöglicht zudem einen sensitiven Nachweis der Proteoformen (■ Abb. 29.8)

**Fluoreszenzbasierende Detektionsmethoden** wurden bisher u. a. für phosphorylierte Proteine entwickelt. Sie nutzen die nichtkovalente Bindung von kleinen organischen Fluorophoren an phosphorylierte Aminosäurereste und ermöglichen so die direkte und sequenzunabhängige Detektion von Phosphoproteinen in Polyacrylamidgelen. Die Detektion ist ohne gesonderte Vorbehandlung der Proben möglich. Ihre Sensitivität hängt von der Bindung der Fluorophore an die phosphorylierten Aminosäuren und der Stöchiometrie der Phosphorylierung ab.

Für Cysteinmodifikationen kann eine fluoreszenzbasierte Detektion durch Einsatz entsprechend markierter chemischer Sonden entweder direkt durch Reaktion mit einem modifizierten Cystein oder mittels der indirekten Markierungsstrategie nach (spezifischer) Reduktion und Reaktion mit dem entstandenen Cysteinthiol erfolgen (■ Abb. 29.4, vgl. ► Abschn. 29.3.1).

## 29.4.2 Detektion phosphorylierter und cysteinoxidierter Proteine mittels Massenspektrometrie

Die radioaktive, immunchemische oder fluoreszenzbasierte Detektion eines posttranslational modifizierten Proteins liefert nur Hinweise auf das Vorhandensein von PTMs, wogegen massenspektrometrische Detektionsmethoden mittels MALDI- (► Abschn. 16.1.1) oder ESI-MS (► Abschn. 16.1.2) gleichzeitig Auskunft über die Anzahl von PTMs in einem Protein geben können. Die PTM eines Proteins führt zu einer charakteristischen Erhöhung seines Molekulargewichts: Eine Phosphorylierung erhöht das Molekulargewicht um 80 Da. Der direkte Nachweis von oxidativen Cysteinmodifikationen über eine Massenzunahme ist theoretisch zwar

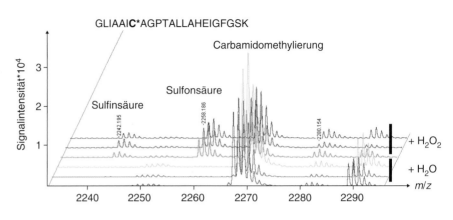

**◘ Abb. 29.9** Direkter Nachweis von Cysteinoxidationen mittels MALDI-TOF. Die Behandlung eines Proteins mit Wasserstoffperoxid führt zur Entstehung von Sulfin- und Sulfonsäure als oxidative Modifikation am Peptid GLIAAICAGPTALL-AHEIGFGSK. (Modifiziert nach Poschmann et al. 2014)

**29**

möglich, wird jedoch aufgrund der speziellen Reaktivität der einzelnen Spezies erschwert. Beispielsweise werden Nitrosylierungen (+29 Da) bei niedrigem pH-Wert abgespalten, oder Sulfensäuren (+16 Da) reagieren aufgrund ihrer instabilen Natur schnell weiter und werden daher selten nachgewiesen. Der Nachweis von höheren Oxidationsformen wie Sulfin- (+32 Da) und Sulfonsäuren (+48 Da) ist aber möglich. Somit kann die *in-vivo*- oder *in-vitro*-Modifikation eines Proteins durch exakte Bestimmung seiner Masse mithilfe der MS detektiert und durch Vergleich der gemessenen Masse mit der theoretischen Masse des unmodifizierten Proteins identifiziert werden. Hierbei müssen modifikationsspezifische Limitierungen bedacht werden. Liegen in einem Protein mehrere PTMs gleicher oder verschiedener Art vor, so kann dies aus der Differenz zwischen gemessener und theoretischer Masse des Proteins abgelesen werden (◘ Abb. 29.9).

## 29.5 Lokalisation und Identifizierung posttranslational modifizierter Aminosäuren

Der direkte Weg zur Lokalisation einer modifizierten Aminosäure in einem Peptid war früher die vollständige Sequenzierung des Peptids mithilfe der Edman-Sequenzierung. Heutzutage wird hierzu immer mehr die massenspektrometrische Fragmentionenanalyse eingesetzt, da diese die Analyse komplexer Proben bei gleichzeitig geringer Probenmengen erlaubt.

### 29.5.1 Lokalisation phosphorylierter Aminosäuren mittels Edman-Sequenzierung

Bei der klassischen Edman-Sequenzierung (► Abschn. 15.1) werden aminoterminale Aminosäuren sequenziell mit Phenylisothiocyanat (PITC) modifiziert, vom Peptid abgespalten, in ein stabiles Phenylthiohydantoin-

(PTH-)Derivat umgewandelt und anhand ihrer Retentionszeit auf einer RP-HPLC-Säule identifiziert. Die Edman-Sequenzierung stellt die einfachste Methode zur Lokalisation einer modifizierten Aminosäure dar, doch der Erfolg hängt stark von der Homogenität der Peptidprobe, der Stöchiometrie der PTM und der Stabilität der modifizierten Aminosäure bei der Derivatisierung ab. Inhomogene Proben führen zur gleichzeitigen Detektion mehrerer Peptidsequenzen und behindern die eindeutige Lokalisation einer modifizierten Aminosäure in einem der Peptide. Aus diesem Grund profitiert die Edman-Sequenzierung insbesondere von der sorgfältigen Anreicherung und Isolierung der modifizierten Peptide mithilfe der oben dargestellten Methoden (► Abschn. 29.3). Erschwerend kommt die Kombination der geringen Stöchiometrie von *in vivo*-PTMs mit der abnehmenden repetitiven Ausbeute der Sequenzierung hinzu, die zum Absinken der Konzentration des PTH-Derivats einer modifizierten Aminosäure unter die Detektionsgrenze führen kann. Zusätzliche Probleme bereiten die unterschiedlichen chemischen Stabilitäten modifizierter Aminosäuren und ihrer Derivate, die eine spezifische Anpassung der Sequenziertechnik an die Art der PTM notwendig machen.

So sind Phosphotyrosine aufgrund ihrer Hydrophobizität nur mittels Festphasensequenzierung zu analysieren, und ihre PTH-Derivate zeigen eine schlechte Absorption und eine unscharfe Retention. Phosphoserine und -threonine erliegen während der Edman-Sequenzierung einer säurekatalysierten Dehydratisierung zu Dehydroalanin und Dehydro-α-amino-2-butansäure, können aber indirekt über die Dithiothreitoladdukte der entstehenden PTH-Derivate nachgewiesen werden. Eine weitere Möglichkeit besteht darin, Phosphoserine und -threonine durch β-Eliminierung und Addition von Mercaptoethan in ihre stabilen Derivate 5-Ethylcystein und β-Methyl-*S*-ethylcystein umzuwandeln, die bei der Edman-Sequenzierung anhand ihrer Retentionszeiten identifiziert werden können.

Edman-Sequenzierung wurde auch erfolgreich für die Analyse von oxidativen Cysteinmodifikationen wie

z. B. Disulfidbrücken eingesetzt. Für den generellen Nachweis von Cysteinmodifikationen ist die Methode ansonsten aber nur bedingt geeignet. Um Cysteine überhaupt nachweisen zu können, werden Proteine in der Regel vor der Analyse mit Reagenzien wie 4-Vinylpyridin oder Iodessigsäure derivatisiert. Die Vielzahl möglicher Modifikationen sowie die mangelnde Stabilität selbst von derivatisiertem Cystein machen die Analyse hier schwierig.

### 29.5.2 Lokalisation phosphorylierter und cysteinoxidierter Aminosäuren mittels massenspektrometrischer Fragmentionenanalyse

Die massenspektrometrische Lokalisation phosphorylierter und cysteinoxidierter Aminosäuren unterscheidet sich überwiegend in der Probenvorbereitung (vgl. ► Abschn. 29.3). Im Anschluss findet dann üblicherweise die MS-Analyse nach proteolytischer Spaltung der Proteine statt (Bottom-up). Durch die Wahl der Endoprotease kann Einfluss auf die durchschnittliche Länge und Art der entstehenden Peptide genommen werden, wobei die Endoprotease Trypsin, wie bei der Proteinmassenspektrometrie üblich, Verwendung findet und auch bei der Analytik von PTMs besonders häufig eingesetzt wird. Trypsin spaltet Peptidbindungen auf der carboxyterminalen Seite von Lysinen und Argininen und generiert aufgrund der durchschnittlichen Verteilung von Lysinen und Argininen in Proteinen überwiegend Peptide mit einer Länge zwischen fünf und zwanzig Aminosäuren, die am Carboxyterminus einen positiv geladenen Rest tragen. Die Charakterisierung der modifizierten Peptide erfolgt zumeist mittels MALDI- oder ESI-MS. Diese Techniken geben aufgrund der beobachteten Massenverschiebungen Hinweise auf die Anzahl an PTMs in einem Peptid und erlauben eine anschließende Fragmentierung des modifizierten Peptids. Damit können eine Identifizierung und Lokalisation der modifizierten Aminosäure ohne weitere Behandlung der Probe erfolgen. Besonders die erheblichen technischen Verbesserungen der Massenspektrometer, die Automatisierbarkeit der massenspektrometrischen Analysen und die vielfältigen Kombinationsmöglichkeiten der MS mit den oben beschriebenen Methoden zur Trennung und Anreicherung modifizierter Proteine und Peptide haben die Analytik von PTMs revolutioniert. Die Detektion und Analyse eines modifizierten Peptids mithilfe der MS basiert auf zwei Prinzipien: auf der Detektion der Molekulargewichtserhöhung, die für eine PTM charakteristisch ist (► Abschn. 29.4.2), und auf der Aufzeichnung des Fragmentierungsmusters des Peptids, welches die genaue Lokalisation der PTM-Stelle ermöglicht.

Phosphorylierte Peptide zeigen aufgrund der zusätzlichen negativen Ladung der Phosphatgruppe und der Messanordnung (Positiv-Modus) des Massenspektrometers in Gegenwart von unmodifizierten Peptiden eine geringe Ladungszahl, die zu einer Suppression oder sogar zum Verlust der Signale führen kann. Je nach den angewendeten Bedingungen (z. B. Ionisierungsmethode oder Kollisionsenergien) kann es zu charakteristischen Abspaltungen von $H_3PO_4$ und $HPO_3$ kommen. So führt der Verlust von $H_3PO_4$ bei einfach geladenen Ionen zu einer Signalverschiebung von $-98$ Da, bei zweifach geladenen Ionen von $-49$ Da, usw. Besonders Phosphoserine und -threonine zeigen sehr intensive Signale für die Abspaltung von $H_3PO_4$, was der Bildung von Dehydroalanin aus Phosphoserin und von Dehydro-$\alpha$-amino-2-butansäure aus Phosphothreonin entspricht. Die Abspaltung von $HPO_3$ dagegen wird bei Phosphoserin und -threonin weniger häufig beobachtet und führt zu einer Signalverschiebung von $-80$ Da bei einfach geladenen Ionen, von $-40$ Da bei zweifach geladenen Ionen usw. Phosphotyrosine stellen aufgrund des konjugierten Systems ihres Benzolrings stabile Phosphate dar und zeigen nur selten eine Abspaltung von $HPO_3$, nicht aber von $H_3PO_4$. Diese Massendifferenzen können jedoch zu ihrer Identifizierung genutzt werden können.

Da im ESI-Massenspektrometer ein sanfter ESI-Ionisierungsprozess vorliegt, führen erst eine Erhöhung der anliegenden Spannungen oder eine induzierte Kollision mit Stoßgasmolekülen zum Verlust von $H_3PO_4$ und $HPO_3$, was mit einer kompletten Fragmentierung der Peptide einhergeht. Unter diesen sanften Bedingungen kann die Lokalisation phosphorylierter Aminosäuren in Zusammenhang mit einer Fragmentionenanalyse durchgeführt werden.

Mithilfe der massenspektrometrischen Fragmentionenanalyse wird das spezifische Fragmentierungsmuster eines Peptids aufgezeichnet (► Abschn. 16.4). Da Phosphorylierungen und Cysteinoxidation aufgrund der zusätzlichen Massen das Fragmentierungsmuster von Peptiden verändern (*mass shift*), kann anhand des aufgezeichneten Fragmentionenspektrums, auch *MS/MS-Spektrum* genannt, auf die Position einer PTM geschlossen werden. Dabei kommen heutzutage unterschiedliche Fragmentierungstechniken zum Einsatz. Neben den für die Peptidsequenzierung etablierten Verfahren der kollisionsinduzierten Dissoziation (CID, *Collison-Induced Dissociation*) und *Higher-Energy Collisional Dissociation* (HCD) stehen alternative Techniken, wie die der elektroneninduzierten Fragmentierung (ETD, *Electron Transfer Dissociation*) oder Hybridmethoden, wie *Electron-Transfer/Higher-Energy Collision Dissociation* (EThcD), für die PTM-Analytik zur Verfügung. Alle Massenspektrometer, die für die Fragmentionenanalyse geeignet sind (TOF-, Ionenfallen-,

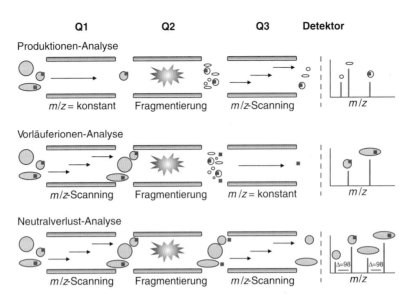

**Abb. 29.10** Fragmentionen-Analyse. Bei der Produktionen-Analyse wird der Q1 so eingestellt, dass nur Vorläuferionen mit einem bestimmten *m/z*-Verhältnis transferiert werden. Diese werden anschließend im Q2 durch Fragmentierung in Produktionen zerlegt, welche wiederum im Q3 ausgescannt werden. Bei der Vorläuferionen-Analyse werden zunächst die Vorläuferionen des gesamten Massenbereichs nacheinander in den Q2 transferiert und fragmentiert. Der Q3 ist dann so eingestellt, dass nur noch Produktionen mit einem definierten *m/z*-Verhältnis (z. B. −79 für PO$_3^-$) detektiert werden. Hierdurch kann dann auf das entsprechende Vorläuferion zurückgeschlossen werden. Die Neutralverlust-Analyse läuft inklusive der Fragmentierung analog zur Vorläuferionen-Analyse ab. Der Q3 ist jedoch so eingestellt, dass nur noch Massen, die eine bestimmte, dem Neutralverlust entsprechende Differenz (z. B. 98 Da für H$_3$PO$_4$) zwischen Vorläufer- und Produktion aufweisen, detektiert werden

Orbitalionenfallen-, Triple-Quadrupolgeräte oder Kombinationen – Hybride – aus diesen), können auch für die Lokalisation der PTM eingesetzt werden.

Aufgrund der Weiterentwicklung der Massenspektrometrie hinsichtlich der Auflösung, Geschwindigkeit, Fragmentierungstechniken und Sensitivität kommen heute nur noch selten die insbesondere für Triple-Quadrupolgeräte entwickelten experimentellen Techniken, wie etwa *Produktionen-, Neutralverlust-, Vorläuferionen-* und *PTM-spezifische Immoniumionen-Analyse*, zur Anwendung und sollen aber der Vollständigkeit halber hier behandelt werden.

Die **Produktionen-Analyse** *(product ion scan)*, eine Tandem-MS-Technik (■ Abb. 29.10) wurde häufig in Zusammenhang mit Triple-Quadrupolgeräten eingesetzt. Hierbei wird das elektrische Feld des ersten Quadrupols (Q1) so eingestellt, dass ausschließlich Ionen einer bestimmten Masse in den zweiten Quadrupol (Q2) gelangen können. Die übrigen Peptidionen werden abgelenkt und erreichen Q2 nicht. In Q2 erfolgt eine Fragmentierung durch niederenergetische Stöße mit einem Kollisionsgas wie Stickstoff, Helium oder Argon (**CID, Collison-Induced Dissociation**). Dabei bricht bevorzugt die Peptidbindung, und es entstehen b- und y-Fragmentionen, die nachfolgend im dritten Quadrupol (Q3) analysiert werden. Mittels Produktionenanalyse entsteht für jedes Peptid ein charakteristisches Fragmentionenspektrum, das entweder manuell oder mithilfe von Proteindatenbank-Suchen interpretiert und zur Sequenzierung des Peptids genutzt werden kann. Phosphorylierte Aminosäuren können aufgrund der Verschiebung der Fragmentionensignale um +80 Da bzw. +42 Da direkt aus dem MS/MS-Spektrum identifiziert werden. Zusätzlich zeigen sich bei Phosphopeptiden in den Fragmentionenspektren ab dem phosphorylierten Rest die oben erwähnten charakteristischen Abspaltungen von H$_3$PO$_4$ und HPO$_3$.

Bei der **Vorläuferionen-Analyse** *(precursor ion scan*; ■ Abb. 29.10) werden die Peptidionen des gesamten Massenbereiches nacheinander in den Q2 transferiert und dort durch ClD fragmentiert. Q3 ist auf die Selektion eines bestimmten, ausgewählten *m/z*-Wertes eingestellt, sodass ausschließlich ein Fragmention, welches für die jeweilige Modifikation (z. B. *m/z* = 79 für PO$_3^-$) spezifisch ist, zum Detektor gelangt. Dieses in Q3 selektierte Fragment kann einem Vorläuferion zugeordnet werden und liefert daher spezifische Informationen zum Modifikationszustand dieses Ions.

Die **Neutralverlust-Analyse** *(neutral loss scan*; ■ Abb. 29.10) ist eine effektive Methode zur Identifizierung von modifizierten Peptiden. Sie nutzt den Verlust einer neutralen Gruppe aus einem modifizierten Peptid nach Niedrigenergiestößen aus. Wie in der Vorläuferionen-Analyse werden die Peptidionen mit unterschiedlichen *m/z*-Verhältnissen nacheinander zur Fragmentierung in den Q2 transferiert. Q3 arbeitet synchron mit Q1 im Scanbetrieb und filtert dabei eine bestimmte Spezies Fragmentionen mit einem

$m/z$-Verhältnis, welches dem des Peptidions abzüglich der Masse des nachzuweisenden Neutralverlustes (z. B. $H_3PO_4$) entspricht.

Mittels Vorläuferionen-Analyse und Neutralverlust-Analyse wird zunächst nur das Peptidion bestimmt, das eine Phosphatgruppe trägt. Um anschließend die Sequenz des Peptids und damit die phosphorylierte Aminosäure zu bestimmen, wird im Massenspektrometer nach der Detektion eines Vorläuferion- bzw. Neutralverlustanalyse-spezifischen Fragmentions automatisch ein MS/MS-Spektrum des Peptids mittels Produktionen-Analyse aufgenommen (*precursor ion scan – neutral loss scan – triggered product ion scan*). Phosphotyrosine können nicht mittels Vorläuferionen-Analyse und Neutralverlust-Analyse charakterisiert werden, da sie unter den entsprechenden Bedingungen stabil sind und keine charakteristischen Fragmentionen bzw. Neutralverluste zeigen. Phosphotyrosine lassen sich jedoch mit der PTM-spezifischen **Immoniumionen-Analyse** indirekt nachweisen. Diese Methode basiert auf einer Vorläuferionen-Analyse, bei der in Q3 nach den spezifischen Immonium- und Markerionen von Phosphotyrosin und Acetyllysin gesucht wird. Das Immoniumion von Phosphotyrosin besitzt ein $m/z$-Verhältnis von 216,04. Das Immoniumion von Acetyllysin weist ein $m/z$-Verhältnis von 143,12 auf und erzeugt durch den Verlust von $NH_3$ ein zusätzliches Markerion mit $m/z$ 126,10. Alle drei Ionen können alternativ auch mit anderen hochauflösenden Massespektrometern wie z. B. Quadrupol-TOF-Hybridmassenspektrometern detektiert werden (*phosphotyrosine specific immonium ion scan*). Die größte Limitierung der PTM-spezifischen Immoniumionen-Analyse liegt in der Auflösung und Genauigkeit des verwendeten Massenspektrometers, da Peptide im Massenbereich der Immoniumionen allgemein eine Vielzahl von internen Fragmenten mit sehr kleinen Massendifferenzen erzeugen. Um die Sequenz des detektierten Vorläuferpeptids und die Position der Phosphat- oder Acetylgruppe zu bestimmen, wird anschließend wiederum das spezifische Fragmentionenspektrum des Peptids aufgenommen.

Die Fragmentierung durch CID ist eine die gängigste Methode zur Analyse von Peptiden, zeigt aber Limitationen bezüglich der Analyse labiler PTMs, wie etwa Phosphorylierungen oder Glykosylierungen. So führt z. B. die CID-Fragmentierung von serin- und threoninphosphorylierten Peptiden häufig zu Brüchen an der labilen Phosphorylbindung, was zur charakteristischen Abspaltung von $H_3PO_4$ oder $HPO_3$ (Neutralverlust) führt (◘ Abb. 29.11). Infolgedessen weisen die resultierenden MS/MS-Spektren ein dominantes Signal des Vorläuferpeptidions mit Neutralverlust auf und enthalten somit weniger Informationen über die Sequenz des Peptids.

Im **MALDI-TOF-Massenspektrometer** findet der Verlust von $H_3PO_4$ und $HPO_3$ in der feldfreien Driftstrecke (also *post-source*) als Ergebnis von metastabilen und/oder kollisionsinduzierten Zerfällen statt. Im Linearmodus können die entstehenden Fragmente folglich nicht von der Masse des Vorläuferions unterschieden werden. Im Reflektormodus werden die Fragmente als breite, nicht isotopenaufgelöste Signale detektiert. Das heißt, die Anwesenheit von Signalen im Reflektorspektrum, die durch metastabile Zerfälle entstehen – $(MH-H_3PO_4)^+$ und $(MH-HPO_3)^+$ –, deutet auf ein phosphoryliertes Peptid hin. Beide Fragmentionen $(MH-H_3PO_4)^+$ und $(MH-HPO_3)^+$ werden im Reflektorspektrum nicht wie erwartet genau bei $m/z$ −98 Da bzw. $m/z$ −80 Da detektiert. Dies ist darauf zurückzuführen, dass der Reflektor des Massenspektrometers nur exakt für Ionen mit voller Beschleunigungsenergie kalibriert ist. Die beiden Fragmentionen besitzen eine geringere kinetische Energie als die entsprechenden Vorläuferionen und werden daher bei etwas geringeren $m/z$-Werten detektiert.

Für den Erhalt zusätzlicher Sequenzinformationen eines modifizierten Peptids stehen heutzutage bei der Verwendung von Ionenfallen- und Oribitalionenfallenmassenspektrometern oder Hybridgeräten neben CID und HCD noch weitere Fragmentierungstechniken zur Verfügung.

Eine alternative Fragmentierungstechnik, die häufig in der PTM-Analytik angewandt wird, ist die **Elektrontransferdissoziation (ETD)**, bei der die Aminosäureseitenketten und Modifikationen weitgehend intakt bleiben. Hierbei beruht der Fragmentierungsmechanismus auf der Übertragung von Elektronen durch ein Radikalanion mit geringer Elektronenaffinität (Transferreagenz) auf das mehrfach positiv geladene Peptid. In der Peptidanalytik kommt häufig als Transferreagenz Fluoranthen zum Einsatz. Das positive Peptidion und das radikale Anion des Fluoranthens werden in der Regel zeitlich nacheinander in die Ionenfalle eingebracht und dort gemischt. Bei der Reaktion wird durch die Übertragung eines ungepaarten Elektrons das Peptid instabil, und es kommt zu einem Bruch entlang des Peptidrückgrats. Eine durch die Elektronenübertragung hervorgerufene Protonenneutralisierung führt zu einer Reduktion des Ladungszustands des Peptidions und der Fragmentionen. Die ETD-Fragmentierung erzeugt leicht zu interpretierende c- und z-Ionenserien einfach geladener Fragmentionen, sodass aus dem $MS^2$-Spektrum auf die Aminosäuresequenz des Peptids und Position der PTM geschlossen werden kann (◘ Abb. 29.11).

Da bei der ETD-Fragmentierung doppelt protonierte Peptide eine geringe Fragmentierungseffizienz im Vergleich zu CID bzw. HCD haben und ETD auch eine längere Reaktionszeit im Vergleich zu CID/HCD/-Akti-

29

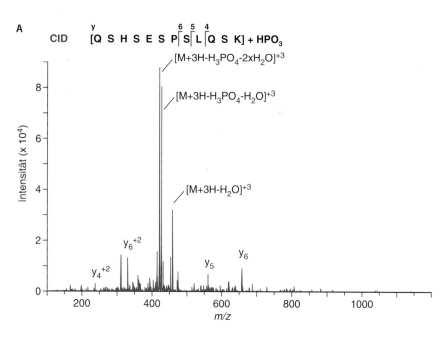

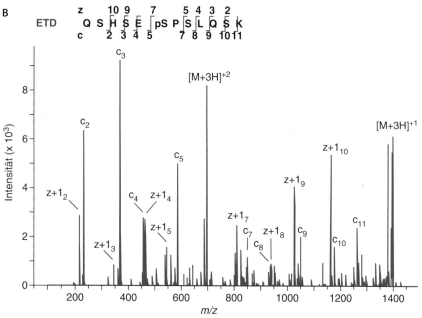

vierungszeiten benötigt, wurde in den letzten Jahren die
Hybridmethode EThcD vermehrt eingesetzt. Hier werden nicht fragmentierte Spezies und Produktionen, die
aus der ETD-Fragmentierung resultieren, einer nachfolgenden HCD-Fragmentierung unterzogen. Dies führt
über die gleichzeitige Erzeugung von c/z- und b/y-
Ionenserien zu einer umfassenden Fragmentierung des
Peptidgerüsts. So kann neben einer besseren Sequenzabdeckung auch die Genauigkeit der Lokalisierung der
Modifikation erhöht werden.

EThcD eignet sich auch für die Analyse von Dipep-
tiden, die durch eine Disulfidbrücke verbunden sind. Bei
der initialen ETD-Fragmentierung wird hier zunächst
präferenziell die Disulfidbrücke gespalten, was im Spektrum zu zwei intensiven Signalen für die beiden Einzel-
peptide führt. Bei der anschließenden Fragmentierung
mit HCD werden in erster Linie nicht reagierte und la-
dungsreduzierte Vorläuferionen inklusive dem Peptidrückgrat fragmentiert, was zu einer erhöhten Sequenzabdeckung führen kann.

## 29.6 Quantitative Analyse posttranslationaler Modifikationen

Die biologische Funktion eines Proteins hängt neben der Art und Position seiner PTMs auch von der Stöchiometrie dieser Modifikationen ab. Die quantitative Analyse der Phosphorylierung einer bestimmten Aminosäure oder Cysteinoxidation in einem Protein mittels MS stellt deshalb einen wichtigen Teil der modifikationsspezifischen Proteomanalytik dar. Die Quantifizierung einer PTM kann relativ zwischen mehreren Zuständen einer Zelle oder eines Gewebes oder absolut anhand von internen Standards erfolgen (▶ Kap. 42, ▶ Abschn. 16.8).

Bei der **relativen Quantifizierung** steht methodisch zum einen der Einsatz von stabilen Isotopen oder Markergruppen für eine differenzielle Analyse entweder durch metabolische oder chemische Markierung *(metabolic/chemical labeling)* zur Verfügung. Zum anderen haben sich in den letzten Jahren sog. markierungsfreie Ansätze als erfolgreich herausgestellt. Bei der Quantifizierung mittels Markierung erfolgt im ersten Schritt die Markierung der zu vergleichenden Proteinproben mit stabilen Isotopen, die sich in ihrer molekularen Masse um wenige Dalton unterscheiden, oder durch genau definierte Markergruppen.

Bei der metabolischen Markierung bietet sich der Zusatz von markierten Aminosäuren zum Nährmedium der Zellen an (*Stable Isotope Labeling by Amino Acids in Cell Culture*, SILAC). Es wurden auch Ansätze verfolgt, bei denen die chemische Markierung der phosphorylierten Aminosäure durchgeführt wurde. Hier wurden durch die Kombination von β-Eliminierung und Michael-Addition mit markierten Thiolverbindungen die entsprechenden phosphorylierten Aminosäuren markiert (▶ Abschn. 29.3). Dieser Ansatz ist somit nur für die Analyse von an Serin oder Threonin phosphorylierten Proteinen geeignet. Dabei wird häufig eine Derivatisierung mittels Thiolverbindungen, welche eine Kombination aus Affinitätsmarkergruppe (z. B. Biotin) und einem mit stabilen Isotopen markierten Linker darstellt (z. B. *Isotope-Coded Affinity Tag*, ICAT), eingesetzt. Dies ermöglicht sowohl die spezifische Anreicherung der phosphorylierten Proteine als auch die MS-basierte relative Quantifizierung.

Eine **absolute Quantifizierung (AQUA)** von modifizierten Peptiden ist durch Zugabe von internen Standardpeptiden, die mit stabilen Isotopen markiert wurden, möglich. Dabei erfolgen zunächst die Identifizierung des phosphorylierten oder an Cystein modifizierten Peptids und die Lokalisation der modifizierten Aminosäure mittels MS. Das identifizierte modifizierte Peptid wird anschließend in Anwesenheit von stabilen Isotopen chemisch synthetisiert, sodass ein Peptidanalogon entsteht, welches sich ausschließlich in seiner Masse von seinem natürlich vorkommenden Gegenstück unterscheidet. Eine definierte Menge des synthetischen Peptids wird als interner Standard der Proteinprobe zugesetzt. Anschließend werden die Proteine proteolytisch gespalten, bevor im dritten Schritt der Quantifizierung eine MS-Analyse der Probe erfolgt. Eine absolute Quantifizierung des *in vivo* modifizierten Peptids ist durch den Vergleich der jeweiligen Signalintensitäten der Peptidionen in den MS-Spektren des *in vivo* modifizierten und des synthetisierten Standardpeptids möglich (◘ Abb. 29.12).

## 29.7 Zukunft der Analytik posttranslationaler Modifikationen

Die durch PTMs ermöglichte Vergrößerung der Strukturvielfalt von Proteinen stellt eine zusätzliche Ebene dar, den Informationsgehalt biologischer Systeme und die damit verbundene Diversität der Funktion zu erhöhen. Bis dato wurden nur eine geringe Anzahl von PTMs systematisch analysiert und in Datenbanken abgelegt. Aus diesem Grund kommt der Proteomanalyse (▶ Kap. 42) mit der Möglichkeit, eine Vielzahl von Proteinen und deren PTM parallel zu analysieren, eine wichtige Rolle zu. Ein Proteom wurde ursprünglich als das Proteinkomplement eines Genoms definiert und ist aufgrund seiner Abhängigkeit von externen und internen Einflüssen äußerst komplex und dynamisch. Neben der Identifizierung und Quantifizierung der einzelnen Proteine eines Proteoms ist die Charakterisierung von PTMs die Hauptaufgabe der Proteomanalytik. Die PTMs sind nicht nur der Grund für die Detektion zahlreicher Proteinisoformen in der Proteomanalyse, sondern sie verbinden auch die reine Auflistung der in einer Zelle oder einem Gewebe exprimierten Proteine mit funktionellen Daten. Nur durch die modifikationsspezifische Proteomanalytik können die funktionellen Details der Regulation innerhalb eines Proteoms vollständig beschrieben werden, weil hierbei die Information über die Gegenwart eines Proteins in einem Proteom mit seiner möglichen biologischen Rolle verknüpft werden kann. Für die spezifische Anreicherung und Analyse einer PTM steht eine Vielzahl von Methoden zur Verfügung, jedoch müssen die Techniken sorgfältig ausgewählt und an die jeweilige Probe angepasst werden. Aufgrund ihrer jeweiligen Beschränkungen führen viele der hier aufgezeigten Methoden erst in Kombination miteinander zur erfolgreichen Charakterisierung einer PTM und machen die multidimensionale und parallele

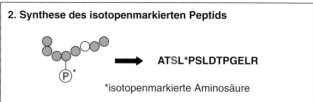

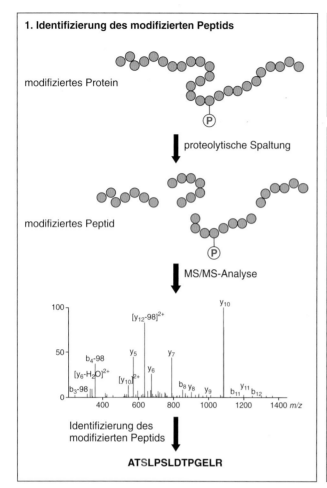

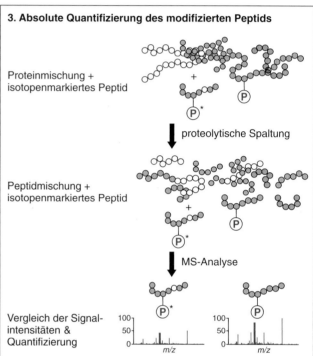

**1. Identifizierung des modifizierten Peptids**

modifiziertes Protein

proteolytische Spaltung

modifiziertes Peptid

MS/MS-Analyse

Identifizierung des modifizierten Peptids

**ATSLPSLDTPGELR**

**2. Synthese des isotopenmarkierten Peptids**

**ATSL*PSLDTPGELR**

*isotopenmarkierte Aminosäure

**3. Absolute Quantifizierung des modifizierten Peptids**

Proteinmischung + isotopenmarkiertes Peptid

proteolytische Spaltung

Peptidmischung + isotopenmarkiertes Peptid

MS-Analyse

Vergleich der Signalintensitäten & Quantifizierung

▣ **Abb. 29.12** Absolute Quantifizierung von modifizierten Proteinen/Peptiden mittels AQUA. Die Strategie zur absoluten Quantifizierung von modifizierten Proteinen/Peptiden umfasst drei Schritte. Im ersten Schritt erfolgt die Lokalisation der modifizierten Aminosäure mittels MS nach proteolytischem Proteinverdau oder *in-vitro*-Modifikation von Peptiden. Nachfolgend wird das entsprechende modifizierte Peptid in Anwesenheit von stabilen Isotopen synthetisiert. Man erhält ein Peptid, das chemisch identisch zu seinem natürlich vorkommenden, modifizierten Gegenstück ist. Im letzten Schritt wird das synthetische Peptid als interner Standard in einer definierten Menge zur Probe gemischt. Sowohl das native als auch das synthetische Peptid werden mittels MS analysiert. Die Intensitäten ausgesuchter Peptidionen werden berechnet und miteinander verglichen, wodurch die absolute Quantifizierung der Peptide ermöglicht wird

Aufreinigung von Proteinproben mittels LC, PAGE und CE sowie die Optimierung der massenspektrometrischen Messmethoden auf die PTM erforderlich. Insbesondere wird hier die Analytik intakter Proteine (Topdown-Ansatz) eine zunehmende Bedeutung einnehmen. Es ist deshalb zu erwarten, dass die Zahl der qualitativen und quantitativen Analysemethoden für PTMs und das Ausmaß ihrer modifikationsspezifischen Optimierung auch in Zukunft weiter zunehmen werden.

## Literatur und Weiterführende Literatur

Aebersold R, Agar JN, Amster IJ, Baker MS, Bertozzi CR, Boja ES, Costello CE, Cravatt BF, Fenselau C, Garcia BA, Ge Y, Gunawardena J, Hendrickson RC, Hergenrother PJ, Huber CG, Iva-nov AR, Jensen ON, Jewett MC, Kelleher NL, Kiessling LL, Krogan NJ, Larsen MR, Loo JA, Ogorzalek Loo RR, Lundberg E, MacCoss MJ, Mallick P, Mootha VK, Mrksich M, Muir TW, Patrie SM, Pesavento JJ, Pitteri SJ, Rodriguez H, Saghatelian A, Sandoval W, Schlüter H, Sechi S, Slavoff SA, Smith LM, Snyder MP, Thomas PM, Uhlén M, Van Eyk JE, Vidal M, Walt DR, White FM, Williams ER, Wohlschlager T, Wysocki VH, Yates NA, Young NL, Zhang B (2018) How many human proteoforms are there? Nat Chem Biol 14(3):206–214

Alcock LJ, Perkins MV, Chalker JM (2018) Chemical methods for mapping cysteine oxidation. Chem Soc Rev 47(1):231–268

Boersema P, Mohammed S, Heck A (2009) Phosphopeptide fragmentation and analysis by mass spectrometry. J Mass Spectrom 44:861–878

Duan J, Gaffrey MJ, Qian WJ (2017) Quantitative proteomic characterization of redox-dependent post-translational modifications on protein cysteines. Mol BioSyst 13(5):816–829

Farley A, Link A (2009) Identification and quantification of protein posttranslational modifications. Methods Enzymol 463:725–763

Jensen ON (2004) Modification specific proteomics: characterization of post-translational modifications by mass spectrometry. Curr Opin Chem Biol 8:33–41

Leonard SE, Carroll KS (2011) Chemical ‚omics' approaches for understanding protein cysteine oxidation in biology. Curr Opin Chem Biol 15(1):88–102

Leichert LI, Gehrke F, Gudiseva HV, Blackwell T, Ilbert M, Walker AK, Strahler JR, Andrews PC, Jakob U (2008) Quantifying changes in the thiol redox proteome upon oxidative stress in vivo. Proc Natl Acad Sci U S A. Jun 17;105(24):8197–202.

Mnatsakanyan R, Shema G, Basik M, Batist G, Borchers CH, Sickmann A, Zahedi RP (2018) Detecting post-translational modification signatures as potential biomarkers in clinical mass spectrometry. Expert Rev of proteomics 15(6):515–535

Poschmann G, Seyfarth K, Besong Agbo D, Klafki HW, Rozman J, Wurst W, Wiltfang J, Meyer HE, Klingenspor M, Stühler K (2014) High-fat diet induced isoform changes of the Parkinson's disease protein DJ-1. J Proteome Res 13:2339–2351

Potel CM, Lemeer S, Heck AJR (2019) Phoshpopeptide Fragmentation and Site Localization by Mass Spectrometry: An Update. Anal Chem 91(1):126–141

Salih E (2005) Phosphoproteomics by mass spectrometry and classical protein chemistry approaches. Mass Spectrom Rev 24:828–846

Witze E, Old W, Resing K, Ahn N (2007) Mapping protein post-translational modifications with mass spectrometry. Nat Methods 4:798–806

# Nucleinsäureanalytik

Inhaltsverzeichnis

**Kapitel 30**   **Isolierung und Reinigung von Nucleinsäuren – 749**
*Marion Jurk*

**Kapitel 31**   **Aufarbeitung und chemische Analytik von
Nucleinsäuren – 769**
*Tobias Pöhlmann und Marion Jurk*

**Kapitel 32**   **RNA-Strukturaufklärung durch chemische
Modifikation – 811**
*W.-Matthias Leeder und H. Ulrich Göringer*

**Kapitel 33**   **Polymerasekettenreaktion – 831**
*Sandra Niendorf und C.-Thomas Bock*

**Kapitel 34**   **DNA-Sequenzierung – 863**
*Andrea Thürmer und Kilian Rutzen*

**Kapitel 35**   **Analyse der epigenetischen Modifikationen – 885**
*Reinhard Dammann*

**Kapitel 36**   **Protein-Nucleinsäure-Wechselwirkungen – 901**
*Rolf Wagner und Benedikt M. Beckmann*

# Isolierung und Reinigung von Nucleinsäuren

*Marion Jurk*

## Inhaltsverzeichnis

30.1    Reinigung und Konzentrationsbestimmung von Nucleinsäuren – 750
30.1.1  Phenolextraktion – 750
30.1.2  Chromatographieverfahren – 751
30.1.3  Ethanolpräzipitation der Nucleinsäuren – 753
30.1.4  Konzentrationsbestimmung von Nucleinsäuren – 754

30.2    Isolierung genomischer DNA – 755

30.3    Isolierung niedermolekularer DNA – 756
30.3.1  Isolierung von Plasmid-DNA aus Bakterien – 756
30.3.2  Isolierung niedermolekularer DNA eukaryotischer Zellen – 760

30.4    Isolierung viraler DNA – 761
30.4.1  Isolierung von Phagen-DNA – 761
30.4.2  Isolierung von DNA aus eukaryotischen Viren – 762

30.5    Isolierung einzelsträngiger DNA – 762
30.5.1  Isolierung von M13-DNA – 762
30.5.2  Trennung von einzel- und doppelsträngiger DNA – 763

30.6    Isolierung von RNA – 763
30.6.1  Isolierung zellulärer RNA – 764
30.6.2  Isolierung von poly(A)$^+$-RNA – 766
30.6.3  Isolierung niedermolekularer RNA – 767

30.7    Isolierung von Nucleinsäuren unter Verwendung von magnetischen Partikeln – 767

30.8    Lab-on-a-chip – 767

        Literatur und Weiterführende Literatur – 768

© Springer-Verlag GmbH Deutschland, ein Teil von Springer Nature 2022
J. Kurreck et al. (Hrsg.), *Bioanalytik*, https://doi.org/10.1007/978-3-662-61707-6_30

- Die Isolierungsmethode der Nucleinsäure muss dem Organismus, der Art der zu isolierenden Nucleinsäure und der daran anschließenden Verwendung angepasst werden.
- Für alle Nucleinsäuren gibt es allgemein anwendbare Reinigungs- und Konzentrationsmethoden, die je nach Nucleinsäuretyp nur entsprechend abgeändert werden.
- Für den Erfolg der nachfolgenden Nucleinsäureanalytik ist die Qualität und Reinheit der zu isolierenden Nucleinsäuren von entscheidender Bedeutung.

**30**

Grundvoraussetzung nahezu aller experimentellen Ansätze der modernen Nucleinsäureanalytik sind einwandfreie Nucleinsäurepräparationen. Viele experimentelle Methoden sind von Anfang an zum Scheitern verurteilt, sind die Ausgangsverbindungen nicht in einwandfreiem, d. h. sauberem und kontaminationsfreiem Zustand. Kontaminationen in Nucleinsäurepräparationen können Nucleasen, Nucleinsäuren anderer Art, Makromoleküle oder Salze sein. Man sollte daher großen Wert auf eine sorgfältige Isolierung und Reinigung der zu bearbeitenden Nucleinsäuren legen. Ebenso groß wie die Vielfalt der Nucleinsäuren sind auch deren Isolierungsmethoden aus den verschiedenen Organismen. Hochmolekulare, genomische DNA muss aus naheliegenden Gründen anders isoliert und behandelt werden als kleine, einzelsträngige RNA-Moleküle oder zirkuläre Plasmide. Ebenso spielt der Ausgangsorganismus eine große Rolle. Bakterienwände müssen anders aufgeschlossen werden als die Zellwände von Hefen oder die Zellmembranen von Säugerzellen. Abhängig von der nachfolgenden Anwendung kann unter Umständen auf eine langwierige Aufreinigung verzichtet werden oder es kann erforderlich sein, hochreine, intakte DNA zu isolieren. Auch die Next-Generation-Nucleinsäureanalytik ist vornehmlich abhängig von der Qualität des Ausgangsmaterials. Hier sind je nach Art des instrumentellen Ansatzes spezielle Aufreinigungsprotokolle erforderlich. Ein äußerst wichtiger Aspekt ist die Aufarbeitung von Nucleinsäuren im sog. High-Throughput-Format, z. B. für diagnostische Zwecke oder im Bereich der Genomsequenzierung. Hier muss eine große Anzahl von Nucleinsäuren gleichzeitig aufgereinigt werden. Hierzu müssen die Protokolle den Möglichkeiten der Automation entsprechend angepasst werden. Diesen Anforderungen können nur zahlreiche verschiedene Protokolle gerecht werden. In diesem Kapitel werden die Isolierungsmethoden nach der Art der zu isolierenden Nucleinsäure unterteilt. Obwohl die Aufreinigung der Nucleinsäuren überwiegend mit kommerziell erhältlichen Kits erfolgt, basieren diese häufig auf allgemein anwendbaren Techniken, die in diesem Kapitel aufgezeigt werden sollen.

## 30.1 Reinigung und Konzentrationsbestimmung von Nucleinsäuren

### 30.1.1 Phenolextraktion

Proteinhaltige Verunreinigungen von Nucleinsäurepräparationen können durch Ausschütteln der Nucleinsäurelösung mit gepuffertem Phenol beseitigt werden. Diese Art der Aufreinigung wird allerdings immer häufiger obsolet, durch die hohe Qualität der Nucleinsäuren, die mithilfe von kommerziell erhältlichen Kits isoliert wurden. Nichtsdestotrotz stellt die Phenolextraktion eine grundlegende Art der Aufreinigung dar und sollte daher kurz erläutert werden. Phenol denaturiert die Proteine, die dann in der sog. Interphase zwischen der wässrigen Nucleinsäurelösung und der Phenolphase ausfallen. Es ist auch möglich, dass sich in der Phenolphase bereits ein Teil der denaturierten Proteine löst. Für die Reinigung von DNA wird dabei Phenol verwendet, das mit Tris-HCl oder TE (Tris-HCl/EDTA) pH 7,5 oder pH 8,0 gesättigt wurde. DNA löst sich relativ gut in Phenol, wenn dieses nicht mit TE gesättigt wurde. Oxidationsprodukte des Phenols können DNA-Schäden induzieren, das verwendete Phenol sollte daher vor der Verwendung redestilliert sein. Speziell für die Molekularbiologie geeignetes Phenol ist kommerziell erhältlich.

Neben der Extraktion mit gepuffertem Phenol wird sehr häufig die Extraktion mit Phenol/Chloroform/Isoamylalkohol verwendet. Es handelt sich um eine Mischung, die zu gleichen Teilen aus gepuffertem Phenol und Chloroform/Isoamylalkohol (im Verhältnis 24:1) besteht. Chloroform besitzt ebenfalls eine denaturierende Wirkung auf Proteine und stabilisiert zusätzlich die instabile Phasengrenze zwischen der wässrigen DNA-Lösung und der Phenolphase. Manche Proteine, wie z. B. RNase, lassen sich mit reinem Phenol nicht vollständig inaktivieren. Reines Phenol löst zudem besonders gut RNA-Moleküle, die lange adeninreiche Bereiche enthalten. Durch die Verwendung der Phenol/Chloroform-Mischung wird der Anteil der wässrigen Phase, der sich in der phenolischen Phase löst, reduziert, was die Ausbeute an Nucleinsäuren erhöht. Der Zusatz von geringen Mengen Isoamylalkohol verhindert ein Schäumen während des Mischvorganges.

Nach dem gründlichen Mischen von wässriger und organischer Phase wird die Phasentrennung durch Zentrifugation beschleunigt (◻ Abb. 30.1). In der Regel ist dabei die wässrige Phase oben. Die denaturierten Proteine befinden sich zum größten Teil in der Interphase. Enthält die Nucleinsäurelösung sehr viel Salz (>0,5 M) oder Saccharose (>10 %), so tritt eine Phaseninversion zwischen wässriger und organischer Phase ein.

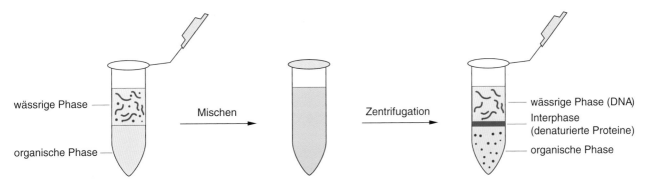

wässrige Phase

organische Phase

Mischen

Zentrifugation

wässrige Phase (DNA)

Interphase
(denaturierte Proteine)

organische Phase

🔲 **Abb. 30.1** Phenolextraktion wässriger DNA-Lösungen. Die proteinhaltigen Verunreinigungen werden durch Extraktion mit gepuffertem Phenol entfernt. Bei den üblichen Salzkonzentrationen befindet sich die wässrige Phase oben, die organische Phase unten. Die organische Phase kann dabei reines, mit Tris-HCl/EDTA gesät-tigtes Phenol oder eine Mischung aus Phenol, Chloroform und Iso-amylalkohol sein. Die denaturierten Proteine befinden sich nach der Phasentrennung hauptsächlich in der sog. Interphase. Ein geringer Teil wird auch im Phenol gelöst. Letzter Schritt der Reinigung ist immer die Extraktion mit Chloroform/Isoamylalkohol

Der Phenolisierungsschritt sollte, um eine vollständige Deproteinierung zu erzielen, wiederholt werden, bis keine Interphase mehr beobachtet werden kann. In der wässrigen Phase gelöstes Phenol beseitigt man durch erneute Extraktion mit Chloroform/Isoamylalkohol.

Handelt es sich bei der zu reinigenden Nucleinsäure um RNA, so verwendet man meist „saures" Phenol, das nur in Wasser äquilibriert wurde. In diesem sauren Phenol lösen sich eventuell auftretende Kontaminationen von DNA besser, sodass ein zusätzlicher Reinigungseffekt auftritt. Die DNA oder RNA kann nun durch Ethanolzugabe, wie im Anschluss ausführlich beschrieben (▶ Abschn. 30.1.3), gefällt werden.

## 30.1.2 Chromatographieverfahren

Für die Reinigung von Nucleinsäurelösungen stehen mehrere Chromatographieverfahren zur Verfügung, die je nach Art des Ausgangsorganismus, der isolierenden Nucleinsäure und späteren Anwendung zum Einsatz kommen (🔲 Tab. 30.1). Die häufigste Methode ist dabei die Festphasenextraktion (*Solid Phase Extraction,* SPE), bei der die gelöste Nucleinsäure an einer festen Phase (z. B. Säule oder Partikel) über verschiedene Arten der Wechselwirkung (ionisch, unpolar/polar) gebunden und durch Wechsel der Pufferbedingungen eluiert wird. Eine sehr häufig verwendete Methode ist die Adsorption der Nucleinsäuren an Silicamatrizes. Die zu reinigende Nucleinsäure wird in Gegenwart chaotropher Salze und Ethanol (oder ähnlicher Alkohole) an eine Silicamatrix gebunden. Unter diesen Bedingungen erfolgt eine Adsorption der Nucleinsäure an die Matrix, während andere Verunreinigungen (Proteine, Salze) unter diesen Bedingungen nicht gebunden werden. Die Elution erfolgt mit Puffern geringer Ionenstärke (z. B. Tris/ED-TA-Puffer). Diese Methode wird in vielen kommerziel-len Kits zur Isolierung von Nucleinsäuren verwendet. Säulenmaterial, Pufferzusammensetzung und Protokoll unterscheiden sich dann je nach Hersteller und Art der Nucleinsäure.

Weitere verwendete Festphasenmaterialien sind Hydroxylapatit zur Aufreinigung von einzelsträngiger DNA oder spezifische Liganden, die an eine Matrix gebunden wurden, um gezielt bestimmte Nucleinsäuretypen zu isolieren (z. B. oligo(dT)-Matrix zur Aufreinigung von mRNA).

Eine große Bedeutung kommt auch der Anionenaustauschchromatographie zu, die für die Reinigung von Plasmid-DNA eingesetzt wird. Hier wird die negativ geladene DNA an das positiv geladene Säulenmaterial gebunden und anschließend mit Puffern hoher Salzkonzentration eluiert.

Bei allen verwendeten Methoden ist es wichtig, zu wissen, welche Bestandteile der Puffer nachfolgende Anwendungen inhibieren können, um gegebenenfalls weitere Reinigungsschritte durchführen zu können. Chaotrope Salze oder EDTA z. B. inhibieren Polymerasen, die häufig in nachfolgenden Applikationen (Polymerasekettenreaktion, ▶ Kap. 33, DNA-Sequenzierung ▶ Kap. 34) eingesetzt werden. Hier könnte als weiterer Reinigungsmethode eine Gelfiltrationschromatographie erfolgen.

### 30.1.2.1 Gelfiltration

Für diese Art Reinigung von DNA- oder RNA-Lösungen werden Materialien verwendet, die durch den Molekularsiebeffekt (Ausschlusschromatographie ▶ Abschn. 11.4.1) die Abtrennung von bestimmten Verunreinigungen ermöglichen (hauptsächlich Sephadex G50 oder Sephacel S300 sowie Bio-Gel P-2). Das Reinigungsprinzip beruht darauf, dass die großen Moleküle im Ausschlussvolumen des Säulenmaterials eluieren, während die abzutrennenden nie-

**◻ Tab. 30.1** Häufig angewandte Chromatographie-Verfahren zur Reinigung von Nucleinsäuren

| Prinzip/Material | Verwendung | |
|---|---|---|
| Anionenaustauschchromatographie (z. B. DEAE) | Plasmid-DNA, RNA | ▶ Abschn. 30.3.1 |
| Adsorptionschromatographie (Silicamatrix) | genomische DNA, Plasmid-DNA, RNA | ▶ Abschn. 30.2<br>▶ Abschn. 30.4<br>▶ Abschn. 30.6.1<br>▶ Abschn. 30.7<br>▶ Abschn. 30.8 |
| Adsorptionschromatographie (Hydroxylapatit) | einzelsträngige DNA, RNA | ▶ Abschn. 30.5.2 |
| spezifische Affinitätschromatographie z.B. oligod(T)-Matrix | mRNA | ▶ Abschn. 30.6.2<br>▶ Abschn. 30.7 |
| Größenausschlusschromatographie/Gelfiltration | Umpufferung, Reinigung von DNA/RNA-Fragmenten | ▶ Abschn. 30.1.2 |

**30**

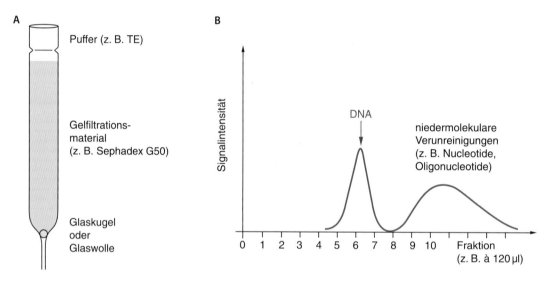

**◻ Abb. 30.2** Gelfiltration zur Reinigung von DNA-Lösungen. **A** Gelfiltrationssäulen lassen sich sehr einfach aus Pasteurpipetten herstellen und werden mit äquilibriertem Säulenmaterial gefüllt. Je nach Größe der zu reinigenden DNA werden Sephadex-G50-, Sephadex-G25- oder Sephacel-Materialien verwendet. Das Prinzip ist für alle kommerziell erhältlichen Gelfiltrations-Säulen gültig. **B** Durch den Molekularsiebeffekt werden kleinere Moleküle, verunreinigende Nucleotide oder Salze zurückgehalten, während die großen DNA-Moleküle vom Säulenmaterial kaum zurückgehalten werden und zuerst von der Säule eluieren. Ein mögliches Säulenprofil ist angegeben. Die Fraktionen, die die DNA enthalten, können durch OD-Bestimmung, Ethidiumbromidfärbung oder, bei radioaktiv markierter DNA, durch Messung der Strahlung identifiziert werden. Die beiden Maxima liegen dabei umso dichter beieinander, je kleiner die zu reinigenden DNA-Moleküle sind

dermolekularen Nucleotide, Verunreinigungen oder Oligonucleotide in den Poren des Gelfiltrationsmaterials zurückgehalten werden und daher später eluieren (◻ Abb. 30.2).

Die zu reinigende Lösung wird auf die Säule aufgetragen und anschließend mit Puffer eluiert, wobei das Eluat fraktioniert gesammelt wird. Die Fraktionen können dann auf die Anwesenheit der Nucleinsäure getestet werden. Die Gelfiltration wird auch zum Entsalzen oder Umpuffern von Nucleinsäurelösungen verwendet

Gelfiltrationssäulen sind in vielen kommerziell erhältlichen Kits enthalten. Hier sind Auftrags- und Elutionsvolumen vom Hersteller vorgegeben. Die sog. *spin columns* benutzen dabei im Gegensatz zu den konventionellen Säulen nicht die Schwerkraft, sondern die Puffer werden durch die Säule zentrifugiert.

## 30.1.3 Ethanolpräzipitation der Nucleinsäuren

Die gebräuchlichste Methode zur Konzentrierung und weiteren Reinigung von Nucleinsäuren ist die Präzipitation mit Ethanol. In Gegenwart monovalenter Kationen bildet die DNA bzw. RNA in Ethanol einen unlöslichen Niederschlag, der durch Zentrifugation isoliert wird.

Monovalente Kationen werden bevorzugt durch Zugabe von Natriumacetat oder Ammoniumacetat bereitgestellt. Routinemäßig verwendet man für die Fällung der Nucleinsäuren Natriumacetat. Ammoniumacetat wird verwendet, um die Kopräzipitation von freien Nucleotiden zu reduzieren. Einige Enzyme, z. B. die T4-Polynucleotidkinase, werden jedoch durch Ammoniumionen inhibiert. Zur Fällung von RNA (>300 nt) verwendet man bei bestimmten Anwendungen Lithiumchlorid (▶ Abschn. 30.6.3). Dieses Salz ist in Ethanol löslich und wird deshalb nicht mit den Nucleinsäuren gefällt. Chloridionen wirken aber bei vielen Reaktionen inhibierend, sodass diese Fällung nur bei bestimmten Reaktionen angewendet werden kann.

In der Praxis wird die Nucleinsäurelösung durch Zugabe einer Vorratslösung auf eine bestimmte Salzkonzentration eingestellt und anschließend mit Ethanol versetzt. Die Menge des zugesetzten Ethanols richtet sich dabei nach dem Ausgangsvolumen der DNA-Lösung und beträgt in der Regel das 2,5- bis 3-Fache dieses Volumens. Der Fällungsansatz wird je nach Menge und Art der Nucleinsäure bei −80 °C bis Raumtemperatur inkubiert und anschließend abzentrifugiert (◻ Abb. 30.3). Das mitgefällte Salz kann durch anschließendes Waschen des Nucleinsäurepellets mit 70%igem Ethanol größtenteils entfernt werden. Im Gegensatz zur gefällten DNA lösen sich die meisten Salze in 70%igem Ethanol.

Das Nucleinsäurepellet wird kurz getrocknet und in einem entsprechenden Puffer gelöst.

In vielen Fällen kann die Fällung der Nucleinsäurelösung auch durch Zugabe von 0,5–1 Volumenanteil Isopropanol erfolgen. Dies ist besonders dann von Vorteil, wenn das Volumen des Fällungsansatzes minimal bleiben soll. Natriumchlorid wird bei der Verwendung von Isopropanol leichter mit gefällt, ebenso ist Isopropanol schwerer flüchtig als Ethanol, sodass die Fällungen sorgfältig mit 70%igem Ethanol gewaschen werden müssen.

**Präzipitation geringer Mengen mithilfe von Carriern (Träger-RNA oder anderen Trägermaterialien)** Geringe DNA/RNA-Konzentrationen (<10 μg ml⁻¹) lassen sich sehr schlecht präzipitieren. Die Verwendung von sog. Carriermaterial schafft hier Abhilfe. Die Carrier werden durch Ethanol ebenfalls präzipitiert und fällen so die geringen Mengen der Nucleinsäuren mit aus. Häufig verwendete Carrier sind tRNA, Glykogen oder lineares Polyacrylamid.

> Der verwendete Carrier darf nicht mit den nachfolgenden Experimenten interferieren. So wird tRNA ebenfalls von Polynucleotidkinase phosphoryliert und sollte hier nicht als Carrier verwendet werden. Glykogen kann unter Umständen mit DNA-Protein-Komplexen interagieren.

Lineares Polyacrylamid (LPA), kann leicht durch Polymerisation von Acrylamid (ohne Bisacrylamidzugabe) und anschließende Präzipitation mit Ethanol hergestellt werden und stellt einen sehr guten, völlig inerten Carrier dar.

A

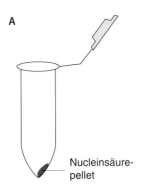

Nucleinsäure-pellet

B

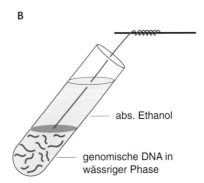

abs. Ethanol

genomische DNA in wässriger Phase

◻ **Abb. 30.3** Ethanolpräzipitation von Nucleinsäuren. **A** Zur wässrigen Nucleinsäurelösung wird das 2,5- bis 3-fache Volumen absoluten Ethanols (oder das 0,5- bis 1-fache Volumen Isopropanol) zugegeben und die Nucleinsäuren durch Zentrifugation präzipitiert. Das farblose Nucleinsäurepellet ist meist am Boden des Eppendorfgefä-ßes sichtbar. **B** Besonders hochmolekulare genomische DNA lässt sich durch vorsichtiges Überschichten der wässrigen Lösung mit Ethanol an der Phasengrenze ausfällen. Die genomische DNA wird dabei als dünner Faden sichtbar und kann auf ein steriles Stäbchen aufgerollt werden

## 30.1.4 Konzentrationsbestimmung von Nucleinsäuren

Die Konzentrationsbestimmung von RNA oder DNA basiert auf dem Absorptionsmaximum der Nucleinsäuren bei 260 nm (◘ Abb. 30.4). Für die Absorption sind dabei die aromatischen Ringe der Basen verantwortlich. Die Absorption bei 260 nm wird photometrisch in Quarzküvetten gemessen, da diese das UV-Licht nicht absorbieren. Die Konzentrationsbestimmung erfolgt über das Lambert-Beer'sche Gesetz. Die Quarzküvetten für die meisten Photometer besitzen 1 cm Schichtdicke. Eine Lösung, die 50 μg ml$^{-1}$ doppelsträngige DNA enthält, besitzt unter diesen Bedingungen einen Absorptionswert von 1 (sog. **Optische Dichte**, OD).

### Lambert-Beer'sches Gesetz

$$E_\lambda = \log_{10} \frac{I_0}{I_1} = \varepsilon_\lambda \cdot c \cdot d$$

$I_0$: - Intensität des einfallenden Lichtes (W · m$^{-2}$)
$I_1$: - Intensität des transmittierten Lichtes (W · m$^{-2}$)
$E_\lambda$: - Absorption bei der Wellenlänge $\lambda$
$\varepsilon_\lambda$: - molarer Extinktionskoeffizient bei der Wellenlänge $\lambda$ (mol · l$^{-1}$ · cm$^{-1}$)
$c$: - Konzentration (mol · l$^{-1}$)
$d$: - Weglänge des Lichts (cm)

Dieser OD-Wert dient zur Bestimmung der Konzentration der unbekannten DNA-Lösung. Nicht basengepaarte Nucleinsäuren besitzen eine höhere Absorption, ein Effekt, der als **Hyperchromie** bezeichnet wird (◘ Abb. 30.4). Es gelten daher für RNA sowie einzelsträngige DNA andere Werte (◘ Tab. 30.2). Für die gleichzeitige Konzentrationsbestimmung vieler Nucle-

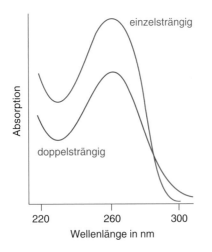

◘ **Abb. 30.4** Absorptionskurven doppel- und einzelsträngiger DNA. Das Absorptionsmaximum der Nucleinsäuren liegt bei 260 nm. Gezeigt ist der Hyperchromieeffekt, d. h. die Zunahme der Extinktion beim Übergang von doppel- zu einzelsträngiger DNA

◘ **Tab. 30.2** Photometrische Konzentrationsbestimmung der Nucleinsäurelösungen. Die photometrisch bestimmte Oligonucleotidkonzentration kann über die Annäherungswerte einzelsträngiger DNA oder aber – bei bekannter Sequenz – aus der Summe der molaren Absorptionskoeffizienten der Basen des Oligonucleotids berechnet werden. (Nach Barbas et al. 2007; molare Extinktionskoeffizienten nach Sambrook und Russell 2001)

| 1 OD$_{260}$ entspricht | 50 μg ml$^{-1}$ | doppelsträngiger | DNA |
|---|---|---|---|
| | 40 μg ml$^{-1}$ | einzelsträngiger | RNA |
| | 33 μg ml$^{-1}$ | einzelsträngiger | DNA |

**Molare Absorptionskoeffizienten der einzelnen Nucleotide (bei pH 7,0)**

| | $\varepsilon$ (in mM$^{-1}$ cm$^{-1}$) | |
|---|---|---|
| (dATP) | 15,3 | |
| (dCTP) | 7,4 | |
| (dGTP) | 11,9 | |
| (dTTP) | 9,3 | |

$\Sigma\,[\varepsilon(\text{dNTP})_{\text{Oligonucleotid}}]$ entspricht $\approx 1$ μmol ml$^{-1}$

insäurelösungen verwendet man UV-durchlässige 96-Loch-Platten, die in entsprechenden ausgestatteten ELISA-Messinstrumenten vermessen werden können. In der Regel bestimmt das Messinstrument die Schichtdicke automatisch.

Zur Bestimmung der Konzentration sehr kurzer, einzelsträngiger Oligonucleotide bekannter Sequenz benutzt man häufig einen anderen Wert. Hier berechnet man aus den bekannten molaren Absorptionskoeffizienten der einzelnen Basen die Summe der Absorptionskoeffizienten des betreffenden Oligonucleotids (◘ Tab. 30.2). Dieser Absorptionswert entspricht dann einer Konzentration des Oligonucleotids von 1 μmol ml$^{-1}$. Für sehr genaue Berechnungen des Absorptionskoeffizienten von Oligonucleotiden verwendet man eine Berechnungsmethode, die sog. *Nearest-Neighbor*-Methode, die auch die Basenabfolge mitberücksichtigt.

Das Absorptionsmaximum für Proteine liegt, basierend auf der Absorption der aromatischen Aminosäurereste, bei 280 nm. Durch Bestimmung des Verhältnisses der Absorption sowohl bei 260 nm als auch bei 280 nm lässt sich die Reinheit einer Nucleinsäurelösung abschätzen. Eine reine DNA-Lösung besitzt einen OD$_{260}$/OD$_{280}$-Wert von 1,8, eine reine RNA-Lösung von 2,0. Ist die Nucleinsäurelösung mit Proteinen (oder Phenol) kontaminiert, so ist der Wert signifikant kleiner. Eine 50%ige Protein/DNA-Lösung besitzt ein Verhältnis OD$_{260}$/OD$_{280}$ von ca. 1,5.

Eine sehr sensitive Quantifizierungsmethode ist die Färbung der DNA mit dem Farbstoff Hoechst 33258, einem Bisbenzimid-Fluoreszenzfarbstoff (Anregung bei 350 nm, Extinktion bei 450 nm), der besonders in die A/T-reichen Regionen der DNA interkaliert. Der Farbstoff bindet praktisch kaum an RNA, sodass hier eine DNA-Quantifizierung von RNA-kontaminierten Proben möglich ist. Da der A/T-Gehalt die Messung beeinflusst, sollte der Standard zur Quantifizierung einen analogen A/T-Gehalt aufweisen, für genomische DNA wird häufig Kalbsthymus-DNA als Standard verwendet (A/T ca. 58 %).

## 30.2  Isolierung genomischer DNA

Genomische DNA lässt sich aus den verschiedensten Quellen gewinnen. Der Isolierung genomischer DNA aus Gewebe, Zellkulturen, Pflanzen, Hefen und Bakterien liegt eine einheitliche Reinigungsstrategie zugrunde, die lediglich je nach Spezies variiert wird (◘ Tab. 30.3). Bei genomischer DNA handelt es sich um hochmolekulare DNA, die durch Scherkräfte in kleinere Bruchstücke zerlegt werden kann. In der Praxis werden solche Präparationen nur sehr vorsichtig gemischt und pipettiert. Man vermeidet auch das Pipettieren durch Kanülen oder Pipettenspitzen mit geringen Durchmessern. Die Fällung mit Ethanol kann die Molekülgröße ebenfalls negativ beeinflussen, sodass genomische DNA, wenn sie größer als 150 kb sein soll, häufig nicht präzipitiert wird, sondern durch Dialyse gereinigt oder durch Extraktion mit 2-Butanol ankonzentriert wird.

Für die Next-Generation-Sequencing-Platform (▶ Kap. 34) wird die genomische DNA je nach Hersteller mit unterschiedlichen Kits aufgereinigt, die häufig die zugrunde gelegte Methodik im Detail aus naheliegenden Gründen nicht offenbaren. Daher seien hier grundlegende Prinzipien der Aufreinigung gezeigt, die

mehr oder weniger für alle kommerziell erhältlichen Kits die Basis bilden.

**Aufschluss der Zellwände und Abbau der Proteine** Essenzieller Schritt bei der Isolierung ist der proteolytische Abbau der Zellproteine durch Protease K. Einfache Phenolextraktion der DNA zur Abtrennung sämtlicher Proteine würde in diesem Fall nicht ausreichen. Zudem ist die genomische DNA sehr komplex mit Histonen oder histonähnlichen Proteinen verpackt, deren Struktur durch Phenolisierung nicht vollständig aufgebrochen werden kann. Die optimale Inkubationstemperatur liegt zwischen 55 °C und 65 °C. Das Enzym benötigt für seine optimale Aktivität 0,5 % SDS, sodass in vielen Fällen die Inkubation im Protease-K-haltigen Puffer bereits ausreicht, um die Zellen aufzuschließen. Einige Protokolle setzen dem Lysispuffer vor der Protease-K-Inkubation RNase zu und entfernen die kontaminierende RNA. In den meisten Fällen müssen jedoch die Zellen vor der Proteasebehandlung mechanisch aufgeschlossen werden. Die verwendeten Homogenisatoren zerstören dabei die Zellen durch hochfrequent rotierende, scharfe Rotorblätter. In den sog. Schwingmühlen werden die Zellen durch sehr schnelle Bewegung zusammen mit kleinen Glas- oder Stahlkügelchen aufgeschlossen. Soll DNA aus Gewebe gewonnen werden, so wird das Gewebe zunächst in flüssigem Stickstoff schockgefroren und anschließend pulverisiert, um eine homogene Mischung in dem Lysispuffer zu gewährleisten.

Die Lyse von Bakterien erfordert in einigen Fällen die vorherige Inkubation mit dem bakterielle Zellwände abbauenden Lysozym, obgleich einige Protokolle auch auf diesen Schritt verzichten. Hefezellwände werden am besten mit Zymolyase oder Lyticase, Enzymen, die spezifisch die Hefezellwände zerstören, abgebaut und die lysierten Hefen anschließend mit Protease K behandelt.

Für die Isolierung genomischer DNA aus formalinfixierten, in Paraffin eingebetteten Gewebeproben (*Formalin-Fixed Paraffin-Embedded Tissue*, FFPE) muss

◘ **Tab. 30.3**  Enzyme und Aufschlussreagenzien, die zur Isolierung genomischer DNA eingesetzt werden

| Ausgangsorganismus | Aufschluss durch | Anschließende Behandlung |
|---|---|---|
| eukaryotische Zellkulturen | Natriumdodecylsulfat (SDS) | Protease K |
| Gewebe | Natriumdodecylsulfat/Protease K | Protease K |
| Pflanzen | SDS oder *N*-Laurylsarcosin | Protease K |
| Hefe (*Saccharomyces cerevisiae, Schizosaccharomyces pombe*) | Zymolyase oder Lyticase | Protease K |
| Bakterien (*Escherlchla coli*) | Lysozym | Protease K |

zunächst das Paraffin entfernt werden. Hierzu werden die FFPE-Schnitte mit Xylen behandelt, welches das Paraffin löst. Anschließend wird das Xylen (Dimethylbenzen) mithilfe von Ethanol entfernt. In der Regel ist die genomische DNA, die aus solchen FFPE-Schnitten erhalten wird, nicht so hochmolekular wie aus frischem, nicht eingebettetem Gewebe.

**Reinigung und Präzipitation der DNA**   Die Protease K kann durch Phenolextraktion inaktiviert und entfernt werden. Die Präzipitation der genomischen DNA durch Zugabe von Ethanol lässt sich gut beobachten: Die DNA fällt an der Phasengrenze zwischen Wasser und Ethanol aus und kann in vielen Fällen als ein Faden auf ein steriles Stäbchen aufgerollt werden (◘ Abb. 30.3). Genomische DNA sollte nur äußerst vorsichtig getrocknet werden, da sie sich sonst nur sehr schlecht löst. Um genomische DNA vollständig zu lösen, lässt man den Ansatz am besten mehrere Stunden bei 4 °C stehen. Die durch Ethanolpräzipitation gewonnene genomische DNA ist für viele Anwendungszwecke hinreichend sauber. Alternativ zur Phenolextraktion können die verunreinigenden Proteine auch durch Salzfällung eliminiert werden. Phenolextraktion und anschließende Fällung der DNA resultieren in einer durchschnittlichen Molekülgröße von ca. 100–150 kb.

Eine weitere Isolierungsmethode ist relativ schnell, liefert aber nur genomische DNA mit einer durchschnittlichen Größe bis zu 80 kb, was zur Analyse durch Southern-Blot und zur PCR auf genomischer DNA allerdings ausreichend ist. Hier werden die Zellen durch Zugabe von Guanidiniumhydrochlorid aufgeschlossen und die Proteine vollständig denaturiert. Die DNA kann dann durch Ethanolfällung isoliert werden.

Eventuell vorhandene Polysaccharide können durch die Behandlung mit CTAB (Hexadecyltrimethylammoniumbromid, ◘ Abb. 30.5) entfernt werden. Dieser Reinigungsschritt empfiehlt sich besonders bei der Isolierung genomischer DNA aus Bakterien und Pflanzen, da diese einen besonders hohen Polysaccharidgehalt besitzen. CTAB komplexiert die Polysaccharide und entfernt zusätzlich die restlichen Proteine. Durch Zusatz von Chloroform/Isoamylalkohol fallen die komplexierten CTAB/Polysaccharidkomplexe in der Interphase aus. Wichtig bei der Behandlung mit CTAB ist die NaCl-Konzentration. Liegt diese unter 0,5 M, so lässt sich die ge-

nomische DNA durch Zugabe von CTAB ebenfalls ausfällen. Der Lösung kann Polyvinylpyrrolidon zu gesetzt werden zur Komplexierung der in Pflanzen ebenfalls häufig vorkommenden polyphenolischen Substanzen.

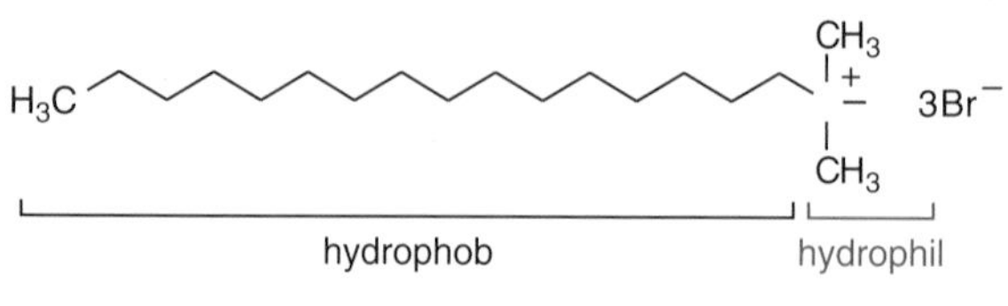

**Zusätzliche Reinigungsschritte**   Genomische DNA kann mittels Festphasenextraktion (*Solid Phase Extraction*, SPE) weiter aufgereinigt werden. Die negative geladene, genomische DNA wird in Gegenwart chaotroper Salze an silicabasiertes Säulenmaterial mit positiver Oberfläche gebunden, während Proteine und andere Verunreinigungen unter diesen Bedingungen nicht an die Säule binden. Die genomische DNA wird mittels hypoosmotischen Puffern (z. B. Wasser oder Tris-HCl/EDTA) von der Matrix eluiert. Die Säulen haben den Vorteil, dass keine organischen Extraktionsschritte zur Reinigung notwendig sind. Allerdings unterliegt die DNA durch die Reinigung über das Säulenmaterial Scherkräften, die eine Isolierung sehr hochmolekularer DNA verhindern. Die käuflichen Isolationsmethoden eignen sich jedoch für die meisten Anwendungen.

## 30.3 Isolierung niedermolekularer DNA

### 30.3.1 Isolierung von Plasmid-DNA aus Bakterien

Plasmide, d. h. extrachromosomale, häufig zirkuläre DNA, kommen in Mikroorganismen oft natürlich vor. Plasmide können eine Größe zwischen 2 und mehr als 200 kb besitzen und die verschiedensten genetischen Funktionen erfüllen. Im Laboralltag versteht man jedoch unter Plasmiden ausschließlich die aus verschiedenen genetischen Elementen (Replikationsursprung, Resistenzgen, Polylinker, ◘ Abb. 30.6) zusammengesetzten Plasmidvektoren, die für viele Anwendungen (z. B. Klonierung, Fragmentisolierung, *In-vitro*-Transkription, Proteinexpression) essenziell sind. Im Folgenden wird daher nur die Isolierung dieser Standardplasmide besprochen. Plasmide können in Bakterien durch Antibiotikaselektion vermehrt werden. Die Plasmide tragen ein Antibiotikaresistenzgen (z. B. das *bla*-Gen für die β-Lactamase zum Wachstum in ampicillinhaltigem Medium), das die Bakterien befähigt, in Selektionsmedium zu wachsen. Die Plasmide enthalten neben dem Resistenzgen einen bakteriellen Replikationsursprung, der eine autonome Replikation des Plasmids in der Bakterienzelle ermöglicht. Die Art des Replikationsursprungs ist dabei entscheidend für die Kopienzahl, in der das Plasmid in einer Bakterienzelle vorliegt (◘ Tab. 30.4).

In der Praxis teilt man die Plasmide in sog. *Low-Copy*-Plasmide (Kopienzahl <20) und *High-Copy*-Plasmide (Kopienzahl >20) ein. Die Kopienzahl des

◘ **Abb. 30.5**   CTAB (Cetyltrimethylammoniumbromid bzw. Hexadecyltrimethylammoniumbromid). Das quartäre Ammoniumsalz CTAB kann als kationisches Detergens wirken

Plasmids entscheidet wiederum über die Menge der isolierten Plasmide aus einer bestimmten Menge Bakterienkultur. Die meisten Plasmidvektoren besitzen Replikationsursprünge, die durch Mutationen des pMB1-Replikationsursprungs entstanden sind. Das pMB1-Plasmid gehört zu den ColE1-verwandten Multicopy-Plasmiden, die von Mitgliedern der Familie der *Enterobacteraceae* stammen.

Die Isolierung der Plasmid-DNA lässt sich in Anzucht und Lyse der Bakterien sowie Reinigung der gewonnenen DNA unterteilen.

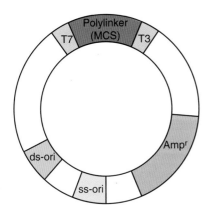

◻ **Abb. 30.6** Schema eines typischen Plasmidvektors zur Klonierung und Amplifikation von DNA-Fragmenten. Das gewünschte Fragment wird in die künstliche Polylinkerregion (MCS, *Multiple Cloning Site*) kloniert. T3 und T7 sind Promotoren, die von den RNA-Polymerasen der T3- bzw. T7-Phagen spezifisch erkannt werden und die zur Synthese von RNA-Transkripten des klonierten Fragments benutzt werden können. Amp$^r$ ist ein Selektionsgen, das den Bakterien, die den Vektor enthalten, erlaubt, auf ampillicinhaltigem Medium zu wachsen. Der Replikationsursprung (*ori*, von *origin*) ist ein spezifischer Bereich, der für die selbstständige Replikation des Vektors notwendig ist. In der Regel ermöglicht das *origin* (wie Col E1) die Replikation des Plasmids in der Doppelstrangform (ds-*ori*). Ein zweiter Replikationsursprung (z. . von einzelsträngigen Phagen wie f1) kann die Replikation des Plasmids auch als Einzelstrang ermöglichen (*ss-ori*)

**Anzucht der Bakterienkulturen** Für die Isolierung von Plasmid-DNA werden in der Praxis Derivate des *Escherichia-coli*-Stammes K12 verwendet. Bei dem Stamm handelt es sich um einen sog. Sicherheitsstamm, dem die für die Pathogenität verantwortlichen Gene (Adhäsionsfaktoren, Invasionsfaktoren, Toxine und Oberflächenstrukturen) fehlen. Nicht alle *Escherichia-coli*-K12-Stämme eignen sich gleich gut für die Isolierung von Plasmid-DNA. Gute Wirtsstämme sind z. B. DH1, DH5α sowie XL1Blue. Die Stämme HB101 sowie die JM100-Serie sind für bestimmte Plasmidpräparationen nicht geeignet, da sie einen hohen Gehalt an Kohlenhydraten und Endonucleasen besitzen, die durch die Lyse freigesetzt werden und inhibierend auf nachfolgende Reaktionen wirken bzw. die DNA beschädigen können. Ein sehr häufig verwendeter Stamm ist XL1Blue, der zwar langsamer wächst, aber den Vorteil besitzt, rekombinationsdefizient *(recA⁻)* zu sein, sodass unerwünschte Rekombinationen innerhalb der DNA, die unter gewissen Bedingungen in *recA⁺*-Stämmen auftreten können, nicht vorkommen. Diese Basis-*E.-coli*-Stämme können dann noch hinsichtlich bestimmter Eigenschaften optimiert werden und sind u. a. als transformationskompetente Bakterienpräparate kommerziell erhältlich.

Die Anzucht der Bakterien erfolgt in Flüssigkultur. Die Medien sind dabei meist LB (Luria-Bertani, enthält Hefeextrakt, BactoTrypton und NaCI). Die Medien müssen vor dem Gebrauch autoklaviert werden. Das Wachstum der Bakterien muss in Gegenwart des entsprechenden Antibiotikums erfolgen. Qualität und Menge des zugesetzten Antibiotikums spielen für die Ausbeute an Plasmid-DNA ebenfalls eine wichtige Rolle. Ampicillin ist temperatursensitiv und sollte nur abgekühltem Medium zugesetzt werden.

Nach guter mikrobiologischer Praxis erfolgt die Anzucht der Bakterienkultur ausgehend von einer einzelnen Bakterienkolonie, welche zunächst in einer kleineren Menge Medium angezogen und anschließend auf die gewünschte Menge Medium verdünnt wird. Im La-

◻ **Tab. 30.4** Replikationsursprünge (*origins*) häufig verwendeter Vektoren und deren Kopienzahl in Bakterien

| Plasmid | Replikationsursprung | Resistenzgen | Kopienzahl |
|---|---|---|---|
| pBR 322 und Derivate | pMB1 | Amp$^r$, Tet$^r$ | 15–20 |
| pUC | pMB1 | Amp$^r$ | 500–700 |
| pBluescript | pMB1 | Amp$^r$ | 300–500 |
| pGEM | pMB1 | Amp$^r$ | 300–400 |
| pVL 1393/1392 | ColE1 | Amp$^r$ | > 15 |
| pACYC | p15A | Chloramphenicol$^r$, Tet$^r$ | 10–12 |
| pLG338 | pSC101 | Kan$^r$, Tet$^r$ | ca. 5 |

boralltag unterscheidet man je nach Menge der angezogenen Bakterien „Mini-" (2–10 ml), „Midi-" (25–100 ml) und „Maxi-" (>100 ml) Präparationen.

Die Ausbeute der *Low-Copy*-Plasmide kann durch Zugabe von Chloramphenicol zur Bakterienkultur gesteigert werden (s. unten). Die meisten der heute verwendeten Plasmide haben jedoch in der Regel eine ausreichend hohe Kopienzahl sodass die Verwendung von Chloramphenicol nur noch in Ausnahmefällen notwendig ist.

> Bei Plasmiden, die einen Col-E1-Replikationsursprung besitzen, ist die selektive Amplifikation des Plasmids gegenüber dem bakteriellen Chromosom möglich. Dazu muss während der logarithmischen Wachstumsphase der Bakterienkultur dem Medium ein Translationsinhibitor (z. B. Chloramphenicol) zugesetzt werden. Dadurch wird die Nachlieferung des Rop- (*Repressor of Primer*-) Proteins inhibiert, das mitverantwortlich ist für die Kontrolle der Kopienzahl des Plasmids. Dies führt zu einer erhöhten Replikationsrate (*relaxed replication*) und dadurch zur Erhöhung der Kopienzahl.

**Lyse der Bakterien**   Für die Lyse der Bakterien zur Gewinnung niedermolekularer DNA stehen mehrere Methoden zur Verfügung, die je nach Art und Verwendung des Plasmids angewendet werden (◨ Tab. 30.5). Die gebräuchlichste Methode ist dabei die **alkalische Lyse** (◨ Abb. 30.7). Die Bakterienkulturen werden zentrifugiert und in EDTA-haltigem Puffer resuspendiert. EDTA komplexiert zweiwertige Kationen ($Mg^{2+}$, $Ca^{2+}$), die für die Stabilität der Bakterienzellwände wichtig sind, und destabilisiert somit die bakterielle Zellwand. Je nach Protokoll kann dem Resuspensionspuffer bereits RNase A zugesetzt werden, die einen Großteil der bakteriellen RNA degradiert.

◨ **Tab. 30.5**   Mögliche Aufschlussmethoden für Bakterien

| Art des Aufschlusses | Lyse durch | Kommentar |
|---|---|---|
| alkalische Lyse | SDS/NaOH | einfach und schnell, am besten geeignet für große Plasmide und *Low-Copy*-Plasmide |
| Kochlyse | Lysozym/100 °C | Endonuclease A wird nicht vollständig inaktiviert |
| SDS-Lyse | Lysozym/SDS | wird häufig für größere Plasmide (>15 kb) verwendet |

Wichtig ist, dass die RNase A keine kontaminierenden DNasen enthält. Dies gewährleistet man am besten durch Inkubation der RNase bei 95 °C: RNase ist ein sehr stabiles Enzym und renaturiert nach dieser Hitzebehandlung wieder zu einem aktiven Enzym. Im Gegensatz dazu werden alle DNasen inaktiviert.

Die Bakteriensuspension wird anschließend durch Zugabe einer Mischung aus SDS und NaOH vollständig lysiert. SDS löst als Detergens die Phospholipide und Proteinkomponenten der Zellwände. Natronlauge denaturiert chromosomale und Plasmid-DNA sowie Proteine. Die Dauer der Inkubation unter alkalischen Bedingungen ist für die Qualität der Plasmid-DNA wichtig: Sie muss so gewählt werden, dass möglichst viel Plasmid-DNA freigesetzt wird, ohne auch chromosomale DNA freizusetzen. Eine zu lange Inkubationszeit denaturiert die Plasmid-DNA irreversibel, ineffiziente Lyse der Bakterien senkt die Ausbeute an Plasmid-DNA drastisch. Vollständig denaturierte Plasmid-DNA lässt sich im Agarosegel leicht erkennen: Sie läuft schneller als die superhelikale DNA und lässt sich schlechter mit Ethidiumbromid anfärben.

Das Lysat wird mit saurem Kaliumacetatpuffer neutralisiert. Kaliumdodecylsulfat ist wesentlich schlechter in Wasser löslich als Natriumdodecylsulfat und fällt unter den herrschenden hohen Salzkonzentrationen aus. Denaturierte Proteine, hochmolekulare RNA, denaturierte chromosomale DNA und bakterieller Zelldebris bilden in Anwesenheit von Kaliumdodecylsulfat unlösliche Komplexe und werden zusammen mit dem Salz präzipitiert. Die kleineren Plasmidmoleküle bleiben in Lösung und können durch die Neutralisation der Lösung wieder renaturieren. Die unlöslichen Komponenten werden abzentrifugiert, und die DNA kann weiterbearbeitet werden. Für viele Anwendungen reicht die Reinheit der DNA bereits aus, und die DNA wird lediglich mit Ethanol oder Isopropanol gefällt und anschließend gewaschen.

Diese einfache und schnelle Methode eignet sich zur gleichzeitigen Präparation sehr vieler verschiedener Plasmide und wird deshalb zum Austesten von Klonierungen verwendet (**Schnellaufschlüsse**). Hierzu werden viele verschiedene Bakterienkolonien jeweils in einigen Millilitern Medium angezogen und die Plasmid-DNA mithilfe von Restriktionsspaltungen auf die richtige Insertion des Fragments in den Vektor analysiert.

Käufliche Plasmidpräparationskits verwenden ebenfalls diese alkalische Lyse. Die DNA wird vor dem Fällen wie nachfolgend beschrieben über Anionenaustauschersäulen gereinigt.

30

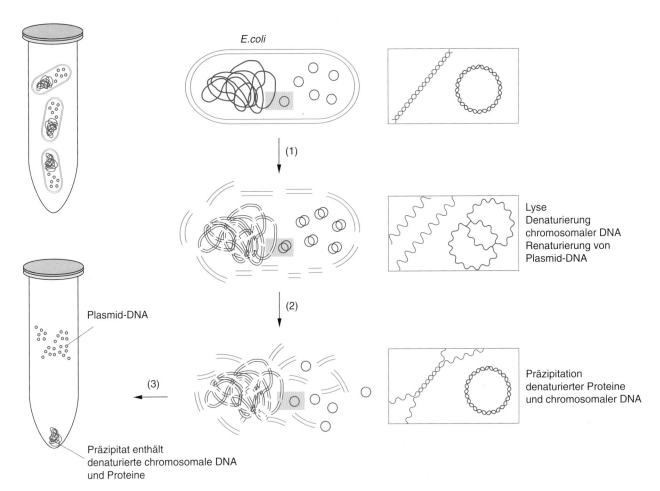

E.coli

(1)

Lyse
Denaturierung
chromosomaler DNA
Renaturierung von
Plasmid-DNA

(2)

Plasmid-DNA

(3)

Präzipitation
denaturierter Proteine
und chromosomaler DNA

Präzipitat enthält
denaturierte chromosomale DNA
und Proteine

**⬛ Abb. 30.7**  Prinzip der alkalischen Lyse von Bakterien zur Isolierung der Plasmid-DNA. (1) Im ersten Schritt werden die Bakterien mithilfe von SDS lysiert und die DNA durch Natriumhydroxid denaturiert. (2) Zugabe von Kaliumacetat neutralisiert die Lösung. Denaturierte Proteine und chromosomale DNA präzipitieren mit dem Kaliumsalz des Dodecylsulfats. Die niedermolekulare Plasmid-DNA bleibt in Lösung und kann renaturieren. (3) Die unlöslichen Komplexe werden abgetrennt und die Plasmid-DNA kann isoliert werden. (Nach Micklos und Freyer 1990)

---

**Lysozym**

Häufig vorkommende Hydrolase, die u. a. in der Tränenflüssigkeit und im Speichel gefunden wird. Lysozym zerstört die Bakterienwände durch Hydrolyse der glykosidischen Bindungen der Muraminsäureglykoside (Mureine).

---

Neben der alkalischen Lyse können Bakterien auch durch die sog. **Kochlyse** aufgeschlossen werden (⬛ Tab. 30.5). Die bakteriellen Zellwände werden durch Zugabe von Lysozym zerstört und die lysierten Bakterien für kurze Zeit aufgekocht. Der bakterielle Debris wird abzentrifugiert und die Plasmid-DNA kann anschließend präzipitiert werden. Die Präparationsmethode inaktiviert Endonuclease A (*endA*$^+$), die von einigen Bakterienstämmen (z. B. HB 101) exprimiert wird, nicht vollständig, sodass die DNA vor der Präzipitation phenolisiert werden sollte.

Zur Isolierung sehr großer Plasmide eignet sich die Lyse durch SDS (ohne NaOH, da sehr große Plasmide schwerer renaturieren) und anschließende partielle Fällung der chromosomalen DNA und des bakteriellen Debris zur Zugabe von Natriumchlorid. Nach dem Zentrifugationsschritt kann aus dem Überstand die Plasmid-DNA isoliert werden.

**Reinigung der DNA über Anionenaustauschersäulen**  Hier werden in der Regel käufliche Anionenaustauschersäulen verwendet, deren positive Ladung durch protonierte Diethylammoniumethylgruppen (DEAE) gestellt wird. Die negativ geladene DNA wird bei relativ niedriger Salzkonzentration (750 mM) an das Säulenmaterial gebunden. Degradierte RNA und Proteine binden unter den gewählten Bedingungen nicht. Das Säulenmaterial wird mit Puffer einer höheren Salzkonzentration (1 M) gewaschen, um Spuren von Proteinen (RNase A) oder RNA zu elimieren. Unter diesen Bedingungen eluiert die DNA noch nicht von der Säule. Die Elution der DNA erfolgt bei

**◻ Tab. 30.6** Ungefähre Ausbeuten nach der Reinigung über Anionenaustauschersäulen. Die Ausbeute an *High-Copy*-Plasmiden beträgt ca. 2–5 µg ml$^{-1}$, bei *Low-Copy*-Plasmiden 0,1$^{-1}$ µg ml$^{-1}$

| Vektor | Art des Plasmids | Bakterienkultur (in ml) | Ausbeute (in µg) |
|---|---|---|---|
| pUC, pGEM | *high copy* | 25 | 50–100 |
| pUC, pGEM | *high copy* | 100 | 300–500 |
| pBR322 | *low copy* | 100 | 50–100 |
| pBR322 | *low copy* | 500 | 100–500 |

noch höheren Salzkonzentrationen (1,25 M). Die genauen Pufferbedingungen sind dabei von der Art des verwendeten Säulenmaterials abhängig und sollten nach den Herstellerangaben angesetzt werden.

Verschiedene Reinigungsprotokolle wurden entworfen, die die Endotoxine vor der Reinigung über Anionenaustauschersäulen entfernen. Die an der Bakterienmembran haftenden Lipopolysaccharide werden zunächst mit Detergenzien (*n*-Octyl-β-D-thioglucopyranosid, OSPG) von bindenden Proteinen befreit und anschließend über Säulen, die das kationische Antibiotikum Polymyxin B enthalten, gereinigt. Diese Substanz bindet sehr effizient Lipopolysaccharide. ◻ Tab. 30.6 gibt einen Überblick über die zu erwartenden Ausbeuten nach der Reinigung der DNA über Anionenaustauschersäulen.

Bei der beschriebenen Isolierung können bestimmte Lipopolysaccharide, die in fast allen gramnegativen Bakterien vorhanden sind, mit aufgereinigt werden. Diese sog. **Endotoxine** sind vor allem für Transfektion der DNA in sensitive Zelllinien sehr störend. Sie führen zu einer stark verminderten Transfektionseffizienz und unerwünschten Reaktionen, wie z. B. Stimulierung der Proteinsynthese, Aktivierung einer unspezifischen Immunantwort oder der Komplementkaskade.

### 30.3.2    Isolierung niedermolekularer DNA eukaryotischer Zellen

**Hefeplasmide**    Die Isolierung hochreiner Hefeplasmide ist sehr schwierig. In der Praxis wählt man den Weg über die Isolierung von Gesamt-DNA. Da Hefeplasmide sowohl Hefereplikationselemente als auch einen bakteriellen Replikationsursprung besitzen, lässt sich saubere Hefeplasmid-DNA am besten durch Retransformation in *Escherchia coli* gewinnen. Die verunreinigende genomische Hefe-DNA kann in den Bakterien nicht vermehrt

werden. Durch Transformation in *Escherichia coli* ist es möglich, auf einfache und schnelle Weise genügend saubere DNA zu erhalten.

**Zellfreie DNA (*Cell free* DNA)**    Zunehmende analytische Bedeutung bekommt die zirkulierende, zellfreie DNA (*Circulating Cell Free DNA, ccfDNA oder cfDNA*), die sich im (humanen) Blut nachweisen lässt. Man spricht in diesem Zusammenhang auch von „flüssigen Biopsien" (*Liquid Biopsies*), da diese DNA für diagnostische Zwecke verwendet werden kann.

**Liquid Biopsy**

Im Gegensatz zu den medizinisch aufwendigen, invasiven Gewebebiopsien, die aus den meist sehr schwer zugänglichen (Tumor-) Gewebe genommen werden, entnimmt man bei einer *Liquid Biopsy* einige Milliliter Blut zur Analyse. Die hierin enthaltene zellfreie DNA der zirkulierenden Tumorzellen (ctDNA) kann dann extrahiert, mittels neuer Sequenzierungsmethoden untersucht werden und Aufschluss über das Genom von Tumorzellen geben. Es können auch *Liquid Biopsies* von anderen Körperflüssigkeiten, z. B. Ascites, Pleura- oder Cerebrospinalflüssigkeit, genommen werden.

Die cfDNA entsteht nach heutigen Erkenntnissen hauptsächlich durch die Freisetzung DNA apoptotischer und nekrotischer Zellen. Die Größe der cfDNA entspricht ungefähr der DNA in einem Nucleosomkomplex plus Linker (ca. 170–200 bp). Die Menge an cfDNA ist in Krebspatienten meist signifikant erhöht. Die cfDNA von Tumorzellen (ctDNA) kann zur Identifikation von Mutationen und Festlegung möglicher Behandlungsstrategien sowie zur Überwachung des Therapiefortschrittes verwendet werden.

Die Menge an cfDNA im Blut kann stark variieren, jedoch sind meist nur geringe Mengen aus einer Blutprobe zu gewinnen. cfDNA wird meist aus Blutplasma gewonnen und sollte keine Zellen enthalten. Hierzu werden die Proben mit hoher Zentrifugalbeschleunigung abzentrifugiert, um alle verunreinigenden Zellen und Zellreste zu pelletieren. Antikoagulanzien sowie die Zeit zwischen Blutentnahme und Aufarbeitung der Blutproben spielen hier eine große Rolle, da die cfDNA mit genomischer DNA von lysierten Blutzellen verunreinigt oder die cfDNA durch im Plasma vorhandene DNasen degradiert werden kann. Es können auch besondere Blutprobenröhrchen verwendet werden, die die Blutzellen stabilisieren und deren Lyse und somit die Freisetzung der genomischen DNA inhibieren.

Da die cfDNA als Protein-DNA-Komplex vorliegt, wird dieser vor der eigentlichen Aufreinigung mit Proteinase K degradiert. Die so isolierten Nucleinsäuren werden dann auf einer Silicamembran gebunden, gewaschen und anschließend eluiert. Die Pufferzusammensetzungen, Waschschritte und Elutionsbedingungen sind dabei individuell von den Kitherstellern auf die verwendeten Säulenmaterialien abgestimmt.

**Hirt-Extraktion**  Eine immer noch verwendete Methode zur Isolierung kleinerer, extrachromosomaler DNA-Moleküle wie transfizierter Plasmid-DNA oder viraler DNA aus höheren Zellen ist die sog. Hirt-Extraktion, die erstmals von B. Hirt 1967 zur Isolierung von Polyomavirus-DNA aus infizierten Mauszellen angewendet wurde. Die Zellen werden mit 0,5 % SDS aufgeschlossen und auf einen NaCI-Gehalt von 1 M durch Zugabe einer konzentrierten NaCl-Lösung eingestellt. Die Mischung wird über Nacht zur selektiven Ausfällung der genomischen DNA bei 0 °C inkubiert und anschließend abzentrifugiert. Der Überstand enthält die niedermolekulare DNA und kann durch Inkubation mit Protease K sowie anschließende Phenolextraktion oder Säulenchromatographie gereinigt werden.

## 30.4 Isolierung viraler DNA

### 30.4.1 Isolierung von Phagen-DNA

Bakteriophage-$\lambda$-Vektoren werden hauptsächlich für das sog. Phage Display und immer seltener zur Klonierung genomischer DNA-Bibliotheken verwendet. In keinem anderen Vektorsystem lassen sich so effizient große (ca. 10–20 kb) Fragmente klonieren und vermehren. Ein großer Vorteil der Phagenbibliotheken ist, dass eine sehr große Anzahl individueller Klone gleichzeitig durchgemustert werden kann. Nach Identifizierung und Isolierung des gesuchten Phagen muss zur Analyse des eingebauten Fragments die Phagen-DNA isoliert werden. Hierzu werden zunächst eine ausreichende Menge Phagenpartikel isoliert und diese dann unter entsprechenden Bedingungen lysiert.

**Vermehrung von Phagen**  Die Vermehrung von Phagen in einer *Escherichia-coli*-Kultur kann in Flüssigkultur oder auf Agarplatten erfolgen. Die Wahl des Wirtsstammes hängt dabei vom verwendeten Phagen ab. Die Bakterien lässt man in Gegenwart von Maltose logarithmisch wachsen. Maltose induziert das bakterielle Maltoseoperon, welches auch das Gen für den Bakteriophage-$\lambda$-Rezeptor *(lamB)* kontrolliert. Die Bakterien werden geerntet und in einem magnesiumhaltigen Puffer ($\lambda$-Diluent, SM-Medium) auf eine bestimmte Zelldichte eingestellt. Die Bestimmung der Zellzahl einer Bakteriensuspension erfolgt dabei photometrisch: Die Absorption der Bakterien wird gegen den Leerwert des reinen Mediums bei 600 nm gemessen. 1 OD entspricht dabei einer Bakterienzahl von

ca. $8 \cdot 10^8$. Dieser Wert ist abhängig vom *Escherichia-coli*-Stamm und sollte, wenn genauere Bestimmungen erforderlich sind, individuell bestimmt werden. Magnesiumionen stabilisieren Phagenpartikel, sodass auch dem Flüssigkulturmedium zur Vermehrung der Phagen Magnesium-Ionen zugesetzt werden (NZCYM-Medium).

> Für eine optimale Vermehrung der Phagen in Flüssigkultur ist das Anfangsverhältnis von Bakterien und Phagenpartikeln von entscheidender Bedeutung. Überwiegt anfangs die Zahl der Phagen, so werden die Bakterien gleich zu Beginn fast vollständig lysiert und können nur wenige neue Phagenpartikel synthetisieren. Die Ausbeute an Phagenpartikeln ist demzufolge sehr gering. Wird die Bakterienkultur mit zu wenigen Phagen infiziert, so vermehren sich die Bakterien wesentlich schneller und die Kultur wird dicht, bevor eine erneute Phageninfektion erfolgen konnte. Auch in diesem Fall ist die Ausbeute an Phagenpartikeln äußerst gering. Das optimale Verhältnis zwischen Phagen und Bakterien kann für jeden *Escherichia-coli*-Stamm und Phagen variieren und muss experimentell bestimmt werden. Ein optimales Infektionsverhältnis erkennt man an der Zeitdauer bis zur Volllyse der Bakterienkultur (mehr als 8 h). Die vollständige Lyse der Bakterienkultur zeigt sich darin, dass die Bakterienkultur plötzlich klar wird, der Debris der lysierten Bakterien schwimmt in Fetzen im Medium.

Zur Vermehrung der Phagen auf Agarplatten sollte zunächst der Titer der Phagenlösung bekannt sein. Anschließend werden mehrere Platten mit der entsprechenden Anzahl Phagen präpariert. Diese Methode ist im Vergleich zur Flüssigkultur arbeits- und zeitintensiver und wird daher zur Isolierung einzelner Phagenpartikel seltener angewendet. Die Kultur der Phagen auf Agarplatten ermöglicht jedoch eine bessere Vermehrung schlecht replizierender Phagen, die in Flüssigkultur normalerweise nicht in ausreichender Menge vertreten sind, und wird daher hauptsächlich zur Amplifikation von Genbanken verwendet.

**Isolierung der Phagenpartikel**  Die auf Agarplatten gezogenen Phagen werden abgeschwemmt und analog zu den Flüssigkulturen behandelt. Um bakterielle DNA und RNA zu beseitigen, setzt man der lysierten Flüssigkultur zunächst RNase und DNase zu. Die Phagen-DNA kann auf dieser Stufe nicht angegriffen werden, da sie noch in den intakten Phagen verpackt ist. Die Phagen werden mit Polyethylenglykol-haltigen Puffern gefällt und abzentrifugiert. Die Reinheit der pelletierten Phagen reicht für viele Versuchsanwendungen bereits aus. Für höhere Reinheit können die Phagen durch Zentrifugation bei hohen

**☐ Abb. 30.8**   Das nichtionische Detergens Triton X-100

Drehzahlen (100.000 g) pelletiert werden. Die Phagen bilden ein bräunliches bis farbloses Pellet, welches in TE-Puffer resuspendiert wird. Phagenpartikel sind sehr sensitiv für komplexierende Reagenzien, die die $Mg^{2+}$-Konzentration vermindern. Die Resuspension in EDTA-haltigem Puffer destabilisiert die Phagenhülle und erleichtert die nachfolgende Lyse der Phagen.

**Isolierung der DNA**   Die isolierten und gereinigten Phagenpartikel werden durch Aufschluss mit Protease K lysiert und die Proteinhülle abgebaut. Die Phagen können alternativ auch durch Triton X-100 (☐ Abb. 30.8), Guanidiniumhydrochlorid und erhöhte Temperatur aufgeschlossen werden. Die DNA kann dann durch Phenolextraktion (► Abschn. 30.1.1) und anschließende Präzipitation oder durch Anionenaustauschchromatographie (► Abschn. 30.3.2) gewonnen werden. Da es sich bei Phagen-DNA um relativ hochmolekulare, lineare DNA (45–50 kb) handelt, sollte diese nur vorsichtig pipettiert und gelöst werden. Für die meisten Anwendungen, auch das Phage Display, wird die Phagen-DNA über kommerziell erhältliche Kits aufgereinigt, die enthaltenen Fragmente mittels PCR amplifiziert und isoliert.

### 30.4.2   Isolierung von DNA aus eukaryotischen Viren

Die Vielfalt der Viren, die eukaryotische Zellen infizieren, erfordert auch individuell angepasste Strategien zur Isolierung ihrer Nucleinsäuren. Dabei lassen sich zwei allgemeine Reinigungsstrategien zusammenfassen.

In infizierten Zellen liegt die virale DNA in der Regel extrachromosomal vor (z. B. Adenoviren, Polyomaviren, SV40, Papillomaviren, Baculoviren). Die virale DNA kann mithilfe der bereits oben erwähnten Hirt-Extraktion (► Abschn. 30.3.2) direkt aus den infizierten Zellen gewonnen werden. Diese Methode liefert große Mengen viraler DNA. Die Reinheit dieser DNA ist für die meisten Analysen ausreichend. Einige Viren besitzen sehr große Genome, sodass große Scherkräfte zu Brüchen in den DNA-Strängen führen würden, was bei der Handhabung vermieden werden sollte. Hier können die gleichen Vorsichtsmaßnahmen getroffen werden wie bei der Isolierung genomischer oder anderer hochmolekularer DNA (► Abschn. 30.1). Man erhält durch die Hirt-Extraktion keine hochreine Virus-DNA, und die DNA liegt eventuell in einem anderen Modifikationszu-

stand vor als im Viruspartikel selbst (gebundene Proteine, kovalente Modifikationen, zirkuläre DNA bzw. nichtkovalent geschlossene DNA).

Für die Isolierung von viraler DNA (und auch RNA) aus zellfreien Flüssigkeiten (z. B. Blutplasma) werden die Viren zunächst lysiert, die verunreinigenden Proteine durch Protease abgebaut und anschließend die Nucleinsäuren an Silicamatrizes gebunden und so gereinigt. Die virale DNA (und RNA, ► Abschn. 30.6.1) kann mit dieser Methode nur aus zellfreien Flüssigkeiten isoliert werden, da die Isolationsmethode keine Trennung zwischen zellulärer und viraler DNA erlaubt. Unter Verwendung von *spin columns* lassen sich so relativ schnell und effizient Blutproben mittels anschließender (RT-)PCR auf Präsenz von DNA- (oder auch RNA-)Viren, wie z. B. HBV, HCV oder HIV, überprüfen.

Sehr saubere, native virale DNA erhält man über die Isolierung der Viruspartikel selbst. In vielen Fällen werden die Viren von den infizierten Zellen freigesetzt und somit in das Medium abgegeben. Die Viren können aus dem Zellüberstand durch Ultrazentrifugation (ca. 1.000.000 g) pelletiert werden und anschließend über Dichtegradientenzentrifugation gereinigt werden. Das Material für die Dichtegradienten ist in den meisten Fällen CsCl oder Saccharose. Die virale Hülle kann dann spezifisch lysiert werden, in vielen Fällen geschieht dies durch Inkubation mit Protease K und anschließende Phenolextraktion. Hier muss jedoch beachtet werden, dass eventuell mit der DNA verknüpfte Proteine, wie z. B. das terminale Protein im Falle von adenoviraler DNA oder die chromatinähnlichen Strukturen der Polyoma- oder SV40-Nucleinsäuren, durch die Protease-K-Behandlung zerstört werden. Teilweise ist eine milde Lyse der Virushülle durch Alkali ausreichend, um die DNA nativ aus den Viren zu isolieren.

DNA aus Exosomen wird analog reiner viraler DNA über die Isolierung der Exosomen selbst gewonnen. Die Exosomen werden meist über Ultrazentrifugation oder Gelfiltration isoliert. Die DNA (und RNA) kann dann mit den gängigen Aufschluss- und Aufreinigungsmethoden weiter aufgearbeitet werden.

### 30.5   Isolierung einzelsträngiger DNA

### 30.5.1   Isolierung von M13-DNA

Filamentöse Phagen wie M13, f1 oder fd enthalten einzelsträngige, geschlossene zirkuläre DNA (ca. 6,5 kb). Klonierung fremder DNA in das Phagengenom ermöglicht somit die Isolierung großer Mengen einzelsträngiger DNA der gewünschten Sequenz. Der Phage M13 infiziert ausschließlich *Escherichia coli* (z. B. JM109, JM107), indem er durch die Sex-Pili eindringt, die vom bakteriellen F-Episom codiert werden. Innerhalb des

Bakteriums liegt eine doppelsträngige Version des Phagengenoms, die sog. *replikative Form* (RF) vor. Diese wird ähnlich der λ-DNA zunächst über θ -Strukturen, später über den *Rolling-Circle*-Mechanismus repliziert. Infektion der Bakterien sowie Vermehrung der Phagen verlaufen sehr ähnlich der bereits oben beschriebenen Infektion durch λ-Phagen. Die Infektion mit M13 hat aber keine Lyse der Bakterien, sondern nur ein verlangsamtes Wachstum zur Folge. Aus dem Überstand einer infizierten Bakterienkultur lässt sich die einzelsträngige DNA durch Isolierung der Viruspartikel, aus dem Bakterienpellet die doppelsträngige, replikative Form der M13-DNA gewinnen. Analog zur Isolierung von λ-DNA werden die Viruspartikel durch Polyethylenglykol gefällt. Die DNA kann dann durch anschließende Phenolextraktion isoliert werden. Alternativ kann sowohl die replikative als auch die einzelsträngige Form der M13-DNA über Anionenaustauschchromatographie gereinigt werden. Für die Isolierung von M13-DNA sind kommerzielle Kits, auch im Hochdurchsatzformat, erhältlich, die auf einer selektiven Bindung der M13-DNA an speziell präparierte Silicagelmembranen basieren. Doppelsträngige DNA und Proteine werden im Gegensatz zu einzelsträngiger DNA bei hohem Salzgehalt von der Membran gewaschen.

### 30.5.2 Trennung von einzel- und doppelsträngiger DNA

Für bestimmte Anwendungen, wie z. B. die Isolierung und nachkommende Sequenzierung komplexer Nucleinsäuregemische (z. B. aus Umweltproben) kann die Trennung von einzel- und doppelsträngiger DNA erforderlich sein. Die Trennung von einzel- und doppelsträngiger DNA lässt sich durch eine Hydroxylapatitsäule durchführen. Hydroxylapatit, eine kristalline Form des Calciumphosphats $Ca_5(PO_4)_3(OH)$, wird bevorzugt von doppelsträngiger DNA gebunden. Einzelsträngige DNA- oder RNA-Moleküle besitzen eine sehr geringe Affinität zu diesem Säulenmaterial. Die Bindung doppelsträngiger DNA und Abtrennung einzelsträngiger DNA erfolgt optimal in phosphathaltigem Puffer bei erhöhter Temperatur (60 °C). Die einzelsträngige DNA befindet sich unter diesen Bedingungen in den Durchlauffraktionen der Säule, während die doppelsträngige DNA durch Erhöhung des Phosphatgehaltes vom Hydroxylapatitmaterial eluiert werden kann.

Ein kritischer Faktor bei dieser Reinigungsmethode ist der sehr hohe Phosphatgehalt der gereinigten Nucleinsäurelösungen, der eine Präzipitation der Nucleinsäuren verhindern würde. Die fraktionierten Nucleinsäuren können zunächst mit *sec*-Butanol ankonzentriert werden und über Gelfiltration entsalzt werden.

### 30.6 Isolierung von RNA

Das Arbeiten mit RNA verlangt noch größere Reinheit als der Umgang mit DNA. Im Gegensatz zu DNasen sind RNasen äußerst stabil, benötigen keinerlei Cofaktoren für ihre Aktivität und können durch Autoklavieren nicht vollständig inaktiviert werden. Zur Isolierung von RNA sollten daher nur hochreine Puffer verwendet werden. Vorhandene RNasen können durch Behandlung der Lösungen mit Diethylpyrocarbonat (DEPC, ◘ Abb. 30.9) inaktiviert werden. DEPC inaktiviert RNasen durch kovalente Modifikationen vor allem des Histidinrestes im aktiven Zentrum. Lediglich Lösungen, die freie Aminogruppen enthalten (wie z. B. Tris), sollten nicht mit DEPC behandelt werden. DEPC ist aufgrund seiner modifizierenden Wirkung sehr gesundheitsschädlich. Überschüssiges DEPC muss aus den angesetzten Lösungen durch Autoklavieren entfernt werden, da es sonst zu Modifikationen der RNA kommt (Carbethoxylierung der Adenine und – seltener – der Guanine). DEPC zersetzt sich zu Kohlendioxid und Ethanol. Man sollte bei dem Umgang mit RNA stets Handschuhe tragen und wenn möglich nur sterile Plastikwaren verwenden. Glasgefäße werden am besten durch Backen bei 300 °C von etwaigen RNase-Kontaminationen befreit. In vielen Experimenten, die mit RNA durchgeführt werden, können RNase-Inhibitoren zugesetzt werden (◘ Tab. 30.7), die allerdings nur geringe Mengen RNase inhibieren. Neben den aufgeführten Substanzen bieten viele Firmen inzwischen auch optimierte RNase-Inhibitoren an, die auf der Basis von inhibierenden Proteinen oder Antikörpern entwickelt wurden und bestimmte RNasen spezifisch hemmen.

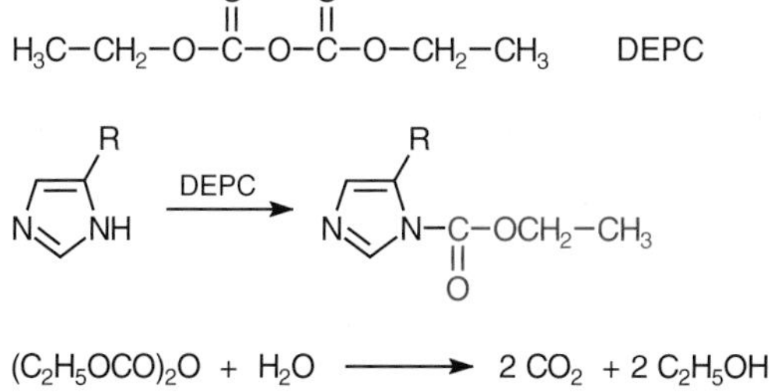

$$H_3C-CH_2-O-\overset{\overset{O}{\|}}{C}-O-\overset{\overset{O}{\|}}{C}-O-CH_2-CH_3 \qquad DEPC$$

$$(C_2H_5OCO)_2O + H_2O \longrightarrow 2\,CO_2 + 2\,C_2H_5OH$$

◘ **Abb. 30.9** Strukturformel und Wirkungsmechanismus von DEPC (Diethylpyrocarbonat). DEPC inaktiviert RNasen durch kovalente Modifikation der Aminogruppen und der Histidine. DEPC zerfällt beim Erhitzen und Autoklavieren in Ethanol und Kohlendioxid

■ **Tab. 30.7** Häufig verwendete RNase-Inhibitoren

| RNase-Inhibitor | |
|---|---|
| RNasin | – Protein aus humaner Plazenta<br>– bildet nichtkovalente, äquimolare Komplexe mit RNasen<br>– inhibitiert RNasen A, B und C<br>– nicht unter denaturierenden Bedingungen einsetzbar |
| Diethylpyrocarbonat | – Behandlung der Puffer<br>– kovalente Modifikationen<br>– muss inaktiviert werden |
| Vanadyl-Ribonucleosid-Komplexe | – Übergangszustandsanaloga, die an RNasen binden und dadurch deren Aktivität inhibieren<br>– nicht für zellfreie Translationssysteme |
| SDS, Natriumdesoxycholat | – denaturierende Wirkung |
| β-Mercaptoethanol | – reduzierende Wirkung |
| Guanidinium(iso)thiocyanat | – in Verbindung mit dem Zellaufschluss<br>– denaturiert RNasen reversibel |
| Formaldehyd | – in denaturierenden Agarosegelen<br>– kovalente Modifikationen |

## 30.6.1　Isolierung zellulärer RNA

Im Gegensatz zu DNA, die sich im Kern befindet, ist der größte Teil der RNA im Cytoplasma lokalisiert. Die klassische Einteilung der RNA in ribosomale RNA, Transfer-RNA und Messenger-RNA wird durch neuere Forschungsergebnisse und die Entdeckung einer Vielzahl verschiedener weiterer RNA-Spezies relativiert. Man unterscheidet daher besser zwischen codierender (mRNA und deren nucleären Vorläufer) und nichtcodierender RNA (*non-coding RNA*, ncRNA). Unter den ncRNAs stellen die ribosomale RNA und die Transfer-RNA den Hauptanteil. Viele verschiedene RNA-Typen wurden in den letzten Jahren entdeckt, wobei die Funktion einiger RNA-Klassen noch längst nicht vollständig aufgeklärt ist. Diese RNA-Klassen unterscheiden sich in Lokalisierung, Länge, Funktion und Eigenschaften, sind aber in der Zelle nur zu einem geringen Prozentsatz vertreten (■ Tab. 30.8).

Für viele Anwendungen, RT-PCR (▶ Abschn. 33.3.2) oder RNAseq (▶ Kap. 34), ist die Isolierung von Gesamt-RNA ausreichend. Durch die Anwendung verschiedener Kontrollen können auch Artefakte, die durch geringfügige Verunreinigungen mit genomischer DNA auftreten, ausgeschlossen werden. So werden z. B. RT-PCR-Kontrollen ohne die vorherige Behandlung der RNA mit dem Enzym Reverse Transkriptase durchge-

■ **Tab. 30.8** Häufige RNA-Spezies einer Zelle und deren Anteil an der Gesamt-RNA-Masse. (Adaptiert nach Palazzo und Lee 2015)

| | | | Anteil an der Gesamt-RNA (in % der RNA Masse) | Durchschnittliche Länge (in kb) |
|---|---|---|---|---|
| rRNA | ribosomale RNA | Cytoplasma | 80–90 | 6,9 |
| tRNA | Transfer-RNA | Cytoplasma | 10–15 | < 0,1 |
| mRNA | Messenger-RNA | Cytoplasma | 3–7 | 1,7 |
| pre-mRNA | nucleäre Vorläufer-mRNA | Kern | 0,06–0,2 | 10–17 |
| snRNA | kleine nucleäre RNA (*small nuclear* RNA) | Kern | 0,02–0,3 | 0,1–0,2 |
| snoRNA | kleine nucleoläre RNA (*small nucleolar* RNA) | Kern (Nucleolus) | 0,04–0,2 | 0,2 |
| miRNA | microRNA | Cytoplasma | 0,003–0,002 | 0,2 |
| SRP-RNA | Signalerkennungspartikel-RNA (*signal recognition particle* RNA, 7SL-RNA) | Cytoplasma | 0,01–0,2 | 0,3 |
| lncRNA | lange, nichtcodierende RNA (*long non-coding* RNA, z. B. Xist) | Kern | 0,0003–0,2 | >0,2 |
| circRNA | Zirkuläre RNA (*circular* RNA) | Cytoplasma | 0,002–0,03 | ~ 0,5 |

führt. Hier muss die PCR negativ sein, da lediglich mRNA, jedoch keine DNA enthalten sein sollte. Ist die PCR positiv, so muss von einer Verunreinigung der RNA mit genomischer DNA ausgegangen werden. Eine weitere Kontrolle ist die Verwendung von Primern, die über Exon/Intron-Grenzen hinausgehen. Nur bei gespleißter mRNA, nicht aber bei genomischer DNA kann dann die RT-PCR die richtige Fragmentgröße liefern. Untersucht man mRNA-Spezies, die nur in sehr geringer Menge vorhanden sind, so kann eine Anreicherung der mRNA sinnvoll sein (▶ Abschn. 30.6.2).

Die Isolierung von RNA kann über verschiedene Ansätze erfolgen. Wichtig ist in jedem Fall, dass die Zellen oder das Gewebe sofort nach Entnahme schockgefroren oder in speziell auf die RNA-Quelle abgestimmten Aufbewahrungs-Puffern gelagert werden, um das RNA-Expressionsprofil durch Nucleaseaktivität nicht zu verändern. Hier wird die RNA zusammen mit den Proteinen durch hohe Konzentrationen an Ammoniumsulfat (oder anderen Sulfaten, die die RNase Aktivität hemmen) und bestimmten pH Bedingungen präzipitiert und so vor dem Abbau der RNasen geschützt.

**Kultivierte Zellen** Die Plasmamembranen der Zellen werden mit einem nichtionischen Detergens (Nonidet P-40) aufgeschlossen, wobei die Zellkerne intakt bleiben. Die Kerne werden durch Zentrifugation abgetrennt, und die Cytoplasmafraktion kann durch Protease-K-Inkubation und Phenolextraktion oder Zusatz von Guanidinium(iso)thiocyanat-Puffer gereinigt werden. Waren die Zellen mit Plasmiden transfiziert, so kann die cytoplasmatische RNA mit der episomal vorliegenden Plasmid-DNA verunreinigt sein. DNA-Kontaminationen lassen sich durch Inkubation mit einer RNase-freien DNase entfernen.

**Gewebe und kultivierte Zellen** Die Zellen oder das Gewebe werden analog der DNA-Isolation (▶ Abschn. 30.2) zunächst homogenisiert. Zur Isolierung von pflanzlicher RNA verwendet man ebenfalls CTAB/PVPP-haltige (Hexadecyltrimethylammoniumbromid / Polyvinylpolypyrrolidon) Puffer zur Abtrennung der Polysaccharide und Polyphenole.

Die Zellen oder das Gewebe werden durch Resuspension in Guanidinium(iso)thiocyanat-Puffer vollständig denaturiert. Hohe Mengen an β-Mercaptoethanol und *N*-Laurylsarcosin (◨ Abb. 30.10) können bei der Resuspension und im Aufschlusspuffer zugesetzt wer-

den, da diese eine Degradation der RNA verhindern. Die RNA wird anschließend durch Phenol/Chloroform-Extraktion gereinigt, hier ist zu beachten, dass die gesättigte Phenollösung einen niedrigen pH-Wert besitzt (▶ Abschn. 30.1.1). Viele kommerzielle Kits und Lösungen verwenden ein Reagenz, welches Guanidiniumthiocyanat, Phenol und Chloroform in einem festgelegten Verhältnis enthält. Die Bedingungen der Phenol/Chloroform Extraktion werden so gewählt, dass bereits ein Großteil der DNA in der organischen Phase gelöst bleibt.

Die RNA kann anschließend gefällt werden oder mittels Festphasenextraktion über modifizierte (hydratisierte) Silicamatrizes (seltener auch über Anionenaustauschchromatographie) meist unter Verwendung kommerziell erhältlicher Kits weiter gereinigt werden. Qualität und Menge sind für die meisten Anwendungen ausreichend. Das Prinzip der Reinigung ist ähnlich der DNA-Aufreinigung, allerdings wird die RNA unter veränderten Pufferbedingungen an die Säule gebunden und auch eluiert. Diese Reinigungsmethode liefert RNA mit einer Länge von mehr als 200 Nucleotiden (unter bestimmten Bedingungen werden aber, abhängig vom verwendeten Säulenmaterial und den Pufferbedingungen, auch noch kleinere RNAs mit isoliert). Eventuell vorhandene, kontaminierende genomische DNA wird durch einen anschließenden DNase-Abbau, der meist direkt auf der Säule erfolgt, entfernt.

**Virale und exosomale RNA** Während virale RNA aus infizierten Zellen zusammen mit der zellulären RNA aufgereinigt wird, lässt sich virale RNA aus zellfreien Körperflüssigkeiten analog zur viralen DNA aufreinigen (▶ Abschn. 30.4.2). Die Isolierung der viralen RNA erfolgt in Gegenwart von Carrier-RNA (▶ Abschn. 30.1.3), um die Ausbeute und Qualität der (meist in geringen Mengen vorhandenen) viralen RNA zu erhöhen. Exosomale RNA kann aus aufgereinigten Exosomen isoliert werden. Hierzu werden analoge Puffer und Bedingungen verwendet wie für die Aufreinigung zellulärer RNA.

**Zirkuläre RNA** Eine Sonderstellung nehmen die sog. zirkulären RNA-Moleküle (circRNA) ein, die zur Gruppe der nichtcodierenden RNA (◨ Tab. 30.8) gehören und über deren Funktion noch wenig bekannt ist. Deren Länge kann stark variieren, zwischen 0,1 kb und mehreren Kilobasen. Für die Isolierung dieser zirkulären RNA nutzt man die Eigenschaft der circRNA aus, kein freies 3′- (oder 5′-) Ende zu besitzen. Alle linearen RNA-Moleküle der Gesamt-RNA werden mittels einer Exoribonuclease (RNase R) degradiert. Es ist möglich, dass RNA-Moleküle, die aufgrund von doppelsträngigen Bereichen oder starken Sekundärstrukturen resistent gegen die RNAse-R-Behandlung sind, somit die zirkuläre RNA Präparation noch verunreinigen. Diese verbleibenden li-

◨ **Abb. 30.10** *N*-Laurylsarcosin

nearen RNA-Moleküle werden polyadenyliert (über das freie 3'-OH-Ende) und weiter mittels Oligo(dT)-Säulen (◧ Abb. 30.11) oder magnetischen Partikeln (◧ Abb. 30.12) abgereichert.

## 30.6.2  Isolierung von poly(A)⁺-RNA

Fast alle eukaryotischen mRNA-Spezies besitzen eine lange adeninreiche Region an ihrem 3'-Ende. Dieser poly(A)-Schwanz wird zur Isolierung der mRNA aus cytoplasmatischer RNA verwendet. Säulenmaterial, das mit kurzer, einzelsträngiger, thyminhaltiger DNA (oligo(dT)) gekoppelt wurde, bindet spezifisch die poly(A) enthaltende mRNA aufgrund der komplementären Sequenzen. Oligo(dT)-Säulen lassen sich durch Kopplung von Oligonucleotiden (dT$_{12-18}$) an aktiviertes Säulenmaterial selbst herstellen oder aber käuflich erwerben. Die Gesamt-RNA muss vor dem Auftragen auf die Säule denaturiert werden und wird in der Regel mehrmals auf die Säulen aufgetragen, um eine optimale Beladung

der oligo(dT)-Säule zu erhalten. Die Bindung erfolgt bei relativ hohen Salzkonzentrationen (500 mM NaCl oder LiCl). Die Elution der mRNA erfolgt in Wasser. Dieser Vorgang destabilisiert die dT:rA-Hybride. Eine optimale Reinigung der mRNA erreicht man durch eine Wiederholung dieser Affinitätschromatographie (◧ Abb. 30.11).

Für die RNASeq-Techniken wird zunächst Gesamt-RNA isoliert. Je nach Protokoll kann dann eine Anreicherung der poly(A)+ RNA und/oder eine selektive Abreicherung der ribosomalen RNA über Bindung an sequenz-spezifische einzelsträngige Oligodeoxyribonucleotide und anschließenden Abbau der rRNA:DNA-Hybride mittels RNase H erfolgen.

> RNase H ist eine RNase, die sowohl in Prokaryoten und Eukaryoten vorkommt. RNA:DNA-Hybride werden durch Hydrolyse der RNA abgebaut. In den Zellen wird diese Funktion bei DNA-Replikation und Reparatur benötigt.

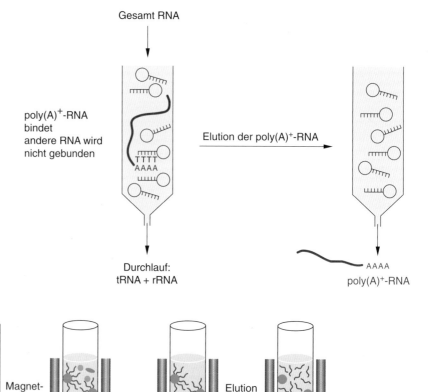

◧ **Abb. 30.11**  Isolierung von poly(A)⁺-RNA über einer oligo(dT)-Säule. Gesamt-RNA (cytoplasmatische RNA) wird auf die Säule aufgetragen. RMA-Moleküle, die einen poly(A)-Schwanz besitzen, werden durch die Basenpaarung der Adenine mit den oligo(dT)-Resten an die Säule gebunden, während alle andere RNA-Moleküle im Durchlauf der Säule zu finden sind. Die Elution erfolgt unter Bedingungen, die die dT:rA-Hybride destabilisieren

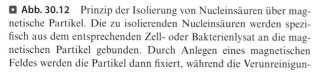

◧ **Abb. 30.12**  Prinzip der Isolierung von Nucleinsäuren über magnetische Partikel. Die zu isolierenden Nucleinsäuren werden spezifisch aus dem entsprechenden Zell- oder Bakterienlysat an die magnetischen Partikel gebunden. Durch Anlegen eines magnetischen Feldes werden die Partikel dann fixiert, während die Verunreinigungen herausgewaschen werden können. Nach den Waschschritten kann die Nucleinsäure durch Elution von den Magnetic Beads abgelöst werden. Alle Schritte können automatisiert erfolgen. Das Isolationsprotokoll sowie die Beschichtung der Magnetic Beads richten sich nach der zu isolierenden Nucleinsäure

### 30.6.3　Isolierung niedermolekularer RNA

Niedermolekulare RNA wird zunächst zusammen mit der Gesamt-RNA isoliert. Die Aufreinigung über eine Silicamatrix erfolgt dann unter Bedingungen, die eine Bindung von kleinen Fragmenten (in der Regel kleiner als 200 Nucleotide) zusammen mit der Gesamt-RNA erlauben, oder die Bedingungen werden so gewählt, dass eine selektive Anreicherung der niedermolekularen RNA Moleküle erfolgt.

Es ist auch möglich, die höhermolekulare RNA mit mehr als ca. 300 Nucleotiden selektiv zu fällen. Hierzu verwendet man hochmolekulares Polyethylenglykol (PEG) oder hoch konzentrierte LiCl-Lösung (2,5 M Endkonzentration). Die niedermolekulare RNA kann dann nach Fällung und anschließender Zentrifugation aus dem Überstand isoliert und durch Ethanol Präzipitation an konzentriert werden.

Eine photometrische Konzentrationsbestimmung der niedermolekularen RNA-Lösung ist möglich (▶ Abschn. 30.1.4), jedoch handelt es sich bei der so isolierten RNA um ein Gemisch verschiedener niedermolekularer RNA-Spezies. Die spezifische (quantitative) Analyse bestimmter niedermolekularer RNA, wie z. B. bestimmter miRNA, erfolgt mittels indirekter Methoden, z. B. sequenzspezifischer qRT-PCR (▶ Abschn. 33.3.2) oder mittels RNAseq (▶ Kap. 34).

### 30.7　Isolierung von Nucleinsäuren unter Verwendung von magnetischen Partikeln

Die Anforderungen an die Protokolle zur Isolation von Nucleinsäuren steigen mit der Analyse einer sehr großen Anzahl von Ansätzen (im 96- oder 384-Loch-Format), wie z. B. dem sog. *Expression Profiling*, der Gentypisierung oder der Identifizierung von sog. SNPs (*Single Nucleotide Polymorphisms*, ▶ Abschn. 38.2.3). Hierzu müssen High-Throughput-Nucleinsäure-Isolationstechniken entwickelt werden, um einen hohen Durchsatz an DNA- oder RNA-Präparationen zu gewährleisten. In der Regel gelingt dies nur durch Automatisierung. Bestimmte Arbeitsschritte der bisherigen Aufreinigungsprotokolle, wie z. B. Zentrifugationsschritte, sind schwierig bis nahezu unmöglich auf automatisierbare Systeme umzusetzen. Dementsprechend mussten neue Isolationsprotokolle entwickelt werden. Besonders geeignet ist die Verwendung von sog. Magnetic Beads. Die Bezeichnung „magnetisch" ist eigentlich nicht ganz korrekt, da es sich in der Regel bei den Partikeln um sog. „paramagnetische" Teilchen handelt, die erst durch ein extern angelegtes Magnetfeld magnetisiert werden. Die Separationstechnik ist universell einsetzbar

und hat gegenüber den konventionellen Aufbereitungstechniken neben der einfachen Automatisierbarkeit weitere Vorteile: Das aufzureinigende Material ist wenig mechanischen Scherkräften unterworfen, da sämtliche Zentrifugationsschritte und die Verwendung toxischer organischer Reagenzien, wie z. B. Phenol, entfallen.

Grundprinzip der Separation (◘ Abb. 30.12) ist die spezifische Bindung der aufzureinigenden Nucleinsäuren (oder aber auch anderer biologischer Materialien) an speziell beschichtete magnetischen Teilchen. Legt man nun ein externes Magnetfeld an, so werden die Magnetic Beads und die an ihnen gebundenen Nucleinsäuren im Magnetfeld festgehalten, während die Verunreinigungen nicht festgehalten und so ausgewaschen werden können.

Für die Isolierung von DNA verwendet man z. B. silicaumhüllte Magnetic Beads, da DNA in Gegenwart chaotroper Reagenzien an Glasoberflächen bindet. Ein weiteres Protokoll basiert auf der sog. SPRI-Methode (für *Solid-Phase Reversible Immobilization*). Hier werden mit Carboxylgruppen modifizierte Magnetic Beads verwendet, an die die DNA reversibel in Gegenwart hoher Salzkonzentrationen und Polyethylenglykol bindet. Diese Methode wird auch bei der Aufreinigung von NGS-DNA-Bibliotheken angewandt (▶ Kap. 34). Ebenso können die negativ geladenen Nucleinsäuren sich an positiv geladene Magnetic Beads anlagern. Die Bindung kann durch Änderung der Ladungs- und Salzkonzentrationen wieder gelöst werden. Streptavidinumhüllte Beads werden zur Isolierung auch geringster Mengen mRNA verwendet. Die mRNA wird über den poly(A)-Schwanz spezifisch mit einem biotinylierten oligo(dT)-Rest an die Beads gebunden. Das Reinigungsprinzip lässt sich durch die Wahl der Substanz, die auf die Magnetic Beads aufgebracht wird, auch auf zahlreiche andere Isolationsmethoden wie z. B. die Isolierung DNA-bindender Proteine anwenden.

### 30.8　Lab-on-a-chip

Im Rahmen der patientennahen Labordiagnostik [*Point of Care (POC) Diagnostics*] wird es immer wichtiger, Methoden der Nucleinsäureaufarbeitung und -analyse auf ein miniaturisiertes System zu bringen. Hier sollen schnell und einfach wichtige Diagnosen erhalten werden (z. B. Art der Mikroorganismen bei einer Infektion des Patienten). Dieses *Lab-on-a-Chip* (LoC) gehört zu den mikroelektromechanischen Systemen (MEMS, *Microelectromechanical Systems*) und basiert auf einem einzigen Chip von wenigen Quadratmillimetern bis Quadratzentimetern Größe und benutzt Volumen von weniger als einem Pikoliter. Die Idee ist es, alle benötigten Verfahren von der Isolierung der Nucleinsäuren

(z. B. aus Blut oder Gewebe) bis hin zur Analyse auf dem Chip durchzuführen. Die Systeme werden auch als *Micro Total Analysis Systems* (µTAS) bezeichnet. Hier muss, analog zu den Methoden für die automatisierten Systeme, auf viele gängige Methoden, wie z. B. Zentrifugation oder Phenol/Chloroform-Extraktion, aus naheliegenden Gründen verzichtet werden. Wichtig ist es auch, eine Ankonzentrierung der DNA für die nachfolgenden Analyseschritte zu erreichen. Die SPE-Methoden können jedoch teilweise auf die Chipsysteme übertragen werden. Hier eignen sich besonders die silicabasierten Methoden, da die DNA an die feste Phase in Gegenwart chaotroper Reagenzien oder Salze bindet und so von den Verunreinigungen abgetrennt werden kann (▶ Abschn. 30.2). Auch die in ▶ Abschn. 30.7 erwähnte SPRI-Methode kann auf den Chips zum Einsatz kommen, hier werden Oberflächen verwendet, die mit Carboxylgruppen bedeckt sind. Es werden aber auch andere Materialien (z. B. Polymethylmethacrylat, PMMA) verwendet, besonders bei komplexen Strukturen auf dem Chip, um die aktive Oberfläche zu vergrößern.

## Literatur und Weiterführende Literatur

Ali N, Rampazzo RCP, Costa AD, Krieger MA (2017) Current nucleic acid extraction methods and their implications to point-of-care diagnostics. Biomed Res Int 2017. https://doi.org/10.1155/2017/9306564

Ausubel EM, Brent R, Kingston RE, Moore DD, Smith JA, Seidman JG, Struhl K (1987) Current protocols in molecular biology. Wiley, New York

Barbas CF, Burton DR, Scott JK, Silverman GJ (2007) Quantitation of DNA and RNA. Cold Spring Harb Protoc. https://doi.org/10.1101/pdb.ip47

Cavaluzzi MJ, Borer PN (2004) Revised UV extinction coefficients for nucleoside-5'-monophosphates and unpaired DNA and RNA. Nucleic Acids Res 32(1):e13. https://doi.org/10.1093/nar/gnh015

Chang Y, Tolani B, Nie X, Zhi X, Hu M, Biao H (2017) Review of the clinical applications and technological advances of circulating tumor DNA in cancer monitoring. Ther Clin Risk Manag 13:1363–1374. https://doi.org/10.2147/TCRM.S141991

Fadrosh DW, Andrews-Pfannkoch C, Williamson SJ (2011) Separation of single-stranded DNA, doublestranded DNA and RNA fron an environmental viral community using hydroyapatite chromatography. J Vis Exp 55:3146. https://doi.org/10.3791/3146

Glasel JA, Deutscher ME (1995) Introduction to biophysical methods for protein and nucleic acid research. Academic Press, New York

Heitzer E, Ulz EP, Geigl JP (2015) Circulating tumor DNA as a liquid biopsy for cancer. Clin Chem 61:112–123. https://doi.org/10.1373/clinchem.2014.222679

Krieg EA (Hrsg) (1996) A laboratory guide to RNA: isolation, analysis and synthesis. Wiley Liss, New York

Kües U, Stahl U (1989) Replication of plasmids in gram-negative bacteria. Microbiol Rev 53:491–516

Levison P, Badger S, Dennis J, Hathi P, Davies M, Bruce I, Schimkat D (1995) Recent developments of magnetic beads for use in nucleic acid purification. J Chromatogr A 816:107–111

Micklos DA, Freyer GA (1990) DNA science. A first course in recombinant DNA technology. Cold Spring Harbor Laboratory Press/Carolina Biological Supply Company, Cold Spring Harbor

Palazzo AF, Lee ES (2015) Non-coding RNA: what is functional and what is junk? Front Genet 6:2. https://doi.org/10.3389/fgene.2015.00002

Panda AC, De S, Grammatikakis I, Munk R, Yang X, Piao Y, Dudekula DD, Abdelmohsen K, Gorrospe M (2017) High-puritiy circular RNA isolation method (RPAD) reveals vast collection of intronic circRNAs. Nucleic Acids Res 45(12):e116. https://doi.org/10.1093/nar/gkx297

Perbal B (1988) A practical guide to molecular cloning. Wiley, New York

Price CW, Leslie DC, Landers JP (2009) Nucleic acid extraction techniques and application to the microchip. Lab Chip 9:2484–2494

Sambrook J, Russell DW (2001) Molecular cloning: a laboratory manual, 3. Aufl. Cold Spring Harbor Laboratory, Cold Spring Harbor

Wen J, Legendre LA, Bienvenue JM, Landers JP (2008) Purification of nucleic acids in microfluidic devices. Anal Chem 80:6472–6479. https://doi.org/10.1021/ac8014998

# Aufarbeitung und chemische Analytik von Nucleinsäuren

*Tobias Pöhlmann und Marion Jurk*

## Inhaltsverzeichnis

**31.1     Verfahren zur Analytik von Nucleinsäuren aus biologischen Proben – 773**
31.1.1     Elektrophorese – 773
31.1.2     Färbe- und Markierungsmethoden – 788
31.1.3     Blottingverfahren – 790
31.1.4     Restriktionsanalyse – 795

**31.2     Chemische Analytik von Nucleinsäuren – 803**
31.2.1     Herstellung von Oligonucleotiden – 803
31.2.2     Untersuchung der Reinheit von Oligonucleotiden – 805
31.2.3     Gel-Elektrophorese – 805
31.2.4     Charakterisierung von Oligonucleotiden – 808
31.2.5     Aufreinigung von Nucleinsäuren – 811

**Literatur und Weiterführende Literatur – 813**

© Springer-Verlag GmbH Deutschland, ein Teil von Springer Nature 2022
J. Kurreck et al. (Hrsg.), *Bioanalytik*, https://doi.org/10.1007/978-3-662-61707-6_31

- Nucleinsäuren sind wichtige natürliche Moleküle und werden in der Forschung als Werkzeug, in der Forensik als Identifikationswerkzeug, in der Diagnostik zur Identifikation von Krankheiten, und in der Therapie in Form von Oligonucleotiden angewandt.
- Nucleinsäuren können aus biologischem Material isoliert oder chemisch hergestellt werden.
- Nucleinsäuren können mittels Enzymen verändert, neu kombiniert und *in vitro* repliziert werden.
- Nucleinsäuren kommen in Form von DNA oder RNA, einzel- oder doppelsträngig vor, synthetische Oligonucleotide können starke chemische Modifikationen aufweisen.
- Nucleinsäuren – und insbesondere Oligonucleotide – können anhand ihrer Größe und ihrer Sequenz mit unterschiedlichsten Methoden analysiert werden.
- Aufgrund ihrer Ladung können Nucleisäuren elektrophoretisch in Gelen oder Kapillaren aufgetrennt und zur Analyse angefärbt werden.
- Oligonucleotide können mit verschiedenen Chromatographischen Methoden (HPLC) analysiert werden; mittels Massenspektrometrie Erfolg die Untersuchung der Molekülmasse.
- Oligonucleotide für therapeutische Anwendungen können in einem Synthesezyklus unter Verwendung von Schutzgruppen chemisch hergestellt werden; die Aufreinigung und Abtrennung von Nebenprodukten erfolgt mittels chromatographischer Methoden (HPLC). Dieser Prozess ist skalierbar und kann derzeit im Kilogramm Maßstab angewandt werden.

Nucleinsäuren haben sich in den letzten Jahren/Jahrzehnten zu einem universellen Werkzeug in der Forschung entwickelt – beispielsweise in der Genomanalytik, wo spezifische DNA-Abschnitte mittels PCR nachgewiesen, die Menge spezifischer mRNA mittels RT-PCR (qPCR) quantifiziert oder die Sequenz von Genomabschnitten bestimmt werden kann. Damit wurden enorme Erkenntnisse über die Entstehung von Erkrankungen erlangt und es konnten mögliche Behandlungsansätze entwickelt werden. Darüber hinaus werden Nucleinsäuren, vor Allem kürzere Oligonucleotide dazu verwendet, die Expression von Genen aktiv zu beeinflussen – sei es als chemisch hergestellte Antisense DNA oder siRNA, mit der die Expression von Genen vermindert werden kann, oder shRNA, deren DNA-Sequenz in Vektoren eingebracht, die Expression spezifischer Genabschnitte nahezu vollständig verhindert. Auch mRNAs werden mittlerweile für therapeutische Zwecke meist halbsynthestisch hergestellt und werden genauso wie auch die CRISPR/Cas Genscheren (▶ Kap. 41) und in Zellen eingebracht werden, um dort ihre spezifische Wirkung zu entfalten. Doch Oligonucleotide müssen nicht immer ausschließlich über ihre Sequenz eine Funktion ausüben – bei Aptameren beispielsweise wird eine Wechselwirkung mit anderen Molekülen (insb. Proteinen) über die Raumstruktur erreicht.

Durch diese neuen Möglichkeiten der Verwendung von Nucleinsäuren in der Molekularbiologie haben sich auch die methodischen Verfahren weiterentwickelt. Neben der Isolation von Nucleinsäuren aus biologischen Proben und der nachfolgenden Analytik, spielt immer mehr die chemische Herstellung von DNAs und RNAs oder ihren chemisch modifizierten Verwandten für molekularbiologische oder pharmazeutische Anwendungen eine Rolle (◘ Tab. 31.1). Gerade für pharmazeutische Anwendungen wurden die Nachweis- und Analytikverfahren in den letzten Jahren stark verbessert.

In diesem Kapitel werden unter dem Begriff von Nucleinsäuren zunächst grundlegende Verfahren zur Analytik von Nucleinsäuren, isoliert aus biologischen Proben (insbesondere aus Bakterien oder eukaryonti-

◘ **Tab. 31.1**    Ursprung der Nucleinsäure/Oligonucleotid

| Art der Nucleinsäure | DNA/RNA | DNA/RNA | DNA/RNA | RNA | DNA/RNA, Modifikationen |
|---|---|---|---|---|---|
| Verwendung | Untersuchung des Vorhandenseins von Genen/Abschnitten, der Sequenz, Expression; Produktion | Untersuchung des Vorhandenseins von Genen/Abschnitten, der Sequenz, Expression | Untersuchung des Vorhandenseins von Genen/Abschnitten, der Sequenz, Expression; Produktion | Produktion | Produktion |
| Klassische Mengen | µg bis g | µg | pg-µg | mg-kg | mg-kg |
| Ursprung | Kultur/Fermentation (Bakterien, Pilze) | Forschung (*in vitro*-Experimente) | Biologische und medizinische Proben (insb. Gewebe/Biopsie) | *In vitro*-Transktiption | Chemische Synthese |

Überblick über Ursprung und Verwendung von Nucleinsäuren

31

schen Proben) zusammengefasst, die oft in molekularbiologischen Laboren Anwendung finden. Im weiteren Verlauf des Kapitels wird dann auf Analyseverfahren eingegangen, die vor Allem bei der chemischen Synthese von Nucleinsäuren angewandt werden und klassischerweise oft in chemischen Laboren Anwendung finden. Abschließend wird auf Analyseverfahren eingegangen, bei denen Methoden kombiniert werden, um insbesondere bei extrem wenig Probenvolumina die Aussagekraft der Analysen zu erhöhen.

## 31.1 Verfahren zur Analytik von Nucleinsäuren aus biologischen Proben

Die Analytik von Nucleinsäuren aus biologischen Proben erfuhr in den letzten Jahrzehnten einen enormen Wandel. Mit der Entdeckung von DNA und RNA und dem fortschreitenden Wissen über deren Funktion wurden auch Methoden zu deren Untersuchung stets weiterentwickelt. Während die Wissenschaftler anfangs Nucleinsäuren mittels Elektrophorese und anschließender Färbung nur sichtbar machen und die Wirkung von Restiktionsenzymen und damit verbundenen unterschiedliche Bandenmuster erkennen konnten, ist es heutzutage möglich, mit einer einzigen Probe die gesamte DNA-Sequenz des Genoms und die Expression einer Vielzahl von Genen zu analysieren. Und trotzdem finden die Methoden aus dem 20. Jahrhundert immer noch Anwendung und sollen deshalb in diesem Kapitel nicht ungenannt bleiben – tragen sie doch zum Grundverständnis bei Studenten bei. Da auf die molekularbiologischen Methoden wie PCR, Sequenzierung, Microarray, etc. in anderen Kapiteln näher eingegangen wird, liegt der Fokus in diesem Kapitel auf physikalischen bzw. chemischen und enzymatischen Verfahren der Analytik.

### 31.1.1 Elektrophorese

Die Elektrophorese ist die wichtigste Methode zur Analyse von Nucleinsäuren. Ihre Vorteile liegen auf der Hand: Sie ist schnell durchzuführen, benötigt nur geringste Mengen an Material und die Nucleinsäuren lassen sich in den Gelen schnell und kostengünstig nachweisen. Im Vergleich zu anderen Methoden sind der Bereich und die Genauigkeit der Größentrennung der Nucleinsäuremoleküle wesentlich größer.

Theoretische Prinzipien und apparative Durchführung besitzen zwar einige Parallelen, aber auch entscheidende Unterschiede zur elektrophoretischen Auftrennung von Proteinen. Die Auftrennung der Nucleinsäuren im elektrischen Feld erfolgt wie bei den Proteinen innerhalb eines festen Trägermaterials. Auch bei der Elektrophorese der Nucleinsäuren sind Agarose und Polyacrylamid die Materialien der Wahl.

Im Gegensatz zu Proteinen sind alle Nucleinsäuren innerhalb eines sehr großen pH-Bereichs stets negativ geladen. Ladungsträger sind dabei die negativ geladenen Phosphatgruppen des Zucker-Phosphat-Rückgrats der Nucleinsäuren. Die Wanderung von Nucleinsäuren in Richtung Anode ist deshalb relativ pH-unabhängig. Ein weiterer wesentlicher Unterschied zu den Proteinen ist, dass Nucleinsäuren eine gleichbleibende Ladungsdichte besitzen, das heißt das Verhältnis von Molekulargewicht zu Ladung ist stets konstant. Die Erzeugung einheitlicher Ladungsoberflächen mithilfe von SDS, das zur Bestimmung des Molekulargewichts von Proteinen benötigt wird, ist im Falle von Nucleinsäuren unnötig.

Die elektrophoretische Mobilität, das heißt die Wandergeschwindigkeit im elektrischen Feld, wurde bereits in ▶ Kap. 12 eingeführt und erläutert. Sie ist für alle Nucleinsäuren in freier Lösung – unabhängig von ihrem Molekulargewicht – gleich groß. Unterschiede in der Mobilität misst man erst in der festen Gelmatrix. Diese Unterschiede in der Wandergeschwindigkeit von Nucleinsäuren werden ausschließlich durch verschiedene Molekülgrößen hervorgerufen.

Die Wanderung der Nucleinsäuren im elektrischen Feld kann vor allem durch zwei Theorien (◘ Abb. 31.1) beschrieben werden. Das tatsächliche Verhalten der Nucleinsäuren kann als „Mischung" dieser Theorien angesehen werden.

Der Ogston-Siebeffekt beruht auf der Annahme, dass Nucleinsäuren in Lösung eine globuläre Form annehmen, deren Größe sich durch den Radius der Kugel beschreiben lässt, die von der Nucleinsäure theoretisch eingenommen wird. Je größer der globuläre Umfang der Nucleinsäuren, desto öfter treten Kollisionen mit der Gelmatrix auf und die Wanderung der Moleküle im elektrischen Feld wird gebremst. Sehr kleine Fragmente werden durch die Poren der Gelmatrix kaum gebremst und ihre Trennung ist demzufolge sehr schlecht. Sehr große Moleküle, deren globuläre Form größer als die durchschnittliche Porengröße des Gels ist, sollten dieser Theorie zufolge kaum durch das Gel wandern können. Hier setzt die zweite Theorie an, die so genannte Reptationstheorie: Nucleinsäuremoleküle können im elektrischen Feld ihre globuläre Form aufgeben und sich entlang des elektrischen Feldes ausrichten. Die Wanderung erfolgt sozusagen „mit einem Ende" der Nucleinsäure voran durch die Poren der Matrix (end-to-end migration). Dies erinnert an eine wurm- oder schlangenartige Bewegung des linearen Moleküls und wird deshalb im Englischen als reptation bezeichnet. Die Größenselektion erfolgt hier aufgrund der Tatsache, dass längere

A

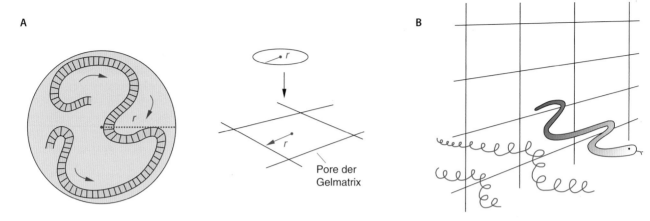

B

**◘ Abb. 31.1** Theorien zur Wanderung von Nucleinsäuremolekü-len in einer Gelmatrix. Die Ogston-Theorie **A** geht von einer globu-lären Struktur der Nucleinsäuren aus, deren Radius von der Länge des Moleküls und der Wärmebewegung bestimmt wird. Die Mole-küle können durch die Poren der Gelmatrix wandern, wenn der Ku-geldurchmesser der Nucleinsäuren kleiner als die durchschnittliche Porengröße ist. Im Reptationsmodell **B** richten sich die Nucleinsäu-ren entlang des elektrischen Feldes aus und winden sich „schlangen-artig" durch die Gelmatrix. (Nach: Martin, R. Gel electrophoresis: nucleic acids. Bios Scientific Publishers Limited, Oxford 1996.)

DNA-Moleküle für diese Bewegung länger brauchen als kürzere. Diese beiden Theorien erklären die meisten der bei der Elektrophorese von DNA-Molekülen durch-schnittlicher Größe (bis ca. 10 kb) beobachteten Phä-nomene wie den Zusammenhang zwischen Mobilität und Größe der Fragmente. Das Verhalten sehr großer DNA-Moleküle im elektrischen Feld wird jedoch da-durch nur unzureichend beschrieben und erfordert neue Modelle (▶ Abschn. 31.1.1.3).

### 31.1.1.1 Gelelektrophorese von DNA
**Agarosegele**
Die Wahl des Trägermaterials wird hauptsächlich von Art und Größe der zu analysierenden Nucleinsäure be-stimmt. Agarose ist das wichtigste Trägermaterial für die Elektrophorese von Nucleinsäuren. Es handelt sich dabei um ein Polymer, das aus verschieden verknüpften Galactoseeinheiten besteht.

Die Wandergeschwindigkeit der DNA-Moleküle wird von mehreren Faktoren beeinflusst. Die effektive Größe der Nucleinsäuremoleküle hängt nicht nur von ihrer absoluten Masse, sondern auch von ihrer Form ab: superhelikal (Form I), offen (Form II), doppelsträngig-linear (Form III) oder einzelsträngig.

**Auftrennung linearer, doppelsträngiger DNA-Frag-mente** Die Gelelektrophorese linearer DNA-Frag-mente (Form-III-DNA) kann zur relativ genauen und reproduzierbaren Größenbestimmung genutzt werden. Dabei besteht über einen weiten Größenbereich der DNA eine (empirisch beobachtete) lineare Abhängigkeit zwischen dem Logarithmus ($\log_{10}$) der Länge des Frag-ments (in bp) und der relativen Wanderdistanz (in cm, bezogen auf die gesamte Wanderstrecke) im Agarosegel (◘ Abb. 31.2). Verschiedene Gleichungen versuchen

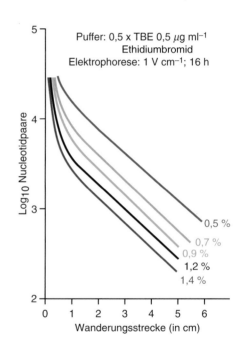

**◘ Abb. 31.2** Abhängigkeit der Wanderstrecke von der Länge der aufgetrennten Fragmente bei verschiedenen Agarosekonzentratio-nen. Diese halblogarithmischen Kurven werden mithilfe von Mar-kerfragmenten erstellt. Die Größe eines Fragments lässt sich dann anhand seiner Position relativ genau bestimmen. (Nach: Maniatis et al. 1989)

das theoretische Modell durch die Einführung unter-schiedlicher Parameter den experimentell gefundenen Daten anzupassen.

Die Wandergeschwindigkeit linearer DNA-Fragmente hängt zusätzlich von der Agarosekonzentra-tion, der angelegten Spannung, der Art des Laufpuffers sowie der Anwesenheit interkalierender Farbstoffe ab.

**Tab. 31.2** Größentrennung von DNA-Fragmenten bei verschiedenen Agarosekonzentrationen. (Nach: Sambrook und Russell 2001)

| Agarosekonzentration (in % w/v) | optimaler Auftrennungsbereich linearer, doppelsträngiger DNA-Fragmente (in kb) |
|---|---|
| 0,3 | 5–60 |
| 0,6 | 1–20 |
| 0,7 | 0,8–10 |
| 0,9 | 0,5–7 |
| 1,2 | 0,4–6 |
| 1,5 | 0,23 |
| 2,0 | 0,1–2 |

In Agarosegelen lassen sich, abhängig von der Konzentration der Agarose, DNA-Fragmente über einen sehr weiten Größenbereich auftrennen (■ Tab. 31.2). Sehr kleine DNA-Fragmente (≤100 bp) besitzen in den üblicherweise verwendeten 1–1,5 %igen Agarosegelen eine konstante Geschwindigkeit, da die Porengröße des Gels größer ist als die Fragmente, sodass die Wanderung dieser Fragmente entsprechend der Ogston-Theorie durch das Trägermaterial nicht mehr behindert wird. Durch Erhöhung der Agarosekonzentration können kleinere DNA-Fragmente aufgetrennt werden. Kleine DNA-Fragmente und Oligonucleotide trennt man am besten in 2–3 %igen Agarosegelen auf.

Die Wandergeschwindigkeit von DNA-Fragmenten in Agarosegelen ist in der Regel proportional zur angelegten Spannung. Allerdings wandern große DNA-Fragmente mit steigender Spannung zunehmend langsamer im Gel, sodass sich hohe Spannungen für die Auftrennung großer Fragmente nicht eignen. Eine gute Auftrennung ergibt sich für DNA-Fragmente (≥2 kb), wenn die angelegte Spannung 5 V cm$^{-1}$ nicht überschreitet. Maßgebend ist dabei nicht die Gellänge, sondern der Elektrodenabstand in der Elektrophoresekammer.

Für die Auftrennung von DNA-Molekülen verwendet man Tris-Acetat- (TAE-) oder Tris-Borat- (TBE-)Laufpuffer. Der Tris-Acetat-Laufpuffer hat den Vorteil, dass die Fragmente aus Agarosegelen, die diesen Laufpuffer enthalten, leichter und effektiver entfernt werden können. Die DNA-Banden laufen schärfer. Ein wesentlicher Nachteil des Puffers ist seine geringe Pufferkapazität. Tris-Acetat-Laufpuffer zersetzt sich bei der Elektrophorese schneller als Tris-Borat. Für längere Elektrophoresen oder Elektrophoresen bei sehr hohen Feldstärken verwendet man Tris-Borat als Laufpuffer. Lineare DNA-Fragmente laufen in TBE-Puffer ungefähr zehn Prozent schneller als in TAE-Puffer. Die Auftrennungskapazität beider Puffersysteme ist vergleichbar. Lediglich superhelikale DNA lässt sich in TBE-Puffer etwas besser auftrennen.

Die Konzentration der Ionen im Laufpuffer ist ebenfalls von Bedeutung. Sind zu wenige Ionen im Laufpuffer vorhanden, so ist die elektrische Leitfähigkeit minimal und die Wandergeschwindigkeit der DNA zu gering. Ist die Ionenkonzentration zu hoch, wird der Laufpuffer durch die sehr hohe Leitfähigkeit zu stark erhitzt, die DNA möglicherweise denaturiert und die Agarose geschmolzen.

Auch die Präsenz interkalierender Farbstoffe zur Färbung der DNA hat einen Einfluss auf die Laufgeschwindigkeit im Gel. Das Prinzip der Interkalation wird in ▶ Abschn. 31.1.2 eingehend behandelt. Bei Zugabe von Ethidiumbromid verringert sich die Laufgeschwindigkeit linearer Fragmente um etwa fünfzehn Prozent.

**Auftrennung zirkulärer DNA-Fragmente** Die Wandergeschwindigkeiten zirkulärer DNA der Form I *(superhelikal)* und der Form II *(offen)* hängen in erster Linie von der Beschaffenheit des Agarosegels ab. In der Regel wandert die superhelikale Form der DNA schneller im Gel als die lineare. Relaxierte DNA-Moleküle (Form II) wandern im Agarosegel wesentlich langsamer als superhelikale oder lineare DNA (■ Abb. 31.3). Die Wandergeschwindigkeit der drei Formen wird durch die Laufbedingungen, Agarosekonzentration, angelegte Spannung und Wahl des Laufpuffers beeinflusst. Die Identifizierung der verschiedenen DNA-Konformationen im Gel kann mithilfe von Ethidiumbromid erfolgen.

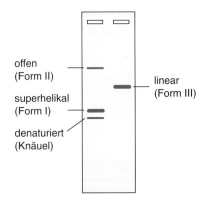

**■ Abb. 31.3** Wanderverhalten von superhelikaler, offener, linearer und denaturierter DNA im Agarosegel. Das Laufverhalten der superhelikalen DNA kann durch die Ethidiumbromidkonzentration beeinflusst werden

## Praktische Durchführung

Agarosegele können als Vertikal- oder Horizontalgele gegossen werden. Im Laboralltag haben sich die leichter handhabbaren Flachgele durchgesetzt und werden fast ausschließlich verwendet. Man unterscheidet nach der Größe des Gels Mini-, Midi- und Maxi-Gele. Mini-Gele besitzen nur eine geringe Auftrennungsstrecke (ca. 6–8 cm) und eigenen sich nicht zur genauen Größenbestimmung von DNA-Fragmenten. Sie dienen unter anderem zur schnellen Charakterisierung der Art und Menge von DNA und zur Überprüfung bestimmter Restriktionsspaltungen. Midi- und Maxi-Gele (ca. 20 cm bzw. 30–40 cm) werden für die genaue Fragmentcharakterisierung und zur präparativen Auftrennung von DNA-Fragmenten eingesetzt. Hier sind Auftrennungsstrecke und Ladekapazität wesentlich größer.

Die DNA wird auf das Agarosegel mithilfe von so genannten **Auftragspuffern** aufgetragen. Diese dienen in erster Linie dazu, die Dichte der DNA-Lösung zu erhöhen (mithilfe von Glycerin, Ficoll oder Saccharose), sodass die Lösung beim Auftragen in die Taschen des Geles absinkt und nicht in den Laufpuffer diffundiert. Die Auftragspuffer enthalten zusätzlich Farbstoffe, die während der Elektrophorese mit der DNA in Richtung Anode wandern und so einen Anhaltspunkt für die Wanderung der DNA bieten. Die gebräuchlichsten Farbstoffe sind Bromphenolblau und Xylencyanol. Bromphenolblau wandert dabei im Agarosegel je nach Bedingungen ungefähr wie ein DNA-Fragment mit 300 bp.

Ein wichtiges Hilfsmittel zur Charakterisierung der Fragmentgrößen sind die **Längenstandards** (Marker), die Fragmente mit genau definierten Größen enthalten und zusammen mit der zu untersuchenden Probe auf dem Agarosegel aufgetrennt werden. Anhand dieser Längenstandards erfolgt dann die Größenbestimmung der DNA-Fragmente. Für eine zuverlässige und genaue Größenbestimmung ist es unerlässlich, dass vergleichbare Mengen von Marker und DNA im gleichen Puffer gelöst und aufgetragen werden. Die DNA-Längenstandards erhält man durch gezielte Restriktionsspaltung bestimmter Plasmid- oder Phagen-DNA (z. B. pBR322 und λ-DNA) mit verschiedenen Restriktionsenzymen (z. B. *Eco*RI, *Hin*dIII oder *Eco*130I). Die bekanntesten DNA-Marker sind die 1-kb-Leiter und der λ/*Eco*RI*Hin*dIII-Standard (◻ Abb. 31.4). Auch für kleinere DNA-Fragmente werden Größenstandards angeboten. Ein gebräuchlicher Marker ist die 100-bp-Leiter, deren DNA-Fragmente sich jeweils um 100 bp unterscheiden. Die Wahl des Markers hängt von der zu erwartenden Größe der DNAFragmente ab.

**Denaturierende Agarosegele**  Einzelsträngige DNA bildet sehr leicht intramolekulare Sekundärstrukturen und intermolekulare Aggregate aus. Diese Faktoren beeinflussen das Laufverhalten im Agarosegel. Man wählt deshalb für die Elektrophorese denaturierende Bedingungen, damit die elektrische Mobilität der einzelsträngigen DNA nur von ihrem Molekulargewicht abhängt.

Alkalische Agarosegele werden dabei zur Analyse der Syntheseeffizienz des ersten und zweiten Strangs einer cDNA und zum Testen der *nicking*-Aktivität in bestimmten Enzympräparationen verwendet. Das denaturierende Agens ist dabei NaOH. Die Agarose muss vorher in Wasser gelöst werden, da Zugabe von NaOH zu heißer Agarose die Polysaccharide hydrolysiert. Ebenso wird für diese Art der Elektrophorese kein Ethidiumbromid zugesetzt, da Ethidiumbromid bei hohen pH-Werten nicht an die DNA bindet.

**Low-melting-Agarose und sieving-Agarose**  Derivatisiert man die Agarose, indem man beispielsweise Hydroxyethylgruppen in die Polysaccharidkette einführt, so erhält man Agarose mit veränderten Eigenschaften. Diese *low-melting*-Agarose wird ebenfalls durch Erhitzen gelöst und geliert beim Abkühlen. Ihr Schmelzpunkt liegt jedoch niedriger. Diese Eigenschaften werden hauptsächlich zur Isolierung von DNA-Fragmenten aus diesen Gelen genützt. Die DNA läuft in Gelen, die aus niedrig schmelzender Agarose bestehen, etwas schneller, Trenn- und Ladekapazität sind geringer.

*Sieving*-Agarose besitzt ähnliche Eigenschaften wie *low-melting*-Agarose. Sie eignet sich besonders zur Auftrennung kleinerer DNA-Fragmente und besitzt einen ähnlichen Trennbereich wie Polyacrylamidgele.

Gele beider Agarosearten sind in Konzentrationen unterhalb von zwei Prozent nicht sehr stabil, die empfohlenen Agarosekonzentrationen liegen daher bei zwei bis vier Prozent.

## Polyacrylamidgele

Die Eigenschaften des Polyacrylamids sowie die Definition von Konzentration und Vernetzungsgrad wurden bereits in ▶ Kap. 12 behandelt. Die Elektrophorese von DNA in Polyacrylamidgelen (meist abgekürzt als PAGE) wird je nach Anwendungsgebiet nativ oder denaturierend durchgeführt. Polyacrylamidgele (Polyacrylamid- und Agarosegele werden umgangssprachlich auch *slab*-Gele genannt) werden als Horizontalgele zwischen zwei Glasplatten gegossen und elektrophoretisiert. Diese Gele besitzen gegenüber Agarosegelen Vor- und Nachteile (◻ Tab. 31.3).

**Nicht denaturierende Gele zur Analyse von DNA-Protein-Komplexen**  Native, nicht denaturiende Gele werden für den so genannten EMSA *(electrophoretic mobility shift assay)* benützt. Hier können DNA-Protein-Komplexe als intakte Einheit von der freien DNA abgetrennt werden. Durch den Käfigeffekt des Polyacrylamids bleiben die DNA-Protein-Komplexe während der Elektro-

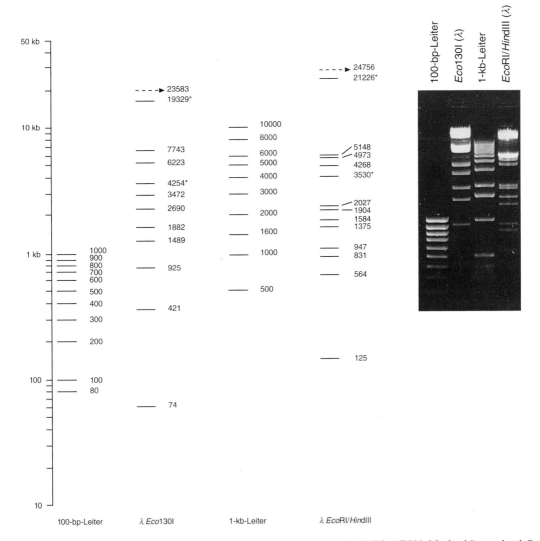

50 kb

10 kb

- - - ▶ 23583
— 19329*

- - - ▶ 24756
— 21226*

— 10000
— 8000

— 7743
— 6223

— 6000
— 5000

⟋ 5148
— 4973
— 4268

— 4254*
— 3472

— 4000

— 3530*

— 2690

— 3000

⟋ 2027
— 1904
— 1584
— 1375

— 1882
— 1489

— 2000

— 1600

1 kb

1000
900
800
700
600

— 925

— 1000

— 947
— 831

— 500

— 564

500
400

300

— 421

— 200

— 125

100

100
80

— 74

10

100-bp-Leiter    λ *Eco*130I    1-kb-Leiter    λ *Eco*RI/*Hind*III

**▣ Abb. 31.4** Verschiedene, im Laboralltag sehr häufig verwendete DNA-Längenstandards. Die λ-DNA-Marker können durch Spaltung der λ-DNA mit den entsprechenden Restriktionsenzymen hergestellt werden (▶ Abschn. 31.1.4, Fotografie von Dr. Marion Jurk.)

phorese erhalten. Dieser Versuchsansatz wird ausführlicher in ▶ Kap. 36 beschrieben.

**Nicht denaturierende PAGE von doppelsträngiger DNA** Native Polyacrylamidgele besitzen im Vergleich zu Agarosegelen ein höheres Auftrennungsvermögen (▣ Tab. 31.4) und eine höhere Ladekapazität ohne Auflösungsverluste. Hiervon macht man bei der Reinigung doppelsträngiger DNA Gebrauch. Große Mengen kleiner DNA-Fragmente (<1000 bp) können so isoliert werden. Die Gele werden analog zu Agarosegelen in Tris-Borat-Puffer präpariert und können nach der Gelelektrophorese mit Ethidiumbromid gefärbt werden.

**Abnormales Laufverhalten von DNA-Fragmenten in nativen Polyacrylamidgelen (Krümmung, *curvature*)** Durch das bessere Auflösungsvermögen der Polyacrylamidgele kann man abnormes Verhalten bestimmter DNA-Fragmente

bei der Elektrophorese beobachten. Kleinere DNA-Fragmente (350–700 bp), die bestimmte Sequenzen enthalten, zeigen unter bestimmten Elektrophoresebedingungen eine – im Vergleich zu ihrer eigentlichen Größe (Anzahl der Basenpaare) – reduzierte Mobilität im elektrischen Feld. Dieser der Krümmung oder dem Knicken der DNA zugeschriebene Effekt wird auf eine veränderte Konformation der Fragmente zurückgeführt. Das abnorme Laufverhalten ist umso ausgeprägter, je höher man die Acrylamidkonzentration wählt, je mehr Magnesium-Ionen man dem Elektrophorese-Puffer zusetzt oder je weiter die Temperatur verringert wird. Eine Erhöhung der Temperatur oder der Na$^+$-Konzentration hat die entgegengesetzte Wirkung.

**Native PAGE von einzelsträngiger DNA (SSCP)** Diese Gele werden hauptsächlich zur Analyse von Veränderungen in der genomischen DNA bei bestimmten Krankheiten ein-

◻ **Tab. 31.3**  Vergleich von Agarose- und Polyacrylamidgelen

| Agarosegele | Polyacrylamidgele |
|---|---|
| **Vorteile** | |
| – apparativer Aufwand geringer, leicht handhabbar, schneller<br>– größerer Auftrennungsbereich<br>– DNA leichter zu isolieren<br>– DNA leichter zu färben<br>– Kapillar- und Vakuumblotting möglich | – bessere Auftrennung für einen bestimmten DNA-Bereich (<1000 bp)<br>– es können größere Mengen ohne Auflösungsverluste aufgetragen werden<br>– DNA nach Isolierung aus dem Gel sehr sauber |
| **Nachteile** | |
| – Banden breiter und unschärfer<br>– Auftrennung im Bereich kleinerer DNA-Fragmente schlechter<br>– isolierte DNA-Fragmente enthalten eventuell inhibierende Verunreinigungen | – schwieriger zu gießen, höherer apparativer Aufwand<br>– kein Kapillar- oder Vakuumblotting möglich<br>– geringer Trennungsbereich |

**31**

◻ **Tab. 31.4**  Auftrennungsbereich von nativen Polyacrylamidgelen. Das Verhältnis von Acrylamid zu $N,N'$-Methylenbisacrylamid beträgt hier 29:1

| Acrylamidkonzentration (in %) | Auftrennungsbereich (in bp) | Wanderung von Bromphenolblau in nativen Gelen (in bp) |
|---|---|---|
| 3,5 | 100–2000 | 100 |
| 5,0 | 100–500 | 65 |
| 8,0 | 60–400 | 45 |
| 12,0 | 50–200 | 20 |
| 15,0 | 25–150 | 15 |
| 20,0 | 5–100 | 12 |

gesetzt. Hier müssen Methoden angewendet werden, die es erlauben, mit praktikablem Aufwand viele verschiedene Proben von verschiedenen Patienten gleichzeitig auf Mutationen innerhalb bestimmter Gene zu testen. Die Bestimmung der Sequenz der einzelnen infrage kommenden Gene wäre viel zu teuer und zeitaufwendig. Bei der häufig angewendeten SSCP-Analyse (SSCP steht für *single-strand conformational polymorphism*) liegt die Beobachtung zugrunde, dass einzelsträngige DNA-Moleküle unterschiedlicher Sequenz unterschiedliche Konformationen einnehmen können. Die zu analysierenden doppelsträngigen DNA-Fragmente werden mithilfe von Formaldehyd denaturiert und anschließend auf das native Polyacrylamidgel aufgetragen. Die isolierten einzelsträngigen Moleküle bilden individuelle Konformationen aus, die in den meisten Fällen auch ein unterschiedliches Laufverhalten zeigen (◻ Abb. 31.5). Enthält der betreffende Genabschnitt eines anderen Individuums Punktmutationen, so werden die einzelsträngigen Moleküle wiederum eine andere Konformation annehmen und sich im Laufverhalten unterscheiden. Entscheidend für die SSCP-Analysen ist dabei das *native* Polyacrylamidgel, da ein denaturierendes Gel die einzelsträngigen Moleküle lediglich nach ihrer ge-

nauen Größe, nicht aber nach ihrer Sequenz auftrennen würde. Mithilfe dieser SSCP-Methode lassen sich Punktmutationen in bestimmten Genabschnitten vieler verschiedener DNA-Proben gleichzeitig detektieren, die dann durch Sequenzbestimmung genauer analysiert werden können. Die ersten SSCP-Analysen wurden mit Restriktionsfragmenten genomischer DNA und anschließender Southern-Blot-Analyse (▶ Abschn. 31.1.3.2) untersucht. In den neueren Ansätzen werden die zu untersuchenden Genabschnitte durch PCR-Amplifikation isoliert und können gleichzeitig radioaktiv markiert werden, sodass keine weiteren Detektionsverfahren notwendig sind. Die Analyse beruht darauf, dass DNA-Moleküle, die Punktmutationen enthalten, meistens andere Konformationen einnehmen als das unveränderte Molekül. Ein negatives Ergebnis der SSCP-Analyse ist demzufolge kein Beweis, dass innerhalb dieses Genabschnitts keine Mutationen auftreten.

Auf einem ähnlichen Prinzip beruht auch das so genannte DSCP-Verfahren (*double-strand conformational polymorphism*), auch **Heteroduplexanalyse (HA)** genannt. Hier werden Fragmente, die eventuelle Punktmutationen enthalten, gemeinsam denaturiert

**□ Abb. 31.5** Schematische Darstellung der SSCP-Analyse. DNA-Fragmente werden mithilfe von Formamid und Hitze denaturiert. Die resultierenden einzelsträngigen Moleküle nehmen abhängig von ihrer Basenzusammensetzung eine bestimmte Konformation ein. Diese einzelsträngigen Nucleinsäuremoleküle werden auf einem nativen Polyacrylamidgel aufgetrennt und zeigen aufgrund ihrer unterschiedlichen Konformation unterschiedliches Laufverhalten. Durch das charakteristische Muster können homozygote und heterozygote Individuen, bei denen bestimmte Gene Punktmutationen enthalten, identifiziert werden. (Nach: Martin 1996)

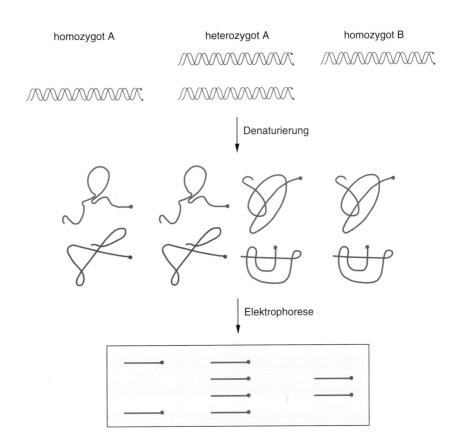

und anschließend renaturiert. Bei der Hybridisierung vollständig komplementärer Stränge entstehen die Ausgangsfragmente; hybridisieren zwei komplementäre Stränge, die sich in einer Base unterscheiden, so ändert sich die Konformation des Fragments und somit auch sein Laufverhalten im Gel. SSCP und HA werden auch zur Subtypencharakterisierung von RNA-Viren nach vorangegangener RT-PCR eingesetzt.

**Denaturierende PAGE von einzelsträngiger DNA oder RNA**    Denaturierende Polyacrylamidgele besitzen zahlreiche Anwendungsgebiete, da eine sehr genaue Auftrennung einzelsträngiger DNA- und RNA-Moleküle möglich ist (□ Tab. 31.5). Als Denaturierungsmittel verwendet man hauptsächlich Harnstoff, seltener Formaldehyd. Alkali kann bei Polyacrylamidgelen nicht verwendet werden, da es mit der Polyacrylamidmatrix wechselwirkt und diese zerstört. Die Gele werden in Gegenwart von Harnstoff (7 M) polymerisiert, als Laufpuffer wird Tris-Borat-Puffer verwendet. Die Auftragspuffer enthalten meist Formamid zur Denaturierung der Proben (► Abschn. 31.1.1.2). In diesen Gelen wandert einzelsträngige DNA oder RNA unabhängig von ihrer Sequenzzusammensetzung. Die

Trennung von DNA-Molekülen, die sich in ihrer Länge um nur ein Nucleotid unterscheiden, ist hier möglich. Daher werden diese Gele bei Sequenzierungen, zur Analyse von S1-Nuclease-Reaktionsprodukten sowie RNase-Protektionsexperimenten verwendet. Sehr wichtig ist die basengenaue Auftrennung von Restriktionsfragmenten auch für die Methode des so genannten **DNA-*fingerprinting***.

### DNA-fingerprinting

Dieses Verfahren dient zur Analyse genomischer DNA eines Individuums hinsichtlich seiner Abstammung oder zur Identifizierung eines bestimmten Individuums. Eingesetzt wird diese Technik in der Gerichtsmedizin, seltener auch für Vaterschaftsnachweise. Jedes Individuum besitzt ein charakteristisches Spektrum bestimmter, meist repetitiver Sequenzen, so genannter **Minisatelliten**, die von Vater und Mutter in nahezu gleichen Anteilen weitervererbt wurden. Die Aufteilung und das Spaltungsmuster dieser Sequenzen sind für jedes Individuum einzigartig. In der Praxis wird die genomische DNA mit einem Restriktionsenzym gespalten und die erhaltenen Fragmente werden auf denaturierenden Polyacrylamidgelen genau aufgetrennt. Das Gel wird dann mittels Southern-Blotting (► Abschn. 31.1.3.2) auf eine

**◻ Tab. 31.5** Auftrennung von Oligonucleotiden in denaturierenden Polyacrylamidgelen. Das Verhältnis von Acrylamid zu *N,N′*-Methylenbisacrylamid beträgt dabei 19:1

| Acrylamidkonzentration (in %) | Auftrennungsbereich (in nt)* |
|---|---|
| 20–30 | 2–8 |
| 15–20 | 8–25 |
| 13,5–15 | 25–35 |
| 10–13,5 | 35–45 |
| 8–10 | 45–70 |
| 6–8 | 70–300 |

*nt: Nucleotide

Membran übertragen und mit Sonden hybridisiert, die spezifisch diese Minisatelliten-DNA erkennen. Eine weitere Methode des *fingerprinting* basiert auf einer PCR mit willkürlich gewählten Primern. Hier werden kurze Fragmente mittels PCR synthetisiert, die dann durch Einbau radioaktiv markierter Nucleotide während der PCR detektiert werden können. Zwei Individuen mit unterschiedlichen genomischen Sequenzen werden bei dieser PCR-Methode ein unterschiedliches Spektrum der über willkürlich ausgewählte Primer synthetisierten PCR-Fragmente aufweisen. Auch dieses Verfahren ist auf die basengenaue Auftrennung der DNA-Moleküle durch denaturierende Polyacrylamidgele angewiesen. Die Methode des *DNA-fingerprinting* unterscheidet sich in Methodik und Aussagemöglichkeit sehr vom *RNA-fingerprinting*.

**Weitere Anwendungsgebiete**

Denaturierende Polyacrylamidgele werden auch bei der Aufreinigung synthetischer Oligonucleotide oder einzelsträngiger RNA verwendet. Dabei können *n* Basen enthaltende Oligonucleotide (*n*-mere) von (*n*–1)-meren abgetrennt werden, und man erhält eine einheitliche Population von Nucleinsäuren.

Alternativ zur Ethidiumbromidfärbung können große Mengen der Oligonucleotide in Polyacrylamidgelen durch Fluoreszenzauslöschung detektiert werden. Hierzu wird das Gel auf einer Dünnschichtchromatographie-Platte mit langwelligem UV-Licht bestrahlt. Die Dünnschichtchromatographie-Platte fluoresziert bei Anregung durch die UV-Strahlung. An Stellen, an denen sich Oligonucleotide befinden, erreicht das UV-Licht die Platte nicht, sodass die Oligonucleotide als dunkle Bande zu erkennen sind. Sollen die Oligonucleotide anschließend aus dem Gel isoliert werden, so ist darauf zu achten, dass die Bestrahlung mit UV-Licht so kurz wie mög-

lich gehalten wird, da es sonst zu Beschädigungen der DNA oder zu Quervernetzungen mit der Gelmatrix kommt. Bei der Aufreinigung von Oligonucleotiden über Polyacrylamidgele muss sichergestellt werden, dass die zu reinigenden Oligonucleotide keine Modifikationen enthalten, die mit der Gelmatix Wechselwirken.

Eine Variation der Heteroduplexanalyse ist die *conformation-sensitive gel electrophoresis* (CSGE). Hier werden Polyacrylamidgele mit milden denaturierenden Bedingungen verwendet, um DNA-Fragmente mit Fehlpaarungen von DNA-Fragmenten mit korrekter Basenpaarung aufgrund ihres unterschiedlichen Laufverhaltens zu unterscheiden.

### 31.1.1.2 Gelelektrophorese von RNA

Ähnlich wie einzelsträngige DNA bildet auch einzelsträngige RNA durch intra- und intermolekulare Basenpaarung Sekundärstrukturen und Aggregate aus. Diese verschiedenen Konformationen besitzen unterschiedliches Laufverhalten im Gel. Eine exakte, reproduzierbare Analyse von RNA ist nur in denaturierenden Gelen möglich, da hier die verschiedenen Wasserstoffbrücken-Bindungen aufgehoben werden. Alle RNA-Moleküle laufen wie DNA abhängig von ihrem Molekulargewicht.

Die Elektrophorese von RNA hat die Zentrifugationsmethoden zur Größenuntersuchung von RNA-Molekülen verdrängt. Die Trennungskapazität ist analog, Gelelektrophoresen sind jedoch wesentlich einfacher durchzuführen.

Für die Auftrennung komplexer RNA-Gemische, die zum Beispiel anschließend geblottet werden sollen (Northern-Blotting, ▶ Abschn. 31.1.3.2), verwendet man in der Regel Agarosegele (1–1,5 % Agarose). Kleinere RNA-Moleküle werden – analog zu einzelsträngigen Oligonucleotiden – am besten auf denaturierenden Polyacrylamidgelen aufgetrennt. (Für eine „schnelle, ungenaue" Analyse kann man die RNA auch auf nicht denaturierenden TBE-Agarosegelen auftrennen.)

Als Denaturierungsmittel werden häufig Dimethylsulfoxid/Glyoxal oder Formaldehyd verwendet. Für die PAGE wird hauptsächlich Harnstoff verwendet.

> Da RNA wesentlich empfindlicher gegenüber Nucleasen und Hydrolyse durch Säuren oder Basen ist, müssen die experimentellen Bedingungen gegenüber der DNA-Elektrophorese abgeändert werden. Die gleichen Vorsichtsmaßnahmen, die bei der Isolierung von RNA getroffen werden, sollten auch bei der Elektrophorese von RNA angewendet werden. So empfiehlt es sich, die Gelelektrophoresekammer gründlich zu säubern und nur RNase-freies Wasser zu verwenden.

**Formaldehydgele** Die denaturierende Wirkung von Formaldehyd beruht darauf, dass die Aldehydgruppe mit den Aminogruppen von Adenin, Guanin und Cytosin Schiffsche Basen bildet. Die Aminogruppen dieser Basen stehen dann nicht mehr zur Ausbildung von Wasserstoffbrücken-Bindungen zur Verfügung, sodass die Ausbildung von Sekundärstrukturen und Aggregaten verhindert wird. Das Agarosegel enthält 1,1 % Formaldehyd. Für längere Elektrophoresen (über Nacht) muss mehr Formaldehyd eingesetzt werden. Formaldehyd ist toxisch, es empfiehlt sich daher, die Gele in einem Abzug zu verwenden.

> **Schiffsche Base**
>
> Entsteht bei der Reaktion von primären Aminen mit Aldehyden unter Wasserabspaltung. Es entsteht eine so genannte Imin-Bindung.

Da Formaldehyd auch mit den Aminogruppen von Tris (Tris(hydroxymethyl)-aminomethan) reagiert, muss für Formaldehydgele ein anderer Laufpuffer verwendet werden. Als Laufpuffer wird ein Gemisch aus 3-Morph olino-1-propansulfonsäure (MOPS) und Natriumacetat verwendet. Die RNA wird vor dem Auftrag in Gegenwart von MOPS (als Puffer), Formaldehyd und Formamid denaturiert. Das Formamid zerstört die Basenpaarung der RNA und ermöglicht so eine Reaktion der Basen mit Formaldehyd.

> Formamid kann mit Ionen wie Ammoniumformiat verunreinigt sein. Diese können die RNA hydrolysieren. In der Praxis wird Formamid kurz vor der Verwendung mit einem Ionenaustauscherharz behandelt, sodass die schädlichen ionischen Komponenten abgetrennt werden. Da MOPS eine hohe Pufferkapazität besitzt, ist es nicht nötig, den Puffer während der Elektrophorese zu wechseln oder umzupumpen, wie es bei den weiter unten behandelten Glyoxalgelen der Fall ist. Will man das Gel anschließend blotten, so muss der Formaldehyd entfernt werden, da sonst die Aminogruppen der Basen nicht für die Hybridisierung mit der Sonde zur Verfügung stehen.

**Glyoxalgele** Glyoxalgele erzeugen im Vergleich zu Formaldehydgelen etwas schärfere RNA-Banden, was besonders für das anschließende Blotting günstig ist. Glyoxal bindet bei neutralem pH-Wert kovalent an Guaninreste und verhindert so eine Basenpaarung der RNA. Im Gegensatz zu den Formaldehydgelen wird dem Agarosegel oder Laufpuffer kein Glyoxal zugesetzt. Die Denaturierung der RNA findet vor dem Auftrag statt. Die RNA

wird dabei in 1 M Glyoxal in Gegenwart von Natriumphosphat und Dimethylsulfoxid (DMSO) auf etwa 50 °C erhitzt. Natriumphosphat dient als Pufferkomponente, und DMSO bricht die inter- und intramolekularen Wasserstoffbrücken auf, sodass das Glyoxal an den Guaninresten angreifen kann. Glyoxal wird leicht zu Glyoxalsäure oxidiert, die die RNA hydrolysieren kann, sodass dieses Oxidationsprodukt vor der Verwendung des Glyoxals entfernt werden muss. Dies erreicht man durch Reinigung mit Ionenaustauscherharzen. Die ionische Glyoxalsäure lässt sich so vom nicht ionischen Glyoxal leicht abtrennen. Der Laufpuffer ist in der Regel 10 mM Natriumphosphat bei neutralem pH. Manchmal wird der noch flüssigen Agarose festes Natriumiodacetat als RNase-Inhibitor zugesetzt.

Da Glyoxal auch mit dem interkalierenden Ethidiumbromid reagiert, wird die RNA-Gelelektrophorese in Abwesenheit von Ethidiumbromid durchgeführt.

Um die Ausbildung eines pH-Gradienten zu vermeiden, sollte der Puffer während der Elektrophorese entweder ausgetauscht werden, oder man verwendet eine Umwälzpumpe, die den Puffer zwischen Anode und Kathode zirkulieren lässt. Steigt der pH-Wert des Puffers auf Werte über 8,0, so dissoziert Glyoxal von der RNA.

**RNA-Längenstandards** Cytoplasmatische RNA eukaryotischer Zellen besteht zu ungefähr 95 % aus ribosomaler RNA, die sich aus 28S-, 18S- und 5S-RNA zusammensetzt. Bei guten RNA-Präparationen laufen die 28S- und 18S-RNA-Moleküle in zwei scharfen, definierten Banden (◘ Abb. 31.6), die bereits als interne Marker dienen können. Die genaue Größe der ribosomalen Banden hängt vom Ursprung der RNA ab. Für die menschliche rRNA wurden Werte von 5,1 kb für die 28S- und 1,9 kb für die 18S-rRNA ermittelt. Neben diesen internen Standards gibt es RNA-Marker käuflich zu erwerben. Man kann RNA-Längenmarker auch durch *in-vitro*-Transkription bekannter DNA-Fragmente herstellen. Käufliche RNA-Längenstandards enthalten analog zu den DNA-Längenstandards RNA-Moleküle definierter Größe.

### 31.1.1.3 Pulsfeldgelelektrophorese (PFGE)

**Prinzip** Hochmolekulare Nucleinsäuren können durch konventionelle Gelelektrophorese nicht mehr aufgetrennt werden. Sie besitzen alle die gleiche, so genannte *limitierende Mobilität* (*limiting mobility*). Dieser Effekt kann durch die Reptationstheorie nicht erklärt werden, und verschiedene Theorien versuchen dieses Verhalten zu analysieren. In einem Modell geht man davon aus, dass sich die DNA-Moleküle bei hohen Feldstärken, wie sie zur Auftrennung hochmolekularer DNA verwendet werden müssen, als „starre Stäbe" verhalten und so kein Auftrennungseffekt aufgrund der Größe erfolgt. Ein weiteres Mo-

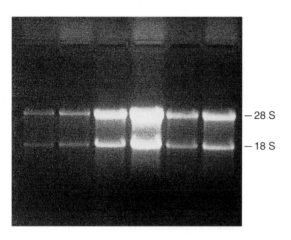

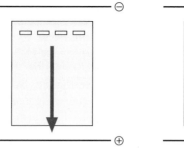

**Abb. 31.7** Prinzip der Feldinversionsgelelektrophorese (FIGE). Es werden abwechselnd zwei um 180° verschiedene elektrische Felder angelegt. Die Wanderrichtung zur Anode kann durch einen längeren oder stärkeren Puls in dieser Richtung festgelegt werden

**Abb. 31.6** Laufverhalten von cytoplasmatischer RNA. Bei einer guten RNA-Präparation sind die 28S- und 18S-Banden der ribosomalen RNA deutlich zu erkennen und dürften kaum degradiert sein. Diese Banden können als interne Größenmarker dienen. (Fotografie von Dr. Marion Jurk.)

dell beruht auf der Annahme, dass die Bewegung hochmolekularer DNA der Bewegung der Nucleinsäuren in freier Lösung ähnelt und so für alle Molekülgrößen ungefähr gleich ist. Auch die bevorzugte Ausbildung von so genannten *loop*-Strukturen, die eine erhöhte Mobilität im Gel ermöglichen, könnte das Auftreten der *limiting mobility* erklären.

Bei der Pulsfeldgelelektrophorese (PFGE) wird nicht ein konstantes elektrisches Feld angelegt, sondern die Richtung der elektrischen Felder wechselt („pulsiert") in verschiedenen Richtungen. Diese Methode bedient sich bei der Auftrennung hochmolekularer DNA eines weiteren Effekts: DNA-Moleküle liegen in freier Lösung, also ohne elektrisches Feld, in einer relaxierten, globulären Form vor. Durch Anlegen eines elektrischen Feldes werden die Moleküle entlang des Feldes ausgerichtet und in die Richtung der Anode gezogen (Reptationstheorie, s. oben). Wird das elektrische Feld entfernt, so geht das Molekül wieder in den relaxierten Zustand über. Legt man nun erneut ein elektrisches Feld an, das eine andere Richtung hat, so wird sich das Molekül entlang dieses Feldes ausrichten. Wechselt die Richtung des elektrischen Feldes anschließend wieder, so muss das Molekül zunächst relaxieren und sich anschließend in Richtung des neuen Feldes ausrichten. Relaxation und erneute Orientierung sind dabei abhängig von der Molekülgröße. Größere Moleküle benötigen proportional mehr Zeit zur Relaxation und Reorientierung als kleinere. Die Zeit, die ihnen zur Wanderung im Feld zur Verfügung steht, ist dementsprechend geringer als die für kleinere Moleküle, die sich schneller reorientieren und somit eine weitere Strecke in Richtung des elektrischen Feldes zurücklegen können. Die Bewegungsrichtung der DNA-Moleküle ergibt sich dabei aus der Summe der Feldvektoren der angelegten elektrischen Felder. Die Auftrennung hochmolekularer DNA be-

ruht also letztendlich auf der unterschiedlichen Zeit, die diese Moleküle brauchen, um sich entlang der angelegten elektrischen Felder auszurichten.

Unter dem Begriff Pulsfeldgelelektrophorese werden heute verschiedene Techniken zusammengefasst, die sich vor allem in Richtung und Sequenz der einzelnen Pulse unterscheiden:

Bei der **Feldinversionsgelelektrophorese (FIGE)** werden zwei elektrische Felder angelegt, die sich in ihrer Orientierung um 180° unterscheiden. Die Wanderung der Nucleinsäuren in eine einheitliche Richtung (zur Anode) wird nur durch eine höhere Stärke des elektrischen Feldes in der Vorwärtsrichtung oder durch einen längeren Puls dieses Feldes gewährleistet (■ Abb. 31.7). Die FIGE ist apparativ am einfachsten durchzuführen, hat aber den Nachteil einer sehr langen Laufzeit, da die Moleküle einen Großteil der Zeit rückwärts laufen. Ein weiteres Problem der FIGE ist der teilweise auftretende Effekt der Inversion der Banden, das heißt größere DNA-Moleküle können schneller wandern als kleinere. Dieser Effekt kann ebenfalls mithilfe der oben angesprochenen Theorie erklärt werden: Größere Moleküle, die in der Lage sind, lange Loops auszubilden, können bei Feldinversion nicht so einfach an den Agarosefasern festgehalten, während kleinere Moleküle, die nicht so große Loops ausbilden können, leichter von den Agarosefasern eingefangen werden. Dieser Effekt erschwert teilweise die Größenbestimmung der DNA, lässt sich aber durch die Wahl geeigneter Pulssequenzen (ansteigende Pulslängen, *ramping*) vermeiden. Im Gegensatz zu anderen Pulsfeldmethoden bietet die FIGE die Möglichkeit, DNA-Moleküle über einen sehr weiten Größenbereich aufzutrennen oder aber eine sehr hohe Auflösung eines relativ begrenzten Größenbereichs zu erzielen.

Bei der so genannten **CHEF-Methode** (*contourclamped homogenous electric field*) sind die Elektroden hexagonal um das Gel angeordnet. Das elektrische Feld wird durch ein Kontrollgerät zwischen einander gegenüberliegenden Elektroden angelegt (■ Abb. 31.8). Die Richtungen der elektrischen Feldvektoren sind jeweils um +60° bzw −60° gegenüber der Richtung der vertika-

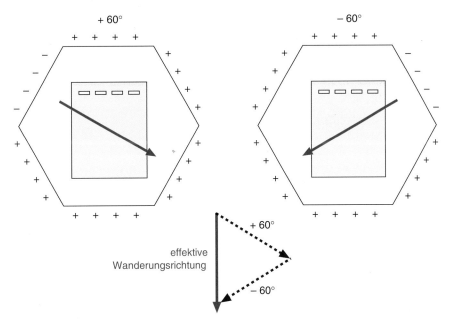

effektive
Wanderungsrichtung

**⬛ Abb. 31.8**    Prinzip der contour-clamped-homogenous-electric-field-Elektrophorese (CHEF). Hier werden Pulse in verschiedenen Richtungen angelegt. Die Wanderung der DNA ergibt sich aus der Summe aller angelegten Feldvektoren und ist, wie hier gezeigt, ein Zickzack-Kurs

len Achse des Gels verschoben. Es resultiert also eine Art Zickzack-Kurs der Nucleinsäuren. Die Winkel der elektrischen Feldvektoren sowie Zeitdauer und Stärke der Felder lassen sich variieren. Mithilfe der CHEF-Technik können Moleküle bis zu 2000 kb aufgetrennt werden.

Eine verbesserte Version der CHEF-Methode steckt hinter der so genannten **PACE** (*programmable autonomously controlled electrode*). Die 24 Elektroden, die analog zu denen der CHEF-Geräte angeordnet sind, können praktisch jede gewünschte Pulssequenz ausführen. Mit PACE-Geräten lassen sich auch FIGE- oder CHEF-Elektrophoresen durchführen. Verbesserungen in den Pulssequenzen führen zu optimaler Auflösung und verbesserten Laufeigenschaften des Gels.

## Praktische Durchführung

Für die Auftrennung hochmolekularer DNA ist die Integrität der Nucleinsäuren eine entscheidende Voraussetzung. Um eine partielle Zerstörung der DNA zu vermeiden, wird das Material vor dem Aufschluss (der Lyse der Zellen mittels Detergens und Protease K) oder der enzymatischen Behandlung (Restriktionsspaltung) in Agaroseblöckchen eingeschmolzen. Die Isolierung der hochmolekularen genomischen DNA erfolgt in der Agarose durch Inkubation des Agarosestückchens in den entsprechenden Puffern. Somit ist gewährleistet, dass die DNA keinen externen Beschädigungen ausgesetzt wird. Die Agaroseblöckchen werden in die Auftragstaschen des Gels eingebracht. Für die PFGE werden konventionelle Agarosegele (meist 1 %ig) gegossen.

Für ein homogenes Laufverhalten ist eine gleichmäßige Temperatur des Elektrophoreseansatzes entscheidend. Da PFGE mit höheren Spannungen durchgeführt wird und ein entsprechender Temperaturanstieg

aufgrund des erhöhten Stromflusses zu erwarten ist, verwendet man häufig eine 1:1-Verdünnung des Standard-1 × TBE-Puffers (0,5 × TBE). In vielen Fällen wird dem TBE-Puffer Glycin zugesetzt, da Glycin die Mobilität der DNA erhöht, ohne den Stromfluss wesentlich zu steigern. Um Temperatur- und pH-Wert-Differenzen innerhalb des Gels zu verhindern, muss der Puffer während der Elektrophorese umgepumpt werden. PFGE wird bei konstanten Temperaturen zwischen 10 °C und 30 °C durchgeführt. Die Auftrennung sehr großer Chromosomen wird durch erhöhte Temperaturen verbessert.

Die Elektrophorese erfolgt in der Regel ohne Zusatz von Ethidiumbromid. Bei Auftrennung von Molekülen kleiner 100 kb führt die Anwesenheit von Ethidiumbromid zu einer Erhöhung der Auflösung, da der Farbstoff die Reorientierung der Moleküle beeinflussen kann.

Länge und Art der Pulssequenzen für die verschieden Typen der PFGE sind sehr variabel und müssen individuell optimiert werden. Maximale und minimale Trennbereiche sowie die ungefähre Wandergeschwindigkeit bestimmter Molekülgrößen lassen sich durch empirisch aufgestellte Gleichungen berechnen, die hier aber nicht aufgeführt werden sollen. Pulsdauern können von 5 s bis 1000 s variieren, die Feldstärke beträgt normalerweise zwischen 2 und 10 V cm$^{-1}$. Die Laufzeiten liegen zwischen zehn Stunden und mehreren Tagen.

Als Längenmarker werden hochmolekulare Nucleinsäuren verwendet, zum Beispiel die genomische DNA der Bakteriophagen T7 (40 kb), T2 (166 kb) oder G (756 kb). Durch Ligation von Bakteriophage-λ-DNA erhält man verschiedene aufligierte Konkatamere, deren Größe jeweils Vielfache des λ-Genoms beträgt und die somit einen idealen Größenmarker für die Auftrennung hochmolekularer DNA darstellen (◘ Abb. 31.9). Auch die intakten Hefechromosomen, deren Größe bereits gut charakterisiert ist und die sich relativ einfach aus Hefezellen präparieren lassen, werden als Größenmarker verwendet.

**Anwendungen** Eine weit verbreitete Anwendung der PFGE ist die Identifizierung beziehungsweise die Zuordnung bestimmter Gene zu bestimmten Chromosomen. Die PFGE dient zur Kartierung von Cosmiden, den so genannten BACs (*bacterial artificial chromosomes*) und YACs (*yeast artificial chromosomes*). Trotz des stark optimieren Auflösungsvermögens hochmolekularer DNA durch PFGE (bis zu 5 Mb) lassen sich nicht einmal die kleinsten menschlichen Chromosomen (>50 Mb) auftrennen. Die erstmals durch PFGE möglich gewordene Kartierung großer Bereiche des Genoms durch Restriktionsenzyme liefert aber wertvolle Hinweise auf die Genomstruktur. Hierzu werden Restriktionsenzyme verwendet, die nur sehr selten innerhalb des Genoms spalten (*rare cutters*, z. B. *Not*I, *Nru*I, *Mlu*I, *Sfi*I. *Xho*I, *Sal*I, *Sma*I; ▸ Abschn. 31.1.4). Die PFGE-Gele werden geblottet und anschließend mit bestimmten Sonden hybridisiert.

Diese so genannten **physikalischen Karten** des menschlichen Genoms sind unbedingt notwendig zur Identifizierung der Gene, die für bestimmte Erbkrankheiten verantwortlich sind. Die Gene beziehungsweise die Gendefekte, die an Cystischer Fibrose oder Duchenne-Muskeldystrophie beteiligt sind, konnten mithilfe dieser Restriktionskartierungen gefunden werden. Ebenso lassen sich Chromosomendeletionen und -translokationen sowie deren Bruchstellen identifizieren, die bei der Aufklärung genetisch bedingter Defekte oder der Entstehung bestimmter Krebsarten ebenfalls eine Rolle spielen.

## Zweidimensionale Gelelektrophorese

Die zweidimensionale Gelelektrophorese von Nucleinsäuren wird hauptsächlich dann angewendet, wenn die durch eindimensionale Gelelektrophorese gewonnenen Informationen für eine gewünschte Aussage nicht ausreichen oder nicht eindeutig sind. Das hohe Auflösungsvermögen von zweidimensionalen Gelen wird durch zweimalige Elektrophorese der Nucleinsäuren unter völlig unterschiedlichen Bedingungen erzielt. Damit lassen sich komplexe Nucleinsäuregemische auftrennen, deren Komponenten sich durch eindimensionale Gelelektrophorese allein nur ungenügend unterscheiden lassen.

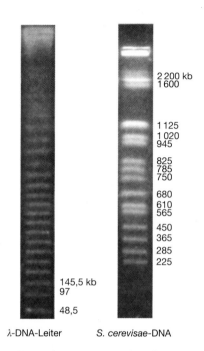

λ-DNA-Leiter        *S. cerevisae*-DNA

◘ **Abb. 31.9** Verwendete Längenmarker für PFGE-Gele. Die λ-DNA-Leiter lässt sich durch Ligation der λ-Phagen-DNA herstellen. (Mit freundlicher Genehmigung von Bio-Rad, München.)

In der Praxis wird das Nucleinsäuregemisch zunächst durch eine „normale" Gelelektrophorese aufgetrennt, zum Beispiel nach Größe (erste Dimension). Die Gelspur, die die aufgetrennten Nucleinsäuren enthält, wird ausgeschnitten und in ein zweites Gel eingebracht, in dem die Nucleinsäuren dann unter anderen experimentellen Bedingungen erneut aufgetrennt werden (zweite Dimension; ◘ Abb. 31.10). In der Regel wird dabei das elektrische Feld der zweiten Dimension senkrecht zu dem der ersten Dimension angelegt. Durch unterschiedliche Elektrophoresebedingungen in der ersten und zweiten Dimension gelingt es, Nucleinsäuren aufgrund ihres unterschiedlichen Laufverhaltens in beiden Dimensionen zu separieren. Zweidimensionale Gelelektrophorese wird zur Auftrennung und Analyse von RNA- und DNA-Molekülen gleichermaßen angewendet.

**Zweidimensionale Gelelektrophorese von RNA** Bei der Elektrophorese von RNA können sich Harnstoffkonzentration, Polyacrylamidkonzentration und pH-Wert beider Dimensionen unterscheiden (◘ Tab. 31.6). Durch Elektrophorese in Gegenwart beziehungsweise Abwesenheit von Harnstoff (Harnstoff-Shift) werden die RNA-Moleküle zunächst nach ihrer Größe und anschließend nach ihrer Konformation aufgetrennt.

Eine Veränderung der Polyacrylamidkonzentration bewirkt, dass RNA-Moleküle nach ihrer unterschied-

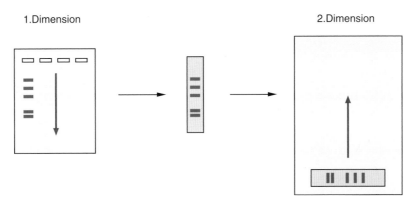

1.Dimension                                    2.Dimension

◻ **Abb. 31.10**  Prinzip und praktische Durchführung der zweidimensionalen Gelelektrophorese. Die zu analysierende Gelspur wird nach der Elektrophorese in der ersten Dimension isoliert und in ein zweites Gel eingebracht. Die Elektrophorese in der zweiten Dimension erfolgt in der Regel senkrecht zur Elektrophorese in der ersten Dimension

lichen Wechselwirkung mit der Gelmatrix aufgetrennt werden. Moleküle mit unterschiedlicher Konformation können bei einer bestimmten Polyacrylamidkonzentration ein identisches Laufverhalten zeigen, werden jedoch durch die veränderte Porengröße in der Gelelektrophorese der zweiten Dimension aufgetrennt. Die dritte Methode beinhaltet sowohl einen Wechsel in der Harnstoffkonzentration, dem pH-Wert als auch in der Polyacrylamidkonzentration. Die Nettoladung von RNA-Molekülen wird bei niedrigem pH-Wert beeinflusst, das heißt nicht alle Nucleinsäurebasen liegen negativ geladen vor. Bestimmte Basen werden durch Säuren leicht protoniert, sodass die Ladung des RNA-Moleküls primär von der Basenzusammensetzung abhängt, weniger von der Lange des Moleküls. In der zweiten Dimension erfolgt die Gelelektrophorese unter Bedingungen, bei denen die RNA-Moleküle hauptsächlich nach ihrer Länge getrennt werden.

**Zweidimensionale Gelelektrophorese von DNA**  Die zweidimensionale Gelelektrophorese von DNA-Molekülen wird häufig zur Analyse und **Kartierung genomischer Sequenzen** angewendet. Die genomische DNA kann dabei mit zwei verschiedenen Restriktionsenzymen gespalten werden, und die Fragmente können isoliert aufgetrennt werden. Zuerst wird die DNA mit einem Restriktionsenzym gespalten und anschließend elektrophoretisiert. Die so aufgetrennte DNA wird im Gelstreifen einer zweiten Restriktionsspaltung unterworfen und in der zweiten Dimension aufgetrennt. Dabei laufen alle Fragmente, die von dem zweiten Restriktionsenzym nicht gespalten werden, auf der Diagonalen des Gels. Fragmente, die interne Schnittstellen des zweiten Restriktionsenzyms besitzen, werden gespalten. Ihr Laufverhalten ändert sich, und sie können außerhalb der Diagonalen detektiert werden.

**Replikationsursprung**

Bereich innerhalb eines Genoms, an dem die DNA-Verdopplung zu Beginn der Zellteilung (S-Phase) startet. Bestimmte Initiationsproteine binden an diesen Bereich und schmelzen die doppelsträngige DNA auf, sodass die Replikation der DNA beginnen kann. Je nach Art des Organismus enthält das Genom einen oder mehrere Replikationsursprünge (*origins of replication, ori*). Die Replikationsursprünge sind sehr spezifisch, das heißt prokaryotische Replikationsursprünge werden in eukaryotischen Zellen nicht repliziert und umgekehrt.

Eine wichtige Anwendung ist die **Kartierung von Replikationsursprüngen** im Genom höherer Organismen. Hier erfolgt die Auftrennung der DNA-Fragmente aufgrund ihrer unterschiedlichen Konformationen. Die Replikation beginnt mit dem Aufschmelzen der DNA. Dabei entstehen so genannte Replikationsblasen, die sich in ihrer Konformation deutlich von nicht replizierender, doppelsträngiger DNA unterscheiden. Die genomische DNA wird mit einem bestimmten Restriktionsenzym gespalten und in der ersten Dimension lediglich hinsichtlich ihrer Größe aufgetrennt (geringere Agarosekonzentration, niedrige Spannung). Die Elektrophoresebedingungen der zweiten Dimension (höhere Agarosekonzentration, höhere Spannung, verschiedene Temperaturen oder Ethidiumbromidkonzentrationen) unterscheiden sich dahingehend, dass nun die Fragmente bevorzugt aufgrund ihrer Konformation aufgetrennt werden. Dadurch entsteht ein komplexes Wandermuster der Replikationsblasen (◻ Abb. 31.11). Durch Hybridisierung mit spezifischen Sonden wird nur der zu untersuchende Bereich, der den Replikationsursprung enthält, sichtbar gemacht. Diese Methode wird zunehmend durch die Anwendung von Microarrays verdrängt.

**◘ Tab. 31.6**   Experimentelle Bedingungen für die zweidimensionale Gelelektrophorese von RNA-Molekülen

|  | 1. Dimension | | | 2. Dimension | | |
|---|---|---|---|---|---|---|
|  | % PAA | pH | Harnstoff | % PAA | pH | Harnstoff |
| Harnstoff-Shift | X % | neutral | 5–8 M | X % | neutral | 0 M |
|  | X % | neutral | 0 M | X % | neutral | 5–8 M |
| Konzentrations-Shift | X % | neutral | 0 M | 2X % | neutral | 0 M |
|  | X % | neutral | 4 M | 2X % | neutral | 4 M |
| pH/Harnstoff/Konzentration | X % | sauer | 6 M | 2X % | neutral | 0 M |

X ist eine bestimmte PAA-Konzentration
Der pH-Bereich der neutralen Elektrophorese reicht von pH 4,5 bis pH 8,5. Die saure Elektrophorese erfolgt bei pH-Werten unter 4,5.
In der Regel werden neutrale Gele bei einem pH-Wert von 8,3, saure Gele bei einem pH-Wert von 3,3 durchgeführt. Typische Polyacrylamidkonzentrationen liegen bei 10–15 % (PAA = Polyacrylamid)

**31**

Ein weiteres Beispiel für die zweidimensionale Gelelektrophorese von DNA ist die Identifizierung und Zuordnung verschiedener, unterscheidbarer **Topoisomere** superhelikaler DNA. Die Gelelektrophorese wird in der ersten Dimension ohne interkalierenden Farbstoff durchgeführt. Die verschiedenen Topoisomerformen der DNA laufen dabei als diskrete Banden, wobei sich Topoisomere mit verschiedenen Verflechtungszahlen (*linking numbers*) unterscheiden lassen. Ununterscheidbar sind Topoisomere mit positiver oder negativer Superhelicität. Die Gelelektrophorese in der zweiten Dimension wird in Gegenwart einer interkalierenden Verbindung (Ethidiumbromid) durchgeführt. Topoisomere mit einer geringen negativen Superhelicität werden durch die Einlagerung von Ethidiumbromid in Konformationen mit positiver Verwindungszahl überführt. Diese Konformationen laufen in der zweiten Dimension aufgrund ihres geringeren Umfangs schneller. Topoisomere mit einer ursprünglich stark negativen Verwindungszahl werden zunächst partiell aufgewunden und laufen in der zweiten Dimension deutlich langsamer als in der ersten Dimension (◘ Abb. 31.12).

---
**Topoisomere**

Formen von DNA-Molekülen mit gleicher Länge und Sequenz, die sich lediglich in der Anzahl der Verflechtungen (*linking number*) unterscheiden.

---

Auch die bereits in ▶ Abschn. 31.1.1.1 erwähnte Krümmung der DNA lässt sich durch zweidimensionale Gelelektrophorese erkennen. Die beiden Dimensionen können sich hier in Temperatur oder Polyacrylamidkonzentration unterscheiden. Fragmente, die aufgrund

ihrer „wahren" Größe laufen, sollten dabei in beiden Dimensionen die gleiche Mobilität zeigen und auf der Diagonalen laufen. Fragmente, die unter einer der beiden Gelelektrophoresebedingungen ein verändertes Laufverhalten zeigen, weichen von der Diagonalen ab.

**Temperaturgradientengele**   Als entfernte Variante der zweidimensionalen Gelelektrophorese kann man die Temperaturgradienten-Gelelektrophorese (TGGE, *temperature gradient gel electrophoresis*) bezeichnen. Hier werden die Parameter analog zur zweidimensionalen Gelelektrophorese in zwei zueinander senkrecht stehenden Richtungen verändert. Allerdings erfolgt die Elektrophorese nur in einer Richtung, die andere Dimension stellt ein Temperaturgradient dar, der an dem Gel angelegt wird (◘ Abb. 31.13). Die zu analysierende DNA wird über die gesamte Breite des Gels aufgetragen und in derselben Richtung – allerdings bei steigender Temperatur – elektrophoretisiert. Bei steigender Temperatur findet eine zunehmende Denaturierung der DNA statt. Das Schmelzen der DNA ist ein kooperativer Prozess und mit einer drastischen Reduktion der elektrophoretischen Mobilität verbunden. Der Vorgang ist stark von der Sequenz der untersuchten Fragmente abhängig, da Regionen, die viele A/T-Basenpaare enthalten, leichter aufschmelzen. Temperaturgradienten werden zum Beispiel bei Mutationsanalysen oder zur Bestimmung der Genauigkeit der bei der PCR verwendeten Polymerasen eingesetzt, da durch Punktmutationen ebenfalls charakteristische Änderungen in der Schmelzkurve auftreten.

Ein ähnliches Prinzip unterliegt der DGGE (*denaturing gradient gel electrophoresis*). Hier wird ein chemischer Gradient (ansteigende Konzentration von denaturierenden Re-

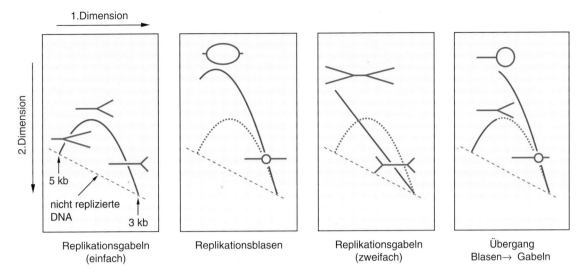

**1.Dimension**

**2.Dimension**

5 kb

nicht replizierte
DNA

3 kb

Replikationsgabeln
(einfach)

Replikationsblasen

Replikationsgabeln
(zweifach)

Übergang
Blasen→ Gabeln

◻ **Abb. 31.11**  Identifizierung und Analyse von eukaryotischen Replikationsursprüngen mithilfe der zweidimensionalen Gelelektrophorese. Die genomische DNA wird mit einem bestimmten Restriktionsenzym geschnitten und zweidimensional aufgetrennt. Der zu untersuchende Replikationsursprung wird durch Hybridisierung des geblotteten Gels mit einer spezifischen Sonde sichtbar gemacht

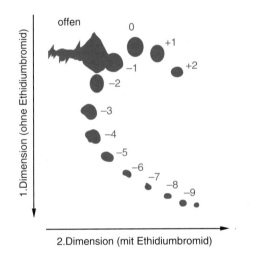

offen

0

+1

−1    +2

−2

−3

−4

−5

−6
−7
−8
−9

**1.Dimension (ohne Ethidiumbromid)**

**2.Dimension (mit Ethidiumbromid)**

◻ **Abb. 31.12**  Identifizierung verschiedener Topoisomere superhelikaler DNA durch zweidimensionale Gelelektrophorese. Die eindimensionale Gelelektrophorese kann einige Topoisomere nicht unterscheiden. Durch Einlagerung von Ethidiumbromid in der zweiten Dimension können diese Topoisomere aufgetrennt werden. Topoisomere mit einer großen negativen Verflechtungszahl werden partiell aufgewunden und laufen langsamer als Topoisomere mit anfangs geringerer negativer Verwindungszahl, da diese durch die Aufnahme von Ethidiumbromid in Konformationen mit positiver superhelikaler Dichte überführt werden und eine erhöhte Mobilität besitzen

agenzien in entgegengesetzter Richtung zum elektrischen Feld) erzeugt, in dem die doppelsträngigen Fragmente aufgrund ihres unterschiedlichen Schmelzverhaltens aufgetrennt werden. Beide Methoden finden Anwendung in der Heteroduplexanalyse sowie bei der Untersuchung von Gemischen von Mikroorganismen in der Umweltanalytik.

## 31.1.2  Färbe- und Markierungsmethoden

Um Nucleinsäuren zu detektieren ist die alleinige Messung der UV-Absorption bei 260 nm oftmals nicht ausreichend – gerade bei extrem sensitiven Methoden mit minimalen Mengen nachzuweisender DNA oder RNA. Daher werden Nucleinsäuren zur Analyse oft angefärbt. Neben der Verwendung einfacher Farbstoffe haben sich vor Allem Fluoreszenzfarbstoffe durch die hohe Sensitivität der Signale und die Möglichkeit des Multiplexings (Anfärbung mehrerer Sequenzen mit unterschiedlichen Fluoreszenzfarbstoffen und gleichzeitige Analyse) durchgesetzt. Auf einige traditionelle Färbemethoden wird im Folgenden eingegangen.

Silberfärbung: Eine im Laboralltag aufgrund des hohen zeitlichen und technischen Aufwandes weniger häufig angewendete Methode zum Nachweis von Nucleinsäuren ist die Silberfärbung. Der Vorteil dieser Methode ist, wie bei der Silberfärbung von Proteinen, ihre Sensitivität. Geringste Mengen der Nucleinsäuren (bis zu 0,03 ng/mm$^2$) können so sichtbar gemacht werden. Ein weiterer Vorteil ist, dass keine mutagenen oder radioaktiven Reagenzien zur Detektion eingesetzt werden. Die Methode beruht auf der Veränderung des Redoxpotenzials durch die Anwesenheit von Nucleinsäuren (bzw. Proteinen). Dadurch wird die Reduktion von Silbernitrat zu elementarem Silber katalysiert. Elementares Silber scheidet sich an den Nucleinsäuren ab, wenn das Redoxpotenzial in diesem Bereich höher ist als in der umgebenden Lösung. Diese Bedingungen können durch die Wahl geeigneter Lösungen hergestellt werden. Dabei sind vor Allem die Purine der Nucleinsäuren für diese Reaktion verantwortlich.

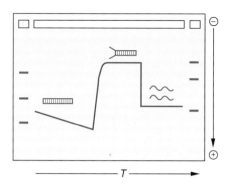

**Abb. 31.13** Prinzip der Temperaturgradientengele (TGGE). Die DNA wird über die gesamte Gelbreite aufgetragen und ein Temperaturgradient von links nach rechts angelegt, während die Richtung des elektrischen Feldes senkrecht dazu verläuft

**Fluoreszenzfarbstoffe: Ethidiumbromid** (3.8-Diamino-5-ethyl-6-phenylphenan-thridiniumbromid) ist ein organischer Farbstoff, dessen Struktur in Abbildung ◻ Abb. 31.14 gezeigt ist. Aufgrund seiner planaren Struktur kann Ethidiumbromid in die DNA interkalieren. Dabei interagieren seine aromatischen Ringe mit den heteroaromatischen Ringen der Basen der Nucleinsäuren (◻ Abb. 31.14). Einzelsträngige DNA oder RNA interagiert ebenfalls mit Ethidiumbromid, jedoch wesentlich schwächer. Der interkalierte Farbstoff kann durch UV-Licht (254–366 nm) angeregt werden und emittiert Licht im orange-roten Bereich (590 nm). Die Bindung an DNA bewirkt eine Verstärkung der Fluoreszenz (erhöhte Quantenausbeute), sodass die Färbung der Nucleinsäuren auch in Gegenwart des freien Ethidiumbromids im Gel gut zu sehen ist. Ethidiumbromid wird dem Agarosegel und dem Laufpuffer routinemäßig zugesetzt. Dabei erspart man sich die anschließende Färbung und kann außerdem die Wanderung der Nucleinsäuren zeitlich verfolgen. Das für die Fluoreszenz verantwortliche Ethidiumkation wandert während der Elektrophorese zur Kathode.

In Agarosegelen lassen sich durch die Färbung mit Ethidiumbromid noch ungefähr 10–20 ng doppelsträngige DNA nachweisen. Die Einlagerung von Ethidiumbromid reduziert die Mobilität der DNA um etwa fünfzehn Prozent. Aufgrund seiner interkalierenden Wirkung ist Ethidiumbromid ein starkes Mutagen und sollte nur mit größter Vorsicht gehandhabt werden.

In letzter Zeit wurden viele neue Fluoreszenzfarbstoffe auf der Basis unsymmetrischer Cyanine entwickelt, die sensitiver und weniger mutagen als Ethidiumbromid sind. Weit verbreitet ist **SYBR®Green**. Der Farbstoff wird optimal durch Licht der Wellenlänge 492 nm angeregt, besitzt aber auch sekundäre Absorptionsmaxima bei 284 nm und 382 nm. Das Emissionsmaximum liegt bei 519 nm. Dieser Fluoreszenzfarbstoff eignet sich auch für die Quantifizierung in Fluoreszenzmessgeräten (insb.

qPCR Geräten) und erlaubt so die exakte Mengenbestimmung von Nucleinsäuren. Die genauen Werte erhält man durch den Vergleich mit einer Färbung von Nucleinsäuren bekannter Konzentration. Neu entwickelte Varianten dieser Farbstoffklasse zeigen eine deutlich verbesserte Färbung von einzelsträngiger DNA oder RNA (z. B. **SYBR®Green-II, OliGreen**). Die Farbstoffe lagern sich zwar nicht spezifisch an einzelsträngige Nucleinsäuren an, jedoch ist die Fluoreszenzquantenausbeute bei Anlagerung an einzelsträngige RNA wesentlich stärker, sodass eine verstärkte Färbung von einzelsträngigen Nucleinsäuren erreicht wird. Andere Fluoreszenzfarbstoffe wie **TOTO-1** und **YOY0-1** binden mit sehr viel höherer Affinität an die DNA als Ethidiumbromid. Dies kann für bestimmte Anwendungen aufgrund der erhöhten Sensitivität vorteilhaft sein. Weitere Farbstoffe (z. B. **TOTO-3, YOYO-3** oder **JOJO-1**) lassen sich jedoch nicht mehr mittels UV anregen, sondern besitzen ihr Absorptionsmaximum bei höheren Wellenlängen, sodass die Fluoreszenz-Anregung durch Laser (LIF, laser induced fluorescence) erforderlich ist.

Färbung spezifischer Sequenzen: Durch die Kopplung von Fluoreszenzfarbstoffen an konkrete Oligonucleotid-Sequenzen ist es außerdem möglich, spezifische DNA- oder RNA-Regionen mittels Sonden anzufärben. Diese Methode findet beispielsweise bei der Fluoreszenz *in situ* Hybridisierung angewandt.

### 31.1.3  Blottingverfahren

Zur weiteren Untersuchung der durch Gelelektrophorese aufgetrennten Nucleinsäuren transferiert man die Nucleinsäuren auf eine feste Membran. Die fixierten Nucleinsäuren können dann durch Hybridisierung identifiziert und weiter analysiert werden. Der Transfer der Nucleinsäuren auf diese Membran kann auf verschiedene Arten erfolgen. Man unterscheidet hauptsächlich zwischen Kapillarblotting, Vakuumblotting und Elektroblotting. In ◻ Abb. 31.15 ist das jeweilige Prinzip des Verfahrens illustriert.

Der Kapillarblot kann mit dem geringsten apparativen Aufwand durchgeführt werden. Die Nucleinsäuren werden durch die Kapillarkräfte auf den Filter transferiert, indem der Blot-Puffer durch Auflegen einer dicken Schicht aus Papiertüchern durch das Gel und die Membran gesaugt wird.

Beim Vakuumblotting werden die Nucleinsäuren durch Anlegen eines Vakuums unterhalb der Membran aus dem Gel auf die Membran transferiert. Kapillar- und Vakuumblotting eignen sich nicht für Polyacrylamidgele, da die Nucleinsäuren wegen der geringen Porengröße der Gele nicht aus dem Gel wandern. Bei Polyacrylamidgelen wird das Elektroblotting eingesetzt. Die Nuclein-

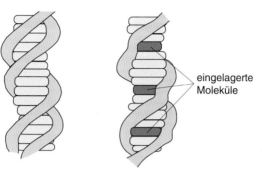

Ethidiumbromid

eingelagerte
Moleküle

X = O: *YOYO-1*
X = S: *TOTO-1*

◨ **Abb. 31.14** Strukturformel von Ethidiumbromid. Ethidiumbromid interkaliert bevorzugt in doppelsträngige DNA und wechselwirkt mit den planaren Heterozyklen der Basen. Später entwickelte Farbstoffe, die die DNA irreversibel färben sind TOTO-I und YOYO-1

säuren wandern dabei durch Anlegen eines elektrischen Feldes auf die Membran, die auf der Anodenseite angebracht ist. Hier unterscheidet man zwei Versuchsanordnungen: Beim halbtrockenen Blot werden nur die mit der Membran und dem Gel in Kontakt stehenden Filterpapiere mit Puffer getränkt; Elektroblotting kann aber auch in einem Puffertank durchgeführt werden.

### 31.1.3.1 Wahl der Membranen
Prinzipiell kann man zum Blotting zwei verschiedene Membranarten verwenden: Nitrocellulose und Nylonmembranen. Nitrocellulose ist das historisch ältere Material und wird zunehmend von den Nylonmembranen verdrängt. ◨ Tab. 31.7 gibt eine Übersicht über die verwendeten Membranen und ihre Eigenschaften.

Die Nucleinsäuren gehen mit den chemischen Gruppen auf der Oberfläche der Nylonmembranen eine kovalente Bindung ein. Dadurch werden sie fester an die Membran gebunden. Die Filter können mehrmals verwendet werden. Nylonmembranen können positiv geladen sein, was eine noch bessere Bindung an die Membran bewirkt. An Nitrocellulose dagegen binden die

Nucleinsäuremoleküle nicht kovalent, die genaue Art dieser Bindung ist jedoch nicht aufgeklärt.

Die Vorteile der Nylonmembranen gegenüber der Nitrocellulose sind vielfältig: Am offensichtlichsten ist dabei ihre hohe Stabilität, sodass die Membranen mehrmals für eine Hybridisierung genutzt werden können. Nylonmembranen besitzen zudem eine wesentlich höhere Bindungskapazität und durch die kovalente Bindung der Nucleinsäuren werden diese auf der Membran wesentlich fester fixiert. Nitrocellulose wird sehr leicht brüchig und ist schwieriger zu handhaben.

Im Folgenden soll nun auf die verschiedenen Anwendungen der Blottingtechnik eingegangen werden.

> Nylonmembranen können ein stärkeres Hintergrundsignal bewirken, das man aber durch geeignete Blockingreagenzien unterdrücken kann. Für das Anlegen von Genbibliotheken sowie für die mehrmalige Hybridisierung von kostbaren Proben ist die Verwendung von Nylonmembranen von entscheidendem Vorteil.

**Kapillarblot**

**Vakuumblot**

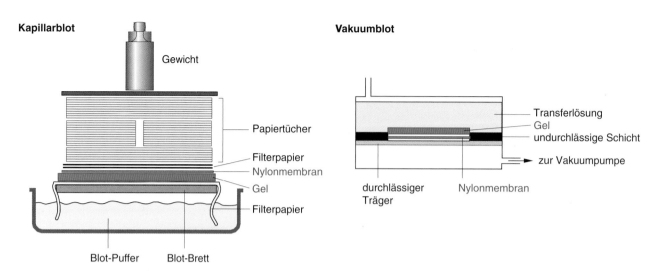

**Elektroblot**

**halbtrockener Elektroblot**

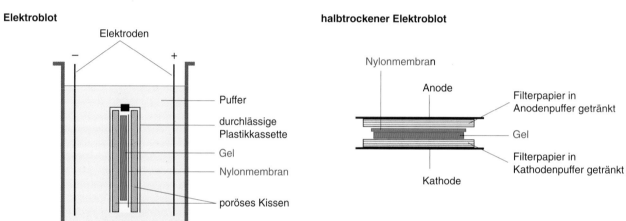

■ **Abb. 31.15**    Schematische Darstellung der verschiedenen Blottingtechniken

■ **Tab. 31.7**    Eigenschaften verschiedener Blottingmembranen

|  | Nitrocellulose | Verstärkte Nitrocellulose | Ungeladene Nitrocellulose | Positiv geladene Nylonmembranen |
|---|---|---|---|---|
| Anwendung | ssDNA, RNA, Proteine | ssDNA, RNA, Proteine | ssDNA, dsDNA, RNA, Proteine | ssDNA, dsDNA, RNA, Proteine |
| Bindungskapazität ($\mu$g Nucleinsäure cm$^{-2}$) | 80–100 | 80–100 | 400–600 | 400–600 |
| Art der Bindung der Nucleinsäure | nichtkovalent | nichtkovalent | kovalent | kovalent |
| Grenzbereich für den Transfer | 500 nt | 500 nt | 50 ft bp$^{-1}$ | 50 ft bp$^{-1}$ |
| Belastbarkeit | schlecht | gut | gut | gut |
| Möglichkeit zur erneuten Hybridisierung | schlecht (wird brüchig) | schlecht (Signalverlust) | gut | gut |

(Nach: Ausubel et al. 1987–2005)

### 31.1.3.2 Southern-Blotting

1975 konnte E. Southern erstmals im Gel aufgetrennte DNA auf Nitrocellulose immobilisieren. Seither versteht man unter Southern-Blotting generell den Transfer von DNA aus Gelen auf Membranen. Hier soll nur der Transfer aus Agarosegelen ausführlich beschrieben werden, da DNA aus Polyacrylamidgelen nur durch Elektroblotting transferiert werden kann und die entsprechenden Protokolle von der Art des verwendeten Transfersystems abhängen.

Den Vorgang des Southern-Blotting kann man in drei wesentliche Schritte unterteilen:

1. Vorbehandlung des Gels;
2. Transfer;
3. Immobilisierung der DNA auf der Membran.

Diese Schritte werden je nach Art und Menge der zu transferierenden DNA, der Gelmatrix und der verwendeten Membran unterschiedlich ausgeführt.

**Vorbehandlung des Gels**   Die Transfereffizienz der DNA wird stark erhöht, wenn die DNA vor dem Transfer partiell depuriniert wird. Die Depurinierung erreicht man durch Behandlung des Agarosegels mit verdünnter Salzsäure. Bei dieser Reaktion werden die Purine der DNA abgespalten. Bei der anschließenden Denaturierung des Gels oder während des Blottens kommt es zur Spaltung der Phosphodiesterbindungen an den apurinischen Stellen des DNA-Rückgrats und somit zu einer Fragmentierung der DNA. Besonders große DNA-Fragmente (>10 kb) lassen sich nur durch vorherige Depurinierung effizient aus dem Gel transferieren. Durch Diffusion der fragmentierten DNA im Gel und während des Blottens können jedoch unscharfe Banden entstehen. Werden die DNA-Fragmente zu klein, ist eine ineffiziente Bindung an die Membran möglich. In der Praxis hängt es deshalb von der Art und Menge der DNA ab, ob man diesen Schritt durchführt. Beim Transfer genomischer DNA ist dieser Schritt jedoch unerlässlich. Um Laufartefakte durch Ethidiumbromid zu vermeiden, ist es besser, die Gelelektrophorese in Abwesenheit von Ethidiumbromid durchzuführen und das Gel erst anschließend zu färben.

**Transfer**   Die weitere Behandlung des Gels hängt nun von der Art der verwendeten Membran sowie des Transferpuffers ab. Die DNA muss denaturiert werden, um für die anschließende Hybridisierung einzelsträngig zur Verfügung zu stehen. Wird die DNA auf Nitrocellulosemembranen transferiert, muss der Blotpuffer eine hohe Salzkonzentration aufweisen. Dies erleichtert den Transfer aus dem Gel und ist für eine effiziente Bindung der DNA an die Nitrocellulose essenziell. Üblicherweise wird hier-

für der so genannte 20 × SSC-Puffer verwendet, der Natriumchlorid und Natriumcitrat enthält. Die Denaturierung der DNA erfolgt in diesem Fall noch vor dem Transfer durch Schwenken des Gels in verdünnter Natronlauge. Das Gel wird anschließend durch Schwenken in Blotpuffer neutralisiert, da sonst die Membran brüchig wird und die DNA bei einem pH-Wert >9 nicht mehr an die Nitrocellulose bindet. Vor dem Auflegen auf das Agarosegel sollte die Nitrocellulosemembran im Blotpuffer äquilibriert werden.

Für den Transfer von DNA auf ungeladene oder positiv geladene Nylonmembranen stehen zwei Möglichkeiten zur Verfügung: Die DNA kann ebenfalls in 20 × SSC-Puffer geblottet werden und muss analog zum Transfer auf Nitrocellulose vorher denaturiert werden. Die Verwendung von Nylonmembranen erlaubt aber auch einen alkalischen Blotpuffer, in dem die DNA während des Blottens denaturiert wird. Der Blotpuffer besteht aus verdünnter Natronlauge (0,4 M) und enthält meist Natriumchlorid.

Die Transferdauer hängt von der Art des verwendeten Blotverfahrens ab: Kapillarblots werden meist über Nacht transferiert, dagegen ist das Vakuumblotting wesentlich schneller und benötigt ein bis zwei Stunden.

**Immobilisierung der DNA auf der Membran**   Nach dem Transfer muss die DNA auf der Membran fixiert werden. Einzige Ausnahme ist das alkalische Blotting der DNA auf positiv geladene Nylonmembranen. Hier wird die DNA durch den Transfer bereits kovalent an die Membran gebunden. Die kovalente Fixierung der DNA kann durch Vernetzung der DNA mithilfe von UV-Strahlung erfolgen. Hierbei werden die Thymidinreste der DNA kovalent mit den Aminogruppen der Nylonmembran verknüpft. Dauer und Wellenlänge der Bestrahlung sollten dabei für den jeweiligen Ansatz optimiert werden, da eine unzureichende Bindung zum Signalverlust bei der Hybridisierung führen kann und zu intensive Bestrahlung zu einem zu hohen Verlust an Thymidinen führt, die dann nicht mehr für die Hybridisierung zur Verfügung stehen.

Auf Nitrocellulosemembranen wird die DNA nichtkovalent durch Backen fixiert. Die Temperatur sollte dabei 80 °C nicht übersteigen. Außerdem sollte die Membran nicht länger als zwei Stunden gebacken werden, da sonst die Gefahr besteht, dass sich die Nitrocellulose entzündet. Wenn vorhanden, kann man die Membran auch in einem Vakuumofen backen. Analog können auch Nylonmembranen fixiert werden.

**Elektroblotting von Polyacrylamidgelen**   Für den Transfer von DNA aus Polyacrylamidgelen eignet sich nur die Methode des Elektroblots, da die Nucleinsäuren aufgrund der geringen Porengröße nicht aus dem Gel wandern. Als Transfermembranen eignen sich nur Nylonmembranen: Die für den Elektroblot auf Nitrocellulose erforderliche hohe Salzkonzentration würde die Puffertemperatur derart stark erhöhen, dass die Transfereffizienz der DNA sinkt und der Puffer verstärkt abgebaut wird.

### Anwendungen

Das Southern-Blotting wird für sehr viele verschiedene Anwendungen eingesetzt.

**Genomische Blots**   Hier wird die genomische DNA mit verschiedenen Restriktionsenzymen gespalten und aufgetrennt. Nach dem Blotten des Gels kann dann durch Hybridisierung mit der entsprechenden Sonde die Präsenz und das Spaltungsmuster des untersuchten Gens bestimmt werden. Aus dieser Southern-Blot-Analyse lässt sich in der Regel auch bestimmen, ob es sich um ein *single-copy*-Gen oder um eine Genfamilie handelt. Für diese Untersuchungen ist eine vollständige Restriktionsspaltung wichtig, da bei unvollständiger Spaltung schwächer hybridisierende Banden, die durch nicht vollständig gespaltene DNA-Fragmente hervorgerufen werden, irrtümlich für verwandte Gene gehalten werden könnten.

**Zoo-Blot**   Hier wird mit einem bestimmten Restriktionsenzym gespaltene genomische DNA von verschiedenen Spezies aufgetragen (◨ Abb. 31.16) und transferiert. Durch anschließende Hybridisierung lässt sich testen, ob eine bestimmte Sequenz konserviert ist. Die Anwesenheit der Sequenz in vielen verschiedenen Spezies kann ein erster Anhaltspunkt dafür sein, dass die Sequenz für ein Protein codiert, da Intronsequenzen in der Regel weniger stark konserviert sind.

**Phagenkartierungen**   Zur genauen Aufklärung der Struktur eines Gens werden Phagen aus einer genomischen Bibliothek isoliert, die Teile der genomischen DNA enthalten. Da diese Fragmente sehr groß sind, wird die Struktur des Gens zunächst über eine mehr oder weniger detaillierte Kartierung der Restriktionsschnittstellen analysiert.

Die Phagen-DNA wird mit unterschiedlichen Enzymen gespalten und die aufgetrennten Spaltungen geblottet. Anschließend hybridisiert man mit der Sonde und erhält ein spezifisches Spaltungsmuster. Besonders bei Phagenkartierungen empfiehlt sich die Verwendung von Nylonmembranen, da man sie öfter mit vielen verschiedenen Sonden abgreifen kann, ohne die mühsame und zeitaufwendige Phagenreinigung und Restriktionsspaltung wiederholen zu müssen.

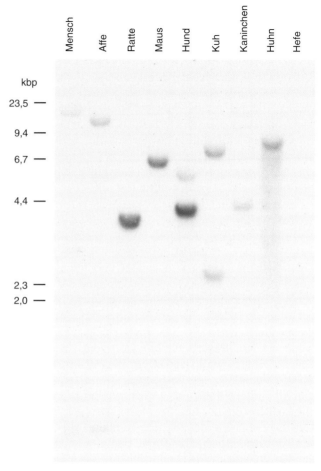

◨ **Abb. 31.16**   Im so genannten Zoo-Blot wird DNA von verschiedenen Spezies aufgetragen und mit einer Sonde hybridisiert. Anhand des Hybridisierungsmusters lässt sich analysieren, in welchen Organismen die betreffende Sequenz konserviert ist. (Fotografie: Dr. Marion Jurk.)

### 31.1.3.3   Northern-Blotting

In Anlehnung an den Transfer von DNA auf Membranen, das Southern-Blotting, hat sich für den entsprechenden Transfer von RNA der Name Northern-Blotting eingebürgert (vergleiche auch den Terminus für den Transfer von Proteinen: Western-Blotting). Die unterschiedlichen Eigenschaften von RNA und DNA schlagen sich auch bei den Blotting-Methoden nieder. Da die RNA bereits in denaturierenden Gelen aufgetrennt wurde, ist eine Denaturierung der RNA unnötig. Allerdings sollten die Denaturierungsmittel (Glyoxal oder Formaldehyd) entfernt werden. Dies kann durch Schwenken der Gele in stark verdünnter Natronlauge oder aber beim Backen der Filter geschehen. Sollen besonders große RNA-Moleküle effizient transferiert werden oder ist das zu blottende Gel besonders dick, so wird das Gel kurz in stark verdünnter Natronlauge

(0,05 N) geschwenkt, wodurch die RNA partiell hydrolysiert wird und sich leichter blotten lässt.

Für das Northern-Blotting verwendet man häufig noch Nitrocellulose, aber auch Nylonmembranen werden sehr erfolgreich eingesetzt. RNA-Gele werden vorwiegend in 10 × oder 20 × SSC-Puffer geblottet. Ein alkalischer Transfer ist ebenfalls möglich, wird aber selten angewendet. Wegen der leichten Hydrolyse der RNA muss stark verdünnte Natronlauge eingesetzt werden (7,5 mM).

RNA-Gele blottet man analog zu DNA-Gelen am besten mittels Kapillar- oder Vakuumblotting. Der Transfer der RNA ist aber zeitaufwendiger. Kapillarblots werden meist über zwei Tage durchgeführt. Nach dem Transfer wird die RNA analog zur DNA auf den Membranen durch Backen oder UV-Bestrahlung fixiert.

**Anwendungen** Die meisten Northern-Blot-Analysen dienen dazu, die Expression eines bestimmten Gens in verschiedenen Zelllinien oder Geweben auf der Ebene der Transkription qualitativ oder quantitativ zu bestimmen. Man verwendet dabei Gesamt-RNA oder die bereits durch Reinigung über oligo(dT)-Affinitätsreingung angereicherte polyadenylierte mRNA. Ist die zu untersuchende mRNA nur schwach transkribiert, so ist es möglich, dass man bei Verwendung von Gesamt-RNA kein Signal erhält. In diesem Fall ist die Reinigung der polyadenylierten mRNA obligatorisch.

Um Unterschiede in der Transkription in bestimmten Geweben oder Zelllinien feststellen zu können, werden gleiche Mengen Gesamt- oder poly(A)-RNA aufgetragen. Die Vergleichbarkeit ist aber noch immer problematisch, da die RNA-Proben zum Teil genomische DNA oder degradierte RNA enthalten, die nicht zur Hybridisierung beitragen, aber bei der Konzentrationsbestimmung mitgemessen werden. Die Menge einer bestimmten RNA kann auch von der Transkription einer anderen RNA innerhalb einer Zelle abhängen. Zur ausführlichen Diskussion dieser Problematik sei auf die weiterführende Literatur verwiesen. In der Regel wird der Blot nochmals mit einer Sonde hybridisiert, die ubiquitär in allen Zellen exprimiert wird. Gleich starke Signale in allen Spuren sind dann ein guter Anhaltspunkt für ihre Vergleichbarkeit. Für diese Standardisierungen werden häufig Glucose-6-phosphat-Dehydrogenase-, β-Tubulin- sowie β-Actin-mRNA verwendet und mit den entsprechenden DNA-Sonden hybridisiert. Die Analyse von mRNA kann auch durch RT-PCR durchgeführt werden (▶ Kap. 30). Bei der so genannten *real-time*-PCR lässt sich die Menge einer speziellen mRNA bestimmen, je nach Versuchsansatz quantitativ oder semiquantitativ, sodass der Northern-Blot wegen des höheren experimentellen Aufwandes und der unge-

naueren Quantifizierungsmöglichkeiten nicht immer die Methode der ersten Wahl ist.

### 31.1.3.4 Dot- und Slot-Blotting

Hierbei handelt es sich um eine sehr einfache Anwendung der Filterhybridisierungen. Die zu testende DNA oder RNA wird dabei ohne vorherige Fraktionierung durch Gelelektrophorese direkt auf die Membranen aufgetragen. Dies geschieht am einfachsten mithilfe von Dot- und Slot-Blotapparaturen. Beide Geräte sind identisch aufgebaut. Dots und Slots unterscheiden sich lediglich in ihrer Form (◘ Abb. 31.17). Die zu untersuchenden DNA-Proben werden auf ein Gitter aufgetragen und über Vakuum auf die unterhalb des Gitters befestigte Membran gesaugt. Hier können sehr viele Proben gleichzeitig getestet und quantifiziert werden. Slot-oder Dot-Blotting eignet sich zum Beispiel zur quantitativen Bestimmung einer bestimmten Nucleinsäure innerhalb eines Nucleinsäuregemisches oder aber zum Austesten einer Vielzahl von Proben auf die Präsenz einer bestimmten Nucleinsäuresequenz. Ist das Hybridisierungsmuster der Probe genau charakterisiert, so erweist sich das Slot- oder Dot-Blotting als einfache und schnelle Analysemethode.

Vor dem Auftragen werden doppelsträngige DNA-Proben durch Hitze oder Natronlauge denaturiert und die Proben unter Vakuum aufgetragen. Für quantitative Analysen ist der Denaturierungsschritt sehr wichtig, da nur vollständig denaturierte DNA bei der anschließenden Hybridisierung ein Signal ergibt. Bei bestimmten Anwendungen wird der Filter nach dem Blotting nochmals denaturiert und anschließend renaturiert. Die Fixierung erfolgt analog zum Kapillar- oder Vakuumblotting. Durch das einfache Auftropfen der Nucleinsäurelösungen auf die Membranen lassen sich auch manuell Dot-Blots herstellen. Ein limitierender Faktor ist hier jedoch das Probenvolumen. Ist es zu groß, besteht die Gefahr, dass die Dots verlaufen.

### 31.1.4   Restriktionsanalyse

Die Restriktionsanalyse wird zur Charakterisierung, Identifizierung und Isolierung doppelsträngiger DNA-Moleküle eingesetzt und ist somit ein grundlegendes Verfahren in der Nucleinsäureanalytik. Die Klonierung von DNA-Molekülen ist ohne Restriktionsanalyse undenkbar. Sie dient sowohl der Herstellung der zur Klonierung verwendeten DNA-Fragmente als auch der Identifizierung der entstehenden Klonierungsprodukte. Auch bei jeder anderen Art der DNA-Manipulation, etwa der Mutagenese oder der Amplifikation durch die Polymerasekettenreaktion (PCR), leistet die

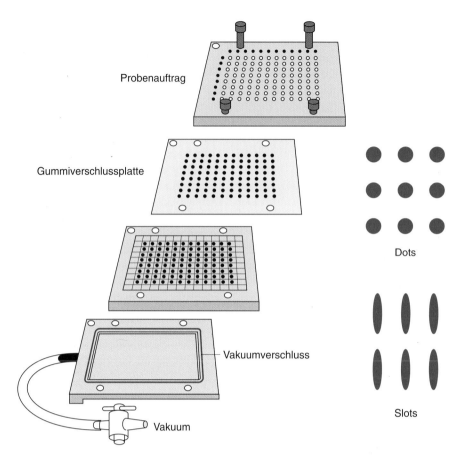

**◘ Abb. 31.17**   Schematischer Aufbau einer Slot- und einer Dot-Blotapparatur

Restriktionsanalyse gute Dienste zur Identifizierung der erwünschten Produkte. Bei der Strukturaufklärung sowohl kleiner DNA-Abschnitte als auch ganzer Genome ist das Erstellen einer **Restriktionskarte** in der Regel ein erster Schritt auf dem Weg zur vollständigen Sequenzierung. Die Restriktionsanalyse genomischer DNA zur Detektion von Mutationen und Restriktionsfragment-Längenpolymorphismen (RFLP) wird bei der Genkartierung, zur Identifizierung und Isolierung von Krankheitsgenen und zur Personenidentifizierung eingesetzt, zum Beispiel bei Vaterschafts- oder Täternachweisen.

### 31.1.4.1  Prinzip der Restriktionsanalyse

Die Grundlage für dieses Analyseverfahren bildet die Aktivität von Restriktionsenzymen, die in der Lage sind, doppelsträngige DNA-Moleküle an spezifischen Erkennungsstellen zu binden und zu spalten, dies sind vor allem die Restriktionsenzyme des Typs II. Die entstehenden Restriktionsfragmente haben folglich eine durch die Lage der Spaltstellen definierte Länge und können durch Gelelektrophorese (▸ Abschn. 31.1.1.1) der Größe nach aufgetrennt werden. Für jedes geschnittene DNA-Molekül ergibt sich im Gel ein spezifisches Bandenmuster aus Restriktionsfragmenten und durch

Vergleich mit parallel aufgetragenen Größenstandards kann jedem Fragment seine ungefähre Größe in Basenpaaren (bp) zugeordnet werden. Je nach Größe der zu analysierenden DNA-Moleküle erfolgt die **Detektion** der Restriktionsfragmente: Bei der Restriktionsanalyse relativ kleiner DNA-Moleküle, etwa den meisten Klonierungsprodukten (Plasmid-, Lambda- oder Cosmidklonen mit ca. 3–50 kb), bei deren Restriktion eine überschaubare Anzahl an Fragmenten entsteht, genügt das unspezifische Anfärben der DNA-Fragmente im Agarosegel mit Ethidiumbromid (▸ Abschn. 31.1.2). Soll jedoch ein Abschnitt innerhalb eines komplexen eukaryotischen Genoms analysiert werden, ist es nötig, den interessanten Abschnitt durch Hybridisierung im Rahmen einer Southern-Blot-Analyse zu detektieren (▸ Abschn. 31.1.3.2), oder den Bereich erst durch eine Polymerasekettenreaktion (PCR) *in vitro* zu amplifizieren und dann das Amplifikationsprodukt der Restriktionsanalyse zu unterziehen. Die Restriktionsanalyse ist also auf jede doppelsträngige DNA beliebiger Größe anwendbar und relativ schnell und einfach durchzuführen. Einen weiteren Aspekt für das breite Anwendungsspektrum bildet nicht zuletzt die Vielfalt der Restriktionsenzyme und der von ihnen erkannten Restriktionsstellen.

### 31.1.4.2 Historischer Überblick

Vor der Entdeckung der Restriktionsenzyme schien es nahezu unmöglich, bestimmte Gene oder Abschnitte eines Genoms zu charakterisieren oder zu isolieren. Die aus einer Zelle isolierte DNA stellt eine Masse sehr großer, chemisch monotoner Moleküle dar, die prinzipiell nur eine Auftrennung aufgrund ihrer Größe erlauben. Da jedoch eine funktionelle Einheit wie etwa ein Gen nicht wie ein Protein als einzelnes Molekül in einer Zelle vorliegt, sondern nur einen Teil eines vielfach größeren DNA-Moleküls repräsentiert, ist zunächst eine gezielte Zerkleinerung der DNA nötig, um einen bestimmten, interessanten Teil abzutrennen und zu isolieren. Auch wenn DNA-Moleküle durch mechanische Kräfte an zufälligen Stellen zerbrochen – geschert – werden können, ergibt sich daraus nur eine heterogene Mischung aus DNA-Fragmenten, aus der jedoch keine definierten DNA-Fragmente isoliert werden können. Die Entdeckung und Isolierung der Restriktionsenzyme in den späten Sechzigerjahren des letzten Jahrhunderts durch Arber, Smith und Nathans bot zum ersten Mal die Möglichkeit, DNA-Moleküle auf definierte Art und Weise zu manipulieren, nämlich sie in spezifische Fragmente zu zerlegen, die der Größe nach aufgetrennt und isoliert werden konnten. Somit wurde eine erste Feincharakterisierung der DNA möglich und der Grundstein für die Isolierung und Amplifikation von DNA-Fragmenten durch Klonierung war gelegt. Durch die Einführung der Restriktionsenzyme, der Klonierung, der Hybridisierung und anderer enzymatischer DNA-Manipulationen ist die DNA von einem zunächst unzugänglichen zum mittlerweile am leichtesten zu analysierenden Makromolekül geworden.

### 31.1.4.3 Restriktionsenzyme

Restriktionsenzyme sind Endonucleasen vor allem bakteriellen Ursprungs, kommen aber auch in Viren und Eukaryoten vor. Sie spalten die Phosphodiesterbindungen beider Stränge eines DNA-Moleküls hydrolytisch und unterscheiden sich in der Erkennungssequenz, ihrer Spaltstelle, ihrem Ursprungsorganismus und ihrer Struktur. Mittlerweile sind mehrere Tausend Restriktionsenzyme mit mehreren Hundert Erkennungssequenzen bekannt.

**Biologische Funktion** Die biologische Funktion der Restriktionsenzyme besteht darin, in ihren Ursprungsorganismus eingedrungene Fremd-DNA, beispielsweise Phagen-DNA, zu zerkleinern und zu inaktivieren und damit das Phagenwachstum einzuschränken (also zu restringieren). Eigene DNA, beziehungsweise jede in der Zelle synthetisierte DNA, wird durch eine Modifikation, meist Methylierung, vor dem Angriff der eigenen Restriktionsenzyme geschützt. Dieses **Restriktion-/Modifikations-**

**(R/M-)System** ist spezifisch für seinen Ursprungsorganismus und stellt so einen Schutzmechanismus, eine Art Immunsystem dar. Die Wirtsspezifität von Bakteriophagen beruht unter anderem auf diesem Mechanismus, da diese nur Bakterien effizient infizieren können, die dasselbe Methylierungsmuster aufweisen wie ihr Ursprungsbakterium.

**Einteilung der Restriktionsenzyme** Man unterscheidet ursprünglich drei Typen von Restriktionsenzymen (I, II und III), deren Eigenschaften und Unterschiede in ◘ Tab. 31.8 zusammengefasst sind. Die Restriktionsenzyme des Typs I weisen Restriktions- und Methylierungsaktivität auf und haben eine definierte Erkennungsstelle. Sind beide komplementären Stränge der Erkennungsstelle methyliert, wird die DNA nicht gespalten. Ist nur ein Strang methyliert, wird die Stelle erkannt und der zweite Strang methyliert. Ist kein Strang methyliert, wird die Stelle ebenfalls erkannt und die DNA unspezifisch etwa 1.000 bp von der Erkennungsstelle entfernt gespalten. Die in der Analytik verwendeten Restriktionsenzyme gehören in der Regel dem Typ II an, zu diesem Typ zählen die meisten bekannten Restriktionsenzyme. Im Gegensatz zu Typ-I- und Typ-III-Restriktionsenzymen besitzen sie in der Regel nur eine Restriktionsaktivität und spalten die DNA meist innerhalb ihrer definierten Erkennungssequenz, sodass DNA-Fragmente mit definierter Länge und definierten Enden entstehen. Die Typ-III-Restriktionsenzyme haben wie die Typ-I-Restriktionsenzyme sowohl Restriktions- als auch Methylierungsaktivität. Sie spalten die DNA an einer Stelle, die durch ihren Abstand zur spezifischen Erkennungsstelle definiert ist, sodass man Fragmente mit definierten Längen und variablen Enden erhält. So genannte *homing endonucleases* (Intron- oder Inteinendonucleasen) haben lange Erkennungssequenzen (z. B. I-*Ppo*I 15 Basen), in denen sie auch Abweichungen tolerieren und kommen auch in Eukaryoten vor. *Nickases* sind eine kleine Gruppe von Nucleasen, die doppelsträngige Erkennungsstellen haben, aber nur einen Strang spalten.

**Nomenklatur der Typ-II-Restriktionsenzyme (REasen)** Die Nomenklatur der Typ-II-Restriktionsenzyme basiert auf ihren jeweiligen Herkunftsorganismen. So wurde beispielsweise das Restriktionsenzym *Eco*RI aus einem Resistenzfaktor (R) des *Escherichia coli* Stamms RY 13 isoliert. Die „I" besagt, dass es sich hier um das erste aus diesem Stamm isolierte Restriktionsenzym handelt. Analog wurde *Bam*HI als erstes Enzym aus *Bacillus amyloliquefaciens*, Stamm H, isoliert. Die wissenschaftliche Gemeinde hat sich im Jahre 2003 zu einer einheitlichen Nomenklatur entschieden. Hierbei werden die Bezeichnungen Restriktionsenzyme und Restriktionsendonucleasen als synonym bezeichnet und die Abkürzung REasen

**◻ Tab. 31.8**    Einteilung der Restriktionsenzyme (REasen)

|  | **Typ I** | **Typ II** | **Typ III** |
|---|---|---|---|
| Funktion | Endonuclease und Methylase | Endonuclease | Endonuclease und Methylase |
| Erkennungsstelle | zweiteilig, asymmetrisch | 4–8 Basen, meist palindromisch | 5–7 Basen, asymmetrisch |
| Spaltstelle | unspezifisch, oft mehr als 1.000 Basen von der Erkennungsstelle entfernt | innerhalb oder nahe der Erkennungsstelle | ca. 5–20 Basen vor der Erkennungsstelle |
| ATP-Bedarf | ja | nein | ja |

eingeführt. Da es sich bei Typ II um die bei Weitem größte Gruppe der Restriktionsenzyme handelt und mittlerweile Enzyme beschrieben wurden, die vom klassischen Erkennungsmuster abweichen, wurde diese Gruppe in Subgruppen aufgeteilt, die in ◻ Tab. 31.10 aufgeführt sind. Allen Typ-II-Restriktionsenzymen gemeinsam ist, dass sie kein ATP benötigen, meist nicht als Komplex mit der entsprechenden Methylase vorkommen, spezifische DNA-Sequenzen erkennen und an einer definierten Position in oder nahe der Erkennungssequenz schneiden. Es entstehen 5′-Phosphate und 3′-OH-Enden.

**Restriktionsstellen**    Mittlerweile sind mehr als dreitausend Restriktionsenzyme des Typs II mit über zweihundert verschiedenen Erkennungssequenzen charakterisiert worden und die Anzahl steigt weiter. Umfassende Aufstellungen finden sich in entsprechenden, regelmäßig aktualisierten Datenbanken, den Katalogen der Lieferfirmen oder in Methodenbüchern der Molekularbiologie. Die Erkennungssequenzen dieser Restriktionsenzyme sind vier bis acht Nucleotide lang und meist palindromisch. In ◻ Tab. 31.9 sind exemplarisch einige Restriktionsenzyme und ihre Erkennungsstellen aufgeführt. Die Erkennungssequenz wird konventionsgemäß in 5′–3′-Richtung angegeben. Die Spaltstelle liegt in der Regel innerhalb der Erkennungsstelle, wodurch die entstehenden Restriktionsfragmente definierte Enden erhalten, was zum Beispiel für ihre Klonierung von Bedeutung ist. Es gibt jedoch auch Restriktionsenzyme, etwa *Fok*I (◻ Tab. 31.10), deren Schnittstelle einige Basen benachbart zur Erkennungsstelle liegt. Wie in ◻ Abb. 31.18 gezeigt, können bei der Spaltung von DNA mit Restriktionsenzymen stumpfe Enden (*blunt ends*) entstehen oder kohäsive Enden *(sticky ends)*, bei denen entweder das 5′- oder das 3′-Ende der entstehenden DNA-Fragmente überhängen kann. In der Regel tragen die DNA-Fragmente nach ihrer Spaltung mit Restriktionsenzymen an ihrem 3′-Ende eine Hydroxy- und an ihrem 5′-Ende eine Phosphatgruppe.

Die Häufigkeit einer Restriktionsstelle hängt vor allem von ihrer Länge, aber auch von ihrer Zusammensetzung und der Zusammensetzung der zu restringierenden DNA ab. Geht man von statistischen Zusammensetzungen aus, kommt eine 4 bp lange Restriktionssequenz

ca. alle $4^4$ bp (256 bp), eine 6 bp oder 8 bp lange Restriktionssequenz entsprechend ca. alle $4^6$ bp (4096 bp) beziehungsweise $4^8$ bp (65.536 bp) vor. Verschiedene Organismen weisen jedoch unterschiedliche Basenzusammensetzungen ihres Genoms auf. So beträgt etwa der A/T- bzw. G/C-Gehalt selten 50 % und die Dinucleotidsequenz CpG kommt beispielsweise in Eukaryoten seltener vor als alle anderen Dinucleotidsequenzen. Folglich wird eine Restriktionsschnittstelle, die diese Sequenz enthält, in eukaryotischer DNA seltener vorkommen als statistisch anhand ihrer Länge ermittelt. Restriktionsenzyme mit einer 8 bp langen Erkennungsstelle werden beispielsweise zur Restriktionskartierung ganzer Chromosomen eingesetzt. Die dabei entstehenden langen DNA-Fragmente werden dann durch eine Pulsfeldgelelektrophorese aufgetrennt (▶ Abschn. 31.1.1.3). Bei den meisten Anwendungen kommen Restriktionsenzyme mit sechs Basen langen Erkennungssequenzen zum Einsatz, da sie Fragmente mit gut auftrennbarer und isolierbarer Länge ergeben. Soll jedoch eine Partialrestriktion, etwa zur Herstellung einer genomischen Bibliothek, durchgeführt werden, werden Restriktionsenzyme mit einer vier Basen langen Erkennungsstelle verwendet.

**Isoschizomere**    Als Isoschizomere (◻ Tab. 31.9) bezeichnet man Restriktionsenzyme, die die gleiche Erkennungssequenz haben, aber aus verschiedenen Organismen isoliert werden. Die Spaltstelle der Isoschizomere kann entweder identisch (z. B. *Bam*HI und *Bst*I) oder verschieden sein (z. B. *Sma*I und *Xma*I). Isoschizomere mit unterschiedlichen Spaltstellen bezeichnet man als Neoschizomere. Die Enzyme können sich ferner in ihrer Sensitivität gegenüber Methylierung unterscheiden: *Hpa*II und *Msp*I etwa haben die gleiche Erkennungssequenz, *Hpa*II spaltet diese jedoch nicht, wenn das zweite Cytosin zu 5-Methylcytosin ($^{5m}$C) modifiziert ist, während *Msp*I trotz dieser Methylierung spaltet.

### 31.1.4.4  Der Restriktionsansatz und seine Anwendungen

In einem Restriktionsansatz wird die zu analysierende DNA mit dem gewünschten Restriktionsenzym unter definierten Pufferbedingungen und bei definierter Tempera-

**◻ Tab. 31.9**  Spezifizierung einiger Typ-II-Restriktionsenzyme (Typ-II-REasen)

| Restriktionsenzym | Erkennungs- und Spaltstelle | Ursprungsorganismus | Isoschizomere |
|---|---|---|---|
| BamHI | G/GATCC | Bacillus amyloliquefaciens H | BstI |
| BstI | G/GATCC | Bacillus steamthermophllus 1503-4R | BamHI |
| EcoRI | G/AATTC | Escherichia coli RY13 | |
| FokI | GGATGN$_9$/<br>CCTACN$_{13}$/ | Flavobacterium okeanokoltes | |
| HindII | GTPy/PuAC | Haemophilus influenzae R$_d$ | HincII |
| HindIII | A/AGCTT | Haemophilus influenzae R$_d$ | |
| HpaII | C/CGG | Haemophilus parainfluenzae | MspI |
| MspI | C/CGG | Moraxella spezies | HpaI |
| NotI | GC/GGCCGC | Nocardia otitidiscaviarum | |
| SadI | GAGCITC | Streptomyces achromogenes | |
| Sau3A | /GATC | Staphyllococcus aureus 3A | MboI, NdeII |
| SmaI | CCC/GGG | Serratia marcescens Sb | XmaI |
| XmaI | C/CCGGG | Xanthomonas malvacearum | SmaI |

Py: Pyrimidin (C oder T); Pu: Purin (A oder G); N: eine beliebige Base

tur für eine bestimmte Zeit inkubiert. Ein Restriktions-puffer enthält in der Regel einen Tris-Puffer, MgCl$_2$, NaCI oder KCl sowie ein Sulfhydrylreagens (Dithiothreitol DTT, Dithioerythritol DTE oder 2-Mercaptoethanol). Ein divalentes Kation (meist Mg$^{2+}$) ist für die Enzymak-tivität notwendig, wie auch der Puffer, der für einen opti-malen pH-Wert sorgt, der meist zwischen pH 7,5 und pH 8 liegt. Manche Restriktionsenzyme sind sensitiv gegen-über Ionen wie Na$^+$ oder K$^+$, während andere in einem breiten Bereich der Ionenstärke aktiv sind. Die Sulfhyd-rylreagenzien dienen der Stabilisierung der Enzyme. Das Temperaturoptimum für einen Restriktionsansatz liegt meist bei 37 °C, kann jedoch je nach Restriktionsenzym (Ursprungsorganismus) nach oben (z. B. 65 °C für *Taq*I) oder unten (z. B. 25 °C für *Sma*I) abweichen.

Die Menge an Restriktionsenzym wird in Einheiten angegeben: Eine Einheit eines Restriktionsenzyms ist die Menge, die benötigt wird, um ein Mikrogramm Substrat-DNA bei optimalen Reaktionsbedingungen innerhalb einer Stunde zu spalten. Als Substratmole-kül wird für die Definition in der Regel DNA des Bak-teriophagen Lambda verwendet.

**Vollständige Restriktion**  Für die meisten Anwendungen wünscht man eine vollständige Spaltung der DNA. Hierzu wählt man die für das jeweilige Restriktionsenzym opti-malen Bedingungen und die für die DNA-Menge ausrei-chende Enzymmenge.

**Unvollständige Restriktion oder Partialrestriktion**  Für manche Anwendungen, etwa die Restriktionskartierung oder bei der Herstellung einer genomischen DNA-Biblio-thek, ist eine unvollständige Reaktion erwünscht, das heißt, dass statistisch nicht alle vorhandenen Erkennungs-stellen gespalten werden. Dies wird durch eine Unteropti-mierung der Reaktionsbedingungen erreicht, etwa die Verwendung einer geringeren Enzymmenge, Verkürzung der Reaktionszeit oder Änderung der Pufferbedingungen, zum Beispiel durch Reduktion der MgCl$_2$-Konzentration.

**Mehrfachrestriktion**  Bei einer Mehrfachrestriktion, das heißt bei der Restriktion einer DNA mit mehreren Rest-riktionsenzymen, kann die DNA entweder gleichzeitig oder nacheinander mit den gewünschten Enzymen inku-biert werden. Das entscheidende Kriterium hierbei ist die Kompatibilität der Pufferbedingungen. Die Mehrfachres-triktion findet unter anderem bei der Erstellung einer Res-triktionskarte Anwendung.

### Restriktionskartierung

Bei der Erstellung einer Restriktionskarte werden die Er-kennungsstellen eines oder mehrerer Restriktionsenzyme innerhalb eines DNA-Moleküls lokalisiert. Die Restrik-tionskarte ist also eine grobe physikalische Karte des zu analysierenden DNA-Moleküls. Die ideale physikali-

**◻ Tab. 31.10**  Subtypen von Typ-II-Restriktionsenzymen (REasen)

| Subtyp[a] | Charakteristik | Beispiel | Erkennungssequenz |
|---|---|---|---|
| A | asymmetrische Erkennungssequenz | *Fok*I | GGATG (9/13) |
| | | *Acr*I | CCGC (–3/–1) |
| B | spaltet zu beiden Seiten der Erkennungssequenz | *Bcg*I | (10/12) CGANNNNNNTGC (12/10) |
| C | symmetrische oder asymmetrische Erkennungssequenz; R- und M-Funktion in einem Polypeptid | *Gsu*I | CTGGAG (16/14) |
| | | *Hae*IV | (7/13) GAYNNNNNRTZ (14/9) |
| | | *Bcg*I | (10/12) CGANNNNNNTGC (12/10) |
| E | zwei Kopien der Erkennungssequenz, eine wird gespalten, eine ist allosterischer Effektor | *Eco*RII | ↓CCWGC |
| | | *Nae*I | GCC↓GGC |
| F | zwei Erkennungssequenzen, beide in Koordination gespalten | *Sfi*I | GGCCNNNN↓NGGCC |
| | | *Sgr*AI | CR↓CCGGYG |
| G | symmetrische oder asymmetrische Erkennungssequenz; beeinträchtigt durch AdoMet | *Bcg*I | GTGCAG (16/14) |
| | | *Eco*57I | CTGAAG (16/14) |
| H | symmetrische oder asymmetrische Erkennungssequenz, ähnlich wie Typ-I-Genstruktur | *Bcg*I | (10/12) CGANNNNNNTGC (12/10) |
| | | *Ahd*I | GACNNN↓NNGTC |
| M | Subtyp IIP oder IIA; braucht methylierte Erkennungssequenz | *Dpn*I | Gm6A↓TC |
| P | symmetrische Erkennungs- und Spaltsequenz | *Eco*RI | G↓AATTC |
| | | *Ppu*MI | RG↓GWCCY |
| | | *Bsl*I | CCNNNNN↓NNGG |
| S | asymmetrische Erkennungs- und Spaltsequenz | *Fok*I | GGATG (9/13) |
| | | *Mme*I | TCCRAC (20/18) |
| T | symmetrische oder asymmetrische Erkennungssequenz; R-Gene sind Heterodimere | *Bpu*10I | CCTNAGC (–5/–2)[b] |
| | | *Bsl*I | CCNNNNN↓NNGG |

[a]Beachte, dass nicht alle Subtypen exklusiv sind; z. B. *Bsl* ist vom Subtyp P und T
[b]Die Abkürzung bedeutet folgende Doppelstrangspaltung:
5′ CC↓TNAGC
3′ GGANT↓CG

sche Karte ist die vollständige DNA-Sequenz. Folglich ist die Restriktionskartierung oft der erste Schritt eines Projekts, dessen Ziel die vollständige Sequenzanalyse ist. Hierzu erfolgt die Restriktionsanalyse meist relativ kleiner, in Klonierungsvektoren (z. B. Plasmiden, Cosmiden oder Lambdaphagen) integrierter DNA-Moleküle. Auch wenn die Restriktionskarte eines größeren DNA-Ab-schnitts, etwa eines Gens, eines Chromosoms oder eines ganzen Genoms, erstellt werden soll, erfolgt erst die Klonierung dieses DNA-Abschnitts. Dann werden die Restriktionsmuster der Klone miteinander verglichen, um überlappende Klone zu identifizieren. Rückschließend wird eine Restriktionskarte des Ausgangsmoleküls erstellt.

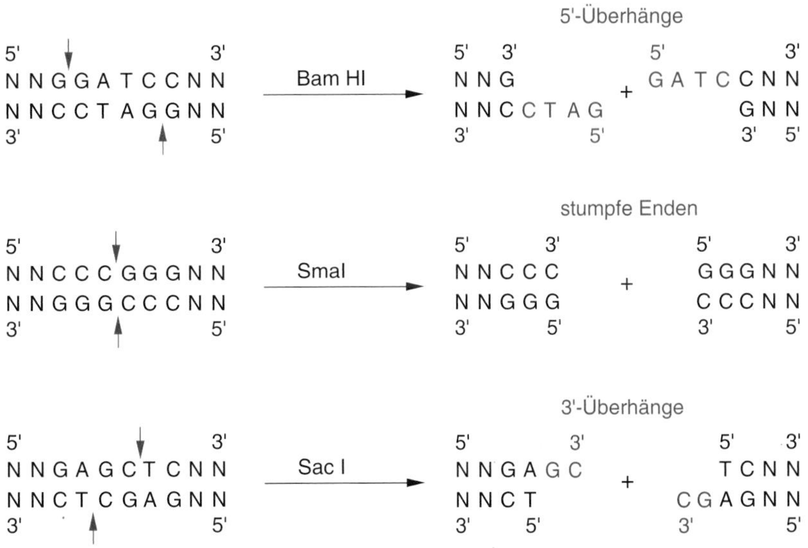

**Abb. 31.18** Durch Spaltung mit Restriktionsenzymen entstehende DNA-Enden. Je nach verwendetem Restriktionsenzym können bei der Spaltung eines DNA-Moleküls drei verschiedene Typen von DNA-Enden entstehen: Kohäsive Enden (sticky ends) entstehen beispielsweise bei der Spaltung mit BamHI und SacI, wobei mit BamHI 5′-überhängende und mit SacI 3′-überhängende Enden resultieren. Stumpfe Enden (blunt ends) entstehen zum Beispiel mit SmaI

Oft ist es nicht nötig, die Fragmente der Einzelspaltungen zu isolieren, sondern ein sorgfältiger Vergleich der Doppelrestriktion mit den beiden entsprechenden Einzelrestriktionen des Ausgangsfragments ergibt schon die Anordnung der Fragmente. Wichtig ist für dieses Verfahren, dass Restriktionsenzyme verwendet werden, die zumindest einige überlappende Fragmente ergeben. Daher müssen oft mehrere Enzyme getestet werden, bis ein passendes Paar gefunden wird.

**Kombination mehrerer Restriktionsenzyme** Bei dieser Methode wird die relative Lage von Erkennungsstellen mehrerer Restriktionsenzyme zueinander ermittelt und daraus ihre absolute Anordnung auf dem Ausgangsfragment bestimmt. Hierzu wird das zu charakterisierende DNA-Fragment zunächst getrennt mit zwei Restriktionsenzymen gespalten und durch Gelelektrophorese aufgetrennt. Optimalerweise werden dann die einzelnen Fragmente isoliert und wiederum mit dem entsprechend anderen Restriktionsenzym gespalten. Durch Vergleich der Restriktionsmuster im Agarosegel lassen sich nun überlappende Bereiche der Fragmente ermitteln und relativ zueinander anordnen. Dieses Verfahren ist in ■ Abb. 31.19 am Beispiel eines 5 kb langen, linearen DNA-Fragments gezeigt.

**Partialrestriktion** Durch diese Methode können die Erkennungsstellen eines einzigen Restriktionsenzyms angeordnet werden. Die zu analysierende DNA wird einmal vollständig und einmal unvollständig mit demselben Restriktionsenzym gespalten. Die beiden Ansätze werden elektrophoretisch aufgetrennt und ihre Restriktionsmuster verglichen. Den unvollständig verdauten Fragmenten können nun die vollständig verdauten Fragmente zugeteilt werden, die in ihnen enthalten und also auf dem Ur-

sprungsfragment benachbart sind. Diese Methode ist in ■ Abb. 31.20 für ein 5 kb großes, lineares DNA-Molekül gezeigt.

Bei einem komplexeren Restriktionsmuster empfiehlt sich das in ■ Abb. 31.21 dargestellte Verfahren. Dabei wird das zu analysierende Molekül vor der Partialrestriktion an einem Ende markiert, etwa durch Einbau eines radioaktiv markierten Nucleotids. Die Restriktionsprodukte werden dann elektrophoretisch aufgetrennt und nur die markierten Fragmente durch Autoradiographie detektiert. Die Größe jedes detektierten Fragments entspricht dann dem Abstand einer Restriktionsschnittstelle zum markierten Ende.

### Restriktionsanalyse genomischer DNA

Bei der Restriktionsanalyse großer eukaryotischer Genome besteht das Problem, dass zu viele Restriktionsfragmente entstehen. Bei der Gelelektrophorese lassen sich diese nicht in einzelne Banden auftrennen. Stattdessen entsteht ein DNA-Schmier, der sich aus einem Gemisch von DNA-Fragmenten unterschiedlichster Größen zusammensetzt. Durch Auswahl bestimmter Hybridisierungssonden kann aber innerhalb eines Schmiers ein im Genom enthaltenes, zur Sonde komplementäres DNA-Fragment detektiert werden. Dies erfolgt im Rahmen einer Southern-Blot-Analyse (▶ Abschn. 31.1.3.2). Sie ermöglicht zum Beispiel die Restriktionsanalyse eines Gens, dessen Transkript in Form eines aus einer cDNA-Bibliothek isolierten cDNA-Klons vorliegt, der als Sonde verwendet werden kann. Es gibt Zielsetzungen, für die die Restriktionsanalyse genomischer DNA notwendig ist, wie die Detektion eines Methylierungsmusters, das durch Klonierung verloren gehen würde. Für andere Anwendungen, etwa wenn ein Restriktionsmuster vieler Individuen analysiert und verglichen werden soll, ist eine Klonierung

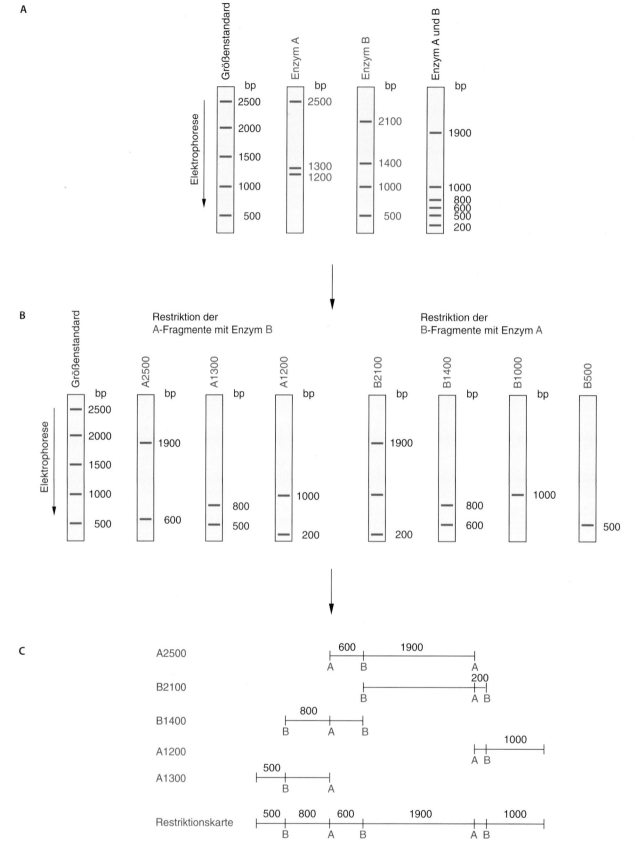

**Abb. 31.19** Restriktionskartierung durch Mehrfachrestriktion. Ein 5 kb langes, lineares DNA-Fragment wurde mit den Restriktionsenzymen **A** und **B** einzeln und in einer Doppelrestriktion gespalten. **A** Auftrennung der Restriktionsansätze im Agarosegel. Die durch Vergleich mit dem Standard ermittelten Fragmentgrößen sind angegeben. Durch Spaltung des 5 kb großen Fragmentes mit Enzym **A** ergeben

sich also Restriktionsfragmente mit Längen von 2500 bp (Fragment A2500), 1300 bp (A1300) und 1 200 bp (A1200), für Enzym B und die Doppelrestriktion entsprechend. Die Restriktionsfragmente der Einzelrestriktionen wurden nun isoliert und mit dem jeweils anderen Enzym gespalten: Die A-Fragmente mit Enzym B und die B-Fragmente mit Enzym A . B Elektrophoretische Auftrennung dieser Spaltprodukte. Durch Vergleich der Restriktionsmuster der A-Fragmente mit denen der B-Fragmente lassen sich nun überlappende Fragmente identifizieren und wie in C gezeigt anordnen: Das 1 900 bp große Fragment der Doppelrestriktion ist in FragmentA2500 und B2100 enthalten, A2500 und B2100 überlappen also in diesem Bereich. Zusätzlich enthält A2500 ein 600-bp-Fragment, das auch in B1400 enthalten ist, und B1400 ein 200-bp-Fragment, um das es mit A1200 überlappt. Nach Analyse aller Fragmente lässt sich nun die Restriktionskarte des 5-kb-DNA-Moleküls für die Restriktionsenzyme A und B ermitteln

---

zu aufwendig, und auch hier erfolgt die Analyse direkt an der genomischen DNA. Alternativ kann der interessante Bereich durch Polymerase-Kettenreaktion (PCR) zunächst *in vitro* amplifiziert und dann das Amplifikationsprodukt der Restriktionsanalyse unterzogen werden. Der Nachweis dieser Analyse kann dann wieder in einer einfachen Gelelektrophorese erfolgen.

Detektion methylierter Basen    Da es Isoschizomere gibt, etwa *Hpa*II und *Msp*I (s. oben), die unterschiedlich sensitiv auf die Methylierung einer in ihrer Erkennungssequenz gelegenen Base reagieren, können damit methylierte Basen detektiert werden. Beispielsweise finden sich in den Promotorregionen eukaryotischer Gene gelegentlich so genannte CpG-Inseln, das heißt DNA-Abschnitte, in denen ein nicht methyliertes CpG-Dinucleotid gehäuft auftritt. Ist das Gen hingegen transkriptionell nicht aktiv, ist dies häufig an der Methylierung der Cytosine innerhalb dieser CpG-Dinucleotide zu erkennen. Werden nun in einer Restriktionsanalyse nicht alle von *Msp*I (tolerant gegenüber Methylierung) gespaltenen Erkennungsstellen auch von *Hpa*II (spaltet methylierte Erkennungsstelle nicht) gespalten, deutet dies auf Methylierung und somit auf transkriptionelle Inaktivität des entsprechenden Gens hin. Die Restriktionsanalyse wird hier direkt an genomischer DNA durchgeführt und die Detektion des interessanten Abschnitts erfolgt durch Hybridisierung im Rahmen einer Southern-Blot-Analyse (► Abschn. 31.1.3.2). Die Problematik der Analyse genomischer DNA-Methylierung wird in ► Kap. 36 detailliert erläutert.

Detektion von Mutationen und Restriktionsfragment-Längenpolymorphismen (RFLP)    Individuen einer Population unterscheiden sich in der Zusammensetzung ihres Genoms. Dabei gibt es hoch konservierte Regionen, die eine entscheidende Funktion für den Träger haben und die innerhalb einer Population, ja sogar über Artgrenzen hinaus nahezu unverändert vorliegen (beispielsweise Globingene). Eine Mutation in einer solchen Region kann eine Krankheit oder den Tod des Trägers zur Folge haben (z. B. Sichelzellanämie bei Mutation eines Globingens). Andererseits gibt es Regionen, für die in einer Population mehrere Varianten, so genannte Polymorphismen, vorhanden sind. Die Unterschiede in der DNA-Sequenz können auf dem Austausch, der Insertion oder Deletion einzelner Basen oder ganzer DNA-Abschnitte beruhen. Durch diese Mutationen kann sich die Länge eines Restriktionsfragments verändern, es kann eine Restriktionsschnittstelle wegfallen oder hinzukommen. Lässt sich so eine polymorphe Region anhand der Veränderung eines Restriktionsmusters ausmachen, spricht man von einem RFLP. Die Restriktionsanalyse wird hierzu entweder direkt an der genomischen DNA in Kombination mit einer Southern-Blot-Analyse (► Abschn. 31.1.3.2) durchgeführt, wobei ein Abschnitt der interessanten Region als Hybridisierungssonde eingesetzt wird, oder die Region wird durch PCR *in vitro* amplifiziert und dann der Restriktionsanalyse unterzogen. Da jedes Individuum über zwei homologe Ausgaben einer jeden DNA-Region verfügt, werden im Fall einer Heterozygotie wie in ◼ Abb. 31.22 bei der Detektion eines RFLP zwei unterschiedliche Restriktionsfragmente detektiert, wobei eines auf die Restriktion des väterlichen, das andere auf die Restriktion des mütterlichen Allels zurückzuführen ist. In ◼ Abb. 31.23 ist der Erbgang eines RFLP über drei Generationen gezeigt.

Genetischer Fingerabdruck (*fingerprinting*)    Ein genetischer Fingerabdruck beruht auf der Detektion hoch variabler RFLPs, die ein für jedes Individuum charakteristisches Restriktionsmuster ergeben. Die Ursache hierfür sind kurze, meist zwei bis drei Basenpaare lange, hoch repetitive Sequenzen, deren Wiederholungszahlen sich stark unterscheiden (etwa 440). Dies ist etwa bei der Identifizierung von Individuen hilfreich (beispielsweise bei Vaterschafts- oder Täternachweisen, vgl. auch ► Abschn. 31.1.1.1).

Restriktionsfragment-Längenpolymorphismen bei der Genkartierung    Bei der genetischen Kartierung wird nicht die DNA-Sequenz direkt analysiert, sondern die relative Lage so genannter genetischer Marker zueinander wird durch Genkopplungsanalyse ermittelt. Als genetischer Marker kann jede variable erbliche Eigenschaft, die nachgewiesen werden kann, eingesetzt werden. Dies können Eigenschaften wie Blutgruppe oder ein bestimmtes Krankheitsbild sein. Aber auch RFLPs dienen als genetische Marker in einer so genannten Genkopplungsanalyse. Dies wird in ► Kap. 37 ausführlicher erläutert.

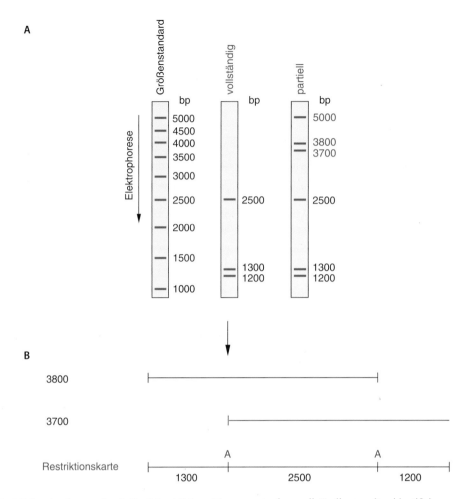

■ **Abb. 31.20** Restriktionskartierung durch Partialrestriktion. Ein 5 kb großes DNA-Molekül wurde vollständig und partiell mit Restriktionsenzym **A** gespalten. **A** Gelelektrophoretische Auftrennung der Restriktionsfragmente. Durch Vergleich der vollständigen mit der Partialrestriktion lassen sich die 5000, 3800 und 3700 bp großen Frag- mente als unvollständig gespalten identifizieren, wobei das 5-kb-Fragment das Ausgangsmolekül darstellt. **B** Das 3800-bp-Fragment kann sich nur aus dem 2500-bp- und dem 1300-bp-Fragment zusammensetzen und das 3700-bp-Fragment aus dem 2500-bp- und dem 1200-bp-Fragment. Somit ergibt sich die gezeigte Restriktionskarte

## 31.2 Chemische Analytik von Nucleinsäuren

### 31.2.1 Herstellung von Oligonucleotiden

Synthetische Oligonucleotide und deren Derivate besitzen große Bedeutung als Werkzeuge in der Molekularbiologie sowie zur Entwicklung neuartiger Arzneimittel, insbesondere von antisense-Oligonucleotiden, siRNAs, Aptameren und CpG-Immunstimulatoren. Ihre Synthese erfolgt heute sowohl im Gramm- als auch Kilogrammmaßstab hauptsächlich nach der so genannten Phosphoramidit-Methode an der Festphase (■ Abb. 31.24). Die schrittweise Synthese verläuft von der 3′ in die 5′-Richtung. Dabei wird der erste Nucleosidbaustein über die 3′-Hydroxygruppe und einen basenlabilen Bernsteinsäureeser an die Festphase (organisches Polymer oder controlled pore glass) gebunden. Orthogonale Schutzgruppen, wie die säurelabile 5′-0-Dimethoxytrityl- (DMT-)Schutzgruppe und basenlabile Schutzgruppen an den Nucleobasen und am Phosphatrest, erlauben die gezielte Freisetzung reaktiver Funktionen. Im ersten Schritt wird die DMT-Gruppe durch Behandlung mit verdünnter Tri- oder Dichloressigsäure abgespalten. Die freie 5′-Hydroxygruppe wird anschließend in einer mit Tetrazol katalysierten Kondensationsreaktion mit dem 5′-O-DMT-Nucleosid-3′-phosphoramidit zum trivalenten Phosphittriester umgesetzt. Dieser kann nun entweder mit Jod zum Phosphotriester oder mit einem Beschwefelungsreagens, wie beispielsweise Beaucage's Reagens, zum Thiophosphotriester oxidiert werden. Auf diese Weise sind Oligonucleotide nach vollständigem Kettenaufbau und Abspaltung der Schutzgruppen als Phosphodiester, Phosphorothioat oder als Verbindungen mit einem gemischten Rückgrat zugänglich. Da durch die Substitution eines Sauerstoffatoms durch Schwefel ein asymmetrisches Phosphatzentrum entsteht, enthält man bei

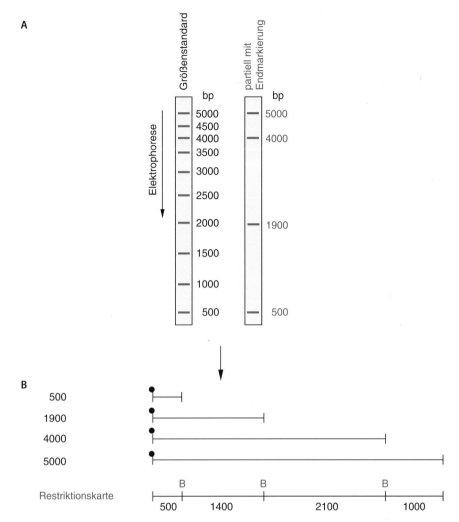

■ **Abb. 31.21** Restriktion durch Partialrestriktion mit Endmarkierung. Ein 5 kb großes DNA-Molekül wird an einem Ende markiert, mit Restriktionsenzym **A** partiell gespalten und der Restriktionsansatz elektrophoretisch aufgetrennt. Detektiert werden nur die end-markierten Fragmente **A**. **B** Die Größe jedes detektierten Fragments entspricht dem Abstand einer Restriktionsstelle vom markierten Ende. Die Markierung ist als Punkt dargestellt. Daraus ergibt sich die gezeigte Restriktionskarte

der Herstellung von Phosphorothioaten ein Gemisch aus $2^n$ Diastereomeren, wobei n die Anzahl der Internucleotidbindungen ist. Im Falle eines 20-mer-Oligonucleotids mit 19 Phosphoro-thioatmodifikationen an den Internucleotidbindungen sind dies beispielsweise eine Anzahl von 524 288 Diastereomeren. In der Kupplungsreaktion nicht umgesetzte 5′-Hydroxykomponente wird durch Acylierung vor weiterer Reaktion im Folgezyklus geschützt (capping-Reaktion). Nach mehrfacher Wiederholung des Reaktionszyklus entsprechend der zu synthetisierenden Sequenz wird das Oligonucleotid mit konzentriertem Ammoniak von der festen Phase abgespalten und der Schutzgruppen entledigt. Die RNA-Synthese unterscheidet sich von der DNA-Synthese im Prinzip nur dadurch, dass für die 2′-Hydroxylfunktion der RNA eine zusätzliche Schutzgruppe notwendig ist. Als

2′-Hydroxyschutzgruppe verwendet man beispielsweise die t-Butyldimethylsilyl-(TBDMS-) Schutzgruppe, die während der Synthese stabil ist, im allerletzten Schritt aber mithilfe von Triethylammoniumfluorid abspaltbar ist. Obwohl die Synthesezyklen der Phosphoramidit-Methode mit sehr hohen Ausbeuten von 98–99 % verlaufen, kann es zur Bildung von Nebenprodukten kommen (■ Abb. 31.25), die entweder aus Fehlreaktionen während des Kettenaufbaus oder aber aus der finalen Abspaltungsreaktion der Schutzgruppen resultieren. Da die Kupplungsreaktionen nicht zu hundert Prozent erfolgen, kommt es neben der Bildung des gewünschten Oligonucleotids voller Länge (N) zur Bildung von Fehlsequenzen (N-1, N-2, N-3, etc.), bei denen eine oder mehrere Nucleotideinheiten fehlen. Interessanterweise kann es aber auch zur Bildung von um ein Nucleotid

◻ **Abb. 31.22** Detektion eines RFLP durch Southern-Blot-Analyse. **A** Homologe Chromosomenabschnitte eines Individuums, die eine polymorphe Region enthalten. Restriktionsschnittstellen sind durch Pfeile gekennzeichnet. Der durch die Hybridisierungssonde bei der Southern-Blot-Analyse detektierte Bereich ist markiert. Nach Restriktion, Auftrennung im Agarosegel und Southern-Blotting entsteht das in Teil **B** gezeigte Bild. Das mütterliche Allel weist eine Restriktionsschnittstelle weniger auf, wodurch hier ein längeres Restriktionsfragment entsteht, das kürzere Fragment entspricht dem väterlichen Allel. Das Restriktionsfragment ist also in diesem Individuum polymorph

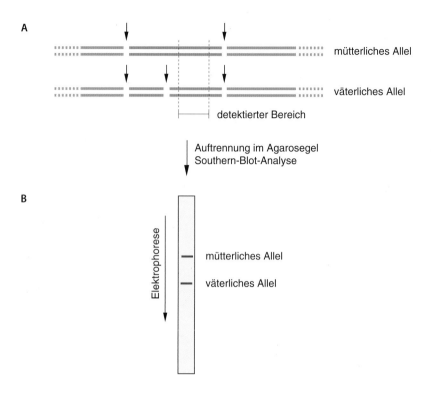

◻ **Abb. 31.23** Erbgang eines Restriktionsfragment-Längenpolymorphismus. Gezeigt ist der Erbgang eines RFLP über drei Generationen. In der analysierten Familie treten vier Allele für die polymorphe Region auf: Allele A, B, C und D. Ihre Vererbung folgt den Mendelschen Gesetzen. Die meisten Individuen sind polymorph für das analysierte Restriktionsfragment (A, B/A, C/A, D/C, D), andere tragen auf beiden homologen Bereichen das gleiche Allel (C, C/D, D)

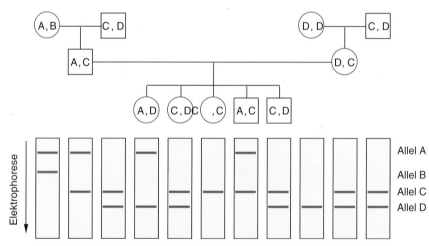

verlängerten Oligomeren (N + 1) kommen. Diese entstehen durch Doppeladdition während der durch Tetrazol katalysierten Kupplungsreaktion infolge geringfügiger Abspaltung der Säure-labilen DMT-Gruppe entweder am Monomer oder an der wachsenden Kette. Diese durch den leicht sauren Charakter des Tetrazols initiierte Nebenreaktion ist besonders für die Kondensation von Deoxyguanosin, dessen 5'-DMT-Gruppe unter den vier Nucleotiden am labilsten ist, zu beobachten. Im Falle der Herstellung von Phosphorothioaten beobachtet man bei unvoll-ständiger Beschwefelung die Bildung eines Oligonucleotids, das neben den Phosphorothioat-Bindungen eine Phosphodiesterbindung (Monophos-

phodiester) enthält. Eine weitere Neben-reaktion bei der Synthese von purinhaltigen Sequenzen ist die im sauren Milieu zu beobachtende Depurinierung (◻ Abb. 31.26). Hierbei wird unter Protonierung der Purinbase in der 7-Position die Hydrolyse der N-glykosidischen Bindung zwischen Nucleobase und Deoxyribose verstanden. Mögliche Nebenreaktionen bei der Entschützung sind entweder die unvollständige Entfernung der Schutzgruppen, wie etwa der Isobutyrylschutzgruppe an der exozyklischen Aminofunktion des Guanins, und die Bildung von Acrylnitriladdukten. Letztere können nach ß-Eliminierung der 2-Cyanoethylphosphat-Schutzgruppe durch basenkatalysierte Addition des Acrylnitrils an N3

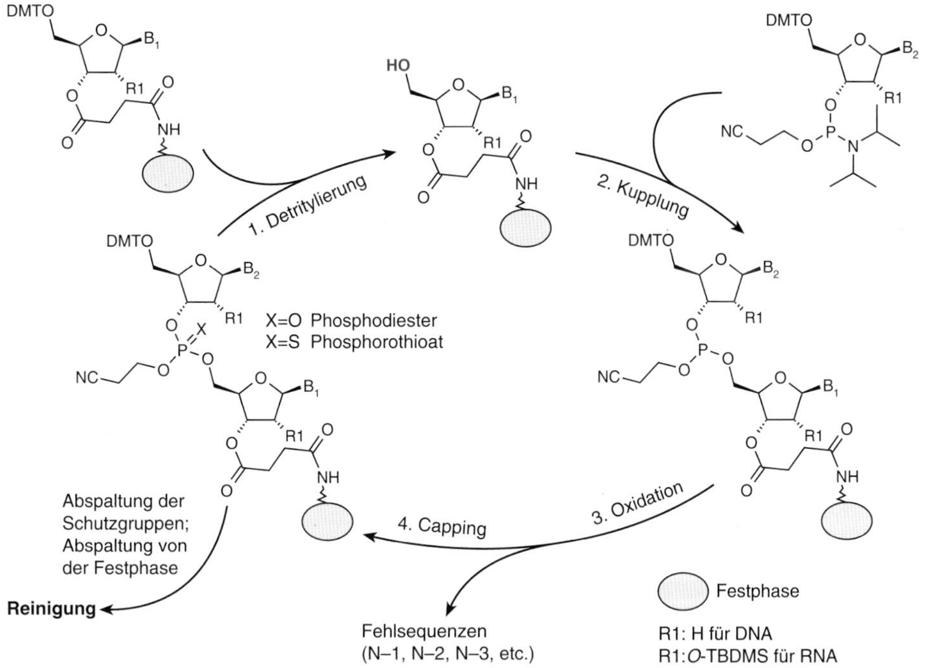

**Abb. 31.24** Schematische Darstellung des Reaktionszyklus der Oligonucleotidsynthese nach der Phosphoramidit-Methode an der Festphase (TBDMS: *t*-Butyldimethylsilyl, DMT: Dimethoxtrityl)

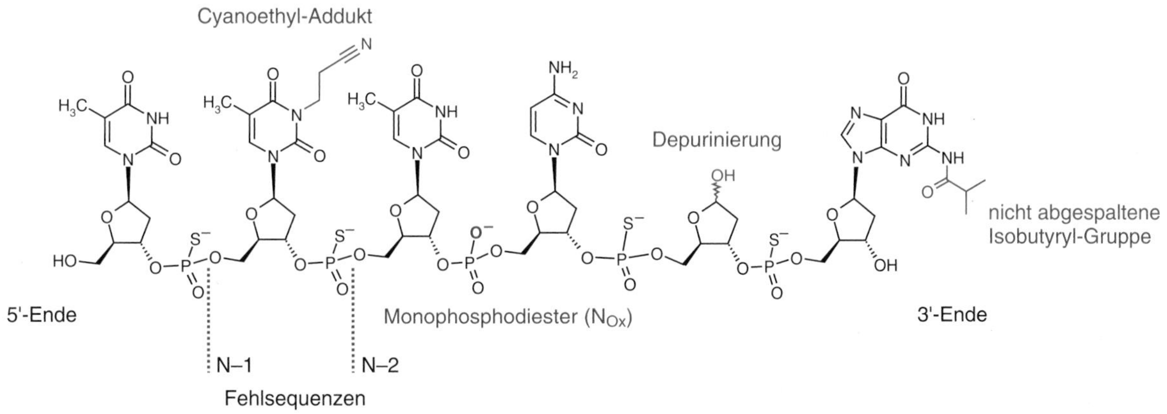

**Abb. 31.25** Mögliche Nebenprodukte der Oligonucleotidsynthese

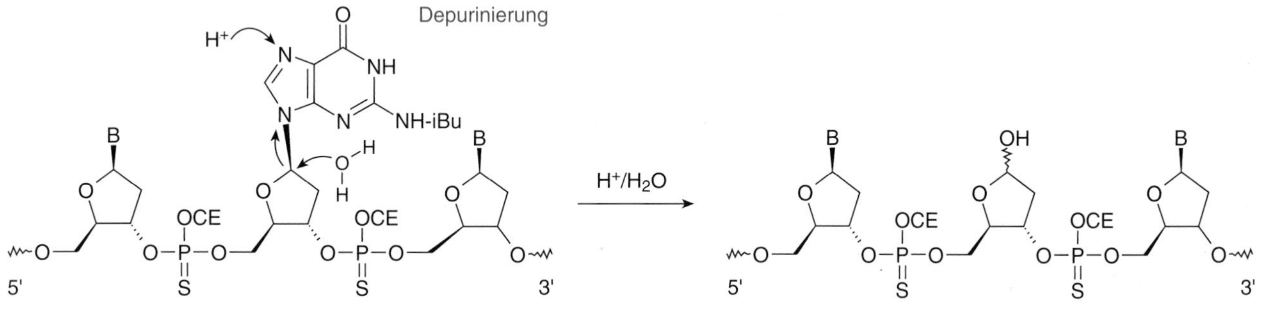

**Abb. 31.26** Depurinierungsreaktion (iBu: isogutyryl)

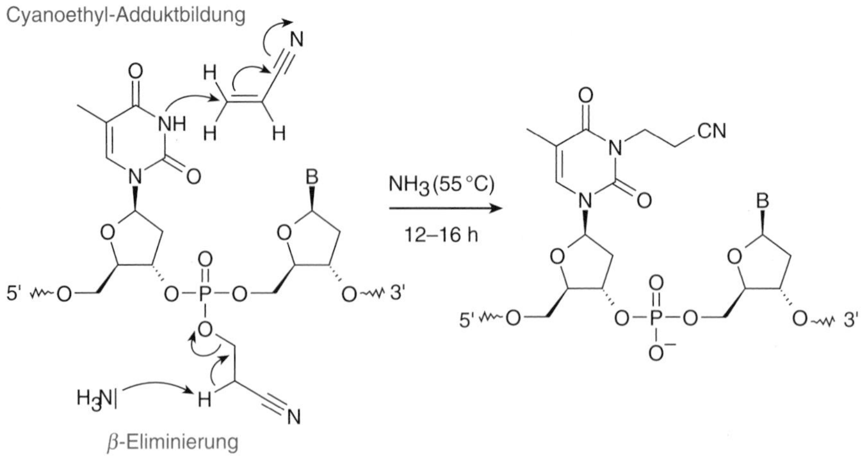

**◘ Abb. 31.27** Bildung von Cyanoethyladdukten bei der Spaltung der Cyanoethylschutz-gruppen mit konzentriertem Ammoniak

Cyanoethyl-Adduktbildung

β-Eliminierung

der Thyminbase entstehen (◘ Abb. 31.27). Die Neben-produkte der Oligonucleotidsynthese können aufgrund der Komplexität der Produkte nur teilweise durch die anschließende Reinigung der Oligonucleotide mittels Ionenaustausch- oder Umkehrphasenchromatographie abgetrennt werden und sind daher im Endprodukt durch geeignete analytische Methoden, wie die im Folgenden beschriebene LC-MS-Methode, nachzuweisen.

### 31.2.2 Untersuchung der Reinheit von Oligonucleotiden

### 31.2.3 Gel-Elektrophorese

Obwohl Agarose- oder Polyacrylamid-Gele in der Analytik synthetisch hergestellter Oligonucleotide immer weniger genutzt wurden, fanden sie neuerdings mit dem Aufkommen therapeutischer mRNAs, längerer Aptamere und langen Crispr/Cas Guide-Strängen wieder vermehrt Anwendung. Vor Allem als Methode für die Eingangsanalytik und bei der Untersuchung von Degradierungen in Stabilitätstests kann diese Methode ohne große Optimierung eingesetzt werden, während die Etablierung von beispielsweise HPLC-Protokollen vergleichsweise aufwändig ist. Außerdem ist der geringe Geräteaufwand ein weiterer Vorteil dieser Methode.

Details zu dieser Methode wurden bereits im ▶ Abschn. 31.1.1.1 dargestellt.

#### 31.2.3.1 Kapillarelektrophorese

Die Kapillargelelektrophorese (capillary gel electropho-resis, CGE) von Nucleinsäuren wird hauptsächlich für analytische Zwecke verwendet. Vorteile gegenüber konventionellen Gel-elektrophorese-Methoden sind Schnelligkeit, geringeres Probenvolumen, höhere Sensitivität und sowie eine sehr hohe, basengenaue Auflösung. Die

theoretischen Grundlagen der Kapil-larelektrophorese wurden in ▶ Kap. 13 bereits beschrieben. Trennungs-prinzip ist auch hier die Wanderung der (negativ gela-denen) Nucleinsäuren im elektrischen Feld. Die Auf-trennung erfolgt in einer Quarzkapillare (Durchmesser 50–100 pm, Länge ca. 20–50 cm) und wird durch den Siebeffekt der Gelmatrix erzielt. Ein wichtiger Unter-schied zu den oben beschriebenen slab-Gelen ist, dass neben quervernetztem (starrem) Gelmaterial auch fließfähige Materialien eingesetzt werden können. Als starres Gelmaterial wird hauptsächlich quervernetztes (cross-linked) Polyacrylamid verwendet. Eine solche Kapillare kann je nach Anwendung für 30–100 Trenn-läufe dienen. Ein großer Vorteil einer fließfähigen Gel-matrix ist, dass sie am Ende eines jeden Laufes durch Druck aus der Kapillare gepresst und somit gegen neues Material ersetzt werden kann. So lässt sich jeder Lauf unter reproduzierbaren Bedingungen mit frischem Gel durchführen. Die Lebensdauer einer Kapillare erhöht sich ebenfalls. Fließfähige Polymere sind Hydroxyme-thylcellulose (HPMC), Hydroxyethylcellulose (HEC), Polyethylenoxid (PEO), Polyvinylpyrrolidon (PVP) oder lineares Polyacrylamid. Als Laufpuffer werden analog zur slab-Gelelektrophorese meist TBE-Puffer verwendet. Für eine CGE unter denaturierenden Be-dingungen wird dem Laufpuffer Harnstoff zugesetzt. Die Proben (1–2/A) werden durch elektrokinetische In-jektion oder Druckinjektion aufgetragen (▶ Kap. 13). Probeninjektion (besonders bei elektrokinetischer In-jektion) und Laufverhalten in der Kapillare sind stark vom Salzgehalt der Probe abhängig, sodass die Proben vor dem Auftrag meist entsalzt werden. Die Elektro-phorese erfolgt bei hohen Spannungen (1–30 kV). Die Detektion der zu trennenden Nucleinsäuren kann durch UV-Absorption erfolgen. Hierzu muss die UV-undurch-lässige Polyimidschicht, die zur Stabilität der Kapillare beiträgt, durch Abflammen an der Detektionsstelle entfernt werden (▶ Kap. 13). Die Detektion erfolgt mithilfe von fluoreszierenden Farbstoffen (OliGreene, SYBR®Green, ▶ Abschn. 31.1.2), oder durch die Verwendung fluoreszenz-markierter Primer während einer vorherigen PCR. Eine wichtige Anwendung der CGE ist die Darstellung von Allel-Profilen in forensischen Untersuchungen. Während die CGE in der Analytik chemisch-synthetisierter Oligonucleotide immer weniger genutzt wird, ist diese Methode in der Forensik die die Möglichkeit der schnellen und präzisen Auswertung von Multiplex-PCRs und die Eindeutigkeit der Signale extrem verbreitet.

## 31.2.3.2 HPLC

Bei der Charakterisierung synthetisch-produzierter Oligonucleotide ist, im Gegensatz zu der Isolierung aus biologischen Proben, die Besonderheit gegeben, dass nicht nur chemisch nahezu identische Moleküle zur Analytik vorliegen, sondern deren Sequenz und Moleküllänge ist meist auch sehr ähnlich. Ziel dieser Analytik ist, Nebenprodukte aus der Synthese (Oligonucleotide mit weniger Basen, beispielsweise n − 1, n − 2, n − 3; mit mehr Basen, beispielsweise n + 1; Oligonucleotide mit noch verbliebenden Schutzgruppen) klar von dem Hauptprodukt abzutrennen. Das gilt auch für chemische Modifikationen, beispielsweise Phosphorothioate, bei denen ein Nebenprodukt der herkömmliche Phosphordiester ist. Daher wurden verschiedene HPLC-Verfahren entwickelt und optimiert, die eine hohe Auflösung und Abtrennung der einzelnen Molekülpopulationen erlauben und teilweise mit anderen Analysetechniken, beispielsweise der Massenspektrometrie kombinierbar sind.

Reverse Phase HPLC: Mit der RP-HPLC lassen sich, bedingt durch die Natur von Säule und Eluenten hydrophile und hydrophobe, aber unpolare und polare Analyten trennen. Sind die polaren Eigenschaften der Analyten sehr stark ausgeprägt, ist eine Trennung mittels einer normalen RP-Methode nicht möglich. Um die Wechselwirkungen und damit auch die Affinität der polaren Substanzen zu RP-Phasen zu erhöhen, verwendet man in der Regel so genannte Ionenpaarreagenzien. Diese zeichnen sich dadurch aus, dass sie zum einen eine hydrophobe Wechselwirkung mit der RP-Phase und zum anderen eine Ladungswechselwirkung mit den Analyten eingehen.

Aufgrund des schwach ausgeprägten hydrophoben Charakters und der polyanionischen Natur von Oligonucleotiden sind diese einer herkömmlichen reverse-phase- (RP-)HPLC (Umkehrphasen-HPLC) nur schwer zugänglich. Daher finden bei der HPLC-Trennung von Oligonucleotiden Ionenpaar- (IP-) Reagenzien Anwendung, die zu einer verstärkten Wechselwirkung der Analyten mit der stationären Phase der Säule führen (◻ Abb. 31.28). Triethylammoniumacetat (TEAA) und Tetrabutylammoniumbromid (TBAB) sind zwei IP-Reagenzien, die bei der Trennung von Oligonucleotiden mittels IP-RP-HPLC Anwendung finden. Da TBAB jedoch nicht flüchtig ist und daher nicht in Kombination mit der Elektrosprayionisierung der Massenspektrometer eingesetzt werden kann (LC/MS), wird meist TEAA verwendet. Auch Mischungen aus Hexafluoroisopropanol und Triethylamin finden als Ionenpaar-Reagenz Anwendung (▶ Abschn. 31.2.4.1). Dabei sind es vor Allem die Ammoniumionen mit Alkylresten die zur Steigerung der Wechselwirkung zwischen den Analyten und der RP-Phase beitragen. Neben Ladungswechselwirkungen treten auch hydrophobe Wechselwirkungen zwischen

◻ **Abb. 31.28** Schematische Darstellung des Trennmechanismus einer Ionenpaar-*reversed-phase*-HPLC. Von *reversed-phase*-Chromatographie spricht man, wenn die verwendete stationäre Phase unpolarer ist als das Eluentengemisch. Typische stationäre Phasen sind poröse Kieselgele, an deren Oberfläche Alkylgruppen unterschiedlicher Länge gebunden sind. Die Kettenlänge der Alkylreste bestimmt die Hydrophobizität der stationären Phase. Am häufigsten werden $C_{18}$- oder auch $C_8$-Alkylketten verwendet

der RP-Phase und den hydrophoben Basen des Oligo-nucleotids auf, die zur gesamten Retention des Analyten beitragen. Die Trennleistung einer Ionenpaarmethode zur Oligonucleotidtrennung wird maßgeblich von der Lipophilie des Ammonium-Kations bestimmt. Darüber hinaus hat jedoch auch das Gegen-Ion einen Einfluss auf die Trennung. So erklärt Gilar die hohe Trennleis-tung des HFIP/TEA-Puffers damit, dass HFIP im Ver-gleich zu Essigsäure (TEAA-Puffer) die Löslichkeit von protonierten TEA-Moleküle im Eluenten herabsetzt und somit die Oberflächenkonzentration des Kations auf der RP-Phase erhöht. Die Auftrennung erfolgt da-bei meist in Methanol/Wasser-Gradienten statt, wobei die Ionenkonzentrationen (HFIP/TEA) meist konstant gehalten werden.

Ionenaustauschromatographie: Bei der Ionenaus-tauschchromatographie werden Moleküle anhand ihrer Nettoladung aufgetrennt. Dabei ist die in der HPLC Säule befindliche stationäre Phase (im Fall der Analytik von Oligonucleotiden oft Polymer-Säulenmaterial) eine den zu analysierenden Stoffen entgegengesetzte Ladung, sodass sich bei dem Auftrag der Probe die Moleküle an das Säulenmaterial binden. In der mobilen Phase wird dann die Salzkonzentration stetig gesteigert, was zum Ablösen zunächst wenig geladener und mit steigender Ionenstärke stärker geladener Moleküle führt. Da jedes Nucleosid in einem Oligonucleotid eine Ladung auf-weist, sind längere Oligonucleotide stärker an das Säu-lenmaterial gebunden, als kürzere.

Auf diese Weise lassen sich sehr gut beispielsweise 21 Basen RNA-Moleküle einer siRNA von den n − 1 und n − 2 Nebenprodukten abtrennen. Für die Analytik von Oligonucleotiden wurden spezifische Säulenmateria-lien und Puffersysteme entwickelt, um eine Basislinien-Auftrennung zu erreichen.

Allerdings lassen sich nicht alle Oligonucleotide mit-tels herkömmlicher Ionenaustauschchromatographie auftrennen. Mit fortschreitender Entwicklung therapeu-tischer Oligonucleotide wurden mehr und mehr chemi-sche Modifikationen entwickelt, die beispielsweise die Serum-Halbwertszeit erhöhen bzw. die Oligonucleotide stabiler gegenüber enzymatischem Abbau machen. Ei-nige dieser Modifikationen führen zu einer verstärkten Bindung an das Ioenaustausch-Säulenmaterial, was eine Auftrennung erschwert.

### 31.2.4 Charakterisierung von Oligonucleotiden

#### 31.2.4.1 LC/MS

Die LC/MS ist eine Kombination von HPLC und Mas-senspektrometrie, bei der jedem UV-Signal ein Massen-spektrum zugeordnet werden kann. Auf diese Weise be-kommt der Nutzer eine Information über die Reinheit und die Identität seiner Proben, das bedeutet, er kann mit einer einzigen Analyse charakterisieren, welche Ne-benprodukte/Produkte in welchen Mengen in der Probe vorhanden sind.

Bei diesem Verfahren werden die Analyten, die im Trennpuffer gelöst von der HPLC-Säule eluiert werden, über eine Kapillare in die Ionenquelle eingebracht. In der Ionenquelle wird unter Atmosphärendruck durch Anle-gen eines elektrischen Feldes von mehreren Kilovolt an die LC-Kapillare ein fein verteiltes Spray hoch geladener Lösungsmitteltröpfchen mit einem Durchmesser von wenigen Mikrometern gebildet. Die Analyse von Oligo-nucleotiden, die aufgrund des Phosphatrückgrates sehr leicht negativ geladene MolekülIonen bilden, erfolgt im Negativionen-Modus, indem an die LC-Kapillare eine positive Spannung angelegt wird. Besonders erfolgreich ist die Ionisierung, wenn die Oligonucleotide aufgrund der Verwendung eines geeigneten HPLC-Puffersystems bereits in deprotonierter Form vorliegen. Dies lässt sich durch Verwendung von Puffern erreichen, die während des Elektrosprayprozesses einen alkalischen pH-Wert aufweisen. Durch Desolvatationsprozesse werden die Ionen aus den Lösungsmitteltröpfchen in die Gasphase überführt, wobei sich je nach Molekulargewicht des Oligonucleotids überwiegend mehrfach geladene Mole-kül-Ionen bilden. Die Ladungsverteilung wird vor allem durch das Molekulargewicht des Analyten bestimmt, kann aber zusätzlich durch die Art des verwendeten HPLC-Puffers sowie durch die Geräteparameter beein-flusst werden. Eine Fragmentierung der Analyten wird aufgrund der geringen thermischen Belastung während der Ionisierung beim Elektrosprayverfahren nicht be-obachtet. Nach Überführung der Analyten in die Gas-phase erfolgt die Massenanalyse der Ionen in einem Ionenfallen-oder Quadrupol-Massenspektrometer. Die HPLC-Kopplung bietet bei der Analyse von Oligonu-cleotiden den Vorteil, dass komplexe Substanzgemische auf relativ einfachem Wege untersucht werden können. Des Weiteren bietet die chromatographische Aufreini-gung die Möglichkeit einer fast vollständigen Entfer-nung von Salzen, die ansonsten den Elektrospraypro-zess behindern würden. Durch die Kopplung der HPLC mit der ESI-MS erhält man neben dem UV-Chromato-gramm eine weitere chromatographische Information. das so genannte TIC-Chromatogramm (wobei TIC für total ion current steht), das in der Regel gut mit dem bei 260 nm detektierten UV-Chromatogramm korreliert. Die massenspektrometrische Detektion erlaubt es nun, zu jedem Zeitpunkt im TIC-Chromatogramm ein Mas-senspektrum darzustellen (◻ Abb. 31.29). Die Elektro-sprayionisation von Oligonucleotiden führt in der Regel zu einer Serie von mehrfach geladenen Ionen, die eine unterschiedliche Zahl von negativen Ladungen auf dem Oligonucleotidrückgrat tragen. Daher findet man im Massenspektrum eines Oligonucleotids immer eine Se-rie von Ionensignalen, die sich jeweils um eine Ladung unterscheiden. Daher wird für das zu messende Molekül

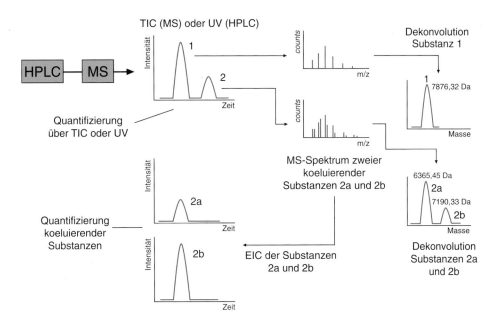

◻ **Abb. 31.29**   Schematische Darstellung der LC-MS-Analyse eines Stoffgemisches aus drei Komponenten, von denen zwei (2a und 2b) chromatographisch nicht auftrennbar sind

der Masse um jeweils eine Serie unterschiedlicher Werte von m detektiert. Da bei der ESI-MS nicht die Masse selbst, sondern das Verhältnis m/z gemessen wird, lassen sich im Falle mehrfach ionisierter Moleküle auch noch solche mit relativ hohem Molekulargewicht bestimmen. Die Intensität eines Ionensignales hängt dabei mit der statistischen Wahrscheinlichkeit zusammen, mit der das entsprechende Ion beim Elektrosprayprozess gebildet wird. Im Idealfall ergibt sich für die Intensitätsverteilung eine Gaußsche Verteilungskurve. Die tatsächliche Form der Intensitätsverteilung und die Lage des Maximums sind jedoch von der Wahl verschiedener MS-Parameter abhängig, da diese die Transmission einzelner Ionen stark beeinflussen können. Die Bildung von Ionenserien verhindert die direkte Bestimmung der Molekulargewichte aus den Massenspektren der Oligonucleotide. Diese erhält man jedoch durch Dekonvolution, bei der ausgehend von den gemessenen m/z-Werten der einzelnen Ladungszustände das Molekulargewicht berechnet wird. Die im full-scan-Modus einer Ionenfalle aufgezeichneten Massenspektren können überdies zur Generierung so genannter extrahierter Ionenchromatogramme (extracted ion chromatogramm, EIC) genutzt werden. Hierbei wird aus den einzelnen m/z-Werten einer Ionenserie einer Verbindung eine Chromatogramm-spur berechnet, anhand derer man erkennt, zu welchem Zeitpunkt eine bestimmte Komponente eluiert. EIC können somit genutzt werden, um Chromatogramm-spuren koeluierender Substanzen mit unterschiedlichen Molekulargewichten zu generieren. Diese können dann wie jedes her-kömmliche UV- oder TIC-Chromatogramm zur Quantifizierung genutzt werden; das heißt es

können selbst solche Substanzen quantifiziert werden, die mittels HPLC nicht separiert wer-den konnten, vorausgesetzt, diese weisen verschiedene Massen auf.

Bei der Etablierung einer LC/MS Methode ist dabei darauf zu achten, dass die verwendeten Puffersysteme großen Einfluss auf die massenspektrometrische Analyse haben, im Besonderen auf die Ionisierung haben. Bei der Analytik von Oligonucleotiden wird im Allgemeinen die Ionensprayionisierung und die bei der IP-RP-HPLC angegebenen TEAA bzw. HFIP/TEA Puffer verwendet.

Obwohl TEAA ein flüchtiges Ionenpaarreagens darstellt, beeinflusst es die Empfindlichkeit der MS-Detektion negativ. Die für eine effiziente Trennung notwendige Konzentration an TEAA führt in der Regel zu einem deutlichen Verlust an Sensitivität der MS-Detektion. Die erhöhte MS-Sensitivität des HFIP/TEA-Puffers im Vergleich zum TEAA-Puffer führt Apffel et. al. auf die unterschiedlichen Siedepunkte von HFIP, Essigsäure und TEA zurück. Da Essigsäure (Sdp. 118 °C) einen höheren Siedepunkt als TEA (Sdp. 89 °C) aufweist, wird TEA bevorzugt verdampfen, wodurch der pH-Wert des HPLC-Eluenten während des Elektrosprayprozesses abnimmt. Diese Erniedrigung des pH-Wertes führt zur Protonierung des negativ geladenen Oligonucleotids und damit zu einer Herabsetzung der Sensitivität der MS-Detektion. Im Gegensatz dazu wird während der Desolvatation eines HPLC-Eluenten aus HFIP/TEA-Puffer und Analyten das HFIP bevorzugt verdampfen, was zu einer Erhöhung des pH-Wertes und damit zu einer Deprotonierung der Phosphatgruppen im Oligonucleotidrückgrad führt. Das somit negativ geladene Oligonucleotid kann während des ESI-Prozesses in die Gasphase überführt und mit hoher Sensitivität detektiert werden. Gilar et al. haben das ursprünglich von Apffel et al. eingeführte HFIP/TEA-Puffersystem zur HPLC-Trennung von Oligonucleotiden weiter optimiert und damit zur breiteren Anwendung in Forschung und Entwicklung verholfen.

### 31.2.4.2 MALDI-TOF-MS

Eine weitere Methode zur Untersuchung der Molekülmasse ist die Matrix-Assisted-Laser-Disorption and Ionisation Time-of-Flight Massenspektrometrie. Dabei werden die zu analysierenden Proben mit Matrix-Salzen verdünnt und auf einer Trägerplatte getrocknet. Im Gerät wird die Energie deines Lasers von der Matrix auf die Moleküle in der Probe übertragen, welche sich als Gas von der Trägerplatte lösen. Dabei werden je nach Molekülart Protonen aus der Probe gelöst bzw. angelagert, wodurch eine Ladung entsteht. In dem Flugrohr werden diese Moleküle dann in einem elektrischen Feld beschleunigt und die Flugzeit bestimmt. Mit dieser Methode können sehr komplexe Moleküle analysiert werden; Für Oligonucleotide ist diese Methode besonders geeignet, weil auch mit geringen Probenmengen eindeutige Ergebnisse erzielt werden können.

Mittels MALDI-TOF-MS können prinzipiell Moleküle über einen großen sehr Massenbereich analysiert werden. Allerdings ist die Analyse von Oligonucleotiden dadurch begrenzt, dass während der Ionisierung ab etwa 40 Basen Molekülbruchtücke entstehen; des Weiteren geben die verwendeten Matrices spezifische Signale im unteren Massenbereich, was die Analyse von Di- und Trinucleotiden erschwert.

Charakteristisch für die Analytik von Oligonucleotiden ist außerdem das Auftreten von so genannten Salzpeaks. Bei diesen Signalen haben sich den Proben einzelne Salz-Ionen (beispielsweise Natrium- oder Kalium-Ionen) angelagert, weshalb diese um spezifische Beträge schwerer erscheinen, als das erwartete Produkt. Durch Entsalzung der Probe vor dem Auftragen auf die Matrix können diese Signale vermindert werden; insbesondere bei der Analytik komplexer Proben und der Identifizierung von Nebenprodukten der Oligonucleotidsynthese ist dies von besonderer Bedeutung und erleichtert die Auswertung der Daten.

### 31.2.4.3 Sequenzierung kurzer Oligonucleotide

Auch wenn die chemische Festphasensynthese von Oligonucleotiden ein gut kontrollierter Prozess ist, und die theoretische Molekülmasse gut mit der Molekülmasse des Produktes verglichen werden kann, ist der Nachweis der Sequenz gerade für therapeutische Oligonucleotide von besonderer Bedeutung. Immerhin könnte theoretisch die Reihenfolge der einzelnen Nucleoside

vertauscht sein. Problematisch bei der Sequenzierung synthetischer Oligonucleotide ist, dass aufgrund ihrer kurzen Sequenz herkömmliche Sequenzierungsmethoden nicht verwendbar sind. Hier ist aber die MALDI-TOF-MS-Analytik unter vorheriger Anwendung spezifischer Nucleasen vorteilhaft. Beispielsweise können mit einer Snake Venom Phosphodiesterase RNA-Oligonucleotide vom 5′Ende her degradiert und einzelne Nucleoside abgetrennt werden; Bovine Spleen Phosphodiesterase degradiert RNA-Oligonucleotide vom 3′Ende her. Im MALDI-TOF-MS entstehen dann spezifische Signale, die den spezifischen Nucleosiden zugeordnet werden können.

## 31.2.5 Aufreinigung von Nucleinsäuren

Neben der reinen Analytik von Nucleinsäuren gibt es eine Reihe von Anwendungen, bei der die Isolation bestimmter Sequenzen oder Fragmente erreicht werden soll. Ein Beispiel hierfür ist die Aufreinigung bestimmter DNA-Fragmente, die aus einem Vektor herausgeschnitten wurden und in einen neuen Vektor gespliced werden sollen; ein weiteres Beispiel ist die Abtrennung einer *in vitro* transkribierten mRNA von der DNA-Matrize und ein drittes Beispiel ist die Abtrennung von Nebenprodukten aus der Oligonucleotid-Synthese vom Produkt.

Bei der Aufreinigung von Nucleinsäuren stehen – anders als bei rein analytischen Verfahren – oft weniger die Auflösung des Verfahrens, als dessen Skalierbarkeit im Vordergrund. Bei der Isolierung von DNA-Fragmenten zur Neukombination und Klonierung in einen Vektor ist dieser Effekt nicht so ausgeprägt – bei der Aufreinigung von beispielsweise synthetisierten siRNAs oder Antisense Oligonucleotiden für pharmazeutische Anwendungen und Phase-3 Studien im kilogramm-Maßstab dafür umso mehr.

### 31.2.5.1 Isolierung von Fragmenten nach Gelelektrophorese

Oft werden Fragmente für die Klonierung nur in geringen Mengen benötigt. Daher können diese gut in einem Gel aufgereinigt werden. Allerdings müssen diese aus den Gelstücken wieder isoliert und für den späteren Einbau in neue Vektoren in wässrige Lösung gebracht werden. Da es sich hierbei um *in vitro* Methoden handelt, stehen pharmazeutische Sicherheits-Aspekte bei der Reinheit des Endproduktes bezüglich der Inhaltsstoffe (Endotoxine, Schwermetalle, Acrylamid, usw.) kaum eine Rolle. Daher können einfache Isolations-Kits genutzt werden, um die Gele (Agarose oder Polyacrylamid) zu homogenisieren, die Nucleinsäuren in Lösung zu bringen, über eine Fällung oder über die Bindung an Säulen – ähnlich wie bei der Isolation von Nucleinsäuren aus biologischem Material – zu isolieren.

## 31.2.5.2  Elektroelution

Eine weitere einfache und effektive Möglichkeit, Nucleinsäuren aus einem Gel wieder zu isolieren, ist die Elektroelution. Bei dieser Methode wird das entsprechende Gelstück in eine Kammer übertragen, an dessen Seiten Membranen die Durchlässigkeit von Strom gewährleisten – gleichzeitig aber eine so kleine Porengröße haben, dass die Nucleinsäuren diese nicht passieren können. Wird diese Kammer nun einem elektrischen Feld ausgesetzt, passiert das gleiche wie bei der Elektrophorese – die Nucleinsäuren wandern entsprechend ihrer Ladung aus dem Gel heraus und gehen in die umgebende Lösung über. Im Anschluss kann die Lösung aus der Kammer pipettiert und die Nucleinsäuren weiterverarbeitet werden. Auch diese Methode findet vor Allem bei kleinen benötigten Mengen von Nucleinsäuren Anwendung und ist schlecht auf große Mengen skalierbar. Dafür ist diese Methode aber preiswert, schnell und effektiv durchzuführen und wird bei der Herstellung von synthetischen Oligonucleotiden im kleinen Maßstab oft verwendet.

## 31.2.5.3  Reinigung über Glas-Beads

Viele käufliche Reinigungsmethoden beruhen auf der Eigenschaft der DNA, an vorbehandelte Glaskügelchen, so genannte Glas-*beads,* zu binden. Die Agarose wird dabei durch Behandlung mit chaotropen Reagenzien wie zum Beispiel Iodacetat oder Natriumperchlorat zerstört. Durch eine hohe Konzentration an chaotropen Salzen werden die Wasserstoffbrücken-Bindungen innerhalb des Agarosepolymers zerstört und so die Gelstückchen aufgelöst. Die Adsorption der DNA an Silica-Oberflächen oder Glas-*beads* erfolgt in Gegenwart hoher Konzentrationen von chaotropen Salzen. Diese Adsorption der DNA ist stark pH-abhängig, sodass einige kommerziell erhältliche Kits den Puffern pH-Indikatoren zugesetzt haben, um einen optimalen pH-Wert (unter pH 7,5) für die Bindung zu gewährleisten. Die Glaskügelchen werden je nach Art des Kits abzentrifugiert oder über kleine Säulen isoliert. Die adsorbierte DNA wird nach einigen Waschschritten zur Entfernung von Agaroserückständen und Salzen anschließend durch Puffer mit geringem Salzgehalt und höherem pH-Wert (am besten eignet sich TE-Puffer) von den Glaskügelchen gelöst.

> **chaotrop**
>
> Eigenschaft von Ionen, Wasserstoffbrücken-Bindungen zu beeinflussen und eine Struktur zu zerstören. Solche Ionen sind negativ geladen, haben große Radien und geringe Ladungsdichte, wie z. B. $I^-$, $ClO_4^-$, $SCN^-$.

Mit dieser hauptsächlich angewendeten Methode können standardmäßig Fragmente zwischen 40 bp bis 50 kb aus 0,2–2 %igen Agarosegelen isoliert werden. Ab einer bestimmten Größe (meist größer als ca. 4 kb) muss die DNA für längere Zeit und bei erhöhter Temperatur von den Glaskügelchen gelöst werden. Die Ausbeute der Fragmentisolierung ist auch von der Größe der Fragmente abhängig. Bei der Isolation der Fragmente aus TBE-Gelen müssen zusätzlich noch Monosaccharide präsent sein, um die vorhandenen Borationen zu chelatieren. Die Methode kann auch unter modifizierten Bedingungen (andere Pufferbedingungen und Filtration vor Inkubation mit den Glas-*beads*) aus Polyacrylamidgelen erfolgen.

## 31.2.5.4  Reinigung über Gelfiltrations- oder reversed-phase-Säulen

Das Reinigungsprinzip der Gelfiltrationschromatographie wurde bereits in ▶ Abschn. 30.1.2 ausführlich erläutert. Bei der Fragmentisolierung wird dieses Verfahren hauptsächlich zur Abtrennung radioaktiver Nucleotide aus Markierungsansätzen oder zur Entsalzung bestimmter Reaktionsgemische verwendet. Da die Fragmente oft sehr klein sind, ist die Wahl des Gelfiltrationsmaterials zur Abtrennung der Nucleotide wichtig. Größte Bedeutung hat die Gelfitration bei der Aufreinigung von PCR-Fragmenten für Sequenzreaktionen zur Abtrennung überschüssiger Fluoreszenzfarbstoffe, Primer und Nucleotide, die die Gelelektrophorese sowie die anschließende Fluoreszenzdetektion stören würden. Aufgrund der stetig steigenden Anzahl von Sequenzreaktionen werden auch Gelfiltrationsmethoden im 96-Loch-Format angeboten.

## 31.2.5.5  Präparative HPLC

Für sehr saubere und qualitativ hochwertige Nucleinsäuren – und vor Allem für synthetische Oligonucleotide findet die präparative HPLC Anwendung. Für Labormengen werden oft Reverse Phase HPLC Methoden angewandt, um in kurzen HPLC-Läufen mittels Trityl-ON-Synthesen eine Aufreinigung zu erreichen. Hintergrund hierbei ist, dass bei der chemischen Synthese von Oligonucleotiden nach der Kopplung des letzten Amidites die Trityl-Schutzgruppe an dem Oligonucleotid verbleibt und dadurch ein großer Shift im Chromatogramm zwischen Nebenprodukten und Produkt erreicht wird. Im Anschluss kann entweder direkt auf der HPLC-Säule oder nach der Elution die Trityl-Schutzgruppe abgespalten und dadurch das Produkt isoliert werden.

Für pharmazeutische Anwendungen findet aufgrund der verwendeten Mengen und der Prozesssicherheit diese Methode kaum Anwendung. Hier wird meist das Rohprodukt komplett entschützt und mittels Ionen-austauschchromatographie aufgereinigt. Die hier verwendeten Säulen und die benötigten Flussmengen in der HPLC können je nach der Menge aufzureinigenden Materials extrem groß werden. Auch aus diesem Grund ist die Ionenaustauschchromatographie vorteilhaft, da hier ausschließlich Puffersalze verwendet werden, die preiswert zu entsorgen sind – während bei der Reverse-Phase Chromatographie große Mengen Lösungsmittel anfallen würden. Prinzipiell funktioniert eine präparative Ionenaustauschchromatographie genau wie eine analytische Ionenaustauschchromatographie: die geladenen Nucleinsäuren/Oligonucleotide binden an eine Matrix; durch die ansteigende Salzkonzentration wird die Bindung zur Matrix kleiner, sodass weniger geladene (kürzere) Oligonucleotide sich eher von der Matrix lösen, als stärker geladene (längere) Oligonucleotide. Auf diese Art und Weise kann das Rohprodukt in die verschiedenen Oligonucleotid-Populationen aufgetrennt werden (kürzere Nebenprodukte und Produkte). Allerdings erfolgt die Auftrennung der Populationen aufgrund der aufzutrennenden Menge und der verwendeten Säulendimensionen viel weniger gut getrennt als bei analytischen Verfahren.

### 31.2.5.6 Entsalzung über Cross-Flow Filtration

Nach der Aufreinigung synthetisch-hergestellter Oligonucleotide mittels Ionenaustauschchromatographie sind die Moleküle oft in einer Salzlösung gelöst. Im Labormaßstab können die Salze über Entsalzungssäulen (siehe Größenausschlußchromatographie) aus den Lösungen entfernt werden; im Produktionsmaßstab und unter GMP ist dieser Prozess nicht praktikabel. Hier findet die CrossFlow-Filtration Anwendung. Bei dieser Methode wird die Oligonucleotid-Lösung mittels Peristaltikpumpen entlang einer Membran gepumpt, deren Porengrößen größer als die zu entfernenden Ionen und kleiner als die Oligonucleotidmoleküle sind. Je nach angelegtem Druck im System werden die Ionen und Wassermoleküle durch die Membran gedrückt (Filtrat), während die Oligonucleotide zurück in den Vorratstank gelangen (Permeat).

Durch die Verwendung sehr großer Membranen bzw. Kartuschensystemen kann dieser Prozess gut skaliert werden und findet auch bei Herstellungsprozessen im Gramm- und Kilogramm-Maßstab Anwendung.

## Literatur und Weiterführende Literatur

Arnaud CH (2016) 50 years of HPLC. Chem Eng News 94:28–33

Ausubel FM, Brent R, Kingston RE, Moore DD, Smith JA, Seidman JG, Struhl K (1987–2005) Current protocols in molecular biology. Wiley, New York

Barciszewska M, Sucha A, Bałabańska S, Chmielewski MK (2016) Gel electrophoresis in a poly-vinylalcohol coated fused silica capillary for purity assessment of modified and secondary-structured oligo- and polyribonucleotides. Sci Rep 6:19437 https://doi.org/10.1038/srep19437

Joyner JC, Keuper KD, Cowan JA (2013) Analysis of RNA cleavage by MALDI-TOF mass spectrometry. Nucleic Acids Res 45:7042–7048. https://doi.org/10.1093/nar/gks811

Lin CY, Huang Z, Jaremko W, Niu L (2014) High-performance liquid chromatography purification of chemically modified RNA aptamers. Anal Biochem 449:106–108. https://doi.org/10.1016/j.ab.2013.12.022

Maniatis T, Fritsch FF, Sambrook J (1989) Molecular cloning: a laboratory manual. Cold Spring Harbor Laboratory, Cold Spring Harbor

Martin R (1996) Gel electrophoresis: nucleic acids. Bios Scientific Publishers Limited, Oxford

Nwokeoji AO, Kung AW, Kilby PM, Portwood DE, Dickman MJ (2017) Purification and characterization of dsRNA using ion pair reverse phase chromatography and mass spectrometry. J Chromatogr A 1484:14–25. https://doi.org/10.1016/j.chroma.2016.12.062

Sambrook J, Russell DW (2001) Molecular cloning: a laboratory manual, 3. Aufl. Cold Spring Harbor Press, Cold Spring Harbor

Zhang Q, Lv H, Wang L, Chen M, Li F, Liang C, Yu Y, Jiang F, Lu A, Zhang G (2016) Recent methods for purification and structure determination of oligonucleotides. Int J Mol Sci 2016:2134. https://doi.org/10.3390/ijms17122134

31

# RNA-Strukturaufklärung durch chemische Modifikation

*W.-Matthias Leeder und H. Ulrich Göringer*

## Inhaltsverzeichnis

**32.1 Grundlagen der RNA-Faltung – 813**
32.1.1 RNA-Primärstruktur – 813
32.1.2 RNA-Sekundär- und Tertiärstruktur – 814

**32.2 RNA-Modifikationsreagenzien und ihre Spezifitäten – 817**
32.2.1 Basenspezifische Modifikationsreagenzien – 818
32.2.2 Basenunabhängige Modifikationsreagenzien – 818

**32.3 Identifizierung der modifizierten Nucleotidpositionen – 819**

**32.4 Experimentelle Durchführung – 821**
32.4.1 RNA-Synthese und notwendige Kontrollen – 821
32.4.2 Chemische Modifikation – 821
32.4.3 Einbindung der Modifikationsdaten in 2D-Strukturvorhersagen – 822

**32.5 Transkriptomweite Strukturaufklärungen – 824**

**32.6 Erweiterung der Strukturaufklärungsmöglichkeiten durch**
*Mutational Profiling* **– 825**

**32.7 *In vivo*-Modifikationen – 826**

**Literatur und Weiterführende Literatur – 829**

© Springer-Verlag GmbH Deutschland, ein Teil von Springer Nature 2022
J. Kurreck et al. (Hrsg.), *Bioanalytik*, https://doi.org/10.1007/978-3-662-61707-6_32

- Die chemische Modifikation von Ribonucleinsäuren stellt eine Experimentaltechnik dar, mit der die Sekundärstruktur bzw. die Strukturänderung von RNA-Molekülen nucleotidgenau bestimmt werden kann.
- Die Spezifitäten der als Struktursonden agierenden modifizierenden Agenzien ermöglichen die Untersuchung diverser struktureller Eigenschaften, wie z. B. der Zugänglichkeiten der heterocyclischen Basen, der Strukturdynamik der Ribonucleotide bzw. der Lösungsmittelzugänglichkeit der Ribosebausteine.
- Die chemischen Umsetzungen lassen sich in einem breiten Lösungsmittelkontext, bei unterschiedlichen Temperaturen und auf unterschiedlichen Zeitskalen durchführen. Auch ist es möglich, *in vitro* und *in vivo* zu modifizieren.
- Die Methode ist quantifizierbar. Das Ausmaß der chemischen Modifikation an jedem Ribonucleotid entspricht einem Pseudo-Gibbs-Energiewert (Pseudo-$\Delta G$), der zur Berechnung des thermodynamisch stabilsten 2D-Faltungszustands der RNA, der *Minimal-Free-Energy-* (MFE-) Struktur, genutzt werden kann.
- Die Methode ist skalierbar. Sie kann sowohl auf einzelne RNAs als auch im Hochdurchsatzformat auf viele RNA-Spezies angewendet werden. In Kombination mit *Next-Generation-Sequencing (NGS)* können zellübergreifende Strukturuntersuchungen durchgeführt und der Faltungszustand des gesamten Transkriptoms einer Zelle ermittelt werden.
- Das Anwendungsspektrum der Methode ist breit. Es reicht von der Grundlagenforschung über die synthetische Biologie bis hin zu RNA-basierten Sensortechnologien. Struktur-Funktions-Untersuchungen jedweder RNA-Spezies in nahezu jedem biologischen und abiologischen Kontext sind möglich.

Ribonucleinsäuren (RNA) sind unverzweigte Phosphat/Ribose-Polymere mit heterocyclischen Basen (Nucleobasen) als Substituenten. Sie gehören neben Proteinen, DNA-Molekülen und Kohlenhydraten zu den zentralen polymeren Verbindungen in biologischen Systemen. Ein substanzieller Teil der Masse jeder pro- und eukaryotischen Zelle geht auf RNA-Moleküle zurück. Gleichzeitig stehen Ribonucleinsäuren als synthetische Biomaterialien im Fokus der Forschung, u. a. zur Herstellung nanoskalierter, nucleinsäurebasierter Bauelemente. RNA-Moleküle üben eine Fülle an Funktionen in biologischen Systemen aus (Sharp 2009; Cech und Steitz 2014). Diese reichen von der Aufgabe, als chemisch-genetische Informationsspeicher zu fungieren, über die Katalyse biochemischer Umsetzungen bis hin zu zellulären Steuerfunktionen z. B. bei der zeitlichen und räumlichen Modulation von genregulatorischen Prozessen (Mustoe et al. 2018). Letzteres manifestiert sich in einem

als „pervasive Transkription" bezeichneten biologischen Phänomen: Nahezu das gesamte Genom eines Organismus wird transkribiert und damit in RNA-Moleküle übersetzt (Amaral et al. 2008). Als Ergebnis enthalten sowohl pro- wie eukaryotische Zellen eine Vielzahl unterschiedlicher „RNA-Spezies". Hierzu gehören ribosomale (r)RNAs, *transfer-* (t)RNAs, *messenger-* (m)RNAs, *micro-* (mi)RNAs (▶ Abschn. 41.2.5), kurze und lange *non-coding-* (nc)RNAs, *small interfering-* (si)RNAs (▶ Abschn. 41.2), *guide-* (g)RNAs, *Piwi-interacting-* (pi)RNAs und viele mehr. Die spezifischen Funktionen dieser RNAs werden durch deren Primärsequenzen, in letzter Konsequenz jedoch durch die zwei- und dreidimensionalen Faltungen der Moleküle bestimmt. Dieser Umstand macht es notwendig, neben der Sequenzierung von RNA-Molekülen auch deren Struktur zu bestimmen. Letzteres ist umso bedeutender, da die Faltung eines RNA-Moleküls unter unterschiedlichen physikalischen und chemischen Randbedingungen, ebenso wie in unterschiedlichen biologischen Funktionszuständen, zu alternativen räumlichen Anordnungen führt. Im zellulären Kontext kann das bedeuten, dass für eine spezifische RNA-Spezies ein dynamisches Ensemble an unterschiedlich gefalteten Molekülen existiert, das sich in Abhängigkeit von den Milieubedingungen zugunsten unterschiedlicher struktureller Subpopulation verschiebt. Auch besteht die Möglichkeit, dass eine RNA-Spezies alternative Faltungen mit ähnlichen thermodynamischen Stabilitäten einnehmen kann.

RNA-Sekundärstrukturen lassen sich auf der Basis phylogenetischer Sequenzdaten bioinformatisch vorhersagen. Voraussetzung hierfür ist eine große Anzahl orthologer RNA-Sequenzen. Sind große Sequenzdatensätze nicht verfügbar, kann die thermodynamisch stabilste RNA-Struktur (*Minimum-Free-Energy*-Struktur, MFE) *in silico* berechnet werden. Für kleine RNA-Moleküle ($\leq$50 Nucleotide) liefern die den Berechnungen zugrunde liegenden Algorithmen verlässliche Ergebnisse. Allerdings nimmt die Vorhersagegenauigkeit mit zunehmender Nucleotidlänge stark ab. Das heißt, die Faltungen vieler, biologisch relevanter RNAs mit Moleküllängen von mehreren Hundert bis mehreren Tausend Nucleotiden können ohne experimentelles Datenmaterial nicht hinreichend präzise approximiert werden. Auch die etablierten biophysikalischen Methoden zur Strukturbestimmung von Biomolekülen wie Röntgenkristallographie (▶ Kap. 25), NMR-Spektroskopie (▶ Kap. 21) und Röntgenkleinwinkelstreuung (SAXS; ▶ Kap. 25) sind für die Ermittlung von RNA-Faltungen mit Einschränkungen behaftet. So sind NMR-spektroskopische Messungen auf RNA-Moleküllängen von <100 nt beschränkt. Sie erfordern zudem sehr hohe, d. h. unphysiologische RNA-Konzentrationen. Röntgenkristallographische Messungen liefern atomare Auflösungen, sind jedoch bei flexiblen und unstrukturierten RNA-Domänen problematisch, zusätzlich zu dem Fakt, dass die Messungen im Kristallgitter und nicht im gelösten Zustand, im wässrigen Milieu, stattfinden. Letztlich erlauben SAXS-Messungen zwar die Untersuchung großer RNAs, sie liefern jedoch nur Aussagen zur globalen Faltungsstruktur ohne feinstrukturelle Auflösung. Bei jedem der genannten Verfahren handelt es sich zudem um *in-vitro*-Messungen an vorab isolierten bzw. in der überwiegenden Mehrzahl synthetisch hergestellten RNA-Spezies. *In-vivo*-Messungen sind mit keiner der Methoden durchführbar, ebenso wie die gleichzeitige Strukturbestimmung mehrerer RNA-Moleküle bzw. Messungen im Hochdurchsatzformat nicht möglich sind.

Im Folgenden wird ein Experimentalsystem beschrieben, das es erlaubt, die 2D-Struktur von RNA-Molekülen jedweder Größe mit Nucleotidgenauigkeit zu bestimmen. Die Methode basiert auf der Verwendung niedermolekularer chemischer Modifikationsreagenzien, die als Struktursonden zwischen einzelsträngigen und doppelsträngigen RNA-Strukturdomänen unterscheiden können (Kubota et al. 2015). ◻ Abb. 32.1 fasst die prinzipielle Vorgehensweise zusammen. Die chemischen Umsetzungen lassen sich in einem breiten Lö-

sungsmittelkontext und bei unterschiedlichen Temperaturen durchführen, und es ist möglich, sowohl *in vitro* als auch *in vivo* mit intaktem Zellmaterial zu arbeiten. In Kombination mit *Next-Generation-Sequencing*- (NGS-) Verfahren (▶ Kap. 34) ist es zudem möglich, zellübergreifende Strukturuntersuchungen durchzuführen und den Faltungszustand des gesamten Transkriptoms einer Zelle, z. B. in unterschiedlichen funktionalen Zuständen, zu bestimmen. Das heißt, in einem einzigen Experiment können sprichwörtlich Tausende unterschiedliche RNA-Spezies gleichzeitig strukturell charakterisiert werden. Im Folgenden werden der konzeptionelle Hintergrund als auch die experimentelle Vorgehensweise zur Ermittlung von RNA-2D-Strukturen durch chemische Modifikation beschrieben.

## 32.1 Grundlagen der RNA-Faltung

### 32.1.1 RNA-Primärstruktur

Die monomeren Bausteine von Ribonucleinsäuren werden als Ribonucleotide bezeichnet. Hierbei handelt es sich um Verbindungen aus einem Ribosemolekül (D-Ribofuranose), einer Nucleobase und einer Phosphat-

◻ **Abb. 32.1** RNA-Strukturaufklärung durch chemische Modifikation. Beispiel der differenziellen Acylierung von Ribose-2'-Hydroxylgruppen. **A** Schematische Darstellung eines irregulären RNA-*hairpins*. Basengepaarte Nucleotide sind in ihrer Dynamik eingeschränkt. Einzelsträngige Nucleotide zeigen flexible Charakteristika (verdeutlicht durch alternative Konformationen in Grau und Schwarz). Voraussetzung für die Acylierungsreaktion ist die Bildung eines nucleophilen 2'-Oxyanions. Ist das Nucleotid konformell ein-

geschränkt (basengepaart), destabilisiert das Oxyanion des benachbarten Phosphodiesters die Bildung des Nucleophils, und es kommt zu keiner Umsetzung (**B**). Ist das Nucleotid strukturell flexibel (einzelsträngig), ist die Bildung des 2'-Oxyanions begünstigt und erlaubt die Umsetzung mit dem Elektrophil 1-Methyl-7-nitroisatosäureanhydrid (1M7). Die Reaktion ist basenkatalysiert und läuft unter Abspaltung von $CO_2$ ab (**C**). (Adaptiert nach McGinnis et al. 2012)

gruppe. Einzelne Nucleotide sind über 5'-3'-Phosphodiestergruppen benachbarter Riboseeinheiten kovalent miteinander verknüpft, sodass ein gerichtetes, repetitives Phosphat/Zucker-Rückgrat entsteht (Saenger 1984). Da die Phosphatreste bei neutralem pH-Wert negativ geladen sind, haben RNA-Moleküle polyanionische Eigenschaften. Aufseiten der heterocyclischen Basen können zwei N-Atome enthaltende, aromatische Kohlenstoffgrundgerüste unterschieden werden: Purine (3, 5, 7-Triazaindole) und Pyrimidine (1, 3 Diazine). Zu den Purinen gehören die Basen A = Adenin (6-Aminopurin) und G = Guanin (2-Amino-6-oxopurin). Zu den Pyrimidinen zählen U = Uracil (2, 4-Pyrimidindion) und C = Cytosin (4-Amino-1$H$-pyrimidin-2-on). A-, G-, C- und U-Nucleobasen machen in der Mehrheit der Fälle den Basengehalt eines RNA-Moleküls aus. Allerdings gibt es zusätzliche, sog. seltene Basen. Sie sind durch unterschiedliche oder zusätzliche Substituenten an den Purin- und Pyrimidingerüsten charakterisiert. *In toto* sind >100 seltene Basen in RNAs bekannt. Hierzu gehören u. a. Inosin, Hypoxanthin, Pseudouracil, Dihydrouracil, 7-Methylguanin. Das heißt, RNA-Moleküle sind zwar lineare Nucleotid-Homopolymere, mit Bezug auf die unterschiedlichen Nucleobasen können sie aber auch als heteropolymere Verbindungen klassifiziert werden.

Die Flexibilität des Phosphat/Zucker-Rückgrats wird durch die Ribosemoleküle eingeschränkt. In RNA nimmt der Furanosering vornehmlich eine C3'-*endo*-Konformation ein. Formal existieren in einer RNA sechs kovalente Bindungen mit freier Drehbarkeit. Fünf entfallen auf das Rückgrat der RNA und eine auf die N-glykosidische Bindung zwischen der C1'-Position der Ribose und der N9- bzw. N1-Position der Purin- bzw. Pyrimidinbasen. Im Falle der N-glykosidischen Bindung beschränken sterische Effekte die Ausrichtung auf zwei Konformationen. In der *syn*-Konformation steht die Nucleobase über der Ribose während in der *anti*-Konformation die Base von der Ribose abgewandt ist. Die vier Nucleobasen sind planare, aromatische Heterocyclen. Sie kommen in tautomeren Formen vor. Guanin und Uracil zeigen Keto/Enol-Tautomerie, und Adenin und Cytosin liegen als Amino/Imino-Tautomere vor. Allerdings ist die Gleichgewichtslage zwischen den beiden Tautomeren stark verschoben: Dominant sind jeweils die Keto- und Aminoformen. Enol- und Iminotautomere machen weniger als 0,01 % aus. Daraus ergibt sich ein konstantes Muster an Wasserstoffbrücken-Donatoren und Akzeptoren. Protonierungen bzw. Deproponierungen finden in einem Bereich von ±3,5 pH-Einheiten vom Neutralpunkt statt und betreffen hauptsächlich die heterocyclischen Stickstoffatome. Diese stellen zusammen mit den exocyclischen Ketogruppen, den Hydroxylgruppen der Ribose und den negativ geladenen Phosphatgruppen Koordinierungs-

stellen für Metallionen dar. Monovalente und divalente Metallionen, und hier vor allem Kalium- ($K^+$) und Magnesium-Ionen ($Mg^{2+}$), kompensieren die negativen Ladungen des Ribose/Phosphat-Rückgrats, was die abstoßenden elektrostatischen Kräfte aufhebt und es RNA-Molekülen erlaubt, kompakte Faltungen anzunehmen.

## 32.1.2 RNA-Sekundär- und Tertiärstruktur

RNA-Moleküle haben unterschiedliche Möglichkeiten, intramolekular zu interagieren, um definierte Bindungen aufzubauen. Hierzu gehören insbesondere Wasserstoff- (H-)Brückenbindungen. H-Brücken können mit Bezug auf die involvierten Nucleotide unterschiedliche geometrische Orientierungen einnehmen. Sie werden als Watson/Crick-, Hoogsteen- und Zucker-*edge*-Interaktionen bezeichnet (◻ Abb. 32.2A). Eine direkte Folge des stark auf der Keto- bzw. Aminoseite liegenden Tautomergleichgewichts ist die bevorzugte Paarung von Adenin mit Uracil (A/U) sowie von Guanin mit Cytidin (G/C) über das Watson/Crick-*edge* (◻ Abb. 32.2B). Da A/U- und G/C-Basenpaare isosterisch zueinander sind, kann RNA eine DNA-ähnliche, gleichmäßig strukturierte plektonemische Doppelhelix ausbilden. Die Ribose nimmt dabei aufgrund der Elektronegativität der 2'-Hydroxylgruppe C3'-*endo*-Konformation an (◻ Abb. 32.2A). Die energetisch bevorzugte Geometrie der Doppelhelix ist die A-Form. Hierbei handelt sich um eine antiparallele, rechtsgängige Helix mit einer engen/tiefen großen Furche und einer breiten/flachen kleinen Furche. Eine Helixwindung entspricht 11 Basenpaaren. Die Ganghöhe liegt bei 2,8 nm (◻ Abb. 32.2B). In wässriger Lösung tragen die Wasserstoffbrückenbindungen der Basenpaare nur einen kleinen Teil zur Helixstabilität bei (ca. 2–3 kcal mol$^{-1}$ pro H-Brücke). Der weitaus größere Teil entfällt auf sog. Basen-Stacking. Hierunter versteht man die Wechselwirkung der horizontal übereinander gestapelten Basenpaare, die vornehmlich auf die aromatischen Eigenschaften der Nucleobasen und auf Dipol-Dipol-Wechselwirkungen zurückzuführen sind. Stacking-Energien sind stark vom Basenpaarungskontext, d. h. von den benachbarten Basenpaaren, abhängig. Für unterschiedliche Dimerenstapel können die Energiebeiträge zwischen –4 und –15 kcal mol$^{-1}$ variieren. Doppelhelikale Bereiche werden darüber hinaus von überhängenden einzelsträngigen Nucleotiden stabilisiert. Die Stabilisierung dieser sog. *dangling ends* zeigt eine Abhängigkeit sowohl von der Positionierung (5'- oder 3'-seitig) als auch von der Nucleotididentität der Überhänge.

Neben der A-Form-Helix mit Watson/Crick-Basenpaaren existieren ungeordnete Einzelstrangberei-

◨ **Abb. 32.2** Strukturen und Basenpaarungsschemata ausgewählter Ribonucleotide. **A** Lewis-Darstellung eines G-Ribonucleotids in
C3'-*endo*-Konformation. Die C-Atome der Ribose sind nach
IUPAC-Nomenklatur nummeriert. Basen/Basen-Interaktionen unter Ausbildung von H-Brückenbindungen finden über das Watson/
Crick-, Hoogsteen- und Zucker-*edge* statt. **B** Strukturen der Hetero-
*cis*-Watson/Crick-Basenpaare A/U (links) und G/C (rechts). H-Brücken sind als gepunktete Linien dargestellt. **C** Hetero-G/U- (links)
und A/G-Basenpaare (rechts). **D** Basenpaarungsschema einer
*A-minor*-Interaktion. Ein *cis*-Watson/Crick-G/C-Basenpaar bildet
über die kleine Helixfurche vier zusätzliche H-Brücken zu einem
einzelsträngigen, in einen helikalen Kontext eingebetteten A-Nucleotid. **E** Basenpaarungsschema einer G-Nucleotid-Tetrade. Alle
H-Brücken sind in reverser Watson/Crick-Hoogsteen Konfiguration. M: zentral gebundenes Metallkation. **F** *cis*-Watson/Crick-U/
U-Basenpaar

che ebenso wie einzelsträngige, durch Basen-Stacking
stabilisierte Subdomänen. Letztlich ist die Struktur jeder RNA hierarchisch organisiert. Baukastenartig lagern sich die grundlegenden Strukturelemente wie *hairpin*-Domänen, *loop*-Regionen, Nucleotid-*bulges* und
Helix-*junctions* zusammen und definieren auf diese
Weise die finale 2D-Struktur der RNA (◨ Abb. 32.3
und ◨ Abb. 32.4A). Neben den bereits angesprochenen
Watson/Crick-Basenpaaren (A/U und G/C) existieren
ca. drei Dutzend weitere stabile Basenpaare, die auf
mindestens zwei H-Brückenbindungen zurückgreifen.
Sowohl Homo- (U/U, A/A etc.), als auch zusätzliche
Hetero-Basenpaare (z. B. G/U oder A/G) sind bekannt
(◨ Abb. 32.2C, F). G/U-Basenpaare sind dabei häufig
evolutionär konserviert. Ihre Stabilität reicht an die von
Watson/Crick-Basenpaaren heran und bietet durch die
Orientierung der funktionellen Gruppen eine wichtige
Erweiterung des chemischen und konformellen Raumes
von RNA-Doppelhelices. Auch zeigen katalytisch aktive
RNA-Moleküle (Ribozyme) häufig konservierte G/U-
Basenpaare in direkter Nachbarschaft zum aktiven Zen-
trum.

Die zweidimensionale Faltung eines RNA-Strangs
wie auch der Kollaps der einzelnen Strukturbausteine in
eine kompakte, dreidimensionale Struktur erfordert aufgrund der abstoßenden Coulomb-Kräfte des polyanionischen Ribose/Phosphat-Rückgrats eine Ladungskompensation durch kationische Gegenionen (Lipfert et al.
2014). Dies zeigt sich in der Abhängigkeit der RNA-Fal-
tungskinetik von monovalenten und divalenten Kationen. Die Faltungsrate verringert sich mit zunehmender
Ladung der Gegenionen, und eine Steigerung der Katio-

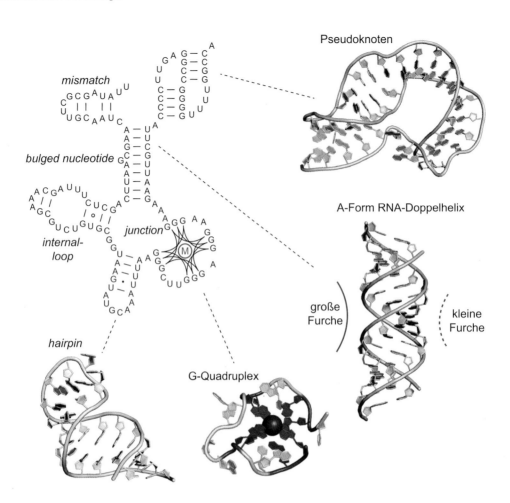

**Abb. 32.3** RNA-Strukturmotive. 2D-Struktur einer hypothetischen RNA mit einigen der zentralen Strukturmotive, die in natürlichen RNAs vorkommen: RNA-Helices, einzelsträngige Sequenzbereiche, Pseudoknoten, *internal-loop*-Elemente, *junction*-Regionen, ein aus drei G-Tetraden aufgebauter G-Quadruplex, *mismatched-* und *bulged*-Nucleotide und nichtkanonische Basenpaare (U/U und G/U). M repräsentiert ein stabilisierendes monovalentes Metallkation (rot). Für vier der Strukturmotive sind zusätzlich die entsprechenden 3D-Faltungen gezeigt

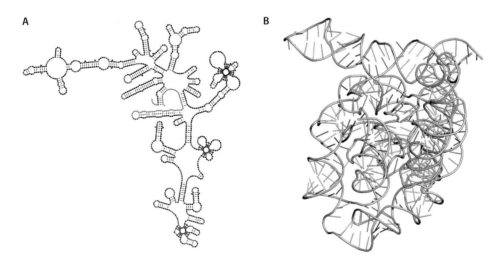

**Abb. 32.4** Komplexe RNA-Faltungen. **A** Experimentell verifizierte Sekundärstruktur der präeditierten ND7-mRNA aus *Trypanosoma brucei* als Beispiel für eine komplexe RNA-2D-Faltung. **B** Kristallstruktur des Gruppe-II-Intron-Ribozyms aus *Oceanobacillus iheyensis* als Beispiel für den Kollaps von RNA-Sekundärstruktur zu globulären, hochverdichteten 3D-Anordnungen (Toor et al. 2008)

nenkonzentration resultiert stets in einer Ratenbeschleunigung. RNA-Moleküle werden im Beisein von monovalenten Kationen ($K^+$, $Na^+$) und von $Mg^{2+}$-Ionen am effizientesten gefaltet (Heilman-Miller et al. 2001). Molekulardynamik-(MD-)Simulationen legen nahe, dass hierfür jedoch weniger die eigentliche Ladungskompensation verantwortlich ist, als vielmehr eine mit der Freisetzung von $H_2O$-Molekülen einhergehende Entropiezunahme (Templeton und Elber 2018). In den kollabierten Strukturen ergeben sich dichte Packungszustände z. B. der helikalen RNA-Elemente (◻ Abb. 32.4B). Parallele, gewinkelte sowie gestapelte Anordnungen kommen vor und werden über kurze und weit reichende Interaktionen stabilisiert. Hierzu gehört z. B. das koaxiale Stacking von übereinander angeordneten Helices bzw. sog. *Ribo-Base*-Motive bei gewinkelten Helix/Helix-Anordnungen. Die häufigsten Helix/Helix-Wechselwirkungen involvieren die kleinen Furchen der miteinander interagierenden Helices. Dabei können unterschiedliche Strukturelemente zum Tragen kommen. Sie werden als *A-minor*, *ribose zipper*, *G-ribo* und *Along-Groove-Packing Motif* (AGPM) bezeichnet. Im Falle eines *A-Minor*-Motivs interagiert dabei ein in einen helikalen Kontext eingebettetes ungepaartes A-Nucleotid über das Zucker-*edge* mit einem G/C-Basenpaar einer zweiten Helix (◻ Abb. 32.2D). Derartige Tripel-Basenpaarungen sind in RNA-Molekülen nicht auf einzelne, isolierte Basenpaare beschränkt. Sie finden sich u. a. als Strukturelemente in Riboschaltern und tRNA-Molekülen, aber auch als stabilisierende Elemente von im Zellkern verbleibenden *non-coding* RNAs.

Neben Tripel-Basenpaarungen existieren auch viersträngige RNA-Faltungsmotive, sog. G-Quadruplexstrukturen (GQs). GQs zeigen in RNA-Molekülen eine ausschließlich parallele Ausrichtung der Ribose/Phosphat-Stränge und bestehen aus mindestens zwei übereinander gestapelten G-Nucleotid-Tetraden (◻ Abb. 32.2E). Die G-Basen sind dabei propellerförmig angeordnet und über Watson/Crick-Hoogsteen-Basenpaarungen verbunden. Die Komplexierung von Kaliumionen in der zentralen Kavität stabilisiert GQ-Elemente durch Kompensation der negativen elektrischen Partialladung. G-Quadruplexe sind vermutlich auf allen Ebenen der Genexpression in regulatorische Prozesse involviert (◻ Abb. 32.3). Neben den bereits angesprochen Faltungsmotiven existieren noch weitere Strukturbausteine. Hierzu gehören z. B. Pseudoknoten, *kink turns* oder thermodynamisch besonders stabile *hairpin loops* mit vier ungepaarten Nucleotidpositionen, sog. *tetra-loops* (z. B. UNCG, GNRA, CUUG). Die stabilen Eigenschaften von *tetra-loops* lassen sich dabei auf extensive Stacking-Interaktionen, nichtkanonische H-Brückenbindungen (z. B. zwischen N-Atomen der Nucleobasen und Ribose-2'-OH-Gruppen) sowie nicht-

kanonische Baseninteraktionen (z. B. G/A Basenpaare) zurückführen. Das heißt, trotz der mit nur vier Nucleotidmonomeren eingeschränkten chemischen Diversität von RNA-Molekülen ergibt sich über das Repertoire an Faltungsmotiven ein hochkomplexer Strukturraum mit einer Vielzahl thermodynamisch stabiler zwei- und dreidimensionaler Anordnungen (Butcher und Pyle 2011).

## 32.2 RNA-Modifikationsreagenzien und ihre Spezifitäten

Die Strukturuntersuchung von RNA durch chemische Modifikation basiert auf dem Konzept, RNA-Moleküle mit niedermolekularen, chemischen Modifikationsreagenzien umzusetzen. Die verschiedenen Reagenzien zeigen dabei für basengepaarte bzw. für nicht basengepaarte Nucleotide unterschiedliche Reaktivitäten und fungieren auf diese Weise als strukturspezifische chemische Sonden (◻ Abb. 32.1). Das heißt, die Identifizierung der modifizierten wie der nicht modifizierten Nucleotide, zusätzlich zur Intensität der Modifikationsreaktion, ermöglicht es, aus den Daten nucleotidgenaue, quantitative positionelle Strukturinformationen zu extrahieren. Letztlich spiegelt diese Information die sekundäre Faltung des RNA-Moleküls wider. Unter den verwendeten Reagenzien gibt es Moleküle, die das Watson/Crick-*edge* einer Nucleobase modifizieren bzw. deren Hoogsteen-*edge*. Zusätzlich gibt es Reagenzien, die Rückschlüsse auf die Zugänglichkeit des Ribose/Phosphat-Rückgrats bzw. die Lösungsmittelzugängigkeit oder Flexibilität eines Nucleotids zulassen. Aus diesem Grund werden RNA-Modifikationsexperimente häufig vergleichend unter Verwendung mehrerer Struktursonden durchgeführt. Allen Reagenzien ist gemein, dass es sich um niedermolekulare Verbindungen mit Molmassen zwischen ca. 100–400 g $mol^{-1}$ handelt. Die Reaktionsgeschwindigkeiten der Umsetzungen liegen bei wenigen Sekunden bis hin zu mehreren Stunden. So die Modifikationsreagenzien in der Lage sind, die Zellmembran zu penetrieren, ist es möglich, die Experimente sowohl *in vivo* als auch *in vitro* durchzuführen. Der Vorteil von *in-vitro*-Messungen liegt dabei in der Möglichkeit, durch die Wahl der chemisch-physikalischen Reaktionsbedingungen definierte konformelle RNA-Faltungsensembles zu generieren. Im Gegensatz dazu mitteln RNA-Modifikationen in lebenden Zellen über alle unter diesen Bedingungen vorliegenden Faltungs- und Funktionszustände einer RNA. Dies kann die Interpretation der Ergebnisse einschränken. Unabhängig davon lassen sich die zum Einsatz kommenden RNA-Modifikationsreagenzien in zwei Subgruppen unterteilen: basenspezifische und basenunabhängige Modifikationsreagenzien. Beide Gruppen werden im Folgenden beschrieben.

## 32.2.1 Basenspezifische Modifikationsreagenzien

Zum Repertoire basenspezifischer RNA-Struktursonden gehören die Verbindungen Dimethylsulfat (DMS), Diethylpyrocarbonat (DEPC), 3-Ethoxy-1,1-dihydroxy-2-butanon (Kethoxal), 1-Cyclohexyl-3-(2-morpholinoethyl)-carbodiimid (CMCT) und Nicotinoylazid (NAz). DMS hat Einzelstrangspezifität und methyliert die N1-Position in A-Nucleotiden, die N3-Position in C-Resten sowie die N7-Position in G-Nucleotiden. Damit adressiert DMS sowohl das Watson/Crick-*edge* der A- und C-Reste als auch das Hoogsteen-*edge* im Falle der G-Nucleotide. In ähnlicher Weise führt die Umsetzung von RNA mit DEPC zur Carbethoxylierung zugänglicher, einzelsträngiger A-Nucleotide an der N7-Position. CMCT-Modifikationen werden bei leicht basischen Reaktionsbedingungen durchgeführt und führen zur Modifikation nicht basengepaarter U- und G-Reste. In beiden Fällen wird dabei das Watson/Crick-*edge* der Nucleotide adressiert (U-N3, G-N1). Umsetzungen mit Kethoxal führen zur Modifikation ungepaarter G-Reste. Hierbei formiert sich ein zusätzliches Ringsystem zwischen dem primären Amin an der C2-Position und dem N1-Stickstoffatom. Da die Bildung des Reaktionsprodukts reversibel ist, ist es notwendig, das Modifikationsaddukt durch Boratanionen zu stabilisieren. Nicotinoylazid (NAz) ist ein Modifikationsreagenz, mit dem die Lösungsmittelzugänglichkeit von RNA-Faltungen getestet werden kann. Die Methode wird als *Light-Activated Structural Examination of RNA* (LASER) bezeichnet. Umsetzungen mit NAz werden durch einen Lichtpuls bei 310 nm initiiert und führen zur Ausbildung von Modifikationsaddukten an der C8-Position von Purin-Nucleotiden (A, G). ◘ Abb. 32.5 fasst die unterschiedlichen Reagenzien und ihre Spezifitäten zusammen.

## 32.2.2 Basenunabhängige Modifikationsreagenzien

Modifikationsreagenzien, die basenunabhängig mit RNA-Molekülen reagieren, zeigen entweder Spezifität für die Riboseeinheiten oder aber für die Phosphodiestergruppen entlang des RNA-Rückgrats. Hierzu gehört die Verbindung Ethylnitrosoharnstoff (ENU). ENU alkyliert Phosphatgruppen unter Ausbildung eines instabilen Phosphattriesters, der bei leicht alkalischem pH-Wert unter Spaltung des Ribose/Phosphat-Rückgrats abreagiert. In ähnlicher Weise spalten stabile Hydroxylradikale (·OH) das RNA-Rückgrat. OH-Radikale lassen sich über die Fenton-Reaktion unter Verwendung von $H_2O_2$, Fe(II)-EDTA und Natriumascorbat generie-

ren und führen zur Abspaltung eines Protons an der C4'- und/oder C5'-Position der Ribose, gefolgt von der Spaltung des RNA-Phosphodiesters an dieser Position. Hydroxylradikal-Modifikationen sind sensitiv für die Lösungsmittelzugänglichkeit des RNA-Rückgrats und werden demzufolge auch zur Identifikation tertiärer Wechselwirkungen herangezogen.

Eine strukturell ähnliche Spaltung des Ribose/Phosphat-Rückgrats lässt sich über ein als *in-line probing* bezeichnetes Verfahren erreichen. Die Methode basiert auf dem Fakt, dass Ribonucleotide stabile 2'-3'-cyclische Phosphate ausbilden können. Die Reaktion wird durch den nucleophilen Angriff der 2'-Hydroxylgruppe der Ribose auf das Phosphoratom des in direkter Nachbarschaft positionierten Phosphodiesters initiiert. Hierzu ist es erforderlich, dass die beiden Reaktanden *in-line* zueinander stehen. Letzteres ist nur in einem flexiblen strukturellen Kontext möglich, sodass dynamische Bereiche des RNA-Rückgrats von sterisch rigiden Ribose/Phosphat-Domänen unterschieden werden können. Die Kinetik der induzierten Spaltung liegt allerdings bei vielen Stunden, in speziellen Fällen bei 1–2 Tagen. Das heißt, RNA-Faltungsprozesse, die über signifikant kürzere Zeiträume ablaufen, entziehen sich einem *in-line probing*. Die Spaltung des Ribose/Phosphat-Rückgrats kann jedoch beschleunigt werden. Hierzu wird die Reaktion im Beisein millimolarer Konzentrationen (0,5–2 mM) an mehrwertigen Metallkationen wie z. B. $Pb^{2+}$ durchgeführt. Blei(II)-Ionen aktivieren die 2'-OH-Gruppen einzelsträngiger Ribosen, was über den beschriebenen Mechanismus zur Spaltung des nucleophil angegriffenen Phosphodiesters führt. Die Reaktion läuft im Bereich weniger Minuten ab und ist in speziellen Fällen auch in der Lage, nichtkanonische Wechselwirkungen in doppelsträngigen Strukturdomänen zu detektieren.

Eine weitere Gruppe an RNA-Struktursonden wird als SHAPE-Reagenzien bezeichnet (◘ Abb. 32.5B). SHAPE steht für *Selective 2'-Hydroxyl Acylation Analyzed by Primer Extension* (Merino et al. 2005). Zu den Reagenzien gehören die Verbindungen 1-Methyl-7-nitroisatosäureanhydrid (1M7), Benzoylcyanid (BzCN), *N*-Methylisatosäureanhydrid (NMIA), *N*-Propanonisatosäureanhydrid (NPIA), 2-Methylnicotinsäureimidazolid (NAI) und 2-Methyl-3-furansäureimidazolid (FAI). SHAPE-Reagenzien acylieren spezifisch die 2'-OH-Gruppen von strukturell flexiblen Riboseeinheiten, sodass die Sonden in der Lage sind, die lokale Strukturdynamik aller vier Ribonucleotide gleichzeitig abzufragen (McGinnis et al. 2012). Interessanterweise reagieren die unterschiedlichen Reagenzien dabei mit deutlich unterschiedlichen Reaktionskinetiken. BzCN und 1M7 modifizieren im Subminutenbereich, NPIA und NMIA benötigen zwischen 30 und 50 Minuten

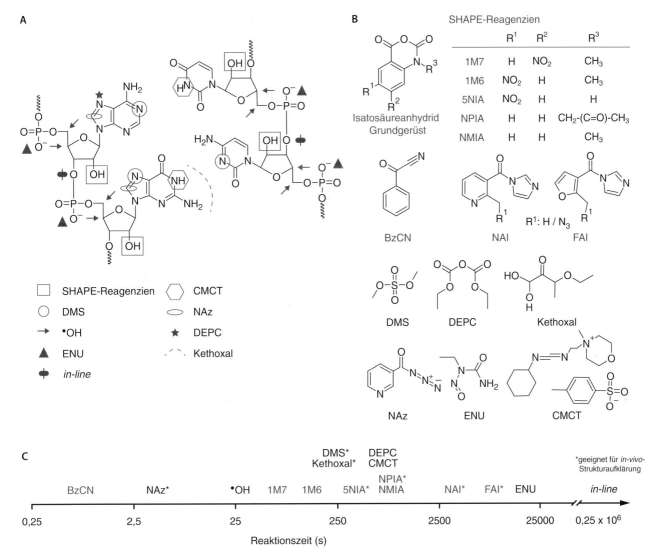

**Abb. 32.5** RNA-modifizierende Reagenzien. **A** Die individuellen Angriffspunkte der unterschiedlichen Modifikationsreagenzien sind durch rote Symbole für ein A/U- und ein G/C-Watson/Crick-Basenpaar dargestellt. **B** Formeldarstellungen aller RNA modifizierenden Reagenzien. Die fünf SHAPE-Reagenzien (*Selective 2'-Hydroxyl Acylation Analyzed by Primer Extension*) leiten sich von dem gemeinsamen Isatosäureanhydrid-Grundgerüst ab und variieren an den drei Substituenten $R^1$-$R^3$. **C** Reaktionszeiten der unterschiedlichen Reagenzien auf einer logarithmischen Skala. Reagenzien, die sich für *in vivo*-Strukturuntersuchungen eignen, sind mit einem * gekennzeichnet. SHAPE-Reagenzien sind rot hervorgehoben

und NAI und FAI mehrere Stunden (≤5 h). Das heißt, durch die Wahl des 2'-OH-Acylierungreagenz' lässt sich die Dynamik von RNA-Faltungsprozessen auf unterschiedlichen Zeitskalen messen ( Abb. 32.5C).

## 32.3 Identifizierung der modifizierten Nucleotidpositionen

Zur Extraktion der in den RNA-Modifikationsdaten enthaltenen Strukturinformation müssen die modifizierten Positionen bzw. Spaltstellen des Ribose/Phosphat-Rückgrats „nucleotidgenau" identifiziert werden. Aufgrund der polyanionischen Eigenschaften von RNA kommen hier hochauflösende, gelelektrophoretische Verfahren zum Einsatz. In all jenen Fällen, die zur Spaltung des Ribose/Phosphat-Rückgrats führen, ist es dabei prinzipiell möglich, das generierte Ensemble an RNA-Fragmenten direkt in denaturierenden Polyacrylamidgelen zu separieren. Diese Vorgehensweise ist jedoch nur für Fragmentlängen unterhalb von ca. 150 Nucleotiden praktikabel bzw. in den Fällen, in denen keine Spaltung des Ribose/Phosphat-Rückgrats erfolgt oder induziert wurde, nicht anwendbar. Aus diesem Grund hat sich in den vergangenen Jahren die Vorgehensweise durchgesetzt, die modifizierten RNA-Proben, ausgehend von einem basenkomplementären Oligodeoxynucleotid-Primer, in komplementäre (c)DNA-Moleküle revers zu transkribieren. Basenmodifizierte Nucleotidpositionen in der RNA führen dabei zu einer abortiven reversen Transkription exakt ein Nucleotid vor dem Modifikationsaddukt. Über den Vergleich zu einer parallel durchgeführten Dideoxynucleotid-Sequenzierung der cDNA-Fragmente lässt sich damit eine nucleotidgenaue Zuweisung erzielen. Die 5'–3'-Direktionalität der cDNA-Synthese bedingt zudem, dass das zu analysierende RNA-Molekül ausgehend vom 3'-Ende der RNA revers transkribiert wird. Dies ermöglicht es, unter Verwendung multipler Primermoleküle schrittweise das gesamte Molekül mit 3'–5'-Polarität zu analysieren. Das heißt, die Methode unterliegt keiner Längeneinschränkung. Auf diese Weise wurde die 2D-Struktur des mehr als 9100 Nucleotide langen HIV-1 NL4-3-RNA-Genoms sowie der 17.900 Nucleotide langen Xist-*long noncoding* RNA vollständig ermittelt (Watts et al. 2009; Smola et al. 2016).

Die prinzipielle Vorgehensweise des Verfahrens ist in ◻ Abb. 32.6 dargestellt. Radioaktiv oder fluorophormarkierte Primermoleküle machen es möglich, unter-

schiedliche Detektionsverfahren wie Autoradiographie, Phosphor-*imaging* oder Fluoreszenzdetektion anzuwenden, ebenso wie unterschiedliche gelelektrophoretische Systeme zur Trennung der cDNA-Fragmente zum Einsatz kommen. Durch die Möglichkeit, Fragmentlängen von bis zu 800 Nucleotiden analysieren zu können, haben sich hier insbesondere kapillarelektrophoretische (CE-)Verfahren (▶ Kap. 13) durchgesetzt. CE-basierte Fluoreszenzsignalintensitäten lassen sich auf einfache Weise zu relativen Reaktivitätswerten für jede Nucleotidposition konvertieren und ermöglichen es auf diese Weise, RNA-Modifikationsexperimente quantitativ auszuwerten. Hierfür existieren sowohl halb- als auch vollautomatische Softwareplattformen bis hin zur Möglichkeit, Modifikationsexperimente im Hochdurchsatzformat durchzuführen. Zusätzlich können die numerischen Reaktivitäten als Input für Vorhersagealgorithmen von RNA-Sekundärstrukturen herangezogen werden. Speziell bei langen RNA-Molekülen hat dies zu einer signifikanten Verbesserung der Berechnung von 2D-Strukturmodellen geführt.

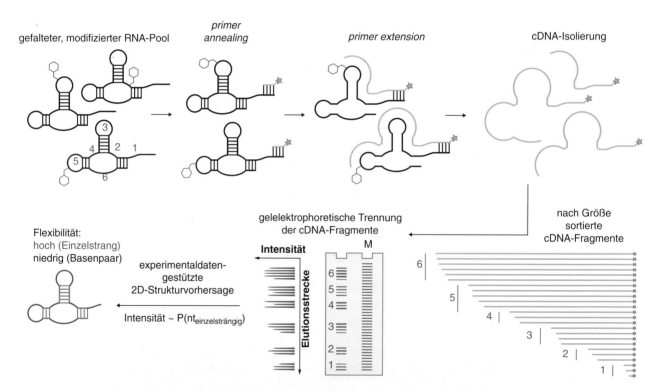

◻ **Abb. 32.6** Identifizierung der RNA-Modifikationsaddukte durch reverse Transkription. Zielmolekül der chemischen Umsetzung ist eine hypothetische *Three-Way-Junction*-RNA mit sechs einzelsträngigen Bereichen (1–6). Die RNA wurde unter *single-hit*-Bedingungen (▶ Abschn. 32.4.2) chemisch modifiziert (Sechsecke in Rot) und nach Anlagerung eines fluoreszenz- oder radioaktiv markierten Primers (Stern-Symbol) revers transkribiert. Da die cDNA-Synthese ein Nucleotid vor dem Modifikationsaddukt abbricht, wird die Position der RNA-Modifikation in der Länge der

cDNA fixiert. Hieraus ergibt sich ein Pool an cDNAs, deren 3'-Enden den sechs einzelsträngigen RNA-Bereichen entsprechen. Die cDNA-Fragmente werden gelelektrophoretisch separiert und über einen Marker einzelnen Nucleotidpositionen zugewiesen. Die individuellen Signalintensitäten sind proportional zur Menge an abortivem cDNA-Fragment und stellen damit ein Maß für die Modifikationszugänglichkeit der Nucleotide dar. Aus diesen Daten lässt sich die 2D-Struktur der RNA ermitteln

## 32.4 Experimentelle Durchführung

### 32.4.1 RNA-Synthese und notwendige Kontrollen

Die Ziel-RNAs eines chemischen Modifikationsexperiments können für RNA-Längen ≤100 Nucleotiden chemisch synthetisiert werden. RNA-Spezies mit Moleküllängen von mehreren Hundert Nucleotiden werden enzymatisch, durch *run-off-in-vitro*-Transkription, generiert. Hierzu wird das plasmidcodierte Gen der zu untersuchenden RNA-Spezies nach Linearisierung der Plasmid-DNA von einer phagenspezifischen RNA-Polymerase (T7, T3, SP6) transkribiert. Nach der Transkriptionsreaktion wird das DNA-Template enzymatisch verdaut, gefolgt von einer Flüssig/Flüssig-Extraktion mit wassergesättigtem Phenol zur Abtrennung des Enzyms. Nicht inkorporierte Ribonucleosidtriphosphate werden durch Gelausschlusschromatographie entfernt. Der Zeitaufwand hierfür beschränkt sich auf ca. einen Tag, ebenso wie der Materialbedarf gering ist. Die Synthese von ca. 20 µg RNA (ca. 200 pmol bei einer RNA-Länge von 350 Nucleotiden) ist ausreichend für alle notwendigen Kontrollen sowie mehrere Modifikationsexperimente. Die Qualitätskontrolle der synthetisierten RNA erfolgt gelelektrophoretisch in denaturierenden Polyacrylamidgelen. Abortive RNA-Syntheseprodukte im niedrigen Prozentbereich stellen in der Regel kein Problem dar, da sie über keine Primerbindestelle verfügen. RNA-Degradationsprodukte hingegen sind problematisch. Sie können zur Akkumulation kurzer Fragmente bei der cDNA-Synthese führen und müssen demzufolge entfernt werden. Eine Möglichkeit zur Reinigung der RNA-Präparation ist die elektrophoretische Trennung der RNA-Fragmente in denaturierenden Polyacrylamidgelen, gefolgt vom Ausschneiden des gewünschten Gelbereichs und der Elution der RNA aus der Gelmatrix.

Im nächsten Arbeitsschritt wird die synthetisierte RNA-Präparation in einen definierten Faltungszustand überführt. Hierzu wird die RNA zunächst bei erhöhter Temperatur (1,5 min bei 90 °C) in Abwesenheit von mono- und divalenten Kationen thermisch vollständig entfaltet. In diesem Zustand wird die RNA schnell abgekühlt (4 °C) und mit einem Faltungspuffer zur Rückfaltung versetzt. Dieser Puffer sollte den physiologischen Milieubedingungen mit Bezug auf Ionenstärken, pH-Wert, Redox- und *Crowding*-Bedingungen sowie der Anwesenheit von Osmolyten möglichst nahe kommen. Allerdings ist zu beachten, dass keine der Komponenten mit der Chemie der intendierten Umsetzung interferieren darf. Das trifft in besonderer Weise auf die Auswahl der Puffersubstanz zu. Magnesiumkationen zwischen 5–10 mM sind in der Regel für die korrekte Faltung von RNA-Molekülen unabdingbar. Die RNA selbst sollte in submikromolarer Konzentration vorliegen, um die Formation von Dimeren oder höheren Multimeren zu umgehen. SHAPE-Reagenzien benötigen zudem leicht alkalische pH-Bedingungen (pH 7,5–8), da die Acylierungsreaktion basenkatalysiert abläuft. Anschließend wird die RNA unter diesen Bedingungen thermisch äquilibriert, d. h. „rückgefaltet". Die Faltungskinetik großer RNA-Domänen und die Formation von stabilisierenden 3D-Interaktionen können mehrere Minuten erfordern, sodass Rückfaltungszeiten ≥30 min angezeigt sind.

Letztlich müssen vor der chemischen Umsetzung noch die Bedingungen für die reverse Transkription (RT) der RNA optimiert werden. Dieser Arbeitsschritt zielt darauf ab, die Ausbeute an Volllängen-cDNA-Produkt zu optimieren, vorzeitige Abbruchprodukte während der cDNA-Synthese zu minimieren und intrinsische, auf starken Sekundärstrukturen beruhende Signale zu identifizieren. Optimale Bedingungen liegen vor, wenn ≥95 % der cDNA-Syntheseprodukte dem Volllängensignal entsprechen und der Signalhintergrund inklusive der intrinsischen Signale nicht mehr als 5 % ausmachen. Ein solcher Test ist in zwei Tagen durchführbar. Sollten Änderungen der RT-Reaktionsbedingungen notwendig sein, empfiehlt sich zunächst eine Änderung der Temperatur zwischen 40 °C und 55 °C. Die Variation der Konzentration und Identität monovalenter Kationen im Bereich von 0–75 mM kann speziell im Fall von G-reichen RNA-Sequenzen notwendig sein. Durch die Verwendung von Lithium- oder Cäsiumionen kann die Ausbildung intramolekularer G-Quadruplexstrukturen verhindert werden, die andernfalls intrinsische Hindernisse für die reverse Transkriptase darstellen (Leeder et al. 2016).

### 32.4.2 Chemische Modifikation

Essenziell für die chemische Umsetzung zwischen dem modifizierenden Reagenz und der rückgefalteten Ziel-RNA ist die Einstellung von Reaktionsbedingungen (Stöchiometrie der Reaktanden, Reaktionszeit, Temperatur), die als *single-hit*-Bedingungen bezeichnet werden. Hierunter versteht man, dass jedes RNA-Molekül in der Probe statistisch maximal nur einmal zu einem Modifikationsaddukt abreagiert. Die Einstellung von *single-hit*-Bedingungen ist insbesondere bei all jenen Verfahren unabdingbar, die auf induzierten Strangbrüchen bzw. auf einer abortiven cDNA-Synthese beruhen. Um dies zu erreichen werden als Faustregel Bedingungen gewählt, unter denen ≥80 % der in der Probe vorliegenden RNA-Moleküle unmodifiziert aus der Reaktion hervorgehen. Dies lässt sich in einem simplen RT-Kontrollexperiment abschätzen. Hierbei vergleicht man die Menge an Volllängen-cDNA einer modifizierten RNA-Probe mit der einer unmodifizierten Probe. *Single-hit*-Bedingungen liegen vor, wenn das Volllängenprodukt der cDNA-Synthese in der modifizierten RNA gegenüber dem Volllängenprodukt in der unmodifizierten RNA um maximal 20 % reduziert ist. Soll die RNA-Struktur im Komplex mit einem Liganden untersucht werden, müssen weitere Faktoren berücksichtigt werden. RNA-Liganden sollten mindestens äquimolar eingesetzt werden, und die Ligandenkonzentrationen sollten mindestens dem zehnfachen der Gleichgewichtsdissoziationskonstante ($K_d$) entsprechen. Unter diesen Bedingungen liegen nach Massenwirkungsgesetz mindestens 90 % der RNA als RNA/Ligand-Komplex vor.

Die chemische Umsetzung der Ziel-RNA muss stets vergleichend mit einer Kontrollprobe erfolgen, die chemisch nicht umgesetzt wird. Dies ist dem bereits erwähnten Fakt geschuldet, dass die reverse Transkription einen inhärenten Signalhintergrund produziert, zusätzlich zu den intrinsischen, für jede RNA-Spezies spezifischen cDNA-Stopps. Beide Signale müssen von den durch die chemische Adduktbildung verursachten Signalen subtrahiert werden. Zusätzlich sind mindestens eine, präferenziell zwei Sequenzierungsreaktionen zur eindeutigen Nucleotidzuweisung notwendig. Die Reaktionszeiten sollten so kurz als möglich gewählt werden (◰ Abb. 32.5C). Mögliche strukturelle Umfaltungen der Ziel-RNA während der Modifikation oder solche, die durch die Modifikation induziert werden, müssen minimiert werden. Auch ist zu beachten, dass einige Modifikationsreagenzien hydrolysesensitiv sind. In solchen Fällen nimmt die Konzentration des Modifikationsreagenz' über die Reaktionszeit ab, was jedoch nicht notwendiger Weise ein Manko sein muss. Die Adduktbildung kann dadurch selbstlimitierend werden und muss demzufolge nicht spezifisch terminiert werden. Dies trifft z. B. auf das SHAPE-Reagenz 1-Methyl-7-nitroisatosäureanhydrid (1M7) zu. 1M7 hydrolysiert in wässriger Lösung mit einer Halbwertszeit ($t_{0,5}$) von 14 s und wird in der Regel in niedrig millimolaren Konzentrationen (3,5 mM) eingesetzt. Für die Modifikation von 1 pmol Ziel-RNA in einem Reaktionsvolumen von 10 μl erfolgt die chemische Modifikation dabei unter *single-hit*-Bedingungen, obwohl ein 50.000-facher molarer Überschuss von Modifikationsreagenz über RNA vorliegt. Die modifizierte RNA wird hierauf durch Gelausschlusschromatographie vom Rest des Reaktionsansatzes getrennt und in einen verdünnten Niedrigsalzpuffer überführt. Hieran schließt sich ein kurzer Hitzedenaturierungsschritt an, gefolgt von der Hybridisierung der fluoreszenz- oder radioaktiv markierten DNA-Primer knapp unterhalb ihrer Schmelztemperatur. Es folgt die reverse Transkription. Die RNA wird nach der reversen Transkription unter alkalischen Bedingungen hydrolysiert, die cDNA-Fragmente präzipitiert und (kapillar-)gelelektrophoretisch getrennt. Die sich ergebenden Trenn- oder Elutionsprofile werden durch Peakintegration quantifiziert. Ein initiales Modifikationsexperiment einer *in vitro* synthetisierten RNA mit ≤400 Nucleotiden Länge inklusive Datenauswertung und Berechnung einer präliminären 2D-Struktur ist in 2–3 Tagen durchführbar. In ◰ Abb. 32.7 sind Ablauf und typische Ergebnisse eines SHAPE-Modifikationsexperiments exemplarisch dargestellt.

## 32.4.3  Einbindung der Modifikationsdaten in 2D-Strukturvorhersagen

Längere RNA-Sequenzen können theoretisch einen riesigen 2D-Faltungsraum einnehmen. In diesem Faltungsraum existieren sowohl thermodynamisch stabile wie auch weniger stabile Faltungszustände, sodass die Berechnung der freien Gibbs-Energien ($\Delta G$) der einzelnen 2D-Strukturen eine Unterscheidung möglich macht. Hierzu existieren 2D-Strukturvorhersagealgorithmen, die unter Verwendung der $\Delta G$-Werte für Basenpaarungen, Basenstapelungen und für einzelsträngige Strukturbereiche die thermodynamisch stabilste Struktur (*Minimal Free Energy*, MFE) approximieren (Lorenz et al. 2016). Mit steigender RNA-Länge nimmt die Fähigkeit dieser Vorhersagerechnungen, realistische Aussagen zu liefern, jedoch stark ab. Aus diesem Grund wird versucht, die Berechnungen durch Einbeziehung von Experimentaldaten, wie z. B. chemische Modifikationsdaten, zu verbessern. Die am weitesten fortgeschrittene Verfahrensweise implementiert dabei SHAPE-Modifikationsdaten. Die durch SHAPE-Acylierung gemessene Flexibilität eines jeden Ribonucleotids kann dabei als eine Zustandsvariable angesehen werden, die die Gleichgewichtslage zwischen einem basengepaarten und einzelsträngigen Zustand für jedes Nucleotid beschreibt. Liegt das Gleichgewicht aufseiten der Basenpaarung, werden niedrige Flexibilitäten gemessen. Ist das Gleichgewicht zum einzelsträngigen Zustand verschoben, wird eine hohe Flexibilität und damit hohe SHAPE-Reaktivität gemessen. Da die Gleichgewichtskonstante ($K$) mit der freien Gibbs-Energie ($\Delta G$) in Beziehung steht ($\Delta G = -RT \cdot \ln K$), stellt die Umrechnung von SHAPE-Reaktivitäten in sog. Pseudo-$\Delta G$-Werte eine elegante Methode zur Implementierung experimenteller Daten in die Strukturvorhersage dar. Zur Umrechnung kommt die heuristische Beziehung zum Einsatz:

$$\text{Pseudo-}\Delta G \left( \Delta G_{\text{SHAPE}} \right) = 1{,}8 \cdot \ln \left( \text{SHAPE-Reaktivität} + 1 \right) - 0{,}6 \; (\text{kcal mol}^{-1})$$

Sie erlaubt es, normalisierte SHAPE-Reaktivitäten, d. h. Zahlenwerte zwischen 0 und 1, sowohl in negative

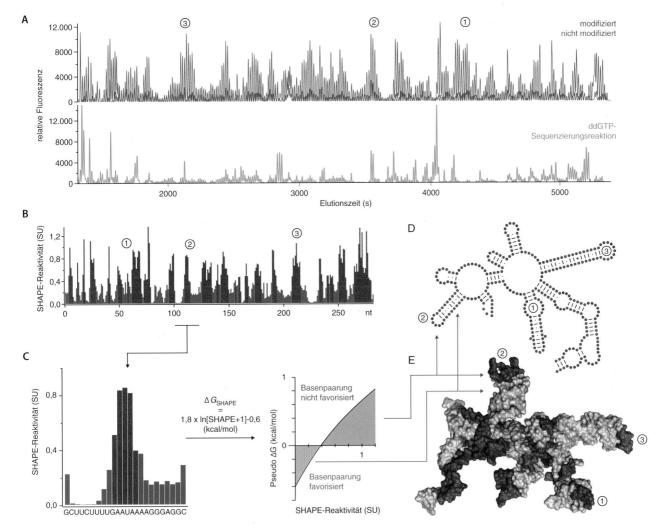

**Abb. 32.7** Typische Ergebnisse eines SHAPE-Modifikationsexperiments. **A** Elutionsprofile einer kapillarelektrophoretischen (CE)-Trennung einer 300 Nucleotide langen Ziel-RNA. Dargestellt ist die Fluoreszenzintensität als Funktion der Elutionszeit nach Präprozessierung der Daten. Rot: Elutionsprofil der modifizierter RNA. Blau: unmodifizierte RNA. Grün: ddGTP-Sequenzierungsansatz. Drei Sequenzabschnitte sind von 5' nach 3' mit 1–3 markiert. **B** Normalisiertes SHAPE-Reaktionsprofil nach Prozessierung der Daten. Rot: Normalisierte SHAPE-Units (SU) >0,4. Blau: SU <0,4. **C** Exemplarisches Reaktionsprofil des Sequenzabschnitts 2. Die normalisierten SHAPE-Reaktivitäten werden über die dargestellte Approximation in Pseudo-Gibbs-Energien konvertiert und fließen in die 2D-Strukturvorhersage ein. Für SU <0,4 werden negative, für SU >0,4 positive Werte angenommen. **D** Darstellung der aus den Modifikationsdaten errechneten 2D-Struktur. Nucleotide sind als Punkte dargestellt. Rot: SU >0,4. Blau: SU <0,4. **E** 3D-Strukturmodell der Ziel-RNA unter Einbeziehung der SHAPE-Modifikationsdaten

als auch positive Energiebeiträge zu konvertieren. Die beiden in der Gleichung vorkommenden Faktoren sind empirisch ermittelt worden. Nach der Berechnung von Pseudo-$\Delta G$-Werten für jedes Nucleotid werden diese zusammen mit den allgemeinen thermodynamischen Parametern zur RNA-2D-Strukturvorhersage verwendet. Dabei wird die Wahrscheinlichkeit für Nucleotide mit SHAPE-Reaktivitäten >0,4 als Basenpaar vorzuliegen reduziert. Gleichzeitig wird die Wahrscheinlichkeit unreaktiver Nucleotide als Basenpaar vorzuliegen, also einen netto negativen Energiebeitrag zur thermodynamischen Stabilität der Gesamtstruktur beizutragen, durch einen negativen Pseudo-$\Delta G$-Beitrag erhöht. Durch dieses Vorgehen kann die Genauigkeit der 2D-Strukturvorhersage-algorithmen auf >90 % erhöht werden, und es hat die Strukturaufklärung ganzer viraler RNA-Genome sowie von *long non-coding* (lnc)RNAs ermöglicht (Watts et al. 2009; Smola et al. 2016). **Abb. 32.8** fasst die schrittweise Vorgehensweise zur Implementierung von SHAPE-Modifikationsdaten in RNA-2D-Strukturvorhersagen inklusive der Konversion der SHAPE-Reaktivitäten in Pseudo-$\Delta G$-Werte exemplarisch zusammen.

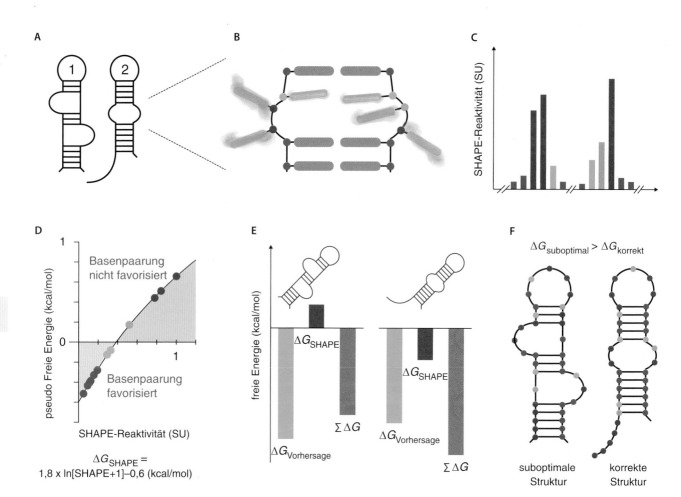

□ **Abb. 32.8** Einbindung von Pseudo-Gibbs-Energien zur Unterstützung von 2D-Strukturvorhersagen. **A** RNA-*hairpin* in zwei alternativen 2D-Faltungen. **B** Sketch der internen *loop*-Region in Struktur 2. Abgerundete Rechtecke (grau) repräsentieren Nucleobasen. Das Ribose/Phosphat-Rückgrat ist als schwarze Linie dargestellt. Konformell eingeschränkte Nucleotide sind scharf umrandet gezeichnet, strukturell dynamische Positionen unscharf dargestellt. Rote Punkte indizieren hochreaktive SHAPE-Modifikationspositionen; blaue Punkte entsprechen unreaktiven und gelbe bzw. grüne Punkte mäßig bis gering reaktiven Nucleotiden. **C** SHAPE-Reaktivitätsprofil der internen *loop*-Region. Normalisierte SHAPE-Units (SU) sind als Funktion der RNA-Sequenz dargestellt. **D** Konversion der SHAPE-Reaktivitäten in

Pseudo-Gibbs-Energien ($\Delta G_{SHAPE}$) über die heuristische Beziehung: $\Delta G_{SHAPE} = 1,8 \cdot \ln(SHAPE+1) - 0,6$ (kcal mol$^{-1}$). SHAPE-Units >0,4 entsprechen positiven und SHAPE-Units <0,4 negativen $\Delta G_{SHAPE}$-Werten. **E** Vergleich der Freien Gibbs-Energien ($\Delta G$) der Strukturvorhersage (grün), der $\Delta G_{SHAPE}$-Werte (rot) und der Strukturvorhersage unter Einbeziehung der SHAPE-Daten ($\sum \Delta G$, grau) für beide in A dargestellten 2D-Strukturen. *Hairpin* 2 stellt den thermodynamisch stabileren Faltungszustand dar. **F** Die Einbettung von Pseudo-Gibbs-Energien in RNA-Strukturvorhersagealgorithmen ermöglicht es, über die Minimierung von Widersprüchen zwischen Modifikationsexperiment und Strukturvorhersage zwischen suboptimalen und optimalen RNA-Faltungen zu falsifizieren

## 32.5 Transkriptomweite Strukturaufklärungen

Auf Gelelektrophorese basierende Methoden sind Limitierungen unterworfen, welche z. B. die Strukturaufklärung niedrig abundanter RNAs in lebenden Zellen erschweren bzw. transkriptomweite Studien unmöglich machen. Hierzu gehören u. a. die Notwendigkeit, spezifische Primer für die 300–500 Nucleotide langen Sequenzabschnitte zu verwenden, sowie alle Beschränkungen, die den geringen Durchsatz der gelelektrophoretischen Trennungen betreffen. Für das Transkriptom von Mensch oder Maus wären z. B. mehr als sechs Mil-

lionen spezifische Primer nötig, die mit je bis zu vier verschiedenen Fluorophoren synthetisiert werden müssten. Bei einer gelelektrophoretischen Laufzeit von ca. 2 h würde allein das Auslesen der Daten viele Dekaden dauern. Da bei der reversen Transkription keine Amplifikation stattfindet, kann der Materialbedarf für Transkripte mit geringer Abundanz hoch sein. Diese und weitere Beschränkungen wurden durch die Anpassung der chemischen Modifikationsexperimente auf massiv parallele *Next-Generation-Sequencing-* (NGS-)Methoden (▶ Kap. 34) aufgehoben. Innerhalb von etwas mehr als einem Tag können NGS-Instrumente bis zu 120 Gigabasen, *Third-Generation*-Sequenzierautomaten sogar bis zu 3,8 Terabasen und damit ein gesamtes Transkriptom sequenzieren. Neben dem hohen Durchsatz, der auf der hochparallelen Arbeitsweise der NGS-Verfahren basiert, ist die Verwendung von sog. Random-Primer-Molekülen ein weiterer Faktor. Aufgrund ihrer promisken Hybridisierungseigenschaften ermöglichen sie das Auslesen sämtlicher Modifikationen im untersuchten Transkriptom. Trotz zahlreicher Unterschiede ähneln sich die Herangehensweisen der bis dato entwickelten Methoden auf Ebene der grundlegenden Arbeitsschritte. Zuerst erfolgt die Modifikation der RNA *in vivo* oder *in vitro*, gefolgt von der Isolierung bzw. Reinigung der RNA. Anschließend wird die Strukturinformation durch reverse Transkription in Form von cDNA-Molekülen gespeichert, was mit dem Einfügen sequenziermethodenspezifischer DNA-Sequenzen durch die verwendeten DNA-Primer einhergeht. Auf Basis der cDNA findet im Anschluss die Generierung einer *sequencing library* statt. Dies umfasst in der Regel eine limitierte PCR-Reaktion (▶ Kap. 33) sowie das Einbringen weiterer sequenziermethodenspezifischer, flankierender DNA-Sequenzen. Die PCR-Reaktion führt darüber hinaus zu einer Amplifikation des Signals, was den initialen Materialbedarf auf handhabbare Mengen reduziert. Der letzte Schritt ist die Auswertung der Sequenzierungsdaten. Dies beinhaltet unter anderem das Abgleichen der einzelnen sog. *reads* mit dem Referenztranskriptom. Hierbei handelt es sich um cDNA-Sequenzabschnitte von einigen Dutzend bis zu mehreren Hundert Nucleotiden. Die Identifizierung überlappender Sequenzen und die Kenntnis des Referenzgenoms ermöglichen die genaue Zuordnung jeder *read*-Sequenz. Die Anzahl an cDNA-Enden an einem beliebigen Nucleotid wird durch die Anzahl der *reads* quantifiziert, deren Ende an diesem Nucleotid liegt und den Übergang zu dem an das cDNA-Ende ligierten Adapters darstellt. Analog zu den gelelektrophoretischen Methoden ist auch hier die Subtraktion der Hintergrundsignale aus einem nicht modifizierten Ansatz zur Quantifizierung der Reaktivität gegenüber dem modifizierenden Agens essenziell.

## 32.6 Erweiterung der Strukturaufklärungsmöglichkeiten durch *Mutational Profiling*

Trotz der zahlreichen Vorteile von NGS-basierten Methoden zur Detektion chemischer Modifikationen sind diese Verfahren auch mit Nachteilen behaftet, vor allem was die Herstellung der *sequencing library* betrifft. Das Auslesen der Strukturinformation nach der chemischen Modifikation geschieht in der Form abortiver cDNA-Fragmente. Hierbei ist es unerheblich, ob die Moleküle auf einen Stopp der reversen Transkriptase oder aber auf einen RNA-Strangbruch zurückzuführen sind. In beiden Fällen ist zur Herstellung der *sequencing library* die Ligation eines DNA-Adapters an die 3'-Enden der cDNAs notwendig. Da die Ligationseffizienz von der Sequenz und der Struktur der cDNA-Moleküle abhängt, ist dieses Procedere einem systematischen Fehler unterworfen. Gelektrophoretische Methoden detektieren die cDNA direkt, weshalb sie diesem Fehler nicht unterliegen. Dieser kann im Fall von NGS-basierten Methoden durch die Nutzung von Adaptermolekülen mit drei degenerierten Basen am 5'-Ende minimiert werden. Eine andere Strategie nutzt eine Zirkularisierungsreaktion und reduziert die Adapterligation damit auf ein intramolekulares Problem bei gleichzeitiger Erhöhung der Effizienz. Längere cDNA-Fragmente lassen sich jedoch auch durch diese Vorgehensweise nicht effizient prozessieren. Allen Methoden ist gemein, dass sie zwischen RNA-Degradation, mangelnder Prozessivität der RT und *run-off* bzw. Stopp durch eine Modifikation nicht unterscheiden können. Mit der Einführung bifunktionaler SHAPE-Reagenzien konnte die Anzahl informationstragender RNAs erhöht werden. Hierzu sind die Reagenzien z. B. mit einer Azidseitengruppe funktionalisiert. Dies eröffnet die Möglichkeit, die modifizierten RNAs in einer Click-Chemie-basierten Reaktion zu biotinylieren und fortfolgend affinitätschromatographisch anzureichern. Bei längeren RNAs bzw. mit wachsender cDNA-Länge erhöht sich zusätzlich das Problem der mangelnden Prozessivität der RT. Das Resultat ist eine zu kürzeren cDNA-Fragmenten verschobene Längenverteilung, welche für den modifizierten und den unmodifizierten Ansatz unterschiedlich ist. Dieser sog. *signal decay* kann in der Regel mit heuristischen Methoden korrigiert werden. Eine andere Möglichkeit besteht in der Selektion von cDNA-Fragmenten mit einer bestimmten Länge, was jedoch mit zusätzlichen Arbeitsschritten und der Notwenigkeit eines weiteren Ligationsschritts einhergeht.

All diese methodischen Mängel lassen sich in einem als *Mutational Profiling* (MaP) bezeichneten Verfahren umgehen. MaP nutzt Reaktionsbedingungen, bei der die RT – statt am Ort der Modifikation zu stoppen – eine Mutation einbaut. Hierfür werden Mangan(II)-haltige Puffer verwendet. Mangan$^{2+}$-Ionen besitzen gegenüber Magnesium$^{2+}$-Ionen eine erhöhte Nucleophilie. Im aktiven Zentrum der RT führt dies dazu, dass chemisch modifizierte Nucleotide als Template für eine promiske cDNA-Synthese akzeptiert werden und keinen Stopp der reversen Transkription verursachen. Die Speicherung der Information in Form einer Mutation bietet eine Reihe an Vorteilen. Zum Beispiel können durch die Verwendung spezifischer Primer definierte cDNAs zielgerichtet amplifiziert werden. Darüber hinaus ist es möglich, den 3'-Adapter über PCR einzubringen. *In toto* ist das Auslesen über *Mutational Profiling* wesentlich weniger anfällig für systematische Fehler bei der Herstellung der *sequencing library* und bietet eine einzigartige Möglichkeit zur Anreicherung spezifischer cDNA-Moleküle. Dies ist insbesondere bei Transkripten mit niedriger Abundanz von Bedeutung. Zusätzlich spielen Stopps, die durch die unzulängliche Prozessivität der RT oder *run-off* hervorgerufen wurden, ebenso wie degradierte RNA keine Rolle mehr, da diese Effekte zu keinen Mutationen führen. Neben diesen Vorteilen ergeben sich aber auch neue Möglichkeiten. So ist es möglich, gleichzeitig mehrere Modifikationen in einer Ziel-RNA zu detektieren, sodass die Notwendigkeit, unter *single-hit*-Bedingungen zu modifizieren, wegfällt. Eine Anwendung ist die Identifizierung sog. *RNA-interaction groups* durch *Mutational Profiling* (RING-MaP). Die Methode nutzt die Tatsache, dass Nucleotide, die in 3D-Interaktionen involviert sind, in ihrer Reaktivität gegenüber dem modifizierenden Agens korrelieren. Ein Beispiel hierfür sind sog. *kissing loops*: zwei miteinander interagierende *hairpin loops*. Die den *Loop*-Regionen innewohnende strukturelle Flexibilität führt zu einem dynamischen Gleichgewicht aus bestehenden und gelösten 3D-Interaktionen, welche alle beteiligten Nucleotide gleichzeitig betrifft. Somit ist es möglich, 3D-Interaktionen zu identifizieren und diese als Einschränkungen zur Berechnung valider 3D-Strukturmodelle zu verwenden. In der Regel existieren RNAs nicht nur in einer Struktur, sondern liegen in unterschiedlichen Faltungszuständen, als strukturelles Ensemble, vor. Jede gefaltete Isoform ist gekennzeichnet durch ihr spezifisches Muster an korrelierenden Reaktivitäten gegenüber dem modifizierenden Agens. Dadurch ist es möglich, einzelne Konformationen im Ensemble zu identifizieren. Die Ermittlung von Abundanz und Struktur einzelner Subpopulationen ist z. B. bei der Aufklärung von Liganden/Aptamer-Wechselwirkungen von besonderem Interesse. RNA-Aptamere sind Ribonucleinsäuren, die Liganden hochaffin binden. In der Natur kommen sie als Substrukturen von Riboschaltern vor. Diese befinden sich in den nicht translatierten Regionen (UTRs) von mRNAs und regulieren u. a. die Translationseffizienz in Abhängigkeit von der Konzentration des Liganden. Methoden wie RING-MaP sind in der Lage, vorgefaltete, bindekompetente Konformationen oder Zwischenstufen bei der Umfaltungsreaktion zu identifizieren, die sich andernfalls in der Form von Durchschnittswerten der Detektion entziehen würden. Die Analyse eines thermodynamischen Ensembles durch Einzelmolekül-

betrachtungen ermöglicht nicht nur eine genaue Modellierung von RNA-Strukturen, sondern auch die Betrachtung der Faltungslandschaft inklusive der Berechnung der Zustandssumme des RNA-Strukturensembles. Bisher war dies nur auf Umwegen möglich.

Durch den hohen Durchsatz sowie den hohen Grad an Automatisierung und unter Verwendung mehrerer modifizierender Agenzien könnte die Beschreibung fast jeder RNA als thermodynamisches Ensemble und einiger Substrukturen als 3D-Objekte möglich werden. Durch *read*-Längen von bis zu zwei Megabasen mittels Third Generation Sequencing wäre die Korrelation von Modifikationen nur noch durch die Prozessivität der RT beschränkt. Dies würde sowohl beim Design synthetischer genetischer Schaltkreise als auch beim Verständnis ihrer natürlichen Gegenstücke helfen. ◨ Abb. 32.9 stellt eine Zusammenfassung aller SHAPE- und DMS-basierten Hochdurchsatzverfahren zur 2D-Strukturaufklärung von RNA-Molekülen dar.

## 32.7  *In vivo*-Modifikationen

In Zellen sind RNA-Moleküle einem komplexen Milieu aus Proteinen, anderen Nucleinsäuren sowie unzähligen weiteren hoch- und niedermolekularen Verbindungen in zum Teil hohen Konzentrationen ausgesetzt. Die Interaktion einer RNA-Spezies mit diesen Komponenten kann Faltungsunterschiede zwischen der Situation *in vivo* und *in vitro* bedingen, ebenso wie RNA-Moleküle in der Zelle gleichzeitig in unterschiedlichen strukturellen Funktionszuständen vorliegen können. Auch besteht die Möglichkeit, dass die über einen temperaturabhängigen Entfaltung-Rückfaltungs-Prozess generierten RNA-Strukturen ganz generell von den intrazellulären, kotranskriptionell entstandenen Faltungszuständen abweichen. Zudem unterliegen RNA-Moleküle einem hohen metabolischen *turnover*. RNA-Synthese und RNA-Abbau finden ständig statt, wobei die Halbwertszeiten von unterschiedlichen RNA-Spezies zwischen wenigen Minuten bis hin zu mehreren Stunden variieren können. Obwohl es keinen prinzipiellen Unterschied zwischen der chemischen Modifikation *in vivo* und *in vitro* gibt, so sind dennoch zusätzliche Faktoren sowohl bei der Experimentplanung und Exekution als auch bei der Datenanalyse zu berücksichtigen (◨ Abb. 32.10). Hierzu zählt z. B. die Stabilität (Halbwertszeit) des Modifikationsreagenzes im Wachstumsmedium ebenso wie in der Zelle und in besonderem

---

cDNA-Enden oder Mutationen in *Next-Generation-Sequencing-* (NGS-) Bibliotheken. hSHAPE ist die einzige Methode, die über die kapillarelektrophoretische Trennung fluoreszenzmarkierter cDNA-Moleküle die Häufigkeit eines jeden cDNA-Fragments direkt ohne weitere Prozessie-

rung ausliest. Das *Mutate-and-Map-* ($M^2$-seq)Verfahren ist die einzige Methode, die Basenpaare direkt detektiert. Hierbei wird eine Bibliothek aus mutierten Sequenzen angelegt und der Basenpaarungspartner über die mutationsbedingte Interferenz lokalisiert

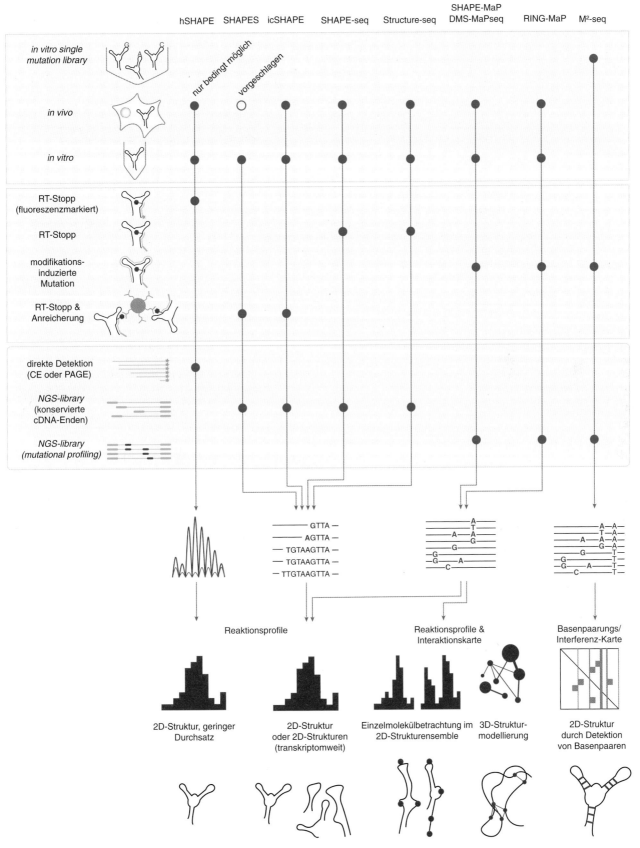

**Abb. 32.9** Strukturaufklärungsverfahren, die auf der Anwendung von Dimethysulfat (DMS) oder SHAPE-Modifikationsreagenzien beruhen. Die Zusammenfassung nennt die Anwendungsbereiche, die Vorgehensweise zur Detektion der Modifikationen sowie deren Speicherung als

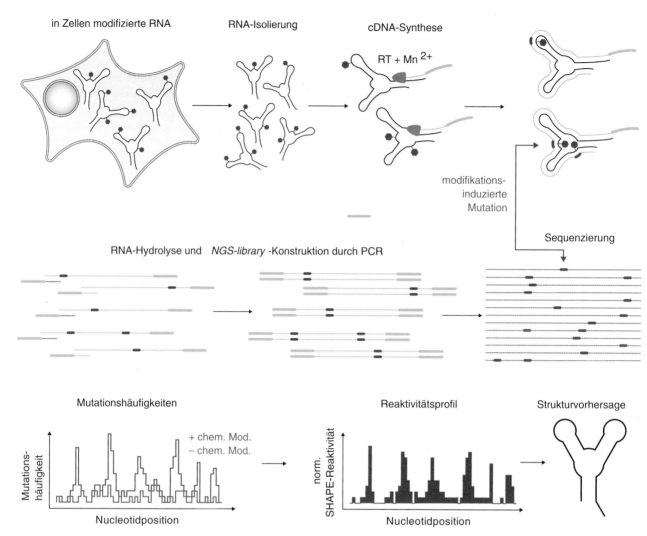

in Zellen modifizierte RNA      RNA-Isolierung      cDNA-Synthese

RT + Mn$^{2+}$

modifikations-
induzierte
Mutation

Sequenzierung

RNA-Hydrolyse und   *NGS-library*-Konstruktion durch PCR

**32**

Mutationshäufigkeiten

+ chem. Mod.
− chem. Mod.

Mutations-
häufigkeit

Nucleotidposition

Reaktivitätsprofil

norm.
SHAPE-Reaktivität

Nucleotidposition

Strukturvorhersage

◻ **Abb.    32.10**  SHAPE-MaP-Experimente.    *In-vivo*-SHAPE-Modifikation des gesamten Transkriptoms einer eukaryotischen Zelle, wobei die Umsetzung unter *multiple-hit*-Bedingungen erfolgen kann. Modifikationsaddukte sind als rote Sechsecke gekennzeichnet. Nach der Reaktion wird der Pool an modifizierten RNAs isoliert und unter Verwendung von DNA-Primern im Beisein von Mangan(II)-Kationen zu cDNA-Molekülen revers transkribiert (RT). Dies führt zum Einbau von nicht komplementären Nucleotiden an allen Position der RNA-Modifikationsaddukte. Das heißt, die chemischen Modifikationen werden als Mutationen in den cDNA-Molekülen gespeichert. Die DNA-Primer sind mit 5'-seitigen Adaptersequenzen (grüne Überhänge) zur Sequenzierung (*Next Generation Sequencing* – NGS) versehen. Nach Hydrolyse der RNAs werden weitere Primer mit zusätzlichen Adaptersequenzen zur Synthese der zweiten DNA-Stränge eingesetzt, gefolgt von einer PCR-Amplifikation und Sequenzierung. Durch Quantifizierung der Mutationshäufigkeit für jedes Nucleotid und nach Subtraktion der Mutationshäufigkeit einer initial nicht modifizierten Probe ergeben sich SHAPE-Reaktivitätsprofile mit nucleotidgenauer Auflösung, die zur Strukturvorhersage genutzt werden können

Maße die Frage, ob das Reagenz in der Lage ist, die Zellmembran zu penetrieren. Zellwände, Zellmembranen und dichte Glykoproteinummantelungen können eine effiziente Aufnahme von chemischen Modifikationsreagenzien verhindern. So ist die Modifikationseffizienz in Zellen meist deutlich geringer als in verdünnten Pufferlösungen. Im Falle der SHAPE-Reagenzien stehen verschiedene Verbindungen mit Halbwertszeiten zwischen wenigen Sekunden bis ca. 30 Minuten zur Verfügung. Das heißt, Strukturuntersuchungen, die mit schnell hydrolysierenden Agenzien nicht möglich sind,

können dennoch unter Anwendung des identischen chemischen Prinzips analysiert werden (◻ Abb. 32.5B, C). Messsignale an nur gering reaktiven Nucleotiden sollten dabei >2 Standardabweichungen über dem Signalhintergrund liegen. Effizient modifizierte Nucleotide sollten mindestens 10-fach darüber liegen. Zusätzlich muss, um Artefakte zu vermeiden, überprüft werden, ob die zu untersuchenden Zellen die chemische Umsetzung vor Ablauf der Reaktion überhaupt überleben.

Die Abundanz der Ziel-RNA ist ein weiterer kritischer Faktor. Ribosomale RNAs stellen die Majorität zellulärer RNAs dar und müssen gegebenenfalls abgereichert werden. *Messenger*-RNAs können über Oligo-dT-derivatisierte Säulenmaterialien angereichert werden, und für niedrig abundante RNAs kann bei Verwendung von *Mutational-Profiling*-basierten Methoden eine Signalverstärkung durch PCR erreicht werden. In diesem Kontext stellen RNAs mit repetitiven Sequenzen eine besondere Herausforderung dar. Übersteigt ein solcher Sequenzabschnitt die Leselänge der Sequenzierungsmethode, ist eine genaue *Repeat*-Zuordnung nicht möglich. Auch muss bei der Analyse von *in-vivo*-Modifikationsdaten berücksichtigt werden, dass zwischen intra- und intermolekularen Wechselwirkungen, welche die Reaktivität eines Nucleotids verändern, nicht unterschieden werden kann. Das heißt, die Reaktionsänderung eines Nucleotids von einem reaktiven Zustand hin zu einem nichtreaktiven Zustand kann in gleichem Maße durch Basenpaarung als auch durch Proteinbindung oder die Interaktion mit einem anderen Liganden bewirkt werden. Ohne zusätzliche Daten ist eine Unterscheidung nicht möglich. Aus diesem Grund sollten *in-vivo*-Experimente nicht als alleinige Grundlage für 2D-Strukturaufklärungen fungieren (Smola et al. 2016). Für Untersuchungen zur Änderung der Struktur von RNA-Molekülen in unterschiedlichen funktionalen Zuständen sind *in-vivo*-Modifikationsexperimente jedoch optimal. Zum Beispiel kann der Einfluss von RNA-Bindeproteinen auf die RNA-Struktur durch Überexpression oder *knockdown/knockout* der Zielproteine bestimmt werden. Andere Möglichkeiten sind Untersuchungen zur Strukturänderung unter Einfluss von Stressoren wie Hitze, Kälte oder Trockenheit bzw. über die Zeit, wie der Verlauf einer Virusinfektion.

## Literatur und Weiterführende Literatur

Amaral PP, Dinger ME, Mercer TR, Mattick JS (2008) The eukaryotic genome as an RNA machine. Science 319:1787–1789

Butcher SE, Pyle AM (2011) The molecular interactions that stabilize RNA tertiary structure: RNA motifs, patterns, and networks. Acc Chem Res 44:1302–1311

Cech TR, Steitz JA (2014) The noncoding RNA revolution-trashing old rules to forge new ones. Cell 157:77–94

Heilman-Miller SL, Pan J, Thirumalai D, Woodson SA (2001) Role of counterion condensation in folding of the *Tetrahymena* ribozyme. II. Counterion-dependence of folding kinetics. J Mol Biol 309:57–68

Kubota M, Chan D, Spitale RC (2015) RNA structure: merging chemistry and genomics for a holistic perspective. BioEssays 37:1129–1138

Leeder WM, Hummel NF, Göringer HU (2016) Multiple G-quartet structures in pre-edited mRNAs suggest evolutionary driving force for RNA editing in trypanosomes. Sci Rep 6:29810

Lipfert J, Doniach S, Das R, Herschlag D (2014) Understanding nucleic acid-ion interactions. Annu Rev Biochem 83:813–841

Lorenz R, Hofacker IL, Stadler PF (2016) RNA folding with hard and soft constraints. Algorithms Mol Biol 11:8

McGinnis JL, Dunkle JA, Cate JH, Weeks KM (2012) The mechanisms of RNA SHAPE chemistry. J Am Chem Soc 134:6617–6624

Merino EJ, Wilkinson KA, Coughlan JL, Weeks KM (2005) RNA structure analysis at single nucleotide resolution by selective 2'-hydroxyl acylation and primer extension (SHAPE). J Am Chem Soc 127:4223–4231

Mustoe AM, Busan S, Rice GM, Hajdin CE, Peterson BK, Ruda VM, Kubica N, Nutiu R, Baryza JL, Weeks KM (2018) Pervasive regulatory functions of mRNA structure revealed by high-resolution SHAPE-probing. Cell 173:181–195.e18

Saenger W (1984) Principles of nucleic acid structure. Springer-Verlag, New York

Sharp PA (2009) The centrality of RNA. Cell 136:577–580

Smola MJ, Christy TW, Inoue K, Nicholson CO, Friedersdorf M, Keene JD, Lee DM, Calabrese JM, Weeks KM (2016) SHAPE reveals transcript-wide interactions, complex structural domains, and protein interactions across the Xist lncRNA in living cells. Proc Natl Acad Sci U S A 113:10322–10327

Templeton C, Elber R (2018) Why does RNA collapse? The importance of water in a simulation study of Helix-Junction-Helix systems. J Am Chem Soc 140:16948–169510

Toor N, Keating KS, Taylor SD, Pyle AM (2008) Crystal structure of a self-spliced group II intron. Science 320:77–82

Watts JM, Dang KK, Gorelick RJ, Leonard CW, Bess JW, Swanstrom R, Burch CL, Weeks KM (2009) Architecture and secondary structure of an entire HIV-1 RNA genome. Nature 460:711–716

# Polymerasekettenreaktion

Sandra Niendorf und C.-Thomas Bock

## Inhaltsverzeichnis

33.1    Möglichkeiten der PCR – 833

33.2    Grundlagen – 833
33.2.1    Ablauf einer PCR-Reaktion – 833
33.2.2    Instrumentierung – 835
33.2.3    Komponenten der PCR-Reaktion – 836
33.2.4    Optimierung der PCR-Reaktion – 838

33.3    Spezielle PCR-Techniken – 839
33.3.1    Quantitative PCR – 839
33.3.2    Reverse-Transkriptase-PCR – 842
33.3.3    Nested-PCR – 844
33.3.4    Asymmetrische PCR – 845
33.3.5    Touchdown-PCR – 845
33.3.6    Multiplex-PCR – 845
33.3.7    Direct Cycle Sequencing – 846
33.3.8    In vitro-Mutagenese – 846
33.3.9    Digitale PCR (dPCR; Chamber Digital PCR, cdPCR und Droplet
          Digital PCR, ddPCR) – 846
33.3.10   Emulsions-PCR (ePCR) – 848
33.3.11   Immunquantitative Echtzeit-PCR (iPCR, iqPCR, irtPCR) – 848
33.3.12   In situ-PCR – 849
33.3.13   Weitere Verfahren – 849

33.4    Kontaminationsproblematik – 850
33.4.1    Vermeidung von Kontaminationen – 850
33.4.2    Dekontamination – 851

33.5    Anwendungen – 852
33.5.1    Nachweis von Infektionskrankheiten – 852
33.5.2    Nachweis von genetischen Defekten – 853
33.5.3    Humangenomprojekt – 854

Während der Arbeit an diesem PCR-Kapitel haben wir vom Tod des Entdeckers der PCR Kary B. Mullis († 7. August 2019) erfahren. In seinem Gedenken widmen wir dieses Kapitel seiner bahnbrechenden Arbeit.

© Springer-Verlag GmbH Deutschland, ein Teil von Springer Nature 2022
J. Kurreck et al. (Hrsg.), Bioanalytik, https://doi.org/10.1007/978-3-662-61707-6_33

**33.6**    **Alternative Verfahren der Amplifikation – 855**

33.6.1    Isotherme PCR – 856

33.6.2    Ligase Chain Reaction (LCR) – 860

33.6.3    Branched DNA Amplification (bDNA) – 861

**33.7**    **Ausblick – 861**

**Literatur und Weiterführende Literatur – 862**

- Die PCR ist eine Methode, die es ermöglicht, sowohl DNA als auch RNA in kurzer Zeit unbegrenzt zu vervielfältigen. Die Methode der PCR hat in alle Bereiche der Lebenswissenschaft Einzug gehalten und zählt zu den wichtigsten Methoden der Molekularbiologie.
- Eine große Bandbreite verschiedenster PCR-Techniken steht den Laboren zur Verfügung, u. a. quantitative PCR, Nested-PCR, RT-PCR und die digitale PCR. Die grundlegende Methodik der PCR kann an die verschiedensten Anforderungen des Anwenders adaptiert und erweitert werden.
- Mithilfe der quantitativen PCR können nicht nur Nucleinsäuren vermehrt, sondern auch ihre Konzentration in der Ausgangsprobe bestimmt werden. Das Wissen über die Konzentration der entsprechenden Nucleinsäure ist beispielsweise für die Diagnostik und Monitoring eines Therapieverlaufs von z. B. Infektionserkrankungen von entscheidender Bedeutung.
- Die Verknüpfung der PCR-Technik mit etablierten molekularbiologischen Methoden, wie der Histologie (z. B. In-situ-PCR), dem ELISA oder der Chromatin-Immunpräzipitation eröffnen dem Anwender aufgrund der dann deutlich erhöhten Sensitivität eine Vielzahl von innovativen Einsatzgebieten.

Die Polymerasekettenreaktion (*Polymerase Chain Reaction*, PCR) ist ein Verfahren zur synthetischen Vervielfältigung (Amplifikation) von Nucleinsäuren (Desoxyribonucleinsäure, DNA) bzw. Nucleinsäureabschnitten mithilfe des Enzyms DNA-Polymerase, welches in allen Lebewesen vorkommt und vor der Zellteilung während der Replikation die DNA der Zelle verdoppelt. Das Verfahren wurde 1983 zum ersten Mal wissenschaftlich durch Kary B. Mullis vollständig beschrieben, wofür er 1993 mit dem Nobelpreis für Chemie geehrt wurde.

Die Entwicklung der PCR hat zur Revolution von molekularen Verfahren in den Lebenswissenschaften geführt und ist aus den unterschiedlichsten Bereichen der Molekularbiologie und Medizin nicht mehr wegzudenken. Die vielfältigen Anwendungsmöglichkeiten der PCR liegen in der molekularbiologischen Grundlagenforschung, Genetik, Medizin, Genomdiagnostik, Forensik, Lebensmittelanalytik, Pflanzenzucht, Landwirtschaft, Umwelt- und Altertumsforschung, um nur einige zu nennen.

Die PCR-Reaktion wurde in unterschiedlichste Prozesse integriert, wie z. B. die PCR-Amplifikation mit anschließender elektrophoretischer Auftrennung der Amplifikationsprodukte, Klonierung und Sequenzierung der amplifizierten Sequenzen, allelische PCR zur Aufklärung von Mutationen, Analyse der PCR-Produkte in Blot-Nachweisverfahren, Kopplung mit quantitativen heterogenen oder homogenen Nachweisverfahren oder auch In-situ-PCR zur Amplifikation bestimmter Zielsequenzen direkt in Geweben oder Zellkulturen. Alternativen zur PCR-basierten Nucleinsäureamplifikationstechnik (NAT) wurden ebenfalls etabliert. Hierbei sind die nicht PCR-basierte NAT, wie u. a. isotherme *Nucleic Acid Sequence Based Amplification* (NASBA), *Strand Displacement Amplification* (SDA) und *Transcription Mediated Amplification* (TMA) die bekanntesten. Während eine PCR meist von DNA als Startnucleinsäuren ausgeht und die Amplifikation über Temperaturzyklen erreicht wird, gehen SDA, NASBA und TMA-Amplifikationsverfahren von Ribonucleinsäure (RNA) als Startnucleinsäuren aus, wobei die Amplifikationszyklen bei diesen Verfahren bei einer einheitlicher Temperatur (z. B. bei 42 °C) durchgeführt werden.

## 33.1 Möglichkeiten der PCR

Die Methode der PCR ermöglicht es, einen beliebigen Nucleinsäureabschnitt zu vervielfältigen. Der Vergleich mit herkömmlichen Analyseverfahren veranschaulicht den Wert und die Vorzüge einer PCR-basierten Vervielfältigung. Die untere Nachweisgrenze der Gelelektrophorese liegt bei etwa 5 ng DNA. Bei einer Fragmentgröße von 500 Basenpaaren (bp) entspricht dies einer Anzahl von etwa $10^{10}$ DNA-Molekülen. Durch die Übertragung der DNA aus dem Gel auf andere Trägermaterialien, mit einem anschließenden radioaktiven oder nichtradioaktiven Nachweis, kann die Nachweisgrenze auf $10^8$ DNA-Moleküle deutlich verbessert werden. Die Sensitivität von $10^8$ DNA-Molekülen ist jedoch für spezielle diagnostische Fragestellungen bei Weitem nicht ausreichend. Ein Beispiel für sensitivere Nachweisverfahren ist die Diagnostik von Virusinfektionen bzw. Viren aus dem Blut von Patienten, bei denen häufig nur sehr geringe Virustiter von unter 1000 Viren pro Milliliter Blut vorhanden sein können. Hier zeigt sich der unbestrittene Vorteil der PCR-Technologie, da bei dieser Technik innerhalb von wenigen Stunden *in vitro* aus einem einzigen DNA-Molekül unter optimalen Bedingungen bis zu $10^{12}$ identische Moleküle erzeugt werden können, die dann einem diagnostischen Nachweis oder anderen analytischen Methoden zur Verfügung stehen (▶ Abschn. 33.5).

## 33.2 Grundlagen

### 33.2.1 Ablauf einer PCR-Reaktion

Für eine PCR-Reaktion werden grundsätzlich vier Komponenten benötigt:

33

◻ **Abb. 33.1**    Schematische Darstellung der Polymerisation von DNA. In Anwesenheit eines Primers mit freiem 3'-OH-Ende und Einzelnucleotiden (dNTPs) verlängern DNA-Polymerasen einzelsträngige DNA (ssDNA) zum Doppelstrang

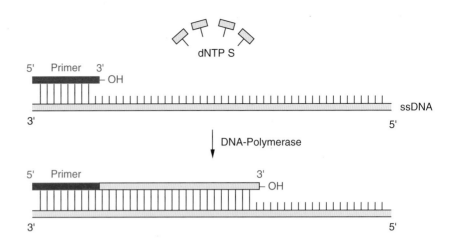

- die zu vervielfältigende DNA, auch Template genannt,
- das Enzym DNA-Polymerase,
- freie Nucleotide und
- kurze meist synthetische DNA-Fragmente mit einer Länge von 18–25 Basen, die sog. Primer.

Die Primer binden an den zu amplifizierenden Bereich eines Templates und besitzen ein freies 3'-OH-Ende, welches von der DNA-Polymerase verlängert werden kann (◻ Abb. 33.1). Die PCR-Reaktion läuft in der Regel in drei Schritten ab (◻ Abb. 33.2 und ◻ 33.3).

**Denaturierung**    Im ersten Schritt muss der vorliegende und zu amplifizierende DNA Doppelstrang in die jeweiligen Einzelstränge getrennt (denaturiert) werden. Da die DNA zu Beginn in einer noch recht komplexen, hochmolekularen Struktur vorliegt, erfolgt die Denaturierung für ca. 5–10 min, um insbesondere auch G/C-reiche Sequenzen, die z. B. häufig bei Virusgenomen vorliegen, zu denaturieren.

**Annealing**    Im zweiten Schritt erfolgt das Binden (Annealing) der Primer an die spezifische Sequenz auf der zu amplifizierenden DNA. Die Temperatur wird hierbei maßgeblich von der Sequenz der Primer bestimmt, sie sollte ca. 5–10 °C unterhalb der Schmelztemperatur der Primer liegen. Wird die Annealingtemperatur zu hoch gewählt, könnten die Primer aufgrund ihrer thermischen Bewegung nicht richtig an die Zielsequenz binden und zu einer ineffizienten PCR-Reaktion führen. Bei einer zu niedrigen Annealingtemperatur können die Primer nicht nur an die Zielsequenz, sondern auch unspezifisch an nicht komplementäre Sequenzen der DNA binden, wodurch die Spezifität der PCR-Reaktion sinkt.

**Elongation**    Während der Verlängerung des neu zu synthetisierenden DNA-Strangs (Elongation) wird das freie 3'-OH-Ende des Primers durch die DNA-Polymerase mit freien Nucleotiden [Nucleosidtriphosphate (NTP), aus Adenin (A), Guanin (G), Cytosin (C), Thymin (T) oder Uracil (U)] entsprechend der Sequenz des komplementären DNA-Stranges verlängert. Die gewählte Temperatur hängt dabei vom Aktivitätsoptimum der DNA-Polymerase ab, welches zwischen 68 °C und 72 °C liegt. Die Elongationszeit sollte so gewählt werden, dass eine vollständige Synthese der Zielsequenz erreicht wird, da nur vollständig verlängerte DNA-Stränge in den nächsten PCR-Zyklen wieder als Matrize zur Verfügung stehen. Meist werden Elongationszeiten von einer Minute pro 1000 Basen verwendet.

Durch eine erneute Denaturierung der neu synthetisierten doppelsträngigen DNA in ihre Einzelstränge können neue Primermoleküle binden, und der Prozess wiederholt sich. Werden die Primer so gewählt, dass einer am Sense-Strang und einer am komplementären Strang (dem Antisense-Strang) bindet, erfolgt mit jedem Zyklus von Denaturierung, Annealing und Elongation eine Verdopplung des zwischen den Primern befindlichen DNA-Abschnittes. Die PCR führt somit zu einer exponentiellen Amplifikation, da auch die jeweils neu gebildeten Stränge als Matrize zur Verfügung stehen (◻ Abb. 33.4). Wird für die PCR-Reaktion eine temperaturstabile DNA-Polymerase eingesetzt, wie sie in Organismen vorkommt, die in heißen Quellen leben, so ist es möglich, die Reaktion ohne Unterbrechung ablaufen zu lassen.

Für die meisten Anwendungen liegt nach 30–35 Zyklen genügend Produkt zur weiteren Analyse vor. Nur in Ausnahmefällen oder bei einer Nested-PCR

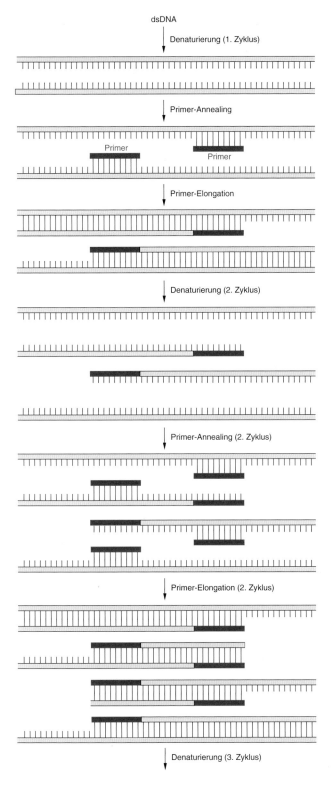

**Abb. 33.2** Schematische Darstellung der PCR. In einem zyklischen Prozess aus Denaturierung, Primer-Annealing und Primer-Elongation verdoppelt sich die Zahl der DNA-Abschnitte theoretisch mit jedem Zyklus. Beschrieben sind die ersten beiden Zyklen. Die Zahl der Kopien wächst exponentiell mit jeder weiteren Runde

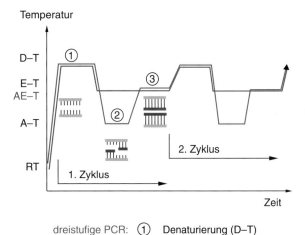

dreistufige PCR: ① Denaturierung (D–T)
② Primer-Annealing (A–T)
③ Primer-Elongation (E–T)

zweistufige PCR: ① Denaturierung (D–T)
② + ③ Primer-Annealing
und -Elongation (AE–T)

**Abb. 33.3** Temperatur/Zeit-Profil der PCR (zweistufig und dreistufig)

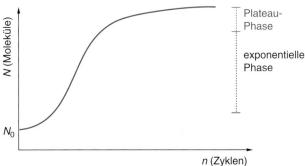

**Abb. 33.4** Typischer Verlauf einer PCR. Die Kinetik der PCR verläuft über eine exponentielle Phase in eine Sättigung (Plateauphase). Das Plateau bildet sich unter anderem, weil im Verlauf der Reaktion zunehmend Inhibitoren entstehen und die PCR-Komponenten verbraucht werden

(▶ Abschn. 33.3.3) werden 40–50 Zyklen zur Amplifikation benötigt.

### 33.2.2 Instrumentierung

Erste Thermocycler bestanden aus drei unterschiedlich beheizten Wasserbädern, bei denen die PCR-Gefäße anfangs von Hand und mit Stoppuhr, später mithilfe eines Roboterarms von Bad zu Bad umgesetzt wurden. Heutzutage gibt es relativ kleine, kompakte Geräte, in denen die PCR-Gefäße in einem Metallblock stehen, der zyklisch aufgeheizt und gekühlt wird. Wesentliches Unterscheidungsmerkmal der heutigen Thermocycler ist ihre Heiztechnik, die entweder auf Basis von Peltier-Elementen oder mithilfe von Flüssigkeiten funktioniert. Jüngste Entwicklungen auf diesem Gebiet zielen einerseits auf einen drastischen Zeitgewinn durch Miniaturisierung (PCR in einer Glaskapillare mit sehr geringem Volumen, realisiert als *LightCycler®*) und andererseits auf eine Kombination von Amplifikation und Detektion in einem Gerät (PCR kombiniert mit gleichzeitiger FRET-Detektion, realisiert als *TaqMan*). Die Geräte dieser Bauart erlauben den zeitgleichen Nachweis (*Real-Time*-Detektion) eines PCR-Produkts während der Amplifikation (▶ Abschn. 33.3.1).

### 33.2.3 Komponenten der PCR-Reaktion

#### 33.2.3.1 Enzym

Die wichtigsten Anforderungen an DNA-Polymerasen für die PCR sind die Fähigkeit, bei 72 °C längere DNA-Abschnitte zu synthetisieren (eine hohe Prozessivität) sowie eine sehr gute Temperaturstabilität bei 95 °C. Polymerasen, die diese Anforderungen erfüllen, sind *Taq-*, *Tth-*, *Pwo-* und *Pfu*-DNA-Polymerase. Die *Taq*-DNA-Polymerase, als die gebräuchlichste Polymerase unter den genannten Enzymen, kommt in den meisten Standardprotokollen zum Einsatz. *Tth*-DNA-Polymerase besitzt ebenso wie die *Taq*-DNA-Polymerase eine hohe 5′–3′-Polymerisationsaktivität, daneben aber auch eine zusätzliche Reverse-Transkriptase-Aktivität. Hierauf wird im folgenden Abschnitt eingegangen (▶ Abschn. 33.3.2). *Pwo-* und *Pfu*-DNA-Polymerase schließlich haben neben ihrer 5′–3′-Polymerisationsaktivität auch eine 5′–3′-Exonucleaseaktivität. Diese wird auch als *Proof-Reading*-Aktivität bezeichnet, da diese Enzyme in der Lage sind, falsch eingebaute Nucleotide zu erkennen und den Fehler anschließend durch erneute Reaktion zu beheben. Neben diesen Einzelenzymen werden oft auch Gemische der Enzyme kommerziell angeboten. Beispielhaft sind die für die Amplifikation nach einem Standardprotokoll (mit *Taq*-Polymerase) benötigten Reagenzien in ◘ Tab. 33.1 aufgelistet.

◘ **Tab. 33.1**  Zusammenfassung des PCR-Mastermixes

| Reagens | Endkonzentration |
|---|---|
| *Taq*-DNA-Polymerase | 2–5 units 1× |
| 10 × *Taq*-Puffer (100 mM Tris/HCl pH 8,3; 500 mM KCl) | 1× |
| 10 mM Nucleotidmix (dATP, dCTP, dGTP, dTTP) | 0,2 mM |
| $MgCl_2$ | 0,5–2,5 mM |
| Sense-Primer | 0,1–1 µM |
| Antisense-Primer | 0,1–1 µM |
| $H_2O$ | variabel |
| Template | variabel |

#### 33.2.3.2 Primer

Neben der DNA-Polymerase ist eine der wichtigsten Komponenten in einer PCR-Reaktion das Primerpaar, bestehend aus einem Sense-Primer und einem Antisense-Primer, der auf dem Gegenstrang der Nucleinsäure bindet. Die Primer flankieren den zu amplifizierenden Bereich des Targets. Eine wesentliche Voraussetzung für eine optimale PCR ist die richtige Auswahl der Primer, das sog. Primerdesign. Damit die Bindung an die Zielsequenz möglichst spezifisch ist, sollten einige grundlegende Anforderungen an die Primer erfüllt werden.

**Anforderungen an die Primer**
1. mindestens 17 Nucleotide lang (meist 17–28 nt)
2. ausgeglichener G/C- zu A/T-Gehalt
3. Schmelzpunkt zwischen 55 °C und 80 °C
4. möglichst gleicher Schmelzpunkt für beide Primer
5. keine Haarnadelstruktur (besonders am 3′-Ende, ◘ Abb. 33.5)
6. keine Dimerbildung: weder mit sich selbst noch mit dem 2. Primer (◘ Abb. 33.5)
7. möglichst keine G/C-Nucleotide am 3′-Ende (erhöht *Mispriming*-Gefahr)
8. möglichst keine „ungewöhnlichen" Basenabfolgen wie poly(A)- oder lange G/C-Abschnitte

**Abb. 33.5** Sekundärstrukturen von Primern. Für die Primerauswahl ist es wichtig, Sekundärstrukturen möglichst zu vermeiden. In die Analyse müssen auch komplementäre Bereiche zwischen Sense- und Antisense-Primer miteinbezogen werden.

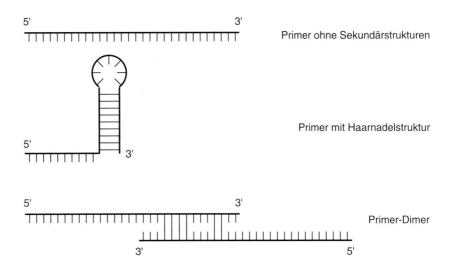

Primer ohne Sekundärstrukturen

Primer mit Haarnadelstruktur

Primer-Dimer

Degenerierte Primer sind ein Gemisch aus Einzelmolekülen, die sich an bestimmten Stellen in ihrer Sequenz unterscheiden. Sie werden immer dann verwendet, wenn die Sequenz des Targets nicht exakt bekannt ist oder die Targets in ihrer Sequenz voneinander abweichen. Soll beispielsweise ein Genomabschnitt aus einer Spezies amplifiziert werden, dessen genaue Sequenz nur aus verwandten Arten bekannt ist, werden über Vergleich der Sequenzhomologie möglichst homologe Bereiche identifiziert und anschließend degenerierte Primer synthetisiert, die im Idealfall alle Nucleotidvariationen enthalten. Dies kann z. B. bei der Amplifikation von unterschiedlichen Virus-Subtypen zur Anwendung kommen. Der Nachteil von degenerierten Primern liegt in einer verschlechterten Spezifität, was zu einer unspezifischen Amplifikation führen kann.

Die Primersequenz
- 5'- **W**TG AGT TAT GGA TTC AAA GT**N**-3'

steht für ein Gemisch aus folgenden acht Primern:
- 5'-ATG AGT TAT GGA TTC AAA GTA-3'
- 5'-TTG AGT TAT GGA TTC AAA GTA-3'
- 5'-ATG AGT TAT GGA TTC AAA GTC-3'
- 5'-TTG AGT TAT GGA TTC AAA GTC-3'
- 5'-ATG AGT TAT GGA TTC AAA GTG-3'
- 5'-TTG AGT TAT GGA TTC AAA GTG-3'
- 5'-ATG AGT TAT GGA TTC AAA GTT-3'
- 5'-TTG AGT TAT GGA TTC AAA GTT-3'

Die IUPAC- (*International Union of Pure and Applied Chemistry*) Abkürzungen stehen für folgende Basen:

N: - A, C, T oder G

V: - A, C oder G

H: - A, C oder T

D: - A, G oder T

B: - C, G oder T

M: - A oder C

R: - A oder G

W: - A oder T

S: - C oder G

Y: - C oder T

K: - G oder T

Oligo(dT)-Primer sowie *Random*-Primer (Hexanucleotide) finden vor allem bei der Amplifikation von RNA-Molekülen Anwendung. Dies wird unter ▶ Abschn. 33.3.2 näher beschrieben.

Diverse Computerprogramme unterstützen den Anwender heute bei der Auswahl geeigneter Primersequenzen und geben darüber hinaus auch den jeweiligen Schmelzpunkt an. Der Schmelzpunkt kann nach unterschiedlichen Formeln errechnet werden. Die einfachste dieser Formeln legt für jedes A oder T einen Beitrag von 2 °C und für jedes G oder C einen Beitrag von 4 °C zugrunde. Für einen Primer von 20 Nucleotiden Länge

(20-mer) mit einem ausgeglichenen Verhältnis von A/T zu G/C errechnet sich somit ein Schmelzpunkt von 60 °C.

### 33.2.3.3 Nucleotide

Die Konzentration der vier Desoxynucleotid-Triphosphate (dATP, dCTP, dGTP, dTTP) liegt beim Einsatz in eine PCR zumeist in einem Bereich von 0,1–0,3 µM. Alle vier dNTPs sollten in einem äquimolaren Verhältnis vorliegen. Eine Ausnahme tritt nur dann ein, wenn andere Nucleotide zur Amplifikation verwendet werden. Diese, z. B. dUTP, werden im Überschuss (meist 3:1) zugesetzt, da sie von der *Taq*-DNA-Polymerase schlechter eingebaut werden.

### 33.2.3.4 Puffer

Die Pufferbedingungen sind abhängig von der verwendeten Polymerase und müssen je nach verwendeter Polymerase eingestellt werden. In kommerziell erhältlichen PCR-Kits sollte bei den zumeist mitgelieferten Puffern insbesondere auf die Ionenkonzentration geachtet werden, da diese die Spezifität und Prozessivität der Gesamtreaktion stark beeinflussen kann. Die für die häufig verwendete *Taq*-DNA-Polymerase gebräuchlichen Puffer werden mit und ohne Magnesiumchlorid angeboten. Zur Optimierung einer neuen PCR (▶ Abschn. 33.2.4) sind Puffer ohne Magnesiumchlorid vorzuziehen, da hier der Spielraum durch eine separat zuzusetzende Magnesiumchloridlösung deutlich erhöht wird. Als weitere Zusätze können dem Puffer Rinderserumalbumin (BSA), Tween-20, Gelatine, Glycerin, Formamid und DMSO beigemischt werden. Diese können im Einzelfall zur Stabilisierung des Enzyms und zu einem optimierten Primer-Annealing führen.

### 33.2.3.5 Template

Die wichtigsten Einflussgrößen des Targets im Hinblick auf den PCR-Erfolg sind die Sequenzen der Primerbindungsstellen, die Länge des zu amplifizierenden Genomabschnitts und die Menge bzw. Konzentration der eingesetzten Nucleinsäuremoleküle (DNA oder RNA).

Um Fehlpaarungen der Primer (*Mispriming*) zu vermeiden, sollten repetitive Sequenzen ausgeschlossen und stattdessen sog. *Single-Copy*-Bereiche zur Primerauswahl herangezogen werden.

Die maximale Länge einer zu amplifizierenden DNA wird in erster Linie durch die Prozessivität der verwendeten Polymerase bestimmt. Es gibt Enzyme und Enzymgemische, die die Amplifikation von bis zu 40 kb großen Fragmenten ermöglichen. In solchen Fällen muss jedoch die Elongationszeit extrem verlängert werden (bis zu 30 min pro Zyklus). In der Regel werden kurze Abschnitte von 0,1–1 kb bevorzugt, da diese in der PCR optimal amplifiziert werden.

Die Menge des einzusetzenden Templates ist stark von der Anzahl der darin enthaltenen Zielsequenz abhängig. So enthält 1 mg genomische DNA des Menschen $3 \cdot 10^5$ Zielsequenzen, bezogen auf einen einzelnen Genabschnitt (keine repetitiven Elemente). Die gleiche Konzentration eines Plasmids von 3 kb Größe enthält jedoch bereits $3 \cdot 10^{11}$ Moleküle. Daraus ergibt sich, dass 1 µg genomische DNA ebenso viel Moleküle enthält wie 1 pg Plasmid-DNA. Dies sollte beim Einsatz unterschiedlicher Templates, insbesondere zu präparativen Zwecken, berücksichtigt werden.

Neben der Sequenz und der Menge des Targets bestimmt auch die Aufbereitung der zu amplifizierenden Nucleinsäure maßgeblich den Erfolg der PCR-Reaktion. Soll das PCR-Ausgangsmaterial aus biologischem Material gewonnen werden, müssen zunächst die Nucleinsäuren aus Viruspartikeln, Bakterien oder Zellen freigesetzt und von störenden Bestandteilen wie Proteinen, Fetten oder Inhibitoren (etwa Hämoglobin-Abbauprodukte in Blut) abgetrennt werden (▶ Kap. 30). Im Rahmen der Probenvorbereitung erfolgt neben der Freisetzung und Reinigung auch eine Aufkonzentrierung der Nucleinsäuren. Verschiedene Methoden werden zur Aufkonzentrierung angewandt. So können Nucleinsäuren unspezifisch an verschiedene Oberflächen (Glaspartikel mit magnetischem Kern, Silicatmembranen, Hydroxylapatitsäulen) gebunden werden und nach verschiedenen Waschschritten mithilfe eines geeigneten Puffers eluiert und so konzentriert in Lösung gebracht werden. Mithilfe von sog. Fangsonden (*capute beads*) können Nucleinsäuren sequenzspezifisch gebunden werden. Diese Fangsonden selbst können mithilfe des Bindungspaars Streptavidin (Adsorption an der Partikeloberfläche) und Biotin (Modifikation der Fangsonden) an verschiedene Partikel gebunden werden, wodurch eine sequenzspezifische Aufreinigung und Aufkonzentrierung der zu amplifizierenden Nucleinsäure möglich ist.

### 33.2.4 Optimierung der PCR-Reaktion

Eine der wesentlichen und langwierigsten Aufgaben bei der Etablierung einer neuen PCR ist die Optimierung der Reaktion. Unter analytischen Aspekten ist hier besonders die Sensitivität und Spezifität hervorzuheben. Hier seien Applikationen in der Gerichtsmedizin oder der Nachweis von sehr geringen DNA- bzw. RNA-Mengen bei Infektionskrankheiten erwähnt. Bei präparativen Anwendungen, wie bei der Herstellung von Sonden oder Templates zur Sequenzierung, wird die Ausbeute, also die Menge des gebildeten PCR-Produkts, Ziel der Optimierung sein. Dieser Abschnitt soll einige der wesentlichen Möglichkeiten zur Optimierung der

PCR-Reaktion aufzeigen und einige Strategien zur Optimierung vermitteln.

**Wahl der Primer**  Der oft entscheidende Faktor für die Güte der PCR-Reaktion ist die Auswahl der richtigen Primer. Aus diesem Grund ist es ratsam, möglichst mehrere Primerpaare auszutesten, da grundsätzlich auch mit Sekundärstrukturen in der Zielsequenz gerechnet werden muss. Dabei sollten die bereits erwähnten Anforderungen an die Primer möglichst berücksichtigt werden (▶ Abschn. 33.2.3.2). Entsteht kein PCR-Produkt, kann es hilfreich sein, die Annealingtemperatur sukzessive zu verringern. Hierbei besteht allerdings der Nachteil, dass es bei niedrigen Temperaturen eher zu unspezifischen Amplifikationen der Primer kommen kann. Führt eine PCR-Reaktion zu mehreren unspezifischen Banden kann eine Erhöhung der Annealingtemperatur zu einer Steigerung der Spezifität der Reaktion führen.

**Magnesiumionen**  Ein wesentlicher Faktor, der die Prozessivität der DNA-Polymerase bestimmt, ist die Konzentration der Magnesiumionen. Sie sollte in ersten Experimenten empirisch zwischen 0,5 mM und 5 mM gewählt werden.

**Zusätze**  Zahlreiche Zusätze im Reaktionsansatz können helfen, die DNA-Polymerase bzw. die Primer bei der Anlagerung an das Template zu stabilisieren. Zu diesen zählen insbesondere Glycerin, BSA und PEG. Die Denaturierung wird durch Zusätze von DMSO, Formamid, Tween-20, Triton X-100 oder NP40 gefördert.

**Hot-Start-PCR**  Kommt es gehäuft zu unspezifischen Amplifikationen, so kann in manchen Fällen eine sog. Hot-Start-PCR Abhilfe schaffen. Hierbei wird die Aktivität der DNA-Polymerase bei niedrigen Temperaturen unterdrückt, sodass die Aktivität der DNA-Polymerase erst bei erhöhter Temperatur einsetzt, wodurch eine Polymerisation an unspezifisch hybridisierten Primer bei niedrigen Temperaturen unterdrückt werden kann. Diese Inaktivierung kann auf unterschiedliche Weise erfolgen:

- Inaktivierung der Bindung eines Antikörpers im aktiven Zentrum der DNA-Polymerase
- Inaktivierung durch Formaldehyd
- Komplexierung der Magnesiumionen durch Phosphat

Bei dem ersten Denaturierungsschritt der PCR-Reaktion kommt es zu einer Denaturierung des Antikörpers, Hydrolyse des Formaldehyds oder zu einer Freisetzung der Magnesiumionen, wodurch die DNA-Polymerase aktiviert wird.

**Optimierung des Templates**  Für eine erfolgreiche PCR ist die Qualität des eingesetzten Templates ebenfalls sehr wichtig. Die Probenvorbereitung sollte sicherstellen, dass Inhibitoren der PCR effizient abgetrennt werden. Hierzu zählen besonders Abbauprodukte von Hämoglobin (bei der DNA-Gewinnung aus Blut) und Ethanol, das häufig zur Fällung von DNA verwendet wird.

## 33.3 Spezielle PCR-Techniken

### 33.3.1 Quantitative PCR

Die quantitative Echtzeit-PCR (*Quantitative Real-Time PCR, qPCR*) ist ein DNA-Amplifikationsverfahren, dass auf der Methodik der herkömmlichen, konventionellen PCR beruht und gleichzeitig während der PCR-Reaktion eine Quantifizierung der amplifizierten DNA ermöglicht. Somit entfällt die nachträgliche Analyse der PCR-Produkte über eine Gelelektrophorese. Die Quantifizierung erfolgt mithilfe einer Fluoreszenzmessung während eines PCR-Zyklus, wobei die Fluoreszenzintensität proportional zum gebildeten PCR-Produkt ist.

Seit die qPCR in viele Forschungs- und Routinelaboratorien Einzug gehalten hat, können viele Fragenstellungen auf leichte und kostengünstige Weise geklärt werden. Leider findet sich eine Vielzahl an Publikationen in der aktuellen Literatur, bei denen eine ungenügende Menge an Informationen zu den experimentellen Einzelheiten der durchgeführten Analysen angeführt ist. Aus diesem Grund wurden bereit 2009 von einer Gruppe internationaler Wissenschaftler die MIQE-Guidelines (*Minimum Information for Publication of Quantitative Real-time PCR Experiments;* Weiterführende Literatur) veröffentlicht. Diese Guidelines stellen in neun Abschnitten mit 85 Einzelpunkten Richtlinien auf, die das Minimum der für die Veröffentlichung wünschenswerten Informationen aufzeigen. Damit sollen die experimentelle Transparenz und die Reproduzierbarkeit von Experimenten innerhalb und zwischen Laboren gesteigert werden.

#### 33.3.1.1 Detektionsverfahren der quantitativen PCR

**Farbstoffe**  Die einfachste Möglichkeit, das entstehende PCR-Produkt zu quantifizieren, ist die Verwendung von Farbstoffen, die sich in die DNA einlagern (interkalieren, ▶ Abschn. 31.1.2) und dabei das Absorptionsspektrum ändern, wie z. B. SybrGreenI oder Ethidiumbromid. Die Verwendung von DNA-Farbstoffen ist unabhängig von der Sequenz des zu amplifizierenden Targets, weshalb sie flexibel für verschiedene PCR-Protokolle genutzt werden können. Diese Unabhängigkeit zur Zielsequenz ist auch gleichzeitig ein Nachteil, da sie sich auch in unspezifische PCR-Produkte einlagern. Mithilfe einer nachgeschalteten Schmelzkurvenanalyse kann dieser Nachteil ausgeglichen werden. Hierfür wird nach der PCR-Reaktion die gebildete DNA aufgeschmolzen, indem die Temperatur kontinuierlich erhöht wird. Wird der Schmelzpunkt erreicht, liegt die DNA in Einzelsträngen vor, der Farbstoff wird freigesetzt und die Änderung der Fluoreszenz gemessen. Da der Schmelzpunkt abhängig von der Sequenz des amplifizierten Produktes ist, kann mithilfe des Schmelzpunktes ein unspezifisches Produkt von dem spezifischen Produkt unterschieden werden, da dessen Sequenz und damit der Schmelzpunkt bekannt sind.

**Hybridisierungssonde**   Hybridisierungssonden nutzen den Förster-Resonanz-Energietransfer (FRET, ▶ Abschn. 19.7) aus, dabei wird ein Donorfluorochrom durch eine Lichtquelle angeregt. Befindet sich in ein Akzeptorfluorochrom in ausreichender räumlicher Nähe, so wird die Energie vom Donor auf den Akzeptor übertragen und kann als emittierte Fluoreszenz gemessen werden. Hybridisierungssonden bestehen aus einem Paar Sonden, welche sequenzspezifisch an das entstehende Amplifikat binden können. Jede Sonde ist entweder mit einem FRET-Donor oder einem FRET-Akzeptor markiert. Binden beide Sonden an das Target, kommt der Energieübertrag zustande, und die Fluoreszenz kann am Ende der Annealingphase gemessen werden (◘ Abb. 33.6).

**Hydrolysesonden**   Hydrolysesonden sind an einem Ende mit einem Reporter-Fluoreszenzfarbstoff und am anderen Ende mit einem Quencher markiert, der das Fluoreszenzsignal des Farbstoffes unterdrückt. Die Sonde bindet während des Annealings an das zu amplifizierende Template und wird durch die 5′–3′-Exonuclease-Aktivität der DNA-Polymerase während der Elongation degradiert, wodurch Quencher und Fluorophor räumlich voneinander getrennt werden und so ein Anstieg der Fluoreszenz detektiert werden kann (◘ Abb. 33.6).

**Molecular-Beacon-Sonden**   Ähnlich wie die Hydrolysesonden sind Molecular-Beacon-Sonden sowohl mit einem Reporter-Fluoreszenzfarbstoff also auch mit einem Quencher gekoppelt und tragen an ihren beiden Enden zusätzlich komplementäre Sequenzen von 5–7 Nucleotiden, wodurch sich eine Haarnadelstruktur ausbildet, die zu einer räumlichen Nähe von Quencher und Fluoreszenzfarbstoff führt und wodurch das Fluoreszenzsignal unterdrückt wird. Bindet die für die Targetsequenz spezifische Schleifenregion das Template, kommt es zu einer Auflösung der Haarnadelstruktur, und die emittierte Fluoreszenz kann gemessen werden. Als Fluoreszenzmarker werden in diesen Systemen oftmals Fluorescein- oder Rhodaminderivate eingesetzt, als Quencher Rhodaminderivate, Dabcyl- oder Cyaninfarbstoffe. Ein besonders guter Quencher ist der *Black-hole*-Quencher, der das emittierte Licht fast vollständig absorbiert. Die Art der verwendeten Markierungspaare ist den jeweiligen Formaten angepasst (◘ Abb. 33.6).

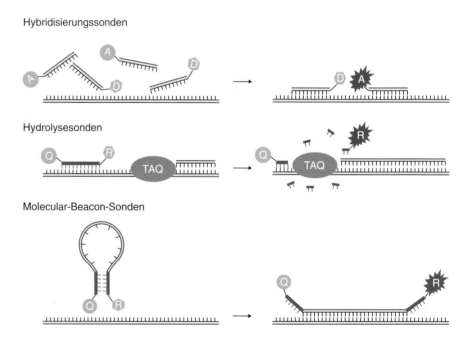

◘ **Abb. 33.6** Schematische Darstellung von verschiedenen Sondensystemen für die quantitative PCR, (A = Akzeptor; D= Donor; Q = Quencher; R = Reporter)

## 33.3.1.2 Quantifizierung

Die Quantifizierung von Nucleinsäuren mittels PCR ist zu einem essenziellen Bestandteil diagnostischer Fragestellungen geworden. Dies gilt in besonderem Maße für die Diagnose und die Therapiekontrolle von Infektionskrankheiten. Als zwei Beispiele von großer Bedeutung seien das AIDS-auslösende HI-Virus (*Human Immunodeficiency Virus*) oder das Hepatitis-C-Virus (HCV) genannt. Aber auch in der Onkologie ist die quantitative Bestimmung besonderer mRNAs für verschiedene Fragestellungen essenziell. Um am Anfang der exponentiellen Phase quantifizieren zu können, wird häufig der sog. Ct-Wert (engl. *cycle threshold* für Schwellenwert-Zyklus) bzw. der Cp-Wert (engl. *crossing point*) ermittelt. Das ist der Zyklus, bei dem die Fluoreszenzintensität erstmals signifikant über den Wert der Hintergrundfluoreszenz ansteigt.

Erschwert wird die Quantifizierung dadurch, dass es sich bei der PCR nicht um eine lineare, sondern um eine exponentielle Amplifikation handelt (◨ Abb. 33.4). Kleinste Änderungen in der Effizienz der Gesamtreaktion, etwa durch eine leichte Inhibition individueller Proben, führen zu einer drastischen Änderung der Produktmenge. Folgende Gleichung soll dies veranschaulichen:

$$N = N_0 \cdot 2^n \tag{33.1}$$

Hierbei ist $N$ die Anzahl der amplifizierten Moleküle, $N_0$ die Molekülzahl vor Amplifikation und $n$ die Zyklenzahl. Unter idealisierten Bedingungen erfolgt eine Verdoppelung der Anzahl der amplifizierten Moleküle von Zyklus zu Zyklus. In der Praxis gilt jedoch folgende Gleichung:

$$N = N_0 \cdot \left(1+E\right)^n \tag{33.2}$$

$E$ ist die Effizienz der Reaktion und besitzt einen Wert zwischen 0 und 1. Dieser Wert hängt sehr stark vom Optimierungsgrad der PCR ab. Experimentell wurden für eine optimal eingestellte PCR Werte zwischen $E = 0,8$ und $E = 0,9$ ermittelt.

Erschwert wird die quantitative Messung auch durch den Umstand, dass die exponentielle Phase gegen Ende der Amplifikation in ein Plateau läuft, d. h. der Wert $E$ verändert sich während einer PCR (◨ Abb. 33.4). Die maximale Produktmenge, die während der PCR entstehen kann, liegt im Bereich von ca. $10^{13}$ Molekülen, kann jedoch auch relativ stark nach unten abweichen.

In den vergangenen Jahren sind zahlreiche Methoden zur quantitativen Bestimmung entwickelt und zunehmend verbessert worden, im Folgenden sollen nur einige näher vorgestellt werden.

**Absolute Quantifizierung** Bei der absoluten Quantifizierung mittels externer Standardkurve werden bei der PCR-Reaktion zusätzlich zu den zu testenden Proben standardisierte Proben analysiert, die unterschiedliche aber bekannte Konzentrationen aufweisen. Mithilfe dieser Standards kann anschließend eine Standardkurve erzeugt werden. Nach der Amplifikation der unbekannten Probe wird deren Konzentration mit der Hilfe der Standardkurve errechnet (◨ Abb. 33.7). Damit eine zuverlässige Quantifizierung möglich ist, werden an die Standards unterschiedliche Anforderungen gestellt. Die Standards sollten stets unter den gleichen Bedingungen vermessen werden wie die unbekannte Probe. Ihre Sequenz sollte der Zielsequenz relativ ähnlich sein, damit die PCR für die Standards möglichst genauso effizient ist wie für die Proben – das bedeutet, es sollten die gleichen Primer und das gleiche PCR-Protokoll verwendet werden. Des Weiteren sollte möglichst das gleiche Template verwendet werden. Das bedeutet, dass bei einer quantitativen RT-PCR (▶ Abschn. 33.3.2) auch möglichst ein RNA-Standard eingesetzt werden sollte, da sonst der sehr ineffiziente Schritt der reversen Transkription nicht gemessen wird und die Quantifizierung zwangsläufig zu niedrige Werte ergibt. Der Nachteil dieser Quantifizierung mit externer Standardkurve besteht darin, dass die Effizienz der PCR-Reaktion der zu analysierenden Probe nicht betrachtet wird. Schon eine geringe Inhibition der Probe führt zu einer scheinbar niedrigeren Konzentration der zu quantifizierenden Probe.

Eine weitere Anwendung der absoluten Quantifizierung ist die digitale PCR, hierbei erfolgt eine direkte Quantifizierung ohne den Einsatz von bekannten Standards. In ▶ Abschn. 33.3.9 wird die digitale PCR genauer beschrieben.

**Relative Quantifizierung** Im Gegensatz zur absoluten Quantifizierung wird bei der relativen Quantifizierung die Menge der amplifizierten DNA in der Probe auf eine interne, endogene Sequenz des Genoms bezogen. Dabei wird nicht die Anzahl der Kopien in der zu analysierenden Probe bestimmt, sondern es erfolgt die Normalisierung gegen eine möglichst ubiquitär vorkommende,

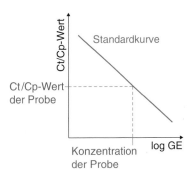

◨ **Abb. 33.7**    Externe Standardkurve. Quantifizierung einer unbekannten Probe anhand eine externen Standardkurve (GE = Genomäquivalente)

nicht regulierte Sequenz in der Probe. Bei DNA-Bestimmungen (z. B. HIV-Provirusgenom) kommen oft die β-Globin-Gene zur Anwendung. Hierzu wird in einem als Multiplex bezeichneten Verfahren ein zweites Primerpaar zur Bestimmung der β-Globin-Gen-DNA eingesetzt (▶ Abschn. 33.3.6). Da die Menge der β-Globin-Gene bekannt und das Signal nach Amplifikation konstant ist, erlaubt das Verhältnis beider Signale Aussagen über die Menge der zu bestimmenden DNA. Im Gegensatz zur externen Standardkurve ermöglicht dieses Verfahren die Erfassung von inhibitorisch wirksamen Substanzen, sofern diese auf beide PCRs denselben Einfluss haben und nicht sequenzspezifisch wirken. Mithilfe der sog. ΔΔCt-Methode kann die Berechnung des Expressionsunterschiedes der Proben erfolgen. Dabei wird im ersten Schritt der Ct-Wert des Zielgens von dem des Kontrollgens subtrahiert und im zweiten Schritt die Differenz der ΔCt-Werte der behandelten Proben und der unbehandelten Probe bestimmt. Aus diesem ΔΔCt-Wert kann anschließend der relative Expressionsunterschied zwischen der behandelten und unbehandelten Probe, bezogen auf das Kontrollgen, berechnet werden (Gl. 33.3).

$$\Delta Ct = Ct_{Zielgen} - Ct_{Kontrollgen}$$
$$\Delta\Delta Ct = \Delta Ct_{behandelt} - \Delta Ct_{unbehandelt} \qquad (33.3)$$
$$Ratio = 2^{-\Delta\Delta Ct}$$

Die Berechnung nach der ΔΔCt-Methode setzt voraus, dass eine Verdoppelung der DNA in jedem PCR-Zyklus erfolgt und diese optimale PCR-Effizienz in allen Proben erreicht wird. Da unter realistischen Bedingungen nicht von einer optimalen Effizienz ausgegangen werden kann, kann die ΔΔCt-Methode um die Effizienz der PCR-Reaktion erweitert werden, die zunächst für jede PCR-Reaktion mittels einer Standardkurve bestimmt werden muss.

**Kompetitive (RT-)PCR** Bei diesem Verfahren wird dem Reaktionsansatz ein artifizieller, klonierter Standard in bekannter Ausgangskonzentration zugesetzt. Da dieser mit denselben Primern wie die Zielsequenz koamplifiziert wird und somit das eigentliche Target „mimt", wird er auch als *Mimic*-Fragment und die Reaktion als kompetitive (RT-)PCR bezeichnet, da es zu einer Konkurrenz beider Targets um die Primer kommt. Im Idealfall besitzt das amplifizierte *Mimic*-Fragment die gleiche Größe wie die Zielsequenz. Nach der Amplifikation werden beide entweder durch eine differenzielle Hybridisierung oder durch eine unterschiedliche Restriktionsschnittstelle voneinander getrennt und analysiert.

Eine Konkurrenz beider Zielsequenzen tritt immer dann auf, wenn sich die Ausgangsmengen um mehr als drei bis vier Größenordnungen unterscheiden (◘ Abb. 33.8). Die zu bestimmende Ausgangsprobe wird in etwa vier gleiche Aliquots aufgeteilt und jedem

dieser Aliquots eine zunehmende Menge RNA-*Mimic*-Fragment zugegeben. Nach Amplifikation werden beide Signale gegen die Ausgangskonzentration des RNA-*Mimic*-Fragments aufgetragen und am Schnittpunkt beider Kurven (d. h. bei gleicher Menge des Endprodukts) die Ausgangsmenge der Probe abgelesen (◘ Abb. 33.8).

> Generell gilt, dass zur Quantifizierung von RNA auch immer RNA-*Mimic*-Fragmente (und keine DNA-*Mimic*-Fragmente) verwendet werden sollten, da durch den RT-Schritt, wie oben erwähnt, die größten Varianzen in der Gesamtreaktion entstehen. Darüber hinaus sollten die RNA-*Mimic*-Fragmente bereits zu Beginn in die Probe gegeben werden, um tatsächlich alle Schritte – Probenvorbereitung, Amplifikation und Detektion – zu kontrollieren.

## 33.3.2  Reverse-Transkriptase-PCR

In der Molekularbiologie existieren zahlreiche Methoden zur Analyse von RNA, so z. B. Northern-Blot, In-situ-Hybridisierung, RNase-Protektionsassay und Nuclease-S1-Analyse, um nur einige zu nennen. Alle diese Methoden haben jedoch den Nachteil, dass sie sehr zeitaufwendig und oftmals insensitiv sind. Dies gilt in besonderem Maße für die Analyse von schwachen Transkripten oder für virale RNA, die nur in sehr geringen Ausgangskonzentrationen vorliegen. Die Adaption der PCR-Technologie auf die Amplifikation von RNA hat auch hier zu zahlreichen neuen Erkenntnissen und einer sensitiveren Diagnostik geführt. Mit ihr lässt sich die Genexpression in Zellen untersuchen oder, mithilfe einer quantitativen RT-PCR, die Menge einer spezifischen mRNA oder viralen RNA bestimmen. Darüber hinaus lassen sich z. B. durch Oligo(dT)-Priming (s. unten) komplette cDNA-Banken erstellen, die einen Überblick über die gewebespezifische Expression ermöglichen.

### 33.3.2.1  Enzyme der Reversen Transkription

Für die Amplifikation ist es notwendig, die RNA zunächst in DNA umzuschreiben, da die Ausgangs-RNA nicht direkt als Matrize von der DNA-Polymerase genutzt werden kann. Hierfür bieten sich mehrere Enzyme an, die als Reverse Transkriptasen (RTasen) oder RNA-abhängige DNA-Polymerasen bezeichnet werden. Man nennt den dabei gebildeten DNA-Strang auch komplementäre DNA (cDNA) und der Schritt, in dem diese cDNA entsteht, wird als Reverse Transkription (RT) bezeichnet. Die Gesamtreaktion aus RT und Amplifikation wird als RT-PCR beschrieben (◘ Abb. 33.9). Dabei können verschiedene Reverse Transkriptasen eingesetzt werden:

**◻ Abb. 33.8** Kompetitive (RT-)
PCR. Die zu bestimmende Probe
wird aliquotiert und mit einer
zunehmenden (bekannten)
Menge an *Mimic*-Fragmenten
versetzt (*spiked*) **A**. Nach der
Amplifikation werden gleiche
Teile des Amplikons mit der
jeweils spezifischen Sonde
hybridisiert und deren Signale
gegen die Ausgangskonzentration der *Mimic*-Fragmente
aufgetragen. Am Schnittpunkt
(*Point of Equivalence*) lässt sich
die Ausgangskonzentration der
Probe ablesen **B**

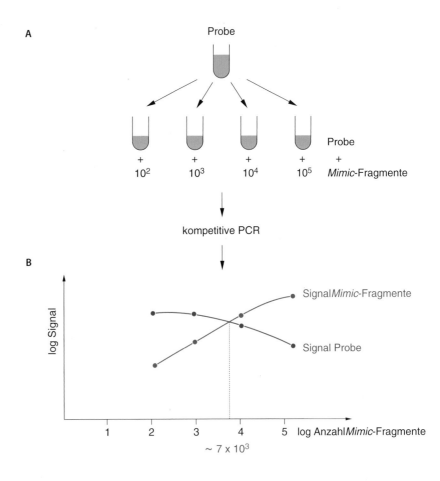

**◻ Abb. 33.9** Schematische Darstellung der
RT-PCR. Da RNA durch die PCR nicht
direkt amplifiziert werden kann, muss sie
zunächst in cDNA umgeschrieben werden.
Enzyme, die diesen Schritt katalysieren, sind
MMLV-RTase, AMV-RTase und *Tth*-Polyme-
rase

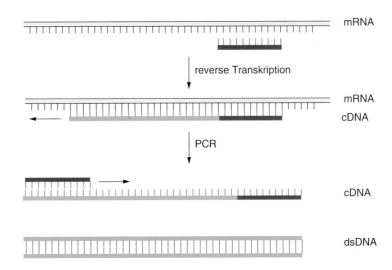

**MMLV-RTase** Das Enzym stammt aus dem Moloney-
Maus-Leukämie-Virus, besitzt ein Temperaturoptimum
von 37 °C und ist durch seine hohe Prozessivität in der
Lage, cDNA bis zu einer Länge von 10 kb zu synthetisieren. Das pH-Optimum liegt bei 8,3.

**AMV-RTase** Isoliert aus dem Avian-Myoblastosis-Virus
(AMV) von Vögeln, besitzt die AMV-RTase ein Tempe-

raturoptimum von 42 °C und eine ähnlich hohe Prozessivität wie MMLV-RTase. Das pH-Optimum beträgt 7,0.

**Tth-DNA-Polymerase** Dieses hitzestabile Enzym stammt
aus dem Bakterium *Thermus thermophilus*. Im Gegensatz
zu den beiden anderen Enzymen besitzt die *Tth*-DNA-Po-
lymerase zweierlei Aktivitäten: In Gegenwart von Man-
ganionen zeigt sie nicht nur eine RT-, sondern darüber

hinaus auch eine DNA-Polymeraseaktivität. Da die *Tth*-DNA-Polymerase ebenso wie die *Taq*-DNA-Polymerase aus einem thermophilen Organismus stammt, besitzt sie ein Temperaturoptimum von 60–70 °C. Sie ist als einziges Enzym in der Lage, beide Schritte einer RT-PCR unter denselben Pufferbedingungen auszuführen. Für den RT-Schritt ist eine hohe Manganionenkonzentration optimal, die aber auf die DNA-Polymerisation eher inhibierend wirkt. Man wählt daher als Kompromiss eine mittlere Konzentration. Dies geht jedoch auf Kosten der Prozessivität der RT. Die *Tth*-DNA-Polymerase ist aus diesem Grund nur in der Lage, cDNA von ca. 1–2 kb Länge zu synthetisieren.

### 33.3.2.2  Primer der RT-PCR

Für die RT-PCR können drei unterschiedliche Primer-Typen verwendet werden (◘ Abb. 33.10).

Sequenzspezifische Primer binden sowohl im RT-Schritt als auch in der nachfolgenden Amplifikation spezifisch an dieselbe Stelle der RNA bzw. cDNA. Sie finden besonders bei diagnostischen Tests zum viralen RNA-Nachweis Verwendung.

Oligo(dT)-Primer sind eine Nucleotidabfolge von 12–18 dTs, die spezifisch an den poly(A)-Enden von eukaryotischen mRNAs binden. Sie stehen nur für den RT-Schritt zur Verfügung. Für die weitere Amplifikation in der PCR werden zusätzliche, sequenzspezifische Primer benötigt.

Kurze *Random*-Primer sind ein Gemisch aus Hexanucleotiden unterschiedlicher Sequenz. Sie binden „zufällig" an die RNA und führen zu einem Pool unterschiedlich langer cDNAs, die anschließend, ebenso wie bei den Oligo(dT)-Primern, mit sequenzspezifischen Primer weiter amplifiziert werden müssen.

### 33.3.2.3  Optimierung der RT-PCR

Im Vergleich zu einer konventionellen PCR ist bei einer RT-PCR immer von einer deutlich reduzierten Gesamteffizienz auszugehen. So wird auch unter optimalen Bedingungen nur etwa 10–30 % der vorhandenen RNA in cDNA umgeschrieben, die dann zur weiteren Amplifikation zur Verfügung steht.

Stärker als bei DNA ist bei einzelsträngiger RNA mit Sekundärstrukturen zu rechnen (► Abschn. 32.1.2). Da die Bildung von Sekundärstrukturen ein sehr komplexer

und noch nicht gut verstandener Prozess ist, unterstützen die heutigen Computerprogramme diesen Aspekt bei der Primerauswahl nur unvollständig. So kann es vorkommen, dass selbst bei scheinbar optimalem Primerdesign kein PCR-Produkt entsteht, da die Primer aufgrund von Sekundärstrukturen in der RNA nicht binden können. Eine kurze Denaturierung der RNA mit sofortiger Abkühlung vor der RT-PCR kann starke Sekundärstrukturen lösen und so die Bindungsstellen für den Primer zugänglich machen. Zusätzlich hat sich in diesem Zusammenhang oft die Verwendung von *Tth*-DNA-Polymerase als vorteilhaft erwiesen, da hier die RT-Reaktion bei 60 °C stattfindet, wodurch die Auflösung solcher Sekundärstrukturen begünstigt wird.

In manchen Fällen empfiehlt sich die Zugabe eines RNase-Inhibitors zum Reaktionsansatz, da RNA grundsätzlich ein weitaus sensibleres Template als DNA darstellt.

### 33.3.3  Nested-PCR

Bei der sog. Nested-PCR, die auch als verschachtelte PCR bezeichnet wird, werden zwei Primerpaare zur Amplifikation verwendet, ein äußeres und ein inneres (◘ Abb. 33.11). Der Vorteil dieser Methode ist erhöhte Spezifität und Sensitivität der Gesamtreaktion, da zunächst mit dem äußeren Primerpaar ein etwas größeres Amplikon synthetisiert und in einer zweiten Reaktion mit dem inneren Primerpaar dieses erste Amplikon weiter amplifiziert wird, wodurch Nebenprodukte der ersten Amplifikation nicht weiter amplifiziert werden. Ein wesentlicher Nachteil dieses Verfahrens ist jedoch eine deutlich erhöhte Kontaminationsgefahr (► Abschn. 33.4), bedingt durch ein Umpipettieren des Amplikons aus der ersten PCR als Template in die zweite PCR-Reaktion. Um dies zu vermeiden, kann die sog. *One-Tube-Nested-PCR* angewendet werden, bei der alle vier Primer von Beginn an im Reaktionsansatz vorliegen, sich jedoch in ihren Schmelzpunkten unterscheiden. Das äußere Primerpaar besitzt einen höheren Schmelzpunkt als das innere Primerpaar. Der Reaktionsablauf wird so gewählt, dass sich zunächst bei höheren Annealingtemperaturen nur die äußeren Primer anlagern. Nach entsprechender Zyklenzahl erfolgt eine Absenkung der Annealingtem-

◘ **Abb. 33.10**  Verschiedene Priming-Methoden in der RT-PCR

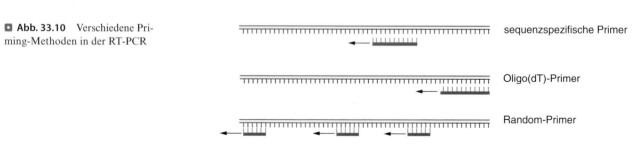

sequenzspezifische Primer

Oligo(dT)-Primer

Random-Primer

**Abb. 33.11** Nested-PCR. Die Ausgangs-DNA wird in zwei unabhängigen PCRs sukzessive amplifiziert. Dabei produziert ein äußeres Primerpaar zunächst einen etwas größeren Abschnitt (1. Amplikon), an den dann ein inneres Primerpaar bindet. Dieses amplifiziert in weiteren 20–25 Zyklen einen kleineren, inneren liegenden Abschnitt (2. Amplikon). Die Nested-PCR kann zu einer deutlich gesteigerten Sensitivität und Spezifität der PCR führen

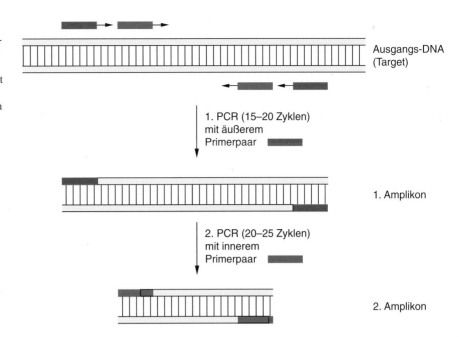

Ausgangs-DNA
(Target)

1. PCR (15–20 Zyklen) mit äußerem Primerpaar

1. Amplikon

2. PCR (20–25 Zyklen) mit innerem Primerpaar

2. Amplikon

peratur, wodurch nun auch die inneren Primer an das Template binden können.

### 33.3.4 Asymmetrische PCR

Bei der asymmetrischen PCR wird einer der beiden Primer im Überschuss in die PCR-Reaktion gegeben. Unter diesen Reaktionsbedingungen kommt es zu einer selektiven Amplifikation eines Stranges. Befindet sich der Antisense Primer im Überschuss, so wird vermehrt der Gegenstrang synthetisiert und umgekehrt. Angewandt wird die Technik u. a. bei der Sequenzierung von PCR-Produkten (▶ Abschn. 33.3.7). Soll das PCR-Produkt nach Amplifikation mit einer markierten Sonde hybridisieren werden, so kann es in solchen Fällen ebenfalls von Vorteil sein, eine asymmetrische PCR einzusetzen. Es wird bevorzugt der Strang amplifiziert, an dem die Sonde bindet, so kann die Konkurrenzreaktion zwischen der Renaturierung der beiden Amplikonstränge und der Anlagerung der Sonde zugunsten des Stranges verschoben werden, an den die Bindung der Sonde erfolgt. Im Gegensatz zu einer konventionellen PCR handelt es sich bei der asymmetrischen PCR nicht mehr um eine exponentielle, sondern um eine zunehmend lineare Amplifikation.

### 33.3.5 Touchdown-PCR

Mithilfe einer Touchdown-PCR kann die Bildung von unspezifischen PCR-Produkten deutlich reduziert wer-

den. In den ersten Zyklen der PCR-Reaktion wird durch eine hohe Annealingtemperatur eine hohe Spezifität der Primer erzwungen. Die Annealingtemperatur wird anschließend schrittweise gesenkt, wodurch die Primer auch unspezifisch binden können, allerdings sind bereits mehr spezifische Template-Moleküle im PCR-Ansatz vorhanden, wodurch diese bevorzugt für die Amplifikation genutzt werden.

### 33.3.6 Multiplex-PCR

Bei der Multiplex-PCR werden mithilfe von mehreren spezifischen Primerpaaren mehrere verschiedene Amplikons generiert, d. h., dass alle unterschiedlichen Amplifikationen in einem Reaktionsgefäß stattfinden. Durch diese Multiplex-Ansätze können verschiedene PCR-Reaktionen gleichzeitig durchgeführt werden, was zu einem deutlichen Anstieg des Durchsatzes bei sinkendem Kosten- und Zeitaufwand führt. Klassische Anwendungsgebiete für die Multiplex-PCR sind daher auch besonders routinediagnostische Fragestellungen. Beispielsweise beruht die Erkrankung Cystische Fibrose (CF) auf bestimmten Mutationen im CFTR-Gen. Allerdings sind heutzutage mehr als einhundert unterschiedliche Mutationen in diesem Gen bekannt, die sich auf alle 24 Exons verteilen können. Mithilfe der Multiplex-PCR können gleichzeitig mehrere Exons amplifiziert und die Produkte anschließend auf Punktmutationen untersucht werden. Ähnliche Anwendungen werden auch bei anderen erblichen Erkrankungen (familiäre

Hypercholesterinämie, Duchenne-Muskeldystrophie, Zystennieren u. v. a.) eingesetzt.

Ein weiteres, sehr attraktives Anwendungsgebiet ist die gleichzeitige Diagnostik einer Blutprobe auf mehrere virale Infektionen (HBV, HCV, HEV, HIV, Parvovirus-B19, Cytomegalivirus), eine Anwendung, die für Blutbanken von besonderem Interesse ist. Ähnlich der Amplifikation mit degenerierten Primern ist aufgrund der hohen Komplexität der Gesamtreaktion die Spezifität der PCR-Reaktion häufig schlechter, was zu unspezifischen Amplifikationen führen kann. Bei diesen Multiplex-Ansätzen ist die Optimierung der PCR–Reaktion besonders wichtig. Ein weiteres Beispiel für eine Multiplexanwendung sind diagnostische Sepsis-Teste, bei denen über Primer, die an die Spacer-Region der rRNA pathogener Bakterien binden, ein breites Spektrum pathogener Keime nachgewiesen und untereinander unterschieden werden können. Dadurch wird eine schnelle Auswahl der zur Behandlung geeigneten Antibiotika möglich, die mit herkömmlichen Tests (selektive Bakterienkulturen) erst nach Tagen erfolgen könnte, was zu lebensgefährlichen Komplikationen wie septischem Schock oder gar multiplem Organausfall führen könnte. Die Teste erfassen sowohl gramnegative (z. B. *Klebsiella pneumoniae*) und grampositive pathogene Bakterien (z. B. *Staphylococcus aureus*) als auch pathogene Pilze (z. B. *Candida albicans*). Aufgrund der sehr hohen Spezifität der Teste erfolgt keine unspezifische Kreuzreaktion zu über fünfzig nahe verwandten Bakterien.

PCR-Multiplexverfahren finden auch Anwendung bei Fingerprint-Analysen (▶ Abschn. 31.1.1) in der Forensik oder bei Vaterschaftsnachweisen. Hierbei werden bis zu 16 PCR-Amplikons parallel gebildet, die über unterschiedliche Primer-Fluoreszenzmarkierungen und Amplikonlängen nach Kapillargelelektrophorese (▶ Kap. 13) als separate Peaks detektiert werden können. Die individuumspezifische Heterogenität der amplifizierten repetitiven Sequenzbereiche zeigt ein personenspezifisches PCR-Multiplexmuster. Diese Muster können in Datenbanken binär erfasst und mithilfe von Suchmaschinen rasch identifiziert werden.

### 33.3.7  Direct Cycle Sequencing

Bei der Sequenzierung von PCR-Produkten muss die zu ermittelnde Sequenz nicht unbedingt kloniert in Phagen (M 13) oder Plasmiden vorliegen, sondern kann auch direkt analysiert werden. Dabei wird das PCR-Produkt entweder im Anschluss an die PCR sequenziert (▶ Kap. 34), oder aber die Sequenzierung findet während der eigentlichen Amplifikationsreaktion statt. Man

spricht in diesem Fall von einer zyklischen Sequenzierung (*Cycle Sequencing*). Da hierbei pro Reaktionsansatz nur ein Primer verwendet wird, kommt es zu keiner exponentiellen, sondern einer linearen Amplifikation. Zumeist wird, ebenso wie bei der konventionellen Sanger-Sequenzierung, auch hier nach der Kettenabbruchmethode mithilfe von Didesoxynucleotiden gearbeitet. Die Sequenzierung findet daher in vier voneinander getrennten Reaktionsgefäßen statt, die sich jeweils durch die entsprechenden Terminationsmixe (ddATP, ddCTP, ddGTP, ddTTP) unterscheiden.

Für die Reaktion sind nur sehr geringe DNA Ausgangsmengen nötig, ein entscheidender Vorteil der *Cycle-Sequencing*-Methode gegenüber anderen Sequenzierungsmethoden. Darüber hinaus kann jede Art von doppel- oder einzelsträngiger DNA als Template verwendet werden. Aus diesen Gründen verwendet man das zyklische Sequenzieren besonders häufig zur Mutationsanalyse, da mit relativ geringem Aufwand und ohne vorherige Klonierung bestimmte Genomabschnitte untersucht werden können. Ein Nachteil der Methode ist jedoch, dass Polymerisationsfehler der *Taq*-DNA-Polymerase, die in einem frühen Zyklus der linearen Amplifikation stattfinden, als vermeintliche Mutationen interpretiert werden und zu Falschaussagen führen können. In solchen Fällen sollte daher auch immer der Gegenstrang sequenziert werden. Nach der eigentlichen Reaktion werden die PCR-Produkte mittels konventioneller Sequenzierverfahren analysiert und die Sequenz ermittelt.

### 33.3.8  *In vitro*-Mutagenese

Bei der PCR handelt es sich um eine zyklische Neusynthese und exponentielle Amplifikation von DNA. Diese Tatsache prädestiniert die PCR als methodisches Werkzeug für die gezielte Einführung von Mutationen in DNA-Stränge *in vitro*. Hierzu sind in der Vergangenheit zahlreiche Techniken etabliert worden, und es wird hier nur auf die entsprechende Literatur der Molekularbiologie verwiesen. Zu erwähnen ist, dass die Herstellung der *Mimic*-Fragmente für die kompetitive PCR (▶ Abschn. 33.3.1.2) mit einer solchen Substitutionsmutagenese, dem Austausch von Nucleotidsequenzen, erfolgt.

### 33.3.9  Digitale PCR (dPCR; Chamber Digital PCR, cdPCR und Droplet Digital PCR, ddPCR)

Anders als die quantitative *Real-time* PCR (qPCR; ▶ Abschn. 33.3.1) ermöglicht die digitale PCR (dPCR), entsprechend der eingesetzten Methodik auch *Droplet*

*Digital PCR* (ddPCR) oder *Chamber Digital PCR* (cdPCR) genannt, die absolute Quantifizierung von Nucleinsäuren in einer Probe. Die 1999 erstmals publizierte dPCR bietet eine alternative Methode zur herkömmlichen qPCR und ist z. B. einsetzbar für den Nachweis von seltenen Allelen oder Mutationen. Die dPCR erfolgt im Gegensatz zur herkömmlichen PCR durch Auftrennung einer Probe in viele einzelne, parallele PCR-Reaktionen durch Grenzverdünnung und Mikrofluidik, die ein Volumen im Femtoliterbereich aufweisen (<40 fl). Die Aufteilung in Zehntausende, bei neueren Methoden in bis zu zwei Millionen Einzelreaktionen erfolgt entweder in vorgegebenen Trägern, z. B. Träger oder Chips (engl. *chambers*, cdPCR) oder in Wasser/Öl-Tröpfchen (engl. *droplets*, ddPCR). Die PCR-Reaktion erfolgt anschließend in jedem einzelnen Reaktionsansatz. Abhängig vom Vorhandensein eines Templates im einzelnen Reaktionsansatz kann es folgend nur zwei mögliche Ergebnisse geben. Zum einen „PCR-Produkt vorhanden" (positiv) = 1, oder zum anderen „PCR-Produkt nicht vorhanden" (negativ) = 0; weshalb diese Methode dementsprechend „digitale" PCR genannt wurde. Aus dem Mengenverhältnis der beiden Signale 1 und 0 wird ohne Vergleich mit einem Standard oder Standardkurven statistisch auf die ursprünglich in der Probe enthaltenen DNA-Kopien geschlossen (◼ Abb. 33.12).

Zu den wesentlichen Vorteilen der dPCR gegenüber herkömmlichen PCR-Methoden gehören z. B. die Unabhängigkeit von einem Standard oder einer Standardkurve zur Quantifizierung und Bestimmung der Kopienzahl in einer Probe, die Unabhängigkeit und Robustheit gegenüber Inhibitoren innerhalb einzelner Reaktionsansätze sowie eine signifikant höhere Präzision und Genauigkeit der absoluten Quantifizierung im Vergleich zur relativen Quantifizierung von Zielmolekülen.

Der Einsatz der dPCR eignet sich dementsprechend besonders zur Identifizierung von Mutationen und Varianten von Zielmolekülen, z. B. bei der Suche nach Virusmutanten oder Varianten, *Single Nucleotide Polymorphisms* (SNPs) oder seltenen Allelen, die bei der Krebsforschung eine Rolle spielen. Inzwischen bieten verschiedene Hersteller kommerzielle dPCR-Systeme an.

Die Amplifikation einer Zielsequenz (z. B. DNA-Moleküle) wird, wie bei der qPCR beschrieben (▶ Abschn. 33.3.1), mit einem 96-Well-Platten-Workflow und markierten Sonden zur Detektion der sequenzspezifischen Molekülen durchgeführt. Dabei wird das Standard-PCR-Reaktionssystem in eine Vielzahl von Nanotröpfchen dispergiert. Im Anschluss wird die dPCR durchgeführt, und die Anzahl der positiven und negativen Tröpfchen basierend auf dem Fluoreszenzsignal und damit die absolute Anzahl der Zielmoleküle in der Probe werden bestimmt.

In der ddPCR wird das Mastermix-Template-Gemisch vor der PCR-Reaktion zunächst in bis zu mehrere Millionen Wasser-Öl-Tröpfchen dispergiert, sodass in jedem Tröpfchen eine unabhängige Reaktionen ablaufen kann. Bei der ddPCR werden mittels mikrometerdünner Kapillaren mikrofluidische Tropfen erzeugt, die den Reaktionsansatz und zur Vermeidung von Verdunstung Mineralöl enthalten.

Mikrochipbasierte dPCR (cdPCR) basiert auf mikrofluidisch kleinsten Volumina, die durch nanometerdünne Kapillaren auf einen Chip verteilt und durch eine Flüssigkeitsbeschichtung mittels Öl oder mechanisch verschlossen werden. Die Verwendung eines nanofluidischen Chips bietet einen weiteren praktischen und unkomplizierten Ansatz für die parallele Ausführung Tausender von PCR-Reaktionen. Jede Vertiefung einer Trägermatrix/Chips (Well) wird mit einer Mischung aus Probe und Mastermix beladen und einzeln analysiert, um das Vorhandensein eines Targets zu ermitteln.

Um zu berücksichtigen, dass manche Reaktionsansätze (Wells) mehr als ein Molekül der Zielsequenz enthalten könnten und dies im digitalen 0/1-System nicht erfasst werden kann, wird die Kopienzahl der Nucleinsäuren in der Probe nach der statistischen Methode der Poisson-Korrektur berechnet.

$$c_{\text{gesamt}} = -\ln(1-p) * A_{\text{total}} \qquad (33.4)$$

Dabei wird die Anzahl der im gesamten PCR-Ansatz vorhandenen Genkopien ($c_{\text{gesamt}}$) aus dem Verhältnis der positiven Ansätze ($p$) zu allen Ansätzen ($A_{\text{total}}$ bzw. Gesamtanzahl Tröpfchen) berechnet (Gl. 33.4). Das Ergeb-

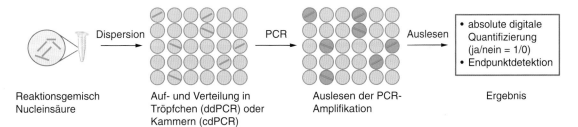

◼ **Abb. 33.12** Digitale PCR. Die Amplifikation durch die DNA-Polymerase erfolgt mit vereinzelten DNA-Molekülen in einer großen Anzahl von Reaktionsansätzen, mit dem digitalen Ergebnis PCR-Produkt vorhanden: ja/nein. Die digitale PCR ermöglicht eine Quantifizierung ohne eine Standardkurve

nis dieser Kalkulation ergibt die durchschnittliche Kopienzahl pro Reaktionsansatz. Über das bekannte Volumen der Reaktionsansätze und die Verdünnung des PCR-Ansatzes wird letztendlich die Konzentration des Targets bestimmt.

### 33.3.10 Emulsions-PCR (ePCR)

Die Emulsions-PCR (ePCR; EmPCR) ist eine Methode zur Amplifikation und Vorbereitung eines Zielgens für das Next Generation Sequencing (NGS, ▶ Kap. 34). Generell basieren heutige NGS-Techniken auf der DNA-Amplifikation vor der Sequenzierung, um adäquate Signalstärken und dadurch les- und zuordenbare Sequenzen zu erhalten. Das Grundprinzip der ePCR basiert auf der Verdünnung und Kompartimentierung (Vereinzelung) von Zielgenmolekülen in einer Wasser-in-Öl-Emulsion. Im Idealfall ist die Verdünnung so gewählt, dass pro Tropfen nur ein einzelnes Zielgenmolekül vorhanden ist und dieser Nanotropfen als Mikro-PCR-Reaktor fungiert. Das Vorgehen bei einer ePCR zur Vorbereitung für NGS-Plattformen erfolgt mit der Erstellung einer DNA-Bibliothek, wobei die Zielmoleküle (DNA) zunächst in 300–800-bp-Fragmente fragmentiert werden (Sonifizierung). Anschließend werden spezielle Adapter an die DNA-Fragmente ligiert und die DNA-Fragmente über die Adapter an (magnetische) Beads gekoppelt. Innerhalb der Emulsionströpfchen wird eine herkömmliche PCR durchgeführt. In einem ersten Schritt wird die DNA mittels einer DNA-Polymerase und dNTPs verlängert, der entstandene DNA-Doppelstrang anschließend denaturiert, sodass der Einzelstrang an eine andere Stelle auf der Oberfläche der Beads binden kann. Nachdem die DNA-Stränge amplifiziert wurden, wird die Emul-

sion mit z. B. Isopropanol und Detergens aufgebrochen. Die Lösung wird gemischt (über Vortexen), zentrifugiert und magnetisch über die Beads aufgetrennt. Die resultierende Lösung ist eine Suspension aus nicht beladenen, klonal und nicht klonal beladenen Beads. Die Beads werden anschließend, je nach NGS Plattform, auf entsprechende Träger transferiert und sequenziert (Illumina, MiSeq etc.). Aufgrund der hohen Dichte der DNA-Moleküle können die Sequenzierungsdaten meist problemlos bioinformatisch weiter verarbeitet werden.

### 33.3.11 Immunquantitative Echtzeit-PCR (iPCR, iqPCR, irtPCR)

Die Technik der Immunquantitativen PCR (derzeit gängige Abkürzungen: iPCR, iqPCR oder irtPCR) wurde 1992 publiziert. Die iPCR ist eine vielversprechende Methode für die sehr sensitive Analyse von Proteinen und anderen Antigenen, die die Spezifität der Antikörper-Antigen-Erkennung, wie bei herkömmlichen ELISA-Systemen (▶ Abschn. 6.3.3.3), und die Sensitivität der PCR kombiniert (◘ Abb. 33.13).

Methodisch wird ein Immunkonjugat aus einem Antikörper und einem DNA-Marker-Fragment zur Detektion von Proteinen eingesetzt. Dazu wird bei der iPCR, vergleichbar einem indirekten ELISA-Assay, der Nachweisantikörper (z. B. Anti-Human-IgG) anstelle eines Enzyms chemisch mit einem kurzen Fänger- (*Short-Capture-*)Oligonucleotid konjugiert. Die Immobilisierung von Antikörpern und Antigenen erfolgt in Mikrotiterplatten. Das *Short-Capture-*Oligonucleotid wird folgend durch Zugabe von Ziel-DNA nachgewiesen, die so konzipiert wurde, dass sie an das *Short-Capture-*Oligonucleotid hybridisiert und als Vorlage für eine herkömmliche quantitative Echtzeit-PCR mit Nachweis durch fluoreszieren-

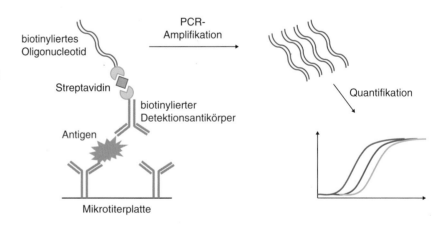

◘ **Abb. 33.13**  Die immunquantitative Echtzeit-PCR. Die iPCR ist eine Kombination aus klassischem ELISA und PCR. Das nachzuweisende Antigen wird mithilfe eines Antikörpers immobilisiert und anschließend mit einem Immunkonjugat, bestehend aus einem antigenspezifischen Antikörper und einem DNA-Markerfragment, mittels quantitativer PCR nachgewiesen

der Hybridisierungssonden dient. Die Konzentration der eingesetzten und durch die qPCR amplifizierten Ziel-DNA ist abhängig von der Konzentration des spezifischen Antigens in der Testprobe.

Die iPCR erzielt theoretisch eine bis zu 10.000-fach höhere Sensitivität als herkömmliche Antigennachweise (z. B. durch enzymgebundenen Immunosorbent-Assay, ELISA). Die Ergebnisse einer iPCR können in absoluten und relativen Werten durch entsprechende Standards bekannter Zielsequenz ermittelt werden. In der Literatur sind neuerdings einige Varianten der iPCR, wie z. B. Multiplex-iPCR, In-situ-iPCR, competitive iPCR oder sequenzielle iPCR beschrieben, die jedoch alle auf dem gleichen Grundprinzip der iPCR basieren. Bisherige Einsatzgebiete einer iPCR sind z. B. der Nachweis von Antikörpern gegen menschliche Krankheitserreger oder Toxine (z. B. *Staphylococcus-aureus*-Enterotoxin). Eine Limitation der iPCR hängt mit der hohen Empfindlichkeit der PCR zusammen, sie ist dadurch anfällig gegenüber Kontamination und falsch-positiven Signalen, die durch unspezifische Bindung von Reagenzien des Proteinnachweises erfolgen können.

### 33.3.12   *In situ*-PCR

Jüngst sind auch Protokolle zur PCR-Amplifikation innerhalb der Zelle (z. B. an histologischen Schnitten) publiziert worden (In-situ-PCR). Diese Anwendung vereint die Empfindlichkeit der PCR mit der Histologie in Gewebedünnschnitten und Zellen. Die Schwierigkeit dieser Verfahren ist, die Gewebestruktur durch geeignete Fixierung auf den Objektträgern so zu stabilisieren, dass die Struktur während der PCR-Zyklen erhalten bleibt. Dies wird durch spezielle Protokolle erreicht, bei denen die Gewebsstrukturen nach Paraffineinbettung durch Fixierung in 10 %iger, gepufferter Formalinlösung erfolgt. Die In-situ-PCR kommt z. B. beim Nachweis von viralen Nucleinsäuren und damit dem Nachweis des Erregers in Organen, meist in der Pathologie, zum Tragen. Die Detektion des PCR-Produkts erfolgt entweder direkt über den Einbau von markierten Nucleotiden bei der PCR oder indirekt durch eine anschließende *In-situ*-Hybridisierung. Es sind bereits spezielle Thermocycler auf dem Markt, in denen die Objektträger direkt beheizt werden.

### 33.3.13   **Weitere Verfahren**

Neben den oben genauer beschriebenen speziellen PCR-Verfahren gibt es noch zahlreiche weitere Techniken, die oft zur Beantwortung besonderer Fragestellungen herangezogen werden oder zu präparativen Zwecken Anwendung finden. Aus Übersichtsgründen seien hier nur einige stichpunktartig erwähnt, für eine vertiefende Einarbeitung muss auf entsprechende Fachliteratur verwiesen werden.

- **RACE-PCR** (*Rapid Amplification of cDNA Ends*): Methode zur Amplifikation und Klonierung der 5′-Enden von cDNAs, die insbesondere bei langen mRNAs während der *in-vitro*-Transkription nicht vollständig synthetisiert wurden. Bei der 3′-RACE-PCR wird die cDNA-Synthese mit Oligo(dT)-Primern und entsprechenden zielgenhomologen Sequenzen durchgeführt (Ankerprimer). Bei der 5′-RACE-PCR wird zunächst ein transkriptspezifischer Primer für die cDNA Synthese eingesetzt und folgend mittels terminaler Transferase ein Poly-A-Schwanz an die synthetisierte cDNA angehängt. In beiden Fällen folgt eine Nested-PCR.

- **Inverse PCR**: Eine wichtige Methode zur Amplifikation von unbekannten DNA-Sequenzen. Hierbei werden an eine bekannte DNA-Sequenz zwei gegenläufige Primer hybridisiert und nach beiden Seiten durch PCR amplifiziert. Durch Schneiden mit Restriktionsenzymen und Ligation entstehen zirkuläre DNA-Sequenzen, die mit den bekannten Ausgangsprimern amplifiziert und anschließend sequenziert werden können.

- *Alu*-PCR: *Alu*-Elemente sind kurze repetitive Elemente, die mehr oder weniger gleichmäßig verteilt im Genom von Primaten vorkommen. Bei der Amplifikation mit Primern, die innerhalb dieser *Alu*-Repeats binden, entstehen so charakteristische Bandenmuster, dass man sie als den genetischen Fingerabdruck des untersuchten Individuums bezeichnen kann.

- **DOP-PCR**: *Degenerated Optimized PCR* (s. auch ▶ Abschn. 33.2.3.2) wird bei der Analyse von Mikroamplifikationen und -deletionen auf Chromosomen verwendet (*Comparative Genome Hybridization*). Bei dieser Methode wird über degenerierte PCR-Primer das gesamte genetische Material aus einer Zielzelle (z. B. Krebszelle) und einer Kontrollzelle amplifiziert und dabei unterschiedliche Detektionsmarker eingebaut (z. B. Rhodamin-/Digoxigenin- und Fluorescein-/Biotin-markiert). Nach anschließender Vorhybridisierung der Chromosomen der Zielzelle mit cot-DNA (zum Absättigen von repetitiven Sequenzen) wird das Gemisch auf Digoxigenin- und Biotin-markierten Amplifikaten mit den Chromosomen der Zielzelle hybridisiert. Die Detektion erfolgt mit einem Fluoreszenzmikroskop durch unterschiedliche Filter für Fluorescein und Rhodamin. Die anschließende Überlagerung beider Fluoreszenzsignale ergibt ein Fluoreszenzmuster, bei dem an Stellen der

Mikrodeletion oder Mikroamplifikation das Rhodamin- bzw. Fluoresceinsignal überwiegt.

— **PRINS-PCR**: *Primed In Situ PCR* ist eine Vorstufe der In-situ-PCR, bei der lediglich einmal der Primer nach In-situ-Hybridisierung an die Ziel-DNA in der fixierten Zielzelle verlängert wird.

— **Chromatin-Immunpräzipitation- (ChIP-)PCR**: Mit der Chromatin-Immunpräzipitation (ChIP) in Verbindung mit einer qualitativen oder quantitativen PCR (ChIP-PCR) können Protein-DNA-Interaktionen analysiert werden. Ziel ist es zu analysieren, ob bestimmte Proteine mit spezifischen Genomregionen assoziiert sind, wie beispielsweise die Bindung eines bestimmten Transkriptionsfaktors an Promotoren oder Enhancer bzw. Repressoren. Untersuchungen zu Histonmodifikationen und epigenetischen Genregulationen sind ein weiteres Anwendungsfeld. Die ChIP-qPCR ist somit für Studien geeignet, die sich auf spezifische Gene und potenzielle regulatorische Regionen unter unterschiedlichen experimentellen Bedingungen konzentrieren.

## 33.4  Kontaminationsproblematik

Die hohe analytische Sensitivität der PCR ist aus naheliegenden Gründen ein enormer Fortschritt in Wissenschaft und Diagnostik. Allerdings bedeutet die Fähigkeit, aus wenigen Molekülen innerhalb kürzester Zeit viele Millionen Moleküle herzustellen, eine immense Gefahr von falsch-positiven Ergebnissen, da jedes dieser Moleküle wiederum ein optimales Template für weitere Amplifikationen darstellt. Zudem ist die Gefahr von Kontaminationen immer dann besonders groß, wenn in Laboren häufig mit den gleichen Primern gearbeitet wird und damit immer wieder das gleiche Target amplifiziert wird. Da die PCR verstärkt Einzug in das Routinelabor gehalten hat, soll hier eine etwas genauere Betrachtung des Problems erfolgen. Grundsätzlich lassen sich drei Arten der Kontamination mit DNA unterscheiden:

— Kreuzkontaminationen von Probe zu Probe bei der DNA-Isolierung
— Kontamination mit kloniertem Material, das die zu amplifizierende Zielsequenz trägt
— Rückkontaminationen aus bereits amplifizierter DNA

Von letzterer geht i. A. die größte Gefahr aus. ◘ Tab. 33.2 soll veranschaulichen, mit welchen Kontaminationsmengen durch Aerosole (feinsten Flüssigkeitsverteilungen in Luft) zu rechnen ist. Ausgehend von der anzunehmenden Größe derartiger Aerosole ist das Volumen solcher Partikel angegeben. Anhand der Tabelle ist ersichtlich, dass bereits in einem Pikoliter 10.000 amplifi-

◘ **Tab. 33.2**  Kontaminationsgefahr durch Aerosole

| Art der Verschleppung | Größe | Volumen | Amplikons/ Volumen |
|---|---|---|---|
| Spritzer | | 100 µl | $10^{12}$ |
| | | ≈1 µl | $10^{10}$ |
| | ~100 µm | ≈1 nl | $10^{7}$ |
| Aerosol | ~10 µm | ≈1 pl | $10^{4}$ |
| | ~1 µm | ≈1 fl | 10 |

zierbare Moleküle vorhanden sein können, die potenziell kontaminierend sind.

### 33.4.1  Vermeidung von Kontaminationen

Die Vermeidung von Kontaminationen sollte – vor der Dekontamination – sowohl im diagnostischen Routinelabor als auch in der Forschung höchste Priorität haben. Hierzu sind die häufigsten Kontaminationsquellen:

— **Aerosolbildung** durch Zentrifugation, Lüftungsanlagen, unkontrolliertes Öffnen der Proben- und PCR-Gefäße
— **Verschleppungen** durch kontaminierte Pipetten, Verbrauchsmaterial, Reagenzien, Handschuhe, Kleidung, Haare etc.
— **Spritzer** beim Öffnen von Gefäßen oder beim Pipettieren von Flüssigkeiten

Daraus folgernd lassen sich zahlreiche Maßnahmen ableiten, die dazu beitragen, das Kontaminationsrisiko zu minimieren.

**Allgemeine Maßnahmen zur Minimierung des Kontaminationsrisikos**

— häufig verwendete Reagenzien und Probenmaterial aliquotieren
— nur Reagenzien, Pipettenspitzen und Reaktionsgefäße verwenden, die frei von DNasen, RNasen und frei von Nucleinsäuren sind (PCR-clean)
— manuelle Schritte so weit wie möglich reduzieren; Umpipettieren vermeiden
— starke Luftbewegungen vermeiden
— Geräte und Pipetten regelmäßig reinigen/ dekontaminieren
— Anzahl der PCR-Zyklen auf ein Minimum reduzieren
— falls möglich auf Nested-PCR verzichten, da durch ein Umpipettieren die Gefahr der Kontamination drastisch steigt (► Abschn. 33.3.2.3)

## Umgang mit Probenmaterial

- Öffnen der Reaktionsgefäße mit Wattebausch, Tuch oder Ähnlichem zur Vermeidung der Handschuhkontamination
- bei Feuchtigkeit im Deckel: Gefäße kurz anzentrifugieren
- möglichst geschlossen arbeiten, d. h. immer nur ein Gefäß öffnen
- ausschließlich mit Filtermaterialien gestopfte Pipettenspitzen oder sog. *Positive-Displacement-*Pipetten verwenden
- Handschuhe häufig wechseln
- langsam und kontrolliert pipettieren
- langsam und kontrolliert Gefäße öffnen

## Abfallentsorgung

- gebrauchte (kontaminierte) Pipettenspitzen durch HCl oder Natriumhypochlorit inaktivieren
- restliches Probenmaterial und Amplifikate inaktivieren PCR-Gefäße vor der Entsorgung verschließen

## Räumliche Trennung der Arbeitsbereiche

- strikte Trennung in drei Bereiche:
  - Bereich 1: Ansetzen der Amplifikationsmischung; hierzu kann eine PCR-Werkbank verwendet werden
  - Bereich 2: Probenvorbereitung
  - Bereich 3: Amplifikation und Detektion
- unter allen Umständen sollten separate Laborkittel in den drei Bereichen getragen werden
- getrennte „*Hardware*" (Pipetten, Tips etc.) in jedem Bereich
- „Probenfluss" in eine Richtung: Bereich 1 → Bereich 2 → Bereich 3 → Autoklav oder Abfall.

Grundsätzlich gilt, dass mit Probenmaterial und amplifiziertem Material genauso sorgfältig umgegangen werden sollte wie mit infektiösem oder radioaktivem Material. Außerdem sollte in jedem PCR-Lauf eine entsprechende Zahl an Negativkontrollen durch alle Schritte (Probenvorbereitung, Amplifikation, Detektion) mitprozessiert werden, um Kontaminationen frühzeitig erkennen zu können.

## 33.4.2 Dekontamination

Bei der Dekontamination lassen sich zwei voneinander unabhängige Maßnahmenarten unterscheiden:
1. Chemische oder physikalische Maßnahmen zur Reinigung von Geräten oder des Labors: Hierunter fallen vor allem Substanzen, die DNA direkt zerstören oder so inaktivieren, dass sie nicht weiter amplifiziert werden kann. Als Beispiele seien HCl, Natriumhypochlorit und Peroxid genannt.
2. Maßnahmen, die routinemäßig in den Testablauf integriert werden und vor oder nach jeder Amplifikation stattfinden. Diese lassen sich weiter in physikalische, chemische und enzymatische Verfahren unterteilen.

**Physikalische Maßnahmen** Die Bestrahlung der Amplifikate nach PCR mit UV-Licht (254 nm) führt zur Bildung von Pyrimidindimeren (T–T, C–T, C–C) sowohl innerhalb als auch zwischen den DNA-Strängen des Amplikons. Derart inaktivierte DNA steht nicht mehr als Template für die *Taq*-Polymerase zur Verfügung. Das Verfahren hat jedoch einige Nachteile. Es besteht ein Zusammenhang zwischen DNA-Länge und Effizienz der Bestrahlung, denn je kürzer das Amplikon, desto weniger wirksam ist UV-Licht. Darüber hinaus ist die Dekontaminationsleistung bei G/C-reichen Templates wesentlich schlechter als bei A/T-reichen Templates.

**Chemische Maßnahmen** Isopsoralene sind Farbstoffe, die in die DNA interkalieren und bei Bestrahlung mit langwelligem UV-Licht (312–365 nm) zu einer Vernetzung beider Stränge führen. Auch hierdurch wird die Polymeraseaktivität blockiert.

3′-terminale Ribonucleotide im Primer (rNTPs) schaffen eine alkalilabile Stelle im späteren Amplikon. Durch eine anschließende Alkalibehandlung werden die Primerbindungsstellen hydrolysiert.

**Enzymatische Maßnahmen**
- restriktionsenzymatischer Verdau
- DNase-I-Verdau
- Exonuclease-III-Verdau
- UNG-System

Der Verdau mit Uracil-*N*-Glykosylase (UNG) ist die effizienteste Methode zur Dekontamination von zuvor amplifizierter DNA. Das Verfahren beruht zunächst auf dem Einbau von dUTP anstelle von dTTP während der

Amplifikation. Das daraus resultierende PCR-Produkt enthält Uracilreste in beiden Strängen und unterscheidet sich somit von jeder zu amplifizierenden Ausgangs-DNA. UNG ist ein Enzym, das die glykosidische Bindung zwischen Uracil und dem Zuckerphosphatrückgrat der DNA spaltet. Durch anschließendes Erhitzen oder durch Alkalisierung zerfällt ein solcher DNA-Strang in einzelne Bruchstücke und kann somit nicht mehr amplifiziert werden.

Das UNG-System ist aus zweierlei Gründen besonders effektiv, einerseits trägt jedes neu amplifizierte Molekül Uracilreste, ist also Substrat für die UNG, und andererseits dekontaminert UNG vor einer erneuten Amplifikation, also dann, wenn mögliche Kontaminationen am geringsten sind. Viele andere Dekontaminationsmaßnahmen haben den Nachteil, dass sie entweder nach der Amplifikation stattfinden und dann quantitativ wirksam sein müssten, oder zusätzliche Schritte benötigen, die wiederum ein zusätzliches Kontaminationsrisiko in sich bergen. Da Uracilreste nur in einzel- und doppelsträngiger DNA, nicht aber als Einzelnucleotid oder in RNA ein Substrat für die UNG darstellen, kann das Enzym bereits in den Amplifikationsmix gegeben werden und eignet sich auch für die Verwendung in der RT-PCR.

## 33.5 Anwendungen

Zahlreiche Anwendungen der PCR sind beispielhaft bereits in den ▶ Abschn. 33.2 und 33.3 beschrieben worden. Meist bezogen sich diese auf besondere Fragestellungen im Forschungslabor. Im folgenden Abschnitt soll verstärkt auf Anwendungen im medizinisch-diagnostischen Labor eingegangen werden und die Möglichkeiten des PCR-Einsatzes in der Genomanalyse skizziert werden.

### 33.5.1 Nachweis von Infektionskrankheiten

Der Nachweis von Krankheitserregern stellt ein ideales Anwendungsgebiet für die PCR dar, da sich viele Bakterien und Viren entweder gar nicht oder nur sehr langsam kultivieren lassen und herkömmliche Tests bei Weitem nicht die Sensitivität der PCR erreichen. Folgerichtig fanden solche Tests auch zuerst Einzug in die molekularen Routinelabors der Lebensmittelanalytik sowie der Veterinär- und Humanmedizin. Als Beispiele hierfür seien die Viren HCV (Hepatitis C-Virus), HIV (Human-Immundefizienz-Virus, AIDS-Erreger), HBV (Hepatitis-B-Virus) und CMV (Cytomegalie-Virus) sowie die Bakterien *Chlamydia*, *Mycobacterium*, *Neisseria* und *Salmonella* genannt. Beim Nachweis solcher humanpathogener Erreger mittels PCR kommt es vor allem auf drei wichtige Aspekte an:

- eine ausreichende Spezifität der Reaktion zur Vermeidung von falsch negativen Ergebnissen

- eine sehr hohe, aber auch klinisch relevante Sensitivität des Tests
- eine eindeutige, gesicherte Aussage

Die Herausforderung für die Spezifität der Gesamtreaktion ist dabei, die Primer so zu wählen, dass einerseits z. B. nur HIV amplifiziert werden kann, andererseits aber auch alle Subtypen erkannt werden. Die Sensitivität wird dagegen entscheidend durch die Art der Probenvorbereitung und die Menge des Probenvolumens bestimmt. Erstere muss eine effiziente Abtrennung von Inhibitoren gewährleisten, um eine möglichst ungestörte Reaktion zu ermöglichen. Das ist besonders bei schwierigen Probenmaterialien wie Sputum, Stuhl und Urin wichtig. Darüber hinaus entscheidet auch die Menge der eingesetzten Probe über die Sensitivität der Reaktion. Bei ultrasensitiven Tests wie in der HIV- und HCV-Diagnostik ist es oft notwendig, die Viren vor dem Aufschluss anzureichern. Meist geschieht dies durch Ultrazentrifugation. So kann eine Nachweisgrenze von etwa zwanzig Genomäquivalenten pro Milliliter erreicht werden. Bei der Diskussion um die Sensitivität sollte aber auch immer die klinische Relevanz mit einbezogen werden. Wenn beispielsweise die minimale Infektionsdosis größer als $10^5$ Erreger ist, wie bei der *Salmonella*-Gruppe, dann erübrigen sich auch ultrasensitive Teste.

Auch die Wahl der Zielsequenz spielt eine entscheidende Rolle für die Aussagekraft des Tests. So repliziert HIV, wie alle Retroviren, sein Genom über eine DNA-Zwischenstufe (Provirus im Wirtsgenom). Nur bei einer akuten Infektion befindet sich proliferierende RNA im Blut des Wirtsorganismus, während bei latenter Infektion das Virus als Provirus in das Zellgenom integriert vorliegt. Erst im Zusammenspiel all dieser Faktoren kann ein PCR-Test eine verlässliche und klinische relevante Aussage liefern.

Neben der rein qualitativen Ja/Nein-Antwort des PCR-Tests ist der quantitative Nachweis von bestimmten Erregern (HCV, HIV) z. B. im Blut eines Infizierten auch entsprechend der jeweiligen Leitlinien zur Diagnostik unerlässlich. Der quantitative Nachweis eines Erregers ermöglicht die Therapiekontrolle (Monitoring) und ist wichtig für den Erfolg und Einsatz antiviraler oder antibiotischer therapeutischer Maßnahmen.

In diesem Zusammenhang ist auch der Nachweis von Resistenzmutationen, die sich unter einer antiviralen/antibiotischen Therapie selektionieren und anreichern können, von klinischer und diagnostischer Relevanz. So ist die Identifikation einer Therapieresistenz, z. B. bei der HIV-Therapie (antiretrovirale Therapie ART; hochaktive antiretrovirale Therapie, HAART) oder antiviralen Behandlungen von hCMV, HCV- oder HBV, für die weitere Behandlung mit entsprechend angepassten Therapieoptionen für den Verlauf der Infektion und das Überleben des Patienten wichtig. Hierzu wird – hier am Beispiel HBV oder HIV – die virale Polymeraseregion (virale Reverse Transkriptase) mittels qualitativer PCR amplifiziert (meist Nested-PCR), die PCR-Amplikons anschließend sequenziert und die erhaltenen Sequenzen zur Überprüfung auf Resistenzmutationen mit Sequenzen aus Datenbanken abgeglichen. Alternativ können zum Nachweis von bekannten Resistenzmutationen im viralen Genom auch eine qPCR mit spezifischen Sonden (wildtyp- oder mutationsspezifische Sonde) oder auch hochsensitive NGS-Techniken eingesetzt werden (*Deep Sequencing, Whole Genome Sequencing*, ▶ Kap. 34).

### 33.5.2 Nachweis von genetischen Defekten

Auf dem Gebiet der molekularen Medizin hat die PCR die Voraussetzung dafür geschaffen, viele genetisch bedingte oder erworbene Erkrankungen bereits präsymptomatisch auf DNA- oder RNA-Ebene zu diagnostizieren. Hierzu sind in der Vergangenheit zahlreiche Methoden entwickelt und verfeinert worden. Insgesamt ist dies jedoch noch ein sehr junges und innovatives Anwendungsfeld, das raschen Änderungen unterworfen ist. Dieser Abschnitt soll daher nur einen groben Überblick über die heutigen Methoden und einige Beispiele ihrer Anwendungen geben.

Der Nachweis von bekannten genetischen Defekten lässt sich, je nach Art der zugrunde liegenden Mutation (ausgenommen sind Translokationen), unterteilen in Punktmutation oder längenvariante Mutation (Insertion, Deletion, Expansion). Wichtig ist auch die Unterscheidung, ob es sich um einfache (*single site*) Mutationen handelt oder um Erkrankungen, die auf ein komplexes Mutationsmuster zurückzuführen sind. Bei-

spielsweise kennt man bei cystischer Fibrose und familiärer Hypercholesterinämie mittlerweile über 300 verschiedene Mutationen, während Chorea Huntington (s. unten) auf nur eine Mutation zurückzuführen ist. Jeder dieser Mutationstypen erfordert daher ein anderes methodisches Vorgehen.

#### 33.5.2.1 Längenvariante Mutationen

Bei diesem Mutationstyp kann ein mutiertes Allel und Wildtypallel anhand der Länge des jeweiligen PCR-Produkts unterschieden werden. Ein bekanntes Beispiel ist der Nachweis von Trinucleotid-Expansionen bei einigen neurogenetischen Erkrankungen. Ursächliche Mutation der Chorea Huntington (HD, nach *Huntington's Disease*) ist die Expansion eines Trinucleotid-Repeats (CAG) im betroffenen HD-Allel (IT15-Gen). Da schon das normale Allel einem Längenpolymorphismus unterliegt, können auch hier bis zu 32 Wiederholungen des Repeats gefunden werden. Die Erfahrung hat gezeigt, dass erst ab einer Repeat-Länge von mehr als 36 CAGs sicher von einem positivem Befund gesprochen werden kann. Das Prinzip des Tests ist in ◘ Abb. 33.14 dargestellt. Da die Erkrankung einem autosomal dominanten Erbgang folgt und homozygote Anlagenträger praktisch nicht vorkommen, findet man auch immer ein zweites, nicht mutiertes Allel. Nach Amplifikation beider Allele werden die PCR-Produkte gelelektrophoretisch getrennt und die jeweilige Repeat-Länge bestimmt. Größere Längenvariationen, wie sie beim Fragiles-X-Syndrom vorkommen, können auch direkt nach einem Southern-Blot durch Hybridisierung mit spezifischen Sonden detektiert werden.

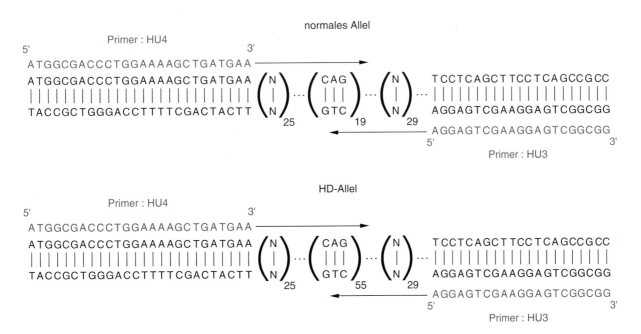

◘ **Abb. 33.14**   Schematische Darstellung des Trinucleotid- (CAG-)Expansionsnachweises bei Chorea Huntington. Die Amplifikation erfolgt mit spezifischen Primern, die den CAG-Repeat flankieren. Die Größe des Repeats im Polyacrylamidgel liefert den diagnostischen Befund

### 33.5.2.2 Punktmutationen

**Sequenzierung** Die sicherste Methode zur Identifizierung und Charakterisierung sowohl von bekannten als auch unbekannten Mutationen ist die Sequenzierung des PCR-Produkts (▶ Abschn. 33.3.7, ▶ Kap. 4). Da dies mit einem hohen technischen und zeitlichen Aufwand verbunden ist, eignet sich dieses Vorgehen jedoch kaum für ein Screening-Verfahren.

**Restriktionsfragment-Längenpolymorphismen** Restriktionsfragment-Längenpolymorphismen (RFLPs) können immer dann zur Analyse herangezogen werden, wenn durch die Mutation bestimmte enzymatische Restriktionsschnittstellen entstanden oder verloren gegangen sind. Nach Amplifikation wird das PCR-Produkt durch entsprechende Restriktionsenzyme geschnitten und die Fragmente über ein Agarosegel elektrophoretisch aufgetrennt. Diese Methode eignet sich vorwiegend für den Nachweis bekannter Mutationen.

**Reverser Dot-Blot (allelspezifische Hybridisierung)** Beim reversen Dot-Blot-Verfahren werden allelspezifische Sonden an festen Oberflächen immobilisiert und das PCR-Produkt gegen diese hybridisiert. Es darf dabei nur im Falle einer perfekten Übereinstimmung von Sonde und Amplikon zu einer Hybridisierung kommen, d. h., das mutierte Allel wird von der Wildtypsonde nicht gebunden und das Wildtypallel wiederum bindet nicht an die mutantenspezifische Sonde. Die Position der Hybridisierung kann über spezifische, meist fluoreszierende Markierungen sichtbar gemacht werden und gibt Aufschluss über den Genotyp. Das Prinzip ist in ◘ Abb. 33.15 skizziert. Um unspezifische Bindungen zu vermeiden, muss die Stringenz der Hybridisierung exakt eingestellt werden (Salzkonzentration, Zeit, Temperatur). Auch bei diesem Verfahren ist die genaue Kenntnis der jeweiligen Mutation Voraussetzung.

**Allelspezifische PCR** Wenn das 3′-Ende eines Primers aufgrund eines Mismatch (Punktmutation) nicht an das Template binden kann, so ist die Amplifikation inhibiert, da die *Taq*-Polymerase nur an einem hybridisierten 3′-OH-Ende verlängern kann. Für die allelspezifische PCR nutzt man diesen Umstand aus und konstruiert zwei unterschiedliche Sense- und Antisense-Primer. Die Amplifikation der zu untersuchenden DNA findet in zwei getrennten PCR-Gefäßen mit jeweils dem anderen Primer statt. So lässt sich sehr elegant der Genotyp (homozygot Wildtyp, heterozygot, homozygot Mutante) charakterisieren. Für das Primerdesign muss auch hier die jeweilige Mutation bekannt sein.

**OLA-Technik** Bei der sog. OLA-Technik (*Oligonucleotide-Ligation Assay*) werden perfekt gepaarte und direkt benachbarte Oligonucleotide durch eine Ligase miteinander verknüpft. Zur Analyse bekannter Mutationen werden Oligonucleotide verwendet, die sich in ihrer Länge

oder in ihrer Markierung voneinander unterscheiden und allelspezifisch an das PCR-Produkt binden. Benachbart zu diesen allelspezifischen Oligonucleotiden befindet sich ein obligatorisch hybridisierendes Oligonucleotid. Je nach Vorhandensein der Mutation verbindet die Ligase in einer an die PCR anschließenden Reaktion das eine oder andere allelspezifische Oligonucleotid mit dem universellen Oligonucleotid. Hierdurch ist eine Gentypisierung möglich (◘ Abb. 33.16).

**Single-strand conformation-polymorphism (SSCP)** Einzelsträngige DNA (ssDNA) bildet unter renaturierenden Bedingungen nicht vorhersehbare, intramolekulare Sekundärstrukturen, die durch die Sequenz festgelegt werden. Da in einem mutierten Allel eine andere Sequenz vorliegt, wird dieses Allel bei der Renaturierung auch eine andere Konformation einnehmen. Bei der SSCP-Analyse wird daher das PCR-Produkt nach Amplifikation denaturiert und sofort auf ein renaturierendes Gel aufgetragen. Schon bei kleinsten Änderungen in der Konformation des Einzelstrangs weist dieser ein anderes Laufverhalten im Gel auf, welches durch einen Bandenshift detektiert werden kann (◘ Abb. 33.17). Mit dieser Methode lassen sich zwar unbekannte Mutationen bzw. Polymorphismen erkennen, aber nicht charakterisieren. Dazu muss anschließend sequenziert werden.

**Denaturierende Gradientengelelektrophorese (DGGE)** Die DGGE basiert auf einem sehr ähnlichen Prinzip wie SSCP. Dabei wird das doppelsträngige Amplifikat auf ein Gel aufgetragen, das einen Gradienten mit zunehmenden Denaturierungseigenschaften aufweist. Je nach Sequenz des untersuchten Allels tritt die Denaturierung an der mutierten Stelle früher oder später ein. Auch hier zeigt sich das veränderte Laufverhalten durch einen Bandenshift.

### 33.5.3 Humangenomprojekt

Im Oktober 2004 wurde in der Zeitschrift Nature die Sequenz des humanen Genoms publiziert, das Ergebnis einer dreizehnjährigen Arbeit, bei der mehr als 2800 Wissenschaftler beteiligt waren. Eine Analyse der Daten und der 2,85 Milliarden Basenpaare zeigt die Anwesenheit von 20.000 bis 25.000 Genen. Als Gütekriterium gilt, dass 99 % der genhaltigen Sequenzen erfasst sind, die Genauigkeit wird mit 99,999 % angegeben. Die Sequenzaufklärung war nur der erste Schritt, im Mittelpunkt steht nun die Aufklärung der Funktion und Aktivität der Gene.

Die PCR hat auch die Entwicklung des Humangenomprojekts sehr stark vorangetrieben. Durch sie wurde die Einführung der sog. STSs (*Sequence Tagged Sites*) möglich, die eine immense Hilfestellung bei den Kartierungsarbeiten erbrachte. Solche STSs sind spezifische DNA-Segmente auf den Chromosomen, die durch die Sequenz von zwei korrespondie-

**Abb. 33.15** Reverser Dot-Blot. Der Nachweis von bekannten Mutationen erfolgt über allelspezifische Hybridisierungssonden (wt = Wildtyp; mut = Mutante), die an einer Oberfläche immobilisiert werden. Die Position der Hybridisierung wird über ein Label sichtbar gemacht und erlaubt so die Genotypisierung

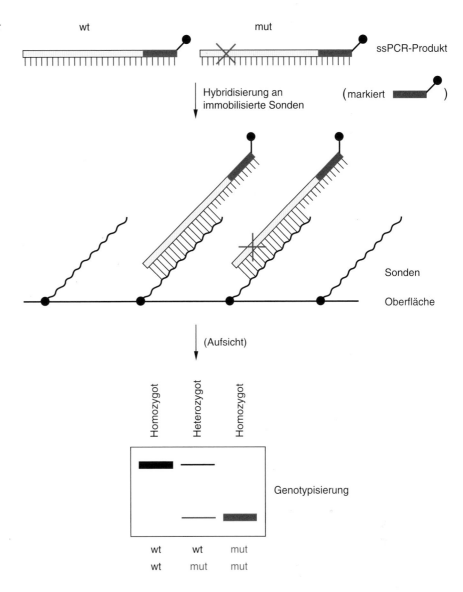

renden Primer festgelegt werden. Über Datenbanken sind solche Informationen schnell verfügbar und von Forschern, die mit der Kartierung des menschlichen Genoms oder der Klonierung von Genen beschäftigt sind, direkt zu verwenden. Handelt es sich bei den STSs um Teile von exprimierten Sequenzen, so spricht man von ESTs (*Expressed Sequence Tagged Sites*). Eine besondere „Form" der STSs sind *Short Tandem Repeat Polymorphisms* (STRPs), kurze Dinucleotid-Repeats (meist CA), die von Individuum zu Individuum eine variable Länge aufweisen können. STRPs erlauben die Bestimmung von Rekombinationsfrequenzen und damit Aussagen über den Abstand solcher Marker. Darüber hinaus ermöglichen sie es auch, Haplotypen zu charakterisieren und über ein als Positionsklonierung genanntes Vorgehen (*Positional Cloning Approach*) Gene zu isolieren. Das

erste Gen, das über einen solchen *Positional Cloning Approach* kloniert werden konnte, war 1989 das CFTR-Gen, das für die cystische Fibrose verantwortlich ist.

## 33.6 Alternative Verfahren der Amplifikation

Neben der PCR als Amplifikationsreaktion existieren noch andere Verfahren zur gezielten Vervielfachung von Nucleinsäuren. Wenn solche Techniken auch in einigen Laboren in den vergangenen Jahren ihre Anwendung gefunden haben, so kristallisiert sich doch zunehmend heraus, dass eine breite routinemäßige Applikation nur durch die PCR geleistet werden kann. In diesem Abschnitt sollen daher nur einige der wich-

■ **Abb. 33.16** OLA-Technik. Nach
einer PCR binden allelspezifische
Oligonucleotide (wt, mut) an das
einzelsträngige Amplikon. Nur im Fall
einer perfekten Paarung des 3′-Endes
können diese Oligonucleotide in der
anschließenden Ligasereaktion mit
einem universell bindenden Oligonucleotid, das die Markierung trägt, ligiert
werden. Da sich mut-Oligonucleotide
und wt-Oligonucleotide in ihrer Länge
unterscheiden, lassen sich die ligierten
Oligonucleotide elektrophoretisch
auftrennen und über ihre Markierung
nachweisen

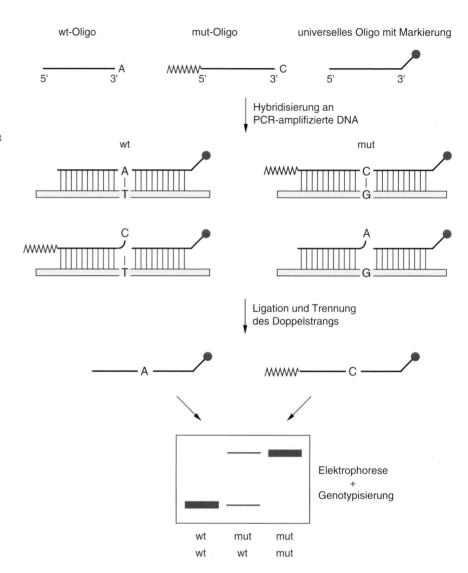

**33**

tigsten, alternativen Amplifikationstechniken kurz beschrieben werden.

### 33.6.1  Isotherme PCR

Im Gegensatz zur PCR erfolgt bei der isothermen DNA-
Amplifikation die Reaktion bei gleichbleibender Temperatur (isotherm) unter Einsatz einer DNA-Polymerase
mit Strang-Verschiebungsaktivität (*Strand Displacement
Activity*, z. B. Φ29-DNA-Polymerase). Bei der isothermen DNA-Amplifikation kann somit die Reaktion auch
ohne größeren gerätetechnischen Aufwand durchgeführt werden. Die isotherme DNA-Amplifikation basiert auf der Verdrängung eines Strangs der doppels-

trängigen DNA, während die Polymerase anhand des
ersten Stranges einen neuen homologen Strang herstellt.

Es gibt eine Vielzahl von Methoden zur isothermen
Amplifikation von DNA. Beispielhaft seien hier die
*Nucleic Acid Sequence Based Amplification* (NASBA),
*Helicase-Dependent Amplification* (HDA), *Strand Dis-
placement Amplification* (SDA) und *Transcription Me-
diated Amplification* (TMA) genannt, die alle das gleiche
Grundprinzip der isothermen Amplifikation ohne PCR-
Schritte verfolgen.

**Nucleic Acid Sequence Based Amplification (NASBA)**  Bei
der NASBA handelt es sich um eine isotherme Amplifikation von RNA. Enzymatische Bestandteile der NAS-
BA-Reaktion sind eine Reverse Transkriptase (RTase),

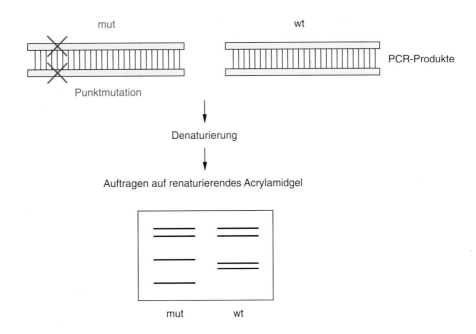

**□ Abb. 33.17** SSCP-Analyse. Nach Amplifikation werden die PCR-Produkte denaturiert und auf ein renaturierendes Sequenzgel aufgetragen. Aufgrund der unterschiedlichen Rückfaltung ist die Mobililtät im Gel der mutierten Allele (mut) gegenüber dem Wildtyp-Allel (wt) verändert. In der Regel entstehen vier Banden, da sich die Einzelstränge jedes Allels in Abhängigkeit ihrer Sequenz anders rückfalten

RNase H und T7-RNA-Polymerase. Eine weitere Besonderheit ist der Einbau eines T7-Promotors über einen Primer (Primer A). Dazu wird die spezifische Nucleotidsequenz des Primers um die Sequenz des T7-Promotors verlängert. Die Reaktion wird durch Bindung von Primer A an das RNA-Template gestartet. Die Reverse Transkriptase schreibt die RNA-Matrize in cDNA um, und die RNA dieses Hybrides wird durch die zugegebene RNASe H verdaut. An den DNA-Strang hybridisiert anschließend Primer B, und der Gegenstrang wird durch die DNA-abhängige DNA-Polymeraseaktivität der RTase gebildet. Hierbei wird auch der Promotor neu synthetisiert. Die T7-Polymerase als dritte Enzymkomponente bindet nun an diesen Promotor und synthetisiert pro Strang etwa hundert neue RNA-Moleküle (abhängig von der Amplikonlänge), an denen sich die beschriebenen Prozesse nun erneut vollziehen (□ Abb. 33.18). Auf dem gleichen Prinzip basiert eine als 3SR (*Self-Sustained Sequence Replication*) bezeichnete Reaktion. Sowohl NASBA als auch 3SR lassen sich mit leichten Modifikationen und vorausgehender Umschreibung von DNA in RNA auch für die Amplifikation von DNA einsetzen.

**Transcription Mediated Amplification (TMA)** Es handelt sich um eine alternative isotherme Amplifikation von RNA bei 42 °C. Enzymatische Bestandteile der TMA-Reaktion sind eine RTase und T7-RNA-Polymerase. Die RNase H wird im TMA-Protokoll durch die RNase-H-Teilaktivität der RTase ersetzt. Auch bei dieser Amplifikationsmethode wird ein T7-Promotor über einen Primer (Primer A) in das Amplifikat eingebaut.

**Strand Displacement Amplification (SDA)** Auch bei dieser Methode der Nucleinsäureamplifikation handelt es sich um eine isotherme Reaktion. Sie beruht auf der Fähigkeit von DNA-Polymerasen, die Neusynthese an einem Einzelstrangbruch zu beginnen und dabei den alten Strang zu verdrängen. Zur Amplifikation kommt es durch ein zyklisches Schneiden des Einzelstrangs und die anschließende Strangverdrängung. Da Restriktionsenzyme normalerweise den Doppelstrang vollständig zerschneiden, bedient man sich zur Erzeugung der Einzelstrangbrüche (Nick) des Einbaus eines Nucleotidanalogons in den Gegenstrang. Die nach Schneiden auf dem Gegenstrang lediglich einzelsträngig (und damit inaktiv) verbleibende Sequenz einer Restriktionsschnittstelle wird über die Primerverlängerung doppelsträngig synthetisiert. Die Neusynthese erfolgt jedoch nicht durch Zugabe der vier natürlichen dNTPs (was zu vollständig spaltbaren doppelsträngigen Restriktionsschnittstellen führen würde), sondern in Anwesenheit von drei natürlichen dNTPs und einem Thiodesoxynucleotid. Hierdurch entsteht in der doppelsträngigen Restriktionsschnittstelle ein Hybrid aus dem normalen und dem (neusynthetisierten) schwefelhaltigen Strang. Dieser kann von dem verwendeten Restriktionsenzym nicht geschnitten werden, wodurch es zu dem gewünschten Einzelstrangbruch kommt. Das Prinzip ist in □ Abb. 33.19 illustriert.

**Helicase Dependent Amplification (HDA)** Als Alternative zur Strangverdrängung wird die DNA-Helicase eingesetzt, die entstehenden DNA-Einzelstränge durch Einzelstrang-Bindeproteine (SS-DNA *Binding Proteins*) vor der Reassoziierung geschützt. Im nächsten Schritt

**◻ Abb. 33.18**  NASBA (*Nucleic Acid Sequence-Based Amplification*). Ausgangspunkt der Amplifikation ist eine einzelsträngige RNA, an die Primer A bindet. Dieser Primer besitzt am 5′-Ende eine T7-Promotor-Sequenz. Durch die Reverse Transkriptase wird eine cDNA synthetisiert und die RNA in diesem Hybrid sofort durch RNase H abgebaut. An die nun einzelsträngige DNA bindet Primer B und syn-

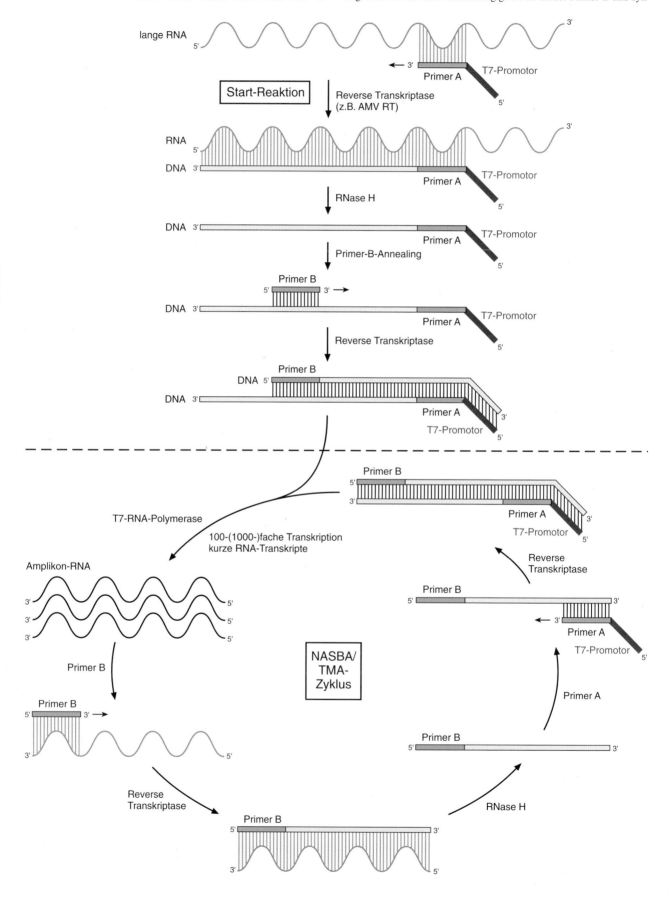

thetisiert den Gegenstrang, wodurch ein funktionsfähiger T7-Promotor entsteht. Diesen erkennt die T7-RNA-Polymerase und synthetisiert etwa hundert RNA-Moleküle (abhängig von Amplikonlänge), die nun die zyklische Phase der NASBA-Reaktion einleiten, in der sich die Einzelreaktionen wie beschrieben wiederholen. Die gesamte Reaktion erfolgt bei konstanter Temperatur und in einem einzigen Amplifikationspuffer

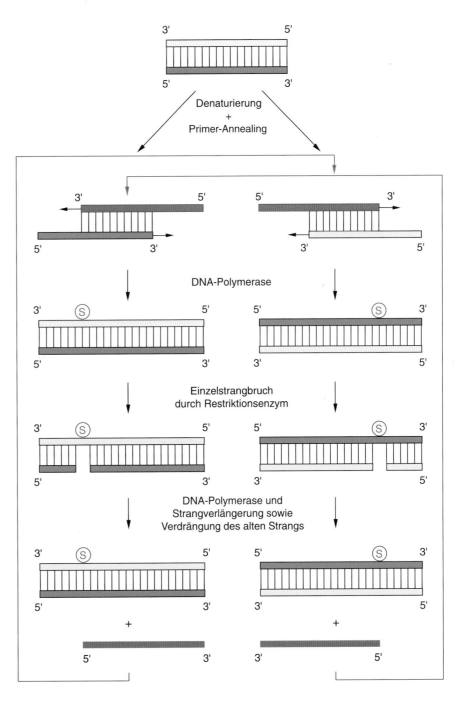

■ **Abb. 33.19** SDA (*Strand Displacement Amplification*). Es handelt sich um einen zyklischen Prozess aus Synthese, Restriktionsverdau und Strangverdrängung. Die Primer enthalten die Erkennungsstelle für das Restriktionsenzym. Da die Neusynthese mit einem Thionucleotid ausgeführt wird, kommt es zu dem gewünschten Einzelstrangbruch (Nick), weil solche schwefelhaltigen Stränge resistent gegenüber Restriktionsenzymen sind. Auch die SDA verläuft wie die NASBA-Reaktion unter isothermen Bedingungen. (Nach Persing et al. 1993)

**Abb. 33.20** LCR *(Ligase Chain Reaction)*. In dem zyklischen Prozess aus Denaturierung, Anlagerung von vier Oligonucleotiden und Ligation verdoppelt sich theoretisch mit jeder weiteren Runde die Zahl der miteinander verknüpften Oligonucleotide. Analog zur PCR kommt es auch bei der LCR zu einer exponentiellen Amplifikation

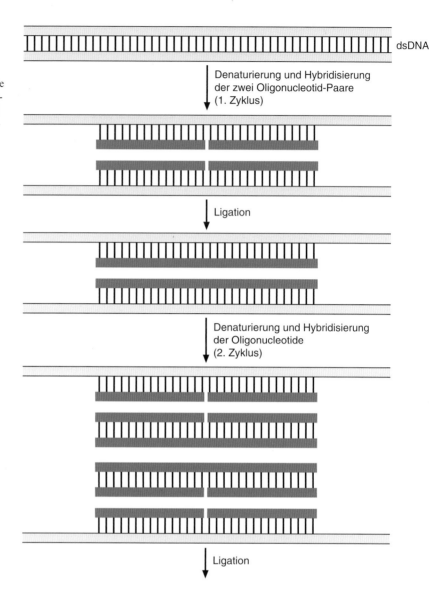

werden zwei Primer wie bei der PCR eingesetzt und die DNA-Polymerase generiert die beiden Tochterstränge. Anschließend stehen diese beiden Stränge für die Helicase zur Verfügung, und die nächste Runde der Amplifikation startet. Damit handelt es sich bei der HDA um eine PCR bei konstanter Temperatur, bei der kein Thermocycler benötigt wird. Nachteilig bei dieser Methode ist, dass der Optimierungsaufwand für die Primer und die Reaktionsbedingungen höher ist als bei einer PCR Reaktion.

### 33.6.2 Ligase Chain Reaction (LCR)

Bei der Ligasekettenreaktion *(Ligase Chain Reaction)* wird nicht die eigentliche Zielsequenz vermehrt, son-

dern es kommt zu einer Amplifikation von je zwei miteinander ligierten Oligonucleotiden, die komplementär zu den ursprünglichen Strängen sind (**Abb. 33.20**). Nach der initialen Denaturierung hybridisieren zwei direkt benachbarte Oligonucleotide, die anschließend durch eine thermostabile Ligase miteinander verknüpft werden. Diese bilden nun das Target für zwei komplementäre Oligonucleotidpaare, die ebenfalls hybridisieren und durch die Ligase verknüpft werden. Mit der LCR lassen sich in etwa 30 Zyklen ähnliche Sensitivitäten wie mit der PCR erreichen. Zur Erhöhung der Amplifikationsspezifität wurden auch LCR-Protokolle entwickelt, bei denen die beiden nach innen stehenden 5′-Enden der Oligonucleotide selektiv phosphoryliert sind, um unspezifische Ligation zu vermeiden.

**Repair Chain Reaction (RCR)** Die Reparaturkettenreaktion (*Repair Chain Reaction*) ist der Ligasekettenreaktion verwandt. Im Gegensatz zur Ligasekettenreaktion binden bei der Reparaturkettenreaktion die zwei komplementären Oligonucleotidpaare nicht direkt nebeneinander anstoßend, sondern um ein oder mehrere Nucleotide voneinander versetzt. Der Zwischenraum (Gap) ist so gestaltet, dass durch Zugabe von dGTP und dCTP oder dATP und dTTP und einer Polymerase in Ergänzung zur Ligase in einer doppelstrangspezifischen Reaktion die fehlenden Nucleotide im Zwischenraum überbrückt werden können. Diese kombinierte (limitierte) Elongation und Ligation führt zu einer Erhöhung der Amplifikationsspezifität, da die beiden Oligonucleotidpaare ohne vorausgehende Auffüllung des Zwischenraums (*Gap-filling*) nicht direkt miteinander verknüpft werden können.

### 33.6.3 Branched DNA Amplification (bDNA)

Im Gegensatz zu den zuvor beschrieben Methoden handelt es sich bei der bDNA-Methode nicht um ein Verfahren, bei dem die Nucleinsäure vervielfacht wird, es handelt sich um eine Signalamplifikation. Die nachzuweisende Nucleinsäure wird über spezifische Oligonucleotide (*capture probes*) an eine feste Oberfläche gebunden. Anschließend hybridisieren weitere Oligonucleotide (sog. *extenders*) an die Nucleinsäure. An diese Extender binden dann, nunmehr targetunspezifisch, sog. *Amplifier*-Moleküle, die antennenartig von dem ursprünglichen Target abstehen. Aufgabe dieser *Amplifier* ist es, zahlreiche weitere Oligonucleotide zu binden, die eine Alkalische Phosphatase als Label tragen. Nach mehrfachem Waschen wird das Substrat der Phosphatase zugegeben, und durch die Chemilumineszenzreaktion lässt sich die Nucleinsäure nachweisen. Die bDNA-Methode erlaubt den Nachweis von ca. $10^5$ Targetmolekülen. Ein Nachteil auch dieser Methode ist, dass es sich wiederum um eine Signalamplifikation handelt, bei der unspezifisch (falsch) hybridisierende Sonden mit amplifiziert werden und dadurch falsch positive Signale erzeugt werden.

### 33.7 Ausblick

Die PCR ist als zentrale bioanalytische Methode aus dem molekularen Forschungslabor nicht mehr wegzudenken. Die PCR hat inzwischen Einzug in die Routine diagnostischer Labore aufgrund ihrer Schnelligkeit und kostengünstigen Durchführung gehalten. So sind verschiedene PCR-Methoden (Nested-PCR, RT-PCR, qPCR) inzwischen Standard beim Nachweis von Infektionskrankheiten, wie z. B. Virusinfektion (HBV, HCV, Rotaviren etc.). Der Einzug in die Routine von Diagnostiklaboratorien ist, abgesehen von der jetzt möglichen kassenärztlichen Abrechnung, vor allem auf die Automatisierung der Probenvorbereitung und Prozessierung zurück zu führen. Die volle Etablierung der automatischen Probenvorbereitung, Amplifikation und Detektion erlaubt einen Routineeinsatz mit vollautomatisierten PCR-Analysesystemen mit einer Sensitivität im Bereich von wenigen Kopien von z. B. viraler Nucleinsäure (HIV, HBV, HCV). Zukünftige Entwicklungen werden die Etablierung weiterer Multiplexprotokolle sein, die z. B. beim Screening von Blutkonserven, bei modernen Sepsis-Tests oder in der Forensik und bei Vaterschaftstests eine wichtige Rolle spielen.

Ein weiterer Trend ist die Verkürzung der Reaktionszeiten durch schnellere Thermocycler und durch die Verringerung des Reaktionsvolumens, wie es im *Light-Cycler®* bereits realisiert ist.

Man erhofft weiterhin, durch eine zunehmende Miniaturisierung des PCR-Reaktionsgefäßes in Form von Chips Amplifikationszeiten im Minutenbereich zu erzielen (*Lab-on-a-Chip*). Im Deutschen wird manchmal der Begriff Westentaschenlabor genutzt, der die Miniaturisierung und den gedachten Einsatz bildlich zeigt. Die Royal Society of Chemistry in England hat dementsprechend ein Journal mit dem Titel *Lab on a Chip* im Jahre 2001 eingeführt. Zudem bietet die Miniaturisierung von PCR-Systemen zukünftig die Möglichkeit, diese Technik auch „im Feld" einzusetzen, z. B. digital unter Nutzung eines zu etablierenden handlichen PCR-Reaktionssystems in Verbindung mit einem Smartphone, auf dem entsprechende Apps die Auswertung der Reaktionen erledigen. Dies ist z. B. in schwer zugänglichen Regionen von Ländern mit geringen Ressourcen (Afrika, Asien) von Bedeutung, um bei Ausbrüchen von Infektionserkrankungen eine schnelle Diagnose des Erregers zu erhalten. Die erfolgreiche Weiterentwicklung der Microfluidics-Technologie in der Gendiagnostik, die schon erfolgreich bei der DNA Sequenzierung eingesetzt wird, lässt auf zukünftige Routineanalytik erhoffen.

Verbesserungen auf enzymatischer Seite sind von neuen thermostabilen Enzymen zu erwarten, die eine höhere Prozessivität bei geringerer Fehlerquote haben. Diese neuen Enzyme sind entscheidend für die Entwicklung komplexer Muliplex-PCRs, wie sie im Umfeld von Blutanalysen und Sepsis-Test zum Teil bereits etabliert wurden.

Hinsichtlich der Anwendungen wird sich die Routinediagnostik mehr und mehr auch auf den humangenetischen und onkologischen Bereich ausdehnen. In diesem Bereich werden auch Tests zur Analyse der Aktivierung von Onkogenen durch Veränderung der Methylierungsmuster über selektive Bildung von PCR-Produkten nach Sulfit-Behandlung (und damit Umwandlung von Methyl-dC in CpG-Inseln in dU) mit entsprechenden (dU-erkennenden) Primern entwickelt.

Ein weiterer Bereich ist die Pharmakogenetik, bei der komplexe Expressionsmuster von Arzneimittel abbauenden Enzymen diagnostiziert werden. Dies ermöglicht eine patientenangepasste Dosierung des Arzneimittels (das z. B. über den Cytochrom-P450-Abbauweg metabolisiert wird). Die Diagnose der Expressionsmuster erfolgt in diesen Fällen durch Analyse von PCR-Amplifikaten, die – nach Einbau von T7-Promotorsequenzen – in markierte RNA-Transkripte übersetzt werden. Die Analyse der gebildeten Transkripte erfolgt auf speziellen Sequenzierchips (z. B. *AmpliChip™*).

## Literatur und Weiterführende Literatur

Bustin SA et al (2009) The MIQE guidelines: minimum information for publication of quantitative real-time PCR experiments. Clin Chem 55:611–622

Dieffenbach CW, Dveksler GS (1995) PCR primer. A laboratory manual. Cold Spring Harbour Laboratory Press, New York

International Human Genome Sequencing Consortium (2004) Finishing the euchromatic sequence of the human genome. Nature 431:931–945

Kessler C (Hrsg) (2000) Non-radioactive analysis of biomolecules. Springer, Berlin/Heidelberg

Larrick JW, Siebert ED (1995) Reverse transcriptase PCR. Ellis Horwood, London

Lee H, Morse S, Olsvik O (1997) Nucleic acid amplification technologies. Applications to disease diagnosis. BioTechniques Books, Div. Eaton Publishers, St. Natik

Logan J, Edwards K, Saunders N (2009) Real-time PCR: current technology and applications. Caister Academic Press Poole, UK

McPherson MJ, Quirke E, Taylor GR (1996a) PCR, Bd 1. Oxford University Press, Oxford/New York

McPherson MJ, Quirke E, Taylor GR (1996b) PCR, Bd 2. Oxford University Press, Oxford/New York

Millar BC, Xu J, Moore JE (2007) Molecular diagnostics of medically important bacterial infections. Curr Issues Mol Biol 9:21–40

Mullis KB (1990) Eine Nachtfahrt und die Polymerasekettenreaktion. Spektrum der Wissenschaft, Heidelberg

Newton CR, Graham A (1997) PCR, 2. Aufl. Spektrum Akademischer Verlag, Heidelberg

Persing DH, Smith ZF, Tenover EC, White TJ (1993) Diagnostic molecular microbiology: principles and applications. American Society for Microbiology, Washington, DC

Reischl U, Wittwer C, Cockerill F (2002) Rapid cycle real-time PCR. Methods and applications. Springer, Berlin/Heidelberg

Rolfs A, Schuller I, Finckh U, Weber-Rolfs I (1992) PCR: clinical diagnostics and research. Springer, Berlin/Heidelberg

Sedlak RH, Jerome KR (2013) Viral diagnostics in the era of digital polymerase chain reaction. Diagn Microbiol Infect Dis 75:1–4

Vogelstein B, Kinzler KW (1999) Digital PCR. Proc Nat Acad Sci 96:9236–9241

Zorzi W, El Moualij B, Zorzi, D, Heinen E, Melen L (2001) Detection method by PCR. Belgium patent WO 0131056

# DNA-Sequenzierung

*Andrea Thürmer und Kilian Rutzen*

## Inhaltsverzeichnis

**34.1    Gelgestützte DNA-Sequenzierungsverfahren – 866**
34.1.1    Sanger-Sequenzierung – 866

**34.2    Gelfreie DNA-Sequenzierungsmethoden – 870**
34.2.1    Next-Generation-Sequenzierung – 870
34.2.2    Third-Generation-Sequenzierung – 877

**Literatur und Weiterführende Literatur – 882**

© Springer-Verlag GmbH Deutschland, ein Teil von Springer Nature 2022
J. Kurreck et al. (Hrsg.), *Bioanalytik*, https://doi.org/10.1007/978-3-662-61707-6_34

- Die Weiterentwicklung der Sequenziertechniken gehört zu den wichtigsten methodischen Neuerungen in den Biowissenschaften in den vergangenen Jahrzehnten.
- DNA-Sequenzierung umfasst molekularbiologische Methoden zur Analyse der Erbinformation von Organismen durch Bestimmung der Nucleotidabfolge in DNA-Molekülen.
- Die aktuell verwendeten DNA-Sequenzierungstechnologien können in gelgestützte Verfahren (Sanger-Sequenzierung) und gelfreie DNA-Sequenzierungsverfahren (Next Generation und Third Generation Sequenzierung) eingeteilt werden.
- Die heute noch weit verbreitete Sanger-Sequenzierung, auch Didesoxy- bzw. Kettenabbruchverfahren genannt, beruht auf der enzymatisch katalysierten Synthese von basenspezifisch endenden DNA-Populationen durch den Einbau von fluoreszenzmarkierten Didesoxynucleotiden. Das gewonnene Bandenmuster aus der gelelektrophoretischen Auftrennung dieser DNA-Fragmente ermöglicht die Rekonstruktion der Basensequenz.
- Die Methoden im Bereich der Next Generation Sequenzierung ermöglichen einen steigenden Datendurchsatz bei gleichzeitiger Kostenreduzierung durch massive Parallelisierung der Sequenzierungsreaktion. Zunächst werden die zu analysierenden DNA-Fragmente in individuellen Reaktionszentren klonal amplifiziert. Die anschließende Sequenzierung erfolgt entweder durch Strangsynthese mittels DNA-Polymerase (*sequencing by synthesis*) oder durch Ligation von markierten Sequenzen (*sequencing by ligation*).
- Die Technologien der Third Generation Sequenzierung erlauben die direkte Sequenzierung einzelner nativer DNA-Moleküle ohne vorhergehende Amplifikation. Die Verfahren beruhen auf der Aktivität einer stationären DNA-Polymerase (SMRT-Sequenzierung) bzw. der Translokation des DNA-Moleküls durch eine Nanopore (Nanoporen-Sequenzierung). Es werden dabei deutlich längere Reads als bisher erzeugt, welche in Echtzeit analysiert werden können.
- Nach den großen Fortschritten beim Sequenzieren besteht heute eine wichtige Herausforderung darin, die großen Datenmengen auszuwerten und sinnvolle Informationen zu extrahieren.

Im Jahre 1975 legte Frederick Sanger mit der Entwicklung einer enzymatischen Sequenzierungsmethode den Grundstein für das mächtigste Werkzeug zur Analyse der Primärstruktur der DNA. Zum damaligen Zeitpunkt waren weder die weitreichenden Implikationen für das Verständnis von Genen oder ganzen Genomen noch die rasante Entwicklung dieser Methode abzusehen. Frederick Sanger freute sich damals über die Se-

quenzierung von fünf Basen in einer Woche, wie er selbst rückblickend anlässlich eines Empfangs 1993 im Sanger Center (Cambridge, England) feststellte.

Im Vergleich zu diesen fünf Basen erreichen Genomgrößen astronomische Dimensionen. Die durchschnittliche Länge eines kleinen Virengenoms liegt im Bereich von $10^4$ Basenpaaren (bp). Mit zunehmender Komplexität der Organismen werden sehr schnell weitere Größenordnungen überschritten: *Escherichia coli* erreicht bereits $4,7 \cdot 10^6$ bp, *Saccharomyces cerevisiae* $1,4 \cdot 10^7$ bp, *Drosophila melanogaster* $1,8 \cdot 10^8$ bp und der Mensch $3,2 \cdot 10^{12}$ bp. Genome von Pflanzen und selbst niederen Organismen können noch größere Längen erreichen: Weizen (*Triticum aestivum*) $1,6 \cdot 10^{13}$ bp und *Amoeba dubia* $1,2 \cdot 10^{14}$ bp. Die real zu sequenzierende Anzahl von Basen erreicht je nach verwendeter Strategie leicht noch einmal das Dreißigfache der Genomgröße. Bei dieser Betrachtung sind die zunehmend an Bedeutung gewinnenden Bedürfnisse der diagnostischen DNA-Sequenzierung, die zwar nur kleine Fragmente analysiert, diese jedoch in großer Zahl verarbeitet, noch nicht berücksichtigt.

Gleichzeitig zur Entwicklung des Sanger-Verfahrens wurden Klonierungsmethoden in M13-Phagen verfügbar, die sowohl die biologische Amplifikation von DNA-Fragmenten in einem Größenbereich von bis zu zwei Kilobasenpaaren als auch die Erzeugung von „leicht" zu sequenzierender Einzelstrang-DNA ermöglichten. Es konnten maximale Leselängen von 200 bp erreicht werden. In einem Sequenzierungslauf wurde also nur ein Bruchteil der Gesamtsequenz bestimmt. Dieses Missverhältnis zwang zur Entwicklung von Sequenzierungsstrategien, die unter vertretbarem Aufwand eine Rekonstitution der Gesamtsequenz ermöglichen.

Ausgestattet mit dem Instrumentarium der Sanger-Methode begann man bereits in den 1970er-Jahren mit der Analyse ganzer Genome. Sanger und Mitarbeiter veröffentlichten im Jahr 1977 die 5386 bp lange DNA-Sequenz des Phagen $\Phi$X174. 1982 war die komplette Sequenz des menschlichen Mitochondriums mit einer Länge von 16.569 bp bestimmt. 1984 erreichte man mit der Sequenz des Eppstein-Barr-Virus bereits eine Länge von 172.282 bp. Erst fünfundzwanzig Jahre nach dem Durchbruch von Sanger, im Jahre 2003, konnte die erste Sequenz des menschlichen Genoms publiziert werden. Die Kosten für das Humangenomprojekt (HGP) überstiegen hierbei die Milliarden-US-$-Grenze bei Weitem.

Eines machte dieses Projekt deutlich: Eine kosteneffektive und schnelle Sequenzierung größerer Genome war mit den bestehenden Technologien schwerlich möglich, und viele Fragen, wie z. B. die Dynamik der Genome, blieben offen, wenn auch die gelieferten Daten einen Meilenstein darstellten und die Blüte vieler Ver-

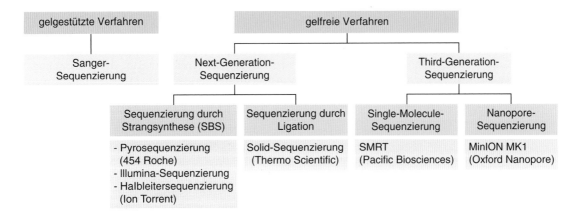

**Abb. 34.1** Gliederung der Sequenzierungsverfahren

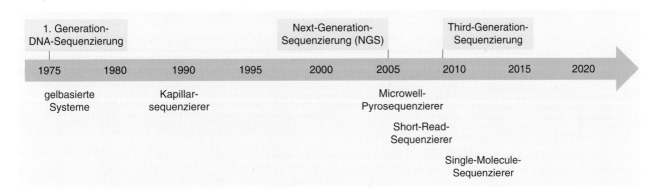

**Abb. 34.2** Zeitlicher Verlauf der Entwicklung von Sequenzierungstechnologien

fahren, wie z. B. der Microarrayanalytik (▶ Kap. 40), erst ermöglichten. Es sollte viele Jahre dauern, bis massiv parallele Sequenzierungsmethoden, auch bekannt als Next Generation Sequencing (NGS), verfügbar wurden (▢ Abb. 34.1 und 34.2). Erst 2005 brachte Jonathan Rothberg mit seiner Firma 454 Life Sciences mit dem GS20 das erste NGS-Instrument auf den Markt. Gestartet mit einem Output von 20 Mbp auf dem Gerät, werden heute bis zu mehreren Terabasenpaaren in einem Experiment erzeugt. Durch den steigenden Sequenzoutput und die damit einhergehende erhebliche Kostenreduzierung können genomweite Fragestellungen beantwortet werden, die bisher nicht möglich waren (▢ Tab. 34.1).

Die Dynamik der neuen Sequenzierungssysteme ergibt sich im Wesentlichen aus der nahezu beliebig zu steigernden Sequenzierabdeckung/-tiefe (*coverage/depth*), mit der die zu analysierenden Bereiche untersucht werden. Während man in einem Microarrayexperiment durch die Abdeckung der zu analysierenden Bereiche limitiert ist, muss man bei einem Sequenzer lediglich die obigen Stellgrößen verändern.

Trotz der erheblichen Verbesserung des Durchsatzes haben die bisherigen Sequenzierungsverfahren weiterhin nicht wegzudenkende Nischenbereiche, z. B. zur Sequenzierung von einzelnen Genen, zur Validierung von Expressionskonstrukten und PCR-Produkten. Auch sollte nicht unbeachtet bleiben, dass die neuen Methoden ihre eigenen systematischen Fehler einbringen, da in den meisten Fällen eine enzymatische Amplifikation notwendig ist, um in den Bereich der Sensitivität der verwendeten Instrumente zu gelangen.

Ein weiterer Meilenstein wurde neben den Hochdurchsatz-NGS-Verfahren durch die Einführung der Single-Molecule-Sequenzierung, auch bekannt als Third-Generation-Sequenzierung, erreicht (▢ Abb. 34.2).

Die Sequenziergeräte der Single-Molecule-Sequenzierung haben eine zunehmende methodische Reife erreicht und sind für viele Anwendungen nicht mehr wegzudenken. Die Verfahren von Pacific Biosciences (*Single Molecule Real Time Sequencing*, SMRT) und von Oxford Nanopre (*Nanopore Sequencing*) ermöglichen die Detektion der DNA-Information von bis zu 2 Mbp (Oxford Nanopore) in einem Sequenzierread.

Im Jahre 1996 wurden in der EMBL-Nucleotidsequenzdatenbank mehr als 300 Megabasen (Mbp) Sequenzinformation neu erfasst. Dies entspricht fast der Summe, die in den 13 Jahren zuvor seit Gründung der Einrichtung dort registriert wurde. Im Juni 2005 konnten 95 Gigabasen (Gb) in $54 \cdot 10^6$ Einträgen publiziert werden. Dies entspricht inzwischen der Tagesproduk-

◻ **Tab. 34.1**   Applikationsfelder im Bereich Next Generation Sequencing

| Structural Genomics | De-novo-Sequenzierung | |
|---|---|---|
| | Resequenzierung | SNPs, Strukturvarianten, Exom, Tumor-/Normalgewebe, Personalisierte Medizin, GWAS |
| | Metagenomics | |
| | Pharmacogenomics | |
| **Functional Genomics** | **Transkriptom-Sequenzierung** | |
| | sRNA | miRNA |
| | Protein-DNA-Interaktionen | ChIP |
| | epigenetische Modifikationen | DNA-Methylierung |

tion eines kleineren NGS Gerätes wie z. B. dem Mi-Seq (Illumina, San Diego). Anfang 2020 umfasst das Sequence Read Archive (NCBI, SRA, ▶ https://trace.ncbi.nlm.nih.gov/Traces/sra/sra.cgi?) unglaubliche $3,45 \cdot 10^{16}$ Baseneinträge.

Diese Zahlen verdeutlichen sowohl den technologischen Fortschritt der verwendeten Verfahren als auch die zunehmende Verbreitung dieser Techniken. So groß die Zahlen auch erscheinen, sie repräsentieren Sequenzen aus den verschiedensten Organismen, unterschiedlichen Versionen und auch Sequenzbruchstücke geringer Größe, deren Lokalisierung nicht in allen Fällen bekannt ist. Der Weg zu einer finalen einzigen und vollständigen Sequenz als Repräsentation eines Genoms ist nicht zu unterschätzen. Es setzt zum einen die Kombination von Long- und Short-Read-Technologien voraus und zusätzlich einen nicht unerheblichen kurativen Aufwand.

## 34.1 Gelgestützte DNA-Sequenzierungsverfahren

Wie bereits erwähnt, finden gelgestützte Verfahren noch weiterhin breite Anwendung bei der DNA-Sequenzierung kleinerer Abschnitte und bei vielfältigen Fragestellungen, wie z. B. dem Screening von Expressionskonstrukten, PCR-Produkten oder Strukturen, die sich für den Einsatz auf einem PS-Gerät (Parallele Sequenzierung) nicht parallelisieren lassen, eine zu geringe Länge aufweisen oder sich aufgrund der in der Regel li-

mitierten Leselänge der neuen Verfahren nicht auflösen lassen.

Gelgestützte DNA-Sequenzierungsverfahren beruhen im Wesentlichen auf der Erzeugung von basenspezifisch endenden DNA-Populationen, die in einer nachfolgenden, denaturierenden Polyacrylamid-Gelelektrophorese nach ihrer Größe getrennt werden. Es handelt sich also quasi um eine Endpunktsbestimmung. Es können bis zu 96 DNA-Templates in einem Sequenzierlauf unabhängig prozessiert und Leselängen von bis zu 1000 bp pro Klon erreicht werden. Die Erzeugung dieser Populationen kann auf zwei unterschiedlichen Wegen erfolgen: Die Reaktionsprodukte können durch die Synthese eines DNA-Stranges (Didesoxysequenzierung, Sanger-Verfahren) oder durch die basenspezifische Spaltung (chemische Spaltung, Maxam-Gilbert-Verfahren) erzeugt werden. Die Gelelektrophorese wird in Kapillaren durchgeführt, die mit linear polymerisierten Acrylamidgelen gefüllt sind. Die Methode der Sanger-Sequenzierung wird auch noch durch entsprechende Sequenziergeräte weit verbreitet eingesetzt und wird im Folgenden näher beleuchtet. Wurden die ersten Sequenzierungsreaktionen allerdings noch mit radioaktiver Markierung durchgeführt wurden, verwenden heutige Techniken fluoreszierende Marker. Auch das zunehmende Verständnis von DNA-Polymerasen führte zum Einsatz anderer und neuer verbesserter Enzyme.

### 34.1.1 Sanger-Sequenzierung

Das Didesoxyverfahren (auch Kettenabbruchverfahren, Terminatorverfahren) basiert auf der enzymatisch katalysierten Synthese einer Population von basenspezifisch terminierten DNA-Fragmenten, die nach ihrer Größe gelelektrophoretisch getrennt werden können. Aus dem in einem denaturierenden Polyacrylamidgel entstehenden Bandenmuster kann die Sequenz rekonstruiert werden.

Ausgehend von einer bekannten Startsequenz wird durch Zugabe eines Sequenzierungsprimers (ein kurzes DNA-Oligonucleotid von etwa 20 bp), eines Nucleotidgemischs und einer DNA-Polymerase die Synthese eines komplementären DNA-Strangs initiiert. Um die Reaktionsprodukte nachweisen zu können, müssen diese entweder mit radioaktiven Isotopen oder fluoreszierenden Reportergruppen markiert werden. Die Verwendung eines Primers ist einerseits notwendig, um eine definierte Startstelle für die Sequenzierung zu erhalten, und andererseits, um die Bildung des Initiationskomplexes und damit den Synthesebeginn der DNA-Polymerase einzuleiten. Die Reaktion wird in vier parallelen, aliquoten Ansätzen gleichzeitig gestartet, die sich lediglich durch die Verwendung eines unterschiedlichen Nucleotidgemischs unterscheiden. Die mit A, C, G und T bezeichneten Reaktionen enthalten eine Mischung aus den auch natürlicherweise vorkommenden 2'-Desoxynucleotiden und jeweils nur einem Typ synthetischer 2',3'-Didesoxynucleotide, den so genannten Terminatoren (◻ Abb. 34.3).

Während der Strangsynthese durch die schrittweise Kondensation von Nucleosidtriphosphaten in 5'–3'-Richtung kann es nun zu zwei unterschiedlichen Reaktionsereignissen kommen: Bei der Kondensation der 5'-Triphosphatgruppe eines 2'-Desoxynucleotids (dNTP) mit dem freien 3'-Hydroxyende des DNA-Strangs entsteht unter Freisetzung von anorganischem Diphosphat (Pyrophosphat) ein um eine Base verlängertes DNA-Molekül, das wiederum eine freie 3'-Hydroxygruppe besitzt. Die Synthese kann also im nächsten Schritt fortgesetzt werden (◻ Abb. 34.4A).

Kommt es hingegen zu einer Kondensationsreaktion zwischen dem freien 3'-Hydroxyende eines DNA-Strangs und der 5'-Triphosphatgruppe eines 2',3'-Didesoxynucleotids, ist nach Einbau dieses Nucleotids eine Verlängerung des Strangs nicht mehr möglich, da keine freie 3'-Hydroxygruppe mehr vorhanden ist. Der Strang ist terminiert (◻ Abb. 34.4B). Die Charakteristik der verwendeten DNA-Polymerase und die Struktur der Didesoxynucleotide bestimmen das Mischungsverhältnis, das zur Produktion einer Population von basenspezifisch terminierten Reaktionsprodukten führt, die sich in ihrer Lange jeweils um nur eine Base unterscheiden. Bei einem molaren Verhältnis dNTP:ddNTP von 200:1 bei der von T7-DNA-Polymerase katalysierten Reaktion sind Terminationsereignisse relativ selten. Es entstehen lange Reaktionsprodukte von bis zu 1000 bp

◻ **Abb. 34.3** Strukturvergleich eines 2',3'-Didesoxynucleotids und eines 2'-Desoxynucleotids. Das hier dargestellte 2',3'-Didesoxy-CTP-Nucleotidanalogon unterscheidet sich von seinem natürlich vorkommenden Analogon 2'-Desoxy-CTP durch die fehlende Hydroxygruppe an der C3'-Position des Zuckers

Länge. Wie oben bereits erwähnt, wird die Reaktion in vier aliquoten Anteilen durchgeführt. Jede dieser Teilreaktionen enthält nur einen Terminatortyp (ddNTP, ddCTP, ddGTP oder ddTTP), der jeweils statistisch eines der natürlich vorkommenden Nucleotide in der synthetisierten DNA-Kette ersetzt. Es entstehen also in jedem einzelnen Reaktionsgefäß Produkte, die nur auf einen Basentyp, z. B. A, enden.

Die Reaktionsprodukte werden elektrophoretisch entsprechend ihrer Größe in einem denaturierenden Polyacrylamidgel getrennt. Die Gele der markierten Reaktionsprodukte in allen vier Teilreaktionen erzeugen übereinandergelegt eine „Leiter" von Banden, die sich jeweils um eine Base (Stufe) unterscheiden. Aus dieser Folge von Sprossen der Teilreaktionen A, C, G und T kann von unten (Position 1) nach oben die Basenfolge abgelesen werden (◻ Abb. 34.5). ◻ Abb. 34.6 zeigt ein Pseudochromatogramm fluoreszierend markierter Reaktionsprodukte. Bei dieser Darstellung werden die Banden einer Spur durch eine Schnittlinie in Laufrichtung des Gels verbunden und die entsprechenden Bandenintensitäten ermittelt. Auf diese Weise werden die Daten um eine Dimension reduziert, und es entsteht eine als *trace data* bekannte Darstellung, die den Intensitätsverlauf in Abhängigkeit von der Zeit darstellt.

Dieses Reaktionsprinzip ist seit den Entwicklungen Sangers von 1977 bis heute im Wesentlichen unverändert geblieben. Die Entdeckung und Modifikation von DNA-PoIymerasen führte zur Verfeinerung des oben beschriebenen Verfahrens, zu Protokollen, bei denen T7-DNA-Polymerase verwendet wird, und zur Entwicklung von zyklischen Verfahren, die Signalamplifikation und Sequenzierung in einer Reaktion zusammenfassen.

Die Einführung fluoreszierender Markierungen ist ungleich schwieriger als die von radioaktiven Markern. Die fluoreszierenden Gruppen haben eine beachtliche Größe und werden in vielen Fällen von den genannten Enzymen aufgrund sterischer Verhältnisse nur geringfügig eingebaut. Werden die Nachweisgruppen jedoch akzeptiert, gilt es, den statistischen mehrfachen Einbau zu verhindern. Aufgrund der anderen Ladungsverhältnisse und der zusätzlichen Masse würden sie unweigerlich zu einer Veränderung der gelelektrophoretischen Mobilität führen und damit eine Sequenzbestimmung ausschließen. Eine Markierung kann durch Primermarkierung, interne Markierung oder markierte Terminatoren erfolgen (◻ Abb. 34.7).

Als Farbstoffe finden Fluorescein, NBD, Tetramethylrhodamin, Texas Red sowie Cyaninfarbstoffe Verwendung. Die Farbstoffe lassen sich an die entsprechenden Komponenten (Nucleotide, Amidite) ankoppeln und werden entweder als 2'-Desoxynucleotide oder 2',3'-Didesoxynucleotide von DNA-Polymerasen akzeptiert. Durch die Laseranregung in den Nachweissystemen werden sie nur geringfügig ausgebleicht und sind

◘ **Abb. 34.4** Synthese eines DNA-Strangs mit Einbau eines 2'-Desoxynucleotids (**A**) und eines 2',3'-Didesoxynucleotids (**B**). In letzterem Fall ist eine weitere Polymerisation nicht mehr möglich

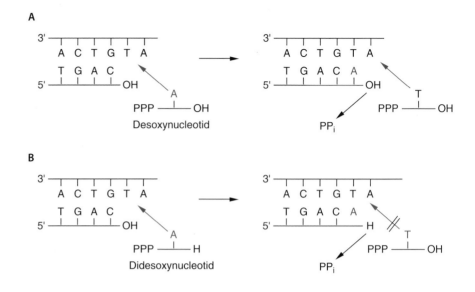

◘ **Abb. 34.5** Prinzip des Kettenabbruchverfahrens nach Sanger. In einer geprimten, durch eine Polymerase katalysierten DNA-Synthesereaktion werden basenspezifisch terminierte DNA-Fragmente unterschiedlicher Länge synthetisiert. Diese Fragmente erzeugen in der Gelelektrophorese ein spezifisches Bandenmuster, das zur Rekonstruktion der Basenfolge dient

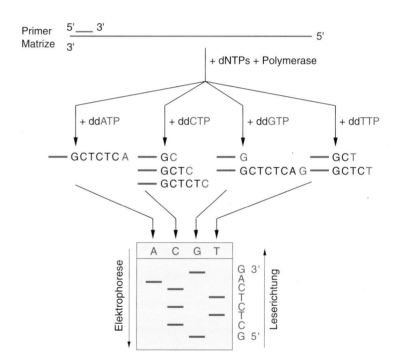

nicht zuletzt unter den Kopplungs-, Sequenzierungs- und Elektrophoresebedingungen hinreichend stabil.

Fluoreszenzmarkierte Terminatoren haben sich als Standard durchgesetzt und bieten ebenso wie fluoreszenzmarkierte Desoxynucleotide die Möglichkeit, nicht markierte Primer in DNA-Sequenzierungsreaktionen zu verwenden. In den Reaktionsgemischen ersetzen markierte 2',3'-Didesoxynucleotide vollständig ihre nicht markierten Analoga. Die Markierung erfolgt durch den einfachen Einbau eines markierten Didesoxynucleotids.

In den Jahren 1986 und 1987 wurden die auf laserinduzierter Fluoreszenz basierenden Online-DNA-Sequenzierungssysteme entwickelt. Die maßgeblichen Entwicklungen wurden von L. Hood in den USA und von W. Ansorge in Europa unternommen. Online-Detektionssysteme setzten sich im Wesentlichen aus einem vertikalen Elektrophoresesystem, einem anregenden Laser, einem Detektor und einem aufnehmenden Computersystem zusammen (◘ Abb. 34.8). Der Laser wird entweder transversal von einer der Längsseiten senkrecht zum Detektor oder in einem bestimmten Winkel von der Front- oder Rückseite in das Sequenzierungsgel eingekoppelt. Die im klassischen Verfahren örtlich aufgelösten Banden sind jetzt als zeitlich aufgelöstes Bandenmuster zu erkennen.

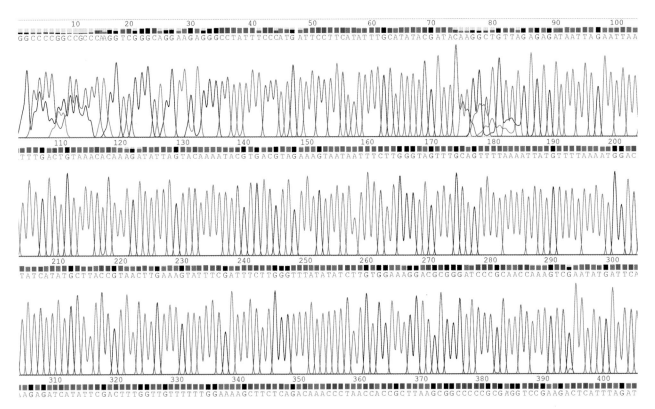

GGCCCCGGCCGCCCAGGTCGGGCAGGAAGAGGGCCTATTTCCCATGATTCCTTCATATTTGCATATACGATACAAGGCTGTTAGAGAGATAATTAGAATTAA

TTTGACTGTAAACACAAAGATATTAGTACAAAATACGTGACGTAGAAAGTAATAATTTCTTGGGTAGTTTGCAGTTTTAAAATTATGTTTAAAATGGAC

TATCATATGCTTACCGTAACTTGAAAGTATTTCGATTTCTTGGGTTTATATATCTTGTGGAAAGGACGCGGGATCCCGCAACCAAAGTCGAATATGATTCA

\AGAGATCATATTCGACTTTGGTTGTTTTTTGGAAAAGCTTCTCAGACAAACCCTAACCACCGCTTAAGCGGCCCCCGCGAGGTCCGAAGACTCATTTAGAT

□ **Abb. 34.6** *Trace data* einer Sequenzierungsreaktion. Ein Plasmid wurde mittels Sanger-Reaktion mit einem automatischen DNA-Sequenziergerät sequenziert. Anschließend wurden die Daten analysiert

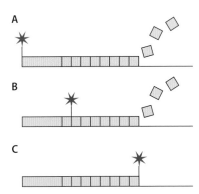

□ **Abb. 34.7** Einführung fluoreszierender Markierungen in DNA-Sequenzierungsreaktionen. **A** markierte Primer, **B** markierte Desoxynucleotide und **C** markierte Didesoxynucleotide. In den Fällen A und B können nach dem Einbau der markierten Gruppe weitere Desoxynucleotide ankondensiert werden

Das erste System von Smith, Hood und Mitarbeitern basierte auf der Detektion von Reaktionsprodukten, die mithilfe von in unterschiedlichen Fluoreszenzfarben markierten Primern im Didesoxyverfahren erzeugt wurden. Alle Produkte einer Reaktion wurden in einer Spur auf das Gel aufgetragen. Die verwendeten Fluoreszenzfarbstoffe Fluorescein, Texas Red, Tetramethylrhoda-

min und NBD weisen eine ausreichende spektrale Entfernung auf, um eine sichere Unterscheidung der Basen zu ermöglichen. In der weiteren Entwicklung wurden fluoreszierend markierte Terminatoren verfügbar, welche die aufwendige Primermarkierung nahezu überflüssig machen. Die Mobilitätsunterschiede der verwendeten Farbstoffe machen eine manuelle Analyse der Primärdaten unmöglich, werden jedoch durch Softwareprogramme automatisch korrigiert.

Die differierenden Absorptionsspektren erfordern auch die Anregung mit zwei unterschiedlichen Wellenlängen. Zur Beobachtung eines Gels in seiner gesamten Breite wurde ein Scanning-Mechanismus gewählt. Die ursprünglichen Elektrophoresesysteme (▶ Kap. 12) basierten auf planaren Gelen und wurden zwischenzeitlich durch Kapillarelektrophoresesysteme (▶ Kap. 13) ersetzt, die eine höhere Geschwindigkeit und bessere Auflösung bei geringerer thermischer Last erlauben.

Automatisierte DNA-Sequenzierungssysteme erlauben einen bedeutend höheren Durchsatz an Sequenzierungsreaktionen als die klassischen Verfahren (□ Abb. 34.9). Während auf einem radioaktiven Gel durchschnittlich vier bis sechs Reaktionen Platz finden, erreichen Online-Systeme inzwischen eine Ladekapazität von 96 Templates und Leselängen bis zu 1000 bp pro Klon.

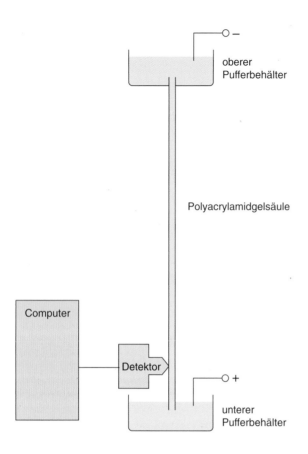

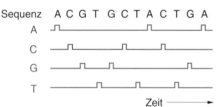

**Abb. 34.8** Prinzip eines Online-DNA-Sequenzierungsgeräts. Eine vertikale Gelelektrophoreseapparatur wird am unteren Ende von einem Detektor beobachtet. Der anregende Laserstrahl wird auf der Höhe des Detektors in das Gel eingekoppelt (hier nicht zu sehen). Die vom Detektor gewonnenen Signale werden an einen analysierenden Computer übermittelt. Das beim radioaktiven DNA-Sequenzieren gewonnene ortsaufgelöste Bandenmuster wird hier durch ein zeitlich aufgelöstes Bandenmuster an der vom Detektor markierten Ziellinie ersetzt. (Nach Smith et al. 1986)

## 34.2 Gelfreie DNA-Sequenzierungsmethoden

Die gelfreien Verfahren eliminieren die Gelelektrophorese als durchsatzlimitierenden und auflösungsbestimmenden Faktor in der DNA-Sequenzierung. Seit dem Abschluss des Humangenomprojekts 2003 führten Fortschritte und Entwicklungen im Bereich des sog. Next Generation Sequencing (NGS) zu deutlichen Verbesserungen der Sequenzierungstechnologien in vielerlei

Hinsicht. Eine immer größere Zahl an Basen kann in immer kürzerer Zeit bei sinkenden Kosten sequenziert werden, wodurch eine Vielfalt von Genomen zunehmender Komplexität analysiert werden konnte. Der Wissenschaft steht daher mit NGS ein mächtiges Hilfsmittel zur Verfügung, welches die tiefer gehende Untersuchung der genetischen Information und somit ein besseres Verständnis der zugrunde liegenden Mechanismen ermöglicht. Die dritte Generation von Sequenzierungsgeräten, die Technologien wie Nanoporen verwendet oder in der Lage ist, bereits auf dem Niveau von Einzelmolekülen (*single molecule*) Sequenzen zu liefern, ist in den vergangenen zehn Jahren weit gereift und mittlerweile für jeden kommerziell erhältlich. Diese Entwicklungen erschließen, wie eingangs schon erwähnt, nicht nur neue Bereiche in der Biologie, die großen Datenmengen stellen auch erheblichen Anforderungen im Bereich von Bioinformatik (Primärdatenanalyse, Anordnung von großen Mengen an kleinen Sequenzstücken) und IT-Infrastruktur, da die Auswertung der Primärdaten nur auf leistungsfähigen Clustern in einem annehmbaren Zeitraum von Tagen erfolgen kann. Die Probenvorbereitung vereinfacht sich, da die klassische Klonierung entfällt, die zu einer ungewünschten biologischen Selektion führen kann. Dieser Fortschritt wird jedoch auch durch einen teilweise erheblichen Aufwand bei der Erzeugung einer Bibliothek erkauft.

### 34.2.1 Next-Generation-Sequenzierung

Mit der Einführung der NGS-Technologien konnten die bisher limitierenden Faktoren wie begrenzter Datendurchsatz und hohe Kosten überwunden werden. Vor allem die Entwicklung von Hochdurchsatzverfahren auf Grundlage von Short-Read-Methoden erhöhte durch die massive Parallelisierung der Sequenzierungsreaktion die Kapazitäten um das Hundert- bis Tausendfache und senkte damit gleichzeitig die Kosten deutlich. Ein Humangenom kann heutzutage für ≈1000 US-$ sequenziert werden.

Es existiert eine Vielzahl von Short-Read-Sequenzierungsplattformen verschiedener Hersteller mit großen Variationen in Hinblick auf Datendurchsatz, Kosten, Fehlerprofil und Read-Struktur. Die Plattformen der Firma Illumina bestreiten jedoch den größten Marktanteil. Die Skalierung ihrer Plattformen erstreckt sich von Benchtop-Modellen mit geringem Durchsatz bis hin zu Ultra-Hochdurchsatz-Instrumenten für die Sequenzierung gesamter Genome, dem Whole Genome Sequencing (WGS). Die Illumina-Plattform HiSeq X kann beispielsweise jährlich ≈1800 Humangenome mit 30facher Coverage sequenzieren. Weitere Anpassungen des Sequenzierungsprozesses können durch verschiedene Op-

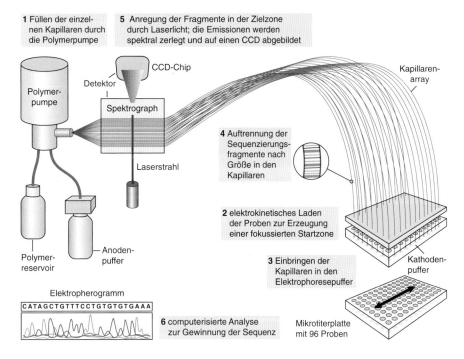

**Abb. 34.9** Automatisiertes Kapillar-DNA-Sequenzierungsgerät. (Nach Perkel 2004)

1 Füllen der einzelnen Kapillaren durch die Polymerpumpe

5 Anregung der Fragmente in der Zielzone durch Laserlicht; die Emissionen werden spektral zerlegt und auf einen CCD abgebildet

CCD-Chip

Detektor

Polymerpumpe

Spektrograph

Laserstrahl

Kapillarenarray

4 Auftrennung der Sequenzierungsfragmente nach Größe in den Kapillaren

2 elektrokinetisches Laden der Proben zur Erzeugung einer fokussierten Startzone

Polymerreservoir

Anodenpuffer

3 Einbringen der Kapillaren in den Elektrophoresepuffer

Kathodenpuffer

Elektropherogramm

CATAGCTGTTTCCTGTGTGTGAAA

6 computerisierte Analyse zur Gewinnung der Sequenz

Mikrotiterplatte mit 96 Proben

tionen wie Read-Struktur und -Länge (≤300 bp) sowie Laufzeit vorgenommen werden. Aufgrund dieser Vielseitigkeit eignen sich die Illumina-Plattformen für die verschiedensten Anwendungsbereiche.

Das bereits erwähnte WGS ist eines der verbreitetsten Einsatzgebiete für NGS. Durch den hohen Output an Sequenzierungsdaten wurde es möglich, umfassende genetische Informationen zu generieren, um daraus biologische Schlussfolgerungen ableiten zu können. De novo können Genome von Bakterien, Hefen, Pflanzen und Tieren vollständig charakterisiert werden. Durch die Sequenzierung einer Vielzahl von Humangenomen konnten strukturelle genetische Variationen zwischen Populationen bestimmt und Mutationen, die im Zusammenhang mit Krankheiten wie Krebs stehen, identifiziert werden.

Ein weiterer Forschungsbereich sind das Whole Exome und Targeting Sequencing, bei dem nur Exons und andere Regionen von Interesse selektiv mittels Adaptersystem oder Amplifikation isoliert bzw. angereichert werden. Durch die Limitierung der Größe des genomischen Materials können mehr Proben gezielter analysiert werden. Bei metagenomischen Untersuchungen werden sämtliche DNA-Fragmente in einer Umweltprobe sequenziert, sodass die Zusammensetzung der mikrobiellen Population analysiert werden kann. Diese Methode findet daher außerdem bei der Erregerdetektion Anwendung, um die Ursache für den Ausbruch einer Infektionskrankheit zu identifizieren.

Durch die NGS-Technologien werden ebenfalls epigenetische Anwendungen (► Kap. 35) ermöglicht. Basierend auf Chromatin-Immunpräzipitation mit anschließender Sequenzierung können Protein-DNA-Interaktionen (► Kap. 36) bestimmt und damit Bindungsstellen DNA-assoziierter Proteine wie Transkriptionsfaktoren identifiziert werden. Weitere Methoden beinhalten die Untersuchung der Zugänglichkeit von Chromatin für regulatorische Proteine durch Transposase-Aktivität sowie die Charakterisierung von DNA-Methylierungsmustern mithilfe von NGS.

Des Weiteren können durch RNA-Sequenzierung Transkriptome und damit die Genexpression analysiert werden.

### 34.2.1.1 Sequenzierung durch Strangsynthese (sequencing by synthesis)

■ **Pyrosequencing-454-Technologie (Roche)**

Durch eine Analyse der Nebenprodukte einer Polymerisationsreaktion lässt sich ebenfalls die Nucleinsäuresequenz bestimmen (Pyrosequencing, ■ Abb. 34.10). Bei jedem Polymerisationsereignis entsteht ein freies Diphosphat. Dieses kann in einer chemischen Reaktion nachgewiesen werden. Das Enzym Sulfurylase katalysiert die Reaktion zu ATP, welches durch Luciferase hydrolysiert wird und Luciferin in Oxyluciferin umsetzt. In einer Reaktionskammer wird durch einfache Zugabe eines einzelnen Nucleotidtyps getestet, ob ein Polymerisa-

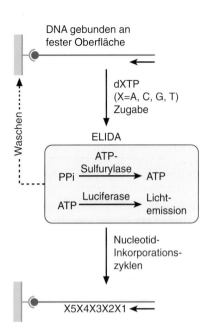

DNA gebunden an
fester Oberfläche

dXTP
(X=A, C, G, T)
Zugabe

ELIDA

PPi — ATP-Sulfurylase → ATP

ATP — Luciferase → Licht-emission

Waschen

Nucleotid-Inkorporations-zyklen

X5X4X3X2X1

◻ **Abb. 34.10**  Prinzip des Pyrosequencing. In einem zyklischen Prozess wird eine immobilisierte DNA-Probe mit einem Reaktionsgemisch, das nur einen Nucleotidtyp (A, C, G oder T) enthält, inkubiert. Ist der richtige Baustein gewählt, erfolgt der Einbau. Das entstehende Diphosphat wird durch ATP-Sulfurylase zu ATP umgesetzt, welches in einer Luciferase-katalysierten Reaktion Luciferin in Oxyluciferin umwandelt, damit wird in der Reaktion Licht produziert und als Signal die entsprechende Base repräsentiert. (Nach Ronaghi et al. 1996)

tionsereignis auftritt. Eine erfolgreiche Polymerisation äußert sich in einer entsprechenden Lichtemission. Durch sukzessive Zugabe von Nucleotiden, Nachweisreaktion und Entfernen der Reaktionsprodukte kann die Sequenz bestimmt werden. Das Auftreten von Homopolymeren äußert sich in einer entsprechend höheren Signalstärke, wobei der Dynamikumfang jedoch begrenzt ist und in der Regel nicht mehr als acht identische Basen in Folge erkannt werden können. Die Zykluszeit liegt bei einigen Minuten pro Base. Es können Leselängen von bis zu 800 Basen erreicht werden.

Roche 454 Life Sciences war der erste Hersteller, der 2005 Pyrosequenzierung als automatisierte Anwendung anbot, die parallele Sequenzierung erlaubte. Mit ihr wurde auch der Begriff Next Generation Sequencing (NGS) geprägt. Der Sequenzierungsprozess (◻ Abb. 34.11) setzt sich aus drei Schritten zusammen:

1. Erzeugung einer Bibliothek, deren Größenbereich 300–800 bp überdeckt. Das Ausgangsmaterial, das diese Größe übersteigt, wird durch *nebulization* (Zerstäubung, spontane Druckentspannung beim Durchtritt durch eine Düse) geschert, gereinigt, überhängende Enden werden aufgefüllt und phosphoryliert (1 in ◻ Abb. 34.11A). Anschließend werden zwei Adapter, A und B genannt, an das Zielmolekül ligiert (2). Die Adapter sind selbst nicht phosphoryliert und besitzen jeweils eine Länge von 44 bp mit

entsprechenden Zielsequenzen von je 20 bp für die Amplifikation und die Sequenzierung. Eine 4 bp lange Schlüsselsequenz ermöglicht dem System die spätere Erkennung von Bibliotheksfragmenten und die Kalibrierung für die Basenerkennung. Im Falle von PCR-Produkten entfällt auch dieser Schritt, da entsprechende Adapter bereits während der PCR (▶ Kap. 33) eingeführt werden können. Der B-Adapter trägt eine zusätzliche 5'-Biotin-Modifikation. Diese vermittelt die Aufreinigungsfunktion über Streptavidin-beschichtete paramagnetische Beads (3). Zunächst werden Bibliotheksfragmente ohne Biotin einfach ausgewaschen. Die Lücken zwischen Adapter und Fragment werden durch eine *Strand-Displacement*-DNA-Polymerase-katalysierte Reaktion aufgefüllt. Während der Aufreinigungsprozedur wird durch alkalische Denaturierung aus dem einseitig modifizierten Fragment lediglich der unmodifizierte und komplementäre Strang für die weiteren Schritte freigesetzt, während doppelt markierte Fragmente unter den gewählten Bedingungen bei der Strangtrennung spontan wieder andocken.

2. Um die Detektionsgrenze des Systems, eine entsprechende saubere Darstellung von Einzelsequenzen wie auch die Entfernung von ungeladenen Beads zu erreichen, bedarf es einer „klonalen Amplifikation" (4). Unter Einhaltung eines entsprechenden Verhältnisses der Reaktanden und Verdünnung wird erreicht, dass pro Capture Bead im Idealfall nur ein Einzelstrangmolekül bindet. Die Partikel tragen einen entsprechenden komplementären Capture Primer, an den die Fragmente hybridisieren. Die Beads werden in einer Wasser-Öl-Emulsion vereinzelt und in einem als Emulsions-PCR (emPCR) bezeichneten Prozess amplifiziert (5 ▶ Abschn. 33.3.10). Mit einem der verwendeten PCR-Primer wird erneut eine Biotinylierung für den folgenden Aufreinigungsprozess eingeführt. Nach Abschluss der PCR-Reaktion wird die Emulsion zerstört und die an die Beads gebundenen Amplifikate, Nebenprodukte und leere Beads freigesetzt. Nur die Amplifikat tragenden Beads werden an die zugesetzten paramagnetischen Streptavidin-Beads gebunden und magnetisch abgeschieden. Die unerwünschten Bestandteile können somit entfernt werden. Durch die Zerstörung der Bindung zwischen Capture Beads und Enrichment Bead und anschließende alkalische Denaturierung erhält man das an das Bead gebundene, sequenzierfähige einzelsträngige DNA-Molekül.

3. Für die sich anschließende DNA-Sequenzierung (◻ Abb. 34.11B) werden die Templates mit einem Reaktionsmix aus Sequenzierungsprimer, DNA-Polymerase und Cofaktoren versetzt und hybridisiert. Das Gemisch wird in eine Pikotiter-Platte übertragen. Der Zusatz von Enzym-Beads und Pa-

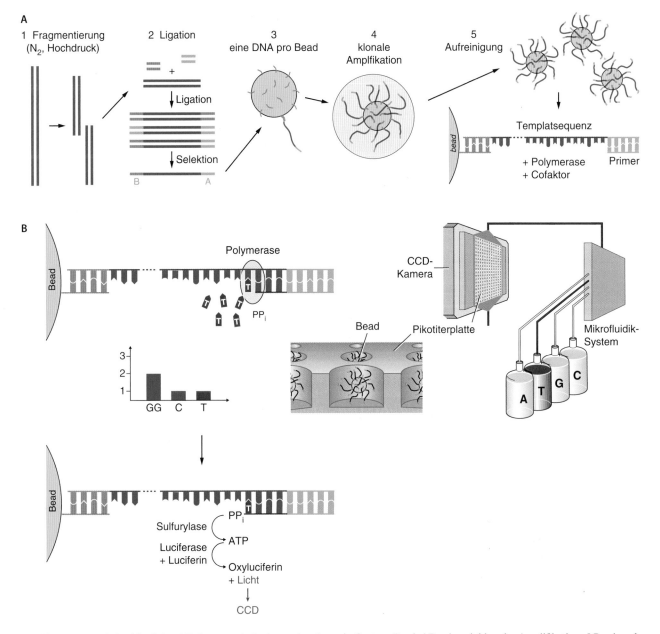

**A**

1 Fragmentierung
(N$_2$, Hochdruck)

2 Ligation

↓ Ligation

↓ Selektion

B          A

3
eine DNA pro Bead

4
klonale
Amplfikation

5
Aufreinigung

Templatsequenz

bead

+ Polymerase
+ Cofaktor

Primer

**B**

Bead

Polymerase

T

T    T    PP$_i$

3 –
2 –
1 –

GG    C    T

Bead

Sulfurylase

Luciferase
+ Luciferin

PP$_i$

ATP

Oxyluciferin
+ Licht

CCD

CCD-
Kamera

Bead        Pikotiterplatte

Mikrofluidik-
System

A    T    G    C

◻ **Abb. 34.11** Arbeitsablauf des 454-Systems. **A** Probenvorberei-tung: 1 Fragmentierung des Probenmaterials auf eine Länge von 300–800 bp; 2 Ligation der Adapter **A**, **B**; 3 Bindung des Templats an ein Capture Bead; 4 Bead nach klonaler Amplifikation; 5 Bead nach Zerstörung der Emulsion und Aufreinigung. **B** Bead-gekoppeltes Py-rosequencing. (Verändert nach: Roche Diagnostics Corporation)

cking Beads erleichtert die Optimierung der Bela-dung, damit möglichst ein Capture Bead in einer Ka-vität zu liegen kommt und dort auch während des gesamten Liquidhandlings verbleibt. Die einzelnen Kavitäten der Platte haben einen Durchmesser von 44 μm und können einer einzelnen geätzten Glasfa-ser innerhalb des Plattenverbunds zugeordnet wer-den. Die Dimension der Kavität verhindert, dass mehr als ein Capture Bead dort Platz findet. Die zu-gesetzten Enzym-Beads enthalten die beiden En-zyme Luciferase und Sulfurylase. Der Prozess folgt dem oben bereits beschriebenen Verfahren (klassi-

sches Pyrosequencing), jedoch in 400.000 Reaktions-kammern gleichzeitig und einer im Vergleich zum klassischen Verfahren erheblich größeren Leselänge. Die Faser jeder Kavität wirft einen Punkt auf einen folgenden CCD-Sensor. Somit entsteht ein entspre-chendes ortsaufgelöstes Muster.

Bereits während der Laufzeit des Geräts werden die aufgenommen Rohdaten/Bilder analysiert, die Signal-intensitäten bestimmt, Daten auf Pixellevel reduziert und die Werte den entsprechenden Ortspositionen der Pikotiter-Platte zugeordnet. Aus der Serie der Einzelbilder wird letztendlich die mit Qualitätswerten (Irrtumswahrscheinlichkeiten, Phred) versehene Sequenz bestimmt und kann als *flowgram* dargestellt werden. Die erhaltenen Rohsequenzen müssen anschließend mit einem Assembler zu Contigs vereinigt werden, entweder gegen eine bekannte Referenzsequenz oder de novo. Um während des Prozesses generierte Sequenzierungsfehler zu korrigieren und um Sequenzabschnitte nachzuweisen, die in der Bibliothek unterrepräsentiert sind oder unzureichende Sequenzierungsergebnisse liefern, muss eine entsprechende Mehrfachsequenzierung des gleichen Abschnitts erreicht werden (*coverage*). Sie wird für diese Technik mit etwa 15 angegeben, um 99,99 % Genauigkeit im Contig zu erhalten. *Paired-end*-Sequenzen (Abschnitt Illumina) helfen, die Sequenzen zu orientieren und ein Gerüst zu erstellen. Wird in bekanntem Terrain sequenziert, spricht man von *resequencing*, in diesem Fall folgt die Assembly auf das Mapping. Die Anordnung der Contigs erfolgt entlang einer bekannten Referenzsequenz. Entsprechend können auch Sequenzvariationen bestimmt werden. Mit der letzten, bis 2016 erhältlichen Version, dem GS FLX Titanium, war es möglich, innerhalb von 23 Stunden bis zu 700 Millionen Basenpaare in einem Lauf zu generieren. Es konnten damit Sequenzierlängen von bis zu 1000 bp erzeugt werden.

---

**Phred**

Die Berechnung von Phred-Qualitätskennzahlen geht auf die Sequenzbestimmung bei automatisierten gelgestützten Sequenzierungsverfahren Ende der 1990er-Jahre zurück. Der Wert basiert auf der Irrtumswahrscheinlichkeit für jede bestimmte Base eines Reads und wird über folgende Formel dargestellt:

$$Q = -10 \log_{10} P$$

$Q$ = Phred-Qualitätsscore

$P$ = *base-calling*, Fehlerwahrscheinlichkeit

Ein Phred-Wert von 40 entspricht also einer Irrtumswahrscheinlichkeit für eine Base von 1:10.000 (Genauigkeit 99,99 %). Die Codierung erfolgt über ASCII, wobei zu den entsprechenden Werten jeweils 33 addiert wird, abweichend verwendet Illumina einen Offset von 64.

---

■ **Illumina-Sequenzierung**

Die Short-Read-Sequenzierungsplattformen der Firma Illumina basieren auf dem Verfahren *Sequencing by Synthesis* (SBS) mit zyklisch reversibler Termination. Ähnlich wie bei der Sanger-Sequenzierung wird eine Polymerase benutzt, um fluoreszierend markierte, an der 3'-OH-Gruppe reversibel geschützte 2'-Desoxy-Terminatoren einzubauen. Das Polymerisationsereignis mit dem spezifischen Signal eines Fluorophors wird optisch detektiert und identifiziert. Der Prozess der Bibliothekserzeugung verläuft analog dem bereits oben beschriebenen. Die Amplifikation der Fragmente erfolgt bereits auf dem Reaktionsträger. Aus Vereinfachungsgründen werden einfache Aufreinigungen zwischen den einzelnen Schritten nicht weiter beschrieben (◘ Abb. 34.12). Für die Vorbereitung der zu sequenzierenden DNA-Library wird zunächst die hochmolekulare Proben-DNA fragmentiert. Anschließend werden zwei verschiedene Adaptersequenzen (P5, P7) an die 5'- und 3'-Enden der DNA-Fragmente, welche als Inserts bezeichnet werden, angefügt (1 in ◘ Abb. 34.12). Der P5-Adapter besitzt einen zum eingesetzten Sequenzierungsprimer komplementären Abschnitt, der P7-Adapter vermittelt eine komplementäre Sequenz zur Bindung des Fragments an die Durchflusszelle. Die Größenselektion und die Abtrennung nicht ligierter Adapter erfolgen durch Gelelektrophorese und anschließende Gelelution. Zur weiteren Anreicherung der Sequenzierungs-templates kann eine PCR-Reaktion nachgeschaltet werden.

Der nächste, als Clustering bezeichnete Schritt, erfolgt bereits auf dem transparenten Reaktionsträger (Durchflusszelle), auf dem die Sequenzierung stattfindet (2–5).

Es handelt sich um eine Durchflusszelle mit einem, vier oder acht Kanälen (je nach Geräteausführung), deren Oberfläche mit beiden zu den Adaptern (P5, P7) komplementären Primersequenzen beschichtet ist. Eine klonale Amplifikation ist auch hier notwendig, da mindestens etwa $1200 \cdot 10^6$ Cluster pro mm$^2$ vorhanden sein müssen, um in den Dynamikbereich des Sequenzierungsgeräts zu kommen. Das Probenmaterial wird denaturiert und als Einzelstrang-DNA auf die Zelle gebracht. Nach Hybridisierung mit einem oberflächengebundenen Oligonucleotid (2) wird der Templatestrang kopiert (3). Das Produkt wird denaturiert und der neu synthetisierte Strang bleibt an der Kanaloberfläche gebunden, während das Ausgangsmaterial ausgewaschen wird (4). Bei einem weiteren Schritt kann das Template aufgrund des freien Endes mit einem in der Nähe befindlichen Oligonucleotid der Oberfläche hybridisieren und eine erneute Strangsynthese ermöglichen. Damit ist die Initialisierung der festphasengebundenen Cluster abgeschlossen. Eine *bridging PCR*, die dem obigen Schema folgt, sorgt auf diese Weise für die Vermehrung der Sequenzierungs-template (5). Durch Spaltung einer labilen Gruppe an einem der Durchflusszellen-Oligonucleotide kann der Gegenstrang anschließend entfernt werden.

Es bleibt zu bemerken, dass es einer genauen Konzentrationsbestimmung bedarf, denn eine zu große Menge an Ausgangsmaterial führt zu einer hohen Dichte an Clustern, welche die spätere Auswertung erschweren würde. Die Größenselektion der Fragmente ist ebenfalls essenziell um sicherzustellen, dass die PCR-Produkte nur innerhalb eines Clusters erzeugt werden, um Kon-

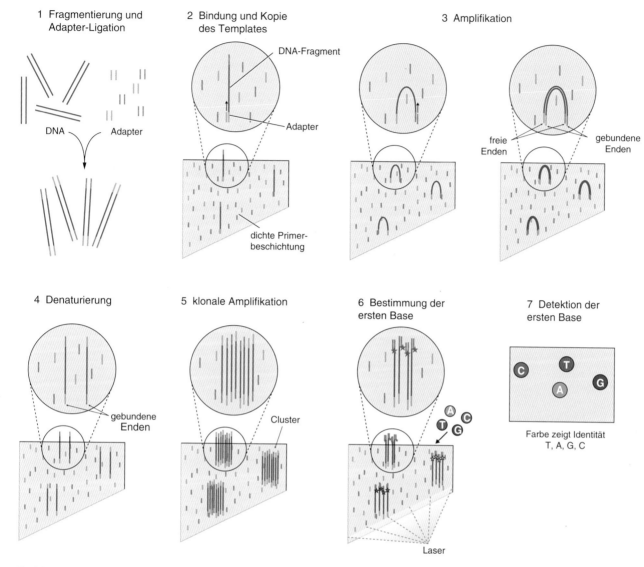

1 Fragmentierung und Adapter-Ligation

DNA    Adapter

2 Bindung und Kopie des Templates

DNA-Fragment

Adapter

dichte Primer-beschichtung

3 Amplifikation

freie Enden    gebundene Enden

4 Denaturierung

gebundene Enden

5 klonale Amplifikation

Cluster

6 Bestimmung der ersten Base

Laser

7 Detektion der ersten Base

Farbe zeigt Identität T, A, G, C

**▫ Abb. 34.12** Ablaufprinzip für ein Illumina-HiSeq-System. 1 Fragmentierung des Probenmaterials und Ligation der Adapter; 2 Bindung der Templates in einer Flowcell; 3 Initialisierung des Stranges; 4 Präparation des Templates durch Denaturierung; 5 klonale Amplifikation; 6 Einbau eines fluoreszierenden reversiblen Terminators; 7 Auslesen der Inkorporation anhand eines spektralen Scannerimages. (Verändert nach Illumina Inc.)

fluenz zu vermeiden, ansonsten wäre die Sequenz nicht eindeutig. Die vorbereitete Flusszelle kann anschließend in das Sequenzierungsgerät überführt werden. Im ersten Schritt werden alle DNAs mit polymerisierungsfähigen Enden blockiert, um unspezifische Primerextension zu verhindern. Während jedes Zyklus wird ein Mix aus den vier individuell fluoreszenzmarkierten Desoxynucleotiden (dNTP) hinzugefügt, deren 3'-OH-Gruppe durch ein Terminatormolekül blockiert ist, wodurch die weitere Strangsynthese verhindert wird. Nach dem Anfügen eines einzelnen Nucleotids durch die DNA-Polymerase bei der Elongation werden ungebundene Nucleotide durch Waschen entfernt und die Fluoreszenzsignale zur Identifikation des angefügten Nucleotids je Cluster optisch erfasst (6). Anschließend wird das Fluorophor ab-

gespalten, die blockierende Gruppe entfernt und ein neuer Zyklus beginnt.

Bei Illumina wird zur Identifikation die interne Totalreflexionsfluoreszenzmikroskopie mit einem, zwei oder vier Laser-Kanälen genutzt. In den meisten Plattformen ist jedes Nucleotid mit einem einzelnen, für einen Basentyp spezifischen Fluorophor versehen, und es werden daher vier verschiedene Bilderfassungskanäle benötigt. Beim NextSeq wird ein Zwei-Fluophor-System verwendet, bei dem dCTPs und dTTPs mit einem roten bzw. grünem Fluorophor, dATPs gemischt mit beiden Fluorophoren und dGTPs nicht markiert sind. Das Ein-Fluophor-System beim iSeq funktioniert wie folgt: Zu Beginn des Zyklus sind dATPs und dTTPs markiert und werden optisch erfasst, dann wird das Fluorophor von den dATPs entfernt und an die dCTPs gebunden und eine erneute Abbildung wird erzeugt, die dGTPs verbleiben immer unmarkiert (■ Abb. 34.13).

Bei der Paired-End-Sequenzierung erfolgt nach Abschluss der definierten Zyklenzahl die Sequenzierung des zweiten, reversen Library-Einzelstrangs. Dazu werden die synthetisierten Einzelstränge durch Denaturierung entfernt und die Cluster durch eine limitierte Brückenamplifikation regeneriert. Anschließend werden die bereits sequenzierten Fragmente selektiv von der Flowcell-Oberfläche entfernt und die verbleibenden Fragmente hybridisieren mit dem Reverse-Primer. Die folgende Sequenzierungsreaktion erfolgt wie beschrieben. Durch die Kombination aus Ortsinformationen und basenspezifischer Intensität kann auf die Sequenz geschlossen werden (7 in ■ Abb. 34.12).

Illumina hat mittlerweile für jede denkbare Anwendung das entsprechende Gerät mit dem notwendigen Durchsatz auf dem Markt. Die Benchtop-Sequenzierer reichen von 1,2 Gb bis zu 300 Gb Output. Bis auf das MiSeq-Instrument mit möglicher 2 • 300 bp Readlänge können die Instrumente bis zu 2 • 150 bp generieren. Die neueste Generation der Hochdurchsatzplattform, der NovaSeq 6000, kann bis zu 6000 Gb Output mit 2 • 250 bp Readlänge erzeugen und ist somit in der Lage, bis zu 48 menschliche Genome in einem Lauf parallel zu sequenzieren.

■ **Halbleiter-Sequenzierung (Ion Torrent)**

Auch hier handelt es sich um DNA-Sequenzierung durch Synthese. Das Ausgangsmaterial wird analog der obigen Prozesse, jedoch angepasst an das System, vorbereitet (Erzeugung der Bibliothek, klonale Amplifikation). Das verwendete Verfahren setzt jedoch auf eine andere Form der Detektion (■ Abb. 34.14). Das Design verlagert einen Großteil des Sequenzierungsgeräts in einen Einweg-Sequenzierungschip auf Siliciumbasis, ein sog. Halbleiterchip. Bei jedem DNA-Polymerase-katalysierten Einbau eines Nucleotids wird sowohl Diphosphat als auch ein Wasserstoffion (Proton) freigesetzt, das letztendlich zu einer Änderung des pH-Wertes

im Reaktionsmilieu führt. Bei gängigen Sequenzierungsverfahren werden die pH-Änderungen durch Puffersysteme neutralisiert. Hier werden sie zur Detektion einer Nucleotidinkorporation herangezogen. Die Reaktionen finden in einem Mikrofluidik-Chip statt, in dem die einzelnen Kavitäten mit jeweils einem Bead beladen sind. In Folge werden nun die Reaktionsgemische mit jeweils nur einem Nucleotidtyp zugegeben. Das durch die Polymerisation freigesetzte Proton führt an der Sensoroberfläche (Boden der Kavität) zu einer Ladungsverschiebung, die im Sensor als Spannungsänderung detektiert werden kann. Es entsteht ein *flowgram*, aus dem die Sequenz erschlossen werden kann.

Die zurzeit verfügbaren Chips können bis zu 50 Gb für Targeted-NGS-Anwendungen und bis zu 2 Gb für andere Sequenzieranwendungen liefern. Aufgrund des hohen Parallelisierungsgrades und der geringen Zykluszeit ergibt sich eine Laufzeit von etwa 2-7 Stunden. Die Chips bedienen Leselängen von 200 bp und 400 bp, bei einer Genauigkeit von ca. 99,5 % für die Rohsequenz und etwa 99,99 % für die Konsensussequenz. Homopolymere einer Base können bis zu einem Repetitionsgrad von 7 bestimmt werden.

### 34.2.1.2 Sequenzierung durch Ligation

Anders als kontinuierliche Verlängerung des komplementären DNA-Strangs durch einzelne Nucleotide werden bei dem Ligationsverfahren 8-Mer-Oligonucleotide nacheinander mit dem Sequenzierprimer ligiert.

■ **Solid (sequencing by oligonucleotide ligation and detection, Life Technologies)**

Die Sequenzierung startet von DNA-Probenmaterial genomischen Ursprungs oder von Material, das *upstream* aus RNA mittels ChiP gewonnen wurde. Der Prozess (■ Abb. 34.15) setzt sich aus folgenden Schritten zusammen:

1. Die DNA wird durch Ultraschall auf die Zielgröße von 60–90 bp fragmentiert. Nach der Reparatur der Enden und Phosphorylierung werden zwei Adapter

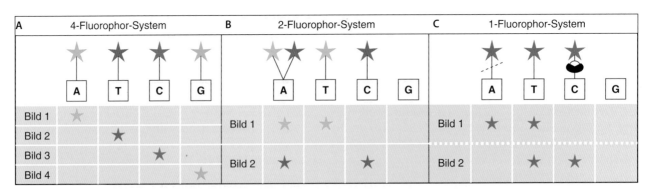

■ **Abb. 34.13** Bilderfassung zur Basenidentifizierung bei den Illumina-Plattformen HiSeq und MiSeq (**A**), NextSeq (**B**) und iSeq (**C**). (Verändert nach Illumina Inc.)

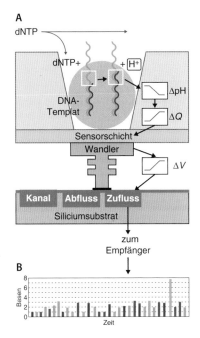

**A**

dNTP

dNTP+        + H⁺

DNA-
Templat

ΔpH

ΔQ

Sensorschicht

Wandler

ΔV

Kanal    Abfluss    Zufluss

Siliciumsubstrat

zum
Empfänger

**B**

Basen

Zeit

□ **Abb. 34.14** *Ion Torrent.* **A** Einzelne Reaktionskavität eines Sequenzierungschips mit einem an ein Einzelbead gebundenen DNA-Template, dem Sensor und der Elektronik. Bei der dNTP-Insertion werden Protonen (H⁺) freigesetzt, die den pH-Wert verändern (ΔpH), was gemessen wird. **B** *Flowgram.* Die Höhe des Peaks repräsentiert die Anzahl der detektierten Basen. Die Basenidentität ergibt sich aus dem entsprechenden Syntheseschritt. (Verändert nach Ion Torrent Systems Inc.)

(P1, P2) an die jeweiligen Enden ligiert. Die Adapter besitzen jeweils einen Überhang von 2 T und komplementäre Sequenzen für Amplifikation. P1 dient der Bindung an Capture Beads, P2 der Sequenzierung.

2. Die anschließende Nicktranslation macht die Fragmente doppelsträngig. Die Produkte werden einer Größenselektion im Gel, Reinigung, Amplifikation und einer erneuten Größenselektion mit Reinigung unterworfen. Die erhaltenen Fragmente liegen in einem Größenbereich von 120–150 bp.

3. Im nächsten Schritt erfolgt eine klonale Amplifikation durch Emulsions-PCR (emPCR), ähnlich der im 454-Prozess. Ziel ist es, jeweils ein PCR-Produkt sowie Reaktanden mit einem Bead, das eine P1-komplementäre Sequenz trägt, in einem Tropfen einzuschließen. Nach der Amplifikation wird die Emulsion aufgebrochen und die Fragmente werden durch Hybridisierung mit P2-komplementäre Sequenzen tragenden Magnetpartikeln gereinigt.

4. Die 3'-Enden der gebundenen DNA-Fragmente werden durch terminale Transferase modifiziert und mit einem Linker versehen, der im nächsten Schritt die Bindung an die Oberfläche des Sequenzierungschips ermöglicht.

5. Die Sequenzierung erfolgt in einem zweistufigen Prozess. Im ersten Teil werden P1-Sequenzierungsprimer,

Ligase und ein Pool von fluoreszierend markierten Oligonucleotidsonden (*di-base probes*) zugegeben. Jede der Sonden besitzt zwei Basen, die mit einer Zielsequenz komplementär sind. Diese können hybridisieren und ligiert werden und damit die ersten beiden Basen detektieren.

6. Nach Messung der Fluoreszenzintensität werden die letzten drei Basen nebst Fluorophor abgespalten. Die erste gebundene Sonde besitzt wieder eine freie 5'-Phosphatgruppe. Es können erneut Sonden eingesetzt werden, die wiederum zwei Basen bestimmen. In der Regel werden die Zyklen siebenmal durchlaufen, bevor das gesamte hybridisierte Ligationsprodukt entfernt wird. Unter Verwendung anderer unterschiedlicher langer Sonden (*n*–1, *n*–2, *n*–3, *n*–4) wird der Prozess erneut durchlaufen. Dies erlaubt die sukzessive Bestimmung eines 35-bp-Fragments (□ Abb. 34.16). Dies bedeutet, dass jede Base zweimal in einem Hybridisierungsereignis einer *di-base probe* erkannt wird. Diese Redundanz kann den Ausschluss falscher Reads verbessern.

Aus den sich überlappenden Reads lässt sich sukzessiv die Sequenz erschließen, wobei sich die erste Base des ersten Reads aus der bekannten Sequenz des Sequenzierungsprimers ergibt. So ergibt sich aus den in der ersten Instanz gemessen Intensitäten im *color space* erst im zweiten Schritt die Sequenzinformation.

Betrachtet man die Probenstruktur und die Sequenzgewinnung etwas genauer, ergibt sich folgendes Bild. Zum Einsatz kommt eine Bibliothek aus 1024 Octanucleotiden. Die ersten drei Basen sind degeneriert, die Basen 4 und 5 stellen die Spezifität, die letzten drei Basen sind universal und werden nach jedem Zyklus durch einen Schnitt vor Position 6 entfernt. Jeweils 256 Sonden werden in einer Farbe codiert. Die Codierung in einem Set entspricht dem in □ Abb. 34.16. gezeigten Muster, daraus ergibt sich auch die nicht eindeutige Codierung einer Base durch ein einfaches Hybridisierungsereignis (z. B. dunkelgrau für AA, CC, GG, TT in □ Abb. 34.16), die erst mit der bekannten Startbase ermöglicht wird. Aus dieser Codierung erfolgt jedoch auch, dass die Veränderung einer Base eine zweifache Änderung im *color space* nach sich zieht. Nimmt man zusätzliche biologische Informationen hinzu, lassen sich Sequenzfehler weiter reduzieren.

Mit dem derzeitigen Hochdurchsatzgerät ist es möglich, innerhalb von 24 Stunden bis zu 15 Gb Sequenzierdaten mit einer Leselänge von bis zu 75 bp zu erzeugen.

### 34.2.2 Third-Generation-Sequenzierung

Die Sequenzierungsplattformen auf Grundlage von Short-Read-Methoden weisen Unzulänglichkeiten vor allem bei der Auflösung komplexer genetischer Beson-

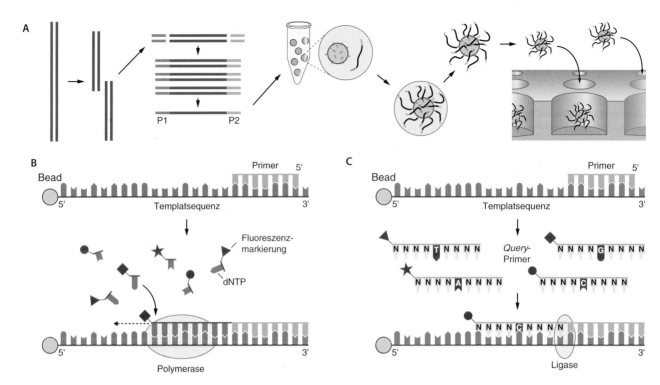

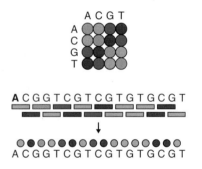

**Abb. 34.15** Vergleich von DNA-Sequenzierung durch Ligation mit DNA-Sequenzierung durch Synthese. **A** Bibliothekskonstruktion, emPCR-Partikelanreicherung und Beladung des Sequenzierungschips; **B** erster Sequenzierungszyklus durch Einbau fluoreszierend markierter reversibler Terminatoren; **C** erster Sequenzierungszyklus durch Ligation fluoreszierend markierter *Query*-Primer mit einem Startprimer. Die Farbraumcodierung und die entsprechenden Bestätigungsligationen mit Oligonucleotiden unterschiedlicher Längen wurden hier nicht berücksichtigt. (Nach Fan et al. 2006)

derheiten wie repetitiver Regionen oder struktureller Variationen auf, die für das Verständnis der evolutionären Anpassungen der Organismen und der Entstehung von Krankheiten von großer Relevanz sind. In den letzten Jahren hat sich daher mit der Nanopore-Sequenzierung eine neue Generation der Sequenzierungstechnologie etabliert, die einzelne Nucleinsäuremoleküle untersucht und längere Reads von bis zu mehreren Hundert Kilobasen generiert.

Die dritte Generation von Sequenzierungsgeräten, die Technologien wie Nanoporen verwendet oder in der Lage ist, bereits auf dem Niveau von Einzelmolekülen (*single molecule*) Sequenzen zu liefern, ist in den vergangenen zehn Jahren weit gereift und mittlerweile für jeden kommerziell erhältlich.

### 34.2.2.1 Einzelmolekül-Sequenzierung (Single Molecule Real Time Sequencing, SMRT, Pacific Biosciences)

Die bisher etablierten Sequenzierungsverfahren erfordern eine Amplifizierung, entweder durch klassische Klonierung bei den „alten" Verfahren oder eine klonale enzymatische Amplifizierung bei den neueren bis hin zu den MPS-Verfahren. Die Verfügbarkeit neuer Detekti-

**Abb. 34.16** Decodierung der Sequenz aus den Ligationsereignissen des Solid-Systems. Die dargestellte Matrix erlaubt die eindeutige Bestimmung der finalen Sequenz aus den jeweiligen Hybridisierungsereignissen

onsmethoden und prinzipiell anderer Ansätze bringt nunmehr auch Einzelmoleküle als Sequenzierungsziel in Reichweite.

Das System vom Pacific Biosciences trägt zum ersten Mal den Begriff *DNA Online-Sequencer* zu Recht, da das Polymerisationsereignis in Echtzeit detektiert und ausgelesen werden kann. Prozedural gibt es auch einen Unterschied zu sonstigen Verfahren, die das Template an einer festen Oberfläche und die Polymerase in Lösung halten, hier wird die Polymerase gebunden. Der

Sequenzierungsprozess setzt sich auch hier aus mehreren Schritten zusammen, wobei der erste offline erfolgt.

Zunächst wird das Ausgangsmaterial fragmentiert und die Enden repariert. Anschließend wird jeweils ein Haarnadeladapter an die Enden ligiert, um ein geschlossenes zirkuläres Molekül zu erhalten. Die Haarnadelstruktur enthält eine dem Sequenzierungsprimer komplementäre Sequenz. Die Produkte werden einer Größenselektion unterworfen und aufgereinigt.

Ein Sequenzierungsprimer wird gegen die Haarnadelstruktur hybridisiert. Nach Zugabe der Polymerase entsteht ein Initiationskomplex, der auf der Oberfläche der Reaktionskavität binden kann. Durch Zugabe von Nucleotiden, die an ihrem terminalen Phosphat eine basenspezifische Fluoreszenzgruppe tragen, kommt es zur Polymerisation und zur Abspaltung des Phosphats. Die Fluoreszenz in Lösung kann nun als Lichtblitz detektiert werden (◆ Abb. 34.17). Da der freie Farbstoff schnell aus der Detektionszone diffundiert, kann durch erneute Zugabe der nächste Zyklus angestoßen werden. Der Einbau eines Nucleotids erfolgt innerhalb von Millisekunden. Die reale Einbaufrequenz im Prozess ist 1–3 bp sec⁻¹. Mit der aktuellen P6-Chemie kann auf dem Sequel-II-Gerät eine durchschnittliche Leselänge von 30.000-100.000 Basen, je nach vorheriger Größenselektion, erzielt werden.

Das System selbst ist extrem miniaturisiert. Eine Reaktionskammer, welche auch *Zero Mode Waveguide* (ZMW) genannt wird, hat eine Höhe von ca. 100 nm, ist am Boden optisch transparent und von Aluminium umschlossen. Aufgrund des Verhältnisses von Wellenlänge zu Kavitätengröße und der Art der Anregung wird nur eine sehr kleine Zone ($10^{-21}$ l) im unteren Bereich illuminiert. Die Detektionskamera ist flüssigkeitsgekühlt. Dies ermöglicht die Beobachtung einzelner Moleküle bei der Polymerisation, da alles außerhalb der gebundenen Polymerase mehrheitlich im Dunkeln liegt. Das große Volumenverhältnis ermöglicht die rasche Diffusion von Reaktionsprodukten und ein größeres Reagenzienreservoir und damit höhere Ausbeuten sowie eine

höhere Stabilität für die Reaktionen an sich. Im April 2019 wurde die neueste SMRT Cell mit 8 Millionen ZMWs auf dem Markt gebracht. Dieses erhöhte den derzeitigen Durchsatz um Faktor 8 auf bis zu 200 Gb.

### 34.2.2.2 Nanopore Sequencing (Oxford Nanopore)

Die Entwicklung von Nanoporen als Biosensoren wurde in den 1990er-Jahren von mehreren Forschungsgruppen nach der ersten Veröffentlichung 1996 aufgenommen, die die Verwendung von biologischen Nanoporen zur Charakterisierung von Polynucleotidmolekülen als neue Möglichkeit zur Sequenzierung aufzeigte. Weitere Untersuchungen bestätigten, dass der angelegte elektrische Strom, der durch eine Nanopore fließt, von der Identität der passierenden und mit ihr interagierenden Nucleinbase abhängig ist und die Abfolge der Nucleotide somit aufgelöst werden kann.

Im April 2014 wurde mit dem MinION-Sequenzierer der Firma Oxford Nanopore Technologies als kommerziell erhältliche Long-Read-Plattform die Nanopore-Sequenzierung einer breiten Öffentlichkeit zugänglich gemacht. Die Technologie der Nanopore-Sequenzierung ermöglicht die direkte Sequenzierung nativer DNA- und RNA-Moleküle ohne die Verwendung von für andere Sequenzierungsverfahren sonst üblichen Methoden wie PCR-Amplifikation oder chemische Markierung. Die genetische Information bleibt damit erhalten, und epigenetische Aussagen über modifizierte Basen können gewonnen werden. Im Gegensatz zu anderen Sequenzierungsmethoden, bei denen die gesamten Daten erst am Ende des Prozesses abgerufen werden können, sind bei der Nanopore-Sequenzierung die Sequenzierungsdaten in Echtzeit einsehbar. Bereits wenige Minuten nach Auftragung der Library sind die ersten Daten verfügbar, sodass schnell Einblick in Status und Qualität der Proben und erste Erkenntnisse erlangt werden können, aus denen sich dynamisch Arbeitsabläufe entwickeln lassen. Daher eignet sich die Nanopore-Sequenzierung besonders für die Echtzeitidentifikation von bakteriellen und

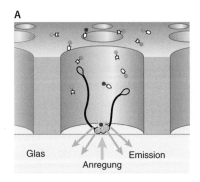
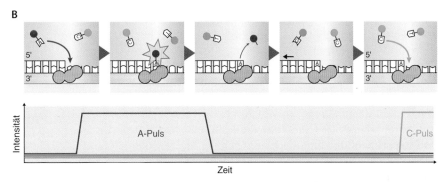

◆ **Abb. 34.17**  *PacBio RS single molecule real time DNA sequencing.*
**A** Einzelne Reaktionskammer mit einer einzelnen, an die Oberfläche gebundenen DNA-Polymerase. Die konfokale Beleuchtung überstreicht nur einen kleinen unteren Bereich. **B** Darstellung des Sequenzierungsprozesses (Inkorporation, Fluoreszenzemission, Abspaltung des Fluorophors). (Nach Eid et al. 2009)

viralen Pathogenen. Mithilfe der „Read Until"-Technologie, bei der bestimmte Zielmoleküle selektiv verarbeitet werden können, kann die Identifikation zusätzlich beschleunigt werden. Da die Sequenzierung nur durch die Fragmentlänge des Nucleinsäuremoleküls limitiert ist, können mit dem MinION Readlängen von mehreren Hundert Kilobasen mit einer Ausbeute von 15–30 Gb pro Flowcell generiert werden. Es konnte sogar schon ein Read von ≈2 Mb fortlaufend sequenziert werden. Die Sequenzierung von langen Reads erweist sich für viele Anwendungen als vorteilhaft: Das Assembly von Genomsequenzen wird deutlich vereinfacht, da dynamische und repetitive Genombereiche aufgelöst werden können. Dadurch werden Referenzgenome verbessert, und Genome jeglicher Größe von Pflanzen, Pilzen, Tieren und Menschen können auf deren Basis sequenziert und analysiert werden. Zudem können gesamte Transkriptome aufgelöst werden. Die Überwachung von Antibiotikaresistenzen sowie die metagenomische Identifizierung und Unterscheidung von Mikroorganismen in Mischpopulationen wird dadurch ebenfalls deutlich verbessert.

Die Skalierbarkeit der Nanopore-Sequenzierungstechnologie ermöglicht die Entwicklung modular aufgebauter Plattformen unterschiedlicher Größe, sodass für die experimentellen Anforderungen hinsichtlich Einsatzort, Probenanzahl, Datenmenge und Kosteneffizienz das entsprechende Gerät zur Verfügung steht. Der MinION zeichnet sich dabei aufgrund der geringen Größe (103 g, 105 • 23 • 33 mm) und dem minimalen Labor- und IT-Bedarf (Laptop mit USB 3.0 und entsprechender Leistung) besonders durch seine Portabilität aus und kann zur Kontrolle von Umwelt- und Nahrungsmittelproben oder zur Überwachung von Krankheitsausbrüchen wie Ebola im Feld eingesetzt werden.

■  **Funktionsweise der Nanopore-Sequenzierung**
Nanoporen sind kleine Löcher mit einem Durchmesser von wenigen Nanometern. Sie liegen damit in der gleichen Größenordnung wie einzelne DNA-Moleküle. Es werden zwei Hauptklassen von Nanoporen unterschieden: biologische Nanoporen und synthetische Festphasen-Nanoporen.

Synthetische Nanoporen werden aus festen Materialien wie Silicium-, Aluminium-, Borverbindungen sowie Graphen hergestellt und besitzen verschiedene Eigenschaften wie z. B. definierte Geometrien und Dimensionen (Ø < 1–100 nm), mechanische Robustheit sowie chemische und thermische Stabilität, die sie für eine Vielzahl von Experimentalbedingungen auszeichnen und sowohl DNA-Sequenzierung als auch Proteindetektion ermöglichen. Biologische Nanoporen sind transmembrane Proteinkanäle, die in amphiphile Matrizes wie Lipiddoppelschichten, Liposomen oder synthetischen Polymermembranen eingelagert sind und zum Transport von Molekülen dienen. Sie können durch gentechnische Methoden und gezielte chemische Modifikationen hinsichtlich ihrer Sensitivität auf verschiedenste Analyten von kleinen Molekülen wie Metallionen bis hin zu großen Proteinkomplexen eingestellt werden. Die Anpassungen der biologischen Nanoporen können die Bildung und Verbesserung spezifischer Bindungsstellen innerhalb der Pore oder die Anlagerung größerer Spezies außerhalb der Pore wie Motorenzyme oder Rezeptorstellen beinhalten. Sie können kostengünstig und in großem Maße mithilfe von Bakterien hergestellt werden. Folgende vier Proteine sind besonders als Biosensoren geeignet: das von *Staphylococcus aureus* sekretierte Exotoxin α-Hemolysin, das Porin A aus *Mycobacterium smegmatis* MspA, das Amyloid sekretierende Porenprotein CsgG aus *Escherichia coli* und Bakteriophage-φ29-Poren. Während α-Hemolysin., MspA und CsgG sich für einzelsträngige DNA eignen (◻ Abb. 34.18), können φ29-Poren größere Moleküle wie DNA-Doppelstränge oder Proteinkomplexe prozessieren.

Die aktuelle Pore (Version R9) in den MinION-Flowcells ist ein Mutant des Lipoproteins CsgG aus *E. coli*, welches für die Translokation von Polypeptiden durch die bakterielle Zellmembran verantwortlich ist. Das Lipoprotein CsgG besteht aus neun Untereinheiten, welche als Nonamer eine Pore mit 36-strängigem β-Barrel bilden. Diese Pore wurde gentechnisch dahingehend verändert, dass die Translokation von DNA anstelle von Peptiden erfolgt.

■  **DNA-Sequenzierung mittels MinION Mk1 (Oxford Nanopore)**
Das der Nanopore-Sequenzierung zugrunde liegende Prinzip ist die Translokation eines einzelnen Nucleinsäuremoleküls durch eine Nanopore in einem elektri-

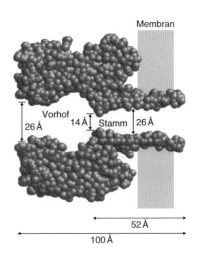

◻ **Abb. 34.18**  Native Hämolysinpore, inkorporiert in eine Membran und die entsprechende Dimensionierung in Å ($10^{-10}$ m). (Nach Zwolak und Ventra 2008)

schen Feld und die Messung der dadurch eintretenden Veränderung des elektrischen Stroms.

Die Sequenzierung erfolgt hierbei in zwei Schritten:

1. *Herstellung der Sequenzierbibliothek*: Bei der Erstellung der Sequenzierlibrary wird im Wesentlichen zwischen PCR-freien und PCR-basierten Verfahren unterschieden. Das gewählte Verfahren ist abhängig von der Menge des möglichen Input-Materials. Zusätzlich gibt es, ebenfalls in Abhängigkeit des zur Verfügung stehenden Inputmaterials, die Möglichkeit, die notwendigen Sequenzieradaptoren zum einen über einen Transposase-Komplex einzubringen, oder aber auch durch direkte Ligation. Durch eine direkte Ligation ist es auch möglich, hochmolekulare DNA-Fragmente in die Sequenzierung einzubringen (◘ Abb. 34.19).

   Für die Sequenzierung der Einzelstränge der DNA werden beide 5'-Enden mit je einem Führungs- bzw. Y-Adapter, der eine Helikase als Motorenzym trägt, versehen und sind damit beide für die Translokation durch die Nanopore geeignet.

2. *Sequenzierung*: Durch das „Priming" der Flowcell, bei dem diese mit einem bestimmten Puffer inkubiert wird, kann der Adapter über Bindeproteine, sog. Tether, an der Oberfläche der Membran binden und die DNA-Fragmente somit in räumlicher Nähe zu den Nanoporen anreichern. Dadurch werden der Datendurchsatz pro Nanopore und die Sensitivität des Geräts maximiert und gleichzeitig der Bedarf an Input-DNA minimiert. Das Motorenzym mit Helica-

se-Aktivität bindet außen an die Pore, entwindet den Doppelstrang und kontrolliert die Geschwindigkeit der Translokation (bis zu 450 Basen pro Sekunde) des Matrizen-Einzelstrangs in 5′→3′-Richtung durch die Nanopore. Die Nanopore prozessiert dabei das native DNA-Fragment unabhängig von seiner Länge. Nachdem der DNA-Einzelstrang die Pore vollständig passiert hat, löst sich das Motorenzym von dieser und das nächste Fragment kann analysiert werden (◘ Abb. 34.20).

Um das DNA-Molekül zu registrieren befindet sich die Nanopore in einer Membran mit hohem elektrischem Widerstand, sodass der elektrische Strom beim Anlegen einer elektrischen Spannung (–180 mV) über der Membran durch die Nanopore fließen muss und somit ein klares Signal sichergestellt ist. Zur messbaren Unterbrechung des Stroms muss das Molekül entweder beim Passieren oder durch vorübergehende Blockierung in Kontakt mit der Nanopore kommen. Die Messregion mit der höchsten Sensitivität befindet sich im engen Bereich des β-Barrels und besteht aus einer Kombination von Aminosäureresten, die Kontakt mit fünf Nucleotiden des Einzelstrangs aufnehmen. Die charakteristische Unterbrechung des elektrischen Stroms bei der Translokation des DNA-Moleküls wird in konstanter Frequenz (5000 Hz) gemessen und zur Bestimmung der Basensequenz genutzt.

Bei einer MinION-Flowcell sind die biologischen Nanoporen in einer synthetischen Polymermembran in ein Mikrostützgerüst eingelagert, das für die nötige

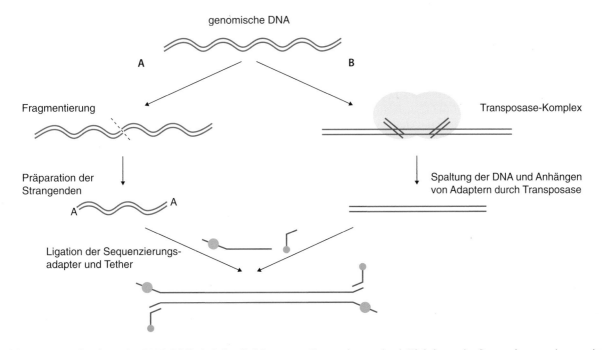

◘ **Abb. 34.19**   Vorbereitung der DNA-Bibliothek für die Nanoporen-Sequenzierung durch Einbringen der Sequenzierungsadapter mittels direkter Ligation (**A**) bzw. Transposase-Aktivität (**B**). (Verändert nach Oxford Nanopore Technologies)

**A**

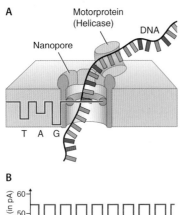

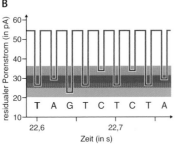

**B**

## Literatur und Weiterführende Literatur

Eid J, Fer A, Gray J, Luong K, Lyle J, Otto G et al (2009) Real-time DNA sequencing from single polymerase molecules. Science 323:133–138

Fan J-B, Chee MS, Gunderson KL (2006) Highly parallel genomic assays. Nat Rev Genet 7:632–644

Perkel JM (2004) An automated DNA sequencer. The Scientist 18:40–41

Ronaghi et al (1996) Real-time DNA sequencing using detection of pyrophosphate release. Anal Biochem 242:84–89

Smith LM, Sanders JZ, Kaiser RJ, Hughes P, Dodd C, Connell CR, Heiner C, Kent SB, Hood LE (1986) Fluorescence detection in automated DNA sequence analysis. Nature 321:674–679

Zwolak M, Ventra MD (2008) Physical approaches to DNA sequencing and detection. Rev Modern Phys 80:141–165

### Weiterführende Literatur

Bentley DR et al (2008) Accurate whole human genome sequencing using reversible terminator chemistry. Nature 456:53–59

Blazej RG et al (2007) Inline injection microdevice for attomole-scale Sanger DNA sequencing. Anal Chem 79:4499–4506

Branton D et al (2008) Nanopore sequencing. Nat Biotechnol 26:1146–1153

Brenner S (2000) Gene expression analysis by massively parallel signature sequencing (MPSS) on microbead arrays. Nat Biotechnol 18(2008):630–634

Deamer D (2010) Nanopore analysis of nucleic acids bound to exonucleases and polymerases. Annu Rev Biophys 39:79–90

Drmanac R (2010) Human genome sequencing using unchained base reads on self-assembling DNA nanoarrays. Science 327:78–81

Fuller C et al (2010) The challenges of sequencing by synthesis. Nat Biotechnol 27:1013–1023

Glenn TC (2011) Field guide to next-generation DNA sequencers. Mol Ecol Resour 11:759–769

Goodwin S, McPherson JD, McCombie WR (2016) Coming of age: Ten years of next-generation sequencing technologies. Nat Rev Genet 17:333–351

Haque F et al (2013) Solid-state and biological nanopore for real-time sensing of single chemical and sequencing of DNA. Nano Today 8:56–74

Horner DS, Pavesi G, Castrignano T et al (2009) Bioinformatics approaches for genomics and post genomics applications of next-generation sequencing. Brief Bioinform 11:181–197

Jain M et al (2016) The Oxford nanopore MinION: delivery of nanopore sequencing to the genomics community. Genome Biol 17(239):1–11

Jain M et al (2018) Nanopore sequencing and assembly of a human genome with ultra-long reads. Nat Biotechnol 36:338–345

Korlach J et al (2008) Selective aluminum passivation for targeted immobilization of single DNA polymerase molecules in zero-mode waveguide nanostructures. PNAS 105:1176–1181

Lu H, Giordano F, Ning Z (2016) Oxford nanopore MinION sequencing and genome assembly. Genom Proteom Bioinf 14:265–279

**⬛ Abb. 34.20** Nanoporensequenzierung. (**A**) Doppelsträngige DNA wird über ein Motorprotein mit Helicase-Aktivität entwunden und einzelsträngig durch die Pore geschleust. (**B**) Sequenzierungsdiagramm entsprechend des reduzierten Ionenstromes. (Verändert nach Oxford Nanopore Technologies)

**34**

Struktur sorgt und die Poren jeweils über einer Elektrode zur individuellen Messung positioniert. Die insgesamt 2048 Proteinporen sind in 512 Kanälen, die jeweils aus vier Poren mit Sensor-Wells bestehen, angeordnet. Jeder Kanal misst das Stromsignal von einer der vier Poren, sodass 512 Moleküle gleichzeitig verarbeitet werden können. Ein ASIC-Chip (*Application Specific Integrated Circuit*) kontrolliert die Kanäle und leitet die Signale an die Auswertungssoftware weiter, die die Daten sammelt und prozessiert. Aus diesen Rohdaten werden im Zuge des Basecallings, welches auf Maschinenlernen-Modellen beruht, die Basensequenz sowie biologische Eigenschaften wie Basenmodifikationen durch entsprechende Algorithmen ermittelt. Die Signale werden dafür in diskrete Ereignisse segmentiert, Durchschnitt, Standardabweichung und Dauer zusammengefasst, in Zusammenhang mit Prozessinformationen gebracht und im FAST5-Dateiformat gespeichert.

Die Fortschritte der Sequenzierverfahren stellen eine der wichtigsten Entwicklungen in den Lebenswissenschaften in der jüngsten Vergangenheit dar. Wurde vor 30 Jahren noch von vielen bezweifelt, dass es jemals möglich sein würde, die gut drei Milliarden Bausteine des menschlichen Genoms zu sequenzieren, kann heute ein Humangenom innerhalb eines Tages für rund US-$ 1000 sequenziert werden. Dabei werden große Daten-

mengen erzeugt, und die große Herausforderung besteht nun darin, diese Sequenzinformationen zu interpretieren und mit Sinn zu erfüllen.

Magi A et al (2017) Nanopore sequencing data analysis: state of the art, applications and challenges. Brief Bioinform 19:1256–1272

Mardis ER (2008) Next-generation DNA sequencing methods. Annu Rev Genom Hum Genet 9:387–402

Mardis ER (2013) Next-generation sequencing platforms. Annu Rev Anal Chem 6:287–303

Mortazavi A et al (2008) Mapping and quantifying mammalian transcriptomes by RNA-seq. Nat Methods 5:621–628

Niedringhaus TP et al (2011) Landscape of next-generation sequencing technologies. Anal Chem. https://doi.org/10.1021/ac2010857

Pop M, Salzberg SL (2008) Bioinformatics challenges of new sequencing technology. Trends Genet 24:142–149

Quince C et al (2017) Shotgun metagenomics, from sampling to analysis. Nat Biotechnol 35:833–844

Rothberg JM, Leamon JH (2008) The development and impact of 454 sequencing. Nat Biotechnol 26:1117–1124

Rothberg JM et al (2011) An integrated semiconductor device enabling non-optical genome sequencing. Nature 475:348–352

Sanger F, Nicklen S, Coulson AR (1977) DNA sequencing with chain-terminating inhibitors. PNAS 74:5463–5467

Stoddart D et al (2009) Single-nucleotide discrimination in immobilized DNA oligonucleotides with a biological nanopore. PNAS 106:7702–7707

Tabor S, Richardson CC (1990) DNA sequence analysis with a modified bacteriophage T7 DNA polymerase. JBC 265:8322–8328

Venter JC, Adams MD, Meyers EW et al (2001) The sequence of the human genome. Science 291:1304–1351

# Analyse der epigenetischen Modifikationen

*Reinhard Dammann*

## Inhaltsverzeichnis

35.1    Überblick über die Detektionsmethoden der DNA-Modifikationen – 887

35.2    Analyse der Cytosin-Modifikationen mit der Bisulfittechnik – 887

35.2.1  Amplifikation und Sequenzierung von bisulfitbehandelter DNA – 889

35.2.2  Restriktionsanalyse nach Bisulfit-PCR – 890

35.2.3  Methylierungsspezifische PCR – 891

35.3    Analyse der DNA mit methylierungsspezifischen Restriktionsenzymen – 893

35.4    Methylierungsanalyse durch Methylcytosin-bindende-Domäne-Proteine – 895

35.5    Antikörperspezifische Analysen der modifizierte DNA – 896

35.6    Analyse von modifizierten Basen durch DNA-Hydrolyse und Nearest-Neighbor-Assays – 897

35.7    Analyse von epigenetischen Modifikationen von chromatinassoziierten Proteinen – 898

35.8    Chromosomenkonformationsanalyse – 899

35.9    Ausblick – 900

        Literatur und Weiterführende Literatur – 900

© Springer-Verlag GmbH Deutschland, ein Teil von Springer Nature 2022
J. Kurreck et al. (Hrsg.), *Bioanalytik*, https://doi.org/10.1007/978-3-662-61707-6_35

- Die Expression von eukaryotischen Genen wird zusätzlich zur klassischen Transkriptionskontrolle über epigenetische Modifikationen des Chromatins reguliert.
- Verschiedenen Modifikationen, wie Methylierung der DNA und Modifikationen von Histonen, kommt dabei eine wichtige Rolle zu. Zusätzlich haben Histonvarianten und die räumliche Organisation der Chromosomen eine Bedeutung in der epigenetischen Regulation der Genexpression.
- Die Modifikationen der DNA können mittels bisulfitbasierter Techniken oder Immunpräzipitation der DNA unterschieden werden und können anschließend mit *Next-Generation*-Sequenzierungstechnologien (NGS) analysiert werden.
- Chromatinimmunpräzipitationen erlauben die Untersuchungen von Histonmodifikationen, Histonvarianten oder anderer chromatinassoziierter Proteine und können ebenfalls mit NGS kombiniert werden.
- Untersuchungen zur räumlichen Organisation des Genoms können mittels Chromosomen-Konformations-Analyse, wie z. B. der 3C-Technik, durchgeführt werden.
- Die Analyse der epigenetischen Modifikationen des Genoms ist für die Entschlüsselung von gewebe- oder krankheitsspezifischen Regulationsmechanismen essenziell.

Die wichtigste epigenetische Modifikation der DNA ist die Methylierung von Cytosin am C5-Atom zu **5-Methylcytosin** $^{5m}$C (◲ Abb. 35.1). 5-Methylcytosin kann zu **5-Hydroxymethylcytosin** $^{5hm}$C, **5-Formylcytosin** $^{5f}$C und **5-Carboxycytosin** $^{5ca}$C oxidiert werden (◲ Abb. 35.1). Die Methylierung von Adenin am N6-Atom zu $N^6$**-Methyladenin** $^{N6m}$A (◲ Abb. 35.1) ist auch in Prokaryoten zu finden und dient hier als Schutzmechanismus (**Dam-Methylierung**: G$^{N6m}$ATC) der eigenen DNA gegen sequenzspezifische Restriktionsenzyme. Methylierung von Cytosin (**Dcm-Methylierung**: C$^{5m}$CWGG) ist ebenfalls in Bakterien anzutreffen, wurde aber auch zusätzlich in Pflanzen, Invertebraten und Vertebraten als Modifikation (z. B. **CpG-Methylierung**: $^{5m}$CG) nachgewiesen.

In Säugetieren werden Cytosine nur dann methyliert, wenn die Base auf Guanin folgt, dies wird als **Dinucleotid** $^{5m}$**CpG** bezeichnet. Diese Methylierungen werden *in vivo* durch **DNA-Methyltransferasen** (DNMT) bewerkstelligt. Interessanterweise wurde in menschlichen Stammzellen zusätzlich eine $^{5m}$CpA- und $^{5hm}$C-Methylierung detektiert. 5-Hydroxymethylcytosin $^{5hm}$C wurde außerdem im Gehirn nachgewiesen und entsteht durch Oxidierung von $^{5m}$C durch **TET-Enzyme**. Die progressive Oxidierung von $^{5hm}$C zu $^{5f}$C und $^{5ca}$C durch TET sind weitere Intermediate in der Demethylierung der DNA.

◲ **Abb.    35.1** 5-Methylcytosin,    5-Hydroxymethylcytosin, 5-Formylcytosin, 5-Carboxycytosin und N$^6$-Methyladenin

In humanen somatischen Zellen macht die methylierte Base $^{5m}$C nur 1 % aller DNA-Basen aus, jedoch sind 70–80 % der CpG methyliert. Das Dinucleotid CpG ist im menschlichen Genom unterrepräsentiert, wird aber in GC-reichen Sequenzen vermehrt gefunden. Diese Regionen werden als **CpG-Inseln** bezeichnet. Etwa 60 % aller menschlichen Gene haben eine solche CpG-Insel in ihrem Promotorbereich. Diese CpG-Inseln sind in der Regel unmethyliert. Die Methylierung von Cytosin hat einen direkten Effekt auf die Genaktivität durch die veränderte Bindung von regulatorischen Proteinen an die methylierte Sequenz und einen indirekten Effekt auf die Genexpression durch die Inaktivierung der Chromatinstruktur. Somit agiert die fünfte Base $^{5m}$C als **epigenetischer Schalter** und ist zentral an der Vererbung der Genaktivität beteiligt. Da die Hypermethylierung von regulatorischen Sequenzen zur Inaktivierung der Genexpression führt, werden diese epigenetischen Veränderungen als wichtiger Mechanismus in der Inaktivierung von Tumorsuppressorgenen angesehen. Die DNA-Methylierung spielt nicht nur in der Kanzerogenese, sondern auch in der zellulären Entwicklung und Alterung eine entscheidende Rolle. Weiterhin bestimmt die DNA-Methylierung die allelspezifische Expression von paternal und maternal vererbten Genen, die als elterliche **Prägung** (*imprinting*) bezeichnet wird, und ist in weitere regulatorische Vorgänge wie der X-Chromosom-Inaktivierung involviert.

Bei der Genexpression kommen der Chromatinorganisation und den **Modifikationen von Histonen** wichtige Rollen in der epigenetischen Genregulation zu. Während bei aktiven Genen eine offene Chromatinstruktur (Euchromatin) mit acetylierten Histonen vorliegt, wird bei stillgelegten Genen eine geschlossene Chromatinstruktur (Heterochromatin) mit deacetyliertem Histon nachgewiesen. Zusätzlich werden Nucleosomen durch Methylierung, Phosphorylierung und weitere posttranslationale Veränderungen der Histone modifiziert. Daneben gibt es verschiedene **Varianten von Histonen**, die ebenfalls in der Genregulation involviert sind. In den folgenden Abschnitten werden einige Methoden vorgestellt, mit denen veränderte epigenetische Modifikationen (DNA- und Histonmodifikationen) untersucht werden können.

## 35.1 Überblick über die Detektionsmethoden der DNA-Modifikationen

Es gibt sechs Hauptverfahren, um die DNA-Modifikationen zu untersuchen:

- chemische Deaminierung von C mit
  1. Bisulfit zu Uracil

- proteinspezifische Analysen der DNA-Sequenzen mit
  2. methylierungssensitiven Restriktionsenzymen
  3. $^{5m}$C-bindenden-Domänen- (MBD-)Proteinen
  4. $^{5m}$C-, $^{5hm}$C-, $^{5f}$C- oder $^{5ca}$C-spezifischen Antikörpern
- Untersuchung der Basenzusammensetzung der gesamten DNA durch die
  5. DNA-Hydrolyse
  6. Nearest-Neighbor-Analyse (◧ Tab. 35.1).

Die chemische Deaminierung mit Bisulfit (Hydrogensulfit) nutzt die unterschiedliche Reaktivität von $^{5m}$C, $^{5hm}$C, $^{5f}$C, $^{5ca}$C und C mit Bisulfit aus, um die Modifikationen von Cytosin in der Sequenzabfolge zu untersuchen. Bei den proteinspezifischen Methoden werden die unterschiedliche Aktivität oder Bindung von Restriktionsenzymen (▶ Abschn. 31.1.4) sowie $^{m}$C-bindenden Proteinen oder Antikörpern (▶ Abschn. 6.1) gegenüber der modifizierten DNA genutzt. Gewisse methylierungssensitive Restriktionsendonucleasen schneiden ihre Erkennungsstelle nicht, wenn die DNA methyliert ist, andere wiederum spalten nur die methylierte DNA oder sind gegen Methylierung insensitiv. Mit diesen Enzymen kann die Methylierung der Restriktionsschnittstellen analysiert werden. $^{5m}$C-bindende-Domänen-Proteine (MBD-Proteine) und Antikörper ($^{5m}$C, $^{5hm}$C, $^{5f}$C oder $^{5ca}$C) werden verwendet, um die DNA zu präzipitieren. Die Modifikationen der gebundenen DNA werden z. B. durch PCR (▶ Kap. 33) quantifiziert. Eine weitere Möglichkeit besteht darin, die gesamte Basenzusammensetzung der DNA zu analysieren. Die genomische DNA wird vollständig hydrolysiert und die Modifikationen der einzelnen Basen werden untersucht. Bei der Nearest-Neighbor-Analyse werden Dinucleotide markiert und deren Zusammensetzung analysiert. Mit der DNA-Hydrolyse und der Nearest-Neighbor-Analyse ist es jedoch nicht möglich, die modifizierten Basen in der genomischen Sequenz zu kartieren. Im Folgenden werden die einzelnen Methoden näher vorgestellt.

## 35.2 Analyse der Cytosin-Modifikationen mit der Bisulfittechnik

Die einfachste und effektivste Methode für die Analyse der DNA-Methylierung ist die Bisulfittechnik. Diese Methode hat ein sehr gutes Auflösungsvermögen, und es ist sowohl möglich, die Methylierungsverteilung der gesamten DNA-Population an einer spezifischen Sequenz zu analysieren, als auch das Methylierungsmuster von einzelnen DNA-Fragmenten vollständig zu untersuchen. Dieses 1974 entwickelte Verfahren wurde 1992 von Frommer und Mitarbeitern zu einer praktischen

◻ **Tab. 35.1**    Überblick über die wichtigsten Methoden für die Untersuchung der DNA-Modifikationen

| Methode | Prinzip | Nachweis | Limitierung |
|---|---|---|---|
| Bisulfittechnik | Resistenz von $^{5m}$C und $^{5hm}$C gegenüber Deaminierung zu Uracil | – Sequenzierung<br>– Restriktionsanalyse (COBRA)<br>– methylierungsspezifische PCR (MSP) | es können alle methylierten C in einem DNA-Fragment sowohl im oberen wie auch im unteren Strang untersucht werden |
| methylierungssensitive Restriktionsenzyme | unterschiedliche Zugänglichkeit der methylierten DNA für Restriktionsenzyme | – Southern-Blotting<br>– PCR | nur DNA-Modifikationen innerhalb von Restriktionsschnittstellen können untersucht werden |
| $^{5m}$C-bindende-Domänen-(MBD-)Protein-spezifische Analysen (z. B. MIRA) | Präzipitation der DNA oder des Chromatins mit MBD-Proteinen | – Pulldown<br>– qPCR<br>(▸ Abschn. 33.3.1)<br>– Microarray (▸ Kap. 40)<br>– Immunfluoreszenz | erlaubt nur eine Aussage über den Methylierungsstatus eines spezifischen DNA-Fragments |
| Antikörper spezifisch für modifizierte DNA (z. B. MeDIP) | Präzipitation der DNA mit $^{5m}$C-, $^{5hm}$C-, $^{5f}$C- oder $^{5ca}$C-Antikörper | – Immunpräzipitation<br>(▸ Abschn. 6.3.2)<br>– qPCR<br>– Microarray<br>– Immunfluoreszenz | erlaubt nur eine Aussage über die Modifikationen eines spezifischen DNA-Fragments |
| DNA-Hydrolyse | Gesamtanalyse der unterschiedlichen Basenmodifikationen der DNA | – HPLC<br>– Chromatographie<br>– Massenspektrometrie | die Basenzusammensetzung der gesamten DNA wird untersucht |
| Nearest-Neighbor-Analyse | Analyse der unterschiedlichen Modifikation im Kontext der 3'-Base | – HPLC<br>– Chromatographie<br>– Massenspektrometrie | die absolute Häufigkeit der Modifikationen kann untersucht werden |

**35**

Methode weiterentwickelt und hat inzwischen wegen ihrer hohen Auflösung und Zuverlässigkeit eine breite Anwendung gefunden. Sie nutzt die Tatsache aus, dass einzelsträngige Cytosine, aber auch $^{5f}$C und $^{5ca}$C, durch die katalytische Wirkung von Bisulfit HSO$_3^-$ hydrolytisch zu Uracilen deaminiert werden. Das C6-Atom eines zugänglichen Cytosins wird bei einer hohen Bisulfitkonzentration (3,0 M) und sauren Bedingungen (pH 5,0) sulfoniert. Die Aminogruppe am C4-Atom wird dann hydrolysiert, und es entsteht ein Uracil (◻ Abb. 35.2). Das Besondere an dieser Reaktion ist, dass methylierte Cytosine ($^{5m}$C und $^{5hm}$C) nicht umgewandelt werden und als Cytosine erhalten bleiben. Somit können die unmethylierten Cytosine (zu Uracil deaminiert) und Methylcytosine (bleiben C) eindeutig in der Sequenzabfolge unterschieden werden (◻ Abb. 35.3). Die bisulfitbehandelte DNA wird in einer PCR-Reaktion mit Primern, die komplementär zur deaminierten DNA-Sequenz sind, amplifiziert und untersucht. Dabei wird das Uracil durch ein Thymin ersetzt (◻ Abb. 35.3). Die Bi-

sulfittechnik ist wegen der Detektion mittels PCR sehr sensitiv, und es bedarf nur wenig genomischer DNA (50 ng für ein humanes Gen). Es ist sogar möglich, die DNA-Methylierung in weniger als hundert Zellen zu untersuchen. Dabei ist es von Vorteil, wenn die Zellen oder die DNA vor der Bisulfitbehandlung in Agarose eingebettet werden, um den Verlust von DNA zu minimieren.

Ein Problem der Bisulfitbehandlung stellt die unvollständige Konvertierung von C zu T dar. Die inkomplette Denaturierung der DNA während der Bisulfitbehandlung kann dazu führen, dass unmethylierte C nicht deaminiert wurden und deshalb irrtümlicherweise als methylierte C interpretiert werden. Um diese Schwierigkeiten zu überwinden, gibt es verschiedene Modifikationen des Bisulfitverfahrens. Unter anderem kann die DNA vor der Denaturierung mit einem Restriktionsenzym in kurze Fragmente geschnitten werden. (Dabei sollte keine Schnittstelle im zu untersuchenden Fragment enthalten sein.) Weiterhin kann während der

Bisulfitbehandlung durch wiederholte Denaturierung im Thermocycler die vollständige Deaminierung der unmethylierten Cytosine sichergestellt werden. Das DNA-Substrat kann jedoch bei zu ausgiebiger Behandlung degradiert werden. Es ist relativ einfach, die vollständige Bisulfitkonversion durch PCR-Amplifikation und Sequenzierung zu überprüfen. Jegliches Vorhandensein von methyliertem C in einem Nicht-CpG-Kontext ist meist ein Artefakt einer unvollständigen Bisulfitreaktion (C sollte vollständig in T umgewandelt sein) und sollte mit einer weiteren Methode verifiziert werden. In der Praxis hat sich die Bisulfittechnik als ein sehr effizientes und erfolgreiches Verfahren erwiesen, um DNA-Methylierung zu analysieren.

Die klassische Bisulfitmethode kann jedoch nicht zwischen $^{5m}$C und $^{5hm}$C unterscheiden. Um diese beiden Modifikationen zu untersuchen, gibt es weitere Techniken, wie z. B. die oxidative Bisulfitmethode (OxBS). Bei OxBS wird vor der eigentlichen Bisulfitbehandlung ausschließlich $^{5hm}$C mittels $KRuO_4$ (Kaliumperruthenat) zu

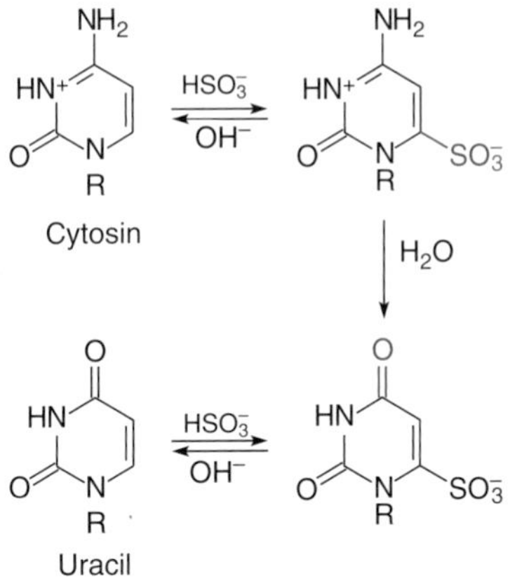

**Abb. 35.2** Natriumbisulfit katalysiert die Deaminierung von unmethyliertem Cytosin zu Uracil

$^{5f}$C- oder $^{5ca}$C oxidiert. Sowohl $^{5f}$C als auch $^{5ca}$C werden durch die anschließende Bisulfitreaktion deaminiert und dann nach PCR-Amplifikation zu T konvertiert. $^{5m}$C wird durch $KRuO_4$ nicht oxidiert. Eine weitere Möglichkeit, um zwischen $^{5m}$C und $^{5hm}$C zu unterscheiden, ist die sog. *TET-assisted*-Bisulfit-Sequenzierungstechnik (TAB-Seq; s. Weiterführende Literatur).

## 35.2.1 Amplifikation und Sequenzierung von bisulfitbehandelter DNA

Die Bisulfitmethode ermöglicht die genspezifische Analyse der Methylierung sowohl für eine gesamte Zellpopulation als auch für individuelle Zellen. Dies hängt davon ab, ob die PCR-Produkte direkt sequenziert (z. B. Pyrosequenzierung oder andere NGS-Verfahren, ▶ Kap. 34) werden oder diese nach Klonierung individuell sequenziert werden. Da die zwei Stränge der DNA nach der Bisulfitkonversion nicht mehr komplementär zueinander sind, können diese mit unterschiedlichen Primern strangspezifisch untersucht werden (◻ Abb. 35.3). Der Amplifikationsprozess führt zu einer Transformation von U (unmethyliertes C) zu T und von $^{5m}$C zu C. Auf dem komplementären Strang des unmethylierten PCR-Produktes wird G (gegenüber C) zu A transformiert. Die Bisulfitkonversion kann man sehr einfach *in silico* durch ein Textverarbeitungsprogramm nachahmen, um die Sequenz und Primer für die Amplifikation der bisulfitbehandelten DNA zu generieren. Beim Design der Primer sind folgende Punkte zu beachten:

1. Die Primer sollten einige deaminerte C (das heißt T im *Forward*-Primer bzw. A im *Reverse*-Primer) enthalten, um die Amplifikation von nicht bisulfitmodifizierter DNA auszuschließen.
2. Die Primer sollten kein CpG in der ursprünglichen DNA-Sequenz beinhalten, um eine bevorzugte Am-

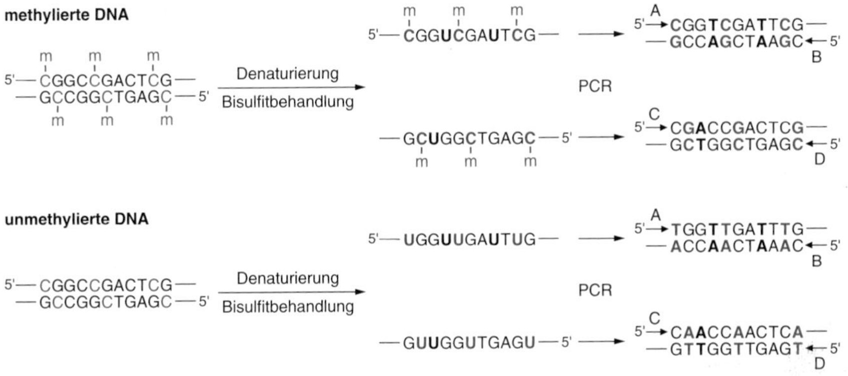

**Abb. 35.3** Prinzip der Methylierungsanalyse durch die Bisulfittechnik. Die DNA wird denaturiert und mit Bisulfit behandelt. Dabei bleiben die methylierten Cytosine ($^m$C) erhalten, während die unmethylierten Cytosine zu Uracil (U) deaminiert werden und nach PCR-Amplifikation als Thymine erscheinen. Nach der Bisulfitbehandlung sind die DNA-Stränge nicht mehr komplementär und werden mit unterschiedlichen Primerpaaren (A, B oder C, D) amplifiziert

plifikation von methylierter oder unmethylierter DNA zu vermeiden (s. auch ▶ Abschn. 35.2.3). Falls dies nicht zu umgehen ist, kann man anstelle von C ein Y (Pyrimidin: C oder T) und im komplementären Strang anstelle von G ein R (Purin: G oder A) einfügen.

3. Da die Primer kein C (im komplementären Strang kein G) enthalten, ist die Schmelztemperatur der Primer meist gering, und es werden Primer von 25–30 nt Länge benötigt.

4. Für die Pyrosequenzierung werden in der Regel ein biotinylierter Primer und ein zusätzlicher Sequenzierprimer benötigt.

5. Das PCR-Produkt sollte nicht länger als 500 bp sein, denn längere DNA-Fragmente werden schlecht amplifiziert. Dies liegt daran, dass durch die Bisulfitbehandlung im sauren pH-Bereich die DNA degradiert wird und keine langen DNA-Fragmente zur Amplifikation mehr vorhanden sind.

6. Mit dem generierten Primer wird die Methylierung nur von einem DNA-Strang untersucht. Die Methylierung im Kontext der doppelsträngigen DNA kann durch die Ligation eines *hairpin linker* vor der Bisulfitbehandlung analysiert werden.

In der Regel sind 50 ng bisulfitbehandelter DNA für eine PCR-Reaktion ausreichend. Sind nur geringe Mengen DNA vorhanden, kann durch eine *Semi-Nested*- oder *Nested*-PCR die Sensitivität der Detektion stark erhöht werden. Nach der PCR-Reaktion wird das Produkt durch Gelelektrophorese isoliert und die DNA-Methylierung wird entweder durch direktes Sequenzieren des PCR-Produktes oder durch vorherige Klonierung in einen passenden Vektor (z. B. mit 5′-T-Überhang) und dann durch Sequenzieren vieler individueller Klone identifiziert. Ein Vorteil der Bisulfittechnik besteht darin, dass die DNA-Methylierung einfach durch herkömmliche Sequenzierung (Dideoxy- oder Maxam-Gilbert-Verfahren) oder Pyrosequenzierung detektierbar ist (◼ Abb. 35.4). Sowohl methylierte C als auch die unmethylierten C sind durch DNA-Sequenzierung nachweisbar: $^mC$ erscheint als C und ein unmethyliertes C als T (◼ Abb. 35.4).

Damit kann die Methylierung aller CpG in einem DNA-Fragment analysiert werden. Bei der Pyrosequenzierung können zusätzlich quantitative Rückschlüsse über den Methylierungsgrad des PCR-Produktes und von nicht konvertierten Cytosinen (s. Bisulfitkontrolle in ◼ Abb. 35.4) erhalten werden. Alternativ kann die Sequenzierung von kurzen DNA-Fragmenten auch mit Massenspektrometrie erfolgen.

Bei der PCR-Reaktion kann es zur präferenziellen Amplifikation (Bias) von unmethylierter oder methylierter DNA kommen, sodass die tatsächliche Verteilung der methylierten Basen im Genom experimentell verändert wird. In Proben, die ein bestimmtes Gemisch aus vollständig methylierter DNA und unmethylierter DNA darstellen, kann dieser Bias untersucht werden. Dabei werden methylierte Standards durch die komplette Methylierung der DNA mit einer CpG-Methylase (*SssI*-Methylase) generiert und unmethylierte DNA durch Klonierung von PCR-Produkten in *Escherichia coli* (Dam-/Dcm-) gewonnen.

## 35.2.2 Restriktionsanalyse nach Bisulfit-PCR

Es wurden weitere sensitive Detektionsverfahren für die einfache Analyse der bisulfitmodifizierten DNA entwickelt. Die Restriktionsanalyse der PCR-Produkte nach der Bisulfitbehandlung ist eine solche Methode. Sie wird in der Literatur auch als **combined bisulfite restriction analysis** (**COBRA**) bezeichnet. Das Prinzip beruht ebenfalls darauf, dass methyliertes C in einer CpG-Sequenz nach Bisulfitbehandlung und PCR C bleibt, während unmethyliertes C zu T modifiziert wird. Wenn ein solches C in einer palindromischen Sequenz (z. B. 5′-TCGA) vorliegt, kann die Methylierung mit einem Restriktionsenzym untersucht werden. Das Restriktionsenzym *Taq*I schneidet die Erkennungssequenz TCGA, sodass die „methylierten" PCR-Produkte verdaut werden (◼ Abb. 35.5 und 35.6). Andererseits fehlt diese Restriktionsschnittstelle im PCR-Produkt, das aus unmethylierter DNA amplifiziert wurde, und das PCR-Fragment wird nicht verdaut (◼ Abb. 35.5 und 35.6). Als diagnostisches Restriktionsenzym für diese Analyse können im Prinzip alle Enzyme mit einem CpG in der Erkennungssequenz verwendet werden (◼ Tab. 35.2) oder die nur ein C am 3′-Ende ihrer Sequenz erkennen (z. B. *Eco*RI: GAATTC). In der Praxis werden vor allem *Taq*I, *Bst*UI *und Tai*I benutzt, da diese Enzyme die meisten CpG-Schnittstellen beinhalten.

Interessanterweise kann dieses Verfahren auch angewandt werden, um die vollständige Konvertierung der C zu T in der analysierten DNA zu verifizieren. Dabei wird ausgenutzt, dass durch die Bisulfitkonversion eine neue Schnittstelle entsteht. Zum Beispiel entsteht aus der ursprünglichen Sequenz 5′-CCGA nur dann die Schnittstelle für *Taq*I (TCGA), wenn das unmethylierte 5′-C zu T modifiziert wurde, das zweite C jedoch resistent, d. h. methyliert war (◼ Abb. 35.5). Das gleiche Prinzip wird auch angewandt, um ein unmethyliertes C in einer CpG-Sequenz zu untersuchen. Wird das C am 3′-Ende einer putativen Erkennungsstelle zu einem T modifiziert, ent-

**A**

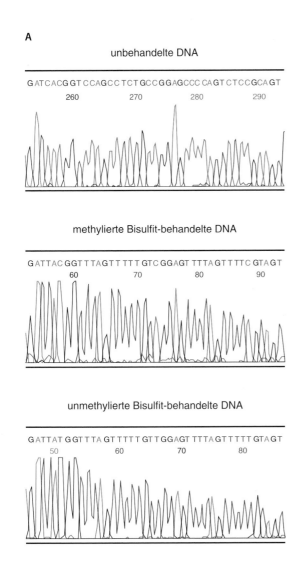

**B**

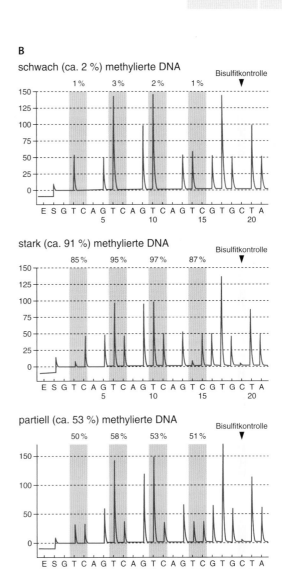

**Abb. 35.4** Beispiele einer Bisulfit-Methylierungsanalyse nach konventioneller Sequenzierung **A** oder Pyrosequenzierung **B** von PCR-Produkten des RASSF1A-Promotors. **A** Nach der Bisulfitbehandlung und PCR-Amplifikation werden alle unmethylierten Cytosine C durch Thymine T ersetzt. Die methylierten C im CpG sind gegen diese Konversion resistent. **B** Pyrogramme von drei Pyrosequenzierungsreaktionen mit der Sequenz YGTTYGGTTYGYGTTT-GTTA und verschiedenem Methylierungsgrad der PCR-Produkte. Doppelte Signalhöhe bedeutet den aufeinanderfolgenden Einbau von zwei gleichen Nucleotiden

steht die neue Restriktionsschnittstelle nur in der deaminierten, „unmethylierten" DNA (■ Abb. 35.5). Wird zum Beispiel die unmethylierte Sequenz AATCG zu AATTG modifiziert, spaltet das Restriktionsenzym *Tas*I die neu entstandene Sequenz AATT (■ Abb. 35.5). Die Limitierung der Bisulfit-kombinierten Restriktionsanalyse ist, dass nur die Analyse der DNA-Methylierung an putativen Enzymerkennungsstellen möglich ist und damit nicht alle CpG untersucht werden können. Die Restriktionsanalyse von PCR-Produkten aus bisulfitbehandelter DNA ist ein quantitatives Verfahren, um die DNA-Methylierung zu analysieren, wenn es zusätzlich mit einer Markierungsmethode (z. B. Endlabeling der Primer) kombiniert wird.

### 35.2.3 Methylierungsspezifische PCR

Methylierungsspezifische PCR (MSP) wurde 1996 von Herman und Mitarbeitern entwickelt, um die Sensitivität des Nachweises der methylierten DNA nach einer Bisulfitbehandlung zu erhöhen. Die MSP-Analyse ist sehr sensitiv und kann bis zu 0,1 % methylierte (bzw. unmethylierte) DNA-Sequenzen in der Probe detektieren. In dem MSP-Verfahren werden unterschiedliche Primerpaare für die Amplifikation der methylierten bzw. unmethylierten DNA nach der Bisulfitmodifikation benutzt (■ Abb. 35.7). Diese Primer liegen in den zu untersuchenden CpG der DNA-Regionen und geben den Methylierungsgrad dieser C wieder. Bei den Pri-

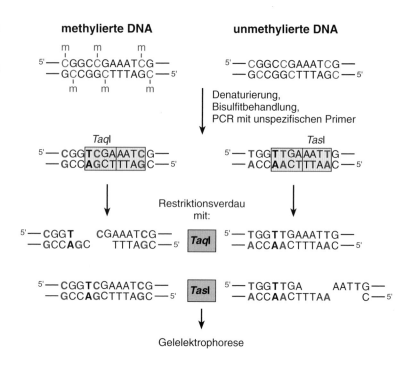

**Abb. 35.5** Prinzip der Restriktionsanalyse nach Bisulfit-PCR. Die DNA wird denaturiert, mit Bisulfit behandelt und mit PCR amplifiziert. Während die unmethylierten Cytosine zu Thyminen T modifiziert werden, bleiben die methylierten Cytosine ᵐC erhalten. Dabei entsteht in der „methylierten" DNA die Restriktionsschnittstelle für *Taq*I (5′-TCGA) und in der „unmethylierten" DNA die Erkennungsstelle für *Tas*I (5′-AATT)

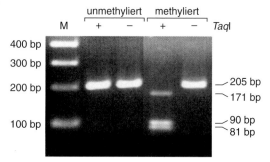

**Abb. 35.6** Beispiel einer Restriktionsanalyse des RASSF1A-Promotors nach Bisulfit-PCR. Das 205 bp lange, „unmethylierte" PCR-Produkt wird durch *Taq*I nicht verdaut. Das „methylierte" PCR-Produkt wird in 171 bp (partiell methyliert), 90 und 81 bp gespalten. (Das 34 bp lange Fragment ist nicht zu erkennen.) Ein 100-bp-Marker dient als Längenstandard für das 2 %ige Agarose-Gel (Spur M)

**Tab. 35.2** Enzyme für die Restriktionsanalyse von bisulfitmodifizierter DNA in PCR-Produkten

| Restriktionsenzym | Erkennungssequenz |
|---|---|
| **für methylierte DNA (CpG)** | |
| *Taq*I | T/CGA |
| *Bst*UI | CG/CG |
| *Tai*I (*Mae*II, *Hpy*CH4IV) | ACGT/ |
| *Bsi*WI | C/GTACG |
| *Pvu*I | C/GATCG |
| *Cla*I | AT/CGAT |
| *Mlu*I | A/CGCGT |
| **für unmethylierte DNA (TpG)** | |
| *Tas*I (*Tsp*509I) | /AATT |
| *Ase*I (*Vsp*I) | AT/TAAT |
| *Ssp*I | AAT/ATT |

mern für die Amplifikation der methylierten DNA (methylierungsspezifisches Primerpaar) werden die C (im Reverse-Primer G) in der CpG-Sequenz beibehalten (**Abb. 35.7**). Deshalb binden diese Primer ausschließlich die methylierte, bisulfitmodifizierte DNA und amplifizieren nur die methylierte DNA. Anderseits werden bei den Primern für die Amplifikation der unmethylierten DNA (unmethylierungsspezifisches Primerpaar) diese C durch T ersetzt (im Reverse-Primer G durch A), und diese Primer binden und amplifizieren nur die deaminierten C (=U) der unmethylierten DNA.

Nach einer Gelelektrophorese wird der Methylierungsgrad nun direkt aus der Präsenz der methy-lierten und unmethylierten PCR-Produkte evaluiert (**Abb. 35.8**). Um die spezifische Amplifikation von methylierter bzw. unmethylierter DNA durch die MSP-Technik zu gewährleisten, müssen einige Punkte während des Primerdesigns beachtet werden, und es ist auch ratsam, Kontrollen mit einem bekannten Methylierungszustand bei einer MSP-Analyse mitzuführen.

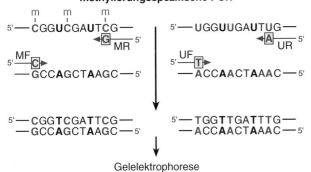

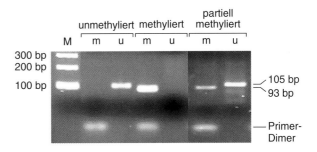

**□ Abb. 35.8** Beispiel einer methylierungsspezifischen PCR des RASSF1A-Promotors. Nach Bisulfitbehandlung ergibt eine unmethylierte Probe nur mit dem unmethylierungsspezifischen Primerpaar u ein PCR-Produkt (105 bp). In der methylierten Probe wird dagegen ein PCR-Produkt (93 bp) nur mit dem methylierungsspezifischen Primerpaar m generiert. In einer partiell methylierten Probe werden mit beiden Primerpaaren PCR-Produkte detektiert. Ein 100-bp-Marker dient als Längenstandard auf dem 2 %igen Agarosegel (Spur M)

**□ Abb. 35.7** Prinzip der methylierungsspezifischen PCR. Die DNA wird denaturiert und mit Bisulfit behandelt. Dabei bleiben die methylierten Cytosine $^mC$ erhalten, während die unmethylierten C zu Uracil U deaminiert werden. Die „methylierte" DNA wird mit methylierungsspezifischen Primern MF und MR amplifiziert und die „unmethylierte" DNA mit unmethylierungsspezifischen Primern UF und UR

Bei der Primerkonstruktion sollten folgende Punkte beachtet werden:
- Die methylierungsspezifischen Primer sollten am 3'-Ende ein C (Reverse-Primer ein G) haben.
- Die unmethylierungsspezifischen Primer sollten am 3'-Ende des Forward-Primers ein T oder im Reverse-Primer ein A haben.
- Die Primer sollten drei bis vier CpG bzw. TpG enthalten, um eine spezifische Amplifikation der methylierten bzw. unmethylierten DNA zu gewährleisten.
- Um die Spezifität der methylierten Primer für bisulfitmodifizierte DNA zu erhöhen, sollten die Primer einige „deaminierte" C, d. h. T im Forward-Primer bzw. A im Reverse-Primer, enthalten.
- Um die Methylierungslevel von CpG zu verifizieren, die innerhalb des PCR Produkts sind, können die PCR-Produkte sequenziert oder mittels COBRA (z. B. *Taq*I-Verdau der PCR-Produkte in □ Abb. 35.7) untersucht werden.

Die Vorteile der MSP-Methode liegen in der hohen Sensitivität und in der Einfachheit des Verfahrens. Inzwischen wird die MSP-Technik mit der Real-Time-Detektion kombiniert (*real time MSP*). In der *MethyLight-Methode* wird während der PCR eine methylierungs- (bzw. unmethylierungs-) spezifische *Taq-Man-Sonde* eingesetzt. Mit diesem Verfahren ist es möglich, eine sehr gute quantitative Aussage über den Methylierungsgrad der analysierten CpG zu erhalten.

## 35.3 Analyse der DNA mit methylierungsspezifischen Restriktionsenzymen

Einige Restriktionsendonucleasen können die DNA nicht schneiden, wenn ihre Erkennungsstellen methyliert sind, während andere Restriktionsenzyme gegen diese DNA-Methylierung insensitiv sind (▸ Abschn. 31.1.4). Eine dritte Gruppe wiederum braucht eine Methylierung an der Erkennungsstelle, um diese schneiden zu können. Diese Restriktionsendonucleasen werden verwendet, um $^{5m}C$ und $^{N6m}A$ innerhalb ihrer Erkennungsstelle zu identifizieren. Die Enzyme *Hpa*II und *Msp*I werden häufig für die Analyse des Methylierungsstatus von CpG-Dinucleotiden verwendet (□ Abb. 35.9). Beide Enzyme erkennen die Sequenz 5'-CCGG, aber *Hpa*II kann diese Sequenz nur dann spalten, wenn das zweite Cytosin unmethyliert ist. Die ungehinderte Zugänglichkeit der DNA an dieser Schnittstelle wird durch die Verwendung des **methylierungsinsensitiven Isoschizomers *Msp*I** überprüft. *Msp*I kann sowohl die methylierte $C^mCGG$-Sequenz als auch die unmethylierte CCGG-Sequenz schneiden. Die unterschiedlichen Restriktionsfragmente von *Hpa*II und *Msp*I werden durch Southern-Blot (▸ Abschn. 31.1.3.2) oder PCR (▸ Kap. 33) nachgewiesen (□ Abb. 35.9). Für die Analyse der Methylierung durch Southern-Blot werden in der Regel 10 µg DNA eingesetzt. Dies erlaubt eine quan-

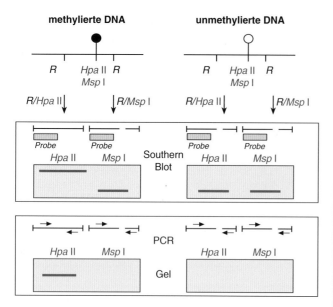

**Tab. 35.3** Methylierungssensitive Enzyme und nichtsensitive Isoschizomere für die Restriktionsanalyse

| Sensitives Enzym (nichtsensitives Isoschizomer) | Methylierte Erkennungssequenz (Isoschizomer) |
|---|---|
| **$^{m}$CpG-Methylierung** | |
| *Hpa*II (*Msp*I) | /C$^{m}$CGG (C/$^{m}$CGG) |
| *Bst*UI | $^{m}$CG/$^{m}$CG |
| *Not*I | G$^{m}$C/GGC$^{m}$CGC |
| *Asc*I | GG/$^{m}$CG$^{m}$CGCC |
| *Sma*I (*Xma*I) | CC$^{m}$C/GGG (C/C$^{m}$CGGG) |
| **Dcm-Methylierung – C$^{m}$CWGG** | |
| *Eco*RII (*Bst*NI) | /C$^{m}$CWGG (C$^{m}$C/WGG) |
| *Sfo*I (*Nar*I) | GGC/GC$^{m}$CWGG (GG/CGC$^{m}$CWGG) |
| *Acc*65I (*Kpn*I) | G/GTAC$^{m}$CWGG (GG/TAC$^{m}$CWGG) |
| **Dam-Methylierung – G$^{m}$ATC** | |
| *Mbo*I (*Sau*3AI) | /G$^{m}$ATC (/G$^{m}$ATC) |
| *Dpn*II (*Sau*3AI) | /G$^{m}$ATC (/G$^{m}$ATC) |
| *Bcl*I | T/G$^{m}$ATCA |
| *Alw*I | GG$^{m}$ATC 4/5 |

**Abb. 35.9** DNA-Methylierungsanalyse mit methylierungsspezifischen Restriktionsenzymen. Das methylierungssensitive Enzym *Hpa*II schneidet nur die unmethylierte DNA. Diese Inhibierung wird durch Southern-Blot oder PCR nachgewiesen und mit dem insensitiven Enzym *Msp*I verglichen, das sowohl die methylierte als auch die unmethylierte DNA spaltet. Die DNA wird für die Southern-Blot-Analyse mit einem weiteren insensitiven Restriktionsenzym *R* verdaut

titative Abschätzung der methylierten Zellpopulation an der spezifischen Schnittstelle. Southern-Blot und Hybridisierung können nach Standardverfahren durchgeführt werden. Die PCR-Analyse des Restriktionsverdaus bedarf nur wenig DNA (50 ng) und ermöglicht die Detektion von sehr geringen Mengen methylierter DNA, ist aber dadurch auch anfällig für falsch-positive Signale (s. unten). Für die Analyse werden zwei Primer so gewählt, dass sie die zu untersuchende Stelle flankieren. Das PCR-Produkt wird durch Gelelektrophorese analysiert und mit verschiedenen Kontrollen verglichen. Nur in der methylierten Probe wird nach Restriktionsverdau mit dem methylierungssensitiven Enzym *Hpa*II ein PCR-Fragment amplifiziert. Bei der PCR nach Verdau mit dem insensitiven *Msp*I wird kein Produkt erwartet. Als weitere Kontrolle kann man die DNA mit einem Restriktionsenzym schneiden, das außerhalb des analysierten Fragment spaltet, und nach diesem Verdau sollte ein PCR-Produkt detektiert werden.

Für die Methylierungsanalyse von $^{m}$CpG können eine Reihe von methylierungssensitiven Restriktionsenzymen benutzt werden. Die bekanntesten Enzyme sind in ☐ Tab. 35.3 aufgelistet. Mit diesen Enzymen kann nicht nur die Methylierung von bekannten Schnittstellen untersucht werden. Auch unbekannte DNA-Fragmente können isoliert werden, die gegen den Verdau durch methylierungssensitive Restriktionsenzyme resistent sind. Beispiele für die Verfahren zur Identifikation neuer

methylierter DNA-Fragmente sind *methylation-sensitive arbitrarily primed PCR, differential methylation hybridization* und *restriction landmark genome scanning* (s. Weiterführende Literatur).

Die Methylierungsanalyse mit Restriktionsenzymen erfordert eine gewisse Vorsicht: Der unvollständige Verdau von unmethylierter DNA mit einem methylierungssensitiven Enzym kann irrtümlicherweise suggerieren, dass die Restriktionsstelle partiell methyliert ist. Die Spaltung der unmethylierten DNA kann durch die Verunreinigung der Probe mit Zellmembranen, Kohlenhydraten oder Lipopolysacchariden oder durch falsche Reaktionsbedingungen (Salz und pH-Wert) inhibiert werden. Deshalb muss die DNA vor der Spaltung gut gereinigt werden.

In *Escherichia coli* ist Cytosin meist innerhalb der Sequenz 5'-C$^{5m}$CWGG (W = A oder T) methyliert, und dies wird auch als **Dcm-Methylierung** bezeichnet. Der Methylierungsstatus dieser Sequenz kann mit dem Enzympaar *Eco*RII-*Bst*NI analysiert werden (☐ Tab. 35.3). Während *Eco*RII die methylierte Sequenz (C$^{5m}$CWGG) nicht spaltet, schneidet das Isoschizomer *Bst*NI sowohl die methylierte als auch unmethylierte Sequenz. Nach dem Restriktionsverdau kann die Existenz der Schnittstelle einfach mit PCR untersucht werden. Es gibt eine Reihe von Enzymen, die für die Dcm-Methylierung in der Erkennungssequenz sensitiv sind, eine Auswahl ist in ◻ Tab. 35.3 aufgeführt.

In Prokaryoten ist Methylierung von Adenin meist in der Sequenz 5′-G$^{N6m}$ATC zu finden, dies wird als **Dam-Methylierung** bezeichnet. Um diese Adeninmethylierung zu analysieren, kann das Enzympaar M*bo*I-*Sau*3A benutzt werden (◻ Tab. 35.3). Beide Enzyme erkennen die Sequenz GATC. *Mbo*I ist sensitiv gegen ein $^{N6m}$A, und die methylierte Sequenz wird nicht geschnitten. *Sau*3A hingegen ist insensitiv gegenüber dieser Methylierung und schneidet die Sequenz GATC. Die Detektion von methylierten G$^{N6m}$ATC-Sequenzen kann auch mittels *Dpn*I durchgeführt werden. *Dpn*I schneidet die DNA dabei nur, wenn die Schnittstelle an beiden Strängen ein methyliertes Adenin hat.

Es ist zu beachten, dass die Dcm- und Dam-Methylierung bei der Klonierung von DNA-Fragmenten aus *Escherichia coli* Probleme verursachen können, wenn Restriktionsschnittstellen methyliert sind. Oft ist das Methylierungsmotiv erst durch die überlappende Sequenz codiert. Die Restriktionsenzyme *Cla*I (ATCGAT) und *Xba*I (TCTAGA) schneiden die DNA nicht, wenn ein Adenin durch eine überlappende Dam-Methylierung modifiziert wurde (ATCG$^m$ATC respektive TCTAG$^m$ATC). Das Enzym *Stu*I (AGGCCT) ist durch die Dcm-Methylierung (AGGC$^m$CTGG) inhibiert. Es ist wichtig, die flankierenden Basen auf die Sequenzzusammensetzung zu analysieren, um die scheinbare Abwesenheit einer Schnittstelle zu erklären. Dieses Problem kann durch die Wahl eines insensitiven Isoschizomers oder eines *Escherichia-coli*-Stammes, der negativ für die Dcm- oder Dam-Methylierung ist, umgangen werden.

> **Isoschizomere** sind Restriktionsendonucleasen mit identischer Erkennungssequenz, sie können gleiche Schnitte oder unterschiedliche Schnittstellen erzeugen.

## 35.4 Methylierungsanalyse durch Methylcytosin-bindende-Domäne-Proteine

Diese Verfahren basierten auf Proteinen, die eine hohe Affinität zur methylierten DNA besitzen. Aus Säugetierzellen wurden Proteine isoliert, die spezifisch methylierte Cytosine binden können und in die Inaktivierung der Genexpression und Veränderungen der Chromatinstruktur involviert sind. Diese Proteine werden als **Methyl-CpG-bindende Proteine (MeCP)** bezeichnet und besitzen eine **Methylbindedomäne (MBD)**. Inzwischen wurden verschiedene solcher Proteine isoliert (z. B. MeCP2, MBD1, MBD2 und MBD3). Diese $^m$C-bindende-Domäne- (MBD-)Proteine werden für verschiedene Methoden benutzt, um die Methylierung von bekannten oder unbekannten Regionen zu analysieren (◻ Abb. 35.10). An Nickelagarose gekoppeltes His-markiertes MBD wird als Säulenmaterial für eine Affinitätschromatographie benutzt. Die zu untersuchende DNA wird durch Sonifikation oder Restriktionsverdau zerkleinert und auf die Säule gegeben. Bei bestimmten Salzkonzentrationen wird die methylierte DNA an der Säule gebunden, jedoch die unmethylierte DNA eluiert. Anschließend wird die methylierte DNA mit einer hohen Salzkonzentration eluiert und untersucht. Die methylierte DNA kann durch Real-Time-PCR quantifiziert werden, auf Microarrays an genomische DNA hybridisiert werden oder durch Next-Generation-Sequenzierung (NGS) analysiert werden (◻ Abb. 35.10).

Im ***Methylated-CpG-Island-Recovery*-Assay (MIRA)** wird der Umstand genutzt, dass MBD3L an MBD2 bindet und damit die Affinität von MBD2 für methylierte DNA verstärkt. Für MIRA werden rekombinantes GST-markiertes MBD2b-Protein und His-markiertes MBD3L1-Protein in Bakterien exprimiert und über Glutathion-Sepharose-4B-Beads respektive Ni-NTA-Agarose-Beads gereinigt. Die zu untersuchende DNA wird isoliert und z. B. mit dem Enzym *Mse*I geschnitten. *Mse*I erkennt die Schnittstelle TTAA und schneidet selten in CpG-Inseln. 1 µg gereinigtes GST-MBD2b und 1 µg His-MBD3L werden zusammen mit 500 ng unmethylierter DNA (z. B. bakterielle DNA) vorinkubiert und dann mit ca 500 ng fragmentierter genomischer DNA für einige Stunden bei 4 °C inkubiert. Dabei bindet die methylierte DNA an MBD2b/MBD3L. Die methylierte DNA wird durch Zugabe von MagneGST-Beads präzipitiert und die Beads werden gewaschen. Anschließend wird die methylierte DNA von den Beads eluiert und analysiert. So kann die DNA nach Ligation von Linkern amplifiziert, markiert und auf Microarrays hybridisiert werden. Zum Beispiel kann tumorspezifische DNA-Methylierung durch Fluoreszenzmarkierung von DNA aus Tumorgewebe mit Cy5 (rot) zu DNA aus Normalgewebe, die mit Cy3 (schwarz) markiert wurde, verglichen werden (◻ Abb. 35.11).

Bei der **Chromatinimmunpräzipitation (ChIP)** werden MBD-Proteine *in vivo* durch Formaldehyd mit der DNA vernetzt, die Protein-DNA-Komplexe werden anschließend gereinigt und mit einem Anti-MBP-Antikörper präzipitiert (s. auch ▶ Abschn. 35.7).

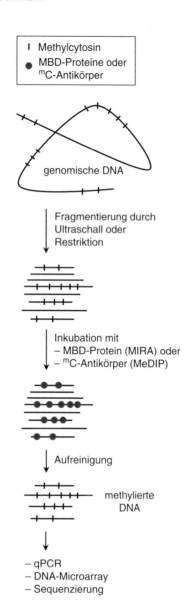

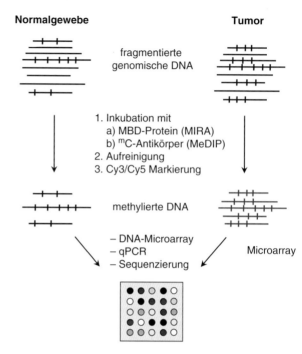

**⬚ Abb. 35.11** Analyse der differenziellen Methylierung von Normal- und Tumorgewebe. Die genomische DNA wird in ca 500 bp fragmentiert und spezifisch an MBD-Proteinen (MIRA) oder Methylcytidin/Cytosin-spezifischen Antikörpern (MeDIP) aufgereinigt. Die methylierte DNA wird z. B. mit Fluoreszenz markiert und auf Microarrays analysiert

**⬚ Abb. 35.10** Analyse der DNA-Methylierung mit ${}^{m}$C-bindenden Proteinen. Die genomische DNA wird durch Ultraschall oder Restriktionsverdau in ca 500 bp fragmentiert und spezifisch an Methylcytosin-bindende Proteine (MBD) oder ${}^{m}$C-Antikörper gebunden und präzipitiert und aufgereinigt. Die methylierte DNA kann durch PCR quantifiziert, sequenziert oder auf Microarrays analysiert werden

Wiederum kann die methyierte DNA durch PCR oder Microarray (ChIP on Chip) untersucht werden. Next-Generation-Sequenzierung (NGS) ermöglicht es, neue methylierte DNA-Sequenzen zu identifizieren.

## 35.5 Antikörperspezifische Analysen der modifizierte DNA

Eine weitere Methode zum Detektieren und Quantifizieren der methylierten DNA beruht auf der Entwicklung von Antikörpern (▶ Abschn. 6.1), die spezifisch ${}^{5m}$C oder ${}^{5hm}$C binden (⬚ Abb. 35.10). Diese Anti-körper interagieren mit einzelsträngiger, methylierter DNA. Damit kann die methylierte DNA präzipitiert und analysiert werden. Die Sensitivität des Anti-5-Methylcytosin-Antikörpers ist sehr hoch. Der monoklonale Maus-Anti-${}^{5m}$C-Antikörper kann spezifisch mit der methylierten DNA in 10 ng genomischer DNA reagieren, von der bekannt ist, dass sie 3 % ${}^{5m}$C enthält. Mit diesen Antikörpern ist es ebenfalls möglich, die methylierte DNA zu binden und mit Real-Time-PCR oder Next-Generation-Sequenzierung (NGS) zu untersuchen (⬚ Abb. 35.10 und 35.11). Diese Methode wird auch als **Methylated-DNA-Immunpräzipitation (MeDIP)** bezeichnet. Alternativ können auch Antikörper, die spezifisch 5-Formylcytosin (${}^{5f}$C), 5-Carboxycytosin (${}^{5ca}$C) oder auch N⁶-Methyladenosin (${}^{N6m}$A) binden, verwendet werden.

Bei MeDIP werden ca. 4 µg genomische DNA durch Ultraschall in 300–1000 bp große Fragmente geschert und durch Erhitzen denaturiert. Ein Teil der gescherten DNA kann als sog. Inputkontrolle benutzt werden. Anschließend wird die DNA mit 10 µl monoklonalem Maus-Anti-${}^{5m}$C-Antikörper für mehrere Stunden bei 4 °C inkubiert. Die methylierte DNA wird mit Anti-Maus-IgG-Dynabeads präzipitiert, gewaschen und durch einen Protease-K-Verdau eluiert. Die angereicherte methylierte DNA kann durch Real-Time-PCR oder Next-Generation-Sequenzierung (NGS) untersucht werden. Immunfluoreszenztechniken mit $^{5m}$C-Antikörpern können ebenfalls benutzt werden, um die Segmente mit erhöhtem $^{5m}$C-Vorkommen auf Chromosomen zu bestimmen.

## 35.6 Analyse von modifizierten Basen durch DNA-Hydrolyse und Nearest-Neighbor-Assays

Durch die im Folgenden erläuterten Methoden lässt sich die Häufigkeit von modifizierten Basen in der DNA und im Falle der Nearest-Neighbor-Assays auch ihre Dinucleotidzusammensetzung (z. B. an $^{5m}$CpN oder $^{5hm}$CpN) ermitteln. Diese Methoden erlauben es jedoch nicht, die Lokalisation der modifizierten Base in der genomischen Sequenz zu bestimmen. Da die DNA von kontaminierenden Organismen die Resultate der Analyse beeinflussen kann, sollten die analysierten Zellen frei von fremder DNA aus Viren, Mycoplasmen und anderen Endoparasiten sein.

Bei der **DNA-Hydrolyse-Methode** wird die DNA zuerst komplett hydrolysiert. Anschließend werden ihren Basen fraktioniert und die modifizierten Basen quantifiziert. Da die Produkte einer chemischen Hydrolyse sehr komplex sind, wird die enzymatische Hydrolyse bevorzugt. Milz-Phosphodiesterase oder *Micrococcus*-Nuclease produzieren 3'-phosphorylierte Mononucleotide. Pankreatische DNase I oder Schlangengift-Phosphodiesterase ergeben 5'-phosphorylierte Mononucleotide. Anschließend werden die 3'- oder 5'-Phosphate mit alkalischer Phosphatase entfernt und die Hydrolyseprodukte werden durch verschiedene Verfahren, wie Hochleistungsflüssigkeitschromatographie (HPLC), Massenspektrometrie und Kapillarelektrophorese (CE), identifiziert. Mit HPLC ist es möglich, in 2,5 µg DNA 0,04–0,005 % $^{5m}$C zu detektieren.

Die **Nearest-Neighbor-Analyse** ermöglicht eine Aussage über die Häufigkeit der modifizierten Basen in Abhängigkeit des 3'-Nachbarn. Zu diesem Zweck wird die gereinigte genomische DNA mit einem der vier $\alpha$-$^{32}$P-dNTP durch Nick-Translation an zufälligen Strangbrüchen, die durch DNase I generiert wurden, markiert (◘ Abb. 35.12). Die DNA wird dann mit *Micrococcus*-Nuclease und Kalbsthymus-Phosphodiesterase (Exonuclease) zu 3'-dNMP verdaut, wodurch die $^{32}$P-Markierung der 5'-Position des markierten Nucleotids nun an der 3'-Position der 5'-Base ist. Die 3'-markierten dNMP werden dann durch Adsorptionschromatographie oder HPLC aufgetrennt und ihre Identität und Menge mit Standards verglichen. Mit dieser Methode kann man bestimmen, wie häufig $^{5m}$C oder $^{N6m}$A der 5'-Nachbar von jeder der vier eingesetzten Basen ist. Da diese Methode sich als schwierig erwiesen hat, wurden diese Verfahren weiterentwickelt. Dabei wird die DNA mit einem Restriktionsenzym verdaut und die Schnittstelle anschließend mit einem $\alpha$-$^{32}$P-dNTP und dem Klenow-Fragment markiert. Sollen die methylierten CpG analysieren werden, kann die DNA mit *Mbo*I (/GATC) verdaut und die Schnittstelle mit $\alpha$-$^{32}$P-dGTP durch Klenow markiert werden (◘ Abb. 35.12). Die DNA wird zu 3'-markierten-dNMP verdaut und mit Chromatographie quantifiziert. Die Intensität von markiertem $^{5m}$Cp, dCp, dTp, dGp und dAp gibt die Menge an $^{5m}$CpG, dCpG, dTpG, dGpG und dApG an *Mbo*I-Schnittstellen wieder. Alternativ kann die DNA mit *Fok*I (GGATGN$_{9-13}$) verdaut werden und mit je einem der vier $\alpha$-$^{32}$P-dNTP markiert werden.

*Fok*I hat den Vorteil, dass die DNA-Methylierung unabhängig von der Erkennungsstelle und in Abhängigkeit von allen vier 3'-Nachbarbasen (NpA, NpG, NpT und NpG) untersucht werden kann. Mit dem Enzym *Mvo*I (CC/WGG) wird nur die Methylierung von CpA und CpT analysiert. Bei der Wahl des Restriktionsenzyms muss jedoch darauf geachtet werden, dass es nicht

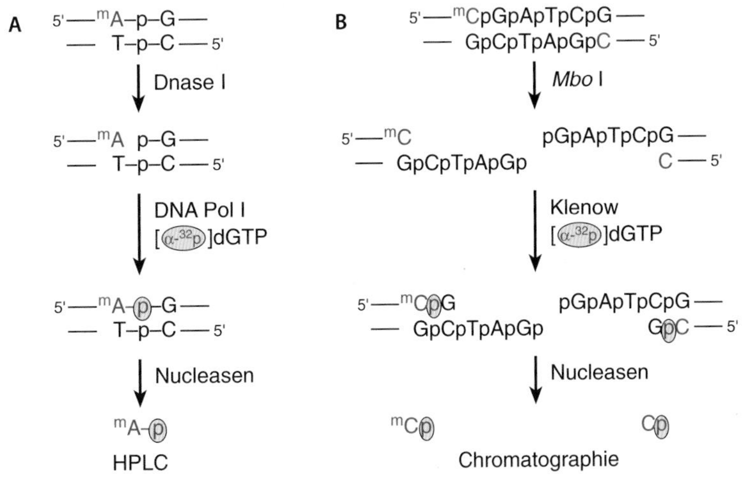

◘ **Abb. 35.12** Prinzip der Nearest-Neighbor-Analyse. **A** $\alpha$-$^{32}$P-dGTP wird an das 3'-Ende des methylierten Adenins eingebaut. Durch Einwirkung der Nucleasen wird das 3'-Ende von Methyladenin radioaktiv markiert, und dies kann durch Chromatographie nachgewiesen werden. **B** Die DNA wird durch *Mbo*I verdaut, die Schnittstelle wird durch das Klenow-Fragment mit $\alpha$-$^{32}$P-dGTP markiert und die methylierten C werden quantifiziert

sensitiv gegen DNA-Methylierung ist. Die Nearest-Neighbor-Analyse ist ein gutes Verfahren, neue DNA-Modifikationen zu identifizieren, jedoch können dabei diese nicht im Genom lokalisiert werden.

## 35.7 Analyse von epigenetischen Modifikationen von chromatinassoziierten Proteinen

Modifikationen von Histonen, Histonvarianten oder die Bindung von Proteinen an die DNA, wie z. B. Transkriptionsfaktoren, werden hauptsächlich durch ChIP untersucht (◘ Abb. 35.13). Diese Methode beruht auf der Quervernetzung von Nucleinsäuren mit Proteinen oder von Proteinen untereinander durch Formaldehyd. Die entstandenen **Protein-Nucleinsäure-Komplexe** werden durch einen spezifischen Antikörper gegen das Protein, die Histonmodifikation oder die Histonvariante von Interesse präzipitiert. Die präzipitierten Komplexe werden stringent gewaschen, um unspezifisch gebundenes Chromatin zu eluieren. Durch Erhitzen werden die Quervernetzung reversibel gemacht und die Proteine abverdaut. Die gereinigte DNA kann mittels quantitativer PCR (Real-Time-PCR), Microarray (ChIP-on-Chip) oder Next-Generation-Sequenzierung (NGS) untersucht werden. Die wichtigste Voraussetzung für diese Untersuchungen ist die hohe Spezifität des Antikörpers für die zu untersuchende Modifikation in der quervernetzten Chromatinumgebung.

35

Für die ChIP werden zuerst DNA-bindende Proteine durch die Zugabe von 1 % Formaldehyd an die DNA quervernetzt. Dabei werden sowohl Proteine untereinander wie auch mit der genomischen DNA kovalent vernetzt. Diese Quervernetzung kann in der Zellkultur für 10 min bei 37 °C durchgeführt werden. Anschließend werden die Zellen gewaschen und geerntet. Die Zellen werden in einem SDS-Puffer lysiert, und das Chromatin wird durch eine Ultraschallbehandlung (Sonifikation) in 200–1000 bp lange Fragmente geschert. Nach dieser Behandlung wird das Chromatin in einem Puffer auf 200–300 µg µl$^{-1}$ Protein verdünnt und ein Aliquot wird als so genannte *Input*-Kontrolle entnommen. Zur Probe wird Protein-A-Agarose hinzugegeben, um die unspezifische Bindung zu reduzieren. Anschließend wird der Antikörper gegen die zu untersuchende Chromatinmodifikation oder Transkriptionsfaktor dazugegeben und bei 4 °C über Nacht inkubiert (◘ Abb. 35.13). Als Negativkontrolle kann parallel z. B. ein unspezifischer Maus-IgG-Antikörper benutzt werden. Als Positivkontrolle eignet sich ein Histon-H3-Antikörper. Das quervernetzte Chromatin wird durch Zugabe von Protein-A-Agarose

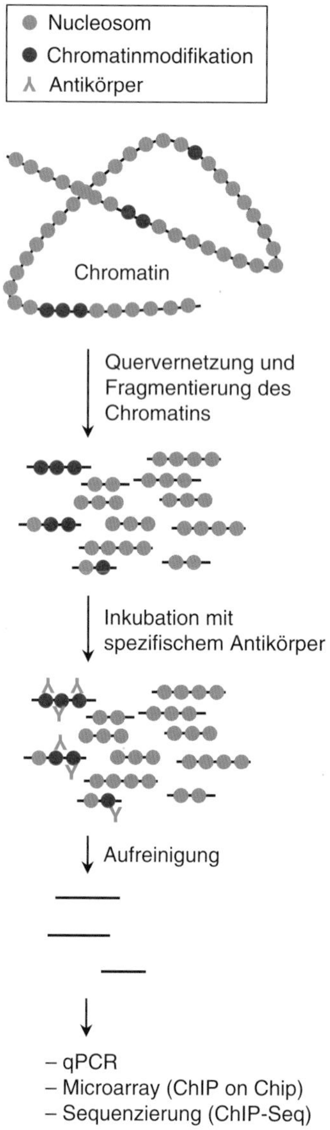


◘ **Abb. 35.13** Analyse der DNA-assoziierten Proteinmodifikationen mit Chromatinimmunpräzipitationen (ChIP). Das Chromatin wird durch Formaldehyd quervernetzt und durch Ultraschall in ca 500 bp fragmentiert. Das Chromatin wird mit spezifischem Antikörper inkubiert, präzipitiert und aufgereinigt. Die eluierte DNA kann durch PCR quantifiziert, sequenziert (ChIP-Seq/NGS) oder auf Microarrays (ChIP on Chip) analysiert werden

für 1 h bei 4 °C präzipitiert und zentrifugiert. Schließlich werden die Proben intensiv gewaschen und abschließend die Quervernetzung der Proben und der Input-Kontrolle durch Zugabe von 5 M NaCl oder durch Inkubation bei 65 °C über Nacht rückgängig gemacht. Nun werden die Proteine mithilfe von Protease K abverdaut und die DNA durch eine Phenol/Chloroform-Extraktion gereinigt und mit Ethanol präzipitiert. Die DNA wird in einem kleinen Volumen gelöst und steht für qualitative und quantitative Analysen zur Verfügung. So können die Produkte durch Real-Time-PCR, ChIP on Chip (Chromatinimmunpräzipitation auf Microarray) oder ChIP-Seq (Chromatinimmunpräzipitation mit *Ultra-Deep*-Sequenzierung/NGS) analysiert werden.

## 35.8 Chromosomenkonformationsanalyse

Während der Interphase liegen die Chromosomen dekondensiert in verschiedenen chromosomalen Territorien vor. Dabei interagiert das Chromatin sowohl intrachromosomal als auch interchromosomal. So liegen z. B. intrachromosomale Interaktionen zwischen Enhancern und Promotoren vor. Diese räumliche Anordnung der chromosomalen DNA kann mit **Chromosomen-*Conformation-Capture*- (CCC- oder 3C-)Analyse** untersucht werden (◻ Abb. 35.14). Bei der 3C-Analyse wird quervernetztes Chromatin geschnitten und religiert. Während dieser Behandlung findet eine präferenzielle Ligation von quervernetzten DNA-Fragmenten statt, und diese spezifischen Assoziationen können durch quantitative PCR analysiert werden.

Für die 3C-Methode wird das Chromatin mit Formaldehyd inkubiert, um Protein-Protein- und Protein-DNA-Interaktionen kovalent querzuvernetzen. Diese Behandlung kann durch Zugabe von 2 % Formaldehyd in der Zellkultur erfolgen. Die Zellen werden lysiert, und das quervernetzte Chromatin wird mit einem Restriktionsenzym geschnitten. Anschließend wird das Restriktionsenzym inaktiviert, und das Chromatin wird durch T4-DNA-Ligase ligiert. Dabei kommt es zu einer bevorzugten Ligation von DNA-Fragmenten, die durch die Quervernetzung in unmittelbarer Nähe liegen. Anschließend wird die Quervernetzung durch eine Inkubation bei 65 °C über Nacht rückgängig gemacht und die DNA gereinigt und präzipitiert. Die Anzahl der Ligationsprodukte kann durch eine quantitative Real-Time-PCR bestimmt werden. Je häufiger Ligationsprodukte detektiert werden, desto höher ist die Wahrscheinlichkeit, dass diese DNA-Fragmente *in vivo* interagieren.

Mit der **zirkulären Chromosomen-*Conformation-Capture*- (4C- oder *circular* 3C-)Analyse** können zusätzlich neue chromosomale Interaktionen bestimmt werden (◻ Abb. 35.14). Hier werden die Ligationsprodukte, die während der beschriebenen 3C -Analyse entstehen, durch ein weiteres Restriktionsenzym geschnitten und durch einen zweiten Ligationsschritt in zirkuläre DNA (ringförmige DNA) überführt. Diese zirkulären DNA-Abschnitte können mittels inverser PCR amplifiziert und die unbekannte DNA-Sequenz durch Next-Generation-Sequenzierung (NGS) entschlüsselt werden.

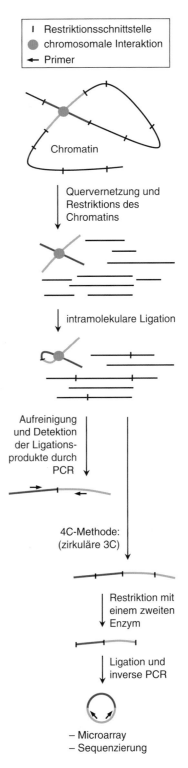

◻ **Abb. 35.14** Analyse der chromosomalen Interaktionen mit Chromosomen-*Conformation-Capture*. Die chromosomalen Interaktionen werden durch Formaldehydquervernetzung fixiert. Das Chromatin wird durch einen Restriktionsverdau geschnitten, und die DNA-Fragmente werden ligiert. Die Ligationsprodukte werden aufgereinigt und mittels quantitativer PCR (Real-Time-PCR) oder Next-Generation-Sequenzierung (NGS) detektiert

Mit der inversen PCR kann die Sequenzabfolge von unbekannter, ringförmiger DNA bestimmt werden. Dabei wird eine PCR aus dem bekannten DNA-Abschnitt (Bait-DNA) mit Primern mit entgegengesetzter Orientierung in das unbekannte Ligationsprodukt durchgeführt.

## 35.9 Ausblick

Die epigenetischen Modifikationen des Chromatins spielen eine zentrale Rolle in der Organisation des Genoms und in der Regulation der Genexpression. Mit der Aufklärung der Sequenzabfolge des menschlichen Genoms ist dessen Basenzusammensetzung bekannt. Die nächste Aufgabe besteht in der Entschlüsselung der epigenetischen Modifikationen der genomischen DNA und der Chromatinverpackung. Der Nachweis von gewebe- und krankheitsspezifischen epigenetischen Mustern kann zu der Frühdiagnose von Erkrankungen und zu deren molekularen Klassifizierung entscheidend beitragen.

An dieser Stelle möchte ich mich bei meiner Arbeitsgruppe am Institut für Genetik der Justus-Liebig-Universität Gießen bedanken.

## Literatur und Weiterführende Literatur

Booth MJ, Ost TW, Beraldi D, Bell NM, Branco MR, Reik W, Balasubramanian S (2013) Oxidative bisulfite sequencing of 5-methylcytosine and 5-hydroxymethylcytosine. Nat Protoc 8: 1841–1851

Carless M (2009) Investigation of genomic methylation status using methylation-specific and bisulfite sequencing polymerase chain reaction. In: Chellappan S (Hrsg) Chromatin protocols. Methods in molecular biology, Methods and protocols, Bd 523. Humana Press, New York

Collas P (Hrsg) (2009) Chromatin immunoprecipitation assays; methods and protocols series, Methods in molecular biology, Bd 567. Springer, New York

Dammann R, Li C, Voon JH, Chin EL, Bates S, Pfeifer GP (2000) Epigenetic inactivation of a RAS association domain family protein from the lung tumour suppressor locus 3p21.3. Nat Genet 25:315–319

Dekker J, Rippe K, Dekker M, Kleckner N (2002) Capturing chromosome conformation. Science 295:1306–1311

Esteller M (Hrsg) (2005) DNA methylation: approaches, methods and applications. CRC Press, Boca Raton

Leti F, Llaci L, Malenica I, DiStefano JK (1706) Methods for CpG methylation array profiling via bisulfite conversion. In: DiStefano J (Hrsg) Disease gene identification. Methods in molecular biology. Humana Press, New York, S 2018

Lister R, Pelizzola M, Dowen RH, Hawkins RD, Hon G, Tonti-Filippini J, Nery JR, Lee L, Ye Z, Ngo QM, Edsall L, Antosiewicz-Bourget J, Stewart R, Ruotti V, Millar AH, Thomson JA, Ren B, Ecker JR (2009) Human DNA methylomes at base resolution show widespread epigenomic differences. Nature 462: 296–297

Rauch T, Pfeifer GP (2005) Methylated-CpG island recovery assay: a new technique for the rapid detection of methylated-CpG islands in cancer. Lab Invest 85:1172–1180

Sati S, Cavali G (2017) Chromosome conformation capture technologies and their impact in understanding genome function. Chromosoma 126:33–44

Takeshima H, Yamada H, Toshikazu Ushijima T (2019) Chapter 5 – Cancer epigenetics: aberrant DNA methylation in cancer diagnosis and treatment. In: Franco Dammacco F, Franco Silvestris F (Hrsg) Oncogenomics. Academic Press, London, UK

Tollefsbol FO (Hrsg) (2018) In translational epigenetics, epigenetics in human disease, 2. Aufl. Academic Press, London, UK

Yu M, Hon GC, Szulwach KE, Song CX, Jin P, Ren B, He C (2012) Tet-assisted bisulfite sequencing of 5-hydroxymethylcytosine. Nat Protoc 7:2159–2170

Zhao Z, Tavoosidana G, Sjölinder M, Göndör A, Mariano P, Wang S, Kanduri C, Lezcano M, Sandhu KS, Singh U, Pant V, Tiwari V, Kurukuti S, Ohlsson R (2006) Circular chromosome conformation capture (4C) uncovers extensive networks of epigenetically regulated intra- and interchromosomal interactions. Nat Genet 38:1341–1347

# Protein-Nucleinsäure-Wechselw-irkungen

*Rolf Wagner und Benedikt M. Beckmann*

## Inhaltsverzeichnis

36.1    Grundlagen der Protein-DNA/RNA-Wechselwirkung: Gemeinsamkeiten und Unterschiede – 902

36.1.1  Struktur von DNA und RNA – 902

36.1.2  DNA- und RNA-Bindungsmotive – 904

36.1.3  Gebräuchliche Methoden zur Analyse von Nucleinsäuren und Proteinen – 906

36.2    Generelle Methoden (DNA oder RNA) – 907

36.2.1  Filterbindung – 907

36.2.2  Electrophoretic Mobility Shift Analysis (EMSA) – 907

36.2.3  Crosslinking von Proteinen und Nucleinsäuren – 911

36.3    Protein-DNA-Wechselwirkungen – 912

36.3.1  DNA-Footprint-Analysen – 912

36.3.2  Primer-Extension-Analyse für DNA – 913

36.3.3  Chromatin-Immunpräzipitation (ChIP) – 914

36.3.4  Nucleosome Mapping, Assay for Transposase-Accessible Chromatin using Sequencing (ATAC-Seq) – 915

36.4    Protein-RNA-Wechselwirkungen – 916

36.4.1  Analyse einzelner RBPs – 916

36.4.2  Analyse von Proteinen, die mit einzelnen RNAs interagieren – 919

36.4.3  Systemweite Analyse von Proteinen, die mit RNA interagieren – 920

36.4.4  Polysome/Ribosome Profiling – 923

36.5    Ausblick – 924

        Literatur und Weiterführende Literatur – 924

© Springer-Verlag GmbH Deutschland, ein Teil von Springer Nature 2022
J. Kurreck et al. (Hrsg.), *Bioanalytik*, https://doi.org/10.1007/978-3-662-61707-6_36

- Protein-Nucleinsäure-Wechselwirkungen sind von zentraler Bedeutung für Genexpression und Weitergabe der Gene in allen Organismen.
- Erst die Kombination von Methoden der Protein- und Nucleinsäureanalytik ermöglicht es, deren Wechselwirkung zu untersuchen.
- Hochdurchsatzverfahren wie CLIP und *RNA interactome capture* ermöglichen es, ganze Proteome und Transkriptome nach Interaktionen abzusuchen.
- Crosslinking und der Einsatz von Nucleotidanaloga bilden die Basis für neue Methoden zur Untersuchung von Interaktionen.
- Durch Chromatin-Immunpräzipitation, *polysome* und *ribosome profiling* können Karten des eukaryotischen Genoms und seiner Proteine erstellt werden, um die Dynamik der Genexpression zu messen.

Wechselwirkungen zwischen Proteinen und den beiden Nucleinsäuren DNA und RNA sind von fundamentaler Bedeutung bei zentralen Vorgängen in der Zelle. Alle Schritte der Weitergabe sowie der Expression der Gene werden durch **DNA-Bindeproteine (DBPs)** oder **RNA-Bindeproteine (RBPs)** orchestriert und reguliert. Die Replikation der DNA oder der Fluss der genetischen Information (*das zentrale Dogma der Molekularbiologie*), also Transkription der (DNA-)Gene zu mRNA und dann Translation dieser RNA zu Proteinen, ist nur durch vielfältige Protein-Nucleinsäure-Interaktionen in der Zelle möglich.

In diesem Kapitel werden Methoden zur Analyse von Protein-Nucleinsäure-Wechselwirkungen vorgestellt. Dazu beschreiben wir zuerst die molekularen Grundlagen dieser Interaktionen; es ist also von Vorteil, die chemischen Grundlagen von Proteinen (▶ Kap. 2) und Nucleinsäuren (▶ Kap. 30) zu kennen. Ein besonderer Fokus liegt dabei auf der Beschreibung von Strukturelementen, die für die Bindung in der Zelle nötig sind. Obwohl chemisch recht ähnlich, sind die Unterschiede zwischen DNA und RNA dabei von großer Bedeutung. Zunächst werden Methoden beschrieben, mit denen sich sowohl DNA- als auch RNA-Protein-Wechselwirkungen untersuchen lassen, bevor wir speziellere Protokolle und Anwendungen vorstellen.

## 36.1 Grundlagen der Protein-DNA/RNA-Wechselwirkung: Gemeinsamkeiten und Unterschiede

### 36.1.1 Struktur von DNA und RNA

DNA existiert überwiegend in der doppelsträngigen helikalen Anordnung, die über weite Bereiche mit der von Watson und Crick postulierten B-Form übereinstimmt. Die Form dieser Helix wird charakterisiert durch zwei basengepaarte Polynucleotidstränge mit gegenläufiger

Polarität, die plektonemisch umeinander gewunden sind.

> **plektonemisch**
>
> Verdrillung von zwei DNA-Strängen, bei der die Stränge zur Trennung entschraubt werden müssen.

Dabei liegen die negativen Ladungen des Zuckerphosphatrückgrats optimal weit voneinander entfernt. Die Helix wird jeweils durch eine große und eine kleine Furche gekennzeichnet, die sich in Rechtsdrehungen um die Helixlängsachse winden. Die gepaarten Basen (A:T und G:C) sind parallel übereinander gestapelt und stehen senkrecht (*tilt*) zur Helixachse. Jedes Basenpaar ist um die Längsachse nach rechts um etwa 36 ° gegenüber dem nächst benachbarten verdreht (*twist*), sodass nach etwa zehn Basenpaaren eine volle Drehung erreicht wird. Durch die Ausbildung von Wasserstoffbrücken bei der Basenpaarung im Inneren der Helix sind die Donor- und Akzeptorpositionen der Basen durch das Zuckerphosphatrückgrat abgeschirmt und nicht direkt von außen für Erkennungsreaktionen mit funktionellen Seitengruppen von Proteinen zugänglich. Abgesehen von der Wechselwirkung mit Polymerasen und einigen einzelstrangbindenden Proteinen erfolgt die Bindung der meisten Proteine an doppelsträngige DNA ohne ein Aufbrechen der Basenpaare. Das heißt, die Erkennung zwischen DNA und Proteinen muss ohne die spezifischen Watson-Crick-Wasserstoffbrückenbindungen auskommen, die für die meisten biologischen Erkennungsprozesse verantwortlich sind. Eine spezifische Oberfläche für Erkennungen durch Proteine liegt jedoch in den Furchen der DNA vor, in denen jedes Basenpaar ein eigenes Muster aus Wasserstoffatomen, Wasserstoffbrücken-Donoren und -Akzeptoren oder Methylgruppen exponiert. Bei der Bindung von Proteinen an DNA spielt die Wechselwirkung in den helikalen Furchen daher die Hauptrolle (◘ Abb. 36.1).

Natürlich existieren auch spezielle Proteine, die die seltener auftretenden DNA-Formen erkennen, wie einzelsträngige DNA oder alternative Helixstrukturen, etwa die Z-Helix, die linksgewunden ist. Interessanterweise haben diese Proteine oft strukturelle Ähnlichkeit mit RNA bindenden Proteinen.

Worin liegen die spezifischen Unterschiede in der Wechselwirkung von Proteinen mit DNA oder RNA? Trotz der zunächst eher geringen chemischen Unterschiede zwischen den beiden Molekülklassen DNA und RNA, nämlich dem Wechsel der 2′-Desoxyribose zur Ribose und dem Tausch einer Methylgruppe in Thymin gegen ein Wasserstoffatom in Uracil, gibt es enorme Unterschiede in der Struktur und Funktion dieser beiden Makromoleküle. In Desoxyribose ist die Zuckerkonformation bevorzugt in der C2′-endo-Form, wäh-

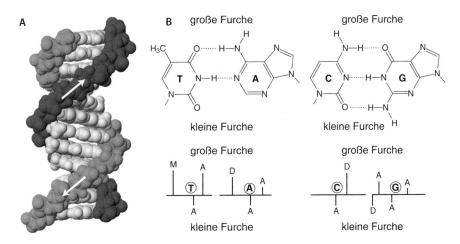

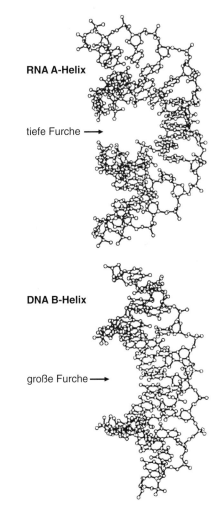

□ **Abb. 36.1**  Struktur helikaler B-DNA. **A** Verlauf des Zuckerphosphatrückgrats und der großen und kleinen Furchen. **B** Chemische Erkennungsmerkmale in den Furchen. A: Wasserstoffbrücken-Akzeptor, D: Wasserstoffbrücken-Donor, M: Methylgruppe

rend in der Ribose aufgrund des größeren Raumbedarfs und der Wasserstoffbrücken-Bildungseigenschaften der C2'-OH-Gruppe die C3'-endo-Form vorliegt. Als Konsequenz dieser Konformationsunterschiede verkürzt sich der Abstand benachbarter Phosphatreste, was bei doppelsträngigen Polynucleotiden zu einer Stabilisierung der A-Form-Helix führt. Bei der A-Form-Helix liegen im Unterschied zur B-Helix, der Standardform der DNA, die Basen nicht rechtwinklig zur Helixachse, sondern sie sind geneigt (*tilt*) und aus dem Zentrum der Helixachse lateral nach außen verschoben (*slide, shift*). Dadurch verändern sich die Dimensionen der großen und kleinen Furche gegenüber der B-Form-Helix. Die große Furche wird zu einer tiefen schmalen Furche, in der die funktionellen Gruppen der Basen nicht mehr in der gleichen Weise für Proteinkontakte zugänglich sind wie in doppelsträngiger B-Form-DNA. Aus der kleinen Furche der B-Form wird in der A-Form eine flache Furche. Im Gegensatz zur tiefen, großen Furche ist die kleine, flache Furche der A-RNA-Helix leicht für funktionelle Gruppen von Proteinen zugänglich.

Allerdings finden sich in den bislang geklärten Strukturen natürlicher RNAs selten helikale Abschnitte, die länger als eine volle helikale Windung sind, ohne von *mismatches, bulges* oder anderen Sekundärstrukturelementen unterbrochen zu werden, sodass ein Zugang zur tiefen Furche von den Enden der Helix her möglich ist. Durch die Unterbrechungen der regelmäßigen Helixstruktur entsteht eine Vielzahl von Strukturvariablen, deren Abweichungen von der A-Form beträchtlich sind und die ein unerschöpfliches Repertoire an Wechselwirkungsoptionen liefern (□ Abb. 36.2).

Zu den weiteren strukturellen Besonderheiten von RNA-Molekülen gehören unter anderem Abweichungen

□ **Abb. 36.2**  Unterschiede in der Geometrie der Furchen helikaler DNA und RNA. Die Zugänglichkeit für reaktive Gruppen von Proteinen ist in der tiefen Furche der RNA-Helix stark eingeschränkt

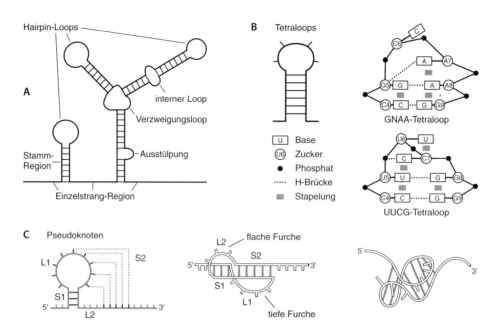

**Abb. 36.3** Charakteristische Strukturelemente von RNA. **A** Unterschiedliche Sekundärstrukturen; **B** Beispiele für spezielle Sekundärstrukturen; **C** ein Pseudoknoten

von den Standard-Watson-Crick-Basenpaaren, wie etwa das Vorkommen von Wobble-, Hoogsteen- oder Reversed-Hoogsteen-Paaren, Mismatched-Paaren, *bulges* (Ausstülpungen), Stem-Loop-Strukturen, Verzweigungen, Tetraloops oder tertiären Wechselwirkungen, bedingt durch Basentripel oder Pseudoknoten (■ Abb. 36.3). Diese Vielfalt ersetzt den etwas geringeren Informationsgehalt der Furchen der RNA-Helix, die, wie oben gezeigt, in natürlichen RNAs zudem nur selten ohne Unregelmäßigkeiten auftreten. RNA-Bindungsproteine erkennen daher in den wenigsten Fällen perfekte Doppelhelixbereiche mit einer konservierten Sequenz. Dagegen werden in der Regel Einzelstrangregionen zwischen Sekundärstrukturelementen erkannt, bei denen die funktionellen Gruppen der Basen leicht für sequenzabhängige Wechselwirkungen zugänglich sind. Auch intermolekulare *Stacking*-Interaktionen, die normalerweise in DNA sehr selten sind, treten häufig in RNA-Protein-Komplexen auf. Ihr energetischer Beitrag zur Stabilisierung der Komplexe ist mit etwa 3 kcal mol$^{-1}$ besonders hoch. Um RNA-Protein-Wechselwirkungen molekular zu verstehen und zu beschreiben, ist es daher notwendig, die komplexe Faltung von RNA-Molekülen genau zu kennen.

## 36.1.2 DNA- und RNA-Bindungsmotive

Die bekanntesten **DNA-Bindungsmotive** in Proteinen lassen sich in fünf Hauptklassen unterteilen (■ Abb. 36.4):

1. **Helix-Turn-Helix-Strukturen (HTH)** bestehen aus einem etwa zwanzig Aminosäuren langen Sequenzabschnitt, bei dem zwei α-Helices durch einen kurzen, etwa vier Aminosäuren langen β-Loop (*turn*), der an seiner zweiten Position ein invariantes Glycin enthält, verbunden sind. Die beiden α-Helices stehen ungefähr senkrecht zueinander. Die dem C-Terminus näher gelegene Helix wird als *recognition helix* bezeichnet. Die *recognition helix*, die genau in die große Furche der DNA passt, ist für die Erkennung verantwortlich. HTH-Bindeproteine sind weit verbreitet in pro- und eukaryotischen Organismen.

2. **Zinkfingerproteine** existieren in zahlreichen Variationen und kommen hauptsächlich in Eukaryoten vor. Sie zeichnen sich alle durch tetraedrische Koordination von einem oder zwei Zinkionen durch konservierte Cysteine oder Histidine aus, die der Stabilisierung modularer Domänen dienen. Im klassischen Fall von Zinkfinger-Transkriptionsfaktoren werden zwei antiparallele β-Stränge, die über einen Loop mit einer α-Helix verbunden sind, von einem Zink-Ion über zwei Histidine und zwei Cysteine koordiniert. Der Kontakt zur DNA erfolgt über die α-Helix, die jeweils ein Segment von drei Basenpaaren in der großen Furche erkennt. Zinkfingerproteine enthalten oft mehrere dieser Domänen hintereinander, die sich bei der DNA-Bindung spiralförmig um die DNA winden.

3. **Leucinzipperproteine** (Leucinreißverschluss) werden nach dem Mechanismus ihrer Dimerisierung be-

**◼ Abb. 36.4** Schematische Darstellung unterschiedlicher DNA- und RNA-Bindungsmotive

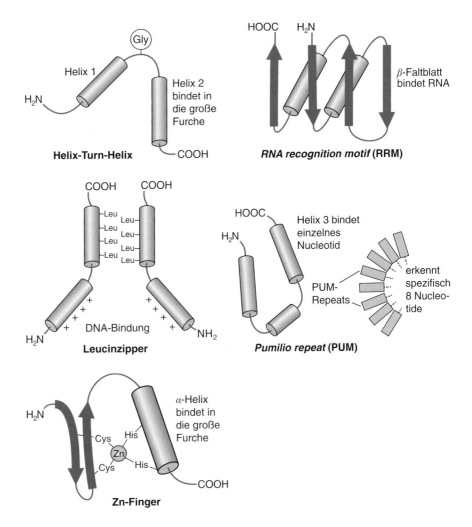

zeichnet. Sie können als Homo- oder Heterodimere auftreten und sind fast ausschließlich für Eukaryoten beschrieben. Sie setzen sich zusammen aus einer α-helikalen Erkennungshelix, die mit einer C-terminalen Dimerisierungshelix verbunden ist. Die Dimerisierung erfolgt durch hydrophobe Wechselwirkung zwischen je zwei der amphipathischen Dimerisierungshelices, die dabei eine *Coiled-Coil*-Struktur bilden. Bei dieser Wechselwirkung greifen hydrophobe Aminosäurereste (meist Leucine) im Abstand von zwei helikalen Drehungen (*heptad repeat*) annähernd auf derselben Seite der α-Helices wie die Zinken eines Reißverschluss ineinander. Die DNA-Bindung erfolgt über die beiden separaten N-terminalen Bereiche der α-Helices, die Aminosäuren mit positiv geladenen Seitenketten besitzen (*basic region*). Diese Erkennungshelices bilden eine Gabel und fügen sich in entgegengesetzter Richtung in die große Furche der DNA ein.

4. **Helix-Loop-Helix-Proteine (HLH)** sind verwandt mit den Zipperproteinen. Sie bestehen aus einer kurzen DNA-Bindungs- und einer längeren Dimerisierungs-α-Helix, die über einen unstruk-

turierten Loop zu einem „Vier-Helix-Bündel" verbunden sind. Ähnlich wie die Leucinzipperproteine dimerisieren HLH-Proteine zu Homo- oder Heterodimeren. Jeweils eine α-Helix der beiden Dimere bindet in die große Furche der DNA. DNA-Bindungsaffinität und Spezifität können so durch unterschiedliche Proteinpartner moduliert werden.

5. **β-Faltblattproteine** nutzen, wie aus der Bezeichnung hervorgeht, eine Faltblattstruktur als prinzipielles DNA-Bindungselement. Dabei passt sich ein antiparalleles Paar von β-Strängen in die kleine Furche der DNA. Aus hochaufgelösten Strukturuntersuchungen, beispielsweise für das TATA-Bindungsprotein (TBP), geht hervor, dass die konservierte β-Blattstruktur zweier pseudoidentischer Domänen die Form eines Sattels bildet, der in die kleine Furche der Erkennungsregion der DNA eingelagert ist. Die aromatischen Seitenketten zweier konservierter Phenylalanine an den Enden der Faltblattstruktur interkalieren zwischen zwei DNA-Basenpaare. Die DNA wird dadurch stark abgewinkelt und beschreibt einen Knick, der vom Bindungsprotein weg zeigt.

RNA-Bindeproteine (RBPs) zeichnen sich vor allem durch ihren modularen Aufbau aus. In vielen RBPs findet sich daher eine Kombination der folgenden **RNA-Bindedomänen**:

1. *RNA recognition motif* **(RRM)** ist das mit Abstand am häufigsten vorkommende RNA-Bindemotiv in RBPs. Das RRM besteht aus 80–90 Aminosäuren, die ein antiparalleles $\beta$-Faltblatt und zwei Helices bilden. Die RNA-Interaktion findet dabei am $\beta$-Faltblatt statt, in dem sich drei konservierte Reste befinden: ein Lysin oder Arginin, welches eine Salzbrücke mit dem Zucker-Phosphat-Rückgrat der RNA formt, und zwei aromatische Aminosäuren, die durch Stacking-Interaktionen mit den Nucleobasen interagieren. Ein einzelnes RRM kann 4–8 Nucleotide erkennen, weswegen sich oft mehrere RRMs hintereinander in RNA-Bindeproteinen befinden, um Ziel-RNA spezifisch erkennen zu können.

2. *K-Homologie-Domäne* **(KH-Domäne)**. Diese ca. 70 Aminosäure große Domäne bindet Einzelstrang-RNA. Sie besteht aus drei $\beta$-Faltblättern und drei $\alpha$-Helices. Die Interaktion mit RNA erfolgt über Wasserstoffbrücken und elektrostatische Wechselwirkungen.

3. Die **Doppelstrang-RBD (dsRBD)** bindet durch Wechselwirkungen mit dem Phosphatrückgrat und der 2′-OH-Gruppe der Ribose sequenzunspezifisch an RNA.

4. Das **Zinkfingermotiv** ist eine klassische DNA-Bindedomäne, die sich aber auch in RNA-Bindeproteinen finden lässt. RNA-Erkennung findet allerdings nicht in der großen Furche statt, sondern in RNA Loops.

5. Die **Pumilio-Homologie-Domäne** (PUM-HD) erkennt einzelne RNA-Sequenzen hochspezifisch. Die Domäne besteht aus acht gleichen Motiven; jedes dieser acht Motive besteht aus drei Helices, an denen durch Stacking-Interaktionen jeweils eine einzelnes Nucleotid erkannt wird.

6. Außerdem finden sich in RNA-Bindeproteinen sog. *intrinsically disordered regions* **(IDRs)**. Diese Abschnitte des Proteins bilden keine stabilen Domänen oder Motive aus, sondern bleiben flexibel und unstrukturiert. Trotzdem spielen sie vor allem in der RNA-Erkennung in Eukaryoten eine wichtige Rolle. RBPs und andere Proteine mit IDRs können, unter den richtigen Umständen, durch die ungeordneten Abschnitte zu größeren Konglomeraten zusammenfinden. Dieser Vorgang wird auch als *liquid-liquid phase separation* (LLPS) bezeichnet und führt dazu, dass sich RNA und Proteine auf kleinstem Raum konzentrieren, ähnlich einem Honigtropfen in Wasser. Die RNA-Bindung durch IDRs erfolgt dabei hauptsächlich durch die positiv geladen Aminosäu-

ren Lysin und Arginin, wie sie zum Beispiel in der RGG-Box (Arg-Gly-Gly) vorkommen. Bindung durch solche recht einfachen Motive ist meist unspezifisch.

## 36.1.3  Gebräuchliche Methoden zur Analyse von Nucleinsäuren und Proteinen

Da sich Proteine und Nucleinsäuren in ihrer chemischen Zusammensetzung grundlegend unterscheiden, ist es nicht verwunderlich, dass für beide Molekülklassen unterschiedliche Analyseverfahren und Methoden entwickelt wurden.

Wie ◘ Tab. 36.1 zeigt, stellt uns dies bei der Analyse von Protein-Nucleinsäure-Komplexen vor ein Problem: Jede der Methoden ist geeignet, nur einen der beiden Partner der Wechselwirkung zu untersuchen. Hieraus ergibt sich eine generelle Strategie, die sich in vielen der weiter unten vorgestellten Protokollen wiederspiegelt: Eine Kombination aus etablierten Protokollen für Protein oder Nucleinsäuren wird im Wechsel angewandt. Wird z. B. zunächst eine Methode benutzt, die ein Protein anreichert, folgt oftmals eine Methode aus der Nucleinsäureanalytik, die die interagierende DNA oder RNA detektiert oder weiter reinigt. Dieses „Pingpong" ermöglicht es, die Wechselwirkungen in einem Protein-Nucleinsäure-Komplex zu analysieren.

Eine weitere grundlegende Frage ist, ob man die Wechselwirkung unter *nativen* oder *denaturierenden* Bedingungen untersuchen will. Die Bindungen zwischen Proteinen auf der einen und DNA oder RNA auf der anderen Seite sind, je nach Komplex, unterschiedlich stark. Eine maßgebliche Größe hierfür ist die Dissoziationskonstante ($K_\mathrm{D}$), die die Stabilität einer Wechselwirkung beschreibt. Die Untersuchung von Protein-Nucleinsäure-Interaktionen im Kontext einer intakten Zelle ist oftmals nicht möglich (mit Ausnahme von mikroskopischen Methoden), sodass die Komplexe zunächst gereinigt und angereichert werden müssen. Dies kann unter nativen Bedingungen stattfinden, d. h. die Reinigungsschritte zerstören die Konformation von Protein und Nucleinsäure nicht (ihre Struktur und Aktivität bleibt erhalten). Allerdings garantiert diese Herangehensweise nicht, dass die Wechselwirkung zwischen beiden erhalten bleibt bzw. die $K_\mathrm{D}$ gleich bleibt, da diese auch von weiteren zellulären Faktoren abhängen kann. Da Proteine und Nucleinsäuren nur innerhalb bestimmter chemischer Parameter nativ bleiben (Salzkonzentration, Ionenstärke, pH, etc.), müssen bei einer nativen Aufreinigung relativ „milde" Konditionen verwendet werden. Dies hat den Nachteil, dass sich andere Zellinhalte schlecht von den Protein-Nucleinsäure-Komplexen

**Tab. 36.1** Einige gebräuchliche Methoden der Protein- oder Nucleinsäureanalytik

|  | **Protein** | **DNA/RNA** |
|---|---|---|
| Geleelektrophoresesystem | SDS-PAGE | PAGE, Agarose |
| denaturierende Reagenzien | SDS, NP40, Triton-X, Dithiothreitol, β-Mercaptoethanol | Harnstoff, Guanidinthiocyanat, Formaldehyd |
| Immundetektion | Antikörper, Western-Blot | komplementäre Sonden, Southern-/Northern-Blot |
| Vervielfältigung | – | (RT-)PCR |
| Sequenzierung | Massenspektrometrie | DNA-Seq, RNA-Seq |

trennen lassen. Praktisch bedeutet es, dass sich nativ gereinigte Proben oft nur teilweise von Verunreinigungen säubern lassen.

Die Alternative dazu stellt die denaturierende Aufreinigung dar. Hier können die Konditionen so gewählt werden, dass Struktur und Aktivität von Proteinen und Nucleinsäuren zerstört werden; allerdings nicht die Moleküle selber! Dies wird normalerweise auf chemischem Wege wie durch chaotrope oder (an)ionische Detergenzien in den Reinigungspuffern oder durch physikalische Methoden wie Hitze oder Kälte erreicht. Der Vorteil dieser Strategie ist, dass sich Verunreinigungen und an der Wechselwirkung nicht beteiligte Proteine und Nucleinsäuren besser vermeiden lassen. Allerdings wird auch die zu untersuchende Interaktion selber dadurch in vielen Fällen zerstört. Um diese Wechselwirkung zu stabilisieren, ist es daher üblich, ein Crosslinking durchzuführen, welches die Komplexe vernetzt und die Interaktion bewahrt. Ein physiologisch relevante $K_D$ lässt sich nach einer solchen Prozedur allerdings nicht mehr ermitteln.

## 36.2 Generelle Methoden (DNA oder RNA)

Eine Reihe von Protokollen kann für die Analyse von Protein-DNA- und Protein-RNA-Wechselwirkungen benutzt werden. Die hier vorgestellten generellen Methoden stellen relativ einfache und seit Langem verwendete Techniken dar. Trotzdem, oder gerade deswegen, werden sie weiterhin benutzt. Sie bilden außerdem die Basis für die spezielleren Protokolle, die oftmals eine Kombination der grundlegenden Analysemethoden sind.

### 36.2.1 Filterbindung

Eine sehr einfache Methode zur Analyse von Protein-Nucleinsäure-Wechselwirkungen ist die Filterbindung. Sie beruht auf den bereits erwähnten Unterschieden zwischen Protein- und Nucleinsäuremethoden. Dabei werden Proben auf Membranen wie Nitrocellulose übertragen. Proteine binden an diesen Membranfiltern, aber Nucleinsäuren normalerweise nicht. Wenn die Nucleinsäuren zuvor radioaktiv markiert wurden, dann können diese im Gemisch mit potenziellen Bindeproteinen durch die Membran filtriert werden. Komplexe und freie Proteine werden dabei zurückgehalten. Durch Messung der Radioaktivität kann dann die Menge an gebildetem Komplex nachgewiesen und auch qualitativ im Verhältnis zur eingesetzten Nucleinsäuremenge bestimmt werden.

### 36.2.2 Electrophoretic Mobility Shift Analysis (EMSA)

Die Analyse von Protein-Nucleinsäure-Komplexen durch gelelektrophoretische Methoden (► Kap. 12) stellt neben der Filterbindung sicher ein technisch relativ einfaches System dar und ist wahrscheinlich die am weitesten verbreitete Methode zur Komplexbestimmung überhaupt. Unter den Bezeichnungen Gelretardierung, *mobility shift* oder *electrophoretic mobility shift analysis* (EMSA) werden heute sowohl qualitative als auch quantitative Verfahren zur Untersuchung von Protein-Nucleinsäure-Komplexen zusammengefasst. Die Methode ist gleichermaßen für die Analyse von DNA- und RNA-Protein-Komplexen geeignet. In der Tat wurde Gelretardierung ursprünglich für die Analyse von Komplexen zwischen ribosomalen RNAs und ribosomalen Proteinen etabliert. Die Methode basiert auf der Beobachtung, dass die Bindung eines Proteins an eine Nucleinsäure gewöhnlich zu einer Verminderung der elektrophoretischen Mobilität in nicht denaturierenden Polyacrylamid- oder Agarosegelen führt. Zur Untersuchung werden das oder die Bindungsproteine mit der Nucleinsäure inkubiert, und anschließend werden die gebildeten Komplexe von der freien Nucleinsäure durch Gelelektrophorese getrennt. Die Visualisierung der

Banden erfolgt gewöhnlich über die radioaktiv markierten Nucleinsäuren mittels Autoradiographie. Ist eine niedrigere Nachweisgrenze (oberhalb des Nanogrammbereichs) tolerierbar, kann die nicht markierte DNA oder RNA jedoch auch durch Färbung (z. B. Ethidiumbromid oder Toluidinblau) nachgewiesen werden. Ein wichtiger Vorteil der Analyse von Protein-Nucleinsäure-Wechselwirkungen durch Gelretardierung besteht darin, dass Untersuchungen auch mit ungereinigten Proteinproben oder, wie häufig genutzt, mit kompletten Zellextrakten durchgeführt werden können. Die Analyse der Bindung von mehreren unterschiedlichen Proteinen an das gleiche DNA- oder RNA-Fragment ist ebenso möglich. In günstigen Fällen können Komplexe mit unterschiedlicher Stöchiometrie oder Komplexe mit unterschiedlichen Positionen eines Proteins erfasst werden. In dieser Hinsicht ist Gelretardierung gegenüber spektroskopischen Methoden oft im Vorteil. Die Methode erfordert darüber hinaus nur sehr geringe Probemengen und ist bis in den Femtomolbereich (10–15 mol) für DNA und Nanogrammmengen an Protein anwendbar. Wenn gereinigte Proteine zur Verfügung stehen, ist die Methode außerdem geeignet, thermodynamische oder kinetische Parameter, wie Gleichgewichtsbindungskonstanten oder Assoziations- und Dissoziationsgeschwindigkeitskonstanten der Protein-Nucleinsäure-Interaktion, zu ermitteln ( Abb. 36.5).

### 36.2.2.1 Grundlagen der Gelretardierung

Welche Gesetzmäßigkeiten gelten für die Mobilität eines DNA-Moleküls bei einer Gelelektrophorese? Die Wanderung eines DNA-Moleküls während einer Gelelektrophorese lässt sich in erster Näherung durch folgende Gleichung beschreiben:

$$v = h^2 \cdot Q \cdot E / \left( L^2 \cdot f \right)$$

mit:

$v$: - Wandergeschwindigkeit

$Q$: - effektive Ladung

$E$: - elektrisches Feld

$L$: - Konturlänge der DNA

$f$: - Friktionskoeffizient

$h$: - End-zu-End-Abstands des DNA-Moleküls

DNA-Moleküle, die gewöhnlich lang und schmal sind, verhalten sich unter den Bedingungen einer Gelelektrophorese, durch deren dreidimensionales Maschennetzwerk sie passieren müssen, wurmartig. Ihre Bewegung kann nach einem *Reptation-Modell* beschrieben werden. Die wurmartige Bewegung hängt sowohl von der Länge der DNA-Stränge als auch von der Flexibilität (Persistenzlänge) und der Konformation der DNA-Moleküle ab. Durch eine statische Krümmung werden DNA-Moleküle sperriger. Eine wurmartige Bewegung eines solchen Moleküls durch die Gelmatrix ist nach dem Reptation-Modell erschwert. Da viele Proteine bei der Bindung an die DNA eine Krümmung verursachen oder bestehende DNA-Krümmung verändern, muss dies bei der Interpretation von Verzögerungsgelen neben Effekten durch die Massenveränderung berücksichtigt werden.

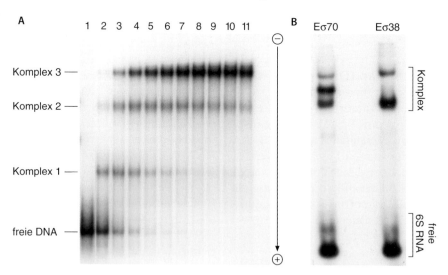

 **Abb. 36.5** Beispiele von Retardierungsgelen. **A** DNA-Proteinkomplex-Analyse. Gezeigt ist die konzentrationsabhängige Bindung des Transkriptionsfaktors FIS an ein 260 bp DNA-Fragment mit der regulatorischen Region des *Escherichia coli rrnD*-Operons. Die FIS-Konzentration wurde in 70 nM Schritten von 0–700 nM variiert (Spuren 1–11). Es erfolgt eine unterschiedliche Besetzung von drei unabhängigen Bindestellen (Komplex 1–3). **B** RNA-Proteinkomplex-Analyse. Gezeigt ist die Bindung einer regulatorischen RNA aus *Escherichia coli* (6S RNA) an bakterielle RNA-Polymerasen mit unterschiedlichen Sigmafaktoren. Beide Enzyme bilden unterschiedliche Komplexe

Für die Frage, wie sehr sich die Mobilität eines DNA-Protein-Komplexes gegenüber der freien DNA unterscheidet, spielt neben der Veränderung der Mobilität durch induzierte Konformationsänderungen der DNA natürlich vor allem das Verhältnis der Massen von Protein und DNA eine Rolle. Für die Auflösung von Komplexen bei der Gelretardierung ist gerade dieses Verhältnis, weniger die absolute Masse von DNA und Protein, entscheidend. In seltenen Fällen kann auch die Ladung des Proteins eine direkte Rolle spielen. Bei sehr sauren Proteinen kann es beispielsweise vorkommen, dass keine Retardierung eines Komplexes erfolgt, da die Reduktion der Mobilität des Komplexes durch die Massenzunahme aufgrund des Zuwachses an negativen Ladungen durch das Protein kompensiert wird. Dies ist beispielsweise für den Trp-Repressor beobachtet worden.

Um ein möglichst hohes Auflösungsvermögen zwischen freier DNA und Komplexbanden zu erreichen, sollte die durchschnittliche Porengröße des Gels nicht viel größer sein als für die Passage der zu trennenden Moleküle notwendig. Die Porengröße wird direkt durch das Verhältnis und die Konzentration von Acrylamid und Quervernetzer (Bisacrylamid) im Gel bestimmt. Bei Acrylamidkonzentrationen zwischen 10 % und 4 % kann man je nach Konzentration der Vernetzung von einem mittleren Porendurchmesser zwischen 5 nm und 20 nm ausgehen. Im Vergleich dazu hat der tetramere Lac-Repressor etwa die Dimensionen $3,5 \times 3 \times 13$ nm, und ein DNA-Fragment von 50 Basenpaaren Länge hat etwa Dimensionen von $2 \times 17$ nm. Für eine gute Auflösung sollte in vergleichbaren Fällen daher die Acrylamidkonzentration nicht höher als etwa 5 % sein. Bei der Wahl der Gelsysteme muss auch beachtet werden, dass Polyacrylamidgele unterhalb von 4 % schwer zu handhaben sind. Für größere Proteine oder lange DNA-Moleküle empfiehlt es sich daher, auf Agarosegele umzusteigen. Die Poren von Agarosegelen sind nämlich in der Regel sehr viel größer. Im Bereich der üblicherweise verwendeten Agarosekonzentrationen (0,5 % bis 2 %) liegen sie zwischen 70 nm und 700 nm. Für sehr große Moleküle (Polymerasen oder sehr lange DNA-Moleküle) sind also Agarosegele oft eine gute Lösung.

Ein wichtiger Aspekt bei der Analyse von DNA-Protein-Komplexen im Gel ist die Stabilität der Komplexe. Gelretardierungsuntersuchungen werden durch einen Effekt begünstigt, für den der Begriff *Caging* (Käfigeffekt) geprägt wurde. Der Effekt geht auf die Beobachtung zurück, dass die Zeit für eine elektrophoretische Trennung der Proben die Halbwertszeit der Dissoziation der Komplexe um Größenordnungen übersteigen kann. Dennoch lassen sich in solchen Fällen Komplexbanden detektieren. Der Caging-Effekt bedeutet dabei jedoch nicht, dass die Elektrophorese einen Einfluss auf die Dissoziationsgeschwindigkeit der Kom-

plexe im Gel besitzt. Das Phänomen resultiert vielmehr aus einer Erhöhung der effektiven Konzentration der Reaktionspartner, deren räumliche Trennung voneinander nach erfolgter Dissoziation während der Elektrophorese verlangsamt wird. Dadurch wird die (konzentrationsabhängige) Reassoziation begünstigt. Eine wichtige Rolle beim Caging-Effekt spielt darüber hinaus die geringe Aktivität des Wassers in Polyacrylamidgelen. Als Ergebnis einer erhöhten Assoziationskinetik lassen sich so relativ schmale Komplexbanden isolieren, auch wenn die Zeit der Elektrophorese die Halbwertszeit der Dissoziation der Komplexe überschreitet und diese während der Trennung mehrfach dissoziieren sollten.

Bis zu einem gewissen Anteil gehen alle Bindungsproteine mit Nucleinsäuren auch unspezifische Wechselwirkungen ein. Solche unspezifischen Wechselwirkungen beruhen hauptsächlich auf unterschiedlichen Ladungen der Makromoleküle. Unspezifische Wechselwirkungen sind daher in aller Regel rein elektrostatischer Natur. Sie können bei gelelektrophoretischen Analysen zu Bandenverbreiterung führen und die Auflösung extrem verschlechtern. Auch bei der Bestimmung von Gleichgewichtskonstanten stören unspezifische Bindungen.

---

### Spezifische/unspezifische Bindung

Bei allen Wechselwirkungen zwischen Proteinen und Nucleinsäuren kann man zwischen unspezifischen und spezifischen Wechselwirkungen unterscheiden. Unspezifische Wechselwirkungen sind gewöhnlich rein elektrostatischer Natur und das Ergebnis der unterschiedlichen Ladungen zwischen Proteinen und Nucleinsäuren (Polyanionen). Bei spezifischen Wechselwirkungen kommen zusätzliche Wasserstoffbrücken, hydrophobe Wechselwirkungen, oft unter Strukturanpassung, Stapelwechselwirkungen oder gerichtete Salzbrücken als Beitrag zur Bindung hinzu. Unspezifische Bindungen durch reine Ladungswechselwirkungen können daher durch Zugabe von Salz weitgehend unterdrückt werden. Für die Analyse von Protein-Nucleinsäure-Komplexen ist es üblich, unspezifische Bindungen durch Zugabe eines Kompetitors abzulösen. Als Kompetitor wird normalerweise ein Überschuss einer unspezifischen DNA oder das Polyanion Heparin eingesetzt.

---

Es ist daher wichtig, unspezifische von spezifischen Wechselwirkungen zu unterscheiden oder besser, unspezifische Wechselwirkungen zu unterdrücken. Den einfachsten Weg stellt die Kompensation der Oberflächenladungen der Interaktionspartner durch Zugabe von Salz (z. B. NaCl oder KCl bis etwa 150 mM) zur Reaktionsmischung dar. Die zur unspezifischen Bindung beitragenden Ladungen werden durch die zusätzlichen Ionen abgeschirmt. Die Gegenwart erhöhter Salzkonzentrationen kann sich jedoch auch negativ auf die Elektrophorese auswirken. Die allgemein gebräuchlichere Methode besteht daher in der Verwendung eines Überschusses einer unspezifischen DNA als Kompetitor. Die Kompetitor-DNA kann ein Gemisch chromosomaler DNA unterschiedlicher Herkunft sein, etwa Kalbsthymus-DNA. Bei der Verwendung eines natürlichen DNA-Gemisches besteht allerdings die Gefahr, dass auch spezifische Bindestellen vorhanden seien können. Ohne eine solche Einschränkung lassen sich synthetische DNAs, wie poly(dI-dC) oder poly(dA-dT), verwenden. Als allgemeine Kompetitorsubstanz hat sich darüber hinaus vor allem das polyanionische Heparin (Mucopolysaccharid mit Sulfatgruppen) bewährt. In der Praxis gibt es keine allgemeingültige Regel, in welchen Konzentrationen die unterschiedlichen Kompetitorsubstanzen bei Gelretardierungsexperimenten eingesetzt werden müssen. Die jeweilige Konzentration muss für unterschiedliche Bindungspartner separat durch eine Konzentrationsreihe bestimmt werden. Ein guter Start ist es, mit Kompetitorkonzentrationen zwischen 20 und 150 ng µl$^{-1}$ Reaktionsmischung zu beginnen. Eine weitere Faustregel besagt, dass der Kompetitor im etwa 200-fachen molaren Überschuss zur Ziel-DNA eingesetzt werden soll. Es muss allerdings auch beachtet werden, dass in Gegenwart hoher Kompetitorkonzentrationen nicht nur freies Protein abgefangen wird und damit unspezifische Wechselwirkungen verhindert werden. Es ist vielmehr bekannt, dass hohe Konzentrationen an Kompetitor-DNA oder Heparin auch aktiv die Dissoziation von Komplexen einleiten können. Für manche Komplexbildungsreaktionen, die stark unterschiedliche *on-* und *off-rates* besitzen, ist daher auch die Reihenfolge der Zugabe des Kompetitors zu beachten. Die Wahl des geeigneten Kompetitors, der Zeitpunkt der Zugabe und die optimale Anpassung seiner Konzentration sind daher besonders kritische Schritte für jedes Gelretardierungsexperiment.

### 36.2.2.2 Bestimmung von Dissoziationskonstanten

Besteht Gleichgewicht zwischen Bindung und Dissoziation eines DNA-Protein-Komplexes, so lässt sich die Lage des Gleichgewichts durch die Gleichgewichtskonstante $K$ angeben. $K$ ist der Quotient aus der Komplexkonzentration und dem Produkt der Konzentrationen von freiem Protein und freier DNA im Gleichgewicht. Der reziproke Wert $1/K$ wird als Dissoziationskonstante $K_D$ bezeichnet. Üblicherweise geht man bei der Bestimmung von Dissoziationskonstanten so vor, dass man eine niedrige DNA-Konzentration wählt (kleiner als die erwartete Dissoziationskonstante) und wachsende Proteinkonzentrationen zur Reaktion einsetzt. Wenn die DNA-Konzentration viel kleiner ist als die Dissoziationskonstante, gilt, dass bei Gleichheit der Konzentrationen von freier DNA und DNA-Protein-Komplex die Konzentration des Proteins gleich der Dissoziationskonstante ist:

$$K_D = [P] \cdot [D] / [PD]$$

- wobei P = Protein und D = DNA-Bindestelle und PD = Komplex;
- wenn $[D] \ll K_D$ folgt $[P]_{frei} \approx [P]_{total}$ und damit wird

$$K_D = [P]_{total} \cdot [D] / [PD]$$

Für eine quantitative Bestimmung von Komplexdissoziationskonstanten geht man normalerweise so vor, dass zunächst die Proteinkonzentration gemessen wird, bei der die Hälfte der DNA komplexiert wird. Dazu sollte die Proteinkonzentration in einem ersten Pilotexperiment über mehrere Zehnerpotenzen variiert werden. Die Größenordnung der Dissoziationskonstanten kann aus der Konzentration bei Halbsättigung der Bindung entnommen werden. Anschließend kann man um den Konzentrationsbereich der visuell abgeschätzten Halbsättigung eine genaue Konzentrationsabstufung testen und die entsprechenden Banden der freien DNA und die Komplexbanden mit einem möglichst genauen Verfahren quantifizieren. Üblicherweise wird dabei der Anteil der freien DNA gegen den Logarithmus der Proteinkonzentration aufgetragen (**Bjerrum-Plot**). Bei guter Auflösung und Anwendung exakter densitometrischer Methoden (über Autoradiographie oder mittels Phosphoimager) lassen sich so Bindekonstanten auch mit relativ hoher Präzision ermitteln. Wichtig für die Korrektheit der Bindungs- bzw. Dissoziationskonstante ist, dass die DNA-Konzentration im Bereich der Halbsättigung klein ist gegenüber der Proteinkonzentration (Verhältnis DNA zu Protein 0,01 bis maximal 0,1). Für die quantitative Auswertung kann sowohl die Zunahme der Intensität der Komplexbanden als auch die Abnahme der freien DNA-Banden bestimmt werden. Beide Methoden liefern dann übereinstimmende Ergebnisse, wenn durch die Gelelektrophorese selbst kein Einfluss auf die Komplexbildung erfolgt. Bei instabilen Komplexen oder schlecht aufgelösten (schmierenden) Komplexbanden, die eine genaue Quantifizierung verhindern, ist die Messung der Abnahme der freien DNA oft die einzige Möglichkeit, $K_D$-Werte zu bestimmen.

Es ist wichtig zu beachten, dass die mittels Gelretardierung gemessenen Dissoziationskonstanten nicht unter echten Gleichgewichtsbedingungen gewonnen werden und daher nur „apparente" Konstanten darstellen.

Sie sind gewöhnlich von den Bedingungen der gelelektrophoretischen Trennung abhängig (etwa Temperatur, Kompetitorkonzentration oder Pufferbedingungen). Um exakte Binde- oder Dissoziationskonstanten zu erhalten, sollten die ermittelten $K_D$-Werte mit unabhängigen Messungen unter echten Gleichgewichtsbedingungen verifiziert werden.

Eine Bestimmung der kinetischen Parameter einer Bindungsreaktion ist ebenfalls durch Gelretardierung möglich. Für die Bestimmung von Assoziationsgeschwindigkeitskonstanten werden DNA und Proteinproben gemischt und Aliquots der Probe in Zeitintervallen durch Gelelektrophorese getrennt (der Auftrag erfolgt bei laufender Gelelektrophorese!). Durch die sofortige Trennung der ungebundenen DNA wird die Assoziationsreaktion gestoppt. Der Anteil freier DNA bzw. die gebildete Komplexmenge wird, wie oben beschrieben, densitometrisch bestimmt. Auf diese Weise lässt sich die Zunahme der Komplexmenge über die Zeit (Komplexbildungsgeschwindigkeit) ermitteln. Sollen Dissoziationsgeschwindigkeiten gemessen werden, geht man so vor, dass von vorgebildeten Komplexen, die sich im Gleichgewicht befinden, die Dissoziation entweder durch rasche Verdünnung oder Zugabe eines Überschusses an Kompetitor-DNA ausgelöst wird (Quenching). Um dissoziiertes Protein effektiv abzufangen, muss die Kompetitorkonzentration dabei die gewöhnlich im Überschuss eingesetzte Proteinkonzentration molar deutlich übertreffen. Aliquots der Probe werden sofort nach der Quenchreaktion in definierten Zeitintervallen gelelektrophoretisch getrennt. Es ist klar, dass eine Bestimmung kinetischer Konstanten durch Gelretardierung durch die Zeitskala der Behandlung der Proben limitiert ist und damit Messungen kaum unterhalb eines Bereichs einiger Sekunden möglich sind.

Eine Bestimmung der Stöchiometrie der gebildeten DNA-Protein-Komplexe kann durch mehrere Methoden erfolgen. Generell anwendbar sind Doppelmarkierung von DNA und Proteinen. Bei radioaktiver Markierung wird das Protein in der Regel mit $^3$H markiert, die DNA üblicherweise mit $^{32}$P. Die Energiemaxima der Zerfallsspektren beider Isotope sind hinreichend unterschiedlich, um nebeneinander durch Szintillationsmessungen quantifiziert werden zu können. Bei Kenntnis der jeweiligen spezifischen Aktivität von DNA und Protein ist eine exakte Quantifizierung der Stöchiometrie der Komplexbildungspartner möglich. Mit etwas geringerer Empfindlichkeit kann alternativ dazu eine Quantifizierung unmarkierter Proteine durch quantitatives Western-Blotting (▶ Abschn. 6.3.3) eines Retardierungsgels mit bekannter DNA-Menge oder Färben des Proteins aus der Komplexbande mit Coomassie-Brillantblau erfolgen.

Die Methode der Gelretardierung ermöglicht es auch, unbekannte DNA-Bindungsproteine zu identifizieren, die mit einer spezifischen Ziel-DNA Komplexe bilden (etwa bei der Verwendung von ungereinigten Zellextrakten oder bei Proteingemischen). Für eine solche Analyse ist es erforderlich, die DNA-Menge für die Komplexbildung gegenüber den radioaktiven Gelretardierungsansätzen zu erhöhen, da bei der Gelretardierung die DNA gewöhnlich die Menge an gebildeten Komplex limitiert. Bei Dissoziationskonstanten im mikromolaren Bereich sind für ein ca. 200 bp DNA-Fragment dafür insgesamt etwa 0,5 µg DNA notwendig. Die einzusetzende Proteinmenge richtet sich nach der Affinität zur DNA und sollte bei einer $K_D$ von $10^{-6}$ M im Mikrogrammbereich liegen. Die nicht markierte DNA und der DNA-Protein-Komplex werden nur kurz mit Ethidiumbromid gefärbt. Die Ethidiumbromid-gefärbte Bande kann ausgeschnitten werden und das darin enthaltene Protein wird anschließend in einem zweiten elektrophoretischen Schritt über ein diskontinuierliches SDS-Gel charakterisiert. Handelt es sich um ein unbekanntes Protein, kann dieses direkt nach Extraktion aus dem SDS-Gel und einem geeigneten Proteaseverdau massenspektrometrisch (MALDI-TOF-Analysen, ▶ Kap. 16) identifiziert werden.

Bei bekannten Proteinen, gegen die Antikörper zur Verfügung stehen, kann man die retardierte Bande auch auf eine Membran blotten und das Protein anschließend durch Western-Analyse nachweisen. Oft lassen sich DNA-Protein-Komplexe jedoch sehr schlecht auf Membranen übertragen, und in ungünstigen Fällen wandert auch der Überschuss an freiem Protein an die Position im Gel, an der sich die Komplexbande befindet. In solchen Fällen ist es manchmal möglich, durch Zugabe eines Antikörpers, der spezifisch mit dem Bindungsprotein reagiert, einen *supershift* im Retardierungsgel zu erzeugen. Zu einem *supershift* kommt es, da der Komplex wegen des zusätzlichen Molekulargewichts des Antikörpers weiter verzögert wird. In ungünstigen Fällen kann jedoch durch den Antikörper auch die Komplexbildung verhindert werden oder der Komplex zerfällt in Gegenwart des Antikörpers. Indirekt lässt sich das natürlich auch als Hinweis für die Identität eines Proteins werten.

### 36.2.3 Crosslinking von Proteinen und Nucleinsäuren

Eine wichtige Methode um die Wechselwirkung von Proteinen und Nucleinsäuren vor einer Analyse zu verstärken ist das Crosslinking. Dazu wird die Kontaktstelle zwischen den Bindungspartnern chemisch quervernetzt. Der Vorteil dieses Ansatzes besteht vor allem darin, schwache oder kurzlebige Interaktionen in kovalente Bindungen zu überführen. Diese stabilisierten Komplexe können dann auch durch stringente oder denaturierende Reinigungsbedingungen von Kontaminationen befreit werden. Crosslinking hat sich daher zum Startpunkt für viele Protein-Nucleinsäure-Analysen entwickelt.

Es steht eine Reihe verschiedener Crosslinker zur Verfügung (◘ Tab. 36.2). Sie unterscheiden sich in der Vernetzungsreaktion, ihrer Spezifität für Proteine bzw. Nucleinsäuren und vor allem auch im Abstand zwischen ihren funktionellen Gruppen.

Wir können generell zwischen zwei Klassen von Crosslinkern unterscheiden: chemische und Photo-Crosslinker. Chemische Crosslinker sind Reagenzien, die dem Protein-Nucleinsäure-Gemisch oder der Zelle zugegeben werden müssen. Photo-Crosslinking erfolgt durch Bestrahlung von Zellen durch UV Licht im UV-C- (254 nm) bis UV-A- (365 nm) Bereich. Die Effizienz der Quervernetzung variiert dabei stark. UV-Licht ist zwar sehr spezifisch bei der Anregung von Nucleinsäuren und als *zero distance* Crosslink optimal geeignet, nur direkte DNA/RNA-Bindeproteine zu vernetzen, führt aber nur zu sehr geringen Ausbeuten. Formaldehyd als chemischer Crosslinker ist zwar weitaus effizienter, führt

aber auch zu Protein-Protein-Vernetzung, sodass nicht nur direkte Interaktionspartner von Nucleinsäuren kovalent verbunden werden. Ein wichtiger Vorteil des Formaldehyd-Crosslinks ist allerdings, dass dieser reversibel ist, während z. B. eine Vernetzung durch UV-Licht nicht wieder aufgelöst werden kann.

Der entscheidende Nachteil des Crosslinks ist, dass dieser keinerlei Aussage über die Stärke oder Dauer einer Protein-Nucleinsäure-Wechselwirkung zulässt. Die Effizienz der Quervernetzung ist dabei nicht linear zur Stabilität oder zum $K_D$ des Protein-Nucleinsäure-Komplexes, da unterschiedliche Kontaktstellen unterschiedlich gut crosslinken; manche auch gar nicht. Ein fehlender Crosslink kann daher nicht als Hinweis genutzt werden, dass eine Interaktion aus Protein und Nucleinsäure nicht stattfindet (*absence of evidence is not evidence of absence*)!

## 36.3 Protein-DNA-Wechselwirkungen

### 36.3.1 DNA-Footprint-Analysen

Für die Charakterisierung der Wechselwirkungsbereiche eines Proteins mit der Ziel-DNA wurde der Begriff Footprint-Analyse geprägt, was so viel bedeutet, wie

**36**

◘ **Tab. 36.2**   Einige gebräuchliche Crosslinker

| Crosslinker | Typ | Nucleinsäure | Formel | Abstand |
|---|---|---|---|---|
| Formaldehyd | chemisch | DNA + RNA | | 0,2 nm |
| DEB | chemisch | DNA + RNA | | 0,46 nm |
| Mechlorethamin | chemisch | DNA + RNA | | 0,6 nm |
| Cisplatin | chemisch | DNA + RNA | | 0,29 nm |
| UV (254 nm) | photo | DNA + RNA | | 0 nm |
| UV (365 nm) + 4SU | photo | RNA | | 0 nm |

den „Abdruck" eines Proteins auf der DNA zu bestimmen. Footprint-Analysen werden in der Regel immer in Kombination mit gelelektrophoretischer Trennung durchgeführt. Sie beruhen im Prinzip darauf, dass man die Zugänglichkeit der Nucleinsäure gegenüber Nucleasen oder modifizierenden Reagenzien in Gegenwart und Abwesenheit eines Bindungsproteins bestimmt. Umgekehrt kann natürlich auch die Zugänglichkeit eines Proteins gegenüber Proteasen oder modifizierenden Reagenzien bestimmt werden. An den Positionen, an denen Protein und Nucleinsäure im Kontakt stehen, ist diese Zugänglichkeit naturgemäß geringer, was sich in einer Reduktion der enzymatischen Hydrolyse oder der chemischen Modifikation in diesem Bereich äußert. Verstärkte Signale, die ebenfalls vorkommen können, werden als Veränderung der Konformation der Bindungspartner interpretiert. Die durch Hydrolyse gebildeten oder an den Modifikationspositionen gespaltenen DNA-Fragmente werden anschließend nucleotidgenau durch denaturierende Gelelektrophorese getrennt. Eine unter gleichen Bedingungen gespaltene oder modifizierte DNA, die nicht mit dem Protein komplexiert war, wird zum Vergleich daneben elektrophoretisiert. Aus den unterschiedlichen Bandenintensitäten der beiden Proben lässt sich erkennen, wo zuvor ein Proteinkontakt existierte. Die direkteste und einfachste Visualisierung von Footprint-Banden erfolgt durch radioaktive Markierung der DNA vor der Komplexbildung und Hydrolyse. Durch Footprint-Analysen lassen sich jedoch noch weit mehr Details eines DNA-Protein-Komplexes ermitteln als nur der Sequenzabschnitt innerhalb einer DNA, an dem die Proteinbindung erfolgt. Durch geeignete Footprint-Techniken können beispielsweise neben den exakten Grenzen eines Proteinkontakts zusätzliche Informationen über die Art der Wechselwirkung gewonnen werden. So lassen sich etwa Rückschlüsse ziehen, welche Basen oder chemischen Gruppen der Nucleinsäure an der Wechselwirkung beteiligt sind oder ob das Protein in die große oder die kleine Furche der DNA bindet, ob es durch die Bindung zu Konformationsänderungen der DNA kommt oder beispielsweise die DNA-Stränge durch die Bindung aufschmelzen und einzelsträngig vorliegen (◻ Abb. 36.6).

Neben diesen strukturellen Informationen lassen sich Footprint-Analysen aber auch zur Bestimmung dynamischer Vorgänge wie der Analyse von Konformationsänderungen oder der Messung von Bindungskonstanten einsetzen. Der Vorzug gegenüber den durch Gelretardierung bestimmbaren Konstanten liegt generell darin, dass bei Footprint-Analysen in Lösung unter echten Gleichgewichtsbedingungen gearbeitet werden kann, da es während der Footprint-Reaktion gewöhnlich nicht zur Trennung zwischen DNA und Proteinen kommt. Natürlich gibt es zur Lösung dieser speziellen Fragestellungen auch jeweils spezifische Footprint-Techniken, die im Folgenden vorgestellt werden sollen.

## 36.3.2 Primer-Extension-Analyse für DNA

Eine Sichtbarmachung der Footprint-Banden kann auch indirekt erfolgen, ohne dass zuvor radioaktiv markierte DNA eingesetzt wird. Für diese indirekte Form der Analyse wird eine Variante der Primer-Extension-Reaktion angewendet. Das Prinzip Primer-Extension-Reaktion für DNA entspricht der Reaktion, die zur Analyse von RNA-Molekülen häufig eingesetzt wird.

Die Primer-Extension ist eine Methode, um ausgehend von einem DNA-Oligonucleotid (Primer) eine Nucleinsäuresequenz (RNA oder DNA) in eine komplementäre DNA-Sequenz umzuschreiben (cDNA). Das Primeroligonucleotid ist so gewählt, dass es an eine komplementäre Zielsequenz bindet, die sich 3′-seitig zu der Sequenz befindet, die man umschreiben möchte. Das Primeroligonucleotid wird anschließend in Gegenwart von Desoxynucleotidtriphosphaten und Klenow-Polymerase (für Primer-Extension von DNA) oder Reverser Transkriptase (für Primer-Extension von RNA) verlängert. Diese Verlängerung geht entweder bis zum 5′-Ende der Zielnucleinsäure oder bis zu einer Modifikationsposition, die eine Verlängerung unterbindet (chemischer Footprint).

Bei der Primer-Extension von RNA wird von einem RNA-Molekül durch reverse Transkription eine cDNA hergestellt. Der Unterschied der hier verwendeten Methode liegt darin, dass das Primeroligonucleotid zur Selektion und Kopie eines DNA-Stranges dient und statt der Reversen Transkriptase eine DNA-Polymerase eingesetzt wird. In diesem Fall dienen die gebildeten DNA-Fragmente nach der limitierten Hydrolyse oder auch chemisch modifizierte DNA-Fragmente als Matrize für die Synthese eines komplementären DNA-Stranges durch das Klenow-Fragment der DNA-Polymerase I. Die Polymerisation wird durch ein Primeroligonucleotid gestartet, das komplementär zu einem Sequenzbereich in der Nähe (3′-seitig) der Region ist, die man analysieren möchte. Über beide DNA-Stränge kann Auskunft erhalten werden, wenn man Primer wählt, die entweder zu dem oberen oder unteren Strang komplementär sind. Die Primer werden stets in 5′–3′-Richtung verlängert. An den 5′-Fragmentenden der hydrolysierten DNA bricht die Synthese ab, und es entstehen die komplementären DNA-Stränge zu den durch Footprint-Hydrolysen generierten DNA-Fragmenten. Viele der für chemische Footprints eingesetzten Reagenzien modifizieren die Basen auf eine Weise, die ebenfalls einen Abbruch der Polymerasereaktion auslöst. Sie können daher auch durch Primer-Extension-Reaktionen analysiert

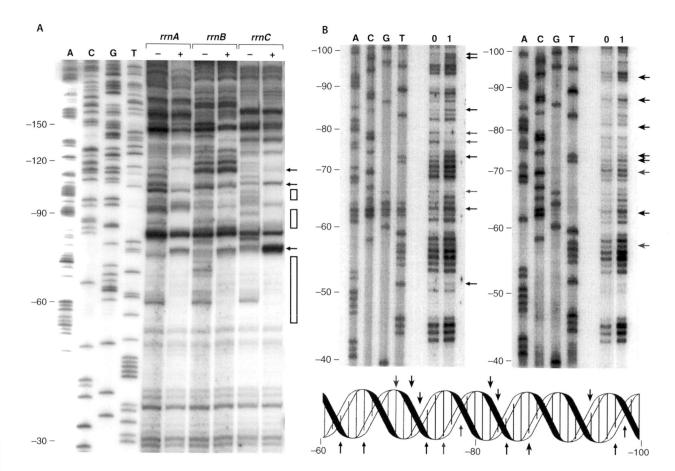

□ **Abb. 36.6** **A** Beispiel eines DNase-I-Footprints. Gezeigt ist ein Ausschnitt einer Primer-Extension-Analyse nach DNase-I-Hydrolyse der regulatorischen Promotor-Regionen von drei rRNA-Operons aus *Escherichia coli* (*rrnA, rrnB* und *rrnC*) in Gegenwart (+) und Abwesenheit (−) des Bindungsproteins FIS. Pfeile weisen auf erhöhte Reaktivität (Konformationsänderung), offene Balken geben geschützte Bereiche an. Sequenzierspuren sind mit A, C, G und T markiert, die Sequenzpositionen relativ zum Transkriptionsstart sind angezeigt. **B** Beispiel eines DMS-Footprints. Gezeigt ist die Primer-Extension-Analyse nach einem DMS-Footprint der regulatorischen Region des *rrnB*-Operons. Nucleotidpositionen und Sequenzierspuren sind angegeben. Die Footprint- Reaktion wurde in Gegenwart (1) und Abwesenheit (0) von FIS (linke Abb.) bzw. Gegenwart (1) und Abwesenheit (0) von H-NS (rechte Abb.) durchgeführt. Rote Pfeile geben Protektionen, schwarze Pfeile Verstärkungen der Zugänglichkeit an. Im unteren Teil der Abbildung sind die Reaktivitätsunterschiede schematisch an einem DNA-Helix-Modell zusammengefasst

werden, ohne dass der DNA-Strang zuvor geschnitten werden muss.

Zur Sichtbarmachung der neu gebildeten DNA-Fragmente kann entweder das verwendete Oligonucleotid zuvor durch Kinasierung am 5′-Ende radioaktiv markiert werden, oder die Primer-Extension-Reaktion wird in Gegenwart eines α-$^{32}$P-dNTPs durchgeführt.

Da die Primer-Extension-Analyse mit unmarkierter DNA funktioniert und der zu analysierende Sequenzabschnitt und der jeweilige DNA-Strang durch die Wahl des Primeroligonucleotids bestimmt werden können, lassen sich damit Footprint-Reaktionen analysieren, die mit DNA-Molekülen durchgeführt wurden, die normalerweise viel zu groß für eine Trennung auf Sequenziergelen sind. Auf dem Gel sind jeweils nur die markierten Produkte der Primer-Extension-Reaktion sichtbar, die so gewählt werden können, dass sie gut in den Auflö-

sungsbereich eines Sequenziergels fallen. Ein weiterer Vorteil der Primer-Extension-Analyse besteht darin, dass zirkuläre und superhelikale DNA-Moleküle untersucht werden können und damit eine Untersuchung von DNA-Protein-Wechselwirkungen unter *in-vivo*-nahen Bedingungen und für unterschiedliche DNA-Topoisomere möglich ist.

### 36.3.3 Chromatin-Immunpräzipitation (ChIP)

Die Struktur eukaryotischer Chromosomen ist für die Genexpression von enormer Wichtigkeit. Die DNA ist dabei in Nucleosomen organisiert: etwa 146 Basenpaare (bp) bilden mit Histonproteinen einen Komplex; die

DNA ist dabei um ein Octamer bestehend aus vier Histonen gewickelt. Die einzelnen Nucleosomen sind von etwa 80 bp DNA getrennt. Um die Lokalisation regulatorischer Proteine im Genom *in vivo* zu untersuchen, wird Chromatin-Immunpräzipitation (ChIP) (zur Immunpräzipitation vgl. ▶ Abschn. 6.3.2) genutzt.

Bei der ChIP-Methode wird die DNA von lebenden Zellen zunächst fragmentiert, um freie DNA zu entfernen und Nucleosomen anzureichern. Danach wird eine Immunpräzipitation mit einem spezifischen Antikörper für ein regulatorisches Protein oder eine Histonmodifikation durchgeführt. DNA-Fragmente, die mit dem Protein in der Zelle interagiert hatten, werden dadurch aufgereinigt und können schließlich durch Southern-Blotting (▶ Abschn. 31.1.3.2), PCR (▶ Kap. 33) oder DNA-Sequenzierung (▶ Kap. 34), charakterisiert werden.

ChIP lässt sich sowohl unter nativen Konditionen wie nach Crosslink durchführen. Dabei ist die Fragestellung ausschlaggebend:

— Um zu untersuchen, wo im Genom DNA-Bindeproteine interagieren, wird ein chemisches Crosslinking mit Formaldehyd durchgeführt, welches die Interaktion vernetzt und stabilisiert. Die Fragmentierung der DNA erfolgt hier oft durch Ultraschall und die dadurch verursachten Scherkräfte, sodass ca. 500 bp (2–3 Nucleosomen) große Bruchstücke entstehen.

— Welche DNA-Regionen von Histonmodifikationen reguliert werden, kann auch unter nativen Bedingungen untersucht werden, da es sehr viel mehr Histon-DNA-Interaktionen als einzelne Wechselwirkung zwischen DNA und anderen Proteinen gibt. Dies macht eine Vernetzung durch Formaldehyd überflüssig. Die Fragmentierung der DNA wird durch Verdau mit dem Enzym *Micrococcal Nuclease* (MNase) erreicht, das nur „freie" DNA schneidet, nicht aber die Nucleosomen.

ChIP ist dadurch eine indirekte Methode, da der letztendliche Nachweis über Nucleinsäuremethoden wie PCR erfolgt, während die Interaktion über das Protein (Immunpräzipitation) gereinigt wurde. Umso wichtiger sind daher die Vergleichskontrollen, für die sich verschiedene Optionen anbieten:

— fragmentierte DNA (ohne Immunpräzipitation, auch als *input* bezeichnet)

— Immunpräzipitation mit einem anderen oder nicht spezifischen (sekundären) Antikörper (eine sogenannte *Mock*-Immunpräzipitation)

— Verwendung von Zellen, die das gesuchte Protein nicht exprimieren bzw. bei denen die DNA-Binderegion des Proteins durch Mutation zerstört wurde

Diese Strategien ermöglichen es, die Anreicherung der wechselwirkenden DNA-Regionen relativ zu den Kontrollen zu bestimmen.

Durch PCR lassen sich nur kurze, ausgewählte DNA-Sequenzen untersuchen. Eine Weiterentwicklung der Methode stellt die Kombination mit Hochdurchsatz-Sequenzierung dar, dem sog. Chip-Seq. Dies erlaubt es, alle genomischen Regionen zu kartieren, an die ein Protein gebunden hat.

ChIP hat sich als eine der wichtigsten Methoden zur Analyse von Transkriptionsfaktoren und epigenetischen Modifikationen etabliert. Ein wichtiger Nachteile der Methode ist aber, dass hochspezifische Antikörper zur Verfügung stehen müssen, die keine weiteren Proteine/ Epitope erkennen und auch eine Immunpräzipitation zu lassen. Des Weiteren werden, je nach Protokoll, relativ große Mengen an Zellen für ein ChIP-Experiment benötigt. Die Ergebnisse der ChIP sind daher auch immer über eine Zellpopulation gemittelt, was bedeutet, dass ein bestimmtes Protein nicht in jeder Zelle mit dem Genom interagieren muss. Besondere Vorsicht ist daher geboten, wenn mehrere Proteine untersucht werden: Auch wenn zwei oder mehrere Proteine mit den gleichen DNA-Sequenzen interagieren, bedeutet das nicht automatisch, dass dies auch in derselben Zelle stattfindet und dass diese Proteine zur gleichen Zeit am gleichen Ort sind.

### 36.3.4 Nucleosome Mapping, Assay for Transposase-Accessible Chromatin using Sequencing (ATAC-Seq)

Die Regulation der Genexpression durch Nucleosomen ist insofern wichtig, als dass DNA entweder relativ unzugänglich an Histone oder als freie DNA für Proteine einfacher zu binden ist. Vor allem die genomweite Kartierung von Transkriptionsfaktoren (diese binden meist an freier DNA bzw. offenem Chromatin) und Nucleosomen dient dazu, die Dynamik der Transkription zu verstehen. Hierfür wurden verschiedene Methoden entwickelt, von denen hier *Assay for Transposase-Accessible Chromatin using Sequencing* (ATAC-Seq) vorgestellt werden soll.

Bei dieser Methode werden zunächst Zellkerne gereinigt. Zu diesen wird dann eine Transposase zugegeben. Dieses Enzym kann beliebige DNA im Genom einbauen. Die hier verwendete sehr reaktive Tn5-Transposase wurde zuvor mit kurzen DNA-Oligomeren „beladen" und integriert diese Sequenzen bevorzugt in offenem Chromatin. Ohne weitere Reinigungsschritte können die Abschnitte der DNA, die als offenes Chromatin vorlagen, durch PCR amplifiziert und durch Sequenzierung identifiziert werden. Das Resultat ist eine Karte der zugänglichen DNA-Bereiche des gesamten Genoms.

ATAC-Seq zeichnet sich vor allem dadurch aus, dass sehr wenig Anfangsmaterial nötig ist und dass die Methode sehr schnell unter nativen Bedingungen durchgeführt werden kann. Eine Weiterentwicklung der Methode besteht darin, einzelne Zellen zu untersuchen. Beim single cell ATAC-Seq (scATAC-Seq) werden Zellen zunächst vereinzelt. Dies kann z. B. durch *microfluidics* (s. ▶ Abschn. 47.2.1) geschehen, indem je eine Zelle in einem Öltröpfchen sortiert wird. Bei Zehntausenden solcher Zellen wird dann die Transposase zugegeben, bevor sie parallel sequenziert und analysiert werden.

## 36.4 Protein-RNA-Wechselwirkungen

Anders als bei DNA, die in den meisten Fällen in der Form von wenigen, sehr langen Molekülen in der Zelle vorliegt, ist die RNA-Landschaft vielfältiger; sowohl qualitativ (welche RNAs in der Zelle zu einem bestimmten Zeitpunkt vorliegen) als auch quantitativ (die Anzahl Kopien eines RNA-Transkripts). Die Interaktionen zwischen Proteinen und RNA sind oft sehr dynamisch. Dies bedeutet, dass die Komponenten eines RNA-Proteinkomplexes (RNP) nicht über längere Zeit stabil bleiben, sondern im ständigen Austausch sind. Vor allem mRNAs interagieren mit einem Netzwerk aus verschiedenen RNA-Bindeproteinen (RBPs), je nachdem in welcher Phase ihres „Lebenszyklus" innerhalb der Zelle sie sich gerade befinden: während der RNA-Synthese (Transkription), Prozessierung, Modifikation, Transport, als Matrize für die Translation von Proteinen oder ihrem Abbau.

An dieser Stelle scheint es angemessen zu betonen, dass RNA katalytisch aktiv sein kann und dass die Faltung (Struktur) der RNA eine entscheidende Rolle für ihre Aktivität hat. Dies ist ein fundamentaler Unterschied zur DNA, die fast ausschließlich als Doppelhelix und in Nucleosomen verpackt vorliegt. RNA sollte daher nicht nur als passives Bindungsziel oder Substrat von Proteinen gesehen werden. Es gibt zahlreiche Beispiele, in denen RNA durch ihre Struktur Proteine bindet und reguliert. Auch dies trägt zur Dynamik von RNA-Protein-Interaktionen in der Zelle bei.

### 36.4.1 Analyse einzelner RBPs

Es gibt verschiedene Methoden, einzelne Proteine zu untersuchen, die mit RNA wechselwirken.

#### 36.4.1.1 Polynucleotidkinase- (PNK-)Assay

*In-vitro*-Methoden wie EMSA erlauben es, Protein-RNA-Wechselwirkungen unter kontrollierten Bedingungen nachzuvollziehen und ihre Dissoziationskonstanten zu bestimmen. Will man RNA-Bindung im Kontext der Zelle untersuchen, benötigt man zunächst eine Methode, die die simple Frage beantwortet, ob ein Protein *in vivo* überhaupt RNA bindet oder nicht. Für ein dazu oft verwendetes Protokoll hat sich die Bezeichnung PNK-Assay eingebürgert (◻ Abb. 36.7).

Der PNK-Assay ist ein denaturierendes Protokoll, sodass zuerst zelluläre RNA-Protein-Interaktionen durch UV-Licht (254 nm) gecrosslinkt werden, um Bindungen innerhalb von RNPs durch kovalente Bindung dauerhaft zu machen. Danach werden die Zellen lysiert und eine Immunpräzipitation mit einem Antikörper durchgeführt, der das Protein von Interesse gezielt erkennt und bindet. Der Leser sei an dieser Stelle daran erinnert, dass die Antikörper-Antigen-Interaktion eine der stärksten nichtkovalenten intermolekularen Bindungen ist und dass dadurch die Pufferbedingungen der Waschschritte es erlauben, kontaminierende Zellbestandteile effizient zu entfernen (▶ Kap. 6). Als Nächstes wird die RNA durch einen RNase-Verdau gekürzt. Oftmals werden hier Endonucleasen benutzt, die RNA nicht an bestimmten Sequenzen, sondern zufällig Einzelstrang-RNA (RNase A) oder einzelsträngige Guanidine (RNase T1) schneiden. Dies dient dazu, jede mögliche RNA zu kürzen, sodass um die Stelle des Crosslinks herum nur wenige Nucleotide übrig bleiben. Würde dieser Schritt weggelassen, wäre der RNA-Protein-Komplex sehr groß und im weiteren Verlauf schlecht zu

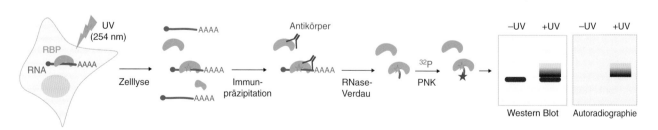

◻ **Abb. 36.7**   Schematische Darstellung des PNK-Assay

bearbeiten. Als Nächstes wird RNA, die bisher mit aufgereinigt wurde, radioaktiv markiert. Dies geschieht mithilfe der Polynucleotidkinase (PNK), einem Enzym, welches ein Phosphat von $^{32}$P-ATP auf 5′-OH-Enden von Nucleinsäuren (nicht aber auf Proteine) übertragen kann. Zuletzt werden die Proben durch Gelelektrophorese (SDS-PAGE) ihrem Molekulargewicht nach aufgetrennt und auf eine Nitrocellulose- oder Polyvinyliden-difluorid-(PVDF-)Membran übertragen. Nucleinsäuren alleine binden dabei nicht an die Membran; nur Proteine und jene RNA, die durch Crosslink mit Proteinen verbunden ist. Die Komplexe werden dann durch Western-Blotting visualisiert und danach durch Autoradiographie auf Radioaktivität untersucht. Wenn sich an derselben Stelle ein Signal für das Protein (via Western-Blot) als auch für RNA (via Radioaktivität) finden lässt, dann ist dies der indirekte Nachweis, dass das Protein in der Zelle, bzw. zum Zeitpunkt des UV-Crosslinks, RNA gebunden hatte.

Der PNK-Assay ist auch ein hervorragendes Beispiel dafür, wie Methoden aus Protein- und Nucleinsäureanalytik im Wechsel kombiniert werden können, um RNA-Proteinkomplexe zu studieren:

1. UV-Crosslink durch Anregung der RNA (Nucleobasen absorbieren Licht bei 260 nm Wellenlänge)
2. Präzipitation des Proteins (Antikörper)
3. Markierung der RNA (PNK ist spezifisch für Nucleinsäuren)
4. Auftrennung und Übertragung von Proteinen (SDS-PAGE)
5. Getrennte Detektion von Protein (Western-Blot) und RNA (Autoradiographie) von derselben Membran

### 36.4.1.2  Analyse von Protein-RNA-Interaktionen mit Crosslinking und Immunpräzipitation (CLIP)

Um die Rolle einzelner RNA-Bindeproteine in der Zelle zu verstehen, hat sich *Crosslinking and Immunoprecipitation* (CLIP) in den letzten Jahren als Ansatz durchgesetzt (◼ Abb. 36.8). Diese sehr spezifische Methode ist im Kern eine Erweiterung des PNK-Assays (▶ Abschn. 36.4.1.1), erlaubt es aber, die RNA-Sequenzen zu bestimmen, mit denen ein RBP interagiert, und diese Interaktion auch präzise (auf ein Nucleotid genau) zu kartieren. Es gibt mittlerweile eine große Anzahl unterschiedlicher CLIP-Protokolle, von denen wir hier drei genauer vorstellen: *High-throughput Sequencing of RNA Isolated by Crosslinking Immunoprecipitation* (HITS-CLIP/CLIP-Seq), *Photoactivatable Ribonucleoside-enhanced CLIP* (PAR-CLIP) und *Individual-nucleotide Resolution CLIP* (iCLIP).

Zunächst werden lebende Zellen mit UV-Licht bei 254 nm Wellenlänge bestrahlt, um RNA-Protein-Interaktionen durch kovalente Verbindungen zu stabilisieren (Crosslink). Beim PAR-CLIP wurden die Zellen vor dem Crosslink mit z. B. 4-Thiouridin (dem PAR = *photoactivatable ribonucleoside*) inkubiert, das bei 365 nm einen Crosslink zwischen RNA und Proteinen erzeugt. Nach der Lyse der Zellen wird die RNA durch Zugabe von RNasen enzymatisch teilweise verdaut und dann eine Immunpräzipitation durch einen Antikörper durchgeführt. Alternativ dazu kann das Protein auch zuvor mit einem Tag versehen werden (FLAG-Tag, Streptavidin-Tag, etc.) und das Epitop-markierte Protein dann über das zugehörige Bindeprotein aufgereinigt werden. Die Bedingungen der Präzipitation sind

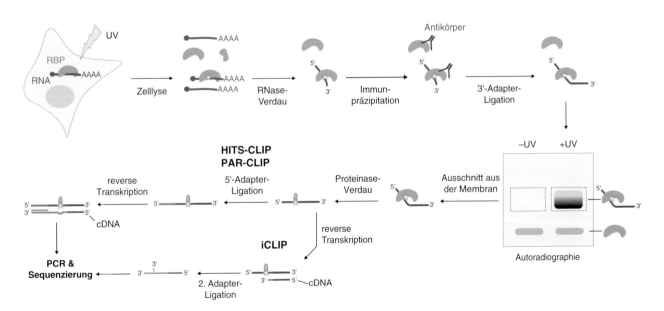

◼ **Abb. 36.8**  Schematische Darstellung der CLIP-Methode

dabei so gewählt, dass unspezifische RNA-Protein-Interaktionen effizient entfernt werden. Die nächsten Schritte unterscheiden sich allerdings vom PNK-Assay: Zunächst wird ein RNA-Adapter an das 3'-Ende der kopräzipitierten RNA ligiert. Die Sequenz dieser kurzen RNA-Oligomere ist komplementär zu den später verwendeten PCR-Primern. Nach der Ligation werden die kurzen RNAs in den präzipitierten Komplexen an ihrem 5'-Ende radioaktiv mit $^{32}$Phosphor markiert. Ähnlich dem PNK-Assay werden die Komplexe durch SDS-PAGE ihrer Größe nach aufgetrennt und auf eine Membran übertragen. Durch Autoradiographie können die Komplexe aus Protein und RNA nun sichtbar gemacht werden. Da die Komplexe mit verschieden langen RNA-Fragmenten kovalent verbunden sind, migrieren sie eher diffus durch das SDS-Gel, und es kommt zu einer radioaktiv markierten Region oberhalb des freien Proteins auf der Membran. Dieser markierte Teil wird aus der Membran ausgeschnitten und das Protein durch Zugabe von Proteinase K enzymatisch verdaut.

Bis zu diesem Punkt sind alle CLIP-Methoden relativ ähnlich. Beim ursprünglichen HITS-CLIP- und dem PAR-CLIP-Protokoll wird nun auch am 5'-Ende der RNA ein kurzer (RNA-)Adapter ligiert und dann eine cDNA-Synthese mithilfe der Reversen Transkriptase durchgeführt. Nur diejenigen RNAs, die einen ligierten 3'-Adapter haben, werden dabei von dem komplementären cDNA-Primer erkannt, und nur diese RNAs werden dann per PCR amplifiziert und schlussendlich sequenziert. Bei der iCLIP-Methode wird zuerst die cDNA-Synthese mit dem vorhandenen 3'-Adapter durchgeführt, bevor der 5'-DNA-Adapter ligiert wird. Zuletzt werden durch PCR DNA-Bibliotheken erstellt und dann sequenziert. Warum diese unterschiedlichen Strategien? Bei allen CLIP-Varianten werden die RNA-Sequenzen, mit denen ein Protein interagiert, in cDNA umgewandelt und dann mit Hochdurchsatz-Sequenzierung identifiziert. Durch das Crosslinking bleibt aber ein Peptidrest an der Stelle der Protein-RNA-Interaktion zurück und „markiert" diese. Die unterschiedlichen Protokolle haben daher verschiedene Herangehensweisen, um diese Stellen möglichst präzise zu identifizieren. Mehr dazu in ▶ Abschn. 36.4.3.3.

### 36.4.1.3 Nucleotidanaloga (4SU, 6SG, EU)

Bei der Analyse von Protein-RNA-Interaktionen spielen modifizierte Nucleotide eine wichtige Rolle (◘ Abb. 36.9). Solche Nucleotidanaloga lassen sich entweder *in vitro* gezielt in RNA integrieren oder werden dem Wachstumsmedium von Zellen zugegeben, sodass diese zufällig bei der Transkription eingebaut werden (*metabolic labeling*). Eine häufig genutzte Modifikation

ist das 4-Thiouridin (4SU), welches am C4 der Nucleobase eine Thiolgruppe statt eines Sauerstoffs trägt. Dieses Nucleotid hat veränderte photochemische Eigenschaften; so absorbiert 4SU anders als die anderen Nucleotide UV Licht nicht bei 254 nm (UV-C), sondern bei 365 nm Wellenlänge (UV-A).

Bei der zuvor erwähnten PAR-CLIP-Methode wird dem Medium von Zellen **4-Thiouridin (4SU)** oder **6-Thioguanidin (6SG)** zugegeben, welches in die RNA der Zelle eingebaut wird. Dementsprechend findet der UV-Crosslink auch bei 365 nm statt, was sich als sehr effizient herausgestellt hat, um RNA-Bindeproteine mit den modifizierten Nucleotiden direkt zu vernetzen. Dieser Ansatz wurde bereits in den 1990er-Jahren verwendet, um gezielt einzelne RNA-Protein-Interaktionen zu analysieren. So wurden einzelne Uridine in humaner tRNA durch 4SU *in vitro* ersetzt, und dann wurde durch Crosslink bei 365 nm die Bindung zu HIV-1 Reverser Transkriptase charakterisiert. Bei diesem Ansatz zeigt sich auch eine weitere Stärke der photoreaktiven Nucleotidanaloga: Während UV-Licht von 254 nm oder chemische Crosslinker alle RNA-Protein-Wechselwirkung vernetzen, kann man mit dem gezielten Einbau einer modifizierten Base wie 4SU einzelne Interaktionen untersuchen. Dies funktioniert auch *in vivo*, da unmodifizierte zelluläre Nucleinsäuren Licht bei 365 nm Wellenlänge nicht absorbieren.

Eine weiterer Vorteil besteht darin, dass man die Zugabe von Analoga zeitlich selber bestimmen kann. Gibt man z. B. 4SU zum Medium wachsender Zellen ($t = 0$), so kann die RNA erst ab dann gelabelt werden. Dies ermöglicht es, bereits bestehende RNA zum Zeitpunkt $t = 0$ von neu transkribierter RNA $t > 0$ zu unterscheiden, da nur die letztere die Modifikation trägt. Um diese beiden RNAs voneinander zu trennen, kann 4SU-haltige RNA über verschiedene chemische Verfahren von der nicht gelabelten RNA getrennt werden. Die Methode *Thiol (SH)-linked Alkylation for the Metabolic Sequencing of RNA* (SLAM seq) nutzt Iodacetamid, um die Thiolreste der 4SU-haltigen RNA zu alkylieren. Diese Modifikation führt zu einer spezifischen Mutation, wenn die RNA zu cDNA umgeschrieben wird. Durch Sequenzierung der cDNA kann somit das Verhältnis der RNA, die bereits vor der 4SU-Zugabe vorhanden war (keine Mutationen), zu neu transkribierter RNA nach 4SU-Zugabe (spezifische Mutation vorhanden) bestimmt werden.

Zuletzt können über diesen Weg auch RNA-Bindeproteine gezielt extrahiert werden. Hierfür wird **5-Ethynyluridin (EU)** verwendet, welches auch von Zellen aufgenommen und in neu transkribierte RNA eingebaut wird. Das Uridin-Analog lässt sich durch eine kupferka-

**◻ Abb. 36.9** Einige gebräuchliche Nucleotidanaloga: 4-Thiouridin (4SU), 6-Thioguanidin (6SG), 5-Ethynyluridin (EU)

talysierte Cycloaddition an ein Azid-Biotin „clicken" (*azide-alkyne Huisgen cycloaddition*) und dann über die Biotin-Streptavidin aufreinigen. Diese Strategie ersetzt damit die klassische, mRNA-spezifische oligo(dT)-Selektion und wurde in der Methode *RNA Interactome using Click Chemistry* (RICK) verwendet, während bei *Click Chemistry-assisted RNA Interactome Capture* (CARIC) 4SU und EU gleichzeitig benutzt werden.

Die Verwendung solcher Nucleotidanaloga hat aber auch Nachteile. Sie müssen zuvor von Zellen aufgenommen und in RNA eingebaut werden, was nicht in jedem Organismus möglich ist oder mindestens eine zusätzliche kinetische Komponente (Dauer, bis die Analoga aufgenommen und eingebaut wurden) darstellt. Die Zugabe von 4SU zu humanen Zellen kann außerdem zu Fehlern bei der Biosynthese der Ribosomen führen und daher zu einer artifiziellen Reaktion der Zelle. Die Konzentrationen, in denen einzelne Analoga zu lebenden Zellen gegeben werden können, sollten daher im Vorfeld experimentell getestet werden.

## 36.4.2 Analyse von Proteinen, die mit einzelnen RNAs interagieren

In vielen Fällen ist es von Interesse, die Proteine zu untersuchen, die mit einer bestimmten RNA wechselwirken. Wir haben mit EMSA bereits eine Methode vorgestellt, die dazu verwendet werden kann. Wenn solche Interaktionen *in vivo* untersucht werden sollen, müssen andere Ansätze verfolgt werden.

### 36.4.2.1 RNA-Tags

Um eine RNA gezielt auf ihre Wechselwirkungen mit Proteinen zu untersuchen, wird oftmals eine Tagging-Strategie benutzt. Dabei wird die RNA am 5′- oder 3′-Ende um die Sequenz eines RNA-Tags verlängert. Diese Sequenzen stammen oft aus Bakteriophagen und falten sich in eine stabile Struktur, die spezifisch an ein Phagenprotein binden kann. So besteht etwa der MS2-Tag aus einem RNA-Hairpin (◻ Abb. 36.10), der an

**◻ Abb. 36.10** Schematische Darstellung des MS2-Tag und MS2-TRAP

das Hüllprotein des MS2-Phagen mit hoher Spezifität bindet. Dies nutzt z. B. die *MS2-tagged RNA Affinity Purification* (MS2-TRAP) aus. Bei dieser wird ein Fusionsprotein aus MS2-Hüllprotein und Glutathion-S-Transferase (GST) benutzt, um RNAs mit dem MS2-Tag mithilfe von Glutathion-Agarose-Beads aus Zellen zu extrahieren und Interaktionspartner der RNA zu untersuchen. Die Methode hat zwei mögliche Nachteile: zunächst können nur Interaktionen untersucht werden, bei denen ein Tag an die gesuchte RNA angebracht werden kann. Dies ist nur *in vitro* oder in Organismen möglich, bei denen die genetischen Werkzeuge vorhanden sind, um eine so modifizierte RNA in der Zelle zu exprimieren. Zweitens stellt der Tag eine Veränderung der RNA dar. Der MS2-Tag etwa muss oft in mehreren Kopien (12–24 Hairpins) an die RNA „angehängt" werden, um eine effiziente Bindung mit dem Hüllprotein zu ermöglichen. Es kann daher nicht ausgeschlossen werden, dass der Tag selber die Funktion der RNA im Kontext der Zelle stört.

### 36.4.2.2 Antisense-Pull-down und Tiling

Im Prinzip sollte die gezielte Selektion und Reinigung einzelner RNAs sehr einfach sein. Schließlich kann für jedes Transkript ein komplementäres DNA/RNA-

Oligomer erstellt werden, wie es etwa auch bei *In-situ*-Hybridisierung (▶ Kap. 38) verwendet wird. Eine solches Oligomer, mit Biotin modifiziert, kann dann mithilfe von Streptavidin-Beads gebunden und aufgereinigt werden. Solche *Pull-down*-Ansätze wurden benutzt, um Proteine des Spleißosoms oder des Telomerasekomplexes zu identifizieren. Von diesen Beispielen abgesehen, sind allerdings nur wenige standardisierte Protokolle im Einsatz, die auf der Bindung von komplementären Oligonucleotiden beruhen. Ein Grund dafür dürfte die Spezifität sein. Eine typische humane Zelle exprimiert etwa 10.000 RNAs. Es ist praktisch unmöglich zu testen, ob ein Oligonucleotid nur eine einzelne RNA spezifisch bindet oder auch mit einer der vielen anderen hybridisiert. Zusätzlich ist zu beachten, dass über 90 % des Transkriptoms aus ribosomaler RNA besteht. Da rRNA in Tausenden Kopien vorliegt und die meisten mRNAs eher im Bereich von 10–20 Kopien pro Zelle, kann selbst eine suboptimale Hybridisierung mit rRNA oder tRNA (die zweithäufigste RNA-Klasse) zu erheblichen Problemen führen.

Es gibt allerdings eine Möglichkeit, dies zu umgehen. Der Ansatz dafür heißt **Tiling**. Während beim klassischen *Pull-down* ein komplementäres Oligonucleotid verwendet wird, um gezielt eine zelluläre RNA zu binden, werden beim *Tiling* viele kürzere Sequenzen verwendet, die die Ziel-RNA „abdecken". Wichtig ist allerdings, dass die Gesamtmenge an Oligonucleotid in beiden Fällen gleich ist; d. h. die Konzentration der zugegebenen Oligonucleotide ist beim *Tiling* nicht höher, sondern nur auf mehrere kurze Sequenzen verteilt. Dies hat zwei Vorteile:

- Sollte ein Bereich einer RNA nicht zugänglich sein, z. B. wegen der Faltung der RNA oder weil Proteine ihn bedecken, können die anderen *Tiling*-Oligomere an den restlichen, frei zugänglichen Teilen der RNA hybridisieren.
- Der Hauptvorteil dieser Strategie ist aber ein quantitativer. Wie oben erläutert, ist unklar, ob ein Oligonucleotid auch an andere RNAs unspezifisch bindet. Beim *Tiling* verteilt sich die unspezifische Bindung aber auf viele verschiedene RNAs, während alle *Tiling*-Oligomere an die Ziel-RNA binden. Durch *Tiling* wird der Fehler auf viele kleinere Fehler verteilt, sodass sich das jeweilige Verhältnis von spezifischer zu unspezifischer Bindung zugunsten der Ziel-RNA verschiebt (◘ Abb. 36.11).

Ein Beispiel dafür ist *Comprehensive Identification of RNA Binding Proteins by Mass Spectrometry* (ChIRP-MS); eine Methode, bei der RNA-Bindeproteine der humanen nichtcodierenden RNA Xist mithilfe von *Tiling*-Oligomeren gereinigt und identifiziert werden.

## 36.4.3  Systemweite Analyse von Proteinen, die mit RNA interagieren

### 36.4.3.1  RNA interactome capture (RIC)

Aufgrund der Bedeutung von mRNA, die den genetischen Code in Form von Nucleotid-Tripletts trägt und zur Translation am Ribosom für die Herstellung von Proteinen benötigt wird, war diese RNA-Klasse seit ihrer Entdeckung im Fokus der Forschung. Vor allem in eukaryotischen Zellen, in denen der Großteil der mRNA durch einen poly(A)-Tail gekennzeichnet ist, lassen sich diese Transkripte durch Hybridisierung an T-reiche DNA-Oligomere (*Oligo-(dT)*) leicht anreichern und aufreinigen (s. ▶ Abschn. 30.6.2). Dabei ist es natürlich von großem Interesse, welche Proteine mit den einzelnen mRNAs interagieren. Die zurzeit am weitesten angewandte Methode, um möglichst alle Proteine einer Zelle oder eines ganzen Organismus zu identifizieren, die an mRNA binden, ist *RNA Interactome Capture* (RIC, ◘ Abb. 36.12). Bei dieser Methode werden verschiedene, einzeln recht einfache Protokolle kombiniert:

1. *In vivo*-UV-Crosslinking, um physiologische RNA-Protein-Interaktionen zu stabilisieren und kovalent zu vernetzen
2. Oligo(-(dT)-Aufreinigung der mRNA (mit den vernetzten Proteinen))
3. massenspektrometrische Identifikation der RBPs, die mit der mRNA vernetzt waren (Proteomik)

Zunächst werden Zellen, Gewebe oder, wenn möglich, ganze Organismen mit UV-Licht (254 nm) bestrahlt, um direkte Interaktionen durch Photo-Crosslinking zu stabilisieren. Hierbei werden nur direkte RNA-Protein-Interaktionen kovalent vernetzt. Dies stellt sicher, dass physiologisch relevante Wechselwirkungen, die in der Zelle tatsächlich stattfinden, eingefroren werden. Dies stellt einen Vorteil gegenüber *in vitro*-Methoden dar, bei denen die Wechselwirkung in Zelllysaten stattfindet, was nicht den Bedingungen in der Zelle entspricht und daher biologisch nicht relevante oder nicht vorkommende Bindungen zwischen RNA und Proteinen erzeugen kann. Als nächster Schritt müssen nun die Zellen lysiert werden; hier gibt es verschiedene Strategien, die sich stark nach dem Ausgangsmaterial richten. So reicht es zum Beispiel bereits aus, kultivierte Zellen durch mehrfaches Pressen durch eine Nadel mithilfe von Scherkräften aufzubrechen, während etwa Hefen mithilfe von Glaskugeln „zermahlen" werden müssen. Um gezielt mRNA und die wechselwirkenden Proteine anzureichern, werden nun magnetische Oligo-(dT)-Beads benutzt, die mit dem poly(A)-Ende eukaryotischer mRNA hybridisieren. Mithilfe eines Magneten lassen sich die mRNA-Komplexe dann reinigen. An dieser Stelle können die

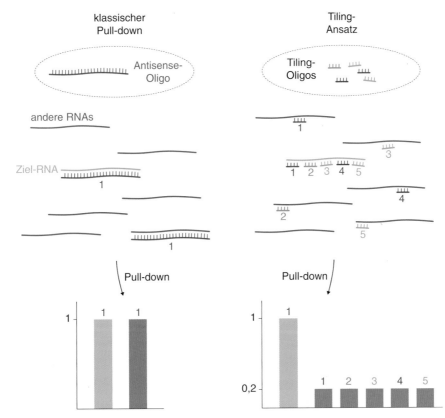

**Abb. 36.11** Vorteile des Tiling. Dazu ein Gedankenexperiment: Angenommen, dass jedes Oligonucleotid eine 50 % Chance hat, die Ziel-RNA zu binden, und zu 50 % fälschlicherweise eine zweite RNA in der Zelle. Beim klassischen Ansatz ergibt sich daraus, dass die Hälfte dessen, was aufgereinigt wird, unspezifische für unsere Ziel-RNA ist (1:1). Beim Tiling Ansatz werden fünf Oligonucleotide ver- wendet. Jedes der fünf bindet zu 50 % die Ziel-RNA, aber – da sie alle eine andere Sequenz haben – jeweils eine andere zweite RNA unspezifisch. Insgesamt würde dadurch nicht mehr von der Ziel-RNA gebunden, aber die „falschen" Treffer verteilen sich nun auf fünf RNAs, was das Verhältnis von spezifisch zu unspezifisch jeweils auf 5:1 verschiebt

Komplexe bereits untersucht werden, z. B. durch Western-Blotting (▶ Abschn. 6.3.3), Northern-Blotting (▶ Abschn. 31.1.3) oder RT-PCR (▶ Abschn. 33.3.2), wenn man an bestimmten Proteinen oder mRNAs interessiert ist. Will man alle mRNA-Bindeproteine identifizieren, muss zunächst die RNA durch RNase-Verdau abgebaut werden, da die voluminöse RNA die weiteren Schritte stören würde. Der Abbau der an Protein durch das UV-Licht kovalent gebundenen RNA ist allerdings nicht komplett möglich, sodass immer ein kleiner RNA-Rest (mindestens ein Nucleotid, oftmals mehrere) zurückbleibt. Dies ist, je nach Anwendung, entweder ein Vor- oder Nachteil (▶ Abschn. 36.4.3). Die so von RNA befreiten Proteine können dann mithilfe von Massenspektrometrie (▶ Kap. 16 und 42) identifiziert werden. Wichtig für die bioinformatische Auswertung ist eine Normalisierungskontrolle, die beim Versuchsaufbau bereits berücksichtigt werden muss. So werden entweder Proben verwendet, die nicht mit UV-Licht bestrahlt wurden oder die vor der Selektion durch Oligo-(dT)-Beads bereits mit RNasen behandelt wurden; in beiden Fällen zeigen diese Kontrollproben, welche Proteine nicht wegen ihrer RNA-Bindung gereinigt, sondern als Kontamination anzusehen sind.

Mithilfe der RIC Methode wurde bereits das mRNA-Bindeproteom (auch „*RBPome*" genannt) vieler unterschiedlicher Zelltypen und Organismen identifiziert, und Hunderte zuvor unbekannte RBPs wurden entdeckt. RIC lässt sich mit verschiedenen anderen Methoden kombinieren. So wurden das *mRBPome* der Hefe *Saccharomyces cerevisiae* und der humanen Zelllinie HEK293 mithilfe von 4SU-modifizierter RNA und UV-Licht der Wellenlänge 365 nm vernetzt. Auch bei der massenspektrometrischen Analyse sind diverse Techniken wie SILAC oder die Verwendung von stabilen Isotopen (▶ Abschn. 42.7) bereits genutzt worden.

### 36.4.3.2 Phenol-basierte Methoden (PTex, OOPS, XRNAX)

Viele der bisher vorgestellten Verfahren zur RNA-Protein-Interaktion *in vivo* sowie der PNK-Assay, CLIP oder *RNA Interactome Capture* benötigen ein gewisses Vorwissen über die Komplexe, die untersucht werden. So kann CLIP-Seq nicht ohne einen Antikörper oder ein

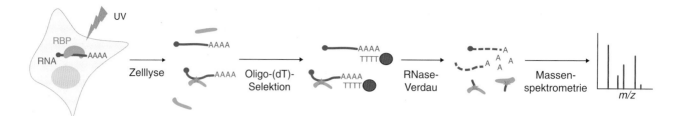

<image>Abb. 36.12</image> Schematische Darstellung der Methode *RNA Interactome Capture* (RIC)

Affinitätsprotein, welches einen Protein-Tag erkennt, durchgeführt werden. Diese müssen ein bestimmtes Protein eindeutig erkennen können und auch durch Immunpräzipitation aufreinigen lassen. RIC auf der anderen Seite kann nur poly(A)-RNA und die damit wechselwirkenden Proteine anreichern; tRNA, rRNA, viele nichtcodierende RNAs sowie mRNA aus Prokaryoten können somit nicht untersucht werden.

Eine völlig andere Herangehensweise ist es daher, RNA-Protein-Komplexe anhand ihrer physikalisch-chemischen Eigenschaften biochemisch vom Rest der Zelle zu trennen. Ein wichtiger Schritt dabei ist wiederum das UV-Crosslinking. Durch die Verknüpfung von RNA und Protein entsteht ein Hybrid, welches Eigenschaften von beiden Molekülklassen aufweist. Dies lässt sich in flüssigen Extraktionsverfahren ausnutzen, in denen organische Lösungsmittel genutzt werden. Dabei sind erst kürzlich drei recht ähnliche Methoden entwickelt worden, die auf der RNA-Extraktion durch Phenol (▶ Abschn. 30.1.1) basieren (◻ Abb. 36.13): PTex (*Phenol Toluol Extraction*), OOPS (*Orthogonal Organic Phase Separation*) und XRNAX (*Protein-Xlinked RNA Extraction*).

Bei der Phenolextraktion von Zellmaterial reichert sich RNA bei niedrigem pH-Wert in der oberen, wässrigen Phase an, während sich Proteine in der unteren, organischen (Phenol-)Phase lösen. Die durch das UV-Licht kovalent verknüpften RNA-Protein-Komplexe sammeln sich an der Phasengrenze (Interphase). Dies ermöglicht es, alle RNPs einer Zelle ohne Antikörper oder komplementäre Nucleinsäuresequenzen von anderen RNAs oder Proteinen zu trennen und anzureichern. Während es diese Technik nun auch erlaubt, bakterielle RBPome zu untersuchen, sollte nicht vergessen werden, dass über 90 % der zellulären RNA aus ribosomaler RNA besteht. Ohne weitere Bearbeitung bestehen so aufgereinigte Proben also zu einem nicht unerheblichen Teil aus rRNA und ribosomalen Proteinen.

### 36.4.3.3 Exakte Bestimmung von Protein-RNA-Bindestellen

Bei einigen der vorgestellten Technologien wie CLIP (▶ Abschn. 36.4.1.2) oder RIC (▶ Abschn. 36.4.3.1) entsteht ein interessantes Problem. Wie bereits beschrieben, führt das Crosslinking durch UV-Licht zu einer ko-

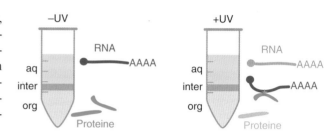

<image>Abb. 36.13</image> Prinzip der Trennung von Proteinen und Nucleinsäuren durch Phenol. RNA-Protein-Komplexe nach Crosslink (gelber Stern) lagern sich in der Interphase an. aq: wässrige Phase, inter: Phasengrenze, org: organische Phase

valenten Bindung zwischen einer Aminosäure (Protein) und einem Nucleotid (RNA). Diese Bindung ist nicht reversibel, und ein solcher Komplex kann auch nicht wieder von einer der beiden Molekülklassen „befreit" werden; d. h. ein vollständiger Abbau der RNA oder des Proteins z. B. durch RNasen oder Proteasen ist nicht möglich.

Im Falle von CLIP kann dieser Umstand dazu benutzt werden, die exakte Bindestelle eines Proteins an der RNA zu bestimmen. Das Enzym Reverse Transkriptase (RT) liest RNA und synthetisiert einen komplementären DNA-Strang (cDNA). Ist ein Nucleotid durch den Crosslink mit einer Aminosäure oder einem Peptid verblieben, kommt es an genau dieser Stelle oftmals zu einem Fehleinbau oder zum kompletten Abbruch der cDNA-Synthese. Die verschiedenen CLIP-Methoden kehren diesen Fehler zum Vorteil um. PAR-CLIP nutzt modifizierte 4-Thiouridine, die mit UV-Licht der Wellenlänge 365 nm angeregt werden und dann crosslinken. Dies führt sehr häufig zum immer gleichen Fehler bei der Reversen Transkription. Die RT erkennt die Thiol-modifizierten, an Peptid gebundenen Uridine fälschlicherweise als Cytidin und baut daher in der cDNA das komplementäre Guanidin ein. Als Resultat kommt es in einem Teil der Sequenzen zu einer charakteristischen Mutation von T zu C beim Sequenzieren der DNA-Bibliotheken. Ein Aspekt der bioinformatischen Analyse von PAR-CLIP Experimenten ist es daher, die Sequenzen nach den charakteristischen T→C-Fehlern abzusuchen. Diese ermöglicht es, die Proteinbindestelle auf das einzelne Nucleotid genau zu bestimmen. Bei der iCLIP-Methode führt der Peptidrest nicht zu einem Fehleinbau, sondern öfters zum völligen Abbruch der cDNA-Synthese an dieser Stelle. Ähnlich wie bei der PAR-CLIP-Variante wird dieser „Fehler" nun genutzt, um die exakte Bindestelle des Proteins zu ermitteln. Da das 3'-Ende der cDNA wegen des Abbruchs genau der Proteinbindestelle entspricht, wird ein zweiter Adapter an das 5' Ende ligiert (da für eine folgende PCR und Sequenzierung an den 5'- und 3'-Enden der DNA spezifische Sequenzen vorliegen müssen). Dieser lässt sich bei der bioinformatischen Analyse der Sequenzierdaten leicht als Signal finden und markiert das davor liegende Nucleotid als die Stelle, an der das Protein die RNA gebunden hat.

Wo genau eine RNA in einem Protein bindet, ist hingegen weitaus schwieriger herauszufinden. Der Grund dafür liegt wiederum in den unterschiedlichen Methoden: Unbekannte RNA lässt sich durch reverse Transkription und anschließende Sequenzierung bestimmen. Ein Nucleotid mit gecrosslinktem Peptidrest führt dabei zum Einbau einer falschen Base oder zum Abbruch der cDNA-Synthese. In beiden Fällen ist die vorhandene Sequenz immer noch leicht exakt zu bestimmen. Um unbekannte Proteine zu analysieren, wird meist Massenspektrometrie verwendet, d. h. die Proteine werden zunächst zu kürzeren Peptiden verdaut und dann über ihre Masse identifiziert. Ein Peptid mit einem kovalent verbundenen RNA-Rest hat aber eine höheres Molekulargewicht, sodass das Peptid nicht mehr über seine Masse erkannt werden kann. Dies führt zu der paradoxen Situation, dass genau jene Peptide, die für die

RNA-Bindung verantwortlich sind, bei der Auswertung in normalen massenspektrometrischen Verfahren „verschwinden". Mehrere Hochdurchsatzmethoden wurden daher entwickelt, um diese Peptide entweder direkt zu detektieren oder einzugrenzen. Dazu zählen RBDmap, pCLAP, RBR-ID und XRNAX.

In beiden Fällen ist es außerdem möglich, die genaue Bindestelle mithilfe von **Mutationsanalyse** zu ermitteln. Dafür müssen einzelne Nucleotide oder Aminosäuren gezielt mutiert werden, um dann z. B. durch EMSA oder Ko-Immunpräzipitation im Vergleich zum Wildtyp eine verminderte oder komplett fehlende Bindung zu zeigen. Dieses Vorgehen ist relativ simpel und eignet sich hervorragend als Validierungsexperiment, etwa um eine Wechselwirkung zu bestätigen, die durch eine der anderen hier vorgestellten Methoden gefunden wurde.

### 36.4.4 Polysome/Ribosome Profiling

Ein essenzieller Schritt in der Genexpression aller Organismen ist die Translation der mRNA zu Proteinen am Ribosom. Mithilfe des *polysome profiling* lassen sich Ribosomen und Translationskomplexe einer Zelle, globale Translationsraten und die Wechselwirkung einzelner mRNAs und Proteine mit dem Ribosom untersuchen (◻ Abb. 36.14).

Im Prinzip handelt es sich bei *polysome profiling* um eine Dichtegradienten-Ultrazentrifugation

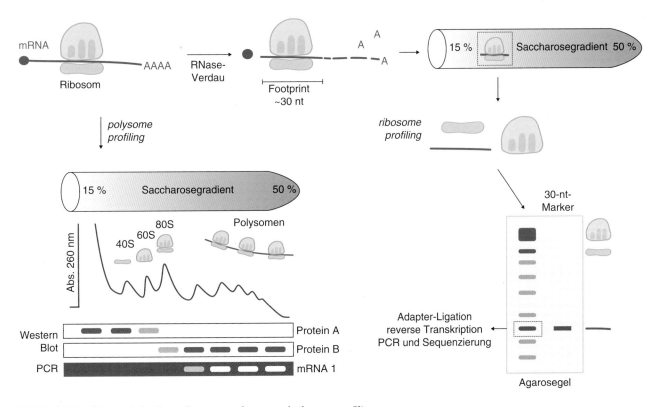

◻ **Abb. 36.14**  Schematische Darstellung von *polysome* und *ribosome profiling*

(► Abschn. 19.8.2), in der der Zucker Saccharose genutzt wird, um einen Dichtegradienten (üblicherweise von 15 bis 50 % Saccharose) herzustellen. In diesem Gradienten wird ein natives Zelllysat aufgetrennt. Dabei bleiben Komplexe wie Ribosomen in ihrer Zusammensetzung erhalten. Anders als in einer klassischen Dichtegradientenzentrifugation wird aber nicht so lange zentrifugiert, bis sich ein Gleichgewicht zwischen Zentrifugalkraft und Auftrieb der Moleküle einstellt: Dadurch werden die zellulären Bestandteile entsprechend ihrer Sedimentationsrate (gemessen in der Einheit Svedberg, S) aufgetrennt. Dabei migrieren kleinere Komplexe im oberen Teil des Gradienten (15 % Saccharose), während sich schwere, große Komplexe weiter Richtung Boden des Gradienten bewegen (50 % Saccharose). Somit lassen sich z. B. die einzelnen Untereinheiten des eukaryotischen Ribosoms leicht trennen und finden sich in unterschiedlichen Fraktionen des Gradienten: kleine ribosomale Untereinheit (40S), große ribosomale Untereinheit (60S), einzelne Ribosomen (Monosomen, 80S), und Polysomen. Diese bilden eine charakteristische Kurve, wenn man die Absorption von UV-Licht bei 260 nm misst (die ribosomale RNA absorbiert UV-Licht dieser Wellenlänge), in der sich die einzelnen Komplexe bzw. die Vorstufen der Ribosomen leicht erkennen lassen (◘ Abb. 36.14). Die einzelnen Fraktionen können nun z. B. durch Western-Blotting auf RNA-Bindeproteine untersucht werden, etwa um zu testen, ob ein bestimmtes Protein mit Ribosomen komigriert. Ob eine bestimmte mRNA translatiert wird kann mithilfe von RT-PCR bestimmt werden; diese sollte sich dann in den Mono- oder Polysomen-Fraktionen finden lassen.

Wegen des hohen Anteils an RNA sind Polysomen bei Weitem größer und schwerer als die meisten Proteinkomplexe. Wenn sich ein Protein am (schweren) Boden der Gradientenfraktion wiederfinden lässt, ist es sehr wahrscheinlich, dass eine Interaktion mit mRNA bzw. Ribosomen besteht. Eine recht einfache Methode, dies zu testen, besteht darin, vor der Zentrifugation einen RNase-Verdau durchzuführen. Das gesuchte Protein sollte nun in einer der leichten Fraktionen sein, was die Wechselwirkung mit RNA nahelegt. Die Fraktionen ermöglichen darüber hinaus auch eine Ko-Immunpräzipitation; etwa um zu testen, ob ein Protein in Mono- oder Polysomen unterschiedliche Interaktionspartner hat.

Theoretisch lassen sich mithilfe des *polysome profiling* auch Translationsraten bestimmen. Hierbei wird die relative Verteilung einzelner mRNAs zwischen Mono- und Polysomen verglichen. Da verschiedene mRNAs aber für unterschiedlich große Proteine codieren und ihr *open reading frame* (ORF) daher unterschiedlich lang ist, ist es schwierig, mehrere mRNAs miteinander zu vergleichen. Eine Weiterentwicklung der Methode, die dies ermöglicht, ist das **ribosome profiling**. Die Idee die-

ses Ansatzes ist es, die Position translatierender Ribosomen basengenau zu ermitteln. Dadurch ergibt sich ein hochaufgelöstes und quantitatives Bild der zellulären Translation. Dieses zeigt nicht nur, welche RNAs translatiert werden, sondern spiegelt auch Proteinsyntheseraten akkurat wider. Um Ribosomenprofile zu generieren, werden Zellen aufgeschlossen, und das Lysat wird einem limitierten Verdau mit einer RNase (meist RNase I) unterzogen. Die Bedingungen sind dabei so gewählt, dass freie mRNAs schnell abgebaut werden, die stabileren Ribosomen jedoch kurze mRNA-Fragmente in ihrem Inneren schützen (sog. *ribosome-protected fragments* oder Footprints, etwa 28–30 nt lang)

Um die dadurch entstandenen Monosomen (einzelne Ribosomen mit gekürzter mRNA) anzureichern, wird dann die Saccharose-Dichtegradientenzentrifugation benutzt, die wir schon aus dem *polysome profiling* kennen. Diese dient hier allerdings dazu, freie mRNA und größere (Ribosomen-)Komplexe zu entfernen, denn nur die Fraktion, die die Monosomen enthält, wird weiterverwendet. Nachdem die ribosomalen Proteine durch Phenolextraktion (► Abschn. 30.1.1) entfernt worden sind, wird die RNA durch Gelelektrophorese aufgetrennt. Dies dient dazu, die noch vorhandene ribosomale RNA von den Footprints zu trennen. Die letzteren werden aus dem Gel extrahiert, zu cDNA umgeschrieben und dann mithilfe von Hochdurchsatzsequenzierung identifiziert. Die Methode erlaubt es dadurch, die Position der Ribosomen bis auf einzelne Codons oder sogar nucleotidgenau zu bestimmen.

## 36.5 Ausblick

Die hier vorgestellten Methoden stellen nur einen Ausschnitt der verfügbaren Protokolle und Technologien zur Untersuchung von Protein-Nucleinsäure-Wechselwirkungen dar. Der Fokus dieses Kapitel war es, grundlegende Techniken und Strategien aufzuzeigen, denn die Methoden zur Analyse von Protein-Nucleinsäure-Interaktionen werden ständig weiterentwickelt. In den vergangenen Jahren wurden viele Protokolle an die technischen Fortschritte in der Sequenzierung und Massenspektrometrie angepasst. Zurzeit findet eine ähnliche Entwicklung im Bereich der Einzelzellanalyse statt, sodass in Zukunft eine präzisere Untersuchung einzelner DNA-Protein- und RNA-Protein-Interaktionen in heterogenen Kulturen und Geweben möglich sein wird.

## Literatur und Weiterführende Literatur

Bowman SK (2015) Discovering enhancers by mapping chromatin features in primary tissue. Genomics 106:140–144

Favre A, Saintome C, Fourrey JL, Clivio P, Laugaa P (1998) Thio-nucleobases as intrinsic photoaffinity probes of nucleic acid structure and nucleic acid-protein interactions. J Photochem Photobiol B 42:109–124

Hennig J, Sattler M (2015) Deciphering the protein-RNA recognition code: combining large-scale quantitative methods with structural biology. Bioessays 37:899–908

Hentze MW, Castello A, Schwarzl T, Preiss TA (2018) Brave new world of RNA-binding proteins. Nat Rev Mol Cell Biol 19:327–341

Lane D, Prentki P, Chandler M (1992) Use of gel retardation to analyze protein nucleic acid interactions. Microbiol Rev 56:509–528

Lunde BM, Moore C, Varani G (2007) RNA-binding proteins: modular design for efficient function. Nat Rev Mol Cell Biol 8:479–490

Mitchell SF, Parker R (2014) Principles and properties of eukaryotic mRNPs. Mol Cell 54:547–558

Ramanathan M, Porter DF, Khavari PA (2019) Methods to study RNA–protein interactions. Nat Methods 16:225–234

Smith T, Villanueva E, Queiroz R, Dawson C, Elzek M, Urdaneta E, Willis A, Beckmann BM, Krijgsveld J, Lilley K (2020) Organic phase separation opens up new opportunities to interrogate the RNA-binding proteome. Curr Opin Chem Biol 54:70–75

Tretyakova NY, Groehler A, Shaofei J (2015) DNA-protein cross-links: formation, structural identities, and biological outcomes. Acc Chem Res 48:1631–1644

Ule J, Hwang H-W, Darnell BD (2018) The future of cross-linking and immunoprecipitation (CLIP). Cold Spring Harb Perspect Biol 10:a032243

# Systematische Funktionsanalytik

## Inhaltsverzeichnis

**Kapitel 37**  **Sequenzanalyse – 929**
*Boris Steipe*

**Kapitel 38**  **Hybridisierung fluoreszenzmarkierter DNA zur Genomanalyse in der molekularen Cytogenetik – 953**
*Gudrun Göhring, Doris Steinemann, Michelle Neßling und Karsten Richter*

**Kapitel 39**  **Physikalische, genetische und funktionelle Kartierung des Genoms – 965**
*Christian Maercker*

**Kapitel 40**  **DNA-Microarray-Technologie – 983**
*Jörg Hoheisel*

**Kapitel 41**  **Silencing-Technologien zur Analyse von Genfunktionen – 997**
*Jens Kurreck*

**Kapitel 42**  **Proteomanalyse – 1013**
*Friedrich Lottspeich, Kevin Jooß, Neil L. Kelleher, Michael Götze, Betty Friedrich und Ruedi Aebersold*

**Kapitel 43**  **Metabolomics – 1065**
*Christian G. Huber*

**Kapitel 44**  **Interaktomics – systematische Analyse von Protein-Protein-Wechselwirkungen – 1081**
*Markus F. Templin, Thomas O. Joos, Oliver Pötz und Dieter Stoll*

**Kapitel 45**     **Chemische Biologie – 1091**
*Daniel Rauh und Susanne Brakmann*

**Kapitel 46**     **Toponomanalyse – 1109**
*Walter Schubert*

**Kapitel 47**     **Organ-on-Chip – 1127**
*Peter Loskill und Alexander Mosig*

**Kapitel 48**     **Systembiologie – 1145**
*Olaf Wolkenhauer und Tom Gebhardt*

# Sequenzanalyse

*Boris Steipe*

## Inhaltsverzeichnis

37.1 Sequenzanalyse und Bioinformatik – 930

37.2 Datenbanken – 931
37.2.1 Sequenzabruf aus öffentlichen Datenbanken – 932
37.2.2 Daten und Datenformat – 934

37.3 Webdienste – 934
37.3.1 EMBOSS – 934

37.4 Sequenzzusammensetzung – 936
37.4.1 Sequenztendenzen – 937

37.5 Muster in Sequenzen – 938
37.5.1 Zeichenketten und regular expressions – 939
37.5.2 Gewichtungsmatrizen – 939
37.5.3 Sequenzprofile – 940
37.5.4 Anwendungsbeispiel: Identifizierung codierender Bereiche in DNA – 940
37.5.5 Anwendungsbeispiel: Proteinlokalisierung – 941

37.6 Homologie – 941
37.6.1 Identität, Ähnlichkeit und Homologie – 942
37.6.2 Optimales Alignment – 943
37.6.3 Alignment für schnelle Datenbanksuchen: BLAST – 944
37.6.4 Orthologe und paraloge Sequenzen – 946
37.6.5 Profilbasierte Datenbanksuchen: PSI-BLAST – 946

37.7 Multiples Alignment und Konsensussequenzen – 947

37.8 Sequenz und Struktur – 949

37.9 Funktion – 950

37.10 Ausblick – 951

Literatur und Weiterführende Literatur – 952

© Springer-Verlag GmbH Deutschland, ein Teil von Springer Nature 2022
J. Kurreck et al. (Hrsg.), *Bioanalytik*, https://doi.org/10.1007/978-3-662-61707-6_37

- Biomolekulare Sequenzen werden weltweit in Datenbanken gespeichert, verfügbar gemacht und online analysiert.
- Ein Ansatz zur Analyse ist die Suche nach funktionalen Mustern.
- Die wichtigsten Analyseverfahren beruhen auf dem Vergleich verwandter Sequenzen.
- Durch die Integration verschiedenster experimenteller Ergebnisse können Funktionsannotationen erstellt und die Sequenzen in ihren Funktionszusammenhang gestellt werden.

## 37.1 Sequenzanalyse und Bioinformatik

In weniger als fünfzig Jahren haben die Biowissenschaften einen radikalen Wandel durchgemacht. Wir sind von der detaillierten Charakterisierung einzelner Biomoleküle aufgebrochen, haben diese zu Stoffwechselwegen und Komplexen zusammengefügt, haben die Technologien entwickelt, die uns ganze Genome und Proteome im Überblick darstellen konnten, und sind heute in der Post-Genomik, in der wir die detaillierten Sequenzen von Gen und Protein als bekannt voraussetzen können, ein reiches Spektrum von Annotationen frei verfügbar ist, und wir nun den Blick auf das Verständnis der funktionalen Zusammenhänge für Zellbiologie, Biotechnologie und Medizin richten. Dabei hat unser Gebiet mehrere Paradigmenwechsel durchgemacht: Vor vielleicht dreißig Jahren haben wir uns vor allem mit der Entwicklung von Algorithmen zur Interpretation von Sequenzen beschäftigt, seit vielleicht fünfzehn Jahren ist das große Thema die Frage, wie Daten effizient und unter Berücksichtigung ihrer Semantik integriert werden können. Heute geht es um *Big Data* – die Frage, wie wir nicht nur einzelne, sondern Tausende von Genomen gleichzeitig analysieren und vergleichen. Früher wurden kompilierte Programme in C oder Fortran für die Großrechenanlagen der Forschungszentren geschrieben, darauf folgte der breite Einsatz von interpretierten Sprachen wie Perl und PHP, mit denen wir Daten aus dem Internet in den Tischrechnern einzelner Wissenschaftler zusammenfügten; heute benutzen wir Python- und Javascript-Webframeworks, um Daten ins Netz zu stellen, sowie die Programmiersprache **R** mit ihrem reichen Angebot an Nutzerpaketen für die Bioinformatik, um reproduzierbare Analyseprozesse zu gestalten, während wir den Blick mehr und mehr auf die Auslagerung der eigentlichen Daten und Analysen in die *Cloud* (Datenwolke) richten. In diesem Kapitel beschäftigen wir uns mit der einzelnen Sequenz: Analyse der Information, Vergleich mit anderen Sequenzen, und Integration von Daten im Genommaßstab; wo immer möglich, unterstützt durch praktische Hinweise und konkrete Beispiele. Ein begleitendes **R**-Projekt des Autors – das san-Projekt – kann zur Vertiefung und als Einstieg in eigene Programme aus dem Web geladen werden (▶ https://github.com/hyginn/san). Wo immer dies sinnvoll ist, betrachten wir die Analyse des Mbp1-Proteins der Bäckerhefe, eines Transkriptionsfaktors, der für die Steuerung des Übergangs von der G1- in die S-Phase des Zellzyklus verantwortlich ist. Damit kann das Kapitel neben seinen allgemeinen Bemerkungen auch als Beispiel für die Analyse einer spezifischen Sequenz gelesen werden.

Eine Statistik des *US National Human Genome Research Institute* belegt, dass die Kosten für die Sequenzierung eines menschlichen Genoms von ca. 100 Millionen US Dollar um das Jahr 2000 herum auf gegenwärtig ca. 1000 US Dollar gesunken sind. Dementsprechend wächst die verfügbare Datenmenge seit Jahren exponentiell an: das US *National Center for Biotechnology Information* (NCBI) hält zum Jahresende 2019 Genomdaten von etwa 10.000 Eukaryoten, 220.000 Prokaryoten und 34.000 Viren.

Die Organisation und Analyse solcher Datenmengen ist alles andere als trivial, gilt aber zurzeit als weitgehend gelöst. Glücklicherweise kam es in den letzten Jahren zu einem massiven Einbruch der Kosten von Computerspeichermedien, sodass diese Datenmengen gespeichert und – meist über das Netz – ohne Zugangsbeschränkungen und Kosten allgemein frei verfügbar gemacht werden können. Der Trend, solche Datenmengen in der Cloud zu halten – in verteilten Datendienstleistungszentren, die sichere, kostengünstige Speicherung gegen geringe Gebühren anbieten –, verringert die Kosten der Datenspeicherung weiter.

Zwei Institutionen sind die globalen Zentren für biologische Daten und Online-Analysen: in den USA das National Center for Biotechnology Information (NCBI; ▶ https://ncbi.nlm.nih.gov) und in Europa das Europäische Institut für Bioinformatik (EBI, ▶ https://www.ebi.ac.uk/) in England. Datenbestände werden täglich miteinander und mit der DNA-Datenbank von Japan (DDBJ, ▶ https://ddbj.nig.ac.jp/) abgeglichen. Neben diesen ist für Strukturdaten das Proteinstruktur-Konsortium (PDB, ▶ https://www.rcsb.org/) zu nennen, des Weiteren eine Handvoll von Datenbanken, die spezifisch für gut untersuchte Modellorganismen sind – bspw. für Hefe, *Caenorhabditis elegans*, *Arabidopsis thaliana*, die Maus und natürlich den Menschen – und darüber hinaus Tausende mehr- oder weniger umfangreiche, mehr oder weniger spezialisierte und mehr oder weniger häufig gewartete und aktualisierte weitere Datenbanken. Alles, was damit noch zur Lösung der meisten Sequenzanalyseprobleme benötigt wird, ist eine Internet Verbindung.

Bioinformatik lässt sich grob zwischen zwei Polen beschreiben. Zum einen beschäftigen uns die Datenbanktechnologien, die zur Verwaltung der großen Sequenzdatenbanken und der Generierung großer Mengen von Querverweisen zur Datenintegration notwendig sind. Zum anderen geht es um die Abstraktion biologischer Systeme als Objekte, die im Computer darstellbar sind. Deutlich wird dies am Gegenstand dieses Kapitels: der biologischen Sequenz. Biologische Makromoleküle sind Heterocopolymere aus einer kleinen Anzahl von Bausteinen. Deswegen ist es einfach, eine Abstraktion zu definieren, die für die Datenanalyse ideal geeignet ist: Jeder Baustein – jede Aminosäure – wird durch einen Buchstaben codiert. Eine biologische Sequenz kann einfach auf eine Zeichenfolge (*string*) abgebildet werden, die kompakt gespeichert werden kann und für die es effiziente Such- (*query*) und Abruf- (*retrieval*) Algorithmen gibt. Dennoch darf dabei nicht vergessen werden, dass solche Zeichenketten biologische Moleküle mehr oder weniger gut repräsentieren und beispielsweise dynamische Veränderungen wie posttranslationale Modifikationen oder Liganden- und Komplexbildung nur unvollständig wiedergeben. Sequenzen sind Modelle von Molekülen, und es ist wichtig, den eventuellen Informationsverlust durch die Modellierung zu verstehen und die Ergebnisse der Sequenzanalyse auf die beschriebenen Moleküle und ihre biologische Bedeutung zurück zu beziehen. Dazu ist zumindest die Kenntnis des Ein-Buchstaben-Codes der proteinogenen Aminosäuren nach IUPAC-IUB notwendig, die in jedem Biochemielehrbuch zu finden ist.

Neben der eigentlichen Sequenz gibt es aber auch eine große Zahl von Annotationen: Verwandtschaftsbeziehungen, Sequenzmotive und Konservierungsmuster, Proteinwechselwirkungen, Funktionsbeschreibungen, Mutationen in Krebszellen, Expressionsprofile in den verschiedensten Geweben und unter den verschiedensten Bedingungen und vieles Weiteres mehr. All diese Information zu integrieren und daraus ein konsistentes Bild einer einzelnen Sequenz im zellulären Kontext zu erstellen stellt die eigentliche Herausforderung der Bioinformatik dar.

## 37.2 Datenbanken

Eine Reihe von Faktoren hat zu einer Explosion der Zahl biologischer Datenbanken und Internetdiensten geführt. Dazu gehören

- große Menge verfügbarer Sequenz- und anderer biologischer Daten
- gesunkene Preise für Datenspeichermedien, gestiegene Rechnerleistung, weit verbreitete Netzanbindung

- Datenbankensysteme, wie z. B. mySQL (▶ https://www.mysql.com/) oder PostgreSQL (▶ https://www.postgresql.org/), die frei verfügbar und auf jedem gängigen Betriebssystem installierbar sind
- einfach zu beherrschende Programmiersprachen wie Python (▶ https://www.python.org/) und **R** (▶ https://www.r-project.org/)
- frei verfügbare, hervorragend dokumentierte Web-Server, wie z. B. Apache (▶ http://httpd.apache.org/)
- die Verfügbarkeit wichtiger Algorithmen als freie Software, durch eine große und aktive Gemeinschaft von Entwicklern unterstützt; für die Bioinformatik insbesondere die „Pakete", die durch das *Comprehensive R Archive Network* (CRAN, ▶ https://cran.r-project.org/) und das Bioconductor-Projekt (▶ http://bioconductor.org/) kuratiert und verwaltet werden

All dies führt zu nie dagewesenen Möglichkeiten, auch für kleine Labors oder einzelne Wissenschaftler, Daten zu publizieren, online verfügbar zu machen und mit anderen Datenbanken zu vernetzen. Ein Nebeneffekt dieser an sich erfreulichen Entwicklung ist allerdings das zunehmende Problem für den Anwender von Datenbanken oder Webdiensten, einen Überblick zu behalten und Aufgaben im Laboralltag dem Stand der Technik entsprechend zu lösen. Jenseits der großen Bioinformatikzentren NCBI oder EBI sowie der Modellorganismen-Datenbanken (meist einfach durch Google zu finden) wird eine Bewertung der Qualität von Webdiensten oft schwierig. Welche Alternativen existieren? Was ist der Gültigkeitsbereich der angebotenen Information, wie genau wird sie erzeugt? Mit wie vielen falsch-positiven oder falsch-negativen Resultaten ist zu rechnen? Wie oft werden die zugrunde liegenden Daten aktualisiert? Kann mit einer langfristigen, stabilen Existenz der Dienste gerechnet werden? Ist ausreichende Nutzerinformation und Dokumentation vorhanden? So einleuchtend es ist, dass sorgfältiges wissenschaftliches Arbeiten belastbare Antworten auf diese Fragen erfordert, so oft trifft es leider auch zu, dass man hier auf Verbesserungsbedürftiges trifft.

Quellen, die helfen, wenigstens einen groben Überblick über das Vorhandene zu bewahren, sind die im jährlichen Abstand veröffentlichen Januar-Sonderausgaben der Zeitschrift *Nucleic Acids Research* (NAR, ▶ https://academic.oup.com/nar) über Datenbanken und die Juli-Sonderausgaben über Webdienste. Neben NAR werden Artikel häufig in *Bioinformatics* (▶ https://academic.oup.com/bioinformatics), *BMC Bioinformatics* (▶ https://bmcbioinformatics.biomedcentral.com/) und in mehr als 3000 anderen Fachzeitschriften veröffentlicht, wie eine Stichwortsuche nach „*bioinformatic*s" in der US-Nationalbibliothek für Medizin (▶ https://www.ncbi.nlm.nih.gov/nlmcatalog) zeigt. Aktuelle Entwicklungen findet man in Konferenzbeiträgen, z. B. der jährlichen Konferenz *Intelligent Systems in Molecular Biology* (ISMB, ▶ https://www.iscb.org/about-ismb). Aktuelle Fragen werden in Webforen diskutiert und beantwortet: Für die allgemeine Bioinformatik ist *Biostars* (▶ https://www.biostars.org/) eine gute Quelle, oder eines der hervorragenden *StackExchange*-Foren (▶ https://bioinformatics.stackexchange.com/). Weitere Frage/Antwort-Gemeinschaften sind *Quora* (▶ https://www.quora.com/topic/Bioinformatics) und *Reddit* (▶ https://www.reddit.com/r/bioinformatics/).

Um ein spezifisches Problem mit den besten aktuell verfügbaren Werkzeugen zu bearbeiten, ist wohl der beste Weg, sich an seinen Fachkollegen zu orientieren: Man sucht einen relevanten, nicht allzu alten Artikel – und in diesem Gebiet heißt das: nicht älter als bestenfalls zwei Jahre – in einer sorgfältig begutachteten Fachzeitschrift und folgt dann den im Methodenteil beschriebenen Verfahren. Selbstverständlich sind die Autoren meist gerne bereit, mit Ratschlägen zu helfen und Erfahrungen zu methodischen Details zu teilen.

### 37.2.1 Sequenzabruf aus öffentlichen Datenbanken

Die Sequenzanalyse beginnt mit der Sequenz – aus eigenen Sequenzierungsprojekten, oder aus öffentlichen Datenbanken heruntergeladen. Sequenzen können über Namen (z. B. „Mbp1"), Textwörter oder Funktionsschlüsselworte (z. B. Transkriptionsfaktor) aufgefunden werden, oder – ganz spezifisch – durch einen Identifikationsschlüssel (auch Kennung oder Identifikator: ID, s. Beispiele in ◘ Tab. 37.1). Die Integration verschiedener Datenbestände kann dann über interne Schlüssel erfolgen. Das Integrationssystem des NCBI, Entrez, vernetzt 20 einzelne Datenbanken über eine gemeinsame Such- und Zugriffsfunktion (◘ Abb. 37.1). Im Beispiel der ◘ Abb. 37.1 wurde das Mbp1-Protein der Bäckerhefe als Schlüsselwort gesucht, und die Ergebnisse auf Einträge für den Organismus *Saccharomyces cerevisiae* beschränkt. Man findet den Transkriptionsfaktor als Protein oder Nucleotidsequenz, aber auch Literaturdaten, Proteinstruktur, Querverweise in das Hefegenom, Sequenzen in verwandten Organismen, Expressionsprofile und Vieles mehr.

Ein vergleichbares Integrationssystem des EBI – allerdings auf Wirbeltiergenome beschränkt – ist BioMart (▶ https://www.ensembl.org/biomart/martview), das Suche und Zugriff auf die Daten der ensembl-Genomdatenbanken (▶ https://www.ensembl.org/) unterstützt.

◘ **Tab. 37.1** *Accession numbers*, Namen und Schlüssel für Biomoleküldaten und Konzepte (Beispiele für den Mbp1-Transkriptionsfaktor der Bäckerhefe)

| Name | MBP1 | Standardname |
|---|---|---|
| Gen | YDL056W | systematischer Name (*Saccharomyces* Genom-Datenbank) |
| | 851503 | NCBI-Entrez Gen-ID |
| | NM_001180115 | NCBI-RefSeq Nucleotid- (m-RNA) ID |
| | X74158.1 | Nucleotid-*Accession-Number* des Gens (NCBI-Genbank und Europäisches Nucleotid Archiv), Version 1 |
| Protein | MBP1_YEAST | Swiss-Prot-Name |
| | NP_010227 | NCBI-RefSeq Protein-ID |
| | P39678 | UniProt- (Protein) ID |
| Annotationen, Querverweise | S000002214 | *Saccharomyces Genome Database* (SGD) ID |
| | sce:YDL056W | KEGG-Stoffwechselweg Datenbank-ID |
| | 1BM8 | PDB (Protein Struktur Datenbank), Kennung für eine hochaufgelöste Struktur der DNA-bindenden Domäne des Proteins |
| | IM-14085-54 | Imex-ID für die Mbp1/Swi6 Protein-Protein-Wechselwirkung |

Alle in einer Datenbank gespeicherte Information – ob biologische Sequenzen oder anderes – muss durch eine oder mehrere eineindeutige Schlüsselnummern identifizierbar sein. Grundsätzlich sind solche *accession numbers* auch für Querverweise zwischen Datenbanken geeignet, in der Praxis stellt sich aber die Frage, ob Objekte, die über solche Querverweise vernetzt werden, auch tatsächlich biologisch identisch sind – dies hängt von der jeweiligen Bedeutung („Semantik") der Einträge ab, aber auch von den jeweiligen Regeln für die Aktualisierung der Datenbestände, beispielsweise, ob Korrekturen versioniert werden. Die wenigsten Datenbanken unterstützen den Zugriff über externe Schlüs-

37

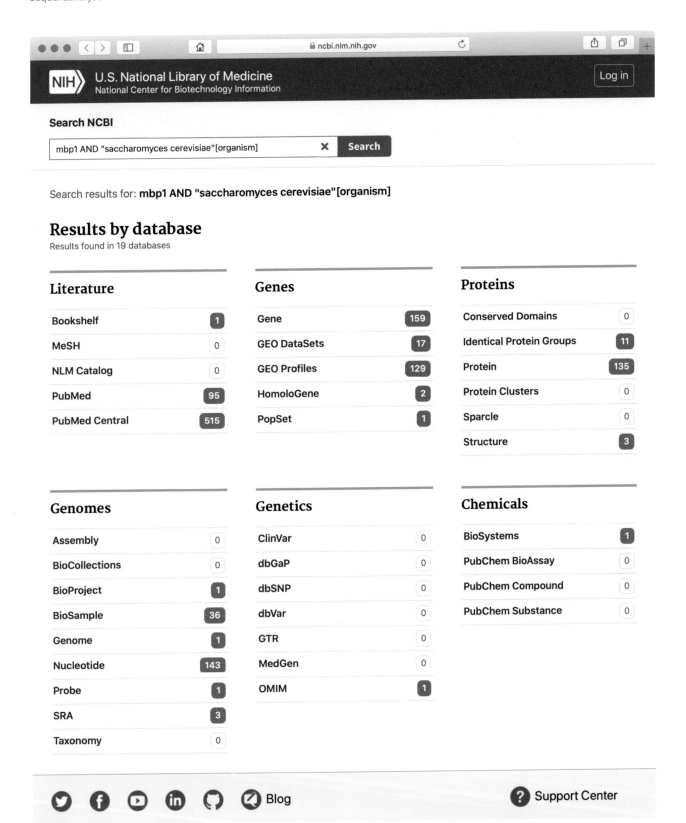

**■ Abb. 37.1** Ergebnisse einer Schlüsselwort Suche im NCBI-Entrez-System nach dem Mbp1-Protein (Term) in der Bäckerhefe *Saccharomyces cerevisiae* (Organismus). Dies ist ein schneller und umfassender Zugang zu vernetzten Ergebnissen. In dem hier gezeigten Beispiel sehen wir Links zur Literatur, Nucleotid- und Proteinsequenzen, Expressionsprofile, Proteinstrukturdaten und mehr. Die Datenbanken sind detailliert dokumentiert (▶ https://www.ncbi.nlm.nih.gov/books/NBK3837/)

sel direkt, es gibt aber Webdienste, die die Verbindung herstellen, z. B. von der UniProt-Datenbank (▶ https://www.uniprot.org/uploadlists/). Das wohl umfassendste Datenbanknetzwerk ist *bioDBnet* (*biological DataBase network*) mit über 200 Datenbanken und 700 Verknüpfungen, das vom US-amerikanischen *National Cancer Institute* veröffentlicht wird und über Webbrowser oder programmatisch über ReST-Schnittstellen genutzt werden kann. Für **R**-Skripte wird häufig das biomaRt-Paket aus dem Bioconductor-Projekt benutzt (▶ https://bioconductor.org/packages/release/bioc/html/biomaRt.html).

Darüber hinaus enthalten die Datenbanken oftmals mehrere Versionen desselben Proteins und damit teilweise stark redundante Information. Um diese Problem zu lösen hat das NCBI das RefSeq-Projekt ins Leben gerufen (▶ https://www.ncbi.nlm.nih.gov/refseq/), um nichtredundante Referenzsequenzen verfügbar zu machen; das EBI hat zu demselben Zweck den UniProt-Katalog erstellt (▶ https://www.uniprot.org/), der auch Sequenzdatensätze zur Verfügung stellt, die jeweils ein Mindestmaß an Unterschieden aufweisen – nicht mehr als 90 %, oder 50 % paarweise Identität beispielsweise –, um identische oder fast identische Sequenzen ausblenden zu können.

### 37.2.2  Daten und Datenformat

Moderne Datenbanken tauschen ihre Inhalte in der Regel in strukturierten Datenformaten, wie z. B. XML oder JSON, aus. Dennoch finden wir in der Bioinformatik noch häufig *Flat-File*-formatierte Datensätze, in denen die Semantik der Daten durch Schlüsselworte bestimmt wird (❏ Abb. 37.2). Auch wenn es manchmal schwierig ist, für solche Formate robuste Parser (Syntaxanalyseprogramme) zu entwickeln, die die Datenspezifikation nachweisbar richtig umsetzen, fallen in der Bioinformatik die vergleichbar geringe Menge an Overhead (Verwaltungsdaten) und die Einfachheit, mit der die Daten von Personen gelesen, verstanden und gegebenenfalls auch vom Nichtinformatiker aktualisiert werden können, besonders ins Gewicht. Datensätze, die im Webbrowser dargestellt werden, enthalten meist Querverweise als Hyperlinks.

Da die meisten Sequenzanalysen lediglich die Sequenz selbst benötigen, hat sich das FASTA-Format als De-facto-Standard für den Datenaustausch eingebürgert. Es besteht im Wesentlichen aus zwei Elementen: einer Kopfzeile, die mit einem „>"-Zeichen beginnt, beliebigen Text enthält (allerdings haben manche Programme Schwierigkeiten mit nichtalphanumerischen Zeichen) und mit einem Zeilenumbruch abgeschlossen wird. Sie wird gefolgt von der eigentlichen Sequenz im

Ein-Buchstaben-Code. Es gibt keine Längenbeschränkungen für die einzelnen Zeilen der Datei, üblicherweise beschränkt man sich aber auf 80 Zeichen, ein Überbleibsel aus den Konventionen für Lochkartendatenträger. Das FASTA-Format ist kompakt, robust, von Personen lesbar und kann in einem Texteditor einfach bearbeitet werden (❏ Abb. 37.3). So gut wie alle Webdienste und Programmpakete akzeptieren Eingabedaten im FASTA-Format, und für diejenigen wenigen Fälle, in denen Rohsequenzen benötigt werden, lässt sich die Kopfzeile leicht entfernen.

### 37.3  Webdienste

Sehr viele Sequenzanalysemethoden sind frei über das Internet verfügbar. Dabei entsteht ähnlich wie bei den Datenbanken das Problem, die richtige Analyse auszuwählen, die den Stand der Technik für eine bestimmte Fragestellung darstellt. **R**-Programmpakete im CRAN- oder Bioconductor-Projekt werden regelmäßig aktualisiert, was bei Angeboten außerhalb der großen Bioinformatikzentren nicht immer der Fall ist. Für die praktische Nutzung sind die Reproduzierbarkeit der Analyse entscheidend und die Integration einzelner Arbeitsschritte zu Prozessen. Dies ist einer der Gründe, warum die Möglichkeit, eigene Skripte zu entwickeln, zunehmend an Bedeutung gewinnt, und **R**-Pakete wie seqinr oder das Bioconductor-Projekt machen dies einfach.

### 37.3.1  EMBOSS

EMBOSS (*European Molecular Biology Laboratory Open Software Suite*) ist ein freies Softwarepaket, das am EBI für die Bioinformatik entwickelt wurde (▶ http://emboss.sourceforge.net/). Der Umfang der im Paket enthaltenen Programme entspricht im Wesentlichen dem von Bibliotheken, die lange vor der Zeit der Genomsequenzierung auf den Großrechneranlagen der Forschungszentren installiert waren, und manches wirkt überholt. Einige „zeitlose" Programme sind allerdings auch darunter, insbesondere die needle- und water-Sequenzalignments und remap zur Annotation von Nucleotidsequenzen mit Restriktionsschnittstellen (❏ Tab. 37.2). Die Programme können lokal installiert oder mithilfe des EMBOSS-*explorer* über das Web aufgerufen werden; eine Reihe von Servern bietet diesen Dienst frei zugänglich an und lassen sich durch eine Googlesuche nach „EMBOSS *explorer*" leicht finden. Im oben erwähnten san-**R**-Projekt sind Programmierbeispiele enthalten, wie vergleichbare Funktionen in einem **R**-Skript implementiert werden können.

Sequenzanalyse

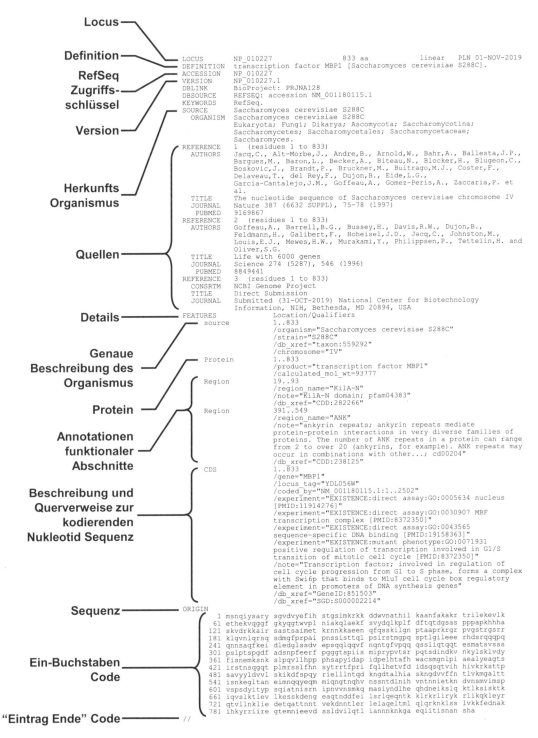

| | |
|---|---|
| **Locus** | |
| **Definition** | LOCUS       NP_010227                833 aa              linear    PLN 01-NOV-2019 |
| | DEFINITION  transcription factor MBP1 [Saccharomyces cerevisiae S288C]. |
| **RefSeq** | ACCESSION   NP_010227 |
| **Zugriffs-** | VERSION     NP_010227.1 |
| **schlüssel** | DBLINK      BioProject: PRJNA128 |
| | DBSOURCE    REFSEQ: accession NM_001180115.1 |
| | KEYWORDS    RefSeq. |
| | SOURCE      Saccharomyces cerevisiae S288C |
| **Version** | ORGANISM  Saccharomyces cerevisiae S288C |
| | Eukaryota; Fungi; Dikarya; Ascomycota; Saccharomycotina; |
| | Saccharomycetes; Saccharomycetales; Saccharomycetaceae; |
| | Saccharomyces. |
| | REFERENCE   1  (residues 1 to 833) |
| | AUTHORS   Jacq,C., Alt-Morbe,J., Andre,B., Arnold,W., Bahr,A., Ballesta,J.P., |
| | Bargues,M., Baron,L., Becker,A., Biteau,N., Blocker,H., Blugeon,C., |
| | Boskovic,J., Brandt,P., Bruckner,M., Buitrago,M.J., Coster,F., |
| | Delaveau,T., del Rey,F., Dujon,B., Eide,L.G., |
| | Garcia-Cantalejo,J.M., Goffeau,A., Gomez-Peris,A., Zaccaria,P. et |
| **Herkunfts** | al. |
| **Organismus** | TITLE   The nucleotide sequence of Saccharomyces cerevisiae chromosome IV |
| | JOURNAL   Nature 387 (6632 SUPPL), 75-78 (1997) |
| | PUBMED   9169867 |
| | REFERENCE   2  (residues 1 to 833) |
| | AUTHORS   Goffeau,A., Barrell,B.G., Bussey,H., Davis,R.W., Dujon,B., |
| | Feldmann,H., Galibert,F., Hoheisel,J.D., Jacq,C., Johnston,M., |
| | Louis,E.J., Mewes,H.W., Murakami,Y., Philippsen,P., Tettelin,H. and |
| | Oliver,S.G. |
| **Quellen** | TITLE   Life with 6000 genes |
| | JOURNAL   Science 274 (5287), 546 (1996) |
| | PUBMED   8849441 |
| | REFERENCE   3  (residues 1 to 833) |
| | CONSRTM   NCBI Genome Project |
| | TITLE   Direct Submission |
| | JOURNAL   Submitted (31-OCT-2019) National Center for Biotechnology |
| | Information, NIH, Bethesda, MD 20894, USA |
| **Details** | FEATURES             Location/Qualifiers |
| | source          1..833 |
| | /organism="Saccharomyces cerevisiae S288C" |
| | /strain="S288C" |
| | /db_xref="taxon:559292" |
| **Genaue** | /chromosome="IV" |
| **Beschreibung des** | Protein       1..833 |
| **Organismus** | /product="transcription factor MBP1" |
| | /calculated_mol_wt=93777 |
| | Region       19..93 |
| | /region_name="KilA-N" |
| | /note="KilA-N domain; pfam04383" |
| **Protein** | /db_xref="CDD:282266" |
| | Region       391..549 |
| | /region_name="ANK" |
| | /note="ankyrin repeats; ankyrin repeats mediate |
| **Annotationen** | protein-protein interactions in very diverse families of |
| **funktionaler** | proteins. The number of ANK repeats in a protein can range |
| **Abschnitte** | from 2 to over 20 (ankyrins, for example). ANK repeats may |
| | occur in combinations with other...; cd00204" |
| | /db_xref="CDD:238125" |
| | CDS           1..833 |
| | /gene="MBP1" |
| **Beschreibung und** | /locus_tag="YDL056W" |
| **Querverweise zur** | /coded_by="NM_001180115.1:1..2502" |
| **kodierenden** | /experiment="EXISTENCE:direct assay:GO:0005634 nucleus |
| **Nukleotid Sequenz** | [PMID:11914276]" |
| | /experiment="EXISTENCE:direct assay:GO:0030907 MBF |
| | transcription complex [PMID:8372350]" |
| | /experiment="EXISTENCE:direct assay:GO:0043565 |
| | sequence-specific DNA binding [PMID:19158363]" |
| | /experiment="EXISTENCE:mutant phenotype:GO:0071931 |
| | positive regulation of transcription involved in G1/S |
| | transition of mitotic cell cycle [PMID:8372350]" |
| | /note="Transcription factor; involved in regulation of |
| | cell cycle progression from G1 to S phase, forms a complex |
| | with Swi6p that binds to MluI cell cycle box regulatory |
| | element in promoters of DNA synthesis genes" |
| | /db_xref="GeneID:851503" |
| | /db_xref="SGD:S000002214" |
| **Sequenz** | ORIGIN |
| | 1 msnqiysary sgvdvyefih stgsimkrkk ddwvnathil kaanfakakr trilekevlk |
| | 61 ethekvqggf gkyqqtwvpl niakqlaekf svydqlkplf dftqtdgsas pppapkhhha |
| | 121 skvdrkkair sastsaimet krnnkkaeen qfqsskilgn ptaaprkrgr pvgstrgsrr |
| | 181 klgvnlqrsq sdmgfprpai pnssisttql psirstmgpq sptlgileee rhdsrqqgpq |
| | 241 qnnsaqfkei dledglssdv epsqqlqqvf nqntgfvpqq qssliqtqqt esmatsvsss |
| | 301 pslptspgdf adsnpfeerf pgggtspiis miprypvtsr pqtsdindkv nkylsklvdy |
| **Ein-Buchstaben** | 361 fisnemksnk slpqvllhpp phsapyidap idpelhtafh wacsmgnlpi aealyeagts |
| **Code** | 421 irstnsqqgt plmrsslfhn sytrrtfpri fqllhetvfd idsqsqtvih hivkrksttp |
| | 481 savyyldvvl skikdfspqy rielllntqd kngdtalhia skngdvvffn tlvkmgaltt |
| | 541 isnkegltan eimnqqyeqm miqngtnqhv nssntdlnih vntnnietkn dvnsmvimsp |
| | 601 vspsdyityp sqiatnisrn ipnvvnsmkq masiyndlhe qhdneikslq ktlksisktk |
| | 661 iqvslktlev lkesskdeng eaqtnddfei lsrlqeqntk klrkrliryk rlikqkleyr |
| | 721 qtvllnklie detqattnnt vekdnntler lelaqeltml qlqrknklss lvkkfednak |
| | 781 ihkyrriire gtemnieevd ssldvilqtl iannnknkga eqiitisnan sha |
| **"Eintrag Ende" Code** | // |

**☐ Abb. 37.2** „Anatomie" eines Datenbankeintrags im *Flat-File*-Format: NCBI-RefSeq-Eintrag des Mbp1-Proteins der Bäckerhefe (NP_010227). Dateielemente sind annotiert, Inhalt leicht gekürzt

```
>ref|NP_010227.1| transcription factor MBP1 [Saccharomyces cerevisiae S288c]
MSNQIYSARYSGVDVYEFIHSTGSIMKRKKDDWVNATHILKAANFAKAKRTRILEKEVLKETHEKVQGGF
GKYQGTWVPLNIAKQLAEKFSVYDQLKPLFDFTQTDGSASPPPAPKHHHASKVDRKKAIRSASTSAIMET
KRNNKKAEENQFQSSKILGNPTAAPRKRGRPVGSTRGSRRKLGVNLQRSQSDMGFPRPAIPNSSISTTQL
PSIRSTMGPQSPTLGILEEERHDSRQQQPQQNNSAQFKEIDLEDGLSSDVEPSQQLQQVFNQNTGFVPQQ
QSSLIQTQQTESMATSVSSSPSLPTSPGDFADSNPFEERFPGGGTSPIISMIPRYPVTSRPQTSDINDKV
NKYLSKLVDYFISNEMKSNKSLPQVLLHPPPHSAPYIDAPIDPELHTAFHWACSMGNLPIAEALYEAGTS
IRSTNSQGQTPLMRSSLFHNSYTRRTFPRIFQLLHETVFDIDSQSQTVIHHIVKRKSTTPSAVYYLDVVL
SKIKDFSPQYRIELLLNTQDKNGDTALHIASKNGDVVFFNTLVKMGALTTISNKEGLTANEIMNQQYEQM
MIQNGTNQHVNSSNTDLNIHVNTNNIETKNDVNSMVIMSPVSPSDYITYPSQIATNISRNIPNVVNSMKQ
MASIYNDLHEQHDNEIKSLQKTLKSISKTKIQVSLKTLEVLKESSKDENGEAQTNDDFEILSRLQEQNTK
KLRKRLIRYKRLIKQKLEYRQTVLLNKLIEDETQATTNNTVEKDNNTLERLELAQELTMLQLQRKNKLSS
LVKKFEDNAKIHKYRRIIREGTEMNIEEVDSSLDVILQTLIANNNKNKGAEQIITISNANSHA
```

**Abb. 37.3** Genbank-Sequenz des Mbp1-Proteins der Bäckerhefe im FASTA-Format. Die erste Zeile enthält das „>"-Zeichen, gefolgt von Text beliebiger Länge, aber ohne Zeilenumbruch (hier sind die *accession number* und Version angegeben sowie Organismus und ggf.

Stamm, besonders, wenn die Sequenz aus einem Genomsequenzierungsprojekt stammt). Die folgenden Zeilen enthalten die Sequenz im Ein-Buchstaben-Code, häufig (aber nicht notwendigerweise) 80 Zeichen weit, gefolgt von einem Zeilenumbruch, bis zum Sequenzende

**Tab. 37.2** Einige Unterprogramme im EMBOSS-Paket (Auswahl)

| Programmname | Funktion |
| --- | --- |
| einverted | findet *DNA inverted repeats* |
| eprimer3 | Auswahl von PCR-Primern und hybridisierenden Oligonukleotiden |
| revseq | Sequenzumkehr und Komplementierung |
| remap | Darstellung einer Nucleotidsequenz mit Restriktionsschnittstellen, Übersetzung etc. |
| transeq | Übersetzung von Nucleotidsequenzen |
| cusp | Berechnung einer Codonauswahltabelle |
| pepstats | Proteinstatistiken – Molekulargewicht, Extinktionskoeffizient etc. |
| iep | berechnet den isoelektrischen Punkt eines Peptids |
| pepcoil | Vorhersage von *Coiled-Coil*-Regionen |
| sigcleave | Vorhersage von Sekretionssignalschnittstellen |
| pepwheel | Darstellung von Peptidsequenzen als Helix-Rad |
| dotmatcher | Dotplot zweier Sequenzen |
| needle | Needleman-Wunsch global-optimales Sequenzalignment |
| water | Smith-Waterman lokales Sequenzalignment |
| cons | Erstellung einer Konsensussequenz aus einem multiplen Alignment |

```
PEPSTATS of Mbp1 from 1 to 833

Molecular weight = 93907.64            Residues = 833
Average Residue Weight  = 112.734      Charge   = 26.0
Isoelectric Point = 9.8128
A280 Molar Extinction Coefficient  = 43950
A280 Extinction Coefficient 1mg/ml = 0.47
Improbability of expression in inclusion bodies = 0.896

Residue      Number      Mole%
A = Ala       43          5.162
C = Cys        1          0.120
D = Asp       39          4.682
E = Glu       49          5.882
F = Phe       25          3.001
[...]
```

**Abb. 37.4** Ausgabe des PEPSTATS-Programms aus der EMBOSS-Bibliothek (Auszug) für die Aminosäuresequenz des Mbp1-Proteins. Besonders Molekulargewicht und Extinktionskoeffizient sind Daten, die häufig im Laboralltag gebraucht werden

ent, Antigenizitätsindex und der berechnete isoelektrische Punkt (der allerdings durch p$K$-Verschiebungen einzelner Reste im gefalteten Zustand vom experimentellen Wert abweichen kann). Solche einfachen Analysen können über das WWW durchgeführt werden, beispielsweise als Teil des oben erwähnten EMBOSS-Pakets, oder in einfachen **R**-Skripten (vgl. einführende Beispiele im san-Projekt, ▶ https://github.com/hyginn/san).

Die absoluten Häufigkeiten der Aminosäuren haben allerdings nur einen beschränkten Informationswert. Wesentlich aussagekräftiger ist der Vergleich mit Erwartungswerten für geeignete Vergleichsproteine. So kann beispielsweise einfach festgestellt werden, dass – im Vergleich mit dem Durchschnitt löslicher intrazellulärer Proteine – Asparagin und Glutamin im Mbp1-Protein fast zweimal häufiger angetroffen werden als erwartet (Abb. 37.5)

## 37.4 Sequenzzusammensetzung

Eine Reihe von Eigenschaften können direkt aus einer Peptidsequenz ermittelt werden: Zusammensetzung – d. h. die molaren Verhältnisse der Aminosäuren (Abb. 37.4), Molekulargewicht, Extinktionskoeffizi-

Schon aus einer solch einfachen Analyse lassen sich Einsichten in die Biologie des Proteins gewinnen: In der Tendenz ist Mbp1 hydrophiler als der Durchschnitt und vermeidet große, hydrophobe Aminosäuren, die zur Aggregation führen könnten; dies findet man häufig in Proteinen, die teilweise unstrukturiert sind. Mbp1 bevorzugt β-verzweigte Aminosäuren (V,I,T) gegenüber Aminosäuren, die zur Bildung von α-Helices neigen (M,A,L,E,K); und positiv geladene Aminosäuren (H,K,R) werden gegenüber negativ geladenen (D,E) bevorzugt, was auf Wechselwirkungen mit DNA-Phosphatgruppen hinweisen kann.

### 37.4.1 Sequenztendenzen

Viele Eigenschaften von Sequenzen und Sequenzabschnitten sind *ungefähr* kontextabhängig – d. h. sie enthalten mehr Information, als lediglich aus der Zusam-

mensetzung hervorgeht, stellen aber keine Muster im eigentlichen Sinne dar und sind deswegen auch meist nicht im Detail zwischen verwandten Sequenzen konserviert. Sie lassen sich am ehesten als Tendenz beschreiben, als An- oder Abreicherung bestimmter Aminosäuren. Beispiele sind die CpG-Inseln, die in eukaryotischen Genomen regulatorische Genabschnitte markieren; glutamin- oder asparaginreiche Abschnitte in Proteinsequenzen, die für Protein-Wechselwirkungen verantwortlich sein können (*polar zipper*); oder wenig komplexe Abschnitte (*low-complexity regions*; ◨ Abb. 37.6), in denen weniger verschiedene Aminosäuren als erwartet vorkommen, was häufig auf eine Funktion schließen lässt, in der Bereiche eines Proteins nativ entfaltet vorliegen.

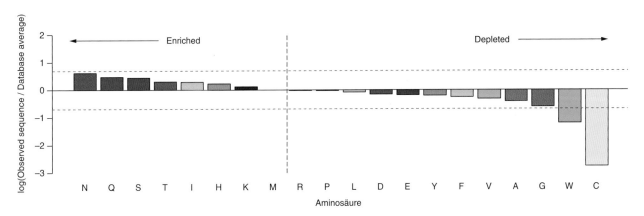

◨ **Abb. 37.5** Balkendiagramm der Aminosäureanreicherung im Mbp1-Protein der Bäckerhefe. Häufigkeiten der Aminosäuren wurden tabuliert, und logarithmische Verhältnisse im Vergleich mit Durchschnittswerten für intrazelluläre Proteine berechnet. Die horizontalen Linien entsprechen zweifacher An- bzw. Abreicherung. Die

Balken sind entsprechend der Hydrophobizität der Aminosäuren gefärbt: hydrophil ist blau, hydrophob ist gelb. Die Abbildung wurde mit **R** erstellt, Details und Quellcode im san-Projekt (► https://github.com/hyginn/san)

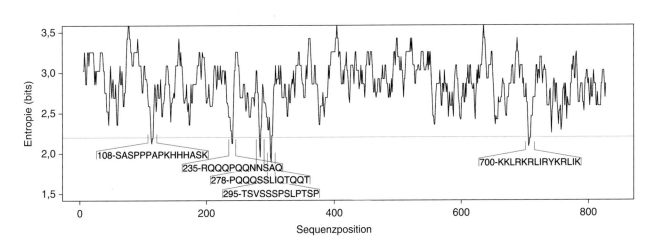

◨ **Abb. 37.6** Sequenzentropie im Mbp1-Protein der Bäckerhefe. Entropie wurde für Subsequenzen mit jeweils 12 Aminosäuren berechnet und gegen die Position der Subsequenz aufgetragen. Für Bereiche, deren Entropie unter 2,2 bit liegt, ist die zugrunde liegende

Sequenz angegeben. Die Bereiche nach Position 235 und 278 sind glutaminreiche Abschnitte. Die Abbildung wurde mit **R** erstellt, Details und Quellcode im san-Projekt (► https://github.com/hyginn/san)

## 37.5 Muster in Sequenzen

Im Allgemeinen ist die Information in DNA oder Proteinen *sequenz*spezifisch, d. h. es kommt auf die Reihenfolge der Bausteine an, nicht nur auf die Zusammensetzung oder abschnittsweise Tendenzen. Untranslatierte Bereiche der DNA können funktionale Abschnitte enthalten – Kontrollelemente, Promotoren, Operatorse-

quenzen und Terminatoren (◻ Abb. 37.7), die translatierten Bereiche codieren für strukturelle Nucleinsäuren oder Proteine, die ihre Funktion meist im gefalteten Zustand ausüben. Grundsätzlich kann solche sequenzspezifische Information auf zwei Weisen analysiert werden: In diesem Abschnitt wird die Erkennung von Mustern (*patterns*) besprochen, in den folgenden Abschnitten diskutieren wir Sequenzvergleiche von ver-

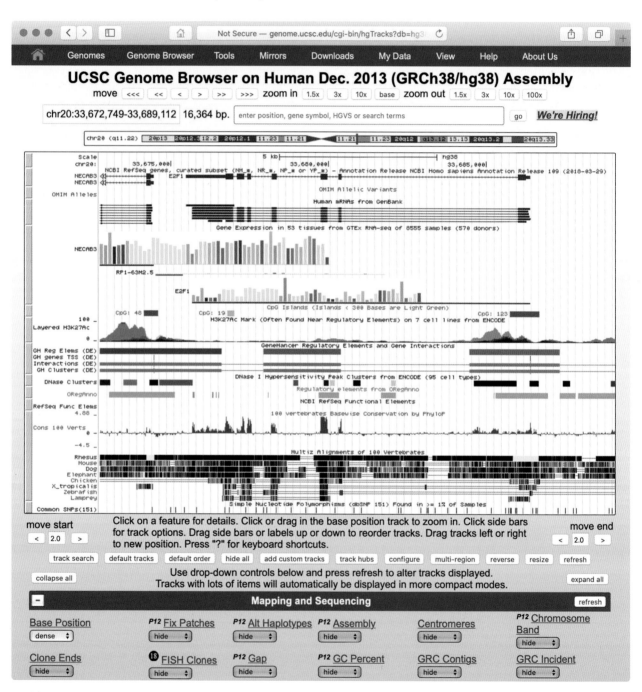

**◻ Abb. 37.7**   UCSC Genome Browser (▶ http://genome.ucsc.edu/): Darstellung des codierenden Bereichs des E2F1-Transkriptionsfaktors auf Chromosom 20. In verschiedenen sog. Tracks (Spuren) werden experimentell nachgewiesene Funktions- und Regulationselemente, transkribierte Sequenzen, Expression, Variation, Konservierung und Vieles mehr auf Genomsequenzkoordinaten abgebildet

wandten Sequenzen. Sequenzmuster mit funktionaler Bedeutung werden allerdings nicht nur durch die Bioinformatik definiert, sondern auch durch systematische experimentelle Analytik, wie sie beispielsweise im EN-CODE-Projekt (▶ https://www.encodeproject.org/) erfolgt ist.

Die Musterbeschreibung und Suche in biologischen Sequenzen kann durch eine Reihe von Verfahren erfolgen. Grundlegend sind die sog. „deterministischen Verfahren", die eine Ja/Nein-Entscheidung über die Anwesenheit eines Musters erlauben. Das Auffinden genau definierter Sequenzen wie z. B. einer Restriktionsschnittstelle ist das wichtigste Beispiel herfür. Lässt man Alternativen zu – beispielsweise statt einem „A" an einer Position des Musters ein „A" oder „G", also ein Purin, Wiederholungen von Bestandteilen des Musters oder variable Abstände zwischen Elementen – sprechen wir von einem „regulären Ausdruck" (*regular expression*), der eine Menge von konkreten Mustern in einer syntaktischen Regel zusammenfasst. Auch wenn die Menge der beschriebenen Muster möglicherweise groß ist, führt ein regulärer Ausdruck dennoch zu einer Ja/Nein-Antwort. Solche Ja/Nein-Antworten sind allerdings nicht biologisch: Interaktionen zwischen Biomolekülen werden durch die freie Energie bestimmt, d. h., dass sich ein Gleichgewicht zwischen Assoziation und Dissoziation einstellt, in dem der Interaktion eine Wahrscheinlichkeit zwischen 0 (unmöglich) und 1 (gewiss) zukommt. Demnach werden Methoden, die solche Wahrscheinlichkeiten bestimmen als „probabilistische Verfahren" bezeichnet. Die sog. Gewichtungsmatrix (*scoring matrix*) oder das Sequenzprofil gehören hier dazu, aber auch verdeckte Markow-Modelle, neuronale Netzwerke oder andere Verfahren des Maschinenlernens.

### 37.5.1 Zeichenketten und regular expressions

Die Suche nach Zeichenketten – ob als Wortsuche oder *regular expression* – erlaubt Ja/Nein-Antworten. Vorteil ist, dass solche Suchen schnell sind, d. h. auch im Genommaßstab innerhalb von Sekunden zu Ergebnissen führen; Nachteil ist die (unbiologische) Annahme, dass die Anwesenheit bzw. Abwesenheit einer Zeichenkette in einer Sequenz hinreichend gut auf eine biologische Funktion schließen lässt. Das klassische Beispiel für die Zeichenkettensuche ist die Annotierung von DNA-Sequenzen mit Restriktionsnucleaseschnittstellen. In Proteinen werden solche Mustersuchen beispielweise bei der Definition von funktionalen Motiven in Proteinsequenzen in der PROSITE-Datenbank (▶ https://prosite.expasy.org/) verwendet. Nutzer können dort

Sequenzen nach biologisch relevanten Mustern durchsuchen lassen, und die Muster und ihre Funktion sind in der Datenbank detailliert beschrieben. Mehr Flexibilität bieten eigene Skripte, mit denen Abweichungen von Datenbankeinträgen flexibel aufgesucht werden können. So findet sich beispielsweise in der Sequenz des Mbp1-Proteins ein charakteristisches AT-Haken-Motiv, eine Sequenz, die die spezifische Bindung des Proteins in die kleine Furche von AT-reichen DNA-Abschnitten vermittelt. Das AT-Haken-Motiv hat einen Kern mit der Konsensussequenz **RGRP**, meist flankiert von positiv geladenen Aminosäuren. Das Motiv wird allerdings bei einer Suche in der SMART-Datenbank (▶ Abschn. 37.5.3 und ◩ Abb. 37.9) in der Sequenz nicht gefunden. Dagegen führt die programmatische Suche nach **RGRP** in der Mbp1-Sequenz sofort zum Ergebnis: 165-prk**RGRP**vgstrg. Setzt man dagegen die Beschreibung des Motivs durch eine Konsensussequenz der Datenbank t+tRGRP.+..t. (vgl. ▶ http://smart.embl.de/smart/do_annotation.pl?DOMAIN=SM00384) in eine *regular expression* um – „[ACDEGHKNQRST][HKR][ACDEGHKNQRST]RGRP.[HKR]..[ACDEGHKNQRST]." –, wird das Mbp1-Motiv übersehen, da Mbp1 von dieser Konsensussequenz geringfügig abweicht. Flexibilität ist bei solchen Suchen wichtig, um biologisches Hintergrundwissen umsetzen zu können: das AT-Haken-Motiv ist nämlich in Mbp1-orthologen Sequenzen anderer Pilze konserviert (vgl. Details im san-Projekt).

### 37.5.2 Gewichtungsmatrizen

Gewichtungsmatrizen (*scoring matrixes*) werden in probabilistischen Analyseverfahren eingesetzt, sie beschreiben, wie häufig bestimmte Nucleotide oder Aminosäuren in jeder Position einer Gruppe verwandter Sequenzen vorkommen. Ein Einsatzgebiet ist beispielsweise die Beschreibung von Transkriptionsfaktorbindestellen – und hierbei wird der Paradigmenwandel in diesem Feld besonders deutlich: Die theoretische Beschreibung solcher Muster, und damit die Nutzung von Datenbanken für DNA-Bindemotive, haben erheblich an Bedeutung verloren, da für viele Modellorganismen experimentell bestimmte Bindestellen zur Verfügung stehen. Aus dieser Information kann die Übertragung der Information über mögliche Regulationsbereiche in der DNA in verwandte Organismen oft hinreichend gut gelingen.

Gewichtungsmatrizen werden als Häufigkeitsmatrix (*frequency matrix*) erstellt (◩ Tab. 37.3) und können danach als log(Wahrscheinlichkeit)-Matrix ausgedrückt werden, ggf. nach Addition von *pseudo counts* (bspw. +0,5) zu nicht beobachteten Kategorien. Um die Wahrscheinlichkeit zu bestimmen, dass eine gegebene Sequenz zu der Menge der Bindestellen gerechnet werden soll, werden einfach die Gewichtungen (Scores) für die einzelnen in dieser Sequenz beobachteten Positionen aufsummiert. Dies kann schnell im Genommaßstab erfolgen und errechnet dann für jede Stelle im Genom die Wahrscheinlichkeit, von dem jeweiligen Transkriptionsfaktor gebunden werden zu können. Der naive Ansatz führ aber zu zu vielen falsch-positiven Bestimmungen – funktional relevante Bindestellen benötigen meist zusätzliche Kontextinformation: Zugänglichkeit des Bereichs oder Kondensation, auch durch epigenetische Regulation, Anwesenheit akzessorischer Faktoren, und die Ausnutzung von Aviditätseffekten durch lokale Häufung von Bindestellen.

Werden die Spalten einer Gewichtungsmatrix unterschiedlich stark gewichtet, spricht man von einer positionsabhängigen Gewichtungsmatrix (*Position Specific Scoring Matrix,* PSSM*)*. Man kann solche Sequenzpräferenzen übersichtlich als sog. „Sequenzlogo" darstellen (◘ Abb. 37.8); dabei wird sowohl der Informationsgehalt einer Position als auch der jeweils bevorzugte Baustein deutlich sichtbar. Konservierte Positionen stärker zu gewichten entspricht der biologischen Intuition, dass konservierte Bereiche bezüglich des Funktionsmechanismus eines Motivs mehr Information beinhalten sollten als variable Bereiche.

### 37.5.3 Sequenzprofile

Sequenzprofile werden bei der Erkennung von Proteindomänen eingesetzt, beispielsweise in der SMART-Datenbank des EMBL (► http://smart.embl.de, ◘ Abb. 37.9), in der Interpro-Domänendatenbank (► https://www.ebi.ac.uk/interpro/) oder in den *Conserved-Domains*-Datenbanken und Webdiensten des NCBI (► https://www.ncbi.nlm.nih.gov/Structure/cdd/cdd.shtml).

◘ Abb. 37.9 zeigt das Ergebnis einer Domänensuche am SMART-Server in Heidelberg, es lohnt sich aber stets, noch weitere Datenbanken zu verwenden – so erkennt beispielsweise der *Conserved-Domains*-Server am NCBI eine Sequenzähnlichkeit zu einer ATPase-Domäne der SbcCD-DNA Reparatur-Exonuclease, die von SMART nicht annotiert wird.

### 37.5.4 Anwendungsbeispiel: Identifizierung codierender Bereiche in DNA

Genome bestehen aus großen Anteilen untranslatierter DNA, und somit ist die Identifizierung codierender Bereiche die erste Aufgabe, die für neu sequenzierte Genomsequenzen gelöst werden muss. Auch dies ist im Prinzip eine Herausforderung an Verfahren zur Mus-

**37**

◘ Tab. 37.3    Häufigkeitsmatrix der Mbp1-Bindestellen im *S.-cerevisiae*-Genom Die beobachtete Häufigkeit der einzelnen Nucleotide in experimentell bestimmten Bindestellen des Mbp1-Transkriptionsfaktors im Genom der Bäckerhefe ist in Prozent angegeben. Ein CGCG-Kernmotiv ist deutlich erkennbar; geringer ausgeprägte Präferenzen bestimmen die flankierenden Nucleotide, in denen „A" tendenziell bevorzugt ist. Daten aus der JASPAR-Datenbank (► http://jaspar.genereg.net/matrix/MA0329.1/)

| A | 55 | 0 | 15 | 0 | 0 | 35 | 33 |
|---|---|---|---|---|---|---|---|
| C | 10 | **100** | 0 | 88 | 2 | 17 | 30 |
| G | 18 | 0 | 85 | 0 | 98 | 9 | 18 |
| T | 17 | 0 | 0 | 12 | 0 | 39 | 18 |

◘ Abb. 37.8    Sequenzlogo, berechnet aus 51 AT-Haken-Sequenzen. In dieser Darstellung entspricht die Höhe einer Spalte dem Informationsgehalt dieser Position (in bit). Dies entspricht dem positionsabhängigen Gewicht in einer entsprechenden Matrix. Die Höhe der einzelnen Buchstaben entspricht der Häufigkeit an dieser Position. Sequenzlogos wurden von Tom Schneider entwickelt und können einfach aus multiplen Alignments über das WWW erzeugt werden (► https://weblogo.berkeley.edu/)

**Abb. 37.9** Domänen und Motivannotation des Mbp1-Proteins der Bäckerhefe durch den SMART-Server (▶ http://smart.embl.de/). Erkannte Muster werden auf die Sequenz abgebildet, und es werden Links zur Vertiefung generiert: Die Sequenzabschnitte werden dargestellt, Funktionsbeschreibungen sind verfügbar sowie Alignments von weiteren Vertretern der jeweiligen Familie. Im Mbp1-Protein wird eine KilA-N-Domäne gefunden – eine *Winged-Helix*-DNA-Bindungsdomäne. Eine Reihe von Ankyrin-Proteinwechselwirkungsdomänen wird durch Sequenzprofil (ANK) und Sequenzvergleich (BLAST ANK) bestimmt. Bereiche niedriger Komplexität (rot, vgl. ▶ Abb. 37.7) sowie ein *Coiled-Coil*-Wechselwirkungsmotiv (grün) werden direkt aus der Sequenz vorhergesagt. Daneben (nicht abgebildet) enthält die Sequenz Acetylierungs- und Phosphorylierungsstellen. Diese lokalen Sequenzen sind notwendig, aber nicht hinreichend, um eine Funktionsvorhersage zu machen. Ob die entsprechende posttranslationale Modifikation tatsächlich realisiert wird, hängt vom lokalen Kontext des nativ gefalteten Proteins ab

tererkennung, auch wenn es dabei weniger um spezifische, lokale Signale geht, wie z. B. die Anwesenheit von Spleißschnittstellen, sondern mehr um allgemeine lokale Sequenzeigenschaften wie G/C-Anteil, Häufigkeit von Di-, Tri- oder Hexanucleotiden, Abwesenheit von Stoppcodons, Grad der Konservierung in verwandten Genomen und andere statistische Maßzahlen. Dabei kommen Verfahren des *machine learning* zum Einsatz, die besonders geeignet sind, diverse qualitative Information zu integrieren; routinemäßig wird aber auch die direkte Sequenzierung von Transkripten durchgeführt.

Frühe Erfolge wurden vor allem mit Hidden-Markov-Modellen erzielt, neuere Ansätze integrieren Vergleichsdaten aus EST-Bibliotheken, Proteindatenbanken und statistischen Verfahren. Stand der Technik sind der GenSAS-Webserver (▶ https://www.gensas.org/) und die lokal zu installierenden Programme der BRAKER-Pipeline (▶ https://github.com/Gaius-Augustus/BRAKER). Besondere Anforderung an die Analyse stellen microRNA-Sequenzen; die miPIE-Pipeline (▶ https://github.com/jrgreen7/miPIE) bietet dafür Algorithmen, die transkriptombasierte Expressionsmuster und De-novo-Vorhersage verknüpfen, und Onlineanalysen sind von miRWalk (▶ http://mirwalk.umm.uni-heidelberg.de/) erhältlich.

### 37.5.5 Anwendungsbeispiel: Proteinlokalisierung

Lokalisierungseigenschaften eines Proteins – Anreicherung in bestimmten intrazellulären Kompartimenten, Transmembranhelices etc. – sind meist diffus in der Primärsequenz codiert, d. h. die Information liegt zwar ähnlich wie in einer Gewichtungsmatrix vor, die Spalten der Matrix (Sequenzpositionen) sind aber nicht unabhängig. Methoden des statistischen Lernens, insbesondere Hidden-Markov-Modelle und neurale Netzwerke, werden hier erfolgreich eingesetzt. Webdienste wurden beispielsweise an der Dänischen Technischen Universität etabliert (▶ https://services.healthtech.dtu.dk/), und insbesondere der SignalP-Server (▶ https://services.healthtech.dtu.dk/service.php?SignalP-5.0) zur Vorhersage von Signalpeptidschnittstellen ist das führende Programm, was Genauigkeit und Trefferquote angeht. Sekretorische Proteine besitzen eine charakteristische N-terminale Signalsequenz (▶ Abb. 37.10), die nach dem Durchgang durch die Membran durch eine spezifische Signalpeptidase abgespalten wird. SignalP, ein neurales Netzwerk zur Erkennung solcher Sequenzen und ihrer Schnittstellen, war eine der ersten und erfolgreichsten Anwendungen dieser Technik auf ein biologisches Problem. Die Richtigkeit der Vorhersage liegt deutlich über 90 %, der neueste Algorithmus unterscheidet Sequenzen, die über den Sec- und den Tat-Stoffwechselweg sekretiert werden, und erkennt weniger falsch-positive Transmembranhelices.

### 37.6 Homologie

Während die Mustererkennung wichtige Basisinformationen über Sequenzen liefert, sind für die Praxis Analysen, die auf Sequenzvergleichen basieren, wichtiger. Man kann verallgemeinern, dass das Alignment (engl. Ausrichtung, paarweise Zuordnung) von Sequenzen derjenige Vorgang ist, auf dem jede weitere Analyse aufbaut. Aus Alignments lassen sich Daten über mögliche Tertiärstrukturen von Proteinen gewinnen, über die Funktion, über die phylogenetische Einordnung, über den modularen Aufbau von Proteinen aus Domänen, es lassen sich evolutionäre Zusammenhänge aufdecken und Vieles andere mehr. Die ganze Vielfalt von Informationen, die aus Alignments gewonnen werden kann, beruht aber letztlich auf den empirischen Tatsachen, dass Sequenzen, die aus demselben Vorläufer hervorgegangen sind, regelmäßig ähnliche Tertiärstrukturen und meist vergleichbare Funktionen besitzen, und dass wichtige Funktionen regelmäßig mit der evolutionären Konservierung der an ihnen beteiligten Aminosäuren einhergehen. Solche Aussagen basieren auf einem paar-

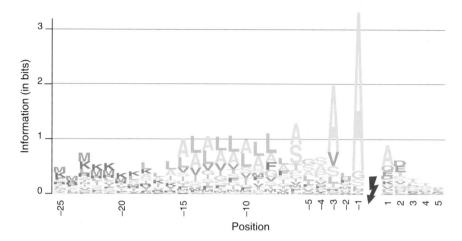

**Abb. 37.10** Sequenzlogo für Signalpeptidsequenzen gramnegativer Bakterien. Deutlich sind die Präferenz für einen positiv geladenen N-Terminus zu erkennen, das hydrophobe, helikale Mittelstück und die Präferenz für Alanin in den Positionen –3 und –1. Die variable Länge des hydrophoben Mittelstücks ist für die Codierung in neuralen Netzwerken ein Problem – das Logo zeigt deutlich, wie das Initiationsmethionin und die darauf folgenden Lysinreste über einen Bereich verteilt sind. Die neueste Architektur des Algorithmus (*deep recurrent neural network*) ist besonders für solche Sequenzen variabler Länge geeignet. (Daten aus dem Labor von Gunnar von Heijne; ▶ https://services.healthtech.dtu.dk/service.php?SignalP-5.0)

weisen Vergleich einzelner Positionen zweier Sequenzen – und genau das ist ein Alignment.

### 37.6.1　Identität, Ähnlichkeit und Homologie

Identität, Ähnlichkeit und Homologie sind Begriffe mit einer präzisen Bedeutung, die häufig unscharf verwendet werden.

**Identität** ist der Prozentanteil von Sequenzpositionen, die über die Länge eines Alignments identisch sind.

Die Quantifizierung der **Ähnlichkeit** zwischen zwei Sequenzen setzt dagegen die Definition einer Ähnlichkeitsmetrik voraus, eines Maßes dafür, als wie ähnlich man beispielsweise ein Valin im Vergleich zu einem Threonin oder zu einem Leucin bezeichnen möchte (■ Abb. 37.11). Solche Ähnlichkeit kann sich beispielsweise auf biophysikalische Eigenschaften beziehen, oder auch darauf, wie viele Nucleotidpositionen eines Codons mindestens für einen bestimmten Aminosäureaustausch verändert werden müssen. Da es aber viele mögliche Metriken gibt – bspw. Polarität, Seitenkettenentropie, energetische Kosten der Biosynthese, Volumen, lösungsmittelzugängliche Oberfläche, Wasserstoffbrückendonoren oder -Akzeptoren, Polarisierbarkeit, Tolerierbarkeit eines Austauschs durch Mutation, um nur einige wenige zu nennen, kann man kein allgemeine, präzise anwendbare Regel angeben, die dem Vergleich verschiedener „Ähnlichkeitsbestimmungen" zugrunde liegen könnte. Deswegen sollte der Begriff der Ähnlichkeit nicht im quantitativen Sinne verwendet werden.

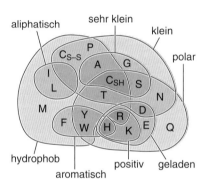

**Abb. 37.11** Überblick über die biophysikalischen Eigenschaften der Aminosäuren als Mengendiagramm. Aminosäuren sind durch den Ein-Buchsraben-Code beschrieben. Cystein tritt zweimal auf, da die Eigenschaften von Cystein mit einer freien Thiolgruppe ($C_{SH}$) und dem Disulfid-verbrückten Cystinmolekül ($C_{S-S}$) sehr verschieden sind. Zwar lassen sich einzelne Eigenschaften genau quantifizieren – wie z. B. „Größe" als molekulares Volumen oder „Hydrophobizität" als freie Enthalpie des Transfers aus einer Octanol-Phase in eine wässrige Phase –, aber die relative Gewichtung dieser Eigenschaften ist willkürlich, und damit gibt es auch kein absolutes „Ähnlichkeitsmaß". Welches Maß sinnvoll ist, hängt von der Fragestellung ab. Für den Ähnlichkeitsvergleich von Sequenzen haben sich empirische Mutationsmatrizen bewährt: Ähnlich ist, was im Durchschnitt für einen Austausch in Proteinsequenzen, die unter natürlicher Selektion stehen, akzeptabel ist

**Homologie** bedeutet dagegen evolutionäre Verwandtschaft. Zwei homologe Proteine haben sich aus einer gemeinsamen Vorläufersequenz entwickelt. Der Begriff hat nicht unbedingt etwas mit Identität oder Ähnlichkeit zu tun, denn homologe Sequenzen können so weit divergiert sein, dass sie keinerlei statistisch signifikante Sequenzähnlichkeit mehr aufweisen. Umgekehrt aber finden wir bei Sequenzpaaren mit mehr als 25 % Identität über den Bereich einer Domäne so gut wie niemals, dass die Sequenzen in Wirklichkeit nicht homolog sind; zufällige Sequenzidentität zu einem solch hohen Grad kann so gut wie ausgeschlossen werden.

In der folgenden Betrachtung beschränken wir uns auf die Diskussion von Alignments von Aminosäuresequenzen. Da die Codonvariabilität durch Evolution wesentlich höher als die Aminosäurevariabilität ist, macht es in der Regel wenig Sinn, untranslatierte Nucleotidsequenzen zu vergleichen. Die Ausnahme ist natürlich die Untersuchung funktionaler Konservierungsmuster, z. B. in t-RNA- oder r-RNA-Genen, Promotorregionen, Terminatoren und anderen Nucleotidsequenzen, deren Sequenz funktionale Bedeutung hat und nicht lediglich als Informationsspeicher dient. Für diese Fälle lassen sich die Methoden der Aminosäuresequenzanalyse einfach verallgemeinern, mit der Einschränkung, dass komplementäre Wasserstoffbrückenbindungsmuster in *Stem-Loop*-Strukturen konserviert sein können, auch wenn die Nucleotide selbst nicht konserviert sind. Für diesen Fall stehen spezialisierte Algorithmen zur Verfügung.

Wir nehmen in der weiteren Diskussion an, dass Sequenzähnlichkeit eine additive Eigenschaft unabhängiger Elemente ist – wir vernachlässigen damit, dass beispielsweise die Verteilung mehr oder weniger ähnlicher Regionen innerhalb der Sequenz bereits wertvolle Informationen über die Sequenz beitragen kann. Die Betrachtungen gelten allerdings allgemein für Buchstaben eines Sequenzalphabets, mit denen diskrete oder diskretisierte Eigenschaften, die sich in einer Sequenz ordnen lassen, beschrieben werden. Meist sind dies natürlich die Aminosäuren selbst, man kann aber auch andere Eigenschaften wie z. B. Sekundärstrukturelemente, Lösungsmittelzugänglichkeit oder die Positionen von Sequenzinsertionen zum Alignment heranziehen.

Wenn wir paarweise Ähnlichkeiten zwischen allen Aminosäuren zusammenfassen, erhalten wir eine Scoringmatrix (Matrix zur Berechnung eines Wertes). Alle Ergebnisse, die wir durch die Anwendung einer Scoringmatrix erzielen, hängen stark davon ab wie diese Matrix konstruiert wurde und welches Modell der Konstruktion zugrunde liegt. Letztendlich ist damit jede Scorinmatrix ein Werkzeug um zu quantifizieren, wie gut ein bestimmtes Modell in einer bestimmten Sequenz repräsentiert wird, und jedes Resultat kann nur im Kontext des verwendeten Modells verwendet werden. Ein Alignment ist optimal für eine Scoringmatrix, wenn es unter Anwendung dieser Matrix einen höheren Wert (meist als Summe der paarweisen Vergleiche) erzielt als jedes andere Alignment. Zwei Proteine können wir als homolog bezeichnen, wenn sie unter Anwendung eines durch eine Scoringmatrix repräsentierten Evolutionsmodells als ähnlicher angesehen werden, als das durch den Zufall zu erwarten ist.

Die am häufigsten benutzte Matrix für Aminosäurealignments ist BLOSUM62, die die Autoren aus Sequenzbereichen zusammenstellten, die keine Insertionen oder Deletionen aufweisen und mindestens 62 % nichtidentische Aminosäuren im paarweisen Vergleich besitzen (◨ Abb. 37.12). Steve Henikoff und Jorja Henikoff (1992) argumentieren zu Recht, dass nur in den Regionen, in denen Aminosäuren auch in vergleichbarer struktureller Umgebung liegen, ein paarweises Alignment überhaupt sinnvoll ist. Offensichtlich wird dies im Vergleich homologer Proteine, für die die Raumstrukturen bekannt sind, in Regionen unterschiedlicher Sequenzlänge, d. h. wenn Insertionen oder Deletionen vorlegen. Dort lassen sich meist keine eindeutigen Aminosäurepaarungen angeben. Da solche Regionen strukturell nicht konserviert sein können, können sie auch nicht sinnvoll zur Berechnung einer Ähnlichkeitsmetrik herangezogen werden.

## 37.6.2 Optimales Alignment

Wenn unsere Mutationsdatenmatrix ein Modell der Evolution gut repräsentiert, dann können wir sie dazu benutzen, die Wahrscheinlichkeit zu bestimmen, dass zwei Sequenzen homolog sind. Dazu müssen wir aber das „richtige" Alignment kennen. Welches Alignment „richtig" ist, lässt sich nicht ohne Weiteres beantworten. Wir können aber argumentieren: Wenn das Alignment mit dem höchstmöglichen Wert keinen signifikanten Hinweis auf Homologie liefert, kann dies auch kein schlechteres Alignment liefern. Wir übersetzen die Frage nach der Homologie also in die Frage nach einem optimalen Alignment. Dies wäre leicht zu beantworten, wenn es in natürlichen Sequenzen nicht auch Insertionen und Deletionen gäbe. Da es im paarweisen Vergleich gleich ist, ob eine Sequenzlängenänderung als Insertion in der einen Sequenz oder als Deletion in der anderen Sequenz angesehen wird, benutzen wir im Folgenden für beides den Begriff *Indel*. Indels bewirken, dass es unmöglich wird, alle Alignments effizient zu generieren und den Alignmentscore zu berechnen, um das optimale Alignment zu finden.

In den frühen 1970er-Jahren fanden Saul Needleman und Christian Wunsch einen effizienten Algorithmus zur Generierung eines global optimalen Alignments (◨ Abb. 37.13). Der Algorithmus beruht auf der Einsicht, dass wir die jeweiligen Aminosäurenpaare im Alignment als unabhängig annehmen. Das bedeutet, um das optimale Alignment zweier Sequenzen von 100 Aminosäuren Länge zu berechnen können wir ein optimales Alignment für 99 Aminosäuren konstruieren und es optimal verlängern. Um ein optimales Alignment von 99 Aminosäuren Länge zu berechnen, konstruieren wir ein optimales Alignment für 98 Aminosäuren und verlängern es optimal, etc., bis ein optimales Alignment

◻ **Abb. 37.12**   Die BLOSUM62-Mutationsmatrix (vgl. ▶ https://www.ncbi.nlm.nih.gov/Class/FieldGuide/BLOSUM62.txt). Aminosäuren sind im Ein-Buchstaben-Code angegeben. Positive Werte bezeichnen eine hohe Wahrscheinlichkeit, dass die in der jeweiligen Zeile genannte Aminosäure in verwandten Sequenzen durch die in der jeweiligen Spalte genannte Aminosäure ersetzt werden kann. Ein solcher Austausch erhöht den Alignmentscore. Negative Werte verringern den Alignmentscore, weil das Auftreten des entsprechenden Aminosäurenpaares in nicht verwandten Sequenzen wahrscheinlicher ist. Rot eingekreist ist ein F→Y-Austausch mit dem Wert +3. Zu beachten ist, dass konservierte Aminosäuren unterschiedlich zum Alignmentscore beitragen: Ein konserviertes Tryptophan (+11) oder Cystein (+9) ist ein wesentlich stärkerer Hinweis auf Homologie als bspw. ein leichter mutierbares Alanin, Leucin, oder Serin (+4)

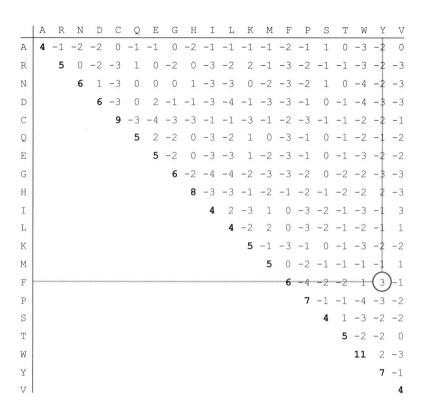

|   | A | R | N | D | C | Q | E | G | H | I | L | K | M | F | P | S | T | W | Y | V |
|---|---|---|---|---|---|---|---|---|---|---|---|---|---|---|---|---|---|---|---|---|
| A | 4 | -1 | -2 | -2 | 0 | -1 | -1 | 0 | -2 | -1 | -1 | -1 | -1 | -2 | -1 | 1 | 0 | -3 | -2 | 0 |
| R |   | 5 | 0 | -2 | -3 | 1 | 0 | -2 | 0 | -3 | -2 | 2 | -1 | -3 | -2 | -1 | -1 | -3 | -2 | -3 |
| N |   |   | 6 | 1 | -3 | 0 | 0 | 0 | 1 | -3 | -3 | 0 | -2 | -3 | -2 | 1 | 0 | -4 | -2 | -3 |
| D |   |   |   | 6 | -3 | 0 | 2 | -1 | -1 | -3 | -4 | -1 | -3 | -3 | -1 | 0 | -1 | -4 | -3 | -3 |
| C |   |   |   |   | 9 | -3 | -4 | -3 | -3 | -1 | -1 | -3 | -1 | -2 | -3 | -1 | -1 | -2 | -2 | -1 |
| Q |   |   |   |   |   | 5 | 2 | -2 | 0 | -3 | -2 | 1 | 0 | -3 | -1 | 0 | -1 | -2 | -1 | -2 |
| E |   |   |   |   |   |   | 5 | -2 | 0 | -3 | -3 | 1 | -2 | -3 | -1 | 0 | -1 | -3 | -2 | -2 |
| G |   |   |   |   |   |   |   | 6 | -2 | -4 | -4 | -2 | -3 | -3 | -2 | 0 | -2 | -2 | -3 | -3 |
| H |   |   |   |   |   |   |   |   | 8 | -3 | -3 | -1 | -2 | -1 | -2 | -1 | -2 | -2 | 2 | -3 |
| I |   |   |   |   |   |   |   |   |   | 4 | 2 | -3 | 1 | 0 | -3 | -2 | -1 | -3 | -1 | 3 |
| L |   |   |   |   |   |   |   |   |   |   | 4 | -2 | 2 | 0 | -3 | -2 | -1 | -2 | -1 | 1 |
| K |   |   |   |   |   |   |   |   |   |   |   | 5 | -1 | -3 | -1 | 0 | -1 | -3 | -2 | -2 |
| M |   |   |   |   |   |   |   |   |   |   |   |   | 5 | 0 | -2 | -1 | -1 | -1 | -1 | 1 |
| F |   |   |   |   |   |   |   |   |   |   |   |   |   | 6 | -4 | -2 | -2 | 1 | 3 | -1 |
| P |   |   |   |   |   |   |   |   |   |   |   |   |   |   | 7 | -1 | -1 | -4 | -3 | -2 |
| S |   |   |   |   |   |   |   |   |   |   |   |   |   |   |   | 4 | 1 | -3 | -2 | -2 |
| T |   |   |   |   |   |   |   |   |   |   |   |   |   |   |   |   | 5 | -2 | -2 | 0 |
| W |   |   |   |   |   |   |   |   |   |   |   |   |   |   |   |   |   | 11 | 2 | -3 |
| Y |   |   |   |   |   |   |   |   |   |   |   |   |   |   |   |   |   |   | 7 | -1 |
| V |   |   |   |   |   |   |   |   |   |   |   |   |   |   |   |   |   |   |   | 4 |

einzelner Aminosäurepaare benötigt wird. Dies lesen wir aus der Mutationsdatenmatrix aus. Dieser rekursive Algorithmus ist allerdings nicht effizient. Dies lässt sich beheben, wenn Zwischenergebnisse der Berechnung in einer Matrix gespeichert werden. Jedes Alignment lässt sich als Pfad durch diese Matrix beschreiben, der aus allen Zellen besteht, die Paare aus dem optimalen Alignment repräsentieren. Im englischen Sprachgebrauch wird dieses Prinzip meist als *dynamic programming* oder *memoization* bezeichnet. Der Pfad für ein globales Alignment (d. h. bei dem zwei Sequenzen über ihre ganze Länge verglichen werden) beginnt an einem Rand der Matrix und endet am diagonal gegenüberliegenden Rand. Es sind einige Details zu klären, um dieses Prinzip in einen allgemein anwendbaren Algorithmus zu überführen: wie eine Indel-Funktion zu konstruieren ist, ob und wie Indels an den Enden zum Gesamtwert beitragen, welches von gleich guten Optima verwendet wird – dies ändert aber nichts am Prinzip dieses Algorithmus.

Es macht keinen Sinn, Alignments für ganze Proteine zu konstruieren, ohne dabei Indels zuzulassen. Wir können aber den Vorgang, der in der Evolution zu Indels führt, nicht modellieren – wir kennen weder die Wahrscheinlichkeit, dass eine Aminosäure in der Folgegeneration durch eine Insertion oder Deletion ersetzt wird, noch wissen wir, welche Länge so eine Insertion oder Deletion besitzen könnte. Wir können nur feststellen: Die Einführung eines Indels ist ein seltener Vorgang, wenn aber ein Indel gefunden wird, umfasst es häufig mehr als eine Position. Dies wird empirisch modelliert, indem bei der Einführung eines Indels im Alignment ein Initiationswert abgezogen wird und ein weiterer Abzug für jede weitere Verlängerung erfolgt. Eine vernünftige Wahl dieser beiden Parameter hängt von der Mutationsdatenmatrix und vom Algorithmus ab. Beispielsweise ist der Standardwert für eine BLAST-Suche mit der BLOSUM62-Matrix beim NCBI Initiation = 11, Verlängerung = 1; das needle-Programm im EMBOSS-Paket benutzt Initiation = 10, Verlängerung = 0,5. Die genauen Alignments weitläufig verwandter Sequenzen hängen sehr empfindlich von den verwendeten Parametern der Indelfunktion ab, und es empfiehlt sich, sowohl in paarweisen als auch in multiplen Alignments einige Variationen der Parameter auszuprobieren.

### 37.6.3   Alignment für schnelle Datenbanksuchen: BLAST

Ein *Dynamic-Programming*-Alignment ist zwar garantiert optimal, es ist aber nur vergleichsweise aufwändig zu berechnen. Um Sequenzen mit ganzen Sequenzdatenbanken vergleichen zu können wurden alternative Algorithmen entwickelt, die zwar etwas weniger sensitiv, aber wesentlich effizienter sind. Steven Altschul und Kollegen veröffentlichten 1990 einen Algorithmus, der zwar nicht garantiert optimale Alignments erzeugt, aber zur schnellen Datenbanksuche exzellent geeignet ist: BLAST (*Basic Local Alignment Search Tool*, ▶ https://

Sequenzanalyse

```
#=======================================
# Aligned_sequences: 2
# 1: Swi4
# 2: Mbp1
# Matrix: EBLOSUM62
# Gap_penalty: 10.0
# Extend_penalty: 0.5
#
# Length: 1147
# Identity:      266/1147 (23.2%)
# Similarity:    414/1147 (36.1%)
# Gaps:          368/1147 (32.1%)
# Score: 640.0
#=======================================

    1 MPFDVLISNQKDNTNHQNITPISKSVLLAPHSNHPVIEIATYSETDVYEC       50
          .||.    |..|.|.||..||||
    1 --------------------------MSNQ--IYSARYSGVDVYE-       17

   51 YIRGFETKIVMRRTKDDWINITQVFKIAQFSKTKRTKILEKESNDMQHEK      100
      :|.   .|...:|:|.||||:|.|.:.|.|.|:|.|||:||||:....|||
   18 FIH--STGSIMKRKKDDWVNATHILKAANFAKAKRTRILEKEVLKETHEK       65

  101 VQGGYGRFQGTWIPLDSAKFLVNKYEIIDPVVNSILTFQFDPNNPPPKRS      150
      ||||:|::|||||:||:.||.|..||..::|.||.|..:|.|.:..||.
   66 VQGGFGKYQGTWVPLNIAKQLAEKFSVYDQLKPLFDFTQTDGSASPPPAP      115

  151 KNSILRKTSPGTKITSPSSYNKTPRKKN-SSSSTSA--TTTAANKKGKKN      197
      |:        ...:|..|||. .|:|||  .|...|||.::|
  116 KH--------------HHASKVDRKKAIRSASTSAIMETKRNNKKAEEN        150

                    [ ... ]
```

⬛ **Abb. 37.13** Ausgabe des needle-Programms aus der EMBOSS-Bibliothek (Auszug) für das Alignment der Aminosäuresequenz des Swi4-Proteins mit dem Mbp1-Protein. Es wurden die Standardparameter des Programms verwendet, dargestellt sind lediglich die ersten 150 Aminosäuren des Alignments, die der DNA-bindenden Domäne entsprechen. Identitäten werden durch eine senkrechte Linie, ähnliche Aminosäuren durch Doppelpunkt oder Punkt gekennzeichnet. Der Algorithmus von Needleman und Wunsch liefert das Alignment über die ganze Länge der Sequenz. Häufig interessieren wir uns aber für das beste Alignment eines Sequenzfragments, da Proteine häufig zwar verwandte Module oder Domänen aufweisen, aber nicht über ihre gesamte Länge homolog sind. Eine Erweiterung, um für diese Fragestellung optimale lokale Alignments zu finden, wurde von T. Smith und M. Waterman vorgeschlagen. Zunächst wird dazu eine Scoringmatrix mit negativem Erwartungswert benötigt. Dies ist wichtig, weil sonst der Wert eines Alignments stets durch Verlängerung in wenig ähnliche Bereiche hinein verbessert werden könnte. Mit einer solchen Scoringmatrix wird eine Pfadmatrix wie oben konstruiert. Ein lokal optimales Alignment wird rekonstruiert, in dem die Zellen, die zu zum global optimalen Wert beigetragen haben, verfolgt werden, bis der Wert in einer Zelle unter null sinkt

blast.ncbi.nlm.nih.gov/Blast.cgi). Die Webserver am NCBI führen frei zugänglich täglich Tausende von BLAST-Suchen in den Datenbanken durch; BLAST ist mit Abstand der am häufigsten verwendete Bioinformatik Algorithmus.

BLAST arbeitet zunächst mit einem Index von Oligomersequenzen. Diese müssen nicht identisch zu Fragmenten der Suchsequenz sein, sondern werden mit einer Scoringmatrix – üblicherweise BLOSUM62 – bewertet. Das Ergebnis wird mit einem vorgegebenen Schwellenwert verglichen, gute Alignments werden gespeichert. BLAST versucht dann, die initialen Alignments möglichst weit zu verlängern. Dabei werden aber keine Indels zugelassen! Die lokal optimalen Alignments werden als HSPs (*High-Scoring Segment Pairs*) bezeichnet. Nur solche HSPs werden weiter berücksichtigt, deren Alignmentwert nach Länge und Konservierungsgrad der Sequenzen signifikant ist. Schließlich wird die statistische Signifikanz des lokalen Auffindens mehrerer HSPs be-

urteilt. Damit kann die Gesamtwahrscheinlichkeit berechnet werden, dass der beobachtete Wert des Alignments zufällig von zwei nicht homologen Sequenzen erreicht werden könnte. Der Algorithmus ist schnell, weil der erste Schritt, das Aufsuchen erster Ähnlichkeitsbereiche in einer Tabelle, keine signifikante Rechenzeit benötigt und dadurch Ressourcen auf jene Datenbankeinträge konzentriert werden können, die ein hohes Potenzial haben, ein signifikantes Ergebnis zu liefern.

Ein wesentlicher Schritt in diesem Prozess ist die Berechnung statistisch aussagekräftiger Maße, ob ein Treffer signifikant ist. BLAST nennt dieses Maß *E-value*. Ein *E-value* beschreibt die Wahrscheinlichkeit, dass ein Alignment derselben Qualität in einer Datenbank auftreten könnte, die keine verwandten Sequenzen enthält. Wir messen also nicht, ob zwei Sequenzen verwandt sind, sondern bestimmen die Wahrscheinlichkeit eines falsch-positiven Ergebnisses. Dies hängt von der Größe der verglichenen Datenbank ab. Paradoxerweise bedeutet dies: Je mehr Sequenzen für die Suche zur Verfügung stehen, desto schwieriger wird es, ein signifikantes Ergebnis zu erreichen. Die Datenbanksuche sollte deswegen in der kleinsten Datenmenge, die für ein biologisch sinnvolles Ergebnis relevant ist, durchgeführt werden; in der Regel ist das eine Suche in der NCBI-RefSeq-Datenbank, in der kuratierte, nicht redundante Sequenzen gespeichert sind, und beschränkt auf einen oder wenige relevante Organismen. Solche Beschränkungen können leicht auf der BLAST-Webseite eingestellt werden.

### 37.6.4 Orthologe und paraloge Sequenzen

Homologe Sequenzen, die durch Speziation aus einem gemeinsamen Vorläufer hervorgegangen sind, nennen wir ortholog, sind sie durch Genduplikation im selben Organismus entstanden, nennen wir sie paralog. Da orthologe Sequenzen in ihrer Evolution ständig unter Selektionsdruck gestanden haben, sind sie regelmäßig stärker konserviert, haben ähnlichere Funktion und stehen in vergleichbareren Funktionskontexten als paraloge Sequenzen. Nach einer Genduplikation wird regelmäßig eines der beiden resultierenden Gene durch beschleunigte Evolution eine neue Aufgabe finden und zu Neo- oder Subfunktionalisierung gelangen. Deswegen kann ein BLAST-Sequenzvergleich zur Definition von orthologen Sequenzen eingesetzt werden. Gesucht wird nach Proteinpaaren, die das sog. *Reciprocal-Best-Match*-Kriterium (RBM) erfüllen, d. h. ein orthologes Sequenzpaar wird vorhergesagt, wenn ein Protein gefunden wird, das im gesamten Proteom eines Organismus die höchste Ähnlichkeit zum Zielprotein aufweist, und umgekehrt seinerseits die höchste Ähnlichkeit mit dem Protein im Ausgangsorganismus aufweist.

### 37.6.5 Profilbasierte Datenbanksuchen: PSI-BLAST

Welche Optionen stehen offen, wenn auch die sensitivsten Suchen keinen signifikanten Hinweis auf Homologien liefern? In vielen Fällen kann eine Profilsuche helfen, entfernt verwandte Sequenzen zu erkennen. Profile werden aus einem multiplen Alignment einer Familie homologer Sequenzen erzeugt, indem aus der Häufigkeit des Auftretens einer Aminosäure in einer Position ein Gewicht berechnet wird, das eine positionsabhängige Scoringmatrix darstellt. Ist beispielsweise Tryptophan an einer Position eine konservierte Aminosäure, wird ein Alignment mit Tryptophan in dieser Position günstiger sein, als wenn an dieser Position Tryptophan selten oder nicht beobachtet wurde. Darüber hinaus enthalten Profile Information über konservierte Positio-

nen – die damit mehr zum Alignment beitragen können als variable Positionen – und über Regionen, in denen die Einfügung von Indels zulässig ist. PSI-BLAST kann einfach als Programmoption auf der BLAST-Webseite ausgewählt werden. In einem ersten Schritt werden – wie in einer regulären BLAST-Suche – ähnliche Sequenzen gesucht. Nutzer können aus den Ergebnissen Sequenzen auswählen, die dann mit der ursprünglichen Sequenz zu einem Profil verknüpft werden. Die zweite Iteration des Suchvorgangs erfolgt dann mit dem Profil. Meist werden dabei neue Sequenzen gefunden, die zur ursprünglichen Sequenz nicht signifikant ähnlich waren; diese werden zum Profil hinzugefügt. Der Vorgang wird wiederholt, bis keine zusätzlichen Sequenzen mehr aufgefunden werden. So können Sequenzen sicher als verwandt erkannt werden, deren paarweise Ähnlichkeit weit unter der Signifikanzschwelle liegt.

Dies ist jedoch kein vollständig automatisierter Vorgang. Nutzer müssen bei der Zufügung neu aufgefundener Sequenzen sorgsam darauf achten, dass diese tatsächlich zur Zielsequenz verwandt sind. Wenn auch nur eine nicht verwandte Sequenz zum Profil addiert wird, führt dies zur Profilverfälschung. Danach wird das Profil mehr und mehr irrelevante oder nicht verwandte Sequenzen erkennen und zu irreführenden Resultaten führen. Um vor Profilverfälschung zu schützen ist es wichtig, die Annotationen der neu gefundenen Sequenzen darauf zu prüfen, ob sie biologisch sinnvoll sind, und Sequenzen zurückzuweisen, die nur über kleine Bereiche des Zielproteins aligned werden können. Es ist besser, zweifelhafte Sequenzen zunächst zurückzuweisen und den *E-value* in weiteren Suchzyklen zu beobachten. *E-values* von verwandten Sequenzen sollten über die Iteration hinweg auch dann wesentlich sinken, wenn die Sequenzen selbst zunächst nicht zum Profil addiert worden sind. So finden sich beispielsweise bei der PSI-BLAST-Suche der Mbp1-Sequenz nach wenigen Zyklen Fragmente von Ankyrin-Domänen in den Ergebnissen (■ Abb. 37.8). Diese sind aber ein weitverbreitetes, allgemeines Protein-Wechselwirkungsmotiv; werden sie zum Profil addiert, wird es schnell von Hunderten von irrelevanten Ergebnissen überladen. Ähnliche Probleme machen Kinasedomänen, Nucleotidbindungsdomänen, PDZ-Domänen und viele andere Funktionsmodule. In der Spalte *query coverage* der PSI-BLAST-Ergebnisse wird die prozentuale Länge des Suchergebnisses angegeben. Sinnvolle Werte hängen von der jeweiligen Fragestellung ab; für Suchen nach Sequenzen, die über die gesamte Länge des Zielproteins verwandt sind, sollte die *query coverage* besser nicht unter 80 % sinken.

Ab welchen Schwellenwert können wir Homologie annehmen, d. h., dass eine neu aufgefundene Sequenz mit einem Zielprotein verwandt ist? Verwandte Sequenzen können durch Evolution so weit divergiert sein, dass sie keinerlei Sequenzähnlichkeit mehr aufweisen; Homologie kann in diesem Fall bestenfalls durch Ähnlichkeit der Raumstruktur, ähnliche Funktion und ähnliche Anordnung von Funktionselementen belegt werden. Als Faustregel nehmen wir an, dass Sequenzpaare, deren Alignment nirgendwo über mindestens die Länge einer Domäne (circa 100 Aminosäuren) weniger als 20 % Indels aufweist, wahrscheinlich nicht homolog sind. Dagegen ist es so gut wie ausgeschlossen, dass nicht verwandte Sequenzen über die Länge einer Domäne mehr als 25 % Sequenzidentität besitzen; dieser Wert wird demzufolge häufig als empirischer Schwellenwert verwendet, ist aber für die Ergebnisse von PSI-BLAST-Suchen zu konservativ. Für BLAST- und PSI-BLAST-Ergebnisse sollte der *E-value* unter 0,01 liegen.

## 37.7 Multiples Alignment und Konsensussequenzen

In der Post-Genomik ist die Wahrscheinlichkeit hoch, dass Datenbankensuchen eine große Zahl verwandter Sequenzen auffinden. Um diese miteinander zu vergleichen werden multiple Alignments errechnet. Hierbei treten allerdings nichttriviale Probleme auf, und multiple Alignment-Algorithmen sind auch heute noch Gegenstand der aktiven Entwicklung. Ein Problem ist, dass nicht garantieren werden kann, dass global optimale Alignments aus einer Reihe optimaler paarweiser Alignments widerspruchsfrei erzeugt werden können. Globale Verfahren, die die Alignments aller Sequenzen gleichzeitig optimieren, sind dagegen zu rechenaufwendig. Deswegen müssen heuristische Verfahren definiert werden, die einerseits die Übereinstimmung von Aminosäuren in den jeweiligen Positionen maximieren, andererseits die Zahl der Indels global minimieren. Wichtiger als beschränkte Rechnerleistung ist aber, dass die *objective function*, das ist die Funktion, die durch das Alignment optimiert werden soll, nicht eindeutig biologisch sinnvoll angegeben werden kann. Soll die Sequenzähnlichkeit in jeder Position maximiert werden? Sollen die Zahl und Länge von Indels minimiert werden, da Indels in der Evolution selten vorkommen? Soll der Algorithmus versuchen, Indels außerhalb von Sekundärstrukturelementen zu platzieren? Oder sollen wir versuchen, Sequenzmuster und Motive so weit als möglich zu konservieren? Jedes dieser Ziele stellt eine etwas unterschiedliche biologische Fragestellung dar und legt einen unterschiedlichen Algorithmus nahe; die Ziele lassen sich im Allgemeinen nicht gleichzeitig im Detail verwirklichen. Multiples Alignment ist nicht als gelöstes Problem anzusehen, und vielversprechende neue Verfahren erscheinen beinahe jedes Jahr.

Im direkten Vergleich stellt man im Vergleich von Alignments der gängigen Programme regelmäßig Unterschiede fest. Solche Unterschiede liegen zum Teil an der unterschiedlichen Qualität der Programme – so sollte beispielsweise das aus historischen Gründen immer noch weit verbreitete CLUSTAL-W-Programm nicht mehr eingesetzt werden; modernere Programme wie CLUSTAL OMEGA, T-Coffee oder MUSCLE erzielen deutlich bessere Alignments, vor allem bei weit divergierten Sequenzen (◙ Abb. 37.14). Ein wichtiger Grund sind aber auch unterschiedliche *objective functions*, die zu unterschiedlichen Entscheidungen bei der Verteilung von Indels in unscharf definierten Bereichen führen.

Die erfolgreichsten Programme sind über eine Zugangsseite des EBI (▶ https://www.ebi.ac.uk/Tools/msa/) frei verfügbar und einfach zugänglich. Insbesondere der MAFFT-Algorithmus mit der *Localpair*-Option stellt eines der derzeit genauesten Verfahren zur Verfügung.

Mit dem Programm Jalview steht eine frei verfügbare Plattform für die Visualisierung und Analyse von multiplen Alignments zur Verfügung (▶ http://www.jalview.org/). Unter einer Oberfläche sind der Import von Sequenzen, das Alignment durch leistungsfähige Webserver, die Identifizierung konservierter Bereiche, die einfache Möglichkeit, Alignmentfehler manuell zu verbessern, die Möglichkeit phylogenetische Analysen durchzuführen, und mehr integriert.

Da es keine universelle Metrik für ein biologisch „plausibles" Alignment gibt, sollten in der Praxis mehrere Programme verwendet werden (die oben erwähnten bieten sämtlich komfortable Nutzungsmöglichkeiten über das Web), um durch den Vergleich der Alignments die Bereiche der Sequenz zu identifizieren, in denen das Alignment robust gegenüber Details der *objective function*, der Parameter, und der Algorithmen ist. Bereiche mit unklaren Alignments und einem hohen Anteil an Indels sind vermutlich nicht ähnlich gefaltet; da deswegen keine exakte Korrespondenz zwischen Aminosäurepaaren angegeben werden kann, ist es weniger sinnvoll, überhaupt ein Alignment anzugeben.

Die damit zusätzlich gewonnen Information ist beträchtlich: Das Alignment mehrerer Sequenzen (multiples Alignment) liefert im Vergleich zu paarweisen Alignments Aufschluss über Aminosäureverteilungen an einzelnen Positionen entsprechend ihrer Struktur und/oder Funktion. Solche Verteilungen spiegeln einerseits den Einfluss der natürlichen Selektion wider und andererseits detaillierte strukturelle und funktionale Anforderungen; damit werden Rückschlüsse über Faltung des Proteins und Aktivitätsmechanismen möglich. Ein multiples Alignment kann auch Domänengrenzen bestimmen (◙ Abb. 37.15), lässt Rückschlüsse darüber zu, ob Motive in verwandten Sequenzen konserviert sind, und kann zur Bestimmung phylogenetischer Zusammenhänge genutzt werden.

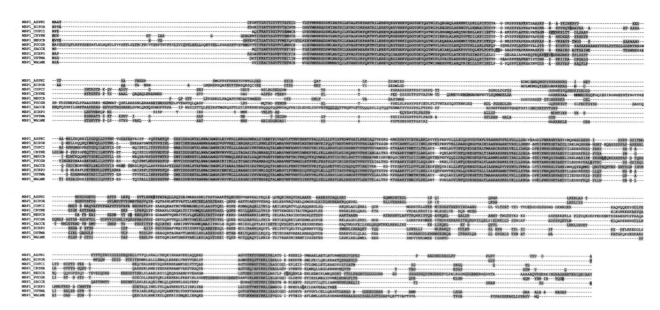

**Abb. 37.14** Multiples Sequenzalignment des Mbp1-Proteins der Bäckerhefe mit neun orthologen Sequenzen aus genomsequenzierten Pilzen. Die orthologen Sequenzen wurden mit dem BLAST-Algorithmus gefunden und validiert. Das Alignment der FASTA-Sequenzen wurde online mit dem T-Coffee-Programm am EBI-Webserver durchgeführt (▶ https://www.ebi.ac.uk/Tools/msa/tcoffee/). Während die *S.-cerevisiae*-Sequenz 833 Aminosäuren lang ist, erstreckt sich das Alignment über 1258 Positionen. In der Ausgabe sind zuverlässig bestimmte Positionen mit roten Farbtönen, unsichere Positionen mit grünem oder blauem Farbton gekennzeichnet. Deutlich lassen sich die konservierten Domänen erkennen: am N-Terminus die DNA-bindende APSES-Domäne (auch als KilA-N-Domäne bezeichnet), in der Mitte eine Reihe von Ankyrin-Domänen, die Protein-Wechselwirkungen vermitteln, und zum C-Terminus hin eine weitere Domäne unbekannter Funktion, die Homologie zu der SbcCD DNA-Exonuclease aufweist

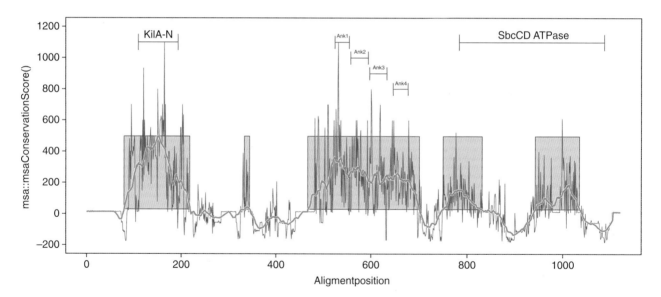

**Abb. 37.15** Domänengrenzen und Konservierung. Das zugrunde liegende Alignment des Mbp1-Proteins der Bäckerhefe mit neun orthologen Sequenzen aus genomsequenzierten Pilzen wurde mit einem **R**-Skript erstellt. Dabei wurde der MUSCLE-Algorithmus wie im msa-Paket implementiert angewendet. Die x-Achse stellt Sequenzpositionen dar, die y-Achse ist die lokale Qualität des Alignments, die Werte wurden mit der Funktion msaConservationScore() mit Standardparametern errechnet. Eine geglättete Kurve wurde den Werten überlagert. Die farbig gefüllten Rechtecke geben mögliche Domänenbereiche an. Zum Vergleich sind die von SMART (KilA-N, Ank1-4) und CDD (SbcCD) bestimmten Domänenannotation aufgetragen (Details und Quellcode im san-Projekt, ▶ https://github.com/hyginn/san). Sichtbar wird, dass die Ergebnisse beider Annotationsserver ggf. ergänzt werden sollten: Die konservierten Bereiche N-terminal der Ankyrin-Domänen könnten eine weitere Ankyrin-Domäne enthalten (vgl. auch ◻ Abb. 37.17), und die SbcCD-Annotation scheint mehr als eine Domäne zu umspannen. Hier würde man nun mit den konservierten Bereichen selbst eine PSI-BLAST-Suche ansetzen, um weiteren Aufschluss über diese Sequenzbereiche zu erhalten

Eine der interessantesten Anwendung multipler Alignments ist die Vorhersage von Mutationen zur Proteinstabilisierung (□ Abb. 37.16). Es stellt sich heraus, dass Aminosäureaustausche, die eine Sequenz dem Konsensus einer Proteinfamilie ähnlicher machen, ein Protein im Allgemeinen stabilisieren (Steipe 2004).

## 37.8 Sequenz und Struktur

Die genaue Vorhersage der Raumstruktur eines Proteins, wenn lediglich die Sequenz bekannt ist, ist nach wie vor ein ungelöstes Problem. Hier auf die vielfältigen Methoden und Entwicklungen in diesem Gebiet näher einzugehen ist nicht möglich. Der CAMEO-Server (▸ https://www.cameo3d.org/) bewertet fortlaufend die Leistung der automatischen Vorhersageprogramme, indem er Vorhersageergebnisse für neu veröffentlichte Proteinstrukturen bewertet. Auf den CAMEO-Webseiten findet man die leistungsfähigsten Programme im Vergleich, Erläuterungen der Vergleichsmetrik und Links zu den einzelnen Programmen.

Da homologe Proteine ähnliche 3D-Strukturen besitzen, kann Homologiemodellierung als Verfahren zur Tertiärstrukturvorhersage benutzt werden. Für Proteine mit etwa 90 % Sequenzidentität sind Homologiemodelle fast so genau wie experimentell bestimmte Strukturen. Darunter sinkt die Genauigkeit. Leider lassen sich Re-

gionen mit Indels nicht zuverlässig modellieren, und auch aufwendige Kraftfeldrechnungen und *Molecular-Dynamics*-Simulationen scheinen weder die modellierte Struktur wesentlich zu verbessern noch Schleifenregionen anderer Länge oder wesentlich unterschiedlicher Sequenz zur Ausgangsstruktur zuverlässig zu modellieren. Damit wird aber – unter pragmatischen Gesichtspunkten – die Homologiemodellierung sehr einfach: Zunächst werden auf die Peptidkette der am nächsten verwandten Struktur die Seitenketten der gewünschten Sequenz modelliert. Indels werden modelliert, falls es in anderen, homologen Strukturen Sequenzen der gewünschten Länge gibt. Falls nicht, werden diese Regionen ausgelassen. Weitere energetische Verfeinerungen oder Modellierungen aus Schleifenmotivbibliotheken können unterbleiben, da nicht davon ausgegangen werden kann, dass das Ergebnis die Struktur richtiger macht. Der wichtigste Schritt der Modellierung findet vor der Modellierung statt: die Erstellung eines zuverlässigen Alignments. Während Server meist nur paarweise Alignments zwischen den Sequenzen von Zielprotein (Target) und Strukturvorlage (Template) berechnen, ist es ratsam, ein sorgfältig erarbeitetes, multiples Alignment zu erzeugen, das Ziel und Vorlage enthält. Programme zur Homologiemodellierung sind nicht in der Lage, Alignmentfehler zu korrigieren.

Über das WWW wird vom Schweizer Institut für Bioinformatik ein automatischer, einfach zu nutzender, sehr

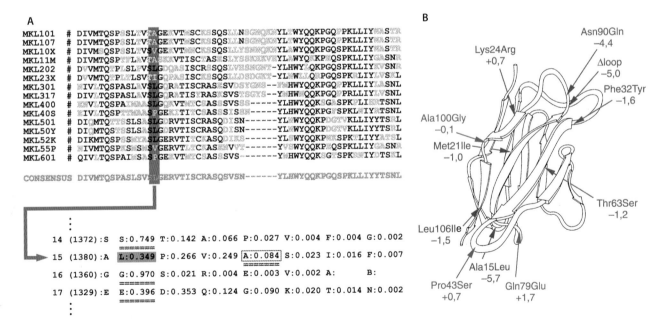

□ **Abb. 37.16** *Canonical Sequence Approximation.* Verwendung eines multiplen Alignments zur Stabilitätsvorhersage, am Beispiel einer Immunglobulin-VL-Domäne. **A** Aus dem Alignment der Sequenzen werden die Häufigkeiten der Aminosäuren an jeder Position bestimmt. Beispielsweise tritt an Position 15 Leucin viermal häufiger

auf als Alanin. **B** Experimentell bestimmte Ergebnisse: Mutation Ala15Leu stabilisiert die Domäne um 5,7 kJ mol$^{-1}$. So gut wie alle vorhergesagten Mutationen haben einen stabilisierenden Effekt (vgl. Steipe 2004)

**P39678 (MBP1_YEAST)** *Saccharomyces cerevisiae (strain ATCC 204508 / S288c) (Baker's yeast)*
**Transcription factor MBP1** ★ UniProtKB⊠ InterPro⊠ STRING⊠ [Interactive Modelling]

833 aa; Sequence (Fasta) ▮ Identical sequences: *Saccharomyces cerevisiae*: N1P5U2

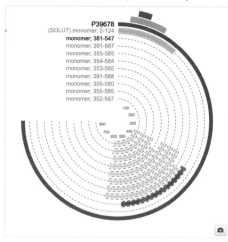
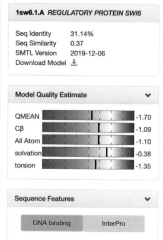
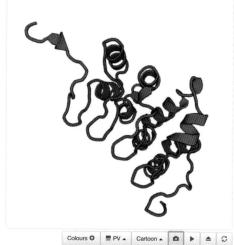

**1sw6.1.A** *REGULATORY PROTEIN SWI6*

Seq Identity        31.14%
Seq Similarity      0.37
SMTL Version        2019-12-06
Download Model  ⬇

**Model Quality Estimate**  ⌄

QMEAN         −1.70
Cβ            −1.09
All Atom      −1.10
solvation     −0.38
torsion       −1.35

**Sequence Features**  ⌄

[DNA binding]  [InterPro]

**Sequence Alignments** ⌃
**REGULATORY PROTEIN SWI6**

**Abb. 37.17** Homologiemodellierung. Der SwissModel-Server (▶ https://swissmodel.expasy.org/) stellt neben der Online-Vorhersage auch eine Bibliothek von Strukturen für das gesamte Proteom ausgewählter Modellorganismen zur Verfügung. Auf der Seite für das Mbp1-Protein der Bäckerhefe finden sich Modellstrukturen für die DNA-Bindungsdomäne, aber auch ein Strukturmodell der Ankyrin-Domänen, das auf dem verwandten Swi6-Protein basiert. Hier ist klar zu erkennen, wie die Raumstruktur aus vier wiederholten Strukturmotiven aufgebaut ist. Die Farben des Modells geben ein Maß für die Zuverlässigkeit der Modellierung wieder: rot ist unsicher – vor allem im Bereich von Indels –, dunkel sind Bereiche, die sehr verlässlich modelliert werden konnten, besonders dort, wo Seitenkettenkonformationen durch Packung im Kern des Proteins gut definiert sind. Das Modell umfasst etwas mehr als die Bereiche, die in ☐ Abb. 37.15 als Ank1–4 gekennzeichnet wurden

leistungsfähiger Homologiemodellierdienst angeboten (▶ https://swissmodel.expasy.org/, ☐ Abb. 37.17). Bei diesem Server ist es auch möglich, nutzerdefinierte Alignments zu benutzen.

Automatische *Ab-initio*-Strukturvorhersagen gelingen in Einzelfällen auch, wenn keine verwandten Strukturen bekannt sind. Zum Einsatz kommt dabei z. B. der ROBETTA-Server (▶ http://new.robetta.org/) aus dem Labor von David Baker, der im CAMEO-Vergleich meist die besten Ergebnisse erzielt. Zu den beachtlichen Erfolgen des Verfahrens zählen die erfolgreiche Phasierung von Kristallstrukturdaten und ein De-novo-Enzymdesign.

### 37.9  Funktion

In der Bioinformatik wird die Beschreibung von Funktionen durch die GO- (*Gene Ontology*) und GOA- (*GO Annotations*) Datenbanken unterstützt (▶ http://geneontology.org/). GO enthält an die 50.000 Terme,

Begriffe, die verschiedene Aspekte von Funktion als zellulären Bestandteil, molekulare Funktion oder biologischen Prozess definieren. Die Zusammenhänge dieser Terme, ihre Abbildung in einem Beziehungsgraphen, fasst unser heutiges Wissen über die Zellbiologie in einem computerlesbaren Format zusammen. Dies wird ergänzt durch Annotationen von Genen mit GO-Termen. Teilweise experimentell, teilweise durch Rechnervorhersage lassen sich damit Funktionsannotationen für die meisten Gene abrufen, oder – für bislang nicht beschriebene Proteine – durch Sequenzvergleich vorhersagen.

Dies sind aber immer noch Beschreibungen einzelne Sequenzen, während in der modernen Systembiologie der Blick auf Zusammenhänge, Graphen und Netzwerke gerichtet ist. Mit der STRING-Datenbank (☐ Abb. 37.18) steht ein laufend aktualisierter Server zur Verfügung, der experimentelle und andere Daten zu Vorhersagen funktionaler Beziehungen zusammenfasst. Experimentelle Daten wie Kokristallisation und Protein-Wechselwirkungen tragen ebenso zur Vorher-

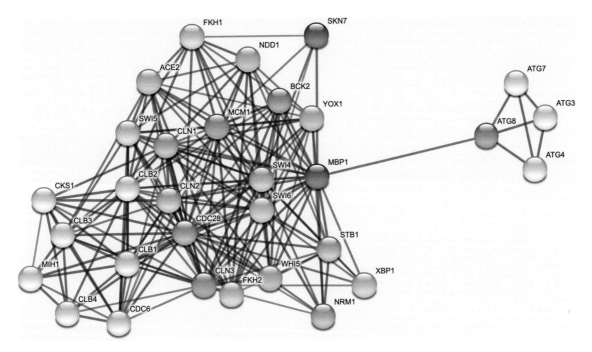

**◻ Abb. 37.18** Netzwerk funktionaler Zusammenhänge der STRING-Datenbank (▶ https://string-db.org/). Das Netzwerk stellt Funktionszusammenhänge mit dem Mbp1-Protein (rot) dar. Die Zuverlässigkeit der Vorhersage wird durch die Linienbreite darge-stellt. Durch die Analyse der Verbindungsvorhersagen wird, ausge-hend von Mbp1, ein großer Bestandteil der Regulationsmaschinerie für den Zellzyklus gefunden

sage bei wie Stoffwechselwege, bekannte Proteinkomplexe, Textsuche in Literaturdatenbanken, Koexpression, Gennachbarschaft im Genom, das Auftreten von Fusionsproteinen in der Evolution oder die Konservierung von Gengruppen in Organismen, die bestimmte Funktionsmerkmale teilen.

Sind Gruppen von Genen im Netzwerk identifiziert worden, lässt sich berechnen, ob diese bestimmte Annotationen mit statistisch signifikanter Häufigkeit teilen. Für die Nachbarn des MBP1-Proteins werden die GO-Terme „mitotischer Zellzyklus-Phasenübergang", „Aktivität als Transkriptionsregulator", und „Teil des MBF-Transkriptionskomplexes" angereichert gefunden. Signifikante Schnittmengen finden sich auch mit KEGG-Stoffwechselwegen, mit bestimmten Proteindomänen und mit funktionsrelevanten Schlüsselwörtern. Damit lässt sich ein guter Überblick über die Funktion und den Funktionskontext eines Proteins gewinnen.

## 37.10  Ausblick

Die post-genomische Ära der Molekular- und Zellbiologie hat das Gebiet der Sequenzanalyse grundlegend verändert. Datenbanken und Methoden sind frei im Internet verfügbar beziehungsweise können einfach in selbst programmierten Skripten integriert und analy-siert werden. Genom-Browser liefern annotierte Darstellungen ganzer Organismen mit einem Mausklick, weltweit. Technische Probleme der Datenintegration werden Schritt um Schritt gelöst. Gleichzeitig werden neue Herausforderungen sichtbar, besonders dabei relevante Informationen und Prozeduren nach dem Stand der Technik aus der Vielfalt der Angebote auszuwählen, beim *data mining* in großen Datensätzen, bei der Visualisierung hochdimensionaler Zusammenhänge und beim Einsatz neuer Verfahren des Maschinenlernens, um die komplexen Zusammenhänge zwischen Genotyp und Phänotyp in Zellbiologie und Medizin zu verfolgen.

Wir sind immer noch weit davon entfernt, routinemäßig zuversichtliche Vorhersagen über zelluläre Prozesse und ihre Dynamik zu machen. Dennoch bieten moderne Methoden der Sequenzanalyse eine Vielzahl verschiedene Perspektiven auf die Funktionen einzelner Komponenten an, teilweise sind die theoretischen Methoden sogar den experimentellen überlegen, und wir entwickeln immer bessere Methoden, diese Perspektiven zu größeren Systemen zu integrieren. Es ist offensichtlich, dass die Bedeutung der Sequenzanalyse in Biowissenschaften und Medizin weiter zunehmen wird und dass die heranwachsende Generation von Studenten, die Grundkenntnisse aus beiden Bereichen, den Computer- und den Biowissenschaften, mitbringen, zu einer neuen Synthese eines grundlegenden Verständnisses der Lebensvorgänge auf molekularer Ebene gelangen wird.

## Literatur und Weiterführende Literatur

Cook CE, Stroe O, Cochrane G, Birney E, Apweiler R (2020) The European Bioinformatics Institute in 2020: building a global infrastructure of interconnected data resources for the life sciences. Nucleic Acids Research 48(D1):D17–D23

GO Consortium (2019) The Gene Ontology resource: 20 years and still GOing strong. Nucleic Acids Res D1:D330–D338

Goodsell, D. S., Zardecki, C., Di Costanzo, L., Duarte, J. M., Hudson, B. P., Persikova, I., Segura, J., Shao, C., Voigt, M., Westbrook, J. D., Young, J. Y., & Burley, S. K. (2020). RCSB Protein Data Bank: Enabling biomedical research and drug discovery. Protein Science 29(1):52–65

Henikoff S, Henikoff JG (1992) Amino acid substitution matrices from protein blocks. Proc Natl Acad Sci U S A 89(22):10915–10919

Husi H (Hrsg) (2019) Computational Biology. Codon Publications, Brisbane. https://www.ncbi.nlm.nih.gov/books/NBK550339/

Karczewski KJ, Snyder MP (2018) Integrative omics for health and disease. Nat Rev Genet 19(5):299–310

Goodsell, D. S., Zardecki, C., Di Costanzo, L., Duarte, J. M., Hudson, B. P., Persikova, I., Segura, J., Shao, C., Voigt, M., Westbrook, J. D., Young, J. Y., & Burley, S. K. (2020). RCSB Protein Data Bank: Enabling biomedical research and drug discovery. Protein Science 29(1):52–65

Sayers, E. W., Beck, J., Brister, J. R., Bolton, E. E., Canese, K., Comeau, D. C., Funk, K., Ketter, A., Kim, S., Kimchi, A., Kitts, P. A., Kuznetsov, A., Lathrop, S., Lu, Z., McGarvey, K., Madden, T. L., Murphy, T. D., O'Leary, N., Phan, L., Schneider, V. A., Thibaud-Nissen, F., Trawick, B. W., Pruitt, K. D., & Ostell, J. (2020). Database resources of the National Center for Biotechnology Information. Nucleic Acids Research 48(D1):D9–D16

Steipe B (2004) Consensus-based engineering of protein stability: from intrabodies to thermostable enzymes. Methods Enzymol 388:176–186

Steipe B (2020) ABC: Applying Bioinformatics Concepts. http://biochemistry.utoronto.ca/steipe/abc Zugegriffen am 11.12.2021

37

# Hybridisierung fluoreszenzmarkierter DNA zur Genomanalyse in der molekularen Cytogenetik

*Gudrun Göhring, Doris Steinemann, Michelle Neßling und Karsten Richter*

## Inhaltsverzeichnis

38.1    Methoden zur Hybridisierung fluoreszenzmarkierter DNA – 954

38.1.1   Markierungsstrategie – 954
38.1.2   DNA-Sonden – 955
38.1.3   Markierung der DNA-Sonden – 956
38.1.4   *In situ*-Hybridisierung – 956
38.1.5   Fluoreszenzauswertung der Hybridisierungssignale – 957

38.2    Anwendungen: FISH und CGH – 957

38.2.1   Analyse genomischer DNA durch FISH – 957
38.2.2   Vergleichende genomische Hybridisierung (CGH) – 960
38.2.3   SNP-Array – 963
38.2.4   Neue Entwicklungen zur Detektion von Kopienzahlveränderungen im Genom – 963

Literatur und Weiterführende Literatur – 963

© Springer-Verlag GmbH Deutschland, ein Teil von Springer Nature 2022
J. Kurreck et al. (Hrsg.), *Bioanalytik*, https://doi.org/10.1007/978-3-662-61707-6_38

- Die Fluoreszenz-in-situ-Hybridisierung (FISH) und die comparative Genomhybridisierung (CGH) sind molekularcytogenetische Methoden, die mittels fluoreszenzmarkierter DNA-Moleküle den Nachweis chromosomaler Aberrationen ermöglichen.
- Während die FISH auf einen oder wenige ausgewählte Genloci gerichtet ist, handelt es sich bei der CGH um eine ungerichtete genomweite Analyse.
- Anwendung finden die beiden Methoden hauptsächlich in der humangenetischen Diagnostik zum Nachweis von Mikrodeletions- und Mikroduplikationssyndromen sowie der Klassifizierung von hämatologischen Neoplasien und soliden Tumoren.

Der Nachweis genomischer Veränderungen ist vor allem in der Humangenetik von großer Bedeutung. Abweichungen von dem diploiden Zustand des Genoms (2*n*) spielen in der klinischen Genetik, in der Tumorgenetik oder auch der Populationsgenetik eine große Rolle. Ziel der molekularen Cytogenetik ist die Charakterisierung des genomischen Profils klonal veränderter Zellpopulationen. Mit den hier vorgestellten Methoden der fluoreszenzmarkierten DNA-Hybridisierung können numerische (Monosomien, Polysomien) und strukturelle (Translokationen, Inversionen, Insertionen) Chromosomenveränderungen festgestellt werden.

Seit den Pionierarbeiten von John et al. sowie Pardue und Gall im Jahr 1969 wird die Hybridisierung von markierten DNA-Proben (Sonde) an komplementäre Zielsequenzen (Target) in Zellpräparaten genutzt, um die Lokalisation bestimmter Sequenzabschnitte zu bestimmen.

---

**Karyogramm**

Die geordnete Darstellung aller kondensierten Chromosomen eines Zellkerns nach Zellkultivierung und Metaphasepräparation und anschließender Bandenfärbung (z. B. Giemsa-Bänderung). Numerische und strukturelle Veränderungen des dargestellten Genoms können analog der Abweichungen der Zahl der Chromosomen und des idealisierten Bandenmusters (Ideogramm) abgelesen werden.

---

Da mittels Karyotypisierung die Struktur der Chromosomen direkt im Kontext der Zellmorphologie betrachtet wird, bleibt sie der Goldstandard, an dem sich die indirekten Hybridisierungstechniken orientieren müssen. Zwei verschiedene Ansätze zur Bestimmung genomischer Abweichungen durch Hybridisierung fluoreszenzmarkierter DNA-Proben sollen im Folgenden vorgestellt werden: die **Fluoreszenz-in-situ-Hybridisierung (FISH)** und die **vergleichende genomische Hybridisierung** (*comparative genomic hybridization*, **CGH**). Bei der FISH

werden über komplementäre Basenpaarung markierte DNA-Proben bekannter Sequenz an das Zellpräparat hybridisiert, um dort die Lokalisation der Sequenz festzustellen. Bei der CGH ist das Prinzip der In-situ-Hybridisierung gewissermaßen umgekehrt: Es ist der Ort bekannt, an den hybridisiert wird, und die markierte Probe ist das Objekt, das analysiert wird.

Gegenüber der Bänderungsanalyse von Chromosomen in der klassischen Cytogenetik können folgende Einschränkungen der Karyotypisierung umgangen werden:

1. Da Karyogramme aus Metaphasespreitungen der gefragten Zellpopulation erstellt werden, können nur teilungsfähige Zellen untersucht werden.
2. Die Identifizierung der Chromosomen und das Erkennen von Abweichungen vom Ideotypen erfordert langjährige Erfahrung des Betrachters.
3. Die für jedes Chromosom typische Bänderung gibt die genomische Auflösung vor und liegt bei etwa 5–10 Megabasen (Mb). Mikrodeletionen oder -duplikationen geringeren Ausmaßes sind nur sehr unsicher oder nicht zu detektieren.

## 38.1 Methoden zur Hybridisierung fluoreszenzmarkierter DNA

### 38.1.1 Markierungsstrategie

Als Markierungssignal für die Hybridisierungsexperimente hat sich Fluoreszenz gegenüber Radioaktivität und enzymatischer Farbreaktion durchgesetzt (FISH: Fluoreszenz-ISH). Fluoreszenz als Dunkelfeldsignal ist sehr sensitiv messbar, quantitativ auswertbar, und unterschiedliche Zielsequenzen können parallel im selben Präparat durch verschiedenfarbige Fluorochrome (z. B. DAPI – 4′,6-Diamidino-2-phenylindol-dihydrochlorid, FITC – Fluorescein-5-isothiocyanat, TRITC – 5(6)-Tetramethylrhodaminisothiocyanat) dargestellt werden (▶ Abschn. 8.5 und 9.4). Radioaktiv markierte Sonden erfordern viel längere Expositionszeiten bei gleichzeitig schlechterer räumlicher Auflösung. Der Sicherheitsaufwand im Umgang mit der Radioaktivität ist ein zusätzlicher Nachteil. Statt der Fluorochrome können Enzyme an DNA-Sonden gekoppelt werden, die über eine Farbreaktion colorimetrisch auswertbare Präzipitate in der Nähe der Zielsequenz erzeugen (z. B. das braune Diaminobenzidin durch Meerrettich-Peroxidase). Solche Farbniederschläge werden im Hellfeld untersucht, sodass gleichzeitig die umgebenden Gewebestrukturen abbildbar sind. Der Farbnachweis ist aber weniger empfindlich und densitometrisch nur ungenau auswertbar.

Die Kopplung des Reporters (Fluorochrom) an die Sonde kann über eine direkte oder eine indirekte Markierung erfolgen. Während für die **direkte Markierung** der Reporter kovalent an die Sonde gebunden wird, wird bei der **indirekten Markierung** eine haptengekopelte Sonde hybridisiert und anschließend das Hapten markiert. Häufig verwendete indirekte Markierungssysteme sind Biotin/Streptavidin und Digoxigenin/Anti-Digoxigenin. Die direkte Markierung eignet sich besonders zur Untersuchung mehrerer Targets parallel. Die indirekte Markierung hat den Vorteil, dass schwache Signale über eine Kaskade indirekter Markierungsschritte verstärkt werden können.

Die Spezifität und Sensitivität einer Hybridisierung kann über die Lokalisation, Länge und Markierungsdichte der Sonde, die Effizienz der Hybridisierung (Anzahl spezifisch gebundener Reportermoleküle, Dauer der Hybridisierung), gegebenenfalls die Effizienz der indirekten Markierung sowie die Unterdrückung des unspezifischen Hintergrunds (Hybridisierungsbedingungen, Abwaschen ungebundener Sonden) optimiert werden.

### 38.1.2 DNA-Sonden

Entsprechend dem technischen Aufwand einer Hybridisierung unterscheidet man repetitive von singulären Sonden. **Repetitive DNA-Sonden** sind auf Cluster von repetitiven Zielsequenzen ausgerichtet, z. B. der zentromeren Satelliten-DNA. Solche Targets können mit Sonden unter 1 kb Länge nachgewiesen werden. Falsch-positive Bindung an andere Orte des Genoms ist unbedeutend. Auf nichtrepetitive Zielsequenzen (z. B. Gene) ausgerichtete **singuläre (unikale) Sonden** müssen dagegen einen deutlich längeren genomischen Zielbereich abdecken, um ein messbares Signal zu erzeugen. Damit steigt die Gefahr, dass die Sonde auch sog. IRS enthält (*interspersed repetitive sequences;* SINEs, *short interspersed elements*, z. B. Alu-Elemente, und LINEs, *long interspersed elements*, z. B. L1-Elemente), die ubiquitär im gesamten Genom vorkommen. Zur Unterdrückung falsch-positiver Signale durch IRS außerhalb der Zielsequenz müssen IRSs vor der Hybridisierung der Sonde blockiert werden (CISS, ▶ Abschn. 38.1.4). Dieses Hintergrundproblem ist ganz besonders bei sogenannten *painting probes* zu beachten, die komplette Chromosomenabschnitte abdecken, wie Chromosomenbanden, Chromosomenarme oder ganze Chromosomen, z. B. um deren territoriale Organisation im Interphasezellkern darzustellen.

Viele Sonden, wie sie z. B. für die Diagnostik gebraucht werden, sind kommerziell erhältlich (z. B. empiregenomics – ▶ https://www.empiregenomics.com,

ThermoFisher – ▶ https://www.thermofisher.com). Darüber hinaus können Sonden mithilfe spezifischer Primer aus genomischer DNA des Zielorganismus synthetisiert werden. Bei der Suche nach passenden Primersequenzen vieler untersuchter Spezies helfen online verfügbare Datenbanken (z. B. NCBI – ▶ https://ncbiinsights.ncbi.nlm.nih.gov/, Ensembl – ▶ http://www.ensembl.org/und UCSC – ▶ http://genome.ucsc.edu/). Eine weitere Quelle für DNA-Sonden sind diverse Archive genomischer Bibliotheken an verschiedenen Institutionen (EMBL, Sanger Center, NIH), die spezifizierte DNA-Fragmente in unterschiedlichen Vektorsystemen bereitstellen, z. B. auf der Basis von Phagen, Cosmiden, BACs *(bacterial artificial chromosomes)* und PACs *(P1 bacteriophage artificial chromosomes)*.

*Painting probes* für Chromosomen, Chromosomenarme und -banden stellt man aus DNA-Bibliotheken zusammen. Zu deren Herstellung werden z. B. Chromosomen in einem *Flow Sorter* sortiert oder die gesuchten Bereiche an Metaphasepräparaten durch Mikrodissektion isoliert, um dann möglichst gleichmäßig und vollständig amplifiziert zu werden (z. B. durch DOP-PCR).

> Die Gesamt-DNA eines haploiden humanen Genoms wiegt ca. 3 pg bei einer Länge von $3 \cdot 10^{12}$ bp.

Für die CGH wird die Gesamt-DNA einer zu untersuchenden Zellpopulation (z. B. Tumorgewebe, Zelllinie, Blutprobe) als Sonde eingesetzt. Aus homogenen Gewebestücken einer Biopsie kann die DNA in ausreichender Menge isoliert werden. Abhängig von der Ausbeute muss die DNA gegebenenfalls amplifiziert werden. Hierzu eignen sich insbesondere isotherme Amplifikationstechniken (z. B. mittels φ29 -DNA-Polymerase aus *Bacillus subtilis*), da diese die Vervielfältigung von besonders langen DNA-Sequenzen bis 100 kb ermöglichen und alle Sequenzabschnitte mit gleicher Wahrscheinlichkeit amplifiziert werden. Sollen einzelne Zellen oder Zellgruppen im Biopsat untersucht werden, können diese durch Mikrodissektion isoliert werden. Bei der CGH ist es ganz besonders wichtig, dass die Mengenverhältnisse genomischer Abschnitte durch die Präparation der Sonden-DNA nicht verschoben werden, sodass die dem Vergleich dienende Kontroll-DNA (▶ Abschn. 38.2.2) gegebenenfalls parallel unter gleichen Bedingungen behandelt wird. Abhängig von Arrayformat werden ca. 200–500 ng hochmolekulare, nicht degradierte DNA eingesetzt. Eine Besonderheit stellen DNA-Proben aus ▶ formalinfixiertem, in Paraffin eingebettetem Gewebe dar (wie es in der Pathologie häufig archiviert wird). Diese DNA ist stark fragmentiert (100–300 bp) und bedarf einer speziellen Art der Technologie unter

Verwendung sog. *molecular inversion probes* (MIPs), um genomweite Kopienzahlveränderungen zu detektieren (Hardenbol 2003).

### 38.1.3 Markierung der DNA-Sonden

Hybridisierungssonden werden durch den Einbau modifizierter Nucleotide markiert. Gängige Methoden zur Markierung sind *Nick-Translation*, *Random-Priming* oder *PCR* (▶ Kap. 33). Bei Letzteren geschieht der Einbau während der Amplifikation der Sonde, im Gegensatz zur Nick-Translation, die als „Ersatzsynthese" ausschließlich der Markierung dient. Die Sonden sollten eine Länge von 300–800 bp haben. Zu lange Fragmente durchdringen das Target schlechter, d. h. sie erreichen die Zielsequenz mit geringer Effizienz und bleiben eher im Targetmaterial hängen, was falsch-positiven extrachromosomalen Hintergrund erzeugt. Zu kurze Fragmente binden weniger spezifisch und erhöhen so den Hintergrund im chromosomalen Target. Es ist ein besonderer Vorteil der Nick-Translation, dass die Fragmentlänge der DNA-Sonde über die DNase-I-Behandlung gut kontrollierbar ist.

Vor Gebrauch der markierten Sonde müssen die nicht eingebauten, modifizierten Nucleotide abgetrennt werden, z. B. durch alkoholische Fällung oder durch Säulenfiltration der DNA. Die Effizienz einer Markierung kann spektrophotometrisch gemessen werden. In der Praxis benötigt man für ein Hybridisierungsexperiment zwischen 10 und 100 ng an Sonden-DNA.

**Nick-Translation**   Die Nick-Translation basiert auf dem Einbau von Nucleotiden durch die Polymerase I (von *Escherichia coli*) an Einzelstrangbrüchen (engl. *nicks*). In einem ersten Reaktionsschritt werden die Einzelstrangbrüche durch DNase I in die Sonden-DNA eingefügt. Danach werden von jedem Nick ausgehend die Nucleotide des Halbstranges ausgetauscht. Durch ihre 5′-Exonucleaseaktivität entfernt die Polymerase die Nucleotide auf der 5′-P-Seite des Bruchs, während sie am 3′-OH-Ende neue Nucleotide anpolymerisiert. Für die Polymerisation enthält der Inkubationsansatz neben normalen Nucleotiden auch markierte Nucleotide, die im entsprechenden Verhältnis eingebaut werden. Der Einzelstrangbruch wird von der Polymerase nicht geschlossen, sondern wandert entlang des komplementären Stranges, bis er dort auf einen weiteren Einzelstrangbruch trifft und die DNA bricht. Die Dichte an eingefügten Nicks steuert folglich die Länge der entstehenden DNA-Fragmente.

**Random-Priming**   Sonden-DNA unter 2 kb würde durch Nick-Translation zu kurz werden. Solche Fragmente können durch Random-Priming markiert werden. Random-Priming benutzt ein Gemisch von Hexanucleotiden in allen möglichen Kombinationen der vier Basen als Primer. Nach Denaturierung der DNA-Fragmente lässt man die Primer bei niedrigen Temperaturen binden (37 °C oder Raumtemperatur) und neue DNA durch das Klenow-Fragment der Polymerase I polymerisieren. Zusätzlich zum Einbau markierter Nucleotide wird die Sonden-DNA auch vermehrt, da durch Strangverdrängung unverbrauchte Primer binden können.

**PCR-Markierung**   Viele DNA-Sonden (z. B. cDNA-Sonden) werden mit PCR (▶ Kap. 33) generiert und amplifiziert. Hier bietet es sich an, die Markierung im Rahmen der PCR-Amplifikation durchzuführen. Die Markierung einer DNA-Sonde erfolgt dann in den letzten Zyklen der exponentiellen Amplifikation durch Zugabe entsprechend modifizierter Nucleotide.

### 38.1.4 *In situ*-Hybridisierung

Der Vorgang der Hybridisierung für FISH und CGH umfasst die vier Prozesse: Denaturieren der Sonden- und Target-DNA, Pre-Annealing zur Blockierung ubiquitär vorkommender repetitiver Sequenzen, Hybridisierung bei schwacher Stringenz, Auswaschen unter Stringenzbedingungen.

Da bei Interphase-FISH die Target-DNA durch Zellstrukturen abgeschirmt ist, muss der Zugang der Sonden-DNA durch geeignete Maßnahmen vor der Hybridisierung verbessert werden, z. B. durch Extraktion der Histone mit 0,1 M Salzsäure, Proteaseverdau und Detergenzbehandlung.

Bei indirekter Markierung bleibt nach der Hybridisierung noch der Schritt der Fluoreszenzkopplung. Außerdem wird bei FISH-Experimenten eine Gegenfärbung der Gesamt-DNA benötigt (z. B. mit 4′,6-Diamidino-2-phenylindol, DAPI), um das Hybridisierungssignal auf dem Target (Metaphasechromosom oder Interphasezellkern) lokalisieren zu können.

**Denaturierung**   Eine DNA denaturiert wenige Grad über ihrer Schmelztemperatur $T_\mathrm{m}$. Die Sonden-DNA kann einfach durch Erhitzen denaturiert werden. Die Ziel-DNA in der Zelle dagegen muss schonender behandelt werden, um die Morphologie zu schonen. Experimentell kann die Schmelztemperatur mit der Konzentration monovalenter Kationen im Puffer und durch die Zugabe von destabilisierenden Agenzien (z. B. 50–70 % Formamid) erniedrigt werden, insofern andere Parameter, wie der Anteil an CG-Paaren und die Stranglänge, für die fertige Sonde festliegen.

**Pre-Annealing**  Das Blockieren der IRS (*interspersed repetitive sequences*) bei singulären Sonden erfolgt durch Pre-Annealing. Dazu wird die Sonden-DNA nach Denaturierung und vor der eigentlichen Hybridisierung mit einem Überschuss an unmarkierter $C_0t$-1-DNA inkubiert (*pre-annealed*), sodass nur die eigentliche Zielsequenz für die nachfolgende Hybridisierung am Target verfügbar bleibt (***Chromosomal In Situ Suppression, CISS***). Durch den Überschuss an $C_0t$-1-DNA reassoziieren die repetitiven Sequenzen sehr viel schneller als die komplementären Partner der unikalen Sequenzen.

> $C_0t$
>
> Ein Maß für die Komplexität von DNA, es steht für „$C_0 \cdot t_{1/2}$", wobei $t_{1/2}$ die Dauer ist, die die gegebene ssDNA der initialen Konzentration $C_0$ benötigt, um zur Hälfte zu renaturieren. Metazoen-DNA mit einem $C_0t$-Wert kleiner eins repräsentiert den repetitiven Anteil des Genoms.

**Hybridisierung**  Die Hybridisierung der Sonde am Target erfolgt bei Temperaturen unter $T_m$. Entsprechend der Komplexität hybridisieren repetitive DNA-Sonden in nur wenigen Stunden, während bei CGH-Analysen die Inkubationszeit auf mehrere Tage ausgedehnt wird, um das Target sicher zu saturieren.

**Stringenz**  Besondere Aufmerksamkeit bei Hybridisierungsexperimenten gilt der Signalspezifität. Zusätzlich zur Blockierung repetitiver Elemente beim Pre-Annealing und der Sättigung unspezifischer Bindungsstellen durch Zugabe unmarkierter DNA anderer Spezies (z. B. *salmon sperm DNA*) zum Hybridisierungsmix muss ein Hintergrund durch Fehlhybridisierung markierter Sonden unterdrückt werden. Stringente Bedingungen könnten durch Hybridisierung bei hoher Temperatur und geringer Salzkonzentration gesetzt werden. Das beeinträchtigt aber die Effizienz der Hybridisierung. Ein stärkeres spezifisches Signal wird erzielt, wenn zunächst wenig stringent bei 25° unter $T_m$ hybridisiert wird, um danach über Waschschritte mit zunehmender Stringenz (höhere Temperatur und/oder geringere Salzkonzentration) falsch gepaarte Hybride aufzulösen.

### 38.1.5  Fluoreszenzauswertung der Hybridisierungssignale

FISH-Experimente werden mikroskopisch ausgewertet (▶ Kap. 9). Die Fluoreszenzmarker werden mit Licht einer bestimmten Wellenlänge angeregt und gemessen. Für die Planung des Experiments ist daher wichtig, dass für die gewählten Fluorochrome die passende Filter-

technologie zur Verfügung steht. So ist man bei Laseranregung in der Wahl der Fluorochrome an die vorhandenen Laserlinien gebunden. Sorgfältige Wahl der Fluorochrome ist im Besonderen bei der Untersuchung verschiedener Sonden im selben Präparat wichtig, um zu gewährleisten, dass die Signale spektral eindeutig zu trennen sind. Die Absorptions- und Emissionsspektren zweier Fluorochrome können sich mehr oder weniger überlappen, sodass bei der Anregung des einen Fluorochroms ungewünscht auch das zweite mitgemessen wird. Dieses Phänomen nennt man **Cross-talk**. Genau genommen gibt es immer einen, wenn auch gegebenenfalls sehr geringen, Beitrag von Cross-talk (◻ Abb. 38.1). Es ist also zu bedenken, dass wenig Cross-talk eines starken Signals der einen Sonde ein schwaches Signal der zweiten Sonde durchaus überstrahlen kann. Der Anteil an Cross-talk ist eine messbare Größe und lässt sich bildanalytisch kompensieren, allerdings auf Kosten des Signal-Rausch-Verhältnisses.

## 38.2  Anwendungen: FISH und CGH

Bei der FISH wird eine Zielsequenz im Präparat lokalisiert. Die Sequenz ist also bekannt, für sie hat man eine Sonde hergestellt und sucht nach Lokalisation, Anzahl und Anordnung in Metaphasechromosomen oder in Interphasezellkernen der zu untersuchenden Zellpopulation. Im Rahmen der Tumorgenetik ist die FISH-Analyse von großem Vorteil gegenüber der klassischen Bänderungsanalyse (Karyotypisierung), da man mit ihr bei geringer Zellproliferation der Tumorzellen eine große Zahl an Zellen auswerten kann und somit eine höhere Sensitivität erreicht.

Mit CGH bestimmt man numerische Aberrationen im Genom einer Zellpopulation (z. B. einer Tumorprobe). Im Gegensatz zur FISH ist bei der CGH die Sonde die zu untersuchende Größe und die räumliche Sequenzverteilung im Target ist bekannt. Als Target dient eine Kollektion ausgesuchter DNA-Sequenzen auf einem Träger (DNA-Array, ▶ Kap. 40). Auf das Target wird die markierte Gesamt-DNA der zu untersuchenden Zellpopulation (Testgenom) mit einer anders markierten Kontroll-DNA kohybridisiert. Das Verhältnis der Hybridisierungswahrscheinlichkeiten als Funktion der bekannten Zielsequenzen gibt dann Auskunft über numerische Aberrationen im Testgenom.

### 38.2.1  Analyse genomischer DNA durch FISH

Die FISH-Analyse stellt eine wichtige Methode in der Tumorbiologie, der Cytogenetik, pränatalen Diagnostik und insbesondere der Diagnostik einer Vielzahl von hä-

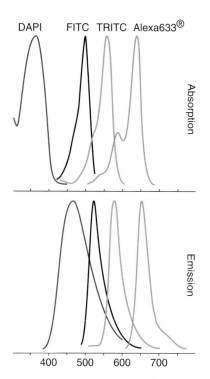

DAPI    FITC  TRITC Alexa633®

Absorption

Emission

400   500   600   700

◼ **Abb. 38.1** Absorptions- (oben) und Emissionsspektren (unten) der vier Fluorochrome DAPI, FITC, TRITC und Alexa633® im Vergleich. Die Spektren sind weit genug getrennt, um vier Zielstrukturen differenziell darzustellen. Man beachte jedoch die Überlappungsbereiche. Zum Beispiel wird im Absorptionsmaximum von FITC (488 nm) gleichzeitig auch TRITC angeregt, und DAPI überlappt in der Detektion substanziell mit FITC. Dieser Cross-talk lässt sich nie vollständig vermeiden und muss bei der Akquisition und Interpretation der Daten berücksichtigt werden

**38**

matologischen Neoplasien dar (Trask 1991). So ist sie auch ein wichtiger Bestandteil der genetischen Diagnostik der chronisch myeloischen Leukämie (CML). Diese entsteht durch eine Translokation zwischen den langen Armen der Chromosomen 9 und 22, der sog. Philadelphia-Translokation t(9;22)(q34;q11). Sie ist die erste Chromosomenaberration, die als Ursache einer hämatologischen Neoplasie 1960 in Philadelphia identifiziert wurde. Die Translokation resultiert in einer Fusion der Gene *BCR* und *ABL* und codiert ein Protein mit erhöhter Tyrosinkinaseaktivität. Neben der CML kann die Philadelphia-Translokation jedoch auch im Rahmen der akuten lymphatischen Leukämie (ALL) oder der akuten myeloischen Leukämie (AML) auftreten. In der sog. *Breakpoint Cluster Region* (bcr) auf Chromosom 22 können unterschiedliche Bruchpunkte der Translo-

kation zugrunde liegen. Wobei man die *Major Breakpoint Cluster Region* (M-bcr) und die *Minor Breakpoint Cluster Region* (m-bcr) unterscheidet (Bain 2003). Diese Bruchpunkte können mithilfe der FISH-Analyse identifiziert werden und somit helfen, die Diagnose zu stellen.

**Interphase-FISH** Die Interphasekerne werden in Methanol/Eisessig fixiert und entweder manuell oder mithilfe einer Cytospinzentrifuge auf einen Objektträger aufgetragen und mit den fluoreszenzmarkierten FISH-Sonden hybridisiert. Die hier beschriebene FISH-Sonde zur Detektion der Philadelphia-Translokation besteht eigentlich aus zwei Sonden: einer orange leuchtenden und einer grün leuchtenden Sonde. Die orange Sonde bindet an 9q34 (Lokalisation des *ABL*-Gens), die grüne Sonde bindet an 22q11 (Lokalisation des *BCR*-Gens; ◼ Abb. 38.2). Somit sieht man im Interphasekern in einer normalen Zelle zwei separate orange Signale für 9q34 (*ABL*) und zwei separate grüne Signale für 22q11 (*BCR*) (◼ Abb. 38.2A). Die Philadelphia-Translokation kann durch eine Änderung dieser Signalkonstellation erkannt werden. Die Sonde, die an das *ABL*-Gen in 9q34 bindet, ist eine sog. Bruchpunkt-überspannende Sonde. Durch die Translokation bricht die orange Sonde in 9q34 (*ABL*), ein Teil der Sonde verbleibt an Chromosom 9, und ein Teil der Sonde wird an Chromosom 22 transloziert. Im Fall eines *Major Breakpoints* (M-bcr) liegt der Bruchpunkt auf Chromosom 22 distal (telomerwärts) der Bindungsstelle der grünen Sonde. Somit verbleibt trotz der Translokation das komplette grüne Signal auf Chromosom 22. Im Interphasekern sieht man somit zwei orange Signale (das normale Chromosom 9 und das derivative Chromosom 9, welches an der Translokation beteiligt ist) sowie ein grünes Signal für das normale Chromosom 22 und ein Fusionssignal bestehend aus orange und grün, welches durch die Translokation hervorgeht (◼ Abb. 38.2B). Dieses Fusionssignal liegt auf dem sog. Philadelphia-Chromosom, welches das veränderte, derivative Chromosom 22 darstellt. Im Fall eines *Minor Breakpoints* (m-bcr) liegt der Bruchpunkt in 22q11 innerhalb der Sonde, und somit geht ein Teil des grünen Signals zurück an das derivative Chromosom 9. Es entstehen zwei Fusionssignale, ein Fusionssignal auf dem derivativen Chromosom 9 und ein Fusionssignal auf dem derivativen Chromosom 22 (◼ Abb. 38.2C). Für die Ergebnisbewertung sollten mindestens 200 Zellkerne ausgezählt werden, und die Ergebnisse sollten entsprechend dem international gültigen cytogenetischen Nomenkla-

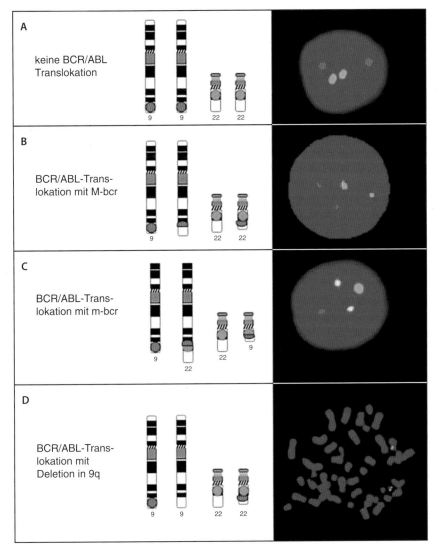

**□ Abb. 38.2** Beispiele für Metaphase- und Interphase-FISH anhand einer Sonde zum Nachweis einer Philadelphia-Translokation t(9;22)(q34;q11). **A** Bindungsschema der Sonden in einer normalen Zelle: Interphasekern mit zwei orangen und zwei grünen Signalen. **B** Bindungsschema der Sonden in einer Zelle mit Philadelphia-Translokation und einem *Major Breakpoint*: Interphasekern mit zwei orangenen, einem grünen und einem Fusionssignal. **C** Bindungs-schema der Sonden in einer Zelle mit Philadelphia-Translokation und einem *Minor Breakpoint*: Interphasekern mit einem orangenen, einem grünen und zwei Fusionssignalen. **D** FISH an Metaphasen: Nachweis einer Philadelphia-Translokation mit Deletion im derivativen Chromosom 9: Metaphase mit einem orangenen, einem grünen und einem Fusionssignal; das zweite Chromosom 9 zeigt kein Fluoreszenzsignal, was auf eine mögliche Deletion hinweist

tursystem, dem International System of Cytogenetic Nomenclature (ISCN), beschrieben werden (McGowan-Jordan et al. 2016).

**Metaphase-FISH** Metaphase-FISH kann nur auf Zellen eingesetzt werden, die sich teilen. Zellen werden durch Auflösung der Spindelmikrotubuli mit dem Zellgift Colchizin in Metaphase arretiert und anschließend hypotonisch gequollen, sodass sie durch Auftropfen auf einen Objektträger platzen und dabei die Chromosomen auf der Unterlage spreiten. Bei einer gelungenen Präparation liegen die Chromosomen jeder Zelle einzeln erkennbar in Gruppen beieinander. Auf die Chromosomenspreitung kann dann hybridisiert werden. Der Vorteil der FISH an Metaphasen im Vergleich zu Interphase-FISH besteht darin, dass man die Bindung der Sonden den Chromosomenloci zuordnen kann. So kann man die Metaphasen zunächst mittels einer klassischen Bänderungsanalyse,

z. B. Fluoreszenz-R-Bänderung, färben und die einzelnen Chromosomen anhand ihres Bandenmusters zuordnen. Anschließend kann man diese Metaphasen wieder entfärben und mit FISH-Sonden hybridisieren. So kann man bei Nutzung der oben beschriebenen FISH-Sonde zur Detektion einer Philadelphia-Translokation die Signale den Chromosomen 9 und 22 zuordnen. In der ◨ Abb. 38.2D ist die Metaphase eines Patienten mit Verdacht auf CML dargestellt. Um die Diagnose zu bestätigen, wurde eine FISH-Analyse an Interphasekernen durchgeführt. Hier zeigten sich ein oranges Signal, ein grünes Signal sowie ein Fusionssignal. Diese Signalkonstellation entspricht weder der Signalkonstellation eines M-bcr noch der eines m-bcr. Um den Befund weiter abzuklären, wurde eine FISH-Analyse an Metaphasen durchgeführt. Hier zeigten sich nun ein oranges Signal an dem normalen Chromosom 9, ein Fusionssignal an dem derivativen Chromosom 22 (Philadelphia-Chromosom) sowie ein grünes Signal an dem normalen Chromosom 22. Es fehlt jedoch ein Signal an dem derivativen Chromosom 9 (◨ Abb. 38.2D) entsprechend einer Deletion dieses Sequenzabschnittes (◨ Abb. 38.4). Durch die Fusion auf Chromosom 22 kann jedoch die *BCR/ABL*-Fusion bestätigt werden.

**Multicolor- (m-)FISH**  Zur Identifizierung komplexer Strukturaberrationen einer Metaphase können die 22 Autosomen sowie das X- und Y-Chromosom beim Menschen durch Kombination von fünf Fluorochromen differenziell dargestellt werden. Für die Analyse von Experimenten mit der kombinatorischen Methode werden Mehrkanalbilder entsprechend der Anzahl der Fluorochrome akquiriert und auf einfachem Weg kombinatorisch ausgewertet.

## 38.2.2  Vergleichende genomische Hybridisierung (CGH)

Die CGH (*comparative genomic hybridization*) ist ursprünglich entwickelt worden, um solide Tumoren global auf genomische Imbalanzen zu untersuchen (Kallioniemi et al. 1992; Lichter et al. 1990; Pinkel et al. 1998; Solinas-Toldo et al. 1997). Es handelt sich um eine Zweifarben-Ratio-Methode, bei der eine markierte Test-DNA (z. B. DNA einer Tumorbiopsie) mit einer anders markierten Kontroll-DNA (z. B. DNA eines gesunden Gewebes) auf dasselbe Target kohybridisiert wird. Während ursprünglich auch Metaphasechromosomen von Normalzellen als Target gedient haben (**chromosomale CGH**), kommen heutzutage fast ausschließlich hochauflösende oligobasierte Arrays mit kurzen, ca. 60 bp langen Nucleotidsequenzen, die in regelmäßiger An-

ordnung auf einem Träger immobilisiert sind, zur Anwendung (**Microarray-CGH**). Vor allem für die Krebsforschung ist die Feststellung genomischer Imbalanzen von großem Interesse, da diese auf die Ursache der Entartung schließen lassen, eine sicherer Diagnose ermöglichen oder auch als prognostische Marker Verwendung finden: Ein genomischer Verlust weist zum Beispiel auf ein fehlendes Tumorsuppressorgen hin, während Zugewinne potenziell Protoonkogene betreffen. Im Vergleich großer Patientenkollektive zeichnen sich krebsrelevante Gene durch minimal veränderte Regionen ab, sog. *Hotspots*. Solche Regionen können dann gezielt mit anderen molekularbiologischen Methoden näher charakterisiert werden, z. B. um Fusionsbruchpunkte bis auf das Basenpaar genau zu bestimmen oder eine erhöhte Genexpression aufgrund einer Amplifikation auf RNA zu quantifizieren. Die CGH ist also vor allem ein methodischer Ansatz, um sich einen Überblick zu verschaffen, welche Kopienzahlveränderungen im Genom für ein bestimmtes Krankheitsbild verantwortlich sein könnten. In den letzten Jahren hat sich herausgestellt, dass Mikrodeletionen und Mikroduplikationen oft Begleiterscheinungen größerer chromosomaler Alterationen sind und nicht selten ein Indiz für (kryptische) Translokationen darstellen.

Das Prinzip der Array-CGH ist in ◨ Abb. 38.3 dargestellt. Nach erfolgter Kohybridisierung der Test- und Kontroll-DNA wird das Verhältnis der beiden Fluoreszenzen als Funktion der Targetlokalisation ausgewertet. Bei Überrepräsentation einer Sequenz, z. B. aufgrund der Amplifikation eines genomischen Abschnittes in der Probe, dominiert die Fluoreszenz der Test-DNA an der entsprechenden Stelle auf dem Array, bei Verlust dominiert entsprechend die Fluoreszenz der Kontroll-DNA. Die Methode erkennt ausschließlich genomische Verluste oder Zugewinne, nicht aber balanzierte Veränderungen, wie Inversionen und Translokationen. Auch Ploidien können wegen des allgemeinen Problems der **Normalisierung** des balanzierten Zustands nicht erkannt werden

Microarray-CGH ist eine moderne High-Throughput-Technologie. Zur Herstellung der DNA-Arrays verwendete man früher Bibliotheken charakterisierter Ziel-DNA. Das Handhaben einer solchen gesamtgenomischen Bibliothek, d. h. die Amplifikation der DNA, ihre Reinigung, Charakterisierung und Bereitstellung, ist eine umfangreiche Aufgabe, die in großen Konsortien bewältigt wird bzw. wurde. Heute verwendet man fast ausschließlich Oligonucleotidarrays (▶ Kap. 40) mit mehreren Hunderttausend Proben. Die Oligonucleotide werden automatisiert auf dem Array synthetisiert oder mittels Roboter aus einer Lösung auf

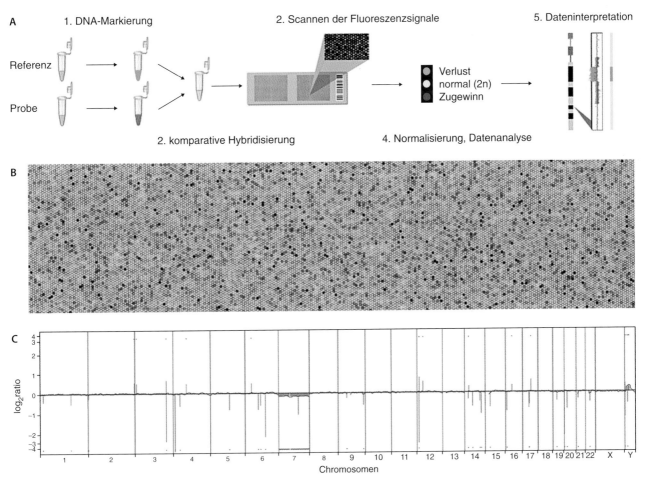

■ **Abb. 38.3**　Microarray-CGH. **A** Prinzip der Analyse: Test-DNA (z. B. Tumor-DNA, rot) und Kontroll-DNA (grün) werden als Gemisch (gelb) auf ein Target hybridisiert. Das dargestellte Target ist ein hochauflösender Oligo-DNA-Array mit zwei Hybridisierungsfeldern (2 × 400 k Array, Agilent Technologies, Santa Clara, CA, USA). Mit einem Laserscanner werden die Fluoreszenzsignale detektiert und die Bilder mithilfe einer Bildanalysesoftware (z. B. Feature Extraction, Agilent) bearbeitet. Aus dem Verhältnis der beiden Fluoreszenzintensitäten werden die $\log_2$-Verhältnisse ($\log_2$ratio) für alle 400.000 Punkte berechnet und diese gegen die chromosomalen Lokalisationen dargestellt. **B** Ausschnitt einer TIFF-Datei eines Arrayscans; **C** genomisches Gesamtprofil entlang der Chromosomen 1–22, X und Y mit Nachweis einer Monosomie 7 in einem Subklon ($\log_2$-Ratio aller auf Chromosom 7 lokalisierten Spots im Mittel bei −0,15)

den Träger (meist beschichteter Glasobjektträger) gespottet. Ihr entscheidender Vorteil ist die hohe Dichte relevanter Paarungssequenzen für die Hybridisierung, da „ungewollte" Sequenzen nicht vorkommen: Im Besonderen fehlen die IRS, sodass die repetitiven Sequenzen der Sonde keinen falsch-positiven Signalhintergrund erzeugen können. Signale auf Oligonucleotidarrays sind deutlich stärker als auf Arrays mit Bibliothek-DNA. Oligonucleotidarrays können außerdem nach Belieben kommerziell zusammengestellt werden, bei hoher Sicherheit der Richtigkeit der Sequenzen, ein latentes Problem bei DNA-Bibliotheken, deren Proben im Einzelnen überprüft werden müssen.

Hybridisierung und Datenakquisition erfolgen mit speziell angepassten Geräten (Hybridisierungskammer, Arrayscanner). Zur Automatisierung gehört die Protokollierung von Kerndaten zu jedem Spot, wie Herkunft, Art und Präparationsweise, damit systematische Abweichungen der Rohdaten zurückverfolgt und eventuell korrigiert werden können. Zur Datenanalyse werden umfangreiche Algorithmen eingesetzt. Primär werden zwei Bilder von der gespotteten Arrayregion aufgenommen, je eines für die zwei Fluoreszenzkanäle. Auf diesen Bildern werden die einzelnen Spots bildanalytisch segmentiert und nach Gütekriterien gefiltert. Spots werden z. B. von der weiteren Analyse ausgeschlossen, wenn sie durch Schmutz verdeckt sind, sich mit Nachbarspots vermischen oder zu schwache Signale haben. Über ein sog. Grid-File wird jeder einzelne Spot annotiert, sodass eine Zuordnung zur chromosomalen Lokalisation erfolgen kann. Für statistische Zwecke werden die einzelnen Targetsequenzen oft wiederholt gespottet (z. B. vier Replikate). Nach Abzug des Hintergrundes wird aus den mittleren Intensitäten der Replikate typischerweise der zentrale Wert als finaler Messwert für weiterführende Tabellenkalkulationen exportiert. Es folgen die Normalisierung der Ratios, die Segmentierung der genomischen Veränderungen und die Beurteilung des Grades dieser Veränderungen. Aufgrund der Datenfülle erfordert die Interpretation der Daten computeranalytische Unterstützung. Typischerweise werden mehrere Hundert Gene als nominal verändert detektiert, sodass weitere Kriterien gefragt sind, um die relevanten Kandidaten, z. B. der malignen Entartung eines Testgewebes, einzugrenzen (◻ Abb. 38.4). Solche Kriterien sind z. B. das wiederholte Auftreten bestimmter Veränderungen bei anderen Tumoren derselben Entität, was etwa durch Clusteranalysen herausgearbeitet werden kann, oder das Zusammenspiel verschiedener Gene in bekannten biochemischen Reaktionsketten, zu deren Untersuchung Software zur Pathwayanalyse herangezogen werden kann.

**Normalisierung** Das Signal einer Hybridisierung ist technisch von verschiedenen Parametern abhängig, wie der Markierungseffizienz, DNA-Konzentration und Hybridisierungseffizienz, sodass das Hybridisierungsverhältnis des balanzierten Zustandes unvorhersehbar ist und durch eine geeignete Auswertungsstrategie den Daten entnommen werden muss. Für den balanzierten Zustand gibt es einen klaren Erwartungswert, $r = n_{\text{Test}}/n_{\text{Kontrolle}} = 1$, wobei $n$ die Kopienzahl der entsprechenden Sequenz im Test- und Kontrollgenom ist. Da für einen unbekannten Tumor der Umfang und die Verteilung genomischer Veränderungen *a priori* nicht bekannt sind, muss für die Festlegung des balanzierten Zustandes eine vernünftige Annahme gemacht werden. Zum Beispiel kann man gelten lassen, dass der größte Bereich des Genoms unverändert vorliegt. Oder man hat gute Gründe anzunehmen, dass bestimmte Abschnitte des Genoms unverändert sind. Die logarithmisch transformierten Verhältnisse balanzierter Zielsequenzen sind hinreichend normalverteilt. Abzug des Mittelwertes dieser Verteilung normalisiert die Wertetabelle aller CGH-Verhältnisse. Der Wendepunkt der Verteilung der präsumptiv balanzierten Regionen ist ebenfalls eine wichtige Größe für die Auswertung, insofern er die statistische Signifikanz des jeweiligen Experiments definiert: Sein dreifacher Wert kann zur Segmentierung veränderter genomischer Sequenzen mit weniger als 0,2 % Irrtumswahrscheinlichkeit genutzt werden.

**Klonalität** Gemessene $\log_2$-Ratios deletierter oder zugewonnener Regionen sind unter Umständen schwächer als ihr theoretisch zu erwartender Wert. Beim Vorliegen eines einfachen Zugewinns ($3n$) würde ein theoretischer Wert von 0,58 resultieren ($\log_2(1{,}5)$), während eine monoallelische Deletion ($1n$) einen Wert von $-1$ ($\log_2(0{,}5)$) hätte. Dieser theoretische Wert wird aufgrund einer Beimischung von Nichttumor-DNA in der Test-DNA verringert. Ein Beimischungseffekt ergibt sich außerdem, wenn die Targetsequenz im räumlichen Auflösungsbereich größer ist als der Genombereich der Veränderung. Da die Beimischung die Verhältnisse veränderter Regionen zueinander schwächt, beeinflusst sie die Empfindlichkeit der



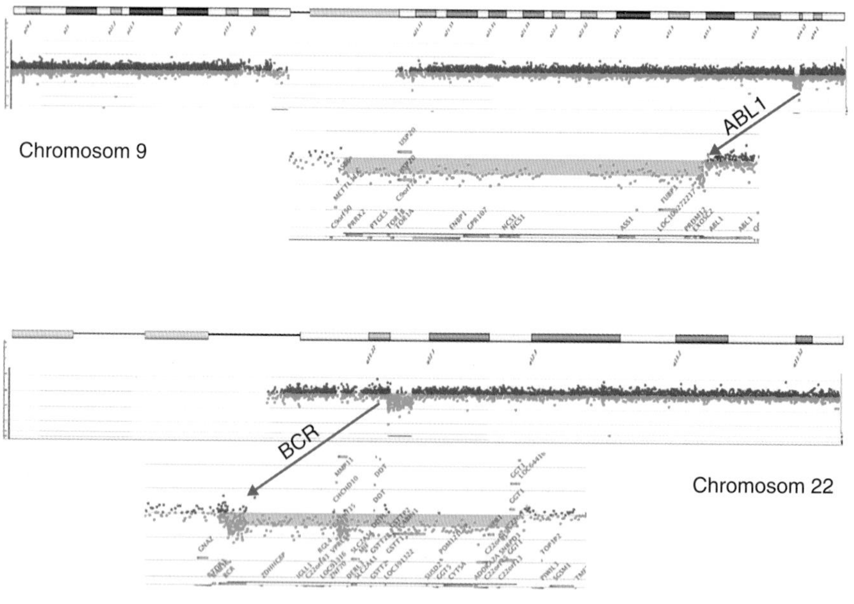
Chromosom 9
ABL1
BCR
Chromosom 22

◻ **Abb. 38.4** Mikrodeletionen an Chr 9 und Chr 22: Ein Bruchpunkt an Chr 9q34.1 betrifft das *ABL1*- (*c-abl oncogene 1*) Gen, ein Bruchpunkt an Chr 22q11.23 betrifft das *BCR*- (*breakpoint cluster region*) Gen. Es handelt sich um den gleichen Fall, der in ◻ Abb. 38.2 gezeigt ist. Mittels FISH wurde die für die chronische myeloische Leukämie (CML) typische Translokation t(9;22)(q34;q11) mit resultierender Fusion der Gene *BCR-ABL* nachgewiesen. Mittels Arrayanalyse stellen sich Mikrodeletionen an den beiden Translokationsbruchpunkten dar. Die Deletion an Chr 9 hat eine Größe von ca. 1,18 Megabasen: arr[GRCh37] 9q34.11(132420238_133604452)x1, die Deletion an Chr 22 hat eine genomische Größe von ca. 1,47 Megabasen: arr[GRCh37] 22q11.23(23565919_25040595)x1; (Nomenklatur nach ISCN; McGowan-Jordan et al. 2016)

Methode, sodass gegebenenfalls nur starke Zugewinne (*High-Level*-Amplifikationen) signifikant erkannt werden. Erschwerend kommt oft das Phänomen einer klonalen Heterogenität hinzu. Bei versprengten Tumoren, bei denen kleine Inseln mit Tumorzellen von gesundem Gewebe umschlossen sind, versucht man deshalb, die Tumorzellen durch Zellsortierung oder Mikrodissektion anzureichern. Das Problem einer unterrepräsentierten Zellpopulation tritt nicht nur in Tumorproben auf, sondern auch in Patienten-DNA aus Blut aufgrund von konstitutionellen Keimbahnmosaiken. Dies ist bei der Analyse der Ergebnisse gegebenenfalls zu berücksichtigen.

### 38.2.3 SNP-Array

Neben den Kopienzahlveränderungen im Sinne von Zugewinn oder Verlust genetischen Materials gibt es auch kopienzahlneutrale Veränderungen im Genom. Bei den uniparentalen Disomien (UPDs) liegen Genomabschnitte bis hin zu ganzen Chromosomen zwar in zweifacher Kopie vor (und fallen in der Array-CGH nicht auf), stammen aber von nur einem Elternteil (maternale Disomie oder paternale Disomie). Die klinischen Folgen einer UPD der Chromosomen 15 zeigen sich beim Prader-Willi- (maternale UPD 15) und beim Angelman-Syndrom (paternale UPD 15). Da es chromosomale Abschnitte bzw. Gene (Allele) gibt, die einem sog. *Imprinting* unterliegen und eine elterliche Prägung zeigen, kommt es durch eine UPD in der Folge zu einer fehlenden oder gesteigerten Expression entsprechender Gene. Auch in der Tumorbiologie ist die UPD-Analyse von großer Bedeutung, da sie durch den Verlust der Heterozygotie rezessive Mutationen darlegt. Um die UPDs nachweisen zu können, müssen das mütterliche und das väterliche Allel unterschieden werden. Dies ist über eine SNP- (*Single Nucleotide Polymorphism*) Analyse möglich. Dabei werden einem CGH-Array häufig Sonden, die informative, hoch frequente SNPs enthalten, zugemischt, die hinsichtlich des Zustandes der Allele (AA, AB, BB) ausgewertet werden. Die Diskriminierung der beiden Allele kann z. B. über einen Restriktionsverdau der Test-DNA gewährleistet werden. Abhängig vom Anteil der verdauten und unverdauten Allele bindet diese dann unterschiedlich stark an die SNP-Sonden (100 % verdaut ≙ Homozygotie AA, 50 % verdaut und 50 % unverdaut ≙ Heterozygotie AB, 100 % unverdaut ≙ Homozygotie BB). Es gibt auch kommerzielle SNP-Arrays, die für jeden SNP zwei unterschiedliche, allelspezifische Sonden verwenden und bei denen die DNA prinzipiell auf zwei Arrays hybridisiert werden muss.

### 38.2.4 Neue Entwicklungen zur Detektion von Kopienzahlveränderungen im Genom

Sogenannte Next-Generation-Methoden wie das *Next-Generation Sequencing* (NGS, ▶ Kap. 34) oder das Optical Genome Mapping (OGM/Bionano) finden mehr und mehr Anwendung in der klinischen Genetik. Unterschiedliche Sequenzierstrategien (Gen-Panel, Gesamtexom) und vor allem bioinformatische Algorithmen werden bereits genutzt, um Punktmutationen (SNVs) und Kopienzahlveränderungen (*Copy Number Variants*, CNVs) simultan aus Sequenzierdaten zu gewinnen, da mit einem solchen Ansatz die dazugehörigen Kosten, Resourcen (z. B. Probenmaterial) und die Analysezeit insgesamt deutlich reduziert werden. Mit der Entwicklung neuer Sequenziertechnologien (längere Leseweiten mit hoher Lesetiefe) wird die Möglichkeit verbessert, CNVs und andere strukturelle Varianten in ihrem genomischen Kontext zu beschreiben.

## Literatur und Weiterführende Literatur

Bain BJ (ed) (2003) Chronic myeloproliferative disorders. Basel, Karger, pp 32–43/Acta Haematol 2002;107:64–75. https://doi.org/10.1159/000068096

Hardenbol P (2003) Multiplexed genotyping with sequence-tagged molecular inversion probes. Nat Biotechnol 21(6):673–678

John HA, Birnstiel ML, Jones KW (1969) RNA-DNA hybrids at the cytological level. Nature 223:582–587

Kallioniemi A, Kallioniemi O-P, Sudar D, Rutovitz D, Gray JW, Waldman F, Pinkel D (1992) Comparative genomic hybridization for molecular cytogenetic analysis of solid tumors. Science 258:818–821

Lichter P, Chang Tang C-J, Call K, Hermanson G, Evans GA, Housman D, Ward DC (1990) High-resolution mapping of human chromosome 11 by in situ hybridization with cosmid clones. Science 247:64–69

McGowan-Jordan J, Simons A, Schmid M (2016) ISCN: an international system for human cytogenomic nomenclature. Karger, Basel/New York, S 2016

Pardue ML, Gall JG (1969) Molecular hybridization of radioactive DNA to the DNA of cytological preparations. Proc Natl Acad Sci U S A 64:600–604

Pinkel D, Segraves R, Sudar D, Clark S, Poole J, Kowbel D, Collins C, Kuo WL, Chen C, Zhai Y, Dairkee SH, Ljung BM, Gray JW, Albertson DG (1998) High resolution analysis of DNA copy number variation using comparative genomic hybridization to microarrays. Nat Genet 20:207–211

Solinas-Toldo S, Lampel S, Stilgenbauer S, Nickolenko J, Benner A, Döhner H, Cremer T, Lichter P (1997) Matrix-based comparative genomic hybridization: biochips to screen for genomic imbalances. Genes Chrom Cancer 20:399–407

Trask BJ (1991) Fluorescence in-situ hybridization: applications in cytogenetics and gene mapping. Trends Genet 7:149–154

# Physikalische, genetische und funktionelle Kartierung des Genoms

*Christian Maercker*

## Inhaltsverzeichnis

**39.1    Physikalische Kartierung – 966**

**39.2    Genetische Kartierung – 967**
39.2.1    Rekombination – 967
39.2.2    Genetische Marker – 967
39.2.3    Kopplungsanalyse – die Erstellung genetischer Karten – 969
39.2.4    Die genetische Karte des menschlichen Genoms – 971
39.2.5    Kartierung von genetisch bedingten Krankheiten – 972

**39.3    Funktionelle Kartierung des Genoms – 973**
39.3.1    Charakterisierung von Krankheitsgenen – 973
39.3.2    Mutationen als Ursache vererbbarer Krankheiten – 975
39.3.3    Transkriptkarten – 976
39.3.4    Zelluläre Assays zur Charakterisierung von Genfunktionen – 977

**39.4    Integration der Genomkarten – 979**

**39.5    Das menschliche Genom – 979**

Literatur und Weiterführende Literatur – 980

© Springer-Verlag GmbH Deutschland, ein Teil von Springer Nature 2022
J. Kurreck et al. (Hrsg.), *Bioanalytik*, https://doi.org/10.1007/978-3-662-61707-6_39

- Die Kartierung des menschlichen Genoms ist eine wichtige Voraussetzung für die personalisierte Medizin.
- Zur Erstellung der physikalischen Karte wird das gesamte Genom mittels Hochdurchsatzmethoden sequenziert.
- Über die Häufigkeit der Rekombinationsereignisse zwischen zwei Loci innerhalb des Genoms können Abstände zwischen polymorphen Markern gemessen werden. Mit so erstellten genetischen Karten lassen sich Mutationen identifizieren, die möglicherweise mit bestimmten Krankheiten in Verbindung stehen.
- Die funktionelle Genomanalyse setzt einzelne DNA-Sequenzen mit bestimmten Phänotypen in Beziehung. Spezifische Assays charakterisieren die Bedeutung von Genomabschnitten für den Stoffwechsel, das Wachstum und die Regeneration von Gewebe sowie die Zelldifferenzierung.

Die Kartierung des Genoms ist ein wichtiges Forschungsgebiet in den Biowissenschaften und in der Medizin. Die Ergebnisse tragen wesentlich dazu bei, die Genetik von Organismen zu verstehen, und sie sind die Voraussetzung für die pränatale Diagnostik, die Diagnose von komplexen Erkrankungen und für die personalisierte Medizin, beispielsweise für gentherapeutische Ansätze. Bisher sind etwa 10.000 monogene Erkrankungen bekannt (WHO). Somit ist es heute möglich, zahlreiche Erbkrankheiten bereits in der pränatalen Phase zu erkennen. Wir wissen jedoch, dass es zahlreiche weitere Erkrankungen mit ausschließlich oder teilweise genetischer Ätiologie gibt. Viele Krankheiten sind polygenen Ursprungs, d. h. zur phänotypischen Ausprägung der Krankheit tragen mehrere Gendefekte bei. Zudem können genetische Defekte in somatischen Zellen, also außerhalb des Erbgangs, entstehen und beispielsweise Krebserkrankungen auslösen. Ein Ziel der Kartierung von Genomen ist es, genetische Ursachen für Krankheiten zu entschlüsseln. Die physikalische Karte des Genoms liefert absolute Distanzen zwischen bestimmten Markern im Genom. Zur ihr zählen klassischerweise auch cytogenetische Verfahren, die in ▶ Kap. 38 beschrieben sind. Die genetische Kartierung erfolgt über die Analyse der gemeinsamen Vererbung von DNA-Sequenzen (Markern), deren Position im Genom bekannt ist, die mit einem bestimmten Phänotyp – hier einem definierten Krankheitsbild – gekoppelt sind. Für die Identifizierung von potenziellen Zielmolekülen in der personalisierten Medizin soll die funktionale Karte von Sequenzabschnitten eine Unterstützung liefern.

## 39.1 Physikalische Kartierung

Zunächst wird von jedem Genom eine physikalische Karte erstellt. Das bedeutet, dass die vollständigen DNA-Sequenzen jedes Chromosoms ermittelt werden.

Im klassischen Ansatz werden die Genome zunächst fragmentiert und zur Erstellung einer Genbank in passende DNA-Vektoren kloniert. Je nach Größe der zu klonierenden DNA-Fragmente werden Plasmide oder auf Genomen von Viren bzw. Bakteriophagen oder Transposons basierende DNA-Vektoren eingesetzt. Durch PCR-Analyse (▶ Kap. 33) oder Hybridisierungsexperimente werden DNA-Inserts so sortiert, dass am Ende möglichst vollständige Chromosomen repräsentiert werden.

Nachdem das Genom fragmentiert ist und die Fragmente in einen entsprechenden Vektor kloniert sind, werden die einzelnen Klone, die je einen Sequenzabschnitt des Genoms enthalten, in die gleiche lineare Ordnung gebracht, wie sie im Genom oder auf einem Chromosom vorliegt. Die Positionierung der genomischen Klone, die beispielsweise durch gegenseitige Hybridisierung der DNA-Fragmente ermittelt wird, entspricht einem Puzzle – nur überlappen in diesem Fall die einzelnen Teile (Inserts der jeweiligen Klone). Die Klone können anschließend sequenziert werden (▶ Kap. 34). Mittels Sequenzierung der überlappenden DNA-Fragmente kann schließlich die vollständige Sequenz eines Chromosoms ermittelt werden.

Die Erstellung einer lückenlosen Sequenz aus Sequenzdaten, die auf einzelnen Klonen basieren, wird neben der Bioinformatik durch weitere Kartierungsmethoden unterstützt. Ende der 1980er-Jahre wurde deshalb das Konzept der sequenzmarkierten Stellen (*sequence tagged sites*, STS) entwickelt. Dies sind 100–300 bp lange DNA-Sequenzen, die im Genom nur einmal vorkommen. Die Sequenzstücke werden durch PCR amplifiziert und als Marker zur physikalischen Kartierung eingesetzt. Das PCR-Produkt beschreibt dabei einen eindeutigen Locus im Genom. Um eine DNA-Sequenz als STS zu qualifizieren, wird zunächst die Sequenz gegen Nucleinsäuredatenbanken abgeglichen, um sicherzustellen, dass die Region, in der die PCR-Primer gewählt werden sollen, frei von repetitiven DNA-Sequenzen ist. Der Bereich zwischen dem Primerpaar kann durchaus repetitiv sein, ohne dass dies dem erfolgreichen Einsatz als STS abträglich ist. Mögliche STS-Marker sind DNA-Sequenzen unbekannter Funktion, polymorphe DNA-Marker und Gene (▶ Abschn. 39.2).

Heute wird genomische DNA mittels Next Generation Sequencing im hohen Durchsatz analysiert (▶ Kap. 34). Die klassische Sanger-Sequenzierung wird hier durch hoch parallelisierte Reaktionsschritte ersetzt. An Stelle der Reaktionsgefäße in Mikrotiterplatten treten Mikroporen im Arrayformat oder auf einer Oberfläche immobilisierte Template-DNA. Im Gegensatz zur DNA-Synthese mit gezielten Kettenabbrüchen erfolgt der Einbau von unterschiedlich fluoreszenzmarkierten Nucleotiden kontinuierlich oder über die Bindung von homologen Oligonucleotiden (sequencing by ligation). Damit ist es möglich, ganze Genome in einem Experiment zu sequenzieren, ohne dass die DNA vorher fragmentiert und in Einzelklonen abgelegt wird. Somit wird es möglich, zahlreiche Genome in einem überschaubaren Zeitraum zu genotypisieren und damit auch Krankheitsbilder molekular zu charakterisieren (▶ Abschn. 39.2).

## 39.2 Genetische Kartierung

Das genetische Material ist bei Eukaryoten auf diskrete Chromosomen aufgeteilt, die während der Metaphase der Zellteilung sichtbar sind. Als Karyotyp wird der komplette Satz der Metaphasechromosomen einer Zelle oder eines Organismus bezeichnet. Der diploide Organismus hat zwei Kopien jedes Autosoms im Karyotyp, darüber hinaus noch zwei Geschlechtschromosomen. Beim Menschen umfasst der diploide Karyotyp 46 Chromosomen. Darunter sind 22 Autosomen in jeweils zwei Kopien und zwei X-Chromosomen im weiblichen bzw. ein X- und ein Y-Chromosom im männlichen Chromosomensatz. Jedes einzelne Chromosom besteht wiederum aus zwei komplementären Chromatiden (Schwesterchromatiden).

### 39.2.1 Rekombination

Somatische Zellen (Körperzellen) vermehren sich durch mitotische Teilung, wobei sich der Chromosomensatz vor der Zellteilung verdoppelt und eine Kopie in jede Tochterzelle übergeht. Die Keimbahnzellen werden durch die Meiose, d. h. zwei aufeinanderfolgende Teilungen, erzeugt. Dabei wird die Chromosomenzahl auf den haploiden Satz reduziert. Während der Meiose kommt es zum **Crossing-over**, dem vielfachen reziproken Austausch von genetischem Material zwischen Nichtschwesterchromatiden. Es entstehen zwei rekombinante Chromatiden. Die Wahrscheinlichkeit, dass es zum Crossing-over zwischen zwei Punkten auf einem Chromosom kommt, ist von der Distanz der beiden Punkte abhängig. Mit zunehmender Distanz nimmt die Wahrscheinlichkeit zu, dass zwischen ihnen eine Rekombination erfolgt und sie getrennt vererbt werden. Umgekehrt bedeutet dies, dass – je näher Loci benachbart sind – sie desto häufiger gekoppelt vererbt werden (*genetic linkage*). Damit kann die genetische Kopplung als Maß für die physikalische Distanz von Genen auf einem Chromosom herangezogen werden:

$$\text{Distanz}\,(\text{cM}) = \frac{\text{Anzahl der Rekombinanten}}{\text{Gesamtzahl der Nachkommen}} \cdot 100$$

(39.1)

Ein Centimorgan (cM) ist also das Abstandsmaß, welches definitionsgemäß einer Rekombinationshäufigkeit von einem Prozent entspricht. Diese Art der genetischen Vermessung des Genoms ist allerdings nur über begrenzte Distanzen möglich, da bei größeren Abständen die Wahrscheinlichkeit von zwei Crossing-over zwischen den zu bestimmenden Genen steigt.

Dadurch wird die Ausgangsverteilung von einigen Loci wieder hergestellt, und die Rekombinationsfrequenz unterschätzt den eigentlichen Abstand der beiden Punkte auf der genetischen Karte. Es ist jedoch auch möglich, längere Distanzen genetisch zu kartieren, wenn genügend Zwischenschritte gemacht werden können. Hierbei wirken sich die Abstände zwischen den jeweiligen Einzelschritten additiv auf die Gesamtdistanz aus. Im menschlichen Genom entspricht die genetische Distanz von 1 cM etwa 1 Mb, wenn dies über das gesamte Genom gemittelt wird. Jedoch ist diese Korrelation nur begrenzt zutreffend, da die Rekombinationshäufigkeit – die Grundlage zur Ermittlung der genetischen Distanz – für einzelne Bereiche des Genoms unterschiedlich ist. Es gibt große Regionen, die nur wenig von Rekombinationen betroffen sind, während andere Bereiche eine überproportional hohe Rekombinationsfrequenz aufweisen (*recombination hot spots*), wodurch sich die genetische Distanz häufig nicht in der ermittelten physikalischen Distanz wiederfinden lässt.

### 39.2.2 Genetische Marker

Um die Chromosomen möglichst schnell und umfassend kartieren zu können, werden **Marker**, also Fixpunkte in der Karte eines Genoms, festgesetzt. Bei der Auswahl eines Markers ist entscheidend, dass dieser in der Gesamtpopulation in verschiedenen Ausprägungen präsent ist. Nur wenn die untersuchten Marker der Elterngeneration unterschiedlich sind, also in unterschiedlichen Allelen vorliegen, kann eine Neukombination der Marker in der F1-Generation nachgewiesen werden. Marker, die in unterschiedlichen Allelen vorliegen, werden als **polymorph** bezeichnet (◻ Abb. 39.1).

Die Qualität von genetischen Markern wird durch ihre Heterogenität in der Gesamtpopulation der Individuen einer Spezies bestimmt. Dies beinhaltet die Anzahl der möglichen Allele und ihre relative Häufigkeit in der Gesamtpopulation. Je mehr unterschiedliche Allele ein Marker besitzt und je gleichmäßiger diese Allele in der Gesamtpopulation verteilt sind, desto hilfreicher ist er in der Analyse der Rekombination während des Generationswechsels. Marker, die in einem individuellen Fall zu einer solchen Analyse herangezogen werden können, d. h. in voneinander verschiedenen Allelen bei beiden Eltern vorkommen, werden als **informativ** bezeichnet.

---

**Informative Marker**

Fixpunkte in der Karte eines Genoms, die in unterschiedlichen Allelen bei beiden Eltern vorkommen, beispielsweise Mikrosatellitenmarker, eine Gruppe der *polymorphic sequence tagged sites* (STS).

■ **Abb. 39.1** Rekombination und Crossing-over. Während der Meiose kommt es vielfach zum Austausch von genetischem Material zwischen Nicht-Schwesterchromatiden. Dadurch entstehen rekombinante Chromatiden deren Material teilweise aus mütterlicher, teilweise aus väterlicher Erbinformation besteht. Um Rekombinationen nachweisen zu können, ist es essenziell, das mütterliche und das väterliche Erbgut unterscheiden zu können. Dies geschieht über sog. polymorphe Marker, die individuell unterschiedlich ausgeprägt werden. Hier liegt der Marker in Locus 1 in den Formen a und A vor, während der Marker in Locus 2 als b und B vorliegt

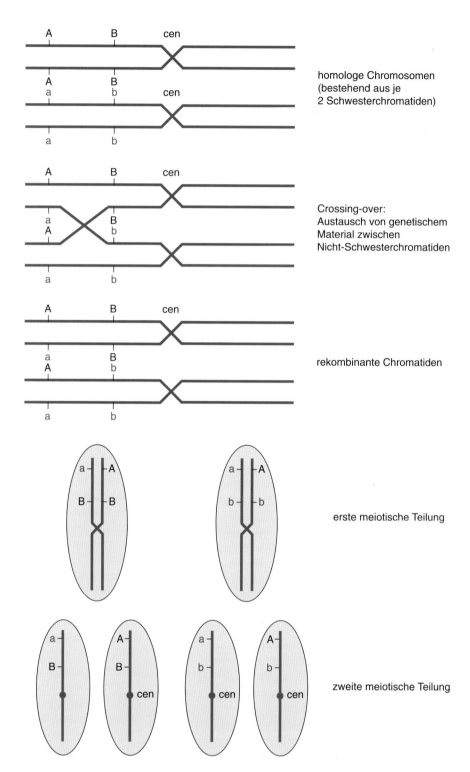

homologe Chromosomen (bestehend aus je 2 Schwesterchromatiden)

Crossing-over: Austausch von genetischem Material zwischen Nicht-Schwesterchromatiden

rekombinante Chromatiden

erste meiotische Teilung

zweite meiotische Teilung

Die Art der Marker lässt sich grob in zwei Kategorien unterteilen. Zur Konstruktion von genetischen Karten sind polymorphe Marker besonders wertvoll (s. oben), während bei der physikalischen Kartierung die Eindeutigkeit der Positionierung im Vordergrund steht – jeder Marker darf nur einen Locus im Genom besitzen (*single copy*). Zu genetischen Markern zählen RFLPs (Restriktionsfragment-Längenpolymorphismen), Mikrosatelliten und SNVs (*single nucleotide variants*) bzw. SNPs (*single nucleotide polymorphisms*), während zu physikalischen Markern auch Gene, sequenzmarkierte Stellen (*sequence tagged sites*, STS) und Chromosomenbruchpunkte zählen.

**Restriktionsfragment-Längenpolymorphismen** Restriktionsfragment-Längenpolymorphismen (RFLPs) waren lange Zeit die wichtigste Klasse der DNA-Polymorphismen. Sie sind meist das Ergebnis einzelner Basenaustausche, können jedoch auch auf DNA-Umlagerungen wie Insertionen oder Deletionen zurückgehen. RFLPs sind immer dann zu beobachten, wenn durch die Veränderung in der DNA die Erkennungsstelle einer Restriktionsendonuclease betroffen ist. Auch wenn die Sequenzvariationen meist nicht mit einer phänotypischen Veränderung des betroffenen Organismus verbunden sind, verhalten sie sich dennoch wie „Mendel'sche Gene" und können deshalb als genetische Marker verwendet werden (▶ Kap. 30 und 31 zu Aufarbeitung und Analytik von Nucleinsäuren, ▶ Kap. 12 zu elektrophoretischen Verfahren).

**Mikrosatelliten (polymorphe STS)**  Mikrosatelliten (*polymorphic sequence tagged sites*, STS) sind ein Spezialfall der sequenzmarkierten Stellen innerhalb des Genoms, da die Kenntnis einer locusspezifischen Sequenz vorausgesetzt wird. Im Fall der polymorphen STS sind die Primersequenzen für die PCR in der Gesamtpopulation konserviert wie bei den konventionellen STS, die dazwischen liegende Sequenz variiert jedoch in der Länge. Während man davon ausgehen kann, dass ein STS ein identisches PCR-Produkt bei allen Individuen einer Spezies erzeugt, so erhält man bei der Amplifikation von polymorphen STS ein allelspezifisches PCR-Produkt (PCR in ▶ Kap. 33). Diese allelischen Unterschiede werden nach den Mendel'schen Gesetzen vererbt und können aus diesem Grund als genetische Marker eingesetzt werden.

Die PCR-Primer zur Charakterisierung von Mikrosatelliten flankieren meistens tandemartige, repetitive Sequenzen. Dabei ist die Anzahl der sich wiederholenden Einheiten von Allel zu Allel unterschiedlich. Solche kurzen Wiederholungseinheiten kommen in allen eukaryotischen Genomen vor. In den weitaus meisten Fällen werden sich wiederholende C/A-Einheiten zusammen mit den flankierenden Sequenzen als Mikrosatellitenmarker verwendet. Die locusspezifischen Primerpaare werden in PCR-Ansätzen zur Amplifikation der C/A-Einheiten verwendet. Dabei ist die Anzahl der C/A-Einheiten für jeden spezifischen Locus oft hoch polymorph und damit hervorragend für die genetische Kartierung geeignet. Da die Mikrosatelliten sehr häufig im menschlichen Genom vorkommen (mehr als einmal pro 50 kb), kann mit ihrer Hilfe eine hohe Markerdichte (Anzahl der genetischen Marker pro Mb) erzielt werden.

**Single nucleotide polymorphisms (SNPs)/single nucleotide variants (SNVs)**  Als SNPs/SNVs werden Variationen einzelner Basenpaare in einem DNA-Strang bezeichnet. SNPs stellen ca. 90 % aller genetischen Varianten im menschlichen Genom dar und treten in den verschiedenen Regionen der Chromosomen in unterschiedlicher Zahl auf, je nach Basenzusammensetzung und Funktion der betroffenen DNA-Sequenzen. Zwei Drittel aller SNPs/SNVs entstehend durch den Austausch von Cytosin durch Thymin, da Cytosin im Wirbeltiergenom häufig methyliert wird. Durch eine spontan auftretende Desaminierung wird aus 5-Methylcytosin Thymin. Diese Austausche werden i. A. als „erfolgreiche" Punktmutationen bezeichnet, d. h. es sind genetische Veränderungen, die sich zu einem gewissen Grad im Genpool einer Population durchgesetzt haben. Im Rahmen des HapMap-Projekts wurden die Haplotypen von 300.000 Personen identifiziert. Durch den Vergleich der Genomsequenzen von Patienten mit Kontrollgenomen konnten die Genotypen für 47 Krankheiten bestimmt werden („Mapping"). Insgesamt wurden über vier Millionen SNPs/SNVs identifiziert (▶ Kap. 1). Da sie sehr häufig auftreten und sich durch Microarrayanalysen oder Hochdurchsatzsequenzierung einfach bestimmen lassen, haben sie Mikrosatelliten und RFLPs als primäre genetische Marker weitgehend abgelöst.

## 39.2.3  Kopplungsanalyse – die Erstellung genetischer Karten

Die Erstellung genetischer Karten wird auch als **Kopplungsanalyse** (*linkage analysis*) bezeichnet, da sie die gekoppelte (gemeinsame) Vererbung zweier oder mehrerer Marker untersucht. Die Aufhebung der Kopplung geschieht durch den reziproken Austausch von genetischem Material während der Meiose (▶ Abschn. 39.2.1). Die Rekombination zwischen homologen Chromosomen während der Meiose ist ein häufiger Vorgang, dessen Endergebnis, die Neukombination von Markern, in der Kopplungsanalyse ausgenutzt wird. Das Ziel der Kopplungsanalyse liegt darin, zu bestimmen, ob zwei Loci öfter gemeinsam vererbt werden, als es zu erwarten wäre, wenn sie auf zwei getrennten Kopplungsgruppen (Chromosomen) liegen würden.

Die jeweils homologen Chromosomen werden in der Meiose unabhängig auf die Tochterzellen aufgeteilt. Ein Locus auf einem bestimmten Chromosom kosegregiert daher mit einer Wahrscheinlichkeit von fünfzig Prozent mit einem zweiten Locus auf einem anderen Chromosom. Loci des gleichen Chromosoms sollten hingegen mit einer Wahrscheinlichkeit unter fünfzig Prozent durch Rekombination getrennt werden, die zu der Distanz dieser Loci auf dem Chromosom im Verhältnis steht. Dieser Anteil wird als *recombination fraction* (cM/100, s. oben) oder $\theta$ bezeichnet, die zwischen zwei Loci beobachtet wird. Der Wert, den $\theta$ erzielen kann, reicht von null (für eng benachbarte Loci, zwischen denen keine Rekombination stattfindet) bis zu $\theta = 0{,}5$ für Loci, die weit voneinander entfernt liegen oder sich auf verschiedenen Chromosomen befinden. Demnach ist es möglich, mit $\theta$ die genetische Distanz zweier Loci anzugeben. Wie in ▶ Abschn. 39.1 betont, ist diese einfache genetische Abstandsmessung nur für kurze Distanzen zulässig! Da die Wahrscheinlichkeit multipler Rekombinationsereignisse mit der Distanz zweier Loci zunimmt, muss $\theta$ über eine **Kartierungsfunktion** in eine genetische Distanz umgerechnet werden.

---

*Recombination fraction*

Anteil der Rekombination zwischen zwei Markern im Rahmen des Crossing-over während der Meiose, der zur Distanz der entsprechenden Loci auf dem Chromosom im Verhältnis steht. Die Distanz wird durch Kopplungsanalysen bestimmt und in Centimorgan (cM) angegeben.

---

Im Prinzip gilt, dass zwei Loci genetisch gekoppelt sind, wenn $\theta < 0,5$ ist. Die Kopplungsanalyse hat zum einen die Aufgabe, $\theta$ zu bestimmen, zum anderen, die statistische Signifikanz zu errechnen, falls $\theta < 0,5$ ist.

*Der $\chi^2$-Test*  Der $\chi^2$-Test ist eine relativ einfache Nachweismethode der genetischen Kopplung, der aber nur bei Organismen mit hoher Nachkommenzahl angewendet werden kann. Mit diesem Test lässt sich die statistische Signifikanz der zu analysierenden Kopplung abschätzen.

Wie oben beschrieben, beruht die Kopplungsanalyse auf der Rekombinationshäufigkeit, die zwischen zwei bestimmten Loci auftritt. Diese Rekombinationshäufigkeit spiegelt sich in der relativen Häufigkeit der verschiedenen Klassen der Meioseprodukte wider.

Geht man von zwei Loci aus, die beide heterozygot in einem diploiden Organismus vorliegen (Aa Bb), so sind vier Markerkombinationen in den Geschlechtszellen möglich: AB, ab, Ab und aB. Nimmt man an, dass die beiden Loci nicht gekoppelt sind, so wird ein Verhältnis der vier Möglichkeiten von 1:1:1:1 erwartet. Falls eine Kopplung vorliegt, so weicht die Verteilung von diesem Schema ab, und die Markerkombinationen, die durch Rekombination erzeugt werden, sind unterrepräsentiert. Für die Etablierung einer genetischen Karte muss zunächst ermittelt werden, ob ein 1:1:1:1-Verhältnis vorliegt. Ist dies der Fall, so sind die beiden Loci *nicht* gekoppelt. Weicht das Verhältnis der Markerkombinationen von der gleichmäßigen Verteilung ab, so sind die beiden Loci gekoppelt. Bei eindeutigen Abweichungen von der gleichmäßigen Verteilung der möglichen Meioseprodukte ist die Antwort offensichtlich. Kleinere Abweichungen müssen jedoch statistisch abgesichert werden, um eine Aussage treffen zu können.

Ein Beispiel: Es werden 500 Meioseprodukte analysiert und experimentell wird folgende Verteilung ermittelt:

- Klasse 1: AB 145
- Klasse 2: ab  140
- Klasse 3: Ab  105
- Klasse 4: aB  110

Beim Test auf Rekombinationshäufigkeit finden wir somit $105 + 110 = 215$ rekombinante Meioseprodukte oder 43 % (d. h. $\theta = 0,43$). Dies weicht von dem erwarteten Wert von 50 % ab, der eindeutig eine nicht gekoppelte Vererbung der beiden Loci anzeigen würde. Es stellt sich die Frage, ob die Abweichung um sieben Prozentpunkte signifikant ist und man deshalb von einer gekoppelten Vererbung sprechen kann, oder ob diese Abweichung zufällig zustande kam, weil nur ein Testset von 500 Meioseprodukten analysiert wurde. Genau diese Frage beantwortet der $\chi^2$-Test.

1. Es wird die Nullhypothese aufgestellt, die keine Kopplung annimmt.
2. $\chi^2$ wird berechnet. Der Umfang des Testsets wird in die Berechnung mit aufgenommen, was ein entscheidender Punkt bei der Bestimmung der Signifikanz ist. Bei der Berechnung von $\chi^2$ wird die Anzahl der gefundenen Meioseprodukte ($N$) mit der Zahl der Meioseprodukte ($E$), die in der Nullhypothese erwartet würden, verglichen.

$$\chi^2 = \sum \frac{(N-E)^2}{E} \text{ aller Klassen} \tag{39.2}$$

| Klasse | $N$ | $E$ | $(N-E)^2$ | $(N-E)^2/E$ |
|--------|-----|-----|-----------|-------------|
| AB | 145 | 125 | 400 | 3,2 |
| ab | 140 | 125 | 225 | 1,8 |
| Ab | 105 | 125 | 400 | 3,2 |
| aB | 110 | 125 | 225 | 1,8 |
|  | 500 | 500 |  | $\chi^2 = 10,0$ |

3. Mithilfe des $\chi^2$-Wertes wird die Wahrscheinlichkeit $p$ der Nullhypothese ermittelt. Dazu muss zuvor der Freiheitsgrad d$f$ berechnet werden.

$$\mathrm{d}f = \text{Anzahl der Klassen} - 1 \tag{39.3}$$

In unserem Fall: d$f = 4 - 1 = 3$.

Aus ◘ Tab. 39.1 kann nun die Wahrscheinlichkeit der Nullhypothese abgelesen werden (grau unterlegte Werte). In unserem Fall für $\chi^2 = 10$ mit d$f = 3$ liegt die Wahrscheinlichkeit einer nicht gekoppelten Vererbung der beiden analysierten Loci bei $p = 0,015$.

4. Annahme oder Ablehnung der Nullhypothese. Als zufälliger Schwellenwert zur Ablehnung der Nullhypothese wird meist $p = 0,05$ gewählt, sodass – wenn $p < 0,05$ – die Nullhypothese abgelehnt wird. Es wird dann davon ausgegangen, dass eine Kopplung vorliegt.

**39**

**Wahrscheinlichkeitstests** In vielen Stammbäumen bei höheren Säugetieren, vor allem aber beim Menschen, ist es oft nicht möglich, alle Rekombinanten und Nichtrekombinanten zu erfassen oder zu bestimmen. Daher ist es angezeigt, anstatt des $\chi^2$-Tests eine Methode zu verwenden, die auf der Berechnung der Wahrscheinlichkeit einer Rekombination zwischen zwei bestimmten Loci beruht. Zur Berechnung der Wahrscheinlichkeit, dass eine Kopplung zwischen zwei Markern in einem Stammbaum besteht, werden komplexe Computerprogramme eingesetzt. Anschließend werden die errechneten Wahrscheinlichkeiten in Relation gesetzt:

$$Z(\theta) = \log_{10} \frac{L(\theta)}{L(0,5)} \tag{39.4}$$

$L$ (*likelihood*) ist die Wahrscheinlichkeitsfunktion für ein bestimmtes $\theta$. Dabei wird die Wahrscheinlichkeit $L$ von $\theta < 0,5$ (gekoppelte Vererbung) mit der Wahrscheinlichkeit $L$ von $\theta = 0,5$ (nicht gekoppelte Vererbung) verglichen. In der Kopplungsanalyse wird üblicherweise der logarithmische Wert dieses Quotienten angegeben, der als **LOD-Score** ($Z(\theta)$; *log of the odds*) bezeichnet wird.

Als generelle Übereinkunft gilt, dass ab einem LOD-Score von 3 von einer Kopplung der beiden analysierten Loci gesprochen wird. Bei diesem LOD-Score

ist die Wahrscheinlichkeit, dass eine Kopplung vorliegt, 20:1; entsprechend steigt die Wahrscheinlichkeit einer gekoppelten Vererbung bei einem LOD-Score 4 auf 200:1. Wird ein LOD-Score von 2 ermittelt, so ist es ratsam, die statistische Basis zu verbreitern, d. h. weitere Stammbäume sollten auf die beiden Loci hin untersucht werden. Alternativ können auch weitere benachbarte Loci in die Analyse mit einbezogen werden. Wurden weitere Personen auf die untersuchten Loci hin analysiert und der LOD-Score sinkt, kann davon ausgegangen werden, dass die beiden Marker nicht gekoppelt vererbt werden.

### 39.2.4 Die genetische Karte des menschlichen Genoms

Die genetische Karte besteht aus polymorphen Markern, hauptsächlich RFLPs, polymorphen STS und SNPs/SNVs, die einen definierten, errechneten Abstand voneinander besitzen. Der primäre Nutzen einer genetischen Karte liegt in der Tatsache, dass mit ihrer Hilfe Krankheitsgene (die durch Mutationen ihre Funktion verlieren oder verändern) über familiäre Kopplungsanalysen im Genom lokalisiert werden können. Dies ist

**◻ Tab. 39.1** Werte der $\chi^2$-Verteilung. Die grau unterlegten Werte gelten für das im Text besprochene Beispiel

| p | 0,995 | 0,975 | 0,900 | 0,500 | 0,100 | 0,050 | 0,025 | 0,010 | 0,005 |
|---|-------|-------|-------|-------|-------|-------|-------|-------|-------|
| df 1 | 0,000 | 0,000 | 0,016 | 0,455 | 2,706 | 3,841 | 5,024 | 6,635 | 7,879 |
| 2 | 0,010 | 0,051 | 0,211 | 1,386 | 4,605 | 5,991 | 7,378 | 9,210 | 10,597 |
| 3 | 0,072 | 0,216 | 0,584 | 2,366 | 6,251 | 7,815 | 9,348 | 11,345 | 12,838 |
| 4 | 0,207 | 0,484 | 1,064 | 3,357 | 7,779 | 9,488 | 11,143 | 13,277 | 14,860 |
| 5 | 0,412 | 0,831 | 1,610 | 4,351 | 9,236 | 11,070 | 12,832 | 15,086 | 16,750 |
| 6 | 0,676 | 1,237 | 2,204 | 5,348 | 10,645 | 12,592 | 14,449 | 16,812 | 18,548 |
| 7 | 0,989 | 1,690 | 2,833 | 6,346 | 12,017 | 14,067 | 16,013 | 18,475 | 20,278 |
| 8 | 1,344 | 2,180 | 3,490 | 7,344 | 13,362 | 15,507 | 17,535 | 20,090 | 21,955 |
| 9 | 1,735 | 2,700 | 4,168 | 8,343 | 14,684 | 16,919 | 19,023 | 21,666 | 23,589 |
| 10 | 2,156 | 3,247 | 4,865 | 9,342 | 15,987 | 18,307 | 20,483 | 23,209 | 25,188 |
| 11 | 2,603 | 3,816 | 5,578 | 10,341 | 17,275 | 19,675 | 21,920 | 24,725 | 26,757 |
| 12 | 3,074 | 4,404 | 6,304 | 11,340 | 18,549 | 21,026 | 23,337 | 26,217 | 28,300 |
| 13 | 3,565 | 5,009 | 7,042 | 12,340 | 19,812 | 22,362 | 24,736 | 27,688 | 29,819 |
| 14 | 4,075 | 5,629 | 7,790 | 13,339 | 21,064 | 23,685 | 26,119 | 29,141 | 31,319 |

möglich, ohne die eigentliche Funktion bzw. die Sequenz des Gens oder die Art der Mutation zu kennen.

Genetische Karten sind schon seit Jahrzehnten bekannt, da bereits die Kenntnis über die gekoppelte Vererbung von zwei phänotypischen (biochemischen) Markern als primitive genetische Karte angesehen werden kann. Bereits in diesem Fall ist eine bestimmte Abfolge von Markern auf einem Chromosom festgelegt. Heute gibt es eine „komplette", das ganze Genom abdeckende genetische Karte, mit einem Marker alle 0,5–2 cM (◼ Abb. 39.2). Die hauptsächlich eingesetzten Marker sind informativ (▶ Abschn. 39.1) und eindeutig in ihrer Bestimmung, wie die polymorphen STS (C/A-Repeat-Marker) und die SNPs. Im Rahmen des Humangenomprojekts wurden zahlreiche C/A-Repeats im kompletten Genom analysiert. Außerdem wurden einige Marker zur genauen Kartierung im Rahmen der Untersuchung einzelner Loci etabliert. Die SNPs, wie sie vor allem im HapMap-Projekt identifiziert wurden, sind heute das wichtigste Hilfsmittel bei der Kartierung der genetischen Ursachen von Krankheiten.

Vergleicht man genetische und physikalische Karten, wird deutlich, dass diese zum überwiegenden Teil wie erwartet kolinear sind, d. h. die Abfolge der einzelnen Marker in beiden Karten identisch ist. Aber gleichzeitig zeigt sich, dass die relativen Distanzen der genetischen Karte nur selten mit den absoluten Distanzen in der physikalischen Karte übereinstimmen.

### 39.2.5  Kartierung von genetisch bedingten Krankheiten

Der praktische Nutzen der genetischen Karte kann nicht hoch genug eingeschätzt werden, da mit ihrer Hilfe die Kartierung von monogenetischen Erkrankungen innerhalb von kurzer Zeit möglich ist, falls ein ausreichend großer Stammbaum zur Kopplungsanalyse zur Verfügung steht. Dies bedeutet eine deutliche Erleichterung im Vergleich zur klassischen genetischen Kartierung, die häufig mehrere Jahre gedauert hat. Die enorme Beschleunigung in der genetischen Kartierung wurde vor allem durch die sprunghaft gestiegene Dichte der genetischen Marker bewirkt. Aufgrund dieser Kartierung ist es im Anschluss möglich, das potenzielle Krankheitsgen mittels physikalischer Lokalisierung und positionellem Klonieren (▶ Abschn. 39.3.1) zu identifizieren und zu isolieren (◼ Abb. 39.3).

Viele der häufigsten und gefährlichsten Krankheiten können jedoch nicht auf eine einzige genetische Ursache

**39**

◼ **Abb. 39.2** Karte des menschlichen X-Chromosoms (Ausschnitt). Physikalische und genetische Karte am Ende des langen Arms des menschlichen X-Chromosoms. Links ist die Bänderung der cytogenetischen Karte als Ideogramm dargestellt. Die genetische Karte mit den verwendeten Markern ist in Centimorgan angegeben. Die physikalische Karte der gleichen Marker ist in der Megabasenskala dargestellt. Der absolute Nullpunkt beider Maßstäbe liegt am Telomer des kurzen Arms (nach Nagaraja et al. 1997)

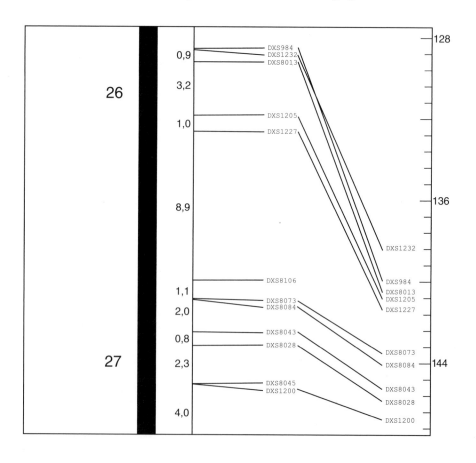

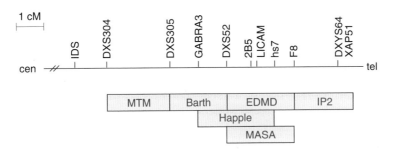

zurückgeführt werden (z. B. Herz-Kreislauf-Krankheiten, Krebs oder Schizophrenie), sondern werden durch mehrere Faktoren ausgelöst. Oft spielen bei *multifaktoriellen* Erkrankungen nicht nur eine große Anzahl verschiedener Gene, sondern auch bestimmte Umweltfaktoren (extragenetische Risikofaktoren) eine entscheidende Rolle. Den Genen kommt dabei häufig die Funktion der **Prädisposition** zu, d. h. sie bestimmen die Anfälligkeit eines Menschen gegenüber den extragenetischen Risikofaktoren. Durch Untersuchungen von Menschen mit identischer Prädisposition könnte man möglicherweise zur genauen Identifizierung und Bewertung dieser Risikofaktoren gelangen und so den Weg zu einer präventiven Medizin ebnen. Die erfolgreiche Kartierung von multifaktoriellen Erkrankungen ist häufig allerdings nicht möglich, wenn nämlich die notwendige Größe der verfügbaren Stammbäume nicht ausreicht und die Markerdichte im Genom noch gesteigert werden muss, um eindeutige LOD-Scores für einzelne chromosomale Regionen, die an solchen Erkrankungen beteiligt sind, zu erzielen.

---
**Genetische Prädisposition**

Mutationen in bestimmten Genen, welche die Anfälligkeit eines Menschen gegenüber extragenetischen Risikofaktoren bestimmen.
---

Wird eine genetische Krankheit erkannt, werden möglichst viele Generationen und leibliche Verwandte in die Analyse mit einbezogen, insbesondere wenn diese von dieser Krankheit betroffen sind. Die DNA aller Individuen wird mit den genetischen Markern typisiert und auf eine gekoppelte Vererbung der Krankheitsgene mit genetischen Markern untersucht. Die Kopplung wird über Wahrscheinlichkeitstests analysiert, nach dem gleichen Schema, das zur Erstellung der genetischen Karte genutzt wird (▶ Abschn. 39.2.4). Auch hier gilt: Je umfangreicher der Stammbaum und je polymorpher die verwendeten Marker, desto genauer kann der Locus eines Krankheitsgens ermittelt werden. Dabei wird dieser nicht punktgenau bestimmt, sondern in einem Intervall angegeben, also zwischen zwei genetischen Markern (▫ Abb. 39.3).

Oft wird der Phänotyp einer Erkrankung eines Menschen einzelnen Genen zugeordnet. So vermutet man bei bestimmten, familiär gehäuft auftretenden Krebsarten mutierte Onkogene als Ursache. Falls das Onkogen die Krankheit verursacht, ist keine Rekombination zwischen dem Marker für den krankhaften Phänotyp und dem Kandidatengenlocus in der familiären Kopplungsanalyse feststellbar. Wird eine entsprechende Rekombination gefunden, scheidet das Gen als genetische Ursache für die Erkrankung aus. So kann die genetische Kartierung auch dafür genutzt werden, einzelne Gene als Kandidatengene für bestimmte Krankheiten auszuschließen.

## 39.3 Funktionelle Kartierung des Genoms

### 39.3.1 Charakterisierung von Krankheitsgenen

Seitdem die rekombinante DNA-Technologie zur Verfügung steht, wurden einige Tausend Krankheitsgene isoliert und analysiert. Klassischerweise wurden Gene aufgrund von Informationen über biochemische Defekte, auf die eine bestimmte Krankheit zurückgeht, identifiziert. Oft trugen bekannte Proteinsequenzen und – daraus abgeleitet – Nucleinsäuresequenzen dazu bei, ein bestimmtes Gen zu finden. In anderen Fällen konnten Antikörper gegen bestimmte Proteine eingesetzt werden, um das entsprechende Gen aus cDNA-Expressionsbibliotheken zu isolieren. Bei einigen transformierenden Onkogenen wurde die Funktion direkt benutzt, um das Gen zu identifizieren. All diese Techniken fasst man unter dem Begriff *functional cloning* zusammen, da die Grundlage der Genisolierung die Funktion des Gens oder das Genprodukt selbst ist.

Oft jedoch ist der Phänotyp einer Krankheit nicht mit einer einzigen Proteinfunktion oder einem bereits bekannten Protein in Zusammenhang zu bringen, zumal häufig DNA-Sequenzen verantwortlich sind, die gar nicht für ein Protein codieren. Dann müssen neue Wege gefunden werden, um DNA-Sequenzen zu isolieren, die zum Phänotyp einer Krankheit beitragen. Dies führte zur Entwicklung von Technologien, die als Grundlage die Position der gesuchten DNA-Sequenz im Genom benutzen. Dabei wird die Information über einen bestimmten Locus in den Mittelpunkt gestellt, und die Suche nach einem Transkript erfolgt aufgrund exakter Kartierungsdaten im Genom. Diese Methode wurde, wenn sie zur Identifizierung proteincodierender Gene eingesetzt wurde, ursprünglich als **reverse Genetik** bezeichnet; heute jedoch ist der Ausdruck *positional cloning* gebräuchlicher. Er spiegelt den eigentlichen Ansatz wider, der – von der Position im Genom ausgehend – über ein Transkript zur Funktion führt. Weitere Vorgehensweisen zur Identifizierung von genomischen Regionen aufgrund ihrer Funktion sind unten aufgeführt.

---

**Positional cloning (reverse genetics)**

Das Transkript eines Gens, dessen exakte Position im Genom bereits bekannt ist, wird kloniert, um es funktional untersuchen zu können.

---

**Vorhersagen von Gencharakteristika – Kandidatengene** Durch die genaue Beobachtung und Untersuchung von Patienten können teilweise sehr gute Beschreibungen für die der Krankheit zugrunde liegenden Gendefekte gemacht werden. Diese Vorhersagen betreffen die potenzielle Funktion des betroffenen Gens, welche durch die Art der Erkrankung determiniert sein kann. Die von einer Krankheit betroffenen Gewebe oder Organe können einen Rückschluss auf die gewebespezifische Expression des gesuchten Gens zulassen. Bei Krankheiten, die mit Entwicklungsstörungen einhergehen, wird auf stadiumsspezifische Genexpression geschlossen. Erbkrankheiten, die sich von Generation zu Generation verstärkt ausprägen (*anticipation*), lassen Rückschlüsse auf den Mutationsmechanismus des betroffenen Gens zu, womit Teilsequenzen des Gens vorhergesagt werden können. Wenn man all diese Kriterien berücksichtigt, kann die Zahl der potenziellen Kandidatengene für eine Krankheit stark eingeschränkt werden. In der Vergangenheit war es daher möglich, auf diese Weise Krankheitsgene zu identifizieren, obwohl keinerlei Kartierungsinformation vorhanden war.

**Gene modeling** Eine weitere Art von Vorhersagen zu Kandidatengenen wird aufgrund der Genomsequenz vorgenommen. Bei niederen Eukaryoten wie z. B. der Bäckerhefe (*Saccharomyces cerevisiae*) ist die genomische Sequenz meist kolinear mit der exprimierten, translatierten Sequenz, d. h. die Gene sind in den seltensten Fällen durch Introns unterbrochen. Somit konnte in einem ersten Anlauf das gesamte Genom der Hefe auf sog. „offene Leserahmen" (ORFs, *open reading frames*) hin untersucht werden. Dabei handelt es sich um potenziell proteincodierende Bereiche im Genom. Nach Entschlüsselung der gesamten genomischen DNA-Sequenz konnte man mithilfe von Computerprogrammen die exprimierten Bereiche des Genoms vorhersagen. Theoretisch vorhergesagte Gene wurden anschließend experimentell nachgewiesen. So fand man insgesamt 6150 Gene in *Saccharomyces cerevisiae*.

Die Komplettsequenzierung von verschiedenen Prokaryoten und die umfassende Sequenzanalyse zeigten, dass ein selbstständiger zellulärer Organismus bereits mit 470 Genen existieren kann (*Mycoplasma genitalium*). Weitaus schwieriger gestaltet sich die Vorhersage von Kandidatengenen aufgrund der genomischen Sequenz bei höheren Organismen, da die Primärtranskripte dieser Spezies aus Exons und nicht codierenden Introns bestehen. Da die durchschnittliche Länge eines Exons nur 115 bp beträgt und auch Exons von weniger als 15 bp bekannt sind, ist die Identifizierung von Exons in genomischen Sequenzen sehr schwierig.

Einzelne Exons können mithilfe von Computerprogrammen, die auf neuronalen Netzwerken beruhen, vorhergesagt werden. Die Analysefähigkeit dieser Programme steigt mit der Anzahl der bekannten Gene, die als Trainingssatz verwendet werden. Die Vorhersagen aufgrund genomischer Sequenzen können daher mit der Zunahme von Sequenzdaten immer mehr verbessert werden. Es ist jedoch immer noch schwierig, komplette codierende Gensequenzen mithilfe der genomischen Sequenz zu bestimmen, da die Programme selten alle Exons eines Gens erkennen und häufig falsch positive Exonvorhersagen produzieren. Darüber hinaus sind die terminalen, meist nicht codierenden Exons nur selten mit diesen Programmen erkennbar.

Experimentell können Exons durch *exon trapping* identifiziert werden. Bestimmte chromosomale Bereiche werden hier in einen DNA-Vektor kloniert, der ein „Minigen" mit zwei Exons und die dazu gehörigen Spleißakzeptor- (SA-) und Spleißdonor- (SD-)Stellen trägt. Wird ein chromosomaler Bereich in den Vektor integriert, der vollständige Exons und Introns bzw. SA- und SD-*sites* trägt, ändert sich das Spleißmuster in der transfizierten Säugerzelle, welches mittels PCR nachgewiesen werden kann.

**Positionelle Kandidatengene** Dieser Ansatz zur Identifizierung von Krankheitsgenen kombiniert die Stärken der Determination von Gencharakteristika mit den immens zunehmenden Daten der physikalischen Kartierung von Genen, denen bisher keinerlei Funktion zugeordnet werden konnte. Im positionellen Kandidatengenansatz (*positional candidate approach*) werden alle verfügbaren Daten über eine Erbkrankheit ausgenutzt, um möglichst viel über das zugrunde liegende Gen zu erfahren. Diese Genvorhersagen werden mit der genetischen Kartierung des Krankheitsgens verglichen. Dies bedeutet, dass alle Gene, die bisher in dem für die Krankheit verantwortlichen Intervall liegen, auf die bestimmten Charakteristika hin untersucht werden. Dabei versucht man, die Eigenschaften von Krankheiten, die in einem bestimmten Teil des Genoms kartiert sind, mit den dort lokalisierten Genen in Verbindung zu bringen (◘ Abb. 39.4). Danach können die möglichen Kandidatengene bei Patienten auf Mutationen hin untersucht werden. Die Aussichten der positionsorientierten Kandidatengenmethode sind besonders gut vor dem Hintergrund der Hochdurchsatzsequenzierung, die große Mengen an Kartierungs- und Sequenzdaten hervorbringt.

## 39.3.2 Mutationen als Ursache vererbbarer Krankheiten

Beim Versuch der Identifizierung von Krankheitsgenen steht man, unabhängig von der angewendeten Strategie, immer wieder vor dem Dilemma, dass eine große Anzahl von potenziellen Krankheitsgenen für eine bestimmte Erbkrankheit infrage kommt. Diese Anzahl kann mithilfe des Kandidatengenansatzes (s. oben) teilweise eingeschränkt werden, d. h. bei der Analyse können durch den Kandidatengenansatz Prioritäten gesetzt werden. In jedem Fall muss jedoch nachgewiesen werden, dass die Veränderung eines Gens eine bestimmte Erkrankung tatsächlich verursacht. Häufig stellt sich zusätzlich das Problem, dass die Krankheit nicht auf die Prädisposition eines einzelnen Gens zurückzuführen ist, sondern dass die Effekte mehrerer mutierter Gene zur

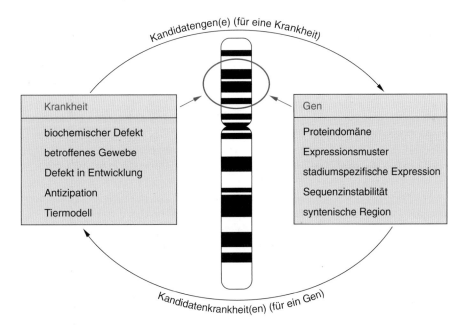

◘ **Abb. 39.4** Positioneller Kandidatengenansatz (*positional candidate approach*). Es ist möglich, einer Krankheit, die in einer spezifischen Region eines Chromosoms genetisch kartiert ist, eine Liste von Genen zuzuordnen, die in der „kritischen" Region physikalisch lokalisiert sind. Die Eigenschaften dieser Kandidatengene können mit den Eigenschaften der Krankheit verglichen werden. Dabei ist eine direkte Korrelation von Krankheit und Gen möglich. Potenzielle biochemische Defekte einer Krankheit sind mit Proteindomänen des Gens vergleichbar (Kallmann-Syndrom). Die von der Krankheit betroffenen Gewebe oder Entwicklungsstadien spiegeln sich wider im Expressionsmuster eines Gens (X-Chromosom-Aglobinämie). Krankheiten, deren Symptome sich von Generation zu Generation verstärken (Antizipation), sind oft mit instabilen DNA-Sequenzen korreliert (Myotonische Dystrophie). Schließlich kann auch das Wissen über die analoge Krankheit im Tier zur Suche in syntenischen (homologen) Regionen im menschlichen Genom herangezogen werden, also Regionen, wo sich bei verschiedenen Spezies Gene in gleicher Abfolge befinden (Waardenburg-Syndrom). (Abb. modifiziert nach Ballabio 1993)

Ausprägung der Krankheit beitragen (*quantitative trait loci*, QTLs).

Es gibt folgende Vorgehensweisen, um Mutationen in einem Gen zu belegen: Im einfachsten Fall liegen Patientendaten vor, die beweisen, dass genau ein Gen deletiert ist. Dies ist ein sehr guter Hinweis darauf, dass dieses Gen für die Krankheit verantwortlich ist. Lässt sich die Region so genau nicht einengen, können möglicherweise durch cytogenetische Methoden – **FISH**, *fluorescent in situ hybridization* mit z. B. BAC-Klonen (Klone in DNA-Vektoren, die auf *bacterial artificial chromosomes* basieren) als Hybridisierungsproben – Deletionen bzw. Translokationen chromosomaler Bereiche aufgedeckt werden. Die FISH-Analyse erlaubt jedoch nur eine sehr grobe Kartierung, und kleine Deletionen können nicht detektiert werden. Eine feinere Analyse erlauben hier DNA-Arrays: DNA-Sequenzen, deren Lokalisierung auf dem Chromosom bekannt sind, werden auf Glas-Chips gespottet oder direkt auf einer konditionierten Oberfläche synthetisiert. Die Hybridisierung mit genomischer DNA aus einem Patienten geben über die Hybridisierungssignale Auskunft darüber, welche DNA-Sequenzen im Patienten gegenüber der Kontrolle deletiert oder verändert sind.

---

**QTLs (quantitative trait loci)**

Eine Gruppe mutierter Loci im Genom, die gemeinsam zur Ausprägung einer Krankheit beitragen.

---

Normalerweise ist es jedoch nötig, sehr kleine mutierte Bereiche (Punktmutationen, Umlagerungen) im gleichen Gen bei mehreren Patienten zu finden. Der Nachweis von Mutationen geringen Ausmaßes (z. B. Punktmutationen) kann durch drei unterschiedliche Ansätze geführt werden:

— Bei der Analyse von **Einzelstrang-Konformationspolymorphismen** (*single strand conformation polymorphism*, SSCP), wird der Genomabschnitt abschnittsweise (150–300 bp) durch PCR amplifiziert. Durch *denaturing high performance liquid chromatography* (dHPLC) der PCR-Fragmente lassen sich Abweichungen von der Wildtypsequenz erkennen. Derartige Experimente werden oft in großen Patientenkohorten durchgeführt, um **LOH-Loci** (*loss of heterozygosity loci*) zu bestimmen.

— **Sequenzierung von Exons**: Die Exons eines Gens werden mithilfe von flankierenden Primern aus der genomischen DNA des Patienten amplifiziert (▶ Kap. 33). Die PCR-Produkte werden anschließend sequenziert (▶ Kap. 34) und die Sequenz mit der des Wildtyps verglichen. Sequenzveränderungen auf DNA-Ebene, die eine veränderte Proteinsequenz zur Folge haben, sind ein klarer Hinweis auf eine Mutation, welche die Funktion des Gens verändert bzw. beeinträchtigt.

— **SNP/SNV-Analyse**: Mit Oligonucleotidarrays ist es möglich, Polymorphismen in einzelnen Genomabschnitten (*single nucleotide polymorphisms*, SNPs) durch die Hybridisierung mit genomischer DNA aus den Patienten nachzuweisen (▶ Kap. 40). Die Hybridisierungssignale mit vielen Millionen SNP/SNV-Oligonucleotiden auf einem Array erlauben die exakte Bestimmung des Genotyps des einzelnen Patienten. Alternativ wird die Hochdurchsatzsequenzierung eingesetzt, um vollständige Genome im Vergleich zu sequenzieren. Ein Beispiel ist das ICGC-Projekt, im Rahmen dessen in einem weltweiten Konsortium mehrere Tausend Krebsgenome sequenziert und verglichen wurden, um die genetischen Ursachen für verschiedene Krebserkrankungen identifizieren zu können. Während klassischerweise die SNP/SNVs in den mRNA codierenden Regionen bzw. durch genetische Kartierung identifizierte Kandidatenregionen für einzelne Experimente im Fokus standen, ist es heute aufgrund der weiterentwickelten Technologie üblich, direkt *Whole-Genome*-Ansätze zu fahren, damit potenziell alle Kandidatenregionen identifiziert werden können.

### 39.3.3  Transkriptkarten

Nur 2–5 % eines Säugergenoms werden in mRNA umgeschrieben. Der Anteil des Genoms, der transkribiert wird, ohne dass daraus Proteine entstehen, ist jedoch weit höher. Deshalb wurden seit den 1990er Jahren zunehmend genomweite Transkriptkarten erstellt, die nicht nur einzelne Gene umfassen, sondern in denen möglichst alle exprimierten Genomabschnitte verzeichnet sind, unabhängig davon, ob die transkribierten Bereiche schließlich in Proteine umgesetzt werden. Im klassischen Ansatz wurde die Gesamt-RNA isoliert. Basierend auf der polyA-Region der für Proteine kodierenden mRNAs wurden über reverse Transkription die cDNAs synthetisiert, die anschließend in DNA-Vektoren kloniert und sequenziert wurden (*expressed sequence tags*, ESTs). Mittels Sequenzabgleich mit der genomischen Sequenz wurden die Gene anschließend auf den Chromosomen lokalisiert.

Mit diesem Ansatz gelang es jedoch häufig nicht, selten exprimierte Gene oder Gene mit sehr kurzlebigen mRNAs zu isolieren. Es ist daher heute üblich, Transkripte direkt mithilfe von Microarray-Hybridisierungen oder Hochdurchsatzsequenzierung zu bestimmen. Für Hybridisierungsexperiment wird aus dem zu analysierenden Gewebe mRNA isoliert, welche mittels Reverser Transkriptase in cDNA umgeschrieben und in eine markierte Hybridisierungsprobe umgewandelt wird. Diese Probe wird mit einem Array hybridisiert, auf den Oligonucleotide aufgebracht wurden, die alle möglichen Exonsequenzen des untersuchten Genoms repräsentieren. Über die Hybridisierungssignale lässt sich anschließend ermitteln, welche Gene wie stark exprimiert sind. Alternativ kann die Expressionsstärke direkt durch Sequenzierung der cDNAs bestimmt werden (**RNA-seq**). Die neuen Technologien erlauben die Sequenzierung eines vollständigen Transkriptoms in einem Experiment. In solchen hoch parallelisierten Ansätzen kann somit aus der Anzahl der Sequenzen (Reads) einer cDNA die Expressionsstärke des betreffenden Gens abgeleitet werden. Aufgrund der rasanten Weiterentwicklung der Techniken konnte in den letzten Jahren nicht nur der Durchsatz extrem erhöht werden, sondern es reicht mittlerweile das Material nur einer Zelle aus, um Nucleotid-Sequenzen zu bestimmen (single-cell sequencing). Mittlerweile ist es auch möglich, die Genexpression von einzelnen Zellen in ihrer räumlichen Umgebung in Gewebeschnitten zu bestimmen (*spatial profiling*).

Da es heute möglich ist, mehrere Millionen Oligonucleotide auf einem Array zu immobilisieren, können nicht nur Exome, sondern ganze Chromosomen bzw. Genome durch überlappende Oligonucleotide auf einem Microarray abgebildet werden (***Tiling*-Arrays**). Durch Hybridisierungsexperimente auf diesen Arrays stellte sich heraus, dass die Zahl der Transkripte viel höher ist, als früher angenommen wurde. Neben den mRNAs werden zahlreiche andere kurze oder lange RNAs exprimiert, die in die Genregulation involviert sind. Darüber hinaus wurden viele RNAs gefunden, deren Funktion bisher unerforscht ist. Das ENCODE-Projekt kam zu dem Ergebnis, dass jeder Abschnitt des Genoms in mindestens eine Richtung transkribiert wird.

Eine besondere Herausforderung stellt die Identifizierung der Sequenzen dar, die die Transkription der Gene regulieren (z. B. Promotoren, Enhancer, Silencer). Diese Sequenzen sind sowohl bezogen auf ihre Lokalisation in Bezug auf den transkribierten Bereich als auch auf ihre Basenabfolge sehr heterogen, was Vorhersagen aufgrund der genomischen Sequenz nach wie vor schwierig macht. Promotoranalysen sind jedoch wichtig, um die Funktion bzw. Defekte der Genexpression aufdecken und untersuchen zu können. Auch hier haben *Tiling*-Arrays wichtige erste Erkenntnisse geliefert. Genomische DNA wird zusammen mit gebundenen Transkriptionsfaktoren oder anderen relevanten Proteinen immunpräzipitiert. Die im Komplex gebundene DNA kann dann anschließend auf den Array hybridisiert und damit als Promotorsequenz auf dem Chromosom lokalisiert werden (**ChIP-chip**, *chromatin immunoprecipitation and chip analysis*). Alternativ können die Sequenzen der gebundenen DNA durch Hochdurchsatz-Sequenzierung bestimmt werden (**ChIP-seq**). Die Analyse der epigenetischen Modifikation der genomischen DNA erlaubt ebenfalls eine Prognose zur Transkriptionsaktivität einer Region. Wird die genomische DNA mit Bisulfit behandelt, werden die unmethylierten Cyto-sine an der C5-Position von CpG-Dinukleotiden in Uracil umgewandelt, während methylierte Cytosine unverändert bleiben. Aus der Sequenzierung der Bisulfit-behandelten DNA im Vergleich zur unbehandelten DNA kann abgeleitet werden, welche genomischen Regionen methyliert und damit potenziell inaktiviert sind. Der Packungsgrad des Chromatins und damit die Zugänglichkeit für für die Transkription relevante Proteine kann auch über die DNase-Sensitivität bestimmt werden.

## 39.3.4 Zelluläre Assays zur Charakterisierung von Genfunktionen

DNA-Sequenzen liefern wichtige Informationen über das Genom. Mittels bioinformatischer Analysen kann beispielsweise vorausgesagt werden, welche DNA-Sequenzen für Proteinsequenzen codieren (*open reading frames*). Neben typischen Start- und Stop-Sequenzen können andere regulatorische Regionen identifiziert werden (▶ Abschn. 39.3.3). Zudem lassen sich DNA-Sequenzen mit vorwiegend strukturellen Funktionen erkennen, wie z. B. Telomersequenzen an den Enden von Chromosomen oder Centromersequenzen. Ob Gene exprimiert werden, kann festgestellt werden, indem die RNA isoliert und anschließend quantifiziert wird (▶ Abschn. 39.3.3.) Welche RNA schließlich in Proteine translatiert wird, kann über die Detektion mit Antikörpern (▶ Kap. 6) oder durch Massenspektrometrie (▶ Kap. 16, 17, 18) bestimmt werden.

Ziel der funktionellen Genomik ist es, die Wirkung von codierenden und nicht codierenden DNA-Sequenzen zu erforschen. Zudem sollen Assays entwickelt werden, die es erlauben, die Fehlfunktion von bestimmten Proteinen in Zusammenhang mit Krankheiten zu ermitteln. Für Screenings ist es von Bedeutung, dass die Assays eindeutige Phänotypen beschreiben und dass sie möglichst einfach, schnell, reproduzierbar, kostengünstig und automatisiert in hohem Durchsatz durchführbar sind.

Während die genomische DNA-Sequenzierung mittlerweile hohen Qualitätsansprüchen genügt und zumeist von einer aussagekräftigen Bioinformatik begleitet wird, deckt das Spektrum an funktionellen *in vitro*-Analysen bei Weitem noch nicht alle Phänotypen ab. Zudem genügen viele Assays in ihrer Aussagekraft nicht den Anforderungen der funktionellen Genomforschung. Beispielsweise kann aus der Messung einzelner Genfunktion nicht unbedingt ihre Rolle für die Integrität von Geweben bzw. für die Entstehung von Krankheiten abgeleitet werden. Beispiele sind der klassische Reportergenassay, bei dem die Wirkung von Promotorsequenzen auf die Geneexpression getestet wird, Assays zur Lokalisierung von Genprodukten in Zellkompartimenten oder enzymatische Tests. Für eine Anwendung in der Routine sind die Ergebnisse vieler Assays auch noch nicht ausreichend reproduzierbar und die Kosten bezogen auf das einzelne Experiment zu hoch.

Eine funktionale Karte des Genoms gewinnt an Wert, wenn möglichst viele Parameter mit einfließen, so dass sich die potenzielle Rolle eines Gens für eine Krankheit ableiten lässt. Beispielsweise kann ein Assay zur Zelldifferenzierung Hinweise liefern auf eine mögliche Rolle eines Gens für die Entstehung, das Wachstum oder die Metastasierung von Tumorgewebe.

Die Assays werden mit immortalisierten Zelllinien, die über viele Generationen kultiviert werden, oder mit Primärzellen durchgeführt, die direkt aus Patienten entnommen werden. Zelllinien bleiben i. A. über eine lange Zeit genetisch konstant. Primärzellen, die aus Gewebe isoliert werden, sind hingegen häufig ein heterogenes Gemisch von Zellen. Deswegen ist es mit standardisierten Zelllinien im Vergleich zu Primärzellen einfacher, definierte und reproduzierbare experimentelle Bedingungen einzustellen. Auf der anderen Seite sind immortalisierte Zellkulturzellen gegenüber Primärzellen genetisch stark verändert und verändern sich weiter, sodass die Aussagekraft von *in vitro*-Tests mit derartigen Zellpopulationen begrenzt ist. Deswegen ist es das Ziel, Primärzellen in ausreichender Menge zu isolieren und geeignete Zellkulturmethoden zu entwickeln, um auch direkt aus Patienten isoliertes biologisches Material zuverlässig in In-vitro-Assays einsetzen zu können.

Damit die Assays möglichst gut funktionieren, werden die Zellen häufig in Mikroreaktionsgefäßen vorgelegt, in denen die *in vivo*-Situation möglichst gut simuliert wird (6-Well- bis 1536-Well-Platten). Die klassischen *in vitro* Assays werden häufig unter Verwendung von zahlreichen Zellen in einem Ansatz durchgeführt (vgl. ▶ Kap. 19, 20). Heute wird eine Einzelzellanalyse (*single-cell analysis*) angestrebt, um unter möglichst definierten Bedingungen messen zu können. Allerdings können die meisten Zellen nur in einer bestimmten Mikroumgebung agieren. Deshalb werden die Assays immer häufiger mit Zellverbänden durchgeführt, die mitunter aus unterschiedlichen Zelltypen bestehen (Organoide, „Miniorgane", vgl. ▶ Kap. 47). Die passende Umgebung für die Zellen kann bis zu einem gewissen Grad auch simuliert werden. Beispielsweise werden die Zellkulturgefäße häufig mit Molekülen der extrazellulären Matrix beschichtet, wenn mit Endothel- oder Epithelzellen gearbeitet wird .

Um molekulare Veränderungen zu erkennen, werden die Zellen zur Vorbereitung des Assays in vielen Fällen manipuliert, beispielsweise durch Transfektion der Zellen mit DNA-Fragmenten. Mit „starken" Promotoren können Gene überexprimiert werden. Wenn das Transgen mit dem *Green-Fluorescent-Protein*-Gen (GFP) fusioniert ist, kann das Genprodukt durch die Anregung mit Blaulicht in der Zelle sichtbar gemacht werden. Im Gegensatz dazu kann die Genexpression auch unterbunden oder zumindest gehemmt werden, beispielsweise durch RNA-Interferenz (RNAi, ▶ Kap. 41).

Die Veränderung eines Gens birgt das Risiko, dass bestimmte Funktionen der Zelle beeinträchtigt werden, was die experimentellen Ergebnisse insgesamt beeinflussen kann. Jedoch ist es häufig die Methode der Wahl, um einen reproduzierbaren „Readout" des Assays zu ermöglichen.

Ein wichtiges Kriterium für das Design eines Assays ist, dass Phänotypen beschrieben werden, die für zentrale Zellfunktionen von Bedeutung sind, beispielsweise für das Wachstum, die Zelldifferenzierung oder den allgemeinen Stoffwechsel (*high-content screening*). Günstigstenfalls eignen sich mehrere Zelltypen für die Anwendung, möglichst neben stabilen Zelllinien auch Primärzellen, die beispielsweise aus Patienten isoliert wurden. Um statistisch signifikante Ergebnisse zu erzielen, müssen die Experimente in hohen Durchsatz durchführbar sein (*high-throughput screening*). Die Reproduzierbarkeit, Komplexität und Kosten sind weitere Kriterien.

Einige typische Assays werden in ◻ Tab. 39.2 beschrieben. In den gezeigten Beispielen stellt die Lichtmikroskopie ein zentrales Werkzeug dar, um Einzelzellen sichtbar zu machen. Mit gefärbten Substraten lassen sich enzymatische Reaktionen messen. Ein Beispiel ist die Reduktion des gelben Farbstoffs 3-(4,5-Dimethylthiazol-2-yl)-2,5-diphenyltetrazoliumbromid (MTT) in blau-violettes Formazan zum Nachweis der Zellvitalität. Mit Antikörpern, die mit Fluoreszenzfarbstoffen markiert sind, können Proteine subzellulär nachgewiesen werden, beispielsweise das Kernprotein Ki-67 als Markerprotein für die Zellproliferation (vgl. ▶ Kap. 6). Mit der TUNEL Methode (*terminal desoxynucleotidy transferase-mediated dUTP-biotin nick end labeling*) werden freie DNA-Enden identifiziert, die bei der Degradation der DNA während der Apoptose entstehen.

In anderen Assays wird die Mikroskopie mit anderen Messmethoden kombiniert. So eignet sich die Impedanzspektroskopie dafür, die Adhäsion von Zellen an die extrazelluläre Matrix zu messen, um die Migration von Zellen während der Differenzierung zu zeigen, oder während der Metastasierung, wenn Krebszellen aus dem Blut durch die Endothelzellschicht des Blutgefäßes in das umliegende Gewebe eindringen. Parallel kann das Verhalten der einzelnen Zellen im Mikroskop verfolgt werden.

**39**

◘ **Tab. 39.2** Beispiele für zelluläre Assays

| Adhäsion | Differenzierung | Zellkulturschale Matrixmoleküle | Impedanzspektroskopie Mikroskopie |
|---|---|---|---|
| Migration | Differenzierung Wundheilung | Zellkulturschale Matrixmoleküle | Mikroskopie |
| Invasion | Differenzierung | Extrazelluläre Matrix Zellschicht | Impedanzspektroskopie Mikroskopie |
| Zellform | Wachstum Differenzierung | Zellkulturschale | Mikroskopie |
| Stoffwechsel Proliferation | Atmung Wachstum | Tetrazoliumsalz Kernprotein Ki-67 | MTT-Test Immunfluoreszenz |
| Apoptose | Differenzierung Alterung | DNA-Fragmente | TUNEL |

## 39.4 Integration der Genomkarten

Für die Erstellung der funktionalen Karte des Genoms dient die DNA-Sequenz als Basis. Die Transkriptionskarte gibt an, welche DNA-Fragmente in RNA umgesetzt werden. ◘ Abb. 39.5 zeigt beispielhaft einen Ausschnitt des menschlichen Genoms (über Genome Browser der Unversity of California Santa Cruz). Oben wird die Position des Genomabschnitts im Genom des Chromosoms 13 gezeigt. Darunter werden die Exonsequenzen des Gens KATNAL1 (*katanin p60 subunit A-like 1*) markiert. RNA-seq beschreibt die von der transkribierten RNA abgeleiteten DNA-Sequenzen, die durch Next Generation Sequencing in hohem Durchsatz ermittelt wurden. Die darunter liegenden Graphen zeigen Bindestellen für CCCTC-*binding factor* (CTCF), modifiziertes Histon H3 und RNA-Polymerase II. Die Daten wurden durch Chromatin-Immunpräzipitation mit anschließender Sequenzierung (ChIP-seq) ermittelt. Darunter sind die aufgrund der DNA-Sequenz ermittelten, für Dnase I sensitiven Stellen aufgezeigt. Der unterste Abschnitt markiert die Häufigkeit verschiedener SNPs/SNVs, die für diesen Genomabschnitt ermittelt wurden.

In alle Positionen kann hineingezoomt werden, um detailliertere Informationen extrahieren zu können. Außerdem sind die Informationen mit Inhalten aus anderen Datenbanken verknüpft, sodass die maximale Information aus den verschiedenen Arten der Genkartierung auf dem jeweils aktuellen Stand der Forschung abgerufen werden kann. Beispiele sind DNA-Methylierungsmuster, die durch die Bisulfit-Methode ermittelt wur-

den, die Bindung verschiedener genregulatorischer Elemente wie beispielsweise Transkriptionsfaktoren oder micro-RNAs. Damit werden immer komplexere und detailliertere Abfragen möglich.

Mit der Verlinkung von Daten aus verschiedenen funktionellen Analysen und deren grafischer Darstellung gelingt es, spezifische Regionen des Genoms immer genauer zu beschreiben. Durch die Mutationsanalyse in hohem Durchsatz können SNPs/SNVs mit Krankheiten in Beziehung gesetzt werden. Daraus ergeben sich wichtige Anhaltspunkte für die personalisierte Medizin.

## 39.5 Das menschliche Genom

Durch die Möglichkeiten, die die Hochdurchsatzsequenzierung und die Bioinformatik bieten, können menschliche Genome heute in wenigen Stunden entschlüsselt werden. Die Kosten für die Sequenzierung eines Genoms konnten durch die technische Entwicklung verringert werden, und die Daten sind umfangreicher und eindeutiger geworden. Deshalb erscheint eine Anwendung in der Diagnostik möglich. Mit der fortschreitenden Entwicklung der Sequenziertechniken, beispielsweise *single molecule sequencing*, werden die Techniken noch einmal schneller, preisgünstiger und zuverlässiger und benötigen zudem sehr wenig Patientenmaterial.

Die genetische Karte des menschlichen Genoms hat eine Auflösung von über 0,5 cM. Damit ist es heute mög-

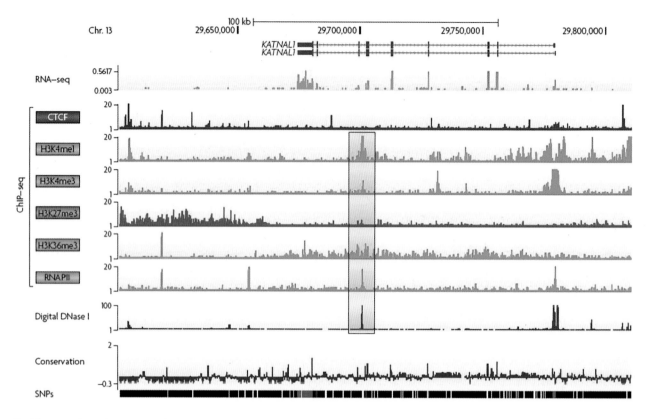

◻ **Abb. 39.5** Integrierte Karte einer genomischen Region. Die unterschiedlichen Kartierungsansätze sind im Text erläutert (Quelle: Genome Browser der University of California Santa Cruz)

lich, **polygene Erkrankungen** (Erbkrankheiten, die auf mehreren genetischen Faktoren beruhen) zu kartieren.

Die Sequenzdaten können heute mit einer physikalischen Karte mit eine hohen Markerdichte mit Abständen von weniger als 100 kb in Beziehung gesetzt werden. Für einige Bereiche, insbesondere für sog. „genarme" Regionen, in denen wenige oder keine Gene vermutet werden, ist die Markerdichte geringer als in „genreichen" Regionen. Die Karte beruhte ursprünglich auf Sequenzen von in DNA-Vektoren klonierter gnomischer DNA. Durch die Hochdurchsatzsequenzierung wurden die Daten zunehmend verfeinert.

Die Datenbanken werden mit immer mehr Informationen verlinkt, die für die funktionelle Genomanalyse von großem Nutzen sind. Beispielsweise kann die Integration von SNP-Daten maßgeblich zur Einengung von Kandidatenregionen für bestimmte Erkrankungen beitragen. Genexpressionsdaten helfen dabei, das Verhalten von Genen in verschiedenen Geweben über die Veränderung ihrer Expression in Patienten zu erkennen. Die Verknüpfung von Gendaten mit textbasierten Datenbanken (Genontologie, Publikationen) und funktionale Daten ermöglichen Hypothesen über die Rolle von potenziellen Krankheitsgenen. Die Analyse von Modellorganismen, insbesondere *Saccharomyces cerevisiae*, *Caenorhabditis elegans*, *Drosophila melanogaster* und Maus trägt zusätzlich zum Ver-

ständnis des menschlichen Genoms bei. Diese Organismen dienen als Paradigmen für den Menschen, zur Aufklärung grundlegender molekularer Mechanismen und der Zellphysiologie im gesunden Zustand, aber auch zur Identifizierung von Krankheitsgenen und zur Simulation von humanen Erkrankungen im Tiermodell.

## Literatur und Weiterführende Literatur

Adams AM et al (1995) Initial assessment of human gene diversity and expression patterns band upon 83 million nucleotides of cDNA sequence. Nature 377:3–174

Ballabio A (1993) The rise and fall of positional cloning? Nat Genet 3:277–279

Bier FF et al (2008) DNA microarrays. Adv Biochem Eng Biotechnol 109:433–453

Cawley S et al (2004) Unbiased mapping of transcription factor binding sites along human chromosomes 21 and 22 points to widespread regulation of noncoding RNAs. Cell 116(4):499–509

Diehl AG et al (2016) Deciphering encode. Trends Genet 32:238–249

Hawkins RD et al (2010) Next-generation genomics: an integrative approach. Nat Rev Genet 11:476–486

Hoehe MR et al (2003) Human inter-individual DNA sequence variation in candidate genes, drug targets, the importance of haplotypes and pharmacogenomics. Curr Pharm Biotechnol 4(6):351–378

Imanishi T et al (2004) Integrative annotation of 21,037 human genes validated by full-length cDNA clones. PLoS Biol 2(6):e162

Krebs JE et al (2017) Lewin's genes XII. Jones & Bartlett, Burlington

Lander E (2011) Initial impact of the sequencing of the human genome. Nature 470:187–197

Lee JS (2016) Exploring cancer genomic data from the cancer genome atlas project. BMB Rep 49:607–611

Lee I et al (2020) Simultaneous profiling of chromatin accessibility and methylation on human cell lines with nanopore sequencing. Nat Methods 17:1191–1199

Maier E (1994) Application of robotic technology to automated sequence fingerprint analysis by oligonucleotide hybridisation. J Biotechnol 35:191–203

Maronas O et al (2016) Progress in pharmacogenetics: consortiums and new strategies. Drug Metab Pers Ther 31:17–23

McPherson JD et al (2001) A physical map of the human genome. Nature 409:934–941

Metzker ML (2010) Sequencing technologies – the next generation. Nat Rev Genet 11:31–46

Nagaraja R et al (1997) X chromosome map at 75-kb STS resolution, revealing extremes of recombination and GC content. Genome Res 7:210–222

Nakamura Y et al (1987) Variable number of tandem repeats. Science 235:1616–1622

Ross MT et al (2005) The DNA sequence of the human X chromosome. Nature 434:325–337

Schmidt BZ et al (2017) *In vitro* acute and developmental neurotoxicity screening: an overview of cellular platforms and high-throughput technical possibilities. Arch Toxicol 91:1–33

Strachan T, Read A (2018) Human molecular genetics, 5. Aufl. Taylor & Francis, New York

Telenti A et al (2016) Deep sequencing of 10,000 human genomes. Proc Natl Acad Sci U S A 113:11901–11906

Venter C et al (2001) The sequence of the human genome. Science 291:304–351

White R et al (1986) Construction of human genetic linkage maps I: progress and perspectives. Cold Spring Harb Symp Quant Biol 51:29–38

Yoo SM et al (2009) Applications of DNA microarray in disease diagnostics. J Microbiol Biotechnol 19:635–646

# DNA-Microarray-Technologie

*Jörg Hoheisel*

## Inhaltsverzeichnis

**40.1 RNA-Analysen – 984**
40.1.1 Analyse der Transkriptmengen – 984
40.1.2 RNA-Reifung – 986
40.1.3 RNA-Struktur und Funktionalität – 987

**40.2 DNA-Analysen – 987**
40.2.1 Genotypisierung – 987
40.2.2 Epigenetische Studien – 987
40.2.3 DNA-Sequenzierung – 989
40.2.4 Analyse der Kopienzahl genomischer DNA-Abschnitte – 990
40.2.5 Protein-DNA-Interaktionen – 990
40.2.6 Genomweite Identifizierung funktionell-essenzieller Gene – 991

**40.3 Molekülsynthese – 993**
40.3.1 DNA-Synthese – 993
40.3.2 Chipgebundene Proteinexpression – 993

**40.4 Neue Ansätze – 993**
40.4.1 Eine universelle Chip-Plattform – 993
40.4.2 Strukturanalysen – 994
40.4.3 Jenseits von Nucleinsäuren – 995

**Literatur und Weiterführende Literatur – 995**

© Springer-Verlag GmbH Deutschland, ein Teil von Springer Nature 2022
J. Kurreck et al. (Hrsg.), *Bioanalytik*, https://doi.org/10.1007/978-3-662-61707-6_40

- DNA-Microarray-Technologie erlaubt die hochparallele Analyse von Veränderungen in der Sequenz, Menge und Struktur von Nucleinsäuren und ihrem Bindungsverhalten.
- In Kombination mit den ersten Genomsequenzen war sie in den 1990-Jahren verantwortlich für das Aufkommen ganz-genomischer und systemischer Analyseansätze und erforderte die Nutzung informatorischer Mittel zur Datenanalyse.
- Aus der grundlegenden Technik hat sich eine breite Palette unterschiedlicher Analyseformen entwickelt, die teilweise eine Genauigkeit erzielen, die für eine klinische Nutzung ausreichend und zugelassen ist.
- Mit dem Aufkommen schneller, genauer und billiger Hochdurchsatz-Sequenzierverfahren – die zum Teil auf dem Prinzip des DNA-Microarrays aufbauen – sind viele Anwendungen von DNA-Microarrays wieder am Verschwinden oder bereits ersetzt worden.

Für das Verständnis funktioneller Mechanismen und Zusammenhänge in Organismen und Geweben sind umfassende Studien der biologischen Prozesse eine Voraussetzung. Nur über breit angelegte Analysen der verschiedenen molekularen Ebenen ist die Umsetzung genetischer Information in zelluläre Funktionen zu verstehen und damit eine Beschreibung der Vorgänge und ihrer Verknüpfung möglich. DNA-Microarrays – auch DNA-Chips genannt – schafften auf der Ebene der Nucleinsäuren die Voraussetzungen für viele solche Untersuchungen und brachten uns dem Ziel einer umfänglichen Darstellung zellulärer Vorgänge einen Schritt näher.

Nach der ursprünglichen Konzeption der DNA-Microarray-Technologie in den späten 1980er-Jahren als möglichem Verfahren zur Kartierung (▶ Kap. 39) und Sequenzierung ganzer Genome entwickelte sich die Technologie enorm und teilte sich in eine Vielzahl unterschiedlicher Verfahren und Techniken auf. Sie ist zusammen mit der DNA-Sequenzierung (▶ Kap. 34) dafür verantwortlich, dass sich biologische Forschung in den letzten Jahrzehnten stark verändert hat. Aufgrund der Datenmengen, die aus solchen Untersuchungen gewonnen werden, ist eine manuelle Analyse und Interpretation nach klassischem Muster nicht mehr möglich. Wegen der hohen Komplexität der Information sind statistische Verfahren und eine computergestützte Verarbeitung Grundvoraussetzung für eine sinnvolle Auswertung und hielten im großen Stil Einzug in die biomedizinische Forschung. Zusätzlich ist es aufgrund der umfassenden Datenmenge, die erzielt werden kann, möglich und sinnvoll geworden, auch Experimente durchzuführen, die nicht von einer Hypothese ausgehen. Dieser Ansatz hat den Vorteil, dass es leichter fällt, unerwartete Ergebnisse zu erzielen und – mangels vorgefasster Meinung – sie zu registrieren und als solche zu

akzeptieren. Diese neuen Erkenntnisse führen in Folge natürlich wieder zur Formulierung von Hypothesen, die in größerer Tiefe und Genauigkeit überprüft werden müssen.

Gleichzeitig produzieren beispielsweise Studien der transkriptionellen Aktivität aller Gene selbst in ein und derselben Person immer wieder neue Ergebnisse in Abhängigkeit davon, zu welchem Zeitpunkt oder mit welchem Gewebe die Untersuchungen durchgeführt werden, und dokumentieren so die Dynamik biologischer Systeme. Auch demonstrierten Microarray-Analysen recht schnell, dass trotz der Möglichkeit, auf einer molekularen Ebene horizontal globale Untersuchungen durchzuführen, zum Verständnis der Prozesse in biologischen Systemen auch eine vertikale Komponente notwendig ist, die solche Informationen über viele Ebenen hinweg miteinander kombiniert. Eine weitere Dimension wird durch die zeitliche Achse der Veränderungen eingeführt. In logischer Konsequenz müssen Verfahren entwickelt werden, die es erlauben, unterschiedliche Datensätze zu kombinieren und zu korrelieren, was die Grundlage für die Entwicklung der theoretischen Biologie – genannt Systembiologie – gelegt hat.

Von ihrem ersten großen Erfolg im Bereich transkriptioneller Studien aus hat sich die Microarray-Technologie rasant ausgebreitet, wobei das grundlegende Prinzip der Methodik aber bestehen blieb. Viele Techniken sind mittlerweile zur Routine geworden aber auch bereits wieder obsolet. Mit der sog. „zweiten Generation" der Sequenziertechniken (die eigentlich bereits die dritte ist) hat sich eine Konkurrenz entwickelt, die DNA-Microarrays in einigen, selbst gut etablierten Anwendungsbereichen verdrängt. Allerdings basieren einige dieser Sequenzierverfahren im Grunde auf DNA-Microarray-Prozessen. Erst die nächste Generation der Sequenziertechniken baut auf anderen methodischen Grundlagen auf. Quasi als Ausgleich werden auf Microarrays mittlerweile nicht nur Nucleinsäuren, sondern auch andere Molekülklassen – allein oder in Kombinationen – analysiert. Neben den analytischen Verfahren bilden Microarrays auch eine Plattform für Produktionsvorgänge. Diese neuen Anwendungen befinden sich aber teilweise noch in der Entwicklungsphase und mögen den Konkurrenzkampf mit anderen Techniken nicht bestehen. In diesem Kapitel wird eine Übersicht über den Stand der Microarray-Technologie gegeben, wobei aber nicht alle Anwendungsgebiete Erwähnung finden können.

## 40.1 RNA-Analysen

### 40.1.1 Analyse der Transkriptmengen

Für Viele ist der Ausdruck Microarray-Analyse noch immer äquivalent mit der Untersuchung von Transkriptmengen (*transcriptional profiling*, ◘ Abb. 40.1).

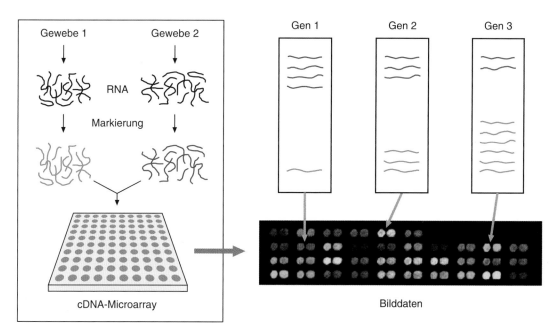

**Abb. 40.1** Das Prinzip transkriptioneller Studien. RNA aus zwei Geweben, beispielsweise Normal- und Tumorgewebe, wird mit Fluoreszenzfarbstoffen rot bzw. grün markiert, gemischt und auf einen Chip gegeben, der DNA-Fragmente trägt, die alle Gene repräsentieren. Die roten und grünen Moleküle konkurrieren um die gleichen Bindungsplätze. Die Signalintensität erlaubt eine unmittelbare Aussage über die Transkriptmengen in den untersuchten Geweben, die Farbe gibt gleichzeitig eine direkte Information zum Verhältnis der Moleküle in den Proben. Bei gleichen Mengen entsteht etwa die Mischfarbe Gelb. Aufgrund hoher experimenteller Reproduzierbarkeit werden Analysen inzwischen meist auf verschiedenen Microarrays mit nur jeweils einer Probe und einem Farbstoff durchgeführt.

Diese Art der Analyse ist weit verbreitet und liefert viele nützliche Daten, obwohl die untersuchte Molekülklasse – RNA – für einige Anwendungen nicht den optimalen Analyten darstellt. Einmal handelt es sich bei einem guten Teil der RNA um ein molekulares Intermediat. Gleichzeitig ist sie teilweise sehr instabil und deshalb für diagnostische Verfahren nur bedingt geeignet; eine Ausnahme bilden kleine Moleküle wie beispielsweise microRNA (▶ Abschn. 41.2.5). Für die Identifizierung therapeutischer Ansätze kann RNA auch zu weit von der tatsächlichen Aktivität entfernt sein, die beeinflusst werden soll und meistens durch Proteine bewirkt wird. Der Erfolg transkriptioneller Studien ist daher wohl zum Teil dadurch bedingt, dass diese Analysen experimentell relativ einfach durchführbar sind. Mittlerweile hat sich jedoch die Sequenzierung zum Goldstandard der RNA-Analyse entwickelt und verdrängt Untersuchungen mittels Microarrays.

Ein ganz wichtiger Aspekt für erfolgreiche Analysen ist die Qualität des Probenmaterials, die das Ergebnis wesentlich beeinflusst. Zusätzlich werden grundlegende Parameter in den Analysen manchmal immer noch vernachlässigt. So können Hybridisierungen aufgrund von biophysikalischen Phänomenen der Kinetik und des Massentransports zu unterschiedlichen oder nicht reproduzierbaren Ergebnissen führen. Ein anderer, immer noch weit verbreiteter Fehler ist die Annahme, dass Veränderungen, die größer als ein Faktor von zwei ausfallen, signifikant sind. Dieser Faktor rührt ursprünglich von einer Untersuchung einer Gruppe an der Stanford-Universität her. Durch eine Konkordanzuntersuchung konnte sie zeigen, dass für das spezielle, dort durchgeführte Experiment ein Faktor von zwei signifikant war. Diese Zahl wurde nachfolgend von vielen Wissenschaftlern übernommen, obwohl für ihre jeweilige Studie wegen des gänzlich anderen Probenmaterials ein anderer Wert gelten müsste. Dies wurde jedoch häufig ignoriert. Ein dritter kritischer Faktor ist die Datenanalyse und Interpretation. So werden häufig die faktoriell stärksten Änderungen als die am meisten relevanten angesehen, obwohl es keinen Zusammenhang dieser Art gibt. In Tumorgeweben beispielsweise ist die Transkriptmenge von Aktin häufig sehr stark erhöht, was aber nichts mit der Transformation einer Normalzelle zu einer Tumorzelle zu tun hat. Auch wird die Abwesenheit einer Änderung der Transkriptmengen in der Analyse meist ignoriert. Dabei ist das Fehlen einer Veränderung eine genauso wichtige und signifikante Information wie eine deutliche Variation einer RNA-Menge, ganz speziell in einer systemischen Betrachtung. Zwar sind mittlerweile Standards etabliert, die zur Publikation von Daten erfüllt sein müssen, sie dienen aber mehr dazu, eine bessere Vergleichbarkeit von Daten aus unterschiedlichen Studien zu erlauben.

Eine neue und wichtige Variante der RNA-Mengenanalyse stellen Untersuchungen der nicht proteincodierenden RNA dar. Im Menschen gibt es beispielsweise etwa 1500 Gene, deren RNA nach Transkription zu sehr kleinen Molekülen im Bereich von 20–25 Nucleotiden prozessiert wird – microRNAs. Durch Bindung an komplementäre Sequenzen in der mRNA führen sie dazu, dass diese mRNA nicht in ein Protein umgeschrieben wird. Durch ihre geringe Größe ist microRNA stabil und wird sogar in Körperflüssigkeiten gefunden. Studien zeigen, dass Mengenänderungen der microRNA für eine Diagnostik sehr relevant sein können. Unter anderem liegt sie auch in roten Blutkörperchen vor, wobei aber noch nichts über ihre dortige Funktion bekannt ist. Trotzdem wurden für eine Reihe von Krebsformen informative Änderungen der microRNA in roten Blutkörperchen dokumentiert, obwohl keine funktionelle Verknüpfung zwischen den roten Blutzellen und der Erkrankung zu bestehen scheint.

### 40.1.2 RNA-Reifung

Neben Unterschieden in der Transkriptmenge bilden Varianten in der Reifung eines RNA-Moleküls eine weitere wichtige Möglichkeit zur Regulation (◘ Abb. 40.2). Ein sehr wichtiges Ergebnis aus der Genomsequenzierung ist, dass nicht so sehr die Zahl der Gene, sondern mehr die molekulare Interpretation der grundlegenden Sequenzinformation für viele Unterschiede zwischen Organismen verantwortlich ist. Über Chipanalysen kann dies relativ einfach untersucht werden, indem für jedes Exon mindestens ein Fängermolekül auf dem Microarray vorgelegt wird. Hierdurch können Menge und Reifungsunterschied gleichzeitig ausgelesen werden. Allerdings ist die Untersuchung abhängig von der Qualität der Sequenzannotation. Selbst für die relativ einfach strukturierte Sequenz der Bäckerhefe *Saccharomyces cerevisiae* wurden anfangs mehrere Hundert offene Leseraster nicht als solche erkannt. Im komplexeren Genom der Fruchtfliege *Drosophila melanogaster* waren es mehr als 2000. Zwar sind die Parameter für eine Sequenzannotation inzwischen sehr viel besser, allein schon durch die nun vorliegende Erfahrung und das Vorhandensein von Abertausenden Genomsequenzen, aber offene Leseraster, die nicht für ein Protein codieren, werden immer noch übersehen. So existieren im menschlichen Genom Tausende weiterer Gene, die regulatorisch wichtig sind, aber kein Protein codieren, sog. „lange nicht codierende RNA". Während die Zahl nicht erkannter proteincodierender Gene gering sein dürfte, ist die Zahl nicht erkannter Exons möglicherweise immer noch hoch.

Anstelle von annotationsabhängigen DNA-Fragmenten oder Oligonucleotiden kann zumindest für kleine Genome von Mikroorganismen eine vollständige Abdeckung über einen Satz überlappender Oligonucleotide auf Microarrays dargestellt werden. Per Definition repräsentiert eine vollständige genomische Abdeckung auch alle transkriptionellen Einheiten einer Sequenz, sodass auch damit Reifungsunterschiede der RNA gefunden werden können. Aber auch hier hat mittlerweile die Sequenzierung übernommen. Aufgrund der Möglichkeit, alle Moleküle in einer Probe in ausreichender Kopienzahl zu sequenzieren, können sowohl die relativen Mengenunterschiede als auch die Unterschiede in der Reifung umfassend analysiert werden.

**◘ Abb. 40.2** Analyse der RNA-Reifung. Gene höherer Organismen setzen sich aus mehreren Blöcken – Exons – zusammen. Bei der Reifung der RNA können unterschiedliche Varianten entstehen. Wird RNA aus zwei zellulären Proben isoliert und mit Fluoreszenzfarbstoffen markiert, kann nach Hybridisierung auf einem Chip, der alle Exons repräsentiert, über die Signalintensität oder zusätzlich die Färbung – hier rot, grün oder die Mischfarbe gelb – auf die Reifungsvarianten rückgeschlossen werden

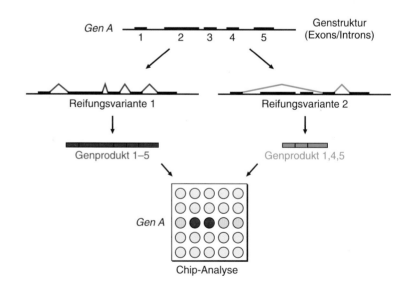

### 40.1.3 RNA-Struktur und Funktionalität

Durch die Faltung von RNA-Molekülen (▶ Kap. 32), am eindrucksvollsten und genausten bekannt für die Kleeblattstrukturen der tRNA, kann auf Unterschiede in ihrer Zusammensetzung rückgeschlossen werden. Aufbauend auf einem Testsystem, das bereits in frühen Phasen der Microarray-Entwicklung von Edwin Southern und Kollegen etabliert wurde, um den Einfluss der RNA-Struktur auf ihr Bindeverhalten zu einem Oligonucleotidchip zu untersuchen, können strukturelle Variationen identifiziert werden. Dabei wird die Bindung an einen Satz von Oligonucleotiden analysiert, die die Gesamtheit des RNA-Moleküls in komplementärer Form repräsentieren. Speziell für RNA-Moleküle, die entweder direkt eine Aktivität zeigen, wie beispielsweise Ribozyme, oder Teile von strukturellen Komponenten einer Zelle bilden, ist es wahrscheinlich, dass eine Änderung in der Struktur mit einer Transformation der Aktivität oder Funktionalität einhergeht. Gegenüber der reinen Sequenzanalyse besitzt dieses Verfahren den Vorteil, dass unmittelbar auf strukturelle Unterschiede getestet wird und die Ergebnisse damit eine höhere Relevanz besitzen. Solche Untersuchungen wurden noch nicht in großer Zahl durchgeführt, da es Alternativen zur Bestimmung von dreidimensionalen Strukturen wie beispielsweise NMR (▶ Abschn. 21.1) gibt. Durch eine Kombination mit anderen Analyseformen wie etwa der Untersuchung von Molekülinteraktionen könnten Microarray-Analysen jedoch ihre Nische finden.

## 40.2 DNA-Analysen

### 40.2.1 Genotypisierung

Neben der Kartierung ganzer Genome als Grundgerüst für ihre anschließende Sequenzierung stand das Ziel einer tatsächlichen Bestimmung der DNA-Sequenz am Anfang der Microarray-Technologie. Während die physikalische Kartierung von DNA-Fragments inzwischen als Anwendung gänzlich verschwunden ist, hat sich die Sequenzierung mit anderen Verfahren weiterentwickelt und ist unterdessen so effizient, dass sie die meisten Hybridisierungstechniken mittels DNA-Chips aussticht. Auch für die Identifizierung von Einzelbasenaustauschen (*single nucleotide polymorphisms,* SNPs) ist es inzwischen einfacher, die entsprechenden Bereiche zu sequenzieren, anstatt Basenaustausche über Hybridisierung auf Oligomerchips nachzuweisen.

Aus technischer Sicht sind chipbasierte SNP-Analysen jedoch so weit entwickelt, dass sie für diagnostische Anwendungen im klinischen Bereich grundsätzlich geeignet sind. Für gut definierte Analysen könnten sie deshalb immer noch ein Alternative zur Sequenzierung darstellen. Häufig ist eine rein qualitative Aussage ausreichend. Zusätzlich sind unmittelbar interne Kontrollen vorhanden – etwa Moleküle, die die vier möglichen Basen innerhalb einer untersuchten Sequenz repräsentieren – und erlauben hierdurch eine direkte Qualitätskontrolle. Die Analyse erfolgt über die Diskriminierung der Duplexstabilität des Analytmoleküls zu allen möglichen Sequenzvarianten, die auf dem Chip als Oligonucleotide vorgelegt werden (◘ Abb. 40.3). Alternativ kann eine Polymerasereaktion herangezogen werden, um die untersuchte Base zu bestimmen (◘ Abb. 40.4). Am einfachsten ist dies durch den Einbau von Didesoxynucleotiden zu erreichen, die mit einem spezifischen Fluoreszenzfarbstoff markiert sind. Durch die Kombination der Selektivität der Hybridisierung und der Spezifität der Polymerase kann auch für schwierige Sequenzen eine hohe Genauigkeit erreicht werden. Eine weitere Alternative bildet eine kontinuierliche Beobachtung des Hybridisierungsprozesses (*dynamic allele-specific hybridisation*). Eine Bestimmung der Assoziations- und Dissoziationskurven erlaubt eine optimale Unterscheidung zwischen der Bindung von Fragmenten mit vollständiger Sequenzhomologie und Molekülen, die sich um nur eine Base in der Sequenz unterscheiden. Während dies für eine Sequenzanalyse technisch nicht mehr konkurrenzfähig ist, stellt es eine Methode zur Quantifizierung von Wechselwirkungen zwischen beispielsweise DNA und Proteinen dar.

Genotypisierung wird u. a. zum Nachweis von Mikroorganismen genutzt. Dies ist in so unterschiedlichen Bereichen wie dem Gesundheitswesen, der Nahrungsmittelkontrolle oder etwa der Abwasserwirtschaft von Bedeutung. Auf biomedizinischer Ebene fand sie in der Erstellung einer hochauflösenden Karte der Erbsubstanz des Menschen (und anderer Organismen) breite Anwendung.

### 40.2.2 Epigenetische Studien

Eine Anwendung von Microarray-Analysen, die zurzeit immer noch konkurrenzfähig neben der Sequenzierung steht, ist die Analyse des Methylierungsgrads der DNA (▶ Kap. 35). Etwa vier Prozent der Cytosine (dC) im menschlichen Genom sind zumindest zeitweise methyliert. Die meisten liegen in einem d(CG)-Dinucleotid vor, das üblicherweise unter Einschluss des zwischen den Nucleosiden liegenden Phosphats „CpG" genannt wird. Die Methylierung stellt einen weiteren, dynamischen Faktor der üblicherweise als statisch angesehenen genetischen Information der DNA dar. Diese epigenetischen Änderungen spielen beispielsweise in den Promotorbereichen von tumorassoziierten Genen eine große Rolle in der zellulären Transformation. Aufgrund ihrer relativ großen Stabilität stellen Methylierungsänderungen sehr attrakti-

**◘ Abb. 40.3**  Identifizierung von Einzelbasenaustauschen (SNP-Analyse). Zwei DNA-Fragmente, die sich nur durch eine Base unterscheiden, werden auf Chips mit Oligonucleotiden hybridisiert, die die jeweiligen Sequenzvariationen repräsentieren. Aufgrund der Spezifität der Doppelstrangbildung binden die Fragmente wegen des Basenunterschieds an verschiedene Oligonucleotide. Neben einer schematischen Darstellung sind Beispiele echter Studien gezeigt (modifiziert nach Hoheisel et al. 1993)

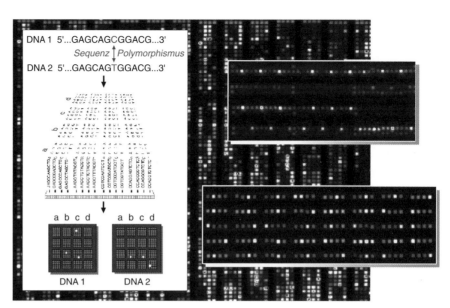
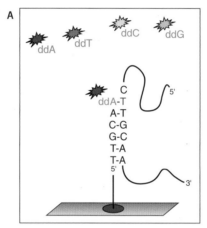
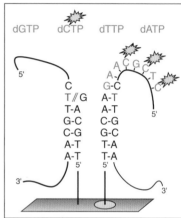
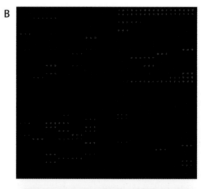

**◘ Abb. 40.4**  SNP-Analyse durch eine Polymerase-Reaktion. **A** Einmal werden chipgebundene Oligonucleotide genutzt, die bis genau vor die untersuchte Base reichen. Nach Zugabe markierter Didesoxynucleotide kann durch den Einbau des komplementären Nucleotids die Basenzusammensetzung festgestellt werden. Da die 3'-Hydroxylgruppe fehlt, kann kein weiteres Nucleotid eingebaut werden. In (**B**) sind typische Ergebnisse einer solchen Analyse gezeigt. Grundsätzlich stellt dieses Verfahren bereits eine chipbasierte Sequenzreaktion dar (► Abschn. 40.2.3). Alternativ (rechte Darstellung in A) reicht das Oligonucleotid bis genau an die Position des Polymorphismus. Zur vollständigen Analyse sind alle vier Sequenzvarianten notwendig; schematisch sind hier nur zwei gezeigt. Da nur das vollständig komplementäre Oligonucleotid für die Polymerase ein Substrat darstellt, wird nur dieses Molekül verlängert

**40**

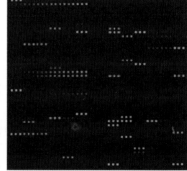

**▢ Abb. 40.5**  Epigenetische Studien. Durch Behandlung mit Bisulfit wird unmethyliertes Cytosin in Uracil und nach einer PCR-Amplifikation in Thymin umgewandelt. Durch eine nachfolgende Hybridisierung auf Oligonucleotid-Microarrays, die die jeweils komplementären Oligomere tragen, kann diese Umwandlung nachgewiesen werden. Im gezeigten Beispiel wurde eine unmethylierte DNA analysiert; die Probe bindet folglich an Oligonucleotide, die an der entsprechenden Stelle das zum Thymidin komplementäre Adenosin tragen

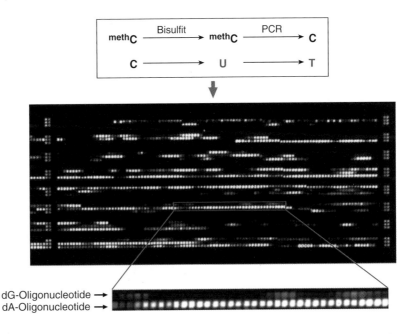

dG-Oligonucleotide →
dA-Oligonucleotide →

ven Biomarker dar. Mittels Microarrays ist es möglich, Methylierungsmuster mit einer basengenauen Auflösung zu untersuchen (▢ Abb. 40.5). Die Technik basiert auf einer Behandlung der genomischen DNA mit Bisulfit. Methyliertes Cytosin wird durch den Vorgang nicht verändert. Unmethyliertes Cytosin dagegen wird in Uracil bzw. nach einer PCR-Amplifikation (▶ Kap. 33) des Probenmaterials in Thymin umgewandelt. Diese Umwandlung stellt nichts anderes dar als einen chemisch eingeführten Einzelbasenpolymorphismus (SNP), der mit den entsprechenden Methoden, wie in ▶ Abschn. 40.2.1 beschrieben, nachgewiesen werden kann. Auch hier dürfte in Zukunft die Sequenzierung zur Analyseform der Wahl werden, durch die grundsätzlich alle etwa 30 Millionen CpGs eines menschlichen Genoms analysiert werden können. DNA-Microarrays analysieren zurzeit bis zu 850.000 und damit knapp drei Prozent der CpGs des Menschen. Noch stellen sie den Goldstandard dar, dessen Ergebnisse inzwischen auch erfolgreich in die Routinediagnostik Einzug genommen hat.

### 40.2.3 DNA-Sequenzierung

Die Bestimmung einer DNA-Sequenz war neben der Genomkartierung Ausgangspunkt der DNA-Chiptechnologie. Sequenzierung ist grundsätzlich nichts anderes als eine ausgeweitete Genotypisierung, muss aber alle möglichen Sequenzvarianten umfassen und den untersuchten DNA-Bereich vollständig abdecken. Zuerst wurde versucht, dies mittels der Hybridisierung auf Chips mit einer umfassenden Bibliothek aller etwa 65.000 Oligonucleotide zu erreichen, die aus acht Nucleotiden bestehen. Wenn jedes Oktamermolekül in zwei Tetramerblöcke aufgeteilt wurde, die durch ein unbe-

stimmtes Dinucleotid verbunden waren, ließ sich grundsätzlich eine Leselänge von 2000 bp erreichen. Die Lesegenauigkeit war in der Praxis jedoch nicht ausreichend, um mit anderen Sequenzierverfahren (▶ Kap. 34) erfolgreich zu konkurrieren.

Wie bei der Genotypisierung bietet eine Polymerasereaktion eine weitere Option. Die Kombination aus Bindung an den DNA-Microarray und selektiver Verlängerung der DNA mit einer Polymerase erlaubt eine hohe Genauigkeit, wie sie für eine Sequenzierung erforderlich ist. Auf einen Microarray aus Oligonucleotiden wird genomische DNA hybridisiert, die dann als Vorlage für die Polymerase dient. Die chipgebundenen Oligomere werden um ein Nucleotid verlängert, das mit einem basenspezifischen Fluoreszenzfarbstoff markiert ist und nicht weiter verlängert werden kann, solange der Farbstoff nicht abgespalten wird. Nach einer Detektion der Fluorophore an jeder Position des Chips werden die Farbstoffe chemisch entfernt, und die Reaktion beginnt von Neuem (▢ Abb. 40.6). Durch ein System, in dem diese Reaktion an sehr vielen verschiedenen Molekülen gleichzeitig abläuft, kann in einem einzigen Experiment eine enorme Menge an Sequenzdaten akkumuliert werden. Zuerst wurden die Sequenzreaktionen an vielen Einzelmolekülen durchgeführt. Gute Ergebnisse ergaben sich aber erst, nachdem ein Amplifikationsschritt auf der Chipoberfäche vorgeschaltet wurde, sodass jedes Einzelmolekül in vielen Kopien vorlag. Dieses Verfahren stellt die Basis für die immer noch am meisten genutzte Technik zur Hochdurchsatzsequenzierung dar (▶ Kap. 34).

In einem ähnlichen Ansatz kann der Fortschritt der Polymerasereaktion auch über den Nachweis des beim Einbau des Nucleotidtriphosphats freigesetzten Pyrophosphats erfolgen (Pyrosequenzierung). Allerdings ist

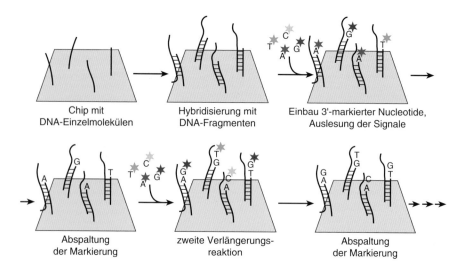

**◘ Abb. 40.6** Chipbasiertes Verfahren zur Hochdurchsatzsequenzierung. DNA-Moleküle werden mit genomischer DNA hybridisiert. Nach Zugabe fluoreszenzmarkierter Nucleotide und einer Polymerase erfolgt ein Einbau der Nucleotide. Durch ein Auslesen der Farbe wird die jeweils eingebaute Base nachgewiesen. Nach Abspalten des Fluoreszenzfarbstoffs kann in einem weiteren Zyklus ein weiteres Nucleotid eingebaut werden

die Zahl der Zyklen vier Mal so hoch, da mangels unterscheidender Basenmerkmale pro Zyklus jeweils immer nur ein Nucleotid zugegeben werden kann. Pyrosequenzierung war das erste Verfahren, das erfolgreich für eine Hochdurchsatzsequenzierung der neuen Generation umgesetzt wurde. Die Herausforderung lag dabei grundsätzlich in der Miniaturisierung, da das Verfahren selbst schon länger im Format von Mikrotiterplatten etabliert war.

Anstelle von Polymerasereaktionen können auch andere enzymatische Reaktionen für ein Auslesen der Basenabfolge genutzt werden, wie etwa eine Ligation. Anstelle von Nucleotiden werden hierbei kurze DNA-Fragmente an den bestehenden DNA-Strang angefügt, was nur dann möglich ist, wenn sie in ihrer Sequenz dem Vorlagenstrang entsprechen. Auch hierfür wurden chipbasierte Verfahren etabliert, um durch die hohe Zahl an parallelen Reaktionen die Informationsausbeute zu vergrößern und die Technik zur Hochdurchsatzsequenzierung vermarktet, konnte sich jedoch im Vergleich zur Polymerase-Verlängerungsreaktion nicht durchsetzen.

### 40.2.4 Analyse der Kopienzahl genomischer DNA-Abschnitte

Die Analyse der Kopienzahl genomischer DNA-Abschnitte, *comparative genomic hybridisation* (CGH) genannt, war ein weiteres Verfahren von diagnostischer Bedeutung. Während normalerweise jeweils zwei Kopien (Allele) jedes Genomabschnitts in einer menschlichen Zelle vorliegen – mit Ausnahme des größten Teils des X-Chromosoms beim Mann – kann die lokale Kopienzahl eines Chromosomenabschnitts sehr stark variieren. Dies kann experimentell nachgewiesen werden, indem markierte genomische DNA auf eine Repräsentation des Genoms hybridisiert wird. Ein Anstieg oder Abfall der Signalintensität im Ver-

gleich zu einer Kontrollprobe kennzeichnet die Bereiche, in denen eine Amplifikation oder Deletion stattgefunden hat. Speziell mit Tumorproben konnte die Verbindung zwischen solchen Veränderungen und der Krankheit dokumentiert werden. Doch auch in normalen Zellen liegt eine Vielzahl an lokalen Änderungen der Kopienzahl vor, die einen weiteren Mechanismus zur Regulation darstellen. Während solche Analysen ursprünglich an Metaphasen-Chromosomen durchgeführt wurden, konnte die Auflösung durch die Einführung einer chipbasierten Variante wesentlich verbessert werden, obwohl jedes Fragment auf dem Microarray üblicherweise nur als Repräsentant für einen wesentlich größeren DNA-Bereich – meist im Bereich einer Megabase – diente. Eine bessere Auflösung wurde für bestimmte Genomabschnitte durch eine kontinuierliche Abdeckung mit überlappenden Fragmenten erreicht. Mittlerweile besitzen selbst Microarrays mit kurzen Oligonucleotiden eine Qualität, die für solche Studien hinreichend ist. Damit kann jede gewünschte Auflösung erreicht werden, wenn aus Kapazitätsgründen auch nicht für das ganze Genom. Aber auch für diese Anwendung haben die heutigen Sequenziertechniken chipbasierte Analysen verdrängt. Sie kombinieren eine vollständige Abdeckung des Genoms mit einer basengenauen Lokalisation der amplifizierten Bereiche, unabhängig von deren Größe. Da gleichzeitig die Zahl der Molekülkopien gezählt werden kann, ist auch die Genauigkeit klar besser als die eines Microarrays.

### 40.2.5 Protein-DNA-Interaktionen

Eine wichtige Komponente in der Regulation der Transkription bildet die Bindung von Transkriptionsfaktoren in den Promotorbereichen. Aber auch viele andere Interaktionen zwischen Protein und DNA sind für das

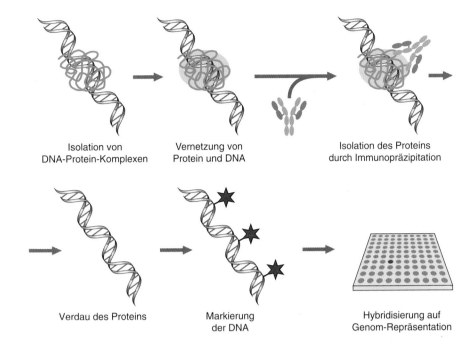

**◘ Abb. 40.7** *ChIP-on-chip*-Analyse. Protein-DNA-Komplexe werden miteinander vernetzt. Durch Einsatz eines spezifischen Antikörpers wird danach ein bestimmtes Protein isoliert. Die daran fixierte DNA wird durch einen Verdau des Proteins wieder freigesetzt. Nach einer Markierung kann durch Hybridisierung auf einen Chip, der das Genom repräsentiert, die Bindungsstelle des Proteins lokalisiert werden

Isolation von DNA-Protein-Komplexen

Vernetzung von Protein und DNA

Isolation des Proteins durch Immunopräzipitation

Verdau des Proteins

Markierung der DNA

Hybridisierung auf Genom-Repräsentation

Funktionieren einer Zelle wichtig (▶ Kap. 36). Die Position dieser Art an Interaktion kann über Chromatin-Immunpräzipitation (ChIP) und anschließende Analyse der dadurch isolierten DNA auf Microarrays (*ChIP-on-chip*, ◘ Abb. 40.7) bestimmt werden. Dazu werden alle an DNA gebundenen Proteine kovalent mit der DNA vernetzt. Anschließend wird ein Antikörper benutzt, um das gewünschte Protein zu isolieren. Durch dessen Vernetzung mit der DNA wird automatisch auch das entsprechende DNA-Fragment isoliert. Nach einem enzymatischen Verdau des Proteins und nachfolgender Markierung der DNA wird diese dann auf einen Chip hybridisiert, der das analysierte Genom repräsentiert. Die Bindestelle der DNA-Probe markiert die genomische Lokalisation der Bindungsstelle des untersuchten Proteins. Für diese Art der Analyse sind sowohl die Spezifität der jeweiligen Protein-DNA-Interaktion als auch die Selektivität des Antikörpers von kritischer Bedeutung. Mittels dieses Verfahrens konnte beispielsweise funktionelle Information hinsichtlich der zellulären Regulation der Transkription in Hefe gewonnen werden. Praktisch die gesamte Transkriptionsmaschinerie konnte in stationären Zellen gefunden werden, war aber allgemein inaktiv. RNA-Polymerase Il ist in den Promotorbereichen oberhalb von einigen Hundert Genen vorhanden, die für eine schnelle Reaktion der Zellen auf die Zugabe von Nährstoffen wichtig sind. Damit ist sichergestellt, dass Hefezellen unmittelbar und unverzüglich auf eine Änderung ihrer Umweltbedingungen reagieren können. Mittlerweile wird für ChIP-Analysen ebenfalls Sequenzierung verwendet. Die daraus resultierende Sequenzinformation kann mit der Sequenz des Gesamtgenoms abgeglichen werden,

um so die Bindungsstelle des Proteins festzustellen.

Auch Information über die Spezifität und Stärke von DNA-Protein-Interaktionen kann auf DNA-Microarrays gemessen werden. Allerdings binden die meisten sequenzspezifischen Proteine an Doppelstrang-DNA. Deshalb wurden Prozesse entwickelt, um auf der Chipoberfläche doppelsträngige DNA-Fragmente herzustellen. Neben dem direkten Aufbringen von PCR-Produkten können auch einzelsträngige Oligonucleotide in Doppelstrang umgewandelt werden. Eine Möglichkeit besteht darin, lange Oligomere zu synthetisieren, die aus selbstkomplementären Sequenzen bestehen und so in sich selbst zurückfalten. Alternativ kann auch ein kurzer endständiger Bereich von Selbstkomplementarität für eine Polymerasereaktion genutzt werden. Letzteres erfordert eine Fixierung der Oligonucleotide am 5'-Ende und damit bei der In-situ-Synthese eine spezielle Chemie, da chemische DNA-Synthese üblicherweise in 3'–5'-Richtung verläuft. Zur Analyse des Bindungsverhaltens von Transkriptionsfaktoren wurden beispielsweise Microarrays genutzt, die alle möglichen 10-bp-Sequenzen tragen.

## 40.2.6 Genomweite Identifizierung funktionell-essenzieller Gene

Um die Funktion und Wichtigkeit eines Gens bzw. des Genprodukts zu analysieren, ist eine Blockierung seiner Aktivität durch RNAi eine wichtige Methode (▶ Abschn. 41.2). RNAi hat jedoch den Nachteil, dass sich ihre Konzentration in den Zellen durch Zellteilung und Abbau verringert. Gleichzeitig ist die Synthese auf-

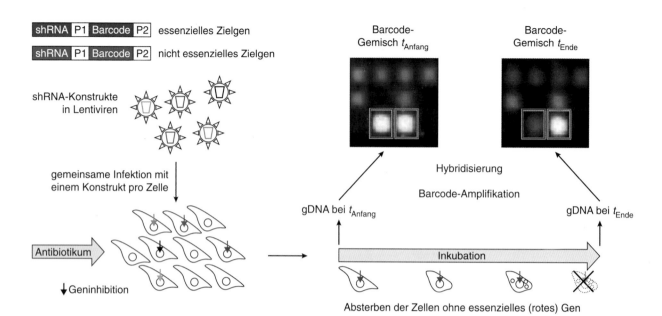

**Abb. 40.8** Schematische Darstellung einer genomweiten Inhibitionsanalyse. Ein Gemisch von shRNA-Konstrukten wird über Lentiviren in menschliche Zellen eingeführt. Beispielhaft repräsentiert das rote Konstrukt eine shRNA, deren Zielgen für die Zelle lebenswichtig ist. Nachdem Zellen ohne Konstrukt durch Zugabe eines Antibiotikums entfernt wurden, werden alle Zellen gemeinsam unter Testbedingungen inkubiert. Am Anfang und Ende der Inkubation wird die genomische DNA der Zellen isoliert. Nach gemeinsamer Amplifikation und Markierung werden die Barcode-Bereiche auf Microarrays hybridisiert, die die Barcode-Sequenzen repräsentieren. Während die Menge des rechten (blau markierten) Konstrukts gleich geblieben ist, hat sich die Menge des linken (rot markierten) Konstrukts merklich verringert, da das Zielen der shRNA für das Wachstum der infizierten Zellen essenziell ist

wendig, und es können nur relativ wenige RNAi-Moleküle gleichzeitig eingesetzt werden. Alternativ können künstliche RNAi-Gene (*short-hairpin-RNA*, shRNA, ► Abschn. 41.2.3) in die Zellen eingebracht werden, die dort ins Genom integrieren und kontinuierlich stark exprimiert werden. Im weiteren Verlauf führt die zellinterne Verarbeitung der shRNA zum Abbau komplementärer mRNA und somit zur Inhibition des gewünschten Gens. Ein solcher Ansatz erlaubt, alle Gene gleichzeitig in einem einzigen Experiment zu untersuchen.

Dazu werden sämtliche shRNA-Expressionskonstrukte in Lentiviren verpackt, mittels Transduktion in Zellen eingebracht und dort in das Genom integriert (► Abb. 40.8). Die gemeinsame Transduktion aller Konstrukte geschieht dabei in einer Art und Weise, die verhindert, dass mehr als ein Konstrukt pro Zielzelle integriert. Folglich wird in jeder Zelle maximal die Expression eines einzelnen Gens inhibiert. Nach erfolgreicher Transduktion und Selektion infizierter Zellen durch Antibiotikazugabe werden die Zellen für eine definierte Zeit kultiviert und währenddessen geeigneten Testbedingungen unterworfen. Prinzipiell führt über die Dauer des Tests die Inhibition eines Gens, welches unter Testbedingungen entscheidend für Proliferation oder Apoptose der Zellen ist, zu einer Verminderung beziehungsweise Anreicherung der Anzahl an Zellen mit dem entsprechenden shRNA-Expressionskonstrukt.

Zur Bestimmung der Häufigkeit derartiger shRNA-Expressionskonstrukte in dem Gemisch dienen sog. *Barcode-Sequenzen*. Diese bestehen aus einer für jedes Konstrukt einzigartigen, 60 Nucleotide langen DNA-Sequenz. Der spezifische Barcode ist Teil eines jeden genomisch integrierten shRNA-Expressionskonstrukts und kann mittels eines für alle Expressionskonstrukte gleichen PCR-Primerpaars amplifiziert werden. Diese Barcode-Sequenzen werden von der genomischen DNA amplifiziert, die am Anfang und Ende des Tests aus allen Zellen gemeinsam gewonnen wird (► Abb. 40.8). Das PCR-Produkt wird fluoreszenzmarkiert und auf Microarrays hybridisiert, die Sonden tragen, die zu den Barcode-Sequenzen komplementär sind. Das Signalintensitätsverhältnis zwischen Beginn und Ende der Inkubation dient schließlich der Identifizierung von shRNA-Expressionskonstrukten, welche im Testgemisch angereichert oder vermindert vorkommen. Auch hierbei wird der Microarray mittlerweile durch Sequenzierung ersetzt, da so die genaue Kopienzahl jedes Konstrukts bestimmt werden kann und quantitative Aussagen möglich sind.

Der ursprüngliche Ansatz diente der Identifizierung von essenziellen Hefegenen. Anstelle von shRNA-Konstrukten wurden dort die Gene durch Mutation vollständig entfernt. Statt eines deletierten Gens trug dabei jede Mutante zwei Barcode-Sequenzen. In diesen Analysen wurden bis zu 6000 Mutanten parallel analysiert. In menschlichen Zellen und mit den shRNA-

Konstrukten wurden bereits Gemische mit 25.000 Konstrukten und somit 25.000 unterschiedlichen Zellen angesetzt, sodass eine vollständige genomische Analyse in einem Experiment möglich ist. Das grundlegende Prinzip wird mit der gleichen Zielsetzung ebenfalls auf CRISPR-Cas Analysen angewendet. Bibliotheken von 260.000 Konstrukten haben dabei bereits Anwendung gefunden, sodass für jedes Gen etwa zehn unterschiedliche Konstrukte eingesetzt werden.

## 40.3 Molekülsynthese

### 40.3.1 DNA-Synthese

Durch eine Kombination von Synthesen an einer festen Phase und Phosphoramidit-Chemie ist die Automation der DNA-Synthese sehr weit fortgeschritten. Für biomedizinische Zwecke gab es in den letzten Jahren zwei diametral unterschiedliche Tendenzen. Für einige Anwendungen, wie den Nutzen von Oligomeren als therapeutische Agenzien, sind Gramm- bis Kilogramm-Mengen von relativ wenigen Molekülen notwendig. In der Molekularbiologie dagegen reichen häufig Piko- oder gar Femtomol-Mengen eines Moleküls aus, aber sehr viele verschiedene Moleküle werden benötigt. Bereits durch ihr Design sind Oligomer-Microarrays grundsätzlich ideale Werkzeuge für die Synthese vieler Oligonucleotide verschiedener Sequenz. Diese Entwicklung wurde erfolgreich vorangetrieben und führte zu Systemen, die es erlauben, ganze Gene zu synthetisieren. Durch programmierbare In-situ-Synthese auf Microarrays lassen sich beliebige Sequenzen erzeugen. Da sich bei der Synthese auf Chipoberflächen mittlerweile nahezu quantitative Ausbeuten erreichen lassen, können auch längere Fragmente synthetisiert werden. Auch ist die chemische Syntheserichtung frei wählbar. Hierdurch lassen sich entweder die 5'- oder die 3'-Enden der Moleküle genau definieren. Bei einer Synthese in 5'–3'-Richtung ist es zusätzlich möglich, alle Abbruchprodukte, die nicht die volle gewünschte Lange erreicht haben, zu blockieren, sodass nur Moleküle voller Länge in der nachfolgenden Reaktion für Polymerasen ein Substrat darstellen. Nach der Synthese werden die Oligomere eluiert und in Lösung oder kontrolliert nach Hybridisierung auf einen weiteren DNA-Microarray miteinander verbunden. Grundsätzlich lassen sich so beliebig lange Molekülketten bilden.

### 40.3.2 Chipgebundene Proteinexpression

Viele Proteine lassen sich nicht sonderlich gut in *Escherichia coli* oder anderen zellulären Systemen exprimieren. Für die Expression solcher Moleküle wie auch die Herstellung von Proteindomänen ist die Produktion von Proteinen in zellfreien Systemen von Vorteil. Eine Methode dazu ist die In-situ-Synthese von Proteinen direkt an chipgebundenen DNA-Molekülen (■ Abb. 40.9). PCR-Produkte mit entsprechenden Promotorsequenzen dienen dabei als Vorlage für eine *in vitro*-Transkription und -Translation. Anstatt die DNA-Fragmente aufzubringen, können sie durch eine Kombination aus chemischer Synthese und anschließender PCR in situ produziert werden. Durch die chemische Oligomersynthese werden passende Primermoleküle auf dem Chip synthetisiert. Nach Zugabe einer RNA bzw. einer daraus erstellten cDNA werden über eine PCR die Gene auf den Microarray kopiert. Dabei beinhalten sie alle Variationen wie Deletionen oder Mutationen, die beispielsweise in den Genen eines Patienten vorliegen, dessen RNA benutzt wird. Durch eine anschließende *in vitro*-Transkription und Translation werden die Proteine bereits während der Synthese so modifiziert, dass sie unmittelbar nach der Synthese direkt neben den DNA-Molekülen an der Chipoberfläche binden. Hierdurch entfällt eine aufwendige und komplizierte Aufreinigung. Die Technologie hat sich schon so weit etabliert, dass mehr als 90 % der Proteine als Moleküle voller Länge vorliegen. Gleichzeitig können von einem DNA-Microarray viele Protein-Microarray-Kopien produziert werden. Dazu wird wie bei einem Sandwich ein zweiter, zunächst leerer Microarray auf den DNA-Microarray gelegt. Die *in vitro*-Transkription und Translation erfolgt im Zwischenraum. Die erstellten Proteine binden in diesem Fall auf dem zweiten Microarray, sodass dieser ein dem ursprünglichen DNA-Muster entsprechendes Proteinmuster trägt. Da der DNA-Microarray während der Reaktion nicht verändert wird, kann er für nachfolgende Läufe wieder verwendet werden.

## 40.4 Neue Ansätze

### 40.4.1 Eine universelle Chip-Plattform

Die meisten Microarray-Plattformen zielen auf die Beantwortung einer bestimmten Fragestellung. Das bedeutet, dass für jede Analyseform und jeden Organismus ein spezifischer Microarray produziert werden muss. Gleichzeitig würden viele Reaktionen, die auf der Oberfläche der Microarrays durchgeführt werden, in Lösung wesentlich besser funktionieren. Um diese Problematik zu umgehen, besteht die Möglichkeit, durch die Verwendung eines Microarrays, der einen festen Satz an allgemein anwendbaren Oligonucleotiden trägt, den tatsächlichen Test und seine Analyse zu trennen.

Auf dem Microarray liegen Oligonucleotide – sog. *Zip-Code-Sequenzen* –, die alle ausschließlich daraufhin optimiert sind, möglichst unterschiedlich zu sein, um

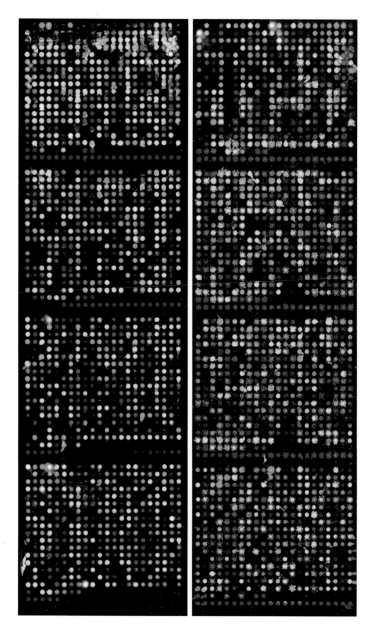

◘ **Abb. 40.9** In-situ-Synthese von Proteinen. Auf zwei Microarrays wurden PCR-Produkte immobilisiert, die jeweils etwa 1600 menschliche Gene repräsentieren. Nach In-situ-Transkription und Translation wurden die neu entstandenen Proteine mit zwei fluoreszenzmarkierten Antikörpern kenntlich gemacht, die Modifikationen am Amino- bzw. Carboxyende erkennen. Etwa 70 % der Proteine lagen in voller Länge vor

**40**

eine Kreuzhybridisierung zu vermeiden. Gleichzeitig haben sie ähnliche thermodynamische Eigenschaften, sodass die Bindung einer komplementären DNA bei gleichen Bedingungen ähnlich gut und selektiv verläuft. Dieses eine Chipdesign kommt dann für alle Analyseformen zur Anwendung. Der tatsächliche Test erfolgt in Lösung. Unabhängig davon, ob dazu ein Oligonucleotid, ein Protein oder ein anderes Molekül zum Einsatz kommt, trägt es eine kurze DNA-Sequenz, die zu je einem *Zip-Code*-Molekül des Microarrays komplementär ist. Die verschiedenen Analysereaktionen erfolgen in Lösung. Erst anschließend werden sie durch eine Hybridisierung der kurzen DNA-Sequenz an den *Zip-Code*-Microarray physikalisch getrennt und dadurch die erzielten Ergebnisse separat auslesbar. Zur Vermeidung von Kreuzreaktionen können *zip-code* und molekülge-

bundene DNA-Sequenz aus enantiomerer Spiegelbild L-DNA synthetisiert werden, die mit normaler DNA nicht interagiert, aber ansonsten identische biophysikalische und chemische Eigenschaften besitzt.

### 40.4.2 Strukturanalysen

Strukturelle Variation ist in der Analyse von DNA immer noch ein unterentwickeltes und unterschätztes Feld. Dabei sind die Konsequenzen aus strukturellen Variationen hinsichtlich regulativer Prozesse enorm. Bereits der helikale Winkel in einer DNA-Doppelhelix schwankt zwischen 30° und 40°. Die genaue Struktur ist abhängig von der Sequenz und ist u. a. von zentraler Bedeutung für den Erkennungsprozess vieler DNA bindender Proteine. Außerdem liegt DNA in Konformationen vor, die sehr stark von der typischen rechtshelikalen Doppelhelix abweichen. So bilden beispielsweise Sequenzen aus alternierenden Purinen und Pyrimidinen und besonders Bereiche, die aus dem Dinucleotid d(CG) bestehen – und ganz speziell methylierte CpG-Regionen – unter physiologischen Bedingungen leicht die linkshelikale Z-DNA-Struktur aus. Dieser Zusammenhang zwischen möglicher Strukturänderung und der Häufigkeit, mit der CpG in Promotorregionen auftauchen, die zusätzlich auch noch ihren Methylierungszustand verändern können, könnte natürlich Zufall sein. Bisher wurde noch keine Funktion für Z-DNA gefunden. Allerdings wurden auch meist längere Bereiche alternierender Purine und Pyrimidine auf mögliche funktionelle Aspekte hin untersucht. Unter Umständen reicht aber bereits ein Dinucleotid für eine funktionell relevante Transition in der DNA-Struktur aus.

Unabhängig von der Sequenz kann auch die Topologie der DNA auf Microarrays modifiziert und dadurch nach Effekten struktureller Änderungen gesucht werden. Durch die Fixierung beider Enden eines linearen DNA-Moleküls an der Chipoberfläche können enzymatisch in jeder Richtung Windungen eingeführt werden. Sogar DNA mit starken Überstrukturen *(supercoils)* kann auf diese Weise hergestellt werden. Es ist bekannt, dass DNA die Kapazität besitzt, Information über die Struktur anstelle der Basenzusammensetzung zu speichern, sodass solche Analysen völlig neuen Einsichten in DNA-basierte Regulationsvorgänge geben können.

### 40.4.3  Jenseits von Nucleinsäuren

Viele der grundlegenden Techniken, die für die Analyse von Nucleinsäuren mittels DNA-Microarrays entwickelt wurden, können und werden für Studien anderer Molekülklassen adaptiert. Dies gilt für Proteine ebenso wie für Zuckermoleküle, Gewebeschnitte oder gar lebende Zellen. Speziell im Bereich der Proteomanalyse haben chipbasierte Analysen einen enormen Schritt vorwärts gemacht. Durch die Verwendung von Antikörper-Microarrays können Expressionsunterschiede studiert werden. Neben der reinen Mengenänderung lassen sich gleichzeitig strukturelle Unterschiede nachweisen. Die Hauptlimitierung liegt zurzeit im Bereich der Antikörper (▶ Abschn. 6.1). Während in der Antibodypedia-Datenbank mehr als 4.000.000 Antikörper aufgelistet sind, ist die Affinität und/oder Spezifität von vielen nicht ausreichend, oder sie binden nur denaturierte Proteine. Aber es gibt weltweit Initiativen, Antikörper von gut charakterisierter Qualität für alle Proteine des Menschen herzustellen. Zusätzlich werden auch andere Strukturen herangezogen, wie etwa rekombinante Antikörperfragmente, Affibodies, DARPins oder Aptamere

(▶ Abschn. 20.6.2), um zu einem vollständigen Satz an Bindemolekülen für alle erdenklichen Anwendungen zu kommen.

Es existieren auch Microarrays mit einem Proteinrepräsentanten jedes Gens des Menschen (und anderer Organismen), auf denen Protein-Interaktionen untersucht werden. Genutzt werden sie beispielsweise für Untersuchungen zu Interaktionen aller menschlichen Transkriptionsfaktoren mit genomischer DNA. Dabei wurde u. a. festgestellt, dass viele Transkriptionsfaktoren neben ihrer Bindung an unmethylierte DNA gänzlich andere DNA-Motive binden, wenn DNA methyliert ist. Diagnostisch von Interesse ist eine Analyse der im Serum eines Patienten vorliegenden Antikörper. Durch deren Bindung an Protein-Microarrays können Aussagen getroffen werden, welche Antigene zu einer Immunreaktion geführt haben. Damit lassen sich mikrobielle Proteine und damit Infektionen genauso gut bestimmen wie etwa Autoimmunreaktionen.

Durch die Möglichkeit, die Belegpunkte eines Microarrays wiederholt anzusteuern und sequenziell zu untersuchen – etwa durch eine massenspektrometrische Analyse nach einer optischen Auswertung –, können mehr und mehr Molekülklassen in Kombination oder gar auf der gleichen Chip-Plattform analysiert werden. Ein Ausbau und eine Expansion in experimentell immer komplexere Systeme wird eine Richtung zukünftiger Entwicklungen sein, während viele, wenn nicht alle, rein DNA-basierte Analysen durch Sequenzierung ersetzt werden. Die Integration der gewonnenen Information stellt bereits heute einen essenziellen Punkt für die Auswertung der Daten dar und wird in Zukunft nicht unbedingt erst *in silico* erfolgen.

## Literatur und Weiterführende Literatur

Hoheisel et al (1993) Relational genome analysis based on hybridisation techniques. Ann Biol Clin 50:827–829

### Weiterführende Literatur

Berger MF, Bulyk ML (2009) Universal protein-binding microarrays for the comprehensive characterization of the DNA-binding specificities of transcription factors. Nat Protoc 4:393–411

Boettcher et al (2018) Dual gene activation and knockout screen reveals directional dependencies in genetic networks. Nat Biotechnol 36:170–178

Brazma et al (2001) Minimum information about a microarray experiment (MIAME) – toward standards for microarray data. Nat Genet 29:365–371

Brennan DJ, O'Connor DP, Rexhepaj E, Ponten F, Gallagher WM (2010) Antibody-based proteomics: fast-tracking molecular diagnostics in oncology. Nat Rev Cancer 10:605–617

Cantor CR, Mirzabekov A, Southern E (1992) Report on the sequencing by hybridisation workshop. Genomics 13:1378–1383

Drmanac R, Labat I, Brukner I, Crkvenjakov R (1989) Sequencing of megabase plus DNA by hybridisation: theory of the method. Genomics 4:114–128

Gains W, Smith G (1988) A novel method for nucleic acid sequence determination. J Theor Biol 135:303–307

Hoheisel JD (2006) Microarray technology: beyond transcript profiling and genotype analysis. Nat Rev Genet 7:200–210

Khrapko K, Lysov Y, Khorlyn A, Shick V, Florentiev V, Mirzabekov A (1989) An oligonucleotide hybridization approach to DNA sequencing. FEBS Lett 256:118–122

Maskos U, Southern EM (1992) Oligonucleotide hybridisations on glass supports: a novel linker for oligonucleotide synthesis and hybridisation properties of oligonucleotides synthesised in situ. Nucleic Acids Res 20:1679–1684

Moffat et al (2006) A lentiviral RNAi library for human and mouse genes applied to an arrayed viral high-content screen. Cell 124:1283–1298

Poustka et al (1986) Molecular approaches to mammalian genetics. Cold Spring Harb Symp Quant Biol 51:131–139

Ramachandran et al (2004) Self-assembling protein microarrays. Science 305:86–90

Schena M, Shalon D, Davis RW, Brown EO (1995) Quantitative monitoring of gene expression patterns with a complementary DNA microarray. Science 270:467–470

Syafrizayanti et al (2017) Personalised proteome analysis by means of protein microarrays made from individual patient samples. Sci Rep 7:39756

Tian et al (2004) Accurate multiplex gene synthesis from programmable DNA microchips. Nature 432:1050–1054

40

# Silencing-Technologien zur Analyse von Genfunktionen

*Jens Kurreck*

## Inhaltsverzeichnis

**41.1    Antisense-Oligonucleotide – 998**
41.1.1   Wirkweisen von Antisense-Oligonucleotiden – 999
41.1.2   Modifikationen von Oligonucleotiden zur Steigerung der Nucleasestabilität – 1000
41.1.3   Einsatz von Antisense-Oligonucleotiden in Zellkultur und in Tiermodellen – 1002

**41.2    RNA-Interferenz und microRNAs – 1003**
41.2.1   Grundlagen der RNA-Interferenz – 1003
41.2.2   Anwendung der RNAi-Technologie – 1004
41.2.3   RNA-Interferenz durch Expressionsvektoren – 1005
41.2.4   Genomweite Screens mit RNAi – 1005
41.2.5   microRNAs – 1006

**41.3    CRISPR/Cas-Technologie – 1007**
41.3.1   Biologische Funktion des CRISPR/Cas-Systems – 1008
41.3.2   CRISPR/Cas-Anwendungen in eukaryotischen Zellen – 1008

**41.4    Induzierte pluripotente Stammzellen – 1010**

**41.5    Ausblick – 1011**

Literatur und Weiterführende Literatur – 1012

© Springer-Verlag GmbH Deutschland, ein Teil von Springer Nature 2022
J. Kurreck et al. (Hrsg.), *Bioanalytik*, https://doi.org/10.1007/978-3-662-61707-6_41

- Durch die Generierung von *Loss-of-Function*-Phänotypen kann die Funktion von Genen in Zellen analysiert werden.
- Antisense-Oligonucleotide sind kurze einzelsträngige DNA Polymere, die sich durch komplementäre Basenpaarung an eine Ziel-mRNA anlagern und diese so stilllegen.
- RNA-Interferenz-Ansätze nutzen einen zellulären Mechanismus, bei dem kurze doppelsträngige RNA-Moleküle eine Ziel-mRNA spezifisch zerstören und so die Synthese des codierten Proteins verhindern.
- In den vergangenen Jahren ist die große Bedeutung von microRNAs für die Regulation der zellulären Genexpression offensichtlich geworden, sodass deren Erforschung für das Verständnis zellulärer Prozesse von hoher Relevanz ist.
- Die CRISPR/Cas-Technologie ermöglicht es, spezifische Änderungen im (menschlichen) Genom vorzunehmen. Auf diese Weise können beispielsweise Gene ausgeschaltet oder Mutationen eingeführt werden.
- Durch genomisches Editieren in induzierten pluripotenten Stammzellen und deren anschließende Differenzierung können Krankheitsmodelle etabliert werden, die die Analyse von Pathomechanismen und die Entwicklung therapeutischer Substanzen ermöglichen.

In der postgenomischen Ära, die mit dem Abschluss der Sequenzierung des humanen Genoms begann, stellt es eine große Herausforderung dar, die Funktion der rund 20.000 menschlichen Gene und ihre Bedeutung bei verschiedensten Erkrankungen zu analysieren. Noch immer ist die biologische Funktion von über einem Drittel der Gene nicht geklärt. Auch von Genprodukten, die mechanistisch bereits intensiv erforscht wurden, ist oftmals die Relevanz in einem speziellen Zusammenhang nicht bekannt. Beispielsweise kann es wichtig sein, die genaue Bedeutung einer Kinase bei der Signalweiterleitung in einer Krebszelle zu analysieren. Eine Möglichkeit, die Rolle eines Gens zu erforschen, besteht darin, seine Expression zu blockieren und den resultierenden *Loss-of-Function*-Phänotyp zu untersuchen. Hierbei kann unterschieden werden zwischen Technologien, die auf der Ebene der mRNA ansetzen – man spricht dann vom posttranskriptionalen Gene Silencing –, und solchen, die auf der genetischen Ebene ansetzen und durch *Gene Editing* die DNA-Sequenz verändern. Zu den anti-mRNA Technologien gehören Antisense-Oligonucleotide und die RNA-Interferenz (RNAi), die zum spezifischen Silencing eines Gens eingesetzt werden können. In den vergangenen Jahren hat aber auch das Gene Editing durch die Entwicklung der CRISPR/Cas-Technologie einen enormen Fortschritt gemacht. Sie kann nicht nur an ausdifferenzierten Zellen, sondern auch an induzierten pluripotenten Stammzellen (iPSCs) angewandt werden, um spezifische Krankheitsmodelle zu etablieren

und Pathomechanismen zu analysieren. Die ungeheure Dynamik des Feldes zeigt sich auch darin, dass zahlreiche Techniken, die noch in der letzten Ausgabe dieses Lehrbuches beschrieben wurden, aus Platzgründen nicht mehr behandelt werden, weil sie an Bedeutung verloren haben, wohingegen zentrale Methoden wie die CRISPR/Cas-Technologie oder die Verwendung von iPSCs neu aufgenommen wurden.

Die Silencing-Technologien werden in der Grundlagenforschung zur Funktionsanalyse von Genen eingesetzt, in der angewandten pharmakologischen Forschung spielen sie eine große Rolle bei der Targetvalidierung. Hierunter versteht man, dass ein mögliches neues Zielmolekül für einen zu entwickelnden Wirkstoff daraufhin untersucht wird, ob es tatsächlich die vermutete Rolle im Krankheitsgeschehen spielt. Beispielsweise kann durch die Silencing-Technologien ein neu entdeckter Ionenkanal ausgeschaltet werden, um zu überprüfen, ob er von Bedeutung für das chronische Schmerzgeschehen ist. Die RNAi-Technologie und die Methode des CRISPR/Cas eignen sich auch für genomweites Screening. Dabei wird nicht nur ein einzelnes Gen inaktiviert, vielmehr werden selektiv sämtliche Gene des (menschlichen) Genoms ausgeschaltete. So kann man beispielsweise umfassend analysieren, welche Gene für eine Virusinfektion oder die Entstehung eines Tumors von Bedeutung sind. Schließlich haben sämtliche der hier beschriebenen Technologien auch ein großes therapeutisches Potenzial und werden in zahlreichen klinischen Studien eingesetzt bzw. sind bereits als Medikamente zugelassen. In diesem Kapitel soll der Fokus allerdings auf der Anwendung der Silencing-Technologien zur Analyse zellulärer Funktionen liegen.

## 41.1 Antisense-Oligonucleotide

Kurze einzelsträngige Oligonucleotide können sich durch Watson-Crick-Basenpaarung spezifisch an eine Ziel-RNA anlagern. Da sie komplementär zu der RNA sind, welche die sinnvolle genetische Information enthält (engl. *sense*, Sinn), werden diese Moleküle als **Antisense-Oligonucleotide** bezeichnet. Durch die Anlagerung an die Ziel-RNA inhibieren sie entweder deren Funktion oder sie beeinflussen deren Prozessierung, beispielsweise das Spleißen einer mRNA.

Bereits in den späten 1970er-Jahren beschrieben die US-amerikanischen Wissenschaftler Paul Zamecznik und Maria Stevenson erstmals das Prinzip, dass die Expression eines Gens durch ein relativ kurzes, synthetisches Oligodesoxyribonucleotid spezifisch gehemmt werden kann. Sie synthetisierten ein 13 Nucleotide langes Antisense-Oligodesoxyribonucleotid, dessen Sequenz komplementär zu einer Region der RNA des

Rous-Sarkom-Virus war. Durch Zugabe dieses Oligo-desoxyribonucleotids zur Zellkultur wurde das Wachstum des Virus in den Zellen gehemmt.

---

**Rous-Sarkom-Virus**

Retrovirus, das Geflügel infiziert und Tumorwachstum auslösen kann.

---

Seit dieser Entdeckung wurde die Antisense-Technologie kontinuierlich weiterentwickelt. Heute werden in der Regel 14–18 Nucleotide lange Oligonucleotide eingesetzt, von denen mathematisch gezeigt werden kann, dass ihre komplementäre Bindungssequenz statistisch mit sehr hoher Wahrscheinlichkeit nur einmal im gesamten Genom des Menschen vorkommt. Somit kann so ein Antisense-Molekül spezifisch mit einer einzigen mRNA hybridisieren und deren Expression hemmen. Im Folgenden werden zunächst die Mechanismen beschrieben, über die Antisense-Oligonucleotide wirken, bevor auf deren chemische Modifikation eingegangen wird, durch die sie für die Anwendung in einem biologischen System stabilisiert werden, um länger wirksam zu sein.

### 41.1.1 Wirkweisen von Antisense-Oligonucleotiden

Antisense-Oligonucleotide hybridisieren mit Zielsequenzen in der einzelsträngigen mRNA, die komplementär zu ihrer eigenen Sequenz sind. Sie können nach verschiedenen Mechanismen wirken, von denen die drei wichtigsten im Folgenden näher beschrieben werden sollen:

- Induktion eines RNA-abbauenden Enzyms, der Ribonuclease H (RNase H)
- Hemmung der Translation
- Veränderung des Spleißens der RNA

**Induktion der RNase H**  Der wichtigste Mechanismus, über den Antisense-Oligonucleotide zum Abbau einer Ziel-mRNA führen, ist die Induktion einer zellulären Endonuclease, die als Ribonuclease H (RNase H) bezeichnet wird. Sie wird in fast jeder Zelle exprimiert und spielt bei der DNA-Replikation eine bedeutende Rolle. Die wesentliche Eigenschaft der RNase H besteht in der Fähigkeit, DNA-RNA-Hybride zu erkennen und in den Hybriden den RNA-Anteil abzubauen. Genau diesen Mechanismus macht man sich bei Antisense-Ansätzen zunutze ( Abb. 41.1): Ein Antisense-Oligodesoxyribonucleotid hybridisiert mit seiner komplementären mRNA-

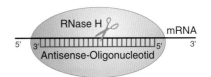

 **Abb. 41.1** Induktion der RNase H durch Antisense-Oligonucleotide. Bindet ein Antisense-Desoxyribonucleotid an eine komplementäre mRNA, so entsteht ein DNA-RNA-Hybrid, das von der RNase H erkannt wird. Daraufhin wird die RNA-Komponente der Heteroduplex gespalten und abgebaut. Der Komplex aus der RNase H und dem Antisense Oligonucleotid kann als molekulare Schere angesehen werden. Das Oligonucleotid dissoziiert schließlich ab und kann den Abbau eines weiteren mRNA-Moleküls induzieren

Zielsequenz, und es wird eine DNA-RNA-Heteroduplex gebildet. RNase H bindet an dieses Hybrid und zerstört die RNA durch endonucleolytische Spaltung.

Durch *in vitro*-Experimente konnte nachgewiesen werden, dass die minimale Sequenzlänge des Oligodesoxyribonucleotids vier Nucleotide betragen muss, damit das resultierende Hybrid von der RNase H erkannt wird. Entsprechend ihrer physiologischen Funktion bei der DNA-Replikation ist der größte Anteil der zellulären RNase-H-Aktivität im Zellkern zu finden, sodass das Antisense-Oligonucleotid ebenfalls hierhin gelangen muss.

Zur Induktion des RNase H-vermittelten Abbaus der mRNA ist es nicht wichtig, an welchen Teil der mRNA das Antisense-Oligonucleotid bindet, doch haben Experimente gezeigt, dass die Effizienz, mit der verschiedene Antisense-Oligonucleotide den RNase H-vermittelten Abbau induzieren, stark variieren kann. Ursächlich für diese Schwankungen ist, dass mRNA komplexe Sekundär- und Tertiärstrukturen ausbildet und Proteine bindet, sodass nicht alle Teile der RNA gleich gut mit den Antisense-Oligonucleotiden hybridisieren können. Da die Endonucleaseaktivität der RNase H erst aktiviert wird, wenn das Enzym an das DNA-RNA-Hybrid bindet, wird verständlich, warum bestimmte RNA-Sequenzen sensitiver gegenüber einem Oligodesoxyribonucleotid-induzierten Abbau sind als andere.

**Hemmung der Translation**  Bei einem zweiten Mechanismus, über den Antisense-Oligonucleotide die Übersetzung einer mRNA in ein Protein verhindern, wird die Ziel-RNA nicht abgebaut. Vielmehr wird die Translation von dem Antisense-Oligonucleotid durch Blockade des Ribosoms gehemmt. Hierbei hat es sich als vorteilhaft erwiesen, wenn das Antisense-Oligonucleotid mit dem 5'-Bereich der mRNA hybridisiert und bereits den Zusammenbau des Ribosoms stört. Bindet das Antisense-Oligonucleotid dagegen erst an der translatierten Region, so kann es zwar die Elongation blockieren, aber da das Ribosom RNA-Strukturen aufwinden kann, verdrängt es unter Umständen das gebundene Antisense-Oligonucleotid, sodass die Hemmung der Elongation oftmals weniger effizient als die der Translationsinitiation ist.

**Veränderung des Spleißens** Ein dritter Mechanismus, den man sich beim Einsatz von Antisense-Oligonucleotiden zunutze macht, zielt nicht auf die Inhibition der Genexpression, sondern auf eine Modulation des Spleißens ab. Die Umsetzung der Information einer DNA-Sequenz in die entsprechende Proteinsequenz beginnt mit der mRNA-Synthese durch eine Typ-II-RNA-Polymerase. Dabei entsteht die als primäres Transkript bezeichnete prä-mRNA, die neben den codierenden Exons auch nicht codierende Introns enthält. Die Reifung der mRNA wird als Spleißen bezeichnet und erfolgt an spezifischen, stark konservierten Sequenzen, den Spleißakzeptor- und Spleißdonorstellen. Bindet nun ein Antisense-Oligonucleotid an eine dieser Sequenzen, so wird die Spleißstelle von den Proteinen und RNAs des Spleißosoms nicht mehr erkannt, und die Reifung der mRNA wird verändert. Da die mRNA bei dieser Art der Korrektur nicht durch RNase H abgebaut werden darf, muss das Antisense-Oligonucleotid aus solchen modifizierten Bausteinen zusammengesetzt sein, die keine RNase-H-Aktivität induzieren können (s. unten).

Zwei der wichtigsten Anwendungsgebiete für die Modulation des Spleißens sind die Blockade einer abnormalen Spleißstelle oder das gezielte Überspringen eines Exons (*exon skipping*). Der erste Fall ist beispielsweise zur Behandlung einer Form der β-Thalassämie therapeutisch einsetzbar, bei der die β-Globin-mRNA durch eine Mutation falsch gespleißt wird. Als Folge entsteht kein funktionsfähiges, zum Sauerstofftransport geeignetes Protein. Blockiert man nun die inkorrekte Spleißstelle durch ein Antisense-Oligonucleotid, so wird die abnormale Spleißstelle übergangen, und die mRNA wird wieder korrekt gespleißt, sodass funktionsfähiges β-Globin-Protein entsteht (◻ Abb. 41.2). Bei einer anderen Erkrankung, der Duchenne-Muskeldystrophie, werden Antisense-Oligonucleotide eingesetzt, die eine Spleißstelle maskieren und so zum Überspringen eines fehlerhaften Exons führen. Diese Moleküle wurden bereits zum therapeutischen Einsatz zugelassen.

## 41.1.2 Modifikationen von Oligonucleotiden zur Steigerung der Nucleasestabilität

Unmodifizierte RNA- oder DNA-Oligonucleotide werden in biologischen Flüssigkeiten innerhalb weniger Minuten bzw. Stunden – und damit oftmals bevor sie ihren Wirkort erreicht haben – vollständig von Nucleasen abgebaut. Daher müssen Oligonucleotide durch die Ver-

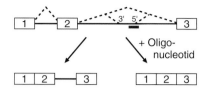

◻ **Abb. 41.2** Alternatives Spleißen der humanen β-Globin-prä-mRNA. Die Exons sind durch Kästen gekennzeichnet, Introns durch die verbindenden Linien. Die gestrichelten Linien bezeichnen die verschiedenen Spleißwege. Durch Mutationen sind bei β-Thalassämiepatienten zusätzliche Spleißstellen im β-Globingen entstanden (mit 3' und 5' bezeichnet). Die resultierende mRNA enthält ein Stück des Introns zwischen den Exons 2 und 3 (links), sodass kein funktionsfähiges Protein gebildet wird. Durch ein gegen die zusätzliche 5'-Spleißstelle gerichtetes Antisense-Oligonucleotid (fette, kurze Linie) wird die prä-mRNA wieder korrekt gespleißt (rechts)

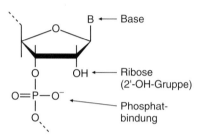

◻ **Abb. 41.3** Mögliche Positionen für Modifikationen von Nucleotiden

wendung modifizierter Nucleotidbausteine gegen nucleolytische Degradation geschützt werden. Grundsätzlich können die Nucleotide an drei Positionen verändert werden: an den Basen, dem Zucker oder der Phosphodiesterbindung (◻ Abb. 41.3). Obwohl gezeigt werden konnte, dass sich Modifikationen der Basen zu einer Erhöhung der Resistenz gegen Nucleasen eignen, spielt diese Strategie in der aktuellen Forschung nur eine untergeordnete Rolle. Im Folgenden wird daher genauer auf den weiter verbreiteten Einsatz von Derivaten mit modifizierten Phosphodiesterbindungen oder einem veränderten Zucker eingegangen.

Zahlreiche Nucleasen erkennen Einzelstrang-Oligonucleotide und spalten deren Phosphodiesterbindungen. Daher lag es nahe, diese so zu verändern, dass sie kein Substrat mehr für die Nucleasen darstellen, wodurch die Oligonucleotide längere Zeit im Serum oder in Zellen stabil bleiben. Eine der ersten und bis heute am weitesten verbreiteten Modifikationen ist das **Phosphorothioat,** bei dem eines der beiden Sauerstoffatome, die nicht direkt an der Phosphodiesterbindung beteiligt sind, durch ein Schwefelatom ersetzt ist (◻ Abb. 41.4). Oligonucleotide mit Phosphorothioatbindungen sind in humanem Serum über viele Stunden stabil. Sie lagern sich – wie Oligonucleotide mit Phosphodiesterbindungen – durch Watson-Crick–

Basenpaarung an komplementäre RNA-Moleküle an und induzieren deren Abbau durch RNase H. Allerdings haben Phosphorothioate auch einige Nachteile: So ist ihre Affinität zur Ziel-mRNA im Vergleich zu der eines unmodifizierten DNA-Oligonucleotids verringert. Außerdem binden Oligonucleotide mit Phosphorothioatbrücken an einige Proteine und können so unter Umständen toxische Nebenwirkungen auslösen. Vorteilhaft ist dabei die Bindung von Phosphorothioaten an Albumin im Blut, da sie die schnelle Ausscheidung der Oligonucleotide über die Nieren verhindert und deren Verweildauer im Blutkreislauf erhöht.

Aufgrund der zuvor beschriebenen Nachteile von Phosphorothioaten wurden Nucleotide auch an anderen Positionen modifiziert. Eine Möglichkeit besteht darin, funktionelle Gruppen mit der C2'-Position der Ribose zu verknüpfen (■ Abb. 41.4). Am häufigsten werden hierfür Methyl- oder Methoxyethylgruppen verwendet. Derartige Modifikationen verleihen den Oligonucleotiden ebenfalls eine hohe Resistenz gegenüber nucleolytischem Abbau. Die Toxizität dieser Oligonucleotide der zweiten Generation ist im Vergleich zu der von Phosphorothioaten verringert. Außerdem ist ihre Membrangängigkeit durch die Verknüpfung mit lipophilen Substituenten verbessert und ihre Affinität zur Ziel-RNA erhöht.

In ihrem Bemühen, die Eigenschaften von Oligonucleotiden weiter zu verbessern, ist es Nucleinsäurechemikern in den vergangenen Jahren gelungen, Hunderte von DNA-Analoga mit unterschiedlichsten Eigenschaften zu entwickeln, die die dritte Generation der modifizierten Bausteine bilden. Deren Vielfalt wird an den Beispielen deutlich, die in ■ Abb. 41.4 gezeigt sind. Bei den N3'-P5'-Phosphoroamidaten ist eines der Brückensauerstoffatome durch eine Aminogruppe ersetzt. In 2'-Fluoroarabino-Nucleinsäure wie auch in Morpholino-Phosphoroamidaten ist die Ribose des Nucleotids durch eine fluorsubstituierte Arabinose bzw. sogar durch einen sechsgliedrigen Ring ersetzt. *Locked Nucleic Acids* (LNAs) sind bicyclische Verbindungen, die durch eine Methylenbrücke zwischen den Atomen C2 und C4 der Ribose konformationell sehr starr sind. Viele dieser neueren Modifikationen wurden erfolgreich für Antisense-Experimente eingesetzt. Sie zeichnen sich zumeist durch hohe Nucleasestabilität, starke Affinität zur Ziel-mRNA und geringe Toxizität aus.

Ein gravierender Nachteil der meisten Oligonucleotide, die aus Monomeren mit Modifikationen an der Ribose aufgebaut sind, besteht allerdings darin, dass sie von der RNase H nicht als Substrat erkannt werden und somit nicht mehr den Abbau der Ziel-mRNA induzieren. Ein Ausweg besteht darin, chimäre Oligonucleotide zu

■ **Abb. 41.4** Häufig verwendete, modifizierte Bausteine für Antisense-Oligonucleotide

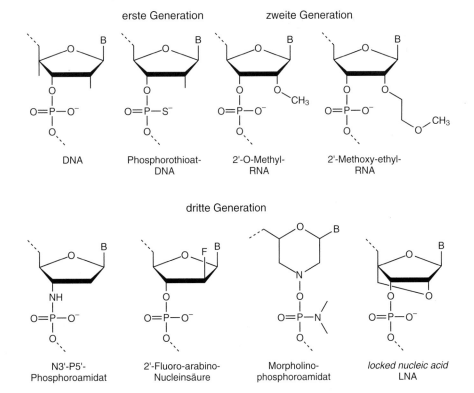

`ATCTT``GTTGACGG``TCTCA`

**◘ Abb. 41.5** Beispiel für ein Gapmer. Am 5'- und am 3'-Ende sind die ersten fünf Nucleotide modifizierte Bausteine (beispielsweise 2'-*O*-Methyl-RNA oder LNAs), die das Oligonucleotid gegen Exonucleasen schützen. Die hellblau unterlegten Monomere im Zentrum sind unmodifizierte Desoxyribonucleotide oder Phosphorothioate, die die Aktivierung der RNase H gewährleisten

verwenden, bei denen verschiedene Monomere miteinander kombiniert werden. Beispielsweise können die Enden des Oligonucleotids gegen die im Serum dominierenden Exonucleasen durch 2'-*O*-Methylbausteine geschützt werden. Ein Mittelstück aus 5–8 Desoxynucleotiden gewährleistet die Induktion des RNase-H-Abbaus. Derartige Oligonucleotide werden wegen der Lücke zwischen den modifizierten Nucleotiden auch als Gapmere (von engl. *gap,* Lücke) bezeichnet (◘ Abb. 41.5). Sie können noch weiter gegen Endonucleasen geschützt werden, indem die Phosphodiesterbindungen wiederum durch Phosphorothioate ersetzt werden. Interessanterweise ist die Toxizität der Phosphorothioate in diesen Kombinationen deutlich verringert.

### 41.1.3 Einsatz von Antisense-Oligonucleotiden in Zellkultur und in Tiermodellen

Antisense-Oligonucleotide sind in zahlreichen Zellkulturstudien und Untersuchungen in Tiermodellen erfolgreich eingesetzt worden. Eine der wichtigsten Hürden bei Antisense-Versuchen (wie auch bei den weiter unten diskutierten Anwendungen anderer Typen von Oligonucleotiden) ist die zelluläre Aufnahme der Oligonucleotide. Aufgrund ihrer stark negativen Ladung können sie die hydrophobe Zellmembran schlecht passieren. Für Zellkulturstudien werden Oligonucleotide daher mithilfe spezieller Transfektionsreagenzien eingebracht. Hierbei handelt es sich oftmals um kationische Lipide.

Für Anwendungen in Tiermodellen ist die Herausforderung des Transportes der Oligonucleotide zu ihrem Wirkort (das sog. *Delivery*) noch größer. Sie müssen zunächst über den Blutstrom in das Zielorgan bzw. Zielgewebe gelangen und dann dort von den Zellen aufgenommen werden. Erstaunlicherweise werden Oligonucleotide *in vivo* allerdings über einen noch nicht voll verstandenen Mechanismus bis zu einem gewissen Grad spontan von den Zellen aufgenommen. Um die Wirkung der Antisense-Oligonucleotide zu verbessern, wird aber auch für Applikationen in Tiermodellen versucht, die Transfektionseffizienz zu steigern. Hierbei werden entweder eben-

falls Lipide eingesetzt, die auch für einen Organismus nicht toxisch sind, oder die Oligonucleotide werden direkt mit Trägermolekülen (Carriern) kovalent gekoppelt. So können lipophile Moleküle, beispielsweise Cholesterol, oder Gruppen, die mit Rezeptoren auf der Zelloberfläche interagieren, die zelluläre Aufnahme der negativ geladenen Oligonucleotide stark verbessern.

Bei jedem Antisense-Experiment ist es außerordentlich wichtig, die spezifische Wirkung eines Oligonucleotids nachzuweisen. Dazu sollte die Verringerung der Expressionsstärke des Zielgens auf mRNA-Ebene durch einen Northern-Blot (▶ Abschn. 31.1.3.3) oder quantitative RT-PCR (▶ Abschn. 33.3.2) und auf Proteinebene durch Western-Blots (▶ Abschn. 6.3.3.1) nachgewiesen werden. Außerdem müssen Kontroll-Oligonucleotide mit einer unabhängigen Sequenz getestet werden, die keine Wirkungen haben dürfen. Auf diese Weise kann sichergestellt werden, dass ein beobachteter Phänotyp spezifisch durch die Inhibition einer Genexpression von einem Antisense-Oligonucleotid hervorgerufen wurde. Unspezifische Effekte können z. B. durch Abfolgen von Guanin und Cytosin, sog. CpG-Motive, ausgelöst werden, da diese eine Immunantwort hervorrufen. Diese Wirkung ist für die meisten Antisense-Anwendungen unerwünscht, wird aber in speziellen Fällen bewusst zur Krebstherapie eingesetzt.

In der Literatur ist eine große Anzahl an Studien beschrieben, in denen die Expression von Zielgenen durch Antisense-Ansätze erfolgreich inhibiert und eine Vielzahl von Themen untersucht wurden. Während sich zahlreiche biochemische Techniken zur Bearbeitung spezieller Fragestellungen eignen, etwa der Analyse von Membranproteinen oder Kinasen, besteht ein großer Vorteil der hier beschriebenen Anti-mRNA-Strategien darin, dass sie universell verwendet werden können, da alle mRNAs ähnlich aufgebaut sind, auch wenn sie unterschiedliche Proteinklassen codieren. Zumindest theoretisch lässt sich für funktionelle Studien durch Antisense-Ansätze jedes beliebige Gen herunterregulieren. Beispielsweise wurden Antisense-Strategien verwendet, um die spezifische Funktion eng verwandter Kinasen zu untersuchen, zwischen denen mit klassischen biochemischen oder pharmakologischen Methoden nicht differenziert werden kann. Auf diese Weise ließ sich ermitteln, welche Isoform für Tumorwachstum besonders relevant ist. In anderen Studien wurde untersucht, für welche Schmerzformen ein spezieller Rezeptor in der Signalweiterleitung involviert ist. Eine stetig wachsende Zahl von Oligonucleotiden wird nicht nur für analytische Zwecke genutzt, sondern auch für die Therapie schwerer Erkrankungen zugelassen.

**41**

## 41.2 RNA-Interferenz und microRNAs

### 41.2.1 Grundlagen der RNA-Interferenz

Ende der 1990er-Jahre wurde eine weitere, sehr effiziente Methode des posttranskriptionalen Gene Silencing entdeckt, die als RNA-Interferenz (RNAi) bezeichnet wird. Hierbei bewirken doppelsträngige RNA-Moleküle, dass eine ausgewählte Ziel-mRNA mithilfe zellulärer Enzyme gespalten und abgebaut wird. Für die Entdeckung und Aufklärung des RNAi-Weges wurden Andrew Fire und Craig Mello bereits 2006 mit dem Nobelpreis für Physiologie oder Medizin ausgezeichnet.

Die beiden US-amerikanischen Forscher hatten für das spezifische posttranskriptionale Silencing eines Gens im Fadenwurm *Caenorhabditis elegans* lange doppelsträngige RNA-Moleküle eingesetzt, die der Sequenz des Ziel-Gens entsprachen. Diese langen RNA-Doppelstränge werden in den Zellen zunächst von einer RNase, dem Dicer, in kurze RNA-Duplexe geschnitten, die man als **small interfering RNA** (siRNA) bezeichnet (◻ Abb. 41.6). Anschließend wird die siRNA in einen Proteinkomplex eingebaut, den *RNA-induced silencing complex* (RISC), wobei einer der beiden Stränge der doppelsträngigen RNA degradiert wird. Der andere Strang, der auch als *Guide* oder Antisense-Strang bezeichnet wird, führt den RISC zur Ziel-mRNA und hybridisiert mit dieser durch Basenpaarung. RISC enthält eine Endonuclease, ein Argonautenprotein (Ago), das die mRNA an einer definierten Stelle schneidet. Daraufhin dissoziiert der Proteinkomplex mit dem Antisense-Strang der siRNA ab und kann weitere mRNAs spalten. Die durchtrennte mRNA ist an der Schnittstelle nicht mehr durch das Cap am 5'-Ende bzw. den poly(A)-Schwanz am 3'-Ende geschützt und wird von zellulären RNasen schnell abgebaut. Wie auch beim zuvor beschriebenen Einsatz von einzelsträngigen Antisense-Oligonucleotiden wird dadurch die Synthese des Proteins unterbunden.

Bei der RNAi handelt es sich um einen evolutionär konservierten Mechanismus, der u. a. eine Rolle bei der Virusabwehr und dem Schutz vor mobilen genetischen Elementen (Transposons) spielt. Die Anwendung der RNAi als Forschungswerkzeug blieb allerdings anfänglich auf evolutionär niedere Modellorganismen beschränkt, da lange, doppelsträngige RNA-Moleküle in Säugerzellen eine Interferonantwort auslösen und zu einer generellen Blockade der Genexpression führen. Es war daher ein bedeutender Durchbruch, als Thomas Tuschl und seine Mitarbeiter im Jahre 2001 zeigen konnten, dass die kurzen, nur 21 Nucleotide langen siRNAs geeignet sind, um in Säugerzellen eine Genexpression spezifisch zu inhibieren, da die Interferonantwort erst

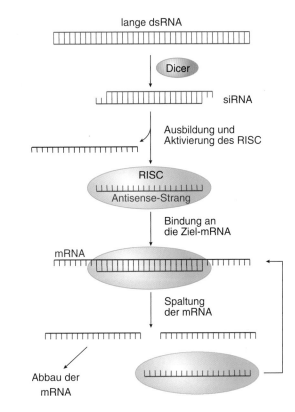

◻ **Abb. 41.6**  Mechanismus der RNA-Interferenz

```
       5'CUAAGGACCUAACAAAGUUTT3'
         | | | | | | | | | | | | | | | | | | |
     3'TTGAUUCCUGGAUUGUUUCAA5'
```

◻ **Abb. 41.7**  Typisches Beispiel einer *small interfering RNA* (siRNA)

durch doppelsträngige RNA Moleküle ausgelöst wird, die länger als 30 Nucleotide sind. In ◻ Abb. 41.7 ist ein typisches Beispiel für eine siRNA gezeigt: Sie besteht aus zwei 21 Nucleotide langen Strängen, die eine 19-mere Duplex bilden. An beiden 3'-Enden befinden sich gewöhnlich zwei überhängende Nucleotide (hier verwendet man zumeist Desoxythymidin). Durch diese Übertragung der Methode auf Säugerzellen fand die Technologie breiten Einsatz in der biomedizinischen Forschung und mittlerweile auch als neue therapeutische Strategie. Im Sommer 2018 wurde die erste siRNA, Partisiran, für die therapeutische Anwendung am Menschen zur Behandlung einer seltenen Erbkrankheit, der erblichen ATTR-Amyloidose, zugelassen.

> **Interferonantwort**
>
> Interferone sind speziesspezifische Proteine mit antiviralen und immunmodulatorischen Eigenschaften.

## 41.2.2 Anwendung der RNAi-Technologie

Die RNAi-Technologie gilt als eine der wichtigsten methodischen Neuerungen in der Molekularbiologie seit der Entwicklung der PCR. Sie ist innerhalb weniger Jahre zu einer weit verbreiteten Routinemethode in molekularbiologischen Laboren geworden, die in Tausenden von publizierten Studien eingesetzt wurde. Die Anwendungsmöglichkeiten der RNAi reichen von funktionellen Studien einzelner Gene über genomweite Screens bis hin zu therapeutischen Ansätzen. Für viele Forschungsprojekte soll die Funktion einzelner Gene durch Inhibition ihrer Expression untersucht werden. Hier führt die RNAi in der Regel wesentlich schneller zum Ziel als Antisense-Oligonucleotide. Beispielsweise können Gene, von denen man vermutet, dass sie eine Bedeutung im Krebsgeschehen haben, durch siRNAs ausgeschaltet werden. In Zellkultur oder im Tiermodell kann anschließend untersucht werden, welche Auswirkungen dies auf das Zellwachstum hat.

Für die praktische Anwendung der RNAi muss zunächst eine effiziente siRNA generiert werden, wozu spezifische Sequenzkriterien berücksichtigt werden sollten (u. a. der GC-Gehalt und die relative Stabilität der beiden Enden der Duplex). Außerdem spielt die Struktur der Ziel-mRNA eine Rolle. In zahlreichen Studien haben sich gut wirkende siRNAs als wesentlich potenter im Vergleich zu Antisense-Oligonucleotiden erwiesen, d. h., dass vergleichsweise geringe Konzentrationen benötigt werden, um ein Gen auszuschalten.

Als RNA-Moleküle sind siRNAs empfindlich gegenüber nucleolytischem Abbau. Daher ist es für längere Wirksamkeit wie auch für Anwendungen *in vivo* notwendig, die siRNAs durch chemische Modifikationen zu stabilisieren. Dabei kann auf die Erfahrungen aus dem Antisense-Feld zurückgegriffen werden, und zahlreiche der Modifikationen die in ▶ Abschn. 41.1.2 für Antisense-Oligonucleotide beschrieben wurden, werden auch für siRNAs eingesetzt. Beispielsweise kann die Halbwertszeit einer siRNA in humanem Serum durch den Einbau von 2'-O-methyl-RNA-Bausteinen deutlich erhöht werden. Dabei kann allerdings nicht jede Position in der siRNA modifiziert werden, da dies zu einem Funktionsverlust führen kann. Es muss somit getestet werden, welche Positionen sich zur Stabilisierung modifizieren lassen, ohne dass die Effizienz der siRNA verringert wird.

Ein weiterer wichtiger Schritt bei der Charakterisierung eines Gens ist dessen Untersuchung im Tiermodell. Hierzu muss allerdings eines der größten Probleme bei der Anwendung der RNAi gelöst werden, das effiziente *Delivery* der siRNAs in die Zellen des Zielgewebes. Daher wurden in den vergangenen Jahren zahlreiche Methoden für den Transfer der Oligonucleotide entwickelt. So können siRNAs – ähnlich wie dies für Antisense-Oligonucleotide beschrieben wurde – durch positiv geladene Lipide oder Nanopartikel in die Zellen geschleust werden. Für Zellkulturen steht hierbei eine große Anzahl sehr effizienter Transfektionsagenzien zur Verfügung. Während sich Zelllinien in der Regel leicht transfizieren lassen, ist das Einbringen von Oligonucleotiden in Primärzellen oftmals weniger effizient. Noch schwieriger ist das *Delivery* von siRNAs *in vivo*, da hierbei zunächst das Zielorgan erreicht werden muss, bevor die Hürde der Zellmembran genommen werden kann. Außerdem müssen spezielle *Carrier* verwendet werden, die auch für einen lebenden Organismus nicht toxisch sind.

Als Alternative zur Verwendung eines separaten *Carriers* für das *Delivery* können auch geeignete Moleküle direkt an die siRNAs gekoppelt werden. Beispielsweise ermöglichen es lipophile Moleküle wie Cholesterol, die direkt mit einer siRNA verknüpft werden, diese in Zellen einzubringen. Ein sehr erfolgreicher Ansatz ist auch die Kopplung von *N*-Acetylgalactosamin (GalNAc) an die siRNA. Das GalNAc bindet an den Asialoglykoproteinrezeptor auf der Oberfläche von Hepatozyten und führt zur endozytotischen Aufnahme der siRNA. Weiterhin wurden Strategien entwickelt, siRNAs spezifisch in Zielzellen einzuführen, indem sie mit Antikörpern oder Aptameren (hochaffinen Nucleinsäuren, ▶ Abschn. 20.6.2) gekoppelt werden, die an spezifische Oberflächenmarker binden und so die zelluläre Aufnahme ermöglichen.

Obwohl die RNA-Interferenz als eine sequenzspezifische und hocheffiziente Methode zur posttranskriptionalen Inhibition der Genexpression angesehen werden kann, muss immer bedacht werden, dass sie auch unspezifische Nebeneffekte auslösen kann. So können siRNAs unter Umständen neben ihrer Ziel-RNA weitere RNAs inhibieren, zu denen sie partiell homolog sind. Diese Nebenwirkungen werden als *Off-Target-Effekte* beschrieben. Außerdem scheinen siRNAs in einigen Fällen – in Abhängigkeit von ihrer Sequenz – eine unspezifische Interferonantwort auszulösen und auch (u. a. über den Toll-like Rezeptor-3) andere Reaktionen des angeborenen Immunsystems zu aktivieren. Bei einer zu hohen Dosis kann die künstlich hervorgerufene RNAi zelluläre Prozesse des weiter unten beschriebenen microRNA-Weges stören und somit toxisch wirken. Diese Befunde zeigen, dass RNAi-Experimente sehr genau unter Einbeziehung zahlreicher Kontrollen geplant werden müssen, die Ergebnisse sorgfältig zu interpretieren sind und dass insbesondere bei therapeutischen Ansätzen vorsichtig vorgegangen werden muss.

### 41.2.3 RNA-Interferenz durch Expressionsvektoren

Für eine alternative Strategie werden die kurzen, doppelsträngigen RNA Moleküle nicht chemisch synthetisiert und in die Zellen eingebracht, sondern in den Zellen exprimiert. Dieses Vorgehen hat zwei Vorteile: Zum einen werden die RNAs kontinuierlich synthetisiert, sodass das *Silencing* über einen längeren Zeitraum anhält, und zum anderen können virale Vektoren genutzt werden, um die Expressionskassetten effizient in die Zielzellen einzubringen.

Für die intrazelluläre Expression wird zunächst eine haarnadelförmige RNA (*hairpin*, daher spricht man auch von **short hairpin RNA** oder shRNA) gebildet, die von dem bereits erwähnten Enzym Dicer zu der typischen siRNA prozessiert wird (◘ Abb. 41.8). Die shRNA wird auf einem Expressionsvektor codiert und unter Kontrolle eines RNA-Polymerase-III-Promotors transkribiert, der für die Synthese kurzer RNAs ohne Cap-Struktur und poly(A)-Schwanz geeignet ist. Soll ein (gewebespezifischer) RNA-Polymerase-II-Promotor verwendet werden, so können sog. artifizielle microRNAs (amiRNAs) exprimiert werden, die natürliche microRNAs nachahmen und ebenfalls zu einem effizienten Silencing über den RNAi-Weg führen.

Durch die kontinuierliche intrazelluläre Transkription der doppelsträngigen RNA hält deren Wirkung vergleichsweise lange an. Es ist sogar möglich, eukaryotische Zellen stabil mit einem solchen Expressionsvektor zu transfizieren, sodass die shRNA unbegrenzt gebildet wird und das Zielgen somit dauerhaft ausgeschaltet ist. Außerdem können die Expressionskassetten – bestehend aus Promotor und shRNA-codierender Sequenz – in virale Vektoren eingebaut werden, die bereits für gentherapeutische Studien verwendet werden. Insbesondere werden Vektoren verwendet, die auf Lentiviren, Adenoviren und Adeno-Assoziierten Viren (AAV) basieren. Für die Nutzung als Genfähren werden die Viren so modifiziert, dass sie eine shRNA-Expressionskassette bzw. ein therapeutisch wirksames Gen effizient in Zielzellen einbringen und sich zudem aus Sicherheitsgründen nicht replizieren und weiterverbreiten. Von den AAVs sind zahlreiche Serotypen bekannt, die sich in ihrem Gewebetropismus unterscheiden. Durch die Auswahl eines geeigneten Serotypen kann die shRNA-Expressionskassette somit in ein spezifisches Organ zum Silencing eingebracht werden.

### 41.2.4 Genomweite Screens mit RNAi

Eine völlig neue Möglichkeit, die durch die RNAi eröffnet wurde, war die Durchführung genomweiter Screens, bei denen sämtliche Gene eines Organismus individuell stillgelegt werden. Auf diese Weise können all diejenigen Gene identifiziert werden, die an einem zellulären oder pathologischen Prozess beteiligt sind. Sowohl für das menschliche Genom als auch für Modellorganismen existieren Bibliotheken, die aus siRNAs oder vektorcodierten shRNAs gegen jedes einzelne Gen bestehen. Grundsätzlich können zwei Herangehensweisen unterschieden werden. Bei einem *arrayed screen* werden einzelne siRNAs oder shRNA-exprimierende Vektoren in separate Kavitäten einer Mikrotiterplatte eingebracht. Anhand eines phänotypischen Assays werden diejenigen Zielgene identifiziert, die in dem untersuchten biologischen Zusammenhang eine Rolle spielen. Bei einem sog. *pooled screen* werden Bibliotheken mit zahlreichen Vektoren, die verschiedene shRNAs exprimieren, in einem Ansatz zu einer Zellkultur gegeben. Wiederum werden diejenigen Zellen identifiziert, bei denen das RNAi-vermittelte Silencing den untersuchten phänotypischen Effekt hervorgerufen hat. Jede shRNA ist mit einem Barcode verknüpft. Durch Sequenzierung oder Hybridisierung mit komplementären Oligonucleotiden auf einem Array können die relevanten shRNAs und damit die Ziel-Gene identifiziert werden (vgl. ▶ Abschn. 40.2.6).

◘ **Abb. 41.8** Vektorexpression von *short hairpin RNA* (shRNA). Die shRNA wird unter Kontrolle von RNA-Polymerase-III-Promotoren transkribiert und intrazellulär zur siRNA prozessiert

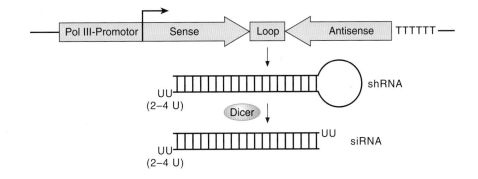

Genomweite Screens können in verschiedenen Forschungsbereichen eingesetzt werden. Beispielsweise wurden durch derartige Screens Hunderte neuer Wirtsfaktoren entdeckt, die Humane-Immundefizienz-Viren (HIV) oder Influenzaviren für die Infektion und Vermehrung benötigen. In anderen Ansätzen wurden zuvor unbekannte Faktoren identifiziert, die für die ungehemmte Proliferation von Tumorzellen verantwortlich sind.

### 41.2.5 microRNAs

Das natürliche Pendant zu den siRNAs sind zellulär exprimierte, zumeist 21–23 Nucleotide lange RNA-Moleküle, die als **microRNAs** (miRNAs) bezeichnet werden. Aktuelle Schätzungen gehen davon aus, dass es über 2000 menschliche miRNAs gibt. Ihre Hauptfunktion besteht in der Feinregulation der Genexpression.

Die miRNAs werden im Zellkern transkribiert, wobei sie Bestandteil einer längeren RNA sein können, der sog. pri-miRNA (◌ Abb. 41.9). Noch im Kern wird das lange Transkript von der RNase Drosha zu den rund 70 Nucleotide langen prä-miRNAs prozessiert, die von Exportin-5 in das Cytoplasma transportiert werden. Dort ist es wiederum Dicer, der den endgültigen Reifungsschritt vornimmt. Die reife miRNA bildet dann – ähnlich wie eine siRNA – mit einem Argonautenprotein (Ago) einen als miRISC bezeichneten Komplex. Der

genaue Mechanismus der miRNA-vermittelten posttranslationalen Repression der Genexpression ist noch nicht endgültig aufgeklärt, und vermutlich können miRNAs auf verschiedene Weise wirken. Sie binden in der Regel an die 3'-untranslatierte Region ihrer Ziel-mRNAs. Dabei ist die Basenpaarung – anders als bei siRNAs – zumeist nicht vollständig komplementär, sondern es gibt einige Fehlpaarungen. Der miRISC kann dann zu einer Repression der Translation führen. Hierbei ist es wichtig zu bedenken, dass mRNAs rückgefaltet sind, so dass sich die beiden Enden in räumlicher Nähe befinden. Auf diese Weise kann der miRISC mit dem Cap am 5' Ende der mRNA interagieren und so verhindern, dass sich der Initiationskomplex der Translation ausbildet. Zusätzlich kann die miRNA aber auch den Abbau der Ziel-mRNA induzieren. Hierbei werden zunächst der Poly-A-Schwanz am 3'-Ende abgebaut und das Cap am 5'-Ende entfernt. Dadurch verliert die mRNA wichtige Schutzelemente an ihren Enden und kann nun von Exonucleasen abgebaut werden.

Nach aktuellen Untersuchungen kontrollieren miRNAs die Expression von mehr als 60 % aller proteincodierenden Gene. Es erstaunt daher nicht, dass sie an der Regulation fast aller bislang untersuchten zellulären und pathologischen Prozesse beteiligt sind. In einem der ersten Beispiele für die Bedeutung von miRNAs in physiologischen Prozessen wurde gezeigt, dass sie die Expression von Genen steuern, die die Ausschüttung von Insulingranula auslösen. Aber auch an zahlreichen

**41**

◌ **Abb. 41.9** Schematische Darstellung des microRNA-Weges

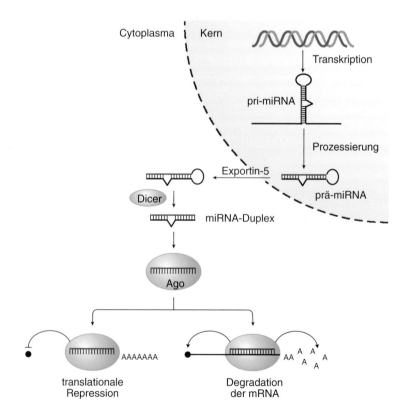

Krankheitsprozessen sind miRNAs beteiligt. So sind miRNAs bei verschiedenen Tumorarten dereguliert, was zu einer Dysregulation von Genen führen kann, die in die Kontrolle des Zellzyklus bzw. der Apoptose involviert sind. Auch existiert ein kompliziertes Wechselspiel zwischen zellulären miRNAs und Viren, auf das im Folgenden noch genauer eingegangen wird.

Soll die Relevanz von miRNAs in einem Krankheitsprozess untersucht werden, so werden in der Regel die miRNA-Level der Zellen des erkrankten Gewebes mit denen gesunder Kontrollzellen verglichen. Hierzu können DNA-Arrays (▶ Kap. 40) verwendet werden, auf denen komplementäre Sonden zu sämtlichen miRNAs fixiert sind. Aus den Hybridisierungsmustern kann auf die spezifischen Expressionsprofile der pathologischen Zellen geschlossen werden. Als alternativer Ansatz bieten sich die *Deep-Sequencing*-Techniken an (▶ Kap. 34). Durch massive Sequenzierung der kurzen RNAs kann anhand der Häufigkeit des Vorkommens einer miRNA auf deren Expressionsstärke geschlossen werden. Mit den beschriebenen Verfahren werden in der Regel einige miRNAs identifiziert, die in einem Krankheitsprozess besonders stark bzw. schwach gebildet werden. Diese Ergebnisse können mit unterschiedlichen Methoden verifiziert werden. Eine häufig zu diesem Zweck eingesetzte Methode ist die quantitative RT-PCR (▶ Abschn. 33.3). Hierbei besteht allerdings die Besonderheit im Vergleich zu einer konventionellen quantitativen RT-PCR, dass sehr kurze, ca. 21–23 Nucleotide lange RNAs revers transkribiert und amplifiziert werden müssen. Daher wird für die reverse Transkription in der Regel ein Haarnadelprimer (*Stem-Loop*-Primer) eingesetzt, der das Fragment verlängert. Es sollte erwähnt werden, dass qRT-PCR-Systeme entwickelt wurden, mit denen auch das komplette Muster der Expression sämtlicher menschlicher miRNAs analysiert werden kann. Weitere Methoden, mit denen die Expressionsstärke von miRNAs untersucht werden kann, sind der Nachweis durch einen Northern-Blot (▶ Abschn. 31.1.3.3), der allerdings ebenfalls auf die Hybridisierung mit den sehr kurzen RNAs angepasst werden muss, und RNase-Protektionsassays. Überraschenderweise konnten miRNAs sogar im Blutstrom nachgewiesen werden. Sie werden daher als potenzielle Biomarker für verschiedene Erkrankungen angesehen. Beispielsweise konnte mittels quantitativer RT-PCR gezeigt werden, dass das Level der miRNA-208a im Blutplasma nach einem Herzinfarkt ansteigt. Durch einen entsprechenden Nachweis könnte daher künftig eine frühzeitige Diagnose gestellt werden.

Viele miRNAs werden gewebespezifisch gebildet. Beispielsweise wird miRNA-122 ausschließlich in der Leber transkribiert. Aufgrund ihrer hohen Affinität zur komplementären RNA eignen sich insbesondere LNA-modifizierte Sonden, um eine derartige Gewebespezifität durch In-situ-Hybridisierung nachzuweisen (▶ Kap. 38).

In (durchsichtigen) Zebrafisch-Embryonen gelang eine solche Detektion sogar im gesamten Organismus.

Eine große Herausforderung stellt nach wie vor die Identifikation der zellulären Targets der miRNAs dar. Hierfür wurden verschiedene Computeralgorithmen entwickelt, die potenzielle Ziel-RNAs für eine vorgegebene miRNA ermitteln. Allerdings sind die rein bioinformatischen Vorhersagen noch immer mit starken Unsicherheiten behaftet. Genom- bzw. proteomweite Untersuchungen über die regulatorischen Wirkungen einer miRNA mittels DNA-Arrays und modernen proteomischen Methoden sind somit für die Bestätigung der bioinformatischen vorhergesagten Targets unerlässlich.

In einem weiteren Schritt wird in der Regel die Funktion hoch regulierter miRNAs durch komplementäre Antisense-Oligonucleotide (vgl. ▶ Abschn. 41.1) untersucht. Hierzu eignen sich vor allem modifizierte Antisense-Oligonucleotide, die mit hoher Affinität an die miRNA binden. Mit diesem Ansatz wird die Wirkung der miRNA unterbunden, sodass Rückschlüsse auf ihre Bedeutung in einem zellulären Geschehen gezogen werden können. Beispielsweise konnte gezeigt werden, dass das Hepatitis-C-Virus bei der Replikation auf die bereits erwähnte, leberspezifische miRNA-122 angewiesen ist. Wird die miRNA durch ein Antisense-Oligonucleotid blockiert, so kann sich das Virus nicht mehr vermehren. Diese Erkenntnis wurde auch für die erste klinische Studie im Zusammenhang mit miRNAs genutzt, indem ein LNA-modifiziertes Antisense-Oligonucleotid gegen miRNA-122 mit dem Ziel der Behandlung von Hepatitis-C-Infektionen verabreicht wurde. Wird eine miRNA in einem (patho-)physiologischen Prozess verringert gebildet, so kann dies durch Verwendung der chemisch synthetisierten miRNA oder deren endogener Expression ausgeglichen werden. Durch diese Komplementierung kann analysiert werden, ob die Verringerung des miRNA-Levels tatsächlich ursächlich für eine Erkrankung ist.

## 41.3 CRISPR/Cas-Technologie

Eine weitere Methode, die bereits kurz nach ihrer Entdeckung Einzug in die molekularbiologischen Labore weltweit gehalten hat, ist die CRISPR/Cas-Technologie. Sie ermöglicht die präzise Editierung eukaryotischer Genome, d. h., es können Gene ausgeschaltet, mutiert oder eingefügt werden. Im Gegensatz zu den zuvor beschriebenen Ansätzen erfolgt der Eingriff nicht posttranskriptional, sondern auf genomischer Ebene. Dies bedeutet, dass die Modifikation auch auf Tochterzellen weitergegeben wird, was bei Antisense- und RNAi-Ansätzen (außer bei stabilen Transfektionen mit shRNA-Expressionskassetten) nicht der Fall ist. Außerdem wird die Expression von Genen, die mittels CRISPR/Cas-zerstört werden, vollständig unterdrückt, während sie mit den zuvor behandelten Methoden nur partiell heruntergeregelt wird.

## 41.3.1 Biologische Funktion des CRISPR/Cas-Systems

Der CRISPR/Cas-Mechanismus kann als das adaptive Immunsystem von Bakterien als Abwehr gegen eindringende Phagen (Viren der Bakterien) angesehen werden. Das CRISPR/Cas-System besteht aus zwei Komponenten, einem genomischen Bereich sich wiederholender DNA-Sequenzen, der als *Clustered Regulatory Interspaced Short Palindromic Repeats* (CRISPR) *Array* bezeichnet wird, sowie den CRISPR-*associated* (Cas) Proteinen. Injiziert ein Phage seine DNA in eine prokaryotische Zelle, so nutzt die CRISPR/Cas-Maschinerie Fragmente dieser DNA und integriert sie in das CRISPR-Array des Bakteriums. Dieser Bereich wird fortan in die noch unreife pre-crRNA (für *precursor CRISPR RNA*) transkribiert und zu den reifen crRNAs prozessiert. Gleichzeitig werden die Cas-Proteine gebildet. Findet nun eine neuerliche Infektion mit dem Phagen statt, so erkennt der Komplex aus der crRNA und dem Cas-Protein die komplementäre Phagen-DNA und spaltet diese, sodass der Lebenszyklus des Phagen unterbrochen wird.

Es gibt zwei Hauptklassen und mehrere Subtypen an CRISPR/Cas-Systemen. Für praktische Anwendungen eignen sich insbesondere System der Klasse 2, da sie nur ein Effektorprotein benötigen. Die weiteste Verbreitung hat der Einsatz des Cas9-Proteins aus *Streptococcus pyogenes* gefunden. Das natürliche System dieses Bakterium benötigt neben der crRNA noch die sog. *transactivating crRNA* (tracrRNA).

## 41.3.2 CRISPR/Cas-Anwendungen in eukaryotischen Zellen

Ein entscheidender Schritt für die Anwendung der CRISPR/Cas-Technologie in der biomedizinischen Forschung war die Adaptation des bakteriellen Systems für eukaryotische Zellen. In einer bahnbrechenden Arbeit konnten die Gruppen von Jennifer Doudna und Emmanuelle Charpentier 2012 zeigen, dass die beiden vom natürlichen System genutzten RNAs, die crRNA und die tracrRNA, zu einer einzelnen RNA fusioniert werden können, die als *single guide RNA* (sgRNA) bezeichnet wird, und dann in Kombination mit dem Cas9-Protein spezifisch die Spaltung einer Zielsequenz in einer eukaryotischen Zelle induzieren. Die beiden Wissenschaftlerinnen wurden 2020 für ihre Arbeiten mit dem Nobelpreis für Chemie ausgezeichnet. Von anderen Forschern wurden weitere Systeme mit anderen Nucleasen, beispielsweise Cpf1, etabliert, die für einige Anwendungen noch effizienter und spezifischer sind.

Das CRISPR/Cas9-System kann fast jede Stelle im Genom spalten. Die einzige Voraussetzung besteht darin, dass sich in unmittelbarer Nachbarschaft zur Zielsequenz eine sog. PAM-Sequenz befindet (PAM steht für *Protospacer Adjacent Motif*). Diese besteht für Cas9 aus dem Triplett NGG, wobei N ein beliebiges Nucleotid repräsentiert.

Für praktische Anwendungen muss in einer Zelle also nur das Cas9-Protein exprimiert und die sgRNA transkribiert (oder als chemisch synthetisiertes Molekül eingebracht) werden. Die sgRNA führt dann die Nuclease Cas9 zur Zielsequenz, sodass diese gespalten wird (◘ Abb. 41.10). Durch den Doppelstrangbruch werden zelluläre Reparaturmechanismen aktiviert. Das *Non-Homologous End Joining* (NHEJ) verknüpft die Enden der gespaltenen DNA wieder. Dabei kommt es allerdings zu Mutationen, zumeist Deletionen einzelner Nucleotide. Als Folge ist oftmals der Leserahmen verändert, sodass kein funktionales Protein mehr aus dem Gen gebildet wird.

In zahlreichen Laboren wird die CRISPR/Cas-Technologie eingesetzt, um *Loss-of-Function*-Phänotypen zu generieren und zu untersuchen. Durch eine geeignete sgRNA kann ein Zielgen spezifisch ausgeschaltet werden. Aus der Analyse der veränderten Funktion einer Zelle oder der veränderten physiologischen Reaktion eines durch CRISRP/Cas generierten transgenen Tieres können Rückschlüsse auf die Rolle des Gens bzw. des Genproduktes gezogen werden. Wie bereits erwähnt, ist der Knockout eines Gens nach CRISPR/Cas-Anwendung vollständig (zumindest, wenn beide Allele der Zelle mutiert sind). Allerdings können auch mit dieser Technologie ähnlich wie bei RNAi-Ansätzen unspezifische Off-Target-Effekte auftreten. Durch ein geeignetes Versuchsdesign können diese minimiert werden, und zahlreiche Studien kommen zu dem Schluss, dass diese Problematik beim Einsatz der CRISRP/Cas-Technologie eine geringere Rolle als bei RNAi-Ansätzen spielt.

Eine Gemeinsamkeit mit der RNAi-Technologie ist, dass auch mit CRISPR/Cas genomweite Screens durchgeführt werden können, d. h. mithilfe entsprechender Bibliotheken können sämtliche Gene des (humanen) Genoms selektiv ausgeschaltet werden, um Kandidaten zu identifizieren, die beispielsweise für die Entartung einer gesunden Zelle zu einer Tumorzelle oder die Replikation eines Virus in einer menschlichen Zellen verantwortlich sind. Hierfür werden zunächst geeignete Zielsequenzen für sgRNAs an einer PAM-Sequenz identifiziert. Dann wird eine Bibliothek zumeist mit lentiviralen Vektoren generiert, die jeweils Cas9 und eine sgRNA bilden. Anschließend werden Zellen transduziert, und durch einen geeigneten analytischen Assay werden diejenigen Zellen

Genom-Editierung durch das CRISPR/Cas9-System. Eine sgRNA führt die Cas9-Nuclease zur Zielsequenz im Genom und induziert deren Spaltung. Der Doppelstrangbruch induziert zelluläre Reparaturmechanismen. Das *Non-Homologous End Joining* (NHEJ) verursacht Mutationen, die in der Regel zu einer Inaktivierung des Zielgens führen. Liegt ein DNA-Fragment mit homologen Enden zur Umgebung der Spaltstelle vor, so wird dieses durch *Homology-Directed Repair* (HDR) eingebaut, und eine spezifische Mutation oder sogar ein ganzes Gen kann in das Genom eingeführt werden

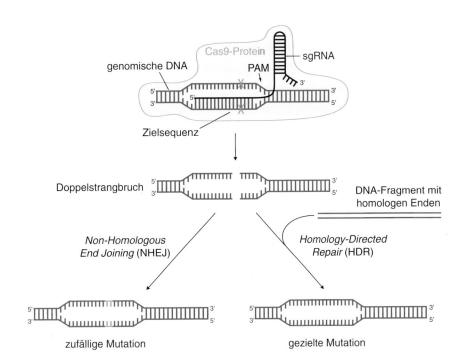

identifiziert, in denen der untersuchte Effekt (also beispielsweise die Krebsentartung oder die Virusreplikation) auftritt bzw. unterdrückt wird. Durch Sequenzierung kann (oftmals über Barcodes) die verantwortliche sgRNA und damit das gesuchte Zielgen identifiziert werden.

Die CRISPR/Cas-Technologie kann jedoch nicht nur zur Zerstörung eines Zielgens, sondern auch zum Einfügen von Mutationen oder längeren DNA-Abschnitten eingesetzt werden. Bei diesem Ansatz wird zusätzlich zum Cas9-Protein und der sgRNA ein DNA-Fragment mit homologen Enden zur Umgebung der Spaltstelle benötigt. Dieses aktiviert nun ein anderes Reparatursystem, das als *Homology-Directed Repair* (HDR) bezeichnet wird. Bei dieser Reparatur wird das hinzugefügte DNA-Fragment über einen Rekombinationsmechanismus an der Spaltstelle eingefügt. So können spezifisch Punktmutationen im Genom erzeugt werden. Das DNA-Fragment kann aber auch längere Sequenzen wie Genfragmente oder ganze Gene enthalten, die in das Genom integriert werden.

In den vergangenen Jahren wurde eine Vielzahl von Variationen der CRISPR/Cas-Technologie entwickelt. Beispielsweise wurde durch Mutationen im Cas9-Gen eine Variante generiert, die als dCas9 (für *dead* Cas9) bezeichnet wird, weil sie noch an die DNA bindet, diese aber nicht mehr schneidet. Das dCas9-Protein kann durch eine geeignete sgRNA an einen Promotor oder in dessen Nähe gebunden werden. Durch sterische Blockade oder Kopplung des dCas9-Proteins mit einem transkriptionalen Repressor kann auf diese Weise die Transkription blockiert werden (ohne das Genom zu editieren). Dieses Vorgehen wird in Analogie zur RNA-

Interferenz auch als CRISPR-Interferenz (CRISPRi) bezeichnet. Völlig neue Möglichkeiten ergeben sich durch die Kopplung von dCas9 an einen transkriptionalen Aktivator. Hierdurch wird die Möglichkeit eröffnet, die Transkription eines endogenen Gens zu aktivieren (CRISPR *activation*, CRISPRa).

Die genannten Beispiele vermitteln bereits einen Eindruck, in welch vielfältiger Weise die CRISPR/Cas-Technologie das Repertoire von Methoden zur Analyse zellulärer Funktionen erweitert hat. Aus Platzgründen können an dieser Stelle nicht sämtliche Variationen von CRISPR/Cas-Anwendungen dargestellt werden. Diese können der weiterführenden Literatur entnommen werden, die am Ende des Kapitels aufgeführt ist. Neben dem Einsatz als Werkzeug für die biomedizinische Forschung hat die CRISPR/Cas-Technologie auch ein großes Potenzial als neue therapeutische Strategie. Sie kann beispielsweise eingesetzt werden, um ererbte Gendefekte wie Mutationen im Globingen zu korrigieren oder um Virusinfektionen und Krebserkrankungen zu behandeln. Bereits wenige Jahre nach der grundlegenden Entwicklung der CRISPR/Cas-Technologie wurde diese bereits in entsprechenden klinischen Studien eingesetzt. Umstritten ist dabei, ob es ethisch zu legitimieren ist, auch Keimzellen des Menschen genetisch zu modifizieren. So hat die öffentliche Erklärung des chinesischen Wissenschaftlers He Jiankui, zwei Zwillingsschwestern durch CRISPR/Cas-Modifikation von Keimzellen immun gegen HIV gemacht zu machen, weltweit öffentliche Kritik hervorgerufen. Allerdings geht die eingehendere Diskussion des Einsatzes der CRISPR/

Cas-Technologie für therapeutische Anwendungen über den bioanalytischen Fokus des vorliegenden Lehrbuches hinaus.

## 41.4 Induzierte pluripotente Stammzellen

Die Etablierung der ersten humanen embryonalen Stammzelllinie 1998 stellte einen Meilenstein für die Stammzellforschung dar, da hierdurch erstmalig pluripotente Stammzellen des Menschen zur Verfügung standen. Unter Pluripotenz versteht man die Fähigkeit einer Zelle, sich in sämtliche Zelltypen des Organismus differenzieren zu können. Im Gegensatz zu totipotenten Stammzellen sind sie allerdings nicht in der Lage, einen vollständigen neuen Organismus zu bilden, da sie nicht in extraembryonale Gewebe differenzieren können. Die Gewinnung humaner embryonaler Stammzellen erfolgt in der Regel aus der inneren Zellmasse eines Embryos. Sie ist ethisch umstritten (und in Deutschland gesetzlich verboten), weil der Embryo bei dieser Prozedur zerstört wird.

Einen Ausweg aus diesem Dilemma stellt die 2006 von Shinya Yamanaka entwickelt Methode zur Reprogrammierung differenzierter Zellen in pluripotente Stammzellen dar, die dann als induzierte pluripotente Stammzellen (iPSCs) bezeichnet werden. Hierbei führte er kultivierten Fibroblasten einer Hautbiopsie die vier Transkriptionsfaktoren Oct4, Sox2, Klf4, and c-Myc zu, wodurch diese wieder einen pluripotenten Zustand einnahmen. Für diese bahnbrechende Leistung wurde Yamanaka 2012 mit dem Nobelpreis für Physiologie oder Medizin ausgezeichnet. Bei dem ursprünglich entwickelten Verfahren wurden die Faktoren über lentiviralen Gentransfer in die Zielzellen eingebracht. Dadurch verbleiben die Gene für die Reprogrammierung im Genom, was die Nutzungsmöglichkeiten der Zellen einschränkt. Daher wurde die Methodik zur Generierung von iPSCs weiterentwickelt, sodass keine dauerhaften Veränderungen im Genom mehr vorgenommen werden müssen. So können die Gene episomal verbleiben, es können rekombinante Proteine oder miRNAs genutzt werden, oder es werden niedermolekulare Substanzen eingesetzt, die die Zellen reprogrammieren.

Neben der Überwindung ethischer Bedenken haben iPSCs gegenüber humanen embryonalen Stammzellen weitere Vorteile. So können sie beispielsweise für therapeutische Anwendungen direkt vom Patienten gewonnen werden, sodass keine Abstoßungsreaktionen aufgrund von Gewebeunverträglichkeiten auftreten.

In den vergangenen Jahren wurden zahlreiche Protokolle entwickelt, um pluripotente Stammzellen in beliebige Zellen des menschlichen Organismus zu differenzieren. Hierbei werden gewöhnlich Faktoren eingesetzt, die die pluripotenten Stammzellen zunächst in eines der drei Keimblätter des menschlichen Organismus und dann über mehrere Zwischenschritte in den gewünschten Zelltyp differenzieren.

Mit den iPSCs werden großen Hoffnungen auf die Etablierung neuer Verfahren zur Therapie bislang unbehandelbarer Erkrankungen verbunden, beispielsweise zur Regeneration neuronalen Gewebes, zur Behandlung geschädigter Herzen nach einem Infarkt oder zur Heilung einer Diabeteserkrankung. Der Einsatz von iPSCs zur Behandlung schwerer Erkrankungen geht jedoch über den Rahmen des vorliegenden Kapitels hinaus. Vielmehr soll im Folgenden der Einsatz der Stammzelltechnologie für die Grundlagenforschung dargestellt werden. Die naheliegendste Anwendung ist die Differenzierung von iPSCs in beliebige Zelltypen, die dann für weitere funktionelle Analysen eingesetzt werden können.

Von großem Wert ist aber auch, dass mit den iPSCs Krankheitsmodelle für die biomedizinische Forschung etabliert werden können. Dies sei am Beispiel der neurodegenerativen Erkrankung Chorea Huntington erläutert. Ursächlich für die Krankheit ist die Verlängerung eines Trinucleotid-Repeats im Huntingtin-Gen. Werden die iPSCs aus Zellen eines Betroffenen generiert, so enthalten sie die entsprechende genetische Variation. Aus diesen iPSCs können dann wieder Neurone differenziert und für die Untersuchung der Pathophysiologie genutzt werden. Darüber hinaus können die Krankheitsmodelle auch genutzt werden, um Substanzbanken nach geeigneten Wirkstoffen zur Behandlung der Erkrankung zu screenen.

Oftmals stehen aber keine patientenspezifischen iPSCs zur Verfügung. Auch können genetische Erkrankungen wie die Duchenne-Muskeldystrophie oder Cystische Fibrose durch zahlreiche verschiedene Mutationen eines Gens ausgelöst werden. In diesen Fällen bietet sich die Kombination der CRISPR/Cas-Methode mit der iPSC-Technologie an (◻ Abb. 41.11): Zunächst werden durch Reprogrammierung von Zellen eines gesunden Spenders iPSCs generiert. Anschließend wird deren Genom mittels CRISPR/Cas editiert, und es werden Mutationen eingeführt, die die zu untersuchende Erkrankung auslösen. Wiederum können durch anschließende Differenzierung Zellen für die Etablierung eines Krankheitsmodells erzeugt werden. Dabei können auch (patho-)physiologische Unterschiede verschiedener Mutationen verglichen werden.

**41**

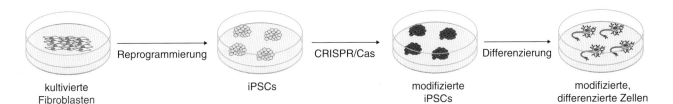

kultivierte Fibroblasten → Reprogrammierung → iPSCs → CRISPR/Cas → modifizierte iPSCs → Differenzierung → modifizierte, differenzierte Zellen

◻ **Abb. 41.11** Entwicklung eines Krankheitsmodells durch CRISPR/Cas-Editierung von induzierten pluripotenten Stammzellen. Zunächst werden aus adulten Zellen, beispielsweise kultivierten Fibroblasten einer Hautbiopsie, induzierte pluripotente Stammzel-

len durch Reprogrammierung generiert. Diese werden durch CRISPR/Cas-Behandlung genetisch verändert. Schließlich wird aus den editierten iPSCs der gewünschte Zelltyp für weitere Analysen differenziert

## 41.5 Ausblick

Silencing-Ansätze durch Antisense-Oligonucleotide oder siRNAs bestechen durch die ihnen zugrunde liegende einfache und brillante Idee: Theoretisch kann jede beliebige Ziel-RNA in einer Zelle durch die Verwendung komplementärer Oligonucleotide spezifisch blockiert oder zerstört werden. Diese Techniken werden seit vielen Jahren erfolgreich in Studien eingesetzt, in denen die Funktion eines Gens durch dessen Inhibition ermittelt werden soll. Der Einsatz der Antisense- und RNAi-Technologien führt dabei oftmals wesentlich schneller zum Ziel als die Entwicklung niedermolekularer Inhibitoren von Proteinen oder die Erzeugung von Knockout-Tieren; diese Technologien werden von pharmazeutischen Firmen bei der Medikamentenentwicklung zur Targetvalidierung eingesetzt, bevor die eigentlichen Wirkstoffe mittels Hochdurchsatz-Screening (*High Throughput Screening*, HTS) aus großen Substanzbanken identifiziert werden. Da das Antisense-Prinzip universell einsetzbar ist, kann es auch gegen Gene angewandt werden, deren Proteine aufgrund ihrer Größe, Struktur oder Verteilung im Organismus nicht von kleinen Molekülen erreicht werden können (man spricht hier von *non-druggable targets*).

Eine der größten Herausforderungen bei der praktischen Anwendung von Antisense-Oligonucleotiden und siRNAs ist das *delivery*, d. h. das Problem, die Moleküle in ausreichenden Konzentrationen in den Zellen des Zielgewebes anzureichern. Hierfür gab es jedoch in den vergangenen Jahren zahlreiche Lösungsansätze, die von der Kopplung der Oligonucleotide an lipophile Gruppen über die Verwendung von Nanopartikeln und Lipidformulierungen bis hin zum Einsatz viraler Vektoren reichen. So wurden die Techniken mittlerweile in zahllosen Studien zur Analyse zellulärer Funktionen eingesetzt, und die Forschung nähert sich zunehmend der Vision an, dass die Entwicklung eines Therapeutikums durch RNAi wesentlich beschleunigt werden kann: Durch den Einsatz von großen siRNA-Bibliotheken wird ein neues potenzielles Target für die Behandlung einer Krankheit identifiziert; die dabei verwendete

siRNA kann anschließend zur Targetvalidierung genutzt und schließlich ohne aufwendige Entwicklungen direkt als Therapeutikum eingesetzt werden.

In den vergangenen zwei Jahrzehnten ist die Bedeutung der miRNAs für die Feinregulation zellulärer Prozesse deutlich geworden. Es ist erstaunlich, dass ein derart zentraler Kontrollmechanismus der Zelle über lange Zeit verborgen bleiben konnte. Bei der Erforschung der Funktion von miRNAs spielen nun zahlreiche der modernsten Technologien der Bioanalytik zusammen. *Deep Sequencing* wird eingesetzt, um neue miRNAs zu identifizieren; Array-Technologien und quantitative PCR werden genutzt, um das Expressionslevel der miRNAs zu bestimmen; mittels bioinformatischer Algorithmen und moderner Methoden der Proteomics werden die Ziel-mRNAs der miRNAs ermittelt; und mittels Oligonucleotiden können miRNAs inhibiert werden, um ihre Funktion zu untersuchen oder ihre Deregulation im Krankheitsgeschehen zu korrigieren.

Durch die CRISPR/Cas-Technologie kann die Genexpression nicht nur posttranskriptional beeinflusst werden, vielmehr können Gene mit hoher Effizienz und Spezifität editiert werden. Dabei werden die Gene entweder zerstört oder gezielt verändert (mutiert), bzw. es können komplette neue Gene in ein Genom eingefügt werden. Die dargestellten Beispiele sollten einen ersten Eindruck geben, wie durch die Entwicklung von Varianten der ursprünglichen CRISPR/Cas-Technologie das Repertoire an analytischen Methoden für die biomedizinische Forschung kontinuierlich erweitert wird.

Die Etablierung und Erforschung pluripotenter Stammzellen wird oftmals vor allem als Chance gesehen, neuartige Verfahren für therapeutische Interventionen, z. B. zur Regeneration von zerstörten Geweben, zu entwickeln. Darüber hinaus bietet die Stammzellforschung wichtige neue Möglichkeiten für die Erforschung von Krankheitsursachen. Durch die Erzeugung von induzierten pluripotenten Stammzellen von Patienten mit genetischen Erkrankungen können Krankheitsmodelle generiert werden, die die Analyse pathophysiologischer Zusammenhänge wie auch die Entwicklung neuer Therapeutika ermöglicht. Durch die Verknüpfung der CRISPR/Cas-vermittelten Gen-Editierung mit der Stammzellforschung können ganz gezielt innovative Krankheitsmodelle für die Forschung generiert werden. Die im vorliegenden Kapitel beschriebenen Technologien haben in nur zwei Jahrzehnten völlig neuartige Werkzeuge für die biomedizinische Forschung bereitgestellt, die zuvor noch undenkbar erschienen.

## Literatur und Weiterführende Literatur

Barrangou R, Birmingham A, Wiemann S, Beijersbergen RL, Hornung V, Smith A (2015) Advances in CRISPR-Cas9 genome engineering: lessons learned from RNA interference. Nucleic Acids Res 43:3407–3419

Bartel DP (2018) Metazoan MicroRNAs. Cell 173:20–51

Ben Jehuda R, Shemer Y, Binah O (2018) Genome editing in induced pluripotent stem cells using CRISPR/Cas9. Stem Cell Rev Rep 14:323–336

Crooke ST, Witztum JL, Bennett CF, Baker BF (2018) RNA-targeted therapeutics. Cell Metab 27:714–739

Fabian MR, Sonenberg N (2012) The mechanics of miRNA-mediated gene silencing: a look under the hood of miRISC. Nat Struct Mol Biol 19:586–593

Hille F, Charpentier E (2016) CRISPR-Cas: biology, mechanisms and relevance. Philos Trans R Soc Lond Ser B Biol Sci 371:20150496

Kurreck J (2009) RNA interference: from basic research to therapeutic applications. Angew Chem Int Ed Eng 48:1378–1398

Oberemok VV, Laikova KV, Repetskaya AI, Kenyo IM, Gorlov MV, Kasich IN, Krasnodubets AM, Gal'chinsky NV, Fomochkina II, Zaitsev AS, Bekirova VV, Seidosmanova EE, Dydik KI, Meshcheryakova AO, Nazarov SA, Smagliy NN, Chelengerova EL, Kulanova AA, Deri K, Subbotkin MV, Useinov RZ, Shumskykh MN, Kubyshkin AV (2018) A half-century history of applications of antisense oligonucleotides in medicine, agriculture and forestry: we should continue the journey. Molecules 23:1302

Pickar-Oliver A, Gersbach CA (2019) The next generation of CRISPR-Cas technologies and applications. Nat Rev Mol Cell Biol 20:490–507

Rodriguez-Rodriguez DR, Ramirez-Solis R, Garza-Elizondo MA, Garza-Rodriguez ML, Barrera-Saldana HA (2019) Genome editing: a perspective on the application of CRISPR/Cas9 to study human diseases (Review). Int J Mol Med 43:1559–1574

Robinton DA, Daley GQ (2012) The promise of induced pluripotent stem cells in research and therapy. Nature 481:295–305

Tiscornia G, Vivas EL, Izpisua Belmonte JC (2011) Diseases in a dish: modeling human genetic disorders using induced pluripotent cells. Nat Med 17:1570–1576

Wang X, Huang X, Fang X, Zhang Y, Wang W (2016) CRISPR-Cas9 system as a versatile tool for genome engineering in human cells. Mol Ther Nucleic Acids 5:e388

# Proteomanalyse

*Friedrich Lottspeich, Kevin Jooß, Neil L. Kelleher, Michael Götze, Betty Friedrich und Ruedi Aebersold*

## Inhaltsverzeichnis

42.1    Definition der Ausgangsbedingungen und der Fragestellung, Projektplanung – 1017

42.2    Probenvorbereitung – 1018

42.3    Quantitative Analyse der Proteine – 1020

42.4    Klassische gelbasierte Proteomanalyse – 1020
42.4.1    Probenvorbereitung – 1020
42.4.2    Trennung der Proteine – 1020
42.4.3    Färbung der Proteine – 1021
42.4.4    Bildverarbeitung und Quantifizierung der Proteine, Datenanalyse – 1021
42.4.5    Identifizierung und Charakterisierung der Proteine – 1022
42.4.6    Zweidimensionale differenzielle Gelelektrophorese (2D-DIGE) – 1023

42.5    Top-down-Proteomics: Massenspektrometrie von intakten Proteinen- – 1024
42.5.1    Grundlagen intakter Protein-Massenspektrometrie – 1024
42.5.2    Dekonvolution von Proteinmassenspektren – 1027
42.5.3    Fragmentierung von Proteinen – 1029
42.5.4    Datenauswertung – 1029
42.5.5    Top-down-Proteomics in der Hochdurchsatzanalyse – 1032
42.5.6    Native Top-down-Massenspektrometrie – 1034
42.5.7    Schlussfolgerungen und Ausblick – 1036

42.6    Bottom-up-Proteomanalyse – 1037
42.6.1    Bottom-up-Proteomics – 1037
42.6.2    Bottom-up-Strategien – 1039
42.6.3    Quantitative Peptidanalyse – 1041
42.6.4    Datenabhängige Analyse (DDA) – 1041
42.6.5    Selected Reaction Monitoring (SRM) – 1042
42.6.6    SWATH-MS – 1048

© Springer-Verlag GmbH Deutschland, ein Teil von Springer Nature 2022
J. Kurreck et al. (Hrsg.), *Bioanalytik*, https://doi.org/10.1007/978-3-662-61707-6_42

42.6.7    Erweiterungen – 1050
42.6.8    Zusammenfassung – 1051

**42.7    Isotopenlabel-basierte Proteomanalysen – 1051**
42.7.1    Isotopenlabeling-Strategien für Top-down-Proteomics – 1053
42.7.2    Isotopenlabelstrategien für Bottom-up-Proteomanalysen – 1058
42.7.3    Zusammenfassung – 1061

**Literatur und Weiterführende Literatur – 1062**

Proteomanalyse

- Ein Proteom bezeichnet die quantitative Darstellung des gesamten Proteinexpressionsmusters einer Zelle, eines Organismus oder einer Körperflüssigkeit unter genau definierten Bedingungen.
- Das Proteom ist ein hochdynamisches Gebilde, das neben der Genexpression auch posttranslationale Ereignisse, Proteininteraktionen und Proteinturnover monitoren kann.
- Es gibt zwei strategisch fundamental unterschiedliche Versionen von Proteomics: Top-down und Bottom-up.

1975 veröffentlichten O'Farrell und Klose unabhängig voneinander zwei Arbeiten mit spektakulären Bildern, in denen sie zeigten, dass die Kombination von isoelektrischer Fokussierung und SDS-Gelelektrophorese in der Lage ist, äußerst komplexe Proteingemische aufzutrennen. Dieses damals neue Verfahren, die zweidimensionale Gelelektrophorese, setzte sich rasch als hochauflösende Technik zur Trennung von Proteinen durch. Bald versuchte man auch, die in den Proteinmustern enthaltene Information zur Lösung biochemischer und medizinischer Fragestellungen auszunutzen. Über den Vergleich der Proteinmuster aus verschiedenen, definierten

Zuständen einer Zelle oder einer Körperflüssigkeit (z. B. krank oder gesund, verschiedene Stoffwechselzustände etc.) wurden Veränderungen im Proteinmuster sichtbar, die für diese Zustände charakteristisch waren (■ Abb. 42.1). Diese Strategie zur Bearbeitung biologischer Fragestellungen wird als subtraktiver Ansatz bezeichnet. Die analytischen Methoden zur Proteincharakterisierung (Sequenzanalyse, Aminosäureanalyse) waren damals jedoch noch nicht in der Lage, so geringe Proteinmengen, wie in der zweidimensionalen Gelelektrophorese aufgetrennt werden konnten, zu analysieren. Erschwerend kam hinzu, dass die Proteine in ein Gelmaterial eingebettet waren, das mit diesen proteinchemischen Techniken inkompatibel war. Die Ergebnisse der subtraktiven Ansätze hatten daher meist nur deskriptiven Charakter. Man erkannte zwar im Proteinmuster wichtige Veränderungen, konnte aber über die Identität der beteiligten Proteine keine Aussagen machen. Dies änderte sich erst, als die proteinchemischen Methoden verbessert und viel empfindlicher wurden. Gleichzeitig fand man Wege, die Proteine in der Gelmatrix zu spalten oder sie aus der Gelmatrix auf chemisch inerte Membranen zu transferieren und dort zu analysieren. Aus den

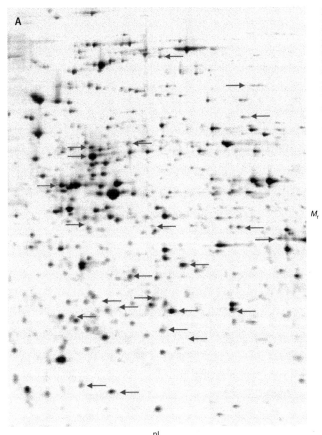
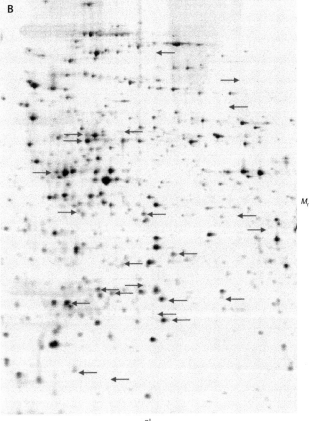

■ **Abb. 42.1** Subtraktiver Ansatz. Eine Zelle (*Escherichia coli*) wird aus einem Ausgangszustand **A** durch ein Ereignis (andere Kulturbedingungen) in einen anderen Zustand **B** gebracht. Die Protein-muster beider Zustände werden verglichen. Die Veränderungen im Proteinmuster (durch rote Pfeile gekennzeichnet) sind auf das auslösende Ereignis direkt oder indirekt zurückzuführen

Erfolgen der subtraktiven Strategie in Verbindung mit den verbesserten analytischen Techniken wuchs dann die Idee, das gesamte Proteinmuster einer Zelle darzustellen und quantitativ zu interpretieren – dies ist die Zielsetzung der Proteomanalyse.

> **Proteom**
>
> Der Begriff Proteom wurde 1995 von dem Australier Marc Wilkins geprägt, der damit das gesamte Proteinäquivalent eines Genoms bezeichnete. Dieser Begriff umschreibt das vollständige Proteinmuster einer Zelle, eines Organismus oder einer Körperflüssigkeit.

Die Begriffe Genom und Proteom klingen zwar sehr ähnlich, sie beschreiben jedoch zwei fundamental unterschiedliche Dinge: Ein Genom ist ein statisches Gebilde, das durch die Art, die Reihenfolge und Anzahl seiner Nucleotide genau definiert ist. Im Leben einer Zelle werden niemals alle Gene gleichzeitig angeschaltet und in Proteine übersetzt. Ein Proteom ist daher ein ungeheuer dynamisches Objekt, das durch eine große Anzahl von Parametern beeinflusst wird (◘ Abb. 42.2). Das empfindliche Gleichgewicht zwischen Proteinsynthese und Proteinabbau kann unter verschiedenen Stoffwechselbedingungen oder Umgebungsbedingungen sehr unterschiedlich sein. Die sensitive Abhängigkeit von verschiedensten Parametern bietet deshalb auch die Möglichkeit, die Veränderungen des Proteinmusters als empfindlichen Sensor einzusetzen und durch gezielte kleine Veränderungen der Parameter netzwerkartige Zusammenhänge zu erkennen.

Die große technische Schwierigkeit dabei ist es, die in der Natur vorliegenden quantitativen Verhältnisse der Proteine während der Proteomanalyse nicht zu verändern; dies gilt vor allem für die Probenvorbereitung und die Proteintrennungsschritte.

Die Analyse eines Proteoms liefert im Idealfall die aktuell vorhandene Menge jedes Proteins. Dies sind Daten, die mit molekularbiologischen Techniken prinzipiell nicht erzielt werden können, da keine strikte Korrelation zwischen der Menge der mRNA und der dazugehörigen Proteinmenge besteht. Translationsregulation, mRNA-Stabilität, Proteinstabilität und Proteinabbau können bei einer mRNA-Analyse nicht erfasst werden und verhindern daher die Aussage über die aktuelle, in der Zelle vorhandene Proteinmenge.

Aus diesen Ausführungen geht klar hervor, dass nur in seltenen Fällen eine nichtquantitative Proteomanalyse sinnvoll ist. Eine einfache Bestimmung der Proteinzusammensetzung eines Proteoms wird nur bei einfachen Proteomen, Subproteomen von Organellen oder großen Proteinkomplexen durchgeführt und bildet meist nur eine erste Basis für weiterführende Arbeiten.

Eine weitere wichtige Information, die aus Nucleinsäuresequenzdaten prinzipiell nicht erhalten werden kann, sind Aussagen über posttranslationale Ereignisse (s. auch ▶ Kap. 29). Die aktive Form eines Proteins unterscheidet sich nahezu immer von der Form, die nach der Translation der mRNA zunächst vorliegt. Sehr häufig wird das neu synthetisierte Protein prozessiert, d. h. es werden Aminosäuren oder Peptide vom N- oder C-terminalen Ende des translatierten Proteins abgespalten. Dies kommt vor allem bei Enzymen sehr häufig vor, wobei durch die Spaltung einer Peptidbindung das inaktive Enzym zu seiner aktiven Form konvertiert oder ein aktives Enzym durch weitere Prozessierung wieder inaktiviert wird. Dieser Mechanismus der sog. limitier-

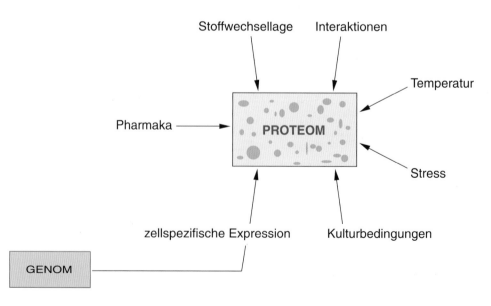

◘ **Abb. 42.2** Einfluss verschiedener Parameter auf die Proteinexpression. Die aktuelle Menge eines Proteins in einer Zelle wird von den verschiedensten Einflussgrößen bestimmt und reagiert sehr empfindlich auf Veränderungen dieser Größen

**42**

ten Proteolyse spielt in der Natur eine sehr wichtige Rolle und wird zur Regulation von ganzen Reaktionskaskaden (z. B. der Blutgerinnung) eingesetzt.

Auch andere posttranslationale Modifikationen finden häufig statt: Phosphorylierung, Sulfatierung, Acetylierung, Methylierung, die Verknüpfung bestimmter Aminosäuren mit Lipiden oder Glykanen sind die häufigsten unter den ca. 300 bekannten posttranslationalen Modifikationen. Fast keine davon ist auf DNA-Ebene determiniert; sie bestimmen aber ganz entscheidend die biologische Funktion eines Proteins.

Die Proteomanalyse liefert – im Gegensatz zur Analyse der DNA oder RNA – Informationen über die aktuell vorhandene Menge und die posttranslationalen Modifikationen jedes Proteins.

Neben der Menge der exprimierten Proteine und deren posttranslationalen Modifikationen sind aber auch die Lokalisierung und die Nachbarschaft der einzelnen Proteine für deren Wechselwirkungen und damit für deren Funktion von großer Bedeutung. Diese Aspekte, die oft auch direkt zur Proteomanalyse gerechnet werden, werden in ▶ Kap. 44 und 46 behandelt. Die Hauptzielsetzung einer Proteomanalyse ist es, netzwerkartige und sonst nur schwer zugängliche, komplexe funktionelle Zusammenhänge sichtbar zu machen.

Dies erreicht man, indem man ganz allgemein über die Störung eines gegebenen Zustandes die damit einhergehenden Veränderungen quantitativ erfasst (Perturbationsanalyse). Allen Proteomanalysen sind vier in sich komplexe Bereiche gemeinsam:

- Definition der Ausgangsbedingungen und der Fragestellung
- Probenvorbereitung
- quantitative Analyse der Proteine
- bioinformatische Auswertung

## 42.1 Definition der Ausgangsbedingungen und der Fragestellung, Projektplanung

Wenn man bedenkt, dass ein Proteom auf Veränderungen empfindlich reagiert und seinen bearbeitbaren und definierten Inhalt erst durch die Festlegung der Umgebungsbedingungen erhält (◻ Abb. 42.2), wird schnell klar, dass der genauen Beschreibung aller nur erdenklichen Parameter ein extrem hoher Stellenwert zukommt. In der Tat ist die Fragestellung, unter der eine Proteomanalyse durchgeführt wird, der entscheidende Aspekt. Eine vergleichende Proteomanalyse zweier Zustände ist nur sinnvoll, wenn man weiß, wodurch sich diese beiden

Zustände unterscheiden (allgemein gesprochen: was die Natur der Störung ist). Eine Reihe von Aspekten muss vor einer Proteomanalyse bedacht werden, von denen nur einige hier genannt werden sollen:

- Die einzelnen Proteomzustände müssen klar definiert sein, was nur unter Berücksichtigung einer geeigneten Probenvorbereitung erreicht werden kann.
- Sinnvollerweise wird man auch die Unterschiede zwischen den Zuständen klein halten, um die Zahl der Veränderungen im Proteinmuster überschaubar zu halten.
- Wichtig bei der Bewertung von differenziellen Proteinmustern ist auch, sich den Einfluss und das Ausmaß von genetisch bedingter Heterogenität wie Polymorphismen oder Mutationen vor Augen zu halten.
- Die Dynamik der Proteine in lebenden Systemen muss berücksichtigt werden: Biologische Prozesse auf Proteinebene sind zum Teil sehr schnell. So finden regulatorische Prozesse (wie z. B. Phosphorylierung, Dephosphorylierung, Transportvorgänge, Abbauprozesse usw.) oft innerhalb von Sekunden oder wenigen Minuten statt. Dies bedeutet, dass sich die Zusammensetzung des Proteinnetzwerkes auch in diesen kurzen Zeiträumen signifikant verändert und entsprechend analysiert werden muss – eine äußerst anspruchsvolle Aufgabe besonders für die Projektplanung und Probenvorbereitung.
- Ein wichtiger Punkt, um die erwarteten Ergebnisse bei der Planung eines Proteomprojekts richtig einschätzen zu können, ist die einzusetzende Probenmenge. Die meisten proteinchemischen Analysetechniken (Färbungen, Sequenzanalyse, Massenspektrometrie, usw.) funktionieren in der Routine im Femtomolbereich. Neuere Entwicklungen in der analytischen Geräte- und Detektortechnologie konnten aber die *Limits of Detection* (LOD) in spezifischen Fällen um 2–3 Größenordnungen erniedrigen, was automatisch zu einer entsprechenden Reduktion von Ausgangsmaterial führt. Zur Veranschaulichung:
  - 1 Mol = $6 \cdot 10^{23}$ Moleküle
  - 10 fMol = $10^{-14}$ Mol = $6 \cdot 10^9$ Moleküle
- Um ein relativ seltenes Protein (1000 Kopien/Zelle) überhaupt erfolgreich analysieren zu können, muss man daher wenigstens $10^6$ Zellen einsetzen, eine erhebliche Menge. Für wirklich seltene Proteine, die in wenigen Kopien pro Zelle exprimiert werden, müssen heute noch sehr große Mengen an Ausgangsmaterial ($10^8$–$10^9$ Zellen) zur Verfügung stehen, die aber in der Praxis nur selten erhältlich sind. Jede Verbesserung in der Sensitivität der analytischen Methoden ist daher äußerst wichtig, wird zu größerer Analysetiefe führen und eine umfassende Proteomanalyse oft erst ermöglichen.

- In einigen Fällen werden zur Probenvorbereitung bestimmte Proteinklassen über spezielle Affinitätschromatographien, modifizierte magnetische Beads oder Probenvorbereitungsarrays/Chips angereichert. Dies hat den Vorteil, dass die Komplexität der ursprünglichen Probe deutlich reduziert und die folgende Analytik damit erheblich erleichtert wird. Allerdings muss bei der Projektplanung genau überlegt werden, ob das „Subproteom" auch die gewünschten Informationen enthält.
- Letztendlich muss man sich auch Gedanken über die statistische Signifikanz der Ergebnisse machen: Bei Proteomanalysen müssen die experimentelle und die biologische Variabilität für jeden Probensatz ermittelt werden und in die Projektplanung und Beurteilung der Resultate einfließen.

> Für eine erfolgreiche und aussagekräftige proteinchemische Bestimmung eines Proteins (Quantifizierung, Identifizierung) sind heute mehr als $10^8$ Moleküle notwendig.

## 42.2 Probenvorbereitung

Der erste Schritt für die quantitative Proteomanalytik unmittelbar nach der Probennahme muss normalerweise eine Probenvorbereitung sein, die sich deutlich von den klassischen Probenvorbereitungen unterscheidet (▶ Kap. 2). Die Zielsetzung der Proteomanalyse, die quantitativen Verhältnisse der Proteine zueinander zu bestimmen, macht die üblichen Schritte der Probenvorbereitung für die Proteomanalyse ungeeignet. Mit klassischen Verfahren wird normalerweise ein bestimmtes Protein (oder einige wenige Proteine) aus einer komplexen Matrix isoliert, wobei oft zugunsten einer höheren Reinheit die quantitative Ausbeute, vor allem der anderen „uninteressanten" Proteine, als weniger wichtig bewertet wird. Bei den klassischen Verfahren der Probenvorbereitung und Reinigung werden normalerweise mehrstufige Techniken eingesetzt, die alle mit unvermeidlichen proteinspezifischen Verlusten behaftet sind. Außerdem ist die Auftrennung der Proteine in einzelne Fraktionen keineswegs vollständig: Proteine sind meistens in mehreren Fraktionen anzutreffen, sodass die Gesamtmenge dieser Proteine äußerst schwierig quantifiziert werden kann.

Während der Probenvorbereitung für eine Proteomanalyse müssen möglichst alle Proteine eines Proteoms für die nachfolgende quantitative Analytik in Lösung gebracht werden. Sie kann dabei helfen, eine möglichst gut definierte und damit sinnvolle Proteomprobe herzustellen, wobei hier der Phantasie kaum Grenzen gesetzt sind:

- So könnte bei Zellen z. B. durch Zellsortierung darauf geachtet werden, dass sich die untersuchten Zellen alle im gleichen Zellzyklusstadium befinden, oder
- bei Tumorgewebeuntersuchungen könnten durch Lasermikrodissektion Tumorzellen angereichert werden, die dann mit nur geringen Mengen anderer Zellen verunreinigt sind, oder
- bei Organellentrennungen könnte Zentrifugation oder *Free-Flow*-Elektrophorese eingesetzt werden, um möglichst homogene Präparationen zu erhalten, usw.

Artifizielle Veränderungen der Proteinzusammensetzung durch Proteolyse oder sonstige Modifikationen (z. B. Oxidationen) müssen vermieden werden. Deshalb spielen bei der Proteomanalyse auch die Zeit und hohe Reproduzierbarkeit der Probenaufarbeitung eine wichtige Rolle. Bei jeder Manipulation mit Proteinen treten unweigerlich Verluste auf, die für unterschiedliche Proteine leider auch unterschiedlich hoch ausfallen, womit die ursprüngliche quantitative Zusammensetzung der Probe verändert und damit möglicherweise die gewünschte biologische Aussage unmöglich wird. Daraus ergibt sich, dass die Probenvorbereitung für eine Proteomanalyse generell nur aus *sehr wenigen* Schritten bestehen darf.

Für die weiteren Schritte zur quantitativen Bestimmung der Proteinmengen haben sich in den letzten Jahren unterschiedliche Wege herauskristallisiert, die in den folgenden Abschnitten separat abgehandelt werden. Gemeinsam sind allerdings allen diesen Wegen einige wesentliche Probleme, die in den Eigenschaften eines Proteoms begründet sind: die enorme Komplexität und der große dynamische Bereich von Proteinen, der die Bestimmung gering abundanter Proteine so schwierig macht.

- **Komplexität:** Auch wenn z. B. das menschliche Genom wahrscheinlich nur ca. 20.000 proteincodierende Gene aufweist, so entstehen daraus durch verschiedenste Prozesse auf dem Weg vom Gen zu den Proteinen (durch z. B. alternatives Spleißen, mRNA-editing, Prozessierung, posttranslationale Modifikationen usw.) mehrere Hunderttausend, ja wahrscheinlich sogar Millionen von Proteinspezies (Proteoformen). Unterschiedliche Proteinspezies können zwar aus einem Gen stammen, sind aber auf molekularer Ebene – und oft auch funktionell – klar verschieden. Sie müssen für eine umfassende Proteomanalyse einzeln charakterisiert und quantifiziert werden. Dabei treten aber gravierende und fundamentale Schwierigkeiten auf, da heute keine Techniken existieren, die Hunderttausende von Komponenten auftrennen können. Daher wird oft das Konzept der „Reduktion der Komplexität" verfolgt, wobei nicht, wie in einem Proteomprojekt eigentlich beabsichtigt, das Muster aller

42

Proteine betrachtet wird, sondern nur eine Teilmenge eines Proteoms, ein Subproteom. Mit der Fokussierung auf ein Subproteom ist meist auch eine Einschränkung der biologischen Fragestellung verbunden. Ein typisches Beispiel ist die Untersuchung aller phosphorylierten Proteine, des Phosphoproteoms, das z. B. bei Signaltransduktionsprozessen besonders wichtig ist. Besonders erfolgreich ist diese als *targeted proteomics* bezeichnete Strategie bei der Untersuchung molekularer Maschinen (z. B. Spleißosom, Ribosom, Proteasom usw.) und bei der Aufklärung von Proteinkomplexen, die ja für die Ausübung vieler biologischer Funktionen verantwortlich gemacht werden. Trotz der sehr erfolgreichen Anwendung solcher Strategien sollte man sich aber im Klaren sein, dass damit ein wesentlicher Aspekt einer holistischen Analyse, das Erkennen von unerwarteten, weitreichenden oder transienten Funktionszusammenhängen, prinzipiell nicht mehr möglich ist.

— **Niedrig abundante Proteine:** Eine besondere Herausforderung stellen die unterschiedlichen Mengen der einzelnen Proteinspezies in einem Proteom dar. Es gibt z. B. im menschlichen Blutplasma Proteine, wie das Albumin, die im Konzentrationsbereich von Milligramm pro Milliliter vorkommen. Daneben

gibt es aber auch wichtige Proteine – z. B. das prostataspezifische Antigen –, die in Konzentrationen von Pikogramm pro Milliliter vorkommen (◻ Abb. 42.3). Dieser dynamische Bereich der Proteinmengen, der zehn bis zwölf Zehnerpotenzen abdeckt, bedeutet für die Proteomanalyse, dass man gegebenenfalls ein Proteinmolekül in der Gegenwart von 1.000.000.000 Molekülen einer anderen Proteinspezies detektieren, identifizieren und quantifizieren muss– eine heute noch unlösbare Aufgabe. Die meisten Analysetechniken können einen dynamischen Bereich von $10^2$–$10^4$ abdecken, also weit entfernt von den mindestens notwendigen $10^8$. Die einzige Möglichkeit, einen großen dynamischen Bereich abdecken zu können, besteht darin, die häufigen Proteine von den seltenen abzutrennen und jede Gruppe getrennt zu analysieren. Erschwerend kommt oft hinzu, dass eine geringe Anzahl hoch exprimierter Proteine die Hauptmenge an Probenmaterial ausmacht und viele regulatorisch oder diagnostisch interessante Proteine nur in geringsten Mengen vorkommen. So machen z. B. im Plasma die 22 häufigsten Plasmaproteine ca. 99 % der Gesamtproteinmasse aus. Daher werden bei Plasmaproteomanalysen die in höchster Kopienzahl exprimierten Proteine (bis zu 20), die alleine 90 % der

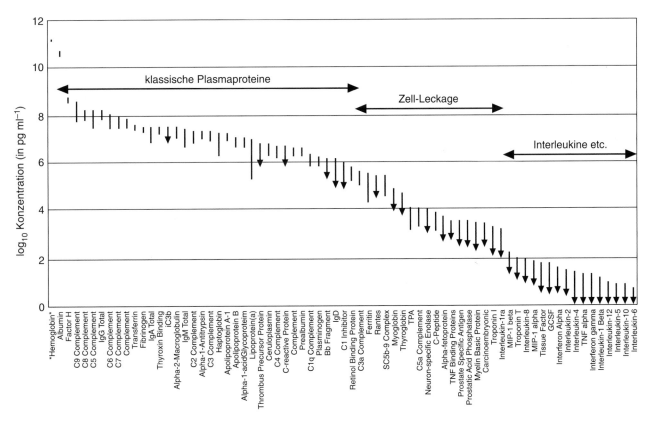

◻ **Abb. 42.3** Der dynamische Bereich der Häufigkeit von Plasmaproteinen erstreckt sich über mehr als zehn Größenordnungen. Albumin ist im Blutplasma in einer Konzentration von ca. 50 mg ml$^{-1}$

vorhanden, wogegen z. B. Interleukine in Konzentrationen von nur wenigen Pikogramm pro Milliliter vorkommen. (Nach Anderson 2002)

Proteinmenge des Blutplasmas ausmachen, über Affinitätsmethoden abgetrennt und die Proteomanalyse vom restlichen Material durchgeführt. Dabei besteht natürlich immer die Gefahr, dass bei der Abtrennung der häufigen Proteine auch einzelne seltene Proteine mit abgereichert werden und so die quantitativen Verhältnisse der Probe nicht mehr mit denen der Ausgangsprobe übereinstimmen.

## 42.3   Quantitative Analyse der Proteine

Die quantitative Proteomanalyse wird vorwiegend nach zwei Strategien durchgeführt. Die Top-down-Strategie geht von einem Proteom aus und behält die Proteine so lange wie möglich intakt und ungespalten (▶ Abschn. 42.5). Die für eine Quantifizierung und eine massenspektrometrische Identifizierung der einzelnen Proteine notwendige Reduktion der Komplexität wird auf der Proteinebene erreicht. Auch die Quantifizierung erfolgt auf der Proteinebene. Ein typisches Beispiel für einen Top-down-Ansatz ist die klassische gelbasierte Proteomanalyse, bei der die zweidimensionale Gelelektrophorese zur Auftrennung mit nachfolgender bildgestützter Quantifizierung der Proteine eingesetzt wird (klass. Proteomanalyse). Die Massenspektrometrie wird dabei ausschließlich zur Identifizierung der Proteine verwendet.

Erst in jüngster Zeit ist eine direkte und quantitative massenspektrometrische Top-down-Analyse von komplexen Gemischen intakter Proteine möglich (▶ Abschn. 42.5).

Die Schwierigkeiten und Limitationen der Trennmethoden für Proteine führten zu den alternativen Bottom-up-Proteomstrategien (▶ Abschn. 42.6), bei denen im ersten Schritt alle Proteine eines Proteoms in Peptide gespalten werden. Das resultierende, ungeheuer komplexe Peptidgemisch wird dann über verschiedene Trennverfahren fraktioniert und über Massenspektrometrie quantitativ analysiert. Die Peptide werden identifiziert und über informatische Verfahren einzelnen Proteinen zugeordnet.

Eine weitere Möglichkeit, eine möglichst akkurate Quantifizierung der Proteine zu erreichen, sind die Techniken der Isotopenlabelings (▶ Abschn. 42.7).

## 42.4   Klassische gelbasierte Proteomanalyse

Die meisten Proteomdaten, die in der Literatur bis 2010 zu finden sind, wurden mittels der zweidimensionalen Gelelektrophorese erhalten (▶ Kap. 12). Der Analysenablauf lässt sich in nachfolgende Teilschritte gliedern:
- Probenvorbereitung

- Trennung der Proteine
- Imageanalyse
- Quantifizierung der Proteine und Datenanalyse
- Identifizierung und Charakterisierung der Proteine

### 42.4.1   Probenvorbereitung

Im ersten Schritt müssen die Proteine der verschiedenen Proteomzustände für die zweidimensionale Gelelektrophorese vollständig in Lösung gebracht werden. Um eine Störung der isoelektrischen Fokussierung zu vermeiden, sollten im Probenpuffer keine Salze vorhanden sein und nur zwitterionische oder nichtionische Detergenzien eingesetzt werden. In der Praxis können Zellen oft direkt in dem Auftragspuffer für die zweidimensionale Gelelektrophorese gelöst werden (8 M Harnstoff, 2 % CHAPS). Für schwierige Proben (z. B. Gewebe oder schlecht lösliche Zellen, etwa faserige Zellen) müssen spezielle Probenvorbereitungsprotokolle ausgearbeitet werden (French-Press, Ultra-Turrax, Bead-Beater usw.). Immer sollte vor der Trennung durch die zweidimensionale Gelelektrophorese die Probe durch Hochgeschwindigkeitszentrifugation von eventuell ungelöstem Material befreit werden.

### 42.4.2   Trennung der Proteine

Wie schon in ▶ Kap. 12 beschrieben, ist die zweidimensionale Gelelektrophorese die klassische Trenntechnik, die einen Trennraum für etwa 10.000 Proteinspezies zur Verfügung zu stellen vermag, was in der Größenordnung der Gesamtzahl der Proteine in einfachen Zellen entspricht.

Die zweidimensionale Gelelektrophorese hat viele Eigenschaften, die sie für die Proteomanalyse besonders geeignet machen:
- Hohe Auflösung, bis zu 10.000 Komponenten können in einem Gel getrennt werden.
- Mit Immobilinen in der ersten Dimension (IEF) können bestimmte pH-Bereiche gespreizt werden, was den Vorteil höherer Auflösung in speziellen pH-Bereichen bietet.
- Die zweidimensionale Gelelektrophorese ist mit Detergenzien kompatibel und daher für alle Proteine universell einsetzbar. Sie kann so prinzipiell auch hydrophobe Proteine wie Membranproteine auftrennen.
- Durch neue Auftragstechniken können Milligrammmengen von Proteinen semipräparativ in einem zweidimensionalen Gel getrennt werden.
- Sie ist relativ rasch durchzuführen (wenige Tage).

42

Diesen unbestreitbaren Vorteilen gegenüber anderen Methoden stehen aber auch einige gravierende Limitationen der zweidimensionalen Gelelektrophorese entgegen.

- fehlende Automatisierung, daher begrenzte Reproduzierbarkeit (Position der Proteine im Trennraum und unterschiedliche Mengen einzelner Proteine)
- schwierige technische Durchführung
- der Transfer von der ersten (IEF) auf die zweite Dimension (SDS-PAGE) ist nicht vollständig und birgt Gefahr von Proteinverlusten
- die Matrix ist nicht inert, die Proteine müssen zur weiteren Analytik aus der Gelmatrix gebracht werden
- keine ausreichende Dynamik, d. h. Proteine mit geringer Kopienzahl können nicht gleichzeitig neben Proteinen mit hoher Expressionsrate dargestellt werden
- es gibt keine guten Methoden, um Proteine in der Gelmatrix zu quantifizieren

Die letzten beiden Punkte sind für eine Proteomanalyse sicher die problematischsten. Für eine Proteomanalyse, die ja alle Proteine nebeneinander darstellen soll, ist der reale dynamische Bereich der Gelelektrophorese von maximal $10^3$ eine schwerwiegende Limitation. Derzeit kann man nur versuchen, häufige und seltene Proteine möglichst weit voneinander zu separieren (mit gespreizten pH-Gradienten und/oder durch Vorfraktionierung) und sie in getrennten Analysen zu quantifizieren.

Hier soll deutlich darauf hingewiesen werden, dass, obwohl das Gel einen außerordentlich hohen Trennraum besitzt, ein einzelner Spot keineswegs bedeutet, dass sich in diesem Spot nur ein Protein befindet. Schon eine rein statistische Berechnung zeigt, dass bei ca. 30.000 Proteinen, die in einem etwas komplexeren zellulären Proteom erwartet werden, bei einem Trennraum von 10.000 durchschnittlich drei Proteinkomponenten in jedem Spot vorhanden sein müssen. Das bedeutet, dass sehr wahrscheinlich in jedem Spot in einem zweidimensionalen Gel mehrere Proteine vorhanden sind, auch wenn aus analytischen Gründen (dynamischer Bereich, Sensitivität) vielleicht nur eines nachgewiesen werden kann.

### 42.4.3  Färbung der Proteine

Die Quantifizierung von Proteinen ist ein zentrales Anliegen der Proteomanalyse. Die Proteine müssen zur Quantifizierung in der Gelmatrix angefärbt werden. Die Färbungscharakteristika sind für jeden Farbstoff unterschiedlich und können von Protein zu Protein und leider auch für unterschiedliche Proteinmengen sehr unterschiedlich sein. So adsorbieren sehr kleine Proteinmengen prinzipiell relativ mehr Farbstoff als große Proteinmengen. Auch geben kleinste Variationen in den Färbebedingungen unterschiedliche Intensitäten (▶ Kap. 3).

Die populärsten Techniken zur Visualisierung von Proteinen sind die Färbung mit Coomassie-Blau (Nachweisgrenze ca. 100 ng) und mit Silber (Nachweisgrenze ca. 10 ng, quantitativ schlecht reproduzierbar). Empfindlicher sind Fluoreszenzfärbungen, der Nachweis von radioaktiv markierten Proteinen und immunologische Färbungen. Aufgrund der begrenzten Reproduzierbarkeit und der Probleme mit der Proteinanfärbung müssen immer **Mehrfachbestimmungen** (ca. 5–10 Gele der gleichen Probe, möglichst von unabhängigen Aufarbeitungen) durchgeführt werden, um eine statistisch sinnvolle, quantitative Aussage zu erhalten. Heute lässt sich bei optimal durchgeführten Analysen eine relativ gute Aussage bei Mengenveränderungen im Bereich oberhalb von 20 % treffen; es gibt aber durchaus spezifische Proteine, die bereits in Kontrollen viel größere Variationen zeigen.

### 42.4.4  Bildverarbeitung und Quantifizierung der Proteine, Datenanalyse

Nach der Trennung müssen die angefärbten Proteine quantitativ erfasst werden. Dies geschieht bei zweidimensionalen Gelen densitometrisch mit einem Laserdensitometer oder mit einem Scanner. Kommerziell angebotene Software wertet die Bilder so aus, dass in einem ersten Schritt die Umrisse der Proteinspots erkannt werden, wobei man hier bis zu einem gewissen Grad über verschiedene Eingabeparameter interaktiv – je nach Gelqualität – auf die Ergebnisse Einfluss nehmen kann. Normalerweise werden aber auch bei optimal eingestellten Parametern nicht alle Spots richtig erkannt. Im Schnitt kommen wenige Prozent Fehler vor, was bei 2000 Spots immerhin noch zu 40–100 fehlerhaft erfassten Proteinen führt. Auch wenn die Softwareunterstützung in den letzten Jahren deutlich verbessert wurde, muss an dieser Stelle eine erhebliche, zeitraubende Editierarbeit geleistet werden. Nach der Erfassung der Proteinspots werden diese automatisch relativ zueinander quantifiziert und die Resultate in Datenbanken abgelegt.

Leistungsfähige Softwarewerkzeuge erlauben es, Gele miteinander zu vergleichen, kleine Verzerrungen zu korrigieren und Differenzen in den Proteinmustern verschiedener Gele darzustellen. Eine Form der Darstellung ist ausschnittsweise anhand eines Vergleiches von 25 zweidimensionalen Gelen mit Kontrollen in ◻ Abb. 42.4 wiedergegeben. Schon auf dieser Ebene lassen sich differenzielle Proteinmuster und deutliche Unterschiede in den quantitativen Verhältnissen erkennen, darstellen und auswerten. Vor allem aber müssen hier die statistischen Daten zur Absicherung der Ergebnisse gewonnen werden. Gemittelte, statistisch signifikante Referenzgele der einzelnen Zustände werden hergestellt.

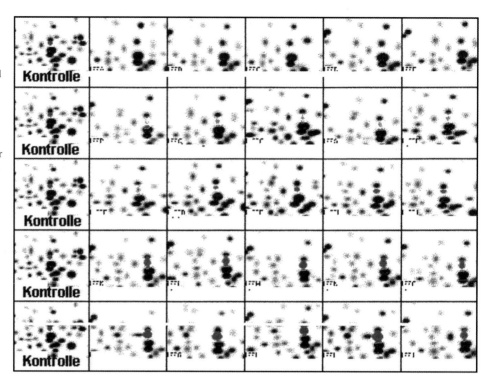

**Abb. 42.4** Ausschnitte von 25 Gelen aus verschiedenen Experimenten, die computerunterstützt mit Kontrollgelen verglichen werden. Die Gele sind nach der Expression eines bestimmten Proteins (rot markiert) in Gruppen geordnet. Man sieht die Reproduzierbarkeit des Proteinmusters und die signifikanten Unterschiede in der Expression des markierten Proteins

## 42.4.5  Identifizierung und Charakterisierung der Proteine

Für die eigentliche proteinchemische Analyse werden auf hohen Durchsatz optimierte Techniken verwendet, die aber im Grunde nicht spezifisch für Proteomanalysen sind.

Liegt ein Protein in einem zweidimensionalen Gel vor, gibt es im Wesentlichen zwei Wege, es weiter zu analysieren: entweder man transferiert das intakte Protein aus der Gelmatrix auf eine chemisch inerte Membran und führt dort weitere proteinchemische Analysen durch, oder man zerlegt das Protein in der Gelmatrix enzymatisch in kleinere Bruchstücke, extrahiert diese und analysiert sie. Beide Wege ergänzen sich und geben ganz spezifische Aussagen.

**Die Analyse des intakten Proteins**  In einem ersten Schritt wird das gesamte Proteinmuster aus der Gelmatrix durch Elektroblotting auf eine PVDF-Membran geblottet. Die Transferausbeuten können dabei für durchschnittliche Proteine nahezu quantitativ sein, für große oder hydrophobe Proteine sind aber erhebliche Ausbeuteverluste zu erwarten, sodass die Quantifizierung nach dem Elektrotransfer sicher nicht mehr die ursprünglichen Verhältnisse widerspiegelt.

Es kann eine direkte **Aminosäuresequenzanalyse** durchgeführt werden, mit der im Erfolgsfall das Protein charakterisiert und nach einer Suche in Proteindatenbanken oft auch identifiziert wird. Als Faustregel kann man bei nicht zu großen Proteinen davon ausgehen, dass

ein sichtbarer, Coomassie-gefärbter Spot für eine Sequenzanalyse ausreicht. Der minimale Mengenbedarf für die Sequenzanalyse liegt zurzeit im unteren Pikomolbereich. Leider ist ein großer Teil der natürlich vorkommenden Proteine N-terminal blockiert.

Die Analysen der Gesamtproteine für eine Identifizierung und Charakterisierung über Aminosäuresequenzanalyse haben den Nachteil, dass sie relativ lange dauern, aufwendig sind und doch nur eine limitierte Aussage liefern können. Für die Charakterisierung und Identifizierung setzt man daher bei der Proteomanalyse heute vor allem die auf hohen Durchsatz optimierten Analysen von proteolytischen Fragmenten mittels Massenspektrometrie ein.

**Analyse von Peptidfragmenten**  Für die Analyse von Peptiden muss das Protein enzymatisch gespalten werden. Dies kann in der Gelmatrix stattfinden oder nach Transfer der Proteine auf eine inerte Membran. Da der Membrantransfer aber einen zusätzlichen Schritt bedeutet, der mit Verlusten behaftet sein kann, wird die Spaltung direkt in der Gelmatrix bevorzugt. Die Enzyme, die dafür eingesetzt werden, sind vor allem Trypsin, Endoprotease LysC und Endoprotease AspN. Nach der Spaltung werden die entstandenen Peptidfragmente meist mithilfe organischer Lösungsmittel und Säuren aus der Gelmatrix eluiert. Dabei ist nicht zu erwarten, dass man alle Peptide aus der Gelmatrix vollständig gewinnen kann – vor allem hydrophobe oder große Peptide liefern oft schlechte Ausbeuten oder werden gar nicht eluiert. Soll die Gesamtse-

42

quenz eines Proteins analysiert werden – z. B. um posttranslationale Modifikationen zu lokalisieren –, muss das Protein in unabhängigen Versuchen mit unterschiedlichen Enzymen gespalten werden. Für die enzymatische Spaltung und Elution stehen heute automatisierte Systeme kommerziell zur Verfügung.

Sind die Peptide aus dem Gel extrahiert, werden sie üblicherweise über eine Reversed-Phase-Minikartusche entsalzt und massenspektrometrisch entweder mit MALDI-MS oder LC-ESI- (Nanospray-)MS analysiert (► Kap. 16). In beiden Fällen erhält man eine Liste der Masse-zu-Ladung-Zustände der in der Probe enthaltenden Peptide. Die gemessenen Werte vergleicht man nun mit einer Liste von Peptidmassen, die der Computer durch theoretische Spaltung *aller* Proteine eines Organismus erzeugt hat. Im Idealfall sollten alle gemessenen Peptidmassen in der theoretischen Peptidmassenliste eines Proteins zu finden sein. In der Praxis lassen sich jedoch nur ca. 30–70 % der gemessenen Werte direkt einem einzigen Protein zuordnen, was aber praktisch immer ausreicht, um das Protein eindeutig zu identifizieren. Die restlichen Massenwerte lassen sich manchmal auf Oxidationsprodukte, unerwartete Fragmentierungen, auf Modifikationen oder auch auf Peptide aus kontaminierenden Proteinen zurückführen.

Eine Alternative zur Analyse der Peptidmassenmuster ist die massenspektrometrische Sequenzierung der proteolytischen Peptide. Sie liefert eine bessere Sicherheit der Identifizierung. Mit massenspektrometrischen Fragmentierungstechniken (unter Einsatz von MALDI-TOF/TOF- oder ESI-MS/MS-Instrumenten) können Tandem-MS-Spektren generiert werden (► Kap. 16). Mithilfe spezieller Suchalgorithmen werden die gemessenen Spektren mit den in einer Datenbank abgelegten, computergenerierten theoretischen MS/MS-Spektren aller Peptide des gleichen Organismus verglichen. Diese vollautomatische Methode führt natürlich nur zum Erfolg, wenn zum experimentellen Spektrum das theoretische Äquivalent in der Datenbank vorhanden ist, d. h. nur bei bekannter Genomsequenz. Hier lassen sich auch Treffer mit *EST- (Expressed-Sequence-Tags-)* Datenbanken erhalten, bei denen eine Analyse über eine Liste von Peptidmassen zum Scheitern verurteilt ist.

> Wenn das Genom des bearbeiteten Organismus nicht sequenziert ist oder wenn die Position einer posttranslationalen Modifikation genau ermittelt werden soll, muss das ganze Arsenal der klassischen Proteinchemie inklusive massenspektrometrischer Techniken eingesetzt werden.

Die automatische Interpretation von MS/MS-Spektren wird immer häufiger auch für die De-novo-Sequenzanalyse unbekannter Peptide durchgeführt, wo-

bei der limitierende Schritt die Auswertung der Fragmentspektren ist. Versagt die massenspektrometrische Hochdurchsatzanalyse, müssen die Methoden der klassischen Proteinchemie angewendet werden. Auch hier spielen natürlich die massenspektrometrischen Methoden eine herausragende Rolle, aber sie werden dann im Verbund mit einer HPLC- oder CE-Trennung der Peptide, mit Edman-Sequenzanalyse oder mit weiteren verfügbaren analytischen Techniken eingesetzt. In diesem Fall ist der Durchsatz natürlich viel kleiner.

Wenn ein Protein über Peptidsequenzen in einer (DNA-)Datenbank identifiziert ist, wird das Protein nur dann weiter analysiert, wenn ein Hinweis auf posttranslationale Modifikationen vorliegt. Dieser kann auf dem gemessenen Molekulargewicht des intakten Proteins beruhen (s. oben) oder auch aus einem Vergleich des in der zweidimensionalen Gelelektrophorese beobachteten mit dem errechneten isoelektrischen Punkt des Proteins kommen. Falls sich hier signifikante Abweichungen (mehr als etwa 0,3 pH-Einheiten) ergeben, liegen mit hoher Wahrscheinlichkeit eine oder mehrere posttranslationale Modifikationen vor. Werden sehr genaue Informationen benötigt – wie z. B. bei der Charakterisierung rekombinanter therapeutischer Proteine –, wird auch ohne einen Hinweis auf Modifikationen das gesamte Protein sequenziert, auch wenn dies einen sehr hohen Aufwand erfordert.

## 42.4.6  Zweidimensionale differenzielle Gelelektrophorese (2D-DIGE)

2D-DIGE ist eine Variation der zweidimensionalen Gelelektrophorese, die einige wesentliche Vorteile gegenüber der klassischen Technik bietet (► Abschn. 12.6.6). Dabei werden zwei oder drei zu vergleichende Proteinextrakte einzeln mit Fluoreszenzreagenzien (*Cy-Dye* mit reaktiver *N*-Hydroxysuccinimidgruppe) differenziell markiert. Die Reagenzien binden kovalent an die ε-Aminogruppe der Lysinreste im Protein und besitzen eine positive Ladung, die den Verlust der positiven Ladung der Lysinreste durch die Derivatisierung kompensiert. Zudem ist die Masse der einzelnen Reagenzien sehr ähnlich. Die Reaktionsbedingungen sind so gewählt, dass nur ein kleiner Prozentsatz der Lysine eines Proteinmoleküls markiert wird. Das Laufverhalten im zweidimensionalen Gel ist für die fluoreszenzmarkierten und die jeweils entsprechenden unmarkierten Proteinspezies nahezu identisch.

Die einzelnen Fluoreszenzfarbstoffe haben unterschiedliche Spektren. Daher kann man die unterschiedlich markierten einzelnen Proteinextrakte vereinigen und in einem einzigen, konventionellen zweidimensionalen Gel auftrennen. Die Proteine der einzelnen Proben können nun einzeln durch Bildaufnahme mit den entsprechenden Anregungs- und Emissionswellenlängenfilter sichtbar gemacht werden. Der quantitative Vergleich der Proteinmuster wird mithilfe spezieller Softwareprogramme durchgeführt.

Mit dieser Technik werden die gravierenden Gel-zu-Gel-Variationen der klassischen zweidimensionalen Gelelektrophorese vermieden. Dies ermöglicht vergleichende, quantitative Proteomanalysen mit weniger Gelen, geringerem Materialverbrauch, höherer Genauigkeit und in kürzerer Zeit. Das *spotmatching* von verschiedenen Gelen entfällt, da die gesamte Analyse in einem Gel durchgeführt wird. Durch die Fluoreszenzfarbstoffe wird eine sehr hohe Nachweisempfindlichkeit erzielt und, mit einer über fünf Größenordnungen linearen Kalibrationskurve, auch ein höherer dynamischer Bereich als in der klassischen zweidimensionalen Gelelektrophorese abgedeckt.

Da die Proteinspots nur im Fluoreszenzscanner sichtbar sind, ist ein automatischer *spot picker* notwendig, um die Proteinspots einer massenspektrometrischen Identifizierung zuzuführen. Da mehrere Proteine im gleichen Spot wandern können und der geringe Anteil an fluoreszierendem Protein eine geringfügig höhere Masse hat als das unmarkierte Protein, ist nicht sicher, dass der quantifizierte Spot identisch mit dem identifizierten Protein ist.

Auch bei der 2D-DIGE-Technik muss, obwohl sie signifikant besser als die konventionelle, vergleichende zweidimensionale Gelelektrophorese ist, wie bei allen Proteomanalysen der experimentelle Fehler statistisch ermittelt und bei der Interpretation der Resultate beachtet werden. Die experimentellen Fehler bei der 2D-DIGE sind vor allem in der Probenvorbereitung, Variation bei der Proteinmarkierung und in Fehlern bei der Bildverarbeitung (schlechte Spoterkennung und Hintergrundprobleme wegen unterschiedlicher Fluoreszenzcharakteristiken von Acrylamid bei verschiedenen Wellenlängen) zu suchen.

## 42.5 Top-down-Proteomics: Massenspektrometrie von intakten Proteinen-

- Top-down-Proteomics bezeichnet die umfassende Analyse von intakten Proteinen mittels Tandem-Massenspektrometrie.
- Dieser Ansatz ermöglicht die direkte Charakterisierung von Proteinen und deren Heterogenität, z. B. die Lokalisierung von posttranslationalen Modifikationen.

- Native Elektrospray-Ionisierung kann in Kombination mit Top-down-Massenspektrometrie zur Analyse von Proteinkomplexen, Protein-Protein-Wechselwirkungen und Interaktionen mit anderen Molekülen eingesetzt werden.

Top-down-Proteomics bezeichnet die umfassende Analyse von intakten Proteinen mittels Tandem-Massenspektrometrie. Im Gegensatz zur Analytik von enzymatisch verdauten Proteinen auf Peptidebene (s. Bottom-up-Proteomics, ▶ Abschn. 42.6) basiert Top-down-Proteomics auf der Charakterisierung von Proteinen auf intakter Ebene, einschließlich deren Modifikationen und Varianten. Ein entscheidender Vorteil dieses Ansatzes liegt in der Möglichkeit, Einzelnucleotidpolymorphismen, Isoformen, Spleißvarianten, posttranslationale Modifikationenen (PTMs) bis hin zu Proteinkomplexen direkt am intakten Protein zu charakterisieren. Im Gegensatz dazu ist die Zuordnung von enzymatisch erzeugten Peptiden zu bestimmten Proteoformen herausfordernd, besonders bei der Analyse komplexer Proben mit einer Vielzahl an Modifikationen. Dieser Prozess wird in den Top-down-Proteomics gezielt umgangen. Im weiteren Verlauf werden folgende Themen vorgestellt und diskutiert: grundsätzliche Konzepte und Begriffe intakter Protein-Massenspektrometrie, Messung intakter Proteinmassen ($MS^1$), Fragmentierung und Detektion von Produktionen ($MS^2$), Datenauswertung, Hochdurchsatz-Top-down-Proteomics sowie native Top-down-Massenspektrometrie. Um den Einstieg in das durchaus komplexe Themengebiet der Top-down-Proteomics möglichst einfach zu gestalten, wurde Ubiquitin (76 Aminosäuren) als Modellprotein ausgewählt. Obwohl die intakte Protein-Massenspektrometrie eine Vielzahl verschiedener Konzepte umfasst, wird in diesem Kapitel speziell auf hochaufgelöste Daten eingegangen, die mittels Elektrospray-Ionisierung gekoppelt an ein Fourier-Transform-Massenspektrometer (positiver Modus) aufgenommen wurden.

### 42.5.1 Grundlagen intakter Protein-Massenspektrometrie

Der Unterschied zwischen den Massenspektren eines intakten Proteins (◻ Abb. 42.5A) und eines Peptids ist auf den ersten Blick erkennbar. Die zahlreichen Signale in ◻ Abb. 42.5 entsprechen den unterschiedlichen Ladungszuständen von Ubiquitin nach Desolvatisierung und Transfer in die Gasphase mittels Elektrospray-

Proteomanalyse

◻ **Abb. 42.5** Massenspektrum von Ubiquitin. **A** Ladungszustandsverteilung des intakten Proteins; **B** Isotopenverteilung des 11+-Ladungszustands. Die monoisotopische und mittlere Masse sind hervorgehoben

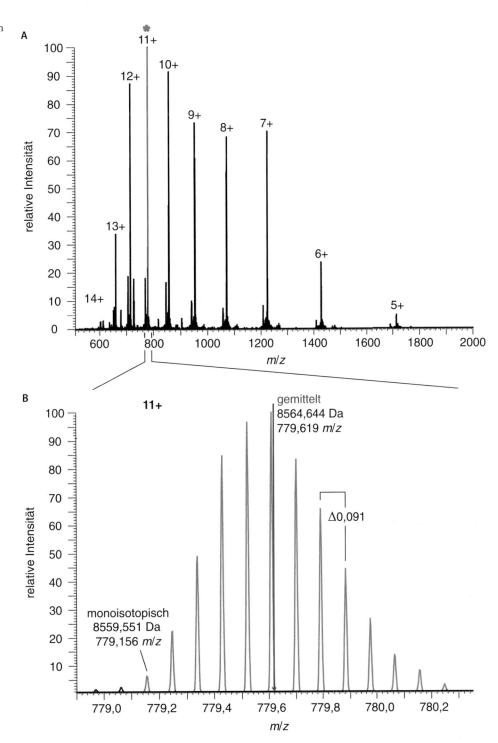

Ionisierung (positiver Ionenmodus). Im Gegensatz dazu weisen Peptide typischerweise eine geringere Ladung auf (Einfach-, Zweifach- und/oder Dreifachladung). Obwohl die Interpretation des Massenspektrums eines intakten Proteins zunächst komplex und anspruchsvoll erscheinen mag, dient dieser Abschnitt dazu, die Grund-

lagen für die Analyse und das Verständnis von Top-down-Proteomicsdaten zu vermitteln.

In ◻ Abb. 42.5B ist der Bereich des Massenspektrums des 11+-Ladungszustands von Ubiquitin abgebildet. Dabei handelt es sich nicht um ein einzelnes Signal, sondern um eine Verteilung verschiedener Peaks mit konstantem $\Delta m/z$. Jedes dieser Signale setzt sich aus der gleichen Summenformel und Ladung zusammen, unterscheidet sich aber in der Anzahl der vorkommenden schweren Isotope, auch **Isotopologe** genannt. Grundsätzlich gilt es im Bereich der Protein-Massenspektrometrie zwei wichtige Konzepte von Masse zu verstehen und zu unterscheiden: die **mittlere Masse** (engl. *average mass*) und die **monoisotopische Masse**. Die mittlere Molekülmasse errechnet sich aus der Summe der nach Häufigkeit der Isotope gewichteten Atommassen jedes Atoms, das im jeweiligen Molekül vorkommt. Die Berechnung der monoisotopischen Masse basiert auf den exakten Massen des häufigsten Isotops jedes Elements eines Moleküls. Der monoisotopische Peak weist typischerweise das kleinste $m/z$-Verhältnis in einer Isotopenverteilung auf, sofern keine exotischeren Elemente (z. B. Metalle wie Eisen) im Molekül vorkommen. Es ist zugleich das intensivste Signal für kleine Moleküle einschließlich kurzkettiger Peptide (◻ Abb. 42.6A). Mit steigendem Molekulargewicht, beispielsweise bei Proteinen, verschiebt sich das Intensitätsmaximum zu höheren Isotopologen und das Isotopenmuster nähert sich einer Normalverteilung an (◻ Abb. 42.6B). Dieses Phänomen lässt sich gut am Beispiel von Kohlenstoff erläutern. Die natürliche Häufigkeit eines $^{13}C$-Isotops liegt bei etwa 1,07 %. Angenommen, ein Molekül ist aus 100 Kohlenstoffatomen aufgebaut. In diesem Fall ist die Wahrscheinlichkeit höher, dass es sich bei einem dieser Kohlenstoffatome um ein $^{13}C$-Isotop handelt, als dass kein einziges in einem $C_{100}$-Molekül vorkommt. In der Regel ist $^{13}C$ das am häufigsten natürlich vorkommende schwere Isotop in einem Protein. Aus diesem Grund wird die Anzahl der schweren Isotope eines Isotopenpeaks typischerweise mit der Anzahl der äquivalenten $^{13}C$-Isotope angegeben, beispielsweise $^{13}C_5$ für den intensivsten Proteinpeak in ◻ Abb. 42.6B. Bei großen Proteinen ist die Intensität der monoisotopischen Masse sehr gering und im entsprechenden Massenspektrum häufig nicht mehr sichtbar. Der Unterschied zwischen der monoisotopischen und mittleren Masse steigt ebenfalls mit der Größe des Proteins. Diese Eigenschaft ist am Beispiel von kleinen über mittelgroße bis hin zum größten bekannten Protein (Titin) in ◻ Tab. 42.1 gezeigt.

Wie bereits zuvor erwähnt, weist ein Protein im Gegensatz zu einem Peptid eine Vielzahl verschiedener **Ladungszustände** auf. Diese Ladungszustände entstehen aus Gleichgewichtseinstellungen in Lösung und der Elektrospray-Ionisierung (ESI). Im positiven Ionenmodus werden die basischen funktionellen Gruppen eines Proteins durch den ESI-Prozess protoniert. Die meisten Peptide sind entweder zu kurz (Abstoßung durch räumliche Nähe) oder haben zu wenige basische funktionelle Gruppen, um eine Vielzahl an Ladungen tragen zu können. Dahingegen besitzen Proteine oftmals zahlreiche

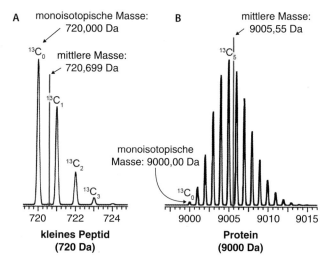

◻ **Abb. 42.6** Isotopenverteilungen und monoisotopische/mittlere Massen. Vergleich der Isotopenverteilungen eines kleinen Peptids **A** und eines Proteins **B**. Die monoisotopischen und mittleren Massen sind jeweils hervorgehoben

42

◻ **Tab. 42.1** Monoisotopische und mittlere Massen von vier Proteinen und einem Peptid (Organismus: Mensch)

| Uniprot ID | Name | Anzahl Aminosäuren | Monoisotopische Masse (Da) | Mittlere Masse (Da) | Differenz (Da) |
|---|---|---|---|---|---|
| Q8WZ42 | Titin | 34.350 | 3.813.651,757 | 3.815.992,986 | 2.341,229 |
| P02787 | Serotransferrin | 679 | 75.146,569 | 75.194,920 | 48,351 |
| P62979 [1–76] | Ubiquitin | 76 | 8559,617 | 8564,757 | 5,140 |
| Q8IVG9 | Humanin | 24 | 2685,482 | 2687,240 | 1,758 |
| P01858 | Phagocytosis-stimulierendes Peptid | 4 | 500,307 | 500,594 | 0,286 |

basische funktionelle Gruppen, die potenziell protoniert werden können, was zu der zuvor angesprochenen Ladungsverteilung führt. Die Menge an zugänglichen, protonierbaren Gruppen beeinflusst die Ladungsverteilung eines Proteins. Als Faustregel gilt: Die Anzahl der beobachtbaren Ladungszustände eines Proteins entspricht im Mittel etwa der intakten Masse geteilt durch 1000. Das Massenspektrum von Ubiquitin in ◘ Abb. 42.5A zeigt zehn erkennbare Ladungszustände im Bereich von 5+ bis 14+. Um die mittlere bzw. monoisotopische Masse basierend auf den experimentellen Daten zu berechnen, kann folgende Gleichung verwendet werden:

$$M = (m/z \cdot z) - (M_\mathrm{H} \cdot z) \qquad (42.1)$$

wobei $M$ die mittlere oder monoisotopische neutrale Masse des Proteins, $m/z$ das beobachtete Masse-zu-Ladung-Verhältnis, $z$ die Ladung des Ions, $M_\mathrm{H}$ die Masse eines Protons (1,00727 Da) ist.

Dieser mathematische Zusammenhang kann für einen gegebenen Ladungszustand oder eine Reihe an Ladungszuständen nach $m/z$ umgeformt werden:

$$m/z = \frac{M + (M_\mathrm{H} \cdot z)}{z} \qquad (42.2)$$

Wie aus ◘ Tab. 42.1 hervorgeht, betragen die monoisotopische und mittlere Masse von Ubiquitin 8559,617 bzw. 8564,757 Da. Mithilfe der Gl. 42.2 können die theoretischen monoisotopischen und gemittelten $m/z$-Werte für alle zehn beobachteten Ladungszustände von Ubiquitin berechnet werden (◘ Abb. 42.5A; ◘ Tab. 42.2).

Der Ladungszustand einer $m/z$-Spezies kann anhand der Abstände zwischen den einzelnen Isotopenpeaks direkt bestimmt werden. Dafür ist ein hochauflösendes

◘ **Tab. 42.2** Monoisotopische und mittlere $m/z$-Werte der zehn beobachteten Ladungszustände von Ubiquitin

| Ladungszustand | Monoisotopisch ($m/z$) | Gemittelt ($m/z$) |
|---|---|---|
| *M* | **8559,617** | **8564,757** |
| 5 | 1712,931 | 1713,959 |
| 6 | 1427,610 | 1428,467 |
| 7 | 1223,810 | 1224,544 |
| 8 | 1070,959 | 1071,602 |
| 9 | 952,076 | 952,647 |
| 10 | 856,969 | 857,483 |
| 11 | 779,154 | 779,622 |
| 12 | 714,309 | 714,737 |
| 13 | 659,439 | 659,835 |
| 14 | 612,408 | 612,776 |

Massenspektrometer notwendig, welches in der Lage ist, die **Isotopologenverteilung** eines Ladungszustandes aufzulösen. Der Unterschied zwischen einem Isotopologenpeak und seinen direkten Nachbarn beträgt ein Neutron. Infolgedessen entspricht der Abstand innerhalb einer Isotopenverteilung ungefähr eins geteilt durch die Ladung des Ions. Das bedeutet, bei einem 2+-Ladungszustand ergibt sich ein Abstand von etwa 0,5 $m/z$, für 3+-geladene Spezies hingegen 0,33 $m/z$. Der Abstand innerhalb des 11+-Ladungszustands von Ubiquitin in ◘ Abb. 42.5B beträgt 0,091, was $\approx 1/11$ $m/z$ entspricht. Es ist also möglich, mit hochauflösender Massenspektrometrie die Isotopen eines einzelnen Ladungszustands aufzulösen und dessen Ladung zu bestimmen. Des Weiteren ermöglicht das Messen von isotopenaufgelösten Daten eine hohe Massengenauigkeit (**Fehlertoleranz** oftmals <10 ppm). Im Fall von Ubiquitin beträgt die berechnete monoisotopische Masse, basierend auf dem 11+-Ladungszustand, 8559,636 Da (◘ Abb. 42.5B) und die theoretisch berechnete Masse 8559,617 Da, was einem **Massenfehler** von +2,3 ppm entspricht. Es ist anzumerken, dass für große Proteine (>100 kDa) eine Auflösung der einzelnen Isotopenpeaks selbst mit einem hochauflösenden Massenspektrometer oftmals nicht erreicht werden kann.

### 42.5.2 Dekonvolution von Proteinmassenspektren

Die dominierenden Peaks in ◘ Abb. 42.5A entsprechen der vollständig intakten Form von Ubiquitin. Bei näherer Betrachtung fällt eine Reihe an Satellitenpeaks auf, die sowohl geringere Intensität als auch eine etwas geringere Masse als das intakte Ubiquitin aufweisen (◘ Abb. 42.7A). Um die neutralen monoisotopischen Massen beider Proteinspezies gleichzeitig zu bestimmen, kann eine Ladungsentfaltung, auch als **Dekonvolution** bezeichnet, durchgeführt werden. Auf diese Weise wird ein Spektrum oder eine Liste der monoisotopischen Neutralmassen generiert (◘ Abb. 42.7B). Algorithmen zur spektralen Dekonvolution basieren auf den in den Isotopenverteilungen enthaltenen Informationen, einschließlich der Bestimmung und Zuordnung der verschiedenen Ladungszustände. Dabei tragen die Intensitäten aller Ladungszustände im Rohspektrum, welche über den Algorithmus einer bestimmten neutralen Proteinspezies zugeordnet werden können, zu deren relativer Intensität im dekonvolutierten Spektrum bei. Da es sich nach der Dekonvolution um Neutralmassen und nicht mehr um geladene Spezies handelt, ist die Einheit der x-Achse nicht mehr das Masse-zu-Ladung-Verhältnis ($m/z$), sondern Dalton (Da; ◘ Abb. 42.7B). Die zwei Hauptpeaks im dekonvolutierten Spektrum von Ubiquitin haben eine Neutralmasse von 8445,585

42

**□ Abb. 42.7** Zwei Varianten von Ubiquitin. **A** Massenspektrum des 11+-Ladungszustands von Ubiquitin. Die Hauptform und ein Satellitpeak mit geringerer Masse sind hervorgehoben. **B** Dekonvolutierte monoisotopische Massen der beobachteten Spezies liefern eine Massendifferenz von 114,036 Da

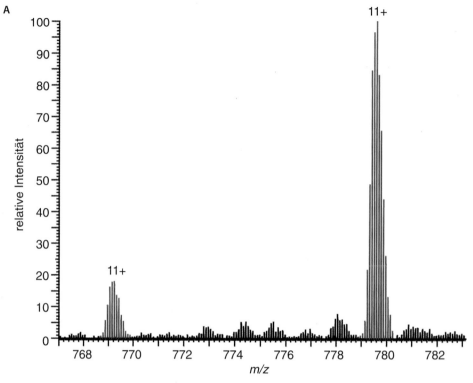

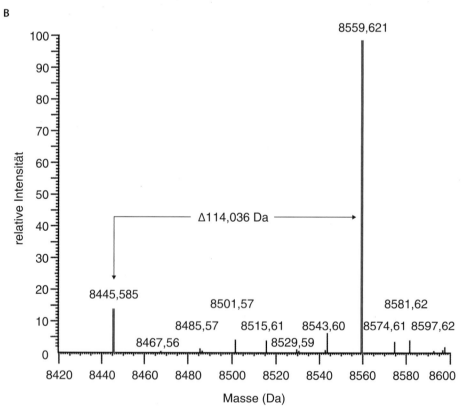

bzw. 8559,621 Da. Die Massendifferenz beträgt damit 114,036 Da. Obwohl die intakten Proteinmassen bestimmt werden können, reicht diese Information allein nicht aus, um die einzelnen Proteinspezies und damit die Ursache des vorliegenden Massenunterschieds zu identifizieren. Somit ist eine zusätzliche Charakterisierung notwendig.

### 42.5.3 Fragmentierung von Proteinen

Eine effiziente Möglichkeit zur weitreichenden Charakterisierung von Proteinen ist die **Isolierung** und **Fragmentierung** einer bestimmten Ionenspezies, um Fragmentierungsprodukte, auch **Produktionen** genannt, zu erzeugen. Die entstandenen Produktionen können auf das isolierte **Vorläuferion** (engl. *precursor ion*) zurückgeführt werden. Fragmentierungsreaktionen sind Dissoziationsprozesse, die vorhersagbare Produktionen erzeugen, wobei die Art der entstehenden Fragmentionen stark von der verwendeten Fragmentierungstechnik abhängig ist (◘ Tab. 42.3; s. ▶ Kap. 16). Aufgrund der häufiger verwendeten englischen Begriffe der Fragmentierungstechniken sind diese in ◘ Tab. 42.3 beibehalten.

Im Fall der beiden Hauptformen von Ubiquitin wurde *Higher-Energy Collisional Dissociation* (HCD) verwendet, um *b*- und *y*-Fragmentionen zu erzeugen. Der Prozess der Isolierung mit anschließender Fragmentierung wird auch als Tandem-Massenspektrometrie

oder MS$^2$ bezeichnet. Die so entstandenen Fragmentionen wurden daraufhin mit einem hochauflösenden Massenanalysator (Orbitrap) vermessen. In ◘ Abb. 42.8A sind die jeweiligen MS$^2$-Spektren der beiden Hauptformen von Ubiquitin (◘ Abb. 42.7A) gegenüber gestellt. Obwohl es Übereinstimmungen zwischen den MS$^2$-Spektren gibt, scheinen einige Fragmentpeaks versetzt voneinander zu sein. Beide Fälle sind beispielhaft in ◘ Abb. 42.8B gezeigt. Die $y58^{8+}$- und $y56^{8+}$-Fragmentionen sind violett hervorgehoben und kommen bei jeweils nur einer der beiden Proteinspezies vor. Der Massenunterschied von 114,060 Da wurde ebenfalls auf intakter Ebene zuvor beobachtet. Im Gegensatz dazu weisen die $b18^{2+}$-Fragmentionen (orange) keinen entsprechenden Massenunterschied zueinander auf. Um solche komplexen Daten besser interpretieren zu können, kann das zuvor beschriebene Verfahren der Dekonvolution angewendet werden. Als Resultat wird eine Liste der neutralen Fragmentmassen für jedes unabhängig isolierte Vorläuferion generiert. Die neutralen Fragmentmassen können für die Identifizierung und Charakterisierung unterschiedlicher Proteinvarianten, auch Proteoformen (▶ Abschn. 42.5.1) genannt, genutzt werden.

### 42.5.4 Datenauswertung

Die neutralen Fragmentmassen können mithilfe einer **Fragmentkarte** (engl. *fragment map*) mit der theoretischen Sequenz verglichen und zugeordnet werden. Dadurch wird die Datenanalyse und -interpretation erleichtert, indem komplexe Daten (u. a. Liste von neutralen Fragmentmassen) in eine einfach zu lesende Grafik konvertiert werden. Fragmentkarten enthalten Informationen hinsichtlich der theoretischen neutralen Fragmentmassen einer vorgegebenen Sequenz, die mit experimentell bestimmten Massen innerhalb einer zuvor definierten Fehlertoleranz (z. B. 10 ppm) abgeglichen werden. Experimentell beobachtete Fragmentmassen, die mit theoretischen Massen übereinstimmen, werden mit einer „Flagge" (engl. *flag*) als Markierung gekennzeichnet. Die Richtung und Form der Flagge wird verwendet, um die Art des Fragments zu definieren. Die Farbe kennzeichnet dahingegen die eingesetzte Fragmentierungstechnik. Dies ist besonders bei Hybridanalysen von Bedeutung, bei denen mehr als eine Fragmentierungstechnik zum Einsatz kommt, beispielsweise eine Kombination aus HCD und ETD. Die Flaggen in ◘ Abb. 42.9A repräsentieren terminale Fragmentionen, die mittels HCD erzeugt wurden. Dabei zeigt die jeweilige Ausrichtung der Flaggen an, ob es sich bei einem Fragmention um ein *b*-**Ion** (N-terminal) oder *y*-**Ion** (C-terminal) handelt. **Terminale Fragmentionen** sind Produktionen, die entweder den N- oder C-Terminus

◘ **Tab. 42.3** Techniken zur Gasphasenfragmentierung

| Art der Fragmentierung | Abkürzung | Fragmentionen |
|---|---|---|
| Collisionally Activated Dissociation/Collisionally Induced Dissociation | CAD/CID | b/y |
| Higher Energy Collisional Dissociation | HCD | b/y |
| Infrared Multiphoton Dissociation | IRMPD | b/y |
| Sustained Off-Resonance Irradiation-Collisionally Activated Dissociation | SORI-CAD | b/y |
| Electron Capture Dissociation | ECD | c/z |
| Electron Transfer Dissociation | ETD | c/z |
| Electron Transfer Higher Energy Collisional Dissociation | EThcD | b/c/y/z |
| Ultraviolet Photo Dissociation | UVPD | a/b/c/x/y/z |

◘ **Abb. 42.8** Fragmentspektren der beiden intensivsten Proteoformen von Ubiquitin, gezeigt in ◘ Abb. 42.7. **A** Fragment-Massenspektren (MS²) von intaktem Ubiquitin (oben) und dessen ΔGG-Form (unten, invertiert). **B** Zwei verschiedene Ausschnitte der gegenübergestellten Fragment-spektren. Einerseits gibt es Fragmentionen, die keinen Unterschied zueinander zeigen (rechts, orange). Andererseits gibt es einige Fragmente, die den gleichen Massenshift (links, violett), wie er bereits auf intakter Proteinebene beobachtet wurde, aufweisen

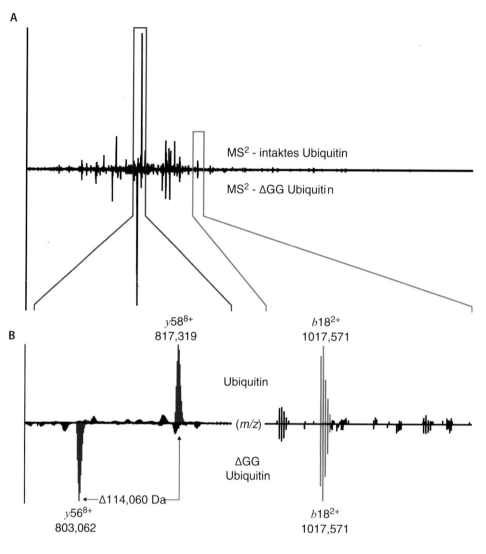

enthalten. Die Flagge für eine **beidseitige Spaltung**, wie beispielsweise zwischen E18 und P19, zeigt an, dass sowohl das $b$-Ion ($b18^{2+}$) als auch das komplementäre $y$-Ion (entweder $y56^{8+}$ oder $y58^{8+}$) detektiert wurden. In ◘ Abb. 42.9B ist die beidseitige E-P Spaltung, wie sie für die beiden Proteoformen von Ubiquitin beobachtet wurde, strukturell dargestellt.

Komplikationen hinsichtlich der Datenanalyse können durch die Bildung von **internen Fragmentionen** entstehen. Diese Ionen enthalten weder N- noch C-Termini und sind das Produkt der Kombination von N- und C-terminal gerichteter Fragmentierung. Unglücklicherweise sind interne Fragmentionen mit erheblich höherem Rechenaufwand verbunden, um Daten zu verarbeiten und exakte Fragmentkarten zu erstellen. Die Sequenzlänge von Ubiquitin beträgt 76 Aminosäuren, wodurch potenziell 148 verschiedene terminale Fragmentionen (Mindestlänge: zwei Aminosäuren) aus einem einzigen Ladungszustand entstehen können. Fol-

gende Gleichung kann zur Berechnung der Anzahl möglicher terminaler Fragmentionen herangezogen werden:

$$\text{Anzahl terminaler Fragmentionen} = (n - l) \cdot 2 \quad (42.3)$$

wobei $n$ die Sequenzlänge und $l$ die Mindestlänge eines terminalen Fragments darstellt. Zudem wird die Differenz der beiden Längen mit dem Faktor 2 multipliziert, um die Bildung von N-terminalen und C-terminalen Fragmentionen einzubeziehen. Im Gegensatz dazu ist die potenzielle Anzahl an internen Fragmentionen mit 2710 für einen einzelnen Ladungszustand erheblich größer. Die Gleichung zur Berechnung der Anzahl interner Fragmente bei vorgegebener Sequenzlänge lautet wie folgt:

$$\text{Anzahl interner Fragmentionen} = \frac{\left((n - l - 1) + (n - l - 1)^2\right)}{2}$$

$$(42.4)$$

**42**

◻ **Abb. 42.9** Visualisierung
von Proteinfragmentierung. **A**
Fragmentkarten von Ubiquitin
mit und ohne C-terminale
GG-Reste (gelb). Die hervorge-
hobene E–P-Spaltung zeigt die
Fragmente, die in ◻ Abb. 42.7B
dargestellt sind. **B** Chemische
Struktur und Position der
E–P-Spaltung

wobei $n$ abermals für die Sequenzlänge und $l$ für die Mindestlänge eines terminalen Fragments steht. Die Zahl –1 wird für das Fehlen von terminalen Fragmenten eingeführt. 2 ist eine Konstante, um sowohl N-terminale als auch C-terminale Fragmentionen zu berücksichtigen. Proteine zeigen typischerweise eine Vielzahl an Ladungszuständen. Damit erhöht sich die Anzahl möglicher terminaler und interner Fragmentionen erheblich.

Mit diesen Kenntnissen können die Fragmentkarten nun interpretiert werden. ◻ Abb. 42.9A zeigt jeweils eine Fragmentkarte für die beiden Hauptproteoformen von Ubiquitin, wie sie bereits in ◻ Abb. 42.7A beschrieben sind. Die Anzahl der mit den theoretischen Daten übereinstimmenden Fragmente variiert zwischen den Vorläuferionen der beiden Proteoformen. Eine entscheidende Rolle bei der Top-down-Analyse von Proteinen spielt die relative Intensität der Vorläuferionen. Die Fragmentierung gering intensiver Proteinspezies resultiert oftmals in einer geringeren Abdeckung der Fragmentkarten gegenüber intensiveren Proteinsignalen. Dieses Phänomen kann mit dem kleineren Signal-zu-Rausch-Verhältnis erklärt werden, wodurch manche Fragmentionen nicht mehr erfasst werden können (◻ Abb. 42.7). Basierend auf den dekonvolutierten MS$^1$-Daten (◻ Abb. 42.7B) beträgt die relative Intensi-

tät der geringer intensiven Proteoform von Ubiquitin etwa 15 % im Vergleich zur intakten Variante. Entsprechend wurden weniger übereinstimmende Fragmente gefunden (36 vs. 48).

Beim Vergleich der theoretischen mit den experimentellen neutralen Fragmentmassen der beiden isolierten Proteine können verschiedene Tendenzen beobachtet werden. Zunächst ist die $b$-Ionenserie sehr ähnlich zueinander (◻ Abb. 42.8). Das bedeutet, dass die vorhandene Modifikation keinen Einfluss auf die entstehenden N-terminalen Fragmentionen zu haben scheint. Dadurch kann eine Modifikation im Bereich des N-Terminus ausgeschlossen werden. Anders ist das bei den $y$-Ionen (C-terminal). Hier tritt ein Massenunterschied von 114,060 Da zwischen Fragmenten mit übereinstimmenden Spaltungsstellen auf (z. B. $y56^{8+}$ vs. $y58^{8+}$, ◻ Abb. 42.7A). Infolgedessen muss die Modifikation, die diesen Massenunterschied verursacht, also entweder direkt am C-Terminus oder innerhalb des Sequenzbereichs zwischen dem C-Terminus und der Spaltungsstelle des kleinsten C-terminalen $y$-Ions vorkommen. Des Weiteren entspricht der Massenunterschied von 114,060 Da keiner gängigen PTM, passt aber sehr genau zu einem Verlust von zwei Glycinen ($\Delta$GG). Somit kann nachgewiesen werden, dass es sich bei der intensivsten Proteoform in ◻ Abb. 42.7A um vollständig intaktes Ubiquitin handelt, wohingegen das andere Proteinsignal ΔGG-Ubiquitin zugeordnet werden kann.

Wie bereits zuvor erwähnt, handelt es sich bei der ΔGG- und der vollständig intakten Variante um zwei Proteoformen von Ubiquitin. Die exakte Terminologie zur Beschreibung intakter Proteinmoleküle ist seit Jahren ein Diskussionsthema im Bereich intakter Protein-Massenspektrometrie. Der Begriff **Proteinspezies** leitet sich eher von einer chemischen Sichtweise ab (anerkannt von IUPAC). Im Gegensatz dazu sind **Proteoformen** vom zugrunde liegenden Gen mit einem Fokus auf biologisch vorkommende Proteinvarianten geprägt (s. Smith und Kelleher 2013 für weitere Informationen). Der Begriff Proteoform wurde eingeführt, um die unterschiedlichen Varianten von einzelnen Proteinen zu beschreiben, unter Berücksichtigung der anerkannten Sequenz, endogenen Proteolysen, Spleißvarianten, Einzelnukleotidpolymorphismen, Mutationen und PTMs. Obwohl Bottom-up-Proteomicsansätze in der Lage sind, auf die Identität einzelner Proteoformen Rückschlüsse zu geben, kann nur intakte Protein-Massenspektrometrie eine robuste, direkte Analyse eines Proteins und dessen Heterogenität gewährleisten. Beispielsweise unterscheiden sich die zuvor beschriebenen Proteoformen von Ubiquitin nur durch das Fehlen von zwei Glycinresten am C-Terminus. Traditionelle Bottom-up-Ansätze werden diese Modifikation oftmals nicht erfassen. Trypsin ist die am häufigsten verwendete Protease in Bottom-up-Proteomics und würde direkt vor der ΔGG-Modifikation Ubiquitin spalten, wie in ◘ Abb. 42.10 dargestellt. Infolgedessen sind alle erfassbaren tryptischen Pepide identisch für beide Proteoformen, und eine Unterscheidung wäre auf diese Weise nicht möglich. Daher wäre eine andere Protease notwendig, um diese Modifikation zu charakterisieren. Dieses Vorgehen erfordert zusätzliche Berücksichtigun-gen bzgl. Downstream-Datenverarbeitung und Interpretation. Weitere Bedenken in Bottom-up-Proteomics gibt es sowohl hinsichtlich der Quantifizierung relativer Unterschiede zwischen Proteoformen als auch der Charakterisierung von mehrfachen, simultan auftretenden Proteinmodifikationen. Intakte Protein-Massenspektrometrie umgeht diese Limitierungen hingegen größtenteils.

### 42.5.5 Top-down-Proteomics in der Hochdurchsatzanalyse

Hochdurchsatz-Top-down-Proteomics umfasst die Analyse von Hunderten bis Tausenden von Proteoformen in einer einzigen massenspektrometrischen Messung. Um entsprechend hochkomplexe Proben analysieren zu können, ist eine Trennung im Vorfeld unbedingt notwendig, besonders im Hinblick auf Limitierungen des **dynamischen Bereichs**. Es gibt zwei unterschiedliche Konzepte des dynamischen Bereichs bei der Planung eines Hochdurchsatz-Top-down-Experiments zu berücksichtigen: Der dynamische Bereich der Proteinexpression eines gegebenen Systems (**biologischer dynamischer Bereich**) und der **instrumentelle dynamische Bereich**. Das humane Plasma-Proteom, dessen Proteinexpression einen dynamischen Bereich von über zehn Größenordnungen umfasst, ist beispielsweise eines der komplexeren menschlichen Proteome. Humanes Plasma enthält sowohl hohe Konzentrationen an Serumproteinen (z. B. Albumin, Immunoglobuline, Plasminogen etc.) als auch geringe Mengen an Interferonen und klinisch relevanten Zell- und Gewebeproteinen. Der instrumentelle dynamische Bereich (MS, LC, etc.) ist dahingegen deutlich kleiner als der biologische. Deshalb werden Serumproteine

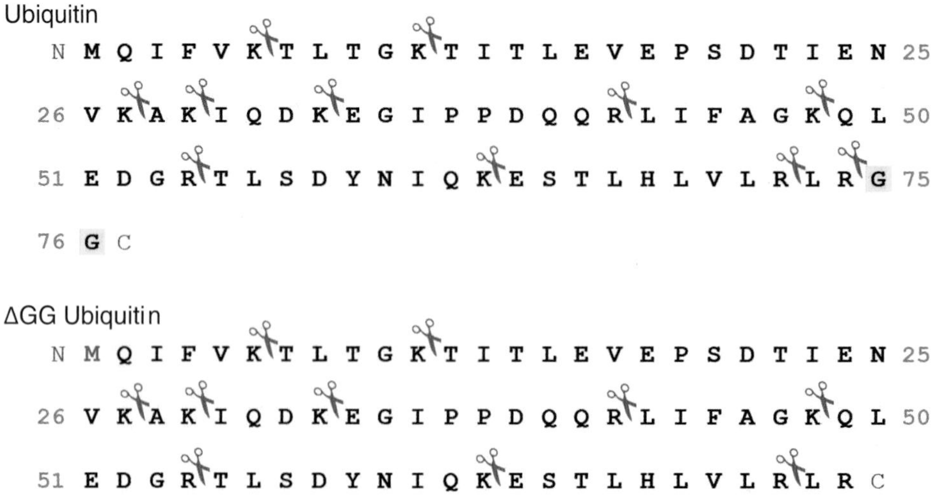

**42**

◘ **Abb. 42.10** Theoretische Spaltstellen von Trypsin in Ubiquitin Proteoformen. Der in-silico-tryptische Verdau zeigt, dass es nicht möglich ist, intaktes Ubiquitin von seiner ΔGG-Proteoform (gelb hervorgehoben) zu unterscheiden

oftmals vor der Analyse von humanen Plasmaproben abgereichert, um die Detektion gering konzentrierter Zielproteine zu verbessern. Zudem verteilt sich das Signal von intakten Proteinen auf mehrere Ladungszustände. Dies führt zu überlappenden Signalen im Massenspektrometer, wie in ◻ Abb. 42.11A gezeigt. Des Weiteren spielen die Maskierung von Ionen bzw. Suppressionseffekte durch intensive Proteine eine entscheidende Rolle. All diese Phänomene erschweren die Datenauswertung. Somit ist eine vorgeschaltete Trennung

◻ **Abb. 42.11** Hochdurchsatzanalyse von komplexen Proben mittels LC-MS. **A** Überlappende Ladungszustände mehrerer Proteine. **B** Umkehrphasenchromatographie ist in der Lage, jedes dieser Proteine voneinander zu trennen. Ladungszustandsverteilung von **C** Ubiquitin und **D** Superoxid-Dismutase

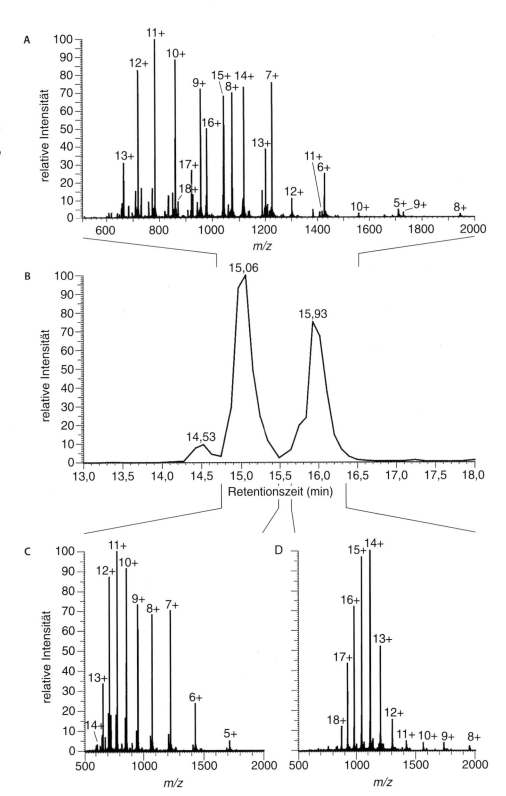

bei der Analyse von komplexen Proben ein kritischer Faktor, um Probleme hinsichtlich des dynamischen Bereichs zu minimieren (■ Abb. 42.11B). In einem LC-Lauf eluieren Proteine zu unterschiedlichen Zeiten, was die Komplexität der massenspektrometrischen Daten erheblich reduziert und damit deren Auswertung erleichtert (■ Abb. 42.11C, D). Die Datenauswertung der MS-Daten erfolgt auf die gleiche Weise wie in diesem Kapitel bereits beschrieben.

Es ist möglich, verschiedene Proteoformen gleichzeitig mit LC-MS zu detektieren. Dies ist verständlicherweise von der Art der Modifikation abhängig. In ■ Abb. 42.7A wurden sowohl ΔGG- als auch das vollständig intakte Ubiquitin gleichzeitig beobachtet. Proteine mit einer Vielzahl an PTMs, wie z. B. Histone, können ebenfalls simultan erfasst werden. Wie in ■ Abb. 42.12 dargestellt, weist das Histon H4 eine Reihe an Proteoformen auf, die hauptsächlich durch Acetylierungs- (+42,011 Da) und Methylierungsprozesse (+14,016 Da) gebildet werden. Isolierung und Fragmentierung von Vorläuferionen jeder Proteoform bieten die Möglichkeit, die verschiedenen PTMs einer spezifischen Position in der Sequenz zuzuordnen. Auf diese Weise kann bestimmt werden, dass alle zehn identifizierten Histon-Proteoformen eine N-terminale Acetylierung enthalten. Peak 1 in ■ Abb. 42.12 weist bis auf diese Acetylierung keine weitere Modifikation auf. Der Abstand zwischen Peak 1 und Peak 2 entspricht +14 Da, was mit einer zusätzlichen Methylierung übereinstimmt. Die Position jeder PTM der detektierten Histon-H4-Proteoformen konnte, z. B. in den Arbeiten von Pesavento et al. (2008), erfolgreich charakterisiert und lokalisiert werden. Störsubstanzen, wie z. B. Natriumionen, können an Proteine binden und damit geringer

intensive Peaks maskieren. Der Austausch eines Protons durch ein Natriumion resultiert in einem Massenunterschied von 21,983 Da (Na$^+$: 22,990 Da, H$^+$: 1,007 Da, Massenunterschied: 22,990 Da – 1,007 Da = 21,983 Da), dargestellt in ■ Abb. 42.12.

Proteoformen mit geringen Massenunterschieden koeluieren oftmals in einem LC-MS-Lauf. Im Gegensatz dazu wirken sich größere Modifikationen (z. B Spleißvarianten, proteolytische Prozesse) entsprechend stärker auf die Eigenschaften eines Proteins aus, einschließlich dessen Form, Größe und Hydrophobizität. Dies kann zu deutlichen Unterschieden in den Retentionszeiten unterschiedlicher Proteoformen führen. Obwohl eine vorgeschaltete Trennung in den meisten Fällen als Vorteil angesehen wird, können Komplikationen bzgl. der Downstream-Datenanalyse bei quantitativen Studien entstehen. Alternativ kann eine relativ reine Probe (z. B. immunologisch aufgereinigte Proteoformen) auch mittels Direktinfusion analysiert werden, um somit alle Proteoformen gleichzeitig zu erfassen und relativ zu quantifizieren. Dieser Ansatz ist immer noch der Standard für native Top-down-Proteomics.

### 42.5.6 Native Top-down-Massenspektrometrie

Die nächste Stufe hinsichtlich der Charakterisierung von Proteinen, Proteoformen und ihren Komplexen wird durch die Analyse unter „nativen" Bedingungen erreicht (s. Skinner et al. 2018 für weitere Informationen). Native Elektrospray-Ionisierung erfolgt dabei typischerweise mittels Direktinfusion unter Verwendung von Ammoniumacetat-basierten Puffern (pH ≈ 7). Unter

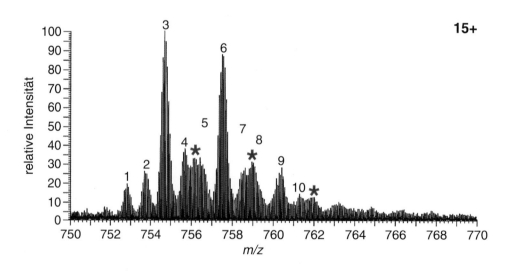

■ **Abb. 42.12** Histon-H4-Proteoformen, identifiziert im 15+-Ladungszustand. Zehn Proteoformen von Histon H4 wurden detektiert und charakterisiert mittels Isolierung jeder Ionenspezies, Fragmentierung und anschließender Detektion der entstandenen Produktionen. Die Sternsymbole kennzeichnen Salzaddukte von Histon-H4-Proteoformen (s. Pesavento et al. 2008 für weitere Informationen)

**42**

Proteomanalyse

diesen Bedingungen bleibt die Zusammensetzung von Proteinkomplexen auch nach der Ionisierung in der Gasphase üblicherweise erhalten, einschließlich Untereinheiten, Metallkationen und PTMs. Dies gilt aber nicht zwingend für die Proteinfaltung (Tertiärstruktur). Ein weiterer Unterschied zur Proteinanalyse unter denaturierenden Bedingungen ist die weitaus geringere durchschnittliche Ladung und Anzahl an Ladungszuständen. Dadurch wird die Charakterisierung von großen Proteinen (z. B. Antikörper ≈150 kDa) bis hin zu sehr großen Proteinstrukturen (≈10 MDa) erleichtert bzw. erst ermöglicht. Des Weiteren kann Tandem-

Massenspektrometrie eingesetzt werden, um Proteinkomplexe gezielt zu zerstören. Auf diese Weise können Proteinuntereinheiten individuell charakterisiert werden. Ein simples Beispiel für native Top-down-Proteomics ist die Analyse des Metallenzymkomplexes von Carboanhydrase (≈29 kDa). Der zuvor angesprochene Unterschied der Ladungszustandsverteilungen zwischen nativen und denaturierenden Bedingungen ist auf den ersten Blick erkennbar (☐ Abb. 42.13). Des Weiteren verursachen denaturierende Bedingungen, wie sie typischerweise bei LC-Trennungen verwendet werden, den Verlust des Zinkions, wohingegen unter nati-

☐ **Abb. 42.13** Vergleich nativer und denaturierender Protein-Massenspektrometrie von Carboanhydrase (CA). Massenspektren von Carboanhydrase, aufgenommenen unter **A** nativen und **B** denaturierenden Bedingungen. Die dekonvolierten Massenspektren einschließlich der bestimmten monoisotopischen Massen sind jeweils als kleine Abbildung eingefügt. Der intakte Zinkkomplex wird nur unter nativen Bedingungen beobachtet

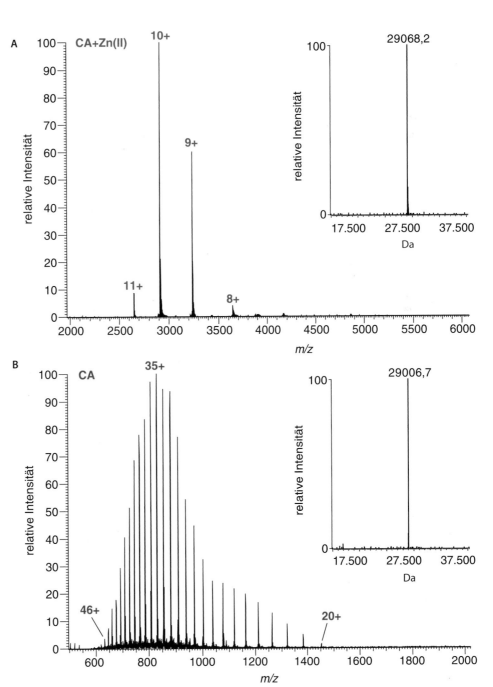

ven Bedingungen die aktive Form des Enzyms erhalten bleibt. Dadurch kann der intakte Zinkkomplex nur unter nativen Bedingungen beobachtet werden, und die dekonvolutierten monoisotopischen Massen unterscheiden sich entsprechend ($\Delta m$ = Zn(II) – 2H), unter Berücksichtigung der erreichten Massengenauigkeit. Zusammenfassend ist native Elektrospray-Ionisierung in Kombination mit Top-down-Massenspektrometrie ein noch junges, aber vielversprechendes Forschungsgebiet, besonders im Hinblick auf Strukturaufklärung von Proteinen/Proteinkomplexen und ihrer biologischen Funktionsweise.

### 42.5.7  Schlussfolgerungen und Ausblick

Insgesamt stellt Top-down-Proteomics einen vielversprechenden und leistungsstarken Ansatz zur direkten Analyse von intakten Proteoformen dar. Proteine spielen eine zentrale Rolle als Vermittler zwischen Genotyp und Phänotyp. Es ist unmöglich, ein biologisches System komplett zu verstehen, ohne dabei Kenntnis über die Art und Menge der vorhandenen Proteine zu haben. Bei einem komplexen Proteingemisch einer biologisch relevanten Probe ist es daher essenziell, Proteine exakt zu charakterisieren. Zum jetzigen Zeitpunkt ist Massenspektrometrie die beste Methode für diese Aufgabe, auch als „Discovery Proteomics" bekannt. Des Weiteren wird es auf lange Sicht wichtig sein zu lokalisieren, wo und wann Proteine in einem lebenden System exprimiert werden und welche Interaktionen dabei stattfinden. Dies umfasst Protein-Protein-Komplexe als auch Interaktionen mit anderen Klassen von Molekülen. Native Top-down-Massenspektrometrie stellt für diese Art von Fragestellungen ein aussichtsreiches Konzept dar. Dennoch liefern aktuelle Proteomicsansätze keine ausreichende Information und damit keinen kompletten Aufschluss bezüglich der Identität und Menge aller intakten Proteine eines Proteoms. Die vorherrschenden Bottom-up-Strategien opfern signifikante Information über Proteoformen durch das Spalten der Proteine in kleinere Fragmente. Dennoch gibt es pragmatische Gründe, die für Bottom-up-Proteomicsansätze sprechen, was zu sehr großen Investitionen von Seiten des akademischen, industriellen und staatlichen Umfelds führte. Auf der anderen Seite gewinnt die Analytik zur Charakterisierung von intakten Proteoformen (Top-down-Proteomics) immer mehr an Bedeutung. Hierbei würden weitere Investitionen in Forschung und Entwicklung zur Bestimmung der Primärstruktur von Proteinen die Kosten der Analyse pro Proteoform erheblich senken. In den letzten 20 Jahren war ein ähnlicher Trend im Bereich der Genomics zu verzeichnen (Kostensenkung um mehrere Größenordnungen). Das „1€/Base"-Ziel Mitte bis Ende der 1990er-Jahre war dabei ein gewaltiger Antrieb, sowohl im privaten als auch öffentlichen Sektor. Eine ähnliche Entwicklung ist im Bereich der Top-down-Proteomics zu erwarten (Stichwort: „1€/Proteoform"). Basierend auf den in diesem Abschnitt vorgestellten Prinzipien könnte in den nächsten Jahren ein umfassender Plan zur intakten Proteoform/Proteinkomplex-Analyse entstehen, äquivalent zum Humangenomprojekt. Dieser Prozess wird komplexe Proteome zugänglicher und interpretierbarer machen – und erlaubt die Entwicklung komplementärer, nicht MS-basierter Technologien zur Bestimmung unbekannter Moleküle. Damit würden Entwicklungen in der Diagnostik und von Therapeutika zielgerichteter und effizienter gestaltet. Erste Anzeichen dafür sind bereits erkennbar (s. Kelleher et al. 2014 für weitere Informationen).

Die Entwicklung von neuen leistungsstarken analytischen Technologien, die in der Lage sind, Proteoformen schnell und zuverlässig in komplexen Proben zu quantifizieren, ist unserer Vorstellung nach essenziell, um die biologische und medizinische Forschung voranzutreiben. Massenspektrometrische Ansätze werden dabei neben affinitätsbasierten Technologien – oder auch anderen, aufkommenden analytischen Techniken – gewiss eine tragende Rolle spielen. Um diese Ziele mithilfe von Massenspektrometrie zu erreichen, vertreten wir die Ansicht, dass die Analyse von intakten Proteinen/Proteinkomplexen (Top-down-Proteomics) stärker in den Fokus gerückt werden sollte. Ein erstrebenswertes Ziel ist es, den Analysendurchsatz um das 100-Fache des derzeitigen Stands der Technologie zu verbessern. Das geht einher mit einer Verbesserung der aktuell vorhandenen analytischen Plattformen, einschließlich Trenntechnologien, Ionisierungstechniken, Kapazität (Ionen) von Massenanalysatoren, Detektorgeometrien (Multiplexing) sowie Signalverarbeitung und Datenauswertung (Bioinformatik). Programme zur Analyse von Top-down-Proteomicsdaten sind bereits teilweise frei zugänglich (z. B. ▶ http://prosightlite.northwestern.edu/). Des Weiteren sind erste Datenbanken für intakte Proteine (z. B. Uniprot: ▶ https://www.uniprot.org/) und Proteoformen (Proteoform-Atlas: ▶ http://repository.topdownproteomics.org/) bereits vorhanden. Diese Datenbanken werden fortwährend aktualisiert und erweitert. Eine vollständige Datenbank wird genetische Varianten, Spleißvarianten, Codonsubstitutionen, Änderungen im RNA-Editing, PTMs und andere Quellen der Heterogenität von Proteinen enthalten. Wir schätzen, dass eine solche Datenbank bis zu einer Milliarde an Gesamteinträgen bzw. 100 Millionen einzigartige Einträge für das menschliche Proteom enthalten würde (s. Kelleher 2012 für weitere Informationen).

Im Bereich der Genomics folgte auf eine schwierige und herausfordernde Anfangsphase (die erste Sequenzanalyse des menschlichen Genoms) geradezu explosionsartig eine Phase von genomweiten Sequenzierungen. Ähnliche Fortschritte sind im Hinblick auf die Entdeckung und zielgerichtete Analyse von Proteoformen zu erwarten, sowohl MS- als auch nicht MS-basiert. Eine zukünftige umfassende Proteoformdatenbank stellt damit das Pendant zur Genomsequenz für Proteine dar.

## 42.6 Bottom-up-Proteomanalyse

- Die Bottom-up-Proteomanalyse dient der Identifizierung und genauen Quantifizierung von Tausenden Proteinen in biologischen Proben.
- Für verschiedene Fragestellungen stehen unterschiedliche Methoden zur Verfügung, wie z. B. die datenabhängige Aufzeichnung (DDA) für die Identifizierung neuer Proteine oder Modifizierungen sowie gerichtete Methoden wie *Single Reaction Monitoring* (SRM) für die Quantifizierung ausgewählter Peptide und Proteine.
- Die datenunabhängige Aufzeichnung (DIA) ermöglicht die Quantifizierung des Proteoms in einer großen Zahl von biologischen Proben.

Um ein zelluläres System detailliert beschreiben zu können, ist es sinnvoll, verschiedene Analyten zu identifizieren und quantifizieren. Die Stoffklasse der Proteine ist dabei besonders interessant, da diese die meisten biochemischen Reaktionen in der Zelle kontrollieren oder auch katalysieren (Enzyme). Proteine werden vom Ribosom, basierend auf der mRNA-Sequenz, translatiert, häufig posttranslational modifiziert, an bestimmte Orte innerhalb der Zelle transportiert und bilden Proteinkomplexe, deren Zusammensetzung die Funktionalität der Proteine moduliert. Das zelluläre Proteom reagiert auf Stimuli, wodurch es zu Änderungen in Proteinmengen, PTMs (posttranslationalen Modifikationen), Lokalisation oder der Zusammensetzung von Proteinkomplexen kommen kann. Diese Stimuli können sowohl endogen, wie z. B. Entwicklungsprogramme oder Zellzyklus, als auch exogen sein, wie z. B. virale Infektionen oder Stressfaktoren.

Um Änderungen der Proteinmenge und der Zusammensetzung von Proteinkomplexen zu studieren, wurden hochauflösende massenspektrometrische Methoden häufig angewendet. Bis heute gibt es keine Methode, mit der die gleichzeitige Identifizierung und Quantifizierung der gesamten Peptidpopulation einer komplexen Probe möglich ist. Um die Herausforderungen an Massenspektrometer zu bewältigen, wurden verschiedene Strategien entwickelt, die für die Identifizierung oder Quantifizierung von Proteinen bestens geeignet sind. Der folgende Abschnitt beschäftigt sich mit Bottom-up-

Proteomicsverfahren, bei denen Proteine aus biologischen Proben zunächst proteolytisch verdaut werden, die entstehenden Peptide chromatographisch getrennt und im direkt gekoppelten Massenspektrometer analysiert werden. Die Ionisierung der Peptide erfolgt mittels Elektrospray-Ionisation (ESI), wobei diese mit 1–2 positiven Ladungen ins Massenspektrometer gelangen. Das Masse-zu-Ladung-Verhältnis der entstandenen Vorläuferionen wird bestimmt, die Vorläufer anschließend in einer Kollisionszelle fragmentiert und die Fragmentionen detektiert (◘ Abb. 42.14).

Mit Bottom-up-Proteomics können Peptide identifiziert und quantifiziert werden. Übergeordnete Informationen wie die Zusammensetzung von Proteinkomplexen oder subzelluläre Lokalisierung können üblicherweise nicht aufgelöst werden. Zusätzlich entsprechen die Messungen üblicherweise dem Mittel vieler Tausenden oder Millionen von Zellen, die für eine Probe verwendet wurden, da die massenspektrometrische Analyse von Einzelzellen erst in naher Zukunft möglich sein wird. Trotz dieser Limitierungen sind Bottom-up-Methoden in Kombination mit anderen analytischen Methoden wie Affinitätsreinigung die am häufigsten angewendeten Proteomicsmethoden und liefern eine Fülle an Informationen, um zelluläre Prozess im Detail zu beschreiben.

### 42.6.1 Bottom-up-Proteomics

Unter Bottom-up-Proteomics versteht man alle Ansätze, bei denen nach proteolytischem Verdau von Proteinen die resultierenden Peptide identifiziert oder quantifiziert werden. Verschiedenste Variationen davon wurden in der Literatur beschrieben, hier allerdings nicht erschöpfend zusammengefasst. Zumeist enthalten diese Methoden aber folgende Aspekte:

1. **Trypsin-Proteolyse**: Die am häufigsten verwendete Protease für Bottom-up-Proteomics ist Trypsin, welches C-terminal von Arg- und Lys-Seitenketten spaltet. Tryptische Peptide haben am C-Terminus demnach entweder eine der beiden Aminosäuren. Die Häufigkeit und Verteilung dieser beiden basischen Aminosäuren in Proteinen führt zur Entstehung zahlreicher Peptide pro Protein, die häufig vorteilhafte Eigenschaften für die Analyse mittels ESI-MS aufweisen.

2. **Peptid-Trennung**: Nach der Proteolyse werden die Peptide am häufigsten mittels nano-Fluss-Flüssigchromatographie (nano-LC) entsprechend ihrer Hydrophobizität getrennt. Bei ESI-MS-Methoden ist die Flüssigchromatographie direkt an das Massenspektrometer gekoppelt. Die eluierenden Peptide werden einem elektrischen Potential zur Ionisierung ausgesetzt.

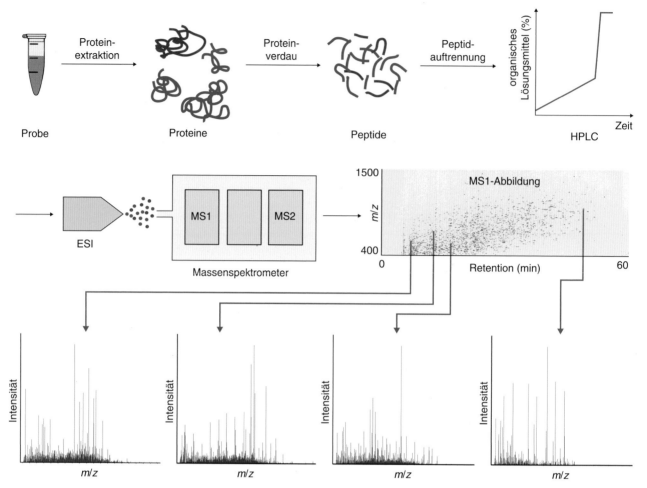

**◻ Abb. 42.14**  Bottom-up-Experiment mit LC-MS/MS. Aus der ursprünglichen Probe werden Proteine isoliert und mit sequenzspezifischen Enzymen proteolytisch verdaut. Die gereinigten Peptide werden mittels RP-HPLC (*Reversed Phase High Performance Liquid Chromatography*) getrennt und im gekoppelten Massenspektrometer analysiert. Die eluierenden Peptide werden dazu mittels ESI (Elektrospray-Ionisierung) ionisiert und gelangen in das Massenspektrometer. Dabei wird der *m/z*-Wert der Vorläuferionen aufgezeichnet und diese anschließend fragmentiert, um Fragmentionenspektren (MS²) aufzuzeichnen. Mit In-silico-Suchmaschinen können die MS²-Spektren annotiert und verschiedenen Peptiden zugeordnet werden. In den drei Beispielspektren konnten die prominentesten Signale verschiedenen Fragmentionen des Vorläuferions zugeordnet werden

3. **Ionisierung**: Die Spannung an der Ionenquelle vermittelt den Ionisierungsprozess, bei dem ein oder mehrere Protonen an das Peptid, an basischen Seitenketten oder dem N-Terminus gebunden werden. Das entstandene Ion wird als Vorläuferion bezeichnet und gelangt in das Massenspektrometer. Das Massenspektrometer wird mit Hochvakuum betrieben, um Ionenkollisionen zu minimieren und ungewünschte Gasphasenreaktionen zu verhindern.

4. ***m/z*-Bestimmung und Fragmentierung**: Im Massenspektrometer wird das Masse-zu-Ladung-Verhältnis (*m/z*) der Vorläuferionen bestimmt, diese werden anschließend fragmentiert und die *m/z*-Werte der Fragmentionen bestimmt. Die Fragmentierung kann dabei durch verschiedene Methoden erreicht werden, wie z. B. kollisionsinduzierte Dissoziation (CID), Hochenergie-Kollisions-Dissoziation (HCD) oder Elektronentransfer-Dissoziation (ETD).

5. **Datenanalyse und Auswertung**: Das Fragmentionenspektrum eines bestimmten Vorläuferions ist vergleichbar mit einem Fingerabdruck des Peptides und kann manuell oder durch verschiedene Algorithmen gelesen werden, um die Sequenz des Peptides abzuleiten. Ein Experiment von der Peptidauftrennung bis zur Datenauswertung wird als Flüssigchromatographie-Tandem-Massenspektrometrie bezeichnet (LC-MS/MS). Das Resultat eines solchen Experimentes ist einerseits ein zweidimensionales Chromatogramm, bei dem der *m/z*-Wert der Vorläuferionen gegen deren Retentionszeit aufgetragen ist, und andererseits die Fragmentionenspektren von ausgewählten Vorläuferionen (◻ Abb. 42.14).

Alle peptidbasierenden Proteomanalysen beinhalten eine Proteolyse der Proteine. In homologen Proteinen, z. B. Isoformen, Abbauprodukten oder posttranslational modifizierten Varianten eines Proteins, kommen viele identische Peptide gleichermaßen vor. Da diese Peptide von unterschiedlichen Proteinen stammen, können keine quantitativen Rückschlüsse auf eines der ursprünglichen Proteine gezogen werden. Die gemessene Menge eines Peptides setzt sich zusammen aus der Menge aller Proteine im Proteom, die dieses Peptid enthalten. Mit anderen Methoden, z. B. 1D- oder 2D-Gelelektrophoresen, lassen sich Proteinisoformen oder posttranslational modifizierte Varianten mitunter leicht unterscheiden und quantifizieren, während es mit peptidbasierten Proteomanalysen nur schwer oder gar nicht möglich ist.

**Komplexität des Proteoms**    Mit modernen Massenspektrometern und ausgiebig fraktionierten Zelllysaten können Proteine von etwa 10.000–12.000 Genloci mittels LC-MS/MS detektiert werden. Alternatives Spleißen und posttranslationale Modifikationen erhöhen die Komplexität des Proteoms um wenigstens eine Größenordnung. Durch die Proteolyse der Proteoformen mit sequenzspezifischen Proteasen entsteht eine große Anzahl verschiedener Ionen, für ein typisches LC-MS/MS-Experiment sogar mehrere Millionen. Diese Komplexität überschreitet die Kapazität von Massenspektrometern, jedes einzelne Vorläuferion zu fragmentieren. Daher wurden verschiedene Methoden entwickelt, um die Komplexität der Analyse zu reduzieren. So können Proben z. B. aufgrund biologischer Vorkenntnisse fraktioniert werden: entsprechend der subzellulären Lokalisierung oder anhand der Anwesenheit in definierten Proteinkomplexen die vor der LC-MS/MS-Analyse isoliert werden können. Auch posttranslationale Modifikationen können chromatographisch angereichert werden. Dies wird erfolgreich für N-Glykosylierung von Asparaginsäure, Phosphorylierung an Serin, Threonin oder Tyrosin sowie für Acetylierung von Lysin angewendet. Neben der chemisch/biochemischen Fraktionierung komplexer Proteomproben vor der LC-MS/MS-Analyse gibt es Möglichkeiten, Ionen in der Gasphase des Massenspektrometers nach bestimmten Eigenschaften zu fraktionieren. Verschiedene Bottom-up-Strategien werden im Folgenden genauer beschrieben.

### 42.6.2    Bottom-up-Strategien

Es gibt drei hauptsächlich verwendete Verfahren der Bottom-up-Analysen: Datenabhängige Aufzeichnung (*Data Dependent Acquisition,* DDA), datenunabhängige Aufzeichnung (*Data Independent Acquisition,* DIA) und *Selected/Multiple Reaction Monitoring* (S/MRM).

1. **DDA-Prinzip**: Bei der datenabhängigen Aufzeichnung werden die $m/z$-Werte aller koeluierenden Peptide in einem Übersichtsscan (MS$^1$) aufgezeichnet. Die 10–20 abundantesten Signale werden für die Fragmentierung und Aufzeichnung der Fragmentionenspektren (MS$^2$) ausgewählt. Wenn alle MS$^2$-Spektren aufgezeichnet wurden, beginnt ein neuer Zyklus mit einem Übersichtsscan. Jeder Zyklus dauert 1–2 s, abhängig von den exakten Spezifikationen. Während der Analyse wird eine Vielzahl an MS$^2$-Spektren aufgezeichnet, die später als Peptide annotiert werden können. DDA ist eine ungerichtete Methode, bei der die Auswahl von Vorläuferionen eine Zufallskomponente enthält (◘ Abb. 42.15B). Vor allem, wenn die Menge an möglichen Vorläuferionen während eines Zeitpunktes die Anzahl an MS$^2$-Zyklen deutlich überschreitet, werden bei Replikaten derselben Probe wahrscheinlich unterschiedliche Vorläuferionen ausgewählt und daher unterschiedliche Peptide und Proteine identifiziert. Für die Identifizierung von unbekannten Peptiden und Proteinen ist DDA am effizientesten.

2. **SRM-Prinzip**: Im Gegensatz zu DDA ist *Selected Reaction Monitoring* (SRM) eine gerichtete Methode, bekannte Peptide zu analysieren. Dabei werden während der gesamten Messzeit etwa 100 Peptide verfolgt. Die Auswahl an Peptiden wird vor der Analyse festgelegt, und für jedes Peptid müssen Eigenschaften, wie die Retentionszeit und das Fragmentionenspektrum, bereits bekannt sein. SRM ist die sensitivste LC-MS/MS-Methode, die mit kommerziell erhältlichen Massenspektrometern durchführbar und zwischen verschiedenen Laboren standardisierbar ist. SRM beinhaltet keine stochastische Komponente wie DDA, ist dafür aber beschränkt auf die zuvor definierten, quantifizierbaren Peptide (◘ Abb. 42.15C).

3. **DIA-Prinzip**: Bei der datenunabhängigen Aufzeichnung werden ohne Vorkenntnisse Vorläuferionen fragmentiert und all deren Fragmentionen aufgezeichnet. Eine solche Methode ist SWATH-MS (*Sequential Window Acquisition of All Theoretical Masses*), bei welcher Ionen in aufeinanderfolgenden, 12,5 $m/z$ breiten Selektionsfenstern ausgewählt und fragmentiert werden. Alle resultierenden Fragmentionen eines solchen Fensters werden im Massenanalysator aufgezeichnet. In aktuellen Methoden wird ein $m/z$-Bereich von 400–1200 mit 64 aufeinanderfolgenden Fenstern aufgezeichnet. Jeder Zyklus, bei dem alle Fenster durchlaufen werden, dauert etwa 3 s und wird bis zum Ende des LC-Gradienten wiederholt (◘ Abb. 42.15D). Als Ergebnis erhält man bei SWATH-MS und anderen DIA-Methoden ein nahezu vollständiges Abbild aller Fragmentionen für

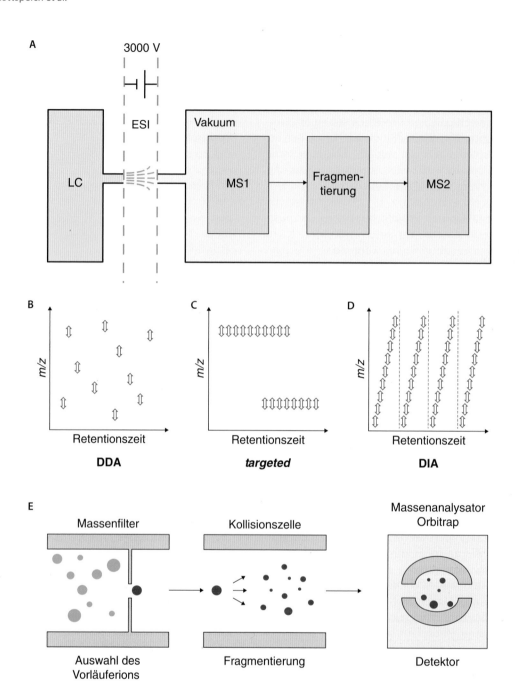

◻ **Abb. 42.15**  Massenspektrometrische Prinzipien. **A** Komponenten eines LC-MS/MS-Aufbaus: Eine Umkehrphasen-Flüssigchromatographie (RP-HPLC) ist direkt gekoppelt an das Massenspektrometer. Eluierende Peptide werden einem elektrischen Feld ausgesetzt (≈3 kV) und innerhalb dieses elektrischen Feldes werden die Peptide ionisiert und damit die Vorläuferionen erzeugt (*Electrospray Ionisation* – ESI). Die Vorläuferionen gelangen in das Hochvakuum des Massenspektrometers und werden anhand ihres Masse-zu-Ladung-Verhältnisses getrennt. Ausgewählte Vorläuferionen werden fragmentiert und deren Fragmentionenspektrum (MS²) aufgezeichnet. **B–D** Vorläuferionenauswahl in Abhängigkeit der Elutionszeit für (**B**) datenabhängige Aufzeichnung (DDA), (**C**) *Selected Reaction Monitoring* (SRM), und (**D**) datenunabhängige Aufzeichnung (DIA). Aufgrund der stochastischen Auswahl von Vorläuferionen bei DDA können verschiedene Vorläufer bei mehreren Analysen der gleichen Probe zufällig ausgewählt und als Peptide identifiziert werden. Im Gegensatz dazu werden bei SRM stets dieselben Peptide quantifiziert und eine Vielzahl an Peptiden nicht quantifiziert. Bei DIA wird der gesamte *m/z*-Bereich dauerhaft abgetastet. (**E**) Typischer Aufbau eines Massenspektrometers für DDA-Messungen. Zunächst werden Vorläuferionen im ersten Massenfilter zur Fragmentierung selektiert. Nach der Fragmentierung werden die Fragmentionen im Massenanalysator (z. B. Orbitrap oder *Time-of-Flight* – ToF) gemessen

jedes Vorläuferion einer Probe. Da häufig mehrere Ionen mit ähnlichen *m/z* koeluieren sind die SWATH-Spektren sehr komplex und die Identifikation einzelner Proteine stellt eine Herausforderung dar. Algorithmen zur Identifizierung und Quantifizierung von Peptiden aus SWATH-MS-Datensätzen werden später näher erläutert.

### 42.6.3  Quantitative Peptidanalyse

Die schiere Identifizierung von Proteinen in einer Probe wird immer seltener zu neuen biologischen Erkenntnissen führen, da biologische Systeme auf verschiedene Stimuli auch mit quantitativen Änderungen reagieren können. Die Quantifizierung von Peptiden und Proteinen mittels Bottom-up-Proteomics kann daher zu detaillierteren Einsichten in dynamische zelluläre Prozesse führen. Für die Quantifizierung werden zwei unterschiedliche Prinzipien angewendet: unmarkierte (*label-free*) und isotopenmarkierte Quantifizierung. Für unmarkierte Proben wird die Fläche unter den *m/z*-Signalen integriert. Auf diese Weise lassen sich quantitative Unterschiede zwischen ähnlichen Proben messen, z. B. um den Einfluss eines Stressfaktors zu analysieren. Für die isotopenmarkierte Quantifizierung werden an einigen Positionen im Molekül ausschließlich die schweren Isotope z. B. von Kohlenstoff oder Stickstoff ($^{13}C$ und $^{15}N$) in Peptide integriert. Diese „schweren" Peptide koeluieren mit ihrem „leichten" Pendant, sodass diese in einer Probe relativ quantifiziert werden können. Diese „schweren" Peptide können als Standard mit bekannter Konzentration zugegeben werden, um eine absolute Quantifizierung zu ermöglichen. Die Markierung kann aber auch durch metabolische Markierung eingeführt werden (▶ Abschn. 42.7.1). Das kann z. B. erreicht werden, indem Zelllinien in Medien kultiviert werden, die isotopenmarkierte essenzielle Aminosäuren enthalten (z. B. Lys-$^{13}C_6$, -$^{15}N_2$ oder Arg-$^{13}C_6$, -$^{15}N_4$). Dieser Ansatz ist sogar *in vivo* in einem gesamten Organismus möglich (z. B. Maus). Verschiedenste Methoden zur biochemischen Markierung mit Isotopen wurden entwickelt, auf die hier nicht genauer eingegangen werden kann.

Die Quantifizierung von Peptiden mittels DDA kann sowohl mit unmarkierten als auch isotopenmarkierten Proben durchgeführt werden. Da die Quantifizierung aber auf MS$^1$-Signalen beruht, kann es zu verschiedenen Interferenzen kommen, die Quantifizierung erschweren. Spezifisch für die Analyse mittels DDA ist der PSM-Wert (*Peptide Spectrum Match*). Dieser gibt an, wie viele MS$^2$-Spektren einem Peptid zugeordnet werden können. Die PSM-Werte aller Peptide, die von einem Protein stammen, werden zu einem Protein-PSM-Wert aufaddiert.

Die Quantifizierung mittels SRM basiert auf MS$^2$-Signalen und ist daher weniger anfällig für störende Einflüsse im Vergleich zur MS$^1$-basierten Quantifizierung. Die präziseste Methode zur Quantifizierung von Peptiden ist SRM in Kombination mit isotopenmarkierten Peptidstandards. In Fällen, bei denen eine große Anzahl an Peptiden quantifiziert wird, kann auch ohne Isotopenmarkierung ein präzises Ergebnis erhalten werden.

Ähnlich zu SRM werden bei SWATH-MS Peptide üblicherweise anhand von MS$^2$-Signalen quantifiziert. Da die Anzahl an quantifizierten Signalen in einem SWATH-MS Experiment 10.000 überschreitet, werden die meisten SWATH-MS-Experimente ohne Isotopenmarkierung durchgeführt und die Intensität später auf die Anzahl an Peptiden oder Ionen normalisiert.

### 42.6.4  Datenabhängige Analyse (DDA)

#### 42.6.4.1  Prinzip und Verwendung

Die datenabhängige Analyse (DDA) beginnt mit einem Übersichtsscan (MS$^1$), aus dem mehrere Ionen ausgewählt und fragmentiert werden, um deren Fragmentionenspektrum (MS$^2$) aufzunehmen (◘ Abb. 42.15E). Am häufigsten werden DDA-Experimente mit Orbitrap-Massenspektrometern aufgezeichnet, wenngleich andere Massenspektrometertypen für die Analyse genauso infrage kommen. Die Auswertung und Zuweisung der MS$^1$-Signale und MS$^2$-Spektren zu verschiedenen Peptiden geschieht durch unterschiedliche Proteomics-Suchalgorithmen. Die Gesamtheit an identifizierten Peptiden wird herangezogen, um auf die in der Probe vorhandenen Proteine zurückzuschließen, die am besten von den identifizierten Peptiden erklärt werden können. DDA wird daher häufig angewendet, um unvoreingenommen die vorhandenen Peptide und Proteine zu identifizieren. Der dynamische Bereich von DDA umfasst etwa drei bis vier Größenordnungen.

#### 42.6.4.2  Stärken und Schwächen von DDA

DDA ist eine gängige Methode, deren Stärke es ist, dass sowohl die massenspektrometrische Analyse als auch die Annotierung von MS$^2$-Spektren zu Peptiden sehr gut etabliert sind. Die Schwäche von DDA liegt in der stochastischen Natur der Vorläuferselektion. Diese führt zu einer geringen Reproduzierbarkeit, wenn komplexe Proben mehrfach analysiert werden. Diese Unterabtastung (*undersampling*) lässt sich durch umfangreiche Fraktionierung und die Analyse der einzelnen Fraktion verringern. Dadurch erhöht sich allerdings der Zeitaufwand für die Messung einer einzelnen fraktionierten Probe drastisch.

### 42.6.4.3 Typische Anwendungen

Verschiedenste biologische Systeme wurden mit DDA analysiert: vom mikrobiellen Proteom bis hin zu humanen Zelllinien und anderen humanen Gewebeproben. Um eine gute Abdeckung der vorhandenen Proteine zu erreichen, werden die Proben häufig stark fraktioniert. Durch die Anwendung auf diverse Organismen steht eine Vielzahl an annotierten MS²-Spektren zur Verfügung. DDA in Kombination mit Anreicherungsverfahren wie Affinitätsreinigung (*Affinity Purification Mass Spectrometry* – AP-MS) hat zur Aufklärung vieler Protein-Protein-Interaktionen und der Zusammensetzung vieler Proteinkomplexe geführt. Neben der Identifizierung von Proteinen spielt DDA eine entscheidende Rolle bei der Identifizierung von posttranslationalen Modifikationen, wie z. B. Phosphorylierung oder Ubiquitinierung.

### 42.6.4.4 Grenzen von DDA

Um biologische Systeme im Detail zu verstehen, ist es häufig vonnöten, das komplexe Verhalten der Proteine während eines biologischen Prozesses zu untersuchen. Wie reagiert z. B. eine humane Zelle auf eine virale Infektion? Um solche oder ähnliche Fragen zu beantworten, werden üblicherweise Messungen zu verschiedenen Zeitpunkten oder bei verschiedenen Konzentrationen durchgeführt. Bei zehn verschiedenen Zeitpunkten mit drei unterschiedlichen Konzentrationen und drei Replikaten je Bedingung erreicht man schnell mehr als 100 Proben in einer einzigen Studie. Eine umfangreiche Fraktionierung, um die Abdeckung des Proteoms zu erhöhen, ist praktisch nicht mehr sinnvoll, da die Anzahl an Proben linear mit der Anzahl an Fraktionen ansteigen würde. Die stochastische Auswahl an Vorläuferionen führt außerdem zu fehlenden Werten, die die quantitative Auswertung erschweren. Um zuverlässig reproduzierbare Ergebnisse zu erhalten, werden deshalb zielgerichtete LC-MS/MS-Methoden wie SRM oder SWATH-MS durchgeführt.

## 42.6.5 Selected Reaction Monitoring (SRM)

### 42.6.5.1 Prinzip und Verwendung

*Selected Reaction Monitoring* (SRM) oder auch *Multiple Reaction Monitoring* (MRM) sind zielgerichtete Bottom-up-Proteomicsmethoden. Das Ziel von S/MRM ist die sensitive Quantifizierung von zuvor ausgewählten Proteinen in einer Reihe von Proben. Für SRM werden Tripel-Quadrupol-Massenspektrometer verwendet, die schnell, robust und sensitiv sind und deren dynamischer Bereich fünf Größenordnungen umfasst ( Abb. 42.16A). Verschiedene laborübergreifende Studien haben gezeigt, dass mit vielen unterschiedlichen Massenspektrometern Ergebnisse mit nur geringen Varianzen von 5 % bei quantitativen SRM-Analysen erreicht werden konnten. Damit ist SRM der Goldstandard für quantitative Bottom-up-Proteomics.

SRM benötigt Vorkenntnisse über die zu analysierenden Peptide. Im Detail werden die Retentionszeit, die durch die Hydrophobizität des Peptids bestimmt wird, die Vorläuferionenmasse und das Fragmentierungsmuster eines Peptides in einem massenspektrometrischen Assay verwendet, um die Anwesenheit eines Peptides zu messen. Die Vorkenntnisse werden üblicherweise aus vorherigen DDA-Analysen abgeleitet, können aber auch durch komplexe Algorithmen vorhergesagt werden. Die Parameter für ein SRM-Experiment sind essenziell für die zielgerichtete Analyse, da im ersten Quadrupol das Vorläuferion entsprechend dem gegebenen *m/z*-Wert selektiert wird, im zweiten Quadrupol fragmentiert und im dritten Quadrupol die verschiedenen Fragmentionen selektiert werden. Letztlich werden die Ionen am Detektor aufgezeichnet, ohne dass tatsächliche *m/z*-Werte gemessen werden. Die Spezifität von SRM-Methoden beruht daher auf der Selektivität der einzelnen Filterschritte im ersten und dritten Quadrupol ( Abb. 42.16A).

Ein Übergang (*transition*) ist definiert als ein Paar von Vorläuferion und Fragmention. Pro Peptid werden mehrere Übergänge aufeinanderfolgend aufgezeichnet, sodass für jedes Peptid etwa 8–10 Messungen für jeden Übergang während der Elutionszeit des Peptids aufgezeichnet werden. Die erhaltenen Signale werden verwendet, um das Elutionsprofil der einzelnen Übergänge zu rekonstruieren. Alle zu einem Peptid gehörigen Übergänge stellen die Basis für die eindeutige Identifizierung und exakte Quantifizierung des Peptids dar. Die Peakflächen aller Übergänge werden integriert und dienen als Maß für die Menge eines Peptids. Durch die zeitliche Planung der Übergänge entsprechend den Retentionszeiten (*scheduling*) können etwa 100 Peptide je SRM-LC-MS/MS-Lauf quantifiziert werden. In  Abb. 42.16B sind ein Fragmentionenspektrum (1), eine Liste mit resultierenden Übergängen (2) und das resultierende Ionenchromatogramm (3) einer SRM-Messung dargestellt.

### 42.6.5.2 Methodik

Das Flussdiagramm in  Abb. 42.17 beschreibt den iterativen Prozess der SRM-Methodenentwicklung. Beginnend mit einer Liste von Proteinen, die beispielsweise aus vorherigen Experimenten gewonnen wurde, werden Peptide ausgewählt, die bei der Proteolyse dieser Proteine entstehen. Diese können aus SRM-Datenbanken wie PASSEL (*Peptide Atlas SRM Experimental Library*) oder Panorama, die eine große Anzahl von DDA-Spektren beinhalten, extrahiert werden. Sind keine DDA-Daten über ein Protein verfügbar, kann das Protein z. B. rekombinant exprimiert werden, proteolytisch verdaut und anschließend mittels DDA analysiert wer-

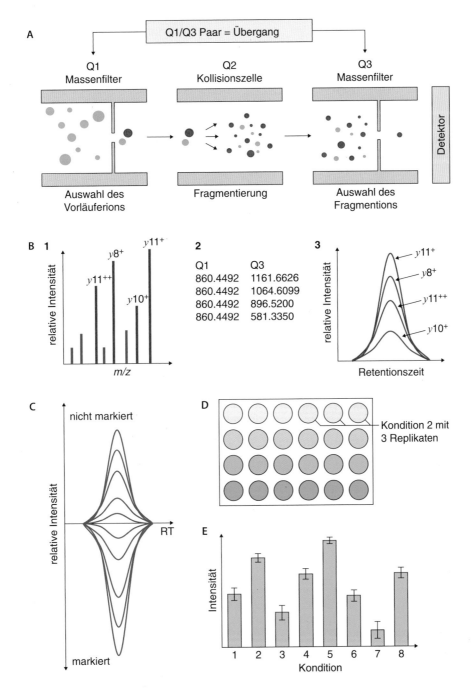

**◻ Abb. 42.16** Gerichtete Proteomics. **A** Komponenten eines Tripel-Quadrupol-Massenspektrometers. Vorläuferionen, die einem definierten *m/z*-Wert entsprechen, werden im ersten Quadrupol (Q1) selektiert (0,35 *m/z* breites Selektionsfenster) und im zweiten Quadrupol (Q2) fragmentiert. Fragmentionen, die voreingestellte *m/z*-Werte im dritten Quadrupol (Q3) aufweisen (0,35 *m/z*), werden am Detektor verzeichnet. Da der Detektor in dem Fall keine *m/z*-Werte aufzeichnet, sondern lediglich Ionenströme, hängt die Spezifität des Signals von den beiden vorherigen Massenfiltern ab (Q1, Q3). **B** Für die Identifizierung von Peptiden sind Vorkenntnisse vonnöten. 1 Aus einem typischen MS²-Spektrum eines DDA-Experiments werden die abundantesten Signale ausgewählt. 2 Für jedes Vorläuferion werden vier Fragmentionen gemessen. Jedes dieser Q1/Q3-Paare wird als Übergang (*transition*) bezeichnet. Alle zu messende Übergänge werden in einer Tabelle in der Instrumentenmethode für das QQQ-Mas-senspektrometer gespeichert. 3 Alle Übergänge werden als Kurven der Signalintensität in Abhängigkeit von der Zeit – als Ionenchromatogramm – aufgezeichnet. **C** Um eine präzise Quantifizierung, vor allem in komplexen Proben, zu ermöglichen, werden stabil isotopenmarkierte Peptidstandards zu allen Proben in gleicher Menge zugegeben und ebenfalls quantifiziert. Diese Peptide unterscheiden sich nur in ihrer Masse und nicht in ihrem Elutions- oder Fragmentierungsverhalten von unmarkierten Peptiden. **D–E** Verschiedene Massenspektrometer, die für gerichtete MS-Methoden eingesetzt werden, weisen in laborübergreifenden Studien nur geringe Variationskoeffizienten (CV) von weniger als 20 % auf. Die stärksten Einflüsse auf den CV stammen von Unterschieden in biologischen Proben oder der Probenaufbereitung. Üblicherweise werden biologische Triplikate vermessen, um statistisch signifikante Aussagen treffen zu können

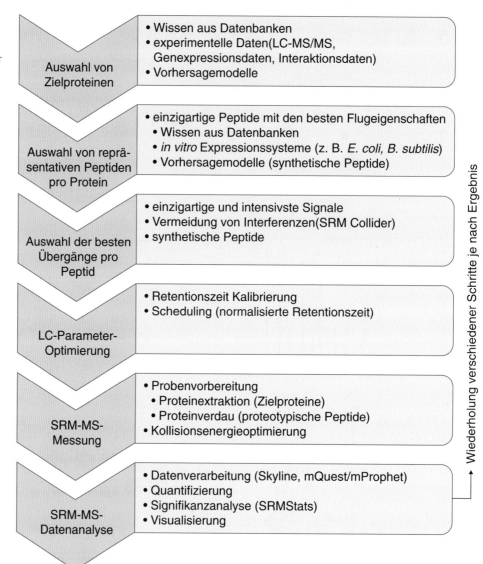

■ **Abb. 42.17** SRM-Methodenentwicklung. Die Entwicklung von gerichteten Proteomics-Methoden ist ein iterativer Prozess

**Auswahl von Zielproteinen**
- Wissen aus Datenbanken
- experimentelle Daten(LC-MS/MS, Genexpressionsdaten, Interaktionsdaten)
- Vorhersagemodelle

**Auswahl von repräsentativen Peptiden pro Protein**
- einzigartige Peptide mit den besten Flugeigenschaften
- Wissen aus Datenbanken
- *in vitro* Expressionssysteme (z. B. *E. coli, B. subtilis*)
- Vorhersagemodelle (synthetische Peptide)

**Auswahl der besten Übergänge pro Peptid**
- einzigartige und intensivste Signale
- Vermeidung von Interferenzen(SRM Collider)
- synthetische Peptide

**LC-Parameter-Optimierung**
- Retentionszeit Kalibrierung
- Scheduling (normalisierte Retentionszeit)

**SRM-MS-Messung**
- Probenvorbereitung
- Proteinextraktion (Zielproteine)
- Proteinverdau (proteotypische Peptide)
- Kollisionsenergieoptimierung

**SRM-MS-Datenanalyse**
- Datenverarbeitung (Skyline, mQuest/mProphet)
- Quantifizierung
- Signifikanzanalyse (SRMStats)
- Visualisierung

Wiederholung verschiedener Schritte je nach Ergebnis

den. Dabei erhält man empirische Daten über die aussagekräftigsten Peptide des Proteins, da nur einige der entstehenden Peptide auch vorteilhafte Eigenschaften für ESI-LC-MS/MS aufweisen. Experimentell erhaltene Spektren sollten daher in silico vorhergesagten Spektren vorgezogen werden, wenngleich die Vorhersagekraft durch Deep-Learning-Algorithmen stark verbessert wurde.

Im nächsten Schritt werden die intensivsten, einzigartigen Übergänge für die einzelnen Peptide ausgewählt. Ähnlich wie für Peptide gibt es auch Übergänge, die abhängig vom verwendeten Massenspektrometer mehr oder weniger vorteilhaft sind. Vor allem bei komplexen Proben, wie Zelllysaten, ist es wichtig, Interferenzen verschiedener Übergänge zu vermeiden. Solche Interferenzen lassen sich in silico vorhersagen (z. B. mittels SRMCollider), sind

aber auch im SRM-Ionenchromatogramm zu erkennen. Synthetische Peptide können die Optimierung von SRM-Methoden auch deutlich vereinfachen. Ein weiterer wichtiger Aspekt bei der Optimierung von SRM-Methoden ist die Retentionszeitkalibrierung. Die Retentionszeit relativ zu endogenen Peptiden oder externen Peptidstandards wird bestimmt, um Zeitfenster für eine geplante SRM-Methode für jedes einzelne Peptid zu definieren (*scheduling*). Letztlich kann auch die Kollisionsenergie für jedes einzelne Vorläuferion optimiert werden. Durch schrittweise Veränderung der Kollisionsenergie können optimale Fragmentierungsbedingungen für jedes Peptid ausgearbeitet werden, wobei die Intensität der ausgewählten Übergänge maximiert werden soll. Ist eine SRM-Methode einmal optimiert, können etwa 100 Peptide pro Analyse zuverlässig quantifiziert werden.

**42**

## 42.6.5.3 Identifizierung von Peptiden

Nur in wenigen Fällen genügt ein einziger Übergang, um ein Peptid in einer komplexen Probe eindeutig zu identifizieren. Wenn allerdings mehrere Übergänge zur selben Zeit koeluieren, wird es zunehmend unwahrscheinlich, dass ein zweites Peptid genau dieselbe Kombination von Übergängen aufweist. Üblicherweise werden theoretische und heuristische Herangehensweisen verwendet, um eine korrekte Identifizierung sicherzustellen. Diese Vorgehensweisen helfen dabei, verschiedene Peakgruppen zu unterscheiden und eine Peakgruppe eindeutig einem Peptid zuzuweisen. Diverse Informationen können dazu herangezogen werden:

**Signalqualität**  Wenn zwei Übergänge vom selben Peptid stammen, sollten die Peakform und Retentionszeit für beide Übergänge identisch sein, da die Fragmentierung erst nach der Auftrennung mittels nanoHPLC geschieht. Peakgruppen, deren Ionenchromatogramme unterschiedliche Formen aufweisen (z. B. breitere Peaks) oder unterschiedliche Retentionszeiten aufweisen (z. B., wenn das Peak-Maximum bei unterschiedlichen Retentionszeiten auftritt), sollten aus der Analyse entfernt werden.

**Übereinstimmung mit Vorkenntnissen**  Sowohl die Fragmentierung der Vorläuferionen sowie die chromatographische Auftrennung der Peptide sind reproduzierbare Techniken, sodass man erwarten kann, dass die Retentionszeiten sowie die relativen Intensitäten von Fragmentionen zwischen verschiedenen MS-Analysen konstant sind. Häufig beruhen SRM-Methoden auf aufgezeichneten MS$^2$-Spektren der jeweiligen Peptide, und die relativen Intensitäten der Fragmentionen sind daher experimentell bestimmt. Wenn die relativen Intensitäten der Übergänge deutlich von den erwarteten unterscheiden (wenn z. B. die Intensitätsreihenfolge der Übergänge geändert ist), kann dies auf Rauschsignale hindeuten. Gleiches gilt auch für die Retentionszeit, die häufig zuvor experimentell bestimmt wurde. Wenn die Retentionszeiten, z. B. mithilfe von Standardpeptiden, normalisiert wurden, kann diese Information verwendet werden, um die korrekte Peakgruppe zu identifizieren.

**Übereinstimmung mit Standards**  Isotopenmarkierte Peptidstandards, die in ihrer Sequenz dem Zielpeptid entsprechen, werden häufig für SRM-Analysen für absolute Quantifizierung verwendet, können aber auch bei der Identifizierung von Peptiden nützlich sein. Da sich die Standards in ihren physikochemischen Eigenschaften nicht von den unmarkierten Peptiden unterscheiden, weisen sie auch identische Retentionszeiten und Fragmentierungsverhalten auf (◨ Abb. 42.16C), unterscheiden sich aber in ihrer molekularen Masse. Wenn die Übergänge eines leichten (unmarkierten) und eines schweren (isoto-penmarkierten) Peptids zur exakt gleichen Zeit eluieren und die gleichen relativen Fragmentionenintensitäten aufweisen, ist es sehr wahrscheinlich, dass die Peakgruppe auf den Analyten zurückzuführen ist. Vor allem bei komplexen oder aufwendigen klinischen Versuchsreihen ist die Verwendung von isotopenmarkierten Standards hilfreich, um die Identität der Übergänge eindeutig zu bestätigen.

## 42.6.5.4 Quantifizierung

Nach der Identifizierung des Analyten ist das nächste Ziel die relative oder absolute Quantifizierung in verschiedenen biologischen Proben (◨ Abb. 42.16D, E). Häufig reicht dabei eine relative Quantifizierung aus, wie in klinischen Proben, bei denen eine differenzielle Analyse von Proteinen gesunder und erkrankter Patienten erstellt werden soll, oder bei der Analyse von verschiedenen Einflussfaktoren auf ein biologisches System (z. B. Änderung der Umweltbedingungen oder die Aktivierung von Signalwegen). Eine relative Quantifizierung kann recht einfach durch den Vergleich der Signalintensitäten der einzelnen Proben erhalten werden. Für die absolute Quantifizierung ist der Vergleich zu kalibrierten internen Standardpeptiden mit stabiler Isotopenmarkierung nötig. Eine absolute Quantifizierung ist für unterschiedliche Modelle in der Systembiologie relevant, und außerdem gibt eine absolute Quantifizierung Aufschluss über die Relevanz verschiedener Proteinklassen, da die absoluten Mengen verschiedener Proteine miteinander direkt verglichen werden können. Im Folgenden sollen verschiedene Quantifizierungsmethoden betrachtet werden:

**Markierungsfreie Quantifizierung**  Diese Methode benötigt keine Peptidstandards, sondern verwendet die Signalintensitäten der gemessenen Peptide für die relative Quantifizierung verschiedener Proben. Mehrere experimentelle Faktoren haben Einfluss auf die Intensität der gemessenen Signale und können das Endergebnis beeinflussen, wie z. B. Probenmenge, Messdauer, Zustand des Instruments oder auch Hintergrundproteine in der Probe. Dadurch werden systematische Fehler in die Analyse eingeführt. Die markierungsfreie Strategie kann angewendet werden, wenn die Hintergrundsignale (z. B. nicht beeinflusste Proteine) ausreichend ähnlich im Vergleich aller Proben sind und die Probenvorbereitung reproduzierbar durchgeführt wurde. Um dies sicherzustellen werden die Experimente mit mehreren Replikaten durchgeführt.

**Stabil isotopenmarkierte Quantifizierung**  Bei dieser Strategie wird für jedes Peptid, das quantifiziert werden soll, ein stabil isotopenmarkiertes Standardpeptid in gleicher Menge zu allen Proben hinzugefügt. Dadurch können die zuvor aufgeführten Faktoren ausgeglichen werden, sodass systematische Fehler reduziert werden können. Deshalb ist es auch wichtig, die markierten Standards so früh wie möglich zur Probe hinzuzufügen, um mögliche Variationen aller Schritte auszugleichen. Isotopenmarkierte Standardpeptide werden üblicherweise nach der Proteolyse zugegeben. Isotopenmarkierte Proteine können auch vor dem Verdau hinzugefügt werden, um eine unvollständige oder unspezifische Proteolyse auszuschließen. Während der Datenanalyse wird jedes Peptid relativ zu seinem isotopenmarkierten Standard quantifiziert und die relativen Werte probenübergreifend miteinander verglichen. Unter der Annahme, dass die gleichen Mengen isotopenmarkierter Standards zu allen Proben zugegeben wurden, können diese Werte direkt herangezogen werden, um biologische Schlussfolgerungen aus den gemessenen Proteinmengen zu ziehen.

**Absolute Quantifizierung**    Wenn die absolute Menge des zugegebenen isotopenmarkierten Peptid- oder Proteinstandards bekannt ist, erlaubt der Vergleich der Signalintensitäten des Analyten und des isotopenmarkierten Standards die genaue, absolute Quantifizierung des Peptids. Das ist dann möglich, wenn die Konzentration des analytisch reinen isotopenmarkierten Standards mit einer quantitativen analytischen Methode, wie z. B. quantitativer Aminosäureanalyse, bestimmt wurde. Um die biologische Konzentration zu bestimmen wird die absolute Konzentration in der Probe auf die Menge an eingesetztem biologischem Material bezogen (z. B. Zellzahl oder Volumen der Körperflüssigkeit). Die Genauigkeit der Quantifizierung hängt von der Genauigkeit der Konzentration des Standards und dem Probenverlust vor der Zugabe des Standards ab. Um Ungenauigkeiten zu vermeiden sollten die isotopenmarkierten Standards daher so früh wie möglich zugegeben werden.

### 42.6.5.5  SRM-Datenanalyse

Die Datenanalyse ist ein wichtiger Schritt in allen Proteomicsanalysen. Die Daten, die bei einer SRM-Analyse aufgezeichnet werden, sind in ◘ Abb. 42.18A dargestellt und umfassen üblicherweise mehrere Ionenchromatogramme, von denen jedes einzelne einen Übergang repräsentiert. Die Übergänge können in Peakgruppen zusammengefasst werden, die wiederum von jeweils einem Peptid stammen. Die Aufgabe während der Datenanalyse ist, alle Ionenchromatogramme, die zu einem Peptid gehören, zu gruppieren und festzustellen, ob das Peptid durch die Peakgruppe korrekt identifiziert werden kann und damit die Anwesenheit des Peptides in der Probe bestätigt ist.

Obwohl bei SRM-Methoden zwei Massenfilter aufeinanderfolgend angewendet werden, um eine hohe Selektivität zur erlangen, reicht ein einziger Übergang nicht aus, um ein Peptid zu identifizieren, da vor allem in komplexen Proben ein Übergang nicht spezifisch genug ist (◘ Abb. 42.18B). Andere Peptide könnten diese unspezi-

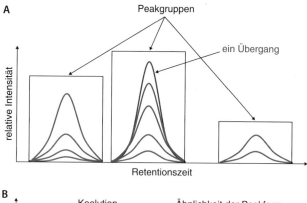
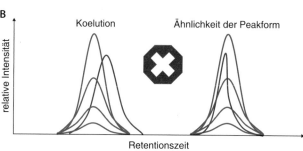

◘ **Abb. 42.18**    Ionenchromatogramme. **A** Für jedes Peptid werden mindestens vier Übergänge aufgezeichnet, die als eine Peakgruppe eluieren sollten. **B** Im Detektor wird der *m/z*-Wert der Ionen nicht detektiert. Die Genauigkeit der Methode beruht daher auf der Spezifität der Q1/Q3-Massenfilter. Es ist demnach möglich, dass Ionen, die nicht dem gewünschten Vorläufer entsprechen, mit der Messung interferieren. Solche Interferenzen können anhand der Ionenchromatogramme identifiziert werden, da deren Übergänge nicht mit der eigentlichen Peakgruppe koeluieren. Es ist demnach wichtig, wenigstens vier Übergänge zu analysieren

fischen Interferenzen erzeugen. Ein Peptid könnte z. B. die gleiche Vorläufermasse aufweisen und ähnliche oder sogar gleiche Fragmentionen aufgrund von partiellen Sequenzhomologien erzeugen, die sich massenspektrometrisch nicht unterscheiden lassen. Zusätzlich können Proteinisoformen, posttranslationale Modifikationen und die natürliche Isotopenverteilung die Wahrscheinlichkeit solcher Interferenzen erhöhen. Ohne weitere Validierung könnten falsch zugeordnete Übergänge übersehen werden. Deshalb sollten SRM-Messungen entweder manuell oder durch geeignete Softwarelösungen validiert werden.

### 42.6.5.6  SRM-Software

Die Softwareanalyse ist essenziell bei der Analyse von gerichteten MS-Methoden wie SRM. Software kann bei verschiedenen Stufen der Analyse hilfreich sein: von der Auswahl der Proteine und Peptide über die Generierung einer geplanten SRM-Methode und natürlich der Auswertung der aufgenommenen Daten. Einige Programme, insbesondere das häufig verwendete Programm Skyline, zeichnen sich durch eine grafische Darstellung der Peptide, Proteine, Vorläufer, Übergänge und deren Beziehung zueinander sowie den gemessenen Daten aus. Andere Programme, wie z. B. mProphet, führen Teile der

**42**

Analyse automatisiert aus, um subjektive Einflüsse zu minimieren und die Reproduzierbarkeit zu erhöhen, wodurch aufwendige Analysen mit einer Vielzahl an Proben erst möglich werden. Durch die verschiedenen Schritte bei der Planung und Ausführung von SRM-Experimenten ist es beinah unumgänglich, verschiedene Programme einzusetzen.

Verschiedene Open-Source-Softwarepakete wurden bereits entwickelt, die bei der Planung und Auswertung von gerichteten Proteomicsexperimenten nützlich sind. Darunter befinden sich Funktionen zur Auswahl von Übergängen für die Planung eines Experiments, Algorithmen zum *peak-picking* in der chromatographischen Dimension, Statistikmodule, die die Qualität der erhaltenen Scores abschätzen (z. B. $p$-Werte oder $q$-Werte). Üblicherweise wenden Programme die gleichen Kriterien wie bei der zuvor erwähnten manuellen Validierung an, um die Qualität eines Signals zu beurteilen und die verschiedenen Kriterien in individuelle Scores zu übersetzen. All diese Scores werden dann zu einem einzigen Score verrechnet, der als Maß für die Qualität der Identifizierung herangezogen wird. Verschiedene statistische Verfahren sowie maschinelles Lernen wurden verwendet, um die Wichtung der einzelnen Scores zu optimieren, sodass Peaks mit hoher Qualität einen hohen Score und Peaks mit schlechter Qualität einen niedrigen Score aufweisen. Bei der statistischen Analyse kann dann ein Grenzwert für den Score errechnet werden, bei dem die Fehlerrate unter einem definierten Wert liegt. Der mProphet-Algorithmus war das erste Programm, mit dem wahre und falsche Peaks durch die Verwendung einer linearen Diskriminanzfunktion (*Linear Discriminant Analysis*, LDA) optimal getrennt werden konnten.

Ein sehr beliebtes Softwarepaket ist Skyline, welches Microsoft-Windows-Benutzern die Planung, Visualisierung und Auswertung von gerichteten Proteomicsmethoden erlaubt. Die grafische Benutzeroberfläche, die gute Dokumentation, die große aktive Nutzergemeinschaft und die Flexibilität von Skyline sind ursächlich für die Popularität des Programms unter Wissenschaftlern. Skyline erlaubt die Visualisierung von Daten verschiedenster Bottom-up-Proteomicsverfahren von DDA über SRM bis hin zu DIA (s. unten).

Für die optimale Auswahl an Übergängen sollten diese von einzigartigen Peptidsequenzen (sequenzeinzigartig) stammen und auch nur von einem einzigen Peptid in den Proben erzeugt werden (übergangseinzigartig). Es sollten in der Probe also keine zwei Peptide vorkommen, die dieselbe Sequenz aufweisen oder gleiche Übergänge erzeugen. Es ist außerdem ratsam, Peptide auszuwählen, die hohe Signalintensitäten aufweisen. Es existieren empirische Datenbanken wie PeptideAtlas oder SRMAtlas, die Tausende MS-Analysen vereinen und damit die Auswahl von proteotypischen Peptiden durch tatsächliche MS-Spektren erleichtert. PeptideAtlas enthält Vorhersagen über die Messbarkeit eines Peptides mittels MS, dessen Hydrophobizität sowie MS-Spektren, wenn das Peptid bereits identifiziert wurde. Der SRMAtlas enthält zusätzlich Informationen zu spezifischen SRM-Assays, wodurch bereits fertige Übergangslisten durchsucht und direkt verwendet werden können. Um die Einzigartigkeit der ausgewählten Übergänge sicherzustellen können Tools wie SRMCollider (integriert in Skyline) verwendet werden. SRMCollider vergleicht die ausgewählten Übergänge mit dem Hintergrundproteom der Proben und identifiziert mögliche interferierende Peptide, die Übergänge mit ausgewählten Peptiden gemein haben. Mithilfe dieser Tools können der Assay optimiert und z. B. alternative Übergänge ausgewählt werden, die in einer bestimmten Probe einzigartig sind.

### 42.6.5.7 Stärken und Schwächen von SRM

Die reproduzierbare Quantifizierung von Peptiden mittels SRM in einer großen Anzahl verschiedener Proben stellt die Grundlage für statistisch signifikante biologische Schlussfolgerungen dar. Zudem ist SRM die derzeit sensitivste MS-Methode. Daher ist SRM sehr vorteilhaft für die quantitative Proteomics, wenn auch nur wenige Peptide gleichzeitig quantifiziert werden können.

### 42.6.5.8 Typische Anwendungen

Sobald ein SRM-Assay etabliert ist, können zahlreiche Proben konsistent mit hoher Sensitivität quantifiziert werden. So kann z. B. der Einfluss verschiedenster Faktoren auf einen Zelltyp analysiert werden (z. B. Arzneimittel, Stress oder Zellzyklusphasen).

**Mikroorganismen** Gerichtete Proteomicsverfahren finden verschiedene Anwendungen im Bereich der Mikrobiologie. So können z. B. die Virulenzmechanismen von Bakterien, Antibiotikaresistenzen oder die Auswirkung unterschiedlicher Substanzen auf die Mikroorganismen untersucht werden. Vor allem in Mikroorganismen, die sehr gut charakterisiert sind und bei denen die Quantifizierung von Effekten relevanter als die Identifizierung unbekannter Mechanismen ist, erlauben gerichtete Proteomicsverfahren die Analyse von dynamischen Änderungen im mikrobiellen Proteom mit hoher Präzision.

Schubert et al. (2013) haben eine proteomweite Bibliothek für den humanpathogenen Organismus *Mycobacterium tuberculosis* generiert, mit der sie 4000 Proteine mittels gerichteter Proteomanalyse untersuchen konnten. Mit 15.000 synthetischen Peptidstandards konnte gezeigt werden, dass mit Massenspektrometrie eine vergleichbare Abdeckung des Proteoms möglich ist wie mit RNA-Sequenzierungsmethoden. Durch die Analyse von 45 der 53 Proteine des Dormanz-Regulons konnten neue Erkenntnisse über den Mechanismus des winterschlafähnlichen Zustands (Dormanz) auf Proteinebene erhalten werden. In anderen Experimenten wurden Substrate von Esx-1, einem Virulenzfaktor der Translokationsmaschinerie, identifiziert sowie mykobakterielle Peptide aus Serumproben von Patienten mit aktiver und latenter Tuberkulose analysiert.

Die gerichteten MS-Verfahren finden auch in der synthetischen Biologie Anwendung, wenn z. B. die Expression von Proteinen eines metabolischen Syntheseweges quantifiziert wird, um die Ausbeute des gewünschten Metaboliten durch Änderung der Expression bestimmter Gene zu optimieren. Im Detail wurden die Proteine des Mevalonatwegs zur Synthese von Isoprenoiden sowie die Tyrosinbiosynthese untersucht und durch Manipulierung drastisch verbessert.

Diese Beispiele zeigen die breite Anwendbarkeit gerichteter Proteomicsverfahren. Die Methoden sind dann sinnvoll, wenn eine genaue Quantifizierung von Proteinen in einer großen Probenzahl benötigt wird. Da Antikörper für bakterielle Proteine häufig nicht verfügbar sind, können gezielte Proteomicsverfahren eine kosteneffektive Möglichkeit bieten, beinahe jedes Protein präzise zu quantifizieren.

**Eukaryotische Zellen** Eukaryotische Modellsysteme, wie die Bäckerhefe (*Saccharomyces cerevisiae*) oder Maus (*Mus musculus*), sind vollständig sequenziert und phänotypisch sehr gut charakterisiert. Eine Reihe von weiteren Daten sind zusätzlich verfügbar, wie z. B. SNPs (*Single Nucleotide Polymorphisms*), Transkriptom-, Metabolom- und Proteomdaten. Gerichtete Proteomicsverfahren können auf dieses Vorwissen aufbauen, sodass ein bestimmter Satz an Peptiden und damit Proteinen ausgewählt werden kann, um einen speziellen Mechanismus oder externen Einfluss im Detail zu untersuchen. Bei gewissenhafter Auswahl der Peptide ist es möglich, die Adaptation des Proteinnetzwerks auf externe Einflüsse zu rekonstruieren. Häufig existieren genomische Sequenzinformationen sogar für einzelne Stämme eines Organismus, wie z. B. für BXD-Mausstränge. Diese Mäuse wurden in verschiedenen Studien eingesetzt, um diverse molekulare Mechanismen zu analysieren, u. a. ein gerichtetes Proteomicsverfahren, bei dem die mitochondriale Aktivität in Abhängigkeit von der Ernährung und dem jeweiligen genetischen Hintergrund untersucht wurde.

**Klinische Proben** Die häufigste Anwendung finden gerichtete Methoden in klinischen Studien, bei denen eine vergleichsweise geringe Anzahl von Peptiden in einer großen Anzahl von Patientenproben quantifiziert wird. Die mit SRM-MS zu quantifizierenden Peptide werden in Pilotexperimenten identifiziert und dann in Hunderten Patientenproben analysiert, um z. B. ein Zielprotein für eine

Diagnose oder Behandlung zu verifizieren. Cima et al. (2011) haben z. B. N-glykosylierte Peptide in Seren von PTEN-Knock-out-Mäusen, die als Prostatakrebsmodell dienen, mit Wildtyp-Mäusen verglichen. 39 N-glykosylierte Peptide wurden ausgewählt und in 143 Proben von Prostatakrebs-Patienten und einer gesunden Kontrollgruppe quantifiziert. Nach statistischer Analyse konnten vier Peptide identifiziert werden, die für die Diagnose und Einstufung von Prostatakrebs anwendbar sind.

Die Verbesserung von Massenspektrometern erlaubt es mittlerweile, die quantitative Robustheit von SRM auf weitaus mehr Peptide anzuwenden. Die dazu verwendete Methode heißt SWATH-MS (*Sequential Window Acquisition of All Theoretical Ion Spectra*).

### 42.6.6 SWATH-MS

#### 42.6.6.1 Prinzip und Verwendung

SWATH-MS beruht auf der hohen Massengenauigkeit von *Time-of-Flight-* (TOF)- oder Orbitrap-Massenanalysatoren (◻ Abb. 42.19). Bei SWATH-MS werden nicht wie bei DDA oder SRM einzelne Vorläuferionen selektiert, sondern größere Massenfenster, sog. *swathes*. Durch den Einsatz spezialisierter Software werden aus den gewonnenen Daten Ionenchromatogramme extrahiert (◻ Abb. 42.19). Üblicherweise werden *swathes* so ausgewählt, dass die meisten Vorläuferionen dadurch abgedeckt sind (z. B. 25 *m/z* breite Fenster über einen Massenbereich von 400–1200 *m/z* in 32 Schritten), obgleich auch andere Einstellungen anwendbar sind. Nach der Datenaufzeichnung können unterschiedliche Peptide für die Analyse ausgewählt werden und deren spezifische Vorläufer-Fragmentionenpaare analysiert werden. Man ist demnach nicht beschränkt auf die zuvor ausgewählten Peptide wie bei SRM. Mit SWATH-MS kann das gesamte Peptidom einer Probe quantifiziert werden.

Für SWATH-MS mussten neue Softwarelösungen gefunden werden, da bisherige Tools nicht in der Lage waren, die komplexen Fragmentionenspektren multipler Vorläuferionen korrekt zu annotieren. Die erhaltenen Daten entsprechen einer digitalen Karte des Peptidoms, die zusätzlich eine MS/MS-basierte Quantifizierung der Peptide erlaubt. Da eine Großzahl an Peptiden vermessen wird, ist es möglich, mit SWATH-MS ohne isotopenmarkierte Standards für die relevanten Peptide auszukommen.

Die Ionenchromatogramme von SWATH-MS-Analysen sind – konzeptionell ähnlich zu SRM-Ionenchromatogrammen – eine Funktion der Fragmentionenintensität in Abhängigkeit von der Zeit (◻ Abb. 42.19C). Genau wie bei SRM müssen alle Fragmentionen eines Vorläuferions koeluieren. Eine Möglichkeit diese Ionen zu annotieren ist

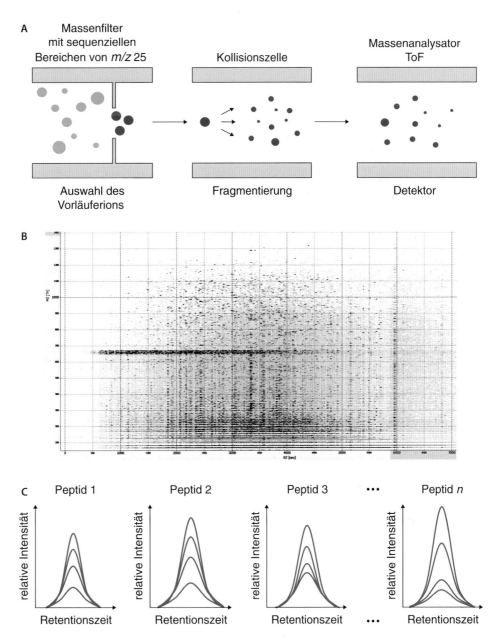

**Abb. 42.19** SWATH-MS.
**A** Allgemeines Prinzip eines Massenspektrometers im SWATH-Modus. Wie bei SRM werden zunächst Vorläuferionen innerhalb eines bestimmten Massenfensters selektiert. Bei SRM ist dieses Fenster 0,35 *m/z* breit, bei SWATH 25 m/z. Alle Vorläuferionen werden fragmentiert und die *m/z*-Werte aller entstandenen Fragmentionen im Massenanalysator (z. B. ToF) aufgezeichnet. **B** Die sequenzielle Aufzeichnung von 25 *m/z* breiten Fenstern erzeugt eine komplette Karte aller Fragmentionen als Funktion der Elutionszeit. **C** Mit verschiedenen Softwarelösungen können aus diesen Karten Ionenchromatogramme verschiedener koeluierender Peakgruppen, ähnlich denen von SRM, extrahiert und visualisiert werden. Allerdings können mit SWATH-MS mehrere 10.000 Peptide in einer Probe aus z. B. Zelllysaten quantifiziert werden

der Vergleich mit zuvor aufgenommenen DDA-Spektren, wie es in dem Softwarepaket OpenSWATH umgesetzt ist. OpenSWATH enthält außerdem ein mProphet-Äquivalent, pyProphet, welches durch automatisierte Auswertung einen höheren Durchsatz an Experimenten erlaubt. Die Analyse beruht dabei auf dem Vergleich von Retentionszeiten, relativen Fragmentionenintensitäten und anderen Bewertungskriterien wie den Signalform der Peakgruppe und der Analyse von Peakgruppen, die Decoypeptiden zugeordnet wurden. Es gibt verschiedene Datenbanken, die Assays für verschiedene modifizierte und unmodifizierte Peptide zur Verfügung stellen, um SWATH-MS Daten im Detail zu studieren (z. B. ProteomeXchange oder SWATH Atlas).

### 42.6.6.2 Stärken und Schwächen von SWATH-MS

Die Stärke von SWATH-MS liegt in der ungerichteten Aufzeichnung aller Fragmentionen-*m/z* einer Peptidprobe mit hoher Massengenauigkeit in einer Vielzahl von Proben. Das ermöglicht eine reproduzierbare Quantifizierung von Peptiden in verschiedenen Proben. Der höhere Anteil von Hintergrundsignalen im Vergleich zur SRM-Analyse stellt eine Herausforderung für die Auswertung dar, ebenso wie die Dateigröße der aufgezeichneten Proben. Eben dafür wurde ein neues Dateiformat entwickelt, welches das Auslesen von SWATH-MS-Daten durch 3D-Indizierung beschleunigt. Die Auswertung ist limitiert durch das Vorhandensein annotierter

DDA-Spektren für die relevanten Peptide. Neue Deep-Learning-Algorithmen sind jedoch mittlerweile in der Lage, Fragmentionenspektren sehr gut vorherzusagen und somit diese Beschränkung zu lösen.

### 42.6.6.3 Typische Anwendungen

Ähnlich wie SRM werden mit SWATH-MS Peptide/Proteine quantifiziert. Die Anwendungen im Bereich der Mikrobiologie, eukaryotischen Systemen oder in klinischen Studien sind demnach sehr ähnlich zu SRM. Neben der Quantifizierung des Peptidoms von Zelllysaten kann SWATH-MS für die Quantifizierung von AP-MS-Experimenten verwendet werden, wie z. B. für die Quantifizierung von 14–3–3-interagierenden Proteinen in Abhängigkeit der Stimulierung des PI3K-Signalwegs in humanen Zellen gezeigt wurde. Im mikrobiellen Kontext wurde z. B. die Reorganisation des Proteoms von *Mycobacterium tuberculosis* während exponentiellem Wachstum, Hypoxie-induzierter Dormanz und der Reaktivierung untersucht. In vergleichbarer Weise wurde das Hefeproteom in Abhängigkeit von osmotischem Stress mit hoher Reproduzierbarkeit zwischen technischen sowie biologischen Replikaten analysiert.

Die Anwendbarkeit von SWATH-MS als Hochdurchsatzmethode für große Stichproben wurde von Williams et al. (2016) anhand einer Mauspopulation gezeigt. Diese Eigenschaften macht SWATH-MS auch besonders für klinische Anwendungen interessant, bei welchen die eingeschränkte Probenverfügbarkeit eine effiziente Experimentplanung bedingt. Guo et al. (2015) zeigten, wie SWATH-MS-Messungen anhand nur geringer Probenmengen verschiedene renale Krebsarten reproduzierbar differenzieren können.

### 42.6.7 Erweiterungen

Neben DDA, SRM und SWATH-MS wurden weitere Bottom-up-Proteomics-Methoden entwickelt, einige davon für spezifische Massenspektrometer. Das Ziel all dieser Methoden ist die reproduzierbare Identifizierung und Quantifizierung von zunehmend mehr Peptiden in biologischen Proben.

**Parallel Reaction Monitoring** PRM ist eine gerichtete Methode, bei der im Vergleich zu SRM der dritte Quadrupol durch einen hochauflösenden Massenanalysator (z. B. Orbitrap) ersetzt wird. Dadurch können bei PRM alle Fragmentionen eines Vorläuferions in einem Fragmentionenspektrum aufgezeichnet werden. Durch die hohe Auflösung und die größere Anzahl an aufgezeichneten Fragmentionen kann mit PRM eine höhere Spezifität als mit SRM erreicht werden. Spezialisierte Software kann dann verwendet werden, um vergleichbar zu SRM Fragmentionenchromatogramme zu extrahieren. In PRM werden allerdings deutlich mehr Übergänge aufgezeichnet, sodass eine Reanalyse der Daten mit alternativen Übergängen möglich ist. Dadurch verkürzt sich die Entwicklungszeit von PRM-Assays im Vergleich zu SRM-Assays.

**PAcIFIC** Als DDA-Methoden bereits etabliert waren, kristallisierte sich die Notwendigkeit ungerichteter Methoden zur Quantifizierung von Peptiden heraus. Eine frühe DIA-Implementierung war *Precursor Acquisition Independent From Ion Count* (PAcIFIC) aus dem Goodlett-Labor. Dabei wurden 2,5 *m/z* breite, überlappende Isolationsfenster für die Fragmentierung nacheinander ausgewählt (400–402,5 *m/z*, 401,5-404 *m/z* usw.). Ein Zyklus war nach zehn Iterationen abgeschlossen und begann von vorn. Um den gesamten Massenbereich von 400–1400 abzudecken wurden 67 LC-MS/MS-Analysen benötigt (4,2 Tage Messzeit). Obwohl keine spezielle Software für die Annotation der Massenspektren benötigt wurde – die Fragmentionenspektren waren aufgrund des kleinen Selektionsfensters noch nicht zu komplex –, war die PAcIFIC-Methode nicht weit verbreitet. PAcIFIC war allerdings einer der ersten Versuche, die Vorläuferionenselektion zu modifizieren, die es letztlich erlaubt, DIA-ähnliche Experimente mit Orbitrap-Massenspektrometern durchzuführen und von der hohen Genauigkeit und Geschwindigkeit moderner Massenspektrometer zu profitieren.

**MSX** MSX ist eine gerichtete Methode ähnlich zu SWATH-MS, die zusätzlich ein Demultiplexverfahren anwendet, bei dem die Komplexität der Fragmentionenspektren verringert wird. Bei MSX werden Vorläuferionen von nicht aufeinanderfolgenden Selektionsfenstern in jedem Zyklus kofragmentiert (z. B. fünf). Durch die Kofragmentierung verschiedener Kombinationen von Selektionsfenstern können diese später dekonvolutiert werden. So kann ein 20 *m/z* breites Isolationsfenster in fünf virtuelle, 4 *m/z* breite Isolationsfenster aufgetrennt werden und dadurch eine höhere Spezifität erreicht werden. MSX könnte daher den Durchsatz von SWATH-MS mit der Spezifität von PRM vereinen.

**MSE** MSE ist eine herstellerspezifische Implementierung von DIA, welche sowohl ein spezialisiertes LC-System als auch ein spezielles Massenspektrometer verwendet. Um die Anzahl koeluierender Peptide zu minimieren wird ein Flüssigchromatographie unter hohem Druck (UPLC) benötigt. Nach der Ionisierung gelangen die Ionen in eine Kollisionszelle, die zwischen zwei Stufen niedriger und hoher Kollisionsenergie (CE) durchwechselt. Bei niedrigen CE-Werten werden die Ionen durch die Kollisionszelle geleitet und anschließend in einem ToF-Analysator detektiert (MS[1]), bei hoher Kollisionsenergie werden alle

Vorläuferionen fragmentiert und anschließend detektiert (MS²). Herstellerspezifische Software wird dann verwendet, um die Rohdaten zu dekonvolutieren und visualisieren sowie die in der Probe enthaltenen Peptide zu identifizieren und quantifizieren.

### 42.6.8 Zusammenfassung

Mit datenabhängigen Analysen (DDA) wird ein breites Spektrum an Ionen analysiert und daraus resultierend viele Peptide und Proteine identifiziert (◻ Abb. 42.20). Durch die ungerichtete Analyse können neue Peptide und Modifikationen identifiziert werden. Mit SRM wird kontinuierlich eine definierte Auswahl an Peptiden in vielen Proben quantifiziert. SRM ist die sensitivste LC-MS/MS-Methode, die derzeit mit kommerziellen Massenspektrometern verfügbar ist. Mit SWATH-MS kann eine Vielzahl von Peptiden und damit des exprimierten Proteoms zuverlässig quantifiziert werden.

### 42.7 Isotopenlabel-basierte Proteomanalysen

Leider ist die Massenspektrometrie keine quantitative Methode per se. Eine genaue quantitative Erfassung von Analytkonzentrationen mittels MS kann nur erfolgen, wenn das massenspektrometrische Signal einer zu bestimmenden Verbindung mit dem Signal einer bekannten Konzentration einer Standardprobe verglichen wird. Dies ist bei Proteomanalysen in der Regel nicht möglich, da einerseits nur sehr wenig reine Standardproteine erhältlich sind und zusätzlich die gemessenen Signalintensitäten von vielen Faktoren, u. a. auch von der Probenmatrix und den Messparametern, abhängig sind. Außerdem wäre der Aufwand, von allen Proteinen eines Proteoms quantitative massenspektrometrische Standardkurven zu erstellen, aus zeitlichen und Kostengründen nicht zu leisten.

Zumindest für relative Quantifizierungen kann dieses Problem durch sog. Isotopenmarkierungstechniken überwunden werden. Dabei werden „schwere" stabile Isotope ($^{13}$C, $^{15}$N, $^2$H, $^{18}$O) in eine der Proteomproben spezifisch eingeführt. Die so markierten Proteine und entsprechend auch ihre proteolytischen Peptide verhalten sich prinzipiell in jedem Trennverfahren identisch zu den Peptiden, die mit „leichten" Isotopen ($^{12}$C, $^{14}$N, $^1$H, $^{16}$O) entweder intrinsisch oder chemisch markiert sind. Sie sind aber anhand ihres Molekulargewichtes (es ergibt sich eine Molekulargewichtsdifferenz gemäß dem Molekulargewicht der eingebrachten stabilen Isotope) eindeutig unterscheidbar. Somit kann mithilfe der Massenspektrometrie jedes Protein eindeutig einem bestimmten Proteomzustand zugeordnet werden. Daraus ergibt sich, dass nach der Markierung die Proteome in gleichen Verhältnissen gemischt und damit alle weiteren Arbeitsschritte (z. B. Trennungen und massenspektrometrische Analysen) unter identischen Bedingungen durchgeführt werden können. Das Protein des „schwer" markierten Zustands (z. B. mit $^{15}$N-Isotopen) fungiert de facto als interner Standard für das Protein aus dem anderen Zustand ($^{14}$N). Damit ist auch das relative Verhältnis der beiden Proteinspezies fixiert, da der unvermeidliche Verlust bei Einsatz mehrdimensionaler Trennmethoden (z. B. Chromatographie, Elektrophorese) immer beide Proteinspezies gleich betrifft. Dies erlaubt, die Massenspektrometrie als eine quantitative Methode einzusetzen. Das Verhältnis der Signalintensitäten im Massenspektrum von „leichter" und „schwerer" Form der proteolytischen Peptide erlaubt die relative Quantifizierung ihrer entsprechenden Proteine in den Ausgangsproben.

Die unterschiedlichen Methoden der stabilen Isotopenmarkierung lassen sich in zwei übergeordnete Klassen einteilen: metabolische (*in vivo*) Markierung und chemische (*in vitro*) Markierung. ◻ Abb. 42.21 zeigt die verschiedenen Strategien des stabilen Isotopenlabelings für die relative quantitative Analyse von Proteinen mittels Massenspektrometrie (für Erläuterungen siehe nachfolgenden Text). Der wesentliche Unterschied zwischen den einzelnen Verfahren ist der Zeitpunkt, an dem das Proteom markiert wird. Wenn das Isotopenlabeling auf der Ebene des Organismus, der Zellen oder der Proteine eingebracht wird, spricht man von Top-down-Proteomicsstrategien. Wenn das Proteom vor der Isotopenmarkierung in Peptide gespalten wird, können nur

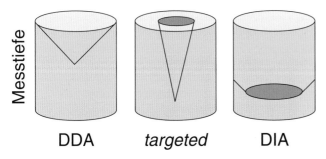

**◻ Abb. 42.20** Abdeckung des Proteoms mit verschiedenen Bottom-up-Proteomics-Methoden. Das Proteom ist aufgrund verschiedener Prozesse wie alternatives Spleißen oder posttranslationale Modifikationen (PTM) äußerst komplex. DDA ist eine wertvolle Methode, um Proteine und verschiedene Modifikationen zu identifizieren, aber aufgrund der stochastischen Komponente ist DDA nicht der sensitivste Ansatz. Gerichtete Verfahren wie SRM sind der Goldstandard für die reproduzierbare Quantifizierung von Peptiden in komplexen Proben, es können aber nur wenige Peptide gleichzeitig quantifiziert werden. DIA ist weniger sensitiv als SRM, aber alle identifizierbaren Peptide können auch auf MS²-Ebene quantifiziert werden

**A metabolisches Labeling**          **B chemisches Labeling**

isotopen-
angereichertes        Normalmedium              Labeling vor Verdau                    Labeling nach Verdau
Medium (z. B. $^{15}$N)    (z. B. $^{14}$N)

Zustand 1        Zustand 2          Zustand 1        Zustand 2          Zustand 1        Zustand 2

mischen                        Extraktion                          Extraktion
                                                                   und Verdau

Proteinextraktion/
Fraktionierung

Verdau                              Label 1          Label 2          Label 1          Label 2

                                    mischen                          mischen

                                 Fraktionierung
                                   und Verdau

                              Massenspektrometrie

1:3                    2:1

1:1                    1:1

Intensität

■ leichter Label
■ schwerer Label

*m/z*

 **Abb. 42.21**  Schematische Darstellung verschiedener Methoden des stabilen Isotopenlabelings für die relative quantitative Analyse von Proteinen mittels Massenspektrometrie. **A** Metabolisches Labeling von Proteinen in Zellkultur mit isotopenangereicherten Nährmedien (z. B. mit $^{15}$N-Salzen oder isotopenmarkierten Aminosäuren) oder mit Normalmedium. Für die relative quantitative massenspektrometrische Analyse werden die Zellen im 1:1-Verhältnis gemischt, die Proteine nach Zellaufschluss extrahiert, fraktioniert und proteolytisch verdaut. **B** Das chemische Labeling findet nach Extraktion der Proteine entweder vor dem Verdau oder nach der proteolytischen Spaltung der Proteine statt. Die Reaktionsspezifität ist abhängig von dem verwendeten Reagenz in seiner „leichten" und „schweren" Form. Das Mischen der Proben von Zustand 1 und 2 findet jeweils nach Einführung der isotopencodierten Label statt. Die proteolytischen Peptidgemische werden massenspektrometrisch analysiert und die Signalintensitäten der Peptide in ihrer „leichten" und „schweren" Form relativ quantitativ ausgewertet

**42**

mehr peptidbasierte Bottom-up-Proteomanalysen durchgeführt werden (▸ Abschn. 42.6). Eine Bewertung der verfügbaren Konzepte und Methoden zur Markierung von stabilen Isotopen im Bereich der Top-down-Proteomics und Bottom-up-Proteomics ist im Folgenden beschrieben.

### 42.7.1 Isotopenlabeling-Strategien für Top-down-Proteomics

Die größte Herausforderung intakter Proteinanalytik besteht darin, die quantitativen Verhältnisse von Proteinen und damit unterschiedliche Zustände eines Proteoms zu bewahren. Aufgrund ihrer Komplexität und Größe sind Proteine jedoch anfällig für Veränderungen auf allen Strukturebenen, von der Primär- bis hin zur Quarternärstruktur. Sowohl kleine Veränderungen, wie z. B. Schäden an der Proteinstruktur, als auch abweichende Umgebungsbedingungen können bereits zu unterschiedlichem Verhalten von Proteinen während der Probenaufarbeitung und Fraktionierung führen. Dies ist vor allem beim Vergleich von zwei oder mehr Proteomzuständen über einen längeren Zeitraum der Fall. Wechselwirkungen mit Oberflächen, chromatographischem Säulenmaterial, Gelen in der Elektrophorese oder auch anderen Proteinen führen unweigerlich zu Verlusten an Proteinen. Unglücklicherweise sind Art und Ausmaß dieser Verluste nicht vorhersehbar. Aus diesem Grund ist es in einem Top-down-Proteomicsansatz schwierig, die ursprünglichen quantitativen Verhältnisse von Proteinen nicht zu beeinflussen, insbesondere wenn eine komplexe und aufwendige Probenvorbereitung notwendig ist. Aufgrund der hohen Variabilität und Komplexität von Proteomen ist eine Reduktion der Probenkomplexität für fast jede analytische Technik aber unvermeidbar, um hochwertige Ergebnisse erzielen zu können. Des Weiteren führen unabhängige, direkte Proteomanalysen derselben Probe – selbst ohne Probenaufarbeitung oder Fraktionierungsschritte – normalerweise nicht zum exakt gleichen Ergebnis. Die Einführung von Techniken zur Isotopenmarkierung und Multiplexing könnte einige der zuvor beschriebenen Probleme, die mit mehrfacher, markierungsfreier Analyse einhergehen, lösen.

Der aktuelle Stand isotopenbasierter Techniken zur Quantifizierung in Top-down-Proteomics unterscheidet sich maßgeblich von den Ansätzen, die in Bottom-up-Proteomics (▸ Abschn. 42.7.2) verwendet werden. Das liegt hauptsächlich an der viel größeren Anzahl an möglichen Markierungsstellen in einem intakten Protein im Gegensatz zu einem kleinen Peptid. Beispielsweise ist die Heterogenität nach Markierung der etwa 40 Arginin-/Lysinreste eines 40-kDa-Proteins erheblich größer als in einem kleinem Peptid, das nur eine solche Aminosäure besitzt. Aus diesem Grund gibt es zum jetzigen Zeitpunkt keine analogen Ansätze zu den Techniken in Bottom-up-Proteomics, die auf kovalenter Markierung basieren (d. h. TMT, SILAC, iTRAQ, etc.). Deshalb wurden bisher hauptsächlich markierungsfreie Methoden zur quantitativen Top-down-Proteomics eingesetzt (s. Ntai et al. 2014 für weitere Informationen). Dennoch gibt es einige wenige Arbeiten zur metabolischen Markierung, beispielsweise eine Methode, die auf deuteriertem Leucin (Leu-$D_{10}$) basiert, die deutlich vor SILAC-Ansätzen entwickelt wurde (Veenstra et al. 2000). Eine andere Veröffentlichung beschreibt u. a. die Verwendung von $^{14}$N- vs. $^{15}$N-metabolischer Markierung in Hefezellen (Du et al. 2006).

### 42.7.1.1 Metabolische Markierung mit $^{15}$N

Bei der metabolischen Markierung findet der Einbau der stabilen Isotope während des Wachstums des Organismus statt (◻ Abb. 42.21). Ein großer Vorteil dieser *in situ*-Methode besteht darin, dass die unterschiedlich markierten Proben unmittelbar nach der Zellernte vereinigt (gepoolt) und gemeinsam prozessiert werden können. Fehler, die aus einer parallelen Probenaufarbeitung resultieren, lassen sich so minimieren. Metabolische Markierungsmethoden sind insbesondere geeignet für Zellkultursysteme.

Ende der 1990er-Jahre wurden die ersten Versuche für das metabolische Markieren von Zellkulturen mit stabilen Isotopen unter Verwendung von $^{15}$N-angereicherten Nährmedien berichtet. Da die Einführung des Labels *in situ* erfolgt, beinhalten alle Aminosäurebausteine der exprimierten Genprodukte $^{15}$N-Atome anstelle der mit einer natürlichen Häufigkeit von 99,633 % vorkommenden $^{14}$N-Atome. In Abhängigkeit von der Aminosäuresequenz der $^{14}$N/$^{15}$N-markierten Proteine werden sequenzspezifische, aber keine einheitlichen Massenshifts bei der MS-Analyse beobachtet. Dies erschwert die relative quantitative Auswertung der massenspektrometrischen Daten und setzt voraus, dass die Primärstruktur des untersuchten Proteins bekannt ist und geeignete Software-Auswerteprogramme zur Verfügung stehen. ◻ Abb. 42.22 zeigt einen Ausschnitt eines ESI-MS-Spektrums des zweifach geladenen $^{14}$N/$^{15}$N-Peptidpaares mit der Aminosäuresequenz LTYYTPEYETK. Bei einem vollständigen Einbau von $^{15}$N-Atomen in die Peptidsequenz ergibt sich eine theoretische Massenverschiebung von 11,964 Da, die (unter Berücksichtigung des zweifachen Ladungszustandes des Peptidpaares) mit der im Spektrum beobachteten Massenverschiebung von $\Delta m/z$ 5,983 übereinstimmt. Die Auswertung der relativen Signalintensitäten des Peptids in seiner „leichten" und „schweren" Form ergibt in diesem Beispiel ein Verhältnis von 1:1. Die im Massenspektrum beobachtete breitere Isotopenverteilung des „schweren"

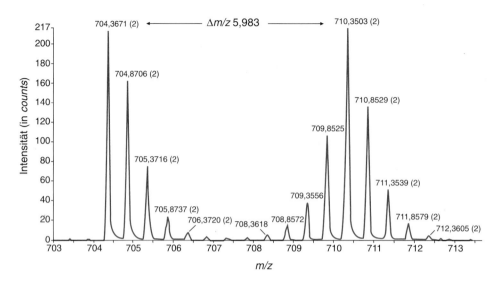

**☑ Abb. 42.22** Ausschnitt eines ESI-MS-Spektrums des metabolisch mit ¹⁴N/¹⁵N-Isotopen markierten Peptids mit der Aminosäuresequenz LTYYYPEYETK. Im Massenspektrum kann der zweifache Ladungszustand des Peptids in der „leichten" und „schweren" Form aus den Isotopenabständen von m/z 0,5 abgelesen werden. Bei einem vollständigen Einbau von ¹⁵N-Atomen in die Peptidsequenz ergibt sich eine theoretische Massenverschiebung von 11,964 Da, die mit dem im Spektrum beobachteten Massenveränderung von m/z 5,983 mit z = 2 übereinstimmt. Die Auswertung der Signalintensitäten des ¹⁴N/¹⁵N-Peptidpaares ergibt ein Verhältnis von 1:1

Peptids resultiert aus der hier erzielten Effizienz des ¹⁵N-Labelings von nur 95 %. Die relativen Signalintensitäten der Isotope, die vor dem monoisotopischen Peak bei m/z 710,350 im Spektrum auftreten, ergeben sich dabei durch die statistische Verteilung der ¹⁴N-Atome (5 %) und ¹⁵N-Atome (95 %) in der Primärsequenz des Peptids. Das metabolische Markieren mit ¹⁵N-Isotopen konnte bereits auf höhere Organismen wie z. B. *Caenorhabditis elegans* und Maus angewendet werden.

### 42.7.1.2 Metabolische Markierung mit SILAC

Eine weitere, sehr elegante *in situ*-Methode ist das stabile Isotopenlabeling mit ¹³C-, ²H- oder ¹⁵N-modifizierten Aminosäuren, welches als SILAC (*Stable Isotope Labeling by Amino Acids in Cell Culture*) in die Literatur einging. Ursprünglich wurde der Einbau isotopenmarkierter Aminosäuren während der Zellkultur genutzt, um die Zuverlässigkeit der Proteinidentifizierung mittels MALDI-Peptidmassenfingerabdruck (PMF) in Kombination mit Datenbanksuchen zu erhöhen. Nachfolgend wurde dieses Konzept im Labor von M. Mann erweitert und für die MS-basierte relative quantitative Proteinanalyse genutzt.

In einem SILAC-Experiment werden zwei Zellproben parallel kultiviert, eine in Kulturmedium mit unveränderter Aminosäurezusammensetzung, die andere in einem Medium, welches eine oder zwei isotopensubstituierte Aminosäuren enthält. Um einen vollständigen Einbau dieser Aminosäuren in die Proteine zu erzielen, müssen mindestens fünf Zellzyklen durchlaufen werden. Nach der Zellernte können die Proben direkt in einem 1:1-Verhältnis gemischt, gemeinsam aufgearbeitet und relativ zueinander quantitativ mittels MS analysiert werden.

Für die MS-Analyse mit SILAC setzt man gewöhnlich ¹³C₆-Arginin,¹³C₆-Lysin oder auch ¹³C₆¹⁵N₄-Arginin und ¹³C₆¹⁵N₂-Lysin als modifizierte Aminosäuren ein. Diese sind insofern günstig, als in Proteinstudien zumeist Trypsin als proteolytisches Enzym eingesetzt wird, welches C-terminal von Arginin und Lysin schneidet. Ist die tryptische Spaltung einer Proteinprobe spezifisch und vollständig erfolgt, so sind die isotopencodierten Arginin- und Lysinreste ausschließlich C-terminal in den Spaltprodukten lokalisiert, was im Massenspektrum zu einheitlichen Massenverschiebungen von 6 Da für ¹²C₆/¹³C₆-Arginin- oder Lysinpeptidpaare, 10 Da für ¹²C₆¹⁴N₄/¹³C₆¹⁵N₄-Argininpeptidpaare bzw. von 8 Da für ¹²C₆¹⁴N₂/¹³C₆¹⁵N₂-Lysinpeptidpaare führt. Neben der relativen quantitativen Aussage aus dem Verhältnis der Signalintensitäten der Peptide in ihrer „leichten" und „schweren" Form gewinnt man damit auch sequenzspezifische Informationen aus den MS-Spektren. Ein genereller Nachteil der Markierung mit deuterierten Verbindungen (z. B. ²H₄-Lysin) ist, dass ¹H- und ²H-markierte Analyten leicht unterschiedliche chromatographische Eigenschaften (Isotopenshift) aufweisen und somit die relative Quantifizierung bei Verwendung z. B. eines HPLC/ESI-MS-Systems erschweren können. Für die quantitative automatische Auswertung von SILAC-Experimenten ist eine spezielle leistungsfähige Datenverarbeitungssoftware (MaxQuant) erhältlich.

Durch weitere SILAC-Aminosäurekombinationen kann auch ein dreifaches Labeling durchgeführt werden. Neben der relativen quantitativen Studie der Expression von Proteinen hat sich eine Vielzahl neuer Einsatzgebiete für SILAC ergeben. So können mithilfe von SILAC, kombiniert mit der hochauflösenden Massenspektrometrie, biologische Signalprozesse zeitaufgelöst analysiert, *in vivo* Methylierungsstellen in Proteinen identifiziert sowie Protein-Protein-Interaktionen und subzelluläre Proteome genau charakterisiert werden. In neueren MS-basierten quantitativen Proteomstudien wurde die SILAC-Technik auch zur Markierung der Proteome höherer Organismen wie z. B. *Drosophila melanogaster* oder *Mus musculus* oder für primäre Zellkulturen erfolgreich eingesetzt. Für die SILAC-Markierung von Hefeproteomen ist zu beachten, dass Hefestämme generiert werden müssen, die auxotroph für Arginin und Lysin sind, um einen vollständigen Einbau (>98 %) der isotopengelabelten Aminosäuren zu gewährleisten. Die Proteome autotropher Organismen lassen sich nur unvollständig und schwer mit SILAC markieren. Für MS-basierte quantitative Proteomstudien grüner Pflanzen, wie z. B. *Arabidopsis thaliana*, werden daher das metabolische $^{14}N/^{15}N$-Labeling oder chemische Markierungsmethoden verwendet. Zugleich muss an dieser Stelle darauf hingewiesen werden, dass für eine quantitative Analyse zweier unterschiedlicher experimenteller Zustände die Versuche mehrmals unabhängig durchgeführt werden müssen, um Aussagen über die technische und biologische Varianz der Daten treffen zu können. Dies trifft im gleichen Maße auch für die nachfolgend beschriebenen Methoden zu.

### 42.7.1.3 Chemische Markierung mit ICAT (Isotope-Coded Affinity Tag)

Die chemische Markierung mit stabilen Isotopen ist eine universelle Methode, da sie nach der eigentlichen Probennahme, wie z. B. Zellernte oder Gewebebiopsie, stattfindet. Die Einführung der stabilen Isotope durch eine geeignete chemische Reaktion kann für die Top-down-Proteomanalysestrategie direkt in die intakten Proteine erfolgen ( Abb. 42.21). Diese Reagenzien sind aber generell auch für ein Labeling von proteolytischen Spaltprodukten nach einem enzymatischen Verdau der Proteine für die Bottom-up-Proteomstrategien geeignet.

Erste Ergebnisse, erzielt mit einer derartigen Analysenstrategie, wurden 1999 von Aebersold und Kollegen veröffentlicht (Gygi et al. 1999). In  Abb. 42.23 ist das ICAT-Reagenz und in  Abb. 42.24 das Prinzip der Methode dargestellt. Alle Proteine eines Proteoms werden an den in Proteinen relativ seltenen SH-Gruppen der Cysteinreste mit dem ICAT-Reagenz in seiner „leich-

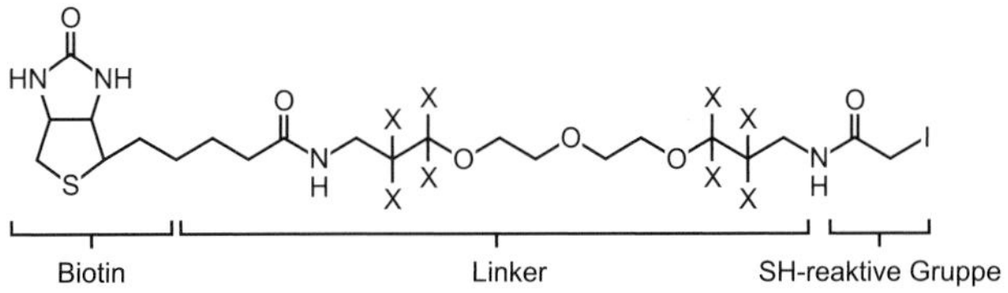

 **Abb. 42.23** Das ICAT-Reagenz, X = Wasserstoff im leichten Reagenz, Deuterium im schweren Reagenz

ten" Version derivatisiert. Analog werden die Proteine des anderen Proteomzustands mit der „schweren" Version des ICAT-Reagenz markiert. Die beiden Reagenzien sind chemisch identisch, unterscheiden sich jedoch in Bezug auf acht Wasserstoffatome, die durch Deuteriumatome ersetzt sind.

Daher hat nach der Derivatisierung ein Proteinmolekül, das z. B. einen Cysteinrest besitzt, aus dem ersten („leichten") Proteomzustand ein Molekulargewicht, das um 8 Da kleiner ist als dasselbe Protein aus dem zweiten („schweren") Zustand. Die beiden isotopenmarkierten Proteomzustände werden in einem 1:1-Verhältnis gemischt und enzymatisch in Peptide gespalten. Da nur die cysteinhaltigen Peptide modifiziert sind, kommen auch nur diese Peptide in der leichten und schweren Form vor. Nur diese Peptidpaare sind also auch den einzelnen Proteomzuständen zuzuordnen. Da das ICAT-Reagenz einen Affinitätstag (Biotin) trägt, können alle modifizierten Peptide über eine Streptavidin-Affinitätssäule isoliert werden. Nach eventuellen weiteren Auftrennungen werden die koeluierenden ICAT-Peptidpaare massenspektrometrisch analysiert. Über spezielle Softwareprogramme werden die Paare, die sich jeweils um 8 Da oder ein Vielfaches von 8 Da (mehr als ein Cys pro Peptid) unterscheiden, auf Basis der MS(/MS)-Daten quantifiziert und identifiziert. Die Signalintensitäten bzw. Peakflächen der Peptidpaare in den MS-Spektren reflektieren die relativen Mengen der Peptide und somit auch ihrer entsprechenden Proteine in den einzelnen Proteomzuständen.

Prinzipiell wurde mit der ICAT-Methode eine MS-basierte quantitative Proteomanalysetechnik entwickelt, bei der die Trennung, Identifizierung und relative Quantifizierung der Proteine auf Peptidebene stattfinden.

Der wesentliche Schwachpunkt der ICAT-Methode ist, dass die Isotopenmarkierung an einer seltenen Aminosäure stattfindet. Nach Derivatisierung und proteolytischer Spaltung der Proteine werden nur die cysteinhaltigen Peptide affinitätschromatographisch isoliert. Dies führt dazu, dass generell eine sehr geringe Sequenzabdeckung erzielt wird. Proteinisoformen, Abbauprodukte oder posttranslationale Modifikationen, die nicht gerade im cysteinhaltigen Peptid lokalisiert sind, werden dabei nicht erfasst. Zusätzlich ist das ICAT-Reagenz re-

■ **Abb. 42.24**   Schematische Darstellung der ICAT-Technik. Die Cysteinreste aller Proteine in der Kontrolle (z. B. gesundes Gewebes) werden mit dem leichten ICAT-Label umgesetzt, die Cysteine des zu untersuchenden Zustandes (z. B. krankes Gewebe) mit dem schweren Label. Die unterschiedlich markierten Proteome werden in einem 1:1-Verhältnis gemischt, enzymatisch verdaut, die ICAT-markierten cysteinhaltigen Peptide über eine Affinitätssäule isoliert und nachfolgend mit LC/MS/MS identifiziert und relativ zueinander quantifiziert

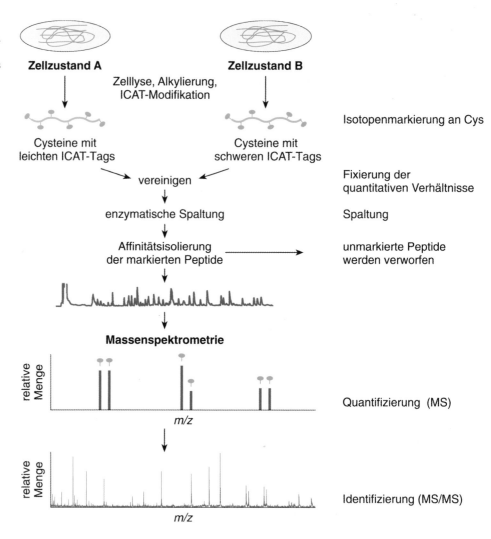

lativ groß, reagiert nicht vollständig und zeigt unspezifische Reaktionen durch zu lange Reaktionszeiten. Außerdem weist die generierte Thioetherbindung eine chemische Labilität mit Luftsauerstoff auf (hierbei kommt es zur partiellen, unkontrollierten Abspaltung der Markierung durch β-Eliminierung). Letztendlich werden mit der ICAT-Methode nur solche Proteine quantitativ erfasst, die Cystein in ihrer Primärsequenz enthalten. Die relative Quantifizierung eines Proteins beruht in der Regel nur auf wenigen Peptiden. Für globale quantitative Proteomanalysen ist die ICAT-Methode nur unter Berücksichtigung der genannten Merkmale geeignet. Es ist heute eine neue Generationen von ICAT-Reagenzien mit $^{12}C/^{13}C$-Isotopen und säurelabilen Linkern erhältlich, für die es neue Anwendungsgebiete der ICAT-Methode gibt, z. B. für die quantitative Studie oxidativer Thiolmodifikationen in Proteinen.

### 42.7.1.4  Chemische Markierung mit ICPL – Isotope-Coded Protein Label

Eine weitere Methode zur proteinbasierten isotopengestützten Proteomanalyse ist das ICPL-Verfahren. Es kombiniert die Vorteile der bisher genannten Methoden. Zur vergleichenden Proteomanalyse werden die Proteine an den zahlreich vorhandenen Aminogruppen mit den unterschiedlichen ICPL-Isotopologen (■ Abb. 42.25) vollständig markiert. Damit können prinzipiell nach einer Spaltung alle lysinhaltigen Peptide eines Proteins für dessen Quantifizierung herangezogen werden. Die ICPL-Reagenzien, die zurzeit in vier unterschiedlichen Isotopenvarianten erhältlich sind, verändern zwar die Eigenschaften der Proteine, erlauben aber weiterhin die Fraktionierung mit allen in der Proteinchemie etablierten Trenntechniken. Der Arbeitsablauf der Technik ist in ■ Abb. 42.26 dargestellt. Wie bei der ICAT-Technik

**42**

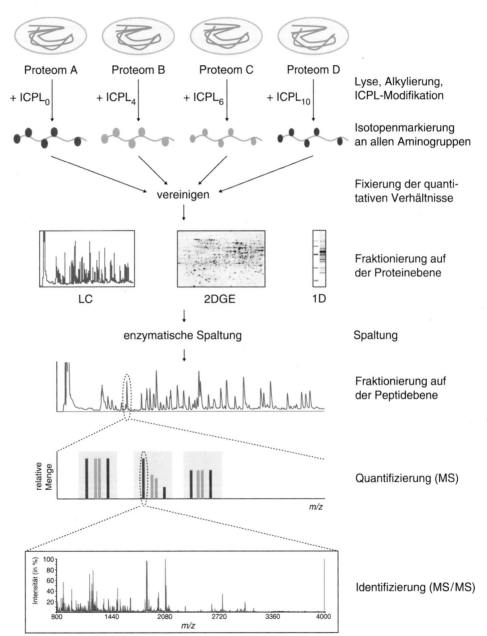

**Abb. 42.25** Die vier ICPL-Reagenzien. Die schweren stabilen Isotope $^{13}$C und $^{2}$H (D, Deuterium) sind in Rot eingezeichnet

**Abb. 42.26** Bei der ICPL-Methode werden die Proteine der zu untersuchenden Proteome an allen Aminogruppen mit den verschiedenen ICPL-Reagenzien markiert. Die markierten Proteome werden vereinigt, und es wird eine möglichst effiziente (bevorzugt auch mehrdimensionale) Trennung auf Proteinebene durchgeführt. Die Proteine der nun relativ wenig komplexen Fraktionen werden enzymatisch gespalten und die Peptide (eventuell nach weiteren Trennungen) massenspektrometrisch analysiert, quantifiziert und identifiziert

Proteom A        Proteom B        Proteom C        Proteom D

+ ICPL$_0$        + ICPL$_4$        + ICPL$_6$        + ICPL$_{10}$

Lyse, Alkylierung, ICPL-Modifikation

Isotopenmarkierung an allen Aminogruppen

vereinigen

Fixierung der quantitativen Verhältnisse

LC                2DGE                1D

Fraktionierung auf der Proteinebene

enzymatische Spaltung

Spaltung

Fraktionierung auf der Peptidebene

relative Menge

m/z

Quantifizierung (MS)

Intensität (in %)

Identifizierung (MS/MS)

kann auch das ICPL-Reagenz in einem Bottom-up-Ansatz verwendet werden.

Nach der Markierung werden die mit unterschiedlichen Isotopen gelabelten Proteingemische vereinigt und damit die relativen Mengenverhältnisse der Proteine der verschiedenen Zustände fixiert. Zur Reduktion der Komplexität auf Proteinebene können sowohl elektrophoretische Techniken (isoelektrische Fokussierung, 1D-PAGE, 2D-PAGE) wie auch chromatographische Trennmethoden oder Kombinationen daraus eingesetzt werden, ohne dabei die relativen Mengenverhältnisse der entsprechenden Proteine aus den unterschiedlichen Zuständen zu verlieren. Strategisches Ziel dieses Schrittes ist es, das Proteom in eine möglichst große Anzahl von Fraktionen aufzutrennen, von denen jede eine möglichst geringe Anzahl von Proteinen enthält. Proteinisoformen, Abbauprodukte und posttranslational modifizierte Proteine können auf Proteinebene getrennt werden, wobei dann jede dieser Proteinspezies für sich separat quantitativ erfasst wird. Die Proteine dieser einzelnen Fraktionen müssen nun enzymatisch in Peptide gespalten werden. Eine tryptische Spaltung wird argininspezifisch, da alle Lysine durch die Derivatisierung nicht mehr für eine Spaltung zugänglich sind. Um kleinere, für die Massenspektrometrie einfacher zu messende Peptide zu erhalten, werden auch Doppelspaltungen mit zwei Proteasen (z. B. Trypsin und Glu-C) empfohlen. Nach der Spaltung werden relativ einfache Peptidgemische erhalten, die, da sie nur von wenigen Proteinen stammen, einfach und vollautomatisch massenspektrometrisch analysiert und quantifiziert werden können. Die massenspektrometrische Analyse zeigt, welche Peptide/Proteine sich in den unterschiedlichen Proteomzuständen quantitativ unterscheiden. Nur diese Peptide müssen zur Identifizierung der entsprechenden Proteine mit MS/MS weiter analysiert werden, was eine Zeitersparnis im Vergleich zu den Ansätzen bedeutet, die mit isobaren Labeln (iTRAQ, TMT) arbeiten. Bei der Verwendung isobarer Markierungen müssen alle Peptide mit MS/MS analysiert werden, um eine Quantifizierung über das Reporterion zu erhalten (▶ Abschn. 42.7.2).

Die ICPL- Markierung wurde von Vogt et al. (2013) auch dazu eingesetzt, um bei Immunpräzipitationen relativ einfach spezifische von unspezifischen Bindungen zu differenzieren.

### 42.7.1.5 Chemische Markierung mit iodoTMT™ an SH-Gruppen

Mit iodoTMT-Reagenz (◼ Abb. 42.27) können Cysteine spezifisch kovalent und irreversibel an SH-Gruppen markiert werden. Im Gegensatz zum ICAT-Reagenz (▶ Abschn. 42.7.1.3), ist das iodoTMT™-Reagenz

auch in verschiedenen isobaren Versionen erhältlich. Damit eröffnet sich der Weg, auch Proteine über isotopenmarkierte Techniken in einem Top-down-Ansatz zu analysieren. Vor der Weiterverarbeitung (Chromatographie, Elektrophorese, Spaltung und LC-MS) müssen die markierten Proben von überschüssigem Reagenz befreit werden. Dazu werden neben einer Acetonpäzipitation auch SCX (pH < 3), RPC18-Entsalzungskartuschen, Detergensentfernungssäulchen und Mikrodialysen verwendet.

Die Quantifizierung muss aber letztendlich auf der Peptidebene mittels MSMS stattfinden, wo die Reportergruppen freigesetzt werden. Dabei ist ein interessanter Ansatz, die relativ wenigen gelabelten Peptide über eine Affinitätschromatographie mit einem kommerziell erhältlichen Anti-TMT-Antikörper anzureichern und somit die Komplexität des Peptidgemisches deutlich zu verringern.

### 42.7.2 Isotopenlabelstrategien für Bottom-up-Proteomanalysen

Um die Quantifizierungsprobleme bei den labelfreien Techniken zu umgehen, können auch bei Bottom-up-Proteomstrategien Isotopenmarkierungstechniken eingesetzt werden. Mit Ausnahme des $^{18}$O-Labelings, bei welchem die Markierung der C-terminalen Carboxygruppe von Peptiden mit zwei $^{18}$O-Atomen durch eine enzymatisch katalysierte Reaktion mit H$_2^{18}$O direkt bei der Spaltung stattfindet, wird die chemische Markierung von Peptiden nach der Spaltung der Proteine mit isotopencodierten Reagenzien durchgeführt. Dabei werden die freien Aminogruppen der Proteine jedes Proteomzustands mit einem chemisch identischen, aber unterschiedlich schweren Reagenz, das eine unterschiedliche Anzahl stabiler Isotope (meist $^{13}$C oder $^2$H) enthält, umgesetzt. Dabei werden die N-terminale Aminogruppe und die ε-Aminogruppe von Lysin markiert. Nach Einführen der Markierung können, ähnlich wie bei den Top-down-Proteomanalysen, die verschiedenen Proteomzustände gepoolt werden. Durch die Markierung ist eine Zuordnung der Peptide zu den einzelnen Proteomzuständen über die eingeführte Massedifferenz der Label gewährleistet. Auch wenn theoretisch nun fast alle Peptide markiert sein sollten und eine hohe Sequenzabdeckung in der massenspektrometrischen Analyse erreichbar scheint, so zeigt sich in der Praxis doch, dass die Erwartungen nicht erfüllt werden. Das liegt vor allem an der enormen Komplexität, die durch die enzymatische Proteinspaltung generiert wird. Aus einigen Zehntausend Proteinen entstehen einige Hunderttausend Peptide. Außerdem wird durch die Markierung mit den

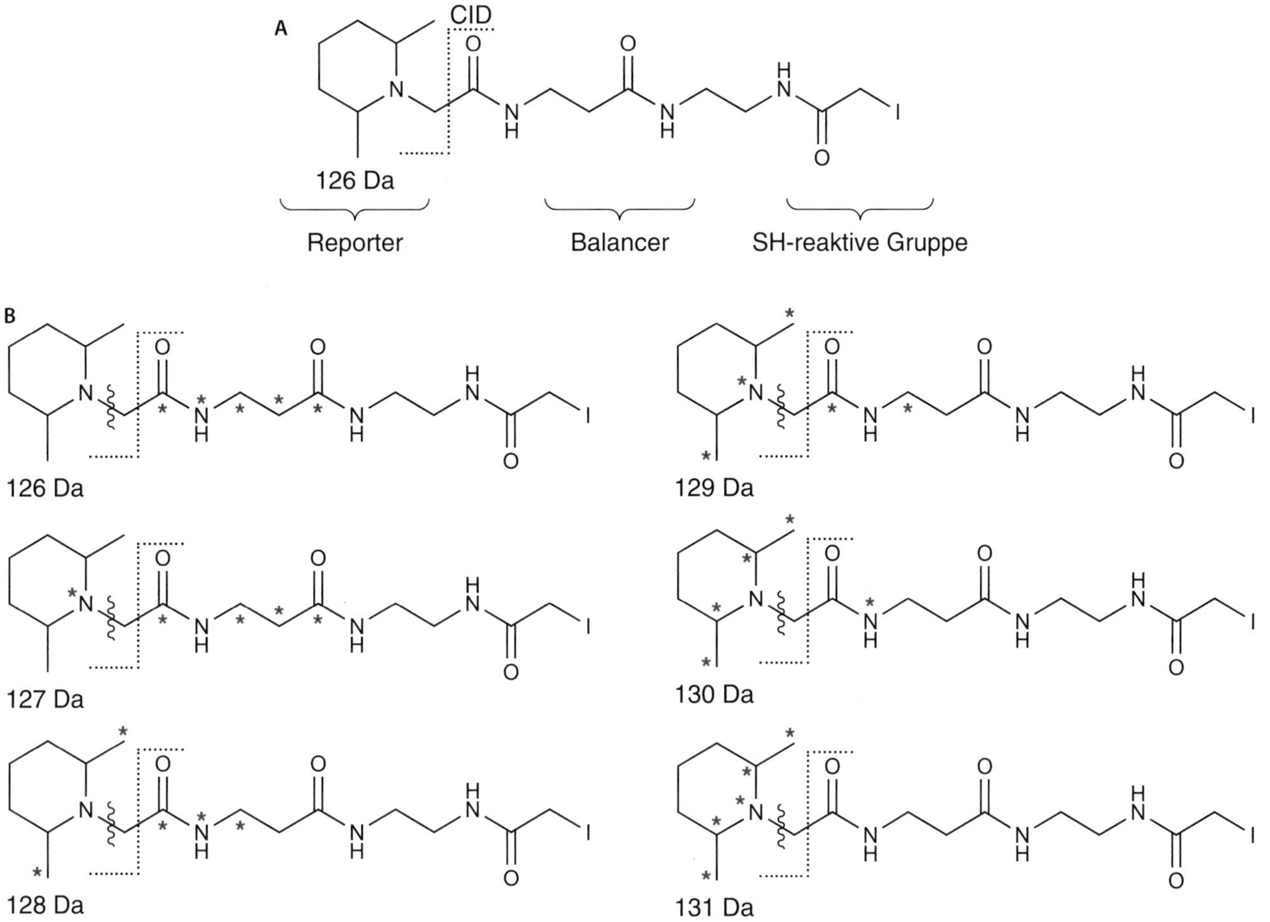

**◘ Abb. 42.27** Iodo-TMT™-Reagenzien zur Markierung von freien SH Gruppen in Proteinen. Neben dem unmodifizierten Reagenz (452,33 Da) **A** gibt es **B** mehrere isobare Formen (457,33 Da), die zum Multiplexing (bis 6-fach) genutzt werden können. Die gestrichelte Linie kennzeichnet die MS$^2$- (CID-)Bruchstelle zur Abspaltung des Reporters

unterschiedlich schweren Reagenzien die Komplexität des Peptidgemischs nochmals vervielfacht (z. B. vervierfacht für einen Versuch mit vier verschiedenen Isotopenreagenzien). Diese Komplexität übersteigt die Trennkapazität heutiger chromatographischer oder elektrophoretischer Methoden, sodass durch die anschließende Analyse solcher Gemische mittels hochauflösender Massenspektrometrie nur ein Teil des Proteoms quantitativ erfasst werden kann. Für umfassende peptidbasierte Proteomanalysen sind daher normalerweise multidimensionale Peptidtrennungen notwendig. Die Entwicklung der modernen Massenspektrometer und der entsprechenden Software orientierte sich in den vergangenen Jahren vornehmlich an diesem peptidbasiertem Workflow, sodass heute eine automatische, sensitive und quantitative Hochdurchsatzanalyse von Peptiden, teilweise inklusive massenspektrometrischer Identifizierung, Routine ist.

Da die unterschiedlich schweren Isotopenlabelreagenzien die Komplexität der MS-Spektren signifikant erhöhen und ein Multiplexing damit schnell an seine Grenzen stößt, werden die zur Zeit attraktivsten peptidbasierten Ansätze mit *isobaren* isotopenmarkierten Reagenzien durchgeführt. Eine detaillierte Zusammenfassung der zurzeit verwendeten isobaren Peptidlabeltechniken ist in Bąchor et al. (2019) gegeben.

Alle verwendeten isobaren Label bestehen prinzipiell aus drei Abschnitten (am Beispiel von iodo-TMT, ◘ Abb. 42.27):

1. Reaktive Gruppe, die mit bestimmten chemischen Gruppe der Peptide reagiert (meist Aminogruppen oder freien SH Gruppen).
2. Balancer: In diesem Abschnitte sind einzelne H-, C- oder N-Atome durch stabile Isotope so ersetzt, dass die Summe aus Reportermasse und Masse des Ba-

lancers unverändert bleibt und somit das Molekuar-
gewicht des Reagenz konstant bleibt (isobar).

3. Reporter: Dies ist der Teil, der bei jeder Version des
Reagenz' unterschiedlich ist und der bei der
MSMS-Analyse abgespalten wird und für die quan-
titative Aussage verantwortlich ist.

### 42.7.2.1  Isobaric labeling mit iTRAQ

Das iTRAQ-Reagenz (*Isobaric Tags for Relative and Ab-
solute Quantitation; AB Sciex*) ist in zwei Versionen von
Kits erhältlich. Beide Kits nutzen eine reaktive NHS-
Gruppe mit Peptidaminogruppen.

Der 4-plex-Kit enthält isobare Reagenzien mit einer
Masse von 259,12 und addiert eine Masse von 144,11
zum primären Amin der Peptide. Die korrespondierenden Reportermassen sind 114,1 bis 117,1 (◘ Abb. 42.28).

Der 8-plex-Kit ist prinzipiell sehr ähnlich zu dem
4-plex-Kit aufgebaut. Er enthält acht isobare Reagenzien mit der Masse von 419,23 und addiert 304,2 zur
Masse des primären Amins des Peptides. Dabei wurde
der Balancer etwas größer gewählt, um die Massenkom-
pensation mit den Reportergruppen realisieren zu können. Die Reportermassen sind 113,1 bis 121,1, wobei die
Reportermasse 120 nicht verwendet wird, da das
Phenylalanin-Immoniumion auch die Masse von 120
besitzt und die quantitativen Ergebnisse verfälschen
könnte.

Die verschiedenen Proteomzustände werden *nach* enzymatischer Spaltung mit den verschiedenen isobaren Labeln
umgesetzt. Dadurch haben korrespondierende Peptide eines Proteins aus den verschiedenen Proteomzuständen die
gleiche Masse, und erhöhen dabei die MS-Signalintensität
der einzelnen Peptide. Erst bei der MS/MS-Analyse werden
die – für die einzelnen Proteomzustände unterschiedlichen – Reportergruppen freigesetzt und die quantitativen
Verhältnisse erkennbar (◘ Abb. 42.29).

Einige wesentliche Vorteile dieser Methode sind:

– eine hohe Intensität der MS-Spektren, die meist eine
hohe Qualität der MS/MS-Spektren des Peptids zur
Identifizierung ermöglicht

– bis zu acht unterschiedliche Formen der isobaren
Reagenzien sind kommerziell erhältlich, womit bis
zu acht unterschiedliche Proben in einem Experiment analysiert werden können. Dies ermöglicht gesteigerten Durchsatz verbunden mit Senkung der
Kosten

– trotz Multiplexing keine Erhöhung der Komplexität
der Trennung

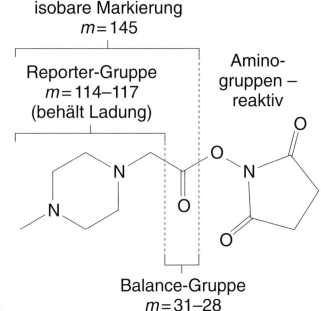

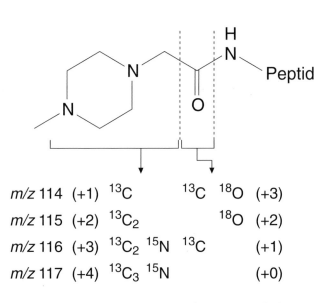

| m/z 114 | (+1) | $^{13}$C | | $^{13}$C | $^{18}$O | (+3) |
| m/z 115 | (+2) | $^{13}$C$_2$ | | | $^{18}$O | (+2) |
| m/z 116 | (+3) | $^{13}$C$_2$ | $^{15}$N | $^{13}$C | | (+1) |
| m/z 117 | (+4) | $^{13}$C$_3$ | $^{15}$N | | | (+0) |

◘ **Abb. 42.28**  Vier isobare iTRAQ-Reagenzien (*Applied Biosystems*)

Die iTRAQ-Technik hat alle oben genannten prinzipiellen Nachteile der peptidbasierten Ansätze
(► Abschn. 42.5 und 42.6). Hinzu kommt, dass alle Peptide mit MS/MS-Techniken analysiert werden müssen, da
die Quantifizierung durch Freisetzung der Reporterionen

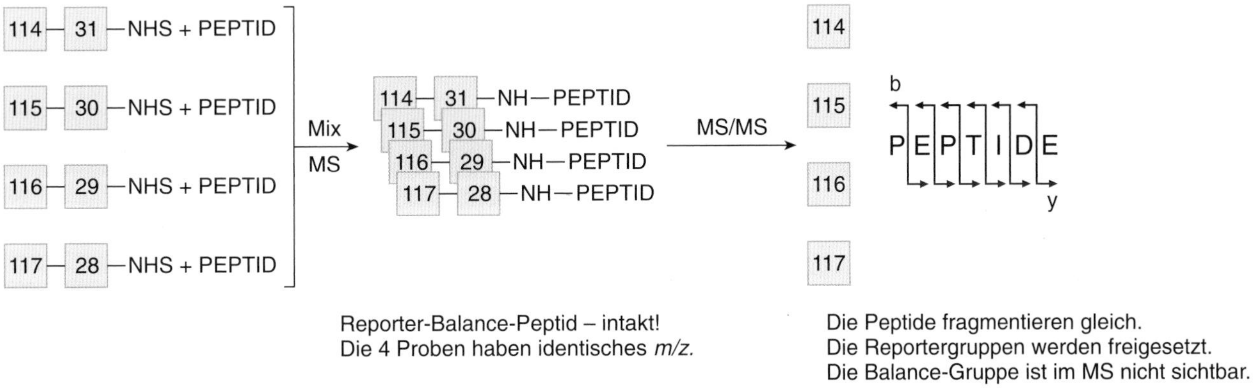

Reporter-Balance-Peptid – intakt!
Die 4 Proben haben identisches *m/z*.

Die Peptide fragmentieren gleich.
Die Reportergruppen werden freigesetzt.
Die Balance-Gruppe ist im MS nicht sichtbar.

**▢ Abb. 42.29** Bei der iTRAQ-Reaktion werden vier enzymatisch gespaltene Proteomzustände mit jeweils einem der isotopenmarkierten iTRAQ-Reagenzien umgesetzt. Die derivatisierten Peptide aus allen Zustanden sind isobar und koeluieren (z. B. in einer chromatographischen Trennung). Bei der MS/MS-Analyse eines solchen Peptidgemisches werden die vier Reportergruppen (114–117) freigesetzt und reflektieren in ihrer relativen Intensität zueinander die relativen Peptidmengen

erfolgt und somit erst in den Fragmentspektren die quantitativen Verhältnisse erkennbar werden. Daher müssen alle Peptide, auch jene, die sich in ihrer Menge nicht verändern und oft gar nicht von Interesse sind, über MS/MS analysiert werden, was aber bei den neuesten ESI-Massenspektrometern schnell und automatisch erfolgt. Aufgrund der hohen Komplexität der Spektren ist es nicht selten, dass ein Massenspektrum nicht nur die Signale eines Peptids enthält. Da bei der Fragmentierung aber alle Peptide in einer Fraktion das Reporterion freisetzen, jedoch nicht alle Peptide in der MS/MS-Analyse identifiziert werden, können falsche Quantifizierungen erhalten werden.

#### 42.7.2.2 Isobaric labeling mit TMT™ (Tandem Mass Tag, Thermo-Fischer)

Das erste isobare aminogruppenspezifische Reagenz wurde von Thompson et al. 2003 publiziert. Es besteht aus einer aminogruppenreaktiven NHS-Estergruppe, einem Balancer und der Reportergruppe. Die elf unterschiedlichen isobaren TMT-Reagenzien enthalten unterschiedliche Anzahlen und Kombinationen von $^{13}$C- und

$^{15}$N-Isotopen in den Reporter- und Balancer-Gruppen (▢ Abb. 42.30) und ermöglichen eine bis zu 11-plex-Proteomanalyse. Auch wenn sich einzelne Reportergruppen in Ihrer Masse nur um 6 mDa unterscheiden, reicht diese Massendifferenz für eine sichere Unterscheidung mit den modernen hochauflösenden Massenspektrometern aus.

### 42.7.3 Zusammenfassung

Die beschriebenen Isotopenlabeltechniken sind heute durch ihre Multiplexingfähigkeit ein wichtiges Werkzeug in der Analyse großer Probenzahlen, z. B. in der „Biomarker Discovery". Unerlässlich sind dabei modernste massenspektrometrische Technik und ein gutes Verständnis der möglichen Probleme bei der Probenvorbereitung, der enzymatischen Spaltung und der Reaktion der Isotopenreagenzien mit den komplexen Peptidgemischen von Proteomproben. Und besonders wichtig und leider oft aus Kostengründen ignoriert: Wie bei jeder quantitativen analytischen Technik müssen die Resultate auch statistisch abgesichert werden.

◻ **Abb. 42.30** Das aminogruppenspezifische TMT™-Reagenz ist in verschiedenen isobaren Formen erhältlich. Isotopenmodifizierte Positionen sind in rot und blau gekennzeichnet. Die Freisetzung der Reportergruppen erfolgt durch Hochenergie-Kollisions-Dissoziation HCD

TMT 10plex 126Da

TMT 10plex 127Da_N
Monoisotopic Reporter Mass 127,124760 Da

TMT 10plex 127Da_C
Monoisotopic Reporter Mass 127,131079 Da

TMT 10plex 128Da_N
Monoisotopic Reporter Mass 128,128114 Da

TMT 10plex 128Da_C
Monoisotopic Reporter Mass 128,134433 Da

TMT 10plex 129Da_N
Monoisotopic Reporter Mass 129,131468 Da

TMT 10ptex 129Da_C
Monoisotopic Reporter Mass 129,137787 Da

TMT 10plex 130Da_N
Monoisotopic Reporter Mass 130,134822 Da

TMT 10plex 130Da_C
Monoisotopic Reporter Mass 130,141141 Da

TMT 10plex 131Da_C

## Literatur und Weiterführende Literatur

Addona TA, Abbatiello SE, Schilling B, Skates SJ, Mani DR, Bunk DM, Spiegelman CH, Zimmerman LJ, Ham A-JL, Keshishian H, Hall SC, Allen S, Blackman RK, Borchers CH, Buck C, Cardasis HL, Cusack MP, Dodder NG, Gibson BW, Held JM, Hiltke T, Jackson A, Johansen EB, Kinsinger CR, Li J, Mesri M, Neubert TA, Niles RK, Pulsipher TC, Ransohoff D, Rodriguez H, Rudnick PA, Smith D, Tabb DL, Tegeler TJ, Variyath AM, Vega-Montoto LJ, Wahlander A, Waldemarson S, Wang M, Whiteaker JR, Zhao L, Anderson NL, Fisher SJ, Liebler DC, Paulovich AG, Regnier FE, Tempst P, Carr SA (2009) Multi-site assessment of the precision and reproducibility of multiple re-

action monitoring-based measurements of proteins in plasma. Nat Biotechnol 27:633–641

Anderson NL (2002) The human plasma proteome: History, character, and diagnostic prospects. Mol Cell Proteomics 1:845–867

Bachor R, Waliczek M, Stefanowicz P, Szewczuk Z (2019) Trends in the design of new isobaric labeling reagents for quantitative proteomics. Molecules (Basel, Switzerland) 24(4):701. https://doi.org/10.3390/molecules24040701

Chait BT (2006) Chemistry. Mass spectrometry: bottom-up or top-down? Science 314(5796):65–66

Cima I, Schiess R, Wild P, Kaelin M, Schüffler P, Lange V, Picotti P, Ossola R, Templeton A, Schubert O, Fuchs T, Leippold T, Wyler S, Zehetner J, Jochum W, Buhmann J, Cerny T, Moch H, Gillessen S, Aebersold R, Krek W (2011) Cancer genetics-guided dis-

42

covery of serum biomarker signatures for diagnosis and prognosis of prostate cancer. PNAS 108:3342–3347

Collins BC, Gillet LC, Rosenberger G, Röst HL, Vichalkovski A, Gstaiger M, Aebersold R (2013) Quantifying protein interaction dynamics by SWATH mass spectrometry: application to the 14-3-3 system. Nat Methods 10(12):1246–1253

Collins BC, Hunter CL, Liu Y, Schilling B, Rosenberger G, Bader SL, Chan DW, Gibson BW, Gingras A-C, Held JM, Hirayama-Kurogi M, Hou G, Krisp C, Larsen B, Lin L, Liu S, Molloy MP, Moritz RL, Ohtsuki S, Schlapbach R, Selevsek N, Thomas SN, Tzeng S-C, Zhang H, Aebersold R (2017) Multi-laboratory assessment of reproducibility, qualitative and quantitative performance of SWATH-mass spectrometry. Nat Commun 8:1–12

Du Y, Parks BZ, Sohn S, Kwast KE, Kelleher NL (2006) Top-down approaches for measuring expression rations of intact yeast proteins using fourier-transform mass spectrometry. Anal Chem 78(3):686–694

Dunham WH, Mullin M, Gingras A-C (2012) Affinity-purification coupled to mass spectrometry: basic principles and strategies. Proteomics 12:1576–1590

Gillet LC, Leitner A, Aebersold R (2016) Mass spectrometry applied to bottom-up proteomics: entering the high-throughput era for hypothesis testing. Annu Rev Anal Chem 9:449–472

Guo T, Kouvonen p, Koh CC, Gillet LC, Wolski WE, Röst HL, Rosenberger G, Collins BC, Blum LC, Gillessen S, Joerger M, Jochum W, Aebersold R (2015) Rapid mass spectrometric conversion of tissue biopsy samples into permanent quantitative digital proteome maps. Nat Med 21(4):407–413

Gygi SP, Rist B, Gerber SA, Turecek F, Gelb MH, Aebersold RH (1999) Quantitative analysis of complex protein mixtures using isotope-coded affinity tags. Nat Biotechnol 17:994–999

Han X, Jin M, Breuker K, McLafferty FW (2006) Extending Top-down mass spectrometry to proteins with masses greater than 200 kilodaltons. Science 314(5796):109–112

Kelleher NL (2004) Top-down proteomics. Anal Chem 76(11):197A–203A

Kelleher NL (2012) A cell based approach to the human proteome project. J Am Soc Mass Spectrom 23(10):1617–1624

Kelleher NL, Thomas PM, Ntai I, Compton PD, LeDuc RD (2014) Deep and quantitative Top-down proteomics in clinical and translational research. Expert Rev Proteomics 11(6):649–651

Lottspeich F, Kellermann J (2011) ICPL labeling strategies for proteome research. Methods Mol Biol 753:55–64

Ludwig C, Gillet L, Rosenberger G, Amon S, Collins BC, Aebersold R (2018) Data-independent acquisition-based SWATH-MS for quantitative proteomics: a tutorial. Mol Syst Biol 14:e8126

Ntai I, Kim K, Fellers RT, Skinner OS, Smith AD, Early BP, Savaryn JP, LeDuc RD, Thomas P, Kelleher NL (2014) Applying label-free quantitation to top down proteomics. Anal Chem 86(10):4961–4968

Pesavento JJ, Bullock CR, LeDuc RD, Mizzen CA, Kelleher NL (2008) Combinatorial modification of human histone H4 quan-

titated by two-dimensional liquid chromatography coupled with top down mass spectrometry. J Biol Chem 283(22):14927–14937

Picotti P, Clément-Ziza M, Lam H, Campbell DS, Schmidt A, Deutsch EW, Röst H, Sun Z, Rinner O, Reiter L, Shen Q, Michaelson JJ, Frei A, Alberti S, Kusebauch U, Wollscheid B, Moritz RL, Beyer A, Aebersold R (2013) A complete mass-spectrometric map of the yeast proteome applied to quantitative trait analysis. Nature 494:266–270

Reid GE, McLuckey SA (2002) 'Top down' protein characterization via tandem mass spectrometry. J Mass Spectrom 37(7):663–675

Ross PL, Huang YN, Marchese JN, Williamson B, Parker K, Hattan S, Khainovski N, Pillai S, Dey S, Daniels S et al (2004) Multiplexed protein quantitation in Saccharomyces cerevisiae using amine-reactive isobaric tagging reagents. Mol Cell Proteomics 3:1154–1169. https://doi.org/10.1074/mcp.M400129-MCP200

Schubert OT, Mouritsen J, Ludwig C, Röst HL, Rosenberger G, Arthur PK, Claassen M, Campbell DS, Sun Z, Farrah T, Gengenbacher M, Maiolica A, Kaufmann SHE, Moritz RL, Aebersold R (2013) The Mtb proteome library: a resource of assays to quantify the complete proteome of mycobacterium tuberculosis. Cell Host Microbe 13:602–612

Skinner OS, Haverland NA, Fornelli L, Melani RD, Do Vale LHF, Seckler HS, Doubleday PF, Schachner LF, Srzentic K, Kelleher NL, Compton DC (2018) Top-down characterization of endogenous protein complexes with native proteomics. Nat Chem Biol 14:36–41

Smith LM, Kelleher NL, The Consortium for Top down Proteomics (2013) Proteoform: a single term describing protein complexity. Nat Methods 10(3):186–187

Thompson A, Schafer J, Kuhn K, Kienle S, Schwarz J, Schmidt G, Neumann T, Johnstone R, Mohammed AK, Hamon C (2003) Tandem mass tags: a novel quantification strategy for comparative analysis of complex protein mixtures by MS/MS. Anal Chem 75:1895–1904. https://doi.org/10.1021/ac0262560

Veenstra TD, Martinovic S, Anderson GA, Pasa-Tolic L, Smith RD (2000) Proteome analysis using selective incorporation of isotopically labeled amino acids. J Am Soc Mass Spectrom 11(1):78–82

Vogt A, Fuerholzner B, Kinkl N, Boldt K, Ueffing M (May 2013) Isotope coded protein labeling coupled immunoprecipitation (ICPL-IP): a novel approach for quantitaive protein complex analysis from native tissue. Mol Cell Proteomics 12(5):1395–1406

Williams EG, Wu Y, Jha P, Dubuis S, Blattmann P, Argmann CA, Houten SM, Amariuta T, Wolski W, Zamboni N, Aebersold R, Auwerx J (2016) Systems proteomics of liver mitochondria function. Science 352:aad0189

Witze ES, Old WM, Resing KA, Ahn NG (2007) Mapping protein post-translational modifications with mass spectrometry. Nat Methods 4:798–806

# Metabolomics

*Christian G. Huber*

## Inhaltsverzeichnis

43.1    Technologische Plattformen für Metabolomics – 1068

43.1.1    NMR-basierte Metabolomics – 1069

43.1.2    Massenspektrometrie-basierte Metabolomics – 1071

43.2    Datenauswertung und biologische Interpretation – 1074

43.3    Metabolisches Fingerprinting – 1076

43.4    Unspezifische Metabolomics und Metabonomics – 1076

43.5    Spezifische Metabolomics und Metaboliten-Profiling – 1077

43.6    Anwendungsfelder – 1079

Literatur und Weiterführende Literatur – 1079

© Springer-Verlag GmbH Deutschland, ein Teil von Springer Nature 2022
J. Kurreck et al. (Hrsg.), *Bioanalytik*, https://doi.org/10.1007/978-3-662-61707-6_43

- Das Metabolom ist die letzte Stufe der biochemischen Umsetzung der genetischen Information und steht daher dem Phänotypen eines biologischen Systems am nächsten.
- Charakteristisch für Metaboliten sind deren sehr vielfältige chemische und physikalische Eigenschaften sowie deren große Konzentrationsbereiche, wodurch deren Analyse herausfordernd ist.
- Die wichtigsten bioanalytischen Methoden für Metabolomics sind NMR-Spektroskopie und Massenspektrometrie, letztere üblicherweise in Kombination mit Gas- oder Flüssigchromatographie.
- Durch unspezifische Metabolomics versucht man, über die Erfassung möglichst vieler Metaboliten biochemische Mechanismen und metabolische Netzwerke bei Krankheit, Therapie, Altern sowie Reaktionen eines biologischen Systems auf externe Einflüsse besser zu verstehen.
- Durch spezifische Metabolomics kann man über die Analyse spezieller Metaboliten den metabolischen Zustand eines biologischen Systems feststellen, um daraus Rückschlüsse auf Erkrankungen, Umwelteinflüsse oder Schutzmechanismen abzuleiten.

Die in der Biochemie und Biologie sehr lange erfolgreich praktizierte Untersuchung von einzelnen Bausteinen eines biologischen Systems, z. B. von einzelnen Genen, Proteinen oder Metaboliten, wurde in den letzten zwei bis drei Jahrzehnten durch sog. holistische Herangehensweisen (Genomics, Transkriptomics, Proteomics, Metabolomics, Lipidomics, u. v. a. m.) bedeutend erweitert. Grundlage dieser Erweiterung war die Entwicklung sehr leistungsfähiger und hochdurchsatzfähiger Analysentechniken inklusive der erforderlichen computerunterstützen Datengenerierung, -auswertung, -archivierung und -interpretation. Derartige systembiologische Ansätze versuchen, möglichst viele – idealerweise alle – an einem biologischen System auf verschiedenen molekularbiologischen Ebenen beteiligten Komponenten zu erfassen. Aufgrund des kausalen Zusammenhanges zwischen Genen, Transkripten, Proteinen und Stoffwechselprodukten in Verbindung mit der sehr komplexen biochemischen Regulation der beteiligten Vorgänge ist es möglich, durch Analyse der entsprechenden „Ome" biologisch relevante Rückschlüsse auf den aktuellen Zustand eines biologischen Systems zu ziehen. Die Metabolomanalyse versucht daher, den Zustand oder das Verhalten eines biologischen Systems über niedermolekulare Komponenten mit Molekülmassen bis zu ca. 1500 Dalton zu beschreiben. Da Metaboliten die Endprodukte der genetischen Information darstellen, kommt das Metabolom dem tatsächlichen Phänotypen eines Organismus sehr nahe (◘ Abb. 43.1), sodass sich daraus wertvolle Aussagen über biochemische Mechanismen, Erkrankungen, Alterungsprozesse, Einflüsse von Umwelt, Ernährung bzw. Medikamentierung oder

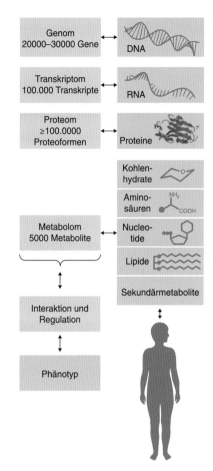

◘ **Abb. 43.1** Die systembiologischen Organisationsebenen vom Genotyp zum Phänotyp

die Wirkung von Therapien ableiten lassen. Innerhalb der Metabolomics werden verschiedene Strategien und Terminologien verwendet:

- **unspezifische (untargeted) Metabolomics**: umfassende Analyse möglichst aller Metaboliten einer Zelle, eines Organismus oder einer Körperflüssigkeit unter genau definierten Bedingungen
- **Metabonomics**: Analyse von Veränderungen des Metaboloms bei Erkrankung oder nach Provokation mit einem Medikament oder Toxinen
- **Metaboliten-Profiling**: auf eine Gruppe von Metaboliten, wie z. B. Aminosäuren oder Fettsäuren, fokussierte Analyse
- **Metabolisches Profiling**: klinische und pharmazeutische Analyse eines Medikaments und dessen Metaboliten, die Kinetik seines Umbaus oder Abbaus, oft wechselseitig verwendet mit dem Begriff Metaboliten-Profiling
- **Metabolisches Fingerprinting**: Klassifizierung von biologischen Proben in Bezug auf die biologische Relevanz oder ihren Ursprung, ohne Identifizierung einzelner Metaboliten
- **spezifische (targeted) Metabolomics:** gezielte Analyse von ausgewählten Metaboliten, z. B. die Analyse von

Metaboliten eines bestimmten Enzymsystems, das durch abiotische oder biotische Störungen beeinflusst wird

Bei der systematischen Analyse der biologischen Bausteine wird versucht, ein möglichst vollständiges Bild eines biologischen Systems und ihres Zustandes und auch der zeitlichen Veränderungen zu erhalten. Die Erwartung bei allen „Omics"-Technologien ist es, zu verstehen, wie genetische Information tatsächlich in Funktionen auf zellulärer Ebene und im Gesamtorganismus im Kontext des biologischen Umfelds realisiert wird. Im Sinne eines systembiologischen Ansatzes wird durch Transkriptomics, Proteomics und Metabolomics die Lücke zwischen Genotyp und Phänotyp geschlossen (◘ Abb. 43.1).

Die Analyse von Stoffwechselreaktionen widmet sich der Beschreibung von vielfältigen Synthese- und Abbaureaktionen in einer Zelle, die vor allem durch Enzyme katalysiert und gesteuert werden. Klassische Stoffwechselwege wie Krebs-Zyklus, Pentosephosphat-Zyklus, Atmungskette usw. sind Paradebeispiele für die komplexe Interaktion von Molekülen in biologischen Systemen. Neben der Identifikation von Biomolekülen geht es vor allem um das Verständnis der Beziehungen und Wechselwirkungen zwischen den beteiligten Stoffen, die üblicherweise über Vernetzungen dargestellt werden. Eine in der Biochemie sehr oft angewandte Möglichkeit der

Visualisierung metabolischer Netzwerke ist die grafische Zusammenstellung von biochemischen Stoffwechselwegen (Pathways), welche die Reaktionsfolgen und Stoffwechselwege oft nach biologischer Funktion oder nach Substanzklassen gruppiert illustriert (◘ Abb. 43.2).

> **Metabolomics**
>
> Beschreibt die umfassende Analyse aller nativen, niedermolekularen Stoffwechselprodukte einer Zelle, eines Organismus oder einer Körperflüssigkeit unter genau definierten Bedingungen. Ein **Metabolom** stellt die Gesamtheit aller Metaboliten eines biologischen Systems dar. Der metabolische Status kann in Form eines mathematischen Modells hinsichtlich Konzentration, Raum und Zeit charakterisiert werden.

Man schätzt, dass das prokaryotische Bakterium *Escherichia coli* mithilfe von ca. 4400 Genen in etwa 442 metabolische Komponenten produziert und umsetzt. Im Eukaryoten *Saccharomyces cerevisiae* mit 6200 Genen erwartet man ungefähr 700 verschiedene Metaboliten. Beim Menschen veranschlagt man für 30.000 Gene ca. 2500 Metaboliten, während die Schätzungen für die Gesamtheit von Metaboliten im Pflanzenreich im Bereich von 200.000 bis 400.000 liegen.

Die hohe Komplexität des Metaboloms sowie der große Umfang der im Zuge von Metabolomanalysen

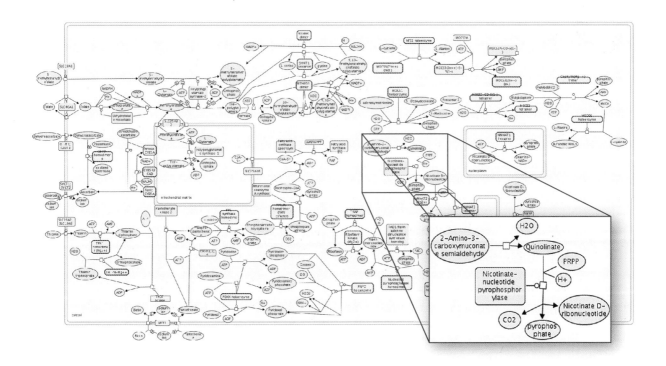

◘ **Abb. 43.2** Darstellung eines Ausschnitts „Metabolism of water-soluble vitamins and cofactors" (aus ▶ www.reactome.org; [Homo sapiens]; Jassal B., D'Eustachio P., Stephan R.; 10.3180/REACT_11238.1)

generierten Daten erfordern eine sorgfältige und systematische Katalogisierung bzw. Archivierung der gewonnenen Erkenntnisse in geeigneten Datenbanken sowie die Bereitstellung von Algorithmen und (bio)informatischen Arbeitsabläufen zur Interpretation und Modellierung der Daten. Die dabei entstehenden biochemischen Modelle sind derzeit stark im Fluss und erfordern vielfältige Interaktion und Kommunikation, wie sie durch das Internet ermöglicht werden. Molekulare Daten über Metaboliten und metabolische Pathways werden in internetbasierten Datenbanken abgelegt, wie z. B.:

- Kyoto Encyclopedia of Genes and Genomes, KEGG (▸ http://www.genome.jp/kegg/)
- Human Metabolome Database (▸ http://www.hmdb.ca/)
- Plant Metabolic Pathway Databases (▸ http://plantcyc.org)
- WIKI pathways (▸ http://www.wikipathways.org)

Für die Prozessierung metabolomischer Daten steht eine breite Palette an frei verfügbaren Softwaretools zur Verfügung, welche ständig weiterentwickelt werden (ein Überblick findet sich in Soicer et al. 2017).

Es erscheint überraschend, dass mit einer relativ geringen Anzahl von Metaboliten alle Vorgänge eines komplexen, lebendigen Organismus vollzogen werden können. Allerdings sind die Dynamik der Konzentrationsänderungen und die feine Abstimmung der zeitlichen und räumlichen Abfolge der Reaktionen sehr komplex. Viele Komponenten sind an unterschiedlichen Vorgängen gleichzeitig beteiligt, was zu einer Verflechtung und starken Vernetzung führt. So werden komplexe Phänotypen auch mit begrenztem Stoffrepertoire möglich. Manchmal sind schwerwiegende Erkrankungen nur auf Störungen in einem einzigen Stoffwechselweg zurückzuführen (▸ Abschn. 43.5). Der wesentliche Fortschritt im Forschungsgebiet Metabolomics ist für die Biochemie darin zu sehen, dass sowohl von der analytischen, messtechnischen Seite als auch von der datenverarbeitenden Seite diese Informationsfülle für die biochemische Forschung zugänglich und bearbeitbar wird. Die Herausforderung besteht dabei darin, Modelle zu erzeugen, die für Modellbildung, etwa bei Erkrankungen des Menschen, geeignet sind, sowie die komplexen Vorgänge zu entflechten und zu verstehen.

## 43.1 Technologische Plattformen für Metabolomics

Die größte Herausforderung bei der Analyse eines gesamten Metaboloms resultiert aus der enormen strukturellen Vielfalt der Metaboliten, verbunden mit einer sehr breiten Streuung ihrer physikalischen und chemischen Eigenschaften. So sind einige Metaboliten sehr polar und daher gut wasserlöslich, z. B. Adenosintriphosphat, währende andere unpolar und praktisch wasserunlöslich sind, z. B. Cholesterin. Manche Metaboliten sind flüchtig, z. B. Ethanol, andere wiederum praktisch unverdampfbar wie Glucose. Der Bereich der Molekülgrößen umfasst kleine Moleküle wie Wasser oder Kohlendioxid und schließt auch komplexe Moleküle wie komplexe Lipide mit Molekülmassen von mehr als 1000 Da ein. Diese Streuung molekularer Eigenschaften erschwert auch beträchtlich die Auswahl einer allgemein anwendbaren Probenvorbereitungs- und auch Analysenmethode, sodass man in der Regel mehrere Methoden gemeinsam anwenden oder Kompromisse in Bezug auf Abdeckung des Metaboloms in Kauf nehmen muss. Der Fokus der zu analysierenden Moleküle innerhalb von Metabolomics liegt auf chemischen Entitäten, die im Gegensatz zu Genen, Proteinen und Peptiden sowie Polysacchariden und Kohlenhydraten *kleine Moleküle* darstellen und *nicht polymer aufgebaut* sind. Die folgende, nicht vollständige Aufzählung gibt einen groben Überblick über Metaboliten in diesem Sinne:

- Aminosäuren
- Kohlenhydrate
- Amine
- (Ribo- und Desoxyribo-)Nucleoside, Nucleotide und andere Signalmoleküle
- Cholesterol und seine Derivate, Hormone
- Carbonsäuren, Fettsäuren, Hydroxysäuren, Dicarbonsäuren, Polyamine
- Vitamine

Für die analytische Erfassung eines Metaboloms als komplexes Stoffgemisch kann eine Reihe unterschiedlicher Technologien eingesetzt werden. Dabei kann man zwischen Ansätzen mit niedriger und solchen mit hoher Spezifität zu unterscheiden. Bei Methoden mit niedriger Spezifität steht meist die Erfassung von kollektiven Eigenschaften einer Probe im Vordergrund, die nicht direkt einzelnen Molekülen zugewiesen werden können. Es sind Methoden wie etwa die NMR- (▸ Kap. 21) oder die IR-Spektroskopie (▸ Abschn. 8.3), deren Signale von funktionellen chemischen Gruppen der Metaboliten abhängen. Man erzeugt mit diesen Techniken einen sog. metabolischen Fingerabdruck. Mit hohem Durchsatz kann eine Vielzahl von Proben vermessen werden. Dies wird in der Regel für die Klassifizierung von Proben eingesetzt, d. h. für eine Zuordnung von Proben zu einer definierten Gruppe, z. B. „gesund" oder „krank". Bei spezifischen Methoden erfolgt eine individuelle Identifizierung, gegebenenfalls auch Strukturanalyse der Metaboliten, idealerweise in Verbindung mit einer relativen oder auch absoluten Quantifizierung. Detaillierte strukturelle Informationen bzw. eine verlässliche

Identifizierung mittels spektroskopischer Methoden wie Massenspektrometrie sind im Allgemeinen nur nach vorheriger Auftrennung der Metaboliten durch geeignete Trenntechniken zugänglich. Je nach Flüchtigkeit oder elektrischer Ladung können für die Trennung entweder Gaschromatographie, Flüssigchromatographie oder Elektrophorese eingesetzt werden (▶ Abschn. 43.1.2).

☐ Abb. 43.3 zeigt schematisch den typischen experimentellen Ablauf einer Metabolomanalyse. Als Proben biologischen Ursprungs werden meist Körperflüssigkeiten wie Blut, Blutplasma, Urin oder Speichel sowie zelluläre Proben aus Zellkultur, Geweben oder aus Pflanzenmaterial gewonnen. Für eine aussagekräftige Analyse ist es zuerst essenziell, eventuell in der Probe noch ablaufende metabolische Reaktionen möglichst schnell zu inaktivieren (zu „quenchen"), entweder durch sehr rasche Temperaturänderung (auf unter –40 °C oder über 80 °C), extremen pH-Wert (<4 oder >10) oder die Zugabe denaturierender Lösungsmittel (Methanol, Ethanol, Chloroform). Zelluläre Bestandteile sowie Membranen werden mittels Lyse durch Ultraschall, Scherkräfte oder Gefrier-Auftau-Zyklen aufgebrochen und nichtlösliche Bestandteile durch Zentrifugation abgetrennt. Im Anschluss werden die Metaboliten aus den Flüssigkeiten oder Lysaten mithilfe von Flüssig-flüssig-Extraktion oder Festphasenextraktion isoliert, wobei die Lösungseigenschaften der eingesetzten Lösungsmittel bzw. die Adsorptionseigenschaften der Festphasen entscheidenden Einfluss haben, welche Analyten extrahiert und damit im Anschluss erfasst werden können. Bei Verwendung von Methanol als Lösungsmittel werden polare bis mittelpolare Metaboliten erfasst, während sich Chloroform-Methanol-Mischungen als besser geeignet für die Extraktion von unpolaren Metaboliten erwiesen.

Die Probenextrakte werden anschließend gaschromatographisch, flüssigchromatographisch oder elektrophoretisch aufgetrennt, bei sehr komplexen Proben werden oft verschiedene Trennmodi parallel kombiniert oder auch mehrdimensionale Trennungen angewandt. Die Detektion der getrennten Metaboliten erfolgt in der Regel massenspektrometrisch, wobei man über die Signalintensität Rückschlüsse auf die vorhandene Konzentration der Metaboliten sowie über die spektrale Information Rückschlüsse auf deren Identität ziehen kann. Die resultierenden Rohdaten bestehen aus Chromatogrammen, denen die kontinuierlich aufgenommenen Massenspektren hinterlegt sind.

### 43.1.1  NMR-basierte Metabolomics

Die NMR-Spektroskopie (▶ Kap. 21) beruht auf minimalen Energieunterschieden in den Spinzuständen von magnetisch aktiven Atomkernen, die sich innerhalb einer chemischen Verbindung in unterschiedlicher chemischer Umgebung befinden, in Verbindung mit einem externen Magnetfeld. Übergänge zwischen den Energiezuständen können angeregt und gemessen werden, um die Kerne selbst und deren chemische Umgebung in einem bestimmten Molekül nachzuweisen. Für die NMR-Analyse sind ausschließlich Kerne mit einem magnetischen Moment geeignet, vor allem $^{1}H$-, $^{13}C$-, $^{15}N$- und $^{31}P$-Kerne. Da in der Regel alle anregbaren Kerne eines Elementes in einer Probe gleichzeitig erfasst werden, entsteht ein komplexes, aus vielen Signalen zusammengesetztes Spektrum, welches in Bezug auf die einzelnen anwesenden Moleküle nur eingeschränkt interpretierbar ist.

Die NMR-Spektroskopie ist im Vergleich zur Massenspektrometrie weniger nachweisstark, denn es werden Probenmengen im Bereich von einigen 10–100 μg pro Komponente (Konzentration von 1–10 mmol $l^{-1}$) benötigt. Wegen der starken Überlappung der Signale

1. Probengewinnung
   - Zellkultur
   - Körperflüssigkeiten
   - Gewebe

2. Zellaufschluss und Extraktion
   - Flüssig-flüssig-Extraktion
   - Festphasenextraktion

3. Trennung und Detektion
   - Gaschromatographie-
     Massenspektrometrie
   - Flüssigchromatographie-
     Massenspektrometrie

4. Generierung der Rohdaten
   - Chromatogramm
   - Massenspektrum

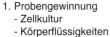
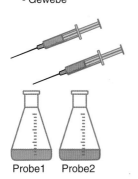
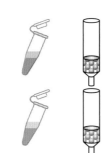
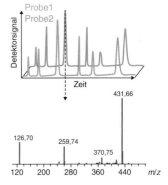
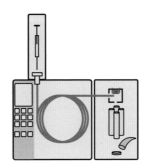

☐ **Abb. 43.3**  Genereller Ablauf einer auf Chromatographie-Massenspektrometrie basierenden Metabolomanalyse

ist auch die Ableitung von Strukturelementen oder die Zuordnung zu bestimmten Metaboliten sehr herausfordernd, sodass die komplexen Signalmuster oft als Fingerprints für Metabolome in einem bestimmten Zustand (gesund/krank, unbehandelt/behandelt) herangezogen werden. Vorteile der NMR-Spektroskopie sind die ausgezeichnete Wiederholbarkeit der Messungen, die Möglichkeit einer raschen, verlässlichen und unkomplizierten Quantifizierung sowie die zerstörungsfreie und automatisierbare Messung der Proben.

Bioflüssigkeiten aus der Klinik (z. B. Körperflüssigkeiten wie Blutplasma, Serum, Urin, *Liquor cerebrospinalis* etc.) können in besonders einfacher Weise mit NMR-Spektroskopie untersucht werden, wobei der Aufwand in der Probenvorbereitung und der Messung vergleichsweise gering ist. Werden komplexe Stoffgemische oder sogar ganze Organismen, Organe oder Körperflüssigkeiten wie Blutplasma einer NMR-Messung unterzogen, so führt die Vielzahl an sich überlagernden Signalen, die die einzelnen Moleküle erzeugen, dazu, dass nur eine begrenzte Anzahl von meist höherkonzentrierten Metaboliten gleichzeitig im Spektrum klar getrennt und zugewiesen werden kann. Daher dominieren die Signale der biologischen Hauptkomponenten, also hauptsächlich Aminosäuren, Kohlenhydrate und organische Säuren, ein NMR-Spektrum eines Gesamtmetaboloms. Der enorme Nutzen dieser Technik besteht jedoch darin, dass im Prinzip vorurteilsfrei nach Unterschieden in biologischen Proben gefahndet werden kann.

Ein Beispiel für NMR-Metabolomics ist die Analyse des Blutplasmas von gesunden Probandinnen sowie Patientinnen mit frühen bzw. späten Stadien an Brustkrebs, wie in ☐ Abb. 43.4 gezeigt. Insgesamt konnten in den Spektren Signale für 26 verschiedene Analyten zugewiesen werden. Im Anschluss wurden die NMR-Profile der Metaboliten durch multivariate Analyse untereinander verglichen, um statistisch signifikante Unterschiede zwischen den Proben gesunder Individuen und von Tumorpatientinnen abzuleiten (zur Interpretation der Daten ▶ Abschn. 43.3).

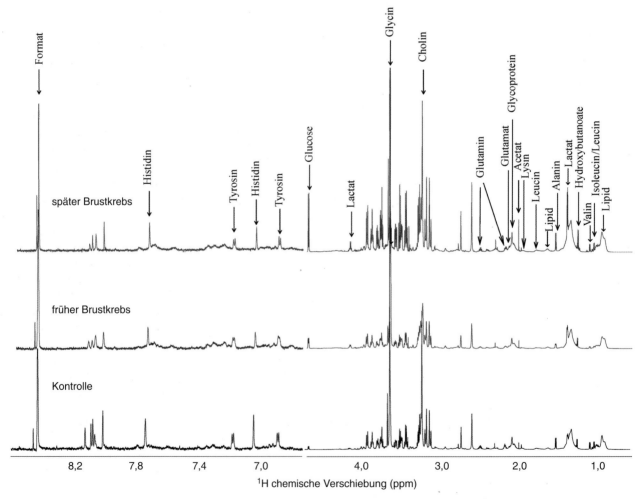

☐ **Abb. 43.4** Vergleichende ¹H-NMR-spektroskopische Analyse von Blutplasma. Vergleich einer gesunden Kontrolle (unten) mit Proben von Brustkrebspatientinnen im Frühstadium (Mitte) bzw. Spätstadium (oben). Nach Suman et al. 2018, mit freundl. Genehmigung durch Elsevier

## 43.1.2 Massenspektrometrie-basierte Metabolomics

Aufgrund ihres hohen Gehaltes an struktureller Information und der niedrigen Nachweisgrenzen ist die Massenspektrometrie (▶ Kap. 16) die Methode der Wahl, um Biomoleküle in sehr komplexen, biologischen Proben sehr nachweisstark detektieren und identifizieren zu können. Die Nachweisgrenzen der Technik liegen typischerweise im unteren Pikogramm-pro-Milliliter-Bereich, sodass sich einige Femtogramm eines Metaboliten in einer biologischen Probe noch verlässlich bestimmen lassen. Da jedoch Massenspektren eine hohe Aussagekraft nur dann aufweisen, wenn einzelne oder nur sehr wenige Moleküle gleichzeitig untersucht werden, und eine Quantifizierung in hochkomplexen Proben nur sehr eingeschränkt möglich ist, müssen Metaboliten vor der massenspektrometrischen Messung in der Regel durch ein geeignetes Trennverfahren separiert werden (◘ Tab. 43.1).

Aufgrund ihrer hohen Trennleistung ist die Gaschromatographie sehr gut für die Trennung von verdampfbaren Metaboliten geeignet. Da einige wichtige Klassen von Metaboliten sehr polar und daher schwerflüchtig sind, werden die Komponenten durch chemische Reaktionen in flüchtige Derivate überführt, z. B. Alkohole, Amine, Carbonsäuren und Aminosäuren in Trimethylsilylderivate, Aldehyde und Ketone in Methyloximderivate. Bei der Verwendung von offenen, flüssigkeitsbeschichteten Kapillarsäulen (*open tubular columns*) sind mit der Gaschromatographie Peakkapazitäten von bis zu ca. 2000 innerhalb einer Stunde erzielbar. Für noch komplexere Probenmischungen wird die umfassende zweidimensionale Gaschromatographie (GC × GC) eingesetzt, bei der mithilfe eines Modulators kleine Segmente einer Trennung in erster Dimension in eine zweite Dimension mit unterschiedlicher Trennselektivität transferiert werden (◘ Abb. 43.5), wodurch sich die Peakkapazität auf bis zu 10.000 erhöhen lässt.

Da in der Gaschromatographie die Analyten bereits im Gaszustand aufgetrennt werden, ist eine direkte Kopplung mit der Massenspektrometrie sehr gut realisierbar. Eine Überführung der gasförmigen Analyten in für die Massenspektrometrie erforderliche Ionen wird am einfachsten durch Elektronen-Ionisation (EI) erreicht, wo die verdampften Moleküle durch mit einer Energie von 70 eV aus einem Filament emittierte Elektronen beschossen werden. Im Ionisationsprozess wird aus dem Molekül durch Elektronenstöße ein Elektron entfernt bzw. absorbiert, sodass positiv geladene (im positiven Ionisationsmodus) oder negativ geladene (im negativen Ionisationsmodus) Radikalionen gebildet werden, die anschließend in einem geeigneten Massenanalysator bezüglich ihres Masse-zu-Ladungs-Verhältnisses (*m/z*) analysiert werden. Durch die übertragene kinetische Energie des Elektrons und wegen der Bildung eines instabilen Radikalions neigen die primär gebildeten Ionen stark zu Fragmentierung gemäß gut bekannter Reaktionsmechanismen, sodass aus den Molekülen charakteristische, strukturrelevante Fragmentionen entstehen, welche im Massenspektrum bei geringeren Massen im Vergleich zum intakten Molekül detektierbar sind (◘ Abb. 43.3 und ▶ Abschn. 43.5). Diese Fragmentmassenspektren sind die Basis für die Substanzidentifizierung in Verbindung mit Spektren-

◘ **Tab. 43.1** Trennverfahren in der Metabolomanalyse

| Trennverfahren | Anwendungsbereich | Vorteile | Nachteile |
|---|---|---|---|
| Gaschromatographie | verdampfbare, unpolare bis mittelpolare Metaboliten | sehr generisch, hohe Trennleistung, einfache Methodenerstellung, sehr robuste Kopplung an Massenspektrometrie | nicht geeignet für stark polare oder ionische Analyten, Derivatisierung oft notwendig |
| Flüssigchromatographie | breiter Bereich von sehr polaren bis unpolaren, auch ionischen Metaboliten | für alle löslichen Metaboliten anwendbar, breite Palette an verschiedenen Trennmodi, sehr robuste Kopplung an Massenspektrometrie | höherer Aufwand für Methodenentwicklung und Optimierung |
| (Kapillar- oder Chip-) Elektrophorese | ionische bzw. ionisierbare Metaboliten | sehr geringer Probenbedarf, Anwendbarkeit für Einzelzell-Metabolomics, sehr hohe Trennleistung, schnelle Trennungen, gute Selektivität für ionische Metaboliten | höherer Aufwand für Methodenentwicklung und Optimierung, schwierige Kopplung an Massenspektrometrie |

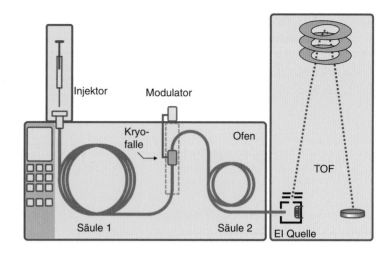

◘ **Abb. 43.5** Schematischer Aufbau für die GC × GC-TOF-Analyse eines Metaboloms. Säule 1 ist typischerweise mit einer unpolaren stationären Flüssigkeit belegt (z. B. quervernetztes Diphenyl-dimethylpolysiloxan), Säule 2 mit einer mittelpolaren bis polaren stationären Flüssigkeit (z. B. 14 % Cyanopropylphenyl-/86 % Dimethylpolysiloxan). Durch die Modulation wird ein kurzes Segment (wenige Sekunden) der Trennung in Säule 1 in erster Dimension durch eine Kryofalle zwischen den beiden Säulen eingefroren und durch rasches Erwärmen auf die Säule 2 transferiert. Im Schema ist das GC × GC-System mit einem Flugzeit-Massenspektrometer (TOF) kombiniert

datenbanken oder auch die Grundlage für die Strukturaufklärung von unbekannten Verbindungen.

Der am meisten in Kombination mit Gaschromatographie verwendete Massenanalysator ist der Quadrupol-Massenanalysator, hauptsächlich wegen seiner Robustheit und relativ geringen Anschaffungskosten. Die mit ihm erzielbare Auflösung von bis zu ca. 2000 ist für die computerunterstützte Zuordnung der EI-Massenspektren ausreichend. Höher auflösende Massenanalysatoren (Auflösung bis zu 100.000) wie Flugzeit- (TOF-) oder Orbitrap-Massenanalysatoren sind ebenfalls verfügbar und ganz besonders bei der Unterscheidung von Komponenten mit sehr ähnlicher Masse sowie bei der Identifizierung und Strukturaufklärung hilfreich, da sich bei höherer Massengenauigkeit der für Datenbanken zu berücksichtigende Suchraum stark einschränkt.

Polare bis unpolare sowie ionische Metaboliten werden in der Regel über Flüssigchromatographie getrennt (▶ Kap. 11). Als sehr generell anwendbarer chromatographischer Trennmodus hat sich die die Umkehrphasen-Chromatographie (Reversed-Phase-Chromatographie, RPC) unter Verwendung von unpolaren stationären Phasen (meist Octadecyl-Kieselgel, C18-Silica) etabliert. Da jedoch sehr polare Analyten in der RPC nur sehr schwach retendiert werden, greift man alternativ auch auf die hydrophobe Interaktions-Flüssigchromatographie zurück (HILIC). Die unterschiedlichen Trennselektivitäten von RPC und HILIC sind in ◘ Abb. 43.6 veranschaulicht. Dabei zeigt sich,

dass die sehr polaren Aminosäuren Aspartat und Lysin in der RPC kaum, in der HILIC hingegen gut retendiert werden, während das relativ unpolare Ethylparaben nur in der RPC signifikante Retention zeigt.

Für die Kopplung an die Massenspektrometrie sind bei Trennungen in flüssiger Phase geeignete Ionisationstechniken erforderlich, um die Analyten in die Gasphase zu transferieren und zu ionisieren. Die gängigste Ionisationsmethode stellt die Elektrospray-Ionisation (ESI) dar, in der die Analyten meist durch Protonentransfer bereits in der Lösung ionisiert werden und die Flüssigkeit gleichzeitig unter dem Einfluss eines starken elektrischen Feldes in kleine Tröpfchen versprüht wird. Durch Verdampfen des Lösungsmittels in den gebildeten Tröpfchen verbleibt schließlich das ionisierte Molekül in der Gasphase. Bei der chemischen Ionisation unter Atmosphärendruck (APCI) wird die Flüssigkeit zuerst pneumatisch versprüht, dann das Lösungsmittel verdampft und die verbliebenen Analyten mit einem Ionisationsgas zur Reaktion gebracht. Das Ionisationsgas wird aus dem Lösungsmitteldampf und zugemischten Additiven (z. B. Ammoniumacetat) mithilfe einer Koronaentladung bei einer Spannung von 1–5 kV an einer feinen Metallspitze erzeugt. Auch hier sind Protonenübertragungsreaktionen der wichtigste Mechanismus zur Bildung von Ionen. Während sich die ESI als sehr geeignet für die Ionisation nieder- bis hochmolekularer, polarer bis mittelpolarer Analyten erwies, erzielt man mit APCI bessere Ionisation vor allem für niedermolekulare und unpolare Analyten. Beide Ionisationstechni-

**43**

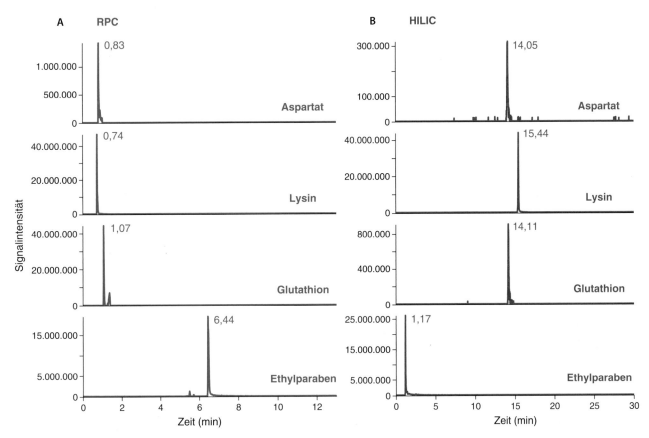

**Abb. 43.6** Chromatographische Trennung von polaren und unpolaren Analyten in der RPC oder HILIC. Stationäre Phasen: C18-Kieselgel (**A**) und Kieselgel (**B**); mobile Phasen: Acetonitril-Gradient in 0,1 % wässriger Ameisensäure (a); Wasser-Gradient in 10 mmol l⁻¹ Ammoniumformiat in Acetonitril (c). (Nach Licha 2019, mit freundl. Genehmigung)

ken übertragen bei der Ionisation sehr wenig Energie, sodass in der Regel die Moleküle in intakter Form erhalten werden.

Als Massenanalysatoren werden in der HPLC-MS-Kopplung hauptsächlich Flugzeit- und Orbitrap-Analysatoren angewandt. Zur Generierung von strukturspezifischen Fragmentionen müssen vorab geeignete Vorläuferionen ausgewählt werden, meist über ein Quadrupol-Massenfilter, um dann in einer Kollisionszelle durch energetische Stöße mit einem Stoßgas fragmentiert zu werden. Die resultierenden Fragmente werden dann in einem hochauflösenden Flugzeit- oder einem

Orbitrap-Massenanalysator detektiert. Die Technik wird als Tandem-Massenspektrometrie oder $MS^2$ bezeichnet (□ Abb. 43.7). Die für die $MS^2$-Analyse verwendeten Instrumente sind daher Hybrid-Instrumente (oder Tandem-Massenspektrometer) mit zwei Stufen der Massenanalyse (□ Abb. 43.7). Die über die Hochauflösung erzielbare hohe Massengenauigkeit ist eine wichtige Grundlage der Interpretation der Massenspektren, weil für $ESI\text{-}MS^2$ oder $APCI\text{-}MS^2$ wegen unzureichender Wiederholbarkeit der Fragmentierungsbedingungen keine umfangreichen Datenbanken für Fragmentspektren zur Verfügung stehen.

**A** Tandem-Massenspektrometrie

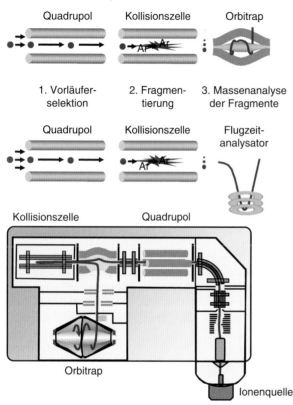

**B** Quadrupol-Orbitrap-Massenspektrometer

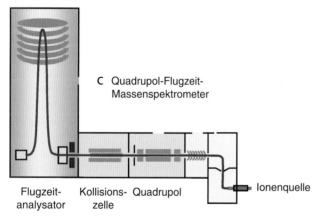

**C** Quadrupol-Flugzeit-Massenspektrometer

**☐ Abb. 43.7** Prinzip der Tandem-Massenspektrometrie (**A**), Quadrupol-Orbitrap- (**B**) und Quadrupol-Flugzeit-Massenspektrometer (**C**) für die Detektion und Identifizierung von Metaboliten. Ar = Argon-Stoßgas

## 43.2 Datenauswertung und biologische Interpretation

Die im Zuge einer unspezifischen Metabolomanalyse erzeugte Datenmenge ist erheblich. Sie setzt sich zusammen aus den mit einer Frequenz von 1–100 Hz über 10–30 min erzeugten Massenspektren, sodass bei einem einzelnen Analysenlauf Rohdaten in der Größenordnung von 50–100 MB erzeugt werden. Um die technische und biologische Variabilität in einem angemessenen experimentellen Design abzubilden, werden mindestens je drei technische und drei biologische Replikate sowie zusätzlich eine Standardprobe zur Qualitätskontrolle (oft hergestellt aus einer Zusammenfassung von Aliquoten aller zu messenden Proben) untersucht, sodass pro experimentellem Zustand mindestens zehn Messungen anzusetzen sind. Unter Einbeziehung eines zu vergleichenden Untersuchungszustandes und eines Kontrollzustandes ergibt dies mindestens 20 Messungen für einen biologischen Zustand, bei Berücksichtigung mehrerer Zeitpunkte und/oder unterschiedlicher Behandlungen wächst das Messaufkommen entsprechend, womit schließlich Datenmengen im Bereich von einigen Gigabyte pro Experiment anfallen. Da eine allgemein anwendbare Derivatisierungsreaktion zur Isotopenmarkierung von Metaboliten nicht existiert, ist eine Parallelmessung auf mehreren isotopenmarkierten Kanälen im Unterschied zur differenziellen Proteomanalyse nicht möglich. Man kann jedoch für eine Verbesserung der Quantifizierung ein isotopenmarkiertes Referenzmetabolom als internen Standard zusetzen, welches z. B. durch Kultur von Bakterien oder Hefen in einem isotopenmarkierten Kulturmedium gewonnen wird.

Das Datamining dient der Extraktion von Informationen aus komplexen Datensätzen. In einer unspezifischen Metablolomanalyse werden typischerweise primär mehrere Zehntausend Signale detektiert, nach Abzug des chemischen Hintergrundes verbleiben einige Tausend Signale, welche auf Metaboliten in der Probe rückführbar sind. Wegen der zunächst noch ausstehenden Zuordnung der Signale zu einzelnen Metaboliten nennt man diese Signale „Metabolitenfeatures". Im nächsten Schritt werden unter Zuhilfenahme von statistischen Methoden anhand der gemessenen und gegebenenfalls normalisierten Signalintensitäten jene Features herausgefiltert, welche einen statistisch signifikanten Unterschied zwischen Untersuchungs- und Kontrollzustand aufzeigen. In der Regel verbleiben hier noch einige Zehn bis wenige Hundert sog. regulierte Features.

Da die regulierten Features den biologischen Unterschied in den Phänotypen zwischen Untersuchungs- und Kontrollzustand auf molekularer Ebene beschreiben sollen, versucht man in nächster Stufe, den regulierten Features spezifische Metaboliten zuzuordnen. Die Identifizierung kann auf mehreren Stufen der Konfidenz erfolgen (☐ Abb. 43.8). In der untersten Stufe 4 werden alle Metabolitenfeatures zusammengefasst, denen sich keine chemische Struktur zuordnen lässt. Auf der nächsten Stufe 3 sucht man für eine im Massenspektrum gefundene Featuremasse nach einem passenden Eintrag in der Human-Metaboliten-Database (► www.hmdb.cn) oder KEGG (► www.genome.jp/kegg). Bei der Suche in

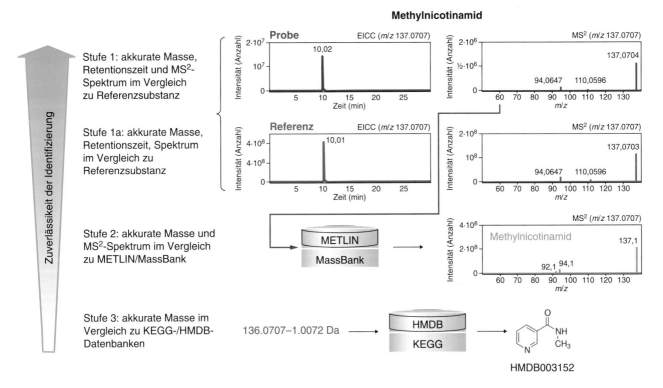

**Methylnicotinamid**

**Abb. 43.8** Stufen der Identifizierung von Metaboliten anhand von HPLC-MS- oder HPLC-MS²-Daten (nach Sumner et al. 2007)

HMDB (Stand 24. 7. 2019) nach der monoisotopischen Masse z. B. von *N*-Methylnicotinamid in einem Massenfenster von 136,060–136,066 Da erhält man insgesamt sieben Treffer, sodass eine Zuordnung in diesem Fall keinesfalls eindeutig ist. Eine Stufe-3-Zuordnung wird als „mutmaßlich charakterisiert" eingestuft. Für eine Zuordnung auf Stufe 2 müssen eine akkurate Masse und gleichzeitig ein Fragmentionenspektrum vorhanden sein, welche sich mit Daten für einen bestimmten Metaboliten aus öffentlichen oder kommerziellen Datenbanken (▶ https://metlin.scripps.edu oder ▶ https://massbank.eu) in Übereinstimmung bringen lassen. Dieser Grad der Identifikation wird als „mutmaßlich annotiert" eingestuft. In der höchsten Stufe 1, „identifizierte Metaboliten", muss ein chemischer Referenzstandard vorliegen, dessen chromatographische und massenspektrometrische Daten mit denen des zugeordneten Metaboliten übereinstimmen müssen.

Anhand der Strukturannotationen versucht man dann, mit den zugehörigen Datenbank-Identifikatoren biologische Pathways und Netzwerke zu identifizieren, die einen biochemischen Zusammenhang zwischen den regulierten Metaboliten erklären können. Daraus lassen sich dann mechanistische Hypothesen erstellen, mit denen man wiederum Vorschläge für diagnostische oder therapeutische Zielmoleküle ableiten kann (für ein Beispiel siehe ▶ Abschn. 43.4). Es ist zu beachten, dass bei der Erfassung einer großen Anzahl von Variablen mit einer verhältnismäßig kleinen Anzahl von Messungen

mathematische Einschränkungen gelten. Es können nur so viele formal unabhängige Aussagen getroffen werden, wie Messungen durchgeführt wurden. Werden, wie in den „Omics"-Technologien üblich, Hunderte bis Tausende von Stoffen gleichzeitig beobachtet, ist zu berücksichtigen, dass man bestimmte Datenstrukturen und Zusammenhänge lediglich aufgrund zufälliger Ereignisse feststellt. Dies stellt besondere Herausforderungen an die Denkweise des Wissenschaftlers, mithilfe maßgeschneiderter experimenteller Designs die entstehenden Modelle in einem Zyklus aus Messung, Datenanpassung, Auswahl von möglichen Hypothesen und nachfolgenden Bestätigungsexperimenten sorgfältig zu bestätigen, also zu validieren.

Zu den regulär verwendeten subtraktiven, vergleichenden Ansätzen, z. B. zwischen Individuen (gesund und krank) oder innerhalb eines Individuums (vor und nach Behandlung), treten auch noch aufwendige bioinformatische Analysen, die im Sinne eines systembiologischen Ansatzes versuchen, alle erfassbaren Parameter miteinander in Beziehungsgeflechte zu bringen und über Korrelationen einen tieferen Einblick in die Biologie zu erhalten. Die Genome einer Reihe von Organismen, darunter des Menschen, sind bekannt. Während ein Genom im Prinzip ein statisches Gebilde ist, zeichnen sich biologische Systeme durch eine hohe Dynamik aus. Eine im Prinzip beliebig große Anzahl von inneren und äußeren Einflüssen wirkt auf diese Systeme ein und führt dadurch zu einzelnen sowie umfangreichen Veränderungen sowohl auf Genebene als auch auf allen anderen Bereichen über Proteine und Peptide hin zu Zuckern, Fetten und anderen Metaboliten. Dies ist erforderlich, um Funktionen für Wachstum, Differenzierung, Reparatursysteme, Reproduktion etc. ort- und zeitgerecht bereitzustellen.

## 43.3 Metabolisches Fingerprinting

Mithilfe des metabolomischen Fingerprintings versucht man, möglichst schnell und einfach einen metabolomischen Schnappschuss über den physiologischen Zustand einer Zelle, eines Gewebes oder eines Organismus zu generieren, um daraus Informationen über physiologische Veränderungen, für die Diagnose von Erkrankungen, den Erfolg einer Therapie oder auch über den Einfluss eines äußeren Faktors abzuleiten. NMR-spektroskopische metabolische Fingerprints (▶ Abschn. 43.1.1) bieten eine gute Voraussetzung, um speziell an biologischen Flüssigkeiten charakteristische Muster für eine klinische Diagnose abzuleiten. Für die Analyse der metabolischen Fingerprints wird sehr oft das multivariate statistische Verfahren der Hauptkomponentenanalyse (*Principal Component Analysis*, PCA) angewandt, bei der man versucht, multidimensionale Daten, z. B. bestehend aus den Signalpositionen und Intensitäten von hunderten Metaboliten, derart auf zwei oder drei sog. Hauptkomponenten zu reduzieren, dass sich die Unterschiede zwischen Untersuchungszuständen in zwei oder drei Hauptkomponenten (*principal components*) in Score-Plots darstellen lassen. Mithilfe der PCA kann man herausfinden, welche Komponente bzw. Eigenschaft, d. h. in unserem Fall Mebabolitensignale der Daten, für eine Unterscheidung von verschiedenen Datensätzen am meisten beitragen.

☐ Abb. 43.9 illustriert die Hauptkomponentenanalyse der metabolischen Fingerprints von 72 Brustkrebs-Serumproben in verschiedenen Stadien im Vergleich zu Proben von 50 gesunden Probandinnen (vergl. ☐ Abb. 43.4). Man sieht, dass sich die Scores der einzelnen Probengruppen in verschiedenen Bereichen der PCA häufen, sodass die entstehenden Cluster als Wolken unterscheidbar sind. Dies deutet darauf hin, dass sich die Metabolome der verschiedenen Proben ganz gut unterscheiden lassen. Aufgrund der immer noch vorhandenen Überlappung ist jedoch eine eindeutige Zuordnung einer unbekannten Probe zu einer Gruppe „gesund", „früher Brustkrebs" oder „fortgeschrittener Brustkrebs" nicht möglich. Aus der PCA lassen sich auch jene Metaboliten ableiten, welche hauptsächlich für die Unterscheidung der Probengruppen verantwortlich sind: Lactat, Glutamat, Lysin, α- und β-Glucose, 2-Hydroxybutanoat und Formiat.

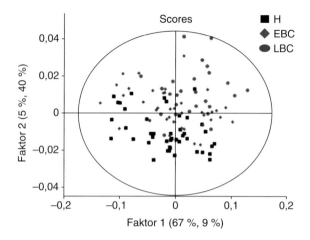

☐ **Abb. 43.9** Score-Plot der Hauptkomponentenanalyse von Serumproben von gesunden Probanden (H) im Vergleich zu Patientinnen mit Frühstadium (EBC) und Spätstadium (LBC) von Brustkrebs. Nach Suman et al. 2018, mit freundl. Genehmigung durch Elsevier

## 43.4 Unspezifische Metabolomics und Metabonomics

In der unspezifischen Metabolomics versucht man, über eine umfassende Analyse des Metaboloms ohne vorherige Annahmen den metabolischen Zustand eines biologischen Systems zu beurteilen. Experimentell wählt man oft eine Methodik, bei der unter Anwendung verschiedener flüssigchromatographischer Trennselektivitäten (z. B. RPC, HILIC, ▶ Abschn. 43.1.2) und Ionisierungsmodi (Positiv-ESI und Negativ-ESI, ▶ Abschn. 43.1.2) möglichst viele Metabolitenfeatures detektierbar sind. Nach Durchführung der Messungen werden alle signifikant regulierten Metabolitenfeatures durch Filterung und statistische Auswertung gefunden. Durch Identifizierung mittels Referenzstandards oder Referenzmassenspektren (Stufe-1- oder -2-Identifizierung, ▶ Abschn. 43.2), versucht man, signifikant regulierte Metaboliten zu finden. Diese Herangehensweise kann man nutzen, um den Mechanismus der Beeinflussung eines Organismus durch Medikamente oder toxische Chemikalien zu untersuchen. Als Modellsysteme für solche toxikologischen Studien verwendet man gerne Kulturen von Zellen, die in die Aufnahme, Metabolisierung und Ausscheidung von Wirkstoffen involviert sind, z. B. Epithelzellkulturen, Leberzellkulturen oder Nierenzellkulturen.

In ☐ Abb. 43.10 ist ein Netzwerk der im Zuge der Behandlung von Nierenepithelzellen mit Chloracetaldehyd regulierten Metaboliten gezeigt. Chloracetaldehyd ist ein Abbauprodukt des Anti-Krebs-Wirkstoffes Ifosfamid, welches relativ starke Nebenwirkungen verursacht. Anhand der Vernetzung der Metaboliten über die zugehörigen Enzyme kann man erkennen,

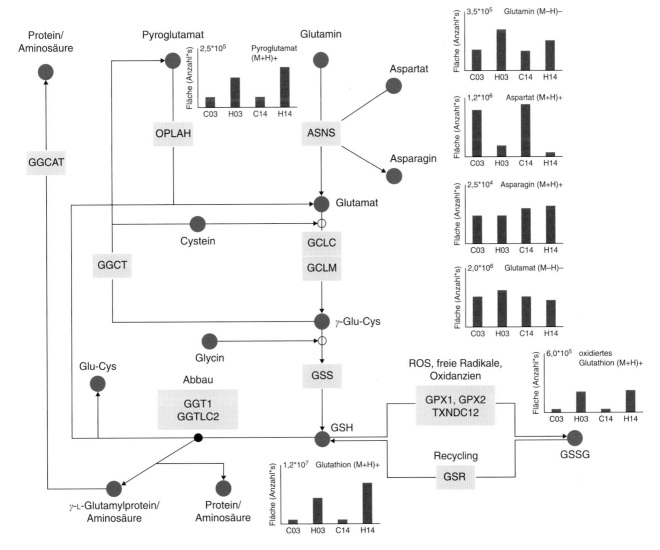

**◼ Abb. 43.10** Netzwerk von metabolischen Veränderungen nach Behandlung von Nierenepithel-Zellkulturen mit Chloracetaldehyd. Die schwarzen Kreise kennzeichnen Metaboliten, die entsprechenden Balkendiagramme symbolisieren die gemessenen relativen Konzentrationen der unbehandelten Kontrollexperimente (C) bzw. Experimente mit Chloracetaldehyd-Behandlung (H) nach drei (03) bzw. 14 (14) Tagen. In den Rechtecken sind die für die biochemische Umwandlung der Metaboliten verantwortlichen Enzyme eingetragen. (Nach Ranninger et al. (2015), mit freundl. Genehmigung durch ASBMB)

dass durch die Behandlung mit Chloracetaldehyd vor allem die Aminosäuresynthese sowie der Glutathionkreislauf, ein wichtiger Redoxpuffer von Bedeutung für die Entgiftung reaktiver Sauerstoffspezies (*Reactive Oxygen Species*, ROS), verändert werden. Aus den betroffenen biologischen Netzwerken lässt sich ablesen, dass Nierenepithelzellen auf Chloracetaldehydbehandlung hauptsächlich mit oxidativem Stress und Stress des endoplasmatischen Retikulums reagieren. Diese Erkenntnisse sowie das verwendete Untersuchungssystem sollten für die Abschätzung des toxischen Potenzials zukünftiger Medikamentenwirkstoffe von Nutzen sein.

## 43.5 Spezifische Metabolomics und Metaboliten-Profiling

Eine Reihe von erblichen Stoffwechsel- und Hormonerkrankungen lässt sich anhand der Veränderungen in den Konzentrationen der assoziierten Metaboliten erkennen. Um möglichst früh geeignete Schritte der Therapie oder Diät einleiten zu können, werden daher Neugeborene unmittelbar und routinemäßig klinisch auf möglicherweise vorliegende Stoffwechselerkrankungen getestet (*newborn screening*). Die Galactosämie z. B. ist zurückzuführen auf ein Fehlen oder einen Defekt im Enzym Galactose-1-phosphat-Uridyltransferase, wodurch sich die Metaboliten Galactose und Galactose-1-phosphat in den Zellen anreichern. Bei fortdauernder Galactosezufuhr über die Muttermilch entstehen eine schwere Leberfunktionsstörung mit Gelbsucht sowie eine Gerinnungsstörung. Eine Mutation im Enzym Fumaryl-Acetoacetase ist für einen gestörten Abbau der Aminosäure Tyrosin verantwortlich, wobei Succinylaceton, Succinylacetoacetat und Maleylacetoacetat vermehrt gebildet werden, was zu einer Schädigung von Leber, Niere oder Gehirn führen kann. Die Phenylketonurie zeigt sich durch erhöhte Phenylalanin- und erniedrigte Tyrosinkonzentrationen im Blut von betroffenen Individuen, welche aus dem Fehlen oder Nichtfunktionieren des Enzyms Phenylalanin-Hydroxylase, das Phenylalanin in Tyrosin überführt, resultiert. Unbehandelte Phenylketonurie führt zu einer schweren geistigen Entwicklungsstörung verbunden mit einer Epilepsie.

Die letzten beiden Stoffwechselstörungen lassen sich durch Messung der Konzentrationen der beteiligten Aminosäuren in Blutproben erkennen. Dazu werden Neugeborenen in der Regel am dritten Lebenstag ein paar Tropfen Blut aus der Ferse entnommen, die als kleine Punkte auf einem Filterpapier eingetrocknet werden (*dried blood spot*). Aus dem getrockneten Blut werden die Metaboliten mittels 0,1 % Salzsäure in Methanol extrahiert, durch Veresterung mit Butanol und Trifluoracetylierung derivatisiert und anschließend mittels GC-MS analysiert (▶ Abschn. 43.1.2). In dem in ◘ Abb. 43.11 gezeigten Beispiel zeigt sich auch sehr klar die durch die Kopplung der Gaschromatographie mit der Massenspektrometrie erzielbare hohe Selektivität der Analysenmethodik für sehr komplexe biologische Proben. Obwohl im *Selected Ion Monitoring Modus* (SIM) durch das Massenspektrometer nur ganz bestimmte, voreingestellte *m/z*-Verhältnisse detektiert werden, zeigen sich im Chromatogramm mehrere Peaks für die gesuchten Substanzen, zusammen mit weiteren Probenbestandteilen mit zufällig gleicher Masse. Erst die Kombination der Masseninformation mit der chromatographischen Retention garantiert eine eindeutige

◘ **Abb. 43.11**    Analyse des Blutspiegels von ausgewählten Aminosäuren. **A** Die Trennung der Trimethylsilylderivate der Aminosäuren erfolgt mit einem Temperaturgradienten von 70–300 °C in 20 min in einer mit 5 % Diphenyl-/95 % Dimethylpolysiloxanbeschichteten Kapillarsäule. Die Detektion erfolgt mit einem EI-Quadrupol Massenspektrometer im *Selected Ion Monitoring Modus* (SIM) durch selektive Beobachtung der Ionen mit *m/z* 91, 166, 168, 182, 203. **B** und **C** zeigen die Massenspektren von Phenylalanin (B) und Tyrosin (C) , aus denen die Beobachtungsionen bei *m/z* 91 sowie 203 abgeleitet werden. (Nach Deng et al. 2002, mit freundl. Genehmigung durch Elsevier)

**43**

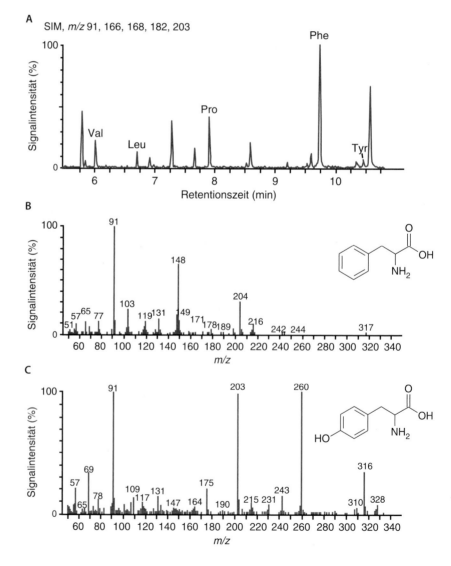

Zuweisung der korrespondierenden Signale. Durch Kalibrierung der Messmethode und absolute Bestimmung der Konzentrationen der Aminosäuren in den getrockneten Blutproben lässt sich das molare Verhältnis von Phenylalanin zu Tyrosin ermitteln. Während normale Werte für das Verhältnis kleiner als eins sind, so geben Verhältnisse von größer als 1,5 einen starken Hinweis auf das Vorliegen einer Phenylketonurie. Das aus dem Chromatogramm (◘ Abb. 43.11A) ablesbare hohe Verhältnis von Phenylalanin (Phe) zu Tyrosin (Tyr) zeigt also eine Phenylketonurie-positive Blutprobe an.

## 43.6 Anwendungsfelder

Mit den hier vorgestellten Technologien werden in der Praxis vielfältige Fragen adressiert.

In der Biologie:

- Grundlagenforschung, z. B. zur Physiologie von Pflanzen, Tieren und Mikroorganismen
- Aufklärung molekularer Mechanismen in der Biochemie von Pflanzen und Tieren
- ökotoxikologische Untersuchung der Wirkungen von Umweltstress und Umweltschadstoffen an Modellorganismen
- Aufklärung und Optimierung der Produktion von Nahrungsmitteln oder Medikamenten in Pflanzen, Tieren und Zellkulturen

In der Medizin:

- Medizinische Grundlagenforschung:
  - Targetidentifizierung und Validierung für bekannte und neue Therapien
  - Bestimmung der biochemischen Veränderungen bei einer Erkrankung, molekulare Mechanismen der Krankheitsentstehung
  - Kartierung dieser Veränderungen in bekannten biochemischen Pathways mit Hypothesenbildung
  - Feststellung von Schlüsselenzymen, -proteinen und -metaboliten
- Präklinische Studien und toxikologische Untersuchungen:
  - Aufklärung von Wirkmechanismen
  - Abgleich des metabolischen Profils von neuen Medikamenten mit toxischen Profilen bekannter Substanzen
  - Vorhersage toxischer Eigenschaften anhand metabolischer Signaturen
  - Aufklärung von Dosis-Wirkungs-Beziehungen

- Klinische Studien:
  - Klassifizierung von Subgruppen nach Nebenwirkungen
  - Klassifizierung von Respondern und Non-Respondern für therapeutische Ansätze
  - Reduktion von Non-Respondern
- Diagnostik/Biomarker:
  - Identifikation von einzelnen Diagnostika oder Panels für Multiplexanalytik

## Literatur und Weiterführende Literatur

Deng C, Shang C, Hu A, Zhang X (2002) Rapid diagnosis of phenylketonuria and other aminoacidemias by quantitative analysis of amino acids in neonatal blood spots by gas chromatography – mass spectrometry. J Chromatogr B 775:115–120

Licha D (2019) Untargeted and targeted metabolomics of biological model systems employing high-performance liquid chromatography coupled to high-resolution mass spectrometry, Dissertation, University of Salzburg, Eigenverlag, Salzburg

Ranninger C, Rurik M, Limonciel A, Ruzek S, Reischl R, Wilmes A, Jennings P, Hewitt P, Dekant W, Kohlbacher O, Huber CG (2015) Nephron toxicity profiling via untargeted metabolome analysis employing a high performance liquid chromatography-mass spectrometry-based experimental and computational pipeline. J Biol Chem 290:19121–19132

Soicer et al (2017) Navigating freely-available software tools for metabolomics analysis, Metabolomics 13:106

Suman et al (2018) Metabolic fingerprinting in breast cancer stages through 1H NMR spectroscopy-based metabolomic analysis of plasma. J Pharm Biomed Anal 160(2018):38–45

Sumner et al (2007) Proposed minimum reporting standards for chemical analysis. Metabolomics 3:211–221

### Weiterführende Literatur

Cambiaghi A, Ferrario M, Masseroli M (2017) Analysis of metabolomic data: tools, current strategies and future challenges for omics data integration. Brief Bioinform 18:498–510

Cui L, Lu H, Lee YH (2018) Challenges and emergent solutions for LC-MS/MS based untargeted metabolomids in diseases. Mass Spectrom Rev 37:772–792

Dettmer K, Aronov PA, Hammock BD (2006) Mass spectrometry-based metabolomics. Mass Spectrom Rev 26:51–78

HMDB: Human Metabolome Database. www.hmdb.ca/ accessed, January 25, 2021

Holmes E, Wilson ID, Nicholson JK (2008) Metabolic phenotyping in health and disease. Cell 134:714–717

Lamichhane S, Sen P, Dickens AM, Hyötyläinen T, Oresic M (2018) An overview of metabolomics data analysis: current tools and future perspectives. Compr Anal Chem 82:387–413. Chapter 14

Spratlin JL, Serkova NJ, Gail Eckhardt S (2009) Clinical applications of metabolomics in oncology: a review. Clin Cancer Res 15:431–440

Wikipedia: http://en.wikipedia.org/wiki/Metabolomics. zugegriffen am 25.01.2021

Zhou B, Xiao JF, Tuli L, Ressom HW (2012) LC-MS-based metabolomics. Mol BioSyst 8:470–481

# Interaktomics – systematische Analyse von Protein-Protein-We chselwirkungen

*Markus F. Templin, Thomas O. Joos, Oliver Pötz und Dieter Stoll*

## Inhaltsverzeichnis

**44.1    Protein-Microarrays – 1083**

44.1.1   Sensitivität durch Miniaturisierung – Ambient Analyte Assay – 1084

44.1.2   Von DNA- zu Protein-Microarrays – 1084

44.1.3   Anwendungen von Protein-Microarrays – 1086

**44.2    Diskussion und Ausblick – 1089**

Literatur und Weiterführende Literatur – 1090

© Springer-Verlag GmbH Deutschland, ein Teil von Springer Nature 2022
J. Kurreck et al. (Hrsg.), *Bioanalytik*, https://doi.org/10.1007/978-3-662-61707-6_44

- Interaktomics beschreibt die Analyse aller Molekülinteraktionen in biologischen Systemen. In der Regel liegt der Schwerpunkt dabei auf der Analyse von Protein-Protein-Interaktionen.
- Interaktomics erfordert die Kombination sehr unterschiedlicher analytischer Verfahren und die bioinformatische Zusammenführung der Ergebnisse in Datenbanken und systembiologischen Modellen.
- Durch die Miniaturisierung der Flächen, auf denen Sondenmoleküle in Bindungsassays immobilisiert sind, werden die von Roger Ekins definierten *Ambient-Analyte-Bedingungen* eingehalten. Dadurch ist sichergestellt, dass die vielen parallelen Messungen die Probe nicht verändern und für jeden Messpunkt die höchstmögliche Nachweissensitivität erreicht wird.
- Multiplexe Analysenverfahren, wie z. B. Microarrays, ermöglichen schnelle, parallele, hochdurchsatzfähige und sensitive Analysen von Protein-Molekül-Interaktionen und können deshalb für die Identifizierung solcher Interaktionen aber auch für die Validierung systembiologischer Modelle mit vielen Proben eingesetzt werden.

Um die von Proteinen vermittelten Prozesse in Zellen besser verstehen zu können, sind die umfassende Charakterisierung der Proteine und die Bestimmung ihrer Interaktionspartner Grundvoraussetzungen. Ein erklärtes Ziel hierbei ist es, nicht nur die Anwesenheit und Menge, sondern auch den funktionellen Zustand eines Proteins zu bestimmen. Insbesondere seine Lokalisation in einem biologischen System, seine posttranslationalen Modifikationen und seine Interaktionspartner definieren die Funktion eines Proteins.

Für die Analyse der Lokalisation eines Proteins werden direkte Nachweismethoden auf Basis der Immundetektion (Immunhistologie ▶ Kap. 6; Realtime-Imaging mit fluoreszenzmarkierten Sonden ▶ Kap. 19) oder Methoden der Zellfraktionierung (FACS, *Laser Capture Microdissection*, ▶ Kap. 19) bzw. der subzellulären Fraktionierung (z. B. Immunaffinitätsanreicherung von Zellkompartimenten, Ultrazentrifugation in Dichtegradienten, ▶ Kap. 2) eingesetzt. Die Proteine in den fraktionierten Proben lassen sich dann über klassische Ansätze wie Massenspektrometrie (▶ Kap. 16) oder Immunassays (z. B. Sandwich-ELISA, ▶ Kap. 6) nachweisen. Auch Proteinmodifikationen sind damit nachweisbar.

Die Unterschiede in der Lokalisation von Proteinen in Zellen führen in der Regel zur Bildung unterschiedlicher Proteinkomplexe. Erst die Kenntnis der unterschiedlichen Proteinkomplexe erlaubt es, Funktionsmodelle für grundlegende biologische Prozesse wie DNA-Replikation, Transkription, Translation, Transportvorgänge, für die Kontrolle des Zellzyklus oder die schnellen molekularen Veränderungen bei der Signaltransduktion zu erstellen.

Die systematische Funktionsanalyse biologischer Systeme versucht deshalb, alle zeitlich und räumlich wechselnden Protein-Protein-Interaktionen (PPI), das sog. Interaktom, im Rahmen der Interaktomanalyse oder *Interactomics* zu analysieren und mithilfe der Bioinformatik zu erfassen und in systembiologischen Modellen darzustellen.

---

**Interaktom**

Unter Interaktom versteht man die Gesamtheit aller molekularen Wechselwirkungen in einem biologischen System unter unterschiedlichen Bedingungen. Oft wird der Begriff Interaktom aber auf die Gesamtheit aller Protein-Protein-Wechselwirkungen in einer Zelle eingeschränkt.

---

Interaktomanalysen erfassen *in vivo*-Daten aus Experimenten in lebenden Systemen und *in vitro*-Daten aus Screeningsystemen, die systematisch direkte Protein-Molekül-Interaktionen (PMI) messen. Die daraus gewonnenen Daten werden in Protein-Protein- (PPI-DB) bzw. Protein-Molekül-Interaktionsdatenbanken (PMI-DB) erfasst. Wichtige öffentliche Provider von molekularen Interaktionsdatenbanken haben sich im International Molecular Exchange Consortium (IMEx) zusammengeschlossen, um Datenformate zu standardisieren, dadurch den Datenaustausch zu vereinfachen und die bioinformatische Modellierung biologischer Systeme zu vereinfachen.

Interaktome sind so komplex, dass sie analytisch nur teilweise erfasst werden können. Deshalb nutzt Interaktomics ganz unterschiedliche Modellsysteme und Analysenverfahren, deren Resultate mithilfe der Systembiologie zu Modellen zusammengeführt werden müssen. Interaktomics nutzt bei *in vivo*-Analysen z. B. Two-Hybrid-Modelle (▶ Abschn. 19.1) oder unterschiedliche Analytproteine mit unterschiedlichen Funktionsproteinen, die gemeinsam exprimiert werden. Kommt es zur Interaktion der Analytproteine in derselben Zelle, kann diese Interaktion aufgrund der Wechselwirkung der Funktionsproteine, z. B. über FRET (▶ Abschn. 19.7), nachgewiesen werden. Beim Tag-/Affinity-Konzept wird ein Protein als Sonde (Bait) benutzt und alle daran gebundenen Proteine als Interaktionspartner identifiziert. Meistens werden dafür die Sondenproteine über Affinitätschromatographie (▶ Abschn. 11.4) als Proteinkomplexe schonend angereichert und aufgereinigt und die assoziierten Faktoren über Massenspektrometrie identifiziert. Bei Crosslinking-Studien werden die interagierenden Proteine vor der Aufreinigung und Analyse der Proteinkomplexe kovalent miteinander vernetzt und

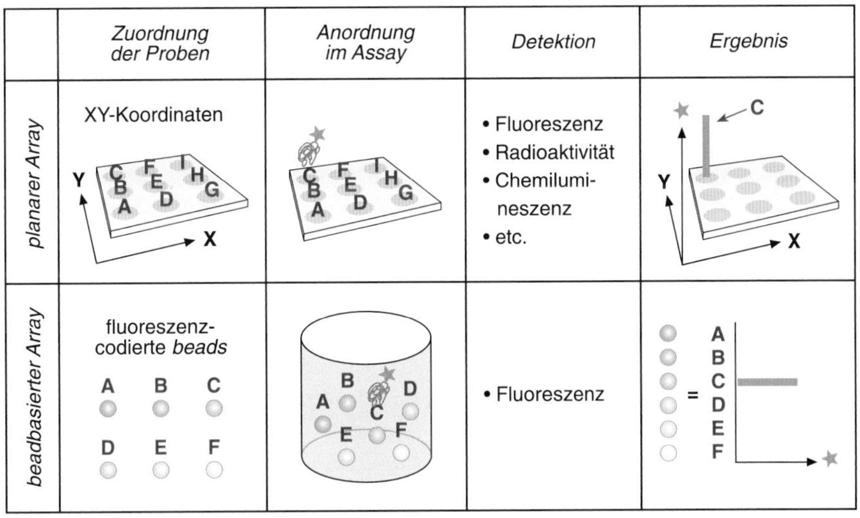

| | Zuordnung der Proben | Anordnung im Assay | Detektion | Ergebnis |
|---|---|---|---|---|
| planarer Array | XY-Koordinaten | | • Fluoreszenz<br>• Radioaktivität<br>• Chemilumineszenz<br>• etc. | |
| beadbasierter Array | fluoreszenz-codierte *beads* | | • Fluoreszenz | |

**Abb. 44.1** Planare und beadbasierte Arrays. Die Zuordnung der verschiedenen Proben (bezeichnet mit den roten Buchstaben) erfolgt in einem planaren Array über ihre Koordinaten in X- und Y-Richtung auf der planaren Oberfläche. In einem beadbasierten Array hingegen ist die Zuordnung der auf den Mikrosphären immobilisierten Proben durch die Codierung der Mikrosphären (z. B. Fluoreszenz oder Größe) gegeben. Der markierte Bindungspartner (grau mit Stern) wird entweder direkt auf der planaren Oberfläche inkubiert bzw. die Mikrosphären mit den immobilisierten Proben werden gemischt und die Inkubation mit dem markierten Bindungspartner erfolgt in Näpfen von Mikrotiterplatten. Zur Detektion der gebundenen Bindungspartner werden verschiedene Verfahren eingesetzt. Die Detektion bei den beadbasierten Arrays erfolgt überwiegend durch fluoreszenzbasierte Methoden

massenspektrometrisch nachgewiesen (▶ Abschn. 7.3). Werden alle Proteine bei diesen Modellen nacheinander als Sonden eingesetzt, kann aus den Analysenergebnissen ein Interaktom abgeleitet werden.

Bei *in vitro*-Modellen werden die direkten Protein-Molekül-Interaktionen mithilfe isolierter Proteine und Zell- oder Gewebelysaten auf Proteinarrays oder über Oberflächenplasmonenresonanz (▶ Kap. 19) analysiert und in Datenbanken dokumentiert. Auch Daten aus der Röntgenstrukturanalyse, aus NMR-Studien (▶ Kap. 21) oder der Kryoelektronentomographie von Proteinkomplexen (▶ Kap. 23) werden in diesen Datenbanken gespeichert.

Die Systembiologie nutzt bioinformatische Werkzeuge, um die Daten aus *in vivo*- und *in vitro*-Studien in Modelle zu überführen (▶ Kap. 48). Deren Vorhersagen müssen dann an sehr vielen Proben mit durchsatzfähigen multiplexen Analysenmethoden (IP-MS, ▶ Kap. 17, multiplexe Immunassays, ▶ Kap. 6) überprüft und damit validiert werden.

## 44.1 Protein-Microarrays

Werden Analyte oder Proben in einer definierten Art und Weise in einem sog. Array (engl. für Anordnung, Matrix) angeordnet, können damit sehr viele Interaktionen zwischen den im Array immobilisierten Komponenten und in Lösung zugegebenen Interaktionspartnern parallel gemessen werden (▪ Abb. 44.1).

Mittels **Antikörper-Microarrays** können über immobilisierte spezifische Antikörper in einem einzigen Experiment eine Vielzahl von Proteinen in einer Probe identifiziert und quantifiziert werden. Werden in **reversen Protein-Microarrays** Proteinlysate vieler Proben parallel in einem Array immobilisiert, kann über in Lösung zugegebene spezifische Antikörper ein Protein parallel in vielen Proben identifiziert und quantifiziert werden. Werden solche Assays mit vielen Proben und Antikörpern durchgeführt, sind damit schnell sehr viele Analysen mit geringsten Probenmengen unter vergleichbaren Bedingungen möglich. Solche **multiplexe** Assays sind wertvolle Werkzeuge zur Validierung von Biomarkern und Interaktom-Modellen, weil sie die umfassende und schnelle Analyse sehr vieler biologischer Proben ermöglichen.

Werden dagegen viele unterschiedliche Analytmoleküle (rekombinante Proteinsonden, Peptide, kleine Moleküle, Oligonucleotide etc.) in Form von Microarrays angeordnet, können mit solchen **Sonden-Microarrays** globale Interaktionsstudien und Funktionsanalysen schnell, kostengünstig und in hohem Durchsatz durchgeführt werden, um direkte Interaktionspartner in komplexen biologischen Proben (Gewebe-, Zelllysate, Körperflüssigkeiten) zu identifizieren und zu quantifizieren.

Die herausragenden Stärken der Microarray-Technologie sind zum einen die hohe Nachweissensitivität der Messungen und zum anderen die Möglichkeit, parallel Dutzende bis Tausende von relevanten Messparametern aus äußerst geringen Probenmengen bestimmen zu können.

### 44.1.1 Sensitivität durch Miniaturisierung – Ambient Analyte Assay

Der hohe Grad der Parallelisierung und die damit einhergehende extreme Verkleinerung der Fläche, die zum Nachweis eines Analyten zu Verfügung steht, sind die beiden wichtigsten Charakteristika aller analytischen Microarray-Systeme. Die Miniaturisierung der Assays stand bei den ersten Experimenten von Roger Ekins im Vordergrund, bei denen er nach den optimalen physikochemischen Bedingungen suchte, unter denen Ligandenbindungsassays, im speziellen Immunassays, die höchstmögliche Nachweisempfindlichkeit erreichen. In seiner *Ambient-Analyte-Assay*-Theorie beschrieb er erstmals die Konsequenzen der Miniaturisierung für Interaktionsassays und definierte damit die theoretische physikochemische Grundlage aller heutigen microarraybasierten Interaktionsassays (Ekins 1989).

Werden Fängermoleküle (z. B. Antikörper) auf einer sehr kleinen Fläche – dem Mikrospot – an eine feste Phase gekoppelt, sind diese Fängermoleküle dort in einer sehr hohen Dichte angeordnet, obwohl die Gesamtmenge der Fängermoleküle sehr gering ist. Die im Mikrospot immobilisierten Fängermoleküle bilden mit ihren Zielmolekülen Komplexe aus, deren Gesamtzahl durch die begrenzte Menge der dort immobilisierten Fängermoleküle ebenfalls limitiert, also ebenfalls sehr gering ist. Folglich bleibt die Konzentration der freien Zielmoleküle in der Probe durch die Messung praktisch unverändert. Dies gilt selbst bei niedrigen Gesamtkonzentrationen der Zielmoleküle in der Probe. Der Mikrospot als Mikrosonde verändert also die Konzentrationsverhältnisse und die Zusammensetzung der Analysenprobe in erster Näherung nicht. Werden viele unterschiedliche Mikrospot-Mikrosonden unter den sog., von Roger Ekins definierten *Ambient-Analyte*-Bedingungen in einem Microarray zur parallelen Analyse vieler Zielmoleküle in derselben Probe eingesetzt, dann ist sichergestellt, dass alle einzelnen Assays mit einer Probe durchgeführt werden, deren Zusammensetzung zu jeder Zeit der Ausgangsprobe entspricht.

Bei Mikrospots, in denen $0{,}1/K$ oder weniger Fängermoleküle immobilisiert sind (wobei $K$ für die Affinitätskonstante der Bindungsreaktion steht), korrelieren die Messwerte für den Anteil des im Komplex gebundenen Zielproteins direkt mit der Gesamtkonzentration des Zielproteins in der Probe. Messungen unter solchen *Ambient-Analyte-Assay*-Bedingungen sind darüber hinaus unabhängig vom eingesetzten Probenvolumen.

Es gibt zwei Beobachtungen, die die erhöhte Sensitivität des *Ambinent Analyte Assays* erklären:

— Die Komplexbildungsreaktion findet bei maximaler Konzentration des Zielmoleküls statt.

— Die Fänger-Zielmolekül-Komplexe bilden sich auf einer extrem kleinen Fläche – dem Mikrospot –, was zu einer hohen lokalen Signalintensität führt (◘ Abb. 44.2).

Die folgende Überlegung verdeutlicht diesen Zusammenhang: Auf einer Oberfläche werden Mikrospots zunehmender Fläche aus einer Fängermoleküllösung mit konstanter Konzentration erzeugt. Mit zunehmender Spotfläche nimmt also die Gesamtmenge an immobilisierten Fängermolekülen zu, und damit steigt auch das Gesamtsignal für den jeweiligen Spot im Assay. Wenn das entsprechende Zielprotein nicht in unbegrenzter Menge in der Probe vorhanden ist, wird jedoch die Signaldichte mit wachsender Spotfläche abnehmen. Die Bildung der Komplexe aus Fängermolekül und Zielprotein führt zu einer Abnahme der Konzentration freier Zielproteine in der Probe und gleichzeitig sind die gebildeten Komplexe auf einer größeren Fläche verteilt. Daher ergibt sich für einen Spot mit großer Fläche ein geringeres Maximalsignal pro Fläche. Für kleiner werdende Spots wird zwar das Gesamtsignal kleiner, die Signaldichte (Signalintensität pro Fläche) aber nimmt zu (◘ Abb. 44.2). Unterhalb einer bestimmten Spotgröße erreicht der Wert der Signaldichte ein Optimum und steigt nicht weiter an. Bei *Ambient-Analyte-Assay*-Bedingungen ist die Zielproteinmenge kein limitierender Faktor (Ekins und Chu 1992).

### 44.1.2 Von DNA- zu Protein-Microarrays

Die Microarraytechnologie wurde zunächst für Analyse von DNA etabliert. Eine wichtige Voraussetzung war, dass Oligonucleotide in hochdichten Microarrays synthetisiert werden konnten, die Oligonucleotide auf dem Array lagerstabil sind und die Hybridisierung mit DNA-Molekülen aus biologischen Proben berechnet werden kann. Miniaturisierte Arrays mit Peptiden sind ebenfalls lagerstabil. Sie werden z. B. zum Epitopmapping von Antikörpern eingesetzt, weil Protein-Peptid-Interaktionen bisher nicht theoretisch berechenbar sind. Auch für die Identifizierung von Peptiden als potenzielle Substrate für Kinasen oder Proteasen sind Peptidarrays nützlich. Arrays mit kleinen organischen Molekülen wurden auch schon für die Analyse von Protein-Molekül-Interaktionen eingesetzt. Allerdings schränkt die kovalente Anbindung der kleinen Moleküle an die Oberfläche die möglichen Interaktionen ein. Oligonucleotide und Peptide können dagegen über Spacermoleküle sehr einfach so an Oberflächen gekoppelt werden, dass sie nahezu frei mit ihren Interaktionspartnern in Lösung wechselwirken können.

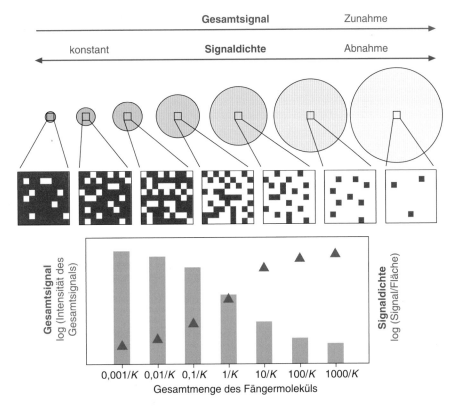

**Abb. 44.2** Sensitivität durch Miniaturisierung – Signaldichte und Gesamtsignal im Mikrospot (nach Ekins und Chu 1992). Der Verlauf von Signaldichte (Signalintensität/Fläche, rote Balken) und Gesamtsignal (Signalintensität, blaue Dreiecke) wurde für ansteigende Fängermolekülmengen im Mikrospot ermittelt. Da die Belegungsdichte der Fängermoleküle für alle Mikrospots identisch bleibt, repräsentieren größere Mikrospots steigende Mengen an Fängermolekül. Das Gesamtsignal (Gesamtsignalintensität) wächst daher mit zunehmender Spotgröße an und erreicht ein Maximum, wenn praktisch alle in der Probe verfügbaren Zielmoleküle im Mikrospot gebunden sind. Für Mikrospots mit kleiner werdender Fläche, in denen weniger Fängermoleküle immobilisiert sind, wächst im Gegensatz der Wert für die Signaldichte (Signalintensität/Fläche) an und erreicht einen nahezu konstanten Wert, wenn die Fängermolekülkonzentration den Wert $0,1/K$ unterschreitet ($K$ für die Affinitätskonstante). Diese Bedingungen entsprechen den Voraussetzungen für den *Ambient Analyte Assay*: Die Konzentration der freien Zielmoleküle in der Probe wird durch die Komplexbildung mit den im Mikrospot immobilisierten Fängermolekülen praktisch nicht verändert. Die Signalintensität bzw. der abgeleitete Flächenquotient (Signaldichte) sind in der Abbildung logarithmisch skaliert

Obwohl die rekombinante Herstellung von Proteindomänen aller Proteine eines Proteoms heute möglich ist, zeigte sich, dass für den Technologietransfer von umfassenden Genom- und Transkriptomstudien mittels DNA-Microarrays zu Proteomstudien mittels Protein-Microarrays hohe technologische Hürden zu überwinden waren. Die Schwierigkeiten liegen dabei in erster Linie in den besonderen Eigenschaften der Proteine, die globale Ansätze mit Tausenden von Fängermolekülen, als äußerst schwierig erscheinen lassen. DNA-Moleküle sind eine homogene Molekülklasse mit sehr ähnlichen physikochemischen Eigenschaften. Im Gegensatz zu den homogen aufgebauten DNA-Molekülen aus vier Nucleotidbausteinen, deren Nucleobasen über energetisch eindeutig definierbare H-Brücken mit ihren Bindungspartnern wechselwirken, sind Proteine sehr viel komplexer aufgebaut (**Tab. 44.1**). Sie bestehen aus 20 verschiedenen Aminosäuren und sind durch vielfältige räumliche Strukturen mit unterschiedlichen Oberflächenbereichen (ungeladen, positive/negative Nettoladung) und sehr unterschiedliche Löslichkeiten (hydrophil oder hydrophob) gekennzeichnet. Weiterhin sind Proteine bei Weitem nicht so robust wie DNA-Moleküle und weisen zum Teil nur sehr geringe Stabilitäten auf. Jedoch ist eine Immobilisierung der Proteine unter Erhaltung der Funktionalität eine Voraussetzung für die Analyse von Protein-Protein-Interaktionen mittels Protein-Microarrays. Im Gegensatz zur DNA-DNA-Interaktion, die aufgrund der komplementären Basenpaarung genau vorhergesagt werden kann, ist es bei Proteinen bisher nicht möglich, allein aufgrund der Aminosäuresequenz Vorhersagen zu treffen, welche Aminosäuresequenz ein möglicher Interaktionspartner besitzen muss, um spezifisch an das immobilisierte Zielmolekül binden zu können. Protein-Protein-Interaktionen basieren nämlich auf kaum vorhersagbaren, räumlich sehr unterschiedlich orientierten schwachen Van-der-Waals-Wechselwirkungen und starken ionischen und H-Brücken-Wechselwirkungen, die nur in ihrer spezifischen Kombinationen die Spezifität der Protein-Protein-Interaktion definie-

◨ **Tab. 44.1** Vergleich der Eigenschaften verschiedener Molekülklassen, die bei multiplexen Molekülinteraktionsstudien in Microarrays genutzt werden

| Eigenschaft | DNA | Peptid | Kleines Molekül | Protein |
|---|---|---|---|---|
| Struktur | einheitlich, stabil | einheitlich, stabil | einheitlich, stabil | individuell veränderbar |
| Funktionalität | ⇒ kein Aktivitätsverlust bei Lagerung | ⇒ kein Aktivitätsverlust bei Lagerung | ⇒ kein Aktivitätsverlust bei Lagerung | ⇒ Denaturierung und Aktivitätsverlust bei Lagerung möglich |
| Anbindung | Oligonucleotide (kovalent, gleicher Spacer)/DNA (nicht kovalent) ⇒ freie Zugänglichkeit für Bindungspartner | kovalent, gleicher Spacer ⇒ freie Zugänglichkeit für Bindungspartner | kovalent, Spacer muss optimiert werden ⇒ stark eingeschränkte Zugänglichkeit für Bindungspartner | nicht kovalent/über Affinitätstags ⇒ evtl. teilweise eingeschränkte Zugänglichkeit für Bindungspartner |
| Interaktionstyp | 1:1 definierte H-Brücken | 1:X mehrere Interaktionsstellen Mix aus Van-der-Waals-Wechselwirkungen, H-Brücken, ionischen Wechselwirkungen | 1:1 Mix aus H-Brücken, ionischen Wechselwirkungen (selten Van-der-Waals-Wechselwirkungen) | Y:X mehrere Interaktionsstellen Mix aus H-Brücken, ionischen Wechselwirkungen (selten Van-der-Waals-Wechselwirkungen) |
| Interaktionsaffinität | hoch | niedrig – sehr hoch | niedrig – sehr hoch | sehr niedrig – hoch |
| Vorhersagbarkeit der Interaktion | über Nucleotidsequenz einfach berechenbar | Tendenz berechenbar, wenn 3D-Struktur des Interaktionspartners bekannt | Tendenz berechenbar, wenn 3D-Struktur des Interaktionspartners bekannt | Tendenz abschätzbar, wenn 3D-Struktur des Interaktionspartners bekannt |
| Amplifizierbarkeit Analyt | ja (PCR) | nein | nein | nein |

ren. Weiterhin ist die Herstellung der benötigten Fängermoleküle oftmals mühselig und die Handhabung aufgrund unterschiedlicher Löslichkeit und Robustheit individuell sehr verschieden. Vor allem gibt es bisher kein PCR-Äquivalent für die Amplifizierung von Proteinen. Zudem sind Proteininteraktionen von einer Vielzahl von Pufferbedingungen, wie beispielsweise pH-Wert, Salzkonzentration und benötigte Cofaktoren, abhängig. Es ist daher äußerst schwierig, ein universelles Proteinarraysystem in Analogie zu DNA-Chips zu entwickeln, das der Vielzahl der individuellen Bedürfnisse der Proteine gerecht wird und es erlaubt, möglichst viele Protein-Protein-Interaktionen unter physiologischen Bedingungen zu analysieren. Durch Denaturierung der immobilisierten Proteine auf der Oberfläche der Microarrays können Protein-Protein-Interaktionen, die unter natürlichen Bedingungen auftreten, nicht detektiert werden. Anderseits können unspezifische Interaktionen zwischen immobilisierten Proteinen und Proteinen in Lösung auftreten, die eine Interaktion vortäuschen, die im biologischen Kontext nicht auftritt. Im Gegensatz zu Hybridisierungsdaten aus Studien mit DNA-Microarrays müssen Ergebnisse, die mittels Protein-Microarrays

erhalten werden, daher besonders im Kontext der experimentellen Durchführung bewertet und mithilfe anderer Methoden validiert werden.

## 44.1.3 Anwendungen von Protein-Microarrays

Protein-Microarrays können sowohl qualitative als auch quantitative Aussagen liefern. Bei der Proteinidentifizierung kann eine einfache „Ja"- oder „Nein"-Antwort oftmals ausreichend sein, d. h., ob ein bestimmtes Protein in einer biologischen Probe vorhanden ist oder nicht. So können z. B. Gewebeproben unterschiedlichen Ursprungs (Tumorgewebe und Normalgewebe) daraufhin untersucht werden, ob bestimmte Proteine nur in einer der beiden Proben vorkommen bzw. dort fehlen. In der Mehrzahl der Fälle sind jedoch relative quantitative Aussagen erwünscht, bei denen die Veränderung der Häufigkeit des Vorkommens eines Markerproteins in einer Probe gegenüber einer Vergleichsprobe gemessen wird. Prinzipiell lassen sich Protein-Microarrays für alle molekularen Wechselwirkungen einsetzen, bei

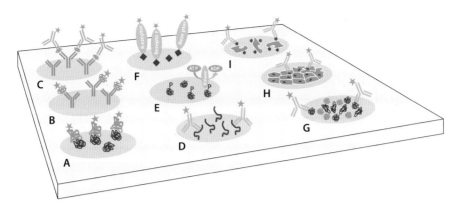

⬛ **Abb. 44.3** Schematische Darstellung verschiedener Anwendungen von Protein-Microarrays. In (**A**) ist ein Aufbau zum Nachweis von Protein-Protein-Interaktionen skizziert. Das im Mikrospot immobilisierte Protein (rot) reagiert spezifisch mit einem anderen Protein (blau), welches mit einem Nachweisreagenz, z. B. mit einem Fluorophor (Stern), markiert ist. In einem Antikörperarray (**B**) ist der Antikörper immobilisiert und fängt den direkt markierten Analyten aus der Lösung. Im Sandwich-Immunassay (**C**) wird der Analyt ebenfalls über einen immobilisierten Antikörper gefangen, aber die Detektion des Analyten erfolgt durch einen zweiten Antikörper, der eine andere Bindungsstelle am Analyten besitzt. (**D**) illustriert einen Peptidarray, wie er beispielsweise zur Charakterisierung peptidspezifischer Antikörper eingesetzt werden kann. Weitere Anwendungen von Protein-Microarrays sind der Nachweis von Enzym-Substrat-Interaktionen (**E**) und Ligand-Rezeptor-Interaktionen (**F**). Reverse Protein-Microarrays können mit Zell- oder Gewebelysaten (**G**), mit Gewebeschnitten (**H**) oder ganzen Zellen (**I**) hergestellt werden

denen sich zwei Partnermoleküle spezifisch erkennen. Dazu zählen neben Protein-Protein-Interaktionen auch Antigen-Antikörper-Reaktionen, Enzym-Substrat- und Ligand-Rezeptor-Interaktionen. Arrays lassen sich mit gereinigten Sondenmolekülen aber auch in Form von reversen Protein-Microarrays aus komplexen Proben wie Zell- oder Gewebelysaten oder in Form von Zellarrays sogar aus ganzen, intakten Zellen herstellen. Im folgenden Abschnitt werden unterschiedliche Anwendungen von Protein-Microarrays beschrieben, die zeigen, welch enorme Vielseitigkeit miniaturisierte Assaysysteme für Interaktionsanalysen aufweisen (⬛ Abb. 44.3).

### 44.1.3.1 Arrays mit immobilisierten Analytmolekülen

**Protein-Protein-Interaktion** Protein-Microarrays können zur parallelen Analyse von Protein-Protein-Interaktion eingesetzt werden, um neue Interaktionspartner eines bestimmten Proteins zu identifizieren (*screening tool*). Zum Beispiel wurden auf einem mit Nitrocellulose beschichteten Glasobjektträger mehr als 4000 verschiedene Proteine der Bäckerhefe *Saccharomyces cerevisiae* zusammen mit einer Vielzahl von Kontrollproteinen immobilisiert. Mit einem einzigen Experiment konnte so fast das komplette Hefeproteom (ca. 6500 Proteine) auf mögliche Interaktionspartner getestet werden.

**Antigen-Antikörper-Interaktion** In vielen Fällen verwendet man Protein-Microarrays zur Analyse von Antigen-Antikörper-Interaktionen. In einem Antikörperarray wird üblicherweise eine Vielzahl von Antikörpern unterschiedlicher Spezifität auf einer Oberfläche immobilisiert.

Dieser Array wird dann mit einer markierten Probe (z. B. fluorophormarkiertes Gewebelysat) inkubiert. So ist es möglich, sehr viele Analytproteine eines Proteoms mit einer sehr geringen Probenmenge zu detektieren und sich damit, z. B. mit phosphospezifischen Antikörpern, einen schnellen Überblick über die Aktivierung von Proteinen in Signalkaskaden zu verschaffen.

Für den quantitativen Nachweis sehr gering exprimierter Proteine haben sich dagegen miniaturisierte multiplexe Sandwich-Immunassays bewährt. Wie in einem klassischen Sandwich-ELISA (*Enzyme-Linked Immunosorbent Assay*) ist hier ein Fängermolekül auf einer Oberfläche immobilisiert. Der Analyt aus der Lösung – der flüssigen Phase – wird von dem Fängermolekül gebunden und durch einen zweiten Antikörper nachgewiesen, der eine andere Bindungsstelle für den Analyten besitzt. Der Vorteil der Miniaturisierung besteht darin, dass bei gleicher Sensitivität wie in einem klassischen ELISA parallel mehrere Analyten in geringsten Probenmengen (30 μl) gleichzeitig gemessen und quantifiziert werden können. Solche multiplexen μSandwich-Immunassays werden z. B. zur Analyse komplexer Chemokin- und Cytokinprofile eingesetzt.

Werden gereinigte Proteine oder synthetische Peptide auf der Oberfläche des Arrays immobilisiert, können damit z. B. Autoantikörper, Antikörper gegen verschiedene Viren oder Allergene in Patientenseren nachgewiesen werden.

**Enzym-Substrat-Interaktion** Zur Untersuchung von Enzym-Substrat-Interaktionen werden Enzymsubstrate (Proteine, häufig auch einfacher herstellbare synthetische

Peptide) in Form eines Arrays auf einer Oberfläche immobilisiert. Anschließend wird der Array mit dem zu untersuchenden Enzym inkubiert. So können z. B. verschiedene Substrate auf ihre Spezifität für Proteinkinasen getestet werden (*substrate profiling*). Der Nachweis der Phosphorylierung des Substrates kann durch einen phosphospezifischen Antikörper, der nur die phosphorylierten Substrate bindet, oder durch Verwendung von radioaktiv markiertem ATP und einem *Phosphoimager* erfolgen. Werden Peptide mit einem terminalen Fluorophor oder Biotin im Arrayformat immobilisiert und diese Arrays mit verschiedenen Endoproteasen inkubiert, können deren Substrate über den Verlust von Signalen im Array identifiziert werden. Durch die Spaltung des Substrates wird die Fluoreszenzmarkierung vom Array entfernt. Alternativ kann das terminale Biotin abgespalten werden, wodurch kein fluoreszenzmarkiertes Streptavidin mehr an den entsprechenden Spot im Array binden kann.

**Ligand-Rezeptor-Interaktion** Bei Studien zur Ligand-Rezeptor-Interaktion werden niedermolekulare organische Substanzen im Microarrayformat immobilisiert und mit markierten Zielproteinen (Rezeptoren) inkubiert. Gebundene Zielproteine werden über ihre Markierung oder markierungsfrei, z. B. durch Änderung des Signals in der Oberflächenplasmonenresonanz (▶ Abschn. 19.6) oder der Frequenzänderung einer Quarzkristallmikrowaage nachgewiesen. Quarzkristallmikrowaagen enthalten kleine Schwingquarze, die durch piezoelektrische Anregung in Schwingungen versetzt werden. Werden auf der Oberfläche dieses Quarzkristalls Moleküle gebunden, dann ändert sich die schwingende Gesamtmasse und damit die Resonanzfrequenz des Kristalls. Die Frequenzänderung wird gemessen und über die sogenannte Sauerbrey-Gleichung in eine Massenänderung auf der Kristalloberfläche umgerechnet. Darüber können an der Kristalloberfläche gebundene Zielproteine quantifiziert werden. Arraysysteme mit solchen Sensoren haben aufgrund ihrer hohen Durchsatzfähigkeit großes Potenzial bei der Suche nach neuen Wirkstoffen (*drug screening*) in der pharmazeutischen Industrie. Allerdings können bei der Immobilisierung niedermolekularer organischer Substanzen die bindenden Molekülbereiche maskiert werden (= kein Signal). Aufgrund der hohen Ligandendichte an der Oberfläche können andererseits auch fälschlicherweise schwache unspezifische Bindungen detektiert werden (= falsch positiv).

### 44.1.3.2 Arrays mit immobilisierten Proben

**Reverse Microarrays** In reversen Protein-Microarrays (*reverse phase protein microarray*) werden komplexe Proteinfraktionen, die durch Lyse von Zellen oder Gewebemikrosektionen gewonnen werden, als Mikrospots auf Trägermaterialien fixiert. Jeder Mikrospot repräsentiert das Proteoms einer mit einem Krankheitsverlauf korre-

lierbaren, histologisch veränderten Gewebeprobe oder von gesundem Gewebe. Die Proteinmenge eines Mikrospots entspricht dabei in etwa der Proteinmenge einer Einzelzelle. Die in einem Microarray angeordneten Proteom-Aliquots sehr vieler Proben auf demselben Träger werden mit einem Antikörper inkubiert, der hochspezifisch nur ein einziges Protein binden kann. Der Nachweis des gebundenen Antikörpers erfolgt im nächsten Schritt über die Detektion eines fluoreszenzmarkierten Anti-Spezies-Antikörpers, der an den Primärantikörper bindet. Hochspezifisch bedeutet in diesem Fall, dass der Antikörper in Western-Blot-Analysen verschiedener Proben immer nur eine einzige Bande zeigt. Mit sehr wenig Probenmaterial können Hunderte von Proben-Microarrays hergestellt und jeweils mit einem unterschiedlichen Primärantikörper getestet werden. Die Auswertung aller Analysen ermöglicht die Detektion von Unterschieden in den untersuchten Proteomen bereits aus Proben mit 10.000 Zellen.

Arrays aus Mikroschnitten verschiedener Gewebeproben (*tissue arrays*) ermöglichen ebenfalls eine schnelle und einfache Analyse von Protein-Expressionsmustern, sofern geeignete Bindemoleküle zur Verfügung stehen. Zudem können diagnostische Antikörper damit sehr schnell und effizient auf ihre Verwendbarkeit für histologische Untersuchungen bzw. als Biomarker für Krankheiten überprüft werden.

Werden unterschiedliche Zellen auf einem Trägermaterial in Zell-Mikrospots immobilisiert (*cell arrays*), können sie hervorragend von Antikörpern gegen Zelloberflächenmoleküle, wie z. B. MHCs, charakterisiert werden. Auch vergleichende Untersuchungen der Zelloberflächenmoleküle verschiedener Zelllinien sind damit schnell und mit geringen Zellzahlen möglich.

**Blot overlay/multiplexer Western-Blot: DIGIWest** Werden Proteinlysate über SDS-PAGE (▶ Kap. 12) getrennt und auf eine Membran geblottet, können auf diesem Blot trotz der denaturierenden Bedingungen bei der SDS-PAGE Protein-Protein-Interaktionen nachgewiesen werden. Nach Auswaschen des SDS von der Blotmembran, dem Blocken der Membranoberfläche, z. B. mit Casein, Rinderserumalbumin oder Magermilchpulver in Assaypuffer, renaturieren viele Teilstrukturen der immobilisierten Proteine so weit, dass Protein-Protein-Interaktionen mit Analytproteinen, die auf der geblockten Membran inkubiert werden (*blot overlay*), wieder stattfinden. Nach Auswaschen der ungebundenen Analytproteine können interagierende markierte Analytproteine direkt über z. B. Fluoreszenz oder Radioaktivität oder indirekt über z. B. Biotin-fluoreszenzmarkiertes Streptavidin nachgewiesen werden. Der Nachweis von interagierenden unmarkierten Analytproteinen ist auch über fluoreszenzmarkierte Antikörper möglich (*Far Western-Blot*).

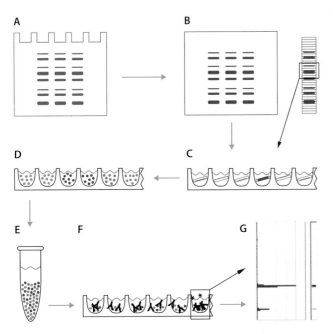

**◘ Abb. 44.4** Schematischer Ablauf des digitalen Western-Blots. Folgende Schritte der Methode sind schematisch dargestellt: **A** Auftrennung der Proteine im Gel; **B** Transfer der Proteine auf eine Membran und Schneiden der Membran in 96 Streifen; **C** Elution der Proteine von der Membran; **D** Transfer und Immobilisierung der Proteine auf Mikrosphären. Es werden 96 adressierbare und identifizierbare Beadpopulationen mit 96 Größenfraktionen beladen; **E** Mischen der Mikrosphären, Rekonstruktion des Blots; **F** Assay mit Western-Blot-Antikörpern; **G** Rekonstruktion des Western-Blots und Auswertung. (Nach Treindl et al. 2016)

Array-basierte Systeme ermöglichen neuerdings die Parallelisierung und Miniaturisierung des *blot overlay* und der klassischen Western-Blot-Methode (DIGIWest). Die Miniaturisierung bei der DIGI-West-Technologie (digitaler Western-Blot) ermöglicht die Analyse von hunderten von Western-Blot-Äquivalenten aus einer einzigen über SDS-PAGE aufgetrennten Probe. Der Nachweis der Proteine erfolgt hierbei nicht wie beim Western-Blot unmittelbar auf der Membran, sondern in einem Protein-Microarray aus farbcodierten Mikrosphären.

Im ersten Schritt eines DIGIWest-Assays werden die Proteine einer Probe der Größe nach in einem SDS-PAGE-Gel aufgetrennt und, wie beim Western-Blot, auf einer Membran immobilisiert (◘ Abb. 44.4). Über das Schneiden einer Proteinspur in 96 schmale Streifen lassen sich Membranstreifen generieren, auf denen Proteine eines definierten Größenbereiches vorliegen. Die Proteine werden von den einzelnen Membranstreifen eluiert und diese Größenfraktionen werden auf 96 verschiedene Populationen farbcodierter Mikrosphären immobilisiert. Durch Mischen aller Populationen wird die ursprüngliche Western-Blot-Spur als Proteinarray

wiederhergestellt. Die Größeninformation der in der SDS-PAGE getrennten Proteine bleibt über die Mikrosphärencodierung erhalten. Zur Durchführung eines direkten Immunassays wird ein Aliquot der Mikrosphärenarrays mit einen antigenspezifischen Antikörper inkubiert. Nach Zugabe eines fluoreszenzmarkierten sekundären Antikörpers wird das Antigen im Durchflusscytometer detektiert. Gleichzeitig wird in einem zweiten Detektionskanal auch die Beadcodierung (= Größeninformation aus SDS-PAGE) detektiert. Dadurch ist die Zuordnung von Antikörpersignalen und Größeninformation gegeben und eine digitale Rekonstruktion des „Western-Blots" möglich.

Der Schritt zu einem neuen Auslesesystem zeigt in der Praxis entscheidende Vorteile. Durchflusscytometer sind technisch ausgereift und in der Lage, mit hoher Sensitivität, hohem Durchsatz und sehr guter Reproduzierbarkeit Daten zu generieren. Somit können im Mikrosphären-basierten DIGIWest mit geringen Probenmenge (10–40 μg Protein) hunderte Analysen (ca. 400 Assays) in kurzer Zeit durchgeführt werden. Die Ergebnisse sind direkt mit den etablierten membrangebundenen Western-Blot-Analysen vergleichbar. Erreicht wird dabei ein großer dynamischer Detektionsbereich bei guter Linearität des Signals, hohem Signal-Rausch-Verhältnis und der damit verbundenen guten Nachweissensitivität.

Durch die DIGIWest-Methode lassen sich Protein- und Proteinmodifikationen aus geringer Probenmenge verlässlich und reproduzierbar nachweisen. Der Probendurchsatz, ein zentrales Problem beim Western-Blot, wird durch die Möglichkeit des parallelen Nachweises von bis zu 400 verschiedenen Antigenen in ein und derselben Probe (Multiplexing) deutlich erhöht.

## 44.2 Diskussion und Ausblick

Interaktomics ist ein sehr dynamisches Forschungsgebiet, das sich schnell verändert. In den letzten Jahren wurden zahlreiche Methoden für die Analyse von Interaktomen entwickelt. Dieses Kapitel kann nur einige der heute eingesetzten Verfahren exemplarisch zeigen. Fortschritte in der Massenspektrometrie, verbesserte Assayplattformen und Detektionssysteme im Bereich der Microarrays und der *in vivo*-Systeme und Fortschritte in der bioinformatischen Darstellung und Auswertung werden auch in Zukunft viele neue Erkenntnisse liefern, die die Beschreibung biologischer Systeme verbessern. Durchsatzfähige Methoden, die eine kostengünstige Analyse vieler Parameter in sehr vielen Proben ermöglichen, sollten zu einer verbesserten Beschreibung der zeitlichen Abläufe biochemischer Prozesse führen und der Systembiologie damit wertvolle Daten für ihre Modellierungen liefern.

## Literatur und Weiterführende Literatur

Ekins RP (1989) Multi-analyte immunoassay. J Pharm Biomed Anal 7:155–168

Ekins R, Chu F (1992) Multianalyte microspot immunoassay. The microanalytical ‚compact disk' of the future. Ann Biol Clin (Paris) 50:337–353

Treindl F, Ruprecht B, Beiter Y, Schultz S, Döttinger A, Staebler A, Joos TO, Kling S, Poetz O, Fehm T, Neubauer H, Kuster B, Templin MF (2016) A bead-based western for high-throughput cellular signal transduction analyses. Nat Commun 7:12852. https://doi.org/10.1038/ncomms12852

### Weiterführende Literatur

Meyerkord CL, Fu H (Hrsg) (2015) Protein-protein interactions: methods and applications. Humana Press, New York

Templin MF, Stoll D, Schwenk JM, Pötz O, Kramer S, Joos TO (2003) Protein microarrays: promising tools for proteomic research. Proteomics 3:2155–2166

# Chemische Biologie

*Daniel Rauh und Susanne Brakmann*

## Inhaltsverzeichnis

45.1    Chemische Biologie – innovative chemische Ansätze zum
        Studium biologischer Fragestellungen – 1092

45.2    Chemische Genetik – kleine organische Moleküle zur
        Modulation von Proteinfunktionen – 1094
45.2.1   Das Studium von Proteinfunktionen mit kleinen organischen
         Molekülen – 1095
45.2.2   Vorwärts und rückwärts gerichtete Chemische Genetik – 1097
45.2.3   Chemo-genomische Ansätze am Beispiel der Bump-and-Hole-
         Methode – 1098
45.2.4   Identifizierung von Kinase-Substraten mithilfe der ASKA-
         Technologie – 1102
45.2.5   Biologische Systeme mit kleinen organischen Molekülen schaltbar
         machen – 1102
45.2.6   Modifikation von Proteinen durch Erweiterung des genetischen
         Codes – 1104

45.3    Ligation exprimierter Proteine – Studium der
        posttranslationalen Modifikation von Proteinen – 1104
45.3.1   Analyse lipidierter Proteine – 1105
45.3.2   Analyse phosphorylierter Proteine – 1106

45.4    Chemische Biologie der Nucleinsäuren – 1107

        Literatur und Weiterführende Literatur – 1108

© Springer-Verlag GmbH Deutschland, ein Teil von Springer Nature 2022
J. Kurreck et al. (Hrsg.), *Bioanalytik*, https://doi.org/10.1007/978-3-662-61707-6_45

- Die Chemische Biologie ist eine wissenschaftliche Disziplin, die Chemie und Biologie umfasst und verbindet.
- Die Chemische Biologie hat die Erforschung biologischer Fragestellung zum Ziel und entwickelt dazu innovative Methoden aus dem reichhaltigen Baukasten der Chemie.
- In der Chemischen Biologie werden z. B. chemische Analysetechniken zusammen mit gezielt synthetisierten „kleinen organischen Molekülen" verwendet, um biologische Systeme wie Biomakromoleküle, Zellen oder Organismen zu stören (zu „perturbieren") und die Effekte dieser Störungen anhand der veränderten Situation bzw. des veränderten Phänotyps festzustellen.
- Wichtige Ziele der chemisch-biologischen Forschung sind die Erforschung der Funktionen von Biomakromolekülen wie Proteinen und RNA sowie die Identifikation und Validierung von z. B. krankheitsbezogenen Zielstrukturen. Als Grundlagendisziplin kann die Chemische Biologie so einen wichtigen Beitrag bei der Entwicklung von Arzneistoffen liefern.

## 45.1 Chemische Biologie – innovative chemische Ansätze zum Studium biologischer Fragestellungen

Das „Leben" in all seiner Komplexität und der Vielfalt seiner Erscheinungsformen lässt uns Naturwissenschaftler auch in der zweiten Dekade des 21. Jahrhunderts, auch nach den dramatischen Entwicklungen und Erkenntnissen der *Genomics* und der *Proteomics*, immer noch staunen. Wir mussten erkennen, dass weder die Beantwortung der Frage „Welche Gene sind verfügbar und können exprimiert werden?" noch Antworten auf die Frage „Welche Proteine sind aktuell in einer Zelle vorhanden?" uns helfen, Schlüsseleigenschaften einer lebenden Zelle (Migration und Bewegung, Zellteilung und Wachstum, Stoffwechsel, Reizweiterleitung, Interaktion mit der unmittelbaren oder weiter entfernten Umgebung, Embryogenese, Geburt, Alterung, Tod), einzeln oder als Teil eines Organs oder eines Organismus, vollständig – im Sinne einer Bauanleitung – zu beschreiben. Insbesondere vor dem Hintergrund der globalen Herausforderungen unseres Jahrhunderts, wie der Versorgung aller Menschen mit Nahrung und Energie und der Gewährleistung und Wiederherstellung von Gesundheit, ist es aber unabdingbar, geeignete Werkzeuge zu finden, mit denen sukzessive Antworten auf die Frage nach dem Leben und die Unterscheidung von „gesund" und „krank" erhalten werden können. Es ist das Privileg der Chemischen Biologie, molekulare Werkzeuge für diese Aufgabe, das Verständnis und die Manipulation biologischer Vorgänge und Systeme, zur Verfügung zu stellen.

Die Anfänge der Chemischen Biologie als erfolgreicher Fusion von Chemie und Biologie datieren zurück in die frühen 1990er-Jahre, als Chemiker in der Lage waren, Bibliotheken von Molekülen zu synthetisieren und deren Eigenschaften sowohl *in vitro* als auch *in vivo* im Hochdurchsatzmodus zu untersuchen. Zellen können in diesen Untersuchungen (Screenings) neue Eigenschaften (Phänotypen) ausprägen und dadurch Anlass zu genomischen und proteomischen Analysen geben, die wiederum zur Entdeckung neuer mechanistischer Zusammenhänge führen. Durch diese *Chemical Genetics* (bzw. *Chemical Genomics*) wurden erste bedeutende Entdeckungen möglich, beispielsweise die Identifizierung kleiner Moleküle, die als Inhibitoren der Zellteilung oder von Reaktionskaskaden fungieren. Mithilfe kleiner Moleküle wurden aber auch neue biochemische Mechanismen identifiziert, wie z. B. bis dahin unbekannte Signaltransduktionswege. So gelang es mithilfe biologisch aktiver, kleiner Moleküle nach und nach, immer weitere Proteine als krankheitsbezogene Zielstrukturen (*druggable targets*) zu identifizieren.

Diese Arbeiten wurden entscheidend durch die Entschlüsselung und Kartierung des humanen Genoms und weiterer Genome (von inzwischen mehr als 1000 Organismen) geprägt. Auf der Basis der Daten des menschlichen Genoms schätzt man den Anteil krankheitsbezogener, proteincodierender Gene (das *druggable genome*) auf ca. 10 % (3000), von denen wiederum ca. 20 % (300–600) das Potenzial besitzen, eine Krankheit zu beeinflussen. Die immer schnelleren und günstigeren Verfahren zur Analyse von Genomsequenzen brachten auch die Erkenntnis, dass spezifische Mutationen die Ursache für eine Tumorentstehung sind, weil sie das Zellwachstum regelrecht von fehlgesteuerten Signalen abhängig machen (*oncogene addiction*). Eine wichtige Aufgabe der chemisch-biologischen Forschung ist es daher, die mutierten Proteine mit präzise entwickelten Arzneistoffen gezielt „anzugreifen". Dies ist die Basis der Präzisionsmedizin.

Erkrankungen werden aber nicht nur durch Veränderungen von Gensequenzen hervorgerufen: Genome werden beständig durch eine Vielzahl an Substituenten verändert – die epigenetischen Modifikationen. Diese findet man sowohl an der DNA als auch an DNA-assoziierten Proteinen, den Histonen. Epigenetische Markierungen bewirken Veränderungen der Genexpressionsmuster in unterschiedlichen Zelltypen (und somit Veränderungen des jeweiligen Phänotyps) und können bei der Zellteilung weitergegeben sowie partiell auch vererbt werden. Eine wichtige Aufgabe besteht daher darin, das Epigenom zu analysieren und zu lernen, anhand von Veränderungen des Markierungsmusters den gesunden Zustand eines Organismus von einem kranken zu unterscheiden.

Die Komplexität einer lebenden Zelle spiegelt sich vor allem in ihrer Dynamik – den sich beständig wandelnden Interaktionen und Reaktionen der vorhandenen Moleküle – wider. So werden z. B. Ausmaß und Muster der Transkription und infolgedessen der Proteinexpression durch vielgestaltige Wechselwirkungen zwischen Protein und Nucleinsäuren bestimmt, oder Signalkaskaden werden durch posttranslationale Modifikationen, Wechselwirkungen zwischen zwei Proteinen oder zwischen einem Protein und einem kleinen Molekül (*small molecule*) initiiert.

Um Status und Dynamik einer Zelle oder eines Gewebes analysieren und modifizieren zu können, werden kleine organische Moleküle benötigt. Sie sind die zentralen Werkzeuge der Chemischen Biologie und werden als Sonden (Reportergruppen, *tags*) zum Markieren von Nucleinsäuren oder Proteinen oder als Liganden (Inhibitoren, aber auch Aktivatoren oder Modulatoren) eingesetzt. Eine wichtige Voraussetzung für die Nutzung von Liganden ist, dass die kleinen Moleküle eine Zielstruktur, Protein oder Nucleinsäure, erkennen und binden. Im Falle eines Enzyms erfolgt diese Bindung meistens im Bereich des aktiven Zentrums, kann aber auch an anderen Struktureinheiten erfolgen und dann eine qualitative oder quantitative Modifikation der Aktivität oder eine neue Funktion hervorrufen. Kenntnisse der dreidimensionalen Strukturen von Proteinen, allein oder im Komplex mit einem bindenden Molekül, sowie Techniken zur Modellierung von Protein-Ligand-Wechselwirkungen in silico sind eine wichtige Grundlage für die Herleitung von Struktur-Wirkungs-Beziehungen und die Entwicklung neuer *small molecules*. Ebenso wichtig sind aber geeignete Techniken zum Nachweis von Bindungsereignissen, von strukturellen Veränderungen und Änderungen der Aktivität auf molekularer und zellulärer Ebene. Hier ist vielfach die interdisziplinäre Zusammenarbeit mit komplementär arbeitenden Gruppen aus Physik, Biologie, Medizin und Pharmakologie gefordert. Letztlich münden die gewonnenen Erkenntnisse in der Erforschung neuer zellulärer Mechanismen und Interaktionen in Antworten auf die Fragen „Was ist Leben?" und „Was unterscheidet einen gesunden von einem kranken Organismus?", und damit natürlich in der Entwicklung neuer Wirkstoffe und Medikamente.

Wichtige Methoden der Chemischen Biologie sind:

- Methoden zum Entwurf und zur Synthese kleiner, wirkstoffähnlicher Moleküle, die sowohl als Weiterentwicklungen natürlicher Fragmente und Strukturen als auch de novo konzipiert worden sein können. Synthesestrategien können individuell sein, aber auch auf Mehrkomponentenreaktionen oder parallelisierten Synthesen für Molekülbibliotheken beruhen.
- Bereitstellung und Charakterisierung kleiner Moleküle (individuell oder in Form von Bibliotheken) mit neuen Funktionen oder neuen Architekturen als Modulatoren und molekulare Sonden für die Perturbation und Untersuchung biologischer Phänomene.
- Methoden für das Design und die Erzeugung von semisynthetischen oder rekombinanten Proteinen, die aufgrund photosensitiver Substituenten oder Domänen durch Licht aktivierbar oder inaktivierbar sind.
- Methoden zur Erweiterung des genetischen Codes durch die Synthese und Verwendung „unnatürlicher Aminosäuren" (*unnatural amino acids,* UAA), durch die Proteine mit Markierungen versehen werden können, die durch Licht isomerisier- oder abspaltbar sind, oder deren Vorhandensein sowohl statisch als auch dynamisch z. B. aufgrund von Fluoreszenz oder paramagnetischer Resonanz verfolgt werden kann.
- Methoden für die dosierte und idealerweise reversible Perturbation biologischer Prozesse. Dabei soll eine externe Kontrolle mit zeitlicher, räumlicher und dynamischer Präzision ausgeübt werden.
- Methoden für biochemische und zelluläre Assays, mit denen Substanzbibliotheken hinsichtlich ihrer biologischen Aktivität sowohl *in vitro* als auch *in vivo* durchmustert werden können. Bevorzugt werden automatisierbare, bildgebende Verfahren verwendet, die die Beobachtung und Aufzeichnung einer veränderten Aktivität oder eines veränderten Phänotyps mit zeitlicher und räumlicher Auflösung ermöglichen, z. B. zeitaufgelöste Messungen der Fluoreszenz (FRET/FLIM) oder FCS. Zunehmend werden hoch- und höchstauflösende mikroskopische Techniken wie *Stimulated-Emission-Depletion-* (STED-) Mikroskopie, Raster-Kraftmikroskopie (*Atomic Force Microscopy,* AFM) und (Kryo-)Elektronenmikroskopie verwendet.
- Methoden für die Isolierung und Identifikation von Bindungspartnern (vor allem von Zielproteinen) der untersuchten kleinen Moleküle, z. B. durch massenspektrometrische Verfahren (*Isotope-Coded Affinity Tag,* ICAT, oder *Stable Isotope Labeling by Amino Acids in Cell Culture,* SILAC), durch Displaymethoden (unter Verwendung von Phagen oder Ribosomen) oder, seltener, auch durch evolutive Verfahren und *deep sequencing* zum Auffinden von Mutationen und mutierten Varianten.
- Methoden, mit denen identifizierte Zielmoleküle (Proteine, aber auch Nucleinsäuren) charakterisiert und ihre Wechselwirkung mit einem/mehreren kleinen Molekül(en) quantitativ beschrieben werden können.
- Informatische Methoden, mit denen zum einen die erhaltenen, teilweise sehr großen Datenmengen ausgewertet werden können und mit denen zum anderen auf der Basis der Ergebnisse Modellierungen durch-

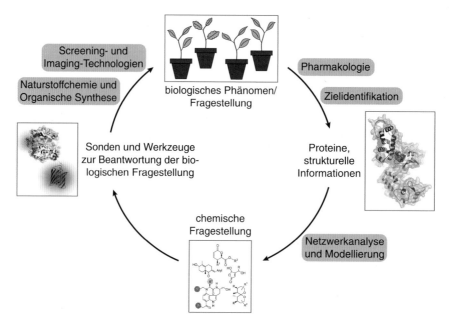

**◧ Abb. 45.1** Zyklus der Chemischen Biologie. In der Chemischen Biologie werden biologische Fragestellungen mithilfe des Baukastens der Chemie beantwortet. Biologische Phänomene lassen sich auf die Funktion von Proteinen und deren orchestriertes Zusammenspiel innerhalb der Komplexität einer lebenden Zelle zurückführen. Die Funktion und die Struktur dieser zellulären Zielstrukturen sollen im Rahmen chemisch-biologischer Untersuchungen perturbiert werden, um so Rückschlüsse auf deren Funktion zu ziehen. Daraus definiert sich für die Chemische Biologie die Herausforderung, wie mittels des Baukastens der Chemie zum Beispiel die Funktion eines Enzyms oder die Translokation eines bestimmten Proteins zwischen verschiedenen Kompartimenten in einer Zelle durch Modifikationen (die z. B. semisynthetisch in das Protein eingebracht wurden) moduliert werden kann. Die so entwickelten und hergestellten Sonden werden als molekulare Werkzeuge in biologischen Experimenten eingesetzt

geführt und Korrelationen von Chemo-, Geno- und Phänotyp erfasst werden können.

Diese umfangreiche Aufstellung zeigt, dass Chemische Biologie ein weites Spektrum an Kenntnissen und Methoden umfasst, das von der klassischen organischen Chemie über Strukturbiologie, Biochemie und Zellbiologie bis zu den neuesten Entwicklungen in den verschiedenen Gebieten der Spektroskopie/Spektrometrie und Mikroskopie reicht (◧ Abb. 45.1). Aufgrund des Umfangs der Materie kann hier nur ein Überblick gegeben und die Leistungsfähigkeit dieser interdisziplinären Wissenschaft anhand ausgewählter Beispiele veranschaulicht werden. Für vertiefende Information sei an dieser Stelle auf die unter Weiterführende Literatur referenzierte Literatur verwiesen.

## 45.2 Chemische Genetik – kleine organische Moleküle zur Modulation von Proteinfunktionen

Genotyp und Phänotyp einer Zelle sind nicht so eindeutig verbunden wie einst angenommen. Der Grund dafür liegt in der Tatsache, dass Proteine innerhalb einer Zelle keine in ihrer Funktion unabhängigen Einheiten darstellen. Die Gesamtkonzentration an Protein in Zellen liegt durchschnittlich bei 200 mg ml$^{-1}$ und damit so hoch, dass Proteine sich fortwährend in dynamischen Strukturen wie Komplexen und Reaktionskaskaden, reaktiven Kompartimenten oder „Kondensaten" (Oligo-, Multi-, Polymeren) anordnen, die wiederum miteinander interagieren und reagieren können. Diese hochgradige Organisation wird auch als Quintärstruktur beschrieben, in der physikalische und chemische Wechselwirkungen von Proteinen die Ausbildung genau aufeinander abgestimmter Reaktionsnetzwerke ermöglichen, wobei schätzungsweise mehr als 3500 verschiedene Reaktionen räumlich und zeitlich reguliert werden. Ein und dasselbe Protein kann zudem unterschiedliche Funktionen ausüben, je nachdem, in welchem molekularen Kontext es aktiv ist. Infolgedessen sind Aufbau und Regulation der Netzwerke dynamisch und individuell – je nach Zelltyp und betrachtetem Zellkompartiment und Prozess. Beides in aller Komplexität und Dynamik quantitativ zu erfassen, ist essenziell, um „Leben" zu verstehen und „gesund" von „krank" zu unterscheiden, stellt aber gleichzeitig eine der großen Herausforderungen der modernen Zellbiologie dar.

Einer der leistungsfähigsten Ansätze zur Entschlüsselung komplexer biologischer Fragestellungen ist die gezielte Störung (**Perturbation**) von Proteinfunktionen, verbunden mit der differenziellen Analyse gestörter und ungestörter Zustände. Vergleichen lässt sich dieses Vorgehen mit dem eines Ingenieurs, der eine zunächst unbe-

45

kannte Maschine in ihre Bestandteile zerlegt und diese anschließend unter Ausschluss einzelner Teile wieder zu einem Ganzen zusammenfügt, um so die Funktionsweise der Apparatur und ihrer Komponenten zu verstehen. Störungen des zellulären Systems können auf der Ebene des Genoms durch Mutagenese oder Geninaktivierung (z. B. durch Gen-Knock-out/-in, TALENs, CRISPR-Cas9) erreicht werden, auf der Ebene der Transkription durch mRNA-Inaktivierung (siRNA, Antisense-RNA, Ribozyme, miRNA) oder auf der Ebene der bereits synthetisierten Proteine durch Inhibitoren, vor allem durch *small molecules*, seltener durch Aptamere oder Antikörper (◧ Abb. 45.2). Während klassische Techniken der Mutagenese mit geringem Zeit- und Materialaufwand durchzuführen sind und vielfach, auch im Hochdurchsatz, ihre Leistungsfähigkeit unter Beweis gestellt haben, erfordern andere Verfahren zur Proteinkontrolle durch Geninaktivierung besonderes Know-how und einen hohen zeitlichen Aufwand, insbesondere, wenn Tierstudien im Mittelpunkt stehen. So dauert die Erzeugung einer transgenen Maus oder einer Knock-out-Maus oft Monate, und auch die Verwendung der RNA-Interferenz ist nicht trivial, da das Adressieren von Genen durch siRNA für jede Sequenz, jeden Zelltyp und jeden Organismus optimiert werden muss. Darüber hinaus unterbindet RNA-Interferenz zwar die Neubildung von Proteinen, eliminiert aber nicht den Pool an zu adressierenden Proteinen, die in der Zelle bereits gebildet wurden. Das gezielte „Ausschalten" einer Proteinfunktion, z. B. eines Enzyms, hängt daher von dessen natürlicher Umsetzungsrate ab und kann im ungünstigen Fall Stunden oder Tage dauern. Die dadurch entstandene Lücke zwischen induziertem Genotyp und beobachtetem Phänotyp lässt der Zelle Zeit, sich zu adaptieren und die provozierten Änderungen beispielsweise durch Aktivierung alternativer Netzwerkstrukturen zu kompensieren. Ein weiteres, grundlegendes Problem von RNA-Interferenz und Knock-out-Techniken ist, dass die Störungen chro-

nisch sind und das zu untersuchende Protein dauerhaft (physikalisch) aus der Zelle entfernt wird. Besonders im Falle von Enzymen geht so unter Umständen nicht nur die ursprünglich im Fokus stehende Enzymaktivität verloren, sondern eventuell auch eine wichtige, sekundäre Funktion wie die Vermittlung einer Protein-Protein-Wechselwirkung mit der Folge, dass davon abhängige Reaktionen unterbunden werden. Hier schließt sich der Kreis, denn zahlreiche Proteine entfalten ihre Funktion erst durch die Ausbildung komplexer Strukturen mit anderen Proteinen (z. B. *metabolic pathways* oder Proteinkomplexe wie dem Proteasom). Entfernt man eine dieser Komponenten aus der Zelle, gefährdet man gegebenenfalls die Integrität des gesamten Systems. Steht die Perturbation nicht nur einer Zelle, sondern eines Organismus im Zentrum des Interesses, ergeben sich weitere Schwierigkeiten: So ist das detaillierte Studium von Proteinfunktionen über einen definierten Zeitraum hinweg oder zu einem bestimmten Zeitpunkt in der Entwicklung dieses Organismus nur schwer zu realisieren. Analoge Probleme ergeben sich, wenn das zu untersuchende Protein eine unerlässliche Rolle im Entwicklungsprozess des Organismus spielt und die Modifikation des Gens zu einer Letalität bereits in der Embryonalphase führt.

Als Alternative zur Perturbation biologischer Prozesse sind daher Techniken zur Kontrolle von Proteinfunktionen entstanden, mit denen die zeitliche und räumliche Verteilung und Struktur des zu adressierenden Proteins nicht gestört wird. Wie wir im Folgenden sehen werden, ist die Verwendung kleiner organischer Moleküle als Sonden zur gezielten Perturbation von Proteinfunktionen ein attraktiver und zu genetischen Methoden vielfach komplementärer Ansatz, der eine Reihe von Vorteilen bietet (◧ Tab. 45.1). Chemische und genetische Ansätze lassen sich zudem kombinieren und ermöglichen dadurch das selektive Adressieren einer bestimmten Proteinfunktion.

### 45.2.1 Das Studium von Proteinfunktionen mit kleinen organischen Molekülen

Aus pharmakologischer und chemischer Sicht sind wirkstoffähnliche, kleine organische Moleküle ideale Werkzeuge, um die Aktivität, Lokalisation und Interaktion eines Zielproteins mit anderen Proteinen auf zellulärer Ebene akut zu perturbieren. Zum Beispiel erlauben Enzyminhibitoren, die katalytische Aktivität des Enzyms zu jedem beliebigen Zeitpunkt in der Entwicklung einer Zelle oder eines Organismus zu stören. Mithilfe der chemischen Perturbation biologischer Systeme lassen sich nicht nur die Konnektivitäten eines Proteinnetzwerks aufdecken, sie ermöglicht auch das Studium hochgradig dynamischer Prozesse wie etwa der Reorganisation des Cytoskeletts, wo klassisch-genetische Ansätze auf-

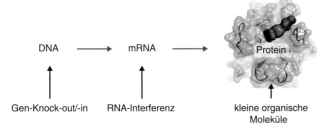

◧ **Abb. 45.2** Erforschung der Funktion von Proteinen. Die Funktionen von Proteinen lassen sich auf verschiedenen Hierarchieebenen mithilfe von Perturbationen untersuchen. Jede der gezeigten Methoden hat ihre Vor- und Nachteile. Während bei der Geninaktivierung durch Knock-out oder RNA-Interferenz das Protein durch Kontrolle der Transkription und Translation physikalisch aus der Zelle entfernt wird, ermöglichen kleine organische Moleküle das Studium des Zielproteins in seiner physiologischen Umgebung

**◻ Tab. 45.1** Die Verwendung biologisch aktiver Moleküle zur Modulation von Proteinfunktionen hat entscheidende Vorteile gegenüber genetischen Methoden

| | |
|---|---|
| schnelle Wirksamkeit/zeitliche Kontrolle | Kleine, biologisch aktive Moleküle wirken rasch und können zu jedem Zeitpunkt in der Entwicklung einer Zelle oder eines Organismus eingesetzt werden. |
| räumliche Kontrolle | Der Eintritt der Wirkung kleiner Moleküle erfolgt rasch und erlaubt daher die zeitliche Kontrolle des biologischen Systems. Mittels geeigneter physikalischer (z. B. mikrofluidische Systeme) und/oder chemischer Modifikation (z. B. Affinität gegenüber Membranen, *Pro-Drug*-Konzepte) lässt sich die Wirksamkeit räumlich und zeitlich auf definierte Kompartimente beschränken. |
| Reversibilität | In einem biologischen System unterliegen Wirkstoffe pharmakologischen Prozessen wie Diffusion, Metabolismus und Ausscheidung. Die biologische Wirkung eines kleinen, biologisch aktiven Moleküls ist daher meist reversibel. |
| Justierbarkeit | Durch Einstellen der verwendeten Molekülkonzentration (Dosis) lässt sich die Stärke eines Phänotyps steuern und quantifizieren. |
| Differenzierbarkeit | Wirkstoffe erlauben die Differenzierung der Funktion von Proteinvarianten, die auf dasselbe Gen zurückzuführen sind. |
| minimal invasiv | Wirkstoffe erlauben Studien am nativen System und sind daher minimal invasiv. |

grund der zugrunde liegenden Dynamik nicht mehr greifen. Das rasche Einsetzen der pharmakologischen Wirkung einer biologisch aktiven Verbindung hilft, das Fehlen verwertbarer Phänotypen, das gelegentlich bei Einzelgen-Knock-outs aufgrund der zeitabhängigen transkriptionellen Kompensation beobachtet wird, zu umgehen. Da der biologische Effekt eines verwendeten Wirkstoffs zudem häufig reversibel ist und sich über die eingesetzten Konzentrationen abgestufte Phänotypen induzieren lassen, ist die transiente, zeitliche Kontrolle des Systems möglich.

Die systematische Anwendung biologisch aktiver Moleküle zum Studium von Proteinfunktionen ist eine Paradedisziplin der Chemischen Biologie, die historisch auf die Verwendung giftiger Naturstoffe zum Studium biologischer Prozesse zurückgeführt werden kann. Einige dieser Molekülsonden wie Brefeldin (Studium vesikulärer Transportvorgänge in Zellen), Okadainsäure (ein Phosphatase-Inhibitor) oder das Alkaloid Colchicin aus der Herbstzeitlose (Studium der Zellteilung) hatten fundamentale Einflüsse auf ganze Arbeitsgebiete der Biologie. Während aber bei der Entdeckung dieser Naturstoffe als wertvoller Molekülsonden zur Erforschung biologischer Fragestellungen der Zufall die tragende Rolle gespielt hat, erlauben die Fortschritte in den Bereichen der organischen Chemie (z. B. automatisierte Parallel- und Festphasensynthese und neue Ansätze zur Totalsynthese komplexer Naturstoffe), der Screeningtechnologien (Automatisierung und Miniaturisierung beim Durchmustern von Substanzbibliotheken, leistungsfähige Bildgebungstechnologien sowie die Entwicklung aussagekräftiger phänotypischer Assays), der Proteintechnologie (das Design konditioneller Systeme

zum Aktivieren und Inaktivieren von Mutanten) sowie in den Computerwissenschaften (Chemoinformatik, Bioinformatik, die Verwaltung und Analyse großer Datensätze z. B. aus phänotypischen Screeningansätzen) ein systematisches Vorgehen bei der Suche, dem Design und der Entwicklung von wirkstoffähnlichen Molekülen, die für das Studium biologischer Systeme geeignet sind.

Für den Erfolg chemisch-genomischer Ansätze ist entscheidend, dass kleine organische Moleküle zur Verfügung stehen, die als Liganden an ein Protein oder eine Gruppe von Proteinen binden und deren Funktionen modulieren können. Geeignete Moleküle werden in der Regel beim Durchmustern großer Substanzsammlungen (Substanzbibliotheken) gefunden, die entweder nach Maßgabe biologischer Relevanz (fokussierte Bibliotheken basierend auf biologisch aktiven Vorläufern), der Ähnlichkeit zu Wirkstoffen, struktureller chemischer Diversität (um einen möglichst großen chemischen Raum abzudecken) oder aber auch zielgerichtet mittels strukturbasierter Ansätze entwickelt und synthetisiert wurden (◻ Tab. 45.2). Diese Substanzbibliotheken werden in einer Vielzahl biochemischer und/oder phänotypischer Assaysysteme auf ihre biologische Wirkung hin untersucht. Dabei wird prinzipiell zwischen der vorwärts gerichteten (*forward chemical genetics*) und der rückwärts gerichteten (*reverse chemical genetics*) Chemischen Genetik unterschieden (◻ Abb. 45.3). Während beim letztgenannten Ansatz Substanzbibliotheken gezielt auf ihre biologische Wirkung gegenüber einer zuvor definierten Zielstruktur meist biochemisch gescreent werden (z. B. Hemmung einer Enzymaktivität oder Protein-Protein-Wechselwirkung) und die so identifizierten Verbin-

45

**☐ Tab. 45.2** Herkunft von Substanzbibliotheken. Neben einer Vielzahl verschiedener Möglichkeiten zum Design und der Synthese von Substanzbibliotheken haben sich die folgenden drei komplementären Ansätze als besonders leistungsfähig für die Chemische Biologie erwiesen

| *Biology-Oriented Synthesis* (BIOS) | Bei diesen Ansätzen basiert das Design von Substanzbibliotheken auf Naturstoffen. Im Laufe der Evolution hat die Natur eine Reihe komplexer und sehr potenter Naturstoffe geschaffen, die als wichtige Modulatoren die Funktion von Proteinen und ganzen biologischen Systemen steuern. Beispiele sind die Hormone Adrenalin und Estrogen, die ihre Wirkung als biochemische Botenstoffe über die Wechselwirkung mit Rezeptoren entfalten. Aber auch sekundäre Pflanzeninhaltsstoffe wie Alkaloide, die eine wichtige Rolle bei der Abwehr von Schädlingen spielen, gelten als vielversprechende Startpunkte für die Synthese von Substanzbibliotheken. |
|---|---|
| *Diversity-Oriented Synthesis* (DOS) | Bei DOS basieren das Design und die Synthese auf dem Hintergrund, einen möglichst diversen chemischen Strukturraum hoher Komplexität abzudecken. |
| *Structure-Based Ligand Design* (SBLD) | Hier orientieren sich das Design und die Synthese von Substanzbibliotheken an strukturellen Informationen über das Zielprotein, z. B. an dessen mittels Röntgenkristallographie ermittelter dreidimensionaler Struktur. Informationen über den Aufbau von Proteinbindungstaschen erlauben die rationale Entwicklung von niedermolekularen Modulatoren, z. B. von Inhibitoren, und liefern Ansatzpunkte für orthogonale, chemisch-genetische Ansätze wie den *bump-and-hole approach* (☐ Abb. 45.6) |

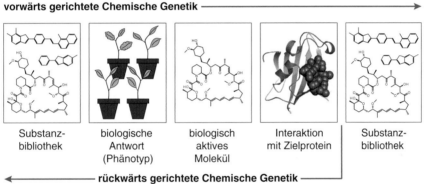

vorwärts gerichtete Chemische Genetik

Substanz-bibliothek · biologische Antwort (Phänotyp) · biologisch aktives Molekül · Interaktion mit Zielprotein · Substanz-bibliothek

rückwärts gerichtete Chemische Genetik

**☐ Abb. 45.3** Chemische Genetik. In der Chemischen Genetik steht das Durchmustern von Substanzbibliotheken auf biologische Wirksamkeit am Anfang der Analyse. Substanzbibliotheken können auf verschiedene Weisen erhalten werden. Neben der präparativen organischen Synthese und der Isolierung von Naturstoffen aus Pflanzen, Mikroorganismen oder Tieren können heutzutage Bibliotheken mit mehreren Zehntausend Vertretern auch käuflich erworben werden. Zeigt eine Substanz beim Durchmustern einen biologischen Effekt, so kann das durch dieses Molekül beeinflusste Zielprotein identifiziert werden (vorwärts gerichtete Chemische Genetik, *forward chemical genetics*). Alternativ kann die biologische Funktion eines bereits durch die Genomforschung identifizierten Proteins dadurch charakterisiert werden, dass man mithilfe einer vorhandenen Substanzbibliothek und eines geeigneten Assaysystems Moleküle identifiziert, die an das Zielprotein binden und dessen Funktion zunächst *in vitro* beeinflussen. Die so identifizierten Moleküle können in einem nächsten Schritt in lebenden Zellen oder Modellorganismen dazu verwendet werden, das zu untersuchende Protein zu stören (perturbieren) und so dazu beitragen, dessen Funktion aufzuklären und besser zu verstehen (rückwärts gerichtete Chemische Genetik, *reverse chemical genetics*)

dungen dann als Sonden bei der Analyse der Funktion des Proteins im physiologischen Zusammenhang zum Tragen kommen, sind die zellulären Zielstrukturen bei der vorwärts gerichteten Chemischen Genomik zunächst unbekannt. Verbindungen, die in zellbasierten Assays den gewünschten Effekt oder einen neuen, interessanten Phänotyp aufweisen, werden im weiteren Verlauf zur Identifizierung der Zielproteine z. B. mittels *pull-down* und Massenspektrometrie eingesetzt. ☐ Abb. 45.4 veranschaulicht dieses Vorgehen am Beispiel eines Stabilisators von Protein-Protein-Wechselwirkungen.

### 45.2.2 Vorwärts und rückwärts gerichtete Chemische Genetik

Genetische Analysen lassen sich in vorwärts gerichtete Ansätze, bei denen bestimmte Phänotypen analysiert werden, und rückwärts gerichtete Ansätze unterteilen, bei denen die phänotypischen Konsequenzen von Mutationen im Mittelpunkt stehen. Vorwärts gerichtete Ansätze haben die Identifikation des veränderten Genprodukts zum Ziel, welche ursächlich für den beobachteten Phänotyp ist. Analog dazu basiert die vorwärts gerichtete Che-

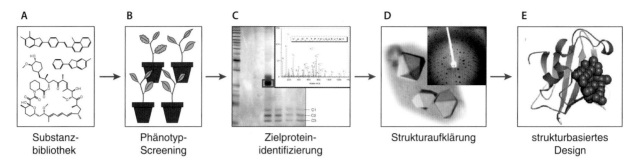

| A | B | C | D | E |
|---|---|---|---|---|
| Substanz-bibliothek | Phänotyp-Screening | Zielprotein-identifizierung | Strukturaufklärung | strukturbasiertes Design |

◻ **Abb. 45.4** Chemische Genetik am Beispiel des Protein-Protein-Wechselwirkungsstabilisators Fusicoccin. **A** Der Einfluss einzelner Vertreter einer Substanzbibliothek auf das Pflanzenwachstum wird untersucht. **B** Einige der getesteten Substanzen zeigen dabei einen auffälligen Phänotyp. **C** Der so aufgefundene, biologisch aktive Naturstoff kann chemisch derart modifiziert werden, dass durch sein Anknüpfen an ein geeignetes Trägermaterial das gebundene Protein mittels zweidimensionaler Gelelektrophorese und Massenspektrometrie analysiert werden kann. Potenzielle Zielproteine werden identifiziert und weiter untersucht. **D** Die Strukturbiologie dient dem detaillierten Verständnis der molekularen Wechselwirkungen zwischen der biologisch aktiven Verbindung und dem identifizierten Zielprotein. **E** In diesem Beispiel konnte anhand der Röntgenkristallstruktur die wirkaktive Substanz als ein Stabilisator von Protein-Protein-Wechselwirkungen identifiziert werden. Der aufgefundene komplexe Naturstoff (durchsichtiges Kalottenmodell) stabilisiert diese Wechselwirkung eines Adapterproteins (graue Oberfläche) mit dem Zielprotein (rote Kalotten). Die Komplexstruktur aus Ligand und Protein dient als Startpunkt für das rationale Design neuer kleiner Moleküle mit optimierten Eigenschaften (Affinität, Selektivität, etc.). In diesem Beispiel können durch das koordinierte Zusammenspiel aus Chemie und Biologie Verbindungen identifiziert werden, die sich aufgrund ihrer Welke induzierenden Aktivität als Unkrautbekämpfungsmittel eignen könnten

◻ **Abb. 45.5** Reportergen-Assay. Die genetische Information für das Enzym Luciferase wird mithilfe rekombinanter DNA-Technik dem Promotor des zu untersuchenden Proteins nachgeschaltet. Die so gewonnenen Konstrukte werden in geeignete Zelllinien eingebracht und erlauben durch Messen der Luciferase-Aktivität das direkte Auslesen des Effekts kleiner organischer Moleküle auf die dem Promotor vorstehende Signalkaskade

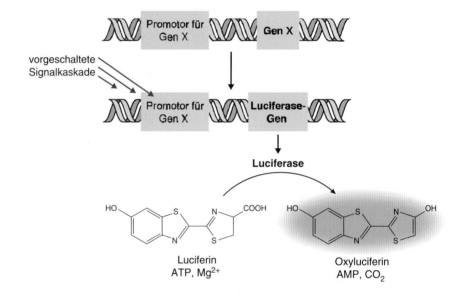

mische Genetik auf Phänotypen, die unter dem Einfluss kleiner organischer Moleküle dadurch induziert werden, dass diese mit bestimmten biologischen Makromolekülen, wie z. B. Proteinen, RNA oder DNA, wechselwirken.

Derartigen Analysen liegt ein dreistufiger Prozess zugrunde, bei dem zunächst ein geeigneter phänotypischer Assay entwickelt werden muss, der das Auslesen des gewünschten biologischen Effektes ermöglicht. Zum Beispiel kann dies der Differenzierungsgrad einer Zelllinie sein. Häufig finden hier auch sog. Reportergenassays ihre Anwendung (◻ Abb. 45.5). Um im zweiten Schritt möglichst viele Substanzen reproduzierbar auf ihre biologische Aktivität hin zu testen, ist eine Miniaturisierung des Assays auf Mikrotiterplattenformate (96-, 384- oder 1536-Well) heute der Standard. Nach dem Auffinden von Verbindungen stellt die Identifizierung und biologische Validierung der zellulären Zielproteine, deren Modulation zu einem Signal in der Auswertung des Assays geführt hat, die oftmals größte Herausforderung dar. Mit einer neuen Verbindung, die als Modulator der Funktion eines Genprodukts identifiziert wurde, ist die rückwärts gerichtete Chemische Genetik möglich.

### 45.2.3 Chemo-genomische Ansätze am Beispiel der Bump-and-Hole-Methode

Wie wir in den vorherstehenden Abschnitten gesehen haben, ist die Modulation von Proteinfunktionen mit

**45**

**Abb. 45.6** Analogsensitive Kinasen. Schematische Darstellung des *Bump-and-Hole*-Ansatzes zur selektiven Inhibition von Proteinkinasen. **A** Inhibition einer Proteinkinase durch einen unspezifischen, ATP-kompetitiven Inhibitor. **B** Ein sterisch anspruchsvoller *Bumped*-Inhibitor passt nicht mehr in die ATP-Bindungstasche der Wildtyp-Kinase. **C** Durch eine Punktmutation an der Türsteherposition in der Scharnierregion der Kinase wurde die ATP-Bindungstasche erweitert und ist dadurch komplementär zum sterisch anspruchsvollen Inhibitor. Der modifizierte Ligand kann binden und die analogsensitive Kinase inhibieren

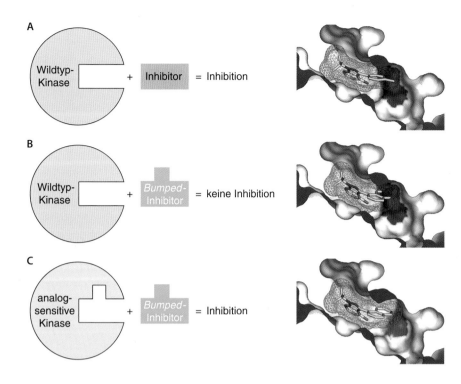

kleinen organischen Molekülen eine sehr leistungsfähige Methode und Kerndisziplin der Chemischen Biologie. Allerdings ist die Entwicklung von Molekülen, mit denen sich selektiv die Funktion eines bestimmten Zielproteins „chemisch ausschalten" lässt, ausgesprochen schwierig. Inhibitoren z. B. treffen neben dem gewünschten Zielprotein oft auch andere Proteine, die zu diesem strukturell und funktionell verwandt sind. Aus den Grundlagen der Arzneimittelforschung wissen wir, dass bereits die Entwicklung eines Arzneistoffes eine schwierige Aufgabe ist. Die Entwicklung eines selektiven Arzneistoffes ohne unerwünschte Nebenwirkung (Nebenwirkungen entstehen u. a. durch Wechselwirkungen mit anderen Proteinen) ist unmöglich. Um dieses zentrale Problem zumindest für die Analyse biologischer Systeme zu umgehen und die Vorzüge kleiner organischer Moleküle (**Tab. 45.1**) mit der hohen Präzision rekombinanter DNA-Technologie zu kombinieren, wurde die *Bump-and-Hole*-Methode entwickelt. Dank dieses Ansatzes ist es möglich, maßgeschneiderte Protein-Ligand-Paare zu erhalten und diese z. B. auf zellulärer Ebene zur Analyse biologischer Fragestellungen zu verwenden. Dabei wird die Bindungstasche des gewünschten Proteins durch zielgerichtete Mutagenese so erweitert (*hole*), dass ein speziell entwickelter, sterisch anspruchsvoller Ligand (*bump*) nur an das mutierte Protein bindet, aber nicht die Funktion des Wildtyps oder verwandter Proteine perturbiert. Dabei kann der Ligand ein Inhibitor, ein Agonist oder aber auch ein chemisch modifizierter Cofaktor sein, um z. B. im physiologischen Kontext einer lebenden Zelle die Substratspezifität des Zielenzyms zu

analysieren (**Abb. 45.6**). Der *Bump-and-Hole*-Ansatz wurde erstmals zur Analyse der Wechselwirkungen zwischen dem Elongationsfaktor EF-TU und dem Ribosom eingesetzt und seitdem auf mehrere Enzymklassen übertragen. Besonders im Labor von Kevan Shokat an der UCSF in San Francisco, USA, wurde diese Methode zu einem leistungsstarken chemo-genomischen Ansatz weiterentwickelt, um die Funktion von Proteinkinasen in komplexen Systemen zu erforschen. In der Fachwelt ist dieser Ansatz unter dem Namen ASKA (*Analog-Sensitive Kinase Alleles*) bekannt.

### 45.2.3.1 ASKA – die Kombination chemischer und genetischer Methoden zur selektiven Inhibition von Proteinkinasen

Bereits 1839 entdeckten Wissenschaftler, dass das Element Phosphor als Baustein in Proteinen enthalten ist. Es dauerte weitere 120 Jahre, bis die enzymatische Übertragung des Phosphors auf Proteine in Form von Phosphatgruppen entdeckt und damit die Grundlage für das Verständnis der wohl wichtigsten posttranslationalen Modifikation gelegt wurde. Heute wissen wir, dass die Enzymklasse der Proteinkinasen die γ-Phosphateinheit des ATP auf Proteinsubstrate überträgt und dadurch eine Schlüsselrolle bei der Steuerung von Proteinfunktionen und der komplexen Regulation von Signalwegen einnimmt. Das menschliche Genom codiert für weit mehr als 500 Kinasen, und die Entschlüsselung der physiologischen und pathophysiologischen Bedeutung eines jeden einzelnen Vertreters dieser Enzymfamilie steht besonders im Interesse aktueller Forschungen. Allerdings machen ausgerechnet die komplexe Regulation dieser Enzyme sowie deren oftmals überlappende Substratspezifität die Identifikation einzelner Kinaseaktivitäten in biologischen Prozessen extrem schwierig. Zur Beantwortung der Frage, welche Kinasen zu welchem Zeitpunkt in der Entwicklung eines Organismus in welchem Netzwerk aktiv sind und wie sich diese Aktivität auf nachgeschaltete Prozesse auswirkt, bedarf es daher besonders leistungsfähiger Methoden. Mit dem, was wir aus den vorhergehenden Abschnitten gelernt haben, sollte sich dies relativ einfach mithilfe von Perturbationsexperimenten beantworten lassen, bei denen Kinaseinhibitoren die enzymatische Übertragung der Phosphatgruppen auf Substrate unterbinden und so das biologische System stören. Allerdings bedarf es dafür ausgesprochen selektiver Kinaseinhibitoren, die spezifisch nur die eine, im Interesse stehende Kinase inhibieren. Genau hier liegt das zentrale Problem der Kinaseforschung. Jede Kinase verwendet ATP als Cofaktor, und das Gros der bekannten Kinaseinhibitoren konkurriert direkt mit ATP um dessen Bindung an das katalytische Zentrum in der Kinasedomäne. Da diese katalytischen Domänen und insbesondere die ATP-Bindungsstellen untereinander stark konserviert sind, ist die Entwicklung monospezifischer Inhibitoren eine nahezu unlösbare Aufgabe. Um dennoch die Funktion einer jeden Kinase unter der Zuhilfenahme von Inhibitoren untersuchen zu können, wurden clevere Ansätze entwickelt, bei denen chemische und genetische Methoden miteinander kombiniert werden.

Hierbei wird die ATP-Bindungstasche der zu untersuchenden Kinase durch eine Punktmutation so erweitert, dass nur ein speziell dafür entwickelter, sterisch anspruchsvoller Kinaseinhibitor binden und so die Phosphorylierungsreaktion hemmen kann. Die so erzeugte Komplementarität zwischen Ligand und Proteinstruktur erreicht eine überraschend hohe Selektivität, die sich auf nahezu jede Kinase in einer Vielzahl von Organismen 1:1 übertragen lässt. Möglich wird dies durch den Austausch der sog. Türsteher-Aminosäure (*gatekeeper residue*). Der Türsteher ist eine konservierte, meist große, hydrophobe Aminosäure, die sich in der ATP-Bindungstasche befindet. Der Austausch dieser sterisch anspruchsvollen Aminosäure (z. B. Phenylalanin oder Methionin) gegen einen kleineren Rest wie Alanin oder Glycin erzeugt eine zusätzliche Tasche, die in der Wildtyp-Kinase nicht vorhanden ist. Wählt man nun einen eher unspezifischen Kinaseinhibitor wie das Pyrazolopyrimidin PP1 (◘ Abb. 45.7A) aus und modifiziert dessen Struktur derart, dass der sterische Anspruch des neuen Analogons (NM-PP1) komplementär zur Erweiterung in der mutierten Kinase ist, lässt sich

die mutierte (analogsensitive), nicht aber die Wildtyp-Kinase inhibieren (◘ Abb. 45.6). Unter Verwendung ein und desselben sterisch anspruchsvollen Inhibitors und der Mutation des Türsteherrestes in der jeweiligen Zielkinase lässt sich so relativ einfach eine Vielzahl analogsensitiver Kinaseallele generieren und selektiv inhibieren. Bemerkenswert dabei ist, dass der Austausch des Türstehers meist ohne Störung der Funktion der Kinase bleibt, obwohl diese Aminosäure in der Nähe des ATP lokalisiert ist.

Die Verwendung von Inhibitoren, die für ASKA geeignet sind, eröffnet auch noch weitere vortreffliche Möglichkeiten für die experimentelle Analyse der zellulären Funktion von Kinasen. Da die vorgestellten Inhibitoren NM-PP1 und NA-PP1 leicht über Medien und Nahrung von Zellen und Labortieren aufgenommen werden, ermöglichen sie eine rasche und dosisabhängige Perturbation der analogsensitiven Kinasen. Darüber hinaus sind der anschließenden Analyse der induzierten Phänotypen keine Grenzen gesetzt, da in einem weitgehend nativen System gearbeitet wird. Besonders interessant ist der Vergleich von Veränderungen in Genexpressionsprofilen (Microarray-Technologien), die aufgrund der selektiven Inhibition der analogsensitiven Kinase entstanden sind. Die daraus resultierenden Informationen können sowohl zur Entschlüsselung von zellulären Netzwerken, die durch die im Fokus stehende Kinase reguliert werden, als auch zur Identifizierung neuer Inhibitoren genutzt werden. Im letzteren Fall werden die Expressionsprofile von Zellen, die mit der neuen Verbindung behandelt wurden, mit den Profilen von Zellen verglichen, die unter dem Einfluss eines zur analogsensitiven Kinase komplementären Inhibitors entstanden sind.

Die Vorteile der ASKA-Technologie gegenüber klassisch genetischen Methoden lassen sich auch am Beispiel der Bruton-Tyrosinkinase (BTK) verdeutlichen, die eine wichtige Rolle bei der Immunantwort spielt. Untersuchungen, in denen die Funktion von BTK durch Knock-out-Techniken ausgeschaltet wurde, ergaben jedoch keinen klaren Phänotyp, da Kinasen innerhalb des BTK-assoziierten Netzwerks den Verlust an BTK-Aktivität kompensieren. Die chemische Perturbation der analogsensitiven Variante von BTK ist hingegen akut und lässt den Zellen nicht die nötige Zeit zur Kompensation. Unter der Verwendung von ASKA-BTK konnte so ein weitaus detaillierteres Bild von der Regulation zellulärer Prozesse durch BTK erhalten werden. Darüber hinaus ist es oftmals von Interesse, die Stärke der Aktivität einer bestimmten Kinase quantitativ in einem Tiersystem zu evaluieren. Unter klassischen Gesichtspunkten würde dies bedeuten, eine große Anzahl Mauszelllinien zu generieren, die jeweils unterschiedliche Mengen der zu untersuchenden Ki-

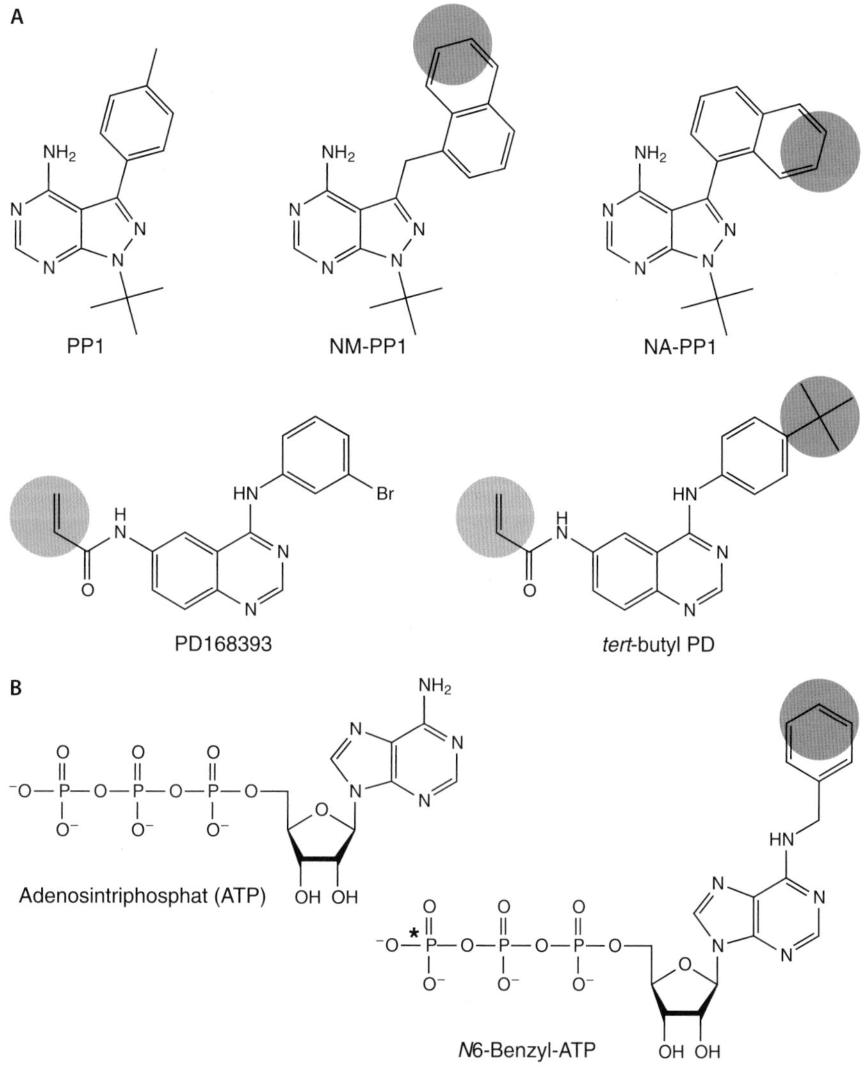

**Abb. 45.7** Zu analogsensitiven Kinasen komplementäre Inhibitoren und Cofaktoren. **A** Basierend auf klassischen, ATP-kompetitiven Kinaseinhibitoren lassen sich sterisch anspruchsvolle Analoga synthetisieren, die komplementär zur analogsensitiven Kinase sind. Der farbig hervorgehobene Substituent verhindert ein Binden an die Wildtyp-Kinase. Durch eine weitere Modifikation des Inhibitors, z. B. durch einen Michael-Akzeptor (grau), lassen sich durch Mutation in Zielkinasen eingeführte Cysteine selektiv kovalent modifizieren. **B** Modifizierte ATP-Analoga werden von analogsensitiven Kinasen selektiv erkannt und können zur Übertragung radioaktiv markierter Phosphatgruppen (*, $^{32}$P-Markierung) verwendet werden

nase exprimieren. Die ASKA-Technologie hingegen benötigt nur eine einzige Mauszelllinie und ermöglicht die unterschiedlich starke Modulation der Kinaseaktivität durch die einfache Anpassung der Dosis des passenden Inhibitors.

### 45.2.3.2 Der Türsteherrest, eine besondere Aminosäure in der Kinasedomäne

Wie im vorherigen Abschnitt dargestellt, ist der Türsteherrest eine der wenigen Aminosäuren, die innerhalb der ATP-Bindungstasche einer Kinase durch Mutation ausgetauscht werden können, ohne dass dabei die Funktion oder die Aktivität des Enzyms maßgeblich beeinträchtigt wird. Darüber hinaus ist die Seitenkette des Türsteherrestes für die Entwicklung therapeutischer Kinaseinhibitoren eine der wichtigsten Selektivitätsdeterminanten. Während die Polarität der Seitenkette z. B. im Fall von Threonin die direkte Wechselwirkung

mit dem Liganden über Wasserstoffbrücken ermöglicht, steuert die Größe der Seitenkette den Zugang zu weiteren Bereichen innerhalb der ATP-Bindungstasche. Es ist daher nicht verwunderlich, dass bei der Behandlung von Krebspatienten mit Kinaseinhibitoren (zielgerichtete Tumortherapie) genau an dieser Position häufig klinisch relevante Resistenzmutationen auftreten und dazu führen, dass der Arzneistoff nicht mehr binden kann. Der Türsteherrest ist also eine besondere Aminosäure, die auf der einen Seite innovative Ansätze zur Charakterisierung biologischer Systeme ermöglicht und auf der anderen Seite eine große Herausforderung bei der zielgerichteten Tumortherapie darstellt. Die Erkenntnis über den Türsteherrest als einen Hotspot bei der Resistenzentwicklung kam Jahre, nachdem die ersten analogsensitiven Kinaseallele im Labor hergestellt wurden. Allerdings lässt sich das Prinzip der Resistenzbildung durch die sterische Beeinflussung der Bindung eines Liganden gezielt für chemisch-biologische Experimente nutzen. Um eine bestimmte Kinase als biologisch relevantes Target eines neu entdeckten oder neu entwickelten Inhibitors zu validieren, kann man den Türsteher nutzen, um gezielt größere Aminosäuren an dieser Position einzuführen und so künstlich eine Resistenz zu erzeugen. Im darauf folgenden Experiment wird die Wildtyp-, nicht aber die mutierte Kinase vom Inhibitor gehemmt.

### 45.2.4 Identifizierung von Kinase-Substraten mithilfe der ASKA-Technologie

Um die biologische Funktion einer Proteinkinase im Detail verstehen zu können, ist auch das Wissen über die jeweiligen Substratproteine von zentraler Bedeutung. Im Laufe der Jahre wurden daher Methoden entwickelt, mit denen sich insbesondere unter der Verwendung von radioaktivem ATP (bei dem die γ-ständige Phosphatgruppe durch das radioaktive Phosphorisotop $^{32}$P markiert ist) Kinase-Substrat-Paare in ihrem biologisch relevanten Kontext identifizieren lassen. Aber auch hier wird die Analyse der Daten erschwert, da Proteinkinasen oftmals überlappende Substratspezifitäten besitzen und im Experiment eine komplexe Mixtur an radioaktiv markierten Proteinen erhalten wird, die die Entschlüsselung der Phosphorylierung durch eine bestimmte Kinase erschwert oder gar unmöglich macht. Unter der Verwendung der vorgestellten analogsensitiven Methode lassen sich speziell synthetisierte, sterisch anspruchsvolle und radioaktiv markierte ATP-Analoga verwenden, die nur von der zuvor mutierten Kinase erkannt und enzymatisch umgesetzt werden. Um die Kinase entsprechend an die veränderten ATP-Analoga anzupassen, bedient man sich auch hier der Türsteher-Aminosäure in der Scharnierregion der Kinasedomäne und tauscht diese gegen eine kleinere Aminosäure, z. B. Alanin oder Glycin, aus. Die dazu komplementären ATP-Analoga sind entsprechend in der N$^6$-Position des Adenin-Ringsystems z. B. durch die Einführung einer Benzyl- oder Cyclohexyl-Gruppe chemisch modifiziert (◩ Abb. 45.7B). Entsprechend erfolgt der Übertrag des γ-Phosphats aus den modifizierten ATP-Analoga durch die mutierte Kinase auf die jeweiligen Substrate. Kombinieren lässt sich dieser Ansatz mit der gleichzeitigen Verwendung eines zur analogsensitiven Kinase komplementären Inhibitors. Entsprechend werden dann die veränderten Phosphorylierungsmuster der ASKA-Kinase, die unter Anwendung des spezifischen Inhibitors aufgetreten sind, analysiert. Mithilfe dieser Ansätze

gelang bereits die Identifizierung einer Reihe vorher unbekannter Substrate. Häufig stellt allerdings die geringe Kopienanzahl (Abundanz) der Substratproteine in der Zelle eine ganz besondere Herausforderung dar. Um hier Abhilfe zu schaffen, wurden spezielle ATP-γS-Analoga entwickelt, die von analogsensitiven Kinasen umgesetzt werden und anstelle einer Phosphatgruppe eine Thiophosphat-Gruppe auf das Substrat übertragen. Die besondere Reaktivität des so an das Substrat gebundenen Phosphorothioat-Anions erlaubt die Umsetzung mit p-Nitrobenzylmesylat zu einem Phosphothioester. Dieses Konjugat wird als Hapten von speziell dafür hergestellten monoklonalen Antikörpern erkannt. Mit dieser Methode lässt sich nicht nur der Übertrag der Phosphatgruppe (Thiophosphat-Gruppe) frei von Radioaktivität verfolgen, sie erlaubt darüber hinaus auch die Anreicherung der Substrate durch Immunpräzipitation. Dadurch gelang z. B. die Identifikation des Nucleoporins TRP, das beim Transport von Proteinen durch die Kernhülle eine wichtige Rolle spielt, als ein Substrat der MAP-Kinase Erk2.

### 45.2.5 Biologische Systeme mit kleinen organischen Molekülen schaltbar machen

Die vorgestellten Methoden und Techniken haben gezeigt, wie sich mithilfe kleiner organischer Moleküle Proteinfunktionen direkt kontrollieren lassen. Aber auch die Expression eines Zielgens lässt sich auf diese Art und Weise steuern. Der wohl bekannteste Ansatz ist das Tet-System, bei dem die Transkription des Zielgens unter die Kontrolle von Doxycyclin gestellt wird. Doxycyclin ist ein Breitbandantibiotikum aus der Gruppe der Tetracycline und bindet spezifisch an den Tet-Repressor (TetR), der eine zentrale Rolle bei der bakteriellen Tetracyclin-Resistenz spielt. Um die Expression bestimmter Gene mit Doxycyclin schaltbar zu machen, kann TetR als Doxycyclin-induzierbare spezifische DNA-Bindeeinheit mit eukaryotischen Genregulationsdomänen fusioniert werden. Mithilfe dieses Systems konnten z. B. bestimmte Onkogene in transgenen Mäusen unter die Kontrolle von Doxycyclin gebracht werden und so der pathologische Effekt der Expression dieser Onkogene bei der Entstehung von Krebs gezielt studiert werden. Zwar erlaubt diese elegante Methode die zeitliche, nicht aber die räumliche Kontrolle der Genexpression, die z. B. in organspezifischen Tierstudien oft von Interesse ist.

Einen Ausweg hierzu bietet das Caging (engl. *cage*, Käfig). Dazu wird die molekulare Sonde chemisch derart modifiziert, dass eine Interaktion mit den jeweiligen zellulären Zielstrukturen nicht mehr erfolgen kann und die Sonde dadurch zunächst biologisch inaktiv ist – die biologische Aktivität ist wie in einem Käfig gefangen. Erst durch einen externen Stimulus wie etwa die Änderung der Temperatur, des Drucks oder durch Bestrahlen mit energiereichem Licht wird der Käfig „aufgebrochen" und die biologische Wirkung der Sonde freigesetzt (◘ Abb. 45.8). Die Aktivierung der Sonde durch Photolyse (Uncaging) ist dabei besonders attraktiv. Bereits in den 1970er-Jahren wurden die Grundlagen für die gezielte Aktivierung biomolekularer Reaktionen durch Licht mit der Synthese von *o*-Nitrobenzyl-modifiziertem cAMP und ATP gelegt. Nitrobenzyl-Schutzgruppen und deren Derivate blockieren entscheidende Interaktionen des kleinen Moleküls mit einem Protein oder Substrat. In Abwesenheit von Licht ist damit die zu betrachtende Aktivität nicht vorhanden. In einem transparenten Organismus oder einer Zelle lassen sich so selbst kleinste Areale unter einem Mikroskop adressieren und die Aktivität der freigesetzten Sonde z. B. in einem Kompartiment oder an einem Membranabschnitt untersuchen. Beispiele für die erfolgreiche Anwendung dieser Strategie betreffen die Entwicklung schaltbarer *Chemical Inducers of Dimerization* (CID), wie eines photoaktivierbaren Rapamycins (FKBP/FRB), eines schaltbaren Trimethoprims (als Ligand von DHFR) oder eines photosensitiven Derivats von Doxycyclin, das zur lichtinduzierten Expressionskontrolle von Zielproteinen in Hirnen von Mäuseembryonen verwendet werden kann.

Die Methode des Caging zur zeitlich und räumlich kontrollierten Freisetzung molekularer Sonden ist nicht nur auf kleine „schaltbare" Moleküle beschränkt, sondern kann auf alle erdenklichen chemischen Strukturen wie Proteine, Inhibitoren, Cofaktoren und Substrate angewandt werden (◘ Abb. 45.9). Beispielsweise können durch Modifikation von Aminosäuren (Hydroxygruppen von Serin und Threonin, Carboxylate von Asparagin- und Glutaminsäure oder Sulfhydrylgruppe von Cystein) auch für eine Aktivität essenzielle Positionen von Proteinen schaltbar gemacht werden. Photosensitives Actin bindendes Protein (Cofilin) ist ein Beispiel

für die erfolgreiche Blockierung einer Aminosäure mit einer Nitrobenzylgruppe. Das Prinzip wurde auch auf photoaktivierbare Antisense-DNA- oder -RNA-Moleküle übertragen, die erst unter Lichteinfluss an ihre Zielstrukturen binden und so zu deren Abbau in der Zelle führen. Um die Oligonucleotide mit Licht schaltbar zu machen, kann die Anknüpfung der photolabilen Gruppen entweder direkt an den Basen oder am Phosphatrückgrat erfolgen.

Caging ist mit vergleichsweise geringem Aufwand auch *in vivo* durchzuführen, da man im Idealfall die mit einer photolabilen Schutzgruppe modifizierte Substanz als Zusatz zum Kulturmedium geben kann. Ein wesentlicher Nachteil der Methode besteht aber in der Tatsache, dass die Photolyse nicht reversibel ist. Diese wünschenswerte Eigenschaft kann man mit einer alternativen Strategie erreichen, bei der man durch Licht isomerisierbare molekulare Strukturen wie Azoaromaten, Spiropyrane oder Stilbene zur Modifikation von kleinen Molekülen oder auch von Proteinen verwendet. Im Falle von Azoaromaten bewirkt die Absorption von Licht beispielsweise eine Bildung des *cis*-Isomers, das thermisch in die stabilere trans-Form revertiert. In bereits als Sonden erprobten kleinen organischen Molekülen kann man strukturelle Motive identifizieren, die isoster zu Azobenzol sind („azoster") und entsprechend durch eine Azogruppe substituiert werden können, darunter z. B. Stilben-, *N*-Arylbenzamid- oder 1,2-Diarylethan-Motive. Die direkte Substitution geeigneter Struktureinheiten durch Azobenzol wird „Azologisierung" genannt, die Verlängerung eines Fragments durch eine Azobenzolgruppe ist eine „Azoextension". Durch geeignete Derivatisierung wurden inzwischen Azobenzol-Einheiten entwickelt, die nach Anregung im roten Bereich des sichtbaren Spektrums und im Nah-IR-Bereich isomerisieren und sich dadurch besonders für eine Anwendung eignen, bei der tiefere Gewebeschichten erreicht werden sollen. Azobenzyl-Substitutionen wurden erfolgreich benutzt, um z. B. Ionenkanäle oder G-Protein-gekoppelte Rezeptoren schaltbar zu

◘ **Abb. 45.8** Die Methode des Caging erlaubt die zeitlich und räumlich kontrollierte Freisetzung molekularer Sonden durch externe Stimuli. Die Aktivität der Sonde ist zunächst maskiert. Erst durch z. B. die Bestrahlung mit UV-Licht wird die Sonde freigesetzt, kann an die zelluläre Zielstruktur binden und so deren biologische Funktion modulieren

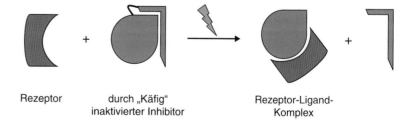

Rezeptor          durch „Käfig"          Rezeptor-Ligand-
                  inaktivierter Inhibitor          Komplex

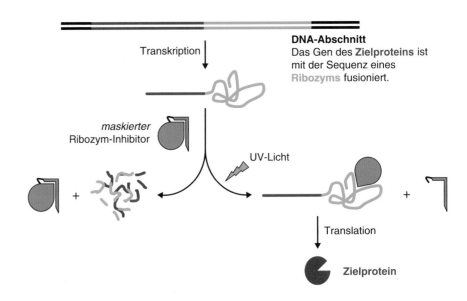

**Abb. 45.9**  Zeitliche Kontrolle der Expression eines Zielproteins. Die codierende Sequenz eines Ribozyms wird *upstream* mit der genetischen Information des Zielproteins fusioniert. Das gewählte Ribozym ist katalytisch aktiv und baut nach der Transkription die codierende Sequenz des fusionierten Zielproteins ab – es kommt nicht zur Translation. Durch die lichtinduzierte Freisetzung eines Ribozym-Inhibitors wird die katalytische Aktivität des Ribozyms gehemmt und ermöglicht so die Transkription des Zielproteins

Innerhalb der Abbildung: Transkription — DNA-Abschnitt: Das Gen des **Zielproteins** ist mit der Sequenz eines **Ribozyms** fusioniert. — *maskierter* Ribozym-Inhibitor — UV-Licht — Translation — **Zielprotein**

machen und damit konditional in biologischen Systemen zu untersuchen.

### 45.2.6  Modifikation von Proteinen durch Erweiterung des genetischen Codes

Die Modifikation von Proteinen mit photolabilen Schutzgruppen wurde in den Anfängen *in vitro* mit gereinigten Proteinen und elektrophilen Nitrobenzylverbindungen durchgeführt. Neben dem offensichtlichen Nachteil der unselektiven kovalenten Verknüpfung von Nitrobenzylresten mit mehreren Aminosäuren konnten diese Proteine *in vivo* nur untersucht werden, wenn sie z. B. durch Mikroinjektion in Zellen eingebracht wurden; eine Anwendung im multizellulären Organismus kam daher nicht in Frage. Der Wunsch, Proteine direkt, durch Expression *in vivo*, zu modifizieren, führte zur Entwicklung einer gentechnischen Strategie, bei der Organismen erzeugt werden, die 21 oder mehr Aminosäuren codieren können. Voraussetzungen dafür sind:

1. eine zellpermeable oder biosynthetisierte unnatürliche Aminosäure mit der gewünschten Funktionalität (*unnatural amino acid*, UAA),
2. ein dieser Aminosäure eindeutig zugeordnetes Codon (*Nonsense*-Codon oder anderweitig ungenutztes Codon),
3. eine korrespondierende tRNA und
4. eine Aminoacyl-tRNA-Synthetase (aaRS), die diese tRNA (*Suppressor*-tRNA, tRNA[sup]) mit der neuen Aminosäure kovalent verknüpft.

Als Ausgangspunkt eignen sich heterologe aaRS/tRNA[sup]-Paare; diese müssen dann durch Mutations- und Selektionsverfahren funktional so optimiert werden, dass die neue Codierung eindeutig erfolgt. Mehr als hundert dieser für Nicht-Standardaminosäuren codierenden aaRS-tRNA-Paare sind erfolgreich erzeugt und angewendet worden, darunter einige, die Nitrobenzylgeschützte Aminosäuren codieren, aber auch solche, die Fluorophore oder spinmarkierte Substituenten in ein Protein einführen. Speziell die letzteren beiden Substanzklassen eignen sich für quantitative Untersuchungen, z. B. Distanzbestimmungen durch FRET- oder EPR-Messung, oder auch für Untersuchungen bei geringen Konzentrationen bis hin zum Einzelmolekül- oder Einzelzell-Niveau.

### 45.3  Ligation exprimierter Proteine – Studium der posttranslationalen Modifikation von Proteinen

Eine der großen Überraschungen der Genomanalyse war die Erkenntnis, dass die Größe eines Genoms nicht repräsentativ für die Komplexität des zugrunde liegenden Organismus ist. So sind das Genom des Fadenwurms *Caenorhabditis elegans* mit 15.000 Genen und das der Fruchtfliege *Drosophila melanogaster* mit 20.000 Genen nur unwesentlich kleiner als das Genom des modernen Menschen (ca. 25.000 Gene). Im morphologischen Erscheinungsbild und der Funktion der Organe unterscheiden wir Menschen uns natürlich grundlegend von einer Fliege oder einem Wurm. Wenn es aber nicht die Anzahl der Genprodukte ist, was bildet dann die Grundlage für

45

die Komplexität eines Organismus und des Lebens an sich? Craig Venter, einer der Biochemiker, die maßgeblich an der Entschlüsselung des menschlichen Genoms beteiligt waren, merkte dazu in seiner viel beachteten Arbeit zur Sequenz des humanen Genoms in der Fachzeitschrift *Science* an: „*The finding that the human genome contains fewer genes than previously predicted might be compensated for by combinatorial diversity generated at the level of … posttranslational modification of proteins.*" Posttranslationale Modifikationen von Proteinen sind spezifische, durch Enzyme katalysierte kovalente Modifikationen, die den Informationsgehalt eines Proteins grundlegend ändern. In der Tat spielen posttranslationale Modifikationen eine zentrale Rolle bei der Regulation sämtlicher Lebensvorgänge. Die Natur ist durch sie in der Lage, die Funktion von Proteinen z. B. durch eine Änderung ihrer Stabilität, Ladung, zellulären Lokalisation, dreidimensionalen Struktur oder aber der Interaktionen mit anderen Molekülen zu steuern. In der Zelle unterliegen posttranslationale Modifikationen wie z. B. die Phosphorylierung, Lipidierung oder Glykosylierung oft einem fein regulierten, reversiblen Wechselspiel, in dem die zuvor eingefügte Modifikation enzymatisch wieder entfernt werden kann, um das System in seinen Ausgangszustand zurückzuführen. Regulatorische Mechanismen auf der Basis posttranslationaler Modifikationen unterliegen einem hohen Maß an Dynamik und machen sie daher für die Beantwortung biologischer Fragestellungen ausgesprochen interessant, aber auch zugleich schwierig zu bearbeiten. So sind die für detaillierte Funktionsuntersuchungen benötigten modifizierten Proteinpräparationen mit ausschließlich biologischen Methoden wie z. B. der zielgerichteten Mutagenese oder der rekombinanten Proteinexpression oftmals gar nicht oder nur sehr schwer zu erhalten. Die Entwicklung und Anwendung kombinierter chemisch-biologischer Techniken zur chemoselektiven Modifikation von Proteinen hat sich daher als hervorragendes Hilfsmittel für das Studium von Proteinfunktionen auf molekularer Ebene erwiesen und stellt eine weitere, wichtige Paradedisziplin innerhalb der Chemischen Biologie dar.

Die ursprünglich rein synthetische Methode der „nativen chemischen Ligation" (NCL) hat sich als äußerst nützlich für die Peptidchemie herausgestellt. Diese Methode erlaubt die Synthese großer Peptide durch Kondensation von Peptidfragmenten, bestehend aus einem C-terminalen Thioester und einem N-terminalen Cystein. Eine semisynthetische Variante der NCL kombiniert die chemische Synthese mit biologischen Techniken und ist als „Ligation exprimierter Proteine" (*Expressed Protein Ligation*, EPL) bekannt. Diese Methode erlaubt die Fusion synthetisch hergestellter Peptide mit rekombinant produzierten Proteinen und somit die ortsspezi-

fische Modifikation von Proteinen mit einer Vielzahl physikalischer Proben wie Fluorophoren, Spinmarkierungen, stabilen Isotopen, unnatürlichen Aminosäuren oder posttranslationalen Modifikationen und wurde bereits bei einer Vielzahl von Fragestellungen des Proteindesigns erfolgreich angewendet. Dazu wird die vorher ausgewählte Reportergruppe (z. B. Fluorophor oder unnatürliche Aminosäure) chemisch in ein Peptid eingebaut, das dann mit dem rekombinant gewonnenen Proteinfragment ligiert wird. Die nachfolgende Rückfaltung des ligierten Produkts zu einem biologisch funktionalen Protein ermöglicht so z. B. strukturbiologische Untersuchungen posttranslational modifizierter Proteine (◻ Abb. 45.10).

### 45.3.1　Analyse lipidierter Proteine

Das in ◻ Abb. 45.10B gezeigte Beispiel verdeutlicht, dass die Kristallisation und Strukturbestimmung von mono- und diprenylierten Varianten der Rab-GTPase Ypt1 im Komplex mit ihrem physiologischen Modulator RabGDP-Dissoziationsinhibitor (RabGDI) möglich wurden, weil durch EPL ausreichende Mengen des lipidierten Proteins präpariert werden konnten. Rab-Proteine sind GTPasen der Ras-Superfamilie, die eine zentrale Bedeutung als Regulatoren des vesikulären Membrantransports haben. Sie vermitteln zahlreiche molekulare Ereignisse wie das Andocken und Verbinden von Membranen sowie deren intrazelluläre Mobilität. Posttranslationale Modifikationen sind für die Proteinfunktion und den Ablauf dieser physiologischen Prozesse essenziell. Die Röntgenkristallstruktur des Ypt1:RabGDI-Komplexes zeigte eine durch Bindung des prenylierten Ypt1 induzierte Konformationsänderung des RabGDI und die damit verbundene Ausbildung einer hydrophoben Bindetasche, die zur Aufnahme der Prenylseitenkette von Ypt1 dient. Im unkomplexierten Zustand ist dieser Prenylrest in der Plasmamembran der Zelle verankert und damit räumlich gebunden. Diese strukturbiologischen Arbeiten aus der Arbeitsgruppe von Roger Goody (MPI, Dortmund) konnten erstmals die tatsächliche Position der Prenylbindungstasche zeigen und führten zur Aufklärung des Mechanismus des Membranein- bzw. ausbaus von Rab-Proteinen, der durch Effektoren wie GDI oder RER vermittelt wird.

Diese Ergebnisse ermöglichten nicht nur für ein grundlegendes Verständnis der Funktion von Rab-GTPase, sondern bereiteten auch den Weg zur Aufklärung eines Zusammenhangs zwischen Mutationen in RabGDI und geistiger Retardierung bei Menschen. Durch die mittels EPL gewonnenen, prenylierten Proteineinheiten konnten umfangreiche biophysikalische und strukturbiologische Studien durchgeführt werden, die

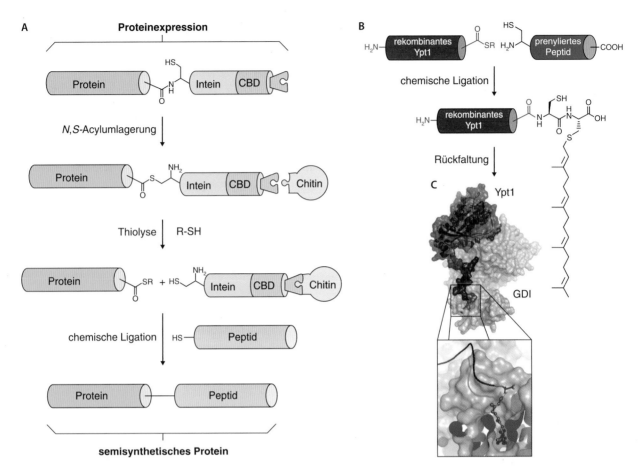

**Abb. 45.10** Die Ligation exprimierter Proteine (*Expressed Protein Ligation*, EPL). **A** Ein Protein-Spleißelement (Intein) wird zusammen mit einem Affinitäts-Tag wie der Chitin-Bindedomäne (CBD) als Fusion mit dem C-Terminus eines Zielproteins überexprimiert. Das N-terminale Cystein der Intein-Domäne initiiert eine N, S-Acylumlagerung. Anschließend exogen zugeführte Thiole bewirken eine Thiolyse des rekombinanten Thioesters und infolgedessen die Abspaltung des Inteins. Durch anschließende Ligation des C-terminalen Thioesters mit dem N-terminalen Cystein eines synthetischen Peptids wird dann das finale, semisynthetische Zielprotein gebildet. Durch eine Immobilisierung des Intein-Chitin-Fusionsproteins an Chitin-Beads ist eine Abtrennung des Nebenprodukts und somit eine leistungsfähige Möglichkeit zur Aufreinigung des gewünschten

Produkts möglich. **B** Durch Anwendung der EPL konnten präparative Mengen mono- und diprenylierter Varianten der Rab-GTPase Ypt1 erhalten werden. Dazu wurde das synthetische prenylierte Dipeptid (grau) mit dem C-Terminus des rekombinant gewonnenen Ypt1 (rot) ligiert. **C** Nach erfolgreicher Rückfaltung gelang erstmals die Kristallisation und Strukturbestimmung des semisynthetisch modifizierten Ypt1 im Komplex mit dem physiologischen Modulator RabGDP-Dissoziationsinhibitor (RabGDI). In der Abbildung sind die Oberflächen- und Sekundärstruktur-Darstellung des an RabGDI (hellgrau) gebundenen Ypt1 (rot) mit Prenyleinheit (dunkelgrau) gezeigt. Eine Ausschnittvergrößerung zeigt die durch Bindung des prenylierten Ypt1 ausgebildete lipophile Bindetasche des RabGDI (PDB-ID: 1ukv. Nach Rauh und Waldmann 2007)

zeigten, dass mutierte Rab-Proteine wie das prenylierte Ypt1 schlechter aus Membranen extrahiert werden und somit letztendlich ein gestörter Membrantransport die molekulare Ursache der genetischen Erkrankung ist.

### 45.3.2  Analyse phosphorylierter Proteine

Wie bereits in den vorherigen Abschnitten diskutiert, stellt die enzymatische Übertragung von Phosphatgruppen auf Seitenketten der Aminosäuren Serin, Threonin und Tyrosin eine der zentralen Modifikationen von Proteinen dar und ist für die Aufrechterhaltung fast aller biologischen Prozesse von entscheidender Bedeutung.

Auf zellulärer Ebene ist den Kinasen die Funktion der Phosphatasen entgegengeschaltet, die eine hydrolytische Entfernung der Phosphatgruppen bewirkt. Dabei ist die orchestrierte Balance zwischen Phosphorylierung und Dephosphorylierung die Grundlage der Signaltransduktion, mit deren Hilfe z. B. Informationen zwischen den verschiedenen Kompartimenten innerhalb einer Zelle ausgetauscht werden. Ein detaillierteres biologisches Verständnis dieser komplexen Vorgänge sowie die zentrale Erkenntnis, dass eine Fehlregulation im Zusammenspiel beider Enzymklassen ursächlich für die Entstehung und Progression von Krankheiten wie Krebs, Autoimmunerkrankungen, Diabetes oder neurologische Defekte sein kann, rücken diese signaltransduzierenden Proteine als vielversprechende Zielproteine besonders in den Fokus der modernen Wirkstoffforschung. Allerdings erweist sich die detaillierte biochemische und biologische Charakterisierung des Einflusses von Phosphorylierungsmustern auf die Funktion von Proteinen aufgrund der Tendenz der Dephosphorylierung, besonders unter physiologischen Bedingungen, als äußerst schwierig. Diese Schwierigkeiten können aber durch den semisynthetischen Einbau von z. B. Phosphonomethylen-L-phenylalanin (Pmp) als ein bekanntes, nicht hydrolysierbares Phosphotyrosin-Mimetikum zur Produktion homogener -präparation elegant umgangen werden. Dieses Phosphonat imitiert dabei die funktionalen Phosphorylierungen an den essenziellen Positionen im zu untersuchenden Protein. Die Anwendung von EPL-Techniken auf die Phosphorylierung von Proteinen *in vivo* gelingt dann u. a. durch die Mikroinjektion der semisynthetisch hergestellten und mit nicht hydrolysierbaren Phosphotyrosinen ausgestatteten Proteine in lebende Zellen. Neben den hier vorgestellten Beispielen zur Anwendung semisynthetischer Methoden für das Studium der Lipidierung und Phosphorylierung wurde eine Reihe weiterer Ligationstechniken entwickelt, die u. a. auch die Übertragung überaus komplexer Glykosylierungsmuster auf Proteine erlauben.

## 45.4 Chemische Biologie der Nucleinsäuren

Eine weitere wichtige Erkenntnis der Genomanalyse führte zu der Einsicht, dass die vereinfachende Darstellung von RNA als einem relativ passiven Transporter genetischer Information von DNA in Protein nicht länger zu halten war. Mithilfe von Methoden zur Isolierung und Charakterisierung von RNA wurde aufgezeigt, dass RNA an DNA, Protein oder andere RNA gebunden sein kann und dass ein großer Anteil der nicht codierenden DNA in RNA transkribiert wird (nicht codierende RNA, ncRNA), die aktiv in die zelluläre Informationsverarbeitung eingreift. Nicht codierende RNA umfasst eine diverse Gruppe von Biomolekülen, die z. B. mikro-RNA (miRNA), repetitive RNA, Intron-RNA oder lange, nicht codierende RNA (lncRNA) umfasst, von denen viele die Genexpression kontrollieren. Dies kann auf der Ebene des Chromatins, der Transkription, des mRNA-Spleißens, der Translation oder der mRNA-Degradation erfolgen. RNA kann dabei vielseitige Aufgaben und Mechanismen ausfüllen und dabei als Schalter oder auch als RNA-Enzym (Ribozym), z. B. bei der Katalyse der Peptidbindungsbildung oder der Spaltung und Ligation von DNA und RNA, fungieren. Es ist offensichtlich, dass insbesondere ncRNAs eine Rolle bei der Entstehung von Krankheiten spielen und somit ein

neues Ziel der Wirkstoffforschung darstellen. Einige krankheitsassoziierte RNA-Moleküle werden effizient durch Antisense-Oligonucleotide (ASO) gebunden, die die entsprechende Sequenz durch Ausbildung von Watson-Crick-Basenpaarungen erkennen. ASO sind zunächst einmal nützlich, um den Mechanismus einer RNA-Aktivität aufzuklären; einige werden aber auch als Medikamente eingesetzt, darunter Nusinersen, das zur Behandlung der seltenen spinalen muskulären Atrophie (SMA) zugelassen wurde.

Während ASO auf der Basis der Sequenz einer RNA entwickelt werden, benötigt man für die Identifizierung geeigneter kleiner organischer Moleküle Kenntnisse der 3D-Struktur von RNA, die auch durch Watson-Crick-Basenpaarung zumeist kurzer Sequenzabschnitte vermittelt wird, darüber hinaus aber auch nichtkanonische Wasserstoffbrückenbindungen durch Hoogsteen-Basenpaare und Wasserstoffbrückenbindungen des Ribose-Phosphat-Rückgrats sowie Basenstapelungen aufweisen kann. Die Entschlüsselung der 3D-Strukturen von RNA ist nicht trivial, weil es sehr schwierig ist, geordnete Kristalle zu erhalten, die sich für eine Röntgenkristallstrukturanalyse eignen. Die alternativ mögliche Strukturanalyse durch NMR-Verfahren gelingt jedoch nur für kleine RNA-Motive und erfordert oft eine aufwendige Isotopenmarkierung. RNA-Strukturen werden daher häufig durch eine Kombination von computergestützter Strukturvorhersage und chemisch-biologischer Analytik (spezifische Spaltung durch Ribonucleasen, chemische Modifikation der zugänglichen funktionellen Gruppen an Base oder Ribose) vorgenommen. Die daraus resultierenden Modelle werden dann für die Identifizierung von Zielstrukturen für die Bindung durch kleine Moleküle benutzt. Hier setzt man beispielsweise ein Verfahren ein, bei dem eine Bibliothek von dreidimensionalen Faltungsmotiven gegen eine Bibliothek von kleinen organischen Molekülstrukturen durchmustert wird (zweidimensionales kombinatorisches Screening, 2DCS). Mit den dadurch ermittelten Daten können strukturelle bzw. funktionelle Einheiten kleiner organischer Moleküle ebenso identifiziert werden wie auch biopolymere Bindungspartner (Peptide, Kohlehydrate oder Oligonucleotide). Die Gesamtheit der Daten wird in einer Datenbank (Inforna) zusammengefasst, die nachfolgende Suchen nach Leitstrukturen unterstützt.

Mikro-RNAs, kleine, einzelsträngige, regulatorisch wirkende RNA mit einer Länge von 22 Nucleotiden, stellt eine wichtige Zielstruktur dar, da Fehlregulationen von Prozessen, an denen diese RNA beteiligt ist, mit verschiedenen Erkrankungen (Krebs, cardiovaskuläre Erkrankungen, virale Infektionen) in Zusammenhang stehen. Bis jetzt sind ca. 2000 verschiedene humane miRNAs bekannt (Datenbank: miRBase), die die Entwicklung, Differenzierung, Proliferation und letztlich das Überleben einer Zelle beeinflussen. Diese Erkenntnisse waren möglich, weil die Aktivität zellulärer RNA – analog wie zuvor für Proteine beschrieben – mithilfe von Sonden perturbiert werden konnte. Am Beispiel von miR-122, der häufigsten in Lebergewebe vorkommenden miRNA, konnte durch Anwendung verschiedener Antisense-Oligonucleotide (mit Modifikationen des Zucker-Phosphat-Rückgrats wie z. B. Phosphorothioat-Substitution, 2'-Ribose-Modifikation, Ribose- oder Phosphat-Substitution) oder durch kleine organische Moleküle die biologische Rolle aufgeklärt und eine Beteiligung an verschiedenen Lebererkrankungen und der Regulation des Lipid- und Cholesterol-Metabolismus gezeigt werden.

Diese Pionierarbeiten machen noch einmal das Potenzial der chemisch-biologischen Denk- und Arbeitsweise deutlich und zeigen, dass die Aufklärung biologischer Strukturen, Reaktions- und Signalnetzwerke und der zugrunde liegenden Mechanismen durch Perturbation zellulärer Prozesse mit geeigneten Sonden inzwischen weit über die Suche nach einem Verständnis von Proteinen hinausgeht und uns dem Ziel, Antworten auf die Frage nach dem Leben und die Unterscheidung von „gesund" und „krank" zu finden, Stück für Stück näher bringt.

## Literatur und Weiterführende Literatur

### Wegweisende Originalarbeiten und Übersichten

Bishop AC, Ubersax JA, Petsch DT, Matheos DP, Gray NS, Blethrow J, Shimizu E, Tsien JZ, Schultz PG, Rose MD, Wood JL, Morgan DO, Shokat KM (2000) A chemical switch for inhibitor-sensitive alleles of any protein kinase. Nature 407:395–401

Disney MD, Dwyer BG, Childs-Disney JL (2018) Drugging the RNA world. Cold Spring Harb Perspect Biol 10:a034769

Lategahn J, Keul M, Rauh D (2018) Lessons to be learned: molecular basis of kinase-targeted therapies and drug resistance in non-small cell lung cancer. Angew Chem Int Ed 57:2307–2313

Liu CC, Schultz PG (2010) Adding new chemistries to the genetic code. Annu Rev Biochem 79:413–444

Mayer TU, Kapoor TM, Haggarty SJ, King RW, Schreiber SL, Mitchison TJ (1999) Small molecule inhibitor of mitotic spindle bipolarity identified in a phenotype-based screen. Science 286:971–974

Müller O, Gourzoulidou E, Carpintero M, Karaguni I-M, Langerak A, Herrmann C, Möröy T, Klein-Hitpaß L, Waldmann H (2004) Identification of potent Ras signaling inhibitors by pathway-selective phenotype-based screening. Angew Chem Int Ed 43:450–454

Rak A, Pylypenko O, Durek T, Watzke A, Kushnir S, Brunsveld L, Waldmann H, Goody RS, Alexandrov K (2003) Structure of Rab GDP-dissociation inhibitor in complex with prenylated YPT1 GTPase. Science 302:646–650

Rauh D, Waldmann H (2007) Linking chemistry and biology for the study of protein function. Angew Chem Int Ed 46:826–829

Thomas M, Deiters A (2013) MicroRNA miR-122 as a therapeutic target for oligonucleotides and small molecules. Curr Med Chem 20:3629–3640

Venter JC et al (2001) The sequence of the human genome. Science 291:1304–1351

### Monografien

Erdmann VA, Markiewicz WT, Barciszewski J (2014) Chemical Biology Of nucleic Acids. Springer, Berlin, Heidelberg

Hempel JE, Williams CH, Hong CC (2015) Chemical Biology – Methods And Protocols. Humana Press, New York, NY

Mayer G (2010) The Chemical Biology Of Nucleic Acids. Wiley, Chichester

Renaud J-P (2019) Structural Biology In Drug Discovery. John Wiley & Sons, Hoboken, NJ

Waldmann H, Janning P (2014) Concepts And Case Studies In Chemical Biology. Wiley-VCH, Weinheim

Ziegler S, Waldmann H (2019) Systems Chemical Biology. Humana Press, New York, NY

# Toponomanalyse

*Walter Schubert*

## Inhaltsverzeichnis

46.1    Konzept des Proteintoponoms – 1111

46.2    Imaging cycler robots: Grundlage einer
Toponomlesetechnologie – 1112

46.3    Ein Beispiel: Spezifität und Selektivität des
Zelloberflächentoponoms – 1113

46.4    Methoden der Toponomanalyse – 1114
46.4.1    Multi-Epitop-Ligand-Kartographie (MELK) – 1114
46.4.2    Probenvorbereitung und Antikörperkalibrierung – 1120
46.4.3    Werkzeuge zur Visualisierung von Toponomdatensätzen – 1121
46.4.4    Funktionelle Charakterisierung topologischer
Molekülhierarchien – 1122

46.5    Hochauflösende Toponome: Biomarker für erfolgreiche
Therapien – 1123

46.6    Zusammenfassung und Ausblick – 1123

Literatur und Weiterführende Literatur – 1125

© Springer-Verlag GmbH Deutschland, ein Teil von Springer Nature 2022
J. Kurreck et al. (Hrsg.), *Bioanalytik*, https://doi.org/10.1007/978-3-662-61707-6_46

- Toponome sind natürliche biomolekulare Netzwerke in morphologisch intakten anatomischen Strukturen (z. B. Gewebeschnitten und/oder Zellen von Körperflüssigkeiten etc.) in Krankheit und/oder Gesundheit.
- Toponome werden mit der Imaging-Cycler-Mikroskopie (ICM, auch Toponom-Imaging-System genannt) vermessen, die auf einer iterativen Antikörperfärbungs- und Bleachingtechnik beruht.
- Krankheitsspezifische Toponome sind therapierelevante und effiziente Biomarker, wie kürzlich für die amyotrophe Lateralsklerose in einem ersten Krankheitsfall gezeigt werden konnte.

Die Hierarchie der Zellfunktionalitäten umfasst wenigstens vier verschiedene Ebenen: Genom, Transkriptom, Proteom und Toponom. Es besteht heute kein Zweifel, dass eine biologische Funktion nicht allein von den Mengen der daran beteiligten Moleküle abhängig ist, sondern es spielt auch – oder vielleicht sogar vor allem – der lokale Kontext, die Nachbarschaft, in der sich die einzelnen funktionellen Moleküle befinden, eine wesentliche Rolle. So ist z. B. inzwischen erwiesen, dass die relative Konzentration und differenzielle Anordnung von mehr als zwanzig Proteinen der Zellmembran und nicht die absolute Konzentration der einzelnen Proteine darüber entscheiden, ob eine Tumorzelle in einen Migrationsstatus eintreten kann. Daher müssen immer häufiger Techniken eingesetzt werden, die konsequent den räumlichen Kontext von Biomolekülen, das Toponom, analysieren.

> **Toponom**
>
> Unter dem Begriff Toponom verstehen wir die räumliche Anordnung der Gesamtheit der molekularen Netzwerke einer Zelle oder eines Gewebes.

In diesem Kapitel sind einige erst kürzlich entwickelte, leistungsfähige Methoden der Toponomanalyse beschrieben, die das Methodenentwicklungsstadium im Wesentlichen überwunden haben und die bereits relevante Applikationen, vor allem im Grundlagenbereich, gezeigt haben und in der Diagnostik erwarten lassen.

Bei der biologischen Definition des Toponombegriffs gehen wir davon aus, dass die meisten Zellfunktionen auf einer Wechselwirkung von Proteinen und anderen molekularen Komponenten der Zelle beruhen. Diese Wechselwirkung kann sowohl auf einer mehr oder weniger starken direkten physischen Interaktion als auch auf einer indirekten Interaktion vermittels diffusibler Moleküle beruhen. Immer muss jedes Element einer solchen Wechselwirkung (Protein oder andere molekulare Komponente) zum richtigen Zeitpunkt in der richtigen Konzentration am richtigen Ort in einer gegebenen Zelle oder einer extrazellulären Matrix vorkommen, damit ein konkretes molekulares Netzwerk gebildet und operativ werden kann. Dementsprechend sind molekulare Netzwerke durch einen räumlichen Kontext der einzelnen Elemente spezifisch charakterisiert: Jedes Netzwerk beruht auf einer nichtbeliebigen Topologie seiner molekularen Elemente.

> Der hier verwendete Begriff der **Topologie** geht auf die Arbeiten des Mathematikers Johann Benedict Listing zurück, der in seinen „Vorstudien zur Topologie" (Göttingen 1847) den Begriff wie folgt definiert hat: „Die Gesetze des Zusammenhangs, der gegenseitigen Lage und der Aufeinanderfolge von Punkten, Linien, Flächen, Körpern und ihren Teilen oder ihren Aggregaten im Raume, abgesehen von den Maß- und Größenverhältnissen."

Diese Topologie ist Ausdruck der Kokompartimentierungsregeln einer Zelle oder eines Gewebes. Toponomics hat zum Ziel, diese Kokompartimentierungs- und topologischen Assoziationsregeln molekularer Komponenten sowie deren funktionelle Netzwerkarchitektur in morphologisch intakten fixierten Zellen oder Gewebeschnitten zu analysieren. Dazu wird die voll automatisierte fluoreszenzmikroskopische MELK- (MELC-) Technologie eingesetzt, welche die Voraussetzung für derartige Analysen erfüllt: Mithilfe sehr großer Tag-Bibliotheken (im Wesentlichen Antikörperbibliotheken) wird eine große Anzahl molekularer Komponenten kolokalisiert und mit dem funktionellen Kontext von Zellfunktionen in Beziehung gesetzt. Daraus werden funktionelle Toponomkarten erstellt. Sukzessive ergeben sich die Modi und Regeln funktioneller Konstellationen der molekularen Komponenten von Zellen und Geweben, die in einer „Toponomgrammatik" gesammelt werden (◘ Abb. 46.1). Die TIS-Mikroskopie ist eine technische Realisierung dieses Prinzips.

> **Toponomics**
>
> Die Analyse der Modi und Regeln der quantitativen kombinatorischen Anordnung der molekularen Komponenten einer biologischen Struktur unter definierten Bedingungen.

> **MELK/MELC**
>
> Multi-Epitop-Ligand-Kartographie/*multi-epitope ligand cartography*. Das grundlegende Markierungsverfahren für die simultane Detektion einer beliebigen Anzahl molekularer Komponenten in einer biologischen Struktur (subzelluläre Struktur, Zelle oder Gewebe) in einem einzelnen Experiment.

**46**

■ **Abb. 46.1** Schema des Leseprozesses, der zur Entschlüsselung molekularer Netzwerke der Zelle führt. Schrittweise werden durch Mustererkennung, topologische Kartierung und experimentelle Analyse des Toponoms die Regeln der Toponomgrammatik gefunden und in die nachfolgenden Leseprozesse integriert (progressive Entschlüsselung der molekularen Netzwerke der Zelle)

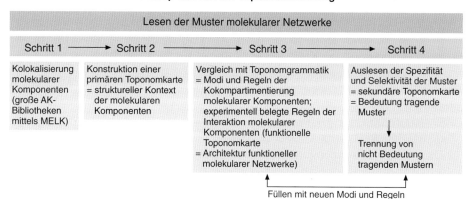

**Prinzip und Ziel der Toponomforschung**

Lesen der Muster molekularer Netzwerke

| Schritt 1 → | Schritt 2 → | Schritt 3 → | Schritt 4 |
|---|---|---|---|
| Kolokalisierung molekularer Komponenten (große AK-Bibliotheken mittels MELK) | Konstruktion einer primären Toponomkarte = struktureller Kontext der molekularen Komponenten | Vergleich mit Toponomgrammatik = Modi und Regeln der Kokompartimentierung molekularer Komponenten; experimentell belegte Regeln der Interaktion molekularer Komponenten (funktionelle Toponomkarte = Architektur funktioneller molekularer Netzwerke) | Auslesen der Spezifität und Selektivität der Muster = sekundäre Toponomkarte = Bedeutung tragende Muster ↓ Trennung von nicht Bedeutung tragenden Mustern |

Füllen mit neuen Modi und Regeln

---

**TIS**

*Toponome Imaging System*, ein vollautomatisiertes Fluoreszenzmikroskop, das quasi beliebig hochdimensionale Toponome bzw. Toponomkarten mit einer kombinatorischen molekularen Auflösung pro Bilddatenpunkt von $2^n$ erfasst.

---

**Toponomkarte**

Strukturelle Präsentation bestimmter Toponommodi (CMPs, CMP-Gruppen, CMP-Motive) biologischer Strukturen (Zelle oder Gewebe), die mit bestimmten *regions of interest* assoziiert sind (z. B. einzelner Datenpunkt – Pixel/Voxel –, einem subzellulären Kompartiment oder Teilkompartiment, einer ganzen Zelle oder einem ganzen Gewebekompartiment).

---

Während die Grundlagen dieser Technologie schon in den späten 1980er-Jahren existierten, eröffnete erst die Entwicklung sog. MELK- bzw. vollautomatisierter TIS-Mikroskope und leistungsfähiger Software in den letzten Jahren die Möglichkeit einer systematischen Etablierung des Gebietes Toponomics.

## 46.1 Konzept des Proteintoponoms

Wenn man annimmt, dass Proteine innerhalb und auf der Oberfläche von Zellen als Netzwerke organisiert sind, welche die Myriaden verschiedener Zellfunktionen generieren und ausführen, so müsste man auch annehmen, dass diese Proteine nicht stochastisch verteilt, sondern zeitlich und räumlich hoch organisiert sind: Wie in der geschriebenen Sprache, in der Buchstaben, den syn-

taktischen und semantischen Regeln folgend, zu Worten und Sätzen zusammengesetzt werden, so sind Proteine, die als Proteinnetzwerke zusammenwirken, in jeder Zelle topologisch genau determiniert. Die Zelle selbst fungiert dabei als Proteinmuster-Bildungsapparat bzw. als eine Art Protein-Kokompartimentierungsmaschine: Wie in der Einleitung allgemein für die meisten molekularen Komponenten einer Zelle oder eines Gewebes gefordert, so müssen auch die meisten Proteine zum richtigen Zeitpunkt am richtigen Ort in der richtigen Konzentration vorkommen, um mit anderen Proteinen, für die jeweils dieselben Regeln gelten, interagieren zu können. Hieraus folgt, dass jede gegebene Zellfunktionalität als spezifisches, kontextuelles Proteinmuster direkt in der korrespondierenden biologischen Struktur detektiert werden kann. Die Gesamtheit aller Proteinnetzwerke bezeichnet man als das Toponom – zusammengesetzt aus den altgriechischen Worten τoπoσ = *topos* (Ort) und νoμoσ = *nomos* (Gesetz). Um Proteinnetzwerke direkt in einer gegebenen biologischen Struktur, z. B. innerhalb einer einzelnen Zelle, identifizieren zu können, benötigt man eine geeignete mikroskopische „Lesetechnologie", die folgende Bedingungen erfüllen muss: Sie muss in der Lage sein:

- eine sehr große, quasi beliebige Zahl verschiedener molekularer Komponenten (z. B. Proteine) unabhängig voneinander in ein und derselben Struktur in einem einzigen Experiment zusammen zu lokalisieren;
- die resultierenden Muster zu visualisieren, die einen jeweiligen Zelltyp und eine jeweilige Zellfunktion (oder Dysfunktion) spezifisch kennzeichnen;
- die Bedeutung dieser Muster zu „verstehen", indem ein aktuell gefundenes Muster mit einem Erinnerungsspeicher verglichen wird, der die Modi und Regeln der topologischen Proteinassoziationen der Zelle enthält (Toponomgrammatik).

Die treibende Kraft ist die Vision einer kompletten Grammatik der Proteinnetzwerke der Zelle. Während MELK/TIS die Prinzipien der Kolokalisierung einer extrem großen Zahl verschiedener molekularer Komponenten erfüllt (◨ Abb. 46.1, Schritt 1) und die Muster direkt in der Zelle oder in Gewebeschnitten detektiert (◨ Abb. 46.1, Schritt 2), wird die zukünftige Herausforderung darin bestehen, die Kenntnisse über die genauen Codierungsfunktionen der Proteinnetzwerke auf einer proteomweiten Skala zu gewinnen (◨ Abb. 46.1, Schritt 3). Dazu müssen Toponomkartierung und biologisches Experiment zusammenwirken.

## 46.2 Imaging cycler robots: Grundlage einer Toponomlesetechnologie

MELK kann nur mithilfe hochautomatisierter Verfahren vollzogen werden. Es wurde als System sog. *imaging cycler workstations*, wie z. B. dem TIS-Mikroskop, etabliert (▶ Abschn. 46.4). Diese Roboter, die aus einer Pipettiereinheit, einem Fluoreszenzmikroskop und einer CCD-Kamera bestehen, tragen große Tag-Bibliotheken (z. B. Antikörper) auf fixierte Zellen oder Gewebeschnitte auf, um deren molekulare Komponenten in einem einzigen Experiment zu lokalisieren. Jeder Tag ist dabei an das gleiche Fluorochrom konjugiert, z. B. FITC (Fluoresceinisothiocyanat), und wird sequenziell auf die biologische Probe, die sich auf dem Objekttisch des Mikroskoproboters befindet, aufgetragen. Jeder Markierungsschritt ist gefolgt von einem Imaging-Schritt und einem Bleaching-Schritt, sodass eine große Zahl iterativer Labeling-Imaging-Bleaching-Runden resultiert (auch bezeichnet als *repetitive incubation-imaging-bleaching cycles*). Das Resultat dieser zyklischen Prozesse ist ein Proteinfingerprint (oder molekularer Komponentenfingerprint) jedes subzellulären Datenpunktes in der korrespondierenden Zell- oder Gewebeprobe. Die resultierende, kontextabhängige Proteininformation, die in Zellhomogenaten oder Listen von Proteinen verloren gehen würde, stützt die Annahme, dass Proteinnetzwerke räumlich determinierte, funktionelle Einheiten in jeder Zelle sind (verschiedene Zellfunktionen = verschiedene Proteinnetzwerke = einzigartige kombinatorische zelluläre Proteinmuster). Das Schema in ◨ Abb. 46.2A zeigt, dass einzelne normale und anormale Zellen durch eine relative Anordnung verschiedener Proteine als zelluläre Fingerprints spezifisch charakterisiert sind. Wenn die Zellen jedoch durch Homogenisierung zerstört werden, zeigen die quantitativen Profile der korrespondierenden Proteine in diesem Beispiel keinen Unterschied mehr (◨ Abb. 46.2A, links). Diese Profile würden möglicherweise zu der Schlussfolgerung Anlass geben, dass die identifizierten Proteine für die Krankheit, repräsentiert durch die abnorme Zelle, nicht relevant sind, da

sie hinsichtlich ihrer Menge nicht verändert sind. Jedoch führt die Kartierung des Proteinnetzwerkmusters zu der gegenteiligen Schlussfolgerung (◨ Abb. 46.2A, rechts). Die bisherigen Beobachtungen, die mithilfe der MELK/TIS-Technologie gemacht wurden, stützen die Arbeitshypothese, dass jede Zelle über einen quasi infiniten „Datenraum" verfügt, um die verschiedenen Zellfunktionalitäten zu verschlüsseln. Die Muster, die Zellen *in vivo* aktuell generieren, sind daher auch, wie erwartet, hoch restriktiv und nicht beliebig. Aus einem rein mathematischem Blickwinkel betrachtet, ist der Gewinn an Information, den man durch die MELK/TIS-Technologie gegenüber anderen Methoden erhält, die Proteinprofile aus Zellhomogenaten bestimmen, sehr groß: Gegeben seien zwanzig Proteine, die aus einem Zellhomogenat isoliert werden (klassische Proteomanalyse); gegeben sei weiter, dass jedes dieser Proteine in 250 verschiedenen Konzentrationsstufen (0–250) bestimmt werden kann. Das resultierende Proteinprofil könnte eine maximale Zahl von $250^{20}$ verschiedenen Kombinationen bei allen denkbaren Konzentrationen detektieren. Jedoch hat jede Zelle theoretisch die Möglichkeit, dieselben Proteine in jedem einzelnen subzellulären Kompartiment in verschiedener Weise zu kombinieren, um Funktionen zu verschlüsseln. Gegeben sei weiter, dass in jeder von z. B. einer Million Zellen 2000 verschiedene subzelluläre Datenpunkte (Pixel oder Voxel) gemessen werden können (MELK/TIS). Im Ergebnis würde in diesem Beispiel eine maximale Zahl von $10^6 \cdot 2000 \cdot 20^{20}$ möglichen Kombinationen resultieren. Der Informationsgehalt wächst also exponentiell. MELK/TIS stellt derartige „Leserahmen" zur Verfügung. Die derzeit technisch realisierbare maximale Zahl simultan messbarer subzellulärer Datenpunkte pro einzelner optischer Ebene einer einzelnen Zelle (ca. 10–15 μm Durchmesser) liegt knapp über 8000. Durch Einsatz von Dekonvolutionsalgorithmen ist es möglich, in einer einzelnen Zelle (*in vitro* oder in einem Gewebeschnitt von ca. 5 μm Schnittdicke) z. B. 15 verschiedene optische Ebenen mit dieser Pixelauflösung zu erreichen, sodass insgesamt pro Zelle 120.000 verschiedene Datenpunkte gemessen werden können, die dann die dreidimensionale Realität der Zelle erfassen. Derartige Messungen können gleichzeitig an bis zu 50 Zellen in einem einzelnen Gesichtsfeld durchgeführt werden. Dieser Ansatz kann durch paralleles Messen von Zell- oder Gewebearrays noch erheblich erweitert werden. Mehrere Roboter können auf diese Weise „strategisch" kooperieren und sehr große Mengen von Proben im Sinne eines High-Throughput/High-Content-Screenings messen. Durch Einsatz von optischen Werkzeugen, z. B. Navigationsalgorithmen, kann auf dieser Grundlage ein komplexes Proteinnetzwerk in jeder Zelle visuell exploriert werden (*walking through large toponome fractions with subcellular resolution*).

Ein topologisch determiniertes Ensemble von Proteinen, das eine gegebene Zellfunktion ausführt, wird als Proteinnetzwerkmotiv definiert *( Combinatorial Molecular Phenotype;* CMP-Motiv). Obwohl die primären MELK/TIS-Datensätze in jedem Datenpunkt immer die genaue Fluoreszenzsignalintensität für jede einzelne simultan gemessene molekulare Komponente enthalten, hat es sich für Routineeinsätze als sehr effektiv erwiesen, jede einzelne molekulare Komponente, bezogen auf einen gesetzten Schwellenwert, als anwesend oder abwesend aufzutragen (anwesend = 1; abwesend = 0; 1 bit). Die primäre Bildinformation, die in verschiedenen Grauwertverteilungen für jedes Protein besteht, kann durch eine relativ einfache geometrische Beschreibung kombinatorischer Binärvektoren in x/y/z (3D) oder x/y (2D) ersetzt werden (◘ Abb. 46.2B). Jeder CMP repräsentiert das jeweilige topologisch determinierte Arrangement der Proteine (oder anderer molekularer Komponenten) in jedem beliebigen Kompartiment der Zelle. Diese Vektoren können direkt als geometrische Objekte transformiert und als Funktionskarte der gesamten Zelle visualisiert werden. Solche Karten werden als Toponomkarten bezeichnet. Wie in ◘ Abb. 46.2B anhand der CMP-Listen von zwei Zellen schematisch illustriert ist, können verschiedene CMPs eines (oder auch mehrere) Proteine gemeinsam aufweisen (sog. Leitproteine); eines oder mehrere Proteine können abwesend sein (= 0); manche Proteine können topologisch variabel mit dem Leitprotein assoziiert sein (= *, *wild card proteins*). Diese gemeinsamen Merkmale verschiedener CMPs werden als **CMP-Motiv** bezeichnet. Wie durch Vergleich der beiden Zellen in ◘ Abb. 46.2B deutlich wird, benutzen diese Zellen die gleichen Proteine, um verschiedene CMP-Motive zu generieren. Der Toponomtheorie folgend, verschlüsseln die in dem Beispiel dargestellten Zellen dadurch ganz verschiedene Selektivitäten der Zelloberfläche, die z. B. bei Zell-Zell- oder Zell-Matrix-Interaktionen eine entscheidende Rolle spielen.

---

**CMP**

*combinatorial molecular phenotype*

---

**CMP-Motiv**

Annotation (1; 0; *), die ein charakteristisches Merkmal eines Clusters verschiedener CMPs beschreibt: Leitmolekül (ein Molekül, das alle CMPs gemeinsam aufweisen) (1); ein Molekül, das in allen CMPs immer abwesend ist (0); Moleküle, die in mindestens einem, aber nicht in allen CMPs vorkommen (*).

---

## 46.3 Ein Beispiel: Spezifität und Selektivität des Zelloberflächentoponoms

Funktionelle Überlegungen implizieren, dass Proteine, die in Zell-Zell- oder Zell-Matrix-Interaktionen sowie auch in Signaltransduktion involviert sind, als multimolekulare Domänen der Zelloberfläche organisiert sind. Der Theorie des Toponoms folgend, ist die Zahl der existierenden Zelloberflächenproteine jedoch wahrscheinlich viel kleiner als die Zahl der verschiedenen biologischen Selektivitäten, die Zellen in einem multizellulären Organismus etablieren müssen. Folglich müssen viele Zelltypen die Prinzipien der differenziellen Kombinatorik dieser Proteine etablieren, um die Myriaden verschiedener Zelloberflächenselektivitäten zu exprimieren. ◘ Abb. 46.2B illustriert, dass zwei Zellen dieselben Proteine benutzen, um verschiedene Selektivitäten durch differenzielle Kombination zu generieren. Hohe Selektivitäten der Zell-Zell-Interaktion spielen z. B. eine wichtige Rolle in zirkulierenden Zellen des Immunsystems. Diese Zellen, insbesondere Lymphocyten, sind für die Immunüberwachung verantwortlich. Während dieser physiologischen Prozesse, aber auch bei chronisch entzündlichen Erkrankungen, verlassen diese Zellen die Blutzirkulation und wandern selektiv in bestimmte Organe ein, indem ihre Zelloberflächen mit den Zelloberflächen der Gefäßendothelzellen interagieren. Man kann postulieren, dass dieser Prozess der selektiven Erkennung und Invasion verschiedener Organe, der allgemein als *Homing* bezeichnet wird, im Zelloberflächentoponom, das die gesamte *Homing*-Grammatik beinhaltet, codiert wird (Hypothese der generativen Grammatik des Toponoms). Folglich wird ein vollständiger Zelloberflächenfingerprint zirkulierender Immunzellen des Blutes alle relevanten *Homing*- und Invasionsadressen enthalten. Es existieren bereits einige einschlägige Hinweise darauf, dass organspezifische Erkrankungen entweder durch das Vorkommen abnormer Invasionsadressen oder durch Hochregulieren normaler Invasionsadressen direkt in Toponomfingerprints in einer einzelnen Blutprobe „abgebildet" werden. Für die ALS, eine fatal verlaufende neurologische Krankheit, ist ein solcher Nachweis bereits gelungen. Die Zukunft wird zeigen, ob derartige Fingerprints hoch prädiktive Daten beinhalten, die vielleicht sogar in subklinischen Krankheitszuständen, also zu einem frühen Zeitpunkt von Erkrankungen, klinische Rückschlüsse und Vorhersagen erlauben. Dass derartige Toponomdaten offenbar hoch prädiktiv sind, wurde durch unabhängige Methoden anderer Labors bestätigt.

**◻ Abb. 46.2** Schematische Erläuterung der Theorie des Toponoms. **A** Verschiedene Toponommuster kennzeichnen spezifisch verschiedene Zellen (rechter Teil der Abbildung). Durch Extraktion der Proteine und deren Bestimmung als Profile (linker Teil der Abbildung) können Unterschiede zwischen den beiden zellulären Zuständen „normal" und „anormal" nicht festgestellt werden, da die Konzentration der Proteine in beiden Zellen identisch ist. **B** Zwei Zellen exprimieren verschiedene Selektivitäten ihrer Zelloberflächen durch differenzielle Kombination derselben Proteine. Bei den lokalen Proteinkonstellationen (1–4) kann es sich entweder um eine reine Koexistenz ohne jede direkte Wechselwirkung, um nicht physische Wechselwirkungen oder auch um mehr oder weniger schwache oder starke physische Wechselwirkungen der einzelnen Proteine handeln. Gemeinsam bilden sie multimolekulare Domänen, die – im vorlie- genden Fall – eine hohe Selektivität der Zell-Zell- oder Zell-Matrix-Interaktion als Muster „verschlüsseln" (Ausschlussprinzip), also die topologische Grundstruktur eines funktionellen molekularen Netzwerkes. Mithilfe der Multi-Epitop-Ligand-Kartographie (MELK) sind sie als spezifisches Muster detektierbar. MELK generiert multidimensionale Vektoren dieser Proteinensembles, die als Listen einzelner CMPs gesammelt werden (Abbildung unten). Jedes CMP ist ein geometrisches Objekt (ein oder mehrere Datenpunkte mit x/y/z-Koordinaten). Alle CMPs gemeinsam ergeben eine (partielle) Toponomkarte der Zelle. Die verschiedenen CMPs haben in den beiden Zellen jeweils verschiedene und gemeinsame Merkmale, die zusammen ein jeweils unterschiedliches CMP-Motiv ergeben. Diese Motive stellen verschiedene funktionelle Codierungen der Zelloberflächen dar

## 46.4  Methoden der Toponomanalyse

### 46.4.1  Multi-Epitop-Ligand-Kartographie (MELK)

Das Prinzip der MELK beruht auf der experimentell gestützten Annahme, dass innerhalb der Zelle quantitativ und räumlich ein hoch konserviertes, wässriges „Kompartiment" existiert, das die Proteinkompartimente (im Wesentlichen Proteinkomplexe) umgibt bzw. voneinander trennt (**Prinzip Venedig,** ◻ Abb. 46.3). Diese Organisation erlaubt es, dass die meisten Makromoleküle ohne wesentliche Behinderung frei zwischen den Proteinkompartimenten diffundieren können. Auf der Grundlage dieses Organisationskonzeptes der Zelle kann eine extrem große Zahl molekularer Komponenten spezifisch markiert werden, wenn folgende Voraussetzungen erfüllt sind:

- Molekulare Zellkomponenten, insbesondere Proteine, werden durch geeignete Präparationsmetho- den unter Erhalt der wässrigen Diffusionsräume der Zelle fixiert.
- Extern applizierte molekulare Marker (z. B. Antikörper, Lectine etc.) können die zellulären Membranen passieren und innerhalb des wässrigen Kompartimentes diffundieren.
- Die molekularen Marker können an ihre spezifischen Targetstrukturen innerhalb der Zelle (z. B. Epitope) binden.
- Die resultierenden räumlichen Bindungsmuster können optisch selektiv visualisiert werden.
- Zur Markierung der verschiedenen molekularen Komponenten der Zelle werden große Antikörperbibliotheken eingesetzt. In einer solchen Bibliothek ist jeder einzelne Antikörper an ein fluoreszierendes Molekül, z. B. FITC, konjugiert.

Der gesamte MELK-Prozess wird von Imaging-Robotern automatisch gesteuert und vollzogen (◻ Abb. 46.4). Kern dieser Roboter ist ein konventionelles Fluores-

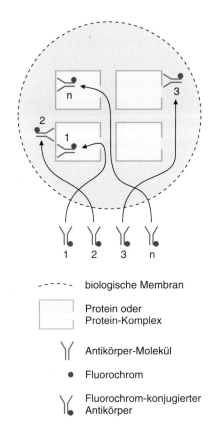

biological Membrane: biologische Membran

Protein oder Protein-Komplex

Antikörper-Molekül

Fluorochrom

Fluorochrom-konjugierter Antikörper

■ **Abb. 46.3** Schema der zellulären Organisation als Grundlage für die Toponomkartierung mittels MELK: Protein-„Räume" (eckige Symbole) und wässrige Räume (freie Räume, *aequous compartments*) sind in der Zelle hoch konserviert (Prinzip Venedig). Nach Fixierung dieses Zustandes mit geeigneten Methoden, die gleichzeitig die biologischen Membranen für Makromoleküle penetrierbar machen (bestimmte organische Fixanzien erlauben das), können zahlreiche fluorochromkonjugierte Antikörper der Reihe nach extern appliziert werden. Nach Diffusion in die wässrigen Kompartimente erkennen und binden sie an die jeweiligen Epitope. Man unterscheidet Fixanzien, die die Proteinstrukturen verändern, z. B. durch Denaturierung, und solche, die deren Struktur (vor allem in Kälte) nicht oder nur wenig beeinflussen

zenzmikroskop, das von einer Pipettiereinheit angesteuert wird. Das Mikroskop ist mit einer CCD-Kamera ausgestattet, die dazu dient, jedes Signal einzeln zu digitalisieren. Die biologische Probe oder mehrere Proben gleichzeitig (z. B. *tissue arrays*) befinden sich auf dem Objekttisch des Fluoreszenzmikroskops.

Jeder einzelne Antikörper befindet sich in einem Mikrocontainer eines sog. Antikörperhotels, das alle Antikörper einer kompletten Bibliothek umfasst. Je nach Größe des Hotels können hundert und theoretisch bis mehrere Tausend Antikörper für den MELK-Prozess bereitgestellt werden. Jeder Antikörper ist an ein bestimmtes Fluorochrom, z. B. FITC, gekoppelt. Es können auch mehrere spektral trennbare und bleichbare Fluorochrome an die Antikörper gekoppelt werden, wenn das Fluoreszenzmikroskop über geeignete Filtersysteme bzw. spektrale Trennverfahren verfügt.

■ Abb. 46.5 fasst den unten beschriebenen Arbeitsablauf zusammen. ■ Abb. 46.6 zeigt ein Beispiel für die exakte Trennung einzelner Fluoreszenzsignale von sieben zellulären Differenzierungsmarkern in einem Gewebeschnitt sowie deren partielle Überlagerung in Falschfarben. Es sei angemerkt, dass große MELK-Datensätze (z. B. bis zu hundert Proteinsignale in einem einzelnen MELK-Lauf) bildlich in gedruckter Form nicht darstellbar sind. ■ Abb. 46.7 zeigt als weiteres Anwendungsbeispiel zwei subzelluläre Toponomfingerprints im Vergleich.

**Datengewinnung**   Jede einzelne Runde der Markierung von Molekülen besteht in einer festgelegten, automatisch gesteuerten Reihenfolge von Schritten, die – zusammengefasst – als einzelne Inkubations-Imaging-Bleaching-Zyklen (IIBZ) bezeichnet werden:

— Inkubation eines ersten fluorchromkonjugierten Antikörpers (z. B. AK 1-FITC)
— Imaging der Signalverteilung
— Soft-Bleaching des Fluoreszenzsignals

Dem ersten IIBZ gehen in der Regel fünf Vorgänge voraus:

1. Imaging eines Phasenkontrastbildes oder eines Differenzialinterferenzkontrastbildes
2. die Präinkubation mit fluorochromkonjugierten *non-immune* Immunglobulinen
3. Imaging des aus 2. resultierenden Hintergrundsignals
4. Bleaching des Signals von 2.
5. Imaging des korrespondierenden Post-Bleaching-Bildes

Jedem Einzelschritt eines jeweiligen IIBZ gehen immer mehrere Waschschritte voraus (Pufferlösungen). Die Bleaching-Energie muss sehr gering sein, damit kein nennenswerter Energietransfer auf die molekularen Komponenten der Zelle stattfinden kann, denn dadurch könnten z. B. Wasserstoffbrücken und andere molekulare Bindungskomponenten der Proteinstrukturen zerstört werden, deren Erhalt für die Epitopkonstanz über den gesamten Zeitverlauf des MELK-Prozesses unbedingt erforderlich ist (also für Stunden bis Tage). Das gilt insbesondere dann, wenn Fixierungsverfahren verwendet werden, die eine weitgehende Stabilität des nativen Zustands von Proteinen in der Zelle ermöglichen. Die Verwendung von schwachem Streulicht im Anregungsbereich des jeweiligen Fluorochroms hat sich dahingehend als Methode der Wahl erwiesen. Nach jedem IIBZ werden ein sog. *post bleaching image* und ein Durchlichtbild (Phasenkontrast- oder Differenzialinterferenzkontrastbild) registriert, sodass immer ein exaktes Grauwertbild als Maß für den Bildhintergrund und

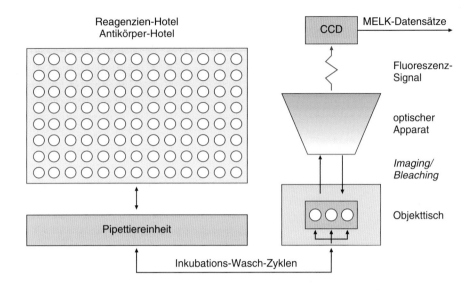

**◩ Abb. 46.4**  Prinzip des Aufbaus eines *imaging cycler robots,* der die MELK-Prozesse automatisch durchführt

Reagenzien-Hotel
Antikörper-Hotel

CCD    MELK-Datensätze

Fluoreszenz-Signal

optischer Apparat

*Imaging/ Bleaching*

Objekttisch

Pipettiereinheit

Inkubations-Wasch-Zyklen

**◩ Abb. 46.5**  MELK-Toponomics – Vorgehensweise

**MELK-Toponomics – Vorgehensweise**

MELK-Roboter
↓ ← MELK-Zyklen
Objekt
↓
einzelne „Roh"-Bilder molekularer Signale
⎫ Datengewinnung

Bildkorrektur
↓
Schwellenwertbestimmung
(fakultativ, alternativ multidimensionaler Grauwertraum)
↓
Signalanordnung
↓
Objektsegmentierung
↓
*large-scale co-localisation map*
⎫ Bildverarbeitung

Detektion des *combinatorial molecular phenotype* (CMP)
↓
Vergleiche mit anderen MELK-Datensätzen
(z. B. verschiedene Zustände desselben Zelltyps, Krankheiten etc.)
↓
Detektion von funktionellen CMP-(Toponom-)Motiven
⎫ *in situ data mining*

Toponomkarten mit visueller Repräsentation von CMPs und CMP-Motiven als geometrische Objekte (Mathematisierung der Zelle)
↓
topologische Cluster molekularer Komponenten
(z. B. Protein-Cluster) und deren Hierarchien
↓
Analyse der zellulären Architektur molekularer Netzwerke (funktionelle Kopplungskarten)
↓
Selektion molekularer Targets (z. B. Proteine) und Biomarker
⎫ Toponomkarten
↓
funktionelle Vorhersagen

◘ **Abb. 46.6** Beispiel der
Trennung von sieben Fluores-
zenzsignalen **A**–**G** in verschiede-
nen MELK-Zyklen anhand eines
Muskelgewebeschnittes
(Duchenne-Muskeldystrophie).
Die Anzahl der auf diese Weise
kartierbaren Signale (Molekül-
markierungen) in einem
einzelnen MELK-Experiment
bezogen auf ein und dieselbe
Probe ist praktisch nicht limitiert
(Pfeil n). **H, I** partielle Falschfar-
benüberlagerung der Signale
**A**– **G** . Balken in H: 57 lm,
Balken in a 150 µm. (Quelle:
Schubert 1992)

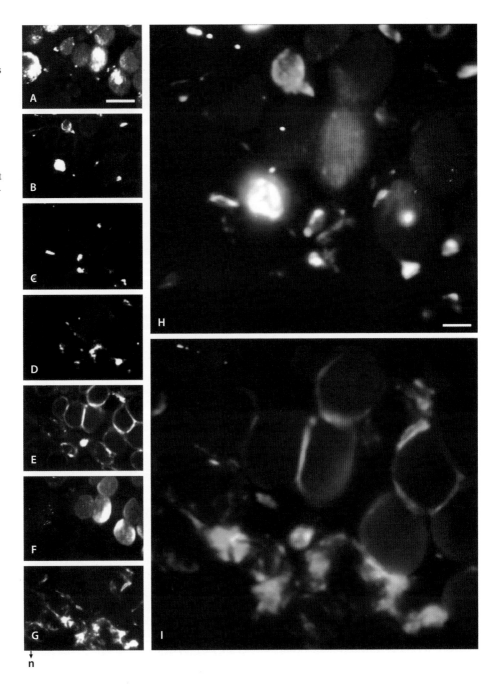

eine Kontrolle der Positioniergenauigkeit (Durchlichtbild) nach Abschluss eines Zyklus bzw. als Ausgangspunkt für einen jeweils nächsten Zyklus gespeichert
wird.

   Ist ein erster IIBZ vollzogen, folgt ein nächster IIBZ,
der dann das Signal eines nächsten Antikörpers registriert, und so fort. Auf diese Weise kann eine extensive Anzahl von einzelnen Antikörper-Signalverteilungsmustern
in einer einzelnen biologischen Probe „gesammelt" werden. Heute können wir festhalten, dass auf diese Weise
mindestens hundert verschiedene spezifische Signale gesammelt werden können, wobei allerdings Hinweise bestehen, dass sogar Tausende Signale in einer einzelnen
Probe erfasst werden können. ◘ Abb. 46.8A zeigt diesen
Vorgang schematisch am Beispiel weniger Moleküle in
intrazellulären Organellen.

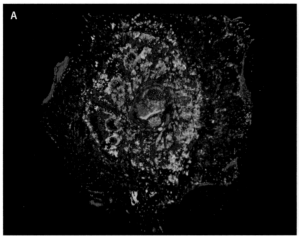
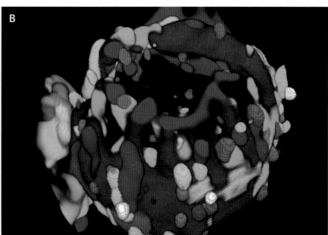

☐ **Abb. 46.7** **A** Toponom einer humanen Leberzelle mit mehr als 7000 verschiedenen, als Netzwerk verbundenen intrazellulären Proteinclustern. (Quelle: Schubert et al 2006); **B** Toponom eines humanen CD4-Lymphocyten des peripheren Blutes mit Dutzenden netzwerkartig verbundenen Proteinclustern der Zelloberfläche (differenzielle Kombination von 27 simultan MELK-kokartierten Proteinen; Quelle: Friedenberger et al. 2007a)

**Bildverarbeitung** Nach Abschluss der Datengewinnung (☐ Abb. 46.8A) erfolgt die pixelgenaue Überlagerung der einzelnen Signalverteilungsmuster mithilfe von leistungsfähigen *Alignment*-Algorithmen, die anhand des Vergleichs der gesammelten Durchlichtbilder (*n* IIBZ) eine *Alignment*-Genauigkeit von ± 1 Pixel sicherstellen. Danach erfolgen einzelne Schritte der Bildkorrektur (z. B. Hintergrundabgleich). Sofern die durch Bildüberlagerung detektierbaren Grauwerte der einzelnen Signale nicht direkt analysiert werden sollen (multidimensionale Grauwertvektoren), wird mithilfe festgelegter Kriterien für jedes einzelne Signalverteilungsmuster ein Schwellenwert bestimmt. Bezüglich dieses Schwellenwertes wird jedes delektierte Molekül als anwesend oder abwesend (1/0) aufgetragen. Nach einem erneuten *alignment* dieser binären Signale erfolgt entweder eine Objektsegmentierung mithilfe dazu geeigneter Software oder auf direktem Wege die automatisierte Konstruktion einer Kolokalisierungskarte (☐ Abb. 46.8B). Der Prozess der Konstruktion solcher Karten beruht darauf, dass der Reihe nach jedes einzelne Signal in Falschfarbencodierung (in 2D oder 3D) direkt in der biologischen Struktur dargestellt wird, wobei die Regel gilt, dass das jeweils letzte erfasste Signal als Farbe die Region der biologischen Struktur festlegt, in der es vorkommt. Das bedeutet, dass in solchen Kolokalisierungskarten, insoweit eine Farbcodierungstabelle ausreicht, zwar alle detektierten Moleküle hinsichtlich ihres Vorkommens erfasst werden, andererseits zeigen solche Karten aber nicht die gleichzeitig in ein und derselben Struktur vorkommende Koexistenz mehrerer Moleküle auf. Dennoch sind derartige Karten in der Praxis sehr hilfreich für einen ersten Schritt der Visualisierung der hochkomplexen Verteilungsmuster, insbesondere deshalb, weil sie es erlauben, durch interaktives An- und Ausschalten einzelner oder mehrerer Molekülmuster die Koexistenz zahlreicher Moleküle visuell zu explorieren.

---
**Kolokalisationskarte**

Bildliche Darstellung der Kolokalisation der molekularen Komponenten einer Zelle oder eines Gewebes mithilfe von Farbcodierungen.

---

Der nächste Schritt besteht darin, die Kombinationen der markierten Moleküle pro Pixel oder Voxel, bezogen auf eine oder mehrere gesetzte Grauwertschwelle(n), festzustellen (☐ Abb. 46.8C). Dazu werden die einzelnen binären Molekülsignale pixel- bzw. voxelweise überlagert. Daraus resultiert für jeden dieser Datenpunkte ein kombinatorischer binärer Vektor. Jeder Vektor beinhaltet demgemäß einen einzelnen *combinatorial molecular phenotype* (kurz: CMP, ☐ Abb. 46.8D). Da jeder Datenpunkt durch eine x/y- (im Falle von Pixeln) oder eine x/y/z-Koordinate (im Falle von Voxeln) topologisch in der biologischen Struktur definiert ist, kann jedes so ermittelte CMP oder können auch zahlreiche CMPs als geometrische Objekte, z. B. durch Farbcodierungen, visualisiert werden. Gleichzeitig entstehen Listen aller in einer Zelle, in einem Kompartiment der Zelle oder in einem Gewebeschnitt ermittelten CMPs (☐ Abb. 46.8D). Bei einer simultanen Darstellung von z. B. zwanzig verschiedenen Molekülen können maximal pro gesetzter Schwelle $2^{20}$ verschiedene CMPs detektiert werden (MELK-Leserahmen). Die Anzahl der tatsächlich vorkommenden CMPs ist jedoch meistens, den Kokompartimentierungsregeln der Zelle folgend, erheblich kleiner. Sie entspricht demnach exakt der in der untersuchten

**A** Datengewinnung

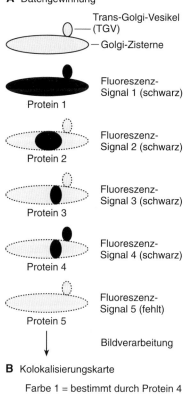

Trans-Golgi-Vesikel (TGV)

Golgi-Zisterne

Fluoreszenz-Signal 1 (schwarz)

Protein 1

Fluoreszenz-Signal 2 (schwarz)

Protein 2

Fluoreszenz-Signal 3 (schwarz)

Protein 3

Fluoreszenz-Signal 4 (schwarz)

Protein 4

Fluoreszenz-Signal 5 (fehlt)

Protein 5

Bildverarbeitung

**B** Kolokalisierungskarte

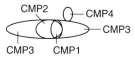

Farbe 1 = bestimmt durch Protein 4

Farbe 2 = bestimmt durch Protein 1

Farbe 3 = bestimmt durch Protein 2

**C** Toponomkarte

CMP2　　CMP4

　　　　　CMP3

CMP3　CMP1

**D** Golgi-assoziierte CMPs (Zustand C)

Protein-Signale

|      | 1 | 2 | 3 | 4 | 5 |
|------|---|---|---|---|---|
| CMP1 | 1 | 1 | 1 | 0 | 0 |
| CMP2 | 1 | 1 | 0 | 1 | 0 |
| CMP3 | 1 | 0 | 0 | 0 | 0 |
| CMP4 | 1 | 0 | 0 | 1 | 0 |
|      | 1 | * | * | * | 0 | CMP-Motiv |

↑
Leitmolekül

**E** Golgi-assoziierte CMPs
(neuer Zustand, andere Zellfunktion)

Protein-Signale

|      | 1 | 2 | 3 | 4 | 5 |
|------|---|---|---|---|---|
| CMP5 | 1 | 0 | 1 | 1 | 1 |
| CMP6 | 0 | 0 | 0 | 1 | 1 |
| CMP7 | 0 | 0 | 1 | 0 | 1 |
| CMP8 | 1 | 0 | 1 | 1 | 1 |
|      | * | 0 | * | * | 1 | CMP-Motiv |

↑
Leitmolekül

biologischen Struktur vorkommenden Kokompartimentierung der markierten Moleküle in einer gegebenen Situation der Zelle. Die Visualisierung aller tatsächlich vorkommenden CMPs bezeichnet man als **Toponomkarte.**

**Data Mining** Mithilfe effizienter Suchalgorithmen können Toponomkarten (◨ Abb. 46.8C) bzw. Toponomdatenlisten verschiedener Gruppen (z. B. krank/gesund oder Zelltyp 1/Zelltyp 2 etc.) verglichen werden (◨ Abb. 46.8D, E). Dabei werden automatisch und mit statistischer Signifikanz CMPs gefunden, die spezifisch nur in einer der verglichenen Gruppen vorkommen oder quantitativ stark unterschiedlich ausgeprägt sind. Manche CMPs gruppieren sich zu CMP-Motiven, die sich wiederum zu größeren Funktionseinheiten, den CMP-Motivfamilien, gruppieren können. Dabei können Leitproteine festgestellt werden, die in allen CMP-Motiven einer CMP-Motivfamilie vorkommen. Auf diese Weise können, einer Systematik der Kartierung vermittels großer Antikörperbibliotheken (bis zu proteomweit) folgend, die Modi und Regeln der Kokompartimentierung bzw. topologischen Clusterung von Proteinen und anderen molekularen Komponenten der Zelle bestimmt werden. Da jedes funktionelle molekulare Netzwerk der Zelle auf der positionsgenauen Kokompartimentierung jeder einzelnen molekularen Komponente beruht, beinhaltet eine komplette Karte der CMP-Motive und CMP-Motivfamilien quasi das Rückgrat bzw. die funktionelle Architektur/räumliche Codierung für die Interaktion von Proteinen und anderen Molekülen der Zelle.

Eine wichtige weitere Möglichkeit ist darin zu sehen, dass es derartige CMP-Motivfamilien erlauben, diejenigen Proteine zu ermitteln, die für eine physische Interaktion in Betracht kommen, wobei gleichzeitig diejenigen Proteine, die nie kolokalisiert sind, ausgeschlossen werden (Kriterium des Proteinkolokalisations- und Anti-Kolokalisationscodes des Toponoms). Stehen die grundlegenden CMP-Karten einmal fest, so kann in einem nächsten Schritt der gesamte MELK-Prozess durch Implementierung einer Fluoreszenz-Resonanzenergietransfer- (FRET-) Optik dazu eingesetzt werden, die selektierten Proteine bezüglich einer Interaktion *in situ* direkt zu analysieren. Eine andere Alternative besteht darin, die in den CMP-Motiven enthaltenen Hierarchien (Leitmoleküle, invers gekoppelte Moleküle, variabel gekoppelte Moleküle) experimentell zu analysieren (▶ Abschn. 46.4.4).

◨ **Abb. 46.8** Erläuterung des MELK-Prozesses: von der Datengewinnung **A** über die Konstruktion von Kolokalisierungskarten **B** und Toponomkarten **C** zur Identifikation von *combinatorial molecular phenotypes* (CMPs) und deren Assoziation zu CMP-Motiven **D** Diese enthalten Leitmoleküle (Definition siehe Text). Die CMP-Motive können, wie Vergleichsuntersuchungen zeigen, verschiedene Zellzustände aufzeigen, in denen sich die Molekülassoziationen und die Leitproteine verschieben **E**

## 46.4.2  Probenvorbereitung und Antikörperkalibrierung

Zellproben oder Gewebeschnitte können unter Verwendung der in der Immuncytochemie bekannten Methoden fixiert werden. Besonders bewährt haben sich die Methoden der Fixierung in Aceton (gefrorene Gewebeschnitte) oder auch die Methoden der Fixierung in Paraformaldehyd (4 %) sowie kombinierte Methoden über mehrere Temperaturstufen in der Kälte. Auch die Analyse von entparaffinierten Gewebeschnitten ist möglich. Welche Methode auch immer Anwendung finden soll: Immer ist zu beachten, dass der gesamte MELK-Prozess auf die verwendete Methode geeicht werden muss, insbesondere dann, wenn verschiedene Zustände der Zellen oder der Gewebe (z. B. krank/gesund) verglichen werden sollen. Da diese Prozesse der Eichung des MELK-Prozesses grundsätzlich von den *imaging cycler robots* (TIS, ▸ Abschn. 46.2) vollzogen werden, ist es z. B. leicht möglich, verschiedene Fixierungsmethoden bezüglich ein und derselben biologischen Probe miteinander zu vergleichen. Nach Festlegung der Fixierungsmethode wird eine Antikörperbibliothek bestimmt. Jeder Antikörper (polyklonal oder monoklonal) wird an ein bleichbares Fluorochrom konjugiert (z. B. FITC). Anhand festgelegter Protokolle wird dann jeder Antikörper zunächst hinsichtlich des Markierungsverhaltens – einzeln oder eingebunden in die Gesamtbibliothek – getestet. Dabei werden Antikörperkonzentration, Inkubationszeiten, Temperaturabhängigkeit sowie Integrationszeiten der Digitalisierung des Fluoreszenzsignals mittels der CCD-Kamera aufeinander abgestimmt. Es können auch mehrere monoklonale Antikörper (mAks) eingesetzt werden, die an verschiedene Epitope ein und desselben Proteins binden. Im Falle eines erforderlichen Ausschlusses einer Kreuzreaktion eines Antikörpers ist es dadurch möglich, in ein und demselben MELK-Datensatz die Existenz eines bestimmten Proteins *in situ* durch Musterkorrespondenz der verschiedenen Epitope mit einem hohen Grad der Wahrscheinlichkeit oder sogar zweifelsfrei nachzuweisen. Dieser erste Kalibrierungsschritt kann durch konventionelle Immuncytochemie ergänzt werden, indem in gesonderten Experimenten an derselben biologischen Probe z. B. eine Peroxidase-Antiperoxidase-Markierung jedes einzelnen Antikörpers durchgeführt wird. Ein positives Ergebnis müsste eine Musterkorrespondenz jedes einzelnen Antikörpers des MELK-Ergebnisses und der konventionellen Immuncytochemie beinhalten.

Ein nächster Schritt der Kalibrierung besteht darin, die topologische Reproduzierbarkeit eines jeweiligen Antikörpersignals eines MELK-Datensatzes nachzu-

weisen. Das kann anhand ein und derselben Probe geschehen, indem nach Beendigung des MELK-Laufs (*1. forward run*), in dem die Antikörper in Untersättigung eingesetzt wurden, dieselbe Antikörperbibliothek wiederum in derselben Konzentration und Reihenfolge eingesetzt wird (*2. forward run*). Der Vorgang kann mehrfach wiederholt werden (*n forward runs*). Im Hinblick auf die Reproduzierbarkeit wird dann erwartet, dass

- die Topologie des jeweiligen Signalverteilungsmusters pixelgenau identisch ist, und dass
- die Signalintensität entsprechend der progressiven Sättigung der jeweils korrespondierenden freien Epitope abnimmt (◨ Abb. 46.9).

Ein weiterer Schritt der Kalibrierung bzw. der Charakterisierung des MELK-Prozesses besteht darin, die Reihenfolge der Antikörpermarkierungen in repetitiven MELK-Läufen zu variieren (sog. *mixed runs* oder *backward runs,* in denen die Reihenfolge umgekehrt wird). Auf diese Weise kann eine sterische Inhibition der Antikörperbindung durch vorausgehende Antikörperbindungen des MELK-Prozesses ausgeschlossen oder nachgewiesen werden. In jedem Fall sind derartige „Permutationen" der MELK-Läufe biologisch sehr aufschlussreich, da sehr enge topologische Nachbarschaften von Epitopen *in situ* festgestellt werden können (◨ Abb. 46.10).

Was die Toponomkartierung von Proteinen in einer Zelle oder einem Gewebe betrifft, kann strategisch, neben dem oben beschriebenen „logischen" Weg der genauen Charakterisierung jedes einzelnen Antikörpers in MELK-Läufen, auch ein „naiver" Weg beschritten werden. Dieser besteht in der Verwendung von sehr großen Antikörperbibliotheken, deren Spezifitäten bzw. deren biologische Relevanz nicht bekannt sind (**naive Antikörperbibliotheken**). Mithilfe großer Messkapazitäten auf der Roboterseite ist es möglich, solche Bibliotheken einfach im Gewebe- oder Zellvergleich (z. B. krank/gesund) zu screenen. Am Ende dieses Prozesses gelangt man zu gefilterten Bibliotheken, die Hotspots enthalten. Unter Hotspots versteht man CMPs oder CMP-Motive, die aus den korrespondierenden MELK-Prozessen extrahiert werden können: Viele Antikörpersignale sind negativ oder tragen nicht zu CMP-Motiven bei, während andere mit statistischer Signifikanz zu CMP-Motiven beitragen, die demgemäß biologisch interessant sind (Hotspots). Sind einmal solche Antikörper aus derartigen MELK-Screens herausgefiltert, so können biochemische Verfahren eingesetzt werden, um die von den selektierten Antikörpern erkannten Moleküle genau zu charakterisieren. In dieser Hinsicht wird man sich besonders für diejenigen Antikörper interessieren, die Leitmoleküle erkennen.

**☐ Abb. 46.9** Prüfung bzw. Nachweis der pixelpunktgenauen Reproduzierbarkeit der Antikörpermarkierung in repetitiven MELK-Läufen (jeweils a–c). Die Linien (Reihenfolge von Pixeln mit x/y-Koordinaten) kennzeichnen einen bestimmten Querschnitt durch alle vorkommenden einzelnen Markierungsmuster einer Zelle (1 a–c; 2 a–c; 3 a–c). Die Antikörper werden in jedem MELK-Lauf in derselben untersättigenden Konzentration eingesetzt. Skizzen: x-Achse = Pixelpunktlinie; y-Achse = Fluoreszenzintensität; 1 = Signalmuster 1; 2 = Signalmuster 2; 3 = Signalmuster 3

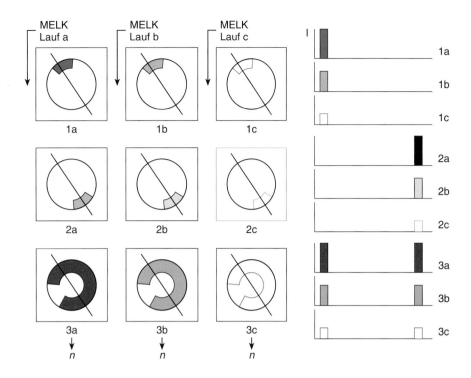

### 46.4.3 Werkzeuge zur Visualisierung von Toponomdatensätzen

Für die biologische Interpretation der Toponomdaten ist deren Visualisierung ein notwendiger Schritt, da nur die exakte Überlagerung der gefundenen Muster auf die biologische Struktur, in der sie vorkommen, eine funktionelle Zuordnung erlaubt. So kann es z. B. sein, dass ein Toponommuster hochselektiv nur auf einer einzelnen Zelle *in situ* vorkommt, die eine Basalmembran durchdringt (z. B. invasive T-Zelle bei Autoimmunkrankheiten oder invasive Tumorzelle), während alle anderen Zellen in der Umgebung diese Muster nicht exprimieren. Man würde ein solches Muster als hochspezifisch für den jeweiligen Invasionsvorgang klassifizieren, wobei die gefundenen CMP-Motive, die wie oben dargelegt Leitproteine enthalten, die Weiche für weitere Entscheidungen darstellen:

- die gefundenen Leitproteine sind einzigartige Targetkandidaten für die Arzneimittelentwicklung;
- das gefundene spezifische und hoch restriktive Muster (Summe verschiedener CMPs) ist die direkte Abbildung eines spezifischen Netzwerkes von Proteinen, das mit hoher Wahrscheinlichkeit die Invasion steuert bzw. kontrolliert.

Um derartige Zusammenhänge visuell im Einzelnen zu untersuchen, wird jeder einzelne Schritt der Bilddatengenerierung und Analyse systematisch exploriert: primärer Rohdatensatz, bildbearbeiteter Datensatz, schwellenbasierter binärer oder nicht schwellenbasierter Datensatz, pixelgenau fusionierte Datensätze, topologische Proteinclusteranalyse mithilfe schwellenbasierter oder nicht schwellenbasierter Software (2 bit respektive bis zu 16 bit Informationstiefe pro Protein und Datenpunkt). Eine grundlegende Software für derartige Explorationen ist die sog. **Modular Processing Pipeline (MoPPi)**.

Auf diese Weise können jede einzelne molekulare Komponente wie auch die Assoziation dieser Komponenten pro Pixel oder Voxel hinsichtlich des 2D- bzw. 3D-Verteilungsmusters entweder Zelle für Zelle oder für alle Zellen eines Datensatzes gleichzeitig durchgemustert werden. Hier kann der Vergleich des „Blätterns" durch ein Buch herangezogen werden: Für den Forscher besteht die Möglichkeit, sich rasch über den Inhalt zu orientieren, bevor er sich den Details der Informationen widmet. Dabei kann das A-priori-Wissen über die vorhandene biologische Struktur oder die markierten Moleküle und deren Assoziation(en), die erwartet oder unerwartet sein können, im Sinne der Interpretation der Daten integriert werden. Diese Funktionen werden

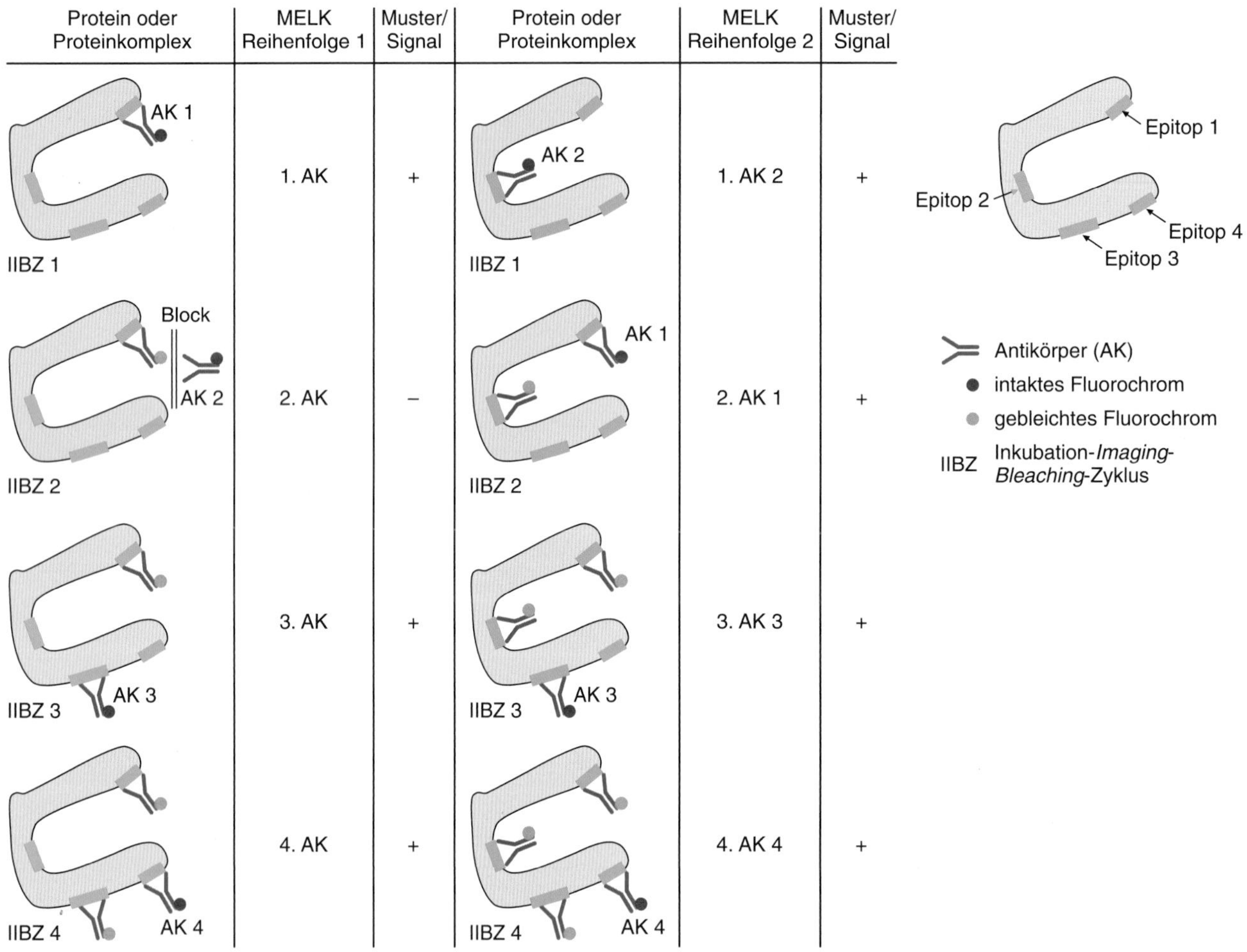

| Protein oder Proteinkomplex | MELK Reihenfolge 1 | Muster/ Signal | Protein oder Proteinkomplex | MELK Reihenfolge 2 | Muster/ Signal |
|---|---|---|---|---|---|
| IIBZ 1 (AK 1) | 1. AK | + | IIBZ 1 (AK 2) | 1. AK 2 | + |
| IIBZ 2 (Block / AK 2) | 2. AK | – | IIBZ 2 (AK 1) | 2. AK 1 | + |
| IIBZ 3 (AK 3) | 3. AK | + | IIBZ 3 (AK 3) | 3. AK 3 | + |
| IIBZ 4 (AK 4) | 4. AK | + | IIBZ 4 (AK 4) | 4. AK 4 | + |

Epitop 1
Epitop 2
Epitop 3
Epitop 4

Antikörper (AK)
● intaktes Fluorochrom
● gebleichtes Fluorochrom
IIBZ   Inkubation-*Imaging-Bleaching*-Zyklus

**◘ Abb. 46.10** Nachweis einer sterischen Inhibition von Antikörpermarkierungen in repetitiven MELK-Läufen. Durch Veränderung der Reihenfolge der Markierungen des Antikörpers 1 gegen Antikörper 2 wird eine sterische Inhibition der Antikörpermarkierung des Antikörpers 2 durch Antikörper 1 nachgewiesen. Diese wird durch Veränderung der Reihenfolge der Markierung (AK 2 vor AK 1, rechte Bildhälfte) aufgehoben

durch ein Werkzeug, das als *cell browser* oder *tissue browser* bezeichnet wird, ermöglicht.

## 46.4.4 Funktionelle Charakterisierung topologischer Molekülhierarchien

Durch Vergleich von CMPs zwischen verschiedenen Zuständen einer Zelle (z. B. Karzinomzelle/normale Zelle) können, wie oben beschrieben, CMP-Motive mit statistischer Signifikanz gefunden werden, welche die Zustände unterscheiden. Im Extremfall kommen bestimmte CMPs nur in einer der verglichenen Proben vor. In jedem CMP-Motiv kommen Leitmoleküle und andere Moleküle vor, die variabel mit dem Leitmolekül in den einzelnen CMPs des Gesamtmotivs assoziiert sind: Manche variablen Moleküle kommen nur einmal zusammen mit dem Leitprotein vor, andere zweimal oder

mehrfach. Je häufiger ein bestimmtes Molekül zusammen mit dem Leitmolekül in einem CMP vorkommt, umso größer ist die Kopplungszahl. Wertet man auf diese Weise die CMP-Motive aus, so gelangt man durch Visualisierung der CMP-Motive in der biologischen Struktur, in der sie vorkommen, zu einer topologischen, hierarchischen Kopplungskarte. In diesen Karten ist das Leitprotein (oder mehrere Leitproteine) immer hierarchisch dominierend, gefolgt von dem Molekül, das nächsthäufig in den gefundenen CMPs eines Motivs vorkommt, usw. Durch Experimente mit gezielten Inhibitionen/Abregulationen der Leitmoleküle und der variabel gekoppelten Moleküle (einzeln oder in verschiedenen Kombinationen) kann mithilfe der MELK die Änderung des CMP-Motivs und auch das Auftreten von Funktionsausfällen/Alterationen der Zellen analysiert werden. Solche Experimente können z. B. folgende Veränderungen aufzeigen: CMPs gehen verloren, neue

46

CMPs treten auf, die Topologie der CMPs wird stark verändert, die relative topologische Lage der CMPs geht von einem geordneten in einen ungeordneten Zustand über, einzelne Moleküle des CMP-Motivs sind nicht mehr nachweisbar. Im Falle eines reproduzierbaren Auftretens dieser Messdaten unter gezielten experimentellen Bedingungen kann zum einen die gegenseitige funktionelle Abhängigkeit der Moleküle eines CMP-Motivs bewiesen oder ausgeschlossen und zum anderen die relative Signifikanz der Rolle jedes einzelnen Moleküls eines CMP-Motivs im Hinblick auf die anderen Moleküle des Motivs bestimmt werden. Auf diese Weise gelangt man zu einer genauen Analyse der funktionellen Architektur der molekularen Netzwerke der Zelle und auch zu einer Klassifikation der zellulären (im Gegensatz zu molekularen) Funktionen eines jeweiligen Moleküls eines topologisch determinierten Netzwerks.

## 46.5 Hochauflösende Toponome: Biomarker für erfolgreiche Therapien

Hochauflösende Toponome werden gefunden, wenn z. B. hundert verschiedene Moleküle/Proteine der Zelloberfläche gleichzeitig kartiert werden. Man unterscheidet funktionelle Hochauflösung der Strukturen von funktioneller Hochauflösung der Krankheitsmechanismen im Gewebe. Derartige Kartierungen können z. B. auch in Echtzeit exploriert werden, und dann in den zugehörigen Zellen oder Geweben in den Strukturen sichtbar gemacht werden. Dabei zeigen sich sowohl hohe Strukturauflösung als auch Funktionsauflösung gleichzeitig (Schubert 2018).

So kann die Basallamina der menschlichen Haut innerhalb der Lamina lucida (100 nm Durchmesser) in sechs verschiedene Toponome unterschieden werden. Man detektiert also eine Auflösung von sechs Schichten mit einem Durchmesser von je 15 nm, wobei jede dieser Schichten jeweils ein einzigartiges funktionelles Toponommuster exprimiert (◻ Abb. 46.11). Man findet mithin strukturelle und funktionelle Hochauflösung gleichzeitig in der genannten Dimension.

Diese Herangehensweise hat zu folgenden neuen Diagnose- und Therapieverfahren geführt:

**Beispiel 1** Man hatte sich gewundert, dass Anti-Tumor-CD-8-T-Zellen mit experimentell erwiesenen anti-Tumoreigenschaften bei *Mycosis fungoides* (Hautkrebs) zwar in die Mikroumgebung des Tumors einwandern, aber *in situ* keine Anti-Tumor-Aktivität entfalten. Die Analyse mittels Toponomik ergab, dass diese CD8-anti-Tumor-Zellen *in situ* von einer *Spike*-Struktur der Keratinocyten aufgespießt werden, d. h. sie werden mechanisch

daran gehindert, den Tumor zu attackieren. Dadurch erwies sich die *Spike*-Struktur selbst als neues Therapie-Target (Hillert et al. 2016).

**Beispiel 2** Bei sporadischer amyotropher Lateralsklerose (ALS) ergab die Toponomanalyse, dass sich im Blut von ALS-Patienten Zellen befinden, welche die Blut-Hirn-Schranke überwinden und in das erste Motoneuron einwandern, wo sie motorische Axone komprimieren, ohne die Myelinscheiden zu alterieren (Schubert 2020). Dieser Befund führte zu einer effizienten Therapie: ein ALS-Patient, der diese sog. ACC-Zellen im Blut aufwies, wurde mit einer ACC-Depletionstherapie behandelt. Neurologisch bildeten sich die Zeichen der Krankheit zurück (Schubert 2020)

Diese Erfahrungen zeigen, dass die Toponomdiagnostik zur Aufdeckung der räumlichen Krankheitsmechanismen führt, wenn sie konsequent angewendet wird, sodass wirksame Therapien abgeleitet werden können.

## 46.6 Zusammenfassung und Ausblick

Immuncytochemische Methoden sind auf die Lokalisation einzelner oder nur sehr weniger Komponenten der Zelle beschränkt. Jedoch erfordern die Lokalisation und experimentelle Exploration der Muster ganzer Proteinnetzwerke eine Technologie, die in der Lage ist, die Limitierung vorhandener Wellenlängen für die multispektrale Trennung in der traditionellen Fluoreszenzmikroskopie zu überwinden. Nur so kann quantitativ und qualitativ eine quasi beliebige Anzahl verschiedener molekularer Komponenten in einer Zelle oder in einem Gewebeschnitt in einem einzigen Experiment erfasst werden. Die MELK-Toponomtechnologie stellt die dafür erforderlichen Routinen zur Verfügung. Durch Kopplung der MELK-Toponomanalyse mit biologischen Experimenten werden die Codierungsregeln der molekularen Netzwerke der Zelle progressiv entschlüsselt. Der vollständige Leseprozess, der von Robotern automatisch vollzogen wird, wird von einem „Erinnerungsspeicher" getrieben, der kontinuierlich mit Daten gefüllt wird, um ein „Toponomwörterbuch" zu erzeugen. Die auf dieser Basis entstehende Toponommikroskopie sollte hoch prädiktiv sein, indem sie funktionsspezifische molekulare Netzwerke direkt ausliest und dadurch z. B. krankheitsspezifische Merkmale des topologisch organisierten Proteoms klassifiziert. Dieser automatische Leseprozess kann über die inhärenten Leitproteine, die in CMP-Motiven vorliegen und bei Krankheiten wahrscheinlich erstrangige Targetproteine darstellen, direkt mit den industrialisierten *Drug-Discovery*-Strategien als Hochdurchsatz-(*Ultra-high-Content*-)Screening gekoppelt werden.

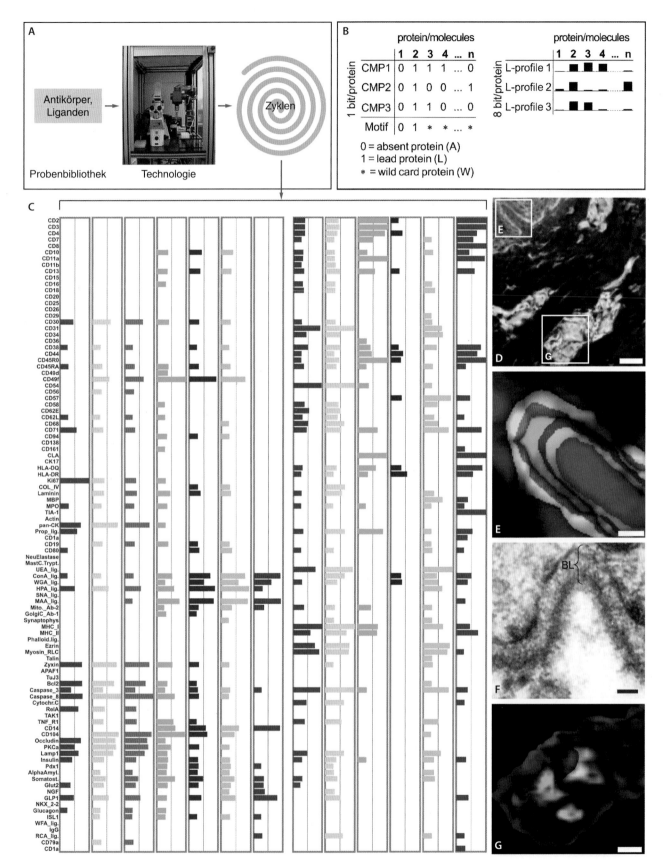

**◻ Abb. 46.11** Synopsis der Toponomdatenerhebung am Beispiel der menschlichen Haut. **A** Prinzip der Datenerhebung mithilfe eines Imaging Cyclers (ICM), der automatisierte Inkubations-Imaging-Bleichungszyklen auf einer biologischen Probe durchführt. **B** Dabei entsteht für jedes markierte Molekül ein Grauwert. Die Grauwerte können binarisiert (linker Bildteil) oder z. B. als 8-Bit-Wert ausgewertet werden (rechter Bildteil). **C** Im Falle der Grauwertauswertung entstehen an denjenigen Stellen, die mithilfe eines Cursors aktiviert werden, diejenigen Proteinprofile in Echtzeit, die real an dieser Stelle existieren. Gleichzeitig werden diejenigen Voxel visualisiert, welche die geeichten Profile exprimieren. Verschiedene Profile sind hier in verschiedenen Farben gezeigt, die denjenigen Farben des Gewebes entsprechen, in denen sie vorkommen. Auf diese Weise wird das Gewebe toponomisch hypothesenfrei entschlüsselt. So zeigt die obere Abbildung **D** im Bereich des oberen Quadrats einen Ausschnitt, der

in **E** vergrößert ist. Dieser Ausschnitt zeigt sechs bzw. sieben gut separierte, bisher nicht bekannte Toponomschichten im Bereich der Basallamina. Letztere Basallamina kennen wir bisher nur als EM-aufgelöste Struktur (Beispiel in **F**: aus der histologischen Literatur). Gleichzeitig löst Toponomics den Bereich des unteren Quadrats (in **D**) als T-Zell-Toponom im subepithelialen Bindegewebe auf **G**. Die Verfahren sind in der Referenzliste beschrieben (Schubert et al. 2006; Friedenberger et al. 2007a; Schubert 2018)

## Literatur und Weiterführende Literatur

Abott A (2006) Mapping togetherness (research highlight, referring to Schubert et al. Nature Biotechnology, 2006). Nature 443:609

Bhattacharya S, Mathew G, Ruban E, Epstein DA, Krusche A, Hillert R, Schubert W, Khan M (2010) Toponome imaging system: *in situ* protein network mapping in normal and cancerous colon from the same patient reveals more than five-thousand cancer specific protein clusters and their sub-cellular annotation by using a three symbol code. J Proteome Res 9:6112–6125

Bode M, Irmler M, Friedenberger M, May C, Jung K, Stephan C, Meyer HE, Lach C, Hillert R, Krusche A, Beckers J, Marcus K, Schubert W (2008) Interlocking transcriptomics, proteomics and toponomics technologies for brain tissue analysis in murine hippocampus. Proteomics 8:1170–1178

Cottingham K (2008) Human toponome project. J Proteome Res 7:180

Friedenberger M, Schubert W et al (2007a) Fluorescence detection of protein clusters in individual cells and tissue sections by using toponome imaging system: sample preparation and measuring procedures. Nat Protoc 2:2285–2294

Friedenberger M, Bode M, Krusche A, Schubert W (2007b) Fluorescence detection of protein clusters in individual cells and tissue sections by using toponome imaging system: sample preparation and measuring procedures. Nat Protoc 2:2285–2294. (cover story)

Hillert R, Gieseler A, Krusche A, Humme D, Röwert-Huber HJ, Sterry, Walden P, Schubert W (2016) Large molecular systems landscape uncovers T cell trapping in human skin cancer. Sci Rep 6:19012

Ostalecki C, Lee J-H et al (2017) Multiepitope tissue analysis reveals SPPL3-mediated ADAM10 activation as a key step in the transformation of melanocytes. Sci Signal. https://doi.org/10.1126/scisignal.aai8288

Sage L (2009) The molecular face of prostate cancer. J Proteome Res 8:1616. (editorial to Schubert et al. JPR 2009)

Schubert W (1990) Multiple antigen-mapping microscopy of human tissue. In: Burger G, Oberholzer M, Vooijs GP (Hrsg) Excerpta Medica. Elsevier, Amsterdam. Adv Anal Cell Pathol, S 97–98

Schubert W (1992) Antigenic determinants of T lymphocyte $\alpha\beta$ receptor and other leukocyte surface proteins as differential markers of skeletal muscle regeneration: detection of spatially and timely restricted patterns by MAM microscopy. EJCB 58:395–410

Schubert W (2003) Topological proteomics. Toponomics. MELK technology. Adv Biochem Eng Biotechnol 8:189–211

Schubert W (2007) A three symbol code for organized proteomes based on cyclical imaging of protein locations. Cytometry A 71:352–360

Schubert W (2010) On the origin of cell functions encoded in the toponome. J Biotechnol 149:252–259

Schubert W (2013) Toponomics. In: Dubitzki et al (Hrsg) Encyclopedia of systems biology. Springer-Verlag, New York, S 2191–2212

Schubert W (2018) A platform for parameter unlimited molecular geometry imaging obviously enabling life saving measures in ALS. Adv Pure Math 8:321–334

Schubert W (2019) Therapeutic depletion of axotomy competent cells in amyotrophic lateral sclerosis (ALS). Adv Neurol Neurosci 2:1–4

Schubert W (2020) A platform for parameter unlimited molecular geometry imaging obviously enabling life saving measures in ALS. Adv Pure Math 8(3):866–868

Schubert W et al (2006a) Analyzing proteome topology and function by automated multidimensional fluorescence microscopy. Nat Biotechnol 24:1270–1278

Schubert W, Bonnekoh B, Pommer AJ, Philipsen L, Boeckelmann R, Maliykh J, Gollnick H, Friedenberger M, Bode M, Dress A (2006b) Analyzing proteome topology and function by automated multidimensional fluorescence microscopy. Nat Biotechnol 24:1270–1278

# Organ-on-Chip

*Peter Loskill und Alexander Mosig*

## Inhaltsverzeichnis

**47.1 Grundlagen – 1129**
47.1.1 Mikrofluidik – 1129
47.1.2 (Bio-)Materialien – 1130
47.1.3 Zellquellen – 1131

**47.2 Beispiele von Organ-on-Chip-Systemen – 1134**
47.2.1 Gewebe mit Barrierefunktion – 1134
47.2.2 Gewebe mit Stoffwechselfunktion – 1135
47.2.3 Gewebe mit mechanischer Funktion – 1136
47.2.4 Neuronale Gewebe – 1136
47.2.5 Multi-Organ-Systeme – 1138

**47.3 Analytische Möglichkeiten – 1138**
47.3.1 In-Chip-Analyse – 1139
47.3.2 Off-Chip-Perfusatanalyse – 1140
47.3.3 Terminale Ex-situ-Analytik – 1140

**47.4 Anwendungsgebiete der OoC-Technologie – 1141**
47.4.1 Wirksamkeitstestung – 1141
47.4.2 Toxikologische Untersuchungen – 1142
47.4.3 Pharmakokinetik – 1142
47.4.4 Personalisierte Medizin – 1143

**Literatur und Weiterführende Literatur – 1143**

© Springer-Verlag GmbH Deutschland, ein Teil von Springer Nature 2022
J. Kurreck et al. (Hrsg.), *Bioanalytik*, https://doi.org/10.1007/978-3-662-61707-6_47

- Organ-on-Chip-(OoC-)Systeme sind komplexe In-vitro-Modelle, die definierte organtypische Funktionen und deren Regulation in Abhängigkeit von genetischen Faktoren und externen Stimuli nachbilden. Dies gelingt, indem die spezifischen physiologischen Mikroumgebungen von Zellen und Geweben, deren sog. mikrophysiologische Umgebungen, möglichst originalgetreu technisch reproduziert werden.
- Zur Nachbildung von Geweben und Organfunktionen *in vitro* ist es notwendig, die korrekten Biopolymere und Zelltypen mit möglichst umfassendem Funktionserhalt gemeinsam in einer der *in vivo*-Situation entsprechenden Anordnung zu kultivieren.
- OoC-Systeme erlauben den Einsatz eines breiten Spektrums bioanalytischer Methoden. Aus diesen Messwerten können Modelle beispielsweise zur Vorhersage molekularer Prozesse eines Krankheitsgeschehens, von Arzneimittelwirkungen oder der Toxizität von Chemikalien entwickelt werden.
- Eine der großen Hoffnungen für die OoC-Technologie ist ihr Einsatz als Alternative zu Tiermodellen in der pharmazeutischen, toxikologischen und biomedizinischen Forschung. Allerdings eröffnen die komplexen humanen *in vitro*-Modelle auch komplett neue Möglichkeiten der Anwendung, die mit bisherigen Modellen (Tieren und statischen Zellkulturen) nicht umsetzbar sind.

Im Rahmen der Entwicklung und Zulassung potenzieller therapeutischer Wirkstoffe sind umfangreiche präklinische Untersuchungen und Validierungen erforderlich, bevor man diese zum ersten Mal in der Klinik an Patienten testen kann. Der gesamte Entwicklungsprozess dauert für einen neuen Wirkstoff im Mittel mehr als zehn Jahre, ist mit Entwicklungskosten von durchschnittlich ca. zwei Milliarden US-Dollar äußerst kostspielig und ist nur bedingt effektiv. Weniger als 20 % der präklinisch validierten Wirkstoffe werden nach klinischer Prüfung überhaupt zugelassen. Einer der Hauptgründe für die hohen Kosten und die geringe Effizienz des derzeitigen Arzneimittelentwicklungsprozesses ist das Fehlen physiologisch relevanter präklinischer Modelle, welche die Reaktion des Menschen auf neue Arzneimittel vorhersagen können. Derzeit beruht die präklinische Evaluierung der Wirksamkeit und Sicherheit der neuen Wirkstoffe vor allem auf Tiermodellen und zweidimensionalen (2D-)Zellkulturen. Die Verwendung von Tiermodellen ist mit hohen Kosten, ethischen Bedenken und einem geringen Testungsdurchsatz verbunden. Darüber hinaus stimmen die Ergebnisse von Tiermodellen häufig nicht mit Studienergebnissen am Menschen überein, hauptsächlich aufgrund physiologischer oder pathophysiologischer Unterschiede zwischen Tieren und Menschen. Zellkulturen werden seit Jahrzehnten als *in vitro*-Modelle zur Untersuchung von Krankheitsmechanismen und Toxizität genutzt. Ihre Verwendung hat zu einer Fülle von Wissen in unterschiedlichen Bereichen, einschließlich der Biochemie, Biologie und Pharmakodynamik, geführt. Seit ihrer ursprünglichen Etablierung durch Ross Granville Harrison im Jahr 1907 hat sich an ihren Grundprinzipien allerdings wenig geändert. In der Regel werden Kulturen eines Zelltyps als 2D-Schichten unter statischen Bedingungen bei 37 °C bis zum Erreichen der Konfluenz kultiviert und anschließend weiter vereinzelt, um eine Konkurrenzsituation der Zellen untereinander zu vermeiden. Hierdurch wird die komplexe Struktur und Mikroumgebung lebender Gewebe im *In vitro*-Modell nur unzureichend abgebildet. Eine Lösung für diese Problematik verspricht der Einsatz von Organ-on-Chip (OoC-)Systemen. Diese komplexen *in vitro*-Modelle bilden definierte organtypische Funktionen und deren Regulation in Abhängigkeit von genetischen und externen Faktoren nach. Hier ist es das Ziel, die Funktion eines Organs, basierend auf seiner kleinsten funktionalen Einheit (z. B. eines Leberläppchens), nachzubilden. Hierzu werden die spezifischen physiologischen Mikroumgebungen von Zellen und Geweben, deren sog. mikrophysiologische Umgebungen, möglichst realistisch *in vitro* reproduziert. Dies gelingt durch Kombination von Konzepten und Methoden aus unterschiedlichen Disziplinen, die von der Mikrostrukturierung und den Biomaterialien bis zur Stammzelltechnologie und Biochemie reichen. OoC-Systeme basieren auf optisch transparenten dreidimensionalen (3D-)Modulen, zumeist aus Polymeren, in die Mikrokammern strukturiert werden, die der Kultivierung von künstlich erzeugten oder natürlich gewachsenen Geweben dienen. Zum Funktionserhalt dieser Gewebe und der Nachahmung des *in vivo*-Blutkreislaufs werden diese Mikrokammern kontinuierlich mit Nährstoffen durch zirkulierende Nährmedien versorgt. Aufgrund der optischen Transparenz können OoC-Systeme zur Beobachtung und Analyse der Morphologie und Dynamik von Gewebemodellen genutzt werden.

In den letzten zehn Jahren gab es einen massiven Sprung in der Entwicklung neuer und immer komplexerer OoC-Systeme, wodurch deren Fähigkeit zur Nachbildung toxischer Effekte und molekularer Prozesse von Krankheitsgeschehen zur Vorhersage der Effizienz und Sicherheit neuer Wirkstoffe verbessert werden konnte kürzlich im Rahmen einer europäischen Roadmap erarbeitet und zusammengefasst als „.... *fit-for-purpose* mikrofluidische Plattformen, die lebende Organ-Substrukturen in eine präzise kontrollierte Mikroumgebung integrieren und es ermöglichen, einen oder mehrere Aspekte der Dynamik, Funktionalität und (patho-)physiologischen Effekte des Organs nachzubilden und auszulesen" (Mastrangeli et al. 2019).

## 47.1 Grundlagen

### 47.1.1 Mikrofluidik

Unter dem Begriff Mikrofluidik werden Forschungsfelder und Technologien zusammengefasst, die sich mit der Analyse und Handhabung kleinster Volumina ($10^{-6}$ bis $10^{-18}$ l) von Flüssigkeiten in Strukturen mit Dimensionen kleiner als 1 mm befassen. Mikrofluidische Module werden mittels Mikrostrukturierungsmethoden hergestellt und bestehen klassischerweise aus verschiedensten Netzwerken von Kanälen und Kammern, die über (integrierte) Pumpen und Ventile angesteuert werden können.

In makroskopischen Kanälen und Strukturen werden Dynamiken und Flüsse von Fluiden typischerweise durch die Trägheit der Fluidbewegung dominiert: Dadurch treten zumeist turbulente Flüsse auf, die irregulär, stochastisch und durch Fluktuationen geprägt sind. Eine theoretische Beschreibung ist hierbei oft nur durch statistische Ansätze möglich. Im Gegensatz dazu ist die Bewegung von Fluiden auf den mikroskopischen Längenskalen mikrofluidischer Kanäle dominiert durch deren Viskosität, annäherungsweise die intrinsische Reibung des Fluids. Dadurch entstehen zumeist laminare Flüsse, bei denen sich die Moleküle stabil in definierten Lagen bewegen. Diese Art von Flüssen ist regulär und reproduzierbar und kann zumeist mittels einfacher theoretischer Ansätze quantitativ beschrieben werden. Das Verhältnis von Trägheits- zu Viskositätseffekten bei der Bewegung von Fluiden wird durch die sog. Reynoldszahl Re quantifiziert. Diese hängt u. a. von den Kanalgeometrien und -größenordnungen, aber auch von den Fluideigenschaften (Dichte, Viskosität) und der Flussgeschwindigkeit ab. Falls die Bedingung $Re \ll 1$ erfüllt wird, was in den meisten mikrofluidischen Systemen der Fall ist, können Trägheitseffekte vernachlässigt und von einem laminaren Fluss ausgegangen werden.

Aufgrund der laminaren Flüsse können in mikrofluidischen Plattformen kleinste Volumina von Fluiden (Piko- bis Nanoliter) präzise und kontrolliert zwischen unterschiedlichen Kammern und Kanälen bewegt werden. Dies ist speziell für die Analytik von großem Vorteil: Einzelne Kammern mikrofluidischer Systeme können beispielsweise mit integrierten Sensoren ausgestattet sein und darüber hinaus das Perfusat. d. h. die durch die Plattform hindurchgeflossene Flüssigkeit, kann direkt aus dem Kanalausgang analysiert werden. Hierfür stehen klassische Methoden (z. B. ELISA, (LC-)MS, ...) zur Verfügung, die *inline* oder *offline* angebunden werden können. Die dynamischen Eigenschaften des mikrofluidischen Flusses ermöglichen zudem Analysen mit einer hohen Zeitauflösung: „Proben" im Sensorbereich können innerhalb von Millisekunden herausgespült und

neue eingespült werden. Details zu verfügbaren Sensorlösungen werden in ▶ Abschn. 47.3.1 ausgeführt.

Mikrofluidische Flüssigkeitsströme können auch zur Imitation des Blutflusses im Kapillarsystem von Geweben genutzt werden. Die Nachbildung eines solchen Kanalsystems, die sog. Vaskularisierung von künstlichem Gewebe(-Modellen), ist eine der größten Herausforderungen für das Forschungsgebiet *Tissue Engineering*. Dieses Gebiet befasst sich mit der Herstellung künstlicher Ersatzorgane für die regenerative Medizin und Gewebemodellen für die biomedizinische Grundlagen- und angewandte pharmazeutische Forschung. Die kontinuierliche Versorgung von Zellen und Geweben über mikrofluidische Flüsse bietet darüber hinaus eine Fülle weiterer Vorteile gegenüber der konventionellen statischen Zellkultur:

1. Wie auch *in vivo*, können gelöste Stoffe (z. B. Nähr- und Wirkstoffe) mittels einer mikrofluidischen Perfusion kontrolliert zum Gewebe hin- sowie metabolisierte und sekretierte Faktoren/„Abfallprodukte" vom Gewebe abtransportiert werden. Bei einer konventionellen statischen Zellkultur wird das Medium hingegen typischerweise in festen Zyklen gewechselt. Dies hat zur Folge, dass sich die Konzentrationen von u. a. Nähr- und Wirkstoffen, die von den Zellen aufgenommen bzw. verstoffwechselt werden, stetig verringern und analog dazu die Konzentration von Metaboliten und weiteren sekretierten Faktoren stetig ansteigt. Dadurch sind die Bedingungen, denen die Zellen ausgesetzt sind, zu keinem Zeitpunkt zwischen den Mediumswechseln identisch, und es wird eine künstliche „Sägezahn-Konzentrationsdynamik" erzeugt. Abhängig von der metabolischen Aktivität der kultivierten Zellen werden auch intervallartige Wechsel definierter Teilvolumina des Mediums vorgenommen, wobei das Grundproblem einer „Sägezahn-Konzentrationsentwicklung" bestehen bleibt. Durch die kontrollierte Perfusion in mikrofluidischen Plattformen können dagegen durchgehend konstante Bedingungen erschaffen oder auch physiologische Konzentrationsdynamiken z. B. von Hormonen generiert werden.

2. In konventioneller statischer Zellkultur führt das um mehrere Größenordnungen „verfälschte" Zell-zu-Medium-Verhältnis zu einer Verdünnung von Metaboliten sowie von para- und autokrinen Faktoren um ca. den Faktor 1000. Zum Überleben benötigt eine einzelne Zelle (Volumen ca. 1 pl) täglich knapp 1 nl Medium. In statischen Kulturen muss dieses Medium konstant vorgehalten werden, d. h. zu jedem Zeitpunkt werden sekretierte Faktoren komplett in diesem verdünnt. Durch die kontinuierliche Perfusion in mikrofluidischen Plattformen sind Zellen und Gewebe zu jedem Zeitpunkt nur mit einem geringen Vo-

lumen an Medium in Kontakt wodurch die Verdünnung signifikant reduziert wird. Dieser Aspekt ist auch für eine nachfolgende Analytik von großem Interesse, da hierdurch eine bedeutend geringere Sensitivität für die Bestimmung sekretierter Faktoren notwendig ist.

3. Verschiedene Zelltypen, v. a. Endothelzellen, bilden nur unter dem Einfluss physiologischer Scherkräfte und damit verbundener mechanischer Stimulation einen *in vivo*-ähnlichen Phänotyp aus. Diese Scherkräfte können nur durch kontrollierte Flüsse erzeugt und reproduzierbar erhalten werden.

4. Mikrofluidische Plattformen können unterschiedliche komplexe Netzwerke aus Kanälen enthalten. Hierdurch können Flüssigkeitsvolumina komplett oder teilweise zwischen unterschiedlichen Kammern bzw. Modulen hin- und her transportiert werden. Diese Kammern können nicht nur wie bereits beschrieben integrierte Sensoren oder Pumpen beinhalten, sondern auch unterschiedliche Zell- bzw. Gewebetypen. Dadurch ist es möglich, die Wechselwirkung verschiedener Gewebe und Organe nachzubilden und zu untersuchen. Die mikrofluidische Perfusion ermöglicht es, Teile des Blutkreislaufs bis hin zu Multi-Organ-Systemen zu erzeugen. Diese werden in ▶ Abschn. 47.2.5 detaillierter besprochen.

Die Mikrostrukturierung von Kanalstrukturen ermöglicht zudem die Gestaltung von Mikroumgebungen (in Größenordnungen von weniger als einer Zelle bis hin zu komplexen Zellverbänden) mit hoher Flexibilität, Präzision und Kontrolle. Dabei können unterschiedliche Strukturen geschaffen und verschiedene Biomaterialien miteinander kombiniert werden.

## 47.1.2 (Bio-)Materialien

Zur Herstellung von OoC-Systemen kommen verschiedene (Bio-)Materialien zum Einsatz, die sich alle durch eine hohe Biokompatibilität auszeichnen müssen. Generell muss bei der Wahl der jeweiligen Materialien zwischen zwei grundsätzlichen Anwendungsbereichen unterschieden werden:

- dem Basismaterial für die mikrofluidische Plattform und
- dem mit den Zellen bzw. dem Gewebe in Kontakt stehenden Material.

Für beide Bereiche ergeben sich sehr unterschiedliche Anforderungsprofile: Das Basismaterial ist im Idealfall biologisch inert und gibt die Geometrien und mikrofluidischen Kanalstrukturen vor. Gleichzeitig muss es eine hohe optische Transparenz und Stabilität aufweisen.

Das geweberelevante Material ist ein grundlegender Faktor für die Nachbildung einer der *In vivo*-Situation entsprechenden mikrophysiologischen Umgebung und sollte daher auf biomimetischen, bioaktiven Materialen basieren.

Als Basismaterialien für OoC-Systeme kommen meist Polymere zum Einsatz. Die möglichen Materialoptionen werden zunächst durch die verwendete Herstellungsmethode bestimmt. Da zur Erstellung von mikrofluidischen Modulen einerseits kleinste Kanäle und Kammern in das Basismaterial strukturiert und andererseits diese dann dicht verschlossen werden müssen, werden Mikrostrukturierungs- und Fügemethoden verwendet. In den letzten Jahrzehnten wurde im Forschungsgebiet der Mikrofluidik eine Vielfalt unterschiedlicher Methoden etabliert, die entweder auf direkter Strukturierung oder der Abformung von strukturierten Mastern basieren. Eine der speziell im Bereich der Grundlagenforschung und Prototypenentwicklung am weitesten verbreiteten Methoden ist das sog. Softlithographie-Verfahren, bei dem zunächst mittels kontrollierter UV-Belichtung Photolackstrukturen auf Siliciumwafern erstellt und dann thermisch vernetzende Polymere (zumeist Elastomere) von diesen abgeformt werden. Sehr häufig wird das Elastomer Polydimethylsiloxan (PDMS) verwendet. Neben der Lithographie werden gerade auch in der Großserienproduktion Spritzgussverfahren, 3D-Druck sowie mechanische oder laserbasierte Ablationsverfahren eingesetzt, wodurch auch andere Polymere wie Polyurethan, Polystyrol oder Cycloolefin-Copolymere, aber auch Glas strukturiert werden können. Neben günstigen Eigenschaften zur Struktrierung und Verarbeitung sowie einer grundlegenden Biokompatibilität und Langzeitstabilität sind die optischen Eigenschaften, Elastizität, Absorptionsverhalten und die Sauerstoffdurchlässigkeit von großer Bedeutung für die Basismaterialien. Da, wie in ▶ Abschn. 47.3 beschrieben, die Mikroskopie eine der wichtigsten Analysemethoden darstellt, ist die optische Transparenz sowohl im sichtbaren als auch im UV-Bereich (für die Anregung von Fluoreszenzfarbstoffen ▶ Abschn. 9.4.5) der Materialien wichtig. Eine definierbare Durchlässigkeit der Materialien für Sauerstoff ist zur Versorgung der Gewebe mit ausreichend Sauerstoff notwendig, um deren Vitalität und physiologische Funktion zu gewährleisten. Wie viel Sauerstoff tatsächlich notwendig ist, hängt vom jeweiligen Organsystem ab; bei einer Reihe von Organen (z. B. Leber) wird die Funktionalität maßgeblich durch intrinsische Sauerstoffgradienten beeinflusst. Dies bedeutet, dass je nach Organtyp und konzeptionellem Design des OoC-Systems andere Anforderungen an die Sauerstoffdurchlässigkeit des Materials gestellt werden. Ähnlich verhält es sich auch mit den elastischen Eigenschaften der Basismaterialien: Für viele OoC-Ansätze steht vor allem die mechanische Stabilität der Plattform im Vordergrund. Für einige spezifische Anwendungen besteht allerdings explizit die Notwendigkeit eines elastischen Basismaterials, um dynamische Verformungen zu ermöglichen. Die Absorptionseigenschaften des Basismaterials spielen in OoC-Systemen eine besondere Rolle. Aufgrund des großen Oberfläche-zu-Volumen-Verhältnisses in den Mikrokanälen können die Konzentrationsdynamiken von Molekülen, falls diese in das Basismaterial hinein partitionieren, stark verändert werden. Aufgrund der Hydrophobizität der meisten Polymere betrifft dies speziell (kleine) hydrophobe Moleküle (u. a. viele Wirkstoffe und Hormone), wodurch eine kontrollierte Testung dieser Substanzen in OoC-Systemen aus hydrophoben Polymeren stark beeinträchtigt werden kann. Diese Problematik besteht zwar generell für fast alle Polymere, ist aber speziell für das häufig verwendete PDMS ausgeprägt: Aufgrund der netzwerkartigen, porösen Struktur und der Hydrophobizität von PDMS können hydrophobe Substanzen sehr leicht von PDMS absorbiert werden. Nichtsdestotrotz ist PDMS aufgrund seiner Biokompatibilität, einfachen Verarbeitung, Sauerstoffdurchlässigkeit, einstellbaren elastischen Eigenschaften und der hohen optischen Transparenz noch immer das Basismaterial der Wahl für einen Großteil der bisher entwickelten OoC-Systeme.

Die grundlegende Aufgabe der im Kontakt mit Zellen und Geweben stehenden Materialien ist die Nachbildung der Eigenschaften der extrazellulären Matrix (engl. *Extracellular Matrix*, ECM). Das gewählte Biomaterial bzw. die gewählte Biomaterialkombination muss dazu sowohl geeignete strukturelle als auch biophysikalische Eigenschaften (z. B. Elastizität) aufweisen. Ebenso müssen seine Transporteigenschaften (z. B. Diffusionsparameter) Berücksichtigung finden. Hierfür können zwei verschiedene Strategien angewandt werden, die beide spezifische Vor- und Nachteile bieten. Es können maßgeschneiderte Materialien, die für das jeweilige Gewebe alle wichtigen Parameter optimal nachbilden, direkt integriert werden. Aufgrund der Komplexität der meisten Gewebe ist dies jedoch häufig nur eingeschränkt möglich. Ein Alternative hierzu ist die Integration von Materialien, die es den Zellen ermöglicht, sich zu Geweben anzuordnen und ihnen so lange Halt geben, wie sie benötigen, ihre eigene ECM auszubilden. Die große Herausforderung hierbei ist es, die zeitliche Abstimmung zwischen der Degradation des Materials und dem Aufbau der nativen ECM adäquat zu justieren. Darüber hinaus muss sichergestellt werden, dass alle Zelltypen im jeweiligen funktionalen Zustand und im richtigen Verhältnis vorhanden sind, damit eine native ECM gebildet werden kann. In OoC-Systemen kommen derzeit als gewebrelevante Materialien zumeist poröse Membranen und Hydrogele zum Einsatz. Der Vorteil poröser Membranen liegt vor allem darin, dass sie sich gut verarbeiten und strukturieren lassen,

sowie in den vielfältigen Möglichkeiten, diese in mikrofluidische Plattformen zu integrieren. Sie bestehen häufig aus Polymeren wie Polyethylenterephthalat (PET), PDMS oder Polycarbonat. Funktionell sind diese Membranen in der Lage, Geometrien und Transportprozesse zu beeinflussen. Um auch biofunktionale und mechanische Aspekte zu adressieren, muss zumeist noch eine sekundäre Beschichtung mit Biomolekülen durchgeführt werden. Hydrogele andererseits können in fast allen Aspekten eine sehr große Ähnlichkeit mit nativer ECM aufweisen. Die robuste und reproduzierbare Integration sowie die Strukturierung der Hydrogele sind jedoch häufig weitaus größere Herausforderungen als bei porösen Membranen. Basierend auf ihrer Herkunft kann man Hydrogele in natürliche Materialien (z. B. Kollagen, Hyaluronsäure), die auch in der nativen ECM vorkommen, und synthetische Materialien (z. B. PEG-basierte Gele) einteilen. Natürliche Hydrogele sind häufig schwieriger zu verarbeiten, zeigen eine intrinsische Variabilität und können weniger gut angepasst werden. Synthetische Hydrogele sind weiter entfernt von den Eigenschaften einer nativer ECM, bieten aber eine große Flexibilität zur Einstellung geeigneter biophysikalischer und funktionaler Eigenschaften (z. B. Diffusionsverhalten, Substanzbindung, Elastizität, Degradierbarkeit). Ein vielversprechender Ansatz ist auch die Kombination von natürlichen und synthetischen Hydrogelen als hybride Biomaterialien.

### 47.1.3 Zellquellen

Komplexe Gewebe zeichnen sich durch spezifische Kombinationen von zumeist mehreren unterschiedlichen Zelltypen aus, die in vielfältiger Weise miteinander und mit der entsprechenden ECM wechselwirken. Diese Wechselwirkungen bilden die Grundlage der Funktionalität des entsprechenden Organs. Um Gewebe und Organfunktionen *in vitro* nachzubilden, ist es daher unumgänglich, die korrekten Zelltypen mit möglichst umfassendem Funktionserhalt gemeinsam in einer der *in vivo*-Situation entsprechenden Anordnung zu kultivieren. Zur Gewinnung der benötigten Zellen stehen derzeit drei Quellen zur Verfügung: Zelllinien, primäre Zellen und Stammzellen. Die Vor- und Nachteile dieser Zellquellen werden im Folgenden detaillierter beschrieben.

■ Zelllinien

Zelllinien gehören zu den am häufigsten eingesetzten Zellquellen. Ihre Vorteile liegen vor allem in der Möglichkeit einer einfachen und kostengünstigen Kultivierung und Standardisierung sowie ihrer unbegrenzten Verfügbarkeit. Zelllinien können entweder durch chemische oder virale Modifikation von Primärzellen generiert oder aus Tumoren isoliert werden. Zelllinien sind verhältnismäßig einfach und sicher handhabbar und können reproduzierbare Ergebnisse erzielen. Da Zelllinien jedoch eine genotypische und phänotypische Modifikation erfahren haben, entsprechen sie nicht mehr dem originalen Zelltyp im Gewebe bzw. Organ. Dennoch werden sie wegen ihrer einfachen Kultivierung und des unbegrenzten Wachstums in großem Umfang für OoC-Plattformen verwendet. Ihre Fähigkeit zur unbegrenzten Proliferation ist jedoch zwangsläufig mit Dedifferenzierungsprozessen, also dem Verlust zelltypspezifischer Funktionen (z. B. verminderte Expression von Transporterproteinen oder Enzymen des Zellstoffwechsels), beispielsweise durch epithelial-mesenchymale Transition (EMT), verbunden.

■ **Primäre Zellen**
Als „primär" werden Zellen bezeichnet, die direkt ohne Modifikation aus Gewebebiopsien oder Blut isoliert wurden. Sie sind häufig in der Lage, zelltypspezifische Funktionen *in vitro* besser nachzubilden als Zelllinien. Zum Zeitpunkt ihrer Isolation aus gesundem Gewebe entsprechen diese Zellen dem Phänotyp im Gewebe oder Organ und besitzen damit optimale Voraussetzungen als Basis zur Erzeugung physiologischer *in vitro*-Modelle. Die Gewinnung der notwendigen Gewebebiopsien erfordert allerdings fast immer chirurgische Eingriffe. Meistens fallen Biopsien im Rahmen krankheitsbedingter Operationen als Nebenprodukt an. Primäre Zellen können individuelle Merkmale der Spenderin bzw. des Spenders (Alter, Geschlecht, Genetik, Vorerkrankungen usw.) widerspiegeln, wodurch sie gerade für patientenspezifische Modelle sehr gut geeignet sind. Die Vermehrung dieser Zellen, insbesondere ohne eine Veränderung ihres ursprünglichen Phänotyps, ist häufig jedoch nur eingeschränkt und in einigen Fälle gar nicht möglich. Da zudem die Gewinnung von großen Zellzahlen aus bestimmten Organen wie dem Gehirn oder dem Herzen aufgrund der postmitotischen Natur dieser Zellen schwierig ist, stehen in diesen Fällen nur geringe Mengen primärer Zellen pro Spender zur Verfügung. Dieser für das klassische *Tissue Engineering* limitierende Umstand ist allerdings für OoC-Systeme weniger gravierend. Aufgrund ihrer mikroskaligen Grundrisse benötigen OoC relativ geringe Zellzahlen und ermöglichen dadurch auch den Aufbau einer größeren Anzahl von Replikaten, genetisch identischer Gewebe, die auf einer einzelnen Gewebebiopsie basieren. Eine weitere grundlegende Limitierung primärer Zellen in der klassischen *in vitro*-Kultur ist deren eingeschränkte Funktionalität (Gen- und Proteinexpression) aufgrund der drastischen Veränderungen in ihrer Mikroumgebung. Diese Veränderungen treten bereits wenige Stunden oder Tage nach

der Zellisolation ein und begrenzen die Lebensdauer der Zellen. Auch hier bieten OoC-Systeme mit der Fähigkeit, mikrophysiologische Umgebungen zu generieren, Vorteile und ermöglichen es in vielen Fällen, die Zellfunktionen deutlich länger als in der klassischen Zellkultur zu erhalten.

■ **Stammzellen**
Stammzellen können aus Blastozysten, Föten oder adulten Organismen gewonnen werden und sind in der Lage, sich selbst zu erneuern und in Abhängigkeit biologischer, mechanischer oder elektrischer Stimulation in verschiedene Zelltypen zu differenzieren. Entsprechend ihrer Herkunft und ihres Differenzierungspotenzials können sie in pluripotente embryonale Stammzellen (*Embryonic Stem Cells*, ESCs), multipotente oder unipotente adulte Stammzellen (*Adults Stem Cells*, ASCs) und induziert pluripotente Stammzellen (*Induced Pluripotent Stem Cells*, iPSCs, ▶ Abschn. 41.4) unterteilt werden. Für den Einsatz in OoC-Plattformen bieten Stammzellen den Vorteil, dass unterschiedliche Zelltypen mit identischem genetischem Hintergrund generiert werden können. Dies erlaubt die Erzeugung von Organnachbildungen von einem einzigen Spender und die Vermeidung nachteiliger immunologischer Reaktionen innerhalb einer multizellulär konstruierten Gewebestruktur. Dieses wichtige Alleinstellungsmerkmal unterscheidet Stammzellen von Zelllinien, die nicht in der Lage sind, die Genetik einzelner Spender abzubilden, und primären Zellen, deren Einsatz meist durch die limitierte Verfügbarkeit von Biopsien eingeschränkt ist.

**Embryonale Stammzellen (ESCs)**   ESCs sind pluripotent und können über die drei embryonalen Keimschichten Ektoderm, Endoderm und Mesoderm zu allen Zelllinien des Körpers differenzieren. Dadurch bilden sie eine ideale Zellquelle für die Generierung von *in vitro*-Modellen. Trotz erheblicher Fortschritte bei der gerichteten Differenzierung vieler Zelltypen ist es allerdings immer noch nicht möglich, alle Zelltypen ausgehend von humanen ESCs *in vitro* mit hohen Ausbeuten zu erhalten. Die daraus differenzierten Zellen weisen häufig einen funktionell und strukturell unreifen Phänotyp auf, und ihre Nutzung ist mit ethischen Bedenken verbunden. Hierdurch wurde der Einsatz dieser Zellen in OoC-Plattformen bislang eingeschränkt.

**Adulte Stammzellen (ASCs)**   Die meisten Gewebe adulter Organismen enthalten adulte Stammzellen in sog. Stammzellnischen. Aus Biopsien können daher viele unterschiedliche ASCs isoliert werden. ASCs sind multipotent, d. h. sie können zu mehreren Zelltypen eines einzelnen Keimblattes differenzieren, oder unipotent, d. h. sie können in einen spezifischen Zelltyp differenzieren. Die am häufigsten verwendeten ASCs sind mesenchymale Stromazellen (MSCs), epitheliale Stammzellen und hämatopoetische Stammzellen. MSCs werden typischerweise aus relativ einfach zugänglichen Biopsien, z. B. aus dem Knochenmark oder dem Fettgewebe, extrahiert. Als multipotente Stammzellen können sie nur in eine begrenzte Anzahl von Zelltypen wie Knochen-, Muskel-, Knorpel- und Fettzellen differenzieren. Aufgrund der eingeschränkten Verfügbarkeit und begrenzten Fähigkeit zur Differenzierung im Vergleich zu pluripotenten Stammzellen können nur bestimmte Gewebe komplett aus ASCs generiert werden.

**Induzierte pluripotente Stammzellen (iPSCs)** iPSCs haben ebenso wie ESCs das Potenzial zur Differenzierung in alle Zelltypen des Körpers. Sie können aus leicht zugänglichen adulten Zellen (z. B. aus der Haut, Blut oder Urin) reprogrammiert werden, weshalb ihre Nutzung ethisch weniger umstritten ist. Sie besitzen wie andere Stammzellen die Fähigkeit zur Selbsterneuerung und stellen damit eine praktisch unbegrenzte Zellquelle dar. Im Unterschied zu ESCs können iPSCs von adulten Menschen gewonnen werden und ermöglichen es, individuen-/patientenspezifische *in vitro*-Modelle zu generieren. Aufgrund dieser Eigenschaften wird ihnen ein immenses Potential für die Nutzung in der personalisierten Medizin zugesprochen.

Darüber hinaus können iPSCs spezifische Krankheiten und damit assoziierte Veränderungen in ihrer Zellphysiologie rekapitulieren und als Basis für präklinische Modelle mit definierten genetischen Merkmalen dienen. Zum Beispiel wurden iPSCs eines Patienten mit Long-QT-Syndrom zu Cardiomyocyten differenziert und zur Modellierung dieser Erkrankung *in vitro* verwendet. Ähnliche Fortschritte zum Erhalt der (Patho-)Physiologie definierter Genotypen wurden in Studien mit iPSCs von Patienten mit Alzheimer, Parkinson und anderen Erkrankungen in OoC-Systemen berichtet. Eine hocheffiziente und reproduzierbare Differenzierung von iPSCs in verschiedene Zelltypen ist jedoch nach wie vor eine große Herausforderung. Diese Zellen sind sehr empfindlich gegenüber Änderungen in ihrer physikochemischen Mikroumgebung und zeigen, abhängig von ihrer Kulturumgebung und dem verwendeten Differenzierungsprotokoll, unterschiedliche Anteile reifer und fetaler Zellanteile. Für die Entwicklung effizienterer OoC-Plattformen ist es daher unerlässlich, existierende iPSC-Differenzierungsprotokolle für OoC Anwendungen zu optimieren und zu standardisieren. Aufgrund ihrer vielfältigen Vorteile gegenüber den bereits erwähnten Zelltypen stellen iPSCs jedoch einen besonders vielversprechenden Zelltyp für OoC-Anwendungen dar.

■ **Organoide**

In den meisten Fällen bilden nicht Stammzellen selbst, sondern die daraus differenzierten Zelltypen die Basis für OoC-Systeme. Je nach Zelltyp existiert dabei eine Vielzahl unterschiedlicher Differenzierungsprotokolle, die häufig unter Nutzung von Erkenntnissen aus der Entwicklungsbiologie entstanden sind. Dabei stellt neben der gezielten Generierung einzelner Zelltypen die Differenzierung in Organoiden eine elegante Vorgehensweise dar. Organoide sind komplexe stratifizierte Gewebe aus unterschiedlichen Zelltypen, die durch zelluläre Prozesse der räumlichen und zeitlichen Selbstorganisation im Geweberverband entstehen. In den letzten Jahren konnten erfolgreich unterschiedliche Arten von Organoiden generiert werden (u. a. Darm-, Pankreas-, Retina und Gehirn-Organoide), und für die Zukunft bieten diese insbesondere als Modellsysteme für die biomedizinische, toxikologische und pharmazeutische Forschung ein großes Potential. Allerdings besteht noch eine Reihe von Limitationen in deren Anwendung:

— Häufig repräsentieren sie nur einzelne Komponenten von Geweben bzw. Organen und lassen wichtige Zelltypen vermissen.
— Da die meisten Organoide kugelähnliche Formen haben, unterscheiden sie sich oft strukturell von *in-vivo*-Geweben. Diese strukturellen Unterschiede können signifikante Folgen für die Funktionalität haben: Das Darmlumen von Darm-Organoiden befindet sich z. B. abgeschlossen im Inneren der Organoide und kann nur bedingt adressiert werden.
— Die Modifikation und Kontrolle der selbstorganisierenden Prozesse ist oft schwierig, wodurch weniger Möglichkeiten der Standardisierbarkeit gegeben sind.
— Eine physiologische Vaskularisierung und perfundierte Versorgung der 3D-Gewebe ist derzeit noch nicht möglich. Dadurch bilden sich häufig nekrotische Kerne im Inneren der Organoide.

Für die OoC-Technologie bieten Organoide jedoch eine exzellente Zellquelle. Sie ermöglichen es, den biologischen Selbstorganisationsprozess zu nutzen und dadurch Strukturen zu schaffen, die mit technischen Möglichkeiten wie z. B. dem Bioprinting dem Bioprinting derzeit nicht möglich sind. Dabei können Organoide entweder als komplette Einheit oder zu zellulären Komponenten vereinzelt in OoC-Plattformen integriert werden. Hierdurch können in OoC-Plattformen auch einige der zuvor für konventionelle Organoid-Kulturen beschrieben Einschränkungen (limitierte Diffusion, artifizielle Geometrien, schwer zugängliche innere Strukturen u. a.) überwunden werden.

## 47.2 Beispiele von Organ-on-Chip-Systemen

### 47.2.1 Gewebe mit Barrierefunktion

Die Ausbildung und Aufrechterhaltung selektiver biologischer Barrieren ist von zentraler Bedeutung für die Funktion aller Ebenen unseres Körpers, von der Zelle über das Gewebe bis hin zur Abgrenzung der Organe untereinander. Eine Störung dieser Barrierefunktion und der damit einhergehende Verlust der physiologischen Kompartimentierung ist daher ein zentrales Ereignis bei einer Vielzahl von Erkrankungen (z. B. Infektionen, Ödeme, Thrombosen). Bei der Aufrechterhaltung der biologischen Abgrenzung hat das Endothel eine wichtige Bedeutung, und eine endotheliale Dysfunktion ist daher eines der frühen Ereignisse, die mit diesen Erkrankungen assoziiert sind.

OoC-Systeme bilden diese Barrieren meist mithilfe von Membranen nach, die als Kultursubstrate für endotheliale und epitheliale Zellschichten genutzt werden. Konfluente Endothelzellschichten simulieren nährstoffversorgende vaskuläre Strukturen und sind von epithelialen Zellschichten durch eine poröse Membran getrennt. Der Porendurchmesser und die Porendichte werden so gewählt, dass ein freier Transport von Botenstoffen, aber auch von Zellen, zwischen den Gewebeschichten möglich ist. Epitheliale Zellen formen abhängig vom Organmodell zwei- oder dreidimensionale Zellschichten und sind primär für die Vermittlung organtypischer Funktionen verantwortlich, beispielsweise die Ausbildung einer selektiven Barriere, die physiologischen Regulationsprozessen unterliegt. Aktuelle Bestrebungen bei der Entwicklung neuer Generationen von OoC-basierten Barrieremodellen zielen auf membranfreie Systeme ab. Hierdurch soll die künstliche Barriere (meist eine Membran) vollständig durch eine definiert regulierbare biologische Barriere ersetzt werden. Erste Modelle nutzen Hydrogele beispielsweise im 96-well-Plattenformat und zeigen vielversprechende Ergebnisse.

Ein typisches Beispiel für ein barriere-formendes Organ ist die Lunge. Die Lunge besteht aus zwei Bereichen: einem lufteinleitenden Bereich, in dem die Luft über den Pharynx, die Larynx, die Trachea, die primären Bronchien, die Bronchiolen und die terminalen Bronchiolen eintritt, und der Atmungszone (Gasaustauschzone), welche die Alveolarkanäle, Bronchiolen und Alveolarsäcke umfasst. Die Alveolen bieten eine große Oberfläche und bestehen aus einer doppellagigen Schicht aus Epithel und Endothelzellen, in der ein Austausch von Gas zwischen Luft und Blut erfolgt. Lunge-on-Chip-Systeme finden Anwendung bei der Untersuchung der Auswirkungen von Arzneimitteln, Toxinen und Krankheitserregern, die über die Atemwege in den Körper gelangen können. In diesen Systemen werden zumeist pulmonale Endothel- und Epithelzellen auf gegenüberliegenden Seiten einer Membran z. T. gemeinsam mit Immunzellen kultiviert. Die hierfür verwendeten humanen Alveolarepithelzellen und humanen pulmonalen mikrovaskulären Endothelzellen erzeugen so ein Modell der Alveolar-Kapillar-Grenzfläche. Durch Anlegen eines mikrofluidischen Flüssigkeitsstroms (zur Nachbildung des Bluts) auf der endothelialen Seite des Modells und eines Luftstroms (Nachbildung der Atemluft) auf der Epithelseite kann eine physiologische Luft-Flüssigkeits-Grenzfläche generiert werden. Lungenmodelle haben bereits Anwendung bei der Modellierung von Krankheitsmechanismen u. a. von Lungenödemen, Asthma, Thrombosen, Infektionen und in der Substanztestung gefunden.

Der Darm stellt ebenfalls ein Organ mit Barrierefunktion dar, das neben der Abgrenzung lebender Mikroorganismen unseres Mikrobioms eine wichtige Rolle bei der Resorption von Nährstoffen und der Entsorgung metabolischer Abbauprodukte spielt. Als eine der Haupt-Massenübertragungs- und Immunbarrieren für die orale Verabreichung von Arzneimitteln spielt der Darm eine entscheidende Rolle bei der Pharmakokinetik von Arzneimitteln, einschließlich deren Absorption, Verteilung, Modifikation im Stoffwechsel, Ausscheidung und Toxizität. In vitro-Darmmodelle sind daher vielseitige Werkzeuge zur Untersuchung der Pharmakokinetik unter Berücksichtigung biologischer Barrieren. Moderne Darm-on-Chip-Systeme sind in der Lage, durch Perfusion von Nährflüssigkeiten physiologische Kulturbedingungen zu erzeugen und dadurch das Auswachsen von Epithelzellen zu vollständig selbstorganisierten, dreidimensionalen Geweben zu ermöglichen. Diese Gewebe zeigen mikroanatomische Merkmale des Epithels, von Darmzotten und Lieberkühn-Krypten. Weiterhin konnte eine erhöhte Sekretion von Mucinen, die als Substrat für Mikroorganismen des Mikrobioms dienen, in diesen Systemen nachgewiesen werden. In den letzten Jahren ist die Rolle des Mikrobioms und seines Einflusses auf unsere Gesundheit verstärkt in den Fokus der aktuellen Forschung gerückt. Neue Studien zeigen, dass das Mikrobiom direkten Einfluss auf die Entstehung von entzündlichen Darmerkrankungen, Krebs, Diabetes und sogar Depressionen nimmt. Da Mikroorganismen andere Zellen in der statischen Zellkultur schnell überwachsen, sind konventionelle Kultursysteme nur bedingt geeignet, diese Zusammenhänge zu untersuchen. Ein Überwachsen der Mikroorganismen kann in Darm-on-Chip-Modellen durch einen luminalen Medienfluss mit definiertem Scherstress verhindert werden. Hierdurch wird eine langfristig stabile Homöostase zwischen Mikrobiota und Gewebemodell ermöglicht. Erste Systeme erlauben bereits funktionale Studien zur Wirt-

Mikrobiota-Wechselwirkung unter anaeroben Bedingungen und unter Berücksichtigung des Beitrags funktionaler Immunzellen. Künftig werden diese Systeme wichtige Werkzeuge in Studien zur Aufklärung von Wirkmechanismen von Medikamenten, Infektionserkrankungen oder zum Einfluss von Mikroorganismen und deren Stoffwechselprodukte auf die Organfunktion sein.

Ein weiteres lebenswichtiges Organ, das für die Aufrechterhaltung einer biologischen Barriere verantwortlich ist, ist die Niere. Die Niere ist zentral verantwortlich für die Blutfiltration, die Entsorgung von Stoffwechselprodukten und die Regulation hämodynamischer Prozesse. Aufgrund dieser Funktionsvielfalt ist dieses Organ anfällig für Arzneimittelschäden und die Nachbildung ihrer Funktion *in vitro* steht daher im Fokus des Interesses vieler Forschungsgruppen. Hier wurden ebenfalls erste Erfolge erzielt, beispielsweise bei der Nachbildung des Nierenglomerulus auf Basis von iPS Zellen.

### 47.2.2  Gewebe mit Stoffwechselfunktion

Für die Nachbildung des Stoffwechsels wurde in den vergangenen Jahren eine Vielzahl unterschiedlicher OoC-Systeme entwickelt und erfolgreich zur Untersuchung metabolischer Netzwerke angewendet. Im Allgemeinen sind Stoffwechselwege komplex und bestehen aus katabolen und anabolen Pfaden, deren Aktivität und Regulation sich anhand der Entstehung und des Abbaus spezifischer Stoffwechselzwischenprodukte untersuchen lässt. OoC-Systeme eignen sich in besonderem Maß für die Analyse dieser Substanzen, da in diesen Systemen das physiologische Verhältnis des perfundierten Mediumvolumens zur kultivierten Zellmasse gut nachgebildet werden kann. Durch eine Annäherung an die *in vivo*-Verhältnisse kann die metabolische Funktion von Zellen und Geweben besonders detailgetreu imitiert werden. Bei der Untersuchung von Energiestoffwechselprozessen liegt der Schwerpunkt in der Zellkultur häufig auf der Glucose, einem Kohlenhydrat, das die Hauptenergiequelle für Zellen darstellt und das in der Zellkultur oft die einzige Nährstoffquelle im Medium ist. Neben der Nährstoffverfügbarkeit können weitere Einflussgrößen des Stoffwechsels, wie Sauerstoffverfügbarkeit, pH-Wert oder dynamisch regulierte Hormonspiegel mithilfe mikrofluidischer Flüssigkeitskreisläufe und daran gekoppelter Sensorik (▶ Kap. 20) berücksichtigt werden.

Die Leber ist das zentrale Organ des Stoffwechsels. Ihre kleinste funktionelle Einheit wird durch das Leberläppchen gebildet, das aus Hepatocyten, nicht parenchymalen Zellen und versorgenden Blutgefäßen besteht. Die Mikroarchitektur des Sinusoids erlaubt die Kommunikation der Hepatocyten mit Mesenchymzellen, Endothelzellen, Sternzellen, Kupffer-Zellen und Lymphocyten. Diese Interaktion ist entscheidend für die Funktion der Leber. Die Leber ist mit ca. $1,5\,l\,min^{-1}$ das am stärksten durchblutete Organ, weshalb die Nachstellung einer an die Physiologie angelehnten Perfusion in OoC-Systemen von besonderer Bedeutung ist. Neben einer effizienten Versorgung mit Nährstoffen ist die Kokultivierung von Hepatocyten mit nicht parenchymalen Zellen (insbesondere Endothelzellen und Kupffer-Zellen) zum Funktionserhalt der hepatozellulären Stoffwechselleistung in OoC-Systemen entscheidend. Hierdurch kann die Funktion der künstlichen Lebergewebe über lange Zeiträume aufrechterhalten werden. Die mikrofluidische Perfusion bietet zudem die Möglichkeit der Erzeugung definierter biophysikalischer Gradienten, beispielsweise bei der zellulären Versorgung mit Sauerstoff. Das Lebersinusoid wird typischerweise in drei Bereiche unterteilt: Zone 1 (sauerstoffreich), Zone 2 (intermediärer Sauerstoff) und Zone 3 (sauerstoffarm). Dieser Sauerstoffgradient ist der Schlüssel zur Bildung eines Stoffwechselgradienten, der es der Leber ermöglicht, viele Stoffwechsel- und Sekretionsfunktionen mit maximaler Effizienz parallel auszuführen. Biochemische und physiologische Funktionen wie Albuminsynthese, Harnstoffsynthese, oxidative Phosphorylierung und Gluconeogenese sind in Zone 1 erhöht, während Glykolyse, Lipogenese und xenobiotischer Metabolismus in Zone 3 lokalisiert sind. Durch gezielte Steuerung der kontinuierlichen zellulären Sauerstoffversorgung und den Einsatz biochemischer Gradienten (z. B. Hormone und Wachstumsfaktoren) können diese Funktionsabschnitte in Leber-on-Chip-Systemen erzeugt und in ihrer Funktion langfristig aufrechterhalten werden.

Ein weiteres stoffwechselaktives Organ ist das Fettgewebe. Dieses Gewebe wird häufig weniger beachtet, obwohl es ca. 20 % bzw. 25 % des Körpergewichts von gesunden Männern bzw. Frauen, in Krankheitsfällen sogar über 50 %, ausmacht. Weißes Fettgewebe (*White Adipose Tissue*; WAT) ist ein hochspezialisiertes Bindegewebe mit einer einfachen Struktur und Histologie. Es wurde über lange Zeit als Organ, das lediglich das Speichern und zur Energieversorgung dient, wahrgenommen. Heutzutage wird es als wichtiges endokrines und metabolisierendes Organ anerkannt, speziell vor dem Hintergrund der rapide anwachsenden Prävalenz von fettgewebeassoziierten Erkrankungen wie Adipositas und Typ-2-Diabetes. Die zentrale Komponente von WAT sind Adipocyten, große Zellen (>100 μm), die überwiegend aus einer mit Lipiden gefüllten Vakuole bestehen. *In vivo* sind Adipocyten in einer 3D-Struktur angeordnet, die von Blutgefäßen durchzogen ist. Darüber hinaus beinhaltet WAT Populationen von mesenchymalen Vorläufer- und Stammzellen, Prä-Adipocyten und Immunzellen. Wegen ihrer besonderen Fragilität und des Auftriebs der Zellen im Medium (aufgrund der großen Lipidtropfen im Zellinneren) war es bisher schwierig, Adipocyten *in vitro* zu kultivieren. Mithilfe der OoC-Technologie ist es nun jedoch möglich, Adipocyten über längere Zeiträume zu kultivieren und auch die kontinuierliche Versorgung durch die Blutgefäße nachzuahmen.

### 47.2.3   Gewebe mit mechanischer Funktion

Der Einfluss von mechanischen Umgebungseigenschaften (z. B. Elastizität, Scherkräfte etc.) auf Zellen sowie die Fähigkeit von Zellen und Geweben, Kräfte zu generieren, hat in den letzten Jahrzehnten großes Interesse in der biomedizinischen Forschung geweckt und das Forschungsfeld der Mechanobiologie begründet. Für viele Gewebe konnte gezeigt werden, dass es zwingend notwendig ist, mechanische Bedingungen äquivalent zur *in vivo*-Situation zu schaffen, um ein physiologisches Gewebemodell generieren zu können. Abweichende mechanische Bedingungen können dabei schwerwiegende pathophysiologische Effekte nach sich ziehen oder aber auch eine Folge dieser sein. Die Mechanobiologie ist für die Funktionalität einer Reihe unterschiedlicher Gewebe besonders wichtig. Diese können kategorisiert werden in Gewebe, die mechanisch belastet werden (u. a. Knochen, Knorpel, Lunge, Darm), und in Gewebe, die mechanische Kräfte ausüben (u. a. Herzmuskel, Skelettmuskel). Darüber hinaus spielen Veränderungen in den mechanischen Gewebeeigenschaften, wie z. B. bei Tumoren, eine wichtige Rolle im Krankheitsgeschehen.

Für die Realisierung von mechanischer Belastung oder Aktuierung in OoC-Plattformen werden häufig elastische Membranen verwendet, die über die Kontraktion oder Expansion benachbarter Mikrokanäle gedehnt werden können. Zur Nachbildung der Lunge, auf die mit jedem Atemzyklus periodisch auftretende Kräfte einwirken, wurde in einer der Pionierarbeiten der OoC-Technologie eine flexible poröse PDMS-Membran verwendet und darauf humane Alveolarepithelzellen und pulmonale mikrovaskuläre Endothelzellen kultiviert. Durch Anlegen eines Unterdrucks an parallel dazu angeordneten Mikrokanälen konnte die Membran ausgedehnt und durch zyklische Dehnung der darauf befindlichen Gewebeschichten der Einfluss der Atemmechanik auf die Funktion des Gewebes berücksichtigt werden. Ferner konnte nachgewiesen werden, dass dieser mechano-stimulatorische Reiz essenziell zur Nachbildung physiologischer Merkmale *in vitro* ist.

Ein ähnlichen Ansatz wurde in einem Knorpel-on-Chip-System gewählt. Hier wurden Knorpelzellen (Chondrocyten) in einem 3D-Hydrogel eingebettet und im Innern einer mikrofluidischen Kammer kultiviert, die an ihrer Unterseite durch eine elastische PDMS-Membran begrenzt ist. Exakt unterhalb der Gewebekammer befindet sich eine weitere mikrofluidische Kammer, abgetrennt nur durch die impermeable elastische Membran. Durch Erhöhung des Drucks in dieser Kammer kann die Membran präzise ausgelenkt werden und dadurch das Knorpelgewebe kontrolliert um bis zu 30 % komprimiert werden. Den Autoren der Studie gelang es, in diesem System die Pathogenese von Osteoarthritis in vitro nachzubilden (Occhetta et al. 2019).

Im Fall des Herzmuskels ist nicht nur die mechanische Aktuierung von Relevanz, sondern auch die Fähigkeit, die Herzventrikel koordiniert zu kontrahieren und dadurch den Blutkreislauf aufrechtzuerhalten. Viele Herzerkrankungen, z. T. ausgelöst durch Nebenwirkungen von Arzneimitteln, beeinflussen direkt oder indirekt das Kontraktionsvermögen des Herzens. Daher ist es bei *in vitro*-Modellen von Herzgeweben von besonderem Interesse, die durch Cardiomyocyten generierten Kontraktionskräfte detailliert zu charakterisieren. Ein häufig dazu verwendeter Ansatz basiert auf Mikropfosten mit definierten elastischen Eigenschaften, zwischen denen künstliche Herzmuskelgewebe aufgespannt sind (◘ Abb. 47.1, Herz-on-Chip), aufgebaut zumeist aus Cardiomyocyten eingebettet in Hydrogele. Durch optisches Auslesen der Verbiegung der Mikropfosten ist es möglich, die aufgebrachte Kraft der Mikrogewebe (z. B. vor und nach Zugabe eines Stimulus) quantitativ zu bestimmen. Die mechanische Arbeit, welche die Gewebe durch das Verbiegen der Mikropfosten aufbringen müssen, beeinflusst darüber hinaus die Physiologie und Funktionalität des Gewebes und kann, speziell bei Kombination mit einer Elektrostimulation, zur Ausbildung einer *in vivo*-ähnlichen Gewebemorphologie genutzt werden.

### 47.2.4   Neuronale Gewebe

Neuronale Gewebe bilden die Basis des Nervensystems, das sich grundsätzlich in das zentrale Nervensystem (ZNS) und das periphere Nervensystem (PNS) unterteilen lässt. Das ZNS umfasst das Rückenmark und Gehirn, während das PNS die Signale zwischen dem ZNS und peripheren Geweben leitet und u. a. das enterische Nervensystem beinhaltet. Grundsätzlicher Bestandteil neuronaler Gewebe sind Neurone (Nervenzellen). Diese unterteilen sich in einen zentralen Zellkörper (das Soma bzw. Perikaryon) und zwei Typen von Fortsätzen, dem Axon und den Dendriten. Die primäre Aufgabe von Nervenzellen ist die Aufnahme von Informationen und Reizen, sowie deren Verarbeitung und Weiterleitung. Dies geschieht in Form von Aktionspotenzialen (elektrischen

**Lunge-on-Chip**

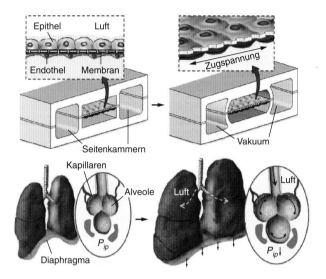

**Herz-on-Chip**

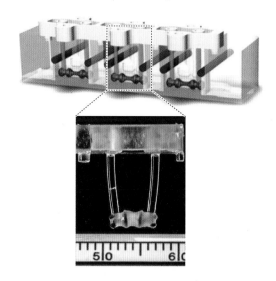

**Retina-on-Chip**

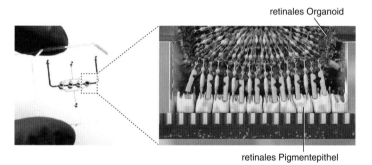

**Multi-Organ-Chip**

◻ **Abb. 47.1** Beispiele von OoC-Systemen zur Nachbildung der Funktion der Lunge (Lunge-on-Chip, aus Huh et al. 2010; mit freundlicher Genehmigung von © The American Association for the Advancement of Science 2010. All Rights Reserved), des Herzens (Herz-on-Chip, aus Ronaldson-Bouchard et al. 2018; mit freundlicher Genehmigung von © Springer-Verlag GmbH Deutschland 2018. All Rights Reserved), der Retina (Retina-on-Chip, aus Achberger et al. 2019; mit freundlicher Genehmigung von © eLife Sciences Publications, Ltd 2019. All Rights Reserved) und der Wechselwirkung von Darm, Leber, Haut und Niere in einem Multi-Organ-Chip (aus Maschmeyer et al. 2015; mit freundlicher Genehmigung von © The Royal Society of Chemistry 2015. All Rights Reserved)

Signalen), die über Synapsen einer Zelle auf die nächste übertragen werden können. Dabei können Signale entweder an weitere Neuronen oder auch an Zielzellen wie (Herz-)Muskelzellen weitergegeben werden. Das komplexeste neuronale Gewebe des menschlichen Körpers ist das Gehirn. Es besteht aus einem Geflecht mit ca. 60–90 Milliarden Neuronen. Neurodegenerative Krankheiten, eine Gruppe von Erkrankungen, die primär Neuronen im Gehirn betreffen (z. B. Morbus [M.] Parkinson-, M. Alzheimer oder M. Huntington), sind eine der großen Herausforderungen der heutigen Zeit und derzeit nur eingeschränkt behandelbar und nicht heilbar. Daher besteht ein dringender Bedarf an neuralen mikrophysiologischen Modellen. Auch bei der Sicherheitsbewertung von Pharmazeutika oder von Chemika-

lien sind diese Systeme zur Überprüfung neurotoxischer Effekte von großem Interesse.

Zur Nachbildung in Organ-on-Chip-Systemen stellt das Gehirn aufgrund seiner Komplexität und der Schwierigkeit, eine „kleinste funktionelle Einheit" zu identifizieren, eine große Herausforderung dar. Für eine Reihe neuronaler Gewebe gibt es allerdings bereits interessante Ansätze. Ein Beispiel eines Neuron-on-Chip wurde von Park et al. (2014) entwickelt. Das System basiert auf einem zirkulären Chip, der sich aus einer zentralen Kammer für die Soma und peripheren spezifischen Bereichen für die Axone der Nervenzellen zusammensetzt, wobei die abgetrennten Kammern durch mikroskalige Rillen miteinander verbunden sind. Die Rillen dienen dabei als Führungsschienen, entlang derer

Axone – ausgehend von den Nervenzellen aus der zentralen Kammer in die peripheren Bereiche wachsen können. Mit dieser Anordnung konnten die Wissenschaftler den spezifischen Einfluss von Präparaten auf das Soma bzw. Axone der Neuronen getrennt untersuchen und beispielsweise zeigen, dass Chondroitin-Sulfat-Proteoglykan eine unterschiedliche Wirkung auf das Wachstum der Axone besitzt, je nachdem, in welche Kammer es injiziert wurde. Ein weiteres Beispiel eines neuronalen mikrophysiologischen Modells ist ein Retina-on-Chip-System (◘ Abb. 47.1, Retina-on-Chip). Die Retina (Netzhaut) wird trotz ihrer peripheren Lage dem ZNS zugeordnet und beinhaltet fünf unterschiedliche Arten von Neuronen (Photorezeptoren, bipolare Zellen, Ganglionzellen, horizontale Zellen und Amakrinzellen), die in einer komplexen multilagigen Struktur angeordnet sind. In der Retina-on-Chip-Plattform konnte diese komplexe Struktur *in vitro* nachgebildet und mit nicht neuronalen Zelltypen (pigmentierten Epithelzellen) in Wechselwirkung gebracht werden. Durch die Verwendung von iPS-Zellen stammen alle im System kultivierten Zellen von einem Spender ab.

### 47.2.5  Multi-Organ-Systeme

Einer der großen Vorteile von OoC-Systemen ist die Möglichkeit, Perfusat eines OoC-Moduls direkt in ein weiteres Modul zu leiten und so die in vivo-Blutzirkulation nachzustellen. Diese sog. Multi-Organ-Systeme sollen die Wechselwirkung zwischen einzelnen Organen untereinander, beispielsweise zwischen Leber und Niere, bis hin zu systemischen Wechselwirkungen von zehn und mehr Organen nachbilden. Leber und Niere sind zentrale Organe bei der Untersuchung des Arzneimittelstoffwechsels bzw. der Ausscheidung von Wirkstoffen. Die Berücksichtigung dieser Organe in einer Multi-OoC-Plattform ermöglicht eine genauere Untersuchung der organspezifischen, medikamenteninduzierten Toxizität, wobei nicht nur die Wirkung des Medikaments selbst, sondern auch von dessen Metaboliten detektiert wird. Erste Systeme können bereits einen von beiden Organen wechselseitig beeinflussten Stoffwechsel nachbilden. Dies gelang beispielsweise für Krebsmedikamente, die zunächst in der Leber verstoffwechselt wurden und anschließend in den verbundenen Zielorganen Krebszellen effektiv beseitigt haben. Bei der Absorption und Ausscheidung oral verabreichter Arzneimittel spielt der Darm eine bedeutende Rolle und findet daher als OoC-Modell in Multi-Organ-Plattformen für Medikamentenstudien immer häufiger Berücksichtigung. Auch für die Modellierung von Stoffwechselerkrankungen, wie beispielsweise der Diabetes mellitus, ist die Betrachtung mehrerer Organe und ihrer Wechselwirkung untereinander in einer Multi-Organ-Plattform entscheidend. Erste Systeme können bereits glucoseabhängige dynamische Sekretionsprofile diabetesassoziierter Hormone in einem Darm-Pankreas-Mutiorgansystem nachbilden. Auch Pankreas-Leber-Wechselwirkungen bei der glucoseabhängigen Freisetzung von Insulin und der insulinabhängigen Glucoseaufnahme durch Hepatocyten konnten in einem 2-Organ-Modell nachgestellt werden. Die grundsätzliche Machbarkeit von Toxizitätsstudien über bis zu 28 Tage konnte zudem bereits in 4-Organ-Modellen gezeigt werden, die aus perfundierten Transwell-Einsätzen mit darin kultivierten Dünndarm-, Leber-, Haut- und Nierenzellen bestehen.

Eine Herausforderung im Design komplexer Multi-Organ-Systeme besteht in der Steuerung des Flüssigkeitsstromes und der auftretenden Scherkräfte, die möglichst der Situation im Körper angepasst sein sollten. Durch Veränderung des Durchmessers der zum Gewebe führenden Kanäle kann beispielsweise die Flussrate skaliert und entsprechend für jedes Organmodell angepasst werden. Für die Gewährleistung physiologisch relevanter Ergebnisse zur Verteilung, Aufnahme und Verstoffwechslung von Substanzen in Multi-Organ-Systemen ist die Kompartimentierung, also der Erhalt der organtypischen mikrophysiologischen Zustände in den einzelnen Gewebemodellen, von entscheidender Bedeutung. Diese Abgrenzung erfolgt idealerweise entsprechend der *in-vivo*-Situation durch endotheliale Zellschichten, die im Körper als wichtige Stellglieder eines regulierten Substanzübertritts zwischen den Organen fungieren. Die Anpassung der Organskalierung an die physiologischen Gegebenheiten ist ein weiterer kritischer Aspekt für die Eignung eines Multi-Organ-Systems zur validen Vorhersage pharmakodynamischer und pharmakokinetischer Effekte.

## 47.3  Analytische Möglichkeiten

OoC-Systeme bieten vielfältige Möglichkeiten zur punktuellen oder permanenten Überwachung zellulärer Ereignisse unter gut reproduzierbaren Bedingungen. Beispiele hierfür sind Veränderungen in:

- der Gewebestruktur (Zellmigration, -tod, -wachstum, Modellierung der extrazellulären Matrix),
- der biochemischen Zusammensetzung des Nährmediums (pH-Wert, Sauerstoffgehalt, Glucose) oder des Zellsubstrats,
- den biophysikalischen Einflussgrößen (Transportprozesse, Elektrophysiologie, Elastizität, biomechanische Kräfte) und
- den Konzentrationen von spezifischen (metabolisierten, sekretierten) Biomolekülen und Wirkstoffen.

Um diese Vielfalt an Parametern auszulesen, wird auf eine große Bandbreite von Methoden zurückgegriffen, die entweder aus der Biochemie, Molekularbiologie, Zellbiologie oder der Mikrofluidik und -systemtechnik übernommen werden konnten bzw. die maßgeschneidert für die jeweiligen OoC-Plattformen entwickelt wurden. Grob lassen sich diese Methoden unterteilen in:

— *In situ*-Ansätze, die es erlauben, während eines laufenden Experiments Analysen durchzuführen, ohne das Modell übermäßig zu beeinflussen. Dazu zählen In-Chip-Analysen des Gewebes oder des Mediums und Off-Chip Analysen des Perfusats.

— Terminale *ex situ*-Ansätze, bei denen das Experiment zu einem vorgegebenen Zeitpunkt beendet wird und das Modell im vorliegenden Zustand „eingefroren" bzw. fixiert und nachfolgend analysiert wird.

## 47.3.1 In-Chip-Analyse

Wie der Begriff *Lab-on-a-Chip* („Labor auf einem Chip"), eine alternative Bezeichnung für mikrofluidische Plattformen, bereits andeutet, ermöglichen die Mikrostrukturierung und die damit verbundenen Möglichkeiten nicht nur die Kontrolle und Steuerung von Fluiden, sondern auch die Miniaturisierung weiterer Laborkomponenten. Dazu zählen insbesondere auch Analysemethoden, die als miniaturisierte Sensoreinheiten in die mikrofluidischen Kanäle integriert werden können und es ermöglichen, das durchfließende Medium oder die integrierten Gewebe *in situ* zu überwachen.

Um biochemische Veränderungen in ein detektierbares Signal umzuwandeln, werden zumeist Biorezeptoren wie Moleküle, DNA, Enzyme oder auch ganze Zellen auf bzw. in Sensorstrukturen immobilisiert (vgl. ▶ Kap. 20). Dadurch können spezifische Wechselwirkungen zwischen dem Biosensor und dem Analyten in ein auslesbares physikalisches oder chemisches Signal übersetzt werden, das über ein Analyseinstrument außerhalb des Chips detektiert werden kann. Um die Signale auszulesen, werden dabei häufig optische oder elektrochemische Verfahren verwendet.

Mithilfe von Lichtleitern, Mikroskopen oder anderen optischen Ausleseverfahren können beispielsweise Veränderungen in der Lumineszenz oder den Absorptionseigenschaften des integrierten Sensors detektiert werden. Neben reinen Intensitätsmessungen kommen auch Messungen des Förster-Resonanz-Energietransfers (FRET) und der Fluoreszenzlebensdauer (*Fluorescence Lifetime Imaging Microscopy*, FLIM) zum Einsatz (vgl. ▶ Abschn. 8.5). Ein gutes Beispiel hierzu ist die Sauerstoffmessung über dynamische Phosphoreszenzauslöschung in integrierten Sensorschichten oder -partikeln.

Darüber hinaus werden auch spektroskopische Ansätze wie die Oberflächenplasmonenresonanzspektroskopie (*Surface Plasmon Resonance*, SPR) und die oberflächenverstärkte Raman-Streuung (*Surface Enhanced Raman Scattering*, SERS) verwendet (vgl. ▶ Kap. 8).

Zum Auslesen mittels elektrochemischer Verfahren werden mikrostrukturierte Elektroden in die mikrofluidischen Kanäle integriert und über Leiterbahnen mit Analyseinstrumenten außerhalb des Chips verbunden. Elektrochemische Sensoren basieren entweder auf der Messung von Veränderungen in der Spannung (potenziometrisch), dem Stromfluss (amperometrisch) oder der Leitfähigkeit (konduktometrisch bzw. impedimetrisch). Potenziometrische Ansätze werden zumeist im Falle von ionischen Reaktionsprodukten angewendet, während amperometrische Ansätze im Falle von leicht oxidierbaren oder reduzierbaren Analyten verwendet werden. Ein gängiges Beispiel sind Glucosesensoren, bei denen mithilfe des Enzyms Glucose-Oxidase (GOx) Glucose in der Anwesenheit von Sauerstoff in Gluconolacton und Wasserstoffperoxid umgewandelt wird. Wenn GOx zuvor auf einer Elektrode immobilisiert wurde, kann das entstandene Wasserstoffperoxid einfach und präzise amperometrisch detektiert werden.

In mikrofluidische Plattformen integrierte Elektroden können auch ohne die zusätzliche Funktionalisierung mit Biorezeptoren als Sensorelemente verwendet werden. Mehrere in Rastern angeordnete Elektroden, sog. Mikroelektrodenarrays, ermöglichen beispielsweise das Auslesen elektrophysiologischer Signale von Neuronen oder Herzmuskelzellen. Indem zwei Elektroden auf gegenüberliegenden Seiten der Zellschichten eines Barrieremodells platziert werden, kann der TEER-Wert (*Transepithelial/Transendothelial Electrical Resistance*) bestimmt werden, wodurch Informationen zur Durchlässigkeit des Barrieregewebes gewonnen werden können.

Eine weitere Möglichkeit der In-Chip-Analyse eröffnet sich durch die optische Zugänglichkeit der OoC-Systeme und den Einsatz der Lebendzellmikroskopie (vgl. ▶ Kap. 9). Dabei wurde bereits eine breite Vielfalt von Technologien verwendet, die von einfacher Phasenkontrast- und Fluoreszenzmikroskopie über Multi-Photon- (MPM) und FRET-Mikroskopie bis zu spektroskopischen Methoden (z. B. Raman-Spektroskopie; ▶ Abschn. 8.4) reichen. Durch Aufnahme von (*Time-Lapse*-)Bildern oder Videos bietet sich so eine hohe Bandbreite von Analysemöglichkeiten, beispielsweise zur Detektion zellulärer Bewegungen, der Aktivierung einzelner Rezeptoren und dem Transport von Vesikeln und Proteinen. Mithilfe von Bildanalyse können diese Bewegungsprozesse räumlich und zeitlich erfasst und quantifiziert werden. Die bildbasierte Systembiologie umfasst dazu drei wesentliche Schritte:

- Aufnahme und Analyse der Bilddaten
- Quantitative Charakterisierung der biologischen Prozesse
- Computersimulation der beobachteten Prozesse und Generierung von Vorhersagemodellen zur integrativen experimentellen Validierung

Eine automatisierte, algorithmenbasierte Bildanalyse mit standardisierten Methoden zur Präprozessierung, Objektsegmentierung und Objektklassifikation sowie ggf. einer Analyse zeitabhängiger Veränderungen der identifizierten Zielstrukturen ist dabei Grundvoraussetzung für eine objektive Hochdurchsatzanalyse in OoC-Systemen. Die Lebendzellmikroskopie entfaltet ihr Potenzial speziell durch die Kombination mit sog. Reporter-Zellen, gentechnisch veränderten Zellen, die beispielsweise bei Aktivierung spezifischer Signalwege „aufleuchten" oder durchgehend spezifische Reporterfarbstoffe exprimieren. Lebendzellmikroskopie (▶ Abschn. 9.6.4) wurde u. a. für die Wirkstofftestung genutzt, indem Videoanalysen kontrahierender Cardiomyocyten durchgeführt wurden, die ein $Ca^{2+}$-Reporterprotein exprimieren. Die zelluläre Kontraktion wurde mittels Bildanalysealgorithmen quantifiziert und mit fluoreszenzbasierten Messungen der Freisetzung von Calciumionen, einem zentralen Vermittler der mechanischen Kontraktion, kombiniert.

## 47.3.2 Off-Chip-Perfusatanalyse

In OoC-Systemen zirkulierende Medien dienen nicht nur der Nährstoffversorgung der kultivierten Gewebe, sondern sind häufig auch die Quelle für Analysen sezernierter Botenstoffe und Stoffwechselprodukte (z. B. Metabolomik ▶ Kap. 43). Auf Basis dieser Analysen können (patho-)physiologische Veränderungen der kultivierten Organmodelle, beispielsweise bei der Modellierung von Krankheitsprozessen oder der Wirkung von Medikamenten, detailliert nachvollzogen und quantifiziert werden. Entzündungsreaktionen werden häufig durch Messung der freigesetzten Cytokine im Perfusionsmedium charakterisiert. Die hierfür verwendeten Methoden basieren im Wesentlichen auf den in der Molekularbiologie und der klinischen Diagnostik bereits etablierten Messmethoden (vgl. ▶ Kap. 3, 4, 5 und 6). Prinzipiell eignen sich Perfusate von OoC-Messungen zur Analyse mit konventionellen ELISA-Ansätzen (▶ Abschn. 6.3.3.3) oder für die Messung mit Laborautomaten, wie sie in der medizinisch-klinischen Diagnostik üblich sind. Die hierfür notwendigen Probenvolumina sind jedoch relativ groß. Für OoC-Anwendungen besonders geeignet sind beadbasierte Messmethoden, die Probenvolumina von 50 µl und weniger als Ausgangsmaterial benötigen und in denen 30 und mehr Cy-

tokine gleichzeitig bestimmt werden können. Bei dieser Messmethode werden Cytokine zunächst über immobilisierte spezifische Antikörper an fluoreszenzmarkierte kleine Kügelchen (Beads) gebunden. Die so angereicherten Cytokine werden dann in einem zweiten Schritt durch Bindung zusätzlicher fluoreszenzmarkierter Antikörper sichtbar gemacht und können im Durchflusscytometer oder speziell dafür vorgesehenen Messgeräten detektiert werden. Anhand der cytokinspezifisch markierten Beads können die Messwerte für die jeweiligen Cytokine voneinander separiert und durch Messungen von Eichkurven genau quantifiziert werden. Mittels konventioneller farbstoffbasierter Messmethoden können weitere Biomarker, wie freigesetzte intrazelluläre Enzyme zur Bestimmung des Anteils toter Zellen (z. B. LDH, ASAT, ALAT), zelluläre Transporteraktivitäten oder von Stoffwechselausgangs- und -endprodukten (Glucose, Laktat, Harnstoff, Albumin u. a.) zur Charakterisierung der Zellfunktion genutzt werden. Die Kombination mit modernen Proteom- und Metabolomanalysen ermöglicht darüber hinaus weitreichende *Non-Targeted*-Analysen in OoC-Perfusaten.

## 47.3.3 Terminale Ex-situ-Analytik

Die Mehrheit der etablierten OoC-Systeme erlaubt es, ähnlich der konventionellen 2D- und 3D-Zellkultur, terminale mikroskopische oder molekularbiologische Analysemethoden durchzuführen. Existierende Protokolle müssen dafür meist nur geringfügig angepasst werden, wodurch ein breites Spektrum bereits verfügbarer Werkzeuge für zellbiologische Untersuchungen in OoC zur Verfügung stehen. Etablierte Methoden lassen sich in strukturerhaltende und destruktive Analysen unterteilen. Strukturerhaltende Analysen umfassen typischerweise mikroskopische Techniken, die eine präzise zeitliche und räumliche Erfassung morphologischer und dynamischer zellulärer Veränderungen erlauben. Sie stellen daher eine zentrale Technik in der biologischen und biomedizinischen Forschung dar. Verfügbare mikroskopische Techniken sind in ▶ Kap. 9 ausführlich beschrieben und reichen von konventioneller Phasenkontrast- und konfokaler Mikroskopie über hochauflösende Mikroskopietechniken wie SIM, PALM und STED bis zur Elektronenmikroskopie. Die Gewebe können entweder direkt in den mikrofluidischen Plattformen analysiert werden oder aus diesen entnommen und mit gängigen Fixierungsmethoden (z. B. Formaldehyd, Paraformaldehyd oder Glutaraldehyd) konserviert werden (vgl. ▶ Abschn. 9.5.3). Fluoreszenzbasierte Färbemethoden erlauben dabei die Visualisierung nahezu aller Proteine mit hoher subzellulärer Auflösung. Es können aber auch andere etablierte Gewebeanalysen, wie immunhistologische Färbungen, durchgeführt werden. Hierfür werden nach dem Einbetten der Proben in Paraffin oder Agar Gewebeschnitte mit einem Mikrotom bzw. Vibratom angefertigt (vgl. ▶ Abschn. 9.5.4). Auch die Anfertigung von Gefrierschnitten nicht fixierter Gewebe zur schonenden Präparation der Gewebe im Kryotom ist möglich (vgl. Abschn. 9.5.4). OoC-Gewebeproben sind ebenfalls für die Elektronenmikroskopie und dafür etablierte Probenaufbereitungstechniken (Goldsputtern, Kritisch-Punkt-Trocknen, Gefrierbruch etc.) und Mikroskopie-Techniken (Transmissionselektronenmikroskopie, Rastertransmissionselektronenmikroskopie, Kryo-TEM u. a.) geeignet (vgl. ▶ Kap. 23).

In den letzten zehn Jahren wurden zahlreiche Methoden zur „Reinigung" von Geweben (*Tissue Clearing*) entwickelt, die optische Transparenz in biologischen Proben erzeugen und so eine noch nie dagewesene dreidimensionale Sicht auf diese ermöglichen. Typischerweise sind Proben mit mehreren Zellschichten nicht transparent und daher mit sichtbaren Lichtwellenlängen im Mikroskop schwer zu analysieren. Das Schneiden dieser Proben in dünne Schichten ist jedoch arbeitsintensiv und die Rekonstruktion der Informationen aus benachbarten Schnitten zeitaufwendig und schwierig. Mittels *Tissue Clearing* wird der Brechungsindex solcher Proben durch Nutzung organischer oder wässriger Lösungsmittel und eine Reihe chemischer Zwischenschritte homogenisiert und diese so transparent gemacht. Protokolle, die eine Nutzung organischer Lösungsmittel beinhalten, sind jedoch nicht immer mit den Materialien der OoC-Systeme kompatibel und weisen z. T. auch Defizite bei der Aufrechterhaltung von Fluoreszenzmarkierungen von Proteinen auf. Ein weiterer mit dieser Präparationstechnik häufig verbundener Nachteil ist das Schrumpfen der Proben. Die Anwendung wasserbasierter Lösungsmittel vermeidet dieses Problem weitestgehend und birgt insbesondere für kleine Gewebe aus OoC-Systemen gegenüber organischen Lösungen die Vorteile einer einfachen Anwendung (im Gegensatz zu oft toxischen und/oder aggressiven organischen Lösungsmitteln) und den Erhalt von Lipidstrukturen.

Weiterhin sind Messungen von Nucleinsäuren z. B. per quantitativer Realtime-PCR (▶ Abschn. 33.3.1) von Geweben bis hin zur Einzelzell-PCR aufgereinigter Zellen möglich. Die im OoC kultivierten Gewebe können für diese Analysen entweder direkt im OoC lysiert oder durch enzymatischen Verdau zunächst selektiv abgelöst und vereinzelt werden. Abhängig vom kultivierten Zellmaterial können weitere proteinchemische Analysen etwa per HPLC, Durchflusscytometrie oder Western-Blot erfolgen (vgl. ▶ Kap. 11 und 12).

## 47.4 Anwendungsgebiete der OoC-Technologie

Eine der großen Hoffnungen, die mit der OoC-Technologie verbunden sind, ist ihr Einsatz als Alternative zu Tiermodellen in der pharmazeutischen, toxikologischen und biomedizinischen Forschung. Tatsächlich liegen die Anwendungsgebiete von OoC-Systemen auch genau in diesen Bereichen. Allerdings eröffnen die komplexen humanen *in-vitro*-Modelle auch völlig neue Möglichkeiten der Anwendung, die mit bisherigen Modellen (Tieren und statischen Zellkulturen) nicht möglich sind. Im Folgenden sollen einige dieser Anwendungsgebiete skizziert und exemplarische Beispiele für bereits etablierte OoC-Systeme genannt werden.

### 47.4.1 Wirksamkeitstestung

Eine unerwartet schlechte Wirksamkeit neuer Medikamentenkandidaten tritt in klinischen Studien zumeist dann auf, wenn Vorstudien mit präklinischen Testmethoden Ergebnisse zur Wirkung dieser Substanzen geliefert haben, die auf den Menschen nur bedingt übertragbar sind. Nur geringe oder nicht vorhandene Wirksamkeiten beim Patienten sind oft mit dem Abbruch der klinischen Studie und des kompletten Entwicklungsprojekts des Wirkstoffes verbunden. Aktuellen Studien zufolge scheitern beispielsweise bis zu 97 % der Wirkstoffkandidaten zur Behandlung von Krebs in klinischen Studien, überwiegend aufgrund mangelnder Wirksamkeit oder toxischer Nebenwirkungen. Allgemein ist vor allem in den späteren klinischen Phasen eine nicht ausreichende Wirksamkeit in mehr als 50 % der Fälle der Grund für den Abbruch des Entwicklungsprozesses. Dies ist insofern problematisch, da zu diesem Zeitpunkt bereits große Summen für die Forschung und Entwicklung ausgegeben wurden. Darüber hinaus besteht das Problem, dass selbst zugelassene Medikamente teilweise eine andere Wirkweise im Patienten entwickeln als zunächst auf Basis präklinischer Testung angenommen wurde. Dies unterstreicht die Notwendigkeit effizienterer und genauerer präklinischer Testsysteme für die Wirkstoffentwicklung, um bereits frühzeitig Wirkstoffkandidaten herausfiltern zu können, die keine bzw. unzureichende Wirksamkeit zeigen, um so Ressourcen auf die Entwicklung der vielversprechendsten Kandidaten fokussieren zu können. Humane OoC-Systeme können einen wichtigen Beitrag hierfür liefern, da sie hinsichtlich ihrer Komplexität und des damit verbundenen Arbeitsaufwands skalierbar zwischen Hochdurchsatzuntersuchungen und individualisierten Untersuchungen nutzbar sind.

Für die Evaluierung der Wirksamkeit von Medikamenten ist es notwendig, adäquate Krankheitsmodelle mit ausreichender Komplexität zu verwendeten. Krankheitsmodelle auf Basis von OoC-Systemen wurden für verschiedene Organe und Erkrankungen etabliert. Exemplarisch seien hier Krankheitsbilder der Lunge wie Asthma, Pneumonie, die Bildung von Ödemen und die Entstehung von Karzinomen genannt. Diese z. T. sehr unterschiedlichen Krankheitsmechanismen konnten alle in einem die Atemmechanik der Lunge nachbildenden System auf Basis primärer Lungenzellen nachgestellt und die molekulare Mechanismen des Krankheitsgeschehen und beteiligter Mediatoren entschlüsselt werden. Ebenso konnten in Darm-on-Chip- und Leber-on-Chip-Modellen spezifische Aspekte chronisch entzündlicher Darmerkrankungen, von Infektionen mit enterohämorrhagischen *Escherichia-coli*-Bakterien und anderen entzündungsassoziierten Organstörungen untersucht werden. Weiterhin wurden Stoffwechselerkrankungen und neuronale Erkrankungen in einer Vielzahl unterschiedlicher Organe simuliert und z. T. bereits für die Testung von Therapien genutzt. In einer OoC-Plattform zur Nachbildung der epithelial-mesenchymalen Transition (EMT), einem Schlüsselereignis bei der Krebsentstehung, wurden beispielsweise zwölf Krebsmedikamente in unterschiedlichen Entwicklungsstufen, von der frühen Phase bis hin zu zugelassen Medikamenten, hinsichtlich ihres Potenzials zur Hemmung der EMT untersucht. Die festgestellten wirksamen Konzentrationen unterschieden sich um bis zu drei Größenordnungen gegenüber der konventionellen 2D-Zellkultur. Die im OoC-System festgestellten Konzentrationen entsprachen dabei wesentlich genauer den in klinischen Studien gemessenen wirksamen Wirkstoffkonzentrationen beim Menschen. Ähnliche Studienergebnisse wurden in OoC-Systemen für Krebsarten der Brust, Gebärmutter, Leber, Knochenmark und anderen Organen erzielt.

### 47.4.2 Toxikologische Untersuchungen

Unerwartete toxische Nebenwirkungen sind die zweithäufigste Ursache für das Scheitern klinischer Studien oder den kostspieligen Entzug der Zulassung bereits am Markt eingeführter Medikamente. Die Untersuchung der Toxizität von Substanzen ist darüber hinaus nicht auf die pharmazeutische Industrie beschränkt; auch Chemikalien, Düngemittel, Kosmetika, Umwelteinflüsse oder Nahrungsmittelbestandteile müssen auf toxische Effekte untersucht werden.

Die Leber ist aufgrund ihrer hohen Stoffwechselleistung eines der am häufigsten von Toxizitätsereignissen betroffenen Organe. In einem 3D-Modell der Leber für Toxizitätsstudien („HepaTox"-Chip) konnten fünf verschiedene Wirkstoffe hinsichtlich ihrer Lebertoxizität untersucht und eine deutlich erhöhte Sensitivität des Testsystems gegenüber konventionellen 2D-Zellkulturen nachgewiesen werden. Komplexere Systeme für Toxizitätsanalysen integrieren bereits alle relevanten Zelltypen der Leber und können deren metabolische Zonierung teilweise *in vitro* nachbilden. Eine aktuelle Studie konnte sogar die speziesabhängige Toxizität bei Ratten, Hunden und Menschen auf einer gemeinsamen Plattform nachbilden. Mittels Modellsubstanzen konnten typische zelluläre Veränderungen der Steatitis, Cholestase und Fibrose induziert werden. Diese Arbeiten stellen einen wichtigen Fortschritt in der *in vitro*-Testung dar. Sie erlauben erstmals die reproduzierbare Identifikation speziesspezifischer Toxizitätsmechanismen und leisten so einen Beitrag zur schnelleren und sicheren Übersetzung von Ergebnissen aus dem Tiermodell auf den Menschen. Neben Einzel-Organ-Systemen sind bereits Multi-Organ-Systeme verfügbar, die beispielsweise die Interaktion der Leber mit der Niere im Zusammenhang mit der nephrotoxischen Wirkung von Ifosfamid nachstellen können. 4-Organ-Modelle erlauben bereits die Untersuchung toxischer Effekte für bis zu 28 Tage. Zur Beurteilung toxischer Effekte können neben Messungen von Stoffwechselprodukten und löslichen Biomarkern Endpunktanalysen durchgeführt werden. Auch bildgestützte Analysen können zur Bewertung der Toxizität herangezogen werden. Hier werden insbesondere zelluläre Marker der Toxizität (Zelltod, veränderter Enzymbesatz, strukturelle zelluläre und subzelluläre Veränderungen) betrachtet. Diese vielfältigen Analysemöglichkeiten können zu komplexen Modellen verarbeitet werden, die ein detailliertes Bild der toxikologischen Wirkung und der daran beteiligten Mechanismen widerspiegeln. Solche Modelle helfen, die notwendige Anzahl zeitaufwendiger Experimente zu reduzieren, indem beispielsweise kostenintensive Tierversuche teilweise vermieden werden und der Einsatz teurer Chemikalien auf ein Minimum begrenzt wird. Zudem können in iterativen „Experiment-Modellierung-Experiment"-Zyklen mechanistische Fragestellungen zu den molekularen Ursachen der Toxizität aufgeklärt werden.

### 47.4.3 Pharmakokinetik

Das Potenzial der OoC-Technologie zur Modellierung zentraler pharmakokinetischer Prozesse unter Berücksichtigung ihrer Bioverfügbarkeit und spezifischer Stoffwechselwege konnte bereits in verschiedenen Studien nachgewiesen werden. Die erhaltenen Informationen fließen auch hier in mathematische Modelle ein, die unser Wissen über die damit verbundenen Prozesse im menschlichen Stoffwechsel vertiefen können. Diese pharmakokinetischen/pharmakodynamischen (PK/PD-)Modelle kombinieren die tatsächliche Verfügbarkeit des Wirkstoffes, beeinflusst durch die Absorption, Verteilung, Metabolisierung und Ausscheidung (ADME), und die Wirkung des Arzneimittels. Bei der Modellierung von PK/PD-Modellen stellt die Flexibilität der OoC-Systeme hinsichtlich ihres Aufbaus und ihrer Skalierung einen wichtigen Vorteil dar. Dazu muss bei der OoC-Entwicklung eine Reihe von Entwurfsparametern berücksichtigt werden. Einige Parameter, die leicht aus der Literatur erhalten werden können, umfassen das Herzzeitvolumen, Blutflussrate, Anzahl der Zellen und Verweilzeit des Wirkstoffs im jeweiligen Organ. Weitere Einflussfaktoren sind die Bindung des Wirkstoffs an Transporterproteine, die intrinsische Reaktionsrate pro Zelle und ihre *Clearance*-Rate. Darüber hinaus kann ein als *in vivo/in vitro*-Extrapolation bekanntes Verfahren (IVIVE) verwendet werden, um *in vitro* erhaltene Ergebnisse auf die *in vivo*-Situation zu übertragen. Dieses Verfahren steht im Zusammenhang mit dem gewählten mathematischen Modell, weshalb das PD/PK-Modell vor dem Entwurf einer OoC-Plattform entwickelt werden sollte. Diese Prinzipien wurden bereits in verschiedenen Studien umgesetzt. Beispielsweise wurden in einer Multi-Organ-Plattform Darmkrebs-, Leber- und Knochenmarkkompartimente simuliert und die Aktivität der Krebsmedikamente Tegafur und 5-Fluorouracil modelliert, indem diese im Medium rezirkuliert wurden. In Verbindung mit einem computergestützten PK/PD-Modell wurden die Flussraten, Medienvolumina, Wirkstoffkonzentrationen, Reaktionskinetiken und die cytotoxische Aktivität berücksichtigt. Das Rechenmodell wurde so verfeinert, dass es präzise in der Lage war, Wirkstoffkonzentrationen vorherzusagen, bei denen *in vivo* erste Zellschädigungen an Hepatocyten, Kolonkarzinomzellen und hämatopoetischen Stammzellen durch diese Wirkstoffe verursacht werden. Diese Studie zeigt exemplarisch das Potenzial einer integrativen Strategie aus numerischen pharmakokinetischen und pharmakodynamischen Rechenmodellen und ihrer iterativen Überprüfung und Verbesserung durch experimentelle Daten aus adäquat skalierten OoC-Systemen.

### 47.4.4    Personalisierte Medizin

Das Konzept der Präzisionsmedizin zielt auf eine maßgeschneiderte Behandlung einzelner Patienten oder definierter Patientengruppen ab und gewinnt zunehmend an Bedeutung für die medizinische Versorgung. Viele Patienten nehmen täglich mehrere Medikamente ein, ohne dass damit eine Verbesserung ihrer Gesundheit erzielt wird. Einige dieser nicht wirksamen Medikamente verursachen sogar Nebenwirkungen, welche die Lebensqualität einschränken oder zu Todesfällen führen können. Durch die Entwicklung effizienterer *in vitro*-Testsysteme können solche *Non-Responder*-Patientengruppen identifiziert und damit unerwünschte Nebenwirkungen vermieden werden. Gleichzeitig können personalisierte Testsysteme die Auswahl alternativer und wirksamer Therapien unterstützen. Individualisierte Testmethoden existieren beispielsweise bereits für die Auswahl von Chemotherapien anhand kultivierter Tumorbiospien, zur Antibiotikatestung an Bakterienkulturen, die von infizierten Patienten isoliert wurden, oder zur Wirkstofftestung mit patientenspezifischen Organoiden. Diese Ansätze lassen sich mittels der OoC-Technologie weiter ausbauen und die Effizienz zur Vorhersage spezifischer Reaktionen steigern. Zukünftig werden vor allem stammzellbasierte Systeme als personalisierte Testplattformen an Bedeutung gewinnen, auch wenn es hier noch viele Herausforderungen zur Differenzierung und Standardisierung zu lösen gilt. Erste vielversprechende hiPSC-basierte Systeme zur personalisierten Wirkstofftestung mit hiPSC-basierten OoC-Systeme wurden bereits für die Niere, den Darm, das Herz und die Bauchspeicheldrüse beschrieben.

## Literatur und Weiterführende Literatur

Achberger K, Probst C, Haderspeck J, Bolz S, Rogal J, Chuchuy J et al (2019) Merging organoid and organ-on-a-chip technology to generate complex multi-layer tissue models in a human retina-on-a-chip platform. elife 8:e46188

Ahadian S, Civitarese R, Bannerman D, Mohammadi MH, Lu R, Wang E et al (2018) Organ-on-a-chip platforms: a convergence of advanced materials, cells, and microscale technologies. Adv Healthc Mater 7(2):1–53

van den Berg A, Mummery CL, Passier R, van der Meer AD (2019) Personalised organs-on-chips: functional testing for precision medicine. Lab Chip 19(2):198–205

Esch EW, Bahinski A, Huh D (2015) Organs-on-chips at the frontiers of drug discovery. Nat Rev Drug Discov 14(4):248–260

Gruber P, Marques MPC, Szita N, Mayr T (2017) Integration and application of optical chemical sensors in microbioreactors. Lab Chip 17(16):2693–2712

Harrison RK (2016) Phase II and phase III failures: 2013–2015. Nat Rev Drug Discov 15(12):817–818

Huh D, Matthews BD, Mammoto A, Montoya-Zavala M, Hsin HY, Ingber DE (2010) Reconstituting organ-level lung functions on a chip. Science 328(5986):1662–1668

Maschmeyer I, Lorenz AK, Schimek K, Hasenberg T, Ramme AP, Hübner J et al (2015) A four-organ-chip for interconnected long-term co-culture of human intestine, liver, skin and kidney equivalents. Lab Chip 15(12):2688–2699

Mastrangeli M , Millet S, Mummery C, Loskill P, Braeken D, Eberle W et al (2019) Building blocks for a European Organ-on-Chip roadmap. ALTEX 36:481–492

Mastrangeli M, Millet S, The ORCHID partners, van den Eijnden-van Raaij J (2019) Organ-on-chip in development: towards a roadmap for organs-on-chip. ALTEX 36(4):650–668

Occhetta P, Mainardi A, Votta E, Vallmajo-Martin Q, Ehrbar M, Martin I, Barbero A, Rasponi M (2019) Hyperphysiological compression of articular cartilage induces an osteoarthritic phenotype in a cartilage-on-a-chip model. Nat Biomed Eng 3(7):545–557

Park J, Kim S, Park SI, Choe Y, Li J, Han A (2014) A microchip for quantitative analysis of CNS axon growth under localized biomolecular treatments. J Neurosci Methods 221:166–174

Raasch M, Fritsche E, Kurtz A, Bauer M, Mosig AS (2019) Microphysiological systems meet hiPSC technology – new tools for disease modeling of liver infections in basic research and drug development. Adv Drug Deliv Rev 140:51–67

Rogal J, Probst C, Loskill P (2017) Integration concepts for multiorgan chips: how to maintain flexibility?! Future Sci 3(2):FSO180

Rogal J, Zbinden A, Schenke-Layland K, Loskill P (2019) Stem-cell based organ-on-a-chip models for diabetes research. Adv Drug Deliv Rev 140:101–128

Ronaldson-Bouchard K, Ma SP, Yeager K, Chen T, Song L, Sirabella D et al (2018) Advanced maturation of human cardiac tissue grown from pluripotent stem cells. Nature 556(7700):239–243

Whitesides GM (2006) The origins and the future of microfluidics. Nature 442(7101):368–373

Wikswo JP (2014) The relevance and potential roles of microphysiological systems in biology and medicine. Exp Biol Med 239(9):1061–1072

**47**

# Systembiologie

*Olaf Wolkenhauer und Tom Gebhardt*

## Inhaltsverzeichnis

48.1 Methodischer Ursprung systembiologischer Ansätze – 1146

48.2 Der Begriff des Systems und dessen Darstellung als Netzwerk und Graph – 1147
48.2.1 Zelluläre Funktionen, realisiert durch die Regulierung von Prozessen – 1147
48.2.2 Die Beschreibung zellulärer Mechanismen als dynamische Systeme – 1148

48.3 Die Rolle der Modellierung in der Molekular- und Zellbiologie – 1148
48.3.1 Methodische Ansätze – 1149

48.4 Der Begriff des Pathways und seine Grenzen – 1150
48.4.1 Abstraktionen und Annahmen als Grundlage zur Untersuchung komplexer Systeme – 1150
48.4.2 Standards als Treiber für Austausch und Kooperation – 1151

48.5 Ansätze zur Konstruktion und Analyse von Modellen – 1151
48.5.1 Konstruktion – 1151
48.5.2 Analyse – 1152

Literatur und Weiterführende Literatur – 1153

© Springer-Verlag GmbH Deutschland, ein Teil von Springer Nature 2022
J. Kurreck et al. (Hrsg.), *Bioanalytik*, https://doi.org/10.1007/978-3-662-61707-6_48

- Die Systembiologie verknüpft verschiedene wissenschaftliche Fachgebiete zur Erforschung biologischer Fragen.
- Dafür werden Modelle entwickelt, die die Realität abstrakt abbilden.
- Die Modellkonstruktion und -analyse erfordert, je nach verfügbaren Mitteln und Informationen, verschiedene Ansätze.
- Die von der Forschungsgemeinschaft entwickelten Standards sind der Antrieb für die Zusammenarbeit und den Austausch untereinander.

Mit fortschreitenden biochemischen und biophysikalischen Erkenntnissen zu den Strukturen von Molekülen setzte sich in den 1970er- und 1980er-Jahren die Erkenntnis durch, dass zur Bestimmung der Funktion von Genen und Proteinen deren Interaktionen in molekularen Netzwerken experimentell untersucht werden müssen. Solche Netzwerke wiederum definieren Prozesse, d. h. dynamische Systeme. Die erweiterte Betrachtung einzelner Moleküle in Netzwerken, und damit die Fokussierung auf Prozesse, die diese Interaktionen bestimmen, sind mit dem Begriff Systembiologie eng verbunden.

Die Systembiologie beschreibt kein Fachgebiet, sondern eine Herangehensweise für Fragen der Molekular- und Zellbiologie. Ein systembiologischer Ansatz verfolgt die Beantwortung biologischer Fragen mithilfe mathematischer Modellierung und Computersimulationen.

Eine Schlüsselrolle nimmt dabei die Theorie dynamischer Systeme ein, und damit der Begriff des **Systems**. Ein System ist eine Menge miteinander in Beziehung stehender Objekte. Diese sehr allgemeine und vermeintlich einfache Definition lässt sich formal-mathematisch übersetzen und in eine Theorie dynamischer Systeme entwickeln. Dies ist die Grundlage der Ingenieurswissenschaften und der Physik.

Die Theorie dynamischer Systeme bildet ebenfalls die Grundlage zur mathematischen Modellierung und Simulation komplexer Systeme. Ziel der **Modellierung** ist es, eine Abstraktionsebene zu schaffen, in der Fragen zu komplexen Systemen präzise beantwortet werden können. Mathematische Modelle und Computersimulationen erfüllen somit den gleichen Zweck wie Modellorganismen in der Biologie.

## 48.1 Methodischer Ursprung systembiologischer Ansätze

Die Systembiologie hat ihren Anfang in der Erkenntnis, dass die Struktur eines Moleküls zwar Hinweise auf Interaktionspartner gibt, aber nicht dessen Funktion bestimmt. Es sind nicht alleine die Eigenschaften der Teile eines Systems, sondern deren Beziehungen zueinander, die das Verhalten eines Systems als ein **Netzwerk** definieren. Die **Funktion** eines Moleküls ist dessen *Rolle* in einer zellulären Funktion, realisiert durch ein Netzwerk interagierender Moleküle. Beispiele für zelluläre Funktionen sind Zellteilung, Zelldifferenzierung und der Zelltod. Entscheidend ist hier, dass es sich bei zellulären Funktionen um **Prozesse**, d. h. dynamische Systeme, handelt und somit das Verhalten der Zelle durch raumzeitliche Veränderungen der Konzentration von Molekülen bestimmt wird. Dies hat weitreichende Konsequenzen für den Entwurf von Experimenten und die Grenzen des Erkenntnisgewinns aus Experimenten.

Analog zur Funktion eines Moleküls ist die Funktion einer Zelle, deren Rolle in einem Prozess der nächst höheren Organisationebene. Ein Beispiel ist das Gewebe eines Organs, in dem verschiedene Zelltypen unterschiedliche Aufgaben wahrnehmen. Die Funktion eines Gewebes im Darm kann dann z. B. die Extraktion von Nährstoffen aus der Nahrung sein. Die Organe des menschlichen Körpers wiederum bilden dann Organsysteme wie z. B. das Verdauungssystem. Während systembiologische Ansätze in der Vergangenheit überwiegend für intrazelluläre Prozesse zum Einsatz kamen, werden derzeit zunehmend skalenübergreifende Prozesse betrachtet. Für die biomedizinische Forschung spielen Mehrebenenmodelle eine wichtige Rolle, weil die **strukturelle Organisation** – von Molekülen und Zellen, zu Geweben und Organen – und die **funktionale Organisation** – von Reaktionen und intrazellulären Prozessen, zu interzellulären Prozessen und physiologischen Funktionen – miteinander gekoppelt sind. Ein Gewebe, das einem mechanischen oder chemotoxischen Stress ausgesetzt ist, koordiniert den Erhalt seiner physiologischen Funktionen bzw. die Reparatur des Gewebes durch die Differenzierung von Stammzellen. Die Regulation dieser zellulären Funktion geschieht wiederum durch Liganden.

Für die Untersuchung struktureller und funktionaler Organisationsebenen gibt es eine Vielzahl von unterschiedlichen Technologien der Genetik, der Proteomik, Transcriptomics, Metabolomics usw. Während sich Projekte der Systembiologie zu Beginn der 2000er-Jahre auf einzelne Pathways (▶ Abschn. 48.4) konzentrierten und dabei zumeist nur eine Technologie zum Einsatz kam, so wird heute in den meisten Projekten eine Vielzahl von Technologien genutzt, die unterschiedliche Daten liefern. Die **Integration von Daten** zu einem Gesamtbild von intra- und interzellulären Prozessen ist inzwischen ein Schwerpunkt vieler Projekte. Methoden der Bioinformatik, der Graphentheorie, statistische Verfahren und Methoden des maschinellen Lernens sind deshalb zunehmend mit Methoden der Systemtheorie verschmolzen. Hier spielt die Kombination von Algorithmen in sog. **Workflows** eine zunehmend wichtige Bedeutung. Software Umgebungen wie Galaxy (Afgan et al. 2018) und KNIME (Berthold et al. 2009) unterstützen Biologen in der Realisierung solcher semi-automatisierten Arbeitsabläufe zur Verarbeitung experimenteller Daten.

## 48.2 Der Begriff des Systems und dessen Darstellung als Netzwerk und Graph

Das Verhalten von Zellen wird durch die Interaktion von Molekülen bestimmt. Ein systembiologischer Ansatz beschreibt solche zellulären Prozesse mithilfe molekularer Netzwerke. In der einfachsten und allgemeinsten Form ist ein Netzwerk ein **ungerichteter Graph**, d. h. eine Menge von Objekten, die miteinander in Beziehung stehen. In der Graphentheorie werden die Objekte als Knoten und die Verbindungen zwischen Knoten als Kanten dargestellt. Cytoscape ist ein in der Bioinformatik viel genutztes Werkzeug, um einfache molekulare Netzwerke als ungerichtete Graphen zu visualisieren (Shannon et al. 2003). Eine Vielzahl von Datenbanken liefert Informationen dazu, ob Metabolite, Proteine und Gene miteinander in Beziehung stehen. Viele dieser Ressourcen können über Pathway Commons durchsucht werden (Cerami et al. 2010). Ein ungerichteter Graph stellt dabei lediglich eine einfache Assoziation her, ohne die Konsequenzen von Interaktionen zu beschreiben.

Ein **gerichteter Graph**, in dem Pfeile der Beziehung von Molekülen eine Richtung geben, ist ein erster Schritt zu einer systembiologischen Betrachtung. Mit der Richtung der Pfeile zwischen den Objekten (Genen, Metaboliten, Proteinen) können z. B. eine *Aktivierung* oder eine *Deaktivierung* (bzw. Repression) beschrieben werden. Nehmen wir z. B. ein Transkriptionsnetzwerk als Teilprozess der Genexpression. Im Transkriptionsnetzwerken stellen Knoten Gene dar und Kanten die Regulation eines Gens durch das Produkt eines anderen Gens. Das einfachste Netzwerk, repräsentiert als gerichteter Graph, ist $X \to Y$, in dem das Produkt von Gen $X$ ein Transkriptionsfaktor ist, der sich an den Promoter von Gen $Y$ bindet und damit die Transkriptionsrate von Gen $Y$ stimuliert. Objekt $X$ fungiert in diesem sehr einfachen Netzwerk als **Aktivator**. Neben Transkriptionsnetzwerken (Genexpression/-regulation) sind die Beschreibung von Signalkaskaden in der Zellkommunikation und die Modellierung von Stoffwechselnetzwerken etablierte Schwerpunkte der Systembiologie (Alon 2019; Klipp et al. 2016; Papin et al. 2003).

### 48.2.1 Zelluläre Funktionen, realisiert durch die Regulierung von Prozessen

Damit das Netzwerk $X \to Y$ eine transkriptionelle **Regulierung** beschreiben kann, müssen jedoch weitere Komponenten betrachtet werden. Kombinationen von Kanten im Netzwerkgraph ermöglichen Regulierungen durch Rückkopplungen. Eine **Rückkopplungsschleife** beschreibt ein Teilnetzwerk, in dem ein Reaktionsschritt $R_i$ auf einen vorhergehenden Reaktionsschritt wirkt. Unser einfaches Beispiel $X \to Y$ kann zu einem Regulationsnetzwerk erweitert werden, in dem der Transkriptionsfaktor $X$ zwei Zustände annehmen kann, zwischen denen er schnell wechselt. Im aktiven Zustand $X^*$ hat das Molekül eine hohe Affinität zum Binden an den Promotor. Es kommt dann ein weiteres Signal $S$ hinzu, das den Wechsel von der inaktiven zur aktiven Form von $X$ stimuliert. Aus dem Beispiel in ◪ Abb. 48.1C können hier zwei wichtige Aspekte beobachtet werden:

- Die Struktur eines Netzwerkes gibt Hinweise auf die dynamischen Eigenschaften, d. h. das Verhalten des Systems. Die Regulierung eines Systems wird durch Rückkopplungsschleifen möglich und macht das Verhalten des Systems entweder robust oder sensitiv gegenüber äußeren Störungen.
- Die Struktur eines Netzwerkes ist jedoch nicht ausreichend, um Simulationen zum Verhalten des Systems im Computer zu realisieren. Für Computersimulationen ist eine Beschreibung des gerichteten Graphen in ein mathematisches Modell mit Methoden der Systemtheorie notwendig.

In solchen **mechanistischen/kinetischen Modellen** müssen die biochemischen und biophysikalischen Eigenschaften der Interaktionen zwischen Komponenten (dargestellt als Pfeile; ◪ Abb. 48.1) in mathematische Gleichungen übersetzt werden.

Ein Schlüssel zur Beschreibung komplexer Netzwerke ist die Identifikation von **Netzwerkmotiven** (Alon 2019), insbesondere Rückkopplungsschleifen (◪ Abb. 48.1C), mit denen sich verschiedene Prinzipien der Regulation

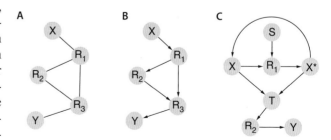

◪ **Abb. 48.1**  **A** Ungerichteter Graph; **B** gerichteter Graph; **C** positive Rückkopplung

realisieren lassen. Der Begriff der Regulierung kann mit zwei **Prinzipien dynamischen Verhaltens** assoziiert werden:

- Das System versucht einer äußeren Störung entgegen zu wirken.
- Das System versucht einer äußeren Stimulation zu folgen.

Im ersten Fall ist das System durch **Robustheit** charakterisiert und im zweiten Fall durch **Sensitivität**. In beiden Fällen kommt es zu Veränderungen und somit zu zeitabhängigen Prozessen. Entscheidend ist die Erkenntnis, dass es in vielen Fällen notwendig ist, den zeitlichen Verlauf von Variablen des Systems zu betrachten, um das Verhalten des Systems zu verstehen. Eine statische Beschreibung des molekularen oder zellulären Systems mit Methoden der Bioinformatik und Statistik ist in diesem Fall nicht ausreichend.

## 48.2.2 Die Beschreibung zellulärer Mechanismen als dynamische Systeme

Die **Theorie dynamischer Systeme** ist für eine Vielzahl zellulärer Prozesse unumgänglich. Diese Erkenntnis ist vor allem damit begründet, dass wir mit Zellfunktionen und vor allem mit nichtlinearen dynamischen Systemen zu tun haben. In **nichtlinearen dynamischen Systemen** führen bereits kleine Veränderungen zu schwer vorhersagbaren Konsequenzen. Knock-out-Experimente wurden ursprünglich mit der Hoffnung verbunden, man könnte die Rolle eines Gens durch einfache Experimente mit der Entfernung oder Unterdrückung der Transkription eines Gens untersuchen. Dies führte jedoch immer wieder zu Widersprüchen und mehrdeutigen Ergebnissen. Der Grund dafür ist nicht das bloße Vorhandensein einer Komponente, sondern der raumzeitliche Konzentrationsverlauf.

Eine Vielzahl von intra- und interzellulären Netzwerken realisieren raum- und zeitaufgelöste Prozesse. Diese Prozesse führen eine Funktion aus und haben somit ein spezifisches Verhalten, das durch **Mechanismen** definiert ist. Auf der Ebene einzelner Moleküle beschreiben Mechanismen biochemische und biophysikalische Interaktionen, wie z. B. die Phosphorylierung. Wenn man zwei Moleküle betrachtet, sind molekulardynamische Untersuchungen ein Beispiel dafür, wie das Verhalten von Molekülen mithilfe von Computersimulationen untersucht wird (Karplus und McCammon 2002). Die hier beschriebene systembiologische Vorgehensweise ist im Prinzip gleich. Statt zwei Molekülen werden Netzwerke mit einer Vielzahl von Molekülen untersucht. Das Verhalten eines solchen Netzwerkes wird in den für den Zellstoffwechsel

oder die Signalkommunikation relevanten Zeitskalen simuliert (z. B. Minuten, Stunden), während bei molekulardynamischen Simulationen Änderungen im Nano- oder Pikosekundenbereich stattfinden. Je nach den Details der Simulation und der Dauer des Simulationszeitraums sind molekulardynamische Simulationen sehr rechenintensiv. Das Prinzip der Modellierung eines dynamischen Systems ist jedoch identisch, der Begriff des Mechanismus somit relativ zu der Organisationsebene. Werden Moleküle betrachtet, sind es biochemische und biophysikalische Prinzipien, werden Netzwerke betrachtet, sind es Motive, insbesondere Rückkopplungsschleifen, also strukturelle Aspekte der Netzwerke, die einen Mechanismus definieren.

## 48.3 Die Rolle der Modellierung in der Molekular- und Zellbiologie

Wichtig für die folgende kritische Diskussion systembiologischer Ansätze ist die Tatsache, dass molekulardynamische Simulationen immer Modelle im Sinne vereinfachender Abstraktionen beschreiben. Während vereinfachende Annahmen bei molekulardynamischen Simulationen, wie auch in der Physik und den Ingenieurwissenschaften allgemein, selbstverständlicher Teil des wissenschaftlichen Arbeitens sind, wird der mathematischen Modellierung in der Molekular- und Zellbiologie immer noch mit Skepsis begegnet. Der Wert und die Grenzen der Modellierung hängen hier tatsächlich sehr stark von vereinfachenden Annahmen ab. Die Diskussion zu dem Zweck der Modellierung und der Transparenz von Annahmen ist deshalb ein wichtiges Thema im Bereich der Systembiologie.

Für molekulare Netzwerke des Stoffwechsels, der Genregulation und der Zellkommunikation sind die Mechanismen, mit denen die Komponenten eines Systems gekoppelt sind, oft unbekannt. Die in der Struktur eines Netzwerkes realisierten Interaktionen bestimmen die Funktion und damit das Verhalten eines Systems.

Um Reaktionen eines Systems auf äußere Veränderungen beschreiben zu können, ist es notwendig, das Konzept des Zustands eines Systems einzuführen. Der **Zustand** eines Systems beschreibt, für einen bestimmten Zeitpunkt, die Gesamtheit aller Informationen, die zur Beschreibung der Eigenschaften des Systems erforderlich sind. In einem mathematischen Modell erlaubt uns die Definition eines Zustands die Beschreibung zeitlicher Abläufe über Zustandsänderungen. Ein solches Zustandsraummodell beschreibt das Verhalten eines Systems als eine Folge von Zuständen. Ein zeitdiskretes Modell definiert den Zustand eines Systems zum Zeitpunkt $t + 1$ in Abhängigkeit des Zustands zum Zeitpunkt $t$. Für ein logisches Modell würde man dafür

„Wenn-Dann-Regeln" aufstellen, und für ein stochastisches Modell würde man die Wahrscheinlichkeit für den Zustand zum Zeitpunkt $t + 1$ in Abhängigkeit des Zustands zum Zeitpunkt $t$ formulieren.

Ein wichtiger Schritt für die Untersuchung, d. h. mathematische Modellierung und computergestützte Simulation von molekularen Netzwerken, z. B. mit dem Werkzeug Copasi (Hoops et al. 2006), ist die Definition von Eingangs-, Zustands-, und Ausgangsvariablen eines Systems. Nehmen wir wieder die Signaltransduktion als ein Beispiel, dann sind Schwankungen in der Konzentration von Liganden an der Zelloberfläche das Eingangssignal des Systems. Die Konzentration eines Moleküls, das in die Genregulation eingreift, wäre dann eine mögliche Ausgangsvariable, und die Konzentrationen der an intrazellulären Reaktionen des Modells beteiligten Molekülen sind die **Zustandsvariablen** des Systems.

Die in der Physik und den Ingenieurwissenschaften am häufigsten verwendete Klasse von zeitkontinuierlichen Modellen basiert auf Differenzialgleichungen und beschreibt Zustandsfolgen nicht direkt, sondern mittels Änderungsraten. Mit jedem Zustand eines Systems wird die Geschwindigkeit und Richtung der Änderung mit angegeben. Während Simulationen stochastischer und logischer Modelle zu stufenförmigen Verläufen führen, beschreiben Differenzialgleichungsmodelle kontinuierliche Verläufe, wie sie Konzentrationsänderungen einer Vielzahl von Molekülen oder deren Mittelwerten entsprechen würden. Eine wichtige Frage zur Auswahl eines methodischen Ansatzes ist somit die „Auflösung", mit der ein Prozess betrachtet werden soll. Je nach Verfügbarkeit der entsprechenden Technologien könnte die Regulation der Transkription eines Gens in Einzelzellexperimenten auf der Ebene vergleichsweise kleiner Molekülzahlen untersucht werden und somit ein stochastisches Modell motivieren. Beim Einsatz konventioneller Methoden der Proteomik (▶ Kap. 42), wie z. B. quantitativer Western-Blots (▶ Abschn. 6.3.3), könnte zur Beschreibung des gleichen Prozesses jedoch ein Differenzialgleichungsmodell geeigneter sein, um den Verlauf von gemittelten Konzentrationsverläufen zu beschreiben.

### 48.3.1 Methodische Ansätze

Die Wahl eines geeigneten Formalismus zur Beschreibung eines Modells hängt von einer Vielzahl von Kriterien ab. Große Netzwerke, für die nur wenige experimentelle Daten zur Verfügung stehen, werden oft mit logischen Modellen simuliert, wohingegen Differentialgleichungsmodelle, wenn sie denn unmittelbar aus experimentellen Zeitreihen bestimmt werden sollen, sehr gut aufgelöste quantitative Zeitreihen brauchen. Es ist jedoch durchaus auch möglich, ein komplexes System wie die Insulinregulierung, an der eine sehr große Zahl von Molekülen beteiligt ist, mit nur wenigen Variablen und Differenzialgleichungen zu beschreiben. Der Schwerpunkt solcher „kleinen" Modelle mit hohem Abstraktionsgrad ist die Untersuchung von Hypothesen zu Mechanismen der Regulierung unabhängig von den biochemischen Eigenschaften von Interaktionen (Frantz 1995). Eine Vielzahl von Projekten, in denen ein systembiologischer Ansatz verfolgt wird, beginnt mit der Bestimmung der Gene, Metaboliten oder Proteine, die für die biotechnologische bzw. biomedizinische Anwendung von Bedeutung sind. In vielen Fällen entsteht so zunächst ein umfangreiches Netzwerk, dargestellt als ungerichteter Graph. Maßgebend für die Weiterentwicklung des Netzwerks sind anschließend die zu untersuchenden Fragen und die gewählten Ressourcen.

Die Beschreibung eines molekularen Netzwerkes ist ein erster Schritt zur Formulierung mechanistischer Modelle, deren raumzeitliches Verhalten sich im Computer simulieren lässt. Ziel solcher Untersuchungen sind Einsichten in die Regulierung, der Robustheit und der Sensitivität. Die Regulierung eines Systems mit dem Ziel Robustheit beschreibt dann den Erhalt bzw. die Rückkehr eines Systems in seinen ursprünglichen Zustand. Ein Beispiel hierfür ist die **Homöostase**, d. h. die Aufrechterhaltung eines Gleichgewichtszustands. In anderen Fällen, wie z. B. beim Immunsystem, ist es das Ziel, schnellstmöglich auf einen äußeren Stimulus zu reagieren und den Zustand des Systems entsprechend anzupassen. Für die Untersuchung eines Systems und dessen dynamischer Eigenschaften ist eine wichtige Grundvoraussetzung die Bestimmung der Variablen, die den Zustand des Systems definieren, sowie die Bestimmung der Eingangs- und Ausgangsgrößen. In den meisten Fällen müssen hier Entscheidungen gefällt werden, die mit vereinfachten Annahmen einhergehen. Der Erfolg oder Wert eines Modells und das Schicksal eines systembiologischen Ansatzes sind an die Definition des zu untersuchenden Systems geknüpft. In der Praxis erweist sich dieser schwierige Schritt, vereinfachende Annahmen zu machen, als erstaunlich wertvoll und kann dazu führen, dass auch ein gescheitertes Modell wertvolle Beiträge leistet. Die Diskussion darüber, was im Experiment bestimmt werden soll und kann, und die Diskussion zu vereinfachten Annahmen sind ein Prozess der Transparenz und des rationalen Vorgehens. Die Formulierung eines mathematischen Modells erzwingt eine Diskussion und somit auch eine Transparenz über vereinfachende Annahmen.

## 48.4 Der Begriff des Pathways und seine Grenzen

Ein wichtiger Aspekt der Beschreibung molekularer Prozesse mithilfe von Netzwerken ist die Festlegung, welche Moleküle als Teil des Systems betrachtet werden. Bei Stoffwechselprozessen ist die Entscheidung über die zu betrachteten Moleküle in manchen Fällen unproblematisch. Ein Beispiel ist der Krebszyklus, bei dem die beteiligten Moleküle relativ unstrittig sind. Bei der Zellkommunikation und Beschreibung von Signalwegen, ist die Definition des im Experiment zu betrachtenden Systems jedoch oft schwer und subjektiv.

Der Begriff **Pathway** beschrieb ursprünglich eine Abfolge von Reaktionsschritten. Ein Beispiel ist die Übertragung von Signalen über Rezeptoren. Liganden binden an extrazelluläre Rezeptoren und die intrazelluläre Deformation löst eine Kette von Reaktionen aus. Das führt letztendlich zu einer Veränderung in der Genexpression. Mit zunehmender Größe von Pathways und dem Vorhandensein von Rückkopplungschleifen hat sich der Begriff des Netzwerkes weitgehend etabliert. Die Entscheidung, welche Moleküle zur Definition eines Pathways/Netzwerkes herangezogen werden, ist problematisch. Strebt man eine quantitative Untersuchung mit Methoden der Proteomik an, wird mit einer zunehmenden Zahl von Molekülen die experimentelle Untersuchung zeit- und kostenintensiv. In vielen Fällen werden Pathways deshalb subjektiv definiert und der zunehmend häufiger verwendete Begriff des **Cross-talk** zwischen zwei Pathways ist letztendlich eine Erklärung zum Scheitern der ursprünglichen Definition der beteiligten Pathways. Wenn zwei Netzwerke miteinander gekoppelt sind, indem sie ihr (intrazelluläres) Verhalten gegenseitig beeinflussen, dann kann man die Netzwerke nicht in Isolation betrachten. In komplexen (nichtlinearen dynamischen) Systemen ist es somit nicht möglich, auf das Verhalten des Gesamtsystems zu schließen, indem man die Teile des Systems in Isolation betrachtet.

Es gibt eine Vielzahl von Ressourcen, die Informationen zu biologischen Netzwerken und den Eigenschaften der beteiligten Moleküle zur Verfügung stellen. Dazu gehören unter anderem Kegg (Kanehisa und Goto 2000), BioCyc (Karp et al. 2005) und Reactome (Croft et al. 2013). Pathway Commons (Cerami et al. 2010) ist ein Webservice, der viele Ressourcen bündelt. Wie oben beschrieben, verfolgt ein systembiologischer Ansatz die Analyse und Simulation eines Netzwerkes als dynamisches System. Eine umfassendere Einführung in die mathematischen Grundlagen systembiologischer Ansätze zur mathematischen Modellierung und Simulation finden sich in den Lehrbüchern von Klipp et al. (2016) und Alon (2019).

## 48.4.1 Abstraktionen und Annahmen als Grundlage zur Untersuchung komplexer Systeme

Die in Datenbanken und Publikationen veröffentlichten Netzwerke sind eine bewusste Abstraktion zur Abbildung einer komplexen Realität. Die grafische Darstellung eines molekularen Netzwerkes erfüllt bereits die Definition eines Modells. Ein **Modell** ist eine abstrakte Darstellung von Objekten und Prozessen. Ein Modell ist somit eine bewusst gewählte Vereinfachung bzw. Reduktion, die es ermöglicht, Einblicke in komplexe Zusammenhänge zu geben. Die Untersuchung eines Netzwerkes, z. B. des MAP-K-Pathways, impliziert eine gewählte Definition, welche Moleküle betrachtet werden sollen und welche nicht. Die Reduktion auf eine Untermenge von potenziell relevanten Genen und Proteinen ist mit experimentellen, praktischen und finanziellen Rahmenbedingungen für Experimente verbunden. Aber auch für die mathematische Analyse von Differenzialgleichungsmodellen gibt es praktische Grenzen für die Größe bzw. die Komplexität von Modellen. In moleklardynamischen Simulationen basieren z. B. die aufeinander wirkenden Kraftfelder der Moleküle auf Annahmen. Modellierung ist somit die Kunst, die richtigen Annahmen zu machen. Dabei geht es nicht um eine möglichst „realistische" bzw. genaue Abbildung einer biologischen, chemischen oder physikalischen Realität, sondern um eine Darstellung, die es erlaubt, Hypothesen zu formulieren und zu validieren. Vereinfachende Annahmen sind ein Grundprinzip der wissenschaftlichen Untersuchung komplexer Systeme, sowohl im Labor als auch in der Mathematik und bei Computersimulationen.

Der Wert der mathematischen Modellierung und von Computersimulationen in systembiologischen Ansätzen lässt sich wie folgt zusammenfassen:
- Der Prozess der Modellierung unterstützt die Formulierung von *Erklärungen*. Numerische *Vorhersagen* können dabei eine Rolle spielen, der Fokus liegt jedoch auf dem Testen von Hypothesen über Mechanismen, die experimentell beobachteten Vorgängen zugrunde liegen.
- Der Entwurf von Experimenten wird unterstützt, indem Entscheidungen über zu messende Größen und Annahmen transparent gemacht werden.
- Simulationen erlauben es, Grenzen und dynamische Muster im Verhalten eines Systems einzugrenzen.
- Modelle können vereinfachte dynamische Analogien zu komplexen Vorgängen vorschlagen. Wichtige Zustände, Robustheit und die Stabilität und die Empfindlichkeit eines Systemverhaltens lassen sich systematisch untersuchen.

- Der Prozess der Modellierung dient der Entdeckung einfacher gesetzartiger Prinzipien im Verhalten komplexer dynamischer Systeme.

## 48.4.2 Standards als Treiber für Austausch und Kooperation

Im Alltag treffen wir immer wieder auf Standards, die die Schnittstellen zwischen Menschen und Maschinen regeln oder zur allgemeinen Sicherheit beitragen. Ein A4-Blatt kann mit jedem handelsüblichen Drucker verwendet werden, und nahezu jedes europäische Löschfahrzeug kann einen Hydranten in Deutschland nutzen. Diese Alltagsnormen werden von nationalen und internationalen Instituten (z. B. DIN, ISO) festgelegt. Hersteller sind gesetzlich dazu verpflichtet, diese einzuhalten. Auch in der Systembiologie haben sich Standards entwickelt und etabliert. Diese sollen Modelle und Simulationen reproduzierbar, nachvollziehbar und wiederverwendbar machen. Die Einhaltung der Standards ist hier jedoch nicht gesetzlich geregelt, sondern basiert auf dem allgemeinen Einverständnis der wissenschaftlichen Gemeinschaft. Mittlerweile haben sich diverse Standards etabliert. Diese sind jedoch nicht statisch, sondern werden stets weiterentwickelt.

Mit den Standards Systems Biology Markup Language (**SBML**) und **CellML** lässt sich die mathematische Modellierung der Netzwerke formalisieren. Diese Datenaustauschformate zur Repräsentation molekularer Netzwerke (metabolische Netzwerke, Signaltransduktionspfade und genregulatorische Netzwerke) basieren auf XML und können von Maschinen und Menschen gleichermaßen interpretiert werden (Hucka et al. 2003; Lloyd et al. 2008). Seit der Veröffentlichung der ersten Modelle in den 1990er-Jahren wurde deutlich, dass verschiedene Bezeichnungen für gleiche Elemente verwendet werden. Daher können standardisierte Modelle mit Termen aus Ontologien, wie z. B. der Gene Ontology (GO; Gene Ontology Consortium 2004), angereichert werden. Diese spezifizieren z. B. die beteiligten Moleküle eindeutig und tragen somit zur Wiederverwendbarkeit bei.

Zur Darstellung von Netzwerken dient die Systems Biology Graphical Notation (**SBGN**). Dieser Standard ermöglicht eine eindeutige und somit nachvollziehbare Visulisierungen biologischer Modelle (Le Novere et al. 2009). Die Notation besteht aus drei „Sprachen", um verschiedene Ansichten biologischer Systeme darzustellen: Prozessbeschreibungen (*Process Descriptions*, PD), Entitätsbeziehungen (*Entity Relationships*, ER) und Aktivitätsflüssen (*Activity Flows*, AF). Jede Ansicht enthält eine Reihe von Symbolen mit präziser Semantik,

zusammen mit detaillierten syntaktischen Regeln für den Aufbau und die Interpretation von Netzwerken. Die Prozessbeschreibung zeigt den zeitlichen Verlauf biochemischer Wechselwirkungen in einem Netzwerk. Sie kann verwendet werden, um molekularen Wechselwirkungen darzustellen, die in einem Netzwerk von biochemischen Einheiten stattfinden, wobei das gleiche Molekül mehrmals im gleichen Diagramm erscheinen kann. Entitätsbeziehungen (*Entity Relationships*, ER) stellen alle Beziehungen dar, an denen eine bestimmte Entität beteiligt ist, unabhängig von zeitlichen Aspekten. Beziehungen können als Regeln betrachtet werden, die den Einfluss von Entitätsknoten auf andere Beziehungen beschreiben. Aktivitätsflüsse (*Activity Flows*, AF) beschreiben den Informationsfluss zwischen biochemischen Einheiten in einem Netzwerk. Sie lassen Informationen über die Zustandsübergänge von Entitäten aus und sind besonders für die Darstellung der Auswirkungen von Störungen geeignet, sei es durch genetische oder durch äußere Einflüsse (Le Novere et al. 2009). ◘ Abb. 48.2 zeigt die drei Darstellungen für das Beispiel des Repressilator-Modells (Elowitz und Leibler 2000).

Die algorithmische Entwicklung eines ästhetischen Layouts von Netzwerkvisualisierungen gilt in der Graphentheorie als ein schwieriges Problem (Garery und Johnson 1983). Daher erfordert die Entwicklung einer übersichtlichen Darstellung einen hohen, mit der Anzahl der Moleküle und Interaktionen steigenden manuellen Aufwand. Das ebenfalls auf XML basierende, standardisierte Austauschformat SBGN-ML ermöglicht es, diese Layouts zu erhalten und wiederzuverwenden (Van Iersel et al. 2012).

Durch die standardisierte elektronische Speicherung von Modellen ist es möglich, Computersimulationen in Publikationen zu reproduzieren. Simulationswerkzeuge, wie z. B. Copasi (Hoops et al. 2006) ermöglichen es Biologen, Modelle aus Datenbanken, wie z. B. BioModels (Chelliah et al. 2014) und Physiome Model Repository 2 (PMR2; Yu et al. 2011), nachzuvollziehen.

## 48.5 Ansätze zur Konstruktion und Analyse von Modellen

### 48.5.1 Konstruktion

Obwohl die Entwicklung von Modellen mit den Standards, Ressourcen und Programmen erleichtert wird, ist nach wie vor ein hoher Aufwand für die Konstruktion notwendig. Zu Beginn werden die Informationen über die Entitäten und Interaktionen aus verschiedenen Quellen zusammengetragen. Dabei unterscheidet man zwischen datenbasierten (*data-driven*) und wissensba-

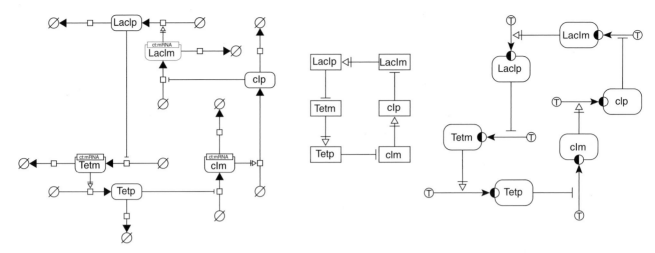

**◘ Abb. 48.2** Darstellungen des Repressilator-Modells von Elowitz und Leibler (2000) in den drei SBGN-Sprachen: links in Process Description (PD), mittig in Activity Flow (AF) und rechts in Entity Relationship (ER)

sierten (*knowledge-driven*) Ansätzen. Datenbasierte Ansätze eignen sich zur Ermittlung von Beziehungen zwischen Proteinen oder Genen, die in einem bestimmten Experiment identifiziert wurden. Bei einem wissensbasierten Ansatz hingegen werden die relevanten Gene aus Datenbanken und Publikationen extrahiert. Da relevante Informationen auf die jeweiligen Themen spezialisiert sind und die Formulierungen nicht vorhersehbar sind, können automatische Hilfsmittel, wie Text-Mining, lediglich unterstützend eingesetzt werden (Viswanathan et al. 2008). Das Ermitteln der wichtigen Publikationen und Ressourcen sowie das Extrahieren der relevanten Informationen erfordert daher häufig die Zusammenarbeit mehrerer Wissenschaftler. Aus diesen gesammelten Daten wird ein initiales Modell erstellt und mit kontextspezifischen Annotationen verfeinert. Anschließend werden im Idealfall Experten des untersuchten Fachgebiets in den Prozess eingebunden. Diese können das Modell verifizieren und Verbesserungen vorschlagen. In der Regel durchläuft der gesamte Prozess mehrere Iterationen, in denen das Modell erweitert oder verfeinert wird. Gerade aus diesem Grund sollte auf die Verwendung von geeigneten Programmen, Formaten und Standards geachtet werden. Ein hervorstechendes Beispiel für den Erfolg dieser Vorgehensweise ist Recon 2, ein Modell, das den menschlichen Metabolismus beschreibt (Swainston et al. 2016). Die Konstruktion und Analyse von Modellen dient auch zur Erforschung bestimmter Krankheitsbilder, wie z. B. Parkinson (Ostaszewski et al. 2018).

### 48.5.2 Analyse

Biologische Netzwerke dienen neben der abstrakten Darstellung eines Systems auch zur Untersuchung von dessen Eigenschaften. Ein Ziel ist es, die Gene und Proteine zu ermitteln, die einen hohen Einfluss auf das System haben. Hierfür können Methoden der Graphentheorie genutzt werden, um die Zentralität von Elementen des Netzwerks zu ermitteln. Dabei wird ein Ranking der Knoten – basierend einer bestimmten Eigenschaft – aufgestellt. Die Eigenschaften sind die **Maße der Zentralität** des Systems.

Ein Ansatz ist, dass funktional wichtige Elemente an vielen Interaktionen beteiligt sind. Die **Gradzahl** gibt an, an wie vielen Kanten ein Knoten beteiligt ist (*degree centrality*). Bei gerichteten Netzwerken wird zusätzlich zwischen einer Gradzahl für alle ausgehenden und einer weiteren für alle eingehenden Kanten unterschieden. Ein weiteres Maß der Zentralität ist die **Nähe** eines Knoten zu allen anderen (*closeness centrality*). Für dieses Maß wird die Summe der kürzesten Pfade zwischen dem untersuchten und allen anderen Knoten ermittelt. Ein nach diesem Ansatz wichtiger Knoten beeinflusst andere Elemente durch die teils indirekte, aber unmittelbare Beteiligung an vielen Interaktionen. Auf einem ähnlichen Ansatz beruht die **Betweenness-Zentralität**. Knoten werden als wichtig betrachtet, wenn sie auf vielen kürzesten Pfaden zwischen anderen Knoten liegen. Da zwei Knoten mehrere kürzeste Pfade zueinander haben können, steigt der Wert des untersuchten Knotens, wenn das andere Knotenpaar nur wenige kürzeste Pfade hat, die den untersuchten Knoten nicht enthalten. Die **Eigenvektorzentralität** beruht auf der Annahme, dass ein Knoten wichtig ist, wenn er mit anderen wichtigen Knoten verbunden ist. So kann ein Knoten trotz vielen Interaktionen weniger wichtig für das System sein. Auch **Netzwerkmotive** können als Maß der Zentralität genutzt werden. Nach dieser Theorie haben Elemente, die in vielen zu Motiven isomorphen Subgraphen auftreten, einen größeren Einfluss auf das System (Mason und Verwoerd 2007).

Inter- und intrazelluläre Prozesse können als komplexes Netzwerk dargestellt werden. Doch zum Verständnis des Systems als Gesamtheit und zur Untersuchung von inneren und äußeren Einflüssen müssen die Einzelschritte möglichst exakt modelliert werden. Eine realitätsnahe Möglichkeit ist die Nutzung von **gewöhnlichen Differenzialgleichungen** (ODEs). Mit diesen können die einzelnen Komponenten definiert und zu komplexen Systemen kombiniert und anschließend simuliert werden (Tyson et al. 2003). Das Ergebnis der Simulationen von ODE-Modellen hängt stark von den Anfangsparametern ab. Diese müssen mit rechenaufwendigen Algorithmen geschätzt werden, wodurch die mögliche Anzahl der Komponenten technisch beschränkt ist.

Ein Kompromiss zwischen der Ausführbarkeit und dem Detailgrad bieten **logische Modelle** (*boolean models*). In diesen werden die Beziehungen zwischen den Elementen mit logischen Operatoren (AND, OR und NOT) ausgedrückt, und die Elemente sind stets in einem von zwei Zuständen. Diese qualitative Beschreibung eignet sich auch, falls die genauen kinetischen Beziehungen des Systems nicht bekannt sind (Morris et al. 2010).

In intrazellulären Prozessen sind Reaktionen abhängig von diskreten und zufälligen Aufeinandertreffen von Molekülen. Ist die Anzahl der reagierenden Moleküle in dem beschränkten Raum gering, kann die Wahrscheinlichkeit des Aufeinandertreffens nicht außer Acht gelassen werden. Da diese Prozesse auch die Funktionen höherer Ebenen beeinflussen können, bieten sich **stochastische Modellierung** und Simulation an, um zu einem besseren Verständnis der Systeme beitragen. Durch die grundlegende Eigenschaft der Zufälligkeit dieser Modelle sind mehrere Simulationen erforderlich, bevor man einen Eindruck über die Funktionalität des Systems gewinnen kann (Ullah und Wolkenhauer 2011).

Die Auswahl der Methoden, Darstellungen und Programme zur Konstruktion und Simulation hängt somit neben finanziellen, technischen und zeitlichen Faktoren auch von dem Forschungsziel selbst und den verfügbaren Informationen ab.

## Literatur und Weiterführende Literatur

Afgan E, Baker D, Batut B, van den Beek M, Bouvier D, Čech M, Chilton C, Clements D, Coraor N, Grüning BA, Guerler A, Hillman-Jackson J, Hiltemann S, Jalili V, Rasche H, Soranzo N, Goecks J, Taylor J, Nekrutenko A, Blankenberg D (2018) The Galaxy platform for accessible, reproducible and collaborative biomedical analyses: 2018 update. Nucleic Acids Res 46(W1): W537–W544. https://doi.org/10.1093/nar/gky379

Alon U (2019) An introduction to systems biology: design principles of biological circuits. Chapman and Hall/CRC, 6000 Broken Sound Parkway NW, Suite 300, Boca Raton, FL 33487–2742

Berthold MR, Cebron N, Dill F, Gabriel TR, Kötter T, Meinl T, Ohl P, Thiel K, Wiswedel B (2009) KNIME-the Konstanz information miner: version 2.0 and beyond. AcM SIGKDD Explorations Newsletter 11(1):26–31

Cerami EG, Gross BE, Demir E, Rodchenkov I, Babur Ö, Anwar N et al (2010) Pathway Commons, a web resource for biological pathway data. Nucleic Acids Res 39(suppl_1):D685–D690

Chelliah V, Juty N, Ajmera I, Ali R, Dumousseau M, Glont M et al (2014) BioModels: ten-year anniversary. Nucleic Acids Res 43(D1):D542–D548

Croft D, Mundo AF, Haw R, Milacic M, Weiser J, Wu G et al (2013) The reactome pathway knowledgebase. Nucleic Acids Res 42(D1):D472–D477

Elowitz MB, Leibler S (2000) A synthetic oscillatory network of transcriptional regulators. Nature 403(6767):335

Frantz FK (1995) A taxonomy of model abstraction techniques. In: Proceedings of the 27th conference on Winter simulation. IEEE Computer Society, S 1413–1420

Garey MR, Johnson DS (1983) Crossing number is NP-complete. SIAM J Algebraic Discrete Methods 4(3):312–316

Gene Ontology Consortium (2004) The Gene Ontology (GO) database and informatics resource. Nucleic Acids Res 32(suppl_1): D258–D261

Hoops S, Sahle S, Gauges R, Lee C, Pahle J, Simus N et al (2006) COPASI – a complex pathway simulator. Bioinformatics 22(24): 3067–3074

Hucka M, Finney A, Sauro HM, Bolouri H, Doyle JC, Kitano H et al (2003) The systems biology markup language (SBML): a medium for representation and exchange of biochemical network models. Bioinformatics 19(4):524–531

Kanehisa M, Goto S (2000) KEGG: kyoto encyclopedia of genes and genomes. Nucleic Acids Res 28(1):27–30

Karp PD, Ouzounis CA, Moore-Kochlacs C, Goldovsky L, Kaipa P, Ahrén D et al (2005) Expansion of the BioCyc collection of pathway/genome databases to 160 genomes. Nucleic Acids Res 33(19):6083–6089

Karplus M, McCammon JA (2002) Molecular dynamics simulations of biomolecules. Nat Struct Mol Biol 9(9):646

Klipp E, Liebermeister W, Wierling C, Kowald A (2016) Systems biology: a textbook. Wiley Boschstr. 12, 69469 Weinheim, Germany

Le Novere N, Hucka M, Mi H, Moodie S, Schreiber F, Sorokin A et al (2009) The systems biology graphical notation. Nat Biotechnol 27(8):735

Lloyd CM, Lawson JR, Hunter PJ, Nielsen PF (2008) The CellML model repository. Bioinformatics 24(18):2122–2123

Mason O, Verwoerd M (2007) Graph theory and networks in biology. IET Syst Biol 1(2):89–119

Morris MK, Saez-Rodriguez J, Sorger PK, Lauffenburger DA (2010) Logic-based models for the analysis of cell signaling networks. Biochemistry 49(15):3216–3224

Ostaszewski M, Gebel S, Kuperstein I, Mazein A, Zinovyev A, Dogrusoz U, Hasenauer J, Fleming RMT, Le Novère N, Gawron P, Ligon T, Niarakis A, Nickerson D, Weindl D, Balling R, Barillot E, Auffray C, Schneider R (2018) Community-driven roadmap for integrated disease maps. Brief Bioinform. https://doi.org/10.1093/bib/bby024. PubMed

Papin JA, Price ND, Wiback SJ, Fell DA, Palsson BO (2003) Metabolic pathways in the post-genome era. Trends Biochem Sci 28(5):250–258

Shannon P, Markiel A, Ozier O, Baliga NS, Wang JT, Ramage D, Amin N, Schwikowski B, Ideker T (2003) Cytoscape: a software environment for integrated models of biomolecular interaction networks. Genome Res 13(11):2498–2504

Swainston N, Smallbone K, Hefzi H, Dobson PD, Brewer J, Hanscho M et al (2016) Recon 2.2: from reconstruction to model of human metabolism. Metabolomics 12(7):109

Tyson JJ, Chen KC, Novak B (2003) Sniffers, buzzers, toggles and blinkers: dynamics of regulatory and signaling pathways in the cell. Curr Opin Cell Biol 15(2):221–231

Ullah M, Wolkenhauer O (2011) Stochastic approaches for systems biology. Springer Science & Business Media 223 Spring Street, New York, NY 10013, USA

Van Iersel MP, Villéger AC, Czauderna T, Boyd SE, Bergmann FT, Luna A et al (2012) Software support for SBGN maps: SBGN-ML and LibSBGN. Bioinformatics 28(15):2016–2021

Viswanathan GA, Seto J, Patil S, Nudelman G, Sealfon SC (2008) Getting started in biological pathway construction and analysis. PLoS Comput Biol 4(2):e16

Yu T, Lloyd CM, Nickerson DP, Cooling MT, Miller AK, Garny A et al (2011) The physiome model repository 2. Bioinformatics 27(5):743–744

# Serviceteil

Standard-Aminosäuren – 1156

Nucleinsäuren und Kohlenhydrate – 1157

Ausgewählte wichtige Lipide – 1158

Stichwortverzeichnis – 1159

# Standard-Aminosäuren

(angegeben sind Dreibuchstaben- und Einbuchstaben-Code)

C$_\alpha$-substituierte
Aminosäuren

H$_3$N$^+$—CH$_2$—COO$^-$

Glycin (Gly) G          Prolin (Pro) P

**unpolare, aliphatische**

R = —CH$_3$

Alanin (Ala) A          Valin (Val) V          Leucin (Leu) L          Isoleucin (Ile) I

**aromatische**

Phenylalanin (Phe) F          Tyrosin (Tyr) Y          Tryptophan (Trp) W

**polare, ungeladene**

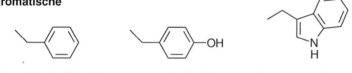

Serin (Ser) S     Threonin (Thr) T          Cystein (Cys) C          Methionin (Met) M          Asparagin (Asn) N          Glutamin (Gln) Q

**positiv geladene**

Lysin (Lys) K          Arginin (Arg) R          Histidin (His) H

**negativ geladene**

Aspartat (Asp) D          Glutamat (Glu) E

# Nucleinsäuren und Kohlenhydrate

## Nucleinsäuren

**Allgemeine Struktur von Nucleotiden:**

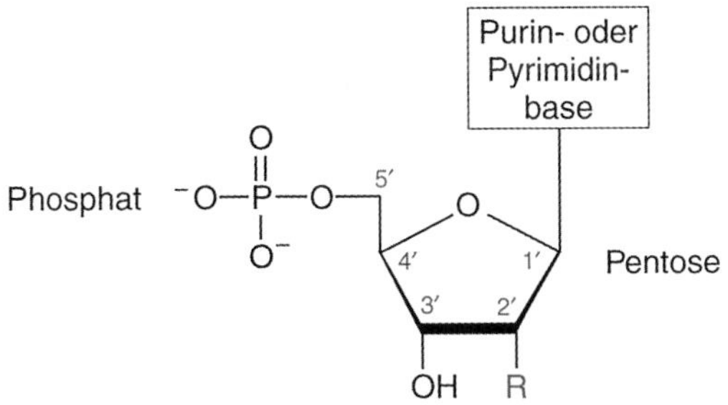

Phosphat — Pentose — Purin- oder Pyrimidin-base

R = OH: Ribose
H: Desoxyribose

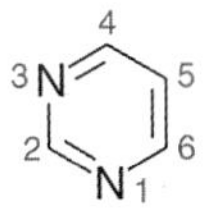

Pyrimidin 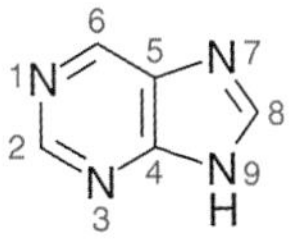          Purin

Nucleosid: Base + (Desoxy-)ribose
Nucleotid: Base + (Desoxy-)ribose + Phosphat

**Nucleinsäure-Basen:**

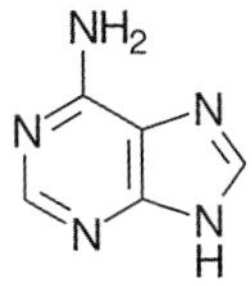

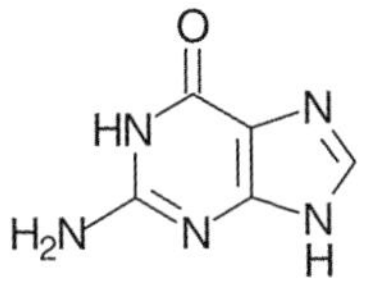

| Adenin | Guanin | Thymin | Cytosin | Uracil |
|--------|--------|--------|---------|--------|
| A | G | T | C | U |
| | | (DNA) | | (RNA) |

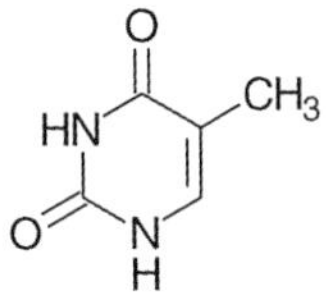

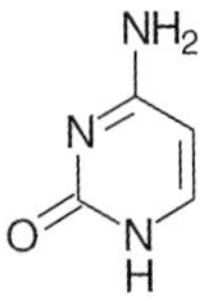

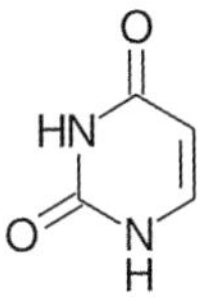

**Purine**                    **Pyrimidine**

Nucleoside:   Adenosin      Guanosin      Thymidin    Cytidin    Uridin

## Kohlenhydrate

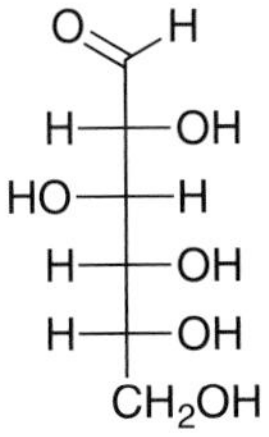

D-Glucose 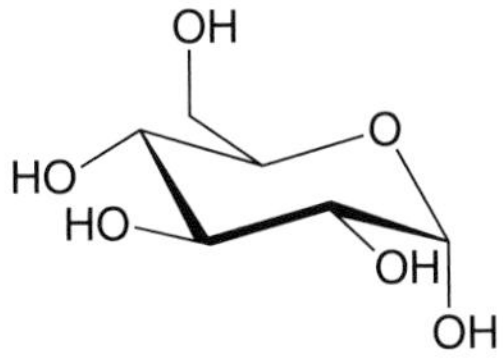          α-D-Glucopyranose

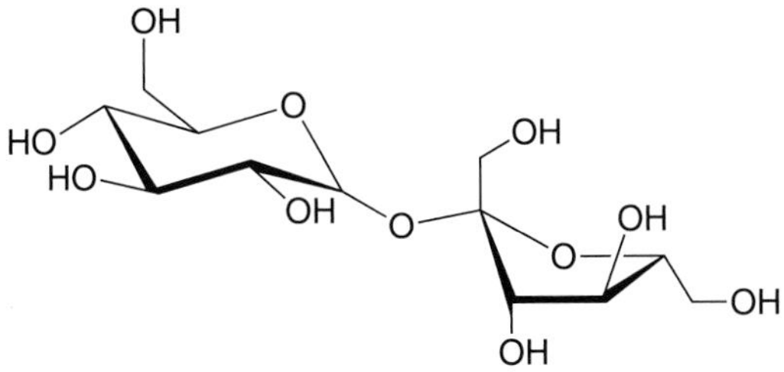

Saccharose

## Ausgewählte wichtige Lipide

### Fettsäure

$C_3H$

Stearinsäure

### Triacylglycerol

### Phospholipid

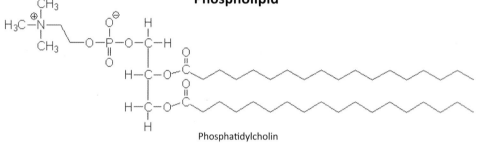

Phosphatidylcholin

### Sphingosin

### Cholesterol

# Stichwortverzeichnis

## A

Abbe, E. 196
Abbe'sches Gesetz 617
Abrisskraft 607
Absorption
– verschiedener Chromophore 169
Absorptionskoeffizient, molarer 156
– von Nucleotiden 754
Absorptionskoeffizient, molarer spektraler 36, 40
Absorptionsmessung 156
Absorptionsphotometrie 54
Abweichung, mittlere 638
*accession number* 932
Acetylcholinrezeptor 132
Acrylamidelektrophorese
– Porengröße 909
Acylglycerin
– Lipidanalytik 705
– Struktur 705
Acylierung
– von Protein 119
Adenin
– N6-Methyl- 886
Adipocyt
– Kultivierung auf Chip 1135
Adjuvans 113
Adsorption
– unspezifische, bei der Immunbindung 98
Ähnlichkeit 942
*Aequorea victoria* 206
Aerosol
– Kontamination bei der PCR 850
Affinitätschromatographie 103
– phosphorylierter Proteine 729
Affinitätselektrophorese 313, 314
Affinitätsmodifikation 127
Affinitätsreinigung
– von Protein, Epitop-Tag 439
Agarosegel 273, 274
Agglutination 86
Airy'sches Scheibchen 569
Alanin
– NMR-Spektrum 511
Aldose 660
Alexa633
– Fluoreszenzspektrum 958
Alexandrov, M. 368
Alhazen 195
alignment 941
– Aminosäuresequenz 943
– multiples 947
– optimales 943
Alkohol-Dehydrogenase
– Raman-Spektrum 179
Alkylierung
– von Protein 121
Allotyp 81
Alpert, A. 250
Alveolarzelle
– Kultivierung auf Chip 1136
*ambient analyte assay* 1084
Amidinierung

– von Protein 120, 121
2-Aminobenzamid 673
2-Aminobenzoesäure 673
6-Aminoquinoyl-*N*-hydroxysuccinimidylcarbamat 334, 335
Aminosäure
– in Blutplasma 1078
– Derivatisieung 330
– Eigenschaften 246
– freie, Bestimmung 330
– Modifikation durch Medien 402
– modifizierte, beim Edman-Abbau 352
– nicht proteinogene 140
– $^{15}$N-Markierung 512
– NMR-Signale 512
– Probleme beim Edman-Abbau 352
– Verteilung in Peptidsequenz 936
Aminosäureanalyse 328
– bei der Peptidsynthese 650
– Interpretation 337
– massenspektrometrische Detektion 335
– Methoden 338
– Reagenzien 338
Aminosäure, aromatische
– Fluoreszenz 41
Aminosäurethiohydantoin 355
3-Aminotriazol 439
Ammoniumsulfat
– bei der Proteinreinigung 20
AmyC-Protein 629
*analog-sensitive kinase allele* 1099
Analyse, datenabhängige, Massenspektrometrie 1041
Anandamid 714
Anderson, L. 419
Andockstelle 726
Angiotensin II
– MALDI-TOF-Spektrum 364
Angiotensinogen
– Massenspektrum 406, 407
Anilinothiazolinon-Aminosäure 344
Anionenaustauschchromatographie
– zur DNA-Reinigung 759
– zur Nucleinsäurereinigung 751
Ankerchip 367
Ankyrin-Domäne 946, 948
Annealing 834
Ansatz, subtraktiver 1015
Ansorge, W. 868
Anthranilsäure 673
Antigen 78, 84, 85
– Immunogenität 84
Antigen-Antikörper-Bindung 81
Antigen-Antikörper-Interaktion
– Microarrayanalyse 1087
Antigen-Antikörper-Reaktion 79, 83, 85
– Microarrayanalyse 1087
Antikörper
– Analyse modifizierter DNA 896
– in der Immunabwehr 78
– in der Toponomanalyse 1115
– Eigenschaften 79
– für massenspektrometriebasierte Immunassays 416
– gruppenspezifischer 421
– Handhabung 83

Antikörper (*forts.*)
– Herstellung 112
– IgA 79
– IgD 80
– IgE 80
– IgM 79
– Klassen 79
– MALDI-TOF-Spektrum 365
– monoklonaler 113
– Peptid- 113
– polyklonaler 113
– rekombinanter 114
– Stabilität 83
– zur Analyse posttranslationaler Modifikation 736
Antikörperbibliothek
– naive 1120
Antikörper IgG
– Struktur 80, 81
Antisense-Oligonucleotid 998
– Nucleasestabilität 1000
– Verwendung 1002
– Wirkweise 999
Antisense-Pull-down 920
Antiserum, polyklonales 112
Antistokes-Linie 178
Aperturblende 198
Aptamer 483, 826
AQUA 743
Arachidonsäure 712, 713
Arachidonylethanolamid 714
2-Arachidonylglycerin 714
Argininrest
– Modifikation 124
Argonautenprotein 1003, 1006
Arylazid 135, 138
Aspartatrest
– Modifikation 123
assay for transposase-accessible chromatin using sequencing 915
Astigmatismus 581
atomic force microscope 602
ATP-Analogon 1101, 1102
Auflösung
– in der Elektronenmikroskopie 569, 590
– einer chromatographischen Trennung 243
– strukturbiologischer Methoden 612
Auflösungsvermögen
– Massenanalysator 374
Ausbeute
– repetitive, beim Edman-Abbau 346
– repetitive, beim Edman-Abbau 347
Aussalzung
– bei der Proteinreinigung 20
automated multiple development 696
Autoradiographie
– zum Proteinnachweis 276
Avidität 85
6π-aza-Elektrocyclisierung 121
Azurin 165, 166, 548


B

Bacon, R. 195
Bakteriochlorophyll a 166, 167, 183
Bakteriophage-φ29
– nanopore sequencing 880
Bakteriorhodopsin 605, 608

Barcode-Sequenz 992
Barriere, biologische 1134
Base
– IUPAC-Abkürzungen 837
– Methylierung 886
– Paarung 814
– seltene 814
Bathochromie 155
Benzophenon 139, 140
– als Matrix 431
Benzoylcyanid 818
Betzig, E. 216, 220
Beugung 615
Biacore-Technik 105
Bianalytik
– holistische Strategien 4
Bibliothek
– Peptid- 655
Bicinchoninsäure-Assay 35, 36, 38
Bindung
– glykosidische 664
– spezifische/unspezifische 909
Bindung, glykosidische 665
Bindungskonstante 67
– Temperaturabhängigkeit 71, 72
Bindungstest, zur Immunbindung 97
Binokulartubus 198
Bioanalytik
– klassische Strategien 3
Bioinformatik 9, 930
bioluminescence resonance energy transfer 458
Biomarker
– Protein- 420
– Serum- 421
Biosensor 474
– Affinitäts- 475
– Antiinterferenzprinzip 478
– Array-Immun- 482
– Aufbau 475
– Blutzuckerspiegel 478
– Definition 485
– Empfindlichkeit 478
– Entwicklungsstufen 475
– Immun- 480
– katalytischer 475
– Mehrenzym- 477
– mikrobieller 480
– Zell- 480
Biotinylierung 141
– Reagenzien 142
Bisulfit
– Analyse von DNA-Methylierung 989
– Nachweis von DNA-Modifikation 887
Bittner, M. 296
Biuret-Assay 35–37
Bjerrum-Plot 910
BLAST-Tool 944
Bligh-Dyer-Extraktion 693
Bloch-Gleichung 493, 494
BLOSUM62 943, 944
*blot overlay* 1088
Blotting
– Dot-, reverses 854
– Membran, für Protein 298
– Semidry- 297
– Tank- 296
– Western- 101, 296

Blutfluss
– Imitation in Kapillarsystem 1129
Blutgruppenepitop LeY, LeX
– Massenspektrum 686
Blutplasma
– Metabolomanalyse 1070, 1076
– Proteom 1032
Blutzuckerbestimmung 479
Bodenzahl 243, 256
BODIPY-Farbstoff 127
Boersch'sche Phasenplatte 573
Bolton-Hunter-Reagenz 119, 120
Boltzmann-Verteilung 492
Bordet, J. 106
Bradford-Assay 35, 36, 38
Bragg'sches Gesetz 616, 617
Bragg, W. H. 622
Bragg, W. L. 622
branched DNA amplification 861
Brandts, J. F. 60
Braunitzer, G. 342
Bravais-Gitter 627
Brent, R. 436
5-Brom-4-chlor-3-indolyl-β-d-galactopyranosid 437
Bromcyanspaltung 235
Brustkrebs
– Metabolomanalyse 1076
Bruton-Tyrosinkinase 1100
BSB5-Wert 480
*Bump-and-Hole*-Methode 1099
Busch, H. 556
B-Wert
– Röntgenkristallographie 637, 638
B-Zelle 113


C

*c*-Parameter 68
Ca$^{2+}$-Imaging 223
*Cage*-Verbindung 121, 160, 161
caging 909, 1102, 1103
Calciferol 717
Calmodulin bindendes Peptid 449
CAMEO-Server 949
Cammann, K. 475
Cannabinoidrezeptor 714
Carboanhydrase 1035
Carbodiimid
– Modifikation von Protein 124
Carboxypeptidase 233
– beim Peptidabbau 356
Carboxypeptidase A 233, 356
Carboxypeptidase B 233, 356
Carboxypeptidase P 356
Carboxypeptidase Y 233, 356
Cardiolipin 707
Cardiomyocyt
– Kultivierung auf Chip 1136
Carotin 717
– UV-Absorption 717
Cas9-Protein 1008
CCD-Kamera 560
CD-8-T-Zelle 1123
cell browser 1122
Cellobiose 664, 665
Ceramid 670, 716

Cetyltrimethylammoniumbromid 756
Chalfie, M. 197
charge-coupled device 159
charged-residue model 369
Charge-Transfer-Bande 165
Charpentier, E. 1008
chemical shift index 518
Chemische Biologie 1092
– Methoden 1093
Chemische Genetik 1094
– Rückwärts- 1096, 1097
– Vorwärts- 1096, 1097
*ChIP-on-chip* 991
Chloracetaldehyd 1076
Chloramin T 124, 125, 138
Chloramphenicol 758
Chlormercuribenzoat 122, 123
Chlorophyll 166, 183
Cholesterol
– Analyse 706
Chondrocyt
– Kultivierung auf Chip 1136
Chondroitinsulfat 670
Chorea Huntington 853, 1010
Chromatin-Immunpräzipitation 895, 915
Chromatographie
– Ausschluss- 247
– bei der Proteinreinigung 14
– Dünnschicht- 695
– Dünnschicht, bei der Peptidsynthese 650
– Effizienz 257
– Eigenschaften von Phasen 248
– Einsatz bei Enzymtests 56
– Fraktionierung 259
– für Metabolomics 1071
– Gas- 698
– Geräteaufbau 241
– hydrophile Interaktions- 675, 730
– Ionenaustausch-, Glykananalytik 674
– Kationenaustausch- 730
– Kompabilität mobiler Phasen 263
– Kopplung analyt. Systeme 702
– Kopplung mit Massenspektrometire 410
– Methoden 255
– Methodenwahl 245
– Methoden zur Reinigung von Nucleinsäure 752
– micellarelektrokinetische 310
– mit Metalloxiden 730
– Normalphasen-, in der Glykananalytik 674
– poröse Kohlenstoff- 675
– präparative 258
– Proteindetektion 245
– Radiodünnschicht- 716
– Reversed-Phase- 333
– Reversed-Phase-, Glykananalytik 675
– Säulen- 697
– Selektivität 257
– Theorie 242
– Trennmethoden 247
– Trennungsprinzipien 262
– von Aminosäuren 330
– zur Lipidanalytik 694
Chromophor
– Absorptionseigenschaften, Beispiele 169
Chromoprotein 162
Chromosom
– Konformationsanalyse 899

chromosome conformation capture 899
Chymotrypsin 230
Circulardichroismus 189
Circulardichroismusspektroskopie
– Konformationsanalyse von Peptiden 653, 654
Clark, L. 474
Cleland's Reagenz 228
CMP-Motiv 1113, 1119
$CO_2$-Elektrode 56
$CO_2$-Molekül
– Normalmode 171
coarse graining 591
CODEX™-Technologie 222
collision cross-section 684
collision-induced-dissociation 391, 680, 740
combined bisulfite restriction analysis 890
comparative genomic hybridization 954, 960, 990
comparative genomic hybridization 957
comprehensive identification of RNA binding proteins by mass
    spectrometry 920
confocal laser scanning microscopy 211
Coomassie-Brillantblau 38, 274, 1021
Coons, A. 196
Coons, A. H. 99
correlation spectroscopy 503
correlative light-electron microscopy 220
COSY-Pulssequenz 501
Cotton-Effekt 190, 653
Coulter, W. 108
coverage 874
Coxib 711
CpG-Insel 887
Cp-Wert 841
CRISPR/Cas-Technologie 1007
CRM1-Exportrezeptor 618, 621
Crossing-over 967
Cross-linker
– Beispiele 912
Crosslinking
– Lokalisierung 141
– Reagenzien 133, 134
– von Protein 132
– von Protein und Nucleinsäure 911
cross-linking and immunoprecipitation 917
cross-over 557
Cross-talk 957
– in der Systembiologie 1150
CsCl-Lösung
– zur Zentrifugation 24
CsgG-Protein
– nanopore sequencing 880
CTL-Epitop, von Ovalbumin 656
C-Trap 384
Ct-Wert 841
Curtain-Gas 371
curtaining 567
Cut-off-Wert 25
C-Wert 698
1-Cyclohexyl-3-(2-morpholinoethyl)-carbodiimid 818
Cyclooxygenase 710
Cysteinrest
– Alkylierung 229
– Bestimmung 329
– Blockierung 732
– funktionelle Rolle 728
– Modifikation 122, 229
– Modifikation für FRET 461

– Modifikationsnachweis 738, 739
– Oxidation 726
– posttranslationale Modifikation 726, 731
– Reduktion 733
– Spinlabeling 528
Cytochrom c 164, 165
Cytochrom-c-Oxidase
– cw-EPR-Spektrum 538
Cytochrom P450cam
– PDS-Spektrum 546, 547
Cytogenetik 954
Cytokin
– Bestimmung mit Organ-on-Chip 1140
Cytosin
– Deaminierung mit Bisulfit 888
– 5-Methyl- 886

D

Dabsylchlorid 333, 334
Dalton 15
Dam-Methylierung 895
Dampfdiffusion
– zur Kristallisation 624
Dansylchlorid 128, 129, 334, 335
Darm-on-Chip-System 1134
Datenbank
– Datenformat 934
Datenbank, biologische 931
Davies-ENDOR-Experiment 543
Davisson, C. 556
dCas9-Protein 1009
Dcm-Methylierung 894
de Broglie, L. 556, 569
Deckglas 198
Defekt, genetischer
– Nachweis über PCR 853
Dekonvolution 1027
Denaturierung 16
– von DNA 834
Densitometrie
– zur Proteinquantifizierung 276
Dermatansulfat 670
DeRosier, D. 557
desorption electrospray ionisation 428
Detektion
– bei der Kapillarelektrophorese 304
– massenspektrometrische 305
Detektorquanteneffizienz 576
Detergens
– bei der Proteinreinigung 28
– bei der Proteinreinigung, Beispiele 30
– Eigenschaften 28
– Entfernung 31
Dextranleiter
– in der Glykananalytik 676
Diabetes mellitus 478
Diafiltration 26
Dialyse
– bei der Proteinreinigung 25
– zur Proteinkonzentrierung 26, 28
Diazirin 135
Didesoxysequenzierung 866
Diethylpyrocarbonat 126, 763, 818
differential scanning calorimetry 61, 62
Differenzgelelektrophorese 294
Differenzheizleistung, Mikrokalorimetrie 63

Differenztechnik
– reaktionsmodulierte 176
Diffraktion 615
– von Röntgenstrahlen 616
1,5-Difluor-2,4-dinitrobenzol 133
DIGIWest-Methode 1088
1,25-Dihydroxycholecalciferol 718
Dimedon 734
5,5-Dimethylcyclohexan-1,3-dion 734
Dimethylsulfat 818
Dimyristoylphosphatidylcholin
– Vesikel, Einbau von Detergens 73, 74
Dimyristoylphosphatidylglycerol
– Bindung von Peptid 74, 75
Diodenarray 159
Diodenarraydetektion 305
Dipol, induzierter 152
Dirac, P. 556
direct cycle sequencing 846
Disk-Elektrophorese 279
Disomie, uniparentale 963
Dispersion
– in der Elektrophorese 271
Dispersion, anomale 633
Dissoziation
– Erzeugung von Radikalen 394
– kollisionsinduzierte 391
– kollisionsinduzierte, in der Glykananalytik 680
– photoneninduzierte 394
Dissoziationskonstante
– Bestimmung 910
– Bestimmung durch EPR-Spektroskopie 549
– Protein-Nucleinsäure-Wechselwirkung 906
distance geometry 520
Distanz
– von Genen 967
Disuccinimidylsuberat 133
Disulfidbrücke 736
– Alkylierung 229
– Spaltung 228
Dithiothreitol 733
DNA
– Absorption bei 260 nm 754
– Bindungsmotiv 904
– einzelsträngige, Isolierung 762
– Ethanolfällung 753
– Furche 902
– genomische, FISH-Analyse 957
– genomische, Isolierung 755
– genomische, Reinigung 756
– Hydrolyse 897
– Identifizierung codierender Bereiche 940
– Immunpräzipitation, methylierte DNA 896
– Interaktion mit Protein 990
– Microarrayanalyse 987
– Modifikation, Nachweis 887
– niedermolekulare, Isolierung 756, 760
– Phagen- 761
– Sequenzanalyse 930
– Sequenzierung über Microarray 989
– Struktur 902
– Strukturanalyse über Microarray 994
– Synthese über Microarray 993
– virale, Isolierung 762
– Wechselwirkung mit Protein 912
– zellfreie 760
DNA-Chip 984

DNA-Datenbank von Japan 930
DNA-Microarray 984. *Siehe auch* Microarray
DNA-Polymerase
– für die PCR 836
DNA-Polymerase III 467
DNA-Sequenzierung 864
– by synthesis 871
– Didesoxyverfahren 866
– durch Ligation 876
– gelfreie 870
– gelgestützte 866
– Halbleiter- 876
– Illumina- 874
– Nanopore- 879
– Online- 868, 878
– paired end 876
– Pyrosequencing 871
– Sanger-Verfahren 866
– short read 870
– targeting sequencing 871
– third generation sequencing 877
Dole, M. 367, 369
Doppelhelix 814
Doppelstrang-RBD 906
Dosisfraktionierung 581
Dosisgewichtung 582
Dosisrate 575
Dot-Blotting
– reverses 854
Dot-Immunassay 100, 101
Doudna, J. 1008
Dounce-Homogenisator 18
Doxycyclin 1102
2DPP-Mapping 730
dried droplet method 365
Driftkorrektur 581
Drosha 1006
druggable genome 1092
3D structured illumination microscopy 217
Dubochet, J. 557
Duchenne-Muskeldystrophie 1000
Dünnschichtchromatographie
– bei der Peptidsynthese 650
– von Lipid 695
Durchflusscytometrie 108, 109
Durchschnittsmasse 396
dwell time 380
dynamic programming 944

**E**

E2F1-Transkriptionsfaktor 938
Eadie-Hofstee-Diagramm 48
Echtzeit-PCR, quantitative 839
Edelman, G. 81
Edman, P. 342, 343
Edman-Abbau 342, 344, 655
– Anfangsausbeute 353
– Identifizierung 345
– Instrumentierung 346, 353
– Konvertierung 345
– Kupplung 344
– Meilensteine 348
– Probleme 350
– repetitive Ausbeute 346
– Sequenzlänge 348
– Spaltung 344, 345

Edman-Sequenzierung
– Nachweis phosphorylierter Aminosäure 738
Effekt, anomerer 662
Egger, D. 196
Eicosanoid 710, 711
Eigenbild 585
Einheitszelle 627, 628
Einstein from noise 584
Einzelpartikelanalyse 555, 583
Ekins, R. 1084
Elastase 230
electron capture dissociation 395
electron capture mass spectrometry 699
electron nuclear double resonance experiment 543
electron spin echo envelope modulation 541
electron transfer dissociation 395
electrophoretic mobility shift analysis 907
Elektroblotting 296. *Siehe auch* Blotting
Elektrode, gasspezifische 56
Elektrodiffusion 91
Elektroelution 287, 288
Elektroendosmose 270, 271
Elektronendetektor 576
Elektronendichtekarte 635, 638
Elektronendosis 575
Elektronengeschwindigkeit 569
Elektronenkristallographie 622
Elektronenlinse 558
Elektronenmikroskopie 555
– Abbildung 569
– Auflösung 569, 590
– Bildverarbeitung 577
– Einstein from noise 584
– Einzelpartikelanalyse 583
– Kryo- 575
– Modellbildung 591
– Phasenkontrast 572
– Phasenplatte 573
– Probenpräparation 561
– Strahlenschäden 575
– Streuung 570
– Tomographie 593
– Transmissions- 557
Elektronen-Paramagnetische-Resonanz-Spektroskopie 528
– Anwendungen 548
– cw- 531
– gepulste 538
– Vergleich mit NMR-Spektroskopie 551
Elektronenspin
– in der EPR-Spektroskopie 530, 539
– Quantifizierung von Spinzentren 549
– Zeeman-Aufspaltung 532
Elektronenspin-Elektronenspin-Kopplung 536
Elektronenspin-Kernspin-Kopplung 532
Elektronenspinresonanz-Spektroskopie 528
Elektronenvolt 149
Elektrontransferdissoziation 741
Elektroosmostischer Fluss (EOF) 270, 301
Elektrophorese 267
– Affinitäts- 313
– blaue Nativ- 282
– 2D-, hochauflösende 290–292
– Differenzgel- 294
– diskontinuierliche 279
– DNA-Sequenzierung 866
– 2D-, von Glykoprotein 677
– Feldsprung 290

– Gelmedien 273
– Geschichte 267
– Gradientengel- 278
– horizontale 272, 273
– Immun- 91
– Instrumentierung 271
– Kapillar- 300
– Kapillar-, in der Glykananalytik 678
– kationische Detergens- 282
– Kreuz- 91
– Medien 267
– Mikrochip- 323
– Nativ- 280
– Porengröße 909
– Probenvorbereitung 273
– Proteinnachweis 274
– Puffersysteme 278
– Raketen- 94, 96
– SDS-PAGE 280
– Slab-Gel- 314
– Theorie 268
– trägerfreie 290
– vertikale 272
– Zonen- 277, 302
– Zonen, präparative 287
– zweidimensionale 1015, 1020
– zweidimensionale, Densitometrie 1021
– zweidimensionale differenzielle 1023
– zweidimensionale Gel- 101
Elektrospray-Ionisation 367
– für Metabolomics 1072
– Geräteaufbau 370, 372
– Prinzip 368
– Probenpräparation 373
– Spektren 372
Elementaranalyse
– von Lipid 700
β-Eliminierung
– zur Phosphopeptidanreicherung 730
Elliptizität 189
Ellman-Reagenz 122
Elongation
– DNA-Synthese 834
Elution
– Gradienten- 247, 256, 258
– isokratische 247256, 258
– Salzzusatz 252
Elutionsvolumen 242
EMBOSS-Software 934, 944
Emulsions-PCR 848
Enantiomer
– Monosaccharid 661
Enantiomerentrennung 314, 316
Endocannabinoid 714
Endoprotease 230
– Schnittstellen 230
Endoprotease ArgC 232
Endoprotease AspN 232
Endoprotease GluC 232
Endoprotease LysC 232
Endotoxin 760
Endpunkt-Methode 53
Energiefilter 572
Energieniveau
– eines Moleküls 152
– Übergang 153
Engvall, E. 103

ensemble optimization method 622
Entrez 932
Enzymaktivität
– Einflussfaktoren 49
– pH-Abhängigkeit 49
– Temperaturabhängigkeit 50, 51
– und Ionenstärke 50
Enzymeinheit, internationale 54
Enzymelektrode 474, 476
enzyme-linked immunosorbent assay 103
Enzymimmunassay 103, 104
Enzymstabilität 51
Enzym-Substrat-Interaktion
– Microarrayanalyse 1087
Enzym-Substrat-Komplex 46
Enzymtest 46
– gekoppelter 53
– generelles Vorgehen 52
– Konzipierung 52
– Kriterien 49
– Puffer 50
Epigenetik
– Analysen durch Microarray 987
Epitop 82, 83, 85
– Lösen der Bindung 81
Epitopkartierung 85, 86
Epitop-Tag 439
Ersatz
– isomorpher 632
– molekularer 635
Escherichia coli
– Anzucht 757
– Basenmethylierung 894
– Lyse 758
– Metabolom 1067
– Stämme 757
Ethanol
– 1D-NMR-Spektrum 497
Ethanolpräzipitation 753
Etherlipid 709
3-Ethoxy-1,1-dihydroxy-2-butanon 818
Ethylcyanoglyoxylat-2-oxim 646
Ethylnitrosoharnstoff 818
5-Ethynyluridin 918
Euklid 195
Euler-Winkel 588
Europäisches Institut für Bioinformatik 930
E-value 945
evaporate light scattering detector 697
Everaerts, F. M. 300
Exo-Glykosidase
– in der Glykananalytik 676
– Spaltstelle 677
exon trapping 974
Exoprotease 233
Extinktionskoeffizient 36
Extraktion
– von Detergens 31

F

Fab-Fragment
– von IgG 81
FACS 111
Fällung
– von Nucleinsäure 753
Färbung

– von Zellen und Geweben 202
β-Faltblattprotein 905
Faraday-Becher 390
Farbstoff
– interkalierender 839
Far-Western-Blotting 453
FASTA-Format 934
Fc-Rezeptor 80
Fehling-Probe 664
Feldemissionsquelle 558
– kalte 557
– Schottky- 557
Feldsprungelektrophorese 290
Feldvektor
– elektrischer 151
Fenn, J. 361, 368, 425
Fenton-Reagenz 818
Ferguson-Plot 277, 278
Fernández-Morán, H. 557
Festphasenextraktion
– von DNA 756
– von Lipid 693
– von Nucleinsäuren 751
Festphasensequenzierung 348
Fettgewebe-on-Chip-System 1135
Fettsäure
– biologisch relevante 704
– Lipidanalytik 705
– oxidierte, als UV-Chromophor 700
Fettsäurederivat 691
FIB-Instrument 566
Fields, S. 435
Filterbindung
– Analyse von Protein-Nucleinsäure-Wechselwirkung 907
Fingerprint
– von Brustkrebs-Proben 1076
Fingerprinting
– metabolisches 1066, 1076
Fire, A. 1003
Fischer, E. 661
Fischer-Projektion 661
Fixierung
– von Gewebeproben 210
flash chromatography 249
Flashen 558
FlAsH-Modifikation 123, 124
flowgram 874
Flüssigkeitschromatographie
– von Lipid 694
Flüssigphasenextraktion
– von Lipid 692
Flugzeitanalysator 374, 376
Fluoranthen 395, 741
(+)-1-(9-Fluorenyl)-ethylchlorformiat 335
Fluorenylmethoxycarbonylchlorid 333, 334
Fluorenylmethoxycarbonylgruppe 645
Fluorescamin 129, 332
Fluorescein 127, 129
Fluorescein-5-isothiocyanat
– Fluoreszenzspektrum 958
fluorescence correlation spectroscopy 217
fluorescence lifetime imaging 184, 220
fluorescence loss in photobleaching 217
fluorescence recovery after photobleaching 184, 217
fluorescent-speckle microscopy 218
Fluoreszenz
– aromatischer Aminosäuren 41

Fluoreszenz (*forts.*)
– Messung für Enzymtests 55
Fluoreszenz-Aktionsspektroskopie 182
Fluoreszenzdensitometrie 696
Fluoreszenzdetektion 305, 306
Fluoreszenzfärbung
– zum Proteinnachweis 275
Fluoreszenzfarbstoff 128
Fluoreszenz-in-situ-Hybridisierung 954, 957
Fluoreszenz-Korrelationsspektroskopie 184
Fluoreszenzlöschung 181
Fluoreszenzmarkierung 204
– DNA-Sequenzierung 867
– live cell imaging 205
– organische Fluorochrome 205
– quantum dot 205
– von Protein 127
Fluoreszenz-Resonanz-Energietransfer 456. *Siehe auch* Förster-
    Resonanz-Energietransfer
Fluoreszenzsonde 184
Fluoreszenzspektroskopie 180
– Fluorophor 182
– Messanordnung 182
– Messverfahren 181
Fluoreszenzspektrum
– DAPI, FITC, TRITC und Alexa633 958
Fluorochrom 208
Fluorographie
– zum Proteinnachweis 276
Fluss
– laminarer 1129
Flussrate 258
Fmoc-Schutzgruppe 645
focused ion beam 562
focused ion beam micromachining 566
Förster-Abstand 457
Förster-Resonanz-Energietransfer 185, 219, 456, 548
– Anwendung 461
– Effizienz 456
– Interaktionsuntersuchung 461
– Messmethode 458
– Sonde 460
– Spektrenüberlappung 457
– zur Strukturanalyse 461
Fokussierung, isoelektrische 317, 318
– Analyse von Proteinmodifikation 737
– chemische Mobilisierung 319
– Ein-Schritt- 318
– imaged 320
Folch-Extraktion 693
Folin-Ciocalteu-Phenol-Reagenz 37
Footprint-Analyse 912
Formaldehyd
– als Cross-linker 912
Formfaktor P 616
Fourier, J. 578
Fourier-Transformation
– in der Elektronenmikroskopie 577–579
Fourier-Transformationsionenzyklotron-
    Resonanzmassenspektrometer 382
Fourier-Transformationspektroskopie, gepulste 495
Fragmentierung
– von Protein 1029
Fragmention 1029
Fragmentionenanalyse
– Lokalisation modifizierter Aminosäuren 739
Fragmentionenserie 405, 406, 408

Fragmentkarte 1029
Fraktionierung
– bei der Kapillarelektrophorese 321
– in der Chromatographie 259
Franck-Condon-Prinzip 153
Fraunhofer-Streuung 157
free induction decay 495
Freiheitsgrad 170
French-Presse 20
frequency matrix 939
Friedel, G. 578
Friedel-Paar 633
Frommer, M. 887
fronting 259, 308
FT-IR-Spektrometrie 174
FT-IR-Spektroskopie 173
Fucosylierung 686
full width at half maximum 375
Fulwyler, M. 111
Fumaryl-Acetoacetase 1078
functional cloning 973
funktionelle Gruppe
– Modifikation 119
Funktionsanalytik 9
Funktionsermittlung 950
Furanose 662
Fusicoccin 1098

## G

*g*-Wert 532
– Anisotropie 534
Gal4-Protein 435
Galactose-1-phosphat-Uridyltransferase 1077
β-Galactosidase 437
Galaktosämie 1077
Galilei, G. 195
Gall, J. G. 954
Gap Junction 606
Gapmer 1002
Gaschromatographie
– für Metabolomics 1071
– von Lipid 698
Gehirn-on-Chip-System 1137
Gelchromatographie
– zur Entsalzung 26
Gelelektrophorese 1015. *Siehe auch* Elektrophorese
– bei der Proteinreinigung 14
– zweidimensionale 101
Gelfiltration
– zur Reinigung von Nucleinsäure 751
Gelretardierung 907
– Grundlagen 908
Gen
– funktionelles, Identifizierung 991
gene modeling 974
Genetik
– reverse 974
Genfunktion
– Charakterisierung 977
Genknockout 1008
Genom 1016
– -analyse 864
– Editierung durch CRISPR/Cas9 1009, 1010
– -größe 864
– Kartenerstellung 979
– Kartierung 966

– menschliches, Karte 971
– Screening mit RNA-Interferenz 1005
– whole genome sequencing 870
Genomanalyse 954
Genomik, funktionelle 977
Genotypisierung 987
Germer, L. 556
Gesamtionenstrom 410
Gewebe
– terminale Ex-situ-Analytik 1140
Gewebebiopsie
– Präparationsmethoden 210
Gewebeschnitt
– Färbungsmethoden 202, 203
Gewichtungsmatrix 939, 943
Gitterpunkt 627
Gleichgewichtskonstante 65, 69
Glimmer
– in der Rasterkraftmikroskopie 605
β-Globin-Gen 842
Glucosebestimmung
– Biosensor 476
– im Blut 479
– im Urin 479
Glucoseinheit 676
Glucose-Oxidase 476
Glucosesensor 1139
Glühkathode 557
– Elektronenmikroskopie 557
Glutamatrest
– Modifikation 123
Glutathion-S-Transferase 451
Glycerinaldehyd 660, 661
Glycerophospholipid 707
Glycin
– NMR-Spektrum 511
Glycyrrhiza glabra 430
Glykan 666
– N- 667
– N-, Analytik 670
– O- 668
– Symbolnomenklatur 666
Glykananalyse 660
– Fragmentnomenklatur 680
– Workflow 681
Glykopeptid
– Analyse 682
Glykosaminoglykan 667, 669
Glykosid 664
Glykosidase 233
– Endo-, in der Glykananalytik 676
– Exo-, in der Glykananalytik 676
Glykosphingolipid 667, 670, 708
Glykosyltransferase 668
Gm-Faktor 81
Gradientengel 278, 279
Graph
– zur Systemdarstellung 1147
Grid 560, 564
Größenausschlusschromatographie 751
grün fluoreszierendes Protein 167, 168
Gruppenschwingung
– Konzept 174
GST-Pulldown 451
Guanidiniumhydrochlorid
– zur DNA-Isolierung 756
Guilbault, G. 474

Guinier-Plot 619
Gyrationsradius 619

H

Häm
– cw-EPR-Spektrum 535
Hämagglutination 87
Hämgruppe 164
Hämoglobin, glykiertes 479
Hagen-Poiseuille-Gleichung 303
Hahn, E. 541
Hahn-Echo 541
Halbacetal 661, 663
Halbketal 662
Halbleiter-Sequenzierung 876
Halbwertsbreite 156, 375
Halobacterium salinarium 605
Halocyanin 166
Hammerhead-Ribozym 549
Hanes-Diagramm 48
HapMap-Projekt 969
Hapten 85
Hapten-Carrier-Effekt 84
Harrison, R. G. 1128
Hart, R. 557
Hauptkomponentenanalyse 585, 1076
Haut
– Toponomdaten 1123
Haworth-Projektion 662
Heidelberger, M. 87
Heidelberger-Kurve 88
helicase dependent amplification 857
Helicase YxiN 462
Helix
– A-Form 903
– B-Form 903
Helix-Loop-Helix-Protein 905
Helix-Turn-Helix-Struktur 904
Hell, S. 216
α-Hemolysin
– nanopore sequencing 880
Henderson-Hasselbalch-Gleichung 284
Henikoff, J. 943
Henikoff, S. 943
Heparin 670, 910
Hepatitis-C-Virus 1007
Hepatocyt
– Kultivierung auf Chip 1135
Herman, J. G. 891
Herzenberg, L. 111
Herzinfarkt 1007
heteronuclear single quantum coherence 506
Hewick, R. M. 350
Hexadecyltrimethylammoniumbromid 756
Hillenkamp, F. 361, 425
Hinge-Region
– von IgG 82
Hirt, B. 761
Hirt-Extraktion 761
Histidinrest
– Modifikation 126
Histon
– Modifikation 887
Histon H4 1034
Hjertén, S. 300
Hochdruckgefrieren 565

Hochleistungsaffinitätschromatographie 254
Hochleistungs-Aqueous-Normalphasechromatographie 250
Hochleistungs-Hydrophile-Interaktionschromatographie 250
Hochleistungs-Hydrophobe-Interaktionschromatographie 251
Hochleistungsionenaustauschchromatographie 253
Hochleistungsnormalphase-Chromatographie 249
Hochleistungs-Reversed-Phase-Chromatographie 248
– Funktionsbereiche 259
– Methodenentwicklung 256
– multidimensionale 260
– Protein- und Peptidtrennung 260, 261
Hochpassfilter 579
Hoechst 33258 755
Hofmeister-Reihe 252
Hofmeister Serie 20
homing 1113
Homogenisierung
– von Gewebe 18
Homologie 942
Homologiemodellierung 949
homology-directed repair 1009
Hood, L. 868
Hooke, R. 195
Hoppe, W. 557
Hotspot
– in der Toponomanalyse 1120
Hot-Start-PCR 839
Humangenom
– Sequenzierung 2
Human Genome Organisation 2
Humangenomprojekt 854
Hybridisierung
– fluoreszenzmarkierter DNA 954
– In-situ- 956
– vergleichende genomische 954, 957, 960, 990
Hybridisierungssonde 840
Hydrogel 1131
Hydrolyse
– der Peptidbindung 329
– enzymatische 330
– Gasphasen- 329
Hydrolysesonde 840
Hydrophile Interaktionschromatographie (HILIC)
– in der Glykananalytik 675
– phosphorylierter Proteine 730
Hydrophobe Interaktions-Flüssigchromatographie (HILIC)
– für Metabolomics 1072
2-Hydroxy-5-nitrobenzylbromid 126
Hydroxylinolsäure 702
Hyperchromie 155
Hyperchromieeffekt 754
Hyperfeinkopplung 532, 533
– Anisotropie 535
hyperfine sublevel correlation experiment 542
Hypochromie 155
Hypsochromie 155
Hystereseeffekt
– Bestimmung durch Mikrokalorimetrie 66

## I

Identifizierung
– einer Substanz durch Massenspektrometrie 402
Identität 942
Ifosfamid 1076
Illumina-Sequenzierung 874
imaging cycler robot 1114

imaging cycler workstation 1112
Immobilin 284
Immobilisierung
– bei der Proteinreinigung 27
– für die Rasterkraftmikroskopie 605
Immoniumionen-Analyse 741
Immunadhäsion 111
Immunaffinitätschromatographie 254
Immunantwort
– humorale 78
– zelluläre 78
Immunassay
– massenspektrometriebasierter 416
– von Eicosanoiden 711
– von Lipidhormonen 699, 710
Immuncytochemie 107
Immundiffusion
– nach Mancini 90, 96
– nach Oakley und Fulthorpe 90
– nach Ouchterlony 90–93
– nach Oudin 89, 90
Immunelektrophorese 91, 95
Immunfixation 93, 96
Immunfluoreszenz 107, 108
Immunfluoreszenzmarkierung 204
Immunglobulin 79. Siehe auch Antikörper
– DSC-Kurve 67
Immunglobulin IgG 80
Immunhistochemie 107
Immunogen 84. Siehe auch Antigen
Immunogenität 84
immunoMALDI-Verfahren 419
Immunoquantitative PCR 848
Immunpräzipitation 87, 88, 416
– gruppenspezifische 421
– Ko- 452
– phosphorylierter Proteine 729
– präparative 94
Immunreaktion
– Sichtbarmachung 99
Immunsystem 78
Imprinting 482, 963
– Oberflächen- 483
In-Cell-NMR 525
In-Chip-Analyse 1139
inclusion body
– Aufreinigung 18
indel 943
individual-nucleotide resolution CLIP 917
Infektionsnachweis
– durch PCR 852
infrared multi photon dissociation 394
Infrarotspektroskopie
– von Lipiden 700
Inglis, A. 354
Inhibitor
– von Proteinkinase 1099
Inkubations-Imaging-Bleaching-Zyklus 1115
in-line probing 818
In-situ-PCR 849
in-source decay 392
Insulin 427, 478
– Sequenzaufklärung 342
interaction trap 435
Interaktom 1082
Interaktomik 1082
– Protein-Microarray 1083

Interferenz 198, 201, 616
Interferon 1003
Interkombinationsverbot 154
International Molecular Exchange Consortium 1082
Interphase
– Analyse durch FISH 958
intersystem crossing 154
intrinsically disordered region 906
Iodacetamid 122, 126, 229
Iodacetat 123, 127
Iodessigsäure 229
Iodierung
– von Tyrosinresten 125
iodoTMT-Reagenz 1058
Ionenätzung 566
Ionenaustauschchromatographie
– in der Glykananalytik 674
Ionendetektor 389
Ionenextraktion, orthogonale 378
Ionenfalle 374
– Kopplung 387
– magnetische 382, 383
– Orbital- 383
Ionenfalle, elektrische 380, 381
Ionenfräsen 566
Ionenmobilitätsmassenspektrometrie
– in der Glykananalytik 684
Ionenmobilitätsspektrometrie 412
Ionenpaarextraktion 31
Ionenstrahl, fokussierter 562
ion evaporation model 370
Ionisation
– Elektrospray- 367
– im Massenspektrometer 361
ionische Retardierung 31
Ion Torrent 877
Iribane, J. 370
IR-Spektroskopie 168
– Detektor 173
– Küvette 171, 172
– Messtechnik 171
– Tendamistat 175
– von Protein 174
isobaric labeling 1060, 1061
isobaric tags for relative and absolute quantitation 1060
isoelektrische Fokussierung 282, 283
– immobilisierter pH-Gradient 284
– Off-Gel- 289
– pH-Gradient 283
– präparative 288, 289
– Titrationskurvenanalyse 286
– Trägerampholyt-Gradient 284
– Trennmedien 283
isoelektrischer Punkt 289
Isoleucin
– NMR-Spektrum 511
Isoprenoid 691
Isopsoralen 851
Isoschizomer 895
Isotachophorese 279, 320
isothermal titration calorimetry 60, 67, 68
Isotop
– in der Massenspektrometrie 396, 399
isotope-coded affinity tag 1055
isotope-coded protein label 1056
Isotopenmarkierung
– bei Enzymtests 56

– Bottom-up-Proteomanalyse 1058
– mit $^{15}$N 1053
– mit ICAT 1055
– mit ICPL 1056
– mit iTRAQ-Reagenz 1060
– mit *tandem mass tag* 1061
– SILAC 1054
– Top-down-Proteomanalyse 1053
– zur Proteomanalyse 1051
Isotopenverdünnung 414
Isotopenverteilung 397
Isotopolog 1026
Isotopologenverteilung 1027
Isotopomer 397
Isotyp
– von Antikörpern 79
Isotypwechsel 113
$\chi^2$-Test 970
$\beta$-Thalassämie 1000
IUPAC
– Abkürzungen für Basen 837


J

Jablonski-Diagramm 154
John, H. A. 954
Jorgenson, J. W. 300


K

Kalorimetrie 57, 60
Kanalelektronenvervielfacher 390
Kandidatengenansatz 974
Kapazitätsfaktor 311
Kapillarelektrochromatographie 313, 315
Kapillarelektrophorese 737
– Aufbau 300
– in der Glykananalytik 678
– Detektion 304
– Fraktionierung 321
– Geschichte 300
– Methoden 305, 307
– Prinzip 301
– Probenadsorption 309
– Probeninjektion 303
– Probenkonzentrierung 321
– Temperaturgradient 309
– Zusätze 310
Kapillar-Flüssigchromatographie 242
Kapillargelelektrophorese 316
Kapillarzelle
– für Mikrokalorimetrie 62
Kapillarzonenelektrophorese 305, 307
– bei der Peptidsynthese 649
Karas, M. 361, 425
Karplus-Beziehung 500
Kartierung
– genetische 967
– Genom 966, 969, 979
– menschl. Genom 971
– physikalische 966
– von Krankheitsgenen 972, 973
Karube, I. 480
Karyogramm 954
Karyotypisierung 954, 967
Katal 54

Kathodenstrahl 613
Kationenaustauschchromatographie
– phosphorylierter Proteine 730
Kendall, F. E. 87
Kendrew, J. 622
Kenrick, K.G. 268
Kepler, J. 195
Keratansulfat 670
Kernresonanz-Spektroskopie
– in Metabolomics 1069
– Vergleich mit EPR-Spektroskopie 551
– von Lipid 700
Kernspin 490–492
Ketose 660
K-Homologie-Domäne 906
Kjeldahl-Methode 35
Klassifizierung
– in der Elektronenmikroskopie 584, 589
Kleinwinkel-Röntgenstreuung 618
Klon
– Definition 79
Klonalität 962
Klose, J. 1015
Klug, A. 557
Knoll, M. 556
Knorpel-on-Chip-System 1136
Kobilka, B. K. 132
Koch, R. 196
Köhler, A. 198
Köhler, G. 114
Köhlern 198
Kohärenz 198
Kohlenhydrat 660. *Siehe auch* Glykan
Kohlrausch, F. 300
Kohn-Fraktionierung 20
Kolokalisationscode 1119
Kolokalisationskarte 1118
Kompartimentierung
– in Organ-on-Chip-System 1138
Komplementarität
– eines Immunglobulins 83
Komplementfaktor D
– Massenspektrum 398, 399
Komplementsystem 106
Komplexbildung 313
Kondensor 198
Konformationspolymorphismus
– Einzelstrang- 976
Konnektivität
– einer glykosidischen Bindung 665
Konsensussequenz 947
Kontamination
– beim Edman-Abbau 351
Kontrastübertragungsfunktion 579
Konzentrationsüberladung 259
Konzentrierung
– bei der Proteinreinigung 27
Kopienzahl
– von DNA-Abschnitten 960
– von DNA-Abschnitten, Analyse 990
Kopplung
– analyt. Systeme zur Lipidanalytik 702
– genetische 967, 969
– skalare 499
Kopplungskonstante 499, 500
Koshland-Reagenz 126
Kraftfeld 520

Krankheitsgen
– Kartierung 973
Krankheitsmodell
– als Organ-on-Chip-System 1142
Kratky-Plot 620
Kreuzelektrophorese 91
Kreuzreaktion 83
Kreuztisch 198
Kristall
– Eigenschaften 626
Kristallgitter 627
Kristallisation
– von Makromolekülen 622
Kritische micellare Konzentration (CMC) 28
Kryo-Elektronenmikrokopie
– Probenpräparation 562
Kryo-Elektronenmikroskopie 575
Kryo-Elektronentomographie 556
Kryptobiose 565
Kumpf, W. 354
Kunstharz
– Einbettung für Elektronenmikroskopie 562
Kyse-Andersen, J. 297


**L**

Lab-on-a-Chip 767, 1139. *Siehe auch* Organ-on-Chip
Lactatbestimmung
– Biosensor 477
Lactat-Oxidase 477
Lactose 664
Ladungszahl
– Massenspektrometrie 400
Ladungszustand
– eines Proteins 1026
Laemmli, U. K. 280
Längenstandard
– SDS-PAGE 281
Lambert-Beer'sches Gesetz 156, 157, 276, 463, 754
Lamina lucida 1123
Lamm'sche Differenzialgleichung 465, 466
Landsteiner, K. 79
Lanthanhexaborid 557
Larmor-Frequenz 492, 493, 539
Larsen 87
Laser
– Emissionswellenlängen 209
– für die Fluoreszenzdetektion 306
– für die MALDI 363
– für die Mikroskopie 209
laser microdissection and optical tweezers 222
laser microprobe mass analysis 425
Lateral-Flow-Immunteststreifen 480
Lateralsklerose, amyotrophe 1123
lattice lightsheet fluorescence microscopy 220
Laursen, R. 348
LC/MS-Kopplung 242
Lebedeff 196
Lebendzellmikroskopie 1140
Leber-on-Chip-System 1135, 1142
LED-Lichtquelle
– für die Mikroskopie 209
Lefkowitz, R. J. 132
Leitfähigkeit
– spezifische 269
Leitmolekül
– in der Toponomanalyse 1122

Leuchtfeldblende 198
*Leucin-Zipper* 469
Leucinzipperprotein 904
Leukämie 958
Leukotrien 710, 712
LexA-Protein 436, 438
Lichtmikroskopie
– Anwendungsbereiche 197
– Auflösungsvermögen 200
– Dunkelfeld- 201
– Fluoreszenz- 201
– Geschichte 195
– Hellfeld- 201
– Interferenzkontrast- 202
– Lichtquellen 207
– Phasenkontrast- 201
– physikalische Grundlagen 197
– Polarisations- 202
– Präparationsmethoden 209
– Superauflösung 215
– Vergrößerung 199, 200
Licht, polarisiertes 148
Lichtstreuung 157
Ligand-Rezeptor-Interaktion
– Microarrayanalyse 1087, 1088
Ligasekettenreaktion 860
Ligation
– native chemische 1105
– zur DNA-Sequenzierung 876
lightsheet fluorescence microscopy 220
Lineardichroismus 186
Lineweaver-Burk-Diagramm 48
Linse
– Vergrößerung 199
Linse, elektromagnetische 558
Lipianalytik
– Extraktion 704
Lipid
– Aufbau 690
– Ether- 709
– Funktion 690
– Klassen 690
– Lagerung 694
– Phospho 707
Lipidanalytik 692
– Extraktion 692
– Fettsäuren 704
– Fraktionierung 694
Lipidom 719
Lipidperoxidation 692
Lipidprotein
– Analyse 1105
Lipoxin B$_4$ 701
*Liquid Biopsy* 760
Listing, J. B. 1110
live cell imaging 213, 214
– Fluoreszenzmarkierung 205
locked nucleic acid 1001
LOD-Score 971
Löslichkeit
– bei der Proteinreinigung 15
Lösungsmittel, organisches
– bei der Proteinreinigung 21
Lösungsmittelrelaxation 181
Lokalisation
– eines Proteins 1082
Lokalisierung

– intrazelluläre, von Protein 941
Lollipop-Zelle
– für Mikrokalorimetrie 62
Loss-of-Function-Phänotyp 1008
Lowry-Assay 35–37
Luciferase 871, 1098
Luciferasereaktion 55
Luminometrie 55
Lunge-on-Chip-System 1134, 1136
Lyse
– Koch- 759
– von Bakterien 758
Lysinrest
– Modifikation 119
Lysozym 759
– Denaturierung 66
– DSC-Kurve 64

## M

M$^2$-seq-Verfahren 826
Magnetic Bead
– zur Nucleinsäureisolierung 767
Magnetisierung 492–494
Maizel, J. 268
Makroheterogenität 671
Makromolekül
– Abbildung durch Rasterkraftmikroskopie 605
MALDI-MS-Imaging 424
Maleimid
– Spinlabeling 530
Malpighi, M. 195, 196
Maltose 664
Mancini, G. 93
Mann, M. 1054
Marfey's Reagenz 335
Margolis, J. 268
Marker
– genetischer 967, 972
– informativer 967
– polymorpher 967
Marton, L. 556
mass accuracy 375
Masse
– monoisotopische 396
– nominelle 396
Masse/Ladungs-Verhältnis 376
Massenanalysator
– Auflösungsvermögen 374
Massenbestimmung
– in der Massenspektrometrie 396
– Probleme 401
Massencytometrie 110, 111
Massendefekt
– atomarer 397
Massengenauigkeit
– Massenspektrometrie 375
Massenspektrometer
– Aufbau 362
Massenspektrometrie 361
– Auflösung 428
– Berechnung der Masse 396
– bildgebende 424
– Bottom-up-Strategien 1039
– datenabhängige Analyse 1039, 1041
– datenunabhängige Analyse 1039
– in der Glykananalytik 679

Massenspektrometrie (*forts.*)
– in der Proteomanalyse 1024
– Einfluss von Isotopen 396, 399
– Fragmentierungstechnik 391
– Fragmentierung von Protein 1029
– für Metabolomics 1071
– intaktes Protein 1024
– Ionenmobilitäts- 684
– Ionenserie 406
– Kalibrierung 400
– Kopplung mit Chromatographie 410
– Kopplung mit Immunassay 416
– Ladungszahl 400
– Laserablations- 428
– MALDI-TOF- 741
– Massengenauigkeit 375
– Massen von Monosacchariden 679
– modifizierte Proteine 737
– Nachweisgrenze 428
– Nachweis von Proteinmodifikation 739
– native Top-down- 1034
– Quantifizierung 413
– quantitative Peptidanalyse 1041
– Sekundärionen- 425
– selected reaction monitoring 1039, 1042
– sequential window acquisition of all theoretical ion spectra 1048
– Signalverarbeitung 400
– Substanzidentifizierung 403
– Tandem- 703, 1073
– von Lipid 698
– von Peptid 450
– von synthetischen Peptiden 651
– zur Aminosäureanalyse 335
mass precision 375
Mastermix
– für die PCR 836
Mathieu'sche Gleichungen 379, 381
Matrixassistierte Laserdesorption/Ionisation (MALDI) 361
Matrixassistierte Laserdesorptions/Ionisations-
    Massenspektrometrie (MALDI-MS) 362
– Matrizes 363, 366
– Prinzip 363
– Probenpräparation 365, 366
– Unschärfen 376
Matthews-Koeffizient 629
Maxam-Gilbert-Verfahren 866
Maximum-Likelihood-Ansatz 586
Mbp1-Protein 932, 935–937, 941, 945, 948
McDowall, A. 557
Mechanobiologie 1136
Medizin
– personalisierte 1143
Meiose 967, 969
Melittin 427
MELK/TIS-Technologie 1112
Mello, C. 1003
Membran
– Bindung von Molekülen 72
Membranprotein
– Reinigung 17
Membranumwandlung
– mikrokalorimetrische Messung 63
memorization 944
Merrifield, R. B. 644
mesh-size 560
Metabolit
– Stufen der Identifizierung 1074

Metabolitenfeature 1074
Metaboliten-Profiling 1066
Metabolom 1067
– Analyseablauf 1069
– Bestandteile 1068
– Datenbanken 1068
– Escherichia coli 1067
– Saccharomyces cerevisiae 1067
Metabolomics 1066
– Analyse von Blutplasma 1070
– Datenauswertung 1074
– massenspektrometrische Analyse 1071
– NMR-Analyse 1069
– spezifische 1077
– Trennverfahren 1071
– unspezifische 1076
Metabonomics 1066, 1076
Metallchelatchromatographie 254
Metaphase
– Analyse durch FISH 959
Methanthiosulfonat
– Spinlabeling von Cystein 530
Methioninrest
– Modifikation 126
– Oxidation 648
2-Methyl-3-furansäureimidazolid 818
1-Methyl-7-nitroisatosäureanhydrid 818, 822
methylated CpG island recovery assay 895
Methylbindedomäne 895
Methyl-CpG-bindendes Protein 895
Methylierung
– DAM- 895
– DCM- 894
– von Basen 886
– von DNA 987
2-Methylnicotinsäureimidazolid 818
α-Methyl-[(Nitroveratryl)oxy]chlorcarbamat 122
Micellarelektrokinetische Chromatographie (MEKC) 310
Micelle 28, 29
Micellkonzentration
– kritische, Beispiele 312
Michaelis-Konstante 47
Michaelis-Menten-Gleichung 46, 47
Microarray 984
– Analyse DNA-Protein-Interaktion 991
– analysierte Molekülklassen 1085
– in der Interaktomik 1083
– DNA- 1084
– DNA-Strukturanalyse 994
– für epigenetische Analysen 987
– Oligomer- 993
– Peptid- 1084
– Protein- 1085, 1086
– reverser Protein- 1088
– zellfreie Proteinsynthese 993
– *Zip-Code-* 994
– zur DNA-Sequenzierung 989
– zur Genotypisierung 987
Microarray-CGH 960
microRNA 1006
micro total analysis system 768
micro total analytical system 484
Mie-Streuung 157
Mikkers, F. E. P. 300
Mikrobiologie
– Proteomanalyse 1047
Mikrochipelektrophorese 323

Stichwortverzeichnis

Mikrofluidik 1129
Mikroheterogenität 671
Mikrokanalplatte 390, 391
Mikrosatellit 969
Mikrospot 1084
Mikrowellenpuls 539, 540
milling 566
Milstein, C. 114
*Mimic*-Fragment 842
Mims, W. B. 528
Mims-ENDOR-Experiment 543
minimal ensemble search method 622
Minsky, M. 196
missing pyramid 596
missing wedge 595
Mobilität
– bei der Kapillarelektrophorese 307
– in der Elektrophorese 269
– effektive 269
mobility shift 907
Modell
– Analyse 1152
– Definition 1150
– Konstruktion 1151
– Standards zur Darstellung 1151
Modellbildung
– in der Elektronenmikroskopie 591
Modifikation
– Affinitäts- 127
– Anwendungsbereiche 118
– Argininrest 124
– Aspartat- und Glutamatrest 123
– Cysteinrest 122
– epigenetische 886, 1092
– FlAsH- 123
– Histidinrest 126
– Lysinrest 119
– Methioninrest 126
– posttranslationale 1016, 1105
– Tryptophanrest 125
– Tyrosinrest 124
– von Histon 887
Modifikation, posttranslationale 725
– Analyse 728
– Analysestrategie 728
– quantitative Analyse 743
Modulationsübertragungsfunktion 576
Moerner, W. 216
molecular beacon 185
Molecular-Beacon-Sonde 840
molecular replacement 635
Molekülion
– Peptide und Proteine 363
Molekülmasse
– absolute 15
– Bestimmung in der Massenspektrometrie 401
– mittlere 1026
– monoisotopische 1026
– relative 15
Molekülorbital 151
– Übergang 151
Molekülschwingung 170
Molekularbiologie
– Vorgehensweise 7
Molekulardynamiksimulation 592
Molmasse 15
Monosaccharid 660

Monosomie 954
Moore, S. 328
MS2-Tag 919
MS2-tagged RNA affinity purification 919
MSE-Methode 1050
MSX-Methode 1050
MTSL-Label 131
Mucopolysaccharid 669
Mullis, K. B. 833
Multi-Epitop-Ligand-Kartographie 1110, 1112, 1114
– Bildverarbeitung 1118
– Datengewinnung 1115
Multi-Organ-on-Chip-Systeme 1138
Multiphotonenmikroskopie 212
multiple isomorphous replacement 633
multiple reaction monitoring 385, 419
multiple wavelength anomalous dispersion 634
Multiplex-Analyse 412
Multiplex-PCR 845
Multiplizität 151, 630
Mutagenese
– in vitro 846
Mutarotation 662
Mutation
– als Krankheitsursache 975
– Nachweis über PCR 853
– Vorhersage 949
mutational profiling 825
*Mycobacterium tuberculosis*
– Proteomanalyse 1047
*Mycosis fungoides* 1123
Myoglobin
– Massenspektrum 396, 398

## N

4-(*N,N*-Dihexadecyl)amino-7-nitrobenz-2-oxa-1,3-diazol 696
Nachweis
– einer Substanz durch Massenspektrometrie 403
nanopore sequencing 879
National Center for Biotechnology Information 930
Nativelektrophorese 280
Nativ-Polyacrylamidelektrophorese, blaue 282
Natriumdodecylsulfat 29
ND7-mRNA 816
Nearest-Neighbor-Assay 897
Nearest-Neighbor-Methode 754
near-field scanning optical microscopy 217
Needleman, S. 943
Negativkontrastierung 562
Nephelometrie 55, 96, 97
Nernst-Funktion 165
Nernst-Stift 173
Nested-PCR 844
*N*-Ethylmaleinimid 123
Netzwerk
– biologisches, Datenbanken 1150
– Darstellung biologischer Systeme 1147
– mathematische Darstellung 1151
– Regulierung 1147
– Standards zur Darstellung 1151
Neuron-on-Chip-System 1136
Neurotensin
– ESI-Spektrum 373
Neutralverlustanalyse 385
Neutralverlust-Analyse 740
Neutronenkristallographie 622

next generation sequencing 865, 870
Nichtisomorphie 633
Nickel-Eisen-Hydrogenase
– cw-EPR-Spektrum 535
Nick-Translation 956
Nicotinoylazid 818
Niere-on-Chip-System 1135
Ninhydrin 331
Ninhydrin-Assay 35
Nipkow-System 214
2-Nitrobenzylbromid 123, 124
2-Nitrohydroxybenzylbromid 124
Nitrophenyldiazopyruvat 139
Nitroxid
– Alkyl-, cw-EPR-Spektrum 533
– als pH-Sonde 549
– zur Mobilitätsbestimmung 549
Nitroxidscanning 132
*N*-Laurylsarcosin 765
*N*-Methylisatosäureanhydrid 818
NMR-Spektroskopie 490, 700. *Siehe auch* Kernresonanzspektro-
   skopie
– 1D- 495
– 2D- 500
– 3D- 506
– in der Zelle 525
– Linienbreite 500
– Messzeit 521
– $^{15}$N-Markierung von Aminosäuren 512
– Proteindynamik 523
– Proteinfaltung 523
– Protein-Ligand-Wechselwirkung 523
– Signalzuordnung 511
*N,N,N′,N′ Tetramethylethylendiamin 318*
NOE-Signalintensität 518, 519
Nolan, G. 222
Nomarski, G. 196
Nomenklatur
– von Glykanfragmenten 680
non-homologous end joining 1008
Normalisierung 962
Normalmode 170
– von $CO_2$ und $H_2O$ 171
Normalphasenchromatographie 695. *Siehe
   auch* Chromatographie
– in der Glykananalytik 674
*N*-Propanonisatosäureanhydrid 818
N-terminale Blockierung
– Edman-Abbau 351
nuclear Overhauser and exchange spectroscopy 503
nucleic acid sequence based amplification 856
Nucleinsäure
– Abtrennung bei der Proteinreinigung 21
– Chemische Biologie 1107
– Cross-link mit Protein 911
– Ethanolpräzipitation 753
– Isolierung mit Magnetic Beads 767
– Konzentrationsbestimmung 754
– Quantifizierung mit PCR 841
– Reinigung 750, 751
– Vergleich mit Proteinanalytik 907
– Wechselwirkung mit Protein 902
Nucleinsäureamplifikationstechnik 833
nucleosome mapping 915
Nullpunktsenergie 153
*Numerische Apertur 199*
Nycodenz
– zur Zentrifugation 25
Nyquist-Frequenz 579

**O**

*o*-Phthaldialdehyd 332, 333
Oberflächen-Plasmonenresonanzspektroskopie 453
– Aufbau 454
– Prinzip 455
Oberflächen-Plasmon-Resonanz 105
Oberflächenspannung
– bei Salzzugabe 252
Objektiv
– achromatisches 197
– apochromatisches 197
– planachromatisches 199
– planapochromatisches 199
Objektivabgleich 199
Objektivlinse
– Elektronenmikroskopie 577
Octylglucosid
– Einbau in Vesikel 73, 74
O'Farrell, P.H. 268, 1015
Off-Chip-Perfusatanalyse 1140
OLA-Technik 854
Oligonucleotid
– Antisense- 998
– Konzentrationsbestimmung 754
– Synthese über Microarray 993
oligonucleotide-ligation assay 854
One-Hybrid-Verfahren 445
Optical Multichannel Analyzer 159
optische Dichte
– einer Bakteriensuspension 761
– einer Nucleinsäurelösung 754
Orbitrap 374, 383
Organoid 1133
Organ-on-Chip-System 1128
– analytische Bereiche 1138
– Anwendungsgebiete 1141
– Materialien 1130
– Multi- 1138
– personalisierte Medizin 1143
– pharmakokinetische Untersuchungen 1142
– Zelltypen 1131
– zur Toxizitätsbestimmung 1142
– zur Wirksamkeitstestung 1141
orthogonal organic phase separation 922
Ortsfrequenz 577, 578
Osmolyse 18
Oszillator
– anharmonischer 170
– harmonischer 169
Ouchterlony, Ö. 91
Oudin, J 89
Ovalbumin 656
overfocus 558
Oxyma 646

**P**

6-*p*-Toluidino-2-naphthalinsulfonsäure 696
Paar-Distanz-Verteilungsfunktion 619
Packungsanalyse 629
painting probe 955
Pake-Spektrum 537, 538

Pantoffeltierchen 429
Papain 232
Papierbrückenbeladung 294
Paraffin
– Entfernung aus Gewebeprobe 756
Paraffinpräparat 210
parallel reaction monitoring 419, 1050
paramagnetic relaxation enhancement 524
Paramecium caudatum 429
Paratop 82, 83
Pardue, M. L. 954
Partisiran 1003
Pathway
– Definition 1150
Patterson-Funktion 631, 633
Pauli-Prinzip 151
PCR 833. Siehe auch Polymerasekettenreaktion
Peakdispersion 245
– bei der Elektrophorese 271
– bei der Kapillarelektrophorese 307
Peakkapazität 260, 262
PEG-Switch-Assay 733
Pentalysin
– Bindung an Lipidvesikel 74, 75
Pepsin 232
Peptid
– Analyse von Proteinfragmenten 1022
– Massenspektrometrie, quantitative Analyse 1041
– proteotypisches 416, 418
Peptidbibliothek 655
Peptidbindung 342
– cis/trans-Isomere 512
– Hydrolyse 329
– Schwingungsmoden 175
peptide mass fingerprinting 291
peptide spectrum match 1041
Peptidsequenz
– Aminosäureanreicherung 936
– Datenanalyse 936
– Muster 938
– Tendenzen 937
Peptidsynthese 644
– Enantiomerenreinheit 653
– Fehlsequenz 652
– multiple 646
– Nebenreaktionen 648
– Reaktionen 647
– Reinheit des Produkts 649
– Schutzgruppe 644
Percoll
– zur Zentrifugation 25
Perlenkettenmuster 734
Perlman, P. 103
Permethylierung 681
Perturbationsanalyse 1017
Perturbation, von Proteinfunktion 1094, 1095
Perutz, M. 622
Petran, M. 196
Phage
– DNA-Isolierung 762
– Isolierung 761
– Vermehrung 761
phage display 761
Phage M13 762
Pharmakokinetik
– Ermittlung über Organ-on-Chip 1142
Phasenkontrast 199, 572

– durch Defokus 573
Phasenplatte 573
– Boersch'sche 573
– Volta- 573
– Zernike- 573
Phasenproblem
– gebeugter Röntgenstrahlen 631
Phasenumkehr 582
Phasenverschiebung 578
Phasierung 632, 635
Phenol/Chloroform-Extraktion 750
Phenolextraktion 750
phenol toluol extraction 922
Phenylglyoxal 125
Phenylisothiocyanat 121, 333, 334, 344
Phenylketonurie 1078
Phenylthiocarbamoylpeptid 344
Phenylthiohydantoin-Aminosäure 345
pH-Gradient
– isoelektrische Fokussierung 283, 318
– trägerfreie isoelektrische Fokussierung 290
Philadelphia-Translokaktion 958
Phosphatase 233
Phosphatbestimmung
– im Lipidextrakt 708
Phosphatidylserin
– DSC-Kurve 63
Phospholipase 692, 715
Phospholipid 707
Phosphoprotein
– Analyse 1106
Phosphoroamidat 1001
Phosphorothioat 1000, 1102
Phosphorylierung
– Aufreinigung von Peptiden, Proteinen 729
– Detektion 734
– Nachweis durch Edman-Sequenzierung 738
– Nachweis durch Massenspektrometrie 739
– posttranslationale, von Protein 725
Phosphoserin 731
Phosphothreonin 731
photoactivatable ribonucleoside-enhanced CLIP 917
photoactivated localization microscopy 216
Photoaffinitätsmarkierung 133
– Reagenzien 136
Photo-Cross-linking 133, 912
Photo-Leucin 139
Photometer
– Funktionsweise 158
– Gerätetypen 159
Photo-Methionin 139
Photometrie
– Fehlerquellen 158
– Prinzip 148, 149
Phred 874
pH-Sonde, lokale 549
pH-Stat 55
Phthaldialdehyd 129, 130
Phycoerythrin 622
Pigment 147
$pK_a$-Wert
– von Cystein 726
Plasmalogen 709
Plasmid
– Isolierung 756, 760
Plasmidvektor 756
plektonemisch 902

*plunge freezing* 555, 564
Pluripotenz 1010
PNGase F 673
Poisson-Korrektur 847
Polarimetrie 55
Polarisierbarkeit 152
Polyacrylamidgel 274
Polydimethylsiloxan 1130
Polyketid 691
Polymer
– molekular geprägtes 255, 482
Polymerasekettenreaktion 833
– allelspezifische 854
– asymmetrische 845
– bisulfitbehandelte DNA 889
– digitale 846
– Einstellung der Bedingungen 838
– Emulsions- 848
– Grundlagen 833
– Hot-Start- 839
– immunoquantitive 848
– Instrumentierung 835
– inverse 900
– isotherme 856
– kompetitive 842
– Komponenten 836
– Kontaminationen 850
– methylierungsspezifische 891
– Multiplex- 845
– Nachweis genet. Defekt 853
– Nested- 844
– Primer 836, 839
– Puffer 838
– quantitative Echtzeit- 839
– reverse Transkriptase- 842
– in situ 849
– Template 838
– Touchdown- 845
– zum Infektionsnachweis 852
– zur Quantifizierung 841
polymorphic sequence tagged site 969
Polynucleotidkinase-Assay 916
polysome profiling 923
Polysomie 954
Poolsequenzierung 655
Porin A
– nanopore sequencing 880
Porod'sches Gesetz 620
positional candidate approach 975
positional cloning 974
post-source decay 393
Potenziometrie 56
Powerspektrum 579
PP1 Kinaseinhibitor 1100
Prädisposition 973
precursor acquisition independent from ion count 1050
pressure perturbation calorimetry 75
Primärstruktur
– von RNA 813
Primer
– für Bisulfitmethode 889
– für die PCR 836
– für die RT-PCR 844
– methylierungsspezifische PCR 892
Primer-Extension-Reaktion 913
Prinzip Venedig 1114
Privalov, P. 60

Probenkonzentrierung
– bei der Kapillarelektrophorese 321
Produktion 1029
Produktionenanalyse 385
Produktionen-Analyse 740
Profiling
– metabolisches 1066
Pronase 232
Prostaglandin 710, 712
Prostatakrebs-Modell 1048
Protease 226
– in der Proteinstrukturanalytik 231
– Klassifizierung 233, 234
Proteaseinhibitor
– bei der Proteinreinigung 19
Protease K 233, 755
Protease LA
– ESI-Spektrum 373
Protease V8 232
Proteasom 585, 593, 596, 599
Protein
– Bestimmung der Sekundärstruktur 516
– Bestimmung der Tertiärstruktur 520
– Charakterisierung nach Elektrophorese 1022
– chemische Modifikation 118
– Crosslinking 132
– Cross-link mit Nucleinsäure 911
– Denaturierung 228
– Detektion im UV-Bereich 245
– Einzelstrang-DNA bindendes 467
– Entfaltung, Ermittlung über Rasterkraftmikroskopie 607
– enzymatische Spaltung 1022
– Ermittlung der Quartärstruktur 466
– Färbung im Gel 1021
– Faltungszustand, über NMR-Spektroskopie 523
– Fluoreszenzmarkierung 127
– Fragmentierung 1029
– für die Proteomanalyse 1018
– Funktionsermittlung 1094, 1095
– Größe 14
– In-situ-Synthese 993
– Interaktion mit DNA 990
– Kolokalisationscode 1119
– Ligandenbindung 67, 69, 70
– Lipid-, Analyse 1105
– Lokalisation in der Zelle 1082
– Lokalisierung 941
– Markierung mit photoabilen Gruppen 1104
– Massenspektrometrie, quantitative Analyse 1041
– Metallo- 165
– Mutationen 131
– Netzwerkorganisation 1111
– Oligomerisierungsgrad 469
– Phospho-, Analyse 1106
– physiol. Mengenbereich 1019
– quantitative Proteomanalyse 1020
– Quintärstruktur 1094
– Selbstassoziation 466
– Sequenzanalyse 930
– Spaltung von Disulfidbrücken 228
– Vergleich mit Nucleinsäureanalytik 907
– Wechselwirkung mit Nucleinsäure 902
Protein A 449, 452
– kalorimetrische Titrationskurve 71, 72
Proteinanalytik
– Vorgehensweise 6
Proteinbestimmung

– bei 205 nm  40
– bei 280 nm  39
– Eigenfluoreszenz  41
– Einflüsse  34
– quantitative Färbetests  35
– radioaktive Markierung  41–43
– spektroskopische Methoden  39
– Störfaktoren  35, 40
– Überblick  34
– Ziele  34
Proteinblotting  101
Protein Data Bank  637, 930
Proteinfällung  20, 27
Protein, grün fluoreszierendes  206
– Varianten  207
Proteinkinase  1099
– Substratidentifizierung  1102
– Türsteherrest  1101
Protein-Ligand-Komplexe  313
Protein-Ligand-Wechselwirkung
– Bestimmung durch Rasterkraftmikroskopie  607
– NMR-Spektroskopie  523
Protein-Protein-Interaktion
– Microarrayanalyse  1087
Protein-Protein-Wechselwirkung  435
Proteinreinigung
– Aussalzung  20
– biologische Aktivität  16
– Geschichte  14
– Menge  16
– rekombinantes Protein  17
– Säure/Base-Eigenschaften  16
– Stabilität  16
– Trennkapazität  14
– Verunreinigungen  25
– Vorgehensschema  17
– Zielsetzung  16
Proteinsequenator  349
– biphasischer  350
– Festphasen-  348
– Flüssigphasen-  348
– Gasphasen-  350
– Pulsed-Liquid-  350
Proteinsequenzanalyse  342
– C-terminale  354
– enzymatischer Abbau  356
– N-terminale Blockierung  351
– single molecule sequencing  357
Proteinspaltung
– an Asn-Gly-Bindung  236
– Bedingungen  234
– chemische  235
– enzymatische  229
– limitierte  226
– saure Hydrolyse  236
– Strategie  227
– an Tryptophan  236
Proteinspezies  1032
Proteinstruktur-Konsortium  930
protein-xlinked RNA extraction  922
Proteoform  1018, 1032
Proteoglykan  669
Proteom  1016
– humanes Blutplasma  1032
– Komplexität  1018, 1039
Proteomanalyse  743, 1015
– bei klinischen Studien  1048

– Bottom-up-  1037
– gelbasierte  1020
– Isotopenlabel-basierte  1051
– Probenvorbereitung  32, 1018
– Projektplanung  1017
– quantitative  1020
– Top-down-  1024, 1032
– von Mycobacterium tuberculosis  1047
protospacer adjacent motif  1008
PROXYL-Label  130
Prozoneneffekt
– bei Immunassays  87
pseudo-MS/MS/MS  394
PSI-BLAST  946
Puffer
– bei der Kapillarelektrophorese  309
– für die Elektrophorese  278, 280
– für Enzymtests  50
pulsed dipolar spectroscopy  545
pulsed electron double resonance  130
pulsed electron double resonance/double electron-electron
    resonance  545, 548
Puls, Mikrowellen-  539
– Sequenzen  545
Pumilio-Homologie-Domäne  906
Punktspreizfunktion  199
Purin-Base  814
Purpurmembran
– von Halobacterium salinarium  605, 608
Pyranose  662
Pyridoxal-5′-phosphat  121, 122
Pyrimidin-Base  814
Pyrosequencing-454-Methode  871
Pyrosequenzierung  989


Q

Quadrupolmassenanalysator  371, 374, 378
– Triple-Quad  384
Quadrupol-Massenanalysator  1072
Quadrupol-TOF-Instrument  387
Quantifizierung
– in der Massenspektrometrie  413
quantitative trait loci  976
quantum dot  205, 455
Quecksilberdampflampe  209
Quecksilber-Xenondampflampe  209
Quencher  840
Quenching  181, 911
Quintärstruktur  1094


R

Rab-GTPase  1105
Radikal
– Erzeugung in der Massenspektrometrie  394
Radioimmunassay  95, 97
Raketenelektrophorese  94, 96
Raman-Spektroskopie  177
random coil shift  517
random priming  956
Rapid Mixing-Verfahren  160
RASSF1A-Promotor  892, 893
raster image correlation spectroscopy  217

Rasterkraftmikroskopie 602
– Kräfte 603
– Präparationsverfahren 605
– Prinzip 602
Raumgruppe 627
Rauschunterdrückung 583
Rayleigh-Gans-Debye-Streuung 157
Rayleigh-Kriterium 569
Rayleigh-Limit 369
Rayleigh-Streuung 157
reactive MALDI 431
Reaktion
– Enzym-, katalysiert 47
Reaktionsgeschwindigkeit
– einer Enzymreaktion 48
Reaktionswärme 69
Reaktive Sauerstoffspezies (ROS) 727
Rechnitz, G. 474
recombination fraction 969, 970
Redoxtitration 165
regular expression 939
Rehydratisierungsbeladung 293
Reifung
– von RNA 986
Rekombination 967
– Wahrscheinlichkeit 971
Relaxation 494
– in der EPR-Spektroskopie 540
relaxation induced dipolar modulation enhancement 546
Relaxationseffekt
– in der Elektrophorese 269
Renaturierung 16
Reparaturkettenreaktion 861
Replikationsursprung 757, 758
Reportergen 436, 441
Reportergen-Assay 1098
Repressilator-Modell 1151
Reptation-Modell 908
residual dipolar coupling 519
Resonanz
– kernmagnetische 490
Resonanz-Raman-Spektroskopie 178, 179
Restriktionsanalyse
– nach Bisulfit-PCR 890
Restriktionsenzym
– bisulfitbehandelte DNA 892
– methylierungsspezifisches 893
Restriktionsfragment-Längenpolymorphismus 854, 968
Retentionsfaktor 242, 248, 257
Retentionszeit 242
Retina 187
Retinal 163, 187
Retina-on-Chip-System 1138
Retinol 717
Retrovirus
– Tropismus 448
Reversed-Phase-Chromatographie 334
– bei der Proteinreinigung 27
– Entfernung von Detergens 31
– für Metabolomics 1072
– zur Aminosäureanalyse 333
Reversed-Phase-HPLC
– von synthetischen Peptiden 649
Reverse Transkriptase 842
Reverse Transkription 819, 821
– und PCR 842
Reynoldszahl 1129

Rezeptor-Ligand-Interaktion
– Bestimmung durch Rasterkraftmikroskopie 607
– Ermittlung in der Zelle 608
Rf-Wert 696
RGT-Regel 50
Rhodamin 127
Rhodopsin 132, 163, 164, 187
Ribonuclease H 999
ribosome profiling 924
Rinderserumalbumin
– Bindung von Detergens 67, 68, 70
Ringtest 88
RNA
– Absorption bei 260 nm 754
– Aptamer 826
– Bindeprotein 906
– chem. Modifikation 817, 821
– Ethanolfällung 753
– In-vivo-Modifikation 826
– Isolierung 763
– Mengenanalyse 985
– micro- 1006
– nicht codierende 1107
– niedermolekulare 767
– poly(A)$^+$- 766
– precursor CRISPR 1008
– Primärstruktur 813
– -Protein-Bindestelle 922
– Quantifizierung 842
– Reifungsanalyse 986
– Sekundärstruktur 814
– short hairpin 1005
– Silencing 998
– single guide 1008
– small interfering 1003
– Spezies 812
– Struktur 902, 987
– Strukturaufklärung 813
– Strukturvorhersage 822
– Synthese 821
– Tertiärstruktur 814
– Unterformen 764
– Wechselwirkung mit Protein 916
RNA-Analyse
– Microarray 985
RNAi-Blockierung 991
RNA-induced silencing complex 1003, 1006
RNA interactome capture 920
RNA-Interferenz 1003
RNA recognition motif 906
RNase A 758
RNase Drosha 1006
RNase H 766
RNase-Inhibitor 763
Röllgen, F. 369
Röntgenkristallographie 622
– Modellerstellung 635
– Schweratome 632
– Validierung 637
– Vorgehen 623
Röntgenstrahl
– Erzeugung 613
Röntgenstrukturanalyse 612
– Auflösung 612
– Messanordnung 614
Röntgen, W. K. 613
root mean-square deviation 521

Rosetting 111
Rotationsdispersion, optische 189
Rothberg, J. 865
Rous-Sarkom-Virus 999
rrnD-Operon 908
Rückkopplungsschleife 1147
Rückprojektion, gefilterte 587
Ruska, E. 556
Ruska, H. 556

## S

5S,14R,15S-Trihydroxy-6E, 8Z, 10E, 12E-eicosatetraensäure 701
*Saccharomyces cerevisiae* 435
– Metabolom 1067
Saccharose 664, 665
Säulenchromatographie
– von Lipid 697
Salzpuffer 252
Sample-Stacking-Verfahren 303
Sandwich-Immunassay 1087
Sanger, F. 342, 343, 864
Sanger-Reagenz 342
Saponin 430
saturated structured illumination 215
Sauerstoffbedarf, biochemischer 480
Sauerstoffelektrode 56
SAXS 612, 618
– Datenanalyse 618
– Messanordnung 615
– Physik der Streuung 616
– Probenvorbereitung 618
– Strukturbestimmung 620
scanning calorimetry 60
scanning cysteine accessibility method 132
scanning microprobe MALDI 426
Scatchard-Plot 313, 314
Scavenger 329, 646
Scherzer-Fokus 573, 581
Scherzer, O. 573
Schlack-Kumpf-Abbau 354
Schlack, P. 354
Schleiden, M. C. 196
Schneider, T. 940
Schrödinger, E. 556
Schutzgruppe
– für die Peptidsynthese 644, 646
Schwann, T. 196
Schweratom
– in der Kristallographie 632
Schwingungspotenzialkurve 152
scoring matrix 939, 943
SDS-Polyacrylamidelektrophorese 280, 281
Sedimentationsgeschwindigkeitsexperiment 465
Sedimentationsgleichgewichtsexperiment 468
Sedimentationskoeffizient 23, 466
– von Zellkompartimenten 24
Seitenkettenreagenz 119
Sekundärelektronenvervielfacher 389, 390
Sekundärstruktur 245
– von Protein, über NMR 516
– von RNA 814
Sela, M. 84
selected reaction monitoring 1042
– Anwendungen 1047
– Datenanalyse 1046

– Identifizierung 1045
– Methodik 1042
– Quantifizierung 1045
– Software 1046
Selektivität
– bei der Proteinreinigung 15
– in der Chromatographie 243
Selenomethionin
– in der Röntgenkristallographie 634
SELEX-Verfahren 483
Semichinonradikal
– cw-EPR-Spektrum 536
Semidry-Blotting 297
Seneca 195
Sensor
– biomimetischer 474, 482
Sequenator 346. *Siehe auch* Proteinsequenator
sequence tagged site 854, 966
sequencing by oligonucleotide ligation and detection 876
sequential window acquisition of all theoretical ion spectra 1048
Sequenz
– orthologe 946
– paraloge 946
Sequenzanalyse 930, 932
– Strukturvorhersage 949
Sequenzentropie 937
Sequenzierung
– DNA- 864 (*Siehe auch* DNA-Sequenzierung)
– DNA, über Microarray 989
– Pool-, von Peptidbibliotheken 655
– Pyro- 989
Sequenzlogo 940, 942
Sequenzprofil 940
Sequenzvergleich 941
Séraphin, B. 449
Sesselkonformation 662
Severin DS111M 516–518, 521
– NMR-Spektrum 507
SHAPE-Reagenz 818, 822
SHAPE-Reaktivität 822
Shapiro, L. 268
Shimomura, O. 197
short hairpin RNA 992, 1005
Short-Read-Sequenzierung 870
short tandem repeat polymorphism 855
Sialylierung 686
Siebeffekt 317
Signalpeptidsequenz 942
Signal-Rausch-Verhältnis
– in der Elektronenmikroskopie 577, 582
Silberfärbung
– zum Proteinnachweis 275
Silberfärbung von Protein 1021
Silencing 998
simulated annealing 520, 620
single-cell force spectroscopy 608
single guide RNA 1008
Single-Hit-Bedingung 821
single ion in droplet theory 369
single ion monitoring 380
single isomorphous replacement 633
single molecule detection 219
single molecule protein sequencing 357
single molecule sequencing 865. *Siehe auch* third generation sequencing
single nucleotide polymorphism 963, 969, 976, 987
single nucleotide variant 969

single particle tracking 186
single plane illumination microscopy 220
single reaction monitoring 385
single-strand conformation-polymorphism 854
single-wavelength anomalous diffraction 634
Singulett-Singulett-Energietransfer 155
Singulettzustand 151, 155, 180
site-directed spin labeling 132
Slab-Gelelektrophorese 314
SMALDI-Imaging 429
small angle X-ray scattering 612. *Siehe auch* SAXS
small interfering RNA 1003
Smith, T. 945
Softlithographie-Verfahren 1130
Solubilisierung
– für die Proteomanalyse 32
Sonde
– DNA-, Markierung 956
– Hybridisierungs- 840
– Hydrolyse- 840
– Molecular-Beacon- 840
– Molekül- 1096
– repetitive DNA- 955
– singuläre 955
Song, O. 435
Southern, E. 101, 987
Southern, E.M. 268
Spackman, D. H. 328
spectral unmixing 219
Spektroskopie
– Einzelmolekül- 185
– EPR- 528
– Fluoreszenz- 180
– Fourier-Transform- 173
– IR- 168
– Lineardichroismus- 186
– NMR- 490
– Raman- 177
– UV/Vis/NIR- 162
Spektrum, elektromagnetisches 150
sphärische Aberration 570
Sphingolipid 709
– Glyko- 709
Sphingomyelin 707
Sphingosin 709, 716
Spin 151
Spinecho 540, 541
Spinlabel 130, 131
Spinlabeling
– von Biomolekülen 528
Spinning-Disk-Mikroskopie, konfokale 214
Spinpolarisationsmechanismus 533
Spleißen
– Modulation durch Antisense-Oligonucleotid 1000
*split*-Ub-Verfahren 445, 446
Sputtern 566
SRRM2-Protein 742
stable isotope labeling by amino acids in cell culture 1054
stable isotope standards and capture by anti-peptide antibodies 419
Stacking 814
Stammzelle 1132
– adulte 1132
– embryonale 1132
– induzierte pluripotente 1133
Stammzelle, induzierte pluripotente 1010

*Staphylococcus aureus* 449, 452
Steady-State, einer Enzymreaktion 47
Stein, W. H. 328
step size 380
Steroidhormon 710
sterol response element-binding protein 447
Stevenson, M. 998
stimulated emission depletion 216
stochastic optical reconstruction microscopy 216
Stoffwechselweg
– als On-Chip-System 1135
– grafische Darstellung 1067
Stokes-Linie 178
Stokes'sche Gleichung 23
Stopped-Flow-Apparatur 57
Stopped-Flow-Verfahren 160
strand displacement amplification 857
Streuung 615
– in der Elektronenmikroskopie 570
– elastische 571
– inelastische 571
– von Röntgenstrahlen 616
Strukturaufklärung
– durch Massenspektrometrie 404
Strukturbiologie, integrative 546
Strukturfaktor 578
Strukturfaktor S 616
Strukturmodell
– Validierung 637
Stufengröße 380
Sturtevant, J. 60
Substanz P 427
Substratbestimmung über Enzymtests 53
Subtilisin 232
subtomogram averaging 597
Sucrose
– zur Zentrifugation 25
Süßholz 430
Sulfensäure 734
Sulfurylase 871
Superoxid-Dismutase 1033
supershift 911
surface plasmon resonance 453
Suzuki, S. 480
Svedberg-Einheit 23
Svedberg, T. 267
Svensson-Rilbe, H. 268
Symbolnomenklatur
– für Oligosaccharid 666
Symmetrieoperation 627
Synchrotron 613
Synchrotronstrahlung 613
System 1146
– als Graph 1147
– als Netzwerk 1147
– Analyse 1152
– antigenes 88, 89
– dynamisches 1148
– Zentralität 1152
– Zustand 1148
Systembiologie 1146
– Methodik 1146
– methodischer Ansatz 1149
– Modellierung 1148
System, mikrofluidisches 484

## T

Tag
– zur Proteinreinigung 17
tailing 259, 308
Tanaka, K. 361
Tandem-Affinitätsreinigung 447
Tandem-Massenspektrometer 384
Tandem-Massenspektrometrie 703, 1073
tandem mass tag 1061
Tankblotting 296
targeting sequencing 871
TAR-RNA 551
TAT-Protein 551
Taylor-Konus 368
Template
– für die PCR 838
template matching 597
Tempol 550
TEMPO-Label 130
Tendamistat 175, 176
Tensid
– als Micellbildner 312
Terabe, S. 310
Termschema 154
Tertiärstruktur 245
– von Protein, über NMR 520
– von RNA 814
2,2,5,5-Tetramethylpyrrolin-1-oxyl-3-acetylen 534
– cw-EPR-Spektrum 537
5(6)-Tetramethylrhodaminisothiocyanat
– Fluoreszenzspektrum 958
Tetranitromethan 124, 125
Tet-System 1102
TEV-Protease 233
Theorie dynamischer Systeme 1148
Theorie, solvophobe 248
thermal shift assay 623
Thermocycler 835
Thermolysin 233
Thioanisol
– UV-Spektrum 650
Thiocyanatsäure 355
6-Thioguanidin 918
Thiokresol
– UV-Spektrum 650
Thiolgruppe
– Blockierung 732
– Nachweis von Modifikationen 731
– p$K_a$-Wert 726
– Reduktion 733
thiol (SH)-linked alkylation for the metabolic sequencing of RNA 918
4-Thiouridin 918
third generation sequencing 877
Thomson, B. 370
Thomson, G. P. 556
Thomson, J. J. 556
Thon'sche Ringen 579
Three-Hybrid-Verfahren 445
Thyroglobulin 421
Tiefpassfilter 579
Tiermodell
– zur Wirkstoffprüfung 1128
Tikhonov-Regularisierung 545

Tiling 920
tiling array 977
time of flight 376
Tiselius, A. 267, 300
tissue browser 1122
tissue clearing 1141
tissue engineering 1129
Titer 87
Titrationskurvenanalyse 286, 287
TOAC-Label 130
Tocopherol 717
Tomographie 555, 593
– Aufnahmeschema 594
– Kippwinkel 594
– Kryo-Elektronen- 556
– Rekonstruktion 595
Top-down-Ansatz 1020
Topographie
– Bestimmung durch Rasterkraftmikroskopie 607
– einer Purpurmembran 608
Topologie 1110
Toponom 1110
– hochauflösendes 1123
– Kolokalisationscode 1119
– Konzept 1112
– menschliche Haut 1123
– Protein- 1111
– Zelloberflächen- 1113
Toponomanalyse 1110
– Datenvisualisierung 1121
– Probenvorbereitung 1120
toponome imaging system 1111
Toponomkarte 1111, 1119
total correlation spectroscopy 503
Totale interne Reflektionsmikroskopie (TIRF) 458
total internal reflection fluorescence microscopy 184, 217
Totvolumen 242
Totzeit 242
Touchdown-PCR 845
Towbin, H. 101
Toxizität
– Testung über Organ-on-Chip-System 1142
trace data 867
Trägerampholyt 284
transcriptional profiling 984
transcription mediated amplification 857
Transduktion, retrovirale 448
Transient 384
Transkript
– Mengenanalyse 984
Transkriptom 824
Translation
– Hemmung durch Antisense-Oligonucleotid 999
Transmission 156
Transmissionselektronenmikroskopie 557
– Elektronenaufzeichnung 560
– Elektronenerzeugung 557
– Elektronenlinse 558
transverse relaxation optimized spectroscopy 525
Trennfaktor 256
Trennkapazität
– bei der Proteinreinigung 14, 15
Trennung
– von Enantiomeren 314

Trennverfahren
– für Metabolomics 1071
Trichloressigsäure
– bei der Proteinreinigung 21
1-Trifluormethyl-1-phenyldiazirin 135, 139
Trifluormethylamin 139
Trilateration 548
Trilinolein
– Massenspektrum 703
Tripelresonanzexperiment 508
Triplettzustand 151, 155
Tris(2-carboxyethyl)phosphin 733
Triton X-100 762
Triton X-114 29
tRNA-Guanin-Transglykosylase
– Elektronendichte 634
Trübungsmessung 55
Trypsin 233, 418, 739
– Proteomanalyse 1037
Tryptophanrest
– Modifikation 125
Tsien, R. 197
Türsteherrest 1101
Tuschl, T. 1003
Two-Hybrid-Verfahren
– Köderprotein 437, 440
Two-Hybrid-Array 444
Two-Hybrid-Vektor 437
Two-Hybrid-Verfahren 435
– Charakterisierung der Interaktoren 446
– Erfolgsquote 444
– Hintergrundeliminierung 442
– Screening 441, 443
– Varianten 445
Tyrosinrest
– Modifikation 124

## U

Ubichinol-Oxidase
– ESEEM-Spektrum 541
– HYSCORE-Spektrum 542
Ubiquitin 445, 1024, 1027, 1031, 1033
Ubisemichinonradikal 541, 543
UDP-Zucker-Diphosphorylase
– Röntgenkristallographie 634
Übergang
– in der Massenspektrometrie 1042
Übergangsdipolmoment
– eines Peptids 162
Übergangsdipolmoment 152
Übermikroskop 556
Ultrafiltration 26
– zur Proteinkonzentrierung 28
Ultrazentrifugation, analytische
– Aufbau 464
– Instrumente 463
Umkehrphasenchromatographie 695. *Siehe auch* Reversed-Phase-Chromatographie
– in der Glykananalytik 675
Umkehrphasen-HPLC 649. *Siehe auch* Reversed-Phase-HPLC
underfocus 558
Unendlichoptik 199
UV/Vis-Spektroskopie
– von Lipid 700

## V

Valin
– NMR-Spektrum 504, 511
Van-Deemter-Knox-Gleichung 244
van Leeuwenhoek, A. 195, 196
Van't-Hoff-Regel 50, 51
Varicella-Zoster-Virus 444
Venter, C. 1105
Verhältnis, gyromagnetisches 491
Vernetzungsgrad
– von Polyacrylamidgel 274
Verpackungszelllinie 449
Verschiebung, chemische 496, 497
– Aminosäuren 516
Vesterberg, O. 268
Vibrationszellmühle 20
Vinuela, E. 268
4-Vinylpyridin 229
virtual slide microscopy 222
visual proteomics 600
Vitamin
– A 716
– D 717, 718
– E 717
– K 718
– Lipid- 716
Vitrifizierung 562, 564, 565
Vollacetal 663
Volta-Phasenplatte 573
Volumenüberladung 259
von Borries, B. 556
von Laue, M. 622
Vorläuferionenanalyse 385
Vorläuferionen-Analyse 387, 740
Voxel 597

## W

Wachs 706
Wärme
– bei der Elektrophorese 269, 303
Wärmekapazität, differenzielle 65
Wahrscheinlichkeit
– genet. Rekombination 971
Wassermolekül
– Normalmode 171
– Patterson-Funktion 632
Waterman, M. 945
Watson, J. 2
Wehnelt-Zylinder 557
Weitwinkel-Röntgenstreuung 622
Welle
– elektromagnetische 148
– Licht-, Streuung 617
Welle, evaneszente 481
Wellenfunktion 153
Wellenzahl 149
Welle-Teilchen-Dualismus 148
Western-Blotting 101, 102, 296
– Analyse von Proteinmodifikation 736
– Far- 453
whole genome sequencing 870
wide-angle X-ray scattering 615, 622
Wiederholgenauigkeit

Stichwortverzeichnis

– Massenspektrometrie 375
Wilkins, M. 1016
Windpockenvirus 444
Wirkstoff
– Testung über Organ-on-Chip 1141
Wittmann-Liebold, B. 346
Wüthrich, K. 511
Wunsch, C. 943

## X

Xenondampflampe 209
X-Gal 437

## Y

Yalow, R. 95
Yamanaka, S. 1010
Ypt1-Protein 1105

## Z

Zamecznik, P 998
Zavoisky, J. K. 528
Zeiss, C. 196
Zellaufschluss 755
– bei der Proteinreinigung 18, 19
Zelle
– Färbungsmethoden 202, 203
– Modellierung 1148
– Präparationsmethoden 209
– primäre 1132
– Stamm- 1132
Zellelektrode 480
Zellkompartiment
– Sedimentationskoeffizient 24
Zellkultur
– zur Wirkstoffprüfung 1128

Zelllinie
– für Organ-on-Chip 1132
Zellsortierung 111, 112
Zelltyp
– für Organ-on-Chip 1131
Zellzahl
– einer Bakteriensuspension 761
Zentralität
– eines Systems 1152
Zentrifugalbeschleunigung 22
Zentrifugation
– analytische Ultra- 462
– bei der Proteinreinigung 21
– Dichtegradienten- 24
– differenzielle 23
– Fraktionierung 25
– isopyknische 24
– Rotoren 22
– Sedimentationsgleichgewichts- 24
– Zonen- 24
Zentrum, anomeres 662
Zernike, F. 196
Zernike-Phasenplatte 573
Zinkfingermotiv 906
Zinkfingerprotein 904
Zip-Code-Microarray 994
Zonenelektrophorese 277, 302
– präparative 287
Zustandsraummodell 1148
Zustandsvariable
– eines Systems 1149
zweidimensionale Elektrophorese 290
– Fraktionierung 292
Zweizustandsmodell 61, 64–66
Zyklotronbewegung 382
Zyklotronfrequenz 382
Zyklotronresonanz 382

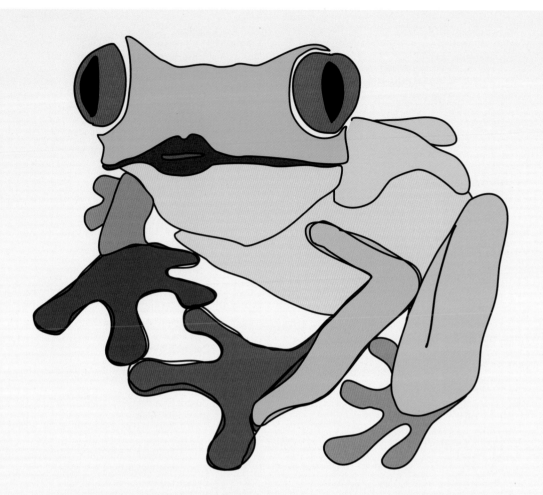